中国油气开采工程新技术交流大会论文集

中国石油学会石油工程专业委员会　编

中国石化出版社

图书在版编目(CIP)数据

中国油气开采工程新技术交流大会论文集 / 中国石油学会石油工程专业委员会编. —北京：中国石化出版社，2019.7

ISBN 978-7-5114-5424-9

Ⅰ. ①中… Ⅱ. ①中… Ⅲ. ①油气开采-中国-学术会议-文集 Ⅳ. ①TE3-53

中国版本图书馆 CIP 数据核字(2019)第 132483 号

中国石化出版社出版发行

地址:北京市朝阳区吉市口路 9 号
邮编:100020 电话:(010)59964500
发行部电话:(010)59964526
http://www.sinopec-press.com
E-mail:press@sinopec.com
北京艾普海德印刷有限公司印刷
全国各地新华书店经销

*

880×1230 毫米 16 开本 66.25 印张 1940 千字
2019 年 7 月第 1 版 2019 年 7 月第 1 次印刷
定价:380.00 元

前　言

随着我国国民经济快速发展和能源消费结构转型提速，我国油气对外依存度不断攀升，国家能源安全保障问题凸显，国内勘探开发再次成为关注焦点。因此，打好勘探开发进攻战、加大力度推进科技创新、管理创新、以及全方位全产业链挖掘降本增效新潜力，是我国石油领域加快勘探开发力度，保障能源安全的迫切需求。

油气开采工程技术是实现油气田开发生产的重要手段，是决定油气田产量高低、采油(气)速度快慢、最终采收率大小、经济效益优劣等重要问题的关键技术。为适应老油田稳产挖潜及非常规等难开采难动用油气高效开采，在我国石油工作者的不断努力下，近年来油气开采工艺技术得到了快速发展，新技术新工艺不断更新。因此，为更好推动我国油气开采工程技术发展，聚焦“卡脖子”技术，创新核心技术，中国石油学会石油工程专业委员会、中国石油勘探与生产分公司、中国石化油田勘探开发事业部、中海石油(中国)有限公司开发生产部等单位联合，定于2019年07月9~11日在北京召开“中国油气开采工程新技术交流大会”。

此次会议以“依托技术创新和进步，提升低效油气藏开采价值”为主题，通过会议交流，让与会代表全面了解我国目前“采油工程技术”的发展动态及当前面临的形势，结合石油行业发展现状、目标、共同探讨油气开发关键理论、技术和应用方法，深入学习新技术，解决制约油气田开发生产的技术瓶颈，转变思维，拓宽视野，更新知识结构，以适应新生产形势的发展需要，提供人才保障，有效为油田增产增效服务。

本次大会得到了国家有关部委、中国石油、中国石化、中国海油、中国中化、延长石油、大专院校和科研院所等各单位和领导的大力支持和帮助，共征集360余篇学术论文，优选高质量论文204篇公开出版论文集。主要涉及的方面有：特殊复杂地层钻井与完井新技术、特殊油气层录井与测试新技术、大规模体积压裂改造增产新技术、采油采气新技术、地面工程优化新技术、水合物等非常规能源开采新技术、国产工程装备研制新技术等。论文整体上反映了国内外油气开采工程领域的最新研究成果、技术、方法、工艺、新产品等进展，具有较高的学术水平和实用价值。

论文集编委会

2019年7月

目　录

钻完录测部分

压裂改造部分

采油采气部分

地面工程部分

复杂地质条件精准钻完井技术体系

董星亮

（中国海洋石油集团有限公司）

摘　要　随着勘探开发力度的不断加大，中国海油面临着深水高温高压、深层、盐膏层等复杂地质条件的挑战。本文重点介绍分析了勘探开发过程中复杂地层压力条件下的地层压力精确预测、窄压力窗口安全钻井、巨厚高压盐膏层段定向钻井、高硬地层钻井综合提速、储层保护、全周期井筒完整性及井控风险方面面临的挑战，系统总结了近年来中国海油现场实践形成的复杂地质条件下的精准钻完井技术体系，也包括深水高温高压钻井、盐下水平井钻井及复杂地质条件深层天然气田钻完井关键技术系列。随着中国海油勘探开发领域的进一步拓展，会面临更为复杂的地层情况，提出了加大装备研发、关键技术攻关、深水应急救援能力建设等，并不断发展完善复杂地质条件精准钻完井技术体系，保障油气田安全高效开发。

关键词　精准；钻完井；深水；高温高压；深层；盐膏层

最新数据显示，中国石油对外依存度升至69.8%，为世界最大原油与天然气进口国，如此高的对外原油依存度，对国家能源战略及能源安全提出了巨大的挑战，尤其在当今世界形势下，中国的能源安全问题更加凸显。多年来，中国海油全力保障油气增储上产，切实履行能源报国使命，加大勘探开发力度，坚持以寻找大中型油气田为主线，攻关关键技术、增加储量发现、提高油气产量和储量替代率，在更复杂油气层、更深海域不断取得新突破。

多年来中国海油勘探开发实现了从深水到超深水，从常规地质条件到高温高压、盐膏层、深部地层等复杂地质条件的跨越。油田大规模开发面临着高温、窄压力窗口、巨厚盐膏层、高含量腐蚀性流体、井全周期完整性等方面的挑战。本文介绍了中国海油复杂地质条件钻完井所面临的挑战，总结了中国海油高难度复杂油气田勘探开发中发展起来的精准钻完井技术体系，提出了今后的发展趋势及攻关方向，以期为今后国内外海上及陆上类似油气田的勘探开发提供借鉴与思考，为国家能源战略贡献力量。

1　中国海油复杂地质条件钻完井面临的风险与挑战

1.1　深水高温高压

南海西部莺琼盆地深水区域发育高温高压复杂地层，目前深水高温高压井的主要勘探目标为黄流组，井底温度150℃，压力系数1.9g/cm^{3}左右，后续继续向下部梅山组、三亚组勘探，将会面临更恶劣的温压挑战。深水高温高压井，建井周期长，生产时效低，米钻井成本高，难度远超常规深水井，主要表现在：(1)地质构造复杂，受地质构造断裂交汇影响，高压成因复杂，压力预测精度低，难度大；(2)安全密度窗口窄，部分深水高温高压井安全密度窗口仅0.03g/cm^3，井身结构设计难度大，钻井液流变性难以维护，对井底ECD监测及控制要求极高；(3)井控风险高，处理难度大，早期溢流监测难，深水压井阻流管线摩阻大，易压漏地层，造成更复杂的井况；(4)井筒完整性难以保证，井身结构复杂，小间隙固井质量难保证，后期生产环空带压管理难度大。

1.2　巨厚盐膏层定向钻井

中海油伊拉克米桑油田地质条件复杂，存在巨厚盐膏层，厚度800~1000m，压力系数2.2~2.3，以复合盐膏层为主，Asmari储层处于盐膏层以下150m左右，长期以来仅能采用直井开发模式。中海油进入米桑油田并担任作业者后，要完成30万桶的产量规模，严酷的自然环境、动荡的政治环境造成现场建设滞后，产能实现困难。为实现产能建设目标，探索实施盐下水平井势在必行。盐膏层在世界范围内普遍存在，如图1所示，从盐层的厚度、埋深以及压力系数和岩性复杂程度来看，米桑油田盐膏层定向钻井难度属于世界级的技术难题：(1)盐膏层随井斜角增大的坍塌机理不清，安全泥浆密度窗口和安全钻井周期需要精准预测；(2)钻井液密度、关键参数、套管强度、固井设计难度大，稍有不慎就面临着坍塌和漏失等复杂情况；(3)精准的 ECD 控制是盐膏层定向钻井成败的关键，而钻井液和固井参数控制难度大，施工作业安全难以保证。

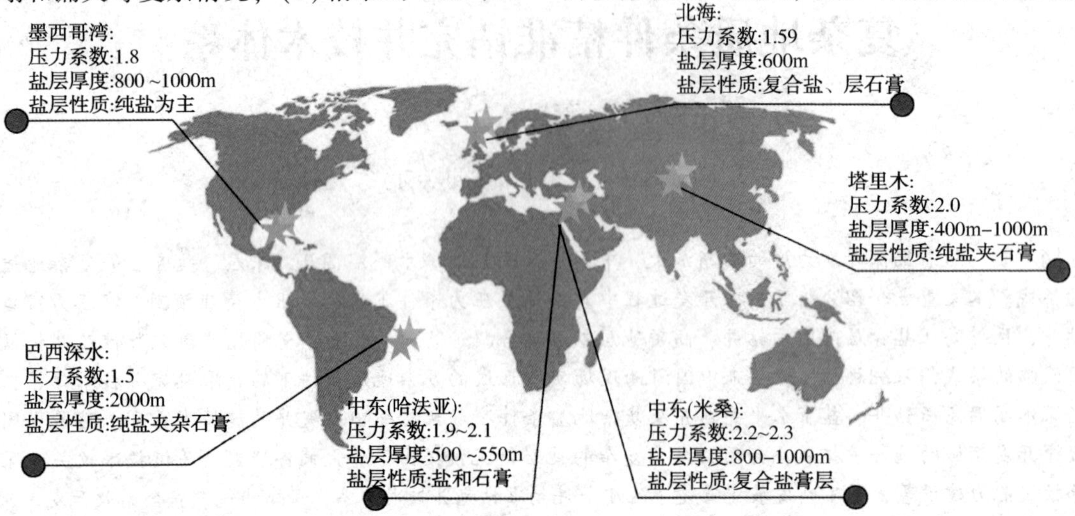

图 1　世界范围内主要盐膏层分布情况

1.3　复杂深层天然气田钻探

渤中凹陷西南环带深层天然气总体资源具千亿方规模，潜力巨大，是渤海湾乃至我国东部迄今最大的天然气发现，对北方冬季天然气保供意义重大[1-2]。但该区域地质条件复杂，安全钻井难度大：(1)储层埋藏深，垂深大于 5000m，实钻地层温度 171℃以上，后续开发井最大地层温度预测可达 220℃，CO_2含量高且含 H_2S，对井下工具耐温性能及防腐要求高；(2)潜山地层裂缝发育，且区域内断层异常发育，易发生漏失，东二下段发育异常压力，沙河街组实测地层压力系数最高达 1.52g/cm^3，太古界潜山压力系数预测困难且为非常压地层，探井作业过程中多次发生溢流；(3)从上到下钻遇多套复杂地层，明下段塑性泥岩、馆陶组底砾岩、构造区南部孔店组大套砂砾岩(平均机械钻速不足 2m/hr)、太古界潜山致密花岗片麻岩，抗压强度高达 276MPa，多套地层研磨性强、可钻性差造成区域内机械钻速低，钻井效率差；(4)储层多属于中低孔渗和裂缝型储层，储层伤害机理比较复杂，伤害类型多，易造成水锁性伤害，增加油气返排阻力，返排困难。

2　复杂地质条件精准钻完井技术体系

2.1　深水高温高压钻完井关键技术

针对我国南海深水高温高压区域的实际特点，从井身结构设计、窄压力窗口安全作业、钻井液体系等方面开展研究，形成了中海油深水高温高压钻完井关键技术。

(1) 多因素控制的深水高温高压井复杂井身结构设计技术。基于压力剖面及高温下井壁稳定性变化规律，形成受 ECD、井控等多因素控制、自上而下及自下而上相结合的双向动态井身结构设计技术，现场依据中途 VSP、随钻声波等手段提高地质卡层精度，实时计算地层压力，对井身结构进行实时决策，保证关键套管下深，解决高温、窄压力窗口下钻井设计的核心问题。

(2) 窄压力窗口安全高效钻井技术。在常规水力学计算模型的基础上，研究转速、排量、钻速、重晶石纯度、温度场等参数对井底 ECD 的影响规律，建立高温高压全井眼 ECD 精确预测模型；钻进过程中，采用井底 ECD 实时监测工具，实时调整参数，精准控制；极窄压力窗口井段使用微压差连续循环钻井系统，实现井下 ECD 实时监测、地面排量、转速、钻井液密度等多参数实时联动，减小压力激动，预防井漏及溢流，该系统实现了高压储层段钻进、循环、接单根等工况下 ECD 恒定高于地层压力 0.01~0.02 的微压差精确控制，大大的降低了井下复杂事故的发生[3]。

(3) 适用于深水高温高压的钻井液及固井水泥浆体系。构建了一套适用于深水高温高压井作业的钻井液体系，该钻井液体系抗温 180℃、密度 2.1g/cm^3，具有良好的低温—高温流变性、抗污染能力、沉降稳定性、封堵承压性、储层保护性、泥页岩水化抑制性，实际钻井作业过程中该钻井液体系性能稳定，可有效预防井漏、溢流等复杂情况，较 Woodside 同类型深水高温高压井作业时间平均缩短 12d[4]；为有效阻止气体渗入、提高固井水泥环耐温性及韧性，首创了具有防气窜、防腐蚀、防堵漏、抗温变和抗应变能力的“五防”水泥浆体系。

（4）深水高温高压井早期溢流监测及井喷预防技术。研究近平衡条件下碎屑气、抽吸气、扩散气、置换气对井喷的影响规律，制定针对性的钻井工程设计，降低溢流风险；开展气体运移规律研究，提取溢流发生时各类监测参数有效特征，建立不同工况下溢流特征多源数据融合技术，形成了一套早期溢流在线监测识别方法及智能预警软件，加大早期溢流监测装置的研发；建立深水溢流—关井—压井模拟装置，确定关井时机，关井方法及压井参数。

目前已顺利完成 5 口深水高温高压井作业，钻遇最大压力系数 1.93，最高井底温度 153℃，为后续深水高温高压气田的大规模开发积累了丰富的经验。

2.1　盐下水平井钻完井关键技术

针对米桑油田巨厚盐膏层定向钻井存在的问题及挑战，从井眼轨迹优化设计、井壁稳定性分析、套管安全、井下 ECD 控制、固井质量等方面开展技术攻关，形成了一套盐下水平井钻完井关键技术。

（1）考虑工具造斜能力、套管下入曲率限制及轨迹控制能力等因素，Asmari 层盐下水平井仅采用盐下进行造斜无法实现轨迹，需盐膏层内造斜，出盐膏层后二次造斜实现高斜度井眼轨迹。根据地层岩性，第一造斜点优选地层较为稳定的 MB4 层，进入厚盐岩、软地层 MB2 层之前完成造斜，稳斜穿过 MB2 层，为保证盐膏层段的井壁稳定性，降低作业难度，推荐稳斜角 35°，结合造斜工具能力及可造斜井段长度，盐下造斜段推荐造斜率 7~9°/30m（见图 2 所示）。

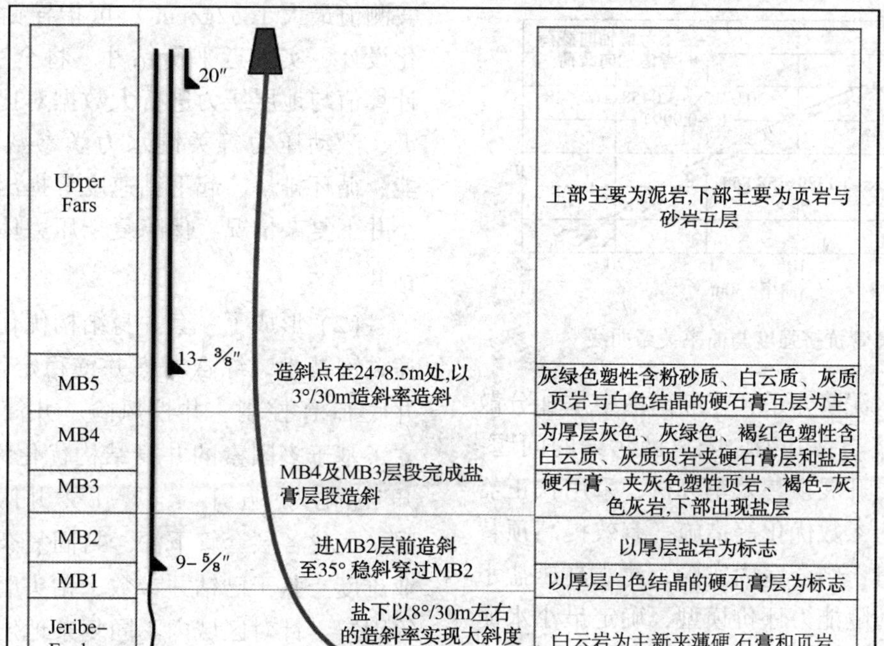

图 2　Asmari 层盐下水平井轨迹示意图

（2）理论分析结合大量岩石力学实验，提出界面非均匀应力理论，揭示了盐膏层不同井斜角下的蠕变速率和坍塌周期的规律，得到了不同钻井液密度、不同井斜角下的安全钻井周期（如图 3所示），确保盐膏层定向钻井过程中的井壁稳定性，为盐膏层定向钻井奠定了重要的理论基础。

（3）基于大量室内流体实验，结合理论计算，建立了井底 ECD 随不同钻井液参数的变化规律，通过控制复合盐体系有害固相，制定了“低切低黏”的钻井液策略，保障流变性和触变性，精准控制钻井 ECD。

（4）通过理论计算、有限元数值模拟、室内强度实验“三位一体”精准校核，建立盐层蠕变、

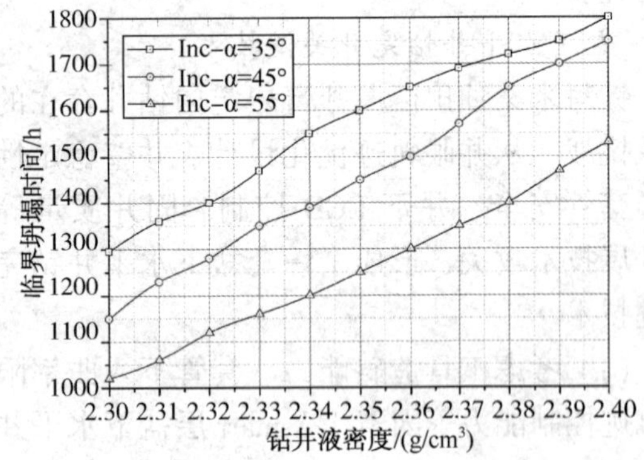

图 3　不同井斜角下安全钻井周期随钻井时间变化规律图版

弯曲条件下的套管强度变化规律，如图 4 所示，随着曲率的增大，套管抗外挤强度逐渐降低，曲率为 12.5°/30m 时，抗外挤强度降低 50%左右，套管强度设计中必须考虑大曲率对套管抗外挤强度的影响，保证井全生命周期内套管不被挤毁，保证盐下水平井服役期的井筒完整性。

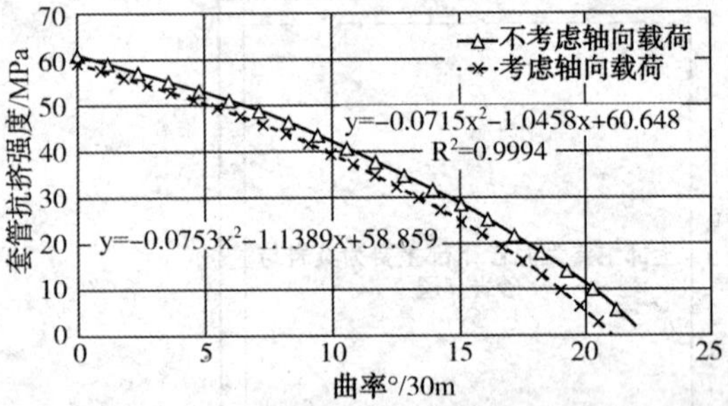

图 4　套管抗挤强度与曲率关系曲线

（5）改善水泥浆体系，在隔离液中添加分散剂解决了水泥浆与钻井液、隔离液污染的问题；优化固井工艺，开展顶替效率分析，采用扶正器安放优化、施工参数优化等措施，有效提高顶替效率及固井质量；结合室内实验，建立高压盐水层固井水泥环封隔能力评价模型，确定最小水泥封隔长度（如图 5 所示），确保固井水泥环对高压盐水层的有效封固。

目前成功实施两口 Asmari 层盐下水平井，盐膏层井斜角达 45°~50°，盐下 8-1/4″井段狗腿度 11°/30m，生产时效 90%以上，产能是定向井的 2~3 倍，实现了少井高产，大力推动了米桑油田 Asmari 储层高效开发，为中海油海外增产创收贡献力量。

2.3　复杂深层天然气田开发钻井关键技术

针对渤中凹陷西南环带深层天然气田的地质

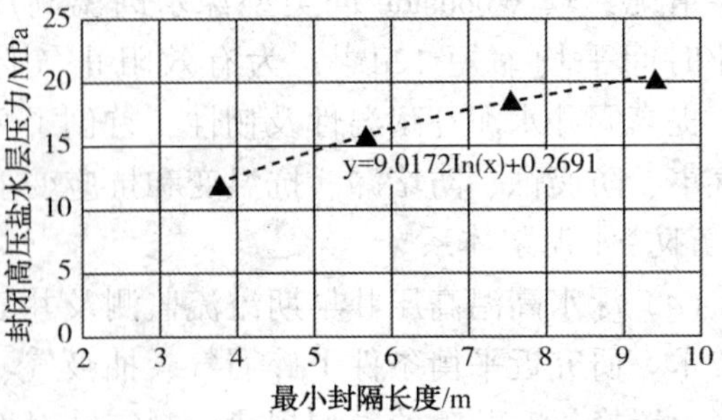

图 5　高压盐水层水泥环最小封隔长度

特点，通过技术攻关，形成了一套复杂深层天然气田开发钻井关键技术。

（1）创立基于大数据的“实时监控-数据分析-风险评估”复杂压力体系钻井决策系统。通过 Prevue 结合 eDrilling 系统对所钻地层进行实时压力监测，采用测井数据对地层压力系数进行回归，形成钻前、钻中、钻后全生命周期地层压力精准预测技术，如图 6 所示，渤中某井预测最大地层压力系数 1.57g/cm³，经回归为 1.52g/cm³，实测值最大 1.52g/cm³，可指导钻井液密度精细化设计，实现近平衡钻井。将全工况 ECD 理论计算值与地层压力进行大数据对比分析，计算抽汲、激动压力等关键水力学参数，对钻井液性能、循环排量、起下钻速度等提出控制措施，减小井下复杂情况，保障复杂压力体系下安全高效钻井。

（2）形成了一套井身结构优化设计及钻井提速关键技术。综合考虑井壁稳定性、地层特性、井底 ECD 控制、井控风险、井筒完整性等，建立了基于多因素的井身结构优化设计方法，“六开”优化为“五开”，17-1/2″井眼优化为 16″井眼，优化各层套管下深，封固复杂地层，降低作业难度。基于已钻井参数、钻头磨损、地层岩性等因素，针对区域内不同复杂地层，形成了精细化钻井综合提速技术，优化泥浆性能、钻井参数、优选提速配套工具、PDC 钻头针对性设计，如 6″潜山井段使用忍者齿钻进，配合提速工具，成功实现机械钻度提高、单只钻头进尺提高、钻井周期缩短。

（3）形成了一套潜山油气层保护及中途测试技术，采用抗高温低密度无固相钻井液 HSD 体系，建立全过程的潜山储层保护措施，钻前清洗循环系统，钻井过程中控制固相含量，采用可酸溶的堵漏材料，有效保护裂缝性多孔介质花岗岩

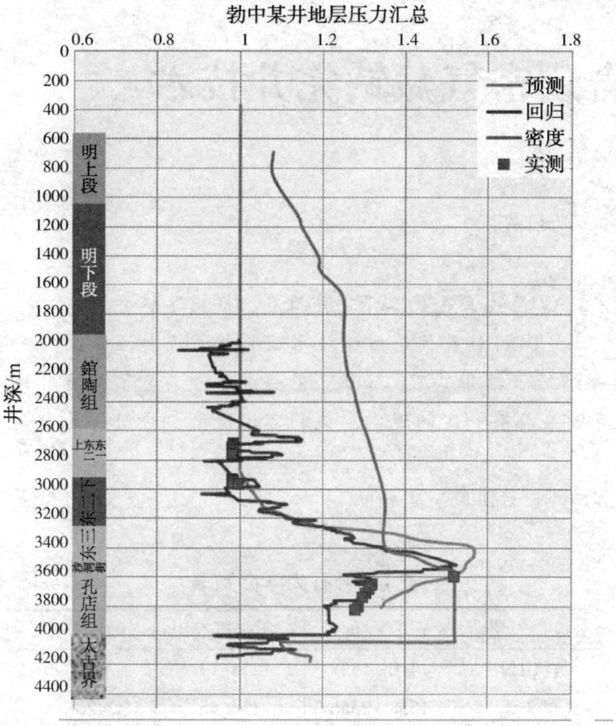

图6 深层多压力系统地层压力精准预测

凝析气层，同时进行中途测试，减少潜山上部油气层的暴露时间，降低上部油气层受污染概率。综合考虑测试液、测试管柱、诱喷工艺、开关井制度和返洗井等5个因素，形成“坐套测裸”潜山裸眼中途测试工艺、试压替液测试一体化裸眼中途测试管柱和全流程控砂防砂技术，测试周期缩短59%，生产时效100%。

复杂深层天然气田开发钻井关键技术有效解决了渤海油田中深层勘探钻井作业中面临的难题，为后续渤中某气田的大规模开发奠定了基础，对其他类似气田的开发也具有很好的参照价值。

3 结论及建议

（1）经过多年的持续攻关，中国海油在深水、超深水、高温高压、中深部地层、盐膏层等复杂地质条件油气田勘探开发积累了一定的经验，建立了复杂地质条件精准钻完井技术体系，可以为国内外海上及陆上类似油气田勘探开发提供借鉴；

（2）国外已实现了深水高温高压气田的商业开发，而目前国内海上深水高温高压还停留在勘探阶段，井深、井底温度、井底压力均与国外有一定差距，需持续加强关键装备研究、关键技术攻关。同时，随着作业风险的加大，需提高深水应急救援能力，加快建成海上深水应急救援基地；

（3）复杂地质条件钻井作业难度大，工期长，费用高，为了降本增效，提高油田开发效益，探井转生产井是未来的发展方向。建立一套探井转生产井关键技术体系，充分利用老井进行生产是海上油田一大难题；

（4）复杂多变的世界政治经济环境及原油对外依存度的不断上升，对我国能源战略及能源安全带来了极大的挑战，中国海油会继续加大高难度复杂油气田的勘探开发，加强关键技术攻关，持续发展完善复杂地质条件精准钻完井技术体系。

参 考 文 献

[1] 孙龙德，邹才能，朱如凯，等．中国深层油气形成、分布与潜力分析[J]．石油勘探与开发，2013，40(6)：641-649.

[2] 薛永安，刘延海，王应斌，等．渤海海域天然气成藏主控因素与成藏模式[J]．石油勘探与开发，2007，34(5)：521-528，533.

[3] 李中，刘书杰，李炎军，等．南海高温高压钻完井关键技术及工程实践[J]．中国海上油气，2017，29(6)：100-107.

[4] 方满宗，刘和兴，刘智勤，等．南海西部深水高温高压钻井液技术研究与应用[J]．中国海上油气，2017，29(1)：89-94.

吉林油田英台深层火山岩致密气藏钻完井技术

董国昌　张立春

（吉林油田公司钻井工艺研究院）

摘　要　本文介绍了英台深层火山岩地质特点，分析了深层致密气藏二开钻井难点，提出了钻井技术对策，通过现场应用形成了英台深层天然气井井壁稳定技术、PDC 钻头优选提速技术及长封固段大温差固井技术，实现 4000 米井井身结构由三开简化成二开，大幅缩短了钻井工期、降低了钻井成本，满足了深层火山岩致密气藏效益开发需要，对提高致密气藏开发经济效益具有一定的现实意义和实用价值，应用前景非常广阔。

关键词　深层火山岩；致密气藏；井身结构；快速钻井；长封固段；完井

英台火山岩气藏埋深 3600~4600m，位于松辽盆地南部西部断陷带北部，为双断式地堑特征，断陷面积 1800km^2，储量丰富，是吉林油田整装致密气未动用区，是油田公司“十三五”天然气持续上产的主战场。英台断陷地层厚度 500~4000m，其中目的层火山岩营二段主要以火山碎屑沉积岩为主，泥岩占 39.01%；砂岩占 28.98%；角砾岩占 10.65%；砂砾岩占 10.63%。孔隙度 4%~8%，岩石孔隙结构较差，属致密储层中孔隙结构偏差的类型，需要大规模压裂投产。由于储层埋藏深且致密，单井产量较低，采用常规三开开发成本高，无法效益动用，为此攻关形成了深层二开长裸眼段钻完井技术，钻井成本降低近 50%，实现了致密气藏的效益开发。

1　钻井技术难点

1.1　地层可钻性差、研磨性极强，高效钻头选型难度大，钻井提速困难

英台气田储层埋深 3600~4600m，地层石英含量 20%以上，且含砾，通过岩石力学分析（表 1），登娄库组及营城组地层的抗压强度超过了 210MPa，硬度达 3800MPa 以上；利用岩心和测井资料，开展了地层可钻性及研磨性实验（表 2），登娄库组及营城组的可钻性级值均达到 9 级以上，研磨级别为 4 级。英台气田下部地层抗压强度大，硬度高，可钻性差，研磨性强，常规钻头难以适应，特别是 3200m 以后，平均机械钻速低于 2.0m/h，下部 700m 井段钻井周期占到了全井钻井周期的 1/3 以上，导致钻井周期长，成本高。

表 1　岩石力学参数表

地　层	井深/m	抗压强度/MPa	硬度/MPa
青山口	1410~1538	118.13	2126.36
泉头组	1538~2356	134.45	2420.15
登娄库	2356~2735	216.41	3895.44
营城组	2735~3650	223.44	4021.83
	3650~4422	268.79	4806.2
	4422~5210	306.88	4910.04

表 2　岩石可钻性及研磨性

地　层	井深/m	可钻性级值	研磨级别
青山口	1410~1538	4.92	三
泉头组	1538~2356	5.6	四
登娄库	2356~2735	9.02	四
营城组	2735~3650	9.31	四
	3650~4422	11.2	四
	4422~5210	12.79	四

1.2　地质条件复杂，简化二开安全钻井难度高

英台气田上部嫩江组及姚家组泥岩段较长，容易缩径；青山口组坍塌掉块，极易造成井壁失稳；下部营城组地层压力系数低，钻井和固井过程中均发生过漏失，严重影响了钻进速度及固井质量。其中英深 309-3 钻进到青山口组，由于坍塌掉块严重，在 2501m 处扭矩突然增大，导致螺杆断裂；英深 303-2 井营城组地层，在钻进过程中漏失钻井液 30m^3，固井替量时漏失水泥浆 20m^3（表 3）。

1.3　裸眼段长、温差大，一次返固井施工难度大

英台气田二开裸眼段长达 3000m，而且地温梯度高、温差大，上下温差 100°，二开一次返固井难度大，固井质量也难以保障。

表 3 英台气田漏失情况统计

井号	工况	井深/m	层位	漏失量/m^3
龙深 309	钻进	4389	营城组	11.1
龙深 2-1	钻进	2406	泉头组	635
英深 303-5	钻进	2492-3798	泉头组-营城组	1066
英深 303-2	钻进/替量	3800	营城组	30/20

2 钻井技术对策

2.1 合理表套下深，确保井控安全

英台气田上部地层无浅气层，属于一个压力系统，同一裸眼井段不存在地层压力梯度超过0.3MPa/100m，满足简化成二开井身结构的井控要求，理论上具备三开井身结构(图1)简化为二开的条件；同时依据地层三压力剖面及安全钻井液密度窗口的限定条件，建立了钻井液安全密度窗口，由于上部嫩江组地层不整合接触，使得钻井液安全密度窗口变窄，为保障二开钻井的安全性，需将嫩江组及以上地层进行封固。

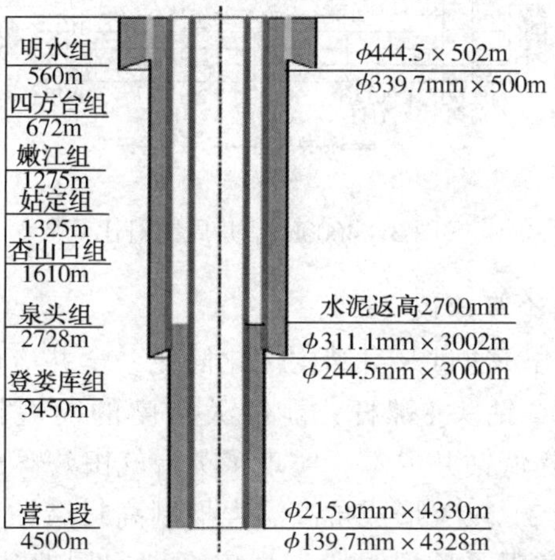

图 1 三开井身结构

另外，按照井身结构采用自下而上的设计原则，表层套管下深必须满足发生井控风险关井(发生溢流时关井最大当量密度必须小于表套鞋处破裂压力)及下部钻井井壁稳定等安全钻井要求；按照安全关井计算，表套需下深750~800m，综合考虑青山口以上地层不稳定，表套下深优化设计1320m(图2)。

2.2 优选钻井液体系，优化钻井液性能，确保复杂井段井壁稳定

开展井壁失稳机理研究，制定防塌、堵漏技术对策，优化钻井液性能(见图4)，优选抗高温水基聚合物钻井液体系，提高钻井液的抑制性和封堵能力，改善了钻井液的润滑能力和高温流变性，解决易漏易塌层的井壁稳定问题。

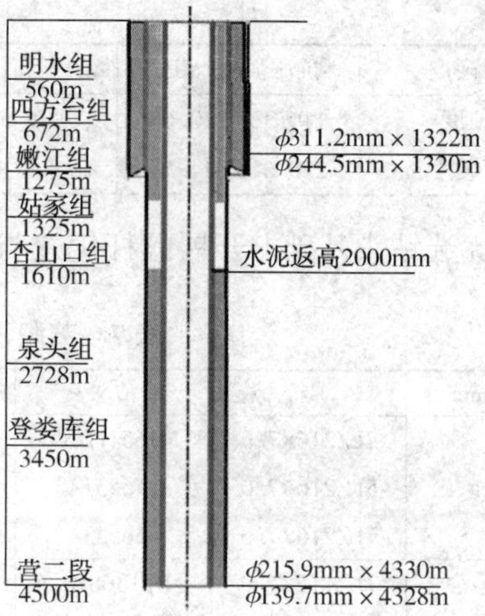

图 2 二开井身结构

表 4 钻井液抑制性能评价表

实验浆	处理剂名称及加量	钻屑膨胀率(0.5h)	钻屑膨胀率(4h)	回收质量/g	滚动回收率 100℃
1	基浆	1.66%	4.33%	21.66	72.2%
2	原配方	0.51%	1.15%	25.62	85.4%
3	优化后配方	0.19%	0.83%	29.29	97.6%

2.3 开展个性化 PDC 钻头设计提速，缩短井壁浸泡时间

对于下部硬地层，进行钻头个性化优选设计(图3)；以便提高含砾地层 PDC 钻头钻速。具体设计参数为：PDC 钻头结构采用抛物线型冠部设计；刀翼数量 6 翼，主刀翼延伸到心部，增加钻头稳定，保护心部，防止反取心效应；优选13mm 切削片(表5)，超强高密度布齿设计(表6)，合理的齿前角，提高切削效率、保护切削齿、延长钻头寿命，有助于提高钻速；合理的侧转角，利于清洗钻头，搬移岩屑，减少钻头泥包发生几率。

表 5 钻头切削齿尺寸优选

岩石硬度	抗压强度/MPa	切削齿尺寸/mm
很低硬度	0~55.16	19~24mm
中等硬度	55.16~110.32	16~19mm
高硬度	110.32~220.64	13~16mm
极高硬度	220.64~344.75	8~13mm(超强)

表 6 钻头布齿密度优选

岩石硬度	抗压强度/MPa	布齿密度
很低硬度	0~55.16	低布齿密度
中等硬度	55.16~110.32	中等布齿密度

续表

岩石硬度	抗压强度/MPa	布齿密度
高硬度	110.32~220.64	高布齿密度
极高硬度	220.64~344.75	高布齿密度(超强)

在优选钻头基础上开展螺杆优选与配套，以有利于提高钻头破岩效率为目的，其中上部地层钻速较快，优选低转速大扭矩螺杆；对于抗研磨性较强的下部硬地层，优选匹配高转速大扭矩螺杆。通过优选与试验，优选出高转速的5头螺杆+个性化钻头，提速效果明显(表7)。

表7　英深306-2井5头螺杆与7头螺杆提速对比表

井眼/mm	螺杆	钻头	层位	入井/m	出井/m	进尺/m	钻速/(m/h)
311.1	7LZ216×7.0	M165J1DRT	泉头组	2333	2715	382	3.45
	5LZ216×7.0	S1655JA	登娄库	2715	2907	192	2.09
	7LZ216×7.0	S1655JA	登娄库	2907	3099	192	2.75
215.9	7LZ172×7.0	DF1308BU	营城组	3986	4132	146	2.53
	5LZ172×7.0	M1675RJ	营城组	4166	4351.24	185.24	3.02
	7LZ172×7.0	M1675RJ	营城组	4359.86	4566	206.14	2.51

2.4　提高地层承压能力，优选固完井施工工艺，确保二开固完井质量

通过开展地层承压堵漏技术，提高地层承压能力；优化水泥浆结构及配方(表8)，完善固井工艺；技术套管注水泥浆顶替排量由$1.8m^3/min$提至$2.5m^3/min$，生产套管注水泥浆顶替排量由$1.2m^3/min$提至$1.5m^3/min$；形成3000m长封固段、上下温差100℃，一次返固井技术，固井质量合格率100%(见表9)。

表8　双密度水泥浆体系

项目	水泥浆体系	封固井段/m	密度/(g/cm³)
首浆	高温高强低密防窜	1000~2800	1.40~1.45
尾浆	高温晶体微膨胀	2800~3800	1.87~1.92

表9　2015-2018年英台气田固井质量统计表

年份	井号	结构	水泥返高/m	固井质量
2015年	龙深3平4	二开	980	优质
	英深303-6	二开	1000	优质
2016年	英深309-3	三开	技套内200	合格
	英深303-2	二开	1900	合格
2017年	英深303-9	二开	750	合格
	英深303-5	二开	1050	优质
2018年	英深303-4	二开	1100	合格
	英深303-3	二开	1000	合格

3　现场应用取得效果

2017-2018年英台气田4000m井由原来三开井身结构优化为二开，推广应用10口井，全井实现PDC快速钻井，机械钻速由3.5m/h提高到7.5m/h，单只钻头进尺由235m增加到571m，钻井周期由81天缩短到31天(图3)，成本由2269万元降低到1050万元，降幅48%，固井质量合格率100%，形成了英台气田4000m井二开快速钻完井技术。

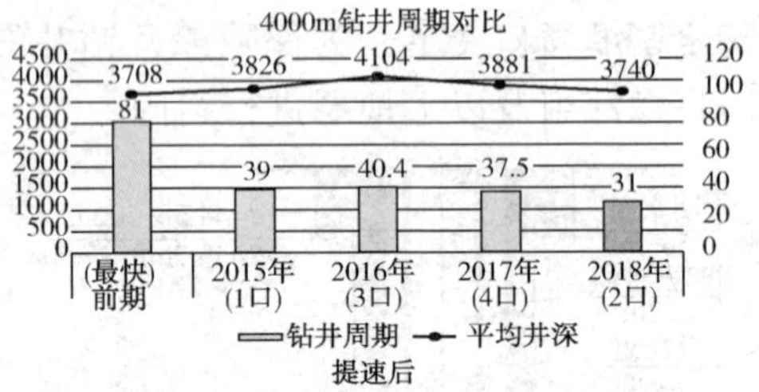

图3　4000m钻井周期对比

4　结论及建议

(1) 通过井身结构优化简化，全井应用个性化PDC钻头+螺杆，能够大幅度的缩短钻井周期，降低钻井成本，实现了英台气田效益建产。

(2) 攻关形成抗高温强抑制高封堵钻井液体系，实现了长裸眼段泥岩安全坍塌周期达70天以上，井壁稳定无复杂情况，能够保障二开井安全高效施工。

(3) 攻关形成抗高温，长封固段、大温差、易漏失、一次返优质固井技术，三年来固井质量合格率100%，能够满足规模压裂的要求。

(4) 建议下一步开展4500m深井二开简化及提速降本技术，钻井投资将持续降低。

参 考 文 献

[1] 徐丽琴．吐哈盆地深层天然气井优快钻完井技术[J]．西部探矿工程，2016，03(7)：39-45.
[2] 韩福彬，杜敬安，王忠福，姜玉芬，庆深气田深层钻完井配套技术[J]．天然气工业，2015，42(12)：18-22.
[3] 李贵宾，尤军，王福合等哈拉哈塘地区钻井难点分析与提速关键技术[J]．石油钻采工艺 2012，34(6).

川西超高压高温含硫气井二次完井工程关键技术优化设计及应用

张　娟　邹　波　陶俊亦　周　尧

(中国石油川庆钻探工程有限公司)

摘　要　陆上深层天然气资源发展潜力大但也是钻完井挑战最多的领域。随着油气勘探和开发的逐渐深入，深井及超深井的数量大幅增加，高温高压甚至超高压的作业工况凸显，对完井工程提出了诸多挑战和风险。我国川西二迭系异常超高压储层是目前国内发现的压力最高的“三超”含硫气藏，其完井难度堪与世界上陆上超高压高温深井相比，为了确保该区域二次完井工程安全实施，本文以LT1井为例，分析了目前我国超高压高温含硫气井二次完井面临的挑战，为了提高完井环节的井完整性，运用了从完井到生产全过程的关键技术的量化优化设计技术，优化了完井工艺、管柱及控制参数，并成功指导完井应用实践，为超深井高温高压及超高压含硫气井安全完井施工提供了科学的指导和技术支撑，对超深高压高温含硫储层的勘探开发具有一定的借鉴意义。

关键词　超高压高温；含硫气井；深井；二次完井；优化设计

据调研资料分析深层石油资源量占比为30%，天然气资源量占比为60%，是陆上剩余资源量最多、发展潜力最大、钻完井挑战最多的领域。随着油气勘探和开发的逐渐深入，深井及超深井的数量大幅增加，钻遇地层和井身结构复杂，高温高压甚至超高压的作业工况凸显，同时产出流体具有高产和高酸性特点，这对完井工程提出了诸多挑战和风险，然而完井是衔接钻井与开发生产关键的环节，完井技术是影响油气井开发效益的关键技术，为了确保完井及生产周期内井的完整性，需要在多种受限工程条件下，开展完井工艺技术优化，以确保完井安全性和可靠性。

1　国内超高压高温含硫储层特点

根据全球范围内高温高压(HTHP)项目统计，HTHP井占全球油气藏比例达1%，HTHP井主要分布在美国墨西哥湾深水区域及较深的陆上高温井、北海、挪威海、泰国和印度尼西亚，其中美国陆上加尼福尼亚HTHP含硫气井地层压力为124MPa，地层压力梯度为1.99。而我国川西二迭系异常超高压储层是目前国内发现的压力最高的“三超”含硫气藏，其储层特点主要体现在以下几方面：埋藏深度深(普遍在6000m左右)；压力高主要体现在地层压力高(高达129~132MPa)、井口关井压力高(最高109MPa)、改造压力高(最高125MPa)，压力梯度高(达2.25)；温度高主要为地层温度在150℃左右，其次产量高，目前测试产能超百万方/天，高产时流动温度高(百万产能时近100℃)；含酸性流体且分压高，其中H_2S分压达0.68~0.79MPa，CO_2分压达1.06~1.54MPa。从储层特点上分析，该区域的完井面临的挑战堪称世界级，为了满足安全完井，对地面及井下设备及工艺都提出了很高的要求。

2　超高压含硫气井二次完井面临的挑战和难点

为了钻达目的层，该区域主要采用非常规井身结构及小井眼完井，在复杂的井身结构和井况下，超高压含硫气井完井难度和风险并存，为了更好地量化分析论述，为此文中以LT1井完井优化为例，其完井主要面临如下的挑战和难点。

2.1　防硫套管强度受限，无法满足安全关井要求

由于防硫碳钢材质最高钢级仅为110，若全井采用177.8mm套管几乎是不可能，为此油层套管通过优化选择193.68mm+177.8mm+168.3mm+114.3mm组合的非常规厚壁气密封扣套管，LT1井根据油层套管强度分析，其控制参数结果为：考虑安全系数后纯天然气时最高允许关井压力也只能达102MPa(<最高关井压力109MPa)，在高密度压井液中最高允许套压低(2.34g/cm^{3}中为20MPa)，清水时允许最高套压75MPa、允许掏空深度为3770m，在完井及生产

中若封隔器管柱窜漏存在压坏套管的风险，完井的二级屏障存在很大的安全风险。

2.2 高密度完井液中下入和操作井下工具难

二次完井时，储层已打开，需在高密度完井液(2.34g/cm³左右)中下入完井管柱，在超深井中下管柱周期较长，若高密度完井耐温稳定性差，则会导致完井管柱下入过程中出现阻卡的风险；此外完井时环空需要替入保护液，若替液不当会成对封隔器的冲刷，从而影响封隔器密封性能。

2.3 超高压井含硫井完井管柱优化选择难

为达到或恢复井的工业产能，完井作业需要进行增产、诱排、测试等作业，致使井筒工况多且变化频繁，造成完井管柱承受高低压及高低温的剧烈变化，井深、压力高对管柱强度和气密封性能要求高，并且要满足长期生产的要求，为了保障井一级屏障安全可靠，在防腐管材强度受限、操作压力受限的条件下优化选择完井管柱难度大。

3 超高压高温含硫气井完井工程设计优化

3.1 完井工艺优化

3.1.1 环空保护介质类型的优选

为了确保二级屏障——油层套管安全，拟考虑环空采用氮气惰性气体替代环空保护液，以提高井口附近套管的最高允许套压值，减缓因井口附近管柱发生高压窜漏而压坏油层套管的风险。为了分析该方案的可行性，对氮气时套压允许控制压力及施工压力预测两方面进行了论证分析。为分析氮气时允许的控制套压，根据气体状态方程，结合套管抗内强度及不同安全系数取值，分析计算了替入不同氮气高度时的允许套压，计算结果如下：

表1 不同氮气高度时最高允许套压表

环空氮气高度/m	最低施工泵压/MPa		
	抗内压安全系数1.25	抗内压安全系数1.1	抗内压安全系数1.0
1500	82.34	93.265(井口安全系数1.39)	101.3(井口安全系数1.28)
2000	84.8	95.723(井口安全系数1.36)	103.8(井口安全系数1.25)
3000	89.7	100.62(井口安全系数1.29)	108.7(井口安全系数1.20)

续表

注：抗内压安全系数以薄弱段套管强度设定的。

鉴于套管允许掏空仅为3770m，为了防止异常泄压造成套管损坏，为此设置氮气最大高度为3000m。从计算结果表分析，若按套管抗内压安全系数1.25考虑(技术规程要求的安全系数)，则允许套压最高为89.7MPa，较清水时最高允许套压75MPa提高了14.7MPa，只有当抗内压安全系数取1且氮气高度达3000m时最高允许套压才能达108.7MPa(低于最高关井压力0.3MPa)，但是不满足技术规程要求。

施工泵压方面，根据连通器原理及气体状态方程，结合作业中氮气、环空防护液(密度1.02g/cm³)、过渡液顶替完井压井液(密度2.34g/cm³)及地层压力129MPa的控制要求，建立了气、液柱平衡方程，预计分析的最低施工泵压如下：

表2 不同工况下最低施工泵压预测分析表

油套环空状态	最低施工泵压/MPa
3000m氮气+防护液	91.2
2000m氮气+防护液	86.28
1500m氮气+防护液	83.84
3000m氮气+防护液+1.5g/cm³过渡液300m	89.87
3000m氮气+防护液+1.6g/cm³过渡液300m	89.61
2000m氮气+防护液+1.6g/cm³过渡液300m	85.19
1500m氮气+防护液+1.6g/cm³过渡液300m	82.71

但从上表分析结果看，为有效提高控制套压能力，需要液氮高度至少3000m，环空泵注液氮时最低施工泵压达89.61～91.2MPa，然而目前配备新的液氮泵车施工泵压最高仅为90MPa，接近了设备能力极限，施工难度大；其次施工作业压力也超过了氮气条件下套管允许控制压力(氮气时最高允许套压为89.7MPa)；此外即使环空采用液氮，在后期生产过程中气密封长期保压难，需要经常补压，会对油层套造成频繁变化的交变应力，不利于套管和油管柱的安全，为此该方案不予采纳。

为了优选环空完井液，通过对不同密度下套管允许控制参数进行分析，根据利于控制同时保护油层套管的优选原则，优先选择环空保护液。

表3 不同密度完井液时允许最高套压分析结果表

密度 g/cm^3	允许最高套压/MPa	套压控制范围/MPa
1.0	75.6	0~75.60
1.02	74.83	0~74.83
1.5	56.41	0~56.41
1.6	52.58	0~52.58

3.1.2 替液工艺的优化

在2.34g/cm^3高密度完井压井液条件下，最高允许套压仅为20MPa，完井封隔器管柱下到位后，为了确保封隔器的安全及顺利替入环空保护液，只能采用小排量反循环方式替液，则施工泵压会施加在套管上，为了确保油层套管安全，为此进行了基于井下工具及套管挖压安全操作的论证，从而优化替液工艺参数。结合施工工艺和实际井筒容积，预测分析了将全井替成保护液时，不同替液量下替液施工泵压(其中过渡液密度采用1.5g/cm^3，替液排量0.18m^3/min)，分析结果如下：

表4 不同过渡液量下的替液工艺参数对比表

过渡液量/m^3	预测施工最低泵压/MPa	允许最高套管/MPa	替液时间/h
15	69.20	75.6	10.03
30	63.00	71.64	11.42
40	59.17	67.64	12.34
50	55.34	63.81	13.27
70	47.94	56.41	15.11

由于当环空全为密度1.5g/cm^3过渡液时，允许最高套压为56.41MPa，从上表分析来看过渡替液量为30m^3时套压操作范围最大，考虑全井替成保护液后井口保压为76.48MPa，若进行封隔器坐封则井口施工泵压将达105MPa，这增加了井口操作安全风险，为将井口坐封封隔器施工泵压控制在90MPa以内，则选择在油管内预留3000m过渡液，综合考虑混浆影响以减少井下复杂，为此优选过渡液量为40~50m^3。

3.2 完井管柱功能结构

鉴于本井为超高压高温含硫气井，为了满足安全生产及应急处置的要求，要求完井管柱具备安全关井功能、有效保护油层套管功能、应急关断处置功能和防腐功能，为此采用了国际上高温高压及含硫气井通常采用的封隔器完井管柱，其完井管柱组合为：封隔器+油管+井下安全阀+油管+油管挂；基于完井及生产极限工况分析，井下工具井下安全阀选择压力等级为115MPa、耐温149℃，封隔器采用压力等级105MPa、耐温177℃的永久式生产封隔器、采用88.9mmδ9.53mm和88.9δ7.34mm125钢级的复合油管；防腐方面采用管材防腐技术，即油管采用耐蚀合金、井下工具采用718材质。

3.3 管柱及控制参数优化

为了提高管柱的安全可靠性，根据前期的试油测试情况，基于二项式法校正的井无阻流量，预测了不同生产工况，同时兼顾井生产全生命周期内的极端工况，设置了不同模拟工况参数，为不同工况下管柱力学校核方法的对比分析提供分析条件。模拟分析工况参数设置表如下：

表5 模拟分析工况参数设置表

工 况	油压/MPa	最低套压/MPa
改造高挤	125	50
改造排量1.5m^3/min	94	15
改造排量2.0m^3/min	103	20
改造排量2.5m^3/min	113	25
改造排量3.0m^3/min	125	35-40
改造排量3.5m^3/min	138	40-50
日产气40×$10^4m^3/d$	106	10-15
日产气100×$10^4m^3/d$	96	10-15
生产后关井	110	10-15

为了提高和优化控制参数的安全可靠性，采用了国际上常用的管柱力学校核软件和基于有限元分析理论的力学校核方法进行对比分析，不同管柱力学分析结果如下：

方法一：国际上常用的管柱力学校核软件校核结果

表6 方法一管柱三轴力学校核结果表

工 况	油压/MPa	最低套压/MPa	最低安全系数	薄弱点位置
高挤	125	50	1.547	油管变径处
排量1.5m^3/min	94	15	1.561	油管变径处
排量2.0m^3/min	103	20	1.568	油管变径处
排量2.5m^3/min	113	25	1.542	井口
排量3.0m^3/min	125	40	1.576	井口

续表

工　况	油压/MPa	最低套压/MPa	最低安全系数	薄弱点位置
排量 3.5m³/min	138	50	1.551	井口
日产气 40×10⁴m³/d	106	10	1.503	油管变径处
日产气 100×10⁴m³/d	96	12	1.533	油管变径处
生产后关井	110	12	1.532	油管变径处

方法二：基于有限元分析理论的力学校核结果：

表 7　方法二管柱三轴力学校核结果表

工　况	油压/MPa	最低套压/MPa	最低安全系数	薄弱点位置
高挤	125	50	1.60	封隔器处
排量 1.5m³/min	94	15	1.77	油管变径处
排量 2.0m³/min	103	20	1.67	井口
排量 2.5m³/min	113	25	1.56	井口
排量 3.0m³/min	125	35	1.49	井口

续表

工　况	油压/MPa	最低套压/MPa	最低安全系数	薄弱点位置
排量 3.5m³/min	138	40	1.41	井口
日产气 40×10⁴m³/d	106	12	1.69	油管变径处
日产气 100×10⁴m³/d	96	12	1.85	油管变径处
生产后关井	110	12	1.56	油管变径及井口处

从两种方法的分析结果来看：增产改造在低排量时由于摩阻计算方法存在一定差异，导致薄弱点位置有差别，但是均在安全范围之内，关井工况下高压气体密度取值不同导致薄弱点有差异，但是两种分析方法的总体趋势和结果差异不大，为此结合两种分析结果，优化管柱为 88.9mmδ9.53mmX2370m + 88.9δ7.34mmX3450m 复合油管柱，优化后控制参数如下表：

表 8　优化后综合控制参数表(坐封条件下)

储层改造期间			测试、生产期间				清水最大掏空深度/m
最大控制套压(清水)/MPa	最高控制油压/MPa	油压不高于套压(试挤)/MPa	最高控制油压/MPa	最低控制油压/MPa	油压不高于套压/MPa	测试及关井期套压范围/MPa	
75	90	94	123	14	114	12~75	3700

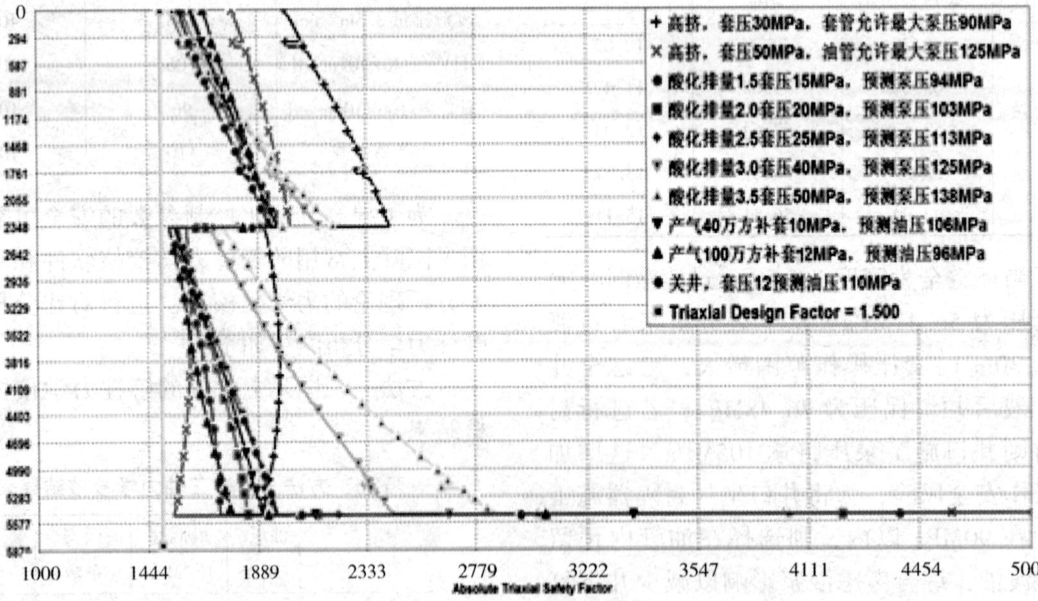

图 1　完井管柱三轴安全系数分布图

4　应用情况

ST1 井完钻井深 7308.65m，油层套管 193.68mm+177.8mm+127.0mm，是 127.0mm 套管长达 4308.65m 的超深高压高温含硫超长小井眼气井，油层套管清水时最高允许压力为 86.64MPa，纯天然气时最高允许关井压力

105MPa，完井层位地层压力 123.09MPa，井口最高关井压力达 102MPa，为了防止管柱窜漏压坏油层套管，为此采用环空注 3000m 的液氮以提高套管的井口控制压力，为此预计分析注液氮施工泵压最低为 76.65MPa，实际施工泵压 70～80MPa；设计优化形成以 88.9mm+73.0mm 合金油管组成的封隔器完井管柱及相应的控制参数，科学指导了完井施工，并以 $30x10^4 m^3/d$ 的产能安全顺利投产。

5 结论和建议

（1）高温高压甚至超高压含硫气井完井工况恶劣，尤其是二次完井工程面临诸多挑战和风险，为了提高完井环节的井完整性，通过完井全过程量化分析优化设计技术，优化了完井工艺、管柱及控制参数，为完井施工提供了科学的指导和技术支撑。

（2）采用多种管柱力学校核方法对比分析，可以从不同的理论视角对油套管控制参数和管柱进行优化，从而提高管柱安全可靠性，弥补了单一方法的不足，该方法在高温高压井完井及生产中应用具有一定借鉴意义。

（3）超高压高温含硫气井属于高风险、高难度井，为了减少完井及生产的安全风险，建议从钻井开始进一步加强井一级屏障保障技术研究，从而进一步提高为超高压高温含硫气井的井完整性。

（4）随着油气勘探和开发的逐渐深入，深井及超深井的数量大幅增加，为满足高温高压甚至超高压的完井作业需求，建议加强和提升井下工具及装备的国产化研究，为该类井的勘探开发提供技术支撑。

参 考 文 献

[1] 熊昕东，龙刚，熊晓东，等．高温高压含硫气井完井技术现状及发展趋势[J]．天然气技术与经济，2011(5)2：57～61.

[2] 汪海阁，刘岩生，王灵碧．国外钻、完井技术新进展及发展趋势(Ⅱ)，石油科技论坛．2013(6).

[3] 高德利．复杂结构井优化设计与钻完井控制技术．中国石油大学出版社．2011.

[4] D. E. Hahn et al.“Completion design and implementation in challenging, Extreme HPHT well in California”, SPE71684.

[5] K. Taugbol, G. Fimreite, and O. L. Prebensen, M－L Swaco, and K. Svanes, T. H Omiland, P. E. Svela, and D. H. Breivik, Statoil ,“Development and Field Testing of a Unique High－Temperature/High－Pressure (HTHP) Oil－Based Drilling Fluid With Minimum Rheology and Maximum Sag Stability”, SPE 96285.

[6] A. R. Davidsion, Gavin Prise , Clive French,” Successful High － Temperature/High － Pressure Well Testing From a Semisubmersible Drilling Rig ”, SPE 23120.

光纤微地震监测技术在新疆油田的应用

谢 斌 潘 勇 王宁博 汪 志 芦志伟 段胜男

（中国石油新疆油田公司）

摘 要 水力压裂技术是部分非常规油气田，如页岩气、稠油、重稠油等实现增产的有效技术，为了评估压裂效果，优化施工方案，需要相应的微地震监测手段。但是目前国内还缺少拥有自主知识产权的微地震监测仪器和设备，导致监测成本较高。为此，我们经过尽5年的合作攻关和现场试验，成功研制了一套10级光纤微地震监测设备，该设备频带范围3～1kHz，动态范围高于120dB，等效噪声加速度低至56ng/$\sqrt{Hz}$，性能指标接近国外同类产品。更为出色的是，不同于传统电子式监测设备，光纤检波器为无源传感器，经测试可在120℃，40MPa环境下正常运行，满足绝大多数水力压裂井微地震监测的应用需求。截止2018年底，该套设备顺利完成了多井次的现场试验，采集到了大量的有效微地震信号，对压裂过程中的裂缝方位、发生时间进行了合理的解释，为下一步施工调整提供了依据。

关键词 微地震监测；非常规油气；光纤检波器；压裂

水力压裂技术是开采非常规油气资源的重要技术手段[1]，微地震监测是评价压裂效果、优化压裂设计及施工作业的重要方法[2]。微地震监测方法对水力压裂中的岩石破裂声发射现象进行实时监测，用所获得的数据对震源进行反演和成像，从而获得震源位置、震动时刻以及震源强度等信息，监控、指导整个施工过程[3]。从上个世纪80年代起，Terrascience、OYO Geospace等国际知名油田服务公司相继开展了多次微地震监测试验，同时完善了相关理论、监测设备和施工工艺，逐渐将此项技术推向商业化应用，如Schlumberger的StimAPLive系统，Halliburton的FracTrac系统以及Baker Hughes的IntelliFrac系统等。近二十年来，国内在长庆油田、松辽油田等地开展了多次微地震试验，取得了良好的效果[4]。然而，在国内的监测试验多由国外公司进行，或是使用国外的监测系统，尚无有自主知识产权的相关监测系统的报道。

目前微地震监测技术在应用中遇到一些问题：微地震信号能量较弱，频率范围较宽，要求检波器带宽大、灵敏度高[5,6]；井下环境恶劣，空间狭小、高温、高压、高腐蚀性，要求检波器及连接件、信号传输线等具备耐高温、高压和耐腐蚀的性能[7]；为了降低震源的定位误差，要求监测系统携带尽可能多的检波器[8]。作为一种新兴的传感技术，光纤检波器具备体积小、灵敏度高、井下绝缘等优势，在光纤数量有限时可通过复用方式最大程度的增加检波器的数量，同时采用光纤传感技术构建微地震监测系统也可以避开国外传统的动圈式或MEMS检波器的专利壁垒，有利于打造具备自主知识产权的微地震监测系统。

本文介绍了一套自主研制开发的光纤微地震监测系统，包含10级三分量微地震检波器单元。在现场试验中，成功地利用该设备监测到水力压裂过程中的微地震信号，并由此反演出了微地震信号的强度和位置，得到了裂隙方位和走势，验证了该系统的可行性。

1 光纤微地震监测系统

1.1 仪器组成

光纤微地震监测系统耐温120℃、耐压40MPa，适用于5½in套管，井深小于4500m，主要由地面仪器，光纤承荷探测电缆（简称“测井电缆”）和井下仪器三部分构成，结构如图1所示。

地面仪器包括解调设备和推靠装置的控制部分。测井电缆一端连接地面仪器，另一端连接井下仪器部分，即多级检波器单元。

地面解调系统多采样率可选，SEG-Y标准数据格式，可实时采集、解调和传输井下多级检波器阵列的监测信号，具有信噪比高、多级实时解调、响应频带宽的性能。

测井电缆长度4.5km，抗拉强度大于80kN，为光电复合缆，包括6根电线和4根耐高温光纤，电线控制推靠，光纤传输光信号。

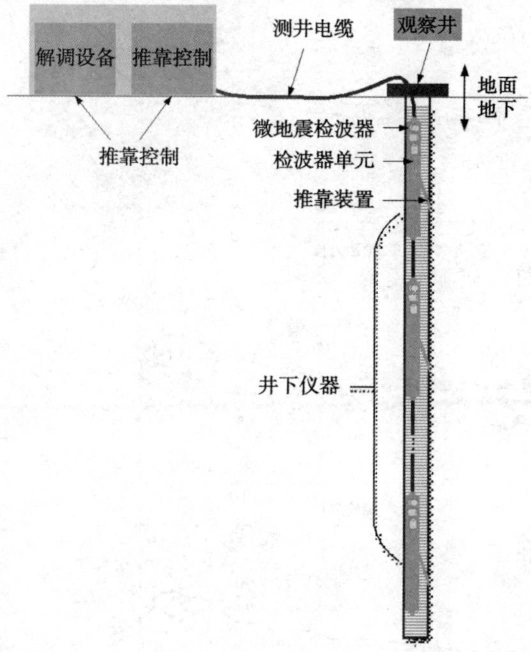

图1　光纤微地震监测系统结构图

检波器单元外径 85mm，长度 1039mm，由三个不同方向的光纤微地震检波器和推靠装置构成，如图2所示。光纤微地震检波器通过传感光纤将监测到的振动信号转化为光信号；推靠装置采用逐级推靠，逐级收回方式。

图2　检波器单元结构图

1.2　工作原理

光纤微地震监测系统测量微地震信号的核心传感器是检波器单元中三个不同方向的光纤微地震检波器，采用质量-弹簧结构，如图3所示，由探头基座、弹性筒、质量块、O型圈、光纤一分二耦合器、法拉第旋镜和传感光纤组成。该传感器是基于 Michelson 干涉仪光学结构，当振动信号传递到检波器时，质量块由于惯性会施加给弹性筒一个轴向力，引起弹性筒径向形变，带动缠绕在弹性筒上的传感光纤，从而导致干涉光相位发生变化，通过差分延时外差解调系统对其干涉信号进行解调，就能得出光相位信息，测量出外界振动信号的加速度大小[9,10]。

1.3　实验室测试

光纤微地震检波器的频率响应范围 3Hz～1kHz，灵敏度为 100rad/g(40dB(ref rad/g))，动态范围大于 110dB，系统耐温 120℃，耐压

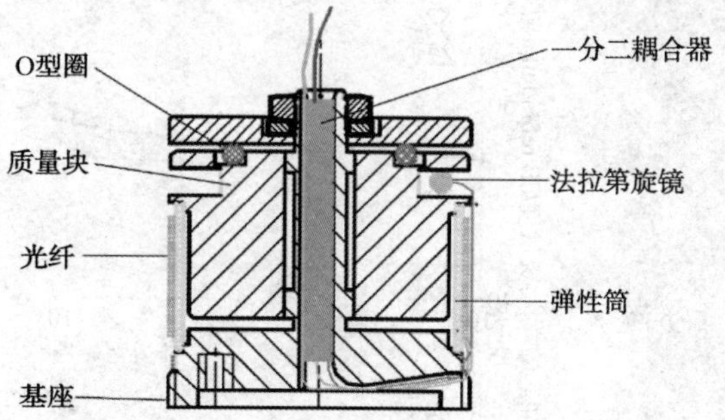

图3　光纤微地震检波器结构示意图

40MPa。在实验室条件下检验光纤微地震监测系统主要技术参数如下：

使用振动台测试光纤微地震检波器。光纤检波器 3dB 带宽为 20Hz～1kHz(振动台最低频率 20Hz)，灵敏度范围(45～50)dB(ref rad/g)，如图4所示；所能测到的最小振动信号幅度为 $56ng/\sqrt{Hz}$，优于 Weatherford 公司产品的指标相当[10]，所有频率点处的动态范围均高于 120dB(其中在 50Hz 附近由于噪声本底受工频干扰较大，导致动态范围下降)，如图5所示；不同加速度下光纤微地震检波器线性度曲线大于 0.999，性能一致性较好，如图6所示。

高温高压模拟井中测试系统耐温耐压性能。温度 120℃，压力 40MPa 环境范围下，光纤微地震检波器灵敏度不变，监测结果与电子检波器一致，振动信号响应清晰正常，如图7所示。

2　微地震信号处理解释软件开发

光纤微地震检波器是加速度型传感器，常规电子检波器是速度型传感器。比较两种检波器，光纤微地震检波器灵敏度更高，采集的光信号分辨率高，有效信号主频较高。同时，由于灵敏度过高，采集信号的信噪比变低，有效信号淹没在噪声中，需要开发配套的处理解释软件进行去噪和识别有效信号。

针对光纤微地震监测系统的信号特点，开发了微地震信号处理解释软件，可以实现人工干预处理解释和实时自动处理解释功能。

(1) 采用高阶矩弱信号自动识别技术，如图8所示，通过有效信号的相关性，以能量大小和延续时间判定是否出现有效微地震信号，模糊识别可疑信号，保留大数据量下的有效数据段，提高分析速度。

(2) 采用自相关法结合高阶矩方法联合去噪，有效抑制数据中的随机干扰和线性干扰。

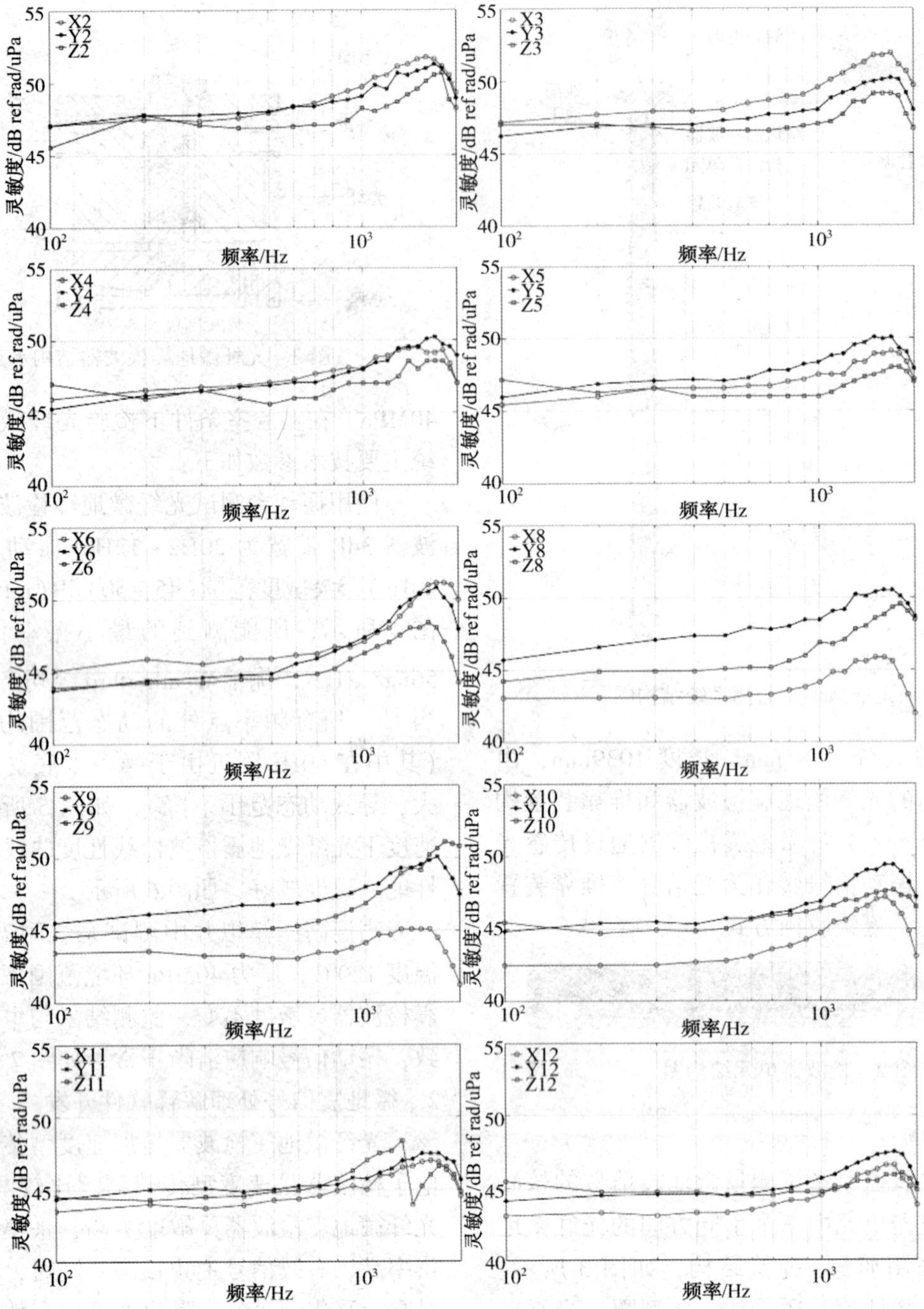

图 4 灵敏度曲线

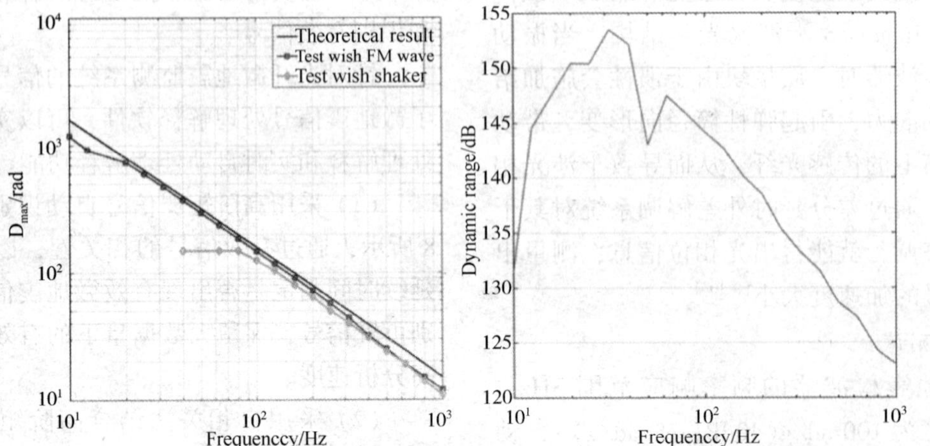

(a)最大可检测信号测试曲线 (b)动态范围测试曲线

图 5 测试曲线

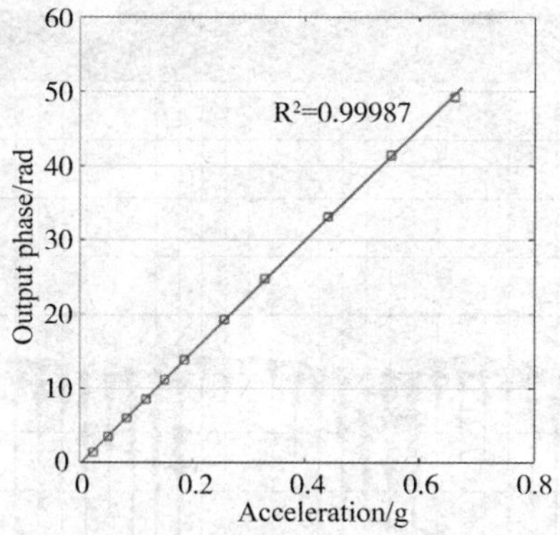

图 6　线性度测试曲线

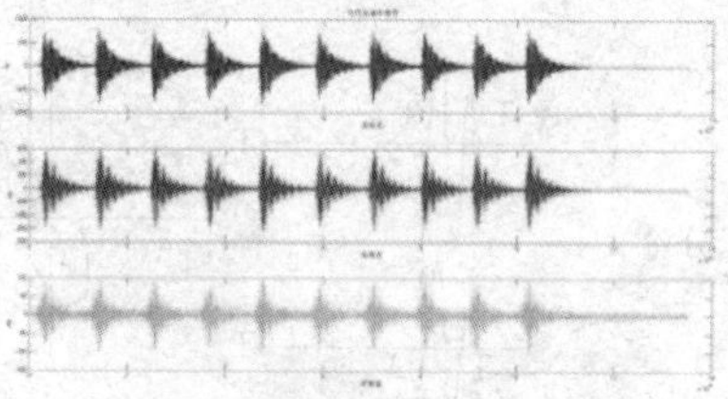

(a)光纤检波器监测信号

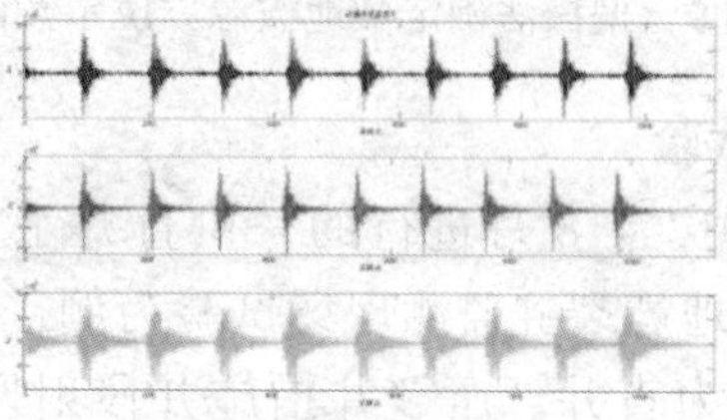

(b)电子检波器监测信号

图 7　监测信号

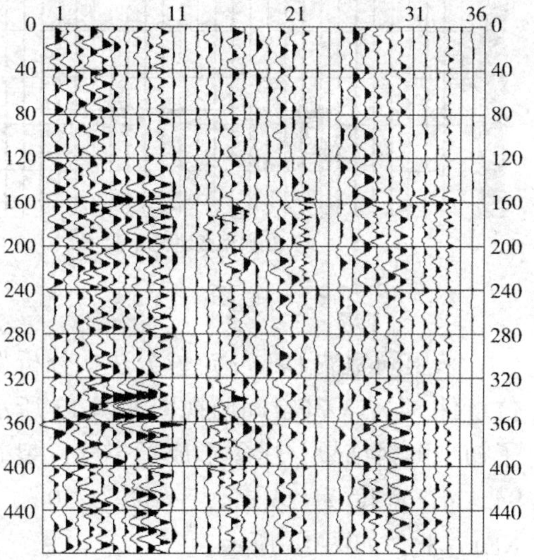

(a)原始信号

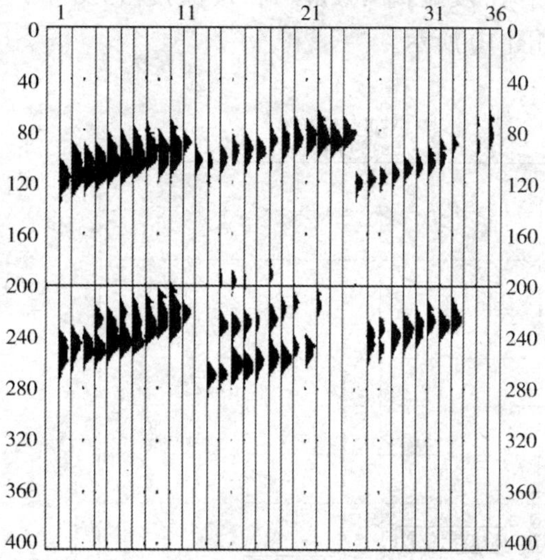

(b)高阶矩弱信号识别后信号

图 8

（3）由于信噪比低，数据中难以同时拾取纵波和横波到达时刻，常用的纵横波联合定位方法难以进行准确定位。采用三分量检波器单波定位方法，保证了在三分量检波器只接收到纵波或者横波时，仍然能够进行准确的定位处理。

设 $Q_k(x_{qk}, y_{qk}, z_{qk})$ 点为第 K 次破裂时的破裂源，$P_i(x_{pi}, y_{pi}, z_{pi})$ 为第 i 个测点，d_{ki} 为 Q_k 和 P_i 两点间的距离，则有

$$d_{ki}=[(x_{pi}-x_{qk})^2+(y_{pi}-y_{qk})^2+(z_{pi}-z_{qk})^2]^{\frac{1}{2}} \quad (1)$$

当在 P_i 点记录的信号上无法准确确定出 S 波和 P 波的到时，但仍可以确定 S 波或者 P 波时，也可以得到求解 $Q_k(x_{qk}, y_{qk}, z_{qk})$ 的基本方程组

$$[(\,^{x}_{pi}-x_{qk})2+(\,^{y}_{pi}-y_{qk})2+(\,^{z}_{pi}-z_{qk})2]\frac{1}{2}-$$

$$[(\,^{x}_{p1}-x_{qk})2+(\,^{y}_{p1}-y_{qk})2+(\,^{z}_{p1}-z_{qk})2]\frac{1}{2} \quad (2)$$

$$=V\times(T_{ki}-T_{k1})$$

式中，*Tki* 为第 Q_k 次破裂的微地震信号在测点 *Pi* 记录上的到达时，通过求差回避了发震时刻不定的问题。当测点数不少于 4 时，可由上述方程组求得 $Q_k(x_{qk}, y_{qk}, z_{qk})$。

单井观测的条件下，由于所有观测点的水平坐标都相同，由式(2)只能确定震源点到观测井的水平距离和深度，需通过偏振分析确定震源的方位，即通过纵波或者横波在三分量检波器中由于传播方位造成的振幅差异来进行分析，如图 9 所示。

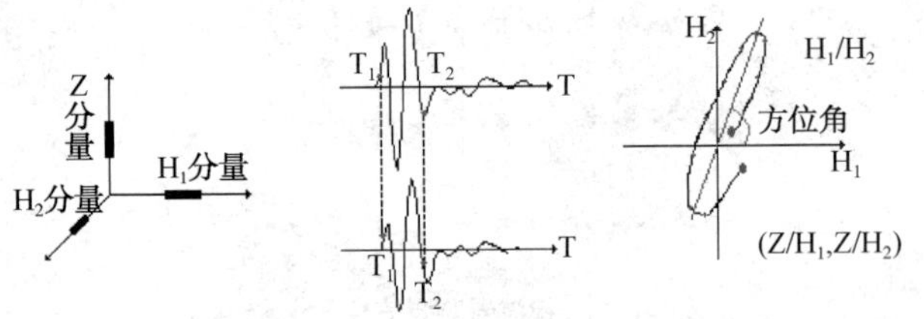

图 9　偏振法确定微地震源方位示意图

3　现场试验

以 2017 年 8 月进行的一口直井水力压裂过程光纤微地震裂缝监测现场试验为例，压裂井和监测井均为直井。压裂井措施井段射厚 15. 0m，跨度 23. 5m，施工排量 3. 0m^3/min，砂量 12m^3，压裂井与监测井井口井距 147m，井下检波器下入位置距射孔段距离 172m，下入深度 1520～1740m，如图 10 所示。

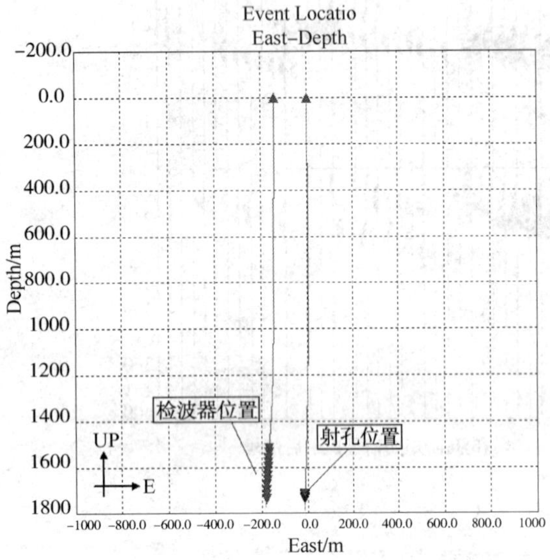

图 10　压裂井与监测井位置示意图

射孔信号正常接收，满足检波器方向校正要求，如图 11(a)所示。压裂过程信号存在大量高频噪声干扰，识别出部分有效微地震事件，典型微地震信号如图 11(b)所示。

通过微地震信号的处理解释，共得到约 100 个微地震信号。统计微地震信号的数量、能量与现场施工曲线相对比，如图 12 所示。可以看出，微地震事件数量分布和能量曲线与施工曲线，特别是加砂曲线吻合度较高。压裂过程中，每一次加砂都会对应到一次微地震数量和能量的峰值，当停泵、停止加砂后，微地震事件数量和能量急剧下降。

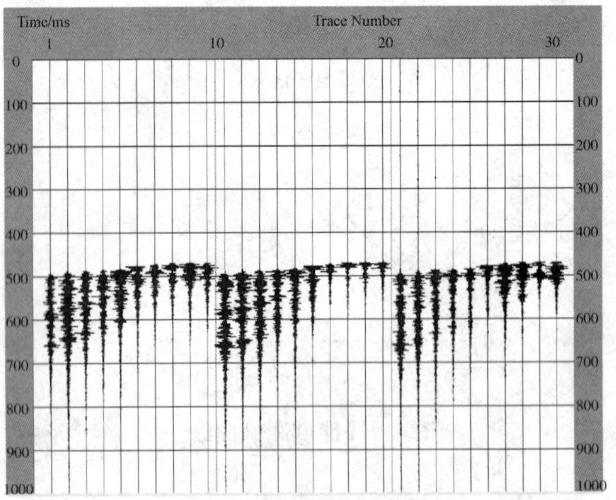

(a)射孔信号

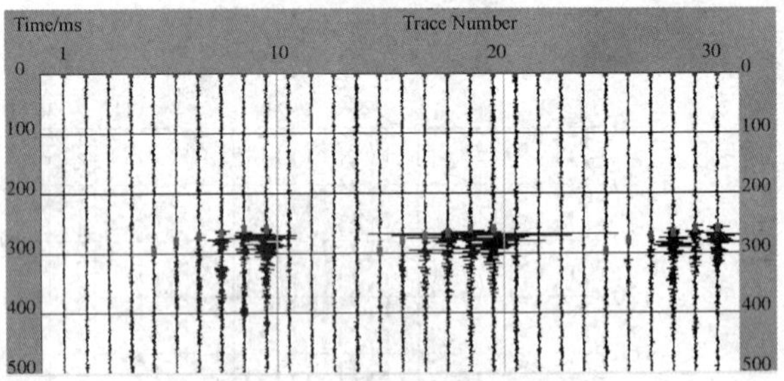

(b)典型微地震信号

图 11

采用同型波 Geiger 定位方法，分析得到可定位事件 34 个，其空间俯视图如图 13 所示，得到了初步解释结果：压裂形成了裂缝，裂缝长度为 94. 1m，宽度为 26. 7m，高度为 30m，方位为 NE17. 3°，如图 14 所示。

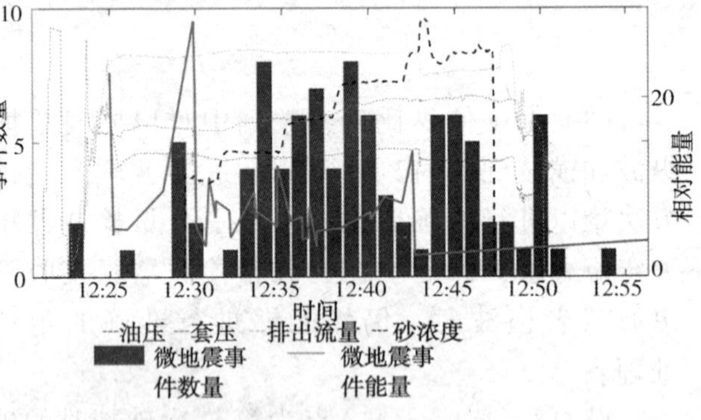

图 12　微地震事件数量和能量分布与现场施工曲线对比

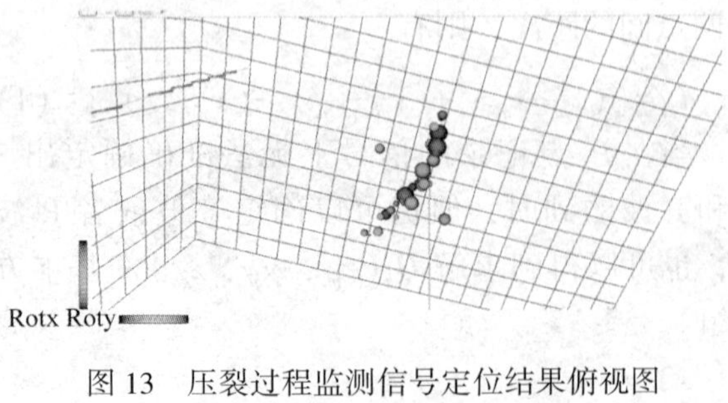

图 13　压裂过程监测信号定位结果俯视图

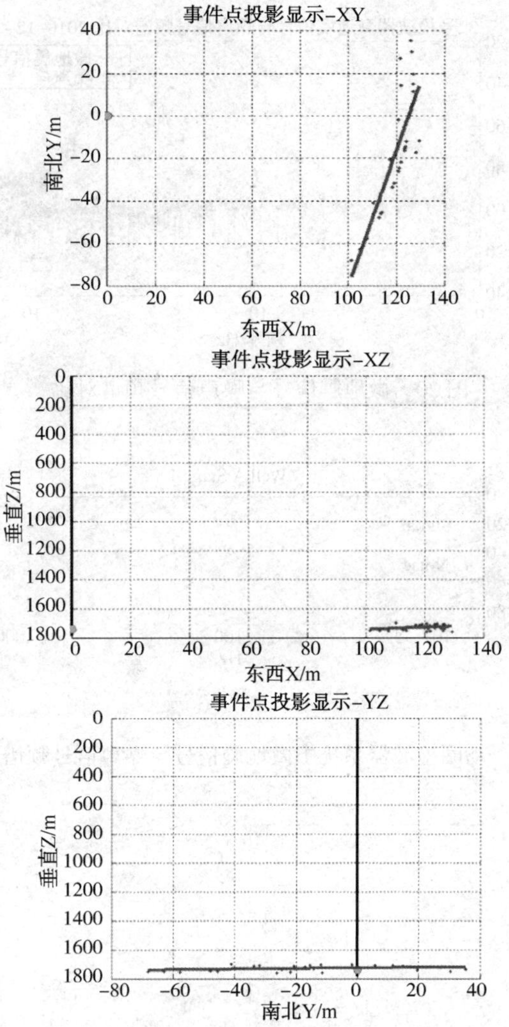

图 14　微地震事件解释结果

在 2017 年的实验中，取得射孔信号中还存在部分震荡、拖尾等现象，各级检波器的微地震信号一致性也较差。经过一年的改进之后，我们使用新的光纤微地震监测系统继续进行了若干口井的实验(2018 年 11 月)，其中某次实验的监测井、射孔井和压裂井的空间位置示意图如图 15 所示。接收到的射孔信号如图 16 所示，可以看出，射孔信号能量较强，信噪比较高，最大走时差 50ms 左右，可以使用自动算法准确识别出初至。利用射孔资料对该井进行 PSO 速度反演，反演后的层速度与声波测井速度较为吻合(图 17)，为后续压裂定位提供良好的速度模型。利用反演后的速度与射孔资料进行定位，空间显示如图 18。射孔点定位结果与实际位置相差不大，其中 X 方向的误差为 4.9m；Y 方向的误差为 1.1m；Z 方向的误差为 0.0m，再一次验证了速度反演的准确性。

随后进行了该压裂井的水力压裂监测实验，

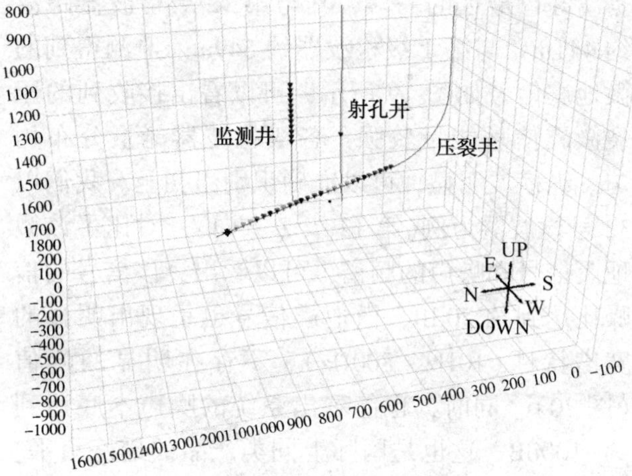

图 15　2018 年现场试验中压裂井、射孔井与监测井位置示意图

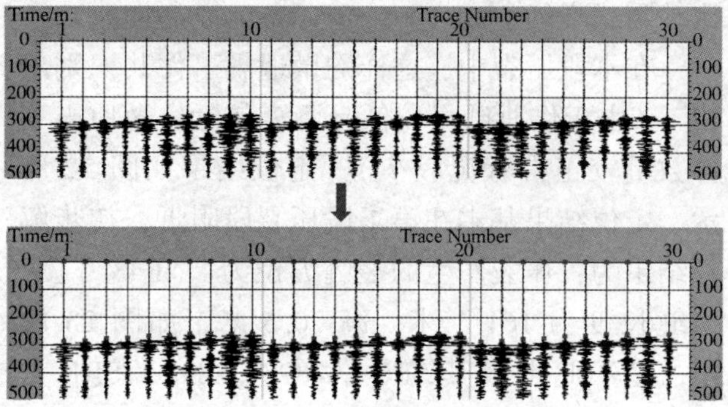

图 16　仪器接收到的射孔数据

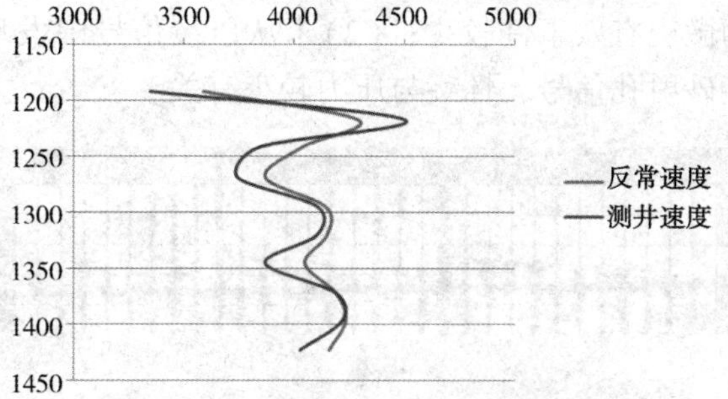

图 17　根据射孔信号反演速度和测井速度的对比

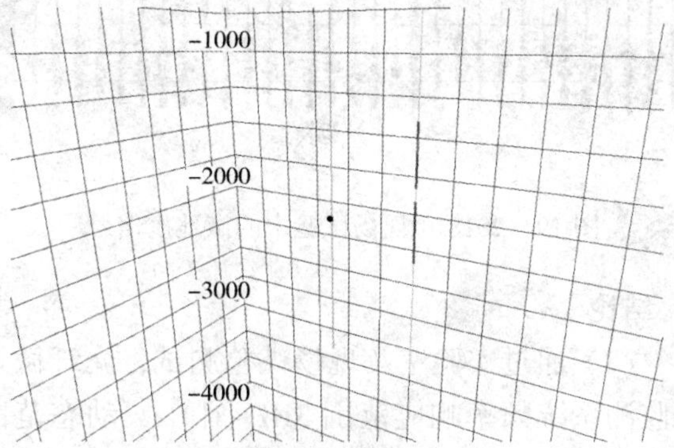

图 18　射孔定位结果

受限于天气原因，本次压裂仅进行了一段，也就

是离井口最远的一段，其与第 12 级检波器距离约 441m，与第 1 级检波器约 549m。监测得到的微地震信号如图 19 所示，可以看出接收到的压裂微震信号能量较强，各级检波器能量分布均匀。纵横波明显，可以准确识别出初至。我们以 32 号检波器为例(第 12 级 Z 方向)，对比了该微地震信号和噪声的频谱，可以看出，该信号的信噪比达到约 50dB，微地震信号也呈现出明显的宽谱特性(10Hz～800Hz)，不存在明显的峰值(图 20)。同时，也能看出系统的噪声本底达到约-100dB，这也是国际上同类产品的最好水平。作为对比，我们看到，一个典型的那个动圈式微地震信号的信噪比大约为 40dB(图 21)，由此对比可以看出，光纤检波器接收到达微地震信噪比比动圈式高约 10dB。

在本段压裂中，这样的微地震事件共识别出 12 个(由于作业砂量较低且距离较远，微地震事件数量较正常状况较少)，定位结果如图 22 所示。定位结果基本在第 1 段压裂段附近，初步解释结果为：压裂产生的裂缝方位为：NE43.3 度，裂缝长度为 161.1 米，高 20.5 米，如图 23 所示，基于此得出其 SRV 为 8987.88m3，SRF 为 1467.28m2，如图 24 所示。需要指出的是：(1)由于本次施工环境限制，排量较小，导致监测到的微震有效事件较少；(2)未从压裂信号中发现喷砂射孔信号，怀疑与压力较小有关。

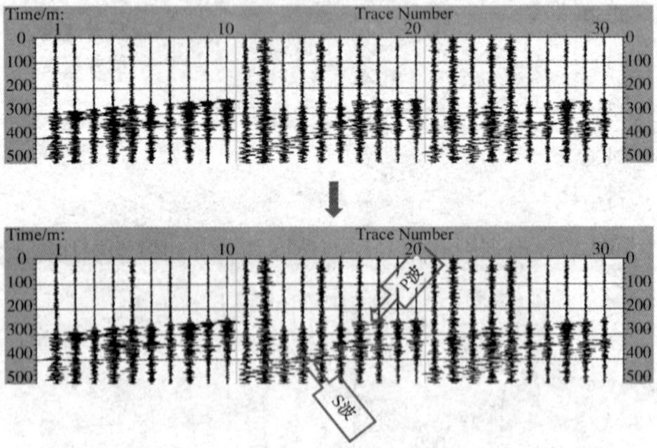

图 19　2018 年现场试验中的微地震信号

4　结论

(1)通过实验室及现场试验测试，光纤微地震监测系统频率响应范围 3Hz～1kHz，动态范围大于 120dB，灵敏度为 45～50dB ref rad/g，技术指标达到设计要求，振动信号响应清晰正常，表明光纤微地震压裂裂缝监测技术原理可行。

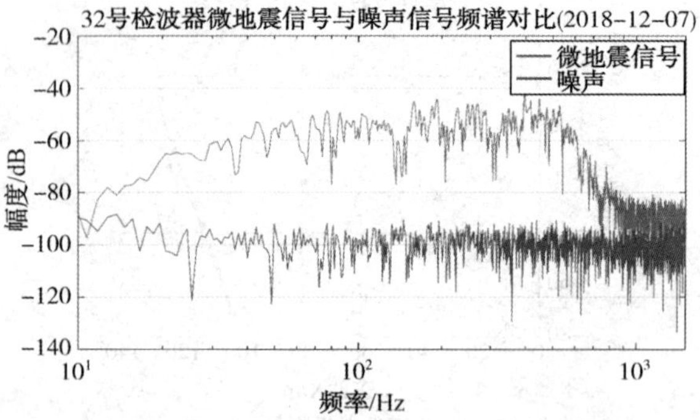

图 20　微地震信号与噪声信号频谱对比

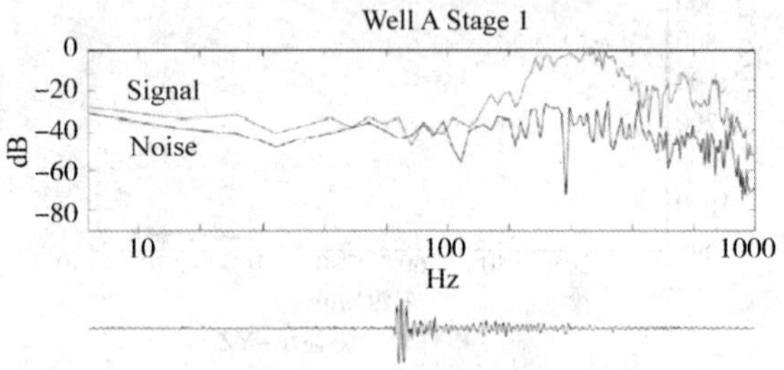

图 21　动圈检波器系统中微地震信号与噪声信号频谱对比

图 22　压裂定位结果

(2)与常规电子检波器相比，光纤检波器具有灵敏度高、频带响应宽、数据采集快的特点，价格低，约为电子式进口设备的 1/2。

(3)光纤微地震系统仪器噪声水平低，动态范围大，采集得到的微地震信号信噪比完全可以达到传统电子式的仪器。

(4)现场试验成功监测到微地震信号，其微地震事件数量与能量分布与现场施工曲线相符，并得到震源方位和裂隙空间分布等初步解释结果，证明了该系统的可行性。

(5)现场作业方案需要进一步优化，以节约入井时间，降低施工成本，同时设备的稳定性和可靠性需要进一步加强。

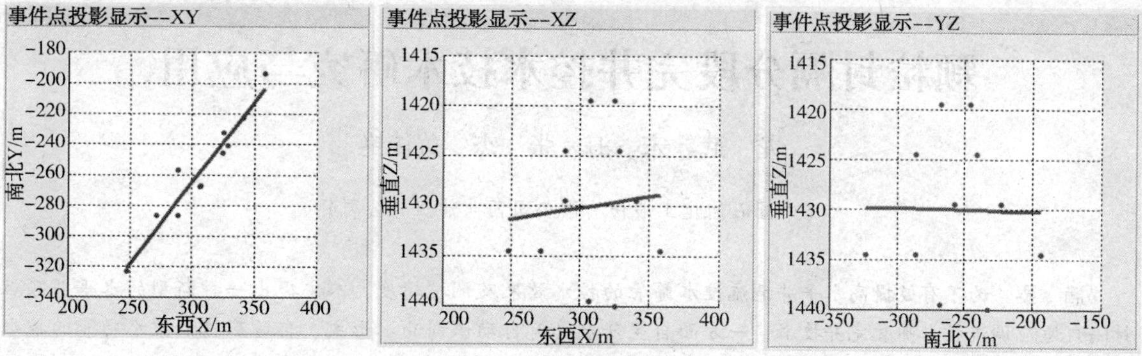

图 23　压裂裂缝解释结果

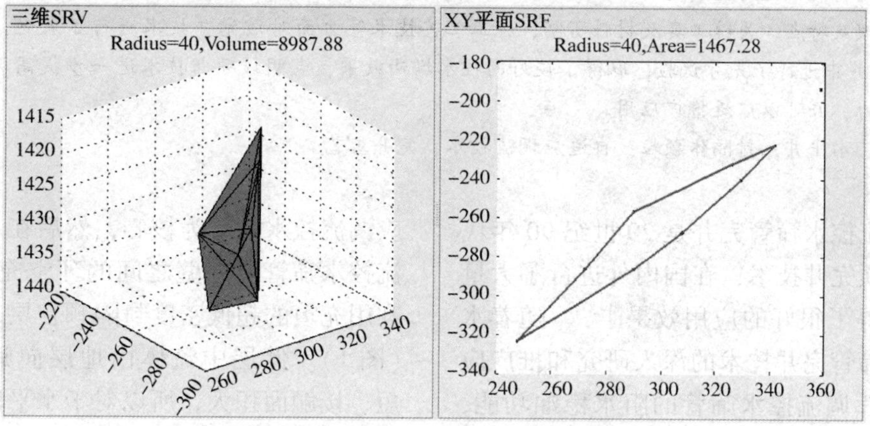

图 24　压裂 SRV 和 SRF 解释结果

参 考 文 献

[1] 唐颖等．页岩气开发水力压裂技术综述[J]．地质通报，2011. 31(2)：393-399.

[2] TANG Ying. ect. Overview of hydraulic fracturing technology for shale gas development[J]. Geological Bulletin of China，2011. 31(2)：393-399.

[3] 王爱国．微地震监测与模拟技术在裂缝研究中的应用[D]．山东：中国石油大学(华东)，2008：173.

[4] WANG Aiguo. Application of microseismic monitoring and simulation technology in fracture research [D]. Shandong： China University of Petroleum，2008：173.

[5] 梁兵，朱广生．油气田勘探开发中的微震监测方法[M]．北京：石油工业出版社，2004.

[6] LIANG Bing，ZHU Guangsheng. Microseismic monitoring method in oil and gas field exploration and development [M] . Beijing： Petroleum industry press，2004.

[7] 徐刚．井中压裂微地震监测技术方法研究[D]．山东：中国石油大学(华东)，2013.

[8] XU Gang. Study on the method of micro-seismic monitoring in well fracturing[D]. Shandong：China University of Petroleum，2013.

[9] Sorrells，G. G. and C. C. Mulcahy. Advances in the microseismic method of hydraulic fracture azimuth estimation[J]. Society of Petroleum Engineers，1986.

[10] Sarda，J. P. and J. P. Deflandre. Acoustic emission interpretation for estimating hydraulic fracture extent [J]. Society of Petroleum Engineers，1988.

[11] 张发祥等．光纤激光微地震检波器研究及应用展望[J]．地球物理学进展，2014(5)：2456-2460.

[12] ZHANG Xiangfa. ect. Research and application prospect of fiber laser micro-seismometer[J]. Progress in Geophysics，2014(5)：2456-2460.

[13] Kirkendall，C. K. and A. Dandridge，Overview of high performance fibre-optic sensing[J]. Journal of Physics D：Applied Physics，2004. 37(18)：197 - 216.

[14] Pechstedt，R. D. and D. A. Jackson，Design of a compliant-cylinder-type fiber-optic accelerometer：theory and experiment[J]. Applied optics，1995. 34(16)：3009-3017.

[15] Knudsen，S.，High Resolution Fiber-Optic 3-C Seismic Sensor System for In-Well Imaging and Monitoring Applications[J]. Optical Fiber Sensors，2006.

颗粒封隔分段完井控水技术研究与应用

龙　武　宋　海　张　杰　黄传艳

（中国石油化工股份有限公司西北油田分公司）

摘　要　为了有效提高水平井调流控水筛管的控水效果及调控精度，本文提出一种新型的水平井颗粒封隔自适应调流控水筛管完井技术，一方面自主研制具有自动识别油水形式、自适应稳油控水功能的控水装置，另一方面用封隔体颗粒代替传统封隔器对储层进行封隔，阻挡井筒内流体的横向流动，使得调流控水筛管直接对所处位置的地层起到阻水稳油的作用，实现全水平井段动态调节入流剖面，无限级控水。本文从技术原理及特点、关键工具及材料研制、施工工艺技术等方面对该完井技术进行了表述，并在塔河油田 TK7218H 井中进行了先导试验，取得了较好的控水增油效果，表明该项新技术进一步提高调流控水完井控水增油能力，并可以广泛推广应用。

关键词　水平井；封隔体颗粒；自适应调流控水；完井工艺

水平井调流控水筛管完井是 20 世纪 90 年代发展起来的一项完井技术，在国内外进行了大量的应用，并取得了很好的应用效果[1-3]。随着水平井调流控水筛管完井技术的深入研究和推广应用如何最大发挥调流控水筛管的阻水稳油功能，实现水平井的全井段动态控制逐渐成为研究热点。一方面提研制自适应节流控制装置，利用油水基本物性差异，通过其内部独特的流体流动通道改变流体的运动势能，实现自动识别流体、自动调整调流压降，具有稳油控水的功能，大幅提升调流控水完井开发效果；另一方面针对在常规的水平井调流控水完井中，需要使用封隔器对储层分段控制，实现均衡水平井入流剖面的目的[4]，但采用封隔器储层分段的数量有限，有效封隔部位长度较小，限制了水平井调流控水筛管的调控精度。另外，采用封隔器配合调流控水筛管的完井方法已经无法满足多种复杂情况完井施工（如筛管完井的油井井筒外无法封隔、水泥环与井壁之间有窜槽的井等），在应用深层水平井完井中问题更加突出。为此，本文提出了一种新型的水平井封隔体颗粒充填配套自适应调流控水筛管完井技术，并通过自适应调流控水装置及配套的研发和完井工艺的设计，在塔河油田 TK7218H 井成功实施了高难度、复杂地质条件下的水平井二次完井调流控水作业。

1　技术工艺原理

1.1　颗粒封隔调流控水完井方案

水平井颗粒封隔调流控水完井技术是以自适应调流控水筛管为核心，然后在水平段自适应调流控水筛管与井壁之间的环空充填封隔体颗粒，利用充填的超低密度封隔颗粒层来实现分隔储层（图 1）。储层中流体由地层向筛管流动的距离短、接触面积大，所以对于水平段径向流动阻力小；水平段流动单元间距离长、环空横截面积小，流体横向流动阻力大，使得地层流体单元内流动得到控制、单元间流动受到抑制。调流控水筛管可直接对所处位置的地层起到阻水稳油的作用，实现全水平井段动态调节入流剖面，实现无限级控水，控制层位的精度被大幅度的提高。

水平井颗粒封隔调流控水完井技术优势主要有：①封隔体能够实现无限极封隔段相当于在每根筛管之间安装一个封隔器；②水平段全线布设自适应控水筛管，无需找水；③任何位置出水都自动控水，不用因为新增出水点而重复多次堵水。有效期长；④属于机械类控水增油技术，无化学剂，有效期长；⑤整体管柱无活动部件，可靠性高，管柱结构简单、方便下入，后期管柱易取出。

1.2　控水增油效果原理

为评价水平井颗粒封隔调流控水完井工艺对油藏的影响，根据油藏渗流力学原理，对水平段进行网格离散化，由于封隔体可对水平段不同单元间封隔，油、水相在 X 方向的传导率设置无限小，建立水平段单元数值模型描述流体在储层中的流动过程和动态特征。对比颗粒封隔调流控水完井方式与常规射孔完井方式下油藏的含油饱和度分布，结果表明：采用颗粒封隔调流控水完井方式可增大泄油半径，延缓底水脊进，有效提高单井采收率；而常规射孔工艺油井无水采油期短，造成大量剩余油未被挖潜(图2)。

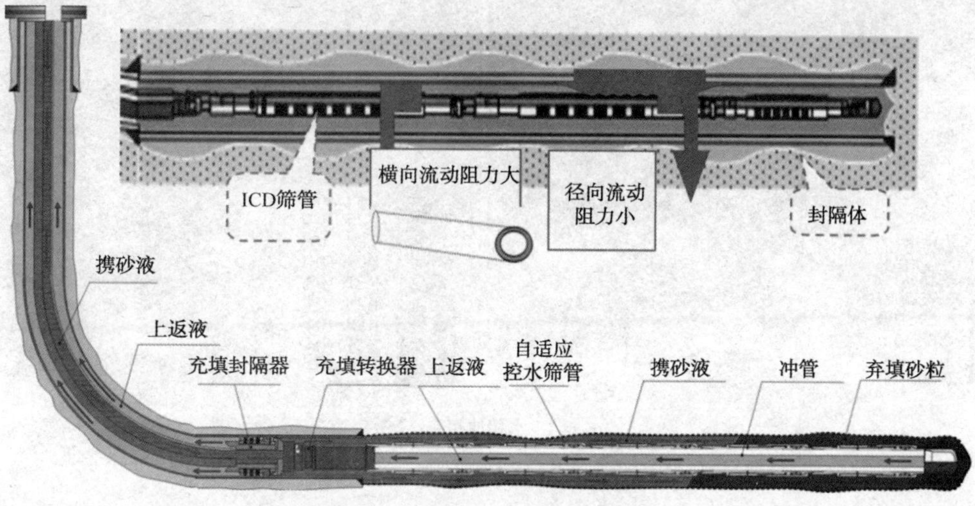

图1 自适应调流控水筛管配合封隔颗粒充填完井工艺示意图

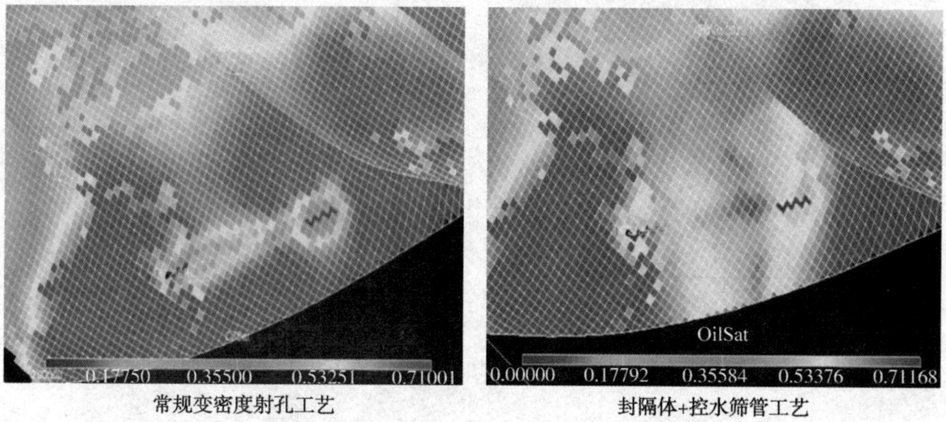

图2 颗粒封隔调流控水与常规射孔完井流体流动规律影响对比

2 自适应调流控筛管设计

2.1 自适应调流控水装置原理

常规调流控水技术属于一种被动控水完井，地层产液流经常规调流控水筛管中的节流控制器时产生的压差只能随着产液量的变化而改变[6](产液量越大，节流压差越大)，而对于产液性质(如油、水或油水比例)的变化不敏感，因此，常规调流控水完井只能在边、底水未突破水平井段前通过控制高渗段的产油量，均衡水平井产液剖面延长无水采油期。本文提出自适应调流控水完井技术核心是通过采用改变控水装置内流体流动通道的几何特性的方法来改变流体的运动势能，实现自动识别流体、自适应稳油控水的功能。当地层产液流经自适应调流控水筛管时产生的节流压降不但随产液量的变化而改变，并且可以根据产液性质的不同产生不同的节流压差。根据塔河油田的水平井日产液约为40~50m^3/d，水平段长度为250~350m，基于计算流体力学方法，对自适应节流控制器流体流场进行了数值模拟(图3)。

2.2 自适应控水装置性能测试

2.2.1 含水率敏感性测试

通过测定自适应调流控水装置在不同含水率条件下产生的附加压降，深入研究所设计的自适应控水装置结构参数对油、水节流特性的影响规律(图4)，测试结果显示：①不同含水率油水混合物流经自适应节流控制器时产生的流动压差不同，但均位于纯油、纯水流动条件下流动压差变化曲线之间；②相同流量下，随着含水率的增加，自适应节流控制器的节流压差随之增加；③在含水率在70%以下时，压降增加相对较快，含水率70%以上时，压降增加较慢。

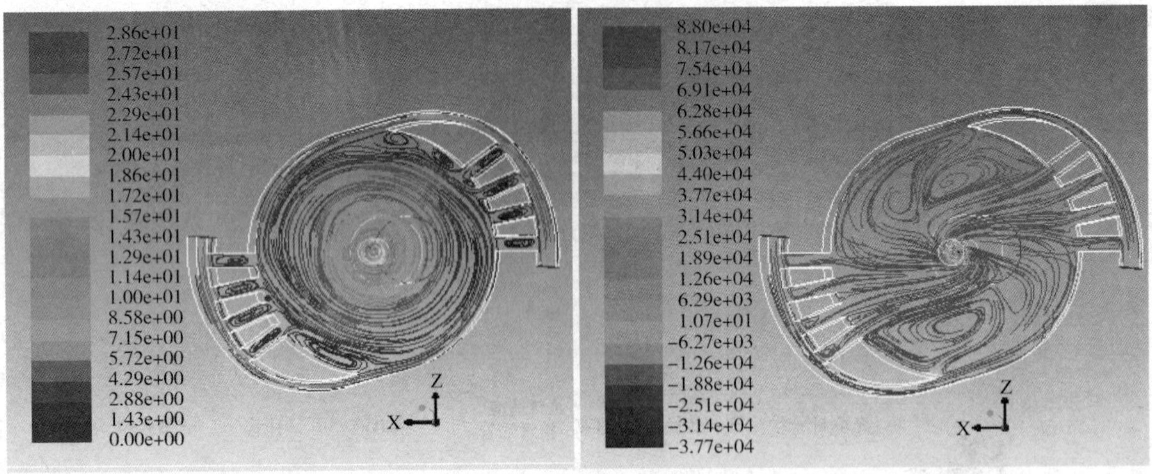

水相油相

图3　自适应调流控水装置水、油速度流线图

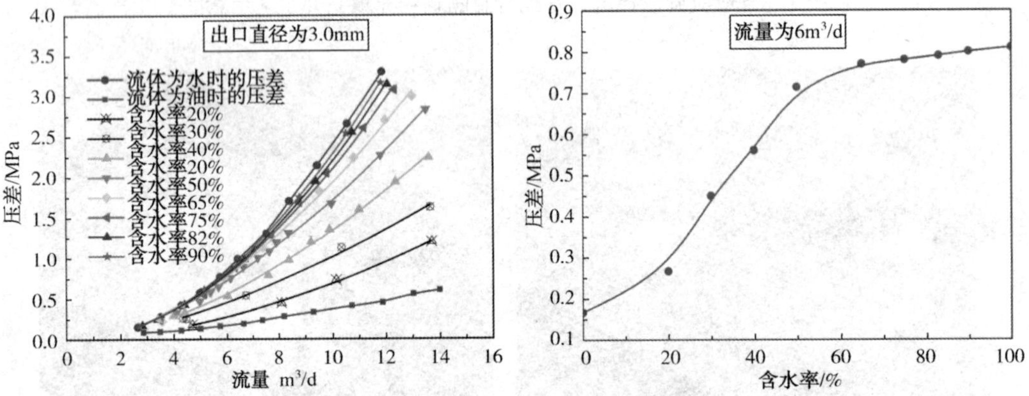

图4　不同含水率油水混合物时自适应节流控制器性能曲线

2.2.2　对比性能性测试

通过室内试验实际测得的在相同流动条件下，对比自适应控水装置与常规控水装置性能差异：常规控水装置对于水和油流动时产生的节流压差基本相同，且都非常低，因此只能用于水平井见水前的产液剖面的调整；自适应控水装置对油和水都可以产生较大的节流压差，并且水和油流经该控制器产生的节流压差差别非常大(含水率越高，节流压差越大)，所以自适应调流控水完井技术不仅在见水前具有产液剖面调整能力，而且水平井局部、全部见水后还可以调整水平井各段的油相入流剖面，从而有效的降低油井生命周期的含水率(图5)。

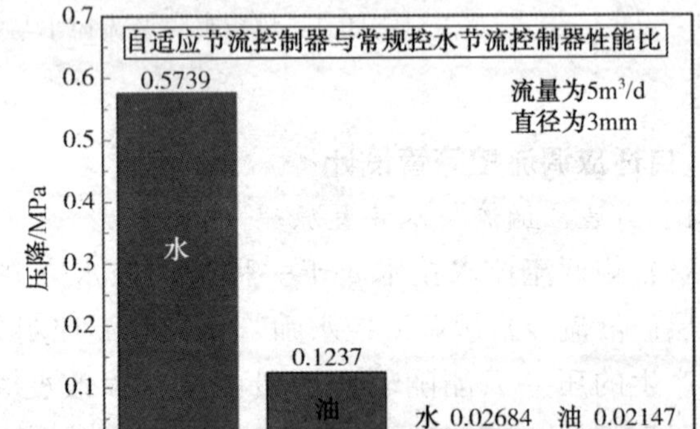

图5　自适应节流控制器与喷嘴节流压降对比

2.3　完井参数优化设计

调流控水完井参数优化设计根据钻井井身轨迹、井径、渗透率分布、含油饱和度等测井解释数据对水平井段合理划分流动单元，并结合合理生产压差和单井合理配产等确定每个流动单元的配产，结合完井工艺施工要求，综合考虑水平井经济效益，确定最优的水平井自适应控水筛管完井参数后设计自适应调流控水装置数量及各分段单元控水装置节流压差，结合井筒入流模型自适应调流控水筛管的节流压差计算公式如下所示：

$$\Delta P=(\frac{\rho_{cal}}{\rho_{mix}}\cdot\frac{\mu_{mix}}{\mu_{cal}})^{1/4}\cdot\frac{\rho_{mix}}{\rho_{cal}}\cdot a_{ICD}\cdot q_{ICD}{}^{2} \quad (1)$$

式中：ρ_{cal}—校准流体的密度，kg/m^3；μ_{cal}—校准流体黏度，$Pa\cdot S$；ρ_{mix}—混合流体的密度，kg/m^3；μ_{mix}—混合流体的黏度，$Pa\cdot S$；a_{ICD}—控水装置的强度，经验常数；q_{ICD}—ICD 的体积流量，m^3/s。

3 封隔体颗粒

3.1 封隔体颗粒优选

封隔体颗粒要求是超低密度及适应耐高温、高压、高矿化度地层水环境并具长期保持性能稳定的颗粒材料。研究人员通过对十多种应用于钢铁、防砂、化工等多个行业颗粒材料优选评价，通过耐静压、耐矿化度、高温挤压实验，优选出三种封隔体颗粒满足塔河油田碎屑岩油藏环境使用要求。

优选出三种封隔体颗粒性能指标特点包括：比重为 1.01 左右，粒径 0.1~1mm 之间可调，耐温大于 180℃，耐压大于 50MPa，耐矿化度 21.2 $\times10^4$mg/L(表 1)。

3.2 封隔体颗粒封隔性能测试

封隔体颗粒充填完井管柱和地层环空之间，为评价封隔体颗粒填充后井筒内封隔效果，开展以油、水为介质的径向和轴向的阻力测量实验，试验装置设计如下：5-1/2”筛管插入 9-5/8”套管内，长度 100m，环空充填满封隔体颗粒(图 6)。径向和轴向阻力测试实验情况：①用黏度 20mpa·s 的轻质油从 9-5/8”套管外径向注入环空，流经筛管后从 5-1/2”筛管内流出，在压差为 0.03MPa 条件下测试折算流量为 14.6m^3/d；②用黏度 1mpa·s 的地层水从环空一端横向注入环空，5-1/2”筛管两头堵死流体导致筛管内流体不流动，流体只能通过环空颗粒流入另一端，在压差为 1.5MPa 条件下测试折算流量为 1.9m^3/d。封隔体封隔性能测试实验结果显示径向流动能力是横向流动能力的 7682 倍，封隔体颗粒能够在保证流体径向流入井筒内前提下有效阻止流体在环空横向流动。

表 1 封隔体颗粒性能参数

项 目	参 数	项 目	参 数
封隔颗粒粒径	0.2~0.42mm	破碎率	≤0.6%
真实密度	1.01g/cm^3	酸溶解度	≤2.3%
耐温	>150℃	稳定时间	>5 年
耐静压	50MPa	耐矿化度	21.2×10^{4}mg/L

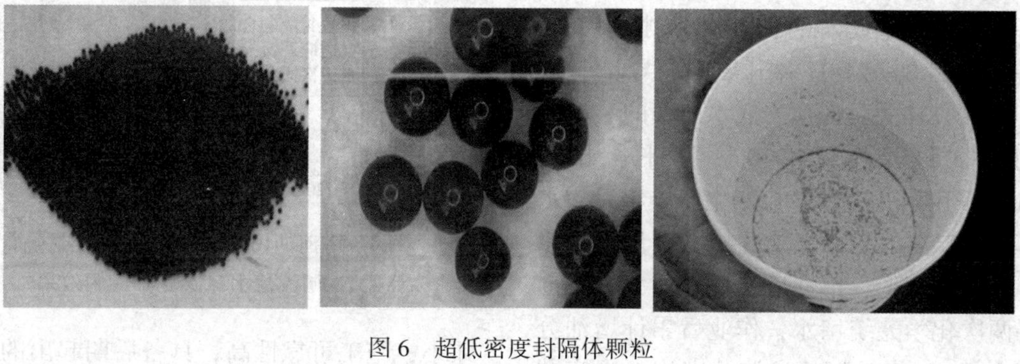

图 6 超低密度封隔体颗粒

3.3 封隔体颗粒充填工艺设计

完井管柱到位后，投球打压座封 FRD-FDF 充填封隔器，提出送入管柱下入封隔体颗粒充填输入管柱，用比重为 1.01 的清水作为携砂液将颗粒由输入管柱内注入，然后经充填转换器输送至调流控水筛管与井壁间的环形空间，油田水将颗粒携带到位后，由于调流控水筛管的阻隔作用，充填砾石被留在水平段环空内，清水通过筛管进入调流控水完井管柱内部，而后经充填转换器流至充填封隔器上部的输入管柱与套管内壁之间的套管环空内，最后经过套管环空进入井口外的循环罐，完成一次充填的循环。不断重复上述循环，直至水平段环空颗粒充填完成为止[9]。封隔体泵注程序为工艺核心，泵入分 2 个阶段：第一阶段是充填流量不变，将封隔体带入井底；第二阶段是充填压力不变，随着封隔体由趾端至跟端逐渐填满，泵注排量逐渐下降(图 7)。

调流控水筛管所具备的节流功能也增加了每根筛管油田水的入流阻力，迫使油田水在水平段将砾石向水平段趾端携带，提高充填的效果。超低密度封隔颗粒充填后所形成的连续封隔体，是由封隔颗粒紧密堆积而成的。颗粒与颗粒之间是紧密接触，但并没有任何的黏连，它们仍是一个个独立的个体。下入解封工具，解封封隔器，形成颗粒返排通道；正循环，筛管平均分配流量，封隔体颗粒逐步松散、剥离，被携带至地面。地面试验显示：返排作业颗粒反排率能达到70%以上，控水管串也就能从井筒中取出。

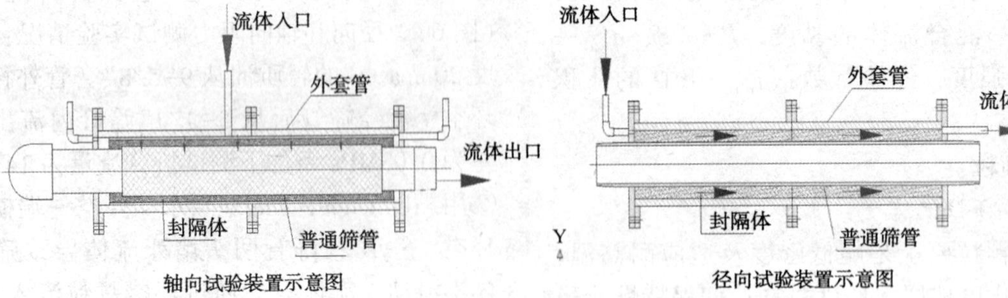

图 7　封隔体颗粒井筒封隔性能评价实验

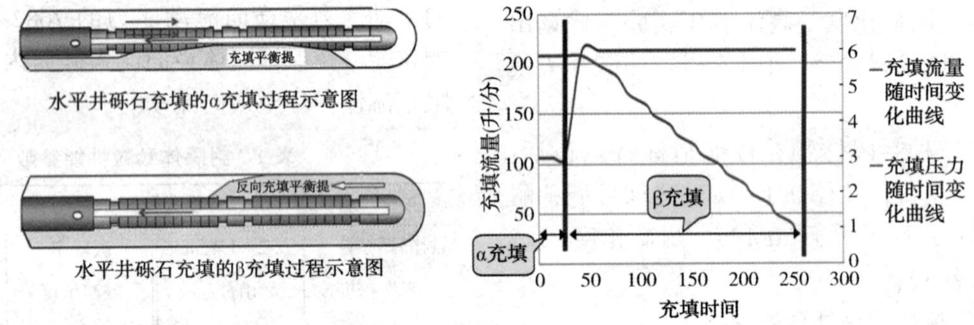

图 8　充填压力和充填流量随时间变化曲线

4　现场试验

2015 年 12 月颗粒封隔自适应调流控水完井技术在塔河油田 TK7218H 井开展了先导试验取得成功。TK7218H 井是碎屑岩底水油藏的一口典型高含水井，该井井深 4970m，水平段长约 300m，前期采用射孔完井，投产生产 6 年后含水 95%左右，日产油 1.7t/d，单井控制储量大、累产油少、采出程度低，单井后续挖潜潜力大。前期进行了两次化学笼统堵水，作业后累计增油分别为 120t、144t，有效期短。该井实施二次完井作业后，日产油由 1.7t/d 提高到 8.7t/d，增加了 5.1 倍，含水率由 94.7%降至 76.2%。该技术的控水增油效果较好，在国内首次通过非机械工具实现管内封隔，也是塔河油田首次将调流控水筛管下入老井，对大底水油藏水平井控水开发具有里程碑意义。

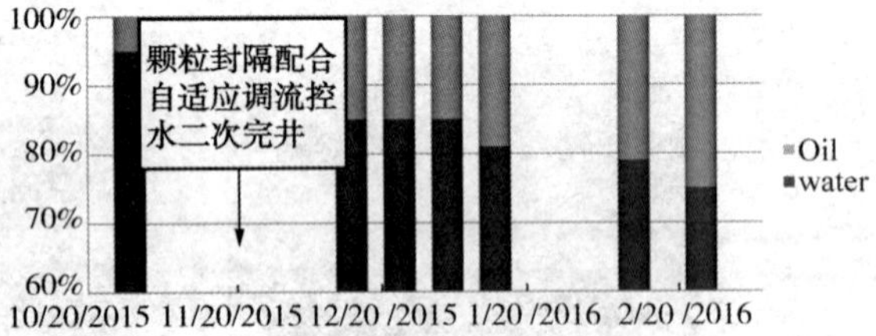

图 9　塔河油田 TK7218H 井颗粒封隔自适应调流控水二次完井应用效果

5　结论

(1) 提出了一种水平井封隔体充填调流控水筛管完井技术，可用于新井完井以及前期割缝衬管完井及射孔完井等的水平井二次完井，整套工艺管柱结构简单，进入水平段的完井管住外径尺寸小，施工可靠性高，具备后期起出的功能。

(2) 采用自适应调流控水筛管对地层出水进行动态控制，任何位置出水都自动控水，具有更高的控水增油效率。

(3) 研发了超轻封隔体颗粒，试验评价性能良好。采用封隔体充填的方式进行调流控水筛管完井储层分隔，相对于常规的封隔器对储层的封隔，实现了对储层的无限极封隔，达到了无限制控水。

(4) 现场先导试验应用表明，封隔体颗粒充填调流控水完井技术工艺可行，具有增大油井产量，降低水平井含水的功能，可实现水平井控水稳油生产。

参考文献

[1] TOR Ellis，AlpayErkal，Gordon Goh 等．向井流动控制装置-改善流动剖面[J]．油田新技术，2009，冬季刊：31-37.

[2] OUYANG Liang biao. Pratical consideration of an inflow control device application for reducing water production[R]. SPE 124154，2009.

[3] ARFI S A，MOHAMED O，KESHKA A，et al. Inflow control device an innovative completion solution from"extended wellbore to extended well life cycle"[R]. SPE 119599，2008.

[4] 王金忠，肖国华，陈雷等．水平井管内分段调流控水技术研究与应用[J]．石油机械，2011，39(01)：60-62.

[5] 王庆，刘慧卿，张红玲．油藏耦合水平井调流控水筛管优选研究[J]。石油学报，2011，32(02)：346-350.

[6] 赵旭，姚志良，刘欢乐．水平井调流控水筛管完井设计方法研究[J]．石油钻采工艺，2013，35(1)：23-27.

[7] 郑永哲，杨士明，于学良等．大港滩海赵东区块水平井裸眼砾石充填防砂完井技术[J]．石油钻探技术，2009，37(4)：88-92.

[8] 王登庆．水平井砾石充填防砂工艺技术研究[D]，博士论文：中国石油大学，2008.

[9] 李良川，肖国华，王金忠；冀东油田水平井分段控水配套技术[J]，断块油气田，2010，17(06)：655-658.

涪陵页岩气水平段“一趟钻”钻井技术研究与应用

臧艳彬　涂玉林

（中国石化石油工程技术研究院钻井工艺研究所）

摘　要　国外一趟钻技术在勘探开发降本增效中发挥了重要作用，通过应用集地质导向于一体的高造斜率旋转导向钻井系统，集成近钻头地质导向仪技术等技术，大幅缩短了页岩水平井钻井周期，降低了钻井成本。本文介绍了涪陵页岩气采用的轨道优化设计、高效工具应用、钻具组合优化、随钻堵漏技术、近钻头地质导向技术、旋转导向技术等“一趟钻”钻井关键技术及应用效果。建议优化“一趟钻”钻井技术体系，改进国产近钻头地质导向系统、旋转导向系统，进一步推广“一趟钻”技术在页岩气勘探开发中应用，实现提速提效。

关键词　一趟钻；页岩气；水平井

在油气资源勘探开发中，由于井深增加、地区地质条件和井眼轨迹复杂，坚硬、高研磨地层、漏失、坍塌等复杂问题的存在，导致起下钻次数增多、机械钻速低，增加了钻完井成本。一趟钻是指一个钻头一次下井钻完一个开次的所有进尺。而水平井一个开次可能涉及一个、两个或多个井段，如直井段、斜井段、水平段。斜井段可包括造斜段、稳斜段、降斜段。美国和国内页岩气的勘探开发表明，一趟钻技术是水平井钻井提速降本的有效途径。

国外一趟钻技术在勘探开发降本增效中发挥了重要作用。国外通过应用一趟钻技术，集成近钻头地质导向仪技术、高效钻头、造斜段和水平段改用油基钻井液及远程决策中心等，大幅缩短了钻井周期，降低了页岩气钻井成本。在美国页岩油气开发中，一趟钻完成的进尺纪录已突破6000m。井深4000～5000m的页岩水平井平均钻井周期已减至10天左右。

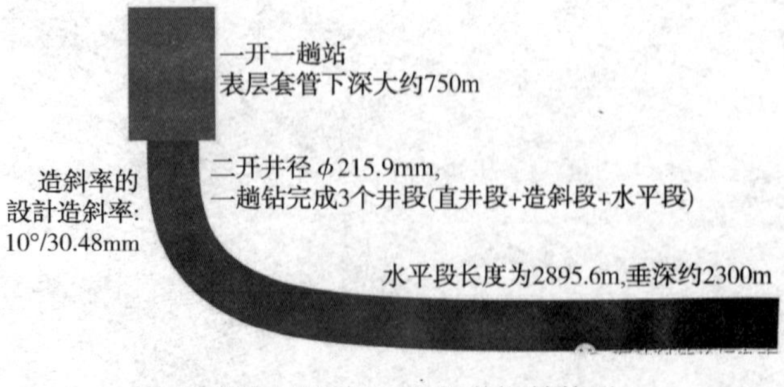

图1　美国页岩气“两开”井深结构图

中国的页岩气勘探开发已经展开，并在四川盆地海相、鄂尔多斯盆地陆相相继取得突破。国内一趟钻在致密气开发中不断探索，取得一定成果，但在页岩气勘探开发中，一趟钻技术技还不完善，一般是浅井的定向及造斜段一趟钻。涪陵页岩气由于储层埋藏较深、储层倾角、倾向复杂多变、水平段存在裂缝性漏失地层、浊积砂地层的特殊存在、国产旋转导向工具不成熟，“水平段一趟钻”实施存在困难。

通过优化轨迹设计、应用高效工具、优化钻具组合、应用近钻头地质导向和旋转导向技术，形成了涪陵页岩气一趟钻技术体系，实现了涪陵页岩气井长水平段的降本增效。

1　涪陵页岩气水平段“一趟钻”钻井关键技术

涪陵页岩气一趟钻技术应用面临着工区地质条件复杂，水平段倾角大且变化大，井眼轨迹调整频繁；钻遇气侵层或漏失复杂地层；研磨性地层，影响机械钻速提高；工具和仪器的寿命、稳定性问题导致起钻，影响钻井施工；定向托压。根据以上难点，研究确定了涪陵页岩气水平段“一趟钻”钻井关键技术。

1.1　三维水平井轨道优化设计技术

基于涪陵页岩气反位移大偏移复杂三维水平井交叉布井开发方式、常规导向技术特点及地层造斜规律，开展以降低井眼摩阻、提高导向技术适应性和减少定向工作量为目标的轨道优化设计技术研究，形成了以剖面类型、造斜点、造斜率及扭方位段井斜角等关键参数优化设计集成的“五点六段制”轨道优化设计技术，建立了轨道优化设计模型，为国产化低成本常规导向技术的应用创造了条件，减少了定向工作量，降低了施工难度和摩阻扭矩，提高了井眼光滑度和延伸能力。现场应用 9 口井，水平段摩阻扭矩相对降低 29.7%，平均机械钻速提高 44%。

三维定向井低摩阻五点六段制剖面：直井段—增斜段—稳斜段—斜面圆弧扭方位—增斜调整段—水平段。

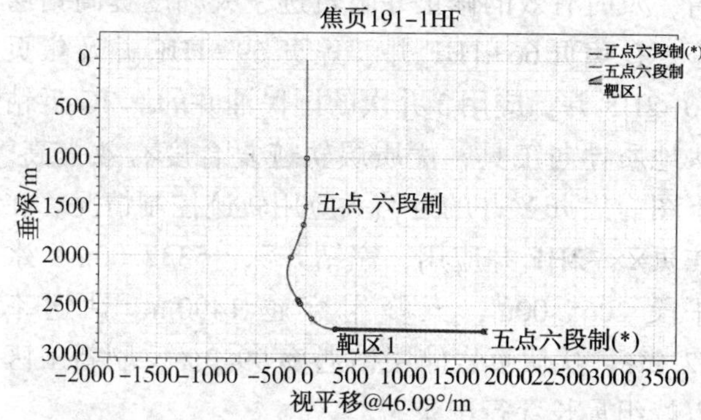

图 2 焦页 191-1HF 井五点六段制剖面

1.2 长寿命高效能钻井关键工具应用

（1）长寿命高效能 PDC 钻头研制及应用

水平段主要在龙马溪和五峰组两个层段钻进，实钻龙马溪可钻性好、机速快；五峰组、涧草沟地层不均质，局部硅质含量高，研磨性强；钻进过程中需多次调整井斜，来回穿龙马溪、五峰组和涧草沟，软硬交错，易造成崩齿、磨齿等导致钻头失效。针对龙马溪组地层，形成 8 1/2 KSD1652AGR 型号钻头，复合片升级为高耐磨性 EH7；主要是提高钻头的攻击性，提升机械钻速及行程机速。

图 3 8 1/2 KSD1652AGR PDC 钻头整体结构

对兼顾龙马溪、五峰组的井，形成 8 1/2″ KMD1652ADGR 型号钻头，主要是提高钻头对不均质地层的研磨性，兼顾攻击性，以提高钻头寿命为主。钻头采用 16mm 切削齿，5 个螺旋刀翼胎体式设计和宽深排屑槽，6 个可换喷嘴和 1 个中央喷嘴组合。

（2）高性能耐油基螺杆应用

螺杆在柴油基钻井液环境中，定子橡胶易油

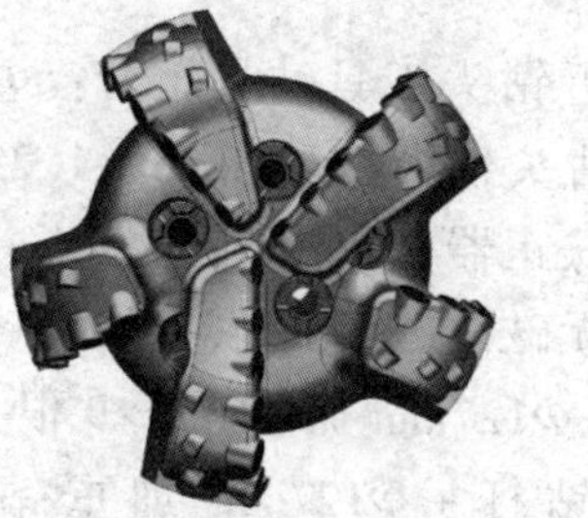

图 4 8 1/2 KSD1652ADGR PDC 钻头整体结构

溶失效、高温失效，导致螺杆寿命不足。为满足一趟钻应用要求，螺杆在油基钻井液工作寿命需要大于 200 小时。通过螺杆马达线型优化、研发耐油耐高温橡胶、整体结构优化、优化注胶工艺、解决了油基钻井液条件下螺杆定子橡胶寿命短的难题，螺杆平均寿命提高到 210h，提高了 102%，目前该螺杆已经在涪陵工区全面推广应用，应用效果显著。

图 5 改进的长寿命耐油基螺杆

（3）降摩减阻工具的应用

为了解决定向托压问题，应用了水力振荡器等减摩降阻工具，取得了较好的施工效果。水力振荡器一般由振动短节、动力短节、阀门和轴承系统组成，靠周期性变化的流体压力，带动活塞做轴向往复运动，改变钻柱与井壁的摩擦条件，达到降低摩阻和提速的目的通过脉冲压力实现工具的轴向振动，改变钻柱与井壁的摩擦条件，达到降低摩阻和提速的目的。

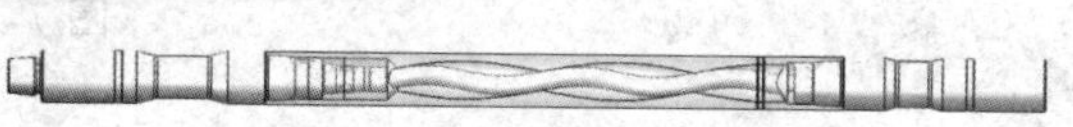

图 6 水力振荡器

1.3 “一趟钻”钻具组合优化设计

通过优化钻具组合，设计了“一趟钻”钻具组合：

（1）常规钻具组合：Φ215.9mmPDC 钻头+Φ172mm×1.25°单弯螺杆+Φ210mm 扶正器+浮阀+Φ127mm 无磁承压钻杆+无磁悬挂短节+Φ127mm 无磁承压钻杆+Φ127mm 加重钻杆×6 根+Φ127mm 钻杆×7 根+水力振荡器+Φ127mm 钻杆+Φ127mm 加重钻杆×18 根+Φ127mm 钻杆+411×520+Φ139.7mm 钻杆

水力振荡器根据井下实际情况位于钻头

130m 左右。

(2) 近钻头工具钻具组合：Φ215.9mmPDC 钻头+近钻头仪器+Φ172mm×1.25°单弯螺杆+Φ210mm 扶正器+浮阀+转换接头+近钻头短节+Φ172mm 无磁钻铤+无磁转换接头+Φ127mm 无磁承压钻杆+Φ127mm 加重钻杆×9 根+水力振荡器+Φ127mm 钻杆+Φ127mm 加重钻杆×18 根+Φ127mm 钻杆+411×520+Φ139.7mm 钻杆，水力振荡器根据井下实际情况位于钻头 130m 左右。

(3) 旋转导向钻具组合：Φ215.9mmPDC 钻头+旋转导向 GP+短节 PM+Φ210mm 扶正器+伽马控制短节+环空压力短节+MWD 悬挂短接+滤网接头+浮阀+Φ127mm 加重钻杆×2 根+随钻震击器+Φ127mm 加重钻杆×6 根+Φ127mm 钻杆+Φ127mm 加重钻杆×18 根+Φ127mm 钻杆+411×520+Φ139.7mm 钻杆，加入随钻震击器，预防卡钻。

1.4 近钻头地质导向技术

常规的导向存在测量盲区大、井眼轨迹不平滑、储层钻遇率低等缺点。近钻头地质导向系统供距离钻头仅 1m 左右的井斜和伽玛数据以及螺杆转速。能够适时反应井底数据；井眼轨迹平滑；及时有效的修正井眼轨迹，大幅度提高钻遇率。在焦页 66-1HF 井、焦页 69-1HF 井及焦页 70-2HF 井，应用 3 井次的国民油井的 PZIG 近钻头地质导向工具，优质层轨迹复合度有效提高。下图为焦页 X 井的近钻头应用轨迹控制情况。在焦页××-2HF 井应用，完钻井深：5332.00m，水平段 2065.00m，五峰组穿越 1490m，钻遇率 72.2%，优质页岩储层钻遇率 99.3%，刷新工区五峰组最长穿行纪录。

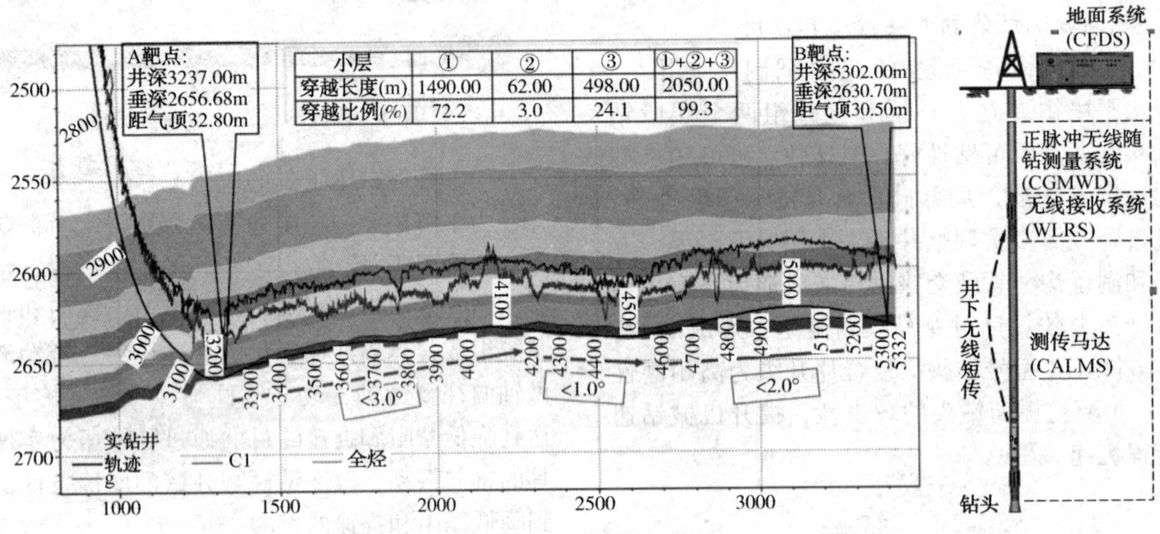

图 7 近钻头轨迹控制

1.5 旋转导向技术

采用了斯伦贝谢新一代高造斜率旋转导向 Archer 系统，该系统是一种混合了传统推靠式和指向式的旋转导向工具，见图 8。

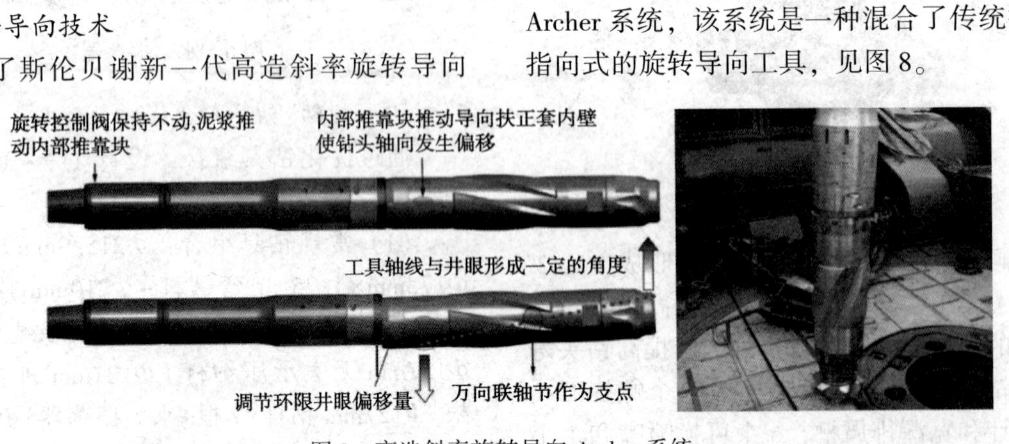

图 8 高造斜率旋转导向 Archer 系统

该工具主要由导向模块和控制模块组成，工具状态信息通过 C-LINK 无线电磁波传输至信号传输器，接收信息后，传输器与随钻测量工具配合，将数据通过泥浆脉冲信号传输至地面。需要调整轨迹时，由地面下达旋转导向专用指令，实现增降斜、方位调整等轨迹控制。该系统有以下优势：

（1）测量盲区短，实时地质导向监控，旋转导向(Archer)伽马能及早探测钻头处地层变化，最大程度的确保在目标层中穿行，提高钻遇率，增加产能。

（2）能快速发现井斜变化，保证轨迹平滑。

（3）旋转导向(Archer)工作造斜率高能达到15°/30m。

（4）定向过程中全程旋转，解决托压的问题、降低了卡钻的风险。

（5）连续井眼轨迹控制，减少起下钻的次数

在焦页191-1HF井的旋转导向现场应用中，整个三开比191-2HF井节约14天，平均机械钻速达9.55m/h，同比191-2HF井平均7.09m/h提速了35%，且一趟钻钻完三开，大大提高了综合钻井时效。

2 页岩气水平段“一趟钻”现场应用效果

在涪陵页岩气工区一趟钻应用19口井，平均水平段长1639.24m。完成井平均水平段长1639.24m，平均钻井时间10.26天，平均降低4.74d，降低率为31.6%；平均行程钻速164.6m/d，提高率89.50%。

表1 涪陵页岩气井“水平段一趟钻”技术应用情况(部分)

序号	井号	起井深/m	止井深/m	水平段长/m	层位	纯钻/h	机械钻速/(m/h)
1	焦页191-1HF	2554	4525	1971	龙马溪、五峰	206	9.57
2	焦页45-3HF	3261	4785	1524	龙马溪、五峰	107	14.24
3	焦页34-5HF	3343	5117	1774	五峰	178	10.3
4	焦页29-S1HF	2684	4245	1561	龙马溪组	72	21.68
5	焦页84-1HF	3611	5262	1651	龙马溪-五峰	182	9.07
6	焦页29-S2HF	2684	4245	1561	龙马溪组	72	21.68
7	焦页27-S2HF	2922	4445	1523	龙马溪组	83	18.35
8	焦页21-S2HF	2858	4645	1787	龙马溪组	97.5	19.33
9	焦页5-S1HF	2661	4313	1652	龙马溪组	132.5	12.47
10	焦页5-3HF	2769	4334	1565	龙马溪组	141	11.1
11	焦页22-S1HF	2820	5364	1657	龙马溪组	149	17.07
12	焦页45-6HF	3027	4916	1889	龙马溪组	222.96	8.47
13	焦页83-1HF	3956	5808	1852	龙马溪组	164	11.29
14	焦页31-S1HF	2671	4672	2001	龙马溪组	136	14.71

表2 一趟钻应用提速效果

井号	钻头型号	层位	入深/m	出深/m	进尺/m	纯钻/h	机速/(m/h)
JY10-4HF	KMD1652ADGR	龙马溪、五峰组	2836	4366	1530	171.8	8.91
JY31-4HF	KMD1652ADGR	龙马溪、五峰组	3112	4270	1158	118.6	9.76
JY29-3HF	KMD1652ADGR	龙马溪	2741	4285	1544	109.2	14.1
JY15-1HF	KSD1652AGR	龙马溪、五峰组	3273	4272	999.14	92.9	10.76
JY16-3HF	KSD1652AGR	龙马溪、五峰组	2857	4303	1446	116	12.47
5井平均指标					1335.43	121.70	10.97
对比井平均					1534	75.5	20.32
对比提高					+14.9%	-62%	+85.2%

焦页31-S1HF井通过优化剖面设计、应用地质导向技术、水平段应用水力振荡器、低摩阻稳定器等降摩减阻工具，采用精细轨迹控制技术，执行了27次轨迹调整指令，目的层钻遇率100%。应用国产化常规导向工具水平段一趟钻进尺2001m，机械钻速14.7m/h。

3 结论及建议

1. 在涪陵页岩气应用一趟钻关键技术，显

著缩短了钻井周期和钻井成本，显示了“一趟钻”技术在页岩气勘探开发中的巨大潜力。

2. 在国内页岩气开发大规模勘探开发的背景下，“一趟钻”技术将为涪陵页岩气开发取得突破，实现提速、降本、增效起到关键作用。

3. 建议加强国产地质导向系统、旋转导向系统等关键工具的研发和改进，进一步优化“一趟钻”技术体系，降低应用成本。

参考文献

[1] 杨海平、游云武，焦页 2-5HF 长水平井钻完井关键技术[J]. 钻井工艺，2018，41(3)：5-8.

[2] 杨金华，一趟钻新技术应用与进展[J]. 技术创新，2017，2：38-40.

[3] 杨金华，页岩气水平井一趟钻应用案例分析及启示[J]. 技术创新，2018，6：32-35.

[4] 崔杰、纪友亮. 川西中浅层气藏千米水平井一趟钻关键技术[J]. 石油机械，2015，43(8)：1-4.

[5] 张金成、艾军、臧艳彬、杨海平、陈小峰. 涪陵页岩气“井工厂”技术[J]. 石油钻探技术，2016，44(3)：9-14.

[6] 臧艳斌.. 川东南地区深层页岩气钻井关键技术[J]. 石油钻探技术，2018，46(5)：7-12.

[7] 曾义金. 页岩气开发的地质与工程一体化技术[J]. 石油机械技术，2014，42(1)：1-6.

基于钻井平台功能转换的海上气井延长测试关键技术研究与实践

蒋云鹏　葛俊瑞　廖恒杰　刘　平　吴俊杰

(中海石油(中国)有限公司上海分公司)

摘　要　海上地质条件复杂地区勘探开发风险大，常规勘探开发方式已不能完全适应勘探开发需求，主要表现为开发井钻后储量规模变小和产能降低，增大了开发投资风险。为破解这一难题，以宁某构造为实践对象，提出了采用自升式钻井平台依托邻近生产平台开展海上气井延长测试的新思路。重点解决了气井延长测试储量和产能评价、自升式钻井平台和井口稳性评价与监控、海底管道与平台位移及采油树与工艺管线位移控制等关键技术，确保了海上首例气井延长测试的成功，达到了落实储量规模、评价开发效果、降低开发风险，同时实现油气回收获得收益的目的，丰富了勘探开发一体化的形式和实现手段，为海上类似油气田开展延长测试或快速评价建产提供了借鉴经验和实践参考。

关键词　延长测试；海上；气井；勘探开发一体化；钻井平台

1　延长测试背景

延长测试是探测油气藏边界、评价油气藏动储量规模，了解油井产能递减规律、观察地层压力衰竭情况以及边底水锥进的重要手段。对海上油气田来说，由于延长测试时间长、费用高，延长测试实际应用案例不多；仅有个别油藏进行过延长测试，气藏延长测试未有记载[1~5]。在海上地质条件复杂地区仅靠少量钻井和地震资料，地质认识难以深入。常规勘探开发模式(先上报储量、再进行方案设计和实施)下气藏类型和储量规模等关键参数难以落实，导致开发井钻后地质储量大幅减少、产能难以达到预期。有鉴于在生产油气田周边发育诸多中小构造，具有较大的油气资源潜力，具备较好的低成本依托开发条件。为落实储量规模、评价开发效果，减少储层非均质性带来的地质风险，以宁某构造为实践对象，提出了利用钻井平台依托邻近生产平台开展海上气井首次延长测试，构建海上油气勘探开发一体化快速评价建产新模式。

2　目标靶区地质油藏特征

宁某构造属于B构造基底古隆起控制下的褶皱带(北东向)内的局部断背斜构造，圈闭面积为0.64km^2~1.16km^2，圈闭幅度23m~70m。主要含油气层分布在始新统平湖组，主力层X8、X10埋深超过4300m，属于三角洲前缘水下分流河道砂体，单井钻遇砂岩厚度26.4m、34.1m、66.4m，平均孔隙度分布范围为10.8%~14.9%，中值12.9%，平均渗透率分布范围为2.53mD~10.48mD，中值为5.29mD，为低孔、中低渗储层。X8层为异常压力系统，压力系数1.45~1.49；X10层压力系数1.06。由于气藏模式存在不同认识，计算天然气储量规模7.41×10^{8}m^3~77.20×10^{8}m^3。

3　延长测试面临的挑战

3.1　地质条件复杂，储量规模和产能不落实

宁某构造为在生产区周边新发现气田，在很大程度上存在储量规模减少和产能降低的风险，影响后续开发方案编制。如X10气藏不确定性主要表现在：①该层气水界面存在存在-4588.4m和-4572.4m两种不同认识，直接影响储量规模近一倍以上；②该层为一高含凝析油的气藏，DST测试期间地层反凝析现象严重，对产能的影响有待验证；③该层为底水气藏，水体能量对开发效果的影响不明确。X8气藏不确定主要表现在：①该层未钻遇气水界面，对气藏类型存在两种认识，进而导致储量规模认识差异较大。一种是认为气藏类型以构造为主，按照构造气底模式计算天然气地质储量为5.4×10^{8}m^3、按照圈闭全充满模式计算天然气地质储量为17.27×10^{8}m^3，另一种认为气藏类型以岩性为主，根据地震Vp/Vs反演资料，评价该层的天然气资源量可达62.74×10^{8}m^3(图1)；②该层由X8a和X8b两层

组成，均为高压气藏，压力系数分别为1.45和1.49，两层合采产能和变化规律认识不清，进而影响开发效果。上述不确定性给气田开发带来了较大的不确定性，也给延长测试设计和效果评价带来较大的挑战。

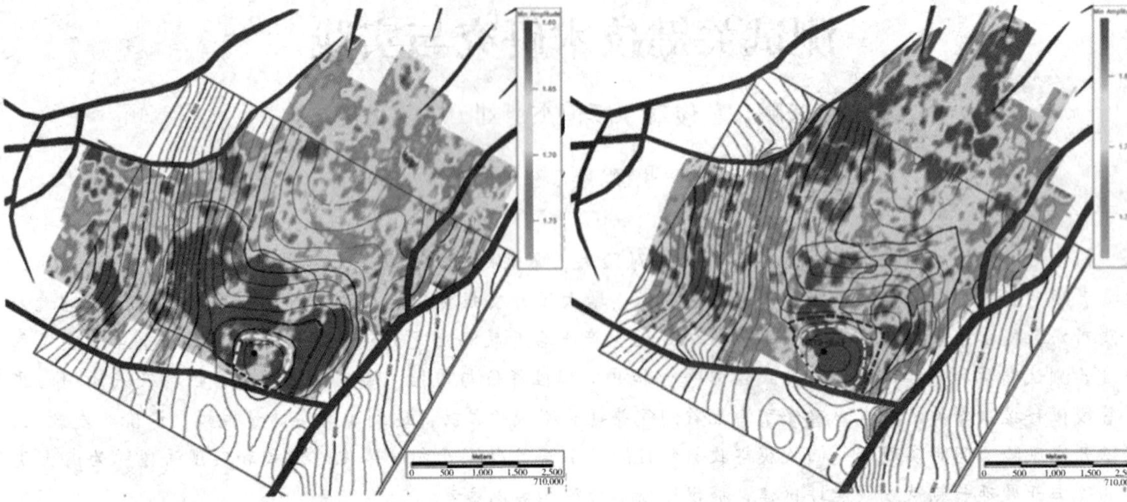

图1　宁某构造X8层砂体最小Vp/Vs反演属性与构造叠合平面图

3.2　海况恶劣、测试时间长，对测试设施要求高

海上油气田远离陆地，处于复杂的海洋环境中，常规钻完井作业周期较短，一般在4个月以内，钻井平台受短期复杂载荷的影响程度相对较小，且极端工况条件下可回收悬臂梁提高平台抗风暴能力；而采用自升式钻井平台进行延长测试，作业周期超过12个月，面临夏秋季节台风和冬季季风等恶劣天气的影响，处于延长测试状态下的钻井平台无法进行悬臂梁回收，加之作业海域台风频发、强度大、等级高，钻井平台的长期稳定性受到重大影响。同时，目标井由常规探井直接转换为延长测试生产井，井口装置的约束条件主要为张力器的纵向支撑，缺少横向扶正装置，长期受到自然载荷及工况载荷的影响，极易出现井口失稳、管柱破坏的严重后果，甚至引发重大工程和环境事故。这些情况均对采用钻井平台实现延长测试提出了苛刻的要求。

3.3　钻井平台进行生产功能转换需要改造和重新评估

自升式钻井平台主要由平台结构、桩腿和升降传动装置等组成，平台在作业时依靠升降装置把平台举升到海平面以上，使之免受海浪冲击，并用锁紧机构将平台锁紧固定，依靠桩腿的支撑站立在海底完成钻完井作业，缺少生产平台所配置的分离器、流量计、油气管线、监测仪器及配套控制系统[2,6-7]等，同时海底管道与平台立管、采油树与工艺管线在海浪作用下存在较大的位移变化。采用钻井平台进行延长测试需要对平台进行改造，安装相关生产设备，对钻井平台整体布局和稳性造成附加的载荷影响。钻井平台改造后能否通过第三方评估，取得安全生产许可，满足法律法规要求，给延长测试带来了较大不确定性。

4　延长测试关键技术对策

利用自升式钻井平台作为井口装置开展海上气井首次延长测试，通过7.6km/12寸海底管线依托B平台完成油气回收，需要对钻井平台进行改造满足生产测试功能。由于国内没有技术先例可以参考，技术挑战难度极大，有以下几项关键技术内容是制约延长测试成败的关键：①气井延长测试储量和产能综合评价，确保延长测试达到落实储量规模、评价开发效果的目的；②自升式钻井平台和井口稳性评价与监控技术，确保延长测试期间钻井平台稳定和井口支撑稳定；③海底管道与平台位移、采油树与工艺管线位移控制技术，确保不同装置不同位移情况的密封连接和油气外输。

4.1　气井延长测试储量和产能综合评价

利用延长测试能否落实储量规模、评价产能特征是本次延长测试的关键，本区复杂的地质条件增加了延长测试方案设计和实施的不确定性，也突出了气井延长测试储量和产能综合评价的重要性。本井设计对X10和X8层分别进行延长测试并制定了测试方案。

X10 层采用三开两关的测试程序进行了探井 DST 测试，其中二开采用 4 个油嘴进行测试，测试结果显示，前 2 个油嘴清井不彻底，地层、井筒中的射孔杂质等未能带至地面，三开测试期各油嘴井底流压未达到稳定(图 2)，导致二项式产能方程斜率为负，无法正常求出无阻流量，采用校正的二项式产能方程计算瞬时无阻流量为 138.17×104m^3/d。但该产能能否代表气藏真实产能存在疑问、储量规模是否落实有待验证。X10 层延长测试的两个多月期间，采用固定油嘴 10.82mm 测试，初期产量、井口压力快速递减，井底流压无法达到稳定(图 3～图 4)，整体表现出地层能量供给范围有限、强非均质性的低渗气藏特点，表明该层早期产能主要为储层“甜点”区贡献，而周边相对低渗区油气动用有限或短时间内难以动用。延长测试期间最高测试产量 26×10^{4}m^3/d，计算瞬时无阻流量 42×10^{4}m^3/d，较 DST 测试低；利用延长测试资料计算动储量规模仅为 0.45×10^{8}m^3，远小于测试前计算的地质储量。

X8 层分为 X8a 和 X8b 两层，被一厚度约 25m 的泥质隔层分开，两层厚度、物性、压力系数和气藏类型相近。其中探井对 X8b 层采用两开两关的工作制度测试进行了 DST 测试(图 5)，测试期间累产天然气 33.1×10^{4}m^3，累产凝析油 16.5m^3，不产水。二开期间 12.7mm 油嘴时日产气 58.9×10^{6}m^3/d，日产油 75.0×m^3/d，测试期间各油嘴井底流压基本达到稳定，测试资料较好，采用稳定产能试井资料解释的二项式无阻流量为 120.14×10^{4}m^3/d(图 5)，测试结果显示 X8b 层为高压中产凝析气藏。落实储量规模是本层延长测试的关键。

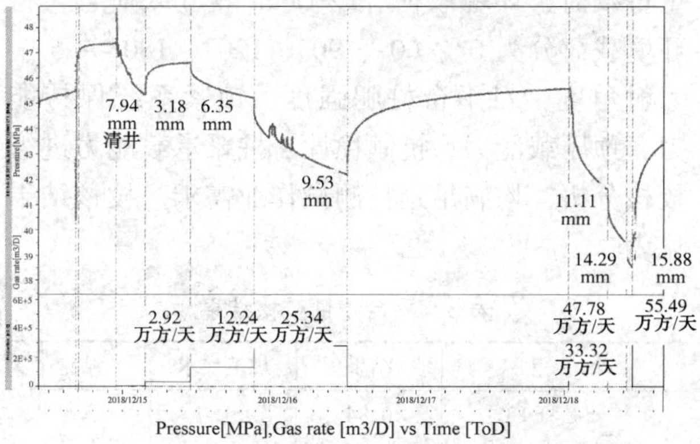

图 2 探井 X10 层 DST 测试压力史曲线

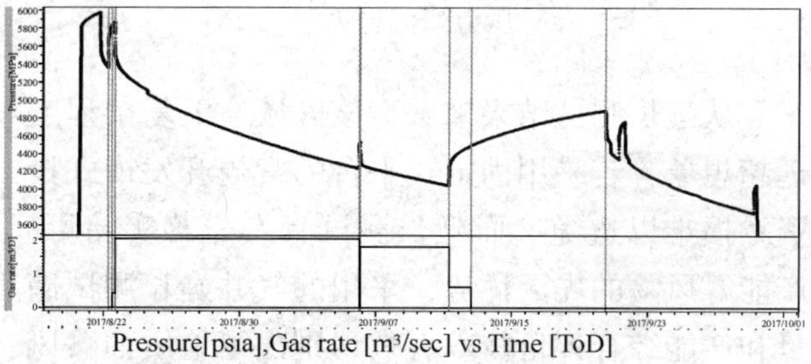

图 3 X10 层延长测试井底压力史曲线

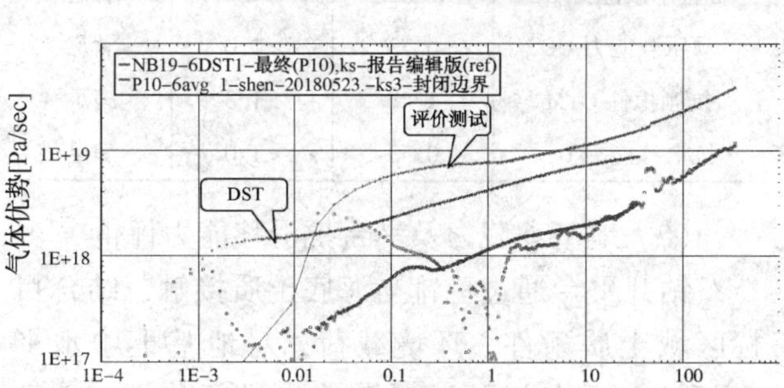

图 4 X10 层延长测试与探井 DST 测试压力与导数及拟合曲线对比

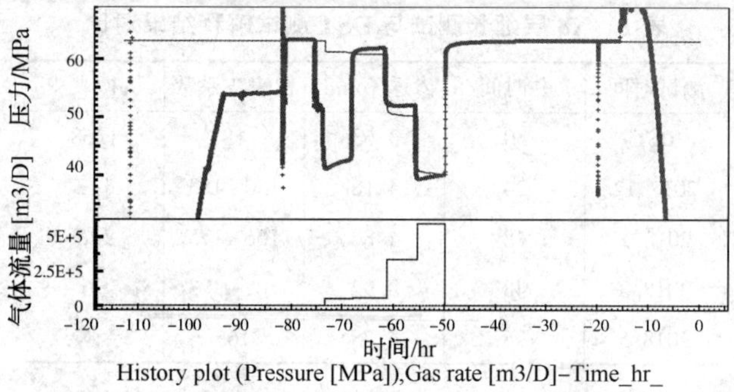

图 5 探井 X8b 层 DST 测试压力史

X8 层延长测试期间对 X8a+X8b 两层合试，采用固定油嘴 50.8mm 测试，最高测试产量仅为 28.1×10^{4}m^3/d，采用一点法计算无阻流量为 34×10^{4}m^3/d，较 X8b 层 DST 测试计算产能低。通过延长测试与 DST 测试产量、压力等指标的对比，在相同油嘴下，延长测试产气量及井口压力均低于 DST，在 12.7mm 油嘴下，DST 测试稳定产气量为 59.0×10^{4}m^3/d，井口压力 27.5MPa，延长测试期间稳定产气量为 $20.1\times10^4\sim27.2\times10^4m^3$/d，井口压力 8.6MPa～12.1MPa。对比表明延长测试期间表皮系数远远高于 DST 测试(表 1)，分析认为该层射孔后长达 4 个月时间未诱喷造成井筒附近地层污染严重是主要原因。

X8 层历经 6 个多月的延长测试，进行了四次压力恢复，获取了大量的产量和压力数据，根据地层压力、测试产量数据，采用压降法计算了 X8 层动储量规模为 $13.0\times10^8\sim15.6\times10^8m^3$，实际测试压力下降速度与构造全充满方案预测的压力下降速度相吻合(图 6)。

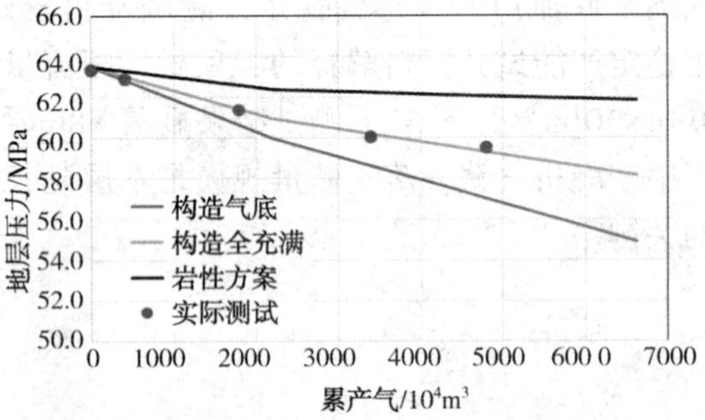

图 6　采用数值模拟预测 X8 层不同地质储量下的压力降落趋势

从延长测试结果来看，该区域地下复杂程度远超想象，若采用固定式平台的常规开发模式投资亏损难以避免。而延长测试具有先落实储量、产能等风险的先天优势，采用的气井延长测试储量和产能综合评价技术有效识别出了地质油藏风险，进而再决定后续开发方式，可以达到有效规避开发风险的目的。

表 1　X8 层延长测试与 DST 测试解释结果对比

测试时间	关井时间/h	渗透率/mD	视表皮系数	机械表皮
DST	30	3.63	18	1.68
2017.12	24	4.18	130～183	117
2018.1	48	4.86	166～175	125
2018.3	48	3.92	162～173	96
2018.5	96	4.78	165	

4.2　自升式钻井平台和井口稳性评价与监控对策

4.2.1　自升式钻井平台延长测试稳性综合评价

(1) 悬臂梁无法收回条件下的平台稳性评价

鉴于本次延长测试期间钻井平台悬臂梁无法收回的特殊工况，依据国内外计算标准、规范、软件，在满足台风预警、人员撤离、关井等条件下，使用 10 年一遇重现期进行评估，采用相邻 B 生产平台导管架环境设计报告的全年独立极值条件，假设风、浪、流同方向作用，同时结合平台作业状态确定计算工况详细参数(表 2)。

表 2　平台稳性评价环境数据及平台参数

计算工况参数	B 平台 10 年一遇独立极值
风速/(m/s)	37.9
最大波高/m	18.7
对应周期/s	13.1
表层流/(m/s)	2.07
底层流/(m/s)	0.61
水深/m	90
气隙/m	16.5
桩尖入泥/m	3.5
可变载荷/t	2995
是否考虑隔水导管和桩腿立管	是

利用 SACS 软件建立平台及结构模型。考虑重量载荷、环境载荷、P-Delta 效应载荷等，将环境载荷分为 0°、60°、90°、120°、180°共 5 个入射角度，对平台桩腿强度、锁紧系统保持能力、预压载能力、抗倾稳性、桩靴承载能力进行校核分析，均满足延长测试作业需求。校核结果见表 3。

表 3　平台稳性校核结果

项　目	结果	规范要求	结论
桩腿弦杆 UC	0.84	<1.0	满足
桩腿横/斜撑 UC	0.96	<1.0	满足
锁紧装置能力 UC	0.75	<1.0	满足
桩靴承载能力 UC	0.82	<1.0	满足
预压载能力 UC	0.73	<1.0	满足
抗倾稳性 OTM	1.42	>1.3	满足
抗滑移能力 UC	0.53	<1.0	满足

(2) 地基承载力及平台抗滑移能力评价

钻井平台通过桩靴与海底土质接触，结合目标区域土质条件、环境载荷，对地基土壤水平(滑移)和垂向(沉降)承载能力进行分析，计算得到许用垂向-横向承载力及抗滑能力曲线(图 7)，得到平台预压载能力校核结果最大为 0.73，即只达到预压载单桩最大反力 112MN 的 73%，地基承载力满足要求；桩靴底面的极限反力均在地基的垂向-横向承载力范围内，抗滑移 UC 系数为 0.53，满足规范要求。

(3) 立管对桩腿强度影响评价

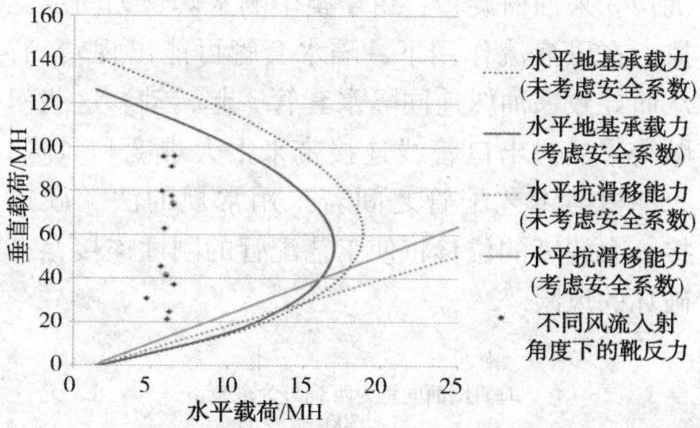

图7　垂向-横向承载力及抗滑能力曲线

通过钻井平台延长测试将油气经过海底管道输送至邻近生产平台，从钻井平台至海底管道的立管安装于平台右后桩腿内部，直径323.9mm、壁厚14.3mm的立管与桩腿紧密连接，采用专用卡子固定，主要承受波流载荷，这对桩腿强度将产生一定的影响，模拟计算时将立管承受的载荷和重力，施加到桩腿的对应位置；立管和卡子重量及其对桩腿水平撑杆的转矩，分别施加在每层水平撑杆对应位置处，计算结果满足安全要求(表4)。

表4　立管对平台稳性影响的对比分析结果

项　目	不考虑立管影响	考虑立管影响
桩腿弦杆 UC	0.72	0.84
桩腿横/斜撑 UC	0.86	0.96
锁紧装置能力 UC	0.64	0.75
桩靴承载能力 UC	0.76	0.82
预压载能力 UC	0.67	0.73
抗倾稳性 OTM	3.58	1.42

4.2.2　延长测试井口系统稳性评价与实时监测

(1) 井口系统稳性评价

结合目标区域水深、海况环境条件、海底土质条件及隔水导管几何参数、入泥深度，分析井口纵向载荷由隔水导管重量(泥线以上部分)、9-5/8"套管部分湿重、油管湿重+采油树重量、其他井口装置重量组成，共计约126t，小于井口张力器可提供载荷；泥挂处载荷由隔水导管湿重(泥线以下部分)、13-3/8"套管湿重组成，共计约164t，而本井隔水导管入泥深度为62.17m，结合地层土质资料计算隔水导管极限承载力为311t。因此，井口系统在纵向上的井口位置、泥挂位置均在安全载荷内，满足稳性要求。

横向载荷主要考虑风、浪、流载荷，采用极值条件，利用ANSYS软件建立井口系统力学模型，计算极限工况、张力器失效、井口偏移6%同时出现的条件下，隔水导管等效应力最大为122MPa，低于许用应力359MPa，不会发生屈服破坏，横向载荷满足安全测试要求。结合井筒温度分布状况预测，校核分析13-3/8″套管最大应力114MPa、9-5/8″套管最大应力69MPa，满足许用应力359MPa要求，同时以井筒套管与井口装置的连接关系以及套管管材、钻井液、水泥环和地层的导热属性，模拟计算生产过程中13-3/8"套管与9-5/8"套管耦合作用下井口抬升高度为8.6cm，采用了井口生产管线柔性连接的方式进行控制。

(2) 隔水导管稳性实时监测

根据平台设备布局、监测要求、电源供应等因素，制定了隔水导管应力应变监测方案，在隔水管上端安装应力应变片，用于监测隔水管的受力状态，监测数据通过传输系统到达数据采集装置，为稳性评价提供了充足真实的基础数据。

设计监测系统包括隔水导管周向安装的应力应变片、数据传输线、采集设备、处理装置、电源设备等，具备在断电情况下至少7天的数据采集，保证在台风期间仍能监测到隔水导管受力变化。安装调试后定期进行系统维护、数据下载、对比分析，结合环境载荷参数，分析短期数据、长期数据，均存在周期性变化规律，短期影响因素主要为海浪的周期性作用，长期影响因素主要为海流的周期性变化，非台风期间应变变化范围为-189.35~173.22με，而台风“泰利”、“苏拉”期间应变变化范围为-624.354.15~789.237με。

通过建立测量应变与等效载荷计算模型，利用监测的数据计算切应力、等效应力，将实际采集计算的结果与理论分析结果对比分析(表5)，隔水导管在台风期间等恶劣海况条件下处于安全范围内，但切应力、等效应力均较高，若按照安全系数1.5计算最大许用应力为239MPa，台风期间存在一定失效风险。

表5　台风期间理论计算与监测数据等效计算结果对比

时间段	“泰利”台风期间		“苏拉”台风期间	
参数	切应力/MPa	等效应力/t	切应力/MPa	等效应力/t
数据监测结果	234.98	113.82	75.69	37.75
理论分析结果	217	107.56	79.1	34.69

4.3　海底管道与平台位移、采油树与工艺管线位移控制对策

4.3.1　海底管道与钻井平台位移控制技术对策

采用自升式钻井平台进行延长测试海底管线需要依托钻井平台桩腿登上钻井平台。由于原始设计标准不同，钻井平台的桩腿抵抗恶劣环境的能力要低于常规生产平台，钻井平台的桩腿在恶劣海况下的位移远大于固定平台桩腿的位移，导致海管在登上平台的部分即立管和膨胀弯会随着钻井平台的桩腿移动而移动。经过设计计算在百年一遇的极端环境条件下，传统的刚性立管膨胀弯系统在钻井平台甲板面位移达到 1.42m 时 UC 值已达到 1.6，使海管膨胀弯和立管存在疲劳损坏的风险，无法满足设计强度要求，需要解耦立管和平管的相互作用。

在综合比选动态非黏结性软管或黏结性软管登平台方案、静态软管穿护管登平台方案和刚性立管+静态软管膨胀弯混合登平台方案的基础上，确定了刚质立管+静态软管膨胀弯混合登平台方案。该方案不仅解决了平管和立管的相互作用，破解了自升式钻井平台极端天气条件下大位移对海底管道带来破坏的问题，钻井平台甲板面位移达到 1.42m 时 UC 值仅为 0.21；且大大缩小了立管管径尺寸，减小了立管和桩腿的相互作用，技术可行，且采办快捷，满足了本项目半年时间内从方案设计到投产的要求。通过实地调研比选确定了刚性立管的安装位置为潜水泵滑道处。该位置利用钻井平台原有下放潜水泵滑道作为导向，在水面上接长立管并通过滑道逐段焊接安装立管的一种新型立管安装技术，实现了无饱和潜水及作业船支持的下滑式安装百米水深级立管，有效地解决了海管立管在钻井平台桩腿上安装的问题。

4.3.2　采油树与工艺管线位移控制技术对策

自升式钻井平台的采油树是由张紧器进行固定和托举，与固定式平台结构相比，采油树存在较大的无规律位移，主要表现在 3 个方面：①采油树相对晃动：在海洋环境中，受风、浪、涌海况及台风等自然环境因素影响，井口立管及固定其上的采油树和平台上部模块会有相对位移，经测量最大达 400mm；②采油树升沉：由于井筒内的油气流与海水存在几十度的温差，钢质井口立管在开井前后会有不同程度的热胀冷缩，导致作为自由端的采油树会有几十甚至一百余毫米的升沉；③采油树旋转：由于整个隔水套管无固定支撑，在风浪流作用下，隔水套管可能出现转动，从而导致采油树连同隔水套管一起转动。这些问题给采油树出口管线连接带来很大难度和风险，采油树与工艺配管之间若采用常规的法兰硬连接，大幅度的位移将使工艺配管的刚性连接存在破坏的风险。

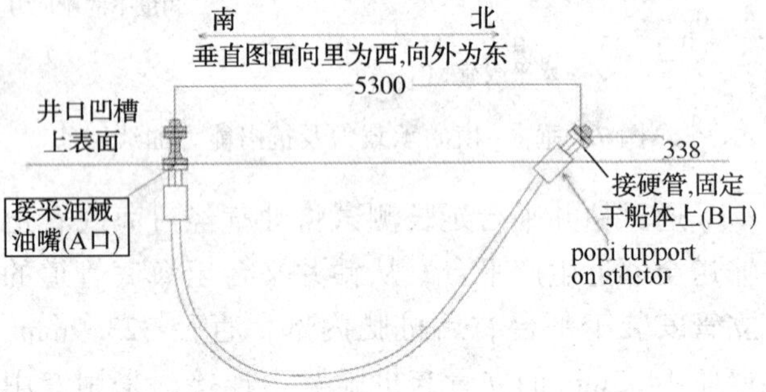

图 8　柔性高压软管连接 3D 模拟

针对采油树的位移带来工艺配管的问题，经过设计计算、现场测量、再评估，证实硬管盘弯方案无法消除这类应力，利用柔性高压软管回接可以有效解决采油树位移的问题。为了确保软管在台风等复杂工况下能安全有效，根据自升式钻井平台井口区的特殊空间情况，综合现场监测的环境数据与极端工程预测数据进行 3D 模拟计算，拟定软管长度为 10m，可满足水平单向 400mm，升沉 200mm 的能力，有效化解了采油树大幅度晃动、升降和旋转带来的巨大风险（图 8）。同时，通过专门的应力校核，分析出工艺配管在采油树频繁位移下存在应力集中的位置，专门研发和定制管线支撑装置，有效解决了钻井平台上采油树频繁无规律大幅度位移的问题，成功实现了移动钻井设施生产功能转换。

5　延长测试实践效果

5.1　探索出海上油气勘探开发一体化快速评价建产新模式

宁某区地质条件复杂，储量规模和产能本身存在很大的不确定性，导致常规勘探开发模式无法适用。宁某构造延长测试过程中出现的 X10 层产量递减快、动储量规模远小于地质储量，X8 层产能和油压远低于探井 DST 测试等现象，充分揭示了该区域地下情况的复杂程度远超想象。若采用固定式平台的常规开发模式投资亏损难以避免。而延长测试具有先落实储量规模和评价产能等风险的优势，进而再决定后续开发方式，在最

大程度上规避了勘探开发风险。依托宁某构造延长测试探索出的勘探开发一体化快速评价建产模式，从根本上解决了储量规模的不确定带来的开发投资风险。

5.2 评价建产速度快，在落实储量规模的同时获得油气收益

宁某构造依托钻井平台进行延长测试，工程设施简单，将常规勘探开发模式建产至少需要3年时间缩短为8个月，树立了海上油气田“当年发现、当年建设、当年建产”的标杆。该模式集勘探评价与开发生产为一体，地质评价与建产同时进行，双向促进。经过9个多月的延长测试，先后完成了X10层和X8层延长测试，实现了落实气藏类型和储量规模的目标，其中X10层计算动储量规模为$0.45\times10^8m^3$，X8层计算动储量规模约$13.0\times10^8\sim15.6\times10^8m^3$。同时实现油气回收，获得油气收益，见效快、效果好。评价测试期间累计产气$0.64\times10^8m^3$、产油$1.70\times10^4m^3$。宁某构造延长测试不仅落实了自身的储量规模降低了开发风险，而且也为在生产油气田周边有利目标的快速勘探开发评价建产提供了实践样板。

5.3 依托自升式钻井平台创造了海上气井延长测试新纪录

本次采用自升式钻井平台转化为生产装置是海上油气延长测试的重要基础，结合项目实际环境条件及周边资源设施分布，创新实施了百米级水深海域钻井平台配合海底管道运输油气至邻近平台的高效延长测试模式，而以往实施的钻井平台配合漂浮软管输送至储油轮的方式，最大应用水深不超过30m。基于该海域的作业工况与环境参数，建立了类似作业模式下钻井平台稳性评价的技术方法，保障恶劣工况下的稳性安全，首次设计应用的隔水导管应力应变监测系统实时采集了延长测试期间的真实载荷数据，为井口性能评价积累了丰富的技术资料，有效指导了延长测试作业的安全平稳运行，是国内外类似水深条件下采用钻井平台开展延长测试的成功案例，填补了行业空白。

6 结束语

经过30多年的勘探开发，我国海洋石油的勘探开发难度越来越大，常规勘探开发模式已不能完全适应勘探开发需要，勘探开发一体化快速评价建产正成为行业趋势，宁某构造延长测试的先行试验恰恰适应了这种需求。基于项目特点和延长测试需要，对自升式钻井平台进行改造实现了功能转换，完成了延长测试，达到了落实储量规模、评价开发效果、降低勘探开发风险的目的，丰富了勘探开发一体化的形式和实现手段，为海上类似油气田开展延长测试或快速评价建产提供了借鉴经验和实践参考。

参 考 文 献

[1] 黄德乾．生产测试船—延长测试，早期生产和边际油田开发的好办法[J]．中国海洋平台，1992，7(1)：24-28.

[2] 王海波．延长测试在丁家屋子复杂断块非自喷井中的应用[J]．油气井测试，2011，20(3)：66-68.

[3] 王承毅．应用探边测试方法对断块油气藏进行早期评价[J]．断块油气田，1998，6(1)：34-39.

[4] 俞学礼．渤海边际油田开发综合研究[J]．中国海上油气(工程)，1998，10(2)：4-12.

[5] 张景烘．南海流花油田延长测试简介[J]．油气井测试，1990，3：67-76.

[6] 段宇，王美楠，杨东东，等．渤海A油田复杂岩性油藏延长测试方案设计研究[J]．石油化工应用，2018，37(8)：78-82.

[7] 吴思．曹妃甸1-6-1井延长测试设施简介[J]．中国海上油气(工程)，1995，7(1)：27-31.

控压钻井在老区复杂压力系统地层的创新应用

周宝义 赵平起 廖兴松 李东平 张海军 郝 晨

（中国石油大港油田公司）

摘 要 大港油田近年来在注水开发井区，潜山及深层低渗高压天然气储层钻井过程中井漏、溢流频发，严重威胁钻井井控安全及油田开发效益。本文详细分析了注水开发井区，潜山及高压天然气钻井复杂原因，综合应用油藏工程数值模拟、精细地层三压力预测技术及实钻资料分析确定了钻井安全密度窗口特点，优选了常规和精细控压两种钻井方式，结合井身结构与控压参数优化，经济有效的解决了注水开发井区及潜山、深层低渗高压天然气储层窄密度窗口钻井复杂频发的钻井难题，可为类似油田安全钻井，提供参考和借鉴。

关键词 常规控压；精细控压；注采井区；潜山钻井；低渗高压气层钻井

大港油田近年来在注采井区、潜山、低渗高压天然气钻井中溢流、井漏复杂频发，严重威胁钻井井控安全及油田勘探开发效益。注采井区，经过多年的注采开发，压力系统紊乱，地层压力无法准确预测，压力窗口不明确，导致钻井工程设计无法合理的设计井身结构及钻井液密度，钻遇异常高压地层，易造成井控事故或井下复杂；潜山勘探开发，地层缝洞发育，孔隙压力变化大，高压天然气钻井，地层压力高，安全钻井密度窗口窄，常规钻井涌漏同存的复杂频发。无论是注采井区钻井，还是窄密度窗口钻井，其核心是如何高效的控制井筒压力剖面，以实现安全钻井，控压钻井是有效的手段。控压钻井经过多年的发展，已形成了系列化、模块化钻井装备，主要包括自动节流、回压补偿、监测与控制软件系统，形成了多策略、自适应的环空压力闭环监测与优化控制技术，实现了 9 种工况、4 种控制模式和 13 种复杂条件应急转换的精细控制，井底压力控制精度在 0.2MPa 以内[1~3]。钻井技术的优选要体现技术经济一体化，要以最佳综合成本实现油气安全勘探开发为原则，在满足地质要求、安全健康环保要求的前提下，合理选择控压方式、合理配套工具和设备、合理设计控压钻井水力参数，即经济又高效的实现高效钻井。本文针对大港油田注采井区、异常高压井区，井控风险高，钻井复杂时效高的难题，优选控压钻井方式，优化施工参数，实现了老区勘探开发安全、高效的钻井作业。

1 老区勘探开发钻井工程技术难点

1.1 注水开发井区压力紊乱，复杂时效高

1.1.1 港西油田

港西一区二四区块油层发育，明一到馆陶均有发育，理论上剩余油分布多集中在断层附近，断层发育明显，平均单井钻遇断层数量大于 3 个，经过长时间的注采开发，部分层系亏空、部分层系超注；港西二、三区为二三结合注聚区，长时间注聚，地层存在局部异常高压；因此港西油田整体地层纵向压力差异大，钻井井漏频发，大部分为失返性漏失，且存在浅层气，井漏诱发井喷风险高。如西 48-2-4 井，1.25g/cm^{3}密度钻井至断层处发生失返性漏失（见图 1），打水泥塞封堵，漏失钻井液 240m^3，损失时间 60h。

1.1.2 官东地区

官东地区孔一段储层物性为低渗中孔地层，储层高压注水开发，平均注水压力高达 30.93MPa，长期的注水开发，导致压力体系紊乱，探评井钻前停注泄压涉及井多，且长时间泄压压力达不到泄压规定要求，长期停注泄压不仅影响开发生产，同时也导致钻机等停时间长。新钻井地层压力预测不准，不确定性的异常高压导致钻井过程中复杂时效高，井控风险大，钻井井下复杂以井漏、油气侵、溢流、井涌及卡钻为主（见表 1），总体复杂时效高达 3.8%；如官 66-45 井，1.45g/cm^{3}钻井液密度钻进发生油气侵，为平衡高压注水地层压力，调整密度至 1.65g/cm^3，模拟计算钻井过程中井底 ECD 可达 1.72g/cm^{3}以上（见图 2），预测破裂压力为 1.90

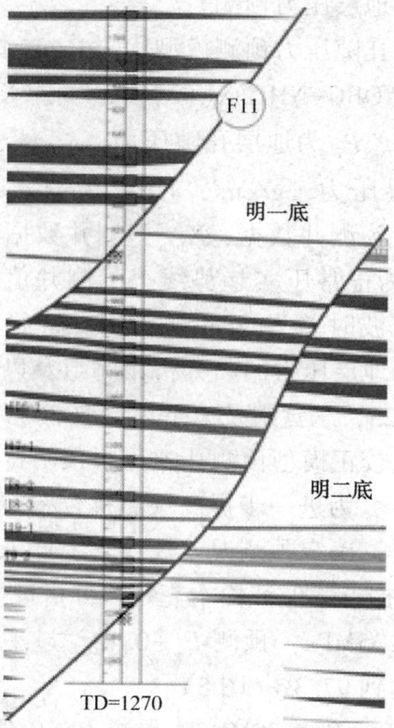

图 1　西 48-2-4 井油藏剖面及漏点

左右，若密度进一步提高，钻井将面临窄密度窗口钻井的问题。

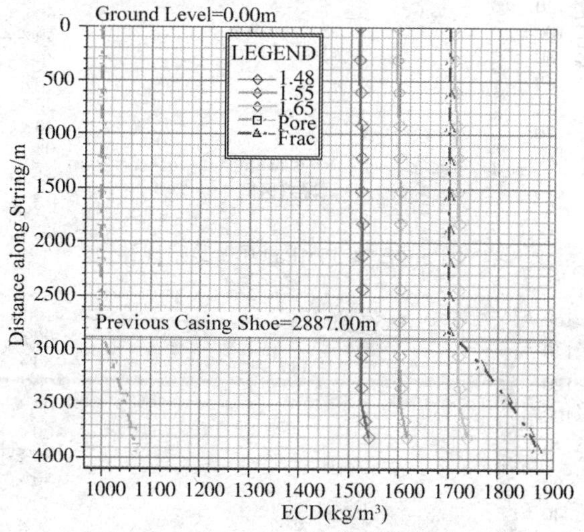

图 2　钻井过程中井底 ECD 模拟

1.2　潜山、异常高压天然气钻井，密度窗口窄，井控风险高

潜山奥陶系地层裂缝孔洞发育，地质预测孔隙压力 1.00~1.05 之间，目前潜山油气勘探程度低，对地层认识性不强，可能存在异常高压储层，钻遇窄密度窗口地层风险高。

歧北斜坡区深层天然气储层，存在异常高压，压力系数 1.38~1.59 之间，存在涌漏同存的窄密度窗口问题；由于储层埋藏深，致密（孔隙度 7.1~19.8%，渗透率 0.2~16.5×$10^{-3}$$um^2$）机械钻速慢，储层易于污染。完钻井钻井过程中溢流、井漏复杂频发，实钻钻井液密度高达 1.60~1.68g/cm^3。

1.3　歧口凹陷沙一中、下页岩易坍塌

歧口凹陷沙一上底部、沙一中、沙一下顶部深灰色泥页岩地层易水化坍塌（图 3），实钻钻井液密度高，直井及常规定向井硅基防塌钻井液体系实钻密度达 1.38g/cm^3，且多口井发生井壁坍塌极测井遇阻的复杂情况，目前对该地层特性认识程度较低，坍塌压力及周期无法预测，是影响安全钻井的主要风险点。

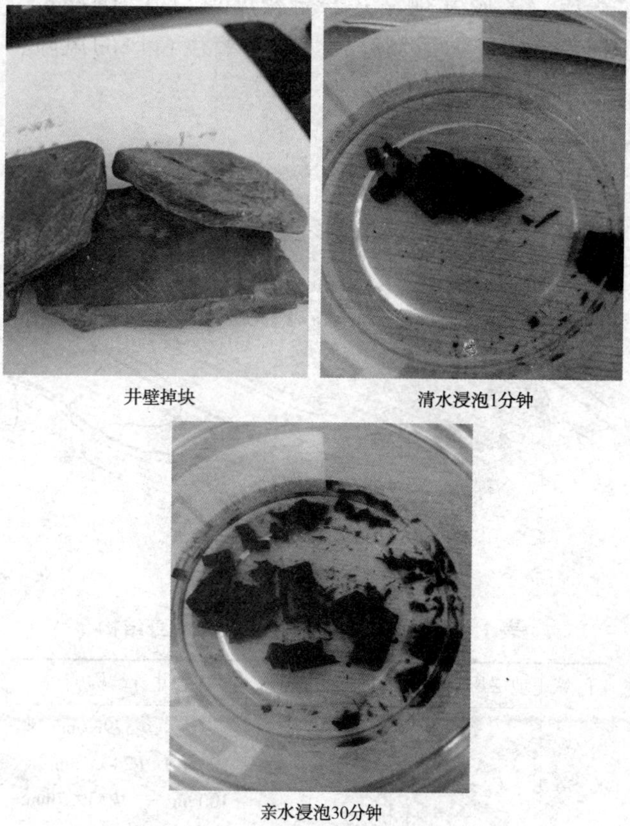

图 3　沙一下深灰色泥岩水化强度特征

2　安全密度窗口确定与控压钻井技术优选

2.1　安全压力密度窗口确定

安全密度窗口是选择钻井方式的基础，也是设备优选配套的依据。

2.1.1　注采井区压力密度窗口确定

注采井区地层压力已发生大幅变化，依据泥页岩压实程度预测地层压力的方法不在适应。注采井区的地层压力应根据注采平衡关系，精细油藏描述和油藏数值模拟及邻井实钻密度来综合预测。以港西二三结合注聚区为例，基于精细油藏

描述，根据注采平衡关系，利用油藏工程数值模拟，分析了注聚区目前地层压力平面分布规律，压力整体呈现北东高、西南低，边高中低的特点，即经过长期的注采开发，在临近断层和油藏边部存在异常高压的风险较大，按照预测的地层压力，将注聚区地层压力分为一、二、三等区域，一等区域地层压力系数>1.30，二等区域1.20~1.30之间，三等区域小于1.20。结合前期钻井统计分析，本区明化镇组断层漏失压力系数1.20~1.25之间，坍塌压力系数1.15~1.20，因此一等压力区域，二开井已无安全密度窗口，需要用套管物理封隔，才能实现安全钻井。二、三等压力区域常规钻井安全密度窗口0.10g/cm³，但是二等压力区域存在无安全密度窗口的风险，要预留补下套管的空间(表1)。

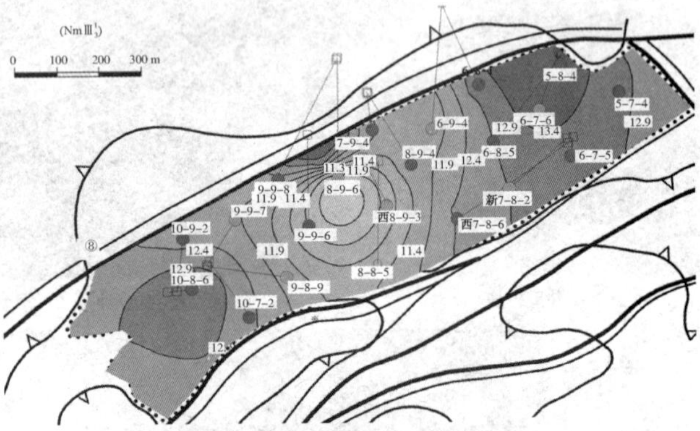

图4　地层压力平面分布

表1　不同区域安全密度窗口与井身结构

区域	地层压力系数	安全密度窗口	井身结构
一等	P_p>1.30	无	三开：Φ339.7mm × 500m + Φ244.5mm × 1000m + Φ139.7mm ×TD
二等	1.20<P_p<1.30	-0.05~0.1	二开，大尺寸表层：Φ339.7mm × 500m + Φ139.7mm×TD
三等	P_p<1.20	0.1	二开：Φ244.5mm × 500m+Φ139.7mm×TD

2.1.2　异常高压天然气密度窗口确定

异常高压天然气井区，地层未受注采影响，应用精细地层三压力预测技术，结合地层实钻情况，确定安全钻井密度窗口。为提高地层三压力预测精度，采用多元统计回归分析方法[4]，校正了地层三压力预测重要参数及预测模型。

(1) 地层压力预测

地层孔隙压力预测模型优选Eaton指数法：

$$P_p = OBG-(OBG-NHG)x((X_{obs}-X_{min})/(X_{nct}-X_{min}))^n$$

式中，P_p为地层孔隙压力，g/cm³；OBG为上腹岩层压力，g/cm³；NHG为静水压力，g/cm³；X_{obs}为测井数据；X_{min}为测井数据中的最小值；X_{nct}为正常压实趋势线上的测井值；本文测井值取声波时差，us/m；n为Eaton指数，经过多井实测地层压力回归分析馆陶组及以上地层取0.15~0.25，东营组及以下地层取0.60-0.70。

通过校正模型预测孔隙压力预测符合率可以达到88%，为进一步提高预测符合率，应用概率分析法[5]，确定预测误差规律。统计了388口井564个数据点，保证样本充足，分析规律可靠。

P_p≤35MPa：预测P_p+0.10，过平衡钻井概率可以达到97.3%(图5)。

35MPa<P_p≤75MPa：预测P_p+0.2，过平衡钻井概率可以达到94.5%(图6)。

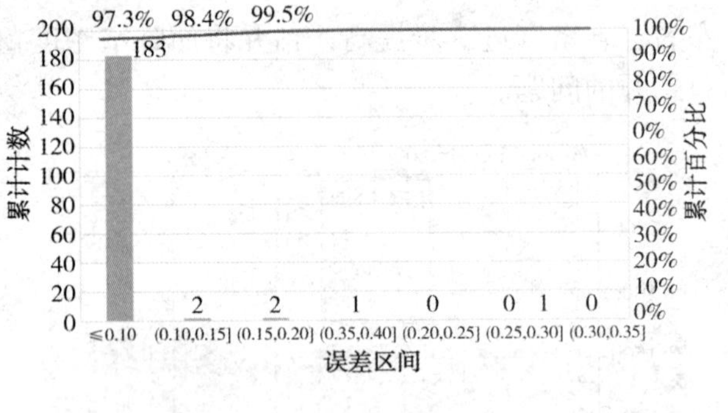

图5　P_p≤35MPa预测误差规律

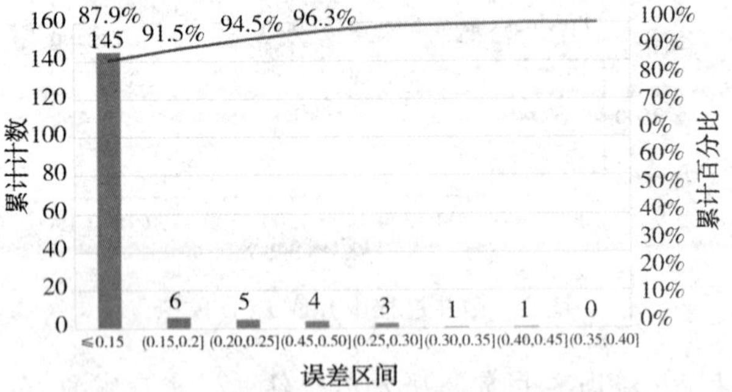

图6　35MPa<P_p≤75MPa预测误差规律

(2) 坍塌压力预测

地层坍塌压力计算最为复杂，为提高预测符合率，岩心实测数据重建坍塌压力涉及到的重要参数地应力大小、方向、内聚力、内摩擦角、biot系数等预测模型及系统校正了相关参数。如最大、最小主应力优选方法为：

$$\begin{cases}\sigma_H=\left(\dfrac{\mu}{1-\mu}+\omega_1\right)(\sigma_v-\alpha P_p)+\alpha P_p\\ \sigma_h=\left(\dfrac{\mu}{1-\mu}+\omega_2\right)(\sigma_v-\alpha P_p)+\alpha P_p\end{cases}$$

式中，ω_1，ω_2—构造应力系数；α—有效应力系数；σ_H，σ_h，σ_v—水平最大、最小地应力和上覆岩层压力；P_p—孔隙压力；μ—地层泊松比。实测校正后 ω_1，ω_2 取值原则为：沙河街及上部地层 $\omega_1=0.465$，$\omega_2=0.212$；孔店组地层 $\omega_1=0.773$，$\omega_2=0.187$。实钻分析，符合率达到92%。

（3）漏失压力预测

深层低渗透异常高压储层钻井钻遇地层均为砂泥岩储层，邻井录井及测井分析，漏失类型为渗透性漏失，按照渗透性岩石预测地层漏失压力。

$$P_1=P_p=\frac{3q_f\mu}{2\pi Kh}\ln\frac{r_f}{r_w}=4\tau_0(r_f-r_w)\sqrt{\frac{\phi}{2K}}$$

式中，P_1 为漏失压力，MPa；P_p 为地层压力，MPa；q_f为钻井液渗漏流量，L/s；h 为漏失层厚度，m；K 为地层的渗透率，D；φ 为地层孔隙度,%；μ 为钻井液塑性黏度，mPa · s；r_w为井眼半径，m；r_f 为侵入带半径，m；τ_0为钻井液屈服值，Pa。

以马东油田为例，沙河街组预测孔隙压力系数1.49，坍塌压力系数1.30，计算渗透性地层漏失压力系数1.55，实钻分析漏失压力系数1.53（图7），因此常规钻井安全密度窗口为0.04g/cm³。

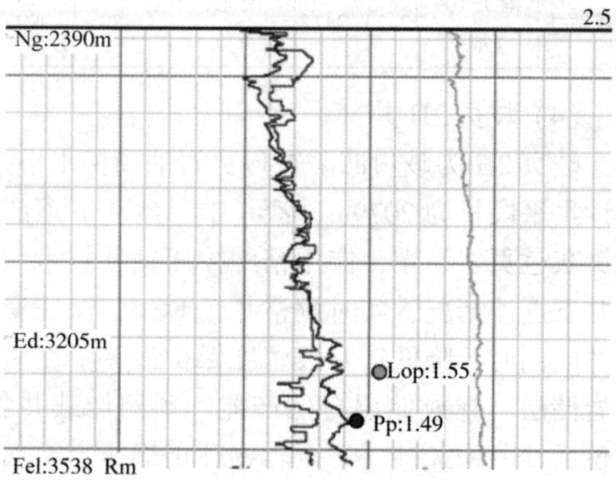

图7　地层三压力剖面预测结果

2.2　控压钻井技术优选

控压钻井设备的选择，要与需要解决问题的特性相匹配，控压钻井方式和装备的选配要基于技术经济一体化进行优选配备，以最低的成本解决技术难题。

港西二三次采油井区解决的主要问题是如何在保证井控安全的前提下，采用尽量低的钻井液密度，实现安全、高效钻井，降低事故复杂。因此采用常规控压钻井技术（图8），即可满足要求，因此配套旋转控制装置与控压专用节流管汇，实现密封环空，密闭循环，通过调节节流阀开度，施加井口回压，达到井筒压力控制的功能，有效降低钻井液密度，降低井漏及井控风险，提高机械钻速。

官东高压注采井区，注水紊乱，孔隙压力无法准确预测，井控安全风险大，存在钻遇异常高压导致的窄密度窗口难题；潜山、高压天然气钻井安全密度窗口窄；针对上述难题控压钻井技术的选择既要满足钻遇异常高压层的井控安全问题，又要解决涌漏同存的窄密度窗口问题，不仅需要即使识别溢流与井漏，又要快速调整井筒压力，因此采用精细控压钻井技术（图9），配套旋转控制装置、自动节流管汇、回压补偿系统、中央控制系统、井下测压测温仪器等装备，实现井筒压力剖面的精确控制、井底压力恒定的自适应的钻井技术，确保井眼始终处于安全密度窗口内，及时发现溢流和漏失，及时抑制井壁掉块；动态测试地层孔隙或坍塌压力；降低钻井液密度、保护油气层、减少生产辅助时间、提高机械钻速，缩短钻井周期。

3　现场应用与效果分析

3.1　现场应用实例

（1）西49-3-4井

本井预测明二段地层孔隙压力系数为1.15，按照井控要求，常规钻井钻井液密度应在地层压力的基础上附加0.15，即1.30g/cm³，已超过明化镇钻遇断层的漏失压力，因此采用常规控压钻井，预测坍塌压力系数1.15，本井设计钻井液密度1.16g/cm³，实钻无井漏发生，实现了安全钻井。

表2　西49-3-4井与邻井钻井情况对比

钻进方式	井号	井段/m	复杂情况	损失时间/h	机械钻速/(m/s)
常规控压	西49-3-4	501-1286	无	0	39.15
常规钻井	西49-2-8	501-1224	井漏	155.5	24.31

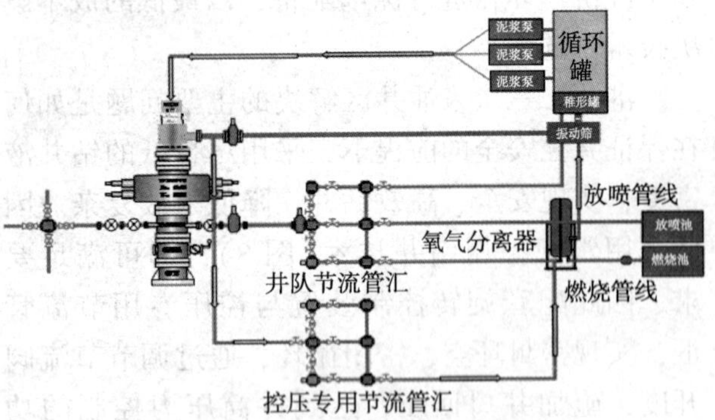

图 8　常规控压设备配套

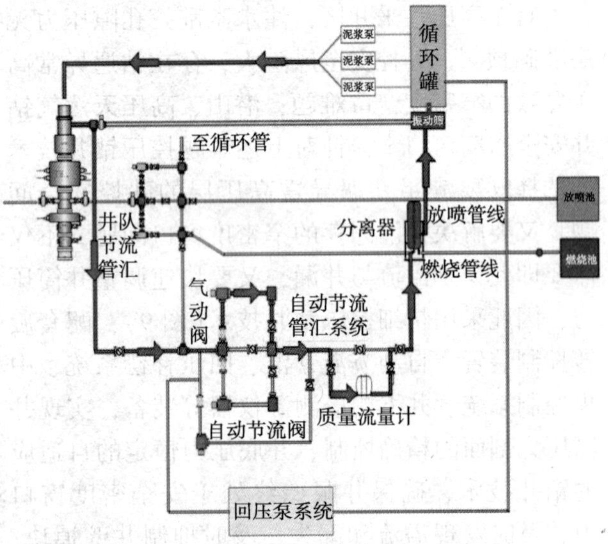

图 9　精细控压设备配套

（2）官东 4 井

官东 4 井处于高压注采井区，邻井长期泄压达不到井控要求，该井自井深 1805m 应用精细控压钻井技术，设计钻井液密度 1.42g/cm³。钻至井深 3351m 时，高精度流量计监测到出口溢流，控压 1.5MPa 钻井，点火成功，火焰高度 1.5～4m，加重钻井液密度至 1.48g/cm³，控压 0.46MPa-0.68MPa 钻至井深 3880m 完钻。精细控压钻井实现了高压注采区泄压不达标条件下的安全钻井。

表 3　官东 4 井与邻井钻井情况对比

钻进方式	井号	井段/m	复杂情况	损失时间/h	机械钻速/(m/s)
常规控压	官东 4	1805-3880	无	0	8.41
常规钻井	官 98-16	1005-3334	油气侵	168	5.92

（3）港 17104 井

港 17104 井原井眼钻井采用常规钻井，沙一上钻遇异常高压溢流，压井导致东营组、沙一上高渗透性地层井漏，常规钻井无法正常钻进，处理井下复杂 62 天，最终填眼侧钻。原井眼气侵推算孔隙压力系数为 1.50，多口邻井数据分析预测地层漏失压力系数 1.58，安全密度窗口为 0.08g/cm³，若采用常规钻井，钻井液密度为 1.65g/cm³，静液柱压力已超地层漏失压力，根据预测地层三压力剖面，本井沙河街组地层坍塌压力小于地层孔隙压力，优化设计钻井液密度，使井底 ECD 略小于地层孔隙压力（图 10），井口回压 2MPa 以内实现微欠平衡钻井，设计钻井液密度 1.45g/cm³，实钻密度 1.45g/cm³，控压钻井期间点火 11 次，与原井眼对比，钻井无任何复杂发生（表 4）。

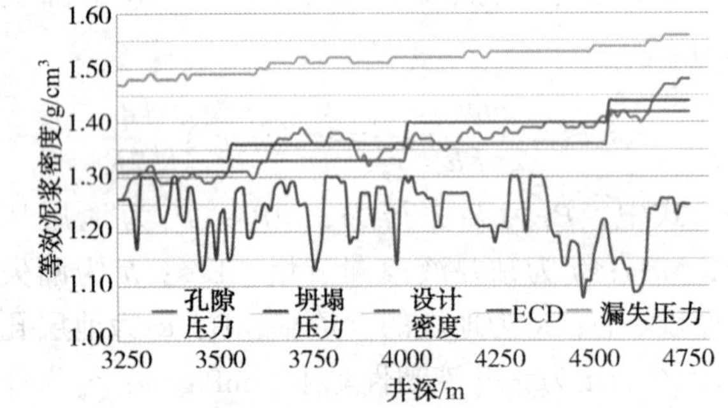

图 10　港 17104 井三压力预测剖面与井底 ECD 设计

表 4　港 17104 原井眼与新井眼钻井情况对比

钻进方式	井号	井段/m	复杂情况	损失时间/h	漏失钻井液/m³
精细控压	港 17104（新）	2769-3567	无	0	0
常规钻井	港 17104（原）	2423-3412	溢流、井漏	1488	999.1

（4）歧页 2H 井

歧页 2H 为歧口凹陷首口页岩油预探水平井，设计水平段长为 2079m，沙一中，沙一下顶部大段深灰色页岩易塌，应用精细控压钻井技术，根据井下返沙情况，实时调整井底 ECD，保证安全钻井的同时，降低钻井液密度保护沙一下泥质白云岩储层，释放储层自然产能。预测加载井斜、方位后沙一中、沙一下页岩物理坍塌压力系数为 1.45，沙一下地层破裂压力系数为 1.86，采用有机盐钻井液体系，设计钻井液密度为 1.45g/cm³，实钻中根据井下返沙情况（图 11），密度逐渐从 1.45g/cm³ 调整至 1.62g/cm³，之后钻进中回压 0.42～1.5MPa，短起下、起下钻回压 3.5～

4MPa，控压钻井全井段井底 ECD 保持在 1.79~1.82g/cm^{3}之间(图 12)，实现了临界破裂压力安全钻井，最终本井水平段 1630m，控压钻进进尺 1738m，一趟钻进尺 1518m，无井下复杂发生。

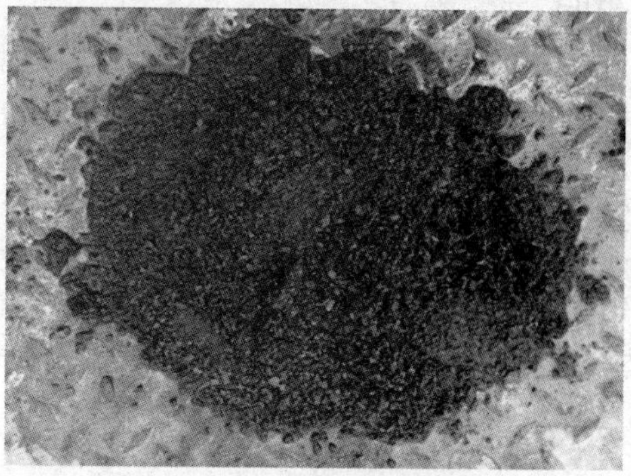

图 11 精细控压钻进期间返沙照

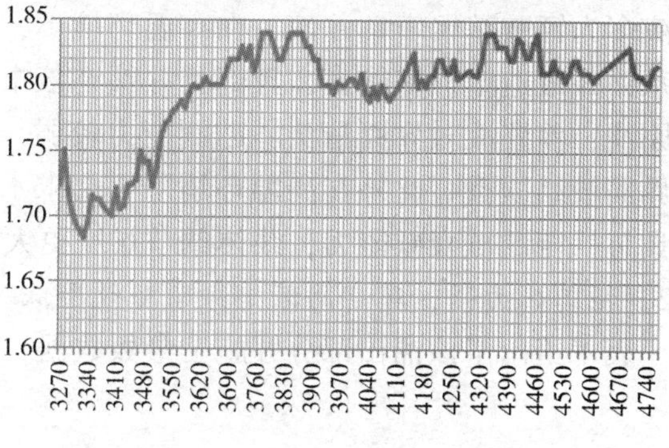

图 12 精细控压钻井段井底 ECD 变化图

3.2 整体效果分析

2017-2018 年共实施控压钻井 70 口井。其中精细控压钻井 22 口井，常规控压钻井 48 口井。

应用常规控压技术，实现了港西二三次采油井区安全高效钻井。港西油田解决了井漏与浅层气井控问题，平均钻井液密度降低 0.08~0.1g/cm^3，漏失井比例降低了 15 个百分点，助力钻井提速和安全钻井。

应用精细控压技术，支撑效益勘探评价工作，培育勘探高产井多口。官东地区解决了因无法及时泄压导致钻井复杂时效高及井控安全的问题，缩短注水井泄压等待时间，提高了钻机运行效率。歧口凹陷沙一下页岩油勘探，采用精细控压钻井，在临界破裂压力条件下，实现了 1630m 水平段长的安全钻井，刷新了大港油田陆上油田水平段长度记录；港 17104 井实现全井“零漏失、零复杂”，试油获得高产，日产油 200 吨，新增控制储量 1094 万吨；潜山歧古 8 井获得高产，天然气日产 16 万方，日产凝析油 46.3 方。

4 结论与认识

(1) 常规控压钻井技术实现了浅层二三次采油井区低密度条件下的安全、高效钻井。

(2) 精细控压钻井技术不仅实现了低渗透高压注采井区，泄压不达标条件下的安全、高效钻井，而且实现了潜山及高压天然气储层窄密度安全、高效钻井。

(3) 根据实际需求，优选控压钻井方式及配套设备，是以最佳综合成本实现油气安全勘探开发目标的重要手段。

(4) 老区勘探开发中优选应用控压钻井技术效果显著，可在类似油田推广应用。

参 考 文 献

[1] 刘伟，周英操，王瑛等. 国产精细控压钻井系列化装备研究与应用[J]. 石油机械，2017，45(6)：28-32.

[2] 王倩，韦海涛，周英操等. 控压钻井技术筛选及评价方法[J]. 石油机械，2011，39(12)：9-13.

[3] 张苏，范永涛，李立昌等. 简易控压方法与现场试验[J]. 石油矿产机械，2019，48(2)：89-92.

[4] 盛骤，谢式千，潘承毅等. 概率论与数理统计[M]. 北京：高等教育出版社，2008，6.

[5] 克雷鲍母. 应用回归分析和其他多远方法[M]. 机械工业出版社，2003.06.

不完全驱替条件下提高固井质量应用研究

张 猛 贾永江 汤祖明

（中石化华北石油工程有限公司井下作业分公司）

摘 要 随着勘探开发的不断深入，超深井末开次固井中完井深已超过7400m。地质结构复杂与井身结构多样化给固井带来了诸多质量控制难点，尾管固井均具有“二高一小一低”的特点，即井内温高、施工压力高、注替浆排量小、顶替效率低的特点。造成了固井期间浆体的不完全驱替，本文通过某油田固井技术应用实例，寻求在不完全驱替条件下提高固井质量的方法，达到提高该区块固井质量的目的，提高油井寿命。

关键词 超深井；尾管固井；不完全驱替；固井工艺

某油田超深井地质结构和多样化的井身结构给固井带来了诸多质量控制难点[1-6]。本文通过对该油田固井难点分析，结合实际情况提出在不完全驱替条件下提高固井质量的技术措施，达到提高该区块固井质量目的。

1 造成不完全驱替的原因

1.1 井内温度高

该油田三开尾管固井平均深度在7400m以上，井底静止温度均大于140℃，甚至多数在150℃以上，水泥浆实验温度都在120℃以上。钻井液多为钾胺基聚璜钻井液，在高温环境下，该体系钻井液造壁护壁能力，且部分井钻井液中混有原油，前置液对界面清洁、冲刷能力较弱，影响界面胶结质量。此外在高温环境下，要求水泥石具有一定的抗衰减能力，浆体调节难度更大。

1.2 施工压力高，环空间隙小，顶替效率低

表1给出了该油田部分井施工参数数据。

表1 某油田部分井施工参数数据

井号	井身结构	井深	套管类型	悬挂器位置	平均井径	注浆排量	替浆排量	施工压力
井Y1	标1加深	8395	177.8	7414	259.1	1.0	1.0~0.3	15~8
井7	标1	7570	177.8	5308	226.7	0.7	0.7~0.3	18~12
井5-4H	标1	7395	177.8	5292	234.4	0.8	1.0~0.3	19~11
井P2H	标1	7405	177.8	5299.6	225.6	0.8	1.2~0.3	22~13
井1-11	标2	7576	168.3	6473.9	203.2	0.7	0.8~0.3	17~11
井1-13	标2	7487	168.3	6412	201.42	0.6	0.8~0.3	18~15
井1-14	标2	7580	168.3	6489	209.5	0.5	0.8~0.2	18~15

从上表数据可以看出该油田尾管悬挂器位置，标1结构(除井Y1)均设计在5300m左右，尾管的长度一般大于2000m，环空间隙平均在24mm左右；而标2结构均设计在6400m以深，尾管长度一般在1000m左右，且套管采用直联扣，环空间隙平均在18mm左右。但根据实际井径来分析，标1和标2结构井的井径均表现为上小下大“钟形”，中部长段呈锯齿状，下部由于掉块和大肚子井段的存在，平均井径大于上部。图1给出了井Y1井径数据曲线图。图2为井1-11井水泥浆流态分布图。

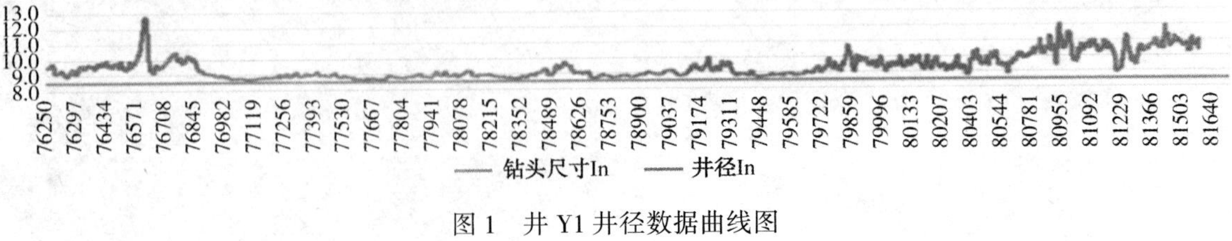

图1 井Y1井径数据曲线图

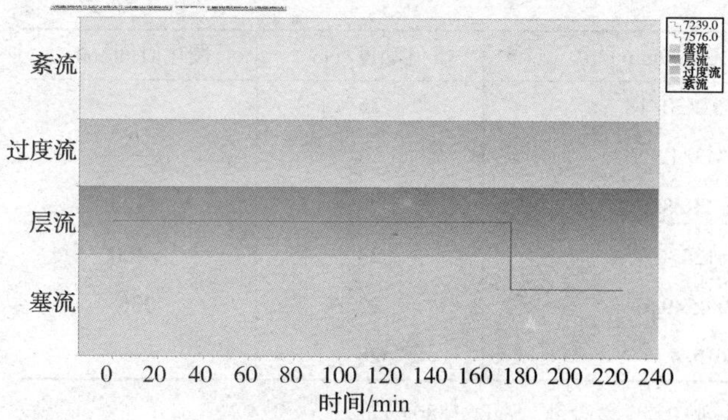

图 2　井 1-11 井流态分布图

从注替浆情况来看，注浆排量都较低，多数在 0.7-0.8m^3/min，替浆排量均在 1.0m^3/min 以内。从液体流态曲线图可以看出，环空水泥浆基本处于过渡流(层流)形态，在替浆后期降低排量以塞流流态顶替。由于稠化时间制约，不能长时间采用低排量塞流，若在不改变前置液和水泥浆体性能和套管居中度的情况下，想要提高顶替效果，则难以实现。此外从施工压力来看，施工压力均在 15MPa 以上，这也是制约替浆排量无法提至紊流排量因素之一。总之表现为“一高一小一低”，即施工压力高，环空间隙小，顶替效率低。

从以上各种因素可以看出该油田水泥浆在固井过程中存在不完全驱替的情况。

2　不完全驱替条件下提高固井质量应用研究

2.1　优化纤维清洁井眼技术

由于井身结构和地质情况的制约，两种井身结构下的三开尾管平均扩大率均较低，环空间隙小，井底存在一定沉沙、掉块，易造成环空憋堵。若在下套管前不能将井眼清洁干净，易造成套管到位后循环憋堵，导致高泵压[7]。

通过优化纤维洗井，在泥浆中加入等比例的 5mm 和 10mm 纤维，前期将纤维泥浆注入井内，随后进行短起作业，在这个过程中，分散在泥浆中的纤维参与泥浆结构力的构建，形成立体网状结构包裹岩屑(图 4 给出了实验室高温高压养护 1h 后泥浆中纤维分散效果图，养护条件 100℃×21MPa)，该种网状结构力能够更好的清洁井眼。该清洁井眼技术目前应用已得到了推广。

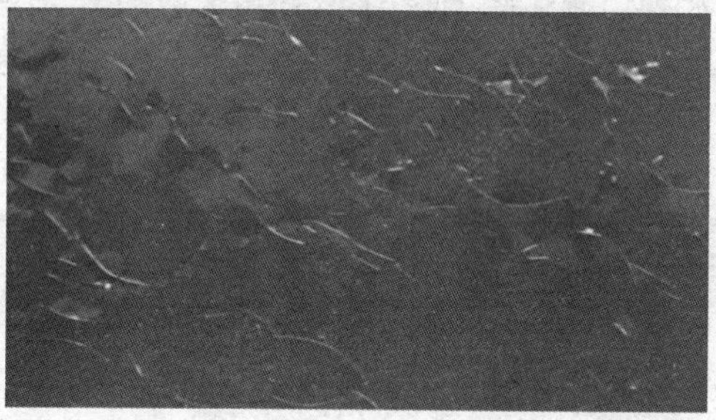

图 3　高温养护后纤维在泥浆中的分散效果图

2.2　固井前钻井液性能优化

在保证井眼安全的条件下，适当降低泥浆动塑比，减少循环压耗，消除泥浆在井壁上的滞留。在压力窗口过窄的情况下，还可以通过采用低密度先导钻井液或者不含油钻井降低环空液柱压力，有效降低“U”型管效应。

2.3　优化隔离液设计

低黏高切隔离液有效隔离钻井液和水泥浆，有效冲刷井壁和套管壁虚泥饼与油膜，改善井壁和套管润湿性，提高固井质量[8-9]。此外，考虑井下安全需要，隔离液密度尽可能达到 $\rho_{隔离液}=0.5*(\rho_{钻井液}+\rho_{水泥浆})$，至少应满足处于钻井液与水泥浆密度之间。

同时，为提高顶替效率，满足环空流体流变性梯级级配，环空流体层层推进的原则，隔离液动塑比满足式(2-1)：

$$\left(\frac{\tau_0}{\eta_s}\right)_{钻井液}<\left(\frac{\tau_0}{\eta_s}\right)_{隔离液}<\left(\frac{\tau_0}{\eta_s}\right)_{水泥浆} \quad (2-1)$$

且隔离液与水泥浆、钻井液相融性良好，能有效避免水泥浆受钻井液污染。室内优化高效隔离液体系，在低排量下易达到紊流，与常用钻井液相溶性实验结果如表 2 所示，抗污染稠化曲线如图 4 所示。

表 2　高效隔离液相容性实验

配浆比例	流变读数(93℃×20min)	流动度/cm	稠化时间/min
100%前置液	84/53/40/26/5/3	23	—
前置液：泥浆=25：75	180/130/105/87/32/24	28	—
前置液：泥浆=50：50	120/70/30/21/8/7	28	—
前置液：泥浆=75：25	65/35/25/14/2/1	26	—
水泥浆：前置液=25：75	145/90/71/46/10/9	21	—

续表

配浆比例	流变读数(93℃×20min)	流动度/cm	稠化时间/min
水泥浆：前置液=50：50	149/92/76/51/20/18	25	—
水泥浆：前置液=75：25	140/85/66/43/12/9	26	—
水泥浆：前置液：泥浆=1：1：1	105/61/45/29/8/6	24	>420
水泥浆：前置液：泥浆=7：2：1	255/176/151/125/87/76	23	>400
100%水泥浆	155/95/72/45/9/6	22	336
100%纯泥浆	50/30/25/15/7/5	28	-

注：隔离液配方：水+5%隔离剂+3%悬浮剂+10%烧碱+152%加重剂+0.5%缓凝剂，密度 1.80g/cm^3。

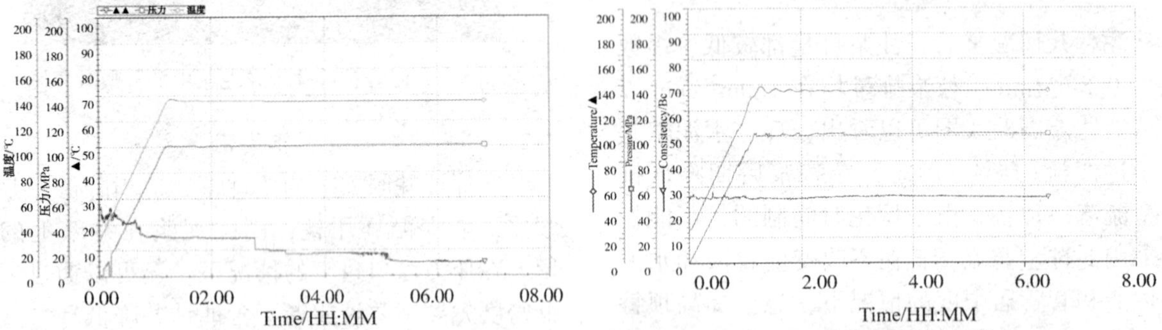

(a)(水泥浆:隔离液:泥浆=1:1:1)　(b)(水泥浆:隔离液:泥浆=7:2:1)

图 4　相溶性稠化曲线

前置液用量需满足紊流冲洗接触时间不少于 10min，且在安全前提下尽可能提高紊流接触时间。隔离液按幂律流变模式设计，用量如式(2-2)所示：

$$Vsp = Qc * t \qquad (2-2)$$

式中，Vsp-隔离液用量，m^3；Qc-紊流临界排量，m^3/min；t-紊流接触时间，min。实际应用中，为保证界面冲刷效果，加重隔离液均按紊流用量的 1.5 倍设计，充分冲洗井眼。

超深井固井，由于特殊的地质及井身结构制约，水泥浆几乎不可能达到最佳的顶替效果，为了更好的驱替钻井液，减少钻井液对水泥浆的污染，通过加大隔离液用量，或者分段设计隔离液，确保接触点井段钻井液和虚泥皮能得到驱替和冲刷。然而受环空容积限制，在有限水泥浆量情况下，水泥浆难以完全顶替隔离液，导致隔离液与水泥浆形成混浆带。这就需要优化隔离液性能，让隔离液中部分成分参与到水泥水化反应中，与水泥浆胶结成为一体，降低隔离液对水泥石强度影响[10]。

基于上述思路，在隔离液中加入适量烧碱，调整其 PH 到 10。并做了相应比例隔离液与水泥浆[11-12]的固化强度试验，数据见表 3。

表 3　隔离液与水泥浆以不同比例混合养护后的抗压强度

隔离液：水泥浆（体积比）	110℃ * 24h 抗压强度/MPa	110℃ * 48h 抗压强度/MPa	130℃ * 24h 抗压强度/MPa	130℃ * 48h 抗压强度/MPa
50：50	6.9	7.0	6.1	6.8
25：75	9.1	11.3	9.3	11.2
5：95	17.9	20.8	18.7	20.7
0：100	22.9	23.1	23.8	23.9

注：水泥装配方：AG+35%(180 目)硅粉+2%缓凝剂+5.5%降失水剂+5%液硅+1.5%防窜剂+0.3%消泡剂+50%纯水+0.1%纤维，密度 1.88g/cm^3。

从以上数据可以看出无论是低密度水泥浆还是常规水泥浆，随着隔离液体积比增大水泥石的强度相应减小。但隔离液体积比例小于 25%以下，其水泥石的强度可以满足钻井设计的基本要求。

2.4　精选适用固井工具

考虑长时间循环可能造成浮鞋、浮箍回压凡尔失效，设计复合附件加放，即水泥式浮鞋+1 个水泥式浮箍+1 个金属式浮箍结构，最大程度避免附件失效，从目前应用来看，该种设计未发生过回压凡尔失效。

通过对已经施工井分析，可以通过安放旋流树脂和单弓弹性扶正器或者是扶正短节以提高套管居中度，这样可以在适当井段(定点)改变流体流态，提高驱替效率。

2.5　形成了适用的顶替模式

由于该油田地层条件制约，水泥浆在管内外难以实现紊流顶替，从而影响到固井质量。图5是该油田某一口井通过软件模拟[13]，通过加入关键点，分析管内外液体流体曲线图。

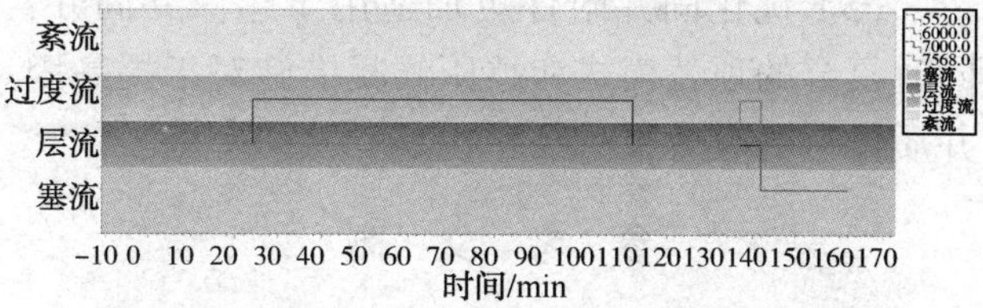

图5　该油田某一口环空液体流态曲线

从图5可以看出，水泥浆在管内外基本处于过渡流形态，为提高顶替效率，保证固井质量。目前该油田已形成以前置液紊流+部分尾浆塞流的固定顶替模式[14]。通过调整隔离液性能，让其易实现环空顶替的最小紊流排量。

2.6　憋压候凝工艺

在尾管固井中，部分井不能通过提高水泥浆的密度或改变浆柱结构来压稳油气层。但为弥补候凝期间尾浆失重造成的液柱压力损失，在替浆到位，钻具起至安全面后，采用环空憋压的方法来补充水泥浆失重引起的压力降，这种方法对预防气窜发生很有效[15]。而抑制气窜对于提高环空水泥环的界面胶结质量一定帮助。一般认为憋压的最佳时间段为水泥石产生足够的结构阻力前，凝固后应该撤掉其压力。现场总结经验认为环空憋压应在注替施工完成1小时内加上，大约为3~5MPa，有压降则需要补压作业。

井1-11井168.3mm尾管，井Y1井177.8mm尾管均在固井施工中采取了部分加回压措施，取得良好了效果，在下一开次钻井过程中未发生盐水窜情况。

2.7　相适应的水泥浆体系

为适应超深井固井相关需求，配套相适应水泥浆体系。表4给出了水泥浆体系稠化实验数据。图6、图7分别给出了水泥浆稠化曲线和降温停机稠化曲线。

表4说明水泥浆密度变化对水泥浆稠化时间影响较小，温度升高水泥浆稠化时间有所缩短。图6显示该水泥浆体系稠化值平稳，且呈直角稠化。图7显示降温停机30min后水泥浆稠度轻微上涨后很快就恢复平稳，表明该浆体在高温条件下稳定，固井过程中短暂停止作业不会影响后续施工。

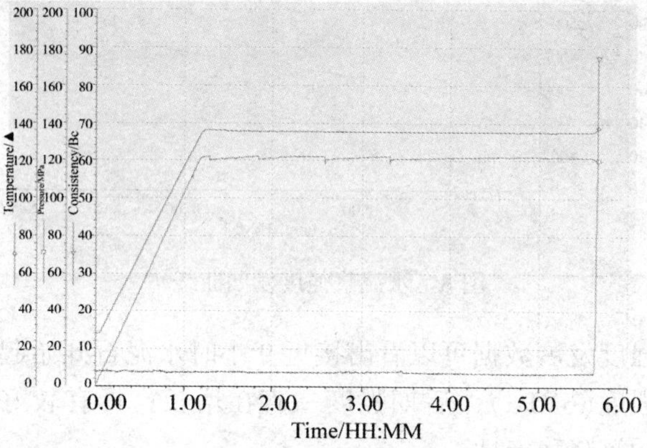

图6　水泥浆稠化曲线

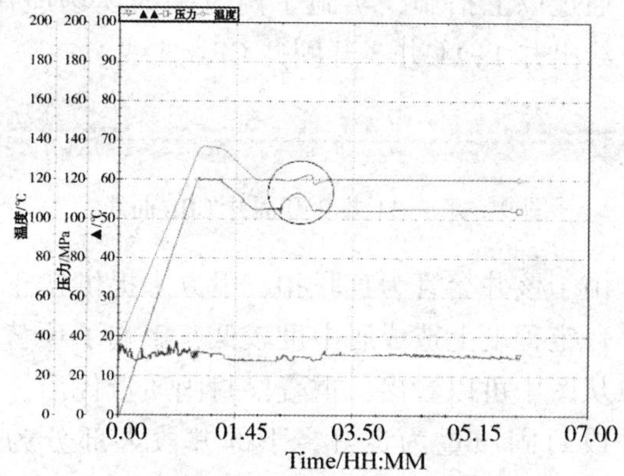

图7　降温停机稠化曲线

表4　水泥浆体系稠化实验数据

密度	实验条件	稠度/Bc	初始稠度	30	70	100
1.91	135℃×120MPa×70min	时间/min	8	319	320	320
1.88	135℃×120MPa×70min		6	340	341	341
1.95	135℃×120MPa×70min		9	288	289	289

表5给出了强度及沉降稳定性数据，图8给出了该水泥浆在135℃下强度发展曲线。

表5　强度及沉降稳定性数据

强度试验			沉降稳定性
密度	抗压强度/MPa	弹性模量/GPa	上下密度(500mL*2h)/(g/cm³)
1.91	21.5	6.9	上1.91中1.91下1.91
1.88	19.5	6.8	上1.88中1.88下1.88
1.95	21	6.9	上1.95中1.95下1.95

从上述数据可以看出该水泥浆体系弹性模量小于7GPa，水泥石具有较好的韧性；从水泥浆

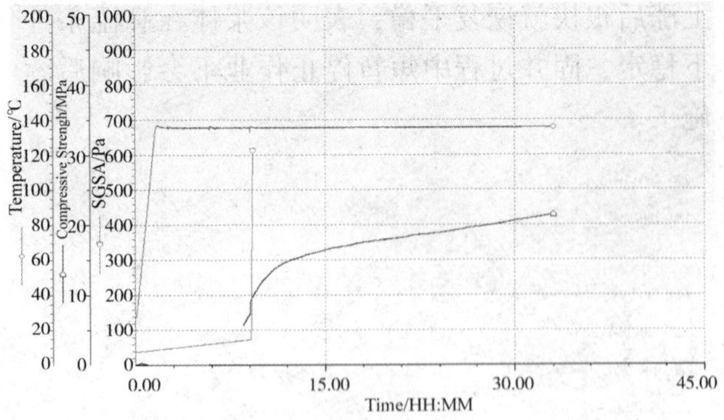

图 8　水泥浆强度发展曲线

强度发展数据可以看出接近 9 小时水泥石开始起强度（6MPa），后期强度一直在增长；具有较好的沉降稳定性。

3　现场应用效果

通过以上措施，实施了两口井的现场应用。图 9 给出井 1-11 井 3 开固井 CBL 曲线。

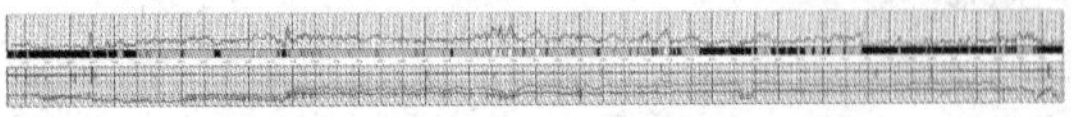

图 9　井 1-11 井 3 开固井 CBL 曲线

由于该井套管为直联扣，甲方未提供扶正短节，一定程度上造成居中度较低，影响了顶替效率。从图中可以看出，重叠段封固质量优质，中间井段封固质量为良好，下部井段大部分为优质。达到了预期目标。

图 10 给出井 Y1 井 4 开固井 SBT 成像图。

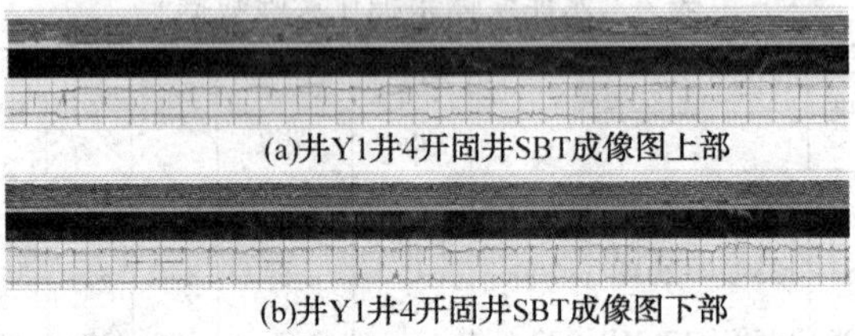

(a)井Y1井4开固井SBT成像图上部

(b)井Y1井4开固井SBT成像图下部

图 10　井 Y1 井 4 开固井 SBT 成像图

考虑套管无法顺利到位，现场将内嵌式悬挂器卡瓦片焊死以便于中途开泵冲蚀下放，同时侧钻点以下井段未加放扶正器，套管居中度受到较大影响，对固井质量有较大影响。从图中可知，重叠段及上部泥岩井段及下部井段封固优良，该井盐水层封固良好，达到了预期目标。

4　结论

（1）超深井特殊的地质条件与多样化的井身结构是造成固井水泥浆不完全驱替的主要原因。

（2）通过纤维清洁井眼有效预防施工期间憋堵，减少环空滞留“死泥浆”。

（3）通过优化钻井液性能、隔离液设计，提高了隔离液对钻井液的驱替，防止了流体间的污染，同时减少了隔离液对水泥浆强度的影响，在不完全驱替条件下能够更好的提高水泥石强度，从而提高固井质量。

（4）优化水泥浆体系相关性能优良，满足超深井固井需求。

（5）优化固井附件更加适用于超深井固井，同时复合的顶替模式和憋压候凝措施对于提高固井质量有一定效果。

参　考　文　献

[1] 廖海于，汪科．深井固井技术研究[J]．中国石油和化工标准与质量，2012，33(8)：118-118.

[2] 徐惠峰．深井固井工艺[J]．石油钻采工艺，1979，1(6)：007-16.

[3] 高宏振．深井固井工艺技术研究与应用[J]．石化技术，2015，22(8)：153-153.

[4] 闫醒宇，宋韶光，李慕君，等．深井固井工艺技术研究与应用[J]．煤炭技术，2013，32(4).

[5] 张猛，赵磊．顺北油田固井工艺技术浅析[J]．中国石油和化工标准与质量，2016，36(18)：109-110.

[6] 王保成．复杂深井固井技术综合应用研究[J]．钻采工艺，2013，36(5)：44-46.

[7] 艾贵成，王卫国，穆辉亮，等．超级纤维清扫液工艺的应用[J]．钻井液与完井液，2008，25(6)：85-86.

[8] Lu S，Foxenberg W. Double-emulsion spacer design for highly efficient invert emulsion displacement [R]. SPE151604-MS，2012.

[9] 黄文红，李爱民，张新文，等．油基泥浆固井清洗液评价方法初探及性能研究[J]．新疆石油天然气，2006，2(2)：33-35.

[10] 邓慧．提高界面胶结质量的可固化隔离液体系研究[D]．西南石油大学，2012.

[11] 穆海鹏．纳米液硅水泥浆技术[J]．石油钻探技术，2012(5)：76-76.

[12] 高元，桑来玉，杨广国，等．胶乳纳米液硅高温防气窜水泥浆体系[J]．钻井液与完井液，2016，33(3)：67-72.

[13] 刘高，黄志强，于建涛，等．固井注水泥动态过程模拟[J]．河南科技，2012(19)：74-75.

[14] 丁士东．塔河油田紊流、塞流复合顶替固井技术[J]．石油钻采工艺，2002，24(1)：20-22.

[15] 陈滨，陈波，李定文，等．环空底部加压固井技术的研究与应用[J]．复杂油气藏，2016(4).

东海油气田复杂地层协同防塌钻井液技术

张海山　宫吉泽　蔡　斌

(中海石油(中国)有限公司上海分公司)

摘　要　针对东海复杂地层井壁易失稳，并造成钻井过程中起下钻遇阻、倒划眼困难、井壁掉块或坍塌、频繁憋压憋扭矩等问题，通过对已钻井复杂情况统计分析、复杂地层微观组构分析、煤夹层井壁失稳的特殊性分析等，研究了东海泥页岩地层和煤岩/泥页岩夹层等复杂地层井壁失稳机理，结合"物化封固井壁阻缓压力传递、合理密度有效应力支撑、加强抑制水化、有限化学位活度平衡"的基本机理，提出了针对东海油气田复杂地层井壁稳定的协同防塌钻井液技术，并在多口探井中进行了成功应用，平均单井复杂情况减少3.08天，大幅提高了钻井效率。

关键词　东海油气田；复杂地层；多元协同；稳定井壁；钻井液

由于地质因素、泥页岩与钻井液相互作用和钻井作业等因素而出现不稳定的问题，即井壁稳定问题，是钻井系统工程中所遇到的一个十分复杂的世界性难题[1]。国内外针对泥页岩井壁失稳进行了大量的理论和试验研究，井内钻井液对泥页岩的化学作用，最终可以归结到对井壁岩石力学性能参数、强度参数和近井壁应力状态的改变。泥页岩吸水一方面改变井壁岩石的力学性能，使岩石强度降低；另一方面水化膨胀产生膨胀应力，从而改变近井壁的应力状态，诱发或加剧井壁岩石的受力不平衡[2-7]。

东海油气田探井作业中，多口井出现起下钻困难，卡钻，电测遇阻等事故，而这些复杂事故的发生大部分由于井壁失稳引起。通过研究分析了东海油气田复杂地层井壁失稳机理，针对性地提出了协同防塌钻井液稳定井壁技术。

1　东海油田复杂地层井壁失稳机理分析

1.1　已钻井复杂情况分析

1.1.1　复杂地层的地质层位

钻井复杂情况类型主要为起下钻遇阻、倒划眼困难、井壁掉块或坍塌、频繁憋压憋扭矩、测井遇阻、气侵、卡钻等。在已统计的10口已钻探井、评价井中，有9口井发生了井壁失稳(缩径或扩径)，7口井起下钻过程中频繁憋压憋扭矩，6口井存在倒划眼困难、起下钻或测井遇阻等复杂情况，并在两口井发生了严重的卡钻事故。结合已钻井井径曲线，东海黄岩、宁波区块钻井复杂地层主要分布在玉泉组、龙井组、花港组上段、花港组下段及平湖组，从井身结构角度来看，该区钻井复杂情况主要发生在311.15mm井段，215.9mm井段钻井复杂情况相对较少。

1.1.2　复杂地层的岩性分析

选取黄岩区块H3-3井与H3-4井、宁波区块N14-5与N15-3井为例，利用地质层位、井径曲线、起下钻遇阻深度及复杂地层岩性等资料绘制了钻井复杂情况分析图。复杂地层岩性分析表明，东海油气田复杂地层岩性多为大段灰色/褐灰色/灰褐色泥岩、粉砂质泥岩、泥质细砂岩、粉砂岩-泥岩-细砂岩(等厚-不等厚)互层及煤夹层等[10]。

1.1.3　复杂地层钻井液性能分析

综合钻井复杂情况、井径曲线、复杂地层钻井液性能等，东海油气田钻井液体系存在以下问题：

(1) 钻井液密度不当，导致井壁失稳。在H3-3井2475~2800m钻进过程中，由于钻井液密度偏低，且滤失量偏高，导致泥岩井段发生明显井眼缩径，导致此期间两次短起都不同程度的存在倒划眼困难、起下钻遇阻等复杂情况；在H3-4井311.15mm井段龙井组和花港组钻进期间，钻井液密度明显偏低，井眼缩径严重，局部井段垮塌，且裸眼段较长，处理时间较长，导致H3-4井井壁失稳。

(2) 钻井液抑制性能不够强。由于东海油气田玉泉组、龙井组等地层发育大段灰色、深灰色泥岩，一旦钻井液抑制性能不足，极易引起井眼缩径，导致起下钻遇阻、卡钻等复杂情况。在N14-5井三开311.15mm井段自3299m起钻期间，3009.31m处蹩扭矩至40kN·m，憋压至

29.5MPa，发生卡钻。通过综合分析可知，由于钻井液抑制水化性能不足，在2990~3030m、3090~3120m段多处发生井眼缩径，平均井径仅为264.4"，导致卡钻。

(3) 钻井液封堵性能不足。在N15-4井，3000~3500m段井眼扩径严重，存在“大肚子”井眼，在多为泥岩段及疏松砂岩段，分析认为由于前期钻井液封堵能力不足导致钻井液滤液侵入地层，泥岩强度降低，疏松砂岩地层井壁失稳，导致近井壁砂泥混层垮塌严重。因此需要强化钻井液封堵性能，特别是复合封堵加固井壁，并引入煤层深部抑制剂，防止井壁失稳。

1.1.4　煤夹层复杂情况分析

根据煤夹层分布统计结果，该区煤夹层主要分布在四开井段，即花港组下段、平湖组，厚度仅有0.5~2m，上下邻层大多数为泥岩或者泥质砂岩，且宁波区块煤夹层分布数量远大于黄岩区块。而由煤夹层井壁失稳统计结果可知，煤夹层多与泥页岩互层，而邻层泥页岩的井壁失稳同样对煤夹层的坍塌具有重要的影响。由于东海油气田复杂泥页岩地层具有较强的水化分散性与水化膨胀性，泥页岩的井壁失稳会使得煤夹层失去稳固的格挡而失稳，同样，煤夹层坍塌失稳也会加剧泥页岩失稳，形成恶性循环，即“格挡效应”；同时煤泥互层中，硬夹层强度超过100MPa，而煤夹层的强度仅仅10MPa左右，泥页岩水化作用产生水化膨胀压必然对相邻煤夹层产生推挤作用，增大井壁煤岩的应力，使得脆性较大的煤夹层剥落掉块，甚至发生垮塌，即“膨胀推挤效应”。

总体而言，煤夹层的脆性破坏并没有导致大规模的井壁失稳问题，仍需要加强钻井液体系的封堵、固结井壁能力，有效阻缓压力传递与滤液侵入，为合理钻井液密度支撑提供前提条件。

1.2　复杂地层微观组构分析

根据复杂泥页岩地层矿物组成、微观构造结果，东海油气田复杂地层黏土矿物含量较高，平均含量为27.45%。黏土矿物以伊蒙混层为主，平均含量为48.54%，间层比20%~50%不等，次之为伊利石，含少量绿蒙混层，未见纯蒙脱石。同时，东海油气田复杂地层微裂缝发育，裂缝尺寸在0.441~63.4μm，且部分地层裂缝宽度可达162μm，相互连通形成裂缝网络。微裂缝的存在为钻井液滤液侵入地层提供优先天然通道，由于黏土矿物分布不均匀，滤液侵入后与黏土矿物发生局部水化作用，产生不均匀的水化应力，促使岩石沿弱面剥落掉块而井壁失稳。由泥页岩理化性能分析结果可知(如表1所示)，黄岩区块与宁波区块复杂地层具有较强的水化膨胀与水化分散特性，且阳离子交换容量较大，这就表明复杂地层泥页岩水化能力较强，对钻井液体系的抑制性提出了更高的要求。因此，较强的水化膜斥力将导致沿水化界面的变形或剥落掉块垮塌，产生严重的井壁不稳定问题。

为了优选合适的泥页岩防塌钻井液体系，Smalling D. A. 等根据水敏性黏土矿物类型和含量、强度以及水化分散趋势，将泥页岩分为五类。根据分类依据，东海油气田复杂泥页岩地层属于第三类泥页岩类型，属于中、硬泥页岩，由于存在自然阳离子交换过程，伊利石和间层黏土矿物含量比较高。因此，该类泥页岩的基岩是一种硬黏土，水化膨胀较低、分散性中等，但往往与膨胀、分散性黏土相互混合，容易产生极高的膨胀压差，造成地层剥落掉块。而控制该类泥页岩井壁失稳的最有效办法是在钻遇时首先防止钻井液与泥页岩地层的相互作用，并减少钻柱和流体循环造成的力学不良效应。

表1　泥页岩理化性能分析结果

编号	井号	地层	井深/m	回收率/%	6h膨胀率/%	CEC/(mmol/kg)	S_s/(m^2/g)	S_w/($10^{-7}g/cm^2$)
1	H3-4	龙井组	1950	3.93	14.96	100	39.04	4.73
2			2688~2690	1.47	12.62	140	38.81	4.19
3		花港组上段	3178	3.03	11.18	90	34.13	6.97
4			3282~3288	4.53	8.74	90	38.16	3.29
5	N3-2	玉泉组	1840	6.67	12.00	120	37.45	3.53
6		龙井组	2550	1.33	11.64	100	39.04	3.65
7		花港组上段	3375	6.83	10.67	100	37.28	3.49
8			3585	5.73	11.33	80	37.12	2.71

1.3　煤夹层井壁失稳的特殊性

针对东海油气田煤夹层井壁失稳问题，选取代表性岩样，利用X-射线衍射、扫描电镜、页岩分散、比表面积及比亲水量等实验手段，分析了该区煤夹层井壁失稳机理。

1.3.1　微观组构特征分析

表2、表3为N3-2井4340~4360m煤夹层岩屑的X射线衍射分析结果，分析可知，东海油气田(N3-2井)煤夹层全岩矿物分析中，主要是以炭为主，其他依次是石英、方解石、钾长石、菱铁矿、黄铁矿等，黏土矿物含量中等(17%~18%)。其中，黏土矿物主要以伊蒙混层(46%~48%)为主，伊利石含量(27%~29%)次之，含有少量高岭石、绿泥石。煤夹层中的黏土矿物遇水产生水化膨胀和水化分散，造成煤岩强度降低，进而有可能引起井壁坍塌等井下复杂情况。

由图1可以直观地看出，东海油气田(N3-2井)煤夹层微裂缝较发育，岩样趋向性较好，构造较为疏松，且煤夹层中夹杂有较多石英和黏土矿物。其中煤层中一般有两种裂缝系统，即由地质构造作用造成的外生裂隙和煤化作用产生的割理。通常煤岩中存在有两组近于垂直的割理，主要裂隙组面割理发育较完善，可延伸达数百米，端割理组发育在面割理之间，沟通了面割理。此外，煤层发育的节理也相互交叉切割，形成复杂的裂隙系统。

表2　X-射线衍射全岩矿物分析

井　号	层　位	井段/m	石英/%	钾长石/%	方解石/%	炭/%	菱铁矿/%	黄铁矿/%	黏土矿物/%
N3-2	花港组上段	4340~4360	10	1	4	65	1	1	18
			14	2	4	62	–	1	17
			13	1	2	66	1	–	17

表3　X-射线衍射黏土矿物分析

井　号	层　位	井段/m	高岭石/%	绿泥石/%	伊利石/%	伊/蒙间层/%	伊/蒙间层比/%
N3-2	花港组上段	4340~4360	17	9	27	47	20
			15	8	29	48	20
			17	8	29	46	20

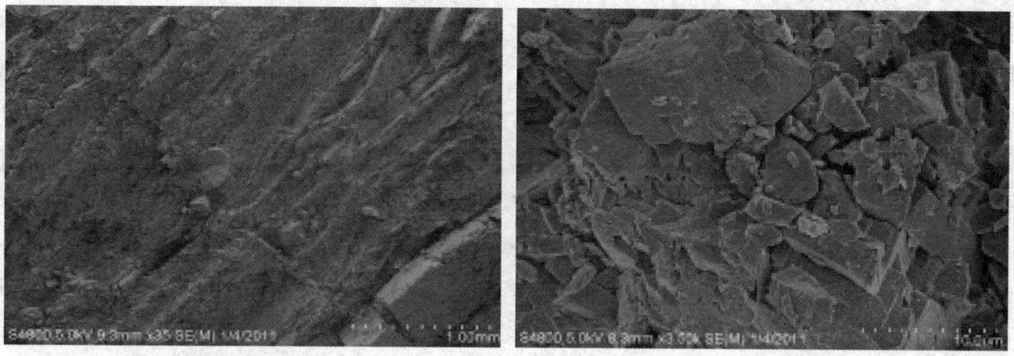

35倍　　3500倍

图1　煤夹层扫描电镜分析照片

1.3.2　理化性能分析

由泥页岩理化性能分析结果可知(如表4)，东海油气田(N3-2井)煤夹层具有低水化膨胀与水化分散特性，水化能力较弱；煤夹层岩样的比表面积较低，总吸水量较小，但比亲水量却较高，平均为$3.06\times10^{-7}g/cm^2$。因此，较强的水化膜斥力将导致沿水化界面的变形或剥落掉块垮塌，产生严重的井壁不稳定问题。

综上分析，东海油气田煤夹层具有双重裂缝系统，在钻井过程中钻井液滤液极易侵入地层内部，一方面为伊利石、伊蒙混层为主的黏土矿物提供了水化条件，较强的短程水化膜斥力导致岩石沿局部水化表面产生较严重的水化剥落掉块或垮塌，另一方面，钻井液滤液侵入地层造成地层强度降低，钻井液柱有效支撑力降低，导致井壁坍塌。

表 4 煤夹层理化性能分析结果

井号	地层	井深/m	回收率/%	6h 膨胀率/%	CEC/(mmol/kg)	Ss/(m^2/g)	Sw/(10^{-7}g/cm^2)
N3-2	花港组上段	4340~4360	83.65	0.86	20	31.60	3.08
			85.23	1.02	20	31.55	3.12
			83.50	0.97	20	31.35	2.98

1.4 东海油田复杂地层井壁失稳机理

在钻井过程中，复杂泥页岩地层的井壁失稳过程可以分解为两个过程：一是在不同作用方式下钻井液滤液侵入地层，二是钻井液滤液与泥页岩发生各种物理化学作用。上述两个过程是连续的、相互依存的，而不是相互独立的过程[8-9]。

东海油气田复杂地层以伊利石、伊蒙混层等黏土矿物为主，膨胀性黏土矿物含量较低，但其比亲水量较高，即黏土矿物水化膜较厚。当钻井液滤液侵入地层之后，沿着裂缝界面优先发生较强局部水化作用，较强的水化膜斥力(水化应力)导致沿水化界面的变形，降低泥页岩岩石强度，从而产生严重的井壁不稳定问题。

从钻井工程方面来说，由于不能及时准确地求得合理钻井液密度、制定合理的技术套管程序、冲刷井壁或长时间的浸泡，都会加剧复杂泥页岩地层的井壁坍塌失稳。但这些都是可调节或可控制因素，是影响井壁稳定的外因，外因只有通过内因才能起作用。

如上所述，东海油气田复杂地层井壁失稳机理如下：钻开复杂地层之后，在正压差、化学势差、毛细管力等驱动力作用下，钻井液滤液沿着微裂缝迅速侵入地层内部，造成地层孔隙压力增加，削弱了液柱压力对井壁的有效支撑；钻井液滤液侵入地层改变了泥页岩原有的物理化学平衡环境，泥页岩发生水化作用，产生强烈的水化应力将改变地层原有应力状态和泥页岩强度。最终，当井壁应力状态超出泥页岩强度，不可避免地导致井壁失稳。

2 东海油气田稳定井壁协同防塌钻井液机理

东海油气田复杂地层主要为泥页岩地层和煤岩/泥页岩夹层，泥页岩由于黏土矿物分布不均且胶结不好，易发生表面水化引起局部应力失衡，产生剥落掉块而导致井壁失稳，而煤岩本身机械强度较低，裂缝和割理发育，易破碎坍塌。因此，钻遇上述复杂地层，所用钻井液体系及其封堵、抑制和流变性起着至关重要的作用。基于复杂地层井壁失稳机理，结合“多元协同”井壁稳定基本理论，即“物化封固井壁阻缓压力传递、合理密度有效应力支撑、加强抑制水化、有限化学位活度平衡”等关键因素，提出了东海油气田复杂地层井壁稳定钻井液技术对策。

(1) 加强钻井液封堵/固结井壁能力，阻缓压力传递与滤液侵入

由微观孔隙结构分析可知，东海油气田复杂地层发育大量微裂缝与微孔隙，在水力压差、化学势差及毛细管力等作用下，钻井液滤液极易沿微裂缝发生突进，侵入地层内部，一方面促进了泥页岩水化进程，产生水化应力，另一方面使得井壁附近地层孔隙压力升高，削弱钻井液液柱压力对井壁的有效支撑作用。因此，加强钻井液的封堵、固结井壁能力，快速、有效地封堵泥页岩微裂缝，是首要的钻井液防塌技术措施。

(2) 合理控制钻井液密度，形成有效应力支撑

合理控制钻井液密度，对井壁提供有效应力支撑，是维持井壁力学稳定的关键。但对于微裂缝或层理发育的裂缝性泥页岩地层而言，若物化封固井壁能力差，孔隙压力传递作用显著时，单纯依靠提高钻井液密度，不一定有利于井壁稳定，极易陷入“提高密度-加剧滤失及水化-再提高密度”的恶性循环之中。因此，在加强封固及阻缓孔隙压力传递前提下，合理控制钻井液密度，提高液柱压力对井壁有效力学支撑作用，才能保持井壁稳定。

(3) 提高钻井液抑制性能，减小水化应力

在不同驱动力作用下，如封堵不及时，钻井液滤液侵入裂缝性泥页岩地层内部后，带来的直接后果便是泥页岩水化作用，产生水化应力，削弱岩石颗粒间的胶结作用力，引起剥落掉块及严重阻卡问题。因此，在封堵固结井壁阻缓压力传递、滤液侵入的同时，通过优选页岩水化抑制

剂，提升钻井液体系的抑制性能，减小水化应力、保持泥页岩原始强度，可避免井壁失稳。

综上所述，针对东海油气田复杂地层井壁失稳问题，加强封固及阻缓孔隙压力传递及滤液侵入，是提高井下液柱压力对井壁有效力学支撑作用的前提，有效应力支撑是维持井壁力学稳定的必要条件；提高抑制页岩水化，或也可借助有限活度平衡防塌机理，实施“多元协同”钻井液防塌手段，是维持裂缝性泥页岩井壁稳定的有效技术对策。

3 东海油气田复杂地层防塌钻井液技术措施

根据现场资料调研，结合室内试验研究分析结果，基于“预防为主，处理为辅”的基本出发点，按照“封固井壁、抑制表面水化、合理密度支撑”钻井液协同防塌技术要点，针对东海油气田复杂地层提出了协同防塌钻井液技术措施：在钻井液中加入裂缝封堵材料，在有效封堵/固结井壁的前提下，选择合理的钻井液密度，防止应力性地层坍塌，同时加入页岩表面水化抑制剂，减小水化斥力；控制钻井液流变性，保证携岩要求和较低的井内动态压差；执行现场工艺防塌配套措施。

（1）针对泥页岩、煤岩/泥页岩夹层等复杂地层，根据裂缝发育情况，优选对应的封堵材料。对于微裂缝发育的硬脆性泥页岩，优先选用化学封堵剂以固结井壁，而针对煤岩，则需要优选架桥颗粒、变形颗粒等组合封堵材料，强化钻井液对裂缝的封堵作用，保证迅速在裂缝入口处形成稳定且能承压的架桥和致密泥饼，有效封堵、固结井壁，阻缓压力传递与滤液侵入。同时也为钻井液密度发挥有效应力支撑井壁作用提供前提条件。

（2）根据钻前井壁稳定研究资料与邻井资料，综合分析所钻地层的三压力剖面，并考虑泥页岩水化作用对地层坍塌压力的影响，从而确定合理的钻井液密度窗口，在有效封固井壁的前提下，发挥有效应力支撑井壁作用。

（3）及时补充降滤失剂和沥青类材料，改善泥饼质量，控制钻井液失水（FL<5mL，HTHP<12mL），同时使用聚胺等表面水化强抑制剂，搭配使用大中分子量聚合物类包被剂，增强钻井液体系的抑制性，减小局部水化应力，防止页岩剥落掉块引起的严重阻卡等井下复杂情况。

（4）控制合理的流变性，钻井液黏切不宜太低，否则易在井内形成紊流，加剧钻井液对井壁的冲蚀，进而引发井壁失稳，同时钻井液的携岩能力也下降；但若黏切过高，钻井液结构强度较大，起下钻或活动钻具引起的压力波动较大，极易引起硬脆性泥页岩与破碎性煤夹层发生坍塌；同时黏切过高导致井壁动态压差增大，促进压力传递与滤液侵入，不利于井壁稳定。

（5）气侵是东海油气田的常见问题。严重的气侵会引起钻井液流变性、滤失造壁性能恶化，激动压力大幅增加等问题。在钻遇异常高压层后，准备判断气侵情况，并及时除气，保证正常的钻井液液柱压力，有效支撑井壁，防止应力性井壁坍塌。

（6）在钻井施工过程中，尤其在发生井下复杂情况时，保持良好的钻井液润滑性能，有利于复杂情况处理操作。同时，坚持“少打多划”、“缓慢平衡短起钻”等工艺防塌配套措施也十分必要。

4 协同防塌钻井液技术措施现场应用

协同防塌钻井液技术已在东海探井进行了成功应用，使 311.15mm 井段划眼时间逐年下降，与 2013 年相比，平均单井复杂情况减少 3.08 天，如图 2 所示。

图 2 311.15mm(12-1/4″)井段平均单井复杂情况对比

5 结论与认识

（1）东海油气田复杂地层主要为泥页岩地层和煤岩/泥页岩夹层，井壁失稳机理为：泥页岩由于黏土矿物分布不均且胶结不好，易发生表面水化引起局部应力失衡，产生剥落掉块而导致井壁失稳，而煤岩本身机械强度较低，裂缝和割理发育，易破碎坍塌。

（2）基于“预防为主，处理为辅”的基本出发点，按照“封固井壁、抑制表面水化、合理密度支撑”钻井液协同防塌技术要点，针对东海油气田复杂地层提出了协同防塌钻井液技术措施。

（3）该技术在东海探井得到成功应用，有效减少了复杂情况，与 2013 年相比，平均单井复杂情况降低 3. 08 天。

参 考 文 献

[1] 中国石油天然气总公司石油信息研究所．国外力学和化学稳定井壁机理和方法的调研[M]．北京：石油出版社印刷厂：1-157.

[2] 赵峰，唐洪明，孟英峰，等．微观地质特征对硬脆性泥页岩井壁稳定性影响与对策研究[J]．钻采工艺，2007，30(6)：16-18.

[3] Ballard. T. J，Beare S P，Lawless T A. Fundamentals of Shale Stabilization：Water Transport through Shales. SPE 24974，1992.

[4] Ballard. T. J，Beare S P，Lawless T A. Fundamentals of Shale Stabilization：Water Transport through Shales. SPE 24974，1992.

[5] J. M. Cook，Garry Goldsmith，et al. Mud/Shale interaction：Model Wellbore Studies Using X - Ray Tomography. SPE/IADC 25729，1993.

[6] Bol，G. M.，Wong，Davidson，C. J. Woodland. Borehole Stability in Shales[J]. SPE Drilling & Completion，June 1994：87-94.

[7] RussellT. Ewy，Larry R. Myer，et al. Investigation of Stress-Induced Borehole Enlargement Mechanisms by a Liquid - Metal Saturation Technique [J] . SPE 21519，1994.

[8] 黄荣樽，陈勉，邓金根等，泥页岩井壁稳定力学与化学的耦合研究[J]．钻井液与完井液，1995，12(3)：15-21.

[9] 徐加放，邱正松．泥页岩水化-力学耦合模拟实验装置与压力传递实验新技术[J]．石油学报，2005，26(6)：115-118.

[10] 雷又层，向兴金．泥页岩分类简述．钻井液与完井液[J]，2007，24(2)：63-66.

[11] 邱正松，徐加放，等．“多元协同”稳定井壁新理论[J]．石油学报，2007，28(2)：117-119.

压力衰竭储层钻井综合治理技术研究与工程实践探索

贺明敏　杨纯立　黄　忠　李洪兴

（中国石油川庆钻探工程有限公司）

摘　要　经过近60年的大规模勘探开发，川渝油气田部分构造的中浅层油气藏逐步进入开发中后期，储层地层压力明显下降，油气层压力衰竭，为了勘探开发深层油气藏，钻遇中浅层的压力衰竭储层时，容易发生恶性井漏以及井漏引发的溢流、垮塌卡钻、压差黏附卡钻等一系列次生复杂、故障，给钻井工程造成巨大损失。本文结合川渝地区李子坝、桐梓园、平落坝、大塔场等构造多口井钻遇压力衰竭储层后的复杂、故障案例，从储集层类型、埋藏深度、压力衰竭引起的地应力变化、地层流体特性等方面，分析了处理压力衰竭储层堵漏难度大、次生复杂故障多的原因。针对储层埋深不同、砂岩孔-缝型储层、碳酸盐岩缝-洞型储层等储集层类型不同，地层含水、含气情况不同、多压力系统等因素，提出了：优化井身结构，尽量实现压力衰竭地层储层专打；多压力系统井段合打的井，进入压力衰竭地层前对上部井筒进行防漏、防垮预处理，进入压力衰竭地层后以堵漏为主，同时采用清水强钻、循环介质优化、提高井壁稳定性等技术，综合治理井漏造成的次生复杂、故障的技术理念。根据不同的恶性井漏类型，分别采用了智能凝胶+水泥油混凝胶+水泥、温控可固化桥浆膨胀管等新技术、新工艺在Lu201、Tatan1、Pingtan1、Ba004-X1、Ba004-X2等井开展现场试验，取得了较好的效果，确保了井下安全，为加快川渝油气田深部油气层勘探开发进度提供了重要技术保证。

关键词　压力衰竭；采空区；井漏；堵漏；坍塌；治理

1　引言

四川油气田从上至下已发现了26套含油气层系，经过近60年的大规模勘探开发，各主要构造的中浅层资源开始进入开采中后期，储层地层压力已明显下降，部分进入开发后期的油气层压力衰竭极为严重（部分地层压力系数低于1.0）。为了寻找接替产能，向更深部地层钻探已经成为勘探开发的主旋律。由于中浅层储层的压力衰竭导致的井漏、压差-黏附卡钻、漏喷转换、漏垮转换等井下复杂已成为向深部钻探的一道“拦路虎”，严重影响了钻井效率和井下安全。据不完全统计（如表1所示），近年来四川油气田各传统油气田向深部地层钻探的井因钻遇中浅层压力衰竭地层（俗称“采空区”）发生重大井下复杂、故障，处理这些复杂、故障耗时费力，且手段极为有限。对“采空区”进行综合治理，降低钻井井下复杂、故障损失是加快深层油气层勘探开发的重要技术保证。

2　储层压力衰竭对井下造成的影响

2.1　井漏

发生井漏的三大要素有：漏失通道、储集空间、正压差。[1]压力衰竭的储层孔渗条件和储集

表1　部分钻遇压力衰竭地层的重大复杂、故障情况

构造	井号	压力衰竭层位	储层地层压力系数	钻井液密度/(g/cm³)	压差/MPa	井下复杂类型	主要处理措施	漏失钻井液/m³	处理耗时/d
阳高寺	Si005-X5	长兴	1.5	1.71	12	井漏	堵漏	485	12
李子坝	Ba004-X1	长兴	0.98	1.51	15	井漏	堵漏 降密度	2610	56
	Ba004-X2	嘉陵江	0.95	1.5	12	井漏	堵漏	1350	11
		长兴	0.81	1.45	19	井漏 插旗杆	堵漏 侧钻 降密度	1250	83

续表

构造	井号	压力衰竭层位	储层地层压力系数	钻井液密度/(g/cm³)	压差/MPa	井下复杂类型	主要处理措施	漏失钻井液/m³	处理耗时/d
大塔场	Tatan1	沙溪庙	0.98	1.27	3	井漏 气侵 水侵 垮塌	堵漏 优化钻井液	886	36
		茅口	1.15	1.68	19	井漏	堵漏 固井	1570	69
桐梓园	Lu201	茅口	0.90	1.70	17	井漏 垮塌卡钻 膨胀管变形 漏喷转换	控压钻井 固井 侧钻 堵漏 强钻	22000	275
磨溪	MX009-3-X2	龙王庙	1.45	2.15	32	井漏 压差卡钻 压差卡套管	堵漏 泡酸解卡 震击套管解卡	260	15
平落坝	Pingtan1	须家河	0.23	1.50	43	井漏 垮塌 压差黏附卡钻	测井径 水泥补壁 泡酸解卡 堵漏	1549	34

条件都较好，当井筒内液柱压差为正时，钻遇压力衰竭地层的井，都会发生不同程度的井漏，也就是说，井漏是采用液相介质钻遇压力衰竭储层的标志性特征。由于填满储集空间，变负压差为正压差几乎不可行，采用各种方法封闭漏失通道成为了是处理井漏必不可少的措施。下套管封闭漏失通道是控制井漏的首选方案，但由于川渝地区纵向上压力系统复杂，而井身结构层序有限，采用套管封闭所有漏层基本不可行，大多数井不得不采用各种方法堵漏来封闭漏失通道。

由于液柱压差较大，漏失通道发育好，堵漏的难度较大，处理堵漏的同时，发生卡钻、地层垮塌、漏喷转换等次生复杂、故障的风险造成的损失也较大。

2.2 虚泥饼、压差-黏附卡钻

堵漏或采用混桥浆强钻等措施，在漏层附近都容易形成虚厚泥饼，起下钻通过漏层时，发生虚泥饼卡钻的几率较大。同时由于存在较大的正压差，钻具在漏层处静止，容易发生压差黏附卡钻，继而发展成复合卡钻。如磨溪构造的MX009-3-X2井Φ215.9mm井眼施工时，用密度2.15g/cm³的钻井液钻遇地层压力系数1.45～1.50，埋深4600m的龙王庙储层时发生井漏，堵漏成功后，扶正器通过漏层时发生虚泥饼卡钻，采用泡酸解卡；下177.8mm套管至该层时又发生黏卡套管，经大力震击才解卡，下套管到位。Ba004-X2井Φ215.9mm井眼用密度1.53g/cm³的钻井液在井深2986m钻遇压力系数0.81的长兴组储层井漏失返后，下光钻杆注水泥浆堵漏时发生“插旗杆”卡钻施工，采用反扣钻具倒扣后套铣打捞无果，被迫填井侧钻，报废进尺906m，损失时间83d。

2.3 漏喷转换

钻遇压力衰竭储层后容易发生漏喷转换造成井控风险。发生漏喷转换主要有两个原因。

压力衰竭储层既是漏层也是油气储层，虽然经大量开采，压力降低，但钻遇井漏后液柱压力降低，会发生气液置换造成气侵。川渝地区碳酸盐岩气藏基本都含有硫化氢，发生置换气侵时硫化氢也会随之进入井筒，存在硫化氢泄漏风险。Lu201井Φ311.2mm井眼用密度1.45g/cm³的钻井液在井深2004m钻遇压力系数0.90的茅口组储层发生井漏失返和置换气侵，施工现场提前做好了防硫准备，经液气分离器排气时，也曾在点火口和缓冲罐附近监测出硫化氢。

川渝地区由于纵向上存在多套油气层系和压力系统，压力亏空储层上部原来被压稳的油气也可能在井漏失返液柱压力下降后进入井筒，造成井控风险。Pingtan1 井 Φ333.4mm 井眼用密度 1.40g/cm^3 的钻井液在 3520m 钻遇压力系数 0.23 的须二储层井漏失返后，上部 1800m 的沙溪庙气层曾多次发生严重气侵，经液气分离器排气，火焰最高达 8m。

2.4　井壁失稳

实钻中，钻遇压力衰竭储层后，井壁失稳对钻井工程主要表现为以下几个方面：

（1）储层剥蚀性掉块影响井眼通畅。闫传梁、谭强等学者对压力衰竭储层的井壁失稳力学机理研究发现：压力衰竭地层钻进时，井壁坍塌压力和破裂压力均降低，但向水平最大主应力方向钻进（尤其是井斜较大时），坍塌压力下降较小，井壁容易失稳，发生掉块、垮塌的风险较大。[2,3]对于压力衰竭的孔-缝型砂岩储层发生大面积井壁坍塌的风险不大，但近井地带，由于由于钻具震动、碰撞作用，容易产生剥蚀性掉块和“大肚子”井筒，造成卡钻故障。

（2）井漏失返后液柱压力下降，当液柱压力低于上部地层坍塌压力时，上部地层可能发生垮塌。

（3）井漏后，掉块下座，容易在漏层附近形成砂桥，暂闭漏层，阻挡堵漏浆进入地层，影响堵漏效果。

（4）堵漏后压力衰竭储层产生剥蚀性掉块连同在漏层形成架桥的堵漏剂一起脱落，造成复漏。

平落坝构造的 Pingtan1 井 333.4mm 井眼曾用密度 1.40g/cm^3 的桥浆对厚达八十余米的须二压力衰竭储层采取过先强钻后堵漏的措施。强钻后在漏层段倒划眼起钻是阻卡严重，起过漏层后漏速逐渐下降，下光钻具至堵漏上方用桥浆和水泥浆等方法堵漏时，“封门”现象明显，多次发生复漏，堵漏效果均不理想。后下入小一级的钻头（Φ241.3mm）将漏层处形成的砂桥破坏后，立即开展堵漏施工，堵漏成功后划眼清理井筒时憋钻频繁，重浆举砂携带出大量须二段砂岩和须三段页岩掉块，其中须二段砂岩掉块上明显能见到胶结的云母片等堵漏材料（如图 1 所示）。

图 1　Pingtan1 井砂岩掉块及胶结的堵漏剂

3　压力衰竭储层堵漏难度大的因素分析

3.1　储集层类型

川渝油气田的主要高产储层主要有砂岩孔-缝型储层和碳酸盐岩缝-洞型储层两种。其中砂岩孔-缝型储层主要分布在沙溪庙组、自流井组、须家河组等陆相地层。部分构造的砂岩连通性较好，储层原始地层压力受长期开采影响，会逐步降低，导致区域整体地层压力下降，凡是在该区域钻井开钻的新井，钻遇该地层时均会发生井漏。如大塔场构造的沙一气藏和平落坝构造的须二气藏就属于此类。碳酸盐岩缝-洞型漏层主要分布在雷口坡组、嘉陵江组、飞仙关组、长兴组、茅口组、栖霞组、龙王庙组、灯影组等。

3.2　地层孔隙压力

由于多年大规模开发，川渝油气田部分高产储层地层孔隙压力均有不同程度下降。如表 2 所示，以李子坝构造嘉陵江组、茅口组，平落坝构造须家河组，大塔场构造沙溪庙组、茅口组，桐梓园构造茅口组等构造的地层压力已明显低于地层原始压力系数，同时由于这些储层的相对低压，容易对向深部钻探的井井身结构和钻井液密度造成重大影响。

3.3　地应力

根据赵凯等学者研究发现，很多油气田的主力油气层开发至中后期，地层压力会逐步下降，从而导致泥页岩盖层压力降低，对新井的井壁稳定性造成影响。他们根据多孔介质弹性力学理论和室内实验方法，分别研究了盖层压力降低对其地应力和强度参数的影响，建立了两种因素协同影响下泥页岩盖层的井壁稳定计算模型，分析结果表明，储层压力降低导致盖层坍塌压力和破裂压力均降低，但盖层发生漏失的风险明显增大。[4]

3.4　井身结构限制

川渝油气田具有纵向上多压力系统的特征，造成了深部油气层钻探时不得不面临多套压力系统造成的复杂问题，由于井身结构

尺寸的限制，钻井施工时不得不面对一个裸眼内存在多套不同的压力系统，从而造成一个裸眼井段内发生漏-喷同存、漏-垮同存等复杂问题。而压力衰竭储层位于各个构造深层油气层的中浅层位置，其地层压力的衰竭造成向深部地层钻探的井面临更多的同一裸眼段内多压力系统的复杂问题。

4　压力衰竭储层钻井综合治理思路及现场实践

4.1　治理思路

针对储层埋深不同、砂岩孔-缝型储层、碳酸盐岩缝-洞型储层等储集层类型不同，地层含水、含气情况不同、多压力系统等因素，应优化井身结构，增加套管层序，尽量实现压力衰竭地层储层专打；多压力系统井段合打的井，进入压力衰竭地层前对上部井筒进行防漏、防垮预处理，进入压力衰竭地层后以堵漏为主，同时采用清水强钻、循环介质优化、提高井壁稳定性等技术，综合治理井漏造成的次生复杂、故障。

4.2　优化井身结构

通过优化井身结构，将压力衰竭储层单独用套管将其与上下地层封隔是最直接的手段。

4.2.1　增加套管层序

传统意义上的深井钻探一般采用 20″-13 ⅜″-9 ⅝″-7″-5″的五层套管层序的井身结构。理论上每一段内的地层压力系数和钻井复杂程度应保存基本相似，采用套管固井的方式将差异大的地层从而保证一口井的顺利钻成。但由于川渝油气田从上到下二十多套储层存在的众多压力系统，传统的“5 级”套管层序已经远远不能满足超深井钻探的需求，从而逐步演化出 28″-20″-14 ⅜″-10 ¾″-8 ⅝″-6 ⅝″-4 ½″“7 级”套管层序，即使在老探区向深部地层钻探时钻遇压力衰竭储层，也增加了 2 层井身结构，从而有希望实现压力衰竭复杂地层专打，降低多压力系统在同一裸眼段内造成井下复杂、故障的风险。位于大塔场构造的 Tatan1 井，从上至下钻遇了沙溪庙、须家河、茅口三套压力衰竭储层，为了钻探更深部的灯影组气藏，便采用的“7 级”套管层序，专门用了 14 ⅜”套管将沙溪庙~须家河低压层与下部的雷口坡含硫高压地层分隔，再将 10 ¾”套管下至茅口组低压层顶部，将 8 ⅝”套管下至茅口组以下伏的栖霞组顶部，专封茅口组低压层，确保了该井顺利钻至目的层。

4.2.2　膨胀管封隔

对于井身结构层序受限，承压堵漏难度大的井，可考虑采用膨胀管的方式封隔漏层。膨胀管技术主要是先用扩眼器将需要膨胀管封隔的井段扩大到一定尺寸，然后下入具有高强度、高延伸率、低回弹性能的套管至目标井段，然后用专用膨胀锥等工具将膨胀管胀大，将恢复井筒的通径。桐梓园构造的 Lu201 井的 244.5mm 套管下至茅口组顶部 1991m，用 215.9mm 钻头在茅口组 2004m 钻遇天然溶洞性储层，该储层经三十余年开采，地层压力已下降至 0.98，漏失严重，由于井身结构受限，必须将茅口与下部的栖霞~龙马溪等层位合打，下部梁山组坍塌压力高压 1.70，韩家店~龙马溪的地层压力为 1.79，采用多种方法堵漏均未见效果的情况下，采用清水强钻至 2409m 栖霞组顶部，将裸眼段扩眼为 240mm，将 194mm 膨胀管下至 1963~2409m，再将膨胀管胀大，再对膨胀管实施注水泥固井作业，重新建立了 215.9mm 井筒。虽然在后期作业中，膨胀管因钻具震动等原因破裂，但该套工艺的第一次实施，也为后续恶性井漏井的治理技术提供了思路。

4.3　复杂地层承压堵漏技术

因井身结构受限，需通过承压堵漏，提高压力衰竭地层的承压能力来扩大同一裸眼段内的钻井液安全密度窗口，实现压力衰竭地层与其他相对高压地层的合打。但由于压力衰竭储层的地层压差、漏失通道和容液空间较大，并往往伴随“次生”复杂发生，传统的桥塞浆、水泥浆堵漏堵漏效果有限，应根据储层的地质条件，优选新工艺、新技术来提高堵漏效果。

4.3.1　智能凝胶+水泥堵漏技术

智能凝胶具有隔水和降低漏速的特点，在注水泥浆前先注入智能凝胶，能有效防止水泥浆被地层水污染，同时降低水泥浆在漏层中的漏失速度，从而提高水泥浆的堵漏效果，是提高含水缝洞型漏层堵漏效果的有效手段。李子坝构造的 Ba004-X1 和 Ba004-X2 井均多次采用智能凝胶+

水泥的方法，成功将地层承压能力提高了0.7~0.8。

4.3.2 油泥凝胶+水泥堵漏技术

由于智能凝胶稠度较高，可泵性较差，凝胶溶液浓度仅有0.5%，且受循环罐的限制，施工量也仅有20~40m^3，对于储层含水量高且漏失严重的井，采用常规的智能凝胶+水泥的方法堵漏效果较差。但由于智能凝胶易溶于柴油，且在柴油凝胶溶液可泵性较好，因此可配置柴油+凝胶混合溶液，用压裂车将其泵入井内，让凝胶在井底水层与水溶解形成凝胶溶液，将后置的水泥浆与地层水分隔，同时降低水泥在漏层中的漏失速度，在井筒内和近井地带缝洞中形成稳定的水泥塞。大塔场的Tatan1井在552m存在注水层、1100m存在压力衰竭储层(储层压力0.98)，且该段地层坍塌压力大于1.20，该井用444.5mm钻头氮气钻进至522m出水后改为雾化钻进止1324.96m因出水量大，地层垮塌。采用50%的凝胶柴油溶液+后置水泥的方式，利用高浓度凝胶封隔552m出水点后，水泥浆成功将1100m的压力衰竭储层的漏失通道封堵。承压堵漏成功后将钻井液密度提至1.25g/cm^3，稳定井壁后恢复后续作业。

4.3.3 可固化桥浆

针对现有常规桥浆堵漏技术存在的问题，同时为满足漏失层承压堵漏技术要求，从堵漏材料优选、堵漏工艺技术改进等方面入手，川庆钻探公司研制了温控可固化桥浆堵漏体系。该体系主要由低密度刚性桥接材料、超分子温控固化材料组成。选用密度1.2~1.4g/cm^3的刚性颗粒作为桥接材料，可有效降低配浆过程中大颗粒堵漏材料易沉的问题，保证入井流体中大颗粒堵漏材料的浓度；同时，该堵漏材料具有足够的抗压、抗张、抗剪切强度，以防止堵漏材料因应力形变而改变其几何形状，从而降低堵漏效果。超分子温控固化材料具剪切稀释性和温度直角稠化的特性。配置的浆体易于泵送，漏层附近易于滞留；黏弹性强，可有效增加配置浆体的抗稀释作用；可作用于固体颗粒表面，增加固体颗粒的胶结力。该体系在常温下流动状态较好，泵送到井底时，在井下温度作用下稠化，在堵漏材料间、堵漏材料与岩石表面间可相互胶结，进一步提高封堵层的承压能力。平落坝构造的Tatan1井的365.1mm套管下至1370m(遂宁组)，333.4mm井眼需用1.50g/cm^3的钻井液钻穿遂宁组、沙溪庙组、须家河组，钻达4400m的雷口坡顶部固井。其中须二段储层压力已衰减至0.23，但上部须五~须三段地层坍塌压力高于1.50。为了防止漏垮同存的复杂情况出现，该井用密度1.50g/cm^3的钻井液钻至须二段顶部3460m，对上部井段进行了工程测井，用水泥对上部的“大肚子”井段进行了补壁，确保了上部井段的畅通，再简化钻具组合揭开须二压力衰竭地层，在3508m发生井漏失返后，强钻至3522m将漏层全部暴露。2次采用温控可固化桥浆体系成功将漏层封堵，恢复正常施工。

5 结论与建议

(1) 由于中浅层储层的压力衰竭导致的井漏、压差-黏附卡钻、漏喷转换、漏垮转换等井下复杂已成为向深部钻探的一道“拦路虎”，严重影响了钻井效率和井下安全。

(2) 针对储层埋深不同、砂岩孔-缝型储层、碳酸盐岩缝-洞型储层等储集层类型不同，地层含水、含气情况不同、多压力系统等因素，应优化井身结构，增加套管层序，尽量实现压力衰竭地层储层专打

(3) 多压力系统井段合打的井，进入压力衰竭地层前对上部井筒进行防漏、防垮预处理，进入压力衰竭地层后以堵漏为主，同时采用清水强钻、循环介质优化、提高井壁稳定性等技术，综合治理井漏造成的次生复杂、故障。

参 考 文 献

[1] 徐同台，刘玉杰，申威等．防漏堵漏技术[M]．北京：石油工业出版社，1997：88~103，31~33.

[2] 谭强，何辉，陈永浩等．压力衰竭储层中定向井井壁稳定性分析[J]．石油天然气学报(江汉石油学院院报).2014，32(2)316~317.

[3] 闫传梁，邓金根，蔚宝华等．压力衰竭储层井壁稳定性变化规律研究[J]．石油钻采工艺．2013，35(3)5~8.

[4] 赵凯，邓金根，谭强等．储层压力衰竭对泥页岩盖层井壁稳定性影响规律研究[J]．科学技术与工程，2013.13(6)，1428~1430.

环空带压气井完整性分析及措施研究

欧阳铁兵　武治强　张兴全　郭宗禄

（中海油研究总院有限责任公司）

摘　要　在役油、气、水井是海洋油气生产的重要组成部分，在生产、运营维护过程中会存在不同程度的安全隐患（如：环空带压；隔水导管和油套管腐蚀；阀门渗漏等）。而气井环空带压对于安全生产影响尤为严重，如果气井带压后环空流体存在腐蚀性，将进一步降低套管强度，同时也会降低最大井口操作压力值，这将加大气井安全生产的风险。因此需要开展环空带压气井完整性分析及措施研究，形成一套环空带压气井的完整性管理解决方法，确保环空带压气井的安全生产。本文通过对海上环空带压气井开展以下研究：(1)磨损及腐蚀后的套管强度校核；(2)磨损及腐蚀后的最大允许井口操作压力分析；(3)屏障单元完整性分析和泄压/升压测试来进行井分类等综合影响，开展气井风险分析和措施研究，指导环空带压气井的安全生产。

关键词　环空带压气井；完整性；套管强度；最大允许井口操作压力；屏障单元

气井环空带压是在役井存在完整性问题的主要问题之一，对生产带来较大的安全风险。如Bourgoyne在OTC大会发表的论文论述了4个由于环空带压导致海上油气井安全事故的案例。其中事故一为某海上平台的一口井在完井约6年后，A环空带压达到23.4MPa，生产套管的最小抗内压强度为47.6MPa。作业者认为风险可控继续生产，2年后由于生产套管抗内压强度低于A环空压力被压裂，压力窜到B环空表层套管又被压裂，导致了地下井喷的发生。地下井喷穿透地层窜到海床，造成平台周围海床沉降，平台慢慢倾斜直至倾覆。事故导致附近4英里的海面被严重污染，生产平台倾覆，所有生产井报废，经济损失巨大。

通过对中海油环空带压气井的调研，A环空占比80%以上，其次是B环空带压占比约15%，C环空、D环空带压很少。随着气井开采时间的延长，环空带压问题呈现出越来越严重的发展趋势，已经严重影响海上气井的安全生产。因此需要加强环空带压气井的完整性管理，主要以井屏障为基础，通过采用技术、管理等手段保证井屏障的物理性能来实现对井内流体的控制，保障井的完整性，实现安全生产。

1　环空带压气井现状

1.1　资料收集整理

通过对4个试点气田共28口井分类后的红橙色井从钻井工程完工报告、完井工程完工报告、修井作业完工报告、井口和采气树保养记录、环空压力记录数据、环空压力诊断测试记录和最新地层压力等资料开展进一步研究，为后续开展详细分析奠定基础。

1.2　问题井类型

该28口井都不同程度地存在环空带压问题，各气井各环空具体带压值如表1所示。

表1　气井环空带压统计表

气田	井号	A环空/MPa	B环空/MPa
A	A1H	6	0
	A6	8.5	0
	A7	8.8	0
	A5H1	9.3	0
	C3	7	0.3
	C12	12.5	0.72
	C1	5.5	0
	C5	1.1	0.5
	C9	10	0.4
	C10	1.9	0.22
	C11	9.5	9.2
B	A3	1.5	1.2
	A11	8.5	0
	A8	11.9	1
	B1	5.5	0.3
	BB5	14.8	0
	B8	7	0.3

续表

气田	井号	A 环空/MPa	B 环空/MPa
C	A1H	6	0
	A3H	1	0
	A4H	10	3.5
	A6	12.8	0
	A7	0	0
	A2H	5.1	0
	B1H	11.07	0
D	A5h	0.48	0
	A7h	0.4	0
	B1h	0.41	0.2
	D4h	2.77	3.43

2 井完整性分析

由于气井环空带压，说明井安全状态存在一定风险，针对井存在的风险程度，需要从井屏障状态、环空泄压/升压测试和是否满足最大允许井口操作压力三个方面对井完整性进行分析。

2.1 最大允许井口操作压力和套管强度分析

1）磨损对套管壁厚影响

如果井身结构在生产套管下部有尾管悬挂时，则在钻生产层位过程中，钻杆将对套管有磨损，会造成套管壁厚减薄，进而影响套管强度。使用磨损预测软件，对 A 平台的 A1H 井计算结果如图 1 所示。

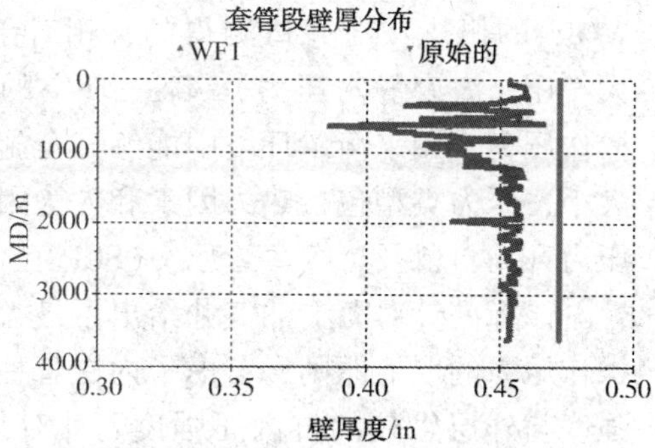

图 1 A 气田 A1H 井 9-5/8 套管磨损后剩余壁厚预测

2）腐蚀对套管壁厚影响

生产套管环空带压后，根据生产流体是否存在腐蚀性介质，根据带压时间和腐蚀性介质的分压等使用腐蚀预测分析软件对环空带压气井进行 9-5/8 套管进行腐蚀预测。

根据管材长期腐蚀速率计算，需要考虑以下相关因素：

（1）确定管材的类型；

（2）计算分压剖面和温度剖面；

（3）按照长期腐蚀速率计算套管壁厚变化情况；

（4）计算套管壁厚减薄后的安全系数。

3）套管强度分析

以 C 气田 A4H 井为例，开展套管完整性评估。该井于 2013 年完钻的一口水平井，采用三开井身结构。投产时间 2014 年，带压时间 2015 年，目前带压值 A 环空为 10MPa，B 环空为 3.5MPa，地层压力为 22.78MPa。9-5/8 套管下深 3097m，管材防腐策略为组合套管防腐（13Cr+1Cr），其中 13Cr 管材长 422m，剩余为 1Cr 管材。通过磨损+腐蚀分析后剩余壁厚预测结果见图 2。

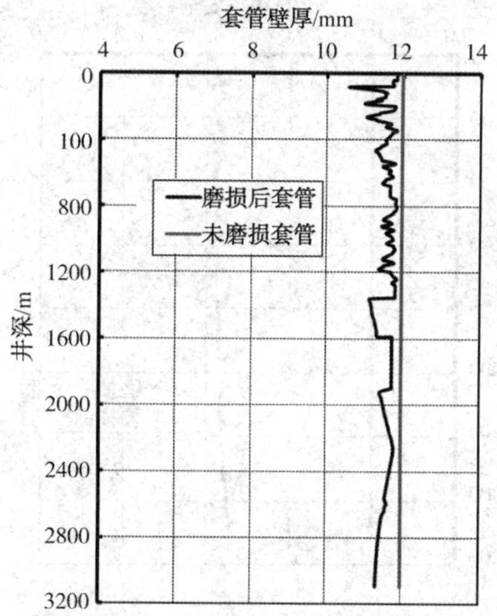

图 2 C 气田 A4H 井套管（磨损+腐蚀）剩余壁厚预测

通过计算套管在钻井阶段磨损和生产阶段酸性气体腐蚀后剩余壁厚，开展套管强度校核，最小抗外挤安全系数为 1.01，最小抗内压安全系数为 2.79，根据套管强度校核要求，目前套管能够通过强度校核。抗外挤和抗内压安全系数图见图 3和图 4。

4）套管强度评估结果

各平台按照苛刻工况分析结果见表 2。共有 3 口井抗外挤不满足安全条件：A-A7、A-C12、C-B1H，其它井都是在安全范围内。如果按照正常生产工况，截止分析时间点，计算的磨损和腐蚀条件下，各井套管抗内挤和抗外压是安全的。

对于最大井口操作压力值的分析，重点关注：C-A8、A-C11 井的环空带压值已接近其 MAWOP。

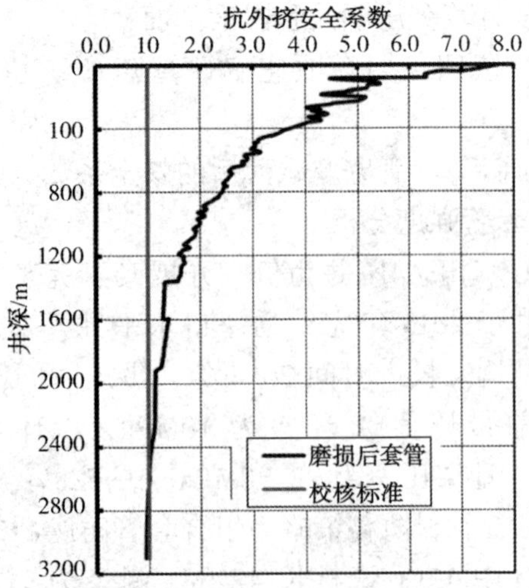

图 3　套管磨损后抗外挤安全系数

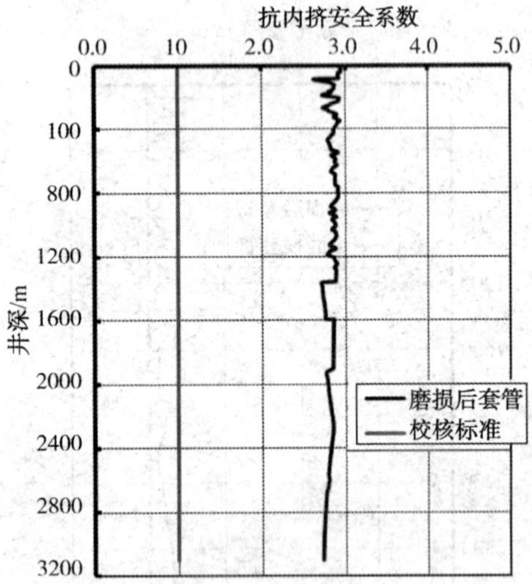

图 4　套管磨损前后抗内压安全系数

表 2　套管强度分析

气田	井号	套管影响分析	苛刻工况评价情况	
			最小抗外挤安全系数	最小抗内压安全系数
A	A1H	磨损+腐蚀	1.56	1.64
	A6	磨损+腐蚀	1.12	2.2
	A7	磨损+腐蚀	0.68	1.67
	A5H1	磨损+腐蚀	1.53	2.25
	C3	腐蚀	1.44	1.96
	C12	腐蚀	0.99	2.02
	C1	腐蚀	1.5	2.14
	C5	腐蚀	1.04	1.99
	C9	腐蚀	1.79	2.45
	C10	磨损+腐蚀	1.36	1.84
	C11	磨损+腐蚀	1	2.76

续表

气田	井号	套管影响分析	苛刻工况评价情况	
			最小抗外挤安全系数	最小抗内压安全系数
B	A3	磨损+腐蚀	1.58	2.32
	A11	腐蚀	1.45	1.14
	A8	磨损+腐蚀	1.31	4.52
	B1	腐蚀	1.66	4.83
	BB5	腐蚀	1.18	3.6
	B8	磨损+腐蚀	1.19	2.32
C	A1H	磨损+腐蚀	1.16	1.79
	A3H	磨损+腐蚀	1.2	1.87
	A4H	磨损+腐蚀	1	1.87
	A6	腐蚀	1.81	2.22
	A7	腐蚀	1.12	2.26
	A2H	磨损+腐蚀	1.15	1.85
	B1H	磨损+腐蚀	0.96	2.11
D	A5H	磨损+腐蚀	2.11	6.65
	A7h	磨损+腐蚀	2.11	8.06
	B1h	磨损+腐蚀	1.98	8.17
	D4h	磨损+腐蚀	1.34	7.6

5）最大井口允许操作压力分析

参考最新修订版为 2012 年发布 API RP 90，该标准首先提出了最大允许井口操作压力（Maximum Allowable Wellhead Operating Pressure，MAWOP）的概念：在井口测得的，相对于围压（如大气压，海底静水压力），某一环空的最大允许操作压力。用来衡量环空中能够安全施加的压力大小，压力类型包括热力因素和人为因素导致的压力升高，以及持续套管压力（SCP）。

该标准针对海上油气井给出了最大允许井口操作压力的取值原则，考虑了内层管柱的抗外挤强度与外层管柱的抗内压强度。针对某一环空，计算最大允许井口操作压力的具体方法如表 3 和图 5 所示。对于最外层环空，计算最大允许井口操作压力的具体方法如表 4 所示。

表 3　内层环空最大允许井口操作压力计算方法

内层管柱抗外挤强度的 75%	待评价套管或生产立管抗内压强度的 50%	向外第二层套管或生产立管抗内压强度的 80%	最大允许井口操作压力
A	B	C	min(A，B，C)

表 4 最外层环空最大允许井口操作压力计算方法

内层管柱抗外挤强度的 75%	最外层套管或生产立管抗内压强度的 30%	最大允许井口操作压力
A	B	min(A，B)

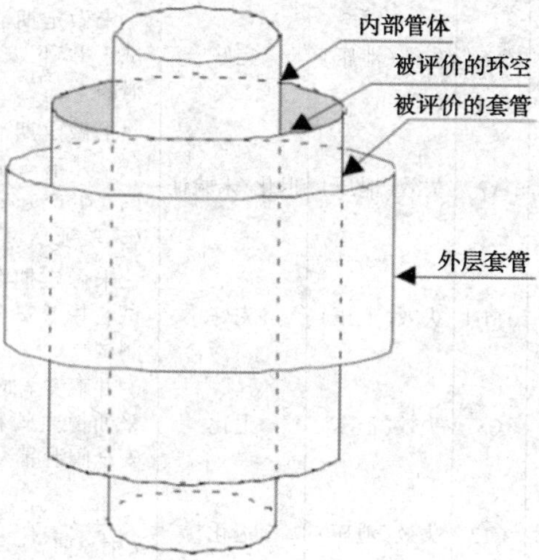

图 5 内层环空示意图

在表 3、表 4 中，安全系数的取值主要是考虑了：①管柱的一些薄弱部位，如接箍、丝扣等；②管体的腐蚀；③套管磨损；④管体老化。

国内行业标准 SY/T 7026—2014《油气井管柱完整性管理》，2015 年实施

该标准推荐了高温高压气井各个环空最大压力值的计算方法，方法中在参考 API RP 90 标准的基础上，增加考虑了套管头的安全性(套管头工作压力的 60%)。

A 环空，取油管抗外挤强度的 75%、生产套管抗内压强度的 50%、技术套管抗内压强度的 80%和套管头强度的 60%中的最小值作为该环空的最大允许井口操作压力；

B 环空，取内层套管抗外挤强度的 75%、外层套管抗内压强度的 30%和套管头强度的 60%中的最小值作为该环空的最大允许井口操作压力。

API RP 90 标准中，虽然说明了安全系数的取值考虑了哪些因素，但是否足够保证安全，目前尚未有文献有相关论述。因此本文主要考虑钻井过程中对套管的磨损及环空带压后腐蚀流体影响后套管强度的分析，在此基础上进行最大允许井口操作压力的计算。

2.2 井重新分类

1) 泄压/升压测试

针对环空带压气井，需要进行环空泄压/压力恢复测试，用针型阀全开进行 24 小时泄压测试，如果压力 24 小时内可以泄压到 0 则为失效状态，泄压不能降到 0 则为退化状态，通过泄压测试来判断屏障是失效还是退化状态。

A 气田 A6 井泄压测试结果如图 6 所示。

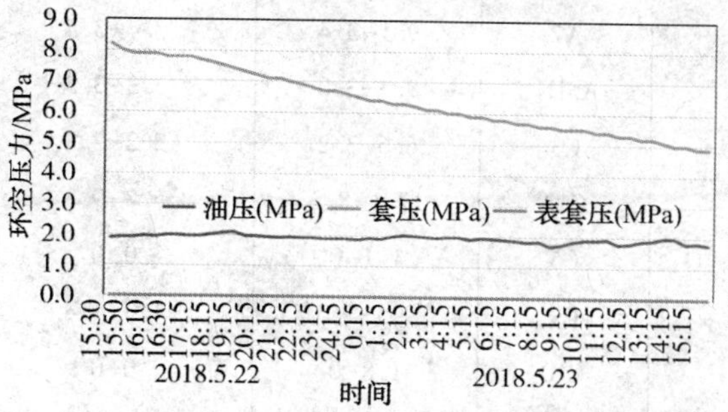

图 6 A-A6 井 A 环空泄压测试

从 A-A6 井泄压/压力恢复测试结果看，该井泄压 24 小时不能降到 0，如果漏点属于井屏障单元的情况下，说明屏障单元处于失效状态。

C 气田 A4H 井泄压/压力恢复测试测试结果如图 7 和图 8 所示。

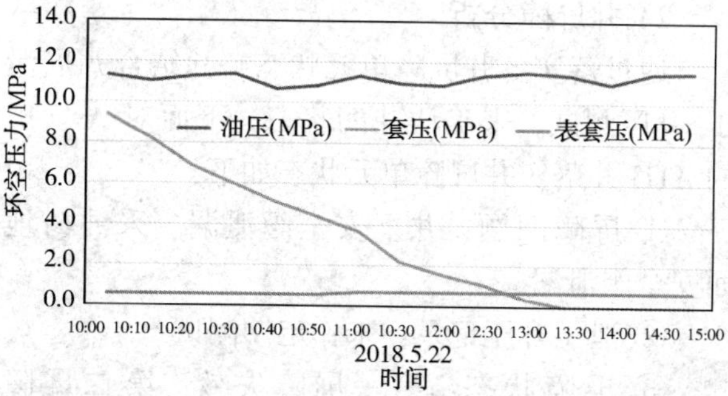

图 7 C-A4H 井 A 环空泄压测试

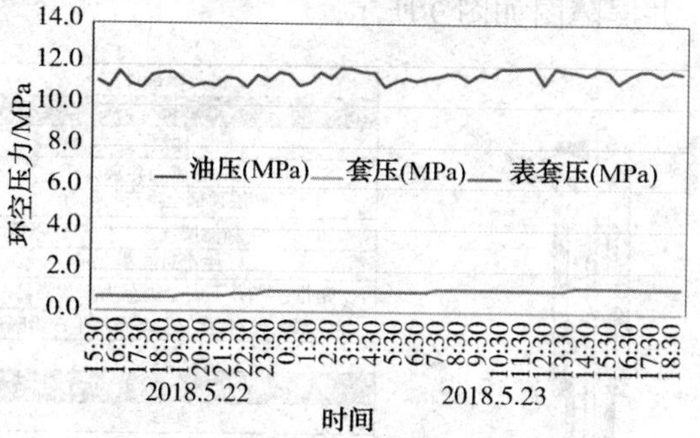

图 8 C-A4H 井 A 环空压力恢复测试

从 C-A4H 井泄压/压力恢复测试结果看，该井泄压 24 小时能降到 0，如果漏点属于井屏障单元的情况下，说明屏障单元处于退化状态。

对 16 口 A 环空带压井进行泄压/压力恢复测试结果如表 5 所示。从结果看，屏障存在失效状

态的11口井，存在退化状态的5口井。

表5　A环空泄压/压力恢复测试结果表

气田	井号	A泄压值/MPa	A压力恢复值/MPa
A	A1H	4.85-1.4	1.4-1.43
	A6	8.2-4.9	4.9-5.6
	A7	9.1-3.4	3.4-3.5
	A5H1	9.3-3.3	3.3-3.3
	C3	6.6-3.2	2.2-2.8
	C12	12.1-8.2	5.8-9.3
	C5	1.1-0	0-0
	C9	9.5-3.5	1.3-1.4
	C10	1.8-0	0-0
	C11	11.3-10	8.8-9.2
C	A1H	5.2-0	0-0
	A3H	2-0	0-0
	A4H	9.4-0	0-0
C	A6	12.5-1.2	1.2-2.6
	A2H	7.5-0.37	0.37-0.6
	B1H	11.01-5.6	5.6-5.8

2）井屏障分析

通过落实各井屏障单元状态，并结合开展泄压/升压测试，来确认井的状态。下面对A气田的A1H井落实井屏障单元状态如下，

① 屏障问题：井下安全阀泄漏、采油树地面安全阀泄漏

② 泄压升压记录：未作定期测试

③ 屏障状态：第一屏障失效；第二屏障完好。

井屏障图如图9所示。

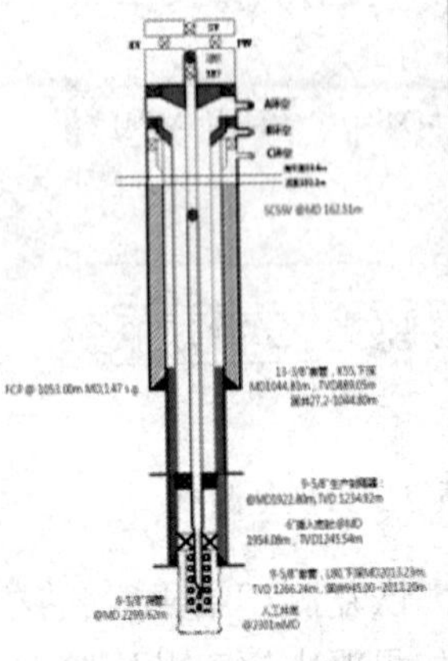

井屏障部件
第一井屏障(Primary well barrier)
地层
9-⅝"套管固井水泥环(储层顶部至生产封隔器)
9-⅝"套管(储层顶部至生产封隔器)
生产封隔器
完井管柱(井下安全阀至生产封隔器)
完井管柱组件(井下安全阀至生产封隔器)
井下安全阀
第二井屏障(Secondary well barrier)
地层
9-⅝"套管固井水泥环(生产封隔器以上
9-⅝"套管(生产封隔器以上)
9-⅝"套管挂及密封总成
井口装置(A环空阀)
油管挂(包括密封总成)
采油树

图9　井屏障示意及屏障单元图

根据对各井屏障单元状态的调研，各井屏障状态如下表6所示。

表6　各井屏障单元统计表

气田	井号	第一道屏障	第二道屏障	井屏障单元存在的问题
A	A1H	失效(泄压)	完好	井下安全阀泄漏、采油树地面安全阀泄漏
	A6	失效(泄压)	完好	未做定期泄漏测试、井下安全阀泄漏
	A7	失效(泄压)	退化/未验证	未做定期泄漏测试、井下安全阀泄漏、生产套管退化(未验证)
	A5H1	失效(泄压)	完好	未做定期泄漏测试、井下安全阀未测试
	C3	失效(泄压)	退化	井下安全阀泄漏、采油树主阀和地面安全阀泄漏
	C12	失效(泄压)	退化	生产套管退化(未验证)
A	C1	失效	退化	井下安全阀泄漏、采油树主阀和地面安全阀泄漏
	C5	退化(泄压)	退化	采油树主阀和地面安全阀泄漏泄漏
	C9	失效(泄压)	未验证	—
	C10	退化(泄压)	未验证	未发现该采油树阀门内漏
	C11	失效(泄压)	退化(泄压)	A空压力24h内不能泄放致零
B	A3	退化	未验证	未做定期泄漏测试
	A11	退化	未验证	—
	A8	退化	未验证	—
	B1	退化	未验证	—
	BB5	退化	退化	采油树主阀和地面安全阀泄漏
	B8	退化	未验证	—
C	A1H	退化(泄压)	完好	—
	A3H	退化(泄压)	未验证	井下安全阀无法测试
	A4H	退化(泄压)	退化	井下安全阀泄漏、采油树主阀和地面安全阀泄漏
	A6	失效(泄压)	退化	井下安全阀泄漏，油管挂泄漏、采油树主阀泄漏
	A7	退化	完好	井下安全阀泄漏
	A2H	失效(泄压)	未验证	井下安全阀泄漏
	B1H	失效(泄压)	退化/未验证	生产套管退化(未验证)

续表

气田	井号	第一道屏障	第二道屏障	井屏障单元存在的问题
D	A5h	未验证	未验证	—
	A7h	未验证	未验证	—
	B1h	未验证	未验证	—
	D4h	失效	退化	采油树泄漏主阀和地面安全阀泄漏

3）井重新分类结果

根据修井、泄压/压力恢复测试、最大井口操作压力、完善井资料、环空带压值降低等进行井分类分析。共有 9 口红色井，14 口橙色井，5 口黄色井，4 个气田井分类结果见表 7。

表 7　井分类结果表

气田	井号	2018 年井分类
A	A1H	橙色井
	A6	橙色井
	A7	红色井
	A5H1	橙色井
	C3	红色井
	C12	红色井
	C1	红色井
	C5	橙色井
	C9	红色井
	C10	橙色井
	C11	红色井
B	A3	橙色井
	A11	橙色井
	A8	橙色井
	B1	橙色井
	BB5	橙色井
	B8	橙色井
C	A1H	黄色井
	A3H	橙色井
	A4H	橙色井
	A6	橙色井
	A7	黄色井
	A2H	红色井
	B1H	红色井
D	A5h	黄色井
	A7h	黄色井
	B1h	黄色井
	D4h	红色井

3　措施分析

3.1　措施考虑

根据井分类结果，制定相应的解决措施。

5 口黄色井：加强监控。

23 口红橙色井：以日常措施为主(其中以保障第二道屏障完好性为主)；如果临时措施不能解决问题，考虑修井和堵漏措施；如果该井没有利用价值，可以考虑临时性封堵，后期一起弃置。

3.2　生产套管存在挤毁风险的井

根据套管完整性评估结果，A-A7 井、A-C12 井和 C-B1h 井三口井生产套管最小抗外挤强度存在风险。

（1）相关情况介绍

9-5/8in 套管抗外挤强度校核工况说明：

考虑套管在钻井期间的磨损和后期生产带压而产生的腐蚀所引起的壁厚降低；

假设 A 环空中生产封隔器以上全掏空；

假设 B 环空带压并充满流体，环空流体沉降后密度取 1.03g/cm^3。

最终，计算得到的 9-5/8in 套管抗外挤安全系数与中海油企业标准 Q/HS 14003-2016《套管柱设计要求》对比，判定其是否存在安全风险。

（2）应对措施

A-A7 井计算最小抗外挤安全系数为 0.68，小于中海油企业标准 Q/HS 14003-2016《套管柱设计要求》规定的套管磨损后安全系数不小于 1。在封隔器以上无液柱，A 环空带压 4.5MPa 的情况下可满足抗外挤安全系数为 1。按照 1.03g/cm^3 液柱密度，在 A 环空泄压到 0 的情况下，折算需要 450m 液柱才能保证抗外挤安全系数为 1。

A-C12 井计算最小抗外挤安全系数为 0.99，小于中海油企业标准 Q/HS 14003-2016《套管柱设计要求》规定的套管磨损后安全系数不小于 1。在封隔器以上无液柱，A 环空带压 1MPa 的情况下可满足抗外挤安全系数为 1。按照 1.0g/cm^3 液柱密度，在 A 环空泄压到 0 的情况下，折算需要 274m 液柱才能保证抗外挤安全系数为 1。

C-B1h 井计算最小抗外挤安全系数为 0.96，小于中海油企业标准 Q/HS 14003-2016《套管柱设计要求》规定的套管磨损后安全系数不小于 1。在封隔器以上无液柱，A 环空带压 1.2MPa 的情况下可满足抗外挤安全系数为 1。该井是 13Cr+

1Cr 组合套管防腐，在 13Cr+1Cr 组合点腐蚀最为严重，组合点为封隔器以上 245m 处，按照 $1.0g/cm^3$ 液柱密度，在 A 环空泄压到 0 的情况下，折算需要 367m 液柱才能保证抗外挤安全系数为 1。

4 结论和建议

（1）通过对 4 个试点气田 28 口环空带压气井开展最大井口操作压力分析，各气井按照苛刻工况分析共有 3 口井抗外挤不满足安全条件：A-A7、A-C12、C-B1H，正常生产工况下，在计算的磨损和腐蚀条件下，截止分析时间点，各井套管抗内挤和抗外压是安全的。重点关注：C-A8、A-C11 井的环空带压值已接近其 MAWOP。

（2）结合井屏障单元状态和泄压/压力恢复测试，井分类结果为共有 9 口红色井，14 口橙色井，5 口黄色井。

（3）建立了一套环空带压气井完整性分析及措施研究方法。

（4）针对环空带压气井重点关注生产流体是否存在腐蚀流体影响套管强度。

（5）针对环空带压气井需要落实第二道屏障的完好性。

（6）建议在修井作业的同时，开展套管损伤测井，评估套管的强度，保证套管的完整性，同时验证考虑磨损、腐蚀后强度的计算结果与实测结果的符合性。

参 考 文 献

[1] Sustained Casing Pressure in Offshore Producing Wells.

[2] API RP 90 Annular Casing Pressure Management for Offshore Wells.

[3] ISO/TS 16530-2 Well integrity-Part 2-Well integrity for operational phase.

[4] NORSOK D-010 Well integrity in drilling and well operations.

[5] OLF 117 Norwegian Oil and Gas Recommended Guidelines for Well Integrity.

[6] Q/HS2001-2002 海上油气田开发井动态监测资料录取要求.

基于知识发现的优化钻井技术

苏 崭 李 玮 李思琪 赵 欢

（东北石油大学石油工程学院）

摘 要 钻井工程的优化是提高油田生产率和经济效益的有效手段，其本质上是一个非线性的、多目标的问题。运用知识发现方法可以识别和解释已有钻井数据背后隐藏的模式和趋势，对钻井过程进行指导，并对新情况进行预测。知识发现的应用分为两个步骤：钻井工程信息的获取和优化方法的选择，只有选择了正确的优化方法才能成功实现钻井技术优化。运用知识发现中支持向量机的聚类方法对大庆油田徐家围子地区近年钻具失效数据进行分析，可以得到该地区钻具失效的主要原因是钻具螺纹应力积累、上紧扭矩低。

关键词 优化钻井；知识发现；聚类；钻具失效

钻井工程是一个复杂的系统工程，对它的评价和优化是一个重要且有一定难度的问题。随着油气勘探的不断深入，勘探难度日益增加。由于岩石硬度高、地层复杂性强等不利因素的影响，造成钻进机械钻速缓慢、钻具失效等问题，最终导致钻井成本大幅度增加。优化钻井工程设计是提高油田生产效益和经济效益的有效方法。钻井工程具有复杂性和不确定性，评价指标多，影响参数多，其优化问题本质上是非线性的、多目标的[1]，这些都迫切需要科学的优化方法和模型来解决。

1980 年以来，国内各油田相继开展了优选参数钻井技术的研究，在检测地层压力、优选水力参数等方面取得了一定的理论成果和经济效益，使我国的优化钻井技术进入到了一个新的阶段。1989 年举办的第 11 届国际联合人工智能学术会议上，第一次提出了知识发现（Knowledge Discovery）的概念。1997 年，第一本关于数据挖掘和知识发现的国际学术杂志《Data Mining and Knowledge Discovery》创刊。近年来，SPE（石油工程师协会）在其主办的《Journal of Petroleum Technology》上开设了专门的“Knowledge Management”栏目，知识发现被越来越多的应用到钻井当中[2]。

知识发现是从各种媒体表示的信息中，根据不同的需求获得知识。知识发现的目的是向使用者屏蔽原始数据的繁琐细节，从原始数据中提炼出有意义的、简洁的知识，直接向使用者报告。运用知识发现可以优化钻井技术，从大量数据中识别和解释已有数据背后隐藏的模式和趋势，对钻井过程进行指导，并对新情况进行预测。

1 知识发现理论在优化钻井中的应用

1.1 应用现状

支持向量机模型（SVM）利用了软间隔最大化、拉格朗日对偶、凸优化、核函数、序列最小优化等方法，既可以解决线性可分的问题，也可以解决线性不可分的问题[3]。支持向量机多应用在虚拟测井声波速度重构和井眼轨迹预测等方面。

聚类是将大量不带标签的数据根据距离聚集成不同的簇，每一簇数据有共同的特征。由聚类生成的簇是一组数据对象的集合，这些对象与同一个簇中的对象彼此相似，与其他簇中的对象相异。聚类多应用于测井分层取值、地层岩石力学参数评价及钻头选型技术方面。对新数据提出初始假设、对新数据分类时可以参考已有的聚类分析结果。

1.2 应用程序

1.2.1 钻井工程信息的获取

DIKW 体系是哈蓝·克利夫兰根据 1982 年 12 月在《未来主义者》杂志发表的文章-“资讯有如资源”作为基础建立的。DIKW 体系就是关于数据（Data）、信息（Information）、知识（Knowledge）及智慧（Wisdom）的体系[4]，其中每一层比下一层多赋予一些特质。

数据层（Data）是最基本的，它是关于事件的一组离散的客观的事实描述，是构成信息和知识的原始材料；信息层（Information）加入内容；知识层（Knowledge）加入“如何去使用”；智慧层（Wisdom）加入“什么时候才用”，具体的体系结构如表 1 所示。

表 1　DIKW 体系结构

	数据（Data）	信息（Information）	知识（Knowledge）	智慧（Wisdom）
描述	离散、不相关的事实、文字、数字或符号	经过筛选、整理与分析的资料	结合个人能力与经验的信息，用于解决问题或创新知识	前瞻性的看法与想法

数据和信息之间是相互联系的。数据是反映客观事物属性的记录，是信息的具体表现形式。数据经过加工处理之后，就成为信息；而信息需要经过数字化转变成数据才能存储和传输。数据处理就是将数据转换为信息的过程，如图 1 所示。

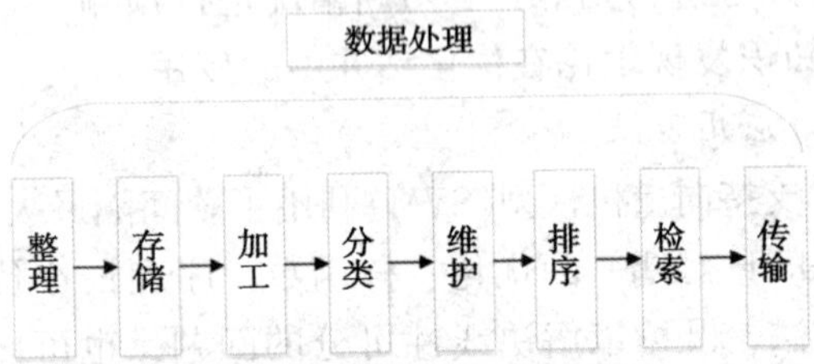

图 1　数据处理的过程

数据处理的基本目的是从大量的、杂乱无章的、难以理解的数据中抽取并推导出对于某些特定的领域来说是有价值、有意义的数据（信息）[5]。钻井是一项复杂的系统工程，钻井过程中会产生大量的数据。这些数据表现出不规则性、不稳定性、非均质性、非线性、不透明性、非理性、不定量性等。这些数据在钻进地层性质、岩石性质、钻头类型、钻井液性能、钻具失效及钻速快慢和成本等方面均有体现。收集这些数据进行处理，能得到大量的钻井工程信息。

1.2.2　钻井工程信息的优化方法

钻井过程中所获得的复杂数据信息属于不确定性信息，按其产生的原因，可将不确定性信息分为三类：主观型、客观型和相兼型[6]。主观型包括未确知信息；客观型包括随机信息和模糊信息；相兼型包括灰色信息。

不同的不确定性信息在信息属性表现出不同的特点，其信息的分析方法也各有特色，如表 2 所示。

表 2　不确定性信息的分类及优化方法

	分类	具体信息类型	优化方法
不确定性信息	主观型	未确知信息	概率统计分析方法
	客观型	随机信息、模糊信息	模糊数学
	相兼型	灰色信息	灰色数学

每种方法都有其在处理数据信息上的特长，如果处理方法选择不当，则既不能发挥方法的长处，也不能达到处理信息的效果。只有正确地选择了优化方法才能实现钻井工程信息优化的目的。

2　优化实例分析

根据上面的理论研究，本文以钻具失效问题为例来介绍知识发现在钻井工程信息优化中的具体应用。经过对钻具失效原始数据的分析发现，钻具失效现象对单井来说是随机的，没有规律可寻，只有对整个油田或者某一区块进行统计分析，才会发现钻具失效的原因，所以对该问题的分析应定位于统计学习方法。

对原始数据收集后，建立钻具失效信息数据库，统计了大庆油田徐家围子地区近年钻具失效的原始数据，包括失效井深、钻遇地层、失效部位、失效类型、地层硬度、违规操作情况、钻具疲劳情况等数据信息，如表 3 所示。

表 3　徐家围子地区钻具失效部分信息列表

序号	年份	区　块	井号	失效井深/m	钻遇地层	失效部位	失效类型
1	2016	松辽盆地中央坳陷区三肇凹陷徐家围子向斜西	徐 28-斜 20	1254	葡一组	钻铤	内螺纹疲劳裂纹及刺穿
2	2016	松辽盆地中央坳陷区三肇凹陷徐家围子向斜西	徐 28-斜 20	785	葡一组	钻杆	内螺纹端加厚区刺穿
3	2016	徐 142-1 南部区块	徐 34-4	635	高二组	减震器	减震器上接头断裂
4	2016	徐 142-1 南部区块	徐 34-4	1442	高二组	钻杆	加重钻杆刺漏
5	2016	徐 11-3 北部区块	徐 62-斜 64	1178	葡一组	钻铤	内、外螺纹及密封面刺漏

续表

序号	年份	区　块	井号	失效井深/m	钻遇地层	失效部位	失效类型
6	2016	徐 11-3 北部区块	徐 66-66	1006	葡一组	PDC 钻头	卡死
7	2016	徐 11-3 北部区块	徐 66-66	568	葡一组	扶正器	扶正器断裂
8	2016	徐 11-3 北部区块	徐 66-66	856	葡一组	钻杆	内螺纹端加厚区刺穿
9	2016	徐 11-3 北部区块	徐 68-斜 44	1006	葡二组	钻铤	内螺纹疲劳裂纹及刺穿
10	2016	徐 11-3 北部区块	徐 68-斜 44	1236	葡二组	钻铤	钻铤疲劳断
11	2016	徐 11-3 北部区块	徐 68-斜 44	150	葡二组	牙轮钻头	掉牙轮尖
12	2016	徐 11-3 南部区块	徐 114-28	1132	高一组	钻杆	螺纹及密封面刺漏
13	2016	徐 11-3 南部区块	徐 112-斜 22	1065	葡二组	钻铤	内、外螺纹及密封面刺漏
14	2016	徐 11-3 南部区块	徐 112-斜 22	995	葡二组	钻杆	外螺纹端加厚区刺穿
15	2016	徐 11-3 南部区块	徐 116-斜 34	178	葡一组	牙轮钻头	掉牙轮巴掌
16	2016	徐 11-3 南部区块	徐 116-斜 34	965	葡一组	钻铤	内螺纹疲劳裂纹及刺穿
17	2016	徐 11-3 南部区块	徐 116-斜 34	1003	葡一组	钻铤	内螺纹疲劳裂纹及刺穿
18	2016	徐 11-3 南部区块	徐 116-斜 34	1153	葡一组	钻铤	内、外螺纹及密封面刺漏
19	2016	徐 11-3 南部区块	徐 116-斜 34	1253	葡一组	钻杆	螺纹及密封面刺漏
20	2016	徐 11-3 南部区块	徐 116-斜 34	1032	葡一组	钻铤	内螺纹疲劳裂纹及刺穿
21	2017	徐 11-3 北部区块	徐 68-斜 40	1527	葡二组	钻铤	内、外螺纹及密封面刺漏
22	2017	徐 11-3 北部区块	徐 68-斜 40	1425	葡二组	钻铤	内螺纹疲劳裂纹及刺穿
23	2017	徐 11-3 北部区块	徐 68-斜 40	546	葡二组	钻杆	内螺纹端加厚区刺穿
24	2017	徐 11-3 北部区块	徐 70-斜 52	112	葡一组	牙轮钻头	掉牙轮尖
25	2017	徐 11-3 北部区块	徐 70-斜 52	985	葡一组	钻铤	内螺纹疲劳裂纹及刺穿
26	2017	徐 11-3 北部区块	徐 72-斜 48	362	葡二组	减震器	减震器接头本体断裂
27	2017	徐 142-1 南部区块	徐 22-斜 14	1785	高二组	钻铤	内螺纹疲劳裂纹及刺穿
28	2017	徐 142-1 南部区块	徐 22-斜 14	1256	高二组	稳定器	稳定器刺漏
29	2017	徐 142-1 南部区块	徐 38-斜 2	1659	高四组	钻铤	内螺纹疲劳裂纹及刺穿
30	2017	徐 142-1 南部区块	徐 38-斜 2	1965	高四组	钻杆	内螺纹端加厚区刺穿

应用统计学习中支持向量机的聚类分析方法进行聚类处理。

首先，进行数据的预处理，可以进行如下设定：

（1）地层的复杂性，依复杂程度（轻-重）分为（1，2，3，4，5）T 级；

（2）岩石的可钻性极值，按照分级标准分为（1，2，3，4，5，6，7，8）T 级；

（3）失效地层，按区块不同从上到下分为（1，2，3，4，5，6）T 级；

（4）失效部位，分为本体和螺纹连接处，分别记为（1，2）T 级；

（5）失效类型，分为断裂、密封、黏滑扣记为（1，2，3）T 级；

（6）工作时间，以推荐时间为标准，接近或超过这个时间为疲劳工作，低于这个时间为非疲劳工作，分别记为（1，2）T 级；

（7）违规操作，有违规操作记为 1，无违规操作记为 2。

T 为阈值标准，它是判断某数据是否归入已有类型从而实现聚类的标准。

钻具失效聚类分析方法的原理为：有钻具失

效样本数据 n 组：A1，A2，…，An，随机选一组失效数据作为第一个聚类中心 X1，并选取一个非负的阈值 T。例如，选 A1＝X1，计算 A2 到 X1 的欧氏距离 d21，若 d21>T，则把 A2 当做新的聚类中心，A2＝X2；若 d21<T，则把 A2 归类到第一个聚类中心 X1，即 A1，A2 属同一类失效。

然后分别计算第三组失效数据 A3 到第一聚类中心 X1、第二聚类中心 X2 的距离 d31、d32，若 d31>T 且 d32>T，则把 A3 当做新的聚类中心，X3。否则将 A3 划分到最近的聚类中心里。

用钻具失效聚类分析方法对所有失效数据计算距离，比较阈值，决定归属。当计算结束时，能得到 Y 个分类，Y 个聚类中心，以及每一类中所包含的样品数[7]。具体的钻具失效分析系统程序如图 2 所示。

表 4　徐家围子地区钻具失效数据处理结果

序号	地层复杂性	岩石可钻性极值	失效地层	失效部位	失效类型	工作时间	违规操作
1	2	1	1	2	1	2	2
2	3	3	1	2	1	2	2
3	2	5	4	1	1	1	2
4	2	4	4	1	1	1	2
5	3	5	1	2	2	2	2
6	2	2	1	1	3	2	2
7	3	1	1	1	1	2	2
8	3	3	1	2	1	2	1
9	2	4	2	2	1	2	2
10	3	3	2	1	1	2	2
11	2	2	2	1	1	2	2
12	3	3	3	2	2	2	2
13	3	2	2	2	2	1	2
14	2	1	2	2	1	2	2
15	3	2	1	1	1	2	2
16	2	3	1	2	1	2	1
17	2	4	1	2	1	1	2
18	3	2	1	2	2	2	2
19	1	2	1	2	2	1	2
20	2	2	1	2	1	2	2
21	3	4	2	2	2	1	2
22	1	1	2	2	1	2	2
23	2	3	2	2	1	2	2
24	2	2	1	1	1	2	2
25	3	4	1	2	1	1	2
26	3	2	2	1	1	2	2
27	2	2	4	2	1	2	2
28	3	1	4	1	1	2	2
29	3	4	6	2	1	2	1
30	2	5	6	2	1	2	2

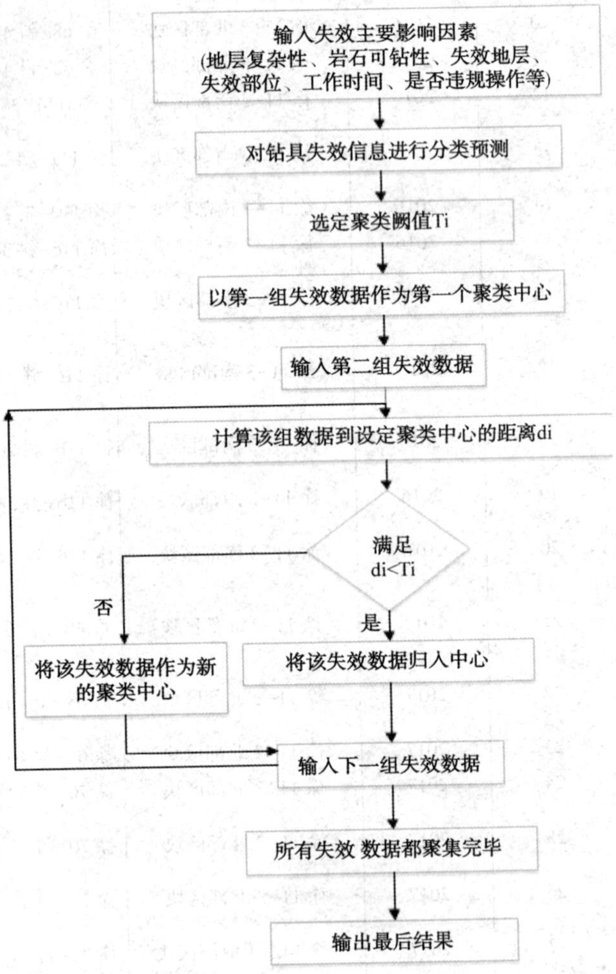

图 2　钻具失效分析系统程序框图

运用支持向量机的聚类分析方法，处理徐家围子区块钻具失效数据，该区块钻具失效具有一定的特性，表 5 和图 3 比较直观地显示了最终结果。

表 5　支持向量机聚类分析结果

聚类类别	聚类原因（失效原因）	聚类样本序号
X1	钻具本体应力积累	6、7、10、24
X2	钻具螺纹应力积累、上紧扭矩低	1、2、9、12、14、18、19、20、22、23、27、29、30
X3	井眼全角变化率大	4、25、26、28
X4	地层硬度较大	3、5、21

续表

聚类类别	聚类原因（失效原因）	聚类样本序号
X5	违规操作、操作失误	8、16
X6	工作时间过长	13、17
X7	其他	15、11

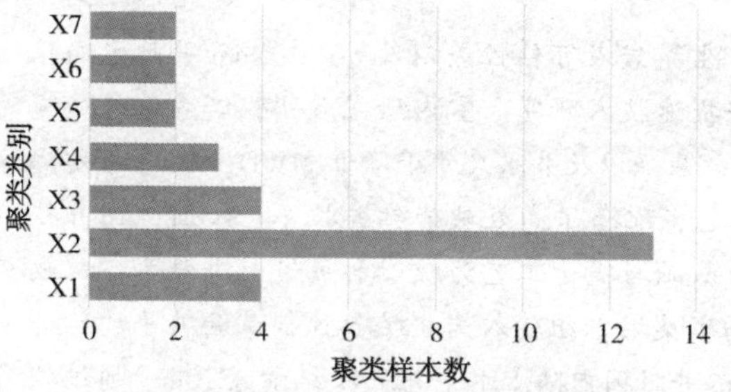

图 3 支持向量机聚类分析结果

该地区钻具失效的主次原因依次是：

（1）钻具螺纹应力积累、上紧扭矩低。

最低的螺纹上紧扭矩应不小于推荐值的90%，由于螺纹上紧扭矩低（连接不够紧）会导致螺纹连接处颤动，造成螺纹连接面磨损、螺纹承受附加的弯曲力、密封失效；钻井时，螺纹可能会在冲击载荷的作用下自动上紧，这会导致螺纹上紧扭矩超过规定值，造成螺纹变形。

（2）钻具本体应力积累。

钻柱受到持续应力（拉、压、弯、扭）时会累积出永久性结构损伤，被弯曲和被压紧的钻柱受到旋转或震动时都会导致应力持续，疲劳损伤逐渐累积，会在高应力集中点上产生疲劳裂纹，裂纹逐渐伸展，直至发生失效。

（3）井眼全角变化率大。

在弯曲井眼中，钻柱通过时会产生持续的弯曲应力。若持续的弯曲应力超过钻柱材质的疲劳极限，则会产生疲劳损伤。井眼全角变化率（狗腿度）能在一定程度上决定疲劳损伤的大小，全角变化率越大，产生的疲劳损伤越大。同时，较大的全角变化率会使钻杆与井壁摩擦较多，产生的摩擦热会影响钻杆材料的硬度。

（4）地层硬度较大。

钻头冲击破碎岩石，岩石硬度大会导致冲击载荷大，应力波会作用于钻具上，引发钻具纵向振动，大大降低钻具的使用寿命。

（5）违规操作、工作时间过长。

操作者违反操作手册、技术不够、缺乏经验，管理不够细致；接近或超过钻具的推荐使用时间则为疲劳工作，有较大风险。

3 总结及建议

知识发现理论在钻井优化中的应用有利于解决钻井工程中的非线性、多目标问题，这对钻井工程的发展具有十分重要的意义。随着石油资源需求量的日益增加，知识发现与钻井工程的结合将会越来越紧密。根据待解决问题的类型，选择合适的优化方法来处理钻井工程数据，提取正确的钻井工程信息，得到准确的优化结果。

参考文献

[1] 刘永爱，鞠炼，王红红．基于分级多层黑板模型的钻井风险管理系统研究[J]．西安石油大学学报（社会科学版），2017，26(02)：37-41+79.

[2] 刘晴．大庆油田塔木察格钻井工程项目管理问题研究[D]．东北石油大学，2016.

[3] 刘鹏．基于贝叶斯网络的自动垂直钻井系统项目风险管理研究[D]．哈尔滨工业大学，2016.

[4] 王正．钻井参数优化及其知识建模的研究[D]．西安石油大学，2013.

[5] 樊帆．基于多源信息的钻井事故预警系统研究[D]．西安石油大学，2013.

[6] 张帆．钻井风险管理知识集成与智能决策研究[D]．西安石油大学，2012.

[7] 胡睿．钻井复杂情况与事故诊断专家系统研究[D]．中国石油大学，2010.

[8] Alejandro Piad - Morffis, Yoan Gutiérrez, Rafael Muñoz. A corpus to support eHealth Knowledge Discovery technologies [J]. Journal of Biomedical Informatics, 2019, 94.

[9] 吴超，陈勉，金衍．基于地震属性技术的井壁稳定随钻预测新方法[J]．中国石油大学学报（自然科学版）．2007，31(6)：141-146.

[10] 高德利，张辉，潘起峰，等．流花油田地层岩石力学参数评价及钻头选型技术[J]．石油钻采工艺．2006，28(2)：1-5.

[11] 李汉林，赵永军．石油数学地质[M]．山东东营：石油大学出版社，1998：61-68.

[12] 毕雪亮，阎铁，张书瑞．钻头优选的属性层次模型及应用[J]．石油学报，2001，22(6)：82-85.

[13] 李美求，周思柱．基于模糊综合评价法的钻井作业安全性评价[J]．石油化工安全技术，2006，22(6)：5-8.

[14] 王江萍，鲍泽富．钻井复杂情况监测与诊断技术及其发展[J]．石油机械，2009，37(10)：82.

顺北一区含侵入岩超深井钻井提速关键技术

刘　彪　易　浩　李少安　刘景涛　李文霞　王居贺

（中国石化西北油田分公司石油工程技术研究院）

摘　要　顺北一区含侵入岩区域，易塌易漏地层多、古生界岩石可钻性差以及 ϕ120.6mm 井眼定向仪器易损坏，导致机械钻速低、钻井周期长，为此开展了钻井提速技术研究。室内研究表明，二叠系裂缝宽度跨度大引起的井漏、抑制侵入岩坍塌的高密度钻井液压持效应强以及井眼尺寸小降低 MWD 仪器寿命是影响高效钻井的关键因素，为此优化了井身结构与防漏防塌工艺，配套了高效破岩钻井技术、窄间隙固井技术以及 ϕ143.9mm 井眼定向钻井技术，形成了以井筒稳定为基础与提速工艺为核心的关键钻井技术。该技术在顺北一区应用 6 口井，降低了二叠系火成岩井漏，提高了桑塔木组侵入岩机械钻速，试验井平均钻井周期 171.2d，与前期相比钻井周期缩短 26.5d，创 ϕ143.9mm 井眼国内陆上水平井最深纪录 8220m。通过技术集成缓解了侵入岩覆盖区的钻井难题，为高效开发提供了技术支撑。

关键词　超深井；辉绿岩；盐水层；井身结构；优化设计

顺托果勒低隆北缘为西北油田分公司探明的重点区块，其中部分区域奥陶系桑塔木组发育火成岩侵入体，面积 117km^2，前期对地质情况认识不清，为确保安全钻井采用六级井身结构开发，中期针对二叠系火成岩漏失、深部泥岩井壁失稳以及桑塔木组侵入体漏塌同层等问题，优化为 ϕ120.6mm 完钻的四级井身结构，并配套了提速工艺。然而，随着布井方向向断裂带两侧与两翼延伸，井深更大、温度更高，面临二叠系大裂缝井漏、高密度钻井液未能有效抑制侵入岩井壁失稳、古生界机械钻速低以及 ϕ120.6mm 井眼 MWD 仪器故障率高等新的钻井问题。为此，笔者在分析地层特征基础上，进一步开展井身结构优化、井筒稳定保障、超深短半径水平井钻井以及提速工艺优选等技术研究。

1　主要钻井难题

1.1　二叠系漏失堵漏耗时长

二叠系火成岩分布区域广，裂缝发育，易漏，前期基于缝宽<2mm 的地层，采用随钻堵漏、堵漏浆钻进以及桥浆承压堵漏[1]三种方式，漏失井数量由 100%↓40%。但是火成岩地层非均质性强，随布井区域扩大，部分井二叠系火成岩缝宽跨度最大由毫米级别上升至厘米级别，导致原钻井液配方与应用的堵漏工艺效果差，3 口井漏失量达 1632m^3，耗时 32.5d，堵漏 42 井次成功率仅 10%。

1.2　高密度钻井液未能有效维持井壁稳定

奥陶系桑塔木组局部发育火成岩侵入体，埋深 6600～6900m，长石含量 82.5%、黏土含量 4.5%，水敏性弱；地应力状态为走滑应力场[2]，最大、最小水平主应力梯度 2.56MPa/100m、1.62MPa/100m；微裂缝缝宽 90～420μm。井壁失稳原因一是最大最小水平主应力差值大；二是微裂缝弱化了整体岩石强度[2]。前期为抑制井壁失稳最高密度 1.86g/cm^3，期间间断性漏失 4.5m^3，并返出片状掉块尺寸 40mm＊30mm。从 X1 井、X1-2 井以及 X1-6 井等六口井相同层位井径对比看，钻井液密度 1.80g/cm^3－1.86g/cm^3，侵入体井径扩大率达 55%，表明高密度钻井液缓解了蹩卡风险，但并没有降低井径扩大率。

1.3　古生界地层机械钻速低

二叠系岩性以英安岩、凝灰岩、玄武岩为主，厚度 420～500m，采用“PDC 钻头＋中速螺杆”钻井工艺，机械钻速 2.1m/h，单趟钻进尺 132m，PDC 钻头崩齿严重比例达 80%。

石炭系、志留系以及奥陶系桑塔木组岩性以砂泥岩、灰质泥岩为主，厚度 1700～2000m，采用“PDC 钻头+大扭矩螺杆”钻井工艺，机械钻速 3.8m/h，PDC 钻头磨损程度较低，吃入地层较浅。

侵入岩岩性以辉绿岩为主，厚度 35－60m，机械钻速 1.05m/h，受侵入岩掉块与密度较高影响，三开下部地层机械钻速仅 1.24m/h，PDC 钻头崩齿占比 45%，牙轮钻头掉齿占比 65%，3 口井钻头外径由 165.1mm↓145.3mm。

1.4 ϕ120.6mm 井眼易损坏 MWD 仪器

国内抗高温高压 MWD 额定指标抗温 175℃、抗压 25000psi，塔河油田实钻测量仪器入井 261 次，故障 60 次，故障率 23%；其中，顺北油田 ϕ120.6mm 井眼应用 7 口井，平均 1 口井 4 次故障，149.2mm 井眼应用 19 口井，平均 1 口井不足 2 次故障。损坏主要特征：一是工作温度大于 160℃，信号传输不正常，高温下探管橡胶扶正套脱落；二是静夜柱压力大于 139MPa，脉冲和探管外筒易冲蚀以及电路板损坏严重。

2 高效钻井技术研究

2.1 井身结构优化

利用 Drillworks 地层压力分析软件[3]对已完钻井的测井资料、地破、试油、岩性分析与计算，建立了地层三压力剖面(图 1)。

① 地层孔隙压力系数 1.04~1.23，属正常压力系统。②地层坍塌压力系数 0.9-1.81，二叠系、志留系压力系数 1.22-1.30，桑塔木组压力系数 1.30-1.58。③地层破裂压力系数 2.0 左右，辉绿岩顶部最低 1.91，桑塔木组下泥岩段最低 1.98。

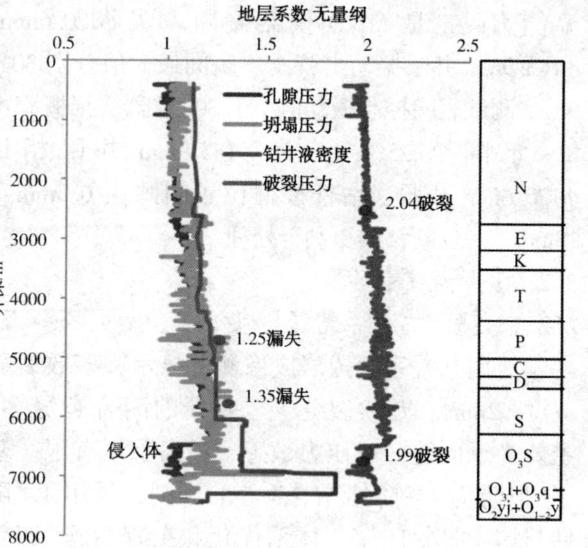

图 1 三压力剖面

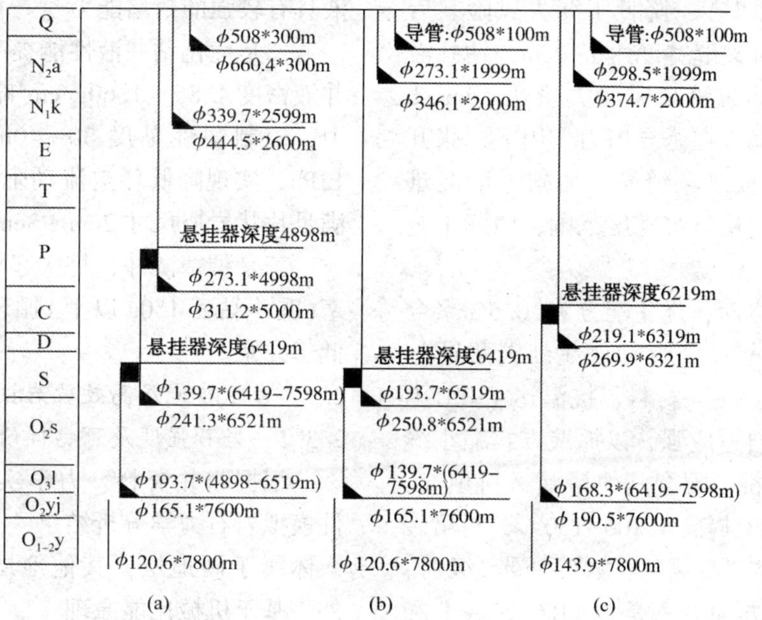

图 2 含侵入体区域井身结构优化

通过三压力剖面与实钻分析表明，志留系地层钻井液密度 1.35g/cm^{3}易漏，采用高于钻井液密度 1.58g/cm^{3}钻穿侵入岩必定导致上部地层漏失，必须下一层套管封隔志留系地层，前期两套井身结构[4](见图 a、图 b)将 ϕ193.7mm 套管直接下至侵入岩顶部，导致该层套管深下增加 300m。另外，采用抑制侵入岩的高密度钻井液进入缝洞发育的奥陶系储层，势必造成大量漏失，为此需下一层套管至目的层顶部。

确定了 2 个必封点之后采用从中间向两端设计方法，将原井身结构进行了优化：一是表层套管 ϕ298.5mm 下至 1999m，封隔浅部疏松地层；二是技术套管 ϕ219.1mm 封隔志留系底部；三是技术套管下至目的层顶部，封隔侵入岩地层；四是四开采用 ϕ143.9mm 钻头钻开目的层，裸眼完井(见图 2)。

由图 C 可知，优化后二开井深缩短了 300m，将大尺寸井眼段长缩短，小尺寸井眼段长延长，有利于缩短钻井周期。完钻井眼尺寸由 ϕ120.6mm 扩大至 ϕ143.9mm，优势一是适用排量 10l/s ↑ 15L/s，循环降温 8℃ ↑ 15℃，使 MWD 仪器适用的井筒静止温度由 168℃上升至 175℃，提高了定向井仪器抗高温能力；二是 MWD 仪器监测表明 ϕ120.6mm、ϕ143.9mm 井眼振动半弦波[5]瞬间最大值分别 30g、90g，测试表明控制振动值小于 30g 仪器受损概率由 85%下降至 25%；三是 ϕ143.9mm 井眼相比 ϕ120.6mm 井眼，钻杆接箍位置间隙由 6.3mm ↑ 18mm，一旦断钻具更利于处理。

2.2 井筒稳定技术

2.2.1 强化二叠系堵漏技术

前期二叠系火成岩成像测井显示，多数裂缝宽度<2mm，天然裂缝少、张开的闭合裂缝多，主要为纵向缝，对压力敏感，提高承压有限。基于“以防为主-防堵结合”[5]的原则，采用了“随钻封堵、打封闭浆、体系优化和工程措施”四管齐下[5]工艺措施，随钻堵漏配方“超细钙+乳化沥青+PB-1+竹纤维”[5]，降低了漏失风险。后期测井显示，部分井裂缝宽度达 1-2cm，钻井液密度 1.25g/cm^3 钻遇裂缝瞬时漏失量达 50m^3/h 以上，承压堵漏期间，在诱导压力作用下，张开缝与天然闭合缝形成复杂缝网，加剧了堵漏难度。为进一步提高封堵裂缝宽度范围，堵漏工艺进行以下优化：

(1) 随钻堵漏方面，优化配方为“0.5%聚合物凝胶+1%竹纤维+2%沥青+1%超细碳酸钙”，该体系引入了聚合物凝胶材料，抗温达 130℃不破胶，对不同缝宽自适应强，以抓壁方式缩小缝宽，形成缝网内架桥，配合其他堵漏材料填充，体系抗温由 90-110℃提高至 100-130℃，封堵裂缝宽度从“微米-毫米”提高至“微米-厘米”级别。

(2) 承压堵漏方面，一是以“BZ-STA Ⅰ 和 BZ-STA Ⅱ”材料[6]为主，基于不同漏速，配置相应比例的材料与堵漏浆浓度，室内实验表明，浓度大于 35%，缝宽 2cm，承压能力可达 9MPa。二是采用抗高温凝胶堵漏技术，实现成胶时间 1-24h 可调，承压能力>50MPa，抗温>140℃，相比前期的桥浆承压堵漏[7]，克服了堵漏材料不易进入裂缝、材料抗温与抗压能力低的问题。

2.2.2 强化侵入岩防塌防漏技术

针对侵入岩地层，采用钻井液密度 1.86g/cm^{3}仍出现掉块，分析认为井壁失稳的主控因素，一是坍塌压力高，应力释放瞬时井壁失稳，钻井液侵入岩石裂缝加剧井壁失稳；二是岩石脆性强钻具扰动剥落掉块。采用了三项解决措施：

一是提高钻井液随钻封堵能力，进侵入体前 50m，一次性加入“3%沥青类+2%超细碳酸钙+1%PB-1”，提高体系封堵能力；接着，视渗漏加大和岩屑尺寸增大，复配 1%高软化点乳化沥青，强化封堵能力；同时，保证井浆中“沥青类+PB-1+刚性封堵粒子”总浓度为 4-6%，动态提高地层承压能力，防止水力“锥进”微裂缝扩展。若封堵材料被筛除，应定期补充，确保钻井液具有较强的封堵能力。

二是优化钻井液性能提高携岩效率，优化钻井液密度 1.86 ↓ 1.60g/cm^{3}略高于侵入岩坍塌压力，控制塑性黏度 30-40mpa · s、动切力 5-12Pa，实现降低环空流动阻力和井壁冲刷能力，满足片状岩屑尺寸 2cm * 3cm 携带出井。

三是稠塞洗井，每次起钻或下钻到底，以稠塞(漏斗黏度 150s 以上)循环清洁井底，密度不低于井浆。

2.3 古生界地层高效破岩技术

2.3.1 岩石强度及可钻性研究

根据测井资料、力学实验以及 drillworks 软件模拟岩石力学分析结果[8]见表 1，二叠系与侵入体属于硬地层，其他地层属于中硬地层；此外，基于机械比能原理[9]，考虑井眼尺寸、钻头结构、切削方式以及钻井参数，得到了不同井眼尺寸古生界地层的破岩扭矩大小，指导了钻头与提速工具优选。

表 1　顺北 1 区岩石力学参数及破岩扭矩表

地层	深度/m	抗压强度/MPa	内聚力/MPa	内摩擦角/°	可钻性极值/Kd	井眼尺寸/mm	破岩扭矩/KN. m
二叠系	~5050	90~160	8~11	35~45	4~7	269.9	7.0-12.0
石炭系	~5280	70~120	7~9	31~40	3.8~6.3	269.9	6.2-9.5
泥盆系	~5365	70~130	7~9	31~40	5.6~6.4	269.9	7.0-9.4
志留系	~6454	70~130	6~9	31~40	4.5~6.5	269.9	6.3-9.6
桑塔木组 (侵入体)	~7268	70~140 (120~210)	6~9 (9~15)	30~41 (35~48)	4.5~6.5 (6-8)	269.9 (190.5)	6.0-9.5 (4.8-7.5)

续表

地层	深度/m	抗压强度/MPa	内聚力/MPa	内摩擦角/°	可钻性极值/Kd	井眼尺寸/mm	破岩扭矩/KN. m
恰尔巴克组、良里塔格组	~7273	70~140	7~9	40~45	5.3~7	190.5	4.2-6.1
一间房组	~7404	90~170	7~10	35~40	6.0~7.3	143.9	1.0-3.2
鹰山组	~7446	90~170	7~10	35~40	6.0~7.3	143.9	1.0-3.3

2.3.2 侵入岩以浅高效破岩技术

(1) 二叠系破岩技术：采用"加强型混合钻头+等壁厚螺杆"[8]破岩工艺，利用冲击与剪切破碎相结合的原理，配套 197mm 等壁厚大扭矩螺杆，工作扭矩 10.9KN. m↑13.9KN. m，设计全金属马达与高级橡胶定子提高螺杆胶芯抗冲蚀能力，抗温能力达 180℃。相比早期混合钻头[8]改进如下：①内锥优选 13mm 复合片，增加齿穴金刚石保护结构，防掏心；②优选梯度处理的锥形齿，增大受力面积；③强化牙轮背锥、牙掌掌尖，增强轴承寿命。

(2)"石炭系-志留系"破岩技术：采用"尖圆齿 PDC 钻头[9]+等壁厚螺杆"破岩工艺，利用尖齿预破碎、降低岩石强度以及圆齿剪切破碎、全面破岩，配合等壁厚大扭矩螺杆，利用螺杆散热性好与马达级数多的优势，延长螺杆寿命与增大输出扭矩。

2.3.3 侵入岩高效破岩技术

遵循"以快防塌"的思想，快速通过侵入岩地层，采用"高效 PDC 钻头与大扭矩螺杆"破岩工艺，优选高抗研磨 PDC 钻头，特点如下：①井眼尺寸增大，切削体积增加，为降低钻具扭矩，需降低钻头吃入地层深度，选用 5 刀翼、13mm 双排齿钻头；②主切削齿为最新硬质合金齿，应用"深去钻"工艺，热稳定性好；③主切齿加厚 PDC 复合片 2↑3mm，延长钻头冠部抛物线长度，增加布齿 1 颗；④采用螺旋型布齿方式，确保受力平行；⑤主切削齿侧翼设计保护齿孔，降低切削齿夹层中受冲击载荷。

2.4 窄间隙固井技术

(1) 套管优选：考虑高压盐水层地层压力系数 1.47g/cm³，基于套管强度校核[10]，三开套管鞋处地层压力形成的抗挤强度约 70MPa，需要套管抗外挤强度大于 80MPa，抗内压强度应大于 62MPa。优选套管 ϕ168.3mm * 10.59mm * TP140V * 直连扣管满足强度要求，套管抗内压安全系数大于 1.5，套管性能见表 2。

表 2 三开套管强度数据

套管尺寸/mm	接箍外径/mm	钢级	壁厚/mm	扣型	单重/(kg/m)	抗挤强度/MPa	抗内压强度/MPa	抗拉强度/kN
168.3	168.3	P140V	10.59	直连	41.67	88	90.3	2532

(2) 固井工艺优选：考虑套管环空间隙仅 11.1mm，高压水层发育，无接箍套管不易居中的问题，①抗高温弹韧性水泥浆体系优化：配方"水泥+40%硅粉+4%降失水剂+10%乳液+4%液硅+3.8%缓凝剂+0.6%消泡剂+38%W/C+0.2%纤维"，优化出抗压强度大于 22MPa，弹性模量小于 8GPa 的水泥石，可满足 40MPa 交变载荷条件下无水窜，提高了水泥环抗形变能力。②提高居中度：扶正短节外径 184mm，间隔 110m 安装 1 根；③塞流顶替：裸眼全充填前置液。

2.5 超深井定向钻井技术

考虑短半径井眼剖面，垂距仅 90m，工具造斜能力不确定，为确保精确中靶，进行了三方面优化。

(1) 剖面优化：将单增剖面优化为双增剖面，造斜率由 22°/30m 优化为"26°/30m+12°/30m"，最大井斜角由 90°优化为 85°，将入靶方式由"硬着陆"优化为"软着陆"。

(2) 轨迹控制：采用 2.5°大角度螺杆造斜一趟钻钻至井斜角 50°，再采用"1.5°弯螺杆+定向 PDC 钻头"滑动或复合钻进至水平段。优点：①将大角度螺杆趟数由 2-4 趟降低至 1-2 趟；②短半径井，轨迹调整空间小，降低着陆点井斜角拓宽了调整空间。

(3) 钻具与仪器优选：螺杆尺寸由 95mm 优化为 120mm，扶正器外径 127mm，弯度 2.5°，模拟计算造斜率 32°/30m 满足轨迹要求。轨迹监测仪器仍采用 APS-MWD[10] 无线随钻监测仪器，利用泥浆脉冲传输信号，前期该仪器已在顺北油田应用30余口井，工具稳定性相对较好。钻具组合：ϕ143.9mmPDC钻头+ϕ120mm(2.5°)螺杆钻具+单流阀+仪器接头+ϕ120mm无磁钻铤+ϕ88.9mm钻杆×19根+旁通阀+ϕ88.9mm加重钻杆×45根+ϕ88.9mm钻杆+ϕ114.3mm钻杆[10]。

3 现场应用

新型四级井身结构及提速技术在X1-11、X1-13、X1-17H等6口井应用后，平均钻井周期171.2d，相比优化前平均钻井周期节省26.5d，钻井周期缩短率达13.4%。

3.1 长裸眼井段提速技术

通过优化钻井液随钻封堵与承压堵漏技术后，配套高效提速工艺，二开平均段长4652m，平均钻井周期61.8d，机械钻速6.3m/h，同比优化前钻井周期75.7d，平均机械钻速5.85m/h，节省钻井周期13.9d，机械钻速提高7.8%。堵漏周期由10.8d降低至5.2d，降低幅度达51.9%，单井漏失量由544m^{3}降低至124.4m^3。

3.2 侵入体井段钻井指标

钻井液密度降至1.6g/cm^3，强化钻井液封堵、携岩以及井底清洁技术钻揭侵入体后，三开平均段长765m，钻井周期19.4d，机械钻速2.8m/h，同比优化前钻井周期32.7d，平均机械钻速1.24m/h，节省钻井周期13.3d，机械钻速提高125.8%。平均井径扩大率不大于25%，其中X1-10H井、X3井辉绿岩井段平均井径扩大率低于10%。

3.3 超深井轨迹控制技术

优化前120.6mm井眼循环降温8℃，优化后143.9mm井眼循环降温15℃；抗高温定向仪器损坏率由4井次降低至不足2井次；优化为120mm螺杆后，螺杆平均纯钻时间由43h提高至72h，造斜能力满足轨迹控制要求，节省定向段3-4趟钻，缩短周期8-12天。“1.5°螺杆+PDC钻头”定向技术，一趟钻进尺357.6m，机械钻速4.31m/h，提高了115%；X1-17H井创Ø143.9mm井眼国内陆上水平井最深纪录8220m。

4 结论与建议

（1）通过侵入岩坍塌压力与井壁失稳原因分析，在随钻封堵、高效携岩以及井底清洁技术措施基础上，将钻井液密度由1.86↓1.60g/cm^3，并配套“高抗研磨PDC钻头+大扭矩螺杆”实现了高效钻井。

（2）通过地层压力与复杂地层特征分析，确定了2个必封点与1个风险点，结合套管层序优选与防漏堵漏工艺技术配套，以及降低MWD仪器故障，将井身结构由六级优化为四级井身结构。

（3）针对四级井身结构间隙窄（11.1mm），漏涌同层的固井难题，通过优化窄间隙固井工艺、固井附件及弹韧性水泥浆体系，现场应用4口井，固井质量优良。

（4）四级井身结构提速提效成效显著，尤其针对侵入岩井段钻井已出现质的飞越，没有对二叠系地层做高承压工作，导致固井质量差，针对产油寿命较长的井，可能为套管穿孔埋下隐患。下步仍需进一步优化防漏堵漏工艺，提高固井质量，保证井筒完整性。

参考文献

[1] 刘彪，潘丽娟，易浩等．顺北含辉绿岩超深井井身结构优化设计[J]．石油钻采工艺，2016，38(3)：296-301.

[2] 黄进军，罗平亚等．提高地层承压能力技术[J]．钻井液与完井液，2009，26(2)：69-73.

[3] 刘彪，白彬珍等．托甫台区块含盐膏层深井井身结构优化设计[J]．石油钻探技术，2014，42(4)：48-52.

[4] 刘彪，潘丽娟，张俊等．顺北区块超深小井眼水平井优快钻井技术[J]．石油钻探技术，2016，44(6)：11-16.

[5] 金衍．井壁稳定力学研究[D]．北京：石油大学(北京)石油天然气工程学院，1998.

[6] 陈曾伟，刘四海等．塔河油田顺西2井二叠系火成岩裂缝性地层堵漏技术[J]，钻井液与完井液[J]，2014，31(1)：40-43.

[7] 王贵，曹成等．塔河油田桑塔木组钻井液优化与室内评价[J]．钻采工艺，2015，38(5)：73-77.

[8] 徐加放，邱正松等．塔河油田井壁稳定机理与防塌钻井液技术研究[J]．石油钻采工艺，2005，27(4)：33-36.

[9] 修留永等．LXC-005井胶质复合堵漏材料水泥浆堵漏技术[J]．石油钻采工艺，2004，26(5)：32-34.

[10] 李良川等．复合堵漏技术在南堡油田NP1-P4C1井的应用[J]．石油钻采工艺，2009，31(2)：51-34.

巴西深水巨厚盐下油田高产井井筒优化设计

李 滨[1] 曹砚锋[1] 刘兆年[1] 朱海峰[2] 张钦岳[2]

(1. 中海油研究总院有限责任公司；2. 中国海洋石油国际有限公司)

摘 要 巴西L油田属于深水盐下巨厚碳酸盐岩油田，被视为巴西石油产业璀璨的明珠。该油田地质条件复杂，存在2000m以上巨厚盐岩层，目前采用356mm高抗挤套管单独封隔巨厚盐岩层，同时考虑盐层蠕变存在挤毁356mm套管的风险，采用273mm套管将生产尾管回接至井口从而保证油井全寿命周期的安全性，但是由于回接管柱和安全阀尺寸限制，将L油田油管尺寸限制为最大168mm，从而影响部分井单井产能的充分释放。因此，在保证安全钻井和生产前提下，为实现最大程度释放油井产能，本文通过开展考虑套管磨损情况下的套管强度校核，最终实现生产井井身结构的优化。结果表明：通过减少回接井段长度或者考虑盐层埋深和盐层厚度等影响因素，在部分高产井取消生产尾管回接作业，从而满足更大尺寸油管下入空间需求，而提高单井产能；同时，上述措施亦可降低单井钻井工期及费用，实现L油田经济高效开发。

关键词 深水；盐下；井身结构设计；回接；套管强度

1 油田概况与问题提出

巴西L油田是Santos盆地深水盐下巨厚碳酸盐岩油田，有望成为巴西海上最大的盐下油田。该油田储层埋深较大，普遍位于海平面以下5000m；储层之上分布厚层盐岩，盐层厚度超过2000m；水深约2000m，且离岸远（200~300km)；储层厚度大(100~400m)，储量大(10亿桶以上)；单井产能高，最高日产原油可达5万桶。发现井钻遇油层厚度317m；油田储层温度为90℃，储层压力为64.8MPa。

尽管巴西石油已在盐下油田成功实施定向井，但受制钻井实效、钻井复杂情况和完井方案影响，目前，巴西盐下油田多数仍采用直井开发，典型井身结构采用五开设计，井身结构配置过程中主要考虑因素包括：下部井段钻进安全、套管强度需求、复杂地层的封固、水下井口悬挂套管能力以及产量和完井设计需求；具体配置情况如下：第一开建立井口，第二、三开封固盐层上部地层，第四开封固盐层段，第五开尾管封固储层，尾管外配置管外封隔器，采用尾管回接井口并固井，由于油田CO_2分压高，部分井CO_2含量高达44%，且氯化钠含量高，油管和套管通常全部采用超级双相不锈钢防腐材质，以上设计满足油井生产全寿命周期内的井筒完整性要求。巴西L油田典型井井身结构见表1和图1。

巴西L油田目前处在勘探末期，即将进入开发初期，根据勘探初期DST测试结果显示，巴西L油田开发井单井最高产量达7000~8000m^3/d。核算图2所示井身结构及其使用的168mm油管能够满足该油田绝大部分井的高峰产量。然而近年来，随着勘探进程的逐步深入，巴西L油田部分区域的单井产能发生了巨大变化，单井最高产量由之前认识的7000~8000m^3/d提升至20000m^3/d；同时，该油田最早使用的井身结构考虑盐层蠕变情况存在挤毁356mm套管的风险，为了保证油井全寿命周期的安全生产，采用273mm套管将生产尾管回接至井口，但是由于回接管柱和井下安全阀尺寸限制，将油管尺寸限制为最大168mm，最大产量不高于7000m^3/d；鉴于上述原因，现有常规井身结构和168mm油管在部分井中存在不能完全释放单井产能的问题，有必要对现有井身结构开展优化工作[1]，在油田有限的开发周期内充分释放产能，同时进一步降低钻井工期和费用，有利于控制油田开发初期投资，实现中国石油公司在海外油田开发全过程效益最大化[2]。

表1 巴西L油田典型井井身结构

	井眼尺寸	套管尺寸
一开	914mm×1067mm	914mm
二开	711mm	559mm
三开	460mm×559mm	457mm
四开	406mm	356mm+346mm
五开	311mm	251mm+273mm

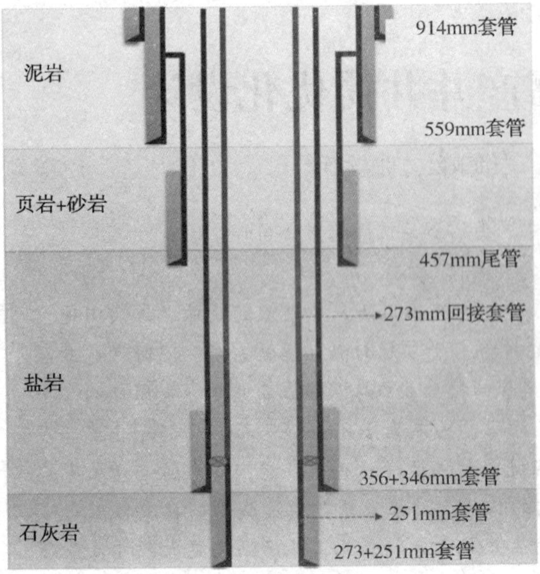

图 1 巴西 L 油田典型井井身结构示意图

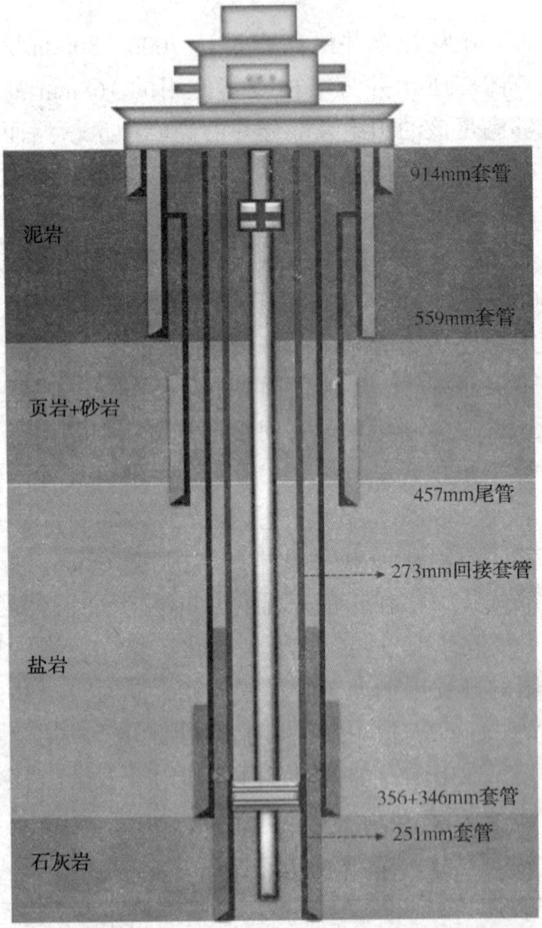

图 2 巴西 L 油田典型井身结构和生产管柱示意图

2 研究思路及优化方法

根据上述需求，本文拟开展考虑产能释放的井筒优化设计。具体研究思路如下：本文从巴西 L 油田产能受限影响因素分析入手，以巴西 L 油田成熟的盐下井身结构为基础，考虑油田盐岩地层的埋深变化(600－2500m)和厚度变化(300－3000m)以及碳酸盐储层漏失情况，从取消尾管回接或者减少回接长度等方向[3,4]，对现有井身结构开展优化分析，结合对优化后井身结构相关校核计算结果和油田实际情况，推荐出最终的井筒优化设计结果，优化思路如图 3 所示。

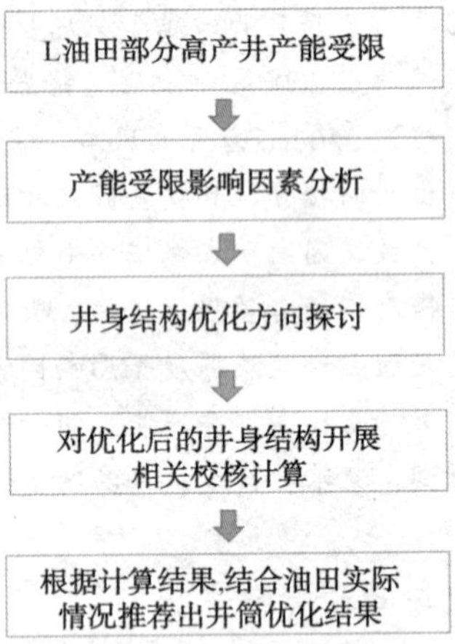

图 3 巴西 L 油田高产井井筒优化研究思路

以 L 油田 NW1 井为例，开展优化研究。根据 NW1 井最初井身结构套管强度校核结果显示，抗内压、抗外挤和抗拉三个安全系数均存在一定余量。因此，初步判断最为有效的优化方式，即考虑取消 273mm 套管回接至井口，将 356mm 套管作为该井生产套管，考虑使用 244mm 油管，单井最高产能可能从 7000m^3/d 提升至 11500m^3/d，如图 4 所示。

由于该井存在 1842m 巨厚盐岩地层，生产套管从 273mm 增大到 356mm 以后，该生产套管能否抵御接近 2000m 巨厚盐岩地层施加的外挤力便成为能否使用大尺寸油管的关键。考虑 356mm 套管采用高等级的磅级为 115lb/ft 的 VM125HCSS 高抗挤套管，抗外挤强度高达 11040psi。通过开展套管强度校核[5]，其结果与之前判断基本吻合，取消回接的井身结构其 356mm 套管抗内压和抗拉安全系数能够满足标准要求，只有抗外挤安全系数不满足 50%掏空的标准要求，主要是由于巨厚盐岩地层施加巨大外挤力所致[6]。为了解决上述存在问题，本文考虑从降低套管在盐岩地层中所受的外压和提高套管抗外挤强度两方面考虑提高生产套管抗外挤安全系数。

2.1 降低套管在盐岩地层中所受的外压

对于外压剖面：356mm 生产套管所受的外压

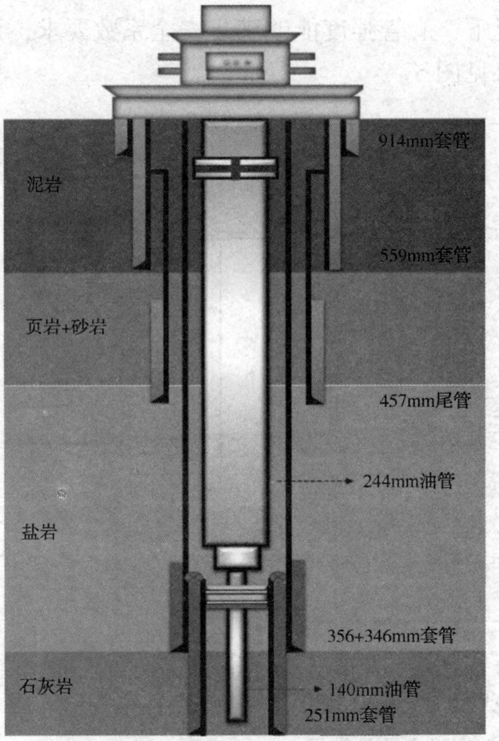

图4 巴西 L 油田不回接井身结构和生产管柱示意图

主要由两部分组成[7]：盐岩层施加的外挤力和盐岩层所在深度的地层压力，塑性流动地层的顶部至底部的挤压负载一般考虑为上覆盐层压力，即 $P_{外挤}=\gamma_{ob}h_1$，其中 γ_{ob}-上覆岩层压力梯度；盐岩层所在深度的地层压力 $P_p=P_h=\rho g H$[8]。

$$P_{外压}=P_{外挤}+P_p=\gamma_{ob}h_1+\rho g H \quad (1)$$

对于内压剖面：根据中海油最新套管柱设计要求，356mm 生产套管所受的内压主要是套管 50%掏空时刻管内流体的静液柱压力 $P_h=\rho_f g h_2$。在相同钻井深度内压始终为定值[9]。

根据套管抗外挤条件下内外压剖面内外压剖面分解结果，在相同深度情况下内压剖面为定值，同时，套管本体抗外挤强度为常数，想要提高抗外挤安全系数满足套管强度设计要求只能考虑降低外压剖面总的外挤力，而从公式(1)可知，盐岩地层的埋深和厚度对总外挤力的大小能起到一定决定作用，盐岩地层埋深的降低和厚度变薄都能使总的外挤力减小。从油田地质模型读取出的盐岩地层的埋深和厚度变化范围较大，盐层埋深 600～2500m，盐层厚度 300～3000m。因此，本文考虑通过相关校核计算确定出不同盐层埋深和盐层厚度情况下对应的井身结构，从而使油田井筒实现量体裁衣的设计[10]。

2.2 提高套管抗外挤强度

通常情况下，套管的抗外挤强度与其壁厚、径厚比、圆度、屈服强度和残余应力有关。根据国内多个存在盐膏地层的应用情况，提高套管抗外挤强度常规考虑两个途径，在同等尺寸下考虑提高套管钢级，同时提高套管壁厚。同时，根据中原油田实际经验，可以考虑增加高抗挤套管与地层之间的水泥环厚度，该方法主要是利用水泥环的强度去抵消一部分外挤力，但因为增加水泥环的厚度，要增加井眼尺寸，实际钻井作业中可能需要扩眼实现，钻井工期和费用相应增加，对于深水油田来说并不适用。

因此本文从油田开发释放产能需求考虑，将 251mm 套管向上回接与 356mm 高抗挤套管部分重叠，同时考虑将重叠段固井，从而实现重叠段以上采用大尺寸油管自喷生产的方案，同时大尺寸油管的安全阀下深能够满足安全生产需求。

3 相关校核计算

3.1 校核基础数据

（1）定向井数据见表2。

表2 NW1 井定向井数据表

井名	井型	MD/m	盐层埋深/m	盐层厚度/m
NW1	直井	5734	3347	1842

（2）Nw1 井身结构和各井段泥浆密度见表3。

表3 NW1 井井身结构和各井段泥浆密度

开钻次数	井眼尺寸	套管尺寸	井深/m	泥浆密度
一开	914mm+1067mm	914mm	2074	1.031
二开	711mm	559mm	2786	1.031
三开	460mm+559mm	457mm	3545	1.138
四开	406mm	356mm+346mm	5189	1.474
五开	308mm	273mm+251mm	5734	1.258

（3）14" 高抗挤套管强度参数见表4。

表4 356mm 高抗挤套管强度参数

外径	型号	磅级/(lb/ft)	抗外挤强度/psi
14"	VM125HCSS	115	11040

（4）14" 套管校核极限工况和安全系数，见表5。

表5 356mm 套管校核极限工况和安全系数

外径	抗外挤极限工况	巴西石油安全系数	中海油安全系数
14"	钻进过程考虑套管 50%掏空	1.0	1.0-1.125

3.2 不同井筒优化设计方案套管柱强度校核

方案1：考虑增加 251mm 套管重叠段；以

NW1 井为例，251mm 套管增加重叠段 400－500m，在极限工况钻进过程考虑套管 50% 掏空情况下，套管强度能够满足安全系数要求，计算结果见图 5。

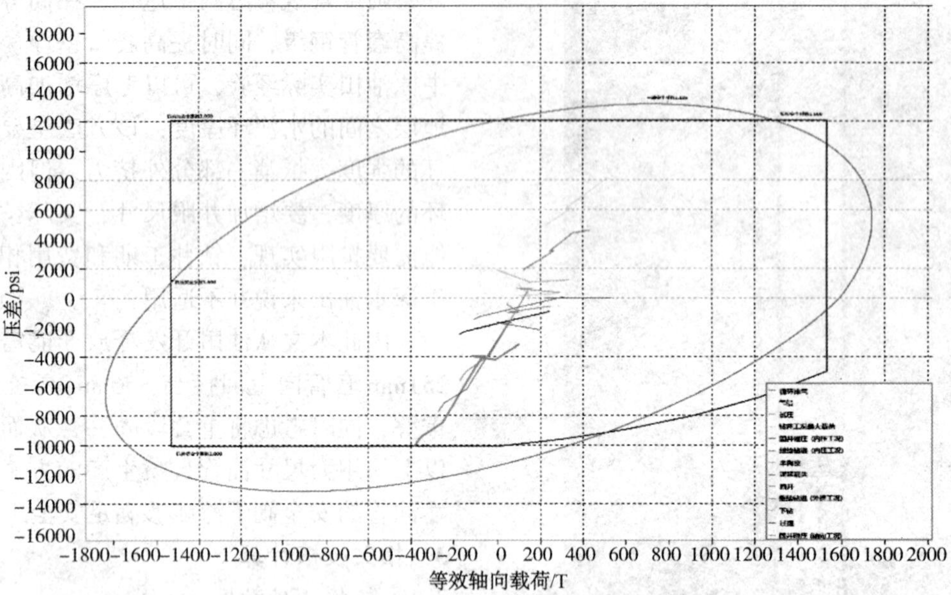

图 5　方案 1-L 油田 356mm 生产套管强度校核结果

方案 2：考虑完全不回接；盐层埋深减少 500m，以 NW1 井为例，在极限工况钻进过程考虑套管 50% 掏空情况下，套管强度能够满足安全系数要求，计算结果见图 6。

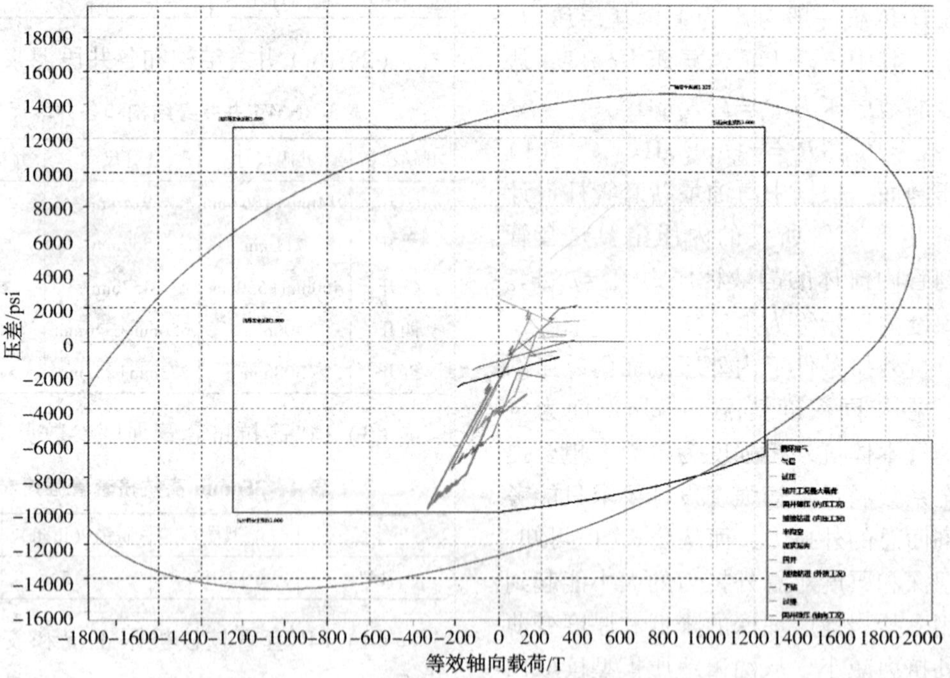

图 6　方案 2-L 油田 356mm 生产套管强度校核结果

根据上述校核结果可知，对于巴西 L 油田漏失不严重储层，当盐层埋深小于 2800m，同时盐层厚度小于 1900m 时，可采用不回接 273mm 套管的井身结构；当盐层埋深大于 2800m，同时盐层厚度大于 2000m 时，建议采用增加 251mm 套管重叠段或者完全回接的井身结构；当盐层埋深大于 2800，但盐层厚度较小时，建议进一步开展核算工作，根据结果选择增加 251mm 套管重叠段或者不回接 273mm 套管的井身结构。

3.3 不同油管尺寸对应产量计算

根据上述井筒优化结果，利用节点分析软件计算不同井身结构对应油管尺寸的最大自喷产量，计算结果见表6。

表6 不同井身结构对应油管尺寸的最大自喷产量

序号	井身结构类型	油管尺寸	自喷产量/m^3
井身结构1	完全回接273mm套管	140mm(300m)+168mm油管	7200
井身结构2	增加251mm套管重叠段	140mm(800m)+244mm油管	8800
井身结构3	不回接273mm套管	140mm(300m)+244mm油管	11500

4 不同优化方案提质增效应用效果分析

（1）释放产能

若井身结构1优化为井身结构2，单井产量增加1600m^3/d，单井年产量增加584000m^3。巴西L油田西北区4个生产区块，每个区块1口井考虑使用井身结构2，整个西北区实现年增油2336000m^3。

若井身结构1优化为井身结构3，单井产量增加4200m^3/d，单井年产量增加1533000m^3。巴西L油田西北区4个生产区块，每个区块1口井考虑使用井身结构3，整个西北区实现年增油6132000m^3。

（2）钻完井工期费用优化

若井身结构1优化为井身结构2，可节省钻井工期5d，钻井费用降低约400万美元。若井身结构1优化为井身结构3，减少回接273mm套管和回接后固井工序，可节省钻井工期10天，钻井费用降低约1000万美元。

5 结论

（1）本文通过考虑巨厚盐岩地层蠕变的套管强度校核，形成了针对巴西L油田不同盐层埋深和盐层厚度的井筒优化设计方法；

（2）对于巴西L油田漏失不严重储层，当盐层埋深小于2800m，同时盐层厚度小于1900m时，可采用不回接273mm套管的井身结构；当盐层埋深大于2800m，同时盐层厚度大于2000m时，建议采用增加251mm套管重叠段或者完全回接的井身结构；

（3）本文形成的巴西深水巨厚岩下L油田井筒优化设计技术提质增效效果良好，可实现单井钻井费用最高降低1000万美元；L油田西北区最高年增油6132000m^3，油价考虑60美元/桶，西北区年收入增加45990万美元。

参考文献

[1] 杨进，周建良，刘书杰．渤中13-1油田井身结构优化研究[J]．中国海上油气(工程)，2003，15(4)：36-39.

[2] 管志川，柯珂，苏堪华．深水钻井井身结构设计方法[J]．石油钻探技术，2011，39(2)：16-21.

[3] 高德利，王宴滨．深水钻井管柱力学与设计控制技术研究新进展[J]．石油科学通报，2016，1(1).

[4] 钱锋，孔祥吉，唐小雯．深水钻井井身结构设计参数的选取[J]．科学技术与工程，2014，14(13)：162-165.

[5] 孙连伟，管志川，梁海明，等．井身结构变化及尾管回接对井控的影响分析[J]．石油钻探技术，2013，41(6)：34-39.

[6] 何保生，张钦岳．巴西深水盐下钻完井配套技术与降本增效措施[J]．中国海上油气，2017，29(5)：96-101.

[7] 唐竹．深水井套管柱强度设计[D]．西南石油大学，2016.

[8] Moyer M C，Lewis S B，Cotton M T，et al. Challenges Associated With Drilling a Deepwater Subsalt Exploration Well in the Gulf of Mexico：Hadrian Prospect [M]. 2012.

[9] Chen J，Sriraman S，Clark R，et al. SS：Deepwater Riser Technology：Design of Retrofit Hang - Off Receptacle Clamp for TieBack of Steel Catenary Risers to the Pompano Platform[J]. Journal of Petroleum Technology，2010.

[10] Kalia，A.，Pinho，A.，Skowronek，T.，O' Neill，E.，Mebarkia，S.，& Critsinelis，A. (2017，May 1). Subsea Smart Crossing：An Innovative Solution to Simplify Field Architecture and Enable Cost Effective Installations of Subsea Pipelines for Long-Tie Backs，Scarp and Canyon Crossings，and Ultra - Deepwater Applications. Offshore Technology Conference. doi：10.4043/27744-MS，2017.

新型智能控水装置试验研究

潘　豪[1,2]　曹砚锋[1,2]　黄　辉[1,2]　王　彬[1,2]　许昊东[1,2]

（1. 中海油研究总院有限责任公司；2. 海洋石油高效开发国家重点实验室）

摘　要　为抑制底水油藏开采过程中水平生产井含水率过快上升，开展了复合型智能控水装置（C-AICD）的控水机理研究，并进行了C-AICD、AICD、ICD控水效果的室内对比试验和分析。研究结果表明，C-AICD能同时发挥AICD和ICD的优势，实现生产早期均匀流入剖面，中后期自动控制产水量。通过在1口井中的控水方案设计和效果模拟发现，C-AICD控水在生产周期内的综合含水率相比于普通筛管下降约13%，为油田经济有效的控水提供了新的技术手段。

关键词　复合型智能控水技术；试验；模拟

在底水油藏开发过程中，面对的一个重要挑战是如何延缓水平井底水脊进，提高单井采收率。尽管在边底水油藏开发设计中大量应用生产压差较小的水平井，但仍未明显解决底水过快脊进的问题。随着完井技术的发展，以ICD、AICD为代表的控水完井工具在边底水油藏中逐渐应用，为水平井控水提供了一条有效途径[1]。ICD虽然初期能均衡沿水平生产段的生产剖面，但后期不能有效阻止高渗段底水流入井筒。AICD虽然中后期能根据流体特征的变化自动抑水，将高渗段大量的地层水阻挡在井筒外，但初期均衡生产剖面作用有限，容易导致底水快速抵近井筒形成“水淹区”。

最新研究的复合型控水装置C-AICD（Composite autonomous inflow water device）能实现生产早期均衡生产剖面，中后期根据流体特征的变化自动抑水，避免了目前单独使用ICD或AICD的缺陷，尽可能的提高单井采收率，实现降水增油目的。该技术可与筛管、封隔器及砾石充填工艺相配套，是目前实现智能控水增油及防砂的最优组合[2-4]。

1　C-AICD技术原理

C-AICD是结合ICD和AICD控水原理经过特殊设计而形成的控水工具，含C-AICD的复合式控水筛管结构如图1所示。ICD和AICD的控水原理有多种，以孔眼式ICD和碟片式AICD为例，流体经过ICD时，流量和压差的关系可由式(1)表示。流体经过AICD流道时，流量和压差的关系可由式(2)表示。

$$\Delta p=8\rho Q^2/\pi^2 d^4 C_D^2 \tag{1}$$

$$P_1=\frac{1}{2}\rho v_1^2=\Delta P=P_2+\frac{1}{2}\rho v_2^2 \tag{2}$$

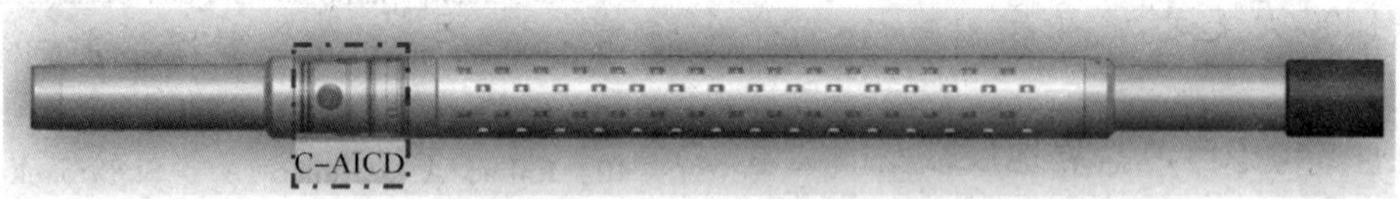

图1　复合式控水筛管结构示意

C-AICD的控水原理是：水平井生产初期，由于单井含水率低，AICD对油阻力小，从而对油水界面上升剖面均匀作用有限，因此需要ICD发挥其调节作用。通过对钻遇地层的资料分析，得出沿水平生产段的各处的渗透率、压力、含水率等信息，然后据此分段，并设置C-AICD的参数，控制各段流体进入井筒的流量，从而实现调节沿生产段的油水剖面，防止局部底水锥进。单段安装C-AICD的控水筛管只能对本段流体进行流入的限制，经过对地层物性分析后设计的整个水平生产段管串才能实现均匀流入剖面（图2）。在生产中后期，含水率逐渐升高，由于局部井段可能已经见水，ICD也难以见效，这时候自适应内流控制装置AICD会根据流体性质进行调整开关大小，控制水淹段，促进其它非水淹生产段的产量提高（图3）。从而在整个生产周期内，前期均衡油水界面推进剖面，减少死油区范围，后期关闭高含水段，减少了单井产水量，提高了单井采收率[5-9]。

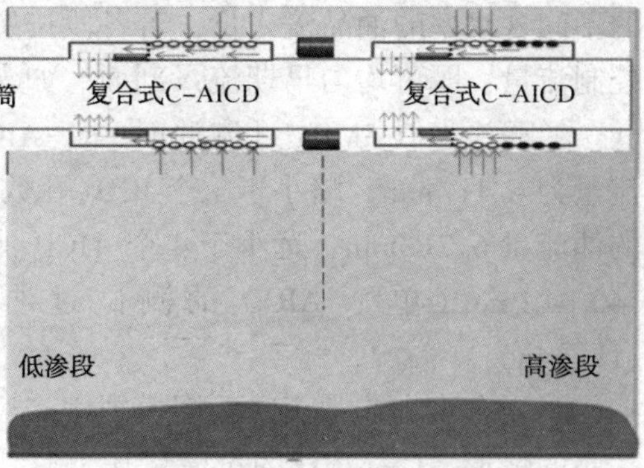

图2 复合式控水筛管在生产早期控水示意

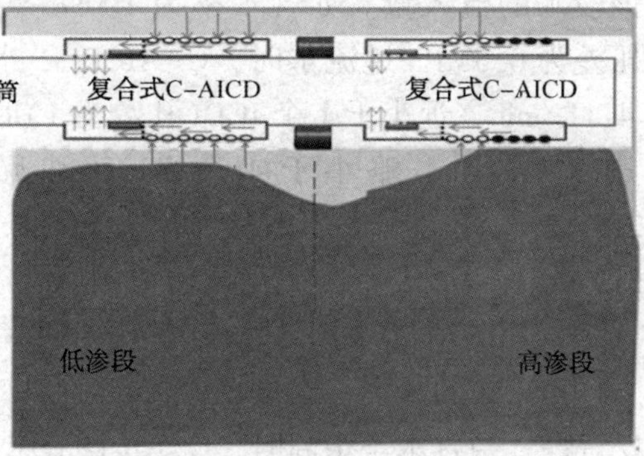

图3 复合式控水筛管在生产后期控水示意

2 室内试验

2.1 测试流程

利用流入控制装置性能测试系统，测试流入控制装置(ICD，AICD，C-AICD)对油水流动控制效果，该系统包括循环系统、计量系统、数据采集处理系统以及安装有待测试流入控制装置的测试筒，如图4所示。

测试基本流程是：在相同实验条件下，测量油相、水相和混合相通过时流入控制装置ICD，AICD，C-AICD产生的压降和流量数据，记录并作结果数据对比表[10-12]。

第1组测试：水、50mPa·s油分别通过ICD过流阀，计量压力计和流量计数据，统计处每组数据的压差和流量。ICD类型：单个ICD(孔数：1~6)，进口端孔径3.2 mm。

第2组测试：水、10mPa·s油、30mPa·s油、50mPa·s油分别通过AICD过流阀，计量压力计、流量计数据，统计每组数据的压差和流量。AICD类型：碟片式AICD，进口端孔径4mm。

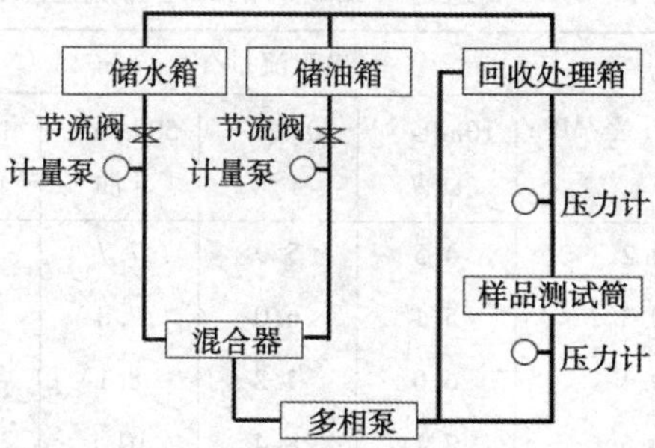

图4 流入控制装置对不同黏度油、水的过流性能试验流程图

第3组测试：水、50mPa·s油分别通过C-AICD过流阀，计量压力计、流量计数据，统计每组数据的压差和流量。由于C-AICD的形式多种，这里只仅选择3种类型进行对比试验(C-AICD-1型，其控水形式可大致类比：单个ICD(孔数：1，孔径ϕ3.2mm)和4个AICD的组合；C-AICD-2型，其控水形式可大致类比：单个ICD(孔数：4，孔径ϕ3.2mm)和4个AICD组合；C-AICD-3型，其控水形式可大致类比：单个ICD(孔数：6，孔径ϕ3.2mm)和4个AICD组合)。

2.2 试验结果

第1组ICD测试结果数据如表1，可知，①相同ICD孔数下，压差越大，流量越大；②相同条件下，由于水的黏度小，过水流量比过油流量略大。

表1 水、油通过不同孔数ICD时的压差与流量数据表

孔数	不同水流量的压差/MPa			不同油流量的压差/MPa		
	0.5L/min	0.8L/min	1.0L/min	0.5L/min	0.8L/min	1.0L/min
1	8.3	11.68	13.6	6.7	8.8	10
2	16.6	22.36	26.6	11.8	17.02	20.7
3	24	32.44	38.6	15.8	24.44	30.2
4	29.7	41.82	48.7	20	32.28	35
5	34.2	48.08	56	24	34.78	43.5
6	38.6	54.32	63.2	28.3	38.9	46.5

第2组AICD测试结果数据如表2，可知，①黏度越大，油相的过流量越大；②在相同的压差下，不同黏度的油相过流量是水的4~10倍。

表 2　水、油通过 AICD 时的压差与流量数据

进出口压差/MPa	出口流量/(L·min^{-1})			
	10mPa·s 油	30mPa·s 油	50mPa·s 油	1mPa·s 水
0.2	4.5	5.9	7.7	0.8
0.3	5.1	6.0	7.8	0.9
0.4	6.0	7.2	8.1	1.0
0.5	7.1	8.4	10.1	1.3
0.8	8.0	9.2	12.0	1.8
1.0	8.4	10.5	13.3	2.2
1.2	9.5	12.8	14.4	2.3
1.4	10.0	14.8	16.3	2.4
1.5	10.4	15.0	16.8	2.6
1.6	11.0	15.3	17.4	2.9
1.8	12.4	15.8	18.7	3.3
2.0	13.6	16.3	19.5	3.4

第 3 组 C-AICD 测试结果数据如表 3，可知，①该型 C-AICD 的在相同的压差下，不同黏度的油相过流量是水相过流量的 1.5～5.6 倍；②若其它条件不变，随着 ICD 的孔数增加，过流的水和油量都增加；③在相同压差下，C-AICD 的流量比 AICD 或者 ICD 的流量均小，说明 C-AICD 阻力大，因此在高产井中需增加 C-AICD 的个数，否则会影响产量。

表 3　水、油通过 C-AICD 时的压差与流量数据

序号	C-AICD 形式	进出口压差/MPa	出口流量—油/(L·min^{-1})	出口流量—油水混合/(L·min^{-1})			出口流量—水/(L·min^{-1})
				油水比=3：1	油水比=1：1	油水比=1：3	
1	C-AICD-1	0.5	6.1	5.3	4.7	4.3	4.1
2		0.8	9.0	8.0	7.2	6.2	6.0
3		1	10.0	9.9	9.7	9.1	8.2
1	C-AICD-2	0.5	15.3	14.8	13.6	9	4.7
2		0.8	25.4	24.8	18.5	11.3	6.7
3		1	29.4	29	21.2	13	8.3
1	C-AICD-3	0.5	29.1	26.0	23.0	12.0	5.2
2		0.8	39.8	38	30	13.8	7.1
3		1	46.3	42.0	35.7	15.5	8.6

为便于与 ICD 和 AICD 对比控水效果，根据上面数据表作对比图，如图 5～图 7，可知：

1）整体上，C-AICD-1 型、C-AICD-2 型、C-AICD-3 型都表现出：

（1）当含水率较低时，即模拟生产初期含水率低的情形，C-AICD 的过流量比 AICD 小，并没有像 AICD 一样让原油大量流入，而是略低于 ICD 的过流量，发挥类似 ICD 的作用，控制了该段的不同含水率的油品流入量，若各段按照设计值控制流量，既可均匀早期流入剖面。如含水率为 0，在压差为 0.5MPa 过流油时，C-AICD-1 油流量为 6.1L/min，略小于 1 个 ICD(孔数为 1)时的油流量 6.7L/min，远小于 4 个 AICD 油流量为 40.4L/min（单个 AICD 的测试过油量为 10.1L/min）。

（2）当含水率非常高时，即模拟生产后期含水率高的情形，C-AICD 的过流量比 ICD 小，但并没有像 ICD 一样让水大量流入，而是略低于 AICD 的过流量，发挥类似 AICD 的作用，控制了该段水的流入量。如含水率为 100%(纯水)，在压差为 0.5MPa 过流水时，C-AICD-1 水流量为 4.1L/min，远小于 1 个 ICD(孔数为 1)时的水流量 8.3L/min，略小于 4 个 AICD 油流量为 5.2L/min（单个 AICD 的测试过油量为 1.3L/min）。

2）若 C-AICD 的形式一定，当含水率很低时，C-AICD 的压差-流量曲线靠近 ICD，近似 ICD 特性，当含水率很高时，C-AICD 的压差-流量曲线靠近 AICD，近似 AICD 特性。

3）当 C-AICD 中的 ICD 的孔数增加时，C-AICD 的流量也增加，增加幅度受过流液体的含水率影响。

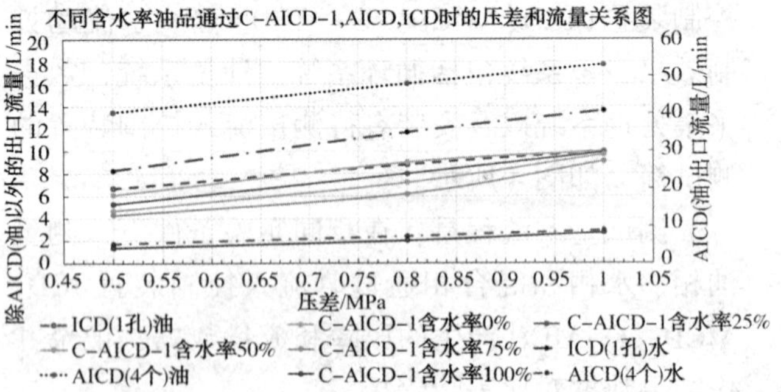

图 5　不同含水率液体通过 C-AICD-1，AICD，ICD 时的压差和流量关系

3　模拟分析

结合某高孔高渗底水油藏的 1 口水平井模拟分析 C-AICD 的控水效果。该砂岩油藏特征如表 4。设计日产液量为 1000m^3/d，若不采取控水措施，生产 1 年后含水率到达 75%，2.3 年到达 90%。

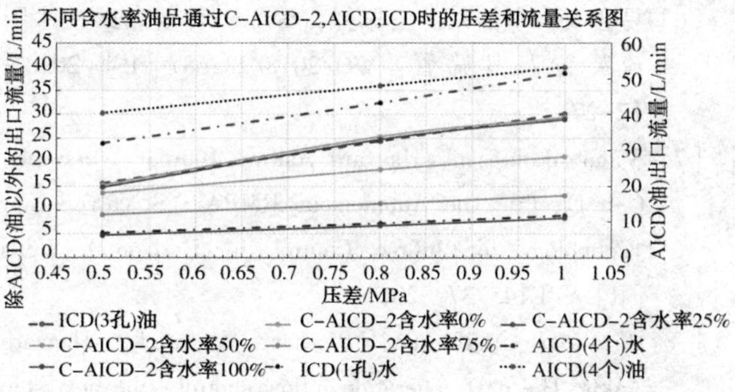

图 6 不同含水率液体通过 C-AICD-2，AICD，ICD 时的压差和流量关系

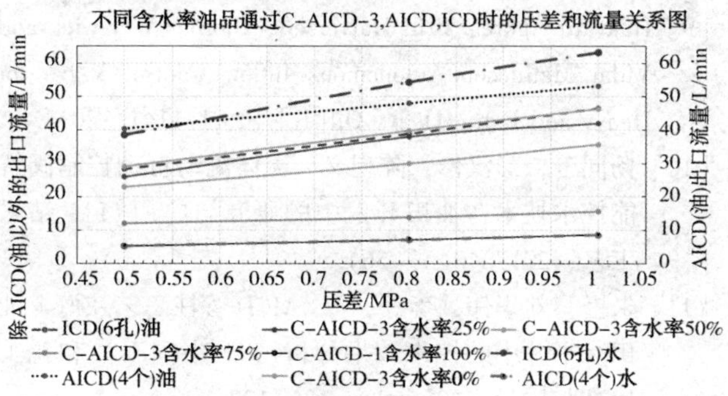

图 7 不同含水率液体通过 C-AICD-3，AICD，ICD 时的压差和流量关系

表 4 某油井的基础数据

油藏埋深/m	1570
水平渗透率/D	1~17.5
kv/kh	0.5
夹层	不发育
底水	20 倍
油藏厚度/m	10
地层原油密度/(g·cm^{-1})	0.854
地层油黏度/(mPa-s)	40
井段长度/m	500

考虑到沿井筒跟部(1850~1880m)和中段(2120~2100m)为高渗透带，如图 8。设计利用裸眼封隔器将水平生产段分 5 段，控水管柱组成图如图 9。

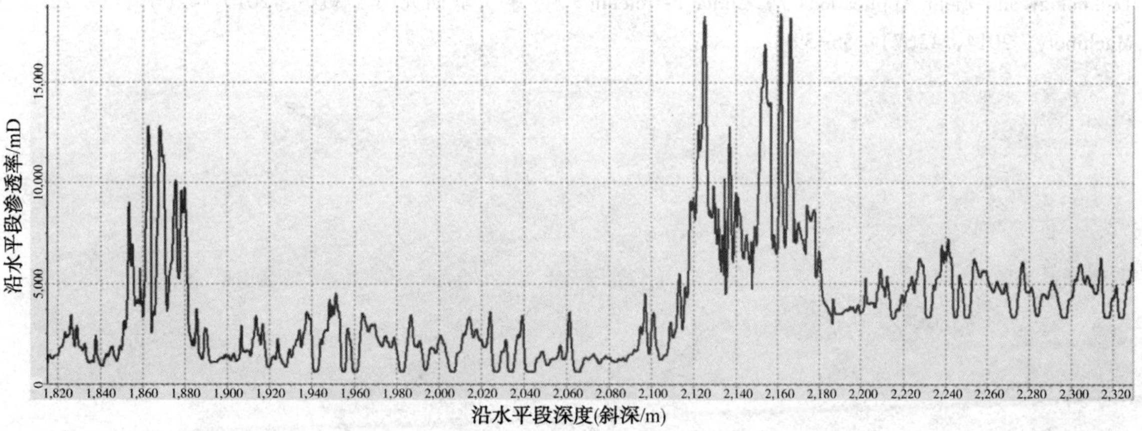

图 8 沿水平井水平段的水平渗透率分布

图 9 管柱组成示意

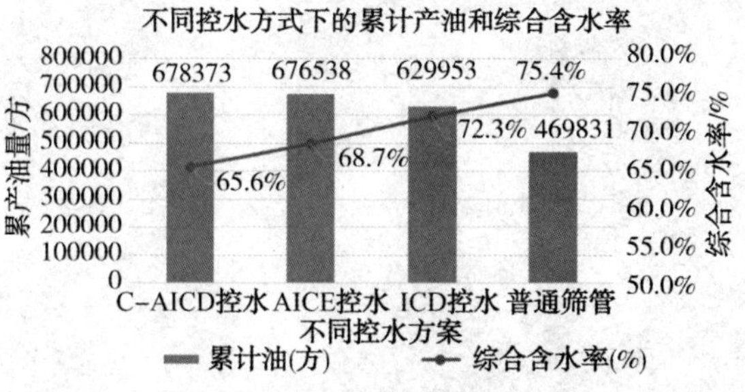

图 10 不同控水方式下的累产油和综合含水率

借助油藏软件模拟，在定产液量条件下，得到不同控水管柱完井下的累产油和综合含水率如图 10，可知，C-AICD 综合含水率下降幅度最大，相比普通筛管的情况，其下降值约 13%。

4 结论

1）室内试验表明，当含水率很低时，C-AICD 近似 ICD 特性，当含水率很高时，C-AICD 近似 AICD 特性。因此通过 C-AICD 管柱设计，可类似实现生产早期均衡生产剖面，中后期根据流体特征的变化自动抑水的功能，可进一步提高单井采收率。

2）通过案例模拟分析发现，相比于其它控水方式，C-AICD 综合含水率下降幅度最大，相比普通筛管其下降值约 13%。

3）为更好的指导 C-AICD 现场应用，还需深入研究不同 C-AICD 形式下的控水性能，降低其使用成本，提高油田开发效益。

参 考 文 献

[1] 张磊，潘豪．稳油控水技术在底水油藏水平井开发前期设计中的应用[J]．重庆科技学院学报(自然科学版)，2012. 14(5)：40-46.

[2] 赵海峰，田建超，穆二飞，等．水平井控水装置发展现状[J]．石油矿场机械，2017，46(1)：81-85.

[3] 孙昕迪，白宝君．国内外水平井控水技术研究现状[J]．石油勘探与开发，2017，44(6)：967-973.

[4] 马明新．水平井分段砾石充填技术及现场应用[J]．石油机械，2014，42(7)：55-59.

[5] Ma Mingxin. Horizontal Segmented Gravel Pack Technology and Field Application[J]. China Petroleum Machinery，2014，42(7)：55-59.

[6] 易会安，李伯仁，王振祥，等．一种复合式控水限流装置及其筛管：WO/2018/232687[P]. 2018-12-27.

[7] Vidar Mathiesen，Haavard Aakre，Bjornar Werswick，Geir Elseth，The Autonomous RMPA · S Valve-New Technology for Inflow Control In Horizontal Wells[R]. SPE145737，2011.

[8] Vidar Mathiesen，Biornar Werswick，Haavard Aakre. The next generation inflow control，the next step to increase oil recovery on the Norwegian Continental Shelf[R]. SPE169233，2014.

[9] Haavard Aakre，Britt Halvorsen，Bjørnar Werswick and Vidar Mathiesen. Autonomous Inflow Control Valve for Heavy and Extra-Heavy Oil[R]. SPE171141，2014.

[10] 杨同玉，彭汉修，陈现义．流体流动自动控制阀智能控水技术在油田开发中的研究与应用[J]．钻采工艺，2017. 40(53-56).

[11] 朱橙，刘华伟，李登，等. AICD 管柱工艺在海上油田水平井中的控水效果分析[J]．中国石油和化工标准与质量，2016(8)：125-128.

[12] 朱橙，陈蔚鸿，徐国雄，等. AICD 智能控水装置实验研究[J]．机械，2015，42(6)：19-22.

自动化试油作业起下钻操作平台研制与应用

贾海平　白明伟　李宏宏

（中国石油川庆钻探工程有限公司）

摘　要　为了在试油作业中使用自动化设备替代人工起下钻，减轻工人劳动强度，提高工作效率，提高试修作业自动化、智能化操作水平，提高操作安全性，为此研制了自动化试油作业起下钻操作平台。该装置通过配备工作平台、液压吊卡、自动液压钳、智能猫道等自动化处理设备，并采用集成控制系统，实现了管柱排放的自动化作业，形成了自动化、安全、低作业强度的试修处理模式。

关键词　试修作业；自动化；无人化

近年，以集团公司“四化”建设为载体，立足于降本增效、提升竞争力的总体目标，大力开展设备设施机械化研发。起、下管柱作业是井下试修作业非常频繁和重要的环节，存在自动化程度低，井口一岗及二岗劳动强度大，作业环境差，面临的安全风险也很大。需要采用机械化及自动化方式将人员从繁重的体力劳动之中解脱出来，减少井口作业人数，降低安全风险，提高生产与经营效益。

1　国内现状

当前国内试油修井现场起下管柱自动化技术刚刚起步，在现场以井口自动化工具简单的组合，没有进行集中控制，各种自动化工具需要单独遥控操作，实现井口无人化，各工序衔接不紧凑，起下钻速度慢，同时，没有真正的将操作人员减下来，在起下钻作业中仍需要 3 人来完成。

特别是试油修井作业需要安装平台，平台上各种配套设备安装紧凑，如果发生井口溢流或井喷，不便控制工作开展。井控风险大，生产效率低；因此需进一步的自动化试油作业设备的研究，以替代人工起、下钻及钻磨作业，消减和消除安全隐患，提高 HSE 的管控能力及生产效率。

2　技术分析

2.1　系统工作原理

自动化试油作业起下钻操作平台结合扶管机械手、自动液压钳、自动吊卡、偏摆机构等部件，通过液压、电气的智能控制，配合主机车实现最大钩载 70t 的智能化试油作业，实现自动上卸扣，接送油管等修井流程，极大地提高修井机的机械化和自动化水平，降低工人劳动强度和作业风险。

2.2　主要技术指标

序号	技术指标	参数	备注
1	额定载荷/kN	500	
2	额定工作压力/MPa	10	
3	适应油管径/in	2 7/8 和 3 1/2	
4	工作环境温度/℃	-35~50	
5	机械手最大扶力/kN	3	
6	机械手最大行程/mm	2180	
7	自动油管钳扭矩/N. M	3000	
8	平台高度范围/mm	1400~2600	
9	外形尺寸/mm	3330×2350×3100	
10	整机重量/Kg	4420	

2.3　装备组成

自动起下作业操作平台构成：自动起下井口作业平台包括：井口作业平台和智能猫道。井口作业平台：油管扶正、上卸扣及井口废液收集等。智能猫道：地面油管接、送摆放及向平台输送油管。

平台基本参数

工作平台面高度：1. 6~2. 3m

工作平台面积：2×3m

2.3.1　工作平台

工作平台为整体式结构，满足整体运输要求。该平台满足左右两侧两个方向起下油管。

工作平台支腿为机械式支腿，可采用手柄旋转来调整平台的高度，牢固可靠。

平台下部设有接污盒和蒸汽管线，接污盒留有 2″和 4″的油污回收口，接污口可旋转。接污盒底面光滑平整，方便蒸汽清洗。

平台外侧（主机对面）设有斜梯，运输时，

拆掉斜梯的栏杆，斜梯就可以收回到工作平台内部，宽度为600mm，并配双扶手栏杆。

平台面四周加栏杆，栏杆高1.2m伸缩可调。栏杆采用方钢管，梯子入口、动力猫道入口处加安全链；所有安全链为$\phi 6$，按标准焊接牢固。左右两侧栏杆可以对换，适用不同的井场。运输时栏杆免拆装。

工作平台上面采用洗车格栅盖板，盖板方便拆卸，方便清洗。

平台适合安装气动卡瓦。并配备满足80吨具有防上顶功能的气动卡瓦。

考虑吊耳的位置，使吊装平衡。

配两个弧形机械手支座安装板，安装与平台上面齐平。

平台满足与2FZ18-35防喷器的法兰连接。

平台配有单独的操作平台移动装置，主要有导轨、联接杆、手拉葫芦等组成，导轨单独铺设到井口中心周边，工作平台四个支腿放到导轨上面，联接杆联接好移动方向上的支腿，通过手拉葫芦移动操作平台移出井口中心(图1)。

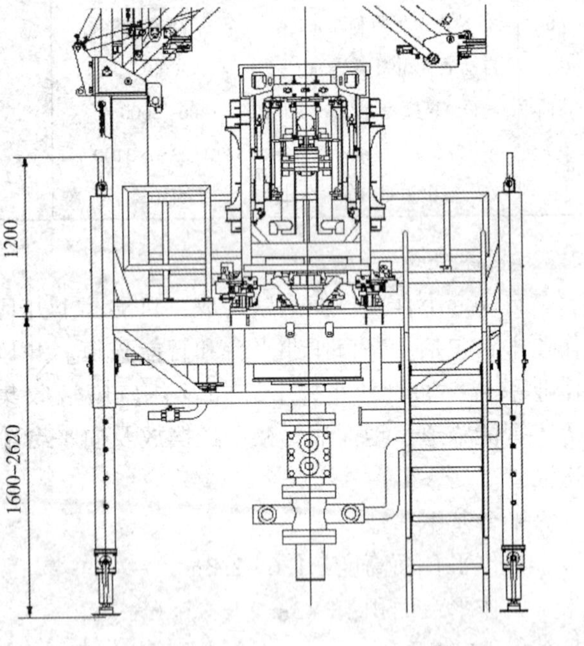

图1　工作平台结构图

2.3.2　自动液压吊卡

自动液压吊卡主要参数如表1所示。

表1　自动液压吊卡主要技术参数

序号	项目	参数
1	环境温度(遮阴处)	-30℃~+50℃。
2	相对湿度	+20℃不大于95%
3	海拔高度	不大于1200m
4	型式	液压驱动
5	额定载荷	80t
6	额定工作压力	14MPa(12~14MPa)
7	流量	20~25L/min
8	开合时间	2~3s
9	翻转角度	前90°翻转角度
10	适用油管	油管2 7/8″NU和EU，3 1/2″NU
11	两个接近开关(必须防爆)	一个检测管柱到位
12	吊耳中心距	400mm
13	吊卡重量	130±10(kg)

动力吊卡在油污覆盖、霜冻(冰层覆盖)等恶劣工况条件下，活页门和锁舌能正常开合；

翻转机构的管线在翻转过程中不能与其他物件干涉；

吊卡在翻转过程中，吊环与吊耳连接圆润无卡阻；

吊卡上所有电子元器件必须防爆(例如接近开关)；

翻转角度为前0~90°，在65°~90°之间采用丝杠调节限位，控制安全便捷；

裸漏的电子元器件(例如接近开关)必须安装保护壳体；

活页门上嵌套体限位销必须稳定安全，严禁脱落；

液压载荷保护与机械载荷保护要安全可靠；

所有紧螺栓不经常拆装的加开口销防松，经常拆装的加别针销防松；

吊卡正常使用的工作压力为12MPa~14MPa；

翻转角度在65°~90°之间可实现任意角度调节、限位；

丝杠位于液气翻转油缸上部，调节至所需角度后用螺帽并紧；

2.3.3　自动液压钳

自动液压钳安装在门型架上，多功能钳可以上下移动200mm，具有上下调节功能。门型架前后移动，可自动移动到井口中心。

门型架上配有油污防喷筒和油管对扣装置。

自动液压钳采用电液联合控制，采用PLC、电液换向阀操控主钳液压马达、背钳及换挡油缸。换挡机构采用液缸操控，主钳缺口能实现自动对中。

控制系统显示上扣、卸扣扭矩，高低速、圈数和扭矩检测功能。

2.3.4 扶管机械手

扶管机械手为平行四边形结构形式，主要有前后主臂、辅臂、抓手及连接座组成，机械手的移动和抓手的开合主要通过油缸控制。

配位置检测传感器，可实现定位机械手位置，实现抓手精确定位到井口中心，实现机械手自动移动到原始位置、井口中心、液压猫道等位置。

在油管上扣时，具有油管扶正功能，防止油管上偏扣，要求准确可靠(图2)。

2.3.5 液压系统

液压系统的主要部件包括液压马达、液压多功能钳、对扣油缸2个、防喷筒油缸2个、浮动油缸1个、机械手油缸、抓手油缸、摆动油缸2个、翻转油缸、左门油缸、右门油缸和控制阀件组成。液压系统液压源采用主机液压源或动力猫道液压源。

液压油：冬季HV46#抗磨液压油(夏季68#，供货时间为准)

额定压力：12~14MPa

额定流量：80~120L/min

液压系统针对系统压力、液压钳压力都具有专用的安全保护阀。

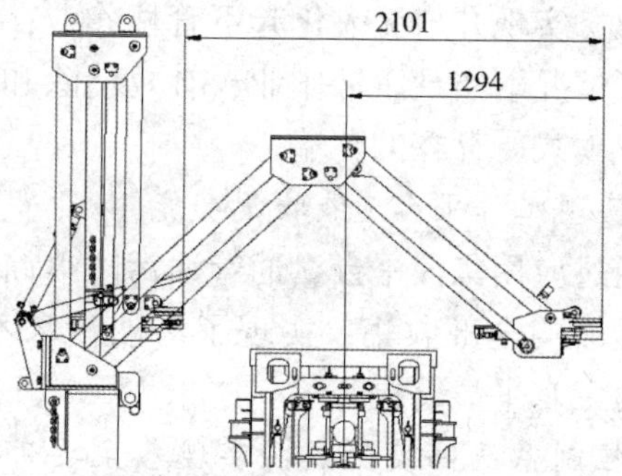

图2 扶管机械手示意图

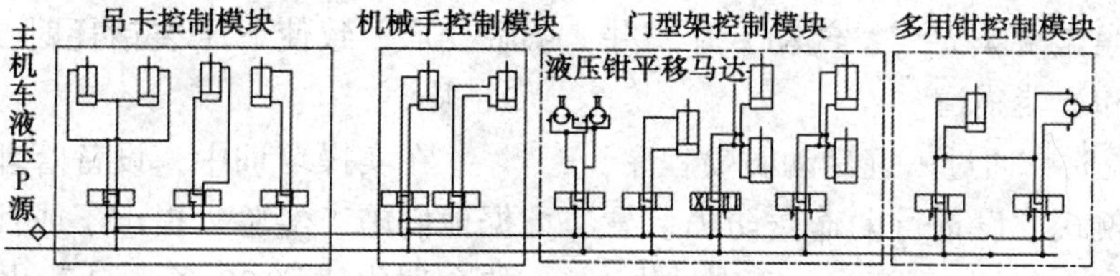

图3 液压系统原理图

2.3.6 电控系统

具备遥控、集中、近控三种方式操作自动化平台设备的功能，确保设备运行顺畅，动作高效连贯；具备单键操作的自动运行模式，减轻工作人员作业强度，提高工作效率；集中操作和遥控操作吊卡动作以及吊卡安全互锁功能；臂架、抓手以及油管钳导向装置的组合动作，高效实现设备的井口找中功能；实现井口无人化起下油管操作。

2.3.7 井内油管居中控制装置

配置2-7/8″、3-1/2″油管专用自封芯子，自封芯子安装法兰及安装座，实现扶正油管、防止落物坠井、刮除油污、环空自封功能。

井内油管居中装置通过自封芯子于油管外壁的配合，可使油管定位在平台井口中心，实现扶正油管的功能，同时能防止工具等落入井底，具备刮除油管外壁的油污，密封油管与套管之间的空间。

2.3.8 井控自动化装置

自动抢喷技术，当井口发生溢流时，可实现一键启动防喷程序，猫道设备自动输送防喷装置(提前准备连接好油管旋塞的油管在动力猫道旁)，安装油管旋塞，实现油管防喷。

2.3.9 偏摆机构

采用双油缸联结吊卡和大钩，采用液压控制模式，可实现液压吊卡的摆动，摆动的角度可以通过机械结构调整，实现顺利抓放油管。

偏摆油缸安装座通过U形螺栓与游钩固定，便于拆卸。

偏摆油缸安装孔为轴套形式，使用双耳板油缸座固定，避免油缸顶偏。

设计连接杆连接油缸，避免吊环摆动发生偏转。

2.3.10 大钩微调装置

在大钩安装上下圈组成的圆形导轨，限位支架通过圆环套固定到圆形上。

通过摩擦块或限位块限制圆环套的转动，从而实现钩头的定位。也可通过调整摩擦块或限位块，钩头在圆周方向上实现任意位置的调整。满足猫道不同摆放位置的需求。

3 装备特点

3.1 研制了自动起下作业平台，实现井口无人化作业

自动起下作业平台将气动卡瓦、液压吊卡、液压钳、机械扶正臂集成安装在井口平台上，通过智能猫道猫道输送油管，集中控制完成起下管柱作业，实现井口无人化起下管柱作业，可在恶劣天气情况下实现正常作业，有效消除和降低传统作业模式所存在的弊端。

3.2 实现工作平台废液收集功能

通过应用集液平台、油管油污防喷筒实现对井口废液的全部收集，实现了污油污水不落地，环保施工水平显著提升。

3.3 控制系统高度集成，实现各主要部件一键操作

以往起、下油管时需要4~5人联合作业，现仅需1人在远程操作游车大钩、气动卡瓦，井口平台自动化设备和智能猫道。

当井口发生溢流时，通过一键启动防喷程序，工序自动改为下管模式，设备自动输送防喷装置到井口，操作人员手动关闭油管旋塞，完成封井。

3.4 实现了自动液压钳上扣智能控制

油管上扣由上扣扭矩和圈数双重控制，由“经验操作”向“标准化执行”转变。

远程控制界面上可显示上、卸扣扭矩，转速，圈数，并具有扭矩检测功能，使入井管柱更安全。

3.5 实现油管长度自动测量及自动找中功能

在智能猫道上增加测量油管长度装置，实现的自动测量油管长度。

在作业过程中，对油管长度进行测量，记录下入、起出单根油管长度、累计油管根数和长度。

经过厂内反复试验、更改控制系统，臂架、机械手以及油管钳导向装置的组合动作，高效实现设备的井口找中功能。

4 现场试验情况

该装置2017年在长庆乌审旗区域现场应用3口井，以苏东XX-6井为例进行应用说明。共起下油管114根，培训操作人员3人。试验过程中自动吊卡、自动液压钳、自动扶管机械臂、自动猫道控制有效，动作正常，能够完成自动起下油管作业，平均起钻速度128s/根，最快起钻速度105s/根。同时对现场发现的设计、质量、安全、安装等问题进行了对接，确定了整改方案。

2018年完成了自动化平台的整改，后续进行了3口井的试验。

苏东XX-9井，共下油管346根，最快下钻速度37根/h，最快起钻速度35根/h，起下管柱用时10h。

苏东XX井，由于风速较大、井筒倾斜度大、操作不熟练、液压吊卡锁销变形，气动卡瓦轴变形，致使下压裂钻耗时23h。造成油管斜口21根。

在实操培训中，设备管理者和实际操作人根据他们施工经验，提出了或性能要求或功能期望的合理化建议39条。自动化操作平台从乌审旗转至陇东项目部后，进行了如下整改；

增加监视系统安装及气动卡瓦控制阀整改；

平台高度增加，支腿内筒加长整改；

井口法兰管整改；

臂架传感器支架组件整改。

2018年底，在陇东项目部完成了自动化平台的整改后，解决了乌审旗试验出现的问题，顺利完成了彭XX井和镇平XX等2口井试验。最终实现了油管的正常起下，员工的操作熟练程度及配合程度逐渐增强，同时作业效率明显提升。

表2 验证成果附表

序号	项　目	乌审旗试验	陇东试验	备　注
1	对扣调整时间	约1h	20~30min	熟练后预计15min以内
2	伤丝扣	10根/300次	0/150次	伤扣问题明显改善，基本与人工相当
	下管偏扣	3/100次	0/150次	
	上扣扭矩及圈数	10MPa，有时候还上不到位	5.5MPA，怠速可以上到位，人工验证通过。	

续表

序号	项　目	乌审旗试验	陇东试验	备　注
3	扶正问题	机械手定位井口偶尔会偏差，偶尔出现偏扣(理论精度 5mm)	定位准确，无偏扣现象，多次不需要对扣器就可以对扣(理论精度小于 1mm)	增加绝度值传感器

通过 3 口井的现场试验，起钻每根平均 1 分 40 秒到 1 分 50 秒，下钻每根平均 1 分 30 秒，每天起下钻 150 根进行练习和实验，通过不断的调试和训练，现在每小时起钻 35 根左右，下钻每小时可达 40 根左右。全程只需要两人进行配合，大大减少了人力，减小了井口操作人员的安全风险。以往起、下油管时需要 5 人联合作业，现仅需 2 人操作，现场员工劳动强度降低 60% 以上，生产力得到进一步解放，利用该装置可实现不间断连续作业，同时可降低试修作业用工人数 3 人。

5　结论

通过在现场试验，自动化作业平台替代人工起下钻，实现无人化作业，减轻工人劳动强度，提高工作效率，提升设备本质安全水平，提高试修作业自动化、智能化操作水平，提高操作安全性，改善作业环境。试验结果表明：该装置完全能够满足试修作业过程中的起下钻作业，实现了在起下钻过程中无人化作业。后期将在公司范围内推广使用，该设备的投用标志着试修设备现代化水平又迈上新台阶。

参　考　文　献

[1] 油田修井设备的现状与发展趋势探析[J]. 徐宪胜. 化工管理. 2013(20).
[2] 石油钻井自动化关键技术的应用[J]. 张司艺. 中国石油和化工标准与质量. 2013(21).
[3] 浅谈石油钻井自动化关键技术应用[J]. 王宇卓. 科技与企业. 2013(04).
[4] 钻井自动化技术在石油行业中的应用[J]. 王钟，张存，巫江华，杨世峰. 化工设计通讯. 2018(02).
[5] 井下作业修井技术现状及新工艺的优化策略探讨[J]. 刘伟，张福林，王斌，李镇，张荣，苏小武. 中国石油和化工标准与质量. 2017(05).

电脉冲破岩技术现状与研发方向

范应璞　王爱国　韩　飞

（中国石油集团工程技术研究院有限公司）

摘　要　近年来，随着对破岩方法的广泛研究，电脉冲以其高效率破岩等优点，已经成为国内外争相研发的热点。本文通过对国内外电脉冲破岩的主要进展和技术现状的分析，为国内电脉冲破岩的研发方向提供一些建议和参考。

关键词　电脉冲；破岩；现状；研发方向

1　概述

石油、天然气勘探开发钻井深度不断增加，传统机械破岩方式在深井、超深井及硬岩钻进时，具有钻探效率低、钻井费用高、钻头磨损大等缺点，高效破岩钻进技术的研究势在必行。破岩方式包括机械式和非机械式，目前前沿非机械式破岩或辅助破岩方式主要有：水射流破岩、激光钻井破岩、及电脉冲破岩等。

电脉冲破岩钻井技术是利用两个电极之间产生高压脉冲，通过脉冲参数优选，在岩石内部产生高能量电弧，实现电弧击穿破岩的一种新型破岩技术，如图1所示。

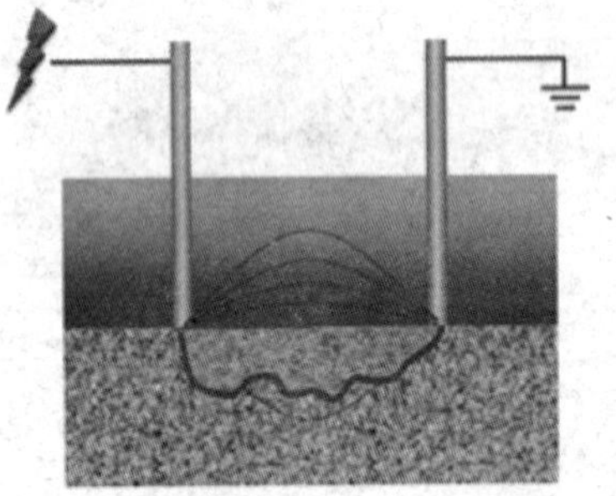

图1　电脉冲破岩技术基本原理

电脉冲破岩技术是一种非常具有潜力的新型破岩方式，技术成熟度较高，具有能量可控、无污染、无飞石、破岩效率高、井壁质量好等特点。国内外多家研究单位已经进行了大量的前期研究，国外已经攻克了核心技术，验证了该技术的可行性，进行了模拟实钻测试。目前相比国外的电脉冲破岩钻井技术，我国只进行了理论研究和室内小型原理样机的实验，还未研发井下电脉冲破岩钻井系统。

本文全面介绍了国内外电脉冲破岩技术的主要进展和技术现状，通过分析电脉冲破岩技术主要发展趋势，为国内电脉冲破岩技术的研发方向提供建议和参考。

2　国外技术现状

电脉冲放电理论是由俄罗斯托木斯克大学瓦拉比耶夫教授在20世纪50年代提出的。在此之后，多个科研团体开始进行电脉冲破岩研究。最近几年，欧美许多国家对电脉冲放电破碎硬岩做了大量研究，其中有一些研制了电脉冲破岩原理样机，开展了小规模室内实验，尤其是德国的德累斯顿工业大学已经攻克了核心瓶颈，验证了该技术的可行性，并进行了室外模拟实钻测试。

德累斯顿工业大学项目组通过岩石与水导电性能测试与仿真，优选脉冲参数，提高电脉冲破岩效率(图2)。

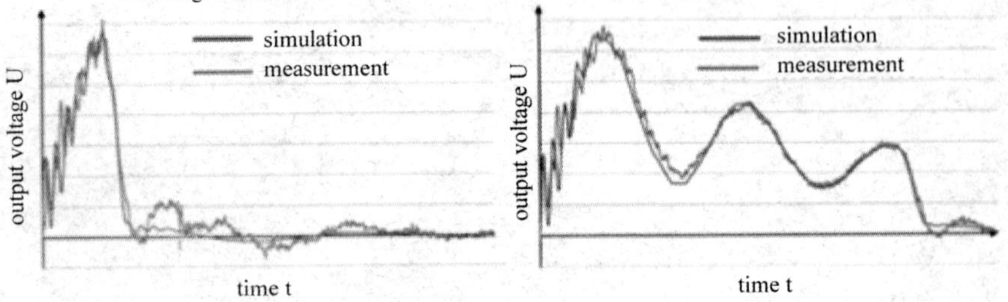

图2　岩石与水的导电性测试与仿真

另外项目组还通过小尺寸原理样机研制及测试，进行了破岩电极设计优化，通过对不同电极结构产生的电弧能量仿真，优选Y型电极结构(如图3所示)。

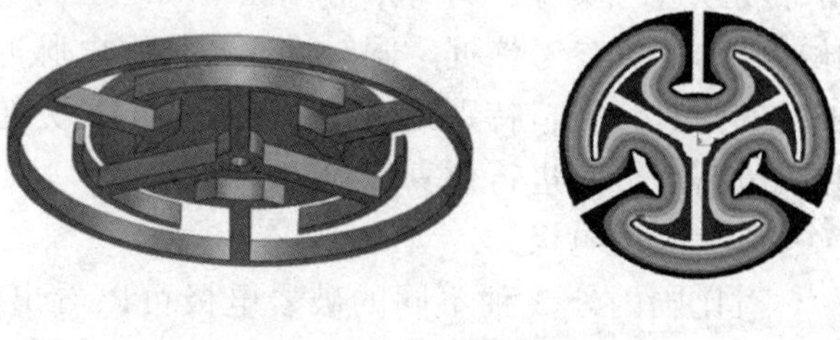

图3 Y型电极

原理样机室内模拟破岩测试效果如图4所示，破岩速度达到了0.8m/h，井眼质量与旋转导向钻井接近。

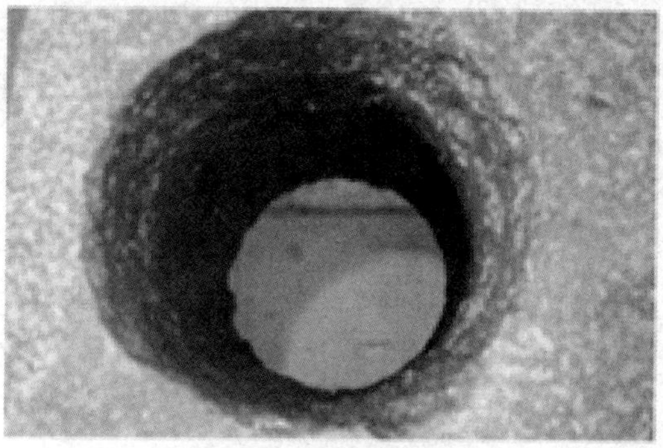

图4 原理样机破岩试验

项目组设计的井下电脉冲破岩钻井系统组成如图5所示，由上至下包括：涡轮、减速箱、密封系统、发电机、变压器、整流模块、控制单元、高压脉冲模块和破岩电极。涡轮及减速箱驱动发电机产生的交流电通过变压器升压，通过整流模块、控制单元、高压脉冲模块和破岩电极实现脉冲放电。

图5 电脉冲钻井系统井下组成

项目组于2017年在德国组织了一次现场试验(如图6所示)。电脉冲破岩钻井系统的部署方式与常规钻头相同，钻机不需要任何调整或额外设备。

试验由于系统故障而中止，虽然实际钻进进尺只有8cm，但是这已经是电脉冲破岩钻井系统走向现场应用的第一步，整体技术成熟度达到RL3。

图6 现场施工图

3 国内技术现状

国内的电脉冲破岩技术研发起步较晚，有几家高校开展过电脉冲破岩技术研发，但都停留在理论研究和室内原理样机实验阶段，目前还没有对井下电脉冲破岩钻井系统开展研发。

沈阳理工大学研发的电极采用同轴结构，减小电极电阻和电感对开关工作的影响。主电极与触发电极采用不锈钢材料，绝缘支撑采用聚四氟乙烯材料，固定的螺丝和螺母都采用尼龙材料(如图7所示)。

图7 电脉冲放电电极

沈阳理工大学开发的电脉冲放电电极仿真结果如图8所示。通过对电极的静电场仿真优化，使电极的电场分布均匀，能量密度大小在电极之间保持基本一致；通过对电极的粒子场仿真，可推测电极放电粒子的运动轨迹以及电流密度、电荷密度、能量密度等分布，仿真分析表明优化后的场畸变气体开关电极具有一定的可行性。

为了验证优化后场畸变气体开关的可靠性，通过对开关电极进行静态击穿实验，实验结果与优化设计要求基本接近；通过实验验证电极电场

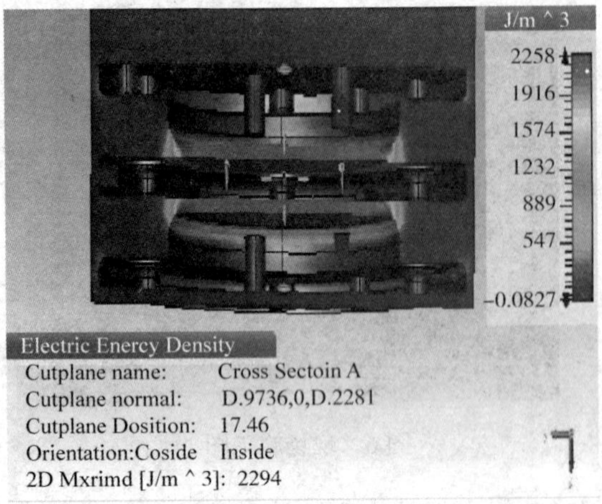

图 8 能量密度分布仿真分析

分布均匀，与仿真结果基本吻合；烧蚀斑点的分布与粒子场仿真电流分布基本一致。

浙江大学开展了幅值电压 30~50kV，单次能量 10~20J 的电脉冲破岩基础研究并尝试开发一种基于该技术的钻井装备，形成了小型的室内原理样机。其中核心部分的电脉冲钻井短节与电极结构如图 9 所示。

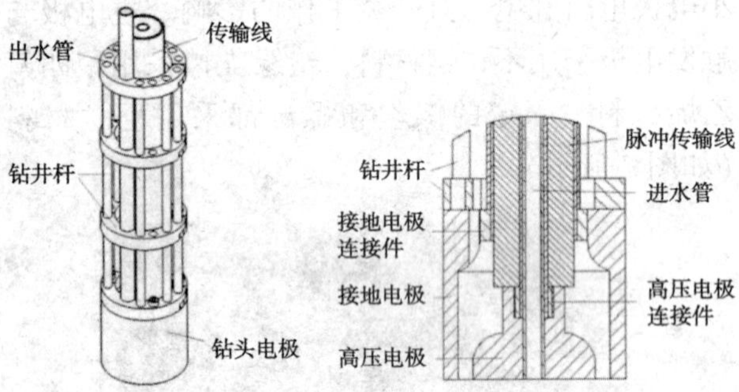

图 9 电脉冲钻井短节与电极结构示意图

试验未取得预期效果，当单次脉冲能量为 10~20J 时，采用同轴圆柱的电极结构并不是一种理想的结构。项目组使用多根缆线作为钻头电极(如图 10 所示)，对混凝土和花岗岩进行钻孔，取得了一定的效果，但利用多跟缆线的电极进行持续的钻孔存在一定的问题。

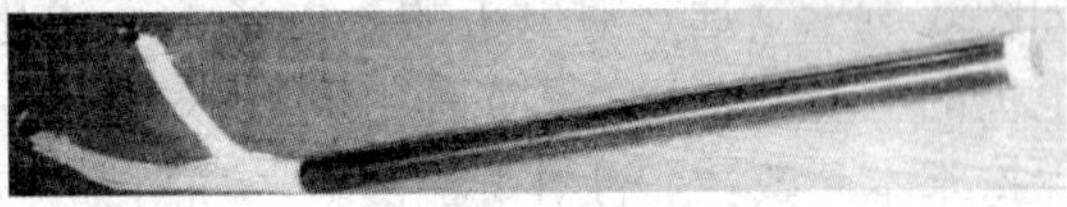

图 10 使用多根电缆作为电极实物图

4 研发方向

目前电脉冲破岩技术未来的主要研究发展趋势如下：

(1) 理论研究和仿真分析

国内外的科研单位已对电脉冲破岩技术开展了大量的理论研究，但目前对电脉冲环境下岩石破碎过程仍存在争论。掌握岩石破碎通道的形成过程有利于进一步开展电脉冲破岩工具的设计，优化参数，提高破岩效率。对不同岩石的平均电击穿场强进行实验，为将来应用在不同地层的电脉冲破岩提供参考依据。同时进一步加强电脉冲破岩的仿真分析，特别是对破岩电极的电场分布和能量密度分布进行仿真优化。

(2) 破岩电极

对比国内外 3 种不同的破岩电极可以看出，德累斯顿工业大学的使用 Y 型电极的破岩速度达到了 0.8m/h，技术领先；目前国内破岩电极的可行性还需进一步实验进行验证。从理论上来说，在一定的电压幅值和单次放电能量下，是可以进行岩石的电破碎的。这要求电极的形式设计和对应的电压幅值和单次放电能量相匹配，并通过仿真实验不断优化，进而通过室内实验来验证。

(3) 井下电脉冲短节供电方式

针对现场试验，目前德累斯顿工业大学设计的电脉冲破岩系统使用涡轮及减速箱驱动发电机发电，为井下破岩电极供电，取得了一定的成功。中石油工程院设计了电动钻具钻井系统，通过地面供电系统为井下钻机供电，这套地面供电系统同样可以为井下破岩电极供电，这种为破岩电极供电的方式让电极的电源更加可靠。

5 结论及建议

与常规破岩方式相比，电脉冲破岩在深部难钻地层的提速提效方面具有明显优势，一旦研制成功并投入应用，将显著提高钻井效率，减小非生产时间和总的建井周期，降低钻井成本，而且在开采现有技术能力难以钻达或难以实现经济开发的油气资源等方面潜力巨大，具有广阔的市场前景和应用价值。集团公司有必要对该技术进行战略性储备研究，为我国塔里木、青海及大庆等深井难钻地层高效钻进提供一种技术手段。

目前电脉冲破岩技术仍然处于试验研究阶段，虽取得了一些重要成果，但要投入实际应用还需攻克一系列技术瓶颈和难题，如电脉冲电极的设计与优化、电脉冲破岩系统的供电方式、电脉冲破岩系统工具的研发等，要取得重大突破，必须循序渐进，在理论、样机研制和系统设计等方面持续进行研究和攻关，为尽早投入应用积累技术基础。

我国的电脉冲破岩技术发展较晚，应在原先研究基础上，紧密跟踪国外发展趋势，着重针对关键技术难点开展科学研究，在掌握电脉冲破岩理论、开展大量仿真研究的基础上，设计电脉冲破岩原理样机，并逐渐提高技术成熟度，进一步开展电脉冲破岩钻井系统设计并形成有现场应用价值的破岩工具。

参 考 文 献

[1] 章志成．高压脉冲放电破碎岩石及钻井装备研制[D]. 浙江：浙江大学，2016.

[2] 车龙．强脉冲放电对硬岩目标破坏特性研究[D]. 沈阳：沈阳理工大学化学工程与生物工程学系，2013.

[3] 鲍挺，黄宁．岩石破碎技术研究与发展前景[J]. 安徽建筑 2010(6)110-116.

[4] 江伟华．脉冲功率系统的原理与应用[M]. 北京：清华大学出版社，1999：1-2.

[5] 王莹．高功率脉冲电源[M]. 北京：原子能出版，1999：3-4.

[6] 闫铁，杜婕妤，李玮等．高效破岩前沿钻井技术综述[J]. 石油矿场机械，2012，41(1)：50-55.

[7] Singh V R, Lafaut J P, Wever S M, Vincent C, & Baert L. Transient cavitations and associated mechanisms of stone disintegration. UBMRBM[J], 2000, 21(1): 14-22.

[8] Naugolnykh K A & Roi N A. Relation between the Hydrodynamic and Electrical Characteristics of Discharge in Liquid. Soviet Physics Technical Physics[J], 1966, 11(5): 443-445.

[9] Andres U T. Liberation study ofapatitenepheline ore comminuted by penetrating electrical discharges. International Journal of Mineral Processing[J], 1977, 4(1): 33-38.

CO_2对储层岩石物性影响研究

夏玉磊[1,2]　王祖文[1,2]　池晓明[1,2]　刘　欢[1]

（1. 中国石油集团川庆钻探工程有限公司长庆井下技术作业公司；
2. 中国石油集团重点实验室--二氧化碳压裂增产研究室）

摘　要　本文通过致密砂岩样品矿物成分测试分析、致密砂岩CO_2-水-岩石静动态反应实验研究，分析了不同条件下CO_2与储层反应前后岩心的孔隙度、渗透率及微观力学特性，结果表明CO_2-水-岩反应会改变孔渗储层的渗透率和岩石力学特性．试验结果对利用CO_2进行驱油和储层改造具有指导意义。

关键词　CO_2；致密岩石；相互作用；适用性评价

利用CO_2进行压裂和驱油越来越广泛，为了提高CO_2压裂改造和驱油效果，必须研究CO_2与储层岩石、储层流体的相互作用规律。本文以长庆某区块长7层、盒8层、山1层的岩样为研究对象，研究了CO_2-水-岩石反应对储层岩石内部孔渗的影响和岩石力学特性的影响。

1　岩石矿物与微观结构

本次实验选用了长庆某区块长7层、盒8层、山1层的岩样进行了岩石矿物与微观结构分析实验，使用仪器型号：D/MAX2500 X-射线衍射仪，其矿物成分如表1所示。

表1　岩样全岩分析结果

样品号	矿物含量/%						
	石英	钾长石	斜长石	方解石	白云石	菱铁矿	TCCM
长7(1)	64.5			2.8			32.7
长7(2)	63.2			2.5			34.3
盒8(1)	67.2						32.8
盒8(2)	66.4						33.6
山1(1)	85.6				1.6	1.0	11.8
山1(2)	81.6					2.1	16.3

注：TCCM是黏土矿物总量标准：SY/T6210-1996。

表2　致密砂岩样品黏土含量

样品号	黏土矿物相对含量/%						混层比/%S	
	S	I/S	It	Kao	C	C/S	I/S	C/S
长7		37	18	8	37		10	
盒8		27	12	10	51		15	
山1		26	21	53			10	

标准：SY/T5163-2010

长7岩心矿物成分主要为石英64.5%，方解石2.8%，黏土32.7%；长7岩心黏土含量为伊蒙混层37%，伊利石18%，高岭石8%，绿泥石37%。

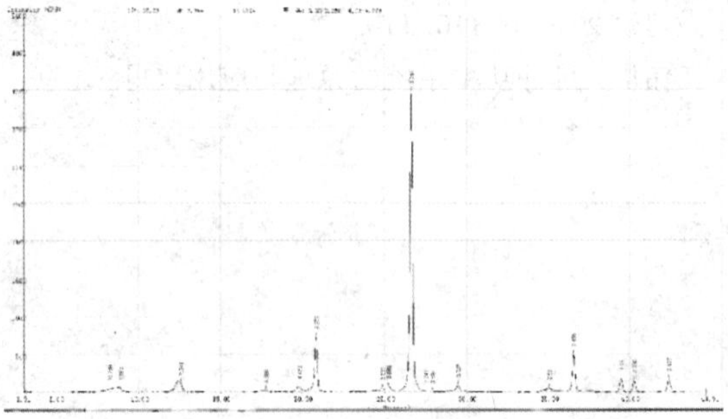

图1　长7全岩衍射

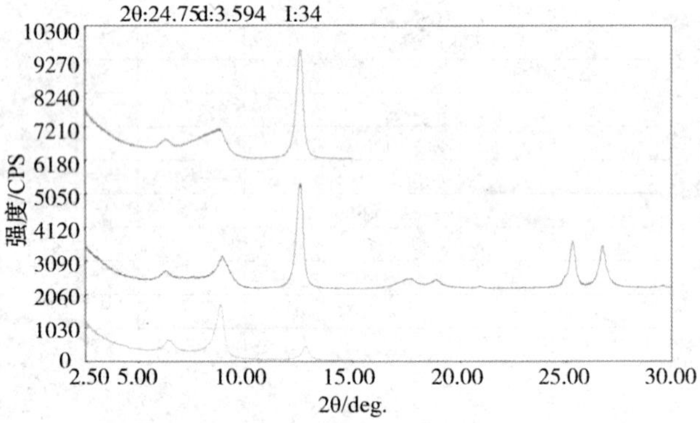

图2　长7黏土矿物含量分析

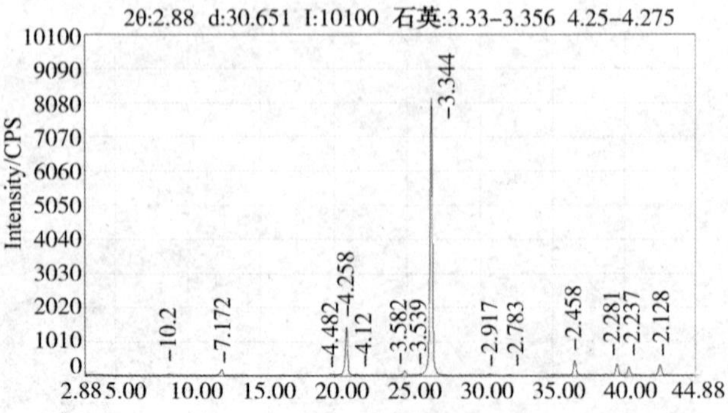

图3　盒8全岩衍射

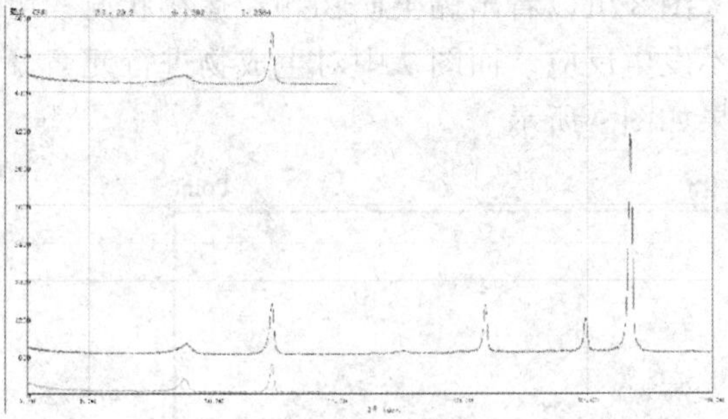

图 4 盒 8 黏土矿物含量分析

盒 8 岩心矿物成分主要为石英 67.2%，黏土 32.8%；盒 8 岩心黏土含量为伊蒙混层 27%，伊利石 12%，高岭石 10%，绿泥石 51%。

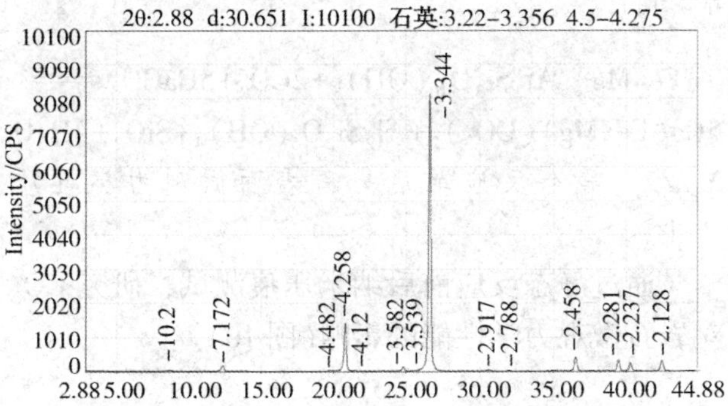

图 5 山 1 全岩衍射

山 1 岩心矿物成分主要为石英 85.6%，白云石 1.6%，菱铁矿 1.0%，黏土 11.8%；山 1 岩心黏土含量为伊蒙混层 26%，伊利石 21%，高岭石 53%。

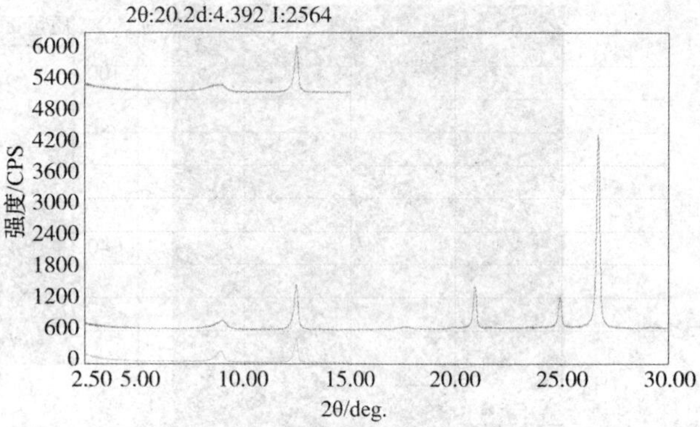

图 6 山 1 黏土矿物含量分析

2 二氧化碳-水-岩石静态反应

2.1 静态实验设备

静态反应实验主要通过高温高压 CO_2-水浸泡进行研究，通过实验前后岩石微观表面变化，矿物含量变化变化、力学性能变化进行分析。实验装置为高温高压反应釜、扫描电镜、EDS 能谱分析仪、X 射线衍射仪、纳米压痕仪等。

2.2 二氧化碳-水-岩石静态反应实验结果

2.2.1 CO_2-水-岩石静态反应岩心前后微观形貌及元素变化

(a)静态实验前岩石表面形貌 (b)静态实验后岩石表面形貌

图 7 静态实验前后岩石表面形貌(200 倍)

(a)静态实验前岩石表面形貌 (b)静态实验后岩石表面形貌

图 8 静态实验前后岩石表面形貌(2000 倍)

由图7可以明显看到岩石表面出现溶蚀坑，证明CO_2注入与水形成碳酸，将岩石溶蚀同时还能看出有明显的生成物，可以判断生成物为碳酸钙。图8可以看出黏土矿物颗粒运移状况，伊利石不发生反应。而图7中对生成物进行元素分析结果如图9所示。

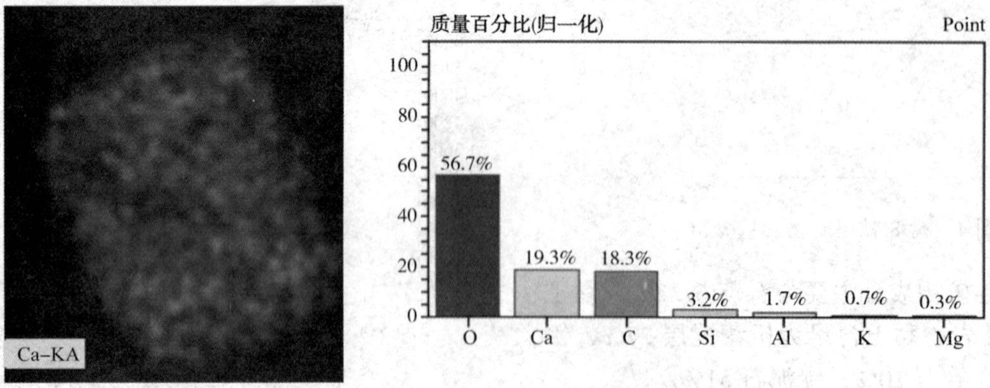

图9　生成物结果分析

由矿物分析可知，长7、盒8储层中主要含有石英和黏土矿物，在地层温度下(100℃)石英几乎不与CO_2-水发生反应，所以溶蚀的是少量方解石、白云石以及大量黏土矿物，黏土矿物中的绿泥石是发生反应的主要矿物。

其溶解后生成的Mg^{2+}、Fe^{2+}、AlO^{2-}等离子，会与碳酸根等反应，生成沉淀，造成堵塞孔隙；

$$(Fe/Mg)_5Al_2Si_3O_{10}(OH)_8+2CO_2+5CaCO_3 \rightleftharpoons 5Ca(Fe/Mg)(CO_3)_2+Al_2Si_2O_5(OH)_4+SiO_2+2H_2O$$

2.2.2　静态反应前后岩石表面微观力学性质变化

通过静态反应前后纳米压痕测试，研究CO_2对岩石微观力学性能的影响(图10)。

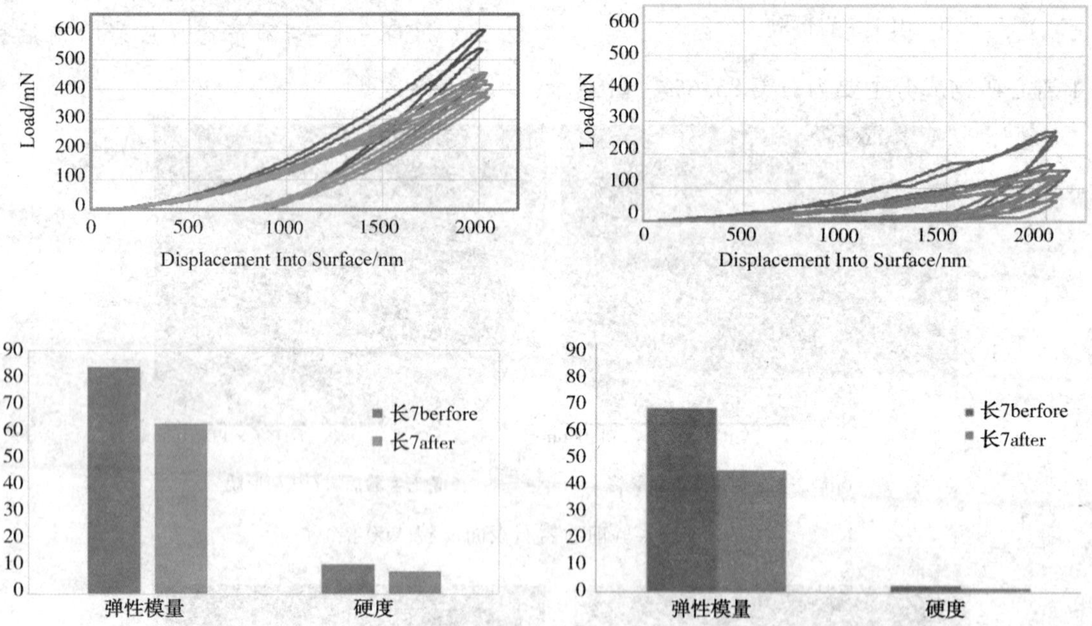

a硬颗粒测试结果　　b软颗粒测试结果

图10　反应前后微观力学特性变化

由测试结果可以看出，CO_2-水-岩石反应使得岩石表面弹性颗粒模量降低，同时使得硬度也降低。

3　二氧化碳-水-岩石动态反应

3.1　动态反应实验设备

CO_2-水-岩石动态反应实验使用的是多功能液流转向实验仪，其结构如图11所示。模拟地层条件，温度100℃，超临界CO_2上端注入，下端流出，CO_2驱替压力14MPa，实验中每隔6h测量岩心孔渗变化，最后用CT扫描、核磁共振、交流阻抗等检测方法检测岩心孔渗变化。

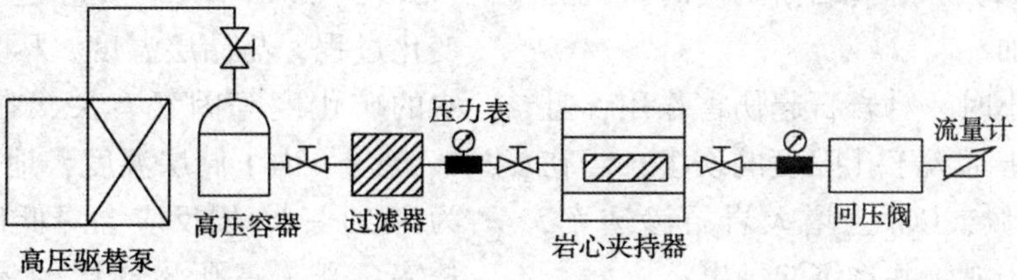

图 11 CO_2-水-岩石动态反应实验实验装置示意图

3.2 二氧化碳-水-岩石动态反应实验结果

3.2.1 二氧化碳-水-岩石动态反应孔渗变化

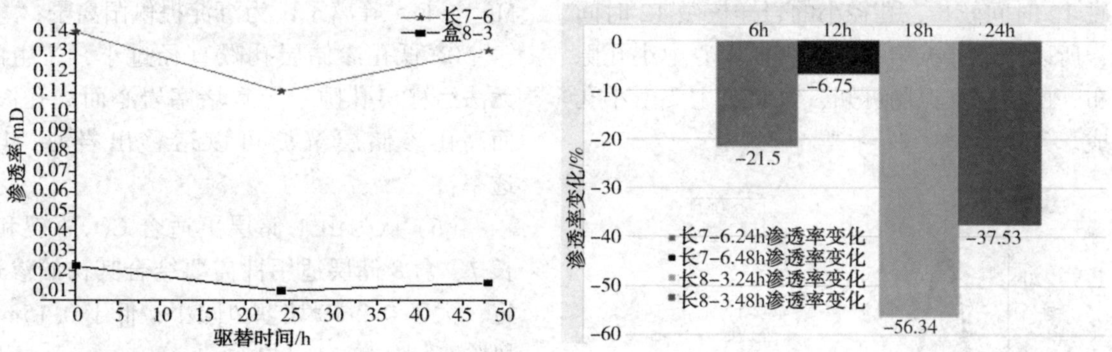

图 12 长 7-6、盒 8-3 渗透率变化

长 7，盒 8，渗透率表现都为先降后升但是恢复不到原始大小(图 12)，主要是因为开始生成沉淀，沉淀将孔隙堵塞，但随着注入的进行，沉淀产物被排出。盒 8-3 渗透率 48h 降幅为 37.5%，长 7-6 渗透率 48h 降幅为 6.7%，结合初始孔隙度、渗透率推测是因为盒 8-3 孔渗小，排出沉淀能力比长 7-6 弱，大部分不能排出岩心，导致沉淀堆积渗透率降幅变大。

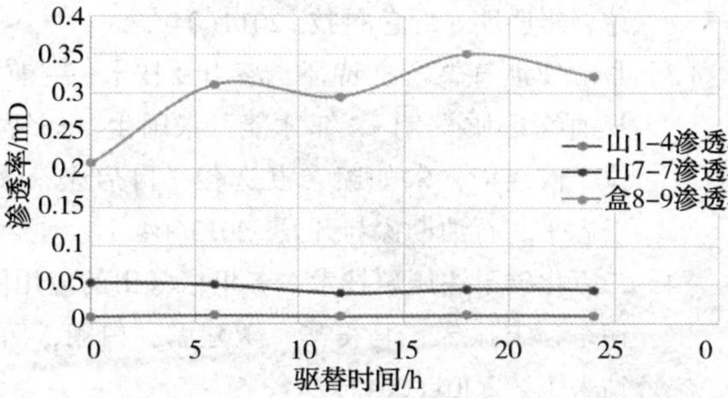

	初始渗透率(mD)
山1-4	0.007809
长7-7	0.052793
盒8-9	0.208381

图 13 山 1-4、长 7-7、盒 8-8 渗透率变化

每 6h 测量一次孔渗变化发现，山 1-4 不含绿泥石，部分白云石溶解，渗透率上升，含有绿泥石的长 7-7 与盒 8-9 渗透率发生变化。而渗透率变化也与初始渗透率有关，初始渗透率足够大，反应后的最终渗透率也会增大。

3.2.2 结合动态驱替的 6 块岩心 24h 渗透率变化进行分析

从动态实验前后孔渗变化上看，CO_2对储层影响主要与绿泥石含量和初始孔渗有关，山 1 储层没有绿泥石，不会产生沉淀，同时溶解少量白云石，使得孔渗增加；长 7-6、长 7-7、盒 8-3

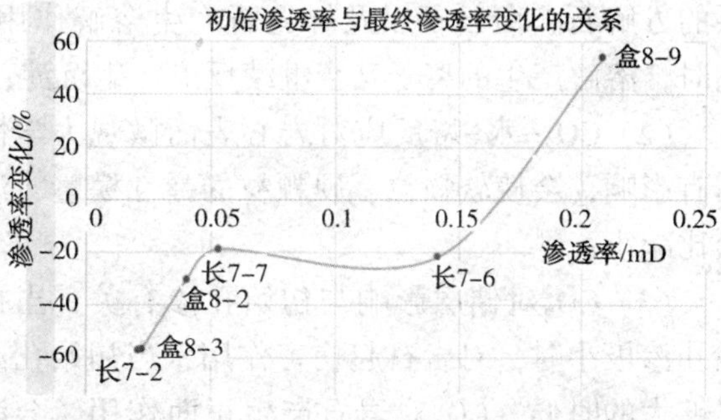

图 14 初始渗透率与最终渗透率变化率的关系

初始孔渗小，绿泥石溶解提供产生沉淀的 Mg^{2+}、Fe^{2+}离子，导致沉淀运移不出孔隙，使得孔渗降

低；盒 8-9 初始孔渗大，绿泥石溶解同时将沉淀排出，使得孔渗增加。

当初始孔渗极小时，对岩石起伤害作用，且对岩石的渗透率伤害远大于孔隙度的伤害；当初始孔渗足够大的时候，CO_2 会增大岩石渗透率，主要是因为溶解黏土矿物并将沉淀排出。

3.2.3　岩石反应前后核磁共振变化

岩样的孔喉半径大小分布与岩样饱和水状态的核磁共振 T2 分布谱相一致，对于孔径大的岩样核磁 T2 时间较长，孔径小的岩样核磁 T2 时间较短，所以核磁共振第一个峰表征岩心中小孔隙的分布，由核磁共振图可知，该储层主要由小孔隙组成。

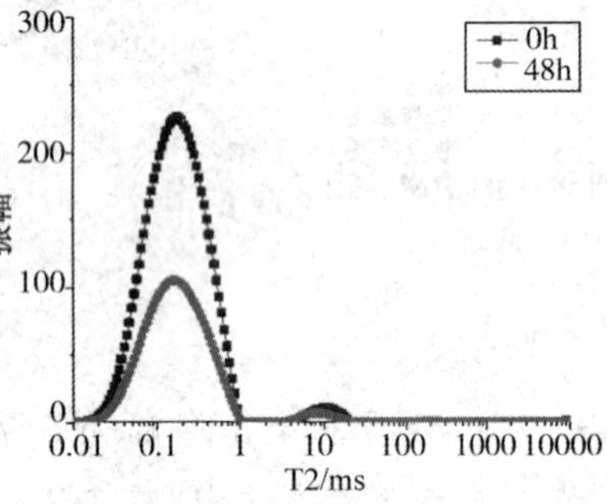

图 15　岩心核磁共振图

对岩心 CO_2-水-岩反应进行核磁共振检测，发现反应前后第一个峰变化明显，可以得出在水岩反应后，岩心小孔隙被堵塞。

4　结论

通过致密砂岩样品矿物成分测试分析，致密砂岩 CO_2-水-岩石静动态反应实验，得到以下结论：

（1）实验中可以观察到明显的溶解和沉淀，证明 CO_2-水的确会对长 7、盒 8 和山 1 地层的岩石产生物性变化。CO_2-水-岩反应主要是对该储层的方解石、白云石以及绿泥石产生溶解作用，同时，溶解产生的离子又会继续反应产生沉淀；

（2）CO_2-水-岩反应对岩心表面微观力学性质有影响，会使软颗粒、硬颗粒的弹性模量、泊松比减小；

（3）CO_2对储层影响与初始孔渗有关，当初始孔渗极小时，对岩石起伤害作用，当初始孔渗足够大的时候，CO_2对岩石产生正面作用，会溶解黏土矿物并将沉淀排出，使渗透率增大；

（4）从动态实验前后核磁共振变化上看，CO_2-水-岩反应会将小孔隙堵塞；

（5）CO_2-水-岩反应是一个复杂的地球化学变化过程，与储层温度、压力、岩石类型、地层水的矿化度等因素有关，在本实验中，模拟长 7、盒 8、山 1 储层温度，地层水条件，实验结果为：CO_2-水-岩反应会降低低孔渗储层的储层渗透率，升高高孔渗储层的渗透率，其原因分析如下：

① 绿泥石含量大，绿泥石含量占总矿物含量 15%左右，在水岩反应中首先溶解，提供了 Mg^{2+}、Fe^{2+} 等离子，为沉淀提供阳离子；

② 低孔渗储层孔喉直径过小，产生的沉淀无法运移出孔隙，导致堵塞岩心而高孔渗储层，而高孔渗储层沉淀可以运移出岩心，增加渗透率；

（6）认为山 1 储层更适合 CO_2压裂和驱油；长 7、盒 8 储层适用性需要结合其初始渗透率确定，大于 0.2mD 堵塞风险小，低于 0.15mD 堵塞风险高。

参　考　文　献

[1] 二氧化碳干法压裂技术——应用现状与发展趋势[J]. 刘合，王峰，张劲，孟思炜，段永伟. 石油勘探与开发. 2014(04).

[2] 纯液态二氧化碳压裂技术研究综述[J]. 张健，徐冰，崔明明. 绿色科技. 2014(04).

[3] 非常规油气概念、特征、潜力及技术——兼论非常规油气地质学[J]. 邹才能，张国生，杨智，陶士振，侯连华，朱如凯，袁选俊，冉启全，李登华，王志平. 石油勘探与开发. 2013(04).

[4] 二氧化碳干法压裂技术在苏里格气田的应用[J]. 苏伟东，宋振云，马得华，贾建鹏，白鹏，唐莉萍. 钻采工艺. 2011(04).

[5] VES-CO2 泡沫压裂工艺技术研究[D]. 张军涛. 西安石油大学 2013.

[6] Novel CO2-Emulsified Viscoelastic SurfactantFracturing Fluid System Enables Commercial Production From By-passed Pay in the Olmos Formation. M. E. Semmelbeck, W. E. Deupree, J. K. Vonplonski. SPE：100524. 2006.

[7] Case Study：Application of a Viscoelastic Surfactant-Based CO_2-Compatible Fracturing Fluid in the Frontier Formation，Big Horn Basin，Wyoming. O. Bustos，Y. Chen，M. Stewart，K. Heiken，T. Bui，P. Mueller，E. Lipinski. SPE107966. 2007.

深水智能钻井机器学习数据处理方法研究

殷志明[1] 刘书杰[1] 罗洪斌[1] 李梦博[1] 谭 扬[2] 李永华[2]

(1. 中海油研究总院有限责任公司；2. 北京邮电大学信息与通信工程学院)

摘 要 智能化是深水钻井技术未来研究方向，将是钻井与信息，微电子，机器人，通信网络等许多其他技术的融合。其中钻速预测与优化一直是深水钻井重要研究内容，在使用机器学习的方式进行钻速预测的过程中，数据集中离群点的存在会干扰钻速预测的准确性。本文基于钻井数据研究了常用的离群点检测算法的基本原理，以去除离群点后的数据训练得到的钻速预测模型效果作为参考，评估并分析了上述离群点检测算法应用于钻井数据中的效果，提出了一种面向钻井数据应用的离群点检测算法。验证表明，在检测到的离群点比例不变的情况下，所提方法去除离群点后训练得到了更优的模型效果，为钻井数据的实际应用奠定基础。

关键词 深水钻井；智能钻井；机器学习；钻速预测；离群点

智慧油田是石油行业未来发展的趋势，智能钻井、智能钻井是智慧油田建设过程中的重要一环。如何将机器学习、大数据等新兴领域的新技术新方法运用于石油钻井行业之中，助力于智能钻井的实现，是国内外石油行业研究的重点。其中，钻速预测与优化是实现智能钻井过程中的核心问题之一，使用机器学习的方式探寻钻井过程中各因素与钻速之间的关系进而实现对后续钻井过程中钻速的准确预测，同时为钻速优化提供可行的思路与方法，是该问题的主要内容[1]。

通常，一个机器学习问题可以分为数据预处理、模型训练、模型评估与优化三个主要步骤。在机器学习领域中，通常认为，数据预处理决定着最终结果的上限，而算法模型努力地接近这个上限[2]。由此可见，对于一个机器学习问题来说，数据预处理在其中扮演着至关重要的角色。对于一般机器学习问题，数据预处理过程可能分为很多步骤，包括数据去重、不合理数据去除、数据缺失填充等多个方面。但是，在使用机器学习方法进行钻速预测的过程中，离群点会成为影响预测准确性的一个重要因素[3]。如何保证去除的离群点的质量、降低离群点对钻速预测准确性的影响，是本文研究的重点。

本文以钻井过程中的真实数据为例，研究了原始数据中的离群点对于最终钻速预测结果的影响，对比了常用的离群点去除算法在钻速预测问题中的效果，最终提出了一种融合的离群点标记算法，经验证，提出的离群点标记算法标记的离群点数量适中，同时模型钻速预测的效果在原有基础上有所提升。

1 问题与需求

首先，使用获取到的数据训练模型，进行初步的钻速预测，通过预测结果的准确性，进一步观察离群点对模型训练的影响。

在获取到的每口井的完整钻井过程的原始数据中，包含有时间、泥浆密度、钻压、转盘转速、测量返回井深、钻头详情、地层底深等共54个特征参数，其中，除了时间之外，剩下的53个参数可以分为36个动态参数和17个静态参数，数据量共50万左右。然而，原始数据中存在着如下问题：

(1) 各个特征参数的数据在时间上存在突变；

(2) 由于记录原因，某些特征参数失效；

因此，需要首先对原始数据进行基本的清洗和预处理，主要包括数据选择、去除无效样本点和无效特征等。

经过上述简单处理，最终形成了由25个输入特征组成的25维输入数据和1维钻速输出数据，并只选取第二阶段井段数据作为样本，总数据量缩减为15000条。

然后，将清洗过后的数据按照一定的比例划分为训练集、验证集和测试集三部分。

使用上述训练集数据，对近年来较为流行的LightGBM模型进行训练，将模型中的boosting类型设置为梯度提升决策树(GBDT，Gradient Boosting Decision Tree)，使用均方根误差(RMSE，Root Mean Squared Error)作为训练结果的评价指标。

训练后得到的模型的 RMSE 指标以及模型在测试集上的效果如表 1 和图 1 所示。

表 1　去除离群样本点前模型的 RMSE 指标

	验证集 RMSE	测试集 RMSE
去除离群点之前	0.43627	4.26

由表 1 可知，在最佳迭代情况下，验证集的 RMSE 约为 0.43627，而在这种情况下，测试集的 RMSE 却高达 4.26，几乎差了一个数量级！这表明训练好的模型对于测试集几乎没有拟合能力。

以训练好的模型对测试集中样本点的预测钻进速度作为 x 轴，测试集中数据的实际钻进速度作为 y 轴，做出二者之间对应的散点图，如图 1 所示。

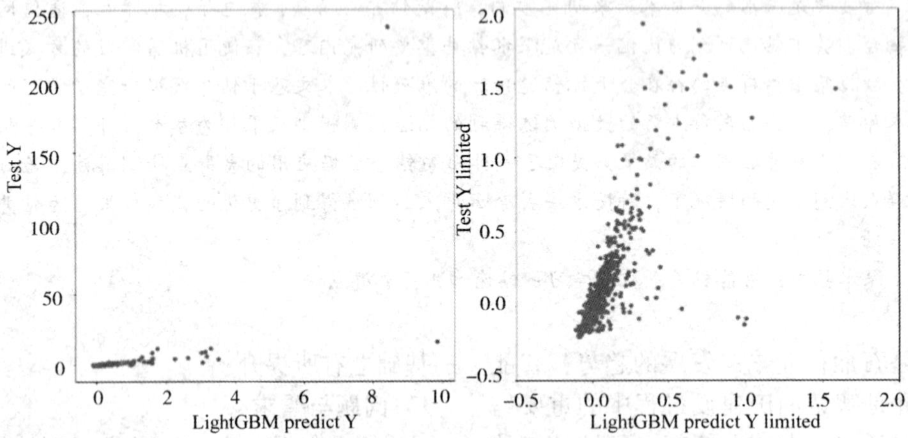

图 1　模型在测试集上的效果

在图 1 中，左图中包含了测试集的所有样本点，右图则是为了更好地展示模型效果而将左图中 $x \in [-0.5, 2]$、$y \in [-0.5, 2]$ 的区域进行局部放大的效果。

理想情况下，测试集的预测钻速与实际钻速应该相差不多，即图中的每个点，横轴上的值和纵轴上的值应该相差不大，也就是说，所有的样本点应该围绕在直线 $y=x$ 附近。但是，从图 1 中可以看到，图中的有些点甚至存在着数量级上的差异，这些点导致左图中横纵两轴的基本刻度都不相同，放大后的样本点也并没有分布在直线 $y=x$ 附近。这说明当前模型仍处于欠拟合状态，可以说，当前训练好的模型对于测试集数据几乎没有拟合能力。

调整 LightGBM 模型中的参数重复多次进行模型训练和预测，比如调低学习率、使用更多叶节点等。然而训练结果表明，这些参数的调整并不会对模型的训练和预测产生实质性的影响，模型对数据的拟合效果仍然很差。

经过初步分析发现，数据中的离群点可能是造成模型欠拟合的一个重要原因。

离群点通常是指与其他样本点相距较远、显著偏离其他数据点的样本。在分布上，正常样本通常较为密集地分布于一小块区域，而离群点则通常远离正常样本分布，且分布较为稀疏。除此之外，离群点通常还具有数量较少、属性取值较为极端等特征[4]。

离群点产生的原因可能有很多种，包括测量过程中的可变性、实验数据的错误等。离群点可能导致统计分析过程中出现很多问题。在大多数较大的采样数据中，都可能会有一些数据点与合理数据点相隔较远，产生这种情况的原因可能是偶然的系统误差，也可能是按照对样本点的概率分布做出假设的理论本身在实际应用中的缺陷，或者只是单纯的有某些样本观察点远离其他观察点。因此，离群点可能表示数据异常、采样流程中存在错误或者某个理论在特定的场合并不适用。然而，在比较大的数据样本中，在大多数情况下，预计都会有少量的异常值(而不是由于任何的异常情况)。

以模型的输出，即钻进速度为例对对应的数据进行分析。将经过数据清洗之后的钻速数据单独提取出来，绘制其关于各个样本点的分布，如图 2 所示。

同时，可以通过 pandas 库中 Dataframe 数据类型的 describe( ) 方法查看钻进速度数据的相关统计性描述，如表 2 所示。

结合图 2 和表 2 可以看出，大部分样本点的

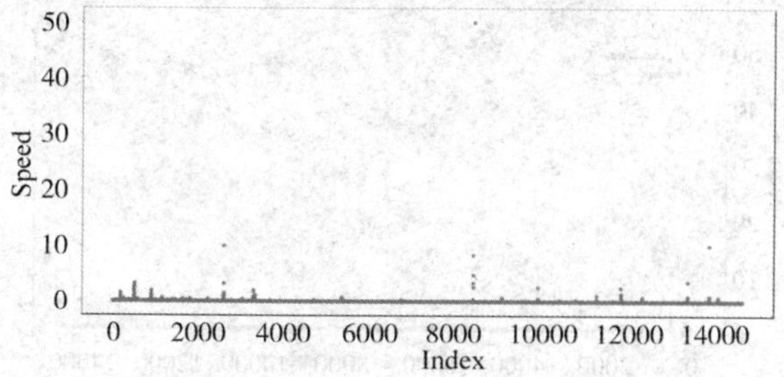

图2 钻进速度分布

钻进速度值都在0附近，但是却有少量数据在10左右浮动，甚至还有样本点的钻进速度达到了50。钻进速度的最小值为0.012798，然而最大值却达到了50，这样的区间跨度，即便极端数据的数据量很小，在对数据进行分析时也会对数据产生不小的影响。另外，从图表中还可以看出，有25%的样本点的钻进速度小于等于0.026738，50%的点小于等于0.033356，75%的点小于等于0.047574，然而钻进速度的平均值却达到了0.05876，平均值比四分之三的样本点都要大，这说明钻进速度的平均值受到了数据集中极端数据的影响。

表2 钻进速度的统计性描述

属性	属性值
平均值	0.058760
标准差	0.450456
最小值	0.012798
25%(下四分位点)	0.026738
50%(中位数)	0.033356
75%(上四分位点)	0.047574
最大值	50

从上面的分析可以看出，钻进速度在10左右以及大于10的样本点已经偏离了大部分样本的分布，我们可以认为这些样本点是离群点。

由上面的分析可以看出，虽然离群点的数量少，但是会对原始数据的统计分布产生显著的影响，同样，这些离群点也会影响数据的训练过程，进而导致训练得到的模型效果不佳。

2 离群点标记算法对比

在一般机器学习问题中，常用的离群点标记算法主要分为以下三大类：

(1) 基于统计方法的一元离群点检测方法。常见方法主要有 3σ 法和中位数绝对偏差(MAD, Median Absolute Deviation)法[5]。该类方法只针对数据集中的某个特征，基于统计学方法对该特征进行分析，将该特征中的极端值对应的样本点标记为离群点。该类方法对特征数量较少的数据集中信息量较大的特征比较适用。

(2) 常用的多元离群点检测算法。常见算法主要有 Elliptic Envelope 算法[6]、Isolation Forest 算法[7]和 Local Outlier Factor[8]算法。上述三种方法从不同的角度、利用数据集中所有的属性信息对数据集中的数据进行拟合，进而对其中的极端数据进行标记，作为离群点。

(3) 基于聚类的离群点检测算法。该方法主要通过样本点与聚类中心的距离来判断某个样本点是否为离群点。常用的距离判断标准为欧氏距离。其中，聚类个数和样本点与聚类中心的距离阈值通常需要人为指定[9]。

在钻进过程中，钻进速度会受到众多因素的影响，即模型的输入维度较高，因此只通过某个特征因素来判断某个样本点是否为离群点会存在“以偏概全”的问题，相对来说，判断的准确性难以保证。理论上的缺陷使得该方法并不适用于钻速预测问题，因此后文只针对后两种方法在钻速预测问题中的应用进行探究。

2.1 多元离群点分析方法效果对比

将数据预处理之后的数据分别使用 Elliptic Envelope、Isolation Forest 和 Local Outlier Factor 方法进行离群点分析之后，分别去除离群点，然后使用去除离群点之后的数据训练 LightGBM 模型，观察模型的效果。在训练过程中，这三种情况均使用相同的归一化参数。另外，在使用这三种方法进行离群点分析时，需要指定离群点占原数据的比例，因为在实际情况中，离群点占比很小，因此在这里将该比例设定为2%。

训练后模型的 RMSE 指标以及测试集中预测值与真实值之间的对应如表3和图3~图8所示。

表3对比了使用三种离群点检测方法去除离群点之后，模型在验证集和测试集上的 RMSE 指标。从 RMSE 指标来看，Elliptic Envelope 效果最好，Local Outlier Factor 效果稍差，Isolation Forest 效果最差且与前两者相去甚远。

表3 应用常见的多元离群点分析方法去除离群样本点后模型的 RMSE 指标

	验证集 RMSE	测试集 RMSE
Elliptic Envelope 算法	0.072453	0.08881
Isolation Forest 算法	0.420018	0.267508
Local Outlier Factor 算法	0.091692	0.101043

图 3、5 和 7 以钻进速度为例，分别展示了三种离群点检测算法检测到的离群点在清洗之后的数据集中的分布。可以看到，Elliptic Envelope 和 Local Outlier Factor 算法均清晰地检测到了钻进速度过高的样本点，包括钻进速度为 50 的样本点和钻进速度在 10 左右的样本点等，不同之处在于，除了钻速显著偏高的离群点之外，Elliptic Envelope 算法标记的大部分离群点集中分布在某一段区域(Data Index 为 2000 左右的区域)内，而 Local Outlier Factor 算法标记的离群点则分布得较为分散，在整个钻井过程中都有零散的分布。而 Isolation Forest 算法几乎没有检测到任何钻速异常的样本点，只是将钻进过程开始阶段的部分样本点标记为离群点。

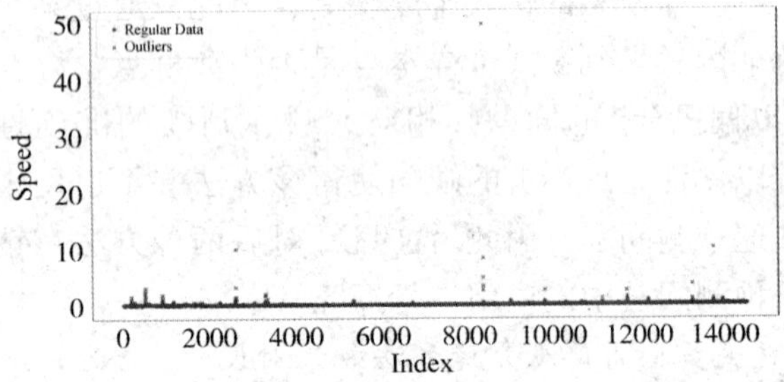

图 3　Elliptic Envelope 算法离群点分布情况

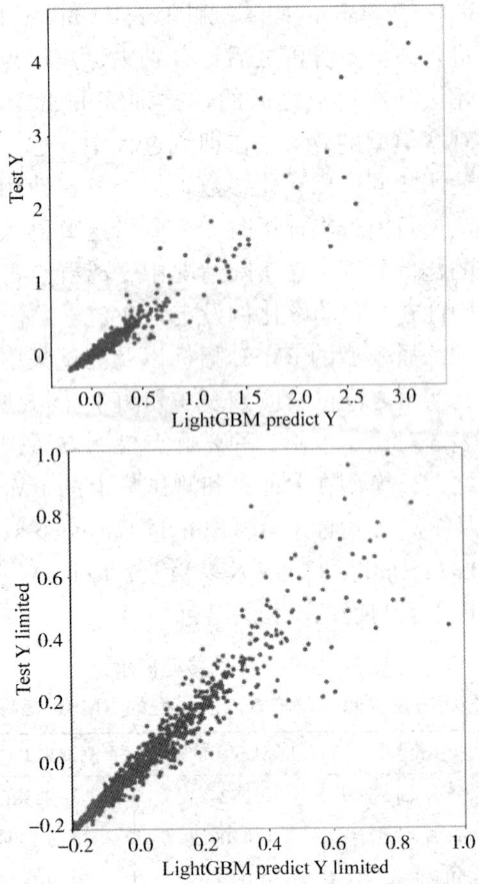

图 4　Elliptic Envelope 算法去除离群点之后的模型效果

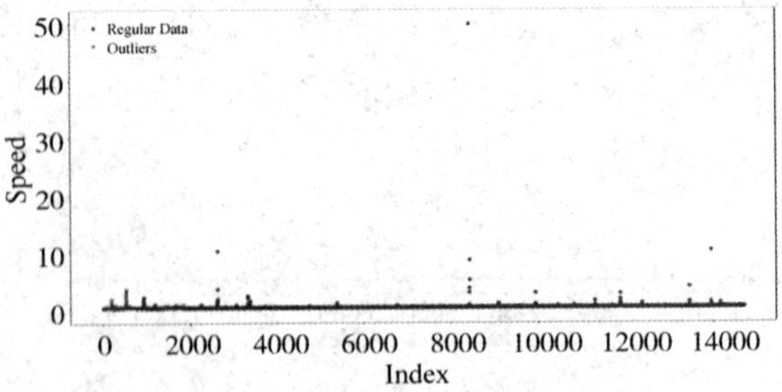

图 5　Isolation Forest 算法离群点分布情况

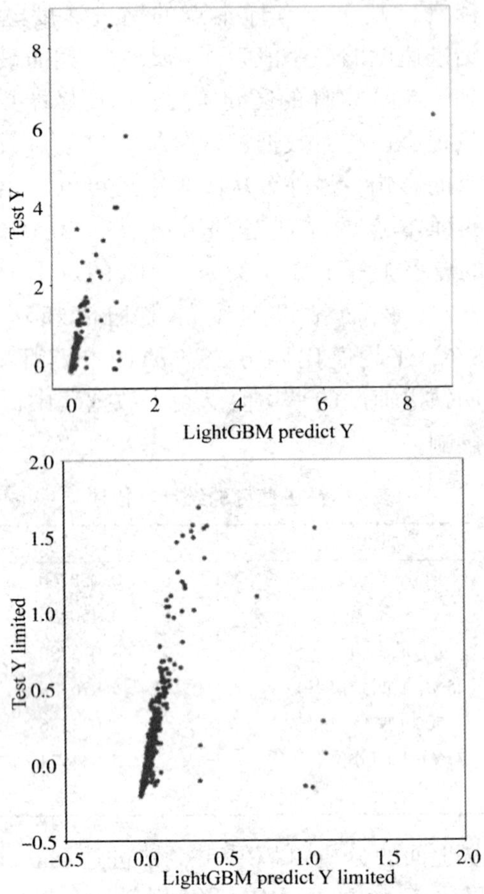

图 6　Isolation Forest 算法去除离群点之后的模型效果

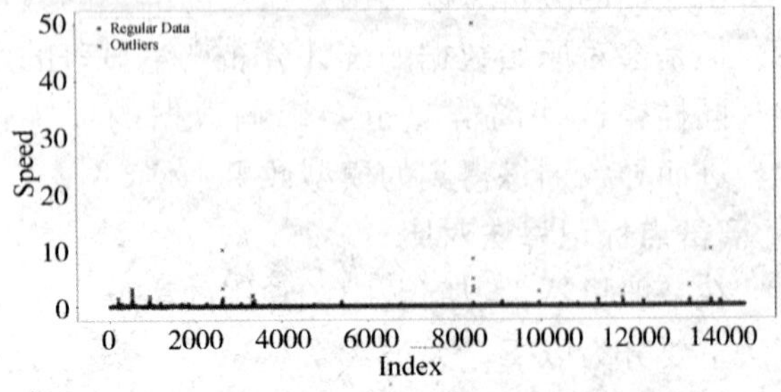

图 7　Local Outlier Factor 算法离群点分布情况

图 4、图 6 和图 8 则展示了使用去除离群点之后的数据训练的 LightGBM 模型的效果：以钻进速度预测值作为 x 轴、钻进速度实际值作为 y

轴，以散点图的方式绘制出了二者之间的对应关系。其中左边的图为全局样本分布，包含了去除离群样本点后剩下的所有数据，而右边的图则是为了展示细节而将左边的图中横纵轴特定区间内的部分进行放大之后的效果。从图中可以看出，使用 Elliptic Envelope 和 Local Outlier Factor 算法去除离群点之后训练得到的模型的拟合效果均比较理想，大部分数据都集中在直线 $y=x$ 附近。相比之下，使用 Isolation Forest 算法去除离群点之后训练得到的模型的拟合效果则比较差，数据集中分布的区域严重偏离了直线 $y=x$。从上述分析可以看出，图片展现出来的数据整体趋势走向与 RMSE 指标表示的结果相一致。

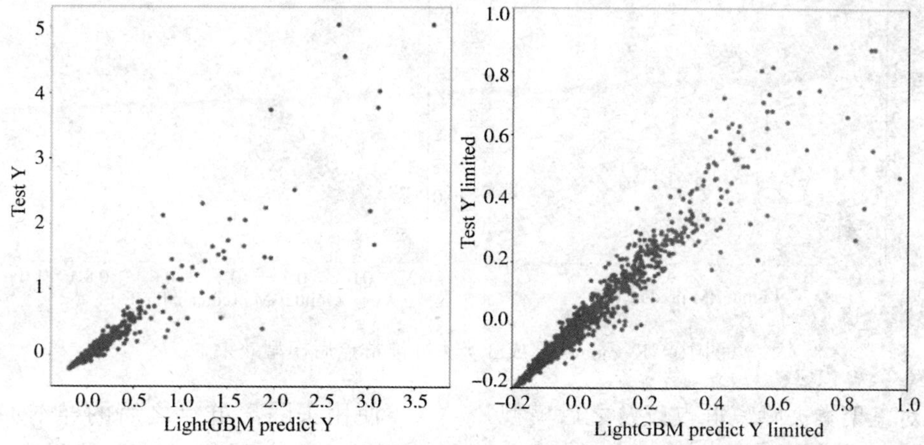

图 8 Local Outlier Factor 算法去除离群点之后的模型效果

综合上面的分析，可以得出结论，针对该数据集，Elliptic Envelope 算法表现出了良好的离群点检测能力，Local Outlier Factor 算法效果稍差，但仍在可接受的范围内，而 Isolation Forest 算法的检测结果则不够理想，不适合在该数据集中使用。

2.2 基于聚类的离群点检测算法的实现与分析

根据之前的分析，基于聚类的离群点监测算法主要受聚类类别个数和类别内部正常观测样本点与离群样本点分界的阈值 δ 两个因素的影响。

通常，样本点与聚类中心之间的距离 d_{in} 达到距离中位数 d_{mn} 的 2 倍左右才可以认为该样本点为离群样本点，即通常取阈值 $\delta=2$ 左右。

在此，通过尝试，选取合适的聚类类别数和距离阈值，在离群点比例适中的情况下比较这两种聚类方式去除离群点之后模型的预测效果，以此分析聚类类别数对离群点检测算法的影响。

首先，将聚类数量设置为 3，将阈值 δ 设置为 2，将聚类数据进行离群点标记，同样以钻进速度为例呈现离群样本点分布，如图 9 所示；最后，使用去除离群点之后的数据训练 LightGBM 模型进行钻速预测，观察模型效果，如表 4、图 10所示。

表 4 聚成 3 类去除离群点后模型的 RMSE 指标

	验证集 RMSE	测试集 RMSE
K-means 聚成 3 类后去除离群点	0.101157	0.13287

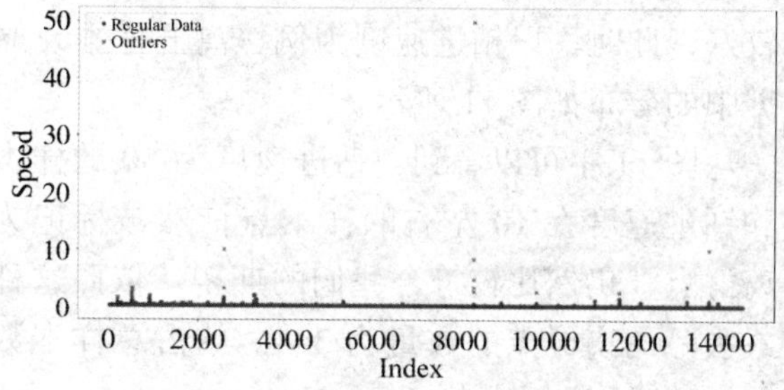

图 9 K-means 聚成 3 类后离群点分布情况

图 9 展示了经过聚类检测之后，以钻进速度为例，离群点随时间变化的分布情况。从图中可以看到，钻进速度为 50 的样本点和钻进速度在 10 左右的样本点都被标记为了离群点，比较符合我们的期望。依照这种方式去除的离群点的数量为 542，数量偏多。这可能是由于聚类数量较少，每个聚类内的样本点较多导致的。

表 4 展示了在使用该方式去除离群点之后训练得到的 LightGBM 模型在验证集和测试集上的 RMSE 指标。与 2.1 中的三种多元离群点分析方法相比，从数据上看，比 Local Outlier Factor 和

Elliptic Envelope 算法均稍差一些。图 10 绘制出了模型在对测试集数据进行预测时，预测值与实际值之间的对应关系。同样，左图中包含了测试集所有的样本点，右图是将左图在横纵轴[−0.2，1]区间内进行放大得到的结果。可以看到，大部分数据还是集中在 $y=x$ 直线附近，而且数据收束较为集中，说明虽然模型在 RMSE 指标上表现稍差，但总体上仍具有良好的拟合能力。

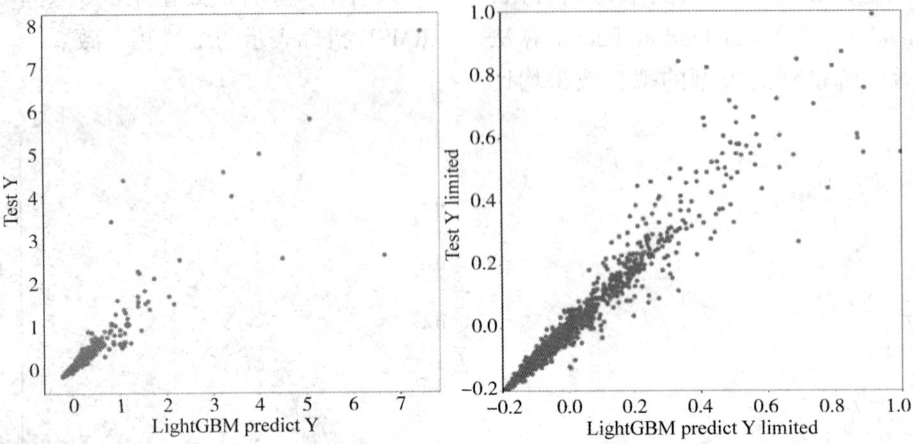

图 10　K-means 聚成 3 类去除离群点后模型效果

通过以上对三聚类去除离群点以及之后模型拟合结果的分析，三聚类去除离群点的方式在离群点数据量的大小、模型拟合效果上都没有达到预期的效果。

考虑可能是聚类数量较少导致的对后续过程的影响，在对多种聚类数量进行尝试之后发现，将数据聚成 6 类、距离阈值设置为 1.8 时，标记的离群点数量适中且训练得到的钻速预测模型效果较好。此时，以钻进速度为例，离群样本在原数据中的分布如图 11 所示。

从图 11 中可以看到，钻进速度为 50 的样本点和钻进速度在 10 左右的样本点依然被标记为了离群点，仍然比较符合我们的期望。依照这种方式去除的离群点的数量为 344，约占总样本数的 2%左右，比例适中。

使用去除离群点之后的样本训练 LightGBM 模型进行钻速预测，模型效果如表 5 和图 12 所示。

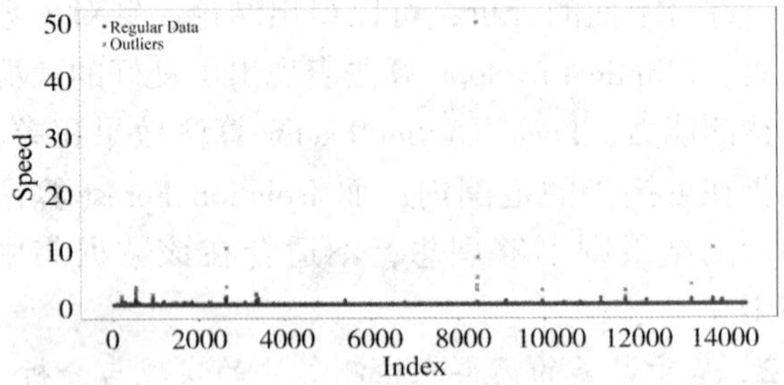

图 11　K-means 聚成 6 类后离群点分布情况

表 5　聚成 6 类去除离群点后模型的 RMSE 指标

	验证集 RMSE	测试集 RMSE
K-means 聚成 6 类后去除离群点	0.0928	0.122949

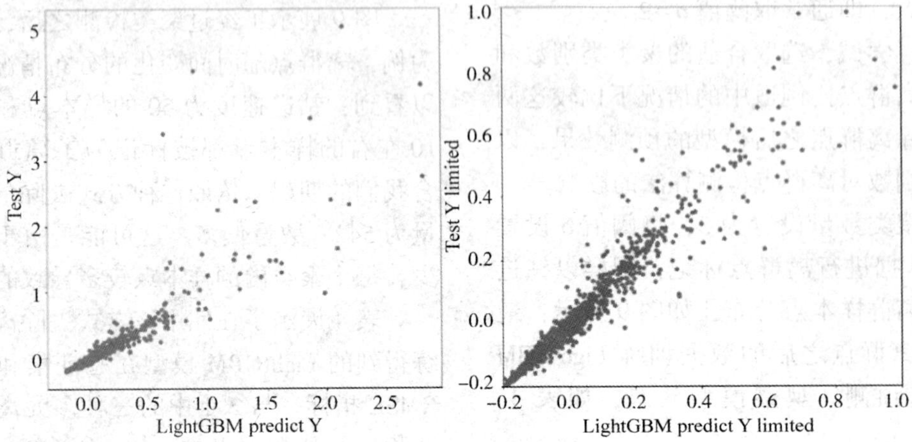

图 12　K-means 聚成 6 类去除离群点后模型效果

表5展示了将数据聚成6类去除离群点之后，训练得到的模型在验证集和测试集上的RMSE指标。可以看出，与聚成3类时相比，此时模型在RMSE指标上确实有所提升。与2.1中的三种多元离群点分析方法相比，略差于Elliptic Envelope和Local Outlier Factor算法。

图12绘制出了模型在对测试集数据进行预测时，预测值与实际值之间的对应关系。同样，左图中包含了测试集所有的样本点，右图是将左图在横纵轴[-0.2，1]区间内进行放大得到的结果。可以看到，大部分数据还是集中在$y=x$直线附近，而且数据收束较为集中，与RMSE指标所展现出来的模型拟合能力一致，表明模型具有良好的拟合能力。

3 离群点检测方法的选取与融合

在之前的内容中，对于多种不同类型的离群点处理方法进行了比较分析，基于理论上的合理性以及实验结果的准确性，从中选取三种离群点检测方法：Elliptic Envelope方法、Local Outlier Factor方法和6聚类离群点检测方法进行融合。

采用“半数获胜”的投票表决的思想，将上述三种离群点检测方法进行融合，主要分为以下两个步骤：

（1）分别采用上述三种方法标记样本数据中的离群点；

（2）对于数据集中的每个样本，如果有两种或两种以上的方法将该样本标记为离群点，则判定该样本为离群点。

使用上述融合的离群点检测方法对数据集中的各个样本进行标记，将标记的离群点去除后，使用剩余部分数据训练LightGBM模型进行钻速预测。模型的效果如表6、图13~图14所示。

表6 融合方法去除离群点后模型的RMSE指标

	验证集RMSE	测试集RMSE
融合方法去除离群点	0.0797618	0.061705

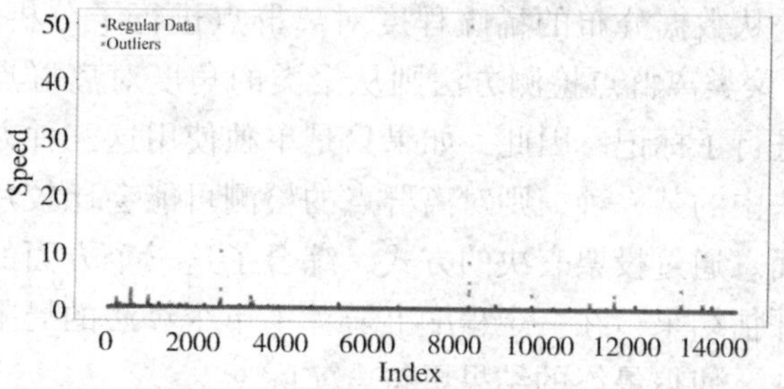

图13 融合方法标记的离群点分布

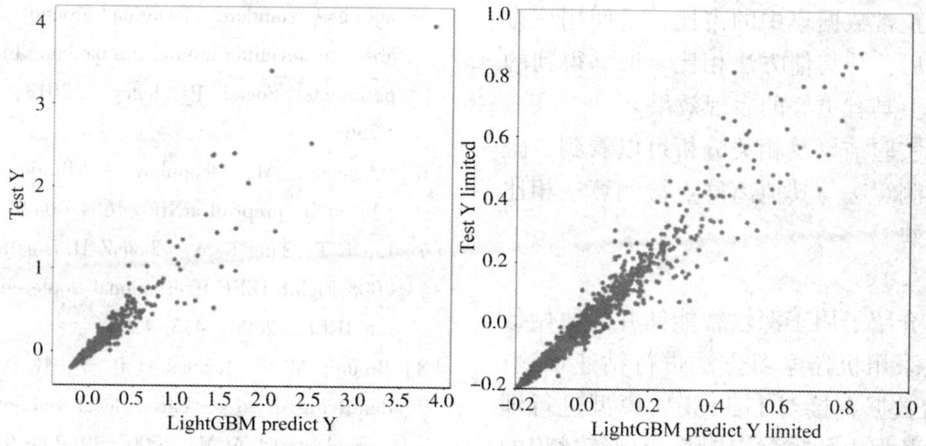

图14 融合方法去除离群点后的模型效果

表6中展示了使用融合方法去除离群点之后，训练得到的模型在验证集和测试集上的RMSE指标。验证集和测试集的RMSE指标相差不大且数值较小，表明模型具有良好的拟合效果。与单独使用上述三种方式相比，此时的RMSE指标的明显数值更小，这表明该情况下的模型效果要显著好于分别单独使用上述三种方法去除离群点后拟合的模型效果。

图13中以钻速为例，展示了使用融合方法标记的离群点样本在原数据集中的分布。使用融合方法标记的离群点数量为326，约占数据集中总样本的2%左右，比例适中。

图14绘制出了模型在对测试集数据进行预测时，预测值与实际值之间的对应关系。同样，左图中包含了测试集所有的样本点，右图是将左图在横纵轴[-0.2，1]区间内进行放大得到的结

果。从图像中样本点的分布可以看出，大部分样本点都分布在直线 $y=x$ 附近，且数据收束较小，表明模型对于测试集具有较好的预测效果，没有出现过拟合或欠拟合现象，进一步验证了 RMSE 指标的可靠性。

根据对 Elliptic Envelope 方法、Local Outlier Factor 方法和 6 聚类离群点检测方法的理论分析以及对上述实验结果的分析，此处提出的融合的离群点标记算法具有如下优势：

• 综合了多方面对离群点的分析。Elliptic Envelope 方法、Local Outlier Factor 方法和 6 聚类离群点检测方法分别从不同的角度对离群点进行了分析与标记：Elliptic Envelope 方法从统计理论方面对离群点进行了估计，Local Outlier Factor 方法从数据分布的稀疏程度对离群点进行了分析，6 聚类离群点检测方法则从聚类的角度对离群点进行了标记。因此，如果只是单独使用这三种方法中的某一种，则对离群点的检测可能会比较片面。通过投票表决的方式，综合了这三个方面的评估结果，在一定程度上避免了单个算法的局限性，使得最终的结果更符合实际。

• 从各个角度看，融合方法的表现均更好。通过上述融合方法标记的离群点数量适中，符合离群样本点在正常数据集中的占比，且使用该方法去除离群点后，与其他方法相比，训练得到的模型在测试集上具有更好的表现效果。

通过以上实验结果及相关分析可以看到，融合的离群点检测算法与其他离群点检测算法相比具有更大的优势。

4 结语

（1）本文介绍了用于深水智能钻井的原始数据的处理以及采用机器学习方法进行钻速预测。首先采用原始数据直接对 LightGBM 模型进行训练，分析原始数据中的离群点对模型训练过程的影响。其次，采用 Elliptic Envelope 算法、Isolation Forest 算法、Local Outlier Factor 算法以及基于聚类的离群点标记算法，研究结果表明，Elliptic Envelope 算法、Local Outlier Factor 算法以及基于 6 聚类的特定参数下的离群点标记算法在该问题中具有良好的表现效果。最后，使用“半数获胜”的投票表决思想对上述三种效果较好的方法进行了融合，最终获得了一种效果更好的离群点标记算法。

（2）使用机器学习的方式进行钻速预测的过程中离群点问题进行了研究，在常用的离群点标记算法的基础上，提出了一种融合的离群点检测算法，为深水智能钻井的钻速预测奠定应用基础。

参 考 文 献

[1] 檀朝东，陈见成，刘志海等．大数据挖掘技术在石油工程的应用前景展望[J]．中国石油和化工，2015(01)：49-51.

[2] 周志华．机器学习[M]．北京：清华大学出版社，2016.

[3] Ben-Gal I. Outlier detection[M]// Data mining and knowledge discovery handbook. Springer，Boston，MA，2005：131-146.

[4] Aggarwal C C. Outlier analysis [C] // Data mining. Springer，Cham，2015：237-263.

[5] Leys C，Ley C，Klein O，et al. Detecting outliers：Do not use standard deviation around the mean，use absolute deviation around the median[J]. Journal of Experimental Social Psychology，2013，49(4)：764-766.

[6] Aganagic M，Okounkov A. Elliptic stable envelope [J]. arXiv preprint arXiv：1604.00423，2016.

[7] Liu F T，Ting K M，Zhou Z H. Isolation forest[C]// 2008 Eighth IEEE International Conference on Data Mining. IEEE，2008：413-422.

[8] Breunig M M，Kriegel H P，Ng R T，et al. LOF：identifying density-based local outliers [C] // ACM sigmod record. ACM，2000，29(2)：93-104.

[9] Duan L，Xu L，Liu Y，et al. Cluster-based outlier detection[J]. Annals of Operations Research，2009，168(1)：151-168.

试油测试期间井下无线自适应中继传输技术探讨

庞东晓 韩 雄 黄 焰

（中国石油川庆钻探工程有限公司）

摘 要 随着勘探开发向深部油藏进军，现有井下无线传输距离和传输速率已不能满足勘探开发的需要。本文设计了一套井下电磁波中继无线传输技术方案，利用时分复用和频分复用形成了中继传输技术，利用根据的发射和接受电平进行了发射功率自适应调整，提高了传输可靠性，适应了地层参数变化。最终，利用以上技术研制了具备中继传输功能的井下无线传输系统，通过现场试验表明，该系统采用了三级中继实现了5050m的传输距离，系统在井下工作28d，获取了112671组数据，最大工作温度165℃，最大工作压力137MPa，传输速率达到12.4bit/s，误码率小于0.5%。满足了在深部油气藏测试过程中实时监测井下压力温度的要求，满足了川渝地区大多数深井的勘探开发需要，为深部气藏的现场科学试油测试提供准确可靠的数据支撑。

关键词 中继传输；无线；试油测试；直读

目前我国地层测试技术普遍通过存储式电子压力计录取井下压力、温度数据，不能实时监测试油测试期间井底压力、温度变化情况，对施工效果仅依赖地面检测的压力变化进行推测，对试油工程师的实际经验要求高。通过开展了试油测试期间井下无线传输技术的研究，可以在测试过程中实时监测井下压力温度，对测试过程中井下工况做出准确判断，从而及时采取各种措施，调整测试工作程序，提高测试作业时效，确保取全、取准地层测试资料，为现场科学施工提供准确可靠的数据支撑。然而，试油测试期间面临的井下无线传输环境相对恶劣，一方面，完井测试一般处于套管中作业，套管对电磁波等无线传输屏蔽严重。另一方面，随着勘探开发向深部气藏进军，井下无线传输距离要求也越来越深，传输距离已不能满足勘探开发的需要[1]。

本文介绍了一种基于电磁波传输的中继传输技术方法的研究和实施情况，对试油测试期间井下传输的进一步发展提供参考，有助于推动井下无线传输技术的应用。

1 井下多中继器电磁波传输技术

目前，在井下无线传输方面主要包括电磁波传输、声波传输和泥浆脉冲信号三类，泥浆脉冲信号主要以MWD为代表，主要应用在钻井作业中，此处不再累述。目前在试油测试中主要以电磁波传输、声波传输为代表。以哈里伯顿为代表的声波传输主要利用声波在管柱内的传输实现。声波传输

由于属于机械波，仅和局部应力应变相关，单级传输距离较短，目前通过多级接力传输的方式而得到广泛，单级之间传输一般在300-600m左右。对于较深的井，其中继数量往往多达20个以上，安装复杂。

国外开展电磁波传输研究工作较早，相比声波，电磁波单级传输的距离具有明显优势，一般在1000~3000m左右。然而，由于电磁传输依赖传输通道的电磁场分布，在试油测试中受套管电磁屏蔽和地层介电参数的影响较大，目前较少采用这种方法进行井下信息的传输。目前斯伦贝谢公司、川庆钻探工程有限公司均开展了相关研究，以川庆公司为例，目前单级传输距离达到了4000m以上，然而为了实现可靠传输，采用的载波频率较低，传输速率受到限制，目前该距离下传输速率仅2.3bit/s[2-3]。

为了实现井下电磁波长距离、高速无线传输，采用多级中继器是一个解决方向，然而由于电磁波是场波，不同中继器之间信号传递首先需要克服的问题是在同一个信道内不同信号之间的相互干扰的问题，其次，由于中继传输一般是点对点传输，每一级中继传输可靠性要求高，为此，如何根据传输反馈信息的实现井下电磁波传输参数的控制，从而提高每一级的可靠性，也是亟待解决的问题。本文综合应用单路复用技术和传输自适应技术，初步实现了高速中继无线传

输，为形成试油期间井下电磁波长距离、高速无线传输技术奠定了基础。

2 多中继器单路复用技术

目前，电磁波在同一信道之间的单路复用传输主要包括时分复用、频分复用和码分复用等方式，这些技术在地面传输中广泛应用，然而井下无线传输受空间尺寸狭隘，高温芯片处理能力有限等多种因素的限制，因此，复用可靠、数据处理量小是选择合理的单路复用技术的主要依据。

根据试油测试期间井下无线传输系统的工况，每一级中继模块既要传输数据信号，也要传输指令信号，为了防止中继信号、数据信号、指令信号之间的相互干扰，需要对这些信号规定传输的协议。在复用可靠、数据处理量小的原则下，本文综合采用了时分复用和频分复用形成了中继传输技术[4-6]。

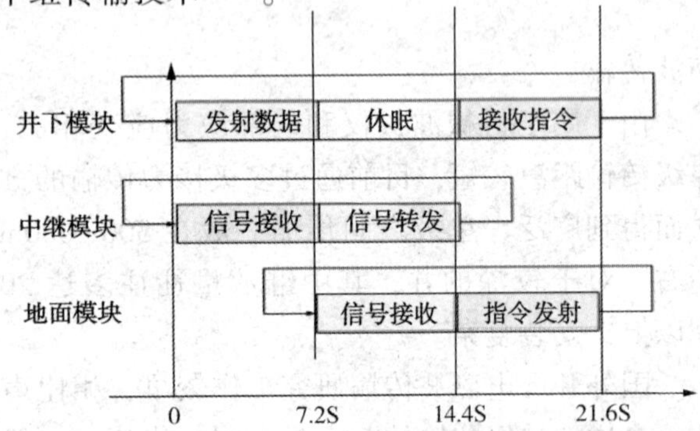

图 1 分时传输方案

时分复用协议中的时隙分配如图 1 所示。井下模块的时隙被划分为发送数据、休眠和接收指令三个部分循环进行。其中休眠时隙对应中继模块的信号转发时隙，这样就避免了中继模块的转发信号对井下模块的接收指令构成的干扰。中继模块的时隙则划分为信号接收和信号转发两个部分循环进行。当中继模块在信号接收时隙中判断收到信号时，就对信号进行转发，否则继续接收信号。地面模块的时隙也划分为信号接收和指令发射两个部分。地面模块的时隙转换是由操作员人为控制的(图 2)。

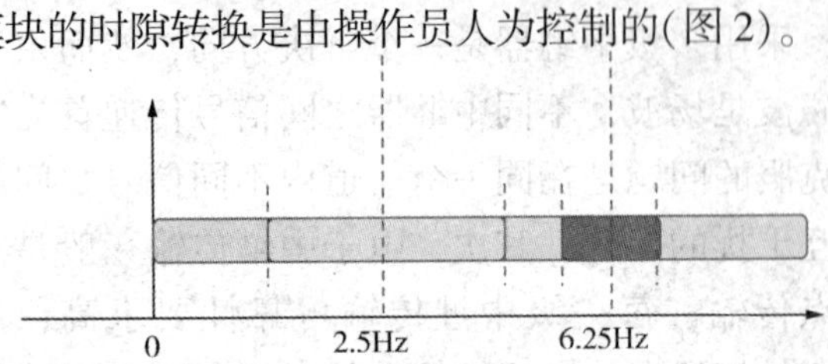

图 2 分频传输方案

在以上时分复用的基础上，采用 2.5Hz 和 6.25Hz 在地面模块"信号"和中继器"信号转发"阶段实现了分频传输。

最后每一级的具体技术方案如图 3 所示。

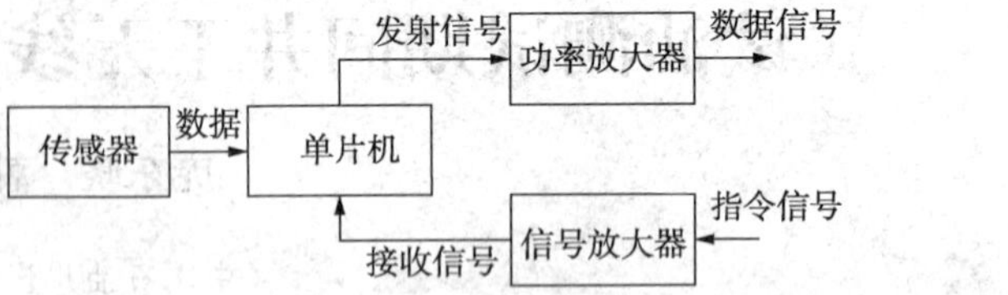

(a)井下发射器技术方案

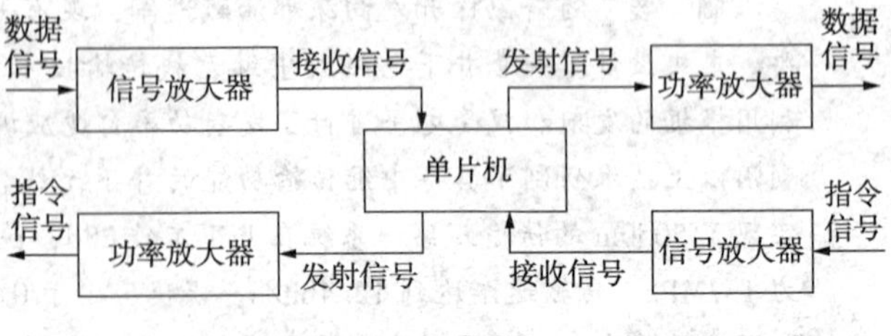

(b)井下中继器技术方案

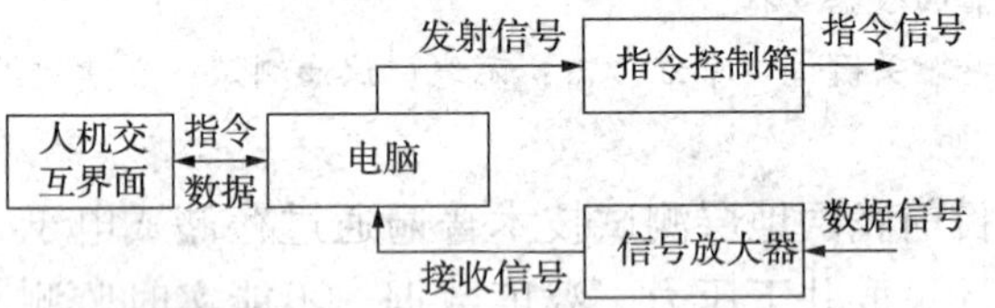

(c)地面控制系统技术方案

图 3 信号中继传输每级的技术方案

3 无线传输自适应技术

由于井下工况复杂，不同地层电阻率变化较大。电阻率较大时，负载也随之提高，此时电流过小，难以实现设计的发射功率。对于电阻率较小时，负载也随之减小，信号较强，有利于接受信号，然而过小的负载可能导致电流过大，导致电路耗能过大，严重时还可能导致电路板故障。为此，需要通过建立井下电路反馈实现无线传输恒功率自适应，确保信号稳定传输[7]。

为此，通过监控电流强度，即可确定发射装置负载，然后根据负载实时调整发射功率，在此主要通过调整发射电压实现功率调整，最终满足传输的稳定性，降低能量损耗和避免电路板故障(图 4)。

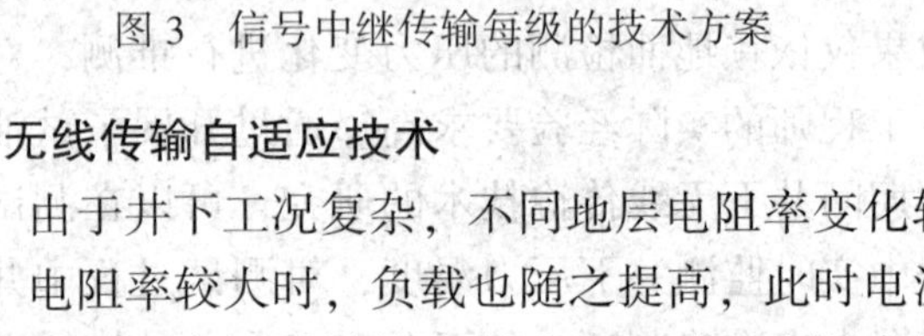

图 4 井下发射器反馈示

图 5 是某口井采用以上自适应技术是实测的反馈电流 I、发射电压 U 和发射功率 P，通过井深的增加反馈电流 I、发射电压 U 均有显著变化，

但发射功率 P 基本不变，从而实现了井下发射恒功率，确保了信号稳定和保护了电路板。

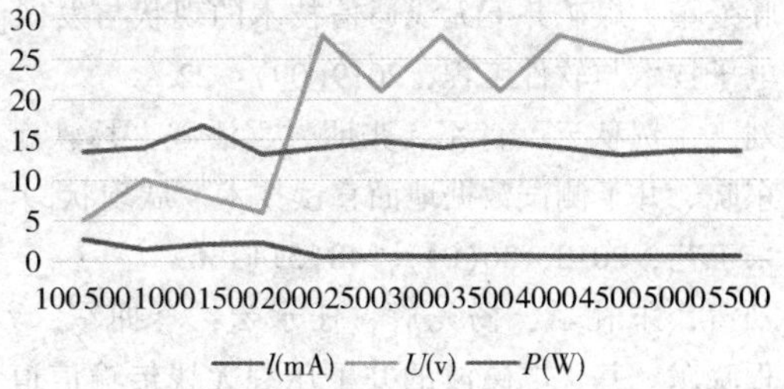

图 5　实测发射功率随井深变化

4　无线多中继传输技术现场应用

将以上技术应用在试油测试井下无线传输系统中，在磨溪某口井进行现场试验，井深结构 ϕ177.8mm×4236.29m + ϕ177.8mm×(4052.44 - 5528.00)m，直井。

通过计算，采用了2个中继器和1个井下发射器，其中中继器从上至下下入深度分别为2122m、4104m，发射器下入深度5053m，传输速率12.4bit/s。具体管柱结构如下表：

表 1　关键工具下入表

序号	名称	规格	扣型	外径/mm	内径/mm	段长/m	下深/m
1	压缩距					-2.8	13.49
2	油补距					7.35	20.84
3	油补差					3.25	24.09
4	电测差					0.1	24.19
5	油管挂					0.22	24.41
6	双公短节	3-1/2"		89	70	0.54	24.95
7	调整油管	3-1/2"	3-1/2" BGT 扣	89	70	0.89	25.84
8	油管	3-1/2"	3-1/2" BGT1 扣	89	70	2096.23	2122.07
9	中继器	3-1/2"	3-1/2" BGT1 扣	113	68	3.1	2125.17
10	油管	3-1/2"	3-1/2" BGT1 扣	89	70	1976.11	4101.28
11	中继器	3-1/2"	3-1/2" BGT1 扣	113	68	3.1	4104.38
12	变扣接头	5"	3-1/2" BGT 母×3-7/8" CAS 公	127	57	0.94	4105.32
13	伸缩接头	5"	3-7/8" CAS 扣	127	57	6.07	4111.39
14	变扣接头	5"	3-7/8" CAS 母×3-1/2" BGT 公	127	57	0.51	4111.9
15	油管	3-1/2"	3-1/2" BGT1 扣	89	70	902.68	5014.58
……	……	……	……	……	……	……	……
26	井下发射器	5"	3-7/8" CAS 扣	127	57	3.24	5053.36
……	……	……	……	……	……	……	……
32	RTTS 封隔器		3-7/8" CAS 母×2-7/8" 加厚公	143	57	1.37	5062.9
……	……	……	……	……	……	……	……

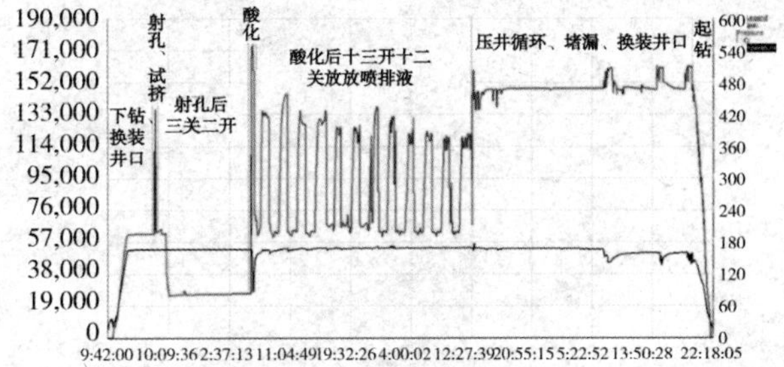

图 6　磨溪 XXX 井测试曲线

通过现场试验表明，该系统采用了三级中继实现了5053m的传输距离，系统在井下工作28天，获取了112671组数据，最大工作温度165℃，最大工作压力137MPa，传输速率达到12.4bit/s，误码率小于0.5%。满足了在测试过程中实时监测井下压力温度的要求，实现了对测试过程中井下工况做出准确判断，有助于及时采取各种措施，调整测试工作程序，提高测试作业时效，确保取全、取准地层测试资料。

5　结论和建议

(1) 本文所采用的井下电磁波中继无线传输技术方案兼顾了传输速率和传输距离，综合考虑到井下无线传输电子电路安装空间尺寸狭隘，高温芯片处理能力有限等影响，以传输可靠、数据处理量小等为设计目标，利用时分复用和频分复用形成了中继传输技术，根据仪器记录的发射和接受电平在可允许的范围内实现了发射恒功率。

（2）通过现场试验表明，该系统采用了三级中继实现了 5053m 的传输距离，系统在井下工作 28 天，获取了 112671 组数据，最大工作温度 145℃，最大工作压力 137MPa，传输速率达到 12.4bit/s。满足了满足了川渝地区大多数深井的勘探开发需要。

（3）随着勘探开发的进行，7000m 以上的深井将成为下一步天然气勘探的重点方向，通过现场实践表明，7000m 以上深井预计将采用 4-5 级中继传输，现有中继传输技术在频分时分方案还有待进一步完善，以满足 7000m 以上深井无线传输需要。

参 考 文 献

[1] 滕爱军．煤矿井下无线通信技术的现状与发展[J]．电子技术与软件工程，2019(09)：22.

[2] 刘飞，贺秋云，肖军，张明友，潘登，林铁斌，庞东晓．井下测试数据地面直读技术发展现状[J]．钻采工艺，2013，36(04)：48-51+136.

[3] 刘涛，朱礼斌，杨先辉，任永宏，李拥军，蔡军，程晓东．基于电磁波的井下压裂无线传输信道性能分析研究[J]．测井技术，2018，42(06)：715-719.

[4] 贺炜．近钻头井下电磁波无线传输技术研究[D]．西安石油大学，2018.

[5] 庞东晓，韩雄，潘登，贺秋云．中继传输技术在井下无线地面直读中的应用[J]．油气井测试，2016，25(06)：43-45+75.

[6] 韩雄，庞东晓，刘飞，温杰文，王志敏．井下测试数据无线直读技术研究与现场应用[J]．油气井测试，2016，25(06)：61-63+76.

[7] 田志宾，魏赞庆，刘铁民，陈觅武．基于低频电磁波无线传输的压力计直读测试系统研制及应用[J]．油气井测试，2014，23(06)：43-46+75.

双壁钻杆气举高效降压穿漏钻井新工艺研究与应用

康 波 唐洪林 周延军 冯光通 陈永明 燕修良 吴仲华 朱焕刚 王树江

(中国石化胜利石油工程有限公司)

摘 要 为实现深层油气、页岩气的高效开发，解决裂缝性地层钻井过程中井漏频发难题，本文从漏失发生的机理入手，结合工程实际，采用逆向思维创新性提出了一种以“降压止漏”为核心理念，以“先打成、后处理”为目标的气举穿漏钻井新工艺。该工艺采用少量双壁钻杆注气将上部钻井液举升，降低井漏原动力——“有效漏失压差”实现易漏地层快速穿越。文章通过成熟多相流模拟分析了立管压力、双壁钻杆下深及钻井液排量等关键工艺参数对降压控制效率的影响，建立了以“最优气举效率”为特色的优化设计原则，形成了“高效降压”控制方法及施工方案，并完成了2口失返性漏失井的先导试验，验证了工艺可行性及效果。试验结果表明利用该工艺可在不堵漏的情况下快速建立稳定的循环，同时满足携岩及轨迹控制要求，降低井漏复杂90%以上，大幅缩短非生产时效，具有良好市场推广应用前景。

关键词 双壁钻杆；气举高效降压；穿漏钻井工艺；先导试验

井漏复杂是深层油气、页岩气开发工程中亟待解决的重大技术难题之一，特别是多重裂缝性、失返性的恶性漏失，不仅造成施工周期、开发成本大幅增加，而且处理不当还极易造成井壁坍塌、卡钻、溢流等井下事故，更有甚者导致整个井眼报废，无法完成勘探开发的目的，损失可能超过千万元，因此系统性研究和解决井漏难题，形成一套易漏地层高效提速钻井新工艺，对加快油气勘探进程，保障国家的能源战略具有重大意义。

漏失的发生必须具备两大基本要素：即足够动力和漏失通道。关于“漏失通道(裂缝)”国内外学者开展了大量的工作，如Sanfillippo[1]、Lavrov[2-3]等人分别分析了单条无限长裂缝内牛顿、幂律流体的漏失规律，得到了漏失量与裂缝宽度、压差、时间、孔隙度、综合压缩系数、井眼半径及裂缝倾角等函数关系。李大奇等人[4-5]详细分析了一维径向、一维线性及二维平面漏失模型，强调指出了井筒压力系统的在裂缝网络漏失模型及缝洞型地层漏失模型的耦合作用。王明波[6]等人，建立了宾汉流体在表面粗糙、指数变形、存在倾角的二维粗糙裂缝内漏失控制方程。以上研究成果主要用于裂缝宽度、长度、面积、角度、粗糙度等预测，旨在为封堵漏失通道，提高堵漏成功率提供了理论指导。但由于地下裂缝真实情况较为复杂且在不同工况下受多种因素影响变化较大，因此预测精度不高、漏点不好判断、导致堵漏周期长、费用高、复漏频繁。针对以上问题，笔者依据自己研究工作结合实际施工情况总结，提出了一套新的解决易漏地层钻井提速提效难题的优化思路，即“先打成，后处理”的“穿漏”工艺解决方案。

1 裂缝性地层“穿漏”钻井优化解决方案

1.1 井漏处理方法及主导成因分析

面对钻井过程中井漏处理，存在如下主要解决思路，如图1所示：

由图1可以看出存在两种主要解决方案，即正向(常规)的堵漏方案和逆向(非常规)的穿漏方案。关于堵漏方案国内学者进行大量细致的工作，取得了不少研究成果[20-25]。本文主要讨论的是穿漏方案，两种方案的主要区别在于对井漏的主导成因认识不同，因而后续采用的方发也自然有所不同。

“穿漏”方案认为，由于地下断层、裂缝、裂隙、溶洞等缺陷的存在，降低了地层承压能力，存在一个导致漏失持续发生的原动力即“有效漏失压差”，使得钻井液能够不断克服裂缝中阻力流入地层，从而造成其大量损失。如果能够将这一原动力降低到钻井液无法克服流动阻力或压力平衡时(注：这里暂不考虑密度差别很大重力置换问题)，即使漏失通道仍然存在，井漏也可以自然减小或停止，达到防漏止漏目的。这一思路的来源于大量现场的漏失现象的客观总结。

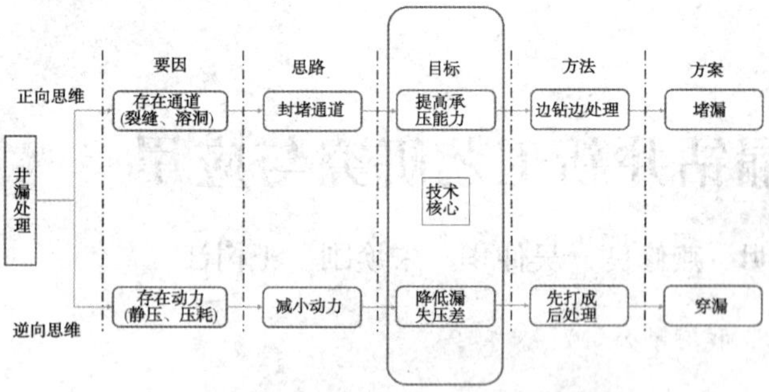

图 1　井漏处理正向与逆向思维对比

1.2　不同工况下有效漏失压差分析

对于钻井工程来说，主要由静止和循环两种工况，循环工况井筒某处压力比静止时增加了循环压耗 Δp，但由于钻井液为非牛流体 Δp 循环压耗计算较为复杂，樊洪海[7-10]等人建立了不同流变模式下流变参数准确计算方法模型，还创新提出了四参数流变模式，为钻井液循环压耗的计算提供理论依据。如表 1 所示。

表 1　钻井液不同流变模式压耗通用精确计算方法

流变模式	流变方程	压耗
宾汉模式	$\tau=\tau_0+\mu_p\dfrac{du}{dr}$	$\Delta p=\dfrac{32L\mu_p v}{D^2}+\dfrac{16L\tau_0}{3D}$
幂律模式	$\tau=K\left(\dfrac{du}{dr}\right)^n$	$\Delta p=\dfrac{4KL}{D}\left(\dfrac{3n+1}{4n}\right)^n\left(\dfrac{8v}{D}\right)^n$
卡森模式	$\tau^{\frac{1}{2}}=\tau_c^{\frac{1}{2}}+\eta_\infty^{\frac{1}{2}}\gamma^{\frac{1}{2}}$	$\Delta p=\dfrac{4L}{D}\left[\left(\eta_\infty\dfrac{8v}{D}-\dfrac{4}{147}\tau_c\right)^{0.5}+\dfrac{8}{7}\tau_c^{0.5}\right]^2$
赫-巴模式	$\tau=\tau_0+K\gamma^n$	$\Delta p=\dfrac{4KL}{D}\left(\dfrac{1+3n}{4n}\dfrac{8v}{D}\right)^n+\dfrac{4L\tau_0}{D}\left(\dfrac{3n+1}{2n+1}\right)$
罗-斯模式	$\tau=A\ (\gamma+C)^B$	$\Delta p=\dfrac{4AL}{D}\left[\dfrac{2(3B+1)}{BD}\left(v+\dfrac{CD}{6}\right)\right]^B$
Sisko 模式	$\tau=a\gamma+b\gamma^c$	$\Delta p=\dfrac{2\tau_w L}{R}$
四参数模式	$\tau=\tau_0+a\gamma+b\gamma^c$	$\Delta p=\dfrac{2\tau_w L}{R}$

表 1 中：Δp——循环压耗，Pa；r——环空中任一点到环空流道轴线的径向距离，m；τ——至环空流道轴线径向距离为 r 处的剪切应力，Pa；L——环空长度，m；Pa；τ_w——管壁处剪切应力，Pa；ν——环空平均流速，m/s；D——环空内外管直径差，m；τ_0——流体屈服值，Pa；μ_p——流体塑性黏度，Pa·s；K——幂律模式和赫-巴模式中稠度系数，Pa·s^n；n——幂律模式和赫-巴模式中流动特性指数；γ——流体剪切速率，s$^{8\ 1\ 1}$；η_∞——卡森模式中极限剪切黏度，Pa·s；A——罗-斯模式中稠度系数，Pa·s^B；B——罗-斯模式中流动特性指数；C——罗-斯模式中剪切速率校正值，s^{-1}；a——Sisko 模式及四参数模式中极限剪切黏度，Pa·s；b——Sisko 模式及四参数模式中稠度系数，Pa·s^c；c——Sisko 模式及四参数模式中流动特性系数；

由表 1 中公式可计算分析不同工况下有效的漏失压差的，分析结果如表 2 所示。

表 2　不同工况下有效漏失压差计算分析方法

工况	漏失情况	环空液面距井口/H_L	漏速为零排量/Q_L	有效漏失压差/ΔP_L
静止	环空液位在井口	0	0	$\Delta P_L=0$
	环空液位稳定在 H_L	$H_L>0$	0	$\Delta P_L=P_{H_L}$
循环	环空液位在井口	0	Q_L	$\Delta P_L=\Delta P_{Q_L}$
	环空液位稳定在 H_L	$H_L>0$	Q_L	$\Delta P_L=P_{H_L}+\Delta P_{Q_L}$

表 2 中：P_{H_L}——高度为 H_L 静液压力；ΔP_{Q_L}——排量为 Q_L 产生循环压耗；

1.3　常规降压方式效果及存在问题

降低有效漏失压差就可减缓或停止漏失的发生，但是常规降压方式为何没有达到较好效果，其存在问题如表 3 所示。

表 3　常规降压方式对比分析

序号	降压方式	降压能力	存在问题
1	降排量	一般	降低循环排量，虽可降低循环压耗防漏，但带来机械钻速及携岩效率大幅下降，导致卡钻等复杂，使施工无法继续进行。
2	降密度	中等	例如常采用清水强钻，可有效防止漏失，但是必须有两个前提，一是有充足的水源作为牺牲液，二是裂缝或溶洞能够容纳大部分新钻出岩屑，如若不然，易导致井下沉沙卡钻，使施工无法继续进行。
3	空气、泡沫钻井	很强	空气、泡沫对于漏失严重的地层具有很好防漏效果，但是由于没有液柱压力，带来井壁稳定、地层出水及环保等一系列问题，而且费用昂贵。
4	充气钻井	强	充气钻井也是一种常用降压方式，与前几种相比应用最多[11-14]，但由于气体与钻井液的混合注入的方式，存在如下问题，一是井深时气体压缩厉害，进入环空后还未膨胀就随钻井液一同漏失，使降压效果大打折扣，二是严重影响 MWD 的信号传输效果[15-17]，导致无法满足定向及轨迹控制要求。

由表 3 可以看出，目前常规降压方式存在不少的问题，其中充气钻井方式效果最好但仍未满足现场需求，因此，本文提出了一种基于双壁钻杆的高效气举降压的新工艺，可较好解决上述难题。

2　双壁钻杆气举穿漏钻井工艺研究

2.1　原理及优势

1）原理

双壁钻杆气举穿漏钻井工艺是采用少量双壁钻杆注气将上部钻井液举升降低井筒环空 ECD 从而实现易漏地层快速穿越的钻井新技术。该技术核心理念“高效降压”，即降低井筒与地层之间的有效漏失压差，使钻井液很难克服地层裂缝的流动阻力，从而减少或停止漏失的发生。工艺原理如图 2 所示。

2）技术优势

与充气钻井技术相比，气举穿漏钻井具有如下明显的优势，如表 4 所示。

2.2　“高效降压”控制方法及影响因素分析

“高效降压”控制方法气举穿漏钻井技术的核心及特色，要实现高效降压就必须关键工艺参数影响因素进行分析。

1）总体思路

就是利用成熟气液固多相流软件，结合气举穿漏原理，计算其关键工艺参数，并开展不同工况（井深、压力）条件下对气举效率影响的分析，然后建立基于“最优气举效率”优化原则，优选参数与组合，最终形成一套气举穿漏钻井工艺控制方法。

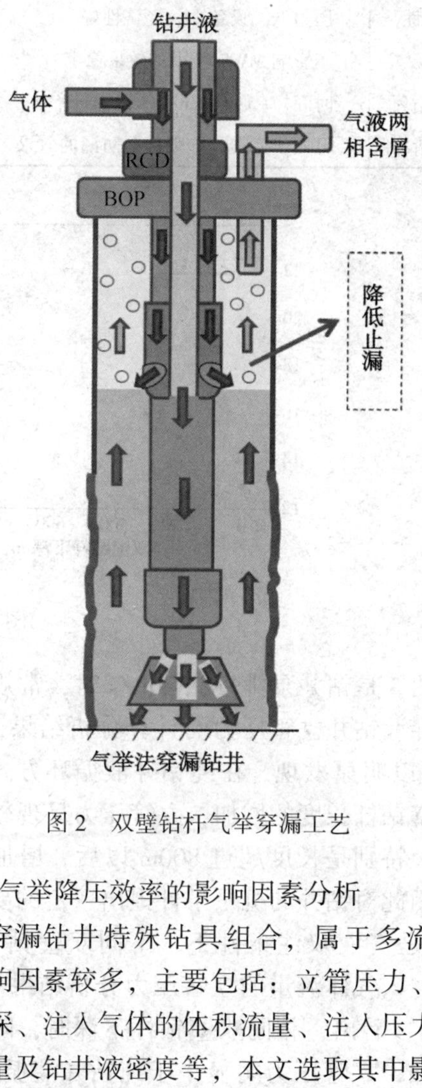

图 2　双壁钻杆气举穿漏工艺

2）气举降压效率的影响因素分析

因穿漏钻井特殊钻具组合，属于多流道结构，影响因素较多，主要包括：立管压力、双壁钻杆下深、注入气体的体积流量、注入压力、钻井泵排量及钻井液密度等，本文选取其中影响较大的进行如下分析。

（1）立管压力的影响

由于双壁钻杆的内管内径较小，当双壁钻杆下入较深时，纯钻井液循环会导致立管压力的升高，从而影响气举降压的效果和机泵条件，因此十分有必要开展不同双壁钻杆长度情况下，不同注入气量时立管压力模拟与分析，通过计算结果如图 3 所示。

表 4 气举穿漏与充气钻井技术对比

项目	双壁钻杆气举穿漏钻井	充气钻井
注入方式	气液分注	气液混注
降压效率	效率高、降压能力容易控制 可通过调节多种参数(钻井液密度、排量、双壁钻井下深、注入气量等)获得并控制最佳井筒 ECD 梯度分布。	虽理论上较高、但是实际效果不高特别是在中深井，降压能力不好控制，易出现井筒压力欠平衡状态。一般只能通过气量调节实现。
双梯度分布	注气段在上部套管内，井筒环空形成明显双梯度分布，减少对下部裸眼井段冲刷，有利不稳定地层井壁稳定。	全井段含气分布，无法避免对薄弱地层的冲刷
提速效果	不降密度也不牺牲排量，可更好为井下工具提供充足的动力，增强提速效果及优势	提速效果不明显
经济性	压力低、设备少、经济性好	压力高、设备多
MWD 效果	不影响 MWD 使用，效果稳定	严重影响 MWD 使用。
恢复循环	时间短(5~10min)	时间较长(40min 以上)
随钻堵漏	可同步实施，加强穿漏防漏的效果	不可随钻堵漏

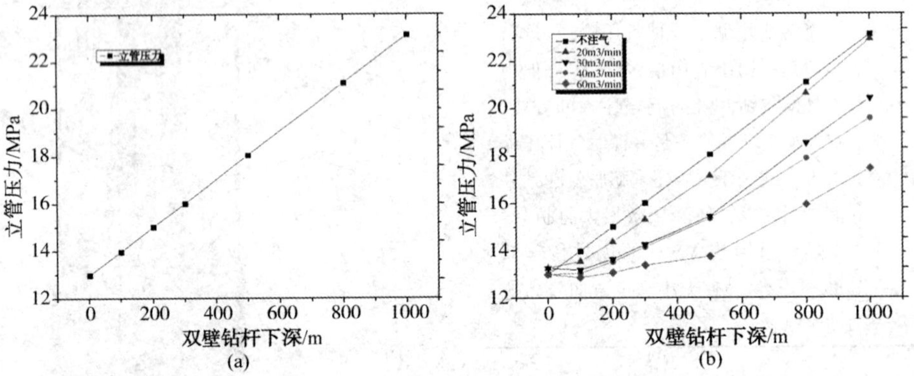

图 3 立管压力影响因素分析

图 3 是钻井泵排量在 30L/s 时，常规钻井与气举穿漏钻井立管压力的计算分析结果，从图 3(a)可以明显发现，在纯钻井液循环方式下，随着双壁钻杆长度的增加，立管压力呈现较大上升趋势，特别是长度超过 800m 以后，增加较为明显，因此对钻井的机泵条件提出一定的要求。图 3(b)是气液双注条件下，不同双壁钻杆下深，不同注入气体流量的立管压力分析结果。从图 3(b)可以看出，相同双壁钻杆下深时，随着气量的增加，立管压力明显小于纯钻井液循环方式。结合图 3 分析表明：500m 以内在 30-60m^3/min 注气量时，立管压力增加最大为 2.32MPa，对钻井的机泵条件及气举效率影响不大。

(2) 双壁钻杆下深的影响

双壁钻杆下深直接影响气体注入点的位置，会对气举降压的效率产生较大的影响，下面选取三组(30m^3/min、40m^3/min、60m^3/min)相同注气量条件下，对气举降压的效率进行对比分析，如下图所示：

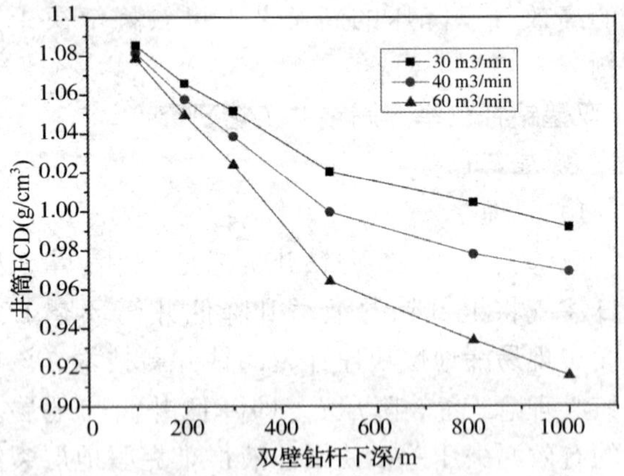

图 4 双壁钻杆下深对降压效果的影响分析

从图 4 的对比分析可以看出，随着双壁钻杆长度增加，在相同注气量的情况下，总体降低井底 ECD 的能力及效果逐步在增加。但 100-300m 范围气举降压的效果内随注气量的增加而线性增加，300-500m 气举降压的提升效果处在突变性区，800m 以后气举降压的提升效果处在衰退区。

为保持理想的气举降压效果，设计双壁钻杆的下深时，应尽量保持在线性区与突变区域以内。

（3）钻井泵排量的影响

钻井液循环流动时，泵的排量是一个主要流体力学指标之一，它不仅要满足钻屑携带的要求，而且还可以用其产生的循环压耗来控制和调节井底压力。常规钻井因其地层压力窗口较宽，通常情况下可以忽略循环压耗，但是对于常低压易漏地层来说，由于其压力敏感的特性，在分析气举降压效果时必须考虑排量的影响。

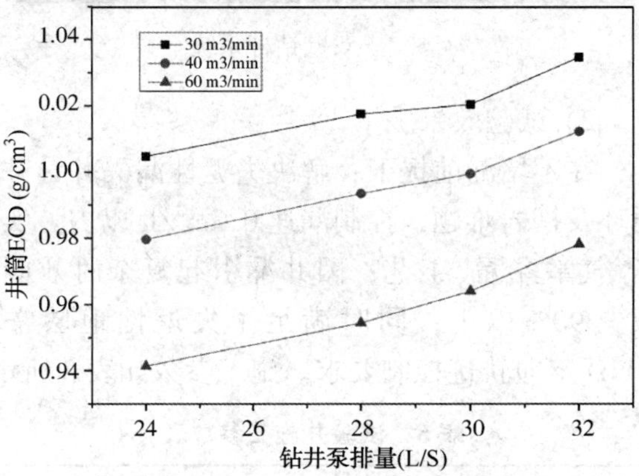

图5　钻井泵排量对气举降压效果影响分析

如图5结果所示：在满足携岩要求的前提下，相同的双壁钻杆下深及注气量时，改变钻井泵排量，会对降压效果产生0.03-0.04g/cm^3的影响。对于常低压地层来说，表现尤为明显，因此可以通过此与其他参数组合来进一步优化降压效果。

2.3 “高效降压”方案设计原则

通过以上关键参数对气举降压效果影响的分析，可以建立以下若干基于“最优气举效率”优化设计的原则，如表5所示：

表5　气举穿漏高效降压方案设计原则

关键参数	设计原则
立管压力	钻井现场机泵能力允许的范围内，将增幅控制在2-5MPa以内。
降压能力	依据穿漏工艺目标要求，结合井深的影响综合评估，不必最大。保持井筒微过平衡，控制地层流体流入。
注气设备	在满足工艺目的的前提下，尽量降低设备数量及压力等级，提高经济性。
双壁钻具	当降压能力不足时，优先考虑增加双壁钻杆下深进行调节
钻井泵排量	在满足携岩要求的前提下，可进行排量微调降压效果。

3　气举穿漏先导试验应用研究

3.1　试验井的情况

为了验证气举穿漏工艺的可行性及效果，先后开展了2口井的先导试验，基本情况如表6所示。

表6　气举穿漏试验井基本情况

	试验井1	试验井2
设计井深	3932.72m	2050m
井眼尺寸	215.9mm	215.9mm
井型	定向井	直井
漏层位置	2200~2280m	960~1040m
地层岩性	奥陶系灰岩 古生界白云岩	明化镇底风化壳 古生界白云岩
漏失程度	失返性漏失	失返性漏失
漏失ECD	0.88~0.93g/cm^3	0.76~0.81g/cm^3
井口液位下降	172~184m	128~133m

3.2　施工任务及难点分析

1）施工任务

如表6所示，2口井都属于失返性恶性漏失，施工任务如表7所示。

表7　气举穿漏施工任务

	任务1	任务2
试验井1	解决井漏难题：首先建立循环，满足钻井携岩要求，减少井下复杂发生，保障钻井过程中施工安全；	解决测斜难题：调节气举穿漏钻井工艺参数，保持稳定循环，满足失返漏失井常规MWD测斜要求；
试验井2	解决井漏缺水难题：首先建立循环大幅降低漏失量，解决缺水供应困难，保障钻井过程中施工安全	解决井下沉沙难题：调整不同气举穿漏钻井工艺，保持稳定足够清水大排量循环，满足地质捞砂及处理井下大量沉沙需求

由表6、表7结合2口井地质情况分析有如下难点：

2）难点分析

（1）地层漏失压力系数较低、存在多套恶性失返性漏失地层

依据邻井实钻资料计算分析，漏失压力系数很低，一旦发生漏失，就立刻失返，给钻井施工及井下安全带来很大挑战。

（2）堵漏难度很大、并且应用受到限制

由于地层裂缝及溶洞发育，堵漏的施工难度很大，一次堵漏成功率很低。而且由于总投资较低及保护地热储层等原因，基本上限制了堵漏技

术的应用。

（3）地质情况复杂、新区勘探程度较低

该地区地层结构较为复杂[19]，差异性较大，导致井深差别很大，与临井相距 50 公里，相同储层埋深相差 1500-2000m。勘探程度较低，可以利用的地质、物探及钻井资料较少，预测与实钻地层存在较大差异，而且存在破碎较为严重的风化壳，井壁稳定性较差。虽为岩溶地热储层，裂缝、裂隙、溶洞、发育情况不一，有些探区存在“漏水不漏砂”的情况，导致常规清水强钻难以实施。

3.3　施工效果分析

利用本文提出双壁钻杆气举降压工艺方法实现了气液分注条件下井筒 ECD 高效降压精确控制。2 口井均圆满完成施工任务，取得很好施工效果。

1）主要装备

（1）气体注入设备

主要包括：空压机、增压机及注气管线系统，如图 6 所示：

图 6　气举穿漏注气设备

（2）双壁钻杆系统

主要包括：127mm G105 钢级双壁钻杆，152mm 六方双壁方钻杆及气液双注专用循环适配器及井下气举阀等，如图 9 所示：

图 7　双壁钻杆系统

2）试验效果

在不堵漏前提下，解决失返性漏失井钻井液循环及携岩难题，控制漏速 $0.3m^3/h$ 以内，实现了“气举穿漏”工艺；因井漏引起复杂时效同比减少 90% 以上；同时满足了失返性地层常规 MWD 定向轨迹控制要求。施工参数如表 8 所示。

表 8　试验井施工参数表

井号	双壁钻杆下深/m	注入气量/(m^2/min)	钻井液排量/(L/S)	漏失量/(m^2/h)	立管压力/MPa
井 1	300	30	21-22	2-3	8-9
	360	30	25-26	0.5-1	10-11
	400	30	27-30	0.3-1.4	11-12
井 2	330	30	26-27	0.8-1	3-5
	420	30	32-34	0-出水	3-7

施工效果如图 8 所示。

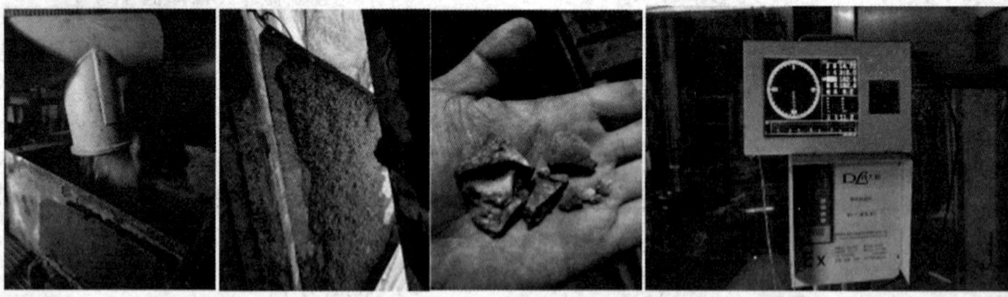

图 8　试验效果展示

4　结论及建议

（1）气举穿漏钻井工艺实现了气液分注条件下井筒 ECD 高效降压精确控制，ECD 减低能力最大 $0.24g/cm^3$，在不堵漏前提下，解决失返性漏失井钻井液循环与携岩难题，因井漏引起复杂时效同比减少 90%以上，具有较好的市场推广应用前景。

（2）解决了失返性漏失井常规 MWD 测斜与定向难题，实现了“气举测斜”工艺及轨迹控制要求，进一步拓宽了常规定向技术应用范围。

（3）通过现场应用初步验证气举穿漏钻井新工艺可行性及应用效果，由于是新工艺，总体来说应用较少，还必须加大开展浅表层、中深层等穿漏工艺的研究与应用，积累更多理论及经验，同时加强新工具及装备的研制，尽快形成一套穿漏提速钻井技术。

（4）本工艺使用的双壁钻杆为多流道分注的创造条件，为多梯度、多密度、超临界流体等不易混注的工艺提供借鉴，有利于新钻井、完井、洗井、开发石油工艺的拓展研究。

（5）在先导应用过程中发现，基于此穿漏工艺，可以从钻井设计、井身结构、钻具组合、轨迹控制、钻井液、固完井等多个方面进行系统性优化，形成易漏地层一体化提速提效关键技术，大幅降低非生产时效，进一步满足深层、页岩油气藏低成本高效开发的要求。

参考文献

[1] Sanfillippo F, Brignoli M, Santarelli F J, et a1. Characterization of conductive fractures while drilling [R]. SPE 38177, 1997.

[2] Lavrov A, Tronvoll J. Mechanics of borehole ballooning in naturally—fractured formations [R]. SPE 93747, 2005.

[3] Lavrov A, Newtonian fluid flow from an arbitrarily oriented fracture into a single sink [J]. Acta Mechanica, 2006, 186(1/2/3/4): 55—74.

[4] 李大奇，康毅力，曾义金，等．缝洞型储层缝宽动态变化及其对钻井液漏失的影响[J]. 中国石油大学学报：自然科学版，2011，31(5)：76-81.

[5] 李大奇．裂缝性地层钻井液漏失动力学研究[D]. 成都：西南石油大学，2012.

[6] 王明波，郭亚亮，方明君，张松，等．裂缝性地层钻井液漏失动力学模拟及规[J]. 石油学报，2017，33(5)：597-606.

[7] 樊洪海，王果，张辉，等．四参数流变模式及其水力计算模型[J]. 石油学报，2010，31(3)：511-515.

[8] 樊洪海，冯广庆，王果，等．一种新的流变模式及其应用性评价[J]. 中国石油大学学报：自然科学版，2010，34(5)：89-93.

[9] 周号博，樊洪海，翟应虎，王果，景宁，等．四参数模式流变参数准确计算方法及其应用[J]. 石油学报，2012，33(3)：128-133.

[10] 彭齐，樊洪海，周号博，李朝玮，陈绪跃，王鄂川，叶志等．不同流变模式钻井液环空层流压耗通用算法[J]. 石油勘探与开发，2013，40(6)：752-756.

[11] 赵启于，董红梅，段敏等．充气钻井治理恶性井漏技术与应用[J]. 钻采工艺，2014，37(3)：37(3)：107-108，112.

[12] 李云峰，胡中志，徐吉，沈园园等．充气欠平衡钻井技术在南堡 1 号构造深层潜山油气藏的应用[C]. 2015 年全国天然气学术年会．

[13] 马珲，杨赟，杨晓峰，王军闯等．充气钻井控制 ECD 解决长庆靖南“上漏下喷”难题[J]. 勘探开发，2016，108-110.

[14] 邓柯，邓虎，李刚等．充气连续循环钻井技术在深部易漏地层中的应用[J]. 钻采工艺，2018，41(2)：108-109.

[15] 李红涛，李皋，孟英峰，舒刚，朱宽亮，徐小峰等．充气钻井随钻测量脉冲信号衰减规律[J]. 石油勘探与开发，2018，39(2)：233-237.

[16] 马骁，陈一健，孟英峰，李皋，李红涛，李兵等．充气欠平衡钻井 MWD 信号衰减原因分析与解决方法[J]. 石油钻采工艺，2012，34(4)：50-53.

[17] YANG Jingzhong, WANG Haoyuan, MA Haiyun, BAI Liangjie, YANG Yong, HAO Wenlong 等．Application of SlimpulseMWD in buried-hill aerated underbalanced drilling[J]. OIL DRILLING & PRODUCTION TECHNOLOGY, 2013, 35(2): 16-19.

[18] 郑锋，李霖，郗凤亮，柳鹤，王磊等．充气钻井技术在油砂山油田的应用实践[J]，探矿工程(岩土钻掘工程). 2018.

[19] 王勇，施泽进，洪成云．中国岩溶型储集体的勘探技术进展及发展趋势[J]. 中国岩溶，2011，35(3)：105-116.

[20] 贾利春，陈勉，侯冰，等．裂缝性地层钻井液漏失模型及漏失规律[J]. 石油勘探与开发，2014，41(1)：95-101.

[21] 黎亮，梁文利等．焦石坝地区中深层防漏堵漏技术研究及应用[J]. 西部探矿工程，2018，6：47-51.

[22] 顾法钊，董明健，张居波，等．泾河工区井漏特点及防漏堵漏对策[J]. 中国石油大学胜利学院学报，2016，30(3)：18-20.

[23] 贺春明，等．西北工区二叠系防漏堵漏技术[J]. 化学工程与装备，2018，11(1)：203-206.

[24] 唐国旺，于培志，等．油基钻井液随钻堵漏技术与应用[J]. 钻井液与完井液，2017，34(4)：32-37.

[25] 张丽华，杨培高，靳恒涛，李景涛，等．伊拉克米桑油田 Abu 区块储层防漏堵漏技术[J]. 钻井液与完井液，2017，34(6)：62-66.

四川盆地8000m复杂超深井钻井技术应用与展望

万夫磊[1,2] 陆灯云[1,2] 张 帆[1,2]

（1. 国家能源高含硫气藏开采研发中心；2. 中国石油川庆钻探工程有限公司）

摘 要 四川盆地正在“加大油气资源勘探开发力度”，近年来，在盆地内以下二叠统为目的层部署的多口风险探井井深达到7500~8600m。这些超深井普遍存在地质工程技术难点，井下易发生溢、漏、垮、卡多种复杂及故障，钻井速度慢，整体钻井周期长，严重影响深层高产气藏的效益化勘探开发。通过开展8000m复杂超深井安全钻井和优快钻井技术为核心的超深井钻井综合技术研究与实践，有效保障了8000m复杂超深井钻井工程的顺利实施，大大加快了四川盆地深层油气资源的勘探开发进程。同时，提出了超深井钻井技术发展展望，对未来超深井钻井工程具有较好的指导意义。

关键词 四川盆地；8000m；复杂超深井；钻井技术

四川盆地天然气资源丰富，资料显示，截至2018年，在四川盆内发现了川南阳新统、川东石炭系、川中-川西致密气、二三叠系礁滩、川中安岳震旦系-下古生界、川西北上古生界等标志性气田，发现安岳、普光等十个千亿方级以上大气田，累计产气5580亿方，历年累产气量全国第一，常规气+致密气探明储量3.68万亿方，预计到2020年，盆地产量将达到630亿方，2035年盆地产量达到1150亿方，四川盆地的天然气发展进入黄金时代。盆地内的海相碳酸盐岩、陆相致密气天然气富集规律已趋于明朗，海相克拉通四大古裂陷、三大古隆起、五大古侵蚀面，控制碳酸盐岩大中型气田关键成藏要素的分布，是下一步的主要勘探方向[1-6]。而为了实现上述勘探目标，则需要部署大量的风险探井。而这些风险探井普遍具有“深、慢、难”的问题，地质条件极其恶劣，钻井工程面临诸如超高温、超高压、高压盐水、垮塌、恶性井漏、断层等挑战。通过科技攻关和成熟技术集成试验，成功实施井深7500~8000m的井10余口，并钻成了W探1井(8060m)等井，8000m复杂超深井钻井技术已经基本成熟；正在钻进的S131井设计井深达到8600m。未来，会有更多的井达到或超过8500m，四川盆地的超深井钻井技术水平将会得到长足发展和进步。

1 四川盆地8000m复杂超深井钻完井工程面临的挑战

四川盆地勘探开发正向8000m深部储层迈进，所部署的8000m级复杂超深井普遍具有“深、难、慢”的问题，地质条件极其恶劣，主要表现在：①纵向上压力系统相对复杂，四川盆地侏罗系~震旦系共存在27个油气层(8个主力产层)，受套管层次限制，往往同一裸眼多个相差悬殊的压力系统交互出现，部分地层发育异常高压，极易发生溢流、井漏，部分地层压力相对较低，存在井漏、卡钻等钻井风险；某些已开发层位(如大安寨~须家河等)可能存在压力亏空；②须家河石英砂岩、二叠系含燧石、寒武系~震旦系硅质云岩等地层研磨性高、可钻性差；③多个区块的雷口坡组~嘉陵江组发育膏盐岩，钻井可能发生阻卡、高压盐水侵等；④沙湾组~峨眉山玄武岩组井壁稳定性差，钻井过程中易漏、易垮塌，可能造成卡钻事故，钻井难度大；⑤二叠系~寒武系油气显示频繁，茅口、栖霞灯影组等地层安全密度窗口窄，钻井过程中溢漏同存；⑥寒武系~震旦系等勘探程度仍然较低，尤其是在新勘探区块，目的层存在未知工程风险；⑦地层不稳定地层分布广，纵向上广泛存在破碎性泥页岩、煤层、膏盐层、火成岩等不稳定岩层，井眼缩径、垮塌现象严重[2-6]。

例如：W1井井深8060m，S区块开发井井深普遍为7000-8000m，正在钻进的S131井设计井深达到8600m；T1井最高井底温度超过210℃，L1井最高地层压力147MPa，L70井最高井底工作压力160.5MPa，测试产量高(部分井无阻流量日产数百万方)，雷口坡以下18个海相油气层(6个主力产层)，层层含硫，部分高含硫，罗家寨-滚子坪飞仙关组硫化氢含量为135~

200g/m³。8000m级复杂超深井钻井设备、工具、材料及相关技术面临严峻考验。作业区域地面沟壑纵横、人口密集，安全环保风险大。此外，须家河、二叠系、寒武系~震旦系等地层钻井速度慢，钻头破岩效率低，单只钻头进尺少(最低<5m)，机械钻速低于1m/h。

上述特征给钻井工程带来诸如超深、超高温、超高压、高压盐水、垮塌、恶性井漏、断层等挑战。常规的井身结构、钻井工艺、钻井液、装备和工具等已无法满足工程需求。因此，急需研究8000m复杂超深井的安全优快钻井工艺技术。

2 安全钻井技术

8000m复杂超深井的安全钻井技术主要为了确保钻井工程顺利实施，避免或降低井筒工程的复杂或事故，主要包括井身结构、钻井工艺、钻井液、高效承压堵漏、远程专家决策支持和钻井设备等核心技术。

2.1 井身结构优化技术

8000m复杂超深井需要穿越的地层多，因而应对的地质因素较多，且地质设计与实钻差异较大，不确定的因素。应对常规探井和开发井的"508mm × 339.7mm × 244.5mm × 177.8mm × 127mm"五开API标准套管程序已无法满足需要，无法避免同一裸眼段出现喷、漏、塌、卡等同时发生的严重复杂情况。因此，拓展井身结构和套管层次，增加钻井开次，能有效的避免在同一个地层段存在多个工程地质复杂，保障8000m复杂超深井的实现。为实现上述五开次的井身结构拓展，需要协同多方联合攻关，确保钻头、钻柱、套管、井口装置等协调配套，例如：套管接箍采用非标的小接箍和直连式无接箍，订制48-70型井口装备，下部油层套管采用先悬挂再回接、尾管悬挂封隔方式等。经过优化，完成"508mm×374.65/365.1mm×282.58/273.05mm×219.05mm×168.28mm×114.3mm"的六开非标井身结构，配合720mm加深导管可拓展为七开非标井身结构[5]。这种非标井身结构方案的设计和使用原则是：将大尺寸井眼钻进深度发挥至极限，利用足够深的大尺寸套管尽可能封隔更多的地质复杂，尽量扩大后续地层钻进的井眼尺寸，为下部地层处理复杂和顺利钻进留有余地。此外，若在实钻中未钻遇所预测的复杂(例如未钻遇高压盐水侵)，可灵活变更下开次套管程序。经过W1井等实钻验证，"508mm × 374.65/365.1mm × 282.58/273.05mm × 219.05mm × 168.28mm × 114.3mm"的六开非标井身结构满足了8000m超深井勘探开发需要。

2.2 精细控压钻井技术

在二叠系~震旦系茅口、栖霞灯影组等深部地层钻进中，由于安全密度窗口窄，钻井过程中溢漏同存油气显示频繁，钻遇的层位多、压力系数跨度大，同一裸眼段内易发生喷漏同存，易卡钻，常规钻井易发生严重漏失且堵漏效果差，处理复杂时间长。使用精细控压钻井技术，可实现窄安全密度窗口地层的钻井或固井施工过程井筒压力平稳，可以依照实时随钻压力监测数据或者非实时的压力监测数据(随钻存储仪器测得的数据)进行控制井底压力，确保井底压力在设定目标，能解决窄泥浆密度窗口造成的井漏、井涌、井壁失稳和卡钻等钻井复杂。中石油川庆钻探钻采院自主研发CQMPD精细控压钻井系统在J构造和S构造8000m超深井实施精细控压钻井，对比常规钻井漏失量下降81%~97%，复杂损失时间下降86%~93%，成为四川盆地二叠系多压力系统地层、灯影组裂缝性储层提速和避免井下复杂的利器[4]。

例如：G井四开采用2.15g/cm³钻井液钻遇高压裂缝层，溢、漏复杂交替发生，常规堵漏等方式无法钻进，该井段漏失2.30~2.60g/cm³钻井液累计1962.8m³，处理复杂及辅助时间达到30天，改用精细控压钻进后，在排量、进口钻井液密度保持基本一致的条件下，自动调节节流阀的开度，保持井底液柱压力处于微过平衡钻进，进口钻井液密度控制在2.35g/cm³左右，控制环空回压井底压力当量循环密度控制在2.46-2.52g/cm³。本井利用CQMPD精细控压顺利钻过二叠系栖霞组、梁山组和志留系龙马溪组等易垮塌层，进尺216.6m，平均机械钻速1.95m/h，精细控压钻进期间未出现因地质复杂造成的等停时间。有效解决了震旦系灯影组严重漏失处理复杂无法顺利钻进的难题，更为8000m超深井的井身结构优化提供了强有力的支持。

2.3 钻井液技术

针对8000m超深超高温超高压复杂难题，攻关形成抗高温钾聚磺、有机盐聚磺等15项复杂深井钻完井液及堵漏技术系列。例如，研发的抗高温钾聚磺钻井液体系CQ-TEP可抗温220℃，研发的即时封堵钻井液 CQ-JFS 成为针对高陡、破碎、高压高浓度复合盐水等地层的高效必用钻井液体系，研发的强封堵、低摩阻、抗盐水污染钻井液体系 CQ-QFKY，采用抗二价离子污染抑制剂、高效疏水抑制剂及“弹性材料+刚性颗粒+软性颗粒”胶接强封堵防塌法，抗盐水污染浓度最高可达 20%，抗钙污染浓度达 4000mg/L，150℃下滚动回收率达到 99.20%，滚动回收率与油基钻井液体系仅相差 0.28%[1-3]。

表 1 几种典型的钻井液体系、特点及应用效果

钻井液体系	典型性能指标	应用效果
抗高温钾聚磺钻井液(CQ-TEP)	密度范围：1.10～2.70g/cm^3 抗温 220℃，抗 Ca^{2+}≥200ppm	体系最大应用井深 7793m
有机盐聚磺钻井液（CQ-OSM）	滚动回收率高达 98%	有效解决地层垮塌、性能变差问题
即时封堵钻井液(CQ-JFS)	API 失水≤1.0ml，API 瞬时失水 0ml，HTHP 失水≤5.0ml API 透失水≤1.0ml，80℃ HTHP 瞬时失水≤1.5ml，80℃ HTHP 透失水≤8.0ml	已在四川盆地应用超过 100 口井，克服高陡、破碎、高压高浓度复合盐水等难题
高密度油基钻井液（CQ-OBM）	密度：2.00～2.85g/cm^3，温度：-20～210℃ HTHP 失水≤5.0，破乳电压 ES≥800V，安全静止周期：16 天	钻井周期同比缩短 80 天
高密度饱和盐水钻井液（CQ-SSW）	抗温：180℃,，密度：1.70～2.50g/cm^3，抗钙：4000ppm，抗镁：500ppm，HTHP 失水：≤16ml	在膏盐层厚度高达 1000m 的井应用，成功率 100%

2.4 高效承压堵漏技术

8000m 超深井深部地层往往微型或小型裂缝发育，局部地层承压能力低、油气显示频繁，钻井液密度高，堵漏效率低，井下复杂处理周期长。针对深层的“致漏裂缝”与诱导裂缝性漏失，采用在钻井液中注入刚性粒子复合封堵浆、智能凝胶+水泥浆堵漏技术，进行主动承压堵漏，刚性堵漏粒子和智能凝胶堵住漏失通道，减少漏失量，有效提高地层承压能力，可有效避免恶性井漏、减少井下复杂[3-5]。

在 W1 井和 L1 井使用刚性粒子+桥浆堵漏，堵漏成功率分别提高 16%和 20%，在 T1 井使用凝胶+水泥浆堵漏，堵漏成功率提高 20%。在 S8 井，采用 35%浓度的刚性粒子+高失水材料复合堵漏浆堵漏成功，将地层承压能力由 1.85g/cm^3 提高到 2.03g/cm^3，并因此改变了 S 构造的井身结构，平均节约 ϕ219.08mm 套管 2100m 以上。

2.5 远程专家决策支持技术

钻井现场地处偏僻，传统信息传输效率低，当钻遇事故和复杂时，重大技术决策往往滞后，专家决策支持作用不能及时发挥。为此，中石油川庆钻探钻采院自主研发集钻、测、录井等多种专业为一体的工程信息监督管理平台，实时采集和传输工程数据和视频，并开展数据分析，以利于信息化管理和远程专家决策支持，保障了复杂超深井的钻井顺利实施。

3 优快钻井技术

3.1 高效提速钻头和工具

在深部难钻地层，全面优选推广使用高效 PDC 钻头和提速工具是实现钻井提速最有效的方法。高效 PDC 钻头的大力推广应用不仅提高了平均机械钻速，还减少了钻头消耗，钻井周期和成本均实现大幅缩减。利用工程信息一体化平台的钻井大数据分析，结合地层研磨性和可钻性分析，改变传统的经验分析，利用信息化手段总结分析有效适用于不同区块不同地层的高效 PDC 钻头。此外，按照引进、消化、再创新的个性化钻头研究思路，根据各区域、各层位地质特点研制针对性强的个性化 PDC 钻头，可有效提高钻井速度。例如，在须家河组，钻头面临地层软硬交错、研磨性强、复合齿易损等挑战，因此优选采用抗冲击和抗研磨性极强的 R1 型复合齿、双排齿设计、增加反屑槽面积的钻头；在茅口～筇竹寺组，钻头面临地层岩性致密、软硬交错、研磨性强、钻头吃入难且易早期损坏等挑战，因此优选采用 SelectCutter 型齿，提高钻头抗磨损能力，并采用多级力平衡设计，提高钻头稳定性，同时使用孕镶金刚石钻头应对研磨性极强的沧浪铺组[6]。

非平面齿钻头是一种新型的高效钻头，它的切削齿与常规 PDC 切削齿为平面的结构不同，被设计成锥型、斧型、多棱形等非平面方式，能够提高切削齿破碎岩石的效率。例如，在 J1 井，采用 Tridon 非平面齿 PDC 钻头钻进须家河四段致密砂砾岩地层，创下最高机械转速 2.99m/h 的纪录。这种 Tridon 刀锋钻头，以其独特的多棱形设计，将传统的“面接触”创新为“线”+“面”结合综合破岩，多重重力平衡和深度脱钻优化工艺，使其抗冲击性较常规平面齿提高 10 倍以上，抗磨性提高 2 至 3 倍，综合提速 50%以上，同比单支钻头进尺提高 50%到 110%。

此外，NEW-DRILL、涡轮+孕镶钻头、复合钻头等新型钻井提速工具是提速的新手段。例如：L1 井沙溪庙组~自流井组(1800~2643m)开展 NEW-DRILL 配合 PDC 钻头现场试验，单趟钻获进尺 842.88m，平均机械钻速 7.66m/h，比邻井分别提高 22.11%，19.88%；S2 井自流井~须家河井段(2413~2985m)试验复合钻头，平均机械钻速 2.16m/h，平均单只钻头进尺 254.81m，分别同比 S1 井提高 270%，318.54%。

3.2 气体钻井提速技术

由于井身结构的限制，大尺寸井眼，上部大尺寸(333.4mm 以上井眼)井眼钻进深度越来越深，常规钻井方式钻井速度慢。气体钻井是大尺寸井眼下钻进提速的高效方式[7]。

例如，J1 井三开 17 寸半井深达 3000 米，且有出水易垮塌的复杂地质情况。本井使用气体钻井从井深 495m 处钻进，优化大尺寸井眼下携砂提速、防管线刺漏、防斜打快的气体钻井新方案，创下中石油四川盆地 17 寸半大尺寸井眼气体钻井最深井深(3000m)和空气锤最长进尺(2500m)两项新指标，空气锤纯钻时间 213.7h，平均机械钻速 11.70m/h，同比提高了 112%。

3.3 实时钻井参数参数优化

在钻进过程中，地质和工程环境千变万化，尤其是在深部难钻地层，泥浆液柱压力、围限压力、孔隙压力都会直接影响岩石的强度、塑性和研磨性。钻头切削齿容易产生热磨损、吃入岩石困难等问题；部分地层存在软硬互层、夹杂砾石甚至黄铁矿等严重不均质情况，地层性质、钻井模式(复杂运动方式)决定了钻头牙齿的载荷特性，对钻头牙齿的失效形式产生至关重要的影响。因此，开展实时钻井参数优化是避免钻头先期破坏、保障钻井高效率进行的有效手段。

利用 LWD、井下动态记录仪等工具可实时传输井下钻井工程参数(随钻钻具扭矩、随钻振动、随钻钻压等等)。例如国民油井公司的井下动态记录仪，直接连接在钻头上方，用于实时监测钻头振动、载荷、扭矩、压力、温度、转速等参数。为了能够实时钻井参数优化，开发了一种基于机械比能法的 MSE 钻井参数优化与风险识别系统，主要技术思路是利用机械比能原理，合理调整钻压、转速，让钻头处于高效工作状态，避免钻头低效工作，避免进入钻头不稳定工作状态，可实现钻头磨损、钻井效率的随钻监测与评价，延长钻头工作时间和进尺[8-10]。

MSE 钻井参数优化与风险识别系统在 M2 井(3743 ~ 3987m)开展试验，平均机械钻速 3.36m/h，同比邻井(1.43m/h)提高了 127.97%，同比该区块同井段最高指标(3.16m/h)提高了 6.33%。

4 应用实践

通过攻关集成应用的井身结构优化、气体钻井、精细控压钻井等安全优快钻井技术，四川盆地 8000m 复杂超深井钻井技术已经基本成熟，并应用实践 10 余口井，钻井成功率 100%，为四川盆地 S、T、J 等构造二叠系、泥盆系、寒武系、震旦系、南华系等古老地层的油气勘探快速突破提供了有力的技术支撑。

表 2 四川盆地部分 8000m 级井数据表

序号	井号	构造	设计井深/m	实钻(已钻)井深/m	状态
1	W1	T	7570	8060	完钻
2	S131	S	8660	7481	正钻
3	S133	S	7931	7300	正钻
4	S101	S	7730	7838	完钻
5	S9	S	7877	7855	完钻
6	S6	S	8033	7400	正钻
7	J1	J	7574	3808	正钻

5 技术展望

四川盆地 8000m 复杂超深井钻井技术已经基本成熟，但在应用实践中，仍然存在钻井周期长、成本高等问题，未来，会有更多的井达到或超过 8500m，安全优快钻井仍需持续的攻关和突破。下一步的技术发展方向展望如下[1-3,11-12]：

(1) 井身结构拓展技术，利用地层压力精确预测、随钻扩眼、膨胀管等技术和工具拓展井身结构实现 9~11 层井身结构，应对超深井复杂状况；

（2）耐超高温、超高压、酸性介质的井下仪器元器件，提升井下工具的入井工作持续稳定能力；

（3）强抗高温抗污染、强封堵、定制等优质钻井液技术，解决高温流变性差，沉降稳定性、失水造壁性能难以协调统一的问题，膏岩、盐水层抗污染能力更强，易垮易漏层保障井控和井壁稳定能力更强；

（4）更高效的钻头和提速工具，在材料、工艺提升的前提下，钻头和与之匹配的钻井工具工作寿命能够实现一开次一趟钻，钻井速度更高，非生产起下钻时间更少；

（5）随钻前探技术，钻进时对井周及钻头前方进行地质模型更新，对钻头周围及前方500米以上进行精确预测，实时了解钻头前方的地层和压力变化，并根据需要调整钻井参数和措施，减少不确定因素带来的钻井风险。与随钻前探技术相匹配的，还需要研究随钻井下大容量数据传输技术、随钻预演等新技术，能够实现数据高速传输，实现钻井实时数字模拟，即钻井工程的实钻与实时分析的"数据双胞胎"技术，对风险进行预演预判；

（6）基于人工智能的实时钻井导航、智能决策技术，利用高效数据采集传输技术，将钻井参数大数据传输至融合水力学、岩石力学、管柱力学的智能决策系统，自动给出钻井参数和钻井措施，钻井方式由传统的经验钻井转向智慧钻井；

（7）高效自动化钻机设备、钻柱处理系统，能够提高起下钻作业效率，减少因等停发生的井下复杂，提高应急处置能力，减少人工负荷和HSE风险。例如中石油川庆钻探引进的德国海瑞克公司研发制造的液压智能石油钻机，配备弹弓式底座、电动猫道、铁钻工、机械臂、自动井架工等先进设备，仅需20名人员就能实现对全套设备的操作维护和管理使用，人力资源配置数量比目前常规钻机减少近60%，但其最大作业井深仅6000m，未来，作业井深能力更高、自动化智能化程度更高的钻机将有效提高超深井的钻井效率，并最终实现无人化钻井。

6　总结

通过开展8000m复杂超深井安全钻井和优快钻井技术为核心的超深井钻井综合技术研究与实践，有效保障了8000m复杂超深井钻井工程的顺利实施，钻井周期大幅缩短，大大加快了四川盆地深层油气资源的勘探开发进程。同时，提出了钻井技术发展展望，对未来深井超深井钻井工程具有较好的指导意义。

参 考 文 献

[1] 刘恒宇，勾迪，崔卓群．超深井钻井技术措施分析与研究[J]．石化技术，2019，26(02)：77.

[2] 梁坤，张霞玉．川西海相超深井高效钻井技术研究及应用[J]．内蒙古石油化工，2019，45(01)：67-69.

[3] 姚伦．深井、超深井钻井提速技术难点及对策[J]．化学工程与装备，2018(11)：112-113.

[4] 韩烈祥．CQMPD精细控压钻井技术应用与思考[J]．石油钻采工艺，2018，40(05)：559-562.

[5] 杨博仲，汪瑶，叶小科．川西地区复杂超深井钻井技术[J]．钻采工艺，2018，41(04)：27-30.

[6] 韩烈祥，姚建林，李伟成．川渝地区须家河地层涡轮钻具配套孕镶金刚石钻头钻井提速技术[J]．钻采工艺，2018，41(03)：1-5.

[7] 邓虎，伍贤柱，余锐．气体钻井井斜的原因及防斜技术[J]．天然气工业，2009，29(01)：58-60.

[8] 崔猛，李佳军，纪国栋，陈永恒．基于机械比能理论的复合钻井参数优选方法[J]．石油钻探技术，2014，42(01)：66-70.

[9] 樊洪海，冯广庆，肖伟，马金良，叶志，赵聪．基于机械比能理论的钻头磨损监测新方法[J]．石油钻探技术，2012，40(03)：116-120.

[10] 陈绪跃，樊洪海，高德利，郭柏云，彭齐，刘劲歌，王鄂川．机械比能理论及其在钻井工程中的应用[J]．钻采工艺，2015，38(01)：6-10.

[11] 伍贤柱．川渝气田深井和超深井钻井技术[J]．天然气工业，2008(04)：9-13.

[12] 孙海芳，韩烈祥，张治发，钱浩东，张帆，张果．提高四川深井超深井钻井速度的技术途径[J]．天然气工业，2007(06)：57-60.

页岩气水平井提速技术研究

刘 伟[1,2] 陈 东[1,2] 魏 俊[3]

(1. 中国石油集团川庆钻探工程有限公司；2. 国家能源页岩气研发(实验)中心；3. 中国石油国际勘探开发有限公司)

摘 要 通过技术创新与集成应用，实现一只钻头、一套钻具组合、一次起下钻“一趟钻”钻完某个开次或某个井段的所有进尺，是缩短钻井周期，减少工程费用的有效途径。北美页岩气通过推广应用“一趟钻”，实现了“日进尺一英里”，提速提效效果明显。川渝页岩气岩石可钻性差，地质条件更加复杂，实现“一趟钻”面临着更大的挑战。由于机械钻速慢、部分工具寿命短、井下复杂多，川渝页岩气1500m水平段通常需要3趟钻以上才能完成，亟待攻关解决。为此，分析了川渝页岩气水平井地质工程难点，探讨了“一趟钻”关键技术与工具，建立了水平段“一趟钻”技术模板，评价了“一趟钻”实施效果与存在的问题，为提高“一趟钻”成功率，助推钻井提速提效提供了良好的基础参考。

关键词 川渝页岩气；页岩气水平井；一趟钻；水平井提速

“长水平段水平井+分段压裂”已成为川渝页岩气效益开发的主体工程技术[1]，近年来，水平井数量和水平段长度均不断增加。与北美相比，川渝页岩气地质条件更加复杂，钻井提速技术仍不完善，钻井周期长依然是制约页岩气效益开发的“拦路虎”[4-16]。北美页岩气开发经验表明，大力推广和完善“一趟钻”技术是助推钻井提速提效的良好手段。

“一趟钻”不是一项单独的技术，是钻井总体技术水平和提速目标的体现。因此“一趟钻”技术是为实现一只钻头、一套钻具组合、一次起下钻“一趟钻”钻完某个开次或某个井段所有进尺所采用的技术与管理方法的总称，是一个系统工程。

国外在2015年油价暴跌并持续低油价的形势下，北美页岩油气开发依然热火朝天，产量持续提高，其中一个重要原因就是一趟钻技术的广泛应用推动了开发成本的大幅度下降，在部分区块，页岩气油气的盈亏平衡点已降至20~30美元/桶。通过广泛应用一趟钻技术，EOG公司在Wolfcamp、Eagle ford、Bakken三大区块实现水平井平均钻井周期缩短45%~60%、平均钻完井成本降低25%~45%；美国西南能源公司在Appalachia区块平均水平段长度由1097.9m增加到1872.1m，钻井周期却从25.6天缩减至9天；美国Eclipse公司在Utica区块甚至实现了水平段长度达5652.2m的超级水平井斜井段和水平段一趟钻[1-3]。国内受制于地质条件及工程技术的不成熟，一趟钻还未得到推广应用，一趟钻成功率还很低，与国外相比还有较大差距，急需攻关试验及推广，提升页岩气效益开发技术水平。

1 技术现状与难点分析

川渝页岩气地层老、可钻性差，机械钻速慢，统计分析2011年至2016年完钻井数据，水平段平均需要3.6趟钻，从图1川渝页岩气水平井水平段非正常起钻原因统计图可知，随钻仪器与旋转导向故障、PDC钻头失效以及井下复杂是造成非正常起钻的主要因素(图1)。

图1 非正常起钻原因百分比统计图

川渝页岩气水平井水平段不能一趟钻完成的主要地质工程原因包括机械钻速慢导致一趟钻钻井时间长，部分井下工具寿命短不能实现井下工具等寿命配套，滑动钻井速度慢效率低与储层变异大水平段轨迹调整频繁进一步影响水平段钻井速度，井漏、垮塌复杂频发中断一趟钻。

（1）机械钻速慢

川渝页岩气地层老、可钻性差，加之个性化高效 PDC 钻头、大扭矩井下动力钻具及辅助破岩工具等尚不成熟配套，导致机械钻速慢，井与井之间差异大。2015 年某公司作业的 40 口页岩气水平井，水平段平均机械钻速 5.3m/h。以此机械钻速和钻井效率计算 1500m 水平段钻井时间将超过 400h，而井下工具仪器寿命是不能达到 400h 以上的。要实现 1500m 水平段“一趟钻”，必须将水平段钻井总时间降到 250h 以内，这就要求平均机械钻速必须至少达到 9m/h 以上。从后面“一趟钻”实钻井数据来看，水平段平均机械钻速也基本都在 10m/h 以上。

（2）部分井下工具寿命短

统计分析了川渝页岩气实际应用的井下工具使用寿命，井下动力钻具平均寿命约 143h，最长寿命 220h。由于电池电量限制，高密度钻井液与堵漏材料等影响，MWD（随钻测量仪器）平均寿命仅为 85.2h，故障率高达 12%，平均单趟钻进尺 404m。因此，MWD 是井下等寿命工具仪器配套中最薄弱的环节，距离实现“一趟钻”所需的 250h 以上寿命还有较大差距。旋转导向钻井系统是川渝页岩气水平井提速的主体技术，但是由于钻井液密度高、固相含量大，旋转导向钻井系统故障率也非常高，平均单趟钻工作时间仅为 76.6h，最长 228h，也未实现与钻头、井下工具仪器等的等寿命配套。

（3）三维水平井滑动钻井速度慢、效率低

川渝页岩气基本上都采用丛式水平井组开发，大部分水平井都是三维水平井，水平段钻井过程中摩阻扭矩大，同时随着水平段长度的延伸，岩屑极易在井眼底边形成岩屑床。摩擦阻力、岩屑床等多种因数导致滑动钻井出现“托压”现象。“托压”后钻井速度慢，“工具面”不易调整和控制，导致滑动钻井效率低，甚至部分井纯钻时效不足 20%，滑动钻井速度往往不及复合钻井速度的 50%，成为影响水平段钻井速度的重要因数之一，滑动钻井速度和效率亟待大幅提高。

（4）储层变异大，井眼轨迹调整频繁

川渝页岩气储层横向与纵向变异大，为了保证优质储层的钻遇率，往往需要频繁按照地质导向要求大幅调整井眼轨迹，和进行地质循环，增加了井眼轨迹控制难度，影响钻井时效，部分井甚至出现由于没能有效跟踪储层，而起钻填井侧钻，增加了“一趟钻”的实现难度。

（5）井漏、垮塌等井下复杂频发

由于页岩地层微裂缝与层理发育，导致水平段钻井过程中井漏与井壁垮塌等井下复杂频发，2015 年某公司的作业井中，页岩气区块有 26 口井发生井漏、11 口井发生垮塌，这些井下复杂不可避免会造成起下钻而导致“一趟钻”失败。

2 关键技术与进展

前文分析可知，机械钻速慢、工具寿命短、钻井效率低与事故复杂多是造成“一趟钻”失败的主要问题。因此，围绕提高机械钻速、等寿命工具配套、井下复杂预防与处理，现场了页岩气水平井“一趟钻”5 项关键技术。

（1）高效 PDC 钻头

川渝页岩气水平井主要以龙马溪页岩为目的层，龙马溪页岩抗剪强度 9MPa、抗压强度 90MPa、内摩擦角 38°、可钻性 PDC 极值低于 5。基于该岩石力学特点，龙马溪水平段对 PDC 钻头的主要技术需求有三个方面：一是强攻击性，能达到较高的机械钻速，同时能够高效排屑和预防卡钻；二是能够配套旋转导向钻井系统实现高的造斜率，以满足复杂储层有效追踪需要；三是龙马溪上部地层钻井过程中振动大，要求钻头具有高稳定性，以降低钻柱有害振动。通过多口井的实钻资料分析，表现较好的 PDC 钻头包括史密斯公司的 MDI516，贝克休斯公司的 AT505、T605，以及国民油井公司的 TK59 等。通过优选了强攻击性、高稳定性和强侧向切削能力的 PDC 钻头，同时推广应用钻井参数强化，川渝页岩气水平井水平段平均机械钻速从 5.3m/h 提高到 8.7m/h，最快机械钻速已超过 20m/h，最长“一趟钻”进尺已达到 2540m。

（2）长寿命低故障率 MWD

川渝页岩气水平井井漏频发，传统活塞式 MWD 故障率高达 12%，平均寿命 76h。为此，攻关研制了旋转阀式 MWD 以减少堵漏材料造成的仪器故障，配套了智能管理的双电池以延长单趟钻工作时间。该类 MWD 现场应用中取得了较好的效果，“一趟钻”无故障工作增加至 312h，故障率低于 2%，结合优选的等壁厚螺杆，实现了井下工具仪器与 PDC 钻头等寿命匹配。

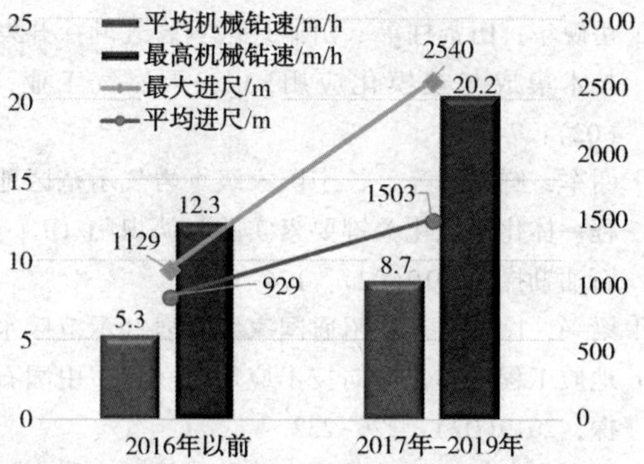

图 2 水平段 PDC 钻头机械钻速与进尺对比图

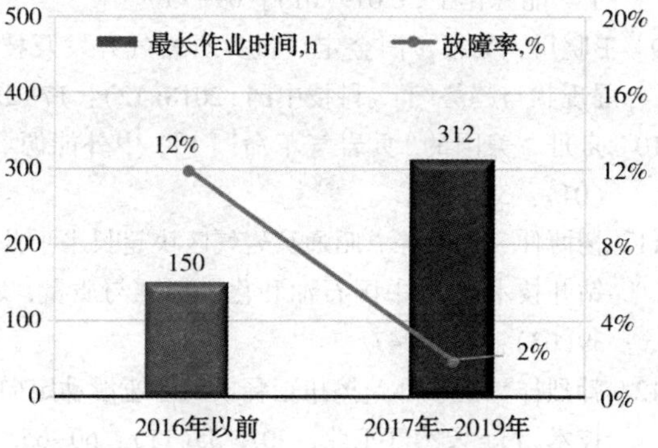

图 3 MWD 工作时间与故障率对比图

（3）高效滑动导向钻井技术

针对水平段轨迹调整频繁，滑动速度慢的难题，研制了 PIPE ROCK 钻柱扭摆系统，自动控制钻柱往复转动降低摩阻提高机械钻速 30%，同时可实现不停钻调整和稳定“工具面”提高滑动钻井效率 15%以上。配套近钻头伽马成像预判储层走向减少了 38%滑动钻井井段，进一步发挥了复合钻井提速优势，水平短钻井日进尺最高达到 317m，实现了“一趟钻”完成 1602m。

（4）旋转导向配套技术

针对旋转导向工具故障率高、寿命短问题，配套了防堵解堵技术减少故障，制定了钻井参数优化模板减少振动损害，优化钻具组合与施工工艺提高导向效果，旋转导向工具无故障工作寿命增加 25.1%，最长达到 304h，16 口井实现 1500m 水平段”一趟钻”，4 口井实现造斜段+水平段“一趟钻”。

（5）油基钻井液与防卡技术

针对龙马溪地层微裂缝发育带来的井漏频发、卡钻等问题，配套形成了高密度油基钻井液堵漏技术，一次堵漏成功率由 30%提高至 60%。开展了卡钻机理与高风险区研究，制定了“防卡 27 条”，并在钻井过程中强化实施，卡钻井比率由 28%降低至 9.8%、旋转导向工具落井率由 8%降至 2.9%。

3 现场试验与评价

前文所述，川渝页岩气水平井水平段“一趟钻”5 项关键技术都取得较大进步，机械钻速、井下仪器工具寿命有效提高，井下复杂得到控制，使“一趟钻”进尺大幅增加。同时，针对长宁、威远、昭通页岩气地质工程特征，制定了“一趟钻”模板，细化了轨迹设计与工具配套等，助推“一趟钻”普遍实现。2017 年至 2019 年，该项技术在长宁、威远、昭通页岩气区块试验应用 71 口井，平均“一趟钻”进尺从 404m 增加至 556m，最长达到 2540m，水平段钻井趟数由 3.6 趟钻降为 2.7 趟钻，17 口井实现 1500m 水平段“一趟钻”，其中 3 口井实现“造斜段+水平段”一趟钻，1500m 井段“一趟钻”完成率达到 23.9%，2 趟钻以内完成率从 34.3%提高到 48.3%，“一趟钻”技术在川渝页岩气水平井应用取得较好的效果。

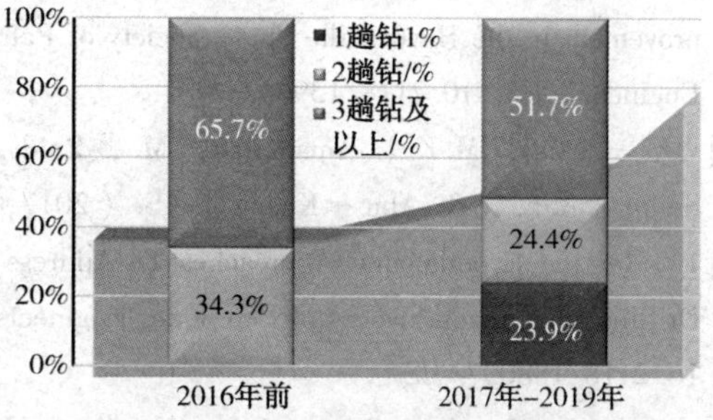

图 4 页岩气水平段 1500m 井段钻井趟数统计图

“一趟钻”促使钻井速度和作业效率有效提速，从钻机月速从 2015 年的 1603.65m/台月增加至 2300.35m/台月，部分钻井队实现了年进尺超过 25000m 的目标。

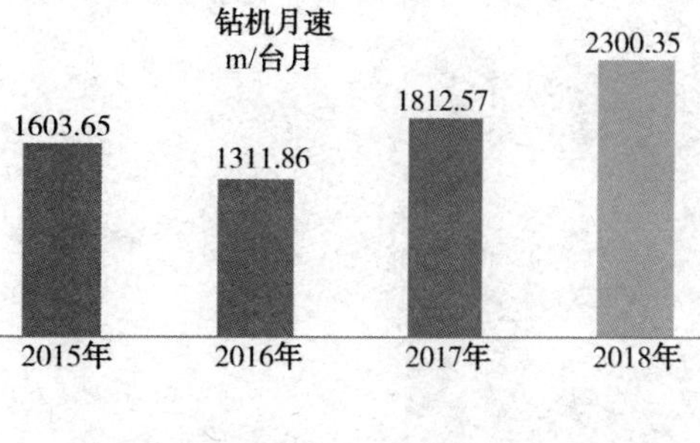

图 5 页岩气水平井钻机月速统计图

通过攻关，川渝页岩气实现了“一趟钻”，但是钻机设备配置水平还需提高，井下复杂、卡钻还时有发生，水基钻井液还不具备全面推广条件，这些因素都制约了“一趟钻”目标的普遍实现，是下一步重点攻关方向。

4 结论及建议

（1）川渝地区地质工程条件较国外更加复杂，在充分借鉴国外一趟钻技术与经验的同时，必须进行进行本地化适配与创新。

（2）钻井装备、井下工具等与国外尚存较大差距，是川渝地区一趟钻成功率低的关键因素，需加大攻关力度，解决瓶颈技术难题。

（3）川渝地区井漏、卡钻等复杂事故多，给一趟钻成功实施带来极大阻力，需持续技术攻关。

（4）川渝页岩气井通过技术集成与创新，形成的“一趟钻”技术显著提升了页岩气工程技术指标与开发效益，具有重要推广价值。

参考文献

[1] Billa，R. J.，Mota，J. F.，Schneider，B.，& Weissman，M.（2011，January 1）. Drilling Performance Improvement in the Haynesville Shale. Society of Petroleum Engineers. doi：10. 2118/139842-MS.

[2] Al - Arfaj，M. K.，Amanullah，M.，Zaidi，S.，Sultan，A. S.，& Abu - Khamsin，S.（2017，June 1）. Revised Experimental Approaches To Address Shale Drilling Challenges. Society of Petroleum Engineers. doi：10. 2118/188037-MS.

[3] Gulen，G.，Ikonnikova，S.，Browning，J.，& Tinker，S.（2014，April 1）. Fayetteville Shale-Production Outlook. Society of Petroleum Engineers. doi：10. 2118/173187-PA.

[4] 岳砚华；伍贤柱等．川渝地区页岩气勘探开发工程技术集成与规模化应用[J]，天然气工业，2018（02）：74-82.

[5] 谢军，鲜成钢等．长宁国家级页岩气示范区地质工程一体化最优化关键要素实践与认识[J/OL]．中国石油勘探，2019(02)：174-185.

[6] 梁兴，徐进宾等．昭通国家级页岩气示范区水平井地质工程一体化导向技术应用[J/OL]．中国石油勘探，2019(02)：226-232.

[7] 杨金华，郭晓霞．页岩水平井一趟钻应用案例分析及启示[J]．石油科技论坛，2018(06)：32-35+60.

[8] 余道智．深层页岩气钻井关键技术难点及对策研究[J]．能源化工，2019(01)：69-73.

[9] 王晓川，吴根，闫金定．世界页岩气开发及技术发展现状与趋势[J]．科技中国．2018(12)：17-21.

[10] 舟丹．美国的“页岩气革命”[J]．中外能源．2019(01)：39.

[11] 杨博仲，王力等．昭通页岩气区块超长水平井快速钻井技术[J]．中国石油和化工标准与质量，2019，39(03)：245-247.

[12] 韩烈祥．基于静摩擦扭矩释放的快速滑动定向钻井技术[J]．天然气工业，2015 35(11)：60-65.

[13] 孙永兴，范生林，乔李华．页岩气水平井卡钻主要原因及预防对策[J]．天然气工业，2018，38(12)：107-113.

[14] 曾妍．页岩革命助推我国能源结构转型[J]．天然气与石油，2018，36(05)：105.

[15] 余海峰．Power Drive Archer 旋转导向系统在页岩气水平井的应用[J]．中国石油和化工标准与质量，2018，38(16)：103-104.

[16] 韩竞一，殷建平．美国页岩气生产成本分析[J]．现代商业，2018(28)：167-170.

用水平井测/录井数据精细描述与评价页岩气藏

李青元[1,2] 岳亚芳[1] 李明知[1] 杜 霞[1] 石元会[3] 赵红艳[3]

(1. 中国矿业大学(北京)地球科学与测绘工程学院;
2. 中国测绘科学研究院地球观测与时空信息科学重点实验室;
3. 中石化江汉石油工程公司测录井公司)

摘 要 测、录井曲线是对油气储层属性最精细的采样数据，是精细描述储层品质的最好数据源。在页岩气勘探开采中大量使用水平井工艺。如何根据水平井的钻井分层资料、测录井曲线并结合地震等其他数据精细地描述页岩气或其他油气储层的有机质含量、孔隙度等属性在横向与纵向上的变化情况，是油气勘探领域的重要应用需求。本文论述了用水平井中的地层界面点、测录井曲线结合地震确定的参考地层界面构建研究区地层三维模型以及储层品质精细描述的原理与方法。重点论述了 SGA-810 软件的设计指导思想，建模所需数据，所采用的几项特有技术，包括：(1)可视化的数据集成界面，(2)上下统一的等边三角形顺层网格技术；(3)水平井段铅直地层厚度计算方法；(4)井迹线所在小层顶底面添加虚拟采样点方法；(5)基准面+厚度递推+迭代调整构建界面技术；(6)层间垂向拉伸技术；(7)多参数综合评价方法。最后给出了软件所实现的软件功能和软件在重庆涪陵页岩气田某区块的建模应用效果。

关键词 测录井曲线；三维地质建模；储层品质评价；多参数综合评价；页岩气勘探开发

页岩气、煤层气等非常规天然气的勘探、开发中采用了很多新的施工工艺与技术[1-5]。水平井就是其中一项。水平井大大地增加了钻井在储层中经过的路径长度以及钻井与储层的接触面积，为压裂造缝等增产措施的采用提供了有利条件(王建国等，2014)[6]。中国的页岩气勘探开发技术已经从无到有，初步掌握，但页岩气的勘探开发中还有很多理论与技术难题需要攻克。马永生院士等(2018)以及国外的研究，认为有效利用信息、数字技术，可以大幅提高生产效率，并帮助油气工业降低 20%左右的资本支出，将上游经营成本降低 3%~5%[1]，乔辉等认为(2018)我国需要探索更好的储层评价方法，指导优质页岩富集层段的优选[2]。笔者认为，基于水平井以及测录井曲线的页岩气储集层三维地质精细建模与品质评价就是需要攻克的难题之一。水平井增大了钻井轨迹穿越储层的长度与次数，为三维地质建模既带来了有利的一面，大大增大有效采样点在储层中的分布范围；但同时也对传统的以直井为数据源的三维地质建模方法带来了挑战。需要寻找不同于传统直井的建模方法。

中国测绘科学研究院地理信息工程重点实验室(下面简称中测院)在国家自然科学基金项目(41274075)的支持下 2014 年开始与中石化江汉石油工程公司测录井公司(下面简称江汉测录井公司)合作，在中测院原来的拥有自主知识产权的“地质工程师三维助手”软件的基础上，合作研发一个面向工区，以测录井数据为主的三维储层建模与品质评价软件，经过 4 年多的合作开发，目前已经形成一个非常好用的软件——“页岩气藏储层描述与品质评价软件”。按照江汉测录井公司的软件编号，该软件编号为 SGA-810，按照中测院的编号为“油气地质工程师三维助手”，为了叙述方便下面统称为 SGA-810 软件。

1 软件的设计理念

SGA-810 软件的设计理念是轻型、小巧、好用，以满足工区一级的地质与测井工程师使用为目的。它的设计目标是将其打造成一个：(1)工区范围的钻井、测录井数据与文档、图片数据的集成与管理平台；(2)三维地质建模平台，能根据约定好的数据组织方式，根据各钻井中地层界面点与测录井曲线快速地构建三维地质模型(包括构造模型与属性模型)；(3)三维模型操作平台，能对所建三维模型进行虚拟切割，制作平行剖面图组、栅状图(两组交叉的平行剖面)，揭层展示不同层的属性变化情况；(4)科研平台，能够对同一口井的任意两条曲线求其相关性，任意几条曲线通过加减乘除等算数运算合成一条新的曲线，能够单参数、双参数、多参数对一口井或整个储层进行品质评价，能按 x、y、z、颜色、样点半径等 5 个维度展示样点的多分量属性。

2　建模所需数据

该软件建模所需数据有：(1)井名文件：工区内各钻井名称及井口坐标；(2)工区边界文件：文本格式的边界点坐标串；(3)井斜文件：各井井迹线数据，即井迹线上各点的井深、东西分量、南北分量；(4)地层层位文件：各井中储层小层界面点的井深；(5)参考界面：文本格式的一个或多个由地震勘探确定的储层附近的地层界面(例如五峰组底面)的等高线或点云数据；(6)测/录井文件：各井的录井数据或测井数据。

用前面 5 类数据就可以构建储层的构造几何模型，第 6 类数据构建储层的精细属性模型。

要求井名文件、井斜文件、测/录井文件的井名要一致，并分别存放在工区下的不同的子目录中(井斜文件存放在\ \ JX 子目录，测井文件存放在\ \ CJ 子目录，录井文件存放在\ \ LJ 子目录)。

3　软件的几项关键技术

一个实用软件涉及到很多项原创的关键技术，限于篇幅的限制，本文只能摘出其中的几项进行介绍。

3.1　可视化的数据集成界面

工区建模数据的收集、整理与集成是工区三维地质建模的基础。很多软件就是因为其数据集成步骤过于繁琐、复杂而妨碍了其在基层的广泛应用。SGA-810 采用了可视化的数据集成界面，如图 1 所示。

图 1　可视的数据集成界面

按钮的背景颜色代表了该项数据的集成状态，例如 导入 深蓝灰色代表该类数据都还没有导入；批量导入 浅蓝灰色背景的按钮代表该类数据已经导入了一部分，但还缺一部分数据；导入 灰色背景的按钮代表该类数据已全部导入。点击右上角的【自动检测】按钮，弹出对话框如图 2 所示。

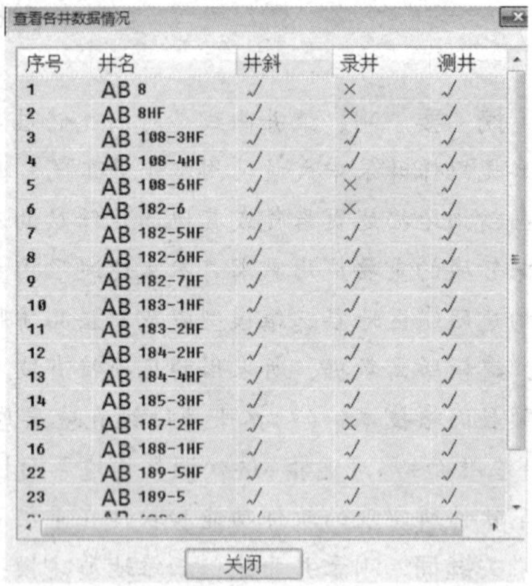

图 2　显示哪些钻井还差那些数据

这样，用户可以清楚地看到需要哪些基础数据，已经集成了哪些数据，还缺哪些数据。可以批处理导入，也可以单井导入。整个过程清晰可视，这极大地方便了现场工程师集成与准备数据。

除了建模数据外，还提供了对工区的文档、图片、表格等数据进行统一管理的集成功能。如图 3 所示。

图 3　工区附件集成界面

对这些附加数据可以在图形界面用鼠标右键点击各井调出该井所挂的附件。

3.2 上下统一的等边三角网顺层网格方案

本软件采用的另一项关键技术就是上下一致的等边三角形顺层网格表达地层界面以及储层内进一步划分的细层界面。由于上下各地层界面、细层界面都采用相同水平坐标的等边三角格网，只是不同界面网格节点的高程值不同。全区只需存储一个等边三角形格网的坐标值，不同界面的不同节点只需存储其节点的高程值和其他属性值。这样的网格既具有矢量顺层网格数据的优点——表达灵活、精确；又具有栅格数据的优点——只需记录各节点的高程与其他属性值，数据量大为减少。笔者推算，如果一个工区的长宽为10×10km^2，网格边长为50m，网格有500×500×1.73/2=216，250个节点，设目标层(储层)厚度100m，垂向细层分辨率取0.1m，每个节点存储除高程外的9个属性，则全区的数据量是：216250×1000×10=2，162，500，000，即大约2个G的的数据量。一般的台式机或笔记本电脑都能够胜任这个数据量，因此笔者将这种数据模型称之为“基于等边三角网的千层顺层模型”，意思是它能承载一个工区1千个细层的数据量。等边三角网具有最好的几何形态。我们知道，delaunary三角剖分的准则就是剖分形成的三角形网的三角形应尽量接近等边三角形。用等边三角网进行插值，其几何性能最佳，误差最小。

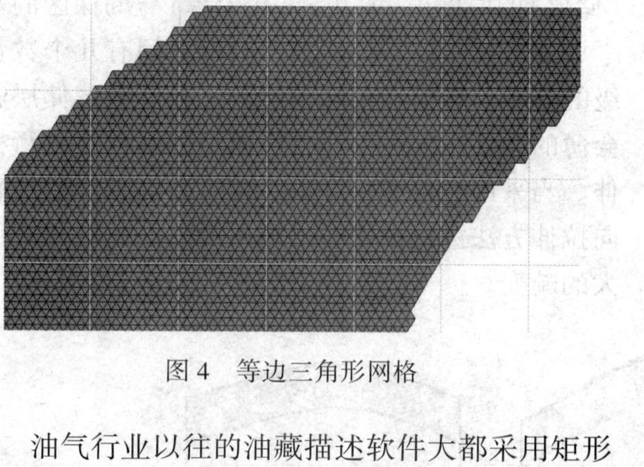

图4 等边三角形网格

油气行业以往的油藏描述软件大都采用矩形顺层网格(张勇等2009，王文等2010，李星涛2010，李发有2015)[7-10]，本软件也可以通过重采样转换到矩形顺层网格，但笔者还是认为等边三角顺层网格的优点更多，因为等边三角网顺层网格具有最好的几何性能。

3.3 水平井地层铅直厚度计算方法

地层界面位置的准确是地层构造建模准确的先决条件。水平井由于是倾斜或水平在储层中穿过，这为储层铅直厚度的计算带来了困难。水平井三维地质建模遇到的第一个问题就是地层厚度的确定方法。水平井中遇见地层顶面后可能要经过很长的水平距离才能遇到地层的底面，而且所遇到的底板面的高程可能高于顶板面的高程。在顶、底界面之间穿行的钻井轨迹线可能向下倾斜，也可能向上倾斜，地层本身可能向下倾斜，也可能向上倾斜，如何确定地层的厚度，它不同于垂直井，这是一个很大的难题。确定的困难在于见顶界面采样点铅直对应地层底界面的位置不确定，底界面采样点铅直对应的顶界面位置不确定，既有地层厚度变化又有地层倾斜坡度变化的影响，井迹线与地层倾斜方向既有同向又有反向的情况，见下图5所示，带箭头的红线为钻井轨迹线，箭头指向钻进的前进方向。

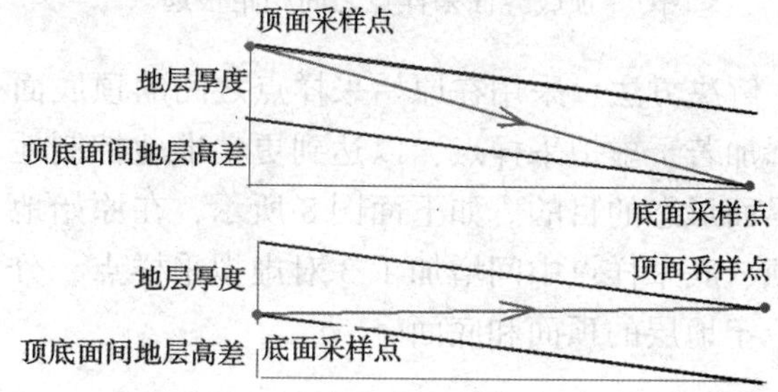

图5 井迹线前进方向与地层倾斜同向

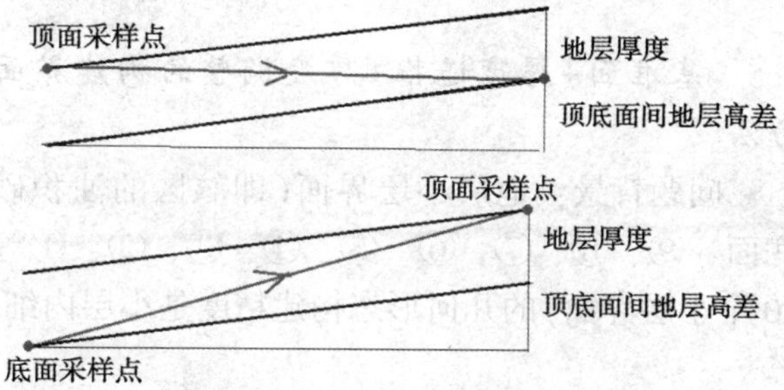

图6 井迹线前进方向与地层倾斜反向

本软件采用顶底界面高差减去地层坡度高差确定地层铅直厚度。无论同向还是反向厚度都可以概括为下面的公式：

$$H_{铅直}=\mathrm{abs}(Z_{顶面采样点高程}-Z_{底面采样点高程})-(Z_{参考面顶面采样点高程}-Z_{参考面底面采样点高程}) \quad (1)$$

这里的模板界面是该地区通过人工地震方法确定的某个标志层界面，在本次研究中采用的是由人工地震获取的五峰组底面，虽然由地震确定的五峰底面与钻井通过测录井曲线确定的地层小层界面有一定的高差，但作为确定该处地层坡度还是可以的。

通过公式(1)确定的地层厚度还需经过平均厚度上下浮动限制，即当H铅直大于该层平均厚度H平均铅直厚度的1.25倍时采用1.25＊H平均铅直厚度，当H铅直小于该层平均厚度H平均铅直厚度的85%倍时采用0.85＊H平均铅直厚度。

3.4　井迹线所在小层顶底面添加虚拟采样点

问题背景：水平钻井中常常小层界面采样点的水平距离很长，有时相距几百米，如下面图7所示。这时如果仅仅依靠原始采样点拟合的地层小层界面很难满足建模精度要求。

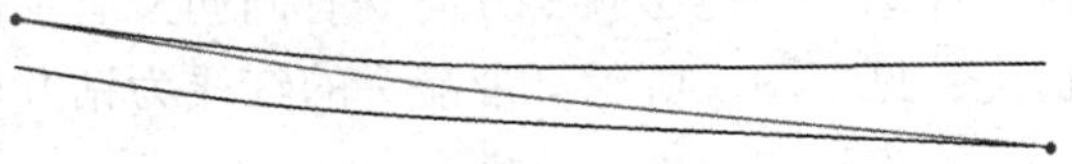

图7　顶底界面采样点之间相距很远

解决方法：采用在原始采样点之间的顶底面上添加若干虚拟采样点，以达到更精准地控制地层界面形态的目的。如下面图8所示，在原始地层顶、底采样点中间增加了3对虚拟采样点，分别位于地层的顶面和底面。

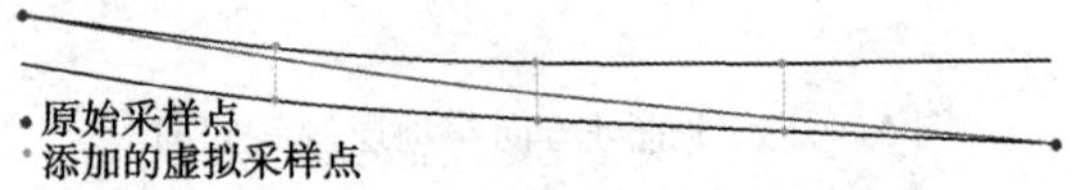

图8　在原始采样点之间的顶底面上添加虚拟采样点

3.5　基准面+厚度递推+厚度调整的构建界面方法

问题背景：地层小层界面(即該区的浊积砂底面、⑨、⑧、⑦、⑥、⑤、④、③、②、①等10个小层界面)的几何形态构建精度是小层内细层划分的基础，因此这几个界面构建的好坏直接影响到以后的建模与拟合精度。界面的采样点十分稀疏，同一界面的采样点相距少则几十米，一般都几百米，甚至上千米。这样稀疏的采样点构建曲面并不难，难点在于上下的界面不能冲突。如果各界面单独拟合，一定会出现下面的界面穿到上面界面之上，或上面的界面穿到下面的界面之下。如何防止这种情况是三维地质建模软件必须面临的难题。

解决方法：SGA-810采用的是先根据地层界面采样点用薄板样条拟合各地层的铅直地层厚度，然后以采样点最多的界面(我们认为它的可信度最高)为基准，向上、向下按地层铅直厚度递推确定其他界面的空间位置(就是网格节点的高程)。这样虽然在远离基准界面的界面由于误差累计的原因，会出现较大的高程误差，但避免了各自拟合界面而出现的界面上下穿透的错误。这样厚度递推构建了地层小层界面后又会出现新的矛盾，即在很多有原始采样点的地方界面不能通过原始采样点，这样还需要调节地层小层的厚度，使得在所有原始采样点处，小层界面严格通过原始采样点。这个调节过程需要多次迭代技术才能达到较为满意的效果。

3.6　层间垂向拉伸技术

问题背景：层状矿床勘探、开采中，目标层(储层)的厚度(一般几米-几十米)与勘探区的水平尺度(一般几千米-几十千米)之间有几个数量级的差距。纵横以相同的比例尺显示时，储层就会薄的像一张纸。用户希望模型的垂向上进行拉伸。当采用OpenGL所提供的计算机图形学的垂向拉伸方法进行拉伸时，地层的形态就会出现巨大的畸变。

图9　左：原始地层，中：图形学的拉伸，右：层间拉伸

解决方法：层间拉伸是指在保持地层表面形态不变的前提下，对地层纵向厚度上拉伸，而不改变其层面的几何形态，其中涉及到了对地层面、等值线、井迹线、剖面多方面的拉伸，但是这几个方面的具体拉伸实现方法又有略不同，另外还要处理鼠标对模型坐标提示信息的正确，使

坐标提示信息仍然保持原来未拉伸的值。

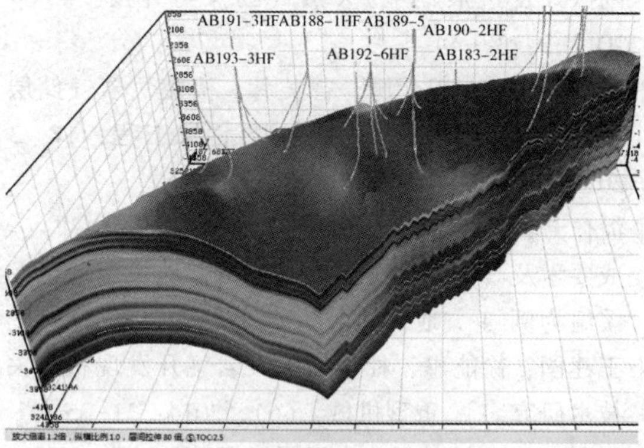

图 10　某工区地质模型纵向拉伸 80 倍的显示效果

3.7　多参数综合评价方法

多参数综合评价是以多种参数共同设置分类寻找甜点，例如以 TOC 与 POR 两种参数联合制定的分类指标体系如下

1 类：TOC>=4.0 并且 POR>=5

2 类：(TOC2.0~4.0 并且 POR3.5~5)或者(TOC>=4.0 并且 POR3.5~5)或者(TOC2~4.0 并且 POR>=5)

3 类：(TOC1.0~2.0 并且 POR2.5~3.5)或者(TOC1.0~2.0 并且 POR>=3.5)或者(TOC>=2.0 并且 POR：2.5~3.5)

4 类：TOC<1.0 或者 POR<2.5

用这类方案对每一节点进行比较运算，得到的模型双参数分类效果如图 11 所示。

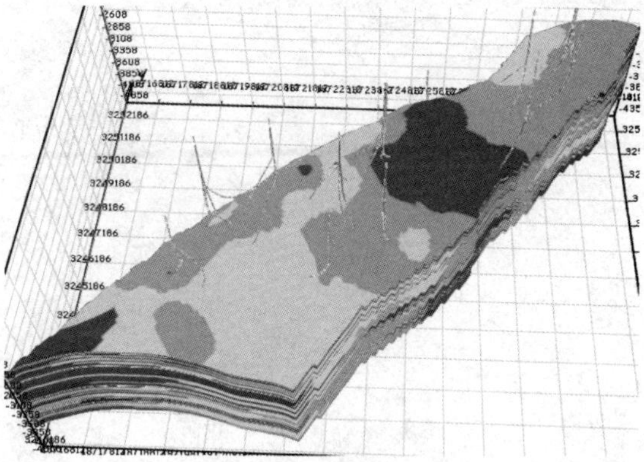

图 11　双参数综合评价

4　应用效果

软件以某页岩气田的 3 个工区的实际数据与模拟试验数据进行了测试。其中一个工区模型切制的剖面图(图 12)，篱笆图(图 13)、沿井剖面图以及沿井迹线的 TOC、POR、GR 的实测曲线与模型拟合值的比较(图 14)，某井不同深度 POR 与 TOC 相关关系(图 15，图 16)。

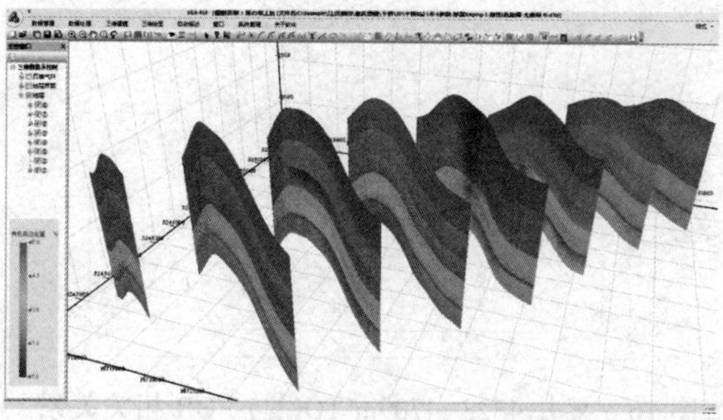

图 12　试验区的垂直剖面图

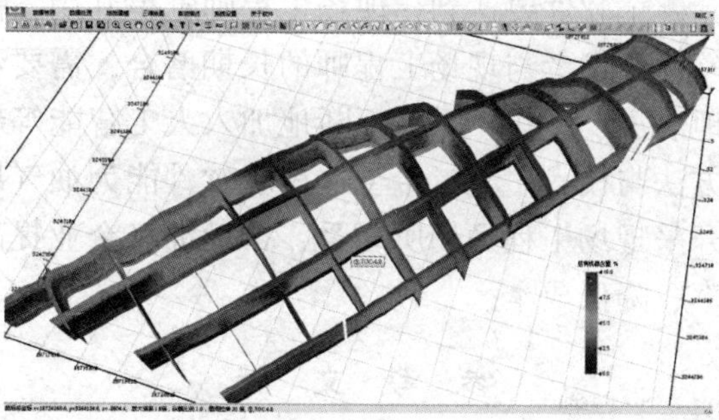

图 13　试验区的栅状图

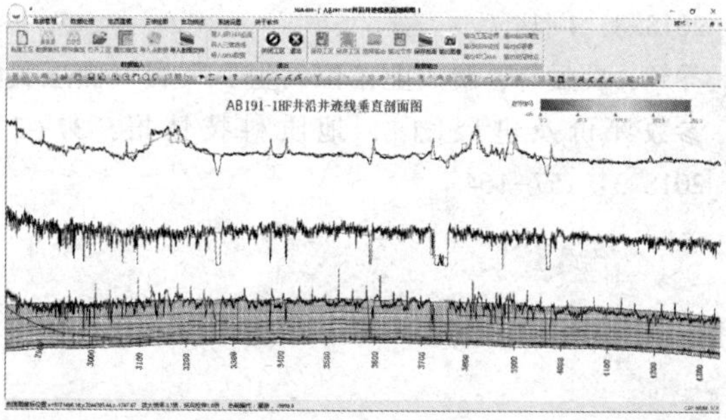

图 14　沿井垂直剖面 TOC、POR、GR 的实测(黑色)值与属性场拟合值(红色)，符合率达到 75%以上

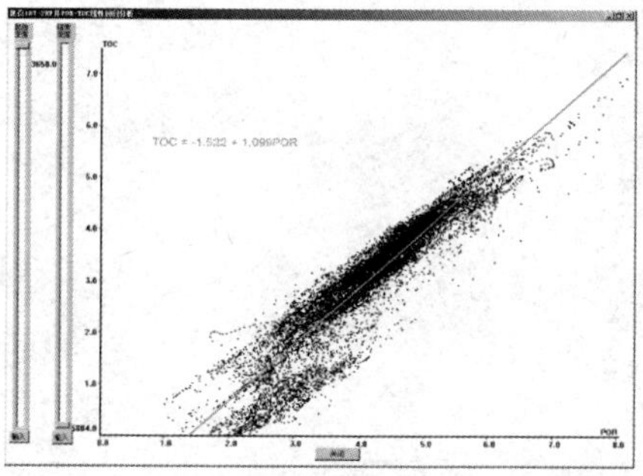

图 15　某井 3658-5004m TOC 与 POR 相关关系

软件建模过程的简单性与可视性，建模精度、三维操作能力都得到了工区工程师们的肯定，他们认为该软件建模过程简单，操作简单、功能实用。

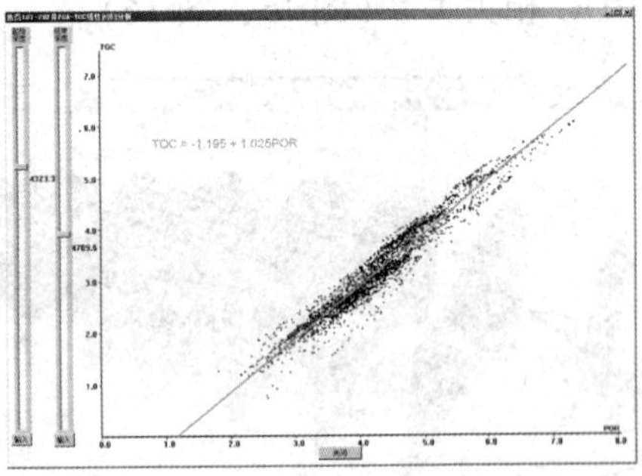

图 16　某井 4323-4709m TOC 与 POR 相关关系

5　结束语

一个软件要达到让现场工程师觉得好用，需要软件开发者与现场工程师的长期磨合，需要不断地改进、优化，需要不断地加入人工智能等新的方法与技术。笔者希望这一款软件能为油气勘探开采现场工程师们所喜爱，帮助油气企业提高效率、降低成本。

参　考　文　献

[1] 马永生，蔡勋育，赵培荣．中国页岩气勘探开发理论认识与实践[J]．石油勘探与开发，45(4)，2018.8：1-14.

[2] 乔辉，贾爱林，贾成业，位云生．页岩气储层关键参数评价及进展[J]．地质科技情报，37(2)，2018.3：157-164.

[3] 岳鹏升，石乔，岳来群，梁英波．中国页岩气近期勘探开发进展[J]．天然气勘探与开发，40(3)，2017-9：38-44.

[4] 彭超，唐军，冯爱国，曾芙蓉．涪陵页岩气储层含气性测井评价[J]．科学技术与工程，17(2)，2017.1：190-196.

[5] 潘仁芳，龚琴，鄢杰，金吉能．页岩气藏“甜点”构成要素及富气特征分析—以四川盆地长宁地区龙马溪组为例[J]．地质勘探，36(3)，2016.3：7-11.

[6] 王建国，徐能惠，杜学斌．页岩气开发现状及关键技术研究[J]．重型机械，(6)，2014：31-35.

[7] 张勇，杜志敏，郭肖，汤勇，阳建平，陈文龙，常志强．底水凝析气藏薄油环开采数字模拟方法研究[J]．石油学报，30(1)，2009：88-91.

[8] 王文，郭肖，张勇，付玉，肖红林．带底油(薄油环)凝析气藏数值模拟中混合网格的处理方法[J]．内蒙古石油化工，2010.

[9] 李星涛．带油环的底水凝析气藏开发机理研究[D]．西南石油大学硕士论文，2010 年 6 月．

[10] 李发有，廖荣凤，叶双江，张永庆，黄新波．角度不整合非均质薄油环油藏精细描述新方法[J]．断块油气田，2015 年-11-06 10：38

智能井温度试井技术研究进展

隋微波　张　迪　王梦雨

（中国石油大学（北京）石油工程学院）

摘　要　传统的压力试井技术在油藏实时监测中存在获取数据速度慢、温度数据浪费严重的情况，且在多层油藏压力试井方法中，无法对各单层进行准确解释。本文从试井的硬件基础出发，研究传感器的发展历程、工作原理、测试精度及优缺点，并对近三十年来温度实时监测在油田现场的各种典型应用及理论背景进行总结对比，研究温度监测理论模型的理论基础，进而重点研究瞬态温度试井理论模型的基础发展现状。发现温度试井技术在装配分布式井下温度、声波传感器的智能井中是最新的试井解释技术，其中瞬态温度试井通过研究井下温度变化的瞬态数据，建立非等温渗流—传热耦合模型，提出相应的瞬态温度数据分析解释方法，获取产层流动特征参数及井的完善情况，对后续开发或增产方案的设计、调整或评估提供帮助，例如根据瞬态温度数据分析近井地带伤害半径等。在未来利用智能井生产监测大数据条件下，瞬态温度试井必将与传统的瞬态压力试井一起作为油藏监测分析的重要手段，为油田开发提供更快速准确的数据支持。

关键词　油气田开发；温度传感器；温度试井；理论模型；发展趋势

在油气田开发过程中，试井技术是获得储层及流体物性参数的重要方法之一，压力试井是比较常用的方法，其相关理论也比较完善。但在压力试井的资料解释过程中，往往将温度视为常数，不考虑其变化对试井解释的影响，导致温度数据浪费严重；此外，在多层油藏压力试井方法中，只能综合或近似地解释各单层的物性及生产特征等，无法对各单层进行准确解释。所以建立温度试井理论，充分利用井筒温度监测数据解释地层和流体物性，并获得某些热力学参数具有重要的意义。而早期温度测井只能在生产测井过程中下入仪器获得井温信息，耗时长且影响生产，对于水平井、多分支井等复杂结构井的测试，操作更加困难。井下温度传感器能够实时地、连续地测量井下温度和压力，其发展为实时温度监测及温度试井理论的发展和应用奠定了坚实的基础。近年来，温度试井快速发展，在装配分布式井下温度、声波传感器的智能井中是最新的试井解释技术，其中瞬态温度试井技术利用瞬态温度数据帮助油藏管理者形成实时油藏管理决策，对后续开发或增产方案的设计、调整或评估提供帮助[ ]。在温度试井技术研究领域，国外起步较早，目前已经初步形成了一些理论方法，中国只处于起步阶段，本文主要从智能井实时温度监测这一技术所涉及的传感器出发，研究智能井温度试井技术现场主要应用现状及理论模型研究进展情况，并对未来发展方向提出展望。

1　井下温度传感器发展与特点

油气井井下的温度测定早期是通过生产测井仪器上安装的热电偶温度计进行的。温度数据一般用于生产井和注入井产液剖面和水泥环固井质量的辅助定性分析，不足以单独作为定量解释的依据。

为了实现对井下温度长时间的实时监测，20世纪60年代起，人们开始在井下尝试安装永久式井下压力计与温度计（Permanent downhole gauge，PDG）。但是由于传感器长期工作的失败率太高，测量准确性受井况影响太大，这项技术的进一步广泛应用受到了阻碍[ ]。从20世纪80年代开始，永久式电子井下传感器的传感元件由应变温度计变成了石英温度计，精确性和稳定性有了很大提高，同时安装技术也有了明显进步。

考虑到当时的井下电子式温度计的耐温条件很难超过140℃且一般只能测量井筒内单点温度，1987年研究人员首次提出将光纤作为温度传感元件对井下温度进行测量，依据这一理论研制生产的分布式光纤温度传感器（DTS）于1993年首次在Shell挪威Brunei油田的海上生产平台进行安装应用[ ]。

90年代中期，Baker油田服务公司基于井下监测技术的功能和发展设想提出了“智能完井”(Intelligent completion)的概念。井下温度、压力传感器在海上生产井和陆上高产井获得了大量应用，对油气产量提升发挥了明显作用。2001 年在南英格兰一口陆上大斜度井中安装的 DTS 系统和压力温度传感器首次实现了井下数据的实时传输。2004 年开始，加拿大陆上生产井开始大规模在套管上安装永久式井下传感器系统。2005 年开始，DTS 系统的温度测量分辨率大幅度提升，耐温范围测试结果达到-80℃~600℃。2010 年，首台固定式高精度光纤高温高压传感器获得成功，可在油井下温度 220℃和压力 100MPa 下长期作业，解决了常规电子传感器和光纤压力传感器受油井下高温高压干扰而无法正常工作的难题。2014 年，康静[ ]对单支光纤探针和阵列光纤探针的结构进行了优化设计研究，研制出了能精确测量油气水三相流含气率的阵列光纤探针传感器。2017 年，哈里伯顿能源服务公司研发 FiberWatch 光纤传感监测系统，其中的 FiberLogTM 电缆技术采用光电电缆，在缆铠内部埋置的多光纤电缆中有一根电导线，通过该电导线为井下牵引器供电，将单芯电缆传感器传送到大斜度/水平井中。电缆中的光纤通过 DTS 和 DAS 等传感技术结合实现对井眼的动态监测。

目前石油工业中用于永久式井下温度测量的仪器主要有电子和光纤两大类，其各自的技术特点如下。

1.1 永久式电子井下压力/温度计

20 世纪 60 年代永久式井下压力温度计(PDG)正式应用于陆上油井的开发，使用时永久式电子井下压力/温度计(PDG)处于井下，压力温度传感器将测试信号传至程序控制面板，再传到地面控制台，来实现对井底的压力和温度的实时监控。

PDG 是一种采用电缆将压力和温度传到地面接收装置的，来实现对井底的压力和温度的实时监控，它包括筒体、压力温度计、程序控制面板、通信电缆、电缆等结构。井下 PDG 的结构由主外筒、下盖(引压头)、上盖(电缆绝缘头)、内部安装板等组成，其结构设计如图 1 所示。

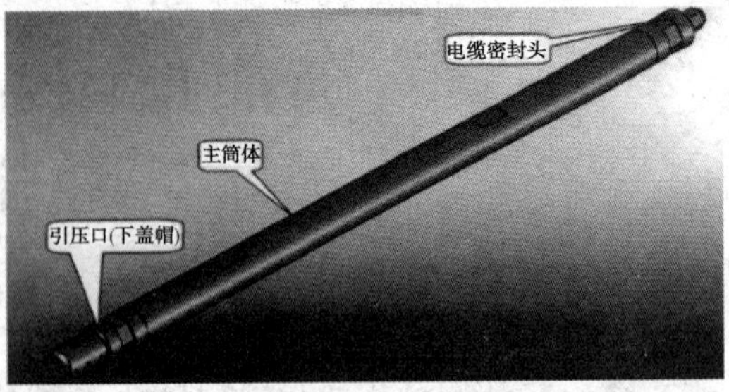

图 1 井下 PDG 结构设计

PDG 可以同时测量所在井筒深度的压力和温度，其温度测量精度要高于 DTS，分辨率可以达到 0.01℃，是比 DTS 应用的更为广泛的一种井下温度检测设备。由于异常点、噪声等因素会影响监测数据的准确性，所以 PDG 数据处理是很重要的。针对 PDG 数据处理提出的具有代表性的是斯坦福大学的 Athichanagorn 等人提出了 7 个步骤：消除异常点，降噪，瞬态识别，数据精简，流量历史重建，行为滤波和移动窗口分析。油田目前应用的大多为永久式石英和硅晶电子井下压力/温度计，PDG 既可以单个安装也可以在不同深度多个同时安装。目前，WellDynamics 公司、斯伦贝谢公司、哈里伯顿公司、贝克石油工具公司、Roxar 公司等都投入了智能井系统的研发和应用，加快了油藏开采速度，提高油田最终采收率，其中 SmartWell 智能井系统、InForce 智能井系统和 InCharge 智能完井系统等都应用了 PDG 来实现其实时监测的功能。

1.2 分布式光纤温度传感器

分布式光纤温度传感器(DTS)系统的工作原理如图 2 所示，将光纤作为温度感应和数据传递组件，通过激光发射器以 10ns 频次发射激光，激光在光纤中的传导过程中发生拉曼散射，拉曼反向散射光包含斯托克斯峰和反斯托克斯峰两个组分，其中反斯托克斯峰的强度与温度的相关性很强，而斯托克斯峰的强度则与温度的相关性较弱。通过计算反斯托克斯峰与斯托克斯峰信号的强度比，可以获得精确的温度测量值。

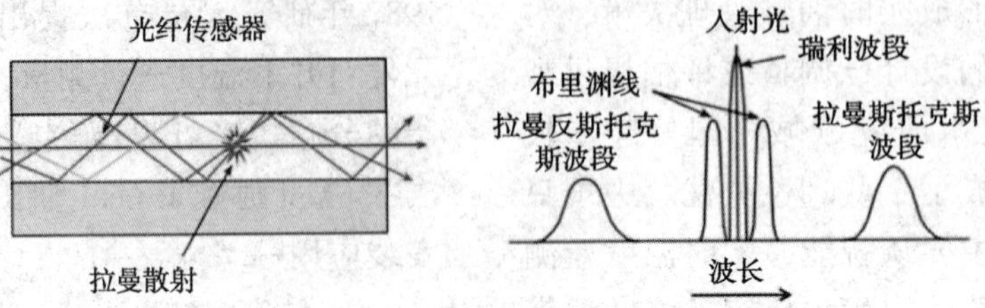

图 2 分布式光纤温度传感器工作原理示意图

与传统的温度传感器相比，光纤传感器具有以下特点：(1)不需要进行额外作业，不影响生产；(2)可以在任意时刻同时测得井筒内连续的或多点的温度；(3)无电子元件，不受电磁辐射的干扰；(4)耐高温，化学反应呈惰性，性质稳定；(5)抗破坏能力强，不易损坏[ ]。DTS 测量实时温度的时间间隔最小为 2s，最大为数小时。通常的温度测量分辨率为 0.1℃，温度数据取样间距一般为 1m，总的光纤测量距离可达 12km，耐高温特性可达 300℃。DTS 的安装位置和时间较为灵活，与 PDG 相比其最大的优点在于它可以实现分布式测量。

2010 年左右，随着 DTS 的发展，光纤这一载体逐步实现了在进行温度监测的同时进行分布式声波传感(Distributed acoustic sensor，DAS)，这一新兴的技术，在油气行业的上游有着广阔的发展前景，近年来在近井眼水力压裂增产监测、流体剖面、井身完整性监测、气举优化等方面应用非常广泛。其工作原理见图 3，当光脉冲发射到光纤中时，声场与沿光纤连续长度产生的背散射光相互作用，背散射光信号将依赖于声场的扰动。通过测量激光脉冲发射到接收信号之间的时间，即可测量井筒表面的声学扰动。

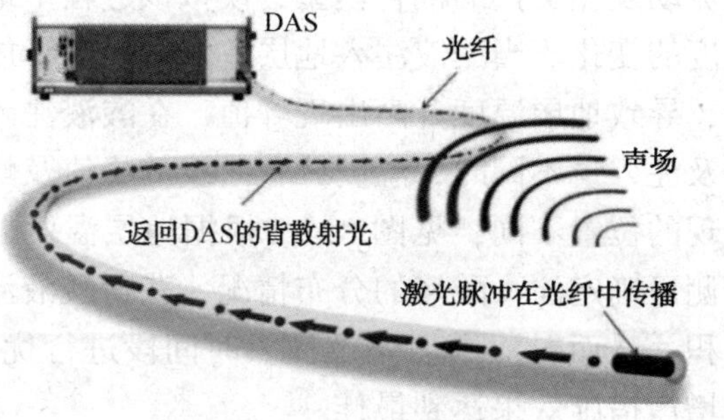

图 3 DAS 工作原理

DAS 的优点在于能够克服 DTS 获得合理信噪比时间长的问题，可以在光纤的每个点同时以高达 100kHz 的速率进行测量，空间分辨率约为 1m，总测量距离可达数十公里，为整个井筒的声学监测提供可能。

2 温度监测的主要应用

温度监测得到的温度数据在很大程度上丰富了现有的试井解释技术，在油井生产动态监测、储层物性评价以及压裂施工设计等方面得到了广泛的应用。

Ouyang 等人提出了适用于直井、斜井、多分支井的温度预测模型，其中正模型可以预测温度剖面，反模型通过监测得到的温度剖面获得井下流入剖面，利用雪佛龙公司开发得计算机程序包 TIPP，用于实现上述热多相井筒流动模型，既可以用于井筒温度预测，也可以用于生产和注入剖面分析，获得直井、水平井生产剖面见图 4。

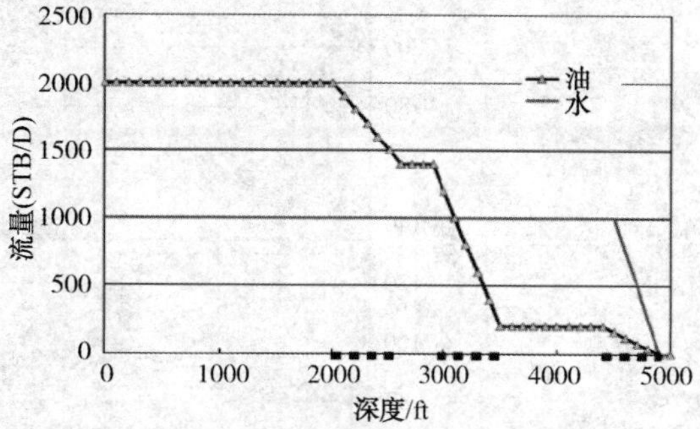

图 4(a) 直井生产剖面

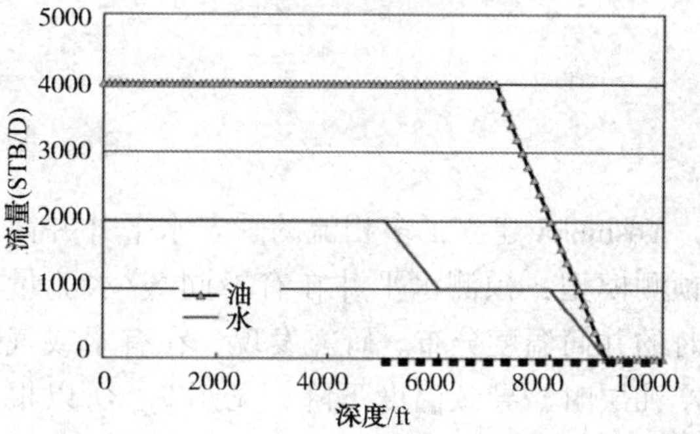

图 4(b) 水平井生产剖面

应用 DTS 监测温度数据还可以监测气举。X. Wang 等人基于稳态能量平衡方程，提出了适用于陆上和海上油气井得气举作业生产管柱的完整建模方法。将模型集成到新开发的 DTS 解释软件中，并应用其进行气举阀芯就位后监测注气点。由于焦耳汤普森效应，气体入口点温度会显著降低，根据该现象判断注气点位置，见图 5，在气体入口点，温度降低了大约 1℉。

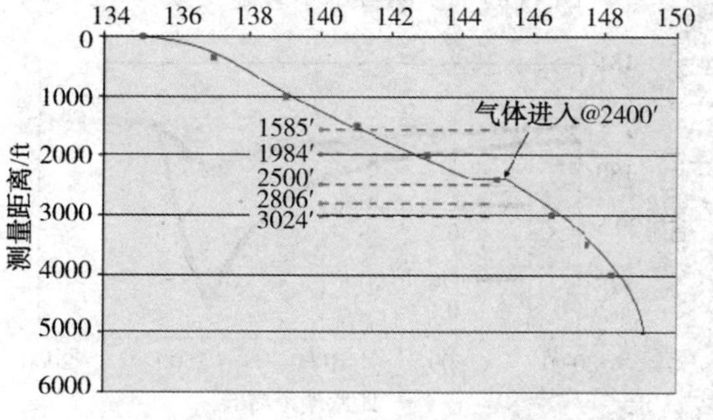

图 5 气举注气点监测

Johnson 等人利用 DTS 监测井筒温度剖面，判断蒸汽驱过程中得蒸汽前缘突破。如图 6 所示。温度从 800 英尺到 870 英尺的深度急剧上升，显示了蒸汽突破的位置，每两分钟拍摄一次的剖面资料显示，热量在井筒内迅速上升，然后缓慢下降到 980 英尺的深度，描述了蒸汽突破后温度的快速变化。数据显示，随着暖锋的发展，暖锋向井筒上方迅速移动。图中所示的陡坡表明了该突破的高流速。DTS 技术的应用迅速、经济、有效地确定了突破问题的位置。

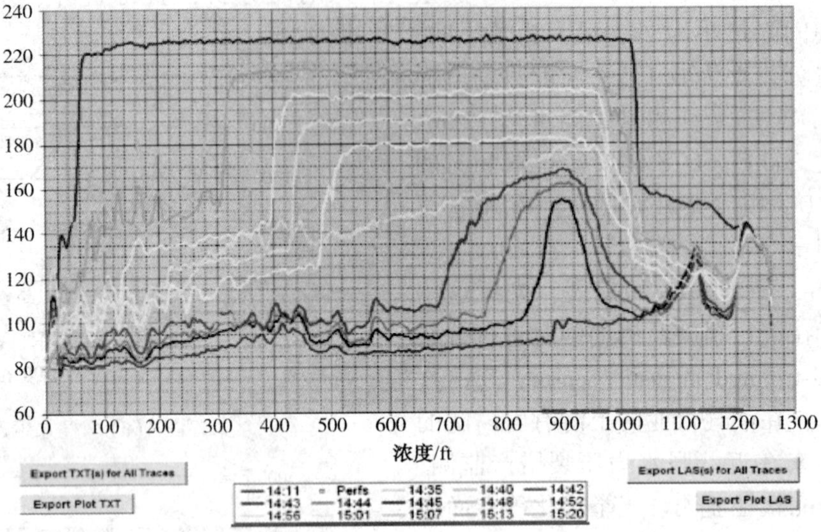

图 6　蒸汽突破井筒温度剖面

Yoshioka 建立了多相流的瞬态水平井井筒温度预测模型，预测水平井在有不同气/水流量流入时的井筒温度分布。研究发现，在有水或气进入产油层时，导致温度下降，见图 7。所以根据井筒温度曲线监测可诊断水锥现象、预防水/气窜流等问题，并利用北海油井的实际温度测井资料，验证了温度预测模型。

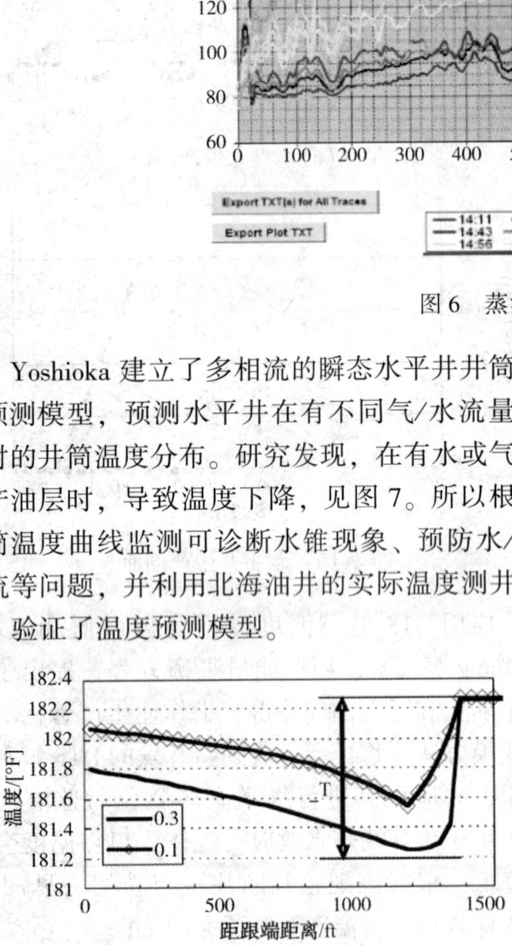

图 7(a)　不同含水率的温度分布

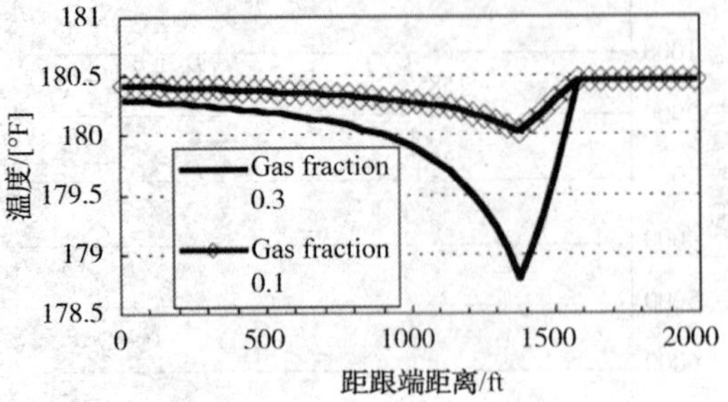

图 7(b)　不同气体比例的温度分布

在酸化增产过程中，确定注入酸液的位置分布来对增产措施进行评价及优化极为重要。Tan 建立了多层碳酸盐岩地层酸注入及反排过程中描述流动及热交换的耦合模型，模拟该过程中地层温度的变化。当酸液注入地层，酸岩反应释放热量，导致地层温度升高出现峰值，在酸液注入速率及注入量不同时，温度分布曲线的峰值及峰值出现的位置不同，见图 8，故根据地层温度曲线监测可确定注入酸液的分布情况、获得酸液注入体积，从而对注入速率及注入时间段进行优化，使增产措施效果达到最佳。

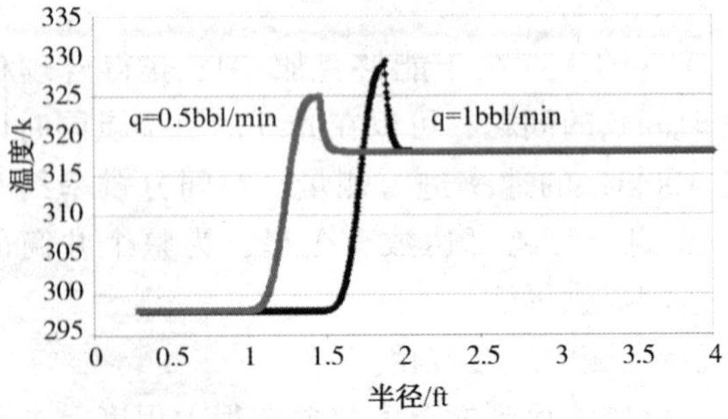

图 8(a)　不同酸液注入速率下 10min 后地层温度分布

水平井多级压裂过程中，裂缝位置相对于周围地层会出现温度冷却现象，见图 9，根据地层温度分布图可确定裂缝位置、裂缝条数及裂缝尺寸，从而合理分配某一射孔段的裂缝分布。

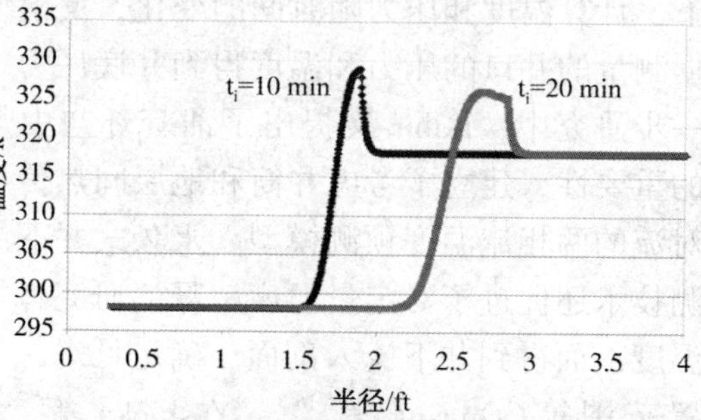

图 8(b)　酸液注入速率 1bbl/min 下不同注入时间地层温度分布

在储层物性研究中，结合温度数据将提高参数反演的精度。Duru 利用联合拟线性贝叶斯反演方法和综合卡尔曼滤波联合反演温度/流动模型来进行油藏描述，估计油藏渗透率及孔隙度的分布。同时应用生产数据和温度监测数据反演，获得渗透率、孔隙度计算值与真值的相关系数，与只应用生产数据反演相比，其中孔隙度场的相关系数精度提高 83%，见图 10、图 11。将温度监测数据用热模拟器进行模拟来研究储层的各向异性也取得了较准确的效果。

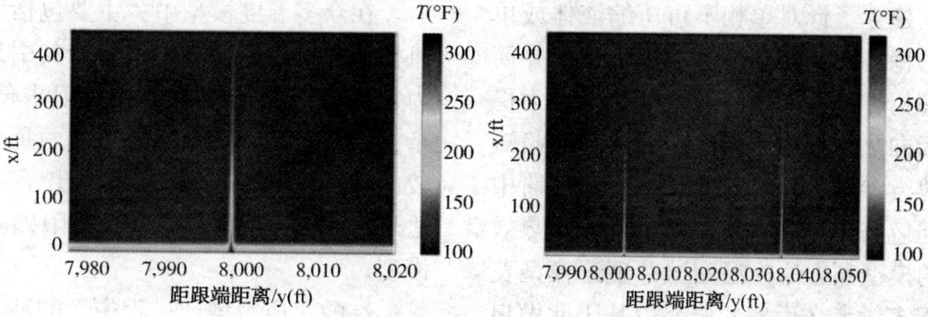

图 9　相同注入体积下同一裂缝(左)和两处相同裂缝(右)注射结束时的温度分布图

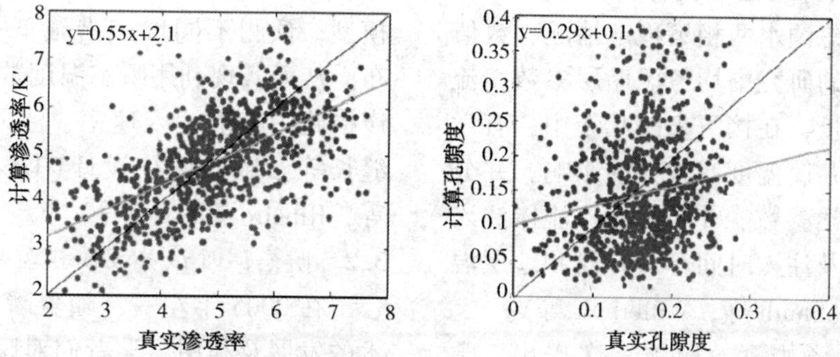

图 10　只匹配生产数据估算 *K*(左)、孔隙度场(右)图

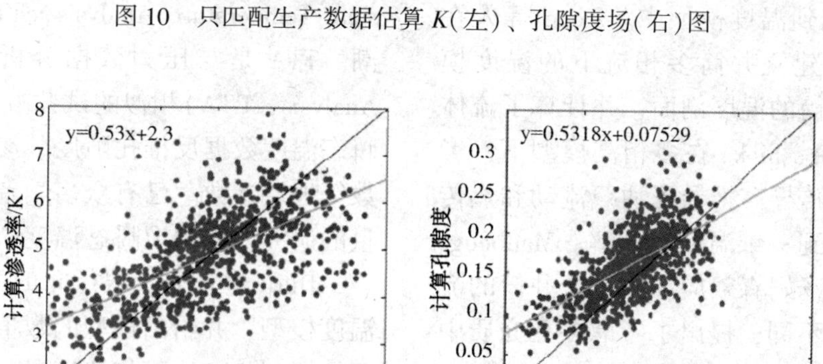

图 11　匹配温度测量和生产数据，估算 *K*(左)和孔隙度(右)图

3　温度试井理论模型研究现状

从20世纪50年代开始，学者们提出了很多温度模型，试图解释监测到的大量稳态的、非稳态的以及实时的温度数据。温度试井研究领域，国外起步比较早，主要包括A&M大学、赫瑞瓦特大学、雪佛龙、哈里伯顿、以及道达尔等；国内高校如中国石油大学(北京)、中国石油大学(华东)以及中国地质大学等在该领域也取得了一定的研究成果。

3.1　温度监测理论模型研究现状

Ramey(1962年)最早基于总能量方程和机械能守恒方程，建立了针对单相不可压缩液体或单相理想气体的稳态井筒传热模型，提出预测井筒温度的经典解析方法。模型假设井筒热传导为稳态，地层中径向热传导为非稳态，地层和井筒流体的物理和热学参数不随温度改变，考虑井筒中热阻问题，但忽略了摩擦和气体膨胀等微小热效应。Ramey的模型和方法为温度试井理论模型奠定了基础，很多学者在后期的研究中基于此做出了改进和创新。Satter建立了注蒸汽过程中的温度计算模型，并考虑了该过程中流体相态的变化。Chappelear等人针对注入流体为热水建立了数值模型，但未考虑油水两相不稳定情况，数值结果不稳定。目前的研究中均考虑储层参数、流体注入参数等为常量，在接下来的几年中，有学者提出这些参数对井筒温度有较大的影响，并分别研究了地层热力学参数、井眼尺寸、流体注入速度、注入深度以及注入时间等对井筒和地层温度分布的影响情况(Smith等，Witterholt等)。

1973年，焦耳汤姆森效应被首次提出，学者们开始将其考虑到温度模型中。Sagar等人在Ramey的基础上，建立井筒多相流下的温度模型，预测两相流井筒的温度剖面，并计算了流体焦耳汤姆森系数。Yoshioka在多相流模型下，考虑了多相流间的热传导，推导了油藏流动和热传导的控制方程，得到一维温度解析解。Maubeuge等人也考虑到焦耳汤姆森效应导致流入井筒的流体温度与地层温度不同，提出了考虑多孔介质中由于压力和摩擦产生热效应的模型，并且该模型可用于多层油藏的温度预测。

永久式温度监测可以实时监测随时间变化的温度数据，这推进了学者们对非稳态温度模型的研究。Kabir等人基于质量守恒、能量守恒和动量守恒方程建立了适用于高温高压条件下的气藏的模型。其中正模型用于给定油藏和完井参数情况下，计算温度和压力随时间的变化，反模型是根据测量的井口的压力和温度得到井底压力。在进一步研究中，Kabir又提出了油套环空中热对流的重要性，建立了考虑井筒和地层间热传导及热对流的两相流温度预测模型。永久式井下温度监测技术还促进了对定量温度解释的研究，如通过温度剖面得到井下流入剖面、确定见水、见气位置范围等(Ouyang等[16]，Yoshioka等，Li[ ]等)，Ouyang等人提出的模型适用于直井、斜井及多分支井，应用范围较广。

在众多温度模型中，主要包括解析模型及数值模型。解析模型方便求解，其中某些参数被定为常数；数值模型更精确，但求解过程相对复杂，所以有学者对同一模型的两种结果进行了比较(Gao等)。Izgec等人还提出了一种半解析方法来代替Kabir等人提出的有限差分法求解传热模型。

在酸化压裂增产过程中，酸液的注入、分布情况以及多级水力压裂的裂缝参数等对井筒及油藏温度产生很大的影响。因此，学者们考虑增产过程中可能的影响因素，建立了井筒/油藏耦合模型，预测不同增产措施下井筒及油藏温度分布。从而实现利用瞬态温度数据对酸化压裂等增产措施中酸液注入速率、注入深度、裂缝级数、缝长等参数的优化设计(Tabatabaei等，Yoshida等，Ribeiro等，Cui等)。

3.2　瞬态温度试井理论模型研究现状

在2005年左右，随着瞬态温度实时监测技术的发展及利用，学者们对瞬态温度分析(Transient Temperature Analysis，TTA)的研究迎来高潮。TTA是与压力数据分析(Transient Pressure Analysis，PTA)相似的试井方法，但TTA是基于瞬态温度数据反推孔隙度、渗透、焦耳汤普森系数等地层参数。已有众多学者针对该方面做了大量的研究，完善了瞬态温度试井理论。

Duru建立了一维径向的井筒/油藏耦合瞬态温度模型，并给出模型的数值解及半解析解。模型针对单相流或两相流情况，考虑J-T效应、黏性耗散、地层参数、流体物性、流量、压力的改变等因素。通过对孔隙度、渗透率、J-T系数等进行敏感性分析，提供了一种确定油藏孔隙度及饱和度分布的方法；后来又针对变流量生产的情况做了进一步的研究。

同年，Sui 等人应用温度导数曲线解释方法研究了温度分布对储层伤害半径的敏感性。之后 Sui 等人又针对直井单相流建立了多层油藏合采的井筒/油藏耦合数值模型，模型考虑了由于流体及岩石的压缩性引起的温度变化黏性热，应用该模型模拟井筒及油藏温度分布，通过渗透率、表皮系数等参数的敏感性分析证明了通过瞬态温度/压力监测确定单层渗透率、表皮系数等参数的可行性，并经过进一步的研究，首次运用油藏井筒耦合模型求出了表皮系数。

Akindolu 等人假设在中心有一口直井的圆柱形储层系统中，建立了适用于气井的径向流体流动模型。通过求解温度数值解，绘制温度变化半对数曲线，出现线性段，提出可根据该段斜率确定地层流动系数、渗透率、伤害半径等参数的方法，如图 12 所示为理想温度半对数曲线。实际监测瞬态温度趋势如图 13 所示，瞬态温度信号显示了初始预热期，在此期间，随着热产液到达位于产层上方的传感器，传感器温度升高。这种热身效应在一段时间后消失，之后信号表现出与理想曲线中观察到的相同的行为，即半对数图上的线性斜率，可取该段分析获得地层参数。瞬态温度信号传输相对较慢，这使得 TTA 具有识别近井地层渗透率变化的独特能力。这种信息不能从压力瞬态分析中得到。

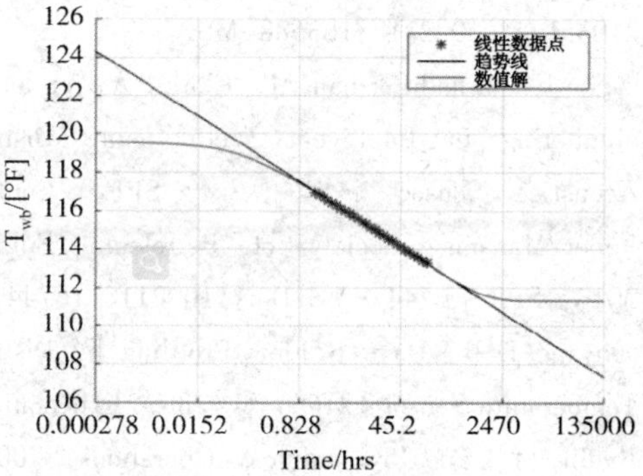

图 12　理想温度半对数曲线

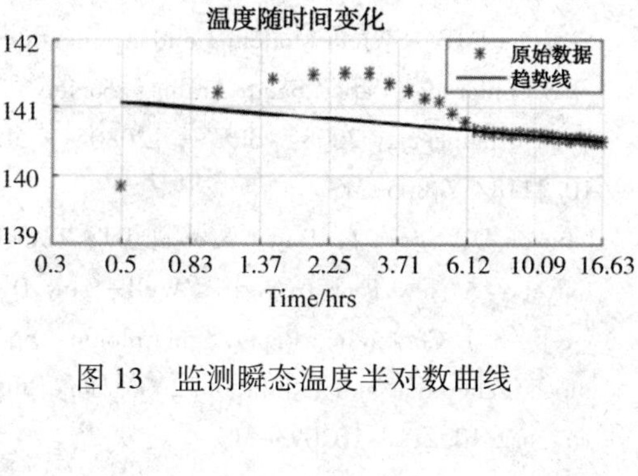

图 13　监测瞬态温度半对数曲线

Onur 提出利用温度半对数曲线和压力半对数曲线结合的方法分析解释常流量温度降落及恢复试井中井底瞬态温度数据。温度降落及恢复半对数曲线的早期及晚期阶段，曲线均为直线且斜率 m 已知。通过对瞬态压力数据半对数分析得到 k_0/μ_0 及 k_0h 后，可通过斜率 m 确定饱和多孔介质中的有效绝热流体膨胀系数及 J-T 系数。

由于现有的温度-瞬态分析(TTA)解析解一般假定流体的性质是恒定的，特别是在高降深和强温度信号的情况下，这种方法是无效的。Mao 等人提出一种解释 TTA 流体性质变化的方法，确定了影响温度信号的四个主要流体性质：流体密度、比热容、焦耳-汤普森系数和黏度，并对这四种流体性质进行了迭代修正，引入了流体性质值的修正作为解析解的输入，考虑了时间焦耳-汤普森效应在半对数图上的拟线性行为。通过采用流体性质校正方法对不同产量和不同储层流体组成下的非损伤和损伤储层的降、恢复瞬态温度信号进行了建模。分析建模结果与数值模拟结果进行了比较验证该方法的有效性，见图 14。

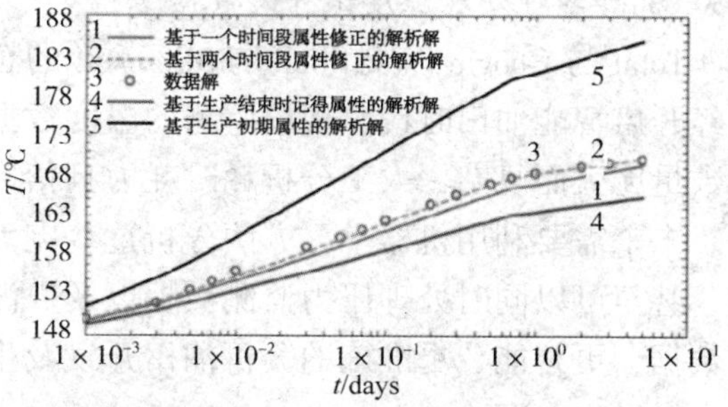

图 14　流体性质修正法对砂体温度剖面分析与数值结果对比

2019 年，Galvao 等人提出了一种新的瞬态井/储层耦合热分析模型，该模型由储层/套管/油管系统组成。该分析模型考虑了均质无限大作用油藏系统中微可压缩单相流体的流动，并为沿井筒任意位置的压降和恢复测试提供了温度瞬态数据。该模型同时考虑了焦耳汤普森(J-T)、绝热流体膨胀、传导和对流效应。将井筒流体质量密度建模为温度的函数，利用拉普拉斯变换求解瞬态热流微分方程，得到了井筒瞬态温度梯度 $\frac{\partial T}{\partial z}$ 的解析解。分析模型的结果与商用热模拟系统和 Onur 和 Cinar(2017a)提供的砂体温度解结果进行了比较。证明该模型提供了包括早、晚生产和关井时更精确的沿井筒瞬变温度流剖面。此外，还推广了一种基于瞬态温度数据的 J-T 系数估计方法。

4 温度试井发展趋势

随着智能井在油田开发中的兴起，对温度试井技术及理论的研究也将越来越多。其发展趋势主要包括：

4.1 提高监测仪器性能

常规资源开采已趋向成熟，非常规资源的开采已经成为热点。因此，监测环境更加复杂，传感器的性能将面临挑战，需要研发具有更高精度、更长寿命以及更能耐受恶劣环境的高性能传感器。

4.2 完善理论模型及解释方法

目前温度试井理论模型约束条件多，具有较强的局限性。为了更准确灵活地应用于实际，需要建立适用于更加复杂储层条件及油气开发方式的理论模型。温度试井也将与压力试井更紧密结合，充分利用监测数据，获取更多的静态及动态参数。

4.3 机器学习处理温度试井大数据

Total 与 Google 以及 Shell 与 Microsoft 的合作已经开启智能油田时代。现场监测的温度数据往往数量庞大而复杂，人工分析耗时耗力且精度有限。未来需要利用机器学习方法分析这些庞大数据，甚至可以同时处理压力监测数据以及声波监测数据，更智能、更准确的分析油田开发及生产动态，做出合理决策。

参 考 文 献

[1] 刘均荣，姚军，张凯．智能井技术现状与展望[J]．油气地质与采收率，2007，06：107-110+118.

[2] http：// www. hansenenergy. biz/activecompletions/The_ Long_ and_ Winding_ Road_ Towards_ The_ Intelligent_ Completion/The_ Early_ Days. html.

[3] Kragas T K，Pruett E，Williams B. Installation of In-Well Fiber-Optic Monitoring Systems[C]//SPE Conference Paper. San Antonio：Society of Petroleum Engineers，2002：SPE - 77710 - MS. Doi：10. 2118/77710-MS.

[4] http：// www. hansenenergy. biz/activecompletions/The_ Long_ and_ Winding_ Road_ Towards_ The_ Intelligent_ Completion/ 2001. . . . html.

[5] 石艺．国内首次研制成功可在高温高压油井下使用的光纤压力传感器[J]．石油钻采工艺，2010，32(02)：70.

[6] 康静．油井井下阵列光纤探针传感器结构优化技术研究[D]．燕山：燕山大学，2014.

[7] 杨兴琴．一种全新的水力压裂诊断方法：光纤传感监测技术[J]．测井技术，2017，41(4)：494.

[8] 张冰．智能井井下数据采集与处理分析技术研究[D]．西南石油大学，2011.

[9] Unneland T，Manin Y，Kuchuk F. Permanent Gauge Pressure and Rate Measurements for Reservoir Description and Well Monitoring：Field Cases[J]. Spe Reservoir Evaluation & Engineering，1998，1(3)：224-230.

[10] Suwat Athichanagorn. Development of an interpretation methodology for long - term pressure data from permanent downhole gauges.

[11] 薛野．分布式光纤温度传感器关键技术研究[D]．武汉：武汉邮电科学研究院，2012.

[12] 隋微波，张士诚．井下实时温度监测现场应用及理论模型研究新进展[J]．测井技术，2011，35(06)：502-507.

[13] Hull J W，Gosselin L，Borzel K. Well-Integrity Monitoring and Analysis Using Distributed Fiber-Optic Acoustic Sensors[C]//IADC/SPE Drilling Conference and Exhibition. Louisiana：Society of Petroleum Engineers. 2013. Doi：10. 2118/128304-MS.

[14] Cannon R T，Aminzadeh F. Distributed Acoustic Sensing：State of the Art[C]//SPE Digital Energy Conference. Texas：Society of Petroleum Engineers，2103. Doi：10. 2118/163688-MS.

[15] Xiao J，Farhadiroushan M，Clarke A，et al. Inflow Monitoring in Intelligent Wells using Distributed Acoustic Sensor [C] // SPE Conference Paper. Manama：Society of Petroleum Engineers，2013：SPE-167447-MS. Doi：10. 2118/167447-MS.

[16] Ouyang L B，Dave B. Flow Profiling by Distributed Temperature Sensor (DTS) System - Expectation and Reality[J]. Spe Production & Operations，2006，21(2)：269-281.

[17] Wang X，Lee J，Vachon G. Distributed Temperature Sensor (DTS) System Modeling and Application[C]//SPE Conference Paper. Saudi Arabia：Society of Petroleum Engineers，2008：SPE - 120805 - MS. Doi：10. 2118/120805-MS.

[18] Johnson D，Sierra J，Dan G，et al. DTS Transient Analysis：A New Tool To Assess Well-Flow Dynamics [C]//SPE Conference Paper. San Antonio：Spe Technical Conference and Exhibition. 2006. Doi：https：// Doi. org/10. 2118/103093-MS.

[19] Yoshioka K, Zhu D, Hill A D, et al. Prediction of Temperature Changes Caused by Water or Gas Entry into a Horizontal Well [J]. Spe Production & Operations, 2007, 22(4): 425-433.

[20] Tan X, Zhu D, Hill A D. Determining Acid Distribution Using Distributed Temperature Measurements[C]//SPE Conference Paper. New Orleans: Society of Petroleum Engineers, 2009: SPE-124743-MS. Doi: 10.2118/124743-MS.

[21] Li X, Zhu D. Temperature Behavior During Multistage Fracture Treatments in Horizontal Wells[J]. Spe Production & Operations, 2018, 33(3): SPE-181876-PA. Doi: 10.2118/181876-PA.

[22] Obinna O Duru, Roland N Horne. Joint Inversion of Temperature and Pressure Measurements for Estimation of Permeability and Porosity Fields [C] // SPE Paper. Florence, Italy: SPE Annual Technical Conference and Exhibition, 2010: 19-22. Doi: 10.2118/134290-MS.

[23] Ramey H J J. Wellbore Heat Transmission[J]. Journal of Petroleum Technology, 1962, 14(4): 427-435.

[24] Satter A, Jr A. Heat Losses During Flow of Steam Down a Wellbore [J]. Journal of Petroleum Technology, 1965, 17(7): 845-851.

[25] Chappelear J E, Volek C W. Injection of a hot liquid into a porous medium[J]. SPE of AIME Symp on Reservoir Performance Numerical, United States, 1969, 9(1): 100-114.

[26] Steffensen R, Smith R. The Importance of Joule-Thomson Heating (or Cooling) in Temperature Log Interpretation[C]//SPE Paper. Las Vegas, Nevada: Society of Petroleum Engineers, 1973: SPE-4636-MS. Doi: https://Doi.org/10.2118/4636-MS.

[27] Witterholt E J, Tixier M R. TEMPERATURE LOGGING IN INJECTION WELLS[J]. Fall Meeting of the Society of Petroleum Engineers of Aime, 1972, SPE-4022-MS. Doi: https://Doi.org/10.2118/4022-MS.

[28] Steffensen R J, Smith R C. The Importance of Joule-Thomson Heating (or Cooling) in Temperature Log Interpretation[C]//SPE Paper. Las Vegas, Nevada: Society of Petroleum Engineers. Doi: https://Doi.org/10.2118/4636-MS.

[29] Sagar R, Doty D R, Schmidt Z. Predicting Temperature Profiles in a Flowing Well[J]. Spe Production Engineering, 1991, 6(4): 441-448.

[30] Yoshioka K, Zhu D, Hill A D, et al. A Comprehensive Model of Temperature Behavior in a Horizontal Well[C]//SPE Paper. Dallas, Texas: Society of Petroleum Engineers, 2005: SPE-95656-MS. Doi: https://Doi.org/10.2118/95656-MS.

[31] Maubeuge F, Didek M P, Beardsell M B, et al. Temperature Model For Flow In Porous Media And Wellbore [J]. Spwla Annual Logging Symposium, 1994, SPWLA-1994-N.

[32] Kabir C S, Hasan A R, Jordan D L, et al. A Wellbore/Reservoir Simulator for Testing Gas Wells in High-Temperature Reservoirs[J]. Spe Formation Evaluation, 1996, 11(2): 128-134.

[33] Yoshioka K, Zhu D, Hill A D. A New Inversion Method To Interpret Flow Profiles From Distributed Temperature and Pressure Measurements in Horizontal Wells[J]. Spe Production & Operations, 2009, 24(4): 510-521.

[34] Li Z, Zhu D. Predicting Flow Profile of Horizontal Well by Downhole Pressure and Distributed-Temperature Data for Waterdrive Reservoir[J]. Spe Production & Operations, 2010, 25(3): 296-304.

[35] Gao G, Jalali Y. Prediction of Temperature Propagation Along a Horizontal Well During Injection Period [J]. Spe Reservoir Evaluation & Engineering, 2008, 11(1): 131-140.

[36] Izgec B. Transient fluid and heat flow modeling in coupled wellbore/reservoir systems[J]. Spe Reservoir Evaluation & Engineering, 2008, 10(3): 294-301.

[37] Tabatabaei M, Zhu D, HIll D. Interpretation of Temperature Data during Acidizing Treatment of Horizontal Wells for Stimulation Optimization[C]//IPTC Conference Paper. Bangkok, Thailand: International Petroleum Technology Conference. 2011: IPTC-15214-MS. Doi: 10.2523/IPTC-15214-MS.

[38] Tabatabaei M, Zhu D, Hill A D. Theoretical Basis for Interpretation of Temperature Data During Acidizing Treatment of Horizontal Wells[J]. Spe Production & Operations, 2013, 28(2): 168-180.

[39] Yoshida N, Zhu D, Hill A D. Temperature-Prediction Model for a Horizontal Well With Multiple Fractures in a Shale Reservoir[J]. Spe Production & Operations, 2013, 29(4): 261-273.

[40] Ribeiro P M, Horne R N. Pressure and Temperature Transient Analysis: Hydraulic Fractured Well Application [C] // Spe Technical Conference and Exhibition. Louisiana, USA: Society of Petroleum Engineers, 2013, SPE-166222-MS. Doi: https://Doi.org/10.2118/166222-MS.

[41] Cui J, Zhu D. Diagnosis of Multiple Fracture

Stimulation in Horizontal Wells by Downhole Temperature Measurements [C] // IPTC Conference Paper. Doha, Qatar: International Petroleum Technology Conference. 2014: IPTC-17700-MS. Doi: https: //Doi. org/10. 2523/IPTC-17700-MS.

[42] Duru O O, Horne R N. Modeling Reservoir Temperature Transients and Matching to Permanent Downhole Gauge Data for Reservoir Parameter Estimation[J]. 2008, SPE-115791-MS. Doi: https: //Doi. org/10. 2118/115791-MS

[43] Sui W, Zhu D, Hill A D, et al. Model for Transient Temperature and Pressure Behavior in Commingled Vertical Wells (Russian) [C] // SPE Conference Paper. Moscow, Russia: Society of Petroleum Engineers, 2008: 261 - 275. Doi: https: // Doi. org/10. 2118/115200-MS.

[44] 隋微波，张士诚．多层合采油藏分层测试新方法可行性分析[J]. 油气地质与采收率，2010，17(05)：90-94+117.

[45] Dada A O, Muradov K M, Davies D R. . Novel Solutions and Interpretation Methods for Transient, Sandface Temperature in Vertical, Dry Gas Producing Wells[C]//SPE Conference Paper. Aberdeen: Society of Petroleum Engineers. 2016, SPE-181057-MS. Doi: 10. 2118/181057-MS.

[46] Onur M, Ulker G, Kocak S, et al. Interpretation and Analysis of Transient-Sandface- and Wellbore-Temperature Data[J]. SPE Journal. 2017, SPE-181710-PA. Doi: 10. 2118/181710-PA.

[47] Mao Y, Zeidouni M. Accounting for Fluid-Property Variations in Temperature-Transient Analysis [J]. Society of Petroleum Engineers. 2018, 23(03). Doi: 10. 2118/187465-PA.

[48] Galvao M S C, Carvalho M S, Barreto A B. A Coupled Transient Wellbore/Reservoir-Temperature Analytical Model[J]. Society of Petroleum Engineers. 2019, Doi: 10. 2118/195592-PA.

无人化钻井井轨道智能规划算法初探

陈　冬[1,2]　王　涵[3]　叶智慧[3]　宋先知[1,2]　朱丹丹[4]

(1. 中国石油大学(北京)石油工程学院；2. 中国石油大学(北京)人工智能学院；
3. 中国石油大学(北京)安全与海洋工程学院；4. 中国石油大学(北京)信息科学与工程学院)

摘　要　近年来，无人机、无人驾驶汽车、无人遥控潜水器等无人自主系统在天空、陆地、海洋等实际场景中取得了广泛应用。然而，无人自主系统在入地方面却鲜有应用。目前，钻井轨道设计主要依据圆弧、圆柱螺线等空间几何数学模型进行设计计算，这些计算方法可以满足常规钻井工艺要求，但无法满足复杂油气藏井轨道设计与无人驾驶技术要求。为此，本文提出了一种利用油气藏空间分布规律与计算机自主图像识别技术，针对油气储层进行钻井轨道计算机自主设计。文章分别以连续型与离散型分布油气藏为例，进行井轨道计算机自主设计规划，效果良好，为推进钻井智能化程度提供了一种新的技术解决方案。

关键词　智能钻井；轨道设计；路径规划；计算机视觉

近年来，无人机、无人驾驶汽车、无人遥控潜水器等无人自主系统在天空、陆地、海洋等实际场景中取得了广泛应用。然而，无人自主系统在入地方面却鲜有应用。世界上最先进的旋转导向技术极大地提高了钻井的自动化程度，为钻井工业进入智能化时代奠定了基础[1]。目前，井下近钻头信息与地面之间的通信，主要依赖泥浆压力脉冲方式进行传输[2]。泥浆压力脉冲信号随着埋深的增大而逐渐衰减，极大地限制了旋转导向技术在深层、超深层地下资源开发利用方面的应用。解决这一问题有两大途径：一是研发提高信号传输能力的方法与装置[3]；二是利用无人驾驶技术实现井下闭环，降低地面-地下双向数据传输需求。

实现无人化智能钻井的核心技术之一是井轨道智能规划，研发井轨道智能规划算法是实现无人化智能钻井的前提。目前，井轨道计算普遍基于一定的数学模型，井轨道由直线、圆弧线或圆柱螺线等曲线组成[4]。这些计算方法具有较强的数学理论背景，但无法满足复杂油气藏井轨道设计与无人驾驶技术要求。

随着大数据及人工智能技术的发展，石油行业也在不断的向着智能化的方向发展。而钻井轨道设计这一石油工业中的重要环节也不断的向着更加智能化更加精确化发展。完全智能钻井系统是未来定向钻井技术的发展方向，这一系统将可以做到自主设计井眼轨迹并自动导向钻进，其井下系统可以智能识别储层情况，在地面预测出现较大误差时，能够自动设计相应的井眼轨道完成精确中靶的施工目标[5]。这一系统最大的优点就是：当地面预测存在较大误差时，可以智能设计相应轨道保证中靶；对于一些特殊储层，可以智能设计相应靶区轨道，实现高效开发。这一智能系统目前还处于设想之中。

在现有的一些新的多靶点水平井井眼轨道确定方法中，给出了根据地震数据、地质录井数据以及地球物理测井数据确定多靶点水平井井眼轨道的方法，实现了多靶点井眼轨道的设计[6]。但是对井眼轨迹控制的标准还限于是否中靶、直井段井斜是否超标等，缺乏对实钻轨迹“整体性”评价考核。而实钻井眼轨迹与设计轨道符合率能反映这种“整体性”，可作为考核标准之一，实钻井眼轨迹与设计轨道符合率就是表示一口井的实钻井眼轨迹与钻井设计轨道的符合程度，也是表征定向施工单位精准轨迹控布的能力和指标。目前，实钻井眼轨迹与钻井井眼轨道设计符合率的相关研究不多见，主要还处于一个“定性”阶段，“定量”研究较少，通过专业人员“定性”判断，某口井实钻轨迹与设计轨道的符合率高、较高、低等等，主观因素大，缺乏客观性。

本文提出了一种基于计算机视觉的油气储层内井轨道智能规划算法，这一井轨道智能规划方法能够在获取实际地质信息的前提下，利用计算机自主设计智能井轨道，为实现无人化钻井提供技术支撑。作者分别以连续型分布油藏与离散型分布油藏为例，进行计算机自主井轨道规划可视化展示。

1 井轨道智能设计算法

本文所提出的算法主要通过以下设计流程来实现井轨道智能设计：

（1）获取油气藏分布图像，并将所述油气藏分布图像转换为图像矩阵；

（2）根据图像矩阵构建反映油气富集情况的评价矩阵，油气越富集，分数越高；

（3）计算机自主寻优，获得分值最高且满足曲率要求的井轨道。

1.1 油气藏分布图像处理

将含油油气分布信息的地层剖面图导入并存于多元图像矩阵中，储存方式使用 RGB 三色通道的方式，在每一个像素所在的矩阵位置存储该点处像素的三色取值，所有的颜色取值范围都在 0 到 255 之间。将 RGB 图片转化为灰度图片，如图 1 所示。在灰度图片中，白色部分为油气所在区域黑色部分为其他区域。

1.2 构建评价矩阵

对灰度矩阵进行二值化，得到一个二值矩阵（只包含 0 和 1 的矩阵），如图 2 所示。

利用类似卷积神经网络降维遍历扫描的方法进行对二值矩阵进行进一步处理，得到评价矩阵（矩阵内数字越大代表该部分的重要性越高），如图 3 所示。

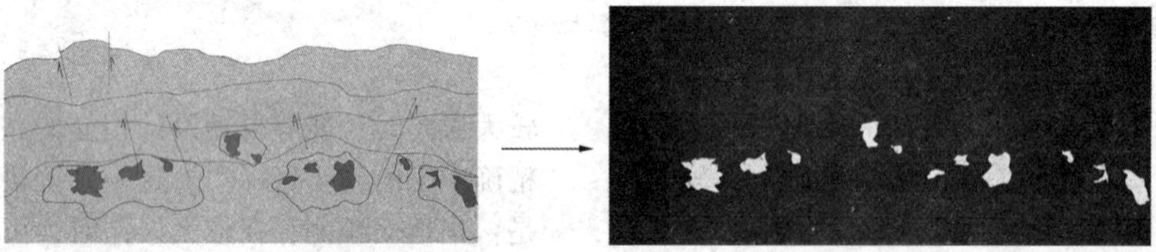

图 1 地层剖面图转换为灰度图

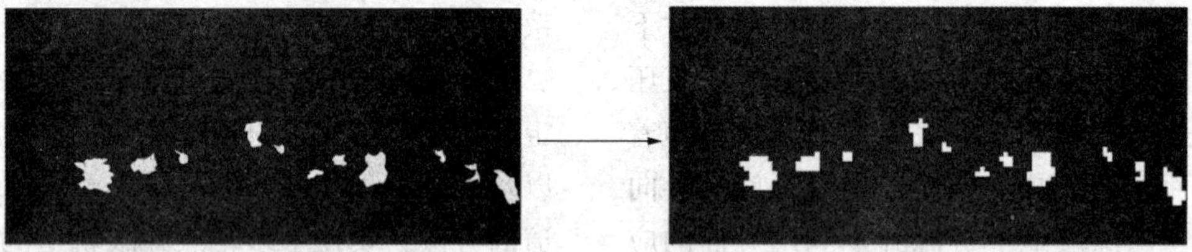

图 2 灰度矩阵经过缩放得到的二值矩阵

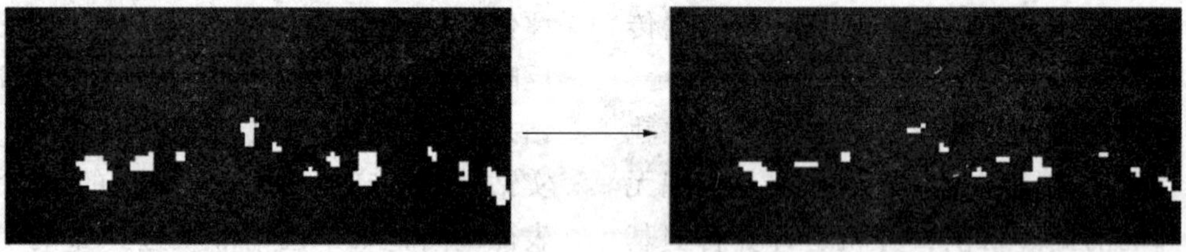

图 3 由二值矩阵转化为评价矩阵

1.3 基于评价矩阵获得井轨道

利用回归算法，计算机自主寻优，获得分值最高且满足曲率要求的井轨道曲线，并将所得到的井轨道设计曲线等比例绘制到原地层剖面图上，如图 4 所示。

2 轨道智能规划算例

本节分别以连续性分布油藏与离散性分布油藏为例，进行计算机自主井轨道规划可视化展示。

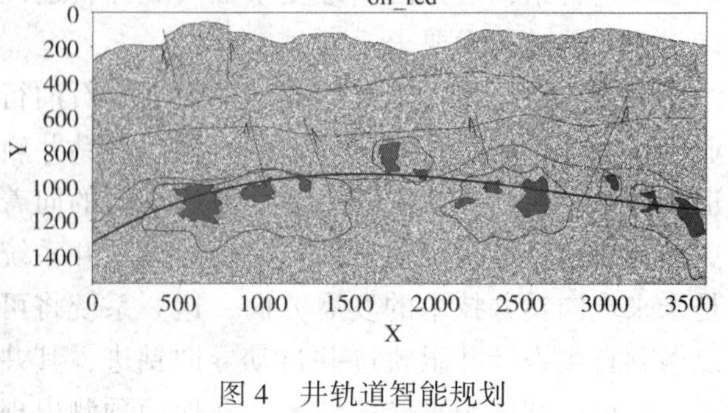

图 4 井轨道智能规划

2.1 连续型分布油藏井轨道智能规划算例

图5所示为随钻工具ImPulse在磨溪地区碳酸盐岩某水平井实时地质导向模型图[7]。利用本文所提出的算法进行井轨道智能规划，结果如图6所示。所设计的钻井轨道与实钻轨迹基本一致，验证了算法在连续型分布油藏进行轨道规划的合理性。

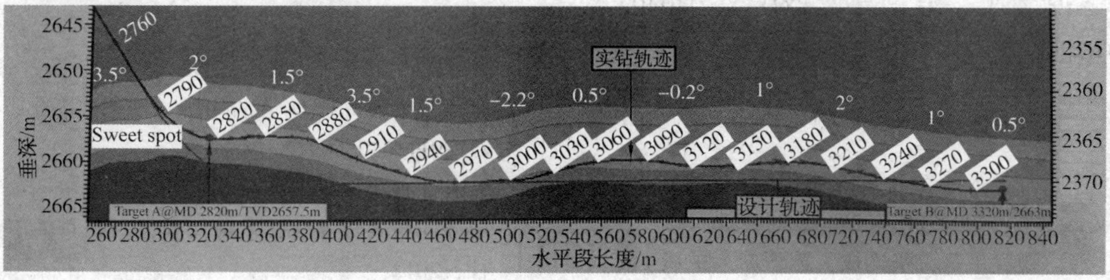

图5 磨溪地区碳酸盐岩某水平井实时地质导向模型图

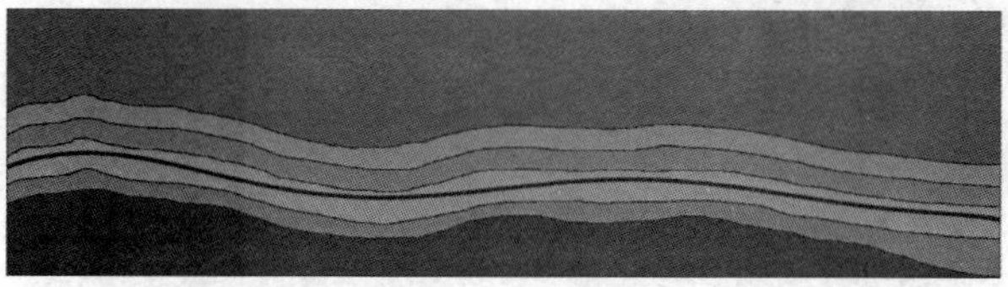

图6 连续型分布油藏井轨道智能规划结果

2.2 离散型分布油藏井轨道智能规划算例

图7为塔中地区下奥陶统鹰山组储层分布图[8]。本算例截取图中下部非连续分布油藏为例，进行井轨道智能规划。利用本文所提出的算法进行井轨道智能规划，结果如图8所示。所设计的钻井轨道最大限度地穿越了甜点地区，验证了算法在离散型分布油藏进行轨道规划的合理性。

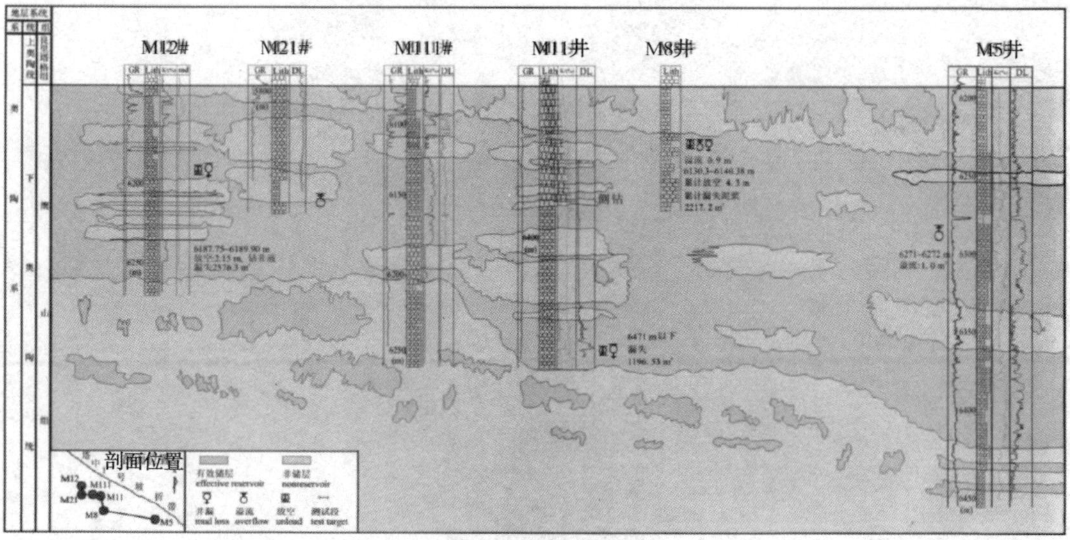

图7 塔中地区下奥陶统鹰山组储层对比图

（吉云刚等，2012）

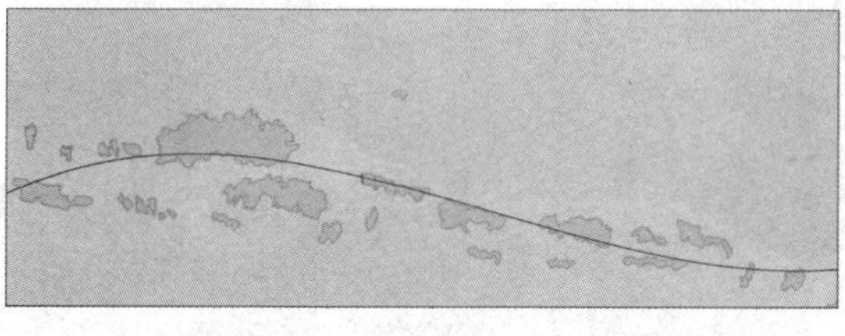

图8 非连续型分布油藏井轨道智能规划结果

3 结论

（1）本文提出了一种基于计算机视觉的井轨道智能规划算法，可以实现计算机自主井轨道规划设计。

（2）该算法在连续型与离散型分布油气藏示例中都展示了良好的适用性及合理性。

（3）本研究为钻井工业朝着无人化智能导向

钻井提供了提供一种新的思路与技术支撑。

4 致谢

本研究由中国科学院战略性先导科技专项(A类)智能导钻技术装备体系与相关理论研究资助，子课题编号：XDAXX040402，XDAXX040404。

参考文献

[1] 王以法，《人工智能钻井系统展望》，石油钻探技术，文章编号：1001-0890(2000)02-0036-03.

[2] 李林，弓志谦，王磊，张连成，彭烈新。扩展EM-MWD传输深度及提高可靠性的方法与对策。钻采工艺，2010，33(4)，25-28.

[3] 李琪，彭元超，张绍槐，刘志坤。旋转导向钻井信号井下传送技术研究。石油学报，2007，28(4)，108-111.

[4] 刘修善，彭国生，赵小祥。旋转导向钻井轨道设计及监测方法。石油学报，2003，24(4)，81-85.

[5] 王以法，《人工智能钻井实时专家控制系统研究》，石油学报，文章编号：0253-2697(2001)02-0083-04.

[6] 闫吉曾，郑锋辉，狄伟，邓红琳，秦玉英，《一种多靶点水平井井眼轨道的确定方法》，中国专利文献ZL 201110303599. 2.

[7] 中国石油勘探与生产公司，斯伦贝谢中国公司，地质导向与旋转导向技术应用及发展，石油工业出版社，2012.

[8] 吉云刚，韩剑发，张正红，王俊友，苏劲，王宇，张敏。塔里木盆地塔中北斜坡奥陶系鹰山组深部优质岩溶储层的形成与分布。地质学报，86(7)，1163-1174.

7000m 钻机管柱自动化系统研制及应用

赵亮亮[1,2] 张志伟[1,2] 王耀华[1,2] 韩亚洲[1,2] 邢广亮[1,2] 叶 强[1,2]

(1. 宝鸡石油机械有限责任公司；2. 国家油气钻井装备工程技术研究中心)

摘 要 概述了当前钻井作业模式的特点以及国内陆地钻机管柱自动化系统技术现状。通过系统布局、主要技术参数、配套设备、关键技术等几个方面的研究对 7000m 自动化钻机管柱自动化系统进行了综合设计，研制了适用于 ZJ70DB 钻机作业需求的管柱自动化装备。介绍了 7000 米自动化钻机管柱自动化系统 2018 年的配套情况和应用效果，并提出管柱自动化系统后期发展的几点建议。

关键词 钻机；管柱自动化系统；自动化；机械化

随着全球石油工业的高速发展和钻井市场竞争的日益激烈，钻井承包商在钻井工艺上不断取得突破，但是按照传统作业模式配套的陆地钻机在作业效率、安全性等方面仍不能满足钻井持续提速和优化人力资源的形势需求，制约了钻井工程服务的进一步发展。主要表现在以下方面[1-4]：

(1) 安全性差。钻台面由于设备数量多，作业面积小，是人员、设备事故的高发区域，因误操作造成事故的几率较高，据 IADC 统计，有 41%的钻井事故发生在钻台面。

(2) 操作人员多。常规陆地钻机钻台面井口机具的操控由 3-4 钻工独立完成，占用较大的人力资源，影响了钻井队的盈利能力和市场竞争力。

(3) 作业效率低。现有钻台面机械化工具但由于控制方式基本是独立的就近操作，没有实现集中、远程控制，不能充分发挥其整合性能优势，也没有从根本上解决井口操作低效率的状况。

(4) 劳动强度大。目前陆地钻机占钻井时间 30%以上的接单根、起下钻、下套管等管柱自动化作业，仍然完全依靠人力完成，钻井作业过程(尤其是起下钻作业)中钻工劳动强度非常大。

近年来，中石油在推进工程技术服务队伍标准化、专业化、机械化和信息化建设方面做了很大的努力，大力推动钻修井设备向自动化、智能化的方向发展。装备的升级换代事关一线员工的福祉，也体现了钻井装备领域企业的担当，有利于钻探公司抢占未来作业技术高点。

基于以上现状，拥有十多年管柱自动化设备研发、制造、应用经验的宝鸡石油机械有限责任公司从 2017 年开始致力于为中国石油集团油田技术服务有限公司(以下简称中油油服)研制新一代标准化 7000m 自动化钻机管柱自动化系统，该系统将作为以后新制钻机的标准配置。

1 陆地钻机管柱自动化系统技术现状

近年来，宝石机械率先在国内开展管柱自动化装备研发，依据二层台排管设备管柱排放方式的不同先后推出了悬持式、推扶式、复合式、抓举式等多种管柱自动化系统解决方案，产品涵盖全液压、电液复合、电驱动等多种驱动类型，满足不同钻深和钩载的钻机和修井机配套需求[5]。

1.1 悬持式管柱自动化系统

悬持式管柱自动化系统配套二层台悬持式机械手，如图 1 所示。该系统采用二层台悬持式机械手悬持立根排放方式工作，具有独立完成立根排放、工作过程中不受其他设备干扰、不影响钻台面其它设备布局的显著特点，但是对井架强度要求较高，适用于新制钻机[6]。

1.2 推扶式管柱自动化系统

推扶式管柱自动化系统配套二层台推扶式机械手和钻台机械手，如图 2 所示。该系统采用钻台机械手以推扶方式使立根下端在钻台面定位后，依靠二层台机械手也以推扶的方式实现立根在二层台指梁排放的工作方式，具有结构紧凑、受力小等优点，适合于新制陆地钻机或现有钻机的技术改造。

1.3 复合式管柱自动化系统

复合式管柱自动化系统配套二层台复合式机械手，如图 3 所示。该系统配套的二层台复合式机械手考虑钻杆和钻铤不同钻具类型，依据重量

图 1　二层台悬持式机械手

图 2　钻台机械手和二层台推扶式机械手

分别选用悬持或推扶的方式完成管柱排放，具有灵活性好、适应性强等特点。

1.4　抓举式管柱自动化系统

抓举式管柱自动化系统配套抓举式机械手，如图 4 所示。该系统采用抓举机械手将单根由地面水平状态移运至井口直立状态，或由井口直立状态移运至地面水平状态。

图 3　复合式机械手悬持钻杆立根和推扶钻铤立根

图 4　抓举式机械手

2　7000m 自动化钻机管柱自动化系统技术研究

7000m 自动化钻机管柱自动化系统按照中油油服 2018 年第一代 7000m 自动化钻机标准化、专业化、机械化和信息化的要求进行设计，以全面改善提升一线员工生产环境为根本出发点，强化顶层设计，统一配置标准，以实现管柱全作业流程的自动化作业，达到省人、省心、省力、省时、省钱的目标，最终打造更加安全、更加系统、更有效率、更可持续的新型钻机。根据油田在用管柱设备的使用效果，推荐使用推扶式管柱自动化系统，完全模拟人工操作，实现管柱自动化自动化。

2.1　系统组成及布局设计

中油油服第一代 7000m 自动化钻机管柱自动化系统基于 ZJ70DB 钻机进行设计，满足钻井作业中管柱自动化工艺要求。管柱自动化系统各设备与顶驱装置配合作业，可实现钻杆、钻铤、套管等钻井管柱的机械化输送、建立根和立根排放，形成高效、安全、低强度的管柱自动化处理作业模式。系统包括设备及功能如表 1 所示。

系统分部件安装在 ZJ70DB 钻机上，主要分为三个区域：地面区、钻台区、二层台区，布局如图 5 所示。

地面区设备包括液压排管架和动力猫道，钻台区设备包括钻台机械手、铁钻工、液压卡瓦、液压吊卡、缓冲机械手及泥浆盒等；二层台区安装二层台排管装置。

2.2　系统技术参数

(1) 管柱输送系统

输送管柱长度：12m；输送最大管柱重量：30kN；适用最大管柱规格：20in

(2) 建立根系统

适用最大管柱规格：3 1/2in～9 5/8in；铁钻工最大卸扣扭矩：140kN · m

(3) 立根排放系统

适用立柱范围：3 1/2in～9 5/8in

(4) 液压系统

额定压力：21MPa；最大流量：280L/min；主电机功率：2×75kW

(5) 电控系统

输入动力电源：380V/50Hz，125kW，三相五线制 1 路

控制电源：380V/50Hz，20kW，三相五线制 1 路

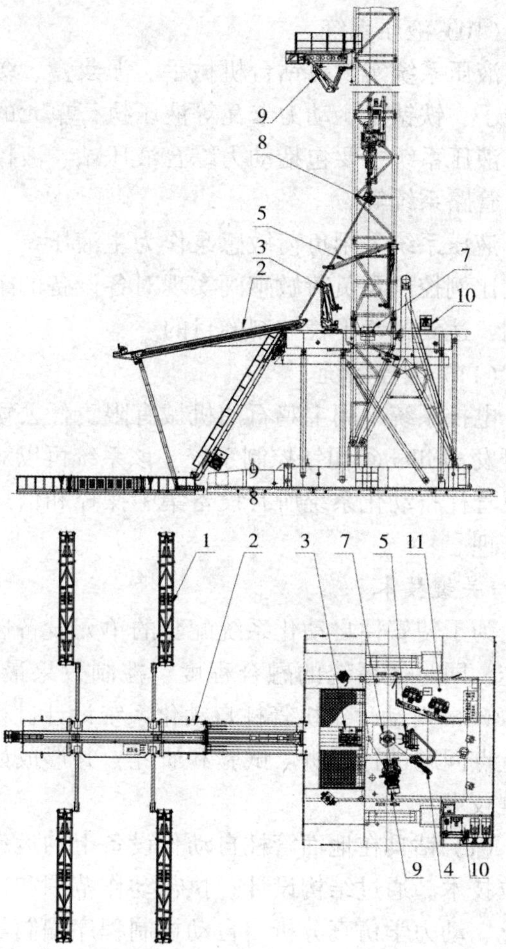

图 5　7000m 自动化钻机管柱自动化系统布局图

1—液压排管架；2—动力猫道；3—钻台机械手；4—泥浆盒；5—缓冲机械手；6—铁钻工；7—动力卡瓦；8—液压吊卡；9—二层台排管装置；10—液压系统；11—电控系统

表 1　7000 米自动化钻机管柱自动化系统组成

子系统	功能	设备及系统
管柱输送系统	可实现 2 7/8in~24in 管柱从地面至钻台面间的自动化输送，满足不同钻台的安装需要，达到减员增效、减轻劳动强度和降低作业风险的效果。	液压排管架 动力猫道 缓冲机械手
建立根系统	实现管柱由单根连接为立根或由立根拆卸为单根的上、卸扣作业	铁钻工 液压吊卡
立根排放系统	实现钻杆、钻铤立根在二层台、井口之间的自动递送和排放	二层台机械手 钻台机械手
辅助系统	实现井口作业的机械化，达到降低钻台面泥浆污染、改善作业环境、提高泥浆回收利用率的效果。	泥浆盒 动力卡瓦
控制系统	实现对管柱自动处理系统执行设备的智能化控制	液压系统 电控系统 工业电视监控

续表

2.3　系统主要设备及特点

中油油服第一代 7000m 自动化钻机管柱自动化系统汇集了国内最优的单元设备，充分发挥了各设备的特点，这些设备的科学融合实现了井场管柱自动化的机械化、自动化、高效化，该管柱自动化系统实物如图 6 所示，主要设备及特点如下：

图 6　7000m 自动化钻机管柱自动化系统实物

(1) 液压排管架

液压排管架工作时两个一组，摆放在动力猫道两侧，用于管柱的存放、输送作业，在司钻房管柱操作台操作。底座对地作用面积大，并且可以解决寒冷地区底座与地面冰融化分离问题，根据需求能够快速拓展排管架数量。

(2) 动力猫道

动力猫道整体安装在钻机原猫道和坡道处，通过钢丝绳拉升完成送钻柱装置的起升；通过液压马达驱动链轮旋转带动送钻柱装置的小滑车移动，将管柱上端部推移至钻台[7]。具备上一根钻具，下四根钻具的能力。该动力猫道自带液压站，为液压排管架提供动力。动力猫道具有三种控制模式：司钻房管柱操作台控制模式、远程无线遥控模式、本地应急控制模式。

(3) 钻台机械手

钻台机械手是一种钻台面立根排放设备，安

装在钻台面左右立根盒中间，可完成钻杆立根、钻铤立根排放作业。可实现一键操作；具有偏移功能和下翻功能，不影响立根台通道的其它作业；360°连续旋转；采用司钻房管柱操作台控制模式、手操盒遥控模式、本地应急控制模式三种控制方式。

(4) 泥浆盒

泥浆盒是一种防止泥浆飞溅、并回收泥浆的井口自动化设备，采用司钻房管柱操作台控制模式控制，有效实现泥浆防溅、回收，防止泥浆污染钻台。

(5) 缓冲机械手

缓冲机械手采用双扶正臂结构，非工作状态，缓冲机械手紧贴背横梁，避让顶驱作业通道，同时与顶驱互锁。作业时可代替常规人工作业，将输送至钻台面的管柱扶持到井口或小鼠洞。

(6) 铁钻工

铁钻工采用伸缩臂式结构，完成钻井过程中的钻具上、卸扣自动化作业；上扣扭矩可控，夹持范围大、作业范围大、上、卸扣速度快；编程定位“井口”、“鼠洞”多个位置，适应鼠洞中钻具倾斜连接的要求；自动化程度高，采用程序控制，操作简便，可一次“点击”或分步完成上卸扣作业，操作高度自动化；可以远程遥控操作，实现危险区域的无人化操作，操作更安全。

(7) 动力卡瓦

动力卡瓦安装于ZP375转盘中，满足在井口处自动卡持管柱的作业要求。具有卡瓦夹持和打开位置信息反馈，实现司钻房远程控制。该动力卡瓦具有刮泥功能，在起钻过程中可以清理钻具表面的泥浆。

(8) 液压吊卡

液压吊卡安装在吊环上，通过顶驱提供动力，用于完成钻修井作业中悬挂、起下管柱，整个动作在司钻集成控制台操控。

(9) 二层台排管装置

二层台排管装置采用电驱动型式，在司钻房内由管柱操作手控制，满足钻井作业中钻杆立根、钻铤立根在井口、二层台指梁之间的递送，实现立根机械化排放作业。二层台排管装置安装在钻机井架上，包括动力指梁二层台和机械手，机械手采用折臂结构，安装在二层台下方。

(10) 液压系统

液压系统实现对钻台机械手、泥浆盒、缓冲机械手、铁钻工、动力卡瓦等液压执行单元的控制。液压系统主要包括动力综合液压站、液控阀组、管路系统等。

液压系统采用负荷敏感泵作为主液压泵，通过电比例控制及负荷敏感阀实现对各设备的柔性控制，达到精确平稳控制的目的。

(11) 电控系统

电控系统采用宝鸡石油机械有限责任公司自主研发 idriller ©司钻控制系统，该系统可以对钻机及管柱自动化系统所有设备集中操控和信息统一管理。

2.4 关键技术

为了使管柱自动化系统配套的单元设备性能最佳，同时使系统的融合程度、控制效果最优，在7000m自动化钻机管柱自动化系统设计过程中对重点问题进行分析、试验和研究，并形成如下关键技术。

(1) 钻具在地面管柱自动化设备上的运动和定位技术。通过结构设计、执行动作范围和速度优化、动力学仿真分析、自动控制程序编制等手段实现了管柱在液压排管架和动力猫道之间来回运动轨迹的精确规划以及管柱到达指定目标位置后的精准定位[8-9]，如图7所示。

图7 地面管柱自动化设备上的管柱运动及定位

(2) 钻台机械手避让立根台通道技术。为使钻台机械手不影响立根台通道，经过调研和分析研制了具有偏移和下沉功能的钻台机械手。当需要动力猫道向钻台面输送小规格管柱时，钻台机械手通过偏移让开立根台通道；当需要从动力猫道向钻台面输送大规格管柱时，钻台机械手通过下沉至钻台面以下移让开立根台通道[10]，如图8所示。

(3) 二层台排管装置电驱动技术。二层台排管装置采用电驱动保证了设备运行的平稳性和定位精准性，节能又环保。

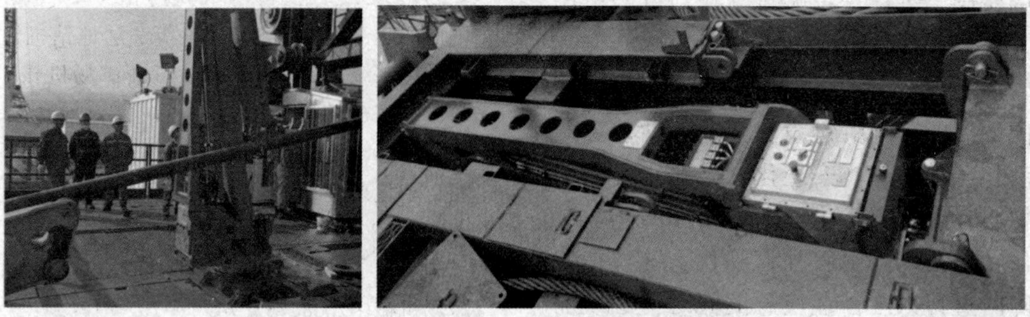

图 8　钻台机械手避让立根台通道研究

（4）管柱自动化系统配置 idriller©双司钻集成控制系统，实现管柱设备的集成化控制，并实现仪表、视频等数据的集成化显示，取消各机械表盘及分散显示终端，实现数字化控制和监视，如图 9 所示。

图 9　idriller©双司钻集成控制系统

（5）采用智能防碰控制技术、设置互锁保护、进行安全提示，并采用多种冗余机制，确保系统、设备安全可靠作业。通过在交差区域的设备上安装不同功能的传感器，实时解算设备的运行位置和空间姿态，准确判断设备是否进入“临碰状态”，根据需要可自动规划设备运行轨迹或报警提示、强制停机，确保设备联动运行的安全性。

3　7000m 自动化钻机管柱自动化系统应用

3.1　配套情况

7000m 自动化钻机作为中国石油天然气集团公司“两年一代，六年三代”的第一代新型钻机，2018 年生产 17 套，全部配套管柱自动化系统，用于打造全自动化钻机标杆示范队，并为第二代自动化钻机的研制打下坚实基础。

截至目前 2018 年中油油服第一代 17 套 7000m 自动化钻机管柱自动化系统均已完成厂内的设计、制造、试验和验收，其中大部分已经在油田开始作业，得到了中油油服下属的川庆钻探工程有限公司、西部钻探工程有限公司、渤海钻探工程有限公司、长城钻探工程有限公司、大庆钻探工程有限公司的认可。

在 2018 年中油油服第一代 7000m 自动化钻机管柱自动化系统成功研制并应用的背景下，国内的中石化、中海油、民营钻探公司以及国外钻探公司均有意向为钻机配套该型式的管柱自动化系统以提升钻机的整体技术水平，市场潜力巨大。

3.2　应用效果

应用 7000m 钻机管柱自动化系统，有着常规钻机的人力处理模式无法比拟的优势，具有较高的经济效益和优点：

（1）减少操作人员：应用 7000m 自动化钻机管柱自动化系统，每个生产班可减少井架工和钻工岗位 2～3 人，从而可优化劳动力组织结构，降低人工成本。

（2）提高作业安全性：所有设备可通过司钻房管柱操作台和司钻操作台完成对设备的远程控制，使作业人员远离高危作业区域，最大限度地降低了作业风险。同时系统应用了安全互锁设计，有效避免误操作的发生。

（3）改善作业环境：司钻房内的操作在很大程度上降低了操作工身体上来自泥浆、寒冷、酷热、强风、暴雨等恶劣环境的伤害，使作业人员由老钻机的“蓝领”变为自动化钻机的“白领”。

（4）减轻钻工的劳动强度：应用 7000m 自动化钻机管柱自动化系统，可使大部分的管柱自动化作业通过机械化工具完成，降低了钻工的劳动强度，体现了以人为本的理念。

4　发展建议

（1）7000m 钻机管柱自动化系统的成功研制与应用为我国陆地自动化钻机的更新换代积累了宝贵的经验，接下来在此基础上应该考虑陆地

3000m、5000m、8000m、9000m 系列钻机管柱自动化系统的研制，进一步扩大自动化钻机的市场占有率。

（2）管柱自动化系统是陆地钻机向自动化、智能化方向发展的一种关键设备，随着钻井公司对钻机自动化、高效化、安全化、人性化要求的提高，管柱自动化系统必然有很大的市场需求。为了尽早使钻机推广配套管柱自动化系统，在考虑设备故障时进行人工作业应急的同时，必须加强系统可靠性、易维护性的研究。

（3）陆地钻机管柱自动化系统应充分考虑井架及钻台面相对空间较小、需频繁拆卸搬家等陆地钻机特征，需要设计方便钻机配套，易于安装、拆卸、运输的系统设备及结构。

（4）当前陆地钻机管柱自动化系统基本实现了管柱作业机械化，部分设备达到了半自动化，为了进一步提高管柱自动化系统作业效率、自动化程度、安全可靠性，后续应该开展管柱自动化系统一键操作、轨迹规划、识别定位、智能检测等技术研究。

参考文献

[1] 于兴军，宋志刚，魏培静，等．国内石油钻机自动化技术现状与建议[J]．石油机械，2014，42(11)：25-29.

[2] 白丙建，谭刚强，栾苏，等．陆地钻机钻杆自动化处理系统方案设计[J]．石油矿场机械，2014，43(2)：86-88.

[3] 常玉连，姜开勋，樊岩松，等．钻修井作业中管柱自动化系统的技术发展[J]．石油机械，2012，40(1)：87-89.

[4] 陈如恒．破除旧观念、创造新钻机(五)[J]．石油矿场机械，2008，37(7)：1-10.

[5] 杨海刚，曹晓宇，刘春宝，等．陆地钻机立根排放系统研究现状分析[J]．石油机械，2016，44(10)：25-29.

[6] 白丙建，贾涛，高明，等．TZG 9 3/4 自动井架工的研制[J]．石油机械，2014，42(11)：46-48.

[7] 冯文龙，侯文辉，王兵，等．钢丝绳拉升式钻机动力猫道：中国，200920033104.7[P]．2010-02-24.

[8] 陈立平，张云清，任卫群，等．机械系统动力学分析及 ADAMS 应用教程[M]．北京：清华大学出版社，2005.

[9] 李增刚．ADAMS 入门详解与实例[M]．北京：国防工业出版社，2006.

[10] 赵亮亮，马洪钟，王定亚，等．一种具有自动排放钻具功能的钻台面机械手：中国，201520858293.7[P]．2016-04-13.

稠油热采侧钻井完井新技术及应用

张建国[1,2]　吴柳根[1,2]　李国锋[1]　宁学涛[1]　董恩博[1]　滕照正[1]

(1. 中国石化胜利石油工程有限公司；2. 中国石油和化学工业联合会“非常规油气钻完井技术重点实验室”)

摘　要　侧钻井作为一种投资少、见效快的剩余油开发方式，已在国内油田大量应用。针对稠油热采区块老井侧钻存在的窗口密封效果差、小尺寸完井工具功能单一等问题，开展了稠油热采侧钻井固井完井新工具、新工艺的研究与应用。研发出Φ177.8mm套管内用金属-橡胶双密封膨胀悬挂器，兼顾了施工时的膨胀力和密封要求，地面试验显示该压力对悬挂筒产生推力518kN无相对位移；研发出具有关闭功能的Φ95.25mm规格分级注水泥器以及裸眼用小尺寸管外封隔器。形成侧钻小井眼筛管顶部注水泥完井、金属-橡胶双密封膨胀悬挂器尾管完井、热采侧钻井二开次完井等三种完井工艺，丰富了热采侧钻井完井方式。

关键词　热采侧钻井；完井方式；双密封膨胀悬挂器；完井工具

胜利油田热采稠油动用储量5.27×10^8t，约5700口井，近500×10^4t产油量，主要采用蒸汽吞吐开发方式。随着轮次的增加，防砂失效和边底水入侵矛盾突出，严重制约吞吐效果和开发效益。近几年，开始大规模利用侧钻方式复产低效井，该技术具有节约投资、中靶精度高、经济可采、剩余油富集规模要求小等优势，已成为油田老区稳产扶停的重要手段。但是，在应用侧钻井过程中也发现了许多问题，其中，最主要的问题是侧钻水平井筛管顶部固井配套工具性能差以及热采侧钻井尾管头密封效果差易出现出砂、窗口窜槽。为此，胜利钻井院开展了热采侧钻井防砂完井技术研究，并取得了很好的应用效果。

1　热采侧钻井完井新工艺

受地层孔渗特性、骨架胶结性能的影响，热采侧钻井大多需要防砂完井。根据胜利油田热采侧钻井开发需求和井身结构的不同，形成侧钻小井眼筛管顶部注水泥完井、金属-橡胶双密封膨胀悬挂器尾管固井+管内防砂、金属-橡胶双密封膨胀悬挂器悬挂筛管完井三类防砂完井工艺。

1.1　侧钻小井眼筛管顶部注水泥完井工艺

侧钻小井眼裸眼筛管防砂完井管柱主要由充填阀(或引鞋)、割封筛管或精密筛管、水泥盲板、管外封隔器、分级注水泥器、悬挂器等组成[1-2]，如图1所示。悬挂器可选用液压尾管悬挂器或膨胀式尾管悬挂器；管外封隔器可采用水力扩张式封隔器或压缩式封隔器；分级注水泥器具有开启和关闭滑套机构，循环孔能够机械关闭。

完井管柱顺利下入到位，通过井口加压，压力(8-10)MPa胀封管外封隔器，阻隔油层与上部地层的环空通道；升压至(16-18)MPa，打开分级注水泥器注水泥通道，循环钻井液；钻杆倒扣、回插(液压尾管悬挂器)；注水泥固井，胶塞顶替、复合、碰压，坐挂悬挂器，实现筛管顶部注水泥完井作业。后期利用小钻杆伴送平底磨鞋钻除完井工具内套、胶塞和水泥盲板，洗井，形成油流通道；反洗井，洗井连接中心杆下入至反洗位置，从套管打压，洗井液经筛管进入到筛管与井壁之间的环空内，经充填阀进入油管返至地面。

该工艺适用于ϕ118~ϕ241.3mm井眼，最小实现ϕ95.25mm规格筛管顶部注水泥完井工艺。

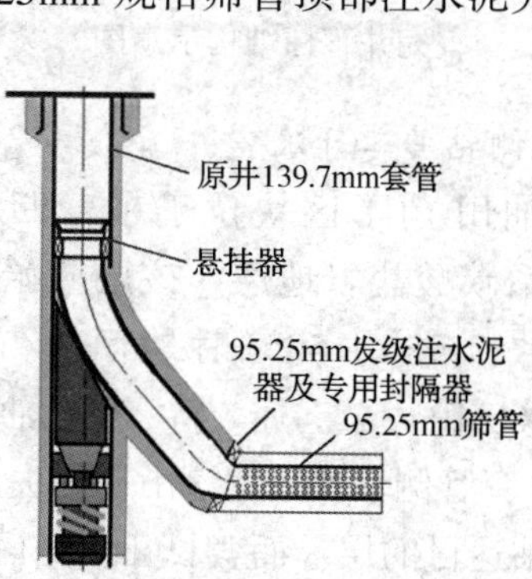

图1　侧钻小井眼筛管顶部注水泥完井管柱结构示意图

1.2　金属-橡胶双密封膨胀悬挂器尾管完井工艺

考虑注汽开发对尾管头密封性的影响，研制并应用金属-橡胶双密封膨胀悬挂器实现悬挂尾管完井。金属-橡胶双密封膨胀悬挂器是在常规膨胀悬挂器的基础上，优选耐高温的氟橡胶并在胶筒中间增加锯齿形或倒梯形金属环，利用悬挂器密闭腔高压推动膨胀锥上行将氟橡胶和金属环同时挤压在悬挂器与技术套管内壁间，形成多道金属和橡胶的复合密封，提高多轮次注汽条件下尾管头的有效密封。

管串结构：浮(引)鞋+旋流管+浮箍(球式、弹簧式各一个)+套管+球座+套管串+ϕ177.8×114.3mm 金属-橡胶双密封膨胀悬挂器+送入钻具+水泥头(方钻杆或顶驱)，见图 2 所示。下入最后一根钻杆时，须先灌满钻井液，小排量开泵循环；倒扣；成功后，继续上提钻具至悬重增加 20kN~50kN，固井作业；在钻杆胶塞与固井胶塞复合及碰压计量接近设计要求时，按顶替复合和碰压量提前不小于 300L 降低排量顶替至复合或碰压；采用泵车小排量打压至膨胀悬挂器的设计膨胀压力，直至压力释放，坐挂膨胀悬挂器；上提钻具至喇叭口以上位置，正常排量循环一周；起钻，起出钻具和膨胀悬挂器内管工具，进行后续作业[3-4]。

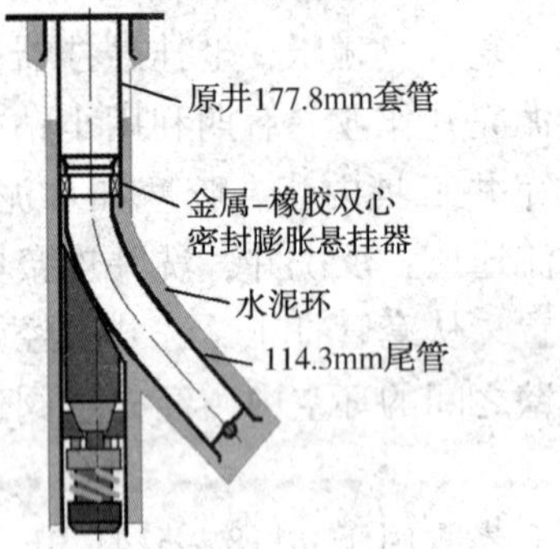

图 2　金属-橡胶双密封膨胀悬挂器尾管完井管柱结构示意图

1.3　热采侧钻井二开次完井工艺

胜利油田 CG1 区块位于东营凹陷南斜坡，开发奥陶系碳酸盐岩地层。该层原始压力 7MPa(压力系数 0.95)；50℃时地面脱气原油黏度 30000~40000MPa·s，属特稠油。前期，ϕ177.8mm 套管侧钻井钻遇潜山后漏失严重，一个开次难以钻达目的层；而尝试下入 114.3mm 套管封至潜山顶，再二开，下入 ϕ73mm 打孔筛管完井，存在完井内径过小、无法投产作业的难题。

为充分发挥膨胀悬挂器能够悬挂大尺寸尾管的优势[5-6]，优化这类侧钻井二开次井身结构和钻井方案，一开次采用 ϕ152mm 钻头开窗侧钻，扩眼后下入 ϕ139.7mm 无接箍或小接箍套管固井，封固潜山上部井眼；二开次采用 ϕ120mm 钻头钻进，直接下入 ϕ114.3mm 无接箍打孔管，化学降黏或笼统注汽开发，既解决了前期方案中的漏失问题，又克服了常规井身结构完井内径小问题。

侧钻一开次管串结构：浮(引)鞋+旋流管+浮箍+套管 1 根+浮箍+短套管 1 根+球座+尾管串+ϕ177.8×139.7mm 金属-橡胶双密封膨胀悬挂器+送入钻具+水泥头(方钻杆或顶驱)；侧钻二开次管串结构：引鞋+ϕ114.3mm 金属打孔管+丢手，管柱示意图见图 3 所示。

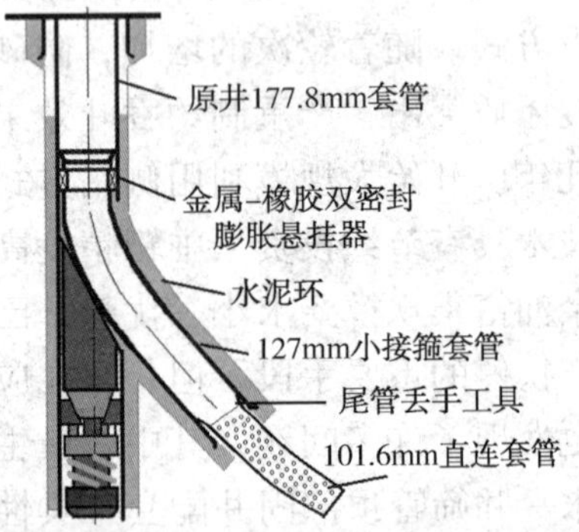

图 3　金属-橡胶双密封膨胀悬挂器尾管完井管柱结构示意图

2　固井完井新工具

2.1　金属-橡胶双密封膨胀悬挂器

金属-橡胶双密封膨胀悬挂器悬挂筒及金属环见图 4。密封结构分三段，见表 1，以清水为媒介，利用高压泵推动膨胀锥依次通过密封材料，记录泵压并观察工具外观情况。实验显示：工具管体膨胀压力 19.7MPa，相比而言，密封 1 膨胀压力 22.8MPa，密封 2 膨胀压力 26.5MPa，密封 3 膨胀压力 29.4MPa，整个过程，悬挂筒未产生相对位移。

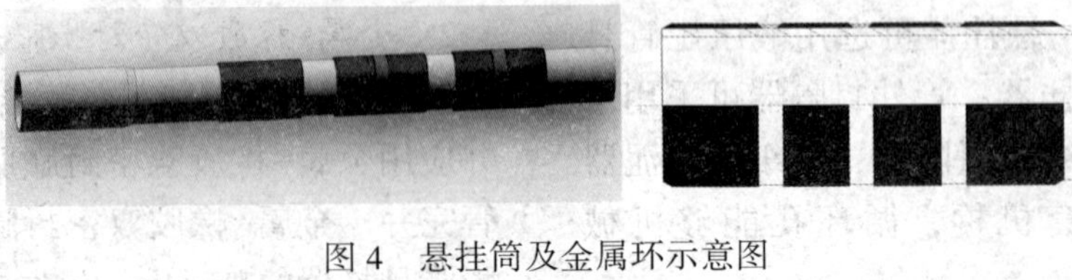

图 4　悬挂筒及金属环示意图

表 1 膨胀力室内评价实验

结构	密封材料	基管外径/mm	膨胀前外径/mm	膨胀胀后外径/mm	通过压力/MPa	压力增长率/%
密封 1	氟橡胶	139.7	150.7	163.4	22.8	15.73
密封 2	氟橡胶+金属环Ⅰ	139.7	149.5	160.9	26.5	34.52
密封 3	氟橡胶+金属环Ⅱ	139.7	150.0	161.4	29.4	49.24

2.2 ϕ95.25mm 分级注水泥器及配套专用封隔器

侧钻井小井眼用完井工具是实现筛管顶部注水泥工艺的核心工具。ϕ95.25mm 分级注水泥器及管外封隔性能参数见表 2。相比于常规尺寸分级注水泥器，ϕ95.25mm 分级注水泥器结构关键是必须保证循环孔的有效开启和可靠关闭。该工具由上接头、中心管、循环套、开启套、固定套及下接头组成。套管下入时，工具处于关闭状态；到位后升压剪断销钉，开启套下行，露出循环孔、建立循环；胶塞推动关闭套下行并碰压，关闭循环孔，从而实现工具内外分隔；后期，利用 ϕ60mm 钻杆钻除打开套与固定套后，与套管通井一致。

表 2 95.25mm 规格分级注水泥器及配套专用封隔器参数

项目	长度/mm	中心管壁厚/mm	外径/mm	内径/mm
分级注水泥器	800	6.5	114	78
管外封隔器	1200	6.5	112	82

小尺寸封隔器的作用是在筛管顶部注水泥完井中，密封环空，承托上部水泥，防止水泥污染筛管。工具实物见图 5 所示。

图 5 专用封隔器结构图

小尺寸封隔器主要由上接头、关闭阀、开启套、中心管、上固定套、胶筒、下固定套等几部分组成。中心管内径与套管内径一致，中心管下部有螺纹扣，用于与下部管柱连接，中心管上开有传压孔，用于进液及传递压力；循环孔外壁上安装有关闭阀，关闭阀采用橡胶制成，由关闭阀内部、外部压力实现流体的充入和密封；开启套安装在中心管外侧，通过剪钉固定在中心管上。工具工作时，当压力达到 9MPa，开启套销钉剪断、下行，液体通过进液孔挤开关闭阀并进入胶筒；井口泄压，关闭阀挤死进液孔，形成密封腔。

3 现场应用

热采侧钻井固井完井新技术累计应用 25 口井，范围包括胜利油田沾 38、沾 18、埕 43 以及临 73、盘 40 等区块。如 SJ6-14-C8 井 2018 年 7 月 18 日完井，下泵生产，本井累计进行了 3 周蒸汽吞吐，目的层井筒笼统注汽，油套环空 N_2 保温。投产初期日产液 45.3t，日产油 15。4t，含水 66%；目前，泵径 57mm，冲程 4.2m，冲次 3.5 次/min，日产液 22.9t，日产油 1.4t，含水 93.7%，累计产油 935t。

4 结论

（1）随着稠油油藏的规模开发和注汽轮次的增加，失效井越来越多。热采侧钻井以其投资少、中靶精度高、剩余油富集规模要求小等优势，已成为油田老区稳产扶停的重要手段；

（2）根据胜利油田热采侧钻井开发需求和井身结构的不同，研发出金属-橡胶双密封膨胀悬挂器、ϕ95.25mm 分级注水泥器及配套专用封隔器等关键工具，形成侧钻小井眼筛管顶部注水泥完井、金属-橡胶双密封膨胀悬挂器尾管固井+管内防砂、金属-橡胶双密封膨胀悬挂器悬挂筛管完井三类防砂完井工艺。

参 考 文 献

[1] 李建强，李路宽，寇得超等，侧钻水平井悬挂筛管顶部注水泥完井技术[J]. 石油钻采工艺，2007，29（增刊）：25-27.

[2] 宋显民，张立民，李良川等，水平井和侧钻水平井筛管顶部注水泥完井技术[J]. 石油学报，2007，28（1）：119-122.

[3] 李萍，范永涛，刘泳敬等．侧钻井钻完井一体化工程可行性探讨[J]. 石油钻采工艺，2019，41（1）：8-13.

[4] 韩耀图，刘鹏，林家昱等．侧钻水平井固井充填防砂一体化工艺的应用：以曹妃甸 11-2 油田为例[J]. 断块油气田，2018，25(3)：390-393.

[5] 吴柳根．塔河油田小井眼侧钻井二开次钻完井优化方案[J]. 钻采工艺，2015，38(3)：108-111.

[6] 韩耀图，李进，张磊等．侧钻小井眼膨胀管钻完井技术研究[J]. 石油机械，2019，47(4)：57-62.

涪陵页岩气田二期钻井提速难点分析及对策

黄迪箫笙

（中国石化重庆涪陵页岩气勘探开发有限公司）

摘　要　涪陵二期江东、平桥等区块页岩气储层埋深增加，地质情况更加复杂，从开发前期255.5天缩短至92.35天。目前钻井提速面临新的难题。本文通过从地质及工程方面的分析，确定深层井摩阻扭矩大、钻头优选难度大、螺杆随钻测量系统与钻头不匹配、钻井参数优化受限、复杂压力系统多、水平段轨道调整频繁、钻井液密度高、三开堵漏时间长等原因是造成钻井提速困难的原因，并提供现阶段目前实验及推广使用优化钻头、提速工具、井眼轨迹优化方案及堵漏防堵内容，为后续进一步优化二期钻井提速提效提供了可靠依据。

关键词　涪陵；页岩气；水平井；钻井工程；提速降本

涪陵页岩气田是我国第一个进入商业化开发的国家级页岩气产能建设示范区。2012年11月28日焦页1HF井放喷测试，产量达20.3万方/天，自此拉开了涪陵页岩气田勘探开发的序幕。历经2013年的开发评价试验阶段及2014-2015年的一期产能建设阶段，通过攻关研究与现场试验应用，创新形成了适合涪陵页岩气田勘探开发的钻完井技术系列，为圆满完成一期年50亿方产能建设任务提供了强有力的技术支撑。2016年以来，启动了二期江东和平桥两个区块的产能建设。

1　概况

涪陵页岩气田二期产建区划分为江东、平桥、白涛等5个开发区块，其中江东、平桥区块试气效果最好，作为重点开发区。但与一期产建区相比，二期地处油藏边缘带、地层高陡、断层发育、储层埋藏加深、单块有利气藏面积小，地质情况复杂[1-3]。

2　地质难点

2.1　目的层倾角复杂，水平段轨道调整频繁

二期区块地质储层倾角变复杂，地质导向难度增大，水平段轨道平均调整次数由一期的31次升至二期的48次，增加55%。2017年平桥区块24口井、江东区块10口井的三开井段平均周期分别为34.3天和31.5天。二期页岩目的层段构造情况的不确定性，导致靶点调整频繁且幅度增大，造成轨迹在不同井眼曲率中变化，井眼平滑度降低，托压几率增大。（表1）

表1　二期三开地质靶点调整情况

井号	设计靶点垂深/m	实钻靶点垂深/m	调整幅度/m	备注
焦页A-3HF	3466	3691.11	225.11	A靶点
焦页B-2HF	2711	2600.42	-110.58	A靶点
焦页B-2HF	2871	2732.6	-138.4	B靶点
焦页D-2HF	2990.8	2900	-90.8	B靶点
焦页D-3HF	3138.3	2859	-279.3	B靶点
焦页E-1HF	2859.45	3226	366.55	B靶点
焦页F-3HF	2910.55	3217	306.45	B靶点
焦页G-1HF	1997.55	1914	-83.55	B靶点
焦页H-2HF	2004.45	1872	-132.45	A靶点
焦页I-2HF	3088.55	3305	216.45	B靶点
焦页J-3HF	2221.55	2080	-141.55	B靶点

2.2　研磨性地层及硬夹层多，钻头优选困难

龙潭组、茅口组上部及五峰组地层含硅质，茅口组下部及黄龙组多发育硬夹层，小河坝组分布石英砂层，该类硅质、硬夹层发育地层钻进过程中易对PDC钻头造成严重磨损，需要使用牙轮钻头；二维井和三维井通常在小河坝组、长兴组或茅口组开始定向，也即研磨性、硬夹层等可钻性差的地层均处于定向段和水平段，加之斜厚相比垂厚增加可达10%~150%，致使水平段五峰组（可钻性差地层）进尺大多超过700m，增加了钻头的消耗；另外，在定向段、水平段钻头工作稳定性较差，以上因素均不同程度地加快了钻头的损坏[4-5]。

定向段分布研磨性地层及硬夹层、钻头选型困难、机械钻速低、钻头进尺少成为限制二开、

三开实现“一趟钻”的因素。目前导管及一开实现“一趟钻”，一期产建区二维井及二期区块水平段未钻穿五峰组的页岩气井(需要使用旋转导向钻井)实现“一趟钻”。钻头消耗量由焦石坝主体区块的14~16只增至江东、平桥区块的20~22只；其中，PDC钻头及混合钻头数量占98%。

2.3 地层承压能力低，复杂压力系统增多

2017年，平桥区块已钻16口页岩气井中，7口井的二开钻井液密度大于1.33g/cm³；9口井的钻井液密度与一期相当，小于1.32g/cm³。(表2)

2017年，江东区块已钻9口页岩气井中，6口井的二开钻井液密度大于1.34g/cm³，3口井的钻井液密度与一期相当，小于1.32g/cm³。(表3)

表2 平桥区块二开复杂情况统计

井号	钻速/(m/d)	漏失地层	漏失地层密度/(g/cm³)	中完密度/(g/cm³)	出气层位
焦页A-6HF	55	韩家店组	1.51	1.51	韩家店组
焦页A-7HF	72	韩家店组	1.37	1.37	韩家店组
焦页B-1HF	59	龙潭组	1.25	1.37	龙潭、茅口组
焦页C-6HF	99	韩家店组	1.25	1.25	栖霞、韩家店组

表3 江东区块二开复杂情况统计

井号	钻速/(m/d)	漏失地层	漏失地层密度/(g/cm³)	中完密度/(g/cm³)	出气层位
焦页A-2HF	66	茅口组	1.48	1.54	茅口组
焦页A-2HF	66	茅口组	1.35	1.47	茅口组
焦页B-2HF	64	韩家店组	1.40	1.40	韩家店组
焦页C-2HF	44	栖霞组	1.35	1.35	栖霞组
焦页C-3HF	92	韩家店组	1.34	1.34	韩家店组
焦页D-2HF	53	茅口组	1.24	1.34	茅口组
焦页E-2HF	62	茅口组	1.20	1.26	茅口组

分析所收集资料可得，相比焦石坝主体构造，在涪陵页岩气二期产建区，江东、平桥区块二开井段气层压力系数高且气层分布广，韩家店组含气层增多，江东区块气显示更活跃。

3 工程难点

3.1 井眼轨迹复杂，深层摩阻扭矩大

涪陵页岩气田开发多呈交叉平行布井，研究形成的渐增式变曲率五段制剖面，具有井眼轨道偏移距大、稳斜段长、井斜扭方位工作量大等特点[6-8]。同时复杂山地地貌限制了井位布置方案的优化，导致多数井为复杂三维结构井，部分井为反向位移井，平均偏移距大于200m，扭方位工作量大于110°，其中最大水平段偏移距超过1000m，部分井为反向位移井。三开扭方位阶段井斜通常大于30°，扭方位工作量在15°~30°，导致井眼摩阻扭矩大，常规导向钻井定向托压严重，后期扭矩达到30~40kN·m，无法进行常规定向作业。

3.2 摩阻扭矩及循环压耗大，钻井参数优化受限

钻井施工泵压高，排量无法保证，导致螺杆不能正常工作，降低了井眼净化能力。为预防二开井漏，随钻堵漏材料导致钻井液流变性差，循环压耗高。另外，地面管汇焊接旁通管线、钻杆滤清器、MWD/LWD随钻测量仪器等节流效应，进一步增大循环压耗。二开排量实测地面管汇最大循环压耗达到3MPa，堵漏浆钻进时三开排量钻杆滤清器最大循环压降达到7MPa。深层井平均完钻井深超过5500m，钻井液密度为1.70~1.80g/cm³，排量25L/s，泵压超过27MPa。

复杂轨道摩阻大、并眼净化差造成摩阻增大、钻压传递难，水力振荡器可降低摩阻，但钻压传递问题仍然突出，成为影响机械钻速的主要原因。

使用近钻头测量系统，三开定向频繁，部分井钻压60~80kN，导致仪器工作异常。焦页192-6HF井钻压超过60kN，仪器信号异常，相比邻井钻压降低了50%~80%，平均机械钻速4.61m/h，降低了56%，三开井段进尺2247m，钻井作业时间49d，平均钻速46m/d。

另外深层井温度及密度高，复杂情况处理增加堵漏材料浓度，增加了测量系统故障复杂概率。据统计二期17口三开井中，发生10口井近钻头测量系统故障23次。另外，部分井钻压高于60~80kN，导致近钻头测量系统出现信号异常。在经济考虑上，近钻头测量仪故障起钻一趟损失1.0~1.5d，油基钻井液损耗5~10m³。

3.3 井下复杂情况多，三开堵漏时间长

平桥区块二、三开钻井液密度高，大多数井清水钻进至长兴组即转换泥浆钻井，二、三开钻井液密度较一期高0.15~0.45g/cm³，增加了防漏堵漏难度。以某钻井公司为例，2017年承钻二期区块平台共处理复杂故障时间1900.58h，全

为井漏处理，占总钻井时间 4.8%。各井段堵漏时间占比如下：导 2 堵漏时间 169.57h，占 11%；一开堵漏时间 233.01h，占 12.39%；二开堵漏时间 361.24h，占 19.20%；三开堵漏时间 1286.69h，占 68.41%，三开堵漏损失时间最多。

4　钻井提速技术研究与应用

4.1　针对地层岩性特征优选钻头

（1）二开龙潭、茅口组地层优选牙轮钻头

江东、平桥区块二开龙潭组地层为中部岩性以灰、深灰色灰岩、含泥灰岩为主夹薄层含生屑灰岩，上、下部岩性为灰黑色碳质泥岩、茅口组地层为灰岩、云质灰岩、泥质灰岩为主，夹薄层灰黑色泥岩、深灰色含灰泥岩及含生屑灰岩，地层胶结不整合、缝洞发育。其中，龙潭组下部及茅口组上部泥岩不适合用 PDC 钻头，宜使用牙轮钻头钻穿。而焦石坝区块成熟钻头不适用二期区块岩性特征，憋跳钻严重、易崩齿、易失效。经多轮次钻头优选，江钻牙轮钻头 HJT637GL 锥型齿牙齿小、耐磨损、抗冲击性强，破岩提速效果显著，单个 HJT637GL 钻头进尺相较于初期使用钻头增加了 90.9%，机械钻速提高了 69.63%（表 4）。

表 4　江东区块二开优选钻头使用效果对比

井号	钻头型号	使用井段/m	钻遇地层	进尺/m	机械钻速/(m/h)	平均机械钻速/(m/h)	提速效果/%
焦页 A-2HF	HJT637GL（优选）	1736~1838	龙潭组、茅口组	102	5.1	5.53	69.63
焦页 A-1HF		1635~1839	龙潭组、茅口组	204	5.67		
焦页 A-5HF		1516~1819	龙潭组、茅口组	303	5.83		
焦页 B-1HF	HJT537GK	1342~1431	龙潭组	89	2.97	3.26	
焦页 B-2HF		1500~1626	茅口组	126	3.71		
焦页 B-3HF		1293~1397	龙潭组	104	3.10		

（2）三开龙马溪组浊积砂段优选混合钻头

二期区块浊积砂岩地层定向困难、机械钻速低，优选使用江钻混合钻头 KPM1642ART。混合钻头兼具 PDC 钻头和牙轮钻头的优点，锥型齿形成破碎坑，有利于地应力的提前释放，PDC 齿快速切屑地层，机械钻速显著高于牙轮钻头，具有良好的耐磨性和防托压效果。对比邻井使用牙轮钻头，在浊积砂中钻进，混合钻头机械钻速比牙轮钻头平均提高 100.4%。

表 5　浊积砂层混合钻头使用效果对比

井号	钻头型号	使用井段/m	进尺/m	机械钻速/(m/h)	平均机械钻速/(m/h)	提速效果/%
焦页 A-2HF	KPM1642ART	3290~3755	465	8.53	10.00	100.4
焦页 A-1HF		3100~3701	601	11.56		
焦页 C-2HF	HJT537GK	2577~2596	19	6.9	4.99	
焦页 C-1HF		2420~2591	171	3.09		

（3）针对三开龙马溪、五峰组页岩层段优选 PDC 钻头。

二期区块三开龙马溪组、五峰组地层均质性不强，局部硅质含量高，研磨性强。钻井施工过程中需多次调整井眼轨迹，部分井段大造斜率追层，易造成 PDC 钻头肩部崩齿、磨齿，导致钻头提前失效。针对该区块龙马溪组地层岩性特征，通过不断现场试验，优选型号为江钻 KSD1652AGR 和 KMD1652ADGR。

两款钻头均采用浅内锥、侧切能力强的轮廓线型等定向井设计，适用于三开水平段施工内容。其中江钻 KMD1652ADGR 采用双排齿设计，增加减震结构。江钻 SD1652AGR 具有深排屑槽布置方位以及优化水力结构，使得钻头具有更好的水力效果，并且刀翼采用螺旋保径设计。通过不断现场试验，两款钻头对于江东区块水平段优快钻井有着明显提速效果。

表 6　江东区块水平段优选 PDC 钻头使用效果对比

井号	钻头型号	使用井段/m		所钻层位	进尺/m	纯钻时间/h	机械钻速/(m/h)
焦页 A-1HF	KSD1652AGR	3701	5118	龙马溪、五峰	1417	121	11.71
焦页 A-1HF	KSD1652AGR	5118	5540	龙马溪组	422	54	7.81
焦页 C-2HF	KMD1652ADGR	3435	5806	龙马溪、五峰	2371	238	9.96
焦页 C-3HF	KMD1652ADGR	3687	5223	龙马溪组	1536	146	10.52

4.2　井眼轨道优化设计与实时调控

4.2.1　井眼轨迹优化

针对二期区块地层自然造斜能力强、长稳斜段轨迹控制难度大等问题，钻井设计提前考虑复合钻进时地层造斜率增量，将常规“直-增-稳-增-平”剖面设计优化为“直-增-微增-稳-增(扭方位)-平”剖面(图 1)。降低初始造斜段的造斜率，由原设计的 14-16°/100m 降至 6-10°/100m，后续微增井段依靠地层自然造斜率增斜，减少滑动进尺，提高复合钻进比例。该优化设计降低全井段造斜率，减少定向滑动钻井比例，减少滑动钻进摩擦阻力，大幅降低轨迹控制难度(图 2)。

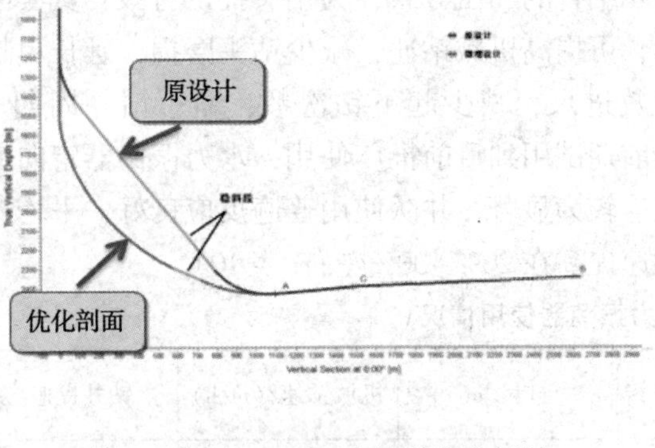

图 1　焦页 D-1HF 井轨道优化设计

4.2.2　双二维井定向轨迹设计

涪陵二期区块大三维井偏移距的增大，同时存在二开井段韩家店、小河坝地层可钻性差的特点，给轨迹控制造成了极大的困难，扭方位托压现象普遍存在[9-10]。针对于此，通过计算分析定向工作量及摩阻扭矩，在偏移距较大的井轨道设计时采用“双二维”井眼轨迹设计方法，邻井间防碰风险降低，其轨迹在每个铅锤面内只有井斜变化没有方位变化。

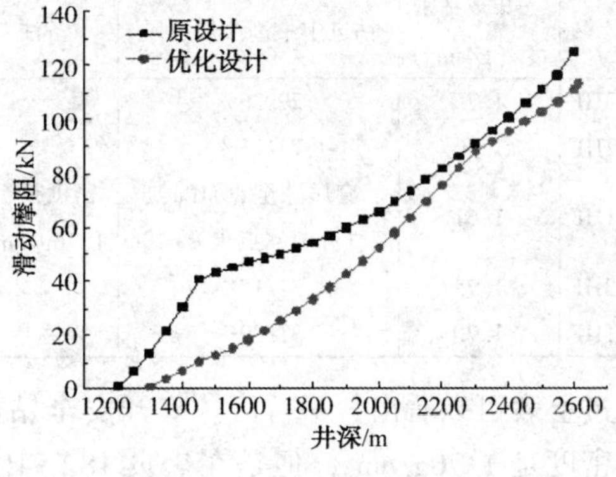

图 2　焦页 D-1HF 井轨迹优化滑动钻进摩阻对比

焦页 A 号平台设计 3 口井，前 2 口井按照常规“直-增-稳-扭-增”轨迹设计施工，二开井段韩家店、小河坝地层可钻性差的特点，给轨迹控制造成了极大的困难，扭方位托压现象普遍存在，定向效果较差，而且严重制约钻速。在焦页 A-4HF 井在二开按照双二维轨道设计钻井技术，其轨迹在每个铅锤面内只有井斜变化没有方位变化，二开、三开扭方位进尺及施工难度大大降低，有助于提高机械钻速、时效，降低钻井成本。(见表 7)

表 7　常规轨迹设计与双二维轨道设计钻井实际效果统计

井号	分段作业项目	井段/m	进尺/m	机械钻速/(m/h)	实际作业天数/d
焦页 A-6HF	二开直井段钻进	1086.00-2000.00	914.00	6.34	2.88
	造斜段钻进	2000.00-3400.00	1400.00		28.98
焦页 A-4HF	二开井段	1100.00-3400.00	2300.00	8.11	24.85

4.3　针对二开、三开井漏堵漏技术

(1) 应用新型钻井液体系

针对二开地层承压能力低、易漏易垮等特点，为解决漏、垮、速度三者之间的矛盾，采取“预防为主、防堵结合”的原则，全面推广应用了低密度、强抑制、封堵性强的 BT-100、BT-200 钻井液体系[11-12]。在焦页 A 平台(见表 8)采用 BT200 钻井液，抑制能力强，在井壁稳定情况下，采取合理的钻井液密度，达到了防漏的效果。通过采取防漏堵漏的工作，顺利钻过漏层和溢流层，复杂时效相比同平台焦页 A-4HF 井减少 80%以上。在喷漏同存的情况下，顺利完成二开钻探。

表 8　焦页 A 平台二开井漏统计对照表

序号	层位	井漏次数	漏失量/m^3	密度/(g/cm^3)	工况	堵漏方式
焦页 A-4	韩家店	21	1935	1.27	钻进	桥浆、水泥堵漏
焦页 A-3	韩家店	4	204	1.23	钻进	桥浆堵漏
焦页 A-2	韩家店	4	158	1.23	钻进	桥浆堵漏

（2）三开低密度钻井液应用

平桥区块三开龙马溪组存在高压气层，密度必须 1.70g/cm^3 以上钻开才能保证井控安全，2017 年各井三开开钻具体密度见表(见表 9)。

表 9　2017 年各井三开开钻密度一览表

井号	三开开钻密度/(g/cm^3)	钻进中最高全烃显示	备注
焦页 A-3HF	1.75	29.26%	
焦页 B-7HF	1.70	74.73%	
焦页 C-1HF	1.61	套压涨至 25MPa，液气分离器点火 8~10m	密度提至 1.76g/cm^3
焦页 D-3HF	1.75	32.17%	
焦页 E-1HF	1.70	31.89%	

通过上表可以看出，平桥区块三开安全钻进的最低密度是 1.70g/cm^3，但是在焦页 182-4HF 井三开施工中，由于地质层位未卡准，二开中完层位小河坝组(中完井深 3532m，技术套管下深 3522.35m)，三开开钻时将油基钻井液密度调至 1.70g/cm^3，钻水泥塞至井深 3529.78m 发生井漏，漏速 33.6m^3/h，采用桥浆堵漏五次、油基水泥浆堵漏三次，耗时 11.8d 无果，后降低密度 1.66~1.67g/cm^3 之间，堵漏成功，恢复正常钻进。在后续钻井施工中，油基钻井液密度 1.66g/cm^3，现场做好防漏、防喷、防垮、防卡、防钻具故障等技术措施，顺利完井。

4.4　各类提速工具实验使用

（1）水力振荡器定向防托压

针对二期区块二开定向段、三开水平段托压等问题，在施工过程中使用水力振荡器。水力振荡器利用阀板机构，把单纯的机械式加压改为机械与液力相结合的加压方式，为钻头提供有效、真实的钻压，可提高机械钻速，减少钻头磨损，延长单趟钻有效进尺，减少起下钻次数，缩短钻井周期[13]。从前期试用到目前推广使用，水力振荡器定向钻井提速较为显著，井队使用普遍反应良好，平均机械钻速提高在 20%~30%左右(表 10)。

表 10　江东区块部分平台水力振荡器使用情况

井号	井眼尺寸/mm	是否使用水力振荡器	使用井段/m	进尺/m	机械钻速/(m/h)	钻井提速/%
焦页 F-2HF	215.9	使用	3732-4200	468	6.16	21.74
焦页 F-1HF	215.9	未使用	3432-4672	1240	5.06	
焦页 F-3HF	311.2	使用	1528-2123	595	8.18	38.18
焦页 F-1HF	311.2	未使用	1528-2245	717	5.92	
焦页 G-1HF	215.9	使用	2730-5465	2735	5.46	30.31
焦页 G-4HF	215.9	未使用	2767-4415	1648	4.19	

（2）射流冲击器钻井提速

射流冲击器是利用钻井液经过换向机构，交替作用到活塞上、下端面，推动活塞带动冲锤产生高频往复运动，冲锤高频冲击作用到砧子上，冲击能量由传递机构传递到钻头，提高动静态耦合作用下的钻头破岩效率[14,15]。针对二期区块二开茅口组机械钻速低的问题，在焦页 H 平台使用 ϕ228mm 射流冲击器对二开直井段提速，机械钻速提高 26.81%(表 11)。

表 11　焦页 H 平台射流冲击器使用效果对比

井号	井眼尺寸/mm	是否使用冲击器	钻井井段/m	进尺/m	机械钻速/(m/h)	提速效果/%
焦页 H-6HF	311.2	是	2680-2735	55	10.36	26.81
焦页 H-4HF	311.2	否	2677-2731	54	8.17	

5 “一趟钻”成功实例钻井技术

焦页 A-1HF 井全井使用国产工具，合理使用射流冲击器和水力振荡器，根据地层优选钻头类型，实现一开一趟钻，二开五趟钻，三开造斜段一趟钻，水平段一趟钻。该井钻井周期 52.5 天，创江东区块钻井周期最短记录；一开机械钻速最高 24.27m/h，二开直井段单日进尺最多 505m，二开定向段单日进尺最多 301m；三开单只混合钻头行程进尺最多 601m；三开首次实现江东区块水平段一趟钻(表 12)。

表 12　焦页 A-1HF 井钻头实际使用情况

开次	钻头直径/mm	型号	井段/m	所钻层位	进尺/m	机械钻速/(m/h)
一开	406.4	KS1662SGAR	277-1005	嘉陵江-飞仙关	728	24.27
二开	311.2	KM1653DAR	1005-1635	飞仙关-龙潭	630	26.25
	311.2	HJT637GL	1635-1839	龙潭-茅口	204	5.67
	311.2	KMD1663DFRT	1839-2201	茅口-韩家店	362	7.62
	311.2	KSD1663DRT	2201-2502	韩家店	301	6.92
	311.2	KSD1362ADGR	2502-3100	韩家店-小河坝	598	15.33
三开	215.9	KPM1642ART	3100-3701	小河坝-龙马溪	601	11.56
	215.9	KMD1652ADGR	3701-5118	龙马溪-五峰	1417	11.71

6 总结

(1) 通过统计涪陵二期钻井周期，定义钻井轮次进行分析表明，目前通过五个钻井轮次的发展，涪陵二期钻井周期不断缩短。从开发前期 255.5 天缩短至 92.35 天。通过 5 年发展，涪陵地区优快钻井集成研究技术成果应用提速效果显著。

(2) 导致涪陵二期钻井周期目前阶段提速困难的主要原因是储层倾角复杂导致水平段轨迹调整增多、复杂的压力系统导致钻井速度慢、深层井复杂导致轨迹摩阻扭矩大、面对研磨性地层，钻头工具仪器不匹配、三开堵漏时间长。

(3) 针对二期提速难点，优化高效钻头及高效螺杆等提速工具、优选控压钻井及旋转导向等提速工具、强化钻井参数是缩短涪陵二期钻井周期的关键技术。

参 考 文 献

[1] 张金成，孙连忠，王甲昌，等．“井工厂”技术在我国非常规油气开发中的应用[J]．石油钻探技术，2014，42(1)：20-25.

[2] 牛新明．涪陵页岩气田开发钻井技术难题及对策[J]．石油钻探技术，2014，42(4)：1-6.

[3] 周贤海．涪陵焦石坝区块页岩气水平井钻井完井技术[J]．石油钻探技术，2013，41(5)：26-30.

[4] 艾军，张金成，臧艳彬，等．涪陵页岩气田钻井关键技术[J]．石油钻探技术，2014，42(05)：9-15.

[5] 杨国圣，张玉清．涪陵页岩气工程技术实践与认识[M]，北京：中国石化出版社，2015.

[6] 陈勉，邓金根，吴志坚．岩石力学在石油工程中的应用[M]．北京：石油工业出版社，2006.

[7] 曾义金．页岩气开发的地质与工程一体化技术[J]．石油钻探技术，2014，42(1)：1-6.

[8] 陈平，刘阳，马天寿．页岩气"井工厂"钻井技术现状及展望[J]．石油钻探技术，2014，42(3)：1-7.

[9] 宋争．涪陵江东与平桥区块页岩气水平井井眼轨迹控制技术[J]．石油钻探技术，2017.

[10] 沙贞银，杜俊柏，向进，等．涪陵页岩气田钻井提速方案及实施效果分析[J]．探矿工程，2016，43(7)：31-36.

[11] 陈星星．涪陵页岩气田防漏堵漏技术应用研究[J]．探矿工程(岩土钻掘工程)，2015(3)：11-14.

[12] 中石化井控培训教材编写组．中国石油化工集团公司井控培训系列教材[M]，山东东营：中国石油大学出版社，2013.

[13] 陶现林，徐泓，张莲，等．涪陵页岩气水平井钻井提速技术[J]，天然气技术与经济，2017，11(2)：31-35.

[14] 刘虎，段华，沈彬亮，等．焦石坝地区海相页岩气水平井优快钻井技术[J]．西部探矿工程，2016，33(6)：59-61.

[15] 张金成．涪陵页岩气田水平井组优快钻井技术[J]．探矿工程(岩土钻掘工程)，2016，43(7)：1-8.

海陆两用模块化橇装式连续管作业机研制与工业化应用

周忠城　曹和平　芮群英　刘平国　段文益　胡志强

（中国石油江汉机械研究所有限公司）

摘　要　连续管作业技术具有高效率、低成本和可带压作业等诸多优点，但海洋作业严格的要求和苛刻的工作环境严重制约了连续管作业机在我国海洋平台的应用。为此，中石油江汉机械研究所有限公司，在陆地车装式连续管作业机的基础上，调研我国海域的油气井深度、压力、含硫量、作业环境和平台大小和吊机能力，研发了海陆两用模块化橇装式连续管作业机，并成功应用于南海、渤海、冀东、辽河等各大油田。其主要技术特点：①采用模块化设计，模块间组合灵活，控制橇可叠装在动力橇上，节省了平台空间；②采用分体式滚筒，实现滚筒体与滚筒其他部件的分离，减轻了滚筒的吊装重量，提高平台的适应性；③轻量化注入头，优化夹持块和夹紧系统结构，减短注入头夹持长度和整体高度，减轻了注入头重量；④整机取得了国家防爆证书和船级社证书，具备海洋作业资质。该设备的成功开发有助于推进连续管技术海洋应用，为深水石油开发提供技术利器。

关键词　模块化；分体式滚筒；轻量化注入头；防爆设计；连续管作业机

在海洋平台配套的常规修井装备缺失或能力不够、动用钻井船不太可能的情况下，连续管作业技术具有无法比拟的优势，其具有占地面积小、作业安全高效，污染少环保，运输、安装方便，单井作业成本低，修井、钻井方便快捷等优势[1,2]。但是海洋作业严格的要求和苛刻的工作环境严重制约了连续管设备在我国海洋平台的应用，尤其是平台油气开发产生更多的易燃易爆气体和连续管本身超大质量等问题。国际上知名的连续管装备制造公司，如加拿大的 Hydra rig 公司、美国的S&S 公司等，都专门针对海洋平台进行了适应海洋环境连续管作业机的研发与制造，并占有很大的市场份额，形成了行业垄断之势，严重制约了国内石油服务公司对此类设备的需求，而且设备价格居高不下。为了扭转局面，中石油江汉机械研究所有限公司依托国家 863 计划重点课题，经过多年攻关，在陆地车装式连续管作业机的基础上[3,4]，调研我国海域的油气深度、压力、含硫量，作业环境和平台大小、吊机能力，成功研制了海陆两用模块化橇装式连续管作业机。实现了连续管作业机的模块化，整机进行了防爆设计，达到国家油矿区二类防爆等级，取得国家防爆证书和船级社证书，具备海洋环境作业的资质。其中滚筒与注入头液压联动技术、滚筒分离技术、防爆技术达到国内领先，国际先进水平。并成功应用于南海、渤海、冀东、辽河等各大油田，并远赴印尼、伊拉克、委内瑞拉等国作业。该项目提升了研发能力，参与了海洋石油装备竞争，推进了连续管技术海洋应用，提供了深水石油开发的技术利器。

1　总体设计方案

1.1　结构组成

海陆两用模块化橇装式连续管作业机由动力控制橇、操作控制橇、滚筒橇、井口装置橇 4 个模块组成。总体组成如图 1 所示。该设备可用于陆地和海上石油钻井平台及生产平台。动力橇由橇体、防爆发动机、分动箱、液压泵组及动力软管滚筒等组成。控制橇由橇体、控制室、控制系统及控制软管滚筒等组成。滚筒橇由橇体、滚筒、排管系统、连续管及高压管汇、润滑系统等组成。井口装置橇由橇体、注入头、导向器、防喷器、防喷盒和防喷管等组成。

1.2　工作原理

海陆两用模块化橇装式连续管作业机采用液压驱动、电液控制。发动机通过分动箱驱动液压泵组，通过橇组之间快速连接的液压管线为注入头、滚筒及防喷器等提供动力与控制。作业时将连续管下入、起出油井，并把起出的连续管有序地缠绕在滚筒上。配合井下工具可以进行各种施工作业。在修井方面可以应用于冲砂洗井、钻磨作业、气举诱喷、排液、高凝油解堵、清蜡解堵、解冰堵等；在增产方面可以应用于定点压裂、分层压裂、均匀布酸和拖动酸化等作业。另外还可以应用于电缆作业、试油作业、速度管柱、打捞落物、套管井除垢或钻水泥塞、挤水泥、滑套、坐放和起出堵塞器、过油管砾石填充、管道清除异物、测井和射孔作业等。

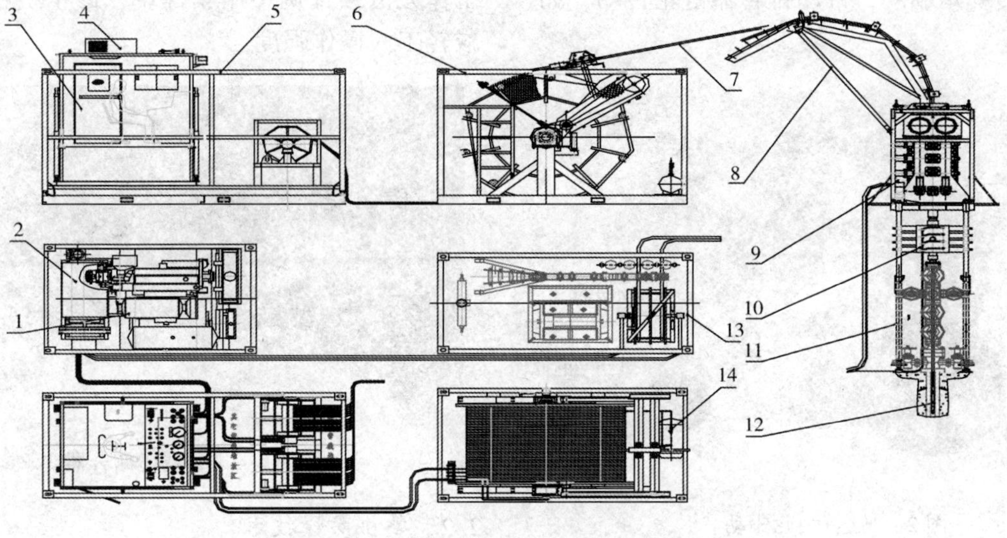

图1　海陆两用模块化橇装式连续管作业机总图

1.3　主要技术参数

连续管规格：Φ44.5mm×3.175mm；

最大下入深度：5500m；

最大提升力：360kN；

最大注入力：180kN；

最大起升速度：60m/min；

防喷器：通经4.06"工作压力105MPa；

防喷盒：通经4.06"工作压力105MPa；

适应环境温度：-20~50℃。

1.4　结构性能特点

（1）整机防爆，满足海洋平台作业要求。采用PYROBAN气体探测系统的组件，作业过程中实时监控危险气体。（2）动力及控制系统采用全液压自动控制，橇与橇之间的管线连接全部采用快速插头，操作台分区显示，操作便捷，注入头与滚筒协同控制。（3）夹持块优化设计，表面采用沟槽形式，摩擦性能好；特殊表面处理，提高夹持性能和使用寿命，减少对连续管的损伤。（4）注入头采用高速马达加减速器传动形式，低速稳定性好；优化箱体结构和链条推板，拓宽连续管适应范围；独立控制夹紧装置，提高作业的安全性、可靠性及适应性；优化夹持块和夹紧系统结构，提高夹持块夹持性能和夹紧系统载荷分布均匀性，缩短注入头夹持长度和整体高度，解决注入头吊装难度大等问题。（5）滚筒采用液压马达与齿轮系统驱动滚筒，可快速更换滚筒；配有自动与手动排管机构，手动排管采用液压离合器实现，保证了可靠性及便捷性。（6）机电液一体化控制技术，操作台集中了操作、显示、测量与监控技术；数据采集系统与监控系统配置，使设备更具有数字化技术。（7）操作控制橇可叠装至动力橇上作业，节省作业空间；控制室可液压控制升降，室内配置冷暖空调，作业视野开阔，环境舒适。

2　主要部件结构与特点

该作业机的关键技术为：滚筒分离技术、整机防爆技术、注入头轻量化技术、液压控制系统技术、数据采集与监控技术。

2.1　滚筒分离技术

滚筒是连续管作业机的重要部件之一，它决定连续管作业机的运输尺寸和连续管的容量。滚筒的主要作用：存放和运输连续管；整齐紧密缠绕工作中连续管，配合注入头起下连续管；提供介质入井通道。滚筒底径为2030mm，滚筒内宽为1780mm，滚筒轮缘为3550mm，能够容纳Φ44.5mm连续管5500m。采用分体式滚筒，可以实现滚筒体与滚筒其他部件的分离，降低对海洋平台吊机要求，提高连续管作业机作业平台的适应性。其核心技术：马达+齿轮驱动技术、筒体可分离技术、排管液压离合技术。

2.1.1　马达+齿轮驱动技术：驱动系统安装在滚筒支座上，由液压马达带动齿轮驱动回转支承旋转，从而带动滚筒体转动。主要由液压马达、一级小齿轮、二级大齿轮、二级小齿轮、回转支承、悬挂板及排管器齿轮组成。其中排管器齿轮由回转支承驱动，带动排管器链轮转动，如图2所示。

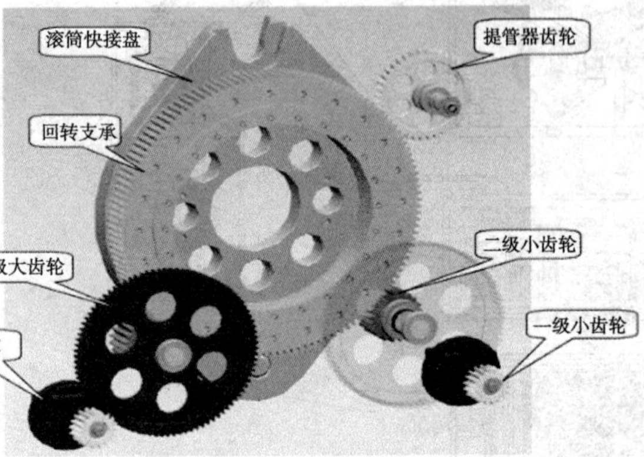

图2　马达+齿轮驱动

2.1.2　筒体可分离技术：滚筒采用筒体与橇体能够快速分离，快速连接，轴采用三段形式，两侧支撑筒体，筒体能够自由转动；另外，滚筒驱动与筒体分离，筒体只用于缠绕连续管。滚筒体由筒体、滚筒圈及悬挂板组成，筒体由钢板卷制而成，内部有加强筋。滚筒圈由内外圈与若干根方管焊接而成，悬挂板焊接在滚筒圈上。滚筒体可快速拆卸，在滚筒圈上有吊耳，可单独起吊滚筒体，通过悬挂板固定在滚筒支座上。滚筒外圈上焊接有耳板，运输过程中紧固器拉紧耳板，保障橇体在移运过程中的安全性，如图3所示。

图3　筒体可分离技术

2.1.3　排管液压离合技术[5,6]：在操作室操作手柄即可实现对滚筒排管转换装置的离合状态控制，同时也可控制强制排管马达的正、反运转和停止，而且通过调节控制压力可以满足不同管径连续管的自动排管力矩要求。有效的解决了原机械离合器时摩擦盘磨损和压紧螺母松动问题。实现自动排管与强制排管器快速切换，避免工作人员频繁调整压紧螺母，修正机械离合器，减轻工人操作强度。

图4　排管液压离合器

2.2　整机防爆技术

根据海洋防爆要求，发动机采用卡特C15全电控防爆发动机，性能可靠、动力强劲，具有高转速、高水温、低油压、低水温自动报警与停机功能。该发动机功率536hp@2100rpm，预留有一定的功率储备。发动机本体具有防爆功能，配置带缸套水冷却的排气歧管和涡轮增压器，有效地控制机体的表面温度，机体满足国家油矿区二类防爆等级要求。除了发动机本体的防爆以外，配套附件改装。为防止电火花和电弧的产生，发动机采用气马达启动，启动与熄火的控制阀也采用气阀进行控制，发电机和电瓶采用防爆型，并对电瓶箱进行密封隔爆处理，风扇、皮带和空压机选用防静电型。控制系统安装在一个防爆箱内，实现在发动机高水温、超速及高排气温度时，能同时切断燃油和进气而自动停机。气体探测系统的组件，作业过程中实时监控危险气体。控制室采用正压防爆设计，对控制室外部的传感器和灯具等电气元件及电路选用本安型或进行隔爆设计；整机达到国家油矿区二类防爆等级，并取得了国家防爆证书。

2.3　注入头轻量化技术

注入头是连续管下入和起出井筒的关键设备。其主要作用为：①提供足够的提升、注入力以起下连续管；②控制连续管的下入速度；③承受连续管的重量。注入头主要由驱动系统、链条系统、底座、框架、张紧系统、夹紧装置组成，如图5所示。

图5 注入头结构图

轻量化注入头与前期产品相比，体积小、质量轻、箱体稳定性强，性能稳定。其核心技术：夹持块表面处理技术和夹持块优化技术

2.3.1 夹持块表面处理技术：①表面沟槽结构，在相同的正压夹紧力下，通过表面沟槽或锯齿形设计减小了接触面积，提高了接触面上的单位比压，将环境介质挤出夹持面进入沟槽内，从而破坏介质膜层达到尽可能的真实接触，从而提高介质存在时的夹持能力；②表面增摩涂层技术[7]，通过优选与连续管之间静摩擦系数高、摩擦系数稳定、结合强度高、耐摩擦磨损性能好的材料作为增摩涂层材料，采用热喷涂设备在夹持块的半圆弧凹面上制备增摩涂层，从而提高夹持块的夹持摩擦性能，延长使用寿命。

2.3.2 夹持块优化技术：优化夹持块，减短注入头夹持长度和整体高度，降低注入头吊装难度。

2.4 液压控制技术

连续管作业机液压系统的设计要满足整机系统的功能和能力．发动机通过分动箱驱动四个液压泵，为注入头马达、注入头夹紧和张紧、注入头刹车、滚筒马达、排管器马达和升降、控制室升降、防喷器和防喷盒控制等功能。其核心技术：①注入头控制技术：无极调速控制技术提高稳定速度范围，无级变速；超低速运转控制技术实现最低稳定速度 0.04m/min，速度范围拓宽 37%；超压反馈遇阻停机技术，遇阻停机、保证连续管安全。②滚筒随动控制技术：注入头主动，滚筒跟随；③刹车互锁控制技术：滚筒刹车与注入头互锁控制，减少操作失误；④防喷系统安全控制技术：防喷器防误操作技术，防喷盒动力供应优化配置，提高连续管井控安全性。

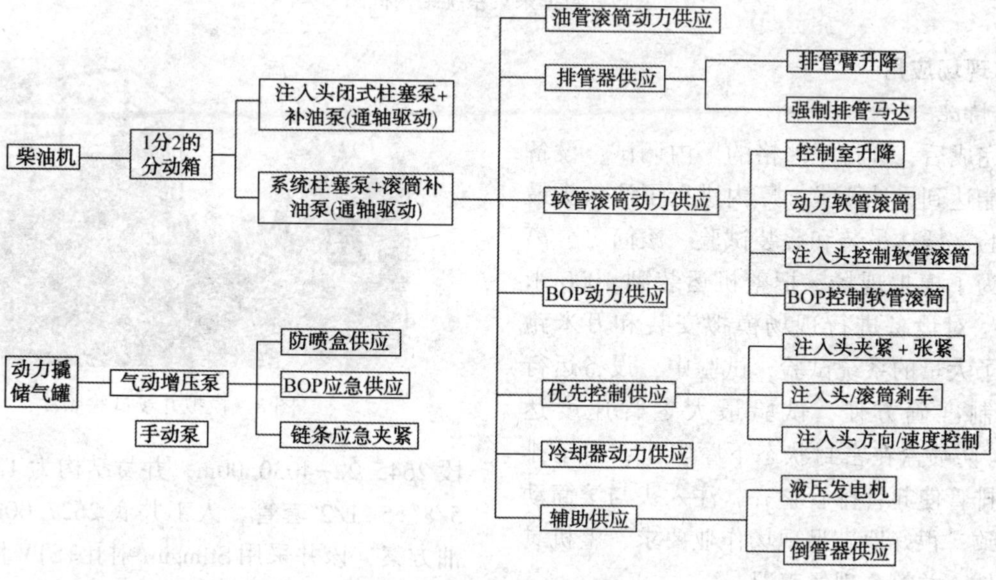

图6 液压系统控制框图

2.5 数据采集与监控技术

数据采集系统布局如图 7，注入头或滚筒处安装高精度旋转编码器，旋转编码器直接连数据采集箱；通过减压器将高压管汇循环压力、防喷

器处井口压力按一定比例降低，降低后的中低压信号通过液路管线传送至相应马丁表和压力传感器，传感器将相应压力转化为电信号传输进数据采集箱；注入头位置安装管重、管轻液压包，将管重、管轻信号转化为液压信号，液压信号通过液路管线传送至马丁表和载荷压力传感器，传感器将相应压力转化为电信号传输进数据采集箱；滚筒高压管汇处安装流体/气体涡轮，利用流量传感器(磁检测传感器)将流体体积大小信号转化为电脉冲信号，传输至流量表(流量积算仪)，流量表将信号处理显示并传输至数据采集箱；数据采集箱、参数仪(工业触摸屏)、固态电脑(非标配)、便携式计算机利局域网络进行数据传输。其中连续管作业机数据采集软件和连续管疲劳分析软件获得软件著作权。

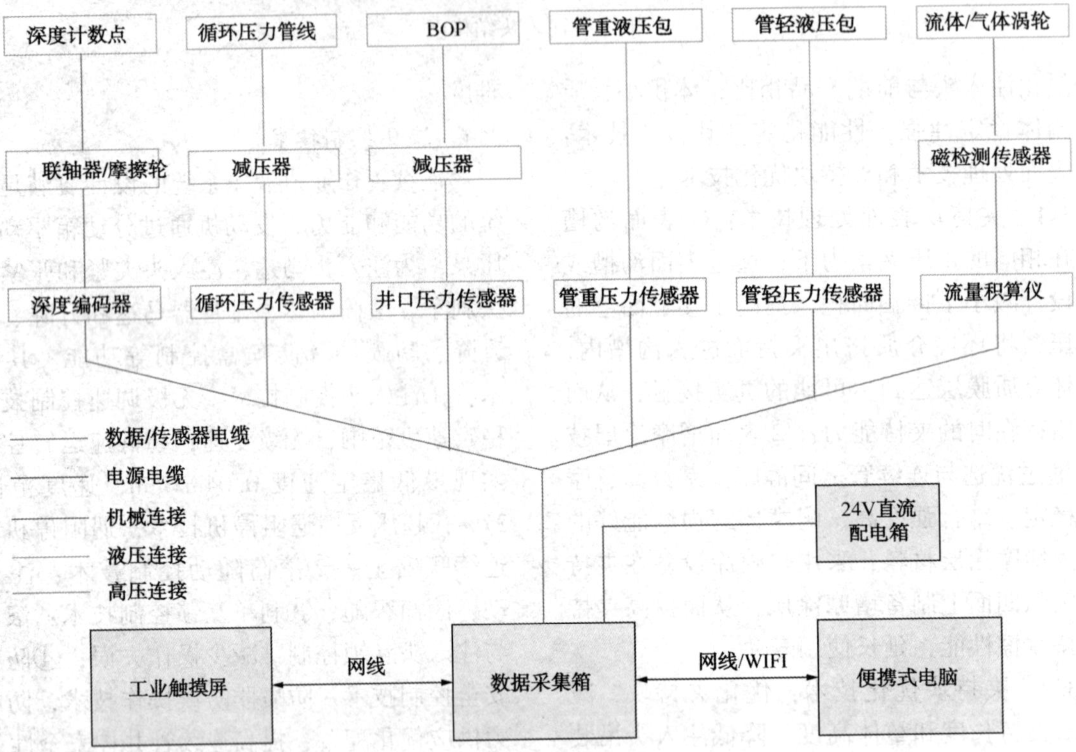

图7　数据采集系统结构框图

3　试验与现场应用

3.1　试验情况

组装完成后，进行了严格的厂内调试，设备系统各功能达到设计要求，厂内进行了注入头最大拉载试验、橇体吊装和叠装试验、滚筒可分离试验等，为了模拟现场，把整机运装到1000米模拟井上，对设备进行现场模拟安装和万米跑合，并做了大量的系统试验，试验中，设备运行平稳，控制准确方便，试验最大走管速度达60m/min。防喷盒在密封状态下摩阻小，自动排管和强制排管使起管排管整齐，注入头与滚筒动作协调一致，很好地满足现场作业要求，整机具备出厂条件，并符合现场工况。

3.2　典型应用

在A井完成了注氮排液施工。A井为预探井，完钻井深(斜深)4030m；套管完井，裸眼井段2645.22-4030.00m，井身结构为13-3/8″+9-5/8″+5-1/2″套管，人工井底2627.00m。根据试油方案，该井采用Stimgun射孔+STV测试联作管柱，测试结束后采用连续管氮气排液，连续管作业机根据要求在500-2000m之间多次排液，该井出液量最多达到4-5m^3/天左右，且基本不含油。

图8　模拟井场试验照片

图 9　现场施工作业

在 B 井完成了 1 井次的注氮排液施工。B 井位于南堡 A 平台，该井为评价井，套管完井，完钻井深(斜深)4002.0m，最大井斜 35.80°，井底位移 1808.77m，井身结构为 13-3/8″+9-5/8″+5-1/2″套管，人工井底 3967.0m。该井射孔后不能自喷，采用连续管氮气排液，以验证测井解释结论，落实油藏规模并了解储层液性、产能、压力及相关地层参数。作业机根据要求在 500-2300m 之间多次排液，开始出液是 $8m^3$ 水/天，最后出液是油 $20m^3$/天，水 $2.2m^3$/天。

目前在国内已完成 200 井次的施工作业，并走出国门到印尼、伊拉克、委内瑞拉等作业，作业机运转可靠；各橇重量分布合理，易于现场转运；布置灵活，可很好适应现场多变的场地情况；防爆设计提高了作业机在现场施工的安全性。现场使用表明，满足用户的现场工况，达到设计要求。

4　结论

(1) 为了适应和便于海洋平台使用，设备采用橇装设计，严格限制各橇的总体尺寸，在方便操作的前提下，适当地增加设备的高度，同时考虑重量和平台吊升能力因素，将不同功能的单元集成于不同的橇体中。整机进行防爆设计，达到国家油矿区二类防爆等级，取得国家防爆证书和船级社证书。

(2) 可分离式滚筒技术，有效解决连续管整体更换问题，实现筒体与滚筒快速分离。该技术已在海洋平台成功应用，分离筒体满足船级社吊装要求和适应平台的吊机能力；

(3) 应用该装备可以进行海上修井作业等作业，不受水深的限制，其主要的限制是连续管的长度。可在深水进行修井作业，有力地保障我国海洋油气资源不受侵犯，为深水石油的开发提供先进装备；

(4) 针对海洋平台作业，后续持续加强防腐技术研究，提高设备的防腐防锈能力；

参考文献

[1] 贺会群. 连续油管技术与装备发展综述[J]. 石油机械，2006，34(1)：1-6.

[2] 江怀友，李治平，齐仁理等. 世界海上连续油管作业技术与装备展望[J]石油与装备，2009，36(4)：36-37.

[3] 贺会群，李相方，熊革等. CT38 连续管作业车研制与应用[J]. 石油机械，2008，36(1)：1-4.

[4] 吴奇. 井下作业大修技术[M]. 北京：石油工业出版社，2009：248-252.

[5] 吴大飞，朱再思，万冬冬等. 一种连续管作业机滚筒排管转换装置及其控制系统. 中国专利 ZL201220515905.9[P]. 2012 年 10 月 09 日.

[6] 吴大飞，张三坡，马曾林等. 连续管滚筒排管液压离合器的研制与应用[J]石油机械，2012，40(11)：27-31.

[7] 袁文才，石成刚，任武等. 有增摩涂层的连续管注入头夹持块制备方法. 中国专利 ZL201010535928.1[P]. 2010 年 11 月 04 日.

井下多相流在线监测技术

许亮斌　刘书杰　盛磊祥

（中海油研究总院有限责任公司）

摘　要　利用超声波多普勒原理，提出了井筒多相流流量监测方法，结合X射线和电极系多相流测量方法，实现了油、气、水的在线测量，研制出无需进行分离的多相流监测系统，可以实现生产井油、气、水流量的实时在线监测。超声波多普勒原理拓展应用于在钻井液井筒气侵的监测，研发了非接触式的井筒气侵流体流量监测装置。相关的成果在现场得到了应用，解决了含水率的在线监测的难题，避免了常规取样测量的误差及对生产的影响。

关键词　超声波；多普勒效应；多相流流量；含水率；井涌监测

在油气勘探开发过程中，井筒流体的监测对指导钻采作业具有重要意义，然而井筒情况比较复杂，主要体现在以下方面，第一、井筒流体组分和流态复杂多变，钻完井阶段，井筒流体包含液相（油或水或油水共存）、固相、气相，井筒流态多为湍流状态，井筒流量测量难度大，可用监测工具少，多相流的精确测量更是难上加难。第二、由于海上作业的成本较高，为了减少井数和降低后期修井频率，往往需要生产管柱能具有一定的自调节功能，例如对于多分支分层系开发的井，希望能够掌握每个层位的产出情况，传统的监测一般在井口实现，井下流动状态的调整则通过倒流程、修井实现，提高了油田的操作成本。第三、常规的监测手段存在严重的滞后性，目前气侵井涌监测大都在地面实现，且随着水深和井深的增加，监测响应时间持续增加，留给井控响应的准备时间越来越少，钻井作业存在技术安全隐患。

针对井筒多相流在线测量难度大等特点，基于超声波多普勒流量测量的原理，结合X射线+电极系技术，建立了油气水三相流井下测量方法，针对钻井方面的技术需求，扩展超声波多普勒流量测量方法在深水早期溢流泥线处监测。

1　基于超声波多普勒井筒多相流在线监测技术

目前常用井筒内流量测量技术普遍采用文丘里管结构，测量文丘里管的差压以达到测量流量的目的。文丘里管测量多相流总流量的方法的优点是能适合于油、气、水多相流介质，但是节流管段产生压差，影响油气井的产量，甚至由于节流部分的口径较小，容易出现堵塞现象，从而影响正常的生产。常规多相流的测量多采用分离后在测量的方式，需要对多相流进行分离，分离器需要一定的安装空间，因此一般情况下只能在地面实现多相流的测量。

项目组在国内外首次研制了具有自主知识产权的适用于井下狭小空间的油、气、水三相流流量测量装置。建立了油、气、水三相流流量测量理论和测量模型，研制了三相流流量测量系统的整体结构、测量短节和检测电路，形成了井下流量测量系统。油、气、水三相流监测通过三步实现，第一是总流量的测量，为了消除层流和不同流体相间的滑动现象造成总流量监测的误差，特殊设计了一种混合装置对多相流进行均匀混合，该混合装置的设计基于多扰流盘、多异型齿形、变倾斜角度、径向错位等设计思想，不占用中心通道的情况下，减少了对油井产量的影响，均匀混合后的流体通过超声波多普勒流量测量实现总流量的测量，多普勒流量测量装置包括超声波探头（发射和接收），信号调理电路，数字信号处理系统。第二步是油气水三相的分相流量的测量，发明了一种可控式的X射线多相流测量装置，利用不同的能级的射线源通过相同相分率的多相流体时其衰减程度的差异，采用双能级放射源确定各相的百分比。X射线相含率测量装置包括双能级X射线发生系统、射线探测系统、射线谱分析系统。该装置将探测器输出的原始信号变成了以道址为峰值幅度的信息，由此可通过射线谱分析系统得到辐射谱线，从而根据谱线特征分析和计算相应的油气水比例。X射线的触发设置控制开关，避免了放射源作业的危害。第三步是利用电阻率电极系进行含水率的精确测量，尤其适合于高含水率的情况下，出水量的快速监测。

1.1　油气井油、气、水三相流监测总体方案设计

多相流监测方案(见图1)包括四大模块，如图所示。静态混合器、多普勒流量计、X射线相含率计、电阻率电极系及压力、温度传感器组成。测量原理是：静态混合器消除层流和不同流体相间的滑动和流速差异，非接触式超声波流量计测量总流量，由双能级X射线测量三相流中油、气、水各相的比例，从而可计算出油、气、水各相的流量。对于高含水率的情况，采用电阻率电极系进行含水率的测量。

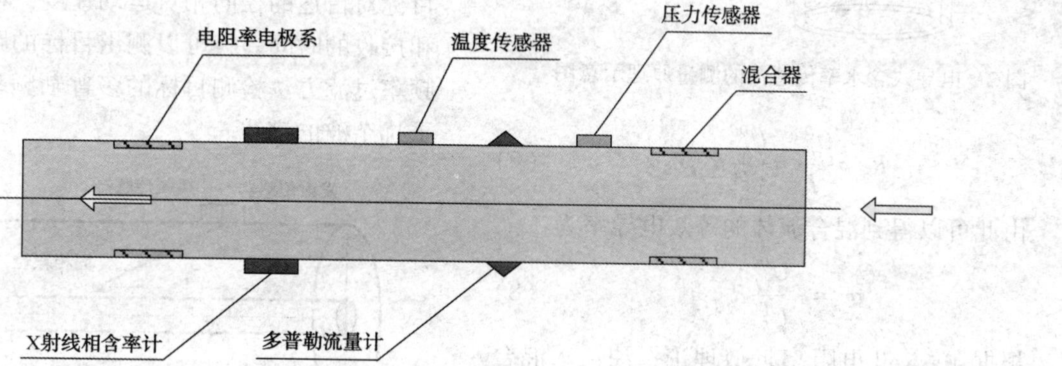

图1　多相流测量模块组成

1.2　基于多普勒的流量测量技术

超声多普勒流量测量由两个放置在管道外侧的超声波多普勒传感器组成。设声楔材料中的声速为c1；流体中声速为c；声波由声楔进入流体的入射角为β；在流体中的折射角为φ；超声波束与流体流速夹角为α，超声波的发射频率为f_0，接收频率为f_r，频率差$\Delta f=f_r-f_0$，流体的流速为u，管道截面积为A，则管道内的流体速度为：

$$u=\frac{c\Delta f}{2f_0 cos\alpha} \tag{1}$$

管道中的体积流量为：

$$q_v=\frac{c1A\Delta f}{2f_0 sin\beta} \tag{2}$$

1.3　油、气、水三相流分相在线监测技术

为了计算三相流混合物中，油、气、水各相的比例。采用双能级放射源确定各相的百分比。

在油气水的均匀混合物中，存在如下关系：

$$I=I_0e^{-L(\mu_o\rho_o\alpha_o+\mu_w\rho_w\alpha_w+\mu_g\rho_g\alpha_g)} \tag{3}$$

其中，ρ、μ、α分别表示密度、射线穿过介质时的质量衰减系数、相分数，下标o、g、w分别表示油、气、水。

对于不同的能级e1和e2的射线源通过相同相分率的多相流体时其衰减程度也不同。

能级e1：

$$I_1=I_{01}e^{-L(\mu_{o1}\rho_o\alpha_o+\mu_{w1}\rho_w\alpha_w+\mu_{g1}\rho_g\alpha_g)} \tag{4}$$

能级e2：

$$I_2=I_{02}e^{-L(\mu_{o2}\rho_o\alpha_o+\mu_{w2}\rho_w\alpha_w+\mu_{g2}\rho_g\alpha_g)} \tag{5}$$

另外：

$$\alpha_o+\alpha_w+\alpha_g=1 \tag{6}$$

三个方程中只有相比例为未知量，因此联立这三个方程，可求得油、气、水三相的比例。从而可求出各相的体积流量和质量流量。

电导式含水率传感器的测量原理示意图如图2所示。该传感器由两对电极构成，其中外侧电极E1和E2为激励电极，内侧电极H1和H2为测量电极。通常在激励电极E1和E2上加电流激励，激励电流通过激励电极对施加到被测流体区域，建立敏感电流场，从而通过测试测量电极对H1和H2上的电压差获取敏感场内的流体分布信息。在油气水三相流中，当水为连续相时，离散的气泡、油泡空间分布的随机变化将导致三相流电导率的变化。当该三相流体从电导式传感器内流过时，必然引起测量电极之间电压差(测量电压)的变化。

油、气、水三相混合物流经传感器时，通过激励电极产生的电场会由于两相流体内部随机分布的油泡而产生异常复杂的扭曲和变形，从而导致测量电极上的输出信号会呈现为一系列的噪声时间序列，经过测量电路放大和滤波后被转换为可以被A/D转换器进行采样保持的信号。

含水率测量电极之间流体的等效电阻为：

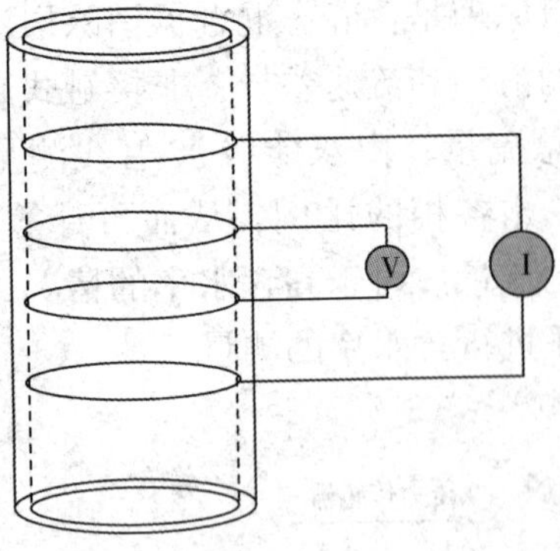

图 2　电导式含水率传感器的测量原理示意图

$$R_m=\frac{U_h^{DC}}{I}=\frac{U_h^{DC}}{U_{ref}^{DC}}R_{ref} \tag{7}$$

由此可以得到混合流体的等效电导率为：

$$\sigma_m=c\frac{U_{ref}^{DC}}{U_h^{DC}}R_{ref} \tag{8}$$

根据 Maxwell 电阻率近似理论，油、水混合介质的等效电导率与全水时电导率之比为：

$$\frac{\sigma_m}{\sigma_w}=\frac{2\alpha_w}{3-\alpha_w} \tag{9}$$

其中，α_w 为油、气、水多相流的含水率；σ_m 和 σ_w 为混合物的电导率和全水时电导率。

由电学原理可知，测量电极间的电压幅值与传感器内部流体电导率成反比。设混合物电导为 G_m，全水时电导为 G_w；混合时传感器输出幅值为(混相值)F_m，全水时为 F_w，则可得：

$$\frac{F_w}{F_m}=\frac{G_m}{G_w}=\frac{\sigma_m}{\sigma_w} \tag{10}$$

可得油、气、水多相流的含水率为：

$$\alpha_w=\frac{3F_w}{2F_m+F_w} \tag{11}$$

2　多普勒流量测量方法在钻井涌监测中的应用技术

多普勒测量环空流速如图 3 所示：当发射一固定频率的脉冲波对空扫描时，如遇到活动目标，回波的频率与发射波的频率出现频率差，称为多普勒频率。根据多普勒频率的大小，可测出目标对雷达的径向相对运动速度；根据发射脉冲和接收的时间差，可以测出目标的距离。同时用频率过滤方法检测目标的多普勒频率谱线，滤除干扰杂波的谱线。

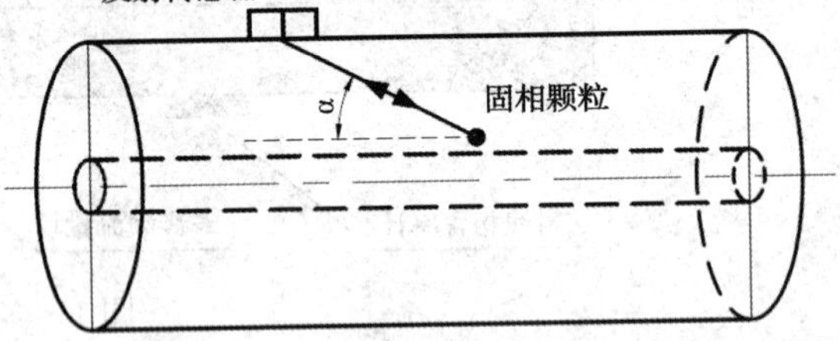

图 3　多普勒测量环空流速原理

对于环空流量测量，由于钻杆存在，测量环空流速的超声波传感器不能采用对装的方式，如果直接不加改进地采用上面的使用方法，不能避免传播距离长信号衰减大的问题，此时经过长距离的多次反射、干射，超声波将难以到达接收端。因此传感器需要安装在同侧，超声波只需要在流体中传播较短的距离，就可以携带与流速相关的频率变化信息迅速地反射到接收端，从而可以有效地克服前面所述的衰减问题。

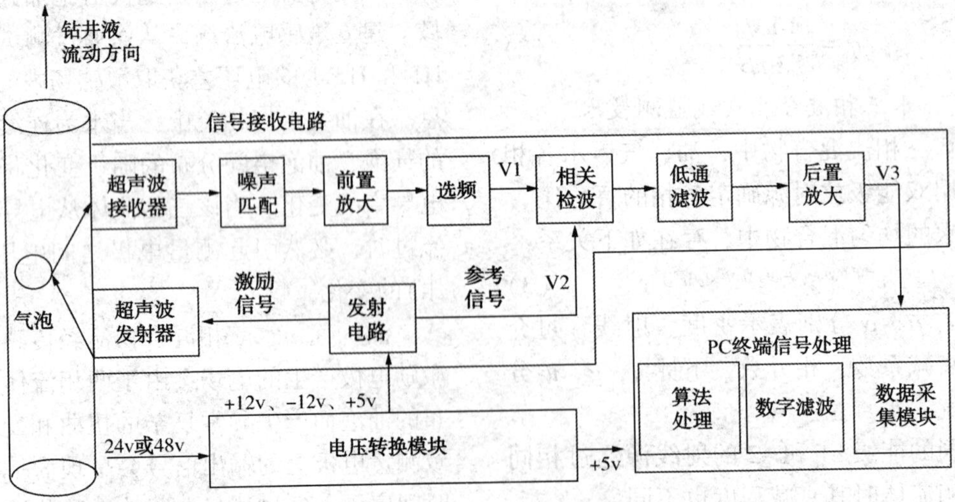

图 4　测量装置信号处理模块

测量装置(见图 4)采用模块化设计，主要分为三部分，分别为超声波信号发射接收、信号处理、流速显示。超声波信号发射及接收部分主要是产生超声波激励信号、功率放大、变压器升压后去驱动超声波传感器，传感器发射出超声波信号后经过一段时间由另一传感器接收后转换为电信号，经由放大滤波电路，消除干扰电路后得到一干净的信号传给下一级的信号处理部分。信号处理部分是对接收到的上一级的信号进行 A/D 采样，经 DSP 算法处理获取流速测量数据，同时实现 D/A 转换及自动增益控制。流量显示部分主要实现，从上一级接收到流量计时数据，将其转化为流速及流量并显示出来。超声波流量计的测量示意图如图所示，虚线框中的部分为测控模块。

3 现场样机测试结果

现场样机测试结果如下，井下流量测量系统的测量数据(一)如表 1，水流量测量曲线如图 5 所示，水流量测量误差曲线如图 6 所示，气流量测量曲线如图 7 所示，气流量测量误差曲线如图 8 所示。井下流量测量系统的测量数据(二)如表 2，水流量测量曲线如图 9 所示，水流量测量误差曲线如图 10 所示，气流量测量曲线如图 11 所示，气流量测量误差曲线如图 12 所示，油流量测量曲线如图 13 所示，油流量测量误差曲线如图 14 所示。

表 1 井下流量测量系统的测量数据(一)

序号	实际值		测量值		误差	
	水/m^3	气/m^3	水/m^3	气/m^3	水/%	气/%
1	1.6	0.69	1.57	0.79	-1.9	14.5
2	1.8	0.77	1.75	0.89	-2.8	15.6
3	1.6	0.69	1.51	0.81	-5.6	17.4
4	0.61	0.29	0.59	0.28	-3.3	-3.4
5	0.66	0.28	0.61	0.33	-7.6	17.9
6	0.5	0.21	0.54	0.24	8.0	14.3
7	0.92	0.39	0.86	0.37	-6.5	-5.1
8	1.84	0.79	1.91	0.85	3.8	7.6
9	1.8	0.77	1.91	0.9	6.1	16.9
10	1.74	0.75	1.9	0.84	9.2	12.0
11	1.9	0.81	2	0.92	5.3	13.6
12	1.78	0.76	1.92	0.89	7.9	17.1
13	1.26	0.54	1.36	0.58	7.9	7.4
14	0.78	0.33	0.85	0.38	9.0	15.3
15	0.84	0.36	0.92	0.41	9.5	13.9
16	0.56	0.24	0.62	0.27	10.7	12.5
17	1.3	0.56	1.4	0.65	7.7	16.1

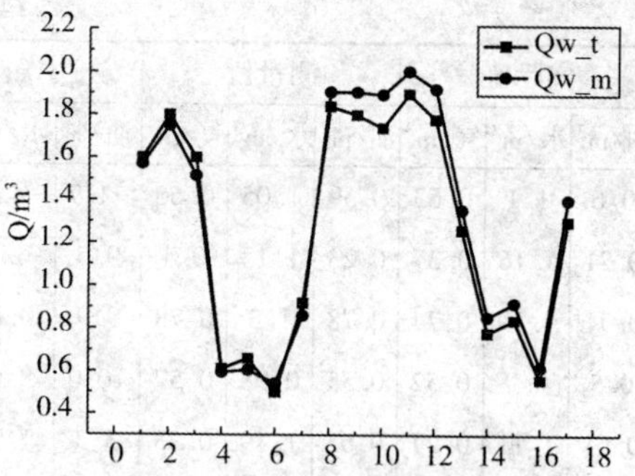

图 5 水流量测量曲线

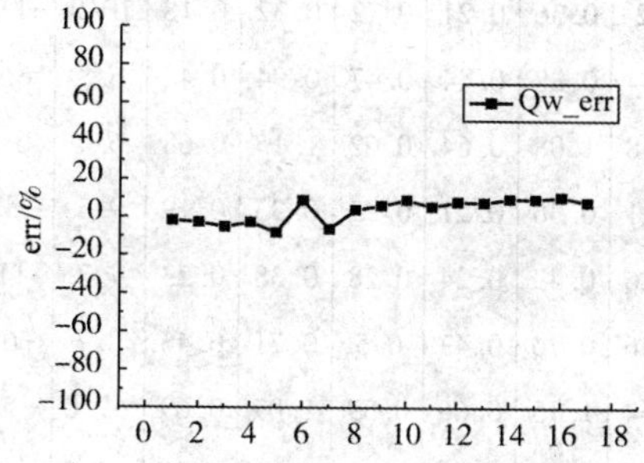

图 6 水流量测量误差曲线

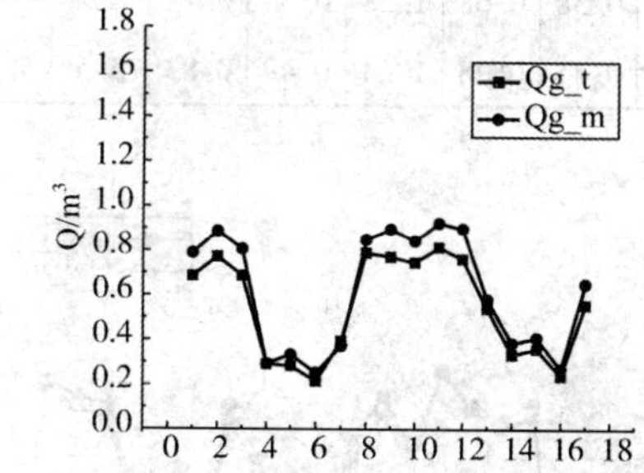

图 7 气流量测量曲线

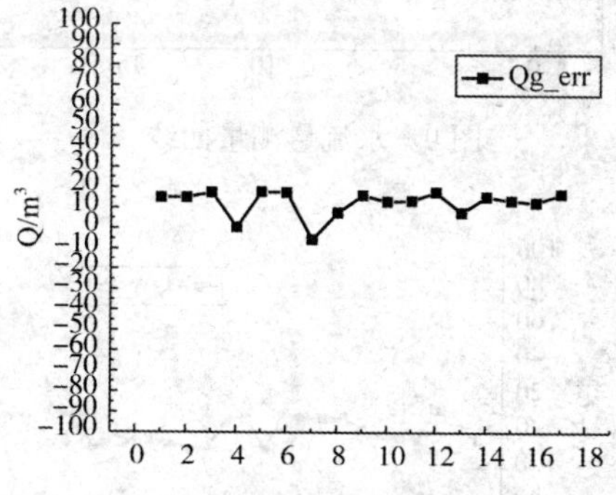

图 8 气流量测量误差曲线

表 2 井下流量测量系统的测量数据(二)

序号	实际值			测量值			误差		
	油/m^3	水/m^3	气/m^3	油/m^3	水/m^3	气/m^3	油/%	水/%	气/%
1	0.14	0.26	0.15	0.15	0.29	0.17	7.1	11.5	13.3
2	0.64	1.16	0.66	0.66	1.1	0.64	3.1	-5.3	-3.0

续表

序号	实际值			测量值			误差		
	油/m^3	水/m^3	气/m^3	油/m^3	水/m^3	气/m^3	油/%	水/%	气/%
3	0.6	1.1	0.63	0.59	1.05	0.66	-1.7	-4.5	4.8
4	0.21	1.16	0.37	0.23	1.13	0.4	9.5	-2.6	8.1
5	0.71	1.29	0.74	0.78	1.3	0.78	9.9	0.8	5.4
6	0.5	0.9	0.52	0.55	0.98	0.57	10.0	8.9	9.6
7	0.61	1.11	0.27	0.63	1.19	0.23	3.3	7.2	-14.8
8	0.53	0.93	0.15	0.52	1	0.13	-1.9	7.5	-13.3
9	0.22	0.4	0.23	0.2	0.44	0.26	-9.1	10.0	13.0
10	0.2	0.36	0.21	0.22	0.32	0.18	10.0	-11.1	-14.3
11	0.44	0.88	0.44	0.47	0.94	0.48	6.8	6.8	9.1
12	0.58	1.08	0.64	0.62	1.15	0.68	6.9	6.5	6.3
13	0.21	0.36	0.21	0.23	0.33	0.19	9.5	-8.3	-9.5
14	0.26	0.43	0.24	0.28	0.38	0.23	7.7	-11.6	-4.2
15	0.46	0.76	0.47	0.5	0.71	0.45	8.7	-6.6	-4.3
16	0.64	1.15	0.66	0.59	1.09	0.69	-7.8	-5.3	4.5
17	0.62	1.19	0.68	0.6	1.14	0.73	-3.2	-4.2	7.4
18	0.68	1.25	0.72	0.6	1.21	0.76	-11.8	-3.2	5.6
19	1.36	0.38	0.68	1.28	0.34	0.72	-5.9	-10.5	5.9
20	1.27	0.45	0.78	1.34	0.49	0.83	5.5	8.9	6.4

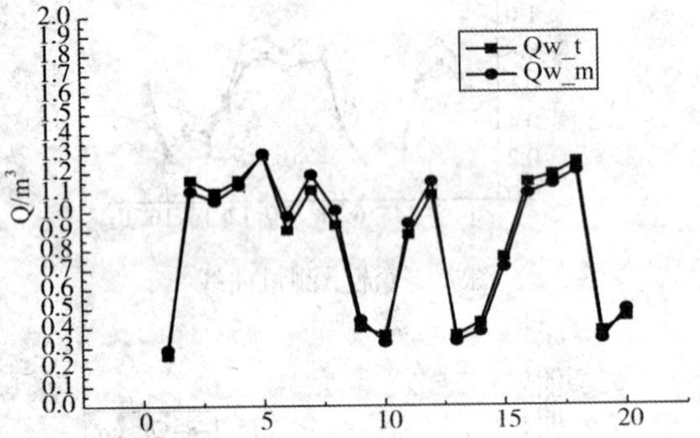

图 9　水流量测量曲线

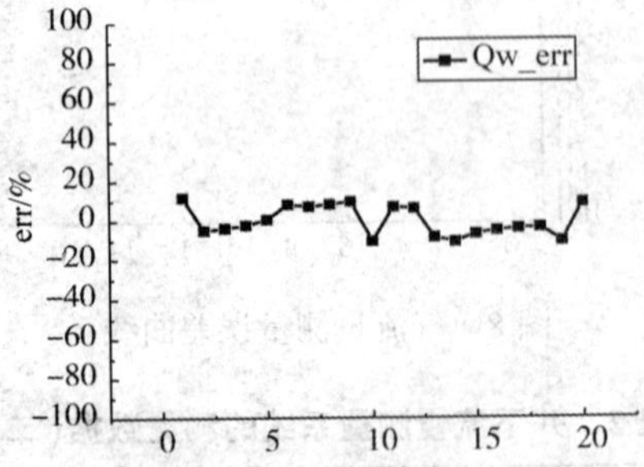

图 10　水流量测量误差曲线

井下流量测量系统现场试验数据表明：水流量和油流量的测量误差均在±12%之内，气流量的测量误差在±18%之内，满足室内测量精度的要求。

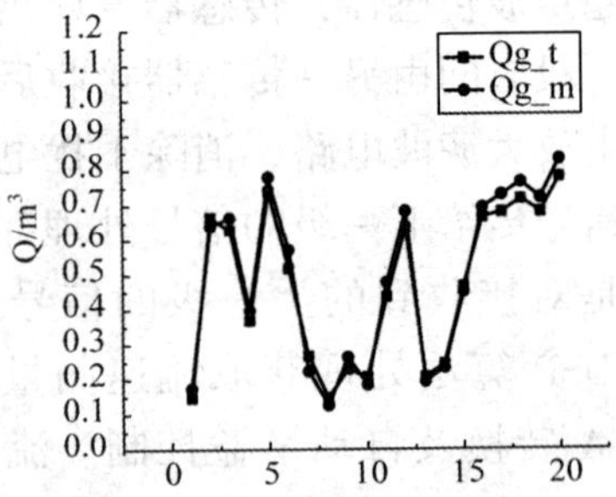

图 11　气流量测量曲线

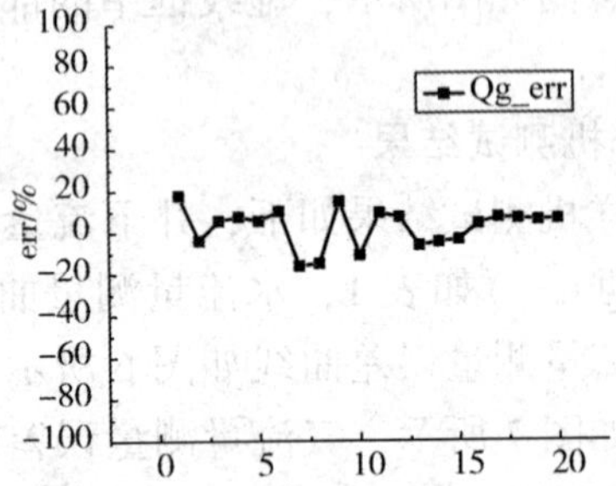

图 12　气流量测量误差曲线

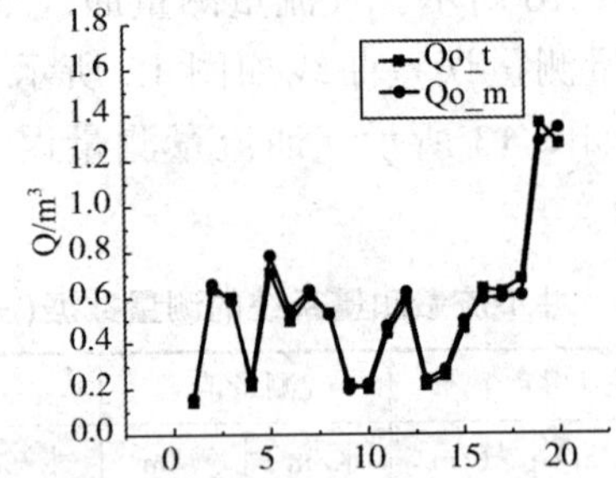

图 13　油流量测量曲线

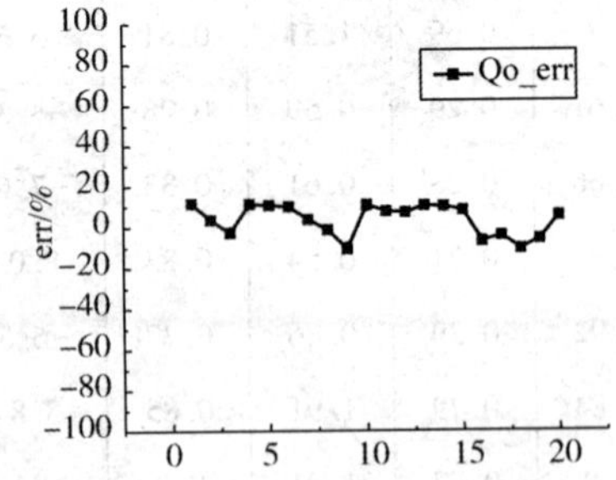

图 14　油流量测量误差曲线

4　认识与建议

（1）在国内外首次研制成功了具有自主知识产权的适用于井下集多普勒流量测量、X 射线相含率测量、电导式电极系含水率测量为一体的油、气、水三相流量计，实现了对油、气、水三相流的流量测量。

（2）研制成功了不采用同位素放射源的 X 射

线测量系统，此系统利用人工产生的高压可控X射线实现了油气水三相流的测量，具有常规射线的测量功能，发射过程可控，使用安全可靠。

（3）经过室内试验和现场试验验证，研发的井下流量测量系统性能可靠，达到了预定的技术指标，具有广泛的应用前景。

参 考 文 献

[1] P. Vullinghs，and J. A. Dech，Multilateral Well Utilization on the Increase，SPE 56954.

[2] J. L. Buchwalter，R. E. Calvert，and C. S. McKay，and S. J. Thompson，Maximizing Profitability in Reservoirs Using New Technologies For Continuous Downhole Pressure Systems，SPE 63281.

[3] V. Gisbergen. and A. A. H. Vandeweijer，Reliability Analysis of Permanent Downhole Monitoring Systems，SPE 57057.

[4] D. Bryant，and M. -Y. Chen，Real-Time Monitoring and Control of Water Influx to Horizontal Well Using Advanced Completion Equipped with Permanent Sensors，SPE 77522.

[5] 苏义脑等，井下控制工程学研究进展，石油工业出版社，2001.

[6] 张绍槐，智能油井管在石油勘探开发中的应用与发展前景，石油钻探技术，V32. 4，Jul. 2004，p1~4.

[7] 刘修善，苏义脑．钻井液脉冲信号的传输特性分析．石油钻采工艺，2000，22(4)：8~101.

[8] Walt Aldred，John Cook and Peter Bern：“Using Downhole Annular Pressure Measurements to Improve Drilling Performance”，Oilfield Review，Winter 1998.

[9] S. I. Jardine，D. P. McCann，D. B. White，and A. J. Blake，Sedco Forex Schlumberger：“An Improved Kick Detection System for Floating Rigs”，paper SPE23133 presented at the Offshore Europe Conference held in Aberdeen，3-S September 1991.

[10] J. J. Orban and K，J. Zanker，Anadrill/Schlumberger：“Accurate Flow-out Measurements for Kick Detection，Actual Response to Controlled Gas Influxes”，Paper SPE17229 presented at the 1988 IADC/SPE Drilling Conference held in Dallas，Texas，February 28-March 2，1988.

[11] 杨明清．一种新的钻井液出口流量在线测量方法探讨．录井工程[J]，2008 19(1)：53~55.

[12] 涂汉雾，杨光友．面向钻井工程监测报警系统的无线传感器网络研究，湖北工业大学硕士论文，2009年．

[13] I. A. Weishaupt，Sedco Forex；N. P. Omsberg，Phillips Petroleum UK Ltd.；and S. 1. Jardine and O. A. patterson，Sedco Forex：“Rig Computer System Improves Safety for Deep HP/HT Wells by Kick Detection and/Wells by Control Monitoring”，Paper SPE23053 presented at the Offshore Europe Conference held in Aberdeen，3-6 September 1991.

井下随钻压力测量技术研究

王　鹏　唐雪平　艾维平　邓　乐　吕海川

(中国石油集团工程技术研究院有限公司)

摘　要　井下随钻压力测量系统是实现欠平衡钻井和控制压力钻井的一项关键技术，在油气勘探开发中具有重要的作用。本文主要对随钻压力测量系统进行了系统地研究，主要从基本结构、工作原理和现场试验应用等方面进行了分析说明。在存储式环空压力测量工具基础上，完成了系统优化设计和试验研究，成功研制出一种新型实时井下随钻压力测量系统(DRPWD 系统)。DRPWD 系统由压力测量短节、MWD 和地面系统组成，可实时测量环空/柱内压力、温度、定向参数和地层自然伽马参数，能监测钻井全过程井下压力变化。此外，建议开展 175℃高温 PWD 的研制，以更好地满足现场应用需求。

关键词　环空压力；柱内压力；随钻测量；控压钻井；欠平衡钻井

井下随钻压力测量技术以 MWD 为基础，利用压力测量工具和 MWD 测量传输系统实现钻井过程中井下压力的测量和实时传输功能，为钻井作业提供基础数据。该技术是实现欠平衡钻井和控制压力钻井的一项关键技术[1-2]，在油气井工程中具有重要作用[3-14]，是油气勘探开发迫切需要的钻井新技术。国外在随钻压力测量技术方面有成熟产品，配合欠平衡和控压钻井技术进行商业化服务，取得了显著的经济效益。国内进行了环空压力计算相关研究[15-19]，产品研发滞后国外[20-22]。由于理论计算井底压力精度难以满足复杂地层窄密度窗口精细控压钻井的要求，迫切需要研发高精度实时井下随钻压力测量工具。近年来工程院在国家重大科技专项和集团公司课题的支持下，在存储式环空压力测量工具研制基础上，借鉴地质导向钻井技术的研发经验[23-24]，经过科技攻关，掌握了井下随钻压力测量核心技术。目前，成功研制出具有完全自主知识产权的 DRPWD 井下随钻压力测量系统(简称 DRPWD 系统，下同)，初步开展了应用研究，在深井适应性方面取得重大进展。该项技术具备了工程适用条件，逐步由系统研发迈向推广应用阶段。为此，本文概述 DRPWD 系统及进展情况，以更好地推进其应用及发展。

1　压力测量技术原理

DRPWD 井下随钻压力测量系统由压力测量工具 PWD、无线随钻测量工具 MWD 和地面系统组成，系统总体结构如图 1 所示。

PWD 工具由压力传感器组件、信号检测电路、数据存储电路、电池和上数据连接器组成，所有的部件均配置在一根无磁的短钻铤中。压力传感器组件感知环空、柱内压力及温度变化，并将其转换为电信号；信号检测电路通过放大、滤波、AD 转换、标度变换等环节将该信号转换为表示所测压力及温度大小的数字信号；数据存储电路将该信号储存在井下存储器中供数据回放用。同时，当数据连接器接收到 MWD 工具的命令后，会将当时的测量压力及温度值发送至 MWD 工具。PWD 机械结构包括仪器短节、数据连接器及扣型转换钻铤。将仪器短节的压力、温度传感器及测控电路安装到相应的位置，装配数据连接器并处理好线路连接，最后装配扣型转换钻铤，即完成了工具的整体组装工作。

MWD 工具由下数据连接器、定向参数与伽马测量短节、驱动器短节、发电机短节和正脉冲发生器组成，所有部件均配置在一根无磁钻铤中。MWD 工具通过数据连接器向 PWD 工具发送控制命令并接收 PWD 工具的测量压力和温度数据，所接收的数据随同定向参数(井斜、方位、工具面)和伽马经驱动器短节编码并驱动后，由正脉冲发生器产生相应的压力调制脉冲信号发送地面信号接收单元。

地面系统由地面传感器(压力传感器、深度传感器、泵冲传感器等)、仪器房、信号处理前端箱、工业控制计算机外围设备和相关软件组成。地面传感器感知泥浆压力脉冲信号并将其转换为电信号，信号处理前端箱对其进行相应的处理后送至工业控制计算机进行滤波、解码，以还

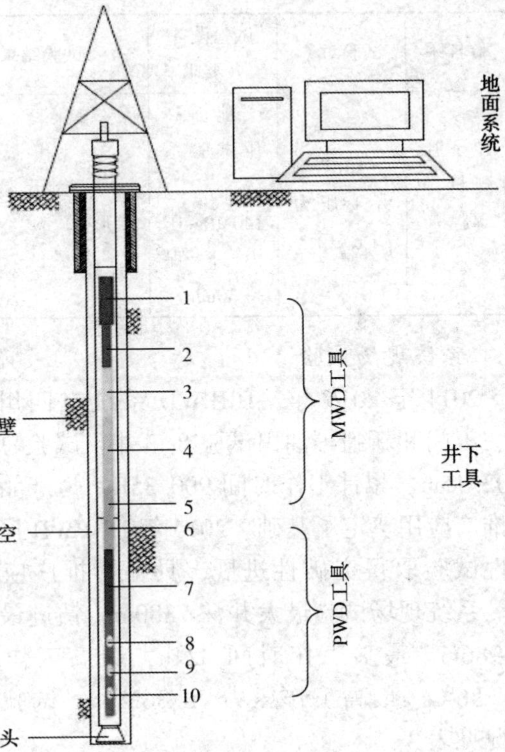

图 1 DRPWD 系统总体结构示意图

1—正脉冲发生器；2—发电机短节；3—驱动器短节；
4—定向与伽马测量短节；5—下数据连接器；
6—上数据连接器；7—电路模块及电池；
8—数据回放接口；9—环空压力传感器；
10—柱内压力传感器

原井下测量信号，并通过数字和曲线的方式将测量结果显示在屏幕上，或通过井场信息传输协议 WITS 为精细控压钻井等应用系统提供基础数据。

2 系统优化设计

设计主要技术参数：工具外径 6.75in/171.5mm、4.75in/120.7mm，适用井眼尺寸 8-3/8～9-7/8in/213～251mm、5-7/8～7-7/8in/149～200mm，最大工作压力 120MPa，最高工作温度 150℃，压力测量精度±0.5%*FS*(全量程，下同)，最高数据传输速率 5bit/s。

井下压力随钻测量装置在“十一五”研制基础上，对系统进行了整体改进和优化，扩展了测量功能，提高了整体性能指标，实用性加强，主要体现以下几个方面：

(1) MWD 和 PWD 工具分别采用井下发电机和电池供电，能在开、停泵工况下连续监测钻井全过程的井下压力变化，进而为井下压力控制和波动压力计算提供更全面的数据。

(2) MWD 工具新增地层自然伽马测量模块，增加对储层的识别能力，具有简易的地质导向功能。

(3) PWD 工具可根据不同应用需求灵活使用。PWD 既可通过数据连接器与 MWD 对接使用，随钻测量井下压力和温度等参数并实时上传；也可作为独立测量工具单独使用，随钻测量和存储数据，起钻后地面回放。

(4) 优选新型压力传感器，使系统的耐温能力和测量范围得到了提高，耐高温能力由之前的 120℃提高到现在的 150℃。改进后的系统具备了适应复杂深井高温高压作业环境的能力。

(5) 独创性地设计了传感器零点补偿电路，能够自动校正传感器零点的变化。将压力测量精度由之前的±1%*FS* 提高到±0.2%*FS*，超过±0.5%*FS* 的设计精度指标。

(6) 改进 PWD 的机械结构，由之前的仪器串搭接钻铤模式改为了盖板结构，从而提高了工具的耐高压能力和安全可靠性。工具整体耐压达到 140MPa。

(7) 优化 MWD 的整体机械结构，工具长度由 6.4m 精简到 4.7m，使 MWD 的运输便捷性和现场可维护性得到了提高。

(8) 优化 DRPWD 系统软件，系统能根据井下作业工况和测量数据变化情况，优选传输井下压力、工具面和地层伽马等重要测量数据，以更好地满足不同应用需求。

3 试验研究

3.1 压力测试试验

为了确保 PWD 工具压力测量精度达到设计指标，需要对压力传感器进行标定和室内压力测试。压力传感器标定范围从 0～140MPa，标定源精度为±0.02%*FS*。模拟最大井温 150℃，模拟井温精度为±0.5℃。压力传感器检验仪器为 Fluke RPM4-E-DWT。将压力传感器安置在加热炉中并加温，每个温度检测点加温时间约为 2 小时，待炉内温度基本稳定后，分别加压至指定的压力。待每个压力稳定后，通知仪器自动记录参考温度(采用 JM624 检测)、标准压力(由 Fluke RPM4-E-DWT 提供)和测试压力结果。将标准压力与测量压力之差作为测试压力的绝对误差，绝对误差与压力测量满度 140MPa 之百分比为测试压力的满度相对误差。压力传感器室内测试结果表明，压力测量满度相对误差±0.2%*FS* 以内，满足 PWD 工具设计压力测量精度±0.5%*FS* 的要求，如某编号仪器在不同测试温度下压力检测结果见表1。

表1　不同测试温度下压力检测结果

测试温度/℃	28.8	54.0	78.4	102.4	126.5	150.6
标准压力/MPa	测试压力/MPa，满度相对误差<±0.1%*FS*					
125	124.92	124.94	124.94	124.98	124.96	124.91
95	94.95	94.95	94.98	94.96	94.96	94.91
65	64.95	64.95	65.00	65.00	64.97	64.91
35	34.96	34.96	35.01	34.99	34.95	34.92
5	4.93	4.98	5.01	4.98	4.96	4.91
0	-0.06	-0.03	0.01	0.01	0.02	-0.08
20	19.93	19.95	19.98	19.97	19.94	19.91
50	49.91	49.91	49.95	49.98	49.94	49.91
80	79.91	79.91	79.95	79.96	79.92	79.90
110	109.92	109.93	109.94	110.00	109.93	109.89
140	139.94	139.96	139.97	139.99	139.93	139.88
0	-0.07	-0.03	0.04	-0.02	-0.06	0.04

3.2　地面综合试验

为了验证DRPWD系统的深井适应能力，开展了深井适应性地面综合试验，试验结果见表2。

表2　DRPWD系统深井适应性地面综合试验结果

试验名称	试验对象	试验设备及要求	试验结果
DRPWD井下测量系统抗高温试验	“井眼轨迹测量+自然伽马测量+压力测量”系统	全尺寸钻铤绝缘介质高温试验箱，140℃、保温24h	140℃保温期间，正常工作，测量稳定；降至安全温度后，仪器外观无异常，测量系统正常工作
MWD井下仪器外壳承压能力试验	MWD系统井下仪器串	地面高压试验井，140MPa压力下保持30min	不渗不漏，无变形，各密封圈完好；MWD井下仪器外壳整体可承受140MPa外部压力
MWD信号传输性能试验	MWD井下系统脉冲发生器及驱动模块，地面系统	全排量台架试验系统	测试了2.0s、1.0s、0.8s、0.6s、0.5s、0.4s、0.3s和0.2s不同脉冲宽度条件下地面检测信号的强度，供现场试验时优选和系统配置
井下压力测量短节高压试验	DRPWD井下压力测量短节	地面高压试验系统，140MPa压力下保持30min	不渗不漏，无变形

3.3　系统现场试验

2011至2015年，DRPWD系统在四川、华北、玉门和新疆等油田试验8口井，试验总进尺2502.15m，累计工作时间900.35h，为产品定型和推广应用奠定了基础。2015年DRPWD深井适应性试验取得突破性进展，具备了推广应用条件。系统现场试验最大井深7380m、钻进最长井段986m、最长工作时间324h，最高工作温度147.56℃、最高工作压力76.36MPa。试验总体情况见表3。

表3　DRPWD系统现场试验情况

日期	井号	井段/m	进尺/m	工作时间/h
2011.04.16-04.29	T-1	2283-2351.68	68.68	75.85
2012.07.05-07.14	T-2	2771.48-3058.02	286.54	64.00
2012.08.21-09.15	T-3	3452.00-4438.00	986.00	324.00
2012.11.27-12.04	T-4	2887.07-3845.00	957.93	154.00
2013.03.04-03.05	T-5	882.00-991.00	109.00	14.00
2014.06.22-06.23	T-6	4374.00-4421.00	47.00	13.00
2015.08.12-08.20	T-7	4443.00-4500.00	57.00	178.50
2015.11.14-11.17	T-8	6100.00-7380.00	通井	78.00

试验1　2015年8月，4-3/4"DRPWD系统在玉门油田青西矿区一口充气欠平衡井中配合井底溢流实时检测软件进行了现场试验。井下压力测量工具下井两次，试验井段4443~4500m，总进尺57m，工具在井下时间178.5h，循环时间92h，钻进时间81h。在井深4430m时，DRPWD实测数井斜14.8°、方位79.5°，对比定向井服务公司井深4430m测斜数据为井斜14.8°、方位78.9°。DRPWD测得充气状态下环空压力43MPa/4430m，温度90℃，该井4400m处地层压力为45.15MPa，实测环空当量密度0.95~0.96g/cm^3。在整个试验过程中，DRPWD系统测量数据完整、准确，数据传输及时，为欠平衡钻井和定向钻井作业提供了基础数据，达到了试验

预期目的。实时测量伽马及压力曲线见图 2。

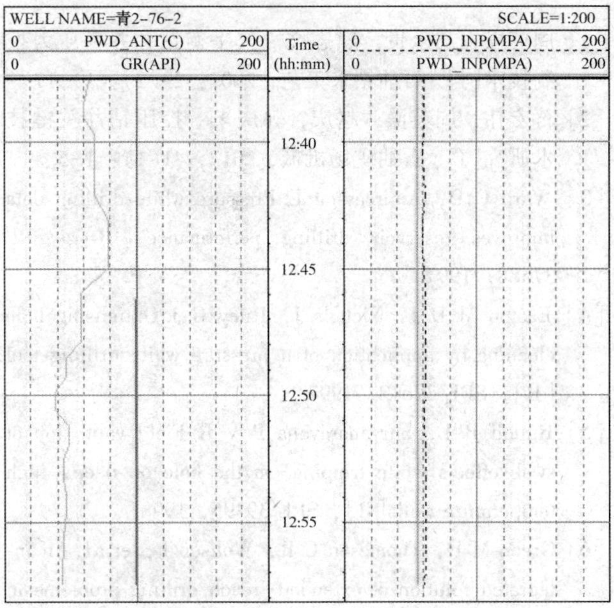

图 2　实时伽马及压力测量曲线

试验 2　2015 年 11 月，4-3/4inDRPWD 系统塔里木油田某水平井完钻通井时进行了深井适应性现场试验。试验最大井深 7380m，井下工作时间 78 小时，实测最大环空/柱内压力 75.34MPa/76.36MPa，最高工作温度 147.56℃，测量数据完整，传输解码正确。DRPWD 随钻环空压力测量装置经受了井下高温高压和复杂情况的考验，工作正常，安全可靠，起下钻顺利，存储压力曲线如图 3 所示。

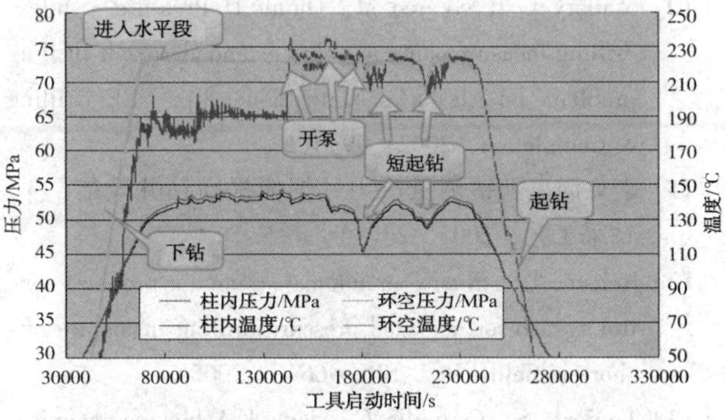

图 3　PWD 存储压力测量曲线

DRPWD 深井适应性试验结果表明，该系统能够在井深 7000m 以上，温度 150℃以下正常工作，具备了工程应用条件。

4　应用及前景

DRPWD 系统随钻测量井下压力、温度、定向参数及地层自然伽马，在喷漏同层等复杂地层、充气欠平衡钻井、双循环模拟钻井和水平井储层导向钻井等现场试验中取得初步成效，为井下溢流早期监测研究、深井波动压力计算现场验证提供了重要基础数据。

实例 1　验证空气混合钻井液的欠平衡能力。由于工程上对钻井液混合空气能否达到欠平衡效果尚有争议，通过井下压力实际检测数据加以验证。钻进井段 1883-2150m，PWD 所获取的当量循环密度曲线如图 4 所示。井深 1922m 开始混合空气钻进，当量循环密度 ECD 为 0.67～0.86g/cm^3，其平均值为 0.77g/cm^3。该井设计 ECD 为 0.68g/cm^3，验证结果表明该井未达到预期的欠平衡目标，但 ECD 确实大幅度降低，从 1.01g/cm^3 降至 0.77g/cm^3，泵压从 13MPa 降至 3MPa，且提高了机械钻速。

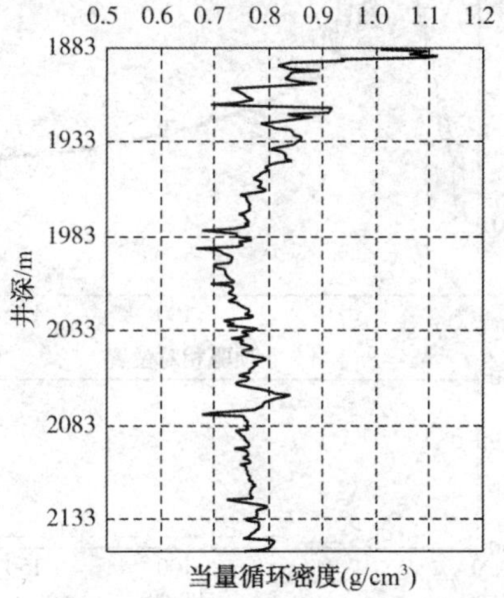

图 4　随钻当量循环密度曲线

实例 2　应用 PWD 实测数据验证波动计算模型。PWD 数据采样率设置为 1s，某井段记录的下钻环空压力变化情况如图 5 所示。由图可看出实际下钻过程产生的波动压力。新的波动计算模型考虑了流体和流道的可压缩性、钻柱弹性及流固耦合作用。根据井身结构、钻具组合、钻井液参数和监测的下钻速度，应用新研究的波动压力计算模型进行验算。钻头 5496m 处的波动压力验算结果见图 6。验算结果相对误差小于 10%，为基础理论研究提供了有效的检验手段。

由于 DRPWD 系统能同时测量环空和柱内压力参数，在复杂地层安全钻井、油气储层保护和钻井基础理论研究等方面具有良好的应用前景。基于环空压力实时测量，可以有效地指导控制压力钻井作业，为欠平衡井地层与环空压差的确定提供科学依据；根据环空压力的变化，结合钻井

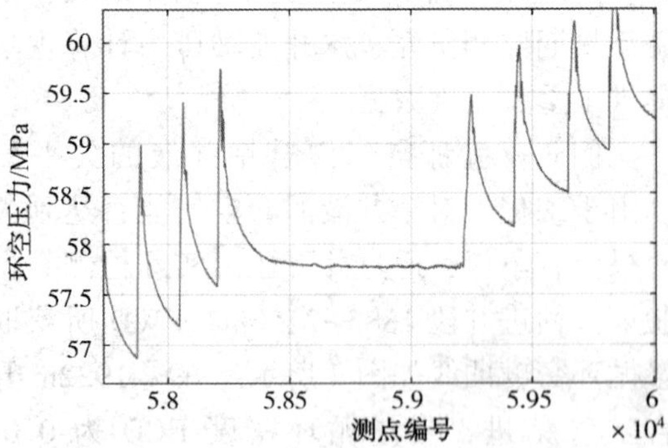

图5　某井段实测环空压力变化

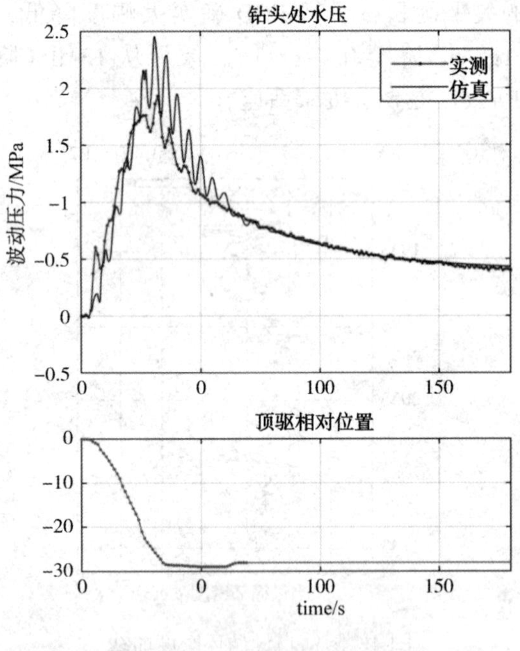

图6　钻头5496m处的波动压力验算结果

工况和作业参数等，可监测井眼净化、分析判断井下溢流，以及作业不当而引起的压力波动，如快速起下钻、开停泵过猛及划眼过快等，可以规范钻井作业，避免井下复杂情况发生。根据柱内与环空压差，可判断钻头泥包、水眼堵塞和井壁垮塌等情况，也可优化钻井水力参数，提高钻井效率。

5　结论和建议

井下随钻压力测量技术在控制压力钻井、欠平衡井、高温高压钻井和大位移钻井具有广泛的应用前景，是油气勘探开发迫切需要的钻井新技术。

建议开展175℃高温PWD系统的研制工作，提高系统在超高温井的适应能力，在地层自然伽马测量的基础上，增加电阻率测量功能，以更好地满足深层钻井和水平应用需求。

参考文献

[1] 周英操，刘永贵，鹿志文．欠平衡钻井井底压力控制技术[J]．石油钻采工艺，2007，29(2)：13-17.

[2] 蒋宏伟，周英操，赵庆，郭庆丰．控压钻井关键技术研究[J]．石油矿场机械，2012，41(1)：1-5.

[3] Ward C D, Andreassen E. Pressure while drilling data improves reservoir drilling performance [R], SPE 37588, 1997.

[4] Easton M D J, Nichols J, Riley G J. Optimising hole cleaning by application of a pressure while drilling tool [R], SPE 37612, 1997.

[5] Rudolf R L, Suryanarayana P V R. Field validation of swab effects while tripping-in the hole on deep, high temperature wells[R], SPE 39395, 1998.

[6] Green M D, Thomesen C R, Wolfson L, et a1. An integrated solution of extended-reach drilling problems in the Niakuk Field, Alaska: part II-hydraulics, cuttings transport and PWD[R], SPE 56564, 1999.

[7] Zamora M, Roy S, Caicedo H Y, et al. Major advancements in true real - time hydraulics [R], SPE 62960, 2000.

[8] Robello Samuel G, Sunthankar A, McColpin G, et a1. Field validation of transient swab/surge response with PWD data[R], SPE 67717, 2001.

[9] Peng S, Hodder M, Kay M, et al. Real - time, downhole hydraulics modelling helps operator drill the well and run liner under a narrow fracture/pore pressure window condition[R], SPE 85309, 2003.

[10] Mallary C R, Varco M, Quinn D. Pressure - while - drilling measurements to solve extended-reach drilling problems on Alaska's North Slope[J], SPE Drilling & Completion, 2002: 99-105.

[11] 李克向．随钻测量压力数据能提高钻井效能[J]．钻采工艺，2003，26(1)：4-6.

[12] Reitsma D. Utilizing an automated annular pressure control system for managed pressure drilling in mature offshore oilfields[R], SPE 96646, 2005.

[13] Lapierre S, Courville G, Song J. Achieving technical limits: expanded application of real - time pressure - while - drilling data helps optimize ROP and hole cleaning in large-diameter, directional intervals[R], SPE 99142, 2006.

[14] Gandelman R A, Martins A L, Teixeira G T, et a1. A comprehensive methodology to avoid and remediate drilling problems by real time PWD data interpretation [R], SPE 124116, 2009.

[15] 王果，樊洪海，刘刚．井底常压控制压力钻井设计

计算[J]. 石油勘探与开发，2011，38(1)：103-108.

[16] 李海津，周艳，黎兴文，关超，马红滨. 控压钻井作业中多相流环空压力的计算[J]. 钻采工艺，2011，34(3)：1-3.

[17] 杨进，唐海雄，刘正礼，杨立平，黄小龙，严德，田瑞瑞. 深水油气井套管环空压力预测模型[J]. 石油勘探与开发，2013，40(5)：616-619.

[18] 张波，管志川，张琦. 深水油气井开采过程环空压力预测与分析[J]. 石油学报，2015，36(8)：1012-1017.

[19] 张波，管志川，张琦，韩冬. 高压气井环空压力预测与控制措施[J]. 石油勘探与开发，2015，42(4)：518-522.

[20] 张涛，柳贡慧，李军，李立昌，王帅，谭天宇. 随钻压力测量系统的研制与现场试验[J]. 石油钻采工艺，2012，34(2)：20-22.

[21] 王鹏，唐雪平，邓乐，艾维平. 环空压力随钻测量系统研究[J]. 石油机械，2012，40(1)：29-32.

[22] 王鹏，李铁军，吕海川，邓乐，唐雪平，艾维平. DRPWD 随钻环空压力测量系统的研制与试验[J]. 石油机械，2014，42(8)：17-19.

[23] 苏义脑. 地质导向钻井技术概况及其在我国的研究进展[J]. 石油勘探与开发，2005，32(1)：92-95.

[24] 周英操，杨雄文，方世良，刘伟，纪荣艺. PCDS-I 精细控压钻井系统研制与现场试验[J]. 石油钻探技术，2011，39(4)：7-12.

井下雾化排液短节数值模拟与现场应用研究

王 典[1] 薛 亮[1] 刘 敏[1] 薛承文[2] 高 寒[2] 池 明[2]

(1. 中国石油大学(北京)石油工程学院; 2. 中国石油新疆油田公司工程技术研究院)

摘 要 在开采中后期，由于气藏能量不足，可能导致井底积液增加，严重时会造成水淹关井。本文研制了一种新型井下雾化排液短节，利用气井压力雾化气流中的液滴，排出并预防井底积液。针对井下雾化排液短节建立流体力学数值实验模型，数值模拟液膜在主喷嘴与副喷嘴的气流的高速剪切冲击作用下雾化过程与原理，数值模拟结果表明井下雾化排液短节具有良好的雾化能力。井下雾化排液采气工艺设计采用“一井一策”的原则，进行了四口井的雾化排液采气试验，气井携液能力大幅提高。井下雾化排液短节可以排出并预防井底积液，对于天然气中后期的开发具有重要意义。

关键词 井底积液；旋流雾化；排液采气；数值模拟

在天然气开采中后期中，随着气藏压力和产气量的降低，产出水或凝析液不能随天然气自喷出井筒，逐渐滞留在井底形成积液，对天然气藏造成额外的静水回压，导致天然气产量下降甚至于被积液压死而停产，严重影响开发效率与最终采收率[1-4]。井下雾化排液采气工艺是解决此类问题的一种方法，通过井下投捞座封作业，把井下雾化排液短节下入到设计深度，座封到油管内径。生产过程中，井下雾化排液短节连续雾化天然气中的大尺寸液滴，在油管内形成雾状流，提高气流携液能力，防止气井积液停产，提高天然气井开发效率[5-8]。本文针对井下雾化排液采气需要，设计井下雾化排液短节结构，数值模拟其工作过程与原理，并进行井下雾化排液采气实验研究，具有重要意义。

1 井下雾化排液短节结构与原理

1.1 雾化排液短节基本结构

井下雾化排液短节外观规则圆柱体，外部具体尺寸与与实际下入油管配套。短节主要由缸体、雾化腔、雾化喷嘴、喷嘴座、引流体和分流管等部分组成，如图1所示。气液混流经四个切向入口进入雾化排液短节内部，雾化后经出口排出。

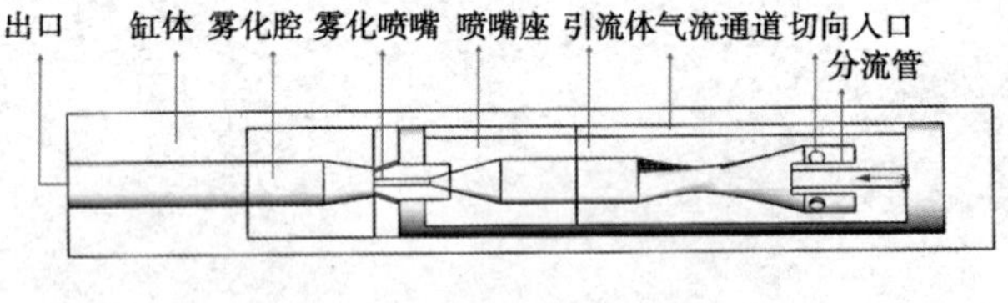

图1 雾化排液短节剖面图

1.2 雾化排液短节工作原理

(1) 气液混流经四个沿周向均匀分布的切向入口进入到雾化排液短节内部，形成旋流。旋流进入后，由于液体密度较大，在离心力作用下气液分离，气体在中间，液体在壁面；

(2) 气液分离后，部分气体与壁面的液体以旋流形式进入位于中心的主喷嘴。喷嘴处，液体沿壁面进入形成低速旋转液膜，此时中心气体速度远大于壁面夜液膜速度，为高速旋转气流，在二者速度差作用下，液膜被剪切破碎为小液滴；

(3) 另一部分气体在分流管的作用下，经分流管下行进入到气流通道，而后沿流道上行，进入周向副喷嘴，在雾化腔内冲击主喷嘴液膜，起到辅助破碎作用。

2 雾化排液短节流场数值模拟方法

2.1 雾化排液短节流场模型

2.1.1 几何模型

针对图1中的机械结构，需要生成流体过流的区域，生成流场几何模型。为此，采用与工具外径等径的圆柱体，对图1机械结构进行减运算，生成流域。为方便后续网格生成以及模拟计算，再利用“面分割”将整体流域分为若干子域，流域结果见图2示。

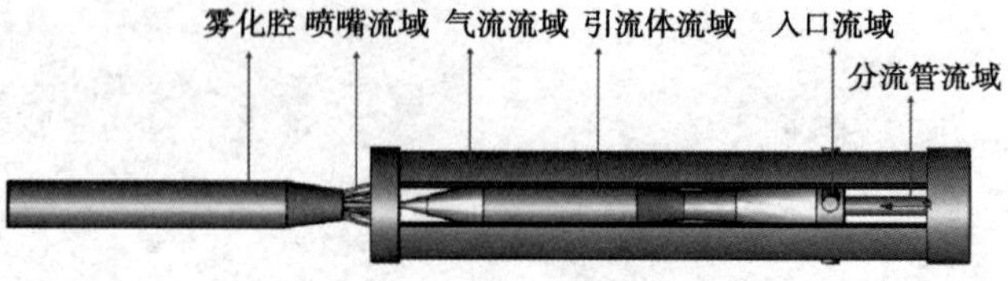

图2 雾化排液短节计算域

2.1.2　网格模型

由于该装置不同部位尺寸相差较大，为保证计算精度与效率，采用分区划分网格，在每个子域上分别生成结构网格，然后拼接在一起，在相交面上采用插值的方法进行数据交换，网格总数20万。由于喷嘴尺寸较小，网格划分较细，为保证喷嘴与相邻流域相交面插值计算时的准确度，对相邻计算域分别采取轴向加密，在相交面处采取径向加密。图3为旋流雾化排液采气装置流域物面网格图及喷嘴处加密示意图。

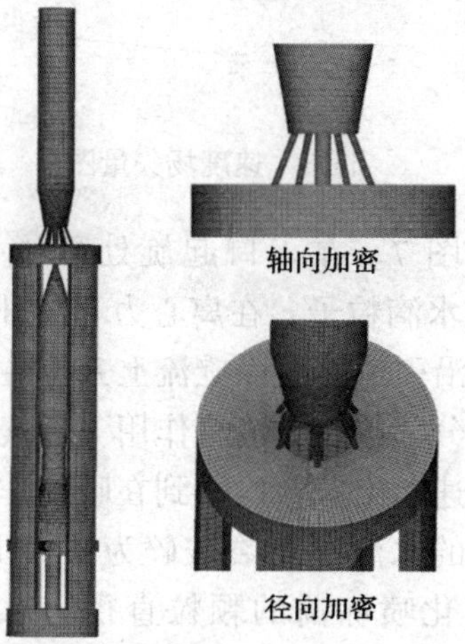

图3　流域物面网格图及喷嘴处网格加密示意图

2.2　流体力学方程与边界条件

2.2.1　流体力学方程

雾化排液短节流场属于多相湍流流动，可以通过流体力学方程组求解来进行数值模拟。流体力学方程组包括质量守恒方程、动量方程、欧拉方程、湍流方程、多相流VOF方程等[9-10]。在计算过程中需要考虑喷嘴前后水滴粒径变化，故利用DPM模型进行模拟计算。由于整个计算过程暂不考虑温度变化，因此不需要引进能量方程。

2.2.2　边界条件

旋流雾化排液采气装置共有四个切向入口，一个出口。为保证装置的实际应用效果，需根据不同气井的排量分别设计雾化腔与雾化喷嘴的结构与尺寸，故采取速度入口边界条件，在出口位置采用压力出口，各参数(压力、速度、湍动能和湍流扩散率)都采用内点差值外插得到，物面边界采用无滑移边界条件。为追踪液滴在装置内的运移和雾化效果，在切向入口出创建一组直径为0.5mm的水滴入射流。

2.3　流场参数条件

实际井下条件较为复杂，不同井的产气量、产液量以及压力分布各有不同；同一口井，雾化排液短节的下深不同时，其所处的压力、气液流速以及工具压降也会不同。考虑到上述变量均会对雾化排液短节的雾化效果产生影响，本文选取一组主要参数为例进行数值模拟研究，计算参数见表1。

表1　数值模拟计算参数

入口速度/(m/s)	入口压力/MPa	入口气体体积分数/%	入口水滴直径/mm	出口压力/MPa
11.6	10	0.9	0.5	9.5

3　井下雾化器流场数值模拟研究

3.1　入口混流流动特征

选取上述计算参数进行数值模拟计算，为模拟入口混流流动特征，选取欧拉模型对流域进行求解。流线图显示入口处气液混流在引流体内部以旋流形式上升。观察水的体积分数云图分析可知，引流体壁面区域水的体积分数明显大于内部区域，且在引流体上端壁面区域水的体积分数达到最大。此种结果表明切向入口进入的气液混流在离心力作用下发生气液分离，密度大的液体被甩到壁面旋流上升，在进主喷嘴前形成液膜，经主喷嘴喷出。

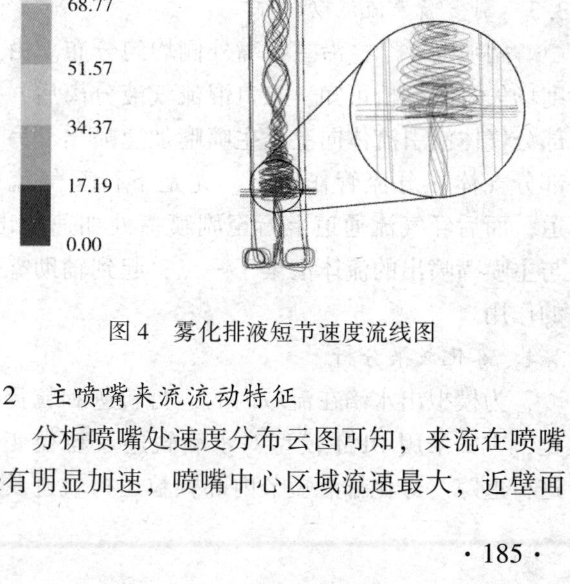

图4　雾化排液短节速度流线图

3.2　主喷嘴来流流动特征

分析喷嘴处速度分布云图可知，来流在喷嘴处有明显加速，喷嘴中心区域流速最大，近壁面

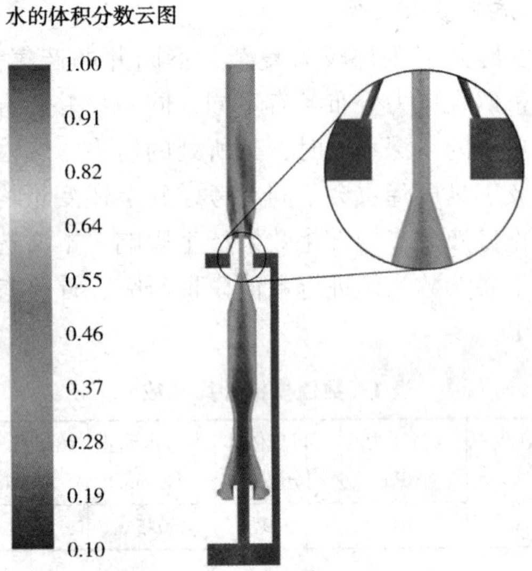

图5　水的体积分数分布云图

处液膜的流速相对较低，由此形成较大速度差，加之二者又是旋流状态，因此当中心高速气流喷出时，会对低速喷出的液膜产生较大的剪切作用。

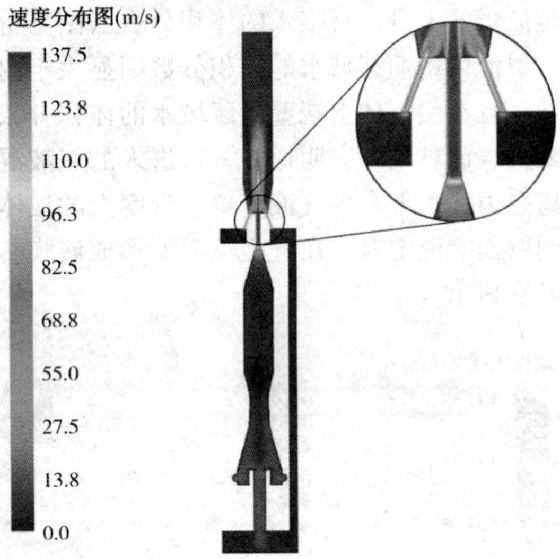

图6　主喷嘴速度分布云图

3.3　副喷嘴来流流动特征

副喷嘴6个，沿主喷嘴外侧均匀分布。由速度场矢量图分析可知，入口混流气液分离后，一部分气体沿引流体向上经主喷嘴加速喷出，另一部分气体在分流管作用下，先是下行至气流通道，而后经气流通道上行至副喷嘴处加速喷出，与主喷嘴喷出的流体汇聚于一点，起到辅助雾化的作用。

3.4　雾化效果分析

为模拟出水滴在流域内的运行轨迹和粒径变化，本文采用DPM模型对水滴轨迹及粒径变化进行追踪。雾化排液短节内部颗粒运行轨迹及粒

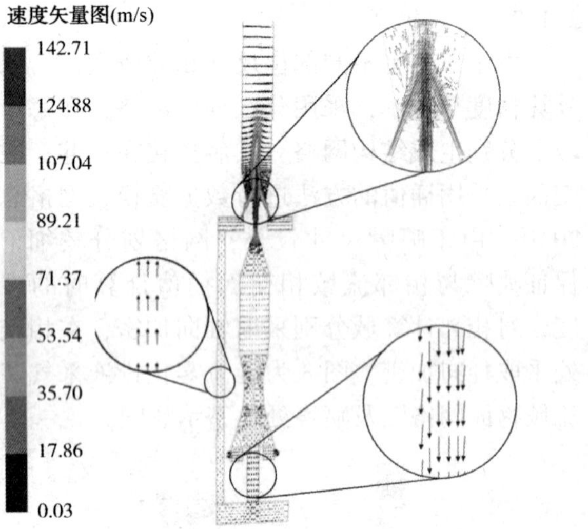

图7　速度场矢量图

径分布见图7。在入口起旋处释放一束直径为0.5mm的水滴粒子，在离心力和上升气流的作用下，水滴沿引流体壁面旋流上升至主喷嘴处加速喷出；部分气体在分流管作用下经气流通道至副喷嘴处加速喷出。可以看到在喷嘴作用下，原本粒径较大的水滴被撕裂破碎为粒径更小的雾滴。水滴过雾化喷嘴前的颗粒直径为0.3～0.4mm，雾化之后的颗粒直径主要为0.003mm前后，计算结果显示雾化效果较好。

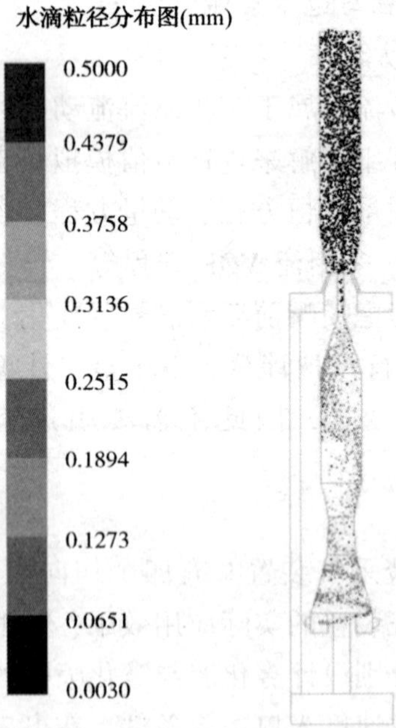

图8　颗粒运行轨迹及粒径分布

4　参数选型与现场应用

4.1　雾化排液短节工具参数

雾化排液短节选型时考虑两方面参数：内部参数和外部参数。内部参数主要指短节内雾化

腔、雾化喷嘴、喷嘴座、引流体和分流管等部分的详细尺寸，与井的产能和地层压力等关系密切；外部参数主要包括：工具外径和长度，一般根据油管尺寸与密封卡定器悬挂能力来确定。

井下雾化器性能与产气量、产液量、油套压力、压力梯度等很多参数相关，不是一个确定的值，需要根据每口井实际情况来确定。

4.2 井下雾化工艺技术服务模式

井下雾化排液采气技术服务采用“一井一策”模式，针对不同井采用不同参数，保证实施效果，具体步骤如下：

(1) 基于各井地质与生产数据，确定井下雾化器下入数量与深度；

(2) 基于各井下入深度与生产数据，进行井下雾化器参数优化选型；

(3) 基于参数选型结果，进行井下雾化器加工、装配、地面雾化效果测试；

(4) 井下作业服务，评估实施效果。

4.3 现场应用

选取实验井时主要考虑：气井的基本情况和气井的生产阶段。根据气井基本情况：雾化排液采气适用于深层、低渗、凝析气藏，气井有一定能量，产气量减少，不足以将井内的液体携带出地面的气井，且油管无弯曲、变形，可实现井下节流雾化排采工具下入。

根据气井生产阶段：①气井目前能够正常生产，但油套压差增大，气量减小，液量增大，即将进入临界携液生产状态的井；②气井具备一定能量，但已经处于间开生产状态，无法实现连续携液生产的井；③气井已经水淹关井，但地层压力和油套压力尚高，经排液诱喷仍可生产的井。

针对上述选取条件，截止到 2019 年 4 月，旋流雾化排液采气装置已经在新疆油田选取了四口井进行雾化排液采气实验，实验成功率 100%。表 1 为四口井施工后的产气、产液量数据。

表 2 实验井累计产气量、产液量

井号	井深/m	施工时间	累计产气量/ $*10^4 m^3$	累计产液量/m^3
滴西 17	3600	2016.10	647.05	4987.2
K82006	4203	2017.06	607.78	25.2
滴西 189	3540	2018.09	473.54	915.1
SH1069	3782	2018.11	16.69	46.7
合计			1745.06	5974.2

5 结论

本文针对天然气井开发中后期井底积液问题，研制井下雾化器，研究井下雾化排液采气工艺，取得如下研究结果。

(1) 针对雾化排液采气工艺，成功研制了一种新型井下雾化排液短节，利用气井压力雾化气流中的液滴，排出并预防井底积液。

(2) 针对井下雾化排液短节建立流体力学数值实验模型，数值模拟液膜在主喷嘴与副喷嘴的气流的高速剪切冲击作用下雾化过程与原理，数值模拟结果表明井下雾化排液短节具有良好的雾化能力。

(3) 井下雾化排液采气工艺设计采用“一井一策”的原则，进行了四口井的雾化排液采气试验，气井携液能力大幅提高。井下雾化排液短节可以排出并预防井底积液，对于天然气中后期的开发具有重要意义。

参 考 文 献

[1] 杨继盛. 出水气井气带水可能性的分析[J]. 天然气工业，1988(01)：64-68+7.

[2] 赵杨. 低产低压气井井筒积液分析[J]. 内江科技，2018，39(05)：74-75.

[3] 刘琦，蒋建勋，石庆，冯敏. 国内外排液采气方法应用效果分析[J]. 天然气勘探与开发，2006(03)：51-54+65+73.

[4] 王俊旭，李武平，赵勇，朱新利，吕莉. 气井井筒排液影响因素分析[J]. 油气井测试，2003(06)：37-39+73.

[5] 何玉发，李紫晗，张滨海，高飞，李莹莹. 深水气井测试临界携液条件的优化设计[J]. 天然气工业，2017，37(09)：63-70.

[6] 关密生，王如平. 采气井超声波雾化排液原理探讨[J]. 石油钻采工艺，1998(02)：94-96+117-118.

[7] 王志彬，李颖川. 气井连续携液机理[J]. 石油学报，2012，33(04)：681-686.

[8] 耿新中. 气井携液机理与临界参数研究[J]. 天然气工业，2018，38(01)：74-80.

[9] 王武杰. 气井涡流排液采气工具有效作用长度研究[D]. 西安石油大学，2018.

[10] 宋苏涵. 天然气井井下排液采气旋流技术研究[D]. 西安石油大学，2014.

连续波泥浆脉冲器压力波发生原理与特征数值模拟研究

刘献博[1]　薛　亮[1]　刘　敏[1]　韩　虎[1]　王　典[1]　王智明[2]

(1. 中国石油大学(北京); 2. 中海油田服务股份有限公司)

摘　要　泥浆脉冲器是MWD的核心部件，研究泥浆脉冲器压力波发生原理与特征具有重要意义。本文针对泥浆脉冲器压力波发生原理与特征，基于计算流体力学相关理论与方法，对连续波泥浆脉冲器流场进行数值模拟研究。研究结果表明：转子周期性往复开关过程中，连续波泥浆脉冲器上下游交替产生压缩波与膨胀波；压力波、密度波、流量波耦合产生；流量波相位上下游相同，压力波与密度波相位相反；压力波半周期相位分布不均，但在传播过程中可以逐渐改善。本文研究揭示了连续波泥浆脉冲器压力波发生原理与特征，对于MWD泥浆脉冲器推广应用计具有重要意义。

关键词　泥浆脉冲器；MWD；发生原理；压力波；数值模拟

目前，石油与天然气领域钻井中随钻测量(Measurement While Drilling，MWD)系统主要由井下各种参数测量仪器、信息传输工具以及地面接收工具组成[1]。在信息传输系统中泥浆脉冲法的应用较为普遍。其中，泥浆脉冲法包括了负脉冲、正脉冲以及连续波这三种传输信息的方式[2-3]。这三种方法中以连续波的信号传输速度最快[4]，并受到广泛关注。目前，中海油等连续波泥浆脉冲器已经成功应用[5-6]，但是对连续波泥浆脉冲器压力波发生原理与特征还缺乏深入研究。本文针对泥浆脉冲器压力波发生原理与特征，基于计算流体力学相关理论与方法，对连续波泥浆脉冲器流场进行数值模拟，研究脉冲器压力波发生原理与特征，为连续波泥浆脉冲器设计与应用提供理论与实践指导。

1　泥浆脉冲器仿真模型研究

针对连续波泥浆脉冲器清水介质流场，基于计算流体力学相关理论与方法，建立脉冲器流场数值仿真模型，包括物理模型与数学模型。

1.1　物理模型

泥浆脉冲器数值仿真模型中，物理模型包括机械模型、几何模型以及网格模型。

1.1.1　机械、几何模型

连续波泥浆脉冲器结构较为复杂，其中主体结构包括：电机、流道转换接头、定子、转子、伸缩杆等。连续波泥浆脉冲器中压力波产生的关键部位是定、转子(详见图1)。流体经电机外壳环空流道先后进入定子流道、转子流道。泥浆脉冲器中定子流道、转子流道、以及定转子之间的间隙流道是脉冲器流场的主体，电缆、电机部件等流道对压力波的影响很小，可以忽略。根据泥浆脉冲器机械模型，在机械制图软件中通过布尔运算抽取定、转子流道，保留实际流道形状以及尺寸(详见图2)。定转子间隙为可调尺寸，本文为1.26mm。

图1　定转子机械模型

图2　定转子几何模型

为排除入口边界、出口边界反射影响，分别在定子域上端以及转子域下端设置长度均为1200米的加长段。流道几何模型就分为五部分：入口加长段、定子段、间隙段、转子段、出口加长段(详见图3)。为了比较过流面积对压力波幅值的影响，本文入口加长段横截面直径设定126mm，出口加长段横截面直径设定89mm，两者面积比为2.0倍。

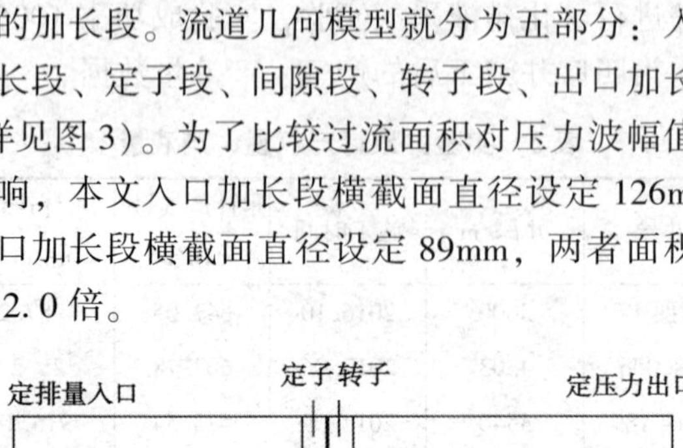

图3　几何模型示意图

1.1.2 网格模型

由于脉冲器模型各部分结构尺寸相差较大，采用统一尺寸划分网格时造成网格数量过多，因此采用网格分区技术生成结构化网格。脉冲网格建模的核心是定子域、转子域以及间隙域的网格处理，从定转子域向脉冲器模型两端划分网格时逐渐稀疏从而降低整体网格数量，详见图4。定子域网格57万、转子域网格30万、定转子间隙网格8万，网格总数195万。

图4 定、转子域网格模型

1.2 数学模型

泥浆脉冲器仿真模型中的数学模型包括流体力学方程组、边界条件以及初场条件。

1.2.1 流体力学方程组

连续波泥浆脉冲器以清水为流体介质，转子角速度随时间以正弦形式往复摆动，可以通过三维、非定常、可压缩、湍流流体力学方程组进行描述，具体包括：质量守恒方程、动量方程、能量方程、湍动能方程、湍流耗散率方程、液体状态方程，详见参考文献[7]。通过流体力学方程组的求解，在每个网格节点位置上计算速度矢量、压力、密度值，从而得到全流场速度、压力、密度随位置与时间的分布规律，通过后处理可以分析压力波发生原理与特征。

1.2.2 边界条件

脉冲器流场的边界条件包括：入口边界条件、出口边界条件、壁面边界条件以及转子运动边界条件。

入口边界采用无穷远定质量入口，出口边界条件采用无穷远定压力出口。采用无穷远条件，目的是减小边界条件的对压力波的影响。通过对入口和出口进行加长的方式等效无穷远。

壁面边界条件。除了转子壁面外，其他固体壁面，包括入口加长段、出口加长段、定子壁面均不运动，采用无滑移壁面边界条件。

转子运动边界条件。转子转动时的界面采用的是运动壁面边界条件，编写转子运动角速度方程的UDF子程序，从而实现转子按设计方式往复摆动[8-9]。角速度方程与频率有关，角速度方程如下：

$$\omega=\frac{23f\pi^2}{180}\sin(2\pi ft) \tag{1}$$

式中 ω——转子摆动速度，rad/s；

f——转子摆动频率，Hz；

t——转子摆动时间，s。

1.2.3 初场条件

在数值仿真计算转子转动时的流场变化前，需要建立一个稳定的初场条件。本文仿真初场计算时，转子不摆动，始终处于全开状态，图5为初场收敛后的压力分布曲线。由图5可知，0位置为脉冲器间隙位置，存在一个脉冲器压降，曲线前半段为脉冲器上游管路压降，曲线后半段为脉冲器下游管路压降。

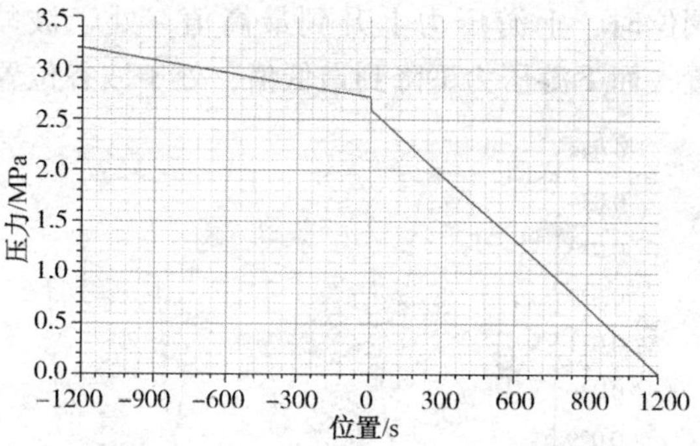

图5 初场收敛曲线

2 泥浆脉冲器数值模拟

2.1 泥浆脉冲器流场数值仿真

基于连续波泥浆脉冲器数值仿真模型，数值了模拟了多个频率与流量条件下脉冲器流场。通过分析发现各个频率与流量条件下，压力波发生原理与特征完全相同。下面以转子频率6Hz为例来阐述压力波发生原理与特征，其他参数详见表1。

表1 计算参数表

介质	密度/(kg/m³)	黏度/(Pa·s)	体积模量	波速/(m/s)	质量流量/(kg/s)	波长/m
清水	998.2	0.001	2.2×10^9	1430	33.27	238.3

数值仿真计算中设置3个监测点(详见下图6)，分别为：脉冲器上游1m、上游720m和下游1m处。在上、下游1m处监测压力、密度及流量变化，在上游720m处监测压力波。仿真计算时间步长为$1.67\times e^{-3}$秒，每个步长迭代10次[10-11]。

2.2 泥浆脉冲器发生原理研究

基于脉冲器流场数值仿真结果，通过后处理

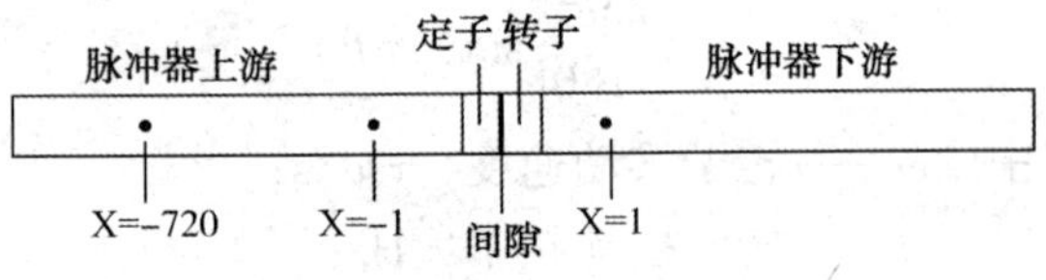

图 6　监测点分布示意图

进行脉冲器流场分析。在脉冲器上下游各 1m 位置分别提取流量、压力随时间变化数据，绘制流量、压力随时间变化曲线。泥浆脉冲器在关阀过程中，转子由全开状态向全关状态摆动，转子开度逐渐减小，上、下游流量随时间变化曲线重合，同时下降(详见图 7)。伴随脉冲器流量下降，上游压力上升，产生压缩波；下游压力下降，产生膨胀波(详见图 8)。当转子摆动到全关阀位时，上游压力上升到最高值，处于波峰位置，而下游压力下降到最低值，处于波谷位置。

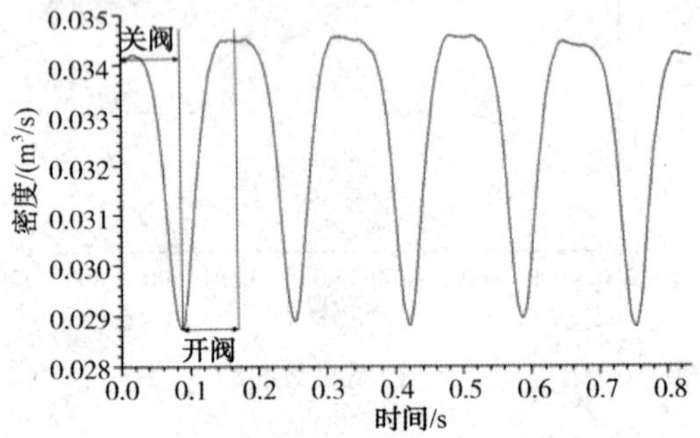

图 7　上下游流量波曲线图

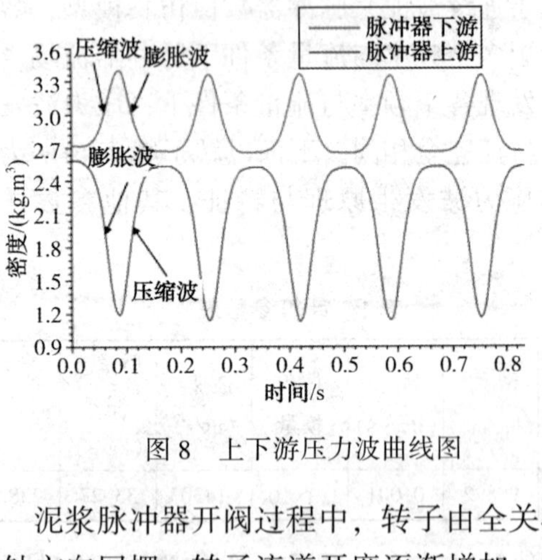

图 8　上下游压力波曲线图

泥浆脉冲器开阀过程中，转子由全关状态逆时针方向回摆，转子流道开度逐渐增加，泥浆脉冲器上、下游流量随时间变化曲线重合，同时上升。伴随脉冲器流量上升，上游压力下降产生膨胀波；下游压力下降，产生压缩波，压力上升(详见图 8)。当转子回到全开阀位时，上游压力下降到最低值，处于波谷位置，而下游压力上升到最大值，处于波峰位置。

转子摆动一个周期，在泥浆脉冲器上下游分别产生一个周期的压力波。转子继续往复摆动，上、下游产生连续流量波、压力波。

2.3　泥浆脉冲器压力波特征分析

2.3.1　压力波、密度波耦合特征分析

流体在压力作用下，具有一定程度的压缩性，体积模量见表 1，在压力周期变化过程中，密度也会呈现出周期变化的特征。转子继续往复摆动，上、下游产生连续流量波、压力波。与此同时也会产生连续变化的密度波，频率与波形特征与压力波相位与波形特征完全相同，连续波泥浆脉冲器在工作时产生的压力波与密度波是耦合的。

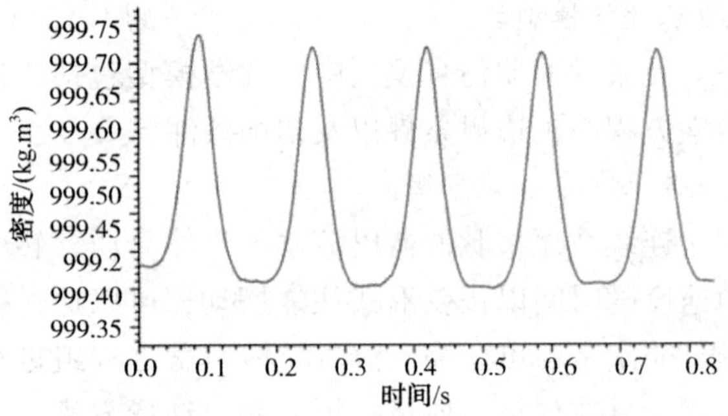

图 9　上游密度波曲线图

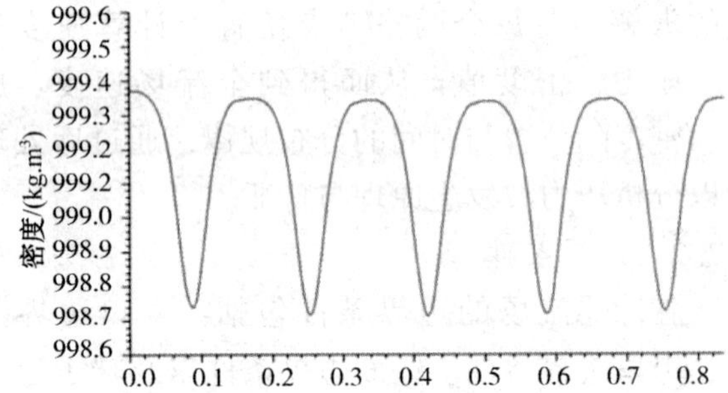

图 10　下游密度波曲线图

2.3.2　压力波相位特征分析

泥浆脉冲器正常工作时，产生连续的压力波。由图 7 可知，脉冲器上下游 1m 位置，相对波长很短，传播的影响可以忽略，上下游 1m 位置的流量波基本重合，相位相同。由图 8 可知，脉冲器上下游 1m 位置，压力波相位相反，相差 180 度；由图 9~10 可知，密度波与压力波一致，上下游相位相反，相差 180 度。

2.3.3 压力波振幅特征分析

压力波振幅是转子全开与全关时压力变化的波峰与波谷的压差。由图8提取上下游压力波幅值，上游为0.7MPa，下游为1.4MPa。由前文可知，脉冲器上游流道截面积是下游流道截面积的2倍，由此可知，压力波振幅与流道截面积成反比。

2.3.4 压力波波形特征分析

在一个周期内，转子摆动时泥浆脉冲器上游1米处压力波波峰所占时间仅有0.3T，而波谷所占时间有0.7T(详见图11)，由此可见，泥浆脉冲器产生的压力波波形并不是正弦波，但随着产生的压力波的传播，非正弦的压力波会逐渐正弦化。图12为泥浆脉冲器上游720米处压力波波形，由图12可知，压力波已经是标准正弦波了。

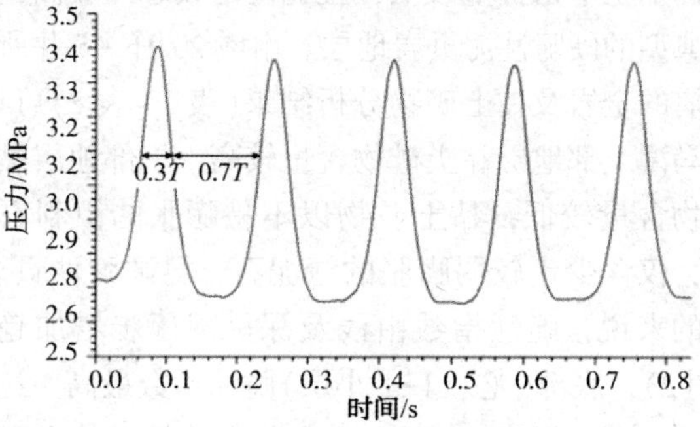

图11 上游1米处压力波曲线

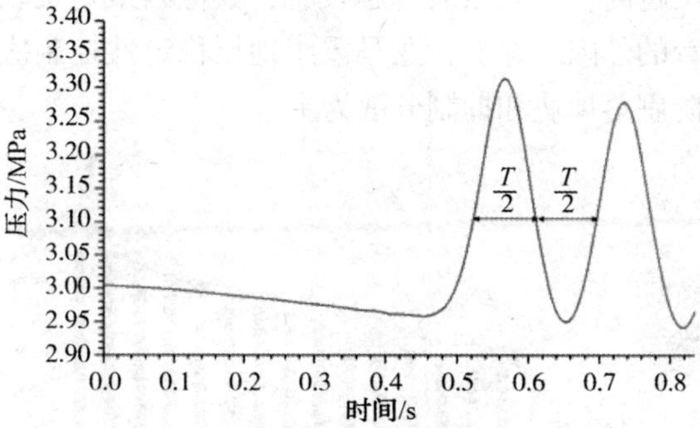

图12 上游720米压力波曲线图

3 结论

本文针对连续波泥浆脉冲器流场，建立了连续波泥浆脉冲器流场的数值模拟模型，研究了泥浆脉冲器压力波的发生原理与特征，得到如下结论。

(1)在转子周期性往复摆动过程中，过流面积周期性变化，脉冲器上下游连续产生流量波，上下游流量波波形与相位基本相同。

(2)在转子周期性往复摆动过程中，过流面积周期性变化，泥浆脉冲器上下游连续产生压缩波与膨胀波，上下游压力波相位相反。

(3)液体具有压缩性，密度随压力变化而变化，转子周期性往复摆动过程中连续产生密度波，密度波与压力波具有耦合特征，上下游密度波相位相反。

(4)压力波振幅与过流面积有关，振幅大小与过流面积呈反比。

(5)泥浆脉冲器产生的压力波不是正弦波，但随着产生的压力波的传播，非正弦的压力波会逐渐正弦化。

参考文献

[1] 苏义脑，窦修荣．随钻测量、随钻测井与录井工具[J]．石油钻采工艺，2005，27(1)：74-78.

[2] 卢春华，张涛，李海东．泥浆脉冲随钻测量系统研究[J]．地质科技情报，2005，24(7增刊)：30-32.

[3] 张涛，鄢泰宁，卢春华．无线随钻测量系统的工作原理与应用现状[J]．西部探矿工程，2005(2)：126-128.

[4] Hahn D，Peters V，Rouatbi C，Eggers H. Oscillating Shear Valve for Mud Pulse Telemetry and Associated Methods of Use[P]. United States：US6975244B2，2005.

[5] 王智明，菅志军，李相方等．连续波高速率泥浆脉冲器设计研究[J]．石油天然气学报(江汉石油学院学报)，2008，30(2)：611-613.

[6] Klotz C，Hahn D. Highly Flexible Mud - Pulse Telemetry：A New System[J]. SPE，113258.

[7] 汪志明，崔海清，何光渝．流体力学[M]．石油工业出版社，2006.

[8] Chin W C，Ritter T E. Turbo Siren Signal Generator for Measurement While Drilling Systems[P]. United States：5740126，1998.

[9] 徐秀杰，陈若铭，罗良波等．HZMWD无线随钻测量与传输系统的研制与应用[J]．新疆石油天然气，2008，4(4)：66-68，76.

[10] 章发明，王智明，王东得等．随钻仪器和定向工具实钻及循环试验系统的研制[J]．石油机械，2016(3)：30-33.

[11] 王智明，菅志军，章发明．地面水循环测试系统研制[J]．西部探矿工程，2014，26(6)：43-45.

强封堵油基钻井液技术研究与应用

姚如钢

(中国石油集团长城钻探工程有限公司钻井液公司)

摘　要　随着威202区块开发的深入，井壁失稳问题逐渐凸显，已成为制约其勘探开发进程的重要因素之一，本文对龙马溪地层特性及井壁失稳因素进行了系统分析，认为目标工区岩石脆性指数高，微孔缝十分发育，其井壁稳定性控制应以预防剥落掉块和抑制分散为主，钻井液的封堵作用是缓解井壁失稳的第一道防线。通过加强钻井液封堵纳微米孔缝的能力，减少钻井液滤液侵入，缓解孔隙压力传递，可达到稳定井壁的目的。基于上述认识，研究优化了油基钻井液封堵技术方案，现场应用表明，井壁稳定性有效提高，研究成果的应用为钻井提速及页岩气高效开发提供了有力技术支撑。

关键词　威202区块；页岩气；龙马溪；强封堵油基钻井液；井壁稳定

前言

我国油气对外依存度逐年上升，2018年已高达70.9%，保证能源安全、加大油气开发力度是国家能源发展的重大战略。十三五以来，清洁能源受到空前重视，以川渝滇黔地区为代表的页岩气产区开发力度不断加大，钻井数量成倍增加，由于水基钻井液尚不能解决页岩地层的井壁稳定问题，因此，三开龙马溪页岩地层的钻进仍然采用油基钻井液施工。尽管油基钻井液具有抑制性强、润滑性好的优点，但由于国内油基钻井液技术发展思路主要是跟随国际三大公司的技术思路，近二十余年来，国内各公司陆续通过全套引进国外技术在各自作业区进行了以先导试验性研究为主的现场应用[1-3]，对其封堵性能重视程度明显不足。随着在威202页岩气区块的钻探区域逐渐南移，井壁失稳问题逐渐暴露，已成为严重制约页岩气勘探开发提速的技术瓶颈之一。系列研究和现场施工经验表明，威202区块西南方向地层破碎性明显增强，提高油基钻井液封堵能力和强化井壁能力是解决其井壁失稳问题的重要抓手[4]。

1　龙马溪地层特性分析及井壁失稳因素分析

大量前期研究表明，威远页岩气田龙马溪主力储层脆性矿物伊利石含量高(59%~81%)，膨胀性黏土矿物含量较低，且脆性指数总体较高，属于典型的硬脆性泥页岩地层。由威202Hx-5井所取岩屑的全岩及黏土矿物分析结果(表1~表2)可见，龙马溪上部地层黏土矿物含量较高，下部地层黏土矿物含量较低，黏土矿物以不易膨胀的伊利石为主，仅含少量较弱膨胀的绿泥石，属硬脆性页岩，总的来说，脆性指数由浅及深呈现逐步增加趋势(图2)，底部(龙一1-1小层)脆性指数最高，达到了78.9%。石英、长石、碳酸盐等脆性矿物含量和脆度是页岩裂缝形成的内因，脆性矿物含量越高，脆度越高，则天然裂缝越发育，其他因素则是裂缝发育的外因。综上，龙马溪组地层稳定性控制应以预防剥落掉块和抑制分散为主。

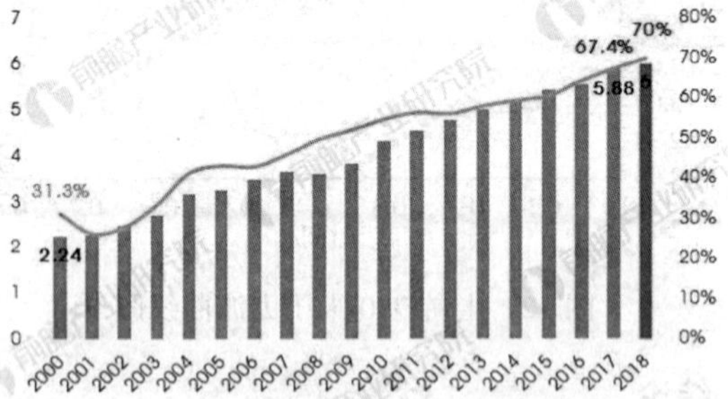

图1　我国石油对外依存度变化趋势

表1　W202Hx-5井全岩矿物分析

井深/m	矿物种类和含量/%							黏土矿物总量/%
	石英	钾长石	钠长石	方解石	白云石	黄铁矿	重晶石	
1# 2939	31.1	/	5.0	/	/	/	/	63.9
2# 3000	36.6	/	5.3	0.9	/	/	5.0	52.2

续表

井深/m	矿物种类和含量/%							黏土矿物总量/%
	石英	钾长石	钠长石	方解石	白云石	黄铁矿	重晶石	
3# 3045	33.2	/	5.4	3.4	/	/	4.6	53.4
4# 3050	33.3	/	4.8	2.0	/	/	5.4	54.5
5# 3065	29.5	/	4.2	4.9	/	3.2	5.5	52.7
6# 3095	28.1	/	3.9	7.9	/	2.8	4.3	53.0
7# 3155	24.3	/	3.7	16.6	16.7	3.6	6.8	28.3
8# 3170	22.9	/	5.0	15.5	20.2	4.8	7.2	24.4
9# 3220	24.7	/	2.8	18.6	9.8	17.2	9.1	17.8
10# 3240	28.5	/	2.7	17.9	9.4	16.3	9.6	15.6

表 2　W202Hx-5 井黏土矿物分析

井深/m	黏土矿物相对含量/%						混层比 S/%	
	S	I/S	I	K	C	C/S	I/S	C/S
1# 2939	/	5	59	3	33	/	5	/
2# 3000	/	6	62	3	29	/	5	/
3# 3045	/	/	68	4	28	/	/	/
4# 3050	/	/	70	4	26	/	/	/
5# 3065	/	/	72	4	24	/	/	/
6# 3095	/	5	68	4	23	/	5	/
7# 3155	/	8	78	4	10	/	5	/
8# 3170	/	8	77	5	10	/	5	/
9# 3220	/	10	81	4	5	/	5	/
10# 3240	/	10	74	6	10	/	5	/

注：其中 S 为蒙皂石类，I/S 为伊蒙混层，I 为伊利石，K 为高岭石，C 为绿泥石，C/S 为绿蒙混层。

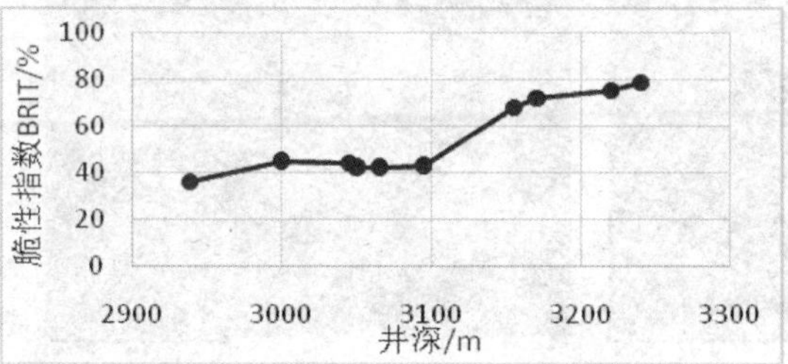

图 2　脆性指数随井深变化情况

通过对威 202Hx-2D 井龙马溪目的层取芯观察，可见龙马溪地层薄水平页理特别发育，多处可见 0.2~3cm 厚火山灰夹层，且多见 30°~90°交织缝，缝间多充填方解石，胶结弱、易解理，具有天然体积缝发育特征(图 3)，并可见明显溶洞，存在严重的井漏风险，在实钻过程中，其相邻的 W202H4 平台、H33 平台以及 H8 平台等均出现严重井漏甚至失返。

在 Hx-4 井的钻探过程中亦观察到了明显的破碎性失稳现象，由于该井目的层薄(2m 左右)导致井斜调整频繁，三开水平段多次出现增斜-降斜，轨迹较差，在龙一 1-1、龙一 1-2 以及五峰组穿越，钻遇交界面时，易发生掉块。该井钻进至 4001m，倒划起钻至 3881m 处发生卡钻，图 4 是扫塞时返出掉块，观察可见大部分掉块断面及表面覆盖有碳酸钙充填物，该类断面及表面实际上是原始地层中的被溶蚀碳酸钙充填的弱结构面或裂缝面。显然当地层发育纵横交错的弱结构面时，井壁失稳风险将急剧增大。

图 3　W202H7-2D 取芯

图 4　W202Hx-4 井 3881m 返出掉块

H70-5 井钻进至井深 3778m 处发生卡钻，掉块主要为纯黑色和灰黑色两种(图 5)，返出掉块非黏土矿物差异悬殊，其中 1#(纯黑色)表现出高硅低钙特征，与龙一 1-1 小层元素特征接近，2#(灰黑色)掉块则表现出低硅高钙特征，与五峰组元素特征接近，从其黏土矿物分析结果可见，其黏土矿物成分十分相似(表 3-表 4)，其扫描电镜照片显示，纯黑色掉块发育大量水平缝，黄铁矿沿缝集中伴生，并常见碳质充填，而灰黑色掉块则以孔为主，基本未见明显层理，此亦分别与龙一 1-1 小层与五峰组孔缝分布特征吻合因此，可以推断，返出掉块位于龙一 1-1 小层与五峰组交界面处。而大量实钻经验亦表明，龙一 1-1 小层与五峰组交界面处是发生井壁失稳的高危区域。

表 3　W202Hx-5 井全岩矿物分析

样品号	层位判断	全岩矿物含量/%						
		石英	斜长石	方解石	白云石	黄铁矿	重晶石	TCCM
1#	龙一 1-1	49.4	2.1	5.3	10.2	6.7	1.4	24.9
2#	五峰	15.6	2.4	8.1	42.1	6.7		25.1

表 4　W202Hx-5 井黏土矿物分析

样品号	层位判断	黏土矿物相对含量/%						混层比/%S	
		S	I/S	It	Kao	C	C/S	I/S	C/S
1#	龙一 1-1		44	53		3		10	
2#	五峰		45	48		7		10	

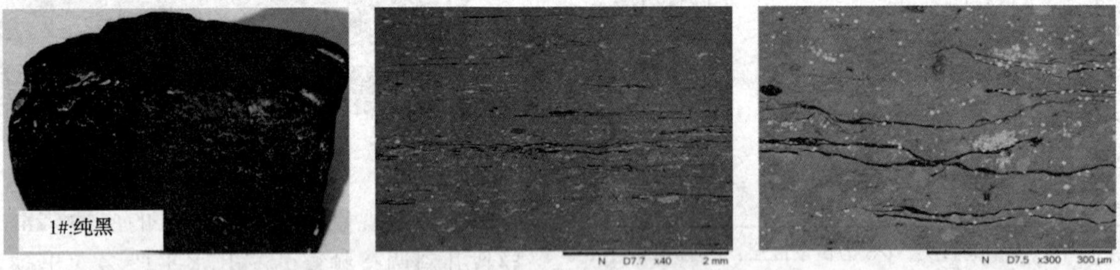

(a)1# 孔缝特征:缝多孔少、缝层理状分布,黄铁矿沿缝集中伴生,并常见碳质充填。

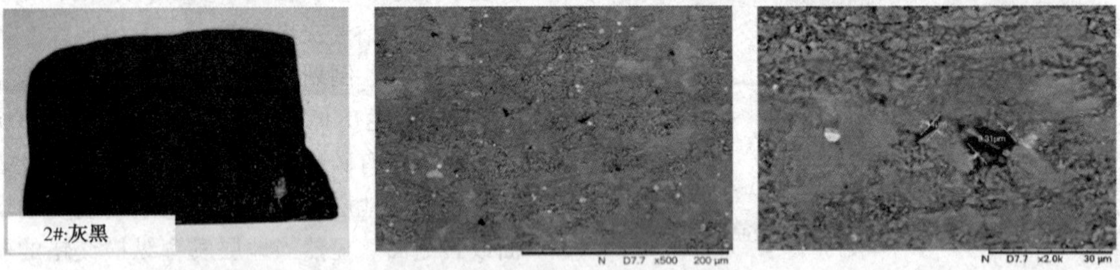

(b)2# 孔缝特征:孔多缝少,缝层理状不明显,黄铁矿分散分布。

图 5　Hx-5 井掉块扫描电镜分析

究其失稳原因，分析认为，当钻井液封堵能力不足时，钻井液及其滤液易沿着孔缝侵入地层，引起孔隙压力自井壁向地层深处逐渐升高并形成压力传递效应，孔隙压力传递造成坍塌压力升高是引起该类泥页岩剥落掉块的重要因素，在现场容易出现“井壁失稳-提高密度-短暂稳定-加剧滤液侵入-坍塌恶化”的恶性循环，由此导致钻井液密度越提越高，井壁稳定性却越来越差。如威 202Hx-3 井 2880-3200m 井段疑似因封堵能力不足，引起地层坍塌压力升高，发生大量掉块。事实上，以往案例表明，在提高密度后，井壁稳定性可获得短暂改善，但约两天后发生将再度发生掉块失稳。分析认为，钻井液的封堵作用是缓解井壁失稳的第一道防线。通过加强钻井液封堵纳微米孔缝的能力，减少钻井液滤液侵入，缓解孔隙压力传递，可达到稳定井壁的目的。

2 油基钻井液封堵优化技术研究

明确地层孔缝尺寸分布特征是实现针对性封堵的前提，基于前期威202Hx-2D井目的层取芯扫描电镜的研究结果及2/3架桥理论，龙马溪裂缝封堵粒子粒径分布宜为：D10=469nm，D50=1.53μm，D90=5.97μm。显然，常规封堵剂难以形成有效架桥封堵。通过大量室内实验及现场试验，逐渐形成了1套适用于四川页岩气的封堵强化方案，即原井浆+(1%-2%)FA-M+(1%-2%)RB-N，其中FA-M是一种柔性纳微米封堵剂，其中值粒径为1.98μm左右，RB-N为纳米胶液封堵剂，其中值粒径为100nm左右。对其封堵性能进行了评价，从下表5可见，井浆按封堵强化方案加入封堵剂后，其HTHP滤失量降低约30%-50%，泥饼厚度降低约20%，且其塑性黏度略有降低趋势，而动切力基本稳定。

表5 现场井浆按封堵方案加入封堵剂前后流变性及滤失造壁性能对比

评价方案	PV/cP	YP/Pa	初切/Pa	终切/Pa	FL_{HTHP}/ml	ΔFL/%	泥饼 h/mm	Δh/%	ES/V
A井浆	55	9.5	4.5	15	2.8	36%	1.85	16%	1456
A井浆+封堵剂	52	10.5	4.5	15.5	1.8		1.56		1482
B井浆	64	12	5	17.5	2.4	48%	1.77	23%	1357
B井浆+封堵剂	61	11.5	4.5	15.5	1.26		1.36		1246
C井浆	71	9.5	6.5	18.5	1.8	32%	1.69	20%	1136
C井浆+封堵剂	68	9	6	16	1.22		1.35		1258

注：高温高压试验温度为150℃。

对试验井进行高温高压流变性测试，从其结果可知，其塑性黏度随温度、压力的升高而降低，动切力则随温度和压力的升高而升高，可见，钻井液在井底具有良好的携岩能力。

表6 四川威202Hx-3井高温高压流变性能

温度/℃	压力/psi	Φ6/Φ3	G10″/G10′/Pa	PV/(mPa·s)	YP/Pa	n	K
65	5000	14/12	5.5/17.5	128	8.5	0.91	254
100	7000	14/12	6/17.5	74	9	0.85	234
120	9000	11/10	5/35	64	10	0.82	257
140	10000	14/13	6/36	59	14.5	0.74	443
160	12000	15/14	6.5/27	58	15	0.73	471

3 现场试验及效果分析

在威202区块，长城钻井液公司服务井使用旋转导向钻造斜段，进入水平段后使用常规钻具组合钻进，贝克休斯以旋转导向为主，个别井配合使用常规钻具组合钻水平段。由于常规钻具钻速慢，且需要反复定向，部分井定向次数高达数十次，既耽误时效，也对钻井液综合性能提出了更高的要求。

下表归纳总结了2019年GWDC封堵试验井与BHGE一体化大包井的时效。2019年1月-5月，长城钻井液公司服务井11口，完井8口，因卡钻埋2套常规钻具组合；贝克休斯施工10口，完井6口，因卡钻埋4套旋转导向。长城钻井液公司服务井完钻井万米进尺划眼耗时较贝克休斯完钻井大幅缩短，在垂深更深且口井平均进尺长96.6米的情况下，平均完井周期还比贝克休斯公司大包井短2.7天。可见，本文形成的强封堵油基钻井液技术方案优于同区块贝克休斯公司油基钻井液技术。

表7 钻井时效统计对比

施工单位	井号	完钻井深/m	中完井深/m	A点/m	水平段长/m	三开段长/m	三开完井用时/d
贝克休斯(BHGE)	威202Hx-4	4755	2544	3150	1605	2211	141.8
	威202Hx-3	4410	2433	2860	1550	1977	108.1
	威202Hx-4	4930	2819	3430	1500	2111	37.5
	威202Hx-5	4970	2868	3470	1500	2102	34.6
	威202Hx-2	4650	2754	3240	1410	1896	24.4
	威202Hx-1	4709	2818	3300	1409	1891	15.8
	平均值	4737.3	2706	3241.7	1495.7	2031.3	60.4

续表

施工单位	井号	完钻井深/m	中完井深/m	A 点/m	水平段长/m	三开段长/m	三开完井用时/d
长城钻井液（GWDC）	威 202Hx-4	5073	2656	3480	1593	2417	79.3
	威 202Hx-4	4750	2470	3050	1700	2280	49.4
	威 202Hx-4	5146	3030	3680	1466	2116	33.9
	威 202Hx-2	4862	2810	3450	1412	2052	45.2
	威 202Hx-5	5820	3443	4120	1700	2377	77.8
	威 202Hx-1	5579	3423	4190	1389	2156	63
	威 202Hx-3	5136	2993	3630	1506	2143	55
	威 202Hx-3	4226	2744	3340	886	1482	57.7
	平均值	5074	2946.1	3617.5	1456.5	2127.9	57.7
数据对比(GWDC-BHGE)		336.7	240.1	375.8	-39.2	96.6	-2.7

4 结论与认识

(1) 工区岩石脆性指数高，微孔缝十分发育，其井壁稳定性控制应以预防剥落掉块和抑制分散为主，钻井液的封堵作用是缓解井壁失稳的第一道防线。

(2) 通过加强钻井液封堵纳微米孔缝的能力，减少钻井液滤液侵入，缓解孔隙压力传递，可达到稳定井壁的目的。

(3) 研究优化了油基钻井液封堵技术方案，现场应用表明，井壁稳定性有效提高，完钻井万米进尺划眼耗时较贝克休斯完钻井大幅缩短，在垂深更深且口井平均进尺长 96.6 米的情况下，平均完井周期还比贝克休斯公司大包井短 2.7 天。

(4) 尽管现阶段形成的强封堵油基钻井液取得了一定效果，但未来还需根据地层变化以及开发状态，适时优化钻井液技术方案。

参 考 文 献

[1] 王中华. 国内外油基钻井液研究与应用进展[J]. 断块油气田，2011，18(4)：533-537.

[2] 刘志明，赵雄虎. 抗高温油包水钻井液在葡深 1 井的应用[J]. 石油钻采工艺，2000，22(6)：4-6.

[3] 胡文军，刘庆华，卢建林，等. 强封堵油基钻井液体系在 W11-4D 油田的应用[J]. 钻井液与完井液，2007，24(3)：12-15.

[4] 张高波，高秦陇，马倩芸. 提高油基钻井液在页岩气地层抑制防塌性能的措施[J]. 钻井液与完井液，2019，36(2)：141-147.

三边地区延长组储层录井解释评价方法

李永胜　张海涛　刘治恒　郝晋美　朱更更　吴明松

（中国石油长庆油田勘探开发研究院）

摘　要　三边地区延长组储层复杂，流体性质识别难度大，传统的气测录井图版解释符合率较低。为了探讨有效识别延长组储层流体性质的方法，在分析研究区近几年石油预探井录井资料的基础上，建立气体比率纵向识别法，构建和筛选出气测全烃峰基比 Y_S、充注系数 W_D、气测能量系数 Q、岩石热解分析含油气总量 P_g、原油轻重组分指数 P_S、核磁共振能量系数 M1、孔隙度 Φ_{nmr} 和可动流体饱和度 Sm 等敏感参数，建立该地区录井解释图版，确定了以气体比率纵向识别法定性识别和解释图版定量评价方法。实际应用表明，该方法的解释符合率达 78%，使用效果好，具有进一步应用和推广价值。

关键词　气测录井；岩石热解；核磁共振；气体比率；能量系数；图版法

三边地区位于陕北定边、安边、靖边地区，面积约 5000 平方公里，区域构造背景为西倾平缓单斜。该区延长组岩性以细粒岩屑长石砂岩和长石砂岩为主，成分成熟度较低，物性差，储层油水分异不明显，产水层的砂岩含油级别油迹、油斑比较普遍，气测绝对值与储层流体的对应关系较弱，常见的气测解释方法 PIXLER 法、双对数法及三角图版法等应用效果不理想。通过收集该地区录井资料，建立气体比率纵向趋势判别法、构建全烃峰基比 Y_S、气体充注系数 W_D、储层能量系数 Q、筛选岩石热解分析和核磁共振录井流体识别敏感参数，建立录井解释图版，提高了录井解释符合率。

1　储层特征

1.1　岩石学特征

通过对研究区延长组 149 个砂岩样品薄片鉴定结果统计分析，三边地区延长组储层岩性主要以岩屑长石砂岩为主，其次是长石砂岩和少量长石岩屑砂岩（见图 1），其中长 1-长 3 储层砂岩石英类含量较高，而长 7、长 8 储层岩屑含量相对较多。碎屑颗粒大多具细粒结构，少量粗粒碎屑，颗粒以次棱角状为主，分选总体上呈中等。碎屑组分中石英类占 37.16%，长石类占 44.18%，岩屑占 16.12%，岩屑主要以变质岩屑和火成岩屑为主（见表 1）。孔隙以粒间孔和长石溶孔为主，填隙物大部分为铁方解石、绿泥石膜、伊利石、高岭石和硅质等。从砂岩组分来看，研究区砂岩成分成熟度较低。

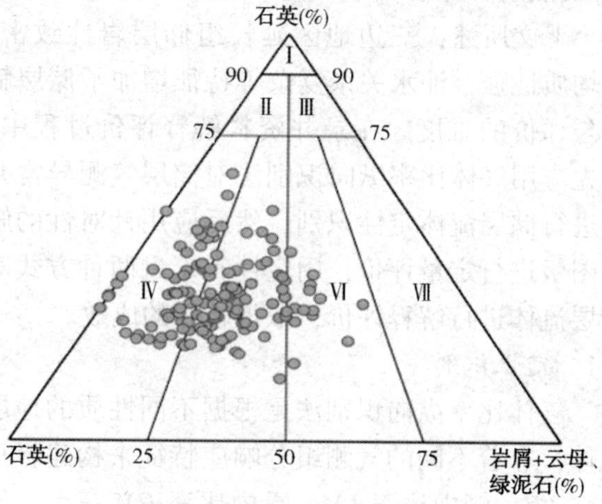

图 1　延长组岩矿三角图

表 1　岩石颗粒组分表

层位	石英类/%	长石类/%	火成类/%	变质岩/%	沉积岩/%	其他/%	岩屑总量/%
长 1-3	48.79	40.44	1	3.83	3	2.5	10.33
长 6	30.21	54.14	2.48	4.21	0.01	7.01	13.71
长 7	32.44	43.62	3.3	4.72	0.12	11.05	19.19
长 8	34.94	38.11	7.02	8.41	0.08	8.13	23.63
长 9	39.43	44.57	3.5	6.65	0.08	3.53	13.75

1.2　储层物性特征

延长组纵向上孔隙分布特征明显，下部（长 10、长 9、长 8）、上部（长 2、长 3）面孔率高，粒间孔发育，上部面孔率 12%，粒间孔占 9.5%；下部面孔率 7.4%，粒间孔占 5.2%；中部（长 6、长 4+5）粒间孔和溶孔都较发育，但面孔率低，为 5.9%。物性在纵向上具中间差、两端好的明显特征，上部平均孔隙度 14.9%，平均渗透率 13.29mD，下部平均孔隙度 10.39%，渗透率平均 2.46mD，中部平均孔隙度 9.96%，渗透率平均 0.67mD（见表 2）。

表 2 延长组物性特征

地层	平均孔隙度/%	平均渗透率/mD
长 1-长 3	14.9	13.29
长 4+5	8.61	0.64
长 6	11.31	0.7
长 7	5.79	0.12
长 8	8.93	0.65
长 9	10.77	4.16
长 10	11.47	2.58

2 储层解释评价

上文所述，三边地区延长组储层岩性致密、非均质性强，油水关系复杂等特征增加了储层解释与评价的难度。在录井资料解释评价过程中，首先应用气体比率纵向识别法对储层气测异常井段进行储层流体定性识别，然后应用针对性的解释图版进行定量评价，用定性和定量两种方式对储层流体进行解释评价，取得较好的成效。

2.1 定性识别

气体比率纵向识别法是根据不同性质的地层流体，有着不同的气测组分响应特征来构建轻重比率 *LH*、轻中比率 *LM*、重中比率 *HM* 三个气体比率参数判断流体类型的方法。

$$LH=\frac{C_1+C_2}{(C_4+C_5)^3\times1000}$$

$$LM=\frac{C_1}{(C_2+C_3)^2}$$

$$HM=100\times\frac{(C_4+C_5)^2}{C_3}$$

轻重比率 *LH* 和轻中比率 *LM* 中轻组分含量在分子上，重组分含量在分母上，随着烃类密度的增大，其值减小，相反重中比率 *HM* 的重组分含量在分子上，轻组分含量在分母上，随着烃类密度的增大，其值增大，因此气体比率曲线形态和流体性质有着很好的相关性。

轻重比率 *LH* 和轻中比率 *LM* 两个参数在储层中的变化形态和趋势基本相似，为了方便和简洁只选用轻中比率 *LM* 与重中比率 *HM* 两个参数交会，根据曲线交会和填充区域大小，快速识别油水层。具体方法是以 0.1～10000 为坐标，绘制轻中比率 *LM* 与重中比率 *HM* 曲线交会图，若 *HM*>*LM*，两曲线交会填充黄色；若 *LM*<*HM* 两曲线交会填充蓝色。根据气体比率参数的物理意义和试油结论统计分析，在气测异常段交会曲线黄色填充幅度越大，储层含油性越明显，试油效果越好，蓝色填充幅度越大，储层含油性越差，试油出水的可能性越高（如图 2 所示）。

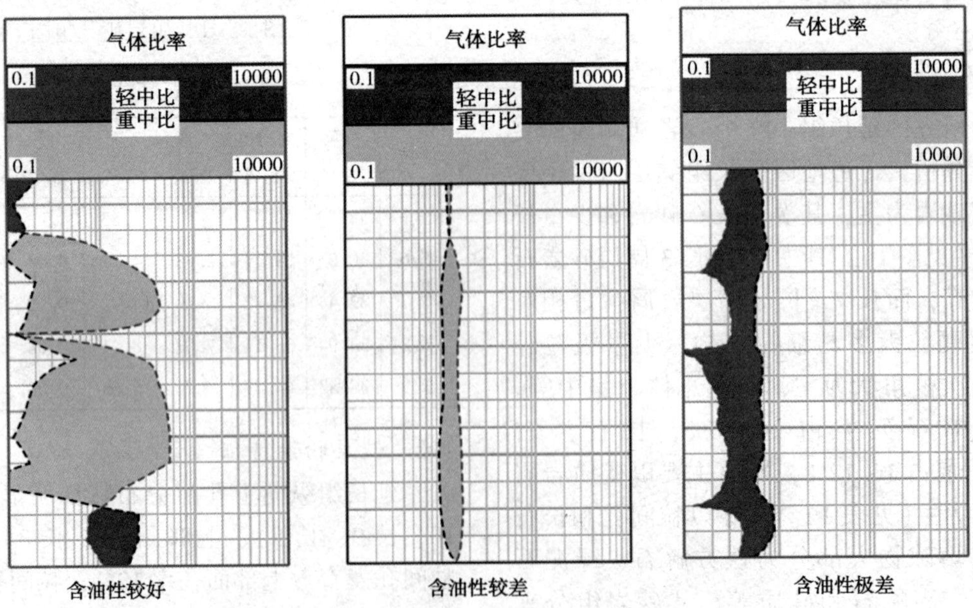

图 2 轻中比与重中比交会形态

2.2 定量评价

2.2.1 气测能量系数评价方法

气测全烃曲线形态与储层物性、产能大小有着较大的关系，因此构建全烃峰基比、烃类充注系数和地层能量系数三个参数来建立解释图版和储层评价标准。该方法以整段储层的全烃参数异常幅度、气测异常显示厚度、储层厚度做为建立解释模型的基本元素，避免了单点气测数据的计算和投点解释的不足。

峰基比 Y_S

峰基比 Y_S 是某段气测异常全烃值与背景值的比值，反映与背景值相比较全烃值的异常幅度，全烃异常幅度越大，说明含油气的可能性越大。因此，用峰基比 Y_S 作为判别油、气、水的一个指标。

$$Y_s=\frac{T_{g(峰)}}{T_{g(基)}}$$

式中，Y_s—峰基比；$T_{g(峰)}$—全烃异常最高值,%；$T_{g(基)}$—全烃异常之前 5m 井段的平均值,%。

充注系数 W_D

充注系数 W_D 是气测显示厚度与储层厚度的比值。根据气测全烃曲线形态与储层产能大小分析，全烃曲线异常时间与产能有一定关系，产能好的储层气测全烃曲线异常高值持续时间相对较长，气测异常显示厚度也较大，即充注系数 W_D 较大，该参数反映的是在储层纵向上烃类充注程度。

$$W_D=\frac{H_s}{H_e}$$

式中，W_D—充注系数；H_s—气测异常厚度，m；H_e—储层厚度，m。

能量系数 Q

充注系数 W_D 和峰基比 Y_s 可在一定程度上反映储层能量与流体性质，地层能量与充注系数 W_D 和峰基比 Y_s 呈正相关关系，用能量系数 Q 表示，与峰基比 Y_s 和充注系数 W_D 相比，能量系数 Q 更能反应储层含油气情况。

$$Q=Y_s\times W_D$$

式中，Q—能量系数；Y_s—峰基比；W_D—充注系数。

表 3 三边地区 17 口井 24 层气测参数与试油结论统计表

井号	层位	储层井段/m	全烃基值/%	全烃峰值/%	储层厚度/m	气测异常厚度/%	峰基比	充注系数	能量系数	试油结论
X105	长 6	1945.00~1962.00	0.02	0.28	17.00	4.00	14.49	0.24	3.41	水层
H44	长 3	1960.50~1969.70	1.59	8.40	9.20	5.92	5.28	0.64	3.40	水层
H16	长 9	2166.50~2173.00	0.40	2.40	6.50	4.00	5.97	0.62	3.67	水层
H37	长 91	2124.80~2138.00	0.03	0.11	13.20	4.00	3.57	0.30	1.08	水层
H105	长 91	2166.50~2183.20	0.25	1.45	16.70	4.30	5.92	0.26	1.52	水层
H139	长 7	2198.50~2201.00	1.39	2.17	2.50	2.50	1.56	1.00	1.56	水层
H139	长 7	2228.00~2243.00	0.40	1.32	15.00	5.00	3.34	0.33	1.11	水层
H139	长 4+5	1982.20~2013.40	0.16	1.47	31.20	15.00	9.34	0.48	4.49	水层
H139	长 7	2198.50~2201.00	1.39	2.17	2.50	2.50	1.56	1.00	1.56	水层
H142	长 91	2356.90~2363.40	0.09	0.47	6.50	4.80	5.29	0.74	3.90	含油水层
H37	长 81	2040.50~2055.00	0.11	0.83	14.50	13.00	7.37	0.90	6.60	含油水层
H104	长 91	2153.60~2166.10	0.13	1.23	12.50	12.20	9.77	0.98	9.53	含油水层
H14	长 82	2182.50~2196.00	0.43	0.54	13.50	10.10	1.27	0.75	0.95	含油水层
H16	长 81	2073.85~2080.00	0.68	4.60	6.15	6.00	6.76	0.98	6.60	含油水层
A109	长 81	2178.43~2184.99	0.23	1.64	6.56	5.14	6.99	0.78	5.48	油水同层
A115	长 61	1905.60~1927.60	0.08	1.98	22.00	21.00	24.21	0.95	23.11	油水同层
P14	长 62	2102.40~2114.40	0.17	0.80	12.00	18.00	4.79	1.50	7.19	油水同层
A163	长 91	2246.90~2260.50	0.07	0.34	13.60	15.00	5.10	1.10	5.62	油水同层
D27	长 61	1819.80~1823.30	0.03	0.27	3.50	3.20	10.33	0.91	9.44	油水同层

续表

井号	层位	储层井段/m	全烃基值/%	全烃峰值/%	储层厚度/m	气测异常厚度/%	峰基比	充注系数	能量系数	试油结论
A109	长 82	2222.80~2239.90	0.04	0.50	17.10	15.00	13.86	0.88	12.16	油水同层
A116	长 1	1574.90~1583.40	0.05	1.32	8.50	10.00	25.94	1.18	30.51	油水同层
A36	长 1	1944.00~1971.00	0.11	1.52	27.00	31.00	13.74	1.15	15.78	油层
X22	长 91	2145.50~2149.30	0.25	2.13	3.80	3.10	8.64	0.82	7.05	油层
A109	长 7	2128.00~2143.00	0.17	1.68	15.00	15.00	10.00	1.00	10.00	油层

通过对研究区 17 口井，共 24 个测试层段，基于以上理论计算峰基比 Y_s、充注系数 W_D 和能量系数 Q，并与试油结论对比分析(见表 3)，建立解释图版(见图 3)，取得工业油层的判识标准：峰基比 $Y_s>5$、充注系数 $W_D>0.75$，或能量系数 $Q>3.75$。

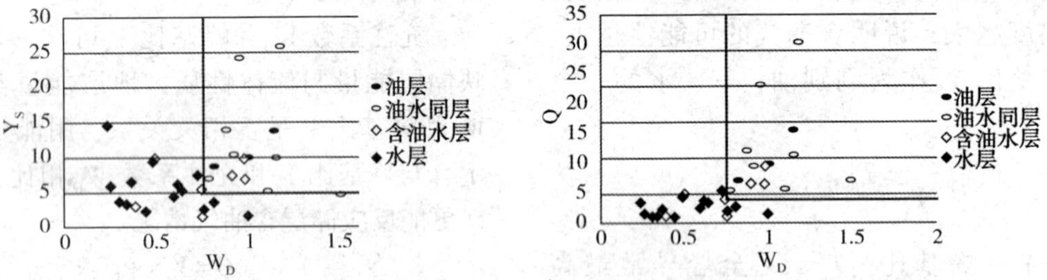

图 3 气测定量解释图版

2.2.2 岩石热解录井资料解释评价方法

岩石热解分析是在热解炉中对定量的生油岩和储油岩样品进行程序升温，使岩石样品中的烃类和干酪根在不同温度范围内挥发和裂解，通过载气的吹洗使其与岩石样品实现物理分离，由载气携带至氢火焰离子鉴定器，将其浓度转化为相应的电流信号，经放大输入计算机进行运算处理，测定出岩石各组分的烃含量和 S_2 峰顶温度，用以定性和定量评价生、储油岩。由于岩石热解录井能够快速、准确、及时的获得储层含油气信息，达到对油气层进行早期评价的优点，在油气勘探中越来越发挥着重要的作用。

对储层岩样进行岩石热解分析的主要参数有气态烃 S_0、液态烃 S_1、裂解烃 S_2 和 T_{max}，常用的计算参数有含油气总量 P_g、原油轻重组份指数 P_S、油产率指数 OPI、气产率指数 GPI 和油气总产率指数 TPI 等。含油气总量主要为气态烃 S_0、液态烃 S_1、裂解烃 S_2 之和，反应储层的含油性，该值越大，反应含油性越好；原油轻重组分指数 P_S 是 S_1 与 S_2 的比值，反应储层中原油性质，油质越轻，流动性越好，该值越大。

表 4 三边地区 14 口井岩石热解录井资料与试油结论统计表

试油层段序号	日产油	日产水	试油结论	S_0/(mg/g)	S_1/(mg/g)	S_2/(mg/g)	P_g/(mg/g)	P_S	OPI	TPI
H1	21.59	0.00	油层	0.41	7.14	1.98	9.53	3.62	0.75	0.96
H2	30.94	3.30	油层	1.24	5.38	1.45	8.07	3.72	0.67	0.85
H3	8.93	0.00	油层	1.35	6.27	1.54	9.15	4.08	0.69	0.85
H4	1.11	3.80	油水同层	0.01	4.00	1.91	5.93	2.09	0.68	1.00
H5	4.34	9.50	油水同层	0.00	3.72	1.26	4.98	2.94	0.75	1.00
H6	1.11	0.80	油水同层	0.00	4.21	3.18	7.39	1.32	0.57	1.00
H7	3.15	2.70	油水同层	0.00	4.95	1.87	6.83	2.65	0.73	1.00
H8	0.77	1.60	含油水层	0.00	3.26	1.66	4.92	1.97	0.66	1.00
H9	1.36	9.50	含油水层	0.22	3.05	1.57	4.83	1.94	0.63	0.96

续表

试油层段序号	日产油	日产水	试油结论	S_0/(mg/g)	S_1/(mg/g)	S_2/(mg/g)	P_g/(mg/g)	P_S	OPI	TPI
H10	0.00	15.10	水层	0.15	2.64	0.75	3.54	3.51	0.75	0.96
H11	0.00	29.70	水层	0.06	1.74	0.90	2.70	1.93	0.64	0.98
H12	0.00	3.30	水层	0.00	0.59	0.53	1.13	1.11	0.52	1.00
H13	0.00	2.20	水层	0.01	0.27	4.12	4.40	0.07	0.06	1.00
H14	0.01	6.70	水层	0.03	2.89	0.75	3.67	3.84	0.79	0.99

通过对近几年三边地区 14 口石油预探井岩石热解录井资料统计(见表4)，按照试油结论进行相关性分析，筛选出 P_g 和 P_s 两个敏感参数建立解释图版(见图4)，确定岩石热解录井解释标准(表5)。解释图版投点分布情况表明，参数聚类明显，P_g 值高于 5.2，P_S 值大于 2.0，指示储层含油性好，是良好的油层，由于岩石热解录井不受岩石电性特征的影响，所以该技术对低阻油层的判识和评价具有积极而有效的作用。

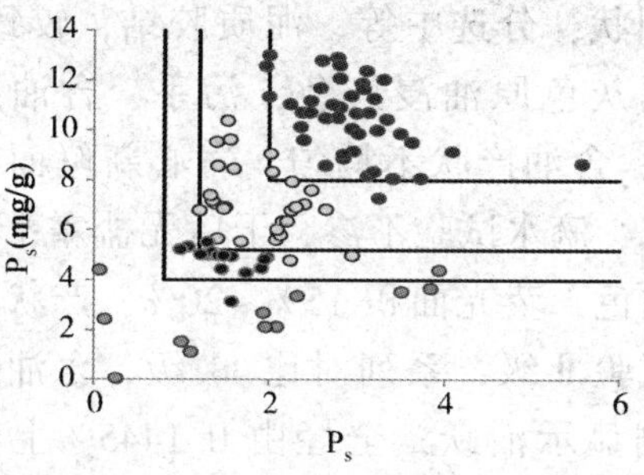

图4 岩石热解录井解释图版

表5 岩石热解录井解释标准

	油层	油水同层	含油水层	水层
P_g/(mg/g)	>8.0	>5.2	>4.0	<4
P_S	>2.0	>1.2	>0.8	~

2.2.3 核磁共振录井解释评价方法

核磁共振技术主要通过测量岩石样品的 T_2 弛豫谱图特征来分析岩石微观结构特征与储层流体性质有关的地层信息，主要有孔隙度、渗透率、黏土束缚流体、毛管束缚流体饱和度、可动流体饱和度、含油气饱和度、含水饱和度、孔径分布等参数。

T_2 截止值的确定

要准确测量和计算上述评价参数，首先需要在 T_2 弛豫谱图上确定可动流体与束缚流体的分界线，即 T_2 截止值($T_{2outoff}$)。在 T_2 弛豫谱图上，当孔隙流体的弛豫时间小于 T_2 截止值时，认为该部分流体为束缚流体，反之则为可动流体。经过对研究区延长组长 4+5 –长 10 地层的岩心采用离心试验分析表明，延长组储层核磁 T_2 弛豫谱形态主要为束缚主峰及双峰型(见图5)，长 4+5 –长 8 储层核磁 T_2 截止值在 5.0~16.8ms 之间，平均值为 9.9ms；长 9~长 10 储层核磁 T_2 截止值在 6.2ms~17.5ms 之间，平均值为 10.2ms(见图6)。因此延长组核磁 T_2 截止值采用平均值 10ms。

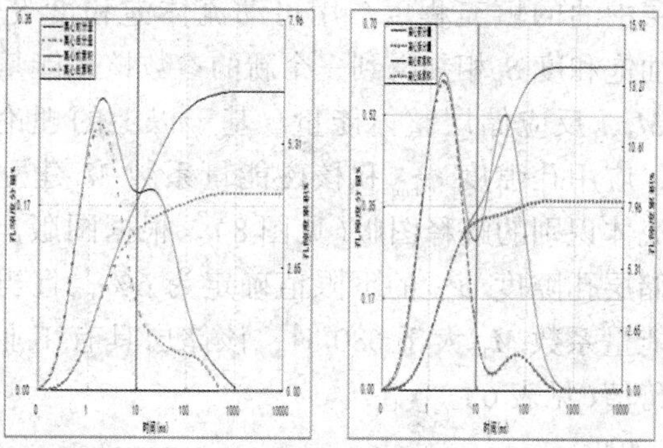

图5 延长组储层核磁 T_2 弛豫谱主要形态特征

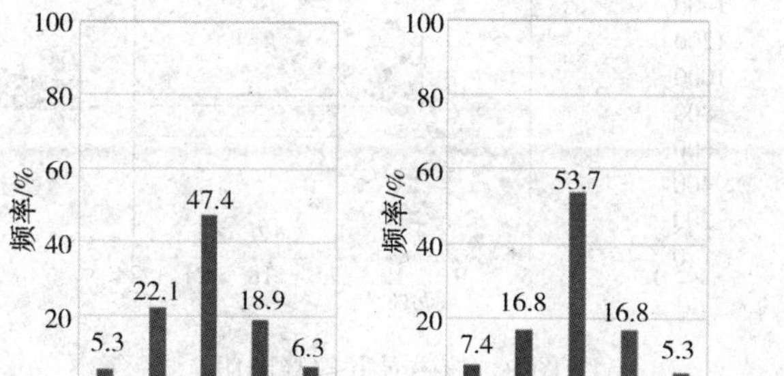

图6 延长组储层 T_2 截止值分布

核磁共振 T_2 弛豫谱图定性判识流体性质

核磁共振 T_2 弛豫谱图形态反映储层孔隙结构特征及流体性质，利用 T_2 弛豫谱图可以定性判识储层流体性质。油层的油相信号曲线饱满，含油饱和度高，可动油饱和度高含水饱和度低；油水同层的油相信号曲线较饱满，含油饱和度较高，可动油饱和度较高；含油水层的油相信号曲线较低，含油饱和度较低，可动水/可动油明显偏高；水层的油相信号曲线平直，含油饱和度极低，可动水/可动油极高(如图7所示)。

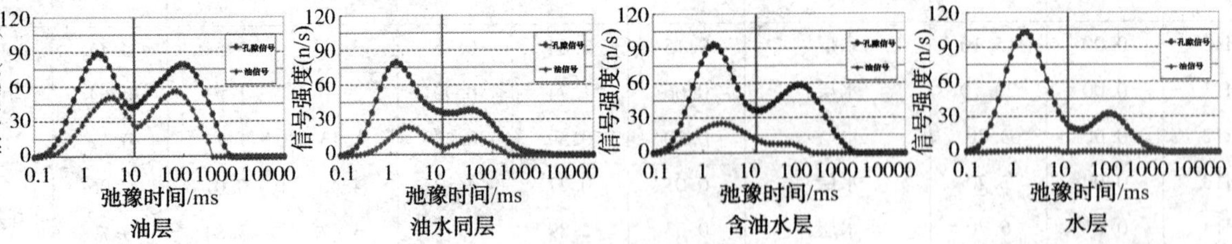

图7　不同储层 T_2 弛豫谱图特征

核磁共振录井定量解释图版

利用核磁共振录井资料，结合研究区试采数据分析以及储层和含油性特点分析，优选出储层流体识别的三个敏感参数孔隙度 ϕ_{nmr}、可动流体饱和度 S_m 和含油饱和度 S_o。其中孔隙度 ϕ_{nmr} 表征储层储集流体能力的大小，可动流体饱和度 S_m 反应储层可动资源量的多少，含油饱和度 S_o 表示储层中油的填充程度。用可动流体饱和度 S_m 与含油饱和度 S_o 相乘得到一个新的参数核磁能量系数 M_1，反应储层整体能量。基于以上的理论认识，应用孔隙度 ϕ_{nmr} 和核磁能量系数 M_1 建立储层流体识别的解释图版(见图8)。根据图版，有效储层孔隙度 ϕ_{nmr} 的下限值确定为6%，且当核磁能量系数 M_1 大于680时，该储层具有工业生产价值(见表6)。

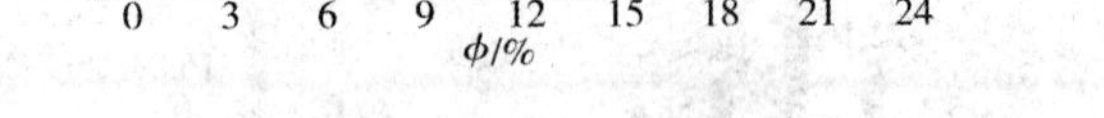

图8　核磁录井解释图版

表6　核磁录井解释标准

	能量系数 M_1	ϕ_{nmr}/%
油层	>850	>11.0
油水同层	680~850	>6.0
含油水层	500~680	>6.0
水层	<500	>6.0
干层	~	<6.0

3　应用效果与实例

应用常规录井和气体比率纵向识别法发现和定性识别油气显示，结合气测能量系数Q与充注系数 W_D、峰基比 Y_S 等参数组合的解释图版以及岩石热解分析、核磁共振录井定量解释图版，在三边地区延长组储层解释评价中取得良好的应用效果，录井解释符合率达78%以上。

实例1　H93井长7油水同层

H94井在2093.00m钻遇油气显示，井段2093.00~2099.00m，岩性为褐灰色油斑细砂岩，成分以长石为主，石英次之，含少量暗色矿物，颗粒呈次圆状，分选中等，泥质胶结，较致密；油味淡，褐灰色原油浸染色，污手，含油面积10%~15%，含油产状不均匀，岩心新鲜面有潮感，无咸味，滴水试验不渗，干后无盐霜；荧光颜色呈黄白色，荧光面积15%~20%，产状不均匀，点滴试验Ⅱ级，系列对比11级，含油连通性好；气测显示活跃，全烃由0.1445%上升到1.4365%，气体比率轻中比和重中比交会含油特征明显，烃类充注系数1.15、峰基比9.94和能量系数11.45；自2099.00m以下荧光显示降为油迹，油味减弱至无，无原油浸染色，含油面积减少至2%~3%，滴水试验速渗，点滴Ⅲ级，系列对比7级，含油连通性变差。综合以上资料分析和图版解释，该段综合解释为油水同层。在井段2093.50~2100.50m压裂测试，产油4.34t/d，产水9.5m³/d，试油结果为油水同层，解释结论与试油结果一致(见图9)。

实例2　H136井长6含油水层

H136井在2058.00m钻遇油气显示，井段2058.00~2074.00m，岩性为浅灰色油迹细砂岩、浅灰色油斑细砂岩，成分以长石为主，石英次之，含少量暗色矿物，颗粒呈次圆状，分选中等，泥质胶结，较疏松；油味淡，无原油浸染色，不污手，含油面积2%~3%，含油产状不均匀，岩心新鲜面有潮感，无咸味，滴水试验速渗，干后无盐霜；荧光颜色暗黄色，荧光面积

3%~4%，产状条带状，点滴试验Ⅲ级，系列对比8级，含油连通性差；气体比率轻中比和重中比交会显示含油特征不明显，气测全烃由0.3434%上升到0.9974%，全烃峰基比2.90，充注系数0.38，气测能量系数1.11，岩石热解P_g为4.75mg/g，P_S为1.09；核磁共振能量系数M1为579，核磁孔隙度ϕ_{nmr}为14.69%，几种图版解释都在非价值层或含油水层，综合以上资料分析和解释图版，该段解释为含油水层。在井段2068~2070.50m压裂试油，产油2.90t/d，产水434.50m^3/d，试油结果为含油水层，解释结论与试油结果相符(见图10)。

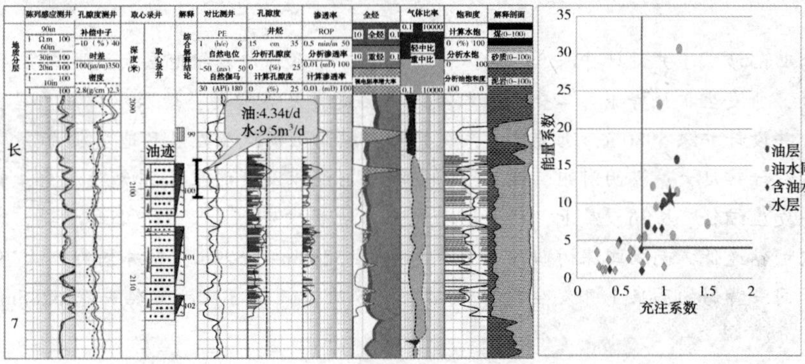

图9　H94井测录井综合图

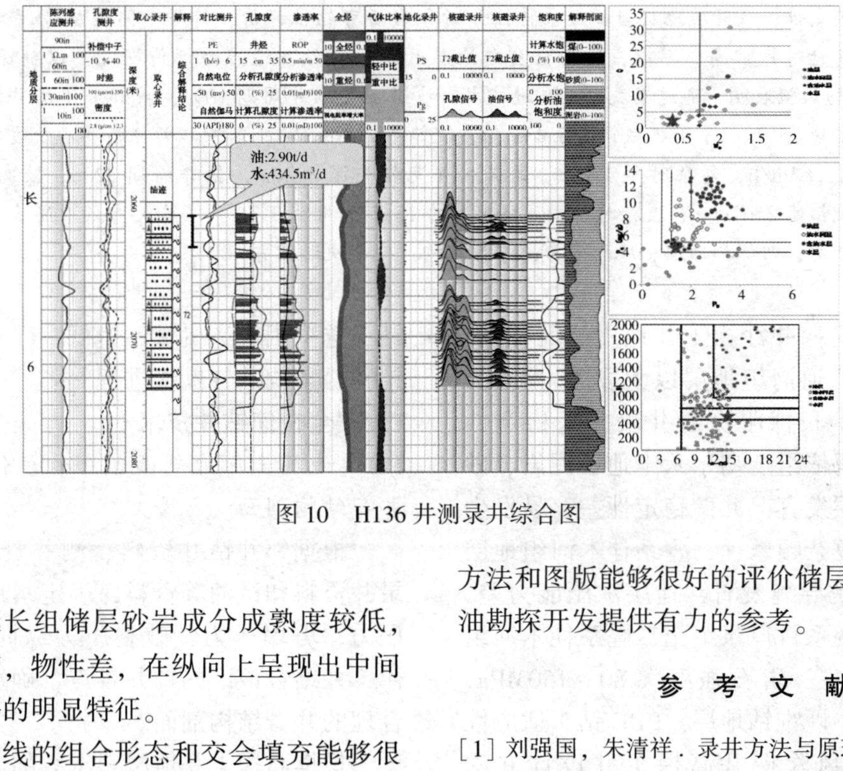

图10　H136井测录井综合图

4　结论

三边地区延长组储层砂岩成分成熟度较低，总体上岩性致密，物性差，在纵向上呈现出中间差，上下两端好的明显特征。

气体比率曲线的组合形态和交会填充能够很好的指示不同储层的流体性质。可作为快速识别油气水层的有效手段和方法。

峰基比、充注系数和能量系数三个参数能够较好的反映储层中烃类的充注程度和储层能量，该方法不但可以应用于孔渗发育的疏松储层，也可以用于致密储层，对储层流体识别有较好的参考意义。

岩石热解与核磁共振等特色录井技术能够较好的反应储层含油性和流体可动性，建立的解释方法和图版能够很好的评价储层流体性质，为石油勘探开发提供有力的参考。

参　考　文　献

[1] 刘强国，朱清祥．录井方法与原理[M]．北京：石油工业出版社，2011.

[2] 王清华，郭清滨等．超深复杂油气藏录井技术[M]．北京：石油工业出版社，2017.

[3] 夏良冰，温海涛等．气体比率法的改进及其在渤海油田解释评价中的应用[J]．录井工程，2016，27(4)：49-53.

[4] 范金花，任桂媛等．气测录井在福山油田解释评价中的应用[J]．录井工程，2018，29(3)：70-75.

[5] 赵南，李建成等．玛东斜坡区下乌尔禾组气测解释新方法研究[J]．录井工程，2018，29(2)：56-60.

沙湾—四棵树凹陷风险探井安全快速钻井技术

张　楠　石建刚　党文辉　戎克生　叶　成　熊　超

（中国石油新疆油田公司）

摘　要　沙湾凹陷沙探1井设计井深5550m，白垩系至二叠系乌尔禾组地层大段泥岩发育，长裸眼泥岩井段井壁稳定性差，易发生扩径垮塌；二叠系佳木河组地层发育天然裂缝，地层承压能力差，易发生漏失。四棵树凹陷高探1井设计井深5980m，地层压力系统复杂，纵向上高低压互层且地层压力高、压差大，油气水活跃，井身结构设计难度大；塔西河组、沙湾组、安集海河组以及紫泥泉子组大段泥岩、膏质泥岩发育，地层水敏性强，易发生缩径、垮塌、黏卡，构造运动剧烈，地层破碎，易发生井漏和卡钻；地层可钻性差，钻头选型困难，机械钻速低。南缘四棵树凹陷深井完钻井深5285m～6529m，钻井周期244.79～480d，尤其是与高探1井位于同一背斜的高泉1井发生恶性卡钻事故5次，侧钻3次，完钻井深5285m，钻井周期长达480d。

针对风险探井沙探1井、高探1井钻井技术难题，本课题主要从以下几个方面进行研究：①地层三压力剖面预测和评价，确定合理井身结构和设计必封点；②针对地层岩性特点，优选钻井液体系，提高长裸眼泥岩井段井壁稳定性；③开展地层岩石力学特性分析和岩石可钻性评价，针对不同地层特性优选钻头和辅助提速工具；④针对异常高压、窄密度安全窗口地层开展安全钻井适应性评价研究，以确保安全快速钻井[12]-[18]。现场试验表明，通过集成应用先进技术，沙探1井钻井周期109d，较邻井平均井深深654m前提下钻井周期缩短25.7d，平均机械钻速6.43m/h，较邻井提高9.7%。其中二开裸眼井段长达4176m，平均机械钻速高达13.63m/h，复杂时率1.8%。高探1井完钻井深5920m，钻井周期220d，较高泉1井缩短260d，平均机械钻速2.67m/h，复杂时率由高泉1井的15.77%将至2.7%。安全钻井效果显著。

关键词　沙湾；四棵树凹陷；风险探井；井身结构；安全快速钻井

沙湾凹陷风险探井沙探1井地质情况复杂，白垩系至侏罗系八道湾组地层以大段泥岩为主，地层厚度4070m，长裸眼泥岩井段井壁稳定性差；三叠系克拉玛依组至乌尔禾组地层泥岩、砂泥岩及砂砾岩地层发育，井壁稳定性差，易发生扩径垮塌，井下复杂频繁；二叠系佳木河组地层天然裂缝、钻井诱导缝发育，地层承压能力差，易发生漏失。三叠系百口泉组至二叠系佳木河组地层以砂砾岩为主，岩石强度大80～150MPa，可钻性5～7，属中硬难钻地层，PDC钻头适应性差。四棵树凹陷风险探井高探1井设计井深5980m，地层压力系统复杂，纵向上高低压互层且地层压力高、压差大，油气水活跃，井身结构确定难度大；塔西河组、沙湾组、安集海河组以及紫泥泉子组大段泥岩、膏质泥岩发育，地层厚度3075m，地层水敏性强，易发生缩径、垮塌、黏卡，同时构造运动剧烈，地层破碎，易发生井漏和卡钻，前期邻井钻井卡钻事故频发，溢流、井漏频繁。沙湾组、紫泥泉子组、吐谷鲁群以及侏罗系地层泥岩、砂砾岩发育，地层可钻性差，钻头选型困难，机械钻速低，严重制约该区高效钻井，影响油气勘探进程。

1　安全快速钻井技术

1.1　地层三压力剖面预测和评价，形成合理的井身结构剖面。

根据邻井钻井资料、测井资料、岩心资料、录井资料和试油等资料，确定本地区的地层孔隙压力、坍塌压力、破裂压力纵向剖面及分布规律，并结合该区的钻井难点，确定必封点，形成合理的井身结构剖面。

根据高探1井地层三压力剖面预测结果及邻井复杂分析，确定三个必封点，一个风险点，必封点1：井深200m，地表及松散砾石层；必封点2：井深2650m，封隔塔西河组泥岩以上低压地层；必封点3：井深5420m，紫泥泉子组底部，因塔西河组、沙湾组、安集海河组及紫泥泉子组地层压力高，压差大，塔西河组、沙湾组地层漏失风险大，油气水活跃；安集海河组、紫泥泉子组易阻卡，同时裸眼段长，钻井及套管下入风险大；潜在风险点：白垩系高压水层，下部侏罗系地层承压能力有限。潜在风险点：白垩系高压水层，下部侏罗系地层承压能力有限。为此，根据以上分析，确定了高探1井四开备五开的井身结构，见图1、图2和图3。

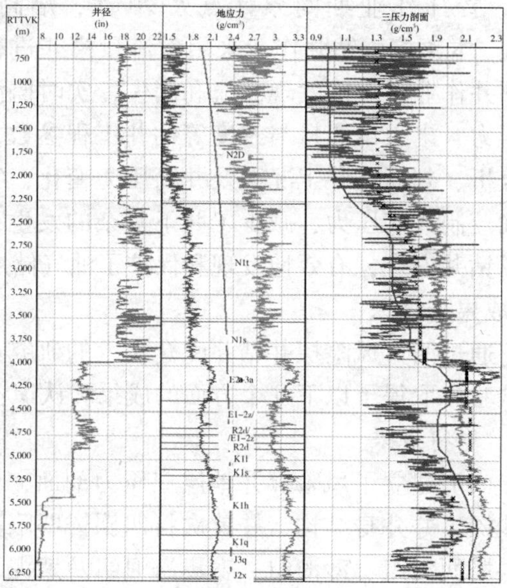

图1　西湖1井三压力剖面图

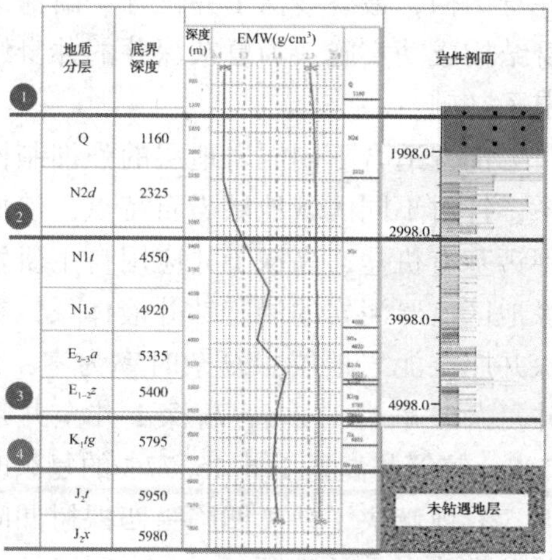

图2　高探1井必封点分析图

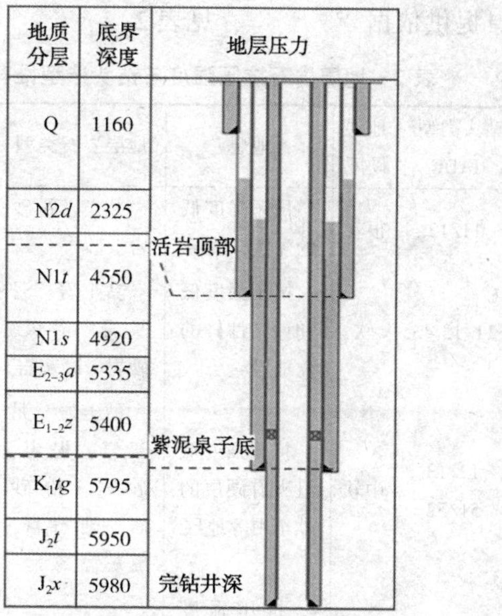

图3　高探1设计井身结构示意图

1.2　优质高效钻井液体系评价与优选

针对沙探1井上部大尺寸长裸眼井壁稳定差的难题，通过地层矿物组份、岩石理化特性分析及黏土矿物水化规律分析，进行了岩心滚动回收、膨胀和浸泡实验研究；优选出适合沙湾凹陷大段泥岩地层的钻井液体系配方，为沙探1井安全钻井创造有利条件。针对高探1井塔西河组、沙湾组、安集海河组以及紫泥泉子组地层水敏性强易垮塌卡钻的特点，研究油基钻井液抑制泥岩水化分散原理，并通过室内试验测定高密度下钻井液性能及维护、油基钻井液堵漏技术研究及适应性评价，实验优选出适应该区巨厚泥岩段安全快速钻进的油基钻井液体系[3]-[14]。

油基钻井液基础配方：油相+2%主乳+1%辅乳+1.5%有机土+3%润湿剂+2.5%降滤失剂+2%氧化钙+水(25%的氯化钙水溶液)+重晶石。

表1　油基体系的基本性能

配方	状态	AV/(mPa·s)	PV/(mPa·s)	YP/Pa	GEL		ES(V)	API(ml)	HTHP(ml)
					τ初(Pa)	τ终(Pa)			
2.50g/cm³ 油水比 95：5	滚前	59.5	51	8.7	3.6	4.1	>2000	1.1	/
	滚后	57	50	7.2	2.0	2.6	>2000	0.9	4.0

从表1的实验数据可见：高密度油基钻井液体系在2.50g/cm³，油水比95：5，180℃热滚条件下，流变性能良好，动切力适宜(介于3~10之间)，而且热滚前后流变参数稳定，破乳电压动大于2000V，乳化性能好，而且HTHP失水量小于仅为4.0ml，体系封堵能力优良。

1.3　地层岩石力学特性评价、钻头选型

通过室内实验以及邻井测录井资料，建立岩石力学特性参数计算模型，根据地层岩石力学特性及可钻性级别，为优选钻头类型和辅助提速工

具提供依据[15][16][17]，见表2。

表2　地层岩石抗压强度与钻头选型推荐表

钻头类型/IADC	地层硬度	地层	地层岩石类型	抗压强度/MPa
11/12	很软	抗压强度低的黏性软地层	黏土、粉砂岩、砂岩	<25
11/13 43	软	抗压强度低和可钻性好的软地层	黏土岩、泥灰岩、褐煤、砂岩、凝灰岩	25~50
12/13 51/52	中软	抗压强度低且夹有硬层的软至中等地层	黏土岩、泥灰岩、褐煤、砂岩、粉砂岩，硬石膏，凝灰岩	50~75
21/21 51/53	中等	抗压强度高，研磨性夹层少的中等至硬地层	泥岩、灰岩、硬石膏、砂岩(钙质)	75~100
21/23 53/61	中硬	抗压强度很高、非研磨性的硬和致密地层	灰岩、硬石膏、白云岩	100~200
31/34 62/63	硬	抗压强度很高、有一些研磨性夹层的硬和致密地层	页岩（钙质）、砂岩（硅质）、粉砂岩	100~200
63/73/83	极硬	极硬和研磨性极强的地层	石英岩、火成岩	>200

1.4　窄密度安全窗口安全钻井技术评价研究

精细控压钻井技术是实现窄密度窗口安全钻井的主体钻井技术之一，可有效解决井下复杂情况，其手段是精确控制环空压力剖面从而实现井底压力的恒定控制。国外在2007年开始工业化应用，目前已成为许多油田开发必备的钻井技术。

高探1井设计完钻井深5980m，设计三开中完井深5420m，套管外径Φ244.5+Φ250.8mm，四开用Φ215.9mm钻头钻进。2018年10月13日2：45钻进至5769m，钻时加快，地质循环后准备取芯。井队测油气上窜速度短程提钻至第三柱发生气侵，后期处理复杂发生井漏，为保障安全高效钻井施工，决定使用精细控压钻井技术钻进至完钻井深[18]。

高探1井精细控压钻井井段5769-5920m，控压钻进期间控压参数：泥浆密度2.34g/cm^3，井口控压值0.3-1.3MPa，排量10-12L/S，钻压4-8t，立压10-13MPa，转速40-60，井底当量ECD=2.38-2.40g/cm3。接单根、起下钻期间控压参数：泥浆密度2.34-2.36g/cm^3，井口控压值1.5-3.5MPa，井底当量ECD=2.38-2.40g/cm^3。控压作业期间累计点火20次，焰高1-20m。本次控压钻井作业采用微流量模式进行控压钻井作业，多次发现溢流和漏失，实时监测立管压力、出入口流量与密度等钻井工程参数，及时分析、判断钻井工况以及井筒压力变化，实时精确控制井底压力，减少了井下复杂的发生，确保了钻井安全，有效地发现和保护了油气储层。

2　成果与认识

通过两口风险探井钻井配套技术的研究和现场试验，取得了以下几个方面的成果和认识：

2.1　取得成果

（1）建立了风险探井地层三压力剖面，优化了沙探1井井身结构、并首次将四棵树凹陷高泉背斜塔西河组、沙湾组、安集海河组及紫泥泉子组四个层位2720m泥岩地层放在同一裸眼井段钻进的井身结构，最终沙探1井三开、高探1井四开井身结构成功实施，为复杂深井的井身结构优化奠定了基础；

（2）优选适合不同泥岩地层的强抑制性钻井液体系，针对不同区域地层岩石特点，沙探1井优选钾钙基有机盐、高探1井应用自主研发的适合南缘地区巨厚泥岩的油基钻井液体系，在两口风险探井厚层泥岩地层中复杂时率为零，沙探1井全井复杂时率为1.8%，高探1井全井复杂时率2.7%，较邻井高泉1井15.77%的复杂时率显著降低。有效解决了沙湾凹陷—四棵树凹陷复杂地层井壁失稳卡钻的难题。

（3）形成复杂深井高效钻井提速系列，包括PDC钻头的个性化设计、提速工具的配套试验，在两口风险探井厚层泥岩地层中取得重大突破，其中，沙探1井钻井周期109d，较邻井平均井深深654m前提下钻井周期缩短25.7d，平均机械钻速6.43m/h，较邻井提高9.7%。其中二开裸眼井段长达4176m，平均机械钻速高达13.63m/h。高探1井完钻井深5920m，钻井周期220d，较高泉1井缩短260d，平均机械钻速2.67m/h。安全快速钻井效果显著。

2.2　取得认识

（1）实践证明，在有效提高堵漏措施的前提下，南缘安集海河组和紫泥泉子组地层可以在同一裸眼段钻进，若主要勘探紫泥泉子组地层而不钻遇下部白垩系连木沁组地层，可以采取三开井身结构，优化节省一层技术套管。

（2）油基钻井液在安集海河组大段泥岩中能较好的抑制泥岩的水化膨胀，实钻过程中，复杂事故为零。

（3）优选的4刀翼13mm切削齿，尖圆混合布齿设计、负倾角设计、大排屑槽设计，攻击性强的钻头在油基钻井液体系中，机械钻速较常规水基钻井液能大幅提高。

参 考 文 献

[1] Zoback, M. L. Obtaining the Minimum Horizontal STress from Microfracture Test Data, The Log Analyst.

[2] Zoback, M. D. The Mechanical Behaviour of Uncased Wellbore Situated in Elastic/Plastic Media Under Hydostatic , 1980.

[3] 刘向君，罗平亚．石油测井与井壁稳定，北京：石油工业出版社，1999.

[4] 徐同台．井壁稳定技术[M]．北京：石油工业出版社，2001.

[5] 刘向君，罗平亚．测井在井壁稳定性研究中的应用及发展[J]．天然气工业，1999，19(6).

[6] 刘玉石．硬脆性泥页岩井壁稳定问题研究[J]．石油学报，1998，19(1).

[7] Zoback and Haimson, Theoretical and Expermental Investigation of the Stability of the Axisymmetric Wellbore, Ph. D Thesis , University of London, 1982.

[8] 徐同台，陈乐亮，罗平亚．深井泥浆．石油工业出版社，1994.

[9] 徐同台，赵中举等.21世纪初国外钻井液和完井液技术．石油工业出版社，2004.

[10] 鄢捷年．钻井液工艺学．石油大学出版社，2001.

[11] 万绪新等．耐温耐盐深井钻井液技术．钻井液与完井液，2002，19(6)：59-61.

[12] 贾彪等．深井钻井液技术在台深二井的研究与应用．

[13] 秦永宏．有机氟硅聚合物(SF)抗高温钻井液研究及应用．北京密云会议，2005.

[14] 胥思平，薛立国等．坨—胜—永断裂带高密度深井钻井液技术．钻井液与完井液，2003，20(4)：37-39.

[15] 蔡美峰．岩石力学与工程．北京：科学出版社，1998.

[16] 张景和，孙宗欣．地应力、裂缝测试技术在石油开发中的应用．北京：石油工业出版社，2000.

[17] Zoback, M. D. effects of strain rate and confining pressure on the deformation and failure of shele.

[18] 蒋官澄，吴学诗等．深井水基钻井液高温高压流变特性的研究．钻井液与完井液，1994，11(5)：18~23，71.

四川威远页岩气水平井旋转导向替代技术

涂建平　陈小华　张莹莹

（中国石油川庆钻探工程有限公司）

摘　要　国家级页岩气示范区之一的威远区块已经完钻多口页岩气水平井，该区水平井造斜段、水平段普遍采用旋转导向钻井技术，但由于旋转导向工具供不应求，加之旋转导向存在一些缺点，研究旋转导向替代技术尤为迫切。通过优化井眼轨迹和钻具组合，优选 PDC 钻头和螺杆，配合水力振荡器减阻工具、微摆减阻技术以及近钻头测量等系列技术，可有效解决常规定向托压和提速问题，形成了一套行之有效的旋转导向替代技术。

关键词　页岩气；旋转导向；替代；双二维；水力振荡器；微摆减阻；近钻头测量；PDC 钻头

旋转导向系统（Rotary Steerable System，缩写为 RSS）是在钻柱旋转钻进时，随钻实时完成导向功能的一种导向式钻井系统，是定向钻井技术的重大变革。RSS 钻进时具有摩阻扭阻小、钻速高、成本低、井眼轨迹平滑、易调控并可延长水平段长度等特点，被认为是现代导向钻井技术的发展方向[1]。但由于旋转导向工具供不应求，加之旋转导向同样存在一些缺点，研究旋转导向替代技术尤为迫切。

1　旋转导向优缺点及使用现状

在 RSS 出现以前，多采用由泥浆马达驱动的滑动导向钻井系统实施导向钻井。该系统的特点是在钻井过程中钻柱不旋转，而是沿井壁轴向滑动，并通过滑动导向工具改变井眼的井斜角和方位角，从而控制井眼轨迹。旋转导向系统与滑动导向钻井系统相比，具有钻速快、井眼质量高、降低压差卡钻风险、可清洁井眼等优点[2]。

旋转导向尖端技术目前仍然属于国际垄断。川庆钻探工程有限公司主要使用了三家公司的旋转导向工具：斯伦贝谢、贝克休斯、哈里伯顿，通过前期旋转导向使用情况对比分析，三家知名旋转导向厂家优缺点见表 1。川渝地区页岩气水平井规模开发，加之全球能源市场复苏，导致旋转导向工具供不应求。旋转导向目前的使用现状：

① 旋转导向技术服务费用比常规定向高；

② 川渝地区旋转导向主要服务商为斯伦贝谢、贝克休斯，哈里伯顿已退出川渝市场；

③ 旋转导向供不应求，数量有限，不能满足页岩气规模开发需求；

④ 旋转导向使用、维护频繁，故障率逐年增加，由此导致的无效起下钻增多；

⑤ 旋转导向技术人员的技能水平参差不齐，影响页岩气水平井的轨迹控制和储层钻遇率；

⑥ 部分页岩气水平井水平段受应力影响，易发生垮塌，而旋转导向工具刚性强，容易发生卡钻故障。

2　旋转导向替代方案

页岩气规模开发后工作量将大幅增加，而目前旋转导向供不应求，无法满足页岩气水平井定向段和水平段施工要求。提出了旋转导向替代方案：旋转导向替代技术。通过井眼轨迹优化、改型 PDC 钻头、改进螺杆选型、优化水力振荡器安放位置、优化钻具组合、微摆减阻、元素录井和引入近钻头测量等技术，实现页岩气水平井定向提速的目的。

表 1　三家知名旋转导向厂家优缺点对比

厂家	优点	缺点
贝克休斯	① 封闭的液压控制系统，不受泥浆清洁度影响； ② 工具通径大，随钻堵漏能力强，排量范围广，施工泵压低； ③ 指令自动实时发送；不受钻头压降的影响； ④ 整体化设计，现场组装简单。	⑤ 仪器串非全旋转，易造成井下复杂； ⑥ 川渝地区无维修保养基地。

续表

厂家	优点	缺点
斯伦贝谢	① 仪器串全旋转； ② 川渝地区有维修保养基地。	① 对泥浆性能、钻井队设备要求高，仪器容易发生堵塞； ② 与史密斯钻头捆绑服务，机械钻速低； ③ 现场长期无备用仪器串。
哈里伯顿	① 受地层影响小：内部轴件压弯进行导向，地层扩大率对造斜率影响较小； ② 井筒质量高：无推靠巴掌拍打井壁，钻出的井筒更光滑，台阶更少； ③ 指令系统：双模式（自动和手动）、双向通讯、快速、稳定（保养周期 1000 小时）； ④ 水平段轨迹主动控制能力强。	① 仪器串非全旋转，且不旋转部分长度大于 4m，易造成事故复杂； ② 川渝地区无维修保养基地； ③ 现场组装时间长。

仅川西钻探公司，2014~2017 年间使用常规定向就累计完成 20 口页岩气水平井的常规定向施工。包括 W202H1 平台 6 口井、W202H3 平台 6 口井、W204H4 - 2 井、W204H4 - 5 井、W204H5-4 井、W204H5-5 井、CNH12 平台 4 口井。其中上倾靶水平井 12 口（最大井斜 102°）。前期使用常规定向的几个问题分析：

① 井眼轨迹。前期页岩气水平井常规定向通过 ϕ215. 9mm 井眼以上预斜，使三维水平井变“双二维”水平井，减少了定向段施工难度特别是扭方位难度。但过度强调“双二维”，导致上部井段施工周期加长，不利于整体提速。另外，平台设计靶点垂深和实钻靶点垂深差异较大，垂深普遍较设计提前 20~30m，造成入窗段狗腿度增大。

② PDC 钻头。前期页岩气水平井常规定向增斜段和水平段大多使用 WS356AA 刚体钻头，复合钻机械钻速高，但托压问题没有根本解决，且滑动增斜率不高，大都在 4~7°/30m。

③ 螺杆。前期页岩气水平井常规定向增斜段使用 7LZ172 * 7. 0 * 1. 5°+212~213mm 扶抗油等壁厚螺杆，分别试用了螺旋型、直棱型，三半式、五半式，定向托压问题没有得到完全解决。

④ 水力振荡器。前期页岩气水平井常规定向增斜段和水平段水力振荡器一般安放位置在距钻头 150~200m，相对较远，没有发挥水力振荡器的功效，增斜段井斜 60°之前大都存在定向托压的问题。

⑤ 钻具组合。前期页岩气水平井常规定向增斜段一般使用的钻具组合为：ϕ215. 9mmPDC 钻头+172mm * 1. 5°单弯螺杆+回压凡尔+定向接头+ϕ165. 1mm 无磁钻铤 1 根+ϕ127mm 加重钻杆 1 柱+ϕ127mm 钻杆 4 柱+水力振荡器+ϕ127mm 钻杆 16 柱+ϕ127mm 加重钻杆 14~19 柱（倒装位置井斜小于 30°）+ϕ127mm 钻杆，水平段使用 1. 25°或 1. 5°无扶螺杆。该组合存在一定的问题，一是全井使用 ϕ127mm 钻杆，不利于提高排量，施工泵压高；二是加重钻杆使用的数量偏多，不利于增大排量；三是水力振荡器以下钻具刚性不强，水力振荡器不能充分发挥功效；四是未使用随钻震击器，发生卡钻不能第一时间进行处理。

3 优化旋转导向替代技术

由螺杆钻具配合随钻测斜仪组成的滑动钻井，是当前陆上油气勘探采取的主要定向钻井方式。根据页岩气水平井前期使用常规定向存在的一些问题，进行了技术改进，使常规定向能够实现“高效滑动”。

3. 1 优化井眼轨迹

① ϕ215. 9mm 井眼以上预斜段不过分追求“双二维”，保证下部待钻狗腿度小于 8°/30m 即可，偏移距小于 100m 的井直接防斜打直。

② ϕ215. 9mm 井眼待钻轨迹设计使用“双圆弧”剖面，减少待钻狗腿度。

③ 入窗时，为降低施工难度，从左、右侧边入窗，降低定向段狗腿度。

④ 比地质导向给定靶点垂深多预留 1~2m 垂深，保证顺利入窗。

⑤ 定向段遵循“略高勿低，先高后低，寸高必争，早扭方位，稳斜探顶，动态监控，矢量进靶”，实现复合入窗；水平段遵循“钻具稳平、上下调整、多开转盘、注意短起、动态监控、留有余地、少扭方位”[3]。

3. 2 优化钻头、螺杆

3. 2. 1 改型 PDC 钻头

通过减少保径长度，采用六刀翼、16mm 切削齿刚体钻头，优化水力参数设计，提高 PDC 钻头防托压能力和增斜率。图 1 是改进后的 PDC

钻头—WS566BA。

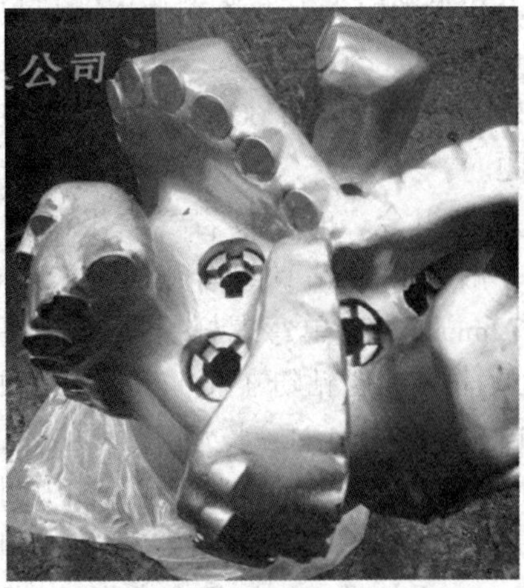

图 1 WS566BA 钻头

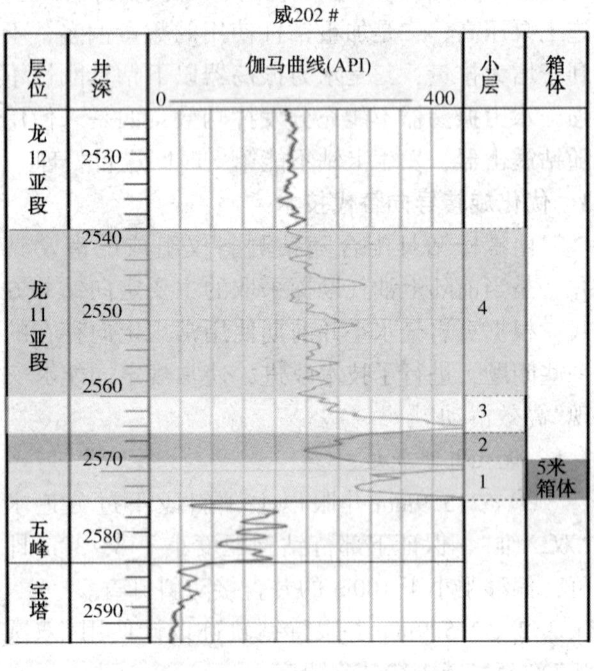

图 2 威 202 井区地质导向图

3.2.2 改进螺杆选型

通过与螺杆厂家技术交流，在该区块增斜段尝试使用 ϕ210mm 扶 1.5°五棱单弯螺杆，水平段使用 1.5°无扶螺杆。该改型螺杆可有效减缓定向托压，增斜率达到设计要求，复合钻比例高，满足轨迹控制要求。

3.3 优化水力振荡器位置

在钻柱中安装水力振荡器，开泵时它通过自身产生周期性的轴向振动，来提高滑动钻进过程中钻压传递的有效性，减少底部钻具与井眼之间的摩阻[4]，改善钻压的传递，减少钻柱发生黏卡的可能性。通过总结 W202H1 平台、W202H3 平台、威东区块页岩气水平井常规定向经验，优化水力振荡器安放位置在距钻头 120-130m。

3.4 优化钻具组合

增斜段组合：ϕ215.9mmWS566BA+172LZ(1.5°210mm 扶、抗油、等壁厚)+回压阀+定向接头+ϕ165.1mm 无磁钻铤+ϕ127mm 加重钻杆×2 柱+ϕ165.1mm 随钻震击器+ϕ127mm 加重钻杆×5 根+ϕ165.1mm 水力振荡器+ϕ127mm 钻杆+ϕ139.7mm 钻杆；下倾靶水平段使用 1.5°无扶螺杆。上倾靶水平段钻具组合：ϕ215.9mmWS566BA+172LZ(1.5°无扶、抗油、等壁厚)+回压阀+ϕ195~ϕ200mm 扶正器+定向接头+ϕ165.1mm 无磁钻铤+ϕ127mm 加重钻杆×2 柱+ϕ165.1mm 随钻震击器+ϕ127mm 加重钻杆×5 根+ϕ165.1mm 水力振荡器+ϕ127mm 钻杆+ϕ139.7mm 钻杆。

水力振荡器以下全部使用加重钻杆，随钻震击器距钻头 50~80m 之间；5000m 钻机使用 ϕ127mm 和 ϕ139.7mm 复合钻杆，7000m 钻机全部使用 ϕ139.7mm 钻杆(取消加重钻杆)。该组合形式增大了水力振荡器以下钻具刚性，充分发挥水力振荡器作用，可有效避免定向托压。

3.5 微摆减阻特色技术

滑动钻进中的摩阻释放问题现已成为制约现代钻井工程快速安全钻进的技术瓶径。Schlumberger、BakerHughes、Shell 和 Halliburton 等国际石油公司对此开展了大量的研究工作。地面持续不断定量扭摆钻具，就是一个简单易行的摩阻释放措施。在地面扭摆钻柱作用下，滑动钻井时井下钻柱轴向摩擦力分布状态有 3 个典型区间。地面扭摆作用区(简称 S 区)、中部固有摩阻区(简称 F 区)、下部动力钻具反扭矩作用区(简称 R 区)。其中 S 区代表了地面扭矩向井下钻柱传递的范围，扭矩传达的地方就释放了轴向静摩阻。F 区是中和井下动力钻具反扭矩，维持工具面保持稳定的静摩擦区。R 区反映了井下动力钻具反扭矩在钻柱中的传播长度，由动力钻具自身结构和钻进参数决定[5-6]。

页岩气井存在实钻狗腿度大、水平段长、钻井液密度高等特点，使用常规定向工具作业，容易发生定向托压。工具面摆到位后，通过在井口对井下钻柱施加一定的扭矩，使井口附近钻柱保持 1~2 圈的“正转~回转”的往复状态，利于下部钻柱减少与井壁的摩擦阻力，防止卡钻。在滑动定向施工过程中，根据定向参数出现的变化，如工具面不变或者持续增大、钻压越加越大、钻速持续降低、泵压下降等，在顶驱上设定一定扭矩值，间断扭摆钻具，不断释放井下摩阻，使钻压有效传递到钻头，提高滑动钻井效率。

3.6　近钻头测量工具

滑动定向钻井在地质导向追踪储层方面存在弱点。一是因井斜、自然伽马测量零长达 13 米以上，测量信息滞后；二是伽马值为伽马探管井周地层的平均伽马值，当地层倾角发生变化，不能判断井眼轨迹是穿顶还是揭底。即使使用元素录井配合分析，元素录井同样存在“滞后”问题(图 2 为 W202 井区地质导向参考图)。

钻井技术、测井技术和油藏工程技术融为一体就诞生了近钻头测量技术，用近钻头地质、工程参数测量和随钻控制手段来保证实际井眼穿过储层并取得最佳位置，可根据随钻监测到的地层特性信息实时调整和控制井眼轨迹。具有随钻识别油气层、导向功能强等特点[7]。页岩气井使用近钻头方位伽马能够有效分析地层倾角，判断井眼轨迹是穿顶还是揭底。

4　实施效果评价

通过优化井眼轨迹、钻头、螺杆、水力振荡器位置和钻具组合，在 W202H10 平台 6、7、8 井实施效果良好，有效解决了增斜入窗段和水平段定向托压的问题，配合微摆减阻、优化油基钻井液等措施，提高了机械钻速，缩短了增斜段定向入窗周期。W202H10 平台 6、7、8 三口井定向段未出现定向托压问题，水平段定向托压明显减轻。该替代技术在 W202H10 - 6 井和 W202H10-8 井定向施工中实现了箱体钻遇率 100%。

W202H10-6 井定向段机械钻速 5.06m/h，较前期完成的同类井平均值 3.84m/h 提高 31.77%；W202H10-8 井侧眼实现一趟钻完成侧钻、定向入窗，较常规定向平均周期 8.44d 节约 4.86d，周期缩短 42.4%。该旋转导向替代技术值得在页岩气水平井推广应用，可替代旋转导向，节约页岩气综合开发成本。

5　认识及建议

(1) 在储层倾角较稳定、优质页岩较厚和水平段易垮塌的页岩气区块可以应用旋转导向替代技术。旋转导向替代技术，能满足页岩气水平井开发需要；进一步优化井眼轨迹、加强井眼清洁，能继续提高滑动钻井的效率；滑动定向钻井价格低，对降低开发成本有利。

(2) 旋转导向替代技术配合元素录井、近钻头方位伽马导向等工艺技术，可提高优质储层钻遇率，并综合降低页岩气水平井开发成本。

参 考 文 献

[1] 张春阳 . 现代导向钻井技术的新进展及发展方向研究[J]. 科技经济市场，2017(9)：25-27.

[2] 丁凡，谭成仟，康国珍，等 . 旋转导向系统在长庆油田致密油水平井的应用[J]. 应用技术，2018(297)：66-68.

[3] 苏义脑 . 水平井井眼轨道控制[M]. 北京：石油工业出版社，2000.

[4] 许京国，陶瑞东，杨静，等 . 水力振荡器在大位移井张海 29-38L 井的应用[J]. 断块油气田，2014，21(4)：527-529.

[5] 易先中，李智鹏，周元华等 . 地面钻柱扭摆方法释放井下摩阻的研究进展[J]. 钻采工艺，2014，37(4)：73-76.

[6] 苏义脑，窦修荣，王家进 . 减摩工具及其应用[J]. 石油钻采工艺，2005，27(2)：78-80.

[7] 刘明 . 近钻头地质导向钻井技术在江苏油田的应用[J]. 中国石油和化工标准与质量，2013(17)：106-107.

页岩气井产出剖面测试工艺及资料解释方法研究

邸德家　毛　军　张同义　庞　伟

（中国石化石油工程技术研究院完井研究所）

摘　要　产出剖面测试技术是页岩气井生产动态监测及压裂后评估的有效方法，能够认识压裂层段产出、返排规律，了解井下生产动态情况，为钻完井和生产优化提供依据。论文首先分析了页岩气水平井产出剖面测试面临的难点和挑战，在各种技术难点分析的基础上，有针对性的提出了解决涪陵地区页岩气井产出剖面测试技术难题的技术思路和方法，分别论述了仪器输送方式的选取、井控设备的优选、测试仪器的优选、测试制度的制定和资料解释方法。最后通过一口页岩气井产出剖面测试的现场试验和资料解释，表明了所论诉测试工艺的可行性和资料解释方法的可靠性。

关键词　页岩气井；产出剖面测试；连续油管；阵列测试仪器；资料解释

随着国家对页岩气开采的重视，中石化在页岩气的勘探和钻完井技术上已取得了长足的进步。但在产出状况、压裂后效果及各射孔段相互影响等认识上还不清楚，相关动态剖面测试技术处于起步阶段。页岩气开发技术相对成熟，但是开发产出状况，簇射孔方案优选及压后效果评价等认识并不清楚，无法指导后续页岩气井开发。因此页岩气井的动态产出剖面信息较少的问题尤为突出，大量的页岩气井都需要进行测试并依赖解释评价结果来指导后续页岩气井开发的射孔和压裂方案，提高产能。

页岩气井产出剖面测试技术在国外较为成熟，主要是利用连续油管或者爬行器输送带有多探头的阵列仪器，测量井底各段的流量、持率、温度和压力等参数，认识压裂层段的产出、返排规律。相对于美国页岩气井，涪陵地区页岩气井具有井深、高温、高压的特点。涪陵地区页岩气井斜深为4000~5000m，水平段长1000~1500m，水平段压力60~80MPa，地层温度80℃左右，对于井下仪器的输送和仪器的耐压、耐温都是很大的挑战。为了提高页岩气的产量，每口井都需要进行多级分段压裂完井，页岩气井分段压裂主要采用桥塞射孔连作，压裂完井后需要钻铣桥塞，由于桥塞碎屑返排不彻底，井内多残留有铁块、铁屑和胶皮等杂物，很容易导致仪器遇阻、遇卡或对仪器造成损坏。

目前页岩气井产出剖面测试还面临着诸多难题。在施工方面，需要通过连续油管或者爬行器才能把测井仪器输送到页岩气井水平段，由于页岩气井水平段较长，因此安全、顺利的上提下放井下仪器是首先需要解决的问题。在仪器方面，常规测试仪器已经不能满足水平井多相流测试的要求，必须采用带有多探头的阵列仪器进行分层测试，但是国内各仪器厂家还没有研发相应的阵列仪器，国外的阵列测试仪器价格昂贵，应用受到限制。在资料解释方面，水平井的多相流资料解释是世界性的难题，常规的解释模型已经不适用于对水平段流体流动分析，因此合理准确的进行资料解释是面临的主要问题。另外，国内页岩气井产出剖面测试资料解释成果应用程度较低，大部分解释成果只给出每个压裂段的流量信息，没有对资料进行深入的分析，无法满足后续生产及完井优化的要求。

本文首先详细分析了页岩气井产出剖面测试面临的困难和挑战，然后针对这些难点提出了相应的技术对策与建议。通过涪陵地区一口页岩气井测试实例，介绍了相应的产出剖面测试工艺和资料解释方法，分析了测试井各段产气分布规律的主控因素，提出了测试井生产优化建议。

1　产出剖面测试主要技术难点分析

目前，产出剖面测试技术在国内页岩气井中的应用还存在一定的困难和急需解决的问题。国内页岩气井通常采用大规模多级分段水力压裂完井，成本极高，因其完井特殊性，所有施工作业都要保证采用成熟的技术，避免造成减产甚至事故。根据当前页岩气井特殊性和施工条件，难点和存在的问题总结如下：

(1) 施工需要带压作业

常规作业为保证井控安全，通常采用压井作业，但是页岩气井返排不彻底，地层产出情况认识还不清楚，而且页岩气井还具有一定政治敏感性，为保证不影响页岩气井正常生产，施工作业要求采用不压井作业，尽量避免关井，因此为施工作业带来一定的难度和安全风险。

(2) 井下仪器输送困难

水平井输送技术是一直是施工作业的一大难题。涪陵地区井深基本在4000m以上，水平段的长度在1000~2000m左右，水平段呈现波浪起伏状，测试层段是所有的射孔段，几乎占据了整个水平段长度。在井深超过3500m后，连续油管容易发生自锁，爬行器容易发生打滑以及遇阻、遇卡等现象，页岩气井的井况对连续油管和爬行器是一个挑战。

(3) 测试仪器优选及测试制度的制定

目前，产出剖面测试参数及仪器种类较多、原理不一，普遍适用于垂直井，而对于流型、流态复杂的水平井并不适用，因此国外发展了阵列式产出剖面测试仪器。针对涪陵地区页岩水平井水平段长，井筒钻塞碎屑较多，水平段波浪起伏，流型流态复杂等情况，优选适用于页岩气井测试仪器至关重要，也是测试能否成功的关键，而测试制度则根据测试仪器串的原理及井况的特点制定。

(4) 井下状况复杂

页岩气井在钻塞时，采用循环洗井洗出钻塞碎屑，但洗井效果并不理想。根据焦石坝多口页岩气井的测试经验来看，井筒内存在大量的钻塞碎屑，并且造成了仪器受卡，牵引器爬行困难，涡轮、探针等损坏和掉落等事故。为保证测试施工安全、可靠，测试前期井筒处理非常重要。

(5) 水平井多相流复杂流动问题

页岩气井在生产过程中，主要以产气和反排液混合相为主，在水平段中流型复杂，目前对其认识还不明确。常规水平井气液两相流一般分为分相流、间断流和均布流，其中气相增加可形成泡状流、环状流和雾状流。水平段流型同样受井径、井斜影响，导致资料解释难度增加。

(6) 解释成果应用程度低

目前产出剖面测试解释成果主要只提供井筒的温压剖面、流量连续剖面和每个压裂段的流量信息，由于各段产气贡献率受控因素较多，难以将单井的各段产气贡献率与地质特征和施工参数建立直接关系，降低了测试资料对生产优化及钻完井调整的作用。因此需要结合地质和工程多种信息，对多口井产剖测试资料综合分析，找出规律性认识，发挥产剖测试成果对生产和钻完井优化的作用。

2 主要技术对策与建议

2.1 仪器输送方式的选取

目前针对水平井测试仪器的输送方式，主要有爬行器(图1)和连续油管(图2)两种方式。爬行器具有操作方便、电缆直读、费用低等优点，但是当水平段超过一定长度，爬行器会出现打滑等牵引力不足的现象，而且在井况复杂、井内残留有碎屑的情况下，爬行器具有卡在井下的危险，因此爬行器并不适用于涪陵页岩气井测试仪器的井下输送。连续油管具有输送力大、输送水平段长和带压作业的特点，测试资料能够表征地层动态产出情况。目前连续油管下入深度显著增加，具有穿缆直读的特点，能够满足涪陵页岩气井产剖测试的要求。

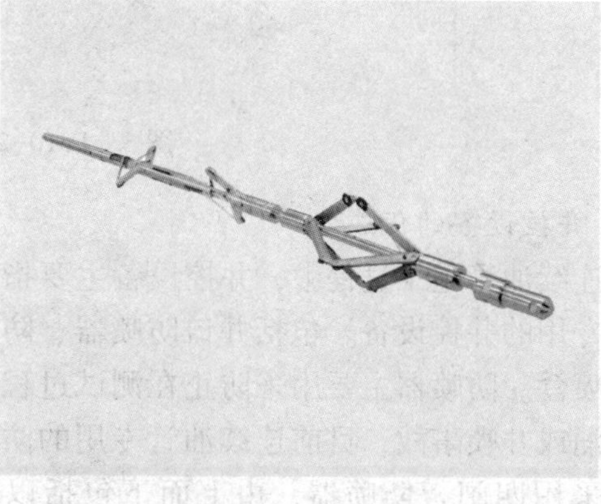

图1 井下爬行器

图2 连续油管设备

目前国内主要有直径为1.0in、1.5in、1.75in、2.0in不同型号的连续油管，不同尺寸的连续油管适用于不同井况和井身结构。由于井下测试工具较轻，连续油管输送测试作业，并非选择型号越大的连续油管就越好。相反，尺寸较大的连续油管受内外压指标较低，而且重量较大，不利于起下。连续油管作业需要考虑连续油管在井筒内受内压和外挤，为防止连续油管发生破裂，需要在连续油管内部注入气体或液体达到压力平衡。另外，为了防止连续油管在井筒内发生自锁，需要考虑连续油管下推力和上提力与磨阻关系，施工之前需要通过专门的连续油管模拟软件，根据测试井的井深、井斜、套管内径等数据，计算不同型号的连续油管井下受力情况，最后得出连续油管下入的最大深度和安全系数。通过模拟计算，保证连续油管能够安全、有效的把仪器输送到指定深度。以 JY10-2H 井为例，井口压力为 18MPa，井深为 4020m，水平段长 1414m，日产气量为 $1.2\times10^5 m^3$。利用连续油管受力分析软件 Cerberus 对测试作业进行模拟分析，分别模拟了 1.5in、1.75in 和 2.0in 的连续油管在气和充液两种情况下的受力分析，计算得出只有 2.0in 连续油管在管内充满全为液和全为气的两种情况下都能达到目的井深(图 3)。另外，通过多口井的连续油管受力分析，2.0in 连续油管可以满足要求，因此优选外径为 2.0in 的连续油管作为涪陵地区页岩气井产出剖面测试的输送工具。

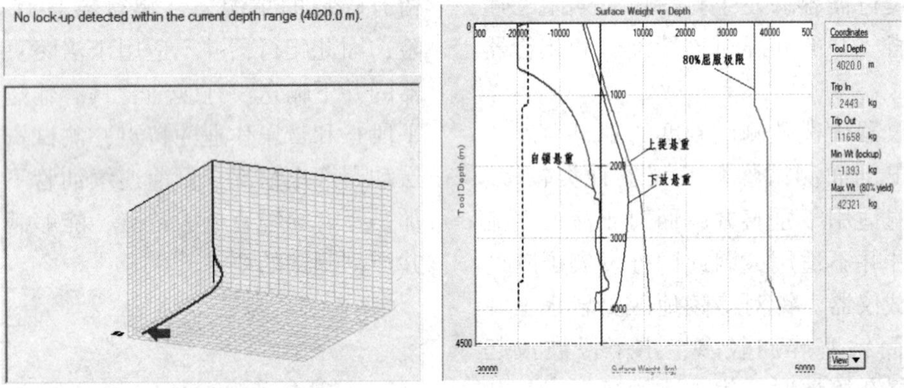

图 3　JY10-2HF 井连续油管井下受力分析

2.2　井控设备的优选

连续油管施工过程中，井控设备主要指连续油管专用的井控设备。包括井口防喷器、防喷管和防喷盒。防喷器主要用来防止在测试过程中出现井涌或井喷事故，目前连续油管专用的防喷器主要采用四闸板防喷器，由上而下包括以下元件：自封胶芯，全封闸板，剪切闸板，卡瓦闸板，半封闸板。井控装置的配置根据地面压力的最大值和作业的连续油管装置进行调整，因此连续油管装置的井控元件耐压要大于最大井口压力。连续油管起下过程中是通过防喷盒实现动密封来实现带压作业，防喷盒的密封性能决定着带压作业的最大工作压力。防喷管的作用主要是容放测试试仪器，其长度由测试仪器串长度决定，其耐压指标满足井口最大压力即可。通过对涪陵地区多口井生产压力的统计分析，井口压力普遍在 15~30MPa，考虑测试制度的调整，不压井作业井控装置耐压需大于 50MPa。

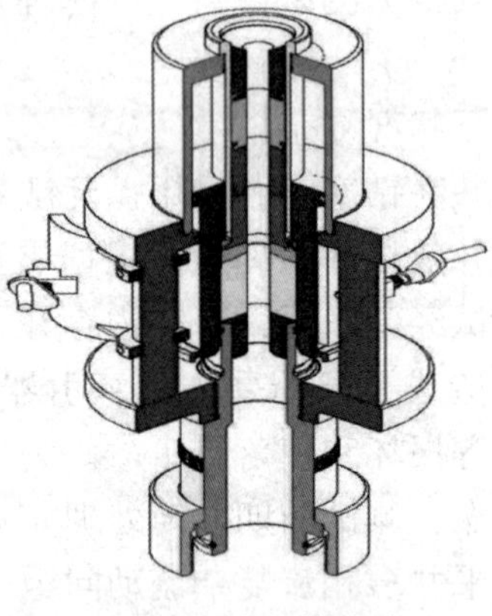
图 4　连续油管防喷

2.3　测试仪器的优选

页岩气井的井下流动特点为典型的气水两相分层流动，水平井的完井方式、井眼轨迹、井径变化等因素的综合作用导致井筒中流体分布不对称、重质相回流，使地层水分布于井筒的低凹处和水平井段下部，存在流体相态重力分异及气体滑脱效应，常规测试仪器无法分辨流体成分(持水率、持气率)，因此需要带有多个探头的阵列式测试仪器进行精细测试。

目前，国际上主要有两种类型的产出剖面测

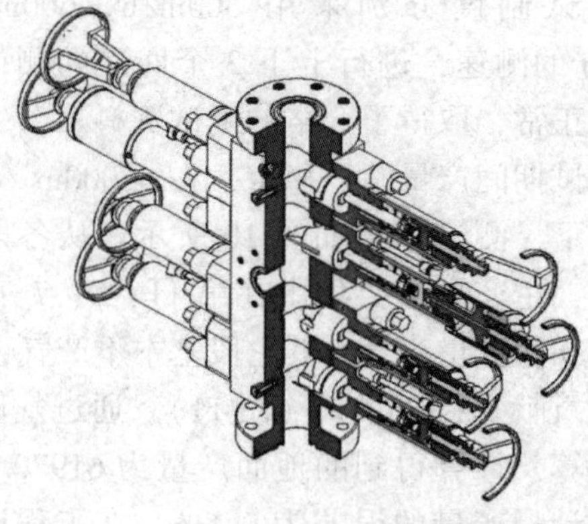

图 5 连续油管专用四闸板防喷器

试阵列仪器，其中一种类型为斯伦贝谢研制的流体成像扫面仪 FSI(图 6)，它具有 5 个微转子测量分层流速，6 对光学和电阻探针测量三相持率，能够集中测量同一段流体，可实时监测数据质量。这种仪器采用“不倒翁”的原理，在仪器中安装有偏离器和特殊机械部件，保持仪器在井下的平衡。由于这种类型仪器涡轮角度和效果受井斜影响较大，因此在大斜度井中应用受限。斯伦贝谢利用 FSI 在涪陵地区进行了多口井的产出剖面测试，主要利用穿光纤的连续油管进行仪器输送和资料实时采集。另外一种形式的阵列仪器是以 Sondex 公司为代表的阵列流量计 SAT，阵列电容持水率计 CAT 和阵列电阻持水率计 RAT(图 7)，以及 Sondex 仪器的改进型仪器—由加拿大 Hunter 公司研制的阵列流量计 AFV 和阵列持水率计 AFR。这种类型的流量计在井下张开呈现伞状，多个探头沿着井的横截面围绕一周，能够分层测量各相流体的流速和持率，在国外这种类型的仪器应用较为普遍。另外，根据涪陵地区页岩气井的井况和完井方式，需要对测试仪器的耐温耐压指标进行优选，同时仪器尺寸需要满足页岩气井的要求。

2.4 测试制度的制定

页岩气井钻铣桥塞后返排不彻底，井筒内残留有各种碎屑，很容易造成测试仪器的遇卡、遇阻，甚至造成仪器的损坏。测试之前，需要对井筒进行清理，这也是测试成功与否的关键一步。井筒清理比较有效的方式是循环洗井，但是页岩气井为了保证产量，防止水淹，不允许进行清水洗井，只能用氮气代替洗井，但是氮气价格昂贵，返排能力不如清水，因此在国内应用也受到限制。目前比较普遍的办法是采用打捞工具进行

图 6 测试仪器串组合示意图

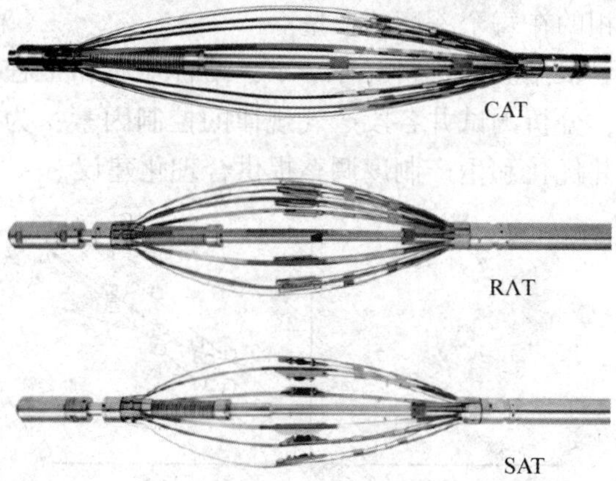

图 7 Sondex 阵列测试仪器

硬打捞，首先采用强磁打捞器打捞井底大的铁块和铁屑，然后采用迷宫式打捞筒，利用连续油管下放速度和井内气液流体的作用，碎屑进入到打捞筒内，最后利用模拟通井仪进行模拟通井，保证测试仪器能够安全起下。测试制度上，在保证测试数据质量的前提下，应尽量简化测试步骤，特别对于阵列仪器，增加测试的趟数，就意味着增加了仪器损坏的风险，同时增加了测试成本和安全风险。

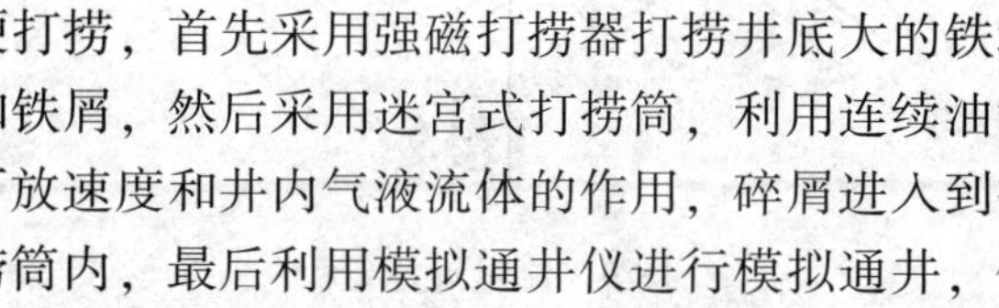

图 8 强磁打捞工具

2.5 资料解释方法

在资料处理上，曲线校深是关键的一步，根据产剖测试所获得原始数据，利用裸眼井的自然

伽马和磁定位对产出剖面测试曲线进行深度校正，保证解释结果深度的准确性。然后进行测试数据质量控制，质量控制的内容包括各个测井速度下上测和下测的温度、压力、流量、微转子转动、阵列持水率测量以及 PVT 数据，利用质量合格的数据进行分析。

在质量控制的基础上，需要计算出每个相态的持率以及流体的视速度(Vapp)。其中流量计刻度是视速度计算的关键一环，由于阵列流量计测试具有多个涡轮，需要对不同涡轮分别进行标定。由于各种原因，某个涡轮在井下可能受损或者工作不正常，因此在解释时需要屏蔽涡轮失效的数据。最后应用校正后的流体压缩系数、采用相应的水平井滑脱模型以及流速校正因子，利用阵列仪器多传感器处理模块，从而计算出气相和水相的在每个深度的产量。

根据测试资料解释结果，结合地质和工程资料，分析测试井各段产气规律的控制因素，为钻完井优化和生产制度调整提供合理化建议。

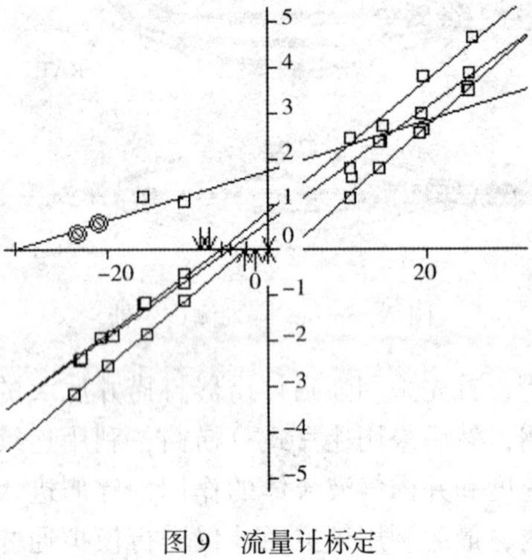

图 9　流量计标定

3　现场应用实例

中国石化石油工程技术研究院利用穿缆连续油管输送常规与阵列组合测试仪器，成功完成了涪陵焦页 3-3HF 井产出剖面测试作业。焦页 3-3HF 井位于涪陵区焦石龙井村 1 组，完钻井深为 3561m，水平段长为 869m。采用泵送桥塞分段压裂技术，共压裂 11 段，日产气 $6.0\times10^4m^3$，井口不产水，井口压力为 11.8MPa。

测试之前，利用强磁打捞器和打捞筒对井筒进行了清理，打捞出了部分铁屑铁块和胶皮等碎屑。然后利用连续油管分别输送常规测试仪器以及常规与阵列组合测试仪器进行了两种方式的测试。测试制度分别采用 300m/h、600m/h 和 900m/h 的测速，进行上下 3 个回次的测试。仪器工作正常，取得了合格的测试资料。

测试期间产量并不稳定，在 $56000m^3/d$ 的生产制度下，测试结果如图 10 所示。从各段的产量来看，主产层主要集中在第 11、8、7、6 和 3 段，第 9 段少量产气，其它段基本不产气，第 11 段产气贡献率为 36.47%(图 11)。通过气体压缩系数换算，计算得到的地面产量为 $61970.49m^3$，与地面计量产量的误差为 9.6%，在工程误差范围之内。

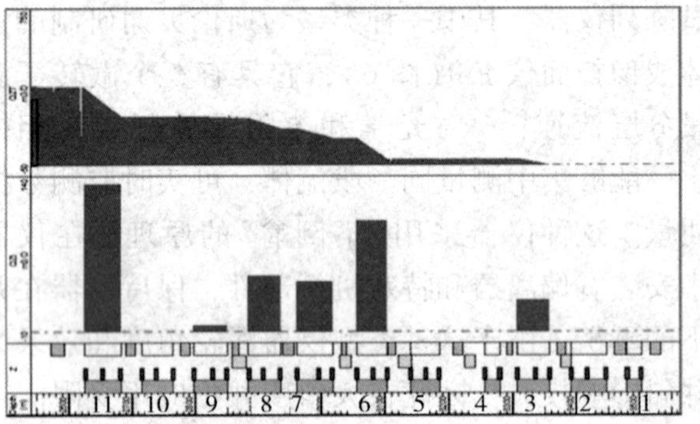

图 10　焦页 3-3HF 井测试资料解释成果图

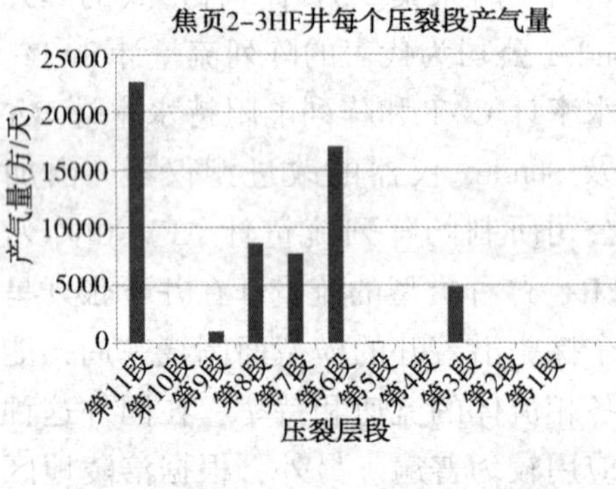

图 11　焦页 3-3HF 井各压裂段产量

4　测试资料分析应用

4.1　井筒流型流态分析

根据测试资料对井筒的流型流态进行了分析，分析主要依据阵列持率计的成像图(图 12)，图中为全井筒水平段气液分布图，其中蓝色代表水，红色代表气。从图像可以看出，水平段内水的比例较大，井筒含水较高，井下积液严重。因全井段压缩严重，选取了四个深度段的气液成像图，前一、三、四段显示为段塞流，第二段为波状层流。通过比较分析，在 $5.6\times10^4m^3/d$ 的生产制度下，该井井底以段塞流为主，局部为波状层流。

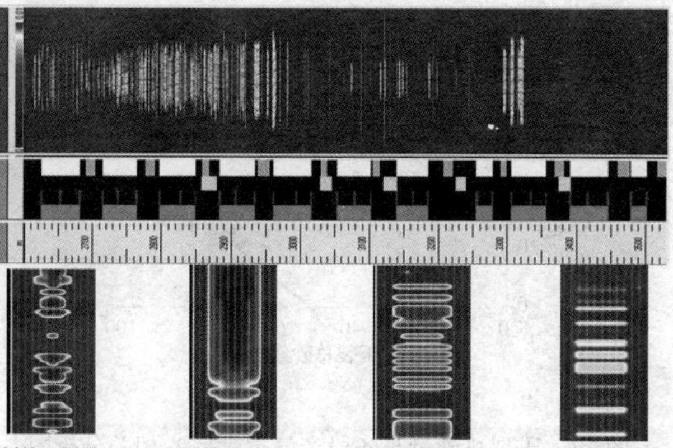

图 12 井筒流型流态分布图

4.2 井筒动液面的识别分析

根据测试测试资料的分析，仪器输送到斜深2100m处时，各项参数有明显的变化。其中阵列流量计的6个微转子明显转动，阵列持率计的12个持率探针由气相响应转变为水相响应。常规流量计转速和常规持率计的响应也发生了明显的变化。图13右侧为阵列持率解释成像图(红色表示为气相，蓝色表示为水相)。从图13中可以看出，在5.6×10^{4}m^3/d的生产制度下，动液面位置在2100m左右。通过动液面的分析，能够为后续的生产优化提供依据。

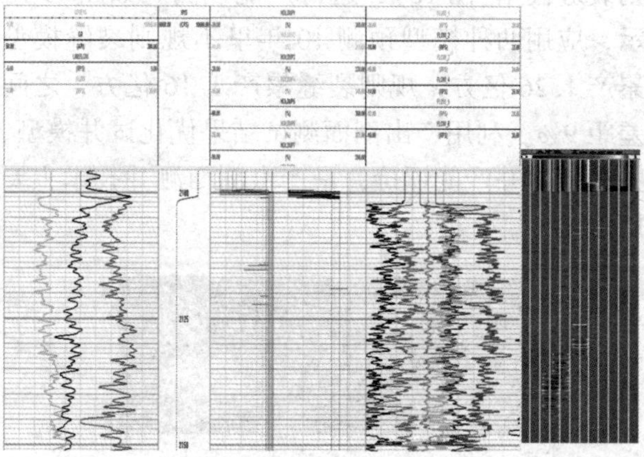

图 13 井筒动液面表征图

4.3 测井参数相关性分析

裸眼井测井数据是页岩气井划分甜点，优化射孔段的重要依据。研究产出剖面测井结果与裸眼井测井数据的相关性分析，有利于优选影响测试井产气分布规律相对敏感的测井参数，并作为后续射孔优化的重要依据。首先将产出剖面测井成果与裸眼井测井资料中的自然伽马、声波时差、密度、电阻率、总有机碳、全烃等6个参数进行敏感性分析，其中自然伽马、总有机碳、电阻率与产气量正相关，如图14所示，各项参数值越大，产气量越大，相对于其它参数，自然伽马的敏感性更高。页岩储层中声波时差主要受泥质含量影响较大，声波时差越大，泥质含量越高，地层脆性越低，因此声波时差与产气量呈负相关(图15)，密度和全烃与产气量相关性不明显。如表1所示，总体上各项参数的相关性并不明显，相关度基本在0.1~0.5区间，说明地质情况并不是这口井产气分布规律的主导因素。

表 1 测录井数据与各段产气贡献率的相关性分析

压裂段	产气贡献率/%	自然伽马/API	声波时差/(us/m)	密度/(g/cm^3)	电阻率/(Ω·m)	总有机碳/%	全烃/%
11	36.47	191.30	209.96	2.61	74.78	2.14	12.51
10	0	215.35	214.08	2.58	66.59	3.09	25.7
9	1.66	210.86	212.62	2.58	64.24	3	14.95
8	13.98	216.82	216.02	2.59	62.16	2.83	6.8
7	12.47	226.79	216.73	2.57	61.66	3.26	11.19
6	27.47	228.39	217.14	2.55	61.63	3.6	19.5
5	0	194.34	217.26	2.55	75.91	3.1	13.99
4	0	177.86	219.91	2.56	58.01	2.73	10.72
3	7.95	210.12	222.47	2.55	53.2	3.16	10.74
2	0	202.23	226.41	2.59	47.62	2.62	10.09
1	0	202.78	228.18	2.59	47.26	2.57	12.22
相关度(R^2)		0.515	0.258	0.054	0.154	0.514	0

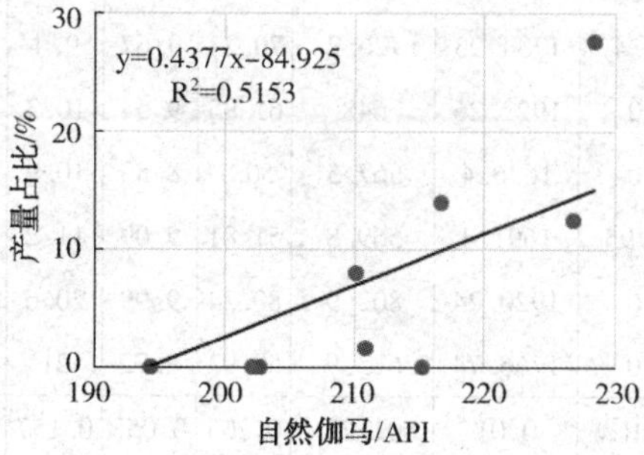

图 14 自然伽马与产气分布律相关性分析图

4.4 压裂施工参数相关性分析

裂缝半长和导流能力被认为是页岩气井产气量的主控因素。本文研究了各压裂段的贡献率与压裂施工数据的相关性分析，分别分析了各段压裂总液量、携砂液量、总砂量、平均砂比、酸液量和破裂压力与各段产气贡献率的相关性分析，如图16和图17所示。其中压裂液总量、酸液量

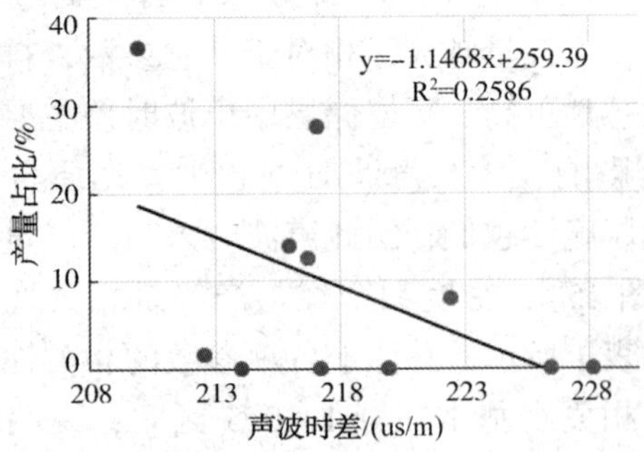

图 15 声波时差与产气量分布律相关性分析图

和破裂压力与各段产气贡献率呈负相关；携砂液量、总砂量和平均砂比与各段贡献率呈正相关。分析表明，利用较少的液量携带较多的砂量将有利于气体的产出。但是，根据表 2 的相关性分析结果，各项参数与每段产气贡献率的相关度基本在 0.01-0.2 之间，说明各段产气贡献率与施工压裂参数相关性并不明显，压裂施工参数对各段产气贡献率影响较小。

表 2 施工压裂参数与各段产气贡献率的相关性分析

压裂段	产气贡献率/%	压裂总液量/m^3	携砂液量/m^3	总砂量/m^3	平均砂比/%	酸液量/m^3	破裂压力/MPa
11	36.47	1691.7	773.2	80.38	10.4	10	41
10	0	1628.2	699.7	70.19	10.03	9.3	37.9
9	1.66	1571.2	694.2	70.13	10.1	11.7	41
8	13.98	1782.03	761.5	80.27	10.54	8.7	51.1
7	12.47	1752.4	932.9	70.45	7.55	8.3	41.3
6	27.47	1734.93	726.2	70.23	9.67	9.4	29.9
5	0	1922.26	648	61.85	9.54	10.3	41.3
4	0	1636.4	567.5	50.1	8.83	10.9	30.5
3	7.95	1691.4	569.8	51.81	9.09	11.2	31.1
2	0	1920.24	802.9	80.24	9.99	20.6	61.5
1	0	1766.74	675.9	58.92	8.72	21	33.57
相关度(R^2)		0.01	0.127	0.205	0.053	0.157	0.013

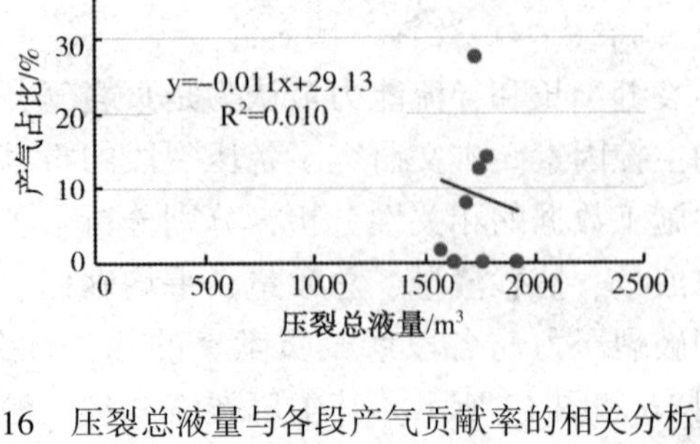

图 16 压裂总液量与各段产气贡献率的相关分析图

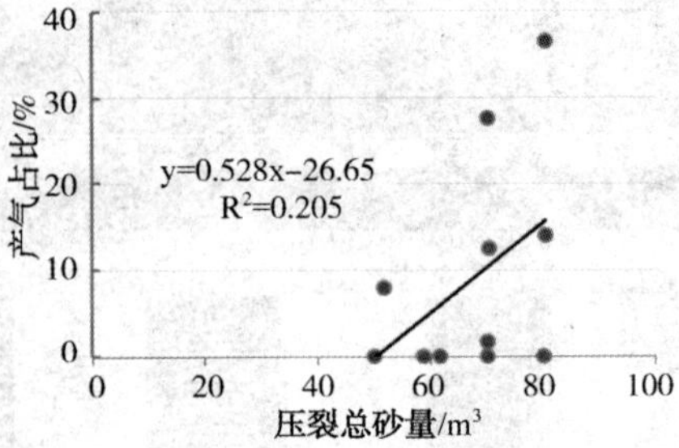

图 17 压裂总砂量与各段产气贡献率的相关分析图

4.5 产能预测分析

利用生产数据进行页岩气井产能评价，通常假设压裂井段裂缝均匀产出，利用井口记录的产量与压力数据进行产量归一化压力处理，并进行产能预测分析(Pang et al.，2015，2016)。实际上页岩气井各压裂段产出并不均匀，通过产出剖面测井结果，可以缩小假设条件，产能预测更加准确，并为后期产能建设提供依据。

针对测试井，进行了两种方法的产能预测。第一种方法是在没有产出剖面测井资料的情况下，假设裂缝均匀产出、且裂缝的尺寸相等，第二种方法是利用该井的产剖测井结果，建立不规则裂缝模型(图 18)，进行产能预测。如图 19 所示，应用两种模型预测 10 年里不规则裂缝模型累产 1.26 亿方，规则裂缝累产 1.16 亿方，之间差距 9%。利用产出剖面测试结果优化试井模型，并进行单井产能评价，是产出剖面测井技术主要用途之一。

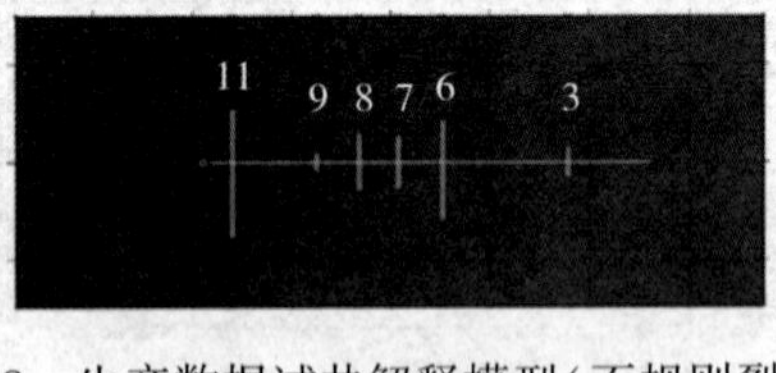

图 18 生产数据试井解释模型(不规则裂缝)

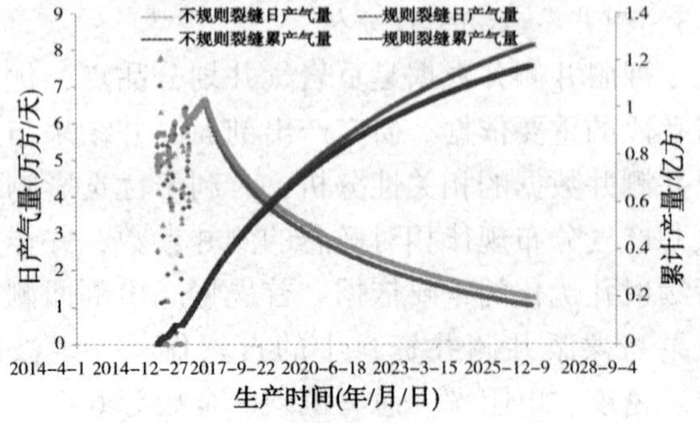

图 19 不同试井模型的产量预测

5 总结

根据国内页岩气开发技术现状，提出了开展页岩气井产出剖面测试技术研究的必要性。根据涪陵地区页岩气井的特点和完井现状，分析了页岩气井产出剖面测试面临的问题和挑战，针对面临的难点和挑战给出了相应的技术对策与建议。仪器输送方式建议采用外径为2.0in的连续油管，井口防喷装置耐压需要大于50MPa，仪器采用带有多探头的阵列仪器，测试工艺需要先进行井筒清理和模拟通井，然后根据测试要求和仪器类型决定测试制度。

利用水平井产出剖面测试资料解释方法，分析了一口页岩气井各压裂段的产出情况，解释结果表明各段产气量差异较大，产气段主要集中在井筒的后半段。根据井筒流动成像结果和动液面分析，水平段内积液较多，由于水平段向下倾斜，井筒前半段比后半段承受更高的压力，因此前半段不利于气体产出。建议通过排水采气的方法，增加产气段数，提高单井的产气量。

参 考 文 献

[1] 我国页岩气勘探开发取得重大进展。能源工程，2013(6)：69.

[2] 宋红伟，郭海敏，戴家才．水平井生产测井气-水两相流流型试验分析．石油天然气学报(江汉石油学院学报)，2011，33(12)：96-101.

[3] 郭海敏，刘军锋，戴家才，王凯，宋红伟．水平井产出剖面解释模型及图版．中国科学D辑：地球科学．2008，38(2)：146-150.

[4] 侯月明，郭海敏，戴家才，何亿成，戴月祥．水平井生产测井解释方法研究．测井技术，2004，28(1)：24-26.

[5] 肖圣，赵舒平．井下仪器、井下工具传输技术．测井技术，2012 36(4)：400.

[6] 何东升，徐克彬，魏广森，席明扬．连续油管在水平井中作业的力学分析．石油钻采工艺．1999，21(3)：61-64.

[7] K. R. Newman，N. A. Haver，L. R. Stone，et al. Development of a Coiled Tubing Cable Installation System. The paper was prepared for presentation at the SPE annual Techniacal Conference & Exhibition held in Dallas，U. S. A 22-25 October，1995.

[8] Liao L，Zhu D，Yoshida N，et al. Interpretation of Array Production Logging Measurements in Horizontal Wells for Flow Profile[C]. SPE 166502，2013.

[9] Di De Jia，Tao G，Wang B，et al. Numerical analysis of the effects of downhole dynamic conditions on formation testing while drilling [J] . Petroleum Science. 2014，11(3)：391-400.

[10] Mccluskey A. Production Logging on Coil Tubing in a Marcellus Shale Horizontal Completion [C] . SPE 154221，2012.

[11] Nnebocha E，Singh K. Production Logging and Flow Diagnosis in Heterogeneous reservoir [C] . SPE 164725，2013.

[12] Lopez S P，D I D H. Fiber-Optic Technology Reduces Production Logging Limitations in Complex Conditions：Case Studied from Mexico [C] . SPE - 169457 - MS，2014.

[13] 宋红伟，郭海敏，戴家才．生产测井确定地层参数的最优化解释方法[J]．测井技术．2010，34(4)：370-373.

[14] 宋红伟，郭海敏，戴家才．生产测井确定地层参数的最优化解释方法[J]．测井技术．2010，34(4)：370-373.

[15] 戴家才，郭海敏，刘恒，等．电容阵列仪测井资料流动成像算法研究[J]．测井技术．2010，34(1)：27-30.

[16] 路菁，吴锡令，黄志洁，等．气水两相水平流动测井的流型实验研究[J]．科技导报．2010(3)：59-62.

[17] 路菁，吴锡令．水平井气水变形泡状流测井分析模型实验研究[J]．西南石油大学学报．2011，33(1)：83-87.

[18] 王恺，郭海敏，戴家才，等．生产测井油气水三相流动流型研究[J]．地球物理学进展．2008，23(2)：489-492.

[19] 宋红伟，郭海敏，戴家才．水平井生产测井气水两相流流型试验分析[J]．石油天然气学报．2011，33(12)：96-101.

[20] 宋文广，郭海敏，江琼琴，等．一种新的CAT计算水平井持水率方法的研究与仿真[J]．断块油气田．2012，19(6)：753-755.

油基岩屑减压热脱附处理技术研究

彭春耀　王瑞迪　左京杰　张　鑫　冯彦林　杨　勇

（中国石油集团长城钻探工程有限公司钻井液公司）

摘　要　在页岩气开发中，常使用油基钻井液进行钻进，产生了大量的油基岩屑，为页岩气生产带来巨大环保压力。随着目前环保形势的日益严峻，油基岩屑亟待一种可行有效的处理方式。目前国内外油基岩屑处理方法主要有：固化法、化学清洗法、生物降解法、热脱附法和焚烧法等，以上方法存在对油基岩屑处置不彻底、造成二次污染、处理周期长、能耗较高、产生烟尘和刺激性气味等问题。为解决上述问题，同时提高资源利用效率，同时达到油基岩屑随钻处理的技术要求，本文对减压蒸馏热脱附技术和回收油品配制油基钻井液进行了实验研究。分析了油基岩屑的含油率、含水率、含固率和有机质含量等理化性质；设计了油基岩屑减压热脱附实验，在单因素实验分析的基础上，结合多因素正交实验，考察各实验因素对处理后油基岩屑的含油率和含水率的影响，得到了最优实验条件：反应温度300℃，反应时间120min，系统真空度-0.055MPa时，处理后的油基岩屑含油率为0.01%；将回收的油相与配制油基钻井液所用的基础油进行对比实验及性能分析，验证了回收油相配制油基钻井液的可行性。

关键词　油基岩屑；减压热脱附；随钻处理；回收油

1　前言

页岩气是一种新型清洁能源，作为十三五计划期间的工作重点得到了大量的开采。针对页岩地层具有易水化膨胀及垮塌堵塞影响钻井作业的特点，常使用具有强抑制性、强润滑性、强稳定性的油基钻井液。随着页岩气的大规模开发，油基岩屑产生量也会进一步增加，页岩气开发单井约产生300m³油基岩屑，每年产生的废弃岩屑可达200多万吨。油基岩屑由石油烃类、胶质、沥青质、岩屑、无机絮凝体、有机絮凝体和其他有机物、无机物及水牢固黏结在一起的固体废弃物，其含油率约为20%、含水率约为10%，其含油率远远超出现有国家处置标准。由于油基岩屑中含有大量的矿物油，为国家规定危险废弃物，不经处理或者处理不达标会对周围环境造成严重的破坏，油基岩屑长时间堆放，污染物会渗入土壤中，改变土壤的形态结构，影响土壤的吸水性和保湿能力，从而影响植物的生长；油基岩屑进入水体，会直接破坏水体的生态系统平衡，造成水系严重的污染；此外，油基岩屑中的有害物质进入生态系统后，会在动植物体内累积，通过食物链危害人体健康。

目前国内外油基岩屑处理技术主要有：固化法、固液分离法、化学清洗法、生物降解法、有机溶剂萃取法、超临界流体萃取法、焚烧法及热脱附法等方法。各油基岩屑处理技术对比结果见表1。

表1　油基岩屑处理技术对比表

处理方法	优点	缺点
固化法	能兼顾岩屑中的有机物和重金属，方法简单，固封后回填或还耕比较容易	固化剂用量较大，且固化后体积增大，需要较大的填埋空间，长时间堆放或填埋后有油类或污染物泄露的风险，未对油基岩屑中油相进行回收
固液分离法	能有效降低废弃物的总量，针对分离后的各相的特点分别处理，工艺较为简单	尚无法将油、水、固三相完全彻底地分离。该技术虽已回收油基岩屑中的大部分油相，但分离后的固相仍无法达到排放标准，仍需进一步处置
化学清洗法	处理装置体积小，清洗工艺简单，成本较低	会产生大量的含油废水，造成进一步的环境污染
生物降解法	安全性更好，易于管理，处理过程中对环境无污染，处理效果较好	处理费用较高，处理周期长，生物生存对环境的温度湿度要求较高
有机萃取法	操作简单、反应速度快、选择性高等优点	萃取剂价格较高，萃取剂具有一定的毒性且挥发性较强，处理过程中萃取剂损失较大导致处理成本较高

续表

处理方法	优点	缺点
超临界流体萃取法	超临界萃取剂密度低、便于分离、溶解力较强、效率较高	所需条件比较苛刻，对原料组成要求较高(如其中的水含量)，能耗较高
焚烧法	处理效果较好，处理能力较强，处理后排出固相可排放或资源化利用	对有机物并没有进行回收，浪费了宝贵的资源，焚烧过程的烟气中可能含有二氧化硫以及其中的粉尘均可造成二次污染
热脱附法	反应条件温和、回收的油品质量较好、油品回收率较高	能耗较高，产生烟尘和刺激性气味

根据对国内外油基岩屑处理技术对比分析，本文采用反应条件温和、回收的油品质量较好、油品回收率较高的热脱附技术进行研究。针对传统热脱附方法存在的能耗较高和产生烟尘和刺激性气味的问题，本文采用减压热脱附的方法对油基岩屑进行处理实验。通过降低系统反应压力方式，降低系统整体能耗。由于系统压力降低，油基岩屑中的油相的初馏和终馏温度降低，有效降低了反应系统的反应温度，避免了由于反应温度过高使油基岩屑中的有机组分发生裂解而产生的烟尘和刺激性气味。

2 减压热脱附法处理油基岩屑实验

由于我国页页岩气开发起步较晚，尚未制定专门的油基岩屑处置标准，现普遍使用中国石油集团公司《钻井废液与岩屑处理管理规定(暂行)》中规定的油基泥浆岩屑固体残含油率<1%的标准。现场普遍采用甩干机进行减量化处理后的油基岩屑残渣油含量仍偏高，无法到达本标准中含油率<1%的要求，需做进一步处理。减压热脱附技术用于油基岩屑的处理，有利于在较低加热温度下提高油相回收率，降低处理后油基岩屑残渣的含油量，确保回收油品的分子结构与性能。

本文油基岩屑样品取自四川省威远区块页岩气井。油基岩屑热脱附处理前的各项监测指标见表2。

2.1 实验仪器与试剂

实验中涉及到的实验仪器及试剂的规格及生产厂家，见表3。

表2 油基岩屑热脱附处理前监测指标

项目	样品密度/(g/cm^3)	含油率/%	含水率/%	含固率/%	其他有机质含量/%
油基岩屑	1.82	21.51	5.24	65.83	7.42

表3 实验仪器及试剂

项目	规格	生产厂家
恒温电加热套	ZNHW	郑州赛克斯玻璃仪器有限公司
球形冷凝管	300mL/29mm * 2	北京玻璃仪器厂
水分测定仪	10mL	北京玻璃仪器厂
U型水银压力计	0~500mmHg	常州双波仪表有限公司
红外测油仪	JLBG-175	吉林北光分析仪器厂
真空泵	ZTW-0.5C	卓的仪器有限公司
电子天平	BSA224S	赛多利斯
浓盐酸	分析纯	北京化工厂
无水硫酸钠	分析纯	北京化工厂
四氯化碳	分析纯	天津市致远化学试剂有限公司
石油醚	分析纯	北京化工厂

2.2 实验分析测试方法

通过电加热套加热物料至实验设定的反应温度，通过真空泵调节反应系统内的压力。当系统压力变化时，物料中油相的沸点会随压力变化，从而达到降低油相沸点的目的。从而在较低的反应温度和较短的反应时间下，将沸点较高的油相从物料的固相中分离出来。实验装置流程图见图1。

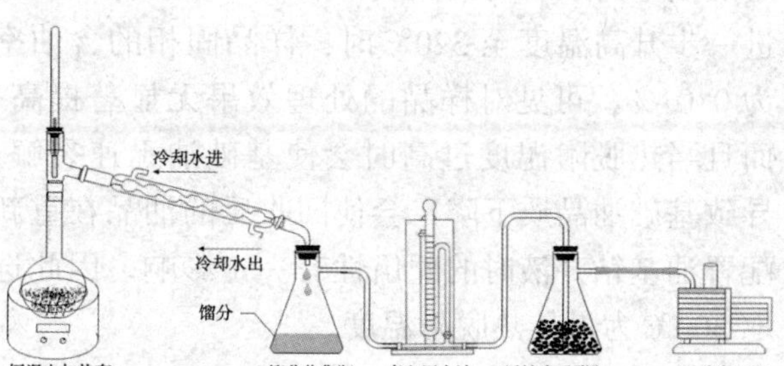

图1 实验装置流程图

本实验研究中主要监测项目的检测方法及相关标准见下表4。

表4 监测项目检测方法与标准

项目	检测方法	主体仪器	相关标准
含水率	水分测定器测定法	水分测定器	GB/T 8929-2006
含油率	红外分光光度法	红外测油仪	CJ/T 221-2005(11)
油分组成	气相色谱法	气相色谱仪	SY/T 5779-2008

2.3 单因素实验结果

2.3.1 热脱附温度对含油率的影响

测试前将油基岩屑充分搅拌均匀后，称取样品6份，在热脱附时间为120min，热脱附真空度为-0.045MPa，热脱附温度分别为220℃、240℃、260℃、280℃、300℃、320℃的条件下，探究不同温度下样品处理后的含油率，实验结果见图2。

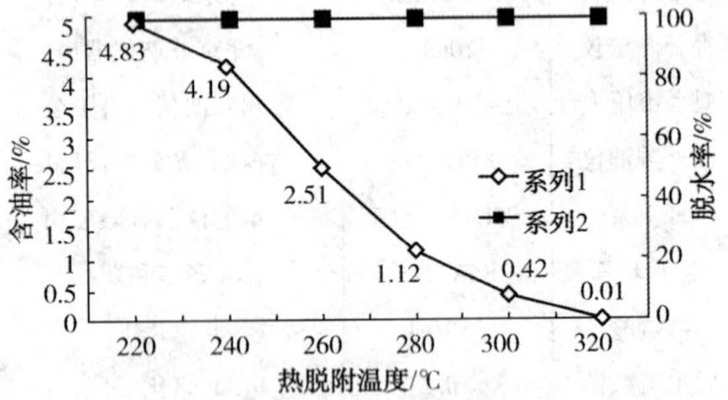

图2 热脱附温度对含油率和脱水率的影响

由图2可知，在热脱附真空度为-0.045MPa条件下，样品经240℃反应120min基本脱除油相中的轻质组分（含油率4.19%），固相含油率曲线迅速降低最后逐渐趋于平稳。由于热脱附温度达到样品初馏点210℃后，经120min恒温处理后，大部分油相已经脱附。当热脱附温度逐渐升高至300℃时，样品固相的含油率为0.42%，达到《钻井废液与岩屑处理管理规定（暂行）》中规定的油基泥浆岩屑固体残含油率<1%的标准。但进一步升高温度至320℃时，样品固相的含油率为0.01%，可见对样品的处理效果无显著提高。而且当热脱附温度过高时会使基础油迅速裂解，导致基础油品质下降，会使回收后的油品在重新配置油基钻井液时的配伍性有一定影响。因此选取300℃为最佳热脱附温度。

2.3.2 热脱附时间对含油率的影响

测试前将油基岩屑充分搅拌均匀后，称取样品6份，在热脱附温度300℃，热脱附真空度为-0.045MPa，热脱附时间分别为10min、30min、60min、90min、120min、150min的条件下考察不同热脱附时间下样品的含油率，实验结果见图3。

由图3可知，减压热脱附实验中，在一定热脱附温度和真空度下，样品处理后的固相含油率曲线随热脱附时间先迅速降低，随后缓慢降低，最后逐渐趋于平稳。在热脱附时间为10min时，

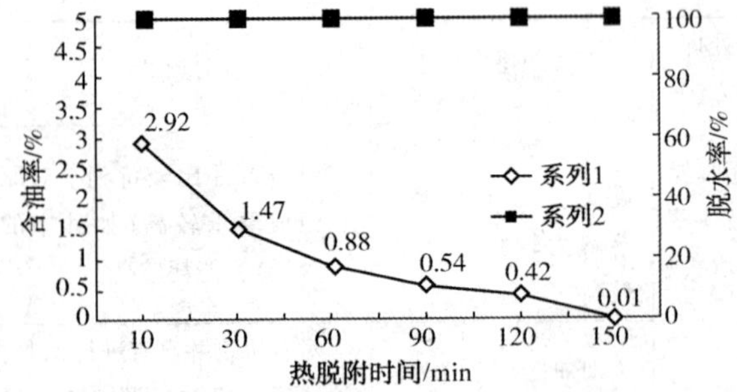

图3 热脱附时间对含油率和脱水率的影响

处理后固相含油率为2.92%，大部分油相已经脱附。可见在减压热脱附实验的加热阶段样品中的大部分基础油已脱附，实验中后期主要为残余的油相及油蒸汽提供克服脱附阻力及驱替阻力的能量。在热脱附时间为30~90min时，处理后固相含油率下降主要是由于样品中的基础油已逐步完全脱附；在热脱附时间为90~150min时，处理后固相含油率下降主要是由于样品中的重质油组分已逐步脱附。当热脱附时间超过120min时，处理后固相的含油率为0.42%。但进一步增加热脱附时间至150min时，处理后固相的含油率为0.01%，对样品的处理效果无显著提高。因此选取120min为最佳热脱附时间。

2.3.3 热脱附真空度对含油率的影响

测试前将油基岩屑充分搅拌均匀后，称取样品6份，在热脱附温度300℃，热脱附时间为120min，热脱附真空度分别为-0.015MPa、-0.025MPa、-0.035MPa、-0.045MPa、-0.055MPa、-0.065MPa的条件下考察不同真空度下样品的含油率，实验结果见图4。

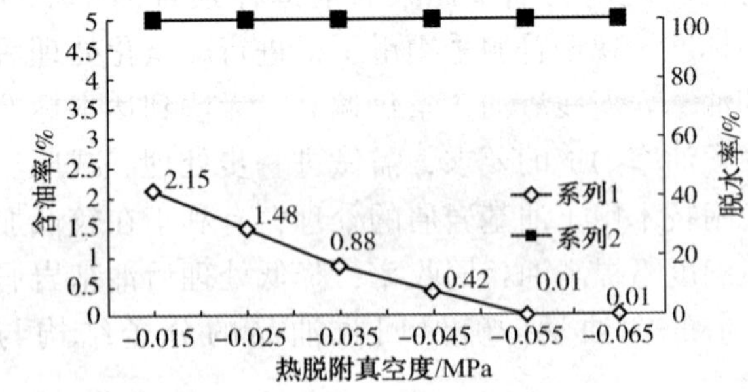

图4 热脱附真空度对含油率和脱水率的影响

图4可知，减压热脱附实验中，在一定热脱附温度和真空度下，样品处理后的固相含油率随热脱附真空度的降低含油率逐渐降低。在热脱附真空度为-0.045MPa时，处理后固相含油率下降

主要是由于样品中的基础油已逐步完全脱附，样品油相的含油率为0.42%；在热脱附真空度为-0.055MPa时，处理后固相含油率已完全脱附，样品油相的含油率为0.01%；但进一步降低热脱附真空度至-0.065MPa时，样品油相的含油率为0.01%，可见对样品的处理效果无提高。因此选取-0.055MPa为最佳热脱附真空度。

2.4 多因素正交实验结果

选取热脱附温度、热脱附时间和热脱附真空度作为正交实验的三个3水平因子。做全面实验需要3*3*3=27次实验，现用L9(3^4)来设计实验方案，只要做9次，工作量减少了2/3，而在一定意义上代表了27次实验。选用L9(3^4)，因子A、B、C可任意地对应于L9(3^4)的某三列，实验按行进行，每一行中各因素的水平组合就是每一次的实验条件，从上到下得到正交实验方案及结果，见表5。

表5 减压热脱附正交实验数据表

实验号	水平组合	因子				实验结果
		A 时间/min	B 温度/℃	C 真空度/MPa	—	
		1	2	3	4	脱油率/%
1	$A_1B_1C_1$	60	260	-0.035	1	84.48
2	$A_1B_2C_2$	60	280	-0.045	2	91.10
3	$A_1B_3C_3$	60	300	-0.055	3	96.95
4	$A_2B_1C_2$	90	260	-0.045	3	86.48
5	$A_2B_2C_3$	90	280	-0.055	1	94.33
6	$A_2B_3C_1$	90	300	-0.035	2	93.90
7	$A_3B_1C_2$	120	260	-0.045	2	88.05
8	$A_3B_2C_1$	120	280	-0.035	3	94.05
9	$A_3B_3C_3$	120	300	-0.055	1	99.95
项目		A 时间/min	B 温度/℃		C 真空度/MPa	
Ⅰ		272.52	259.01		272.42	
Ⅱ		274.71	279.47		277.52	
Ⅲ		282.04	290.80		279.33	
K1		90.84	86.33		90.81	
K2		91.57	93.16		92.51	
K3		94.02	96.94		93.11	
极差 R		3.17	10.60		2.30	
分析较优水平		$A_3B_3C_3$(120min、300℃、-0.055MPa)				
主次因素		BAC(温度、时间、真空度)				

根据正交实验结果可知，在油基岩屑减压热脱附实验过程中考察时间、温度和真空度三个可控变量对实验结果影响的主次因素排序为：

$$B_{温度}>A_{时间}>C_{真空度}$$

根据正交实验得到最优热脱附反应条件为：

$A_3B_3C_3$(120min、300℃、-0.055MPa)

正交实验分析得到的最优反应条件与单因素分析得到的最优反应条件一致，验证了热脱附实验的最佳反应条件。

3 热脱附回收油的分析与利用

3.1 热脱附回收油的分析

油基岩屑经减压热脱附处理后产生固相和液相两种产物，固相主要为地层岩屑、重晶石和少量固体处理剂；液相主要为热脱附得到的油水混合物，经油水分离器分离后即可对油相回收利用。利用气相色谱法对配置油基钻井液用的基础油、260℃和300℃条件下热脱附回收的油相进行分析，通过组分组成及各组分含量横向评价热脱附回收油相的可利用性。基础油、260℃回收油和300℃回收油如图5所示。

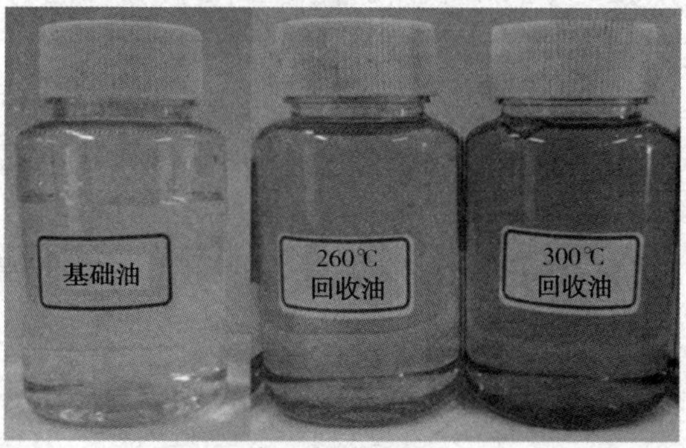

图5 油品对比图

采用气相色谱法对基础油、260℃回收油和300℃回收油进行分析，所的曲线如图6所示。

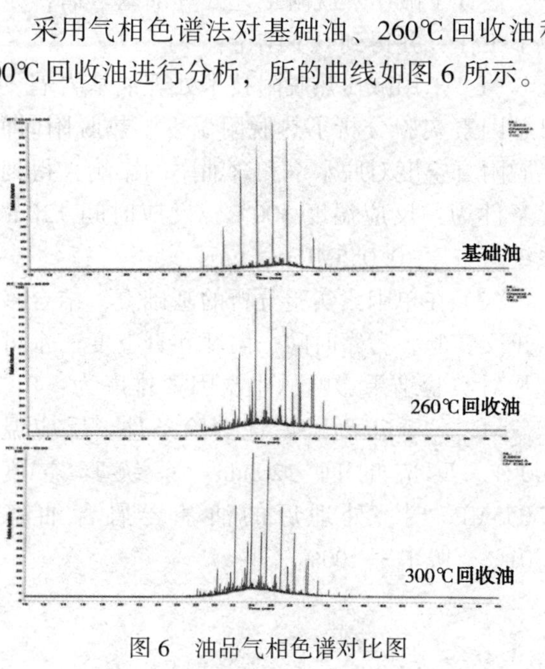

图6 油品气相色谱对比图

通过色谱分析对比，基础油与回收油品仅在 C_{20} ~ C_{26} 存在较大差异，基础油未检出 C_{25} ~ C_{26}。基础油 C_{11} ~ C_{19} 占比 99.19%，热脱附油品 C_{11} ~ C_{19} 占比 93.66%，气相色谱曲线重合度极高，油品组成基本相同。因此将油基岩屑经减压热脱附处理回收的油品用于油基钻井液的配置是可行的。

3.2 减压热脱附回收油品对比实验

对基础油及减压热脱附回收油进行配制油基钻井液的对比实验，按照油水比为 85：15 的油基钻井液配方配制油基钻井液，以验证回收油品是否可作为现场施工配制油基钻井液的基础油，实验数据见表 6。

表 6　油水比 85：15 油品配置油基钻井液对比实验

实验项目：	油品配置油基钻井液对比实验，油水比 85：15											
实验配方：	243ml 基础油+8g 有机土+11.4g 石灰+15.7g 乳化剂+42ml 氯化钙盐水+8.55g 降虑失剂+620g 重晶石											
测试项目：	φ600	φ300	φ200	φ100	φ6	φ3	G10s/G10m	ES/mV	HTHP	PV	YP	YP/PV
基础油热滚老化前	70	40	30	20	6.5	5.5	10/21	1640	—	30	10	0.33
回收油热滚老化前	74	43	32.5	21	7	6	9/20	1621	—	31	12	0.39
基础油热滚老化后（140℃ * 16 小时）	71	44	34	23	9	8	10/20	2047	3.2	27	17	0.63
回收油热滚老化后（140℃ * 16 小时）	77.5	47	35	24	9	8	10/20	2047	4.1	30.5	16.5	0.54

由表 6 可知回收得到的油品配置的油基钻井液与基础油配置的油基钻井液流变性能相近，可以满足钻井液设计中的各项要求，回收得到的油品可作为现场施工作业中配制油基钻井液的基础油使用。

4　总结与讨论

本文以现场采集的油基岩屑为研究对象，以实现随钻处理为目标，达到国家法律标准的前提下，设计了减压热脱附工艺处理油基岩屑，完成以下工作，并得到以下结论：

（1）采用减压热脱附技术处理油基岩屑，通过单因素实验分析了热脱附温度、热脱附时间、热脱附真空度对脱水率和含油率的影响，得到较优条件为：反应温度 300℃，反应时间 120min，系统真空度-0.055MPa。

（2）在单因素实验分析的基础上，结合多因素正交实验，考察时间、温度和真空度三个可控变量对实验结果影响的主次因素排序为：$B_{温度}$ > $A_{时间}$ > $C_{真空度}$。得到了最优实验条件：反应温度 300℃，反应时间 120min，系统真空度 -0.055MPa 时，处理后的油基岩屑含油率为 0.01%，脱水率 100%

（3）对减压热脱附回收油品与基础油进行气相色谱分析，两者气相色谱曲线重合度极高，油品组成基本相同；利用减压热脱附处理回收的油品配制的油基钻井液与基础油各项指标相近，可作为现场施工作业中配制油基钻井液的基础油使用，实现了资源的充分利用，同时实现了油基岩屑的无害化处理。

参　考　文　献

[1] 何敏，张思兰，王丹，等．油基钻屑热解处理技术[J]．环境科学导刊，2017(36)：57-60.

[2] 许毓，史永照，邵奎政，等．废油基钻井液处理及油回收技术研究[J]．油气田环境保护，2007(1)：8-12.

[3] 陈则良，陈忠，陈乔，等．典型页岩气油基钻屑的组成分析及危害评价[J]．环境工程，2017(35)：125-129.

[4] 胡小刚，康涛，柴占文，等．国外钻井岩屑处理技术与国内应用研制分析[J]．石油机械，2009(9)：159-161.

[5] 单海霞，何焕杰，袁华玉，等．油基钻屑处理技术研究进展[J]．河南化工，2012(29)：26-29.

基于流动摩阻分析的射孔参数优化设计新方法

李 进 许 杰 韩耀图 龚 宁 张启龙 贾立新

（中海石油（中国）有限公司天津分公司）

摘 要 射孔完井作为主要的完井方式之一，对套管井沟通储层、解除近井带污染、释放产能尤为重要，射孔参数的合理设计是保障射孔作业效果的关键所在。现有射孔参数设计方法主要通过表皮计算开展射孔参数敏感性分析，依据曲线形态、分布密集程度及变化趋势进行参数设计。由于射孔表皮计算模型未有效考虑射孔孔道流动摩阻的影响，因此无法准确刻画大家对射孔穿深和产能之间关系的认识，依据表皮分析的参数敏感性结果无法确定最优射孔穿深。从流体力学角度出发，将射孔孔道等效为微观意义上的水平井，建立油藏与射孔孔眼流动耦合数学模型，充分考虑射孔孔道流动摩阻的影响，结合 Dikken 优化原则，研究建立了最优射孔穿深确定方法，形成基于最优穿深分析的射孔参数设计新方法。实例分析表明，该方法可为最优射孔穿深的设计提供理论依据，对射孔参数优化设计具有重要意义。

关键词 流动摩阻；流动耦合；最优穿深；敏感性分析；射孔参数；优化设计

射孔作为主要的完井方式之一，是套管井连接储层和井筒的唯一通道，对沟通储层、解除近井带污染、释放产能尤为重要[1-4]。射孔参数的合理设计是保障射孔作业效果的关键所在，目前关于射孔参数的选取和设计方法主要是基于射孔表皮计算的参数敏感性分析，依据不同孔密或孔径下穿深对产能比的影响分析进行参数设计[5-10]。研究发现，孔密、孔径、穿深和相位等射孔参数主要影响的是射孔表皮，其中对敏感性分析曲线形态起决定性作用的是平面流效应表皮[4,6,11-12]，而平面流效应表皮模型是关于穿深的对数函数，事实上根据对数函数的性质，随着穿深的增加，产能比会不断增大，表现出穿深越深对于产能释放越有利的结论。实际上，该结论不符合大家关于射孔穿深超过一定深度后对产能贡献极小的研究认识[2,7-8]，现有方法无法有效设计射孔最佳穿深参数。分析原因在于，现有射孔表皮计算模型未有效考虑射孔孔道流动摩阻的影响[4,6,13-14]，无法准确刻画大家对射孔穿深和产能之间的关系认识。因此，亟需建立基于孔道流动摩阻分析的最佳射孔穿深确定新方法，进一步优化射孔参数设计，对加强套管井产能建设具有重要意义。

1 研究基础

1.1 射孔参数设计方法现状

目前，射孔参数的设计主要基于不同孔径或孔密下穿深对产能比的影响敏感性分析结果[1-4]，如图 1、图 2 所示。敏感性分析的关键在于表皮计算，目前常用的表皮主要有射孔表皮、钻井污染表皮、井斜表皮和打开不完善表皮等[5-12]。其中，对于一口既定的油井，井斜角和打开程度为定值，即井斜表皮和打开不完善表皮为一定值。同时，钻井作业结束后钻井表皮也是一定值，与射孔穿深的关系不大。因此，射孔井随着射孔穿深变化的表皮主要为射孔表皮。

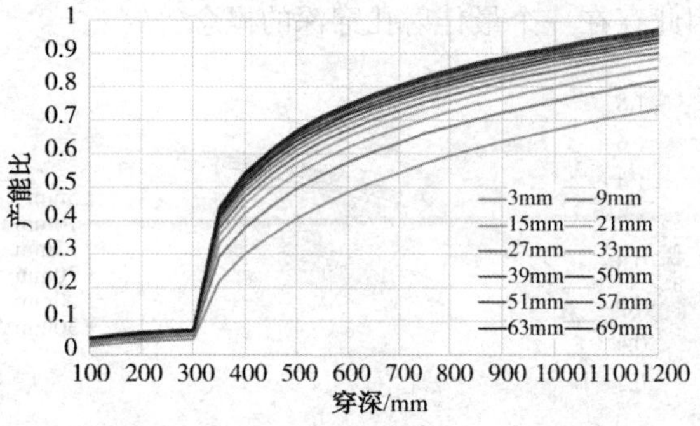

图 1 不同孔径下穿深对产能的影响

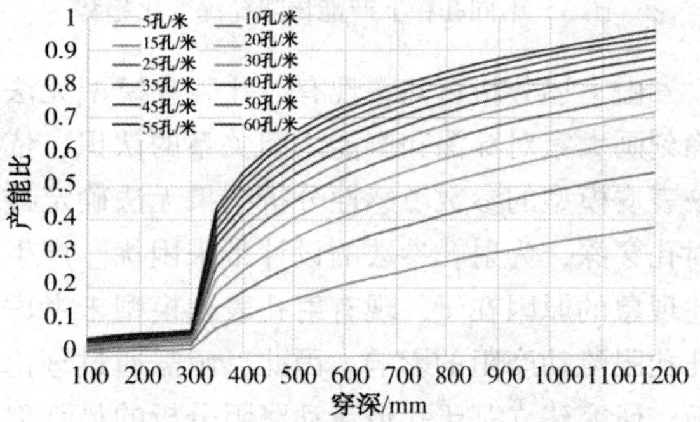

图 2 不同孔密下穿深对产能的影响

研究表明，射孔表皮包括平面流效应表皮、垂向汇聚流表皮、井筒效应表皮和压实带表皮几类[4,6]，分析发现，垂向汇聚流表皮、井筒效应表皮和压实带表皮均为大于0的正值，即会对储层造成伤害，唯一仅有平面流效应表皮(如式(1)、式(2)所示)会随着穿深的变化，可能成为负表皮。

$$S_H=\ln(r_w/r_{we}) \tag{1}$$

$$r_{we}=\begin{cases}\dfrac{1}{4}L_p & \theta=0^o\\ \alpha_\theta(r_w+L_p) & \theta\neq0^o\end{cases} \tag{2}$$

式中，S_H—平面流效应表皮，无量纲；r_w—井眼半径，m；r_{we}—有效井眼半径，m；L_p—射孔穿深，m；θ—相位角，°；α_θ—与相位角相关的参数。

1.2　存在的问题及原因

分析发现，影响参数敏感性分析曲线形态的主要表皮系数为平面流效应表皮，但由式(1)可知，平面流效应表皮模型为对数函数，因此当把射孔穿深无限增加后，参数敏感性分析的曲线形态会随着穿深的增加一直增加，即使计算到12000mm深度，产能比同样呈类似线性曲线上升趋势(如图3、图4所示)。该结论明显不符合大家对于射孔穿深和产能的研究认识：当射孔穿深达到某一阀限值时，穿深对于产能的贡献较小，因此存在一个最佳射孔穿深的概念[2,7-8]。

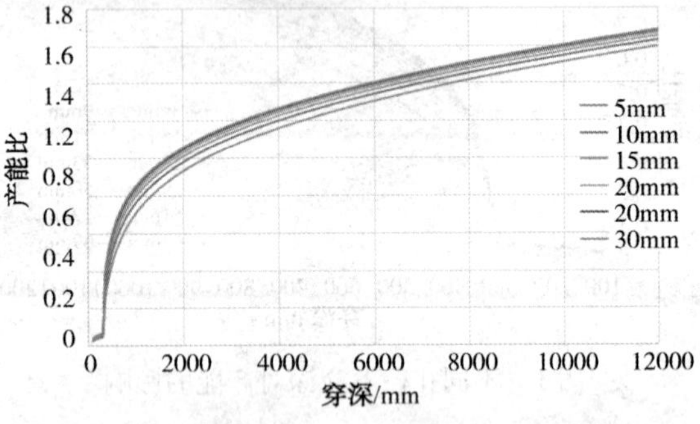

图3　不同孔径下产能比随穿深变化趋势

由上述分析可知，现有射孔表皮模型无法准确刻画大家对穿深和产能之间关系的认识，依据该表皮模型的参数敏感性分析结果无法确定最优射孔穿深，为射孔参数的设计带来困扰。产生上述现象的原因在于，现有射孔表皮模型未考虑射孔孔眼流动摩阻的影响。因此，亟需通过理论创新，研究建立基于孔道流动摩阻分析的最佳射孔穿深确定新方法，为最佳射孔穿深的设计提供理论依据。

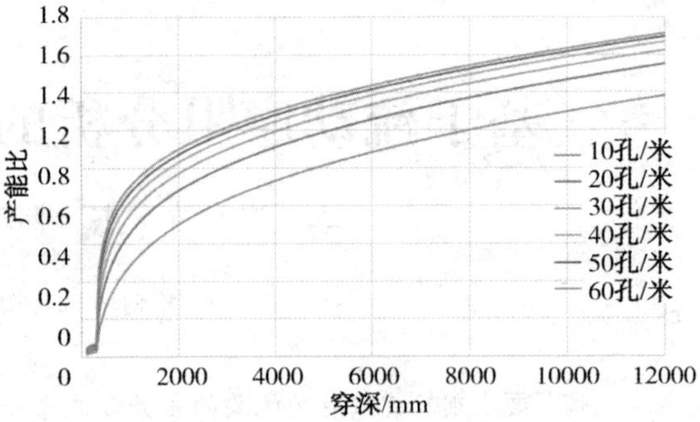

图4　不同孔密下产能比随穿深变化趋势

2　模型描述

2.1　油藏内流动

将单个射孔孔道等效为一个微观角度上的水平井裸眼水平段[13-17]，油藏到射孔孔道的流动可用如下方程描述[18,19]：

$$q_s(x)=J_s[p_e-p_w(x)] \tag{3}$$

式中，$q_s(x)$—单位长度射孔段上流入孔道的流量，m^3/d；p_e—油藏边界压力，MPa；$p_w(x)$—孔道内压力，MPa；J_s—射孔段的生产指数，$m^3/(d\cdot MPa)$。

类比单位长度水平井采油指数方程[20]，可得射孔段采油指数为：

$$J_s=\frac{0.543\sqrt{K_hK_v}}{\mu_oB_o}\cdot\frac{1}{\ln\dfrac{4\beta h_o}{\pi r_w}+\ln\left(tg\dfrac{\pi Z_w}{2h_o}\right)} \tag{4}$$

式中，K_h—径向渗透率，mD；K_v—垂向渗透率，mD；μ_o—原油黏度，mPa·s；B_o—原油体积系数，无量纲；r_w—井眼半径，m；$\beta=K_h/K_v$，径向渗透率和垂向渗透率比值，无量纲；Z_w—孔眼距离油藏顶部的距离，m；h_o—油藏厚度，m。

2.2　考虑流动摩阻的射孔孔道内流动

假定射孔孔道内流体为单相紊流流动[19,21]，流入孔道的流体呈均匀流动，孔道渗流的物理模型如图5所示。

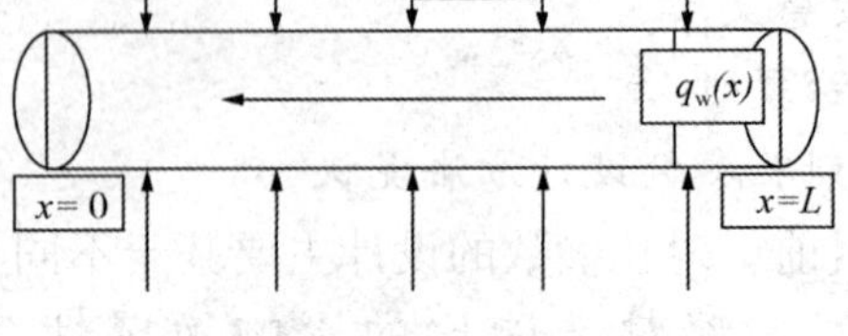

图5　油藏与射孔孔道耦合流动示意图

依据上述流动模型，采用体积平衡方法耦合油藏内流动和射孔孔道内流动，得 x 处的流动耦合方程：

$$\frac{\mathrm{d}[q_w(x)]}{\mathrm{d}x}=-q_s(x) \tag{5}$$

式中，$q_w(x)$—射孔孔道中某一位置 x 处的流量，m^3/d。

式(5)中"—"表示流体流动方向。从射孔孔道角度而言，可将射孔孔道看作为无限外边界油藏中的水平井，因此存在如下边界条件：

$$\lim_{x\to\infty} p_w(x)=p_e \tag{6}$$

$$\lim_{x\to 0} p_w(x)=p_{wf} \tag{7}$$

式中，p_{wf}—井底流压，MPa。

式(6)、式(7)可做如下等效变换：

$$\lim_{x\to\infty}\frac{q_w(x)}{dx}=0 \tag{8}$$

$$\lim_{x\to\infty}\frac{q_w(x)}{dx}=-J_s\Delta p=-J_s(p_e-p_{wf})=-C \tag{9}$$

射孔后整个射孔段打开采油，该情况等效类似于裸眼完井、割缝衬管或割缝筛管完井的水平井[19,22]。因此，射孔孔道内压力梯度方程为：

$$\frac{\mathrm{d}p_w(x)}{\mathrm{d}(x/d)}=1.34\times10^{-13}\times4f\frac{\rho_o v_x^2}{2} \tag{10}$$

式中，f—摩擦系数，无因次；ρ_o—原油密度，g/cm^3；v_x—孔道内任意 x 位置处的流速，m/s。

式(10)可变形为：

$$\frac{\mathrm{d}p_w(x)}{\mathrm{d}x}=1.086\times10^{-13}\times4f\frac{\rho_o q_w^2(x)}{d^5} \tag{11}$$

依据 Dikken 对水平段内摩擦阻力损失的研究，认为在完全紊流区对于某一确定孔眼工况的摩擦系数为一个常数[23]：

$$4f=\frac{1}{4\log^2(\varepsilon/3.7d)} \tag{12}$$

式中，ε—射孔孔道粗糙度，m；d—射孔孔道直径，m。

2.3 油藏—射孔孔道流动耦合数学模型

分别对式(3)和式(5)求导，可得：

$$\frac{\mathrm{d}[q_s(x)]}{\mathrm{d}x}+J_s\frac{\mathrm{d}[p_w(x)]}{\mathrm{d}x}=0 \tag{13}$$

$$\frac{\mathrm{d}^2[q_w(x)]}{\mathrm{d}x^2}+\frac{\mathrm{d}[q_s(x)]}{\mathrm{d}x}=0 \tag{14}$$

由式(13)和式(14)可得：

$$\frac{\mathrm{d}^2[q_w(x)]}{\mathrm{d}x^2}-J_s\frac{\mathrm{d}[p_w(x)]}{\mathrm{d}x}=0 \tag{15}$$

将式(11)、式(12)代入式(15)，并令：

$$\lambda=\frac{2.715\times10^{-14}\rho_o}{d^5\lg^2(\varepsilon/3.7d)} \tag{16}$$

得到：

$$\frac{\mathrm{d}^2[q_w(x)]}{\mathrm{d}x^2}-\lambda J_s q_w^2(x)=0 \tag{17}$$

应用边界条件式(8)、式(9)，可计算得到射孔长度趋于无穷大时的解析解：

$$q_w(x)=\left[\sqrt{\frac{\lambda J_s}{6}}x+\left(\sqrt{\frac{3}{2\lambda J_s}}C\right)^{-1/3}\right]^{-2} \tag{18}$$

2.4 最佳射孔穿深优化确定方法

式(18)中 $q_w(x)$ 表示的产量为 $x>x'$ 的总产量，x' 为射孔孔道某一位置。当射孔孔道穿深为 L 时，对应的产量为：

$$Q_o=q_w(0)-q_w(L) \tag{19}$$

若不考虑流体在射孔孔道内流动时流动摩阻的影响，则射孔孔道的产量随射孔孔道的穿深呈线性增加，此时的产量为：

$$Q_o'=J_sL\Delta p \tag{20}$$

采用上述模型，依据 Dikken 关于最优长度的优化原则即可确定射孔孔道的最佳长度[19,20,23]。该优化原则定义最优长度是当射孔孔道流动摩擦损失减少了 20% 产能时的长度，即：

$$Q_o/Q_o'=0.8 \tag{21}$$

按照上式进行求解计算，即可得到 Dikken 优化原则下的最优射孔穿深。

3 基于最优穿深分析的参数优化新方法

基于流动摩阻分析的最佳射孔穿深确定，建立射孔参数优化设计新方法(图 6)，具体流程如下：

(1) 采用上述最佳射孔穿深确定方法，绘制不同孔径条件下产量与射孔穿深的变化曲线图(记为图 A)，确定不同孔径下对应的最佳射孔穿深；

(2) 按照式(22)分析不同孔径或不同孔密下穿深对产能比的影响敏感性，并作图，分别记为图 B、图 C。

$$PRI=\frac{\ln(r_e/r_w)}{\ln(r_e/r_w)+S_t} \tag{22}$$

式中，PRI—产能比，无量纲；S_t—油井总表皮，具体包括射孔表皮、钻井表皮的影响、井斜表皮和打开不完善表皮。

(3) 由图 A 和图 B 综合分析，观察曲线分布趋势和密集程度，首先确定射孔孔径大小。在此基础上，结合第一步结果，确定最佳射孔穿深；

(4) 观察不同孔密下穿深对产能比的影响敏感性趋势(图 C)，确定射孔孔密参数范围；

(5) 优化设计得到的射孔参数范围是参数低限，以此为依据优选符合参数范围的射孔弹，确保射孔效果。

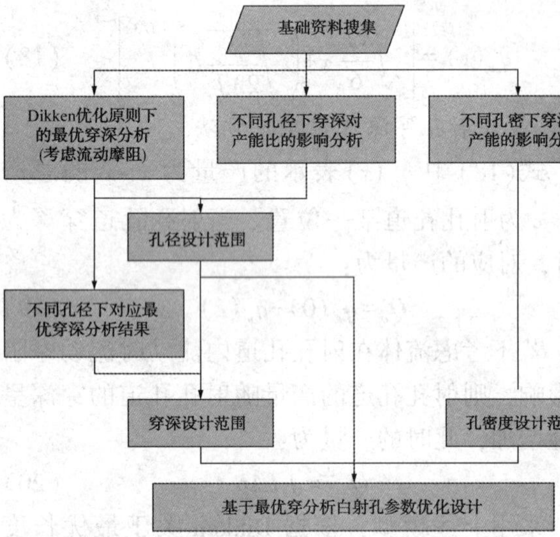

图 6 基于最优穿深分析的射孔参数优化设计新方法

4 实例分析

以某一区块馆陶组储层定向井射孔参数设计为例，该区块定向井均为 9-5/8″套管完井的二开井身结构，目的层位馆陶组 II 油组，基础参数见表 1 所示。

表 1 某区块馆陶组储层基础参数

参数	数值	参数	数值
原油密度/(g/cm^3)	0.85	井眼直径/mm	311.15
生产压差/MPa	2.5	井斜角/°	23.21
水平渗透率/mD	178	孔隙度/%	26.8
垂直渗透率/mD	22.5	原油体积系数	1.056

由表 1 参数，按照基于最优穿深分析的射孔参数优化设计新方法，作出不同孔径下产能和射孔穿深的关系曲线，如图 7 所示，并确定不同孔径所对应的最优穿深。同时，采用传统的分析方法作出不同孔径和不同孔密条件下射孔穿深对产能比的影响敏感性分析图，如图 8、图 9 所示。

采用上述最优射孔穿深确定新方法，设计馆陶组储层射孔参数范围：由图 7、图 8 可知，孔

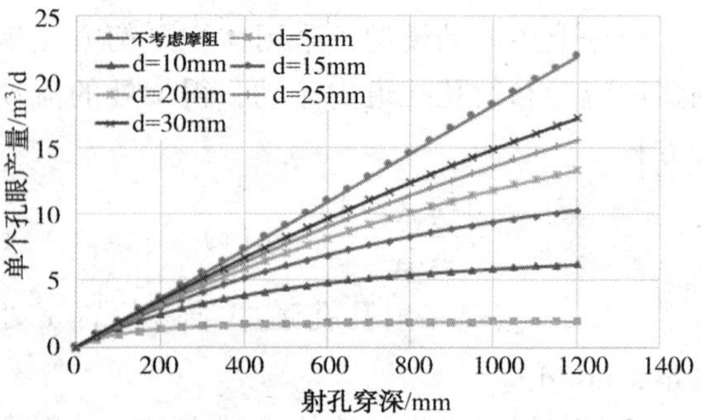

图 7 馆陶组储层 Dikken 优化原则下的最佳射孔穿深分析图

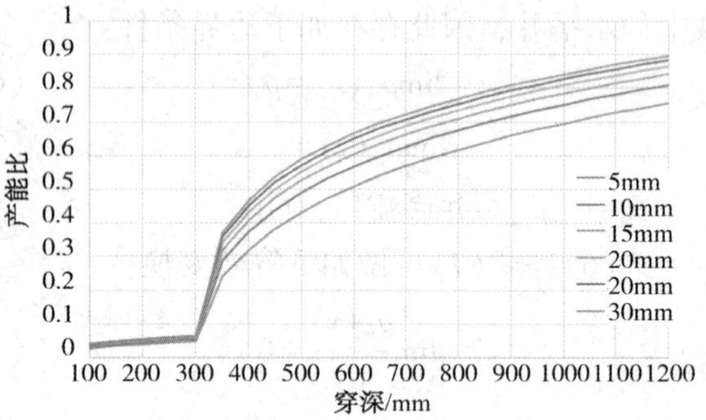

图 8 不同孔径下穿深对产能的影响敏感性

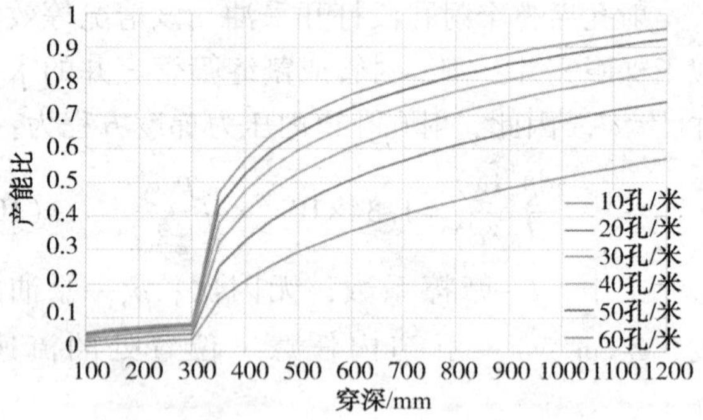

图 9 不同孔密下穿深对产能的影响敏感性

径由小到大，曲线分布密集程度由稀疏到密集变化，当孔径大于 20mm 时，进一步增大孔径，对于产能的影响较小，因此确定射孔孔径需大于 20mm；确定射孔孔径后，由图 7 可知，20mm 孔径对应最优穿深最低为 600mm，因此设计射孔穿深≥600mm，同时可根据实际射孔弹选型，结合图 7 进一步优化射孔穿深；由图 9 可知，和射孔孔径设计类似，孔密由低到高，曲线分布逐渐密集，设计射孔孔密 40 孔/米，对应射孔相位 45°/135°。该区块馆陶组定向井优化设计后的射孔参数如表 2 所示，建议选择大孔径射孔弹。

表 2 某区块馆陶组储层射孔参数优化设计结果

套管尺寸	射孔枪尺寸	孔径/mm	孔密(孔/米)	相位/°	穿深/mm
9-5/8″	7″	≥20	40	45/135	600

从设计结果来看，若单纯采用传统的设计方法，采用图8、图9难以对射孔穿深进行优化设计，因为从敏感性分析结果来看，产能比始终随着穿深的增加而快速增大。因此，研究形成的基于最优穿深分析的射孔参数优化设计新方法可为最优射孔穿深的设计提供理论依据。

5 结论与建议

（1）针对射孔参数敏感性分析无法有效优化射孔穿深设计的问题，充分考虑射孔孔道流动摩阻的影响，研究建立了基于流动摩阻分析的最优射孔穿深设计新方法。

（2）在最优穿深优化设计新方法研究基础上，综合考虑射孔表皮、钻井表皮、井斜表皮和打开不完善表皮模型，开展射孔参数敏感性分析，形成射孔参数优化设计新思路。

（3）实例分析表明，该方法可为最优射孔穿深的设计提供理论依据，有助于射孔参数的优化与设计。

参 考 文 献

[1] 万仁傅．现代完井工程(第三版)[M]．北京：石油工业出版社，2007.

[2] 吴飞鹏，蒲春生，陈德春，等．射孔油井产能计算模型研究[J]．石油钻探技术，2008，36(1)：69-72.

[3] 李龙龙，吴明录，姚军，等．射孔水平井产能预测方法[J]．油气地质与采收率，2014，21(2)：45-50.

[4] 熊友明，潘迎德．各种射孔系列完井方式下水平井产能预测研究[J]．西南石油学院学报，1996，18(2)：56-62.

[5] 潘迎德，唐愉拉，冯跃平．射孔完井的产能预测及射孔参数优化设计[J]．石油学报，1991，12(2)：61-71.

[6] 陈勇光，吴晓东，安永生，等．各向异性油藏定向井射孔完井表皮因子模型研究[J]．石油钻采工艺，2009，31(1)：42-46.

[7] 唐海军，徐贵春，段志刚，等．水平井射孔完井产能预测研究与应用[J]．石油钻采工艺，2010，32(3)：27-32.

[8] 安永生，柳文莉，祁香文．射孔完井参数对水平井产量的影响[J]．断块油气田，2011，18(4)：520-523.

[9] 郭世慧，王晓冬．大斜度井两种计算产能和表皮系数方法的对比与讨论[J]．油气井测试，2008，17(4)：21-23.

[10] 祝金利，李德海，姜汉桥，等．影响水平井射孔完井产能的多因素分析[J]．西南石油大学学报(自然科学版)，2008，30(2)：97-100.

[11] 孙溪涛．射孔孔眼表皮系数的计算与分析[J]．测井技术，2003，27(增刊)：36-38.

[12] 陈元千，阎为格．表皮系数的分解方法[J]．断块油气田，2003，10(6)：32-35.

[13] 范子菲，方宏长，俞国凡．水平井水平段最优长度设计方法研究[J]．石油学报，1997，18(1)：55-62.

[14] 胡月亭，周煜辉，苏义脑，等．水平井水平段长度优化设计方法[J]．石油学报，2000，21(4)：80-86.

[15] 符奇，张烈辉，胡书勇，等．底水油藏水平井水平段合理位置及长度的确定[J]．石油钻采工艺，2009，31(1)：51-55.

[16] 柳毓松，廉培庆，同登科，等．利用遗传算法进行水平井水平段长度优化设计[J]．石油学报，2000，21(4)：80-86.

[17] 聂延波，李晓平，宋代诗雨．水平井段优化设计方法综述[J]．西部探矿工程，2011，5：82-84.

[18] 陈海龙，李晓平，李其正．水平井段最优长度的确定方法研究[J]．西南石油学院学报，2003，25(1)：47-48，61.

[19] 王大为，李晓平．水平井水平段长度优化原则[J]．新疆石油地质，2011，32(2)：164-166.

[20] 梁冠明，周生田．水平井筒摩擦压降对井产能的影响[J]．断块油气田，2007，14(5)：53-55，66.

[21] 李晓平，张烈辉，李允，等．水平井井筒内压力产量变化规律研究[J]．水动力学研究与进展，2005，20(4)：492-496.

[22] 代磊，黄全华，杨颖．水平井水平段长度计算研究[J]．重庆科技学院学报(自然科学版)，2010，12(2)：68-70.

[23] Dikken B J. Pressure drop in horizontal wells and its effects on their production performance [C]. SPE 19824, 1990. https://doi.org/10.2118/19824-PA.

塔里木山前地区超高温高密度试油完井液的研究及应用

叶　艳[1]　张謦文[1]　周梦秋[2]　吴晓龙[1]

(1. 中国石油大学(北京)；2. 塔里木油田分公司)

摘　要　针对目前超深井完井作业日益增加的超高温高压完井需求，引入高温保护剂YJK在超微高密度完井液体系基础上，形成了抗温能力达210℃的超高温高密度试油完井液，该体系密度为1.8g/cm³时，在室内210℃高温静止老化15d后测得沉实值仅2.03N，流变性能良好稳定。室内同时评价了形成的超高温高密度试油完井液与高密度油基钻井液、有机盐测试液以及除硫剂的配伍性，测试结果表明，基于超微体系的超高温高密度试油完井液的适应性良好，与高密度油基钻井液1∶1混合后流动性仍然良好，有效解决了工作液在超深井完井作业中的抗污染难题。研发的超高温高密度试油完井液在塔里木油田山前地区18口井中成功完成了水基/油基钻井液的试油完井作业，应用井最高温度达190℃，最高密度达2.27g/cm³，井下高温静置时间最长达22d，该完井液作业后的开通泵压均在0.5-3.5MPa之间，相比直接用钻井液改造的完井液作业开泵泵压降低了58%~233%，现场应用效果表明，超微高密度完井液体系在超深井高温超高温的钻完井作业中具有巨大的应用前景。

关键词　试油完井；超高温；高密度油基钻井液；除硫剂；配伍性

1　引言

塔里木油田山前地区作业对象均为高温高压超深井，井深多达7000m以上，井温多在150℃~190℃，克深某井更是高达210℃，而且地层压力系数高，井身结构复杂，在进行裸眼测试或完井套管测试等试油作业时，试油作业周期多长达10~20d，高密度试油完井工作液面临着长时间高温静止沉降稳定性的难题。一般深井试油完井液体系是在现场将该井钻井液经过改性调整转化而来，但高密度钻井液在长时间的井下高温试油周期中极易出现处理剂高温失效、加重材料沉降，配伍性不佳等问题，从而导致试油作业出现沉淀段塞，解封封隔器困难、射孔传压困难等情况[1-3]，严重时甚至导致井眼报废。因此，山前地区深井超深井试油作业对工作液提出了更高的要求。

经过多年的实践与摸索，在前期形成的超微试油完井液体系[4-6]基础上引入高温保护剂YJK[7-8]，它是一种由十二烷基苯磺酸钠、丙烯酸和有机硅聚合物组成的混合物，可将超微试油完井液体系的抗温能力进一步提升至210℃，同时保持良好的沉降稳定性，与有机盐钻井液及油基钻井液均有良好的配伍性。在塔里木油田山前地区高温高压试油作业应用过程中，该体系已经成功应用十多口井，其中使用的作业井中最大井深达7558m，最高温度达190℃，最高密度达2.27g/cm³，在井下高温静置长达22d，试油完井液仍然保持较好的流变稳定性，射孔、坐封、测试、放喷、解封一次成功，未发生任何沉淀和异常。

2　超高温高密度试油完井液的性能评价

2.1　超高温高密度试油完井液的抗温性能

随着塔里木油田山前地区勘探开发不断向超深层进军，该区深井超深井试油作业井下温度都在150℃以上，近年来部分探井温度高达190℃~210℃，之前的超微完井液体系已不能满足于山前地区的作业要求。因此，在原超微完井液配方基础上，为提高工作液抗温性能，引入高效的高温保护剂YJK，使得体系的抗温能力达到210℃，加入高温保护剂的同时，还需要保证工作液流变性和长时间静止高温沉降稳定性的良好稳定。

室内在190℃和210℃两种温度下对超高温高密度试油完井液的性能进行了评价，将待测样品装在老化罐中在一定温度下分别静置3、5、10、15天，按照水基钻井液测试程序(GB/T 16783—2012)测其流变性能，测试所得数据见表1和表2。1#：高温高密度超微试油完井液(ρ：1.80g/cm³)

2#：超高温高密度超微试油完井液+0.2% YJK(ρ：1.80g/cm³)

3#：超高温高密度超微试油完井液+0.5% YJK（ρ：1.80g/cm³）

表 1　超高温高密度超微试油完井液的流变性能-190℃

编号	测试方法	测试条件	AV/(mPa·s)	PV/(mPa·s)	YP/Pa	G_{10S}/G_{10min}/(Pa/Pa)
1#	老化前	常温	28	21	7	5.5/11
	老化后	190℃/3d	28	22	6	6/11.5
		190℃/5d	29.5	22	7.5	6/12
		190℃/10d	36	26	10	7.5/15
		190℃/15d	49	32	17	12/27
2#	老化前	常温	29	23	6	6/11
	老化后	190℃/3d	30	23	7	5.5/12
		190℃/5d	35.5	27	8.5	6/13
		190℃/10d	40	29	11	7.5/15
		190℃/15d	48	33	15	10/18
3#	老化前	常温	29	23	6	6.5/12
	老化后	190℃/3d	29.5	22	6.5	6/11
		190℃/5d	31	25	6	7.0/13
		190℃/10d	37	30	7	6.5/13
		190℃/15d	35	29	6	7/13

表 2　超高温高密度超微试油完井液的流变性能-210℃

编号	测试方法	测试条件	AV/(mPa·s)	PV/(mPa·s)	YP/Pa	G_{10S}/G_{10min}/(Pa/Pa)
1#	老化前	常温	28.5	22	6.5	5.5/15
	老化后	210℃/3d	26.5	18	8.5	9/18.5
		210℃/5d	35.5	21	14.5	11.5/19
		210℃/10d	45	26	19	15/25
		210℃/15d	59	36	23	18/31
2#	老化前	常温	29	25	4	6/13
	老化后	210℃/3d	30	24	6	7.5/14
		210℃/5d	35.5	27	8.5	8/13
		210℃/10d	43	32	11	9.5/15
		210℃/15d	52	36	16	12/18
3#	老化前	常温	29	24	5	6.5/12
	老化后	210℃/3d	29.5	24	5	4/10
		210℃/5d	34	28	6	5.5/13
		210℃/10d	37	30	7	6.5/13
		210℃/15d	35	29	6	6/13

分析表 1 和表 2 中的超高温高密度试油完井液的流变性能数据，对比其在不同温度下完井液在老化 15d 前后的流变性图（图 1 所示）可以看出，在 190℃和 210℃两种温度下，未添加高温保护剂 YJK 的完井液经 15d 的高温老化后，黏切大大增加，终切达到 30Pa，流动性变差；对于添加了 0.5%高温保护剂 YJK 的完井液经 15 天的高温老化后，黏切相比老化前仅略有增加，仍然具有良好的流动性；表明高温保护剂 YJK 的加入有效提高了完井液的抗高温能力。

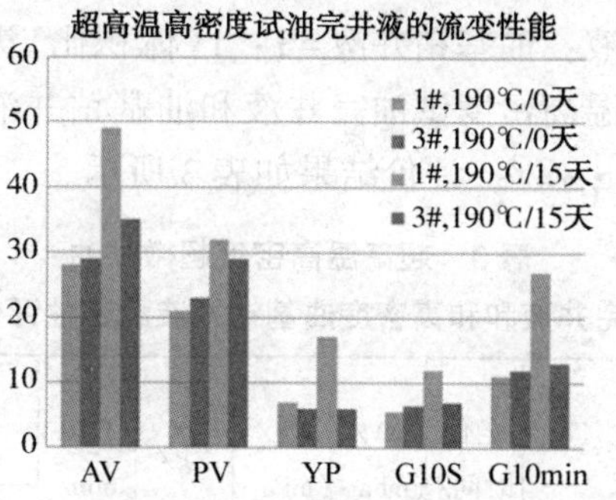

图 1　超高温高密度试油完井液 15d 高温老化前后性能对比图

2.2　超高温高密度试油完井液的沉降稳定性

沉降稳定性是高密度完井液能否在现场成功使用的重要指标之一。评价沉降稳定性时，采用自制的沉降稳定性针入测试仪[9]，在相同的下降速度下，测量高温静止老化后工作液在罐底沉积物硬度；探针测试过程中，传感器显示摩擦力值，摩擦力数值越大表明沉降越严重。

分别在 190℃和 210℃下测试加入高温保护剂的高密度试油完井液沉降稳定性，即将待测样品装在老化罐中在一定温度下分别静置 3、5、10、15d，测试不同静置天数下的沉降稳定值，评价结果如图 2 所示。

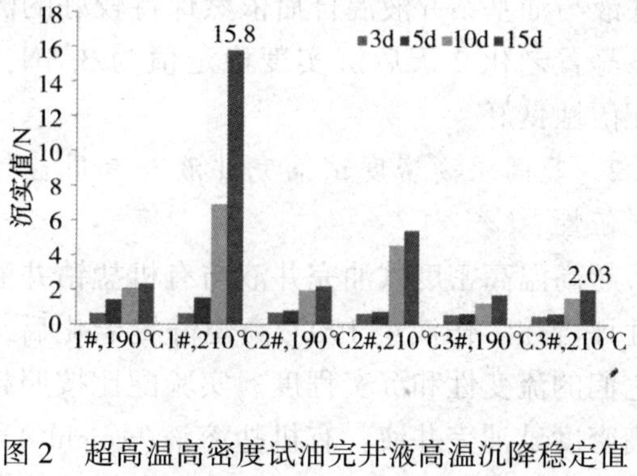

图 2　超高温高密度试油完井液高温沉降稳定值

从图 2 可以看出，在 210℃下，添加了高温保护剂 YJK 的完井液经 15d 的高温老化后，沉实值由原来的15.8N降为2.03N，大大提高了高密度试油完井液的稳定性。

2.3　超高温高密度超微试油完井液的配伍性

2.3.1　超高温高密度超微试油完井液和高密度油基钻井液的配伍性

超高温高密度试油完井液和高密度油基钻井液的配伍性评价实验是在两种体系混合前后，分别经190℃高温静置老化，然后测试流变性和沉实性。实验配比按照如下进行：超高温高密度试油完井液：油基钻井液=1：1(体积比)进行，其中超高温高密度试油完井液和油基钻井液密度均为1.95g/cm³，评价结果如表3所示。

表3　超高温高密度超微试油完井液和和高密度油基钻井液配伍性评价

工作液	老化时间/d	AV/(mPa·s)	PV/(mPa·s)	YP/Pa	G10s/G10min/(Pa/Pa)	平均沉实程度/N	
						最大值	稳定值
油基钻井液	老化前	47	32	15	3/15	/	/
超高温高密度超微试油完井液	老化前	15	10	5	3.5/6	/	/
超高温高密度试油完井液：油基钻井液=1：1	老化前	25	11	4	3/5.5	/	/
	6hr	25.5	10	5.5	3/6	1.69	1.35
	12hr	27	21	6	3.5/6	1.64	1.33
	24hr	29.5	22	7.5	4/6.5	1.94	1.87
	36hr	35	25	10	6.5/9	2.78	2.43
	48hr	44	35	9	6/8.5	3.83	3.51

由表3的评价结果可知，超高温高密度试油完井液与油基钻井液混合后依然保持较好的流变性，静置老化2天后沉实度稳定值为3.5N，二者配伍性良好。

2.3.2　超高温高密度试油完井液与有机盐钻井液配伍性

超高温高密度试油完井液与有机盐钻井液配伍性评价在工作液经190℃高温静置老化后，测试它们的流变性和沉实程度。实验配比按照超高温高密度试油完井液：有机盐溶液(weight)=1：1(体积比)进行，其中1#超高温高密度试油完井液密度：1.95g/cm³；有机盐溶液密度：1.35g/cm³，混合密度：1.65g/cm³，评价结果如表4所示。

表4　超高温高密度试油完井液与有机盐钻井液的配伍性评价

天数/d	AV/(mPa·s)	PV/(mPa·s)	YP/Pa	G_{10S}/G_{10min}/Pa/Pa	平均沉实程度/N	
					最大值	稳定值
老化前	5.0	4.0	1.0	1.0/2.5	/	/
1d	13.5	7.0	6.5	5.0/6.0	0.36	0.30
3d	13.5	6.0	7.5	5.0/6.0	0.40	0.30
5d	13.0	6.0	7.0	4.0/4.5	0.39	0.27

2.3.3　超高温高密度试油完井液与除硫剂的配伍性

山前地区部分超深井为含硫气井，放喷时取样口硫化氢含量28000-30000ppm，因此需要试油完井液具有防硫除硫功能。本研究进行了超高温高密度试油完井液体系与除硫剂GH-95的配伍性评价，工作液中除硫剂加量为2%，超高温高密度试油完井液密度均为1.95g/cm³，经190℃高温静置老化后，测试它们的流变性和沉实性，评价结果见图3。评价结果显示，加除硫剂后体系保持良好流变性，沉降稳定值稳定，二者配伍性良好，现场施工时，在高密度试油完井液中直接加入除硫剂，循环进出口性能无变化，满足了现场应用需求。

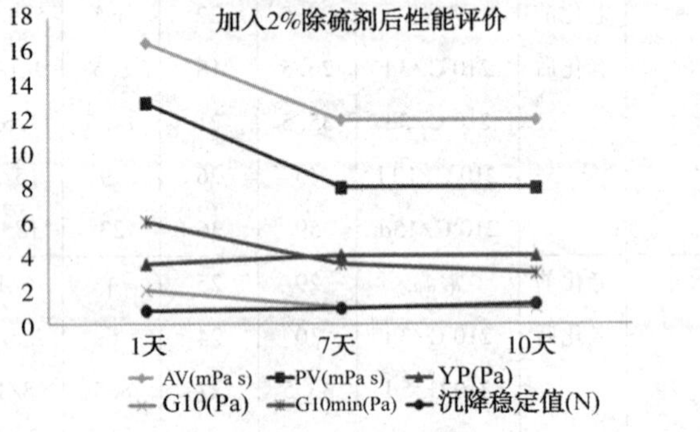

图3　超高温高密度试油完井液与除硫剂的配伍性

3　超高温高密度试油完井液的现场应用

高密度试油完井液在塔里木油田山前地区已经成功应用了18井次[10]，其中有两口井因为井下温度大于180℃采用了油基钻井液进行了钻井作业。在水基钻井液完井作业的十余口井中(见表5)，井深最深7135m，井底温度最高达173℃，高密度试油完井液的密度最高2.27g/cm³。油基钻井液完井作业的井中，井深最深

7558m，井底温度最高达 190℃，高密度试油完井液的密度 2.05g/cm^3，部分现场施工井统计结果见表 5。

克深区应用 8#、9#井为首次尝试使用高温高密度试油完井液应用于油基钻井液完井作业并一次性成功完成施工，其中 8#高温高密度试油完井液密度 1.93g/cm^3，漏斗黏度 45s，高温高密度试油完井液在井下高温静止 120h，试油完井液从替入到替出井眼累积 339h（14 天 3 小时），经起下管柱、校深和坐封，稳定性良好。测试酸化后 6mm 油嘴地面放喷求产，获高产油气流，折日产气 489344m^3；9#高温高密度试油完井液在井下高温静止 120h，试油完井液从替入到替出井眼累积 174h（7 天 6 小时），经起下管柱、校深和坐封，稳定性良好。测试酸化后 5mm 油嘴地面放喷求产，获高产油气流，折日产气 305026m^3，日产油 19.2m^3。从现场施工情况表 6 中可以看出，在长时间高温静止试油作业工况下，开通泵压在 0.5-3.5MPa 之间，比原井浆降低 44%-233%，保证井下工具安全。

表 5 现场施工统计

参数＼井号	1#	2#	3#	4#	5#	6#	7#	8#	9#	10#
密度/（g/cm^3）	2.15	1.83	2.27	1.96	2.10	2.02	2.05	1.93	2.05	1.95
井深/m	4939	7135	6327	6419	5125	6100	5747	7558	6182	7496
井底温度/℃	160	163	173	160	160	160	160	190	150	180
施工时间/天	45	31	63	16	82	55	35	22	16	13

表 6 部分应用井综合应用施工情况

井号	井深/m	高温高密度试油完井液性能						开通泵压/MPa	排量/（L/s）	泵压/Mpa
		ρ/（g/cm^3）	T/s	AV/（mpa·s）	PV/（mpa·s）	YP/Pa	G10s/G10min/（Pa/Pa）			
DB 某井	5607	1.75	32	12.0	9.0	3.0	2.0/4.0	0.5	4-6	5-7
2#	7135	1.83	32	11.0	9.0	2.0	1.5/4.5	1.0	6	8
3#	6327	2.27	40	39	28	11	3/10	3.5	8	10
8#	7558	1.93	44	34	24	10	3/7.5	3.0	12	14
10#	7496	1.95	38	17	14	3	1.5/3	4.0	2	5

4 结论

（1）引入高温保护剂 YJK 的超高温高密度超微试油完井液抗温能力达 210℃，1.8g/cm^{3}的完井液流变性能好，高温沉实值为 2.03N，大大提高了高温高密度试油完井液的稳定性。

（2）超高温高密度试油完井液与有机盐钻井液、油基钻井液以及除硫剂 GH-95 配伍适应性良好，有效的解决了工作液的抗污染问题，可同时应用于水基钻井液和油基钻井液的试油完井施工作业。

（3）在塔里木油田山前地区，超高温高密度试油完井液在近 20 口井中成功完成了水基/油基的试油完井作业，作业后开通泵压在 0.5-3.5MPa 之间，比原井浆降低 44%-233%，保证井下工具安全，同时获得高产油气流，说明超高温高密度试油完井液对于高温超深井试油作业具有广阔的现场应用价值。

参 考 文 献

[1] 窦益华，许爱荣，张福祥，张绍礼．高温高压深井试油完井问题综述[J]．石油机械．2008 年 Vol.6（9）：140-142.

[2] 杨勇，罗鸣，魏安超，韩成，李祝军．南海莺琼盆地高温高压井测试液的研究与应用[J]．钻井液与完井液，2018，35(03)：124-128.

[3] 汪海阁，葛云华，石林．深井超深井钻完井技术现状、挑战和“十三五”发展方向[J]．天然气工业，2017，37(04)：1-8.

[4] 杨泽星，孙金声．高温（220℃）高密度（2.3g/cm^3）水基钻井液技术研究[J]．钻井液与完井液，2007，24(5)：15-17.

[5] 叶艳，尹达，张謦文，等．超微粉体加重高密度油基钻井液的性能[J]．油田化学，2016，(1)：9-13.

[6] 叶艳，张謦文，吴小龙．超微高密度完井液在塔里木油田油基钻完井的现场应用[A]. 2018年石油工程钻井液与完井液新技术研讨会.

[7] 孙金声；张洁；杨泽星；等．一种高温深井储层保护剂，中国CN201010283133[P]. 2014. 11. 12.

[8] 徐双双，李杰，郭安儒．有机硅改性耐高温环氧树脂研究进展[J]．中国胶黏剂，2018，27(11)：46-52.

[9] 叶艳，尹达，刘传清，等．一种高密度试油工作液沉降稳定性测试装置及方法，中国ZL201210299652. 0[P]. 2015. 4. 8.

[10] 巴旦，王磊，乔雨，等. STSW完井液在Tkes16井的应用[J]．钻采工艺，2017，(2)：86-88.

沧东凹陷孔二段页岩油体积压裂技术探索与实践

张胜传　刘学伟　李东平　付大其　田福春　张　伟

（中国石油大港油田公司）

摘　要　本文根据大港油田沧东凹陷孔二段页岩油地质特征，在大量岩心实验的基础上，修正了脆性指数模型，建立了基于脆性指数、天然裂缝因子和地应力因子的预测页岩油压裂裂缝复杂程度的缝网指数模型，依据此模型，形成了直井多期次加砂、直井多段大规模体积压裂、水平井密切割体积压裂技术，三项技术成果在页岩油应用表明，直井压裂获得初期高产，页岩油勘探获得突破，但压后产量下降快，水平井密切割体积压裂压后产量稳定，实现工业化开发，微地震、稳定电场监测证实形成复杂网络裂缝，取得了显著的增产效果，对中国陆相页岩油高效勘探开发提供了借鉴。

关键词　沧东凹陷；页岩油；缝网指数模型；体积压裂；裂缝监测

中国页岩油勘探开发技术起步较晚，各盆地页岩油发育特征和地质条件差异较大，有效的开发技术模式十分有限。东部断陷盆地已成为我国陆相页岩油勘探开发的重点领域[1]，大港沧东凹陷孔二段页岩油形成条件有利，页岩油资源量 6.8×10^8t，具有巨大的勘探开发潜力[2]。本文从页岩油可压裂性评价入手，形成了三种个性化页岩油压裂工艺，为大港油田页岩油勘探开发提供了技术支持。

1　孔二段页岩油地质特征

沧东凹陷位于渤海湾盆地中部，埋深 3000~5000m，厚度 250~600m，孔二段岩性复杂、非均质性强、埋藏深、物性差、原油黏度较高[3-6]，压裂技术上具挑战性。

1.1　矿物学特征

沧东凹陷孔二段页岩油主要由粒径小于 62.5um 的黏土级和粉砂级沉积物组成，矿物成分主要包括长石-石英，碳酸盐岩和黏土，其中石英含量 10%~25%，长石 5%~30%，方解石 0~70%，白云石 0~95%，黏土含量 0~56%，黄铁矿 0~18%。

1.2　物性特征

孔二段页岩油有效储集空间以基质孔为主，少量微裂缝，孔喉以 20~700nm 为主，平均 520nm，孔隙度 1.0%~12.0%，渗透率 0.02~1.0mD。官 108-8 井孔二段连续取芯 495 米，岩心描述与薄片观察表明厚度小于 1cm 的共 2432 层，占 68%，具有典型页岩组构特征，官 108-8 井成像测井显示，40m 页岩层段有天然裂缝 6 条，天然裂缝密度低。

1.3　岩石力学特征

岩石力学测试表明：孔二段静态杨氏模量 10-43.7GPa，泊松比 0.11-0.417。孔二段页岩油岩心破裂形态单缝剪切、张性多缝劈裂、复合多缝破裂形态，如图 1 所示。

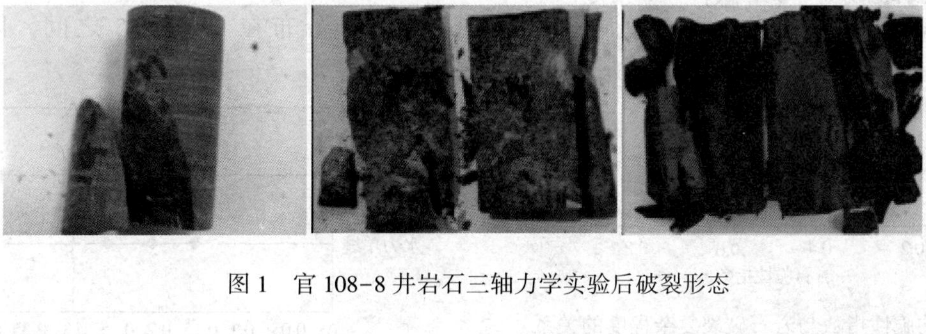

图 1　官 108-8 井岩石三轴力学实验后破裂形态

1.4　地应力特征

地应力测试结果表明，官 108-8 井孔二段最大水平主应力在 72.7~81.0MPa，最小水平主应力在 48.5~58.5MPa，水平主应力差值 21.0~25.4MPa，平均 22.9MPa。

1.5　流体及温压特征

本区块原油的密度 0.86~0.887g/cm^3，胶质沥青质含量 25.12%~30.68%，原油 80℃黏度平均 19.3mPa·s。本区块地层温度在 140-150℃之间，压力系数在 0.96-1.27 之间。

2　孔二段页岩油可压裂性

2.1　脆性指数模型

通过三轴实验确定地层的杨氏模量、泊松比、断裂能等岩石力学参数，采用理学 DMAX-3C 衍射仪对岩石三轴破裂岩样进行了 X 射线衍射全岩定量分析，依据盒子法计算岩样的岩石破裂复杂程度系数。结果表明 Rickman 指数与破裂复杂程度相关性差，相关性系数为 0.329，Jarvie 指数与岩石破裂复杂程度相关性更差，相关性系数为 0.0183。

岩石破裂复杂程度与杨氏模量的相关性系数为 0.4883，与峰值应变相关性系数达 0.597，与剪胀角相关性系数 0.6162。杨氏模量、剪胀角和峰值应变可以分别反映页岩抵抗变形的能力、变形的速率和变形的大小[7,8]，可以较好的描述岩石的脆性特征。建立适合致密砂岩的脆性评价方法如式(1)所示：

$$B_I = 0.262E_n + 0.353\psi_n + 0.385\varepsilon_{pn} \quad (1)$$

式中，B_I——脆性指数；E_n、ψ_n 和 ε_{pn}——归一化的杨氏模量、剪胀角和峰值应变；

利用公式计算孔二段页岩油岩样的脆性指数，绘制该脆性指数与岩石破裂复杂程度之间的关系，结果如图 2 所示，提出的模型相关性明显增强，相关系数达 0.7884，因此杨氏模量、峰值应变和剪胀角这三个参数为反映岩石破碎的复杂程度的主要因素。从图上可以看出，当力学脆性指数大于 0.4 时岩石破裂形态复杂。

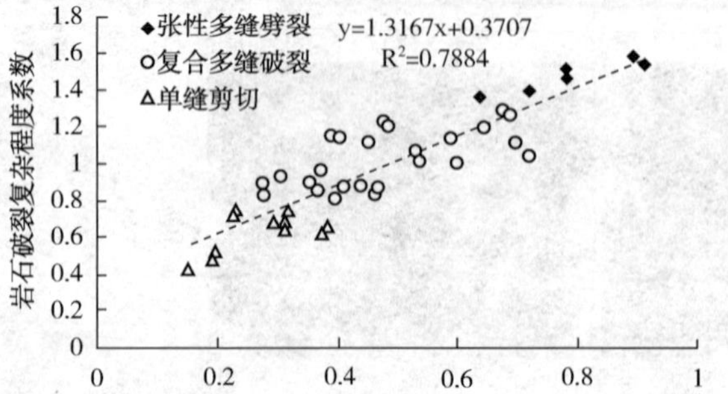

图 2　新建立的脆性指数与岩石破裂复杂程度的关系

2.2　天然裂缝和地应力对裂缝扩展的影响

试验表明水平主应力差值越小，水力裂缝面与天然裂缝面的夹角越小，裂缝形态越复杂。建立考虑天然裂缝张开长度的天然裂缝因子和地应力因子，天然裂缝因子(公式 2)为：

$$F_n = 1 - \frac{(\sigma_H - \sigma_h)\sin^2\theta}{\sigma_{nm}} \quad (2)$$

式中，F_n——天然裂缝张开的影响因子，无因次；θ——水力裂缝面与天然裂缝面的夹角，°；σ_{nm}——区块$(\sigma_H - \sigma_h)\sin^2\theta$ 的最大值，MPa。

对于地应力影响因子，主要是有水平主应力差影响到裂缝的延伸、转向等所造成的裂缝复杂程度，因此定义地应力因子(公式 3)为：

$$S_I = 1 - \frac{\sigma_H - \sigma_h}{\Delta\sigma_m} \quad (3)$$

式中，$\Delta\sigma_m$——区块水平应力差的最大值，MPa。

依据上述公式及孔二段岩心试验数据，计算孔二段页岩油天然裂缝因子在 0.46-0.79 之间，平均 0.65，地应力因子 0.18-0.28 之间，平均 0.24，天然裂缝因子较高，地应力因子较低。

2.3　可压裂性评价-缝网指数模型

结合岩石脆性因子、天然裂缝因子、地应力因子建立评价页岩油裂缝复杂程度的缝网指数计算模型，定义缝网指数(公式 4)为：

$$F_I = B_I(w_4F_n + w_5S_I) \quad (4)$$

式中，F_I——缝网指数；B_I——脆性指数；F_n——天然裂缝张开的影响因子；S_I——地应力影响因子。

利用室内水力压裂实验岩样的数据进行分析，如图 3 所示，缝网指数与水力裂缝形态有较好的一致性，根据计算的缝网指数，按以下标准进行判断：$F_r \leq 0.3$：不能形成复杂裂缝；$0.3 < F_r \leq 0.4$：裂缝复杂程度一般；$F_r > 0.4$：裂缝复杂程度较高。按照上述模型计算孔二段页岩油缝网指数，分布在 0.2-0.5 之间，以 0.2-0.4 为主。

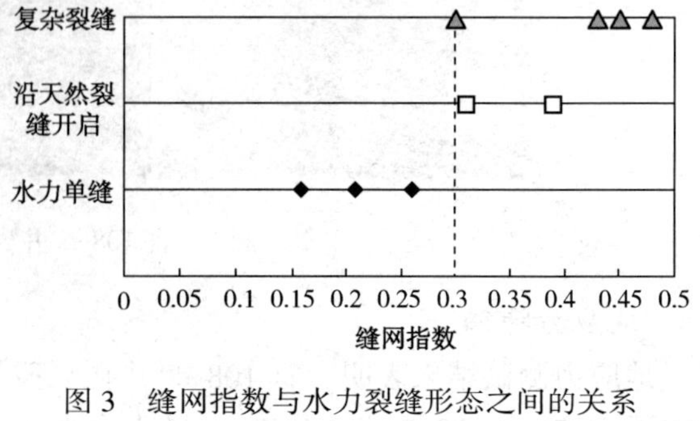

图 3　缝网指数与水力裂缝形态之间的关系

3 提高裂缝复杂程度工艺

孔二段页岩油缝网指数差异性大，以小于0.4的缝网指数为主，裂缝形态以水力单缝为主，前期探井压后初期能够获得5t以上产量，但产量下降快，效益开发难度大。页岩油压裂裂缝形态跟脆性、天然裂缝、地应力密切相关，脆性、天然裂缝为页岩油自身特性，无法改变。地应力为页岩油所处外部环境，通过诱导应力场模型建立与评价，分析诱导应力变化与缝网指数的关系，提高压裂裂缝复杂程度。

3.1 直井多期次加砂缝网压裂工艺

页岩油勘探初期常规压裂8井次，有3井次次获得工业油流，证实了页岩油具有工业油流能力，但压裂效果差异大，主要原因是孔二段页岩油岩性复杂，压裂工艺适用性差。因此结合缝网指数研究，形成适用性高的压裂工艺，促进孔二段页岩油有效勘探。

压裂次数因素模拟分析表明：在直井多次压裂过程中，在每一次压裂时沿裂缝方向上的地层水平应力差随着距离的增大而逐渐减小，同时随着压裂次数的增加，其同一地层所对应的水平应力差也将逐渐减小，但减小的幅度却随着压裂次数的增加变缓。经过一次压裂后地层水平主应力差降低得最大，在此之后随着压裂次数的增加，地层水平主应力差降低得越缓慢，说明了最经济的压裂次数不宜过多。三次压裂以后应力差降低幅度明显减少，故推荐直井可采用二次压裂进行缝网压裂改造。

诱导应力场模拟表明，通过对同一压裂目的层段采用两次压裂的方法，利用第一次压裂形成的裂缝在地层中产生诱导应力场，对原地应力场产生一定的干扰，这样可降低储层水平应力差异；在第二次压裂过程中，压裂裂缝在低水平应力差的储层中再次起裂时更容易形成复杂裂缝，从而提高页岩油气藏压裂裂缝复杂程度。

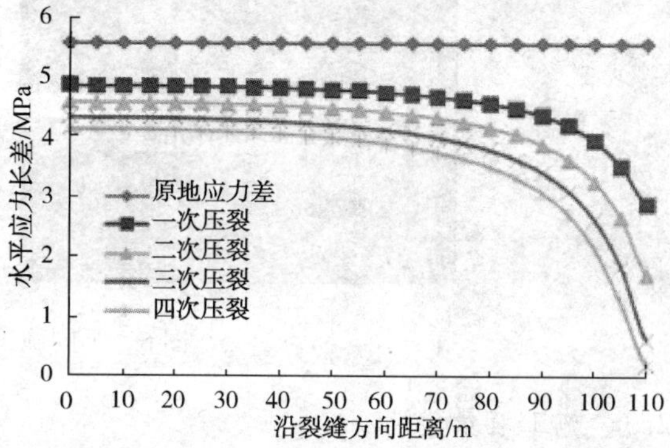

图4 直井多次压裂时沿裂缝方向水平应力差变化规律

3.2 水平井细分切割体积压裂工艺

3.2.1 密切割工艺

利用诱导应力场分析，等间距内随着裂缝条数的增加，即簇间距的缩短，地应力干扰越大，如图5所示，水平应力差异系数越小，缝网指数越大，越容易形成复杂裂缝。

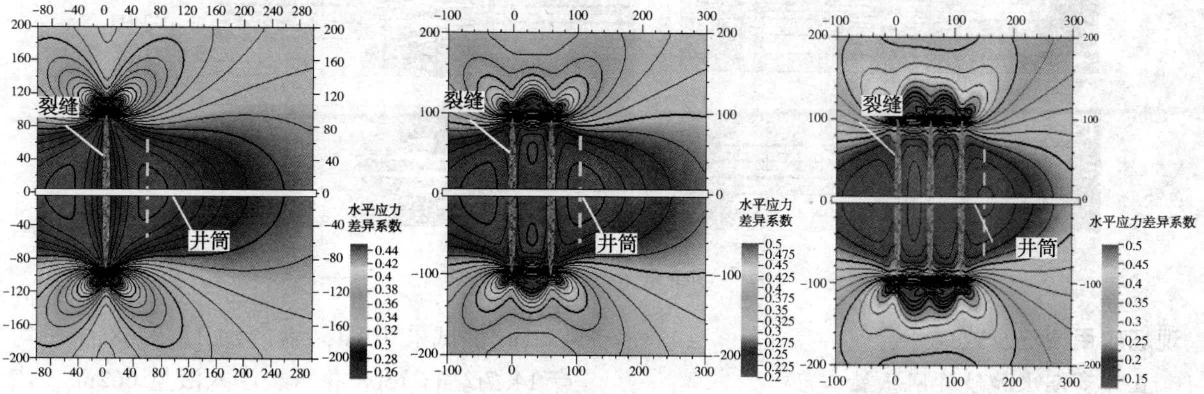

图5 压裂不同裂缝条数后地层差异系数分布

孔二段页岩油缝网指数分布在0.2~0.5之间。缝网指数0.4~0.5之间时，压裂裂缝复杂程度高，为增加改造体积，结合技术经济可行性评价，优化簇间距20~30m；缝网指数0.3~0.4时，裂缝复杂程度一般，通过减小簇间距至15~20m，增加缝间应力干扰，降低水平应力差异，缝网指数可提高10%~15%，增加裂缝复杂程度；缝网指数0.2~0.3时，裂缝复杂程度低，较难通过应力干扰形成复杂裂缝，优化簇间距10~15m，通过增加单位长度内裂缝条数，提高裂缝改造体积。

3.2.2　施工排量优选

按照液量 2000m^3，排量分别为 4、6、8、10、12 及 14m^3/min 进行压裂效果模拟，模拟结果如图 6 所示，施工排量越大，产生的裂缝净压力越大，裂缝扩展范围越大。当排量小于 8m^3/min时，裂缝扩展受限，控制储量范围较小。因此综合套管强度、压裂设备能力优选排量为 12-14m^3/min。

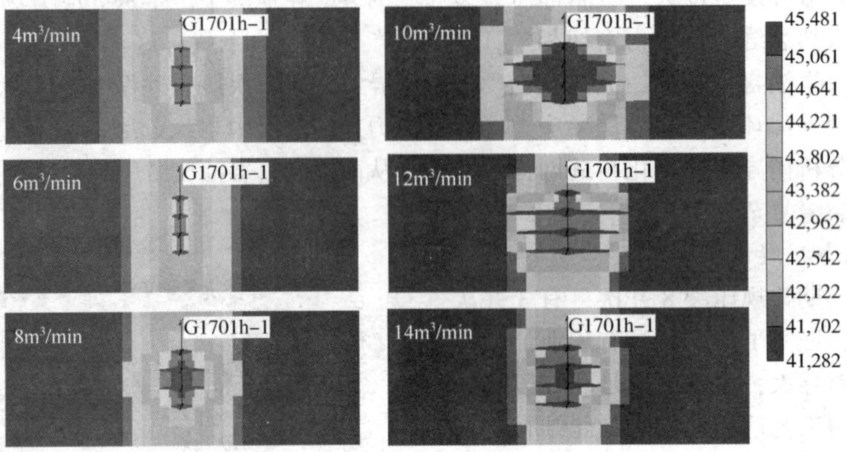

图 6　不同施工排量裂缝扩展情况模拟

3.2.3　施工液量优选

按照排量 12m^3/min，液量 600、800、1200、1600、2000 及 2400m^3 进行压裂效果模拟。模拟结果如图 7 所示，总液量越大，压后缝内净压力越高，裂缝扩展范围越大，当压裂液量超过 2000m^{3}时，裂缝扩展程度减弱，因此优化每段液量为 2000m^3。

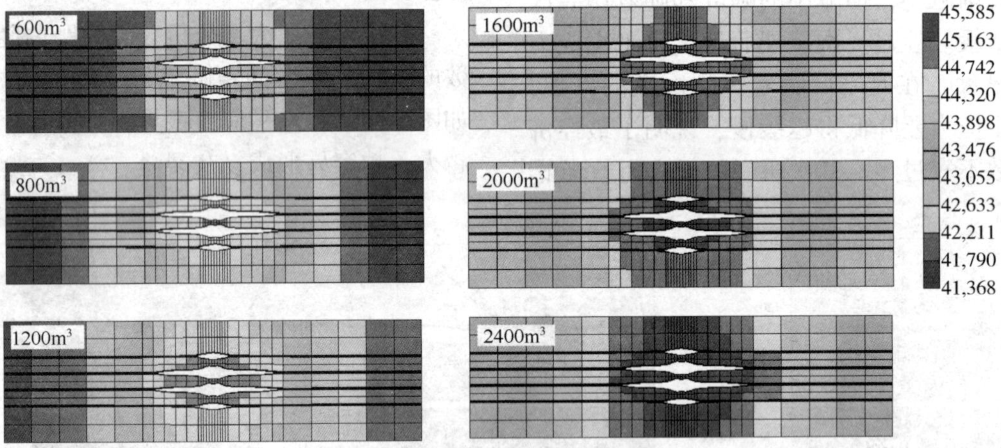

图 7　不同液量的压后裂缝形态

4　现场应用情况及效果评价

4.1　直井多期次加砂缝网压裂工艺

直井多期次加砂缝网压裂工艺现场应用取得了一定的效果，沧东凹陷孔二段页岩油储层直井多期次加砂压裂 17 层，获工业油流 11 口，压后初期日产由 3.6t 提高至 17.1t，但压裂效果差异大，初期日产油 20t 以上的井 3 层，10-20t 井 3 层，10t 以下 10 层。孔二段页岩油储层试采两口井，其中官 1608 井施工共计注入液体 1160m^3，陶粒 80.22m^3，压后 3mm 油咀放喷，日产油 47.1m^3。试采 105d，累产油 1540.68t，平均日产 14.7t。官 1508 井压裂注入液量 662m^3，陶粒 54m^3，初期日产 14t，试采 330t，累产 1180。页岩油直井多期次加砂缝网压裂历程显示，初期产量差异大，压后产量下降快，难以实现高产稳产。

4.2　水平井密切割体积压裂

GD1707H、GD1702H 是两口沧东凹陷孔二段页岩油油水平井。GD1701H 井完钻井深 5465.49m，垂深 3851.5m，水平段长 1474m；

GD1701H井完钻井深5298m，垂深3930m，水平段长1329.88m。两口井采用水平井细分切割体积压裂工艺，施工排量12-14m^3/min。GD1701H压裂16段，总液量34626.5m^3，砂量1387.8m^3。GD1702H压裂完21段，总液量40675m^3，砂量1343.3m^3。

表1 页岩油水平井压裂施工基本参数

井号	段数	簇数	液量/m^3	滑溜水比例	支撑剂量/m^3	石英砂比例
GD01	16	54	34089	80%	1387	30%
GD02	21	66	40678	81.70%	1343	30.60%

微地震监测应力应变引起的微地震事件区域，监测区域要远大于实际裂缝延伸范围，如图8所示，GD1701H裂缝长度167-704m，裂缝宽度64-206m，缝高61-205m，裂缝方向以北偏东60°为主，整体裂缝区长1230m，宽480m，高120m，裂缝控制区体积0.07km^3。微地震裂缝监测显示，细分切割大排量大液量压裂形成网络裂缝，实现了水平井全井段改造，无段间空白区，达到了页岩油水平井体积改造的目的。

稳定电场裂缝监测压裂液波及的区域，能够反应各簇裂缝开启程度，如图9所示，稳定电场裂缝监测GD1701H井共监测水平段13段，监测到网状裂缝30条，各条裂缝缝宽在8~32m，缝长91~258m，方位角于28°~52°之间。稳定电场监测显示，射孔密度基本合理，射孔簇均实现了裂缝扩展。

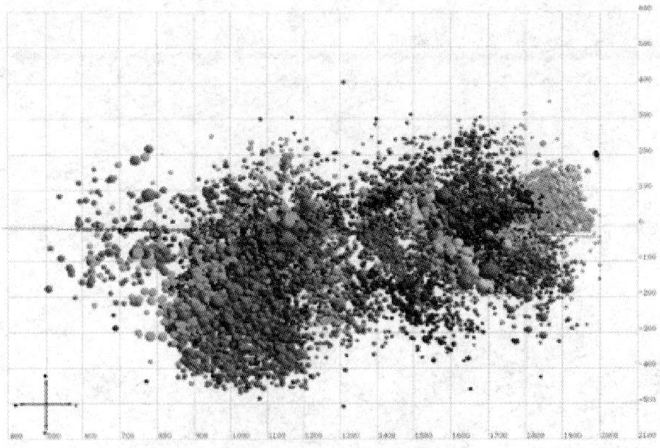

图8 微地震监测图

图9 稳定电场监测图

GD1701H压后12mm油嘴放喷，套压0.5-0.8MPa，日出残液78.7m^3，油75.9m^3，气5200m^3。放喷200天后下泵生产，目前57泵生产，油压0.5MPa，套压0.5MPa，日出残液2.84m^3，日产油17.76m^3，连续生产天，累计出残液13926m^3，产油5954m^3，产气407560方。返排率40.6%。

GD1702H压后生产曲线如图10所示，12mm油嘴放喷，套压4.15MPa，日出残液84.4m^3，油61m^3，气5947m^3。截至目前放喷365d，目前6mm油嘴放喷，套压0.7MPa，日出残4.34m^3，日产油23.46m^3，连续自喷生产365d，累计出残液15082m^3，产油7434m^3，产气465900m^3。返排率36.7%。

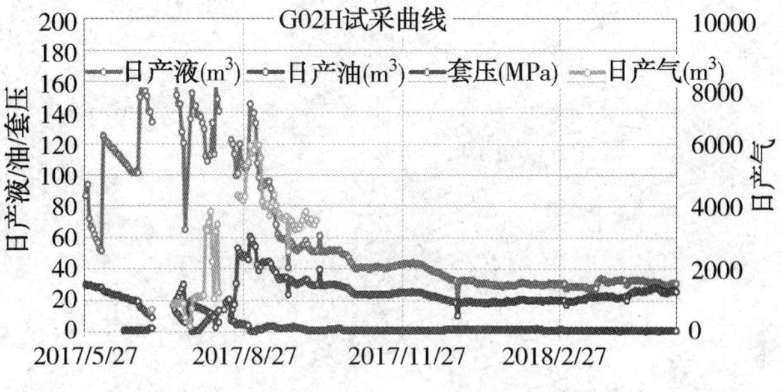

图10 G1702井生产曲线

5 结论与认识

（1）杨氏模量、峰值应变和剪胀角能较好反映沧东凹陷页岩油破裂的脆性特征；缝网指数评价方法为水平井井段优化、射孔位置优选提供了技术支撑；

（2）水平井细分切割工艺压裂工艺提高了陆相页岩油水平井裂缝复杂程度，增加了水平井改造体积，提高了水平井压裂改造效果。

（3）微地震监测、稳定电场监测技术同时应用，能够反应应力应变引起的微地震事件区域、压裂液波及范围及各簇裂缝开启程度，为压裂施工的顺利完成提供了保障，为压裂工艺设计优化提供了支撑。

截至2019年6月，两口页岩油水平井——GD1701H井、GD1702H井已自喷超365d，原油日产稳定在20m^3，官东地区已形成亿吨级增储，标志着中国石油在渤海湾盆地率先实现陆相页岩油工业化开发[9]。

参 考 文 献

[1] 武晓玲，高波，叶欣，等．中国东部断陷盆地页岩油成藏条件与勘探潜力[J]．石油与天然气地质，2013，34(4)：455-462.

[2] 周立宏，于超，滑双君，等．沧东凹陷孔二段页岩油资源评价方法与应用[J]．特种油气藏，2017，24

(06)：1-6.

[3] 陈世悦，胡忠亚，柳飒，等．沧东凹陷孔二段泥页岩特征及页岩油勘探潜力[J]．科学技术与工程，2015，15(18)：26-33.

[4] 王文广，林承焰，郑民，等．致密油/页岩油富集模式及资源潜力——以黄骅坳陷沧东凹陷孔二段为例[J]．中国矿业大学学报，2018，47(02)：332-344.

[5] 周立宏，于超，滑双君，等．沧东凹陷孔二段页岩油资源评价方法与应用[J]．特种油气藏，2017，24(06)：1-6.

[6] 周立宏，蒲秀刚，韩文中，等．沧东凹陷南皮斜坡孔二段沉积特征与油气勘探[J]．成都理工大学学报(自然科学版)，2015，42(05)：539-545.

[7] 赖锦，王贵文，范卓颖，等．非常规油气储层脆性指数测井评价方法研究进展[J]．石油科学通报，2016，1(03)：330-341.

[8] 赵玉东．基于测井资料脆性指数的计算[J]．石化技术，2017，24(09)：285.

[9] 新华社．页岩油勘探开采新突破大港油田形成亿吨级陆相页岩油增储[EB/OL]．http：//www.gov.cn/xinwen/2019-02/28/content_5369169.htm.

油藏压裂监测技术及发展方向

赵文杰　廖东良　谢关宝

（中国石化石油工程技术研究院测录井所）

摘　要　水力压裂改造技术已成为非常规油气层和复杂油气藏勘探开发的关键技术。油气井实施压裂改造措施后，需要对压裂作业效果进行评估，以优化后期的完井设计，改善油气藏压裂增产作业效果，提高油气井产能和采收率，最终可提高开发经济效益。因此，研究和建立经济有效的压裂监测评价技术，对非常规油气藏的勘探开发十分必要和非常重要。在简要介绍现有主要压裂监测技术的基础上，对各种压裂评价方法进行了分析对比，提出了今后压裂监测评价技术的发展方向，并着重介绍了正在发展中的电磁造像压裂监测新技术。

关键词　油藏压裂；监测和评价；可视化评价；电磁造像

1　引言

在对能源需求日益增长的今天，勘探开发面对的主要对象是低孔、低渗、致密、非均质性强的非常规油气藏和复杂油气藏。水平井钻井技术和多级压裂工艺结合，一直是非常规油气资源成功开发的主要驱动。现在北美85%以上的钻井都采用这些方法，压裂及其设备支出占总开发成本的比例已经超过50%。据统计，全世界每年实施压裂作业井数达数万口，使用支撑剂高达0.5×10^8t；国内年压裂施工超万口井，并呈逐年增加之势。

油气井实施压裂改造措施后，需要经济有效的方法来评估压裂作业效果，获取裂缝导流能力、几何形态、复杂性及其方位等诸多信息，以优化后期的钻完井设计，改善油气藏压裂增产作业效果，提高油气井产能和采收率。通过裂缝监测数据，可以预测裂缝方位、计算改造油藏体积SRV（Stimulated Reservoir Volume）和裂缝参数及预测产能等，最终可提高开发经济效益。因此，压裂监测及其效果评价，对非常规油气藏的勘探开发十分必要和非常重要。所以压裂监测技术又被喻为压裂工程师的“眼睛”和“耳朵”。

本文在简要介绍现有主要水力压裂监测技术的基础上，对各种压裂评价方法进行了分析对比，提出了今后压裂监测评价技术的发展方向，着重介绍了正在发展的压裂监测新技术。

2　现有主要压裂监测评价技术

目前国内外常用的压裂监测和评价技术有多种，归纳起来可以分为测井监测技术（包括井温测井、示踪剂测井法等）、化学示踪剂法、光纤监测法以及微地震和测斜仪成像监测法等。其中，测井监测属于近场（井眼）监测，微地震监测和测斜仪监测属于远场监测。

2.1　测井监测

主要包括井温测井、示踪剂测井等。该类技术是通过测井手段来识别近井筒周围的裂缝发育情况。

2.1.1　井温法

温度测量是建立在这样的概念上的，即压裂液注入时会冷却（或加热）地层，使之与地下条件的地层产生温度差（Agnew，1966）。一旦完成压裂改造、停止注入，就可以在改造后的整个井段进行多趟温度测井，测量的温度衰减剖面将显示哪些层吸入了压裂液（见图1）。虽然温度测井可提供可靠且低成本判断哪些层吸收压裂液的方法，甚至还可能提供裂缝高度（直井中），但它不能直接指示哪些射孔层段进入了支撑剂，也不能指示压裂改造的支撑高度。

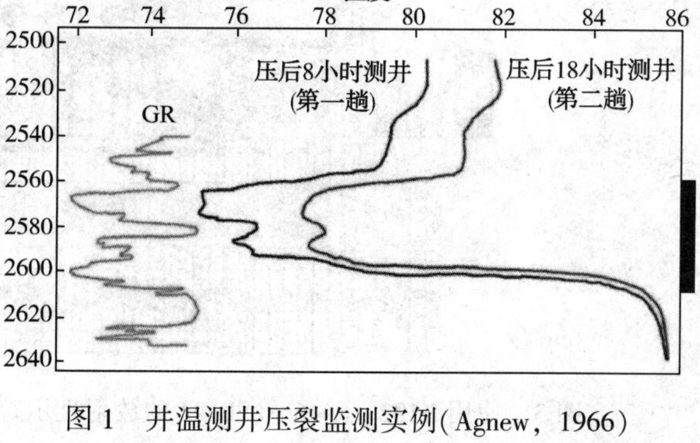

图1　井温测井压裂监测实例（Agnew，1966）

2.1.2 非放射性示踪剂监测法

放射性示踪剂方法，是在支撑剂中加入少量同位素示踪剂，后者是在支撑剂中加入一种具有高热中子俘获截面的化合物（HTNCC），压裂作业完成后，使用伽马能谱或俘获中子测井仪进行测量识别（Scott 2010；Smith 2011）。图2所示是一个含HTNCC示踪剂识别支撑剂位置的直井压裂监测测井实例。该方法的优点是成本相对低廉，且示踪剂是非放射性，不要进行特殊处理，可以在压裂之后的任何时间进行测井；缺点是HTNCC化合物种类少，目前仅发现1~2种。

2.1.3 放射性示踪剂监测法

美国ProTechnics公司推出选用铱（Ir^{192}）、钪（Sc^{46}）和锑（Sb^{124}）作示踪剂的示踪压裂监测技术，可有效识别井内压裂液和支撑剂位置，对评价井筒附近的支撑剂分布、井筒附近的流体分布、支撑剂位置、分段分布以及某些情况下的裂缝高度。图3所示是利用Ir^{192}、Sc^{46}和Sb^{124}的放射性示踪剂进行水平井压裂监测的实例。

这些测井监测方法的最明显不足，就是探测深度依赖测井仪，探测比较浅，如伽马能谱和俘获中子测井的探测深度只有18~24in。

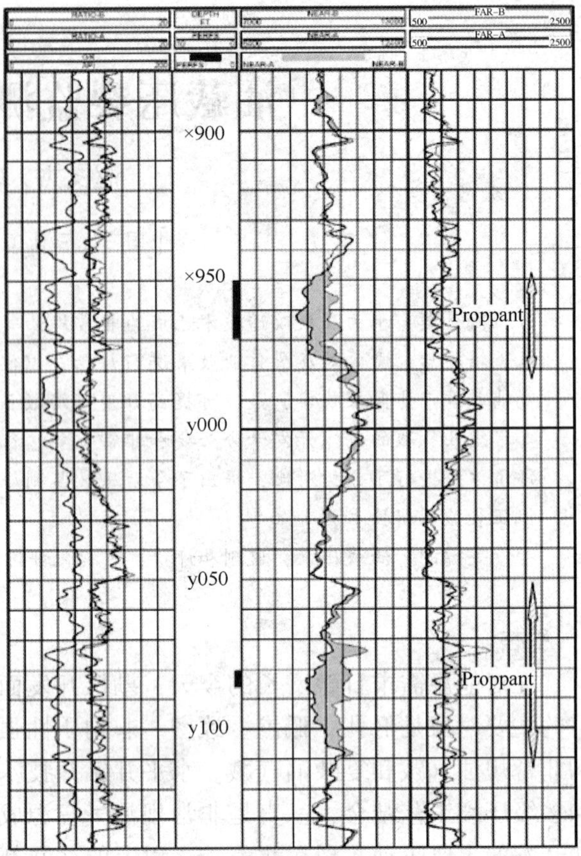

图2 含HTNCC示踪剂识别支撑剂位置的实例（Duenckel，2011）

2.2 化学示踪剂监测

在分层（段）压裂的压裂液中分别加入一种或多种微量化学示踪剂，然后对返排液回收采样并利用高精度光谱分析仪检测其含量，利用物质平衡方法可以计算压裂液分层（段）返排效率，不但可以获得每口井的总返排效率，而且还可以对每段的压裂返排量进行定量评价。该技术最多可同时使用高达30多种示踪物质对多达30层（段）压裂井段分别示踪监测。使用的示踪剂种类虽多，但都具有唯一独特的光谱性质，各不相同，极易识别，因此它是精确评价压裂液返排的有效技术。

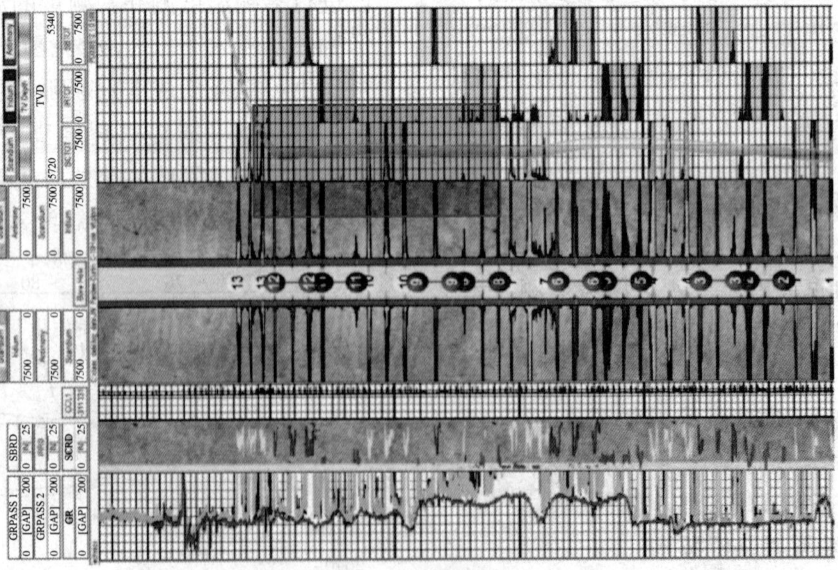

图3 使用Ir192、Sc46和Sb124的放射性示踪剂压裂监测（水平井13级压裂，每级有3个射孔簇。3种不同的颜色对应3种不同的同位素类型）

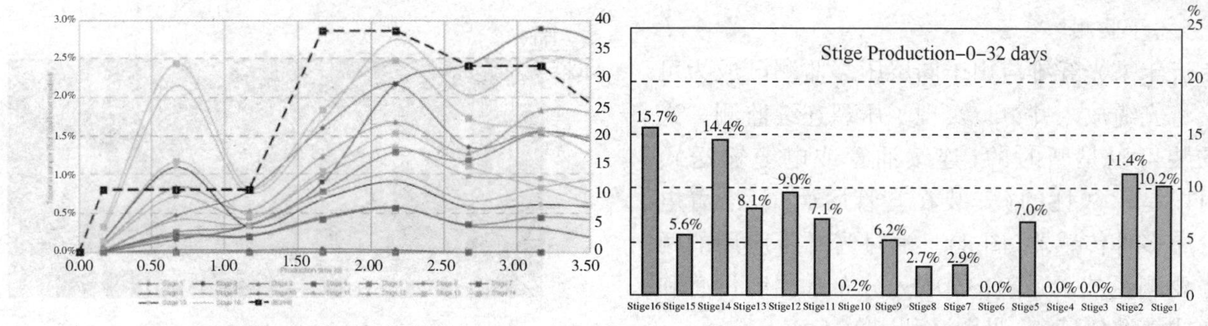

(a)各层段压裂返排液示踪剂含量　　(b)各层段返排效果

图 4　采用化学示踪剂的 16 层段压裂效果监测评价实例。从图上可以看出水平井各层段的返排率、返排量随返排时间的变化情况，两端返排相对较好，中间层段相对较差，特别是第 3、4、6、10 层段基本没有返排，第 7、8 层段有少量返排

2.3　测斜仪监测

当水力压裂造缝时，沿着裂缝的分离导致变形。这些变形可依据倾斜场进行测量，并可利用反演方法用于裂缝诊断(图 5)。地面测斜仪可用来测定裂缝方位、倾角和错综复杂的状态(图 6)。井下测斜仪可用来测定裂缝尺寸。诱导裂缝引起的变形产生变形场，可以用数学地球物理反演方法进行解释，提供关于发育裂缝复杂形态的信息，包括测量裂缝高度和宽度等。

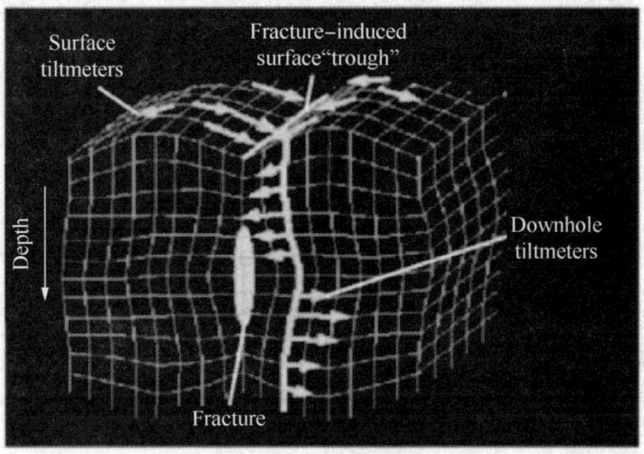

图 5　压裂中变形产生倾斜场(Wang 等，2013)

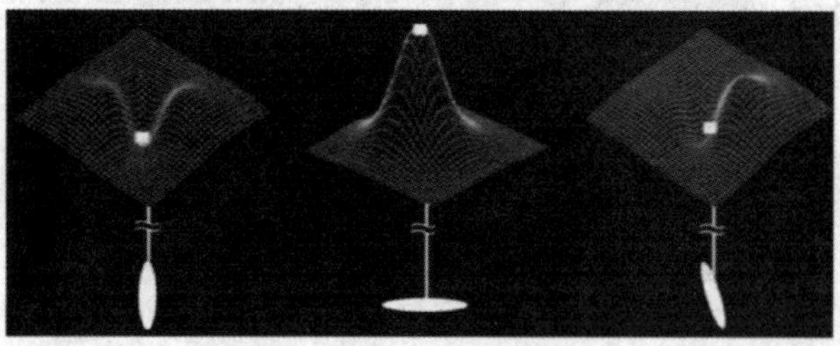

图 6　由不同方位裂缝引起的变形(Zhou 等，2015)

2.4　微地震监测

微地震监测评价技术，以测量水力压裂产生的地震波为基础。目前用来监测压裂效果的微地震是基于相互摩擦的岩石发出的爆裂声，就像用打响指那样。在压裂过程中地层孔隙压力和应力产生变化，从而导致发射地震波。微地震产生两种类型的地震波—p 波(纵波)和 s 波(剪切波)。微地震监测分地面和井下观测两种方式，可反演地下储层破裂时产生的微地震事件，可实时监测并测量裂缝形态和几何参数，在上世纪 80 年代首次公开时曾被行业认为是突破性的技术，但不能直接识别支撑剂的位置，操作复杂，解释带有主观性、不确定性、精度较差。

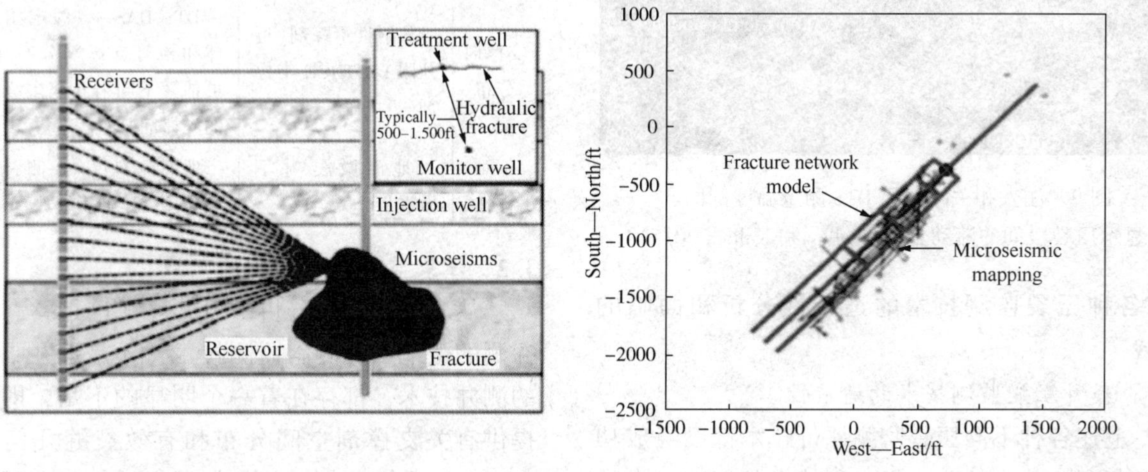

图 7　左图，井下微地震接收器在邻井里(Warpinski 2009)。右图，根据微地震时间估算 SRV(Mayerhofer 等，2006)

2.5　光纤监测

近年来光纤维应用于储层压裂监测已成为可行。将光缆放入井下，实现了压裂连续监测。光缆安装可以是暂时的(连续油管或电缆输送)，也可以是永久性的(安装在套管后面)，沿着电缆分布多种传感器(图8)。通过光纤维应用的两种主要测量技术是DTS/DAS(分布式温度传感和分布式声波传感)，见图9和图10。

图8　沿流动通道安装(上)和在套管后面(下)安装的光纤(Sierra等，2008)

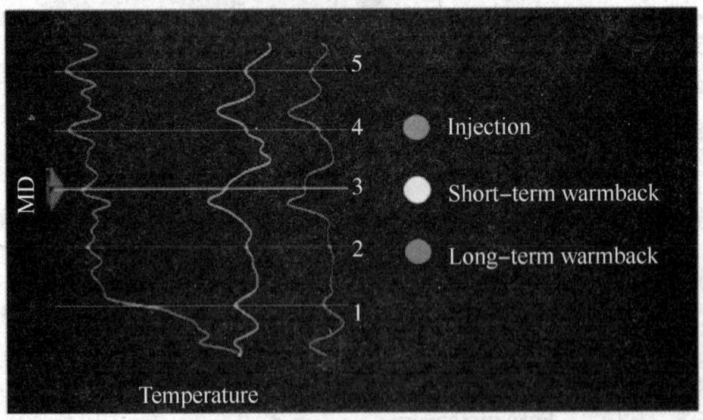

图9　注入和关闭期间DTS测量温度剖面，显示压裂段间的流动分布(Holley和Kalia，2015)

3　各种压裂监测技术的适应性分析和面临的挑战

3.1　各种压裂监测技术的适应性

上述各种不同压裂监测评价技术都已经成功用于压裂改造。然而，每一种技术都拥有各自的

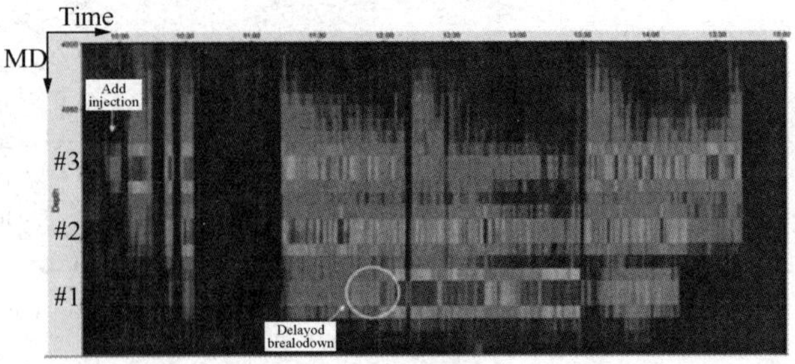

图10　DAS强度表示裂缝开启和延伸(Molenaar等，2012)

优缺点。先前有多名学者对各种不同监测评价方法做过详细的研究和分析，表1总结了其各自的适应性和局限性。

表1　各种评价方法的适应性和局限性(Ankit Bhatnagar，2017)

裂缝参数	高度适应性的方法	应用局限性的方法
造缝长度	地面微震/井下微震	测斜仪——当安装到井下可测量造缝长度，观测井应在3倍裂缝长的距离内。
高度	井下微震/地面测斜仪/井下测斜仪	DTS——数据采集在压裂前后进行，适用于垂直定向井。
宽度	井下测斜仪	DAS——DAS监测数据要结合裂缝模型来估算裂缝长度。
复杂形态	地面测斜仪	压力诊断——当最大应力已知时，净压力数据和微裂缝衰减能估算裂缝的复杂形态。
射孔簇有效性	DTS/DAS	支撑剂示踪剂——信息在压后获取，不能实时监测，无法动态进行压裂修正。
方位	地面测斜仪/地面微震/井下微震	DTS/DAS——当在邻井使用时可估算裂缝方位。
支撑剂分布	放射性示踪剂(近井眼)/HTNCC支撑剂(近井眼)	DTS/DAS——假定相对流体和相对支撑剂分布相同，可估算不同射孔簇多级压裂的支撑剂分布。
不对称性	地面微震/井下微震	地面测斜仪——测斜仪阵列应接近延伸裂缝放置。

3.2　压裂监测技术面临的挑战

从表1的对比分析中可知，无论是具有远场探测的微地震和测斜监测技术，还是近井眼探测的测井技术，都存在着一个明显的不足，即不能提供有关支撑剂空间分布和有效裂缝几何的信息。近井眼探测能够使我们深入了解射孔层段压入支撑剂的情况。然而精确确定远场的支撑剂位置，将会对井间距和分级间距的设计、重新压裂选层，甚至对导流技术的优化，更具有重要意义(T. Palisch，2016)。美国德州大学石油工程教授M. Sharma说，对压裂监测来说“最重要的是支撑剂的位置……裂缝支撑的部分才是油气井产量的主要贡献者”。美国能源部2016年支撑剂造像研究的计划书对各种监测技术优缺点进行了总结，提出希望能够寻找到一种“高效、廉价、可重复、简单易操作”的可视化监测新技术，同时把发展远场支撑剂可视化监测/探测技术作为未来的发展方向。

4 新型可视化压裂监测技术

为克服传统压裂监测方法的不足，解决非常规油气生产面临的关键问题，国外油公司、服务商和研究机构开始探索可对支撑剂进行可视化监测的新技术。现有四个研究团队正在开展压裂前后可视化直接检测方法的研究，其中三个团队采用高导电率支撑剂电磁造像法，第四个采用微声发射装置地震成像法。

4.1 微地震成像可视化监测技术

由法国一家微装置制造商Fluidion公司和美国加州Bjorn Paulsson公司一起参与，正致力于研究一种微地震新方法，让悄无声息的支撑裂缝发声并进行造像，合作研究还得到了美国能源部的支持，旨在确定通过微设备被自然压力崩溃挤压(就像在一个保护包里挤压泡泡一样)而发出的声音点来描述压裂。Fluidion设计的空心结构物当达到极点后崩溃时能产生独特声音。Bjorn Paulsson是加州一家发明制造超灵敏井内地震接收器阵列的公司，也是一家唯一能记录和定位微弱声响的公司。

Fluidion公司制造的被称为微声波发射器的微装置，将采用3D打印技术大量生产，先打印成一大条块，然后再切成小块(见图11)。每一块微声波发射器都有一个空芯，其中含有一个微小的水时钟物件，当储层压力作用其上面时就会被激活。微型机电设备将使激发延迟足够长时间，已保证能在消声前到达地面上的接收器。试验证明，很大部分的微声波发射器都能在泵入过程中完好无损地保存下来。

每级压裂至少需要大约1000个微声波发射器，将“形成微声波发射器云”。数目庞大、体积微小的微声波发射器发出的声音，能帮助我们

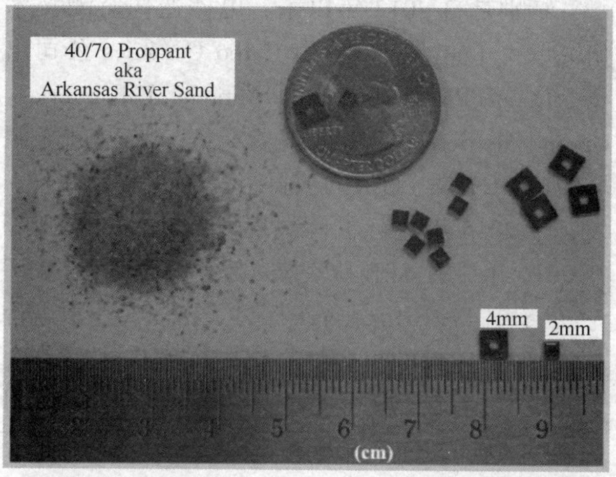

图11 黑色方块是微声波发射器，有4mm和2mm两种规格

识别裂缝的尺寸以及裂缝的分布范围和方位。这项研究正在进行之中，接近达到现场试验的程度，计划是把接收器放置在6口井组成的井组中的其中1口空井里，用来监听其他5口井压裂时所产生的声音。

4.2 电磁造像可视化监测技术

电磁造像是一种理论上比较成熟的地球物理探测方法，在陆地、海底勘探和空间探测等领域已有许多应用，为解决水力压裂监测提供了可行的技术方法。采用导电支撑剂，通过对井下导电支撑剂进行激励，测量其产生的电磁感应信号，可探测支撑裂缝体积的导电特征，从而实现对水力压裂进行监测和评价的目的。如图12所示，是电磁造像原理图。近年来，国际上一些著名的油公司和大学开展了相关的技术理论、测量方法、反演算法等研究和现场试验，采用陶粒涂层技术加工出了用于可视化探测的导电支撑剂(电导率高达1000S/m)，研制了包括电场发射装置、阵列接收器在内的电磁测量系统。

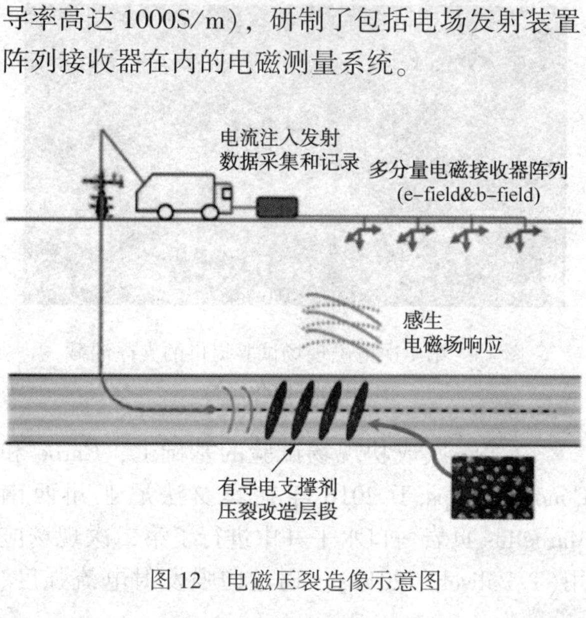

图12 电磁压裂造像示意图

特别是自 2012 年以来，电磁造像监测技术研究取得了重大进展。由 Carbo Ceramics 公司出资，ConocoPhillips、Sandia National Laboratories、Ground Metrics 和德州大学奥斯汀分校先进能源联盟(AEC)参与组成的项目组，经过多年研究开发，于 2015 年进行了首次现场试验。Palisch 等在 2016 年 2 月 SPE 压裂技术会议上发表的一篇论文(SPE 179161)，首次探讨了在油气井中进行电磁(EM)造像的可行性，文中详细描述了首次现场试验情况及取得的成果。在西德克萨斯州 Delaware 盆地 Bone Springs 砂岩地层一口康菲公司油井中，实施多级压裂过程中注入 230，000 磅覆有导电涂层的支撑剂，利用 8000ft 井深金属套管发射出电磁能对支撑剂进行激发，被激励支撑剂产生感生电磁信号，由地面阵列接收器采集记录，通过数据处理后成功得到了精细支撑剂位置图像(见图 13)，估算的裂缝最大长度、高度和宽度分别为 345ft、155ft 和 175ft，支撑油藏体积为 1. 4MMcf。这是人类有史以来第一次“看见”地下支撑剂的位置及其分布，实现了地下压裂效果可视化，具有里程碑意义，使人们认识到支撑剂电磁造像技术的所在魅力和应用价值。

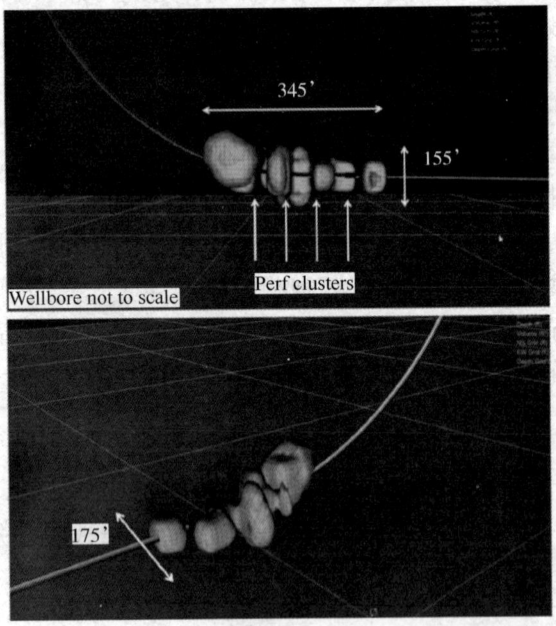

图 13 第 1 次电磁现场试验提供的支撑油藏体积的可视化图像

在第一次成功现场试验的基础上，Carbo 和 ConocoPhillips 于 2016 年在宾夕法尼亚州西南 Marcellus 页岩一口水平井中进行了第二次现场应用(T. Palisch，2017)。通过增强发射电流强度、提高支撑剂电导率、优化接收器阵列布局、同时使用磁场传感器接收等改进措施，显著提高了数据质量和成像效果。压裂过程中使用了大约 440，000lbm 的 40/70 高导电率支撑剂，原计划分别等量泵入靠近 8000ft(TVD)深的井脚跟部的三个连续压裂层段。但在压裂施工作业中途，由于支撑剂传输设备故障，不得已修改了导电支撑剂放置计划，为保证后续作业的顺利进行，对中间级用了 1400bbl 的压裂液进行了洗井。最终实际泵入三级的导电支撑剂为 75，000lbm、70，000lbm 和 303，000lbm，分别占 16. 7%、15. 6% 和 67. 8%。通过数据处理，成功进行了支撑剂造像(图 14)，不仅识别出了全部三级各自支撑剂体积，而且观测的每级支撑剂体积近似正比于放入的支撑剂质量，与实际压裂情况比较吻合。这次现场试验验证了技术方法的可行性，同时也给出了令人信服的评价结果。

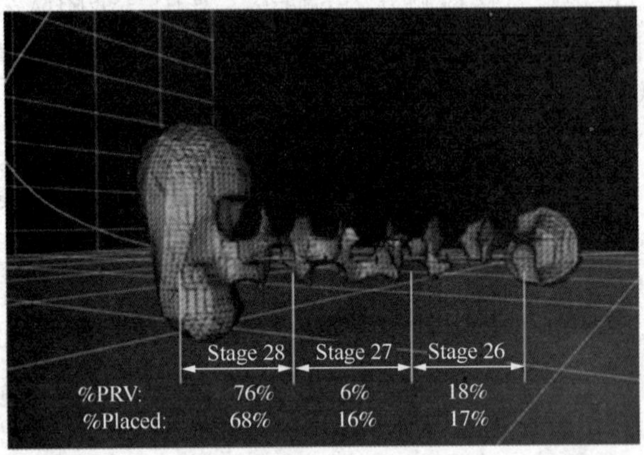

图 14 第 2 次电磁现场试验支撑油藏体积的可视化图像

从上述可以看出，电磁造像监测方法较微地震、测斜仪监测具有明显的技术优势，可实现远场深探测、可视化监测与定量描述，克服现有技术的不足，非常适合体积压裂模式的需要，将成为未来压裂监测技术创新的突破点。但同时，该项技术又有极具挑战性，要取得突破需解决多个关键问题，其中包括高导电率支撑剂研发、利用金属套管井发射强 EM 场的方法、数据处理成像新算法等。

5 结论与建议

非常规油气是当今和未来油气勘探的主要领域，随着水平井和压裂技术不断取得突破，我国即将进入非常规油气大规模开发的新时代，现有压裂监测技术无法满足要求。

传统的压裂监测评价技术，都存在各自不同

的技术特点和不足，也都无法满足压裂监测的全面需要。发展远场支撑剂可视化监测/探测技术是未来的重要发展方向，其中电磁压裂可视化监测技术，是一项技术优势明显、市场潜力巨大的新技术，同时该项技术研究难度大，富有技术挑战性。因此，建议国内各高校和科研院所开展电磁压裂监测/探测技术的联合研究，以期形成技术创新与应用突破，早日成为具有中国自主知识产权的原创技术。

参 考 文 献

[1] Stephen. Rassenfoss, Electromagnetic Imaging Offers First Look at the Propped Rock. JPT, 2016 march.

[2] Palisch, T., Al-Tailji, W., Bartel, L. et al. Recent Advancements in Far - Field Proppant Detection. Presented at the SPE Hydraulic Fracturing Technology Conference, The Woodlands, Texas, USA, 9-11 February 2016. SPE-179161-MS.

[3] T. Palisch, W. Al - Tailji, L. Bartel, C. Cannan et al. Far-Field Proppant Detection Using Electromagnetic Methods - Lasted Field Results. Texas, USA, 24 - 26 January, 2017. SPE-184880-MS.

[4] Ankit Bhatnagar. Overcoming Challenges in Fracture Stimulation through Advanced Fracture Diagnostics. Beijing, China, 24 - 26 August, 2016. SPE-181802-MS.

[5] 刘旭礼．井下微地震监测技术在页岩气“井工厂”压裂中的应用[J]．石油钻探技术，2016，(04)：102-107.

[6] 刘伟．微地震压裂裂缝监测方法及应用[D]．成都理工大学，2012.

[7] Molenaar, M. M., Hill, D., et al. First Downhole Application of Distributed Acoustic Sensing(DAS) for Hydraulic Fracturing Monitoring and Diagnostics. Paper SPE 140561 presented at the SPE Hydraulic Fracturing Technical Conference, The Woodlands, TX, 24 -26 January, 2011.

老井重复压裂多分支缝形成机理研究

李　玮　赵　欢　孟凡海　闫天雨　李　梅

（东北石油大学石油工程学院）

摘　要　压裂是有效的储层改造方法，随着开采的进行，老井初次水力压裂裂缝闭合，极大的影响生产效果，重复压裂技术已经广泛应用。重复压裂时容易压开初次裂缝，改善生产效果不明显。通过物理模拟试验研究了重复压裂时裂缝转向的裂缝形态及影响因素。研究表明，裂缝形态受岩石内天然裂缝、水平应力差、压裂液注入排量等因素影响。不同水平应力差条件下，裂缝起裂形态及转向情况不同，当水平应力差较小时易形成大角度的裂缝；初次压裂液排量影响转向裂缝的裂缝长度，初次压裂排量越小，压裂暂堵效果越好；天然裂缝的存在会导致重复压裂裂缝再次转向，形成复杂缝网。该研究为现场重复压裂技术提供一定的理论指导。

关键词　重复压裂；物理实验；水平应力差；注入排量；天然裂缝

水力压裂技术可以有效的改善地层的渗流特征，自1974年首次实施水力压裂技术以来，水力压裂技术已经大大提高油气采收率，但是早期的裂缝难以达到预期的产量[1]。室内实验及现场实验表明，产生与原有裂缝不同裂缝的重复压裂技术可以进一步提高低渗储层油气采收率[2-3]。

Elbel等[4]通过开发二维耦合模型，认为不同位置的应力差随时间而变化，原始应力差是影响新裂缝起裂的最重要因素。Wright等[5]提出水力压裂裂缝的扩展在很大程度上由地应力场控制，裂缝总是垂直于最小水平应力。G. Q. Zhang等[6]通过理论研究及物理模拟的方法，研究重复压裂时裂缝扩展过程，提出了压裂过程中裂缝传播动力学路径的模型，认为水平应力差及起裂角影响重复压裂裂缝的延伸。Weng和Siebrits[7]通过双裂缝的PKN模型研究了重复压裂时，初次压裂裂缝造成的应力场变化对重复压裂时裂缝传播的影响。由于初次压裂之后地应力场的变化，重复压裂时沿不同角度的平面起裂[8]。因此，重复压裂技术可以有效的连通地层未沟通或沟通不好的地区，提高单井产量，是进一步提高采收率的有效方法[9]。为避免再次压开原有裂缝，获得更多新的多分支裂缝，注入高纤维暂堵剂封堵原裂缝的暂堵技术在施工现场得到广泛应用[10-11]。本文采用天然岩样开展压裂暂堵的大尺寸真三轴水力压裂物理模拟试验，研究封堵初次裂缝情况下重复压裂暂堵转向裂缝的起裂机理及影响因素，为应用重复压裂暂堵转向技术提供一定的依据。

1　实验样品及实验参数

实验材料包括天然岩样，清水及染色剂，大分子量含纤维聚合物暂堵剂、研磨片、密封圈、橡胶圈等。实验采用300mm×300mm×300mm天然岩样进行压裂模拟，天然岩样较水泥岩样更加能够体现岩样的非均质性，模拟结果更加真实。暂堵剂采用大分子量含纤维聚合物暂堵剂。选取其中一面中心位置钻孔，孔深14cm，浇注进液管，并密封，模拟井筒，如图1所示。

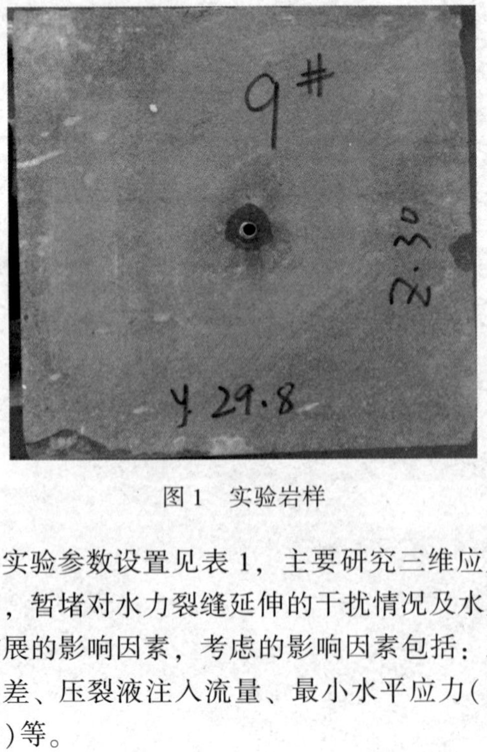

图1　实验岩样

实验参数设置见表1，主要研究三维应力条件下，暂堵对水力裂缝延伸的干扰情况及水力裂缝扩展的影响因素，考虑的影响因素包括：水平应力差、压裂液注入流量、最小水平应力（闭合应力）等。

表1 实验参数表

实验编号	应力设置				染色剂流量/(ml/min)	纤维浓度	含纤维聚合物流量/(ml/min)
	垂向应力/MPa	最大水平应力/MPa	最小水平应力/MPa	水平应力差/MPa			
2#	16	15	13	2	1.2	1.0%	5
3#	16	12	8	4	1.2	1.0%	5
6#	16	15	11	4	5	1.0%	5
8#	12	8	4	4	6	1.0%	5
9#	16	12	10	2	2.5	1.0%	5

1.1 实验方法

重复压裂暂堵实验分为实验前准备、初次压裂、重复压裂、实验结果分析等四个部分：

a）实验前准备

岩样制备、染色剂和暂堵剂调制、金属密封套和橡胶密封圈准备。岩样制备过程：选取300mm×300mm×300mm天然砂岩，选取其中一面中心位置钻孔，孔深14cm，浇注进液管，并密封。

b）初次压裂

将岩样放置到岩样台，对其进液口及进液管，推入丝杠，再将铁皮套推入与设备连接，铁皮套与大垫块间留出空隙，刚好保证最后放入小垫块。

c）重复压裂

包括抽吸压裂液、泵入暂堵剂、记录数据、取出岩样。抽吸压裂液流程：将进液管线的螺丝拔出，连接至真空泵，加负压，抽吸。

d）实验结果分析

实验结束后打开岩样、观察裂缝走向、观察染色剂浸染面积和分析裂缝形成机制。

1.2 压裂过程描述

利用水力压裂破裂过程模拟测试装置，对每块岩样进行初次压裂，当达到破裂压力时，开始卸压停止试验。泵入暂堵剂继续进行二次压裂，直至岩样破裂，模拟裸眼射孔完井的直井多分支缝暂堵情况。

2#岩样：初次压裂时排量为1.2ml/min泵入压裂液；压力曲线刚刚开始卸压后，停止实验。注入暂堵剂，排量为5ml/min，再次压裂，直至压力曲线再次卸压后，停止试验。

3#岩样：初次压裂时1.2ml/min泵入压裂液。压力曲线刚刚开始卸压，延伸一段时间后，停止实验。注入暂堵剂，排量为5ml/min，再次压裂，直至压力曲线再次卸压后，停止试验。

6#岩样：初次压裂时5ml/min泵入压裂液。压力曲线刚刚开始卸压后，停止实验。注入暂堵剂，排量为5ml/min，再次压裂，直至压力曲线再次卸压后，停止试验。

8#岩样：初次压裂时6ml/min泵入压裂液。压力曲线刚刚开始卸压后，停止实验。注入暂堵剂，排量为5ml/min，再次压裂，直至压力曲线再次卸压后，停止试验。

9#岩样：初次压裂时2.5ml/min泵入压裂液。压力曲线刚刚开始卸压后，停止实验。注入暂堵剂，排量为5ml/min，再次压裂，直至压力曲线再次卸压后，停止试验。

2 裂缝形态描述

实验结束后，沿着压开的裂缝打开岩石，通过观察岩样中两种染色剂的分布可知：2#岩样初次压裂后产生3.8cm的裂缝，在压入暂堵剂后重复压裂在井筒位置产生新的裂缝，与初始裂缝夹角为72°，裂缝长度为14cm。通过三维可视化绘图，绘制初次裂缝和重复压裂时裂缝的形态特征，如图2所示。

图2 2#岩样外观三维图

3#岩样初次压裂后产生12.2cm的裂缝，在压入暂堵剂后重复压裂在井筒位置产生新的裂缝，与初始裂缝夹角为33°，裂缝长度为8.7cm。通过三维可视化绘图，绘制初次裂缝和重复压裂时裂缝的形态特征，如图3所示。

6#岩样初次压裂后产生8.2cm的裂缝，在压入暂堵剂后重复压裂在初始缝面位置产生新的裂缝，与初始裂缝夹角为27°，裂缝长度为3cm。通过三维可视化绘图，绘制初次裂缝和重复压裂时裂缝的形态特征，如图4所示。

8#岩样初次压裂后产生10.5cm的裂缝，在压入暂堵剂后重复压裂在井筒位置产生新的裂

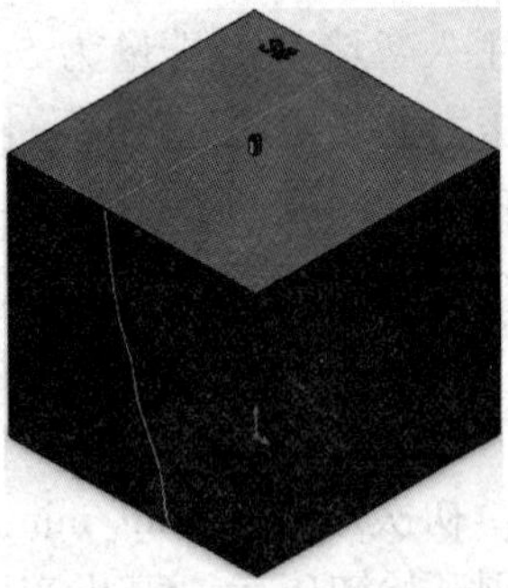

图 3　3#岩样外观三维图

缝，与初始裂缝夹角为 33°，裂缝长度为 4.7cm。通过三维可视化绘图，绘制初次裂缝和重复压裂时裂缝的形态特征，如图 5 所示。

图 4　6#岩样外观三维图

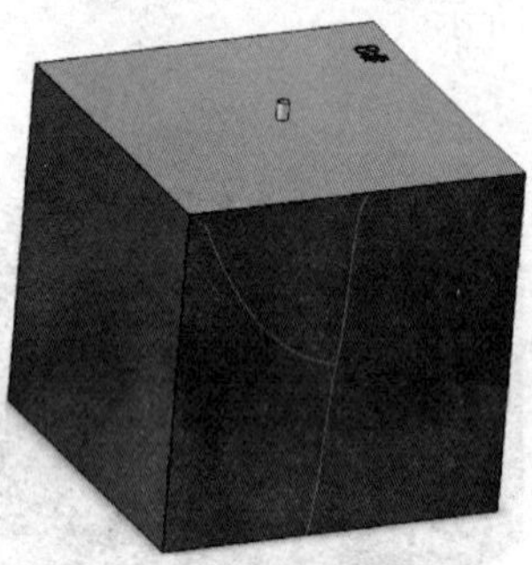

图 5　8#岩样外观三维图

9#岩样初次压裂后产生 10.7cm 的裂缝，在压入暂堵剂后重复压裂在初始缝面位置产生新的裂缝，由于岩样尺寸限制，新裂缝延伸直接扩展到岩样边界。通过三维可视化绘图，绘制初次裂缝和重复压裂时裂缝的形态特征，如图 6 所示。

图 6　9#岩样外观三维图

由上可知，泵入暂堵剂后，初次裂缝与二次压裂裂缝一般存在夹角，发生裂缝转向，形成多分支缝。这是由于暂堵剂具有软分层的作用，减弱了初次裂缝尖端的应力扩展。分支缝的起裂分支缝起裂位置主要在井筒处起裂及在原裂缝面起裂，这与岩样的非均质性有关，在暂堵剂的作用下，岩样应力场受到干扰，二次压裂时裂缝仍然沿最大水平主应力方向扩展。

3　影响因素分析

3.1　水平应力差

为进一步分析裂缝形态及扩展的影响因素，绘制了岩样三维透视图。不同地应力差条件下重复压裂暂堵水力裂缝扩展模拟实验结果三维透视图如图 7 所示。初次压裂，形成垂直于最小水平主应力的垂直缝，通过对比应力为 4MPa 的 6#、8#岩样压裂效果与应力差为 2MPa 的 2#岩样二次压裂效果，可以看出应力差大的岩样所产生的重复压裂裂缝起裂方向与初次裂缝夹角较小(6#、8#)，应力差小的岩样重复压裂裂缝起裂方向与初次裂缝起裂方向夹角接近垂直(2#)。

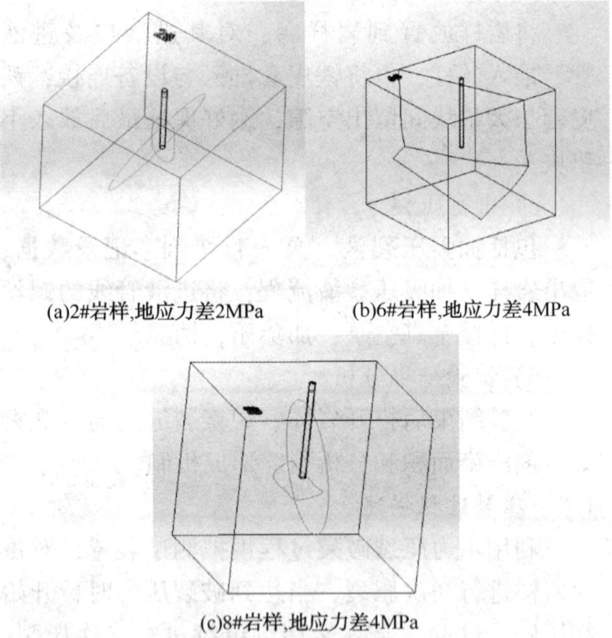

(a)2#岩样,地应力差2MPa　(b)6#岩样,地应力差4MPa

(c)8#岩样,地应力差4MPa

图 7　不同地应力差条件下裂缝形态三维透视图

这是因为水力压裂裂缝延伸条件是不同的，断裂延伸应力也不同。当 θ 变为 0°到90^0，则断裂延伸应力变化在以下范围内[12]：

$$\Delta P_f \geqslant \sigma_{H\max} - \sigma$$

裂缝的起裂与延伸与地应力差有很大影响，在初次裂缝封堵后，引起地应力场的重新分布，当地应力差越小，裂缝压力越容易达到破裂压力，易于延伸和拓展。

3.2 初次压裂排量

初次压裂排量影响着初次压裂裂缝的长度及扩展情况，当水平应力差相同时，对比3#、6#及8#岩样直井多分支缝水力压裂裂缝形态，最小主应力(初次压裂裂缝闭合压力)小的岩样在初次压裂采用大排量压裂时(6#、8#)，分支缝延伸效果不好。采用小排量初次压裂时，分支缝延伸较长(3#)。

如图 8b 所示，初次压裂液注入排量较大(5ml)，造成第一条裂缝开裂面较大，在高水平应力差条件下第二条裂缝没有完全延伸，就造成了第一条裂缝开裂。由此可知，采用低排量更易控制初次裂缝长度，为暂堵压裂提供更为充分的条件，因此初次压裂时压裂液排量也是分支缝能否形成并延伸的影响因素。分支缝延伸效果好坏是初次压裂排量和初次压裂裂缝闭合压力综合作用结果。

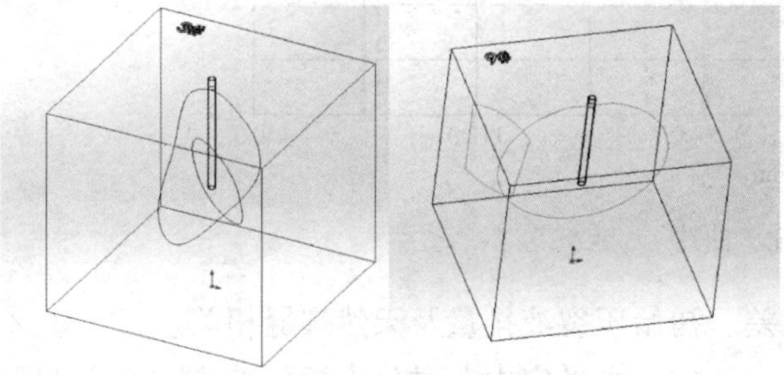

(a)3#岩样,排量1.5ml　　(b)9#岩样,排量6ml

图 8　不同初次压裂排量下裂缝形态三维透视图

对比围压相同的条件下进行多分支缝压裂的9#岩样及3#岩样，说明了分支缝的起裂位置与初次裂缝的排量有关，初次裂缝排量小所形成裂缝宽度小，暂堵效果好，二次压裂易在井筒处形成多分支缝，而大排量的初次压裂暂堵效果一般，会从缝内产生分支缝。

3.3 天然裂缝影响

岩石内天然裂缝对分支缝起裂有很大影响，微裂缝会影响分支缝的起裂位置、方位及裂缝扩展情况。当重复压裂时裂缝遇到天然裂缝，应力传播会发生改变，引起地应力场重新分布。

根据图 9 压力曲线可以看出，在压力上升过程中出现不同程度的卸压现象，这是由于 6#天然岩样在井底附近存在不同程度的天然微裂隙，压裂时部分压裂液流入微裂隙产生卸压现象。根据声发射信号可知，在岩石破裂时，声发射信号达到最大值，在遇到天然裂缝时，出现卸压现象，声发射信号也降低，声发射出现波动情况。

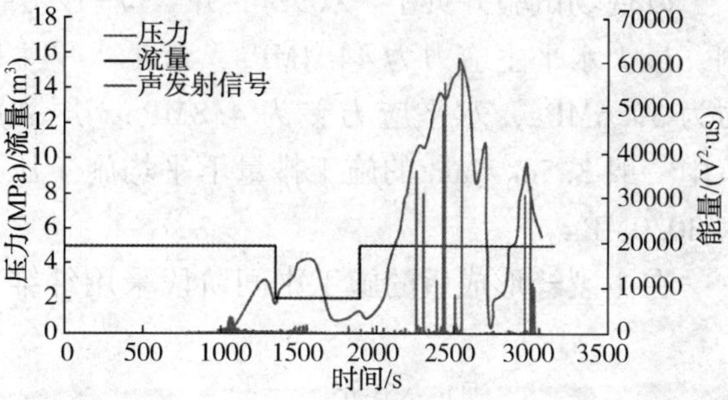

图 9　6#注入压力、流量、声发射信号变化曲线

对比 6#岩样与 8#岩样，在相同水平应力差条件下，未含天然裂缝的 8#岩样在进行水力压裂时沿垂直于最小水平主应力方向起裂，形成椭圆形的双翼对称型裂缝，在压裂暂堵后，重复压裂时易形成与初始裂缝有一定角度的分支缝，如图 10 所示。含有天然裂缝的 6#岩样初次压裂同样形成垂直于最小水平主应力方向的裂缝，在重复压裂时由于天然裂缝的存在，引起应力场重新分布，裂缝在延伸至 3cm 后停止延伸发生裂缝转向，如图 11 所示。

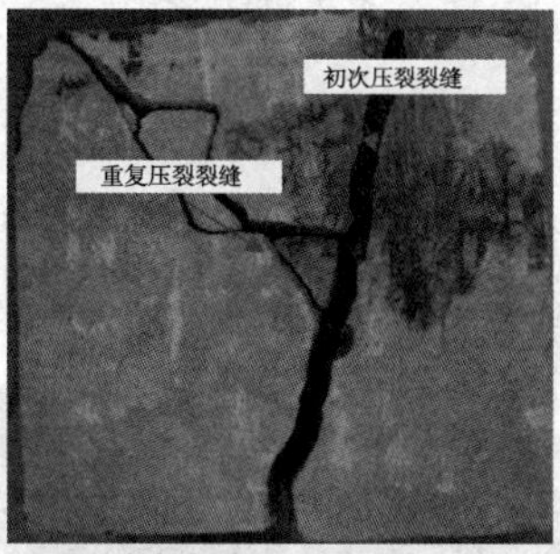

图 10　不含天然裂缝岩样重复压裂裂缝形态

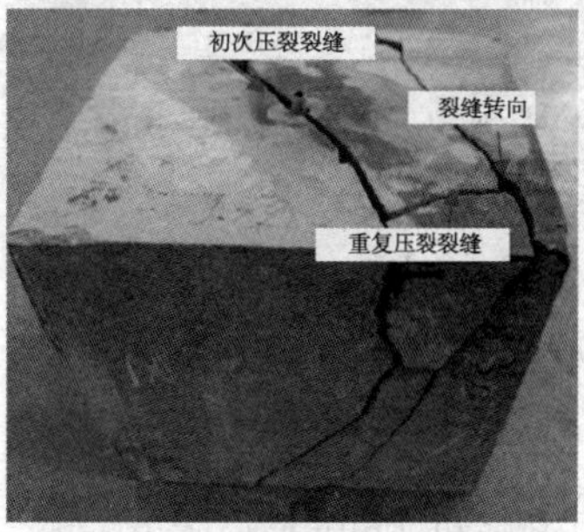

图 11　含天然裂缝岩样重复压裂裂缝形态

由此可知，天然裂缝的存在对对重复压裂暂堵技术的应用有很大影响，天然裂缝会引起应力场的重新分布，当裂缝延伸至等效水平应力位置就会发生裂缝转向，沿垂直于最小水平应力方向继续延伸，沟通更多未沟通的区域，大大提高重

复压裂暂堵技术的效果。

4 现场验证

以现场试验井贝 14-X69-65 井 X17-12 层为例，最大水平主应力为 44.4MPa，最小水平主应力为 39.6MPa，水平应力差为 4.8MPa，压裂施工中一般 3.5m^3/min 的施工排量下平均施工压力为 30.0MPa。

在主裂缝形成后的施工中间阶段采用纤维基液混砂，在压裂裂缝近井地带桥堵，强制形成缝内分支裂缝。地面施工压力由 28.2MPa 上升到 34.6MPa，模拟施工净压力由 1.5MPa 上升到 6.1MPa，从施工压力变化情况判断改造形成了多条裂缝，如图 12 所示。通过压后裂缝形态监测证实形成了 2 条主裂缝与 1 条分支裂缝，如图13所示。

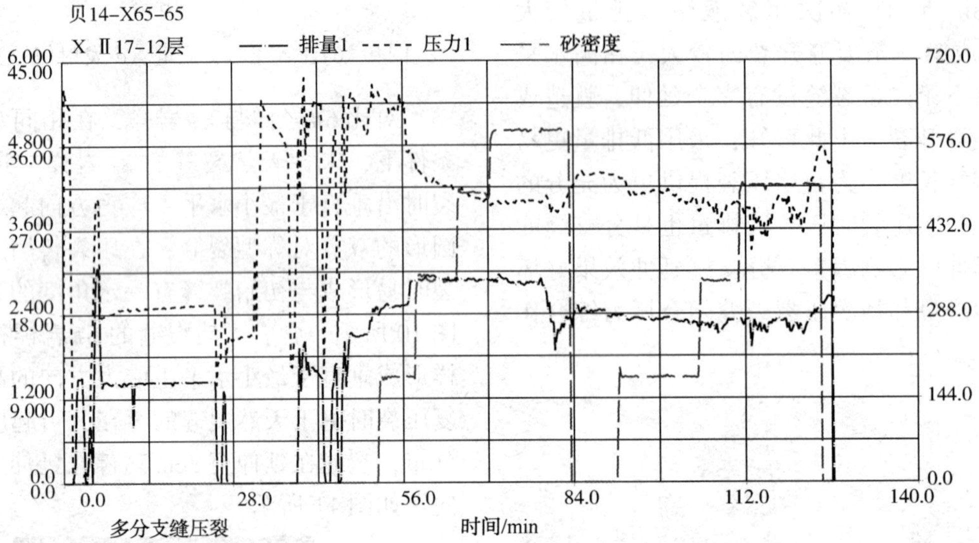

图 12　压裂施工曲线

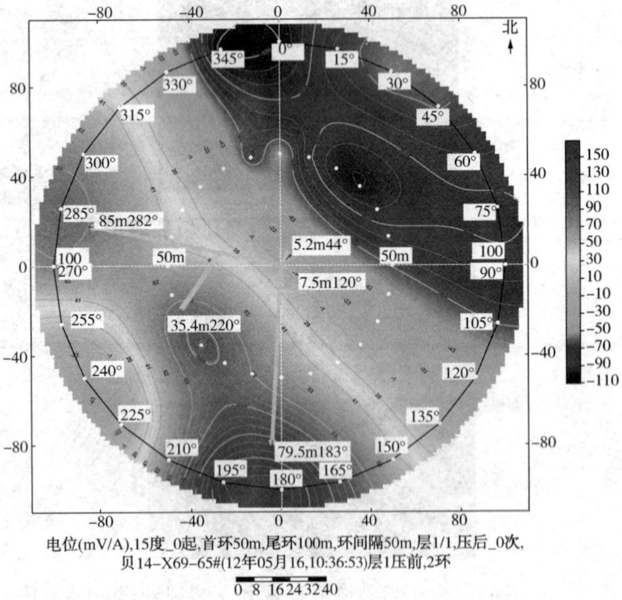

图 13　大地电位裂缝平面分布成果图

5 结论

（1）通过开展重复压裂暂堵全尺寸物模实验可知，暂堵技术可以有效的增加重复压裂时的分支缝，分支缝的长度、角度及数量与水平应力差、初始压裂液排量及天然裂缝相关。

（2）水平应力差对分支缝延伸方向有着明显影响，水平应力差越小，分支缝的延伸方向与初始缝趋近垂直，水平应力差增大，分支缝延伸方向与初始缝夹角较小。

（3）初始缝面始终垂直于最小水平地应力，不受水平应力差和压裂液注入排量的影响；但初始缝尺寸大小随压裂液的排量和注入时间的增大而增大。岩石内天然裂缝的存在会引起应力场重新分布，影响分支缝的起裂位置和方位。

（4）初始缝的尺寸对分支缝起裂影响明显。初始缝的尺寸越小，分支缝越倾向于在井筒附近起裂；初始缝的尺寸越大，分支缝越倾向于在初始缝中起裂。

参 考 文 献

[1] J. L. Reese, L. K. Britt, J. R. Jones. et al. Selecting economic refracturing candidates[R]. SPE 28490, 1994.

[2] Mohammad A. Aghighi, Sheik S. Rahman. Initiation of a secondary hydraulic fracture and its interaction with the

primary fracture[J]. International Journal of Rock Mechanics & Mining Sciences, 2010, 47: 714-722.

[3] Raj Malpani, Shekhar Sinha, Lina Charry, et al. Improving Hydrocarbon Recovery of Horizontal Shale Wells Through Refracturing [R]. SPE 175920 - MS, 2015.

[4] J. L. Elbel and M. G. Mack, Refracturing: observations and theories[R]. SPE25464, 1993.

[5] C. A. Wright and R. A. Conant, Hydraulic Fracture Reorientation in Primary and Secondary Recovery from Low-Permeability Reservoirs[R]. SPE30484, 1995.

[6] GuangQing Zhang, Mian Chen. Dynamic fracture propagation in hydraulic re - fracturing [J]. Journal of Petroleum Science and Engineering, 2010, 70: 266-272.

[7] Weng X, Siebrits E. Effect of production-induced stress field on refracture propagation and pressure response. In: Proc SPE Hydraul Frac Tech Conf [R], SPE 106043, 2007.

[8] Siebrits E, Elbel JL, Detournay E. Parameters affecting azimuth and length of a secondary fracture during a refracture treatment. In: Proc SPE Ann Tech Conf Exhib, New Orleans, 1998, pp. 17-27.

[9] Wright CA, Conant RA. Hydraulic fracture reorientation in primary and secondary recovery from low-permeability reservoirs. In: Proc SPE Ann Tech Conf Exhib, Dallas, 1995, pp. 357-369.

[10] Mohammad O. Eshkalak, Umut Aybar. An Economic Evaluation on the Re - fracturing Treatment of the U. S. Shale Gas Resources[P]. SPE171009, 2014.

[11] Mamadou Diakhate, Ayman Gazawi. Refracturing on horizontal wells in the Eagle Ford shale in South Texas-one operator's perspective[P]. SPE173333, 2015.

[12] Zhenyun Song, Xiaowen Wang, Yanpen Ren. et al. The application of In-fissure divert fracturing technology in ultra - low permeability oilfield [P]. IPTC 13489, 2009.

海上低渗储层二次加砂压裂技术研究及实践

姚锋盛[1] 曹 冰[1] 简家斌[1] 田继宏[2] 莫高武[2]

(1. 中海石油(中国)有限公司上海分公司储层改造技术中心；2. 海油发展工程技术上海分公司)

摘 要 东海低渗储层增产具有埋藏深、温度高、气水关系复杂、平台空间小等特点，采用常规的加砂压裂后初期产量低、稳产时间短，无法满足海上经济有效开发的需求。在分析海上平台压裂技术难点的基础上，开展二次加砂压裂机理及适应性研究，通过理论分析和参数优化，确定了二次加砂压裂的施工排量、加砂规模、加砂比例、中途停泵时间等关键参数，优选评价了压裂液和支撑剂材料，并评估了平台空间综合利用，形成了一种适合海上低渗平台开发的增产技术。DX-B5 井的实施效果表明：二次加砂压裂技术增产效果显著，相比邻井初期产量增加了 2 倍，累计产量增加了 3 倍，针对类似储层条件的井，可推广应用于东海及其他海域的低渗储层增产开发。

关键词 海上低渗储层；二次加砂压裂；参数优化；实施效果

东海砂岩油气藏，中下部低渗储层规模大，埋藏深(3000－4000m)，温度高(120－160℃)，孔隙度(8%－12%)，渗透率(0.5－15mD)，边底水发育，岩石水敏水锁特征强，资源储量丰富，但目前有效动用率低，经济自然产能低，只有依靠压裂增产改造才具备工业开采价值。十二五以来东海油气田开展了 20 多井次的常规加砂压裂作业，普遍测试产量低、压后压降快、有效产能低、稳产时间短，无法满足海上气田经济有效开发的需求。陆地页岩气及致密气成功经验，大规模体积压裂改造是扩大渗流面积和提高产能的最有效方式[1-3]，但是对于海上油气田考虑平台空间、规模、吊机能力、甲板承重、海域涌浪工况等因素，实施大规模大排量的压裂增产作业风险高、成本高、难度大。因此，针对东海低渗储层压裂难点，从扩大加砂造缝有效率和提高裂缝导流能力为目标，开展二次加砂压裂技术研究，充分利用海上平台资源，优化工艺方式，以期实现降低施工难度和安全风险、避免沟通边底水，提升开发效果的目的，为海上低渗油气田经济开发提供新的增产模式。

1 海上平台压裂特殊性及难点

鉴于东海已有平台设施和配套条件，评估二次加砂压裂的适应性，集成压裂设备、综合利用甲板空间，优化作业工序，满足平台二次加砂施工作业。但从地质和工程上，存在以下几个难点：

(1) 含水饱和度高，气水关系复杂，边底水发育，储隔层应力差小(2-3MPa)，隔层厚度薄，若缝高过度延伸、压窜水层，导致压裂效率降低，降低油气井生产周期；

(2) 低孔渗储层埋藏深，破裂压力和管柱沿程摩阻高，施工排量受限、加砂难度大，导致压开裂缝窄，易形成多裂缝、易脱砂砂堵；

(3) 储层温度高、水敏水锁特征强，对压裂液优选及储层保护提出了苛刻条件，同时满足二次加砂停泵需求，要求压裂液具有低伤害、耐高温及抗剪切性能；

(4) 海上平台空间小，甲板面积不足 $300m^2$，压裂设备的摆放展布难，压裂材料种类多数量大，吊装风险高；

(5) 平台储液空间小，大规模配液及存储难，同时作业工况复杂，支持船配合压裂风险高，施工周期长，作业成本高，不利于经济有效开发的目标。

2 二次加砂压裂增产机理

二次加砂压裂是在压裂过程中，完成第一次加砂后，停泵一段时间，让人工裂缝中的携砂液滤失扩散，同时支撑剂向裂缝底部运移沉降，促使井筒周围应力重新分布[4]；待裂缝闭合后，重新开泵进行第二次加砂，作业排量更高，支撑剂铺置在油气层中部，第一次加砂形成的人工隔层降低了液体向下滤失，垂向上裂缝扩展受阻[5]，从而使水平方向裂缝向前继续推进延伸，增加了裂缝长度和宽度，形成一条较高导流能力的有效支撑裂缝，增强了层内流动空间，实现更好的增产效果[6-7]。

对于海上低渗油气藏，二次加砂与常规加砂压裂相比，具有以下优势[8-9]：

（1）在裂缝纵向尖端形成阻抗，控制裂缝向下延伸，避免穿入下部含水层；

（2）增加缝内净压力，扩展裂缝宽度，提高缝内的铺砂浓度和有效导流能力；

（3）重新开泵增加施工排量时，裂缝不再向下延伸，而朝长度方向发展，同时开启次级裂缝并有效充填，提高了改造面积和渗流区域；

（4）多级段塞降低了压裂液滤失，减少了海上压裂砂堵风险，提高了二次加砂压裂造缝率和成功率，增长了平台压裂的有效期。

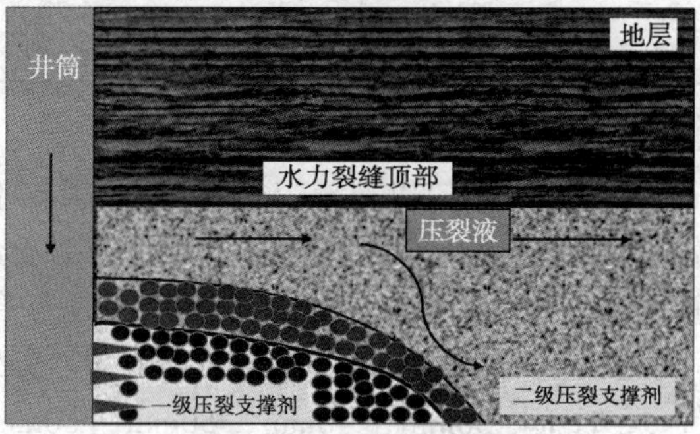

图1 二次加砂示意图

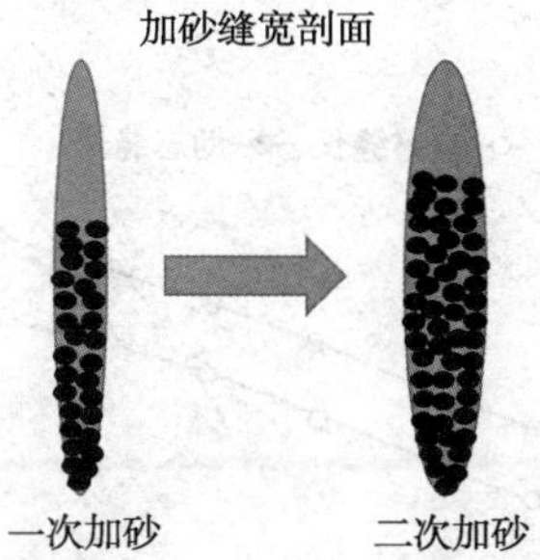

图2 二次加砂缝宽剖面对比图

3 海上平台二次加砂压裂工艺技术优化研究

3.1 选井选层原则

基于海上低渗储层压裂的复杂性和风险性，在选井选层时必须遵循以下主要原则[10]：

（1）具有一定的可采储量、供给能力和地层压力较充足；

（2）海上投入产出比考虑：油层渗透率大于5mD，气层渗透率大于0.5mD；油层孔隙度大于10%，气层孔隙度大于6%，气藏含水饱和度不高于45%；

（3）对于气藏地层压力系数不小于0.7，储层有效厚度大于2m；

（4）上下隔层厚度大于3m，隔层应力差大于3MPa；

（5）裂缝距离断层的最短距离不小于120m。

3.2 二次加砂压裂施工参数优化

基于东海平台空间及作业能力，采用FracproPT对DH-B5井进行施工排量、加砂规模、二次加砂比例和停泵时间等参数模拟分析，优化二次加砂压裂施工参数。

DH-B5井P11层基本参数：有效厚度27m，渗透率14.9mD，孔隙度11.4%，压力系数1.24，温度144℃，距离边水63.3m，隔层应力差3.9MPa。

3.2.1 施工排量

设置前置液比例为40%情况下，模拟排量在2.0m³/min、2.5m³/min、3.0m³/min、3.5m³/min、4.0m³/min得到压后裂缝长度、宽度及高度，见图3-图5所示。

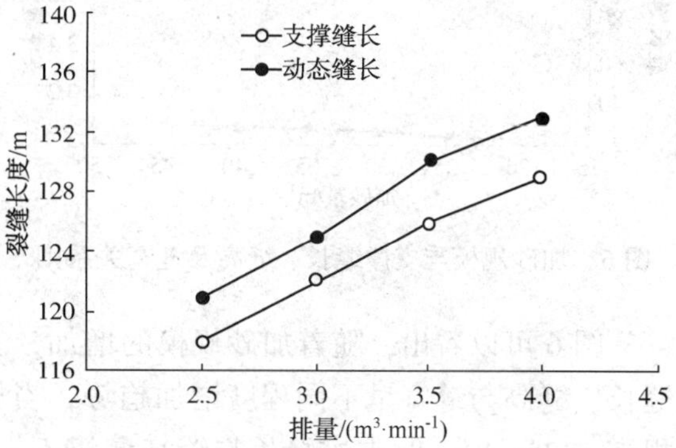

图3 排量与裂缝长度关系图

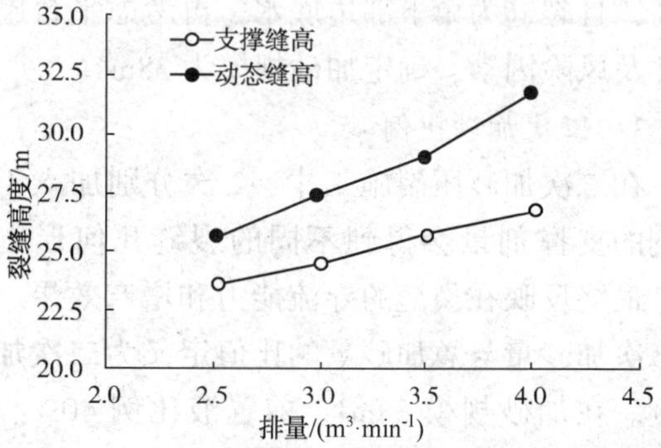

图4 排量与裂缝高度关系图

从图3-图5可以看出，随着施工排量增加，动态及支撑缝长、缝高和缝宽都呈增大趋势。然而为了控制缝高、并获得较宽的裂缝，同时考虑平台作业能力，确定施工排量范围3.0-3.5m³/min。

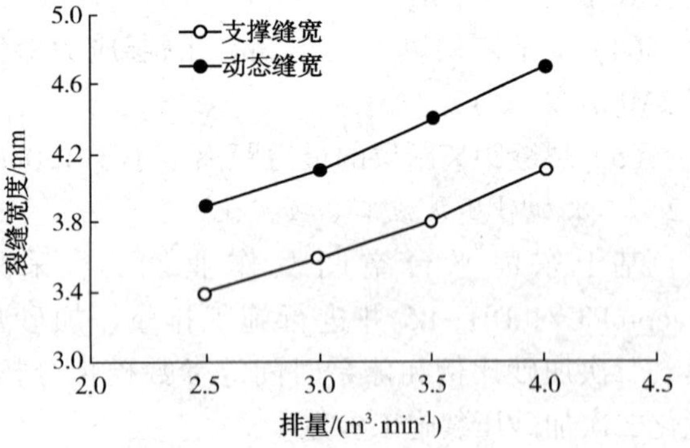

图 5　排量与裂缝宽度关系图

3.2.2　加砂规模

在平均砂比为 30%、中途停泵时间为 60min、施工排量为 $3.5m^3/min$ 下，改变加砂规模，模拟得到不同规模下压后裂缝参数。

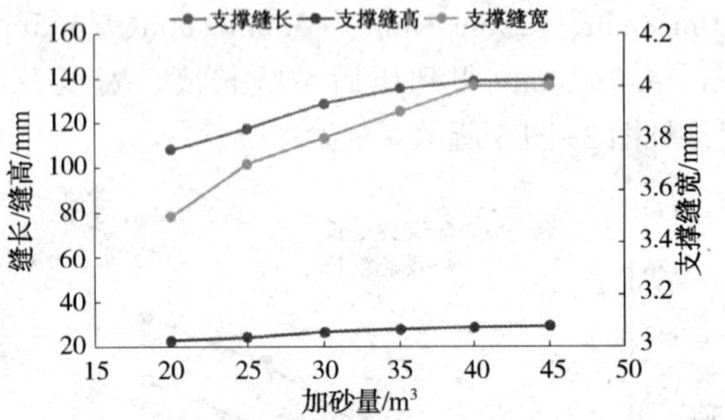

图 6　加砂规模与支撑缝长、缝高及缝宽关系图

从图 6 可以看出，随着加砂规模的增加，支撑缝长、缝高与缝宽呈不同程度增加趋势，当加砂规模在 35-40m^3 时支撑缝长与缝高增幅不大，这是由于砂量过多导致端部脱砂现象，缝宽大幅提高，且裂缝为窜下部边底水，再考虑平台施工条件及风险因素，确定加砂规模为 38m^3。

3.2.3　二次加砂比例

在二次加砂压裂施工中，2 次分别加入不同比例的支撑剂量会得到不同的裂缝几何形态参数，最终反映在裂缝的导流能力和增产效果。将第二次加砂量与总加砂量的比值定义为二次加砂比例。在加砂规模 38m^3、前置液比例 40%、平均砂比 30%、中途停泵时间 60min、施工排量为 $3.5m^3/min$ 条件下，利用压裂软件模拟得到不同二次加砂比例下的裂缝几何形态参数(二次加砂比例为 0 指常规加砂压裂未采取二次加砂模式)。

从表 1 可以看出：常规加砂压裂的支撑裂缝长度和高度都大于二次加砂压裂；随着加砂比例的增加，支撑缝长呈减小再增大的趋势，拐点为二次加砂比例 0.6；缝高呈下降趋势，但当加砂比例为 0.6 时下降幅度减弱；缝宽呈上升的趋势。因此以控制裂缝高度和拓展裂缝宽度为目标，综合考虑海上施工条件及风险因素，将二次加砂比例确定为 0.6。

表 1　不同二次加砂比例下的裂缝几何形态参数

二次加砂比例	支撑缝长/m	支撑缝高/m	平均支撑缝宽/mm
0	135.2	33.8	2.82
0.2	132.3	30.6	3.01
0.3	130.5	29.2	3.34
0.4	127.1	27.3	3.59
0.5	124.8	26.1	3.85
0.6	121.4	25.4	4.12
0.7	123.1	25.1	4.22
0.8	124.9	24.9	4.35

3.2.4　中途停泵时间

中途停泵时间应以裂缝闭合时间为下限，使支撑剂在裂缝中充足的时间沉降并形成滤饼，但中途停泵时间过长易产生压裂液对储层的伤害，同时考虑海上的实际工况及吊机吊砂能力。分别取停泵时间 30min、40min、50min、60min、70min、80min、90min，应用软件模拟计算，得到压后缝长、缝宽与停泵时间的关系，见图 7-图 8 所示。

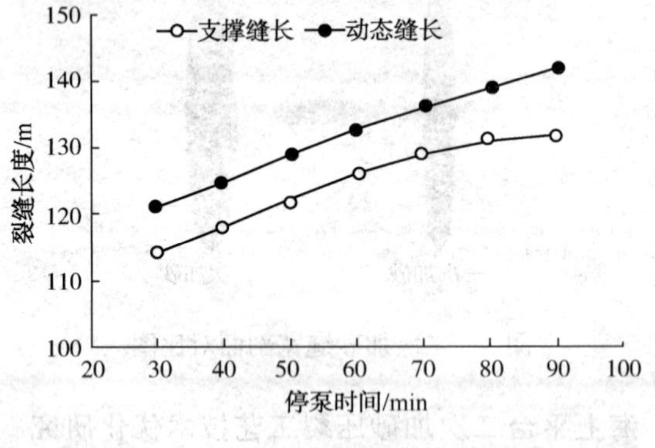

图 7　停泵时间与裂缝长度关系图

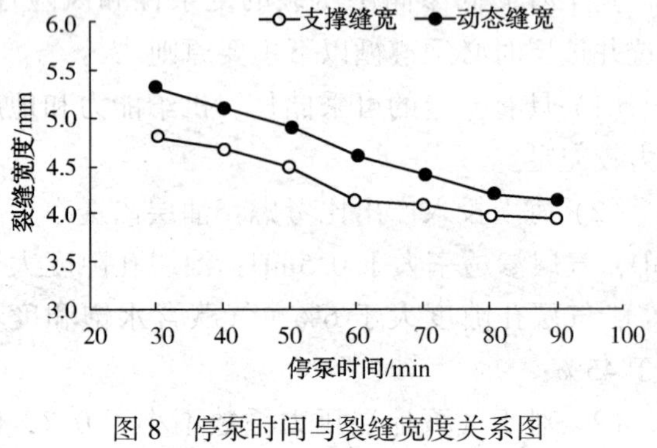

图 8　停泵时间与裂缝宽度关系图

因平台空间限制二次加砂时需要重新补砂28m³，每5分钟吊2m³砂，同时为了获得较宽的高导流能力裂缝，停泵时间在70min左右为最佳。

3.3 压裂材料优选

(1) 低伤害压裂液体系

针对海上施工时间长、储层温度高、水敏特征强和井底施工压力高等特点，优选适合海上平台连续混配的低伤害、低摩阻压裂液体系。

液体配方：0.45%羟丙基瓜胶+0.2%高温稳定剂+0.2%黏土稳定剂+0.2%助排剂+0.2%破乳剂+0.5%交联调节剂+0.4%交联剂，具体性能参数详见表2。

配液方式：充分利用平台生产水及淡水以连续混配方式配液。

表2 低伤害压裂液体系综合性能结果

序号	性能参数	参数值	行业标准
1	基液黏度/mPa·s	63	10-40
2	交联挑挂时间/s	240	60-300
3	耐温剪切能力/mPa·s (160℃、170s⁻¹)	120	≥50
4	破胶时间/min(0.003%过硫酸铵)	140.00	≤720
5	滤失系数/(m/min^1/2)	0.64×10⁻³	≤1.0×10⁻³
6	稠度系数k'/Pa*sn	4.65	/
7	流态指数n'	0.758	/
8	表面张力/(mN/m)	25.1	≤28
9	界面张力/(mN/m)	1.08	≤2.0
10	残渣含量/(mg/L)	127.5	≤600
11	破乳率/%	100	≥95
12	降阻率/%	75.28	≥50%
13	岩心基质渗透率损害率/%	12.7	≤30%
14	与地层水配伍性	无沉淀，无絮凝	无沉淀，无絮凝

(2) 高强度高导流支撑剂

借鉴东海类似井的压裂经验，考虑孔眼尺寸(10.67mm)、闭合压力(约59MPa)、支撑剂嵌入及裂缝导流需求，优选30/50目中-高强度陶粒支撑剂，有利于加砂、降低砂堵风险，并防止支撑剂破碎，保持裂缝长期高导流能力。

基于储层情况和井口施工压力高，采用40/70目粉陶以段塞形式降低压裂液滤失、堵塞微小裂缝、磨蚀裂缝壁面和减小裂缝弯曲效应，增加人工裂缝宽度，降低海上平台水力压裂加砂风险。

表3 支撑剂综合性能评价结果

序号	检测参数	性能评价结果	行标要求
1	产品类型	低密度压裂支撑剂	低密度压裂支撑剂
2	规格/μm	30/50目 (600-300μm)	30/50目 (600-300μm)
3	体积密度/(g/cm³)	1.28	ρ≤1.65
4	视密度/(g/cm³)	3.15	3.00<ρ≤3.35
5	破碎率(69MPa)	5.46	≤6
6	圆度	0.8	≥0.8
7	球度/FTU	0.8	≥0.8
8	浊度	58	≤100
9	溶解度/%	4.42	≤5
10	筛析合格率/%	98.84	≥90%

3.4 平台空间综合利用

东海目标区域低渗压裂平台面积约为300m²，吊机限重25t，可用储液池体积为300m³，均配有钻机模块，在上层管子甲板作为压裂施工的主要区域，设备总重在380t以内，其中压裂泵、连续混配设备、混砂泵等设备都以橇装形式吊装和摆放。

基于平台空间的综合利用，优化设备摆放、流程管线布置，充分利用下层平台泥浆池，完成压裂液连续混配设计，编制了海上平台化压裂的施工设备与流程设计图，并根据压裂工况条件下，完成平台单点及整体承载能力校核评估，能满足4-5台压裂泵、1台连续混配设备摆放，最大水马力10000HHP，最大施工压力65MPa，可设计排量为4.0m³/min。

4 现场实施及效果

于2019年3月1日，对DH-B5井进行了二次加砂压裂施工，累计泵入压裂液570.9m³，支撑剂64.5m³，施工时间190min，中途停泵时间85min。其中第一次压裂泵入液量239.9m³，粉陶1.5m³，支撑剂26.7m³，平均砂比21%，施工排量3.0-3.5m³/min，井口破裂压力40.4MPa，最高施工压力46.5MPa，停泵压力24MPa；第二次压裂泵入液量239.9m³，粉陶1.2m³，支撑剂37.8m³，平均砂比24.5%，施工排量3.0-3.5m³/min，井口破裂压力38.4MPa，停泵压力25.4MPa。

DH-B5井实施压裂后，以8.73-12.7mm油嘴返排，累计返排液274.9m³，返排率48.2%。返排1.5d后开始出气，产气量先增大后减小，

最高产气量 $2.9\times10^4m^3/d$；返排后 2d 开始产油，最高产油量 $35m^3/d$，随后下降至约 $30m^3/d$；截止 6 月 1 日，累计产油 $1135.6m^3$，产气 $130.6\times10^4m^3$。相比邻井初期产量增加了 2 倍，同一时期累计产量增加了 3 倍，可见二次加砂压裂增产效果显著。

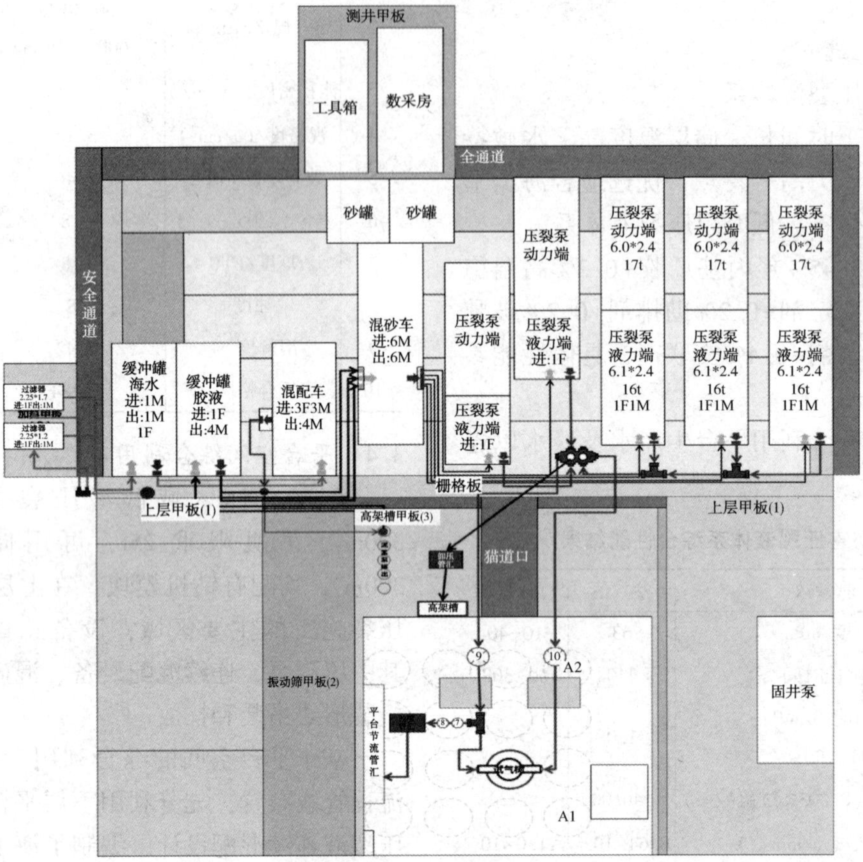

图 9　平台空间设备摆放及管线布置

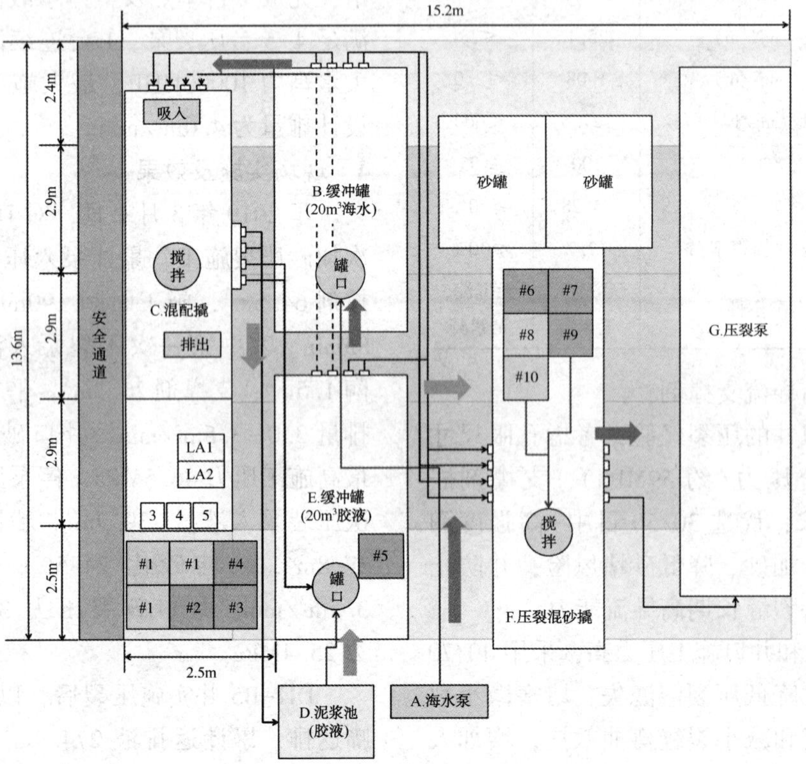

图 10　平台连续混配配液及流程设计图

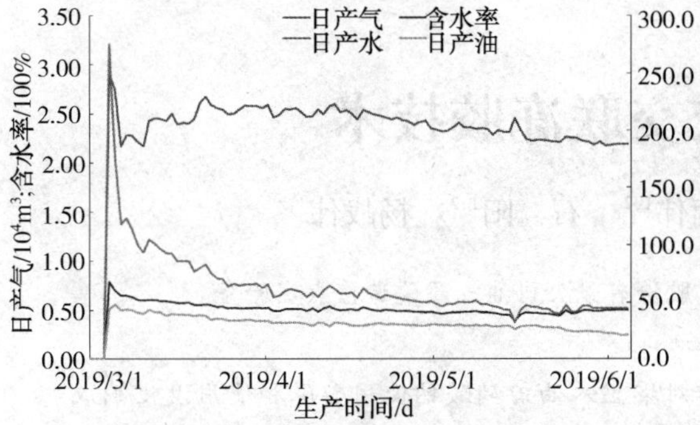

图 11　DH-B5 井压后生产曲线

5　结论

（1）二次加砂压裂采用分批次加砂的模式，以提高缝宽及导流能力为目标，可有效控制裂缝高度，提高压裂效果，延长生产周期，对于海上油气田增产开发具有很强的适用性；

（2）通过压裂软件模拟及平台优化，推荐参数：施工排量 3.0-3.5m^3/min，加砂规模 38m^3，二次加砂比例 0.6，中途停泵时间 70min，160℃低伤害低摩阻压裂液体系，30/50 低密度高强度支撑剂；

（3）现场实践及效果分析表明：二次加砂压裂技术增产效果显著，相比邻井初期产量增加了 2 倍，累计产量增加了 3 倍，针对类似储层条件的井，可推广应用于东海及其他海域的低渗储层增产开发。

参 考 文 献

[1] 卢修峰，王杏尊，吉鸿波，等．二次加砂压裂工艺研究与应用[J]．石油钻采工艺，2004，26(4)：57-60.

[2] 李勇明，李莲明，郭建春，等．二次加砂压裂理论模型及应用[J]．新疆石油地质，2010，31(2)：190-193.

[3] 王宇宾，刘建伟．二次加砂压裂技术研究及实践[J]．石油钻采工艺，2005，27(5)：81-85.

[4] 李勇明，李崇喜，郭建春，等．二次加砂压裂裂缝延伸模型研究[J]．西南石油大学学报(自然科学版)，2010，32(1)：89-92.

[5] 赵金洲，何弦桀，李勇明，等．FracproPT 软件在二次加砂压裂模拟与施工参数优化中的应用[J]．石油与天然气化工，2014，43(4)：416-420.

[6] 罗天雨，贾海正，许江文．二次加砂工艺技术在玛北百口泉组砂砾岩的应用[J]．中外能源，2014，19(7)：48-51.

[7] Redlln W L，Fltch J L. Abnormal treating Pressures in massive hydraulic fracturing treatments[J]. Journal of Petroleum Technology，1988，40(5)：633-642.

[8] 刘力铭，郭建春．二次加砂压裂技术在樊 131 区块樊 134-1 井的应用[J]．油气地质与采收率，2014，21(1)：107-110.

[9] 洪亮，张华，徐梓晟，等．二次加砂工艺 2 种模式在苏里格气田的应用效果对比[J]．长江大学学报(自然科学版)，2016，13(11)：65-70.

[10] 陈华勇，王志强，唐建红，等．二次加砂压裂在破裂压力预测中的应用[J]．国外测井技术，2015，18(5)：34-37.

高浓度氯化钙—瓜胶交联冻胶技术

徐敏杰[1,2]　高　莹[1,2]　杨艳丽[1,2]　王丽伟[1,2]　石　阳[1,2]　杨战伟[1,2]

（1. 中国石油勘探开发研究院；2. 中国石油天然气股份有限公司油气藏改造重点实验室）

摘　要　本文简述了加重压裂液国内外的技术进展，针对塔里木油田硝酸钠使用受限和使用溴化钠成本昂贵的问题，提出了使用氯化钙来提高瓜胶压裂液的密度。在分析硼交联剂在氯化钙—瓜胶基液中交联受阻的机理后，开发了在低 pH 下能够与氯化钙-瓜胶基液形成冻胶的交联技术，优选了交联冻胶的配方。形成的交联冻胶具有良好的耐温耐剪切性能，在 140℃、2 小时和 $100s^{-1}$ 的条件下，冻胶黏度大于 100mPa·s。实验结果表明新开发的高浓度氯化钙瓜胶水溶液及其交联冻胶作为压裂液是切实可行的。

关键词　加重压裂液；氯化钙；交联；冻胶；瓜胶

水力压裂技术是深层、高温、低渗储层勘探开发过程中的重要手段。在压裂施工过程中，对于一些破裂压力梯度高、岩石塑性强的致密储层，多次发生在井口限压内压不开储层的现象。即使能够勉强压开，这些储层由于闭合压力高，裂缝窄，也难以形成足够的排量，加剧了脱砂的风险。另外对于深井压裂施工，由于高黏度的压裂液冻胶引起的摩阻也是主要原因。

为此，人们从三个方面来解决这个问题[1,2]。① 提高压裂车泵组的功率，相应的要求使用耐更高压力的井口等附属设备，但这受到技术水平和硬件成本的限制。② 降低液体摩阻，使用延迟交联型压裂液，延缓高黏度压裂液冻胶的形成时间，降低由于高黏度带来的施工摩阻，这样能使压裂液的总摩阻降低至清水摩阻的 35%~50%。③ 使用高密度压裂液，提高管柱中静液柱的压力，相对增加地面泵组的有效功率，这是压开高破裂压力储层最直接且有效的方法。

多年来，多家石油技术服务公司开展了加重压裂液技术研究工作。一些加重压裂液技术在油气田的勘探开发中得到了应用，取得了明显的生产效果。例如，使用氯化钠、氯化钾来提高水的密度[2-6]，但这两者效率低，最高密度为 1.15g/ml。使用溴化钠盐水来配制加重压裂液[3-9,14,15]，加重效率高，最高密度为 1.5g/ml，但其显著的缺点是价格昂贵，用户难以接受。使用甲酸盐作为加重剂最近也有报导[11]，但存在甲酸钠配液困难、甲酸钾成本高等问题。

使用硝酸钠作为加重剂[2,10,12]，加重效率和使用成本适中，密度通常为 1.3g/ml。尽管硝酸钠加重压裂液技术得到一些应用，但有时由于和酸化技术一起使用会带来一些难以解决的腐蚀问题；返排过程中由于地层水的稀释，含有硝酸盐的地层水在高温下存在对金属管柱的严重腐蚀危险。另外硝酸钠被怀疑为易制爆炸品原料在一些地区被限制使用。

还有使用纳米硫酸钡来提高压裂液密度的报导，但存在成本昂贵和原料来源稀少的困难[13]。除了使用瓜胶作为加重压裂液的稠化剂，最近还有人使用聚丙烯酰胺作为加重压裂液的稠化剂[16,17]。不使用常规的金属交联剂，利用聚丙烯酰胺在高浓度盐水中缔合形成冻胶，实现压裂液的携砂功能。

氯化钙、溴化钙可以显著提高盐水的密度，经常用于配制高密度的压井液。瓜胶在压裂过程中是经常使用的稠化剂。尽管这两者在石油工业中已经使用多年，但几乎没有文献报导使用高浓度钙盐水溶液来配制瓜胶压裂液，也没有文献公开如何形成和使用含有高浓度氯化钙的加重压裂液技术体系。实际上，目前通常使用有效的硼—瓜胶交联技术体系在使用含高浓度的钙盐水配制的瓜胶压裂液中是无效的。因此，有必要开发一种在使用高浓度氯化钙盐水配制的瓜胶溶液中能够有效形成冻胶的交联技术。

1　氯化钙水溶液的物理性质

氯化钙容易溶于水，在水中溶解度高。在 0℃，100ml 水中氯化钙溶解度为 59.5 克；在 20℃，溶解度为 74.5g；在 30℃，溶解度为

100g，很容易形成高密度的水溶液。在25℃下，35% $CaCl_2$水溶液对应的密度为1.35g/ml，凝固点为-10℃；31% $CaCl_2$水溶液对应的密度为1.30g/ml，凝固点为-41℃。考虑到压裂施工经常遇到的温度范围，选择使用31%-35% $CaCl_2$水溶液来配制压裂液，足够保证压裂液的密度大于1.3g/ml。

2　氯化钙加重压裂液的技术难点

硼交联瓜胶体系压裂液技术业内已经使用多年，但配液用水要求是钙、镁离子浓度低的淡水。人们自然地考虑到把该技术嫁接到高浓度氯化钙配制的瓜胶溶液中，但要使高浓度氯化钙水溶液配制的压裂液形成耐温耐剪切的交联冻胶，存在以下困难

① 瓜胶在高浓度氯化钙盐水中容易分散，但溶解慢，变成均匀溶胶时间长。

② 瓜胶在高浓度氯化钙盐水中形成溶胶的黏度比瓜胶在清水中的黏度大，这可能影响压裂液的供液速度，也会产生较高的压裂液的黏度摩阻，因而限制了瓜胶在较高浓度下使用。

③ 当溶胶pH超过某个数时，例如pH为8时，高浓度氯化钙盐水的瓜胶溶胶就会瞬时变成弹性极大的冻胶。这非常不利于在碱性条件下来配制压裂液基液。

④ 使用诸如碳酸钠、氢氧化钠等碱性物质来调整氯化钙—瓜胶溶胶的pH，由于极易形成冻胶，这些碱性物质在冻胶体系中很难均匀分散。

⑤ 形成的氯化钙—瓜胶冻胶在室温条件下具有优异的弹性，但当温度超过45℃时，又极易变成悬砂性差的溶胶，即氯化钙—瓜胶冻胶本身不耐温。

⑥ 针对在碱性条件下，氯化钙—瓜胶溶胶自动形成冻胶且很难进一步均匀加入硼交联剂的问题，人们尝试过一个试图解决该问题的对策就是：在偏酸性条件下，提前把硼交联剂加入到氯化钙—瓜胶溶胶中，之后添加碱性物质来提升体系的pH达到10以上，企望获得耐高温耐剪切的交联冻胶。这个对策对钙离子浓度较低（例如5000ppmCa^{2+}以下）下形成的交联冻胶或许有效，但对于高浓度钙离子盐水的配制的瓜胶溶胶则效果很差，因为在高浓度氯化钙盐水配制的瓜胶溶液中，硼交联剂的交联功能的发挥受到了阻碍，这个过程可用图1进一步说明。

冰醋酸等酸性物质可以促进瓜胶在氯化钙盐水中快速形成瓜胶溶液（图1中A），由于体系偏酸性硼交联剂不会与瓜胶形成冻胶，仍可形成含有硼交联剂的溶胶（图1中B）。随着体系中碱性物质浓度的增高，水溶液中存在的高浓度钙离子优先与瓜胶形成交联冻胶，且冻胶形成的速度极快（图1中C）。随着体系中碱性物质浓度的进一步增高，在动态条件下，钙离子交联的瓜胶冻胶则会把碱性物质包裹起来（图1中D），此时很难再把碱性物质均匀分散于冻胶中，发挥其耐高温的性能。这种情况下，尽管体系中存在硼交联剂，但由于碱性物质很难均匀，造成局部碱性物质浓度过高，形成不了耐剪切的均匀冻胶。

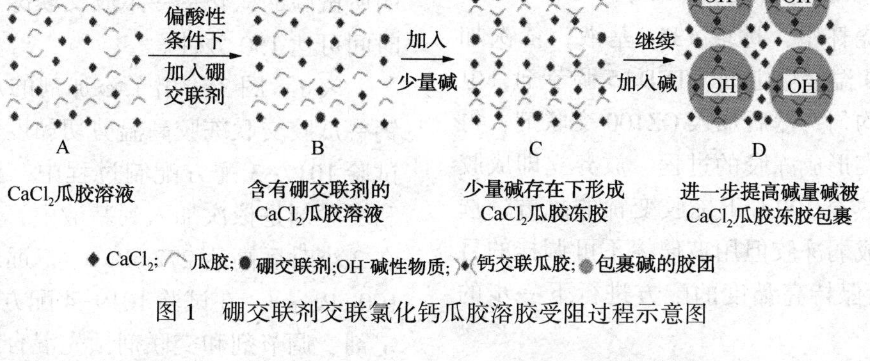

图1　硼交联剂交联氯化钙瓜胶溶胶受阻过程示意图

3　氯化钙加重压裂液的技术对策

如前所述，硼交联瓜胶体系压裂液技术业内已经使用多年，但它适合于配液用水是钙、镁离子浓度低的淡水。当使用浓度高达35% $CaCl_2$的盐水配制瓜胶压裂液时，该体系是不适合的。针对在偏碱性、碱性条件下，高浓度钙离子能够自动交联形成不耐温冻胶的缺点，我们特别开发了一套能够在弱酸性条件下交联瓜胶的且能够形成

耐温耐剪切冻胶的交联技术体系。

4 实验内容

4.1 主要药品和仪器

瓜胶，工业品，规格 HPG，艾博达石油技术服务公司；氯化钙，分析纯，无水，廊坊亚太龙兴化工有限公司；冰醋酸，分析纯，天津市永大化学试剂有限公司；清水，中石油勘探开发研究院廊坊院区自来水；温度稳定剂，GS609，自制；交联剂，GZ100，自制；调节剂，TEDA5，自制。

天平，规格 0.01g，Sartorius 公司；搅拌器，可调节电压的，1.5L，菲利普公司；电炉，800W；电磁搅拌器，北京神泰伟业仪器设备公司；六速旋转黏度计，青岛海通达专用仪器厂；高温流变仪，RS6000，德国哈克公司。多种规格烧杯、量筒。

4.2 氯化钙盐水的配制

在搅拌器中，依次加入 975ml 自来水，逐渐加入称量好的 525g 无水氯化钙，氯化钙很快溶解，同时放出大量的热。全部氯化钙溶解完毕后，盐水的温度可达 90℃。密封，冷却至 20℃。得质量浓度为 35% $CaCl_2$ 的水溶液，外观清澈透明，密度为 1.34g/ml。

4.3 氯化钙—瓜胶溶胶的配制

在搅拌器中，依次加入 1000ml 上述 35% $CaCl_2$ 水溶液、1.5ml 冰醋酸和 4.5g 羟丙基瓜胶，搅拌溶解 30 分钟后，得配方为 35% $CaCl_2$ + 0.15% HAc+0.45% HPG 的水溶胶，这是以下优化交联技术的基础液体，简称基液。用六速旋转黏度计测量基液的黏度，其数值在 100rpm 下为 87mPa · s；300rpm 下为 55mPa · s。

4.4 氯化钙—瓜胶交联冻胶的配方

在 250ml 烧杯中，称取 134g 基液，依次加入 1.5ml GS609 温度稳定剂、TEDA5 调节剂，电磁搅拌器使之均匀。然后加入 GZ100 交联剂，再次均匀后，观察形成冻胶的过程。放弃立即成胶的配方或者加热至 100℃下冻胶变稀的配方，选择室温下可形成弱冻胶但用玻璃棒不可调挂的且 100℃下冻胶还保持高黏度的配方进行下一步的高温剪切实验。

4.5 高温剪切实验

用初步筛选的氯化钙—瓜胶交联冻胶配方用高温流变仪在高温下做剪切试验。流变性能测定参照石油天然气行业标准 SY/T 5107—2005《水基压裂液性能评价方法》。试验温度 130℃、140℃，剪切速率为 $100s^{-1}$，根据剪切试验的结果，试验时间为 1~3 小时。试验结果见表 1、图 2、图 3 和图 4。

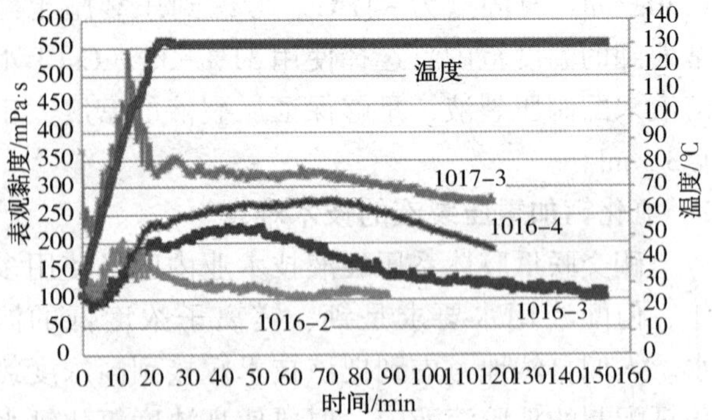

图 2　不同浓度交联剂对冻胶黏度的影响

业内认为在压裂过程中在 $100s^{-1}$ 剪切条件下，冻胶的黏度不小于 100mPa · s 就可以有效地悬砂。由表 1、图 2 可见，在试验的氯化钙—瓜胶交联冻胶 4 个配方中，在 90 分钟的高温剪切过程中，冻胶的黏度都能大于 100mPa · s。这就说明了所试验的 4 个冻胶配方都能在 130℃下达到工业要求，即所形成的氯化钙—瓜胶交联冻胶能够耐 130℃。随着交联剂 GZ100 使用浓度的增加，黏度—时间曲线被抬升，交联剂使用浓度高，同一时间冻胶的黏度就大。

从表 1、图 2 可以进一步看到，存在一个最佳的交联剂使用浓度，试验 1017-3 的黏度曲线总是在试验 1016-4 的黏度曲线之上，对于 0.45% HPG 聚合物溶液，最佳的交联剂使用浓度为 0.5%。

从表 1、图 2 还可以看到，试验 1016-3 在高温剪切 150 分钟内黏度总是大于 100mPa · s，表明所试验的氯化钙—瓜胶交联冻胶的高温耐剪切时间可达 150 分钟。

表 1、图 3 给出了添加剂的加入方式对氯化钙—瓜胶交联冻胶高温剪切黏度的影响结果。在试验 1017-3 配方配制过程中，稳定剂、调节剂和交联剂是依次加入到基液中，其高温剪切黏度在 2 小时后高达 272mPa · s，远远高于工业要求 100mPa · s。在试验 1019-4 配方配制过程中，稳定剂、调节剂和交联剂预先混合在一起后，再加入到基液中形成交联冻胶。所得的交联冻胶不但高温剪切黏度更大，而且耐剪切时间更长，3 小时后其黏度还有 262mPa · s。可见，添加剂的使用方式显著地影响氯化钙—瓜胶交联冻胶的高温

耐剪切性能。

图 4 给出了氯化钙—瓜胶交联冻胶的耐温性能试验结果。比较试验 1017-3 和 1019-2，两者冻胶配方相同，但耐温性能显著差异。130℃下，试验 1017-3 的剪切黏度在 90min 和 120min 时分别为 302mPa · s 和 272mPa · s；而在 140℃下，试验 1019-2 的剪切黏度在同样时间时分别仅为 180mPa · s 和 148mPa · s，随着温度升高黏度大大降低，该配方的交联冻胶剪切性能在 130℃和 140℃下都可达 2h。

表 1　130℃下氯化钙瓜胶交联冻胶剪切试验结果

编号	134 克基液+1.5 mlGS609+		温度/℃	不同时间/min 的黏度/(mPa · s)			
	TEDA5/ml	GZ100/ml		90	120	150	180
1016-2	1.0	0.20	130	108	/	/	/
1016-3	1.0	0.40	130	145	120	105	/
1016-4	1.0	0.60	130	249	188	/	/
1017-1	1.0	0.80	140	<100	/	/	/
1017-2	1.0	0.60	140	111	80	/	/
1017-3	1.0	0.50	130	302	272	/	/
1019-2	1.0	0.50	140	180	148	/	/
1019-4 *	1.0	0.50	130	323	297	307	262
1020-1	1.2	0.50	140	140	116	/	/

* 温度稳定剂、调节剂和交联剂三者预先混合后，再添加到基液中。

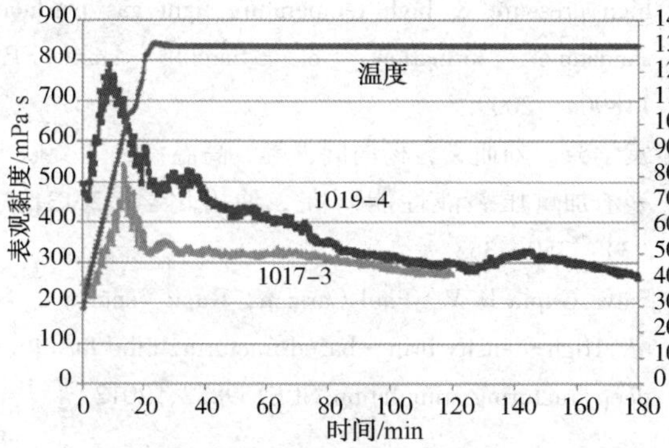

图 3　添加剂的加入方式对冻胶黏度的影响

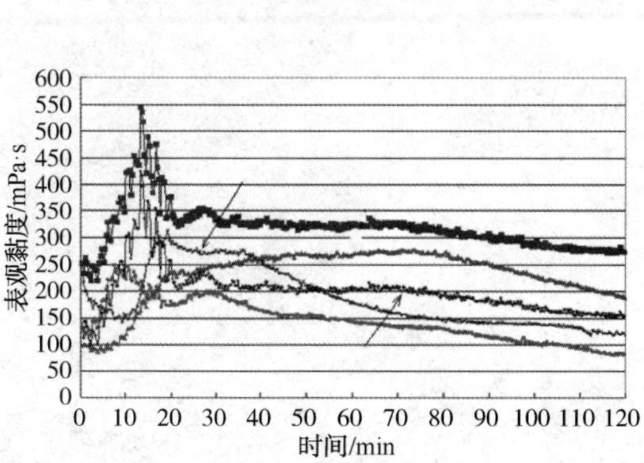

图 4　交联冻胶的耐温性能

比较试验 1016-4 和 1017-2，两者冻胶配方相同，但耐温性能显著差异。130℃下，试验 1016-4 的剪切黏度在 90 分钟和 120 分钟时分别为 249mPa · s 和 188mPa · s；而在 140℃下，试验 1017-2 的剪切黏度在同样时间时分别仅为 111mPa · s 和 80mPa · s，随着温度升高黏度下降明显，该配方的交联冻胶剪切性能不耐 2h，但可耐 90 分钟。与前面两组耐温性能结果相比，这两组试验结果还表明，过高的交联剂浓度会降低交联冻胶的高温耐剪切性能。

比较两者冻胶配方不同的试验 1019-2 和 1020-1，后者尽管提高了调节剂的使用浓度，但在 140℃下并没有提高反而降低了耐剪切性能，2 小时后的黏度分别是 148mPa · s 和 116mPa · s。这说明了还存在一个最佳的调节剂使用浓度。

高温剪切试验结果表明，在给定的基液和选定的温度稳定剂的情况下，存在一个最佳调节剂和交联剂使用配方，该配方的氯化钙—瓜胶交联冻胶耐温性能可达 140℃和耐剪切性能可达 3 小时。表明在高温难压开地层压裂过程中使用氯化钙—瓜胶交联冻胶作为携砂液在技术上是切实可行的。

5　结论与展望

（1）氯化钙易溶于水，常温条件下溶解度大，可用来提高水的密度，在常温条件下 35% $CaCl_2$水的密度可达 1.35 g/ml。

（2）瓜胶在含高浓度氯化钙的盐水中可以分散溶解，可以形成溶胶作为压裂液的基液。

（3）因为需要碱性、强碱性的交联环境，现在普遍使用的硼交联技术不适合高浓度氯化钙—瓜胶压裂液体系。

(4) 开发了可在高浓度氯化钙—瓜胶溶液中形成有效冻胶的交联技术。交联技术由交联剂、温度稳定剂和调节剂构成。

(5) 开发的高浓度氯化钙—瓜胶交联冻胶具有优异的耐温耐剪切性能，在130℃下，其耐剪切性能至少达3h；在140℃下，其耐剪切性能可达2小时。

(6) 在难压开地层压裂过程中使用氯化钙—瓜胶溶液及其交联冻胶作为压裂液在技术上是切实可行的。

参 考 文 献

[1] 林启才，林应之，李建忠．加重液在高温高压气藏增产作业中的盐析伤害及预防措施．天然气工业，2012；32(5)：31—35.

[2] 程兴生，张福祥，徐敏杰，等．低成本加重瓜胶压裂液的性能与应用．石油钻采工艺，2011；33(2)：91—93.

[3] 伍林，王世彬，雷跃雨．超高温瓜胶压裂液加重性能研究．重庆科技学院学．

[4] 肖晖，郭建春，何春明．加重压裂液的研究与应用．石油与天然气化工，2013；42(2)：168—172.

[5] 肖兵，张高群，陈波，等．NaCI、NaBr对HPG压裂液性能的影响．油田化学，2013；30(1)：26—28.

[6] 谢娟，肖兵，曾雨辰，等．抗高温加重压裂液的研究与应用．石油化工应用，2011；30(12)：43—46.

[7] 银本才，曾雨辰，杨洪，等．DG2井压裂液加重技术．石油钻采工艺，2012；43(3)：79—81.

[8] 董永刚，张营，裴海华．耐高温NaBr加重压裂液的研究．当代化工，2016；45(3)：441—446.

[9] 肖兵，张高群，曾铮，等．高温高密度压裂液在大古2井的应用．钻井液与完井液，2012；29(6)：68—70.

[10] 崔会杰，余东合，李建平，等．高密度瓜胶压裂液体系的研究与应用．石油钻采工艺，2013；35(5)：64—66.

[11] 任占春．甲酸盐加重瓜胶压裂液体系．钻井液与完井液，2017；34(1)：122—126.

[12] 徐敏杰，车明光，王永辉，等．一种耐高温的低浓度瓜胶加重压裂液及其应用：201510939306.8.2016-3-30.

[13] 唐瑞江．超细低伤害加重压裂液在元坝地区的应用．石油钻采工艺，2015；37(2)：82—84.

[14] Qiu Xiaoping，Martch Eddy，Morgenthaler Lee，*et al*. Design criteria and application of high-density brine-based fracturing fluid for deepwater frac packs. SPE 124704，2009.

[15] Bartko K，Arocha C，Mukherjee T. S，*et al*. First application of high density fracturing fluid to stimulate a high pressure & high temperature tight gas producer sandstone formation of Saudi Arabia. SPE 118904，2009.

[16] 袁学芳，刘通义，杨向同，等．高温深井非交联无残渣加重压裂液性能研究．油田化学，2013；30(3)：350—353.

[17] Satya Gupta D. V，Paul Carman，Rupa Venugopal，*et al*. High-density brine-based fracturing fluid for ultra-deep fracturing stimulation. SPE159822，2012.

致密气体积压裂用 FS140 变黏滑溜水体系的开发与应用

王改红　高　燕　邵秀丽

（中国石油川庆钻探工程有限公司）

摘　要　为进一步提高常规可回收滑溜水体系的携砂及造缝效果，研发液态高效表面活性剂作为体系变黏型降阻剂，配套体系广谱增黏调节剂，开发出一种兼具滑溜水与携砂液双重功能的变黏滑溜水压裂液体系。室内采用现场胍胶及聚合物混合返排液作为配液水，测试该体系的增稠时间、降阻率、耐温耐剪切性能及重复利用性能等综合性能。室内试验结果表明，该体系 20s 即可快速增稠，降阻率高达 74.2%，耐盐 100000mg/L，130℃下体系的耐温耐剪切性能良好，且性能不受钙镁离子（硬度）影响。该体系返排液去除固体杂质后即可用于二次在线混配压裂施工，省略去离子及水处理等化学工艺；该体系 2018 年在长庆油气田现场应用 5 口井，回用井场积存返排液 1500 余方，返排液再配液性能稳定，施工压力平稳，最高施工砂浓达 314kg/m^3，效果显著。该技术可有效助推油气田企业的清洁化生产力，提速提效及清洁环保作用显著，创新了返排液的重复利用工艺，推广应用前景广泛。

关键词　滑溜水；变黏；压裂液；重复利用；返排液

近几年，随着页岩气藏滑溜水（降阻水）压裂液的使用增多，致密砂岩油气藏体积压裂改造用低摩阻滑溜水（降阻水）的研发及应用也日渐增多，目前国内外使用的滑溜水（降阻水）体系主要为低浓度聚丙烯酰胺类、聚氧化乙烯及其改性产品，该类滑溜水体系以其价格便宜、生产工艺成熟、降阻性能好等特点在油气田应用量较大，但在现场应用过程中，也逐步暴露出一些问题，主要体现在对高硬度水及酸性返排液等配液水敏感造成配液不起黏、受水中钙镁离子影响极大、乳液型减阻剂长途运输易分层造成施工性能不稳定、粉末型减阻剂施工需提前配液造成占时长[1-4]、滑溜水黏度低造成携砂性能差[5-6]、前置液用滑溜水造复杂缝，后期用冻胶或高黏液造主裂缝，造成两种工作液现场施工不便捷、耐温耐剪切性能差等问题。

因此，开发出一种兼具滑溜水与携砂液双重作用的变黏型滑溜水体系，降阻效果好的同时，能适用于高硬度水、腐败质返排液等复杂水质配携砂液，且施工为在线混配，省去了提前配液及连续混配车，提速提效作用明显。

1　FS140 变黏型滑溜水

目前常规滑溜水普遍黏度较低，通常约为 3mPa·s 左右，较低的黏度在低砂比阶段携砂效果较差，因此，在中高砂比泵注阶段现场往往额外配制第二种高黏液来弥补，这就给施工造成了很大的不便，为此，室内通过大量实验开发出了一种变黏型滑溜水体系，该体系由变黏型降阻剂及广谱增黏调节剂构成。

1.1　变黏型降阻剂

该体系降阻剂 XYJZ-2 是一种以耐盐型非离子表面活性剂为主的液态复合材料，通过超分子胶体化学设计出特定超长疏水碳链结构，使其无论是在淡水还是含盐量 10×10^{4}mg/L 内的盐水溶液中，均具有良好的水溶性及增稠性。当降阻剂浓度低于其临界胶束浓度时，该增稠剂微观分子结构以球形、圆柱形胶束形式状存在于溶液中，故此时体系黏度较低，可作为低黏度滑溜水使用。图 1 为不同浓度的变黏型降阻剂水溶液黏度曲线。

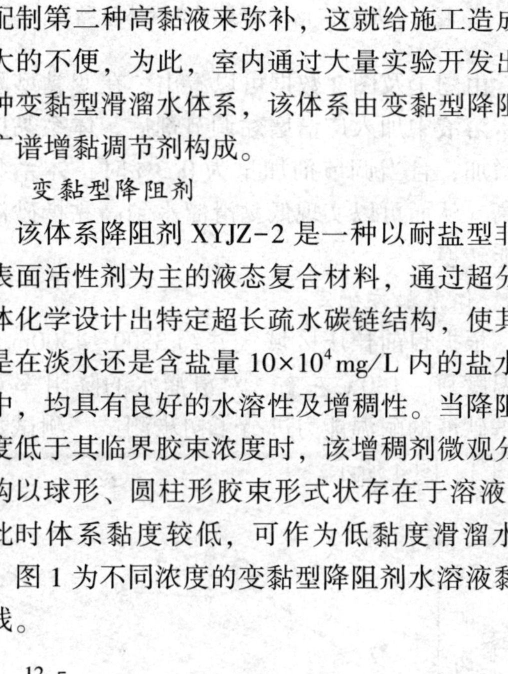

图 1　不同浓度的变黏型降阻剂水溶液黏度

从图1可知，当变黏型降阻剂浓度为0.5%时，水溶液黏度7.5mPa·s，明显高于常规滑溜水黏度。

1.2 广谱增黏调节剂

表面活性剂实现增稠通常需要添加反离子助剂，该广谱增黏调节剂通过引入甲基改性官能团，提供反离子及H^+环境，从而实现体系低黏滑溜水到高黏携砂液的转换。图2为在不同浓度的降阻剂水溶液中加入调节剂后体系黏度测试曲线。

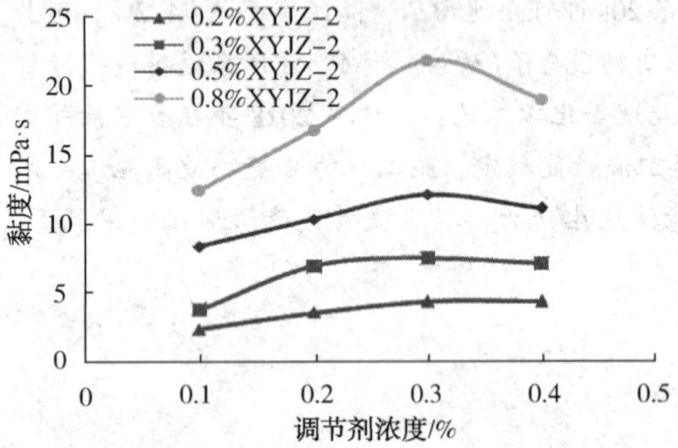

图2 加入广谱增黏调节剂后体系黏度

由图1及图2数据可以看出，在变黏型降阻剂水溶液中加入广谱增黏调节剂后，体系黏度迅速增加，且当调节剂加量为0.3%时，体系黏度最高，从而可以实现低黏滑溜水到高黏携砂液的功能转换。

1.3 体系配方确定

根据目前长庆区域气井约3500~4300m，储层温度90~130℃左右，对滑溜水的降阻率及高黏携砂液的耐温能力进行了初步测试，测试数据如图3、图4所示。

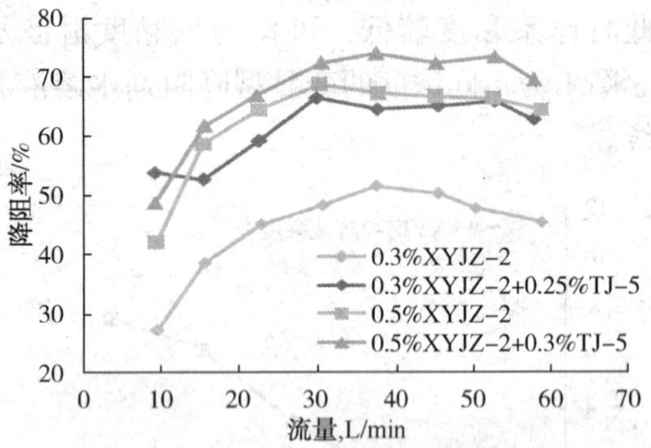

图3 滑溜水降阻率测试

由图3测试结果可知，随着体系黏度的增加，降阻率有升高的趋势，0.5%变黏型降阻剂室温下降阻率最高为74.24%；因此，确定出滑溜水体系配方为：0.5%变黏型降阻剂+0~0.3%调节剂。

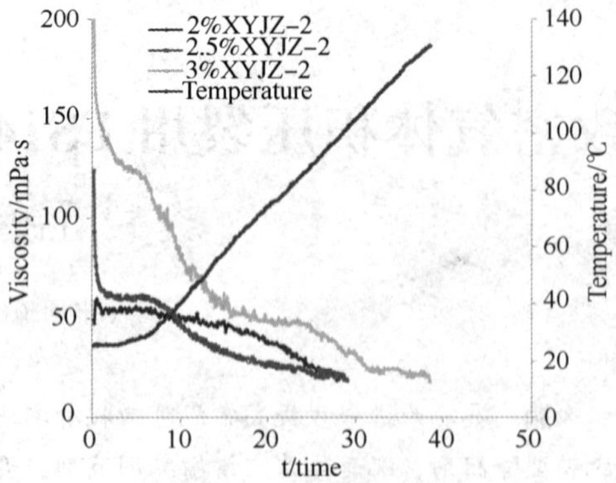

图4 压裂液耐温能力测试

由图4测试结果可知：2.5~3%变黏型降阻剂+1%调节剂加量下体系耐温可达100.34~130.07℃，压裂液配方为：2.5~3.0%变黏型降阻剂+1.0%调节剂。

1.4 FS140体系性能评价

1.4.1 滑溜水基本性能

室内采用现场返排液及盐水作为配液水，进行滑溜水基本性能测试，数据如表1所示，滑溜水外观如图5所示。

表1 滑溜水基本性能

序号	配方	增稠时间/s	pH	表观黏度/(mPa·s)
1	现场返排液+0.5%功能降阻剂	15	5~6	7.5
2	模拟盐水+0.5%功能降阻剂	14	6	7.5

注：现场返排液矿化度39653mg/L，硬度2572mg/L。模拟盐水矿化度为10×10^4mg/L。

图5 滑溜水外观

（左：返排液配制，右：盐水配制）

1.4.2 滑溜水降阻性能

采用多功能管路摩阻仪测试了室温及90℃下

该体系滑溜水随不同注入排量下的降阻率，数据如图 6 所示。

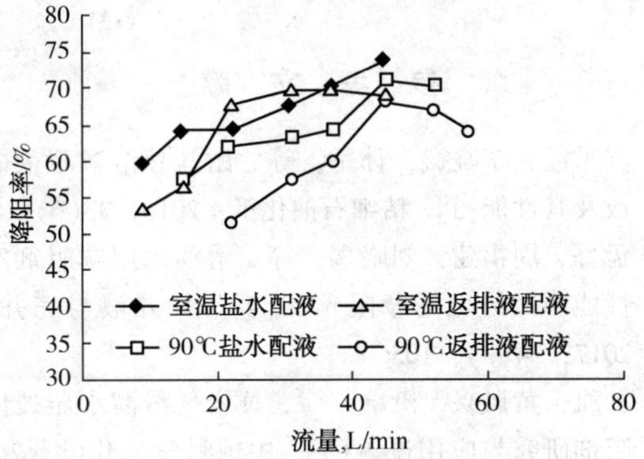

图 6 降阻率性能测试

由图 6 测试结果可知，随着注入排量的增加，滑溜水体系的降阻率逐步提升，在盐水中降阻率室温最高可达 74.2%，整体降阻效果好，且高温 90℃下仍具有较好的降阻性能。

1.4.3 滑溜水携砂性能

由于现场用滑溜水黏度普遍偏低，因此，其在中高砂比阶段携砂性能受到影响[8]，室内测试现场用滑溜水在不同砂比下的沉降速率，结果见表 2 所示。

表 2 变黏型滑溜水静态悬砂时间测试

滑溜水	表观黏度/(mPa·s)	室温下不同砂比梯度下的静态悬砂时间/s		
		5%	10%	15%
①	2.7979	37.5	54.2	60.4
②	1.2870	9.8	15.4	35.7
③	9.8465	230.2	245.6	240.5
④	7.5	300.2	335.3	358.5

注：①油井用固体粉末聚合物型减阻剂滑溜水；②油井用乳液低温聚合物型减阻剂滑溜水；③气井用乳液速溶聚合物型减阻剂滑溜水；④致密气体积压裂用变黏滑溜水体系。

由表 2 测试结果可知，随着滑溜水体系黏度的增加，悬砂能力逐渐增强，且新研制变黏型滑溜水体系在同等砂比条件下悬砂能力较其它在用滑溜水明显增强，这主要是由于该滑溜水体系为表面活性剂型，具有更好的黏弹性能。

1.4.4 高黏液耐温耐剪切性能

该体系同时具有滑溜水与压裂液双重功能，因此，在评价滑溜水的基础上，还需对压裂液的耐温耐剪切性能进行评价。采用现场返排液配液测试该体系高黏液的耐温耐剪切性能，数据如图 7所示。

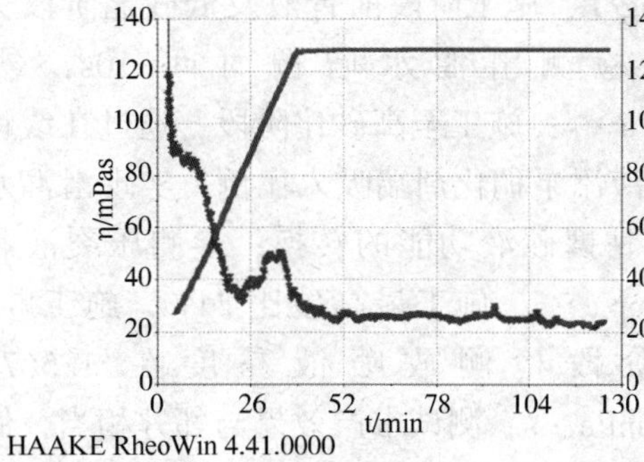

图 7 FS140 体系高黏液耐温抗剪切性能测试曲线

由图 7 测试数据可知，该体系高黏液在 130℃下剪切 120min 黏度高于 20mPa·s，表明该体系具有良好的抗盐性、返排液适用性能及耐温耐剪切性能。

1.4.5 压裂液破胶性能

据学者研究，表面活性剂型压裂液在遇储层原油等烃类及地层水稀释、矿物 pH 值改变后均可使其破胶[7]。室内采用凝析油及山西组储层岩心粉模拟了储层条件下该体系的破胶性能，结果见表 3 所示。

表 3 压裂液破胶性能

序号	破胶剂	破胶时间/min	破胶液黏度/(mPa·s)	防膨率/%	残渣含量/(mg/L)
1	5%凝析油	70min	2.1016	90.3	0
2	30%岩心粉	30min	1.2089		0

由表 3 测试结果可知，该体系在 90℃下可彻底破胶，破胶液黏度 2.1016mPa·s，表明该体系无需添加破胶剂，依靠地层条件可彻底破胶，且破胶液无残渣，测试黏土防膨率为 90.3%，无需额外添加黏土稳定剂，防膨效果较好。

1.4.6 滑溜水耐菌抗腐性能

气井压后排液周期长，当夏季施工时，高温天气下胍胶等类型返排液存放 2~3 天后繁殖大量细菌，无法回用，变黏型降阻剂低浓度的水溶液能够阻止细菌的呼吸及糖解作用。因此，该体系具有很强的耐菌抗腐功能，可适用多类型的腐败质返排液。

2 现场应用效果

该体系 2018 年在长庆区域现场应用 5 口井，以庆 X-6 井为例进行应用说明。该井采用该变黏型滑溜水压裂液改造山西组，射孔段深 4344-4363m，施工排量 $6m^3/min$，该井泵注施工全程利用胍胶及聚合物混合返排液 $654m^3$，矿化度为

26118mg/L，施工阶段前置液及低砂比阶段为滑溜水，检测滑溜水增稠时间 10s，黏度 10.5mPa·s，施工至高砂比阶段，通过在线调整混砂车液添泵稠化剂端吸入比例，实现滑溜水功能向高黏携砂液功能的转换；检测压裂液黏度 63~72mpa·s，施工最高砂比 24%，施工顺利，排液阶段检测放喷液黏度在 1.5678 - 3.5466mPa·s，测试求产效果与邻井相当，储层改造效果较好。

图 8　现场返排液及配液外观

3　结论

（1）该体系兼具滑溜水与携砂液双重功能，具有变黏功能，滑溜水降阻率可达到 74.2%，压裂液耐温 130℃以上。

（2）该体系可采用胍胶、聚合物等各类返排液再配液，体系耐菌抗腐，水质适应性强，具有良好的推广应用前景。

（3）该体系在线混配施工，节约了储液罐，节省了连续混配设备，经济效益及生产提速效果显著。

参　考　文　献

[1] 苏雪霞，李晓岚，孙举，等．耐盐速溶减阻剂的合成及其性能[J]．精细石油化工，2016，33(6)：51.

[2] 孟磊，周福建，刘晓瑞，等．滑溜水用减阻剂室内性能测试与现场摩阻预测[J]．钻井液与完井液，2017，34(3)：105.

[3] 杜凯，黄凤兴，伊卓，等．页岩气滑溜水压裂用降阻剂研究与应用进展[J]．中国科学．化学，2014，44(11)：1698-1701.

[4] 蒋官澄，许伟星，李颖颖，等．国外减阻水压裂液技术及其研究进展[J]．特种油气藏，2013，20(1)：1-4.

[5] 贾长贵．页岩气高效变黏滑溜水压裂液[J]．油气田地面工程，2013，32(11)：1-2.

[6] 黄趾海．新型滑溜水压裂液研究[D]，四川，西南石油大学，2014.

[7] 崔会杰，王国强，冯三利，等．清洁压裂液在煤层气井压裂中的应用[J]．钻井液与完井液，2006，23(4)：58-61.

[8] 王海燕，霍丙夏，郭丽梅，等．快速增黏滑溜水降阻剂的性能研究[J]．应用化工，2016，45(12)：2229.

稠油热采污水连续混配聚合物压裂液体系研究

吕振虎　张敬春　汪志臣　董景锋　张凤娟

（中国石油新疆油田公司）

摘　要　新疆油田玛湖地区体积压裂技术已进入规模化应用阶段，压裂用淡水资源匮乏问题突出。风城油田稠油开采中产生大量热采水，热采水的处理是油田面临的主要问题之一。稠油热采污水温度高、富含表面活性剂，难以满足聚合物压裂液连续混配技术要求。分析稠油热采污水配制聚合物压裂液技术难点，对丙烯酰胺进行改性，改善了高温水配液黏度低的问题；基于聚合物溶胀机理，研发了促进聚合物分散溶解的促溶剂，实现了聚合物在40℃～80℃热采水中3min溶胀率达到80%以上，90℃剪切黏度保持在80mPa·s以上；筛选消泡剂，复配形成了兼具抑泡与消泡作用的消泡剂，实现了40℃～80℃热采水发泡率≤7.5%，消泡时间≤90s。形成了稠油热采污水连续混配聚合物压裂液技术，在新疆油田玛湖地区的成功应用，缓解了压裂用淡水资源短缺与稠油热采污水处理困难的问题，为新疆油田清洁化生产提供了技术支撑。

关键词　高温；稠油热采污水；聚合物压裂液；连续混配技术；增产改造

新疆油田乌-夏二叠系风城组及夏子街组储层发育一套以含云及云化的细砂岩、粉砂岩为主的特殊岩性体，初期采用有机硼延迟交联胍胶压裂液体系进行压裂作业，由于储层与常规胍胶压裂液存在配伍性差等问题，导致压后破胶不彻底，残胶堵塞储层，压后难见产。为此，开发了聚合物压裂液体系，并在乌夏断裂带风城组成功应用数十井次，获得较好效果。随着该区域的规模化开发，水平井+体积压裂技术已成为主要开发模式，“千方砂，万方液”的特征导致淡水资源消耗量巨大，以玛湖油田玛18井区水平井开发为例，平均单井压裂用水量达到1.5×10^4～$2.0\times10^4m^3$，大规模集中用水，为当地城市建设、环境保护带来潜在问题[1]。鉴于上述原因，采用油田工业废水配制压裂液，可有效缓解压裂用淡水资源短缺的问题。稠油热采污水是指稠油开发过程中，热蒸汽注入到地层加热稠油后，随稠油一同采出，再经油水分离后得到的工业废水。随着新疆油田稠油热采技术的不断推广应用，日产稠油热采污水3600m^3，为油田开发带来了巨大的经济和环境压力。

稠油热采污水温度高、富含表面活性剂，导致配液过程中聚合物溶胀速度慢、基液黏度低、配液泡沫频发等问题难以满足连续混配聚合物压裂液技术要求。针对聚合物溶胀速度慢的问题，Yalkowsky[2]提出用内聚能密度的平方根作为溶度参数，认为两种溶度参数相近的物质可依靠负熵因素互溶；Ueberreiter等[3]开创了聚合物溶解动力学，提出溶解是相互扩散过程，聚合物在溶胀层诱导后发生溶解，并给出了稳态溶解的动力学方程，鉴于该理论，Ezzell等[4]和钟传蓉等[5]以苯乙烯衍生物为疏水单体，采用自由基胶束共聚合方法，制备了速溶疏水缔合物，但该聚合物成本较高；张润芳等[6]研究了乳液聚合物的溶解性能，但乳液聚合物对于配制低于3000mg/L的目标液体时，需要先配制成高浓度的母液，再稀释成所需浓度的目标液，增加了现场施工流程；黄志宇等[7]以硫酸铵溶液为聚合介质，采用水分散聚合法得到速溶聚合物水分散体，但该方法形成的聚合物由于单体浓度被溶剂稀释，聚合速度较慢，转化率不高，形成的干粉容易降解，上述研究针对聚合物速溶，取得了一定效果，但仍不满足连续混配施工的作业要求；针对高温聚合物溶液黏度低的问题，赵修太等[8]通过实验确定了温度对聚合物溶液黏度影响的关系，朱麟勇等[9]比较了不同温度下聚合物的氧化降解程度，孔柏岭[10]对聚丙烯酰胺的高温水解作用进行了分析，并对其选型进行了研究，武明鸣[11]通过实验研究了聚合物高温降黏现象，并对降黏机理进行了深入研究，上述研究揭示了高温聚合物溶液的降黏规律及机理，但并未给出相应措施；针对泡沫频发的问题，主要采用消泡剂进行有效控制，目前消泡剂种类繁多，但各自优缺点较为明显，例如聚醚型的抑泡能力强，但消泡能力较差，有机硅型消泡能力强，但抑泡能力较差[12]，无法满足现有压裂液的使用要求。

为此，开展稠油热采污水连续混配聚合物压裂液技术攻关，针对稠油热采污水高温、聚合物溶胀慢及泡沫频发等问题，通过聚合物改性、促溶剂研发，高温消泡剂筛选，实现了稠油热采污水连续混配聚合物压裂液技术，形成了稠油热采污水连续混配聚合物压裂液体系配方及配套工艺，并在新疆油田玛湖地区成功应用水平井 2 井次，缓解了压裂用淡水资源匮乏与稠油热采污水处理困难的问题，为新疆油田清洁化生产提供了技术支撑。

1　稠油热采污水连续混配聚合物压裂液难点分析

稠油热采污水温度高(80℃)，富含表面活性剂，主要二价离子为 Ca^{2+}、且含少量 Mg^{2+}，矿化度为 4602.55mg/L，其中 Ca^{2+} 含量为 17.85mg/L，Mg^{+} 为 7.22mg/L，悬浮固体含量 6.4mg/L。李道山等[13] 研究表明多价金属离子对聚合物溶液黏度影响较大，且影响大小顺序为：$Fe^{2+}>Fe^{3+}>S^{2-}>Mg^{2+}>Ca^{2+}$，压裂液中 Ca^{2+}、Mg^{2+} 的安全浓度应分别控制在 200mg/L 与 100mg/L 以内，稠油热采污水中 Ca^{2+}、Mg^{2+} 含量在安全范围之内，对聚合物压裂液性能影响较小，但稠油热采污水高温且富含表面活性剂，无法满足聚合物压裂液连续混配技术要求。

1.1　高温水质配液影响基液溶胀性能及最终黏度

分析不同配液用水温度对聚合物压裂液溶胀性能、耐温耐剪切性能的影响，测试了 20℃、40℃、60℃、80℃ 水温条件下质量浓度为 0.45%、调节剂为 0.045%、交联剂为 0.42% 的聚合物压裂液溶胀特性及冻胶耐温耐剪切性能。如图 1、图 2 所示。

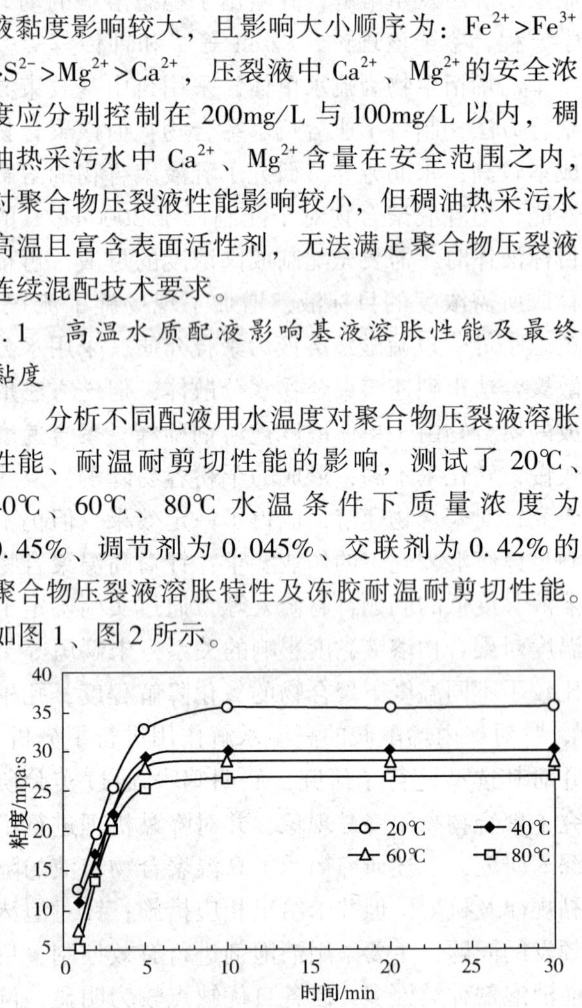

图 1　不同温度条件下基液黏浓曲线

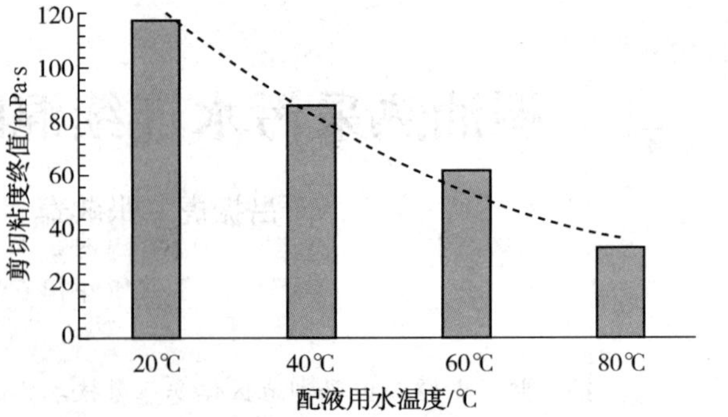

图 2　不同配液温度条件冻胶 60℃ 剪切特性

图 1 为不同水温下基液黏浓曲线，从图中可以看出，随配液用水温度增加，聚合物溶胀速率有所增加，但基液最终黏度有所降低，20℃ 稠油热采污水配制的基液最终黏度为 37.5mPa·s，80℃ 时仅为 27mPa·s，黏度下降 10.5mPa·s，黏度损失率为 26.7%，这是由于在低温条件下，聚合物溶液内分子链之间发生缠结，导致分子链的相对运动受阻，溶液黏度增大；高温条件下，处于缠结的聚合物链在高温作用下运动加剧，分子链发生解缠结，体系内部的水分子流动阻力减小，导致黏度下降[14]。同时，从图中可以看出，随配液用水温度的增加，基液溶胀率增加，温度升高，分子热运动加剧，使水分子向聚合物扩散速率增加，但 80℃ 下 3min 内基液黏度仅为 25.9mPa·s，仅达到最终黏度的 74%，无法满足连续混配作业要求。图 2 为不同水温条件下配制的聚合物压裂液冻胶在 60℃，$170s^{-1}$ 下的剪切黏度终值对比图，从图中可以看出，随配液用水温度的增加，冻胶耐温耐剪切性能变差，20℃ 稠油热采污水配制的冻胶在 60℃ 下的剪切黏度终值为 118mPa·s，80℃ 时仅为 34mPa·s，低于行业标准要求，无法满足现场施工要求，这是因为在高温条件下分子链解缠结及基液黏度的下降，导致聚合物不同分子链间交联反应变差，形成“区域性”网状分子聚集体数量变少，宏观上表面为冻胶强度和剪切性能变差[15]。

1.2　配液起泡严重

稠油热采污水表面张力 44.4mN/m，界面张力 22.93mN/m，表面活性较高，在配液过程中由于搅拌器的快速搅拌，导致泡沫产生，且由于聚合物基液黏度大，泡沫性质稳定，长时间难以破灭。大量泡沫在配液罐及缓冲罐上部堆积，致使罐体液面判断困难，容易产生供液不足，泵送排量波动，从而增加施工风险。

室内实验测试得到不同温度稠油热采污水在3000r/min下的发泡率，见表1所示。

表1　稠油热采污水发泡率

温度/℃	20	40	60	80
发泡率/%	45%	58%	62%	75%

2　稠油热采污水连续混配聚合物压裂液关键技术

2.1　抗高温稠化剂研究

2.1.1　抗高温聚合物稠化剂研发

针对高温配液条件下，基液黏度低的问题，在丙烯酰胺主链上分别引入疏水基团和含苯乙烯磺酸钠基团，六元环刚性基团苯乙烯磺酸钠增加了聚合物的抗温性能，同时疏水基团的引入，使分子间通过缔合力形成疏水微区(图3、图4)。由于缔合力的强度高于氢键，从而易于形成超分子聚集体和空间网络结构，使聚合物分子流体力学半径增大，在一定程度上抵消高温作用下运动加剧，导致分子链发生解缠结现象。

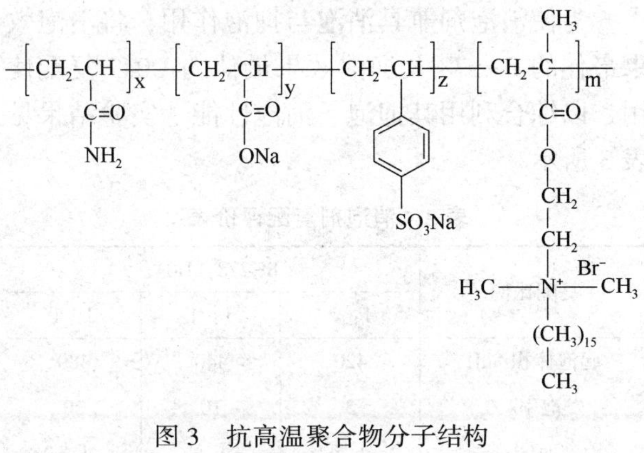

图3　抗高温聚合物分子结构

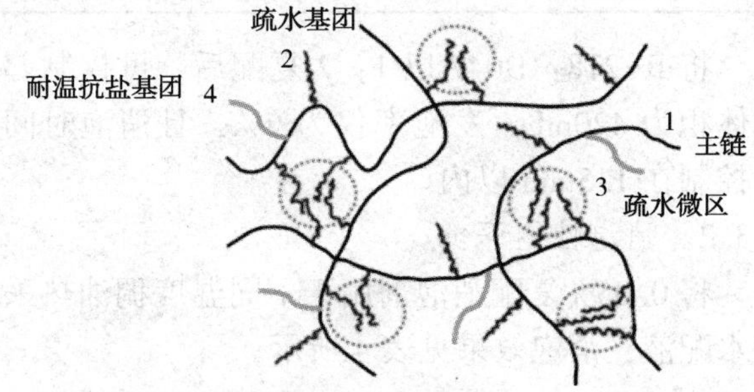

图4　抗高温聚合物溶液网络结构

2.1.2　聚合物抗温性能评价

分别采用20℃、40℃、60℃、80℃温度稠油热采污水，配制质量浓度为0.45%聚合物压裂液基液，静置2h后，测试基液黏度如图5所示：

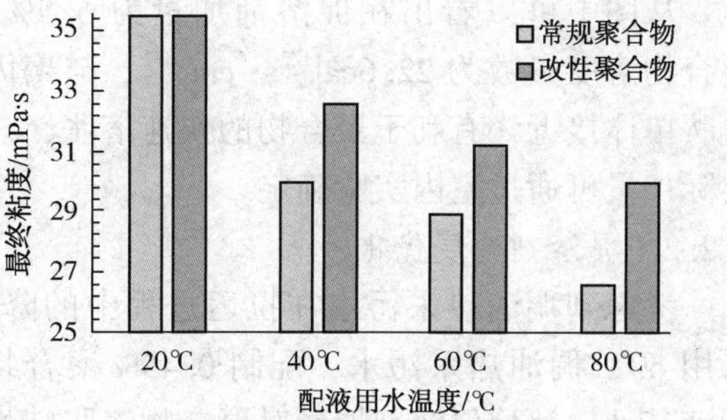

图5　不同配液用水温度下0.45%聚合物溶液黏度

对稠化剂进行改性后，利用80℃稠油热采污水配制的压裂液基液黏度为30mPa·s，比常温条件下基液黏度低5mPa·s，黏度损失率为14.2%，高温降黏现象有所改善。

2.2　聚合物压裂液速溶方法

2.2.1　促溶剂的研发

Hildebrand理论认为[16]溶剂和溶质的溶度参数相近时，溶剂分子与溶质分子间的吸引力较大，有利于溶剂分子向溶质内部的快速扩散。目前压裂用聚合物主要由聚丙烯酰胺单体合成，其溶度参数为22.3cal$^{1/2}$·cm$^{-3/2}$，稠油热采污水的溶度参数与清水接近为23.4cal$^{1/2}$·cm$^{-3/2}$，为提高二者间的吸引力，加速溶剂分子向聚合物内部扩散速度，可在水中加入适量的促溶剂，使形成的混合物的溶度参数与聚丙烯酰胺单体相近。混合物溶度参数可参照式(1)计算得到：

$$\delta_{mix}=\sum_{i=1}^{n}\varphi_i\delta_i \tag{1}$$

式中　δ_{mix}——混合物溶度参数，cal$^{1/2}$·cm$^{-3/2}$；

φ_i——混合物中各组分质量浓度，%；

δ_i——混合物中各组分溶度参数，cal$^{1/2}$·cm$^{-3/2}$。

根据聚合物溶解原理，研发了促溶剂，由可加性摩尔函数估算促溶剂溶度参数为12.8cal$^{1/2}$·cm$^{-3/2}$，计算不同促溶剂加量下混合物溶度参数如图6所示：

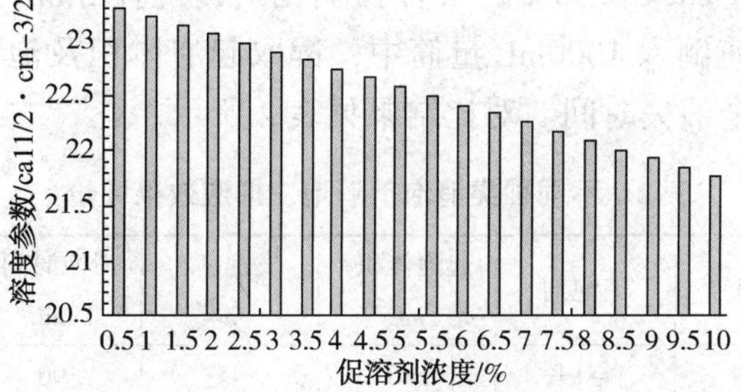

图6　不同促溶剂加量下混合物溶度参数

从图中可以看出在促溶剂加量为6.5%时，混合物溶度参数为22.6cal$^{1/2}$·cm$^{-3/2}$，与聚丙烯酰胺单体接近，有利于聚合物的快速溶胀，现场实际加量可通过室内实验确定。

2.2.2　促溶剂浓度优化

考虑到稠油热采污水在拉运过程中的降温，采用60℃稠油热采污水，配制0.45%聚合物压裂液基液，评价促溶剂加量对聚合物溶胀特性的影响。

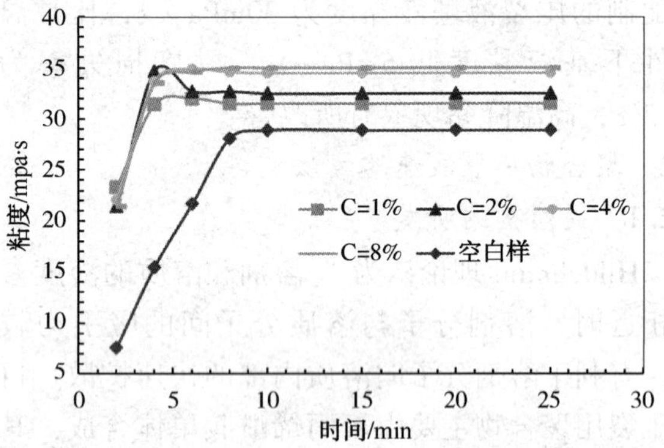

图7　不同促溶剂加量下聚合物溶胀特性曲线

从图中可以看出，随着促溶剂加量的增加，聚合物溶胀速度明显加快，促溶剂加量在2%时3min内溶液黏度达到32.7mPa·s，且最终黏度与空白样相比高出近5mPa·s，表明促溶剂在短时间内即具有增溶作用，同时也具有增黏效果。从应用效果与成本考虑，最终确定现场添加比例为1%~2%。

2.3　消泡技术研究

2.3.1　高温消泡剂的筛选

为解决稠油热采污水配液过程中泡沫堆积的问题，针对常用的10种消泡剂，从消泡与抑泡两个方面对其评价，具体方法为：量取400mL稠油热采污水(60℃)置于混调器中，控制搅拌速率3000r/min，加入1%促溶剂、0.05%的消泡剂，加入0.45%的聚合物稠化剂，搅拌3min后迅速倒入1000mL量筒中，读取起泡体积及泡沫完全消失时间。对比结果见表2所示。

表2　不同种类消泡剂消泡、抑泡效果评价

编号	消泡剂	起泡体积/mL	发泡率/%	消泡时间/min
1	空白	580	45	90
2	JN-1	570	42.5	2.5
3	DF-830	560	40	1.8
4	DF-873	550	37.5	1.5
5	B-279	540	35	1.7
6	B-278	550	37.5	1.3
7	XZ-8205	420	5	20
8	XZ-9513	450	12.5	25
9	KN-1	440	10	40
10	XP-1	420	5	20
11	D047	410	2.5	15

从评价结果可以看出，部分消泡剂具有良好的消泡性能，可在2min内完全消泡，但抑泡效果较差，起泡体积大于500mL；部分消泡剂具有良好的抑泡性能，可控制起泡体积小于450mL，但消泡时间长达15min。现场连续混配工艺则要求消泡剂兼具良好的抑泡及消泡性能，抑泡效果差会导致配液过程起泡量大，泡沫在配液罐中堆积，消泡效果差则会导致泡沫破灭缓慢，影响施工作业。

为使消泡剂兼具消泡与抑泡作用，将消泡效果最佳的B-278及抑泡效果最佳的D047复配使用，以综合利用其抑泡、消泡性能，实验结果见表3所示。

表3　消泡剂复配评价表

复配比例	B-278：D047		
	1：2	1：1	2：1
起泡体积/mL	420	440	480
发泡率/%	5	10	20
消泡时间/min	1.5	1.3	1.3

将B-278：D047以1：2复配后，可控制起泡体积为420mL，发泡率仅为5%，且消泡时间可控制在1.5min以内。

2.3.2　消泡性能评价

将0.05%复配消泡剂用于不同温度稠油热采污水配液，消泡效果见表4所示。

表4　复配消泡剂消泡效果评价

温度/℃	40	50	60	70	80
起泡体积/mL	420	420	430	430	430
发泡率/%	5	5	7.5	7.5	7.5
消泡时间/min	1.5	1.3	1.2	1	0.8

结果显示，随着配液水温度升高，起泡体积略有升高，但消泡时间明显变短。这是由于温度升高使聚合物基液表观黏度降低，产生泡沫克服的黏滞阻力降低，因而起泡体积增加；另一方面，泡沫液膜黏度降低强度变差，同时温度升高分子间热运动加剧，液膜排液速率增加，从而加速了液膜破灭，缩短了消泡时间。针对 40℃～80℃热采水，复配消泡剂可控制发泡率小于 7.5%，消泡时间小于 90s，表现出良好的高温抑泡及消泡效果。

3　稠油热采污水连续混配聚合物压裂液性能研究

根据稠油热采污水特点，确定出适用于稠油热采污水配制的聚合物冻胶压裂液体系，按质量百分比组成为：0.25%～0.5%人工聚合物+0～0.5%防膨剂+0～0.5%破乳剂+0～0.3%助排剂+0.036%～0.06%调节剂+0.35%～0.6%交联剂+0.05%消泡剂+1%～2%促溶剂+0.08%～0.5%破胶剂，该体系配方克服了热采水高温水质（60℃～80℃）导致聚合物易降解，基液黏度低的问题，消除了稠油热采污水中表面活性剂的影响，满足了稠油热采污水连续混配聚合物压裂液技术要求。

3.1　交联时间

配制浓度为 10%的调节剂，采用 60℃稠油热采污水配制聚合物压裂液，具体配方为 0.45%稠化剂+0.2%防膨剂+0.1%破乳剂+0.3%助排剂+0.42%交联剂+2%促溶剂+0.05%消泡剂，测试调节剂加入比例为 100：1、100：0.8 及 100：0.6 条件下交联时间，以满足现场对不同交联时间的灵活控制与调配，评价结果见表 5 所示。

表 5　稠油热采污水压裂液体系冻胶交联时间统计表

序号	冻胶配方	交联比	调节剂比例	交联时间
1	热采水+0.45%稠化剂+0.2%防膨剂+0.1%破乳剂+0.3%助排剂	100：1	100：0.6	120
2			100：0.8	45
3			100：1	33

在交联比确定的条件下，随调节剂比例的增加，交联时间缩短，调节剂比例 100：1 时，交联时间 33s，现场可通过调节调节剂注入比例，控制交联时间，保证施工安全。

3.2　流变学研究

3.2.1　不同配液用水温度下冻胶耐温耐剪切性能

采用 20℃、40℃、60℃、80℃温度条件下的稠油热采污水，利用前述配方配制聚合物冻胶压裂液，并在 60℃、170s^{-1}条件下测试冻胶耐温耐剪切性能。

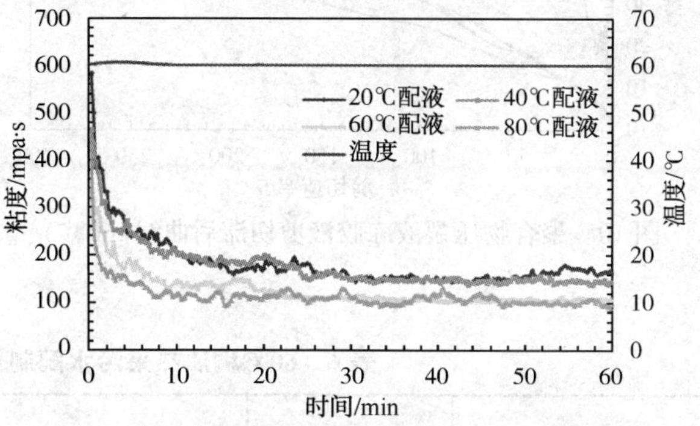

图 8　不同配液用水温度下冻胶耐温耐剪切性能

从不同配液用水温度条件下冻胶耐温耐剪切性能可以看出，随温度升高耐温耐剪切性能下降，80℃水配制的冻胶压裂液，耐温耐剪切黏度终值为 95.4mPa·s，能够满足现场施工要求。

3.2.2　不同温度下冻胶耐温耐剪切性能（60℃水配液）

考虑到稠油热采污水经出水口拉运至井场过程中的冷却降温，采用 60℃稠油热采污水配制冻胶液，并测试 60℃、90℃条件下冻胶耐温耐剪切性能。

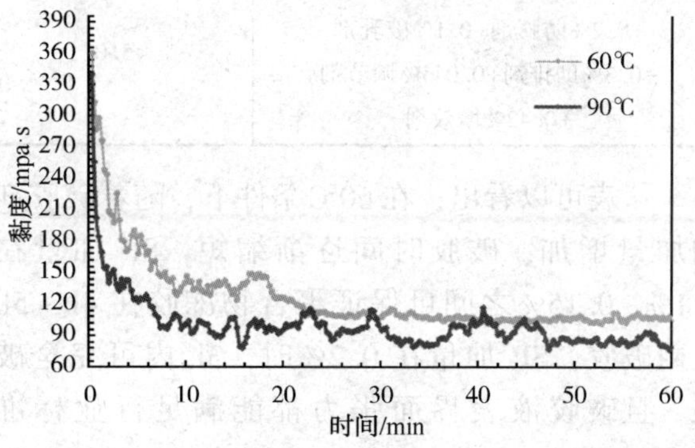

图 9　不同温度下冻胶耐温耐剪切性能（60℃水配液）

从不同温度下冻胶耐温耐剪切性能可以看出，随温度升高耐温耐剪切性能下降，90℃时，采用 60℃稠油热采污水配制的聚合物压裂液，剪切黏度值大于 80mPa·s，满足压裂液通用技术标准要求。

3.2.3　剪切性能滞后特性

采用 60℃稠油热采污水，利用前述方法配制聚合物压裂液冻胶液，在 60℃下，线性的增加或减小剪切速率，观察剪切应力随剪切速率的变化关系，如图10所示。

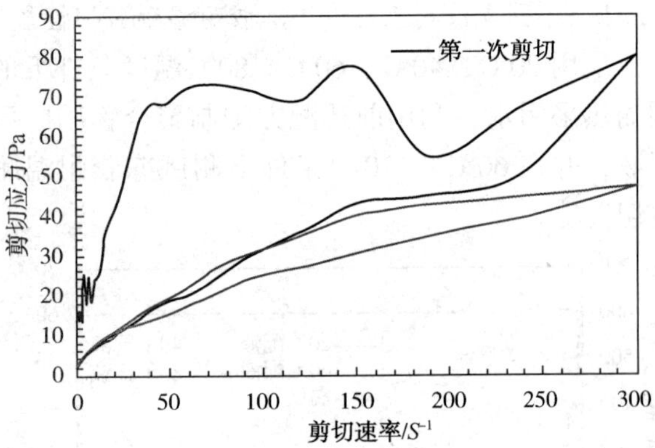

图10 聚合物压裂液冻胶液剪切滞后曲线(60℃)

从图中可以看出剪切速率线性的增加然后减小后，稠油热采污水配制的聚合物压裂液冻胶的两条应力曲线不能重合，并存在明显的滞后环，随剪切次数的增加，滞后环的面积逐渐减小，环的位置向低剪切应力方向倾斜。第一次剪切后滞后环面积最大，表明冻胶对剪切较为敏感，二次剪切时，由于受一次剪切的影响，冻胶结构受到破坏，强度降低。

3.3 破胶性能研究

采用过硫酸钠(SP)，对60℃稠油热采污水配制的聚合物压裂液冻胶体系进行60℃破胶性能测试。见表6、表7。

表6 60℃稠油热采污水配制聚合物压裂液体系冻胶破胶梯度实验

冻胶配方	破胶剂加量/%	不同破胶时间下的冻胶状态							
		0.5h	1h	1.5h	2h	3h	4h	5h	6h
稠油热采污水+0.45%稠化剂+0.2%防膨剂+0.1%破乳剂+0.3%助排剂+0.045%调节剂+0.42%增效剂	0.07	冻胶	冻胶	冻胶	弱冻胶	挑挂	拉丝	弱拉丝	破胶
	0.10	冻胶	冻胶	弱冻胶	挑挂	拉丝	拉丝	破胶	
	0.15	冻胶	冻胶	弱冻胶	弱冻胶	挑挂	破胶		
	0.20	冻胶	弱冻胶	挑挂	弱拉丝	破胶			

表7 60℃稠油热采污水配制聚合物压裂液体系冻胶破胶性能测试

冻胶配方	破胶液黏度/(mPa·s)	pH	表面张力/(mN/m)	界面张力/(mN/m)
稠油热采污水+0.45%稠化剂+0.2%防膨剂+0.1%破乳剂+0.3%助排剂+0.045%调节剂+0.42%增效剂	<5.0	6.5	26.8	0.5

从表可以看出，在60℃条件下，随着破胶剂的加量增加，破胶时间逐渐缩短，SP加量在0.1%~0.15%之间可保证聚合物冻胶在4h~5h之内破胶，SP加量在0.2%时，3h内可完全破胶，且破胶液表界面张力都能满足行业标准要求。

4 稠油热采污水连续混配聚合物压裂液工艺及现场应用情况

4.1 稠油热采污水连续混配聚合物压裂液工艺

根据稠油热采污水与人工聚合物压裂液特点，确定了稠油热采污水连续混配聚合物压裂液工艺，将促溶剂、消泡剂与连续混配车连接，通过液添泵将促溶剂与消泡剂按一定比例与聚合物稠化剂、稠油热采污水一同注入连续混配车中，配制人工聚合物压裂液基液，并泵送至缓冲罐；将调节剂、交联液、液体添加剂接入混砂车，混砂车液添泵按照一定比例将缓冲罐中压裂液基液、调节剂、交联液、液体添加剂吸入混砂车内混合均匀，并通过干添泵加入破胶剂，形成具有携砂能力的聚合物冻胶压裂液，随后通过压裂车增压泵送至井口，具体流程如图11所示。

4.2 现场应用

利用稠油热采污水连续混配聚合物压裂液在新疆油田X水平井实施压裂作业，该井垂深2250.96m，水平段长度752.0m，地层温度62℃，采用连续油管带底封拖动水力喷砂射孔环空加砂压裂工艺施工23级，累计使用稠油热采污水配制聚合物压裂液10514m^3，现场中各类添加剂加量及注入方式如表8所示。

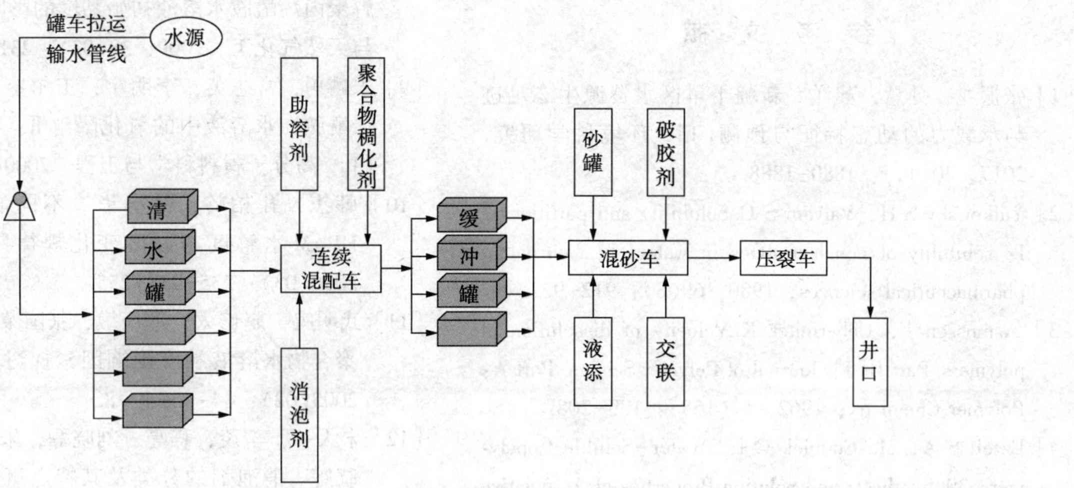

图 11　稠油热采污水连续混配聚合物压裂液工艺流程

表 8　X 水平井连续混配添加剂注入方式及比例

液添种类	比例	注入方式及要求
交联剂	42%	混砂车出口，注入比例 100：1，防腐罐拉运
助排+破乳剂+黏稳剂	60%+20%+20%	混砂车出口，注入比例 100：0.5
调节剂	5%	混配车入口，注入比例 100：0.7~0.8，防腐罐拉运
促溶剂	40%	混配车出口，注入比例 10：0.8~1
消泡剂	10%	混配车入口，注入比例 100：0.1

单层压裂施工注入排量 3.5~4m³/min，最高砂比 320kg/m³，施工压力如图 12 所示，施工过程中压力平稳，加砂顺利，表明采用稠油热采污水连续混配的聚合物压裂液性能优良，能够满足现场压裂施工要求。

5　结论

（1）基于聚合物溶胀机理，研发了促进聚合物稠化剂分散溶解的促溶剂，实现了聚合物稠化剂在 40℃~80℃的热采水中 3min 溶胀率达 80%以上，90℃，170s^{-1}剪切 60min 后，黏度保持在 80mPa·s 以上。

（2）优化消泡剂性能，复配形成了兼具抑泡与消泡作用的消泡剂，实现了 40℃~80℃稠油热采污水配液发泡率≤7.5%，消泡时间≤90s。

（3）形成了稠油热采污水连续混配聚合物压裂液技术，在新疆油田玛湖地区成功应用，缓解了压裂用水资源短缺与稠油热采污水处理难度大的问题，为新疆油田清洁化生产提供了技术支撑。

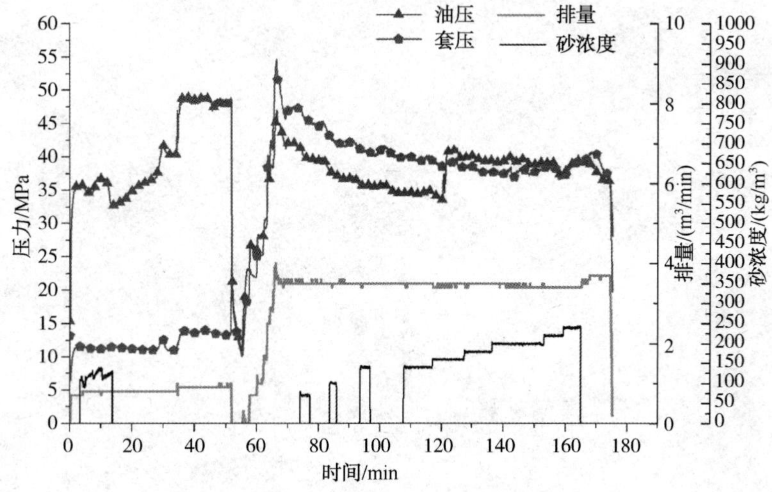

图 12　X 井第 17 级施工曲线

参 考 文 献

[1] 张振龙，孙慧，苏洋．新疆干旱区水资源生态足迹与承载力的动态特征与预测[J]．环境科学研究，2017，30(12)：1880-1888.

[2] Yalkowsky S H，Valvani S C. Solubility and partitioning I：solubility of nonelectrolytes in water[J]. Journal of pharmaceutical sciences，1980，69(8)：912-922.

[3] Asmussen F，Ueberreiter K. Velocity of dissolution of polymers. Part II[J]. Journal of Polymer Science Part A：Polymer Chemistry，1962，57(165)：199-208.

[4] Ezzell S A，Mc Cormick C L，Water-Soluble Copolymers. 39. Synthesis and Solution Properties of Associative Acrylamido Copolymers with Pyrenesulfonamide Fluorescence Labels，Macromolecules，1992，25：1881

[5] 钟传蓉．疏水缔合丙烯酰胺共聚物的合成与性能及在溶液中的结构形态[D]．四川大学，2004.

[6] 张润芳，吴晓燕，王成胜，等．乳液聚合物溶解性能影响因素研究[J]．石油化工应用，2018，37(01)：120-123.

[7] 郑存川，黄志宇，鲁红升，等．一种速溶型疏水缔合聚合物水分散体及其制备方法[P]．四川：CN107129558A，2017-09-05.

[8] 赵修太，王增宝，邱广敏，信艳永，倪洁．部分水解聚丙烯酰胺水溶液初始黏度的影响因素[J]．石油与天然气化工，2009，38(03)：231-234+237+176.

[9] 朱麟勇，常志英，李明宇，王尔鉴．部分水解聚丙烯酰胺在水溶液中的氧化降解Ⅱ．有机杂质的影响[J]．高分子材料科学与工程，2000(02)：112-114.

[10] 韩杰，孔柏岭，吕小华．不同油藏温度条件下HPAM水解度与黏度变化规律[J]．油田化学，2006(03)：235-238+255.

[11] 武明鸣，赵修太，邱广敏，张国荣，刘高友．驱油聚合物水溶液黏度影响因素探讨[J]．河南石油，2005(02)：44-46+49-8.

[12] 朱天一，李茂，程亮，刘晓磊，朱江，马筱怡，孙晓婷．消泡剂的分类及其特点概述[J]．润滑油，2017，32(06)：23-25.

[13] 李道山，伍星，滕钟杰，张景春．水质对聚合物溶液流变特性的影响[J]．石油地质与工程，2012，26(01)：102-104.

[14] 王润．丙烯酰胺类聚合物堵水调剖剂的增黏机理研究[D]．中国石油大学(华东)，2014.

[15] 李强，梁守成，吕鑫，卢祥国，曹伟佳，刘爽．交联聚合物溶液成胶动态特征及其机理[J]．大庆石油地质与开发，2017，36(04)：87-94.

[16] Hildebrand，Joel Henry. " Solubility of Non-electrolytes. " 3rd Ed. Reinhold，New York，1936.

海上低渗透油气井压裂效果施工因素分析

吴百烈　黄兆鑫　李紫晗　姜　浒　艾传志

（中海油研究总院有限责任公司）

摘　要　海上低渗储层埋深大，普遍具有高温高压性质，为确保施工安全提高施工成功率，均采用套管或尾管射孔完井。从统计来看，尽管绝大多数压裂井层施工顺利，但压裂效果欠佳。本文针对海上油气井压后表现问题，从压裂工艺、压裂材料、施工规模、裂缝形态、机械故障等方面分析施工因素对压裂效果的影响。分析认为：海上油井储层内夹层多且厚，压后裂缝质量差，与陆上低渗致密储层相比，施工规模偏小；气井及大多数探井储层存在边底水、气水同层，压裂裂缝易沟通水层，压后出水严重，严重限制油气产量。对海上压裂而言，针对不同性质的储层精细压裂对确保压裂效果具有重要意义。

关键词　海上；低渗；压裂；裂缝；施工规模；出水

海上低渗储层埋深大，普遍具有高温高压性质，压裂难度大[1-3]。海上储层条件复杂，不同井别或相同井别不同压裂层位性质差异大[4-7]，压裂效果差，受井数少、资料少等客观条件限制，难以系统性分析压裂效果。本文针对中海油海上压裂井压后表现问题，从施工参数和裂缝参数对比、压裂裂缝模拟、压后出水原因分析等方面分析压裂施工因素对压裂效果的影响。

1　射孔和压裂方式分析

1.1　射孔分析

海上油井射孔孔眼直径满足大于6倍支撑剂直径要求，射孔孔密16孔/m，射孔相位60°，射孔段长度大多小于30m；海上气井：射孔孔眼直径满足大于6倍支撑剂直径要求，根据完井需求采用不同射孔孔密和射孔相位，包括16孔/m、39孔/m、52孔/m等，射孔相位包括45°、60°等，射孔段长度小于30m；整体上海上油气井射孔满足压裂施工要求。

1.2　压裂方式分析

海上油气井压裂普遍采用尾管固井+射孔完井+油管注液的方式，如表1所示。

表1　海上部分油气井压裂方式

油田	井号	压裂完井方式/管柱	作业方式
BZ25-1	A20	封隔器套管射孔压裂，油管注液	平台化压裂作业
BZ25-1	A22	封隔器套管射孔压裂，油管注液	平台化压裂作业
BZ25-1	C38H	尾管固井射孔完井，压裂生产一体化管柱，管内封隔器投球滑套	平台化压裂作业
QK18-2	P6	封隔器套管射孔压裂，油管注液	平台化压裂作业
TWT	A3	采用原生产管柱；不动管柱合压H5a和H5b层，适度规模控制缝高避免压开水层；投球滑套压裂	平台化压裂
TWT	A5	酸压后加砂压裂，原生产管柱，桥塞封堵下部层位	平台化压裂
TWT	A6	采用原生产管柱；不动管柱压裂，油管注液压裂	平台化压裂
PH	B7	采用原生产管柱；不动管柱压裂，油管注液压裂	平台化压裂
HY2-2	A4H	尾管固井射孔完井，压裂生产一体化管柱，管内封隔器投球滑套	平台化压裂

海上油气井主要采用平台化压裂作业方式，部分井采用拖轮补液+平台作业方式。压裂管柱气井（生产井）主要采用原生产管柱压裂，探井主要采用射孔压裂测试一体化管柱压裂，油井（生产井）主要采用套管/尾管射孔+封隔器+油管注液压裂方式，水平井压裂主要采用尾管固井射孔完井+压裂生产一体化管柱+管内封隔器投球滑套压裂方式。各压裂方式均满足施工要求。

2　压裂材料选择

2.1　压裂液

压裂液主要有两种类型：淡水基胍胶、海水基胍胶，根据当时现场条件 Wen13-1-A12 采用海水基胍胶压裂液，其余井采用淡水基胍胶压裂液，压裂液性能能够满足施工要求，施工前均进行了室内实验和现场测试评价。各井压裂液使用情况见表 2，压裂液性能见表 3。

表 2　各井压裂液使用情况列表

地区	油田	井号	压裂液
天津	BZ25-1	C13、C25、A20、A22、A4	淡水基胍胶
天津	QK18-2	P6、P8	
天津、上海、湛江、深圳	TWT、BJT、PH、CX、黄岩、宁波、涠洲、HZ25-7	C37H、C38H、A3、A5、A6、BG1、B7、A8、A4H、各探井、B1、A9、2	
湛江	Wen13-1	A12	海水基胍胶

表 3　压裂液性能列表

性能评价	TWT-A3 井
配伍性	良好，无浑浊沉淀产生
耐温耐剪切性能	体系在 120℃ 温度下连续剪切 90min 时黏度仍大于 80mPa · s，满足压裂施工需要
滤失性能	在 120℃ 下平均滤失系数 9.9 × 10 - 3m/min$^{1/2}$，属中等的滤失
破胶性能	在实验温度下 200min 内，冻胶体系均都能彻底破胶，破胶液黏度均小于 5mPa · s。
破胶液残渣	残渣含量为 406mg/L
破胶助排性能	表面张力为 25.8mN/m，说明破胶液体系具有较好的助排性能
防膨性能	在 120℃下，防膨率可达 86.8%。

2.2　支撑剂

支撑剂用于支撑张开的裂缝，以便在停泵和压裂液滤失后，形成一条通往井筒的导流通道。在裂缝内铺置适宜浓度的支撑剂和选择适宜的支撑剂类型是保证水力压裂作业成功的关键。

支撑剂普遍采用陶粒（卡博、圣戈班），目数主要为 20/40、30/50，前置液段塞采用 40/70 目，Wen13-1-A12 井主要为压裂防砂，采用支撑剂为树脂涂层砂（20/40 目），少数井（TWT-A6）加入 70/200 目下沉剂控制缝高过度延伸。支撑剂使用情况见表 4 所示。

表 4　各井支撑剂使用情况列表

地区	油田	井号	支撑剂
天津	BZ25-1	C13、C25、A20、A22、A4	20/40 目陶粒
天津	QK18-2	P6、P8	20/40、30/50 目陶粒
天津、上海、湛江、深圳	TWT、BJT、PH、CX、黄岩、宁波、涠洲、HZ25-7	C37H、C38H、A3、A5、A6、BG1、B7、A8、A4H、各探井、B1、A9、2	20/40、30/50、40/70 目陶粒；70/200 目下沉剂
湛江	Wen13-1	A12	20/40 树脂涂层砂

在选择支撑剂规格时，结合了具体情况进行综合考虑，室内评价了主要支撑剂 30/50 目和 20/40 目规格的陶粒的常规性能、短期导流能力和长期导流能力。图 1 显示了闭合压力对不同目数陶粒长期导流能力和短期导流能力的影响。

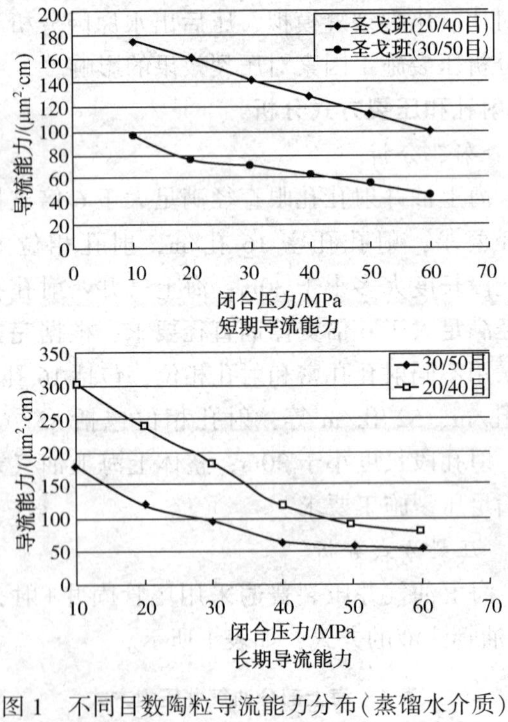

图 1　不同目数陶粒导流能力分布（蒸馏水介质）

陶粒短期导流能力室内评价实验显示，铺砂浓度 5kg/m^2 在闭合压力分别为 30MPa、40MPa、50MPa、60MPa 下，20/40 目支撑剂导流能力分别为 142.2D · cm、128.4D · cm、113.7D · cm、99.5D ·

cm，30/50 目支撑剂导流能力分别为 71.2D·cm、62.3D·cm、55.3D·cm、44.5D·cm。

陶粒长期导流能力室内实验显示，采用 2%KCl 溶液介质，铺砂浓度 10kg/m²，在闭合压力分别为 30MPa、40MPa、50MPa、60MPa 下，各压力点保持 20 小时后，采用 30/50 目支撑剂导流能力分别为 96.7D·cm、64.9D·cm、57.9D·cm、53.4D·cm，采用 20/40 目支撑剂导流能力分别为 183.2D·cm、119.2D·cm、92.3D·cm、78.5D·cm。

由短期导流和长期导流实验评价可以得到：

（1）30/50 目和 20/40 目规格的陶粒均能达到标准要求，具有较好的分选程度，在 86MPa 下破碎率分别为 3.9%和 6.1%，破碎率较低；

（2）20/40 目陶粒短期和长期导流能力比 30/50 目陶粒好，但 30/50 目陶粒在高压下的破碎率相对较小，且导流能力随压力和时间的增加，下降幅度比 20/40 目陶粒小。

综合考虑以上因素，根据地层条件不同，油井(生产井)主要采用 20/40 目陶粒，气井(生产井)主要采用 20/40 目+30/50 目+40/70 目组合陶粒模式，满足现场施工要求。

3　压裂施工分析

3.1　油井压裂井压裂施工分析

夹层、施工规模对海上油井压裂效果有很大影响。

3.1.1　夹层影响

以 BZ25-1-A20 和 A22 为例。两口井地质、压裂施工、压后裂缝参数如表 5 所示。

表 5　A20 与 A22 地质施工裂缝参数对比

井号	有效厚度/m	夹层厚度/m	净毛比	最小地应力/MPa	地应力差/MPa	排量/(m^3/min)	加砂量/m^3	总液量/m^3	缝长/m	缝高/m
A20	13.3	12.2	0.5	68.88	3.28	3.2	25.5	220	81.3	61
A22	19.5	26	0.3	69.28	3.3	3.2	35.4	248	90	45.2

由表可知，两井地应力、施工规模、裂缝规模、压裂材料均相近，但夹层厚度差异很大，压后生产表明，两井产量悬殊，A20 压后日产 390m³/d，A22 压后日产 115m³/d，A22 夹层厚度约为 A20 的 2 倍，夹层厚度大制约压裂改造效果。

夹层对压裂施工效果的影响见图 2 和表 6。

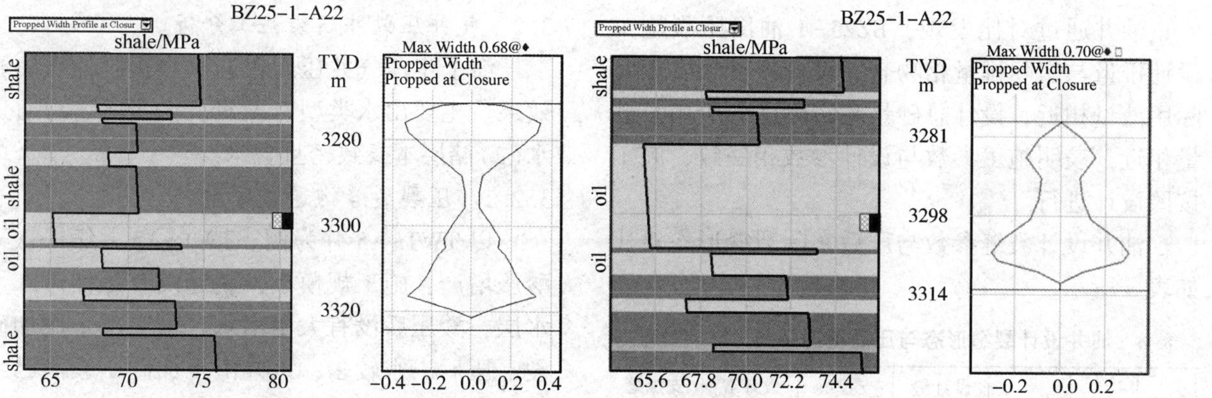

图 2　A22 井压后裂缝宽度纵向剖面图

表 6　不同夹层厚度模拟结果对比

夹层厚度/m	缝长/m	缝高/m	夹层处缝宽/cm	平均裂缝导流能力/(mD·m)
26	80	52.9	0.06	942.4
12	100.1	34.5	0.15	1160

通过压裂模拟对比分析得到，夹层对裂缝形态影响结果表现为：

（1）厚夹层处裂缝闭合后宽度更小(0.15→0.06cm)，随着时间推移支撑剂嵌入地层可能会完全闭合，影响裂缝在纵向上的连通性；

（2）储层厚度大(夹层厚度小)时，压裂裂缝更易在储层内延伸，压后裂缝长度和导流能力更大，能够沟通更大的储层面积。

3.1.2　施工规模影响

施工规模影响压裂裂缝形态和裂缝导流能力，裂缝闭合后随着时间的推移，导流能力会逐渐降低，如图 3 所示。

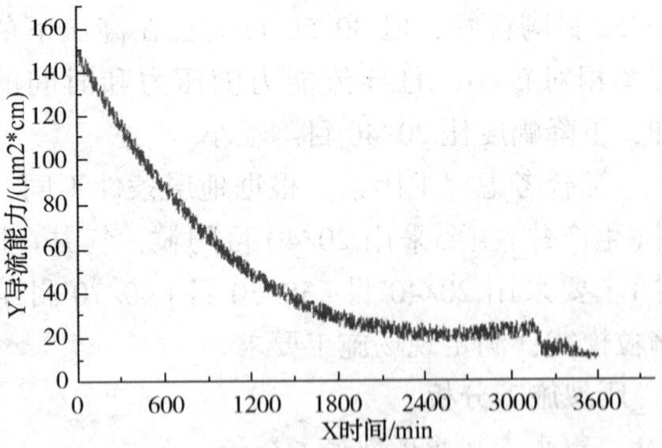

图3　导流能力模拟实验结果

当闭合压力为40MPa，60h导流能力由14.5D·cm下降到9.3D·cm，降幅35.9%，后趋于稳定表明，结果表明裂缝闭合后，导流能力随时间渐小，裂缝质量变差，在条件允许的情况下，应适当增大施工规模，采用大粒径支撑剂提高裂缝导流能力。

3.1.3　油井施工参数与设计参数分析

油井压裂施工参数与设计参数如表7所示。

表7　油井施工参数与设计参数

编号	井号	排量/(m^3/min)		净液量/m^3		总砂量/m^3	
		设计	实际	设计	实际	设计	实际
1	BZ25-1-C13	3.2	3.2	350	350	35.3	35.3
2	BZ25-1-C25	3.2	3.2	320	320	31.1	31
3	BZ25-1-A20	3.2	3.2	214	220	25.4	25.5
4	BZ25-1-A22	3.2	3.2	248	248	35.3	35.4
5	BZ25-1-A4	3.2	3.2	251	251	28.2	28.4
6	BZ25-1-C37H	3.5-4.5	3~4	323/437/437/437/379.2	338/379/384/381/350	32.2/39.2/39/39/34.2	31.5/28.7/35.7/35.6/31.2
7	BZ25-1-C38H	3.5-4	3.5	323/360/322	336.3/354/323	25.3/28.5/25.3	28.5/32/29.4
8	QK18-2-P6	–	4.5	–	275.3	26	31.2
9	QK18-2-P8	–	4.5	–	245.3	32	25.9

油井通过对比发现，BZ25-1油田压裂施工设计排量与实际排量相吻合，设计液量和施工实际用液量相近，设计总砂量与实际施工所用总砂量相近，表明施工参数与设计参数相一致，施工按照设计进行。

油井设计裂缝参数与压后实际裂缝形态对比如表8所示。

表8　油井设计裂缝形态与压后得到裂缝形态对比表

编号	井号	设计缝长/m	支撑缝长/m	设计缝高/m	支撑缝高/m
1	BZ25-1-C13	114	110	125	90
2	BZ25-1-C25	105	73	90	60
3	BZ25-1-A20	109.4	81.3	66.6	61
4	BZ25-1-A22	79.7	90	36.7	45.2
5	BZ25-1-A4	80.2	78	49	48.3
6	BZ25-1-C37H	120	160	65	65
7	BZ25-1-C38H	123.2	155	60.4	58
8	QK18-2-P6	70	70	55	49
9	QK18-2-P8	142	100	60	61

通过对比发现，压后形成裂缝缝长和缝高基本达到设计要求。

3.2　气井压裂井压裂施工分析

海上生产气井压后普遍出水，制约压裂施工效果。主要出水类型有两种：(1)裂缝沟通边底水(2)储层本身致密且含水。

3.2.1　压裂裂缝沟通边底水

以TWT-A5井为例。TWT-A5井第一次采用酸压增产，施工规模小，裂缝没有延伸进入下面水层，酸压后没有大量出水；第二次采用加砂压裂，压后出水较多；该井由于加砂压裂前已经生产一段时间，射孔位置为3段：3797.3~3803.8(6.5m)、3808.0~3815.0(7.0m)、3815.0~3821.0(6.0m)。该井最底部射孔位置距气水同层、水层4m，储层底部无有效隔层，裂缝高度延伸至底部水层，如图4所示。

为尽可能避免压开水层，可采用如下措施：(1)变排量控制裂缝在纵向的延伸；(2)填埋$CaCO_3$粉末，封掉最下面3815~3821m的射孔段，上部的射孔段进液形成裂缝，降低裂缝延伸至下部水层的可能性；(3)适当减小施工规模。

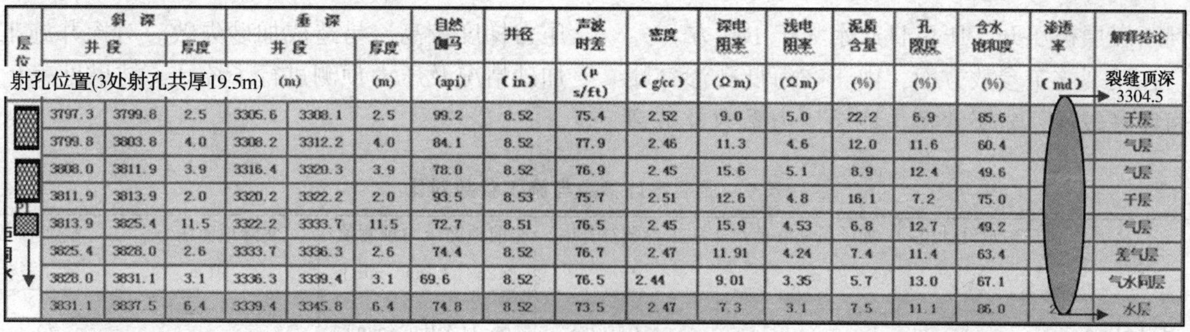

层位	斜深			垂深			自然伽马	井径	声波时差	密度	深电阻率	浅电阻率	泥质含量	孔隙度	含水饱和度	渗透率	解释结论
	井段		厚度	井段		厚度											
射孔位置(3处射孔共厚19.5m)	(m)					(m)	(api)	(in)	(μs/ft)	(g/cc)	(Ωm)	(Ωm)	(%)	(%)	(%)	(md)	裂缝顶深 3304.5
	3797.3	3799.8	2.5	3305.6	3308.1	2.5	99.2	8.52	75.4	2.52	9.0	5.0	22.2	6.9	85.6		干层
	3799.8	3803.8	4.0	3308.2	3312.2	4.0	84.1	8.52	77.9	2.46	11.3	4.6	12.0	11.6	60.4		气层
	3808.0	3811.9	3.9	3316.4	3320.3	3.9	78.0	8.52	76.9	2.45	15.6	5.1	8.9	12.4	49.6		气层
	3811.9	3813.9	2.0	3320.2	3322.2	2.0	93.5	8.53	75.7	2.51	12.6	4.8	16.1	7.2	75.0		干层
	3813.9	3825.4	11.5	3322.2	3333.7	11.5	72.7	8.51	76.5	2.45	15.9	4.53	6.8	12.7	49.2		气层
	3825.4	3828.0	2.6	3333.7	3336.3	2.6	74.4	8.52	76.7	2.47	11.91	4.24	7.4	11.4	63.4		差气层
	3828.0	3831.1	3.1	3336.3	3339.4	3.1	69.6	8.52	76.5	2.44	9.01	3.35	5.7	13.0	67.1		气水同层
	3831.1	3837.5	6.4	3339.4	3345.8	6.4	74.8	8.52	73.5	2.47	7.3	3.1	7.5	11.1	86.0	2	水层

图 4　裂缝垂向延伸进入底部水层

3.2.2　储层本身致密且含水

以 HY2-2-A4H 为例。HY2-2-A4H 压裂层位为 H8b，压裂施工曲线显示压后关井压力基本不降，说明储层致密(岩心分析 0.29mD)，同时含可动水，含水饱和度高(大于 50%)。HY2-2-A4H 井采用尾管固井射孔多级投球压裂方式，一趟管柱完成所有射孔，每段射孔长度 1m，射孔数目 16 孔。施工分 10 级压裂(8 级加砂)，累计注入压裂液 4378 方，加砂 247.8 方，8 段施工完成设计要求。压裂施工曲线如图 5 所示。

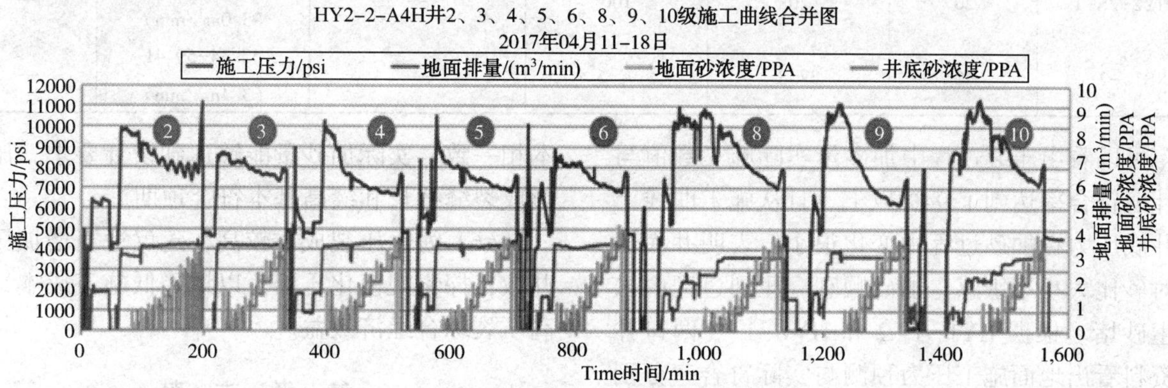

图 5　HY2-2-A4H 井各级压裂施工曲线

总体而言，该井形成裂缝形态良好，在 H8b 产层内部延伸，未压穿上下隔层和气水边界，裂缝渗透性正常，但需要寻求合理的排水配套措施，以便于压后能正常生产。由于目前尚未找到配套的排水措施，该井压裂开发效果不理想。

3.3　探井压裂井压裂施工分析

海上探井压后出水主要原因为压穿媒层，压裂裂缝延伸进入煤层。以 HY2-2S-1 为例说明。该井压裂层位 H11 层，含水饱和度为 36.7%，射孔井段 4218~4226m，射孔段长 8m。压后裂缝形态如图 6 所示。

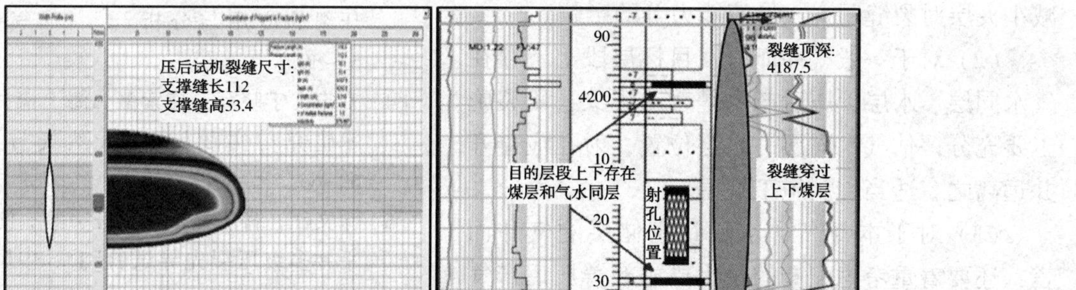

图 6　HY2-2S-1 井压后裂缝形态

HY2-2S-1 井目的层与隔层之间应力差较小，压后形成缝高较大，支撑缝高为 53.4m(设计缝高为 44.2m)，实际缝高大于预期。根据压后排采情况，初期返排氯离子 10000mg/L(压裂液：11000mg/L，煤层含水：3000mg/L)，压后最终氯离子 3000mg/L(与地层水浓度相当)，由此判断煤层被压开，压后日产水大于100方。

在压裂施工参数方面，由于东海低孔渗气藏普遍埋藏较深，岩层致密，地层压力系数及破裂压力梯度较高，易造成加砂失败。对探井施工时加砂情况及压力预测进行了统计，结果见表9。

表9 压裂设计参数与施工参数对比

井号	加砂量设计值/m^3	加砂量实际值/m^3	施工参数符合率/%	压前地面压力预测值/MPa/(3.0m^3/min)	实际地面压力/MPa	施工参数符合率/%
HY1-1-2	23	23	100	65.1(3.0m^3/min)	55.44-62.55 (3.0m^3/min)	96.1
HY1-1-3(H8)	40	38.7	96.8	57.3(3.0m^3/min)	46.25-53.44 (3.0m^3/min)	93.3
HY1-1-3(H11)	40	38	95	—	64.39-66.13 (2.8m^3/min)	—
HY2-2-1	35	35	100	—	53-61.3 (3.5m^3/min)	—
HY2-2S-1	20	20	100	—	47.9-56.6 (3.0m^3/min)	—
NB14-2-1	40	37.8	94.5	—	52.44-59.41 (3.4m^3/min)	—

可以看出压裂过程中加砂量实际施工数值与设计值符合率达到了94%以上，且从施工曲线上看井底压力在加砂过程中变化很小，表明井底压力对砂比大小不敏感，加砂顺利，压裂过程中未发生砂堵。根据HY1-1-2和HY1-1-3两口井的资料看出地面施工压力预测与实际符合率分别达到达到93.3%和96.1%，保证了施工安全，达到了设计要求。

4 结论

(1)中海油海上油井压裂层段内夹层多且厚，会显著影响裂缝形态和裂缝垂向连通性，针对夹层较多较厚的储层，建议充分评估夹层地应力、岩石力学特征参数等，压裂施工后最大限度减小夹层对裂缝闭合、导流能力等的影响。

(2)对于一般气井而言，目标层段上下存在气水同层、水层，压后产水是普遍现象，压裂施工要充分评估气水同层、水层位置，射孔应避开并远离之，适当控制施工规模。

(3)对于本身高含水且致密储层的气井而言，还要着重考虑配套的排水措施改善压后产气效果。

(4)海上压裂探井目标储层上下多存在煤层，压裂施工要充分评估煤层地应力、岩石力学特征，适当控制压裂施工规模，避免压穿煤层，减小出水风险。

(5)整体上海上压裂施工参数与设计参数基本相一致，实际加砂量能够达到设计要求，压后形成裂缝缝长和缝高基本符合预期。

(6)海上压裂成本较高，建议适当增加压裂井数，探索规模化压裂，以期降低施工成本，提高压裂综合经济效益。

参 考 文 献

[1] 刘鹏，许杰，徐刚，等．渤中25-1油田低渗透储层水平井分段压裂先导试验[J]．油气井测试，2018，27(03)：52-57.

[2] 彭成勇，刘书杰，曹砚锋．我国海上低渗油气田开发钻完井技术探索[J]．重庆科技学院学报(自然科学版)，2014，(3)：53-55.

[3] 李蕴哲，任泽，王永刚．小型压裂测试在海上探井压裂的应用与分析[J]．油气井测，2017(5)：53-59.

[4] 刘宁，宁晓颖，陈紫薇．海上探井大型压裂工艺技术研究与实践[J]．天然气与石油，2012(1)：59-63.

[5] 徐文江，肖茂林，孙兴旺，等．海上低渗透油田水平井多级压裂先导试验[J]．中国海上油气，2017(06)：112-118.

[6] 卞晓冰，张士诚，韩秀玲，等．海上低渗透油藏水力压裂技术适应性评价[J]．科学技术与工程，2011，11(34)：8461-8463.

[7] 卞晓冰，张士诚，马新仿．海上低渗透油藏试验井组整体压裂可行性研究[J]．石油天然气学报，2011，10(33)：142-146.

复杂碳酸盐岩长水平井定剖面精确布酸设计与应用研究——以中东 H 油田为例

邹洪岚[1]　崔明月[1]　梁　冲[1]　张合文[1]　温晓红[1]　刘平礼[2]

(1. 中国石油勘探开发研究院；2. 西南石油大学)

摘　要　中东地区复杂碳酸盐岩油藏水平井的井段长(大于 800m)、非均质性强的特点，常规酸化设计方法存在规模大、成本高的问题，无法满足海外经济高效的要求。为此，提出了依据长井段水平井的非均匀伤害特性，沿井筒进行定剖面精确布酸的设计方法。方法以水平段非均匀伤害剖面为核心，差异化设计每一段注酸量，修正了以往全井段锥形酸化设计方式，既保证了酸化效果又大幅度降低了成本。给出了非均匀伤害精细化动态描述数学模型，考虑了水平段孔隙度、渗透率变化，以及钻完井泥浆密度和浸泡时间等因素，耦合双尺度蚓孔生长及转向置放模型模拟计算布酸剖面。现场实施提出了连续油管变速拖动转向酸化为主体，辅以环空分段次级精确布酸工艺技术。在中东地区进行了规模化应用，平均用酸规模下降了 50-65%，获得了显著的增产效果，助推了油田快速建产。

关键词　碳酸盐岩；水平井；基质酸化；酸蚀蚓孔表皮系数

碳酸盐岩油气藏非均质性强，普遍发育天然裂缝或溶洞，使得钻完井过程容易造成储层伤害，且伤害具有沿井筒方向不平均的非均匀特性[1]。中东地区巨厚碳酸盐岩油田采用从式水平井开发，水平井段长达(800-1500m)，完井方式为裸眼或裸眼封隔器 ECP+筛管。由于这类完井方式并未对水平井段分区分隔，常规分段工艺的应用受到限制。中东地区室内酸化岩心流动实验表明[17]，形成主蚓孔时用酸为 3.931-8PV。按照目前水平井布酸方法设计，对于 800m 的水平井布酸需要 467-1246m^{3}酸，对设备能力、添加剂的性能、施工时间等具有极大的挑战。

水平井酸化作业的关键问题是使酸液合理放置，主要研究热点采用合理的布酸方法进行经济有效的酸化。目前主要采用 3 类方法[3,7,10,15,30]：(1)沿水平井筒均匀布酸，如酸强度在 1-3m^3/m 以上，以 800m 为例，则酸化规模会被设计在 800-2400m^3；(2)水平井局部酸化，只在部分井段布酸，如果仍然采用均匀布酸规模仍然很大。如 1200m 井段的水平井，酸化其中的 60%，即酸化局部井段 720m(不是任意的 720m)，也需要 400m^{3}以上的酸化规模[26,27]；(3)水平井锥形布酸方式，即考虑水平井伤害是椭圆锥台型[2,6]，在水平井的跟端布酸最多，然后逐渐减少至水平井趾端。这种方法考虑了地层伤害，可以大幅度减少用酸规模，主要问题是其水平井伤害形态是在完全均质的假设下得到的。以上设计方法均没有考虑水平井的非均质特性，忽视了伤害的精细化描述对设计的重要性。

除此之外，从工艺角度看，采用转向酸化或具有转向效果的液体体系、有机酸液体体系、纤维和泡沫是目前应用热点[2,3,29,30]，然而对于碳酸盐岩大尺度非均质性的情况(如溶洞、大型裂缝系统)，其酸液漏失仅靠化学暂堵或转向酸是无法阻止的[33]。因此，精确布酸设计的实现需要考虑高效的工艺策略。

为此，采用提出了 2 种精确布酸设计的方法，选择高效的酸化工艺组合技术实现布酸、减少酸化规模，达到经济高效酸化的目的。

1　水平井定剖面精确布酸优化设计内涵

在同一个泵注压力系统下，酸液更易进入较小渗流阻力区域(如裂缝或高渗层)，如不考虑差异化布酸，则较大阻力的区域(低渗透率层或伤害严重层)得不到酸化。矿场实践表明[2]，如果水平井采用油管在水平井 A 点注入笼统酸化，酸液进入水平井筒的波及面积仅为整个井段的 15%。

水平井定点剖面精确布酸设计的理念是以水平段非均匀伤害剖面为设计核心，精确优化水平井段每一点或小段的注酸量，差异化设计酸化的注酸剖面，既保证酸化效果又大幅度降低成本。常规水平井布酸设计的方式分为 3 类：全井段均匀布酸设计方法；全井段全井段均匀布酸设计方法和局部井段布酸酸化设计(局部井段均匀布酸设计)。而水平井定剖面精确布酸优化设计则分为2种情况，全井段定剖面精确布酸和局部井段定剖面精确布酸。

水平井布酸理念和以往设计方法[3,4,5,6,10,15]对比的示意图(图1)，其核心是解除全部或部分非均匀的伤害。

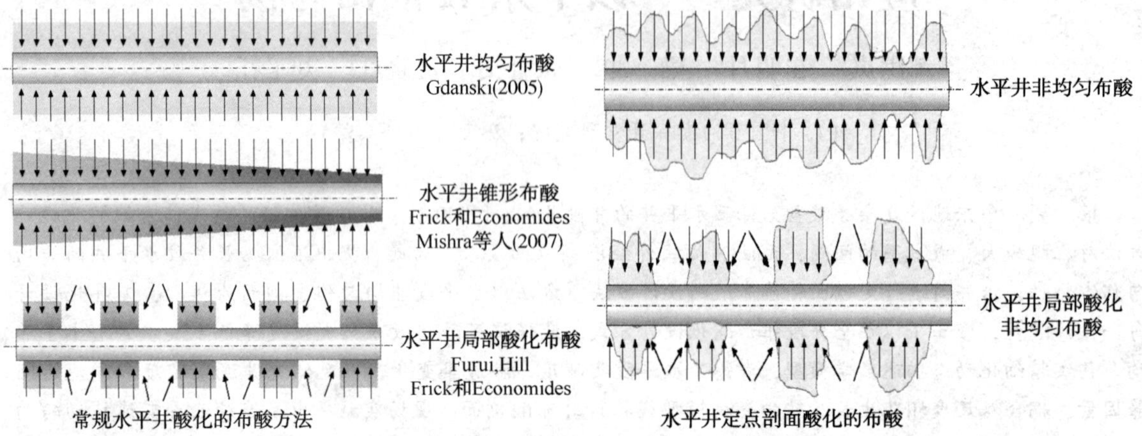

图1　两种不同水平井布酸方法对比的示意图

水平井全井段定剖面精确布酸设计是在整个井段以伤害剖面为目标，计算钻完井液伤害侵入深度及伤害渗透率，模拟不同工艺(连续油管、转向酸、颗粒暂堵剂)过程中酸化蚓孔生长和表皮系数变化，最终得到每一点优化的布酸剖面。适用于水平井段小于800m的水平井。

水平井局部酸化的定剖面精确布酸设计是在整个井段以最优经济效益为目标，以非均匀伤害剖面为基础，在长水平井段内寻找最必须的酸化点，以极小用酸量解除几个关键区域的主要伤害。其实质是定点进酸、剖面布酸精确优化。技术关键是从非均匀伤害剖面中选择最佳注酸点和关键的伤害区域。适用于水平井段大于800m的水平井。

2　水平井定剖面精确布酸的优化设计

基于水平井定点剖面注酸的理念，建立了碳酸盐岩储层水平井酸化优化设计的数学模型。在目前的众多数学模型[32]的基础上，增加了水平井储层伤害动态精细描述模型、集成耦合了井筒温度模型、地层温度模型的双尺度酸蚀蚓孔生长模型、酸液井筒流动模型，推导了水平井流动界面追踪模型、酸液分布模型、产能预测模型和经济评价模型等，为优化设计提供了理论依据。

2.1　水平井表皮系数非均匀性的定量伤害模拟

最经典的Frick模型，假设沿井伤害区域为大头端靠近水平井段跟部，沿井筒方向的伤害形状为椭圆锥台型[4,6]。锥台形伤害剖面的认识，在指导酸化用酸时，导致的是沿水平井筒的远少近多的注酸剖面[4,5]。然而，由于受到渗透率等非均质影响，水平井的表皮系数真实形态是不规则的(图2)[7,19]。按照这种方法进行的施工，虽然对全井段用酸，但通常酸化后的产液剖面测试表明只有20%-50%有效井段的产量贡献率。这是因为储层的伤害有如下特征[8-12]：①在伤害程度较低时，某具体点的伤害带形状大致为圆形，当侵入范围扩大，侵入带受储层各向异性的影响较大，伤害带形状近似椭圆[11,12]。②沿水平井筒的分段伤害的分布特征和伤害程度则由不同分段处渗透率大小和泥浆等外来液体浸泡时间等多种因素决定[13-15]。因此，需要建立考虑伤害程度的非均质性沿井段长度(如孔隙度、渗透率，泥浆和浸泡时间)的变化，建立可以模拟表皮系数、伤害带渗透率以及伤害半径等沿水平井段的非均匀分布新模型。

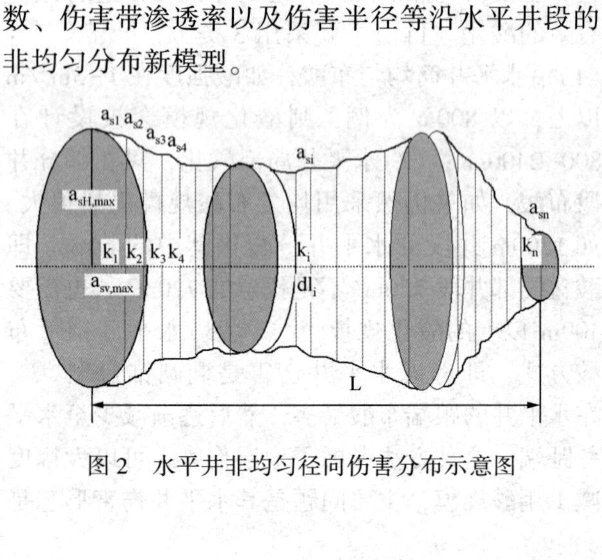

图2　水平井非均匀径向伤害分布示意图

将水平井段划分为微小单元进行伤害模拟分析，应用平面径向渗流理论，耦合 Furui 提出的变表皮系数和泥饼形成模型[7]，建立了水平井非均匀伤害精细化动态描述模型。该模型主要由径向泥饼动态形成模型、伤害半径模型、渗透率分布模型[14]以及水平井非均匀表皮系数模型四部分组成。

对每一个单元，考虑储层各向异性的表皮系数表示为：

$$s=\left(\frac{k_H}{k_{dH}}-1\right)ln\left(\frac{r_{d,eq}}{r_{w,eq}}\right) \tag{1}$$

$$r_{d,eq}=\frac{r_w}{2}\sqrt{I_{ani}-\frac{1}{I_{ani}}}\left[\frac{r_{dH}}{r_w\sqrt{I_{ani}^2-1}}+\sqrt{\left(\frac{r_{dH}}{r_w\sqrt{I_{ani}^2-1}}\right)^2-1}\right] \tag{2}$$

$$r_{w,eq}=r_w\frac{I_{ani}+1}{2\sqrt{I_{ani}}}\quad I_{ani}=\sqrt{\frac{K_v}{K_H}} \tag{3}$$

$$\frac{k_{eq}}{k_{d,eq}}=\frac{\sqrt{k_Hk_V}}{\sqrt{k_{dH}k_{dV}}}=\frac{k_H}{k_{dH}} \tag{4}$$

等效渗透率 $k_{d,eq}$：

$$k_{d,eq}=\frac{\ln\frac{r_{d,eq}}{r_c}}{\frac{1}{k_H}\left(\frac{k_H}{k_c}\right)^{\frac{r_{d,eq}}{r_{d,eq}-r_c}}\times\left[-Ei\left(-\frac{r_c}{r_{d,eq}-r_c}\ln\frac{k_H}{k_c}\right)+Ei\left(-\frac{r_{d,eq}}{r_{d,eq}-r_c}\ln\frac{k_H}{k_c}\right)\right]} \tag{5}$$

采用以上模型，进行渗透率空间非均匀分布敏感性分析(图3)。模拟结果表明，当渗透率沿水平井段不变时(即不考虑非均质性)，伤害形态为跟端大、趾端小，与前人得出的伤害带呈一端大一端小的圆锥台体的结论一致；各向异性的伤害形态端部为椭圆形，钻井液更易进入高渗的水平方向，低渗的垂直方向伤害较小；表皮系数对原始地层渗透率非常敏感，但并不成正相关。渗透率空间非均匀分布导致了伤害的非均匀分布。

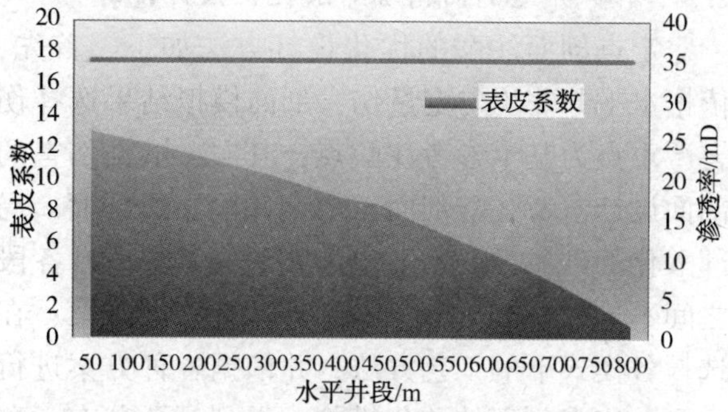

图3　水平井表皮系数分布剖面

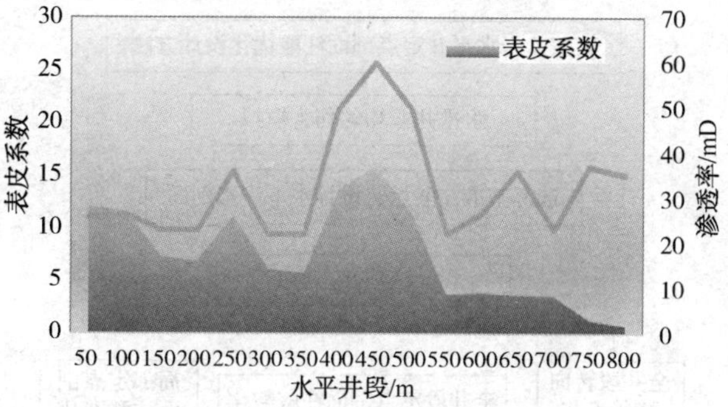

图4　水平井表皮系数分布剖面

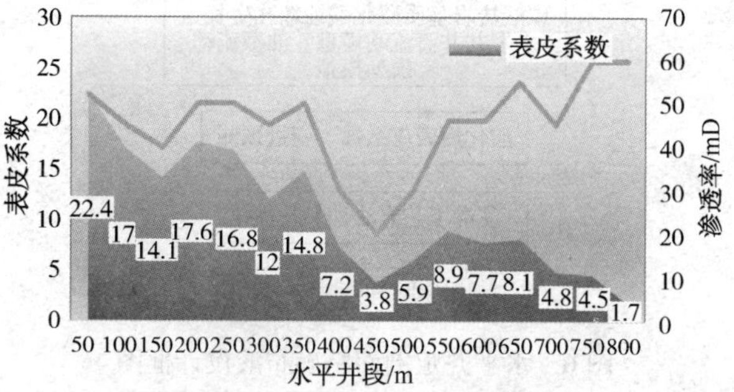

图5　水平井表皮系数分布剖面

2.2　水平井酸化蚓孔生长和竞争模拟

碳酸盐岩储层基质酸化的效果主要依靠蚓孔效应一旦蚓孔形成，只需少量酸液便可消除近井筒伤害。因此，需要对酸化过程中蚓孔生长和竞争进行模拟。蚓孔竞争的预测采用 2 个原则：(1)当酸液遇到天然裂缝时，酸蚀蚓孔首先沿天然裂缝优先形成。(2)水平井筒壁面没有天然裂缝时采用 A. D. Hill 等模型计算[17-19]。通过模拟蚓孔附近的压力场预测了基质酸化中蚓孔分布的竞争。

综合前人数学模型的基础上，采用了碳酸盐岩基质酸化酸蚀蚓孔生长规律的双重尺度模型[21,25]与水平井井筒流动模型、油藏流动模型。对于水平井酸液的非均匀置放则采用化学微粒分流酸化模型[22,23]和连续油管拖动酸化模型，模型追踪酸化流体界面的移动。

采用该模型可进行不同布酸剖面下的水平井酸化蚓孔生长和竞争模拟。可以模拟的工艺方法主要有全井段连续油管笼统酸化、全井段连续油管定点酸化、水平井局部定点酸化等工艺方法。

2.3　水平井定剖面精确布酸优化设计计算

定点剖面注酸的优化设计方法如下：首先，依据水平井非均匀定量伤害剖面模拟结果选择伤害严重点为基本参考注酸点；其次，依据伤害的剖面设计参考注酸剖面，如全井段注酸剖面，局部酸化的注酸剖面（可分为2段、3段…，各段之间不连续）；然后，形成不同的酸化方案；在选择各模式下的工艺方法，并依据各种方案进行水平井定点剖面的酸化模拟，得到蚓孔分布、酸化后孔隙度渗透率分布、酸化后表皮系数分布，最后，进行产能预测和经济评价（图6）。

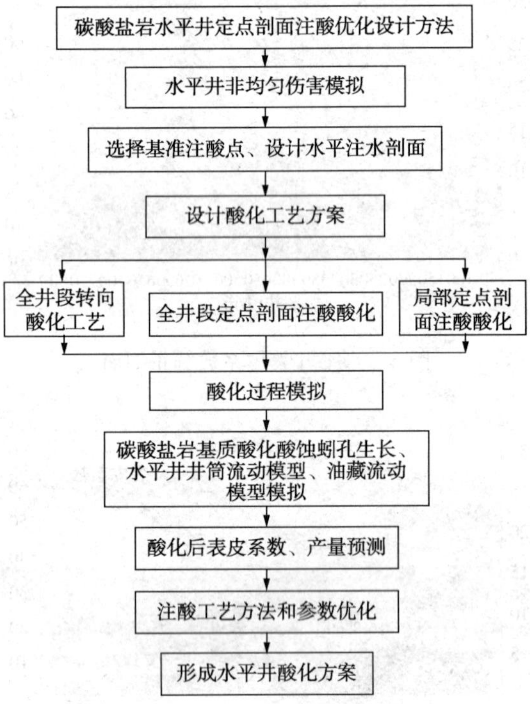

图6　水平井定剖面精确布酸设计框图

以中东地区水平井某1-52H井为例，井深2925～3020m，水平井段长1200m；裸眼完井。解堵水平井段基础数据由现场测井资料获得，渗透率和孔隙度分布见图7。平均渗透率为25md，酸化实验突破体积为3.5PV（孔隙体积）。酸液用量注入浓度为20%的酸液，所有工艺均采用转向酸。采用1 3/4in连续油管，注酸排量0.8-1.5m^3/min。

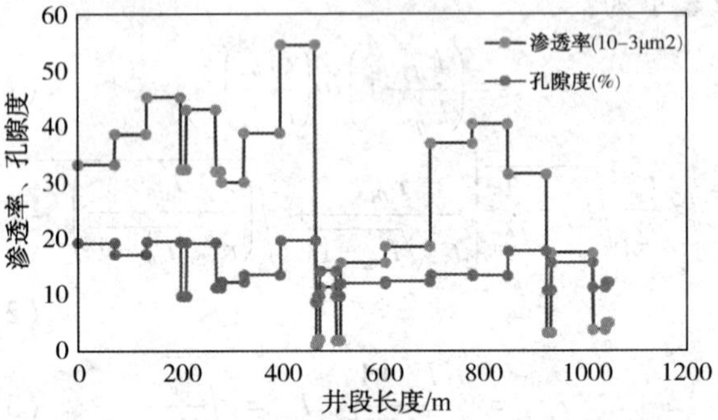

图7　AD1-52H井渗透率和孔隙度分布剖面

选择了5种注酸酸化工艺方案进行优化设计，设定酸化后综合表皮系数-1，酸化后油井配产500m^3/d。遵照定点剖面注酸的布酸工艺方法，设计了5种工艺模式，计算了用酸量和酸化后增产效果（表1）。结果表明，在进行笼统酸化且总酸液用量相同时，局部酸化效果最好，其次是全井段分段酸化，全井段笼统酸化效果最差，说明对部分高伤害带进行集中酸化比对全井段酸化效果好。和其他方法相比，局部定点剖面注酸3，用酸量最小，酸化后即达到了配产产量，又大幅度的降低了用酸规模。

表1　某1-52H井定点剖面精确布酸优化设计结果

工艺方法	笼统酸化（锥形注入）/m^3	全井段转向酸化注酸/m^3	局部定点剖面注酸1（4段注酸点）/m^3	局部定点剖面注酸2（3段注酸点）/m^3	局部定点剖面注酸3（3段注酸点）/m^3
示意图	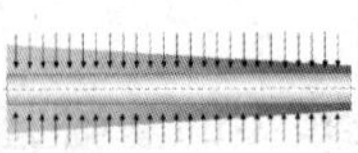	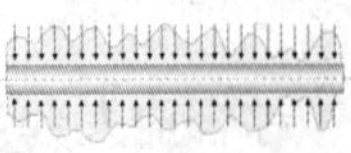	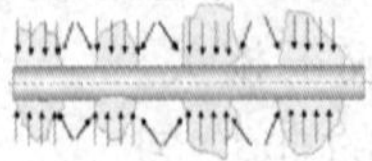	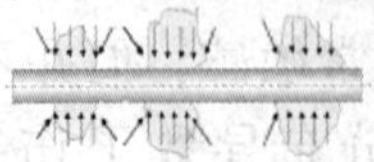	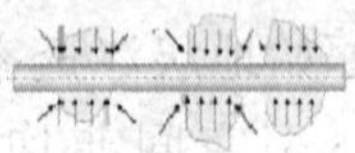
排量0.8m^3/min	912	426	298	258	242
排量1.0m^3/min	846	391	216	206	186
排量1.5m^3/min	786	328	182	172	152
酸化后产量m^3/d	429-483	522-579	518-578	516-565	515-571

3　水平井高效酸化工艺技术及其辅助策略

依据水平井定点剖面布酸理念，在目前井筒和地层酸液置放技术中，优先选择了连续油管变速拖动、结合局部（射孔）完井等主要布酸手段，辅助以次级布酸策略（含环空辅助布酸方法、化学辅助布酸方法）的有序组合来实现（表2）。

表 2 水平井定剖面精确布酸使用的工艺技术组合

分类	技术	工艺方法
主要布酸工艺	定点剖面注酸工艺技术	全井筒定剖面布酸技术： 1. 连续油管变速拖动布酸工艺技术 2. 机械方法实现层段隔离：连续油管+双封 3. 连续油管布酸技术 局部酸化定剖面布酸技术： 1. 连续油管选择性局部酸化技术 2. 局部完井(射孔)，局部布酸技术 3. 不完全筛管完井(依据酸化剖面设计盲管位置)
辅助布酸策略	环空辅助布酸工艺方法	1. 连续油管+油管环空注入惰性流体(如柴油) 2. 连续油管+油管环空注入液氮、CO_2 或泡沫
	分段辅助布酸化学方法	1. 转向酸 2. 溶解性颗粒暂堵剂(不同粒度分布) 3. 纤维

4 现场应用

中东地区 AHD 油田为天然裂缝和溶洞发育的碳酸盐岩油藏。储层埋藏深度在 2800-3300m，井型主要以丛式水平井为主，水平井段长 800-1500m，采用打孔筛管完井。主力油层的有效渗透率为 $20-60\times10^{-3}\mu m^2$，孔隙度 18-22%。完井后表皮系数为 8-20。

采用了笔者所说的布酸方法进行优化设计和实施了超过 100 井次，酸化后采用试井解释软件得到的表皮系数为-4~-6。主要的水平井酸化后单井产油量均超过 $500m^3/d$(图 8)，部分井达到 $1000m^3/d$ 左右，水平井平均产油量是直井产油量的 2.5 倍以上。

以某 1-52 井为例，注酸设计用量 $150m^3$，酸化后产量从 394 上升到 $570m^3/d$，采油指数从 1.31 上升到 3.10，酸化后表皮系数为-6.21。

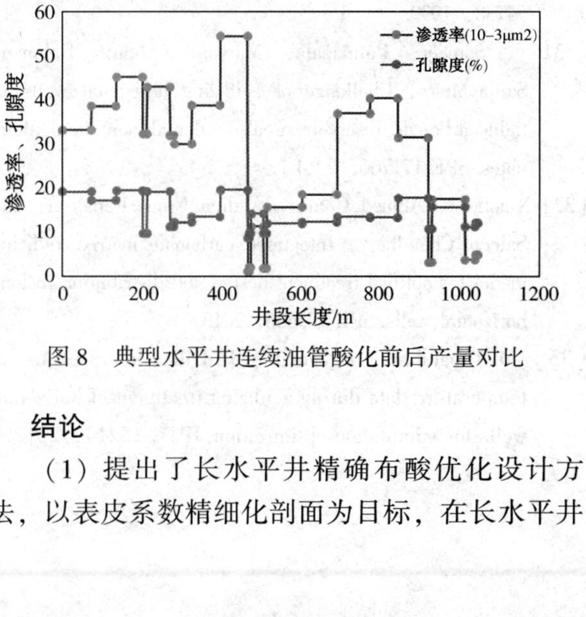

图 8 典型水平井连续油管酸化前后产量对比

5 结论

(1) 提出了长水平井精确布酸优化设计方法，以表皮系数精细化剖面为目标，在长水平井段内每一段设计差异化注酸剖面，达到经济有效的增产目标。

(2) 建立了考虑水平井段非均质性的表皮系数精细化描述数学模型，模拟表皮系数、伤害带渗透率以及伤害半径等沿水平井段的非均匀分布剖面。

(3) 长井段水平井定点剖面注酸的主体工艺技术是采用连续油管变速拖动、局部酸化等手段，辅助以次级布酸策略(含环空辅助布酸方法、化学辅助布酸方法)的有序组合，实现了长水平井段的经济高效酸化。

(4) 提出了水平井定剖面精确布酸酸化参数优化设计计算方法，编制了计算软件。

(5) 水平井定剖面精确布酸设计技术在中东主力油田得到了规模化应用，水平井累计酸化超过 300 井次，酸化后累计增油 152 万吨。

符号说明

K_H——地层水平向原始渗透率，$10^{-3}\mu m^2$；K_V——地层垂向原始渗透率，$10^{-3}\mu m^2$；K_{dH}——地层伤害带水平向渗透率，$10^{-3}\mu m^2$；K_{dV}——地层伤害带垂向渗透率，$10^{-3}\mu m^2$；P—地层中酸液的压力，Pa；$K_{d,eq}$—地层有效渗透率，$10^{-3}\mu m^2$；K_c——泥浆泥饼区渗透率，$10^{-3}\mu m^2$；$r_{d,eq}$—等效伤害半径，m；r_c—泥饼半径，m。

参 考 文 献

[1] Economidels, M. J. and Nolte, K. G.: Reservoir Stimulation. Third Edition, Wiley.

[2] R. L. Thomas, Alan Saxon, and A. W. Milne, The Use of Coiled Tubing During Matrix Acidizing of Carbonate Reservoirs Completed in Horizontal, Deviated, and Vertical Wells. SPE50964, August 1998.

[3] Gdanski R D. Recent advances in carbonate stimulation [C]. SPE 10693, 2005.

[4] Frick, T. P. and Economidies, M. J.: Horizontal well damage characterization and removal. SPEPF (February 1993) 15; Trans., AIME (1993) 295.

[5] Economides, M J and Frick, T P: Optimization of horizontal well matrix stimulation treatments. SPEPF, May 1993, 93.

[6] Jones A T, Davies D R. Quantifying acid placement: The key to understanding damage removal in horizontal wells [C]. International symposium on formation damage control. 1996: 725-739.

[7] Kenji Furui. A rigorous formation damage skin factor and

reservoir inflow model for a horizontal well [R]. SPE84964, 2003.

[8] Furui, K., Burton, R. C., Burkhead, D. W. 2012. A Comprehensive Model of High-Rate Matrix-Acid Stimulation for Long Horizontal Wells in Carbonate Reservoirs: Part I—Scaling up Core-Level Acid Wormholing to Field Treatments. SPE Journal, 2012, 17 (1): pp. 271-279. DOI: 10.2118/134265-pa.

[9] Furui K, Burton R C, Burkhead D W, et al. A Comprehensive Model of High-Rate Matrix-Acid Stimulation for Long Horizontal Wells in Carbonate Reservoirs: Part II--Wellbore/Reservoir Coupled-Flow Modeling and Field Application [J]. SPE Journal, 2012, 17(01): 280-291.

[10] De Motta, EP, Hill A D, andSepehrnoori K: Selective matrix acidizing of horizontal wells. SPEPF, August, 1995, 157; Trans., AIME, 299.

[11] 李静群，荆蔼林，彭惠群．表皮系数分解与增产效果预测[J]．油气井测试．1998，7(1)：6-10.

[12] 段永刚，陈伟，熊友明等．油气层损害定量分析和评价[J]．西南石油大学学报(自然科学版)．2001，23(2)：44-46.

[13] 陈元千．气井表皮系数分解法[J]．新疆石油地质．2004，25(2)：160-164.

[14] 曾文广，米强波．水平井射孔完井表皮系数分解计算方法[J]．钻井液与完井液．2005，22(B05)：105-106.

[15] 徐建，张绍礼，严玉华．表皮系数分解应用效果分析[J]．油气井测试．2006，14(6)：25-27.

[16] LORENZ M D, RATTERMAN EE, AUGYSTINE J R. Uniform inflow completion system extends economic field life: a field case study and technology overview [R]. SPE 101895, 2006.

[17] HonglanZou, Xugang Wang et al: Optimised Stimulation Technology Combined Viscoelastic Acid with Jetting Treatments to Enhance Horizontal Well Productivity in AHDEB Oil Field, Iraq[R]. IPTC16975, 2013.

[18] 郭富凤，赵立强，刘平礼等．水平井酸化工艺技术综述[J]．断块油气田．2008，15(1)：117-120.

[19] Izgec O, Zhu D, Hill A D. Numerical and experimental investigation of acid wormholing during acidization of vuggy carbonate rocks[J]. Journal of Petroleum Science and Engineering, 2010, 74(1): 51-66.

[20] Ratnakar R R, Kalia N, Balakotaiah V. Modeling, analysis and simulation of wormhole formation in carbonate rocks with in situ cross-linked acids [J]. Chemical Engineering Science, 2013, 90: 179-199.

[21] Maheshwari P, Ratnakar R R, Kalia N, et al. 3-D simulation and analysis of reactive dissolution and wormhole formation in carbonate rocks [J]. Chemical Engineering Science, 2013, 90: 258-274.

[22] Glasbergen G, Buijse M. Improved Acid Diversion Design Using a Placement Simulator (Russian) [C]. SPE 102412, 2006.

[23] Eckerfield L D, Zhu D, Hill A D, et al. Fluid Placement Model for Horizontal-Well Stimulation [J]. SPE Drilling & Completion, 2000, 15(03): 185-190.

[24] Mishra V, Zhu D, Hill A D, et al. An Acid Placement Model for Long Horizontal Wells in Carbonate Reservoirs[C]. SPE 107780, 2007.

[25] Maheshwari P, Ratnakar R R, Kalia N, et al. 3-D simulation and analysis of reactive dissolution and wormhole formation in carbonate rocks [J]. Chemical Engineering Science, 2013, 90: 258-274.

[26] Retnanto, Albertus, Yamin, Muhammad, Impact of Completion Technique on Horizontal Well Productivity. SPE 54302, 1999.

[27] Retnanto, A., Economides M. J., Ehlig-Economides, C. A., Optimization of the Performance of Partially Completed Horizontal Wells. 37492-MS SPE Conference Paper - 1997.

[28] J. F. Manrique and A. Husen et al: Integrated stimulation applications and best practices for optimizing reservoir development through horizontal wells[R]. SPE 64384, 2000.

[29] Pereira, Alexandre Z. I., Calderon, AgostinhoChagas, Carlos Magno, de Camargo, et al, Pulse-Rotating Jet System Acidizing in a Campos Basin Deepwater Horizontal Gravel Packed Injection Well. SPE 94802, 2005.

[30] Mascarù, S., D' Ambrosio, A., Zambelli, A., Gili, V., Loving, S., Dossena, M., Acidizing Deep Open-Hole Horizontal Wells: A case History on Selective Stimulation and Coil Tubing Deployed Jetting System. SPE 54738, 1999.

[31] Sameer Punnapala, Maryam Abdul Rahman, SanjayMisra, Challenge of acidizing horizontal wells in tight carbonate reservoir-weak acid and non-acid alternates. SPE 171766, 2014.

[32] XiaoheLi, Ahmed Gomaa, Andrea Nino-Penaloza, and Saleem Chaudhary, Integrated carbonate matrix acidizing model for optimal treatment design and distribution in long horizontal wells. SPE 173606, 2015.

[33] M. Tabatabaei, D. Zhu, A. D. Hill, Interpreature of temperature data during acidizing treatment of horizontal wells for stimulation optimization. IPTC 15214, 2012.

海水基压裂充填液配方研究及应用

鲍文辉　陈　磊　李　梦　孙厚台　申金伟　赵　健

（中海油田服务股份有限公司）

摘　要　由于海水矿化度高、离子成分复杂，海水基压裂充填液稠化剂溶胀困难，碱性交联环境下结垢趋势严重、与地层水配伍性差。本文研究了海水成分及结垢机理、稠化剂溶胀机理和螯合剂设计原理，通过室内实验优选出胶液保护剂PA-GP、螯合剂PA-CR，评价了压裂充填液体系的综合性能。实验结果表明：配制基液过程将压裂液pH值控制在5~6，可以使稠化剂在5min内溶解增粘；交联过程将压裂液pH值控制在8.5~9.5，冻胶强度好，携砂性能优异，且不会形成沉淀。海水基压裂充填液基液表观黏度为39mPa·s；交联时间为50s；冻胶在70℃剪切90min后表观黏度为316mPa·s；破胶时间为120~240min；破胶液表观黏度4.23mPa·s；残渣含量469mg/L；对岩心基质渗透率损害率低至5.5%；压裂液滤液与原油和地层水配伍性良好。研制的海水基压裂充填液在xx18-1油田A1井成功进行了应用，共使用压裂液68m^3，加入地层的支撑剂为8.4m^3。压裂后产量较压裂前增加50%，取得了良好的增产效果。

关键词　海水基；压裂充填液；防垢；pH值控制；现场应用

压裂充填是渤海疏松砂岩稠油油藏常用的完井方式，可以起到增产和防砂的双重作用。压裂使近井筒地带储层渗流能力大幅度提高，降低了原油流速对筛管的冲刷作用，提高了油井的寿命，充填则实现了防砂的作用。采用海水配制压裂充填液可以就地取材，减少淡水运输和存储费用，节约作业时间，提高了海上压裂充填作业的便利性，降低了成本。由于海水矿化度高、离子成分复杂，配制压裂液过程稠化剂溶胀困难，黏度上升慢；碱性交联环境下容易生成氢氧化镁、碳酸钙等沉淀，影响交联冻胶的携砂性能；结垢会使压裂液破胶液与地层水反应生成沉淀，污染储层，降低压裂充填作业的增产效果。

国内外海水基压裂液主要研究的体系有清洁压裂液、改性植物胶、聚合物三类体系，主要解决的问题有抗盐、耐高温、适合连续混配、低伤害等[1-12]。本文从压裂充填液结垢机理研究入手，探索通过合理设计胶液保护剂配方，实现杀菌、促进稠化剂溶解、防结垢三重作用；通过控制pH值阈值、加入螯合剂来抑制冻胶结垢，保持冻胶携砂性能良好；通过优化合理的破胶剂加入浓度实现顺利加砂和彻底破胶。

1　海水基压裂充填液机理研究

1.1　海水成分及结垢机理

取渤海油田3个代表性区块的海水，用离子色谱仪、pH计进行了成分分析，结果见表1。从表1可以看出：海水中有结垢趋势的离子为Ca^{2+}、$Mg^{2+}SO_4^{2-}$和HCO_3^-，一般压裂充填液为碱性交联体系，在碱性条件下可能生成的沉淀有氢氧化镁、碳酸钙、碳酸镁、硫酸钙。用溶度积法计算了生成沉淀的临界pH值，见表2。从表2可以看出：控制pH值在9.28以内，可以防止氢氧化镁沉淀的生成。因此，为了防止压裂充填液结垢，需要控制海水基压裂充填液的pH值不超过9.28。

表1　渤海海水成分分析

地区	pH值	矿化度/(mg/L)	离子质量浓度/(mg/L)						
			Na^+	K^+	Ca^{2+}	Mg^{2+}	Cl^-	SO_4^{2-}	HCO_3^-
1-1	7.91	33407	10939	346	398	1162	18252	2132	178
1-2	8.12	29343	9642	312	356	1035	15950	1861	187
1-3	8.15	34441	11569	351	375	1178	18305	2483	180

表2　钙镁离子相关难溶电解质pH阈值计算

难溶电解质	K_{sp}	离子种类	最高离子质量浓度/(mg/L)	形成沉淀pH阈值
$Ca(OH)_2$	5.02×10^{-6}	Ca^{2+}	398	12.35
$Mg(OH)_2$	5.61×10^{-12}	Mg^{2+}	1178	9.28

1.2　pH值控制与稠化剂溶解增粘性能

一定范围内，增加溶液中H^+离子浓度，可以促进羟基质子化。大量H^+离子与稠化剂中的羟基结合，从而促进了稠化剂的溶解增粘。选取了一种具备杀菌抑菌作用的胶液保护剂，通过稀盐酸对水溶液 pH 值进行调整，考察不同 pH 值对稠化剂溶解增黏性能的影响。实验结果见表 3。从表 3 可以看出：pH 值控制在 5~6 时，稠化剂溶剂速度快，5min 内基液黏度达到最终黏度的 75%左右，10min 内基液黏度达到最终黏度的 85%左右，30min 内基液黏度达到最终黏度。同时，pH 值控制在 5~6 为弱酸性环境，可以有效防止基液中钙镁离子生成沉淀，对配液储罐和管线的腐蚀性也相对较小。

表 3 pH 值与 0.4%稠化剂溶解增粘性能的关系

胶液保护剂加量	pH 值控制	5min 黏度/(mPa·s)	10min 黏度/(mPa·s)	30min 黏度/(mPa·s)	240min 黏度/(mPa·s)
0.1%	4	21	24	30	33
0.1%	5	30	36	39	39
0.1%	6	27	33	39	39
0.1%	7	18	24	36	39
0.1%	8	15	21	27	30

1.3 螯合剂配方设计原则

表 4 不同螯合剂性能指标

名称	外观	pH 值
HEDP	无色液体	2
EDPMPS	棕红色液体	10
PBTCA	淡黄色液体	1.5
乙二胺四乙酸	无色液体	3
聚天冬氨酸	无色液体	11
螯合剂 PA-CR	无色液体	5

螯合剂溶于水后发生电离，生成带负电性的分子链，它与 Ca^{2+}、Mg^{2+}等离子形成可溶于水的螯合物，从而使无机盐溶解度增加，起到助溶阻垢作用，同时降低海水中高价离子对压裂液交联剂的干扰，保持交联冻胶的强度。表 4 给出了 6 种螯合剂的 pH 值，由于要控制压裂液基液 pH 值范围在 5~6，选取螯合剂 PA-CR。

2 海水基压裂充填液配方优化

2.1 基础配方

根据胶液保护剂、螯合剂优选结果，研究出的海水基压裂充填液基础配方为：0.4%稠化剂 PA-SRT+0.1%胶液保护剂 PA-GP+0.1%破乳助排剂 PA-DC+0.05%螯合剂 PA-CR+0.3%交联剂 PA-CL+0.01%~0.05%破胶剂 PA-GB。

2.2 耐温耐剪切性能优化

考察了 70℃下，0.4%、0.35%浓度稠化剂 PA-SRT 的耐温耐剪切性能，实验结果见图 1、图 2。从实验结果可以看出：0.4%稠化剂 PA-SRT 配方剪切 108min 后黏度为 316mPa·s，0.35%稠化剂 PA-SRT 配方剪切 107min 后黏度为 97mPa·s，均满足行业标准 SY/T 6376-2008《压裂液通用技术条件》中大于 50mPa·s 的要求。考虑到压裂充填施工砂比高、疏松砂岩储层渗透率高、压裂充填液滤失系数大等因素，对压裂充填液携砂性能要求高，优化的稠化剂 PA-SRT 使用浓度为 0.4%。

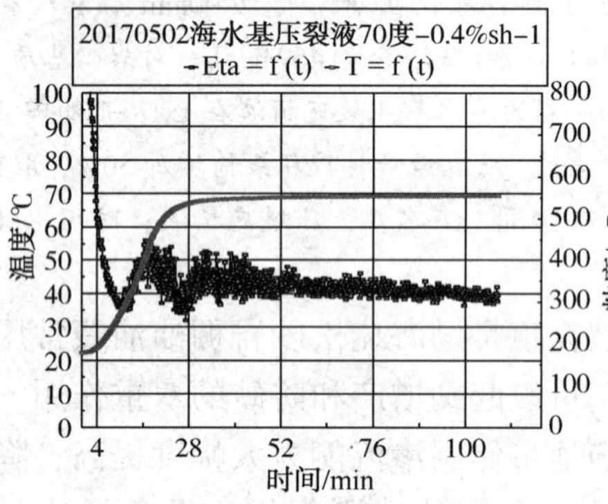

图 1 压裂充填液 70℃流变曲线(0.4%稠化剂 PA-SRT)

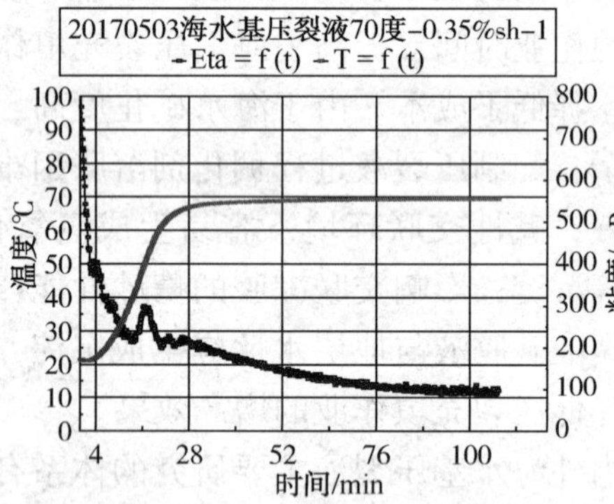

图 2 压裂充填液 70℃流变曲线(0.35%稠化剂 PA-SRT)

2.3 破胶剂加量优化

压裂充填砂比高，泵注过程中要求压裂充填液黏度保持率高、具有良好的携砂性能。实验室考察了 60℃条件下，0.01%~0.05%的破胶剂 PA-GB 加量下压裂充填液的黏度，实验结果见表 5。从表 5 可以看出：0.02%破胶剂加量下 1.5h 处于“弱交联”状态，具备一定的携砂性能，15h 破胶彻底；0.03%加量下 1h 处于“弱交联”状态，5h 后破胶彻底；0.04%加量下 1.5h 内破胶彻底，冻胶携砂性能较差。因此，从兼顾加砂安全和破胶彻底两方面综合考虑，推荐的的破胶剂加量为0.02%~0.03%，根据具体井况和泵注程序，破胶剂采用楔形添加方式。

表5 压裂充填液破胶实验结果

时间	破胶剂 PA-GB 重量浓度				
	0.01%	0.02%	0.03%	0.04%	0.05%
0.5h	弱交联	弱交联	弱交联	拉丝	拉丝
1h	弱交联	弱交联	弱交联	拉丝	破胶
1.5h	弱交联	弱交联	拉丝	破胶	破胶
2h	弱交联	拉丝	拉丝	破胶	
3h	弱交联	拉丝	拉丝	破胶	
4h	弱交联	拉丝	拉丝	破胶	
5h	弱交联	拉丝	破胶	破胶	
6h	拉丝	拉丝	破胶	破胶	
15h	拉丝	破胶	破胶	破胶	

3 海水基压裂充填液体系综合性能评价

根据行业标准 SY/T 5107-2005《水基压裂液性能评价方法》，对压裂液综合性能进行了评价，结果见表6。从实验结果可以知：海水基压裂充填液基液表观黏度为39mPa·s；50s交联；冻胶在70℃剪切90min后表观黏度为316mPa·s；破胶时间120~240min；破胶液表观黏度4.23mPa·s；残渣含量469mg/L；对岩心基质渗透率损害率为5.5%；压裂液滤液与原油和地层水配伍性良好。

表6 海水基压裂充填液综合性能

序号	项目		行业标准	体系指标
1	基液表观黏度/mPa·s		20~80	39
2	交联时间/s		30~120	50
3	耐温耐剪切能力	表观黏度/mPa·s	≥50	316（70℃）
4	基质渗透率损害率/%		≤30	5.5
5	破胶性能	破胶时间/min	≤720	120~240（70℃）
		破胶液表观黏度/mPa·s	≤5	4.23
		破胶液表面张力/（mN/m）	≤28	25.2
		破胶液与煤油界面张力/（mN/m）	≤2	0.511
6	残渣含量/mg/L		≤600	469
7	破乳率/%		≥95	100
8	压裂液滤液与地层水配伍性		无沉淀，无絮凝	无沉淀，无絮凝

4 现场应用

xx18-1油田A1井压裂充填目的层埋深1443.42~1451.39m（TVD），油层平均有效厚度为5.0m，平均孔隙度27.1%，平均渗透率277.8mD，储层温度76℃，地层原油密度0.919~0.935g/cm^3，地层原油黏度111.18~277.77mPa·s，含硫量0.18~0.19%，沥青质5.58%，为高密度、低含硫重质原油。

根据压裂充填工艺要求和储层特点，优选出的压裂充填液配方为：0.4%稠化剂PA-SRT+0.1%胶液保护剂PA-GP+0.1%破乳助排剂PA-DC+0.05%螯合剂PA-CR+0.3%交联剂PA-CL+0.01%~0.05%破胶剂PA-GB。现场通过以下方式严格控制压裂液质量：

（1）清洗泥浆池、配液管线、供液管线，确保流程清洁无杂质；

（2）配液用海水采用2μm滤芯过滤，确保浊度小于30NTU；

（3）加入胶液保护剂后，检测确认海水pH值为5~6后，再添加耐盐稠化剂，确认黏度达标后，再添加其它添加剂；

（4）为了保证基液呈弱酸性，螯合调节剂和交联剂在施工时通过混砂撬液添添加。

通过以上措施工配制125m^{3}压裂液，经检测合格后进行压裂充填施工。压裂充填作业顺利，共用液68m^3，加砂8.4m^3。压裂后产量较压裂前增加50%，取得了良好的增产效果。

5 结论与建议

（1）配制基液过程将压裂液pH值控制在5~6，交联过程将压裂液pH值控制在8.5~9.5时，可以使稠化剂在5min内溶解增粘，交联冻胶强度好，携砂性能优异，且不会形成沉淀。

（2）研制的海水基压裂充填液基液表观黏度为39mPa·s；交联时间为50s；冻胶在70℃剪切90min后表观黏度为316mPa·s；破胶时间120~240min；破胶液表观黏度4.23mPa·s；残渣含量469mg/L；对岩心基质渗透率损害率低至5.5%；压裂液滤液与原油和地层水配伍性良好。

（3）研制的海水基压裂液在xx18-1油田A1井成功进行了应用，共用液68m^3，加砂8.4m^3。压裂后产量较压裂前增加50%，取得了良好的增产效果。

（4）需要进一步研究压裂液的速溶性能，提高海上压裂充填作业的规模和时效。

参 考 文 献

[1] PHILLIP C. HARRIS. A Comparison of Freshwater-and Seawater-Based Borate-Crosslinked Fracturing Fluids [R]. SPE50777, 1998.

[2] TOMISLAV BUKOVAC. Successful Continuous, Multi-Stage, Hydraulic Fracturing Using a Seawater-Based Polymer-Free Fluid System, Executed from a Supply Vessel; Black Sea Offshore[R]. SPE121415, 2009.

[3] 张福铭，李学军，陈小华，等．海水基清洁压裂液体系 PA-VES90 的制备及性能研究[J]．科学技术与工程，2012，12(8)：1761-1764.

[4] 刘刚芝，王杏尊，鲍文辉，等．一种海水基压裂液体系的研究[J]．钻井液与完井液，2013，30(3)：73-75.

[5] 宋爱莉，安琦，刘全刚，等．海水基稠化剂的筛选与性能研究[J]．石油天然气学报，2014，36(1)：118-121.

[6] 何乐，王世彬，郭建春，等．海水中瓜尔胶溶胀性能研究[J]．油田化学，2014，31(2)：207-210.

[7] 林波，刘通义，陈光杰．一种海水基清洁压裂液体系研究[J]．油田化学，2015，32(3)：336-340.

[8] 刘通义，于毅，赵众从，等．一种低伤害海水基压裂液体系[J]．钻井液与完井液，2015，32(6)：68-71.

[9] 张大年，赵崇镇，范凌霄，等．海水基植物胶压裂液体系快速制备及性能评价[J]．中国海上油气，2016，28(6)：95-98.

[10] CHETAN PRAKASH. Successful Application of Seawater-Based Clean Fracturing Fluid[R]. SPE181827, 2016.

[11] TOMISLAV BUKOVAC. Unconventional Fracturing Fluids for Unconventional Reservoir Challenges [R]. SPE183426, 2016.

[12] 鲍文辉，王杏尊，郭布民，等．高温海水基压裂液研究及应用[J]．断块油气田，2017，24(3)：434-436.

鄂尔多斯盆地页岩油水平井体积压裂技术研究及应用

张矿生[1,2] 唐梅荣[1,2] 杜现飞[1,2] 白晓虎[1,2] 吴顺林[1,2] 李晓燕[1,2] 刘 顺[1,2]

(1. 中国石油长庆油田分公司油气工艺研究院；
2. 低渗透油气田开发国家工程重点实验室)

摘 要 鄂尔多斯盆地长7页岩油储层致密、原始地层压力系数低、非均质性强，前期水平井+分段压裂技术实现了单产突破，但规模开发产量递减大、累积产量低、效益差。以提高储量裂缝控制程度为目标，从认识水力裂缝形态入手，综合岩性、物性、含油性、可压性等四性评价，建立了水平段工程地质一体化分类分级标准；创新了基于水平段分级的非均匀细切割多簇裂缝设计和参数优化方法；利用限流和架桥原理，集成配套了极限分簇射孔、动态暂堵转向等裂缝控制技术提高多簇有效性；规模应用可溶桥塞、简化滑溜水和组合粒径石英砂，实现细切割高密度完井的成本控降。2018年以来，页岩油长水平井细分切割体积压裂技术累计实施113口井，初期日产油由10t提高到18吨以上，第一年累产达到5000t以上，较前期提高1500~2000t，第一年递减率下降15%；预测EUR可提高1万吨，单井采出程度可提高3~5%。实践证实长水平井细切割压裂是实现页岩油高效开发的有效技术途径，为其它类似资源高效动用和效益开发提供了借鉴。

关键词 页岩油；水平井；细切割多簇设计；多簇裂缝控制；效益开发

1 资源与地质特征

鄂尔多斯盆地石油主要发育于中生界三叠系延长组和侏罗系延安组，延长组为主力油层组，纵向分为长1~长10共10个油层段。其中长7段为中生界石油烃源岩发育段，近年来通过加强攻关研究与勘探发现了丰富的页岩油资源。页岩油是指三叠系延长组长7段烃源岩发育层系内致密砂岩和页岩中未经过大规模长距离运移而形成的石油聚集，属于湖相沉积。按照岩性组合、砂地比、单砂体厚度等因素可将页岩油储层划分为4种类型(见表1)。Ⅰ+Ⅱ类页岩油储层主要为厚层细、粉砂岩；Ⅲ+Ⅳ类页岩油储层主要为薄层细粉砂岩和泥页岩。其中Ⅰ、Ⅱ类页岩油主要分布于长7_1、长7_2段，以细砂级和粉砂级长石岩屑砂岩为主(黏土含量<15%)，砂地比>30%，地质资源量达到30×10^8t，是近年来重点攻关开发对象；Ⅲ、Ⅳ类页岩油远景资源量达105×10^8t，目前正在开展风险勘探。本文重点针对Ⅰ、Ⅱ类页岩油的效益开发开展相关研究及应用效果评价。

表1 鄂尔多斯盆地中生界延长组长7段页岩油储层4种类型划分表

类型	Ⅰ类	Ⅱ类	Ⅲ类	Ⅳ类
岩性组合	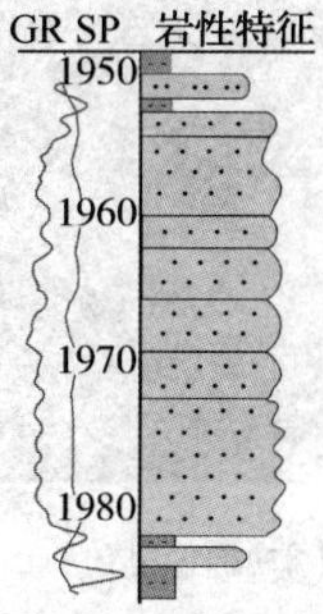	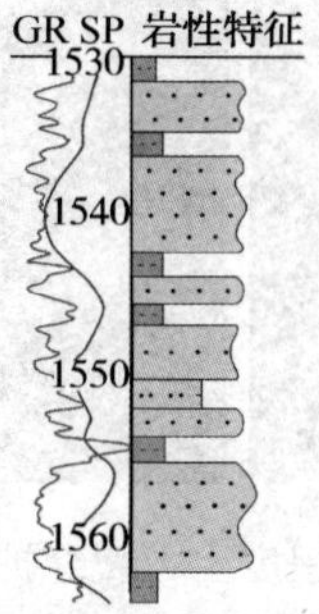	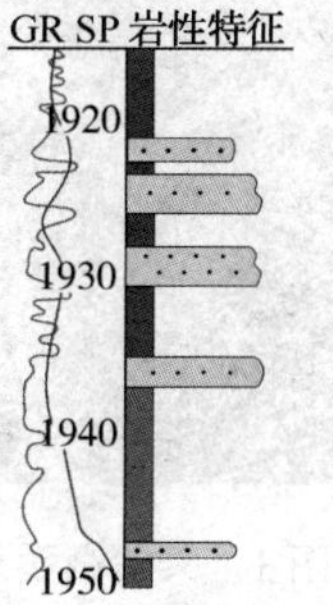	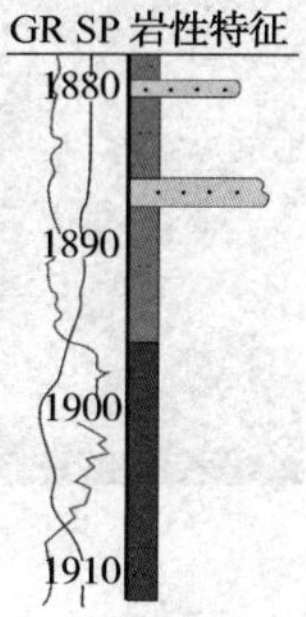
	多期砂叠置厚层型	厚砂与薄砂、泥互层型	含薄砂岩夹层页岩型	纯页岩型
砂地比/%	>48	30~48	10~30	<10
单砂体厚度/m	>10	6~10	2~6	<2

鄂尔多斯盆地页岩油储层埋深1600~2200m，基质渗透率0.11~0.14mD，孔隙度6%~12%，油气比75~122m³/t，原油黏度1.35mPa·s，压力系数0.77~0.84MPa/100m，脆性指数39%~45%，水平两向应力差3~5MPa[1]。与国内外页岩油(致密油)相比，长7页岩油具有其独特性。相比国内页岩油压力系数低，物性差，但原油黏度小，埋藏浅；相比北美二叠盆地页岩油脆性指数低、压力系数低(见表2)。

表2　鄂尔多斯盆地页岩油与国内外页岩油特征参数对比表

盆地	鄂尔多斯盆地长7页岩(Ⅰ+Ⅱ类)	国内			国外
		准噶尔玛湖百口泉组	三塘湖条湖组	松辽白垩系	北美二叠盆地
沉积环境	湖相	湖相	湖相	湖相	浅海相
埋深/m	1600~2200	2700~3900	2000~2800	1700~2200	2134~2895
油层厚度/m	5~15	10~25	5~20	10~30	400~600
渗透率/mD	0.11~0.14	0.3~1.6	0.1~0.5	0.02~0.5	0.01~1.0
油气比/(m^3/t)	75~122	73~145	/	/	50~140
原油黏度/(mPa·s)	1.35	0.4~4.1	58~83	4.0~8.0	0.15~0.53
压力系数/(MPa/100m)	0.77~0.84	1.2~1.6	0.9	1.1~1.32	1.05~1.5
脆性指数/%	39~45	50~51	31~54	/	45~60

2　水力压裂裂缝扩展特征

水力压裂裂缝形态受多种因素(如结构弱面与走向及倾向、三向应力差异、岩石脆性等)影响[2-3]。要形成复杂裂缝网络，先决条件是水平两向应力差较小、天然微裂缝发育及岩石脆性指数较高，同时要配合压裂工艺、施工参数[4-5]。本文采用大型物模实验、微地震事件带水平检查井取心观察和微地震频度与震级分析，对长庆长7页岩油体积压裂水力裂缝特征开展研究。

2.1　大型物模实验

采集4块长宽高为1m×1m×1m的页岩油天然露头岩样，开展水力压裂大型物模实验，其中1块岩心发育大量的微裂缝和结构弱面，其余3块岩心微裂缝发育程度较低。实验压裂液体采用低粘滑溜水，液体黏度为3.0~5.0mPa·s，夹持岩样的水平两向主应力相等。实验结果显示微裂缝不发育的3块岩心水力压裂后以单一主裂缝为主(如图1左图所示)，而微裂缝发育的岩心则观察到较复杂的裂缝系统(如图1右图所示)。实验结果表明，微裂缝、结构弱面是形成复杂裂缝的充分条件，而鄂尔多斯盆地页岩油储层非均质强，天然微裂缝发育并不普遍，总体仍需通过特殊的工艺技术手段来提高储层动用程度。

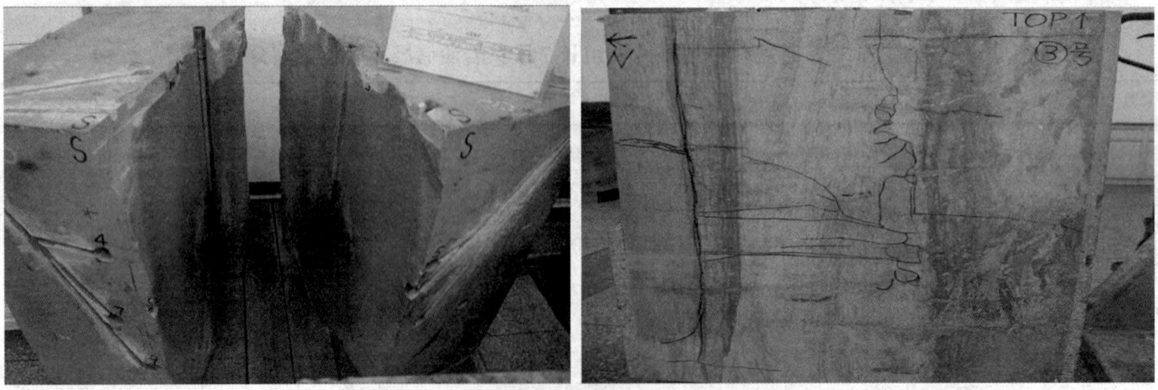

图1　天然微裂缝不同发育程度水力裂缝扩展物理模拟实验结果

(岩样尺寸1.0m×1.0m×1.0m，红色痕迹为水力压裂裂缝扩展形态，

左图天然微裂缝不发育，水力压裂裂缝呈单一的椭圆形；右图天然微裂缝发育，呈复杂的不规则缝网)

2.2　水平井取心观察

选取前期页岩油常规大排量压裂改造直井，采用水平井取心评价认识水力压裂裂缝。A1井采用大排量压裂改造，排量6.0m³/min，入地液量630m³，

井下微地震监测裂缝带长310m、带宽80m。在垂直最大水平主应力方向(即垂直水力裂缝方向)、距离A1井东侧50m的微地震监测事件区域内，部署1口水平井APJ取心，水平段长80m与微地震带宽相同。岩心观察发现3条人工裂缝迹象，且集中在垂直最大水平主应力方向10m范围内，裂缝总体波及痕迹远小于与微地震事件的带宽，表明采用集中射孔条件下常规大排量压裂形成的人工裂缝对侧向控藏程度不够，需要进一步地提高水平段射孔簇数来提高有效改造体积。

2.3　微地震频度与震级分析

因井下微地震监测到的带宽与实际取心观察结果差异较大，利用Gutenberg-Richter经验公式计算地震频度与震级关系(见式1)。研究表明，微地震震级与一定震级下的微地震事件数量对数之间呈负相关关系[6]，如果天然裂缝/微断层对微地震整体事件的影响程度越大，则公式中b值越小。当b值在1.5~2.0之间时主要是水力压裂响应，当b值小于1.5且越接近1.0时，天然裂缝/微断层裂缝越多，总体复杂程度越高。统计分析页岩油体积压裂微地震事件，b值在1.5以上的井段占60%~70%，表明裂缝系统以人工主裂缝为主、微裂缝为辅的裂缝形态，需要通过进一步增加人工裂缝密度来提高裂缝控制程度。

$$\log N = a - bM \quad (1)$$

式中：M为微地震震级，范围为-4~0；N为某一震级下监测到的微地震事件数量；a为常数；b为天然裂缝影响程度。

3　压裂技术优化

鄂尔多斯盆地Ⅰ、Ⅱ类页岩油储层改造经历了直井常规压裂、直井体积压裂、水平井分段压裂和水平井分段体积压裂四个阶段的探索与实践[7-9]，最终确定了水平井分段体积压裂是实现储层有效动用和提高单井产量的有效途径。前期页岩油水平井布井井距600~800m，水平段长800~1000m，单井压裂10~15段，单段簇数2~3簇，簇间距10~30m，压裂排量6~8m^3/min，加砂强度1.5~2.0t/m，进液强度10~15m^3/m，采用准自然能量开发。初期产量突破10吨，达到常规直井的8~10倍，但长期生产递减较大，第一年递减率达到35%~50%之间，预测采收率较低(4%~8%)。水力裂缝扩展特征研究表明，鄂尔多斯盆地长7页岩油常规大排量压裂形成复杂缝网难度大，因此由大排量打碎储集体向细分切割高密度完井方向发展是大幅提高单井产量和累积产量的现实方向。另外伴随着页岩油水平段长度大幅增加(主体1500~2000m，最长3035m)和井距进一步缩小(200~400m)，如何开展长水平段细分切割体积压裂优化设计，实现水平段优质储层缝控程度最大化，是进一步提高页岩油累积产量与开发效益的关键。

3.1　压裂改造甜点

水平井常规曲线(时差、伽马)划分储层快速、简单，但准确性、精细度较低，现场压裂极易出线与储层解释结果不匹配的情况。为此在水平井常规测井系列的基础上，通过加测电成像、阵列声波系列，精细解释物性、含油性、脆性、地应力等参数，厘定分类阈值，建立水平井储层品质(RQ)和完井品质(CQ)九宫格分段分级评价标准，在地质评价基础上赋予了工程评价，优选水平段“储层工程甜点”，为水平井压裂布缝和方案优化提供依据。其中储层品质Ⅰ和工程品质A为综合品质好，储层品质Ⅱ和工程品质B为综合品质中等，其余为综合品质差(见表3)。

表3　鄂尔多斯盆地页岩油水平井RQ与CQ分级评价标准表

综合品质		储层品质		
		Ⅰ	Ⅱ	Ⅲ
工程品质	A	Φe≥5%，So≥70% σh≤30MPa，BI≥50%	3≤Φe<5%，50≤So<70% σh≤30MPa，BI≥50%	Φe<3%，So<50% σh≤30MPa，BI≥50%
	B	Φe≥5%，So≥70% 30<σh≤34MPa，40≤BI<50MPa	3≤Φe<5%，50≤So<70% 30<σh≤34MPa，40≤BI<50MPa	Φe<3%，So<50% 30<σh≤34MPa，40≤BI<50MPa
	C	Φe≥5%，So≥70% σh>34MPa，BI<40MPa	3≤Φe<5%，50≤So<70% σh>34MPa，BI<40MPa	Φe<3%，So<50% σh>34MPa，BI<40MPa

备注：表中，Φe有效孔隙度,%；So含油性,%；σh最小水平主应力，MPa；BI脆性指数,%。红色底色为综合品质好，黄色底色为综合品质中等，灰色底色为综合品质差。

3.2　裂缝间距

裂缝间距是影响页岩油水平井压裂效果和作业成本的关键因素。多射孔和缩短裂缝间距，可提高多簇裂缝复杂性，增大与储层接触面积，但过小又会大幅增加作业成本；少射孔和增加裂缝间距，可提升裂缝质量，但过大又会导致裂缝对储层控制程度不够。针对长7页岩油裂缝形态特征，建立非常规复杂缝网模型[10]，可综合考虑储层非均质性、应力各向异性、水力裂缝和天然裂缝的相互作用、水力裂缝之间相互作用(应力阴影效应)，真实模拟裂缝扩展机理和支撑剂运输过程。模拟50m水平段长，分别设计20m、15m、10m、5m、2.5m裂缝间距下的多簇裂缝扩展形态。从模拟结果图中可以看出(如图2所示)，间距20m、15m时应力阴影影响非常小，水力裂缝呈独立扩展；间距10m、5m时应力阴影对裂缝扩展有一定影响，有的裂缝发生侧弯，有的裂缝扩展有限，整体裂缝复杂程度有所增加，且获得一定的扩展长度；间距2.5m时水力裂缝之间有强烈竞争，导致很多水力压裂裂缝扩展有限，整体裂缝改造范围较小。在不同裂缝间距多簇裂缝扩展形态模拟基础上，利用油藏数值模拟软件计算了各套方案的产量。模拟结果表明，当裂缝间距在5m时，不同时间阶段的累计产量均为最高(如图3所示)。综合考虑压裂产出投入比及施工难度，采用差异化细切割多簇裂缝设计模式：Ⅰ类水平段密集布缝强化改造，簇间距5~10m，段内设计5~6簇；Ⅱ类水平段均衡布缝充分改造，簇间距10~15m，段内设计4~5簇；Ⅲ类水平段精准布缝辅助改造，簇间距15~20m，段内设计3~4簇。段间距以安全封隔作业距离为下限(通常为20m)，上限则根据甜点分布特征进行优化。

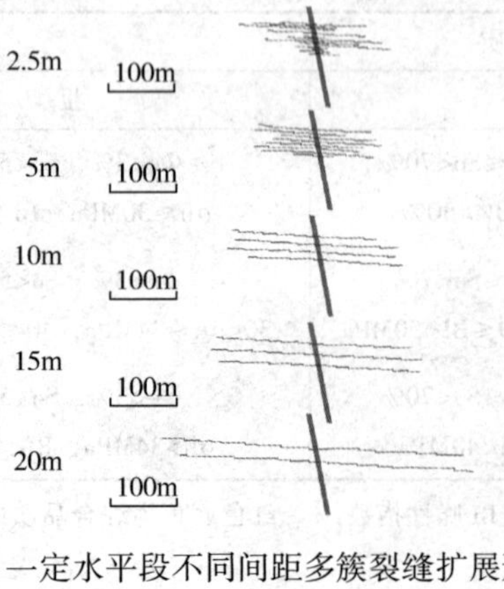

图2　一定水平段不同间距多簇裂缝扩展形态

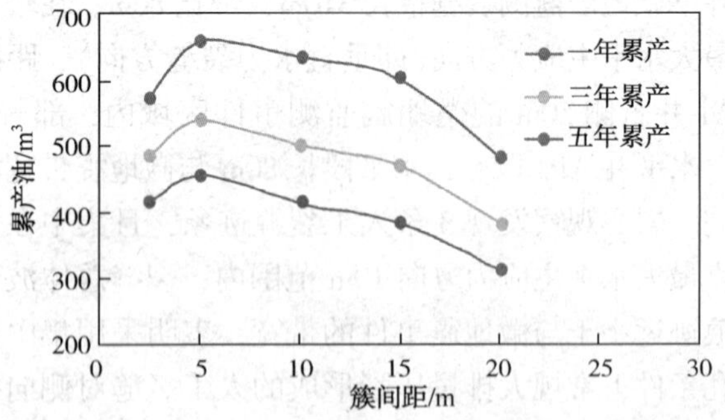

图3　一定水平段不同间距多簇裂缝累产油变化图

3.3　压裂液类型及用量

针对页岩油水平井体积压裂工艺特点，需要综合考虑滑溜水、低携砂和高携砂三种功能为一体的压裂液体系[11]。根据页岩油储层矿物组分及压裂降低作业成本需求，在室内研究基础上优化简化体系构成，降低压裂液成本。其中针对水敏矿物含量较低，室内测试发现粘土稳定剂对防膨率影响甚小，减除了压裂液中粘土稳定剂；同时滑溜水具有表面活性功能，压裂液表界面性能受助排剂加入变化不大，同时考虑低压储层充分利用滞留液量补能，减除了压裂液中助排剂。现场应用试验表明，压裂液配方简化优化试验井与未简化实施井相比，相同时间的返排率与见油速度基本接近。

入地液量具有增加裂缝改造体积和补充地层能量作用，鄂尔多斯盆地页岩油为典型的低压油藏，地层压力系数0.77~0.84，大都压后需要人工举升生产。考虑井组缝网全覆盖和初期自喷生产，将压裂造缝与超前补能相融合，根据液体效率、水平段长、井距等参数优化入地液量。根据压裂入地液体物质守恒，定义页岩油改造后地层压力系数α_P(见式2)，以其大于1.0、实现自喷为目标进行优化，按照有效油层厚度15~25m、1500m水平段、400m井距压裂20段，孔隙度10%，原始地层压力15.8MPa，地层垂深2100m，液体效率60~80%，滞留比例80~90%，岩石有效压缩系数0.0012MPa^{-1}，单井入地液量优化为2.5×10^4m^3，单段压裂3~6簇优化入地液量为800~1600m^3。

$$\alpha_p = V\times\eta\times\lambda/(C_f\times(L\times D\times H\times Por+P_i)/H*100 \quad (2)$$

式中：α_P为地层压力系数，无量纲；V为压裂液量，m^3；η为液体效率,%；λ为滞留比例，指压裂总液量与压后至投产返排液量之差,%；

C_f为岩石有效压缩系数，MPa^{-1}；L为水平段长度，m；D为水平井井距，m；H为储层厚度，m；Por为孔隙度；Pi为原始地层压力，MPa；H为储层垂深，m。

3.4　支撑剂类型及用量

页岩水力裂缝扩展特征及综合研究表明，页岩油储层体积压裂形成的是以“主缝为主、支缝为次、微缝为辅”的裂缝系统，不同级次的复杂裂缝尺度差异大，主要包括长度和宽度。压裂模拟即露头观察发现，一般主裂缝半长为井距一半(200m左右)，宽度5～10mm；支裂缝长度则不超过簇间距(5～20m)，宽度为1～2mm；微裂缝则更小，一般长度小于1m，宽度小于1mm。利用无因次导流能力公式计算不同尺度裂缝所需的导流能力，裂缝尺度越小，导流能力需求越低，反之亦然(如图4所示)。计算结果表明，主缝需要较高的导流能力(≥5μm²·cm)，支缝则需要一定的导流能力(≥0.6μm²·cm)，微缝仅需要较小的导流能力(≥0.1μm²·cm)。同时支撑剂运移铺置实验证实，支撑剂粒径越小，运移更远，裂缝铺置更均匀。因此采用“小+中+大”组合粒径支撑剂，有助于实现裂缝全尺度支撑，提高页岩油稳产能力。

支撑剂长期导流能力评价实验显示，在鄂尔多斯盆地页岩油闭合应力条件下(32MPa)，20/40目、40/70目、70/140目石英砂可以分别满足“主缝-支缝-微缝”导流能力需求(如图5所示)。进而利用Eclipse油藏数值模拟软件，模拟400m井距下最优支撑裂缝半长为180m～200m。在单段簇数(4～6簇)、液量(800～1200m³)、液体效率(60～80%)一定的条件下，优化单段支撑剂用量为150～220m³。根据差异化压裂改造原则，推荐Ⅰ类甜点加砂强度4.0～5.5t/m，Ⅱ类甜点加砂强度3.0～4.0t/m，Ⅲ类甜点加砂强度2.0～3.0t/m。

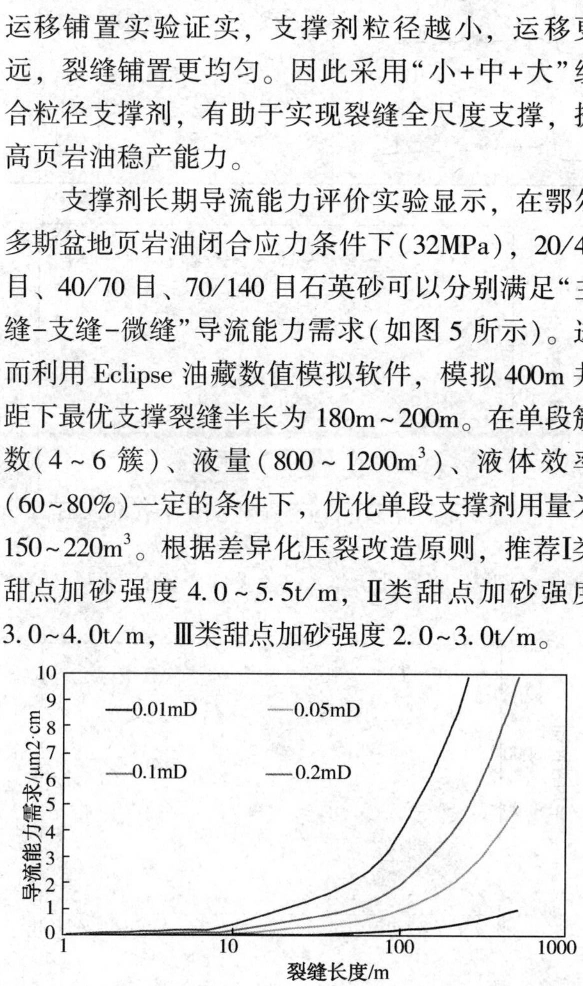

图4　不同级次裂缝长度导流能力需求

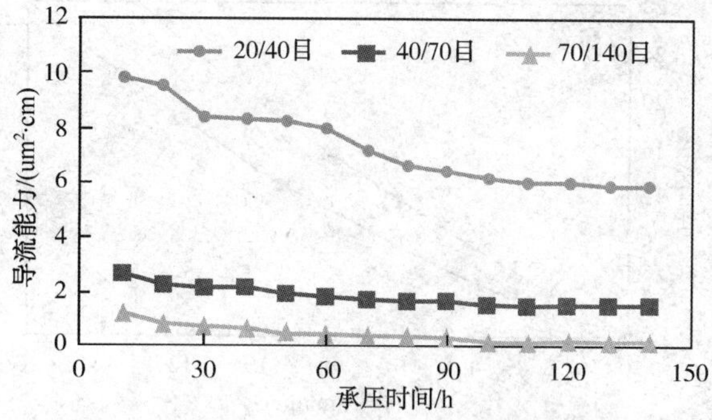

图5　不同粒径石英砂长期导流能力测试曲线

3.5　多簇裂缝精细控制

压裂模拟表明，鄂尔多斯盆地页岩储层单簇裂缝在纵向充分扩展所需的排量为2.5m³/min，每段射孔4～6簇则所需排量为10～15m³/min。因长水平段非均质性较强(簇间应力差1～3MPa)，多簇裂缝起裂及扩展不均衡。为此在大排量注入的基础上，通过集成应用差异化分簇射孔和动态暂堵转向的多簇裂缝控制技术，进一步提升多簇起裂有效性，防止形成超级缝导致井间裂缝窜通，影响整体改造效果。

3.5.1　差异化分簇射孔

多簇射孔起裂效率的评价难度极大，诸如光纤产液剖面测试、电磁支撑剂成像测试因价格昂贵及对生产井筒条件要求较高，在国内应用极少，而阶梯降排量测试方法可通过录取不同排量下的井口压力，计算孔眼摩阻来确定孔眼有效率，具有操作简便、经济适用的优点。常规多簇射孔通常采用均衡射孔方式，即射孔段长度一致(单簇长0.6m、单簇射9孔)，阶梯排量测试分析孔眼有效率仅50%～60%，分析主要原因是簇间应力差异导致。为此根据限流原理，开展段内簇间差异化射孔，即根据测井解释结果和地应力公式，计算水平段各簇射孔位置处水平主应力值，对于段内低应力簇减少孔眼数(最少至3孔)，对于高应力簇则增加孔眼数(最多至12孔)，阶梯排量测试分析差异化分簇孔眼有效率70%以上。同时按照极限限流理念，探索开展了极限分簇射孔技术试验，即通过大幅减少单簇孔数提高井底压力[12]，单簇孔数2孔，阶梯排量测试分析极限分簇孔眼有效率达80%以上(如图6所示)。

3.5.2　动态暂堵转向

在地层压开液体及支撑剂顺利注入时，受天然裂缝或缝间干扰影响，部分井段多簇裂缝沟通呈现出井口施工压力较低、单一主缝特征明

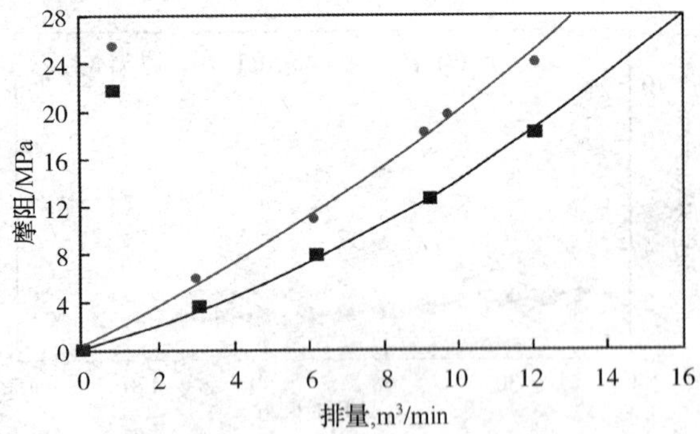

图 6 极限分簇与常规分簇裂缝起裂有效性对比

显[13-14]。为进一步提高裂缝控制体积，采用多粒径可溶暂堵转向剂，其中大粒径封堵已压开裂缝缝口，小粒径运移并封堵缝端，实现裂缝转向至未起裂射孔簇或高应力区域[15-16]。考虑施工安全，根据井口压力高低确定是否采取暂堵措施(因井口限压 55MPa，预留 20MPa 的升压空间，通常施工压力低于 35MPa 时进行暂堵)。建立暂堵剂加注前后压力响应特征判别准则，即暂堵升压和暂堵前后工作压力差异是否大于簇间应力差(3MPa)。现场规模应用 32 口水平井 312 段，裂缝转向成功率达到 70%以上(见表 4)。

表 4 暂堵压力响应特征评价表

序号	暂堵升压是否明显？	暂堵前后工压差异是否明显？	特征曲线	判断	段数	占比/%
Ⅰ	是	是	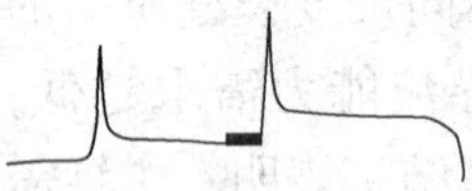	有效	158	50.6
Ⅱ	否	是	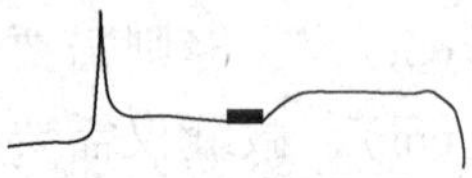	有效	66	21.2
Ⅲ	是	否	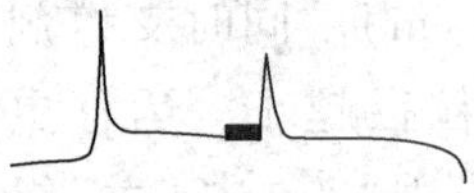	疑似	52	16.7
Ⅳ	否	否	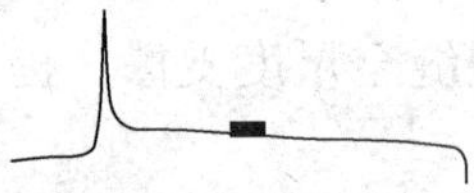	无效	36	11.5

4 矿场实践及效益评价

2017 年以来，鄂尔多斯盆地页岩油Ⅰ、Ⅱ类储层共开展水平井细切割体积压裂技术试验及应用 85 口井，采用可溶桥塞分段多簇体积压裂工艺，平均水平段长 1618m，井均改造 23 段 94 簇，入地液量 28590 方，支撑剂量 3418m^3，压裂排量 10～15m^3/min，段间距 20～50m，裂缝间距 5～15m，裂缝密度 6.3 条/百米，进液强度 25.3m^3/m，加砂强度 4.8t/m。水平井初期单井产量显著提高，2017 年由 13.5 提高至 16.7t/d，2018 年进一步提高至 18.1t/d(如图 7 所示)，改造后地层压力系数均达到 1.0 以上，自喷投产井数大幅增加，占比达到 92%，平均套压 1.0～3.0MPa。跟踪 2017 年投产时间较长的井，平均单井 12 个月累产油达到 4850t，较前期提高 1120t，第 1 年递减率由前期 42.5% 下降至 27.8%，展现出良好的增产和稳产态势(如图 8 所示)。

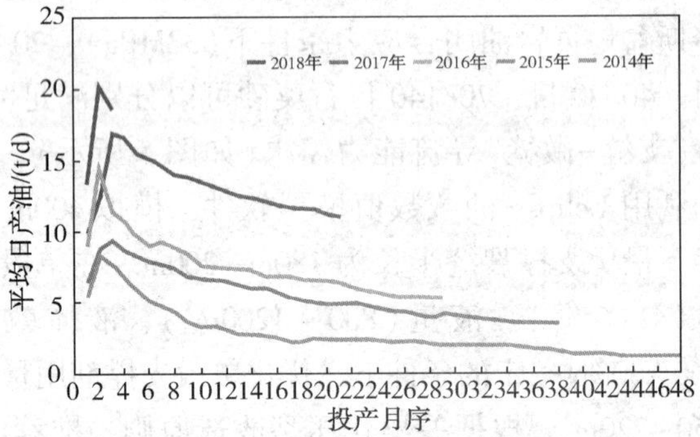

图 7 页岩油历年水平井单井产量变化图

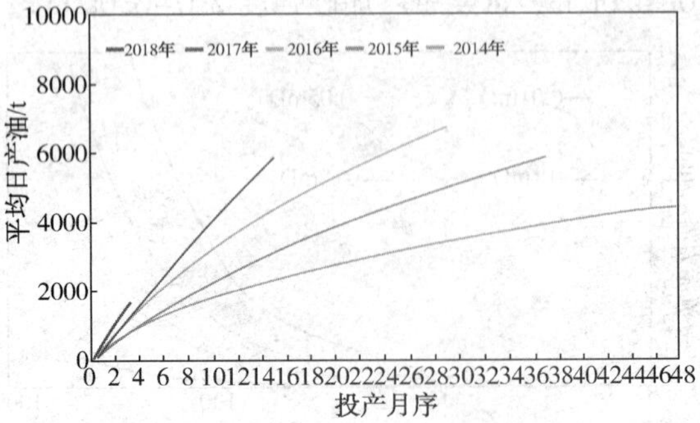

图 8 页岩油历年水平井累计产量变化图

4.1 不同水平段长

开展了不同水平段长度矿场对比实践，水平段长总体分为600m、1000m、1500m和2000m以上四类。长期生产动态表明，随着水平段长度的增加，单井日产油量和累积产油量呈增大的趋势(如图9、图10所示)。从图中可以看出，大于2000m水平井单井产量达到16t以上，18个月累计产量达到8500t，表明长水平井是页岩油提高单井产量的重要方向。

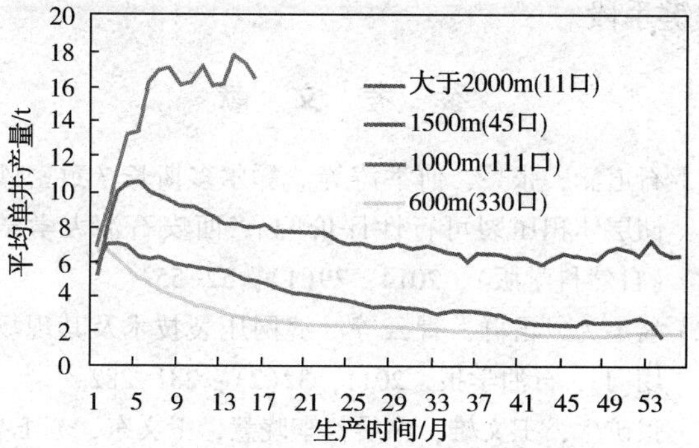

图9 不同长度水平井初期产量图

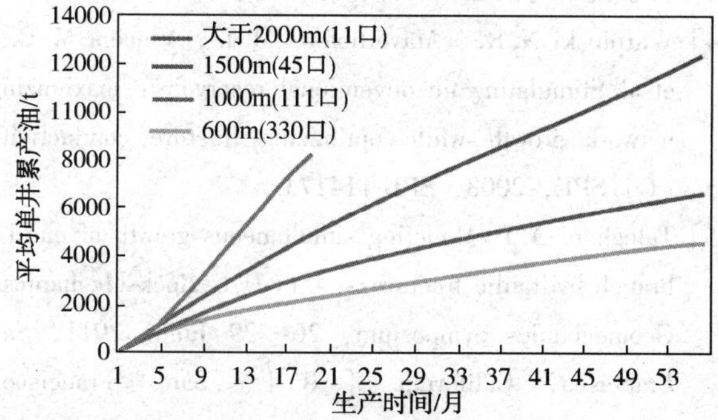

图10 不同水平段长度水平井累积产油量图

4.2 不同裂缝条数

开展了不同压裂裂缝条数矿场对比实践，统计了同区块水平井每百米压裂段数及簇数与每百米半年累产油量关系表明，随着压裂段数和簇数的增加，产量明显提高(如图11、图12所示)，表明了增加压裂段数和裂缝密度有利于提高单井产量。

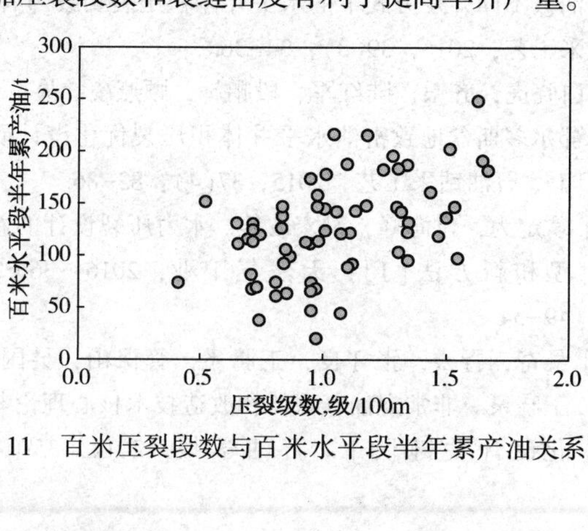

图11 百米压裂段数与百米水平段半年累产油关系图

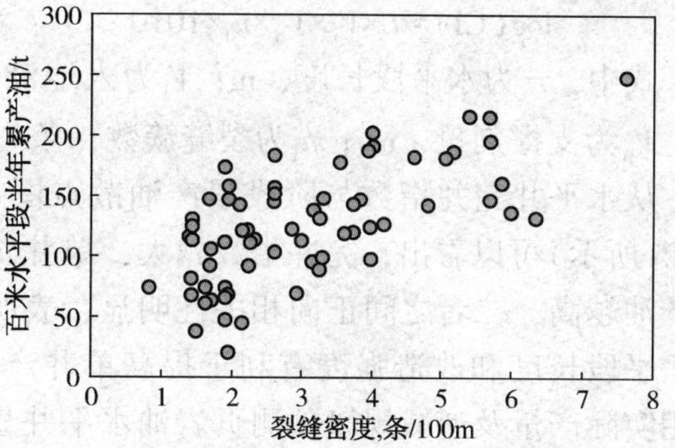

图12 百米裂缝密度与百米水平段半年累产油关系图

4.3 不同压裂强度

开展了不同压裂强度矿场对比实践，统计了同区块水平井进液强度、加砂强度与百米半年累产油关系。结果表明进液强度、加砂强度与累计产量正相关性较明显(如图13、图14所示)，同时随着进液强度增大，水平井第1年产量递减率明显减小，表明增大压裂强度是致密油水平井提高产量、降低递减的有效途径。

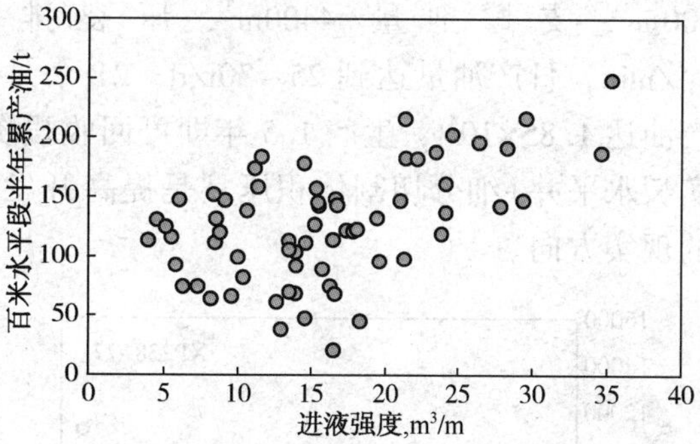

图13 进液强度与百米半年累计产油量关系图

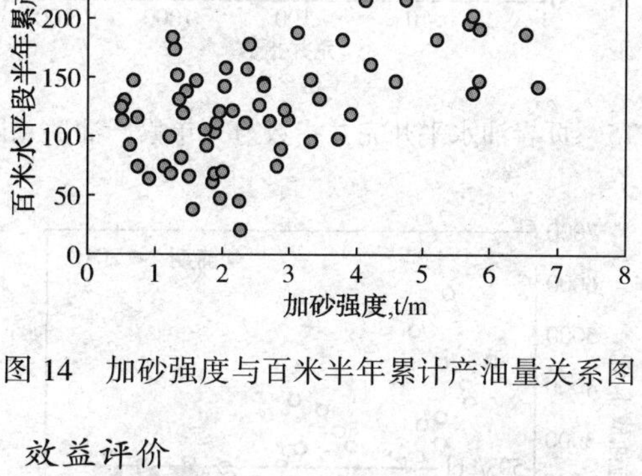

图14 加砂强度与百米半年累计产油量关系图

4.4 效益评价

矿场实践表明，水平段长、裂缝密度、加砂强度及进液强度与单井产量都呈正相关性，为综合评价水平井完井品质，定义了完井指数 CI，集合了水平段长、裂缝密度、支撑剂量及入地液量等关键工程指标(见式3)。

$$\log(CI)=L\times V_1\times V_p\times n_f/1010 \qquad (3)$$

式中，L 为水平段长度，m；V_1为入地液量，m^3；V_p为支撑剂量，m^3；n_f为裂缝簇数，条。

从水平井完井指数与阶段累产油散点图(如图 15 所示)可以看出，完井指数越大，单井阶段累产油越高，二者之间正向相关性明显，表明增加水平段长度和改造强度有利于提高单井产量。利用实际产量及递减规律预测页岩油水平井累计产量，考虑单井投资、原油商品率、吨油操作成本等因素，以产出投入比 1.0 为标准，测算采用单井不同完井指数下的吨油成本，计算结果表明完井指数与吨油成本之间呈明显的负相关性(如图 16 所示)，其中细分切割体积压裂技术的页岩油水平井吨油成本较前期大幅下降，介于 1900~2700 元/t 之间(平均为 2250 元/t，对应国际油价 46 $/bbl)。其中 XP238-77 井水平段长 2740m，有效段长 2260m，采用非均匀细分切割布缝，簇间距 10~20m，压裂改造 30 段 108 簇，入地液量 53000m^3，支撑剂量 4400m^3，压裂排量 12m^3/min，日产油量达到 25~30t/d，21 个月累积产油达 1.85×10^4t，生产 1.5 年即可回收投资，证实长水平井+细分切割体积压裂是提高开发效益的现实方向。

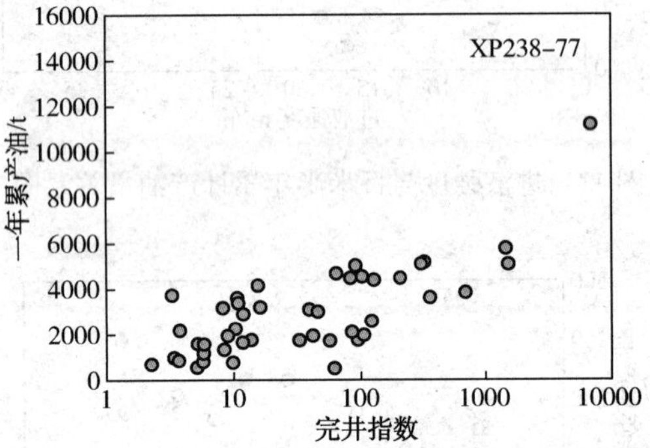

图 15　页岩油水平井完井指数与一年累产油关系图

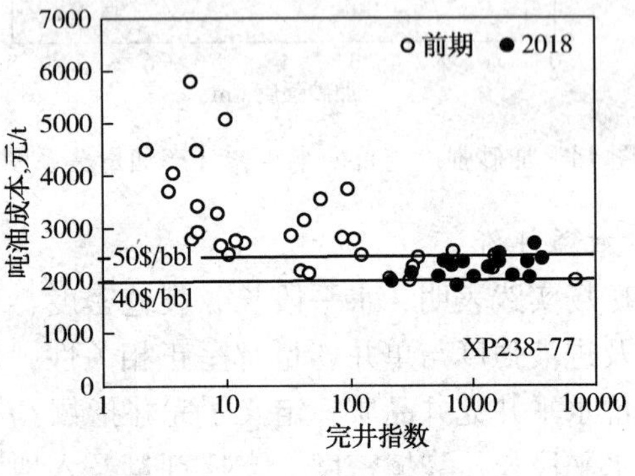

图 16　页岩油水平井完井指数与吨油成本关系图

5　结论与认识

(1) 长水平井细切割体积压裂可有效提高页岩油储层缝控程度，大幅提高单井产量和摊薄开发成本。

(2) 地质工程一体化深度融合，是水平段优选改造甜点位置和差异化细分切割布缝设计的基础。

(3) 差异化分簇射孔和动态暂堵转向技术集成是实现非均质地层多簇裂缝均衡起裂和扩展的关键手段。

参　考　文　献

[1] 石道涵，张兵，何举涛等．鄂尔多斯长 7 致密砂岩储层体积压裂可行性评价[J]．西安石油大学学报(自然科学版)，2014，29(1)：52-55.

[2] 翁定为，雷群，胥云等．缝网压裂技术及其现场应用[J]．石油学报，2011，32(2)：281-282.

[3] 张矿生，王文雄，徐晨，李晓慧，王文东，苏玉亮．体积压裂水平井增产潜力及产能影响因素分析[J]．科学技术与工程，2013，13(35)：10477-10478.

[4] Warpinski N. R.，Mayerhofer，M. J.，Vincent M. C.，et al. Stimulating unconventional reservoirs：maximizing network growth while optimizing fracture conductivity[C]. SPE，2008，SPE 114173.

[5] Taleghani A. D. Modeling simultaneous growth of multi-branch hydraulic fractures：45th U. S. Rock Mechanics/Geomechanics Symposium，26 - 29 June，2011，San Francisco，California [R]. San Francisco：ARMA，2011.

[6] 王进强，胡乃联，姜福兴等．微地震震源地震波能量的计算方法[J]．北京科技大学学报，2013，35(6)：703-707.

[7] 韩继勇，逄仁德，王书宝等．水力喷射环空压裂技术在长庆油田的应用[J]．钻采工艺，2015，38(1)：48-50.

[8] 李宪文，樊凤玲，杨华等．鄂尔多斯盆地低压致密油藏不同开发方式下的水平井体积压裂实践[J]．钻采工艺，2016，39(3)：34-36.

[9] 白晓虎，齐银，陆红军，段鹏辉，顾燕凌，吴甫让．鄂尔多斯盆地致密油水平井体积压裂优化设计研究[J]．石油钻采工艺，2015，37(4)：83-86.

[10] 翁定为，付海峰，梁宏波等．水力压裂设计的新模型和新方法[J]．天然气工业，2016，36(3)：49-54.

[11] 吴奇，胥云，张守良，王腾飞，管保山，吴国涛，王晓泉．非常规油气藏体积改造技术核心理论与优化设计关键[J]．石油学报，2014，35(4)：

706-714.

[12] Paul Weddle, Larry Griffin, and C. Mark Pearson. Mining the Bakken: Pushing the envelope with extreme limited entry perforating[R]. SPE-189880-MS. Jan, 2018.

[13] Paul Weddle, Larry Griffin, and C. Mark Pearson. Mining the Bakken: Driving cluster efficiency higher using particulate diverters[R]. SPE-184828-MS, Jan, 2017.

[14] Stephen Rassenfoss, Getting more from fracturing with diversion[R]. SPE-0617-0042-JPT, Jun, 2017.

[15] Chris Carpenter, Enhancing well performance by in-Stage diversion in unconventional wells[R]. SPE-0717-0070-JPT, Jul, 2017.

[16] C. W. Senters, M. D. Johnson, R. S. Leonard, et al. Diversion optimization in new well completions[R]. SPE-189900-MS. Jan, 2018.

涪陵页岩气田加密调整井新型增效降本压裂工艺实践与应用

明　月

（中国石化江汉油田分公司石油工程技术研究院）

摘　要　涪陵页岩气田焦石坝主体区块进入精细开发期，为全面提高采收率，老区加密调整井成为气田稳产增产的主要阵地。加密井地层压力下降导致应力场变化，基于改造对象变化、地质条件更加复杂、单井投资持续下降的情况，为解决提产与降本的矛盾，形成了“密切割+暂堵转向+强化支撑”新型增效降本压裂工艺，实现提高近井带裂缝复杂度、抑制新缝向老井过度延伸、降低压裂成本的目的。2018 年 6 月至今在焦石坝加密调整井共成功应用该工艺 12 井次，在增加水平井组产量、降低综合成本等方面效果显著。本工艺的推广应用可解决当前页岩气开发投资与成本的矛盾，为低品位储层效益开发提供技术支撑。

关键词　暂堵转向；密切割；连续加砂；增效降本；水力压裂；大规模；页岩气

2018 年以来，随大规模产建基本完成，焦石坝区块已进入产量递减阶段，为推动气田持续稳产，完成产建任务目标，急需新井产能的有力补充。2018 年上半年在焦石坝主体区采用“变排量-变黏度-变粒径”促转向及段塞式加砂工艺，对 3 口加密井进行改造，平均测试压力 18.07MPa，平均测试产量 $20.38\times10^4m^3/d$。加密井由于邻井采出程度大，受地层压力系数降低影响严重，缺乏针对性改造措施。6000 万技术可采储量下如何实现效益开发，也迫使调整井压裂工艺及配套技术进一步升级换代。

在借鉴北美“提高裂缝复杂程度和导流能力”的第三代压裂工艺技术基础上，2018 年 6 月在焦石坝主体区 A-3HF 加密井，首次采用“多簇密切割+暂堵转向+强化支撑”压裂工艺技术，该工艺在焦石坝区块调整井应用至今，根据不同区域不同层位针对核心参数不断优化升级，涌现出以 B-8HF 井为代表的一批高产井，加密井平均测试产量提高 34%。该压裂工艺试验的成功为涪陵页岩气田水平井大规模体积压裂提供了新的技术途径和有益选择。

1　新工艺提出与内涵

1.1　前期施工加密调整井参数

前期施工的 3 口调整井平均段间距 43m，簇间距 23m，单段 2~3 簇射孔，采用低粘减阻水+胶液交替注入施工，支撑剂组合形式为陶粒+覆膜砂，平均加砂强度 0.95t/m，平均用液强度 $19.78m^3/m$，施工曲线形态如图1、图2，平均改造每米水平段成本约为 1.38 万元。

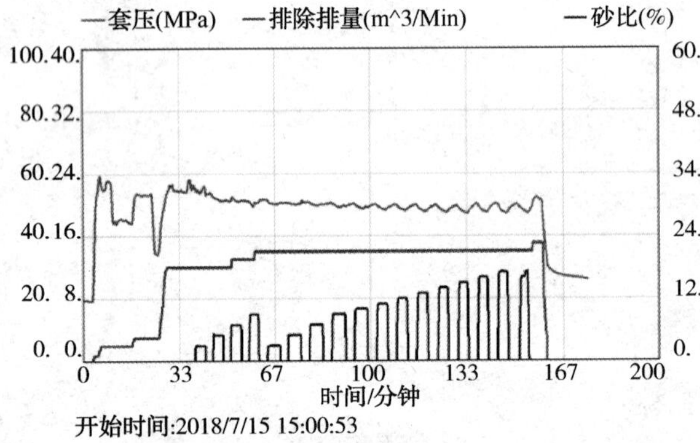

图 1　C-3HF 第 11 段

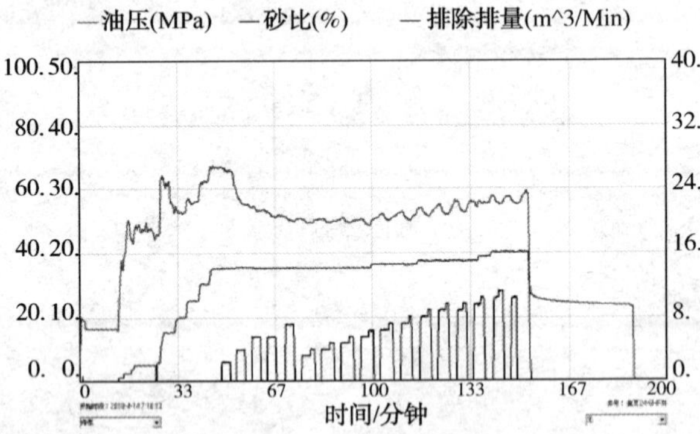

图 2　D-6HF 第 15 段

1.2　加密井地层压力系数降低

前期加密井施工中出现延伸压力、停泵压力均低的现象，对 A-3HF 井微注测试结果进行分析，折算压力系数 0.935，与老井开采前压力系数 1.4 相比，地层亏空明显。E-5HF 加密井微地震事件明显受左侧距离更近的 F-4HF 井的影响——裂缝受到老井裂缝的强烈吸引，见图 3。加密井压裂液易流向压力衰竭区，成为老井甚至井组的能量补充液体，降低了对加密井区域的改造强度。对焦石坝多个井组进行动态地应力模拟(图4)表明最大水平有效应力变化量>最小水平有效应力，即应力差增大，有效应力增加，形成复杂缝难度增大。

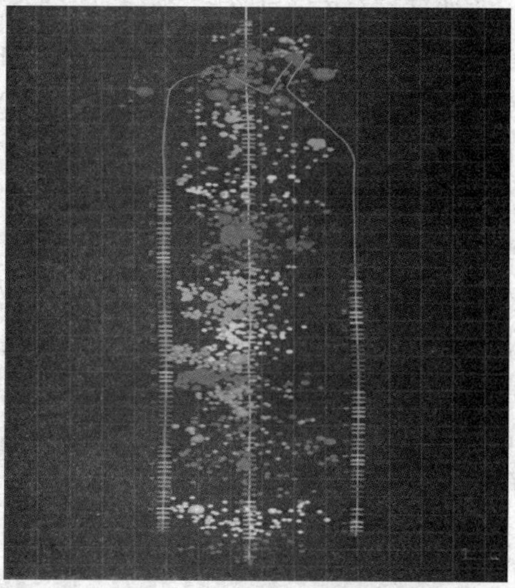

图3　E-5井微地震事件点监测结果

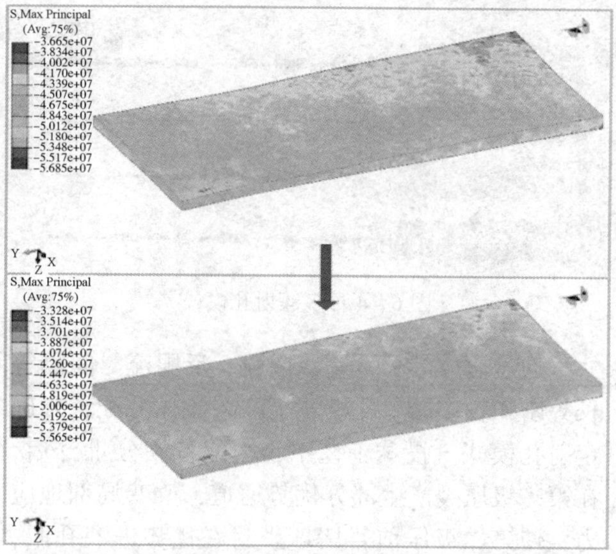

图4　G-1HF储层生产一段时间后应力变化

1.3　国外调研及认识

随着提效降本要求越来越高，前期压裂工艺已无法满足效益开发的要求，我们对北美第一代至第三代压裂技术进行了调研，见表1。

表1　北美Pioneer页岩气水平井不同发展阶段压裂设计参数表

主要参数	水平段长/m	段数	段间距/m	簇间距/m	加砂强度/(t/m)	用液强度/(m^3/m)	支撑剂类型	单段成本(万元)
一代技术2010-2013	1500	8-16	73	18	1.5	16	-	80-170
二代技术2014-2015	2100	20-26	46	9	2.1	19	-	50-75
三代技术2016-2018	3000-4800	50-80	30	4.6	3	26	100目石英砂	25-55

北美从段内笼统压裂发展为段内转向压裂，设计趋势朝着更大的复杂程度、更小的段簇间距、更高的砂液强度发展，通过选用低等级低品质石英砂代替陶粒及覆膜砂控制成本。2012至2018年，随着体积压裂技术的升级换代和广泛使用，现场应用取得显著效果，平均单井增产20%-50%，单井EUR增加3-5倍。对比北美第三代压裂技术，结合目前存在问题，加密调整井在分段分簇方式、改造模式、改造强度三个方面具有提升空间，即更高的裂缝密度、更均衡的裂缝分布、更高的导流能力。

2　基于"密切割+暂堵转向+强化支撑"压裂思路的参数设计

2.1　高密度布缝分段分簇与射孔参数优化

针对加密井存在问题，考虑应力差异增大和老缝诱导，复杂度降低的影响，采取少段多簇(6~9簇/段)射孔试验：大幅度增加射孔簇数、缩小段簇间距，增加缝间应力干扰，通过裂缝数量弥补裂缝质量的不足。根据A-3井产剖测试，目前工艺模式下，9簇射孔段内各簇出力率低于6簇，考虑成本制约，主体工艺模式下单段射孔设计6~7簇，中途投球转向2级压裂。基于缝间应力(见图5)分析，确定加密调整井密切割模式下簇间距范围10~15m。

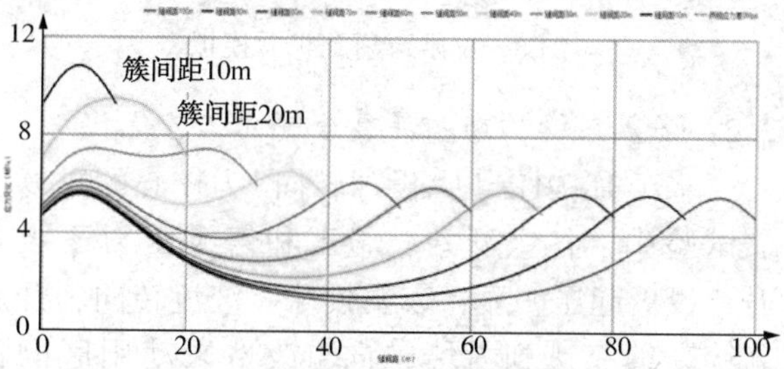

图5　多条人工缝网条件下应力场变化图

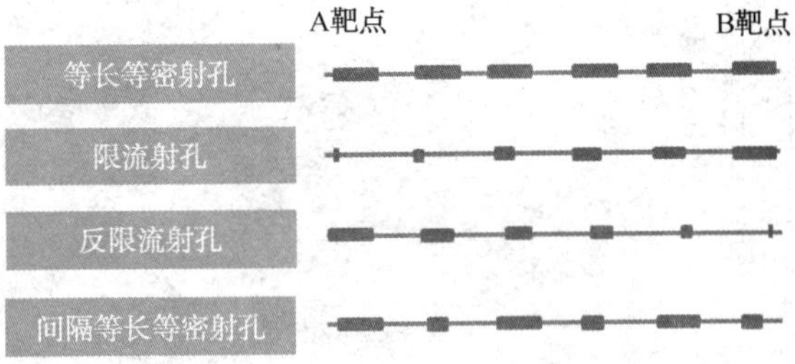

图6　4种多簇射孔模式

通过研究等长等密、限流、反限流、间隔等长等密4种多簇射孔模式下注入流体分配，来确定射孔模式。投球工艺下，为使各簇分批开启，在第一级压裂产生部分优势通道，改变局部地应力，使第二级压前暂堵球坐封在优势进液孔眼，继而改造第一级未改造孔眼使裂缝在小应力差下延伸。假设储层连续稳定，相对均质条件件下对4种多簇射孔进行裂缝扩展模拟，发现等长等密及反限流射孔方式具有分批开启孔眼特征，因此推荐这两种射孔方式，模拟见图7、图8。

图7　等长等密射孔扩展模拟

图8　反限流射孔扩展模拟

2.2　多簇裂缝均衡扩展复合转向工艺优化

基于H-2HF以“投球转向”为核心的重复压裂试验中，各级开井、施工和停泵压力逐级上升，投球起压明显，表明投球后液流转向，开启新簇新缝，达到封堵转向、改造未动用区的目的，验证了复合转向工艺可行性。在两口重复压裂井投球转向工艺试验中，考虑孔眼冲蚀、堵球惯性力、孔眼对堵球的吸引力、堵球脱离孔眼的力等因素，射孔孔径9.5mm优选13.5mm暂堵球。

针对加密调整井，气藏压力已接近常压，应用数值模型分析段内初次压裂裂缝形态、应力场特征、改造区域分布，得到一般情况下近端改造相对较好。暂堵球用量按理论为孔眼数的40%~60%考虑(据产剖测试60%出气率统计结果)，既能保证封堵效果，又可避免过多投球导致施工困难。

模拟显示，固液两相流中，大颗粒暂堵球在井筒内将发生运移沉降，高排量时暂堵球易被携带至下一簇射孔位置堵塞孔眼，为使暂堵球尽量封堵前端孔眼，减小暂堵球往远端运移几率，8~10m^3/min小排量送球可保证暂堵球有效封堵近端孔眼。

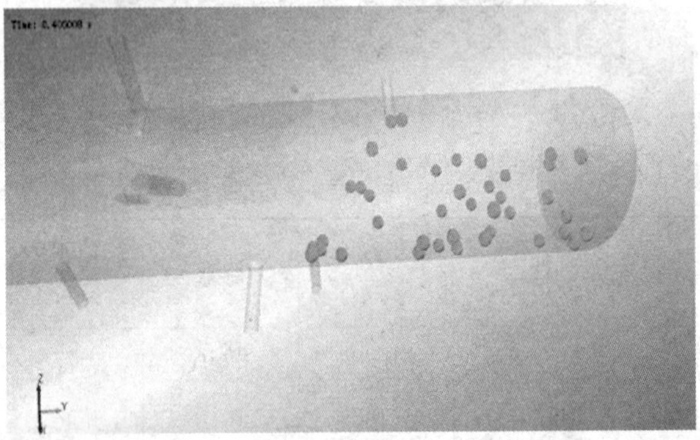

图9　暂堵球井筒内运动规律

2.3　基于饱充填、强支撑的铺砂程序优化

随着页岩气开发逐步深入，国内外普遍认识到要获得更高的产量，需要建立更大的用液规模以及提高支撑剂用量。由于总砂量较大，前期段塞式加砂中，驱替阶段势必造成加砂段塞砂比提升过快，增加砂堵和超压的风险。为此，借鉴国外伊格福特连续加砂方式，对比段塞式加砂，研究了不同砂浓度、不同铺置方式下对导流能力的影响。

加密调整井闭合压力45~55MPa，从室内裂缝导流能力实验结果来看，铺置浓度<2.5kg/m^2，闭合压力>50MPa时导流能力快速下降，见图10。在相同铺砂浓度下，段塞式加砂在闭合压力超过32MPa时，导流能力明显低于连续加砂，见图11。采用高强度连续加砂方式施工，不仅可以提高平均砂比，还可以节约液体用量，在缝长剖面上形成更加连续的铺砂形态。

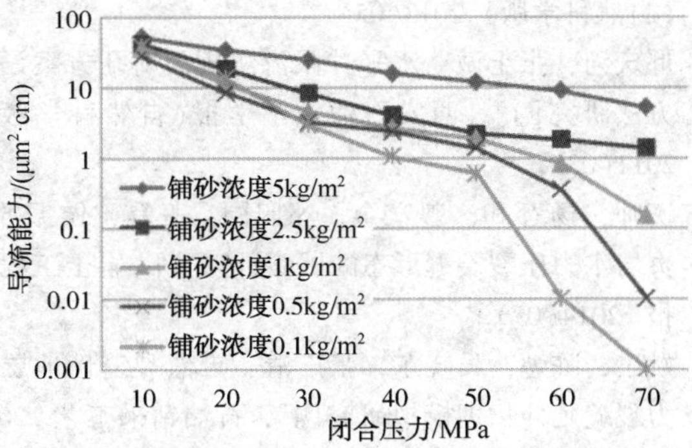

图 10 不同铺置方式导流能力

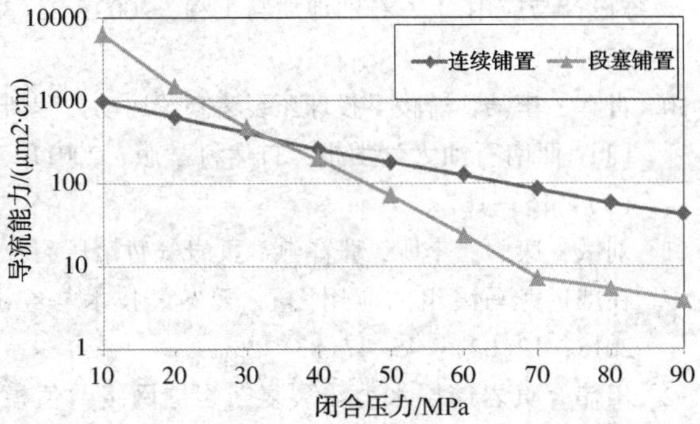

图 11 不同铺砂方式导流能力

3 现场实践与应用

3.1 现场压裂施工简况

应用前述研究成果，现场进行了 12 口加密井调整井的压裂试验，压裂施工总体取得成功，具体情况如下。

应用新型增效降本压裂工艺施工的 12 口加密井平均段间距 31m，簇间距 15.3m，单段 6~7 簇射孔为主，采用简化液体连续加砂中途投球一次二级压裂模式施工，五峰组投球个数为孔眼数 50%，龙马溪组增至 60%。支撑剂组合形式为石英砂+覆膜砂，平均加砂强度 1.52t/m，平均用液强度 23.54m^3/m，施工曲线形态如图 12，整体而言施工较为平稳。加密井平均测试产量提高 34%，平均改造每米水平段成本约为 1.34 万元，在压裂规模更高的情况下，试气成本略有降低。

其中对 I-8HF 进行微地震监测(见图 13)发现暂堵压裂施工井筒两翼裂缝发展均衡。对加密井 A-3HF 井进行产剖测试(见图 14)，簇间出力均匀，出力率由主体区 50%提高到 78%，表明暂堵转向工艺达到了簇间均匀改造的目的，且邻井复产后并未大量出液，说明该工艺促进了近井带复杂度，可有效抑制新缝向老井过度延伸，工艺参数设计适应性较好。

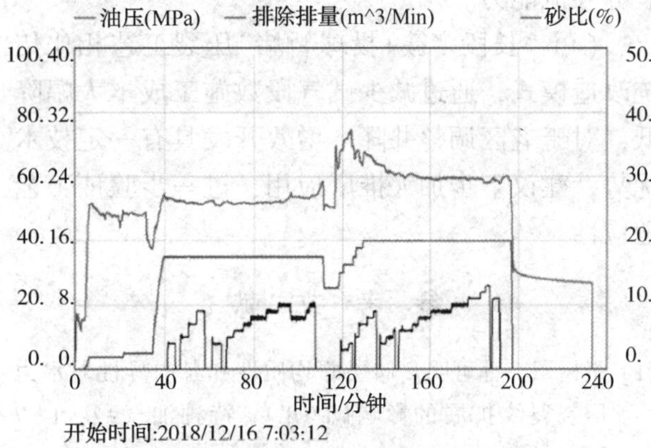

图 12 加密井 B-9HF 第 11 段

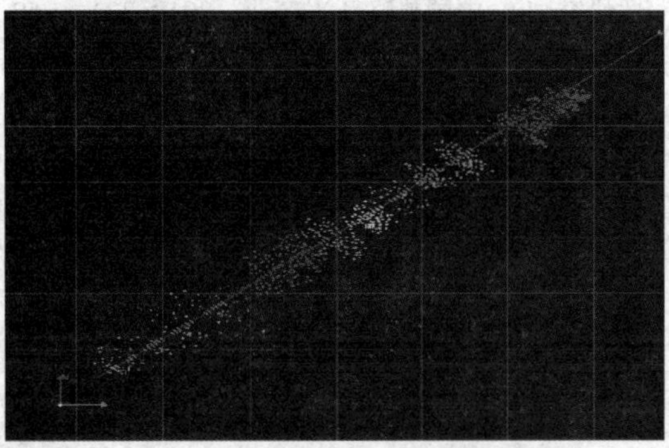

图 13 I-8HF 微地震监测

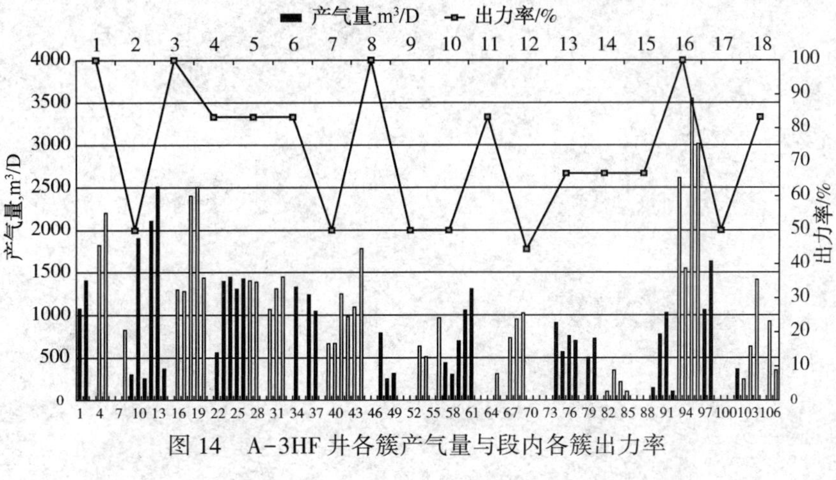

图 14 A-3HF 井各簇产气量与段内各簇出力率

3.2　认识

(1) 加密调整井采用"密切割+暂堵转向+强化支撑"改造工艺，获得了较高产量，表明暂堵压裂工艺在调整井开发中适应性较好，为后续大规模体积压裂增产改造提供了有益借鉴。

(2) 采用暂堵转向工艺，可达到簇间均匀改造的目的。鉴于应力差增大，不利于形成复杂缝，缩小段簇间距，增加缝间应力干扰，可通过裂缝数量弥补裂缝复杂度的不足。

(3) 储层压力系数不高，地面施工压力窗口较大情况下，连续加砂方式可提高加砂强度提高裂缝导流能力。

(4) "长段多簇+投球暂堵"压裂工艺相比传统改造模式，通过减少试气段数施工成本大幅降低，对于老区调整井降本增效开发具有一定技术优势，建议下步加大推广应用，进一步验证工艺适应性。

参考文献

[1] 张树翠，孙可明．储层非均质性和各向异性对水力压裂裂纹扩展的影响[J/OL]．特种油气藏：1-7[2019-05-13].

[2] 陈良玺，杨铎．页岩气开发中的压裂液动态携砂特性研究[J]．中国战略新兴产业，2018(32)：159.

[3] 郭艳东，王卫红，刘华，胡小虎．页岩气多段压裂水平井产能影响因素研究[J]．科技通报，2018，34(04)：72-78+83.

[4] 姜民政，曹彦鹏，叶鹏，董康兴，李庆彬．压裂液在射孔眼处压力损失规律研究[J]．石油矿场机械．2011(03).

[5] 王磊，张乐宇，李菁菁，孙广龙，曹琪．水平射孔井射孔参数及起裂压力研究[J]．重庆科技学院学报(自然科学版)．2013(05).

[6] 邢庆河，张士诚．水平井限流法压裂射孔方案设计方法研究[J]．西安石油大学学报(自然科学版)．2011(03).

[7] 衡帅，杨春和，曾义金，郭印同，王磊，侯振坤．页岩水力压裂裂缝形态的试验研究[J]．岩土工程学报．2014(07).

[8] 姚飞，陈勉，吴晓东，张广清．天然裂缝性地层水力裂缝延伸物理模拟研究[J]．石油钻采工艺．2008(03).

[9] 李勇明，翟锐，王文耀，等．堵塞球分层压裂的投球设计与应用[J]．石油地质与工程，2009，23(3)：125-127.

[10] 肖晖，李洁，曾俊．投球压裂堵塞球运动方程研究[J]．西南石油大学学报：自然科学版，20011，33(5)：163-167.

[11] 刘敏，康力，李明，张泽燕．页岩气暂堵压裂技术在威远龙马溪组的应用[J]．天然气技术与经济，2018，12(02)：45-47+83.

[12] 田伟．页岩储层水力压裂复杂裂缝网络数值模拟[D]．中国科学技术大学，2018.

[13] 郭艳东，胡小虎，王卫红，刘华．页岩气多段压裂水平井渗流特征数值模拟研究[J]．石化技术，2018，25(03)：153-156.

[14] 齐天俊．转向压裂技术在川渝页岩气井压裂中的应用[A]．中国石油学会天然气专业委员会、四川省石油学会、浙江省石油学会．2017年全国天然气学术年会论文集[C]．中国石油学会天然气专业委员会、四川省石油学会、浙江省石油学会：中国石油学会天然气专业委员会，2017：7.

[15] 魏佳．页岩气井储层体积改造方法研究[J]．中国石油和化工标准与质量，2017，37(19)：138-139+141.

水平井多簇起裂影响因素分析及控制起裂方法探讨

胡艾国　张永春　姚昌宇　李月丽

（中石化华北油气分公司石油工程技术研究院）

摘　要　水平井分段多簇压裂技术已经成为致密低渗油气藏有效开发的重要手段。针对多簇压裂裂缝起裂及延伸机理复杂的难点，文章以泾河油田为例，从多簇起裂应力预测模型着手，分析影响多簇起裂的相关因素，利用限流原理，通过优化射孔参数来实现多簇段均衡起裂以及有效延伸。结果表明：射孔方位在0°或180°时，破裂压力最小；井眼方向沿最大主应力方向时，簇间破裂压力差最小；当簇间距为10m左右时，产生的诱导应力对破裂压力影响最大；结合泾河油田储层特点，采用16孔/m的孔密，每簇射1-1.5m，施工排量达到$5m^3/min$以上，能够保证两簇射孔均衡起裂和有效延伸；文章形成的理论和方法在致密低渗油藏水平井分段多簇压裂中具有推广应用价值。

关键词　泾河油田；水平井；多簇压裂；均衡起裂；有效延伸

水平井分段压裂技术在超低渗致密油气藏开发中发挥了重要作用，使大量不可动用储量变成可采储量。国内外实践经验表明，水平井分段多簇压裂可大幅度扩大泄流体积，提高水平井单井产量，成为开发超低渗油藏的有效压裂技术[1]。华北油气分公司鄂南致密油藏天然裂缝发育，基质渗透率低，属于典型的低孔特低渗致密砂岩油藏，通过采用水平井分段压裂工艺试验后，平均初期单井产量取得了重大突破，但仍然面临递减快、累产低、储层改造不充分的问题。近年来通过采用水平井分段多簇压裂后，平均单井产量较单段压裂提高4~5t/d，单井累积产量增加了近一倍。因此，分段多簇压裂技术成为特低渗致密油藏转变开发方式、提高开发经济效益的重要途径[2]。然而，国内外目前针对水平井多簇起裂机理研究较少，没有准确的方法判断每一簇是否同时起裂和延伸，华北油气分公司在实际应用施工过程中也没有形成针对性的控制多簇起裂方法。因此，论文基于多簇起裂应力预测模型，对多簇起裂影响因素进行分析，结合泾河油田储层地质特征分析，依据限流理论公式，形成一套控制多簇有效起裂和延伸的方法，为鄂南致密油藏水平井分段多簇压裂的针对性及有效性提供理论依据，为类似致密低渗油田的高效开发提供借鉴。

1　多簇起裂应力预测模型

固井水平井射孔后井筒几何模型及应力重新分布如图1，根据岩石张性破裂准则，当射孔孔眼处最大有效拉伸应力等于岩石抗张强度时，岩石发生断裂，基于弹性力学理论得到固井射孔完井破裂压力理论计算公式[2][3]，由公式可知，破裂压力大小与储层孔隙压力、岩石泊松比、井筒方位、射孔方位、最大最小主应力以及垂向应力等参数有关。

射孔完井破裂压力经典计算公式：

$$P_w=\frac{T_1\sigma_H+T_2\sigma_h+T_3\sigma_v+\sigma_t+(K-\alpha)P_p}{K+1-\frac{R^2}{r^2}} \quad (1)$$

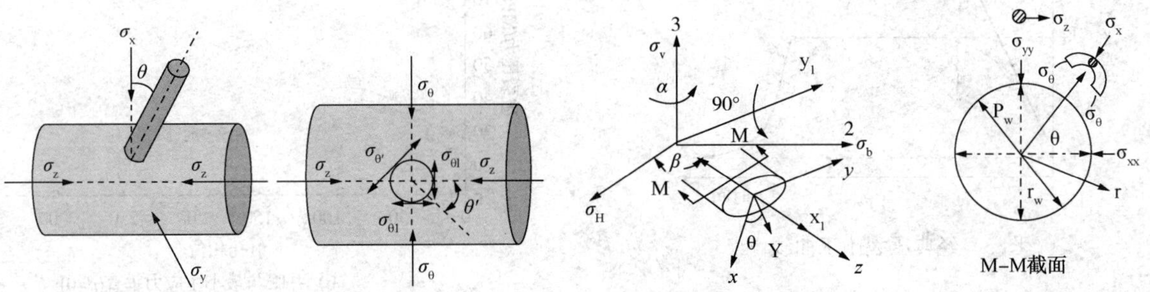

图1　射孔井筒坐标及应力分布坐标

其中：$T_1=\begin{Bmatrix} 3\cos^2\beta-\frac{1}{2}(1+\frac{R^2}{r^2})\sin^2\beta+ \\ [6\nu\frac{R^2}{r^2}-\frac{1}{2}(1+\frac{3R^4}{r^4})]\sin^2\beta\cos2\theta \end{Bmatrix}$

$$T_2=\begin{Bmatrix} 3\sin^2\beta-\frac{1}{2}(1+\frac{R^2}{r^2})\cos^2\beta+ \\ [6\nu\frac{R^2}{r^2}-\frac{1}{2}(1+\frac{3R^4}{r^4})]\cos^2\beta\cos2\theta \end{Bmatrix}$$

$$T_3=\begin{Bmatrix} [\frac{1}{2}(1+\frac{3R^4}{r^4})-6\nu\frac{R^2}{r^2}] \\ \cos2\theta-\frac{1}{2}(1+\frac{3R^4}{r^2}) \end{Bmatrix},$$

$$K=\delta[\frac{\alpha(1-2\nu)}{1-\nu}-\phi)]$$

当采用多簇射孔压裂时，由于两簇之间物性的差异存在破裂压力差 ΔP_1，会导致某一簇先起裂，另一簇后起裂的情况，同时先起裂的一簇会产生诱导应力场，使原井筒的应力场发生改变，此时后起裂簇的地应力为原地应力和每条裂缝形成诱导应力的相互叠加(式 2)，进一步影响第二簇起裂的破裂压力，因此多簇起裂的破裂模型如下(图 2)：

$$\sigma_H{'}=\sigma_H+\nu(\sum_{i=1}^{n-1}\sigma_{lx(in)}+\sum_{i=1}^{n-1}\sigma_{lz(in)});$$
$$\sigma_h{'}=\sigma_h+\sum_{i=1}^{n-1}\sigma_{lx(in)};$$
$$\sigma_\nu{'}=\sigma_\nu+\sum_{i=1}^{n-1}\sigma_{lz(in)} \quad (2)$$

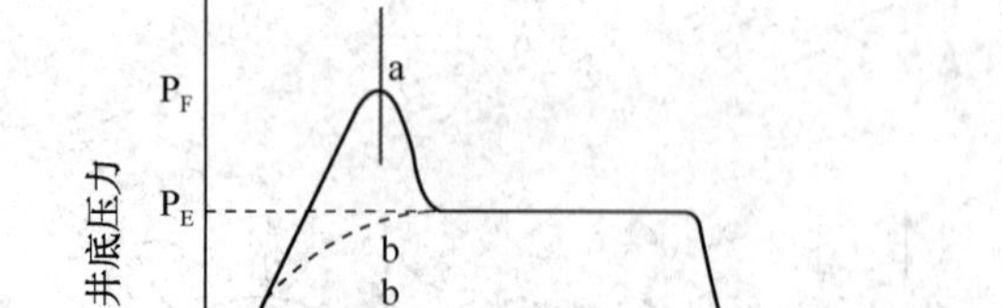

图 2 多簇起裂模型

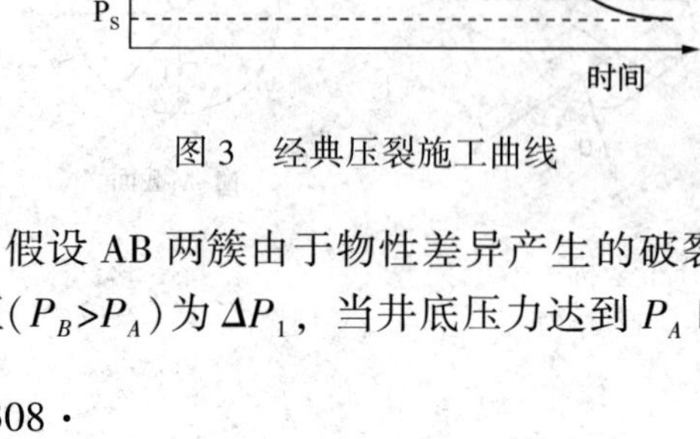

图 3 经典压裂施工曲线

假设 AB 两簇由于物性差异产生的破裂压力差值($P_B>P_A$)为 ΔP_1，当井底压力达到 P_A 时，A 簇先起裂，A 簇产生诱导应力引起 B 簇地应力场发生改变，导致 B 簇破裂压力变化(ΔP_2)，因此 AB 两簇的破裂压力差为 $\Delta P=\Delta P_1+\Delta P_2$，同时由于裂缝延伸产生一个压力降 $P_{压降}$(图 3)以及 A 簇孔眼产生的节流压差为孔眼摩阻 $P_{摩阻}$(考虑水平段方位一般为最小主应力方向，弯曲摩阻忽略不计，即孔眼处产生的孔眼摩阻等于节流压差)，A 簇破裂后井底压裂为 $P_{井底}=P_A+P_{摩阻}-P_{压降}$，当井底压力 $P_{井底}$ 大于 B 簇破裂压力 P_B 时，B 簇发生破裂，此时应满足：

$$P_{摩阻}>P_{压降}+P_B-P_A=P_{压降}+\Delta P \quad (3)$$

由此可见，通过控制孔眼摩阻、簇间破裂压力差以及破裂处压力降来实现多簇段的均衡起裂。

2 多簇起裂影响因素分析

根据多簇起裂模型及诱导应力计算公式分析，影响多簇起裂的因素包括射孔方位及深度、储层各簇岩石力学应力差、诱导应力以及裂缝延伸状态[4]等参数。

2.1 射孔方位及射孔深度

根据破裂压力计算公式，以泾河油田为例，对各向应力进行计算，得到不同水平井眼方位条件下的破裂压力值。

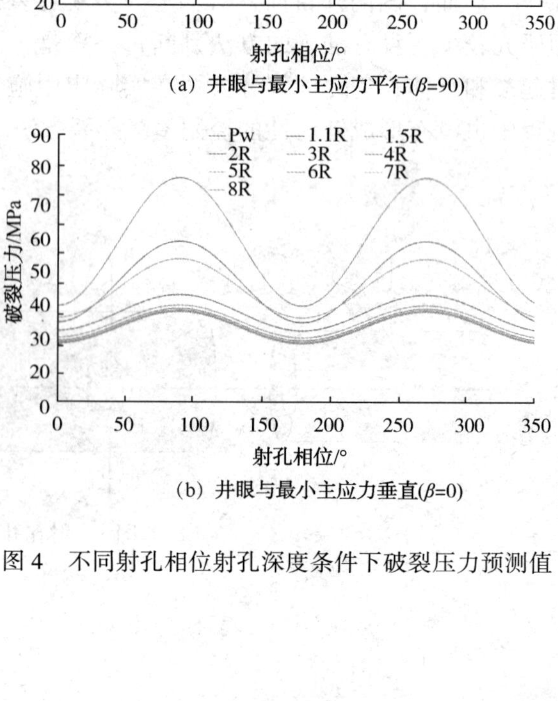

(a) 井眼与最小主应力平行(β=90)

(b) 井眼与最小主应力垂直(β=0)

图 4 不同射孔相位射孔深度条件下破裂压力预测值

由上图 4 可知，射孔方位在 0 度或 180 度时，破裂压力值较低，而当射孔孔眼深度达到 3 倍井筒半径后，破裂压力降低值非常明显。

2.2　簇间应力差异

理想状态下，水平段分簇的各簇点应力一致，即破裂压力应该一致，但实际受地层非均质性影响，各簇间应力也有一定差异，假设垂向应力一致，应力差异主要体现在最大最小主应力差值。

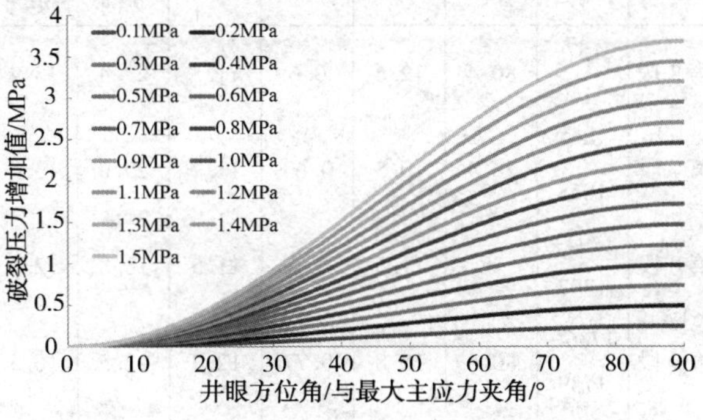

图 5　不同水平应力差下破裂压力增加值

通过模拟计算不同水平应力差异下破裂压力增加值表明(图 5)：随着最大最小主应力差异值增加，两簇间破裂压力差值增加，当井眼方向与最大主应力方向垂直时，簇间破裂压力差值最大，反之，破裂压裂差值最小。根据裂缝沿最大主应力方向延伸规律，目前最常见的布井方式是井眼沿最小主应力方向，其各簇间的破裂压力差值最大，因此后期可以结合破裂压力与增产效果对井眼方位进一步优化。

2.3　簇间诱导应力

在水平井分段压裂时，最好的压裂效果是水平井筒与最小水平主应力方向一致，产生横向裂缝，先压裂缝产生后，将导致裂缝周围一定范围内的应力分布发生改变，以均质、各向同性的二维平面应变模型为基础，建立水力裂缝诱导应力场几何模型[2][5]如图 6：

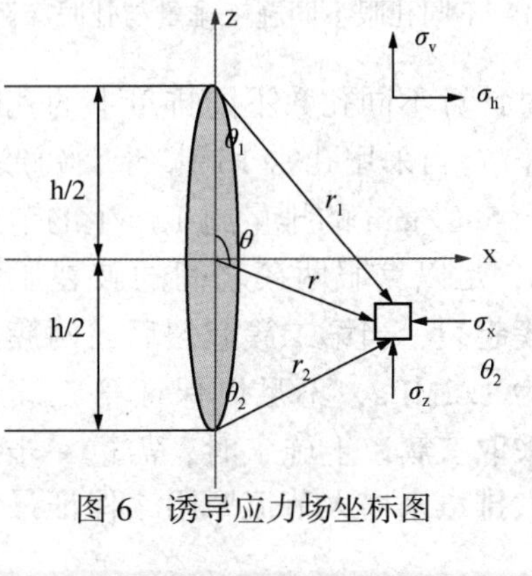

图 6　诱导应力场坐标图

假设裂缝形态为垂直缝，裂缝断面为椭圆形，半缝高位 h/2，以水平井井筒方向为 x 轴，以裂缝高度为 y 轴，在图所示坐标系中，现有水力裂缝在点(x、y)处的诱导应力分量为：

$$\sigma_{lx}=-p\frac{r}{c}\left(\frac{c^2}{r_1r_2}\right)3/2\sin\theta\sin\frac{3}{2}(\theta_1+\theta_2)-p\left[\frac{r}{(r_1r_2)1/2}\cos\left(\theta-\frac{1}{2}\theta_1-\frac{1}{2}\theta_2\right)-1\right] \tag{4}$$

$$\sigma_{lz}=p\frac{r}{c}\left(\frac{c^2}{r_1r_2}\right)3/2\sin\theta\sin\frac{3}{2}(\theta_1+\theta_2)-p\left[\frac{r}{(r_1r_2)1/2}\cos\left(\theta-\frac{1}{2}\theta_1-\frac{1}{2}\theta_2\right)-1\right] \tag{5}$$

$$\sigma_{ly}=\nu(\sigma_{ix}+\sigma_{lz});$$

$$\sigma_{lxz}=-p\frac{r}{c}\left(\frac{c^2}{r_1r_2}\right)3/2\sin\theta\cos\frac{3}{2}(\theta_1+\theta_2) \tag{6}$$

通过模拟计算净压力为 5MPa 时，诱导应力对各方向应力分量影响如下图：

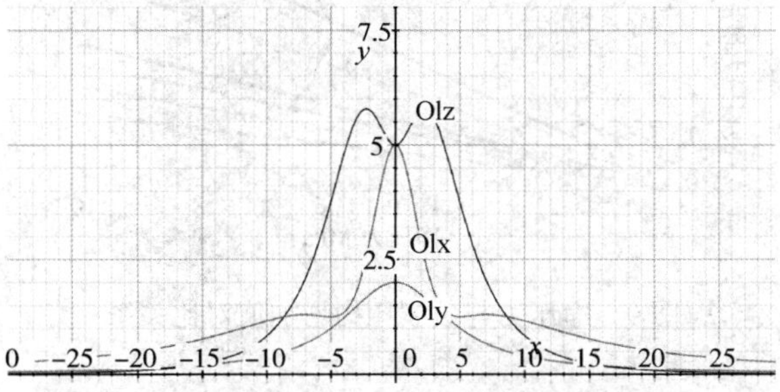

图 7　各向诱导应力的大小(净压力 5MPa)

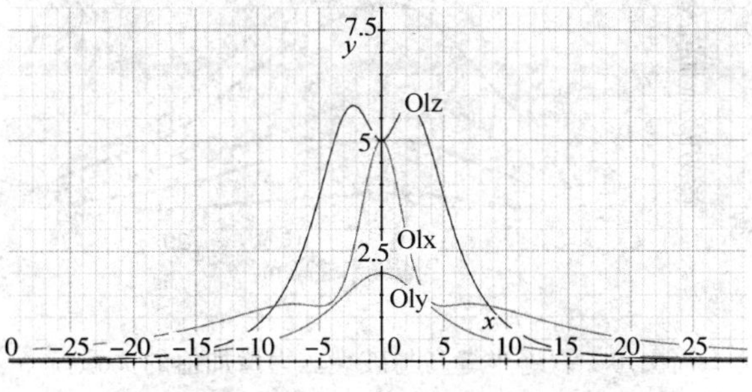

图 8　不同净压力下破裂压力增加值

由图 7 可知，当净压力为 5MPa 时，诱导应力影响最大的为最小水平主应力和垂直应力，而对最大水平主应力方向的影响程度较弱。从波及范围看，在 x 方向波及范围最大达到 30m 左右，而 Y 方向和 Z 方向上的波及范围基本相当，在裂缝中心 15m 的范围内。

将产生的诱导应力公式代入破裂压力计算公

式，可以得到诱导应力对破裂压力的影响程度(见图8)，结果表明：随着簇间距的增加，破裂压力增加值呈现先减小后增大再减小的趋势，当裂缝间距超过40m后，诱导应力对破裂压力影响较小，当簇间距为10m左右时，破裂压力影响最大，加大另一簇起裂的难度。

2.4　净压力及裂缝延伸状态

根据诱导应力计算公式可知，净压力与诱导应力成正比，随着诱导应力增加，相邻簇的破裂压力值增加(图9)；结合诱导应力与缝高关系，模拟簇间距为20m时，不同缝高与破裂压力增加值关系(图10)可知，随着半缝高增加，破裂压力增加值先增大后减小。由此可见，当第一簇刚破裂缝高较小或形成一定缝高后，对另一簇破裂压力影响较小，因此，在施工初期通过一定的技术手段可以达到另一簇有效破裂的目的。

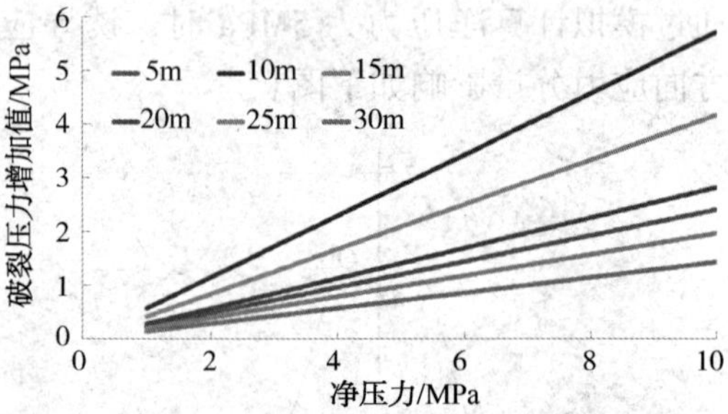

图9　净压力与破裂压力增加值对比关系

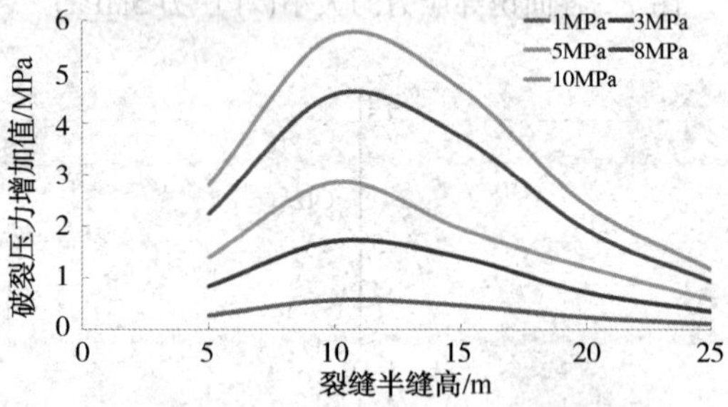

图10　裂缝半缝高与破裂压力增加值的关系

3　控制多簇起裂方法研究

文章以泾河油田为例，通过多簇起裂机理研究及起裂影响因素分析，进一步优化多簇射孔参数，形成控制多簇起裂方法，以提高多簇改造均衡性。

3.1　泾河油田破裂压力差统计

依据破裂压力影响因素分析可知[2][3]：破裂压力与储层物性成反比，泥质含量越高、渗透率越低、孔隙度越小，破裂压力值越高；通过统计对比同一水平段同一物性条件下的破裂压力差表明(表1)：泾河油田水平井在同等物性条件下(对比第3段和第8段、第7段和第9段、第10段和第11段)破裂压力差值为2-3MPa。

表1　JH2P25井水平段物性与破裂压力值统计

段数	射孔段/m	伽马值/API	泥质含量/%	渗透率/mD	孔隙度/%	破裂压力/MPa	停泵压力/MPa
第3段	2157-2160	80.4	12.6	0.6	11.5	27.4	13.4
第7段	1855-1858	76.4	10.5	0.63	11.7	25.0	13.4
第8段	1794-1797	78	11.5	0.6	11.5	28.8	12.4
第9段	1736-1739	80.6	10.8	0.77	12.3	22.5	16.5
第10段	1667-1670	72.2	8.5	0.59	11.1	30.9	14.7
第11段	1603-1606	71.1	8.3	0.59	11.3	28.4	13.3

3.2　控制多簇起裂方法探讨

由上文中公式(3)可知，减小裂缝产生后形成的压力降，增加孔眼的节流压差是保证多簇均起裂最有效的方法。节流压差理论计算公式[6-8]如下：

$$P_{节流}=2.24\times10-10\times\rho_{fluid}\times Q^2/(n^2d_p{}^4c_d{}^2)$$

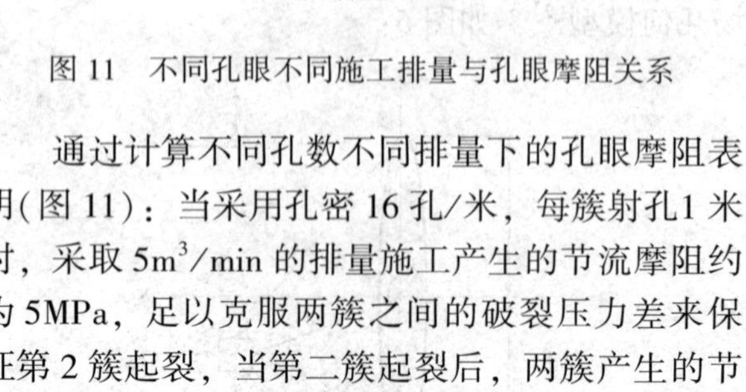

图11　不同孔眼不同施工排量与孔眼摩阻关系

通过计算不同孔数不同排量下的孔眼摩阻表明(图11)：当采用孔密16孔/米，每簇射孔1米时，采取5m^3/min的排量施工产生的节流摩阻约为5MPa，足以克服两簇之间的破裂压力差来保证第2簇起裂，当第二簇起裂后，两簇产生的节流摩阻为1.2MPa，不足以保证第三簇起裂，因此，当采取三簇以上施工时，需进一步减小射孔数和加大排量来增大节流摩阻，保证最难起裂的最后一簇来起裂。

根据泾河油田的破裂压力差值，为保证簇间均衡起裂，要求先起裂簇形成的节流摩阻至少大于3MPa，因此，计算得到不同簇数的射孔参数及施工排量如下(表2)：

表2　不同簇数均衡起裂射孔参数优化表

簇数	孔密/(孔/米)	射孔段长/m	施工排量/(m^3/min)	节流摩阻/MPa
两簇	16	1-1.5	≥5	>3
三簇	16	0.8-1-1.5	≥7	>3
四簇	16	0.5-0.8-0.8-1	≥9	>3
五簇	16	0.5-0.5-0.5-0.8-1	≥10	>3

因此控制多簇起裂方法之一是通过调整孔眼数，在一簇起裂后通过迅速提高排量增加井底压力，以达到另一簇破裂压力使其破裂；方法二是在压裂施工一段时间先破裂簇裂缝形成后，向压裂液中加入可溶性封堵球，封堵起裂进液的射孔层段，从而造成井底压力提高，促使其它簇发生破裂。

4　结论

（1）水平段多簇破裂模型考虑簇间破裂压力差和诱导应力的共同影响，根据多簇起裂的破裂模型表明：在簇间破裂压裂差一定的情况下，通过增加孔眼节流压差，减小破裂簇的压力降可以有效实现多簇段的均衡起裂；

（2）多簇起裂影响因素分析表明：射孔方位在0°或180°时，破裂压力最小；井眼方向沿最大主应力方向时，簇间破裂压力差最小；破裂压力增加值随簇间距的增加呈现先减小后增大再减小的趋势，当簇间距为10米左右时，产生的诱导应力对破裂压力影响最大；

（3）结合泾河油田簇间破裂压力差分析，当泾河油田采用16孔/米，每簇射1-1.5米，施工排量达5m^3/min以上，产生的节流摩阻足以克服两簇之间的破裂压力差来保证第2簇起裂；当水平段采取更多簇射孔时，需要调节不同簇间的孔眼数来控制节流压差，同时采用更大的施工排量才能保证同时起裂；结合井口施工压力以及井内管柱的抗压性分析，建议泾河油田水平井分簇数不超过3簇/段。

备注说明：

σ_H：最大水平主应力，MPa；σ_h：最小水平主应力，MPa；σ_v：垂向应力，MPa；

σ_t：岩石抗张强度，MPa；α：Biot多孔弹性系数；P_p：地层孔隙压力，MPa；p：净压力，MPa；

δ：相对渗透性系数(地层可渗透取1，不可渗透取0)，无因次；R：井筒半径，m；

r：离井轴中心距离，m；θ：射孔方位；β：井筒方位角；ν：泊松比，无因次；n：孔数；

ϕ：孔隙度，无因次；h：裂缝高度，m；σ_{lx}：最小水平主应力方向正诱导应力；

σ_{ly}：最大水平主应力方向正诱导应力；σ_{lz}：垂向应力方向诱导应力；d_p：孔眼直径，mm；

σ_{lxz}：先起裂缝产生的剪切应力分量，MPa；c=h/2，m；$P_{摩阻}$：孔眼节流摩阻，MPa；

ρ_{fluid}：施工液体密度，kg/m^3；Q：注入排量，m^3/min；c_d：孔眼流量系数，无因次(取值0.5-0.9)；

参 考 文 献

[1] 王拓，朱如凯，白斌，等．非常规油气勘探、评价和开发新方法[J]，岩性油气藏，2013，25(6)：35-39.

[2] 杨立君，严志虎，唐明，等．泾河油田水平井多簇分段压裂技术优化研究[R]．西安拓创石油技术工程有限公司，工程技术报告：34550139-14-ZC0607-0007，2015.

[3] 严向阳，胡永全，李楠，申贝贝．泥页岩地层破裂压力计算模型研究[J]，岩性油气藏，2015，27(2)：109-113.

[4] 黄荣樽．水力压裂裂缝的起裂与扩展[J]．石油勘探与开发，1981，8(5)：62-74.

[5] 杨兆中，苏洲，李小刚，张城，等．水平井交替压裂裂缝间距优化及影响因素分析[J]．岩性油气藏，2016，27(3)：11-17.

[6] 郭建春，杨立君，赵金洲等．压裂过程中孔眼摩阻计算的改进模型及应用[J]．天然气工业，2005，25(5)：69-71.

[7] 邢庆河，张士诚．水平井限流法压裂射孔方案设计方法研究[J]．西安石油大学学报，2011，26(3)：71-73.

[8] EI Rabba A M，Shah SN. New perforation pressure-loss correlations for limited entry fracturing treatment. SPEPF 1999；14(1).

Y 油田缝网压裂改造体积影响因素分析

周洪亮　孙晓明　刘普国　贺绍辉　张维维

（大庆油田有限责任公司）

摘　要　为了提高 Y 油田缝网压裂方案设计水平，建立了与工程因素相关联的储层改造体积计算模型，分析了地质因素及工程因素对储层改造体积的影响。地质因素决定了大规模体积压裂是否形成缝网，其中水平主应力差对缝网体积影响较大，随着水平主应力差增加，储层改造体积逐渐减小；岩石的脆性越大，储层改造体积越大。工程因素可改变缝网的波及范围，其中施工排量对缝网宽度影响较大，排量越高，缝内净压力越高，形成的缝网宽度越大，Y 油田最佳的施工排量是 $7\sim8m^3/min$；施工液量主要影响缝网长度，注入压裂液总量越多，形成的缝网越长，具体到单井，应根据井网及砂体展布，对总施工液量进行优化。利用本文提出的方法可有效指导缝网压裂方案设计，并为压裂效果分析提供参考。

关键词　缝网压裂；地应力差；施工排量；施工液量；优化设计

Y 油田开发杨大城子层系，因储层渗透率低，因此，压裂是最有效的增产改措施。目前，所有油井已压裂过 1~3 次，近几年开展过清水压裂[1]、缝内转向压裂[2-3]、油水井对应压裂[4]等措施，但增产效果不理想。近 5 年开展缝网压裂技术试验[5-7]，实施 62 口井累计增油 11.5×10^4t，阶段投入产出比为 1∶2.5。虽然缝网压裂在 Y 油田一些井增油效果显著，但缝网压裂的储层改造体积的计算，影响缝网形态的地质因素及工程因素需要进一步的研究。

缝网压裂是指压裂施工规模远大于常规压裂一般单层需要的压裂液量大于 $1000m^3$，加砂规模大于 $50m^3$，支撑裂缝长度超过 300m。其中，储层地质因素决定了体积压裂能否形成网状裂缝，施工过程中的工程因素，包括排量、压裂管柱、缝内净压力、压裂液黏度、压裂时长等因素对储存改造体积影响较大。针对缝网压裂储层改造体积计算，Ulrich Zimmer 建立了通过微地震计算储层改造体积的方法[8]，但该模型以井下微地震监测结果为依据，可用于评价缝网压裂施工效果，无法指导压裂施工参数优化。徐文岳等建立了模拟复杂裂缝形态的数值模型[9-10]，结合微地震图资料能够能预测压裂后的产能，但计算过程比较繁琐。崔明月等通过室内真三轴水力压裂模拟实验[11]，主要分析了储层条件对缝网体积的影响，但未考虑施工因素对缝网体积的影响。针对以上问题，本文在 Y 油田缝网压裂实践的基础上，建立了缝网压裂储层改造体积解析模型，且与地质因素及工程因素相关联，用于评价分析 Y 油田缝网压裂效果，以及指导缝网压裂方案设计。

1　缝网压裂改造体积数学模型

数学模型基本假设如下：本文的缝网压裂指的是采用滑溜水大排量、大液量施工的大型压裂。本文假设缝网的形状为轴对称椭球体；根据公式(2)，在井筒处取水平主应力差为 0，此时的宽度为最大宽 R_m；缝网压裂早期先形成主裂缝，利用普通压裂裂缝形态模式，并进行修正，计算缝网的最大长度；缝网高度与储隔层中隔层的泥质含量有关，可根据单井的自然伽马曲线进行计算，祥见参考文献[12]。

缝网压裂形成的椭球状改造体积计算公式[13]：

$$SRV=\int_0^L \pi r(l)h(l)\,dl=\frac{4\pi LR_mH_f}{3} \tag{1}$$

式中：SRV 为储层改造体积，m^3；R_m 为最大缝宽半长，m；H_f 为缝网高度，m；L 为主裂缝半长，m。

计算缝网宽度关键在于计算水平方向的诱导应力差，如图 1 所示，缝网压裂的裂缝在水平方向上的诱导应力公式为[14-15]：

$$\Delta\sigma=-p\frac{r}{c}\left(\frac{c^2}{r_1r_2}\right)^{\frac{3}{2}}\sin\theta\sin\frac{3}{2}(\theta_1+\theta_2)+(1-2v)p\left[\frac{r}{(r_1r_2)^{\frac{1}{2}}}\cos\left(\theta-\frac{\theta_1}{2}-\frac{\theta_2}{2}\right)-1\right] \tag{2}$$

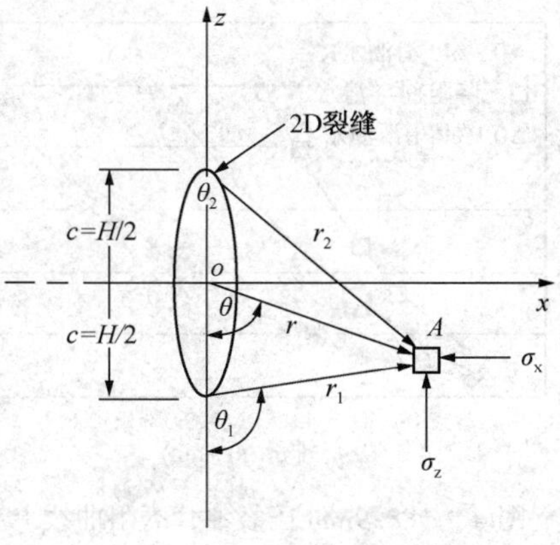

图1　裂缝导致的诱导应力

根据图1的几何关系，可得：

$$\theta = arctan(\frac{x}{z})；\theta_1 = \arctan\left[\frac{x}{(-z-c)}\right]；$$

$$\theta_1 = \arctan\left[\frac{x}{(-z-c)}\right]$$

$$r=\sqrt{x^2+z^2}；r_1=\sqrt{x^2+(z+c)^2}；r_2=\sqrt{x^2+(z-c)^2} \tag{3}$$

式中：$\Delta\sigma$ 为水平诱导应力差，MPa；p 为裂缝壁面上净压力，MPa；θ 为A点偏离裂缝中心的角度，(°)；r 为裂缝中心距离A点的距离，m；r_1，r_2为裂缝顶、底部距离A点的距离，m；c 为缝高的一半，m；ν 为泊松比；θ_1，θ_2为A点偏离裂缝顶底部的角度，(°)。

由于井筒处净压力最大，形成的缝最宽，计算时 $\Delta\sigma = \Delta\sigma_m$，$p = p_e$，$z = 0$，即可计算出 x 的值，即最大缝宽半长 R_m。

$$\Delta\sigma_m = \frac{2p_e R_m}{H_f}(\frac{H_f^2}{4R_m^2+H_f^2})\frac{3}{2}+(1-2v)p_e \left[\frac{2R_m}{(4R_m^2+H_f^2)\frac{1}{2}}-1\right] \tag{4}$$

式中：$\Delta\sigma_m$ 为最大最小水平应力差，MPa；p_e为井底缝内净压力，MPa。

在缝网压裂时早期形成主裂缝，后器形成次生裂缝，也就是缝网，采用常规裂缝模型，修正之后可计算缝网半长度。

$$w_{max} = \left[\frac{84(1-v)\mu Q L^2 p_e}{60\pi G H_f p_w}\right] \tag{5}$$

$$L=\beta\frac{Q(\pi w_{max}+8S_p\sqrt{t})}{32\pi H_f C^2}\cdot\left[\frac{2\alpha_L}{\sqrt{\pi}}-1+e^{\alpha_L^2}\mathrm{erfc}(\alpha_L)\right] \tag{6}$$

式(5)和(6)中：

$$e^{x^2}\mathrm{erfc}(x) = 0.254829592Y - 0.284496736Y^2 + 1.42143741Y^3 - 1.453152027Y^4 + 1.06140429Y^5$$

$$Y=\frac{1}{1+0.3275911x}；G=\frac{E}{2(1+v)}；$$

$$\alpha_L = \frac{8C\sqrt{\pi t}}{\pi w_{max}+8S_p\sqrt{t}}$$

式中：w_{max}为井底最大缝宽，m；p_w为井底压力，Pa；Q 为排量，m^3/min；S_p为初始滤失系数，$m/min^{0.5}$；μ 为缝内压裂液黏度，Pa·s；G 为岩石剪切模量，Pa；E 为杨氏模量，Pa；C 为综合滤失系数，$m/min^{0.5}$；t 为施工时间，min；erfc(x)为 x 的误差补偿函数；β 为修正系数。

2　影响缝网改造体积主要地质因素分析

缝网压裂施工能否形成较大的储层改造体积，主要取决于储集层地质因素和压裂施工参数两方面[16-18]，影响储层缝网形态的地质因素主要包括储层的水平应力场及岩石脆性[19-20]，影响储层缝网形态的压裂施工参数主要是施工排量和施工液量。

2.1　水平主应力差

通过计算表明：水平主应力差对储层改造体积影响较大。如图2所示，在一定的排量下($8m^3/min$)，随着水平主应力差增加，储层改造体积减小，当水平应力差大于8MPa时不易形成缝网。Y油田储层水平应力差在2~5MPa之间，可以形成网状裂缝。

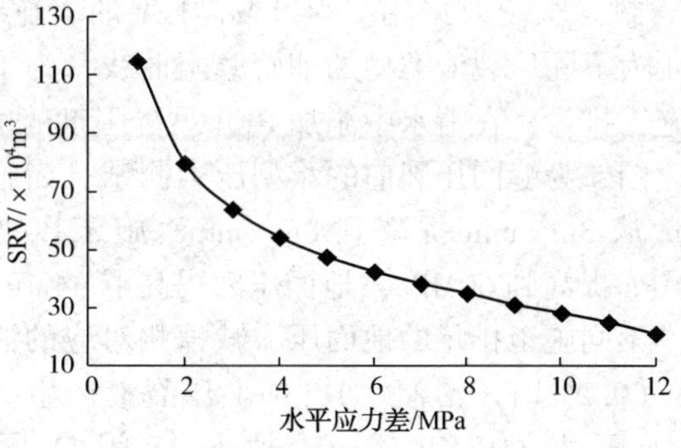

图2　储层改造体积随水平应力差变化曲线

2.2　岩石脆性指数

岩石的脆性反映了岩石在破碎前无明显塑性变形的特点。当石英质量分数超过40%时具有较高的脆性特征。可能形成网络裂缝，Y油田杨大城子油层石英质量分数在40%以上，脆性矿物相对占优，岩石脆性指数计算公式如下[21-23]：

$$B=[(YM-1)/7+(0.4-\nu)/0.25]/2*100$$

式中：YM 为静态杨氏模量，10^4MPa；ν 为泊松比。

Y 油田杨大成子油层杨氏模量平均值为 30900MPa、泊松比为 0.21，经计算脆性指数为 53，从图 3 可以看出，采用滑溜水大规模压裂可以形成缝网。

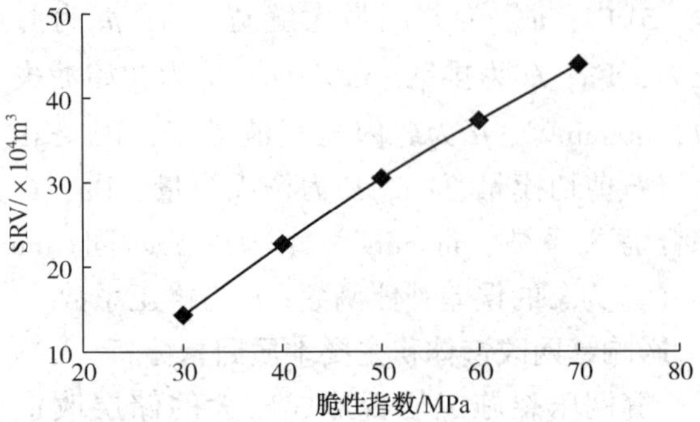

图 3　脆性指数对储层改造体积的影响

3　影响缝网改造体积主要工程因素分析

根据室内大型全三维水力压裂物理模型实验验证结果，影响缝网压裂改造体积的工程因素包括施工排量和施工时间。施工排量的高低主要影响缝内净压力，进而影响缝网形成的宽度；施工时间的长短决定总压裂液用量，压裂施工液量的多少影响储层改造体积的大小。

3.1　施工排量

施工排量影响缝内净压力，进而影响缝网宽度，排量越高，缝内净压力越高，形成的缝网宽度越大。在现场施工中，由于受 φ114mm 套管直径限制，压裂时采用 φ88.9mm 压裂油管施工，图 4 为不同压裂液类型的油管磨阻曲线，为了提高施工排量，在清水中添加 PFR 型降阻剂。

图 5 为缝网压裂前的小型压力测试，当施工排量从 $3m^3/min$ 提高到 $8m^3/min$，施工压力由 26MPa 提高到 60MPa，地面压力提高了 34MPa。

不同施工排量的地面压力减掉相对应的油管磨阻（0.2%PFR 滑溜水），加上压裂液产生的净液柱压力（18MPa），减掉裂缝闭合压力（15.8MPa），即可得到不同排量下的缝口处的净压力。从图 6 可以看出，随着施工排量的增加，缝内净压力逐渐升高，但增幅逐渐变缓，原因是排量越高管柱摩阻越大，因此应用 φ88.9mm 压裂油管、0.2%PFR 滑溜水，Y 油田缝网压裂最佳的施工排量为 $7\sim8m^3/min$。

通过公式（4）可计算出不同施工排量形成的缝网宽度，如图 7 所示，在 $7\sim8m^3/min$ 的施工排量下，可形成 60~70m 的缝网宽度。

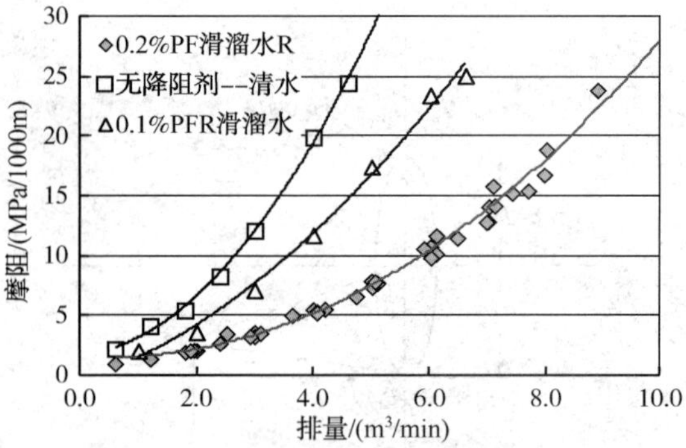

图 4　ϕ88.9mm 压裂油管磨阻曲线

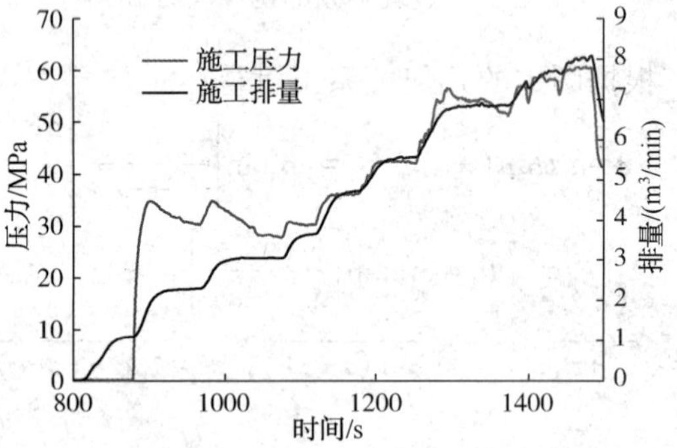

图 5　小型压裂测试曲线

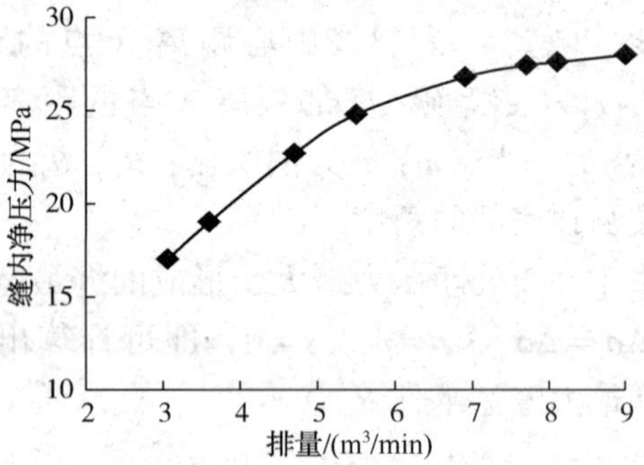

图 6　不同排量下缝内净压力变化曲线

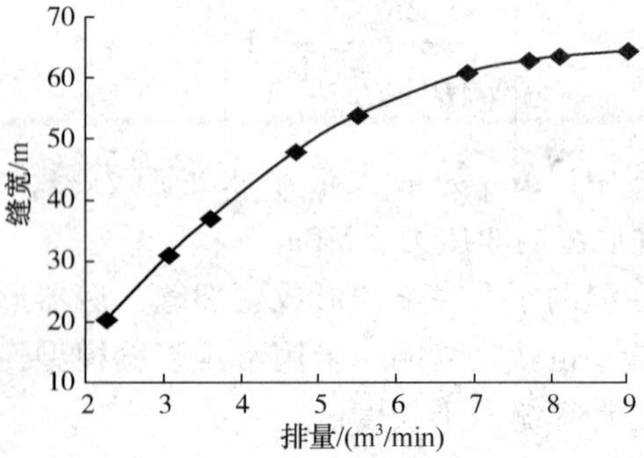

图 7　施工排量对缝网宽度的影响

3.2　施工液量

利用公式（6）可计算出不同施工液量下形成的缝网半长，如图 8 所示。注入压裂液总量越多，产生的缝网形状更长、且更为复杂，进而改造体积越大。在相同的用液量下，施工排量越高，形成的裂缝越长，原因是在高排量下，压裂液滤失相对较少，压裂液效率高，形成的缝网体积越大。

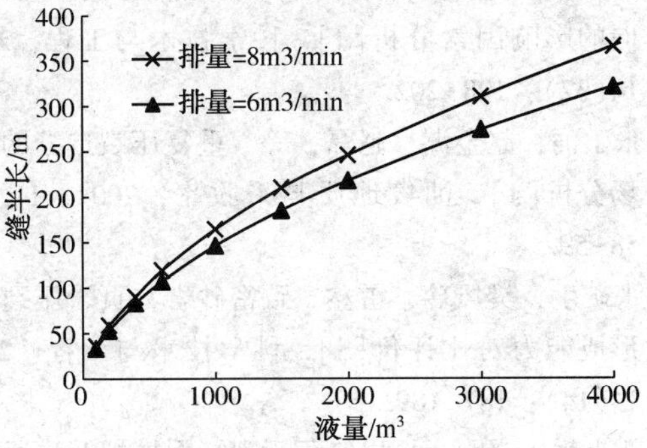

图 8　施工液量对缝网长度的影响

Y 油田杨大成子油层深度 1800m、水平应力差 3MPa、杨氏模量 30900MPa、泊松比 0.21，采用 ϕ88.9mm 压裂油管、0.2%PFR 滑溜水，利用本文模型给出了在不同施工排量、不同缝高、不同液量下形成的缝网长度及宽度，为缝网压裂方案设计提供指导，计算结果见表 1。

4　缝网压裂改造体积模型的验证

2015 年，Y 油田对 2 口缝网压裂井进行井下微地震监测，监测结果表明：缝网压裂可形成宽度 70m 左右缝网体系，主缝沿着最大主应力方向延伸，缝长主要由液量规模控制。本文计算得到的缝长、缝宽与井下微地震监测结果误差在 10%以内，见表 2，可用来指导缝网压裂方案设计。

表 1　不同施工排量、液量下缝宽及缝长

排量/($m^3 \cdot min^{-1}$)	缝高/m	缝宽/m	不同液量下的缝网长度/m									
			$100m^3$	$200m^3$	$400m^3$	$600m^3$	$1000m^3$	$1500m^3$	$2000m^3$	$3000m^3$	$4000m^3$	$5000m^3$
6	5	17.6	198	320	500	644	876	1110	1310	1644	1928	2178
	10	35.0	98	160	250	322	438	554	654	822	964	1088
	15	52.6	66	106	166	214	292	370	436	548	642	726
	20	70.0	50	80	124	162	218	276	326	410	482	544
7	5	18.4	206	336	530	684	932	1184	1398	1760	2064	2334
	10	36.8	104	168	264	342	466	592	700	880	1032	1166
	15	55.4	70	112	176	228	310	394	466	586	688	778
	20	74.0	52	84	132	170	232	296	348	440	518	584
8	5	19.2	210	350	556	718	984	1252	1480	1864	2190	2478
	10	38.4	108	174	278	358	492	626	740	932	1094	1238
	15	57.6	72	116	153.6	238	328	346	492	620	730	826
	20	76.8	54	88	139	180	246	312	370	466	546	618

表 2　理论计算结果与井下微地震监测结果对比

井号	层位	射开厚度/m	液量/m^3	排量/($m^3 \cdot min^{-1}$)	理论计算结果			井下微地震监测				缝长误差/%	缝宽误差/%
					缝高/m	缝长/m	缝宽/m	缝高/m	缝长/m	缝宽/m	裂缝走向		
A	FI7	7.8	1200	7.1	19.5	282	63	30.0	266	66	NE96°	6.0	4.5
B	YII4	10.0	2700	7.3	18.3	506	73	10.0	520	71	NE85°	2.7	2.8

5　结论

（1）结合 Y 油田缝网压裂改造实践，建立了计算储层改造体积模型，计算了在不同施工排量、不同缝高、不同液量下形成的缝网长度及宽度，计算与井下微地震监测结果对比，缝长、缝宽误差在 10%以内，为 Y 油田缝网压裂方案设计提供指导。

（2）分析了影响缝网形态的地质和工程两大类因素。地质因素是决定因素，决定了滑溜水缝网压裂能否形成缝网，脆性指数高、水平主应力差小的储层更容易形成较大缝网体积；工程因素是控制因素，提高施工排量、增加净压力可增大缝宽，增大用液量可增加缝网的长度。在设计时需结合具体储层条件，优化施工排量及用液量。

参 考 文 献

[1] 陈远林，郭建春，魏星，等．清水压裂技术增注机理及现场应用[J]．断块油气田，2008，15(2)：116-117.

[2] 张豉，李文彬，刘亭．缝内转向技术在老井缝网压裂中的应用[J]．钻采工艺，2016，39(4)：41-44.

[3] 李玮，纪照生．暂堵转向压裂机理有限元分析[J]．断块油气田，2016，23(4)：514-517.

[4] 姚洪田，周洪亮，窦淑萍，等．低渗透油藏注水井有效压裂技术探索[J]．特种油气藏，2014，21(1)：127-130.

[5] 韦海涛．FulconFrac 全裂缝导流压裂新技术[J]．油气井测试，2018，27(04)：42-48.

[6] 林发枝．缝网压裂工艺在扶杨油层上的应用[J]．采油工程，2013，3(1)：1-5.

[7] 李素珍，曾思云，邓效国，等．福山复杂断块油气藏大型压裂工艺技术[J]．油气井测试，2019，28(01)：60-66.

[8] ULRICH Zimmer. Calculating Stimulated Reservoir Volume (SRV) with consideration of uncertainties in microseismic-event locations[C]. CSUG/SPE 148610，2011：1-13.

[9] Wen yue Xu，Joel Le Calvez，Marc Thiercelin. Characterization of Hydraulically-Induced Fracture Network Using Treatment and Microseismic Data in a Tight - Gas Formation：A Geomaechanical Approach[C]. SPE 125237，2009：1-5.

[10] Wen X，Kresse O，Cohen C. Modeling of Hydraulic Fracture Network Propagation in a Naturally Fractured Formation[C]. SPE 140253-PA，2011：368-380.

[11] 崔明月，刘玉章，修乃领，等．形成复杂缝网体积(ESRV)的影响因素分析[J]．石油钻采工艺，2014，36(2)：82-87.

[12] 姚洪田，周洪亮．自然伽马曲线在薄隔层压裂井中的应用[J]．石油工业技术监督，2018，34(8)：1-3.

[13] 温庆志，高金剑，李杨，等．页岩储层 SRV 影响因素分析[J]．西安石油大学学报(自然科学版)，2014，11(6)：58-63.

[14] 杨昕谅，周洪亮，肖立国，等．转向压裂井裂缝转向的影响因素分析[J]．科学技术与工程，2014，14(32)：198-202.

[15] 张丁涌，赵金洲，赵磊，等．重复压裂造缝的应力场分析[J]．油气地质与采收率，2004，11(4)：58-59.

[16] 张矿生，樊凤玲，雷鑫．致密砂岩与页岩压裂缝网形成能力对比评价[J]．科学技术与工程，2014，14(14)：187-189.

[17] 郭小哲，赵刚．页岩气藏压裂缝网模拟及沟通效果评价[J]．特种油气藏，2015，22(1)：99-102.

[18] 高志军，吴庭，陈付虎，等．裂缝型致密砂岩油藏缝网压裂技术试验[J]．断块油气田，2016，23(2)：221-225.

[19] 潘林华，程礼军，陆朝晖，等．页岩储层水力压裂裂缝扩展模拟进展[J]．特种油气藏，2014，21(4)：1-6.

[20] LOUCKS R G，REED R M，RUPPEL S C，et al. Morphology，genesis，and distribution of nanometer-scale pores in siliceous mudstones of the Mississippian Barnett Shale[J]. Journal of Sedimentary Research，2009，79(12)：848-861.

[21] RICKMAN R，MULLEN M，PETRE E，et al. A practical use of shale petrophysics for stimulation design optimization：all shale plays are not clones of the Barnett Shale[R]. SPE 115258，2008.

[22] 彭娇．影响致密油层缝网压裂储层改造体积的主要因素研究[D]．西安：西安石油大学，2016.

[23] ZHOU D S，ZHENG P，HE P，et al. Hydraulic fracture propagation direction during volume fracturing in unconventional reservoirs[J]. Journal of Petroleum Science and Engineering，2016，43(1)：82-89.

RTTS+Y241 分层改造技术在川西超深含硫气井中的应用

刘啸峰

（中国石化西南油气分公司石油工程技术研究院）

摘　要　川西海相雷口坡为超深、高温、高压、高含酸性腐蚀气体的碳酸岩储层，酸化改造是获产的主要手段。但由于其纵向上Ⅰ、Ⅱ、Ⅲ类储层交叉叠置，储层非均质性强，笼统改造无法达到产能评价目的，多趟管柱逐层测试作业时间长、成本高，无法满足降本增效的要求。为了实现一趟管柱分段改造，兼顾资料求取的目标，根据储层类型特征，通过封隔器及配套工具优选、多封隔器管柱受力分析、超高压施工参数优化设计等手段，形成了以国产机械式(RTTS)+液压式(Y241)封隔器组合分层测试管柱及应用技术。研究形成的管柱在彭州 103、马井 1 井应用成功，管柱经受了 155℃高温、112MPa 高压、长达 13 小时的作业，成功实现了储层的有效分段改造，为超深含硫气井分段测试评价提供了新的思路。

关键词　超深含硫；酸化改造；封隔器；分段

川西海相雷口坡属于超深、高温、高压、高含酸性腐蚀气体的碳酸岩气藏，其目的层雷口坡发育上、下两套主产层，产层内Ⅰ、Ⅱ、Ⅲ类储层交叉叠置，非均质性极强，前期实践证明酸化改造是获产的重要手段，但单一储层的评价不能有效的达到建产的目的。对于此类储层，传统做法是依靠单封隔器管柱逐层测试的方式，但其作业时间长、成本高，不满足油气田降本增效的要求。

本文根据川西海相勘探评价的实际需要，为实现一趟管柱分段改造、资料求取、安全可取的目标，通过封隔器及配套工具的评价优选、多封隔器管柱的受力分析、超高压施工参数的优化设计，优化形成了一套以“RTTS+Y241 封隔器组合实现分段、APR 测试工具实现资料求取”的分段测试管柱及作业技术，并在彭州 103、马井 1 井取得了成功应用，为超深含硫气井分段测试作业提供了重要的指导意义。

1　川西海相测试面临的难点

（1）层系多、非均质性强，多层系充分动用难度大(图 1)

川西雷口坡组气藏分为上下两套储层，其中下储层段夹层发育(6-15 层)，单层厚度薄(平均 1.8-2.39m)，Ⅰ、Ⅱ、Ⅲ类储层交叉叠置，非均质性强，由于各类储层应力差异大，依靠传统 APR 测试+暂堵酸化工艺，无法实现Ⅱ、Ⅲ类储层的有效动用，APR 逐层测试作业时间长、成本高，纵向上多层系的动用难度大。

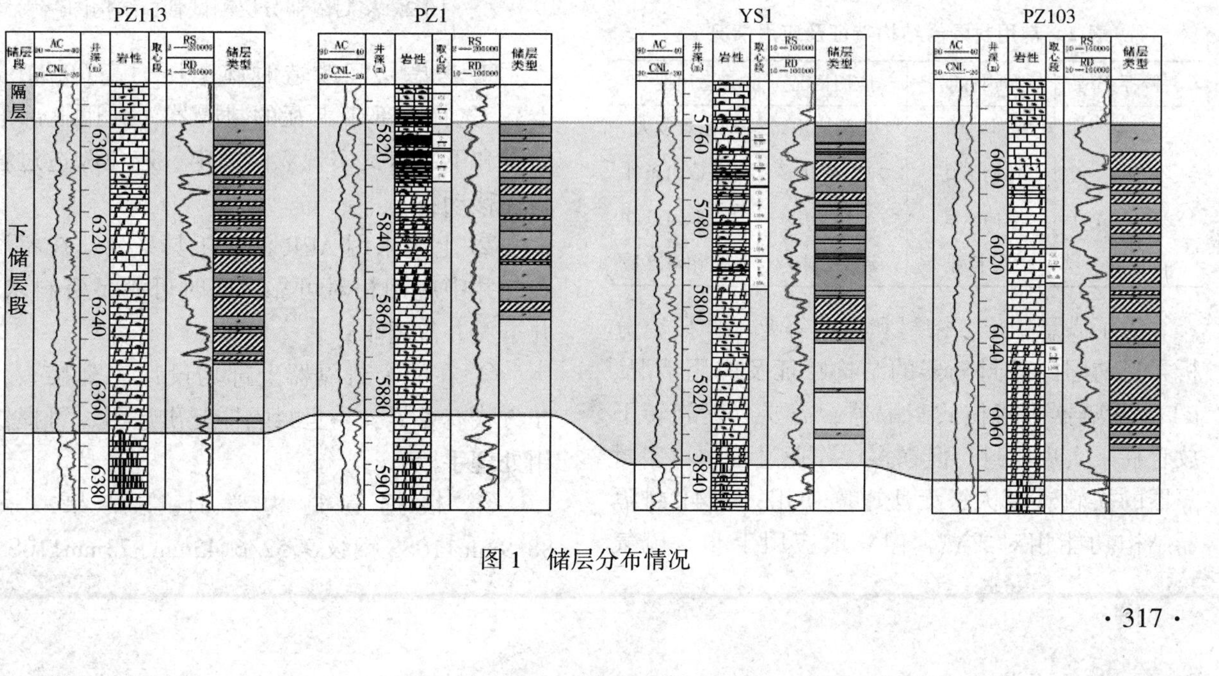

图 1　储层分布情况

（2）储层破裂压力高，Ⅱ、Ⅲ类储层压裂难度大，对工具性能要求高

前期实施井情况表明，川西海相雷口坡储层破裂压力异常高，非反应液体基本难以压开地层，即使酸液接触到地层后，依然存在试挤难度大的问题，需要一定的酸量进入地层才能建立稳定排量。同时，酸液的长时间作用可能对管柱及工具将造成严重的腐蚀伤害，影响气井的安全（表1）。

表1 施工井改造试挤情况

井号	预处理/m^3	试挤次数	建立稳定排量所用液量/（m^3）	压力下降所用酸液/（m^3）	压力/MPa
YS1	-	69	-	10	87↓65
YangS1	-	17	-	35	91.2↓70
PZ115	10	19	58	200	85-92

（3）勘探评价井对资料录取要求高

川西海相目前属于探勘评价阶段，测试过程中需准确求取地层的压力、温度和流体性质，需配套井下关井、下井下压力计等措施和工艺，为后续的开发评价提供依据。

2 RTTS+Y241 封隔器分层测试技术

2.1 工具优选及管柱组合设计

（1）测试封隔器优选

根据分层施工时管柱的受力情况分析，为了保障封隔器的密封效果，对于下封隔器：在改造下层过程中管柱受力向上，需带水力锚；改造上层过程中管柱受力向下，高压下受力超过管柱强度，需带卡瓦；对于上封隔器：改造上层时管柱受力向上，需带水力锚（表2）。

表2 常用封隔器结构特征及应用情况

封隔器类型	结构特征	应用情况	适用性
Y443	双向卡瓦	广泛应用	取出难度大
Y241	单向卡瓦	应用相对少	具备取出条件
Y221（RTTS）	单向卡瓦	广泛应用	具备取出条件
Y341	无卡瓦	应用相对少	取出相对容易

为了满足锁定、密封和可取等要求，研究分析了目前国内外封隔器的结构特征及应用情况。RTTS 封隔器为机械式封隔器，需要上提旋转下放管柱来实现座封，但在多层作业过程中，多封隔器的换轨难度大，无法串联使用；Y241 封隔器结构功能相对成熟，但一般应用于非含硫气井，考虑川西海相含硫气藏作业安全，必须保障顶部封隔器的密封性能，故设计之初未考虑采用国产 Y241 系列封隔器。综合考虑取出性、成本及应用成熟度，设计了 RTTS+Y241 封隔器组合来实现川西海相含硫气藏的分段改造。

（2）管柱组合设计

针对川西海相雷口坡气藏多层系、破裂压力高等难点，在对测试工具及测试工艺充分调研的基础上，根据地质目标、分段改造、资料求取、安全可取的需要，优化配套了超深含硫气井多封隔器分层测试管柱结构为：自由式伸缩节+OMNI 阀+RDS 阀+压力计托筒+RD 阀+震击器+液压旁通+上安全接头+RTTS 封隔器+下安全接头+销钉式伸缩节+压裂滑套+安全接头+水力锚+Y241 封隔器+球座（图2）。

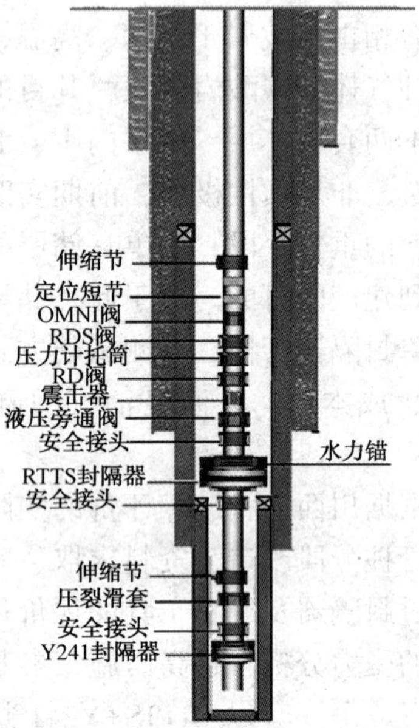

图2 多封隔器分层测试管柱结构图

① 考虑层间改造时施工压力高（95MPa 以上），选择下部带卡瓦的封隔器，利用上部的水力锚和下部卡瓦实现双向锁定，避免改造过程中管柱移动；

② 上部采用 APR 测试工具系列，在超深含硫气井中应用相对可靠，同时可满足资料求取，井下关井等要求；

③ 在两个封隔器上部均设计安全接头，倒扣方式有差异，一旦封隔器起出遇阻，可提供备用处理手段。

④ 根据管柱力学计算结果，采用 88.9mm110SS 钢级 9.52/6.45mm+73mm110SS 钢

级 5.51mm 气密扣油管组合，在井口限压 120MPa 的情况下，RTTS 封隔器上部管柱安全系数≥1.25，封隔器之间的管柱安全系数大于≥1.33，满足施工要求。

2.2 测试工艺技术

（1）替酸及座封工艺

川西海相雷口坡气藏面临高破裂压力的难题，酸液提前接触产层后可利于后期的酸压改造，管柱作业工艺中需考虑替酸降破的问题。

由于川西地区Ⅰ、Ⅱ、Ⅲ类储层破裂压力变化大，同时机械、液压式封隔器座封方式不同，设计先在防喷器的状态下座封 RTTS 封隔器，换装井口后根据储层类型进行 OMNI 阀替酸及连续油管替酸等方式。替酸到位后控制排量试挤酸液进地层，待可建立连续排量后投球座封 Y241 封隔器进行后续作业。

（2）压力控制技术

压力控制技术是超深井作业的关键，关系到施工安全、油层套管、试气管柱的安全可靠。改管柱组合与传统 APR 测试工具类似，以环空套管承压能力为基础，基于井内流体、井下工具耐压能力、油管和套管强度，通过不同工况下的测试工具的压力控制，保障管柱的安全。

由于配合超高压施工，所选工具耐压差均为 70MPa，故需根据 Y241 封隔器的座封前后状态，合理的控制不同排量下的试挤压力，避免两封隔器之间管柱及工具失效。

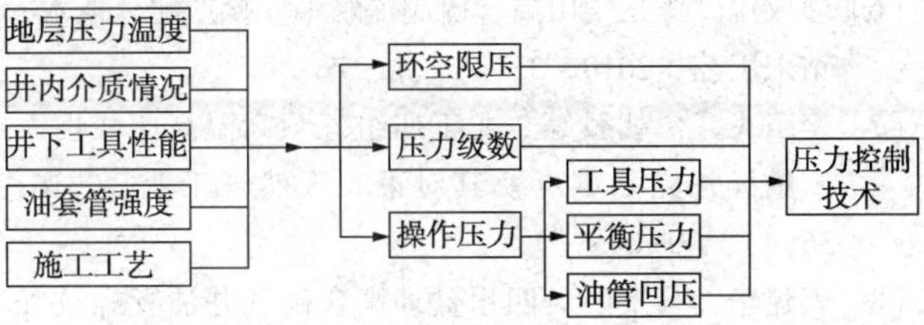

图 3 压力参数优化控制流程

（3）井控工艺技术

① 采用 105/140MPaEE 级采气树，并采用金属与橡胶密封相结合的复合密封方式。防喷器组合采用的方式为：半封闸板++剪切闸板+全封闸板+半封闸板；

② 采用 105+70MPa 二级地面流程，同时考虑双向放喷、分离计量、保温、正反压井循环、自动点火等功能。

（4）酸化工艺技术

① 酸化工艺

川西海相雷口坡储层非均质性强，为达到评价储层和取得地层参数的目的，需针对下储层进行分段酸压改造，实现储层长井段充分改造，同时单段内采取大规模“多种酸+非反应液交替注入酸压工艺”，实现解除近井带污染和深度改造。

② 酸化防腐措施

试挤阶段降破酸采用新型高效缓蚀剂，经实验表明在 160℃、14h 条件下中使用，可有效减缓酸液对 110SS 管材的腐蚀，确保施工过程中的管柱安全。

表 3 施工井改造试挤情况

实验条件	相态	失重（g）	腐蚀速率 mm/a	平均腐蚀速率 mm/a
160℃ 14h	液相	0.08583	5.77877	6.045
		0.09477	6.25551	
		0.09253	6.10059	

3 现场应用

MJ1 井是四川盆地川西坳陷某构造的一口评价井，井型为直井，采用套管射孔完井，完钻井深 6299m，井筒为 193.7mm 套管悬挂 139.7mm 尾管。

该井上、下储层均有显示段，两段岩性及储层类型存在差异，储层以二、三类为主。为了提高改造效果，实现长井段充分改造，需进行分段改造。根据前期井的施工情况，可能存在酸液到位后仍无法压开储层的风险，同时由于储层埋藏深，温度高，存在分段管柱失效的风险，分段改造难度极大。

（1）工艺及施工过程

为了实现上、下储层的分层改造，在 MJ1 井采用了 140MPa 井口、RTTS+Y241 封隔器管柱分 2 段进行储层改造的技术方案，下储层施工压力 60-102MPa，排量施工排量 2-5m^3/min，停泵压力 35MPa，上储层施工压力 58.2-76MPa，施工排量 3-5m^3/min，停泵压力 40.6MPa，分层效果明显。

（2）试气效果

本次施工共注入液体 1771m^3，本井累计排出液体 468m^3，返排率 24.92%，改造后两层合测成功。应用的 RTTS、国产 Y241 封隔器等配套工具成功经受了 155℃高温、最高压力 102MPa、1771m^3酸液规模的恶劣作业工况，酸化后求产，获无阻流量 143×10^4m^3/d。该井压井后成功取出井内管柱，采用电子压力计准确求取了地层压力资料，满足了分层改造、合层测试、资料求取、可取的技术要求。

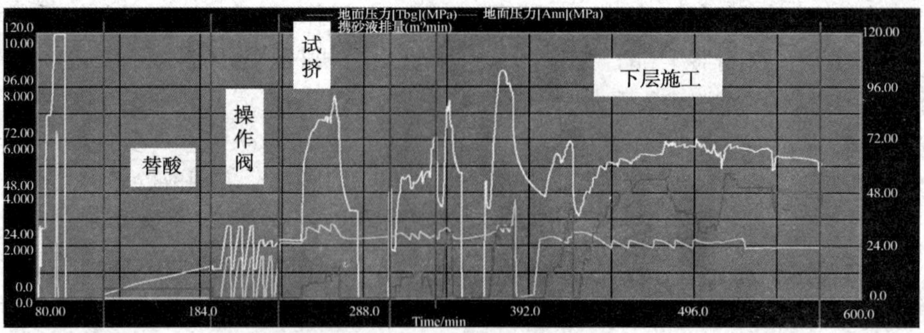

图 4　MJ1 井下储层施工情况

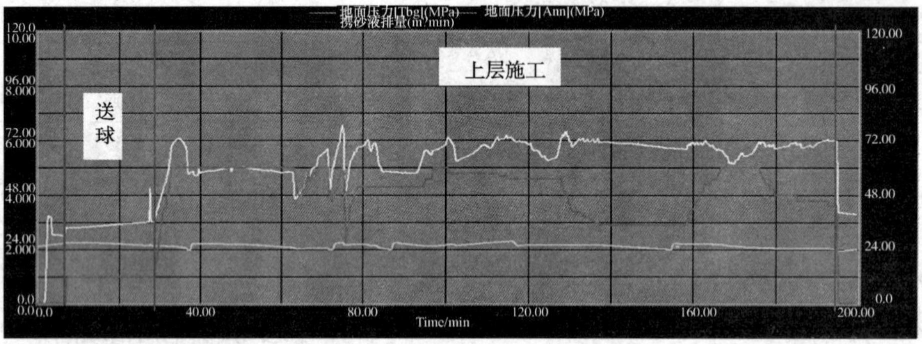

图 5　MJ1 井上储层施工情况

该管柱是继彭州 103 井后的又一次成功应用，证明了 RTTS+Y241 管柱及工艺在超深含硫气井分层改造中的可靠性和适应性，为下步超深含硫气井分段测试评价提供了新的思路。

4　结论

（1）超深含硫气井多封隔器分层改造管柱经受了 155℃高温、102MPa 高压、长达 13h 的恶劣工况作业，满足了分层酸化、资料求取、安全可取的要求，在改造、求产及关井期间，油套压变化正常，证实了管柱的可靠性；

（2）封隔器机械分段酸化工艺可成功解决长井段非均质储层充分改造的难题，保证不同类型储层的有效改造；

（3）实践证明了高产液压封隔器在超深含硫气井中的可靠性，为后续含硫油气藏开发国产工具的推广奠定了基础。

参　考　文　献

[1] 李相芳．高温高压井测试技术[M]．北京：石油工程出版社，2007：122-157.

[2] 苏镖，赵祚培，杨永华．高温高压高含硫气井完井试气工艺技术研究与应用[J]．天然气工业，2010，30(12)：53-56.

[3] 陈琛，曹阳．元坝气田超深高含硫水平井测试投产一体化技术．特种油气藏，2013，20(1)：129-131，138.

[4] 沈琛．川东北超深高酸性气田勘探开发工程技术[J]．中国工程科学，2010，12(10)：29-34.

[5] 米强波，伊向艺，罗攀登等．塔中超深致密砂岩油藏水平井分段压裂技术[J]．西南石油大学学报，2015，37(2).

[6] 廖成锐．普光气田高含硫超深水平井投产配套技术．钻采工艺，2010，33(4)：56-58.

[7] 李玉飞，佘朝毅等．龙王庙组气藏高温高压酸性大产量气井完井难点及其对策．天然气工业，2016，36(4)：60-64.

[8] 郭建华，马发明．四川盆地高含硫气井油管螺纹气密封性能评价与应用-以龙岗气田为例[J]．天然气工业，2013，33(1)：128-131.

[9] 何春明，胡峰，刘哲．深层海相碳酸盐岩储层水平井分段酸压技术研究[J]．油气井测试，2013，22(5)：5-9.

[10] 许小强，陈琛，戚斌等．川东北高温高压含硫超深气井测试技术实践[J]．钻采工艺，2009，(32)：53-55.

[11] 何生厚．复杂气藏勘探开发技术难题及对策思考[J]．天然气工业，2007，27(1)：85-87.

薄互层低渗透油藏大规模组合压裂配套技术研究与应用

于法珍　杨广雷　陈　斌　王营营

（中国石化胜利油田分公司）

摘　要　纯梁油田低渗透油藏分布广泛，地质动用储量约2亿吨，占全厂总储量的58.4%。由于薄互层低渗透油藏单井投产自然产能低，压裂开发技术成为此类油藏改造必不可少的一项重要工艺措施，但因纯梁油田薄互层低渗透储层砂体发育零散、砂泥交互、纵向层数多、厚度薄，压裂裂缝形态复杂、难以控制，给压裂工艺带来了诸多难点。本文重点围绕薄互层低渗透油藏特征，开发难点，论述了压裂工艺技术的发展与优化，着重阐述了滩坝砂、浊积岩、裂缝性等大规模压裂整体配套技术，针对储层改造难点，提出了压裂整体配套组合工艺模式改造技术，针对不同类型的油藏特征优化压裂配套技术，从压裂方式、裂缝形态、加砂规模、施工排量等因素进行了分析，通过技术人员的不断优化，取得了较好的压裂效果。

关键词　低孔低渗的薄互层油藏；滩坝砂；浊积岩；压裂；高导流

1　纯梁油田低渗透油藏概况

1.1　地质概况

纯梁油田地处东营凹陷的边缘，主力生产层系沙三中和沙四段，具有油藏类型多、岩性复杂、储层物性差等特征。多年勘探结果表明发现的储量、产能建设动用的储量，都是以低渗透为主，而未动用的石油地质储量中，低渗透油田储量占的比例更大(具体见表1)，如何尽快使未动用的低渗透油田的储量得到高效投入开发，这对于采油厂每年的原油上产稳产工作具有十分重要的意义。

表1　近几年勘探、产能建设、未动用储量

年份	勘探			产能建设			未动用储量		
	低渗透	其他	合计	低渗透	其他	合计	低渗透	其他	合计
2015	461	41	502	425	0	425	496	52	548
2016	189		189	125	0	125	496	52	548
2017	2199	400	2599	833	400	1076	1862	52	1914
合计	3349	441	3790	1383	400	1626	2854	156	3010
	低渗透占88.4%			低渗透占85.1%			低渗透占94.8%		

近年来，采油厂投入开发的低渗透油藏，主要集中高89块、樊144块、梁8块、梁4块、纯化油田纯4-5组等区块，都属于低孔低渗的薄互层油藏，其中高89块、樊144块属于低品位油藏。这些区块的油井，大部分原始自然产能低，有的甚至没有自然产能，常规压裂改造效果不理想，为此，采油厂工艺、地质技术人员解放思想，大胆创新，针对不同区块特点、压裂改造开发的难点，有针对性地对大规模压裂工艺技术进行了优化和配套，逐步形成了适合于纯梁低渗透油藏特点的大规模压裂整体配套技术，提高了低渗透和特低渗透油藏的整体开发效果，为采油厂新区产能建设做出了巨大的贡献，同时，也为下步低渗透油藏的有效开发提供了有力的技术支撑。

1.2　储层改造难点

国内外一般称渗透率低于$50\times10^{-3}\mu m^2$的储层为低渗透油层；随着我国投入开发的低渗透油田愈来愈多，根据这些油田储层特征及开发动用情况，又进一步细分为：10×10^{-3}～$50\times10^{-3}\mu m^2$的储层为低渗透，1×10^{-3}～$10\times10^{-3}\mu m^2$的储层为特低渗透，小于$1\times10^{-3}\mu m^2$的储层为微渗透。纯梁采油厂产能建设的几个主力区块(梁112块、高89-1块、高891块、梁108块、纯107块)，油层埋藏深度在2670-3400m之间，平均渗透率在0.38-5.8之间，平均孔隙度在8.9-16之间，原始地层压力在35.8-41.8之间。油层埋藏深，渗透率低，孔隙度低，原始地层压力高，属于常温高压低孔特低渗透油藏。由于这些低渗透油藏原始自然产能低，有的甚至没有自然产能，不进行压裂改造无法得到有效开发。具体见表 2。

表 2　纯梁采油厂新区储层物性对比表

区块	主要含油层系	油藏埋深/m	含油面积/km^2	孔隙度平均值/%	平均渗透率/($10^{-3}\mu m^2$)	泥质含量/%	原始地层压力/MPa	油藏类型
梁 112 块	ES4	2670-2850	5.8	16	2.5	8.4	38.87	特低渗透构造岩性油藏
高 89-1 块	ES4	2810-3100	3.15	10.9	0.38	/	41.8	特低渗透砂岩油藏
高 891 块	ES4	2700-2900	4.4	8.9	4.7	/	40.85	低孔超低渗透油藏
纯 107 块	ES4	2850-3100	3.7	14.2	5.8	7.8	35.8	低渗透层状构造油藏
梁 108 块	ES4	2880	1.1	15.2	2	7.8	42.5	特低渗透构造岩性油藏

纯梁油田薄互层低渗透油藏压裂改造难点有四个方面：

(1) 多层、薄层发育，砂泥岩交互层，平均单层厚度仅 1.1m，平均小层数 10 个以上，储层和隔层应力差小，缝高不易控制，常规压裂技术改造，由于缝高失控，造成储层内的有效铺砂浓度低，有效裂缝长度短，压裂改造后产量递减快，经济效益差，典型区块有高 89 块、纯 4-5 组；

(2) 压裂施工规模难以提高。低渗透油田低孔、低渗，非均质性强，需要形成一条长缝提高产能。而老油田注水强度大，高、低含水层分布复杂；新油田裂缝发育，易形成多条小裂缝，难以实现造长缝的目标；

(3) 储集层类型为裂缝、孔隙双重介质，特低渗透率储层，裂缝垂向延伸严重，高度难以控制。压裂层物性差，隔层薄，层间非均质性严重，有效控制裂缝高度难度大。典型区块有花古 102 块；

(4) 地层敏感性强，油层改造和油层保护之间矛盾突出。由于孔喉较小，对于层内黏土膨胀，反应沉淀物及进地层液体所携带的机械残渣物的堵塞伤害比较敏感，在油层改造的同时，如何搞油层保护工作，将二次伤害程度降到最低非常关键。

2　浊积岩油藏裸眼多级分段压裂工艺优化

浊积岩油藏典型区块为樊 154 块，该块主力生产层位为沙三中 2 砂组，平均油藏埋深 2800 米。储层特点表现为：单层厚度大，主力小层 21 小层砂体厚度达到 10 米以上；物性差，平均孔隙度 14.9%，平均渗透率 $1.1\times10^{-3}um^2$，为低孔特低渗透储层。

由于储层特低渗透，注水难度大，因此樊 154 块为弹性开发单元，为进一步释放储层产能，该块采用裸眼多级分段压裂工艺。

2.1　优化完井管柱段数和封隔位置

利用油藏数值模拟技术，计算樊 154 块极限供油半径为 54.5m，分段压裂水平井两条裂缝间距为 109m，因此根据水平井段长度优化分段段，每段间隔 100m，如樊 154-平 1 井水平段长度为 1200m，需要压裂 12 段。

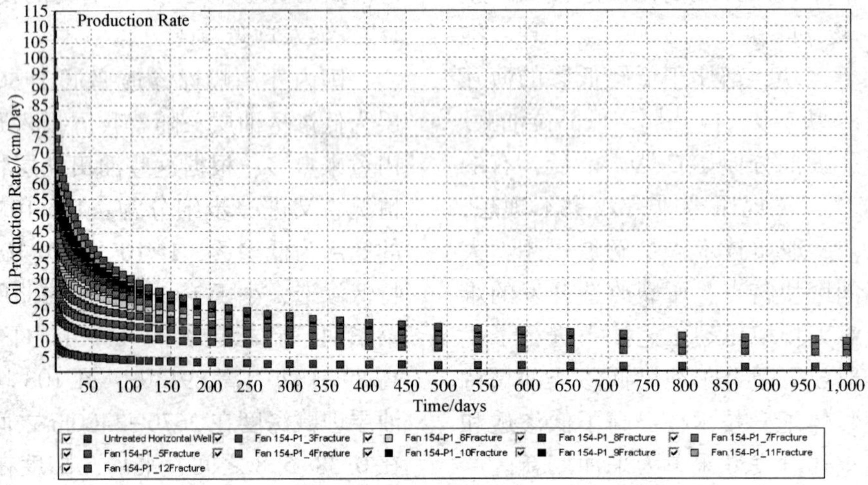

图 1　樊 154 平 1 井井身结构示意图

同时选择井眼质量好的位置卡封封隔器，选择储层物性好的部位放置滑套，达到有效封隔、有效改造的目的(详见表3)。

表3　樊154-平1井分段压裂段数及分段间隔表

序号	1	2	3	4	5	6	7	8	9	10	11	12	
滑套设计位置/m	2895	3002	3110	3225	3333	3435	3502	3627	3725	3815	3915	4010	
滑套间距/m	/	107	108	115	108	102	67	125	98	90	100	95	
封隔器设计位置/m	2855	2960	3075	3175	3275	3360	3473	3555	3675	3775	3860	3960	4066
封隔器间距/m	/	105	115	100	100	85	113	82	120	100	85	100	106

2.2　缝高控制优化

为了有效控制缝高下延，避免压穿下部2号砂体，利用樊154-7井的测井资料计算了垂向应力剖面，开展了压裂参数的优化。例如：距顶4米储层压裂优化，模拟显示裂缝向下延伸，为避免压开底部15米厚的水层，优化加砂29吨，缝高控制39.57米，达到了在控制缝高的前提下，尽量加大加砂量，确保了缝长的足够延伸(见图2)。

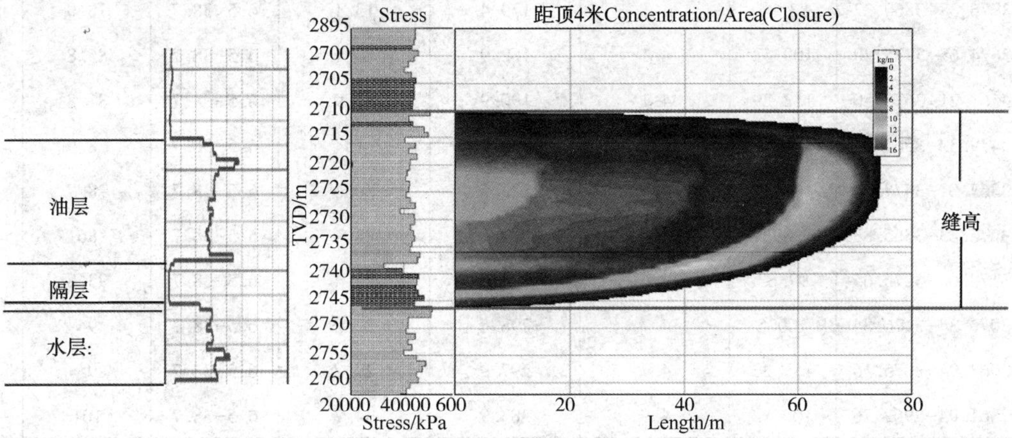

图2　距顶4m储层压裂模拟图

2.3　前置液优化

樊154平1井小型压裂采用阶梯排量升和阶梯排量降测试技术，共泵注Viking D压裂液106m^3，加Carbolite陶粒1.9m^3，泵注排量0.5-3.8m^3/min，停泵测压降106min，至裂缝闭合。通过采用G函数和平方根分析，确定闭合压力44.4MPa，压裂液效率22%。从小型压裂测试结果来看，压裂液效率偏低，反映裸眼储层滤失大，加砂压裂时适当增加前置液比例，由46%提高至60%。

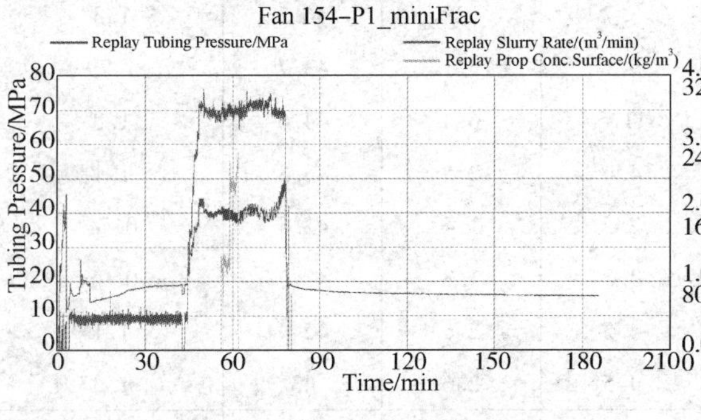

图3　小型压裂测试曲线图

2.4　施工排量优化

结合分段压裂工具的球与球座具体尺寸，要求投球能顺利通过以上各部，并且在保证工具性能前提下，主要考虑各级球座的推荐最大排量，樊154-平1井各段施工排量优化控制在3.8-4.9m^3/min(见表4)。

表4　樊154-平1井各级球座及最大施工排量设计表

球座内径/in	球座内径/mm	推荐最大泵注排量/(m^3/min)
1.15	29.21	3.82
1.275	32.39	3.98
1.4	35.56	3.98
1.525	38.74	4.13
1.65	41.91	4.13
1.775	45.09	4.29
1.9	48.26	4.45
2.025	51.44	4.45

续表

球座内径/in	球座内径/mm	推荐最大泵注排量/(m^3/min)
2.15	54.61	4.61
2.275	57.79	4.77
2.4	60.96	4.93

2.5 应用效果

(1) 优化结果

通过压裂尺寸计算、小型压裂测试及工具性能要求三个方面，优化的各段排量 3.8–4.9m^3/min，各段加砂规模 9.4–34.7m^3，砂比 6.5%–38.7%，压裂液 2770.8m^3，Carbolite 30/50 支撑剂 240.3m^3。具体各段参数优化情况详见表 5。

表 5 樊 154–平 1 井各段压裂参数设计优化表

序号	井段/m	跨度/m	排量/m^3/min	压裂液用量/m^3	加砂规模/m^3	砂比/%	模拟缝长/m	模拟缝高/m
MiniFrac	3959.21–4065	105.79	3.8	97	2	6.5–10		
1	3959.21–4065	105.79	3.8	128.6	9.4	6.5–38.7	61.8	29.3
2	3861.40–3958.03	96.63	4	126.1	11.3	6.5–38.7	71.2	27.3
3	3776.38–3860.22	83.84	4.1	149.4	13.1	6.5–38.7	78.9	26.9
4	3674.68–3775.20	100.52	4.1	162.9	14.1	6.5–38.7	85.8	29.7
5	3561.21–3673.50	112.29	4.1	190.9	16.9	6.5–38.7	81.8	29.3
6	3479.32–3560.03	80.71	4.3	165.7	15	6.5–38.7	78.9	28.6
7	3367.01–3478.14	111.13	4.4	225.5	20.6	6.5–38.7	78.7	33.8
8	3276.83–3365.83	89	4.4	272.5	24.4	6.5–38.7	86	33
9	3178.02–3275.65	97.63	4.6	271.8	24.4	6.5–38.7	93.8	31
10	3076.34–3176.84	100.5	4.7	298.6	27.2	6.5–38.7	94	32.2
11	2963.94–3075.16	111.22	4.7	297.9	27.2	6.5–38.7	95	32
12	2861.94–2962.76	100.82	4.9	383.9	34.7	6.5–38.7	101	36
合计				2770.8	240.3			

(2) 实施效果

共计实施 10 口井，初期平均单井日产油 24.2t，阶段末平均单井日产油 3.3t，区块累产油 15×10^4t。

与周围临井相比，水平井自喷期产能是相邻直井的 7–10 倍(见表 6)。

表 6 与周围临井效果对比表

序号	井号	实施效果						累油/($\times10^4$t)
		初期			目前			
		液量/m^3	日油/m^3	含水/%	液量/m^3	日油/m^3	含水/%	
1	樊 154 平 1	179	76	57	11	4.4	60.3	2.35
2	樊 154 平 2	94.5	40.6	57	9.6	3.7	61.4	2.4
3	樊 154 平 3	57.7	17.7	70.4	3.7	2	46.5	1.3
4	樊 154 平 4	76.5	33	56.8	9.1	5.1	43.7	1.79
5	樊 154 平 5	31.3	16	49	11.5	6.4	44.6	1.8
6	樊 154 平 6	11.7	3.6	69.2	4.4	2.5	43.3	1.1
7	樊 154 平 7	12.3	4.7	62	2.5	1.4	42.5	0.74
8	樊 154 平 8	52.8	16	69.7	3.2	1.8	43.5	0.98
9	樊 154 平 9	27.5	14	49	4.5	2.6	42.4	1.1
10	樊 154 平 10	49.9	20.5	59	4.5	2.6	43	1.3
平均			24.2			3.3		1.5

3 滩坝砂油藏直井大规模机械分层压裂工艺优化

典型区块高 892 块，该块主力生产层位为沙四上，平均油藏埋深 3000－3200m，平均渗透率 $0.3\times10^{-3}-1.0\times10^{-3}um^2$，平均孔隙度 7.6%－8.0%（详见表 5、表 6）。储层特点表现为：(1)层多，小层个数普遍 10 个以上；(2)层薄，平均厚度 1-1.6m；(3)岩性不纯，泥质含量高，最高可达到 50%以上；(4)压裂层段跨度大，大于 50m。由于以上特点对于压裂井的缝高控制、大规模加砂都带来了一定的难度，2010 年曾尝试过水平井压裂工艺，因为在纵向上难以沟通各小层，导致压裂效果不好；2011-2012 年开始尝试直井大规模笼统压裂工艺，初期平均单井日产油 6.5 吨，见到了一定的压裂效果；2012 后期开始应用机械分层压裂工艺，每层压裂规模相对较小，平均单层加砂 $20m^3$左右，实施后初期平均单井日产油 7 吨，但随着开发储层品味越来越差，单一一种压裂工艺无法大幅度提高单井产能，为进一步改造储层，2017 年开始我们推广优化了直井大规模机械分层压裂工艺，该项工艺技术是大规模压裂与机械分层压裂的组合压裂工艺。

表 7 高 892-1 取芯物性分析表

井段 m	距顶 m	孔隙度 %	水平渗透率 $10^{-3}\mu m^2$	备注
3022.00～3026.40	1.07	11	0.044	泥岩
3062.50～3069.60	0.22	9.6	1.41	
3062.50～3069.60	2.45	7	1.39	
3062.50～3069.60	3.42	6.7	0.06	泥岩
3062.50～3069.60	4	6.6	0.272	
3062.50～3069.60	5.4	2.8	0.067	泥岩

表 8 高 892-3 取芯物性分析表

井段 m	距顶 m	孔隙度 %	水平渗透率 $10^{-3}\mu m^2$	备注
3155～3163	0.25	6.6	0.126	干层
3163～3170.5	4.6	7.9	0.318	干层
3163～3170.5	6.46	3.5	0.066	泥岩
3225～3229.1	0.27	8.3	0.237	干层
3229.13～3234.2	4.75	3.2	0.066	泥岩

3.1 解决如何分层问题

（1）依据测井资料分压裂层段

依据测井图上显示压裂段跨度大小；自然伽马、声波等曲线判断砂岩纯度，分析每一层的压裂起缝难度；微电极、微电位判断物性好坏。我们对于储层跨度大、物性差异大、造缝难度不同的井段采用分层压裂工艺，可分为 2 段、3 段、4 段等压裂工艺，如高 892 斜 11 井分 2 段压裂。

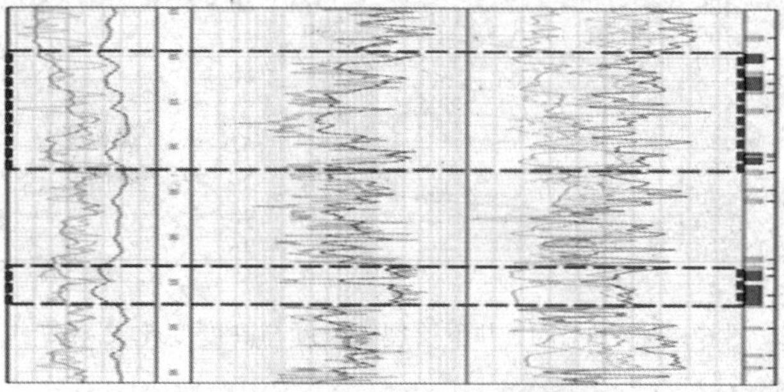

图 4 高 892 斜 11 井测井图

（2）依据地应力分析确定分层段数

应用 gohfer 软件模拟地层应力，分析隔层遮挡应力差值，选择地应力高的区域作为隔层，如梁 755 井根据地应力分析，将该井分为 3 段压裂。另外，对于遮挡性差的储层优化射孔，力求做到抓住主要层段，减少射孔簇数，控制多条裂缝同时起裂和延伸，必要时放弃一些层段，确保分层合理性和改造的效果。

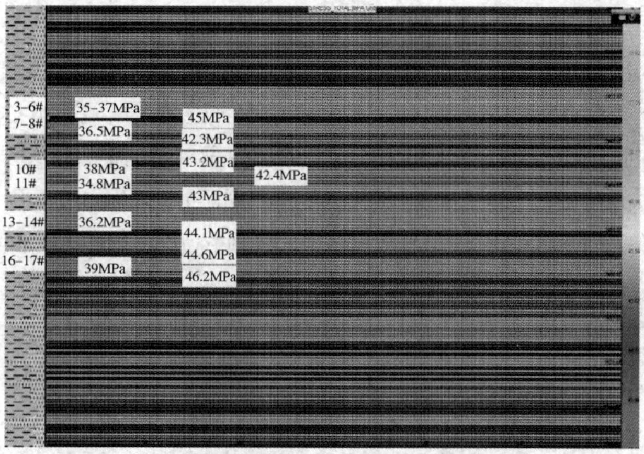

图 5 梁 755 井地应力模拟图

3.2 加砂规模优化

高 892 块为特低渗油藏，储层致密，主要压裂思路以造长缝来提高单井产能。因此，该块主要以大规模压裂方式为主。做了不同加砂规模下支撑缝长与支撑逢高的变化曲线，得出最佳改造缝长(即随着加砂量继续增加，缝长增长变缓，对产能贡献率变差)，从而确定最佳加砂量，确保效益最大化。

高 892 斜 12 井做了 5 套加砂规模程序，通过绘制该井缝长与缝高变化曲线，发现加砂规模达到 40m³ 以后，裂缝长度不再增加，缝高增加速度明显加快，不利于储层的有效加砂与缝高控制，为此，最后确定下层加砂规模不大于 40m³，缝长可达到 160m。

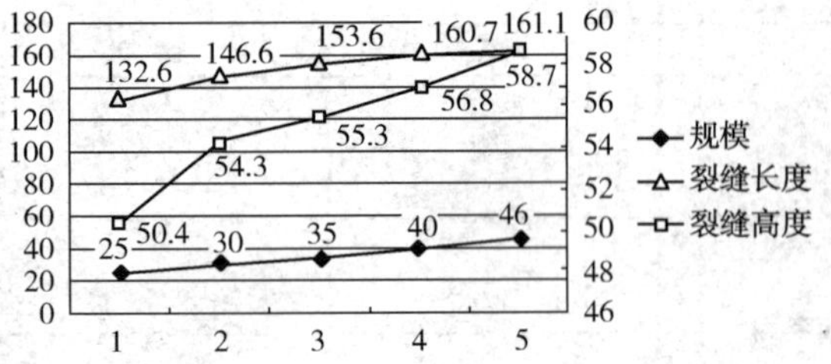

图 6　高 892 斜 12 井下层裂缝长度与高度变化关系图

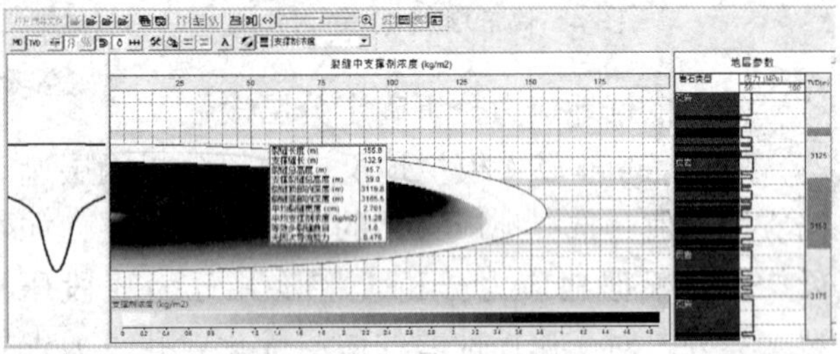

图 7　高 892 斜 12 井下层压裂模拟图

3.3　缝高控制优化

缝高控制是分层压裂的关键技术，施工排量是影响缝高的关键参数。由于该块主要执行大规模压裂工艺，需要一定的施工排量来支撑缝宽，为控制缝高，该块主要实行变排量施工。例如：高 892 斜 4 井井机械分层压裂井第一段施工排量的优化，做了两种排量计算，如图 8、图 9。可以看出排量 3.0m³/min 缝高控制较好，为最佳起泵排量。

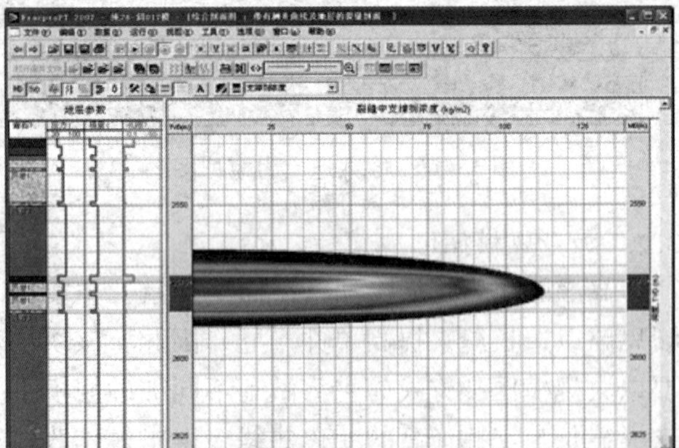

图 8　排量为 3.0m³/min

3.4　层间暂堵压裂技术优化

针对分段后，每段各小层间还存在压裂改造差异大的现象，分段压裂时部分储层未压开问

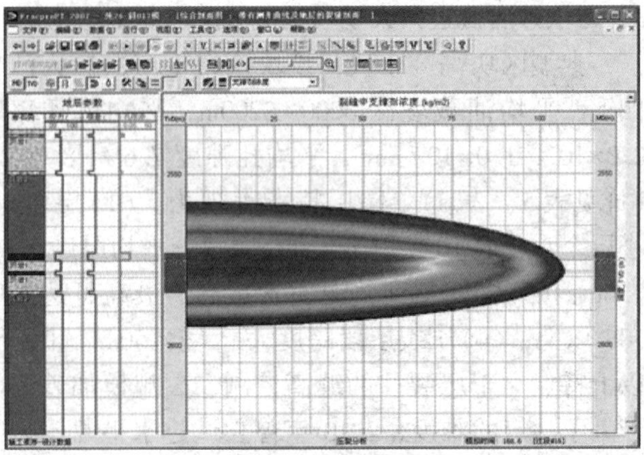

图 9　排量为 4.0m³/min

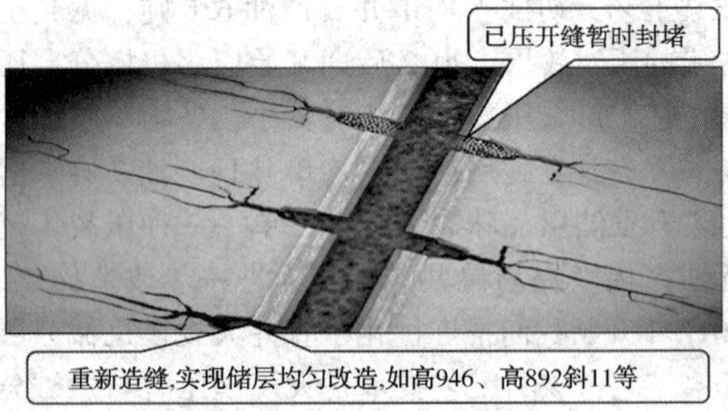

图 10　暂堵压裂裂缝模拟图

题，推广应用了层间暂堵压裂工艺，目的是使每段内各小层压裂更精细重新造缝，实现储层均匀改造，如高 946、高 892 斜 11 等井。

3.5　应用效果

典型区块 G89 地区，2017-2018 年实施大规模机械分层压裂井 5 口，初期平均单井日油 19.3 吨，目前平均单井日油 8.2t，与前期压裂井日油 7 吨相比，初期日油增加 12.3t，取得了很好的压裂效果。

表 9　2017-2018 年压裂效果统计表

序号	井号	初期产量			目前			累产油/t
		日液/t	日油/t	含水/%	日液/t	日油/t	含水/%	
1	G946	40	32	20	11.5	11	4	12605
2	GX949	13	10	23	7.2	6.3	13	1168
3	G892X11	36	31.3	13	13.7	13.3	3	2802
4	G892X16	18.5	17	8	6.1	6	2.4	3958
5	G892X18	8	6.3	21	4.8	4.6	4.5	2672
平均			19.3			8.24		4641

4　致密裂缝油藏“体积+高导流”组合压裂工艺优化

典型区块花古 102 块，该块主力含油层段为上古生界二叠系上石盒子组奎山段。平均油藏埋深2300-2400m，平均渗透率0.28×10^{-3}um^2，平均孔隙度7.56%，属于低孔、特低渗油藏。

表10 花古102井岩心分析物性表

序号	井段/m	地质院		测井公司（核磁）		对比	
		孔隙度	渗透率	孔隙度	渗透率	孔隙度	渗透率
		%	10^{-3} μm^2	%	10^{-3} μm^2	%	10^{-3} μm^2
1	2370.00-2378.20	7.13	0.17	5.67	0.09	-1.46	-0.08
2	2378.20-2386.30	8	0.4				
平均		7.56	0.28				

储层特点表现为：(1)裂缝发育，缝宽1~3mm，偶见孔洞，裂缝面附近见棕黄色油迹、油斑，含油不均匀，该块属于裂缝—孔隙型双重介质储层；(2)储层致密，花古102井取芯显示上部灰白色石英砂岩，致密，无显示；下部见紫红色泥岩；(3)储层厚度大且横向连通性好，单层厚度大于5m以上。

针对于该块油藏致密性、裂缝性的特点，推广应用了"体积+高导流"组合压裂工艺，主要目的是在目的层造体积缝、长缝来沟通储层裂缝，从而释放储层产能。

4.1 体积缝压裂工艺优化

（1）体积压裂可行性评价

应用体积压裂评价方法，开展了脆性指数分析，计算了可压指数，如花古102井计算可压指数0.60，接近体积可压裂级别I类，体积可压裂性评价为中等偏上。

表11 体积压裂评价方法

可压裂级别	脆性指数	脆性矿物指数	应力各向异性	天然裂缝	可压指数	可压裂性评价	储层压裂液选择
Ⅲ	0.1-0.3	0.20-0.30	1.5	不发育	0.18-0.32	低	交联液
Ⅱ	0.3-0.6	0.30-0.50	1.3	中等发育	0.36-0.58	中等	滑溜水/线性胶+交联液
Ⅰ	0.6-0.8	0.50-0.80	1.1	发育	0.62-0.82	高	滑溜水+交联液

续表

可压裂级别	脆性指数	脆性矿物指数	应力各向异性	天然裂缝	可压指数	可压裂性评价	储层压裂液选择
花古102井	0.48	0.87	1.1	发育	0.60	中等偏上	线性胶+交联液

（2）施工排量优化

常规压裂裂缝为线性裂缝，垂直于最小水平应力方向；而体积压裂裂缝为网状缝，即在原有的裂缝基础上，再建立一组垂直于最大水平应力方向的裂缝。这就需要克服最大、最小水平应力差值，当地层附加的净压力大于最大最小主应力差时就会在产生一组垂直于最大水平应力方向的裂缝。花古101-斜2井最大最小主应力差为2-11MPa，依据花古101斜2井最大最小主应力差分析结果，施工排量优化为9m^3/min，产生附加净压力8MPa，满足了建体积缝要求。

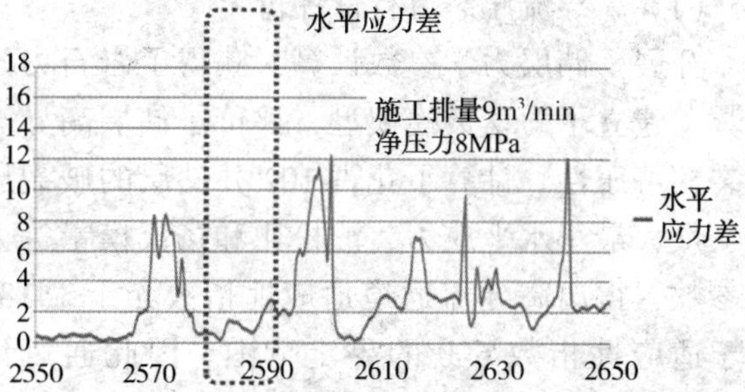

图11 花古101斜2井最大最小水平应力差曲线图

（3）改造体积优化

依据地质构造井网要求，尽可能提高改造体积。模拟了花古102井40m^3、60m^3、80m^{3}条件下体积裂缝参数，改造体积分别为0.45×10^6m^3、0.95×10^6m^3、1.2×10^6m^3。虽然加砂80m^3，改造体积增大，但由于缝高控制难以控制，向上突破严重，不利于压裂后增产，为此优化加砂60m^3。

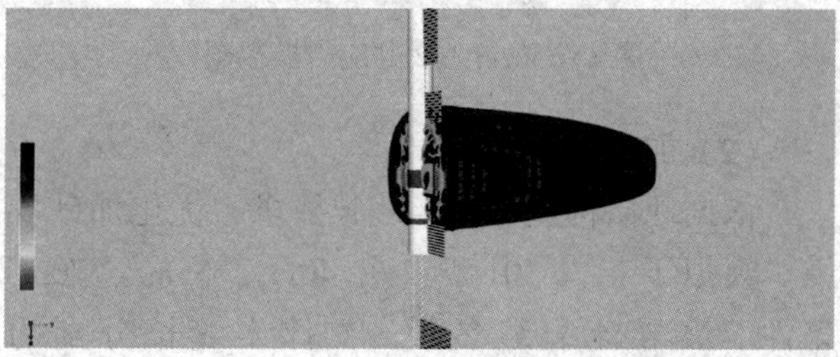

图12 花古102井40m^{3}条件下三维模拟图

图 13　花古 102 井 60m³ 条件下三维模拟图

图 14　花古 102 井 80m³ 条件下三维模拟图

4.2　高导流压裂工艺优化

（1）高导流压裂可行性评价

开展了储层力学参数计算，获得了岩石力学参数，建立了力学数模模型，评价了储层高导流压裂的可压性。计算了花古 102 井储层的破裂压力、最大最小水平应力、泊松比和杨氏模量等力学参数，得出高导流通道适应性指数介于 1418，大于适应性指数 600 的界定范围。因此通过计算，该井主裂缝设计适合采用高导流通道压裂技术，以提高裂缝导流能力。

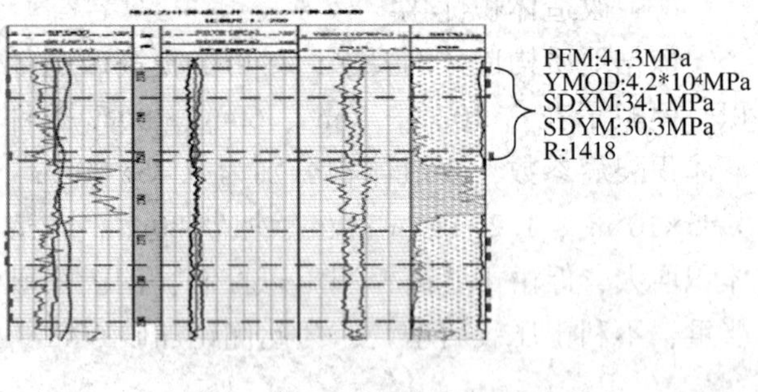

图 15　花古 102 井应力模拟图

（2）加砂规模优化

依据地质构造井网半缝长要求，优化加砂规模。模拟了花古 101 斜 2 井 40m³、55m³、70m³ 条件下高导流裂缝参数，支撑半缝长分别为 151m、181m、202m。依据井网半缝长 180m 的要求，优选加砂规模 55m³。

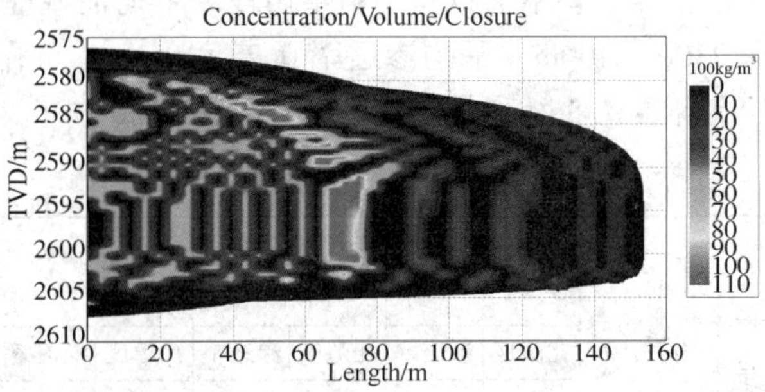

图 16　花古 10 斜 2 井 40m³ 条件下压裂裂缝模拟图

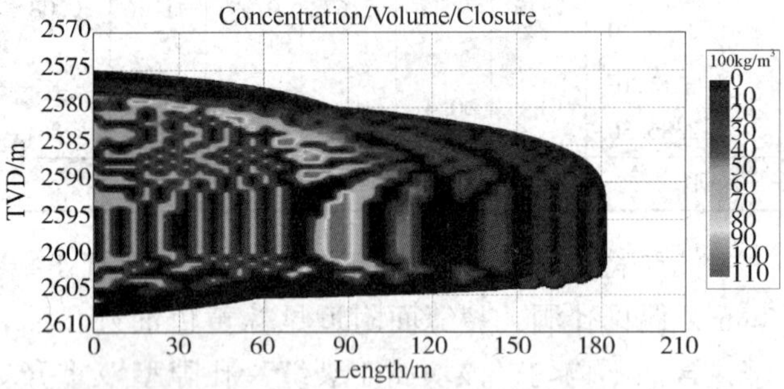

图 17　花古 10 斜 2 井 55m³ 条件下压裂裂缝模拟图

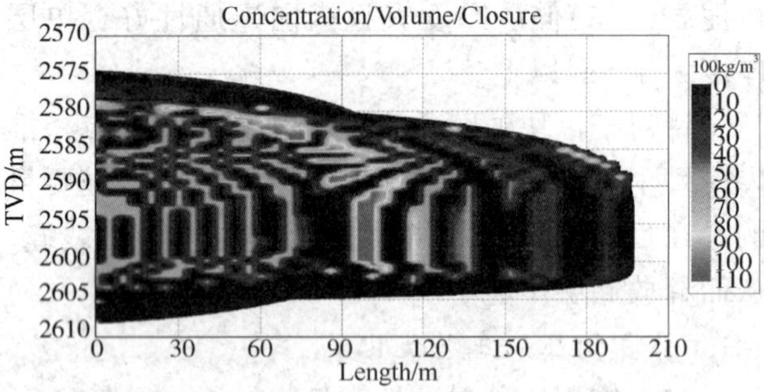

图 18　花古 10 斜 2 井 70m³ 条件下压裂裂缝模拟图

表 12　花古 101-斜 2 井不同加砂量下模拟结果表

砂量/m³	支撑缝长/m	支撑缝高/m	改造体积/10⁶m³
40	151	30	0.51
55	181	33	0.65
70	202	34	0.8

（3）泵注程序优化

图 19 显示常规加砂裂缝内支撑为“点”支撑，导流通道在各砂粒之间，而高导流加砂裂缝内支撑为“柱”支撑，导流通道在各砂团之间。每个砂团之间的导流能力是无限大远远高于砂粒之间的导流能力，有利于致密储层产能的提高。

要实现压裂后的高导流，就要进行压裂泵注程序优化。一是通过脉冲加砂方式（支撑剂段塞注入），即在泵注液体不停的情况下，加砂与停砂交替进行。通过计算，在体积缝的情况下，施工排量 8m³/min 的条件下，每停砂 1min，各砂团可达到 5mm 以上，极大提高了裂缝导流能力；二是加砂时伴注纤维，促使砂粒成团，进一步实现高导流加砂。

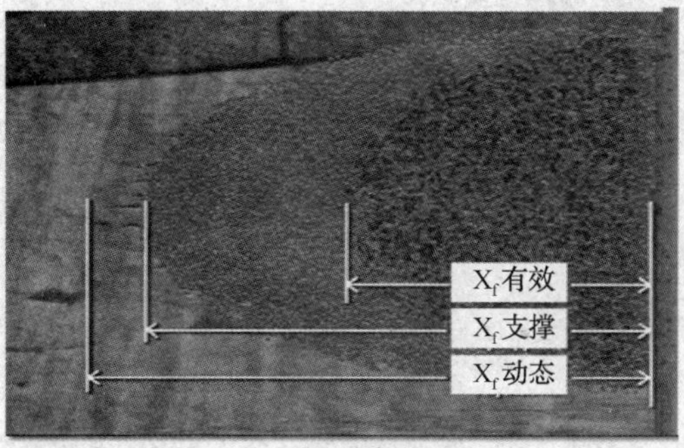

图 19　高导流加砂与常规加砂模拟形态图

4.3　应用效果

2016-2018 年在花古 102 块实施“体积+高导流”组合压裂工艺井 3 口井，平均单井初期日产油 12.7t，目前平均单井日产油 4.7t，累产油 1.77×10^4t，使原来难以开发花古 102 块得到有效开发。

表 13　花古 102 块压裂效果统计表

序号	井号	压裂工艺	初期产量			目前产量			累油
			日液/t	日油/t	含水/%	日液/t	日油/t	含水/%	($\times10^4$t)
1	HG102	体积+高导流	21.6	19	12	6	5.6	7	1.1
2	HG101X4	体积+高导流	14	11	21.5	3.8	2.9	23	0.24
3	HG6	体积+高导流	11.2	8.2	27	19.8	5.7	71	0.43
合计			46.8	38.2		29.6	14.2		1.77
平均			15.6	12.7		9.8	4.7		

5　结论与认识

采油厂低渗透储层区块多，其地质条件不尽相同，从 20 世纪 90 年代，就开始推广优化压裂工艺。改造初期，我们优选区块的储层特征主要表现为，储层厚度大，砂岩岩性纯，地层能量充足。优选压裂工艺以小规模压裂开发为主。随着储层条件的变差，地层能量下降，储层改造难度越来越大，因此需要不断优化工艺来满足不同的地质条件需要。经过科研人员的不断优化，先后经历了水平井压裂、连续油管压裂、裸眼多级分段压裂、直井机械分层压裂、高导流压裂、体积压裂等多项工艺技术创新。

(1) 纯梁低渗透储层地质条件复杂，经过 20 多年的压裂工艺发展，技术人员针对储层的不同特征采取了多样化的压裂工艺，取得了很好的压裂效果。

(2) 规模越来越“大”。随着区块的逐渐开发，储层品味以及地层能量都越来越低，想要获得同样的产能，改造规模越来越“大”。由初期的 7-8m³ 上升到目前的 90m³。

(3) 配套工艺越来越“精”。配套技术从笼统——投球暂堵——机械分层——裸眼封隔器——泵送桥塞——高导流——体积压裂，压裂工艺呈现多样化现象，对储层的改造越来越“精”。

参考文献

[1] 孙海成，胥云，蒋建方等．支撑剂嵌入对水力压裂裂缝导流能力的影响[J]．油气井测试，2009，18(3)：8-10.

[2] 曲占庆，周丽萍，曲冠政等．高速通道压裂支撑剂裂缝导流能力实验评价[J]．油气地质与采收率，2015，22(1)：122-126.

[3] 王香增主编，特低渗油藏采油工艺技术．石油工业出版社，2013.12.

[4] 蒋建方，陆红军等．羧夹击羟丙基瓜尔胶压裂液的高温性能评价．油田化学，2011.3.

[5] 唐汝众，温庆志，苏建等．水平井分段压裂产能影响因素研究，2010，38(2)：80-83.

[6] 郑云川，陶建林等．苏里格气田裸眼水平井分段压裂工艺技术及其应用．天然气工业，2010 年 12 期.

[7] 张英芝，杨铁军，王文昌．特低渗透油藏开发技术研究．北京：石油工业出版社，2004.

[8] 朱维耀，鞠岩，赵明等．低渗透裂缝性砂岩油藏多孔介质渗吸机理研究[J]．石油学报，2002，23(6)：56-59.

[9] 祝春生，程林松，阳忠华等．特低渗透砂岩油藏渗流特征性研究．见油气地质与采收率，2008.

[10] 温庆志，张士诚，王雷等．支撑剂嵌入对裂缝长期导流能力的影响研究[J]．天然气工业，2005，25(5)：65-68.

长庆超低渗透油藏老井宽带压裂优化设计及矿场实践

达引朋[1,2] 赵振峰[1,2] 卜向前[1,2] 王 飞[1,2] 卜 军[1,2] 黄 婷[1,2]

(1. 中国石油长庆油田公司油气工艺研究院；2. 低渗透油气田勘探开发国家工程实验室)

摘 要 受储层物性及投产压裂裂缝影响，超低渗透油藏水驱呈条带状分布，侧向油井水驱效果差，难以建立有效的注采驱替系统，油井长期低产低效，区块整体开发效益差。本文在对典型超低渗透油藏储层地质及生产特征分析和井组剩余油分布、动态地应力研究的基础上，提出了老井宽带压裂技术思路，通过建立基于泄油半径计算合理裂缝带宽的方法，确定了典型超低渗透油藏B153区块老井宽带压裂裂缝形态；形成了以“缝端暂堵控缝长、缝内动态暂堵压新缝、压前补液提能量”为主要特征的宽带压裂技术模式。现场实践表明，与常规压裂相比，带宽增加30-50m，复杂因子由0.22提高到0.5左右，日增油提高0.4t/d，且稳产效果好，有效提高了低产井单井产量，改善连片低产区油藏整体开发效果，为长庆超低渗透油藏老井实现高效开发提供了技术支撑。

关键词 超低渗透油田；宽带压裂；地应力；形成复杂裂缝条件；提高单井产量

鄂尔多斯盆地超低渗透油藏具有物性差(0.3-1.0mD)、压力系数低(0.85)，启动压力高、渗流能力差等特征，目前产量已占长庆油田原油总产量近1/3，是油田5000万吨长期稳产的重要基础。李书恒等人阐述了超低渗透油藏开发技术对策，提出“超前注水、缩小井距、提高注采井数比、提高人工裂缝长度与导流能力”的开发思路，并在Z9井区c8油藏进行了成功试验，为后期长庆油田超低渗透储层的规模开发奠定了基础。但随着开发时间的延长，受储层致密、人工裂缝等因素影响，采用菱形反九点井网(480m×130m)开发的超低渗透油藏注采系统难以建立，单井产量持续下降，严重影响了油藏的整体开发效益。为了提高单井产量，前期采用常规的重复压裂技术手段，措施后有效率低于80%，单井日增油<1.0t/d，且递减快，产出投入比低，无法实现改善开发效果目的。为此，笔者以B153区块超低渗透C6油藏为例，在井组剩余油分布、动态地应力研究的基础上，提出了宽带压裂技术思路，通过优化裂缝系统，明确了B153区块老井宽带压裂裂缝形态；同时，通过物模实验，形成了以“缝端暂堵控缝长、缝内动态暂堵压新缝、压前补液提能量”为主要特征的宽带压裂技术模式，为超低渗透油藏低产井提高单井产量、改善油藏开发效果探索了新的技术途径。

1 研究区块概况

B153区所处的区域构造单元属鄂尔多斯沉积盆地陕北斜坡南部，三叠系延长组C6油层。该油藏油藏埋深1520~2290m，油层厚度达到15~30m，平均厚度近19.7m，分布稳定，油层组储层物性差，孔隙度一般在8%~15%，平均11.52%，渗透率集中在0.1~1.0mD之间，平均0.40mD，总体上属于低孔隙度、超低渗透率储层。油藏最大主应力方向为北东NE67°，采用480m×130m井网布井，菱形反九点法面积注水，超前注水方式进行开发。该区2008年投人开发，2009年开始大规模投产。目前在开发过程中主要面临以下问题[1]：

(1) 储层物性较差(<1.0mD)，压力系数低(0.85)，且启动压力高、孔喉细微，非达西渗流特征明显，渗流阻力大，定向井常规压裂投产后单井产量低(2.0t/d)；

(2) 有效驱替系统建立缓慢，油藏压力保持水平低，油井投产后初期递减大(25-50%)，长期生产后呈现“低采出程度、低采油速度”的现状。

(3) 水驱范围小，裂缝侧向剩余油富集。计算表明，当基质渗透率0.3mD、初始地层压力16MP时，油藏的有效渗流距离为36m，当压力下降至10MPa时，生产压差逐渐降低至难以克服启动压力，流体有效渗流距离减小为16m(如图1所示)。因此，常规压裂裂缝附近36m以上范围剩余油富集，挖潜潜力大。

$$L=\frac{P_e-P_w}{G_p}$$

式中 L——有效渗流距离，m；

P_e——地层压力，MPa；

P_w——井底流压，MPa；

G_p——启动压力梯度，MPa/m。

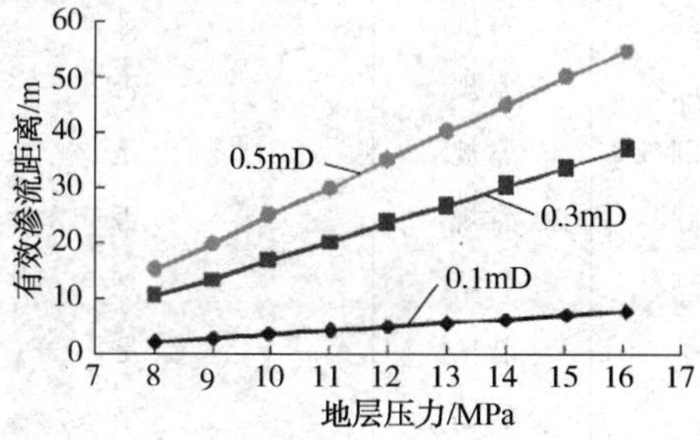

图1 不同地层压力与有效渗流距离曲线

针对超低渗油藏储层物性差、有效驱替系统建立缓慢、裂缝侧向剩余油富集的特征，提出了老井宽带压裂技术思路，即通过工艺技术优化，形成以初次人工裂缝为主缝，以开启天然裂缝和新的人工裂缝为支缝的复杂裂缝形态[2-3]，增加重复压裂裂缝带宽，动用侧向剩余油，从而实现提高低产井单井产量、改善油藏开发效果的目的。

2 增加裂缝带宽条件分析

水力压裂裂缝形态受多种因素(如结构弱面与走向及倾向、三向应力差异、岩石脆性等)影响[2-3]。要形成复杂裂缝网络，先决条件是水平两向应力差较小、天然微裂缝发育及岩石脆性指数较高，同时要配合压裂工艺、施工参数[4-5]。天然微裂缝、岩石脆性属于储层固有特性，以B153储层为例，其天然裂缝为0.76-1.08条/m，脆性为40%，有利于形成较为复杂的裂缝系统。而水平两向应力则受长期注采影响，地层中的流体流动受压力发生变化，会使得地层变形，从而造成水平两向应力差发生变化。

2.1 长期注采条件下水平两向应力差研究

选取典型的G127-160井组为计算单位，井排距480m×130m，油井产量数值来源于实际生产数据，分别取值0.95~1.61m^3/d，将不同时期油井产量平均化后认为是该油井一天的产量。通过油藏模拟程序得到该井网在不同注采阶段的孔压变化情况，再使用模拟软件进行应力场计算，得到该井网注采一定时间后的应力场分布，主要包括水平应力差的平面和剖面分布特征。

根据水平两向应力差模拟结果，原始储层两向应力差为5MPa，长期注采8年后储层内应力场出现条带状分布。可以划分出具有代表性的三个条带：即靠近油井老裂缝附近低压力、低应力条带，油水井之间高含油饱和度条带和靠近水井附近高压力、高应力条带(如图2)。以G127-162井两向应力差计算结果为例，老裂缝侧向30m内，应力差下降约1-2MPa，应力差值降低为3-4MPa；而老裂缝侧向30m外，受注水影响，应力差≥5MPa(如图3)。因此为了增加裂缝带宽，动用中间高含油带的剩余油，就要使重复压裂裂缝突破低应力区，进入较高应力区。

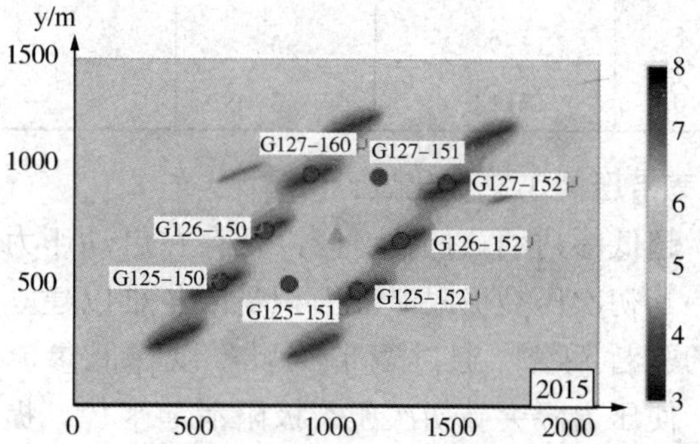

图2 注采8年后水平应力差平面分布图

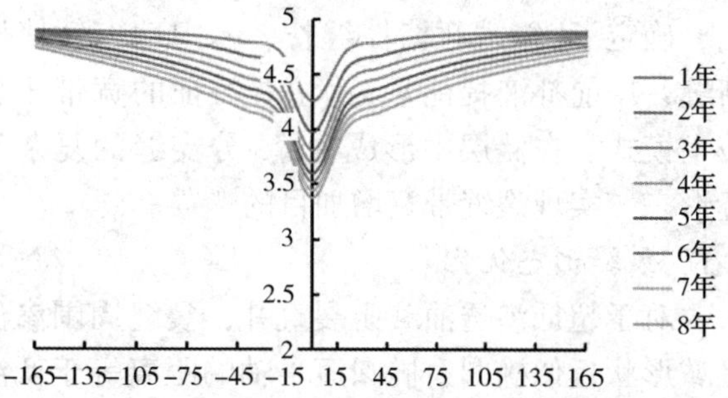

图3 G127-162井水平应力差随注采变化剖面图

2.2 形成侧向新缝物理模拟实验

为了研究重复压裂裂缝由低压区进入高压区的技术条件，室内采用不同配比的灰水泥、白水泥和砂预制材料A和材料B，分别模拟高应力区与低应力区，试件分为三层，底层与顶层施加相同的地应力，中间层施加较小地应力，呈现出底层与顶层为高应力区、中间层为低应力区(如图4)。室内分别设计10组物模实验方案，分别考虑应力差、排量、压裂方式三个因素对裂缝侧向延伸的影响。结果表明，当应力差≤3MPa时，增大排量可实现裂缝由低应力区扩展至高应力区；当两向应力差>5MPa，采用暂堵和提升排量提高缝内净压力，可形成主缝+分支缝的复杂裂缝，从而实现裂缝由低应力区向高应力区延伸、增加裂缝带宽、挖潜剩余油的目的(见表1)。

表1 物模实验结果表

编号	三向应力/MPa	应力差/MPa	注液速率/(ml/min)	压裂液黏度	压裂方式	是否由低应力区扩展至高应力区
1	17-13-9	4	2	2%胍胶	常规	否
2	17-11-11	0	2	2%胍胶	常规	是
3	17-11-11	0	变排量	2%胍胶	常规	是
4	17-11-9	2	2	2%胍胶	常规	否
5	17-11-9	2	变排量	2%胍胶	常规	是
6	17-14-9	5	2	2%胍胶	常规	否
7	17-14-9	5	变排量	2%胍胶	暂堵	是
8	17-12-9	3	—	—	暂堵	是
9	17-9-12	3	—	—	暂堵	是
10	17-12-9	3	—	—	暂堵	是

3 宽带压裂工艺优化设计

超低渗透油藏低孔低渗以及存在启动压力梯度，其初次压裂极限泄油面积受限，难以建立有效的驱替系统。通过宽带压裂可以降低渗流阻力，使压力降突破初次压裂极限泄油半径，提高产能。根据以上物模实验结果，在考虑B153区块老井长期注采、地层压力保持水平等因素影响，确定了“缝端暂堵控缝长、缝内动态暂堵压新缝、压前补液提能量”为主要特征的宽带压裂技术模式，在储层中形成主缝+分支缝的复杂裂缝形态，实现裂缝带宽增加目的[6-10]。

3.1 裂缝形态优化

对于超低渗透油藏压裂直井，裂缝周围渗流区域形状近似椭圆，椭圆短半轴的距离等于低渗透基质未压裂所能驱动的半径距离 R_{max}，椭圆长半轴为短半轴长加裂缝半长。因此，重复压裂要达到增产目的，需突破该泄油面积(如图4)，即重复压裂裂缝最小带宽大于基质未压裂所能驱动到的半径距离，裂缝带长大于投产压裂半长和基质未压裂所能驱动到的半径距离之和。

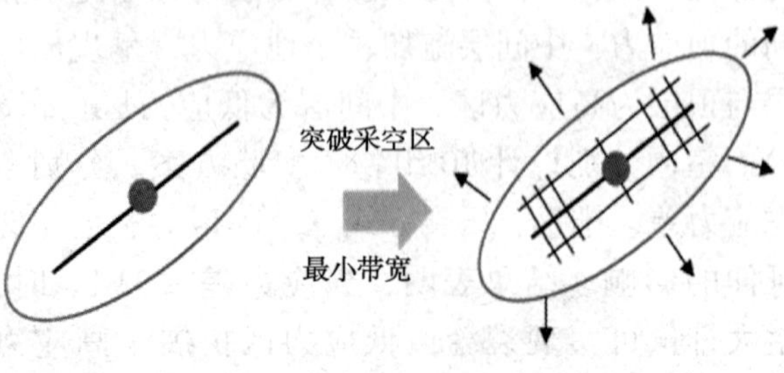

图4 合理最小压裂带宽研究示意图

考虑启动压力梯度和应力敏感效应，利用油藏工程方法计算投产压裂泄油面积。

椭圆长轴：$a=R_{max}+L_f$

椭圆短半轴：$b=R_{max}$

其中，
$$R_{\max}=\frac{(p_e-p_w)(e^{-1.3\alpha_k p_w}-{}^{-1.3\alpha_k p_e})}{G_P} \quad (1)$$

式中 $R_{\max}$——基质未压裂所能驱动到的半径距离，m；

L_f——投产压裂裂缝半长，m；

P_e——油藏压力，Mpa；

p_w——生产井流压，Mpa；

α_k——应力敏感常数；

G_P——启动压力梯度，MPa/m。

按照B153区块C6油藏渗透率0.3mD，生产压差15MPa，启动压力启动为0.695MPa/m，主裂缝半长120m进行计算，根据式(3-1)可得到了椭圆短半轴为16.26m，长半轴为136.26m，即宽带压裂最小裂缝带宽16.26m，最小裂缝带长为136.26m。

3.2 缝端暂堵优化

采用Stimplan压裂软件，以G127-160井为例，模拟不同排量(2.0-6.0m^3/min)条件下压裂裂缝动态缝宽变化。结果表明，在压裂前20min内，动态缝宽变化幅度较小，平均为4mm，随着泵注时间的延长，动态缝宽逐渐增大(如图5所示)。同时，动态裂缝宽度随施工排量的增加而增大，为确保缝端暂堵效果，实施缝端暂堵时应适当降低施工排量(不超过4.0m^3/min)；

为了确保裂缝端部封堵效果，室内研发了多尺度KDD系列堵剂，根据室内评价结果，优化了以40-70目堵剂为主(占比72%)，其他70-100目、10-20目和6-10目堵剂为辅的堵剂粒径组合。同时，利用纤维压裂液携砂、降低沉降速度的原理，采用 0.6% 浓度纤维压裂液携带 KDD 堵剂，沉降速率 0.5%/min，提高堵剂长距离的运移能力。

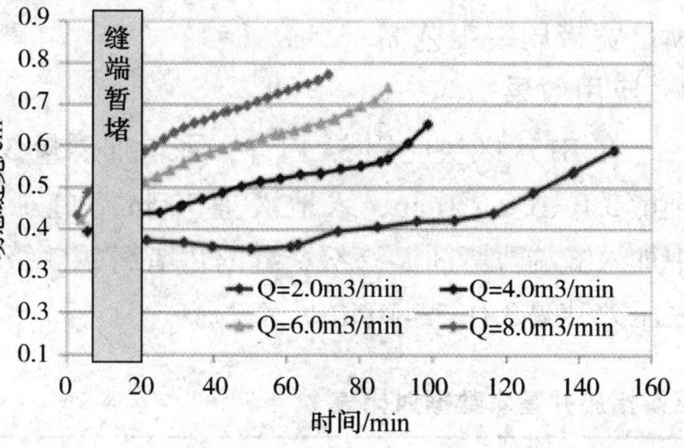

图 5　缝端暂堵时机优化图

3.3　缝内动态暂堵优化

长期注采后地应力场变化，要挖潜裂缝侧向剩余油，迫使重复压裂裂缝由低应力区向高应力区延伸，关键是要提高缝内净压力。根据 Warpinski 和 Teufel 提出的破裂准则，当天然裂缝发生张性断裂时，所需的缝内净压力为：

$$p_n > \frac{\sigma_H - \sigma_h}{2}(1-\cos 2\theta) \qquad (2)$$

式中　p_n——净压力，MPa；

σ_H——最大水平主应力，MPa；

σ_h——为最小水平主应力，MPa；

θ——天然裂缝与水平最大主应力方位夹角，°。

按照老裂缝侧向 30m 外应力差≥5MPa 的实际情况，通过 2 方面技术对策提高缝内净压力。一是实施“全程、动态、多级”暂堵压裂，即缝内净压力≤Δσ 时，实时加入缝内暂堵剂，提升缝内净压力 3MPa 以上；二是通过优化参数，建立了 B153 油藏长 6 储层不同油藏厚度条件下净压力与施工排量关系曲线图(如图 6 所示)。当排量为 3.0－6.0m³/min 时，净压力可达到 2－3MPa。通过以上 2 种技术手段，确保缝内净压力达到 5MPa 以上，满足产生侧向新缝的力学条件。

在缝内暂堵阶段，主要采取常规交联胍胶液体携带低密度、高强度、可降解暂堵剂，全程动态加入 2~3 次。该暂堵剂以聚乳酸为主要原料，单颗粒承压>40MPa；采用添加淀粉等辅料，降低密度至 1.0－1.2g/cm³；60℃ 地层水条件下，7 天完全降解，无残渣。通过岩板试模拟实验结果看出，在动态缝宽 6mm 时，该堵剂均能运移至裂缝内部产生桥堵，且升压幅度最高达到 15MPa。

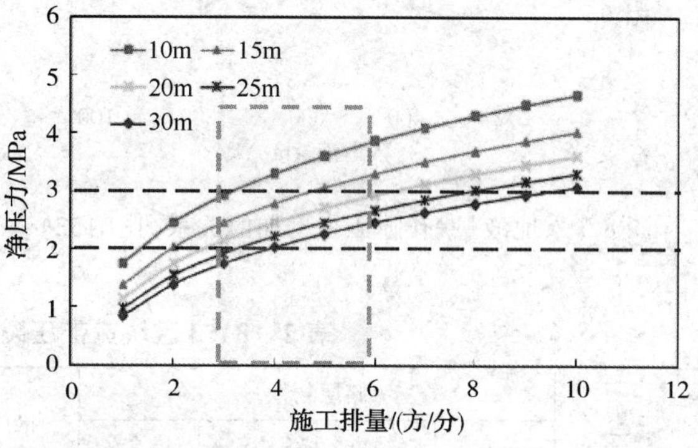

图 6　不同储层厚度下净压力与施工排量关系曲线

3.4　补能液优化

室内模拟表明，采用泵注前置驱油压裂液的方式，可有效的提高近井地带地层压力，有利于裂缝由低压区新高压区延伸。随着注入量的增加，孔压相应增加，提高了地层能量。入地液量参考油井采出量、基质渗透率和注水能量保持水平计算[11]。

$$V = \mu_s V_k = 130.4K_o - 0.1258V_k \qquad (3)$$

式中　V——压裂入地液量，m³；

V_k——单段亏空液量，m³；

K_o——基质渗透率，mD。

结合井下微地震监测结果，优化压裂液注入量为 500－800m³。监测结果表明，在相同缝长、缝高条件下，裂缝带宽在 60-90m 之间，超出了投产压裂泄油面积所覆盖区域，且地层压力能够提升 0.3-0.5MPa(如图 7、图 8 所示)。

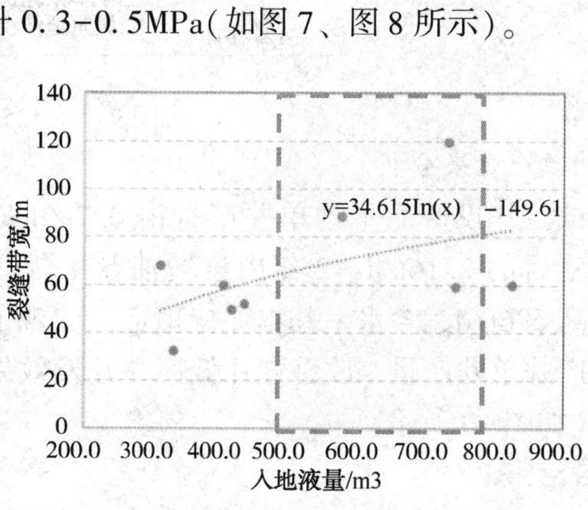

图 7　入地液量与带宽标定关系图

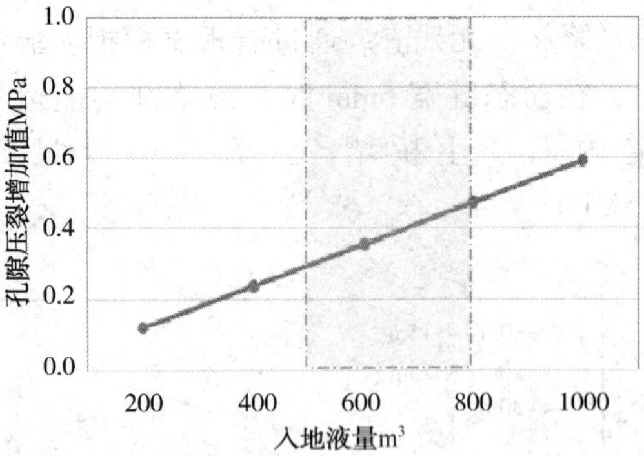

图 8　入地液量-孔隙压力增加值关系图(B153)

为了实现以上目的，室内自主研发了驱油剂 EOS-3 体系，优化浓度为 0.2%-0.30%。室内岩心评价实验表明，与常规压裂液相比，驱油剂 EOS-3 的渗吸置换效率由 32.0%提高至 53.2%，界面张力又 1.5mN/m 下降至 0.16mN/m，性能满足宽带压裂工艺需求。

4　应用效果

在 B153 区块应用 53 口井，平均加砂量 55m³，排量 3.0-6.0m³/min，入地液量 700m³。施工过程中加入缝端暂堵剂 1~2 级，缝内暂堵剂 2~3 级，井底压力升幅 3.0-5.4MPa(见表 2)。

表 2　B153 区块宽带压裂与常规压裂措施井基本数据对比表

工艺类型	储层物性				措施前累产油/t	措施改造参数					
	油层厚度/m	孔隙度/%	渗透率/mD	泥质/%		砂量/m³	排量/(m³/min)	入地液量/m³	缝端暂堵级数	缝内暂堵级数	缝内暂堵升压/MPa
宽带压裂	22.4	11.23	0.38	14.50	2664	55	3.0-6.0	680	1~2	2~3	3.0~5.4
常规压裂	21.2	10.80	0.35	15.60	2429	50	2.0-3.0	242			

4.1　井下微地震测试结果分析

为认识超低渗透油藏老井宽带压裂的裂缝扩展形态，开展了井下微地震压裂裂缝监测。测试结果对比分析，采用宽带压裂工艺技术，裂缝半长 110-130m，裂缝带宽 60-100m(如图 9 所示)。与常规压裂相比，带宽增加 30-50m；裂缝复杂因子由 0.22 提高到 0.5 左右，表明实现了控制缝长、增加带宽的目的。

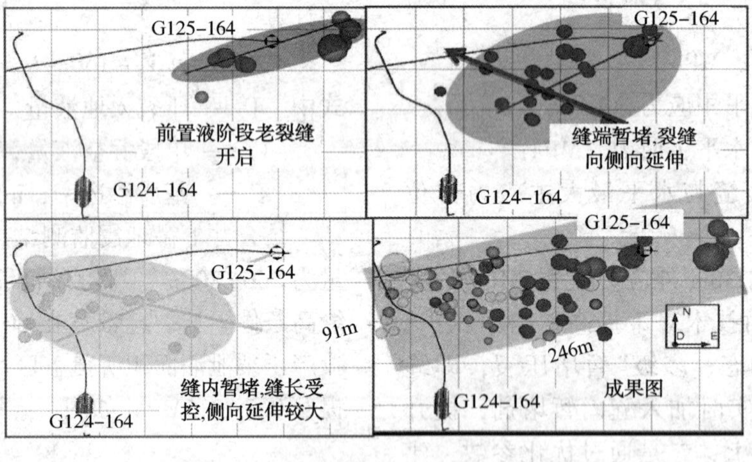

图 9　关 125-164 井微地震监测成果图

4.2　增产效果分析

试验井投产后平均单井产量由 0.7t/d 提高至措施后的 2.16t/d，2 年内累增油较常规压裂井提高 286t/d，含水率基本保持稳定，实现了提高低产井单井产量、改善连片低产井开发效果的目的(如图 10 所示)。

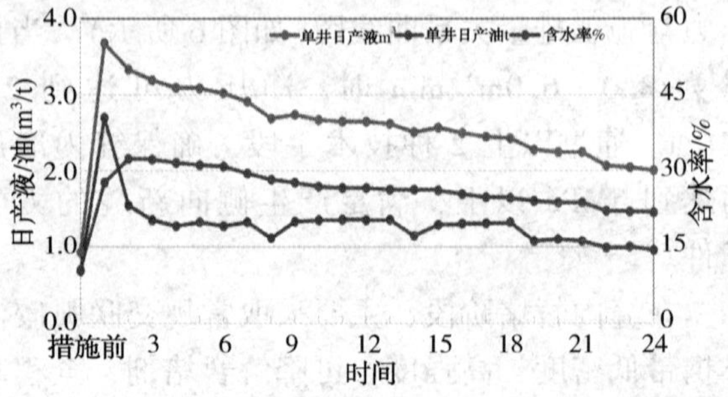

图 10　B153 区块宽带压裂试验井措施前后采油曲线图

5　结论

(1) 超低渗透油藏储层物性差、驱替系统难以有效建立，老井经过长期注采后，剩余油主要分布在水线侧向36m以上范围，通过增加裂缝带宽能够实现挖潜裂缝侧向剩余油的目的；

（2）利用油藏工程方法，建立了考虑启动压力和应力敏感效应条件下的超低渗油藏初次压裂泄油面积的计算方法，确定了长庆超低渗透油藏B153区块最小裂缝带宽16.26m，最小裂缝带长为136.26m，为宽带压裂工艺优化提供了依据；

（3）以开启侧向新裂缝、重复压裂形成主缝+分支缝的复杂裂缝形态为目标，优化形成了“缝端暂堵控缝长、缝内动态暂堵压新缝、压前补液提能量”为主要特征的宽带压裂技术模式，对提高超低渗透油藏低产井单井产量、改善油藏开发效果具有较好的适应性。

参 考 文 献

[1] 梅蓉，高春宁，雷启鸿，等．华庆油田白153区低渗透长6油藏井网适应性研究[J]．石油天然气学报，2013，35(2)：131-135.

[2] 翁定为，雷群，胥云，等．缝网压裂技术及其现场应用[J]．石油学报，2011，03(2)：280-284.

[3] 达引朋，赵文等，低渗透油田重复压裂裂缝形态规律研究[J]．断块油气田，2012.19(6)：781-784.

[4] 李宪文，张矿生等．鄂尔多斯盆地低压致密油层体积压裂探索研究及试验[J]．石油天然气学报，2013，35(3)：142-147.

[5] 石道涵，张兵等．鄂尔多斯长7致密砂岩储层体积压裂可行性评价[J]．西安石油大学学报(自然科学版)，2014，29(1)：52-55.

[6] 刘立峰，张士诚．通过改变近井地应力场实现页岩储层缝网压裂[J]．石油钻采工艺，2011，33(4)：70-73.

[7] 雷群，胥云，蒋廷学等．用于提高低-特低渗透油气藏改造效果的缝网压裂技术[J]．石油学报，2009，30(2)：237-241.

[8] 刘立峰，张士诚．通过改变近井地应力场实现页岩储层缝网压裂[J]．石油钻采工艺，2011.33(4)：70-73.

[9] 崔明月，刘玉章，等．形成复杂缝网体积(ESRV)的影响因素分析[J]．，石油钻采工艺，2014.36(2)：82-87.

[10] 蒋廷学，贾长贵，等．页岩气网络压裂设计方法研究[J]．石油钻探技术，2011，39(3)：36-40.

[11] 李忠兴，赵继勇，何永宏，郝斐．低渗透油藏超前注水理论及其应用[J]．石油学报，2007，28(6)：79-82.

渗析置换压裂液在长庆致密油藏中应用

邱晓惠[1]　舒玉华[1]　卢拥军[1]　陈彦东[1,2]

（1. 中国石油勘探开发研究院；2. 中国石油伊拉克哈法亚公司）

摘　要　压裂是超低渗、非常规等油气藏增产的重要措施。随着储层渗透率降低，渗吸采出程度增加，驱替采出程度不断减小，而静态渗吸采出的原油主要来自较小孔隙。针对超低渗透率、小孔喉的致密油藏，采用“采油+压裂”一体化提高采收率的思路，通过多功能驱油剂研究，在不增加成本的前提下，形成“驱油剂+碱+小分子盐”三元复合多功能的渗析置换压裂液，改变岩石表面润湿性能使致密油藏渗吸采收率提高5%-8%。

关键词　渗吸作用；一体化；渗析置换压裂

近年来，国内油田新增探明储量石油70%以上为低渗透/特低渗透储层，其主要特点是孔喉细小，储层物性差，一般空气渗透率都小于0.1mD，孔隙度小于10%，因此而导致的非线性流对开发造成了很大的影响，储层难以建立有效驱替压力系统，注采压差大，开采速度低，开发效益差。研究发现，压裂后采出的原油主要来自压后裂缝及孔隙的驱替渗吸作用。在超低渗储层，随着采出程度增加，驱替采出程度减小，静态渗吸采出的原油主要来自较小孔隙；在纳米和亚微米的低渗透率小孔喉致密油藏中，压后原油采出主要以渗吸作用为主[1-3]。

针对纳米和亚微米的超低渗透率小孔喉致密砂岩油藏，在不增加压裂成本的情况下，本文用“采油+压裂”一体化驱油压裂思路，研发了交联可携砂造缝、破胶驱油的渗析置换压裂液。“小分子”破胶液不返排，通过改变岩石表面润湿性能增加渗析置换采油功能，在压裂改造基础上最大程度提高采收率，为低油价下超低渗致密储层降本增产提供了新的方法及一种低成本多功能压裂液体系。

1　致密油藏提高采出程度分析

以长庆致密砂岩储层为研究目标，利用恒速压汞和核磁共振测试方法，分析了致密砂岩储层长6、长7岩心的采出程度，研究见图1、图2。结果发现：长庆致密砂岩储层为纳米和亚微米的超低渗透率小孔喉储层。长6储层35%的岩心渗率小于0.1mD，85%岩心渗率小于1.0mD，孔喉直径主要在100-1000nm之间；长7储层的95%岩心渗率小于0.1mD，孔喉直径主要在50-500nm之间。

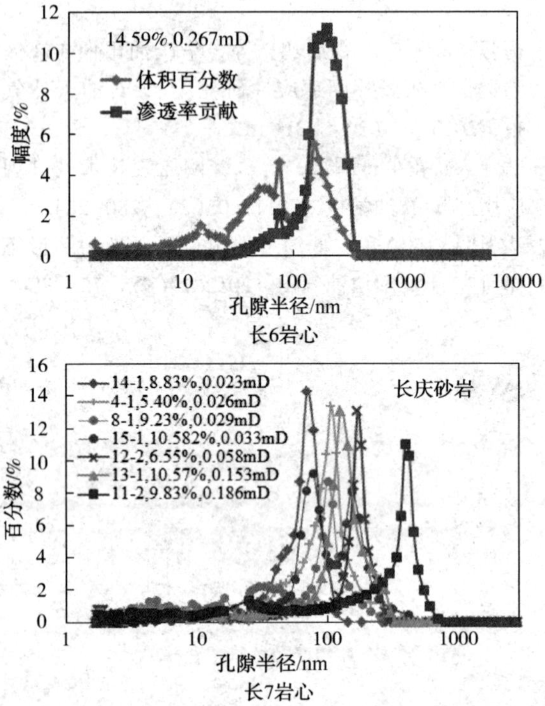

图1　长6/7孔隙/渗透率分布

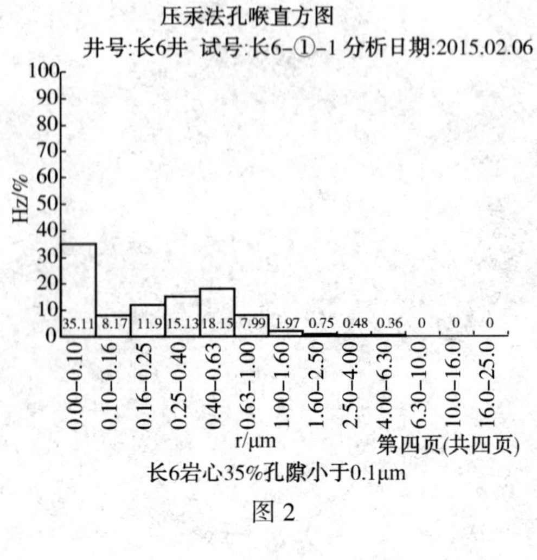

图2

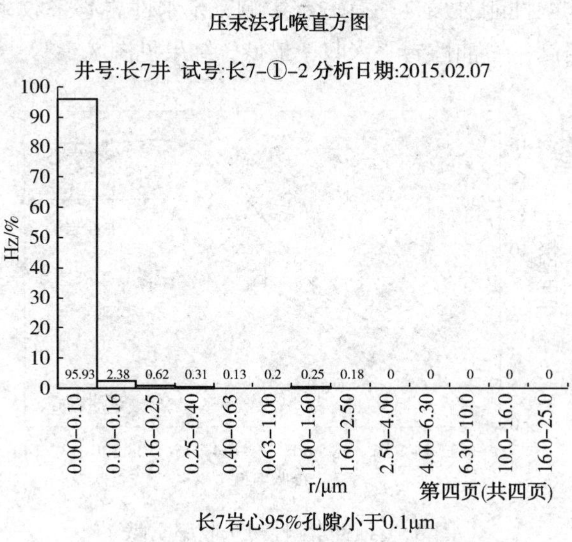

图 2　长 6/7 岩心孔隙分布情况

图 3 可见长庆致密砂岩采油总采出程度与渗透率相关性不明显，随着岩心渗透率的降低，渗吸采透出程度增加，驱替采出程度减小(3-8)。胡志明等人通过建立致密岩心全尺度孔喉测试方法，发现致密油岩心的渗流能力主要来自于亚微米孔隙，在纳米和亚微米低渗透率小喉致孔致密储层中，压后提高原油采收率主要依靠渗吸作用。因此，在“采油+压裂”一体化压裂思路下，通过渗吸作用机理研究，研发了可提高渗吸采收率的 DL-15 驱油剂，形成采油和压裂双功能的 DL-15 渗析置换压裂液体系。

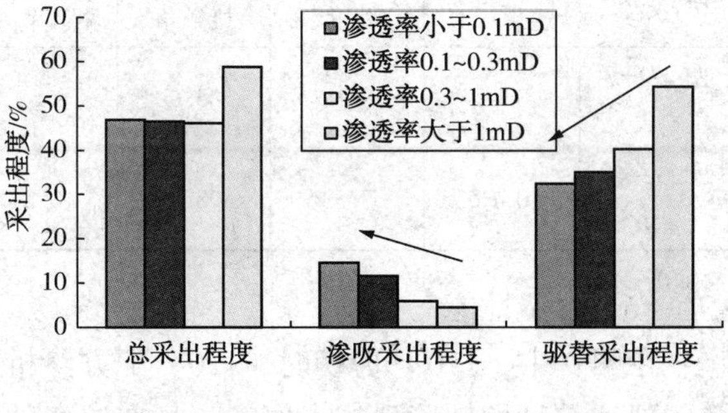

图 3　长庆致密岩心渗吸和驱替采出程度比较

2　渗析置换压裂液性能

渗析置换压裂液以长 7 致密储层为研究对象，适合该储层的 120℃压裂液配方为：

0.3%瓜胶+0.5%DL-15 驱油剂+0.3%FAL-121 调理剂+0.4%FAL-120 交联剂

（1）破胶液

条件破胶：120℃，8/万过硫酸铵，2 小时。

破胶液黏度：2.62mPa·s。

（2）表面张力

用挂片法进行了不同浓度 DL-15 驱油剂表面张力的测定，实验发现：驱油剂 DL-15 的临界胶束浓度约为 0.05%，其 γ_{cmc} = 24.27mN/m。对比三次采油常用的几种驱油剂 cmc 值，驱油剂 DL-15 具有极低的临界胶束浓度，能够在较低浓度下大幅降低表面张力，性能较其它驱油剂更优。结果见图 4 和表 1。

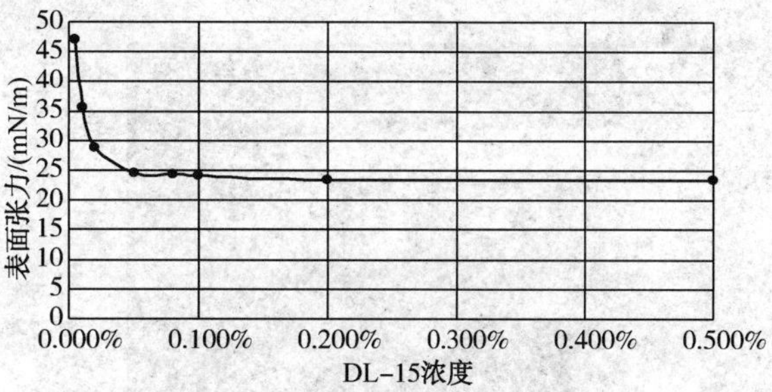

图 4　DL-15 渗析置换压裂液表面张力

表 1　驱油剂胶束浓度比较

表面活性剂	cmc 值(ml/L)	γ_{cmc}(mN/m)
DL-15	0.05	24.27
SDS	1.54	31.36
SDBS	0.72	34.23
APG10	0.61	28.25
OP-10	0.68	30.26

（3）界面张力

用脱水煤油为油相进行界面张力测定。

提高采收率就要采出油藏中的残留油，技术上采取将油/水间的界面张力降至超低(10^{-3}mN/m)的方法。界面张力越低，残留油越易被乳化，以乳化捕集或夹带的方式采出[4-6]。

在图 5 中，随着驱油剂 DL-15 浓度增加，油水界面张力逐渐下降，达到一定浓度后，界面张力值趋于稳定；DL-15 驱油剂在 0.5%浓度时，可以使煤油界面张力达到 1.2×10^{-2}mN/m，而长庆原油界面张力达到 2.6×10^{-2}mN/m。原油与煤油的界面张力区别，主要由于煤油轻质组分含量高，油水界面活性要好于轻质组分含量少的原油。

图 6 中，DL-15 驱油剂低界面张力使油水形成微乳化状态，微乳化状态原油更易脱离岩心微孔隙，通过逆向渗吸作用排出进入岩心表面，可有效提高驱油效率。

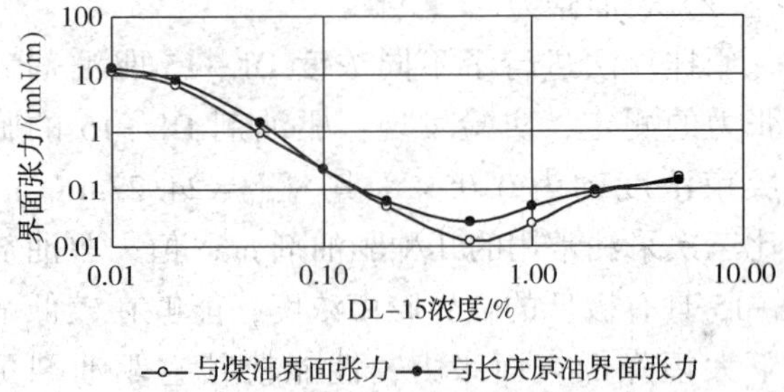

图 5　DL-15 渗析置换压裂液界面张力变化

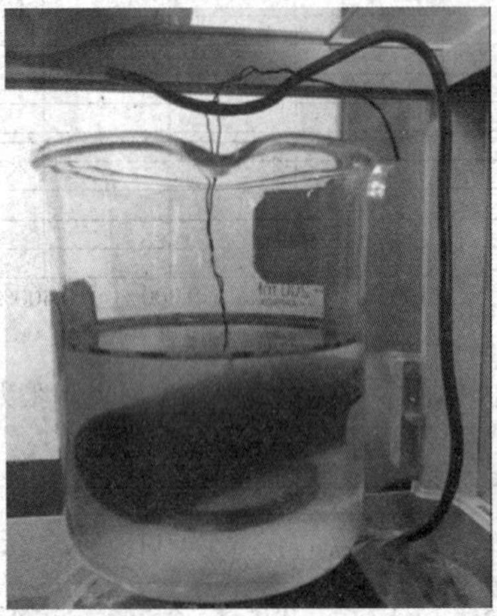

图 6　DL-15 驱油形成微乳液

（4）驱油效率

渗吸实验方法：在 60 度、10MPa 压力条件下，将标准岩心用煤油驱替 2PV，使岩心充分油饱和后，用 0.5%驱油剂压裂破胶液 100ml 浸泡饱和油岩心，利用电子密度分析天平测量不同时间析出油总量。

选择长 7 露头岩心进行渗吸驱油实验，DL-15 渗析置换压裂液比常规瓜胶压裂液驱油效率提高 15%，结果见图 7。

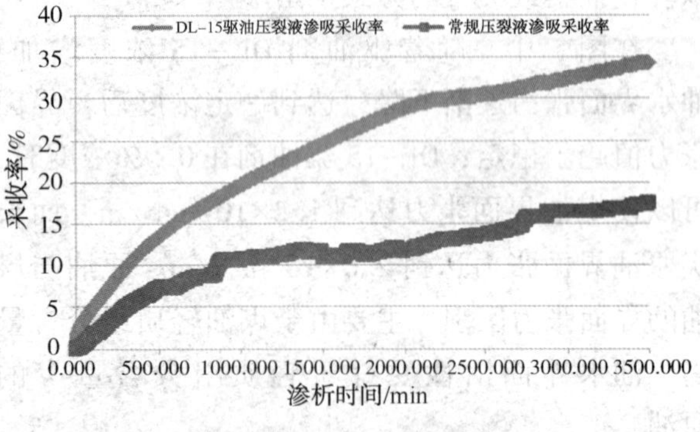

图 7　DL-15 渗析置换压裂液驱油效率

（5）润湿性

很多研究表面，驱油过程不仅与界面张力，而且与润湿性即固液界面的接触角有关[9-10]。岩石的润湿性能对采收率有一定影响，亲水性岩心采收率略高，亲油性岩心采收率最低，结果见图 8。

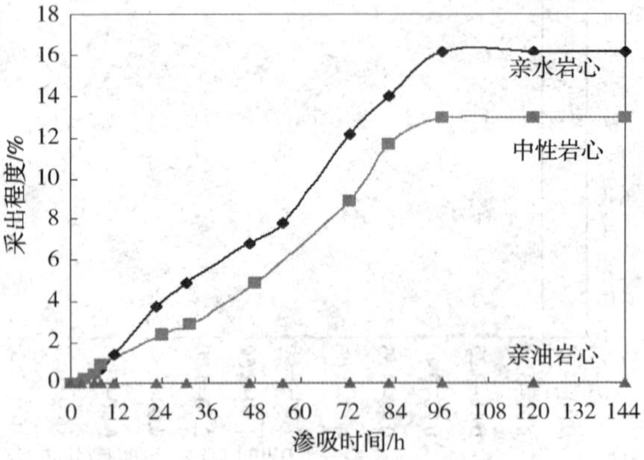

图 8　岩心润湿性对采收率贡献

表 2 中，选择长庆油田长 7 储层西 271-7 井、西 232-24 井岩心进行驱油效率试验。对西 271-7 井、西 232-24 井共 16 块岩心进行统计，长 7 储层属于特低渗/低孔储层，岩心亲油性略强于亲水性。因此，改变岩心润湿性(由油润湿改变为水润湿)，才可能提高长 7 储层采出程度。驱油剂 DL-15 具有较低的表/界面张力，说明驱油剂 DL-15 亲水性较好，可在一定程度降低岩心亲油特性，助于逆向渗吸的发生，使渗吸液易于进入微小孔道，提高驱油效率 8%～10%。

表 2　DL-15 对岩心驱油效率%

标准岩心	平均渗透率/mD	平均孔隙度/%	平均接触角	提高驱油率/%
西 271-7（8 块）	0.02	8.18	83.9	8.62
西 232-24（8 块）	0.16	7.83	78.2	10.21

（6）耐温性能

在图 9 中，$170s^{-1}$剪切时，120℃配方渗析置换压裂液满足携砂压裂施工要求，具有较好的耐温能力。

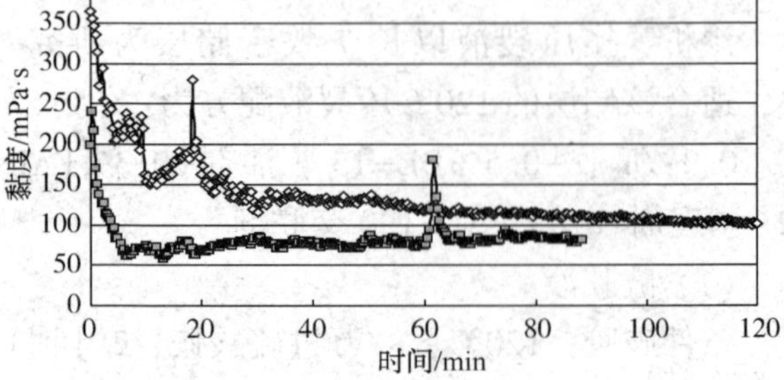

图 9　120℃配方渗析置换压裂液耐温能力

3 现场应用

渗吸置换压裂施工与常规压裂施工相同，但压后不进行破胶液返排，利用破胶液进行置换驱油。其中，长庆杏12-23井进行渗吸置换压裂施工，渗吸置换压裂液用量约1800m^3，驱油剂用量约10t，2018年9月7日顺利施工，设计与施工参数符合率95%以上。见图10，截止2018年10月底，累排液162m^3，压后最高日产1.97t，比压前增加0.87t左右。

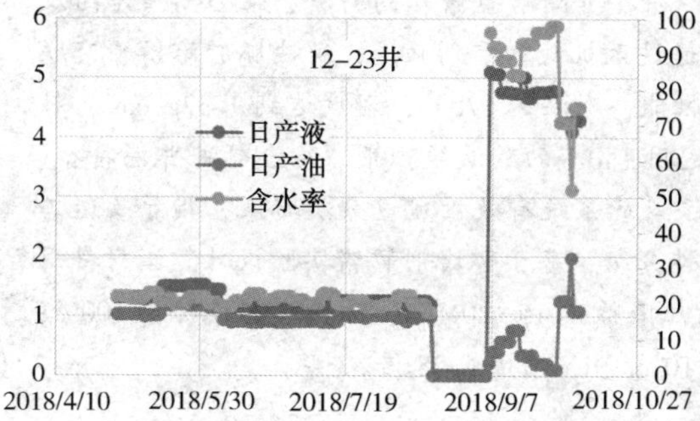

图10 杏12-23井压前/后产液情况

4 结论

(1) 驱油剂DL-15提高渗吸采收率的主要原理：具有低界面张力，使岩心介质渗吸深度增加，将残余油变为可动油参与渗吸过程；同时低界面张力使油与岩石的黏附功下降，有利于油与水形成微乳油滴，利于从岩石孔隙表面剥落。

(2) 驱油剂DL-15表现出亲水特性，有助于逆向渗吸的发生，渗吸液易于进入微小孔道，此时湿相自发地驱出非湿相，发生"吸吮过程"。

(3) 渗析置换压裂液施工不进行返排，降低了废液处理费用，同时利用"小分子"破胶液增加采油功能，不增加成本，是低油价下，致密储层提高采收率的一种新思路。

参 考 文 献

[1] HolditchSA. Tight gas sands[R]. SPE103356, 2006.

[2] 邹才能，陶士振，侯连华，等. 非常规油气地质[M]. 北京：地质出版社，2011.[3].

[3] Economides M J, Martin T. Modern fracturing - enhancing natu-ral gas production[M]. Houston, TX: Energy Tribune PublishingInc, 2007.

[4] 雷群，胥云，蒋廷学，等. 用于提高低-特低渗透油气藏改造效果的缝网压裂技术[J]. 石油学报，2009，30(2)：237-241.

[5] 高树生、胡志明等，"不同岩心储层的微观孔隙特征"，石油学报，2016.2，248-255.

[6] 胡志明、把智波等，"低渗透油藏微观孔隙结构分析"，大庆石油学报，2006.30(3).

[7] 杨朝蓬、高树生等，"致密砂岩气藏渗流机理研究现状及展望"，科学技术与工程，2012.11，8606-8608.

[8] 高树生、熊伟等，"低渗透砂岩气藏气体渗流机理实验研究现状及新认识"，天然气工业，2010(01).

[9] 李士奎、刘卫东等，"低渗透油藏自发渗吸驱油实验研究"，石油学报，2007.3，109-112.

[10] 毕只初、俞稼墉，"改变固_液界面润湿性提高原油采收率的实验室研究"科学通讯，2000.8，1721-1726.

塔里木油田高温高压致密气藏缝网改造工艺技术

张 杨 刘 举 任登峰 李 伟 冯觉勇 刘 源

（中国石油塔里木油田公司）

摘　要　塔里木油田致密砂岩气埋深6500-8000m、储层厚度150-300m、温度140-180℃、孔隙压力105-140MPa、地应力130-180MPa，储层多期裂缝发育、与应力场关系复杂多样。针对以上挑战，油田通过加强储层地质力学综合研究、研发高温压裂液和酸液缓蚀剂、研发可降解暂堵转向材料、配套高压车组及大通径管柱，实现安全、高效、均匀改造天然裂缝的目标。通过无机盐加重剂筛选，解决胍胶溶解、交联液破胶难题，研发形成硝酸钠加重压裂液，具有良好的流变性能，耐温达170℃，密度达到1.32g/cm^3；针对13Cr管材开展酸液动态腐蚀、应力腐蚀开裂实验优选了适用140℃的酸液缓蚀剂。综合钻井井漏特征、成像测井裂缝参数、裂缝与应力的夹角开展数据分析，形成了裂缝系统有效性定量分类标准，指导改造工艺优选；基于井纵向天然裂缝激活条件差异优化巨厚储层改造分级，基于暂堵剂暂堵实验设计暂堵材料用量，提高储层纵向改造完善程度。应用以上技术系列施工泵压降低了15-20MPa，改造工艺成功率100%；统计112口井，改造后单井日产量由14×10^{4}m^3/d提高到60×10^{4}m^3/d，增幅4.28倍。

关键词　超深；致密；天然裂缝；地质力学；压裂改造

2008年，库车前陆区克拉苏构造带上部署的探井在白垩系巴什基奇克组完井测试获46.64×10^{4}m^3/d高产工业气流，标志着深层盐下天然气勘探的战略性突破，由此揭开了库车前陆地区超深超高压复杂气藏开发的序幕。截至目前，克拉苏构造带深层盐下白垩系相继发现十余个致密砂岩气气藏，形成了万亿方天然气区格局，为西气东输的气源保障奠定了坚实基础[1-4]。

克拉苏白垩系致密砂岩气藏具有埋藏深(6500~8000m)、储层巨厚(300~650m)、裂缝发育(密度0.13~0.6条/m)、高地应力(130~180MPa)、高温(130-180℃)、高压(116~138MPa)、储层基质致密(渗透率介于0.01~0.1mD)等特点，由于工程地质条件复杂，建井周期长(300~390d)、建井成本高(2~2.2亿元)、单井产量低(平均单井产量17×10^{4}m^3/d)，需要进行储层改造作业，才能实现效益建产[5-10]。储层改造面临主要挑战是：(1)提产机理不清，缺乏有效的提产技术手段；(2)高温高压井况、安全作业风险大，改造规模和提产效果受限；(3)储层厚度大(120~300m)，缺乏纵向均匀改造手段；(4)储层非均质性强，井间差异大，改造工艺优选难。

中国石油塔里木油田公司(以下简称油田)以更快更好地将地质储量转化为产量为攻关目标，坚持多学科地质工程一体化研究，利用开放的市场合作机制，整合和协同国内国际技术力量，按照“持续基础研究、形成配套技术、拓展研究成果、加快规模化应用”的总体攻关思路和具体技术路线，在渗流力学、地质力学研究基础上，认识到针对深层裂缝致密砂岩储层，改造、疏通好天然裂缝系统是提产的关键，确定了激活天然裂缝、增加泄流面积的缝网改造理念，通过十一、十二、十三五的攻关形成了两项缝网改造工艺技术，建立了地质工程一体化设计流程，研发了两套加重压裂液体系、暂堵软分层工艺，配套了2500型140MPa车组。取得的关键技术系列在高温高压气井推广应用80余井次，工艺成功率100%，95%的井显著提高了产量，为库车前陆区致密砂岩气藏的效益开发提供了提产技术保障。

1　攻关模式

油田根据攻关需要，组建了涵盖地质、测井、油气藏、岩石力学、储层改造等多专业技术小组；同时，坚持“以我之长引领攻关、以他人之长提升攻关能力”的理念，利用开放的市场合作机制，积极引进国内国际技术力量，完善形成学科完备、技术能力优良的一体化协同攻关团队。搭建了一套统一的具备储层评价、改造设计、产能预测功能的综合研究软件平台，提高研究成果的兼容质量；基于软件平台建立一套地质气藏—工程一体化工作流程，提高了工作效率。

2 攻关成果

2.1 配套基础装备、研发改造液与暂堵材料，实现安全改造

2.1.1 配套140MPa压裂车组

该气藏气井改造的井口施工泵压普遍在100-120MPa，为了保障施工安全和施工排量要求，配套了2500型140MPa车组。该车组配套了供液系统、供砂系统、高压泵注系统、仪表系统四大核心系统，具有快速配液、两级供液、液位实时监测、视频监控、超压保护五大特点(如图1所示)。目前油田共配备50台压裂车组(11万水马力)，罐容1.89万立方米，其中140MPa压裂车组18台(36000水马力)，保障了超深井加砂压裂施工。

图1 2500型140MPa车组

2.1.2 研发硝酸钠加重压裂液

最小水平主应力高(150~175MPa)，改造施工时需要非常高的施工压力才能够将储层压开。为了降低井口施工压力，提高排量，需要研发高密度、低摩阻压裂液。储层温度高(150°~183℃)，为了保证携砂安全，压裂液需要耐高温、并保持一定的黏度。基于上述思路，研发了氯化钾加重压裂液体系(密度最高1.16g/cm^3)和硝酸钠加重压裂液体系(密度最高1.32g/cm^3)，加重压裂液满足160℃下，170^{-1}s剪切速率下，剪切2个小时，黏度在150mPa·s以上(如图2所示)。

表1 盐浓度与密度关系

重量/%	KCl	$NaNO_3$
1	1.0046	1.0049
2	1.0110	1.0117
4	1.0239	1.0254
6	1.0369	1.0392
8	1.0500	1.0532
10	1.0633	1.0674
12	1.0768	1.0819
14	1.0905	1.0967
16	1.1043	1.1118
18	1.1185	1.1272
20	1.1328	1.1429

续表

重量/%	KCl	$NaNO_3$
22	1.1474	1.1589
24	1.1623	1.1752
25	…	1.2256
30	…	1.2701
35	…	1.3175

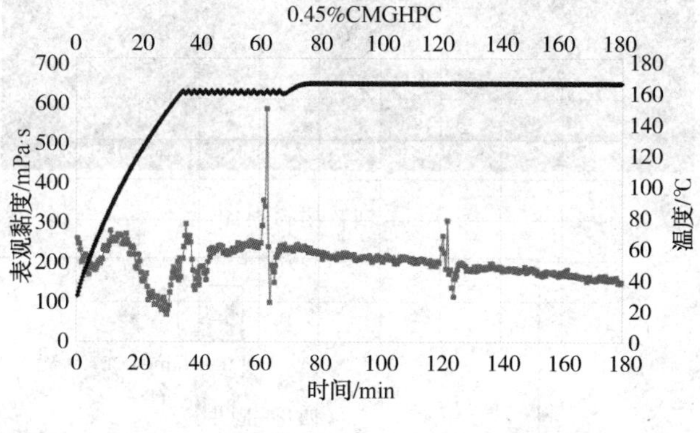

图2 加重压裂液在160℃下黏时曲线

2.1.3 优选了TG201高温缓蚀剂

和管研院合作研发了针对超级13Cr管材的专用酸化缓蚀剂(TG201)，形成了低腐蚀、低摩阻、缓速性能好的有机复合土酸酸液体系。140℃条件下，土酸(12%HCl+3%HF)动态腐蚀速率16.84g/m^2·h，SY/T 5405—1996酸用缓蚀剂的一级指标为(25-30g/m^2·h)。160℃条件

下，SY/T5405-1996 酸用缓蚀剂的三级指标为（60-70g/m^2·h）。

表 2 不同酸液腐蚀速率测定

酸液类型	腐蚀速/（g/m^2·h）	实验条件
20%HCl+3%TG201	9.26	16MPa，120℃、4h、16rpm
12%HCl+3%HF+3%TG201	5.12	
5%HCl+5%CH3COOH+3%HF+3%TG201	3.97	
9%HCOOH+6%CH3COOH+3%TG201	2.18	
15%HCl+2%HF+3%TG201	8.12	
15%HCl+1%HF+3%TG201	7.93	
10%HCl+2%HF+3%TG201	3.18	
12%HCl+3%HF+4.5%TG201	16.84	140℃
12%HCl+3%HF+6%TG201	63.56	160℃

2.1.4 研发了全可降解暂堵材料

由于井超深高温，机械分层工艺风险大，为了实现巨厚储层纵向上均匀改造，研发了全降解纳米酯类暂堵材料（如图 3 所示），耐温 180℃、承压 140MPa、抗压差 34MPa。将这种材料加工成 6-8mm、3-4mm、1mm 小球与纤维，在 140℃ 条件下 5h 全部溶解。

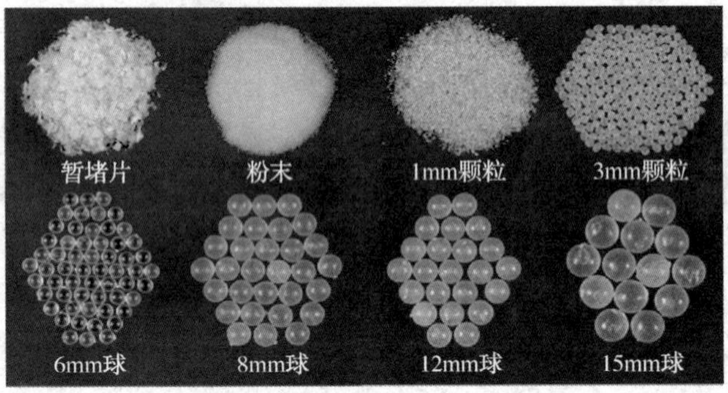

图 3 系列暂堵材料图

2.2 聚焦地质力学基础研究，确定缝网改造之路

克拉苏白垩系致密砂岩气藏渗透率介于 0.01~0.1mD，天然裂缝渗透率是 20~300mD，从石油工业界的裂缝性致密储层改造实践经验看，改造天然裂缝、制造缝网是实现单井高质量提产的关键[11-14]；油田聚焦独特天然裂缝地质力学激活机理和缝网改造现场先导试验，论证了高水平应力差条件下，激活天然裂缝的可行性。采用白垩系巴什基奇克组露头大岩样（岩样尺寸 892×892×932mm）开展缝网压裂模拟试验，根据 Chuprakov D（2013）的理论，计算现场压裂作业中的天然裂缝与水力裂缝力学作用的无量纲数，指导实验液体黏度与注入排量设计使实验与现场相似。实验表明高地应力差（17-20MPa）条件下仍可以产生张剪并存的复杂缝网（如图 4 所示）。同时，在克深气藏选择两个井组开展"滑溜水+线性胶+冻胶"复合泵注、纤维携砂暂堵转向的缝网压裂工艺技术先导性实验（如图 5a 所示），微地震监测信号显示形成了压裂缝网（如图 5b 所示）；最终确定了缝网改造提产理念，即规模化激活和连通天然裂缝系统以实现单井的增产目标。

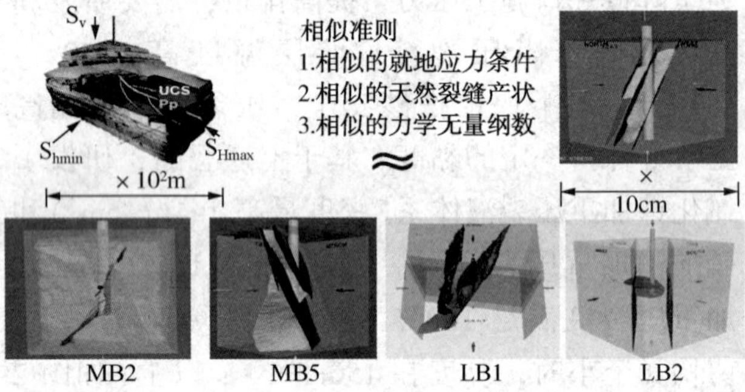

图 4 储层露头大岩样缝网压裂模拟试验

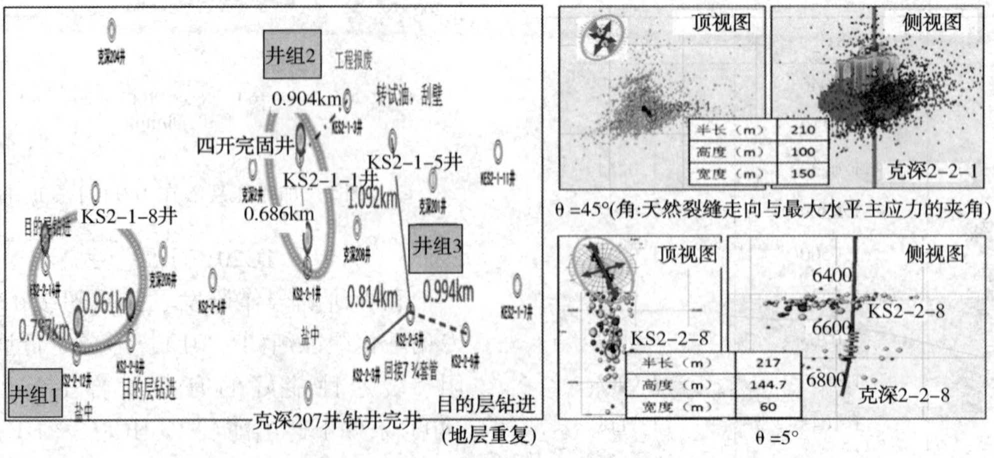

(a)缝网压裂先导性实践井组 (b)缝网压裂微地震监测

图 5 缝网改造现场先导性试验

2.3　创新形成了两项缝网改造工艺技术

缝网酸压工艺技术(如图 6a 所示)是利用低粘压裂液沟通和激活天然裂缝网络，再利用酸液溶解缝网中钙质填充物和钻完井液堵塞物建立缝网导流能力，用可降解暂堵转向材料实现缝内液体转向、层间液体转向，最终建造高质量、大规模油气泄流面积的储层改造工艺技术。

缝网压裂工艺技术(如图 6b 所示)是用低粘前置液沟通和激活天然裂缝网络，同时制造人工裂缝，再泵注高粘携砂液支撑压裂缝网，用纤维转向材料实现层间液体转向，最终建造高质量、大规模油气泄流面积的储层改造工艺技术。

改造后可降解暂堵转向材料可以完全降解，实现清洁暂堵转向改造；同时缩短了分段压裂施工作业周期与综合成本。

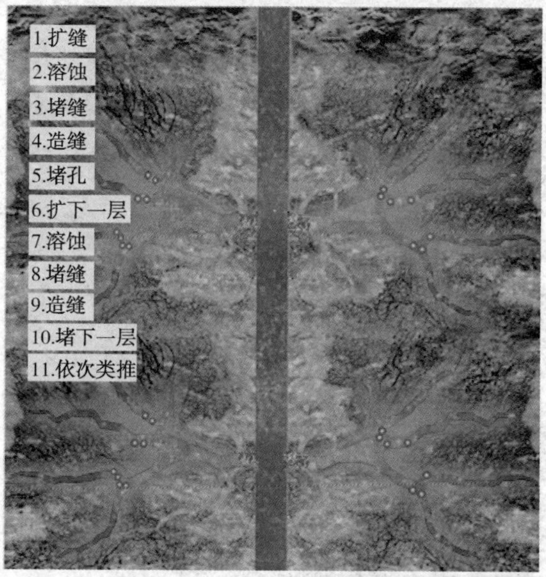

(a)缝网酸压工艺技术原理示意图

图 6

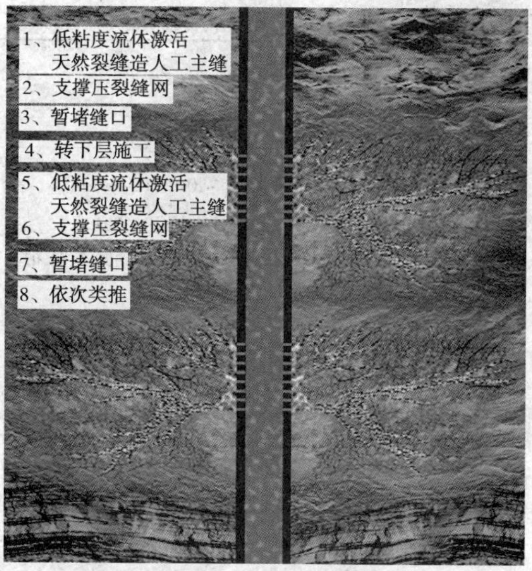

(b)缝网压裂工艺技术原理示意图

图 6　缝网改造工艺技术示意图

2.4　持续优化完善缝网改造设计方法

为了选择合适的改造工艺技术和工艺参数，提高天然裂缝系统的激活质量；建立了基于地质力学的缝网改造设计流程，根据天然裂缝的有效性分类指导改造工艺的优选，根据天然裂缝的可压裂性指导施工参数的设计；具体流程为：

2.4.1　工艺优选

将裂缝系统有效性分为三类，Ⅰ类储层高度碎裂、裂缝系统渗透率高，选择小规模改造，疏通裂缝系统获得高产；Ⅱ类储层裂缝相对发育且弱固结、裂缝系统渗透率低，选择大规模缝网改造，通过水力作用激活天然裂缝获得高产；Ⅲ类储层天然裂缝不发育、或者强固结，选择常规加砂压裂，制造人工长缝提高井的产量。裂缝系统有效性主要根据岩心/测井资料、钻井井漏资料来评价(表 3)。

表 3　天然裂缝系统的有效性分类及改造工艺优选原则

裂缝系统的有效性分类	Ⅰ类	Ⅱ类	Ⅲ类
成像、岩心裂缝特征	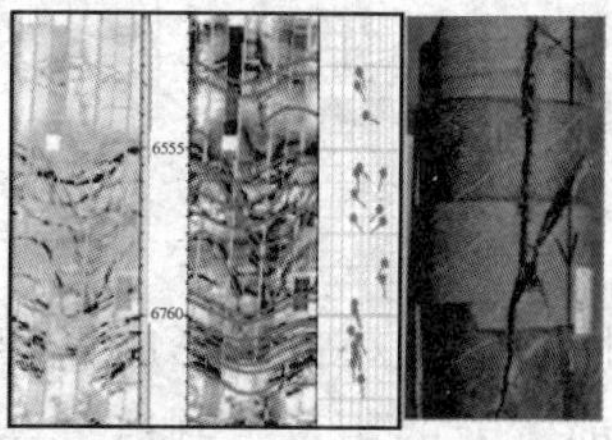	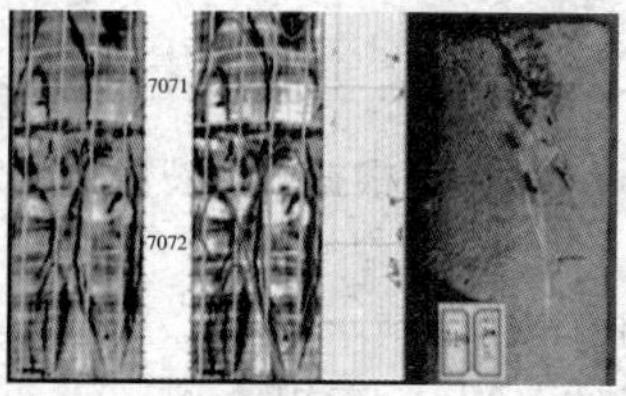	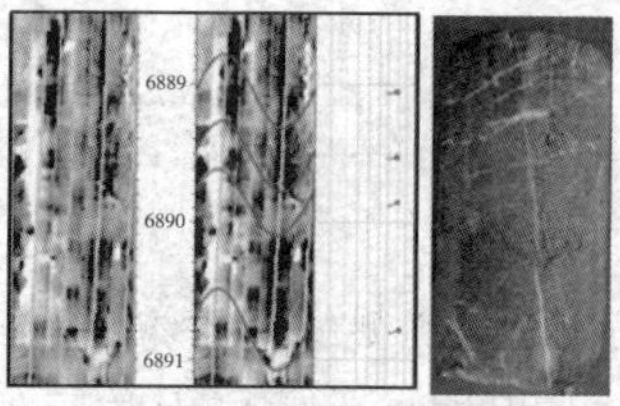
成像解释参数	交叉缝密度：>0.4 条/米 最大主应力与裂缝的夹角<30°	裂缝密度：>0.3 条/米 最大主应力与裂缝的夹角<30°	裂缝密度：<0.3 条/米 最大主应力与裂缝的夹角>30°

续表

裂缝系统的有效性分类	Ⅰ类	Ⅱ类	Ⅲ类
井漏特征	密度差：0.1-0.2g/cm³ 漏失量：100-1200方 漏失：5-15多点纵向均匀分布	密度差：0.15-0.25g/cm³ 漏失量：100-300方 漏失：3-5多点纵向均匀分布	密度差：0.2-0.3g/cm³ 漏失量：<500方 漏失：单点漏失或者不漏
综合渗透率	>30mD	10~30mD	<10mD
裂缝系统激活净压力	<-15MPa	-15~5MPa	>5MPa
工艺优选	小规模酸压(化)	缝网酸压/缝网压裂	冻胶加砂压裂

2.4.2　射孔及分级

优选泥质含量低、储层物性好、测录井显示好、可压裂性好(地应力低、天然裂缝发育、裂缝激活压力低)的井段进行射孔，按照储层物性、可压裂性相近原则进行分级(如图7所示)。

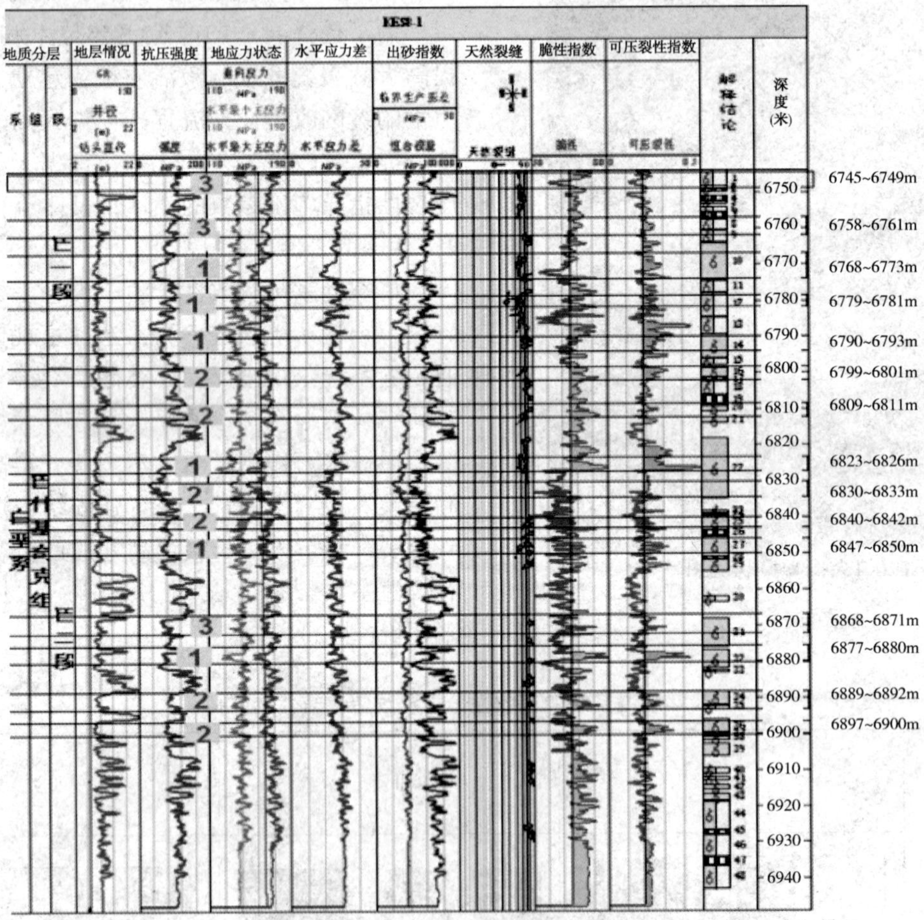

图7　根据可压裂性指导射孔及分级方案

2.4.3　预测缝网形态，优选液体组合

根据最大主应力与天然裂缝的关系预测改造缝网的形态(如图8所示)，指导液体组合，一般天然裂缝走向与最大水平主应力方向夹角大时压裂缝网长宽比小，有形成复杂缝网的趋势，增加低粘前置液的用量，制造复杂缝网，反之，则增加高粘携砂液用量，制造长缝。

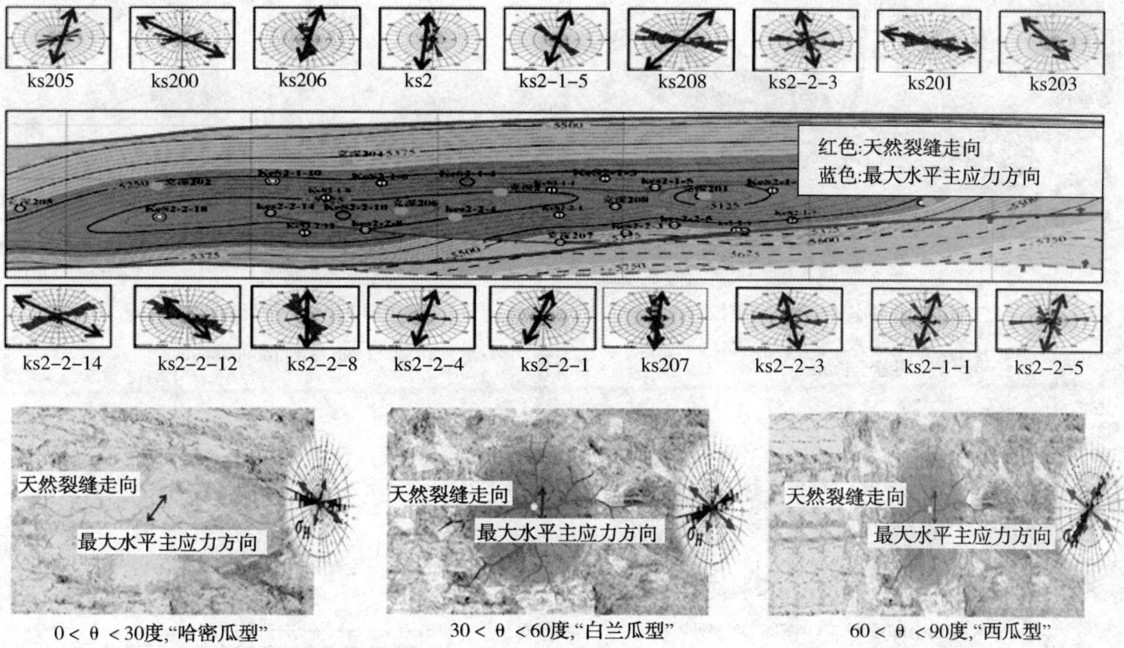

图 8　根据最大主应力与天然裂缝的夹角大小预测改造缝网形态

（图中 θ 为最大水平主应力与天然裂缝走向夹角）

2.4.4　施工排量设计

依据摩尔-库伦准则，评价不同施工净压力下天然裂缝系统的激活程度(如图 9 所示，当井底净压力-10MPa 提高到 0MPa，裂缝系统激活程度的变化，随着井底净压力的增加，天然裂缝中被激活的比例增加)。优化设计施工排量达到理想的施工净压力。

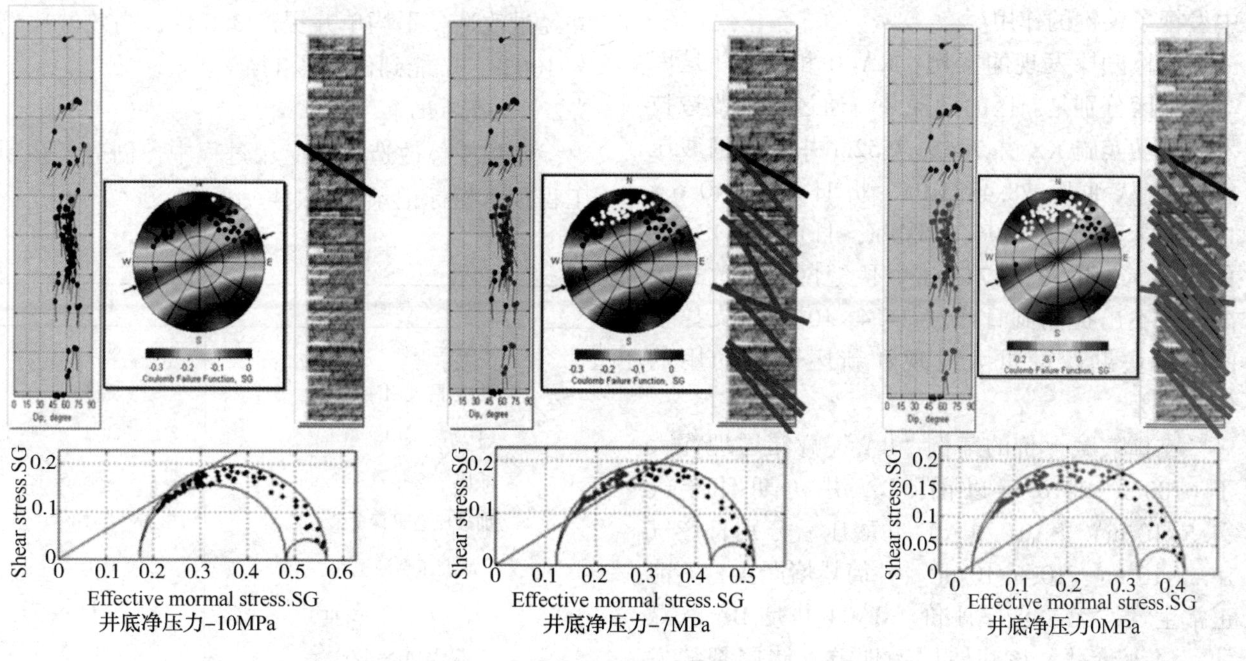

图 9　天然裂缝激活压力确定方法示意图

2.4.5　施工规模设计

采用缝网压裂模拟软件模拟支撑剂用量(如图 10 所示，模拟了支撑剂用量分别是 90.35t，180.7t，271.05t，361.4t)对压裂缝网尺寸、压后产量的影响，最终确定合理的支撑剂用量。

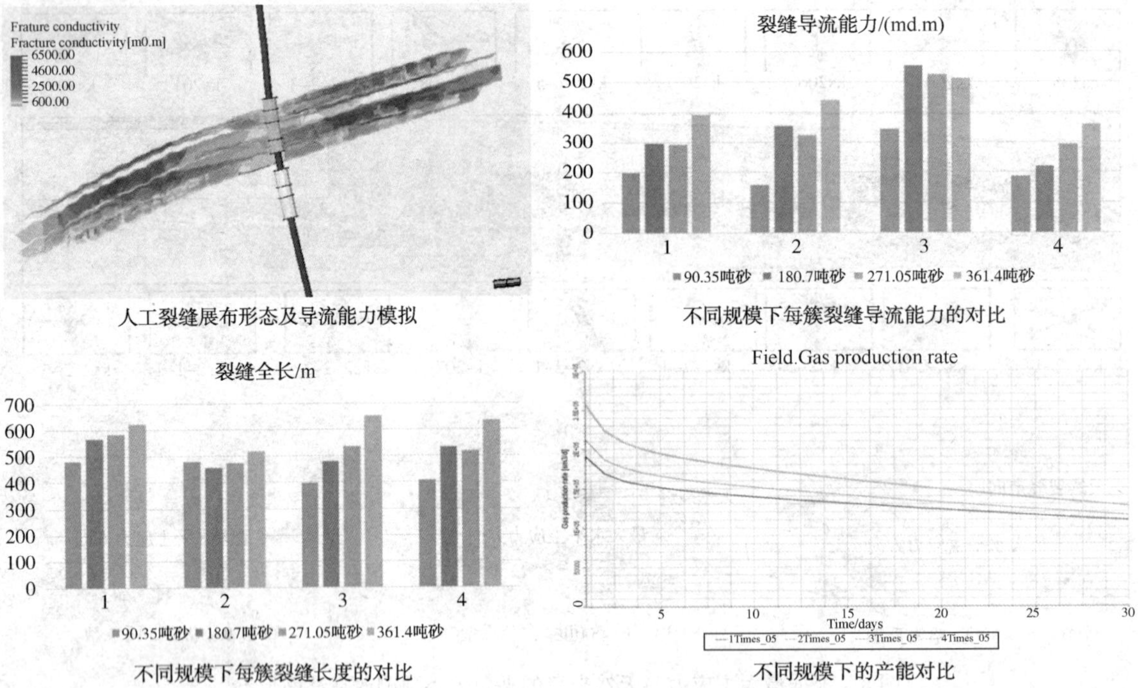

图 10　施工规模设计

3　实践成效

3.1　总体效果

创新取得的两项主体改造工艺技术在克拉苏构造带裂缝性致密砂岩气藏的勘探、评价和开发中发挥了关键的作用。

支撑勘探发现的案例：KA 井和 KB 井是库车前陆区分别是新区的勘探井，通过缝网改造技术的成功实施 KA 井 7445－7552m 井段缝网酸压后试油从油压 78.482MPa，折日产气 40.6×10^4m^3 提高到油压 96.096MPa，日产气 113.4×10^4m^3；KB 井 7311-7430m 井段缝网压裂改造后试油从不出提高到日产气 34.4×10^4m^3。支撑了两个区块勘探的重大发现和新区储量动用的信心。

支撑气藏评价的案例：BA 气藏储层埋深大于 6700m，2016 年以前，BA 井初期日产气 24.5×10^4m^3，BA01、BA02 井酸压后分别日产气 16.2×10^4m^3、10.6×10^4m^3，井筒蜡堵严重，不能正常生产，无法支撑评价。BA04 井是 BA 气藏的一口评价井，该井储层物性差，储层裂缝发育，但有效性差。根据储层特点优选缝网压裂改造工艺，改造后日产气 51×10^4m^3，远高于 BA01、BA02 井酸压后产量。BA04 井是中石油第一口经过缝网压裂获得高产的超深凝析气井。有力的支撑了 BA 气藏的探明储量落实。

支撑气藏开发的案例：目前推广应用 112 井次，单井平均产量由 14×$10^4m^3/d$ 提高到 60×$10^4m^3/d$，增产 4.28 倍。以 KC 区块效益开发为例，该区块方案设计井数 21 口，设计产能 25 亿方，实际实施了 17 口就完成了产能建设，其中 16 口井经过改造，平均单井提产 3.8 倍，高效井比例为 100%，产能到位率达 114%。

3.2　创造的记录

两项主体改造技术应用过程中，创造了多项工程技术指标记录(见表 4)。

表 4　工程技术指标

施工最高温度/℃	188
酸压最深井深/m	8038
酸压最大用液量/m^3	645
平均酸压用液量/m^3	407
酸压一般排量/m/min	3.5~5.5
加砂压裂最深井段/m	6994~7099
最大压裂液量/m^3	3502
平均压裂液量/m^3	1214
最大加砂量/m^3	104.6
平均单井加砂量/m^3	44
最高施工排量/m/min	11.2
加砂一般施工排量/m^3/min	4.5~6.5
加砂最高施工压力/MPa	136
加砂一般施工压力/MPa	95-105

4 结论与认识

(1) 地质气藏-工程一体化的提产攻关模式，改变了传统的“专业学科割裂、技术条块分割、管理接力进行”的合作方式，通过整合和融合技术力量，在地质模型上开展一体化的攻关，最大限度的发挥攻关效能、降低管理成本、技术风险。

(2) 配套140MPa压裂车组，研发硝酸钠加重压裂液、13Cr管材专用高温缓蚀剂、全可降解暂堵材料，为实现缝网改造和安全施工提高的保障。

(3) 应用地质力学深化天然裂缝力学特征研究，形成了缝网改造理念，建立了缝网改造设计方法。采用储层露头大岩样开展缝网压裂模拟，基于天然裂缝与水力裂缝力学交互准则建立无量纲参数，设计实验参数，揭示了高应力差条件下缝网形成特征；以天然裂缝系统有效性为基础建立了一套改造工艺优选、射孔分级、液体体系优选、施工参数设计的缝网改造设计流程，成功指导了80余井次超深高压气井缝网改造施工，在勘探、评价和开发领域发挥了重要支撑作用。

参 考 文 献

[1] 王招明，谢会文，李勇，雷刚林，吴超，杨宪彰等．库车前陆冲断带深层盐下大气田的勘探和发现[J]．中国石油勘探，2013，18(3).：1-13.

[2] 雷刚林，谢会文，张敬洲，王月然，黄少英，叶茂林等．库车坳陷克拉苏构造带构造特征及天然气勘探[J]．石油与天然气地质，2007，28(6)：816~820.

[3] 王招明，李勇，谢会文，能源．库车前陆盆地超深层大油气田形成的地质认识[J]．中国石油勘探，2016，21(1)：37-43.

[4] 能源，谢会文，孙太荣，雷刚林，徐丽丽．克拉苏构造带克深段构造特征及其石油地质意义[J]．中国石油勘探，2013，18(02)：1-6.

[5] 江同文，滕学清，杨向同，．塔里木盆地克深8超深超高压裂缝性致密砂岩气藏快速、高效建产配套技术[J]．天然气工业，2016，(10).

[6] 邹鸿江，袁学芳，张承武，车明光，周然，冯觉勇．高温高压裂缝性储层分层加砂压裂技术及应用[J]．钻采工艺，2013，36(3)：55-58.

[7] Fuxiang Zhang，Yongjie Huang，Xiangtong Yang，Kaibin Qiu，Xuefang Yuan，Fang Luo，et al..Naturral Productivity Analysis and Wel Stimulation Strategy Optimization for the Naturally Fractured Keshen Reservoir [C].SPE-178067-MS，SPE OIL&Gas India Conference and Exhibition，Mumbai，India，24-26 November，2015.

[8] 冯虎，徐志强．塔里木油田克深区块致密砂岩气藏的储层改造技术[J]．石油钻采工艺，2014，36(05)：93-96.

[9] 郑维师，邹鸿江，周然，张承武，何毅，吴军等．超深高压裂缝性储层加砂压裂技术研究[J]．钻采工艺，2013，36(06)：71-73+78+6.

[10] 李永平，程兴生，张福祥，王永辉，车明光，彭建新．异常高压深井裂缝性厚层砂岩储层“酸化+酸压”技术[J]．石油钻采工艺，2010，32(03)：76-81.

[11] 翁定为，雷群，胥云，李阳，李德旗，王维旭．缝网压裂技术及其现场应用[J]．石油学报，2011，32(02)：280-284.

[12] 雷群，胥云，蒋廷学，丁云宏，王晓泉，卢海兵．用于提高低-特低渗透油气藏改造效果的缝网压裂技术[J]．石油学报，2009，30(02)：237-241.

[13] 陈守雨，刘建伟，龚万兴，潘竟军，何骁，修书志．裂缝性储层缝网压裂技术研究及应用[J]．石油钻采工艺，2010，32(06)：67-71.

[14] 逄仁德，崔莎莎，尹宝福，侯云翌．鄂尔多斯盆地陆相页岩气缝网压裂技术应用分析[J]．中国石油勘探，2015，20(6)：66-71.

[15] Xiangtong Yang，Yongjie Huang，Ju Liu，Xian Chenggang，Qiu，Kaibin，Teng Qi，et al. Understanding production mechanism to optimise well stimulation by production analysis in Keshen HPHT and natural fractured tight gas reservoir[C].SPE-181817-MS presented at the SPE Asia Pacific Hydraulic Fracturing Conferences held in Beijing，China，24-25 August 2016.

[16] Haijun Yang，Hui Zhang，Zhenzhong Cai，Cai Zhenzhong，Chen Sheng，Yuan Fang，Wang Haiying，et al. The relationgship between geomechanical response of natural fractures and reservoir productivity in Keshen tight sanddtone gas field，Tarim Basin，China [C].SPE-176840-MS，SPE Asia Pacific Unconventional Resources Conference and Exhibition，9-11 November，2015，Brisbane，Australia.

[17] 张惠良，张荣虎，杨海军，寿建峰，王俊鹏，刘春，等．超深层裂缝—孔隙型致密砂岩储集层表征与评价——以库车前陆盆地克拉苏构造带白垩系巴什基奇克组为例[J]．石油勘探与开发，2014，41(2)：158-167.

[18] 田东江，部国喜，牛新年，刘永林，李英君．库车坳陷克深地区低孔裂缝性气藏储层改造产能评价研究[J]．油气藏评价与开发，2013，3(2)：57-61.

[19] 屈海洲，张福祥，王振宇，杨向同，刘洪涛，巴旦，等，基于岩心—电成像测井的裂缝定量表征方法——以库车坳陷KS2区块白垩系巴什基奇克组砂岩为例[J]．石油勘探与开发，2016，43(3)：425-432.

[20] 任康绪，肖中尧，曹少芳，袁文芳，张荣虎，马志远．库车坳陷致密裂缝孔隙型砂岩储层评价的物性界限探讨[J]．地球科学前沿，2012，2(4)：187-192.

底水厚砂岩气藏水平井多段压裂参数优化及设计

韩秀玲[1]　杨战伟[1]　孙　侃[2]　王　辽[1]　高　莹[1]　王丽伟[1]　李向东[1]

（1. 中国石油勘探开发研究院；2. 中国石油塔里木油田股份公司）

摘　要　基于储层特征、油藏模拟、改造工艺优化三方面研究，进行阿克气田水平井多段压裂参数优化及设计。针对阿克莫木底水驱块状厚砂岩干气气藏，储层纵向上连通性较好，仅两条泥岩隔层，分别位于含气砂岩顶、底部，底部隔层在气水界面下，水平段距离气水界面约170m，且邻井有改造后出水的情况，注意控制施工规模和排量。油藏数模研究表明，阿克G-H井水平井分15段改造，分2簇射孔，半缝长在125m左右，导流能力在30D·cm左右较好。工艺优化认为阿克气田储层对裂缝长度敏感，以造长缝为主，大液量改造，前置液百分数约为45%。；当导流能力大于30D·cm，随着导流能力的增加产气量变化不大，改造时适度加砂。

关键词　多段压裂；水平井；致密气藏；参数优化；设计优化

塔里木盆地的阿克莫木气田为低孔低渗、背斜型、底水驱、块状厚砂岩干气气藏，区块裂缝发育程度较低。为了提高单井控制储量，气田逐步采用水平井开发。为进一步提高单井产量，需要对水平井进行多段压裂。本文针对阿克气田一口G-H水平井，从储层特征、油藏数模、和压裂工艺优化几方面进行水平井多段压裂方案优化。

1　储层基本特征

1.1　储层岩性特征

阿克莫木气田克孜勒苏群的岩石类型主要有长石岩屑细砂岩、岩屑长石细砂岩，次为长石细砂岩和岩屑细(中)砂岩。含气储层段总体以细粒为主，次为中粒、粗粒，颗粒分选中等，磨圆度为次棱角-次圆状。颗粒以点接触和点-线接触为主，显示出结构成熟度中等-偏高的特点。储层填隙物主要为杂基和胶结物。杂基含量一般1%-10%，平均6.2%，以泥质和铁泥质为主。胶结物含量一般1%-10%，平均6.13%，以白云石、铁白云石为主，其次是方解石、石膏、硅质。

1.2　储层物性特征

根据岩心分析、测井解释和完井测试资料，克孜勒苏群砂岩储层孔隙度主要分布在6.0%-16%之间，平均10.94%左右，渗透率分布在$0.1\times10^{-3}-10\times10^{-3}\mu m^2$之间，平均有效渗透率为$3.51\times10^{-3}-10\times10^{-3}\mu m^2$，综合评价为低孔低渗储层。气田区内的克孜勒苏群砂岩储层见有高角度裂缝，但储层中的裂缝仅局部发育，主要分布在克孜勒苏群上段储层的中上部，且沟通有效储集空间能力较差。

1.3　气藏及流体特征

气田为受构造控制、低孔低渗、背斜型、常温常压块状底水干气气藏[1]，见图1。天然气分子量19.24-20.43，平均20.04；相对密度0.67-0.71，平均0.69，甲烷含量79.30%-83.10%，平均80.76%，重烃（C2+）含量很小，平均0.32%；氮气（N_2）含量7.20%-9.86%，平均8.56%；CO_2含量6.91%-11.98%，平均10.36%。地层水PH值平均为7.59，密度平均为$1.06g/cm^3$，水型为$NaHCO_3$，CL为$4\times10^4-5\times10^4mg/L$，总矿化度为$7-10\times10^4mg/L$。

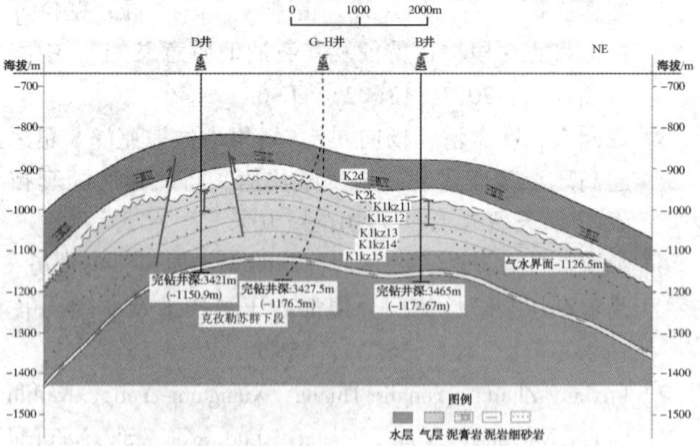

图1　白垩系克孜勒苏群气藏剖面图

2　水平井裂缝参数优化

以阿克G-H水平井为例，建立气水两相黑油模型，采用LGR加密进行裂缝模拟[2-8]。水平段长度为600m，储层孔隙度为10.5%，渗透率为 1-2×10^{-3}μm^2条件下，参数优化结果以累计产量达到最优为指标。

2.1　压裂段数优化

基础裂缝参数设置为半缝长 120m，裂缝高度 60m，平均导流能力 30D · cm，以压裂 4、6、8、10、12、14、16、18 和 20 段，形成相应的主裂缝条数来进行段数优化。从图 2 可以看出，当改造段数大于 16 段以后，产气量变化不大，因此压裂段数为 16 段左右较好。

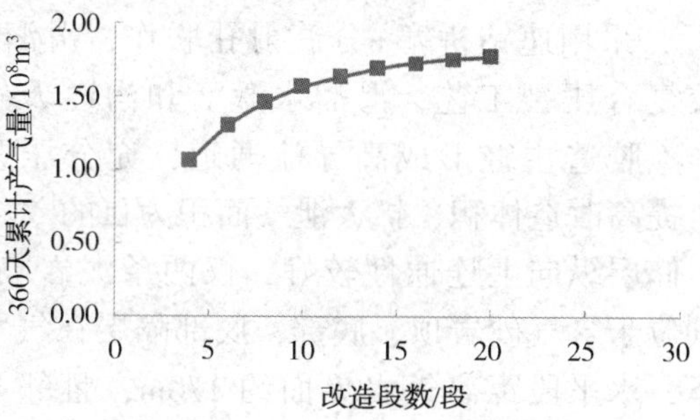

图 2　累计产气量与改造段数关系图

2.2　簇间距优化

簇间距优化采用不分簇均匀分布裂缝、簇间距 12m 和簇间距 19m 三种方案进行优化。方案 1：分 15 段改造，形成 15 条主裂缝，段间距 39m；方案 2：分 15 段改造，分 2 簇射孔，形成 30 条主裂缝，簇间距 12m，段间距 39m；方案 3：分 15 段改造，分 2 簇射孔，形成 30 条主裂缝，簇间距 19m，见图 3。在段数一定的条件下，分簇射孔效果好于不分簇射孔，簇间距对产量影响效果不大，见图 4。改造时分两簇射孔，在 600m 水平段，分 15 段改造条件下，簇间距对产量影响有限。

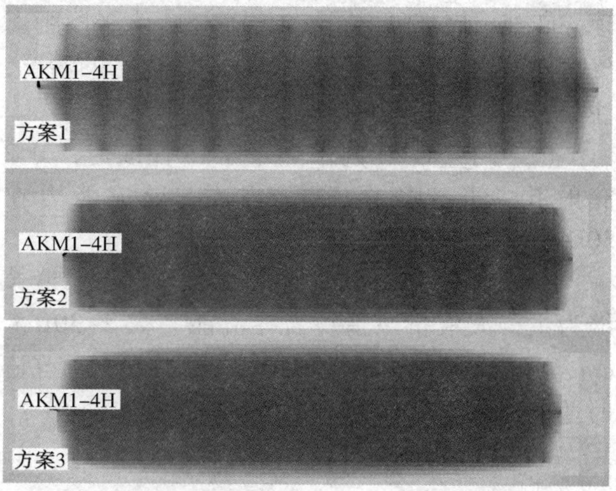

图 3　不同改造方案裂缝设置示意图

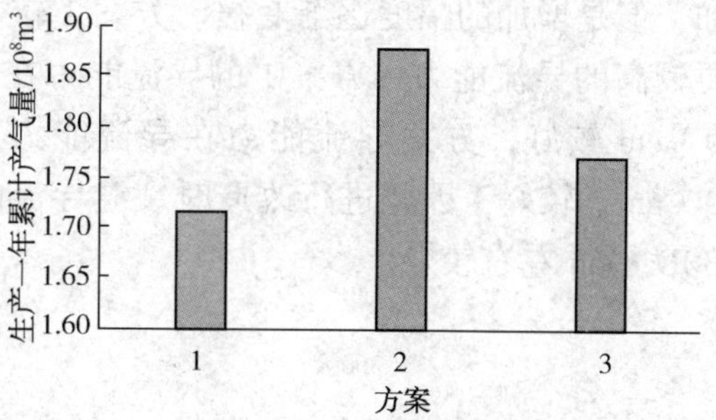

图 4　累计产气量与裂缝条数关系图

2.3　裂缝半缝长优化

水平井改造分 15 段、2 簇射孔，形成的主裂缝介于 15-30 条之间，因此模拟时设计方案 1 和方案 2 进行裂缝参数优化。方案 1：分 15 段改造，分 2 簇射孔，形成 15 条主裂缝，段间距 39m；方案 2：分 15 段改造，分 2 簇射孔，形成 30 条主裂缝，簇间距 12m，段间距 39m。假定水力裂缝为横切缝且裂缝沿井筒平均分布，裂缝高度 60m；平均导流能力 30D · cm，裂缝半缝长为 65m、85m、105m、125m、145m 和 165m 这 6 中情况进行模拟，结果见图 5 和图 6。随着裂缝半缝长的增加，方案 1 和方案 2 的日产气量和累计产气量都增加，但是增加的幅度逐渐变缓。半缝长在 125m 左右较好。

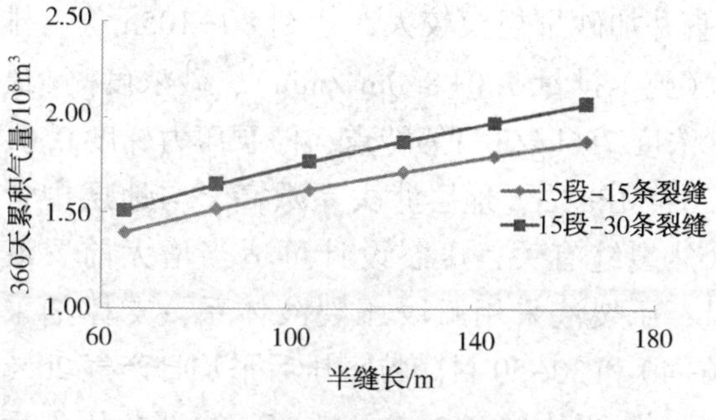

图 5　压后生产 360 天不同半缝长条件下累计产气量（方案 1 和方案 2）

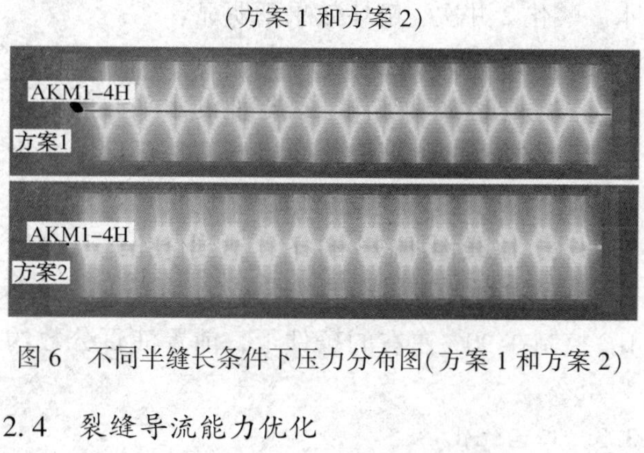

图 6　不同半缝长条件下压力分布图（方案 1 和方案 2）

2.4　裂缝导流能力优化

从图 7 可以看出，随着裂缝导流能力的增加，方案 1 和方案 2 的日产气量和累计产气量都增加，但是增加的幅度逐渐变缓。方案1较方案需要较高的导流能力。方案1的导流能力在30-40D·cm较好，方案导流能力在导流能力20-30D·cm，较好，因此进行改造时裂缝导流能力在30D·cm左右较好。

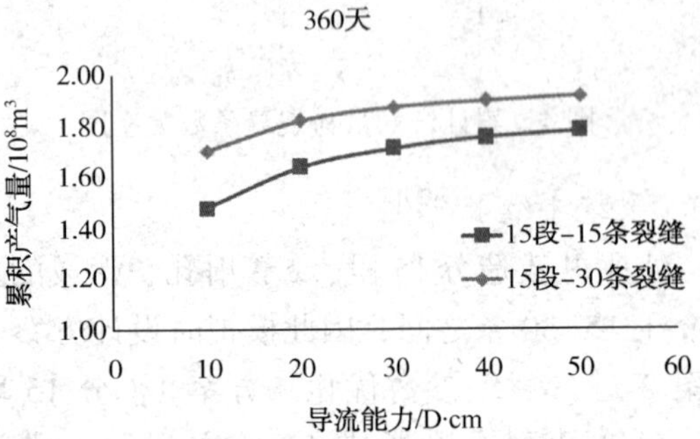

图7　压后生产360天不同导流能力条件下累计产气量（方案1和方案2）

3　水平井压裂工艺优化

3.1　区块前期改造情况统计

至今阿克莫木气田已经进行了10井次的储层改造，其中8井次为加砂压裂改造，酸化2井次，直井8井次，水平井2井次。加砂压裂施工有效率100%。分别使用了5"、3-1/2"、3-1/2"+2-7/8"三种管柱组合，总体来说具有规模大（直井加砂量规模较大，达到80-105m^3）、排量大（施工排量7.0-8.0m^3/min）、砂浓度高（最高砂浓度756kg/m^3）等特点，停泵压力梯度0.015-0.024MPa/m，地层滤失系数高，与地层中含有天然裂缝有关，压裂设计可适当增大前置液用量；压裂液采用胍胶压裂液体系，支撑剂采用20-40和30-50目陶粒。压后平均日产气26.81×10^4m^3，平均增产3.5-4.5倍，边部井压裂后出水。酸化2井次，解堵效果不明显。

3.2　前置液优化

参考已经成功实施压裂作业的水平井的施工经验，结合G-H水平井储层特征实际情况，为确保施工顺利，减少复杂情况，优化合适前置液百分数，以线性加砂条件下，达到优化缝长和导流能力为前提，支撑裂缝长度/动态缝长（动态比）控制在90%左右的条件下，前置液百分数约为45%。

3.3　工艺优化

阿克区块水平井属低孔低渗储层，阿克G-H水平井压裂目的层较厚，气层段厚度为198m/

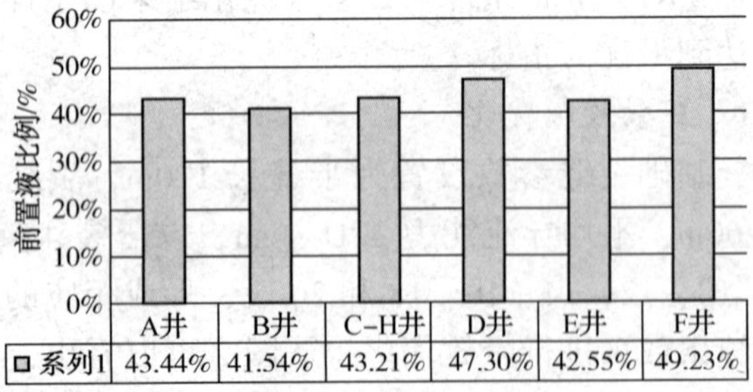

图8　压后生产360天不同导流能力条件下累计产气量（方案1和方案2）

24段，采用速钻桥塞+分簇射孔联作，滑溜水+冻胶复合压裂工艺，滑溜水激活和沟通天然裂缝，冻胶造主缝形成高导流通道，充分压开储层、提高改造体积、扩大泄气面积为目的[9]。

储层纵向上连通性较好，仅两条泥岩隔层，分别位于含气砂岩顶、底部，底部隔层在气水界面下，水平段距离气水界面约170m，且邻井有改造后出水的情况，注意控制施工规模和排量。考虑到首段近井地带污染造成施工困难，采用前置酸进行处理，以降低破裂压力，从而降低压裂施工风险。

目的层闭合应力58MPa，为提高裂缝的裂缝导流能力和压裂的有效期，通过支撑剂导流能力评价[10]，选择低密高强30/50目+20/40目组合陶粒为压裂支撑剂。

储层对裂缝长度敏感，以造长缝为主，大液量改造；当导流能力大于30D·cm，随着导流能力的增加产气量变化不大，改造时适度加砂。

4　结论及建议

（1）气田为受构造控制、低孔低渗、背斜型、常温常压块状底水干气气藏。储层纵向上连通性较好，仅两条泥岩隔层，分别位于含气砂岩顶、底部，底部隔层在气水界面下，水平段距离气水界面约170m，且邻井有改造后出水的情况，注意控制施工规模和排量。

（2）阿克G-H井水平井分15段改造，分2簇射孔，半缝长在125m左右，导流能力在30D·cm左右较好。

（3）阿克气田储层对裂缝长度敏感，以造长缝为主，大液量改造；当导流能力大于30D·cm，随着导流能力的增加产气量变化不大，改造时适度加砂。

参　考　文　献

[1] 王招明，赵孟军，张水昌，等．塔里木盆地西部阿

克莫木气田形成初探[J]，地质科学，2005，40(2)：237-247.

[2] 彭涛，吕晓璐，王利国，等．致密气藏水平井多段压裂裂缝级数优化研究[J]，新疆石油天然气，2017，13(01)：54-58.

[3] 李林地，张士诚，马新仿，等．气井压裂裂缝参数优化设计[J]．油气地质与采收率，2008，15(5)：105-107.

[4] 葛家理．现代油藏渗流力学原理[M]，石油工业出版社，2001.

[5] J. W. Wang，Y. Liu，"Simulation Based Well Performance Modeling in Haynesville Shale Reservoir，" SPE 142740，2011.

[6] K. Suksang，A. Datta-Gupta，W. Hohn lee，"Impact of Natural Fractures in Drainage Vloume Calculations and Optimal Well Placement in Tight Gas Reservoirs，" SPE 144338，2008.

[7] B. Gong，Q. Guan，S. Y. Yuan，"Detailed Modeling of the Compaex Fracture Network of Shale Gas Reservoirs，" SPE142705，2010.

[8] M. Karimi - Fard，L. J. Durlofskky，K. Aziz，"An efficient discrete fracture model applicable for general-purpose reservoir simulators，" SPE88812，2004.

[9] Economides M J，Nolte KG. 油藏增产措施[M]．张保平，蒋阒，刘立云，等，译．3 版．北京：石油工业出版社，2002：482-486.

[10] 温庆志，张士诚，李林地．低渗透油藏支撑裂缝长期导流能力实验研究[J]．油气地质与采收率，2006，13(2)：97-99.

临兴致密气区块压裂裂缝长期导流能力影响因素分析

姜 浒 张滨海 刘书杰 曹砚锋

(中海油研究总院有限责任公司)

摘 要 针对临兴致密气区块已经应用的胍胶压裂液体系和陶粒支撑剂，结合临兴区块储层的实际温度和闭合应力条件，应用压裂酸化裂缝导流能力评价试验仪，模拟储层温度条件，采用现场常用的20/40目陶粒、2个闭合应力值(参照典型井最小主应力确定为20和28MPa)、3种铺砂浓度，用取自储层的岩心制成岩板进行了支撑裂缝长期导流能力实验，得到了临兴区块主要目的层支撑剂铺置浓度与导流能力图版，并为本区块压裂效果评估和压裂设计优化提供了实验依据。

关键词 致密气；压裂；支撑剂；长期导流能力；支撑裂缝

压裂是临兴致密气区块增储上产的核心技术，其增产效果取决于地质条件和多种工程因素的影响，其中支撑裂缝的导流能力是关键参数之一，支撑裂缝的导流能力直接影响压裂效果，是支撑剂评价优选、压裂优化设计及效果评价的重要依据。支撑裂缝导流能力影响因素多且复杂，其中支撑剂性质、压裂液性质、地层条件、承压时间、流动条件等均会直接影响导流能力大小进而影响压裂效果。压裂施工结束后，支撑剂在闭合应力的作用下会嵌入裂缝壁面，降低裂缝内支撑剂充填层孔隙度，减小支撑裂缝的宽度，从而降低支撑裂缝导流能力。同时，支撑剂嵌入引起裂缝壁面岩石破碎产生的碎屑堵塞孔隙和支撑裂缝通道，会降低支撑裂缝的渗透率和导流能力。

M. G. Much[1]认为，对于中硬砂岩，当闭合压力超过55.16MPa时，支撑剂的嵌入成为影响导流能力的主要因素。G. S. Penny[2]认为，在一定闭合压力下，时间和温度是导致长期导流能力下降的主要因素，同时也指出，温度对短期导流能力的影响非常小。B. W. McDaniel[3-5]认为：让闭合压力的作用时间从1h增加到18h能极大地降低导流能力；增加高温作用的时间也能看到导流能力下降非常之大；且温度升高而导致的导流能力下降是永久性的、在温度下降之后也不会恢复。铺砂浓度对导流能力的影响很大，铺砂浓度增大一倍，导流能力将成倍数增加；支撑剂的嵌入会使导力产生很大程度的下降；铺砂浓度越大，嵌入对导流能力的伤害越小；只有当闭合应力达到一定值时，嵌入的伤害才表现出来；在闭合应力较高时，闭合应力成为影响导流能力的最大因素[6-11]。

本研究针对临兴致密气区块已经应用的压裂液体系和陶粒支撑剂，结合临兴区块储层的实际温度和闭合应力条件，应用压裂酸化裂缝导流能力评价试验仪，模拟储层条件，采用现场常用的20/40目陶粒、2个闭合应力值(参照典型井最小主应力确定为20和28MPa)、3种铺砂浓度，用取自储层的岩心制成岩板进行了支撑裂缝长期导流能力实验[12]，得到了临兴区块主要目的层支撑剂铺置浓度与导流能力图版，并为本区压裂效果评估和压裂设计优化提供了实验依据。

1 实验装置与理论模型

1.1 实验设备简介

实验使用压裂酸化裂缝导流能力评价试验仪，可模拟地层温度和闭合压力，导流室按照API标准设计。

1.2 实验试件与支撑剂

实验所用岩芯是取自临兴区块LX-33井石盒子组。将岩芯加工成符合导流室要求的岩板，代替原导流室中的金属板，模拟裂缝壁面。岩板尺寸：长17.78cm，宽3.81cm，厚1.5~3cm，端部呈半圆形。岩板如图1所示。

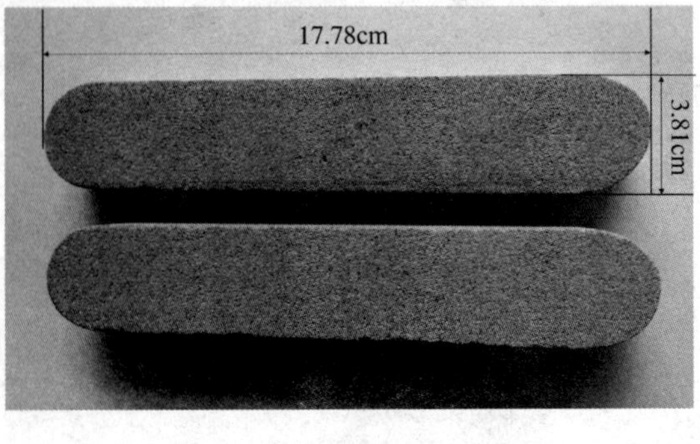

图1 实验用API标准岩板

实验采用的支撑剂为现场常用的粒径 20/40 目(粒径分布 850~425 μm)低密度陶粒，支撑剂基本性能评价结果见表 1。

表 1 陶粒支撑剂参数

序号	检测项目		标准规定指标	本项目检测结果	备注
1	粒径	落入规格内/%	≥90	99.78	分选性好，粒度集中
		大于顶筛/%	≤0.1	0	
		系列底筛上/%	≤1.0	0.22	
		平均直径/μm	/	565.91	
2	球度		≥0.7	0.86	合格
3	圆度		≥0.7	0.82	合格
4	酸溶解度/%		≤7.0	7.13	略超标
5	浊度/FTU		≤100	32.87	合格
6	视密度/g/cm^3		/	2.78	合格
7	体积密度/g/cm^3		/	1.47	合格
8	破碎率	52MPa/%	≤9.0	4.13	合格

1.3 压裂液性能评价

模拟压裂液伤害对支撑裂缝导流能力的影响，采用临兴区块致密气储层压裂常用的胍胶压裂液体系，并进行破胶处理。按照石油天然气行业标准 SY/T 5107-2016《水基压裂液性能评价方法》，对实验室配制的压裂液开展了系统性能评价，评价结果见表 2。从室内评价结果来看，此压裂液基本满足行业标准要求，但表面张力偏高、残渣含量偏高；破胶速度偏慢，破胶液黏度偏高。

表 2 实验用压裂液综合性能参数室内评价结果

序号	评价项目		指标	本项目评价结果(25~45℃)
1	基液表观黏度/mPa·s		10~40	15.0~21.5
1	交联时间/s		15-60	22~60
2	破胶性能	破胶时间/min	≤720	205~480
		破胶液黏度/mPa·s	≤5.0	4.50~14.63
		破胶液表面张力/mN/m	≤28.0	13.00~29.18
3	残渣含量/mg/L		≤600	340~550
4	破乳率/%		≥95	95.5~99.0
5	静态滤失性	滤失系数/10^{-5}m/$\sqrt{min}$	≤100	1.67~3.65
		初滤失量/10^{-2}m^3/m^2	≤5.0	21.5~28.7
		滤失速率/10^{-5}m/min	≤150	0.862~2.171
6	岩心基质渗透率损害率/%		≤30	12.41~29.51

1.4 计算公式

在层流状态下，气、液测渗透率的计算公式见(1)，而根据支撑剂裂缝导流能力的定义，裂缝导流能力测试分析系统相对应的导流能力的计算公式为(2)：

$$k_f=\frac{2Q\mu_g LP_o}{WW_f(P_1+P_2)(P_1-P_2)};\quad k_f=\frac{101.325q_l\mu_l L}{WW_f\Delta P} \tag{1}$$

$$k_fW_f=\frac{2Q\mu_g LP_o}{W(P_1+P_2)(P_1-P_2)};\quad k_fW_f=\frac{101.325q_l\mu_l L}{W\Delta P} \tag{2}$$

式中 k_f——支撑剂充填层气、液测渗透率，μm^2；
W——导流室宽度，cm；
W_f——支撑剂充填层的厚，cm；
L——差压传感器取压孔之间的距离，cm；
P_o——大气压力，10^{-1}MPa；
ΔP——上下游压差，kPa；
k_fW_f——支撑剂层的导流能力，μm^2·cm；
Q、q_l——气体、液体流量，cm^3/s；
μ_g、μ_l——测试流体黏度，mPa·s；
P_1、P_2——上下游压力，10^{-1}MPa。

上述数据中，只有上游压力 P_1、下游压力 P_2 和流量 Q 为待测量。在试验仪上得到待测量数据，再把所有的数据带到(1)、(2)式中便可得到 API 实验室支撑裂缝的气、液测渗透率和导流能力。

2 支撑剂长期导流能力影响分析

2.1 实验结果

实验结果如图 2、图 3、图 4 所示(图中三角形和正方形的小点是实测的数据点，曲线是根据实测数据点回归出来的趋势线)。

(1) 陶粒(20/40 目)在 28MPa 闭合应力条件下分别以 2.5kg/m^2、5kg/m^2、10kg/m^2 的铺砂浓度进行铺置。

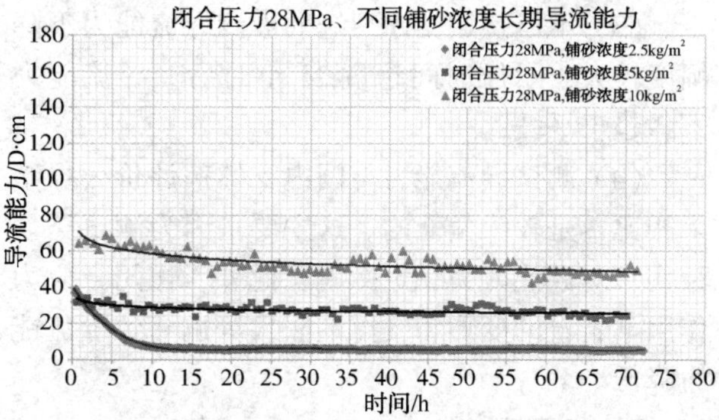

图 2 陶粒(20/40 目)在不同铺砂浓度下的裂缝长期导流能力(28MPa)

（2）陶粒（20/40 目）在 20MPa 闭合应力条件下分别以 2.5kg/m² 、5kg/m² 、10kg/m² 的铺砂浓度进行铺置。

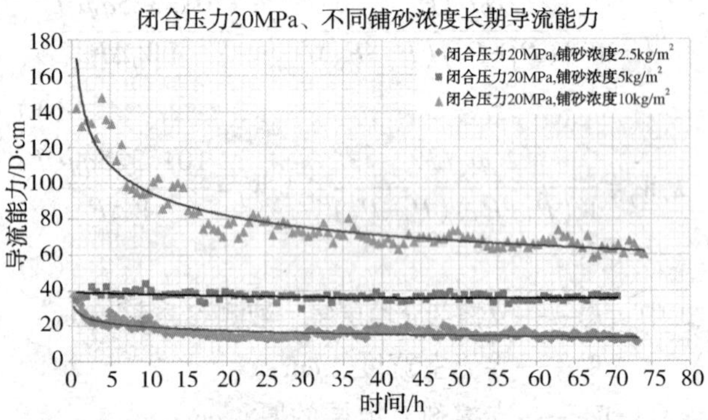

图 3 陶粒（20/40 目）在不同铺砂浓度下的裂缝长期导流能力（20MPa）

表 3 不同闭合应力和铺砂浓度条件下的裂缝长期导流能力实验结果

方案	闭合应力/MPa	铺砂浓度/(kg/m²)	导流能力/(μm²·cm) 短期	24h	72h	24h下降率/%	72h下降率/%	时间/h
1	28	10.0	84.12	55.01	50.44	34.60	40.03	72
2	28	5.0	31.82	31.63	24.00	0.59	24.57	72
3	28	2.5	37.21	6.02	4.85	83.82	86.97	72
4	20	10.0	144.99	81.56	65.45	43.75	54.86	72
5	20	5.0	36.56	36.77	36.43		0.35	72
6	20	2.5	36.91	13.46	13.14	63.53	64.40	72

2.2 实验分析

（1）铺砂浓度对导流能力影响巨大；

（2）闭合应力越大，裂缝导流能力越低。但是在铺砂浓度降低到 2.5kg/m²时闭合应力对导流能力影响不明显。这主要是因为铺砂浓度低时，支撑剂分布基本为单层状态，闭合应力的影响（压实、变形量）等较小，导流能力无明显变化；

（3）承压初期支撑裂缝的液测导流能力下降幅度较大，承压时间超过 24 小时后，导流能力下降趋于平缓；

（4）测试导流能力与国内支撑剂评价公报结果相比，是较为偏低的。这主要是因为测试压裂液伤害对导流能力一定影响；此外，在闭合应力作用下岩石的变形和支撑剂嵌入等也导致导流能力降低。

3 结论和建议

（1）压裂液性能评价结果表明，实验评价的压裂液满足要求，但破胶速度偏慢、破胶液黏度偏高，残渣量偏高。支撑剂基本物理性能指标满足行业标准要求（酸溶蚀率略偏高）；

（2）测试导流能力与国内支撑剂基本性能评价公报结果相比偏低，主要原因是压裂液伤害和实际用岩板的变形、支撑剂嵌入等原因导致实测导流能力降低；

（3）本实验是在光滑、平行的岩板中测支撑裂缝的长期导流能力，且支撑剂铺置非常均匀，这要比实际凹凸不平的裂缝的导流能力大。且没有考虑非达西流、多相流、循环应力加载、压裂液伤害、微粒运移/堵塞等影响因素，如果考虑这些因素，支撑裂缝的导流能力将进一步降低；

（4）结合储层物性条件和改造要求，优化铺砂浓度，建议提高支撑剂铺砂浓度到 7.5～10 kg/m²之间；

（5）进一步优化目前应用压裂液体系，加强破胶技术优化，降低残渣量和表面张力等，以减小对支撑裂缝和基质伤害，提升支撑裂缝长期导流能力；

（6）提高压裂液的携砂能力，改善支撑剂纵向铺置效果，建议采用可降解纤维压裂液。

参 考 文 献

[1] M. G. Much, Long-term performance of proppants under simulated reservoir condition, SPE16415.

[2] Penny G. S. An evaluation of the effects of environmental conditions and fracturing fluids upon long term conductivity of proppants[R]. SPE16900.

[3] McDaniel, B. W. Conductivity testing of proppants at high temperature and stress, SPE15067.

[4] McDaniel, B. W. Realistic fracture conductivities of proppants as a function of reservoir temperatures, SPE16453.

[5] M. A. Parker and B. W. McDaniel, Fracturing treatment design improved by conductivity measurements under in situ conditions[R]. SPE16901.

[6] Akbar M, Herron M, Vissapragada B, Alghamdi A H, Allen D, Carnegie A, Dutta D, Olesen J R, Chourasiya R D, Logan D, Stief D, Netherwood R, Russel S D, Saxena K, Carbonate Reservoir Evaluation Technology[J]. TOC, 2000, 12(4): 20-41.

[7] Ealian Al Anzi, Majdi Al Mutawa Oscar Alvarado, Mark Brady. Carbonate Reservoir Stimulation[J]. TOC, 2003, 12(4): 28-45.

[8] Leonard J Kalfayan. Fracture Acidizing: History.

玛湖致密砾岩油藏水平井体积压裂用石英砂适应性分析

陈 昂 何小东 田 刚 王 松 孙宜成 于会永

（中国石油新疆油田公司）

摘 要 新疆玛湖地区致密油储层最小主应力介于40~75MPa，勘探评价阶段使用在高闭合压力下可保持高导流能力的20~40目陶粒为主支撑剂，但随区块进入规模开发，支撑剂需求量巨大，支撑剂成本占压裂成本25%~30%。为了进一步降低支撑剂成本，在采用数值模拟结合支撑剂室内实验论证使用石英砂作为支撑剂可行性的基础上，选择部分区块进行了石英砂替代陶粒作为支撑剂现场试验。结果表明：(1)油藏最小主应力随孔隙压力变化而变化，在整个开发过程中呈现"升高、恢复、降低"的规律；(2)玛湖致密油裂缝理论导流能力需求为30.0D·cm，室内实验石英砂加载压力等于自喷期作用于支撑剂的有效闭合应力时，其导流能力介于理论导流能力需求范围，且随铺砂浓度增加，导流能力增加。(3)2017~2018年，玛湖地区试验石英砂替代陶粒46井次，共使用石英砂5.9×10^{4}m^3，节约费用1.37亿元。通过石英砂试验井与邻井对比分析，投产一年的累产油量无明显差异。结论认为，该项试验为在基质渗透率极低的致密油储层中采用石英砂替代陶粒以降低成本提供了技术支撑。

关键词 致密油；石英砂；降低成本；替代试验

自2015年以来，水平井+体积压裂成为玛湖致密砾岩油藏有效开发动用方法，由于玛湖地区致密油储层闭合应力高（已开发区块油藏中部深度2800m~3900m、闭合应力40MPa~75MPa），前期开发井使用在高闭合压力下可有效保持导流能力的20/40目陶粒作为主要支撑剂，达到保持裂缝长期有效的目的。但随玛湖砾岩油藏进入规模开发阶段，其对支撑剂的需求量与日俱增，同时支撑剂成本占单井压裂成本25%~30%，因此需要探索材料降本有效途径。

2015~2017年，随着油价下跌，国外致密油气开发为进一步压缩成本，开始采用石英砂替代陶粒作为支撑剂。借鉴国外经验，结合玛湖致密砾岩油藏地质物性、生产动态，论证了在玛湖地区应用石英砂替代陶粒作为支撑剂的可行性，优选了试验井，开展了应用石英砂现场试验，为后续在基质渗透率极低的致密油储层中采用石英砂替代陶粒提供支撑。

1 致密油用石英砂可行性论证

1.1 已压裂井地应力场动态变化规律

数模模型采用有限元网格描述人工裂缝（如图1），有限元网格是由内部为三角网格，外部为长方形网格的网格单元构成的，裂缝由2D平面和定义在该平面上缝宽来近似表示。在解决了人工裂缝差分网格收敛性的同时保证了计算精度和效率，同时还可表征比较复杂的裂缝形态。

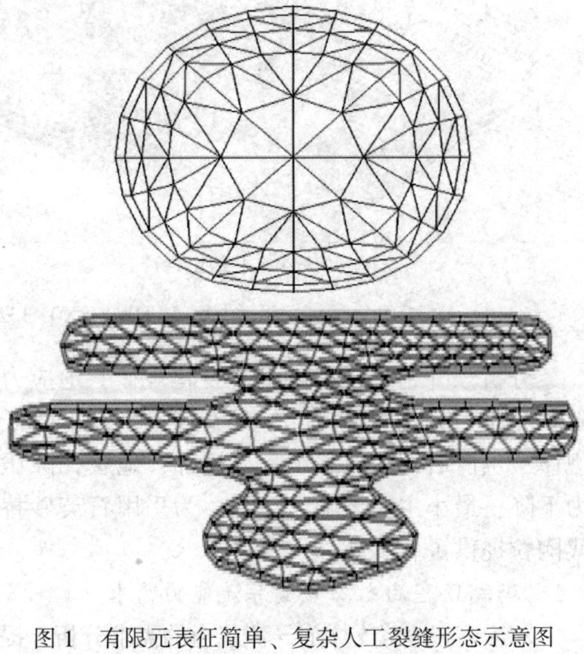

图1 有限元表征简单、复杂人工裂缝形态示意图

对玛湖地区投产时间最早井组玛13X井区MaHW132X0-MaHW132X5区域进行模拟，阐明已压裂井地应力场变化规律。与常规数值模拟不同，本地区压裂井裂缝级数多，注入压裂液量大，对原始饱和度场和压力场产生非常大的影响，压裂完后井周围网格压力可达到60-70MPa，甚至更高。而近井地带的含水饱和度在压裂后会变高，从而在生产过程中会形成一段初期高含

水，随后含水快速下降的过程。因此，为了保证模型的初始压力场和饱和度场与实际相符，模型计算时，井在生产之前按压裂液入井总液量注入模型。在生产过程模拟中，模型采用定液量计算，拟合日产油和井口压力。历史拟合结果看，模型计算数据与实际数据吻合较好(见图2)。

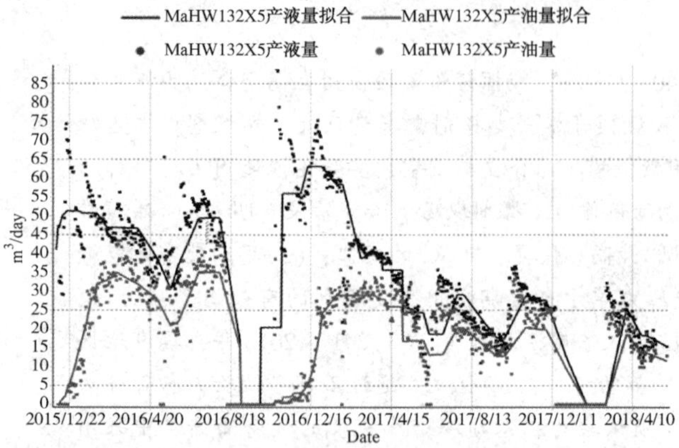

图2　MaHW132X5井日产液量、日产油量拟合曲线

MaHW132X0-MaHW132X5井区域原始最小主应力在44.4-70.3MPa之间，平均52.0MPa，截至2018年6月，平均最小主应力下降至49.0MPa。其中，Ma132_X、MaHW132X3、MaHW132X4、MaHW132X5井周边最小水平主应力下降明显，由原始最小水平主应力52.0MPa，下降至47.0MPa，减小约5.0MPa。MaHW132X0、MaHW132X1、MaHW132X2井附近最小水平主应力与原始值比略微减小0-2.0MPa(见图3)。地应力的变化与井的生产情况相符合，玛132_X、MaHW132X4、MaHW132X5井区域最小主应力变化较大主要是由于该区域井累积采出量远大于累积注入量，玛132_X井注入采出差值已达到28837m³，MaHW132X3井部分储量已被玛132_X井动用。而MaHW132X0、MaHW132X1、MaHW132X2井附近最小主应力变化不大，主要原因是由于初期的压裂液注入造成地应力增加，而在开采过程中，地应力逐步恢复至原始地应力附近。

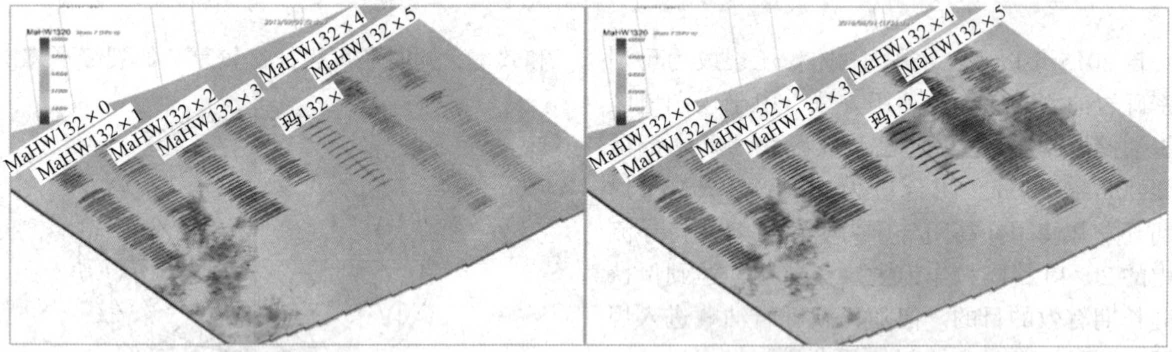

(a)初始最小水平主应力场　　(b)2018年6月最小水平主应力场

图3　MaHW132X0~132X5井最小水平主应力场变化

分析该井组地应力场动态变化规律，地应力随孔隙压力变化而变化，呈现升高、恢复、降低规律，生产后期随着采出程度增加，地层孔隙压力下降，最小主应力随之下降，为采用石英砂替代陶粒提供了有利条件。

1.2　玛湖致密油人工裂缝导流能力需求

对于玛湖地区支撑剂导流能力的需求分析，提出了以阶段累计采油量或采出程度为研究目标函数来匹配地层导流能力的方法。首先建立油藏数值模拟的模型，网格参数直接从粗化后的地质模型中提取。除了常规数值模拟所需要的网格深度、孔隙度、渗透率、净毛比、饱和度、孔隙压力等参数外，还提取了地应力模拟所必须的岩石物理及地应力参数，主要包含最大水平主地应力、最小水平主地应力、垂向应力、杨氏模量、泊松比等参数。

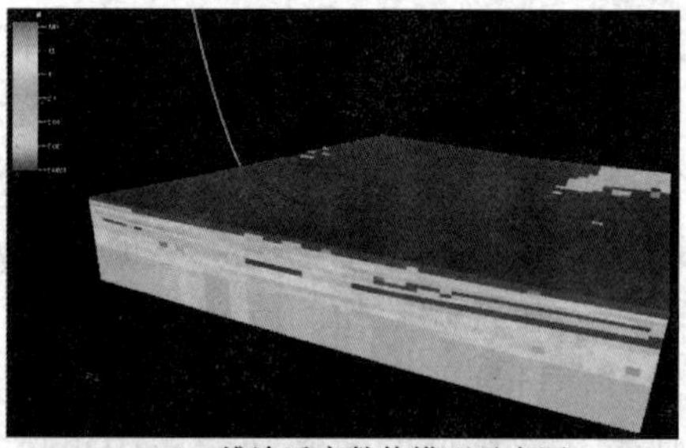

(a)三维渗透率数值模型示意图

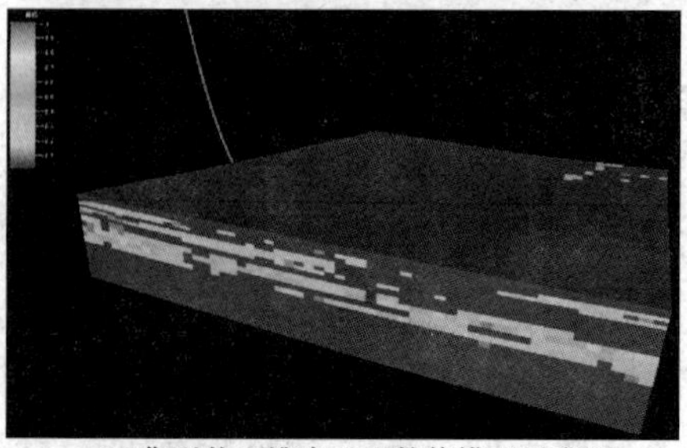

(b)典型井三维净毛比数值模型示意图

图4

(c)三维杨氏模量数值模型示意图

图 4　地质及地应力参数模型

利用生产资料进行产量、压力等方面的拟合计算。在模拟计算时，油井定油量生产与实际值基本上一致，只要保证计算出的井口压力与实际值一致才能保证所模拟结果的可靠性，利用历史拟合结果来计算满足人工裂缝反演要求。

利用油藏数值模拟的结果对开采不同时间段在不同导流能力下采出程度预测分析，选取不同的导流能力模拟不同的时间下的采出程度见图 5 所示，结果表明，30D·cm 的时候基本上处于临界点。导流能力继续增加，采收率增幅不大。

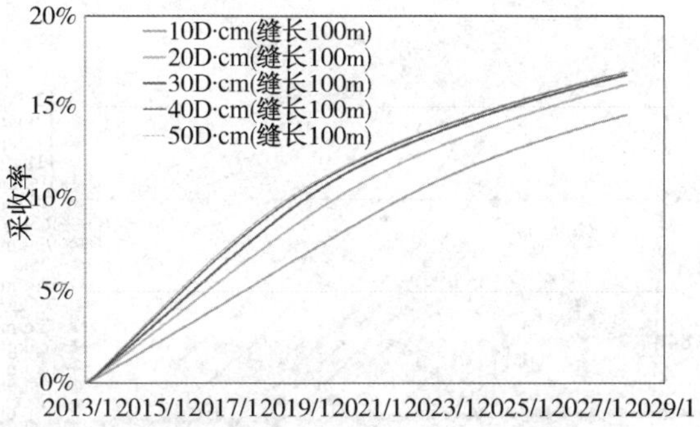

图 5　不同导流能力下的储层采出程度的对比

1.3　*自喷期长，有效应力增加缓慢*

加载于支撑剂上的力与应力的状态和孔隙压力有关，对于主裂缝垂直于最小主应力方向的情况，生产时由于裂缝内液体承担部分闭合应力，支撑剂所受有效应力小于闭合应力，即

作用于支撑剂上的有效应力=闭合应力(最小主应力)+裂缝变形应力-井底流压

水平井由于大液量注入，提高了地层保压能力，以玛 13X 井区 MaHW132X5 井为例，该井累计生产 1085 天，累产油 20807t，目前日产油 15t，井口压力 5.4MPa，该井水平段垂深 3275～3416m，以闭合应力 56MPa，变形应力 5MPa 计算，目前生产期内最大有效应力 29.9MPa。水平井自喷期长、保压能力强为石英砂替代提供了条件。

2　石英砂性能测试

现场对 20/40 目、30/50 目、40/70 目石英砂取样，对其粒径分布、酸溶解度、破碎率、支撑剂导流能力进行测试。

2.1　*粒径分布*

称取分样品倒入配备好的已称重的组筛的顶筛，经振筛机振筛 10min 后称取每个筛子和底盘重的支撑剂质量，计算每个筛子和底盘中支撑剂质量占总质量的百分比，测试结果如图 6。95%以上石英砂粒径符合要求，达到 SY/T 5108—2014《水力压裂和砾石充填作业用支撑剂性能测试方法》中标准。

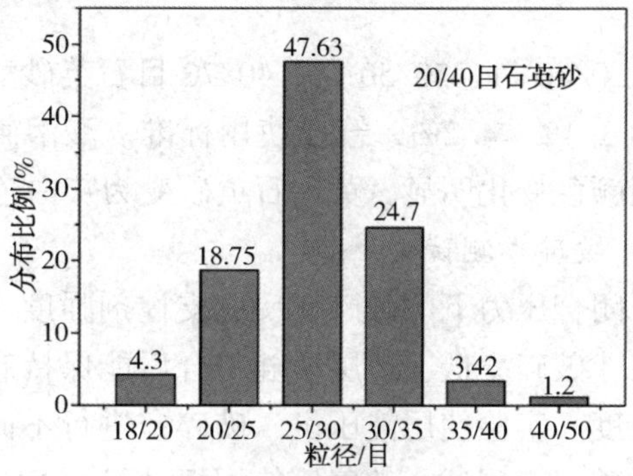

(a)20/40目

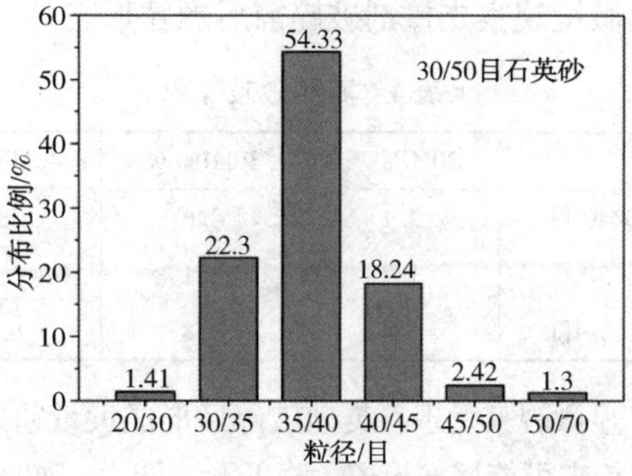

(b)30/50目

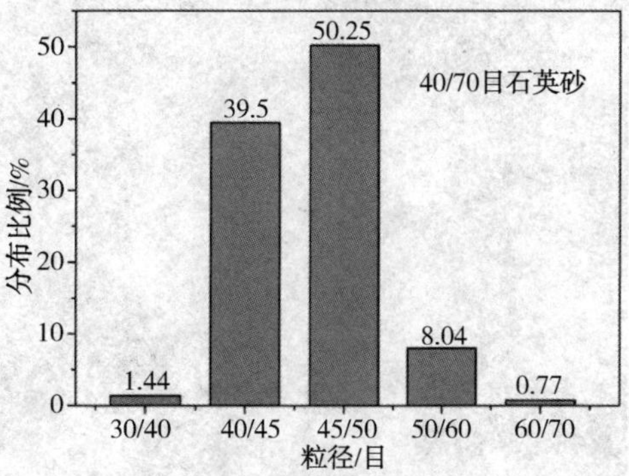

(c)40/70目

图 6　石英砂粒径分布

2.2　酸溶解度

酸溶解度目的是测定支撑剂表面碳酸盐与粘土矿物等的含量，碳酸盐与粘土是油气藏的有害杂质，其含量过高时，容易形成胶结物堵塞油层通道。

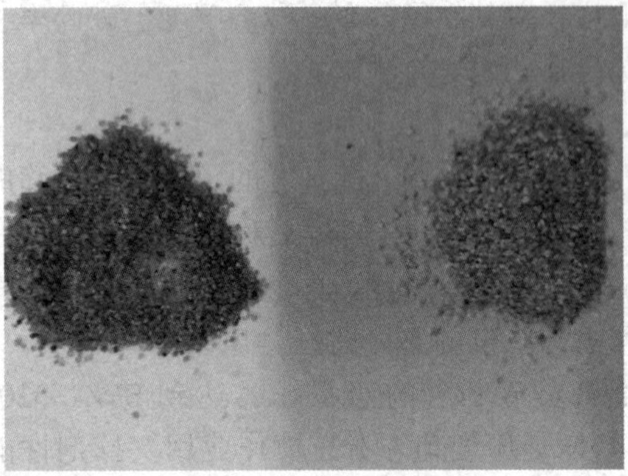

图 7　20/40 目石英砂测试前后对比

20/40 目、30/50 目、40/70 目石英砂酸溶解度为 3.4%～4.2%，符合使用标准。酸溶解后支撑剂颜色变化明显，黄色石英砂变为灰白色。

2.3　破碎率测试

闭合压力下的破碎率反应支撑剂强度，强度越高，破碎率低，地层裂缝闭合后能保持有效裂缝宽度。实验使用液压机、破碎室进行不同压力下的破碎率测试，破碎后使用振动筛测量，并进行显微镜观察支撑剂破碎前后颗粒形态。

表 1　石英砂破碎率

	20MPa/%	30MPa/%	40MPa/%
20/40 目	2.1	3.6	7.8
30/50 目	1.7	3.1	6.9
40/70 目	1.4	2.8	6.2

显微观察发现石英砂破碎后形成大量粉末，压裂后粉末可能堵塞流道，降低导流能力，如图 8。

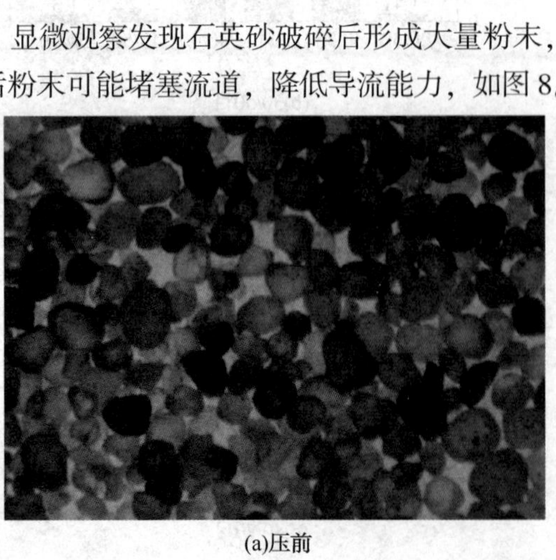

(a)压前

图 8

(b)压后

图 8　20/40 目石英砂压力测试后形态

2.4　支撑剂导流能力测试

裂缝有效导流能力是评估压裂改造成败的关键，室内实验进行不同类型支撑剂、不同铺砂浓度，随闭合压力增加导流能力变化。

实验中铺砂浓度为(4.5～12.5kg/m^2)，每组增加 0.5kg/m^2；实验温度模拟地层温度 60℃，流体为蒸馏水，实验结果如图 9，对于抗压 28MPa 的 20/40 目石英砂，当铺砂浓度大于 7.5kg/m^{2}时，其导流能力大于 30D·cm，可满足裂缝理论导流能力需要。

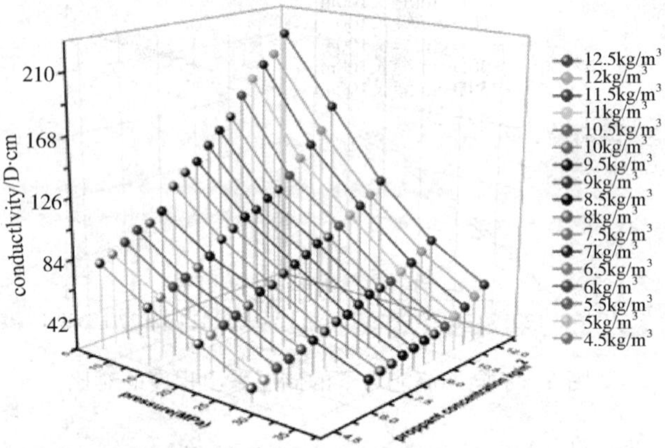

图 9　不同铺砂浓度下 20/40 目石英砂导流能力

3　现场试验效果

2017～2018 年，玛湖地区 6 个主力区块共计实施石英砂替代陶粒共 46 井次，石英砂替代量 5.9×10^{4}m^3，节省支撑剂费用 1.37 亿元。

以石英砂试验井次最多的玛 13X 井区为例，该区块油藏中部深度 2568～3260m，地层压力系数 1.11～1.18，以井口压力下降至 0.5MPa 停止自喷计算，自喷期最大有效应力约为 28.6MPa。该区试验井 15 口，统计该区块生产 270 天累产油情况，采用石英砂的水平井平均 5024t，采用陶粒的水平井 5429.4t，平均日产相差 1.5t/d；考虑水平段长因素，将累产油折合至每米累产油，采用石英砂的水平井 270 天平均每米产油 3.28t，采用陶粒的水平井 270 天平均每米产油 3.68t，无明显差异。

玛 13X 井区 T_1b_3 层两口井 MaHW12X6、MaHW12X7 储层埋深 3103～3209m，采用石英砂作为支撑剂的试验井 MaHW12X6 作业水平段长 1612m，油层钻遇率 91.7%，孔隙度 7.52%～13.76%，平均 10.08%，渗透率 0.12～50.0mD，平均 1.85mD，含油饱和度 45.0～71.45，平均 54.81%；邻井 MaHW12X7 作业水平段长 1692m，油层钻遇率 85.7%，孔隙度 7.52%～14.90%，平均 9.86%，渗透率 0.06～50.0mD，平均 1.489mD，含油饱和度 40.0%～73.91%，平均 53.85%，两井地质物性条件基本相当。MaHW12X6 井压 21 段 41 簇，压裂液量 25785m³，石英砂 1814m³，MaHW12X7 井压 22 段 42 簇，压裂液量 24578m³，陶粒 1597m³。两井除加砂强度差异之外，其余压裂参数基本相同。MaHW12X6 井较 12X7 井晚 1 个月投产，目前生产 590 天，在受其它井压裂干扰之前，MaHW12X6 与 MaHW12X7 两井累产油量、压力基本相当，未表现出明显差异，如图 10、图 11。

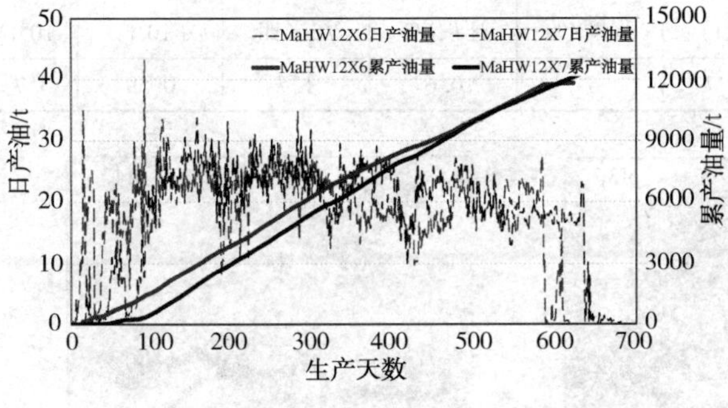

图 10 MaHW12X6、MaHW12X7 累产油对比

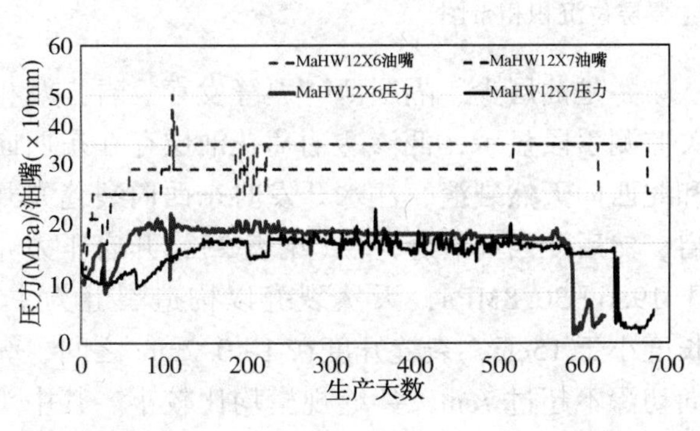

图 11 MaHW12X6、MaHW12X7 累产油对比

4 结论

（1）依据目前生产情况，进行了已压裂井地应力场模拟，最小水平主应力随地层孔隙压力的变化而变化，随着采出程度增加，地层孔隙压力下降，最小水平主应力随之下降，这一变化规律为采用石英砂提供了有利条件。

（2）数值模拟表明，对于玛湖致密油藏，其理论需求导流能力约为 30D·cm，继续增加导流能力，其采收率增速变化较小。

（3）玛湖地区水平井自喷期长，作用于支撑剂上的有效应力增加缓慢，为采用石英砂替代陶粒创造了条件。

（4）对现场所用的 20/40 目石英砂进行性能测试，其粒径分布、酸溶解度、破碎率均符合要求，在铺砂浓度大于 7.5kg/m² 时，其导流能力大于理论需求导流能力，可以满足油藏生产需求。

（5）由于石英砂成本低，2017～2018 年实施 46 井次石英砂替代共节约费用 1.37 亿元，对石英砂替代典型区块进行分析，目前生产未表现出明显差异。

参 考 文 献

[1] 寇双锋，陈绍宁，何乐，廖阔. 石英砂在苏里格致密砂岩气藏压裂的适应性[J]. 油气藏评价与开发，2019，9(02)：65-70.

[2] 黄天坤，郝世彦，魏登峰. 压裂支撑剂抗破碎能力及其数学模型研究[J/OL]. 应用力学学报：1-6[2019-06-05]. http://kns.cnki.net/kcms/detail/61.1112.O3.20190202.2032.002.html.

[3] 雷群，管保山，才博，王欣，胥云，童征，王海燕，付海峰，刘哲，王臻. 储集层改造技术进展及发展方向[J]. 石油勘探与开发，2019，46(03)：580-587.

[4] 高新平，彭钧亮，彭欢，王良，周玉超，冯艳. 页岩气压裂用石英砂替代陶粒导流实验研究[J]. 钻采工艺，2018，41(05)：35-37+41+9.

[5] 杨立峰，田助红，朱仲义，严星明，易新斌，段贵府，蒙传幼，邹雨时. 石英砂用于页岩气储层压裂的经济适应性[J]. 天然气工业，2018，38(05)：71-76.

[6] 纪国法，张公社，许冬进，肖泽锋，陈丹，吕戈. 页岩气体积压裂支撑裂缝长期导流能力研究现状与展望[J]. 科学技术与工程，2016，16(14)：78-88.

裂缝性薄差储层交替脉冲压裂工艺研究与应用

魏金辉　郭士英　张　栋　李山山　徐长虹　兰天宇

（大庆头台油田开发有限责任公司）

摘　要　针对大庆外围低渗透储层常规压裂措施效果差，大规模缝网压裂经济效益低等问题，开展了裂缝性薄差储层交替脉冲压裂工艺研究与应用。揭示了水力压裂脉冲破岩机理，建立了交替脉冲压裂设计方法，优化了注入流程、参数、规模、压裂液和支撑剂体系，形成了裂缝性薄差储层直井交替脉冲压裂工艺技术，作业工艺简单、适应性强，显著提升了裂缝性薄差储层的增产效果。自2013年以来共应用186口井，累计增油11.15×10^4t，利润10906万元，经济社会效益显著。该套技术从理论研究、方案设计、压裂液选择、支撑剂选择、工艺控制、压裂管柱设计等，进行了全方位的分析、对比、试验和总结，形成了一套完善的压裂工艺技术体系，并行了各种设计模板，已成为一种成熟的压裂改造工艺技术，为裂缝性薄差储层的持续稳产提供了理论支撑。

关键词　头台油田；低渗透薄差储层；交替脉冲压裂；压裂施工参数；压裂工艺控制方法

大庆长垣外围油田剩余地质储量9.33×10^8t，剩余可采储量0.99×10^8t。其中，头台公司葡萄花油层剩余储量322.4×10^4t，占全头台公司剩余储量的56.9%。葡萄花薄差储层主要发育3个主力油层，砂体以席状砂为主（如图1所示），属中孔低渗透裂缝性薄差储层，天然裂缝较发育，最大主应力方向为近东西向。属于大庆外围低渗透油田的三类区块，目前采出程度7.0%，年采油速度0.6%（见表1）。

表1　头台油田葡萄花油层基本参数统计表

静态参数					动态数据				剩余可采储量	
含油面积/（km^2）	地质储量/（10^4t）	孔隙度/%	渗透率/mD	含油饱和度/%	累计产油/（10^4t）	采出程度/%	采油速度/%	累计注采比	单井/（10^4t）	累计/（10^4t）
109.2	2694.4	17.8	18.5	55.6	187.7	7	0.6	1.7	0.59	357

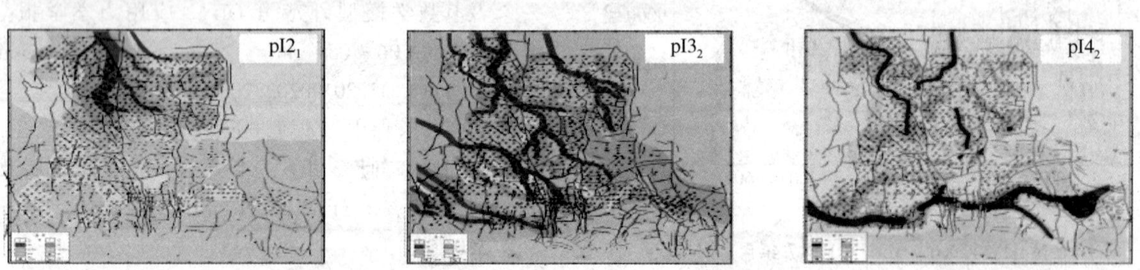

图1　头台油田葡萄花油层主要层位沉积相带图

1　工艺适应性分析

随着开发时间的延长，大庆外围低渗透砂岩油田存在储量规模大、渗透率低、丰度低、采出程度低、采收率低、注采系统不完善、开发效果差等问题。油水井增产措施以常规压裂为主，且油井投产初期均采用常规压裂投产，60%油井经历2次以上重复压裂，措施效果逐渐变差。以头台油田为例，低渗透葡萄花薄差油层开发中主要存在以下几方面问题：

一是油层少、隔层薄、裂缝发育。岩心及相关监测手段显示，低渗透葡萄花油层存在东西向和北西向天然裂缝，注水开发时东西向裂缝先开启，然后北西向裂缝开启（见表2），开启压力介于19.6－30.8MPa，天然裂缝以构造裂缝为主，长度小于15cm，裂缝开度在1~0.2mm之间，纵向切深不超过7cm，裂缝规模均比较小。其中头台油田裂缝频率达0.054条/m，属外围低渗透油田裂缝最发育区块（见表3）。

表 2 永乐油田葡萄花油层肇 261 区块裂缝测试成果表

井号	人工裂缝方位(度)	实际裂缝方位	水流方向
源 21-83	NE83.5	北东东向	东西向
源 34-13	NE80.6	北东东向	东西向
源 42-19	NE84.4	北东东向	北东东向
源 9-102	NE83.5	北东东向	北东东向

表 3 大庆外围各低渗透油田裂缝发育状况统计表

油田	观察井数/口	心长/m	裂缝条数/条	裂缝频率/(条/m)
头台	38	2707.5	155	0.054
榆树林	34	3643	44	0.012
肇州	25	1737.3	46	0.026
朝阳沟	25	2336.1	108	0.046
肇源	14	1003.6	31	0.031
平均	126	11425.5	384	0.034

二是重复压裂井比例高，措施挖潜余地小。葡萄花油层 60%油井采用压裂投产，39%油井实施过重复压裂，常规压裂效果逐年变差(见表 4-表 5)。

表 4 头台油田葡萄花油层油井压裂情况统计表

油井井数/口	一次压裂井		二次及以上重复压裂井	
	井数/口	比例/%	井数/口	比例/%
733	369	50.3	287	39.2

表 5 往年低渗透油层老井常规压裂效果统计表

年度	施工井数/口	压前产量		初期增产		有效期/t	累增油/t
		日产液/t	日产油/t	日增液/t	日增油/t		
2011	76	1.1	0.8	2.3	1.4	203	139.4
2012	59	1	0.9	1.9	1.2	208	94.7
2013	37	2	1.2	1.2	1.2	191	91.2
2014	19	1.2	0.9	1	0.9	183	75.6
合计/平均	191	1.3	0.9	1.8	1.2	200	109.9

三是厚度小隔层薄，无法开展大规模压裂。低渗透葡萄花储层单层有效厚度 0.5-2.5m，夹层厚度 1.6m，天然裂缝和断层较发育，大规模缝网压裂易压窜断层，且施工设备多、费用较高、经济效益低，不满足大规模缝网压裂的施工条件，无法大面积推广应用(见表 6)。

表 6 大规模缝网压裂的应用条件统计表

项目		条件
单层有效厚度/m		≥2
单井发育主力油层个数/个		≥3
夹层厚度/m		≥4
单井有效厚度/m		≥8
河道砂体发育宽度/m		≥300
裂缝波及范围	裂缝网络长/m	510
	裂缝网络宽/m	140
注采井网	井距/m	260-350
	排距/m	150-200

为改善低渗透储层动用程度，维持油田生产单位持续经济有效开发，亟需探索能够实现高投入产出比的增产工艺新技术。通过深入分析研究压裂成缝机理、开启规律等，在大规模压裂工艺基础上，进一步优化液性组合、泵注工序、排量、砂量、支撑剂粒径和加砂强度等，自主研究并开展了裂缝性薄差储层交替脉冲压裂工艺技术试验。

2 工艺技术原理

交替脉冲压裂工艺是以大于岩石抗张强度的净压力施工，通过交替脉冲方式注入，在近井形成多条分支缝，沟通天然裂缝，并产生一定微裂缝，最终形成复杂缝网体系。

首先应用清水高滤失、易形成转向和分支缝的特点，形成多条剪切滑移裂缝；再采用滑溜水低磨阻、易张开微裂缝的性能，使裂缝复杂化；最后应用胍胶延伸并充填已产生裂缝。最终形成“清水+滑溜水+胍胶”的组合压裂液体系(如图 2-图 4 所示)。

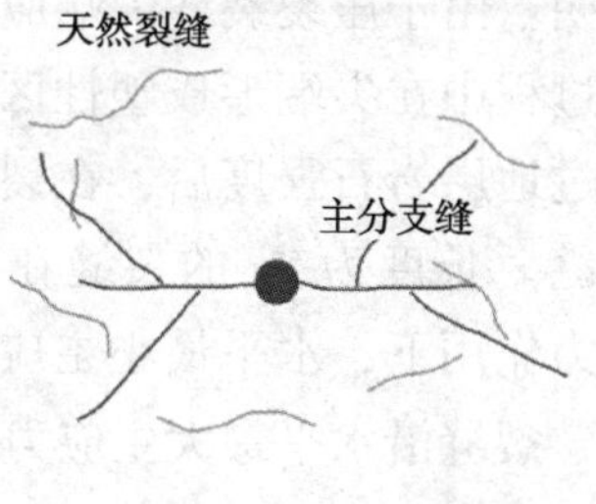

图 2 清水产生裂缝形态

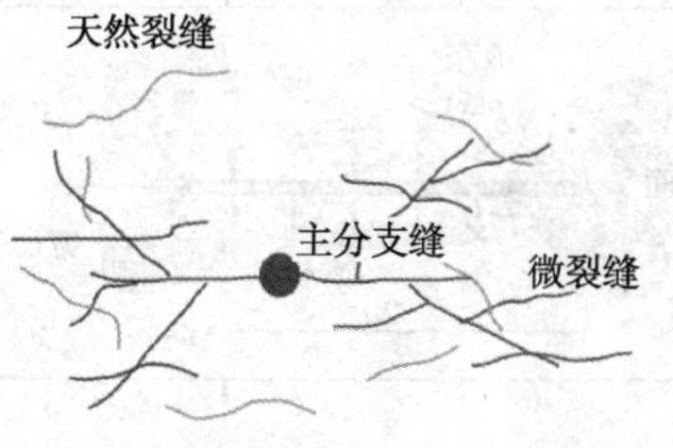

图 3 清水+滑溜水裂缝形态

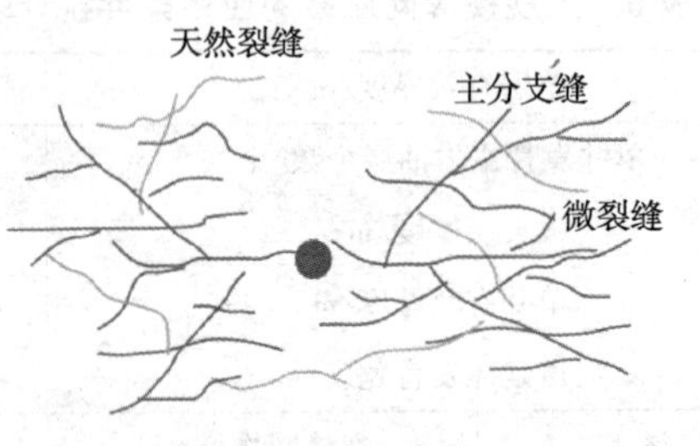

图 4　清水+滑溜水+胍胶裂缝形态

2.1　水力脉冲破岩机理研究

葡萄花油层为低孔、低渗透裂缝性薄差储层，发育天然裂缝。因此通过工艺控制可以形成多条人工主裂缝，并沟通天然裂缝，从而形成复杂的网状裂缝结构。研究表明：在垂直裂缝储层中产生复杂裂缝，需重点考虑水平应力差异系数的大小，当 $K_h<0.13$ 时，采用常规压裂可直接形成缝网，当 $0.13<K_h<0.25$ 时，需要通过工艺控制缩小该值，以产生缝网[1]（如图 5 所示）。

水平应力差异系数计算公式：

$$K_h=\frac{\sigma_y-\sigma_x}{\sigma_x}$$

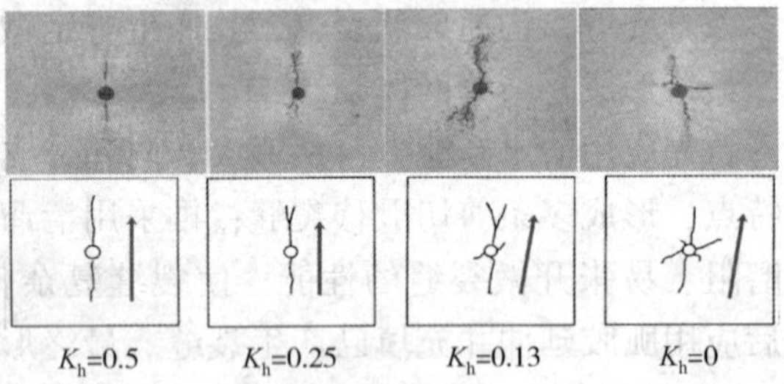

图 5　地应力差异系数与裂缝开起形态示意图

研究表明：由于压裂裂缝尖端应力集中，压裂裂缝扩展过程中在尖端形成塑性区，当塑性区内剪应力超过地层岩石强度后，在裂缝尖端形成端部诱导裂缝。长度为 2a 的裂缝在双轴应力和内部流体压力作用下，水平最小主应力为 σ_3 垂直于裂缝表面，裂缝沿水平最大主应力（σ_1）方向扩展[1]（如图 6 所示）。

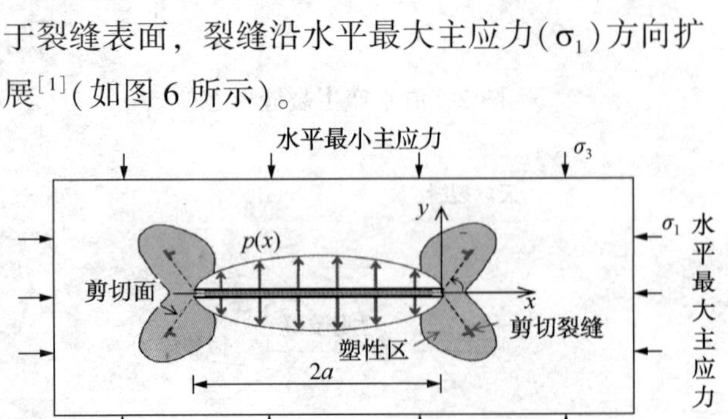

图 6　塑性区剪切裂缝模型

2.2　人工裂缝沟通天然裂缝的机理研究

研究表明，裂缝相交后形成的裂缝复杂程度受到地质条件和施工条件等多方面的影响。在天然裂缝发育地层中，裂缝的交互会使天然裂缝膨胀、剪切滑移或张性破坏，甚至产生分支裂缝，改变人工裂缝延伸的方向，从而产生复杂的缝网[5]。在压裂过程中，产生裂缝面积越大，储层与裂缝的接触面积就越大，越有利于流体的流动[6]。沟通天然裂缝应以最大化天然裂缝面积为目标，在裂缝高度固定的情况下，则应使天然裂缝被激活的长度越大。因此认为，天然裂缝张性打开的长度越大，产生的裂缝网络越大[3]

2.3　压裂液黏度对成缝和净压力的影响

与常规冻胶压裂液相比，低黏度压裂液具有更低的表面张力、黏度和更高的滤失系数。因此在相同的孔隙吼道尺寸条件下，更容易滤失进岩石孔隙中；同时低黏度液体在裂缝中具有更高的流动阻力，随着裂缝的进一步延伸和扩展，流动阻力进一步增加，有利于井底净压力的提高。为此开展了组合型压裂液体系的研究与现场试验[7]。

2.4　组合型压裂液体系的控制机理分析

在岩石本身满足形成缝网的力学参数条件下，采用低黏度压裂液可保证应力释放缝的形成，但应力释放缝的进一步扩展和延伸的范围及形成多条分支缝的复杂程度，取决于注入方式、注入段塞用量以及注入参数、施工排量等[4]。为保准裂缝网络系统的扩展，关键是促使压裂液体系进入微缝，适合采用低黏度液体，降低液体进入微缝的毛管压力，保证压裂液向微缝的有效滤入[10]。优选清水压裂液，其黏度低，易产生剪切破坏，压裂中，从岩石上脱落的岩屑也可形成支撑，提高了微缝的导流能力[11]。

采用清水作为造缝介质，由于其滤失性能强，具有更大的滤失性，在裂缝内流动时具有更大的摩阻，在流体进入地层后，大排量注入时可使裂缝系统的净压力进一步增大，迫使更多级分支裂缝形成[8]。在不同的地层条件下，剪切裂缝的导流能力的保持程度不同，在软地层中或闭合压力较高地层中，岩石变形程度高，裂缝交错接触面容易变形嵌入闭合，降低裂缝导流能力[2]。在硬地层中或闭合压力较低地层中，岩石的脆性越强，越容易形成剪切裂缝，裂缝交错接触面不易发生变形，能很好的保证形成的剪切裂缝具备自支撑能力[9]（如图 7 所示）。

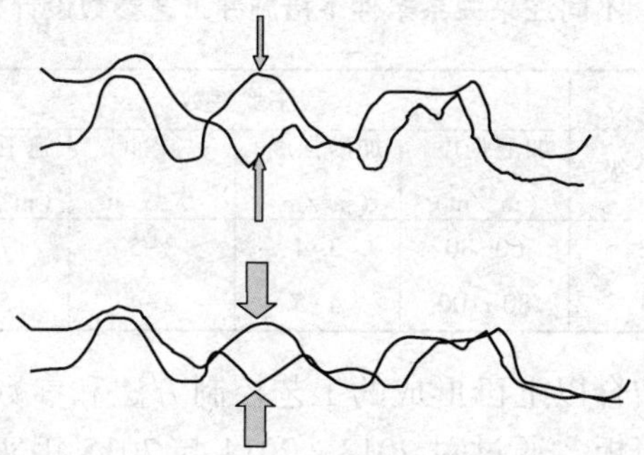

图7 剪切裂缝支撑效果图

在形成初始应力释放缝之后，足够的净压力是保证缝网的进一步扩展和延伸的关键因素。滑溜水与清水相比，黏度提高0.5-2.5mPa·s，可进一步降低岩石表面吸水性能，具有更低的磨阻，能够进一步提高井底净压力，在流体进入地层后，在更高的净压力作用下，可进一步提高水力压裂的转向作用，能够形成更加复杂的微裂缝，使裂缝体系能够更加复杂化[9]。

通过分析得出：采用清水和滑溜水交替注入方式，先采用大排量注入一定量清水，使初期形成多条分支缝，再通过变排量脉冲泵注程序控制，使裂缝不断延伸和再分支；然后再以一定排量注入一定量的滑溜水进入裂缝，在各分支缝内形成复杂的微缝，并沟通天然裂缝；最后再采用胍胶进行延伸并携砂支撑主要分支缝、微裂缝和天然裂缝，最终形成复杂的网状裂缝形态。该过程是促使复杂网状裂缝"初级分支缝形成—分支缝转向并延伸—次级微缝形成—沟通天然裂缝—延伸并携砂支撑分支缝、微裂缝和天然裂缝"的主要成缝过程[12]（如图8所示）。

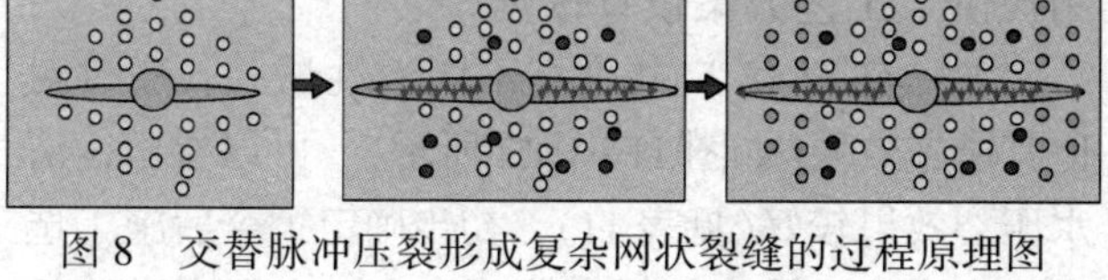

图8 交替脉冲压裂形成复杂网状裂缝的过程原理图

通过裂缝形成过程的实时监测，验证了复合压裂液段塞的注入工艺是合理的，在不同段塞注入过程中，缝网的形成及延伸过程符合预测结果，证实了形成的复合压裂液体系及注入方式可以有效控制缝网的形成及延伸。

以源23-109井地面微地震解释结果为例：前置清水阶段已经形成多条分支裂缝，滑溜水阶段及胍胶阶段是在主缝网构造的基础上，进一步向外部扩展和延伸的过程，形成了更加复杂的微缝，携砂阶段缝网变化有小幅度扩张，但大多数为内部进一步改造及支撑作用。

与常规压裂工艺相比，组合型压裂液段塞式注入工艺所形成的裂缝体积及范围更大，尤其在横向上的扩展范围更广，也验证了该注入方式对应力释放缝形成的促进作用。

3 工艺技术控制方法

裂缝性薄差储层交替脉冲压裂是采用远远大于岩石抗张强度的净压力施工，并通过交替脉冲注入方式控制，使近井形成的多条分支缝，沟通、穿过、延伸天然裂缝，并产生一定微裂缝，最终形成复杂网状裂缝体系。从而建立了交替变排量、变黏度压裂施工控制方法。目前在用压裂液主要有胍胶、清水、滑溜水压裂液等，多数工艺为单一压裂液体系，仅大规模缝网压裂为"滑溜水+清水+滑溜水+胍胶"的组合体系。改性胍胶压裂液，具有较强的粘弹性和塑性，以形成单一、长条、张开裂缝为主。

3.1 不同地质条件下的工艺控制方法

不同采出程度措施井对比分析。在砂体发育情况、有效厚度等地质条件接近的情况下，选取台103区块的4口井进行对比试验（如图9所示），采出程度低井效果明显较好，对于采出程度较高的井，提高施工规模同时，应增加脉冲次数（见表7）。

表7 台103区块交替脉冲式压裂井效果统计表

井号	采出程度/%	有效厚度/m	脉冲次数/n	施工参数		措施效果				同阶段累增油/t
				液量/m³	砂量/m³	措施前产量		初期增产		
						液/t	油/t	液/t	油/t	
T12-S25	0	4.4	2	165	15	0	0	4.2	3.4	1965
T13-S30	0.2	4.3	2	147	12	1.1	0.9	4.1	3.9	1635
T17-S37	2.3	4.8	2	417	18	1	0.9	1.2	2	941
T4-S36	8.7	3.8	3	707	18	0.8	0.6	3.8	2.5	948

对比 2014-2015 年实施措施井的整体效果，可看出采出程度低于 5% 的井，措施效果相对较好，采出程度大于 5% 的井，采出程度相对较差(如图 10 所示)。因此，对于采出程度较高的措施井，应进一步控制施工规模、增加脉冲次数、提高滑溜水应用比例；对于采出程度较低的措施井，应进一步适当加大施工规模，减少脉冲次数，提高清水应用比例(见表 8)。

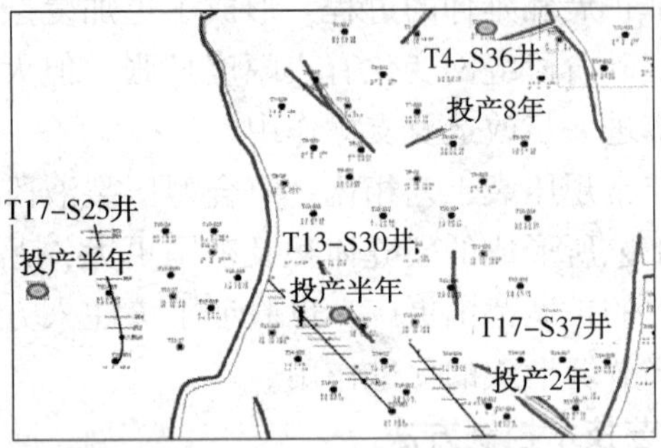

图 9　台 103 区块措施井位图

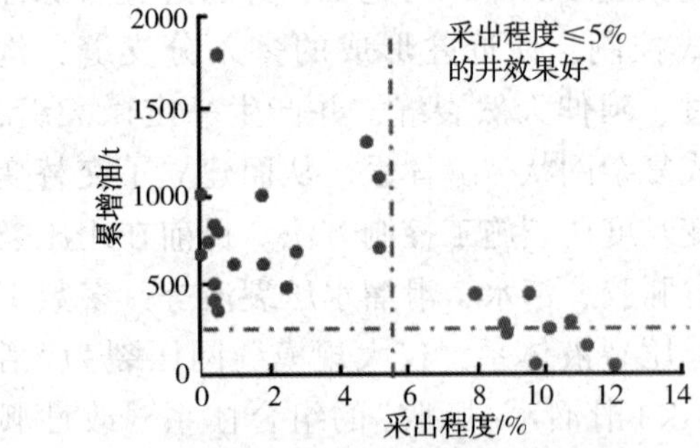

图 10　采出程度与措施效果关系图

表 8　不同采出程度措施井交替脉冲式压裂规模、参数设计模板

采出程度分类	主要参数			
	加液强度/(m^3/m)	加砂强度/(m^3/m)	脉冲次数/n	施工排量/(m^3/min)
≥10%	60-80	3-4	4-5	7-8
5-10%	80-100	4-5	3-4	5-7
<5%	100-120	5-6	2-3	4-6

不同注采关系措施井对比分析。对比分析已实施不同注采关系条件下的措施井效果，通过不断调整注入程序和工艺参数，初步形成了不同注采关系条件下的措施井工艺参数设计模板。对于注采关系完善的措施井，应适当降低施工规模，提高滑溜水应用比例，增加脉冲次数，提高粉砂用量。对于注采关系不完善措施井，应适当增加施工规模，提高清水应用比例，控制脉冲次数(见表 9)。

表 9　不同注采关系条件下措施井工艺参数设计模板

水驱受效方向分级	主要参数			
	加液强度/(m^3/m)	加砂强度/(m^3/m)	脉冲次数/n	施工排量/(m^3/min)
2-3	60-80	3-4	3-5	7-8
0-1	80-100	4-5	2-4	5-7

结合以上已形成的工艺控制方法和参数设计标准模板，通过对 2013、2014 与 2015 年实施措施井进行整体对比分析发现，措施效果受有效厚度、受效方向、砂体类型比例的影响较大，通过提高措施强度后，压裂效果仍得不到有效改善。这表明地质条件是制约压裂措施效果的主要因素，对措施井效果具有较大的影响(见表 10)。

表 10　不同年度交替脉冲压裂井地质参数对比表

年度	压裂井数/口	有效厚度/m	水驱方向/个	加液强度/(m^3/m)	加砂强度/(m^3/m)	河道砂		席状砂	
						井数/口	比例/%	井数/口	比例/%
2013-2014 年	14	4.3	1.7	47	3.1	11	78.6	3	21.4
2015 年	18	3.8	1.2	151	5.1	12	66.7	6	33.3
差值	4	-0.5	-0.5	104	2	1	-11.9	3	11.9

3.2　形成了交替脉冲压裂设计模板

目前国内外低渗透薄差性裂缝储层的主要压裂改造工艺为常规压裂，没有限制规模交替脉冲压裂工艺技术，头台油田首次实施的交替脉冲压裂工艺技术，通过不断探索和总结，逐步形成并创新了该工艺技术压裂液液性组配比例与支撑剂设计方法和标准，为今后该项工艺技术的推广应用提供了工艺方案设计依据。

2015 年对 18 口井进行不同液性试验，通过对比其措施效果(如图 11-图 12 所示)，可以看出，清水压裂效果较好(见表 11)，初步确定了今后施工选取的压裂液液性应以清水施工为主，在提高措施效果的同时，可进一步降低施工成本。

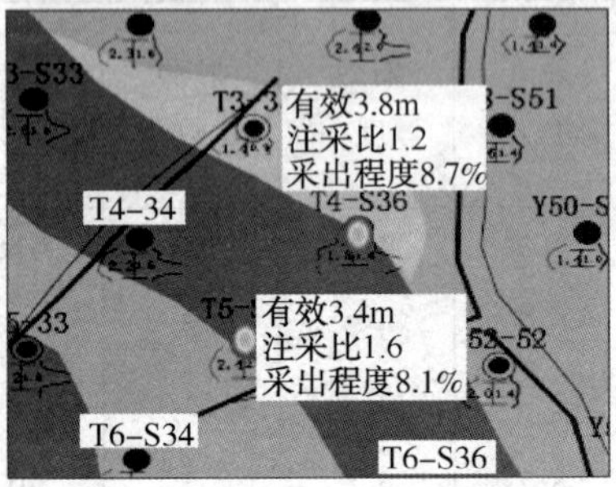

图 11　T103 区块井位图

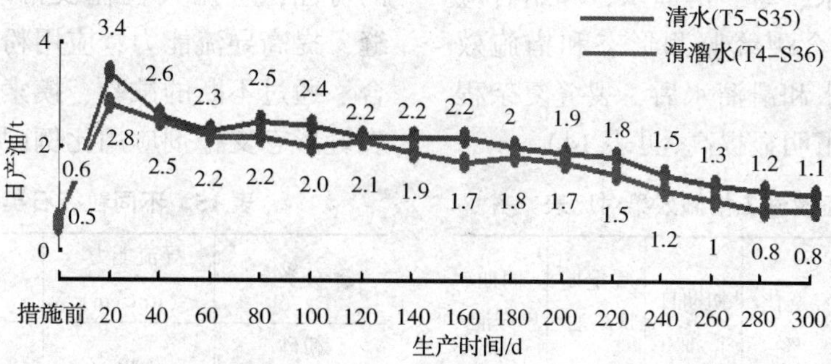

图 12　相同地质条件下不同液性施工生产曲线

表 11　不同液性压裂施工措施效果对比表

压裂液类型	施工井数/口	有效厚度/m	液量/(m^3)	砂量/(m^3)	措施前产量		初期增油强度/(t/m)	稳定期增油强度/(t/m)	生产天数/d	同阶累增油/t
					液/t	油/t				
滑溜水	9	4.7	587	20.2	0.8	0.6	0.4	0.24	391	354
清水	9	2.8	562	18.7	0.6	0.5	1.11	0.67	428	523
差值		-1.9	-25	-1.5	-0.2	-0.1	0.71	0.43	37	169

2017 年根据清水和滑溜水造缝特点，并结合地面微地震监测结果，计算主裂缝与微裂缝波及体积比例，初步确定清水与滑溜水配比为 4：1（见表 12）。

表 12　不同前置液压裂施工裂缝形态对比表

分类	裂缝特点	主裂缝条数/条	缝波及体积/(10^4m^3)	微裂缝波及体积/(10^4m^3)
单一清水	主裂缝延伸过长，形成少量微裂缝	4	67	6
单一滑溜水	主裂缝少且短，以形成近井微裂缝为主	4	32	24
清水+滑溜水	主裂缝适当延伸，缝间形成复杂微裂缝	5	51	13

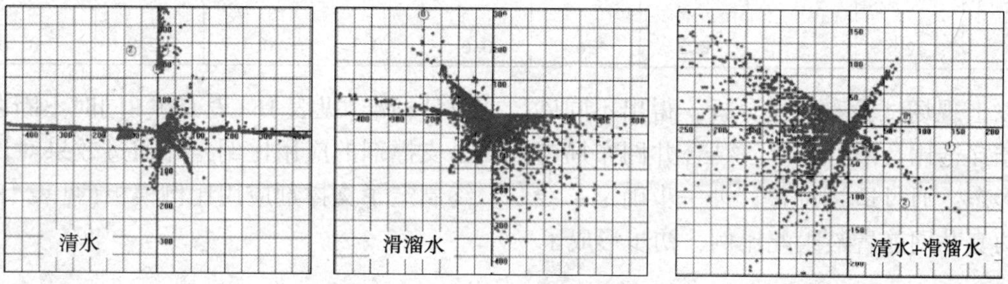

图 13　不同前置液人工裂缝监测结果

根据砂体类型、井网类型，通过优化主缝穿透比，合理控制缝间砂体，最大限度提高裂缝波及体积，初步按照以下比例进行设计液性组配，并进行现场试验（见表 13）。

表 13　不同井网类型前置液组配设计情况表

砂体类型	开发井网(m×m)	设计方法	液性组合类型（清水：滑溜水）	穿透比(%)
河道砂	240×400	适当穿透比，适当控制缝间砂体	4：1	70-80
	120×400	降低穿透比，扩大缝间砂体控制程度	3：1	65-75
席状砂	240×400	提高穿透比，适当控制缝间砂体	5：1	75-85
	120×400	降低穿透比，扩大缝间砂体控制程度	5：2	60-70

通过对比单一清水、单一滑溜水，和组合应用清水和滑溜水，结合裂缝监测形态和措施效果，发现组合应用清水和滑溜水后，裂缝复杂程度和措施效果均得到了明显提高(见表14)。

表14 不同液性压裂施工措施效果对比表

液性组合类型(清水：滑溜水)	试验井数/口	有效厚度/m	穿透比/%	初期日产油/t	稳定期日产油/t	同期累产油/t
单一清水	4	2.8	82	3	1.8	184
单一滑溜水	3	3.7	58	2.8	1.6	165
3：1	1	2	67	3.5	2.2	233
4：1	2	1.9	73	3.5	2	248
5：1	2	2.1	79	3.2	2.1	238
5：2	2	2.3	64	3	1.8	212

同时在现场实验中，根据不同粒径导流能力的特性，应用大粒径及常规粒径石英砂支撑主缝，提高导流能力；应用粉砂支撑微缝，防止闭合。通过不断的试验、摸索和总结，得出了不同裂缝形态支撑剂应用比例(见表15)。

表15 不同粒径石英砂性能对比表

分类	导流能力/(μm^2cm)	渗透率/D	携砂液类型
粉砂(40~60目)	42	98	低黏度压裂液或清水
常规粒径(20~40目)	52	142	中黏度(20mPa·s)
大粒径(16~20目)	59	211	高黏度(33mPa·s)

针对裂缝形态特征，通过合理调整不同粒径支撑剂应用比例，实现微缝、主缝全支撑，提高导流能力。统计同区块6口压裂井效果，采用组合式支撑剂效果优于单一支撑剂，且产量递减缓慢，可进一步延长措施有效期(见表16)。

表16 不同粒径组合措施效果对比表

支撑剂粒径/目	井数/口	地质参数		工艺参数		压裂效果			生产时间/d	单井累产油/t
		层数/层	有效厚度/m	液量/(m^3)	砂量/(m^3)	初期日产油/t	稳定期日产油/t	月递减幅度/%		
20-40	2	4	2	543	18.3	3.3	1.7	16.2	104	162
16-20、20-40与40-60组合应用	4	9	2.2	517	17.7	3.5	2.1	13.3	101	237
差值	2	5	0.2	26	0.6	0.2	0.4	-2.9	-3	75

通过以上现场试验和对比分析，得出不同砂体下的最佳穿透比及液性配比，结合井网布局与监测裂缝形态，通过适当调整，进一步确定了线状和加密两套井网前置液组配比例，初步形成了设计标准(见表16-表17)。同时不断调整不同粒径支撑剂的应用比例，并通过效果对比分析，最终制定了支撑剂应用比例模板(见表18)。

表17 不同井网类型前置液组配比例设计模板表

砂体类型	井网类型(m×m)	穿透比/%	设计裂缝形态	前置液/m^3	液性组合(清水：滑溜水)
河道砂	240×400	50~70	形成多条分支缝产生一定复杂微缝	600~700	5：2
	120×400	40~60	以形成近井复杂微缝为主	400~500	2：1
席状砂	240×400	60~80	提高主缝与微缝延伸长度	700~800	5：1
	120×400	50~70	控制主缝延伸扩大微缝波及体积	500~600	3：1

表18 支撑剂应用比例设计标准表

设计裂缝形态	砂体类型	支撑剂用量/m^3	支撑剂组合比例(粉砂：常规：大粒径)
形成多条分支缝产生复杂微缝	河道砂	20~30	1：2：2
	席状砂	30~40	2：1：3
控制主缝延伸扩大微缝体积	河道砂	10~20	1：2：1
	席状砂	15~25	3：1：3

4 现场应用情况及效果

通过现场实施交替脉冲压裂工艺，结合地面微地震监测结果及压后生产动态分析，证实在低渗透储层中形成了复杂缝网体系，自 2013 年 3 月至 2018 年 12 月，先后在大庆油田外围各采油厂应用 186 口井，提高了压裂增产效果，延长了措施有效期，应用效果良好，累计增油 11.15×10^4t，利润 10906 万元，经济社会效益显著。

其中头台油田共实施油井 67 口，其中老井 46 口，压前单井日产油 0.6t，压后初期日产油 3.0t；目前单井累增油 812.1t，平均有效期 908 天，仍有 63%措施井持续有效。新井 21 口，根据历年各区块实际，测算平均单井压前日产油 0.4t，压后初期日增油 2.9t；目前平均单井累增油 574.2t，平均有效期 624d，与常规压裂工艺相比，交替脉冲压裂初期老井日增油是普通二次压裂的 2.9 倍，新井日增油是普通二次压裂的 3.1 倍(见表 19)。

表 19　交替脉冲压裂前后增油效果统计表

分类	区块名称	施工井数/口	压前产油/t	初期增油/t	增产倍数	计产天数/d	单井累增油/t	备注
老井	台 103	9	0.6	2.7	4.5	1129	900.2	1 口井失效
	源 13	5	0.4	2.1	5.3	1045	1299.4	1 口井失效
	源 141	1	0.8	3.2	4.0	1801	2923.7	
	源 201	3	1.0	2.4	2.4	1481	1238.6	1 口井失效
	源 23 北中	2	0.2	2.5	12.5	418	311.9	
	源 272 北中	2	0.4	1.1	2.8	449	215.6	
	肇 261	10	0.7	2.7	3.9	948	806.7	7 口井失效
	肇 294	14	0.6	2.3	3.8	636	499.9	7 口井失效
	小计/平均	46	0.6	2.4	4.0	908	812.1	17 口井失效
新井	肇 261	4	0.7	3.8	5.4	560	1140.0	
	肇 294	17	0.3	2.8	9.3	639	465.4	
	小计/平均	21	0.4	2.9	7.3	624	574.2	全部有效

大庆外围生产开发低渗透储层的采油七厂、采油八厂、采油九厂、采油十厂、方兴油田和榆树林油田，也先后应用了交替脉冲压裂工艺对低产油井进行改造，并取得了较好效果。共实施 119 口井，初期平均单井日增油 3.7t，截至目前平均生产 249d，仍持续有效，目前平均单井累计增油 517t，单井施工费用 110 万元，投入产出比 1∶1.2(见表 20)。

表 20　大庆外围其他油田交替脉冲压裂措施效果统计表

分类	井数/口	单井液量/(m^3)	单井砂量/(m^3)	初期增油/t	平均生产天数/d	单井累增油/t	单井费用(万元)	投入产出比
七厂	65	1152	61	3.5	221	432.0	120	1∶1.3
八厂	19	1142	73	5.1	134	629.5	118	1∶0.9
九厂	15	1045	57	3.2	325	603.0	115	1∶1.3
十厂	2	1280	85	3.7	91	185.0	120	1∶0.4
方兴	16	1036	39	2.5	447	631	60	1∶2.7
榆树林	2	625	27	7.4	239	1012	50	1∶5.2
合计/平均	119	1115	59	3.7	249	517	110	1∶1.2

5 结论

(1) 在目前裂缝性薄差储层重复压裂井比例高，常规压裂措施效果差，大规模缝网压裂效益低等现状条件下，通过分析水力压裂脉冲破岩机理，优化注入流程、参数、规模、压裂液和支撑剂体系，建立交替脉冲压裂设计方法，自主研究开展的低渗透直井交替脉冲压裂工艺技术，作业工艺简单、适应性强，显著提升了裂缝性薄差储层的增产效果。

(2) 本文通过分析施工排量、压裂液黏度对井底净压力的影响，揭示了人工裂缝与天然裂缝交互作用机理，借助天然裂缝发育的优势，采用交替脉冲注入压裂液提高井底瞬间净压力差的方式，能够实现有限压裂规模条件下产生复杂缝网。

(3) 本文通过理论分析各类压裂液的性能、黏度指标、造缝特征等，产生多条分支裂缝，沟通天然裂缝，最终形成复杂缝网；同时，根据所产生的裂缝形态，结合不同粒径支撑剂的导流能力、承压能力等，提高裂缝支撑效果，延长措施有效期。通过优选压裂液和支撑剂粒径，并根据现场试验效果，配套了压裂液和支撑剂组合应用体系，实现了复杂缝网裂缝的有效支撑。

(4) 本文探索出了一套适合低渗透储层的压裂改造新技术，应用前景良好，辐射能力较强，对大庆油田低渗透难采储量的效益开发具有重要的技术支撑作用，同时对国内外同类低渗透储层的油气生产开发也具有明显的借鉴意义和指导作用，推动了行业技术进步。

参 考 文 献

[1] 王秀臣，杨成彬，张有才，等．非裂缝型砂岩储层缝网压裂技术[J]．大庆石油地质与开发，2014，33(5)：235~239.

[2] 陈守雨，刘建伟，龚万兴，等．裂缝性储层缝网压裂技术研究及应用[J]．石油钻采工艺，2010，32(6)：67~71.

[3] 胡永全，贾锁刚，赵金洲，等．缝网压裂控制条件研究[J]．西南石油大学学报，2013，35(4)：126~132.

[4] 马兵，闫永萍，王蓓，等．新型缝网压裂技术在镇北致密储层的研究与应用[J]．科学技术与工程，2014，14(4)：212~216.

[5] 余利军，孙亚光，余丽秀．油气压裂支撑剂应用进展及发展趋势[J]．中国非金属矿工业导刊，2014，110(3)：14~16.

[6] 翁定为，雷群，胥云，等．缝网压裂技术及其现场应用[J]．石油学报，2011，32(2)：280~284.

[7] 苟贵明，胡仁权．缝高控制与薄层压裂[J]．油气井测试，2004，13(5)：48~51.

[8] 贾元钊，王孝超，余东合，等．致密砂岩气藏水平井体积改造实践与认识[J]．钻采工艺，2017，40(2)：49~51.

[9] 吴顺林，李向平，王广涛，等．鄂尔多斯盆地致密砂岩油藏混合水体积压裂技术[J]．钻采工艺，2015，38(1)：72~75.

[10] 侯冰，谭鹏，陈勉，等．致密灰岩储层压裂裂缝扩展形态试验研究[J]．岩土工程学报，2016，38(2)：219~225.

[11] 翁定为，付海峰，梁宏波，等．水力压裂设计的新模型和新方法[J]．天然气工业，2016，36(3)：49~54.

[12] 韩继勇，逄仁德，王书宝，等．水力喷射环空压裂技术在长庆油田的应用[J]．钻采工艺，2015，38(1)：48~50.

随机森林算法在页岩气田多段压裂改造中的应用

纪 磊[1] 李菊花[1] 肖佳林[2]

(1. 长江大学石油工程学院；2. 中国石化江汉油田分公司工程技术研究院)

摘 要 针对页岩气藏多段压裂压后效果分析及待压井压裂参数优选难度大，将储层物性参数和压裂完井参数相结合，引入随机森林算法进行已压裂页岩气井的段产量压后效果分析，同时建立基于随机森林的产能回归模型确定待压井压裂重要参数。以涪陵页岩气田一期建产区具有产气剖面的压裂井测井解释资料、压裂资料、钻井资料为数据集，使用偏相关分析和特征递归消除法的二级策略进行参数降维，搭建主控因子为主体的决策树模型采用偏依赖图分析压后高产的主控因素区间，最后以待压裂井为研究对象基于随机森林算法的产能回归模型优选压裂重要参数。研究结果表明：测深、垂深、延伸压力、脆性指数、密度测井值和总液量是压裂段产量的主控因子且影响程度各异，各主控因素存在最优解区间；基于随机森林算法构建的产能回归模型可以进一步有效指导待压井的压裂参数优选。该方法能够为后续工程和地质参数的选取研究提供有效的参考价值。

关键词 四川盆地；页岩气；随机森林；非参数统计；多段压裂

目前，水平井多段压裂技术已经在页岩气田开发中取得了良好的应用效果，但是压裂参数的选取及与压后产量的关系仍然是研究的难点。影响页岩气藏压裂效果的因素众多，仅依靠常规因素方法分析无法得到明显的相关性[1]。近年来，机器学习发展迅速，为众多交叉学科研究提供了可靠的技术支持[2]。在石油化工行业中主要使用了决策树、贝叶斯网络[3]、支持向量机[4-5]等方法，建立基于大数据挖掘对各种储层压裂效果研究[6-7]。本文引入随机森林算法以决策树为基础，直接从原始数据中挖掘自变量和因变量之间的潜在信息，最大程度避免误差的扩大，通过多级决策树运算，可以有效的降低泛化误差避免过拟合现象发生。在多个研究中都表现出了良好的应用效果，并优于其他机器学习方法[8-10]。

涪陵页岩气田是我国成功进行商业开采的页岩气田，与之相关的理论及应用文献较多，但未见将地质因素和压裂施工参数相结合的数据挖掘方法研究。本文拟从涪陵页岩气田一期建产区具有产气剖面的压裂井资料入手，基于随机森林算法分析地质参数和压裂施工参数对压裂段产量的响应关系，并构建产能回归模型，为页岩气藏水平井多段压裂参数优选提供新思路。

1 方法的建立

1.1 随机森林算法

随机森林算法是以决策树为基学习器，在决策树的训练过程中进一步引入随机属性选择而形成的。相比决策树，该算法泛化性更好，并能够得到各变量的相对重要度。对于随机森林算法的搭建主要分为3个步骤：

(1) 从原始样本中随机选出m个样本，构成一个训练集。共进行n次选取，生成n个训练集；

(2) 对于n个训练集，可以分别训练n个决策树模型；

(3) 将生成的多个决策树模型组成随机森林，通过超参数自动搜索模块[11]优选模型参数。最终的预测输出，由平均法结合各决策树模型的结果得出。

随机森林算法原理如图1所示。

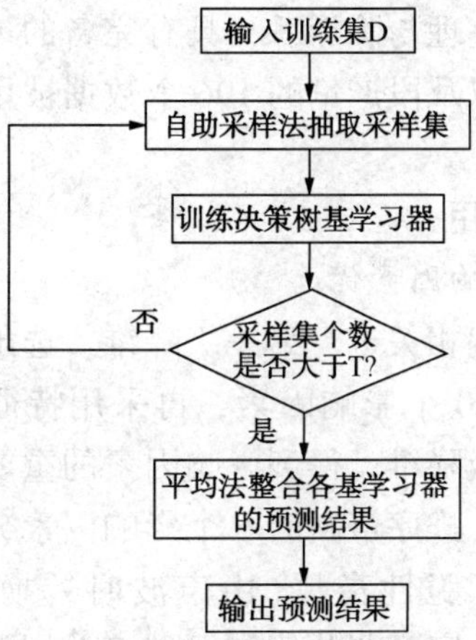

图1 随机森林算法原理流程图

1.2　数据集准备

数据集来自中国石化江汉油田分公司的涪陵页岩气工区数据库，由于数据残缺、杂乱、格式不统一，需要对原始数据进行必要的匀整、除噪处理。同时对于高维数据集考虑适度数据降维，以便删除冗余或不相关的特征量。

本次研究原始数据集由 21 口井 285 段的产气剖面相关测试资料，具体包括：压裂参数（簇数、段间距、酸量、滑溜水量、总液量、100 目陶粒量、40/70 低密度陶粒、总砂量、中砂最高砂比）、反映页岩储层的地质参数（层位、TOC、渗透率、含气饱和度、脆性指数、密度测井值）与各压裂段产气剖面数据。针对数据集信息类别多样化的特点，需要进行必要的数据匀整、除噪、降维处理工作。具体步骤如下：

1）删除数据库中有缺失值的井段和具有文字类描述的参数；

2）采用二级策略进行参数降维。首先基于偏相关分析法对影响参数进行初选，分析所有影响参数之间的成对相关性，成对相关性高于规定阈值（0.90）的影响因素只选取其中一个。然后使用基于随机森林的特征递归消除方法[12]对影响因素的重要度进行排序。该算法使用子函数训练模型，依次舍去重要度较低的 2 个影响参数，保留其余变量。经过重复此步骤，直到选出所要求的影响参数数量；

3）数据匀整化处理。将产气剖面获得的段压裂产量的级别划分为高、中、低这样三个等级用于分类决策树的构建[13]基础。以该水平井平均段产量为基准，当段产量大于基准的 1.3 倍视为高产，小于 0.7 倍为低产，其余产量为中产水平。

经过整理与除噪后，具有完备的地质、压裂施工参数以及段产量的 196 个数据被用于模型的开发与验证。

2　方法应用

2.1　主影响因素优选

采用偏相关进行第一级降维，选出成对相关性较低的 20 个影响因素，再采用特征递归消除法进行二级降维，得到影响因素的重要度排序如图 2 所示，排序最高的 6 个影响因素分别是：测深、垂深、脆性指数（由声波时差换算而来）、延伸压力、密度测井值和压裂液总用量。图中页岩物性参数（TOC、渗透率、孔隙度）均是由相应的测井数据换算而来。本次将地质因素与施工因素共同作为主要影响参数能够更好的进行分析研究[14]。

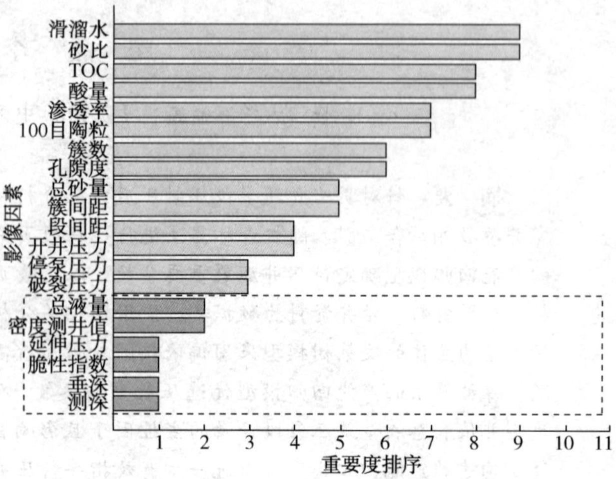

图 2　二级降维法计算的影响参数排序图

2.2　多段压裂主控因素的决策树搭建

利用随机森林算法对样本内的产气剖面和降维后的主控因素进行建模，构建的决策树为七层如图 2 所示，主控因素级数由最上层往下层依次减弱。图中每一个分裂结点将样本分为两类，左侧为判定条件为真的样本空间，右侧为判定条件为假的样本空间。

随机抽样计算结果表明垂深为第一级主控参数。通过样品数运算，将垂深 2627.48m 作为判定条件，根节点左侧反映垂深小于等于 2627.48m 时的 101 个样本产量分布情况，其中高、中、低产个数分别为 40 个、32 个、29 个，表现为压裂后增产的中高产段占比数为 71.3%；根节点右侧反映了当垂深大于 2627.48m 时，高、中、低产个数分别为 20 个、73 个、48 个，中产段占比数为 51.8%。

沿左侧分支继续运算下行到二级主控因素为脆性指数，当脆性指数小于等于 67.34%时，段产量中表现为高、中、低产个数分别为 34 个、11 个、22 个，表现为压裂后增产的中高产段占比数为 67.2%；当脆性指数大于 67.34%时，高、中、低产个数分别为 6 个、22 个、7 个，中产段占比数为 62.9%。

沿右侧分支继续运算下行到三级主控因素为延伸压力，当延伸压力小于等于 70.075MPa 时，利于增产（中高产占比 82%），反之不利于增产（低产占比 45%）。

第四级主控因素为测深。当延伸压力小于等于70.075MPa，测深小于等于3808.565m时，利于增产(中高产占比88%)，反之增产效果会减弱(低产占比25%)。

第五级主控因素为总液量。在垂深小于等于2627.48m、脆性指数小于等于67.34%时，总液量小于等于1779.35m^3，利于增产(中高产占比100%)，反之效果减弱(低产产占比35%)。

第六级主控因素为密度测井值。由根节点以下运算当延伸压力小于等于70.075MPa，测深大于3808.565m，密度测井值小于等于2.572g/cm^{3}利于增产，反之有不利影响。

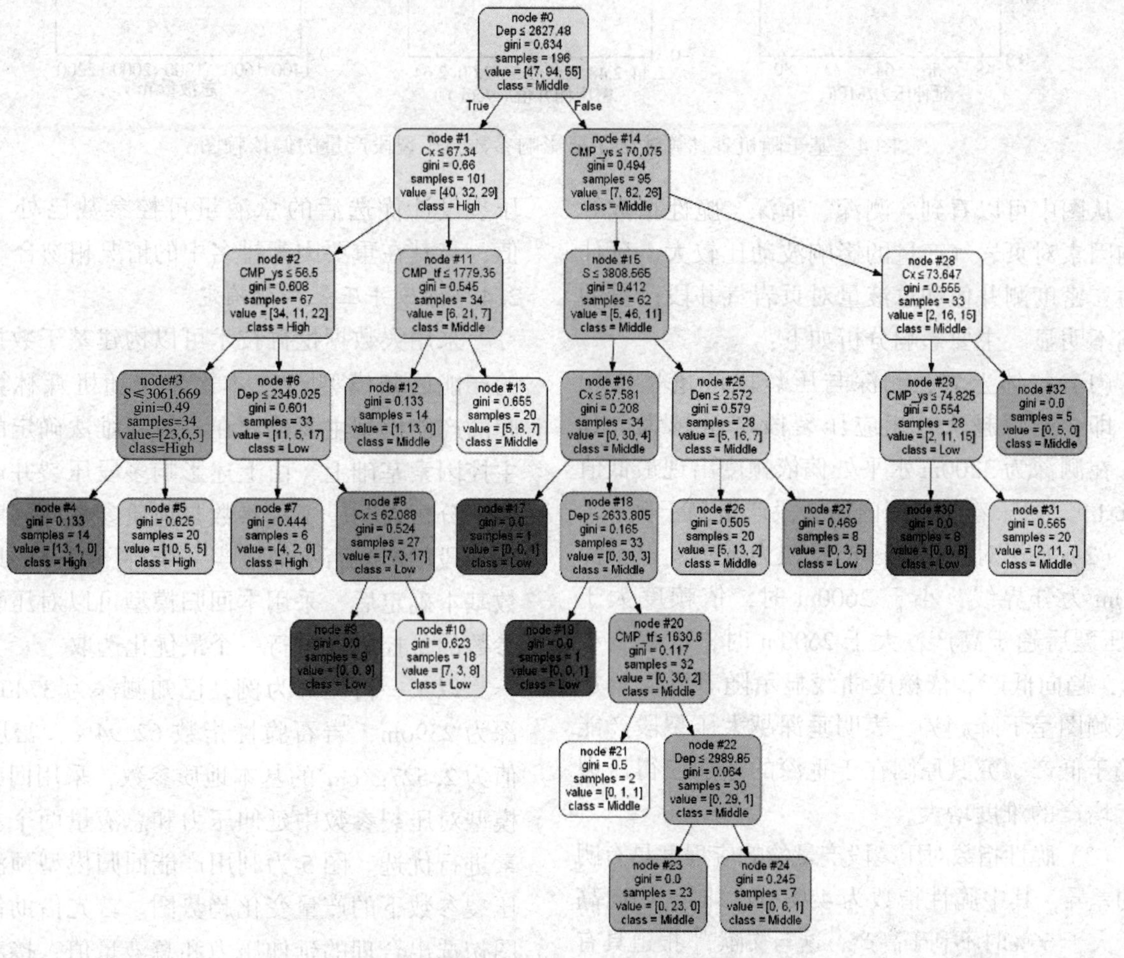

图3　以主因素为主的决策树搭建框图

其中S表示测深，Dep表示垂深，CMP_ ys表示延伸压力、CMP_ tf表示总液量，Den表示密度测井值。

2.3　基于随机森林的压裂效果主控因素分析

随机森林算法采用偏依赖图[15]表示影响参数与产能之间的依赖关系。图3展示了6个主要影响因素与产能的偏依赖关系曲线。图中纵坐标以数据集中的中值水平为"0"基准，高于基准表示趋于高产，反之趋于低产。

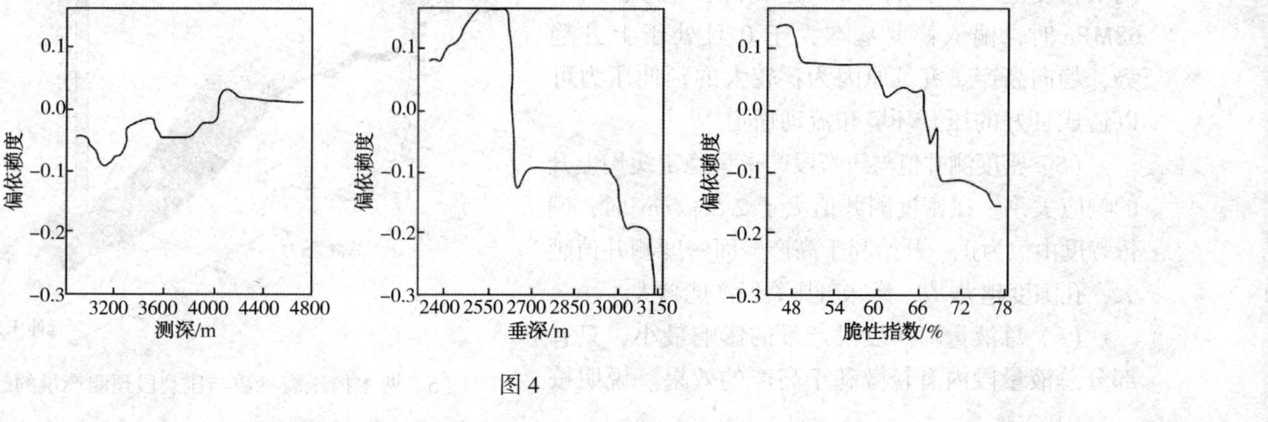

图4

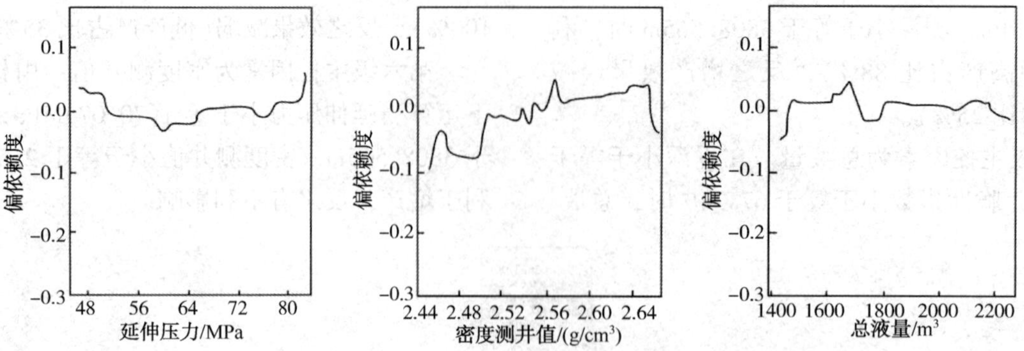

图 4　基于随机森林算法的主要影响参数与压裂段产量的偏依赖图

从图中可以看到，测深、垂深、脆性指数等影响因素对页岩气产量的影响波动比较大，延伸压力、密度测井值和总液量对页岩气井段产量的影响不明显。主要影响分析如下：

(1) 整体上看，测深与压裂段产量呈正相关，即：测深越大，相应压裂段产量越大。其中，在测深为 3200m 水平处偏依赖度出现最低值(-0.1)，意味着此范围内压裂段产量趋于低产。

(2) 垂深对于压裂段产量较为敏感。以垂深 2600m 为分界线，小于 2600m 时，依赖度大于 0，压裂后趋于高产；大于 2600m 时，依赖度小于 0，趋向低产。依赖度曲线显示随着垂深增加偏依赖图呈下降趋势，表明垂深越大压裂段产能越趋于低产。究其原因在于垂深的增加使得压裂施工增产的难度增大。

(3) 脆性指数对压裂段产量的响应程度具有明显的差异，其中脆性指数为 45%-66%时，趋向高产，大于 66%时不利于高产，这与文献[16]报道具有较高脆性指数的地层不一定具有优良的可压裂层段相吻合。因此脆性指数处于中间段(45%-66%)[17]时，可视为储层具有良好的可压性。

(4) 延伸压力与压裂段产量呈先下降再上升的凹陷趋势。在凹陷区延伸压力小于 68MPa 时偏依赖度基本小于 0，意味着不利于高产；大于 68MPa 时，偏依赖度基本大于 0 且处于上升趋势，趋向高产。究其原因为：较大的延伸压力可以造成良好的压开环境和流动通道[18]。

(5) 密度测井值与压裂段产量呈稳定缓慢上升的响应关系。在密度测井值大于 2.55g/cm³时，偏依赖度由负为正，开始利于高产。而密度测井值越大，孔隙度越大[19]，意味着压裂段产能越大。

(6) 总液量对压裂段产量的影响最小，只有部分总液量段内有轻微利于高产的效果。说明按压裂设计优选后的总液量可控参数已处于最优值，与其在重要因素排名中的情况相吻合。

2.4　待压井压裂参数确定

采用大数据挖掘技术可以构建基于数据样品的产能回归模型[20]。本次基于随机森林算法回归的产能模型主要建立在二级降维法确定的六个主控因素基础上，由上述影响多段压裂井产量的因素分析表明，工程参数与地质参数共同影响着压裂段增产是否有效。当一个待压裂井的地质参数基本确定后，采用本回归模型可以对压裂施工参数的主控因素进行一个最优化选取。

以某一待压井为例，已知测深为 3740m，垂深为 2396m，岩石脆性指数 62.94%，密度测井值为 2.527g/cm³的基本地质参数，采用回归产能模型对压裂参数中延伸压力和总液量两个主控因素进行优选。图 5 为利用产能回归模型预测不同压裂参数下的产量变化趋势图。首先借助偏依赖图初选出合理的延伸压力和总液量值，接着运用两参数间的正交设计实验计算不同方案的产量，绘制趋势面响应图，从曲面上找出最大极值点，即为该带压井的延伸压力和总液量取值。从图 5 产量趋势面上可以读取到，该井的压裂延伸压力最佳值为 41MPa，总液量最佳值为 1620m³/d。

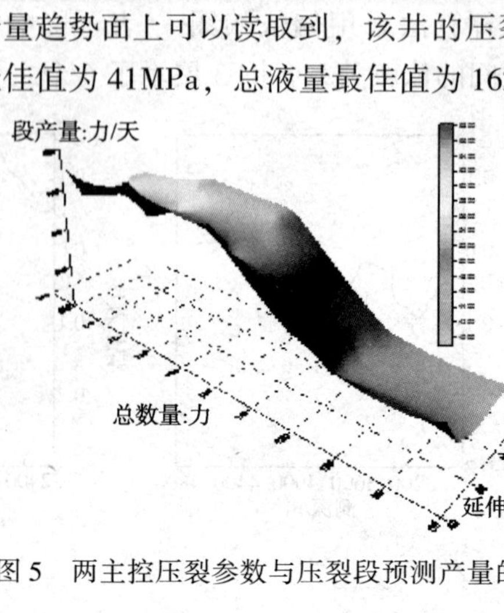

图 5　两主控压裂参数与压裂段预测产量的趋势面图

3 结论

（1）以涪陵页岩气田一期建产区具有产气剖面的压裂井测井解释资料、压裂施工资料、钻井资料为数据集，使用偏相关分析和特征递归消除法的二级策略进行参数降维，明确了影响产能的主要因素及响应关系。通过对偏依赖图分析：当测深大于4000m，垂深小于2600m，脆性指数处于中间段45%-66%水平，延伸压力大于68MPa，密度测井值大于2.55g/cm^{3}时，压裂段产量趋于高产。

（2）机器学习算法是通过数据驱动的非概率模型，结果的准确性更多的依赖于数据集的质量。确保数据集的可靠性和一致性是提高机器学习方法精度的基本保障。基于大数据构建的产能回归模型可依据研究问题的需要增减或者更换研究因素，为研究对象的参数优选提供理论支持。

参 考 文 献

[1] 李继庆，梁榜，曾勇，等．产气剖面井资料在涪陵焦石坝页岩气田开发的应用[J]．长江大学学报(自然版)，2017，14(11)：75-81.

[2] 周志华．机器学习[M]．北京：清华大学出版社，2016：12-13.

[3] 王娟，梁立星，武璠，等．数据挖掘技术在数字化油气藏研究与决策中的应用[J]．钻采工艺，2018，41(03)：107-109.

[4] 孟庆民，刘恩新，孙辉，等．浊积岩储层压裂效果数据挖掘研究[J]．石油天然气学报，2014，36(1)：92-95.

[5] 祝元宠，咸玉席，李清宇，等．基于大数据的页岩气产能预测[J]．油气井测试，2019，28(1)：1-6.

[6] OGNJEN Grujic，CARLA Da Sliva，JEF Caers. Functional Approach to Data Mining，Forecasting，and Uncertainty Quantification in Unconventional Reservoirs[C]// Paper SPE-174849 was prepared for presentation at the SPE Annual Technical Conference and Exhibition，Houston，Texas，28 – 30 September，2015.

[7] RANDY F，WILLIAM D，JORGE Aragon. Practical Data Mining：Analysis of Barnett Shale Production Results with Emphasis on Well Completion and Fracture Stimulation[C]// Paper SPE152531 was prepared for presentation at the SPE Hydraulic Fracturing Technology Conference，Woodlands，Texas，6 – 8 February 2012.

[8] 雷太龙．基于机器学习方法的药物毒性的理论预测研究[M]．浙江：浙江大学，2017.

[9] 秦鹏程，刘志雄，万素琴，等，基于决策树和随机森林模型的湖北油菜产量限制因子分析[J]，中国农业气象，2016，37(6)：691-699.

[10] 李晓蕾，魏玲，王忠强，等，基于改进随机森林的电力用户欠费风险分析预警[J]，电测与仪表，2019，1-8.

[11] ISABELLE Guyon，JASON Weston，STEPHEN Barnhill，et al. Gene Selection for Cancer Classification using Support Vector Machines[J]. Machine Learning，2002，46(1-3)：389-422.

[12] CORTEZ Paulo. Modern optimization with R[M]. Modern Optimization with R. Springer International Publishing，2014.

[13] Kevin D. Wutherich，Kirby J. Walker. Designing completions in horizontal shale gas wells-perforation strategies[J]. SPE155485，2012.

[14] 沈骋，任岚，赵金洲，等．页岩储集层综合评价因子及其应用——以四川盆地东南缘焦石坝地区奥陶系五峰组—志留系龙马溪组为例[J]．石油勘探与开发，2017，44(4)：649-658.

[15] TREVOR Hastie，ROBERT Tibshirani，JEROME Friedman. The Elements of Statistical Learning：Data Mining，Inference，and Prediction[J]. Journal of the American Statistical Association，2004，99(466)：567-567.

[16] 孙建孟，韩志磊，秦瑞宝，等．致密气储层可压裂性测井评价方法[J]．石油学报，2015，36(1)：74-80.

[17] 赖锦，王贵文，范卓颖，等．非常规油气储层脆性指数测井评价方法研究进展[J]．石油科学通报，2016，03(1)：330-341.

[18] 赵金洲，李勇明，王松，等．天然裂缝影响下的复杂压裂裂缝网络模拟[J]．天然气工业，2014，34(1)：68-73.

[19] 袁超，马萌，周灿灿，等．结合地层元素测井和密度测井提高孔隙度评价精度[J]．测井技术，2018，42(2)：145-148.

[20] 马文礼，李治平，孙玉平等，基于机器学习的页岩气产能非确定性预测方法研究[J]．特种油气藏，2019，：1-7.

二氧化碳复合化学剂混相压裂技术在J油田G块的应用

曹　蕾　宋远飞　刘国华　吴　捷

（中国石油集团长城钻探工程有限公司工程技术研究院）

摘　要　针对J油田G断块的低渗、强水敏、能量不足及原油凝固点高，开发难度大的问题，从储层特征及生产动态分析出发，创新提出二氧化碳复合化学剂混相压裂技术。该技术利用二氧化碳配合增溶剂蓄能压裂补充地层能量，通过不返排酸及缩膨剂解除地层堵塞，应用降凝剂实现提高原油低温流动性，从而实现储层改造和增大泄油面积提高产量。该技术在J油田G两相似断块展开现场试验9口井，措施后平均日产量与单井措施前期平均日产量相比增加4.5–6.7倍。该技术的成功应用打开了J油田提高单井产量的突破口，为类似非常规油气藏增产提供了重要的技术支持和保障。

关键词　二氧化碳；混相压裂；低渗；水敏

处于超临界态的二氧化碳具有黏度低、密度大、扩散系数大的物理特性[1-5]，在进行压裂改造时二氧化碳压裂由于具备储层伤害小、造缝复杂、增能效果显著、易返排等诸多优点[6-8]，被越来越多地应用到了低渗、特低渗致密油气资源的开发过程中[9]。

J油田G断块砂体纵向砂、泥薄互层，砂体“多”而“薄”，储层以细砂岩、粉砂岩为主。孔隙度8%～20%，平均14.2%，渗透率0.5～10mD，平均3.1mD。孔隙半径中值33.4μm。平均喉道半径1.25μm，平均配位数为0.21，属于特大孔-细喉，并且表现非常差的连通性，天然裂缝不发育。伊/蒙混层为58.6%，中等偏强水敏、弱酸敏。原油密度0.8645g/cm^3、地下原油黏度3.28mPa·s、含硫量0.1%、凝固点35℃～40℃、含蜡量15%～30%、胶质沥青质含量15%～28%，为常规轻质油，密度低、黏度低、含硫量低，含蜡量高、胶质沥青质含量中等。

通过剖析二氧化碳混相压裂技术的优点和不足[10]，结合J油田储层改造难点分析，创造性地提出了二氧化碳复合化学剂混相压裂技术，充分发挥二氧化碳增能压裂和化学剂改变原油性质的优势，形成了二氧化碳复合化学剂混相压裂技术，在J油田初步试验取得了显著的增产效果，为类似非常规油气藏增产提供了重要的技术支持和保障。

1　储层面临的挑战及技术思路

1.1　低渗透稠油油藏增产面临的挑战

（1）地层水敏性强，储层伤害严重

G区块伊蒙混层含量高达58.6%，伊蒙混层具有端元矿物蒙脱石和伊利石的两重伤害性质，对储层危害更大。蒙脱石遇淡水发生膨胀，堵塞孔喉；伊利石对储层的伤害特征是喉间“搭桥”和形成易动微粒。岩屑砂岩水锁伤害大，储层具有中等偏强水民特征，水锁指数较高。

（2）长期弹性开采，地层亏空严重

G断块Ⅴ油组油井16口，水井12口，整体注水压力较高，均超过31MPa，欠注水井多。受边界效应和水井欠注影响，G井区井网动用程度仅为3.1%。5口压裂井初期见效，但产量递减较快，递减期月递减率：18.3%。低渗储层、异常高压、外围能量补充较缓慢导致了该井区的整体产出能力差。

（3）原油凝固点高，含蜡量高

凝固点35～40℃、含蜡量15%～30%、胶质沥青质含量15%～28%。G断块油品性质为高凝油，低渗油田高凝油冷采的主要途径是提高高蜡原油的低温流动性。

1.2　改造思路

前期利用缩膨剂与不返排酸疏通孔喉，采用高压增能化学吞吐技术，将二氧化碳化学药剂以伴注方式注入地层，清洗裂缝，增加地层能量，在高注入压力下原油与二氧化碳充分接触、置换、溶解、降凝，增加波及体积和洗油效率，提高措施后产量。

（1）预处理已形成水敏伤害的地层

配制不返排酸酸液体系解除已经产生的储层堵塞，使用缩膨剂预防后续可能产生的黏土膨胀，是解决储层伤害的有效途径。按照把堵塞物从中心向外延溶蚀的顺序排列酸液。按照各种堵塞物的总含量设计酸的浓度及用量，同时配好各种抑制剂(氟硅酸钾抑制剂和铁离子螯合铁血盐等)，实现不返排酸酸化。

(2) 二氧化碳+增溶剂

在进行压裂改造时，由于超临界二氧化碳具有较低的黏度，在裂缝延伸过程时能进入更微小的孔隙，使裂缝更容易发生转向和分叉。同时，由于膨胀作用和相态变化，也使造缝缝网更加复杂，从而更好地沟通地层渗流通道，提高储层渗透率，增大泄油面积；无水相的液态二氧化碳可以避免水化效应，有效保护储层，保持裂缝的导流能力；二氧化碳进入地层后能够增加地层能量、提高地层返驱压力，压裂液返排迅速而且彻底，明显缩短生产周期。

同时，配合使用增溶剂，该增溶剂与地层水互不反应，互不溶解，可以显著增加二氧化碳在原油中的溶解度，提高原油的体积膨胀系数。最终降低原油与二氧化碳之间的混相压力7-10MPa。

(3) 降凝剂

优选含芳环梳形聚合物降凝剂：利用烷基侧链与原油中蜡分子通过疏水缔合相互作用；利用芳香环侧基与沥青质分子通过离域 π-π 共轭作用；分散性提高的沥青质分子可有效抑制蜡晶的生长。芳环可有效分散沥青质，分散度更高的沥青质可有效抑制蜡晶生长，降低蜡晶尺寸，提高高含蜡原油的低温流动性。

2 二氧化碳混相压裂工艺

2.1 二氧化碳体积压裂设计模式

2.1.1 措施井生产概况

GX9 井 2014.8 月压裂投产(10.6m 油层)，压裂初期产油量 22t，高产期 1 个月，随后液量、油量骤减，后期间开；至 2016.11.24 补层(5.2m 油层)，日产油量 6.5t，稳产近 4 个月，随后液量、油量递减，本次压裂措施前日产液量 0.7t，日产油量 0.58t。

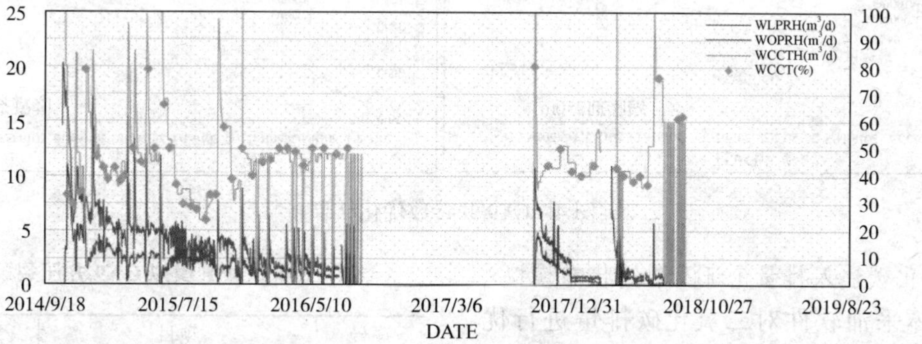

图 1　GX9 井历史拟合曲线

2.1.2 建立单井径向模型

结合油井静动态资，利用采油气体软件，建立单井径向模型(模型尺寸：11×5×3)，单井径向小层顶部示意图如图 2 所示，模型采用非平衡初始化方法。通过调整孔隙度、渗透率、相对渗透率曲线，高压物性等参数对模型进行历史拟合。历史拟合结果如图 3 所示，由图 3 可知历史拟合率>85%，历史拟合程度较高。

2.1.3 注入参数优化

数值模型拟合程度较高，所建立的数学模型可以用于后续方案预测及参数优化。

参数优化结果如图 4 所示。由优化结果可知，不返排酸：350m^3，缩膨剂：250m^3，液态二氧化碳：450t，降凝剂 250m^3，增溶剂 200m^3。

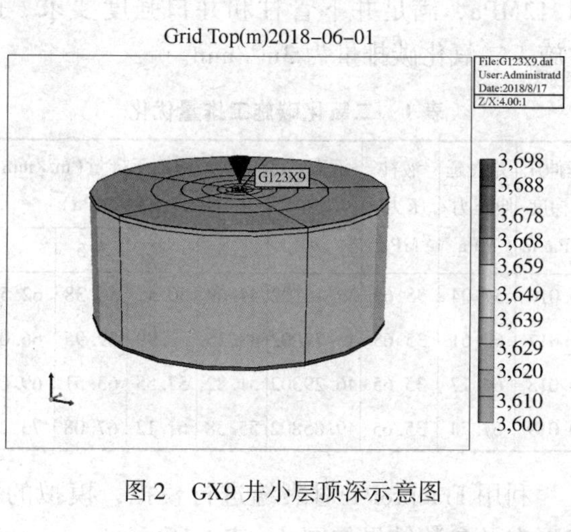

图 2　GX9 井小层顶深示意图

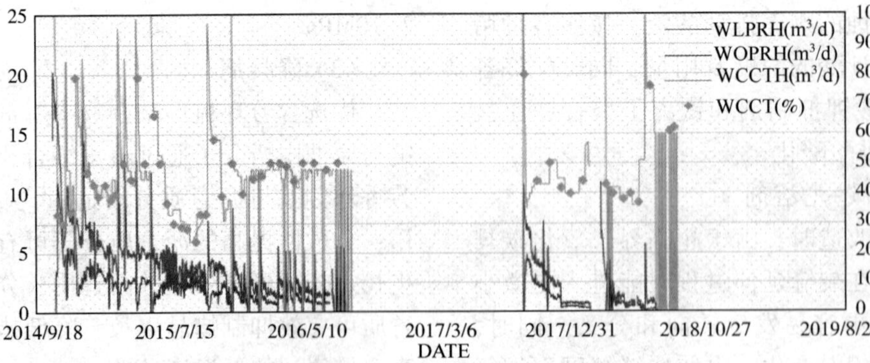

图 3　GX9 井历史拟合曲线

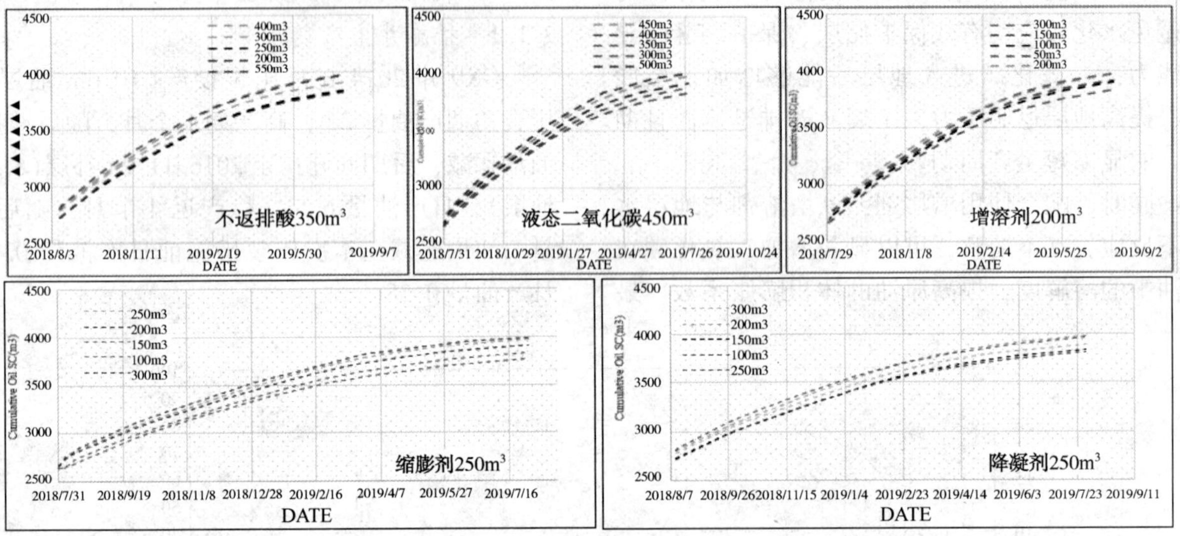

图 4　GX9 井参数优化结果

2.1.4　二氧化碳注入排量论证及裂缝状态模拟

利用气体采油软件对二氧化碳排量进行优化，优化结果如表 1 所示，由表 1 可知，当二氧化碳排量 $3m^3/min$ 时，裂缝延伸压力梯度 0.0015 - 0.020MPa/m，预测井口压力：50.4 - 61.12MPa，满足井下管柱和井口强度要求。此次施工二氧化碳排量为 $3m^3/min$。

表 1　二氧化碳施工排量优化

延伸压力梯度/MPa/m	井底延伸压力/MPa	液柱压力/MPa	液态二氧化碳不同施工排量(m^3/min)下井口压力预测(MPa)				
			2	2.5	3	3.5	4
0.016	57.04	35.65	39.16302	44.69	50.42	56.38	62.53
0.017	60.61	35.65	42.72802	48.25	53.99	59.95	66.09
0.018	64.17	35.65	46.29302	51.82	57.55	63.51	69.66
0.019	67.74	35.65	49.85802	55.38	61.12	67.08	73.22

利用 FracproPT 对裂缝进行模拟，模拟的裂缝形态及参数结果如图 4、表 2 所示。

表 2　FracproPT 模拟 GX9 井压裂裂缝参数结果

序号	项目	裂缝	单位
1	裂缝半长	189.0	m
2	裂缝支撑半长	0	m
3	裂缝总高	42.7	m
4	裂缝支撑总高	0	m
5	支撑裂缝顶部深度(TVD)	3622.7	m
6	支撑裂缝底部深度(TVD)	3665.4	m
7	平均裂缝闭合宽度	6.3	mm
8	平均支撑浓度	0	kg/m^2

3　实施效果分析

GX9 井于 2018.9.17 实施二氧化碳混相压裂技术，措施后平均日产油 3.7t，提高到措施前产量的 6.2 倍，截止到 2019.5.21，措施后累计产油 906st，日产液 $4.4m^3$，日产油 3.9t。现场试验证明 GX9 井地层能量得到了有效补充，对储层进行了改造，原油流动能力明显提高，油井具有很好的生产潜力。

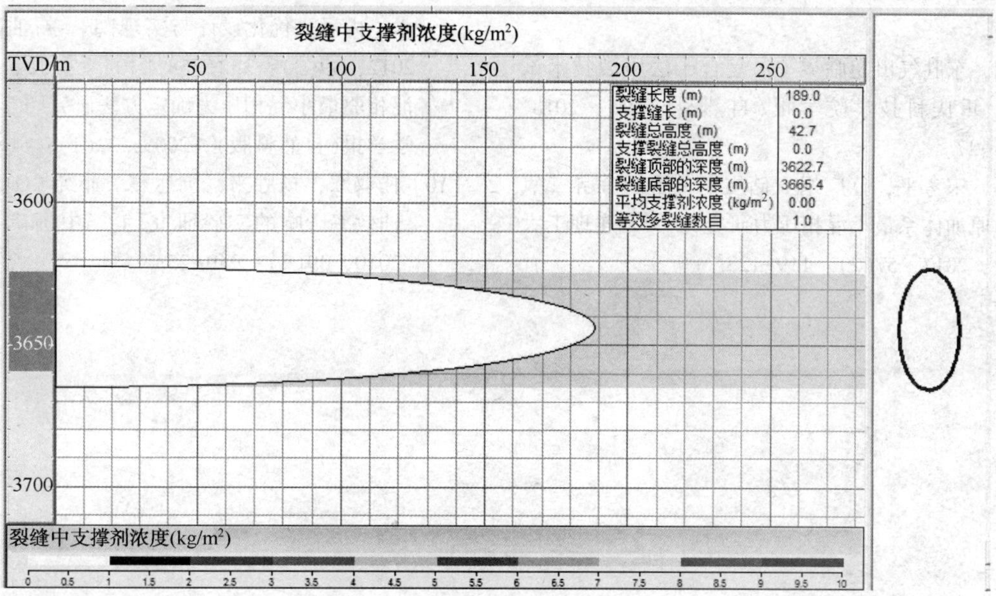

图 5 FracproPT 模拟 GX9 井裂缝结果

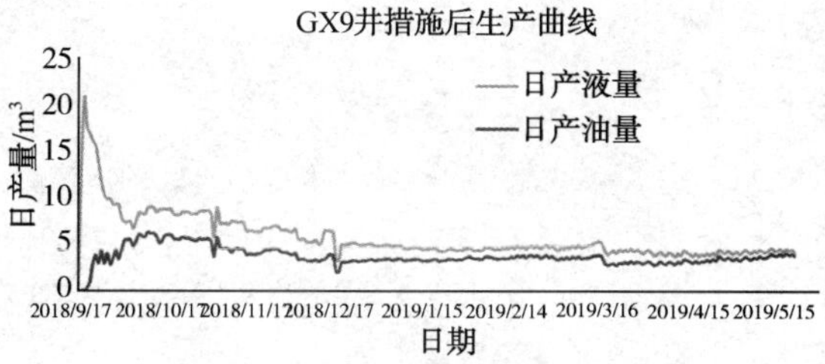

图 6 GX9 井二氧化碳混相压裂措施后生产曲线

该项技术共计在 J 油田 G 断块累计应用 9 井次。措施后效果如表 3 所示。该技术现场应用效果显著，单井日平均增产至措施前的 4.5～6.7 倍，截止 2019.5.26 累计增油 5217t。

表 3 J 油田二氧化碳混相压裂技术措施结果表

序号	井号	措施日期	措施后累产/t	平均日产/t
1	A	2018.8.17	1688	5.96
2	GX9	2018.9.17	924	3.67
3	B	2018.11.10	1205	6.1
4	C	2019.1.15	482	5.9
5	D	2019.1.21	393	6.4
6	E	2019.4.9	183	4.5
7	F	2019.4.16	114	3.8
8	G	2019.4.23	107	4.3
9	H	2019.4.27	121	4.6
合计	/	/	5217	45.2

4 结论

针对二氧化碳混相压裂技术的优点和不足，结合 J 油田 G 区块存在的储层损害、原油流动性差、地层能量低、储层物性差等问题，创造性地提出了二氧化碳复合化学剂混相压裂技术，通过数值模拟等手段对实例井的各化学剂用量及二氧化碳施工排量进行了优化和预测。该技术在 J 油田 G 区块共计成功应用 9 井次，增产效果显著，单井日平均增产 4.5～6.7 倍，其中 B 井、D 井在放喷期间获得 25.3t、28.9t 的高产。该技术为解决 J 油田流通道堵塞、地层亏空严重、注水开发效果差这一技术难题提供了有效的技术支持打开了 J 油藏提高单井产量的突破口。同时也为存在类似增产难题的非常规油气藏增产提供了重要的技术支持和保障。

参 考 文 献

[1] Gupta D V S, Bobier D M. The history and success of liquid CO_2 and CO_2/N_2 fracturing system [R]. SPE40016, 1998.

[2] 刘合，王峰，张劲，等．二氧化碳干法压裂技术——应用现状与发展趋势[J]．石油勘探与开发，2014，41(4)：466~471.

[3] 王海柱，沈忠厚，李根生．超临界 CO_2 开发页岩气技术[J]．石油钻探技术，2011，39(3)：30-35.

[4] 陆友莲，王树众，沈林华，等．纯液态 CO_2 压裂非稳态过程数值模拟[J]．天然气工业，2008，28(11)：93-95.

[5] 韩烈祥．CO_2 干法加砂压裂技术试验成功[J]．钻采工艺，2013，36(5)：99.

[6] 才博，王欣，蒋廷学，等．液态 CO_2 压裂技术在煤

层气压裂中的应用[J]. 天然气技术，2007，1(5)：40-42.
[7] 贾光亮，东胜气田超临界 CO_2 复合干法压裂技术试验[J]. 重庆科技学院学报(自然科学版)，2018，20：24-27.
[8] 赵跃军，宋考平，范广娟 . 储层条件下超临界二氧化碳与原油体系最小混相压力研究[J]. 大连理工大学学报，2017，57(2)：119-123.
[9] 吴奇，胥云王晓泉，等 . 非常规油气藏体积改造技术：内涵、优化设计与实现[J]. 石油勘探与开发，2012，39(3)：352-358. [10]毛振强，陈凤莲 . CO_2 混相驱最小混相压力确定方法研究[J]. 成都理工大学学报(自然科版)，2005，32(1)：61-64.
[10] 任双双，杨胜来，杭达震 . 非纯 CO_2 对 MMP 和驱油效率影响的实验研究[J]. 中国矿业大学学报，2010，39(2)：249-253.

可连续混配的低成本低伤害瓜胶压裂液体系研究

陈　凯　陈　勇　黄　波　李　明　杨　彪

（中国石化胜利油田分公司）

摘　要　针对胜利油田低渗透油藏埋藏深、层多层薄、物性差、温度高等特点，以降低压裂液成本和改进摩阻性能为主要目标，开展了适应井工厂压裂施工需要的可连续混配的低成本低伤害压裂液体系研究。以3min溶解百分数、表观黏度等为指标，筛选出适宜的瓜胶产品，并配套有机多硼酸交联剂及其他添加剂，形成了适用于120~150℃地层的低伤害低成本压裂液。体系中瓜胶浓度为0.35~0.45%，交联剂浓度0.4%，压裂液体系成本降低20%，对岩心渗透率伤害率在20%左右。现场应用情况表明，该体系交联情况稳定，携砂性能优良，破胶彻底，改造效果良好，已成为胜利油田井工厂压裂的主要压裂液体系。

关键词　压裂液；低成本；低伤害；连续混配

胜利油田低渗透储层具有埋藏深（3000~4500m）、层多层薄、物性差、温度高（120~160℃）的特点，近年来为提高胜利低渗透开发效益、降低成本，井工厂压裂已经成为主要开发手段[1,2]。在井工厂压裂中，低浓度瓜胶压裂液是降低压裂液成本的重要手段[3-8]，但由于压裂液用量大，压裂液存在配液质量不高、人员劳动强度大、施工成本高、易腐败变质等问题，瓜胶压裂液的在线连续混配已经成为降低压裂成本、提高施工效率的重要技术方向[9-11]。针对目前低浓度瓜胶压裂液体系溶胀时间长、使用浓度高、配液质量不稳定的问题，我们开发了可连续混配的低成本低伤害瓜胶压裂液体系，并在胜利油田多个井工厂压裂施工中进行了推广应用。

1　实验

1.1　实验材料

速溶型羟丙基瓜胶SRG-1（胜利工程院），羟丙基瓜胶Juguar415、羧甲基羟丙基瓜胶Juguar418（美国Rodia），羟丙基瓜胶Aqualon HPG（美国Aqualon）；有机多硼酸交联剂TB-1（胜利工程院）；压裂交联剂HTC-160（胜利工程院）；粘土稳定剂SL-F（胜利方圆）；助排剂SL-P（胜利方圆）；杀菌剂SL-K（胜利方圆）；胶囊破胶剂EB-1（胜利工程院）。

1.2　实验设备

Haake MARS III高温流变仪，德国Haake；RPS-830岩心驱替实验系统，美国岩心公司；ZNN-D6型六速旋转黏度计，胶南仪器厂；乌氏黏度计，内径0.55mm；恒温水浴。

1.3　实验方法

1.3.1　瓜胶溶解速率测定方法

取20℃清水350mL加入混调器量杯，在其中加入4~5滴Span80，调整混调器电压至30V，加入2.1g瓜胶产品，开始计时。45s后停止搅拌，迅速将液体倒入六速黏度计量杯，300rpm时测定1~20min内体系表观黏度

1.3.2　压裂液体系性能测定方法

根据SY/T 5107-2015《水基压裂液性能评价方法》，测定瓜胶压裂液体系的耐温耐剪切性能、岩心伤害性能、破胶性能等。

2　结果及讨论

2.1　瓜胶产品溶解性能评价

瓜胶是压裂液中溶解最慢的组分，其溶解性能与压裂液性能密切相关，为此选取了4种瓜胶产品，根据1.3.1所述实验方法，测定了瓜胶产品的溶解速率，实验结果见图1。

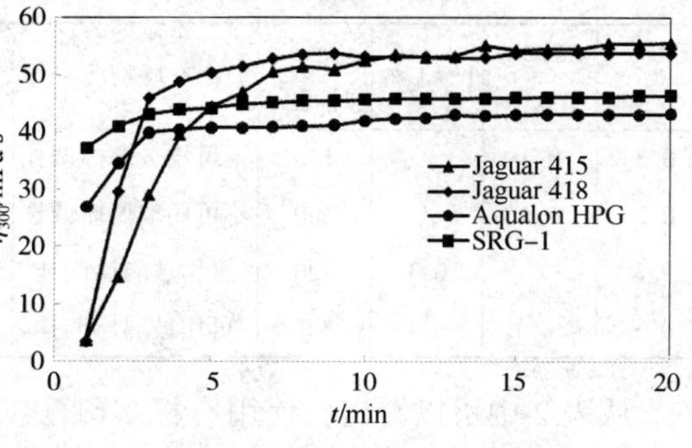

图1　4种瓜胶产品溶解速率曲线

图1为4种瓜胶产品的溶解速率曲线，从图

中可以看出，4 种瓜胶产品溶解速率曲线差异较大。Juguar415 和 Juguar418 在 1min 内基本不起粘，超过 1min 后黏度大幅度增加，且最终黏度较高，体系在水中分散性较好，不需要强烈搅拌即可起粘，不易产生鱼眼。Aqualon HPG 和 SRG-1 溶解情况类似，在 1min 搅拌时间内黏度迅速升高，1-3min 黏度增加速率降低，3-20min 时间内黏度基本保持不变。在同样测试方法下，速溶型羟丙基瓜胶 SRG-1 溶解速率最高，1min 溶解百分数可以达到 80%，3min 溶解百分数达到 93%。4 种瓜胶产品的主要性能见表 1。

表 1　4 种瓜胶产品主要性能

名称	含水/%	0.6%溶液表观黏度/(mPa·s)	水不溶物/%	200 目筛余量/%	pH 值
Jaguar415	9.6	147	3.3	93	6.5-7
Jaguar418	10.0	142.5	3.5	93	6.5-7
Aqualon HPG	8.7	111	4.6	92	6.5-7
SRG-1·	7.2	111	3.8	91	6.5-7

从表 1 中可以看出，0.6%的 SRG-1 溶液表观黏度达到 111mPa·s，水不溶物小于 4%，其他参数满足标准要求。压裂液连续混配要求压裂液能快速起粘且交联稳定，因此从保证施工成功率的角度考虑，应尽可能选择溶解速率高的瓜胶产品，因此我们选用速溶型羟丙基瓜胶作为低伤害低成本瓜胶压裂液体系的增稠剂。

2.2　交联剂优选

以目前胜利油田常用的两种交联剂(HTC-160 和 TB-1)进行了体系交联性能评价，交联体系 pH 值为 10-10.5，实验结果见表 2。

表 2　交联性能评价

SRG-1/%	HTC-160/%	TB-1/%	交联时间/s	交联情况	耐温性/℃
0.3	0.3	/	150	不可用玻璃棒调挂	75
0.3	0.4	/	120	不可用玻璃棒调挂	94
0.3	/	0.3	120	可用玻璃棒调挂	130
0.3	/	0.4	90	可用玻璃棒调挂	157

从表 2 中可以看出，使用有机多硼酸交联剂 TB-1 可以显著提高交联冻胶的挑挂性能和耐温性能，体系交联时间在 90s-120s。

2.3　瓜胶使用浓度优选

根据 SY/T 5107—2015《水基压裂液性能评价方法》，测定瓜胶压裂液体系的耐温耐剪切性能。为了适应在线连续混配压裂的需要，瓜胶溶解 3min 后加入其它添加剂和交联剂，产生交联冻胶，随后立即测试其耐温耐剪切性能。实验结果见图 2 和图 3。

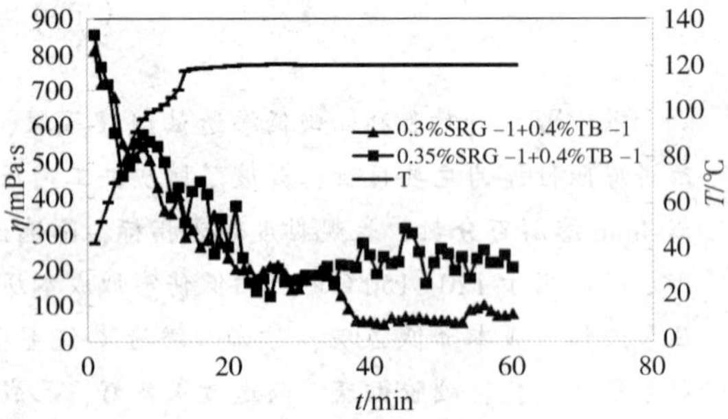

图 2　压裂液体系耐温耐剪切曲线(120℃)

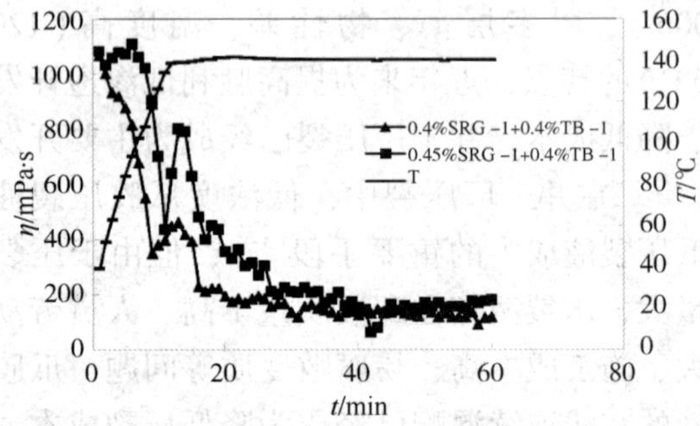

图 3　压裂液体系耐温耐剪切曲线(140℃)

从图 2 和图 3 中可以看出，120℃条件下，压裂液体系在 $100s^{-1}$ 下剪切 1h 后表观黏度均大于 80mPa·s，但瓜胶浓度从 0.3%提高到 0.35%后，剪切 1h 后表观黏度增加到 207mPa·s；140℃条件下，低浓度瓜胶压裂液在 $100s^{-1}$ 下剪切 1h 后表观黏度均大于 100mPa·s，但瓜胶浓度从 0.4%提高到 0.45%后，剪切 1h 后表观黏度从 110mPa·s 增加到 180mPa·s。从施工角度考虑，确定 120℃条件下压裂液体系中瓜胶浓度为 0.35%，140℃条件下瓜胶浓度为 0.45%。

根据评价结果，形成了适应不同地层温度条件的压裂液体系，其配方如下：

120℃瓜胶压裂液体系配方：0.35%SRG-1+0.02%NaOH+0.3%SL-P+0.3%SL-F+0.1%SL-K+0.4%TB-1+0.02%EB-1。

140℃瓜胶压裂液体系配方：0.45%SRG-1+0.02%NaOH+0.3%SL-P+0.3%SL-F+0.1%SL-K+0.4%TB-1+0.02%EB-1。

2.4 破胶性能

根据标准要求测定了压裂液体系的破胶性能，实验结果见表3。

表3 低浓度瓜胶压裂液破胶性能

压裂液	表面张力/(mN/m)	界面张力/(mN/m)	破胶时间/min	破胶温度/℃	残渣含量/(mg/L)
120℃瓜胶压裂液	26.0	2.6	80	90	130
140℃瓜胶压裂液	26.0	2.6	80	90	240

从表3中可以看出，瓜胶压裂液体系破胶后表界面张力较低，破胶液残渣较低，满足现场施工要求。

2.5 岩心伤害性能

采用人造岩心，研究了瓜胶浓度为0.35%的压裂液体系破胶液的岩心伤害性能，实验结果见表4。

表4 压裂液破胶液对岩心渗透率的伤害

岩心编号	渗透率/ $\times10^{-3}um^2$	压裂液	渗透率/ $\times10^{-3}um^2$	伤害率/%
1	70.42	低浓度瓜胶压裂液破胶液	56.47	19.80
2	62.39		48.23	22.69

从表4中可以看出，低浓度瓜胶压裂液破胶液对岩心伤害率在20%左右，对岩心渗透率的伤害较低。

3 现场应用

采用低成本低伤害瓜胶压裂液进行现场施工200余井次，其中包括5个井工厂压裂施工，压裂液成本降低20%，各井均顺利完成加砂，压裂施工成功率100%，返排过程顺利，取得了较好的压裂改造效果。井工厂施工连续配液流程见图4。

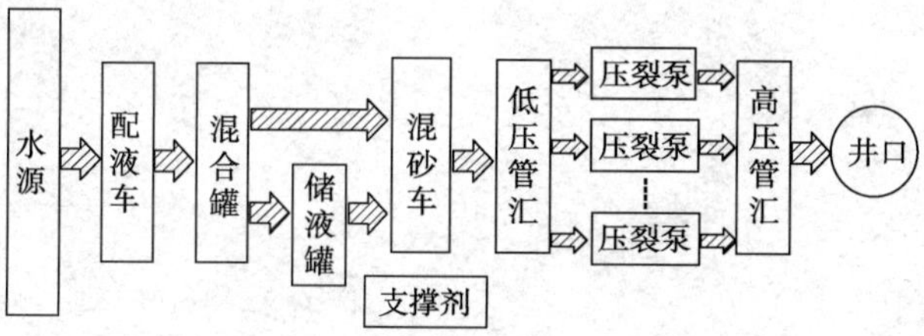

图4 在线连续混配压裂施工示意图

从图4中可以看出，混配车主要负责吸入水、瓜胶粉、粘土稳定剂、助排剂，循环进入混合罐，经过转液泵后进入混砂车，pH调节剂在转液泵出口处添加。为减少施工风险，可在混合罐和混砂车之间设置少量压裂液基储液罐，预先配制部分压裂液。现场监测结果表明，混配车出口处压裂液黏度基本达到最大，连续交联性能稳定。

盐222块属于典型低渗砂砾岩储层。改造层段为3650~3760m，地层温度140℃，粘土含量为15%~25%，含油饱和度平均为50%~70%。采用低伤害低成本瓜胶压裂液进行施工，压裂液中瓜胶浓度为0.45%，共9口井27段，共使用瓜胶压裂液12250m³，压裂施工压力50~70MPa，最高砂比50%，总加砂2300m³。压裂液现场交联时间1-2min，交联情况良好，顺利完成压裂施工。截止目前累计产油1.5万吨，经济效益显著。

4 结论

（1）测试了四种瓜胶产品的溶液性能，实验发现，速溶型羟丙基瓜胶SRG-1溶解速率最高，1min溶解百分数到达80%，其他性能满足标准要求。

（2）以速溶瓜胶、有机多硼酸交联剂和其他添加剂形成可现场连续混配的低伤害低成本瓜胶压裂液体系，该体系可以适应胜利油田低渗透储层的压裂改造需要，压裂液溶解3min后即可交联形成冻胶，120℃-140℃储层中瓜胶使用浓度为0.35%-0.45%，压裂液体系成本降低20%。

（3）现场应用情况表明，低伤害低成本瓜胶压裂液体系交联情况稳定，携砂性能优良，破胶彻底，压裂效率高，改造效果良好，已成为井工厂压裂施工的主要压裂液体系。

参 考 文 献

[1] 张金成，孙连忠，王甲昌，等."井工厂"技术在我国非常规油气开发中的应用[J].石油钻探技术，2014，42(1)：20-25.

[2] 邹才能，董大忠，王玉满，等.中国页岩气特征、挑战及前景(二)[J].石油勘探与开发，2016，43(2)：166-178.

[3] Malik A R, Bolarinwa S, Leal J A, et al. Successful Application of Metal-Crosslinked Fracturing Fluid with Low-Polymer Loading for High temperature Proppant Fracturing Treatments in Saudi Arabian Gas Fields-Laboratory and Field Study[R]. SPE 164338, 2013.

[4] 王贤君，张明慧，肖丹凤.超低浓度压裂液技术在

海拉尔油田的应用[J]. 石油地质与工程，2012，26(6)：111-116.
[5] Cramer D D，Woo G T，Dawson J C. Development and Implementation of a Low - Polymer - Concentration Crosslinked Fracturing Fluid for Low-Temperature Applications[R]. SPE 91418，2004.
[6] 杜海军，曲世元，刘政帅，等．超低浓度瓜胶压裂液研究及再延长油田的应用[J]. 石油地质与工程，2015，29(4)：139-143.
[7] 卢拥军，杨晓刚，王春鹏，等．低浓度压裂液体系在长庆致密油藏的研究与应用[J]. 石油钻采工艺，2012，34(4)：67-70.
[8] 李良峰，刘方元，周宝义，等．耐高温超低浓度瓜胶压裂液体系研究与应用[J]. 录井工程，2014，25(3)：19-22.
[9] 罗攀登，张俊江，鄢宇杰，等．耐高温低浓度瓜胶压裂液研究与应用[J]. 钻井液与完井液，2015，32(5)：86-88.
[10] 吴文刚，刘友权，易大森，等．压裂液连续混配技术及在“工厂化”压裂中的应用[J]. 石油与天然气化工，2016，45(3)：57-60.
[11] 黄依理，杜彪，谢璇，等．长庆油气田连续混配压裂液[J]. 油田化学，2009，26(4)：376-378.
[12] 叶登胜，王素兵，蔡远红，等．连续混配压裂液及连续混配工艺应用实践[J]. 天然气工业，2013，33(10)：47-51.

某油田自缔合压裂液污水配液应用研究

何　山　李　优　范光明

（中国石油华北油田分公司二连分公司）

摘　要　某油田以低渗透高凝固点油藏为主，压裂是油田稳产增产的重要措施之一，压裂液的冷伤害也是油藏压裂开采的难点之一，另外某油田地处高寒地区，冬季压裂施工开展难度大，制约了油田的开发。自缔合压裂液可以用油田区块采出污水配制，具有成本低廉、配制方便、与地层配伍性强、温度高等优点，可以降低施工过程中对地层的冷伤害，并为冬季压裂施工提供了便利的条件。本文通过自缔合污水配液室内及现场试验，并针对现场施工中交联剂黏度高、不均匀的问题进行了改进，以满足现场施工需要。本研究为低渗透高凝油的冬季压裂开采提供了一套可行的方案。

关键词　自缔合压裂液；污水配液；冷伤害；热污水

某油田地处内蒙古锡林郭勒草原腹地，冬季漫长，温度一般在零下30℃，极寒天气下气温低至零下40℃以下。油田以低渗透油藏为主，原油凝固点35℃左右，属于低渗高凝储层。高凝油藏开采过程中容易发生不可逆的原油析蜡反应，形成不可逆的储层伤害。压裂是某油田开发的主要增产手段之一，压裂液进入地层不可避免地造成冷伤害，无法实现低渗透高凝油气田的高效增产。常规的胍胶压裂液体系残渣高，对于水质的要求高，清水配制的压裂液温度低，在冬季施工难度大。自缔合压裂液以超分子间的静电作用为理论基础，以水溶性的聚电解质为稠化剂，通过与带有相反的电荷的交联剂复配而形成的一种超分子缔合体系，可以使用油田采出污水配制。某油田脱油污水温度平均在40℃以上，可以满足冬季压裂施工的需要，且对地层的配伍性强，冷伤害低，因此开展自缔合压裂液污水配液应用研究对于某油田全天候开采提供了有效的技术支持。

1　污水配液实验

1.1　油田污水

（1）基液：哈南污水500mL（温度5℃）+0.4%稠化剂（搅拌30分钟）

100mL基液+0.4%交联剂（水溶性交联剂，由于结冻用高温呲了一桶。）搅拌1分钟不交联，继续搅拌至2分钟还是没有交联，继续加交联剂0.2%搅拌不交联，继续加交联剂至0.8%都没有交联。

（2）基液：哈南污水500mL（温度30℃）+0.4%稠化剂（搅拌30分钟）

100mL基液+0.4%交联剂（水溶性）搅拌1分钟不交联，继续加交联剂至0.8%开始交联，但是没有强度，不能挑挂。

分析是交联剂结冻，用高温呲的时候交联剂被稀释了或者温度太高对有效成分有伤害。建议用没有结冻的水溶性交联剂再做实验。

1.2　用没有结冻的水溶性交联剂实验

基液：哈南污水500mL（温度10℃，pH=7）+0.4%稠化剂（搅拌30分钟）

100mL基液+0.4%交联剂（水溶性）搅拌7分钟没有交联，继续加交联剂加至0.8%有效果，能挑挂。

结论：通过实验分析现场污水中可能有杀菌剂和阻垢剂阻止了水溶性交联剂反应，需要对水样进行处理。在实验过程中发现油溶性交联剂能够与大站污水配制的压裂液交联，所以确定选用油溶性交联剂进行施工。

1.3　油溶性交联剂实验室实验情况

1.3.1　交联实验

用不同的污水配液，考察交联情况。

压裂液配方为：污水水+0.35%稠化剂（恒温搅拌20分钟）+0.35%交联剂（油溶性），实验结果见表1，交联图见图1至图4。

表1　不同地方地层水的交联情况

污水	pH	稠化剂/%	交联剂/%	交联情况	交联时间/s
哈南污水（压裂罐取水）	7	0.35	0.35	交联	30

续表

污水	pH	稠化剂/%	交联剂/%	交联情况	交联时间/s
哈南污水（哈南大站污水出口取）	7	0.35	0.35	交联	31
阿尔污水（压裂罐取）	8	0.35	0.35	交联	30
蒙古林污水（大站污水出口取）	7.5	0.35	0.35	交联	30

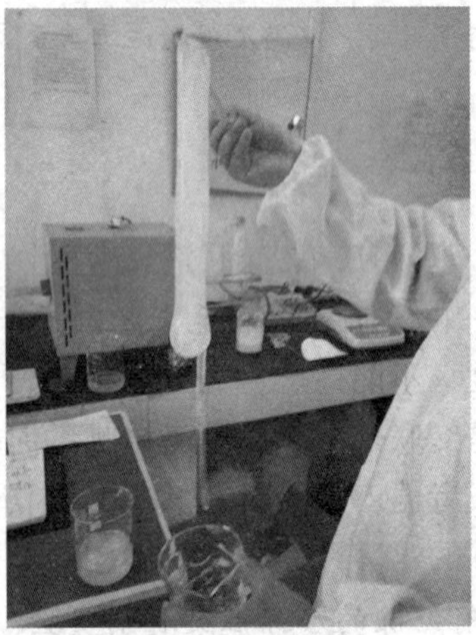

图 1　哈南压裂罐取水交联图

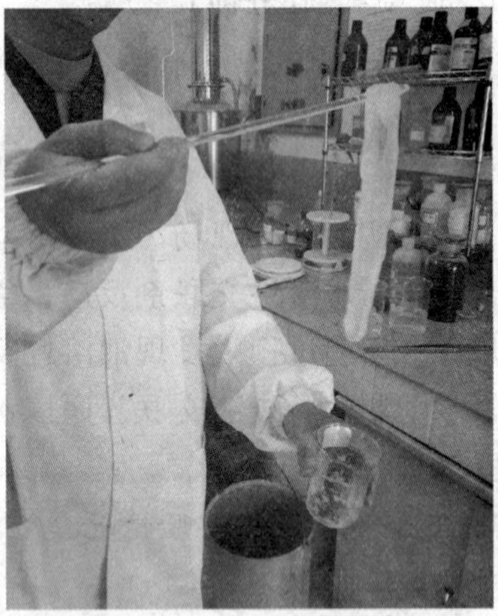

图 2　哈南大站污水交联图

1.3.2　破胶实验

分别作了 50℃ 和 70℃ 的破胶实验，50℃ 破胶实验配方：污水+0.35% 稠化剂+0.2% 活化剂（搅拌 30 分钟）+0.05% 破胶剂+0.35% 交联剂（交联剂和破胶剂同时加）

70℃ 破胶实验配方：污水+0.35% 稠化剂（搅拌 30 分钟）+0.05% 破胶剂+0.35% 交联剂，实验结果见表 2。

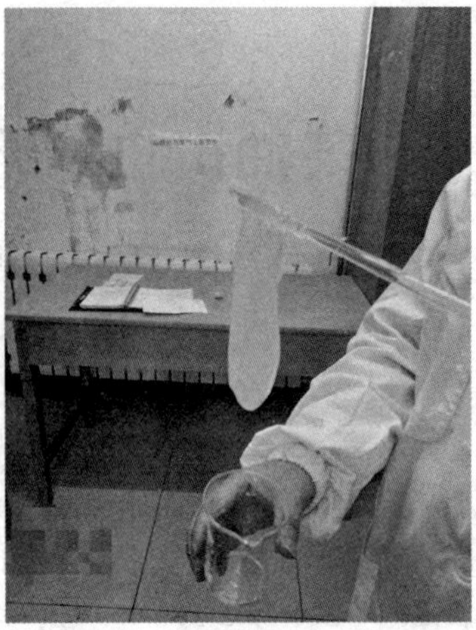

图 3　阿尔压裂罐取水交联图

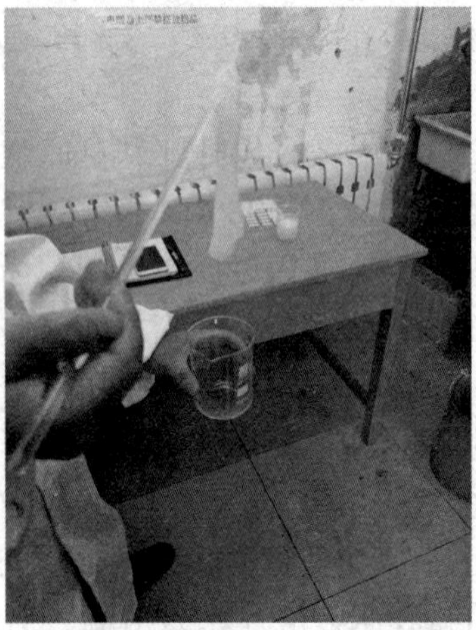

图 4　蒙古林大站污水交联图

表 2　不同地方地层水破胶实验结果

地层水区块	破胶温度/℃	破胶时间/小时	破胶后黏度/(mPa·s)	破胶后是否有残渣
哈南污水（压裂罐取水）	50	4	2	有
	70	1.5	2	有
哈南污水（哈南大站污水出口取）	50	4	2	无
	70	1.5	2	无
阿尔污水（压裂罐取）	50	4	2	无
	70	1.5	2	无
蒙古林污水（大站污水出口取）	50	4	2	无
	70	1.5	2	无

2　现场实验情况

2.1　现场施工情况

以阿尔 3-49 井为例，该井设计排量 3.0-4.5m^3/min，施工井段 1972.2 - 2012.8m，24.6m/5 层，井深 2149.00m，压裂液体总量

383.8m^3，携砂方量 198m^3，现场配方为污水+0.35%稠化剂+0.4%交联剂+0.05%破胶剂，压裂施工曲线如图 5 所示。

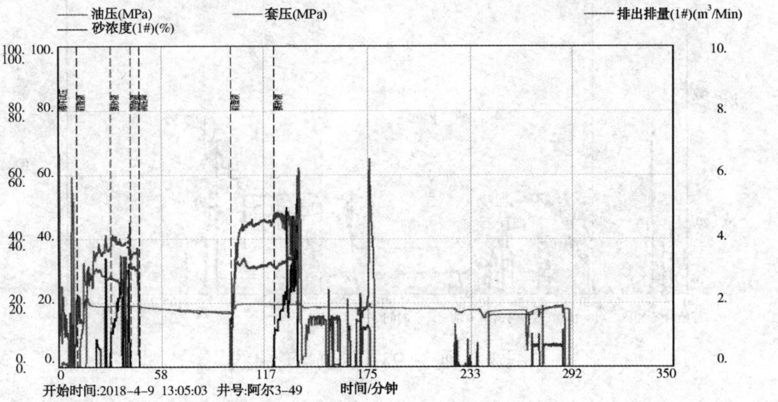

图 5 阿尔 3-49 压裂施工曲线

出现的问题：现场出现砂堵，交联剂太稠，混砂车泵功率低供液不够，交联剂分散效果不好，交联情况不理想，携砂不好造成砂堵。配制稠化剂是出现少量鱼眼。

2.2 改进后室内实验及现场施工

针对阿尔 3-49 井施工过程中出现的问题，解决方案是在交联剂中加入有机溶剂将交联剂稀释，交联剂黏度降低有利于现场施工时交联剂的输送，并能快速的分散达到交联效果。

(1) 交联剂改进后实验情况：

原交联剂黏度 162mPa·s，改进后交联剂黏度 90mPa·s，也能快速分散。

压裂液配方为：地层水+0.35%稠化剂（恒温搅拌 20 分钟）+0.35%交联剂加入交联剂后搅拌 15s 交联并能挑挂。

(2) 改进后交联剂现场施工情况：

为了验证改进后交联剂现场配制和交联情况选择了哈 34-96X 井、阿 3-93 井两口井将自缔合压裂液作为前置液施工。在施工中压裂液和交联剂能够很好的分散，交联达到要求。

① 哈 34-96X 井施工情况：

设计排量为 4.0-4.5m^3/min，施工井段 1944.0-1961.0m，厚 6.2m/3 层；2009.0m-2036.8m，厚 6.4m/2 层，井深：2120.00m，压裂液体总量 280 方，现场配方为污水+0.25%稠化剂+0.4%交联剂+0.05%破胶剂。

压裂施工曲线如图 6 所示：

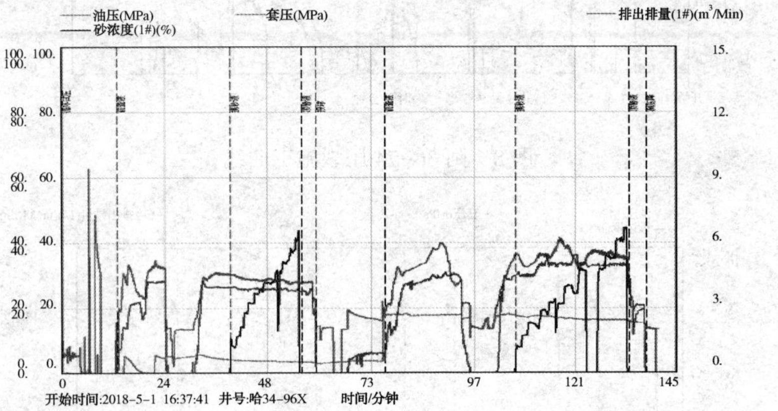

图 6 哈 34-96X 压裂施工曲线

② 阿 3-93 井施工情况：

设计排量 4.0-4.5m^3/min，施工井段 1255.4-1287m，厚 18.0m/5 层，井深 1600m，压裂液体总量 360m^3，携砂方量 30m^3。现场配方为污水+0.25%稠化剂+0.2%活化剂+0.4%交联剂+0.05%破胶剂，压裂施工曲线如图 7：

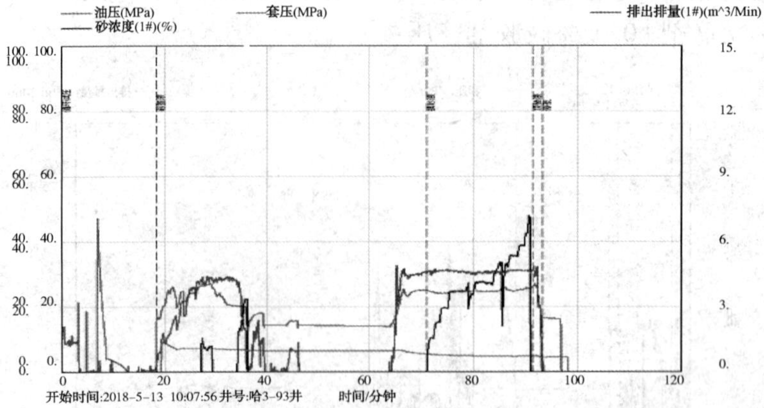

图 7　阿 3-93 压裂施工曲线

在施工中压裂液和交联剂能够很好的分散，交联效果也很好。

(3) 根据两口井的前置液施工情况选择了阿 36-74 井、阿 11-157 井两口井用自缔合压裂液加砂施工。

① 阿 36-74 井施工情况：

设计排量 3.0-3.5m^3/min，施工井段 1318.0-1344.4m，厚 11.0m/5 层，井深 1535.00 米，压裂液体总量 207m^3，携砂方量 96.6m^3。

现场配方为污水+0.3%稠化剂+0.2%活化剂+0.4%交联剂+0.05%破胶剂，压裂施工曲线如图 8：

② 阿 11-157 井施工情况：

设计排量 3.0-4.5m^3/min，施工井段 1553.0-1581.4m，厚 17.4m/9 层，井深 1710 米，压裂液体总 252m^3，携砂方量 122.6m^3。

现场配方为污水+0.25%稠化剂+0.4%交联剂+0.05%破胶剂，压裂施工曲线如图 9：

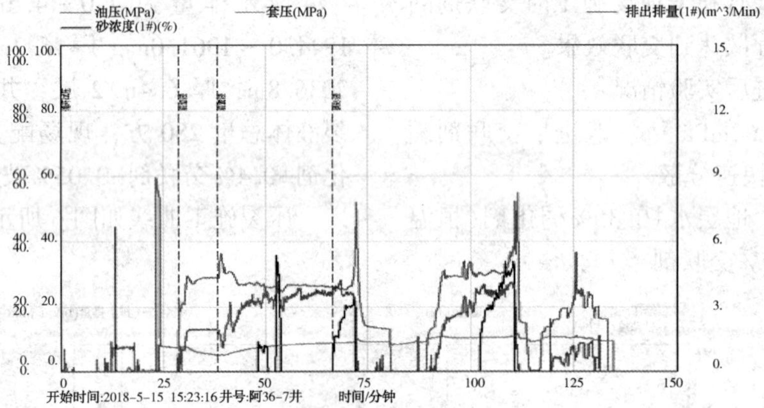

图 8　阿 36-74 压裂施工曲线

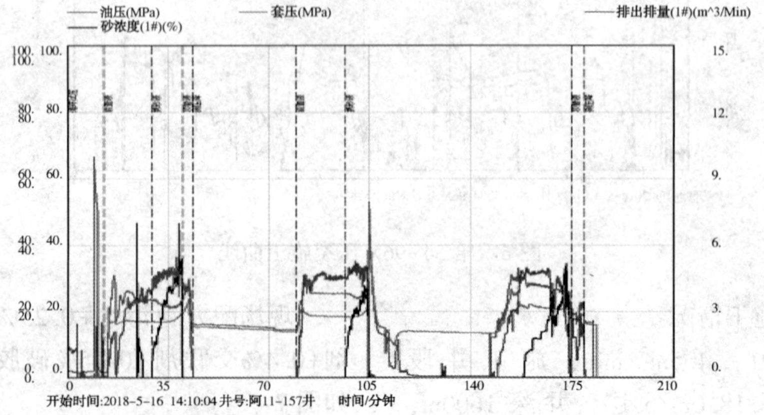

图 9　阿 11-157 压裂施工曲线

自缔合压裂液在加砂施工过程中出现的问题：现场沙堵，稠化剂交联后携砂能力不够，砂比超过20%后沉砂太快，裂缝延伸困难、缝宽较窄，微裂缝、多裂缝影响严重。

通过以上现场施工，自缔合压裂液在施工出现的主要问题如下：

一是污水组份复杂，活度底，不利于水溶性交联剂与污水配制的压裂液交联，需要加入调节剂。

二是交联剂黏度高，在用污水配制的聚合物溶液中分散不好，有可能部分交联弱，出现脱砂。

3 自缔合压裂液污水配液改进研究

通过从哈南大站取水样分析，内蒙地层污水是碳酸氢钠型水，根据水样分析情况和前两次实验及现场施工发现的问题将交联剂进行了改进，主要改进交联剂分散介质，和降低交联剂黏度，由原来的油溶性交联剂改进成水溶性交联剂，如表3所示，改进后交联剂黏度降低利于现场施工，水溶性交联剂在稠化剂配制的基液中分散很快，而且交联后携砂情况很好，24小时没有沉砂。根据现场水样情况用水溶性交联剂时，因为污水矿化度高，离子活度系数低，不利于交联，所以现场配液时需加入调节剂调节水样离子活度。

表3 水溶性交联剂与油溶性交联剂对比情况

交联剂	黏度/(mPa·s)	与压裂液交联时间/s	加入压裂液分散情况
水溶性	4	40	易溶
油溶性	90	15	不易溶

压裂液配方为哈南大站取污水样(PH=8.5)+稠化剂+调节剂+交联剂，交联剂为HAS-2A(水溶性)。如表4所示，根据实验情况自缔合压裂液配置配方确定为：污水+0.35%稠化剂+0.1%调节剂+0.35%交联剂(水溶性)，稠化剂与交联剂之比为1：1-1：2之间都能交联剂，交联范围比较宽，有利于现场调节交联施工。

表4 压裂液不同交联比交联情况及交联时间

水样	稠化剂/%	调节剂/%	交联剂/%	交联情况	交联时间
哈南大站取污水样	0.35	0.03	0.35	不交联	40s
	0.35	0.05	0.35	不交联	
	0.35	0.1	0.35	交联	
	0.35	0.2	0.35	不交联	
	0.35	0.3	0.35	不交联	

续表

水样	稠化剂/%	调节剂/%	交联剂/%	交联情况	交联时间
哈南大站取污水样	0.35	0.1	0.4	交联	40s
	0.35	0.1	0.5	交联	37s
	0.35	0.1	0.6	交联	35s
	0.35	0.1	0.7	交联	35s

3.1 改进后交联剂交联后破胶实验

分别做了50℃和70℃、90℃的破胶实验。

50℃破胶实验配方：哈南污水+0.35%稠化剂+0.1%调节剂+0.2%活化剂(搅拌30分钟)+0.08%破胶剂+0.35%交联剂(交联剂和破胶剂同时加)；

70℃破胶实验配方：哈南污水+0.35%稠化剂+0.1%调节剂(搅拌30分钟)+0.05%破胶剂+0.35%交联剂(交联剂和破胶剂同时加)；

90℃破胶实验配方：哈南污水+0.35%稠化剂+0.1%调节剂(搅拌30分钟)+0.05%破胶剂+0.35%交联剂(交联剂和破胶剂同时加)，实验结果见表5：

表5 破胶实验结果

污水区块	破胶温度/℃	破胶剂加量/%	破胶时间/小时	破胶后粘度/(mPa·s)	破胶后是否有残渣
哈南污水(哈南大站污水出口取)	50	0.08	6	2	无
	70	0.05	1.5	2	无
	90	0.05	1	2	无

3.2 对比情况

3.2.1 表观性能

压裂液配方为哈南污水+0.35%稠化剂+0.1%调节剂+0.35%交联剂，砂样为850-425um陶粒。100mL压裂液交联后+40毫升陶粒搅拌均匀放置24小时如图10所示。

用污水配置自缔合压裂液用改进后的水溶性交联剂交联后加入陶粒24小时都没有沉砂，能达到携砂效果。

3.2.2 交联及携砂性能

将用污水配制自缔合压裂液与清水配制胍胶压裂液进行交联对比，结果如表6：

表6 交联对比

压裂液名称	配液用水	压裂液量/mL	交联剂加/%	交联时间/s
自缔合压裂液	哈南污水	100	0.35	40
胍胶压裂液	自来水	100	0.4	45

图 10　压裂液与陶粒搅拌后放置图

通过对比实验看出用污水配置自缔合压裂液和胍胶压裂液交联挑挂情况都比较好，加砂后自缔合压裂液的携砂情况明显好于胍胶压裂液，如表 7、图 11 所示。

表 7　携砂对比

压裂液	配液用水	压裂液量/mL	交联剂加量/%	陶粒加量/mL	携砂情况
自缔合压裂液	哈南污水	100	0.35	30	1 小时没有沉砂
胍胶压裂液	自来水	100	0.4	30	10 分钟后完全沉砂

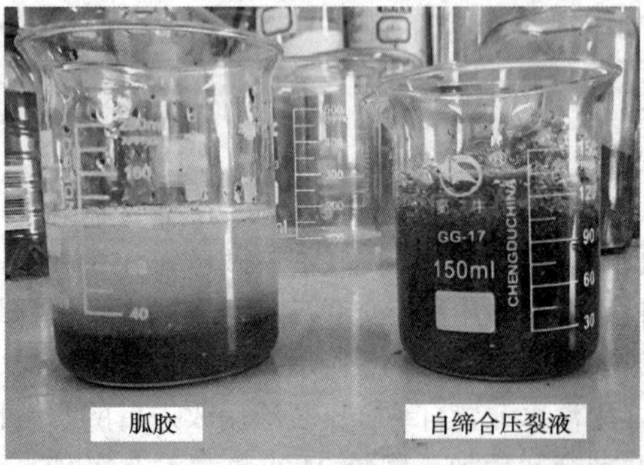

图 11　加砂 1 小时后自缔合压裂液和胍胶压裂液对比

3.2.3　油溶性交联剂与水溶性交联剂流变曲线对比

在施工过程中出现沙堵分析原因可能是压裂液交联后抗剪切时间太短，不能长时间携砂。对两种交联剂与压裂液交联后分别做了流变曲线。

污水配置压裂液分别加入油溶性交联剂和改进后的水溶性交联剂后放入流变仪中，在 50℃、90℃、120℃ 温度，170S^{-1} 的剪切速率下剪切 120min 的流变曲线。

配方为：污水（哈南大站水）+0.35% 稠化剂+0.1%调节剂+0.35%交联剂（水溶性）；

污水（哈南大站水）+0.35%稠化剂+0.35%交联剂（油溶性）。

如图 12～图 16 所示，水溶性交联剂交联后在 50℃温度下，170S^{-1}的剪切速率下剪切 120min 后黏度大于 60mPa·s. 在 90℃温度下 170S^{-1}的剪切速率下剪切 120min 后黏度大于 40mPa·s.，120℃温度下，170S^{-1}的剪切速率下剪切 120min 后黏度大于 30mPa·s. 而油溶性交联剂交联后在 50℃和 90℃温度下，在 170S^{-1}的剪切速率下剪切不到 20 分钟后黏度就小于了 20mPa·s。从流变曲线看出改进后自缔合压裂液用水溶性交联剂交联后比油溶性交联剂抗剪切能力要好。

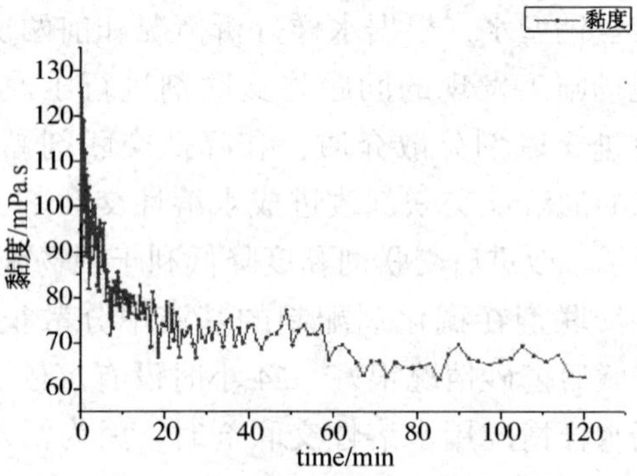

图 12　50℃，水溶性交联剂

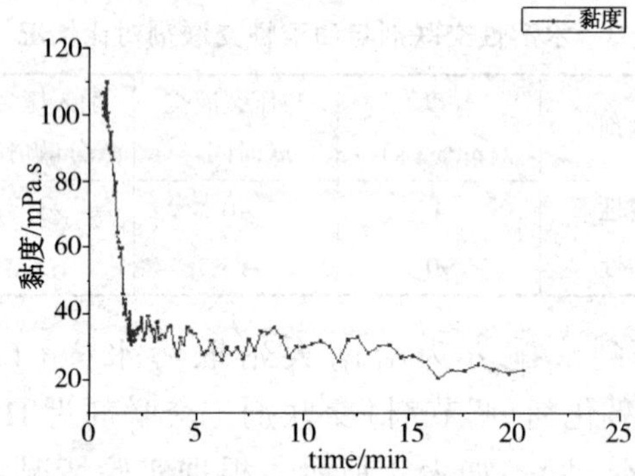

图 13　50℃，油溶性交联剂

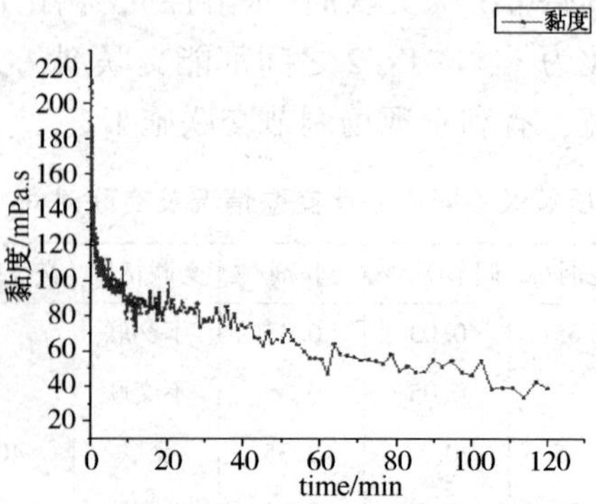

图 14　90℃，水溶性交联剂

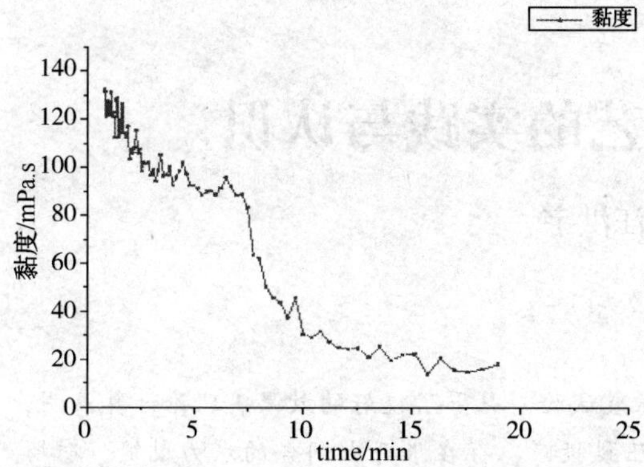

图 15 90℃，油溶性交联剂

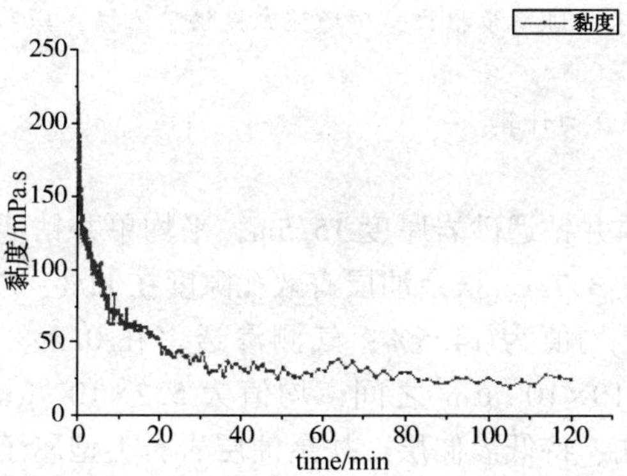

图 16 120℃，水溶性交联剂

4 结论

针对室内实验及现场施工出现的问题，在污水中加入调节剂，并将原油溶性交联剂改进为水溶性交联剂。改进后水溶性交联剂黏度小于 5mPa·s，并能快速溶于压裂液中。交联时间为 40s 交联较好。通过室内携砂实验，自缔合压裂液用水溶性交联剂交联后携砂能保持 24 小时不沉砂。根据室内实验情况能交联，能携砂，分散性很好，交联时间也能达到现场要求，完全能满足现场施工要求，对于某油田节能降耗、提高压裂施工效率具有重要的意义，并且为冬季压裂施工的开展创造了有利的条件。

参考文献

[1] 薛志涛．高分子化学及工艺学[M]．北京：化学工业出版社，1986：293.

[2] 王宝江，等．清水配制污水稀释聚合物溶液试验研究[J]．大庆石油地质与开发，2001，20(2)：86-88.

[3] 王健，郑火舀，冯玉军，等．新型缔合型聚合物驱油性能评价[J]．油田化学，1999，16(2)：149-152.

[4] 刘慧卿，黄少云，毕国强，等．北小湖油田油层冷伤害试验研究．石油大学学报(自然科学版)[J]. 2001，25(5)：45-48.

[5] 张坤，鲁克英，冯彩琴，等．高凝油油藏自生热压裂液技术在河南油田的应用[J]．石油天然气学报，2010，32(2)：324-325.

[6] 刘蜀知，孙艾茵，刘福健，等．自生热压裂生热剂用量优化方法[J]．石油钻采工艺，2003，25(1)：45-48.

低渗透油田缝网压裂工艺的实践与认识

庄德宝　王云峰　汪洪宇

（大庆油田有限责任公司）

摘　要　在QJB油田不同区块优选15口井进行了缝网压裂试验，取得了较好的效果。理论计算表明，该油田满足缝网压裂施工的先决条件。所选试验井由于早期压裂投产，存在张开或闭合的水力裂缝，矿场实践表明这些井后期形成裂缝网络所需的真实净压力低于现行理论计算值。微地震监测结果表明，缝网压裂后形成了具有一定规模宽度的“裂缝条带”，该裂缝条带是以旧有水力裂缝为起点进行延伸、开启新的分支缝、或使旧有分支缝再度扩展而形成的。本文为缝网压裂技术的进一步推广、矿场施工提供了依据，具有一定的指导意义。

关键词　缝网压裂技术；摩阻；裂缝网络形态；分支缝；净压力计算

2008年，QJB油田G72、G704、G702、G701区块采用350×170m矩形反九点法注水井网投入开发，由于储层物性差，油水井难以建立有效驱替，注水井整体吸水差，油井单井产量低，采出程度低。雷群等在2009年首次提出“缝网压裂技术”的概念，认为基质孔隙性储层、天然裂缝不发育、低—特低渗透砂岩油气藏更适合采用缝网压裂技术[1]。胡永全等认为储层可压性好、脆性指数超过40，才能形成裂缝网络[2]。翁定为等讨论了缝网压裂技术在构造缓和区域、两向应力差2~3MPa条件下的储层的施工可行性，而对于构造活动强烈地区、两向应力差极大、例如大庆外围油田、两向应力差约在7MPa左右的储层，没有进行相关讨论[3]。QJB油田基质渗透率低，天然裂缝不发育，是低孔、特低渗砂岩油藏。常规压裂仅仅增加了井控面积，但由于垂直于水力裂缝壁面方向的基质渗透性差，不能提供有效的垂向渗流能力，导致压后产量低、压后产量递减快、措施有效期短的问题。“缝网”压裂主要在垂直于主裂缝方向产生分支缝，形成裂缝条带，以此改变渗流方式、扩大渗流面积，从而提升了储层改造效果、延长了措施的有效期。

1　地质特征及开发现状

QJB油田构造复杂，断层较发育，均为正断层，以北西走向为主。该油田共发育两套层系，扶余油层和高台子油层。扶余油层为三角洲前缘相沉积，以水上、水下分流河道和决口扇沉积为主，砂体平面上呈窄条带和透镜状分布，连通性较差，薄互层交错，由东南向西北有变厚趋势。平均单井钻遇砂岩厚度15.5m，平均单井钻遇有效厚度3.7m。扶余油层有效孔隙度在11%~17%之间，均值为14.5%；气测渗透率在$0.2\times10^{-3}\mu m^2\sim10\times10^{-3}\mu m^2$之间，均值为$5.2\times10^{-3}\mu m^2$，属低孔、特低渗储层。扶余油层岩石类型属于长石岩屑粉砂岩，碎屑颗粒以0.05~0.15mm为主，石英含量为20%，长石含量为25%，岩屑含量为45%，泥质含量为2~20%。主要胶结类型有再生—孔隙、再生—薄膜等形式。扶余油层黏土矿物主要以伊利石为主，平均含量超过78%，其次是绿泥石和伊蒙混层，含量约为2%~30%，含少量高岭石，一般为2%~4%。

高台子油层厚度变化范围为9~34m，单井钻遇层数一般在4~15层，单砂层厚度一般在1.2~4.2m。高台子油层层位在高Ⅳ组，砂岩层厚，钙质含量高；其中泥质含量变化范围为5%~15%，钙质含量为0~40%。高Ⅳ组黏土矿物主要以伊利石为主，平均含量超过70%，其次是绿泥石；伊蒙混层约2%~10%。高Ⅳ组油层孔隙度主要分布在10%~20%，均值为15%；渗透率在$0.2\times10^{-3}\mu m^2\sim34.8\times10^{-3}\mu m^2$之间，均值为$11.4\times10^{-3}\mu m^2$。增强型微电阻扫描成像测井(XRMI)和X-MAC测井资料结果显示，QJB油田主体裂缝走向多为近东西向，最大主应力方向为NE65°。人工裂缝主裂缝方向为北东53.0°~117.7°，平均72.6°。

2　缝网压裂可行性分析

对于裂缝不发育的储层，国内普遍认为缝网压裂实施的先决条件是：施工过程中的缝内净压力在数值上为两向应力差与岩石抗张强度之和[3]。通常情况下，缝网压裂施工要求的两向应力差约为2~4MPa，如果两向应力差过高或摩阻过大，则需要在施工过程中保持很高的缝内净压力，这就对泵压提出了更高的的要求，在现行低油价条件下，难以实现。因此，可将脆性指数、两向应力差和摩阻定为主要的考察指标。

2.1　脆性指数

岩石的脆性是缝网压裂施工前需评价的必要指标，国内外大量的工程实践表明，岩石脆性越高，在压裂施工过程中就越容易形成裂缝网络。脆性指数等于40，是评价缝网压裂是否可行的临界值。而评价岩石脆性的指标有多种，主要是脆性指数(脆度)或者是脆度指数[5-14]。计算公式如下：

$$\text{脆性指数(脆度)}=\frac{\text{石英含量}}{\text{石英含量}+\text{黏土矿物含量}+\text{碳酸盐岩矿物含量}}\times100\% \qquad (1)$$

$$\text{脆度指数}=\left[\left(\frac{\text{静态杨氏模量}}{10000}-1\right)/7+\frac{\text{静态泊松比}-0.4}{0.15-0.4}\right]/2\times100\% \qquad (2)$$

计算结果显示，QJB油田脆性指数均值为43.6，超过临界值40；两向应力差均值为3.6MPa，满足缝网压裂施工的前两项指标。

2.2　摩阻和净压力

摩阻主要是指水力压裂过程中井口泵压的沿程损失。摩阻主要包括液体摩阻、孔眼摩阻以及近井筒弯曲摩阻。孔眼摩阻与排量的平方成正比，近井筒弯曲摩阻与排量的平方根成正比。FracproPT通过阶梯降排量试验，利用线性插值的方法分别确定孔眼摩阻和近井筒弯曲摩阻系数，然后再乘以排量，从而确定摩阻的数值。其中，孔眼摩阻、净压力的计算公式如下：

$$\Delta P_{pf}=0.2369\frac{q^2\rho}{n^2D_p^4C^2} \qquad (3)$$

$$\text{净压力}=\text{泵压}+\text{静水柱压力}-\text{摩阻}-\text{闭合压力} \qquad (4)$$

式中　ΔP_{pf}——孔眼摩阻，MPa；

q——排量，bpm；

ρ——流体密度，ppg；

n——射孔孔眼数；

D_p——射孔孔眼直径，in；

C——释放系数，初始射孔孔眼取0.56，最终射孔孔眼取0.89[15]。

从工艺上看，缝网压裂选择滑溜水作为前置液，为降低成本，也可交替使用清水段塞作为补充。不同压裂液体系排量与摩阻的关系如图1所示。

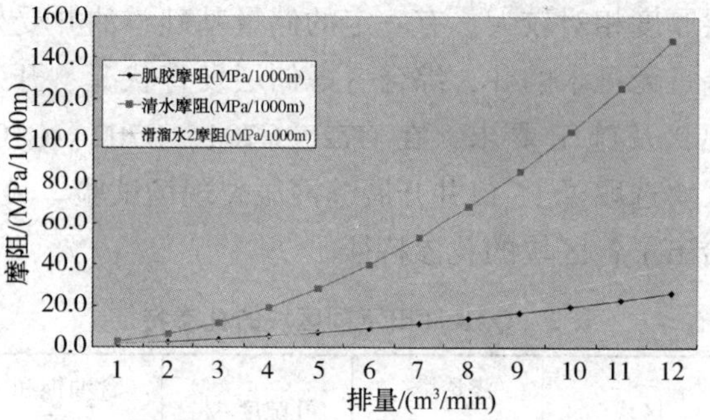

图1

图1表明，降低压裂液的摩阻是十分必要的。国内低渗透油藏储层岩石抗张强度多数在3MPa左右。抗张强度可以通过室内岩石力学实验方法直接测得。QJB缝网压裂施工现场泵压可达到56~62MPa。综上所述，根据净压力的计算公式，假定排量6m³/min时，泵压达到56MPa；假定排量7m³/min时，泵压达到62MPa。并假设近井筒弯曲摩阻忽略不计。计算结果表1所示。

表1　不同排量下的净压力和两向应力差与抗张强度之和的比较

净压力 井号	排量为6m³/min时的净压力/MPa	排量为7m³/min时的净压力/MPa	两向应力差与抗张强度之和/MPa
GA	9.8	6.2	6.9
GB(第一层)	11.0	7.4	6
GB(第二层)	10.5	6.8	6
GC(第一层)	9.2	5.5	6.9
GC(第二层)	8.9	5.2	6.9
GD(第一层)	8.4	4.7	7.7
GD(第二层)	8.1	4.3	7.7
GE(第一层)	8.0	4.2	6.6
GE(第二层)	7.8	3.9	6.6
GF	8.8	5.0	7.7

理论计算结果显示，在忽略近井筒地带的弯曲摩阻的前提下，上述油井在排量超过7m³/min时，不能形成缝网。但是，现行理论默认目标井

是射孔完井，进行缝网压裂时要先形成一条主裂缝，再采取一些手段提升缝内净压力，并据此进行的理论推导[3]。QJB 油田用于缝网改造的井都是压裂过的老井，这些井在缝网压裂前已存在半缝长为75m~100m 的闭合或张开的水力裂缝，这些主裂缝周围可能还有一些细小的分支缝。基于这样的特定条件，QJB 的井进行缝网压裂所需要的缝内净压力会低于理论值，原主裂缝周围的分支缝有可能会促进缝网的形成，从而增加了形成缝网的概率。

3　缝网压裂现场试验

2014~2016 年，通过储层精细评价，优选储层厚度相对较大、有一定的储量基础、油井受效差且无见水的井，综合考虑储层发育状况、开发现状及施工要求，在 G72、G704、G702、G701 区块选取了 15 口井开展缝网压裂现场试验。表 2 给出了各区块的孔渗特征。

表 2　QJB 油田不同区块的孔渗特征

区块	渗透率/($\times10^{-3}\mu m^2$)	孔隙度/%	含油饱和度/%
G72	2.76	13.51	50.9
G701	1.36	12.81	50.9
G702	1.46	13.56	50.9
G704	1.11	9.29	50.9

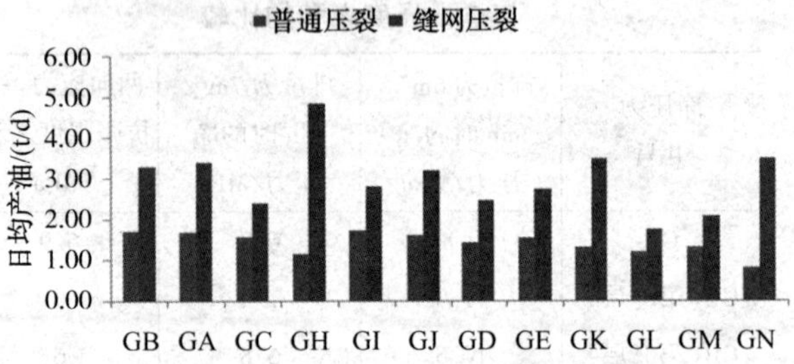

图 2　常规压裂与缝网压裂措施效果对比

这些井分别于 2008、2009 年常规压裂投产，在投产 6 年后、开展缝网压裂试验。以压后稳定日均产油量(按照措施后 6 个月计算的日均值)为评价指标，图 2 给出了 QJB 油田部分井常规压裂、缝网压裂的措施后日均产油对比情况。仅从这一点上，可以初步看到缝网压裂技术的优势。

3.1　缝网压裂后的裂缝形态

GC 井所在储层为低孔、特低渗的长石岩屑粉砂岩，该井所在区块属于次生孔隙弱发育区。该井于 2008 年 12 月 18 日常规压裂后投产，初期日均产油 1.57t；2013 年 12 月，该井日均产油 0.64t，后因漏失作业关井、再无产量。缝网压裂前，无产量；2014 年 7 月缝网压裂后，初期日均产油 2.4t；2017 年 5 月因等待新的增产措施而关井至今，有效期 32 个月，累计增油 1544t。

该井分两段射孔，第一段层号为 FI6，射孔井段为 2187.5~2190.2m，砂岩厚度 1.8m，有效厚度 1.7m；第二段层号为 FI2~FI4，射孔井段为 2172.3m~2181.3m，砂岩厚度 4.0m，有效厚度 2.6m。地层温度为 91℃，天然裂缝不发育。缝网压裂设计缝长 650m，总液量为 2640m^3，加砂 50m^3。前置液量为 2275m^3，其中滑溜水 1660m^3，清水 615m^3。胍胶为 365m^3，排量为 3.7~6.3m^3/min，返排率 8.8%。

微地震监测结果显示，该井措施后、两个层段分别形成了裂缝条带，并且第二层在压裂过程中沟通了天然裂缝或者是原主裂缝伴生的分支缝，从而形成了明显的分支缝、或者是另外一条裂缝带。该井进行缝网压裂前，曾常规压裂投产，自身是有一条水力裂缝的，此次缝网压裂过程中，有可能出现了“老缝新生”的过程、使得裂缝条带以旧有裂缝为起点进行延伸和扩展，同时开启分支缝，从而形成规模裂缝网络条带。监测结果如表 3 所示，裂缝带形态如图 3、图 4、图 5 所示。

表 3　GC 井微地震监测结果

井号	压裂层段	设计缝网规模		井下监测情况			
		半缝长/m	宽度/m	缝长/m	缝网宽/m	缝网高/m	缝网走向
GC	FI2~FI4(第二层)	325	150	518	113	42	北偏东 90°
	FI6(第一层)	325	150	504	102	44	北偏东 90°

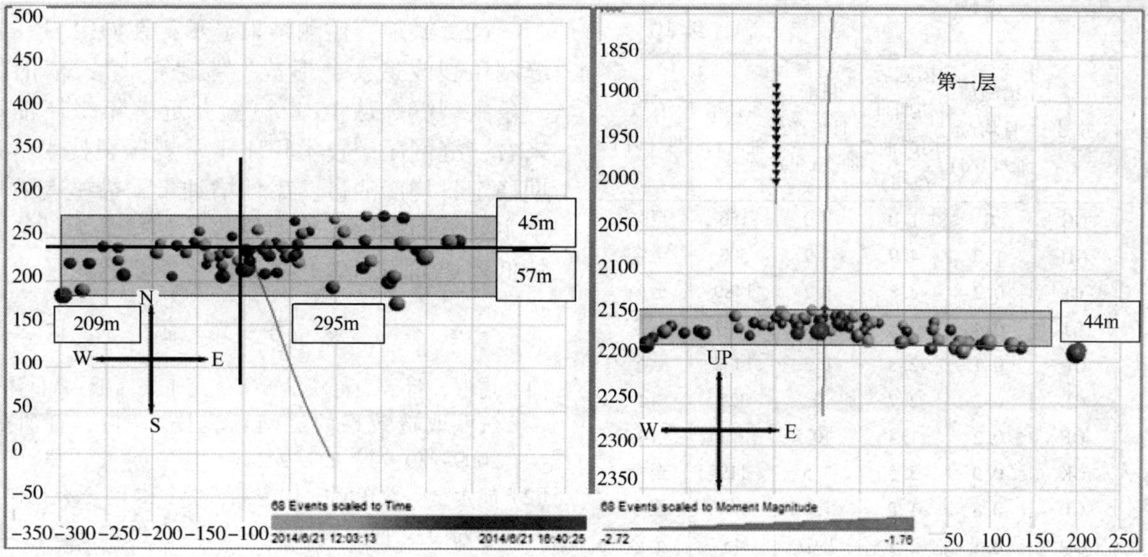

图 3　GC 井缝网压裂第一层裂缝形态图

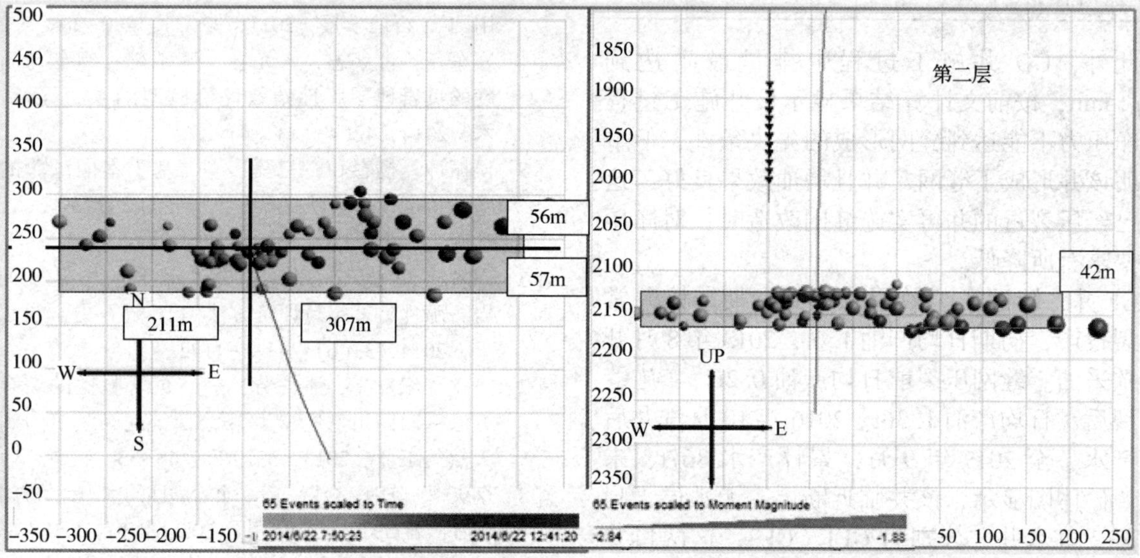

图 4　GC 井缝网压裂第二层裂缝形态图

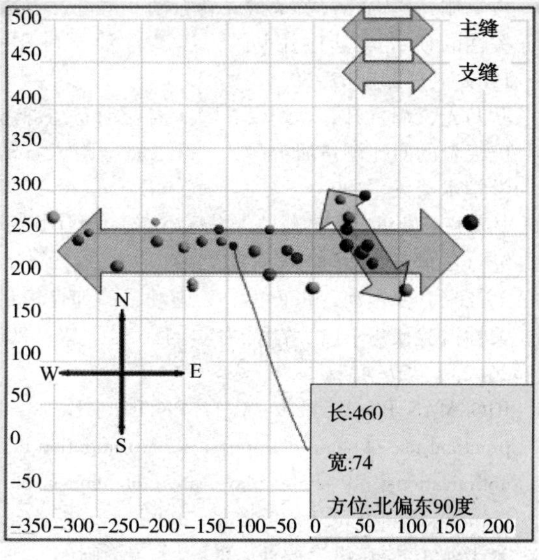

图 5　GC 井缝网压裂第二层分支缝图

3.2　缝网压裂取得的成果

由表 4 可知，缝网压裂技术的优势是显著的，即便是在投产多年、地层压力有所下降的前提下，缝网压裂技术依旧取得良好的效果。超过三分之二的试验井取得了良好的效果。GC 井因等待新的措施而关井，GO 井因施工过程中管柱拔不动，施工终止。

表 4　2014~2016 年 QJB 油田缝网压裂试验效果

序号	井号	措施前日均产油/(t/d)	措施后初期日均产油/(t/d)	目前日均产油/(t/d)	累计增油/(t)	有效期/(月)
1	GB	0.5	3.3	0.1	521	20
2	GA	0	3.4	1.0	2189	至今
3	GC	0	2.4	0	1544	32

续表

序号	井号	措施前日均产油/(t/d)	措施后初期日均产油/(t/d)	目前日均产油/(t/d)	累计增油/(t)	有效期/(月)
4	GG	0	1.0	1.0	156	至今
5	GH	1.0	4.9	4.9	500	至今
6	GI	0.2	2.8	1.2	1489	至今
7	GJ	0.4	3.2	1.8	1637	至今
8	GD	0.1	2.5	1.3	1402	至今
9	GE	0.2	2.7	0	327	14
10	GF	0.2	1.4	0	221	14
11	GK	0.9	3.5	3.5	119	至今
12	GL	0.8	1.8	1.8	164	至今
13	GM	0.1	2.1	2.07	45	至今
14	GN	0.6	3.5	6.5	876	至今
15	GO	1.2	0	0	0	0

此外，GD 井施工过程中排量最高达到 6.9m^3/min，按前文计算结果显示该井施工过程中的净压力不能达到缝网形成的先决条件，但事实证明该井形成了缝网、并且增油效果良好，这说明已经压裂过的井再实施缝网改造时，对净压力的要求有所降低。

GF 井，缝网压裂效果未达到预期。该井常规压裂投产，初期日均产油 1.6t，2013 年 8 月开始间歇采油。缝网压裂前日均产油 0.2t，实施缝网压裂后，日均产油 1.36t。2016 年 10 月洗井后一直产水，至 2017 年 9 月，累计产水 867t，未产油。砂体图显示，该井临近断层，无水层，附近仅有 2 口水井，分别为 GF1、GF2，这两口井均因吸水差长期关井，只在近半年才开始再次注水。该井井史指出：该井近半年日均产水量为 2.15t，自 2015 年缝网压裂措施后的一年里日均产水为 2.52t，洗井后正常产水日均约为 2.2t，2015 年综合分析该井产出水有可能是压裂液。综上，认为该井并没有直接沟通附近的水井，而是正常产水。从产液量来看，目前产液水平约为缝网压裂后初期产液水平的一半左右。因此，该井因地层能量不足导致产液水平骤降，产油困难；产出水来源有待进一步研究。

4 结论

（1）分析了 QJB 油田缝网压裂的可行性，认为 QJB 油田可以进行缝网压裂。矿场试验结果显示，QJB 油田改造井均为已压裂投产的老井，实施缝网压裂前井本身已具有张开或闭合的水力裂缝，因此施工过程中形成缝网所需要的净压力低于理论计算值，这为 QJB 油田成功进行缝网改造、进一步提供了可能。

（2）微地震监测结果显示，在 QJB 油田实施缝网压裂改造，会形成“裂缝条带”，依旧保有一条主裂缝。从 15 口试验井近三年来产油情况来看，缝网压裂技术相比于常规压裂技术，在初期稳定日均产油量、累计增油量、措施有效期三个主要方面都有显著的优势。该技术为低渗透—特低渗透油田高效开发提供了重要的途径。

参 考 文 献

[1] 雷群，胥云，蒋廷学，等．用于提高低-特低渗透油气藏改造效果的缝网压裂技术[J]．石油学报，2009，30(2)：237-241.

[2] 胡永全，贾锁刚，赵金洲，等．缝网压裂控制条件研究[J]．西南石油大学学报(自然科学版)，2013，35(4)：126-131.

[3] 翁定为，雷群，胥云，等．缝网压裂技术及现场应用[J]．石油学报，2011，32(2)：280-284.

[4] 廖东良，肖立志，张元春．基于矿物组分与断裂韧度的页岩地层脆性指数评价模型[J]．石油钻探技术，2014，42(4)：37-41.

[5] 侯振坤，杨春和，王磊，等．基于室内试验的页岩脆性特征评价方法[J]．东北石油大学学报(自然科学版)，2016，37(10)：1496-1500.

[6] 周辉，孟凡震，张传庆，等．基于应力-应变曲线的岩石脆性特征定量评价方法[J]．岩石力学与工程学报，2014，33(6)：1114-1122.

[7] 王鹏，纪友亮，潘仁芳，等．页岩脆性的综合评价方法—以四川盆地 W 区下志留统龙马溪组为例[J]．天然气工业，2013，33(12)：48-53.

[8] 李庆辉，陈勉，金衍，等．页岩脆性的室内评价方法及改进[J]．岩石力学与工程学报，2012，31(8)：1680-1685.

[9] 李庆辉，陈勉，金衍，等．页岩气储层岩石力学特性及脆性评价[J]．石油钻探技术，2012，40(4)：17-22.

[10] 楼一珊，庄锦江，黄荣樽．岩石动、静弹性参数相关性的研究及其应用[J]．江汉石油学院学报，1989，11(2)：62-69.

[11] 耿乃光，郝晋升，李纪汉，等．岩石动态与静态杨氏模量的对比测量研究[C]．第二届全国岩石动力学学术会议，1990.

[12] 林英松，葛洪魁，王顺昌．岩石动静学参数的试验研究[J]．岩石力学与工程学报，1998，17(2)：216-222.

[13] 刘江平，罗银河，张英德．黏土动、静弹性模量相关性试验研究[J]．岩石力学与工程学报，2007，26(2)：427-432.

[14] RICKMAN R，MULLEN M J，PETRE J E，et al. A practical use of shale petrophysics for stimulation design optimization：all shale plays are not clones of the barnett shale[R]. SPE115258，2008.

[15] 米卡尔 J. 埃克诺米德斯．油藏增产措施[M]．张保平，刘立云，张汝生，译．北京：石油工业出版社，2002：224-225.

宜昌页岩气缝控体积压裂技术实践与认识

钟　涛　胡　光　胡泽文

（中国石化江汉石油工程有限公司页岩气开采技术服务公司）

摘　要　宜昌低温常压页岩气作为四川盆地盆外的勘探分战场之一，前景良好。为了进一步提高工区内目标储层改造效果，围绕储层常温常压的显著增产难点，提出了缝控体积改造主体工艺，配套形成了密分段细分簇、大规模液体增能、酸性滑溜水、小粒径支撑剂优化设计技术，可有效确保单井控制储层基质单元改造更彻底，实现一次改造系数最大化，从而实现单井产能提高。在EYY1HF井现场应用后，稳定日产量7.83×$10^4m^3/d$，实现了牛蹄塘组的产能突破，为常压页岩气勘探开发提供技术借鉴。

关键词　常压页岩气；缝控；体积改造；小缝间距

“水平井+体积压裂技术”现为国内外非常规油气勘探开发关键手段之一[1-5]，并取得明显增产效果。在增产改造工程技术领域，国内于2009年正式提出“体积改造”技术理念并展开大面积推广应用，理念重点阐述三方面内涵：裂缝壁面与储层基质的接触面积最大、储层流体从基质到裂缝的渗流距离最短、基质流体向裂缝渗流所需要压差最小，目标就是要打碎地层，形成裂缝网络，实现“人造”渗透率，最终提高单井压后产量和采收率，使储量动用最大化。

近年来，非常规储层改造工艺技术理念和设计参数发生深刻变革，整体发展朝向水平段更长、井间距更小、簇间距更短、加砂强度更高[6]。北美水平井压裂簇间距由25m缩短至6m左右，部分井更短；井间距由400m缩短至60m左右；水平段加砂强度由0.9~1.2t/m增至2.5~2.7t/m，部分井高于3.0t/m，个别区块甚至试验将加砂强度提至6.0t/m以上。其中，目的层位为美国Utica页岩的Purple Hayes 1H井，水平段长5652m，压裂124段，每段45.7m，每段5簇(平均簇间距9.1m)；2018年马塞勒斯页岩气开发水平段长普遍为3000~4000m；玛湖致密油开发水平段长由500~800m增至1000~1500m，每段压裂段长由80~120m缩短至60~80m，缝间距由20~30m缩短至10~12m，单段簇数由2~4簇增至5~6簇。参数的变化实为设计理念的变化[7]，意为体积改造工艺理念内涵得到深化，具体表现在：由以往追求储层的波及体积最大化向追求改造体积内裂缝密度、裂缝比表面积最大化转变；由区块内单井控藏向储层内缝控基质技术模式转变，不仅强调单井与区块合理匹配，更加强调裂缝系统与油气藏充分匹配，追求一次改造系数的最大化，延长单井重复压裂周期甚至避免重复压裂，实现单井生命周期内最大EUR。

为了提高宜昌地区勘探井的压后产量，在借鉴国内外非常规油气设计理念、总结涪陵地区页岩气压裂效果的基础上，探索实践了以“缝控体积压裂”为主体工艺的压裂思路，同时配套形成了密分段细分簇、大规模液体增能、酸性滑溜水、小粒径支撑剂优化设计技术，且应用效果良好。

1　宜昌地区页岩地质概况

宜昌区块地处长江上游与中游的结合部，是鄂西山区向江汉平原的过渡地带，为四川盆地外缘。作为南方海相页岩主体潜力区，主要含气层位为奥陶系五峰组-志留系龙马溪组、寒武系牛蹄塘组、震旦系陡山沱组及灯影组，整体埋深1800~3800m。其中，龙马溪组主要以粉砂质泥页岩为主，牛蹄塘组以炭质页岩为主，陡山沱组、灯影组主要为炭质页岩、白云质灰岩、白云岩。

X衍射全岩矿物分析显示，区域黏土矿物含量为9.5%~47.3%，碳酸盐岩含量5.6%~59.0%，部分地层含量达到70%以上。页岩储层普遍具有常温常压的特征，压力系数在1.0~1.1左右、地温梯度小于3℃/100m，均明显低于涪陵地区页岩。宜昌地区页岩气目标储层整体孔隙度介于0.1%~5.1%之间，渗透率为0.0001~0.15md，呈现典型的纳达西级页岩储层孔渗特征。动态杨氏模量集中在4.18×10^4~5.13×10^4MPa，泊松比为0.17~0.29，天然裂缝较发育，以高角度缝为主，部分裂缝被方解石充填，整体表现为高杨氏模量、低泊松比、储层塑性特征相对明显。储层两相水平应力差为10~25MPa，岩石力学脆性指数51.35%~60.8%，脆性指数显示较好的可压性，但压后裂缝系统的复杂程度由应力差、塑性特征、天然裂缝密度和压裂工艺综合决定。

2 缝控体积压裂工艺新内涵

缝控体积压裂工艺是对常规工艺和已有体积压裂工艺的深化和升华，该工艺基于最短基质渗流理论，采用缩小缝间距的密集切割方式增加裂缝控制面积，改变以往井控区域单元模式（千米-百米级渗流），转向缝控基质单元模式（十米-米级渗流），大幅缩短基质流体与人工裂缝的渗流距离，促使裂缝形成连片控制区域，更有利于改造塑性较强、应力差较大、难以形成复杂缝网的储集层，见图1。

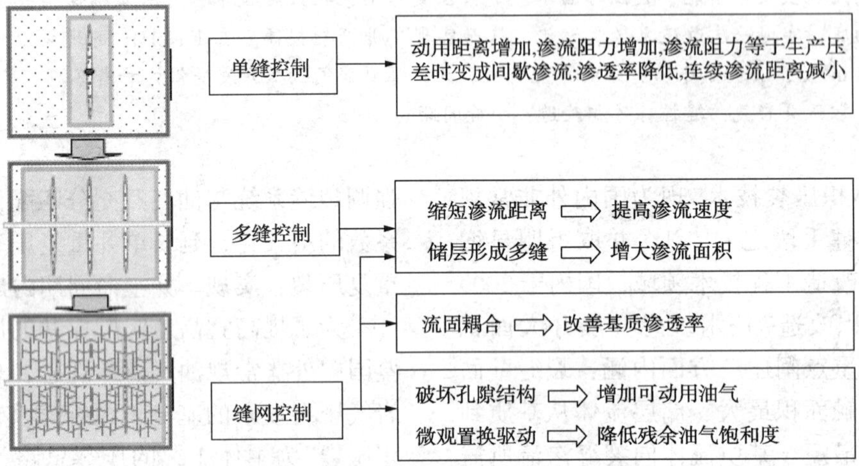

图1 缝控体积压裂理论变化模式

为了量化缝控体积压裂工艺技术内涵，假设在无限均质储层且处于线性流状态下，标定目标函数[8]，函数如下：

$$\frac{q}{P_{pi}-P_{wf}}=\frac{C\sqrt{(\Phi C_t)_i}\,A\sqrt{K}}{B\sqrt{\mu_i}\sqrt{t}}+\mathrm{b};$$

$$A=4H_fN_fX_f;$$

$$\frac{q}{\Delta p}=f(A\sqrt{K},\ t)$$

其中，q为产量；Δp为无限均质储层中的任意位置i处压力与井底流动压力之差；C为流体压缩系数；Φ为储层孔隙度；C_t为岩石总压缩系数；B为地层体积系数；μ为流体黏度；t为渗流时间；A为裂缝系统总表面积；K为储层渗透率；b为常数；H_f为裂缝高度；N_f为人工裂缝条数，X_f为裂缝半长。

分析上述公式可以发现，单井流体产量与裂缝系统总表面积及储层渗透率呈正相关的函数关系。裂缝系统总表面积实际上由有效裂缝条数决定；对于一定长度的水平段而言，缝间距越小、段间距越小，水平段密集切割程度越高，有效裂缝条数就越多，产量也相应越高。因此，上述公式从本质上解释了北美页岩气工艺趋于追求更小段、簇间距的原因。

3 缝控体积压裂工艺实现技术途径

3.1 密分段细分簇设计

目前涪陵页岩气水平井段间距、簇间距普遍为30~45m、20~35m，段间距、缝间距优化[9]主要基于多裂缝诱导应力场分析，利用应力扰动调整应力场，促使裂缝偏转沟通天然弱面，扩大改造区域。微地震、产液剖面测试等实践表明，采用诱导应力优化缝间距后依然存在未波及“死角”。为避免因缝间距过大造成缝间出现压后无效“真空区”，可利用人工裂缝系统对储藏实现整体控制和动用，依据缝控技术理念，较为理想的技术途径是采用密分段细分簇的密集切割方式。

通过数值模拟，并结合诱导应力分析，将宜昌地区EYY1HF井段间距、簇间距平均缩小至26.6m和13.8m，如图3所示，明显小于目前国内主流页岩气区块。缝间距缩小直接导致水平诱导应力差增大，应力扰动更强，确保主缝周围分支缝、微裂缝的复杂程度的同时提高了裂缝系统总表面积。复杂裂缝对接、重叠状态次之是理想的裂缝状态。

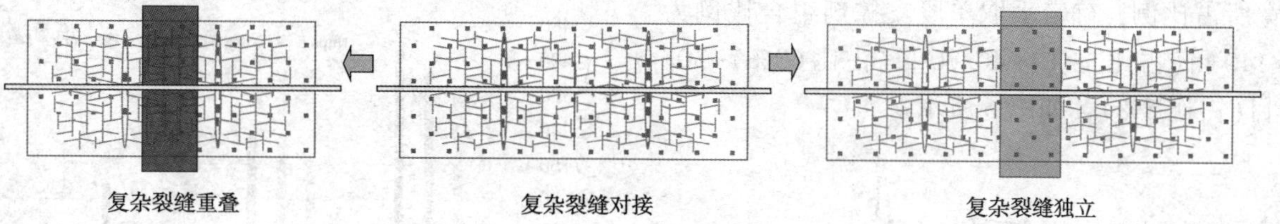

图 2　缝控体积压裂“三种”模式

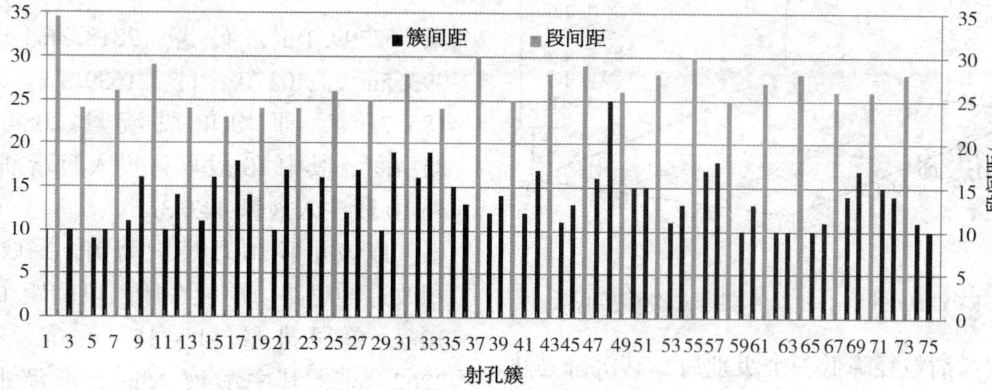

图 3　EYY1HF 井各段段间距、簇间距分布图

3.2　大规模液体+液氮增能驱替技术

压力系数是衡量页岩气区块勘探开发价值的重要指标之一，当前国内外主流页岩气区块储层压力系数多为 1.2~1.8，属于超压储层，部分达到 2.0 以上，北美更是将储层压力系数大于 1.0 作为区块经济开发界限。对于具备一定物质基础的常压储层，缝控体积改造模式能进一步破坏岩石孔隙结构，提高储层“打碎”程度。大规模低粘液体注入配套液氮伴注工艺，可对破碎孔隙结构实现人工充填补能，提高地层压力系数。规模优化上，对于含气或压力系数差异段，可利用 wellwhiz 数模软件差异优化各压裂段间的液体和液氮规模(图 4、图 5)，增加段间压差，实现宏观上的段间驱替；同时利用体积压裂改造在段内建立的非均匀压力系统、生产过程参与流动先后建立的压差，实现微观上的缝间驱替，促进包括游离气、吸附气短期内快速进入裂缝系统。

3.3　小粒径支撑剂优化技术

通常来讲，由页岩体积压裂形成的网络裂缝中，裂缝远端只有液体充填的“软支撑”，大部分裂缝由于宽度较窄，无法形成由支撑剂充填的“硬支撑”。

多尺度小粒径支撑剂可以进入不同分支裂缝封堵、降滤或支撑；采用广域黏度滑溜水体系，黏度在 2~10mPa · s 区间可调，便于携带不同粒

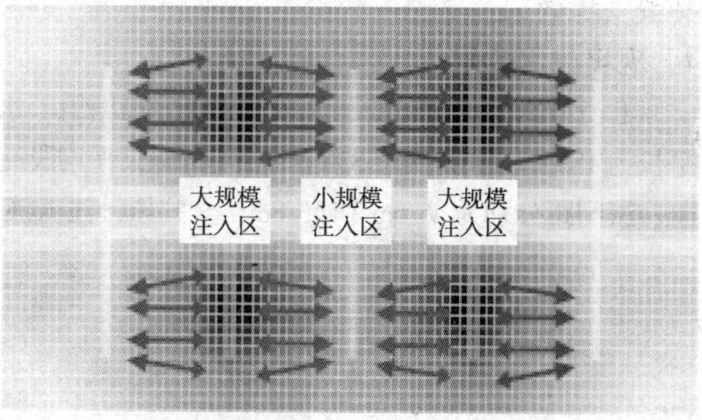

图 4　多段规模差异形成段间宏观驱替

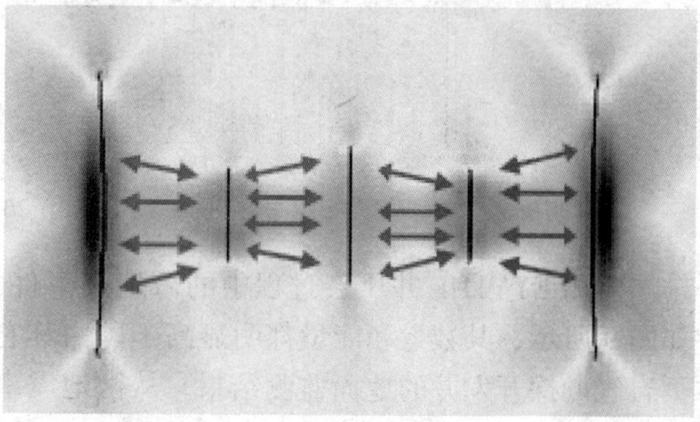

图 5　多簇裂缝干扰形成缝间微观驱替

径支撑剂实现变粘加砂压裂，利于提高支撑体积。EYY1HF 井数值模拟显示，裂缝系统呈多尺度分布，依据支撑剂桥堵原则，当支撑剂的粒径大于 1/6 缝宽时，支撑剂就不易进入裂缝；综合

缝宽所占比例，确定采取单段支撑剂组合比例为70/140 目(占比35%)+40/70 目(占比60%)+30/50 目(占比5%)，如图6 所示。

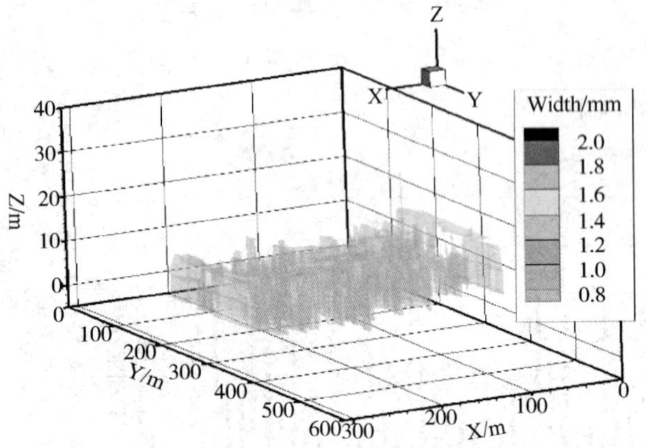

图6　EYY1HF 井水平井筒各段缝宽数值模拟图

当支撑剂粒径降低一个级别后，其沉降速度减小1/3~1/2，根据支撑缝长的需要，如图7 所示，实时动态调整滑溜水黏度，有助于提高远井裂缝支撑效率。

4　现场应用效果

EYY1HF 井压裂目的层为下寒武统牛蹄塘组，水平长为1836m，累计实施33 段112 簇压裂，平均段间距、簇间距分别为26.6m 和13.8m，全井累计注入液

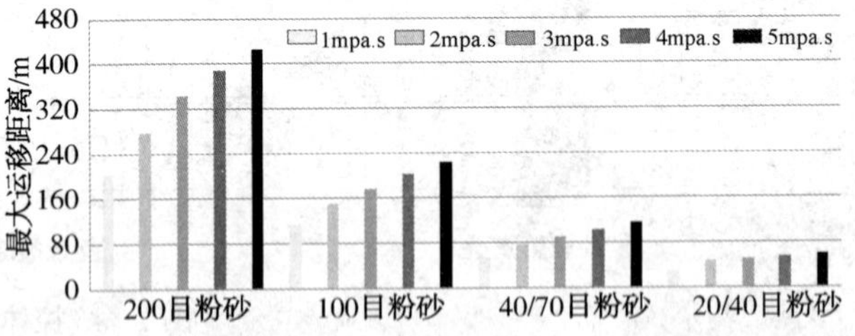

图7　多粒径支撑剂最大运移距离与压裂液黏度关系图版

量67799.1m^3，砂量2818.3m^3（70/140 目993.5m^3、40/70 目1639.1m^3、30/50 目185.7m^3），平均单段液量2054.5m^3，砂量85.4m^3，其中10 段累计投入暂堵剂6525kg，另外10 段注入液氮443.3m^3。

以该井第26 段压裂为例，采取细分切割体积改造的思路。单段3 簇，段间距18m，簇间距10m，单段排量14~18m^3/min；入井总液量2262.1m^3，其中酸液15m^3，滑溜水2096.6m^3，胶液66.8m^3，顶替液83.7m^3；总砂量121.6m^3，其中70/140 目粉砂42.2m^3，40/70 目低密度陶粒79.4m^3，暂堵剂1000kg，液氮50m^3。压力拟合后显示，波及缝长340.2m，缝高29.97m，改造体积109.3×10^{4}m^3。联合微地震事件和压裂曲线显示，全程微地震事件点密集，印证了较大的改造体积。

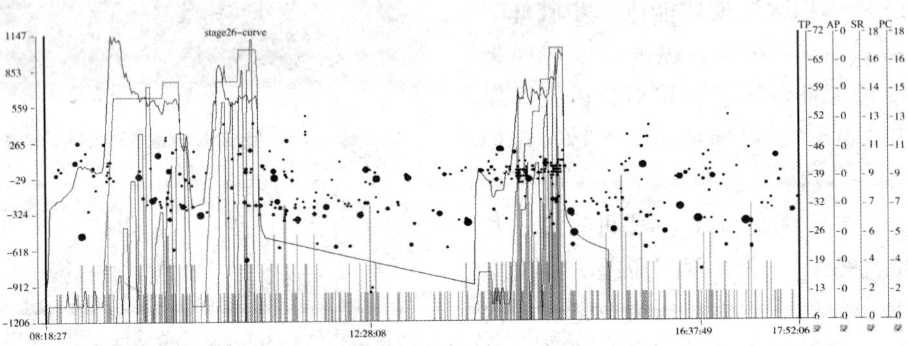

图8　EYY1HF 第26 段微地震-压裂曲线联合图

监测EYY1HF 井压裂过程中的微地震事件，如图9 所示，其数量和能量都明显高于国内其它页岩气勘探开发井的地面监测结果。从微地震事件的定位结果看，该井压裂缝网主体长度(缝长)普遍较大，平均缝长介于500~600m 之间，最小缝长400m，最大缝长可达700m 以上；压裂缝网主体宽度(缝宽)平均200~250m，鉴于本次压裂段间距设计较小，推测压裂过程中普遍存在一定程度的段间干扰；压裂缝网主体区域的长宽比平均为2~2.5，兼具一定的复杂性，实现了“缝控”体积压裂的改造技术模式。

压后采取10.0mm 油嘴求产，稳定日产量7.83×10^{4}m^3/d，无阻流量达28.84×10^{4}m^3/d，实现了寒武系牛蹄塘组产能突破。

5　结论与建议

(1) 缝控体积压裂工艺是对常规工艺和已有体积压裂工艺的深化和升华，更加追求裂缝体系的系统连通、整体导流能力，终极目标是增加裂

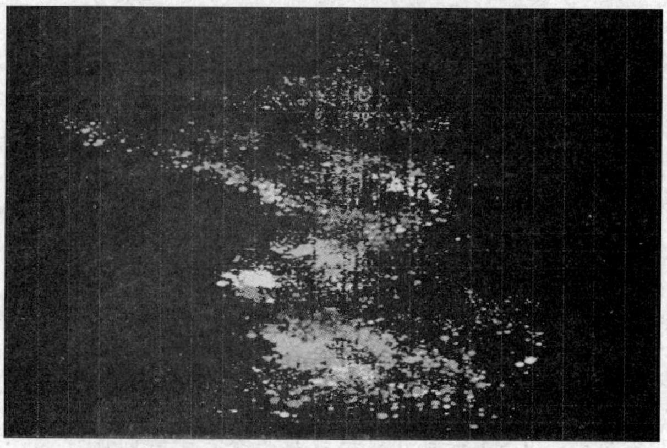

图9 EYY1HF 微地震事件云图

缝复杂程度，提高储层采出程度。

（2）“缝控”体积压裂改造不仅可以明显提高单井压裂改造效果及可动用储量，同时有利于保持单井地层压力，对常压页岩气储层针对性明显；

（3）合理缝间距优化设计是实现缝控体积压裂工艺的核心，微地震能够定性描述井筒分段区域改造程度，但不能定量描述缝间距设计的合理性，建议加强非常规油气“缝控”体积压裂理论攻关研究和现场试验，综合评价认识，为实现区块高效开发提供技术保障。

（4）配套工艺是决定缝控体积压裂改造效果的关键，下步考虑试验单段六簇及以上设计、大排量限流压裂工艺、簇间暂堵转向工艺技术、高强度加砂技术。

参考文献

［1］邹才能，丁云宏，卢拥军，等．“人工油气藏”理论、技术及实践［J］．石油勘探与开发，2017，44(1)：144-154.

［2］吴奇，胥云，刘玉章，等．美国页岩气体积改造技术现状及对我国的启示［J］．石油钻采工艺，2011，33(2)：1-7.

［3］吴奇，胥云，王晓泉，等．非常规油气藏体积改造技术：内涵、优化设计与实现［J］．石油勘探与开发，2012，39(3)：352-358.

［4］吴奇，胥云，张守良，等．非常规油气藏体积改造技术核心理论与优化设计关键［J］．石油学报，2014，35(4)：706-714.

［5］吴奇，胥云，王腾飞，等．增产改造理念的重大变革：体积改造技术概论［J］．天然气工业，2011，31(4)：7-12.

［6］Green S，Xu G，Forbes B，Green G. Early Time Fracture Growth and Cluster Spacing Effects［R］. ARMA 18 567，2018.

［7］向洪．马56区块致密油藏“缝控”体积压裂技术［J］．油气井测试，2018，27(4)：49-54.

［8］Robert A，Ahmed H，Mauricio E. Production Analysis of Linear Flow Into Fractured Tight Gas wells［R］. SPE39931，1998.

［9］邵尚奇，田守嶒，等．水平井缝网压裂裂缝间距的优化［J］．石油钻探技术，2014(1)：86-90.

一种新型半潜式平台概念设计研究

王天英

（中国石化胜利石油工程有限公司）

摘 要 在详细研究影响平台综合性能的诸多因素的基础上，根据现有半潜式平台存在的不足，开发了具有自主知识产权的自升式半潜多功能深海浮式平台概念(JCSM)。JCSM 包括箱型甲板、由外斜立柱与环形浮箱组成的浮体以及支撑箱型甲板并连接浮体的自升式桩腿。JCSM 将自升式平台与半潜式平台的优势相结合，并以平台综合性能的提升为目标进行了细节上的优化，稳性裕度大且运动性能优良，可适应干式采油、湿式采油和干湿组合式采油等不同采油模式，并同时具有钻井、早期生产、修井、油气处理与油气储运等多种功能。在详述 JCSM 的组成及性能特点的基础上，对 JCSM 进行了稳性与运动性能数值分析，并与传统半潜式平台相比较，验证了所研发新型平台性能的优越性。本研究为未来海洋油气田开发提供了一种新的选择，并对全新概念的浮式平台开发具有借鉴和指导意义。

关键词 自升式；半潜平台；外斜立柱；干式采油树；稳性；运动性能

传统的半潜式平台存在一些不足[1]，如平台重心相对较高，使得平台的稳性储备不大；功能不够全面，尤其是储油能力不足；垂荡运动幅度较大，无法支持干式采油树，大大增加了钻采作业的升沉补偿成本，导致操作成本高，作业效率低；等等。

针对传统半潜平台的不足，近年来出现了一系列新型半潜式平台概念[2-7]。典型的有美国 FloaTEC 公司提出的桁架式半潜平台(Truss Semi)和可伸展吃水半潜式平台(ESEMI)，法国 Technip 公司提出的展开式半潜式平台(EDP)，美国 SBM Atlantia 公司开发的斜立柱半潜式平台(FourStar Semi)，Mansour 和 Huang 提出的自由悬挂固体压载舱半潜式平台(FHS Semi)，Atkins 公司研发的成对立柱式半潜平台概念(Paired-column Semi)。这些新型平台的主要设计目标是减小平台的垂荡运动[1]，以使在平台上布置具有干式采油树的 TTR 立管系统成为可能。虽然新型平台和新的设计技术能够有效改善传统半潜式平台垂荡运动的性能，但同时新的问题也随之而来[1]，如使用长立柱和深吃水引起的涡激振动问题，纵/横摇固有周期减小导致的运动性能降低，新结构带来的结构安全性挑战，长立柱使得船体码头安装和托航运输困难，深吃水导致平台成本急剧上升，等等。另外，国外的新概念平台及配套技术一般受到专利保护，形成深水技术领域的垄断。相比之下，我国一般仅使用半潜式平台进行钻井作业，而对用于生产、修井作业等的半潜式平台类型开发不足[9]，这是制约我国深海油气田勘探开发的瓶颈性问题之一。目前，迫切需要开发具有自主知识产权，适应中国南海海洋环境条件且综合性能优良的新型半潜式平台，以有效促进我国海洋油气资源的开发和生产。

另外，随着海洋油气开发规模的不断扩大，海洋油气勘探开发的主战场已经转向深海。地质油藏的不确定性和传统深海油气开发设施的高造价决定了深海油气田开发的高风险性，尤其在当前油价长期持续低迷的国际大环境下，最大限度地提高平台利用率是有效降低深海油气勘探开发成本的关键措施。为此，使用多功能平台已经成为深海油田开发的最佳选择。

因此，笔者研发了一种克服现有半潜式平台的不足，可适应干式采油、湿式采油和干湿组合式采油等不同采油模式，并同时具有钻井、早期生产、修井、油气处理与油气储运等多种功能的自升式半潜多功能平台[10](Jackup combined semisubmersible multifunction platform，简称为 JCSM)，为未来海洋油气田开发提供一种新的低成本全寿命解决方案。为了验证 JCSM 平台概念的先进性，使用一个工程算例，分析对比了传统半潜式平台与 JCSM 的稳性性能与运动性能。

1 JCSM 平台概念及其特点

1.1 JCSM 平台概述

针对现有半潜式平台存在的不足，在对平台

运动性能、稳性以及储油能力等性能指标的影响因素进行详细地理论分析的基础上，将自升式平台与半潜式平台概念的优势结合在一起，并以平台综合性能的提升为目标进行浮体结构的细节优化，提出了一种新颖的自升式半潜多功能平台，并已获得国家专利授权[11]。图1即为所研发新型平台的一个实施例的技术方案。

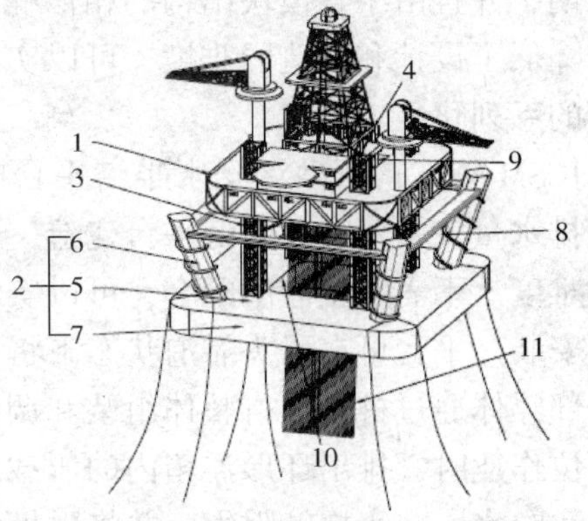

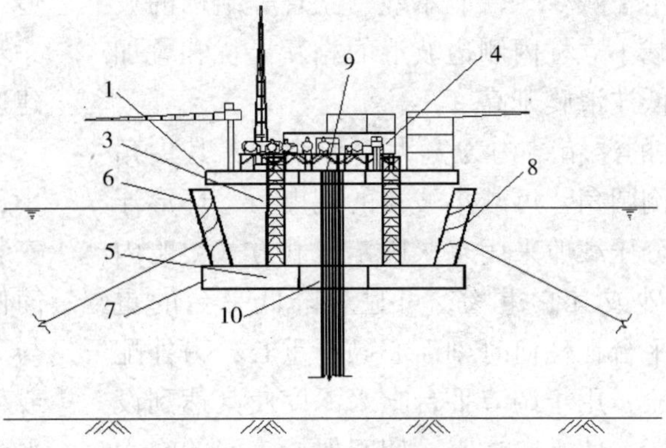

图1 JCSM平台概念示意图

（1—箱型甲板；2—浮体；3—自升式桩腿；4—钻机及油气处理模块；5—环形浮箱；6—外斜立柱；7—浮箱外伸翼；8—螺旋形侧板；9—月池；10—中央井；11—油气生产立管/钻井立管）

如图1所示，自升式半潜多功能平台包括甲板、浮体和支撑甲板并连接浮体的自升式桩腿。其中，甲板为箱体结构的箱型甲板，箱型甲板内部分设多个设备舱室，箱型甲板中央预设有月池；浮体包括1个环形浮箱和4个或6个对称布设在环形浮箱上方外周的外斜立柱；自升式桩腿采用透空桁架结构。

环形浮箱的横截面为方形倒圆角或矩形倒圆角，其外立面上均设有浮箱外伸翼，内部设有包括压载舱、储油舱、生产功能舱室、钻井设备舱室和泵舱。环形浮箱的部分压载舱采用永久固定压载方式，舱内填充重物，保证平台的浮心高于重心。环形浮箱的中央预设有中央井，且环形浮箱的中央井与箱型甲板的月池的几何中心在同一条垂直线上。立柱沿环形浮箱几何中心的垂向轴线向外倾斜，且立柱之间通过连接筋相互连接。外斜立柱为中空密封结构，其横截面为圆形或正多边形倒圆角，立柱的内部空间分割为若干个水密舱室，立柱的外表面固定连接有螺旋形侧板。

平台根据工作海域的环境条件和水深，可选择锚泊定位、动力定位或组合定位等方式进行定位。

1.2 JCSM平台的优点

所研发的JCSM平台具有如下优点。

自升式桩腿设计解除了常规半潜式平台设计中立柱与上部甲板的强耦合作用[13]。JCSM平台的甲板由自升式桩腿支撑，不与浮体直接接触，克服了立柱尺寸和间距对甲板设计的影响。设计者可自行定义甲板尺寸，使甲板面积和形状设计更好地满足甲板工艺模块的操作流程要求，提高平台作业效率和上部设施布置的安全性。同样，上部组块对浮体设计的限制也较小，立柱尺寸和间距、浮箱的尺寸和形状等都可进行大范围的优化，从而改善平台的稳性性能和水动力性能。这样，上部甲板和立柱可以相对独立地进行设计，更容易实现平台总体性能的最优化设计。

根据海洋环境条件和工况及载况的不同，通过甲板与自升式桩腿之间的升降装置，甲板可以沿自升式桩腿升降，以合理调节甲板至浮箱之间的桩腿长度，并结合浮箱压载量的增减，从而达到最优化平台重心高度、排水量、惯性矩和水线面面积的目的，使平台更好地适应不同海域的作业条件。

自升式桩腿采用透空桁架结构，可以大量节省钢材用量；在海流比较严重的海域，便于海流通过，减小水平拖曳力，从而减小系泊系缆受力以及平台运动；而且，还可以减小波浪沿桩腿的爬升，有效改善平台气隙性能。

立柱的外斜设计能够改善稳性、纵/横摇和垂荡运动性能，减小涡激振动和降低波浪爬升高度。外斜侧面使得水线面处立柱间距较大，因而平台的水线面惯性矩较大，从而可获得较大的初稳性高度和回复力矩，减小平台纵/横摇运动以及系泊系统的受力；立柱倾斜的侧边也有利于增大辐射阻尼，从而增大垂荡固有周期，降低垂向运动；有效增强浮体绕流的三维效应，抑制涡激振动的产生，减少平台、系缆、立管等结构的疲劳损坏；减小立柱内侧边波浪的相互干扰和叠加效应，降低波浪爬升高度。

JCSM 的浮箱结构为宽大箱形结构，其尖角处设计为倒圆角，可减小波浪的拖曳力。环形浮箱中的部分压载舱采用永久固定压载方式，舱内填充铁矿砂或其它重物，可显著降低平台的重心，保证平台在任何时刻浮心高于重心，另外配置压载水舱，用于调节平台吃水深度使其达到设计吃水位置，使平台在服役期间保持较深的吃水状态以减小垂荡激励力。不仅实现平台在海洋环境中的无条件稳定，而且密度大的配重增大了垂荡固有周期，改善了平台的垂荡运动性能，克服了传统半潜式平台垂荡幅度大的固有缺陷，从而使在平台上布置具有干式采油树的顶部张紧式钻井/采油立管系统成为可能。

为了增大平台的可变载荷、排水量和储油量，降低平台重心并使环形浮箱兼具有垂荡板功能，环形浮箱在外斜立柱的外侧有所延伸，形成浮箱外伸翼。浮箱外伸翼不仅增大了舱室容积，提高平台的有效承载，降低平台重心，改善稳性，还可兼起到垂荡板功能，增大平台横/纵摇和垂荡的附加质量和阻尼，进而增大横/纵摇和垂荡固有周期，改善了横/纵摇和垂荡运动性能；另外，通过内部舱室优化设计，将排水量分隔在合理的位置，可以获得比同等排水量的传统半潜式平台更高的附加质量。浮箱外伸翼还增加了可变载荷与平台自重的比值，使平台满足远海平台的自持能力要求，适应全球远海、深水或超深水、全天候和较长时期的工作能力。

而且，环形浮箱既能作为平台整体支撑结构，为平台提供足够的浮力，增大平台装载量，增强平台自持能力，还能使平台下部结构成为一个整体框架结构，将单根立柱遭受的载荷传递给平台整体结构，从而提高平台整体强度，有效抵抗作用于平台的环境载荷；同时，环形浮箱结构还可有效传递由于波浪和平台不平衡装载造成的各立柱之间的相互作用力。因此，平台具有很好的整体结构刚度和强度，可有效降低平台连接节点的疲劳热点应力，减少疲劳破坏，降低焊接、建造工艺难度，改善平台整体结构的疲劳寿命，提高平台适应恶劣海洋环境的能力。

JCSM 平台外形呈对称形状，结构简洁，适合进行模块化设计和建造，以降低成本、缩短建造工期，并且由于各模块结构的相似程度高，进一步降低了设计和建造的难度，可以实现设计与建造的系列化。

JCSM 较其它新型深吃水半潜平台吃水深度小，排水量大，可有效降低平台建造、运输以及安装难度。不需大型浮吊配合，可以实现海上的简便安装。平台可在码头靠泊状态下将上部甲板与下部浮体通过桩腿进行整体组装和调试。拖航或移位作业时，排出环形浮箱内的压载水，保持平台浅吃水，减小拖航阻力，并将甲板沿自升式桩腿下降至靠近环形浮箱，尽量降低平台重心，减小受风面积，提高平台的拖航稳性，实现平台的码头安装和整体拖航(见图 2)。到达预定井位后，再将甲板升至半潜吃水的目标位置，然后安装立管，进行作业。此时，因整个平台浮心高于重心，提高了稳性。新型平台的码头安装和整体拖航，避免海上安装的风险，大大降低了海上安装的周期和费用。

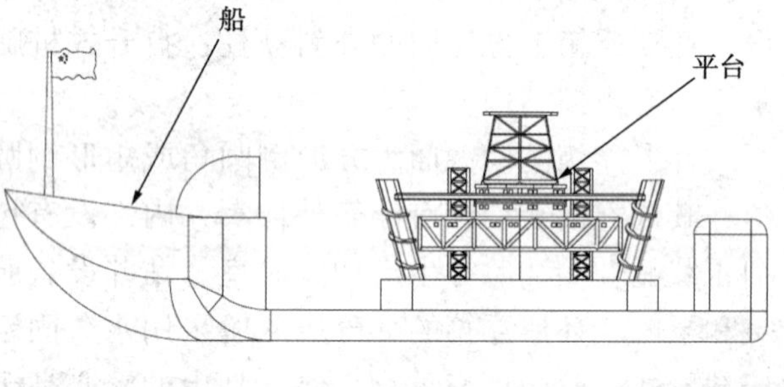

图 2　拖航时的 JCSM 平台

2　JCSM 总体性能与运动性能分析

为了验证 JCSM 平台具有充足的稳性储备和良好的运动性能，采用变排水量法和三维势流波浪理论[14]，计算了一个 JCSM 平台工程算例的大倾角稳性、垂荡与横摇运动响应，并与具有相近浮体特征参数的传统型半潜式平台模型进行了分析比较。

2.1　数值计算模型

根据某深海油田区块的开发需求，确定了 JCSM 平台的初步设计主尺度和数值计算所需的主要参数。上层甲板采用长、宽、高各为 90m、90m、8m 的矩形结构，甲板中间留有横截面为 9m×42m 的细长型月池，以方便双钻井设备通行。上层建筑主要参考已有半潜式平台的可受风构件，对其加以简化用于稳性计算。立柱长、宽、高尺寸为12m×12m×38m，侧边倒角为3m。立柱的倾斜角度为与 z 轴正方向成30°夹角。自升式桩腿为横截面3m×3m，高度29m的桁架结构。下浮箱的内、外边长分别为60m和100m，内、外倒角分别为4°和5°，高度为8m。操作工况下平台吃水28m，平台质量为65157t，重心位置为(0m，0m，22m)，转动半径分别为 R_x = 44m，R_y = 44m，R_z = 42m。JCSM平台的3D模型如图3所示。

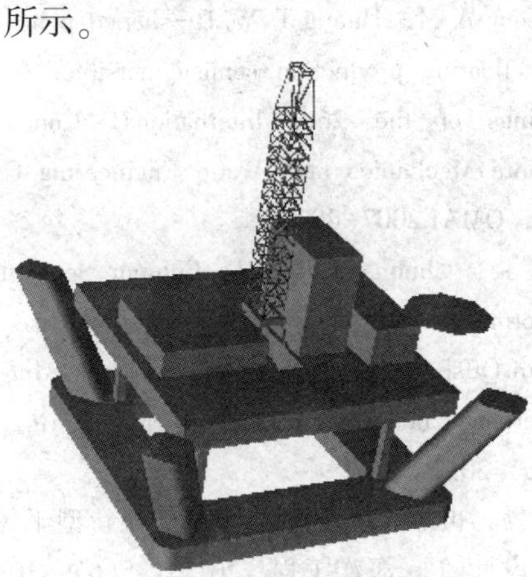

图3　JCSM平台的3D模型

2.2　稳性

通过固定转轴法计算了生存工况下JCSM平台的稳性，图4为正常工况下22m吃水时的大倾角稳性计算结果。面积比反映回复力矩与风倾力矩做功的比值，其值为3.57，远大于ABS，IMO MODU规范要求，且复原力矩从正浮到第二交点的所有角度范围内均为正，初稳性高为6.323m，说明平台有很大的稳性储备。大倾角稳性的各项指标均满足海洋平台规范要求[15]，平台不会出现倾覆现象。

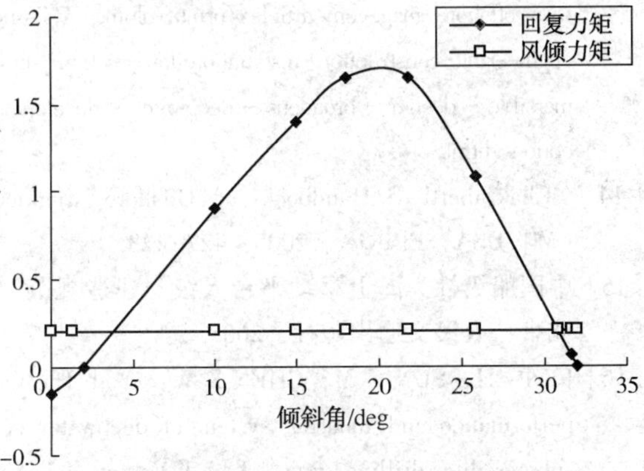

图4　风倾力矩与回复力矩曲线图

2.3　垂荡与横摇

采用SESAM软件，通过势流边界元方法对平台整体进行频域水动力计算，得到自由漂浮状态下JCSM平台的六个自由度运动的RAO曲线。本文将JCSM与具有相近浮体特征参数的传统半潜式平台浮体模型的垂荡运动和横摇运动RAO曲线进行了对比分析[8,16]，对比结果如图5和图6所示。

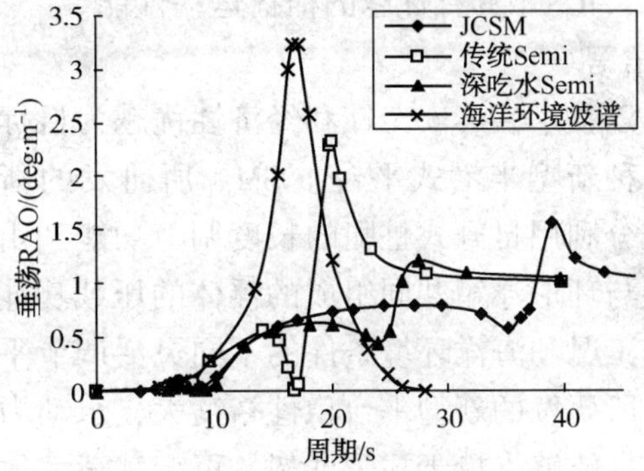

图5　垂荡运动RAO曲线图

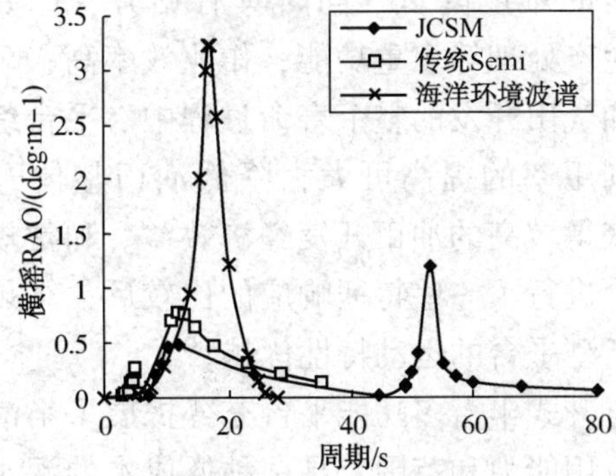

图6　横摇运动RAO曲线图

从图5中可知，传统Semi的垂荡响应在波浪谱范围内变化比较剧烈，固有周期为20s，与波浪谱周期17s比较接近，容易引起共振响应；而新型深吃水Semi和JCSM在26s以内垂荡运动幅值都比较小且平缓，且两者的垂荡响应峰值均小于传统半潜式平台。新型深吃水Semi和JCSM在15s时垂荡响应幅值大致相同，而JCSM在0s-30s波浪能量集中的周期范围内，垂荡响应更加稳定和缓。JCSM的垂荡响应在37s以内都比较小，其垂荡RAO曲线的第一个峰值小于0.8m。新型深吃水Semi的垂荡响应固有周期为28s，JCSM平台的垂荡固有周期为39s，深吃水Semi和JCSM平台与传统Semi相比，垂荡固有周期都能远离最大波浪周期，而JCSM平台的垂荡固有周期与现有新型深吃水Semi相比则更加远离最大波浪周期，处于波浪能量集中作用范围之外。垂荡 RAO 曲线的比较分析表明，JCSM 能显著改善平台波频范围内的垂荡运动性能。

从图 6 中可知，传统 Semi 的横摇固有周期约 14s，在给定的波浪周期范围附近，存在共振倾覆风险；而 JCSM 平台在波频附近的横摇 RAO 幅值较小，横摇固有周期约 53s，远远离开了波浪周期作用的范围。横摇 RAO 曲线的比较分析表明，JCSM 具有优越的横摇运动性能。

3 结语

以技术性、安全性和经济性优越为目标研发了一种新型半潜式平台 JCSM。所研发的新型平台充分利用自升式桩腿的长度调节功能和由外斜立柱与环形浮箱共同组成的浮体的压载功能，可根据工况和海洋环境条件的不同灵活调节平台重心。所研发的新型平台稳性裕度大，水动力性能优越，能够支持干式采油树，可变载荷大，储油能力强，结构型式简洁，整体结构强度好，建造和安装的难度降低，同时具有钻井、修井、采油、生产处理等多重功能，作业效率高，可用于深水油气田开发的整个寿命过程中。平台综合性能和利用率的提高可大大降低油田整体开发成本，获得较高的油田开发经济效益。和常规的半潜平台进行了一些特征响应的比较后，结果表明这种新型平台的运动特性优越。

自升式半潜多功能平台充分扩展了半潜式平台的应用能力和范围，是一种低成本的深水油气田开发的解决方案，可适应深水复杂环境条件下的作业要求，具有重要的工业化应用价值。在后续的研究中，为了验证这种新颖的半潜式平台在我国南海海域的适用性，仍需对该概念进行稳性、时历运动响应、系泊系统设计以及物理模型试验等一系列关键技术的研究。

参 考 文 献

[1] 姜哲，谢彬，谢文会．新型深水半潜式生产平台发展综述[J]．海洋工程，2011，29(3)：132-138.

[2] Murray J，Chen C Y，Yang C K. Mating analysis of the truss and hull sections on the truss semisubmersible in open water[C]//Marine Operations Specialty Symposium (MOSS). Singapore：[s. n.]，2008.

[3] YANG C K，Murray J，Nab E，et a1. An investigation of stability and workability of ESEMI under the pre-service condition in Gulf of Mexico[C]//ASME 27th International Conference on Offshore Mechanics and Arctic Engineering. Estoril：[s. n.]，2008.

[4] Anis Hussain，Edwin Nah，Ra in Fu，et al. Motion comparison between a conventional deep draft semi-submersible and a dry tree semi-submersible[C]//Proceedings of the ASME 2009 28th International Conference on Ocean，Offshore and Arctic Engineering. 2009.

[5] Williams N，Large S，Bian S，et al. FourStar™ dry-tree semisubmersible development[C]//ASME 29th International conference on Ocean，Offshore and Arctic Engineering. Shanghai：[s. n.]，2010.

[6] Mansour A M，Huang E W. H-shaped pontoon deep-water floating production semisubmersible [C]// Proceedings of the 26th Internationa1 Conference on Offshore Mechanics and Arctic Engineering. California，USA，OMAE2007-29385.

[7] Zou J.，Chianis J. Paired - Column Semisubmersible Platform for Wet Tree with Steel Catenary Riser Application in Offshore Western Australia[C]. 1st International Conference on Ocean System Engineering，Seoul，Korea，2011.

[8] 纪亨腾，冉志煌，叶伟，等．一种新型干树式半潜平台设计[J]．海洋工程，2017，35(6)：10-18.

[9] 刘志刚．GM-Lift 半潜式平台立柱的结构设计与强度分析研究[D]．上海：上海交通大学，2006.

[10] Wang T Y. A new concept of jackup combined semisubmersible multifunction platform[C]//2018 5th Internationa1 Conference on Coastal and Ocean Engineering (ICCOE 2018). Shanghai，China，2018：129-137.

[11] 王天英．一种自升式半潜多功能平台：中国，CN 206926791 U[P]. 2018-01-26.

[12] 胡志强．多学科设计优化技术在深水半潜式钻井平台概念设计中的应用研究[D]．博士论文，上海：上海交通大学，2008.

[13] Jun Zou，John Chianis. Low motion semisubmersible design broadens deepwater development options. https://www.offshore-mag.com/articles/print/volume-77/issue-7/engineering-construction-installation/low-motion-semisubmersible - design - broadens - deepwater - development - options. html.

[14] Chakrabarti S. Handbook of Offshore Engineering [M]. USA，Elsevier，2005：427-428.

[15] 中国船级社．海上移动平台入级与建造规范[M]．北京：人民交通出版社，2005.

[16] FENG H，SUN C M，CHEN Z W，et al. The motion performance and mooring system of deepwater semi-submersible drilling unit [J]. J. Marine. Sci. Appl.，2009，8：233-236.

苏北盆地低孔渗砂岩储层压裂改造后产能评价方法

赵 毅 罗 辉 刘梦青

（中国石化华东石油工程有限公司测井分公司）

摘 要 分析了现有的储层压裂改造后产能预测模型的缺点，以生产、试油资料为基础，通过测井资料与压裂工程参数相结合，提出了一种快捷的储层压裂改造后产能评价方法。该方法首先针对研究地区以合层压裂为主的特征，利用产量劈分算法，得到单层的产能；其次从储层品质、可压性和压裂工艺三个方面对储层压裂改造后产能影响因素进行了分析，得出当产油强度较低时，储层的容纳能力和渗流能力是决定采油强度高低的主要因素，当采油强度大于某个门槛值时，储层的容纳能力和渗流能力就不再是主要因素，而是受控于储层可压性和压裂工艺；再利用Fisher判别法建立压裂后产能分级预测模型和标准，然后在产能分级判别的约束条件下，利用数学统计方法分别建立产能定量评价模型；最后对W15块的建模井和周边临近区块的井做了处理和检验。结果表明，利用本次研究提出的方法，产能分级判别的符合率在85%以上，计算的日产油与实际投产日产油之间的误差大部分在±1.5t/d以内，少部分在±3t/d以内，表明该产能预测方法有效、实用。

关键词 储层压裂改造；产能预测；产油强度；产能分级

引言

油气田勘探与开发的一项基本任务是对储层产能进行定性或定量评价。过去都是对储层的自然产能进行预测，对措施后产能预测的研究较少。随着近年来低渗透储层逐步成为老油田增储上产的主体，而这类储层往往需要对其进行压裂改造才能达到工业开采价值，因此对这类储层开展压裂改造后的产能评价显得尤为重要，其预测的结果将直接作为开发方案制定的重要依据之一。目前，很多学者建立了很多种针对低渗透储层压裂井的产能预测模型，主要是考虑启动压力梯度、非达西渗流的模型或者两相流的非线性渗流模型等等[1-11]。笔者认为，这些模型虽然有一定的理论基础，但是缺点也是很明显的，模型里面涉及的参数太多，关键参数裂缝动态长度和宽度无法标定，最终造成产能的定量计算结果在不同的地区存在不同程度的误差，很难在实际中应用推广。因此，本文针对理论模型的缺点，提出一种更加快捷的方法，从影响储层压裂改造后产能的因素中优选出敏感参数，利用数学统计法建立压裂后产能的多元回归模型，在一定范围内适用于地区的压后产能预测，为开发提供技术支撑。

本文选取苏北盆地高邮凹陷北斜坡带西南端的韦15断块古近系阜宁组砂岩储层为研究对象，储层岩性主要是细砂岩和含粉砂细砂岩，以钙质胶结和泥质胶结为主，泥质含量分布在6%～12%，泥质含量较少，储层平均孔隙度18.1%，平均渗透率12.7mD，属于中低孔低渗储层。

1 具体思路

分四步：

① 首先，建立多层合试产量劈分方法；

② 其次，归纳出储层压裂后产能的影响因素，优选出敏感参数；

③ 然后，建立储层压裂后分级判别的方法，用于对后期定量评价结果起到约束的作用；

④ 最后，建立储层压裂后定量评价方法。

2 多层合试产量劈分方法

研究地区韦15块以合层压裂为主，缺乏相应的产液剖面资料，很难直接确定单层压裂改造后的产量信息，因此，首先有必要开展针对性地研究计算出单层的产量。为此，笔者调研了相关资料，最终得到这样一个解决问题的思路，就是要确定每个单层产量贡献权重值。目前确定权重值的方法可归纳为三种：

第一种方法是根据储层的类型来确定单层的产量贡献权重，首先利用压汞及岩心孔渗资料进行储层分类，具体储层分类的指标如表1所示，然后利用单层测试资料确定每类储层的平均米产油。

表1　储层类别划分表

储层类别	分类标准	平均采油强度
Ⅰ	$\sqrt{\frac{k}{\varphi}} \geqslant 10$	q_1
Ⅱ	$3 < \sqrt{\frac{k}{\varphi}} < 10$	q_2
Ⅲ	$\sqrt{\frac{k}{\varphi}} \leqslant 3$	q_3

最后设定每类储层的权系数为 a、b、c，对于n个多层合试测试层，可组成如下方程组：

$$\begin{cases} a\times q_1\times h_{11}+b\times q_2\times h_{12}+c\times q_3\times h_{13}=Q_1 \\ a\times q_1\times h_{21}+b\times q_2\times h_{22}+c\times q_3\times h_{23}=Q_2 \\ \vdots \\ a\times q_1\times h_{n1}+b\times q_2\times h_{n2}+c\times q_3\times h_{n3}=Q_n \end{cases} \quad (1)$$

利用最优化算法，通过Matlab编程即可计算出权系数 a、b、c。

式中　q_1、q_2、q_3——平均采油强度，t/(dm)；

a、b、c——待定系数，无量纲；

Q_1、Q_2…Q_n——日产油，t；

h_n——有效厚度，m。

第二种方法是根据地层系数来确定单层的产量贡献权重。其中，地层系数等于渗透率与有效厚度的乘积。

$$L=K\times h \quad (2)$$

式中　L——地层系数，无量纲；

K——渗透率，mD；

h——有效厚度，m。

第三种方法是根据多参数来确定单层的产量贡献权重。多参数包括孔隙度、渗透率、有效厚度和深感应电阻率，其中，孔隙度反映储层的容纳能力，渗透率反映储层渗流，有效厚度反映油藏厚度，深感应电阻率反映储层饱和度。多参数具体表示为：

$$G=\Phi\times K\times h\times Rt \quad (3)$$

式中　G——多参数，无量纲；

Φ——孔隙度，%；

K——渗透率，mD；

h——有效厚度，m；

Rt——深感应电阻率，Ωm。

综合以上三种方法可以发现，第一种方法需要首先具备一定数量的单层压裂产量信息作为样本集，在实际生产中这些假设的已知条件并不具备，尤其是单层对应的产液剖面资料更少，所以第一种方法在实际中很难进行。第二种方法所用的地层系数来确定单层的产量贡献权重的方法，参数太少、太单一，不能很好地的描述地层的信息和影响单层产量的因素。第三种方法考虑的角度还是从储层基本特性出发，描述影响单层产量的影响因素，笔者认为如果有一些对应产液剖面资料来标定单层的产量贡献权重，可能第三种方法的适用性会更好。

3　储层压裂改造后产能影响因素分析

得出单层的产量贡献权重以后，就可以利用生产、试油的压裂数据得到单层压裂后的采油强度(单位油层有效厚度的日产油量)，接下来就可以进行储层压裂改造后产能影响因素分析的研究工作。

影响储层压裂改造后产能的因素很多，总体而言，大致可以分为三类：(1)储层品质；(2)储层可压性；(3)压裂施工工艺，射孔的完善程度、酸化压裂改造措施等。因此，储层产能是储层自身条件、外部条件和油气性能共同反映的结果。总之，弄清影响产能的主要因素是产能预测的关键也是产能建模的前提条件。

3.1　储层品质对压裂改造后产能的影响

储层品质包括储层的岩性、物性、孔隙结构、含油性和流体性质(温度、压力、原油黏度)等，而这些特征都可以直接通过测井响应特征来反映，或者由计算的储层参数来反映。比如岩性可以通过自然伽马、声波时差和深感应电阻率的测井响应特征来反映，也可以通过计算的泥质或者灰质含量等参数来反映，物性可以通过声波时差的测井响应特征或者计算的孔隙度、渗透率来反映，含油性可以通过深感应电阻率的测井响应特征来反映，也可以直接通过计算含油饱和度来反映。

在研究这些参数对储层压裂改造后产能的影响之前，首先应该考虑一个前提条件，当含油性不同的时候，储层品质对储层压裂改造后产能的影响。从压裂资料上来看，韦15块储层压裂为油层较多，油水同层的较少。因此，可以在韦15块考查含油性为油层的时候(含水率低于10%)和含油性为油水同层的时候(含水率大于10%，且小于80%)，分别研究储层品质对储层压裂改造后产能的影响。

(1) 含油性为油层(含水率低于10%)

图1~图8是韦15块含水率低于10%的时

候，采油强度分别与声波时差、孔隙度、渗透率、深感应电阻率、自然伽马、灰质含量、泥质含量以及去灰去泥后的含量的交会。从图上可以看出，不管是 E_1f_{23} 砂层组压裂，还是 E_1f_{11} 砂层组压裂，又或者是两个砂层组合试压裂，在采油强度低于 1t/(d·m) 的时候，声波时差、孔隙度、渗透率与产油强度有很好的相关关系，但是在产油强度大于 1t/(d·m) 的时候，随着产油强度的增加，声波时差、孔隙度和渗透率的数值趋于发散。说明储层的容纳能力和渗流能力在采油强度较低时，是决定储层改造后的采油强度高低的主要因素，而当采油强度大于某个门槛值时，储层的容纳能力和渗流能力就不再是决定储层改造后的采油强度高低的主要因素。而深感应电阻率、自然伽马、灰质含量、泥质含量以及去灰去泥后的体积含量与采油强度之间相关关系较差，说明这些参数不是决定储层改造后的采油强度高低的主要因素。

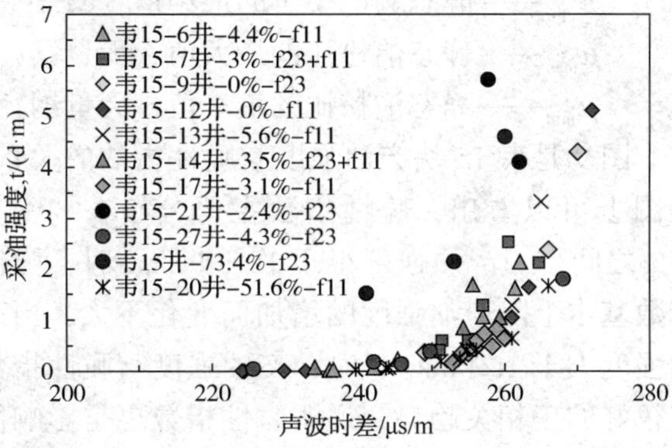

图 1　韦 15 块产油强度与声波时差的关系

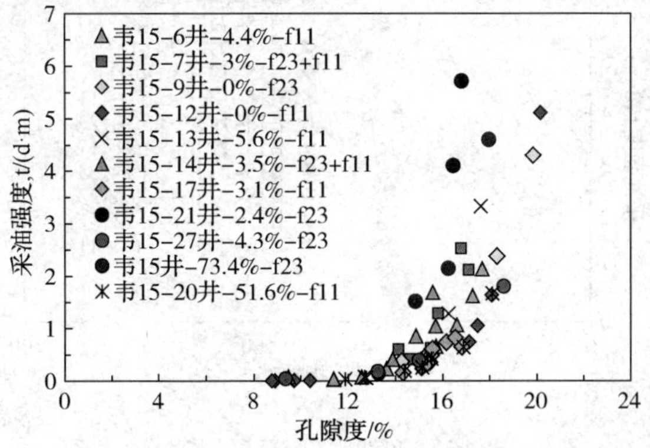

图 2　韦 15 块产油强度与孔隙度的关系

值得注意的是，深感应电阻率与采油强度之间没有相关关系，过去常常认为深感应电阻率反映含油饱和度的高低，含油饱和度的高低反映出储层最终压裂改造后采油强度的高低，这与以往的认识不相符。笔者认为，这种不相符有两点原因：一是地层受灰质含量的影响，会引起地层的深感应电阻率变大，从而使深感应电阻率反映饱和度的特征变弱，造成两者关系的一定混淆。二是在含水率低于10%的情况下，可以认为储层中的含油饱和度相对差不多，在储层整体物性较差的情况下，深感应电阻率只要达到一个出油的门槛值，就可以有一定的产能或者是产油强度，而非整体呈现很好的相关性。

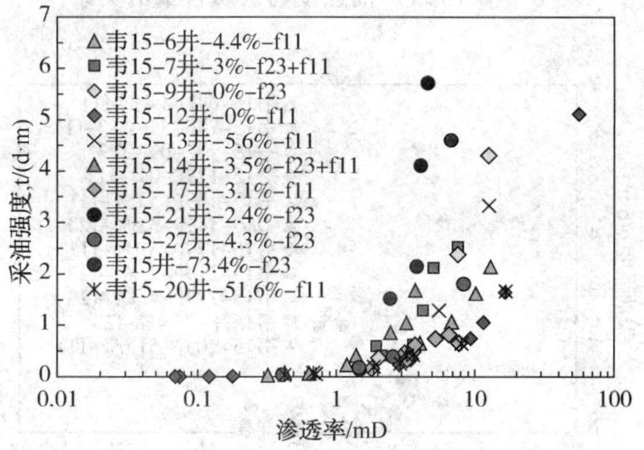

图 3　韦 15 块产油强度与渗透率的关系

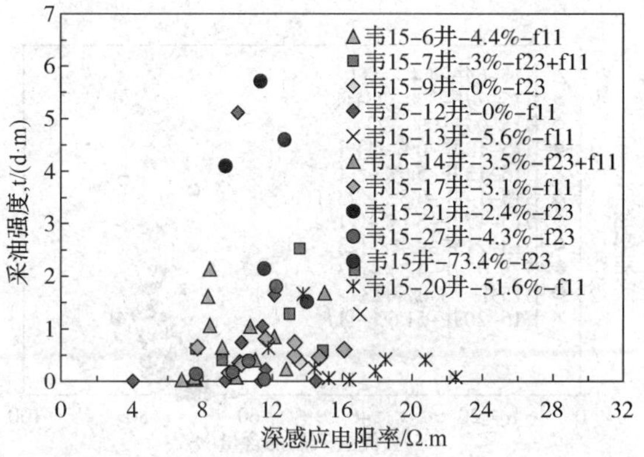

图 4　韦 15 块产油强度与深感应电阻率的关系

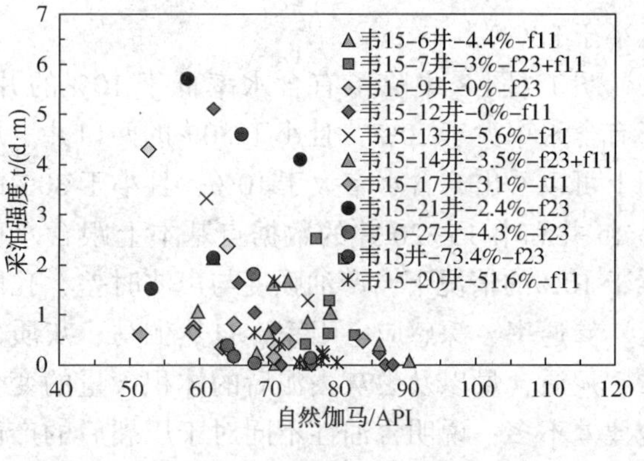

图 5　韦 15 块产油强度与自然伽马的关系

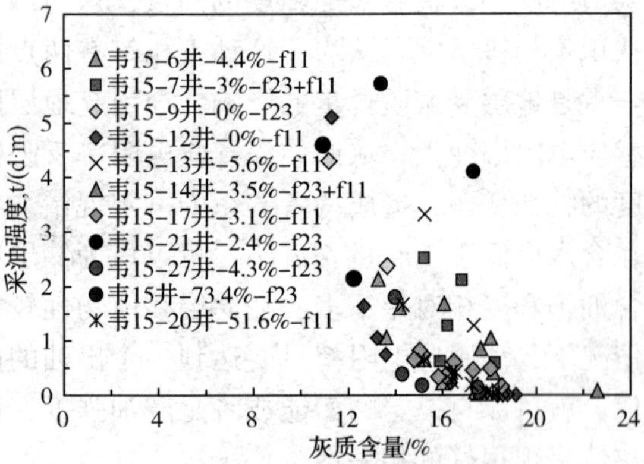

图 6 韦 15 块产油强度与灰质含量的关系

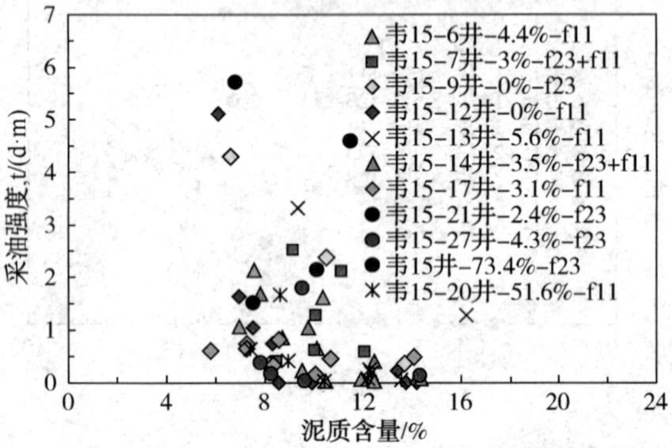

图 7 韦 15 块产油强度与泥质含量的关系

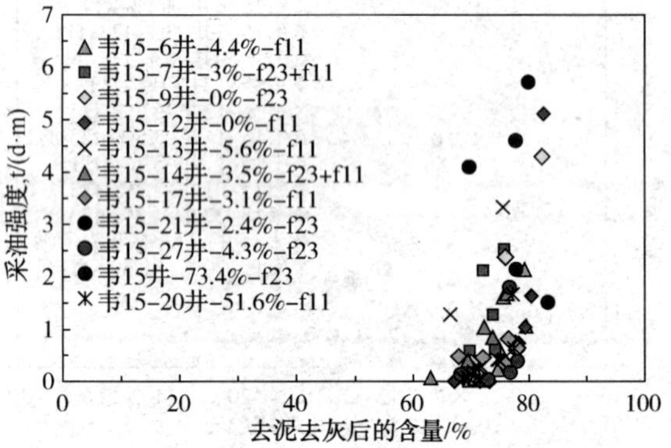

图 8 产油强度与去灰去泥后的含量的关系

（2）含油性为油水同层（含水率大于 10%，且小于 80%）

图 1～图 8 中除了有含水率低于 10%的井，还有含水率大于 10%，且小于 80%的两口井。从图上可以看出，含水率大于 10%，且小于 80%的韦 15 井和韦 15-20 井的数据点基本上跟含水率低于 10%的情况下，产油强度与声波时差、孔隙度、渗透率、深感应电阻率、自然伽马、灰质含量、泥质含量以及去灰去泥后的体积含量的变化规律差不多，说明含油性不同对于压裂后的产能或者产油强度的变化规律影响不大，可以用同一种关系来描述含油性不同时的产油强度关系。

3.2 储层可压性对压裂改造后产能的影响

由于低孔渗储层一般自然产量低或基本无自然产量，为实现经济开发必须进行压裂增产作业，而储层的可压裂性评价对于优选压裂井段，预测经济效益具有重要意义。Rickman 等国外学者通过脆性指数表征可压裂性，

储层的脆性指数计算公式如下：

$$E_{Brit}=\frac{E_j-E_{min}}{E_{max}-E_{min}} \tag{4}$$

$$\mu_{Brit}=\frac{\mu_{max}-\mu_j}{\mu_{max}-\mu_{min}} \tag{5}$$

$$B_{rit}=\frac{E_{Brit}+\mu_{Brit}}{2} \tag{6}$$

式中 E_{Brit}——归一化的静态杨氏模量，GPa；

μ_{Brit}——归一化的泊松比，无量纲；

B_{rit}——脆性指数，%；

E_{max}——静态杨氏模量的最大值，GPa；

E_{min}——静态杨氏模量的最小值，GPa；

μ_{max}——静态泊松比的最大值，无量纲；

μ_{min}——静态泊松比的最小值，无量纲。

图 9 是韦 15 块产油强度与脆性指数的关系。从图上可以看出，脆性指数主要分布在 30%～45%之间，当产油强度小于 1t/（d·m）时，脆性指数基本上随产油强度的增加而变化不大，当产油强度大于 1t/（d·m）时，产油强度与脆性指数有很好的正相关趋势，说明脆性指数也是影响储层压裂改造后产能高低的主要因素。

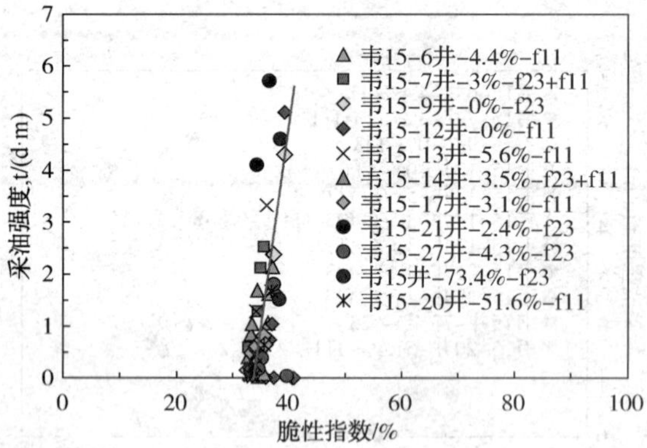

图 9 韦 15 块产油强度与脆性指数的关系

3.3 压裂工艺对压裂改造后产能的影响

水力压裂是油、气藏增产和提高采收率的最有效的措施之一。随着水力压裂技术在低渗透油气田勘探、开发及其它工业生产领域中的广泛使

用，其在理论方法、工艺、设备及工具方面都得到了迅速的发展。水力压裂施工参数对储层改造效果有重要影响，若在施工设计及施工过程中对某些潜在因素考虑欠妥或处理不佳，将会在不同程度上影响压裂效果。压裂施工设计报告中涉及的参数较多，有压裂液用量、施工排量、施工加砂量、施工砂比、破裂压力及施工泵压等。加砂量影响着填充裂缝的导流能力，采用较小的加砂量，则在压裂施工中难以得到较高导流能力的支撑剖面，若采用较高的加砂量，则容易形成砂堵，合理的加砂量将会获得较好的压裂效果。施工压力一般受施工排量的大小的影响，在其他条件不变的情况下，一般施工排量越大，施工压力也越大。当施工排量过小，小于地层吸液能力时，无法憋起高压，此时施工压力过小无法压裂地层；如果排量过高，施工压力过大一方面可能压串遮挡层，同时受设备及油管等承受压力的限制，影响着压裂施工的安全性。

实际发现产油强度与压裂液用量、施工平均砂比、施工排量、实际加砂量和破裂压力之间相关性较差，只与实际施工压力关系较好（如图 10）。说明实际施工压力也是影响储层压裂改造后产能高低的主要因素，其中，当实际施工压力大于 27MPa 时，产油强度大于 1t/(d·m)。

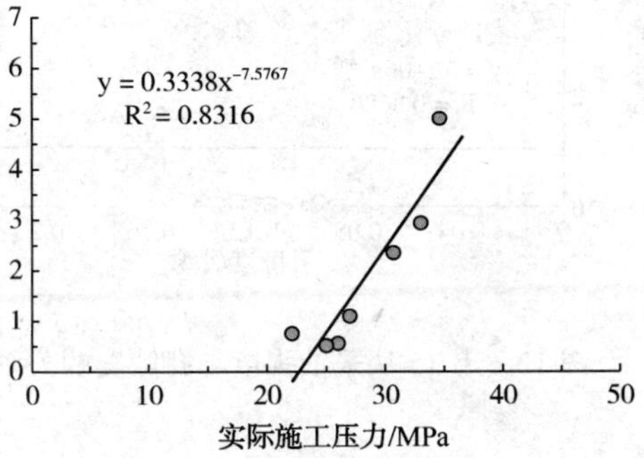

图 10　韦 15 块产油强度与实际施工压力的关系

4　储层压裂改造后产能分级判别方法研究

在对储层压裂改造后的产能定量评价之前，首先要进行产能的分级判断，这不仅可以对储层压裂后产能有个直观的定性认识，还可以对接下来产能的定量评价起到缩小误差的目的。通过对影响压裂后产能结果因素的分析得出：在韦 15 块中，当产油强度小于 1t/(d·m)时，声波时差、孔隙度、渗透率和实际施工压力可以较好的反映储层压裂改造后的产油强度高低，当产油强度大于 1t/(d·m)时，只有脆性指数和实际施工压力可以较好的反映储层压裂改造后的产油强度高低。基于此，本次研究采用 Fisher 判别法[12]对压裂改造后储层产油强度级别进行划分。

综合储层压裂改造后的产油强度与声波时差、孔隙度、渗透率、脆性指数等参数的关系，并参考中石油产能分级标准 Q/SY1459-2012，将韦 15 块储层压裂改造后的产油强度分为两级，即产油强度大于 1t/(d·m)和小于 1t/(d·m)。

另外，值得注意的是，不管是单层压裂，还是合层压裂，施工压力只有一个值，不可能对应到单层上，也就是说跟声波时差、孔隙度、渗透率和脆性指数的数值可能匹配不到同一个单层上，这时候需要将施工压力转换成产油强度，再利用有效厚度和产能劈分系数劈分到单层中，与声波时差、孔隙度、渗透率和脆性指数的数值匹配到同一个单层上。

利用 SPSS 软件[13]，将韦 15 块储层压裂改造后的产油强度大于 1t/(d·m)和小于 1t/(d·m)的分级为因变量，以声波时差、孔隙度、渗透率、脆性指数以及将实际施工压力转换的产油强度为自变量，建立了 Fisher 判别函数，判别式如表 2。表中，Φ 为孔隙度,%；Δt_g 为声波时差归一化数值，小数；K 为渗透率，mD；B_{rit} 为脆性指数,%；qq_2为实际施工压力转换到单层中的产油强度，t/(d·m)。

表 2　韦 15 块的产油强度分级判别函数

产油强度分级级别	判别式
Ⅰ类(小于 1t/(dm))	$Y_1 = 149.207\times\Delta t_g + 4.421\times\Phi - 3.260\times K + 20.390\times B_{rit} - 14.794\times qq_2 - 412.105$
Ⅱ类(大于 1t/(dm))	$Y_2 = 153.379\times\Delta t_g + 4.691\times\Phi - 3.247\times K + 20.984\times B_{rit} - 13.141\times qq_2 - 442.289$

表 3　韦 15 块的产油强度分级 Fisher 判别回判结果

		产油强度分级	预测组成员		合计
			Ⅰ	Ⅱ	
初始	计数	Ⅰ	31	4	35
		Ⅱ	4	16	20
	%	Ⅰ	88.6	11.4	100.0
		Ⅱ	20.0	80.0	100.0

其中，储层压裂改造后的产油强度小于 1t/(d·m)的分级判别为Ⅰ类，储层压裂改造后的产油强度大于 1t/(d·m)的分级判别为Ⅱ类。在对全井段进行判别时，同时输入两个判别函数进

行计算，如计算的 Y_1 最大，则计算储层的产油强度分级判别为Ⅰ类，反之，则为Ⅱ类。表 3 是建立的判别函数对建模数据进行回判的结果，Ⅰ类产能级别的回判率为 88.6%，Ⅱ类产能级别的回判率为 80%，整体回判率为 85.4%，结果理想可作为韦 15 块产能分级判别。

5　储层压裂改造后产能定量评价方法研究

在产能分级判别的基础上，就可以通过数学统计学方法建立储层压裂改造后产能的多元回归模型。在本次的研究中，产能的定量评价主要是针对产油强度这样一个指标开展相应的研究工作。

图 11～图 15 分别是韦 15 块产油强度与声波时差归一化、孔隙度、渗透率、脆性指数以及将实际施工压力转成单层的产油强度之间的关系。其中，将声波时差归一化是为了更好地拟合关系，降低误差，韦 15 块声波时差最大值取 280μs/m，最小值取 220μs/m。从图上可以看出，当产油强度小于 1t/(d·m)时，产油强度与声波时差归一化、孔隙度、渗透率呈幂函数关系，产油强度与将实际施工压力转成单层的产油强度之间呈线性关系，当产油强度大于 1t/(d·m)时，产油强度与脆性指数和将实际施工压力转成单层的产油强度之间呈线性关系。通过编写的多元拟合程序得到的公式如下：

当产油强度小于 1t/(d·m)时：

$$q=\begin{pmatrix}0.5630\times\Delta t_g^{1.6231}+107.6318\times\\ \phi^{2.8766}+1.0708\times K^{0.2407}-0.6933\end{pmatrix}\times 0.5519+0.2923\times qq_2+0.0029 \quad (7)$$

当产油强度大于 1t/(d·m)时：

$$q=\begin{pmatrix}-4.9554+0.8390\times\\ qq_2+0.1498\times B_{rit}\end{pmatrix}\times 0.7044+0.3805 \quad (8)$$

式中　q——产油强度，t/(d·m)；

ϕ——孔隙度，小数；

Δtg——声波时差归一化数值，小数；

K——渗透率，mD；

B_{rit}——脆性指数，%；

qq_2——实际施工压力转换到单层中的产油强度，t/(d·m)。

图 16 是韦 15 块参与建模所使用的数据所对应的计算产油强度与测试产油强度之间的关系。从图上可以看出，当产油强度小于 3t/(d·m)以下时，计算值与测试值数值很接近，当产油强度大于 3t/(d·m)时，计算值偏小，说明当产油强度较大时，仍有其它因素影响着产能的大小。图 17 是韦 15 块参与建模所使用的数据所对应的计算日产油与投产日产油之间的关系。从图上可以看出，计算的日产油与实际投产日产油之间的误差大部分在±1.5t/d 以内，少部分在±3t/d 以内，说明本文建立的产能定量评价模型在有一定的可靠性和准确性。

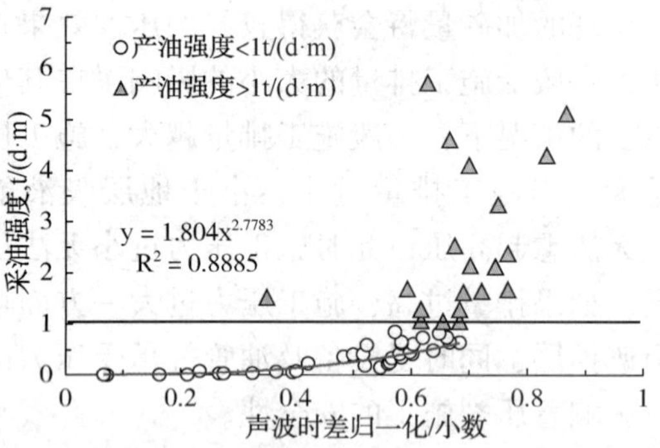

图 11　韦 15 块采油强度与声波时差归一化的关系

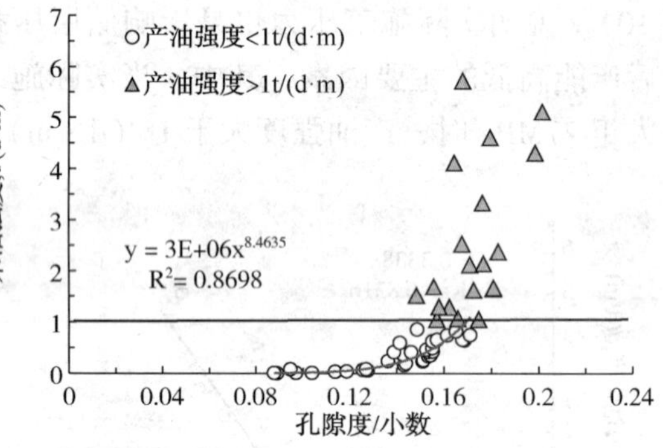

图 12　韦 15 块采油强度与孔隙度的关系

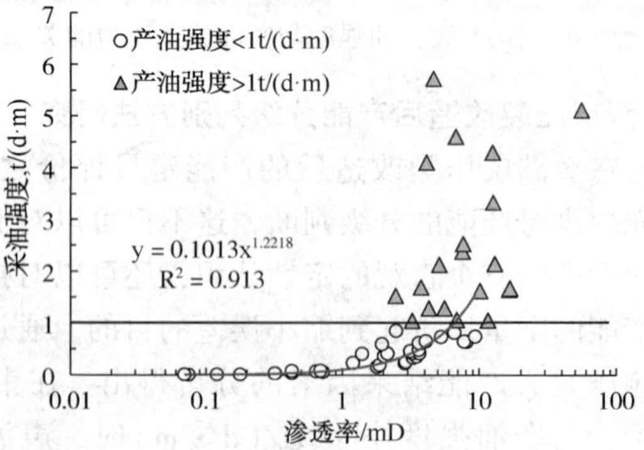

图 13　韦 15 块采油强度与渗透率的关系

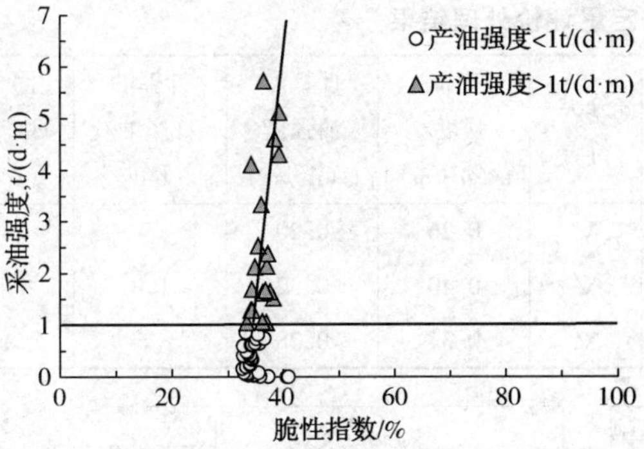

图 14 韦 15 块采油强度与脆性指数的关系

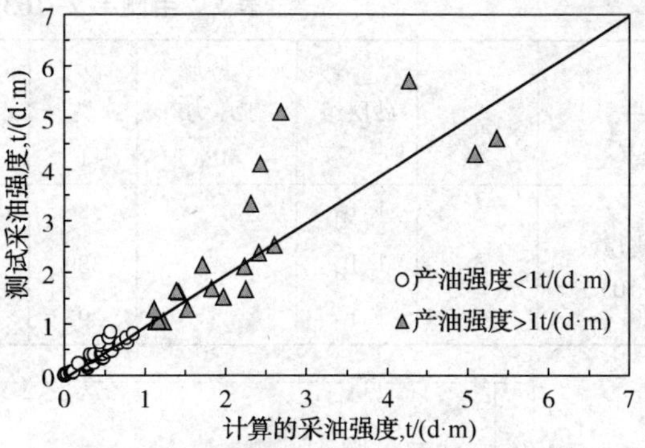

图 16 韦 15 块测试采油强度与计算采油强度的关系

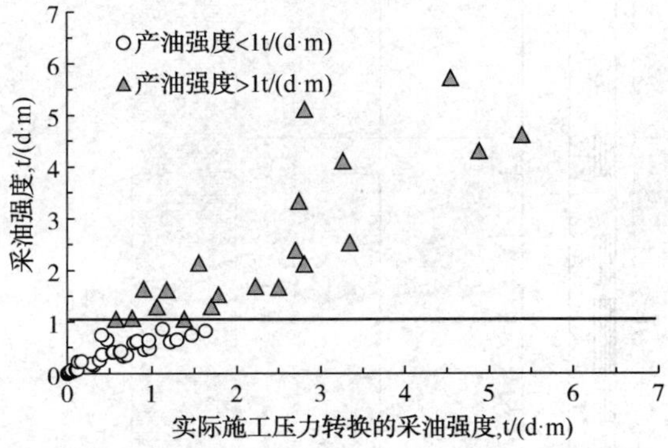

图 15 韦 15 块采油强度与实际施工压力转换的采油强度的关系

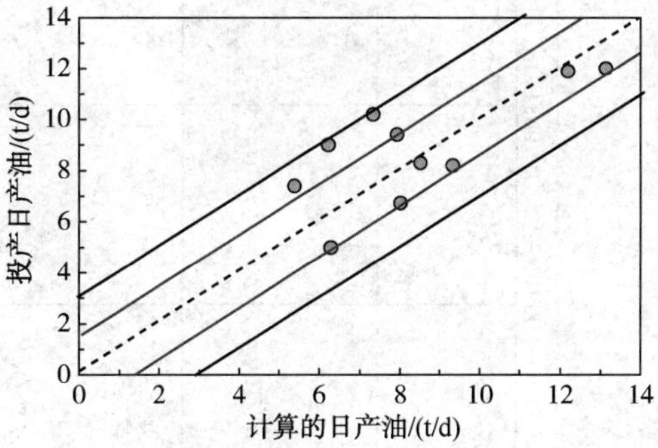

图 17 韦 15 块投产的日产油与计算的日产油的关系

6 应用实例

侧韦 2-103 井是韦 15 块邻近区块的一口开发井，区块特征与韦 15 块相近。侧韦 2-103 井 2018 年 6 月 12 日酸化投产 1~6 号层，初期日产液为 3.1t，日产油为 2.5t，含水为 18.3%。2019 年 1 月压裂 1~4 号层，措施前日产液 2.5t，日产油 1.6t，含水为 34.8%，措施后初期日产液 5.2t，日产油 3.8t，含水为 27.1%。图 18 是侧韦 2-103 井处理的孔隙度、渗透率以及压裂层段的有效厚度等参数，具体参数和处理结果见表 4。

表 5 是以实际施工压力为主的产能分级判别和定量评价处理结果，其中的参数是利用韦 15 块的计算方法求取的。从表中可以看出，侧韦 2-103 井 2 个层的产油强度分级判别都是符合的，符合率为 100%。图 19 是侧韦 2-103 井利用实际施工压力为主计算的采油强度和产量劈分后的采油强度的比较，从图上可以看出，两者绝对误差很小，分布在 45°对角线上。图 20 是侧韦 2-103 井计算的日产油和生产日产油的比较，两者绝对误差不到 1t/d。说明韦 15 块的产能评价方法可以满足韦 2 块的实际产能预测需要。

表 4 侧韦 2-103 井压裂层段处理结果

井号	解释层号	砂层组	深感应电阻率/Ωm	声波时差/(μs/m)	自然伽马/API	厚度/m	孔隙度/%	渗透率/mD	比例系数	脆性指数/%
侧韦2-103 井	5	E_1f_{11}	11.7	240	65	0.7	12.6	0.663	0.08	34.5
	6	E_1f_{11}	13.6	241	61	4.3	13.1	0.863	0.79	34.6
	7	E_1f_{11}	9.2	242	60	0.9	13.3	0.970	0.13	34.6

表 5 韦侧韦 2-103 井产能分级和定量评价处理结果

井号	解释层号	砂层组	实际施工压力/MPa	分类1	分类2	分类判别	分类符合	产油强度/[t/(d·m)]	计算产油强度[t/(d·m)]	计算的日产油/(t/d)	生产的日产油/(t/d)
侧韦2-103井	5	E_1f_{11}	25	386	382	Ⅰ	√	0.26	0.20	1.8	2.2
	6	E_1f_{11}		389	386	Ⅰ	√	0.40	0.32		
	7	E_1f_{11}		395	391	Ⅰ	√	0.31	0.28		

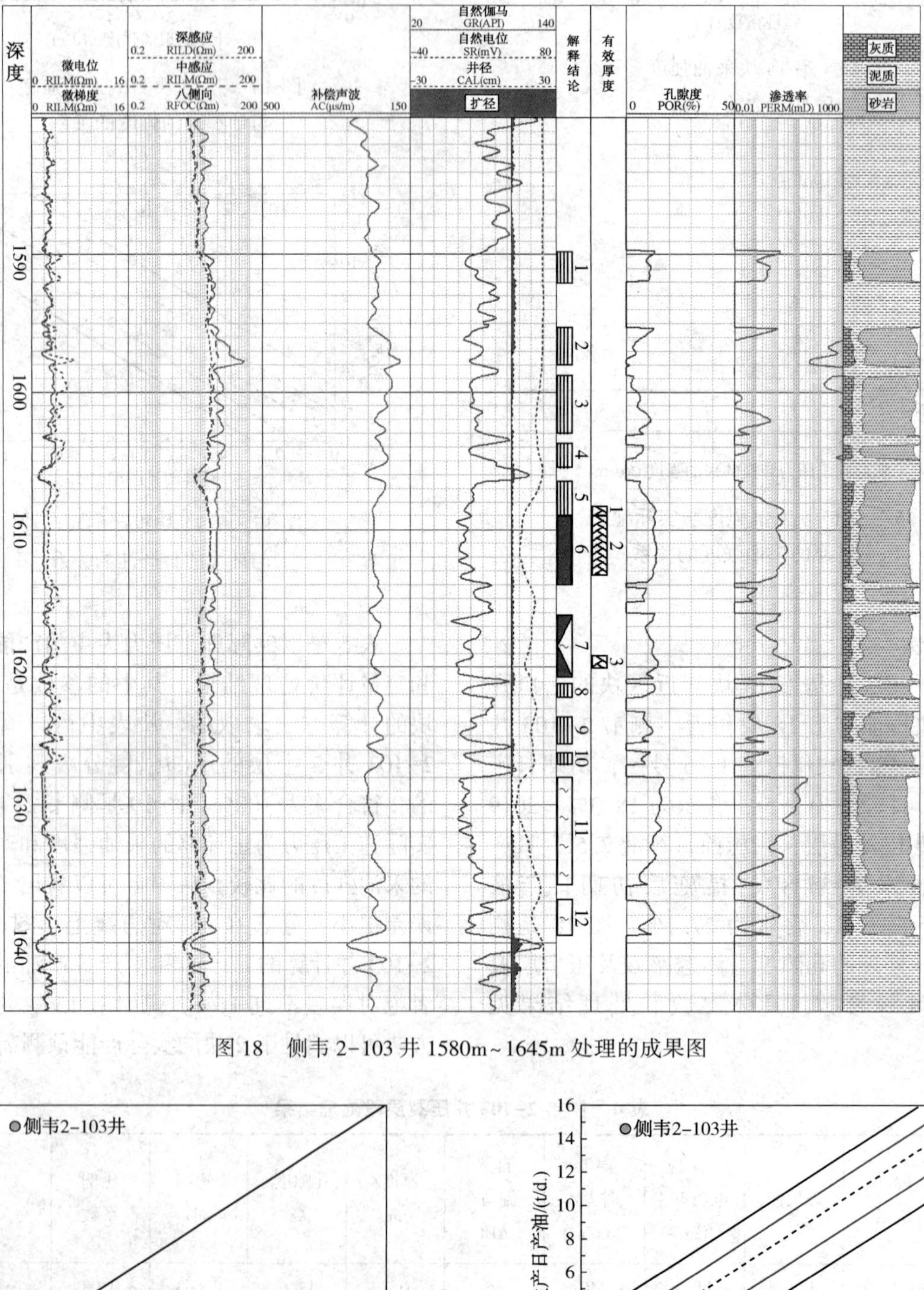

图 18 侧韦 2-103 井 1580m~1645m 处理的成果图

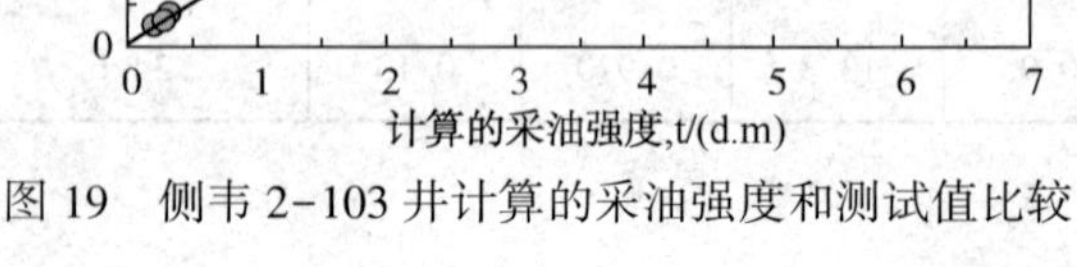

图 19 侧韦 2-103 井计算的采油强度和测试值比较

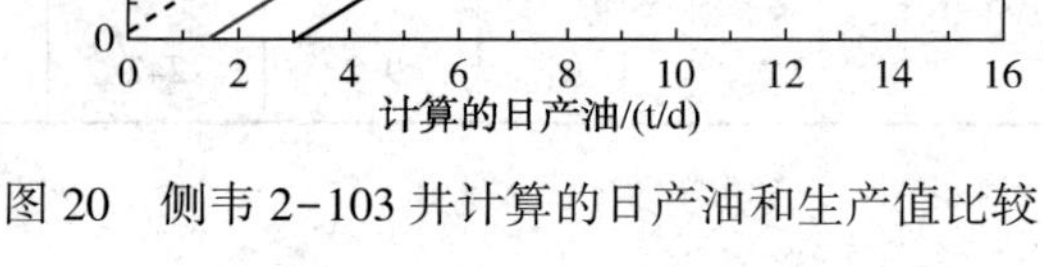

图 20 侧韦 2-103 井计算的日产油和生产值比较

7 结论

（1）针对苏北盆地多层合试的现状，利用孔隙度、渗透率、层厚和深感应电阻率参数综合将合试的产能结果劈分到单层产能，有效地解决了产能劈分的问题。

（2）通过对压裂后产能的影响因素分析，当产油强度较低时，储层的容纳能力和渗流能力是决定储层改造后的采油强度高低的主要因素，而当采油强度大于某个门槛值时，储层的容纳能力和渗流能力就不再是决定储层改造后的采油强度高低的主要因素。

（3）本次研究建立的产油强度分级和定量评价方法适用于储层物性较差，注水整体不见效，地层能量充足的地区，对于开发中期调层压裂的井适用性不好，主要是因为静态的测井信息只反映某一时间段的油藏信息，不能预测油藏动态变化，如果有动态测井资料，可以利用该资料完善开发中期压裂改造后的产能评价方法。

参 考 文 献

[1] 何逸凡，廖新维，徐梦雅，等．低渗透气藏压裂水平井产能预测模型及其应用[J]．油气地质与采收率，2012，19(4)：93-96.

[2] 蒋廷学，单文文，杨艳丽，等．垂直裂缝井稳态产能的计算[J]．石油勘探与开发，2001，28(2)：61-63.

[3] 姚志良，曹飞，丁士东，等．分支井产能预测模型及分支形态优化[J]．油气地质与采收率，2013，20(3)：56-59.

[4] 何应付，徐联玉，吕万一，等．低渗透气藏压裂井产能分析[J]．特种油气藏，2006，13(5)：59-60.

[5] 李生，李霞，曾志林，等．低渗透油藏垂直裂缝井产能评价[J]．大庆石油地质与开发，2005，24(1)：54-56.

[6] 尹洪军，刘宇，付春权，等．低渗透油藏压裂井产能分析[J]_ 特种油气藏，2005，12(2)：55-56.

[7] 张德良，张烈辉，赵玉龙，等．低渗透气藏多级压裂水平井稳态产能模型[J]．油气地质与采收率，2013，20(3)：107-110.

[8] 陈德民．有限导流垂直裂缝井稳态渗流解析解及产能分析[J]．大庆石油地质与开发，2006，13(4)：62-64.

[9] 张伟东，杨铁军，蒋廷学，等．保角变换法用于计算压裂井产能[J]．油气地质与采收率，2003，10(增刊)：81-82.

[10] 王锋，刘慧卿，吕广忠．低渗透油藏长缝压裂直井稳态产能预测模型[J]．油气地质与采收率，2014，21(1)：84-86.

[11] 朱维耀，岳明，高英，等．致密油层体积压裂非线性渗流模型及产能分析[J]．中国矿业大学学报，2014，43(2)：248-254.

[12] 赵丽娜．Fisher 判别法的研究及应用[D]．东北林业大学硕士论文，2013.

[13] 陈希镇．判别分析和 SPSS 的使用[J]．科学技术与工程，2008，8(13)：3567-3571.

油水平井选择性重复体积压裂工具研制与应用

田文超　张　文　隆世明

（中国石油川庆钻探工程有限公司）

摘　要　目前，油水平井重复压裂改造作业多采取油管注入双封单卡压裂的改造方式，受注入油管及压裂工具限制，目前仅能实现排量小于 $6m^3/min$ 的压裂改造规模。本文针对低渗油藏水平井大排量重复体积压裂改造，设计组配了4″+3½″微接箍油管注入管柱，优化设计了大通径YK组合双封单卡工具，有效降低了管柱自重及泵注摩阻，通过TDY封隔器和水力锚实现管柱在压裂过程中的双向锚定，同时基于多相流分析结果优化管柱内流道，提升了管柱整体稳定性及抗冲蚀性能。2018年在元284超低渗油藏开展了3口水平井的现场试验，油管注入最大施工排量 $8m^3/min$，满足了油水平重复体积压裂改造的技术需求。

关键词　重复改造；YK双封单卡；抗冲蚀；油管注入

2006年以来，长庆油田开始规模应用水平井开发油藏，油田水平井累计井数已经超过2300口。由于储层物性差、初次改造程度低、部分储层裂缝发育等因素影响，导致压裂投产后产量递减快、稳产期短，低产低效井逐年增多。

长庆区域油水平井老井稳产增产综合治理技术措施中，采用重复改造的方式，对原压裂改造不充分层段进行裂缝转向体积压裂改造，或者对首次投产没有改造的层段进行补孔加密压裂改造，受注入油管及工具技术限制，改造排量多在 $4-6m^3/min$ 之间，难以达到预期效果。2018年在元284区块开展了超低渗油藏转变注水开发方式先导性试验，通过增大重复改造规模，旨在提高老井增产稳产效果。

鉴于此，结合元284区块重复改造试验需求，开展了注入油管及选择性分层压裂工具的设计开发及配套，实现了油管注入最大施工排量 $8m^3/min$ 的施工需求。

1　注入油管优选

结合前期施工案例，3½″外加厚及微接箍油管摩阻高，仅能满足 $6m^3/min$ 以下施工规模，而4″微接箍油管管柱自重过大，以3500m井深计算，管柱自重达55.4吨，地面起吊设备配套困难。最终，优选4″+3½″微接箍油管组合作为注入油管，造斜点以下使用3½″微接箍油管，造斜点以上使用4″微接箍油管，达到降低管柱自重、降低泵注摩阻的目的。

表1　微接箍油管技术参数

名称	油管外径/mm	接箍外径/mm	油管内径/mm	抗内压/MPa	抗外挤/MPa
3.5″微接箍油管	88.9	95	74.22	75	70
4″微接箍油管	101.6	104.78	86	101.8	103.4

微接箍油管具有以下特点：管端微加厚及双台肩结构，保证了较高的连接强度和抗扭性能；接箍外径小，便于水平段下入，并可降低环空泵注摩阻。如图1所示为微接箍油管结构示意。

针对微接箍油管，配套了气动卡盘和卡瓦式吊卡，卡瓦式吊卡用于在起下钻过程中对油管的卡持，液压动力钳用于在井口处对微接箍油管的快速上卸扣。

图1　微接箍油管结构示意图

2　选择性重复体积压裂工具设计开发

2.1　管柱组配结构优化

常规选择性压裂作业所应用的K344型双封单卡工具技术应用于体积压裂施工中，面临如下问题：压裂施工泵注压力高，导致压裂时管柱所承受的轴向拉压载荷过高，易发生油管塑性变形、工具断脱事故；重复改造体积压裂施工规模大，单层段加砂量 $150m^3$、液量 $1800m^3$，节流喷砂器易冲蚀失效。针对此，设计开发了 YK 组合双封单卡工具技术，管柱结构如图 2 所示。

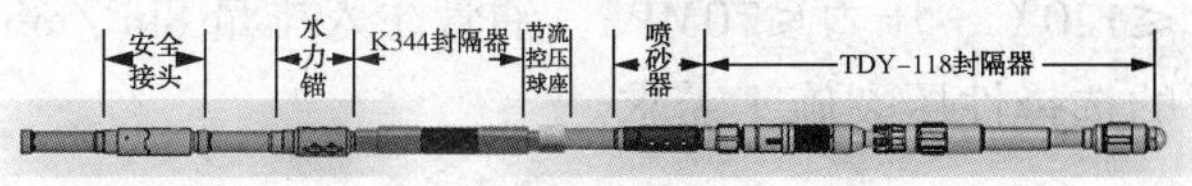

图 2　YK 组合双封单卡管柱结构示意图

2.2　工作原理

安全接头用于卡钻后的工具脱手，为后续打捞作业预留手段；水力锚在管柱中起上端锚定的作用；K344 封隔器做上封，依靠节流压差坐封，泄压解封；节流控压球座在管柱中起到节流作用，实现泵注时 K344 封隔器的坐封，同时防止内通道紊流冲蚀；TDY-118 封隔器做下封，上提下放管柱即可实现封隔器坐封及解封，设计有平衡阀机构，有效防止负压卡钻。

2.3　主要技术指标

管柱综合耐温 120℃、承压 70MPa，适应最大泵注排量 $8m^3/min$，工具内通道≥ϕ60mm。

2.4　技术特点

TDY-118 封隔器为类 Y211 封隔器结构，通过 TDY-118 封隔器和水力锚实现了管柱的双向锚定，提高了管柱整体稳定性和安全性；通过节流控压球座轴向节流，喷砂器做出液通道，抗冲蚀能力有效提高。

2.5　工具抗冲蚀优化

工艺采用油管注入，最大泵注排量 $8m^3/min$，压裂管柱内部两相流流场复杂，管柱内突扩结构、渐缩结构等部位是管柱的薄弱部位，大排量大砂量压裂施工时易产生冲蚀断裂。针对此类工程实际问题，对其内部流态进行了数值模拟，并对管柱内流道结构及工具材质、表面处理方式等提出了优化措施，以满足高排量大砂量的施工要求。

2.5.1　突扩结构优化

突扩结构存在于管柱中节流控压球座下，外加厚油管螺纹根部等部位。针对管柱中突扩结构进行了建模分析，入口排量 $8m^3/min$。分析结果显示，在小直径向大直径变化的变径段产生了涡流，在直管段对管壁形成具有一定角度的冲刷作用。随着流体流动距离的增加，涡流逐渐减弱至消失，流线逐渐与管柱轴向平行。

为消除变径结构处的涡流以及冲刷作用，将变径处设计为渐变角结构，以消除突扩结构的负面效果。为得出最佳的扩径角度，进行了多组对比分析，最终选择 10°为设计变径角。相对于突扩结构及优化角大于 10°的方案，流场得到了改善，流线基本沿管壁流动，没有形成涡流现象。

图 3　优化后突扩结构流线图

2.5.2　渐缩结构优化

渐缩结构存在于管柱中节流控压球座上端，不同油管与变扣接头相连接的部位。在压裂施工后缩径处会产生冲蚀磨损，局部管壁变薄，可能导致丝扣连接失效，管柱断脱。针对此结构进行了建模分析，入口排量 $8m^3/min$。分析结果显示，流体形成涡流，沿管径逐渐收缩，在缩径段流体与管壁形成冲刷角，直管段逐渐与管柱轴向平行。

为消除变径结构处的涡流以及冲刷作用，将变径处设计为渐变角结构，以消除突扩结构的负面效果。为得出最佳的扩径角度，进行了多组对比分析，最终选择 10°为设计变径角。相对于突扩结构及优化角大于 10°的方案，流场得到了改善，流线基本沿管壁流动，没有形成涡流现象。

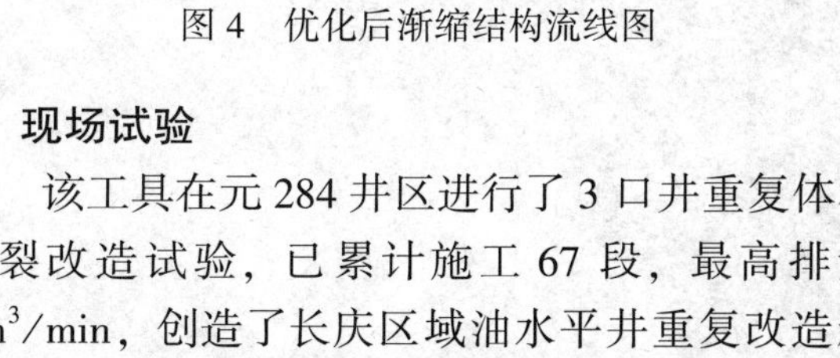

图 4　优化后渐缩结构流线图

3　现场试验

该工具在元 284 井区进行了 3 口井重复体积压裂改造试验，已累计施工 67 段，最高排量 $8m^3/min$，创造了长庆区域油水平井重复改造新的施工记录。施工中平均破裂压力 50MPa 以上，最高破裂压力 63.8MPa，最高施工压力 70MPa，单层加砂量 120-150m^3。在高压力、大砂量下单套工具可稳定施工 2 段，验证了工具的可靠性。

通过剖解复测，改进后工具内流道无明显冲

蚀损伤，尺寸复检无变化，说明工具结构、表面处理等优化对于改善液体流态、提高工具抗冲蚀性能是达到了预期效果。

表 2　试验情况统计

井号	施工段数	最大排量/(m^3/min)	累计加砂量/m^3	累计液量/m^3
CP-10	22	8	2890	44403.9
CP-11	23	8	2916	34912
CP-12	22	8	2678	34071
合计	62			

4　结论

① 以 4″和 3-1/2″微接箍油管的组合工具油管有效降低了油管泵注摩阻，为实现油管注入 8m^3/min 排量压裂改造奠定了基础；

② 通过对压裂工具内流道结构及工具材质、表面处理方式等改进优化，提高了工具抗冲蚀性能，满足了大排量压裂改造技术需求。

③ 油水平井选择性体积压裂工具满足温度≤120℃、压力≤70MPa、油管注入排量 8m^3/min 的选择性压裂施工需求。

参　考　文　献

[1] 苏良银，白晓虎，陆红军，等．长庆超低渗透油藏低产水平井重复改造技术研究及应用[J]．石油钻采工艺，2017，39(4)：521-527.

[2] 段晓军，党玲，袁理生，等．水平井选段重复压裂工艺研究与应用[J]．中国石油和化工标准与质量，2012，32(02)：77+126.

[3] 殷桂琴，陈宝春，李川，等．水平井不动管柱多级水力喷砂分段压裂技术[J]．石油机械，2014，42(7)：73-76.

[4] KRENGER J T，FRASER J，GIBSON A J，WHITSETTA，MELCHER J，PERSAC S. Refracturing design for underperforming unconventional horizontal reservoirs [R]. SPE 177306，2015.

缝洞型碳酸盐岩压裂溶洞沟通模式与应用分析

刘志远　张俊江　耿宇迪　李永寿　宋志峰　房好青

（中国化工西北油田分公司石油工程技术研究院）

摘　要　沟通溶洞是提高缝洞-破碎型碳酸盐岩油藏产量的关键。通过设计新的实验模型，采用真三轴水力压裂实验系统，研究水力裂缝沟通溶洞的模式。结果表明，水力裂缝沟通溶洞的模式有三种，即网状缝沟通、主裂缝+网状缝沟通、水力主裂缝沟通；沟通溶洞的方式有两种，即主裂缝直接沟通、天然裂缝间接沟通。沟通溶洞的模式和方式主要受水平地应力差、注入排量的影响，水平应力差、注入排量均较小时，以网状缝沟通多个溶洞为主，且大部分溶洞由天然裂缝沟通，水力主裂缝直接沟通溶洞的几率较小。裂缝在非均质性地层起裂后，并不总是沿水平最大地应力方向扩展，水平最小地方向的溶洞可通过压裂进行沟通。

关键词　碳酸盐岩；天然裂缝；溶洞；水力裂缝；沟通

1　前言

碳酸盐岩油藏油气储集空间以天然裂缝、溶洞为主，缝洞结构复杂，发育不连续。通过对该类储层改造，形成不同的水力裂缝形态，沟通井周缝洞储集体，实现油气开采。水力裂缝扩展受天然裂缝影响，呈现滑移、分支等复杂的裂缝形态（Thiecelin et al. 1987；Warpinski 1991；Chudnovsky and Fan 1996；Gudmundsson and Brenner 2001；Gudmundsson 2011）。

单条天然裂缝对水力裂缝扩展路径的影响主要包括水力裂缝穿过天然裂缝、天然裂缝张开、水力裂缝沿天然裂缝扩展（Lamont and Jessen 1963；Daneshy 1974；Blanton 1982），其主要控制因素为水平应力差、天然裂缝与水平最大地应力夹角、水力裂缝端部应力、天然裂缝界面摩擦力（Blanton 1986；Warpinski and Teufel 1987；Renshaw and Pollard1995；Zhou et al. 2008）。天然裂缝张开或水力裂缝沿天然裂缝扩展，易形成复杂的网状缝，为扩大油气运移范围提供重要通道，Zhou et al.（2010）对多条随机天然裂缝岩样进行压裂实验，认为水平应力差小（≤5MPa），以形成径向网状缝为主。Liu et al.（2014）通过对称的多条天然裂缝对水力裂缝扩展形态的影响实验，认为水平最大地应力与天然裂缝夹角小于45°时，水力裂缝倾向于沿天然裂缝扩展，形成网状缝。Fan et al.（2014）在压裂实验中引入正交天然裂缝网络，认为高、低排量交替注入，有利于网状缝的形成。Liu et al.（2018）在实验中预置随机天然裂缝网络，认为井周天然裂缝发育、大天然裂缝、天然裂缝体积密度6%-9%、水平应力差小于20MPa，是形成网状缝的条件。

缝洞型碳酸盐岩储层，水力裂缝是井眼与溶洞连通的主要通道，而水力裂缝沟通溶洞的方式及单次压裂沟通溶洞的数量是储层改造关注的主要问题，目前在实验及数值模拟很少有这方面的研究，其直接决定了水力压裂方案的制定，及该类储层的高效开采，本文通过实验及数值模拟针对该问题进行研究和阐述。

2　实验过程

实验过程中的加载应力模拟原地应力场，上覆应力为15MPa，水平最大地应力为8MPa，水平应力差为0-6MPa。加载过程中通过设置加载速率使各向应力同时达到预定值，压裂前稳压30min，使井周应力达到平衡。压裂液注入速率为1-10ml/min，黏度为10mPa·s，实验参数如表1所示。为便于观察压裂后裂缝的扩展延伸形态，在压裂液中加入示踪剂。

表1　实验参数

试样编号	$\Delta\sigma_H$/MPa	排量/(ml/min)	裂缝形态	沟通溶洞
S1	0	10	2条曲面主裂缝、网状缝	沟通225°方位角范围内的6个溶洞
S2	2	10	2条曲面主裂缝、网状缝	沟通90°方位角范围内的3个溶洞
S3	4	10	2条曲面主裂缝、网状缝	沟通90°方位角范围内的3个溶洞

续表

试样编号	$\Delta\sigma_H$/MPa	排量/(ml/min)	裂缝形态	沟通溶洞
S4	6	10	1条主裂缝	沟通45°方位角范围内的3个溶洞
S5	4	1	4条曲面主裂缝、网状缝	沟通270°方位角范围内的5个溶洞

3 实验结果分析

通过实验分析了水平地应力差、注入排量对水力裂缝沟通溶洞的角度范围、沟通数量及沟通模式的影响，5块实验参数及结果如表1所示。

结果显示溶洞的沟通方位及数量受主裂缝及网状缝的影响，形成的裂缝形态单一，仅能沟通主裂缝扩展方向上与裂缝邻近的溶洞，沟通数量有限；形成的主裂缝多、网状缝波及范围大，则溶洞沟通的方位及数量增加。另外，实验结果显示60%的溶洞由连通的天然裂缝形成的网状缝沟通，33%的溶洞由水力主裂缝直接沟通且沟通路径与溶洞边缘相切，7%的溶洞由水力主裂缝直接垂向沟通(高水平地应力差情况下)。

为增加溶洞沟通数量，动用水平最小地应力方向上的溶洞，需充分利用天然裂缝，形成波及范围大的网状缝。水力裂缝与天然裂缝相交后，天然裂缝的张开、连通程度受水平地应力差的影响。水平地应力差0MPa时，连通的天然裂缝较多，网状缝沿水平最大及最小地应力方向延伸，延伸范围较大，沟通井周不同方位的溶洞；水平地应力差2MPa、4MPa时，连通的天然裂缝及网状缝的延伸范围相对减小，沟通溶洞的方位范围减小；水平地应力差6MPa时，连通的天然裂缝较少，难以形成有效的网状缝，仅能沟通主裂缝附近的溶洞。

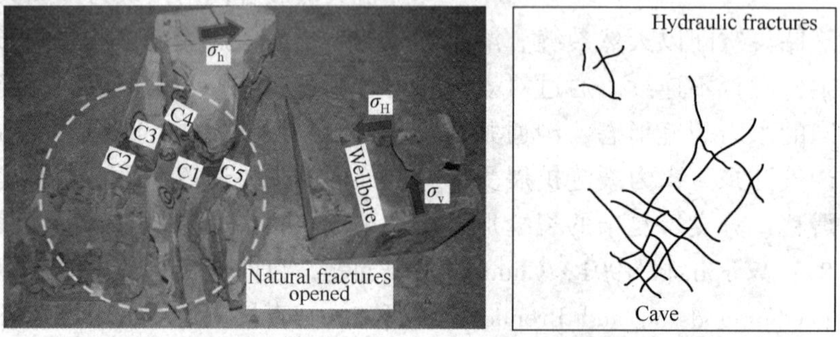

(a)裂缝扩展形态及溶洞沟通 (b)实验结果刻画

图1 水平地应力差4MPa，排量1ml/min，黏度10mPa·s

低排量注入条件下(图1)，液体波及范围内的天然裂缝大量张开，随着注入量及压力的上升，张开的天然裂缝诱导形成主裂缝。主裂缝的初始形成位置有两种情况：第一种情况为由井壁天然裂缝诱导形成，主裂缝的初始形成方向与水平最大地应力方向的夹角较大，向远井扩展过程中裂缝方向发生偏转，与水平最大地应力方向基本一致；第二种情况为远离井壁的天然裂缝诱导形成，主裂缝的初始形成方向及扩展方向与水平最大地应力方向基本一致。大排量注入条件下，主裂缝主要由井壁起裂，扩展过程中出现大范围转向。排量越高，转向范围越大，张开的天然裂缝逐渐减少，裂缝扩展形态的复杂程度降低，沟通溶洞的方位角范围减少。

4 数值模拟验证

通过模拟验证天然裂缝对沟通溶洞的影响，模型尺寸50×50×4m，溶洞半径5m，岩石容重26.9kN/m^3，岩石弹性模量38GPa，岩石泊松比0.2，溶洞填充材料泊松比0.25。

4.1 单一溶洞

对比两种模型，天然裂缝的走向对水力裂缝连通溶洞影响很大。当天然裂缝方位与水力裂缝与溶洞之间的相对位置接近时，有利于连通溶洞(图2，图3)。

图2 X方向围压170MPa，Y方向围压140MPa
(左：模型，右：连通情况)

图 3　X 方向围压 170MPa，Y 方向围压 140MPa
（左：模型，右：连通情况）

4.2　多个溶洞

水平应力差极大时，水力裂缝沿水平最大地应力方向扩展，溶洞以主裂缝连通为主(图 4)，水平应力差减小时，水力裂缝周围的天然裂缝张开，溶洞主要以张开的天然裂缝连通为主(图 5)。

5　现场应用

5.1　缝洞型碳酸盐岩储层特征

塔河油田碳酸盐岩储层溶洞、溶孔、天然裂缝发育，70%的储量储存在溶洞内，30%的储量储存在裂缝-孔洞内，缝洞分布具有不确定性和不均匀性，基质孔隙度<2%，渗透率<0.1mDc，基本没有储渗能力(图 6)。

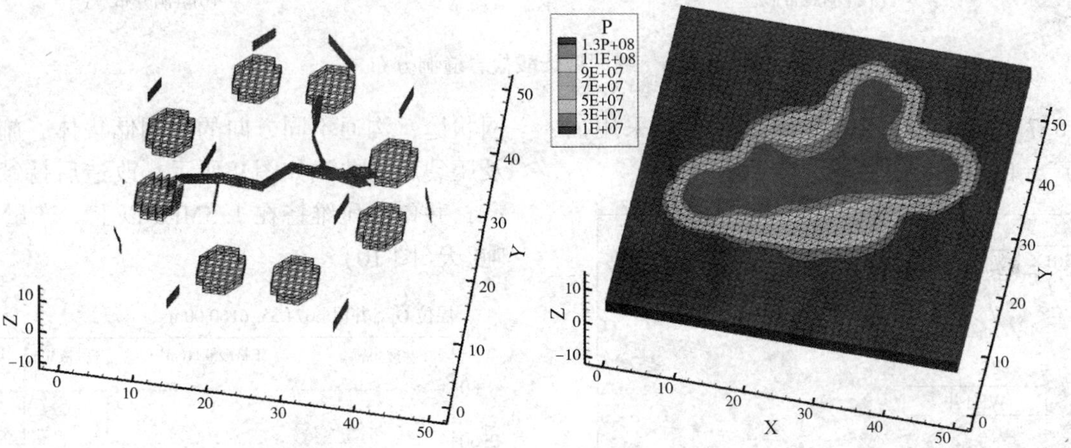

图 4　X 方向围压 170MPa，Y 方向围压 0MPa(左：连通情况，右：压力分布)

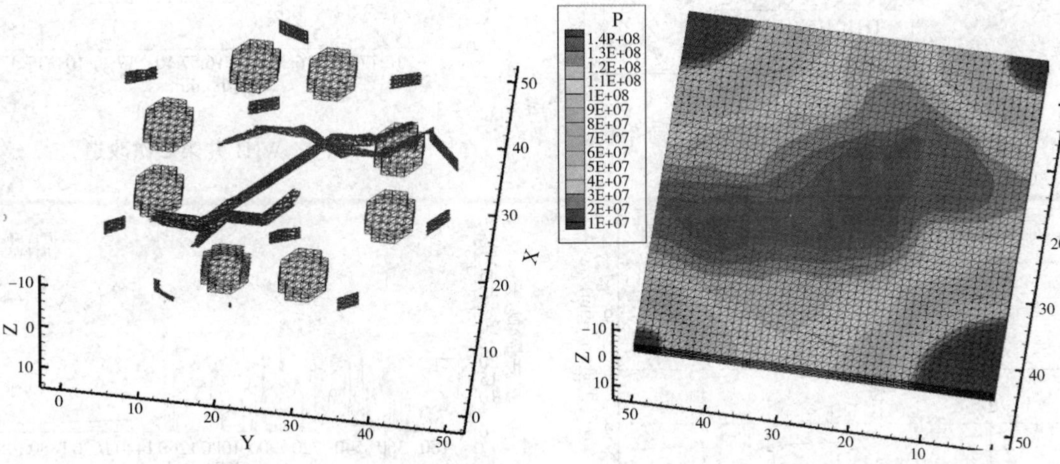

图 5　X 方向围压 170MPa，Y 方向围压 140MPa(左：连通情况，右：压力分布)

5.2　WH1 井

WH1 井改造层段为 6074.35-6160.00m，岩性为灰岩，地震资料显示井周发育多个储集体(图 7)，钻井期间漏失密度 $1.17g/cm^3$ 的泥浆 $110m^3$。

改造思路为初期注入滑溜水填充地层($>110m^3$)，之后以高排量注入高黏度压裂液造主裂缝，使裂缝由井眼向远井延伸，最后以更高排量注入酸液对水力裂缝进行刻蚀，提升裂缝导流能力，目的是通过人工主裂缝沟通缝洞储集体，施工过程及压裂压力曲线如图 8 所示。改造后自喷生产 23 天停喷，期间井口油压由 5.2MPa

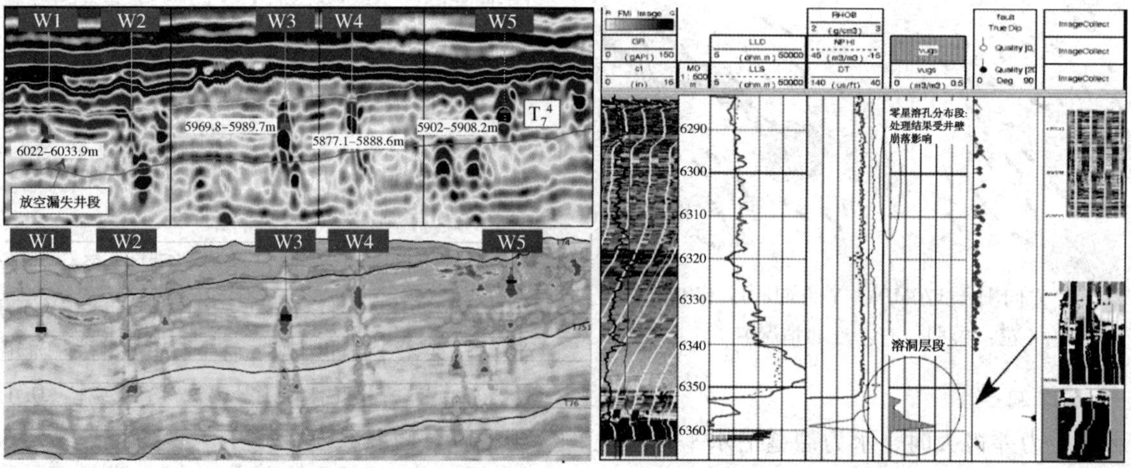

(a)缝洞展布形态　　(b)溶洞分布

图 6　缝洞型碳酸盐岩缝洞分布

下降到 0.7MPa，平均日产油 10.2t，之后采用抽油泵生产，出现间断性供液不足。

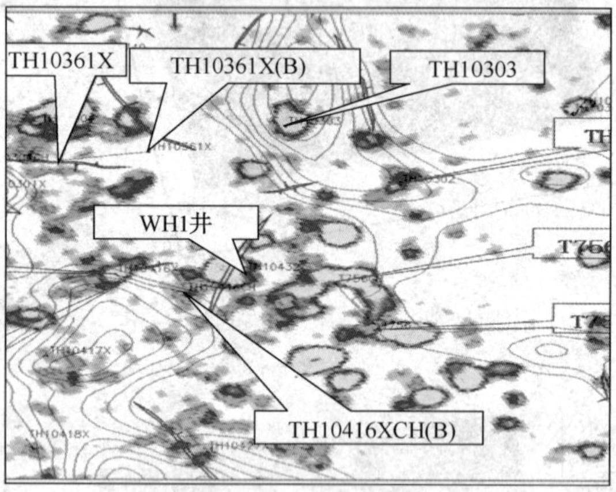

图 7　WH1 井井周储集体分布

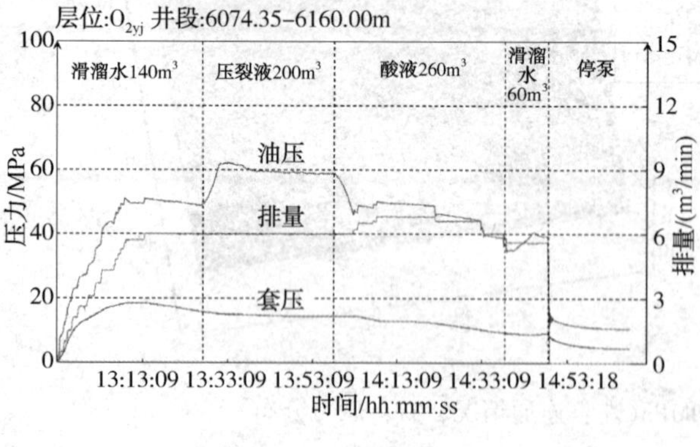

图 8　WH1 井第一次改造

为进一步增加井周储集体的动用程度，对该井实施第二次改造。改造井段与第一次相同（6074.35－6160.00m），采用低排量注入酸液 110m³，注入量与钻井过程中的漏失量基本相当，目的是通过酸液激活并张开井周天然裂缝，形成网状缝，沟通不同方向的缝洞储集体，施工过程及压裂压力曲线如图 9 所示。改造后持续自喷生产，井口油压维持在 1.5MPa 以上，产量大于 27 吨/天（图 10）。

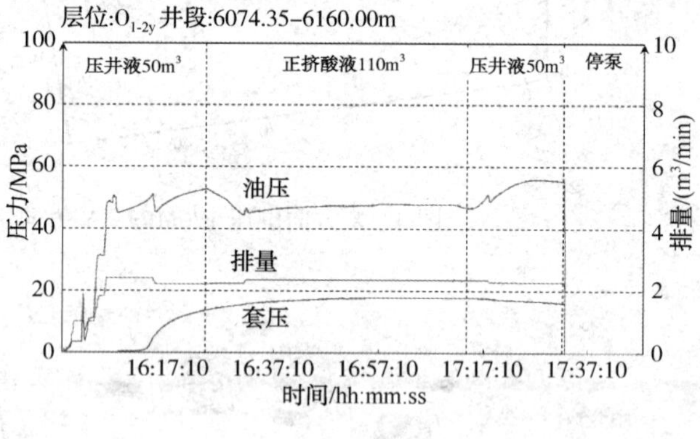

图 9　WH1 井第二次改造

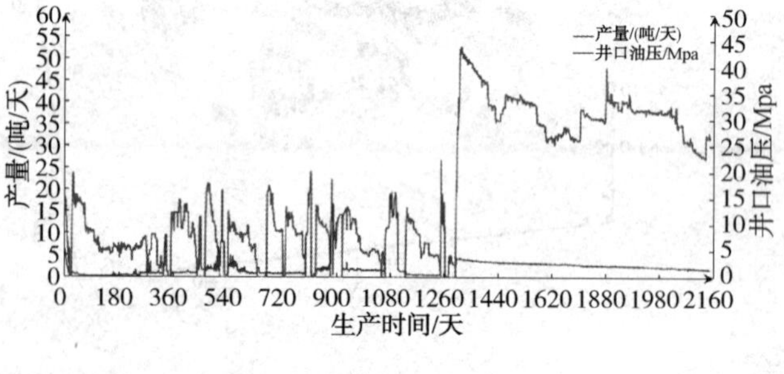

图 10　WH1 井生产数据

6　结论

（1）缝洞型碳酸盐岩非均质性强，水平地应力差对裂缝扩展形态的影响减小，在低排量条件下，网状裂缝波及范围增大，主裂缝的扩展条数增加，主裂缝起裂后并不总是沿水平最大地应力方向扩展，沟通溶洞的方位角范围及数量增加。

（2）溶洞的沟通方式有三种，网状缝间接沟通、主裂缝+网状缝间接沟通、水力主裂缝直接沟通，60%的溶洞主要由天然裂缝连通后形成的网状缝间接沟通，水力主裂缝直接沟通溶洞的几率相对要小，其中33%的溶洞由主裂缝切向沟通，7%的溶洞由主裂缝垂向沟通。

（3）裂缝形态越复杂，单次压裂沟通多个溶洞的几率越大。

压裂初期注入酸液，激活井周天然裂缝，诱导形成多条主裂缝，主裂缝扩展延伸到达远端溶洞储集体区域前不宜注酸，避免近井水平最大地应力方向的溶洞沟通，缝内净压力大幅下降，造成远端其它方向的裂缝扩展停止，难以沟通多个溶洞。

参 考 文 献

[1] Thiecelin M, Roegiers JC, Boone TJ, Ingraffea AR (1987) An investigation of the material parameters that govern the behavior of fractures approaching rock interfaces, The 6th International Congress of Rock Mechanics, 263-269.

[2] Warpinski NR (1991) Hydraulic fracturing in tight, fissured media. Paper SPE 20154. SPE Journal of Petroleum Technology 43(2): 146-151, 208-209.

[3] Chudnovsky A, Fan J (1996) A new hydraulic fracture tip mechanism in a statistically homogeneous medium. Paper SPE 36442. SPE Annual Technical Conference and Exhibition. Denver, Colorado, Society of Petroleum Engineers, Inc.

[4] Gudmundsson A, Brenner SL (2001) How hydrofractures become arrested, Terra Nova 456.

[5] Gudmundsson A (2011) Rock fractures in geological processes. Cambridge University Press, 578 pages.

[6] Lamont N, Jessen F (1963) The effects of existing fractures in rocks on the extension of hydraulic fractures. JPT, 203-209.

[7] Daneshy AA (1974) Hydraulic fracture propagation in the presence of planes of weakness. Paper SPE 4852. SPE European Spring Meeting. Amsterdam, Netherlands, American Institute of Mining, Metallurgical, and Petroleum Engineers, Inc.

[8] Blanton TL (1982) An experimental study of interaction between hydraulically induced and pre-existing fractures. Paper SPE 10847. SPE Unconventional Gas Recovery Symposium. Pittsburgh, Pennsylvania, Society of Petroleum Engineers of AIME.

[9] Blanton TL (1986) Propagation of hydraulically and dynamically induced fractures in naturally fractured reservoirs. Paper SPE 15261. SPE Unconventional Gas Technology Symposium. Louisville, Kentucky, Society of Petroleum Engineers.

[10] Warpinski NR, Teufel LW (1987) Influence of geologic discontinuities on hydraulic fracture propagation (includes associated papers 17011 and 17074). Paper SPE 13224. SPE Journal of Petroleum Technology 39 (2): 209-220.

[11] Renshaw CE, Pollard DD (1995) An experimentally verified criterion for propagation across unbonded frictional interfaces in brittle, linear elastic materials. Int J Rock Mech Min Sci 32(3): 237 - 49.

[12] Zhou J, Jin Y, Chen M (2010) Experimental investigation of hydraulic fracturing in random naturally fractured blocks. International Journal of Rock Mechanics and Mining Sciences 47(7): 1193-1199.

[13] Liu ZY, Chen M, Zhang GQ (2014) Analysis of the Influence of a Natural Fracture Network on Hydraulic Fracture Propagation in Carbonate Formations. Rock Mech Rock Eng 47(2): 575-587.

[14] Fan TG, Zhang GQ (2014) Laboratory Investigation of Hydraulic Fracture Networks in Formations with Continuous Orthogonal Fractures. Energy 74: 164-173.

[15] Zhiyuan Liu, Shijie Wang, Haiyang Zhao, Lei Wang, Wei Li, Yudi Geng, Shan Tao, Guangqing Zhang, Mian Chen. Effect of Random Natural Fractures on Hydraulic Fracture Propagation Geometry in Fractured Carbonate Rocks. Rock Mechanics and Rock Engineering. DOI 10.1007/s00603-017-1331-y, 2018, 51: 491-511.

压裂增产效果相关性研究与应用

赵广天　宋友贵　王新红　张鹏飞　马晓雁

（中国石油大港油田公司）

摘　要　随着勘探开发进程的不断深入，水力压裂技术越来越成为制约低渗透油田增储上产的关键技术，但受地质、工程等多因素影响，压裂效果差异较大，确定油藏和工艺参数与增产效果的相关性，将为提高压裂选井的针对性、有效性提供技术保证。

本文以大港南部油田200余口压裂井效果、储层物性条件、压裂施工等参数数据，应用灰色关联分析方法，明确了各因素对研究区油藏压裂效果的影响程度，确定出影响压裂效果的主控因素；在此基础上，采用层次分析，形成了压裂选井选层的计算方法。具有增产潜力的井层，通过施工参数与储层物性因子的优化匹配，增产效果与计算结论基本吻合，验证了压裂增产效果影响因素敏感程度的合理性和储层增产潜力评价的准确性。

关键词　压裂效果；灰色关联；地质因素；主控因素；改造规模

大港南部低渗油田主要包括舍女寺、段六拨、小集、叶三拨等区块，含油层位为孔一、孔二段油组，油藏埋深2000-4000m。大多数油井的自然产能比较低，必须进行压裂投产，多年的水力压裂实践在该地区取得了显著的增产效果和社会经济效益。但是，随着勘探开发进程的不断深入，水力压裂技术越来越成为制约该地区增储上产的关键技术[1]。由于单井地质条件不同或工艺设计施工参数不同，导致压后效果普遍存在一定的差别。目前压裂工艺技术主要是合压和分压两种，储层物性条件和施工参数不同导致油井压裂效果也有所差异。由于目前缺乏系统的针对油藏特征、工艺配套等因素对压裂效果敏感性影响综合评价，对影响压裂工艺效果的敏感性主控因素和次要因素认识不清，难以支撑压裂选井选层及工艺设计的进一步优化[2]。

1　研究方法的确定

储层物性条件和压裂施工参数对压后产量的影响关系复杂而并非简单的线性相关关系，对于这类问题通常采用的方法是模糊数学或灰色关联法进行研究[3]。灰色关联与模糊数学的区别主要在于对系统内涵与外延处理态度的不同、研究对象内涵与外延性质的不同，即灰色关联着重外延明确而内涵不明确的对象，而模糊数学着重外延不明确而内涵明确的对象。对于一个油藏的压裂井层来说，其外延是明确的，而影响油藏压裂井层压后产油量的各种因素不完全明了，各种因素如何影响压后产油量以及各种因素之间的相互关系不完全清楚，即内涵是不明确的，故这是一个信息不完全确知的系统。因此应选用灰色关联分析方法展开研究。

2　灰色关联分析法

2.1　原始序列确定

首先，对所研究的问题进行定性分析，在此基础上确定原始序列。该序列由一个因变量和多个自变量组成。其中，因变量代表压裂后日增油量，自变量代表影响压裂效果的各个因素，其中包括储层厚度、孔隙度、渗透率、压裂液用量、支撑剂用量等参数[4]。数列分别表示为：

$$R0=\{R0(1)、R0(2)、R0(3)、R0(n)\}\cdots \tag{1}$$

$$Ri=\{Ri(1)、Ri(2)、Ri(3)、Ri(n)\} \quad (i=1,2,\cdots m)\cdots \tag{2}$$

式中　R0——参考数列；

Ri——单个数列；

i——比较数列的序号；

n——白变量因素的个数；

m——数列中数据样品的个数。

2.2　原始数据处理

由于原始序列中各因素的计量单位不同，各原始数据的数值大小和变化范围也不同，如果直接使用原始数据进行计算、比较，难以得出合理的结论；为此，需要对原始数据进行无量纲化处理[5]。常用的灰色数据处理方法有归一化、初值化、均值化、极差化、累加、累减等，而结合本次论文实际，所提取的地质参数的数据量纲不同，数值大小相差过分悬殊，通常对这类数据采用归一化进行处理。这样严格定量化的参数计算出的结果都转化在0~1之间变化，就消除了在关联度计算当中量纲和舍入误差的影响，避免了非等权情况的出现。

2.3 计算关联系数

单个参数关联系数ξoi为：

ξoi＝(Δmin+PΔmax)/(Δoi+PΔmax)… (3)

式中：Δoi两个序列的绝对差；

Δmax、Δmin分别为绝对差中的最大值与最小值，因为进行比较的序列在经数据变换后互相相交，所以一般上Δmin＝0；

P——分辨系数，其作用在于提高关联系数之间的差异显著性，一般情况取0.1-0.5，通常取0.5。

如果简单地用单个关联系数来反映比较数列与参考数列间的关联程度，那么由于关联信息分散，则不易于从整体上进行比较：为此，对关联信息进行集中处理。用所有样品关联系数的平均值定量反映数列间的关联程度。关联度越大，说明比较数列与参考数列的变化越一致。

表1 关联系数排序

影响因素	压前产能	渗透率	油层厚度	压裂液用量	支撑剂用量	含油饱和度	施工排量	孔隙度	含水率	泥质含量
关联系数	0.6419	0.6223	0.5135	0.49839	0.46841	0.44493	0.4023	0.3933	0.3660	0.3372
排序	1	2	3	4	5	6	7	8	9	10

通过计算得出关联系数排序，即影响大港南部油田压后日增油量的因素的主次顺序为压前产能、渗透率、储层厚度、压裂液用量、支撑剂用量、含油饱和度、施工排量、孔隙度、含水率、泥质含量。根据结果可以看出，压裂效果主要影响因素是地质因素、其次才是工程参数因素。

3 压裂增产潜力评价方法研究

通过之前对压裂效果影响因素内容的研究，已经得到影响压裂效果的各参数因素的大小顺序，由于地质因素对压裂效果的影响较为重要，且大多为静态参数。可以以此为依据，建立压裂效果增产潜力评价方法，从而为选井选层，保证好的压裂效果提供依据。

$$y=a_1x_1+a_2x_2+\cdots\cdots a_nx_n\cdots\cdots\cdots\cdots \quad (4)$$

式中 y——潜力效果综合评价结果；

x——效果影响因素得分；

a——影响因素权重因子。

根据之前的研究，按照先后顺序，选取压前产量、渗透率、储层厚度、含油饱和度、孔隙度作为影响潜力因素，通过计算出各单井影响因素的得分与权重因子的乘积，根据结果大小形成潜力排名。

权重因子的计算方法较多，包括统计平均法、变异系数法和层次分析法，在各影响因素的大小顺序已知的情况下，工程上多采用层次分析法进行确定[6]。通过两两比较确定同一层次元素相对上一层次元素的数量关系后，最后进行数学运算。它可以将复杂的评价对象排列为一个有序的递阶层次结构的整体，然后在各个评价项目之间进行两两的比较、判断，计算各个评价项目的相对重要性系数，即权重。计算方法如下：

3.1 确定指标的量化标准

层次分析法的核心问题是建立一个构造合理且一致的判断矩阵，判断矩阵的合理性受到标度的合理性的影响。所谓标度是指评价者对各个评价指标(或者项目)重要性等级差异的量化概念[7]。确定指标重要性的量化常用的方法是比例标度法。比例标度法是以对事物质的差别的评判标准为基础，一般以5种判别等级表示事物质的差别。

3.2 量化数据处理

第一步，建立判断矩阵A。通过专家对评价指标的评价，进行两两比较，其初始权数形成判断矩阵A，判断矩阵A中第i行和第j列的元素x_{ij}表示指标x_i与x_j比较后所得的标度系数。

第二步，计算判断矩阵A中的每一行各标度数据的几何平均数，记作w_i。

第三步，进行归一化处理。

根据以上计算方法，对压前产量X1、渗透率X2、储层厚度X3、含油饱和度X4、孔隙度X5各项重要性打分为6、6、5、4、2，然后建立判断矩阵A如下：

	X1	X2	X3	X4	X5
X1	1	1	6/5	6/4	2
X2	1	1	6/5	6/4	2
X3	5/6	5/6	1	6/5	5/3
X4	4/6	4/6	4/5	1	4/3
X5	1/2	1/2	3/5	3/4	1

对上面矩阵求出几何平均数，然后进行归一化处理，计算结果为：

[0.2501，　0.2501，　0.2084，　0.1665，0.1258]

即压前产量的权重为0.2501，渗透率的权重为0.2501，储层厚度的权重为0.2084，含油饱和度的权重为0.1665，孔隙度的权重为0.1258。各影响因素得分可以根据与每项参数的最大值的比值进行确定，即目标井的压裂增产潜力可按公式(4)进行计算。

4　施工参数优化研究

由于前面分析可知，增产效果首先取决于地质因素，这里将油藏厚度、渗透率、含油饱和度三者乘积定义为储层物性因子，根据统计结果，储层物性因子和增油效果存在一定程度上的关系，是压裂措施取得增油效果的前提条件。压裂日增油与储层物性因子呈正相关关系，当储层物性因子小于300m·md，日增油效果相对较低；当储层物性因子大于300m·md后，日增油效果相对较高，这说明储层物性对压裂增产效果的影响较大。因此，应该根据不同的储层物性条件，从而进行相应的压裂规模优化。

4.1　压裂加砂规模优化

根据计算结果，当储层物性因子低于300m·md的情况下，加砂强度大于1.5m³/m后增产不明显；储层物性因子大于300m·md的情况下，加砂强度大于2.5m³/m后增产不明显。

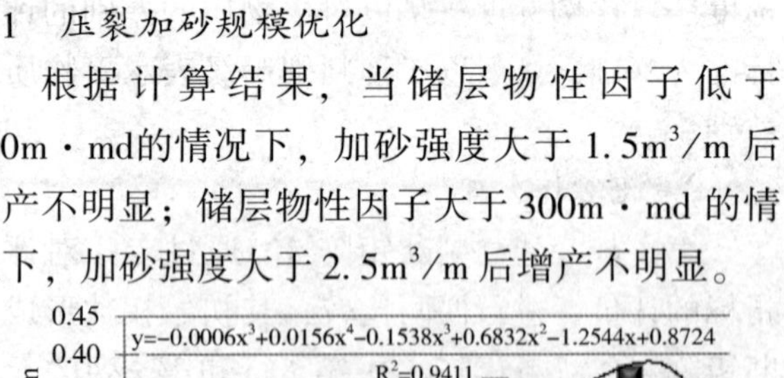

图1　物性因子小于300m·md加砂效果

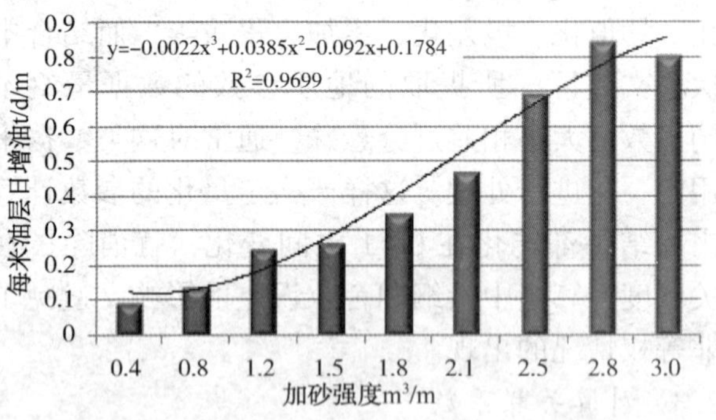

图2　物性因子大于300m·md加砂效果

设计中加砂量一般根据无量纲导流能力确定，它表示了裂缝导流能力与储层供液能力的匹配关系，无量纲导流能力太小意味着裂缝中流动能力小于地层供液能力，产量将降低；无量纲导流能力太大意味着虽然裂缝有足够的流动能力，但地层供液跟不上，造成不必要的浪费。但由于无量纲导流能力计算起来较为复杂，很难得到计算结果。而无量纲导流能力与加砂强度(每米油层加砂量)有关，故可以用加砂强度来进行替代无量纲导流能力，从而实现加砂规模上的优化。

4.2　压裂液用量规模优化

根据计算结果，当储层物性因子低于300m·md的情况下，用液强度在20m³/m时压后增产最明显；储层物性因子大于300m·md的情况下，根据线性回归，用液强度在30m³/m压后增产最明显。

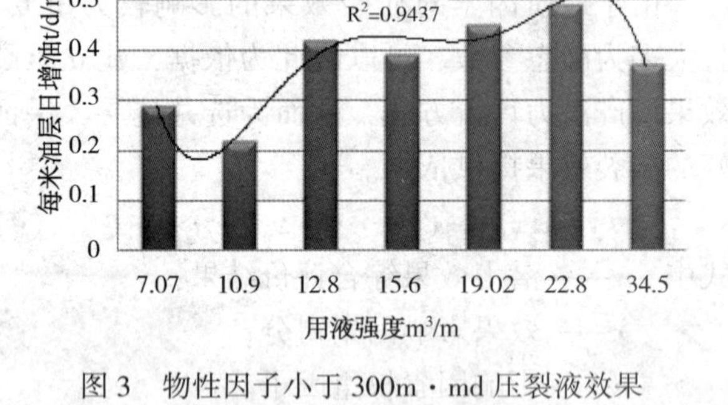

图3　物性因子小于300m·md压裂液效果

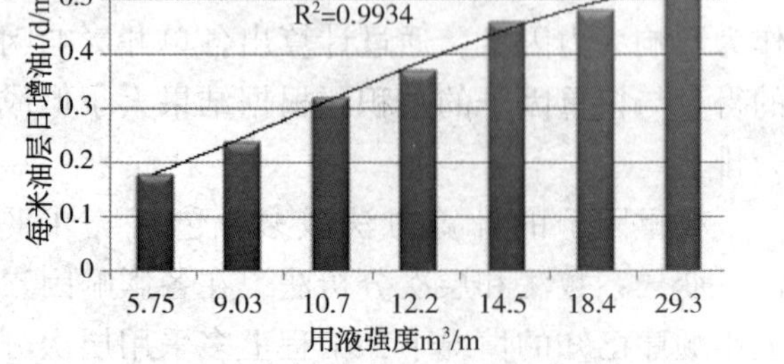

图4　物性因子大于300m·md压裂液效果

压裂液用量过低，则形成的裂缝长度不够；而压裂液用量过多，一方面会造成资源的浪费，另一方面会对储层造成额外的伤害，都会影响压后增产效果。因此，压裂液在满足了压裂施工过程中造缝和携砂能力的同时，如何实现压裂液用量的合理优化，也是保证压裂效果的一个有效做法。

水力压裂过程中，注入裂缝中的压裂液 $Q(t)$，一部分使裂缝的体积增加 $Q_F(t)$，一部分滤失于地层 $Q_L(t)$，压裂液的滤失量是与滤失速度 V(t)，裂缝的面积有关，即：

$$Q_L(t)=\int_{0A(t)} V(t).dA(t) \cdots\cdots\cdots\cdots \quad (5)$$

式中：A 代表裂缝面积，m^2；

V 代表滤失速度，m/min。

从上述公式可以看出，压裂液的滤失量是随着裂缝面积的增加而增加，也就是说随着裂缝在造缝延伸的过程中，压裂液越来越多的滤失在地层中，而用来造缝的压裂液量越来越少。当裂缝面积增加到一定程度以后，压裂液滤失量则等于压裂液的注入量，裂缝体积中的压裂液量不再增加，此时在增加压裂液的用量，裂缝长度增加幅度小，反而对已形成的裂缝造成进一步的伤害，影响压裂效果。

5 结果检验

通过压裂增产潜力计算方法，得出各口井的增产潜力排名，然后根据储层物性因子合理设计加砂量用压裂液用量。计算结果和实际情况进行验证，所得结果基本相符，说明该方法具备一定的实用性，可以根据此计算结果，从而实现优化选井选层及设计规模优化，从而保证实施井的压裂效果。

表 2 N 油田部分压裂井实际效果排名

井号	压前产能/(t/d)	渗透率/md	油层厚度/m	含油饱和度/%	孔隙度/%	计算得分	潜力排名	日增油/(t/d)	实际排名
NK58-62	2.32	51.1	42	30.5	15.3	75.74	3	5.31	3
NK52-44	3	46.1	29	44.3	15.7	77.22	1	7.61	2
NK51-49	2.75	37.4	44.8	52.4	13.9	77.21	2	8.52	1
N13-6	3.19	7.81	8.5	32	9.76	44.96	7	1.78	7
NK54-60	1.98	29.1	16.3	69.3	14.5	62.27	5	1.88	6
NK49-64	3.05	26.8	18	27.7	12	57.34	6	2.47	5
NK52-52	3.52	20.1	59.7	21.5	12.9	71.19	4	4.11	4

6 结论

（1）通过对影响压裂效果的地质因素和工程因素的敏感性统计分析，得出了影响压裂效果的主控因素和次要因素，压裂增产效果的好坏首先取决于地质因素，其次才是工程因素。

（2）在地质因素中，影响压裂效果因素的重要性排序分别是压前产能、渗透率、储层厚度、含油饱和度、孔隙度、含水率、泥质含量；在工程因素中，影响压裂效果因素的重要性排序分别是压裂液用量、支撑剂用量、施工排量。

（3）通过采用灰色关联分析方法、层次分析法，对影响压裂效果的多个因素进行了重要性排序，同时根据重要程度，形成了压裂增产潜力选井选层的计算方法，为压裂井优先实施顺序，提供了依据。

(4)通过根据储层物性因子，形成了压裂效果技术优化方法，通过对不同储层地质条件下压裂液用量、加砂量与增油效果效果的敏感性分析，得出了不同储层地质条件下压裂改造技术优化方案。

参 考 文 献

[1] 付大其，程运甫，郝桂宪，石瑾．大港南部难采油田整体压裂技术研究与应用[J]．石油与天然气，2013，21(2)：66-68.

[2] 毕建霞，姜贻伟，宋东勇．低渗透气藏提高采收率技术与实例分析[M]．石油工业出版社，2015. 33-37.

[3] 刘思峰，党耀国，方志耕等著灰色系统理论及其应用[M]．科学出版社，2004. 21-35.

[4] 罗文波．低渗透油层压裂优化研究[D]．武汉：长江大学，2012. 45~52.

[5] 谢润成，川西坳陷中段致密砂岩气藏压裂效果评价[D]．成都理工大学，2006：28-32.

[6] 赵焕臣，徐树白，和金生等．层次分析法[M]．科学出版社．1986.

[7] 郭大进，宋波，周文欢．基于层次分析法的在役梁桥养护状况综合评估[J]．公路交通科技．2011. 28(3)：108-112.

耐高温活性稠化酸储层改造技术研究及应用

虞建业　包敏新　马　巍　卢敏辉　黄一汉

（中国石化江苏油田分公司石油工程技术研究院）

摘　要　针对聚合物稠化酸耐温低、储层伤害大等问题，合成了一种耐高温粘弹性表面活性剂，由粘弹性表面活性剂配置的活性稠化酸在剪切速率 $170s^{-1}$、剪切时间 60min、温度 150℃条件下黏度约 30mPa·s，能够满足油田地层温度 150℃度储层酸压要求。活性稠化酸现场应用平均单井增油 1756.5t、增气 $3712\times10^4m^3$、增注 $1.2\times10^4m^3$，效果显著。

关键词　表面活性剂合成；活性稠化酸；高温；储层改造

酸压技术是油气田储层改造的一项重要技术，低伤害酸液稠化剂是该项技术的核心。近年来，国内外在酸液稠化剂方面首先开发了聚合物类稠化剂，国外开发的生物聚合物胶凝剂使用温度 121℃，国内纤维素醚、合成聚合物类胶凝剂一般使用温度（70～90）℃，交联聚合物最高 140℃，使用温度受到一定限制；另一方面聚合物对地层伤害大。活性稠化活性稠化酸在缓速、分流、酸液稠化等方面具有优异使用性能，并对地层伤害小，增产增注效果显著，但仍面临酸液耐温低、使用浓度高（成本高）、现场配液困难等难题。针对江苏油田储层物性差异大，较难实现均匀酸化；地层压力系数低，酸液返排困难；常规酸液体系达不到深部酸化，酸压造缝困难等问题，开展活性稠化酸储层改造技术研究与应用，开展了低临界胶束浓度表面活性剂分子设计及合成工艺实验，开发了活性稠化酸酸液体系，测试了活性稠化酸酸岩反应动力学、裂缝导流能力及应用工艺等参数，经过几年的研究创新和推广应用，形成一项适用于油、水、气井增产增注的活性稠化酸储层改造技术。

1　粘弹性表面活性剂分子设计及性能实验

1.1　分子设计原则

通过粘弹性表面活性剂岩石吸附、润湿性能试验研究，耐温性能与分子构型分析，提出了一种油田酸化表面活性稠化剂合成设计原则。不同构型粘弹型表面活性剂岩石吸附差别小，均可用；双子或三子结构使岩石更具亲水性；长疏水链、短连接基、双子或多子结构提高耐温性能，增加应用范围；含碳碳双键、羟基等结构增加水溶性，易于现场配液。

1.2　分子结构设计

为了满足在高温强酸环境下的黏度要求，必须要避免分子结构在此环境下的分解，依据分子构型设计原则，设计了系列超长链两性离子表面活性剂，其分子结构示意图如图 1 所示。

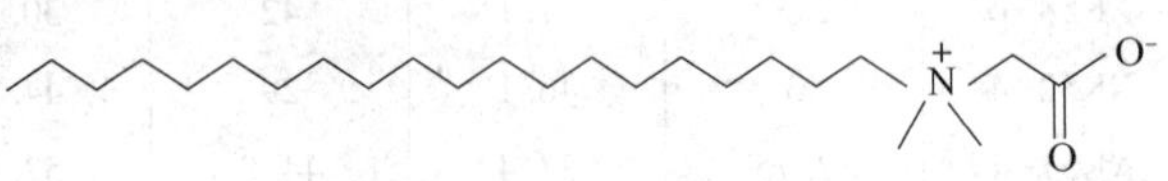

图 1　分子结构示意图

1.3　合成产物评价

1.3.1　热稳定性

合成了耐高温粘弹性表面活性剂 ULC，热失重分析如图 2，随着温度逐渐升高，ULC 略有失重，当升温到 250℃时，开始明显失重，此时 ULC 分子开始发生分解。ULC 具有较好的高温热稳定性，分子结构本身满足在高温环境不分解的要求。

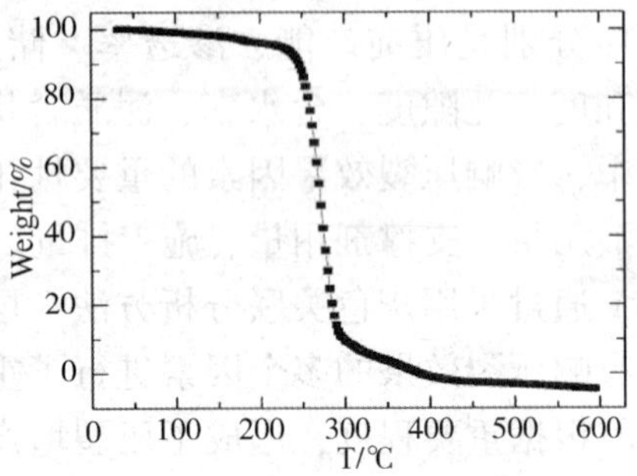

图 2　表面活性剂 ULC 热失重曲线

1.3.2　溶解性

首先将 ULC 配置成质量浓度为 1.0%的水溶液，在室温下呈不透明状态，即不能完全溶解，如图 3，逐渐升高温度，其水溶液在 60℃前后由不透明状态突然转变为几乎完全透明状态。

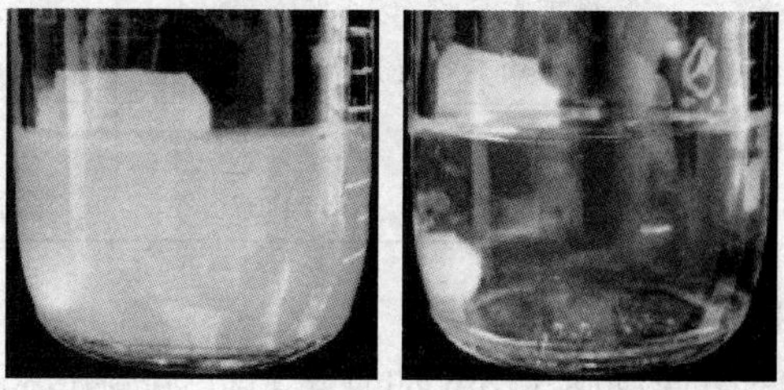

图 3　1.0wt%ULC 溶解于水中在 60℃前后的照片

1.3.3　表面活性

测试温度为 60℃，由图 4 可知，ULC 具有很高的表面活性，如表 1，其临界胶束浓度为 0.1×10^{-5}mol/L，对应的表面张力值为 29.0mN·m^{-1}。

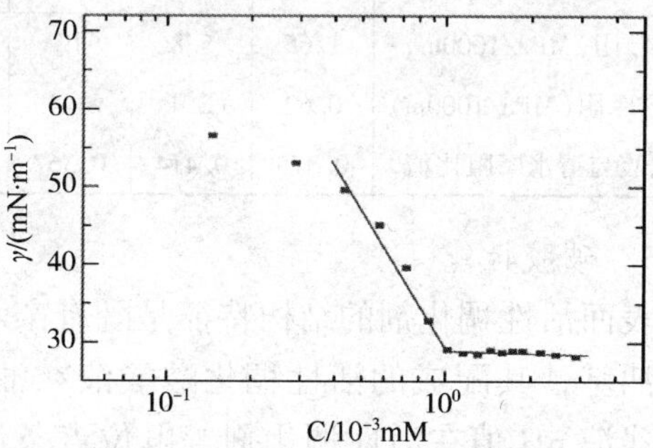

图 4　ULC 表面张力—浓度关系

表 1　ULC-1 的表面张力及临界胶束浓度

Surfactant	ULC
γ_{cmc}(mN·m^{-1})	29.0
cmc(10^{-5}mol/L)	0.1

1.3.4　流变性

先将表面活性剂以设定浓度溶解于 20%盐酸溶液中，充分搅拌后，再置于 70℃中，使其充分溶解，再用流变仪进行测试。测试条件：剪切速率，170s^{-1}；温度从 70℃以 2℃·min^{-1}的速率升温到 150℃，再保持 60min。使用 HAAKE 流变仪及其耐腐蚀 PZ39 转子进行测试。

配置质量浓度为 3%ULC 的 20%盐酸溶液，如图 5 所示(图中蓝色曲线为温度，红色曲线为黏度)，在一定范围内，随着温度增加，黏度都表现出了明显的上升。这可能是因为随着温度增加，已经形成的蠕虫状胶束进一步相互缠绕，导致动态网络更加紧密，在宏观上表现为黏度上升。但当温度升高到 110℃以后，黏度又突然降低。这可能是因为温度超过临界值后，形成的蠕虫状胶束发生崩溃，所以导致黏度急剧降低。在升温到 150℃时，溶液表现出最低的黏度，只有约 20mPa·s，但随后黏度却开始逐渐上升。这可能是因为，在较高的升温过程中蠕虫状胶束突然崩溃，但温度不再升高后，胶束逐渐适应了此温度，又开始形成较短的蠕虫状胶束，所以导致黏度略有上升。3.0wt%的 ULC 盐酸溶液的黏度最终达到 30mPa·s。

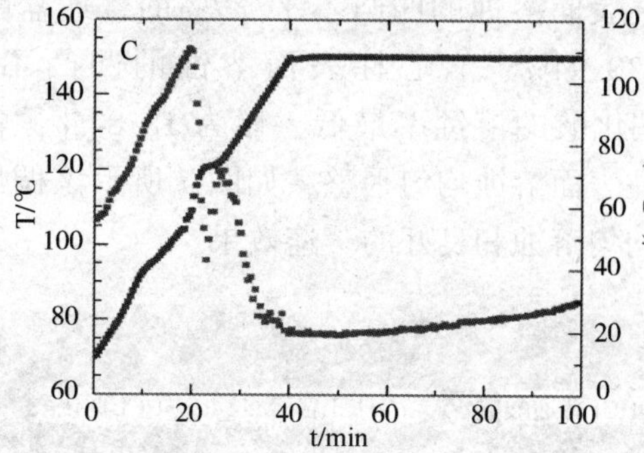

图 5　3.0wt%ULC 的 20%盐酸溶液流变性

1.4　酸液性能实验

1.4.1　耐温性能

表面活性稠化酸配方：6%产品质量浓度表面活性剂+20%盐酸+3.5%缓蚀剂+1%铁离子稳定剂。配置的稠化酸在剪切速率 170s^{-1}、剪切时间 60min、温度 150℃条件下黏度约 30mPa·s，如图 6，能够满足油田地层温度 150℃度储层酸压要求。

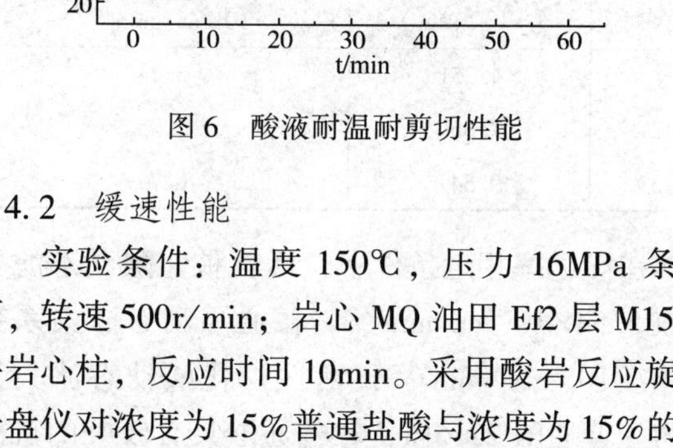

图 6　酸液耐温耐剪切性能

1.4.2　缓速性能

实验条件：温度 150℃，压力 16MPa 条件下，转速 500r/min；岩心 MQ 油田 Ef2 层 M15-2 井岩心柱，反应时间 10min。采用酸岩反应旋转岩盘仪对浓度为 15%普通盐酸与浓度为 15%的稠化酸进行酸岩反应实验，实验结果见表 2。

表 2 酸岩反应速度实验结果

项目/名称	反应时间/min	反应前岩心柱重/g	反应后岩心柱重/g	溶蚀率/%
15%HCL	10	28.79	16.48	42.88
7%HCL	10	27.96	19.31	30.94
15%稠化酸	10	28.45	23.09	18.84

酸岩反应 10min 后的岩心柱质量实验结果表明；15%普通盐酸的溶蚀率最高，为 42.88%，岩心柱表面溶蚀的凹凸不平。7%的普通盐酸溶蚀为 30.94%，岩心柱表面溶蚀的凹凸不平，15%稠化酸的溶蚀率最低，仅为 18.84%，整块岩心柱表面溶蚀均匀平整，如图 7 所示该稠化酸具有均匀溶蚀和良好的缓速效果。

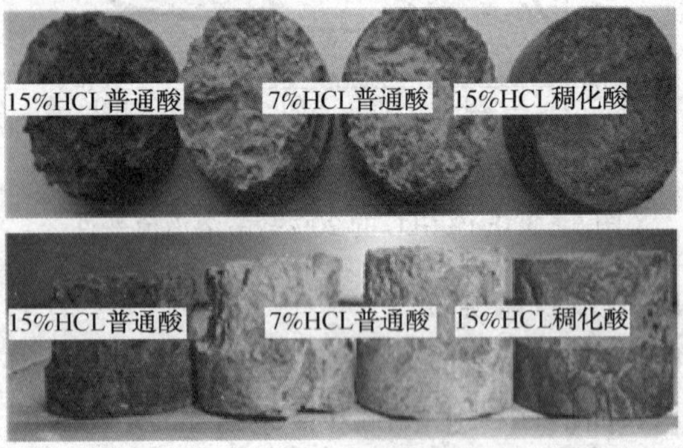

图 7 酸岩反应速度实验情况图

1.4.3 滤失性能

常温下，砂岩岩心渗透率由 $4.251\times10^{-3}\mu m^2$ 增加到 $9.347\times10^{-3}\mu m^2$，动态滤失系数 C_w 由 $5.24\times10^{-4}m\cdot min^{-0.5}$ 增加到 $6.72\times10^{-4}m\cdot min^{-0.5}$，动态滤失系数 C_w 渗透率增加而变大，并且在 $10^{-4}m\cdot min^{-0.5}$ 数量级，与常规压裂液相近，活性稠化酸具有较好的降滤失、造壁性能。

表 3 动态滤失系数 C_w 与渗透率的关系

岩心序号	渗透率 $(\times10^{-3}\mu m^2)$	动态滤失系数 C_w $(10^{-4}m\cdot min^{-0.5})$
1	4.251	5.24
2	7.666	5.85
3	9.347	6.72

在渗透率相近条件下，活性稠化酸动态滤失系数 $5.54\times10^{-4}m.min^{-0.5}$，普通酸动态滤失系数 $24.67\times10^{-4}m\cdot min^{-0.5}$，活性稠化酸动态滤失系数约为普通酸 22.5%，较普通酸具有较好的抗滤失性能。

表 4 动态滤失系数 C_w 与不同酸液关系

岩心序号	渗透率 $(\times10^{-3}\mu m^2)$	动态滤失系数 C_w $(10^{-4}m\cdot min^{-0.5})$	测试液
1	6.7	5.54	稠化剂
2	6.4	24.67	普通酸

1.4.4 摩阻性能

使用现场施工 3in 油管进行摩阻测试，现场施工作业时将施工排量提高到 $4.5m^3/min$，然后通过降排量、停泵记录相应排量下压力，分别计算稠化酸摩阻，如表，活性稠化酸摩阻约为清水 40%。

表 5 活性稠化酸与清水摩阻关系

排量(m^3/min)	1	2	3	4
清水摩阻(MPa/1000m)	1.65	5.8	12	20
稠化酸摩阻(MPa/1000m)	0.62	2.4	4.4	7.8
稠化酸与清水摩阻比值	0.375	0.414	0.367	0.390

1.4.5 破胶性能

表面活性稠化剂的结构特征是既有亲水基又有亲油基，其配成的活性稠化酸酸液在油、气、水或残液 pH 值在活性稠化剂等电位点条件下均可自破胶，因此，残液易返排，地层不会受到二次伤害。

1.4.6 助排性能

将稠化剂及常用的助排剂配成工作液，用 XZD-3 型全面程界张力接触测量仪测定温度为 75℃时，工作液的表、界面张力表，结果见表 6。用浓度为 0.5%的稠化剂所配的工作液的表、界面张力都较低，与同浓度的助排剂的降低表面张力和界面张力能力相当。因此，当配方酸中加入一定浓度的稠化剂配成的稠化酸注入地层后，能降低储层表面张力，起到防水锁的作用。

表 6 稠化剂与助排剂的降表、界面张力性能对比实验

项目/名称	实验浓度/%	表面张力/(mN/M)	界面张力/(mN/M)
KD-35	0.5	29.7792	0.23080
表面活性稠化剂	0.5	30.6548	0.3495

2 活性稠化酸储层改造工艺

2.1 转向分流工艺

转向酸正是利用反应生成的钙镁离子、地层温度及 pH 值的变化自动改变酸液的黏度，以达到转向的目的。测得不同浓度盐酸条件下酸液黏

度，盐酸浓度5%，酸液黏度最大，达到156mPa·s，能够起到分流转向作用。

2.2　多级注入工艺

多级注入工艺能实现更好的裂缝刻蚀效果，获得更大的裂缝导流能力，活性稠化酸酸蚀裂缝导流能力小于常规酸酸蚀裂缝导流能力，有利于增加酸穿距离。活性稠化酸多级注入条件下的导流能力是单级注入的几倍~几十倍，多级注入条件下的导流能力总是大于单级注入；活性稠化酸多级注入条件下裂缝导流能力弱于盐酸，稠化酸多级注入条件下的导流能力是单级注入的几分之一~几十分之一。对于现场实施要求酸压裂缝半径小，如几米~十几米，而且要求高导流裂缝，可以采用多级注入工艺；对于现场实施要求酸压裂缝半径大，如几十米~百米，可以采用稠化酸单级注入闭合酸化工艺，实现压裂裂缝深穿透。

2.3　定点酸压工艺

水力喷射压裂管柱与封隔器相结合，一趟管柱可压裂3条裂缝；水力喷射定点酸压，造缝位置准确，如图8。

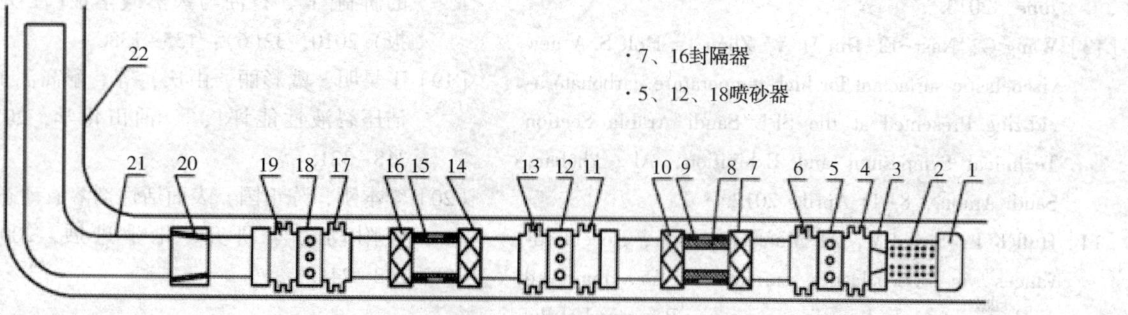

图8　定点酸压管柱结构示意图

3　应用效果

项目共现场应用70井次，其中采油井40井次，注水井25井次，产气井5井次；施工成功率100%，有效率93.8%；措施累计增油5.97×10^4t、增加产气$2.6\times10^8m^3$、增注$28.57\times10^4m^3$，平均单井增油1756.5t、增气$3712\times10^4m^3$、增注$1.2\times10^4m^3$，应用效果显著。该工艺适用于灰岩、砂岩等岩性储层，油、气、水井酸化及酸压，能够实现储层均匀布酸、深部酸化、酸压造缝等措施效果，具有很好的推广应用价值。

结论

（1）设计合成的耐高温粘弹性表面活性剂热稳定性高、溶解性能好、临界胶束浓度低。

（2）耐温150℃活性稠化酸具有造壁、缓速、分流等性能。

（3）活性稠化酸分流酸化、多级注入、定点酸压工艺应用效果显著，能够实现储层均匀布酸、深部酸化、酸压造缝等措施效果，具有很好的推广应用价值。

参考文献

[1] 陈大钧，陈馥，李建波，等．油气田应用化学[M]．北京：石油工业出版社，2006：148~149.

[2] 赵增迎．黏弹性表面活性剂转向酸体系的流变性能及酸岩反应动力学研究[D]．北京：中国地质大学，2006.

[3] 曲占庆，梁涛，齐宁，等．智能转向酸化的机理及试验研究[J]．石油天然气学报(江汉石油学院学报)，2011，33：147~149.

[4] 曲冠政．甜菜碱类黏弹性表面活性剂自转向酸酸化技术研究[D]．北京：中国石油大学，2011.

[5] 赵梦云，赵忠扬，赵青．变黏酸用转向稠化剂VCA的研制[J]．油田化学，2005，(2)：133~135.

[6] 张宏，刘新生，邓世彪，等．压裂液对地层的伤害分析与低伤害液的优选．国际压裂酸化大会论文集，西安，2010.

[7] Nasr－El－Din H A，Taylor K C，Al－Hjji H H. Propagation of cross－linkers used in in－situ gelled acids in carbonate reservoirs. Paper SPE 75257 presented at the SPE/DOE Improved Oil Recovery Symposium held in Tulsa，13－17 April，2002.

[8] Nasr－El－Din H A，Samuel E，Samuel M. Application of new class of surfactants in stimulation treatments. Paper SPE 84898 presented at the SPE International Improved Oil Recovery Conferences in Asia Pacific held in Kuala Lumpur，20－21 October，2003.

[9] Nasr－El－Din H A，Samuel M. Lessons learned from using viscoelastic surfactants in well stimulation. SPEPO，2007，22(1)：112－120.

[10] Nasr－El－Din H A，Al－Ghamdi A H，Al－Qahtani A A，Samuel M M. Impact of acid additives on the rheological properties of a viscoelastic surfactant and their

influence on field application. Paper SPE 89418 presented at the 2004 SPE/DOE Symposium on Improved Oil Recovery, Tulsa, 17 -24 April.

[11] Norman W D, Jasinski R J, Nelson E B. Hydraulic fracturing process and compositions. US Patent 5551516, 1996.

[12] Yang J, Guan B, Lu Y, Cui W, Qiu X, Yang Z, Qin W. Viscoelastic evaluation of gemini surfactant gel for hydraulic fracturing. Paper SPE165177 presented at the SPE European Formation Damage Conference and Exhibition held in Noordwijk, The Netherlands, 7 -10 June, 2013.

[13] Wang G, Nasr-El-Din H A, Zhou J, Holt S. A new viscoelastic surfactant for high temperature carbonate acidizing. Presented at the SPE Saudi Arabia Section Technical Symposium and Exhibition, Al - khobar, Saudi Arabia, 8 -11 April, 2012.

[14] Hull K L, Sayed M, Al-Muntasherl G A, Recent advances in viscoelastic surfactants for improved production from hydrocarbon reservoirs. Presented at the SPE International Symposium on Oilfield held in The Woodlands, Texas, USA, 13 -15 April 2015.

[15] 徐良伟，赵林，马超，等．酸化用粘弹性表面活性剂的合成与评价[J]．石油地质与工程，2011，25(3)：117~119.

[16] 赵梦云，赵忠扬，赵青．变粘酸用转向稠化剂 VCA 的研制[J]．油田化学，005，22(2)：133~135.

[17] 娄平均，牛华，朱红军，等．新型吉米奇季铵盐在 VES 清洁压裂液中的应用研究[J]．天然气与石油，2011，29(1)：45~47.

[18] 王磊，沈一丁，薛小佳，等．新型酸性清洁压裂液的研制[J]．石油与天然气学报(江汉石油学院学报).2010，32(6)：135~138.

[19] 丁昊明，戴彩丽，由庆，等．耐高温 FRK-VES 清洁压裂液性能评[J]．油田化学，2011，28(3)：318~321.

[20] 李本刚，陈正国．表面活性剂溶液动态表面张力及吸附动力学研究，化学进展，2005，17(2)：233~241.

水力喷射双封单卡压裂联作工具研制

牛朋伟[1,2] 张 文[1,2] 晏 健[1,2]

(1. 中国石油川庆钻探工程有限公司；2. 低渗透油气田勘探开发国家工程实验室)

摘 要 为解决长庆油田油气井直井(定向井)压裂改造施工过程中火力射孔作业耗时较长、高压井下钻风险大、特殊区域火力射孔作业受限等影响生产效率的实际问题，结合常规水力喷射压裂工艺特点，通过可选择开启滑套封隔器的设计以及大通径水力喷枪、PSK水力喷射封隔工具等核心工具的配套，形成了一种水力喷射双封单卡压裂联作工艺管柱。该管柱可利用水力喷砂射孔压裂联作技术实现直井不动管柱分层压裂，目前单趟管柱可施工2段，能够满足预测高压井双封单卡压裂改造的施工需求。

关键词 水力喷射；射孔压裂联作；不动管柱；双封单卡；分层压裂

水力喷砂射孔压裂技术是一种融合了射孔、压裂、隔离于一体的储层增产改造方法，普遍适用于低渗透油藏直井、水平井的增产改造，是在低渗透油气田达到增产目标的一种有效措施。近几年，水力喷砂射孔压裂工艺在长庆区域已经形成以PSK水力喷射封隔工具、TDY封隔压裂工具、连续油管CTY底封压裂工具等为核心的多种成熟改造工艺管柱。水力喷砂射孔具有穿透深、地层伤害小、施工风险底的特点，但在作业时，需要建立液流循环，因此只封隔已完成压裂的下部地层，对于套管漏点过多的井或需重复压裂、补射孔的老井，不能解决液体窜漏、压错层段等问题，因此无法进行采用。而且目前火工射孔作业受限制较多，设计合理的水力喷射工艺可以做为现场施工的替代方案。为此，研制出一种水力喷射双封单卡压裂管柱，实现水力喷砂射孔与多级分层双封压裂联作，既能够在漏点较多的油井老井井筒环境中准确卡层封隔并进行可选择性的射孔压裂，也能够在气探井压裂改造中代替火工作业实现薄互层的精准射孔压裂，从而有效降低目前油气井改造施工的风险，极大地提高了施工效率。[1-5]

1 方案设计

1.1 设计思路

针对目前常规水力喷射工艺管柱不能符合现场特殊需求的问题进行针对性分析，可以发现，通过实现管柱中各个工具的选择性开启就可以实现“水力喷砂射孔”+“双封单卡压裂”联作的目的。因此，制定了水力喷射双封单卡压裂管柱的研发思路：①开发可以选择开启的井下封隔工具、水力喷射工具；②利用开发的可选择开启工具，设计特定启动顺序的工具组合，从而实现多级分层双封压裂联作。

1.2 工艺方法

施工时，管柱先进行下封，封隔下部后进行水力射孔，射孔完毕后，封隔上部环空，管柱实现双封单卡，继续压裂施工。如图1所示。

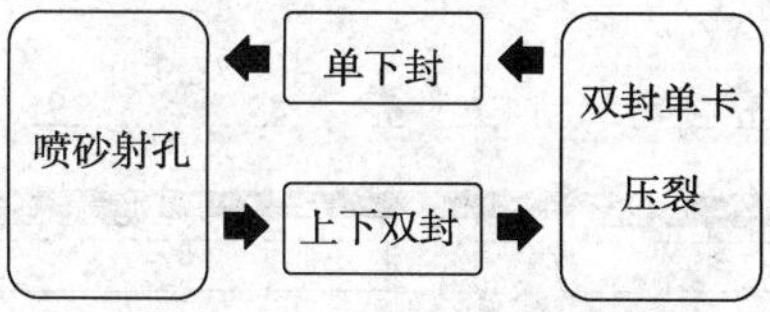

图1 管柱状态转换设计流程图

2 关键工具的开发

2.1 可选择开启滑套封隔器[6-7]

2.1.1 结构设计

目前，多层水力喷射压裂施工作业常采用K344型封隔器，液压启动后依靠其扩张式胶筒可对井筒实现封隔。为了实现选择性开启，即初始状态工具不启动，只有特定操作后启动封隔器实现井筒封隔，因此设计了可选择开启滑套封隔器，在工具下接头传压水眼处设计分级滑套，传压通道开启方式设置为投球憋压剪切销钉，开启后通过油管加压便可正常启动封隔器。其主要结构如图2。

2.1.2 工作原理

封隔器下到设计深度后，投球打滑套，开启内部传压通道，从油管内加压，液压通过封隔器内部的传压孔隙作用于胶筒内腔，节流压差作用下，胶筒发生膨胀封隔油套环空。当油压释放，

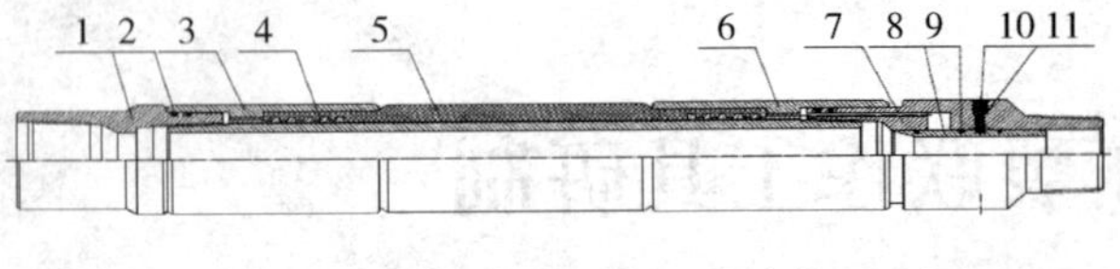

图 2 HTK 型选择开启封隔器结构示意图

1—上接头；2—密封圈；3—上胶筒座；4—中心管；5—胶筒；6—下胶筒座；7—下接头；8—滑套；9—密封圈；10—剪钉；11—密封圈

油套压力平衡后，胶筒靠自身的回弹力收缩回原状实现解封。

2.1.3 技术参数

最大外径为：112mm；长度：950mm；最小内径：A 型 32mm，B 型 38mm；开启后内通径：51mm；工作压力：70MPa；工作温度：120℃

2.2 PSK 水力喷射封隔工具

2.2.1 结构设计

PSK 型水力喷射封隔工具其本身上端设置有水力喷射结构，开启内滑套后封隔部分出液孔与喷射孔同时打开，即可进行单下封的射孔压裂作业。因此对其内径进行优化设计，增大内通径、匹配喷咀规格以促进实现多级压裂施工。其主要结构如图 3。

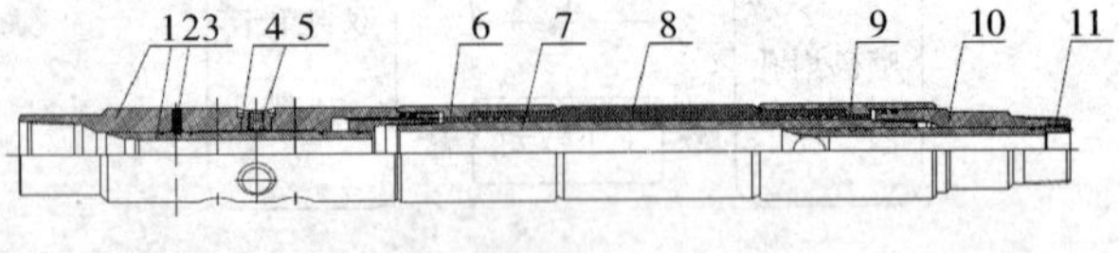

图 3 PSK 型选择开启水力喷射封隔工具结构示意图

1—上接头；2—密封圈；3—上胶筒座；4—中心管；5—胶筒；6—下胶筒座；7—下接头；8—滑套；9—密封圈；10—剪钉；11—密封圈

2.2.2 工作原理

工具下到设计深度后，投球打滑套，打开水力喷射部分的喷射孔，同时开启内部传压通道，从油管内加压，液压通过封隔器内部的传压孔隙作用于胶筒内腔，节流压差作用下，胶筒发生膨胀封隔油套环空。当油压释放，油套压力平衡后，胶筒靠自身的回弹力收缩回原状实现解封。

2.2.3 技术参数

最大外径为：112mm；长度：1230mm；最小内径：35mm；开启后内通径：53mm；工作压力：70MPa；工作温度：120℃

2.3 KPS 大通径水力喷枪

结合现场使用情况进行喷射器结构的优化设计，设计了一种大通径水力喷射器，改进后的喷枪将内通径增加至 53mm，喷嘴套采用 40mm 硬质合金整体盖板，表面硬度 $HRC>60$。结构如图 4。

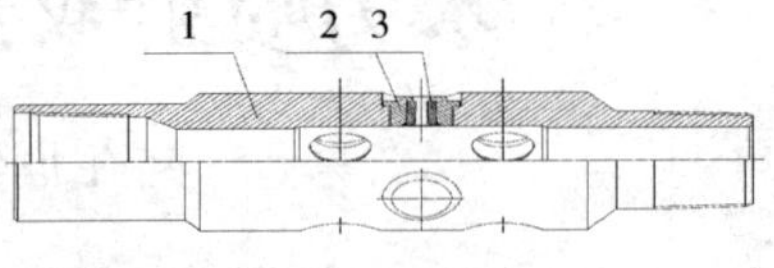

图 4 HTK 型选择开启封隔器结构示意图

1—上接头；2—密封圈；3—上胶筒座

其最大外径为：110mm；长度：410mm；最小内径：53mm；工作压力：70MPa；工作温度：120℃。

3 管柱设计

3.1 单层水力喷射双封单卡压裂管柱

3.1.1 管柱结构

单层水力喷射双封单卡压裂管柱结构(由下到上)为：ϕ25 球座+1 根油管+K344-112 封隔器+KPS-110 水力喷枪+1 根油管+HTK344-112A 滑套封隔器+油管至井口(管柱结构如图 5 所示)。

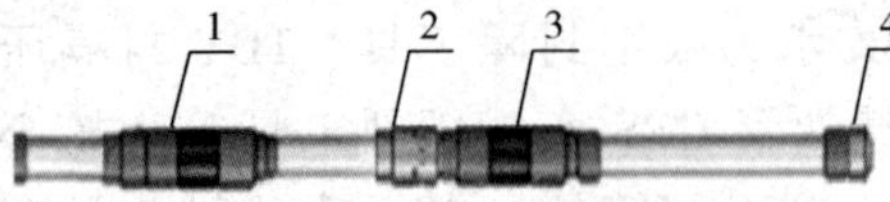

图 5 单层水力喷射双封单卡压裂管柱结构示意图

1—HTK344 滑套封隔器；2—水力喷枪；3—K344 封隔器；4—球座

3.1.2 主要工具参数(表 1)

表 1 单层水力喷射双封单卡压裂管柱工具技术参数

规格型号	HTK344-112A 滑套封隔器	KPS-110 大通径水力喷枪	K344-112 封隔器
最大钢体外径/mm	ϕ112	ϕ110	ϕ112
工作温度/℃	≤120	≤120	≤120
工作压力/Mpa	70	70	70
启动压差/Mpa	0.8-1.2	/	0.8-1.2
最小通径/mm	32	53	55
开启工具	ϕ34 钢球	/	/
开启后通径/mm	51	/	/
连接扣型	27/8" UPTBG	27/8" UPTBG	27/8" UPTBG

3.1.3 工艺原理

使用时，将管柱下钻至设计位置，按照施工设计进行射孔施工，射孔结束后，顶替到位，井口投 ϕ34mm 钢球，低排量送钢球至 HTK344-112A 滑套封隔器滑套上，管内憋压打掉滑套，此时管柱为双封单卡工艺管柱，按照压裂施工设计的泵注程序，进行压裂施工。

3.2 两层水力喷射双封单卡压裂管柱

3.2.1 管柱结构设计

两层水力喷射双封单卡压裂管柱结构(由下到上)为：φ25 球座+1 根油管+K344-112 封隔器+KPS-110 水力喷枪+1 根油管+HTK344-112A 滑套封隔器+调整油管+PSK-112(T)水力喷射封隔工具+1 根油管+HTK344-112B 滑套封隔器+油管至井口(管柱结构如图 6 所示)。

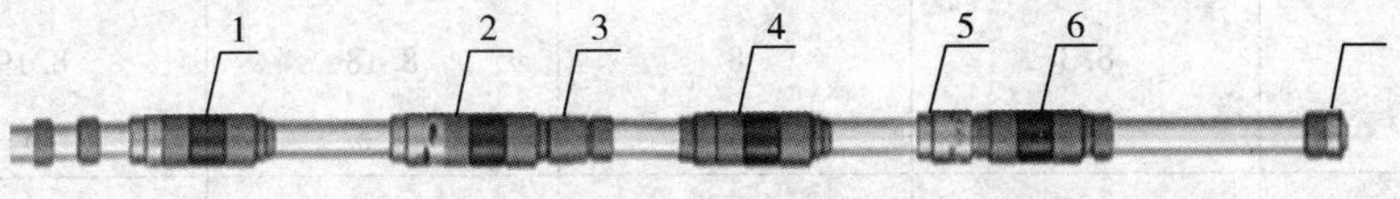

图 6 两层水力喷射双封单卡压裂管柱结构示意图

1—HTK344 滑套封隔器；2—PSK 水力喷射封隔工具；3—座落接头；4—HTK344 滑套封隔器；5—水力喷枪；6—K344 封隔器；7—球座

3.2.2 主要工具参数(表 2)

表 2 两层水力喷射双封单卡压裂管柱工具技术参数

规格型号	HTK344-112B 滑套封隔器	PSK-112(T) 水力喷射封隔工具	HTK344-112A 滑套封隔器	KPS-110 大通径水力喷枪	K344-112 封隔器
最大外径/mm	ϕ112	ϕ112	ϕ112	ϕ110	ϕ112
工作温度/℃	≤120	≤120	≤120	≤120	≤120
工作压力/Mpa	70	70	70	70	70
启动压差/Mpa	0.8-1.2	0.8-1.2	0.8-1.2	/	0.8-1.2
最小通径/mm	38	35	32	53	55
开启工具	ϕ40 钢球	Φ37 钢球	ϕ34 钢球	/	/
开启后通径/mm	51	53	51	/	/
连接扣型	27/8" UPTBG	27/8" UPTBG	27/8" UPTBG	27/8" UPTBG	27/8" UPTBG

3.2.3 工艺原理

使用时，将管柱下钻至设计位置，按照施工设计进行第一层射孔施工，射孔结束后，顶替到位，井口投 ϕ34mm 钢球，低排量送钢球至 HTK344-112A 滑套封隔器滑套上，管内憋压打掉滑套，此时管柱为双封单卡工艺管柱，按照压裂施工设计的泵注程序，第一段进行压裂施工，施工结束后，从井口投送 ϕ37mm 钢球，油管内憋压，剪断 PSK-112(T)水力喷射封隔工具滑套销钉，滑套下行至 PSK-112(T)水力喷射封隔工具下接头堵塞下部通道，同时打开 PSK-112(T)水力喷射封隔工具的喷枪出液孔，按照施工设计进行第二层射孔施工，射孔结束后，顶替到位，井口投 ϕ40mm 钢球，低排量送钢球至 HTK344-112B 滑套封隔器滑套上，管内憋压打掉滑套，封隔下部的油套环空此时管柱为双封单卡工艺管柱，然后按照压裂施工设计的泵注程序施工第二段进行压裂施工。

4 现场应用

典型井 HP7-＊井是长庆油田第七采油厂产能建设项目组的一口钻井遗留井，井筒在直井段有漏点，完钻井深 3250m，水平段长 547m，开采长 4+5 层，设计施工 5 段，平均每段砂量 31m^3，两趟钻施工完成(表 3)。

表 3 HP7-＊井施工参数

施工数据	第一段	第二段	第三段	第四段	第五段
射孔深度/m	3127-3131	3060-3064	2938-2942	2878-2882	2705-2709
入地总液量/m^3	301.8	310.5	162	152	139.9
砂量/m^3	45	45	25	20	20
破压/Mpa	44.6	43.4	41.6	27.7	38.6
停泵压力/Mpa	12.9	13.8	11.2	11.2	12.1

续表

施工数据		第一段	第二段	第三段	第四段	第五段
最高压力/Mpa		49.5	50.5	45.9	49.5	41.5
工作压力/Mpa		36.3-49.5	37.8-49.2	42.6-47.6	43.4-45.6	34.6-36.7
施工排量/(m^3/min)		2.6	2.6	2.6	2.6	2.6
喷砂	喷砂排量/(m^3/min)	2.2	2.4-2.6	2.2	2.2	2.2
	砂比/%	8.3	8	8.18	8.19	8.28
	砂量/m^3	4.5	5	4.5	5	4.5
酸量/m^3		4.2	4	0	0	0

从施工数据可以看出，施工5段地层破裂压力明显，施工压力稳定，说明封隔器层间封隔可靠，压裂加砂座封稳定，证明了这种管柱的可行性与可靠性。

5 结论

（1）研制的水力喷射双封单卡压裂管柱工具，能够实现一趟钻进行2层段水力喷射双封单卡压裂施工，工具选择性开启，水力喷砂射孔与双封单卡压裂联作，减少了起下钻次数，提高增产施工作业效率。

（2）针对于井筒漏点相对较多的钻固遗留井和施工排量较低但需要补射孔作业的老井，可以使用这种工艺管柱，提高增产改造工作效率。

（3）针对预测高压井或需要对薄互层进行精准射孔压裂的井，可以使用这种工艺管柱，代替火工作业，降低改造施工的风险。

参 考 文 献

[1] 储小三，吴晋军．水平井水力喷射与小直径封隔器联作压裂技术在长庆低渗油田中的应用[J]．北京：石油工业出版社，1995：44-59.

[2] SURJAATMADJA J B, GIJTENBEEK K V. Recent advancements in hydrajet perforating and stimulation provide better penetration and improved stimulation[R]. SPE 144121, 2011.

[3] 李根生，盛茂，田守嶒，等．水平井水力喷射分段酸压技术[J]．石油勘探与开发，2012，39(1)：100-104.

[4] 于永，杨彪，杜宝坛，等．水力喷砂射孔在油气田开发中的应用[J]．特种油气藏，2002，9(4)：56-58.

[5] 李景彬，隆世明，张波，等．水平井水力喷射环空加砂高强度拖动压裂工具的研制与应用[J]．钻采工艺，2017：46-49.

[6] 王文斌．机械设计手册(新版)第一卷[M]．北京：机械工业出版社，2004.

[7] 吴奇．井下作业工程师手册[M]．北京：石油工业出版社，2002.

松南火山岩气藏水平井压裂改造标准研究

董传瑞

（中国石化东北油气分公司）

摘　要　松南火山岩气藏是底水发育气藏，随着开发不断深入，上部致密凝灰岩储量需要压裂改造才能有效动用。但压裂裂缝与底水沟通，气井在生产中底水逐渐锥进，近井地带形成水侵，生产压差减小导致产气量降低；而远端储量动用程度低，严重影响气藏整体开发效果。本文重点研究火山岩气藏水平井生产动态，评价气井压裂工艺适应性与开发效果，总结提出适合此类储层压裂改造的标准，为今后底水发育储层压裂改造提供科学依据。

关键词　松南火山岩；生产动态；压裂工艺适应性；改造标准

松南气田位于长春市西，长岭县以北约45km处的前郭县查干花乡腰英台村，构造上位于松辽盆地南部长岭断陷中央隆起达尔罕断凸带腰英台深层构造高部位，探明地质储量433.6×10^8m^3，技术可采储量260.16×10^8m^3。松南气田火山岩储层主要发育两种火山岩相：一是期次一、期次二以喷溢相发育流纹岩，孔隙度分布在3.0-8.0%之间，渗透率分布在<0.16mD；二是期次3以爆发相发育凝灰岩，孔隙度在1.0%-29.0%之间，渗透率分布在0.01-81.92mD之间。不同火山机构、由于断层分隔和储层非均质，原始气水界面各不相同，其中主力腰深1火山机构原始气水界面为3644m。2008年产建初期，松南火山岩水平井主要钻遇下部期次一、二高渗流纹岩，气井以裸眼/筛管完井，常规投产为主，具有油压高、产水量低的特点；2015年部署调整6口水平井，主要钻遇上部期次三致密凝灰岩，气井以套管完井分段压裂的方式投产，具有油压低、产水量高的特点，分析认为压裂投产井底水锥进上升，导致气井水气比上升，生产压差减小，气藏采收率下降。

1　生产规律研究

1.1　气井生产特征分析

松南气田营城组火山岩气藏已经投入开发9年，气井的产量、压力与投产初期相比，发生很大变化，各井之间生产动态特征差异大，根据产量、压力、产水变化特征将井分为四种类型：

①产量压力稳定，油压保持在13-18MPa，产凝析水，产能较高，具备调峰能力的井(5口)。②产量压力相对稳定，油压保持在14-17MPa，产地层水且水气比上升，但总体可控(4口)。③产量总体下降，油压保持在6.3-9.3MPa，产地层水且产水量及水气比不断升高(2口)。④外围供给不足，产量压力均下降较快(3口)[1]。通过生产动态分析可将影响气井产能的因素总结为一下两大方面。

1.2　气水界面的影响

气水界面位置直接影响气井生产效果。目前松南火山岩气田已开发两个井区，分别为YS1和YP7井区，两个区块为不同火山机构，其原始气水界面位置不相同。YS1井区原始气水界面位置为3644m，常规投产的气井距气水界面在60-120m左右，气井生产见水时期较长，产出水阶段可分为产凝吸水、混合水、地层水，在生产过程中通过制定合理的生产压差，能够实现产气量稳定；YP7井区原始气水界面位置为3575m，常规投产的气井距气水界面在40m左右，气井生产见水时期段，投产后直接产出地层水，气井生产受底水影响，导致油压、产气量急剧下降，气田开发效果变差。[2]

随着开发的不断深入，同一火山机构不同区域的采出程度形成差异，气水界面的抬升程度也不相同。通过统计YS1井区不同气井的见水时间可以发现，相同区块内不同气井见水时间点不相同，说明原始气水界面受岩性、物性影响差异化抬升(表1)。根据气井产水量情况结合数模软件分析，认为松南火山岩气田随着开发底水整体上均衡推进，但部分气井受高角度裂缝影响，底水上升速度较快，数模显示水脊高度可达41.5-82.8m，导致气井产出水量及组分不同。

表 1 YS1 井区气井气水界面见水统计情况

井号	见水日期	垂深	见水产状			
			油压	套压	日产气	日产水
YP1	2014/5/4	3748	19.7	20.3	9	20.4
YP3	2014/7/17	3739	10.6	20	15.4	15.6
YP6	未见水	3649	11.6		34.6	0
YP8	未见水	3710	16.4		24.2	5.3
YP9	未见水	3658	12.8		37.1	4
YP10	2016/3/6	3749	15	15.7	13	14.9
YP13	2016/12/2	3710	12.5	15	18	10.6

统计分析松南火山岩水平气井实际生产情况，可以建立气井距气水界面的高差与产地层水前累计产气量的图版(图 1)，根据实际拟合情况二者呈线性相关，即气井距原始气水界面的高差越小，产地层水时间越早，产地层水前累计产气量越低。但期次 3 凝灰岩投产的 4 口水平井距气水界面高差均大于 100m，压裂后裂缝与底水沟通，底水沿着裂缝指进，气井生产初期就有地层水产出，在图版上表现为产地层水前累计产气量为 0。

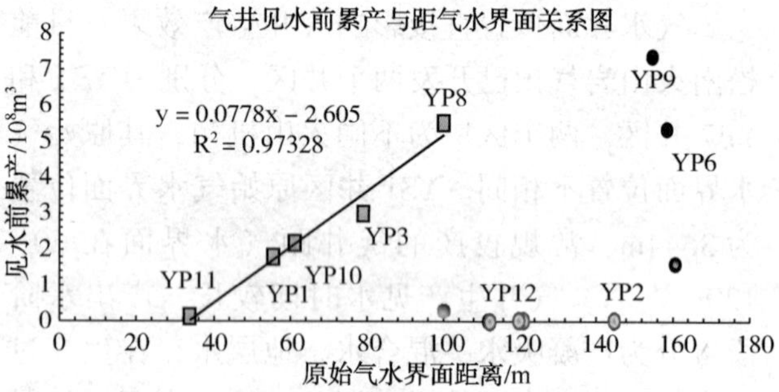

图 1 距原始气水界面高差与产地层水前累计产气量图版

1.3 裂缝的影响

地层水通过压裂裂缝锥进，形成近井地带水侵，加快气井产地层水速度。受储层物性影响，钻遇期次 2^3流纹岩与期次 3 凝灰岩的水平井投产方式不同，期次 2^3流纹岩高渗储层水平井以裸眼或筛管完井为主，采用常规或酸化投产，即可获得工业气流；而期次 3 凝灰岩致密储层水平井全部采用套管完井，需要进行压裂改造获取工业气流。压裂改造后形成的纵向裂缝，容易沟通底水，造成底水锥进，影响气井后期生产。

统计分析松南火山岩水平气井实际生产情况，可以建立气井距原始气水界面高差与见水前生产天数图版(图 2)，根据实际拟合情况二者呈线性相关，其中 YP6、YP9、YP5 井目前生产未见地层水，不做拟合点，YP2 井等压裂投产的 4 口井直接产出地层水，即产地层水前无累计产量。可以总结为气井距原始气水界面的高差越大，见地层水时间越长，气井累计产气量越高，开发效果越好。[4,5]

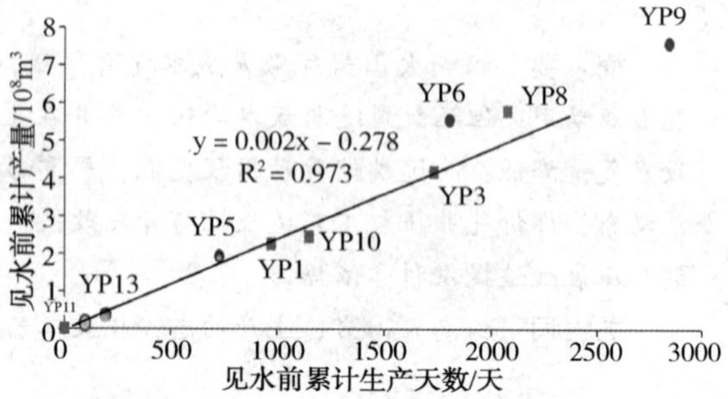

图 2 见水前生产天数与见水前累计产气量图版

1.4 气水界面与产水时间

根据以上的两个图版，可以将气井距气水界面的高差与产地层水前的生产天数进行关联，并得出以下关系式：

$$z=38.9x-1163.9$$

式中：x 为距气水界面高差(米)

z 为见水前生产天数(天)

通过以上关系式，分析当 $x=30$ 时，$z=0$，即水平段距气水界面高差为 30m 时，气井投产即见地层水，见水前无累计产气量。结合流纹岩储层地质特征，分析认为靠近气水界面的 30 米流纹岩储层为气水过渡带，在气水过渡带部署的水平井具有产地层水的可能。

2 压裂效果评价

松南火山岩目前已投产 18 口水平井，其中压裂投产 4 口井，共压裂 26 段，平均单段用液量 $680m^3$，平均单段加砂 $35.6m^3$，压裂软件模拟裂缝半长为 150-200m，缝高为 30-60m；目前平均单井日产气 $7\times10^4m^3$，日产水 32t，平均水气比达到 3.5，底水沿裂缝锥进速度快，严重影响开发效果。[6]

通过对邻井腰深 1 井地应力剖面计算，营城组火山岩纵向上应力差小，高角度天然裂缝发育，储层间无明显遮挡层，裂缝缝高容易上下突窜，在压裂改造中既要确保裂缝横向延伸，提高储量动用范围，又有要控制裂缝缝高。

整理统计火山岩 4 口水平井压裂施工参数，利用数模软件反演裂缝扩展情况，分析评价凝灰岩储层压裂改造效果。对不同压裂点进行裂缝反演，模拟压裂裂缝高度，结合水平段压裂点垂深、原始气水界面深度、气水界面整体抬升高度、气水过渡带距离、压裂缝高等参数，可以定量建立以上参数的关系式，并判断压裂裂缝是否与底水沟通。当原始气水界面深度+气水界面整体抬升高度+气水过渡带距离+压裂缝高大于或等于水平段压裂点垂深时，压后投产就会有地层水产出，影响气井的整体开发效果；当原始气水界面深度+气水界面整体抬升高度+气水过渡带距离+压裂缝高小于水平段压裂点垂深时，压后投产不会有地层水产出。

下面以 YP12 井为例，应用该方法判断水平井压后初期主要产水段。根据数模预测目前开发阶段气水界面整体抬升高度约为 10m，气水过渡带距离为 30m，利用压裂数模软件反演 YP12 井 6 段压裂缝高，从表 2 中可以看出，YP12 井第一、二、四段压裂缝高已经沟通底水，可以判断该井初期投产主要产水段为第一、二、四段；第三、五、六段压裂缝高未沟通底水，改造规模相对合理，有利于气井后期稳定生产。

表 2　YP12 井压裂点与底水沟通情况

压裂点	垂深/m	原始气水界面深度/m	气水界面抬升/m	气水过渡带/m	压裂点距水高度/m	压裂缝高/m	备注
1	3706	3762	10	30	16	37	见水
2	3700	3762	10	30	22	40	见水
3	3695	3762	10	30	27	15	未见水
4	3687	3762	10	30	35	43	见水
5	3683	3762	10	30	39	37	未见水
6	3673	3762	10	30	49	27	未见水

3　储层改造标准

3.1　建立理想化模型

建立松南火山岩理想化地质模型，上部为期次 3 爆发相形成的致密凝灰岩低孔特低渗储层，下部为期次 2 喷溢相形成的中-高渗流纹岩储层，按地层水部分状态流纹岩储层可细分为无水带、气水过渡带与底水带(图 3)。根据储层特点水平井可分为三类：A 类水平井部署在凝灰岩，全部需要压裂投产同时兼顾流纹岩储量；B 类水平井部署在流纹岩无水带，采用常规或酸化投产；C 类水平井部署在流纹岩气水过渡带，采用常规投产。本文通过对 A 类水平井开发效果的评价，建立凝灰岩储层的压裂改造标准。

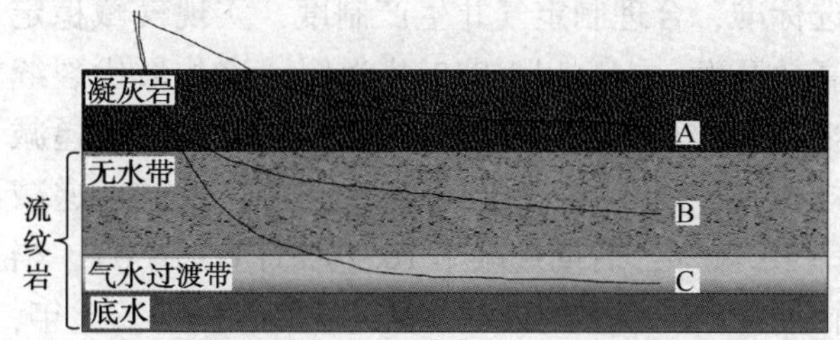

图 3　理想化松南火山岩气藏模型

3.2　气井产能预测

建立理想化均质地质模型后，预测水平井不同半缝长下的气井产能，随着压裂半缝长的增加，气井初产和累产逐渐增大，当裂缝半长大于一定长度时，累计产量增幅变小，开发经济效益变差。综合考虑凝灰岩储层导流能力对应的裂缝半长和压裂施工费用，确定最优裂缝半长。(图 4，图 5)

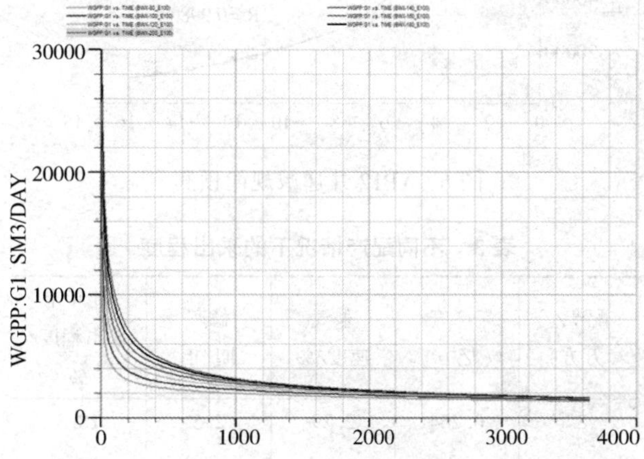

图 4　不同裂缝半长下日产量预测曲线

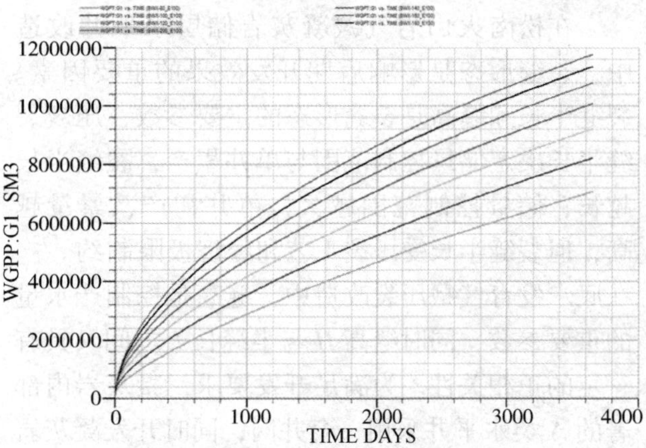

图 5　不同裂缝半长下累产量预测曲线

在确定最优裂缝半长后，利用数值模拟技术

预测气井产量递减规律，以采出程度最高作为优选标准，合理制定气井生产制度，实现气藏稳定高效开发。本文以 YP12 井为例，该井最优裂缝半长为 150m，结合同区块内单井产量指数递减规律，预测 YP12 井产量变化趋势，以初期递减率 16.46%，后期递减率 10.28%计算(图 6)，当初期配产 8 万方/天时，能够稳定生产 2.5 年，15 年末采出程度最高为 18.3%，优于另外两套配产方案(表 3)。但气井生产大量产出水后，近井地带渗流状态明显发生改变，生产压差快速下降，当产水量无法满足产气量鞋业能力时，需要排水采气等措施维持正常生产。因此在气井大量产水后，递减规律也随之发生改变。

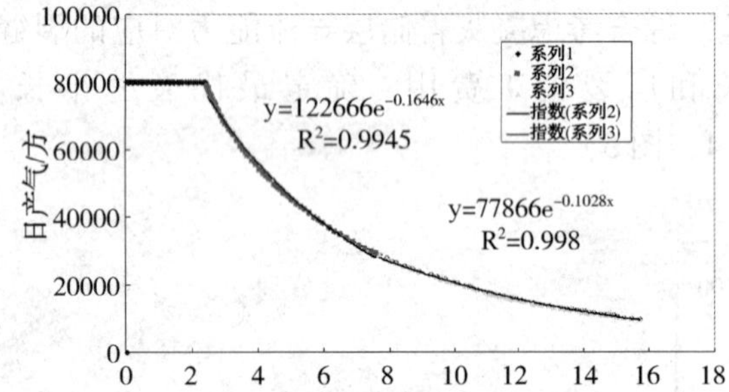

图 6　YP12 井递减规律预测

表 3　不同配产情况下的采出程度

配产/(万方)	年产气/(亿方)	采气速度/%	稳产期/年	15 年末采出程度/%
8	0.264	2.29	2.5	18.3
10	0.33	2.86	1.5	16.5
12	0.396	3.44	1	14.6

3.3　压裂改造标准

在松南火山岩气藏凝灰岩储层水平井改造中，裂缝形态是影响后期开发效果的重要因素。裂缝半长和缝高是裂缝形态的主要参数，压裂裂缝半长决定储量控制范围与单井累产，裂缝半长越长，储量控制范围越大，单井初产、累量越高，但裂缝半长受压裂工艺和经济极限制约。[7]。在底水发育气藏压裂改造中，缝高是控制产水量的重要参数，同时缝高 H 与半缝长 L 之间又具有一定的正相关性。为满足开发要求，凝灰岩内部署的 A 类水平井采用一套井网，同时开发凝灰岩和流纹岩两套储层，压裂设计向下延伸的缝高，应大于压裂点到凝灰岩底部厚度，小于压裂点到气水过度带距离，即 H_1<缝高<H_2。(图 7)

当缝高小于 H_1 时，无法满足流纹岩储量有效动用；当缝高大于 H_2 时，容易形成高角度裂缝，与底水沟通造成底水锥进，影响开发效果；当缝高介于 H_1 与 H_2 之间时，能够满足以上两点条件。

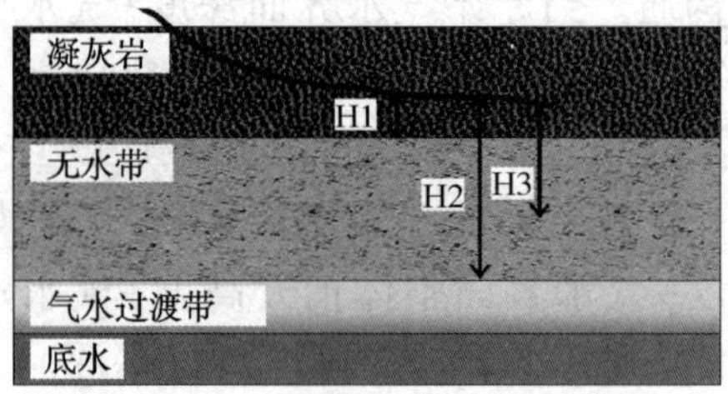

图 7　缝高优化的气藏模型

按照不同压裂半缝长、合理工作制度、同区块指数递减规律等条件，预测水平井不同阶段的产气量曲线，依据关系式 $z=38.9x-1163.9$ 分析可得，不同压裂规模下对应的阶段累计产量。当压裂规模越大(H、L 越大)时，缝高距气水界面高差 x 越小，见水前生产天数 z 越小，可以求得 z_1 阶段气井的累计产量 S_1；当压裂规模减小(H、L 减小)时，缝高距气水界面高差 x 变大，见水前生产天数 z_2 延长，可以求得 z_2 阶段气井的累计产量 S_2；同理可求 $S_3 \cdots S_n$(图 8)。最终通过对比 S_1、S_2、$S_3 \cdots S_n$ 的大小，可半定量确定压裂半缝长 L 与缝高 H，从而建立一套适合松南火山岩气藏凝灰岩储层的压裂改造标准。

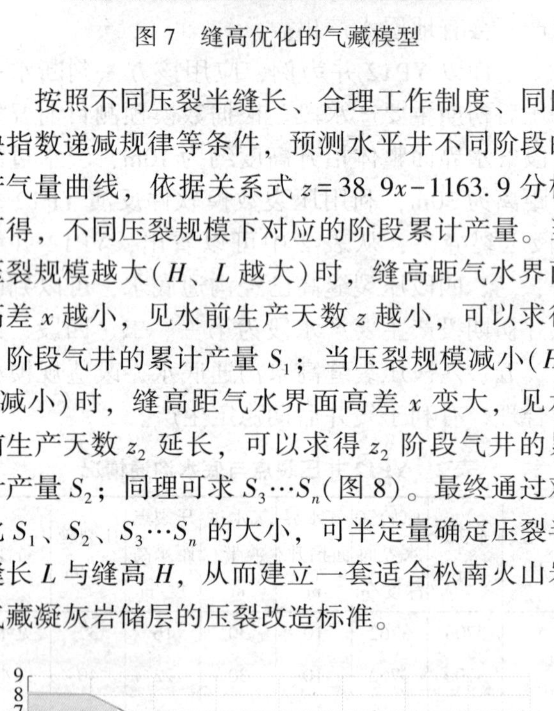

图 8　不同裂缝半长情况下气井产量预测情况

4　结论

(1) 通过对松南火山岩底水发育气藏水平井生产动态分析，提出建立了原始气水界面距离与累计产气量、见水前累计生产天数与累计产气量两个图版。

(2) 总结评价了前期凝灰岩储层水平井压裂改造效果，分析压后产水原因，应用裂缝反演技术结合地质认识，建立了理想化松南火山岩气藏模型。

(3) 综合考虑产量预测与压裂施工参数，最优化确定压裂半缝长 L 与缝高 H，半定量的提出了一套适合底水发育储层的压裂改造标准。

参 考 文 献

[1] 钟高明，赵密福，李永刚等．火山岩致密凝灰岩气藏开发潜力分析——以松南火山岩气藏为例[J]．石油地质与工程，2016，01(30)，91-94+149.

[2] 张丽蓉，张胜等．松南火山岩储层压裂改造关键技术[J]．勘探开发，2013，4(1)：125-126.

[3] 李辉，李媛，谢伟．辽河油田东部凹陷中段火山岩油气藏成藏特征[J]．石油地质与工程，2011，25(6)：5-8.

[4] 常文博，任宪军等．松南气田火山岩气藏产水特征和控水策略[J]．世界地质 2016，03(35)，820-830.

[5] 庞彦明，毕晓明，邵锐，等．火山岩气藏早期开发特征及其控制因素[J]．石油学报，2009，30(6)：882-886.

[6] 张冲，刘立宏．松南火山岩气藏压裂技术研究与应用[J]．钻采工艺 2015，01(38)，51-54+3.

[7] 朱黎鹞，童敏等．长岭 1 号气田火山岩气藏产能控制因素研究[J]．天然气地球科学．2010(03)，52-56.

缝网体积酸压工艺技术在大牛地气田碳酸盐岩储层的研究应用

张兴权　崔红丹　杨文波　黄朝阳

（中国石化华北石油工程有限公司井下作业分公司）

摘　要　目前大牛地气田碳酸岩储层下古生界奥陶系风化壳碳酸盐气藏主要开发层位为马五 1+2 和马五 5 层，现有的酸压工艺以复合加砂酸压为主的酸压改造工艺，压后改造虽取得了一定的效果，但仍然存在压后产量下降较快、压后返排难度大、水平井低效井占比高，其一，风化壳碳酸盐储层天然裂缝发育，酸液虑失大，酸蚀有效作用距离短，酸压改造体积有限；其二，马五 5 裂缝较发育的灰盐储层酸压工艺尚未形成突破性的进展，压后效果不理想。因此开展大牛地气田碳酸盐岩储层缝网体积压裂工艺技术对于提升碳酸盐岩储层的改造效果至关重要，本文介绍了两种不同的暂堵体积酸压工艺技术，并进行了现场先导性试验，取得了较好的效果，为鄂尔多斯盆地奥陶系风化壳储层获得更好的增产效果提供技术储备。

关键词　大牛地气田；碳酸盐岩储层；马五 1+2 层；马五 5 层；酸压改造体积

前言

下古生界奥陶系风化壳碳酸盐气藏水平井形成了以复合加砂酸压为主的酸压改造工艺，并改造取得了一定的效果，但下古生界奥陶系风化壳碳酸盐储层水平井低效井占比高，水平井压后产量下降较快，压后返排难度大；且风化壳碳酸盐储层天然裂缝发育，酸液虑失大，酸蚀有效作用距离短，酸压改造体积有限；马五 1+2 与马五 5 储层特征差异较大，酸岩反应及裂缝扩展机理差别大，目前针对不同储层形成不同施工参数，但对于马五 5 裂缝较发育的灰盐储层尚未形成突破性的主导工艺及酸压复合程序，因此开展奥陶系风化壳暂堵转向酸压，对于封堵天然裂缝，减小酸液滤失，增加裂缝长度和改造体积，对于提升碳酸盐岩储层的改造效果至关重要。

大牛地气田碳酸盐岩储层缝网体积压裂工艺是根据鄂尔多斯油气田下古碳酸盐岩储层特点，结合缝网体积压裂技术的原理方法，结合体积压裂方式对实现碳酸盐岩酸压改造的工艺技术进行研究，从完井工艺、压裂工艺、压裂设计参数优化、压裂液性能等方面入手，针对目前碳酸盐储层存在问题，通过在主裂缝侧向强制形成次生裂缝，并实现次生裂缝继续分枝，形成二级乃至多级次生裂缝，最终使主裂缝与多级次生裂缝相互交织，形成立体的裂缝网络系统，进而沟通碳酸岩储层内天然裂缝，该技术的成功运用对大牛地气田下古碳酸盐储层压裂工艺具有重要的指导意义。

1　体积酸压增产机理

1.1　增产原理

体积压裂是利用储层两个水平主应力差值与裂缝延伸净压力关系，当裂缝延伸净压力大于储层天然裂缝或胶结弱面张开所需临界压力，产生分支缝或立体网状裂缝，最终形成以主裂缝为主干的纵横交错的网状缝系统。形成的网络裂缝，使裂缝壁面与储层基质的接触面积最大，使得油气从任意方向基质向裂缝的渗流距离最短，极大地提高储层整体渗透率。

对天然裂缝发育的储层进行压裂时，由于天然裂缝的抗张强度小于岩石的抗张强度，当净压力大于储层天然裂缝或弱胶结面张开所需要的临界压力时，天然裂缝有可能优先开启并相互连通，导致人工裂缝转向或穿透天然裂缝扩展。天然裂缝和人工裂缝交错分布，形成了网状裂缝的形态。

1.2　创新方法原理

大牛地气田缝网体积压裂在遵循常规体积压裂理论基础上创新提出了缝内暂堵和段间暂堵技术，极大的提高了大牛地气田碳酸盐岩储层缝网形成的复杂性。

1.2.1　缝内暂堵原理

通过暂堵裂缝端部或者中部，限制裂缝延伸提高缝内净压力，实现裂缝延伸净压力大于储层其它某些弱面张开所需的压力，促进裂缝转向形成复杂缝，从而提高改造体积。

1.2.2 段间暂堵原理

段内多簇射孔完井或者裸眼完井条件下，通过对裂缝缝口的暂堵，实现单段内多条裂缝的形成与延伸。

2 缝网形成可行性分析

页岩气储层体积压裂改造的经验表明，岩石的脆性特征、天然裂缝发育情况、地层水平主应力差、水力诱导裂缝与天然裂缝夹角等储层地质条件决定着体积改造能否形成复杂的缝网系统。

2.1 天然裂缝发育

大牛地气田碳酸盐岩储层天然裂缝发育是形成复杂网络裂缝的前提条件，大牛地气田下古生界马五5储层天然裂缝密度在0.9-6.3条/m(图1)，天然裂缝较发育。研究表明，天然裂缝的开启所需要的净压力较岩石基质破裂压力低50%，天然裂缝系统会更容易先于基岩开启，人工裂缝与天然裂缝的存在能够增加复杂裂缝的可能性。

图1 马五：碳酸盐岩储层岩心基质电镜扫描照片

碳酸盐岩储层岩石脆性通常较强，在构造应力、热收缩以及矿物相变等外界因素和内部环境作用下容易发生破坏产生大量的天然裂缝，但由于后期成岩作用的影响这些裂缝大多被部分或者完全充填形成充填裂缝。

从CT扫描和电镜上可以看出碳酸盐岩储层岩石裂缝充填主要分为以下3种：完全充填、部分充填、未充填天然裂缝，

完全充填分为钙质、泥质、混合充填三种，天然裂缝被完全充填，充填后裂缝同样较为致密，在放大1000倍的情况下难以观察到孔隙吼道的存在，天然裂缝的开度在20-25μm左右，粘土充填的裂缝开度在50-60μm左右，混合充填裂缝开度在30-40μm左右，均属于微细天然裂缝范畴。部分充填，充填物质和完全充填是一样的，只是充填状态不同，未充填天然裂缝，天然裂缝未被充填分为破裂缝和溶缝，溶缝为白云石间孔沿着一个方向展布相连接形成溶缝。

综合来看，发育天然裂缝是大牛地奥陶系风化壳储层实施体积酸压的前提，若要形成互相连接的缝网系统，必须利用好天然裂缝这一有利因素，大牛地气田马五5储层较厚，同时天然裂缝发育，最适合进行暂堵体积酸压，马五1+2储层虽然储层较薄，适应性一般，但仍然可以利用其发育的天然裂缝增加裂缝的复杂性。

2.2 岩石力学特征分析

大牛地气田下古生界马五5碳酸盐岩储层弹性模量27-32GPa，泊松比0.20-0.24，属于中高弹性模量、中低泊松比。泊松越低裂缝越容易起裂，并且储层天然裂缝发育，这种岩石力学特征组合，在压裂过程中容易形成复杂缝网系统。

大牛地气田马五5水平应力差19.6MPa，应力差异系数0.37，应力差异系数与应力差的绝对值均较大，北美页岩气储层部分储层同样水平应力差异系数较大，应力差绝对值在15MPa以上，通过裂缝监测得到的裂缝形态单一，仅形成极少量的分支缝，裂缝未发生较大的转向，相比北美页岩气储层，大牛地气田奥陶系风化壳主力储层应力差异系数都在0.3以上，极不利于形成复杂缝网。

为了克服这一不利因素，采用缝内暂堵工艺，在裂缝长度达到优化要求后，封堵裂缝端部，限制裂缝延伸，从而提高缝内净压力，开启天然裂缝，从而形成有效的缝网体系。见表1。

表1 大牛地奥陶系风化壳主力层位岩石岩石力学分析结果

井号	层位	深度	δH/MPa	δh/MPa	差异系数
大78	马五1	2640.73	69.191	41.144	0.35
	马五2	2642.4	67.77	51.027	0.33
大97	马五1	2877.9	75.595	56.416	0.34
	马五2	2881.8	75.212	56.935	0.32
大101	马五1	2711.77	72.031	52.405	0.37

2.3 岩石矿物组成及脆性评价

储层岩性具有显著的脆性特征是实现缝网压裂改造的物质基础，提出利用动态弹性模量与泊松比来评价岩石脆性指数，并且指出当岩石脆性指数大于0.4时，岩石是脆性的，大牛地气田下古生界马五5碳酸盐岩储层岩石脆性指数很高，大部分超过0.4，有少部分层位岩石脆性指数超

过0.6，说明储层岩石大部分是脆性的，少部分显示为强脆性特征，在压裂时易于形成缝网。

大牛地气田奥陶系风化壳储层以白云石和方解石为主，黏土含量较低，脆性矿物含量高达90%以上，从矿物成分角度看无疑具有良好的脆性。见表2。

表2　大牛地奥陶系风化壳主力层位岩石矿物成分分析结果

序号	井号	层位	矿物百分含量/%			
			黏土含量	石英	方解石	白云岩
1	大29井	马五5	0.53	1.16	96.65	1.66
2		马五1+2	0.44	1.07	29.93	68.56
3	大113井	马五5	0.42	0.86	3.06	95.66
4		马五1+2	0.42	5.05	41.24	53.29

3　增产思路

（1）以灰色含灰云岩、灰色灰云岩、灰色含泥含灰云岩为主的储层，储层以基质孔隙型为主，并发育有微裂缝，采用暂堵转向酸压形成更多酸蚀蚓孔、酸蚀微裂缝、沟通天然裂缝；然后通过加砂对酸蚀裂缝及进一步压开的裂缝形成长期支撑通道。

（2）针对难破裂的灰色含灰云岩及灰色灰云岩的碳酸岩储层，采用前置酸预处理降低近井筒破裂压力，提高碳酸盐岩破裂几率；而针对高泥质含量段裂缝较窄的现象采用多级段塞打磨裂缝壁面，同时前置液造缝形成一定长度的裂缝，再利用酸液及暂堵剂暂堵工艺形成复杂裂缝。

（3）针对灰色灰云岩及灰色含灰云岩碳酸岩储层段，采用前置酸预处理降低近井筒破裂压力，提高碳酸盐岩破裂几率；而针对灰岩储层酸岩反应速度较快采用多级注入工艺提高有效裂缝长度，再利用支撑剂充填裂缝提高裂缝导流能力。

（4）针对碳酸盐岩灰色白云岩储层，采用前置酸预处理降低近井筒破裂压力，提高碳酸盐岩破裂几率；转向酸压后，再利用支撑剂充填裂缝提高裂缝导流能力。

（5）针对近井地带岩石反应速度快、储层压力较低、裂缝发育、酸液滤失量大的问题，优化具有一定缓速性能的胶凝酸体系并配合前置滑溜水预处理，降低酸液和岩石的反应速度，增加酸蚀缝长；同时提高前置滑溜水造缝规模，采取小粒径段塞封堵储层微裂缝实现降滤，采用液氮伴注的方式降低滤失，同时可增加压后残酸的返排能力。

（6）针对奥陶系风化壳碳酸盐储层存在泊松比、杨氏模量较高，同时部分水平段泥质含量较高，使碳酸盐岩压裂裂缝宽度窄、加砂难、易砂堵，采取前置液造缝时用70/140目、耐压86MPa粉陶段塞，有利于暂堵微裂缝、造长缝；在大规模加砂阶段采用40/70目、耐压86MPa的高强度支撑剂，保证酸蚀裂缝的有效支撑。

4　施工工艺步骤

碳酸盐岩储层的缝网体积压裂方法，包括以下步骤：

（1）预处理阶段：以1m^3/min的排量注入1/3倍井筒体积的前置酸，以清理井筒并降低孔眼摩阻和近井地层的破裂压力。之后以4m^3/min的排量注入滑溜水，将前置酸顶替至射孔孔眼位置，从而使前置酸充分浸泡射孔孔眼和近井地带。

（2）初始起裂阶段：待前置酸完全进入地层后，以大排量（10m^3/min）交替注入滑溜水和段塞，段塞在滑溜水造缝时封堵储层微裂缝，同时磨蚀裂缝壁面，具有降滤、降低施工摩阻作用，并使近井地层在初始起裂阶段形成的微裂缝内部预先饱和一部分滑溜水，减少近井筒效应。

（3）注酸阶段：以大排量（10m^3/min）注入胶凝酸，以刻蚀步骤2）滑溜水沟通的微裂缝，增加酸蚀缝长。

（4）滑溜水暂堵阶段：采用小排量（2-4m^3/min）滑溜水携带纤维暂堵剂暂堵步骤3）形成的酸蚀微裂缝，使缝内静压力发生偏转，形成次生缝，沟通天然裂缝，改善主裂缝与天然裂缝以及次生缝的连通性。纤维暂堵剂在滑溜水中的加入比例为5%。

（5）转向酸注入阶段：以中等排量（5m^3/min）注入胶凝酸以实现转向酸压，使暂堵后的其他部位得到酸蚀处理，增加酸液的有效作用距离，形成复杂的酸蚀裂缝。

（6）滑溜水、段塞交替注入阶段：以大排量（10m^3/min）交替注入滑溜水和段塞，对酸蚀裂缝进行改造，得到改造酸蚀裂缝。

（7）压裂扩缝支撑阶段：注入携砂液对步骤6）形成的改造酸蚀裂缝进行支撑，注入时，先大量注入40/70目、耐压52MPa的高强度支撑剂，后期尾追30/50目、耐压52MPa的大粒径高强度支撑剂，提高近井酸蚀封口的裂缝导流能力；最后注入不低于一倍井筒容积的滑溜水进行顶替，完成该射孔段的压裂改造。

(8) 缝间暂堵：投入缝间暂堵球封堵步骤(7)完成压裂改造的射孔段，重复步骤(1)-步骤(7)在同一压裂段上进行另一射孔段的压裂改造。

以 DPF-205 为例介绍如下：

DPF-205 井的缝网体积压裂改造，其采用"分段多簇"射孔，每个分段(压裂段)150m，其上含有多簇裂缝，每簇裂缝的跨度为 0.45-0.77m，相邻两簇裂缝的间隔为 20-30m。单簇裂缝采用缝内封堵，段内裂缝采用缝间封堵(压裂完段内一段，封堵后压裂段内另一段，以此类推)，依次完成该分段的压裂改造，具体见表 3。

表 3　DPF-205 井的第一段酸压施工泵注工艺

序号	施工工序	液体类型	阶段液量	阶段砂量	混砂液量	砂液比	排量	暂堵/支撑剂
			m^3	m^3	m^3	%	m^3/min	
1	降压力酸浸	前置酸	10.0		10.0		1.0	
2	前置液	滑溜水	30.0		30.0		4.0	
3	前置液	滑溜水	30.0		30.0		10.0	
4	段塞	滑溜水	20.0	0.4	20.2	2.0	10.0	70/140 目粉陶
5	前置液	滑溜水	30.0		30.0		10.0	
6	段塞	滑溜水	20.0	0.6	20.4	3.0	10.0	70/140 目粉陶
7	前置液	滑溜水	50.0		50.0		10.0	
8	酸压	胶凝酸	150		150.0		10.0	
9	暂堵	滑溜水	1		1.0		2.0	60Kg 纤维暂堵剂
10	暂堵	滑溜水	1.5		1.5		2.0	150Kg 颗粒暂堵剂(水溶性颗粒暂堵剂，型号 YX-ZDJ-S90)
11	顶替暂堵剂	胶凝酸	28		28.0		4.0	
12	顶替暂堵剂	胶凝酸	5		5.0		2.0	观察压力变化
13	转向酸压	胶凝酸	150		150.0		5.0	
14	滑溜水造缝	滑溜水	100.0		100.0		10.0	
15	段塞	滑溜水	35	2.5	36.5	7.0	10.0	70/140 目粉陶
16	滑溜水造缝	滑溜水	50		50.0		10.0	
17	段塞	滑溜水	35	3.5	37.1	10.0	10.0	70/140 目粉陶
18	滑溜水造缝	滑溜水	40		40.0		10.0	
19	段塞	交联液	32	4.2	34.5	13.0	10.0	70/140 目粉陶
20	前置液	交联液	30		30.0		10.0	
21	携砂液	交联液	32	4.8	34.9	15.0	10.0	40/70 目陶粒
22	携砂液	交联液	32	6.4	35.8	20.0	10.0	40/70 目陶粒
23	携砂液	交联液	32	8.3	37.0	26.0	10.0	40/70 目陶粒
24	携砂液	交联液	30	8.7	35.2	29.0	10.0	30/50 目陶粒
25	顶替液	滑溜水	30.3		30.3		6.0	

5　暂堵效果分析评价

5.1　缝内暂堵效果(以 DPF-203 井为例)

DPF-203 井采用了纤维+暂堵剂复合暂堵转向工艺，加入了 2 种暂堵材料，一种是可降解纤维，纤维长度 6mm，该纤维在 90℃ 的水中 2h 溶解率 30%，5h 溶解率 70%，15h 溶解率 90%，20h 溶解率 100%；一种是水溶性暂堵剂(YX-ZDJ-S90)，密度 1.15g/cm、粒径 0.08-2.2mm、8h 溶解率 20%，16h 溶解率 40%-50%，24h 溶解率 70%-80%，48h 溶解率 100%。

施工中采用人工方式在混砂车上添加暂堵材料，当暂堵材料达到地层并进入裂缝后，一种情况是施工压力急剧上升，如图 1，所示，DPF-203 第一段施工曲线可以看出，纤维+颗粒的缝内暂堵方式暂堵效果较好，暂堵压力达到 20MPa 以上，暂堵后出现了压力突降现象，可能为缝高失控，也可能为压开新缝，后期的延伸压力改变明显，认为暂堵后裂缝复杂程度得到提高，但从滤失特征变化来看暂堵后提高压力并未出现沟通天然裂缝滤失增大现象，压降只有微弱的变化，复杂程度提高有限。由于施工限压，暂堵后造成施工困难，降低了后续暂堵剂的加注速度，封堵压力在 4-8MPa，如图 2 所示，暂堵后延伸压力明显下降，分析认为天然裂缝得到了开启。而图 3、图 4中暂堵前后压力并无明显变化，未形成明显的复杂缝网。

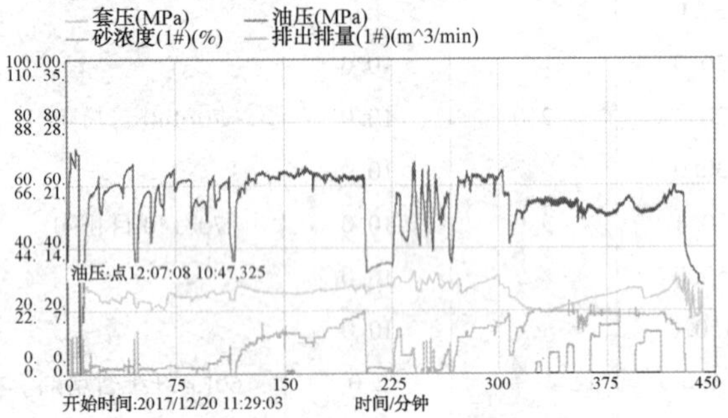

图 2　DPF-203 井第一段施工曲线

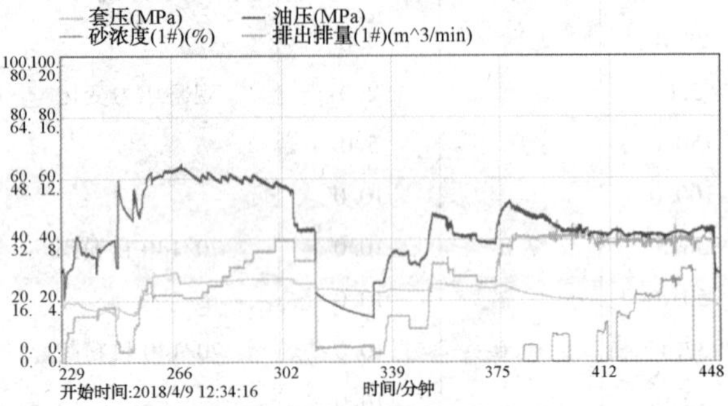

图 3　DPF-203 井第四段施工曲线

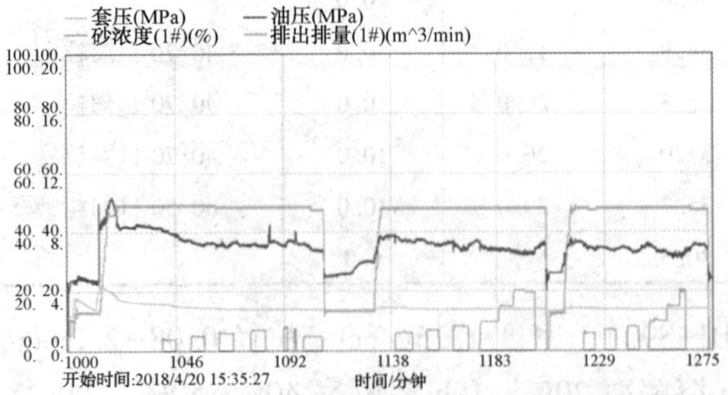

图 4　DPF-205 井第五段施工曲线

5.2　段间暂堵效果(以 DPF-205 井为例)

DPF-205 井采用了暂堵球进行段间暂堵，采用暂堵颗粒进行缝内暂堵，如图 5 所示，DPF-205 的段间暂堵效果不好，暂堵后压力上升不明显，三次段间暂堵前后明显延伸压力基本一致，缝间暂堵效果较差，未能起到复杂缝网的作用。

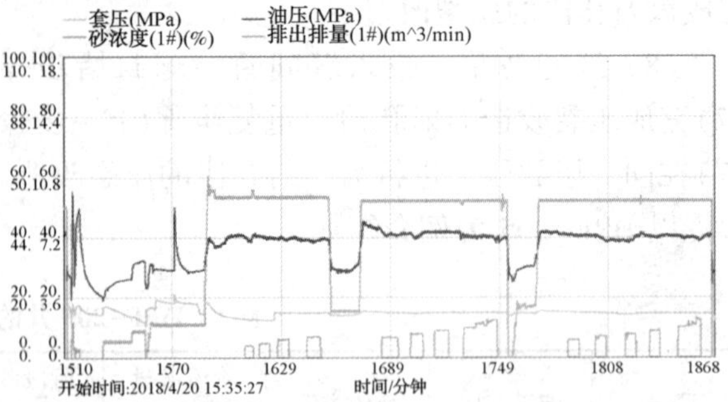

图 5　DPF-205 井第五段施工曲线

6　结论

（1）大牛地气田碳酸盐岩储层岩石脆性较好，但水平两项主应力差异系数和应力差绝对值较大，限制了复杂缝网的形成，因马五 5 和马五 1+2 储层发育天然裂缝对储层渗透率改善较明显，通过暂堵酸压提高缝内净压力，从而开启天然裂缝，形成有效的缝网体积。

（2）从储层厚度和天然气裂缝发育程度来看，大牛地气田马五 5 更适合暂堵体积压裂，马五 1+2 储层也可以利用暂堵提高裂缝复杂程度，但缝高延伸过大会导致无效改造体积较大。

（3）暂堵颗粒+暂堵纤维得组合式暂堵效果较好，现场试验暂堵压力达到 20MPa 以上，而用暂堵球进行段间暂堵效果较差。

（4）该项技术在大牛地气田 DPF-203、DPF-205 井碳酸盐岩储层试验成功，解决了气井改造效果不理想的情况，提高了单井产能，取得了较好的效果，DPF-203 井压后无阻流量 $8.2\times10^4m^3/d$，相邻的相同层位的 DPT-112 井无阻流量 $6\times10^4m^3/d$，同比产量增长了 26%，DPF-205 井压后无阻流量 $7.8\times10^4m^3/d$，邻井 DP88S 井无阻流量 $0.545\times10^4m^3/d$，DP107T 无阻流量 $4.298\times10^4m^3/d$，压后无阻流量明显提高，效果明显。

参　考　文　献

[1] 储铭汇，致密碳酸盐岩储层复合缝网酸压技术研究及矿场实践，2017.02.020；

[2] 赖锦，王贵文，非常规油气储层脆性指数测井评价方法研究进展，[J]，石油科学通报，2016，1(3)：330-341；

[3] 刘源，致密气藏体积酸压工艺技术研究，西南石油大学，硕士论文，2015.06；

[4] 李年银，一种有效开发致密油气藏碳酸盐储层新工艺-体积酸压，科学技术与工程，2015-34-0027-12.

页岩气水平井压裂射孔孔眼冲蚀机理研究

纪国法[1,2] 李奎东[3] 肖佳林[3] 刘 炜[3] 王质鹏[1] 张 蕾[3]

(1. 长江大学石油工程学院；2. 长江大学湖北省页岩气工程技术研究中心；
3. 中石化江汉油田分公司石油工程技术研究院)

摘 要 页岩气水平井压裂过程中携砂压裂液对孔眼冲蚀作用复杂，影响因素多，无法准确预测孔眼直径变化和摩阻变化。依据孔眼冲蚀作用机理，考虑支撑剂形状因子、支撑剂颗粒密度、砂比、排量、孔眼数目、初始孔眼直径等因素，建立新的孔眼冲蚀表征模型，即冲蚀过程中孔眼直径和孔眼摩阻变化的描述方程。研究结果表明：支撑剂形状因子、支撑剂颗粒密度、砂比、排量越大，冲蚀后孔眼直径变化越大，孔眼摩阻下降越快；孔眼数目越小，冲蚀后孔眼直径变化越大，孔眼摩阻下降越快；初始孔眼直径越大，孔眼摩阻下降越慢，对孔眼直径的变化影响不变。可为预测页岩气水平井压裂施工压力、裂缝形成及优选重复压裂炮眼封堵球提供理论指导。

关键词 页岩气；水平井；压裂；孔眼；冲蚀

非常规油气资源的开发利用得益于水平井压裂技术的快速发展[1-4]，大体积、大排量、低砂比压裂液通过射孔孔眼在井筒周围憋压形成的有效周向应力抵抗岩石抗拉强度形成复杂裂缝。压裂液经过射孔孔眼时对孔眼形成冲蚀作用，并造成孔眼摩阻影响施工压力[5-8]，为准确获取准确的井口施工压力来指导压裂施工并预测裂缝形成过程[9-12]，同时压后射孔孔眼直径的变化直接影响重复压裂炮眼封堵球的优选[13-15]，因此需要对孔眼冲蚀机理进行研究。

本文考虑支撑剂形状因子、支撑剂颗粒密度、砂比、排量、孔眼数目、初始孔眼直径等因素，建立新的孔眼冲蚀表征模型，研究各因素对孔眼直径变化和孔眼摩阻的影响规律。

1 孔眼冲蚀模型的建立

1.1 孔眼受直径冲蚀变化方程

压裂液高速流过射孔孔眼时，将冲蚀孔眼，使得孔眼直径发生变化，孔眼压降亦发生变化，冲蚀过程见图 1。文献[6](2017)、文献[8](2018)均给出了基于实验参数的射孔孔眼冲蚀过程孔眼直径变化表达式，整理后表示为：

$$d=d_0\left(1+\frac{k}{b}t\right)0.2 \tag{1}$$

其中，$k=\alpha\left(\frac{\pi^2 n_p^2}{8q^2\rho_f}\right)1.25(K_d^{\max})2.5\frac{80Cq^2}{\pi^2 n_p^2}$，

$$b=\left(\frac{\pi^2 n_p^2}{8q^2\rho_f}\right)1.25(K_d^{\max})2.5d_0^5$$

式中，C—注入支撑剂浓度，kg/m^3；ρ_f—压裂液密度，kg/m^3；n_p—射孔孔眼数目，个；q—排量，m^3/s；$K_d^{\max}=0.95$；α—根据实验获取的经验系数，当 $\alpha=1.07\times10^{-13}\,m^2\cdot s/kg$ 时，计算结果与实验结果拟合较好(20/40 目支撑剂条件下)；d_0—射孔孔眼初始直径，m)；d—射孔孔眼直径，m；t—压裂时间，s。

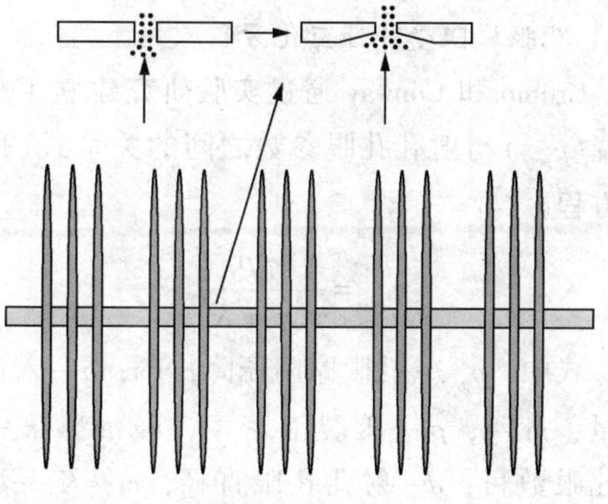

图 1 页岩水平井分段压裂孔眼冲蚀示意图

通过射孔孔眼的流量与流速满足如下计算公式：

$$q=n_p\pi\frac{d^2}{4}\nu \tag{2}$$

式中 ν——孔眼流速，m/s。

支撑剂在压裂液一同流动的速度需满足下列关系式[16-17](1985，2004)

$$A'v_{\min}{}^2+B'v_{\min}-C'=0$$

$$\begin{cases} A' = \dfrac{1.75 d_p^2 \rho_f^2}{\Phi_s \phi^3 \mu^2} \\ B' = \dfrac{150 d_p^2 \rho_f (1-\phi)}{\Phi_s^2 \phi^3 \mu} \\ C' = \dfrac{d_p^2 \rho_f (\rho_p - \rho_f) g}{\mu^2} \end{cases} \tag{3}$$

式中，d_p—支撑剂粒径，ft，1ft = 0.3048m；ρ_f—压裂液密度，lb/ft^3，1lb/ft^3 = 16.033kg/m^3；Φ_s—支撑剂颗粒形状因子，无因次；ϕ—支撑剂填充层孔隙度，无因次；μ—压裂液黏度，slug/(ft · s)，1slug/(ft · s) = 0.0208854Pa · s；ρ_p—支撑剂颗粒密度，lb/ft^3；$v_{\min}$—携带支撑剂的最小流速，ft/s，1ft/s = 0.3048m/s；g—重力加速度，32.3ft/s^2 = 9.8m/s^2。

若定义考虑支撑剂颗粒形状因子 $\Phi_s \neq 1$ 流速与支撑剂颗粒形状因子 $\Phi_s = 1$ 流速之比为无因次流速降比系数 Γ

$$\Gamma = \frac{v_{\min, \Phi_s \neq 1}}{v_{\min, \Phi_s = 1}} \tag{4}$$

假设考虑支撑剂颗粒形状因子后，其孔眼处的流速满足公式(4)，即流速降低到 Γ 倍，流量也降低到 Γ 倍，则有等效的排量修正式表示为

$$q' = \Gamma \cdot q \tag{5}$$

1.2　孔眼摩阻受冲蚀变化方程

Crump 和 Conway 通过实验研究建立了摩阻压降(p_{perf})与射孔孔眼参数之间的关系式(伯努力方程)[18]：

$$p_{perf} = \frac{8 q^2 \rho_f}{\pi^2 n_p^2 d^4 K_d^2} \tag{6}$$

式中，p_{perf}—孔眼摩阻压降，Pa；q—入口处流量，m^3/s；ρ_f—压裂液密度，kg/m^3；n_p—射孔孔眼数目；d—射孔孔眼直径，m；K_d—流量系数。

若考虑压裂液携砂对流量系数的影响，借鉴文献[6](2017)建立了变化关系式

$$\frac{\partial K_d}{\partial t} = \beta C v^2 \left(1 - \frac{K_d}{K_d^{\max}}\right) \tag{7}$$

式中，K_d—取值范围为 0.6～0.95，$K_d^{\max}$ = 0.95；β—根据实验获取的经验系数，当 β = 1.08 ×10^{-8}m · s/kg 时，计算结果与实验结果拟合较好(20/40 目支撑剂条件下)。

对公式(7)进行差分，联合公式(2)得到流量系数随时间的改变量，即

$$\begin{aligned} \frac{\Delta K_d}{\Delta t} &= \beta C \frac{8 q^2}{n_p^2 \pi^2 d_i^4} \left(1 - \frac{K_{d,i}}{K_d^{\max}}\right) \\ K_{d,i+1} &= K_{d,i} + \Delta K_d \end{aligned} \tag{8}$$

联立公式(1)、公式(8)、公式(6)，可得随泵入时间的增加，孔眼直径和孔眼摩阻的变化规律。

2　分析与讨论

取如下基础参数作为基本变量，考察相关因素对孔眼直径和孔眼摩阻的影响，具体参数如下：20/40 目支撑剂(粒径 500μm)、压裂液密度 1.05g/cm^3，支撑剂颗粒形状因子 0.9，支撑剂充填层孔隙度 0.2，压裂液黏度 50mPa · s，支撑剂颗粒密度 2.6g/cm^3，砂比 8%，初始流量系数 0.6，孔眼倾斜角 90°，射孔孔眼数目 60 个，排量 13m^3/min，孔眼初始直径 9mm，压裂时间 80min。

2.1　支撑剂形状因子影响

图 2 为孔眼直径与孔眼摩阻随不同支撑剂颗粒形状因子的变化曲线图，从图 2 中曲线的变化趋势可以看出：(1)形状因子从 0.7 增加到 1.0，支撑剂颗粒更易于携带，冲蚀效果越好，孔眼直径增大越快；(2)支撑剂颗粒形状因子从 0.7 增加到 1.0，孔眼摩阻在前 1200s 内几乎无差别，这是由于该时间段内，支撑剂颗粒携带速度增大，孔眼流量系数亦增大，两者效果相抵消；而当孔眼流量系数增大到最大值后不再变化，而流量仍然随支撑剂颗粒形状因子成反向变化，故超过 1200s 后孔眼摩阻差别幅度越来越大。

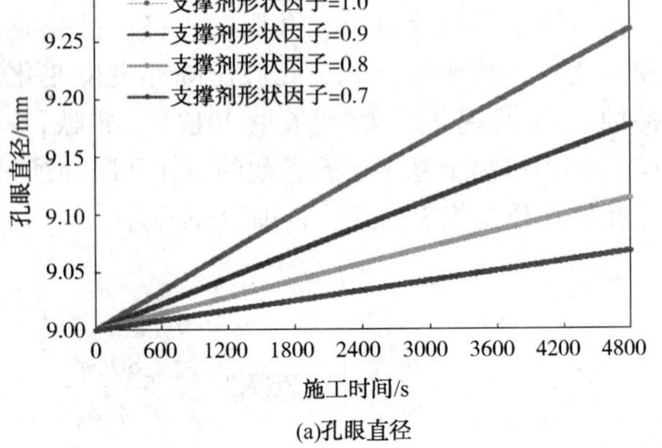

(a)孔眼直径

图 2

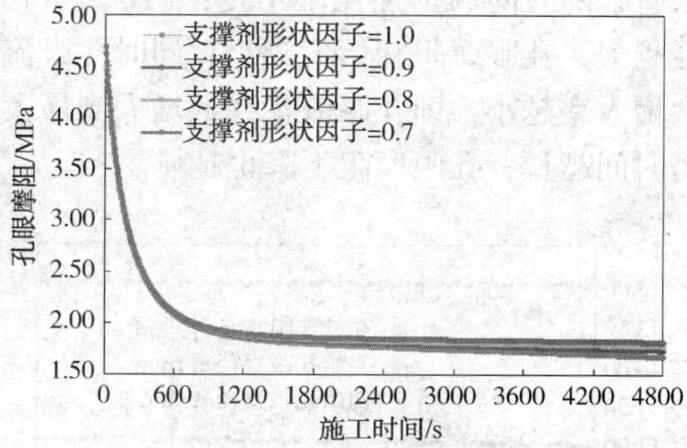

(b)孔眼摩阻

图 2　支撑剂颗粒形状因子对孔眼直径和摩阻的影响

2.2　支撑剂颗粒密度影响

图 3 为孔眼直径与孔眼摩阻随不同支撑剂颗粒密度的变化曲线图，从图中曲线的变化趋势可以看出：(1)支撑剂颗粒密度从 1.4g/cm^{3}增加到 2.6g/cm^3，压裂液携带更重的支撑剂颗粒，冲蚀效果越好，孔眼直径增大越快；(2)支撑剂颗粒密度越大，孔眼流量系数达到最大值所经历的时间也越短，亦即孔眼摩阻在初始阶段下降幅度越快。

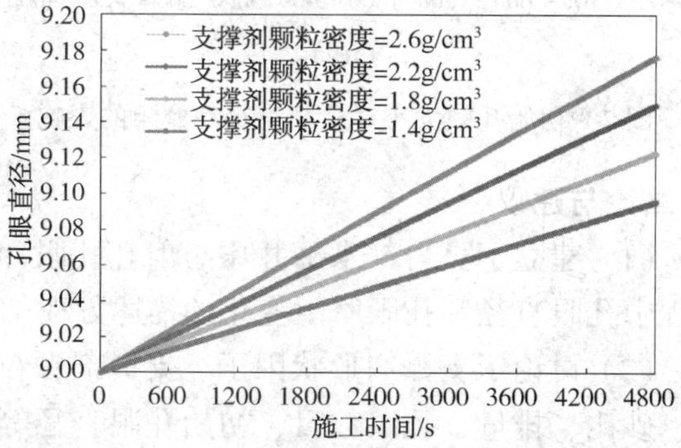

(a)孔眼直径

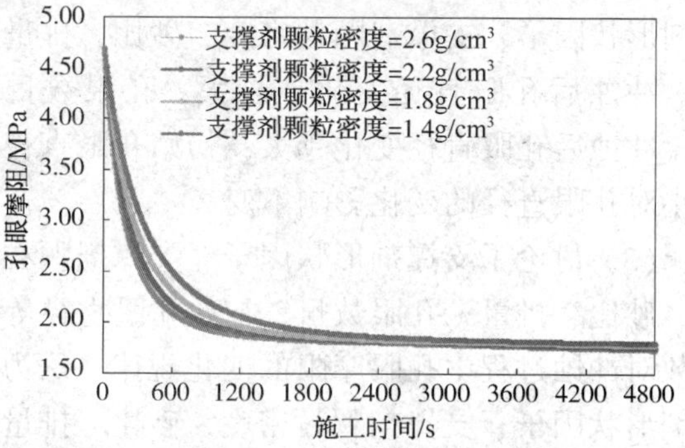

(b)孔眼摩阻

图 3　支撑剂颗粒密度对孔眼直径和摩阻的影响

2.3　砂比影响

图 4 为孔眼直径与孔眼摩阻随不同携砂液砂比的变化曲线图，从图中曲线的变化趋势可以看出：(1)携砂液砂比从 4%增加到 12%，支撑剂浓度逐渐增大，孔眼直径增大速率也越大，即孔眼直径增大越快；(2)携砂液砂比越大，支撑剂浓度亦越大，孔眼流量系数增大率越快，即孔眼流量系数增大到最大值所需时间越短，孔眼摩阻下降也越快。

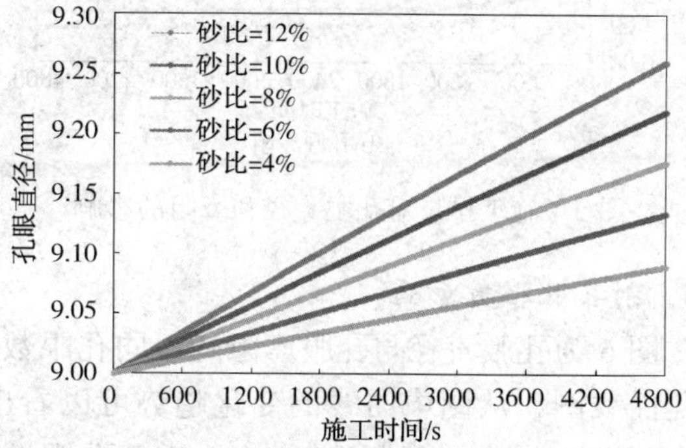

(a)孔眼直径

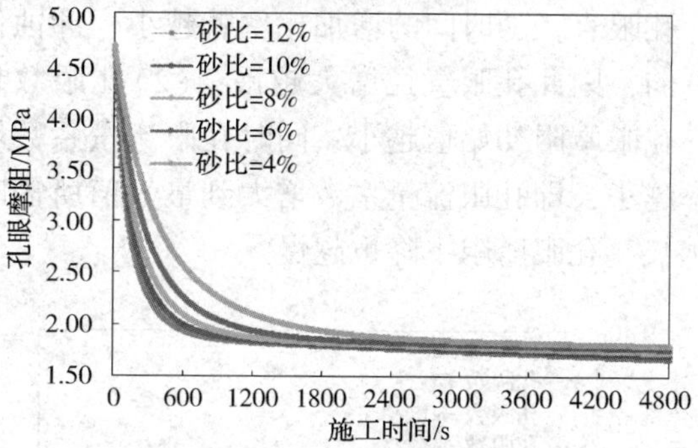

(b)孔眼摩阻

图 4　携砂液砂比对孔眼直径和摩阻的影响

2.4　排量影响

图 5 为孔眼直径与孔眼摩阻随不同施工排量的变化曲线图，从图中曲线的变化趋势可以看出：(1)施工排量从 9m^3/min 增加到 17m^3/min，孔眼直径增大越快；(2)施工排量越大，孔眼摩阻初始值越大；同时孔眼流量系数增大率越快，即孔眼流量系数增大到最大值所需时间越短，孔眼摩阻下降也越快。

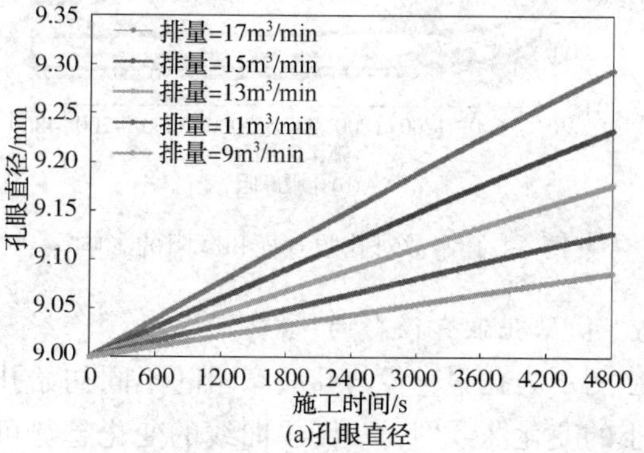

(a)孔眼直径

图 5

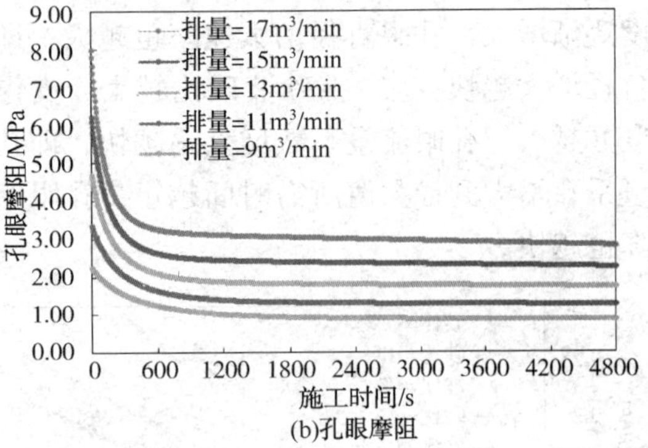

图 5　施工排量对孔眼直径和摩阻的影响

2.5　射孔孔眼数影响

图 6 为孔眼直径与孔眼摩阻随不同孔眼数的变化曲线图，从图中曲线的变化趋势可以看出：(1)孔眼数从 40 个增加到 80 个，由于孔眼数越多，孔眼直径随时间的增加比率就越小，冲蚀作用越弱，因此孔眼直径增大越慢；(2)孔眼数越多，孔眼摩阻初始值越小；同时孔眼流量系数增大率越小，即孔眼流量系数增大到最大值所需时间越长，孔眼摩阻下降也越慢。

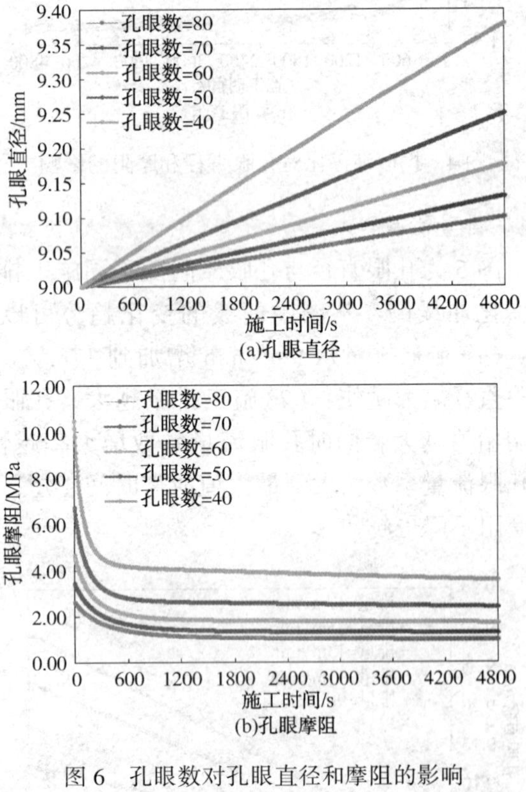

图 6　孔眼数对孔眼直径和摩阻的影响

2.6　初始孔眼直径影响

图 7 为孔眼直径与孔眼摩阻随不同初始孔眼大小的变化曲线图，从图中曲线的变化趋势可以看出：(1)初始孔眼大小从 9mm 增加到 13mm，孔眼直径随时间的增加比率不变；(2)初始孔眼直径越大，孔眼摩阻初始值越小；同时孔眼流量系数增大率越小，即孔眼流量系数增大到最大值所需时间越长，孔眼摩阻下降也越慢。

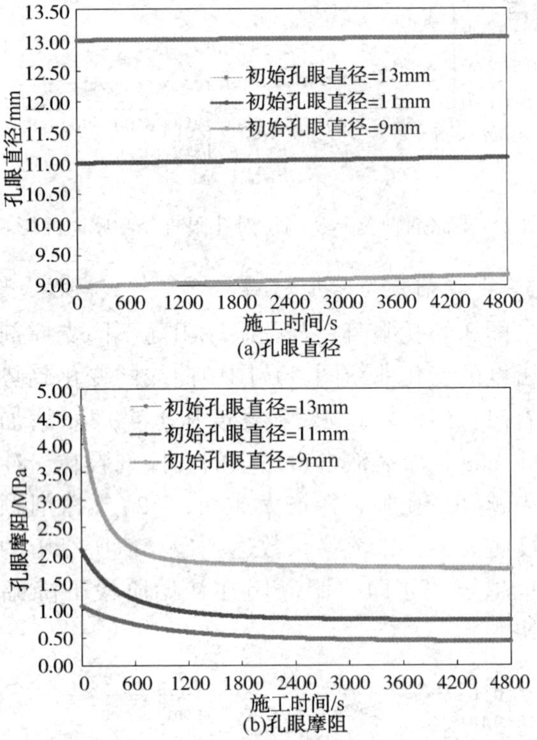

图 7　初始孔眼大小对孔眼直径和摩阻的影响

3　结论与建议

(1) 建立了页岩气水平井压裂射孔孔眼冲蚀过程中孔眼直径和孔眼摩阻变化的描述方程。

(2) 讨论了支撑剂形状因子、支撑剂颗粒密度、砂比、排量、孔眼数目、初始孔眼直径等多参数对冲蚀过程中孔眼直径的变化规律，认为支撑剂形状因子、支撑剂颗粒密度、砂比、排量越大，冲蚀后孔眼直径变化也越大；孔眼数目越小，冲蚀后孔眼直径变化越大；初始孔眼直径的大小对孔眼直径的变化影响不变。

(3) 讨论了支撑剂形状因子、支撑剂颗粒密度、砂比、排量、孔眼数目、初始孔眼直径等多参数对冲蚀过程中孔眼摩阻的变化规律，认为支撑剂形状因子、支撑剂颗粒密度、砂比、排量越大，孔眼摩阻下降越快；孔眼数目越小，孔眼摩阻下降越快；初始孔眼直径越大，孔眼摩阻下降越慢。

(4) 本文所建立的机理模型和分析结果未得到实验验证或现场检验，同时也未考虑压裂液黏度、压裂液类型、其他支撑剂粒径、孔眼倾斜角等因素对冲蚀效果的影响，下一步应加强这方面的研究。

参 考 文 献

[1] 梁涛，常毓文，许璐，王瑞，胡景宏，李玉红，徐锋. 北美非常规油气蓬勃发展十大动因及对区域油气供需的影响[J]. 石油学报，2014，35(05)：890-900.

[2] 姚军，孙致学，张凯，曾青冬，严侠，张敏. 非常规油气藏开采中的工程科学问题及其发展趋势[J]. 石油科学通报，2016，1(01)：128-142.

[3] 邹才能，丁云宏，卢拥军，刘先贵，陈建军，王欣，杨正明，才博，杨智，何春明，王臻，骆雨田. "人工油气藏"理论、技术及实践[J]. 石油勘探与开发，2017，44(01)：144-154.

[4] 陈建军，翁定为. 中石油非常规储层水平井压裂技术进展[J]. 天然气工业，2017，37(09)：79-84.

[5] 郭建春，杨立君，赵金洲，任勇. 压裂过程中孔眼摩阻计算的改进模型及应用[J]. 天然气工业，2005(05)：69-71+10.

[6] Gongbo Long，Guanshui Xu. The Effects of Perforation Erosion on Practical Hydraulic-Fracturing Applications [J]. SPE Journal，2017，22(02)：645-659.

[7] 李勇明，陈曦宇，赵金洲，许文俊，吴娟，符东宇. 射孔孔眼磨蚀对分段压裂裂缝扩展的影响[J]. 天然气工业，2017，37(07)：52-59.

[8] Gongbo Long，Songxia Liu，Guanshui Xu，Sau-Wai Wong，Hanxin Chen，Boqi Xiao. A Perforation-Erosion Model for Hydraulic-Fracturing Applications [J]. SPE Production & Operations，33(04)：1-14.

[9] Peirce A & Bunger A. Perforation clusters that promote simultaneous growth of multiple hydraulic fractures [J]. SPE Journal，2015，20(2)：384-395.

[10] 李勇明，陈曦宇，赵金洲，申峰，乔红军. 水平井分段多簇压裂缝间干扰研究[J]. 西南石油大学学报(自然科学版)，2016，38(01)：76-83.

[11] Wu Kan，Olson J，Balhoff MT & Yu Wei. Numerical analysis for promoting uniform development of simultaneous multiple-fracture propagation in horizontal wells [J]. SPE Production & Operations，2017，32(1)：41-50.

[12] 赵金洲，陈曦宇，李勇明，付斌，许文俊. 水平井分段多簇压裂模拟分析及射孔优化[J]. 石油勘探与开发，2017，44(01)：117-124.

[13] 毛金成，卢伟，张照阳，宋志峰，赵金洲，张俊江，王雷. 暂堵重复压裂转向技术研究进展[J]. 应用化工，2018，47(10)：2202-2206+2211.

[14] 郭建春，陶亮，曾凡辉. 致密油储集层水平井重复压裂时机优化——以松辽盆地白垩系青山口组为例[J]. 石油勘探与开发，2019，46(01)：146-154.

[15] 光新军，王敏生. 北美页岩油气重复压裂技术综述及攻关建议[J/OL]. 石油钻采工艺：1-6[2019-06-12]. http://kns.cnki.net/kcms/detail/13.1072.te.20190225.0902.004.html.

[16] J. R. Stadalman，R. J. Novotny，L. R. Houchin. Understanding Changing Wellbore Pressures Improves Sand Control Longevity [C]. Society of Petroleum Engineers，SPE Annual Technical Conference and Exhibition，22-26 September，Las Vegas，Nevada. SPE-14160-MS.

[17] M. C. Vincent，H. B. Miller，D. Milton-Tayler，et al. Erosion by Proppant：A Comparison of the Erosivity of Sand and Ceramic Proppants During Slurry Injection and Flowback of Proppant [C]. Society of Petroleum Engineers，SPE Annual Technical Conference and Exhibition，26-29 September，Houston，Texas. SPE-90604-MS.

[18] Crump J B，Conway M W. Effects of Perforation-Entry Friction on Bottomhole Treating Analysis [J]. Journal of Petroleum Technology，1986，40(8)：1041-1048.

超低渗透油藏水平井老井体积复压技术研究与试验

张矿生[1,2]　齐　银[1,2]　何　衡[1,2]　李建山[1,2]　王文雄[1,2]　杨立安[1,2]

(1. 中国石油长庆油田分公司油气工艺研究院；2. 低渗透油气田开发国家工程重点实验室)

摘　要　长庆油田超低渗透油藏水平井，受到地层能量低、初次改造程度低、长期注采难以建立等因素，造成超低渗水平井递减大产量低。本文针对超低渗典型区块 Y284，通过岩石力学特征分析，优化压裂段数、施工排量、入地液量，并研发实现 $8m^3/min$ 大排量的双封单卡压裂管柱。现场试验 3 口水平井，措施后日产液 $30.1m^3$，日产油 14.6t/d，大幅度提高单井产量，取得了较好的效果，该技术为超低渗油藏水平井有效开发探索了新的技术思路。

关键词　超低渗透油藏；水平井；体积复压；现场试验

长庆油田超低渗透油藏基质渗透率低(<1.0mD)，地层压力系数低(<0.8)，水平井规模开发采用主要采用水力喷射分段压裂技术，初期产量 8-10t，然而，随着生产时间的延长，受储层物性致密、初次完井改造不充分及面积井网注水驱替系统难以建认等因素影响，部分压裂水平井产量递减较大。对该类低产水平井如何进行重复改造来提高单井产量是面临的现实问题。近年来，长庆油田进行致密油体积压裂攻关试验，形成了“长水平井、多簇射孔、大规模体积压裂”的主体技术，单井产量大幅提高，给我们带来思考，本文通过超低渗典型区块 Y284 研究，现场试验了 3 口井水平井老井体积复压试验，实现裂缝对储层的全覆盖，大幅度提高单井产量。

1　储层特征及低产原因分析

1.1　储层物性及水平井开发特征

长庆油田的超低渗透油藏，储层整体上为低孔、超低渗特征，空隙分布范围大，非均质性强。储层孔隙度分布在 7%-12%，平均孔隙度在 10.8%，渗透率主要分布范围$(0.12-0.4)\times10^{-3}$ μm^2；地层原油黏度 0.7-2.2mPa·s，气油比较高($50-105m^3/t$)，原始地层压力 15.8MPa，饱和压力 9.86MPa，地饱压差小，天然能量贫乏，属于典型的低压油藏。

水平井区域采用注水开发，注采井网以五点和七点净网为主，水平段长度 800-1000m，一口水平井对应 4-6 口注水井，水平井之间的距离 600m，注水井排距离水平段端部距离 150m。为避免裂缝沟通水线、降低含水上升速度，在靠近水井的位置减小裂缝长度或不改造，即五点井网采用“纺锤型”布缝方式、七点井网采用“哑铃型”布缝方式[1]。采用水力喷砂分段压裂工艺，裂缝段间距 50-80m，单段入地液量 $180-240m^3$，单段支撑剂量 $25-40m^3$，施工排量 $3m^3/min$。

1.2　岩石力学特性

Y284 所属的华庆油田，该区域最大主应力方向为北东东方向，约 NE75°，受最大主应力的影响，人工压裂缝沿最大主应力方向延伸。根据岩心室内地应力参数测定结果，华庆长 X 油藏水平两向应力差在 5-6MPa 之间(见表 1)。

表 1　华庆油田长 X 储层地应力测试结果

油田	层位	井数/口	σH/MPa	σh/MPa	σH-σh/MPa
华庆	长 X	4	34.5-39.5	32.1-34.9	2.8-5.3

利用室内岩心岩石力学参数实验结果，采用修正 Rick Rickman 公式计算岩石脆性指数。华庆长 X 岩石脆性指数 52%，可压性较强(见表 2)。

表 2　华庆油田长 X 砂岩岩石力学参数表

油田	取芯层位	取芯井数/口	取芯数量/块	杨氏模量/MPa	泊松比	脆性指数/%
华庆	长 X	13	27	22577	0.22	52

华庆长 X 储层改造过程中形成复杂裂缝有一定的地质基础，还需要依靠大规模体积压裂实现。

1.3　低产原因分析

选取超低渗典型区块 Y284 进行分析，该区块水平井，投产初期单井产量 8-10t/d，但整体表现为递减较大的特征，1 年后递减至 4-6t/d，2 年后递减至 2-4t/d，目前平均 1.8t/d。分析水平井低产原因，主要包括3个方面：一是初次改造裂缝间距较大，不能完全控制储量；二是单段改造规模小，横向、纵向上储层改造体积有限；三是致密储层存在启动压力梯度[2-3]，面积井网注水难以建立有效驱替，特别是水平段中部地层能量补充困难，导致地层流体有效渗流距离(油藏任意点与人工裂缝或井筒的距离)大幅减小(式1)。以基质空气渗透率0.3mD、初始地层压力16MPa油藏为例，其初始有效渗流距离为36m，段间距60-80m可满足渗流要求，但地层压力下降至10MPa时有效距离仅16m(如图1)，人工裂缝已不能完全控制段间与缝端的流体流动[4]。

$$L=\frac{p-p_w}{G} \tag{1}$$

式中，L为有效渗流距离，m；p为地层压力，MPa；p_w为井底流压，MPa；G为启动压力梯度，MPa/m。

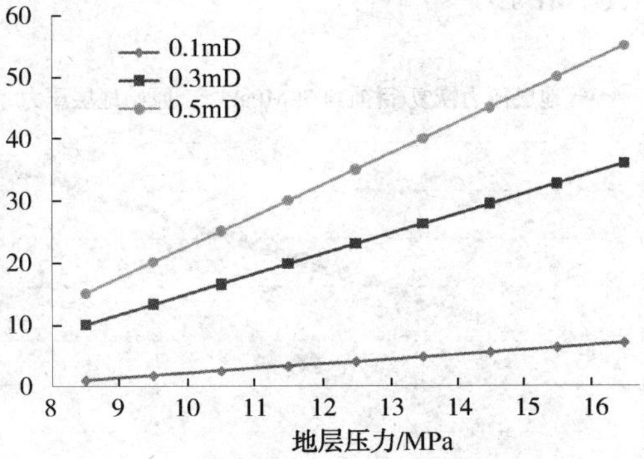

图1　不同地层压力下有效渗流距离

2　老井体积复压技术研究

近几年，长庆油田在致密油体积压裂攻关试验，形成了“长水平井、多簇射孔、大规模体积压裂”的主体技术，单井产量大幅提高。通过对比分析Y284区水平井递减情况和低产原因，为超低渗油藏水平井体积复压改造提供了启示：大规模分段多簇压裂，实现裂缝对储层的全覆盖，混合压裂设计增加裂缝复杂程度，提高裂缝带宽[5]。

2.1　改造段数优化

通过矿场统计水平井的改造段数和单井产量有明显的正相关性，同时考虑作业成本，需要优化出最优改造段数。利用StimPlan软件模拟计算，建立水平段长1200m、储层厚度20.7m，孔隙度11%、地层压力14.7MPa、有效渗透率0.05mD、半缝长200m、裂缝导流能力100D·cm的模型。模拟压裂不同段数时90天内的累积产液量，可得出最有压裂改造段数为22段(如图3)。

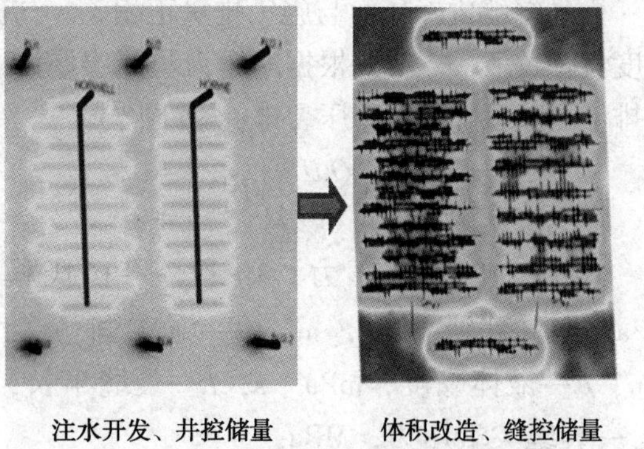

图2　水平井老井体积重复压裂示意图

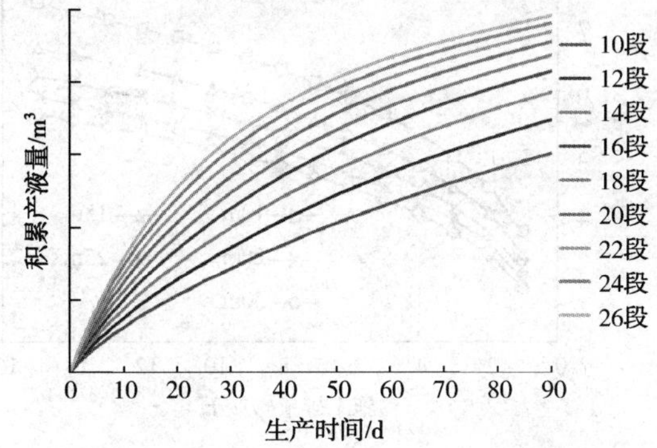

图3　水平井压裂段数与累积产液量关系图

2.2　施工排量优化

体积压裂的目的是通过大排量产生足够的净压力来实现天然裂缝张开而形成复杂缝网[6]。根据Warpinski和Teufel提出的破裂准则[7]，当致密储层天然裂缝发生张性断裂时，所需的缝内净压力为：

$$P_{net}>\frac{\sigma_H-\sigma_h}{2}(1-\cos2\theta) \tag{2}$$

式中：P_{net}—净压力，MPa；σ_H—水平最大主应力，MPa；σ_h—水平最小主应力，MPa；θ—天然裂缝与水平最大主应力方位夹角，°。(如图4)

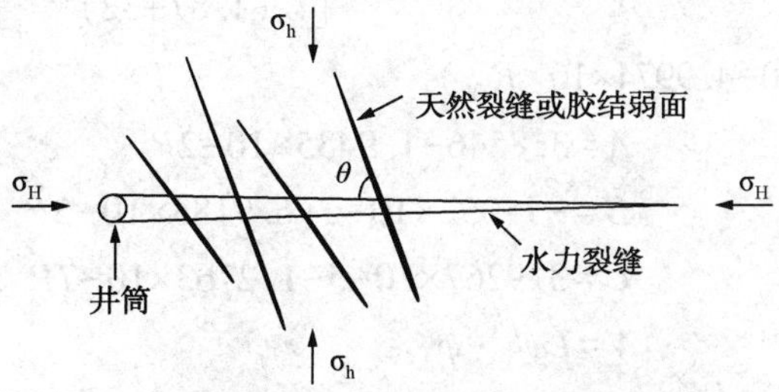

图4　天然裂缝性储层缝网形成示意图

而裂缝缝内净压力与施工排量正相关、与储层厚度负相关[8]（式3），根据净压力与储层厚度、施工排量图版可确定体积压裂排量(如图5)。

$$P_{net}\left[\frac{E^4}{H^4}\left(\frac{Q\mu L}{E}\right)+P_{Tip}^4\right]\frac{1}{4} \tag{3}$$

式中：P_{net}—净压力，MPa；E—杨氏模量，MPa；H—裂缝高度，m；Q—施工排量，m^3/min；μ—液体黏度，mPa · s；L—裂缝半长，m；P_{Tip}—裂缝尖端压力，MPa。

按华庆长X水平两向应力差为5-6MPa，储层厚度20m，实现地层天然微裂缝张开的排量需大于$8m^3/min$，其净压力才能克服两向应力差而产生复杂裂缝[9]。

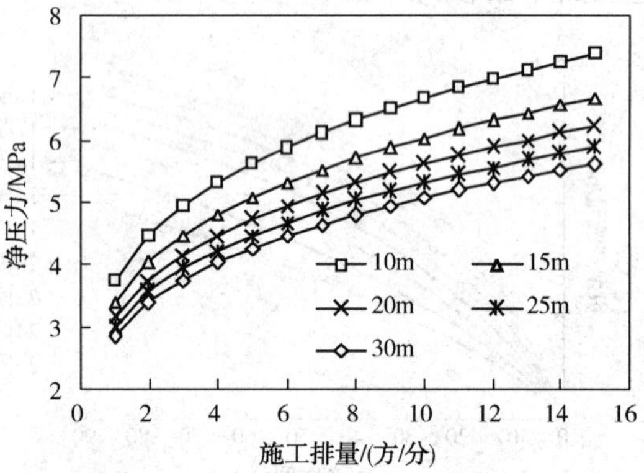

图5　不同厚度储层不同排量下净压力图

2.3　注入量优化

2.3.1　压前补能液量优化

试验区注水难以建立有效驱替系统，地层压力保持水平较低，应用低成本驱油压裂液，增加入地液量，压前补能，局部地层压力可恢复到原始地层压力。根据地层压缩系数的定义，得到累积注水量与压力变化的关系：

$$\Delta V=C_t \cdot V \cdot \Delta P \tag{4}$$

其中：$C_t=C_O+\dfrac{C_w S_{wi}+C_f}{1-S_{wi}}$

$$C_W=1.4504\times10^{-4}\begin{bmatrix}A+B(1.8T+32)+\\C(1.8T+32)^2\end{bmatrix}\times$$

$(1.0+4.9974\times10^{-2}R_{SW})$

$$A=3.8546-1.9435\times10\text{-}2P$$

$$B=-1.052\times10\text{-}2+6.9183\times10\text{-}5P$$

$$C=3.9267\times10\text{-}5-1.2763\times10\text{-}7P$$

$$V=Lwh\cdot\varphi$$

$$C_f=\frac{2.587\times10\text{-}4}{\phi^{0.4358}}$$

式中：ΔV—累积注水量，m^3；C_t—地层压缩系数，MPa^{-1}；V—注入孔隙体积，m^3；ΔP—压力差，MPa。C_o—地层原油压缩系数，MPa^{-1}；C_w—地层水压缩系数，MPa^{-1}；C_f—岩石压缩系数，MPa^{-1}；T—地层温度，℃；S_{wi}—束缚水饱和度，小数；L—水平段长度，m；W—水平井井距，m；h—油层厚度，m；Φ—孔隙度，小数；R_{sw}—地层水中天然气的溶解度，m^3/m^3；P—地层压力，MPa。

Y284区原始地层压力15.8MPa，备选井CP11井2017年测得地层压力为14.79MPa，通过模拟计算压前补能5000方时(如图6)，地层压力可以恢复到原始地层压力。

2.3.2　压裂入地液量优化

根据复压改造段数优化结果和目标加砂强度3.5吨/米，计算压裂入地液量为3.5万方，整体注入液量4万方，并根据累积注水量与压力变化的关系式（4），预测地层压力可提升到21.57MPa。

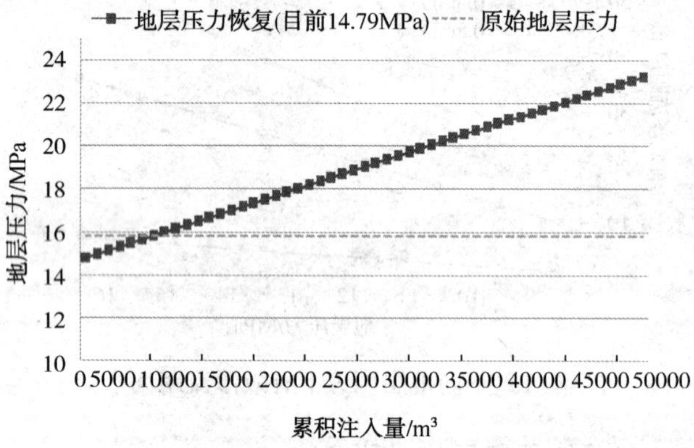

图6　Y284CP11井累积注入量与地层压力关系图

2.4　配套施工管柱优化

因为老水平井初次采用水力喷砂分段改造，套管多次射孔，井筒不完整，目前只能通过双封单卡实现精准分段压裂[10]，目前常用的$3^1/_2$″油管组合双封压裂管柱仅能满足$5m^3/min$排量的现场施工。油管注入大排量、大液量实现难度大，需要从提井口限压”和“降流体摩阻”出发，对井口、直井段管柱、水平段管柱、压裂工具4个关键节点进行了全面创新。

表3　攻关前后管柱系统参数对比表

攻关点	攻关前	攻关后	提升效果
井口承压	70MPa	105MPa	最高承压提高50%

续表

攻关点	攻关前	攻关后	提升效果
直井段油管	3½″(内径 74mm)	4″(内径 86mm)	直井段摩阻降低 26%
水平段油管	2⅞″(内径 62mm)	3½″(内径 74mm)	水平段段摩阻降低 31%
压裂工具	K344+节流喷砂器+K344	K344+节流嘴+无节流喷砂器+Y211	工具内径由 55mm 增加到 62mm，节流降低 3-5MPa

通过技术攻关，优化管柱组合、研发大通径工具来提高施工排量。油管管柱组合为(由上至下)：直井段 ϕ101.6mm 油管(至造斜点以上 20m)+变扣+水平段 ϕ88.9mm 油管+变扣+安全接头+ϕ73mm 油管 1 根十水力锚+大通径 K344 封隔器+节流咀+ϕ73mm 油管+喷砂器+单流阀+Y211 封隔器+导向堵头。

在管柱优化结果的基础上，配合低摩阻压裂液($8m^3$/min 排量下摩阻系数为 0.005MPa/m)，计算不同水平段位置的施工排量上限式(5)。在井口限压 60MPa 的条件下，1200m 水平段最大施工排量可达 $8m^3$/min，满足体积压裂需求。

$$P_{tube}=P_{close}+P_{net}+P_{perf\_f}+P_{pipe\_f}+P_{neb\_f}-P_h \quad (5)$$

式中：P_{tube}—油管井口压力，MPa；P_{net}—裂缝闭合压力，MPa；P_{net}—净压力，MPa；P_{perf_f}—孔眼摩阻，MPa；P_{pipe_f}—管柱摩阻，MPa；P_{neb_f}—近井筒弯曲摩阻，MPa；P_h—静液柱压力，MPa。

3 现场试验

在超低渗透油藏 Y284 区选取 3 口相邻水平井进行水平井体积复压试验，压前合补能 5000 方/口，井均体积复压 22 段，排量 $8m^3$/min，入地液量液量 $3.5\times10^4m^3$，单段加砂 $130m^3$。

从微地震监测结果看，体积压裂后裂缝覆盖范围大幅增加，监测平均半缝长 204m，裂缝平均带宽 110m。

措施后井口压力稳定在 4-7MPa，目前控制放喷生产 25d，平均日产液 $30.1m^3$，日产油 14.6t/d，含水 36.5%，超过本井投产初期产量，取得较好的效果。利用 StimPlan 软件模拟计算，压裂 22 段投产第 25 天日产液量为 $31.2m^3$，与实际情况相当。

地层能量是影响单井高产稳产的关键因素，采用 Kaya 井筒压力模型[11]，计算目前 3 口井的井底压力数据，目前平均井压力 21.31MPa，与

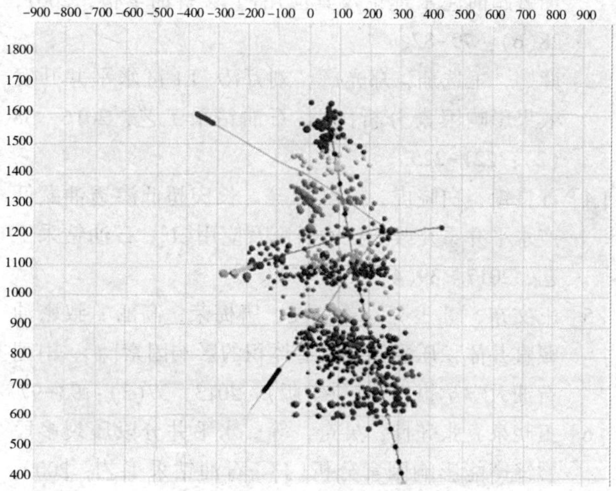

图 7 CP10 井微地震监测图

压前预测地层压力 21.57MPa 相当，井底压力与措施前相比提高 14.2MPa(表 4)，是目前自喷生产的关键。

表 4 Y284 区 3 口试验井压后地层压力表

井号	压前动液面/m	压前计算井底流压/MPa	压后井口压力/MPa	计算井底压力/MPa	压力提高/MPa
CP10	1545	5.9	4.0	22.62	16.72
CP11	1467	6.6	4.4	21.36	14.76
CP12	1224	8.8	6.8	19.94	11.16
平均	1412	7.1	5.0	21.31	14.2

4 结论与认识

(1) 长庆油田超低渗透油藏水平井递减大产量低，主要受到地层能量低、初次改造程度低、长期注采难以建立等因素，借鉴致密油改造思路，形成水平井老井体积复压技术思路。

(2) 创新研发了老水平井大排量分段体积压裂管柱，单段施工排量 $8m^3$/min，达到形成储层复杂裂缝的条件。

(3) 进行压前补能、水平井密集布缝、大规模压裂的优化设计，通过微地震监测和生产情况来看，实现缝控储量重复改造目的，为超低渗透油藏水平井复压提产提供了新的方向。

参 考 文 献

[1] 史成恩，万晓龙，赵继勇，等．鄂尔多斯盆地超低渗透油层开发特征[J]．成都理工大学学报(自然科学版)，2007，34(5)：538-542.

[2] 王道富，李忠兴，赵继勇，何永宏，都斐．低渗透

油藏超前注水理论及其应用[J]. 石油学报, 2007, 28(6): 79-82.

[3] 薛婷, 王选茹, 郑光辉, 刘万涛. L1 区水平井开发效果影响因素分析[J]. 石油钻采工艺, 2016, 38(2): 221-225.

[4] 苏良银, 白晓虎, 陆红军等. 长庆超低渗透油藏低产水平井重复改造技术研究及应用[J]. 石油钻采工艺, 2017, 39(4): 521-527.

[5] 王文东, 苏玉亮, 慕立俊, 唐梅荣, 高丽. 致密油藏直井体积压裂储层改造体积的影响因素[J]. 中国石油大学学报(自然科学版), 2013, 37(3): 93-97.

[6] 王晓泉, 张守良, 吴奇, 等. 水平井分段压裂多段裂缝产能影响因素分析〔J〕. 石油钻采工艺, 2009, 31(1); 73-76.

[7] 翁定为, 雷群, 青云, 等. 缝网压裂技术及其现场应用[J]. 石油学报, 2011, 32(2); 281-282.

[8] 汪全林, 唐海, 吕栋梁, 等. 低渗薄层油藏多垂直裂缝水平井产量计算公式(J). 西安石油学院学报(自然科学版), 2010, 25(5): 42-46.

[9] 白晓虎, 张翔, 杜现飞, 达引朋等. 一种提高致密油藏低产水平井产量的重复改造方法[J]. 钻采工艺, 2016, 39(6): 34-37.

[10] 张春辉. 连续油管结合双封单卡压裂技术应用[J]. 石油矿场机械, 2014, 43(s): 60-61.

[11] A. S. Kaya. Mechanistic Modeling of Two 一 Phase Flow in Deviated Wells. SPE Production& Facilities August 2001: 156-165.

武隆区块常压页岩气水平井分段压裂技术

雷　林

（中国石化华东油气分公司）

摘　要　针对渝东南武隆页岩气储层水平应力差较大，高角度缝及层理缝发育难以形成复杂体积缝，低角度裂缝较难开启，裂缝的转向难度增加，同时其为常压储层，实现效益开发难度大等问题。为此在分析武隆区块常压页岩气改造技术难点的基础上，围绕提高提高储层改造体积在目标，优选出一套适用于常压储层改造的技术方案：采取“低浓度滑溜水、限流变密度射孔、阶段升大排量、缝间投球暂堵转向工艺、连续加砂”等组合工艺实现裂缝复杂度的最大化。现场应用效果结果表明：隆页 2HF 井在五峰组-龙马溪组压后获得 $9.6\times10^4m^3/d$ 产量，实现了常压页岩气单井产量的突破，该井的突破为国内常压页岩气改造提供了技术借鉴。

关键词　常压页岩气；投球暂堵；变密度射孔；分段压裂；武隆地区

渝东南武隆区块常压页岩气储层为利川-武隆复向斜武隆向斜，勘探面积 $1142km^2$，预测总资源量 $8490\times10^8m^3$，其主要储层五峰组-龙马溪组，优质页岩厚度一般为 35.00m，总有机碳 3%～4%，石英含量 40%～50%，黏土含量 30%～40%，储层压力系数小于 1.1[1-2]，目前武隆地区探井隆页 1HF 井进行了压裂试气，由于改造体积受限，且压裂裂缝复杂度不够，压裂后测试产气量只有 $5\times10^4m^3$，累计产气量超过 $2000\times10^4m^3$，单井日产气量距离商业开发有一定差距。对于常压页岩气，北美的 Barnett 常压页岩气在开发过程中，主要采用缩短段间距和增大加砂量等方法提高改造效果[3-4]，但武隆区块位于山区，相比北美的平原地形，其钻完井成本更高，要求压裂改造效果更好。为此，笔者针对武隆区块压裂改造技术难点，优选了压裂液，对压裂参数进行了优化，形成常压页岩气水平井分段压裂技术，该技术在隆页 2HF 井进行了试验，压裂后获得 $9.6\times10^4m^3/d$ 产气量，实现了常压页岩气单井产量的突破。

1　武隆区块常压页岩气改造技术难点

渝东南武隆区块常压页岩气盆缘区抬升早，持续时间长，抬升幅度大，应力得到释放，流体压力降低，微裂缝发育，其中高角度缝及层理缝较高压页岩气发育；测井解释含气量 3.8～4.15m^3/t；游离气小于 60%，甲烷碳同位素测定表明，随着吸附气逐步解吸产出，产气量递减较慢，第 1 年递减率 29.8%，第 2 年递减率 18.3%，远低于高压页岩气藏；受构造挤压作用和盆缘区抬升的影响，最大、最小主应力较小但差异较大，地应力为 40～60MPa，应力差异系数为 0.27～0.34；静态杨氏模量 37.3～46GPa，平均 40.5GPa，泊松比 0.18～0.26，平均 0.21；地温梯度为 1.99℃/100m，储层温度 69.71～72.71℃。因此其分段压裂改造面临一系列技术难点：(1)由于常压页岩气储层含气丰度和压力系数低，需要更大的改造体积和泄气面积；(2)由于武隆区块处于向斜高部位，挤压程度弱，应力得到释放，裂缝开启难度低，造成人工裂缝复杂程度低；(3)高角度缝诱导效应强，不利于提高裂缝的复杂程度；(4)裂缝延伸压力梯度低，岩石与天然裂缝发生剪切的概率低；(5)应力差异系数大，易形成双翼裂缝，人工裂缝复杂程度低。

2　常压页岩气水平井压裂技术

常压页岩气因含气丰度低、压力系数低及应力差异系数大的特殊性，需要进一步提高裂缝的复杂程度和增大改造体积，同时降低对地层的伤害及压裂成本。笔者在优选压裂液的基础上，开展了在高应力差异系数条件下提高裂缝复杂程度技术方法和提高砂液比技术的研究等，初步形成了武隆常压页岩气水平井分段压裂技术。

2.1　压裂液优选

2.1.1　降阻剂及加量优化

武隆地区常压页岩气储层层高角度缝、层理缝发育，高角度缝诱导效应强，低角度裂缝及层理开启难度大，裂缝转向困难，不利于提高裂缝复杂程度，要求滑溜水具有较好的破岩能力、转向能力，利用低黏度滑溜水流动过程中动能损失低，净压力传导效率高的特点保持在中、远井地带破岩所需的净压力，实现远端大范围内的有效破岩，同时要求滑溜水的降阻率达到70%以上。

采用 MZ-1 摩阻仪对测试了 15 种降阻剂 0.1%溶液在剪切速率 $8000s^{-1}$下的降阻率，结果如图 1 所示。由图 1 可知，4 号降阻剂 SRFR-1 的降阻率最高，达到了 78.1%。因此，降阻剂选用 SRFR-1。

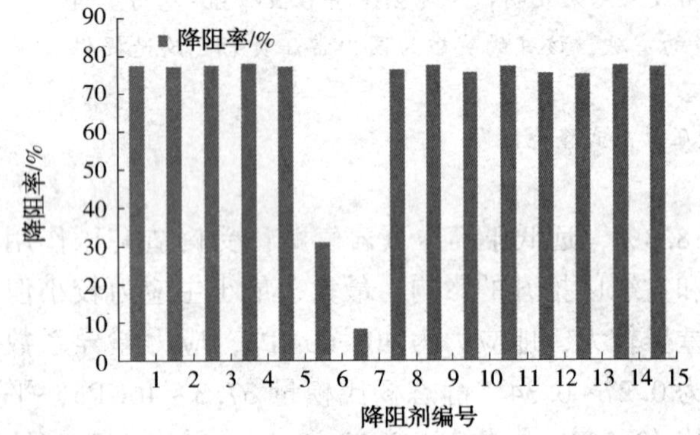

图 1　不同降阻剂的减阻率

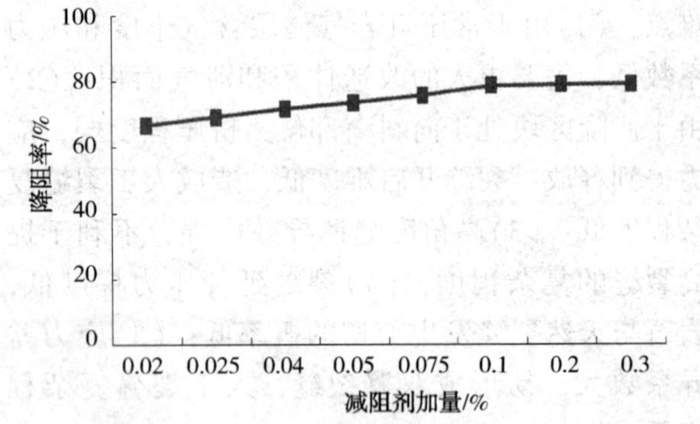

图 2　降阻剂加量不同溶液的降阻率

测试降阻剂 SRFR-1 加量不同溶液在剪切速率 $8000s^{-1}$下的降阻率，结果如图 2 所示。由图 2 可以看出，随着降阻剂 SRFR-1 加量增大，降阻率不断增大，当降阻剂 SRFR-1 的加量为 0.04%时，降阻率大于 71%，能够满足现场施工要求。因此，降阻剂 SRFR-1 加量选 0.04%。

2.1.2　表面活性剂优选

武隆区块常压页岩气藏吸附气含量高、有机孔为主要生储空间的特征，有机质、干酪根亲油，无机质黏土、石英、长石等其他矿物亲水，页岩混合润湿，总体表现为亲油。针对常压页岩气藏吸附气含量高、有机孔为主要生储空间的特征，基于滑溜水与岩石的物理-化学作用机理，需要多孔介质中的润湿相流体依靠毛细管力进入到岩孔隙中，置换出其中的非润湿相流体，实现渗吸置换[5-7]，强化排驱，提高液体在地下的滞留量和增强吸附气的解吸作用，实现提高常压气藏改造效果目的。

武隆区块页岩表现为亲油，需加入表面活性剂改变岩石的润湿性，使亲油储层变成亲水储层，从而在使毛管力变成驱油气的动力，提高页岩气油气排驱效率。测试武隆区块页岩与 0.1% 不同表面活性剂溶液的接触角，结果见表 1。由表 1 可以看出，页岩与 0.1%表面活性剂 RS-1 溶液的接触角为 21.9°，表明页岩的润湿性发生反转，由亲油变成亲水，可以实现气与压裂液的渗吸置换。因此，表面活性剂选用 RS-1。

表 1　武隆区块页岩与不同表面活性剂溶液的接触角

表面活性剂	加量/%	接触角/°
YCF-1		77.3
SFT		62.1
NEK	0.1	58.5
RS-1		21.9
WRD		43.6

图 3 为页岩与 RS-1 表面活性剂加量不同溶液的接触角。由图 3 可以看出，随着表面活性剂 RS-1 加量增大接触角减小，在表面活性剂 RS-1 加量达到 0.1%其增减小幅度变得平缓，因此，表面活性剂 RS-1 的加量选 0.1%。

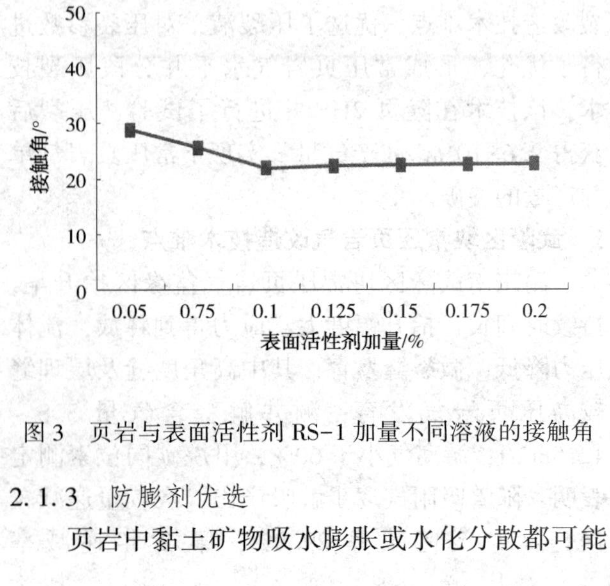

图 3　页岩与表面活性剂 RS-1 加量不同溶液的接触角

2.1.3　防膨剂优选

页岩中黏土矿物吸水膨胀或水化分散都可能

堵塞其气体渗流通道，而武隆区块常压页岩气储层黏土矿物含量在 10.2%~48.0%，伊蒙混层比达到45.0%，因此需采取防膨措施。测试泥页岩在15种常用防膨剂在0.2%溶液中的线性膨胀率，结果如图4所示。从图4可以，除7号防膨剂是膨胀率大于要求3.5%以外，其余防膨剂线性膨胀率均小于3.5%。因此，综合膨胀剂的其他性能和价格，选用4号防膨剂 SRCS-2。

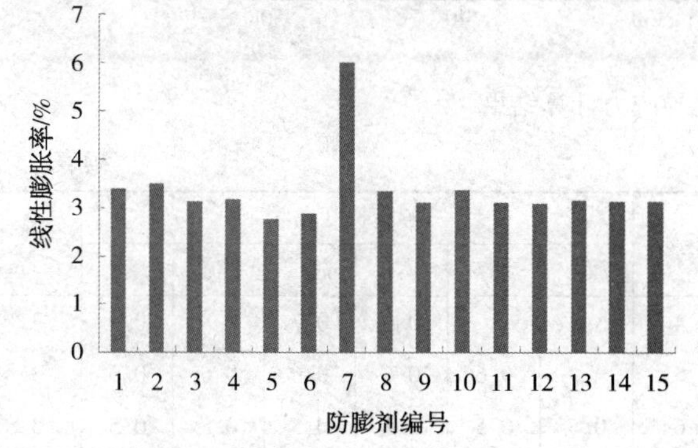

图4 泥页岩在0.2%不同防膨剂溶液中的线性膨胀率

图5为泥页岩在4号防膨剂 SRCS-2 加量不同溶液中的线性膨胀率，由图5可以看出，随着防膨剂 SRCS-2 质量分数增大线性膨胀率缩小，在防膨剂 SRCS-2 质量分数达到0.2%后缩小幅度减小，因此，防膨剂 SRCS-2 的加量选0.2%。

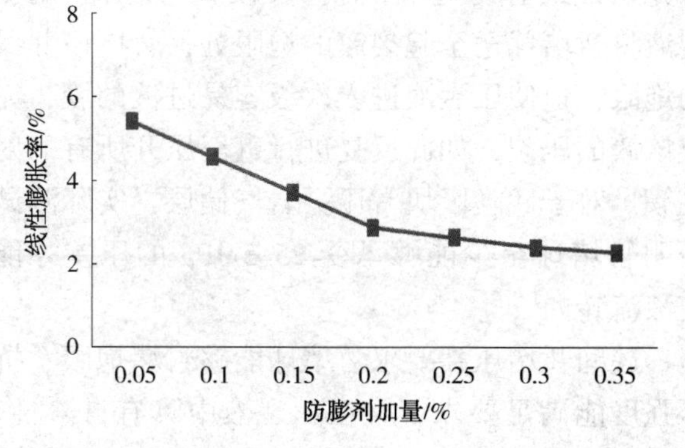

图5 不同防膨剂加量线性膨胀率

通过优选减阻剂、表面活性剂、防膨剂及加量，确定武隆常压页岩气压裂液配方为0.04%减阻剂 SRFR-1+0.10%表面活性剂 RS-1+0.20%防膨剂 SRCS-2。

2.2 压裂施工参数优化

常压页岩气储层与高压页岩气储层相比，高角度缝及层理缝更发育，裂缝波及体积小；吸附气占比更高，日产液量更高，对长期导流能力要求更高；最大和最小主应力的差值更大，形成双翼裂缝的概率更高，这些因素决定了与高压页岩气水平井分段压裂相比，常压页岩气水平井分段压裂时需要获得更大裂缝波及体积、更高的导流能力，压裂后才能获得理想的产气量。

2.2.1 簇间距优化

页岩气水平井压裂时通常采用分簇射孔布缝，地质上需要评价在一定长度下不同缝间距的单井累计产能。一般采用数值模拟方法评价缝间距，由文献中模拟结果可知，缝间距越小，等效裂缝数量越多，其累计产气量越高[9-11]。为追求最大改造体积，页岩气井通常采用体积压裂模式进行改造，而要获得较大的改造体积，需利用高诱导应力克服最大和最小主应力差，使裂缝转向或者使天然裂缝开启[12-14]。武隆区块常压页岩气储层的基本参数为：气层厚度40.00m，长度2000.00m，宽度800.00m，井底流压3.62MPa，原始地层压力28.62MPa，地层温度72.71℃，基质孔隙度5.8%，基质渗透率0.43mD，气体黏度0.022mPa·S，岩石压缩系数0.44GPa^{-1}，裂缝导流能力5 μm^2·cm。采用数值模拟方法模拟武隆区块1500.00m长水平段常压页岩气水平井不同簇间距下的4年累计产气量，结果见图6。由图6可以看出，随簇间距减小，4年累计产气量升高，当簇间距减小至25.00m以后，4年累计产气量升高幅度变小。因此，建议该井簇间距在21.00~25.00内选择。

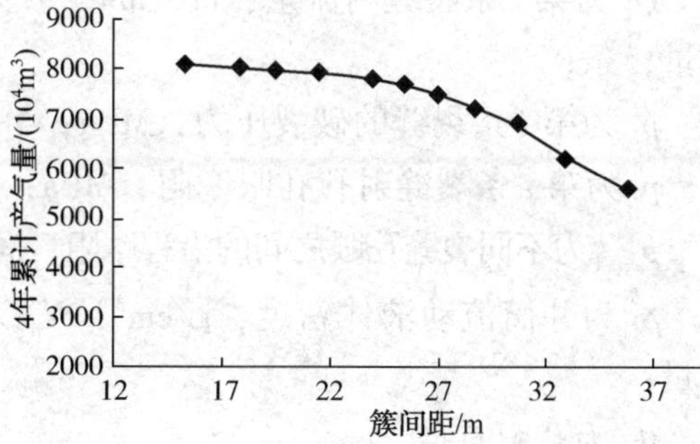

图6 不同簇间距对应的累计产量

通过压裂在单一裂缝脆弱面上产生诱导应力改变最与最小主应力的分布，可使人工裂缝在缝内转向，改变原有延伸路径，同时沟通天然裂缝，从而形成复杂缝网[15]。模拟武隆地区龙马溪组页岩储层地应力差为14.47MPa，静态杨氏模量为40.5GPa，泊松比为0.21时的诱导应力作用范围，结果见图7。由图7可以看出，随着裂缝间距的减小，诱导应力越大，当裂缝间距小于25.00m时，基本可以实现裂缝之间的诱导应力大于两相应力差，实现缝间干扰，因此优化后的裂缝簇间距为20.00~25.00m。

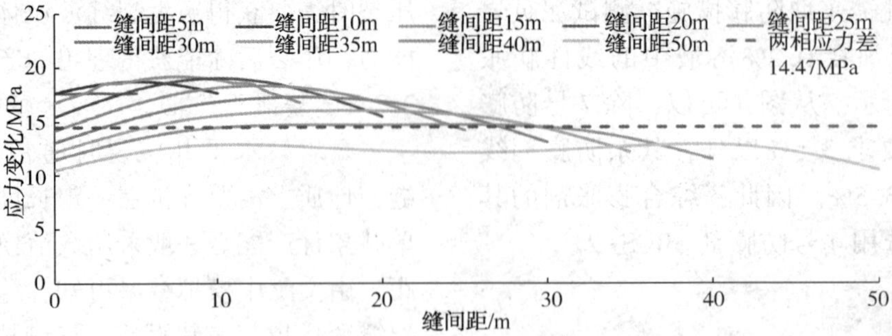

图7　武隆常压页岩气井诱导应力计算结果

综合常压页岩气水平井单井产能与工程上页岩气诱导应力计算的优化结果，最终得到簇间距为21.00~25.00m。

2.2.2　射孔簇长优化

通过采取控制每簇射孔长度的模式，减少跟端射孔长度，增加跟端的孔眼摩阻，从而使每簇在炮眼内压力相同，结合水平井限流射孔优化方法[16-17]，射孔后多裂缝间的压力平衡关系为：

$$p_i+p_{\mathrm{f}i}=p_{i+1}+p_{\mathrm{f}i+1}+p_{i,i+1} \tag{1}$$

其中，

$$p_{\mathrm{f}i}=\frac{22.45Q_i^2\rho_{\mathrm{f}}}{N_{\mathrm{p}}^2d_{\mathrm{p}}^4C_{\mathrm{d}}} \tag{2}$$

$$Q_t=\sum_{i=1}^{m}Q_i,\ i=1,\ 2,\ 3,\ \cdots,\ m \tag{3}$$

式中：Q_t 为排量，m^3/min；

Q_i 为第 i 条裂缝内流量，m^3/min，m 为裂缝数量，条；

p_i 为第 i 条裂缝的破裂压力，MPa；

p_{fi} 为第 i 条裂缝射孔孔眼摩阻，MPa；

$p_{i,i+1}$ 为不同裂缝孔眼之间的沿程摩阻，MPa；

ρ_{f} 为井筒流动液体密度，g/cm^3；N_{p} 为孔眼数量；

d_{p} 为孔眼直径，cm；

C_{d} 为流量系数，前期为0.56，后期为0.89。

假设簇射孔时有效孔眼比例为40%，页岩气水平井射孔孔眼直径为9.5mm，计算射孔簇数不同时各簇的长度，结果见表2。

表2　各簇簇长推荐结果

簇数	各簇长度/m						总簇长/m
	簇6	簇5	簇4	簇3	簇2	簇1	
2					1.4	1.6	3
3				0.9	1	1.1	3
4			0.6	0.7	0.8	0.9	3
5		0.6	0.6	0.6	0.6	0.6	3
6	0.5	0.5	0.5	0.5	0.5	0.5	3

续表

2.2.3　簇间暂堵优化

武隆区块常压页岩气井隆页1HF井压裂后的产液剖面测试结果表明，不同簇之间的进液强度不一样，导致压裂后产能贡献程度差距较大，部分射孔簇压裂无产能。因此，采用簇间暂堵解决部分射孔簇不能改造的问题。簇间暂堵压裂是首先压开最容易起裂的簇(井段)，然后利用压裂液将暂堵球送至起裂簇的炮眼处，暂堵该井段的炮眼，迫使压裂液进入次级容易进液的簇，完成该簇的压裂，如此反复进行直至压开所有的射孔簇。对于武隆区块常压页岩气储层，实际测试表明暂堵球至少能够承受25.5MPa的压差才能使液流转向[18]。

簇间暂堵压裂要求暂堵球能够封堵炮眼、抗压强度能满足要求，且在压裂液中具有自溶性。因此选择由镁铝合金及其他合金元素制成的暂堵球，并通过室内暂堵试验装置评价暂堵球的抗压强度及自溶性，结果为：ϕ5.5，ϕ9.0，ϕ11.0和ϕ13.0mm暂堵球的130℃下的抗压强度分别为30，40，50和60MPa；不同直径暂堵球在滑溜水中15h后开始溶解，3~5d完全溶解。由此可以看出，ϕ13.0mm暂堵球在130℃温度下的抗压强度达到60MPa，开始溶解时间为15h，可以满足压裂施工暂堵时间要求，同时暂堵球可在含有电解质的水溶液中自行溶解，可以随着返排液排出。

武隆常压页岩气水平井射孔孔径约为9.5mm，孔眼扩径率为20%~40%，扩径后孔径为11.4~13.3mm，因此为了封堵进液孔眼，选择ϕ11~13.5mm暂堵球，单段射孔60孔，理论封堵一半，每段投30~35个ϕ11~13.5mm暂堵球。

2.2.4 加砂工艺优选

由于武隆地区地层能量不足，要将压裂液残液返排出，要求裂缝导流能力高，但地层弹性模量低，支撑剂要嵌入地层，因此，要提高砂比和加砂量。页岩气井压裂常用段塞加砂，不利于提高砂比和加砂量，而采用连续加砂工艺可以形成更好的铺砂剖面，铺砂剖面较段塞式加砂更为均匀，有利于导流能力的提高，且加入同样砂量情况下，所用液量更少，有利于返排。因此，采用连续加砂工艺。采用连续加砂工艺可以形成更好的铺砂剖面，铺砂剖面较段塞式加砂更为均匀，有利于导流能力的提高，加入同样砂量情况下，所用液量更少，有利于返排，降低地层伤害。

2.2.5 压裂规模优化

为确保形成网络裂缝，并保证裂缝在页岩气储层中延伸，要模拟武隆地区龙马溪-五峰组页岩气储层在不同压裂规模下的单缝长度和高度。笔者以目前应用最多的3簇射孔为例，模拟了5种规模下裂缝的缝长、缝高，结果如图8所示。5种压裂规模分别为：规模1压裂液用量1500m^3、加砂量60m^3，规模2压裂液用量1600m^3、加砂量65m^3，规模3压裂液用量1700m^3、加砂量70m^3，规模4压裂液用量1800m^3、加砂量80m^3，规模5压裂液用量1900m^3、加砂量85m^3。

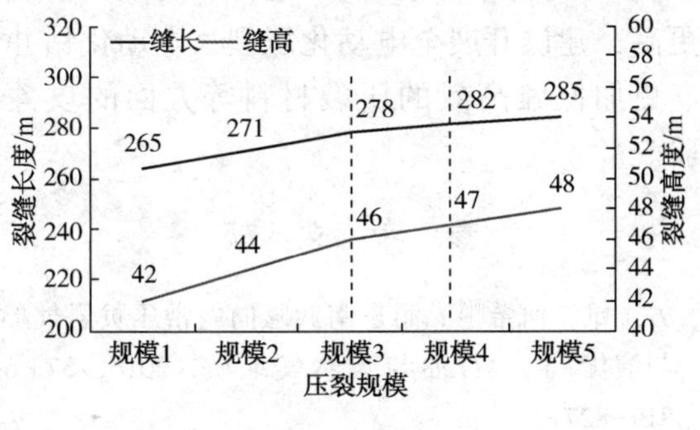

图8 不同压裂规模下裂缝的几何尺寸

从图8可以看出，随着压裂规模增大，缝长、缝高也在不断增加，但在压裂规模达到压裂液量1700m^3、加砂70m^{3}之后，缝长增加幅度变小，同时武隆地区优质页岩气储层的厚度在40.00m左右，在压裂液量超过1700m^3、加砂量超过70m^{3}后裂缝会在非优质页岩储层延伸更多。因此，综合考虑压裂规模为压裂液用量1700m^3、加砂量70m^3。

3 现场试验

3.1 压裂施工

隆页2HF井垂深2650.00m，水平段长度1964.00m，气测全烃9.2%，孔隙度平均5.78%，含气量6.1m^3/t，总有机碳3.66%，优质页岩纹层发育，石英含量平均58.5%，黏土平均23.9%，最大水平主应力52.6~62.3MPa，最小水平主应力38.0~45.9MPa，水平应力差14.3~16.5MPa，应力差异系数为0.26~0.27，底板应力比目的层高15.0MPa。

隆页2HF井存在水平应力差较大，低角度裂缝及层理开启难度大，裂缝转向困难，同时作为常压页岩气储层需要增效降本。因此，采用低黏滑溜水进行压裂。低黏滑溜水的配方为0.04%减阻剂SRFR-1+0.10%表面活性剂RS-1+0.20%防膨剂SRCS-2。射孔时采用2簇射孔簇长度分布为1.60和1.40m，3簇射孔时簇长度分别为1.10，1.00和0.90m，5簇射孔每簇长度0.60m，6簇射孔每簇长度0.50m。为促进各簇均匀进液，充分改造每段，压裂时每段投30~35个ϕ11.0~13.5mm暂堵球。为降低成本采用8台电动压裂泵+6台2500型压裂车组合模式进行施工。

隆页2HF井完成20段92簇压裂施工，总用液量45401.0m^3，平均单段用液量2270.0m^3(其中13段总用液量超过2000.0m^3)，总加砂量2577.8m^3，最高砂比8%~15%，施工排量16~18m^3/min。图9为该井压裂施工曲线。整个压裂施工分为5个阶段，第1阶段压裂第1段和第2段，考虑前2段压裂主要掌握储层特点，因此每段射孔2~3簇，段长59.00~77.00m，采用常规段塞加砂工艺；第2阶段压裂第3段—第5段，每段射孔6簇，段长143.00~167.00m，每段投入30个ϕ11.0mm暂堵球，投球后泵压升高1.60~6.20MPa，表明起到暂堵效果；第3阶段压裂第6段和第7段，每段射孔2~3簇，段长61.00~89.00m，第6段投入30个ϕ11.0mm暂堵球后泵压升高2.30MPa，投入30个ϕ13.5mm暂堵球后泵压升高21.00MPa；第四阶段压裂第8

段和第 9 段，每段射孔 4~6 簇，段长 76.00~95.00m，每段投入 30 个 ϕ13.5mm 暂堵球，投球后泵压升高 3.80~5.60MPa；第五阶段压裂第 10 段—第 20 段，每段射孔 4~6 簇，段长 77.00~95.00m，采用连续加砂模式加砂，每段投入 35 个 ϕ13.5mm 暂堵球，投球后泵压升高 10.00~34.00MPa。

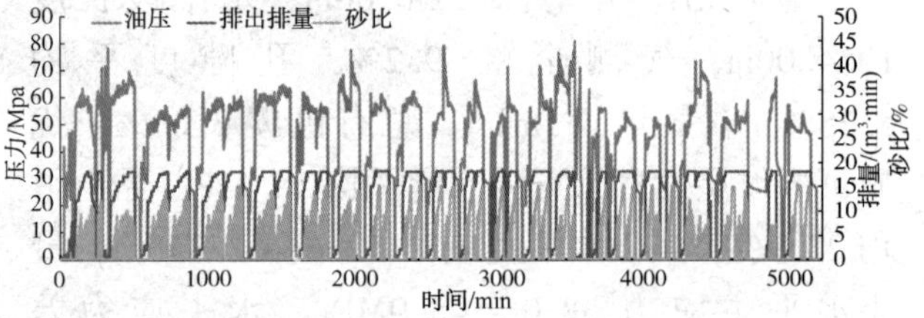

图 9 隆页 2HF 井施工曲线

3.2 技术评估

隆页 2HF 井全程采用低黏滑溜水压裂，现场测试降阻率达到 71%；采用连续加砂模式大幅度提高平均砂液比，该井平均砂液比达到 5.6%，平均单段加砂量 129.0m^3(其中 17 段加砂量超过 100.0m^3)，第 20 段砂量达到 207.0m^3，创中国石化页岩气井单段加砂最高纪录，且所有压裂段都达到了设计砂量(见图 10)。图 11 为该井压裂施工时的净压力分析结果，由图 11 可以看出，投球前净压力 14.61MPa，投球后净压力增加至 18.17MPa，投球后净压力升高 6.00~16.00MPa，大于两向应力差，有效开启了新缝。图 12 为该井压裂施工时的延伸压力梯度分析结果，由图 12 可以看出，该井投球前平均延伸压力梯度 2.09MPa/100m，投球后平均延伸压力梯度 2.23MPa/100m，投球后有效提高裂缝延伸压力梯度，提高了裂缝复杂度。

压裂后，隆页 2HF 返排出压裂液残液后，日产气 9.6×10^4，实现了常压页岩气单井产气量的突破。

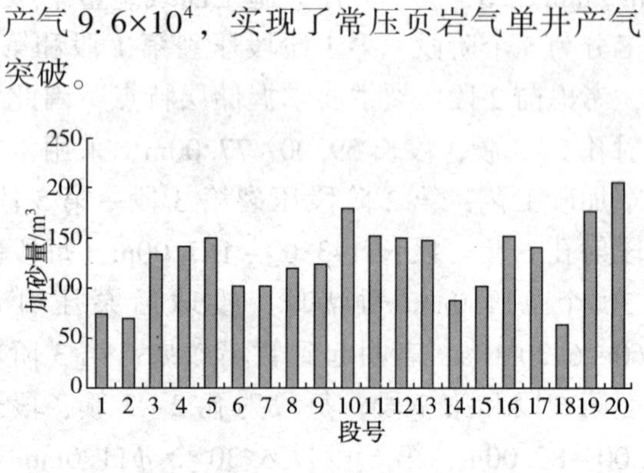

图 10 隆页 2HF 井单段加砂量

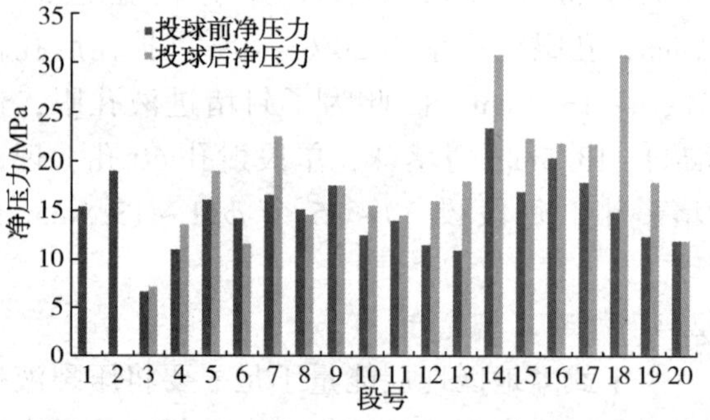

图 11 隆页 2HF 井压裂施工时的净压力

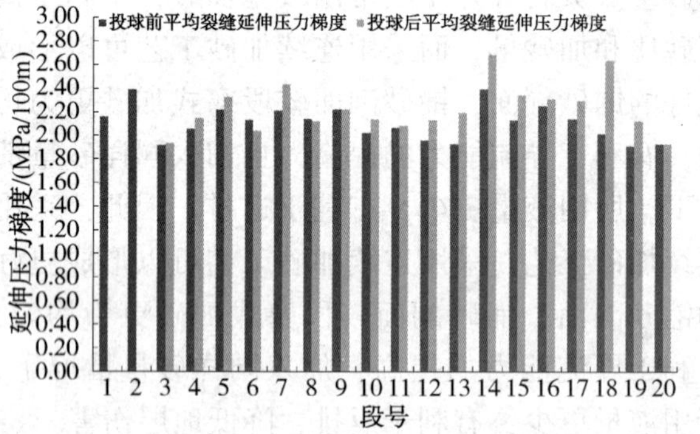

图 12 隆页 2HF 井压裂施工时的延伸压力梯度

4 结论及建议

(1) 武隆常压页岩气水平应力差大、高角度缝及层理缝发育、裂缝的转向难，需要大规模、高砂比、低浓度滑溜水压裂才能形成复杂网状缝，获得高产。

(2) 缝间投球暂堵转向、连续加砂是武隆常压页岩气获得成功的关键。

(3) 常压页岩气需要进一步提高裂缝的复杂度及增加有效改造体积，下步展层内暂堵压裂、层间多次暂堵、高密度完井等组合工艺攻关，。

(4) 常压页岩气压后产能低，对成本控制要求更高，建议开展全电动化压裂、电动化钻井设备、更加低廉高效的压裂材料等方面的攻关与试验。

参 考 文 献

[1] 方志雄，何希鹏．渝东南武隆向斜常压页岩气形成与演化[J]．石油与天然气地质，2016，37(6)：819-827.

[2] 何希鹏，高玉巧，唐显春，等．渝东南地区常压页岩气富集主控因素分析[J]．天然气地球科学，2017，28(4)：654-664.

[3] John V，Mark D.Z，Hydraulic Fracturing，Microseismic Magnitudes，and Stress Evolution in the Barnett Shale，

Texas, USA[R]. SPE 140507 2011.
[4] Ishank G, Chandra R, Carl H. S, et al. Rock Typing in Eagle Ford, Barnett, and Woodford Formations[R]SPE 189968, 2018.
[5] 朱彤，曹艳，张快．美国典型页岩气藏类型及勘探开发启示[J]．石油实验地质，2014，36(6)：718-724.
[6] 濮御，王秀宇，杨胜来．利用NMRI技术研究致密储层静态渗吸机理[J]．石油化工高等学校学报，2017，30(1)：45-48.
[7] 秦积舜，李爱芬．油层物理学[M]．东营：石油大学出版社，2001.
[8] 蔡建超，郁伯铭．多孔介质自发渗吸研究进展[J]．力学进展，2012，42(6)：735-754.
[9] 王海涛，蒋廷学，卞晓冰，等．深层页岩压裂工艺优化与现场试验[J]．石油钻探技术，2016，44(2)：76-81.
[10] LOPEZ B, AGUILERA R. Physics-based approach for shale gas numerical simulation: quintuple porosity and gas diffusion from solid kerogen [R]. SPE 175115, 2015.
[11] NEGARA A, SALAMA A, SUN S, et al. Numerical Simulation of Natural Gas Flow in Anisotropic Shale Reservoirs[R]. SPE 177481, 2016.
[12] BOSTROM B. Development of a geomechanical reservoir modelling workflow and simulations [R]. SPE 124307, 2009.
[13] TAKAHASHI S, KOVSCEK A R. Wet ability estimation of low-permeability, siliceous shale using surface force[J]. Journal of Petroleum Science and Engineering, 2010, 75(1/2): 33-43.
[14] 曾义金，陈作，卞晓冰．川东南深层页岩气分段压裂技术的突破与认识[J]．天然气工业，2016，36(1)：61-67.
[15] 李勇明，许文俊，赵金洲，等．页岩储层中水力裂缝穿过天然裂缝的判定准则[J]．天然气工业，2015，35(7)：49-54.
[16] 蒋廷学，贾长贵，王海涛，等．页岩气网络压裂设计方法研究[J]．石油钻探技术，2011，39(3)：36-40.
[17] 张士诚，王世贵，张国良，等．限流法压裂射孔方案优化设计[J]．石油钻采工艺，2000，22(2)：60-63.
[18] 周再乐，张广清，熊文学，等．水平井限流压裂射孔参数优化[J]．断块油气田，2015，22(3)：374-378.
[19] KRAEMER C, LECERF B, TORRES J, et al. A novel completion method for sequenced fracturing in the eagle ford shale[R]. SPE 169010, 2014.

页岩气体积开发分段压裂产气性测井评价

石文睿[1] 王兴志[1] 李伯珍[2] 张志华[3] 胡中桂[3] 石元会[3]

(1. 西南石油大学地球科学与技术学院；2. 江汉石油管理局有限公司职工培训中心；
3. 中石化江汉石油工程有限公司)

摘 要 涪陵岩页气田水平井具有水平段长、产量高的特点，为了解“体积开发”水平井各压裂段的动态产气能力、认识返排规律以及确定单井最佳生产工作制度，实现气田低成本高效开采，利用FSI流体扫描成像测井仪和TP温压剖面测试仪，采用牵引器或光纤—连续油管输送工艺，在65口重点井中进行了连续产气剖面测井试验和资料解释评价研究。结果表明：牵引器或光纤连续油管能将测井仪器安全高效地输送至井底，满足测井施工要求；即使在同一口页岩气井的相同或相似层段，各压裂段的产气能力仍存在较大差别；页岩气井在不同工作制度下，对滞留地层中的压裂液返排有明显影响，并影响部分压裂段生产能力；近A靶点的压裂段产气贡献高，能达到到总贡献率40%以上，最高可达到80%，这种现象为我们设计新的开采模式提供了参考。研究成果被用来指导气田单井工作制度的制定，对国内外同类页岩气田开采具有重要指导意义和参考价值。

关键词 页岩气井；产气剖面测井；光纤-连续油管；牵引器；FSI；温压剖面测试仪；试验应用

四川盆地及其周缘上奥陶统五峰组——下志留统龙马溪组海相页岩气勘探开发的突破和发展，推动中国天然气理论创新和技术进步，形成具有重大战略意义的连续型油气聚集、水平井体积压裂开发等一批关键理论技术[1]。中国页岩气的资源禀赋与北美地区存在着较大的差异，由此决定了不能生搬硬套后者页岩气革命的经验和做法[2]。涪陵页岩气田是国内发现并投入开发的大型非常规气田之一，水平段分段压裂体积开发是页岩气藏实现工业化和商业化的主要方式[3-4]。了解和掌握涪陵页岩气田体积开发模式下的各压裂段产出情况，确定最佳生产工作制度，对气田高效开发、合理配产、采收率提升至关重要。

传统的产出剖面测井技术，在应用于水平井时会面临较大的困难[5-10]。一是水平井段多相流流态的复杂性。水平段的流动以分层流动为主，且油气水之间存在滑脱现象，尤其是低流量时，井斜对流态的影响程度更为强烈[11-14]。传统的产出剖面测井仪器在井筒中为居中测量，无法准确测量和评价水平段复杂的分层流动情况。二是水平井井眼轨迹和井身结构较为复杂，传统的测井仪器组合很难在水平井中实现工具串的顺利起下与测量，稳定合理的测速也难以保证。

FSI流体扫描成像测井仪(以下简称为FSI)是国外公司为大斜度井、水平井和近水平井而开发的，处于国际同类先进技术的前列。由于涪陵页岩气气井水平段井筒环境较复杂，存在不同数量的钻屑、沉砂及其它杂物，该FSI仪器的涡轮结构仪器容易遇卡，导致测试数据不完整，测量及维修费用较高，不适于长期的生产测试任务。为此，有机构研制了专门用于大斜度井、水平井的TP型温压油气井产出剖面测试仪(以下简称为TP)。

为了实现涪陵页岩气田水平井产气剖面测量，采用电缆牵引器或光纤—连续油管输送FSI流体扫描成像测井仪、TP温压油气井产出剖面测试仪施工技术，在65口水平井中进行了多相流流态测量试验并取得了较好的应用效果与试验应用认识。

1 测井仪器传输技术

1.1 光纤-连续油管传输方式

光纤-连续油管传输方式是将测井光纤穿入连续油管中，并配备相关的工具和接头，末端与测井仪器连接，采用连续油管地面装备，依靠连续油管自身的钢度和韧性将井下测井仪器送到水平井的目的井段进行测试。与其他硬线传输介质相比，光纤具有许多优势，玻璃纤维以光脉冲的形式传播信号，传输速度更快且不受电磁干扰。有四根光纤：两根用于与传感器通信，一根用于测量温度，另一根作为备用。这些光纤被封闭在柔性铬镍铁合金钢制保护套内。该保护套与光纤都通过连续油管滚筒下入到位于连续油管管柱末端的工具头中。光纤保护套的外径只有 1.8mm，对连续油管内截面的影响几乎可以忽略不计，因此不会对泵速产生影响。而且，重量非常轻，只相当于一段同等长度单芯电缆重量的 1/20。

1.2 牵引器输送方式

牵引器是一种轮式牵引器，可用于套管完井水平井。工作时由地面控制器发出指令，井下仪器中的辅助电机控制牵引器的两组四支驱动轮的张开，使驱动轮紧紧压在套管壁上行走，从而完成对测井仪器的牵引工作，通过改变供电电压可调节牵引器的牵引速度。它具有牵引力大、操作简便、深度控制准确等优点。

2 测井方法与仪器简介

2.1 FSI 测井

2.1.1 水平井多相流动测量

FSI 仪器组合包括：一个仪器臂上有四个微转子流量计，测量流动速度剖面，另一个臂上有五个电子探针和五个光学探针，分别测量局部的持水率和持气率。另外，仪器壳体上还有第五个转子流量计和第六对电子探针和光学探针，测量井筒底端的流动。所有传感器的测量是同时在相同深度上进行的。

FSI 为偏心仪器，测量时仪器主体位于井筒的底端，测量臂可展开，最大可到井筒的内直径，像井径仪一样，提供计算流动速率所需要的井筒内全范围测量。

（1）多相流速度剖面

因为 FSI 测量沿井筒直径方向的速度剖面，它可测量到单个居中转子测不出的速度变化。它可测量混合和分层流态，包括多相流水平井中气相流速的独立测量。FSI 甚至可以探测到井下水相的循环流动。

五个微型转子中的每一个可直接测量到流经其位置的流体速度，从而计算多相流速度剖面。

（2）从水中辨别油气

FSI 通过六个低频探针测量流体阻抗来探测水。因为水导电，但油气不能，设定一个门限值可使仪器能辨别出油气和水。当连续水相中的油滴或气泡，或连续油气相的水滴接触到探针针尖时，探针会产生一个二进制信号。根据电路接通的时间可计算出持水率，持水率剖面精确地表现了井筒内的流态。

（3）从液体中辨别气

常规低频探针仅能从油气中辨别水，但 FSI 配备了用于气检测的光学探针。六个 GHOST 持气率光学探针对流体的光学折射系数敏感。典型地，气的折射率接近于 1，水的约为 1.35，原油的是 1.5。因为油和水具有类似的流体光学折射系数，所以光学探针被用来从液体中辨别出气体。从原始数据中也可得到气泡计数，用来确定第一个产气点的位置。光学探针的持气率测量不需要刻度，因为其信号是二进制的。

2.1.2 水平井多相流动解释

光纤探针持气率测量是基于油气水三相流中气相中的气体和液相中的油、水对光的折射率不同，当光纤探针接触三相流体中的气体时，光在光纤探针上产生全反射现象，光线返回到传感器接收端，输出高电平；当光纤探针接触到三相中的水或油时，因为介质折射率增大，致使全反射的临界角增大，光线折射入水或油相中，不满足全反射条件，传感器输出低电平。传感器输出电平的宽度表示气的大小，实时采集传感器输出脉冲并对其进行统计，测量一定时间内光纤探针中传输光强反映到探测器的次数及脉冲宽度可计算出持气率值。

光学探针和电探针结合在一起，可提供同一深度三相持率的数据。水持率计算为：Yw = 低信号时间/总时间，气体持率：Yg = 高信号时间/总时间。

2.2 温压剖面测试

2.2.1 测试仪器

（1）管柱结构

温压剖面测试管柱由导向头、测试仪器、变扣、马达总成和连接器等组成（图 1）。其中，测试仪器为存储式结构。用这种连续油管进行测试，节省了电缆或光纤的数据传输工艺，测试仪器主要测试参数为温度、压力、持率、伽马、磁定位等。

（2）测试原理

当气从储层的高压状态进入井筒后，由于压力降低，气体分子扩散，体积膨胀而吸收出气口附近的热量，引起井筒温压场变化。气流的温度在某一时刻会发生明显的异常变化，即进入井筒时的焦耳汤姆逊节流效应过程，使气流温度在射孔簇位置处突降，而气流温度的降低幅度是由该射孔簇位置处的出气量决定的，据此温度变化机

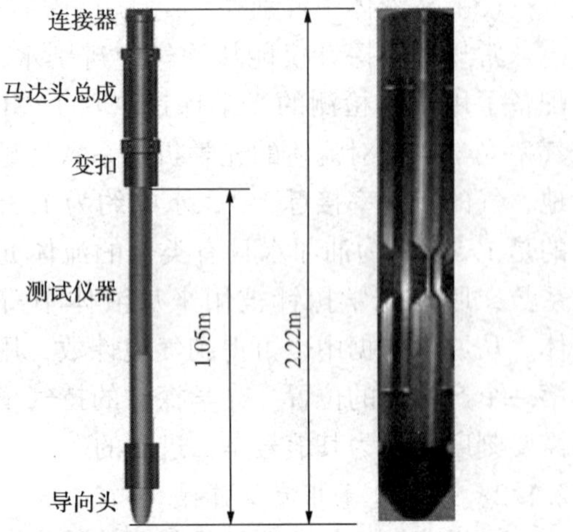

图 1　TP 温压剖面测试管柱结构示意图(左)、托筒图(右)

理建立水平气井井筒内流体流动的管流模型，再综合考虑地层温度场、井身结构、井眼轨迹、井筒积液、产出流体物理化学性质等因素对井筒温压场影响，以物质质量守恒与能量守恒为理论基础，建立数学解释模型对水平气井各射孔层段产气量进行定性解释。

仪器技术指标：温度测量范围为 0－125℃±0.5%F.S，分辨率 0.01℃；压力测量范围为 0－70MPa±0.05%F.S，分辨率 0.002MPa；数据存贮容量为 50 万组，连续测试时间为 48 小时。

(3) 测试工艺

借鉴连续油管进行钻塞、打捞的成熟施工工艺，考虑页岩气井水平段长一般在 2000m 左右的实际情况，采用 2in 连续油管输送仪器。在长水平段保持足够动力，保证能够将产气剖面测试仪器推送到井底；用连续油管连接与测试仪器结构相同的模拟测试工具串及打捞筒，进行通井及打捞施工，尽可能清理井筒环境，保证测试仪器安全并顺利完成测试；采用合理的测试速度(8～10m/min)对水平段进行匀速拖动或定点测试。

3　应用试验

3.1　牵引器输送 FSI 测量试验

A 井是位于川东南涪陵页岩气田的一口评价井，井深 3654.0m，井斜在 88.0°，水平段长 1008.0m，测试目的是系统评价涪陵页岩气田志留系龙马溪组页岩气含气特征及产能。

采用牵引器输送 FSI 仪器方式进行数据采集。分别在 $6\times10^4m^3/d$、$9\times10^4m^3/d$ 和 $12\times10^4m^3/d$ 产量稳定时，以 6m/min 测速从 2600.0m 开始下测，采集数据，直到井底 3550.0m。关闭牵引器以 15m/min 速度上提电缆上测。在地面计量产量为 $6\times10^4m^3/d$ 的生产制度下，水平井剖面测试过程中，仪器受井下复杂条件影响较大，部分数据缺失(图 2)。将 FSI 仪器提出井筒，发现仪器中夹杂着大块杂物，转子已经损坏，一些探针也遭到破坏，说明井下条件非常恶劣。

(1) 从产气剖面解释结果来看，按压裂级段，主要贡献是 12～15 段，占总产气量 90%，2～11 段贡献小，产气量仅占 10%。36 个射孔簇，13 个没有产量，有效率 64%。2769.0m～2770.0m 射孔簇贡献 31.7%。

(2) 地面产水微量，但在井下斜井段发现有水回流现象，水平段积液较多。

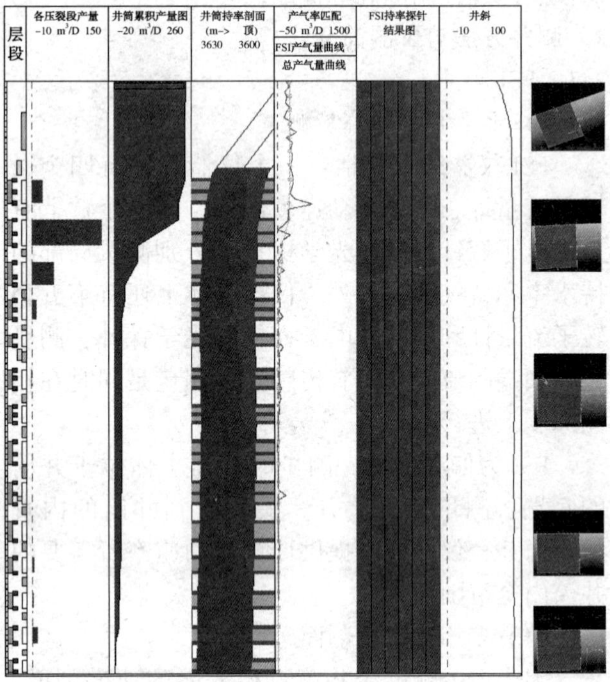

图 2　A 井 FSI 测井解释成果图

3.2　光纤—连续油管输送 FS 测量试验

B 井井深 4350.0m，完钻层位为志留系下统龙马溪组，井底井斜 89.8°，水平段长 1500.0m。

为了解该井各段、簇产出情况，评价各段、簇压裂生产出力情况，为后续各井的轨迹优化、分段压裂参数优化、射孔井段优选提供依据，采用 2" 光纤—连续油管携带 FSI 测井仪对目的层段进行产气剖面测试。开井至 $27\times10^4m^3/d$ 的产量稳定状态，进行了一次下测和一次上测，测试深度为 2751.0～3525.0m(压裂段 9～15 段)。测试过程中，仪器下放多次遇阻，两次通井之后打捞筒内捞出较多的卡瓦碎屑、胶皮和泥沙。

根据 FSI 采集数据进行解释，采用相应的水平井滑脱模型以及流速校正因子，利用 MPT 多传感器处理模块，从而计算出油相和水相在每个深度的产量。参考地面估算产气为 $27\times10^4m^3/d$。由于本井为套管内径 118mm 油层套管射孔完井，共压裂 15 段，但测试深度为第 9~15 压裂段，数据解释时按 7 段压裂段和 21 个射孔簇进行解释，根据 5 个转子流量计响应确定探针持水率值(图 3)。

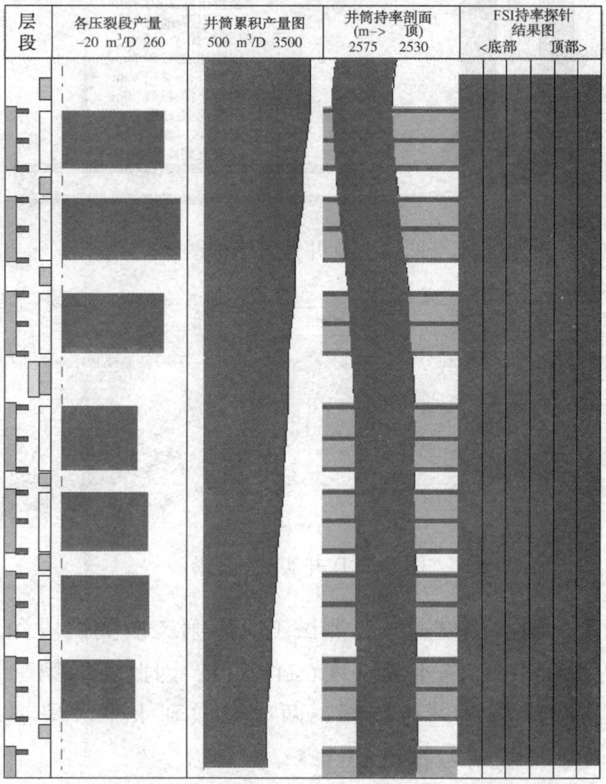

图 3　B 井 FSI 产气剖面测井解释成果图

根据转子转速和转子转速与流体速度刻度数据表，应用 MPT 计算出的产气剖面结果如下：

(1) 测井解释计算地面产气为 34℃ 时 $270745.6m^3/d$。

(2) 在此产量制度下，第 9~15 段，所有压裂段均有气体贡献。

(3) 第 9 压裂段以下产气贡献占全井产量的 60.13%。

(4) 第 9~15 段井筒中没有水，全部为气。

3.3　确定合理工作制度试验

研究试验井在不同工作制度下的各产能贡献，需要选择压裂分段相对多、井筒干净、各段都有贡献的，尽可能避免出现不确定性因素影响。研究气井合理配产的工作制度，需要多次上提、下放仪器，并且要求仪器井下工作时间长，从安全角度，考虑使用光纤—连续油管输送 FSI 测井仪是可靠的。

C 井井深 4245.0m，井底井斜 89.7°，水平段长度 1344.1m，测前通井、捕捞证实井筒干净，阻卡概率低。采用 2" 光纤—连续油管输送 FSI 测井仪，对目的层段 2836.0~4207.0m 进行产气剖面测井(图 4)，评价不同工作制度下的产气情况以及气井产能，确定合理工作制度，指导气井合理配产。

开井至 $20\times10^4m^3/d$ 的产量稳定状态，组合仪器串以 8m/min 速度下测到 4188.0m，然后以 15m/min 进行上测到 2802.0m，分析数据后，又以 10m/min 速度下测到 4188.0m 附近。上提仪器，上提过程中，调整产量到 $30\times10^4m^3/d$，并等稳产。开井至 $30\times10^4m^3/d$ 的产量稳定状态，组合仪器串以 10m/min 速度下测到 4188.0m 附近，然后以 15m/min 进行上测到 2802.0m。测得两种工作制度下产气剖面测井资料。

主要解释结果：

(1) 该井射开层位基本上都有产出，且分布相对均匀，两种生产制度下，产层主要产出情况略有差异，适用于单井配产试验研究。

(2) 第一种工作制度下($20\times10^4m^3/d$)，第一主产气层为第 6 段，产气 $4.14\times10^4m^3/d$，占总产量的 14.3%；第 7 段产少量水，$4.02m^3/d$。

(3) 第种二工作制度下($30\times10^4m^3/d$)，第一主产气层为第 12 段，产气 $2.85\times10^4m^3/d$，占总产量的 14.19%；基本不产水。

(4) 第一工作制度，对下部 6~9 段储层开采较为有利；第二制度，对中部 11~14 段储层开采较为有利。

(5) 两个工作制度下，井筒中持水率主要在第 2~5 级和第 7~13 级有较大差异。第二种工作制度 $30\times10^4m^3/d$ 条件下，井筒中水持率明显比第一种工作制度 $20\times10^4m^3/d$ 条件下水持率低。

3.4　温压剖面测量试验

D 井完钻井深 4350.0m(图 5a)，完钻层位志留系下统龙马溪组，井底井斜 89.8°，方位 179.81°，垂深 2590.62m，闭合位移 2003.65m。该井邻井 JY1HF 井下志留统龙马溪组地层温度 83℃，根据最高井口压力 30.10MPa，折算地层压力为 35.72MPa，钻探目的是落实水平井单井产能，优化工程工艺技术参数，评价不同井间

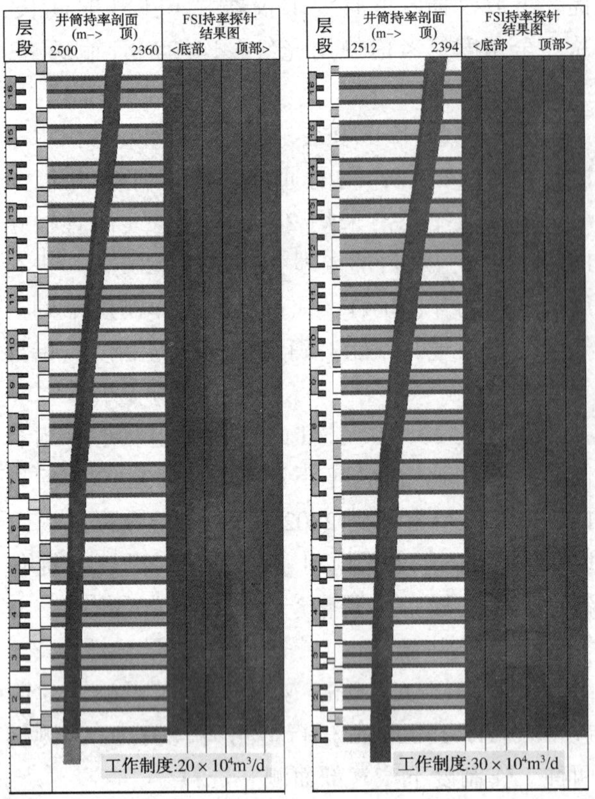

图 4　两种工作制度下 C 井产出剖面测井解释成果对比图

距、不同簇间距对单井产能的影响。采用连续油管进行产出剖面测试施工，在气井正常生产状态下测试温压剖面，分析各产层产出贡献，为后续井的分段压裂参数优化、射孔层段的优选提供依据和经验。

D 井投产之初，采用 4mm、6mm、10mm 油嘴经分离器放喷排液，井口压力 17.1↗25.6MPa，出口过两相分离器返液 161.88m^3，点火焰高 5-8m，火焰呈橘黄色，放喷累计排液 161.88m^3，地层累计返液 2202.79m^3，压裂全程入井总液量 28650.2m^3，待排液量 26447.41m^3。用 12mm、10mm、8mm、6mm 油嘴放喷测试，井口压力 25.5-31.2MPa，瞬时产量 17.89-37.57×10^{4}m^3/d。正式投产后，套压 5.92MPa，日产气量达到 36.61×10^{4}m^3，进行温压产出剖面测试时已累计产气 9257.87×104m^3，产水 572.62m^3。

采用 Φ73mm 连续油管带输送 TP 温压产出剖面测试仪，对 D 井进行全井段温压剖面测试。两次测试通井，测试工具串分别在 3473m 及 3546m 处遇阻，主要原因是水平井段钻屑沉积、井眼轨迹上倾，而两次遇阻深度都在靠近井眼轨迹的 C 靶点位置(图 5b)。在上倾点井眼中，连续油管推动测试仪器前进既要克服井筒内的摩擦阻力，又要克服部分自身重力，当井筒内存在大量碎屑及沉砂时，会增大仪器下入水平段的摩擦阻力，导致连续油管推动仪器无法前行。

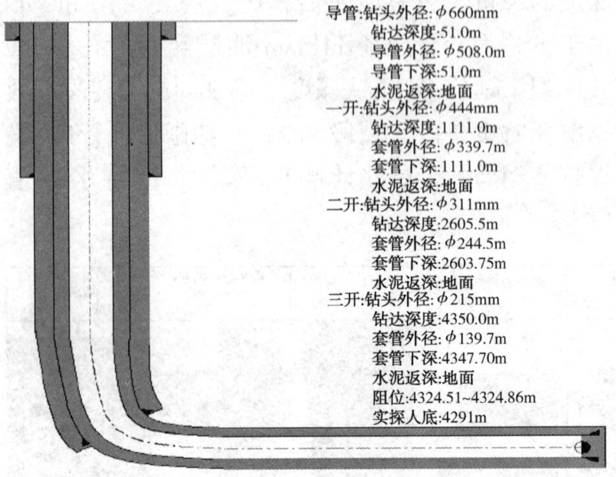

图 5a　D 井井身结构图

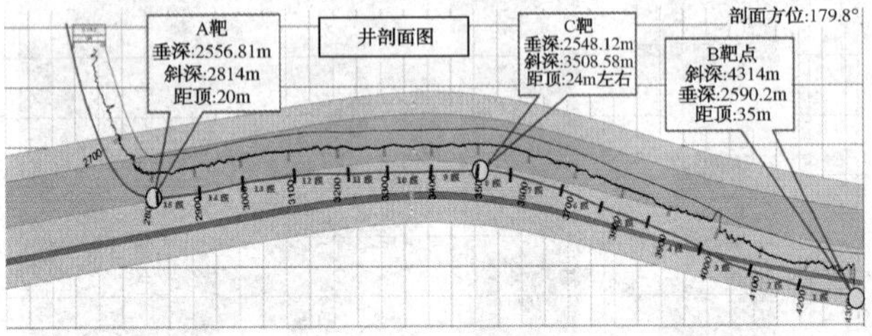

图 5b　D 井实钻轨迹图

两次测试通井，测试工具串第二次测试段深度(3546m)深于第一次(3473m)，因此，取第二次测试数据进行解释。两次录取到水平井段温度、压力等数据(图 6)。

(1) 两次测试温压剖面曲线连续、完整性较好，对应每一射孔段的温压变化趋势基本一致，说明仪器工作状态稳定，测试数据可信；

(2) 对图 6b 温度压力剖面曲线，每个射孔井段的温度变化量进行了计算，以测试到第 15-8 段产气量为 100%，计算测试各簇产气量百分比柱状图如图 6c，各段产气量百分比柱状图如图 6d，对第 8-15 段段的产气定性解释结果为。

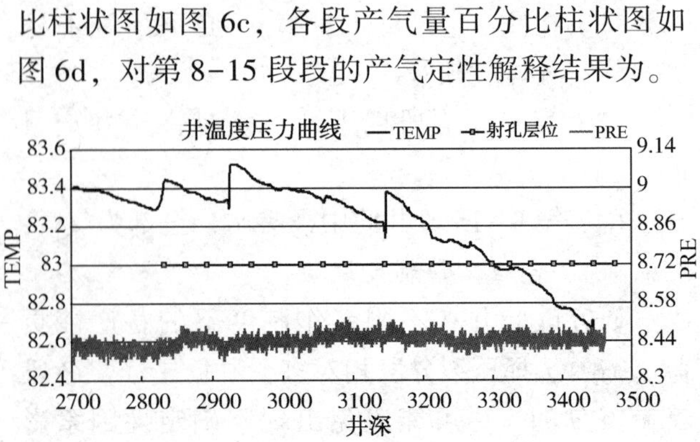

图 6a　第一次温度、压力测试曲线

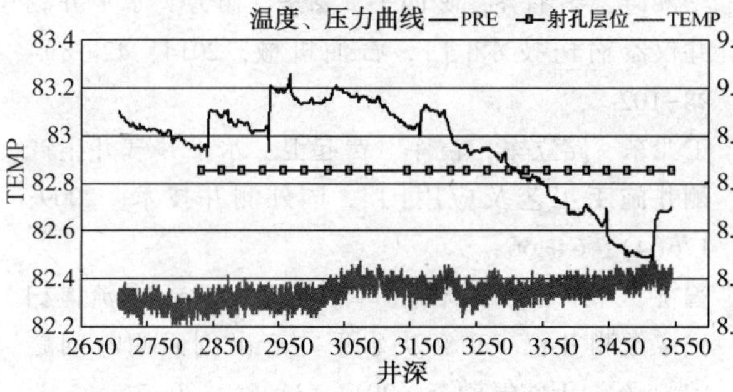

图 6b　第二次温度、压力测试曲线

分簇解释：

主要产气射孔簇为：第 22 簇（3512～3513）；、第 34 簇（3145～3146）、第 40 簇（2926～2927）、第 43 簇（2832～2833）；次要产气射孔簇为：第 24 簇（3446～3447）、第 25 簇（3415～3416）、第 34 簇（3146～3145）、第 37 簇（3026～3027）；产气极低射孔簇为：第 27 簇（3356～3357）、第 32 簇（3213～3214）。

分段解释：

主要产气段为：第 15 段（2832～2833m）、第 14 段（2926～2827m）、第 12 段（3145～3146m）、第 9 段（3415～3416m）、（3446～3447m）、第 8 段（3512 ～ 3513m）；次要产气段为：第 13 段（3026～3027m）；产气极低层段为：第 10 段（3325～3389m）。

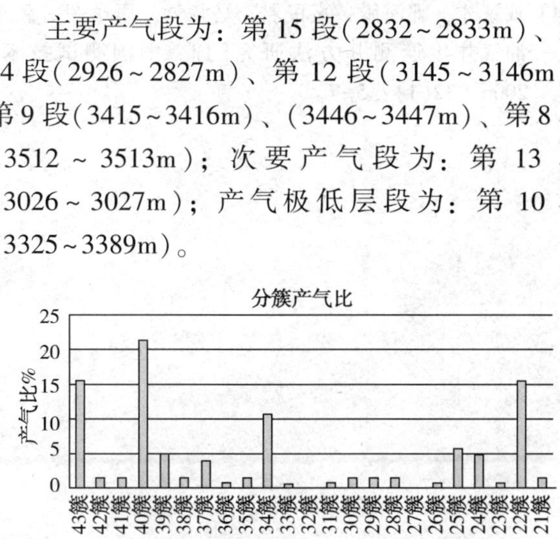

图 6c　D 井分簇产气比

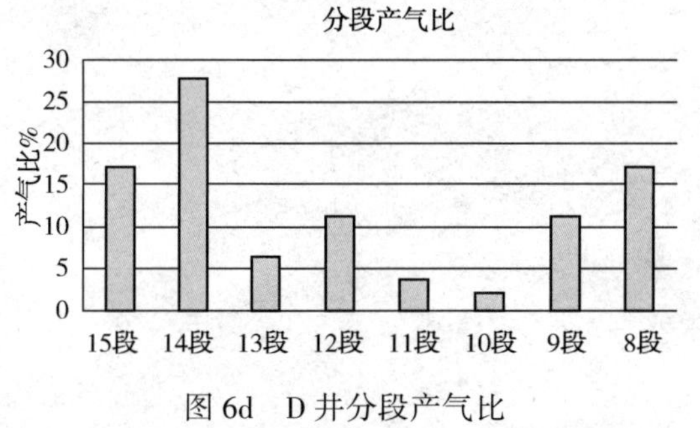

图 6d　D 井分段产气比

（3）将产气比与压裂施工总液量、总砂量进行对比（图 6e、6f），靠近 A 靶点第 15 段（2832m–2833m）、第 14 段（2926m–2827m）产气贡献高。

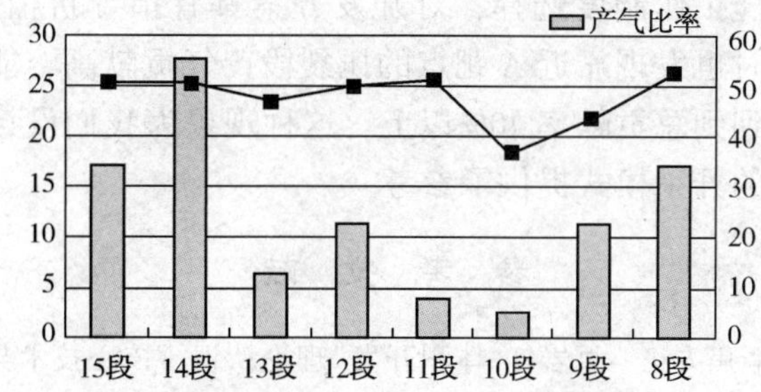

图 6e　D 井产气比与压裂施工总液量对比

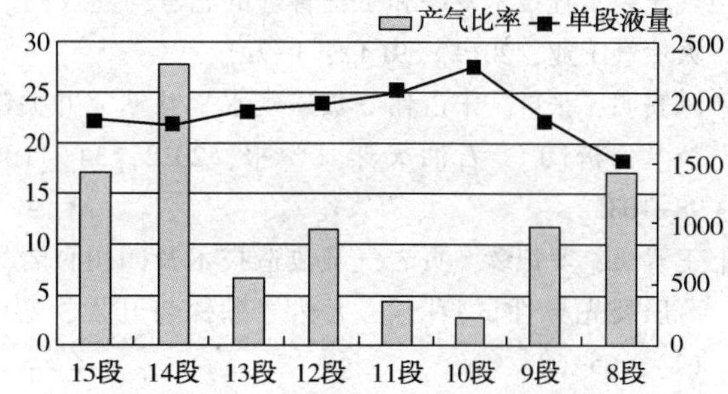

图 6f　D 井各段产气贡献率图

测井过程中，在直井段上提过程中井口产量计量变化异常，由 32 万方降低至 15 万方左右，分析并查找出产量突降的原因：地面计量仪针阀被携带出的井筒胶皮阻塞而致。

4　主要认识

（1）牵引器和光纤—连续油管传输是目前管水平井产气剖面测井作业最佳传输方式。为了保证 FSI 流体扫描成像测井仪器在井下正常工作，取全取准资料，测试前，要确保井筒干净，钻塞后要反复循环洗井，将残屑彻底清除出井筒。

（2）FSI 流体扫描成像测井简化了水平井产出剖面测井解释算法，提高了解释精度。通过 FSI 测井仪集成的多个涡轮和传感器，同时测量水平井流动截面上不同深度的流速及各相持率，解决了居中测量的常规测井仪器在水平井或斜井中出现性能指标下降及响应结果产生纵向片面性等问题。同时，不同传感器测量得到的同一水平井流动截面的不同目标参数，实用性强，可靠性高。

（3）TP 温压产出剖面测试仪性能稳定，适用环境较宽松，采用连续油管或牵引器输送风险小、成本低，温度、压力曲线的高低异常能反映地层产出流体的性质和流量，以单相流为主条件下可定性判定产气剖面，预测各段产气贡献率。

（4）通过产气剖面测井分析和评价能够了解

页岩气水平井各压裂层段产气情况，确定气井的最佳工作制度选择，对开发方案具有指导价值，同时也发现靠近A靶点的压裂段产气贡献高，能达到到总贡献率40%以上，这种现象为我们设计新的开采模式提供了参考。

参考文献

[1] 焦方正. 页岩气“体积开发”理论认识、核心技术与实践[J]. 天然气工业，2019，39(5)：1-14.

[2] 刘合，孟思炜，苏健，张广明，陈琳. 对中国页岩气压裂工程技术发展和工程管理的思考与建议[J]. 天然气工业，2019，39(4)：1-7.

[3] 陈安明，张辉，宋占伟. 页岩气水平井钻完井关键技术分析[J]. 石油天然气学报，2012，34(11)：98-103.

[4] 王素兵，罗炽臻. 页岩气藏改造技术及四川页岩气藏压裂先导性试验[J]. 天然气勘探与开发，2012(1)：65-68.

[5] 张向林，刘新茹. 大斜度和水平井的生产测井[J]. 石油仪器，2007，21(6)：1-4.

[6] 王国锋，吴玲，刘婷. Flow Scanner 新型水平井生产测井仪[J]. 石油仪器，2007，21(2)：33-36.

[7] 李湘涛，秦羽乔，陈四平，葛华，田芳. 水平井测井仪器输送技术[J]. 石油机械，2014，42(8)：98-102.

[8] 王兆东，路立军，雷军，贾起卫. 水平井气井生产测井施工工艺及应用[J]. 国外测井技术，2009，176(4)：64-66.

[9] 曾桃，郑永建，李跃林. 牵引器 MaxTRAC 及流体扫描成像测井仪 FSI 解决水平井产出剖面测井问题[J]. 石油天然气勘查，2014，36(6)：70-74.

[10] 赵轩，何顺利，刘东涛. 美国页岩气藏水平井生产测井技术[J]. 国外油田工程，2010，26(12)：55-58.

[11] 戴家才，郭海敏，张晓岗. 水平井产气剖面测井工艺及资料解释方法初探[J]. 石油天然气学报，2007，29(4)：97-100.

[12] 郭海敏，刘军锋，戴家才，等. 水平井产出剖面解释模型及图版[J]. 中国科学：地球科学，2008，38(S2)：146-150.

[13] 赵宏敏. 携液气井生产测井资料解释方法初探[J]. 江汉石油学院学报，2002，24(3)：33-35.

[14] 戴家才，郭海敏，秦民君，马腾云，唐学荣. 载水油气井生产测井方法研究[J]. 中国测试技术，2006，32(1)：5-7.

一体化设计思路在东营北带砂砾岩储层压裂中的应用

薛仁江　杨　成　翟恒立

（中国石化胜利石油工程有限公司）

摘　要　胜利油区东营凹陷北带盐家永北地区沙四段发育了大量砂砾岩储层，该类储层泥砾砂混杂、分选性差、低孔低渗，厚度大，储层非均质性较强，常规压裂改造后产量递减较快、稳产性差，区块无法有效动用。采用油藏地质工程一体化研究方法，从区块、临井、目标井三个层次优化工艺方案。优化后的永936井分层压裂后取得了单井压裂开发产能突破，有效带动整个区块开发动用，对类似区块有较好借鉴意义。

关键词　砂砾岩；选井选层；机械分层压裂

东营北带广泛发育深层砂砾岩体，深度一般超过3000m，勘探面积1500km^2，潜在资源量4.5×10^8t以上。储层物性以低渗透、特低渗透为主，有效渗透率大多在$(0.1\sim10)\times10^{-3}$um^{2}之间，存在常压高压交替和多套压力共存现象，横向连通性差，油水关系复杂，一般需要压裂改造投产。砂砾岩储层由于油藏埋藏深、油层厚度大、储层非均质严重、微裂缝发育等特点，给压裂设计和施工优化带来不少困难：①砂砾岩体储层厚度大，利用常规测井数据确定地质甜点较为困难；②由于砾石的存在使得压裂成功率低，易砂堵，裂缝延伸形态难以控制；③由于物源近、沉积分选差、储层含油丰度较低，压裂单层获得高产稳产难度大。如何在目前低油价形势下有效动用疑难区块，获得高产稳产，将是分公司增储上产，工程公司争取工作量获得现金流的双赢选择。

1　砂砾岩储层特征

东营凹陷属于渤海湾盆地济阳坳陷内部的一个次级构造单元，呈NEE走向，总体呈“北断南超”的箕状断陷基本构造格局，进一步分为北部陡坡带、中央隆起带、洼陷带和南部缓坡带四个二级构造单元。盐家永北地区砂砾岩储层发育于东营凹陷北部陡坡带，在沙四段沉积时期，在陈家庄凸起—滨县凸起—林樊家凸起的侧翼形成了大面积的近岸水下扇和扇三角洲沉积体系，堆积了多期次的砂砾岩体。

1.1　储层宏观特征

永935-永936块位于东营凹陷北部陡坡带，其物源来自北部凸起，沿盐18古冲沟冲积而成（图1）。受古地形限制，含油层系沙四段砂砾岩体沿古断剥面呈裙带分布，叠合连片。油藏埋深3000~4350m，受构造-岩性双重因素控制，测井解释孔隙度平均为7.9%，渗透率平均为$3.93\times10^{-3}\mu m^2$，属于特低孔特低渗构造-岩性油藏。该区块砂砾岩储层砾石成分比较复杂，以灰岩为主，亦有泥砾、碎屑岩砾石，岩石粒级分布宽泛，从巨砾岩到泥岩均有分布，砂砾岩分选性差，泥、砂砾混杂，泥质含量高，岩性复杂，反应了近源快速堆积的特点，其主要含油岩性为含砾砂岩和砾状砂岩。这些砂砾岩体沿太古界基底有规律进行组合、叠置和展布，不同期次的砂砾岩体在纵横向上相互叠置组合，储层整体厚度较大，整体呈现多期次、多旋回、横向变化快的特点，储层非均质性较强。

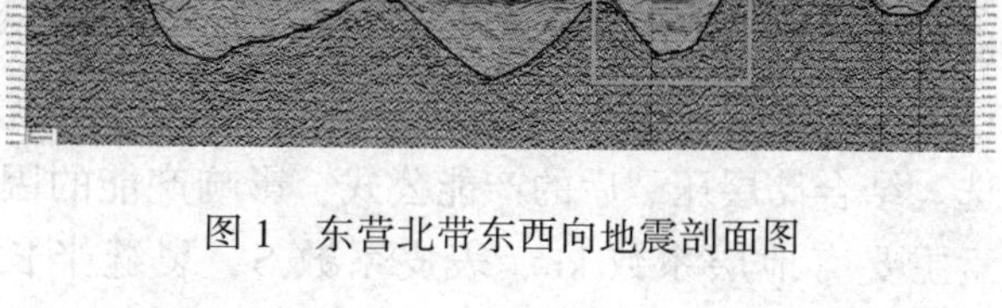

图1　东营北带东西向地震剖面图

1.2　储层微观特征

储层薄片鉴定结果显示，岩石组成主要为不等粒岩屑长石砂岩，个别见细砾岩。碎屑组分中长石及岩屑的含量较高，岩屑组分中以变质岩屑为主，石英含量低于30%，黏土矿物多低于10%，且以伊利石为主。储层孔隙度绝大部分在4%-20%之间，平均10.7%；渗透率绝大部分小于$50\times10^{-3}\mu m^2$。孔隙类型为次生溶蚀孔、残余粒间孔、粒间溶孔、粒内裂缝以及微裂缝等(图 2)。

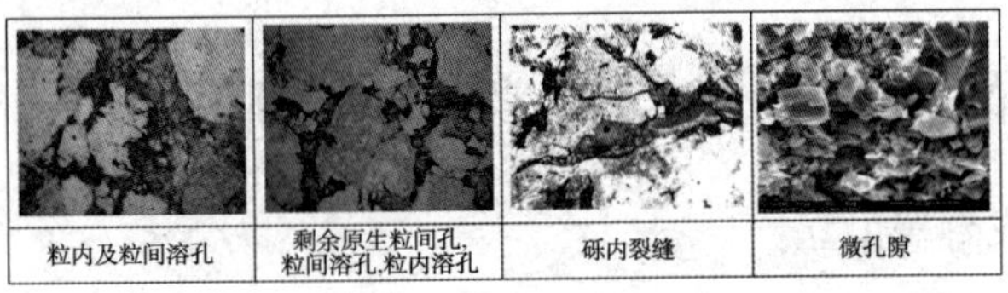

图 2　盐家永北地区砂砾岩储集空间

2　选井选层原则及方法

2.1　压裂开发效果分析

永 935-永 936 块完钻井 5 口，平均钻遇油层层数 25 层、平均厚度为 25m；平均油水同层厚度 6 层、平均厚度 6m。其中压裂试油试采井 4 口(永 928 侧、永 930、永 935、永 936 井)。压裂初期平均产能 6.3t/d，有一定产能，但稳产性差，产量衰减很快，单井单次压裂平均累油 801.8t，单井压裂开发效益较差。通过对永 935-936 块以往压裂施工分析，储层纵向非均质性强，层间应力差异大，即使在较高施工排量下(6.0m^3/min)，水力裂缝缝高延伸仍受限，难以沟通其它未射孔有效储层。永 936 井压后井温测井曲线显示，水力裂缝高度约 30m。同区块永 920、永 928 侧、永 935 砂砾岩储层压后井温测井结果同样反映了砂砾岩体压裂缝高受限的特征，水力裂缝缝高一般在 17-26m，缝高受限主要是由于砂砾岩储层纵向非均质性强，存在较多泥质条带或泥岩隔层，储隔层间应力差异大所致(表 1)。

表 1　永 935-永 936 块压裂试油投产统计表

井号	生产井段/m	生产厚度/层数 m/层	措施	加砂量 m^3	投产初期产量			末期产量				
					工作制度	日液/m^3	日油/t	工作制度	日液/m^3	日油/t	单井累油/t	累水/t
永 930	3741.0~3749.0	8.0/1	试油压裂	55	自喷	7.2	5.5	D44 泵	0.1	0.1	1381	349
永 935	4131.0~4139.5	8.5/1	试油压裂	47	D44 泵	6.2	4.3	D44 泵	0.6	0.6	429	141
永 928	3832.0~3852.0	20.0/1	试油压裂	50	自喷	12.5	9.1	D44 泵	2.7	2.3	1850	560
	3832.0~3898.0	30.0/2	补孔压裂合采	20	D44 泵	4.8	4.0	D44 泵	0.5	0.5		
936	3606.0~3614.0	8.0/1	试油压裂	44	D44 泵	9.8	8.7	D44 泵	0.1	0.1	349	221
合计											4009	
平均						8.1	6.3		0.8	0.72	801.8	

2.2　选井选层原则

根据砂砾岩油藏发育特点(多期次、多旋回、横向变化快)，为了提高单井压裂产能，实现产量效益最大化，需要对区块老井进行“甜点”优选。结合储层压裂后的产能公式，影响产能的因素主要有地层系数 kh、表皮系数 S、裂缝半长 Lf、生产压差等参数，其中地层系数 kh 属于储层因素，由储层本身品质决定，根据区块老井压裂试油投产情况统计发现，动用厚度增大，产能提高明显，递减率降低，因此在该区块选井选层原则确定方面，首要因素为有效储层厚度。储层厚度为压裂增产的基础，有效储层的厚度直接决定压裂效果，要对该类储层进行压裂选层，关键是要弄清楚在压裂裂缝延伸范围内，有效储层厚度及其在横向的变化，以及这种变化对储层压裂产能的影响(表 2)。在此分析基础上，确定了该区块选井选层原则：(1)沉积构造位置，要求优选扇中位置；(2)储层纵向厚度分布，要求厚度较大；(3)压裂改造井段，优选含砾砂岩段(甜点)；(4)井筒条件，具备分层压裂要求。

表 2　单井不同压裂段数压裂效果统计表

压裂段数	井次	井段长度/m	动用厚度/m	初期日油/(t/d)	月递减率/%	第一年年递减率/%
1 段	26	69	37	14.1	11.3	76.3
2 段	28	128	91	17.6	5.8	51.2

2.3　选井选层方法

根据选井原则，要确定储层有效厚度在纵横

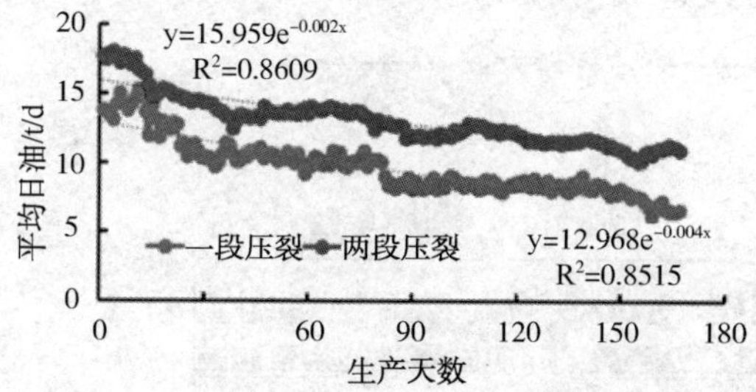

图 3　不同压裂段数井产能递减曲线

上的分布，在纵上向，需要利用钻、测、录资料对有效储层进行识别。研究表明，砂砾岩储层随着岩性变粗由砂岩、含砾砂岩、砾状砂岩到砾岩，储层孔隙度逐渐变小(图 3)。物性与岩石结构具有相关性。储层物性对含油性有着重要的影响，随着物性变好，含油级别逐渐增高，其中含砾砂岩、砾状砂岩物性含油性最好，砾岩含油性较差，因此，对有效储层进行识别，关键是对含砾砂岩及砾状砂岩精确识别。实现含砾砂岩及砾状砂岩有效储层的位置和厚度进行划分确定，采用了测井三孔隙结合沉积旋回的方法，即利用测井密度、中子声波进行岩性基本识别，利用旋回方法划定岩性纵向分布位置，以达到纵向上精确划分有效储层的目的(表 3)。

表 3　测井岩性划分

岩性划分	声波(us/ft)	密度/(g/cm^3)	中子/%
含砾砂岩及砾状砂岩	>57	<2.5	>9
泥岩	>75	2.5-2.6	>15
砾岩	<57	>2.5	<6

在横向上确定有效储层的分析，主要采用了沉积相分析的方法。砂砾岩体属于近岸水下扇沉积，由于近岸水下扇是一次性洪水事件的产物，具有形成时间短、突发性强的特点，因而具有向盆地推进距离小、单层厚度不大、垂向多层叠置，并沿陡坡后退、沉积物分异差、泥质含量高、根部可能相连的特点。通过对盐家-永北地区砂砾岩体近岸水下扇沉不同积亚相位置的物性分析，储层在纵向上的韵律特征在横向上也有所体现。不同的搬运距离可以影响沉积物的分选性，不同沉积微相的变化使得平面上渗透率快速变化，不同微相渗透率数相差十倍甚至上百倍(表 4)，这种平面上由微相变化所产生的非均质性造成平面上单井自然产能差异明显，特别是在储层相变较快地区。因此，在压裂选井选层过程中，可利用沉积相分析储层平面非均质的变化，以准确确定扇中有效储层的分布范围。

表 4　盐 22 地区砂砾岩体不同沉积微相储层物性

沉积微相			孔隙度/%	渗透率/($10^{-3}\mu m^2$)
相	亚相	微相		
冲积扇	扇根	主河槽	10.1-15.3 / 12.5	1.5+216 / 55.5
		槽滩	1.9-18.6 / 7.8	0.01-0.44 / 0.16
扇三角洲	扇根	主沟道	6.2-30 / 17.39	0.02-2872 / 46.76
	扇中	辫状沟道	3.1-28.9 / 20.88	0.02-103 / 14.736
		沟道间	3.1-19.2 / 14.01	0.26-28.3 / 0.75
		前缘	3.3-18.4 / 12.196	0.23-76.3 / 5.77
	扇端		1.3-24.2 / 10.78	0.22-334 / 0.72

根据砂砾体储层压裂选井选层原则及方法，永 936 井处于扇中有利位置，射开层上部有较大厚度的有效储层，井筒条件较好，具备实施分段压裂增产潜力，因此优选永 936 井实施老井分层压裂。

3　压裂分段及射孔优化

针对该区块砂砾岩厚度大、非均质性强的特点，为了实现纵向上最大程度改造、动用有利储层，提高储层压裂稳产性和累油量的目标，优化射孔方案，在总结该区块压裂试油井效果的基础上，地质工艺充分结合，提出了利用沉积旋回优化压裂分段及分簇射孔方案。分段分簇射孔优化具体做法为：大旋回控制分段，小旋回控制射孔，以达到大套砂砾岩储层纵向充分改造有效动用目的。

在北部陡坡带，由于砂砾岩体多期次发育，且在纵向互相叠置，因此纵向上砂砾岩体沉积旋回特征明显，旋回厚度 3~5m，纵向上岩性及物性变化快。每个小旋回底部的砾岩段的存在往往限制压裂缝高的上下延伸，导致储层压裂后纵向动用程度低，稳产较差的问题。因此，对大段砂砾岩体进行沉积旋回细分，选择旋回底部砾石井段射孔，以突破小旋回限制，成为砂砾岩体纵向充分改造成功的关键。

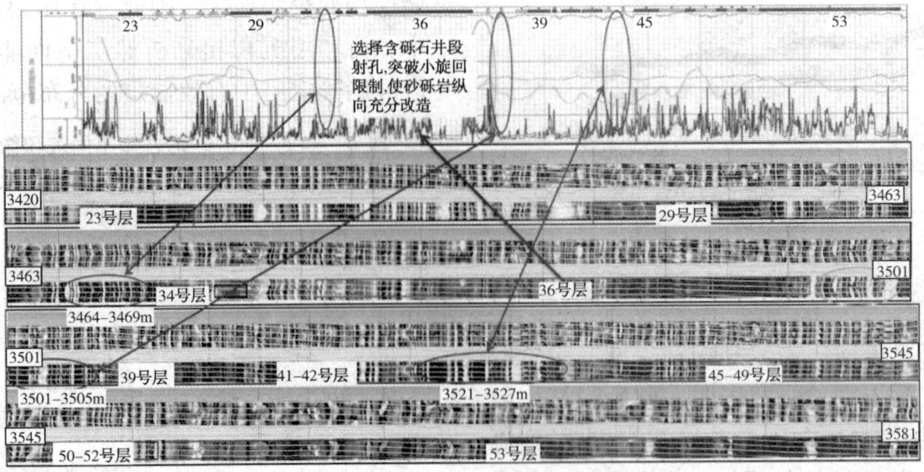

图 4　永 936 井压裂分段及射孔优化

4　压裂增产关键技术

4.1　新型高效增产压裂液体系

为降低压裂液对储层伤害，需对液体体系进行优化。通过对压裂液体系的优化，使其在满足压裂液造缝和携砂性能基础上，还可以改变储层润湿性，使大量剩余油可以被驱替出来。实现储层伤害程度的大幅下降和压裂改造效果的大幅提升。

新型高效增产压裂液体系技术思路：

① 水相活性物质穿透能力提高：通过纳米、微乳等技术手段，确保活性物质渗入油层并抵达孔隙基质，并降低吸附损失。

② 储层岩石润湿性改变：通过表面活性物质降低原油在岩石表面吸附，改变表面润湿性，从而增强水相毛管力，提高自吸速率，打破现有油水平衡，实现原油增产。

4.1.1　助排剂优选

根据室内岩心脱水试验结果（图 5），添加 SD-20 高效助排剂的体系失水率高出常规体系 15-19%，表明具有较好的返排性能。根据室内高温条件下返排试验结果，经过 235℃、两周的热处理之后，表现出和未经过热处理的产品几乎相同的返排能力，表明具有较好的热稳定性。

4.1.2　表面活性剂优选

添加 CRS-1080 和 GS-256 的 2%KCl 溶液其出油效果比较明显（图 6）。溶液中含有少量 CRS-1080（0.3%）和 GS-256（0.3%）时，岩心出油率大幅增加。CRS-1080 浸泡的岩心，其出油率持续增大，浸泡 30 天后，岩心表面洁净，瓶内无残留油滴，出油率达到 46.53%，洗油效果好。浸泡的三个岩心，CRS-1080 浸泡的岩心渗透率最小，而出油率最大。综上所述，CRS-1080 洗油效果最好。

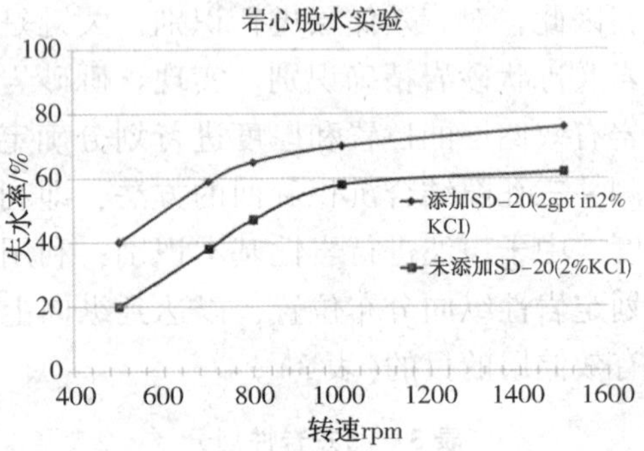

图 5　岩心脱水实验结果

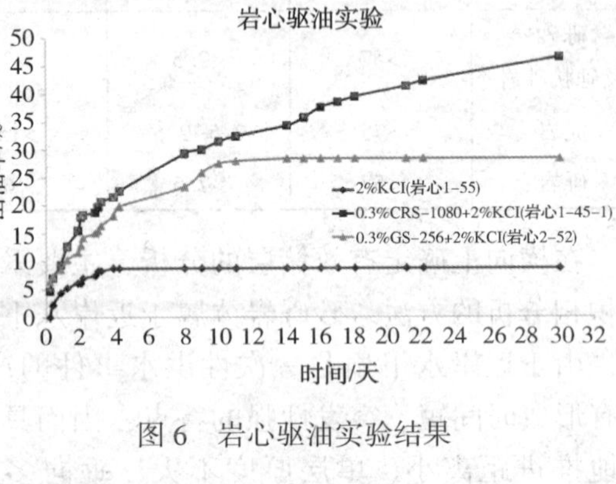

图 6　岩心驱油实验结果

4.2　高导流通道压裂

携砂液中加入纤维，使支撑剂段塞在裂缝中稳定下来，形成支撑剂基团。支撑剂填充区形成高速通道网络，将裂缝导流能力提高几个数量级。

① 降低支撑剂沉降速度，改善缝内支撑剂铺置效果，提高支撑裂缝高度；

② 变“面”支撑为“点”支撑，大幅度提高裂

缝导流能力；

③ 高速通道压裂支撑剂用量约为常规工艺用量的70%，节约施工成本。

4.3 暂堵转向压裂工艺

通过采用缝内暂堵工艺，强制裂缝转向，形成复杂的裂缝，提高裂缝系统波及宽度，提高改造效果。层间暂堵，提高纵向上改造均匀程度。施工中低应力部位先压开，若不进行暂堵，压裂液可能绝大部分进入低应力层，高应力层未只进入很少的压裂液，导致改造不充分、不均匀。

5 应用效果

2017年9月，永936井优选压裂机械分层及高速通道压裂改造方式，实施分层三段压裂，总施工液1265m^3，加砂138m^3，按设计顺利完成。压裂后初期日油18t，后期稳产5t，生产1年累油2088t，取得了该区块单井压裂开发产能的突破。该井成功实施，带动整个区块有效开发动用，该区块部署8口井，区块整体压裂投产后，单井平均日油7.5t/d，新建产能2.24×10^4t，取得了较好开发效果。

参 考 文 献

[1] 姜梅枝．低渗透重复压裂井选层研究[J]．油气井测试，2012，21(2)：38-43.

[2] 秦学成等．苏北盆地阜宁组低渗储层压裂选层地质条件研究[J]．内蒙古石油化工，2003，30(1)：132-134.

[3] 孙平，蒋廷学等．水力压裂选井选层的快速评价方法[J]．油田勘探与开发，2003，30(6)：119-122.

[4] 王居峰．济阳坳陷东营凹陷古近系沙河街组沉积相[J]．古地理学报，2005，7(1)：45-58.

[5] 张海峰，刘庆．山东东营凹陷古近系沙河街组湖盆演化及烃源岩赋存相带[J]．古地理学报，2005，7(3)：384-397.

[6] 裘亦楠，薛叔浩．油气储层评价技术[M]．北京：石油工业出版社，1997：36-43.

[7] 严科，杨少春，任怀强．储层宏观非均质性定量表征研究[J]．石油学报，2008，29(6)：870-879.

[8] 李婷，赵军龙等．储层非均质性研究方法技术综述[J]．陕西煤炭，2013，1(1)：62-64.

[9] 丁云宏．难动用储量开发压裂酸化技术[M]．北京：石油工业出版社，104-106.

[10] 王雷，张士诚．防回流纤维对支撑剂导流能力影响实验研究[J]．钻采工艺，2010，33(4)：97-98.

[11] 何红梅，李尚贵，杨兵，等．纤维对支撑剂导流能力影响实验研究[J]．钻采工艺，2009，32(1)：75-77.

[12] 张朝举，张绍彬，谭明文，等．预防支撑剂回流的纤维增强技术实验研究[J]．钻采工艺，2005，28(4)：90-95.

助力页岩气体积开发的地层破裂压力快速确定方法

赵红燕[1] 石元会[1] 冯爱国[1] 石文睿[2] 王子轶[3]

(1. 中石化江汉石油工程有限公司测录井公司；
2. 油气藏地质及开发工程国家重点实验室·西南石油大学；
3. 中国地质大学(北京))

摘 要 为了克服页岩地层破裂压力伊顿(Eation)模型、斯蒂芬(Stephen)模型、安德森(Anderson)模型计算误差偏大问题，通过对建南气田、涪陵页岩气田页岩气水平井气层地层破裂压力梯度研究，建立了引入气层饱和度参数的页岩储层地层破裂压力梯度计算新模型。中扬子地区建南气田、涪陵页岩气田及湘鄂西地区的60多口页岩气井应用表明，页岩气储层地层破裂压力梯度平均计算误差小于15%，能满足现场储层评价和压裂改造体积开发指导需要。

关键词 页岩气藏；体积开发；地层破裂压力梯度；计算方法；应用

全球页岩气资源丰富，总资源量约为456×$10^{12}m^3$，中国页岩气可采资源潜力约为25×$10^{12}m^3$，美国与中国页岩气商业开发的实现，开启了新型高效清洁能源开发利用新纪元。页岩气开发常以“井工厂”模式钻探水平井，对水平井水平段页岩气储层需要进行多段大规模压裂改造，体积开发成本高、风险大。页岩气储层地层破裂梯度和地层破裂压力参数计算或预测的精度十分重要，直接影响体积开发储层改造效果。

1 技术背景

传统的地层破裂压力梯度计算方法主要有伊顿法、马修斯与凯利法、斯蒂芬法、克里斯特曼法、安德森法等。这些方法主要是在上世纪六十年代至七十年代期间形成，解决的是砂岩、碳酸盐岩等常规储层地层破裂梯度和地层破裂压力参数计算或预测问题。国内专家提出的水化应力泥页岩地层破裂压力计算模型理论性强，计算方法复杂，现场应用可操作性相对较差，对水基钻井液条件下地层坍塌压力研究具有较好的指导价值。

随着国内页岩气田的发现和页岩气勘探开发试验规模的扩大，页岩气水平井多段压裂成本高、风险大，对油基钻井液条件下的水平井水平段页岩气储层的地层破裂压力梯度、地层破裂压力计算精度要求越来越高，以伊顿(Eation)模型、斯蒂芬(Stephen)模型、安德森(Anderson)模型等为主的传统地层破裂压力梯度计算方法难以适应生产需求，计算误差大的问题越来越突出。

为了克服上述页岩地层破裂压力计算模型所得到的计算结果误差偏大问题，通过对建南气田、涪陵页岩气田页岩气水平井气层地层破裂压力梯度研究，建立了引入气层饱和度参数的页岩储层地层破裂压力梯度计算新模型，应用效果良好。

2 方法与模型

2.1 参数选取

建模参数包括：页岩储层孔隙流体压力梯度(FPG)、岩石泊松比(POIS)、含气饱和度(Sg)及上覆地层岩性密度(DENb)等，采用Delphi(德尔斐)分析法。所谓Delphi法又称专家规定程序调查法、专家意见法。

Delphi法核心是采用背对背的通信方式征询专家组成员的预测意见，经过几轮征询，使专家小组的预测意见趋于集中，最后做出符合市场未来发展趋势的预测结论。Delphi法特点是依据一定的程序，以反复填写问卷搜集各方意见，并采用匿名方式，专家组成员之间不发生横向联系，互相不讨论。经过几轮反复征询和反馈，专家意见逐步趋于集中，最后形成可靠的集体判断结果(见图1)。

2.2 计算模型

(1) 页岩气储层目标层段地层破裂压力梯度计算可以按层段取值计算，也可以在层段内按一定步长计算；按层段取值计算，每一层段取一组平均数据即可，按步长计算，在同一层段内按一

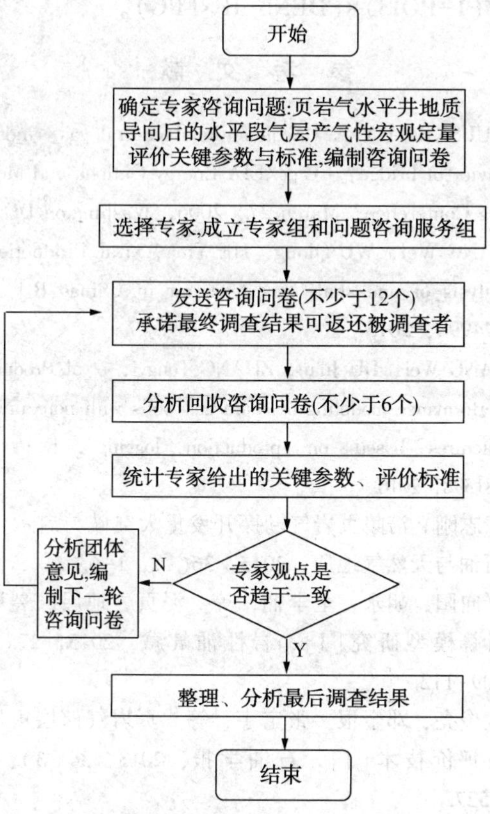

图 1　Delphi 分析法实施流程框图

定步长连续取值计算，步长一般不超过 1m；

（2）通过录井或测井资料获取目标层段地层孔隙流体压力梯度；

（3）通过测井或室内岩心试验分析资料获取目标层段岩石泊松比；

（4）通过录井或测井资料获取含气饱和度；

（5）通过测井资料获取上覆地层岩性密度；

（6）根据公式 FRAC＝FPG+POIS/（1-POIS）×（DENb-Sg×FPG），求取页岩储层地层破裂压力梯度，FRAC 量纲为 MPa/100m 或 MPa/m、MPa/hm，FPG 量纲为 MPa/100m 或 MPa/m、MPa/hm，POIS 无量纲，DENb 量纲 g/cm^3，Sg 用小数表示；

（7）储层地层破裂压力（FP）是储层地层压力梯度（FPG）与深度（H）的乘积，计算公式为 FP＝FPG×H/100，量纲为 MPa。

2.3　具体方法

页岩气储层地层破裂压力梯度确定方法与工作流程见图 2。

（1）页岩气储层目标层段地层破裂压力梯度按层段取值计算，一般每一层段取一组平均数据进行计算；在同一层段内按步长连续取值计算，取值计算步长一般为 1m；现场服务一般是每层

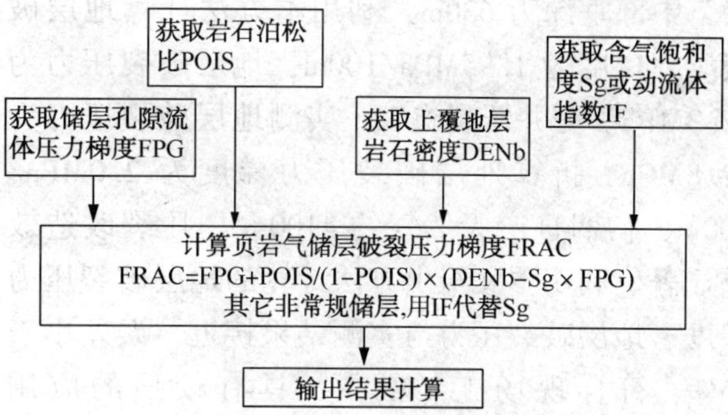

图 2　页岩气储层地层破裂压力梯度确定方法框图

段读取一组平均数据，若按一定步长读取计算数据时，同样是取该步长范围内的平均值；

（2）通过录井仪实时数据报表或曲线图读取目标层段的地层压力梯度检测平均值 FPG，亦可通过测井解释成果数据表或曲线图获取目标层段地层孔隙流体压力梯度平均值 FPG；

（3）通过测井解释成果数据表或曲线图获取目标层段地层泊松比值 POIS，或者通过室内岩心试验分析获资料取目标层段岩石泊松比值 POIS；

（4）通过录井或测井数据表、曲线图读取目标层段的页岩储层含气饱和度平均值 Sg；目标层段为非页岩气储层时，读取储层的可动流体指数 IF；

（5）通过测井曲线图读取页岩储层上方 10m~20m 范围内地层岩性密度平均值 DENb；

（6）根据公式 FRAC＝FPG+POIS/（1-POIS）×（DENb-Sg×FPG）计算页岩气储层地层破裂压力梯度值；根据公式 FRAC＝FPG+POIS/（1-POIS）×（DENb-IF×FPG）计算非页岩气储层地层破裂压力梯度值；

（7）储层地层破裂压力（FP）是储层地层压力梯度（FPG）与深度（H）的乘积，计算公式为 FP＝FPG×H/100；

（8）根据用户需要输出 FRAC 或 FP 计算结果，指导储层压裂改造。

3　应用效果

页岩气储层地层破裂压力梯度确定方法已在中扬子地区建南气田、涪陵页岩气田、湘鄂西地区应用页岩气井 60 多口井，利用本文给出方法计算的地层破裂压力梯度与实际施工获得的地层破裂压力梯度较接近，误差小于 15%。

3.1　实例 A

建南气田 A 井 612.0~648.0m 井段页岩气

层，中部垂深为630m，利用本方法计算地层破裂压力梯度为1.95MPa/100m，地层破裂压力为12.3MPa。完井压裂施工，实测地层破裂压力为12.8MPa，折算地层破裂压力梯度为2.0MPa/100m，初期日产天然气约4100m^3，压裂改造效果显著。利用本文给出方法计算的地层破裂压力梯度、地层破裂压力与实测结果接近，误差小于15%，符合现场施工需要，具有较强的应用价值。

3.2　实例B

涪陵页岩气田焦石坝区块B井是一口长水平段水平井，2443~4150m水平段页岩气层中部垂深为2380m，利用本发明计算地层破裂压力梯度为2.08MPa/100m，地层破裂压力为49.5MPa。完井压裂作业，分15段施工，参照本方法计算成果预设地层破裂压力为50.0MPa~55.0MPa，施工实测地层破裂压力为50.0MPa~58.5MPa，平均为52.3MPa，折算平均地层破裂压力梯度为2.2MPa/100m，初期日产天然气约$54\times10^4 m^3$，压裂改造效果明显。本方法计算的地层破裂压力梯度、地层破裂压力与实测结果接近，误差小于15%，指导压裂施工效果良好。

4　主要认识

（1）本文给出的方法解决了常规储层传统方法计算页岩储层地层破裂压力梯度误差大，不适用的问题。在页岩气储层中，主要流体是由吸附气和游离气组成的天然气及束缚水，天然气是可动的，储层含气饱和度（Sg）与可动流体指数（IF）相等。

（2）本文给出的方法同样适用于页岩油、致密砂岩气等非常规油气储层，可以将IF替代Sg求取储层地层破裂压力梯度，通过FPG、POIS、DENb和IF四项参数计算，公式为FRAC=FPG+POIS/(1-POIS)×(DENb-IF×FPG)。

参 考 文 献

[1] KUUSKRAA V A. Unconventional natural gas: industry savior or bridge? [C]//EIA Energy Outlook and Modeling Conference, March 27, 2006, Washington DC.

[2] PANG Wei, WU Qiong, HE Ying, et al. Production analysis of one shale gas reservoir in China[R]. SPE 174998, 2015.

[3] PANG Wei, DU Juan, ZHANG Tongyi, et al. Production performance modeling of shale gas wells with non-uniform fractures based on production logging [R]. SPE 181398, 2016.

[4] 王志刚. 涪陵页岩气勘探开发重大突破与启示[J]. 石油与天然气地质，2015，36(1)：1-6.

[5] 严向阳，胡永，全李楠，等. 泥页岩地层破裂压力计算模型研究[J]. 岩性油气藏，2015，27(2)：109-112.

[6] 袁俊亮，邓金根，张定宇，等. 页岩气储层可压裂性评价技术[J]. 石油学报，2013，34(3)：523-527.

[7] 朱义东，张伟，刘伟新，等. 地层破裂压力计算模型及分析[J]. 石油地质与工程，2013，27(2)：92-94.

[8] 樊洪海. 地层孔隙压力预测检测新方法研究[D]. 北京：石油大学，2001.

[9] 樊红海，张传进. 上覆岩层压力梯度合理计算及拟合方法[J]. 石油钻探技术，2002，30(6)：6-8.

[10] 石文睿. 焦石坝区块页岩气储层含气性测录井评价方法研究[D]. 长江大学，2016.

[11] 郭金荣. 他拉哈地区地层孔隙压力及破裂压力预测技术研究[D]. 大庆石油学院，2006.

[12] 张建平，冯爱国，石元会，等. 一种页岩气储层地层破裂压力梯度确定方法[P]. CN2014101233653，2014-03-28.

多级注入加砂酸压在大牛地致密碳酸盐岩中的应用

李嘉瑞

（中国石化华北油气分公司石油工程技术研究院）

摘　要　通常来说碳酸盐岩改造几乎无一例外的采用酸化压裂措施，用酸蚀裂缝壁面产生的高导流能力代替水力压裂的加砂导流能力，从而达到改造储层的效果。采用胶凝酸和非反应压裂液进行交替注入的多级注入酸压工艺，是深度酸压的一种常用手段。但前期大牛地采用了该种方式进行改造后，并未产生良好的改造效果。通过大量室内实验和现场试验，摸索出一套适合大牛地的酸压工艺，即在多级注入酸压的基础上采用支撑剂支撑主缝的加砂酸压工艺。通过压裂模拟优化出了推荐的多级注入级数，加砂规模，施工排量等参数，并在大牛地气田下古生界碳酸盐岩储层进行了4口井5层的现场试验，平均无阻流量达到了3.22万方/天，相比前期直井改造效果大幅提升，该技术的应用为鄂尔多斯盆地奥陶系风化壳储层获得更好的增产效果提供技术储备。

关键词　鄂尔多斯盆地；致密碳酸盐岩；酸压；多级注入；加砂酸压

中国非常规天然气储量丰富，其中致密气总资源量约为$16\times10^{12}m^3$，主要集中在鄂尔多斯盆地、塔里木盆地与四川盆地[1]。鄂尔多斯的下古生界储层为典型的致密碳酸盐岩气藏，前置液酸压、胶凝酸酸压等常规酸压工艺是目前改造改类储层的主要手段，虽然初期产气量较高，但产量递减快，稳产难度大[2]。本文对前期大牛地施工效果进行了分析，发现存在有效酸蚀裂缝长度较短，闭合应力大而导致刻蚀裂缝导流能力不足的问题。针对这些问题，创新形成了多级注入加酸酸压改造工艺，通过酸压模拟软件，对酸蚀裂缝参数、泵注程序、施工排量、加砂强度进行了优化，酸压改造后高产井比例与产量大幅提高，证实了该工艺的实用性和可靠性，为大牛地气田下古生界碳酸盐岩气藏的高效经济开发奠定了坚实的基础。

1　大牛地下古生界前期酸压工艺效果总结

1.1　前期施工概况

截止目前，大牛地下古碳酸盐储层共酸压直井126层次，其中工业气流层42层；前期采用较多的工艺为前置液酸压[3]、多级注入酸压[4-5]、多级注入加砂酸压。交联酸加砂[6-9]因现场混砂车耐酸问题未进行大规模应用。

其中前置液酸压在物性相对较好的储层能够取得一定的改造效果；多级交替注入酸压适用于物性相对较差的储层，且加砂酸压效果优于不加砂酸压。其中工业气流井占比最高的为多级注入加砂酸压。

表1　大牛地下古碳酸盐岩储层酸压效果统计

工艺	层数	声波时差/(μs/m)	孔隙度/%	渗透率/($10^{-3}\mu m^2$)	工业气流层(>5000m^3/d)占比/%	低产气流层	工业气流井平均无阻流量/10^4m^3/d
前置液酸压	54	173.67	6.456	0.951	27.8	26	2.6
多级交替注入酸压+闭合酸化	32	173.2	4.75	0.399	21.9	19	1.3
多级交替注入加砂酸压	38	164.09	5.56	0.62	47.4	7	2.97
交联酸加砂酸压	1	172.37	5.76	0.27	100	0	1.748
转向酸压	1	163.5	5.83	0.33	0	0	0

1.2 低产原因分析

（1）前期酸压施工参数相对保守，形成的酸蚀裂缝长度短

大牛地下古生界前期的施工酸液用量大多在 200-300m^3左右，施工排量在 4m^3/min 左右。根据 Fracpro-PT 软件模拟结果表明：注酸总量及注酸排量与酸液有效作用距离呈正相关关系，当酸量大于 400m^3，排量大于 6m^3/min 时，能够获得较长的酸液有效作用距离。前期施工规模偏小，施工参数选取较低，导致酸液有效作用距离较短，远未达到优化的施工裂缝长度，可能为效果不好的原因之一(图 1)。

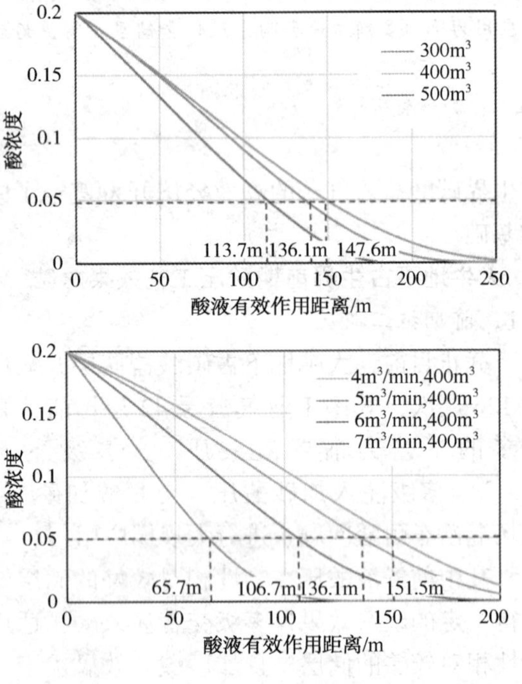

图 1 不同液量与不同排量下酸液有效作用距离计算结果

（2）闭合压力下，酸刻蚀导流能力较低

反应后裂缝出现分布较为均匀坑状刻蚀点；白云质矿物溶蚀情况较为均匀，未出现明显刻蚀沟槽；

结合刻蚀形态结果分析，可以看出，岩板表面存在明显的非均匀刻蚀形态，但随着闭合压力提高，岩板非均匀刻蚀较明显的区域逐渐被压平直至部分区域压碎，导致导流能力迅速出现降低，直至降低为 0。

根据室内岩板酸刻蚀导流能力实验结果，在较高闭合应力下，刻蚀后的岩石易出现压碎的现象，导流能力快速降低，直至降为 0D · cm，为前期改造效果差的主要原因(图 2)。

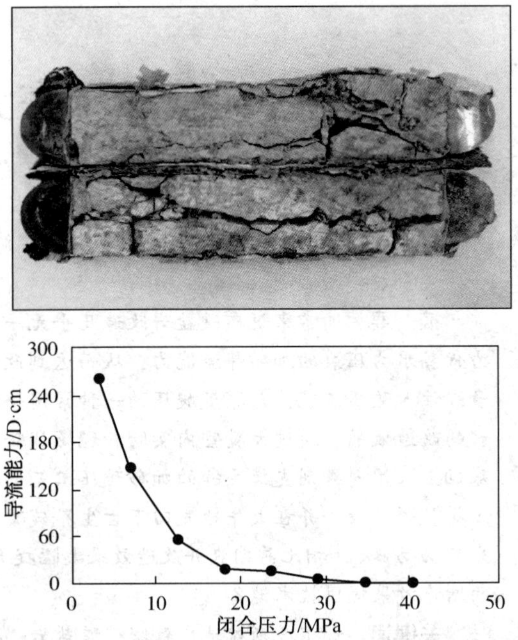

图 2 酸后马五 6 岩板示意图与导流能力测试结果

2 多级注入加砂增产机理研究

碳酸盐岩多级注入加砂酸压技术结合了压裂及酸压 2 种技术，利用酸液对非均质较强的裂缝壁面进行刻蚀，形成导流能力较高的酸蚀蚓孔，对大量方解石充填的天然裂缝进行刻蚀；同时利用水力加砂压裂的稳定导流能力，防止近井地带和主裂缝区间的非均质较差造成的导流能力大幅降低，避免对整体的改造效果造成较大的影响。

2.1 多级注入酸压技术优势

在前置液阶段采用非反应性[6]的压裂液对目的储层进行预处理，造缝沟通储集体，造缝长度达到一定值后，再注入酸液，反复多级注入，利用非反应液体造缝，提高裂缝的长度，增加酸液刻蚀的效率。

（1）非反应液体对酸岩反应速率的影响

非反应性的前置交联高黏线性胶体系造缝沟通天然裂缝系统时在裂缝壁面形成滤膜，降低了后续酸液及携砂液的滤失，降低裂缝壁面温度，减小酸岩反应面容比，减缓酸岩反应速率，增加了酸蚀裂缝有效作用距离，从而实现了深度酸压。

（2）多级注入酸压对酸刻蚀非均质性的影响

酸压施工中前置交联高黏线性胶和前置主体酸液存在一定的黏度差，酸液在高黏前置液中形成黏性指进，最终在裂缝壁面形成非均匀刻蚀沟槽，同时提高了酸液有效作用距离，有效沟通储

层内部微裂缝系统，形成高导流能力的油气流动通道，提高酸压改造效果。

（3）多级注入酸压对裂缝复杂程度的影响

碳酸盐岩储层一般天然裂缝和溶洞发育，且非均质性严重，缝洞是油气储集和渗流的主要场所。采用非反应性的压裂液作为前置液，可以获得较好的造缝效果，尤其是低黏度压裂液还能起到探缝和有效沟通天然裂缝的作用，从而提高造缝体积。另外"通过多级交替注入酸液+顶替液段塞，沟通、扩展天然微裂缝及分支缝系统统，提高裂缝的复杂程度；通过多级交替注入形成的分支缝及微裂缝系统越多，沿主裂缝方向的应力释放作用就越明显，能有效避免地应力作用于单一主裂缝时导流能力快速降低的问题，可使主裂缝导流能力维持更长时间。

2.2　加砂的必要性论证

根据图 1 的实验将结果，随着闭合压力上升，导流能力均出现迅速下降，单纯靠酸刻蚀自支撑导流能力，不能满足增产需要。结合酸刻蚀形态分析，低闭合压力下，导流能力可以认为是支撑剂充填层导流能力，随着闭合压力增加，支撑剂嵌入，导流能力逐渐下降。但达到 50MPa 闭合压力的条件下，导流能力相比不加砂有明显提高，加砂保障主缝导流能力较为必要(图 3)。

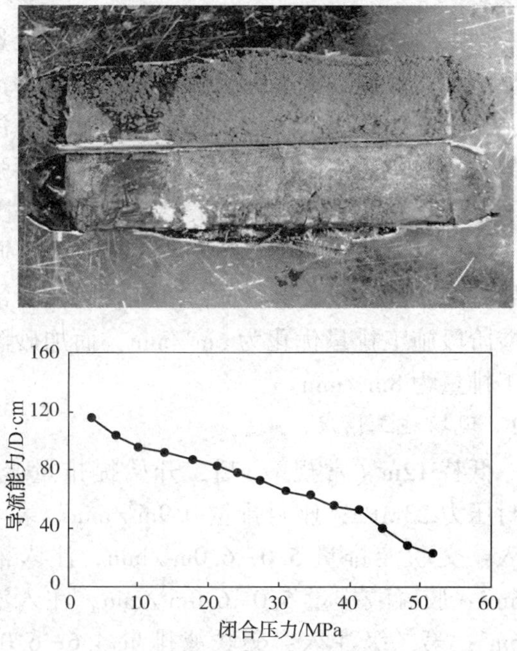

图 3　酸刻蚀加砂后裂缝形态及导流能力随闭合压力变化关系

通过对比单独注酸液加砂、二级交替注入加砂、三级交替注入加砂酸压实验结果如，表明：在储层闭合压力下，单独注酸液加砂导流较低，无法满足需要；加砂酸压可以满足储层对导流能力的需要。

3　施工参数优化

为提高盐下储层多级交替注入加砂酸压工艺设计的准确性，本节重点通过室内实验和软件模拟两种手段开展酸蚀裂缝参数、注入级数、注入酸量、注入排量、前置液和酸液比例等方面优化研究。

3.1　酸蚀裂缝参数优化

采用马五$_6$层具有代表性的参数，进行盐下储层多级交替注入加砂酸压气井的单井数值模拟，选择缝长、导流能力作为主要的设计变量，计算酸压井的压后初期日产量，从而对人工裂缝参数进行优化。所模拟的马五$_6$储层渗透率取目前完钻井的平均值 $0.44\times10^{-3}\mu m^2$；孔隙度取目前完钻井的平均值 4.6%；有效厚度取目前完钻井的平均厚度 6.4m，生产压差取 5MPa。

对马五$_6$层酸压后产能进行了模拟计算。可以得出产量指标与裂缝半长、裂缝导流能力的关系，如图 4、图 5 所示。

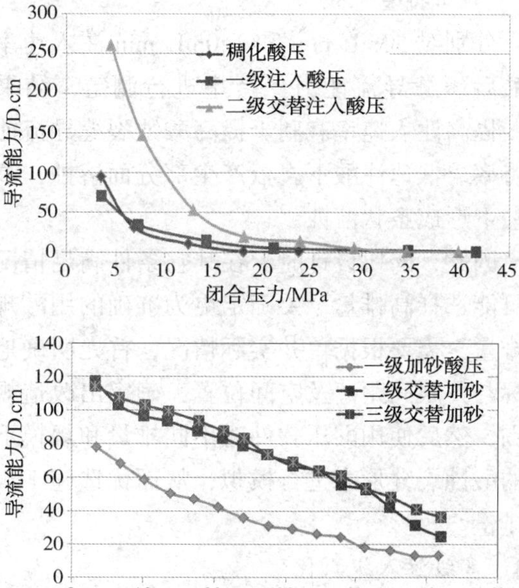

图 4　酸刻蚀加砂后裂缝形态及导流能力随闭合压力变化关系

可以看出，对于马五$_6$储层，酸蚀裂缝半长由 90m 上升到 120m，初期日产量有大幅上升；酸蚀裂缝半长从 120m 上升到 160m 时，上升幅

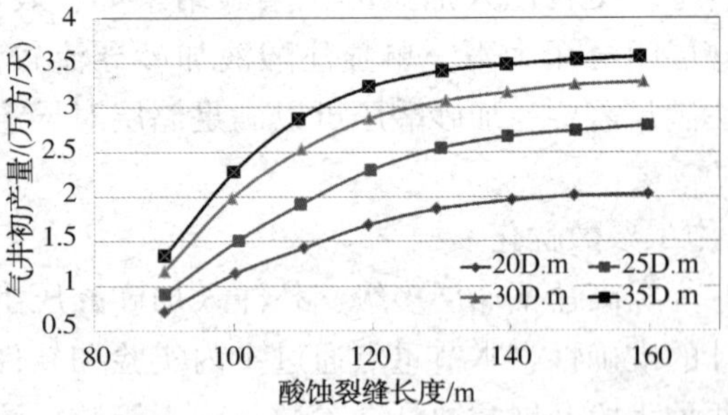

图 5　马五$_6$储层初产与裂缝半长关系

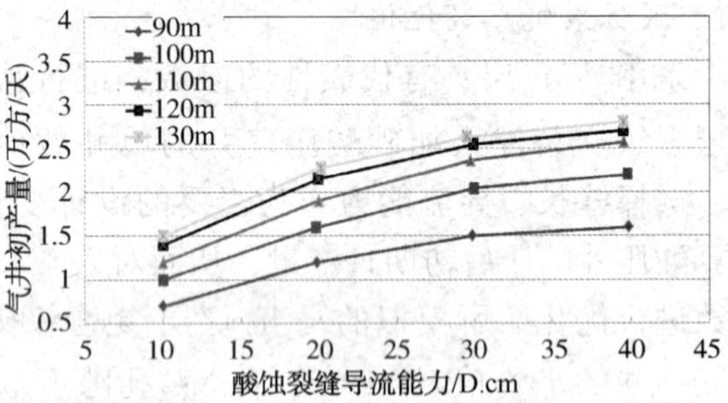

图 6　马五$_6$储层初产与导流能力关系

度减缓；导流能力从 30mD. m 上升到 40mD. cm 时，初期日产量增加幅度最大。因此优化目标为酸蚀裂缝半长>120m，裂缝导流能力>30mD. cm。

3.2　施工排量优化

分别对 50mL/min 和 140mL/min 注入速率下过酸后裂缝导流能力保持率进行测定，结果表明：提高注入速率有利于提高酸蚀裂缝导流能力保持率。低速注酸下岩板产生部分面溶蚀，高速注酸下形成条状溶蚀。

因此，酸压设计时，在其它条件满足情况下尽可能选择高排量。要确定更为准确的用酸规模和排量，需要根据单井实际情况，首先明确地质目标与井眼间距离及空间位置，确定出改造规模范围，然后使用酸压软件对不同排量和规模下形成的酸蚀裂缝形态进行模拟，从而优选施工规模与排量。

3.3　多级注入级数优化

采用 PT 软件，假设总液量为 840m^3，模拟不同酸液量与压裂液量比例(1.1、1.2、1.3、1.4)、不同级数(2 级、3 级、4 级)的多级注入酸压。可以看出，随着注入级数的增加，酸蚀裂缝长度变化较大，当注入级数超过 3 级后，酸蚀缝长明显变短；随着酸液和压裂液比例的增加，酸蚀缝长变短，当比例为 1.2 和 1.3 时酸蚀缝长相对较长。表明由于前置压裂液过少，酸液快速突破压裂液滤膜后迅速反应导致酸蚀缝长过短。因此优化设计交替级数为 2-3 级，酸液和压裂液比例为 1.2-1.3(图 7)。

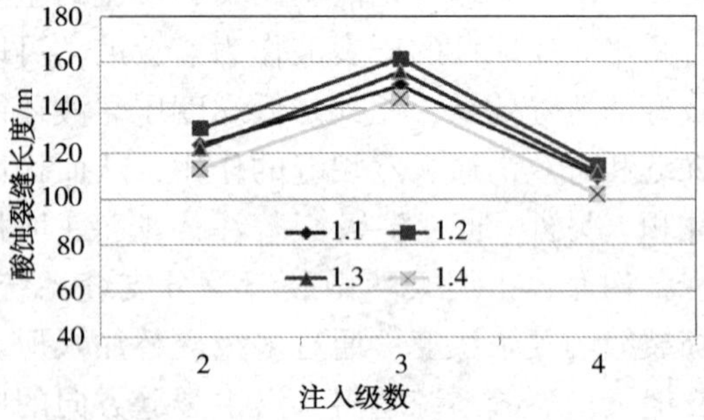

图 7　不同比例下交替级数与酸蚀缝长的关系图
(液体规模 840m^3)

4　现场应用效果

4.1　单井酸压设计思路

通过对多级交替注入加砂酸压关键参数优化，结合优化后的泵注程序，编写了层酸压设计，本节以 D1-516 井马五$_5$层为例说明。

根据测、录井资料，目的层岩性为灰色灰云岩、深灰色含云灰岩。测井数据分析，该层有效视厚度达到 30m 以上，孔隙度为 8.2%，渗透率 0.44×10^{-3} um^2，含气饱和度 61.1%，解释为气层。

本层整体呈特低孔特低渗特征，且无天然裂缝显示，为提高酸蚀裂缝长度和酸蚀裂缝导流能力，设计采用多级交替注入加砂酸压工艺，注入级数 2 级。室内实验测得马五 5 层岩样抗压强度范围在 278.717-329.78MPa、弹性模量范围在 42.1-48.5GPa，由于本层厚度较薄，上下遮挡效果一般，为防止裂缝纵向过度延伸，前置液和加酸阶段施工排量优化为 6m^3/min，而加砂阶段施工排量为 8m^3/min。

4.2　现场施工情况

低替 12m^3(常规酸)后，开始提排量坐封，座封压力 23MPa，座封排量 0.9m^3/min。第一级注入：交联液排量 5.0-6.0m^3/min，注入液量 156m^3；胶凝酸排量 5.0-6.0m^3/min，注入液量 206m^3；第二级注入：交联液排量 4.6-6.0m^3/min，注入液量 158m^3；胶凝酸排量 3.5-6.0m^3/min，注入液量 207m^3；加砂阶段：前置液排量 7.6-8.0m^3/min，注入液量 22m^3；携砂液排量 7.6 - 8.0m^3/min，加砂 23.7m^3，注入液量

$132m^3$；顶替 14.3 方，结束本次压裂施工。

本井压后井口产气量 $3.5741\times10^4 m^3/d$，井底压力 8.848MPa，无阻流量为 $3.973\times10^4 m^3/d$，创大牛地工区单井产量新高。

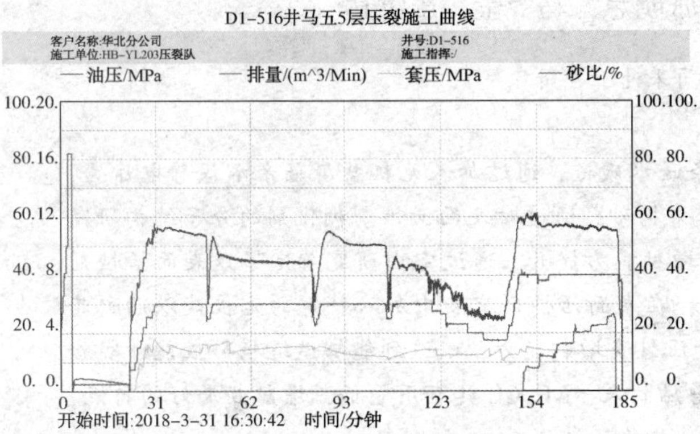

图 8　D1-519 井马五 6 气层压裂施工曲线

5　结论

（1）大牛地前期采用了多种酸压工艺改造下古生界储层。其中多级交替注入酸压适用于物性相对较差的储层，且加砂酸压效果优于不加砂酸压。其中工业气流井占比最高的为多级注入加砂酸压。

（2）分析了前期酸压改造效果较差的原因，模拟结果表明，较低的用酸规模及排量导致了酸刻蚀有效缝长较低；岩板酸刻蚀实验表明，酸刻蚀裂缝自支撑导流能力随着闭合应力的增加大幅度降低。长度和导流能力不足，是前期酸压效果较差的主要原因。

（3）多级注入酸压工艺可有效的提高裂缝长度和刻蚀非均质性，而在泵注程序最后阶段加砂可以克服主缝在闭合应力下导流能力降低的问题。

（4）多级注入加砂酸压工艺结合了酸压和水力压裂优点，2018 年共改造下古生界储层 5 层，工业气流井比例占到 75%，平均无阻流量达到 3.22 万方/天。相比前期直井改造效果大幅提升，该技术的应用为鄂尔多斯盆地奥陶系风化壳储层获得更好的增产效果提供技术储备。

参　考　文　献

[1] 金之钧. 中国海相碳酸盐岩层系油气勘探特殊性问题[J]. 地学前缘，2005，12(3)：15-22.

[2] 汤良杰，吕修祥，金之钧，等. 中国海相碳酸盐岩层系油气地质特点、战略选区思考及需要解决的主要地质问题[J]. 地质通报，2006，25(9/10)：1032-1035.

[3] 何青，李克智，徐兵威，等. 致密碳酸盐岩气藏前置酸加砂酸压工艺研究及应用[J]. 钻采工艺，2014，37(5)：71-73.

[4] 刘建坤，蒋廷学，等. 碳酸盐岩储层多级交替酸压技术研究[J]. 石油钻探技术，2017，45(1)：104-111.

[5] 王南，裴玲，雷丹凤，等. 中国非常规天然气资源分布及开发现状[J]. 油气地质与采收率，2015，22(1)：26-31.

[6] Bruner K R，Smosna R. A comparative study of the MississippianBarnett Shale，Fort Worth Basin，and Devonian Marcellus Shale [R]. Appalachian Basin：Technical Report DOE/NETL-2011/1478，National Energy Technology Laboratory (NETL) for TheUnited States Department of Energy，2011.

[7] Altindag R. Assessment of some brittleness indexes in rock-drilling efficiency[J]. Rock Mechanics and Rock Engineering，2010，43(3)：361-370.

[8] Jin X，Shah S N，Roegiers J C，et al. An integrated petrophysicsand geomechanics approach for fracability evaluation in shale reservoirs[J]. SPEJ，2015，20(3)：518-526.

[9] Rickman R，Mullen M J，Petre J E，et al. A practical use of shale petrophysics for stimulation design optimization：All shale plays are not clones of the Barnett Shale [C]. SPE Annual Technical Conference and Exhibition，21-24 September 2008，Denver，USA.

无机盐对提高表面活性剂清洁压裂液黏度的影响

肖丹凤　张　浩　任　伟　张明慧　马　莹　王洪达

（大庆油田有限责任公司采油工程研究院）

摘　要　压裂液用表面活性剂是一端亲水基加一条疏水碳链，通过加入无机盐屏蔽亲水基静电斥力，使疏水碳链相互缠结形成蠕虫状胶束网络结构增加黏度来携砂。通过对表面活性剂稠化剂的分子结构研究表明，电离度高导致静电斥力大，限制了溶液的进一步增黏能力提升。通过室内研究确定了该表面活性剂的亲水基团，其反离子为氯离子，可有效降低静电斥力，在表面活性剂溶液中加入一定的无机盐以调配其黏度，使其从流动态溶液转变为黏弹性凝胶，大幅提升压裂液增黏能力，以达到能够造缝携砂性能。实验对比研究了 KCl 和 NH_4Cl 两种工业用盐对表面活性剂增黏效果，NH_4CL 具有用量低，增黏效果好的特点，确定可用于现场压裂液配方。该实验研究结果可以更好地指导压裂施工。

关键词　无机盐；表面活性剂；压裂液；黏度；影响

目前国内外常用的瓜尔胶水基压裂液具有溶解性差，水不溶物多，且破胶后具有大量残渣及残胶伤害支撑裂缝等缺点，显著降低了渗透油田的开发效果。美国斯伦贝谢公司于 1997 年成功合成出一种季铵盐型阳离子表面活性剂，其溶液与无机盐能形成具有黏弹性能的表面活性剂压裂液体系，无需化学破胶，遇油水自动降解破胶，无残渣，能有效稳定黏土，降低了对地层伤害程度，显著提高采油井产能。大庆外围低渗透油田从 2015 年开始应用表面活性剂压裂液，取得了显著的增产效果。表面活性剂压裂液中加入无机盐的种类及用量对表面活性剂胶束的增长和溶液增黏能力都有显著的影响。此外，表面活性剂压裂液体系在注入储层后，其黏弹性能也会由于储层温度影响而相应改变，因此需要详细研究无机盐加入对表面活性剂压裂液的耐温抗剪切流变性能的影响。

1　无机盐对表面活性剂压裂液增黏机理

压裂液用表面活性剂分子结构中含有一个亲水基和一个长链疏水基，在纯水介质中，疏水基被水相排斥，亲水基伸展进入周围的水相，形成将长链疏水基包裹的低黏度球形胶束溶液，胶束溶液不具备压裂悬砂能力。通常在胶束溶液中添加一定的反离子(如水杨酸根，卤素离子等)或助表面活性剂(有机小分子醇类)有助于提高表面活性剂溶液黏弹性能，进而达到压裂液造缝、悬砂性能要求。反离子的作用屏蔽表面活性剂胶束与水介面的电荷，并与表面活性剂分子缔合，主要靠静电引力而聚集于表面活性剂的阳离子基团周围，减少了阳离子基团之间的排斥力，使得分子排列更加紧密。随着表面活性剂溶液中加入盐浓度增大，使表面活性剂胶束长度逐渐增长，当堆积达到一个最大值时，胶束开始交叠，使表面活性剂溶液黏度提高并具有弹性，形成凝胶。

2　无机盐对表面活性剂压裂液黏度影响实验研究

2.1　无机盐的选择

通过核磁氢谱分析该表面活性剂的分子结构属于季铵盐阳离子表面活性剂，确定了亲水基团的反向离子为氯离子，根据溶液的增黏机理分析结果，常用的无机氯盐，比如 $CaCl_2$、$MgCl_2$、NH_4Cl、KCl、NaCl 都可作为增黏剂，但是由于 $CaCl_2$、$MgCl_2$ 两种无机盐在常温下溶解速度慢，且在储层温度下容易与地层水产生结垢的二次伤害，且成本高于其他 3 种盐，而 NaCl 成本略高于另两种盐，因此，选择了成本低廉易得的 KCl 和 NH_4Cl 来进行系统优选研究对表面活性剂压裂液黏度的影响。通过大量实验研究表明，NH_4Cl 的耐温性最好，黏度较 KCl 可提高 10%～15%，优选 NH_4Cl 作为表面活性剂压裂液增黏剂，简化压裂液配方组分，降低了该表面活性剂压裂液配方成本。

2.2　实验仪器及材料

实验仪器包括 MARSIII 旋转流变仪 PZ38-D400 测试系统，XB220A 电子天平，30-70 高速混调器，BINDER 恒温干燥鼓风箱，透射电镜。化学试剂及材料包括：HFQ-1 表面活性剂增稠剂，KCl，NH_4Cl。测试执行 SYT 5107-2016 水基压裂液性能评价方法。

2.3　实验结果

2.3.1　KCl 的影响

在 90℃、$170s^{-1}$条件下，开展了无机盐用量对表面活性剂压裂液黏度的影响实验，添加了不同质量分数 KCl 的 2.0%表面活性剂压裂液体系的稳态剪切黏度如图 1 所示。从实验结果中可以看出，剪切黏度基本不随时间发生变化。随着 KCl 质量分数的增大，体系黏度先是逐步增加；但当 KCl 质量分数超过 1.5%以后，体系黏度随着其质量分数（1.75%）的进一步加大反而出现下降。

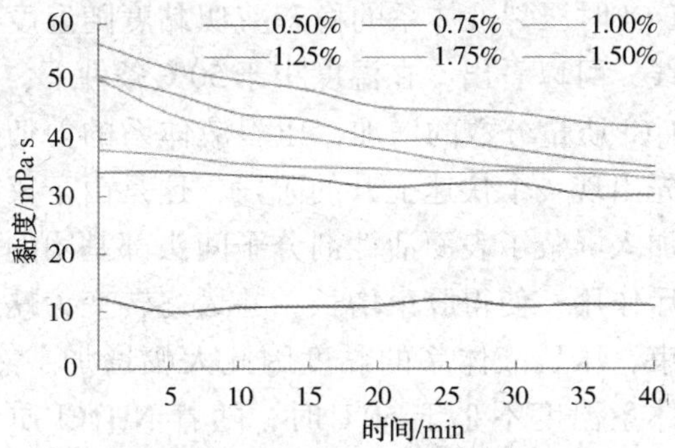

图 1　2.0%表面活性剂压裂液剪切黏度在不同质量分数 KCl 下随时间变化曲线

采用同样方法，测定了不同温度下 2.0%表面活性剂压裂液添加不同质量分数的 KCl，该压裂液在不同温度时黏度变化如图 2 所示。随着温度的升高，不同质量分数 KCl 的表面活性剂压裂液的黏度都逐渐下降，比如 1.50%KCl 的压裂液黏度从 60℃时的 56.7mPa·s 下降到 100℃时的 30.1mPa·s 左右。

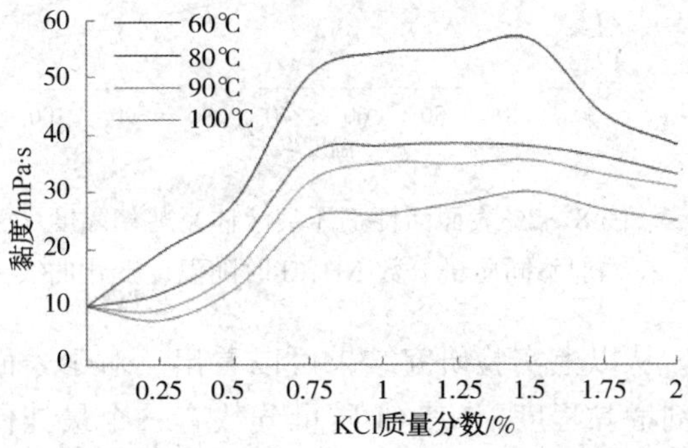

图 2　2%表面活性剂压裂液剪切黏度在不同温度下随 KCl 质量分数变化曲线

在不同温度、$170s^{-1}$条件下，开展了温度对表面活性剂压裂液黏度的影响实验，2.0%表面活性剂加质量分数 1.0%KCl 的表面活性剂压裂液剪切黏度变化曲线如图 3 所示。从实验结果中可以看出，剪切黏度基本不随时间发生变化。随着温度升高，体系黏度大幅度下降。

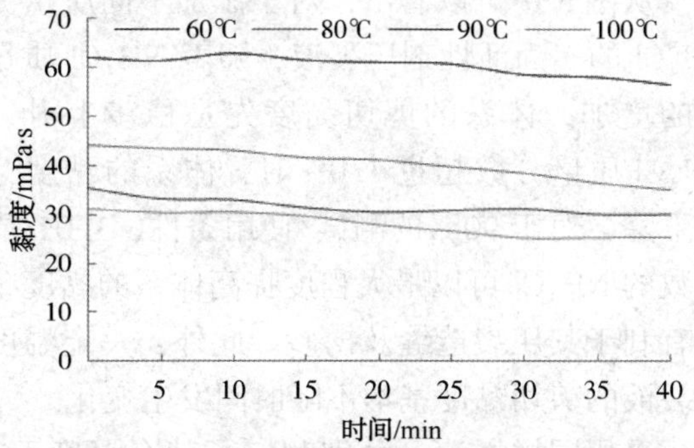

图 3　添加 1.0%KCl 的 2%表面活性剂压裂液剪切黏度在不同温度下随时间变化曲线

图 4 实验结果表面活剂压裂液体系的稳态剪切黏度均随着温度的升高逐渐下降，这是由于温度的升高导致分子热运动加强，削弱了其成胶能力，因此黏度下降。温度较低时（温度不大于 60℃），体系的黏度先是随着 KCl 质量分数的增加快速增大。当温度较高时（温度大于 60℃），体系的黏度首先都有所降低，但随着 KCl 质量分数的增加黏度上升幅度变小；但当 KCl 浓度超过 0.75%时，体系的黏度到达一个平台，也就是说，KCl 质量分数的增加不再引起体系黏度的大幅度增加。然而，当 KCl 质量分数增加超过 1.5%时，会引起体系黏度的下降（图 4）。即向高温条件下的压裂液体系中添加无机盐 KCl 的合适质量分数范围大约为 0.75%~1.5%。

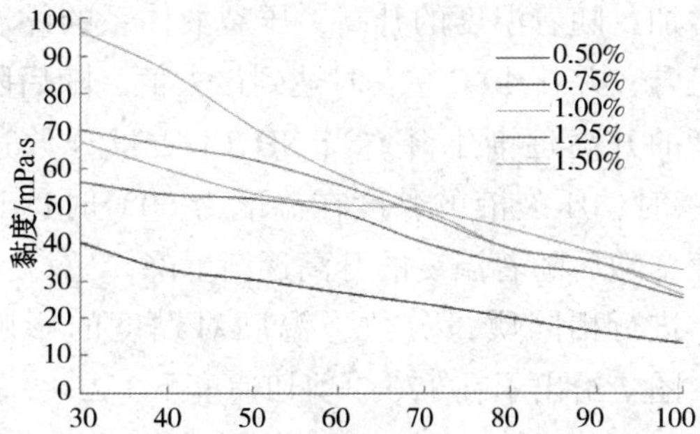

图 4　2%表面活性剂压裂液剪切黏度在不同 KCl 质量分数下随温度变化曲线

2.3.2　NH_4Cl 的影响

在 90℃、$170s^{-1}$条件下，进行 NH_4Cl 用量对

表面活性剂压裂液黏度的影响实验，向 2.0%表面活性剂压裂液中添加不同质量分数的 NH_4Cl，进行压裂液的稳态剪切流变实验，结果见图 5。

图 52.0%表面活性剂压裂液剪切黏度在不同质量分数 NH_4Cl 下随时间变化曲线

从图 5 中可以看出，对于添加不同质量分数 NH_4Cl 的表面活性剂压裂液，随着 NH_4Cl 质量分数的增加，体系的剪切黏度先是稳步上升，当 NH_4Cl 质量分数超过 1.0%时，体系的黏度又略微下降。对于 90℃的测试/使用条件，1.0%质量分数的 NH_4Cl 可以最大程度提高体系的黏度，从而有利于其压裂造缝及携砂。此外，一定温度下压裂液的剪切黏度基本不随时间发生变化。

采用同样方法，分别测定了其余温度下 2%浓度表面活性剂压裂液添加不同质量分数的 NH_4Cl 溶液体系的稳态剪切黏度(图 6)。

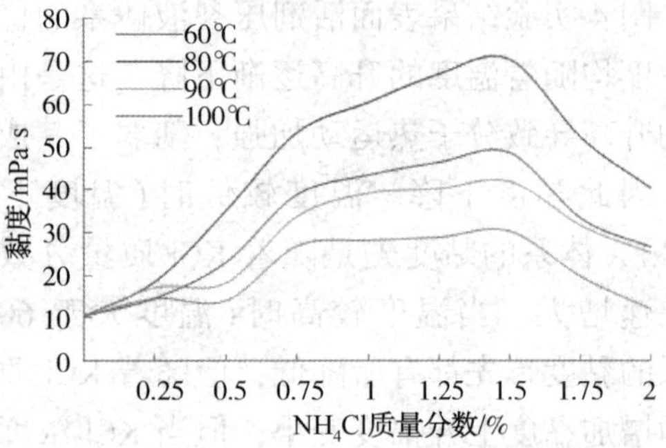

图 6　2%表面活性剂压裂液剪切黏度在不同温度下随 NH_4Cl 质量分数变化曲线

从图 6 中可以看出，在不同质量分数 NH_4Cl 时，表面活性剂压裂液黏度变化趋势大致相同。随着 NH_4Cl 质量分数增加，表面活性剂压裂液黏度增加；随着温度的升高，压裂液体系的黏度逐渐上升，并在 40℃左右时达到最大值，随后随着温度的升高逐渐下降。当 NH_4Cl 质量分数达到 1.5%时，压裂液的黏度在温度为 60℃时达到最大值，随后随着温度的升高逐渐下降。

进行相同质量分数下温度对黏度的影响实验，图 7 给出了在 $170s^{-1}$ 剪切速度下，2.0%表面活性剂与 1.0%NH_4Cl 的表面活性剂压裂液在不同温度下的稳态剪切黏度。

从图 7 中可以看出，随着温度的升高，表面活性剂压裂液体系的黏度逐步下降。这说明在此质量分数条件下，温度的升高将会加剧分子的热运动，导致蠕虫状胶束不稳定，从而引起压裂液

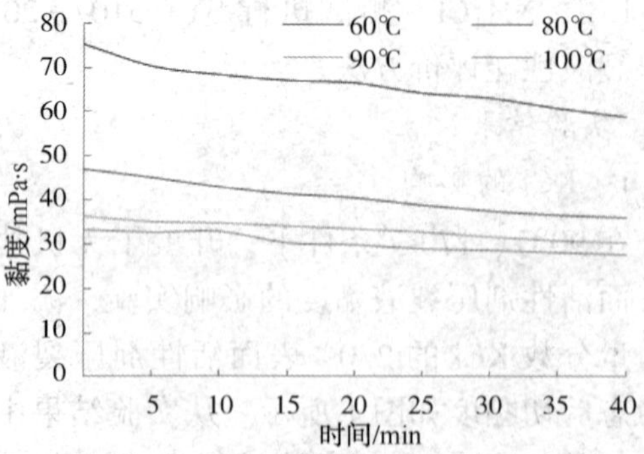

图 7　添加了 1.0%NH_4Cl 的 2%表面活性剂压裂液剪切黏度在不同温度下随时间变化曲线

黏度下降。

图 8 是 2%表面活性剂在添加不同质量分数 NH_4Cl 时压裂液体系的稳态剪切黏度随温度变化曲线，可以看出，在温度小于 50℃条件下，随着 NH_4Cl 质量分数的增加，压裂液体系的剪切黏度首先出现一个快速上升的阶段，这是由于反离子的加入屏蔽了表面活性剂分子间头部基团的静电排斥作用，使得胶束增长，并最终转变为蠕虫状胶束，压裂液体系的黏度因此大幅增加。然而，当体系温度不小于 50℃时，随着 NH_4Cl 质量分数进一步增加到 1.0%以上，压裂液体系的黏度均进入一平台阶段，黏度不再上升；当体系温度不小于 80℃时，压裂液体系黏度出现一快速下降，因此就需要增加表面活性剂的用量来增加体系黏度。

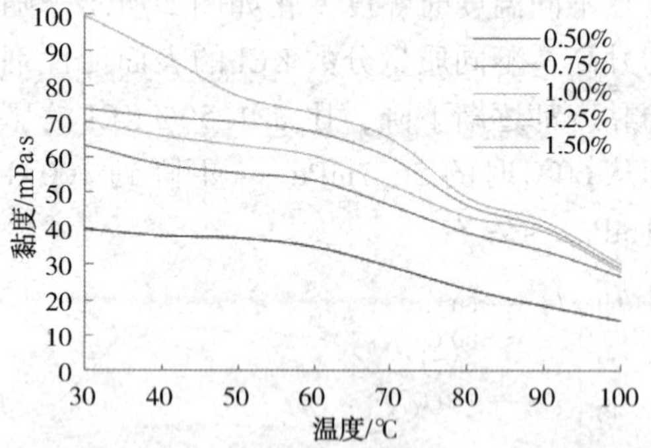

图 8　2%表面活性剂压裂液体系剪切黏度在添加不同质量分数 NH_4Cl 时随温度变化曲线

从以上实验研究结果可以看出，对于表面活性剂增黏程度，NH_4Cl 质量分数有一个最佳使用范围，大致处在 1.0%~1.25%之间。NH_4Cl 用量过低，体系的黏度增加幅度小；NH_4Cl 用量过大，一方面增加了生产成本，另一方面还会导致整个体系的黏度下降，不利于表面活性剂压裂液

造缝及携砂。

3 两种盐增黏机理实验

对比两种不同的无机盐的综合效果，KCl 和 NH_4Cl 对表面活性剂压裂液都具有增黏效果，而 NH_4Cl 的耐温性更好。理论研究表明，相同摩尔质量的两种盐，NH_4Cl 比 KCl 中氯离子(反离子)摩尔数增加 39%，促进了胶束聚集，体系黏度可提高 15%，从而进一步降低表面活性剂或盐的用量(表 1)，同时也是最经济的 60℃配方中盐用量有大幅度降低。因此，在制定表面活性剂压裂液配方时，优先选用 NH_4CL 作为表面活性剂压裂液增黏的交联剂使用。

表 1　两种机盐的摩尔质量及含有氯离子摩尔数对比

无机盐	摩尔质量(g/mol)	单位质量含氯离子摩尔数/mol	2%表面活性剂体系压裂液在 60℃达到压裂需要黏度时无机盐质量分数/%
KCl	74.50	1.34	1.20
NH_4Cl	53.50	1.87	0.75

NH_4Cl 质量分数的增加可以首先大幅提高体系的黏度，这是由于 NH_4Cl 电离出更多的阴离子，通过电荷作用吸附在表面活性剂阳离子头部端附近，从而屏蔽了同端之间的静电排斥作用，使得表面活性剂头部基团有效尺寸变小，堆积更加紧密，导致表面活性剂由球状胶束转变为蠕虫状胶束。表 2 测得的表面活性剂聚集体表面电性结果证实了反离子确实会吸附到聚集体表面，从而导致表面活性剂聚集体表面电性出现反转。通过透射电镜的研究结果也表明 NH_4Cl 的存在诱导了表面活性剂聚集体转变为蠕虫状胶束。但过量的 NH_4Cl 对于生产成本的控制及体系黏度的提升均是不利的。

表 2　表面活性剂分子聚集体表面电性测试结果

体系组成	Zeta 电位/mV
2%表面活性剂	+39.8
2%表面活性剂+1%NH_4Cl	-0.042

采用 MARSIII 流变仪 DZ-400 密闭系统，在不同温度、$170s^{-1}$条件下测试表面活性剂和 NH_4Cl 形成压裂液的黏度变化，形成了适合低渗透储层特点的压裂液配方体系。针对 60~100℃储层，确定了压裂液配方表面活性剂增稠剂及 NH_4Cl 交联剂使用浓度，完善了压裂液性能。压裂液的流变性能测定结果见表 3。

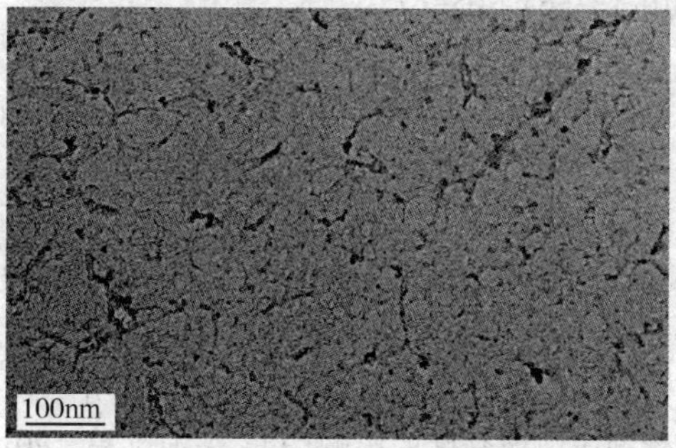

图 9　2%表面活性剂加 1%NH_4Cl 表面活性剂压裂液透射电镜(TEM)照片

表 3　不同温度下表面活剂压裂液配方的流变性能测试结果

表活剂质量分数/%	NH_4CL 质量分数/%	测试温度/℃	初始黏度/(mPa·s)	$170s^{-1}$剪切 60min 黏度/(mPa·s)
1.6	1.0	60	42.3	33.5
1.8	1.25	70	44.1	34.1
2.0	1.5	80	40.8	32.8
2.0	1.5	90	37	31.2
2.5	1.5	100	38.9	33.5
SY/T 6376—2008 压裂液通用技术条件				>20

4 结论

(1) 无机盐的加入会引起表面活性剂分子在溶液中的聚集态形式发生变化。由于反离子的静电屏蔽作用，表面活性剂头部基团有效尺寸变小，堆积更加紧密，从球状胶束转变为蠕虫状胶束，体系黏度随之大幅度增加。

(2) 对比多种无机盐中，KCl 和 NH_4Cl 增黏效果较好，而加入 NH_4Cl 的压裂液耐温性是最好的，同时也是最经济的，并从原理上验证了 NH_4Cl 的铵离子摩尔数高于 KCl，进而提升黏度更好。

(3) 提出了一个较优的压裂液配方(2.0%表面活性剂，1.0%NH_4Cl)，可以满足温度为 60~100℃储层的压裂施工要求，目前该清洁压裂液已经在大庆外围致密油储层及海拉尔低渗透油田应用 170 口井，取得了显著的增有效果。

参 考 文 献

[1] 何静，王满学，杨志刚，等. 化学剂对阳离子型清洁压裂液破胶作用的影响[J]. 钻井液与完井液，

2010，27(6)：65-67.
[2] 袁飞，怡宝安，伊利亚．VES-100高温清洁压裂液的性能评价[J]．新疆石油天然气，2010，6(4)：89-91.
[3] 苑光宇，侯吉瑞，罗焕，等．清洁压裂液的研究与应用现状及未来发展趋势[J]．日用化学工艺，2012，42(4)：288-292.
[4] 肖丹凤，王永昌，张明慧，等．有机小分子对表面活性剂压裂液黏度的影响[J]．采油工程，2018，9(2)：18-22.
[5] 陈晓明．利用高分子表面活性剂聚集体为探针研究有机小分子与表面活性剂之间相互作用[D]．合肥：中国科学技术大学，2010.
[6] 张莎莎，钟声，刘学立，等．季铵盐双子表面活性剂的合成及性能研究[J]．绿色科技，2011，(1)：176-178.
[7] 孙文杰．无机盐和有机盐对表面活性剂及其复配体系聚集和吸附行为的影响[D]．济南：山东大学，2012.

水平井压后示踪剂监测技术应用研究

邓大伟　朱兴旺　尚立涛　王海涛　徐艳萍　杨春城

（大庆油田有限责任公司采油工程研究院）

摘　要　多段压裂广泛应用于非常规储层，用于提升油气井的产量。但压后储层改造效果很难进行准确评价。为此，本文采用一种气示踪剂对水平井多段压裂每段的产气贡献占比进行测量分析。研究结果表明：气示踪剂能有效得出各段压后产气贡献率占比；气示踪剂测量的产气贡献占比与测井综合解释结果吻合；W 井中产气贡献占比大于 3%的有 12 段，合计产气 80.1%，为该井主要产气层段。本文的研究结果和方法可为进一步优化压裂施工参数提供依据。

关键词　示踪剂；水平井；多段压裂；产气

水力压裂技术广泛应用于非常规油气藏，其形成的人工裂缝能有效增加基质之间的接触面积并产生高导流能力的流动通道，从而提升油气产量[1,2]。水力压裂施工效果评价方面的研究是水力压裂技术研究的重点。压裂施工效果评价技术主要包括倾斜仪、井下微地震技术以及化学示踪剂，其中化学示踪剂是目前现场采用较多的方法。通过注入示踪剂确定产液量和产气量，对储层的改造效果进行评价。鄢宇杰等人[3]采用一种耐高温耐酸的示踪剂对暂堵转向压裂的施工效果进行评价，根据示踪剂浓度的不同判断是否形成暂堵转向裂缝。Leong 等人[4]根据氘示踪剂停留的时间评价压裂裂缝的体积。他们研究的压裂裂缝没有两相流动，同样忽略了由于滤失产生的示踪剂扫及体积，很容易导致得出的压裂裂缝体积偏大，影响评价结果的准确性。刘琦等人[5]对胭脂红示踪剂进行优选，进而评价压裂液的返排率。

近年来化学示踪剂已用于多段压裂中评估每段裂缝的产量，评价结果较为准确，但绝大多数化学示踪剂方面的研究都是对产液情况进行评价，直接对产气情况进行评价的研究较少。本文为了对大庆地区火山岩储层产气情况进行评价，采用了一种气示踪剂，测定各段产气贡献情况，以此来跟踪评价压后各段压裂效果。

1　示踪剂工作原理及流程

（1）测试工艺：对井下的特定区域注入特定示踪剂进行示踪，从而获得每段的产气贡献。

（2）工艺原理：每段示踪剂伴随每段压裂液体进入地层，通过地层碳氢化合物产出和地层液体返排时，携带此段独有的示踪剂一起返回至地面，井口进行取样并分析示踪剂；通过分析示踪剂的返回量可鉴别出每段的产出情况。

（3）示踪剂特点：

① 不存在于自然界的物质；

② 非常惰性，不与任何物质发生化学反应；

③ 与目标介质物理亲和，气剂只与天然气亲和；

④ 具有 PPB 甚至 PPT 级的痕量示踪能力；

⑤ 具有稳定的饱和度；

⑥ 气剂均耐酸碱、耐高温。

（4）气示踪剂测试流程：

本文对水平井 24 段的产气贡献情况进行评价，气示踪剂的主要测试流程如图 1 所示，首先要在每段地层中，加入种类不同的气示踪剂，保证每段内的产气贡献结果不会相互影响。待气示踪剂完全扩散入地层后，将带有气示踪剂的压裂液返排至地面，采用实验室仪器分析每层示踪剂的含量，进而评价每段裂缝的产气贡献情况。

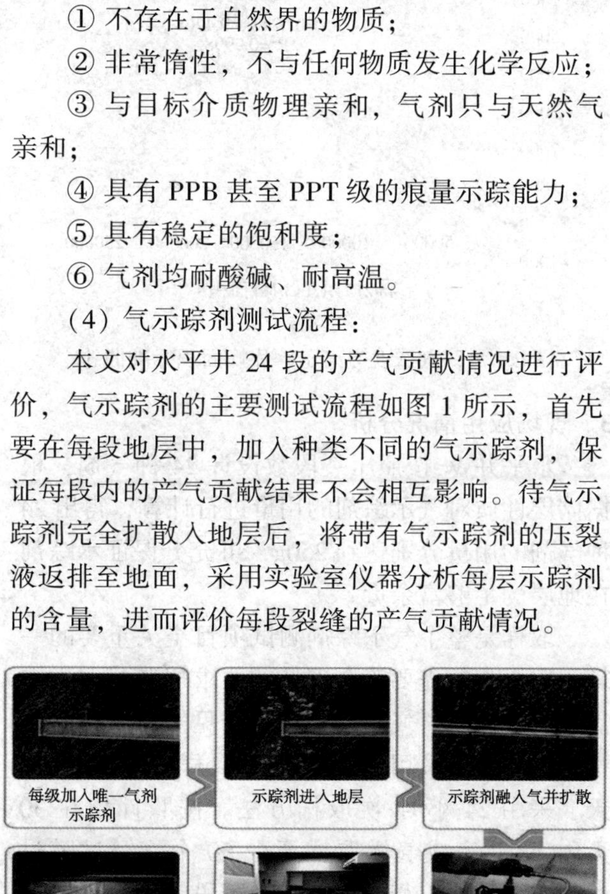

图 1　示踪剂测试流程

2　示踪剂用量设计

在采用示踪剂对多段压裂每段裂缝的产气贡献进行分析时，首先要确定每段气示踪剂的注入量：

$$I=\frac{cV}{Q} \quad (1)$$

其中，c 为气示踪剂的浓度，10^{-3} mg/L；V 为示踪剂最大稀释体积，m^3；Q 为气示踪剂的有效浓度，mg/L；气示踪剂的最大稀释体积为：

$$V=SH\varphi S_g\alpha \quad (2)$$

其中，S 为泄油面积，m^2；H 为油层厚度，m；φ 为孔隙度,%；S_g为含气饱和度,%；α 为扫及效率,%。根据气示踪剂的室内实验评价结果确定气示踪剂浓度 c 的求取公式如下

$$c=0.0243A-9.4764 \quad (3)$$

其中，A 为离子碎片峰面积，根据气示踪剂的特性确定气示踪剂检测的极限浓度为 50ppt。

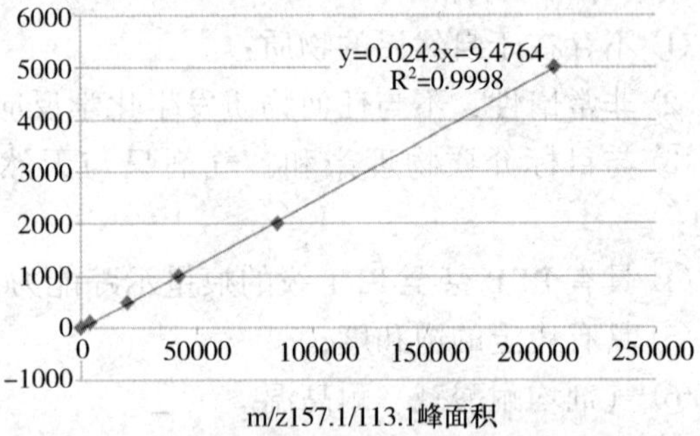

图 2　示踪剂浓度与离子碎片峰面积标准曲线

3　现场应用情况分析

水平井 W 按照压裂段数设计 24 种气剂，根据储层性质对气示踪剂的用量进行计算，得出 24 种气剂的用量分别达到 250g，可充分保证示踪剂在地层的足够富余量。

取样是整个气示踪剂测试项目至关重要的一环。取样点首先要符合现场的要求规范，取样点需在分离器后。气样采集开始于见气，气样采集按照前 20 天采用 12 小时/次取样方法；后 10 天，采用 24 小时/次取样方法。按照计划在 30 天内 W 井完成气样取样至少 50 个。经过膜过滤、固相萃取、衍生化、检测阶段等一系列过程才能得出原始检测数据，然后再将原始检测数据导入计算机进行数据分析，最终得出 24 段的产气贡献占比如图 3 所示。

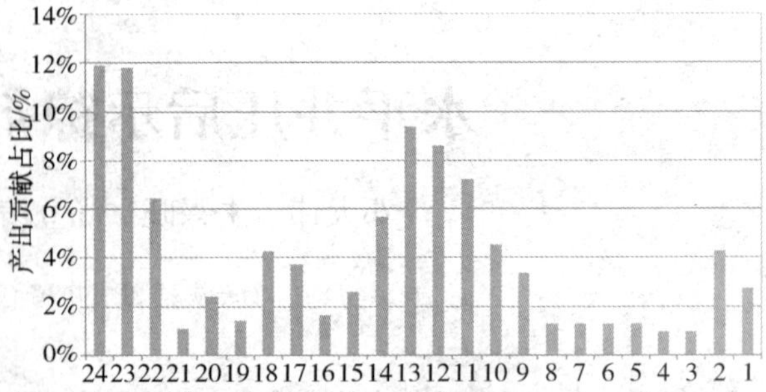

图 3　产气贡献占比

W 井各小段的产气贡献分别为：2.72%、4.28%、0.97%、0.97%、1.27%、1.27%、1.27%、1.27%、3.36%、4.53%、7.21%、8.59%、9.35%、5.65%、2.59%、1.6%、3.72%、4.26%、1.43%、2.40%、1.11%、6.44%、11.81%、11.90%。

其中产气贡献大于等于 5%的小段有(7 段)：11-14、22-24 段，合计产气 60.95%。其中产气贡献大于等于 3%、小于 5%之间的小段(5 段)：分别为 2、9、10、17、18 段，合计产气 20.15%。产气贡献大于等于 1%，小于 3%的小段(10 段)：分别为 1、5-8、15、16、19-21 段，合计产气贡献率 16.95%。产气小于 3%的小段(2 段)：分别为 3-4 段，合计产出 1.95%。

为了验证气示踪剂评价结果的准确性，将 24 段测量的产气贡献占比与测井综合解释结果进行对比分析，如表 1 所示。二者的结果基本吻合，干层测得的产气贡献占比均较低，差气层次之，气层的产气贡献占比最高，本文选取的气示踪剂能很好的测量产气贡献占比，准确的评价多段压裂储层的改造效果。

表 1　产气贡献占比与测井综合解释结果表

段序号	产气贡献占比	测井综合解释结果
1	2.72%	差气层
2	4.28%	气层
3	0.97%	干层
4	0.97%	干层
5	1.27%	差气层
6	1.27%	差气层
7	1.27%	差气层
8	1.27%	差气层
9	3.36%	差气层
10	4.53%	气层
11	7.21%	气层

续表

段序号	产气贡献占比	测井综合解释结果
12	8.59%	气层
13	9.35%	气层
14	5.65%	气层
15	2.59%	差气层
16	1.6%	差气层
17	3.72%	气层
18	4.26%	气层
19	1.43%	干层
20	2.4%	差气层
21	1.11%	干层
22	6.44%	气层
23	11.81%	气层
24	11.90%	气层

4 结论

通过W井分段产气进行系统的分析和评价，取得了一定的认识和结论：

（1）本文采用的气示踪剂只与气亲和，不会受到液体的影响，且24段采用了24种气示踪剂，避免相邻层段的相互影响，极大的降低了测量结果的误差；

（2）本文采用气示踪剂测量的产气贡献占比与测井综合解释结果吻合，表明选取的气示踪剂测量多段压裂各段产气贡献比的结果较为准确；

（3）W井中产气贡献占比大于3%的有12段，合计产气80.1%，为该井主要产气层段。选取的气示踪剂可广泛应用于气井对产气贡献占比的测量，从而评价各压裂段储层改造效果。

参 考 文 献

[1] Wang, L., Tian, Y., Yu, X., et al.. Advances in improved/enhanced oil recoverytechnologies for tight and shale reservoirs[J]. Fuel 2017, 210, 425-445.

[2] Wu, K., Li, X., Wang, C., et al.. A model for gas transport in micro-fractures of shale and tight gas reservoirs[J]. AIChE J., 2015, 61(6), 2079-2088.

[3] 鄢宇杰，宋志峰，陈定斌，等．水平井暂堵转向酸压示踪剂监测技术研究[J]．长江大学学报(自科版)，2017，14(23)：80-82+7.

[4] Leong, Y., de Iongh, J.E., Bahring, S., et al. Estimation of fracture volume between well pairs using deuterium tracer[C]. In：Presented at the SPE Annual-Technical Conference and Exhibition. Houston, Texas, USA, 28e30 September, 2015.

[5] 刘琦，刁素，栗铁锋．胭脂红示踪剂在评价压裂液返排中的应用[J]．复杂油气藏，2016，9(03)：65-68.

吐哈页岩油蓄能逆混合体积压裂工艺技术探索

刘剑辉　盛　莉　龚万新

（中国石油吐哈油田公司）

摘　要　吐哈油田页岩油气资源是近年来勘探重点领域，但由于储层非均质性严重，岩性复杂，常规工艺难以实现效益动用，勘探长期以来未得到有效突破；本文基于地质油藏精细认识，提出蓄能增压+逆混合注入体积压裂工艺技术，在补充地层能量的同时进行体积压裂，采用变排量逆混合注入工艺，首先高粘液体在近井筒形成单一主缝，然后低粘液体沟通远端裂缝提高复杂性，最后高粘液体携砂提高主干道导流能力；逆混合技术不仅有效降低施工起裂压力，并且实现了主缝波及范围内含油孔隙空间的充分连通；该项工艺技术在芦草沟页岩油初步试验获得成功，为吐哈油田页岩油的高效勘探奠定坚实基础。

关键词　页岩油；效益动用；蓄能增压；体积压裂；逆混合注入

吐哈油田页岩油主要集中在三塘湖条湖–马朗凹陷，根据最新油气资源评价，马朗条湖凹陷芦草沟组非常规页岩油气地质资源量 13.75×10^8t，可采资源量 9821×10^4t（可采系数 7%），是未来实现规模性突破的关键领域。但马朗条湖凹陷芦草沟组页岩油是一个全新勘探领域，成藏机理、富集规律、甜点预测及评价技术方法还处在探索中，配套工艺技术还不成熟。

自 2017 年来，吐哈油田在芦草沟组钻探 54 口井，其中 51 口见显示，28 口见油，12 口获得工业油流；2018 年在芦草沟组开展了一系列页岩油工艺技术研究及探索，条湖凹陷进行 5 井次压裂投产，单井最高日常油 25t，目前日常油<5t；稳产时间太短，递减太快，未形成可实现效益累产的有效工程技术方法。

为解决吐哈油田页岩油如何效益动用的难题，特建立页岩油试验区，以地质工程一体化为基础，精细油藏认识，针对储层特征进一步优化改造工艺，提出蓄能增压+逆混合体积压裂工艺技术，为吐哈页岩油勘探开发提供了有力的技术保障[1-2]。

1　吐哈页岩油地质特征及甜点认识

吐哈芦草沟组是典型的页岩油储层，源储一体、各类储层与源岩交互分布，油藏大面积分布，浅洼控源、岩相控储，优质源岩和甜点储层集中发育区是有利勘探方向（图 1）。区块储层以凝灰岩、含灰泥岩、白云质泥岩为主，有机碳测定 3.7%～4.66%；基质微孔发育，以各类溶蚀孔和微裂缝为主；储层孔隙度 7%～15%，含油饱和度 45%～70%，渗透率普遍<0.05mD，以纳米级微细孔喉为主；原油密度 0.85～0.90g/cm^3，黏度变化范围较大；油层埋深 2500～4000m，地层压力正常偏高，压力系数 1.0～1.2。

根据芦草沟组地质特征分析以及储层进一步认识，将页岩油储层精细划分为三套甜点段与烃源岩互层。下甜点段以富火山质沉积为主，层多厚度大，主要发育凝灰岩储层；中、上甜点段以富有机质富白云质混积岩为主，源储薄互层状，横向分布稳定。下甜点分布受沉积洼地控制，局部发育，条湖凹陷优于马朗；中甜点厚度大，全区广泛分布；上甜点主要分布在马朗凹陷。

2　页岩油储层改造工艺技术

针对吐哈页岩油地质特征，结合前期经验，提出以水平井蓄能增压+逆混合体积压裂为主的储层改造工艺技术。该项技术以“缝控全藏”理念为指导，在前期基础井网开发模式下，深化油藏认识，结合地质工程一体化，通过长水平段钻井、细分切割、交错布缝、甜点射孔、大排量大规模体积压裂改造等方式，实现井筒及裂缝对整个储层地质储量的“全覆盖”，将地质储量转换为“缝控”储量，最大程度提高储量有效动用[3-4]。

2.1　蓄能增压+体积压裂工艺技术

吐哈油田非常规致密油开发经历了多种方式的矿场试验，主要以注水吞吐、蓄能体积压裂为主，通过效果评价（表 1），蓄能体积压裂效果明显较好，注水蓄能后，地层能量得到提高，再通过大规模体积压裂，单井产量得到较大提升，形成有效的开发方式。为了进一步验证芦草沟组页岩油注水蓄能+体积压裂工艺的适用性，开展了室内储层润湿性评价试验及岩心渗吸置换试验，实验结果表明区块储层润湿性表现为弱亲水-亲水特征，压裂液作用后亲水性更强，蓄能增压+体积压裂主要增油机理以渗吸置换和恢复地层压力的同时，开启新缝，扩大渗吸置换接触面积。

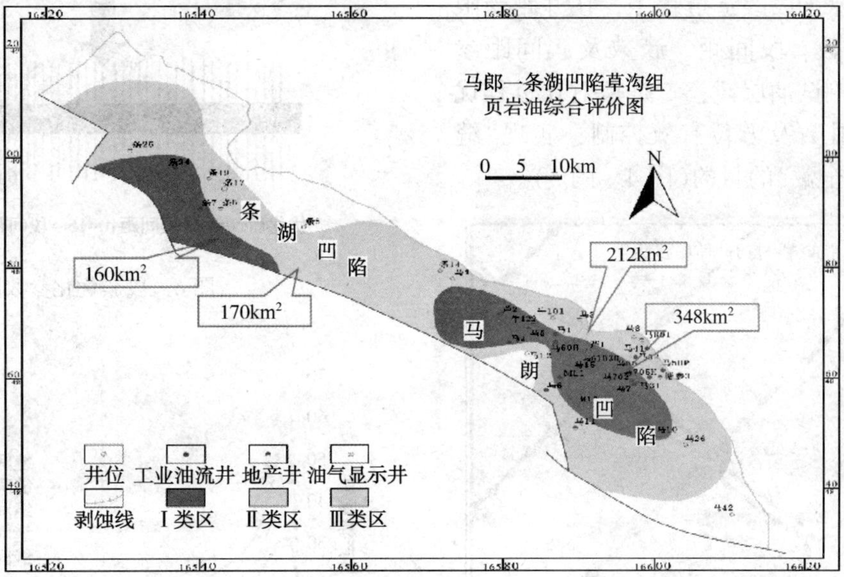

图1 马朗-条湖凹陷芦草沟组页岩油评价图

利用现场实践和室内实验结果明确了芦草沟组页岩油裂缝-基质水置换油的有利条件：①储层越亲水，渗吸排油能力越强，最终采出程度越高，有利于注水+压裂；②缝网越复杂，油水接触面积就越大，渗吸置换效率越高。增能压裂可增加缝网复杂度，可显著提升开发效果；③油层厚度越大、含油饱和度越高，油水置换效率高；④入井液量越大，有效提高地层能量，延长有效期[5]。

表1 吐哈油田不同开发方式效果统计表

类型	实施井数/口	有效率/%	有效期/d	初期日增油/(t/d·井·轮次)	周期增油/(t/井·轮次)	费用/(万元/井·轮次)	55美元投入产出
注水吞吐	35	87.5	161	6.9	731	55	1：3.1
增能压裂	17	100.0	207	11.0	1226	210	1：1.4
平均	52	91.2	176	8.2	893	106	1：2.0

经过室内软件模拟不同注入液量与地层压力的关系(图2、图3)，研发发现，地层压力随注入液量的增加而增加，注入600m^3/段(8段)地层压力可提升3.3MPa左右；因此，考虑综合成本问题，该区块采用蓄能增压+体积压裂工艺，水平井每段压前注入量控制在500-1000m^3，注入排量3-8m^3/min。

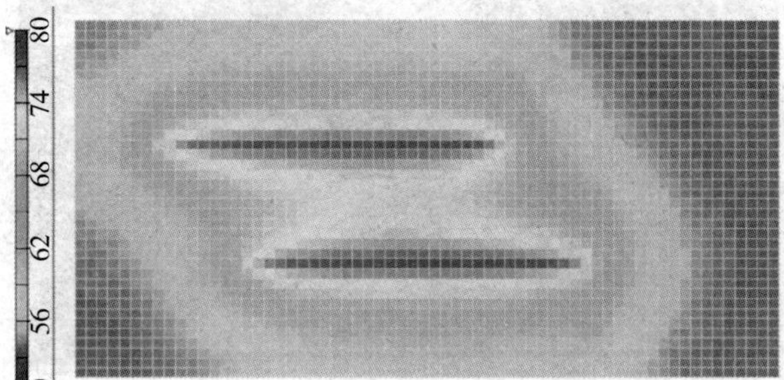

图2 注入600m^3/段时模拟压力提升3.3MPa

图3 不同注入量时模拟压力提升规律

2.2　细分切割缝控体积压裂技术

芦草沟组页岩油为进一步提高长水平段的有效改造程度，储层改造采用水平井细分切割缝控体积压裂思路，其之所以称为细分切割缝控压裂，一是指在长水平段改造过程中，在井距受限情况下，优化段数、段间距、簇数及簇间距参数，达到精细切割试油层段；二是指射孔过程优化，交错布缝，孔数及方位有效控制，实现“缝控单元”及“缝控全藏”的目的(图4、图5)。

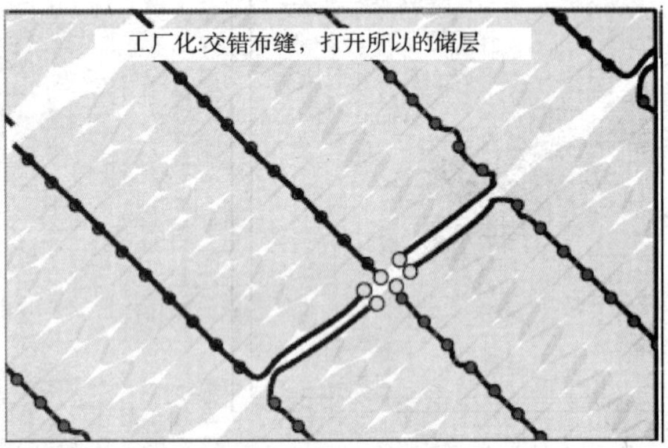

图4　交错布缝示意图

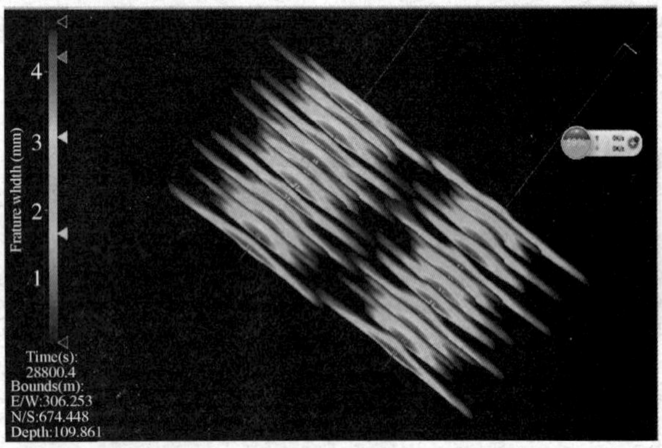

图5　交错布缝方位变化矢量图

经过工艺参数优化，吐哈芦草沟页岩油储层水平井段间距30~40m，每段5~6簇，簇间距10~15m；采用甜点式分簇射孔，每簇8~10孔，各个孔位采用旋转式相差60°相位进行射孔，在大排量体积压裂施工过程中，保证每簇有效开启。应用软件模拟不同簇间距与日产油关系，发现簇间距10~15m情况下，日产量提高80%；水平井细分切割+交错布缝可进一步增加裂缝控制面积，挖掘井间剩余油可采储量，提高区块整体采收率[6-9](图6、图7)。

2.3　变排量逆混合注入压裂工艺技术

吐哈非常规油藏前期储层改造采用前置低黏

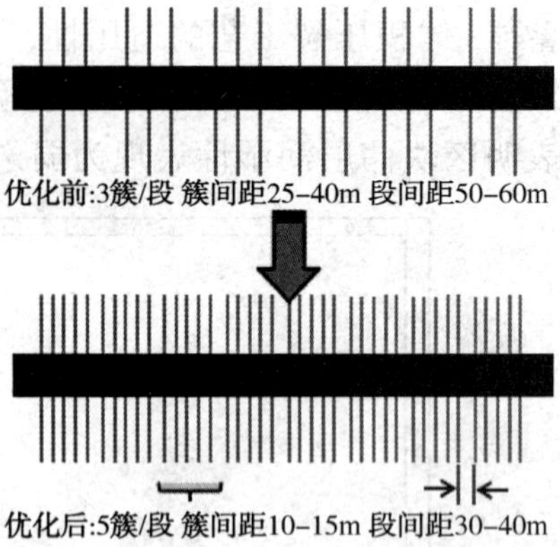

图6　段簇优化参数图

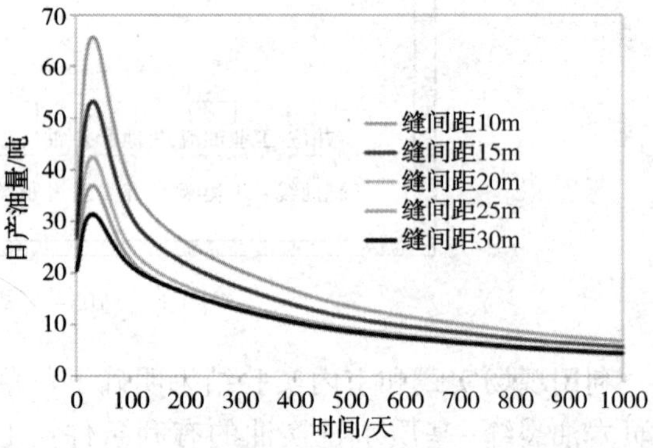

图7　不同簇间距与产量关系图

度滑溜水造缝，配合多段塞打磨孔眼，携砂液阶段采用高黏度冻胶高砂比支撑裂缝通道工艺，但芦草沟组页岩油储层致密，岩性复杂，前置滑溜水造缝施工压力较高，超压频繁，施工排量提升困难，难以形成复杂裂缝；并且常规水力压裂容易造成近井筒多裂缝起裂，远端受应力控制，形成简单双翼缝；同时，裂缝空间波及有限，系统长效导流能力无法持续。因此，提出变排量逆混合注入压裂工艺技术(图8)。

逆混合压裂工艺主要是对压裂液体系及施工排量的调整及优化。具体措施主要是在压裂前置液阶段，采用高黏度(150~300mPa·s)、低滤失的胍胶压裂液进行造缝、起裂，并配合5-7个段塞打磨孔眼，降低孔眼及弯曲摩阻，从而可在限压范围内最大程度提高施工排量，在裂缝起裂过程中，以阶梯递增的变排量进行泵入，可有效控制地层净压力；携砂初始阶段，采用低黏度(2~5mPa·s)减阻滑溜水携带低砂比支撑剂进行施工，当砂比逐步提高至15%-20%时，液体再次切换为高粘胍胶压裂液，保证高砂比支撑剂顺利进入储层。最终形成“高粘胍胶起裂+低粘滑溜水、低砂比延展裂缝+高粘胍胶、高砂比支撑充填远端裂缝”逆混合压裂工艺，以达到“控近扩远”的目的[10-12]。

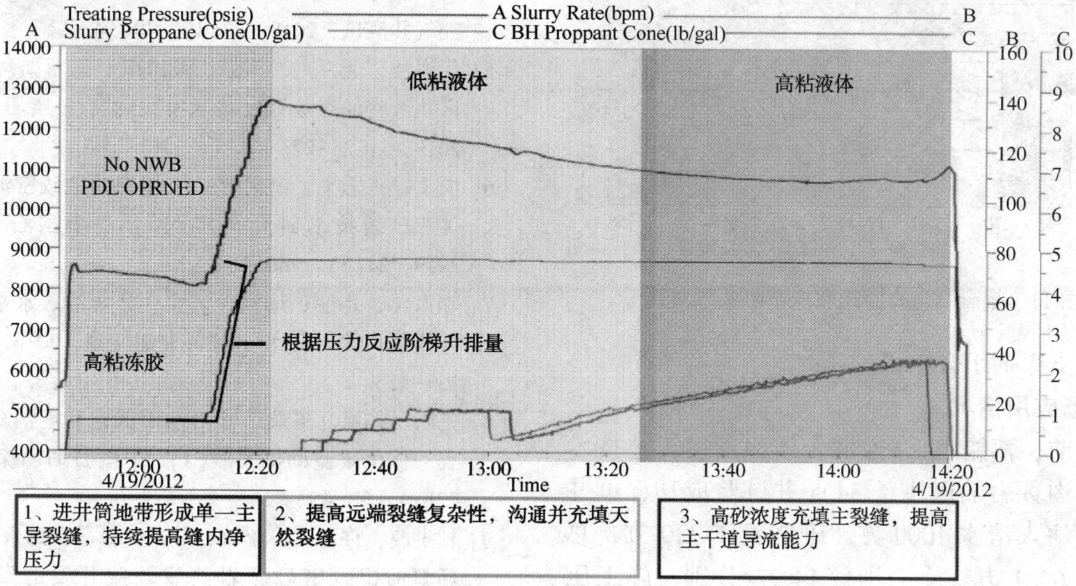

图8　逆混合注入压裂工艺示意图

2.4　施工排量优化技术

施工排量是压裂设计的关键参数，主要影响施工泵压和裂缝的几何尺寸，通过理论与实验结合，区块最大最小应力差 5－6MPa，泊松比0.28，根据微裂缝开启最小净压力计算公式，结合不同排量下净压力实验结果(图9)，该区块体积压裂提高施工排量至 14-16m³/min，可实现缝网复杂化，有利压后效果提升[13-14]。

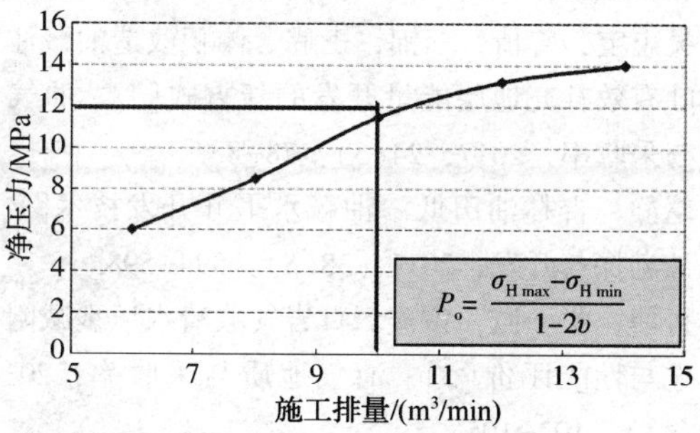

图9　施工排量与地层净压力的关系

2.5　减阻型滑溜水压裂液技术

常规瓜胶体系滑溜水存在“成本高、摩阻大、易降解”的问题，开展聚合物减阻剂型滑溜水的研发，形成了具有降阻率高、成本低、无残渣等优点的新型滑溜水体系，成本较瓜胶滑溜水降低15%(图10)[15-16]。

新型聚合物滑溜水降阻率大于70%，与常规瓜胶滑溜水对比，摩阻降低32%，平均井口压力降低6.4MPa(图11)。减阻型滑溜水压裂液体系在吐哈油田现场应用超过50井次，各项性能满足现场施工要求，施工成功率100%。

图10　胍胶样本与聚合物样本

2.6　低成本支撑剂组合技术

支撑剂选择依据主要考虑地层闭合压力情况。根据前期施工参数预计区块地层闭合压力32-38MPa左右，流压按5-8MPa算，支撑剂承压24-30MPa。此压力70/140、40/70目石英砂及30/50目陶粒导流能力都能满足现场需求；因此，在保证现场压裂成功的同时，进一步降低施工成本，优选70/140、40/70目石英砂+30/50

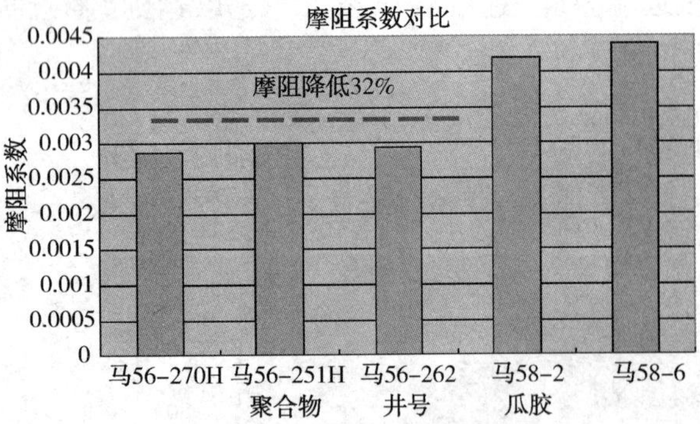

图 11　聚合物与胍胶压裂液摩阻系数对比

目陶粒支撑剂组合。

3　现场应用情况

目前，蓄能增压+逆混合体积压裂工艺技术在芦草沟页岩油区块条 3405 井试验成功，单井累计共注入清水 1000 方，压裂液体 820 方，总加砂量 62.1 方，施工排量 14 方/分钟，施工压力 54~58MPa，压后初期日产液 35.5 方，日产油 3.88t，目前还在返排中，储层改造取得一定效果。

4　结论及建议

吐哈芦草沟页岩油是勘探开发新领域，处于探索阶段，研究提出以油藏精细描述和剩余油深入研究为基础，配套蓄能增压+逆混合注入体积压裂技术、细分切割、交错布缝工艺及低成本技术进行储层改造，不仅有效提高了储层动用程度，而且实现了经济效益最大化。

随着页岩油勘探开发程度的不断深入，难度将逐渐增大，费用也将逐渐增加，因此，建议持续开展页岩油水平井储层改造研究，加强地质工程相结合，通过对地质的深入了解，完善工艺参数的优化，同时，开展大规模低成本体积压裂工艺研究以及试验工厂化作业，为页岩油储量整体高效动用提供有力的技术支持。

参 考 文 献

[1] 孙赞东，贾承造，李相方等．非常规油气勘探与开发[M]．北京：石油工业出版社，2011：1-150.

[2] 何海波．致密油水平井缝网增能重复压裂技术实践[J]．特种油气藏，2018，25(4)：170-176.

[3] 李娟．页岩气压裂技术现状及发展建议[J]．技术与信息，2018，10：159-161.

[4] 向洪．马 56 区块致密油藏“缝控”体积压裂技术[J]．油气井测试，2018，27(4)：49-54.

[5] 何海波，龚万兴，邓强，张田田．三塘湖盆地马 56 区块致密油有效开发技术实践[J]．吐哈石油工程，2019，1：24-27.

[6] 向洪，王志平，谌勇等．三塘湖盆地致密油加密井体积压裂技术研究与实践[J]．中国石油勘探，2019，24(2)：260-264.

[7] 李海涛，卢宇，谢斌，黄宇，聂尊浩．水平井多段分簇射孔优化设计[J]．特种油气藏，2016，23(3)：133-135.

[8] 王昕，杨斌，王瑞．吐哈油田低饱和度油藏地质工程一体化效益勘探实践[J]．中国石油勘探，2017，22(1)：38-45.

[9] 杜洪凌，许江文，李峋，陆军，章敬，彭永灿，等．新疆油田致密砂砾岩油藏效益开发的发展与深化——地质工程一体化在玛湖地区的实践与思考[J]．中国石油勘探，2018，23(2)：15-26.

[10] 雷群，杨立峰，段瑶瑶，翁定为，王欣，管保山．非常规油气“缝控储量”改造优化设计技术[J]．石油勘探与开发，2018，45(4)：719-726.

[11] 许江文，李建民，邬元月，丁坤，江洪．玛湖致密砾岩油藏水平井体积压裂技术探索与实践[J]．中国石油勘探，2019，24(2)：241-248.

[12] 章敬，罗兆，徐明强，江洪，陈仙江，王腾飞．新疆油田致密油地质工程一体化实践与思考[J]．中国石油勘探，2017，22(1)：12-20.

[13] 吴忠宝，曾倩，李锦，王璐．体积改造油藏注水吞吐有效补充地层能量开发的新方式[J]．油气地质与采收率，2017，24(5)：78-83.

[14] 赵静．吉林油田低渗油藏水平井开发技术[J]．石油勘探与开发，2011；38(5)：594-598.

[15] 肖博，张士诚，雷鑫．页岩气藏清水压裂减阻剂优选与性能评价[J]．油气地质与采收率，2014，2(21)：102-105.

[16] 何静，王满学，吴金桥，王敏．多功能滑溜水减阻剂的制备及性能评价[J]．油田化学，2019，36(1)：48-51.

大牛地气田尾管固井全通径压裂管柱技术应用研究

姚辉前 郭朝辉 李 振 孙泽秋

（中国石化石油工程技术研究院德州大陆架石油工程技术有限公司）

摘 要 大牛地气田致密油气储层采用以水平井裸眼分段压裂为主的储层改造技术，取得初步成果。但该技术暴露出完井管柱下入困难、分级滑套逐级缩径及分级球滞留井底不利于后期冲砂后期作业等技术缺点；裸眼完井方式裂缝起裂位置不明确、酸液虑失严重而引起缝长不足，影响酸压改造效果和稳产能力。而套管固井技术与尾管回接固井技术，存在井筒性能适应性差、油套环空带压危及安全生产风险、无容错技术手段及经济效益性差等技术难题。笔者研究提出了全通径尾管固井压裂管柱技术，通过分析不同施工阶段对井筒差异性需求，提出尾管固井后进行即插即锁的非固井回接，为储层改造压裂施工提供全通径、高承压井筒条件，促进固井工具性能向完井功能发展。在大牛地气田致密气藏的70余口应用证明，该技术可以建立全通径通道、高承压改造、低成本建井、简便操作及高安全生产等固井完井一体化管柱的可行性，为致密油气藏高效安全开发提供一种新技术方案。

关键词 大牛地；尾管固井；可取回接；致密油气；分段压裂；锚定密封

大牛地气田位于鄂尔多斯盆地北部，随着上古石盒子组和山西组等主力储层开发趋于成熟，已逐渐转向下古生界碳酸盐岩气藏，属于低孔、低渗、低丰度、非均质性较强致密储层，产能低或无自然产能。常规完井及改造方式难以有效动用该类储层，且气井投产后产量递减快，稳产难度大。经过多年开发实践，初步形成了以水平井裸眼分段压裂为主的储层改造技术，但该技术逐渐暴露出完井管柱下入困难、分级滑套逐级缩径及分级球滞留井底不利于后期冲砂后期作业等技术缺点；裸眼完井方式裂缝起裂位置不明确、酸液虑失严重而引起缝长不足，影响酸压改造效果和稳产能力。另外，套管固井技术与尾管回接固井技术，存在井筒性能适应性差、油套环空带压危及安全生产风险、无容错技术手段及经济效益性差等技术难题[1-4]。

为解决大牛地气田致密气藏开发过程中存在的储层改造对高承压井筒的需求、生产效益对低成本建井的要求、生产技术对大井径的要求及安全高效开采等之间相互矛盾等技术难题，笔者研究提出了致密油气全通径尾管固井压裂管串技术，通过尾管固井后即插即锁密封回接，建立全通径、高承压完井管串，然后实施储层改造的分段压裂工艺技术，不仅解决了井筒性能适应性差的技术难题，还降低了高压体积压裂对油套环空损害造成井口带压的危及安全生产的风险与建井成本。为大牛地气田致密油气藏高效安全开发提供一种低成本、高承压、全通径及易操作的工艺技术及完井方式，进一步提高单井产量，扩大致密油气藏储量的动用程度。

1 全通径尾管固井压裂工艺

1.1 工艺原理

在技术应用过程中，首先，采用高压尾管悬挂器将完井套管悬挂在技术套管上进行固井作业，形成尾管固井管柱；下入钻头对上下水泥塞进行清扫，保证尾管管柱内的畅通，并用专用保护磨铣短节加洗鞋对回接筒上部与内部清洗；将由上端带扶正器的回接插头、套管串及芯轴悬挂器组成的可回收回接管柱下入，依靠锚定回接插头实现与尾管固井管柱间的锁紧及释放；在锚定回接插头上设计下压一定吨位，能够在压裂施工过程中有效防止回接管柱的向上窜动，按照设计预压吨位调长后，坐挂芯轴悬挂器，剩余回接管柱自重由其承担，并密封油套环空上端，油套环空及管内试压合格后安装井口，最终形成全通径、高承压的分段压裂井筒柱[6-7]。采用桥塞、带底封连续油管拖动管柱等分段压裂技术对储层进行增产压裂改造，在分段压裂施工过程中，临时全通径井筒便于桥塞、连续油管带底封拖动管柱等分段压裂工具顺利到达目的层位，油套环空间通过加备压降低回接管柱承受内外绝对压差，增加回接管柱可靠性，从而达到保护技套的目的放喷压井后，通过上提旋转实现回接管柱丢手并起出，实现技术套管大通径，避免后期采油工具无法下入的风险，提高后期井下作业技术实施的范围。同时，回接用套管可重复使用，节约大量资源，降低建井成本(图1)。

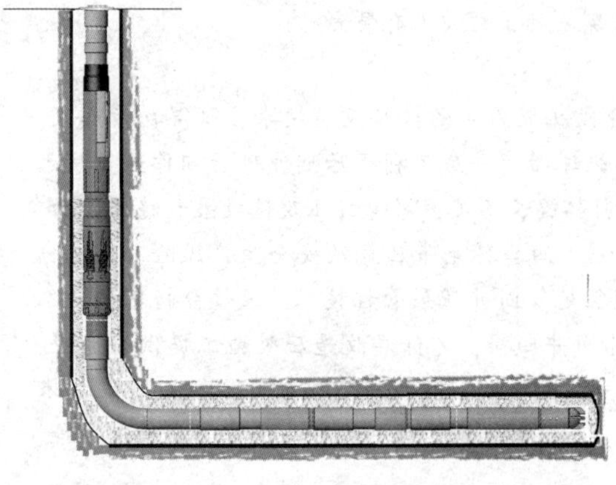

图1 尾管固井可取回接的分段压裂井筒示意图

1.2 工艺技术特点

(1) 技术管柱整体结构简单，易于操作，实用性强，施工风险低；

(2) 建立的全通径、高承压的井筒条件，对储层改造增产技术及采油工艺技术适应性强；

(3) 油套环空隔离消除施工压力对技套水泥的损伤，消除了油气窜至井口的安全隐患；

(4) 免除固井材料及操作费用，重复利用回接油套管，节约大量优质资源，降低油气开发成本，经济效益与社会效益良好。

2 全通径尾管固井压裂管柱技术

2.1 高压尾管悬挂器及可回收回接装置

全通径尾管固井压裂管串技术利用尾管固井技术进行储层封固，通过可取回接管柱建立全通径、高承压及油套隔离的井筒，采用即插螺纹卡瓦锚定机构、金属支撑的回接插头组合实现油套环空之间的封隔，形成封隔性能高、锚定效果可靠、操作方便、可回收的全通径分段压裂井筒。图1为全通径尾管固井压裂管串结构示意图。该井筒由尾管固井管柱及可取回接管柱组成。其中，井下尾管固井管柱由浮鞋+浮箍+球座+套管+新型高压尾管悬挂器组成，可取回接管柱由锚定回接插头+套管+芯轴悬挂器组成。压裂施工后，根据放喷试采情况将回接管柱进行释放回收。该井筒技术与常规尾管回接固井的井筒不同之处在于承压级别、既插即锁与右旋丢手的可取不固井回接管柱，分段压裂专用系列工具的承压级别为70MPa，而常规固井工具的承压级别一般为35MPa[5]。如何防止压裂施工中压力波动引起的回接管柱往复窜动可能导致油套连通的风险是其核心技术之一。

2.2 可取锁紧结构设计及受力分析

2.2.1 结构设计

在固井工具尾管悬挂器上设计即插即锁锚定结构，不仅要考虑抗拉与抗压机械强度、过流面积、通径要求等因素的影响，而且还解决锁紧结构表面附着水泥对锁紧可靠性产生的影响。经综合考虑影响因素后，尾管悬挂器的回接筒上端内部设计专用内棘齿锁紧机构，在整体棘爪式卡瓦外表面设计外棘齿，在插入过程中依靠径向收缩的弹性变形实现螺纹啮合，上提丢手时，本体锥面支撑卡瓦外涨，压迫螺纹棘齿紧紧啮合，从而实现锁紧。该棘爪式卡瓦与分瓣式卡瓦性能要求不同，不仅要求卡瓦齿表面具有较高的硬度，同时具备较高的抗剪强度及韧性；而棘爪根部为了收缩及弹涨，需具备良好的韧性。为满足综合性能要求，优选优质合金钢并配套特殊热处理工艺技术。

2.2.2 压裂过程中回接完井管柱的轴向受力分析

回接管柱锚定后，上端通过芯轴悬挂器悬挂在采油树四通内，而下端回接插头与尾管管柱之间通过锁紧结构锚定连接，两端视为固定端，形成单管锚定式完井管柱结构。压裂施工中，完井管柱与地层串通，锚定时作用于回接管柱内壁的活塞效应和鼓胀效应所产生的力和变形成为卡瓦以上管柱的预拉力和预变形。压裂过程中，锚定回接管柱除受自重和浮力作用外，还将受活塞效应、温差效应、横向鼓胀效应、摩阻效应等影响轴向受力[8]。

设回接管柱总长度(井口到锚定卡瓦)为L，管柱内外径分别为d和D，锚定插头密封面外径D_1，单位长度管柱重力为q，管内流体密度为ρ_1，管外流体密度为ρ_2，井口管内压力为P_0，油套环空压力为P_1。油管泊松比μ，弹性模量为E，压裂液沿程阻力系数为λ，压裂液管内流速为v，m/s，Q为压裂液排量，m^3/min。

(1) 轴向自重与浮力产生的轴向力为F_g。

$$F_g=qL+\rho_1 gL\pi d^2/4-\rho_2 gL\pi D^2/4 \tag{1}$$

(2) 活塞效应引起回接管柱的上顶力为F_1。

$$F_1=\pi(P_0-P_1)(d^2-D_1^2)/4 \tag{2}$$

(3) 鼓胀效应引起回接管柱的拉力

管内压力 P_0 大于油套环空压力 P_1，回接管柱膨胀，轴向收缩而产生拉力 F_2。

$$F_2=\pi\mu(P_0-P_1)d^2/4 \quad (3)$$

(4) 摩阻效应引起回接管柱的拉力

$$F_3=\pi\rho_1\lambda v^2 dL/16 \quad (4)$$

其中，流速 v 为：

$$v=Q/(15\pi d^2) \quad (5)$$

(5) 温差效应引起回接管柱的拉力

井筒内温度随井深增加而升高，回接管柱入井后，随着热量快速传导，管柱温度逐渐升高到井筒温度相等，压裂施工向管内注入低温压裂液，会引起回接管柱温度变化，管柱受冷会收缩，从而引起管柱的拉力 F_4。设井下锚定卡瓦处温度为 t_0，在泵入压裂液条件下，管柱温度为 t_1，管柱的热膨胀系数为 α，12.1×10^{-6} m/(m·℃)。

$$F_4=\alpha\pi(D^2-d^2)(t_1-t_0)/4 \quad (6)$$

(6) 压裂时回接管柱的轴向载荷

回接管柱在卡瓦锚定后，一般进行预压一定力，预压力为 F_0，通过以上各种效应对回接管柱的轴向载荷为 F。

$$F=F_0+F_g+F_1+F_2+F_3+F_4 \quad (7)$$

回接管柱系统的轴向载荷受不同尾管悬挂器下深、压裂施工井口压力、注液排量、环空备压及预压力等因素综合影响。回接管柱系统所受轴向载荷在合理范围内，可有效防止回接管柱因施工压力引起的窜动，并降低锁紧机构的承载载荷及疲劳损伤，提高可靠性。在尾管悬挂器下深(与回接管柱长度相等)L、回接套管的钢级与壁厚、回接密封直径等参数确定情况下，回接管柱的轴向载荷为 F 随井口管内压力 P_0、注液排量 Q、井下温度 t_0 升高而升高，随预压力 F_0、环空备压 P_1 升高而降低。

2.3 工具技术参数

经过多年井身结构优化，大牛地致密油气井采用三开井身结构，从钻井周期、固井质量完井方式、建井成本、安全施工等因素综合效果方面衡量，该井身结构较合理[9~10]，二开用 φ177.8mm 套管固井，三开水平段用 φ152.4mm 钻头钻进，采用 φ177.8mm×φ114.3mm 尾管悬挂器固井技术，并用 φ114.3mm 套管基于即插即锁的非固井回接至井口，形成单管锚定式全通径完井管柱结构。尾管悬挂器及锚定式回接插头内径为 φ101.6mm，最大外径 φ146mm，薄弱处抗内压、外挤分别达到 95MPa 和 83MPa，锁紧结构啮合后薄弱处抗拉强度为 7410kN，整机密封能力达到 95MPa，耐温 200℃，在规格 φ177.8mm 壁厚 10.36mm 内，悬挂承载能力 650kN，过流面积为 22cm^2。

3 应用实例

全通径尾管固井压裂管串技术在华北油气分公司大牛地气田致密气藏进行了 70 余口井应用，都完成了分段压裂作业。应用井中，最深井深 4958.00m，最长水平段 1300.00m，尾管悬挂器最大下深 3716.50m，悬挂最长尾管 1523.00m，最高储层压裂施工压力 89.0MPa，最低压裂施工压力 43.6MPa，施工压力总体较高，验证了全通径尾管固井压裂管串技术适应性。其中，以大牛地气田 A 井三开井身结构，储层为下古马五$_5$层，碳酸盐岩，采用快钻桥塞酸压加砂压裂的储层改造方式，对尾管固井可取回接全通径井筒技术性能提出了较高的要求，且压裂施工过程中最高压力达到 66.6MPa，比较有代表性。

3.1 A 井井况

A 井是一口生产水平井，三级井身结构，二开 ϕ177.8mm 技术套管，下深 3316m，三开采用 ϕ152.4mm 钻头钻至井深 4516m，水平段长 1200m，目的层位下古生界奥陶系马五$_5$气层段，属于以黑色灰岩为主的碳酸盐岩储层，平均孔隙度为 4.3%，平均渗透率为 $0.21\times10^{-3}\mu m^2$，为低孔、低渗致密气层。

3.2 施工设计及技术要求

3.2.1 施工设计

全通径尾管固井压裂管串技术实施可分完井井筒准备与储层改造两个阶段。第一，井筒准备阶段，采用高承压新型 ϕ177.8×ϕ114.3mm 尾管悬挂器进行水平井固井后，通过带即插既锁的回接插头将尾管固井管柱与 ϕ114.3mm 套管串以不固井的回接方式连接至井口，形成承压 70MPa 的全通径井筒。ϕ114.3mm 的套管均为壁厚 6.35mm、钢级 P110。第二，储层改造阶段，利用 ϕ114mm 电缆射孔+桥塞封隔逐段完成前置酸压加砂的复合酸压方式压裂，对储层“甜点”进行精细改造，最后钻扫井筒中各段桥塞，实现井筒全通径后，进行放喷试气、起出回接管柱等作业。

3.2.2 技术要求

(1) 为满足层段封隔及环空加备压的需求，

尾管固井质量良好率应达到 80%以上，全井筒承压 30MPa 以上。因此，须采取通井、合理安放扶正器及优质前置液等提高固井质量技术措施；

（2）回接筒保持完整性是回接管柱锚定 600kN 与密封 70MPa 的前提条件，在扫塞、磨铣回接筒等作业过程中需对回接筒采取保护措施，特别是回接筒顶部以上应无残留水泥环。因此，尾管固井时采取不留上塞作业技术是有效技术措施之一。

3.3　施工步骤

（1）采用新型 ϕ177.8×ϕ114.3mm 尾管悬挂器固井后，先后完成扫塞、刮管、磨铣回接筒、全井筒试压 30MPa、完井液替浆等施工流程，再下入了“锚定回接插头+回接套管串+芯轴悬挂器”组成的回接管柱，调长试插后，在回接管柱浮重基础上过提 300kN，环空试压 30MPa，稳压 30min，压降 0.5MPa 为合格。

（2）按照设计依次将可钻桥塞射孔联作管串送至目的层位进行储层定点精细改造，累计入地液体总量 7658m^3，液氮，312m^3，累计加酸 2234m^3，平均排量 9.2m^3/min，最高泵压为 66.6MPa。

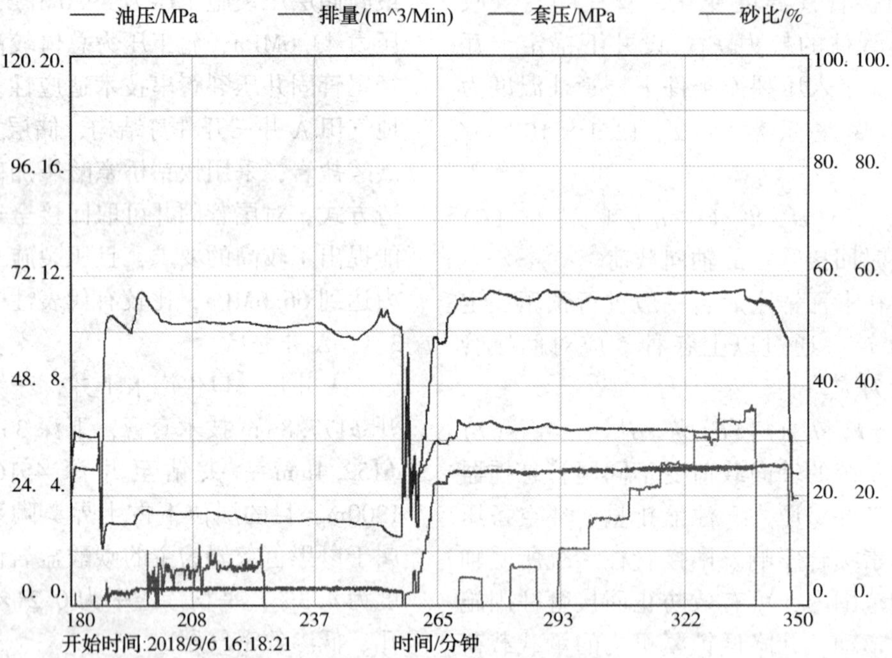

图 2　A 井第三段压裂施工曲线图

（3）压后放喷，无阻流量为 16.7×10^4m^3/d，生产 9 个月后，将回接管柱顺利起出。

3.4　施工效果

据全通径尾管固井压裂管串技术与分段压裂技术对致密气田改造了共 70 余口井施工统计与总结，三级井身结构中尾管固井技术下入 ϕ114.3mm 套管通过性强，遇阻小，避免低承压储层的固井漏失问题，管柱强度满足大排量复合酸压施工参数要求；定点改造，裂缝起裂位置明确，有效降低了天然裂缝发育储层酸液虑失，提高改造效果。压后大通径的井筒有利于后期冲砂等二次作业施工。压后试气期间，平均无阻流量为 6.5×10^4m^3/d，与该区块同期同储层的裸眼管外封预置管柱分段压裂技术的储层改造后平均流量 6.8×10^4m^3/d，效果略低。但是，稳定产气量 3.9×10^4m^3/d，平均压降率为 0.0052MPa/d，比同层位裸眼储层改造降低量低，产量递减小(见图 3)，稳产能力强。同时，平均每口井节约回接套管、水泥及施工费用约 40 余万元，经济效益良好。

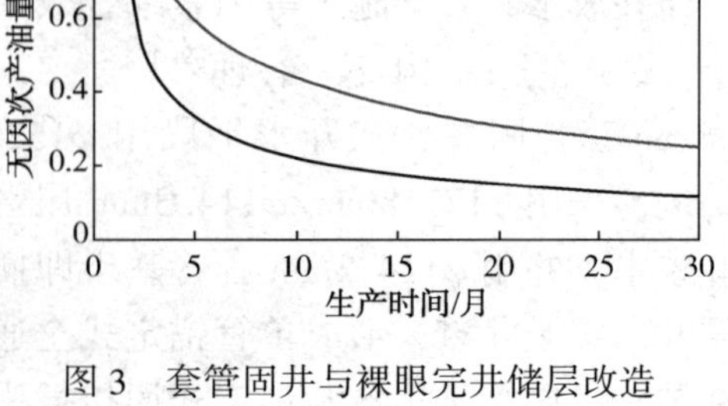

图 3　套管固井与裸眼完井储层改造
无因次产量递减曲线对比图

4 结论与建议

（1）全通径尾管固井压裂管串技术在大牛地气田致密气藏实践证明，不仅能够解决低承压地层固井难题，而且利于提高酸压改造效果和稳产能力，论证了高承压改造、低成本建井及安全生产的固井完井管柱一体化的可行性，优选完井管柱参数及改造方式，初步形成了致密油气水平井全通径尾管固井压裂管串技术体系。

（2）通过高压尾管悬挂器、即插即锁结构、高压密封等技术结构优化与性能提升，解决了尾管固井后回接锁紧及承压能力偏低的问题，促进固井工具性能向满足完井工艺需求发展。

（3）通过高承压可取回接管柱的临时起下，不仅解决了体积压裂储层改造技术对井筒全通径高承压的需求与生产工艺对井筒大通径的需求之间矛盾，而且油套环空隔离保护作业，降低了水泥环损伤引起油气窜而产生的环空带压作业的安全风险；节约大量套管、水泥等固井材料和施工费用，起出回接套管还可重复利用，具有良好的经济效益与社会效益。

（4）建议进一步加快高压尾管悬挂器及锚定密封回接插头等配套工具性能升级与列化工作，压力级别升至105MPa，促进全通径尾管固井压裂管串技术在其他区块非常规油气藏推广应用，为国内非常规油气开发提供技术支撑。

参 考 文 献

[1] 张永春，狄伟，何青，等．水平井分段酸压工艺在大牛地气田的研究与应用[J]．石油天然气学报，2013，35(9)：109-112.

[2] 韩峰，王建全，薛占峰，等．致密油气藏水平井全通径压裂技术[J]．中国海洋平台，2017，32(3)：12-17.

[3] 阮臣良，李富平，李风雷，等．尾管悬挂器超高压封隔及回接技术应用研究[J]．长江大学学报(自科版)，2016，13(192)：42-45.

[4] 储铭汇，何青，陈付虎，等．大牛地气田下古生界碳酸盐岩气藏水平井固井完井及改造方式优化探讨[J]．石油地质与工程，2017，31(3)：114-117.

[5] 朱和明，薛占峰，赵聪，等．分段压裂专用悬挂器关键技术研究与应用[J]．石油机械，2013，41(5)：79-84.

[6] 张国安，姚辉前，李维斌，等．水平井尾管回接分段压裂技术的应用[J]．石油机械，2015，43(2)：105-108.

[7] 郭朝辉．分段压裂用尾管悬挂器与回接装置关键技术[J]．石油钻探技术，2018，46(2)：44-49.

[8] 丁鹏，闫相祯．高压注水管柱受力分析[J]．石油钻探技术，2005，33(6)：47-50.

[9] 谭奇，张明华，高剑玮，等．川西水平井尾管悬挂及回接固井技术[J]．天然气与石油，2015，33(5)：59-61.

[10] 李润，龙远盛，尹红斌．水平井尾管固井技术及其在苏里格气田的应用[J]．石油天然气学报，2013，35(9)：109-112。

阿尔金山前深层基岩气藏压裂技术

刘 永 刘世铎 张 煜 冯昕媛 谢 菁

（中国石油青海油田分公司钻采工艺研究院）

摘 要 近年来，阿尔金山前带古隆起区已成为柴达木盆地天然气增储上产最重要的区带。但基岩储层自然产能低、天然裂缝及底水发育、埋藏深、岩相复杂、岩性致密、非均质性强，必须依靠压裂增产才能获得工业气流，常规压裂技术无法实现增储上产，增产技术成为制约基岩勘探突破的技术“瓶颈”。为此，开展了针对深层基岩储层的压裂机理、耐高温低伤害压裂液体系、设计优化、压后快排及评估等技术研究，以此提高施工成功率及压后效果，形成了深层基岩储层“控规模+控排量+复合压裂”先成缝后成网于一体的压裂模式。现场应用结果表明，该技术系列既提高了施工成功率(90%以上)，又提高了单井产量，为青海油田完成深层气藏增储上产提供有力的技术支持。

关键词 基岩；压裂机理；设计优化；高温压裂液；压后快排

柴达木盆地西北部阿尔金山前基岩气藏是目前被发现的国内外罕见的基岩古潜山块状气藏，落实了基岩、侏罗系、E_{1+2}(路乐河组)、E_{31}(下干柴沟组下段)、E_{32}(下干柴沟组上段)五套含油气层系，具备较好的油气地质条件[1-6]。基岩气藏在压裂过程中有以下特点：

(1)“一深”：埋藏深，气藏深度一般在4500-5000m。

(2)“两低”：岩性致密，孔隙度低(最低3%)，渗透率低(最低$1\times10^{-7}\mu m^2$)。

(3)“三高”：储层温度高，温度在160-176℃；岩石硬度高，杨氏模量最高10^5MPa，是砂岩的6倍左右；地应力高，破裂压力一般在95MPa，对压裂设备要求高。

(4)“三多”：岩性多，花岗岩、片麻岩等；储集类型多，构造裂缝，溶蚀孔洞、基质微孔等；流体类型多，除烃类气外，还含CO_2气、氮气等，边底水活跃。

(5)“三个不一样”：由于基岩的复杂性，压裂增产施工及效果表现出同区块不同井、同井不同层、同层不同井均不一样。

储层改造存在的难点：基岩储层压裂裂缝起裂和延伸的机理难于认识；缺乏基岩压裂现场分析判断方法和控制技术；没有满足耐高温、高压、长时间施工需要的压裂工作液体系和配套的工艺技术。以往常规的压裂增产理论、诊断方法及控制工艺无法适应。

针对青海深层基岩储层的特点以及储层改造的难点，开展了相应的室内攻关研究及现场试验，在裂缝延伸机理、相应工艺及液体等方面形成了一套适合于裂缝性基岩储层加砂压裂改造的技术系列。

1 基岩裂缝起裂与延伸机理研究

以往的压裂改造目标主要针对砂泥岩，研究基础为“连续均匀介质”，根据弹性力学与断裂力学研究成果，裂缝启裂与扩展为理想的对称二翼模型(如图1所示)。

基岩中含有大量的天然微裂缝和孔洞，根据大量岩石特征分析，基岩微裂缝一种是沿井壁以多发高角度形式存在；另一种是在储层内随机分布。据此引入了“多裂缝”的概念，为了更为接近实际地表述基岩压裂裂缝和进行模拟计算，为此建立起基岩压裂裂缝起裂与延伸物理模型(如图2所示)。描述了基岩储层压裂裂缝的数量及在空间的展布特征，可较好地描述基岩储层主裂缝与微裂缝的启裂与延伸过程。

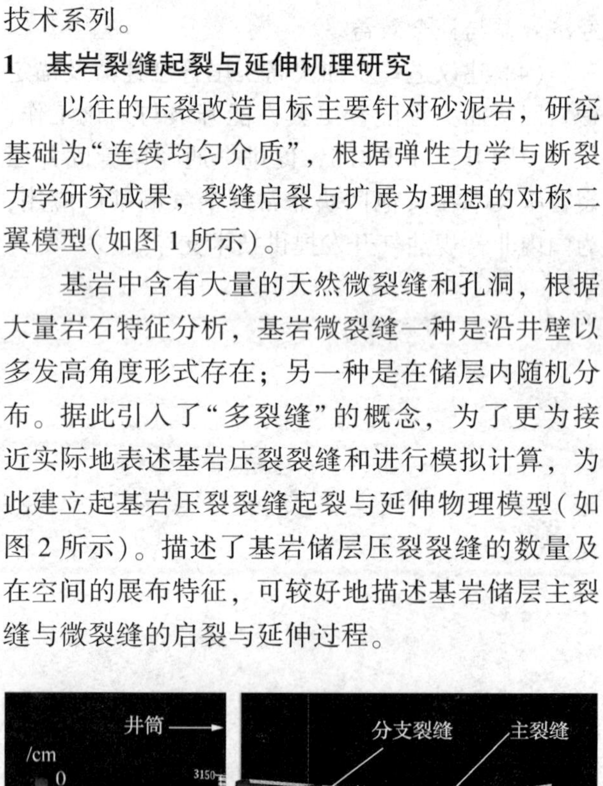

图1 基岩裂缝三维模型

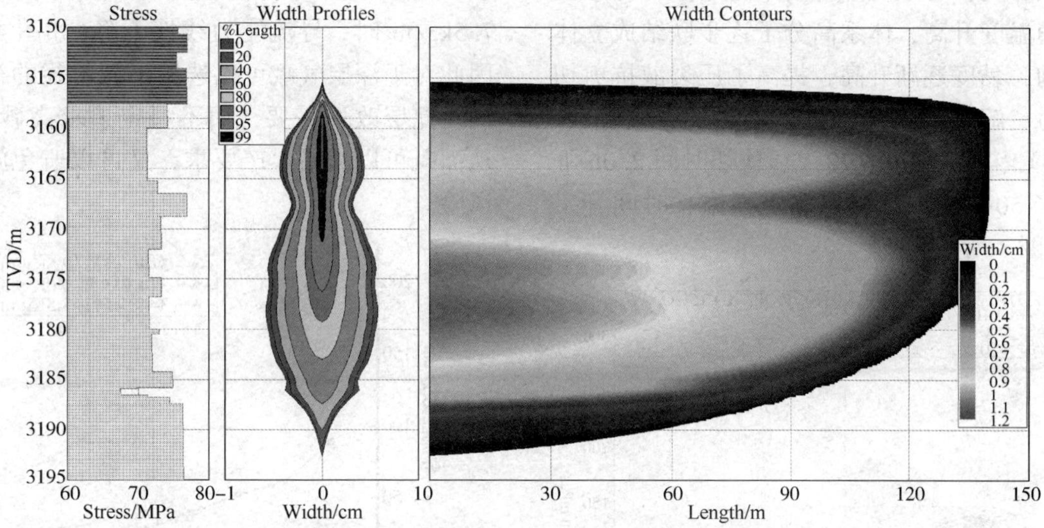

图 2　基岩裂缝二维模型

2　主裂缝形成及延伸控制技术研究

针对近井筒多裂缝、微裂缝滤失、孔洞滤失等地层实际，攻关形成了高粘液体造主缝、支撑剂段塞降滤和变排量施工等多种控制主裂缝延伸技术。室内实验研究表明，通过改变泵注排量和泵入液体的黏度能够有效控制在天然裂缝中形成主裂缝，实际也正是体现了净压力对形成主控裂缝的关键作用，净压力越高越易形成主裂缝。净压力与排量、压裂液成正比，也即黏度、排量越高，净压力越大，此时越易形成主裂缝，降滤失措施包括：①100 目粉砂、40/70 目陶粒支撑剂段塞技术（对天然裂缝发育）；②变排量降滤；③压裂液黏度控制滤失等。根据量化的诊断结论并结合施工工况类型分类对储层施工难易程度进行判断，选择相应地控制措施（见表 1），有效地保证了施工成功率及效果。

表 1　基岩裂缝控制措施选择表

施工工况	相应措施
近井多缝、主裂缝未形成	优选排量，段塞处理，形成主裂缝
近井裂缝复杂	粉砂、陶粒段塞处理近井复杂
近井裂缝正常，延伸困难	变排量，小排量小台阶加砂
裂缝顺利延伸	常规压裂
裂缝较发育、滤失正常	前置液增加、1 至 2 段粉砂段塞
裂缝非常发育、滤失偏大	前置液增加、2 至 3 段粉砂段塞
溶孔与裂缝非常发育	前置液增加、多段粉砂、陶粒段塞

3　裂缝性基岩储层伤害评价方法

为明确该区块基岩储层伤害潜在因素及机理，最大限度降低压裂液对储层的伤害（见表 2），做好勘探开发全过程的储层保护。但基岩储层超低孔低渗，采用常规稳态方法无法液测渗透率和伤害。评价储层伤害必须兼顾裂缝（主要导流通道）和基质（“毛细血管”），创新形成了压力传导法、脉冲衰减法两种裂缝性基岩储层伤害评价新方法。该区岩心致密，发育大量为微孔隙，且微孔隙充填程度差异较大，存在液相圈闭和应力敏感的可能性，晶粒粒度较大，可能发生的伤害类型是堵塞孔吼较大的人工裂缝和大的天然裂缝。据此形成了裂缝性基岩储层水锁解除新技术。

表 2　阿尔金山前基岩储层潜在伤害

储层特征	潜在伤害形式
超低孔超低渗 天然裂缝发育， 方解石充填/未充填 孔喉细小，结构复杂 原始含水饱和度低于束缚水饱和度 岩石混合润湿	应力敏感性伤害（强） 水锁伤害（强）
长石、方解石、含铁矿物、沸石、伊/蒙混层、伊利石、绿泥石	水敏、碱敏、速敏、酸敏（弱）损害

4　高温压裂液体系研制

为了满足基岩储层高温（160～180℃）对液体性能的要求，开发了高温压裂液体，通过调整稠化剂和交联剂的用量[7]，可以满足基岩储层改造的需要。

羧甲基高温压裂液，应用复配型金属交联剂，实现了延迟交联的性能，降低了基液黏度和初始交联黏度，有效的降低了泵送摩阻，并且该压裂液随温度升高，体系高分子逐步联结成立体网状结构，黏度逐渐升高，提高了压裂液抗剪切破坏能力，解决了压裂液耐高温难题。压裂液在温度 180℃、剪切速率 $170s^{-1}$、剪切时间 2.0h 下黏度大于 50mPa·s，可以满足高温长时间施工要求(如图 3 所示)。

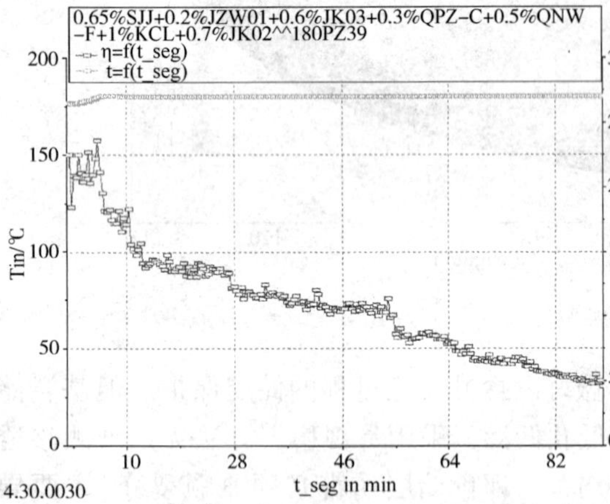

图 3　高温压裂液耐温耐剪切实验曲线

5　气测支撑剂导流能力实验分析

压裂支撑剂导流能力数据一直是压裂设计人员最为关心的问题之一，获得接近地层条件下的支撑剂裂缝导流能力可以大大提高压裂设计的准确性，对于深层气藏气测导流能力比液测导流能力更接近储层改造的需要，为此进行了 70/140、40/70、30/50 目陶粒的气体导流能力实验。实验表明铺砂浓度越高，导流能力越大；铺砂浓度 $7.5kg/m^2$时，导流能力线性下降(如图 4 所示)，因此对于深层气藏可以选用不同粒径的组合技术满足储层改造需要，而不一定追求高砂比施工，从而既可以满足生产要求，又可以避免施工砂堵风险。

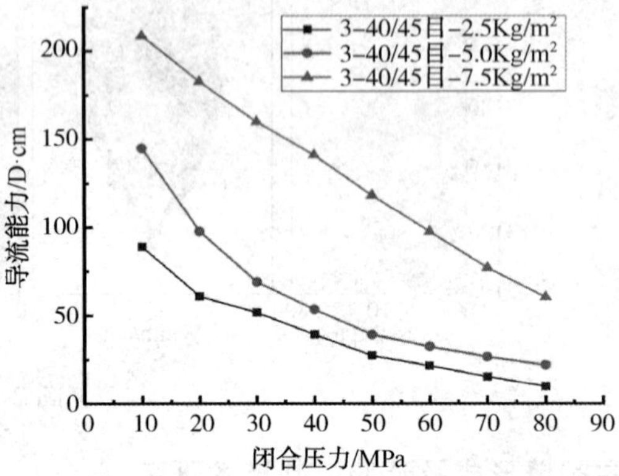

图 4　不同铺砂浓度陶粒支撑剂气体导流能力比较

6　酸预处理降低施工压力技术

针对基岩储层破裂压力高(平均地层破裂压力梯度 0.027MPa/m)的难点，通过酸岩反应改善岩石孔隙连通性，降低岩石强度。考虑到不能对储层岩石造成过度溶蚀以防止增大压裂液的滤失，选择低浓度土酸体系(12.5%盐酸+1.5%氢氟酸)作为预处理酸液，降低施工压力。现场应用结果表明可降低破裂压力 18～23MPa(如图5所示)。

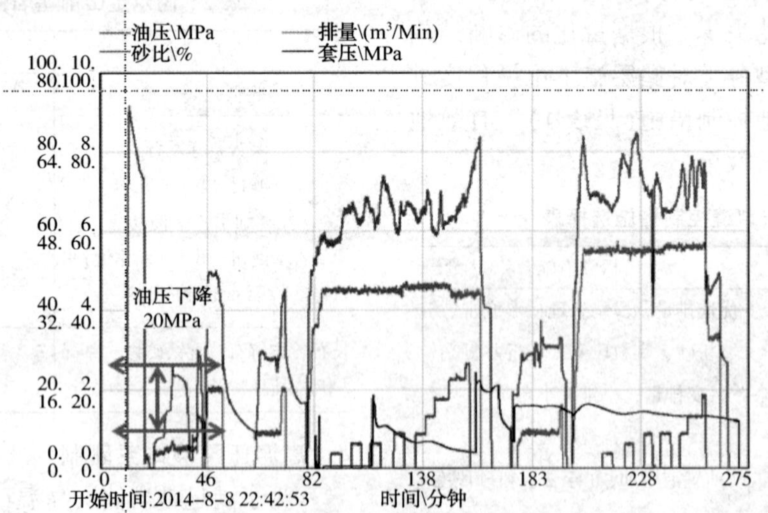

图 5　东坪 105 井施工压力曲线

7　深层基岩优化设计技术

形成了一套包括岩性、物性、含气性、可压性“四综合”甜点优选，缝长和导流能力、支撑剂和液体体系、施工参数和泵注程序“三优化”等针对性基岩设计技术[8]。开展压裂前储层综合评价，岩石力学实验、可动流体实验、地应力剖面解释等工作，为压裂设计提供准确的参数；根据储层物性的认识结果对压后产能进行预测，依据产能需要优化合适的缝长和导流能力；根据压裂工艺及储层改造的要求优选合适的支撑剂及液体体系。通过三维压裂优化软件，分别优化施工参数，包括前置液量、排量、规模等，形成较为合理的泵注程序，为了应对现场的施工复杂情况及在测试压裂后及时进行施工，应提前设计1~2套不同滤失情况及施工压力下的备用泵注程序。

8 压后快排工艺技术

对于深层基岩气藏为了尽量减少压裂液对储层的伤害和提高支撑剂的支撑效率，优化采取液氮泡沫伴助+裂缝强制闭合技术相结合的方式，即在施工时前置液阶段伴助液氮泡沫，增加返排能量，降低管柱内液体密度、重量，而不影响携砂液阶段加砂，施工结束时就开始排液。但是快速返排会造成支撑剂返吐，为此需要优选放喷油嘴的大小及放喷速率，使裂缝既能尽快闭合，又不至于出砂，从而影响压裂的最终效果[5]。根据体积平衡原理原理，对裂缝的闭合时间、支撑剂沉降距离、支撑剂回流等进行计算，确定最优的放喷尺寸及放喷速率，保证压后返排工作制度合理可靠。压后快排工艺工艺现场应用40井次，压裂液返排率提高30%以上。

深层基岩储层改造配套技术研究成果在青海油田共完成了直井压裂7口井13层，水平井3口井16段，施工成功率90%，最深埋深5000m，最高温度181℃。平均单井日产9万方，最高单井日产17万方，累计增气1.47亿方，实现了深层基岩气藏增产效果跨越式的突破，为今后柴达木盆地深层天然气开发提供了强有力保障。

结论认识

(1) 基岩储层裂缝起裂和延伸规律研究是压裂设计的关键，开展裂缝起裂和延伸规律研究对提高深层基岩储层改造施工成功率非常重要。

(2) 根据“四综合”，“三优化”等针对性基岩压裂设计技术，建立“控规模+控排量+复合压裂”先成缝后成网三段式压裂技术模式，提高单井产量。

(3) 形成的深层基岩气藏压裂增产七项配套技术适应了基岩5000m以内储层增产的需要，应用结果表明，该配套关键技术可以满足高温储层及大规模加砂压裂需要。

(4) 形成的高温压裂液体系具有较好的流变性能、低伤害及快速破胶等性能，既满足造缝的要求，又能经受高温的考验，还能减少其对储层的污染。

参 考 文 献

[1] 马峰，乐幸福，王朴，等．柴达木盆地煤型气成藏条件及勘探领域[J]．中国石油勘探，2014，19(3)：87-94.

[2] 孙秀建，阎存凤，马峰．柴达木盆地阿尔金山前东坪-牛东斜坡带天然气成藏条件[C]．中国石油地质年会．2013.

[3] 孙秀建，阎存凤，张永庶，等．柴达木盆地阿尔金山前基岩气藏成藏条件分析[J]．特种油气藏，2015(1)：75-78.

[4] 李婷，夏志远，刘小平，等．柴达木盆地东坪地区基岩气藏成藏条件分析[J]．特种油气藏，2015，22(5)：69-73.

[5] 余一欣，汤良杰，马达德，等．柴达木盆地阿尔金山前带油气勘探方向研究——来自洛杉矶盆地油气勘探实践的启发[J]．成都理工大学学报(自科版)，2006，33(1)：36-41.

[6] 李江涛，李志军，贾永禄，等．柴达木盆地东坪基岩气藏的特殊地质条件及其开发模式探讨[J]．Natural Gas Industry，2014，34(08)：75-81.

[7] 曹正林，孙秀建，汪立群，等．柴达木盆地阿尔金山前东坪——牛东斜坡带天然气成藏条件[J]．天然气地球科学，2013，24(6)：1125-1131.

[8] 张显忠，冯程滨，谢建华，等．深层致密气层增产工艺技术[A]．大庆油田发现40年论文集[C]．北京：石油工业出版社，1999：79-82.

[9] 杨振周，张应安，石宝民，王鸿伟，杨喜峰，等．裂缝性火山岩储层加砂压裂改造的综合配套技术[J]．天然气工业，2009，29(9)：85-87.

RoqSCAN 技术在威 202 区块的应用

殷黎明

（中国石油集团长城钻探工程有限公司录井公司）

摘　要　目前我国针对页岩气、致密油等非常规油气资源的勘探开发正处于初级阶段，传统的开发方式已经远远落后，不能对非常规油气资源进行合理、有效的开发。因此，如何快速识别和评价油气藏，例如在页岩气开发过程中如何在现场及时、准确发现“地质甜点”，成为非常规油气勘探开发中的关键因素之一。本文以威远页岩气项目为依托，借助 RoqSCAN 技术，对威 202 区块两口井进行了分析与研究。研究圈定了威 202-X 井的地质甜点为 2854~2857m，具有高杨氏模量和低泊松比的特征，有利于压裂作业。作者认为储层中的主要黏土矿物伊利石将在完井压裂时对储层带来水敏伤害。使用威 202-X 井的测井资料和 RoqSCAN 岩屑数据建立了岩石物理模型并对其进行了校正，在结合了威 202-Y 井的 RoqSCAN 岩屑分析数据后，拟合出了 Y 井的弹性力学特征并派生出薄弱性指数，对 Y 井水平段进行小段划分和射孔簇簇布置。本文还对各个水平分段的破裂压力进行了预测，最终实现了威 202-Y 井的压裂方案优化。

关键词　页岩气；龙马溪组；RoqSCAN；甜点识别；压裂优化

随着全球非常规油气勘探取得的一系列突破性进展，非常规油气资源现已成为油气生产的重要组成部分。据初步估算，中国非常规油气可采资源量为(890~1260)×10^8t 油气当量，是常规油气的三倍左右。因此，大力发展非常规油气是未来能源的客观战略选择。页岩气作为非常规油气的代表，具无限的发展潜力。据估算，中国拥有储量巨大的页岩气资源，初步预测远景资源量为 $80\times10^{12}\sim100\times10^{12}m^3$，可采储量达 $20\times10^{12}\sim36\times10^{12}m^3$。[1]长宁—威远区块是国家级页岩气示范区，其主要开发的目的层为龙马溪组优质页岩气储层，目前在勘探、开发领域均实现了重大突破。但在对现有页岩气开发平台调查后发现了一些问题，例如：有些井优势储层钻遇率低，完井后使用几何法压裂，效率低下，这些都制约了单井产能开发。究其原因，单纯依靠随钻伽马技术难以针对页岩气储层实施有效的识别和评价；而几何压裂完井方式无法对储层进行有效刺激，因此亟需新的技术手段去破解上述这些难题。RoqSCAN 技术以作为新兴录井技术的代表，为问题的解决提供了新的思路。

1　工区地质概况

威远构造位于四川盆地南部，属于川中隆起区的川西南低陡褶带，为大型穹窿状背斜构造，长轴为北东向。区域构造上，研究区所处的四川盆地位于扬子板块西北缘、秦岭构造带以南、松潘-甘孜褶皱带以东，东南部与川东高陡构造带-华南构造带毗邻(如图 1 所示)。受扬子地块、华北地块、松潘-甘孜地块构造应力场作用，主要经历了加里东运动、海西运动、印支运动、燕山运动和喜马拉雅运动的构造改造后，形成了现今既有自己特色也有相互联系的构造变形特征。早古生代末，加里东时期乐山—龙女寺古隆起开始显著抬升，威远地区处于古隆起东南翼上斜坡地带上。二叠纪前本区为由东南向西北抬升的古侵蚀斜坡，即地势为西北高东南低，使本区完全缺失泥盆系和石炭系地层，西北部地层剥蚀至下奥陶统罗汉坡组部分至寒武系使二迭系直接与寒武系接触，东南部地层剥蚀至下志留统[2]。

图 1　研究区大地构造图

威 202 井区中奥陶顶界构造形态简单，呈一单斜形态，西北高东南低，海拔区间在-1700m~-2900m，断裂不发育(如图 2 所示)。志留系龙马溪组为本区页岩气开发的主要目的层。

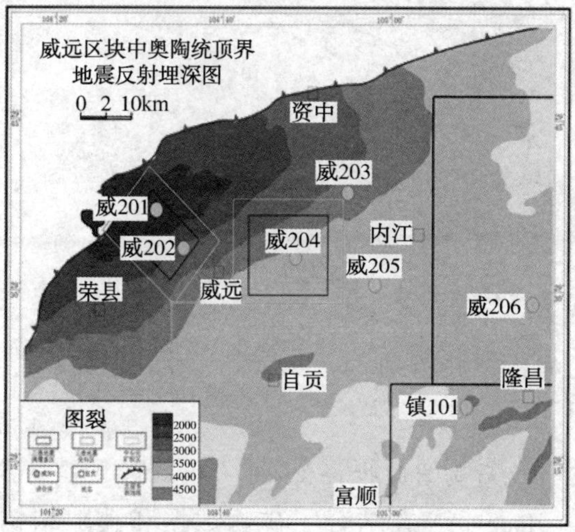

图 2　威远区块的中奥陶统顶界埋深图

2　RoqSCAN 技术在威 202-X 井的应用

RoqSCAN 是专门应用于油气钻井现场的便携式扫描电子显微镜系统。通过能谱与扫描电镜的结合，定量分析矿物成分和结构。通过其电镜功能，可以提供岩屑孔隙度，孔隙结构参数，进而分辨次生裂缝，进行脆性定量计算。其 Roqlog 可以提供包括井场数据、岩屑质量控制、矿物学、综合弹性力学等曲线(如图 3 所示)。另外其强大的电镜功能还可以提供孔隙分布、孔隙形态、裂隙数以及面孔率等丰富的油田地质信息。

2.1　甜点识别

威 202-X 井井型为直井，本井 RoqSCAN 分析井段为：2828.68~2866.77m，共计分析岩心样品 102 颗。RoqSCAN 分析后划定优势储层段为 2854~2857m。本段岩性为含有泥质、灰质条带的致密粉砂质页岩(如图 4 所示)。

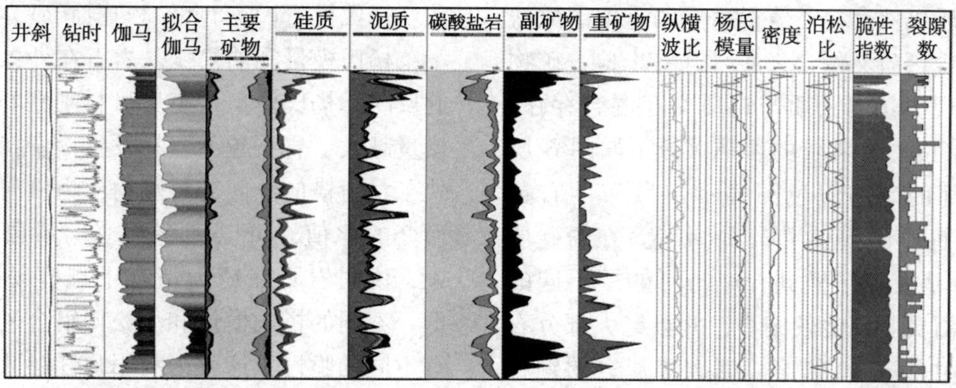

图 3　Roqlog 展示的丰富的地质信息

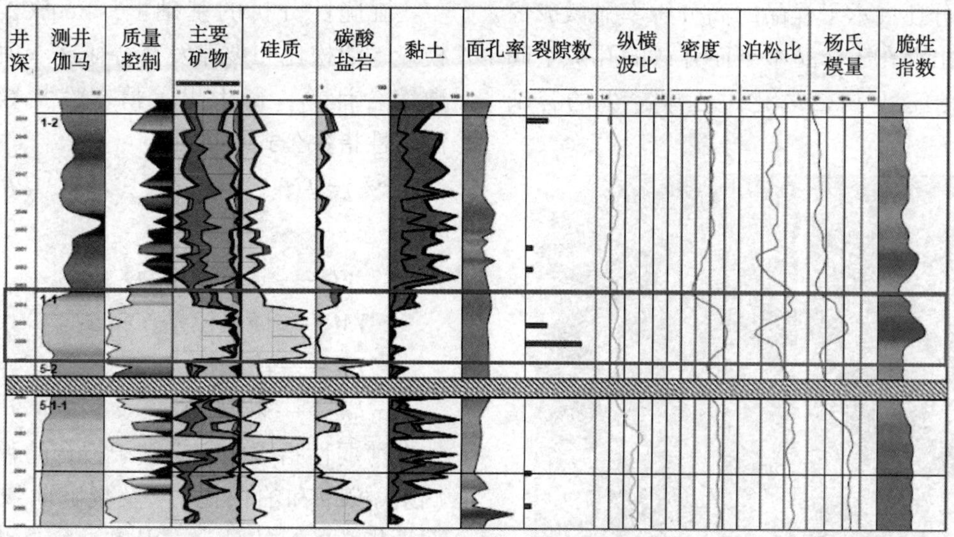

图 4　威 202-X 井取芯井段 Roqlog 图

图 4 中，RoqSCAN 分析结果清楚的展示出黏土富集带，即龙一 1-2 小层，覆盖在目的层龙一 1-1 小层之上。目的层显示出了很高的石英含量，而层内黏土和碳酸盐岩的含量很少。图像显

示出目的层的矿物主要由大而纯净的石英颗粒构成，由灰质和泥质胶结(如图5所示)。分析后发现目的层内胶结物的数量和组成是变化的，暗示出在进行水平井钻井施工过程中，目的层的物理表现可能会因地层岩性的改变而发生变化。

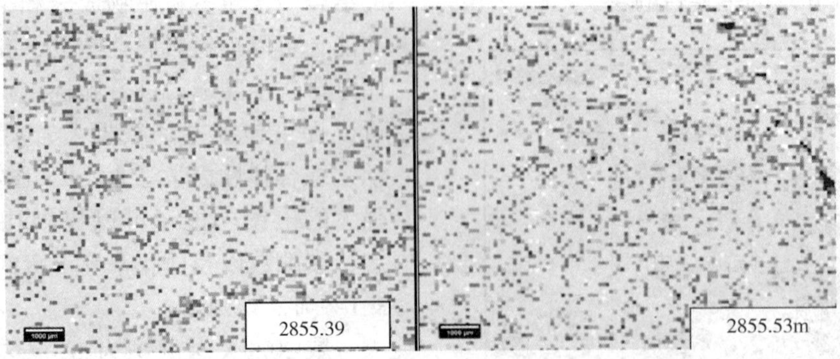

图5 威202-X井目的层岩心样品矿物假色图

1—黄色代表石英颗粒；2—绿色代表黏土矿物；3—蓝色代表碳酸盐岩

除了目的层，本次研究还仔细评估了位于目的层上和上覆黏土层之间的碳酸盐岩带。主要矿物的分析结果指示出这是一个碳酸盐岩条带，但是黏土和硅质仍然存在。值得注意的是本碳酸盐岩条带既包含钙质又包含云质，进一步检查矿物假色图后发现少量的云质与钙质交互混合存在。下图展示出了这个区域的岩屑实例(如图6所示)，靠下部的矿物假色图显示出散布的石英(黄色)，而钙质(蓝色)和云质(紫色)在粉砂质黏土(绿色)基质中穿插共存。与目的层不同的是，该层的石英颗粒比较细小，并且绝大部分石英颗粒的尺寸小于20微米，而碳酸盐岩的颗粒则稍大一些，但也相应呈现出散乱分布的特征。图6上半部分还展示了样品的高分辨率显微成像照片，显示出存在于样品中小而开放的孔隙空间(黑色区域)，这与白云岩化过程中减少的容纳空间有关。

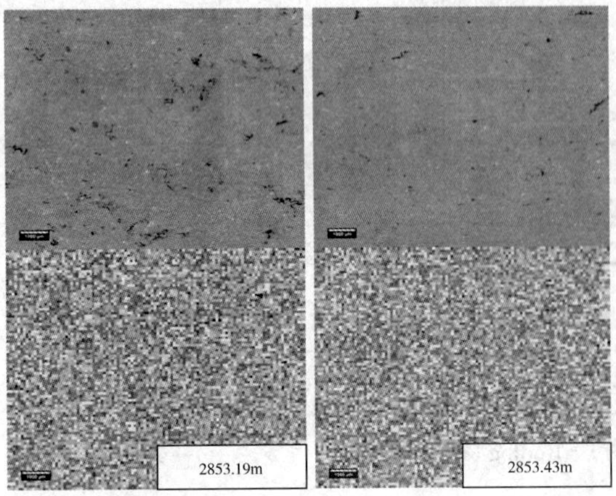

图6 威202-X井目的层上覆地层的碳酸盐岩孔隙分布以及矿物假色图

2.2 优质页岩脆性评价

RoqSCAN在结合了矿物数据和孔隙结构数据后，通过建模反演出两个重要的弹性力学参数：杨氏模量(YM)和泊松比(PR)。

杨氏模量和泊松比是岩石在外界应力作用下的反映。杨氏模量是衡量材料刚性的标志，杨氏模量越大，岩石越不容易发生形变；而泊松比反映了材料横向纵向变形能力，为横向形变与纵向形变的比值，可以理解为变形系数，泊松比越大，说明岩石在压力情况下越容易发生膨胀变形。不同的杨氏模量和泊松比组合表示出岩石具有不同的脆性，这就为利用弹性参数反演方法预测页岩脆性提供了有力的理论依据[3]。

在脆性分析的基础上，RoqSCAN通过杨氏模量、泊松比和裂隙发育特征这三项指标作为参数综合计算，衍生出了薄弱性指数。RoqSCAN薄弱性指数公式表征如下：

$$WI(\%)=f(YM_{max},\ PR_{max},\ YM,\ PR,\ Fraclog) \tag{1}$$

式中 WI——薄弱性指数；

YM——杨氏模量，Gpa；

PR——泊松比；

$Fraclog$——裂隙数据。

薄弱性指数的定义基于拟合的弹性力学特征(杨氏模量和泊松比)以及裂隙曲线值。制定薄弱性指数的目的是为了引出一个观点，即固有薄弱性是由于岩石的破裂，提供了一个在水力压力条件下压裂地层的影响因素。来自于预测弹性力学和岩石强度的指示结果可以被用来开发压裂优化设计，而优化设计关注的焦点是寻找并定位相似的岩性和弹性力学特征的岩石，使岩石产生最大的初始压裂能力。应该指出的是这个过程并不提供任何的远场预测，例如裂缝的生长以及压力释放后潜在的裂缝支撑能力。

薄弱性计算结果直接从 Roqlog 曲线(图 4)最后一栏体现，比较直观，从左至右岩石由塑性向脆性转变，实现了脆性定量化评价。

从上图 4 中可以看出 2854~2857m 井段页岩脆性最好。另外通过计算反演出这一小层的杨氏模量范围在 60~64GPa 之间，跟上下地层相比要明显高于二者；而这一小层泊松比的范围在 0.17~0.19 之间，要明显低于上下地层。由此得出结论，本井优势储层具有高杨氏模量(通常与低抗压强度和抗拉强度相关联)以及低泊松比的特征，相对于上下地层岩石脆性最好，在施加相同大小的压力作用下将会首先破碎，有利于压裂作业。

2.3 黏土矿物识别

页岩中常见的黏土矿物有伊利石、伊蒙混层、高岭石，其次为海绿石。其中高岭石、伊利石和伊蒙混层为长石蚀变的产物。不同类型的黏土矿物对储层的影响存在差异，例如速敏和水敏矿物发育，会造成岩石孔隙与喉道的堵塞，从而对储层造成损害。因此，研究储层黏土矿物发育情况具有很大意义。

RoqSCAN 根据矿物含量以及结构形态信息，结合内部矿物字典，对威 202-X 井的黏土矿物实现了识别(如图 7 所示)，弥补了元素录井不能反演黏土矿物的缺陷。

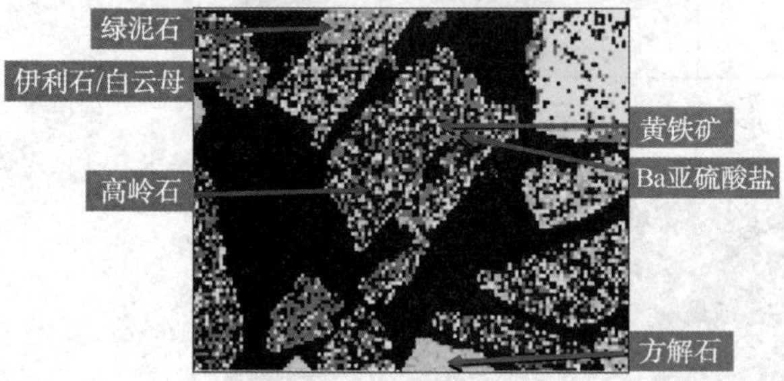

图 7 威 202-X 井某深度岩心样品黏土矿物分布假色图

本次将威 202-X 井龙马溪组和五峰组的页岩进行黏土矿物测试后得出结论：龙马溪组中伊利石在黏土矿物中占绝对优势，其含量为 33%~78%，一般均值大于 50%，其次为伊蒙混层，含量为 22%~66%，绿泥石占比重最少，仅为 2%~21%(见表 1)。因此，在完井压裂的过程中，应该注意到伊利石的水敏性，因为伊利石遇水会发生晶格膨胀并分散运移。可以通过对滑溜水中添加入适量氯化钾来避免伊利石的水化作用，K 离子可以与黏土分子的负极形成强健，防止了水的氢键作用，能够有效降低地层的水敏性[4]。

表 1 龙马溪组和五峰组页岩黏土矿物含量

地层名称	黏土矿物相对含量%		
	伊利石	伊蒙混层	绿泥石
龙一 1-2 段	33~66	29~55	8~21
龙一 1-1 段	34~78	22~66	2~10
五峰组	23~69	28~54	2~23

3 RoqSCAN 录井技术在威 202-Y 井的应用

威 202-Y 井为水平井，RoqSCAN 分析样品来自该井水平段，分析井段为 3600~5264m，共计分析岩屑样品 305 包。每包岩屑样品均使用去油剂和水清洗过以驱除岩屑颗粒表面残存的油基钻井液，避免残存钻井液对 RoqSCAN 的分析效率和结果产生影响。本次研究想通过威 202-Y 井分析获取的数据，结合威 202-X 井岩屑衍生数据及测井曲线，进行建模，拟对本井进行完井压裂方案优化。

3.1 几何完井压裂法与优化完井压裂法

目前国内完井后最常采用的压裂方法为几何完井法，它假定相邻井筒系统具有相同地质力学特征，进而把水平井段平均分配，使得每一个分段具有相近的长度并使用相同的完井方法去激发每一小段。

但是最近国外有学者对于水平井完井作业方法进行了研究并进行了报道。报告表明，几何分段压裂法在裂缝的生成以及单井产量提高方面的表现令人担忧。相关结果表明：压裂效果不好导致产量不高的井可以归咎于井筒内岩石类型以及组成的变化，而这些变化来源于水平相变，即岩性和物性在井筒内延水平段分布存在非均质性。而水力压裂激发后无表现或者表现差的压裂井段表现出的非产层贡献性可以导致生产设备、材料产生较高的成本，将直接制约单井未来产能开发。

另外一种完井压裂法为优化完井压裂法(国外也称之为地质完井压裂法)。此方法把相邻井筒的地质及地质力学的各向异性考虑进去，并把这种理论进行应用，对地质和工程的复杂情况以及每一段的优化长度进行考虑，使每个单独的分段都得以优化[5]。该方法认为在一个单独分段内应尽量去保持相似的岩石类型，并且射孔目标位置应尽量定位在相似的弹性和断裂特征点上。使用该方法可以显著提高完井效率及产能，在国外已经有应用实例，但在国内的应用仍属空白。本次研究想要通过 RoqSCAN 获取水平段井筒的岩石矿物及结构信息，实现完井压裂方案的优化。

3.2　威 202-Y 井 RoqSCAN 数据分析

下图中，展示了来自威 202-Y 井的岩屑分析结果(如图 8 所示)。本次分析数据显示本井主要由碳酸盐岩和黏土矿物混合组成，而硅质成了次要岩相，而这可能来自于龙马溪组后期抬升改造的原因。分析后发现铁白云石作为主要碳酸盐岩相，可能归因于在直井中检测到的白云石的化学组成发生了微小的变化，导致铁含量的轻微上升。储层钙质的缺失或许意味着本区域所有的钙质全部经白云岩化作用转化成了铁白云石，而这暗示出威 202-Y 井与直井威 202-X 相比具有更高的孔隙度。在对岩心(威 202-X 井)和岩屑(威 202-Y 井)数据进行对比后发现：水平井 Y 的平均孔隙度要比直井 X 高出约 3%。同时应该注意到，由于钙质的缺失，铁白云石将成为主要的碳酸盐岩矿物，而这必然会影响整个地层中的总钙含量，因为与碳酸钙含钙量高达 40%相比，铁白云石的钙质含量仅为 20%。

从水平井获取的高分辨率显微成像也展示出与直井中测量的钙质粉砂层呈现出相似的岩石结构。下图中展示了一包岩屑样品的成像实例(如图 9 所示)，呈现出细颗粒的黏土(绿色)基质以及细颗粒的碳酸盐岩(紫色)及硅质(粉红)。左手边图像中的较明亮区域的是重晶石，一种常用的泥浆添加剂，已经从主要矿物数据中剔除。除了接近井底的两个区域(4840～4980m 以及 5121～5247m)外，本井大部分井段显示出相似的矿物特征，而井底的钙质含量与背景值相比大约有 20%的上升。

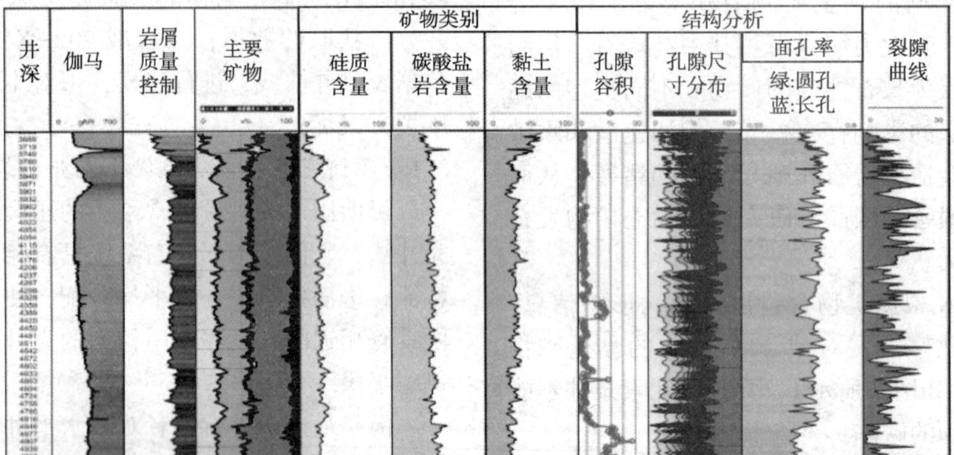

图 8　威 202-Y 井岩屑样品分析后获取的矿物含量结构数据

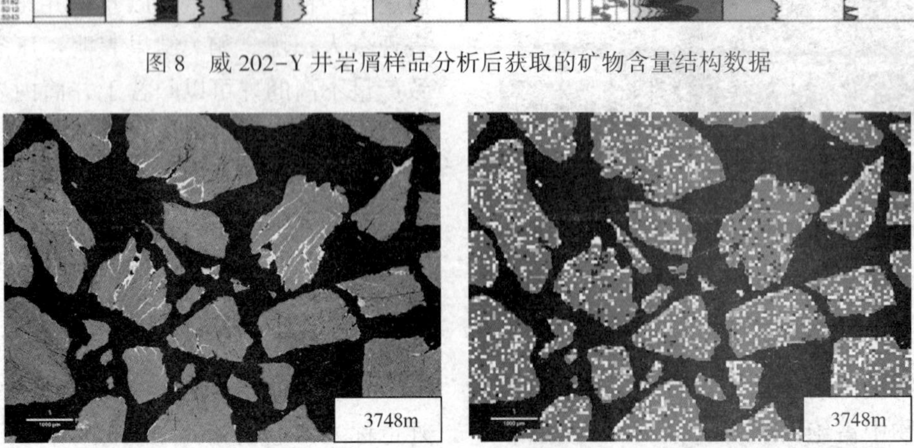

图 9　威 202-Y 井 3748m 岩屑样品高分辨率成像及矿物假色图

此外，沿水平段孔隙度和裂隙数也是变化的。下图展示了两个不同深度的岩屑实例(如图 10 所示)，左手边的图像跟右手边的相比，具有较低的孔隙度。对这些图像检查后发现孔隙度变化的原因在于岩屑中裂隙的增加，这些裂隙可能源于岩屑本身的固有裂隙，当然也有可能来自钻井过程中的诱发破坏以及黏土矿物在 RoqSCAN 样品仓中高真空环境下发生的脱水反应。但不管是固有裂隙还是人为次生裂隙，都反映出岩石的薄弱性以及对应力的反应。

图 10　威 202-Y 井不同深度岩屑样品孔隙度高分辨率成像对比

3.3　岩石物理模型建立

通过使用 RoqSCAN 矿物自动分析技术，目标就是要识别并研究在威远地区较复杂的沉积环境下，岩性和物性在井筒水平段的非均质性。对于完井压裂优化法而言，识别并划定岩性变化的非均质范围对于压裂分段和射孔位置的选择很重要，因为只有在较相近岩石类型中保持分段压裂，才可以确保对储层进行最有效的激发。

在本次研究中，威 202-Y 井水平段的矿物岩石特征已经获取，而临井威 202-X 井我们下一步将利用它的 RoqSCAN 岩屑数据和测井资料。威 202-X 井的岩屑分析数据以及测井数据被用来校正和验证一个预先建立好的岩石物理模型，随后把平井威 202-Y 的 RoqSCAN 数据输入到这个岩石物理模型中去，进行调整和验证，并为水平井 Y 衍生出岩石弹性力学特征，而这些特征随后将被用来对压裂设计进行辅助优化。

建模过程包括模型校正、模型校验以及模型应用(如图 11 所示)。首先需要建立一个标准的疏松砂岩模型，随后调整模型中的参数，例如配位数、孔隙度临界、摩擦系数和基质刚度等，而预测的弹性参数要与测井曲线计算出的特征配比合适，必须控制在可接受范围。岩石物理模型校正完毕后，这个模型将会与来自测井数据范围相同井段的 RoqSCAN 岩屑(威 202-X 井)数据结合，调整并与岩屑数据一起校正，同样达到预测岩石弹性力学可接受的程度。总的来说，RoqSCAN 唯一需要校正的变量为孔隙度，因为岩屑并不能代表地层中真正意义上的孔隙度。从结果中去除或者调整来自外部的破裂孔隙是非常必要的，因为在大多数情况下这些裂隙在地下并不存在。一旦这个经过校验的模型可以被接受，并且满足包含 RoqSCAN 校正数据和经过校正过的岩石物理这一要求，那么这个模型就可以被应用到预测水平井(威 202-Y)的井筒中去。

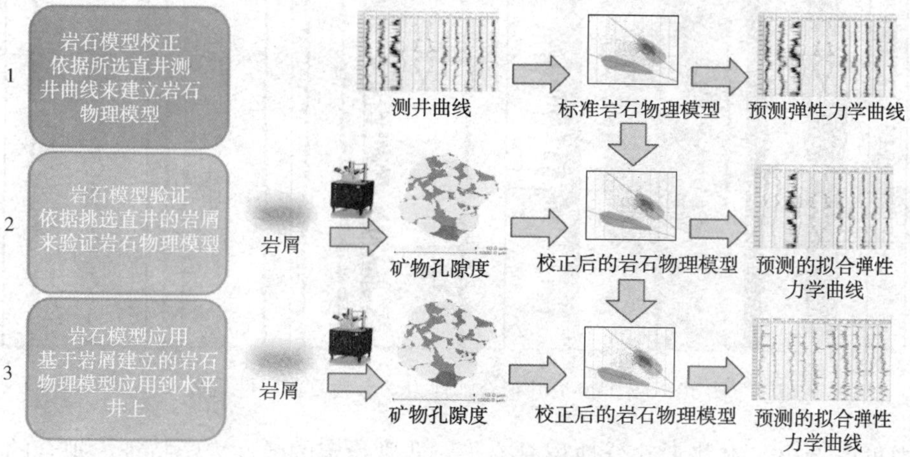

图 11　RoqSCAN 建模流程

通过对校正和验证的岩石物理模型进行应用，可以得到拟合的纵波和横波(Vp、Vs)，剪切阻抗和压缩阻抗(Ip、Is)，以及基质密度(Rho)。横波和纵波，与基质密度结合后被用来计算每一块样品的杨氏模量和泊松比，并且可以衍生出传统意义上的脆性指数。得到脆性指数后，结合 RoqSCAN 显微成像分析的裂隙数可以生成岩石的薄弱性指数。下图展示了威 202-Y 井两个不同深度上岩屑样品的一个例子(如图 12 所示)。尽管两个样品具有近似完全相同的矿物组成和伽马响应，但在裂隙曲线上却表现出了很大差异。左手边的图像与右手边的相比，呈现出了更多得多的裂隙(蓝色)。这些裂隙是地下岩层固有薄弱性的体现，薄弱性可能源于岩石本身的裂缝，黏土纹层或者不同矿物种属间的支撑力差异，例如石英和黏土矿物的交界处。通过对岩石物理模型的使用，测井数据被岩屑数据所取代，而 RoqSCAN 的孔隙度在对比测井孔隙度后被校正，消除了潜在的地下影响。

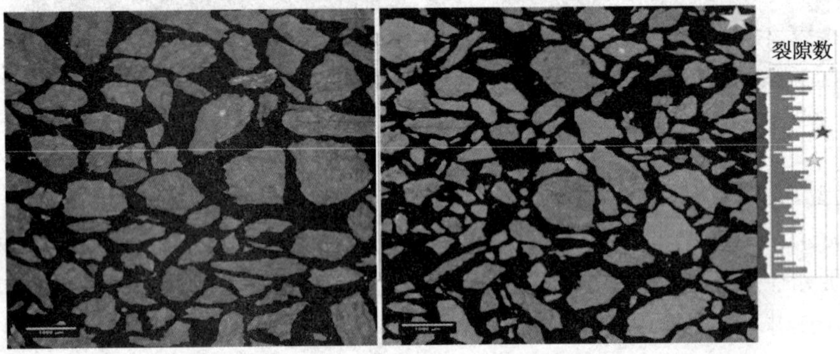

图 12　威 202-Y 井不同深度下两个岩屑样品裂隙对比

1—红星为裂隙发育较好井段；2—黄星为裂隙发育较差井段

在开发好的岩石物理模型的基础上，下一步要把该模型应用到一口缺少测井曲线的水平井中去。这个过程在威 202-Y 井中得以实现。威 202-Y 井大致坐落在距离威 202-X 井(校正井)南部约 8 公里处，尽管它们都属于威 202 区块。另外，与威 202-X 井不同的是，从威 202-Y 井筒中获取的唯一信息源只有岩屑，因此对于数据的解释可以很轻易的受到岩屑的影响。岩屑在一个测量井深段内会有小范围混合，而这种现象在水平井段中则会被放大数倍。把来自威 202-Y 井矿物学和结构学数据输入到经过校正和验证过的岩石物理模型当中后，对其弹性力学参数进行拟合，我们得到了该井的弹性参数拟合结果(如图 13 所示)。

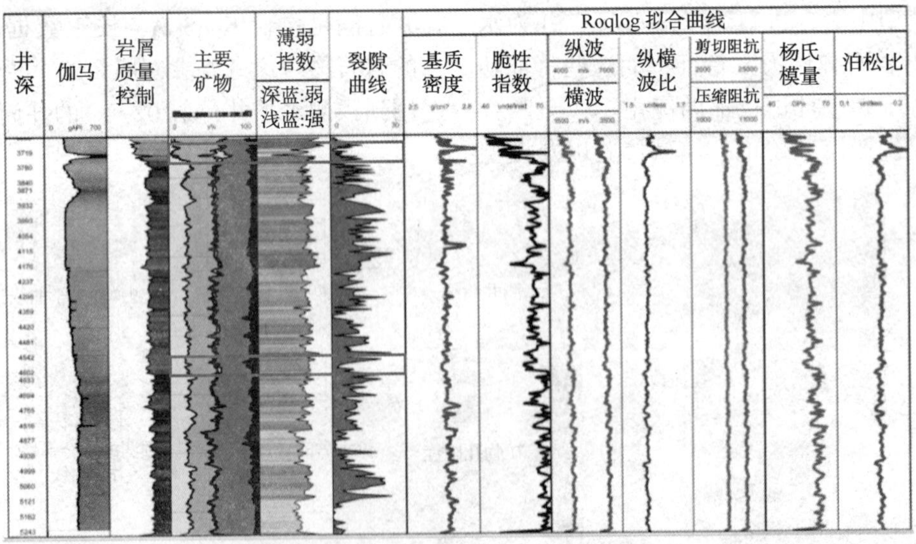

图 13　威 202-Y 井拟合弹性力学参数及薄弱性指数

在图 13 中可以看出，本井大部分地层具有非常稳定的弹性力学特征。拟合的横波和纵波显示出了非常微小的变化，而仅有杨氏模量显示出在岩石特征中存在一些微小的波动。样品中检测到的主要不同为薄弱性，它是裂隙曲线以及杨氏模量和泊松比综合计算的结果。碳酸盐岩含量高的两个区域(图 13 中红色方框)显示出较低的薄弱性，尽管高碳酸盐岩含量将会产生更加易碎的岩石。薄弱性下降的原因跟这两个区域的低裂隙数有直接关系，同时暗示出碳酸盐岩区域与黏土富集的区域相比具有更好的支撑能力。通过运用薄弱性指数和脆性指数，使完井压裂方案优化成为了可能。

3.4　基于 RoqSCAN 技术下的完井压裂优化

通过运用 RoqSCAN 数据对压裂分段和射孔簇的位置选择进行优化，就是要把近井筒的非均质性概念引入到压裂设计中去，较好地完成对威 202-Y 井的水力压裂施工。优化的侧重点在于分段的均质性：即把分段和射孔簇的位置规划好使在同一个分段内穿过射孔簇的岩石特征更加一致，以便在经过射孔簇的时产生的压力以及流体分布会更加的均衡。弹性力学特征以及衍生出的其他特征被用做分组工作，即把水平井段划分为若干段相似的岩石类型，而相似的岩石类型在经历水力激发时将表现出相似的响应。对于整口井的压裂优化来讲，明确分段的布置是一个基本准则。而弹性力学以及岩石特征可以使每个分段内的射孔簇位置布置更加精确，保证了射孔簇被布置在相似岩石的潜在破裂处附近。

本井压裂优化方案主要基于薄弱性指数和脆性指数。脆性指数的计算来源于杨氏模量和泊松比，对于水力压裂激发来讲它是一项重要的参数，因为它能够反射出岩石接受破坏的能力以及一旦被刺激打开后维持裂隙的能力。对于页岩气储层压裂来说，脆性指数越高越好，而低脆性指数的地层岩体对水力压裂不敏感。薄弱性指数则更进一步的考虑到了 RoqSCAN 分析后观察到的薄弱面分布及发育情况，它能够很好地反射出岩石的弹性特征以及岩石的整体强度。综上，分段和射孔簇的位置最终被优化设计，以便在一个分段内经过射孔簇的岩石脆性和薄弱性相对均一。

除了运用到了脆性指数和薄弱性指数，射孔和分段间距被也被进行合理化配置，目的是要避免射孔簇间的压力阴影效应(破裂压力相互干扰)。阴影效应将导致裂缝的延伸受阻(同时影响缝宽和缝高)，从而影响整个裂隙网络的空间展布。为了避免两个射孔簇间的压力阴影效应，本井建议两个射孔簇间的分段间距应为 8~13m。把相邻两个射孔簇间的最小分段距离限定为 8m，目的在于最大程度地发挥射孔簇间的裂缝潜能，相互沟通以提高储层的替排能力。然而，客户要求在本平台内保持与其他井的一致性，因此射孔簇间距延展至 15~20m。相应的，建议相邻小段的间距(从最后的射孔簇的前一分段至最后射孔簇的下一个分段)应该为 15~30m。同时为了与本地区的其他井保持一致性，每段的射孔簇的数量被控制在 4 个以内。

建议的分段和射孔簇位置已标记在下图中(如图 14 所示)，本井水平段共计划分为 21 小段。在脆性指数曲线上，标记了每段中射孔簇的具体位置。薄弱性指数(粉色)被标注在脆性指数(蓝色)的下方。

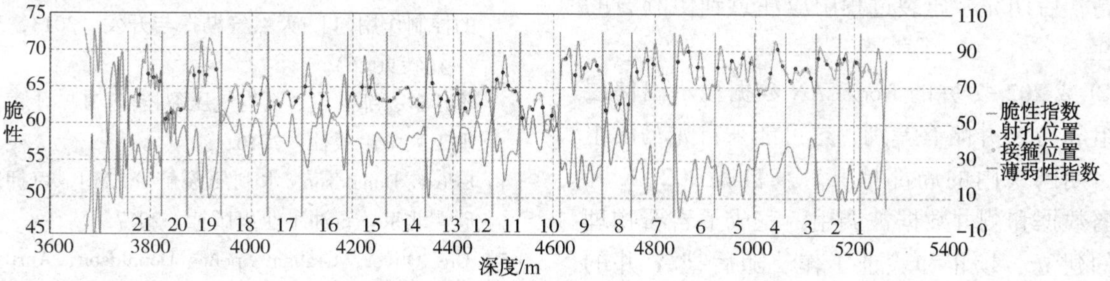

图 14　脆性指数曲线上的建议分段、射孔簇位置以及接箍位置

破裂压力是在薄弱性指数中的基础上估算出来的，它显示出了沿着水平段方向的破裂压力趋势(如图 15 所示)。每个分段的平均破裂压力同样被计算出来，从侧面能够反映出本井的水平非均质性较强。从水力压裂的角度来讲，过大的地层破裂压力是不利的，因为它将导致过大的地面处理压力，进而增加现场设备的损耗和运营成本。同时，如果相邻分段的平均破裂压力保持在相近的水平，这对于压裂作业是有利条件；相反如果相邻段分的破裂压力变化较大，形成如图 15

中(4500~4750m井段)“多变的台阶”，这对水力压裂是没有任何益处的。另外，如果能够获取场破裂压力，那么对于一个特定的开发区域(威202区块)来说，本井的岩石物理模型将能够得到进一步的校正，而模型也将会被本区块内后续具有相似特点且没有测井曲线的井使用，水平井也包含在内。

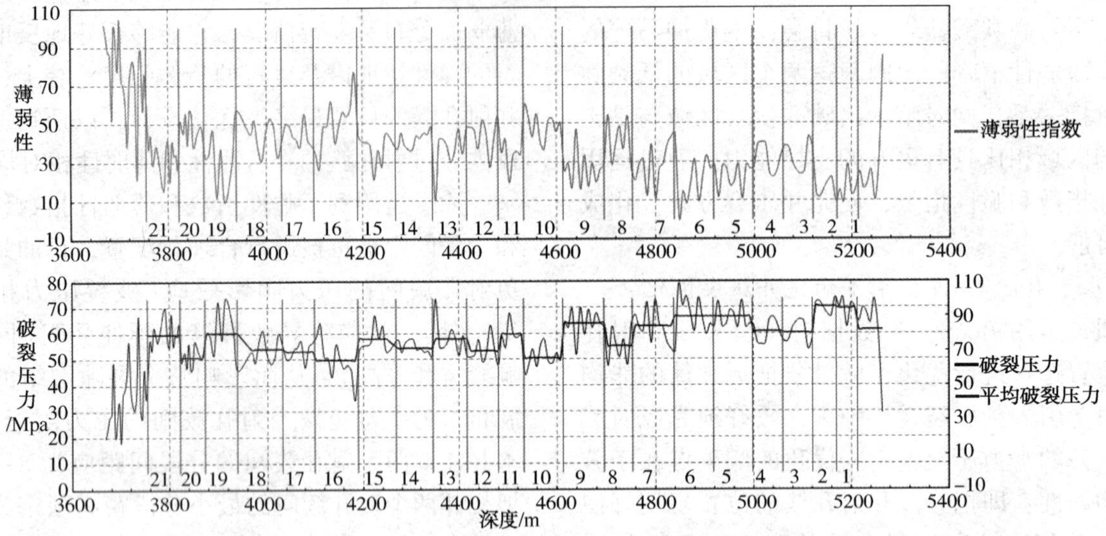

图15　地层破裂压力趋势以及各分段地破压力平均值与薄弱性对应关系

4　结论

本文借助RoqSCAN技术对威202区块的两口井进行分析后，得出结论如下：

① RoqSCAN技术把威202-X井的优势储层划定在2854~2857m。分析认为该储层硅质含量高，岩性为含有泥质、灰质条带的致密粉砂质页岩，孔隙、裂隙发育良好。RoqSCAN技术通过弹性力学参数和矿物含量数据对储层脆性进行了定量化评价。本区块优势储层具有高杨氏模量以及低泊松比的特征，有利于压裂作业。在对储层黏土矿物进行研究后发现，优势储层中伊利石含量最高，后期完井压裂过程中应注意到伊利石的水敏性。

② 威202-Y井的RoqSCAN数据显示出储层矿物组成与X井略有差别，这可能来自龙马溪组沉积后期区块内的局部抬升。来自威202-X井的岩屑数据和测井数据被调用，完成了岩石物理模型的建立、校正和验证工作。随后把Y井的RoqSCAN数据输入该岩石物理模型中，拟合出了水平井筒的弹性力学特征，同时派生出脆性指数和薄弱性指数。它们与弹性力学特征结合，把水平井段中具有相似特征的岩石类型划分在一起，完成了威202-Y井水平段压裂分段和射孔簇的布置工作。本井水平段共分为21小段，每一段均给出了合理的射孔簇位置。另外通过薄弱性指数估算出了水平段地层破裂压力以及每个分段的平均破裂压力，最终实现了对威202-Y井的完井压裂方案优化。

参 考 文 献

[1] 伍坤宇，张延山，杨洋，梁兴，周松源，张朝．昭通示范区黄金坝气田五峰-龙马溪组页岩气储层地质特征[J]. 中国地质，2016，43(1)：275-287.

[2] 喻颐，李忠权，杨渊宇，应文峰，杭文艳．四川盆地威远地区构造演化特征及其对下古生界油气富集的控制作用[J]. 天然气勘探与开发，2013，36(2)：1-4(转页16).

[3] 蒋廷学，邹洪岚．页岩气压裂技术[M]. 上海：华东理工大学出版社，2016.

[4] Erle C. Donaldson. 水利压裂解释[M]. 卢拥军，王欣．北京：石油工业出版社，2017.

[5] Guy Oliver，Graham Spence Donaldson，April Davis，Sergey Stolyarov，David Gadzhimirzaev，Benjamin Ackley，Casey Lipp. Advanced cuttings analysis provides improved completion design，efficiency and well production[J]. First Break，2016，34(1)：69-76.

低渗油藏水平井切割压裂工艺参数与产能关系优化研究

王忠凯　王云峰　钟胜男

（大庆油田有限责任公司）

摘　要　应用统计分析、灰色关联评价和归一化处理方法，建立了水平井工艺参数与产量关系研究方法；应用极限泄油半径计算方法，建立了不同物性条件下水平井最大布缝间距计算方法，为水平井压裂布缝间距优化提供理论依据；绘制了各水平井区块压裂规模与产量的关系图版，指导后续区块优化压裂规模。在M1、M2区块现场试验35口井，考虑极限泄油半径水平井布缝间距优化设计方法得到的结果与生产实际基本吻合，试验井初期平均日产液10.4t，为方案预测产量的1.3倍。本文所述水平井布缝间距极限计算方法和水平井压裂规模优化图版为后续高效开发低渗油藏提供了参考，具有一定的指导意义。

关键词　水平井；切割压裂；归一化；缝间距；压裂规模；工艺参数

目前，国内低渗透石油资源占剩余石油资源总量的60%，松辽盆地更是超过85%[1-2]。秉承“缝控储量”理念的大规模压裂工艺是开发这一类油藏最为有效的手段之一[3]。缝控储量，顾名思义是采用高密度的切割裂缝或采用大规模压裂工艺形成的人工缝来百分之百地控制地质储量，消除死油区，实现储量由“单井控制”变为“单缝控制”[4]。但是从储层物性、压力系统、作业成本、内部收益率等方面综合考量M1和M2区块，认为采用这种裂缝排布方法极有可能突破经济开采极限，收益为负[5]。因此，只有“适合的工艺”才是最好的工艺。

水平井切割压裂工艺布缝机理与上述缝控储量机理相似，只是裂缝数量上有所差异，表现为缝间距、单缝压裂规模不同。改变缝间距、调整单段压裂施工规模，会改变裂缝的形态和应力状态，从而对单井产能产生深远影响。曾顺鹏等认为缝间距是缝高的1.5倍时，应力阴影效应非常小，超过2倍后可以忽略不计[6]；包劲青等采用全耦合有限元方法模拟裂缝扩展，认为缝间干扰导致裂缝扩展速度各不相同，部分裂缝在压裂过程中会出现短暂停止扩展的现象[7]；徐严波等给出了一种压裂后水平井产能预测模型，但是对于非达西渗流占主导地位的M1和M2区块来说，该模型存在一定的局限性[8]；刘珊曾引入遗传算法用于处理计算水平井分段采油优化模型，为研究变量之间的关系提供了一种新的思路[9]；刘乃震等通过物理模拟实验方法分析研究缝内流体压力、段间距、水平应力差等参数对致密砂岩储层多裂缝扩展形态的影响，认为老缝即将闭合时、高水平应力差和小段间距可能导致多裂缝合并，缝间距过大会降低裂缝的复杂程度[10]。

松辽盆地低孔低渗区块普遍存在“单井产量低、经济效益差、有效动用难”的情况，对于致密P层和G层，采用水平井穿层压裂、切割压裂等增产措施后，效果较好。M1、M2区块在开发过程中出现不同井效果差异大的问题，处在河道砂发育位置上的水平井，平均单段产量比主体席状砂发育位置上的水平井产量略高。分析认为，M1区块“非均质”中可能存在部分区域“相对均质”的情况，地质因素与工程因素的影响交织在一起，增加了水平井分段压裂工艺参数影响程度的分析难度。本文为降本增效[11]，进一步研究和优化水平井切割压裂的段数、缝间距、规模等参数，采用灰色关联分析方法，建立了水平井压裂各影响因素与产量的关联度，对主要影响因素归一化处理，明确了水平井压裂工艺参数与产量关系分析方法。通过理论与统计分析方法，绘制不同区块水平井压裂规模与产能、经济效益关系图版，给出了不同区块水平井布缝间距和压裂规模优化标准。在M1、M2区块现场试验35口井，考虑极限泄油半径的水平井布缝间距优化设计方法与实际基本吻合，试验井初期平均日产液10.4t，为方案预测产量的1.3倍。

1　分析方法

为明确各影响因素与产量的关系，选取水平段长度、缝间距、砂岩厚度、裂缝长度、裂缝高度、施工排量和施工砂比等七项参数，采用灰色关联分析方法[12-13]，建立各影响因素与产量的关联度，根据关联度大小确定主要因素。

第一步：确定母序列和子序列

$X_0=\{X_0(K)\}$，$X_i=\{X_i(k)\}$ $k=1，2，\cdots，n$；$i=1，2，\cdots，m$

母序列为单井年产液 $Y_0=(2979，2322，\cdots)$，子序列分别为水平段长度 $X_1=(495，653，\cdots)$、缝间距 $X_2=(62，93，\cdots)$、施工砂比 $X_7=(20.0，20.2，\cdots)$，组成矩阵。

第二步：变量进行无量纲化

$$x_i(k)=\frac{X_i(k)}{X_i(l)}，k=1，2，\cdots，n；i=0，1，2，\cdots，m$$

式中 $X_i(k)$——为母序列或子序列数值；

$X_i(l)$——为母序列或子序列平均值；

$\frac{X_i(k)}{X_i(l)}$——为无量纲值，组成新矩阵。

第三步：计算关联系数

$$\xi_i(k)=\frac{\min_i\min_k|y(k)-x_i(k)|+\rho\, Mix_i Mix_k|y(k)-x_i(k)|}{|y(k)-x_i(k)|+\rho\, Mix_i Mix_k|y(k)-x_i(k)|}$$

关联系数是指第 k 个指标子序列与母序列的相对差值，其中 ρ 称为分辨系数，ρ∈(0，1)，常取 0.5。

第四步：计算关联度

$$r_i=\frac{1}{n}\sum_{k=1}^{n}\xi_i(k)，k=1，2，\cdots，n$$

求取各个分散关联系数的平均值，作为子序列与母序列关联程度的数量表示。

影响因素彼此间的关联程度，用关联度的大小和次序描述。将 k 个子序列对同一母序列的关联度按大小顺序排列起来，组成关联序，以此反映相对于母序列、各子序列的"优劣"关系。计算结果表明：裂缝高度、水平段长度、缝间距、砂岩厚度和裂缝长度与年产液量关联度相对较高，见表 1。

表 1 压裂工艺参数灰色关联分析计算结果

工程因素	裂缝高度	水平段	缝间距	砂岩厚度	裂缝长度	施工排量	施工砂比
关联度	0.7529	0.7233	0.7154	0.7145	0.7096	0.6471	0.6882

因此，选择对影响较大的 5 项参数开展研究，围绕产量做归一化处理，研究缝间距、百米有效支撑砂量与百米水平段产液量的关系，如图 1所示。

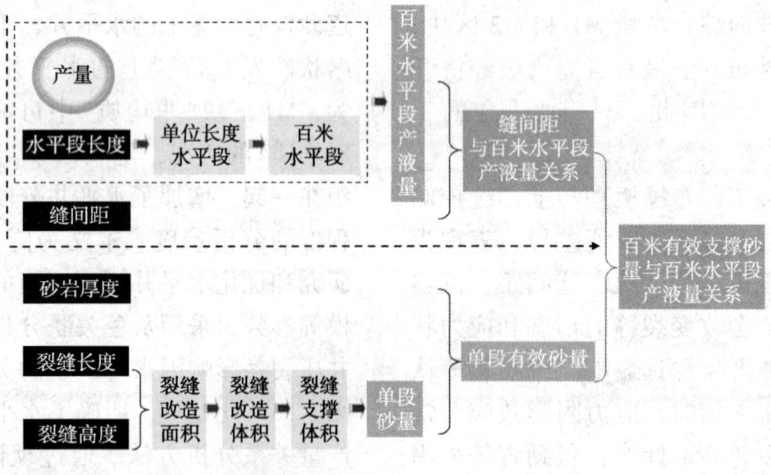

图 1 缝间距与产量归一化处理流程图

2 水平井布缝间距的极限

控制其他参数不变，将缝间距、水平度长度和产量的关系处理为缝间距与百米水平段产液量关系。统计 LA 区块上采用切割压裂工艺的 9 口水平井的生产数据，建立了水平井布缝间距与产能关系图版，评价了缝间距对产量的影响[14]，如图 2 所示。

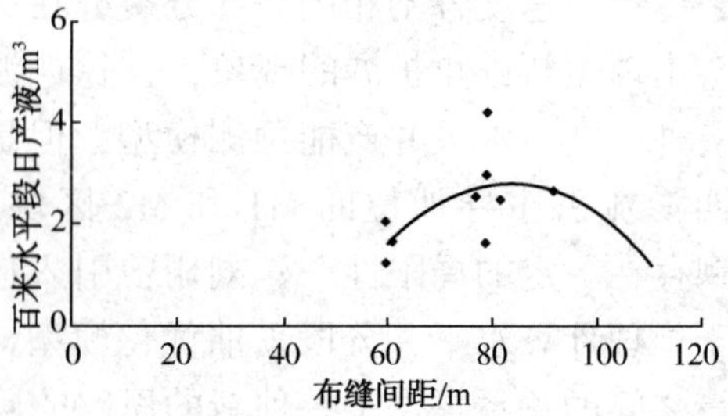

图 2 LA 区块裂缝间距与日产液量关系图版

数据表明，缝间距为 70~80m 时，水平井百米日产液量最高。这种统计分析的方法，可确定已开发区块的最优布缝间距，但无法确定未开发区块的布缝间距，需要寻找新的理论方法，指导方案优化。为此，创新制定了水平井布缝间距计算方法，为水平井布缝间距优化设计提供参考。

根据非达西渗流理论，随着井筒半径的增加，油藏的驱替压力梯度降低，直到驱替压力梯度降低到启动压力梯度时，井筒中不再有可流动的液体，此时井筒的半径即为该油井的极限泄油半径[15]，如图3所示。

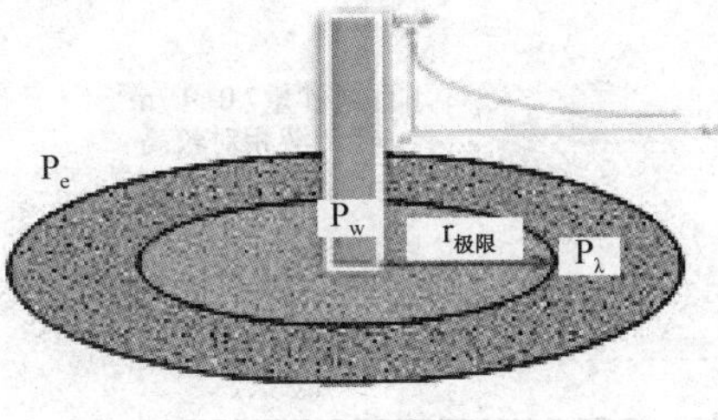

图3　低渗透油藏中流体渗流流态分布示意图

图中：

$r_{极限}$——油井的极限泄油半径，m；

P_e——有效边界压力，MPa；

P_w——油井井底压力，MPa；

P_λ——启动压力，MPa。

将水平井每条裂缝作为一口采出井，最大缝间距为2倍极限泄油半径，当裂缝间距 $L \leqslant 2r$ 极限时，裂缝间的流体能够渗流至裂缝汇入井筒，如图4所示；当 $L>2r$ 极限时，裂缝间出现死油区，部分储量无法动用，如图5所示。

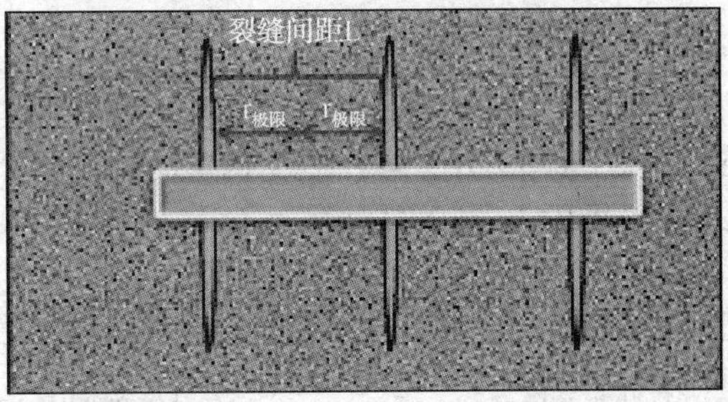

图4　低渗透油藏水平井中流体渗流示意图($L<2r$ 极限)

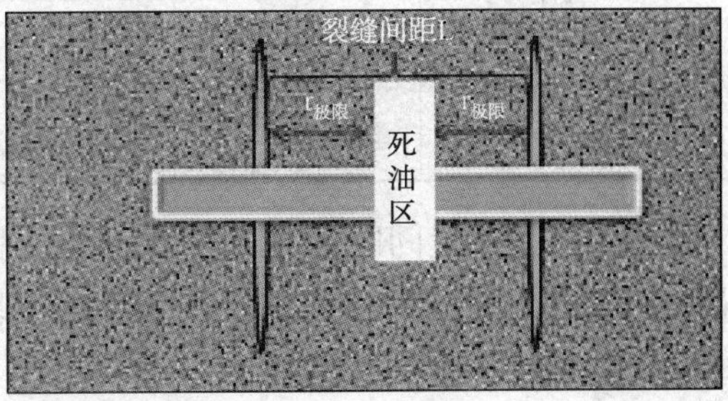

图5　低渗透油藏水平井中流体渗流示意图($L>2r$ 极限)

砂岩油藏两相平面渗流的极限泄油半径计算公式[16]如下：

$$r_{极限}=\frac{P_e-P_w}{0.148n\left(\frac{K}{\mu}\right)^{-0.4406}}$$

式中　$r_{极限}$——油井的极限泄油半径，m；

P_e——有效边界压力，MPa；

P_w——油井井底压力，MPa；

K——有效渗透率，mD；

μ——流体的地下黏度，mPa·s；

n——油水两相驱替系数，取值2~3。

根据极限泄油半径公式，分别计算了M1、M2区块水平井区块极限泄油半径，计算了缝间距的理论极限，见表2。从计算结果看，理论与实际吻合度较高。

表2　各区块水平井极限布缝间距计算结果表

序号	区块	渗透率/mD	黏度/(mPa·s)	地层压力/MPa	井底压力/MPa	驱替系数	极限泄油半径/m	最大布缝间距/m	实际间距/m
1	M1	2.1	1.84	18	6	2	43.6	87.2	40~90
2	M2	2.0	1.91	17.8	6	3	28.0	56.0	43~81

3　压裂规模的确定

M1和M2区块百米水平段有效支撑砂量与百米水平段日产液关系表明：M1区块百米水平段有效支撑砂量增加，日产液变化无明显规律；M2区块百米水平段有效支撑砂量增加，日产液量随规模变化不明显，如图6所示。

M1和M2区块百米水平段有效支撑砂量与百米水平段年产液关系表明：M1区块年产液随规模增加有降低趋势，百米有效支撑砂量3.2~5.4m^3，年产液相对较高；M2区块年产液随规模增加有增加趋势，百米有效支撑砂量7.0~9.7m^3，年产液相对较高，如图7所示。

M1和M2区块百米水平段有效支撑砂量与百米水平段年收益关系表明：M1区块百米水平段有效支撑剂砂量3.2~4.4m^3，效益相对较高，M2区块百米水平段有效支撑剂砂量7.0~9.7m^3，效益相对较高，如图8所示。

由于百米水平段砂量对压裂初期日产液、年产液和年度收益的影响规律不一致，因此选取每项单一评价因素最优值，取其交集为区块最优有效支撑砂量，给出了水平井切割压裂单缝改造砂量区间，见表3。

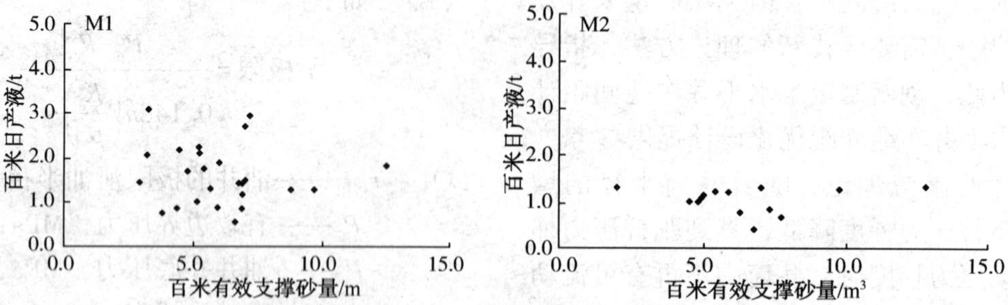

图6　百米水平段有效支撑砂量与百米日产液关系

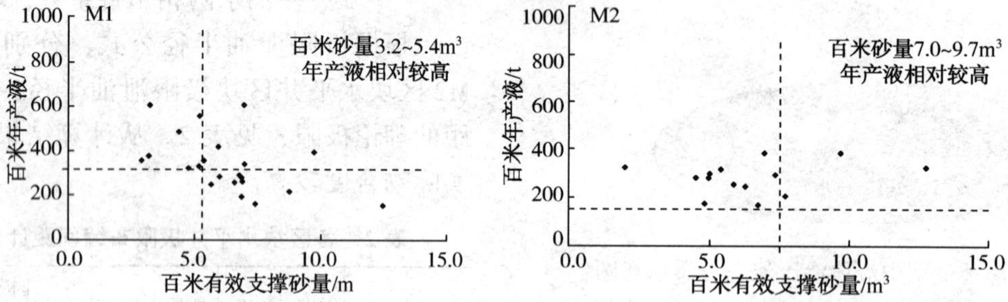

图7　百米水平段有效支撑剂用量与百米年产液关系

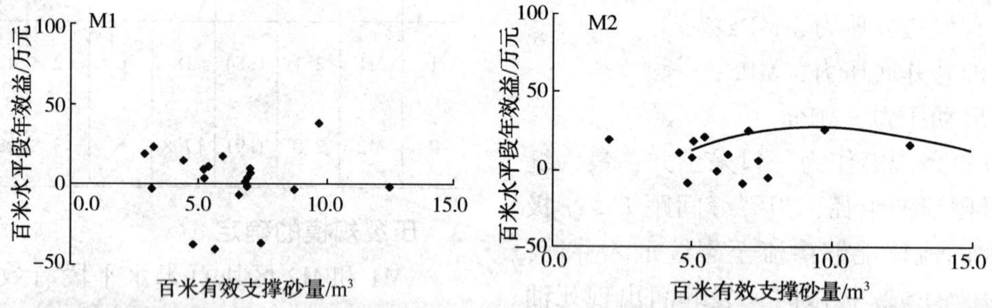

图8　百米水平段有效支撑砂量与百米水平段年收益关系

表3　不同区块最优有效支撑砂量及单缝砂量优化结果表

区块	单一因素最优有效支撑砂量/(m^3/100m)			最优有效支撑砂量/(m^3/100m)	最优单缝砂量/m^3	实际单缝砂量/m^3
	初期日产液/t	年产液/t	年收益/万元			
M1	无规律	3.2~5.4	3.2~4.4	3.2~4.4	11.8~16.3	21.8
M2	无规律	7.0~9.7	7.0~9.7	7.0~9.7	15.2~21.0	21.5
LA	24.3~33.4	17.2~20.4	17.2~20.4	17.2~20.4	27.3~32.4	37
LA2	43.9~44.6	25.2~34.4	21.6~33.8	25.2~33.8	29.4~38.8	50.7
QA	41.1~62.5	41.1~62.5	41.1~62.5	41.1~62.5	25.7~39.1	30.4

4　现场应用实例

近几年，在M1和M2区块，共优化水平井压裂方案35口井，实施后初期平均日产液10.4t，为方案预测产量的1.3倍，见表4。

表4　水平井压裂效果统计表

区块	井数/口	初期生产情况			年产液/t	年产油/t
		日产液/t	日产油/t	含水/%		
M1	7	10.0	9.1	8.8	2556	2341
M2	28	10.5	7.0	33.3	1949	1476
平均		10.4	7.5	27.8	2091	1678

水平井最大布缝间距计算方法和不同区块水平井压裂规模优化图版对于水平井高效开发具有一定的指导意义。

5 结论与认识

（1）灰色关联评价和归一化处理方法，是一种有效的水平井工艺参数与产量关系研究方法，通过该方法，认识到裂缝高度、水平段长度、缝间距、砂岩厚度、裂缝长度等五项参数对年产液量影响较大。

（2）应用极限泄油半径计算方法，建立了不同物性条件下水平井最大布缝间距计算方法，利用该方法计算得出 M1、M2 区块最大布缝间距为 60～80m。

（3）绘制了水平井切割压裂规模与产量的关系图版，给出了单缝加砂量的最优区间值，为优化后续区块施工规模提供了参考。

参考文献

[1] 胡文瑞，魏漪，鲍敬伟．中国低渗透油气藏开发理论与技术进展[J]．石油勘探与开发，2018，45(04)：646～656.

[2] 胡文瑞．中国低渗透油气的现状与未来[J]．中国工程科学，2009，11(8)：29～37.

[3] 雷群，杨立峰，段瑶瑶，等．非常规油气“缝控储量”改造优化设计技术[J]，石油勘探与开发，2018，45(04)：719～726.

[4] 胥云，雷群，陈铭，等．体积改造技术理论研究进展与发展方向[J]，石油勘探与开发，2018，45(05)：874～887.

[5] 李彦兴，韩令春，董平川，等．低渗透率油藏水平井经济极限研究[J]，石油学报，2009，30(2)：242～246.

[6] 曾顺鹏，张国强，韩家新，等．多裂缝应力阴影效应模型及水平井分段压裂优化设计[J]．天然气工业，2015，35(3)：55～59.

[7] 包劲青，刘合，张广明，等．分段压裂裂缝扩展规律及其对导流能力的影响[J]．石油勘探与开发，2017，44(2)：281～288.

[8] 徐严波，齐桃，杨凤波，等．压裂后水平井产能预测新模型[J]．石油学报，2006，27(1)：89～91.

[9] 刘珊，同登科．依据油藏与井筒耦合关系建立水平井分段采油优化模型[J]．石油学报，2009，30(6)：932～936.

[10] 刘乃震，张兆鹏，邹雨时，等．致密砂岩水平井多段压裂裂缝扩展规律[J]．石油勘探与开发，2018，45(06)：1059～1068.

[11] 王晓泉，守良，吴奇等．水平井分段压裂多段裂缝产能影响因素分析[J]．石油钻采工艺，2009，31(1)：73～76.

[12] 李朝鹏，李肯立，成运等．一种新的神经网络逼近函数算法[J]．软件时空，2010，4(3)：232～234.

[13] 马福军，李楠，季世侠．新立油田压裂增产量预测模型的建立及应用[J]．特种油气藏，2017，24(7)：88～89.

[14] 赵亚东，吴明，王敦等．水平井分段压裂裂缝间距优化技术研究[J]．当代化工，2003，43(7)：1361～1366.

[15] 陈福有，郝明强，陈美瑾等．特低渗透油藏压裂水平井裂缝间距计算方法[J]．油气井测试，2016，25(3)：18～22.

[16] 时佃海．低渗透砂岩油藏平面径向渗流流态分布[J]．石油勘探与开发，2006，33(4)：491～494.

杭锦旗区块压裂缝高影响因素及延伸规律分析

朱新春　胡艾国　李月丽　蒋艳芳　梁志彬

（中国石化华北油气分公司石油工程技术研究院）

摘　要　杭锦旗区块纵向发育多套砂岩气层，隔层较为发育，个别井底部发育水层，要求控制压裂裂缝高度。论文通过对偶极声波测井资料分析，得到了杭锦旗区块横波时差计算公式，在此基础上，利用理论公式建立了单井岩石力学及地应力剖面。利用正交试验设计方法分析了影响裂缝高度的地质因素及工程因素。通过对缝高监测结果分析，明确了缝高延伸规律并建立了控缝高技术图版，在此基础上形成了控缝高压裂设计方法。

关键词　杭锦旗；影响因素；延伸规律；控缝高

杭锦旗区块位于鄂尔多斯盆地构造北部，属于致密低渗致密砂岩气藏，主要通过水平井进行压裂投产。在实际开发过程中，部分井目的层底部含有水层，需要控制裂缝高度过度延伸，避免沟通水层，造成气井大量产水。需要对压裂裂缝高度延伸规律开展研究，分析影响缝高的主要因素[1]，从而开展针对性地压裂技术参数设计。

本文通过对偶极声波测井资料分析，得到了杭锦旗区块横波时差计算公式，在此基础上，利用理论公式建立了单井岩石力学及地应力剖面，采用正交试验设计方法分析了影响裂缝高度的地质因素及工程因素。通过对井温测井缝高监测结果分析，明确了缝高延伸规律并建立了控缝高技术图版，并形成了控缝高压裂设计方法。

1　岩石力学及地应力特征

要准确分析压裂缝高延伸规律，需要获得储层及隔夹层岩石力学及地应力参数，一般采用两种方法[2-4]，一是实测法，包括矿场实测和实验室测定，另一类方法是计算法，包括地应力场有限元数值模拟、地应力测井解释和钻进参数反演等。地应力测井解释成本低，有相对较好的精度，能够得到连续的地应力剖面，而得到较广泛的应用。

1.1　横波时差计算公式

利用测井曲线计算岩石力学及地应力参数必须准确获得横波时差数据，前人往往通过偶极声波测井获得单井纵横波时差数据。由于偶极声波测井费用相对较高，不可能对每一口井都开展测试，而同一个区块，纵横波时差关系相对较为固定，可以对偶极声波测井得到的纵横波时差数据进行拟合，从而得到横波时差计算公式，进而推广应用到常规井中，得到所有井的横波时差数据。

杭锦旗区块前期共对 4 口井进行了偶极声波测井，为此选取锦 86 井、锦 98 井、锦 119 井三口井的偶极声波测井资料，利用三种方法对纵横波时差数据进行拟合（表 1），分别是常规线性拟合、基于 GR 曲线线性拟合（图 1）及理论公式多元线性回归拟合，发现 GR 加权线性拟合方法精度相对高，可以作为杭锦旗区块盒 1 层横波时差计算公式。

表 1　杭锦旗区块横波时差计算公式对比表

拟合方法	横波时差计算公式	确定系数
常规线性拟合	$\Delta t_s = 2.0563\times\Delta t_p - 72.107$	0.68
基于 GR 曲线线性拟合	$\Delta t_s = 1.5314\times\Delta t_p + 0.5149\times GR$	0.97
理论公式多元线性回归	$\Delta t_s = 0.5457\times \dfrac{\Delta t_p}{\left\{1-\dfrac{1.15\left[\frac{1}{\rho}+\left(\frac{1}{\rho}\right)3\right]}{e\frac{1}{\rho}}\right\}1.5} + 0.335\times GR + 123.05$	0.63

式中：Δt_s—横波时差，μs/m；Δt_p—纵波时差，μs/m；ρ—密度测井值，g/cm³；GR：伽马测井值，API。

同时利用 JPH-12 井偶极声波测井资料，对横波时差计算公式进行验证，发现通过公式计算的横波时差与实际横波时差较为接近（图 2），误差较小，公式适用性相对较强。

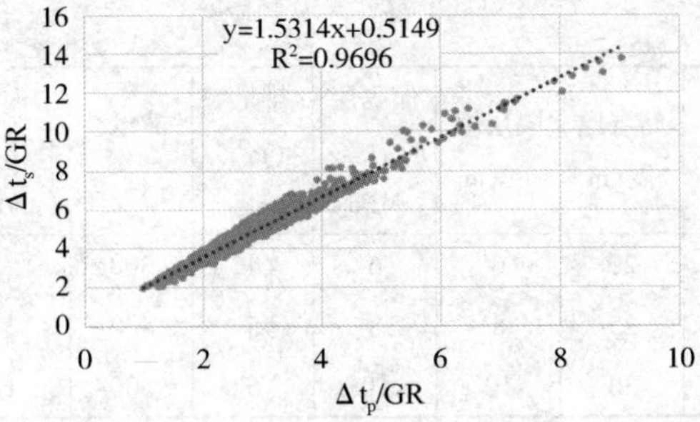

图 1　纵横波时差关系图(基于 GR 曲线线性拟合)

1.2　岩石力学及地应力计算

通过横波时差计算公式，可以得到常规井的横波时差数据，进而利用理论公式，结合密度测井曲线，可以得到岩石动态杨氏模量、动态泊松比、水平最小主应力等岩石力学及地应力参数。

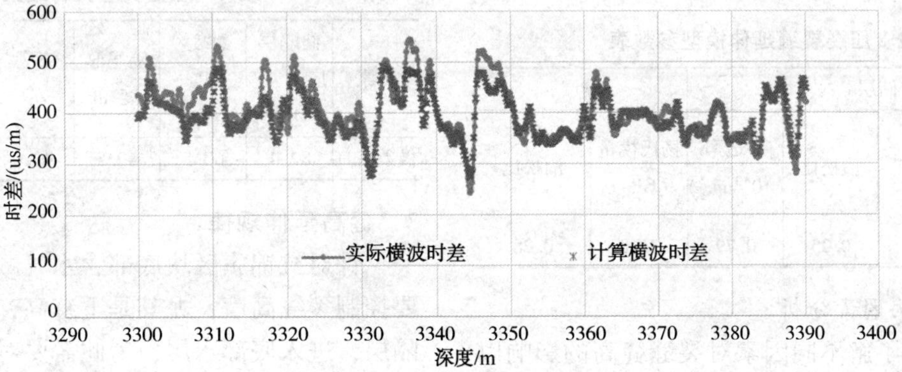

图 2　JPH-12 井盒 1 层横波时差计算与实际值对比图

动态杨氏模量：

$$E=10^6\frac{\rho}{\Delta t_s^2}\left(3-\frac{\Delta t_p^2}{\Delta t_s^2-\Delta t_p^2}\right) \tag{1}$$

动态泊松比：

$$u=\frac{1}{2}\left(\frac{\Delta t_s^2-2\Delta t_p^2}{\Delta t_s^2-\Delta t_p^2}\right) \tag{2}$$

水平最小主应力：

$$\sigma_y=\frac{u}{1-u}\left(10-2\int_0^H\rho g dh-P_p\right)+P_p \tag{3}$$

式中，E—动态杨氏模量，GPa；u—动态泊松比，无因次；σ_y—水平最小主应力，MPa；P_p—地层压力，MPa

由此利用理论公式计算了 17 口井 22 层的动态岩石力学参数及地应力剖面，在此基础上，采用动静态拟合方法求取静态岩石力学参数。通过统计，隔层平均杨氏模量为 21.8GPa，泊松比为 0.28，储层平均杨氏模量为 28.3GPa，泊松比为 0.25。储隔层最小主应力差主要分布在 2-10MPa 之间，平均为 6.4MPa(图 3)。

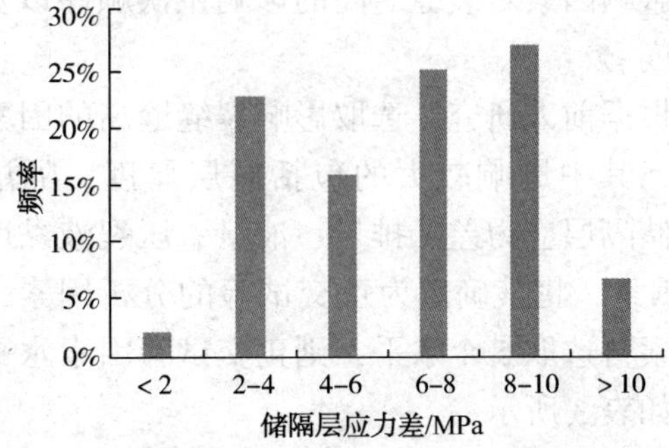

图 3　储隔层应力差直方图

2　缝高影响因素分析

影响压裂缝高的因素有很多[5-6]，主要分为两类：地质因素包括储隔层应力差[7]，砂体厚度、隔层厚度、杨氏模量、泊松比、渗透率、断裂韧性[8]等；工程因素包括施工排量[9]、压裂液量、压裂液黏度、滤失系数等。根据前人研究成果，储隔层闭合应力差越大，缝高越小，施工排量越高，压裂液黏度越大，压裂缝高越大，杨氏模量、泊松比等对缝高影响有限。前人对各单因素对缝高的影响开展了相关研究，但对缝高影响权重研究较少，为此，本文利用正交试验设计方法对各因素影响权重进行了分析。

2.1　模型建立

通过对杭锦旗区块盒 1 层储隔层纵向发育情况进行统计分析发现，盒 1 层单套气层厚度为 10~30m，隔层厚度为 2~10m，储隔层应力差主要分布在 2~10MPa 之间，为此建立盒 1 层理想储隔层纵向展布模型。

模型假设：

(1) 纵向上发育三套均质砂岩层，中间为目的层，三套砂岩层物性一致，闭合应力梯度一致；

(2) 目的层顶、底均发育隔层，隔层厚度相等，物性一致；

(3) 目的层顶、底部砂岩层厚度近似无限。

在此基础上，可以利用 MFRAC 压裂模拟软件建立拟三维裂缝扩展模型，对裂缝高度延伸规律进行模拟分析，模型所用到的相关参数如表 2 所示：

表 2 压裂裂缝延伸模型参数表

储层				隔层	
闭合应力梯度/(MPa/m)	杨氏模量/GPa	泊松比	渗透率($10^{-3}um^2$)	杨氏模量(GPa)	泊松比
0.0176	28.3	0.25	0.79	21.8	0.28

2.2 缝高影响因素分析

为了准确了解不同因素对裂缝缝高的影响以及影响程度的主次关系，利用正交试验设计方法[10-11]科学地安排多因素试验方案，定量的确定各影响因素对裂缝缝高的影响主次顺序以及显著程度。

根据前人研究，选取影响裂缝缝高的因素有很多，其中影响较大的包括储层厚度、隔层厚度、储隔层应力差、排量、液量、压裂液黏度等 6 个因素，将其确定为正交试验的分析因素，每个因素再选取 5 个水平，则正交试验因素水平设计表如表 3 所示。

根据影响累计产气量因素水平取值表，选取 $L_{25}(5^6)$ 正交表进行裂缝延伸模拟试验，考察各个因素对裂缝高度的影响。根据正交试验设计原理，极差反应了因子的水平变化对试验结果的影响，而极差的大小则反应了因子的重要程度。为此，计算了各因素极差值。由计算结果可知(表 4)，各因素对裂缝高度影响程度排序为：储隔层应力差>黏度>隔层厚度>液量>排量>砂体厚度，地质因素对裂缝高度影响最强的是储隔层应力差，最弱的是储层厚度，工程因素中影响程度最强的为压裂液黏度，最弱的为施工排量。

表 3 正交实验因素水平设计参数表

参数水平	储层厚度/m	隔层厚度/m	储隔层应力差/MPa	排量/(m^3/min)	液量/m^3	压裂液黏度/(mPa·s)
1	10	2	2	2	100	10
2	15	4	4	3	200	50

续表

参数水平	储层厚度/m	隔层厚度/m	储隔层应力差/MPa	排量/(m^3/min)	液量/m^3	压裂液黏度/(mPa·s)
3	20	6	6	4	300	90
4	25	8	8	5	400	130
5	30	10	10	6	500	170

表 4 正交实验分析结果表

因素	储隔层应力差/MPa	黏度/(mPa·s)	隔层厚度/m	液量/m^3	排量/(m^3/min)	砂体厚度/m
极差(m)	82.4	60.8	49.5	42.6	32.5	11.9

3 缝高延伸规律

针对杭锦旗区块底部含水气藏，压裂设计需要控制裂缝高度，尤其是下缝高，避免缝高穿透隔层，进入底部水层，为此需要对下缝高延伸情况进行深入分析，以便对缝高控制情况进行判断。

通过统计下隔层厚度、储层厚度及缝高延伸情况可以看出(图 4)，当下隔层厚度大于 8m 时，大部分监测井下缝高未穿透下隔层，仅有一口异常井，通过分析发现，该井下隔层最小主应力明显小于上隔层最小主应力；而当下隔层厚度小于 8m 时，有 8 口井出现了压穿隔层情况，同时下隔层厚度越小，压穿井比例越高，当下隔层厚度小于 4m 时压穿井比例达到了 100%。

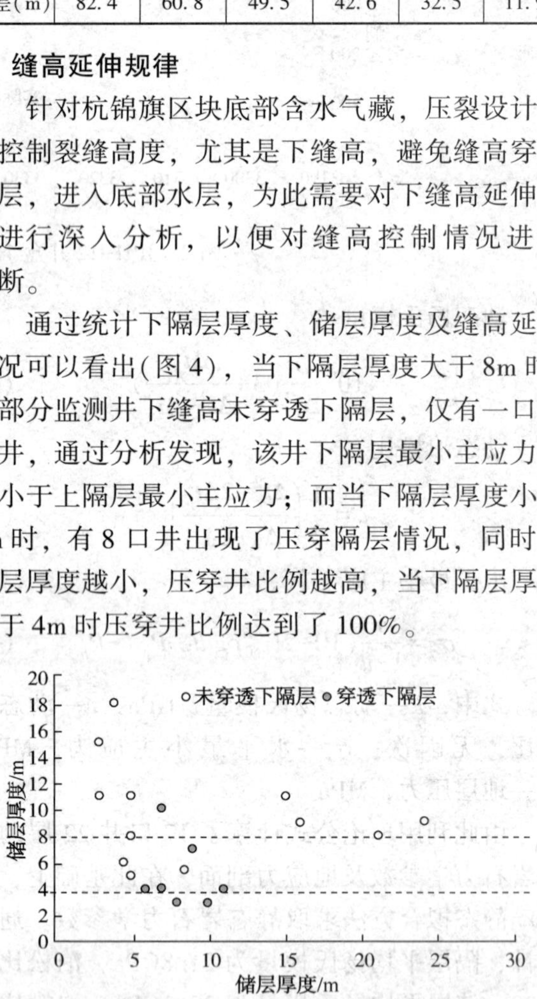

图 4 储层厚度、隔层厚度及穿层情况统计分析图

同时，进一步统计上、下隔层厚度与穿层情况(图 5)，可以看出，当上隔层厚度小于 1.8 倍下隔层厚度时，缝高相对容易向上扩展，下缝高延伸受限，下缝高未穿透下隔层，而当上隔层厚度大于 1.8 倍下隔层厚度时，上缝高延伸受限，缝高容易向下扩展，下缝高穿透下隔层，由此确定，下缝高不穿透下隔层要求上隔层厚度要小于

1.8 倍下隔层厚度。

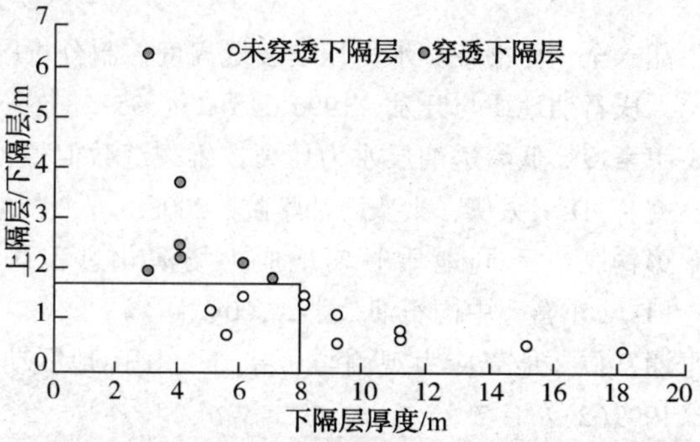

图5　隔层发育情况与穿层情况关系统计分析图

由此，明确了杭锦旗区块压裂裂缝下缝高延伸规律并编制了控缝高压裂技术图版(图6)：①当下隔层厚度小于4m时，下缝高容易穿透下隔层，沟通水层；②当下隔层厚度介于4-8m之间时，上隔层厚度大于1.8倍下隔层厚度，下缝高容易穿透下隔层，上隔层厚度小于1.8倍下隔层厚度，下缝高扩展得到控制；③当下隔层厚度大于8m、下隔层应力大于上隔层应力时，下缝高不容易穿透下隔层。

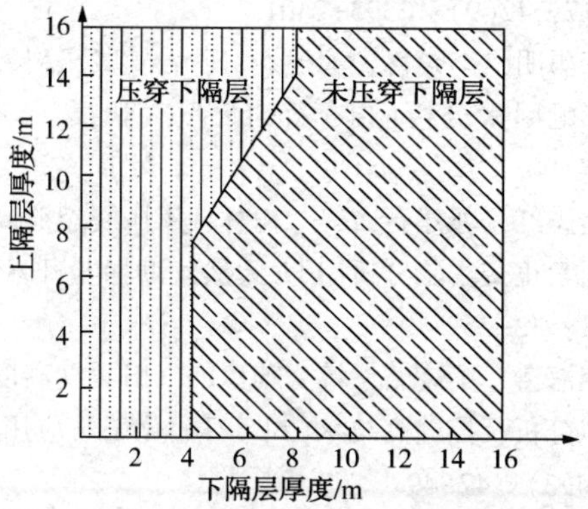

图6　控缝高压裂技术图版

同时，利用J58-1井偶极声波测井方法求得的实际缝高数据(表5)，对下缝高延伸规律进行了验证。J58-1井共对盒2层、盒1层、山2层进行了缝高监测。根据三层上下隔层发育情况，对下缝高延伸情况进行分析预测：盒2层、山2层下隔层厚度均大于8m，且下隔层最小主应力均大于上隔层最小主应力，预测下缝高延伸受限，而盒1层下隔层厚度小于4m，预测下缝高易穿透下隔层。实际监测结果显示，盒2层、山2层下缝高均得到了控制，未发生压穿下隔层情况，而盒1层压穿了下隔层，三层监测结果均与预测结果一致。

表5　J58-1井储隔层发育情况及实际裂缝高度统计表

层位	储层厚度/m	上隔层厚度/m	下隔层厚度/m	施工排量/(m^3/min)	上隔层最小主应力/MPa	储层最小主应力/MPa	下隔层最小主应力/MPa	实际裂缝高度/m	是否压穿下隔层
盒2	15	5	23	3.5	47.3	43.5	48.7	24.5	否
盒1	10	4	3	3.5	50.3	42.4	49.9	25	是
山2	6	10	12	3.5	51.8	43.8	53.8	8	否

4　控缝高压裂设计方案

4.1　控缝高压裂方案设计

通过裂缝缝高延伸因素分析发现，地质因素中对裂缝高度影响最大的是储隔层应力差，据此，前人主要采用人工隔层[12-13]的方法人为增大隔层应力进而增大储隔层应力差，达到控制缝高的目的。工程因素中对裂缝高度影响最大的是压裂黏度，其次是液量及排量，杭锦旗区块通过对压裂设计参数进行优化，形成了针对性的控缝高压裂工艺。

模拟研究发现，缝高快速增长发生在前置液阶段，而在携砂液阶段缝高增长缓慢，为此在前置液造缝阶段采用低黏液体[14]，能够有效控制缝高增长，但此时压裂液黏度低滤失较大，缝宽较窄，为此，需要进行大排量施工，降低滤失，增大缝宽，由于黏度相对排量对缝高影响程度大，此时增大排量并不会使缝高过度增长。在携砂液阶段，为保证顺利加砂，需要采用高黏液体，同时为了避免缝高增长，相应需要降低排量。

通过模拟，采用控缝高压裂方案后，裂缝高度为28m，相比常规施工参数条件下降低明显，整个施工阶段，缝高没有明显增长，基本被控制在砂体内，未突破隔层，实现了控缝高的目的。

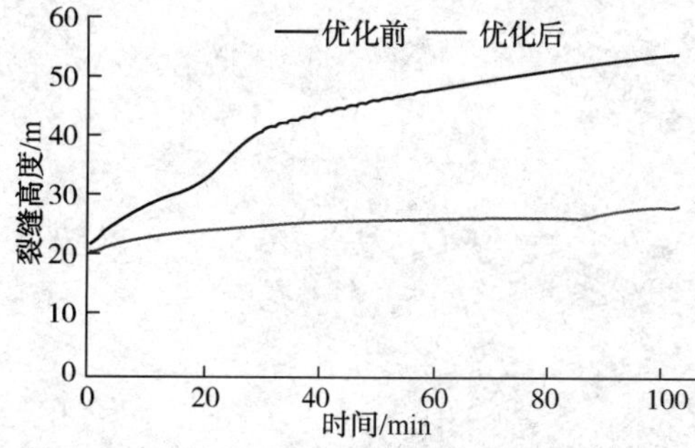

图7　控缝高压裂方案与常规压裂方案缝高延伸对比

表 6 控缝高压裂方案与常规压裂方案设计参数统计表

压裂设计方案	前置液		携砂液	
	排量	黏度	排量	黏度
常规压裂方案	4	90	4	90
控缝高压裂方案	5	10	3	90

4.2 现场应用

JPH-316 井是位于杭锦旗区块 J58 井区西部的一口开发水平井，目的层段为盒 1^2层，砂体厚度 15m，测井解释为气层，盒 1^2层与底部盒 1^1层之间有 4m 泥岩隔层，而盒 1^1层测井解释含水饱和度最高达 90%，开发要求控制压裂裂缝高度。为此该井采用了控缝高压裂工艺，前置液阶段采用低粘原胶液，进行造缝，排量 $4m^3/min$，而在携砂液阶段则采用高粘液体进行加砂，同时适当降低排量至 $3m^3/min$,。该井压后获得无阻流量 $18.7\times10^4/d$，试气阶段日产液仅为 $5.8m^3/d$，达到了控制裂缝高度，避免沟通底部水层的目的。

5 结论

（1）影响裂缝高度的主要因素包括地质因素及工程因素，各因素对裂缝高度影响程度排序为：储隔层应力差>黏度>隔层厚度>液量>排量>砂体厚度。

（2）当下隔层厚度小于 4m 时，下缝高容易穿透下隔层；当下隔层厚度介于 4-8m 之间时，下缝高穿透下隔层情况要根据上下隔层发育情况进行判断；当下隔层厚度大于 8m，且下隔层最小主应力大于上隔层时，下缝高则不容易穿透下隔层。

（3）控缝高压裂工艺在前置液阶段采用低粘液体大排量施工，携砂液阶段采用高黏液体适当降低施工排量，能够有效降低裂缝高度。

参 考 文 献

[1] 胡永全，任书泉．水力压裂裂缝高度控制分析[J]．大庆石油地质与开发，1996，15(2)：55-58.

[2] 王素玲．低渗透油层水力压裂三维裂缝数值模拟研究：[D]．大庆，大庆石油学院，2008.

[3] 彭钧亮．不同地质时期地应力场演化过程研究：[D]．东营，中国石油大学，2008.

[4] 谢富仁．地壳应力观测与研究[J]．国际地震动态，1999(2)：1-7.

[5] 胡永全，任书泉．水力压裂裂缝高度控制分析[J]．大庆石油地质与开发，1996，15(2)：55-58.

[6] 王翰．水力压裂垂直裂缝形态及缝高控制数值模拟研究[D]．合肥：中国科学技术大学，2013

[7] 宋毅，伊向艺，等．地应力对垂直裂缝高度的影响及缝高控制技术研究[J]．石油地质与工程，2008，22(1)：75-77.

[8] 曲占庆，胡菲，等．水平井压裂缝缝高影响因素及控制方法研究[J]．特种油气藏，2010，03：104-107.

[9] 吴锐，邓金根，等．临兴区块石盒子组致密砂岩气储层压裂缝高控制数值模拟研究[J]．煤炭学报，2017，42(9)：2393-2401.

[10] 李勇明，李崇喜，郭建春．砂岩气藏压裂裂缝高度影响因素分析[J]．石油天然气学报，2007，29：87-90.

[11] 赵志红，郭建春，等．榆林气田压裂裂缝高度影响因素正交实验分析[J]．天然气勘探与开发，2008，31：32-35.

[12] 赖海涛，梁凌云，等．苏里格气田裂缝高度延伸模拟分析及控缝高技术[J]．石油化工与应用，2011，30(3)：47-49.

[13] 胡阳明，胡永全，等．裂缝高度影响因素分析及控缝高对策技术研究[J]．重庆科技学院学报(自然科学版)，2009，11(1)：28-31.

[14] 王永辉，张福祥．水力压裂裂缝高度的控制技术及其成功应用[J]．油气井测试，2006，15(4)：55-58.

防水锁低浓度加重压裂液体系研究与现场应用

王丽伟[1]　刘　举[2]　李素珍[1]　范文同[2]　袁学芳[2]　王　辽[1]

（1. 中国石油勘探开发研究院压裂酸化技术服务中心；
2. 中国石油塔里木油田分公司油气工程研究院）

摘　要　对于施工压力高的水敏性气藏，常规压裂工艺存在水锁伤害严重、施工压力大等难题，严重影响气井产量，采用具有防水锁功能的低伤害加重压裂液作为储层改造液是提高该类储层产气量的有效措施。故开展了防水锁低浓度加重压裂液体系研究，包括加重剂的选择、防水锁剂的研发、低浓度压裂液体系优化、压裂液与储层的适应性评价及压裂工艺优化技术。该技术在迪北X井进行应用，主压裂方案采用交联压裂液+连续加砂，交联压裂液680m^3，排量5-5.5m^3/min，砂浓度38-328kg/m^3，加砂31m^3。压后返排率高达82.5%，施工压力和摩阻较常规压裂液均有所降低，并有效降低了压裂液对储层的伤害。该井的成功实施证实了防水锁低浓度加重压裂液体系的可行性及有效性，也表明在施工压力较高的水敏性气藏中具有较好的应用前景。

关键词　防水锁；低浓度加重压裂液；低伤害；施工压力；摩阻

储层改造一方面可以形成具有一定几何形状的高导流能力裂缝，改善油气通道；另一方面也有负面影响，入井液进入储层后，会对储层造成一定损害，影响油气层渗透率，是关系到增产措施效果的重要因素。迪北区块粘土矿物含量较高，非均质性强（3%-46%），绝对含量平均值12.17%；部分储层伊利石含量高，平均含量63.88%；绿泥石含量偏高，平均含量22.83%。针对该储层岩性特征，压裂液需选择碱性体系，避免酸性液体进入储层，并添加有效的防膨剂和防水锁剂，尽量减少颗粒及粘土脱落，降低伤害。

水锁损害严重影响气藏开发效果，已成为低渗砂岩气藏的主要损害类型之一。对于低渗透储层，随着渗透率的降低，虽然在同等正压差下加入储层的外来流体的量在减少，但毛管半径减小，自吸作用增加，且这部分自吸水更不容易被返排出来，如果再加上储层低压，水锁伤害程度就显著增加。但当渗透性低到一定程度后，靠自吸作用也不能使外来流体进入地层时，水锁伤害程度又会降低。

$$P_c = 2\sigma_{wg}\cos\theta_{wg}/r \qquad (1)$$

式中　P_c——气水毛管压力，dyn/cm^2；

σ_{wg}——气水界面张力，dyn/cm；

θ_{wg}——气水接触角，°；

r——毛管半径，cm。

从上式可看出，毛细管力的大小与多孔介质的直径成反比，由于低渗气藏的孔隙尺寸比中、高渗储层要小得多，所以毛细管力比较大，而气藏多属水湿气藏，气水润湿性差异很大，使毛管力成为气驱水的阻力，进入储层的水更加不易排出，所以低渗气藏的水锁效应更为严重。

迪北X井是塔里木盆地库车坳陷东部依奇克里克构造带的一口滚动开发井，设计井深5068.00/4998.00m（斜深/垂深），目的层是侏罗系，孔隙度8.6%-10.9%，含油饱和度62%-64%，投产井段4785.00-4849.00m，地层压力应在84MPa左右，地层温度为153℃。根据本区块临井改造情况，难点有以下几个方面：(1)本区块储层非均质较强，总体改造效果差；(2)本区块总体难压，延伸压力梯度在2.3-2.9MPa/100m，加砂风险高，施工后期发生砂堵；(3)大多井经过多层系、多轮次完井改造，但效果不理想，统计分析难以确定本区块改造效果差的主控因素；(4)黏土矿物含量高，平均黏土含量为24.8%，其中伊蒙混层平均含量为59%，伊蒙混层中蒙脱石平均含量为15%，水敏作用强。

针对该井的改造难点，研发防水锁低浓度加重压裂液体系，防水锁剂的加入大幅度降低储层伤害；高密度压裂液的应用，为提排量创造空间，减低施工难度。

1 防水锁低浓度加重压裂液体系

1.1 稠化剂的优选

压裂液稠化剂是决定压裂液耐温耐剪切性能的关键添加剂之一，胍胶作为目前最为成熟的稠化剂，具有溶胀速度快、交联性能稳定的优点，本研究在此基础上，进一步降低胍胶的使用浓度，采用高效交联剂增强液体交联性能，150℃的储层温度采用0.35%胍胶，基液黏度相对小，压裂液摩阻和破胶后残渣含量大幅度降低，在降低成本的同时，又能够降低对储层的伤害。

1.2 防水锁剂的研发

该区块伊利石和绿泥石含量较高，防水锁剂能够有效降低表界面张力和吸附量，加大接触角，降低水锁伤害。目前使用的防水锁剂主要是以下两大类[1]：低级醇和表面活性剂。低级醇与水互溶且易挥发，挥发时可将地层滞留水带出；表面活性剂可以降低液相界面张力，增大液相与岩石表面的润湿角，改变岩石表面的润湿性，从而降低毛细管阻力。这两种物质都能提高滞留水的返排能力，从而抑制或解除水锁伤害[2]。本文研究的加重压裂液体系含有更高的盐浓度，需要表面活性剂具有更好的耐盐稳定性。因此采用氟碳表面活性剂作为防水锁剂的主要材料，原因是氟碳键的键能高于碳氢键[3-5]，氟碳链具有比碳氢链更稳定的结构；氟碳链极性较弱，因此其疏水作用远比碳氢链强烈，从而在低浓度下就可以达到更低的表界面张力，并且稳定性更好。

采用常规的低浓度压裂液体系和本文研究的防水锁低浓度压裂液体系进行表界面张力和接触角测试。图1和图2是接触角测试实验，低浓度压裂液体系初始接触角是21.28°浸泡后接触角是35.66°，吸附量0.51964g，表面张力38.26mN/m，界面张力12.59mN/m；防水锁体系初始接触角是26.43°，浸泡后接触角是65.47°，吸附量0.32592g，表面张力21.51mN/m，界面张力0.85mN/m(见表1)。可见防水锁剂的加入可以有效的降低表界面张力、吸附量及增大接触角，使得水在岩石内部更容易随气体运动并携带出来，利于返排，减少束缚水的形成，从而降低伤害。

表1　表界面张力及接触角实验结果

	表面张力 mN/m	界面张力 mN/m	初始接触角/°	浸泡后接触角/°
低浓度体系	38.26	12.59	21.28	35.66
低浓度防水锁体系	21.51	0.85	26.43	65.47

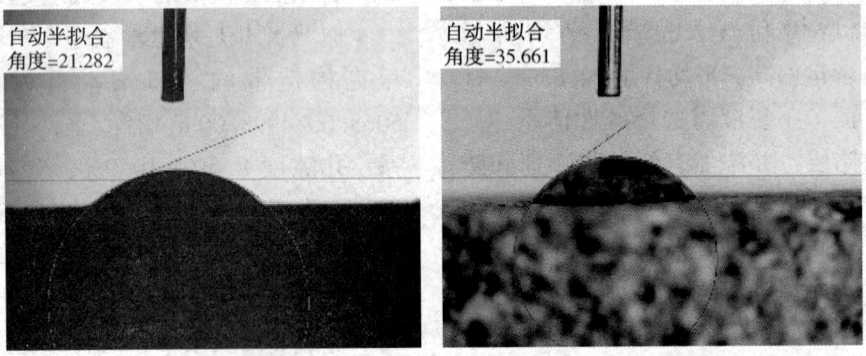

图1　低浓度体系初始接触角(左图)，低浓度防水锁体系初始接触角(右图)

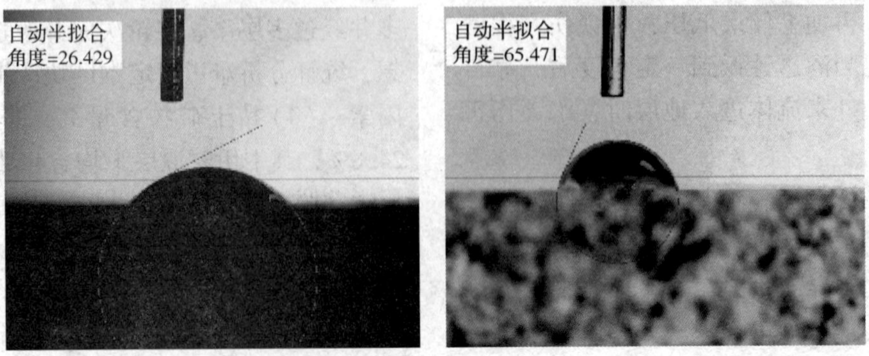

图2　浸泡24h，低浓度体系接触角(左图)，低浓度防水锁体系接触角(右图)

1.3 加重剂的选择

针对深层高温储层的温度高、埋深大、破裂压力高的特点，设备存在限压条件，会采取液体加重的方法，降低施工压力。压裂液加重剂的选择通常为密度较大且溶解能力较高的盐类，国内外应用较多的有氯化钾、氯化钠、溴化钠和硝酸钠[6,7]。由于近年来硝酸钠的使用受到限制，溴盐成本较高，因此选择和压裂液及储层配伍性较强的氯化钾作为加重剂，现场配制的压裂液性能更加稳定。

1.4 压裂液体系优化

根据储层特点、地域要求及压裂液体系的选择最终确定了压裂液主要组成部分为：水+20% KCl+0.35%胍胶+0.5%防水锁剂+其它添加剂+0.35~1.0%交联剂，破胶剂为胶囊破胶剂+APS。压裂液的主要性能如下：

压裂液耐温耐剪切性能是压裂液的重要性能指标，直接影响压裂液的造缝和携砂性能。根据SY/T 5107—2016“水基压裂液性能试验方法”标准，使用HAAKE公司的RS-600流变仪，评价防水锁低浓度加重压裂液体系的流变性能（图3），经过2h剪切后，黏度在100mPa·s以上，可见防水锁低浓度加重压裂液配方具有良好的流变性能，能够满足压裂施工工艺性能要求。由于该压裂液体系稠化剂用量较低，因此破胶剂用量较少，而且破胶彻底，破胶液清亮透明，具有更低的储层伤害率。

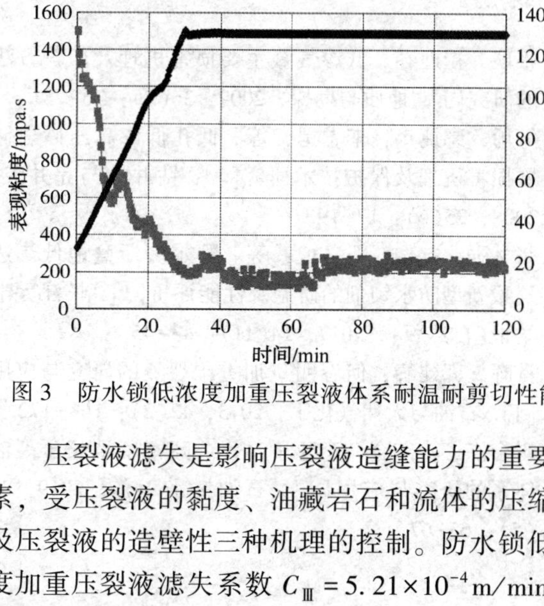

图3 防水锁低浓度加重压裂液体系耐温耐剪切性能

压裂液滤失是影响压裂液造缝能力的重要因素，受压裂液的黏度、油藏岩石和流体的压缩性及压裂液的造壁性三种机理的控制。防水锁低浓度加重压裂液滤失系数 $C_{Ⅲ}=5.21\times10^{-4}\,m/min^{0.5}$，静态初滤失量 $Q_{sp}=1.04\times10^{-2}\,m^3/m^2$，滤失速率 $V=0.87\times10^{-4}\,m/min$，滤失系数较低，不仅压裂液的效率高，并且容易形成长而宽的裂缝，提高支撑裂缝的导流能力，破胶液容易返排，减少滤液对储层的损害。

为证明防水锁剂的有效性，结合该区块岩心特点，借助CT扫描分析岩心孔喉分布手段，评价水锁伤害程度。水锁伤害程度受孔喉大小及匹配关系影响较大，孔喉越小，水锁伤害越严重，且需要大气量和长时间驱替减少水锁伤害。实验采用1号岩心和2号岩心，分别用低浓度压裂液体系和防水锁低浓度加重压裂液体系进行驱替。岩心的孔喉分布情况和水锁伤害分别见图4-图6。可见，2号岩心（气测渗透率1.9mD）的孔喉直径更小，孔隙发育程度差，渗透率低，更容易水锁伤害，但驱替100PV时，水锁伤害为54.75%，而1号岩心（气测渗透率4mD）驱替100PV时，水锁伤害却达到81.4%，说明防水锁剂的加入大幅降低了液锁伤害程度。

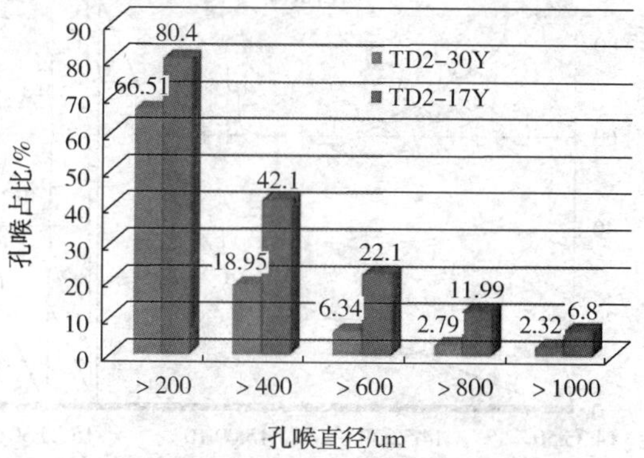

图4 两块岩心的孔喉分布情况

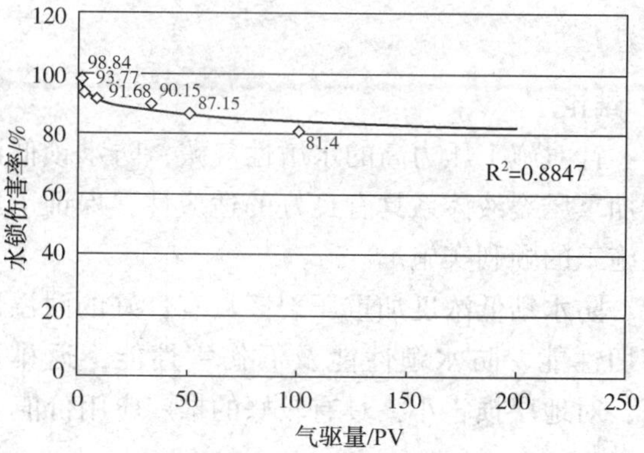

图5 1号岩心水锁伤害曲线

2 现场应用

2018年在迪北区块X井进行了防水锁低浓度加重压裂液体系压裂施工，主力产层主要为砂砾岩夹泥岩段、上砂砾岩段上部，射孔井段4785.0-4849.0m，射孔跨度64m、射厚12m/5段。改造目的层段包括气层16m/4层，孔隙度

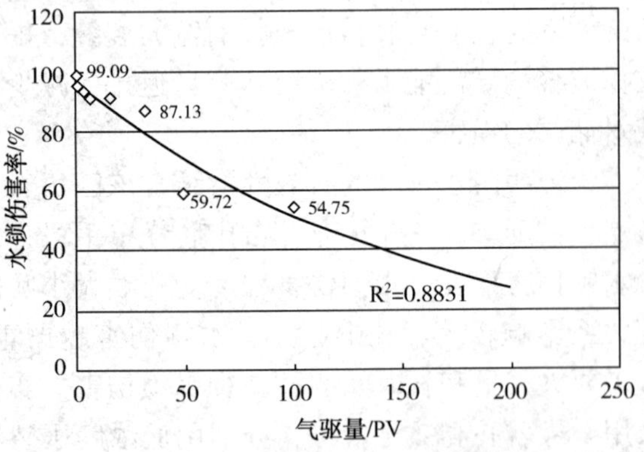

图 6　2 号岩心水锁伤害曲线

8.6%~10.9%，含油饱和度 62%~64%。地层压力系数 1.69，地层温度 153℃，属于高温高压气藏。按照优化设计理念及方法，采取交联压裂液+连续加砂主压裂方案，注入交联压裂液 680m^3，排量 0.66~5.39m^3/min，油压 29.3~103.4MPa，砂浓度 38~328kg/m^3，陶粒 31m^3，停泵压力 65.7MPa。施工曲线见图 7，顺利完成施工。压裂评估初步认为主压裂形成了一定长度的人工支撑裂缝，增大了储层的泄气面积；人工裂缝高度覆盖了 4785~4849m 主要储层段。证实了该优化设计方法及压裂液体系的有效性，显示出防水锁低浓度加重压裂液体系的技术可行性。

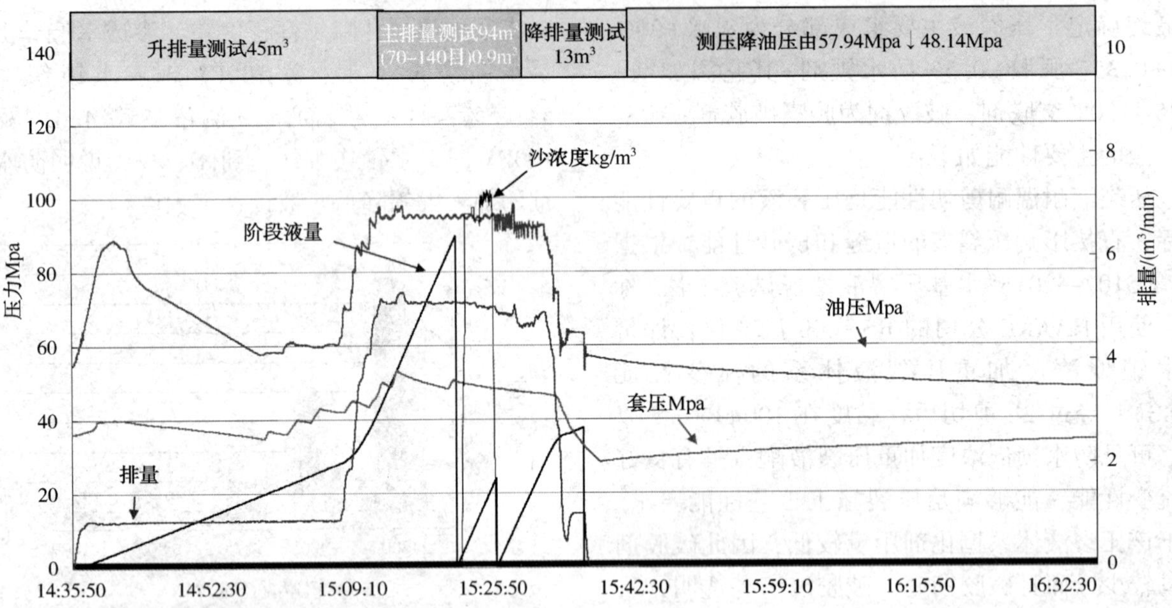

图 7　现场施工曲线

3　结论

针对施工压力高的水敏性气藏，防水锁低浓度加重压裂液体系具有良好的适应性，保证了压裂施工的顺利实施。

防水锁低浓度加重压裂液具有良好的耐温耐剪切性能、防水锁性能及低伤害性能，返排率高，对地层损害小，具有较好的推广应用价值。

参　考　文　献

[1] 闫方平．新型防水锁剂的研究与评价[J]．石油化工应用，2018.3，37(3)，48-51.

[2] 柳敏，吴茜．防水锁剂的研究进展与展望[J]．广州化工，2013，41(5)：32-33.

[3] 张琰，崔迎春．低渗气藏主要损害机理及保护方法的研究[J]．地质与勘探，2009，36(5)：76-78.

[4] 舒勇，鄢捷年，李志勇，等．低孔低渗高压砂岩储层损害机理及保护技术研究[J]．钻井液与完井液，2008，25(6)：17-19.

[5] 张林强，赵俊，邓义成，等．鄂尔多斯盆地低渗透气藏新型防水锁剂的研制及性能评价[J]．长江大学学报(自然版)，2017，14(11)：43-45.

[6] 肖晖，郭建春，何春明．加重压裂液的研究与应用[J]．石油与天然气化工，2013，42(2)：168-172.

[7] 崔会杰，余东合，李建平，等．高密度瓜胶压裂液体系的研究与应用[J]．石油钻采工艺，2019，35(5)：65-67.

页岩压裂液自吸能力及敏感性因素研究

王 良[1,2] 韩慧芬[1,2] 彭钧亮[1,2] 秦 毅[1,2] 彭 欢[1,2]

（1. 中国石油西南油气田公司；2. 页岩气评价与开采四川省重点实验室）

摘 要 页岩储层具有脆性高、渗透率低、天然微裂缝发育等特点，大规模水力压裂才能实现页岩气的工业开采。国内外施工显示，大量压入地层的压裂液滞留在页岩地层中，不能返排出来，而页岩对压裂液的自发渗吸被普遍认为是压后返排率低的重要因素。为了探索页岩对压裂液的自吸能力，文章开展了页岩压裂液的吸收实验研究，建立相应的裂缝-孔隙耦合自吸模型，模型预测曲线与实验数据非常接近，验证了模型的可靠性。敏感性分析，结果表明：①页岩裂缝缝宽越小，岩样在裂缝中的自吸距离越远，也意味着由裂缝向基块自吸的有效自吸面积也越大，自吸量就越高；②页岩的自吸量随着裂缝充满系数和基块自吸驱替系数的增加而增加，呈正相关的显性关系。孔隙度越大，自吸驱替效率越高。

关键词 页岩；压裂液；自吸能力；敏感性

1 研究背景

页岩气储层具有脆性高、渗透率低、天然微裂缝发育等特点，通过大规模水力压裂可以形成复杂的裂缝网络，增大裂缝面与页岩基质的接触面积，从而实现页岩气的工业开采[1]。但是，与致密砂岩气藏相比普遍存在压裂液返排率低的现象。国内外施工显示，大量压入地层的压裂液滞留在页岩地层中，不能返排出来，返排率普遍较低，说明有大量的压裂液依旧残留在地层中。目前，页岩气井对压后返排的不同阶段认识不清，缺乏理论依据。目前长宁区块龙马溪组储层页岩气井投产前通常只能达到 5～30% 的返排率[2]。残留的压裂液去向及与页岩的相互作用是页岩气能否有效开发需要关注的一个重要问题。

页岩与压裂液的自发渗吸是引起压后返排率低的重要因素[3]。国内外的学者针对页岩对压裂液的自吸作用已经开展了部分研究工作[4-7]，但并没有形成针对基质、裂缝-孔隙耦合的页岩压裂液吸收能力数学模型。基于以上研究背景，结合页岩气井压后低返排率的现状，有必要开展页岩压裂液的吸收实验研究，建立相应的裂缝-孔隙耦合模型，分析敏感性因素，为页岩压后返排率的预测及压后效果评估提供理论依据。

2 页岩压裂液自吸能力研究

2.1 页岩压裂液自吸模型

国内外学者认为，人工缝网壁面的强毛细管力自发渗吸作用是导致压裂液滞留与吸收的一个重要因素，并建立了多种页岩自吸能力的数学模型。这些模型大多是基于页岩压裂液的自发渗吸实验结果而得出的经验公式，并未有充分考虑页岩裂缝和孔隙的双重自吸作用。因此，从水相在页岩自吸过程中的受力进行分析，建立基于裂缝-孔隙耦合的页岩压裂液自吸模型。

页岩储层微裂缝发育，具有双重孔隙结构特征，页岩水相自吸是裂缝和基块纳米级孔隙自吸的耦合过程，物理模型示意图见图 1。在此假设：①假设自吸岩样中间沿长轴方向发育一条规则裂缝；②自吸方式为端面自吸，自吸过程中水相沿端面和裂缝面自吸，同时，水相垂直于裂缝面向基块纳米级孔隙发生自吸作用；③岩样基块纳米级孔隙分布具有均质性，自吸过程中自吸水相始终充足。

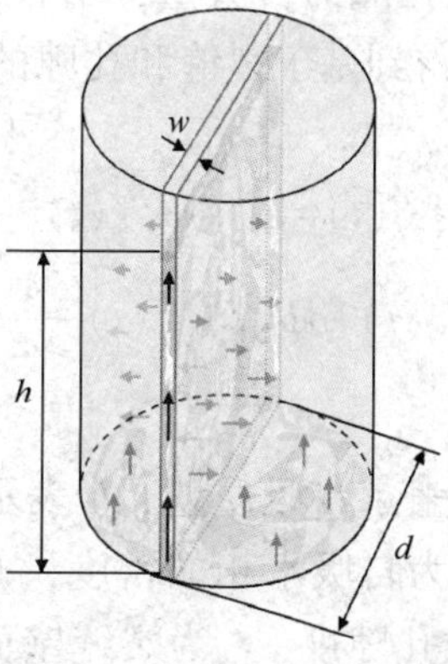

图 1 裂缝-孔隙自吸耦合模型

页岩对压裂液的吸收本质上取决于压裂液中水在页岩中的受力。页岩对压裂液的自吸过程主要受毛管力、重力、黏性力和惯性力的共同作用。在有两相或者多相流体存在的时候，孔隙中由于界面张力的存在会产生毛细管力。在气水界面张力相同的情况下，孔隙半径越小，毛细管压力越大，吸水性能就越强。页岩的孔隙主要为纳米级孔隙，页岩裂缝网络的深处由于缺乏支撑剂，裂缝开度也很小。毛管力(驱动力)、重力及黏性力的公式分别为：

$$P_c=\frac{2\gamma\cos\theta}{r} \tag{1}$$

$$F_{grav}=\rho g\pi r^2 h \tag{2}$$

$$F_{visco}=8h\pi\mu v \tag{3}$$

在水相自吸流动过程中，采用动量定理，可以得到水相自吸的动力学平衡方程：

$$\frac{2\gamma cos\theta}{r}-\frac{8\mu h}{r^2}\dot{h}-\rho gh-\rho\frac{d(h\dot{h})}{dt}=0 \tag{4}$$

针对裂缝型自吸，惯性力通常可以忽略，可以获得压裂液在裂缝中的侵入深度：

$$h(t)=\frac{\alpha}{\beta}[1+W(-e^{-1-\beta^2/t\alpha})] \tag{5}$$

其中，W(a)为 Lambert W 函数：

$$\alpha=\frac{aw\gamma\cos\theta}{2\mu(a+w)},\ \beta=\frac{aw^2\rho g}{4\mu(a+w)} \tag{6}$$

针对孔隙型自吸，水相流动主要受毛管力和黏滞阻力的控制，同时考虑页岩基质迂曲度和形状因子的影响，可以获得压裂液在页岩基质中的侵入深度：

$$h=\sqrt{\frac{r\gamma\delta\cos\theta}{2\tau\mu}}\sqrt{t} \tag{7}$$

因此，页岩对压裂液的自吸量为裂缝自吸量加上页岩基质孔隙的自吸量，结合公式(5)和公式(7)，可以得到基于裂缝和孔隙的自吸量 S(t)数学模型：

$$S(t)=S_f(t)+S_m(t)$$

$$S(t)=\rho d\omega h_f(t)+\rho\phi\left[2\xi dh_f(t)+\frac{1}{4}\pi d^2\right]h_m(t) \tag{8}$$

其中：S 表示自吸质量，h 表示自吸高度或自吸距离，ρ 为自吸水相的密度，ϕ 为基块纳米级孔隙的有效孔隙度，ξ 为裂缝壁面向基块自吸的有效系数。其中 ξ 的取值在 0~1 之间，因为实际的岩心裂缝面总是起伏不均匀的，只会在部分裂缝区域充满液体并向基块中传质。式中，下角标 f、m 分别表示页岩的裂缝和基质。

2.2 页岩压裂液吸收能力实验

开展应力条件下的页岩岩心压裂液吸收实验。实验方法为：①选取开展页岩润湿性的 4 块页岩岩样，60℃条件下充分烘干后称重；②将岩样放入岩心夹持器，室温条件下设定围压 3MPa，应力条件下岩心老化 12h，以消除应力敏感的影响；③岩心上游端连接精密计量管，恒压模式下向岩心注入流体；④每隔一段时间对岩心进行称重或直接通过精密计量泵记录泵入岩心中的流体体积，自吸时间设置为 48h。

两块岩心压裂液自吸量实验结果见图 2，两块岩心均沿轴向方向发育 1 条单裂缝，岩样特征与裂缝-孔隙模型假设较为吻合，模型预测曲线与实验数据非常接近，验证了模型的可靠性。

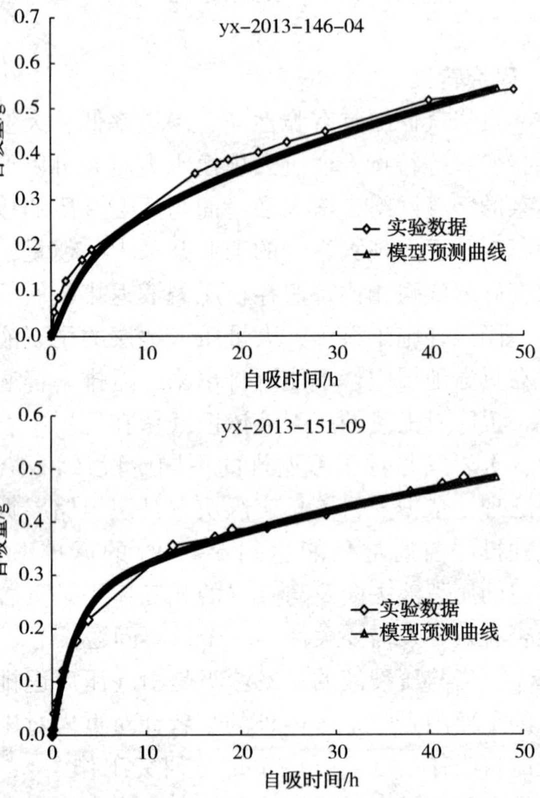

图 2 单裂缝-孔隙型页岩自吸量随时间的变化关系

3 敏感性因素分析

根据方程(8)，主要开展裂缝—基块耦合自吸方程的参数敏感性分析。主要包括裂缝宽度、裂缝充满系数、基块自吸驱替效率和基块孔隙度等参数对最终自吸量的影响。

3.1 裂缝宽度的影响

模型预测自吸量随自吸时间的关系曲线见图 3。结果显示，岩样的缝宽值越小，其最终自吸量也越大。因为，在考虑重力作用时，缝宽越小，岩样在裂缝中的自吸距离越远，也意味着由裂缝向基块自吸的有效自吸面积也越大，自吸量就越高。同时，放大初始阶段的自吸曲线，发现缝宽越大的岩样在初始阶段的自吸量增长速率越快。然而，由于缝宽越大，毛管力就越小，因而其自吸距离就越短，当裂缝向基块的自吸过程逐渐占据主导后，则是缝宽越小的岩样具有越大的自吸速率。

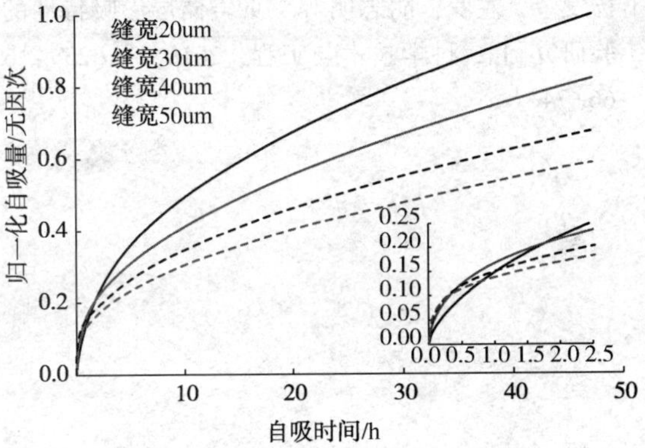

图3　缝宽对自吸量的影响分析

3.2　裂缝充满系数及自吸驱替系数的影响

裂缝充满系数和基块自吸驱替系数对自吸量的影响趋势比较简单，见图4及图5。两则数值的大小基本与最终自吸量呈正相关的显性关系，即自吸量随着裂缝充满系数和基块自吸驱替系数的增大而呈显性增大。不过需要强调的是裂缝充满系数和基块自吸驱替系数在物理意义上既有相似处又有差异。相似处即使两则均表示对孔隙空间的充满程度，差异则是造成这两者取值小于1的主要机理并不相同。

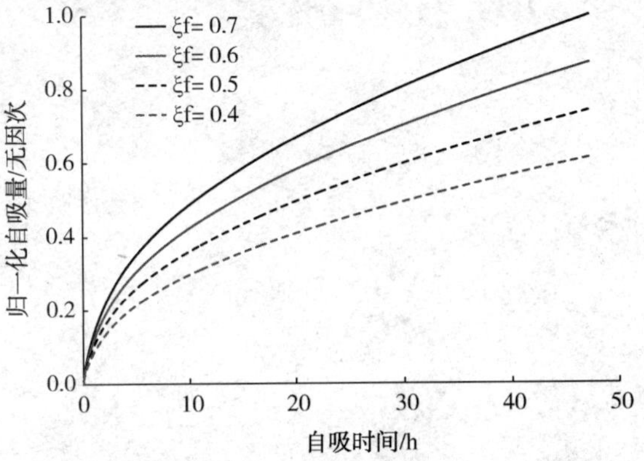

图4　裂缝充满系数对自吸量的影响分析

图4显示，随着基块孔隙度的增加，岩样的自吸量显著增大。但相比于前面几个参数，基块孔隙度对自吸量的影响机理更为复杂。因为基块

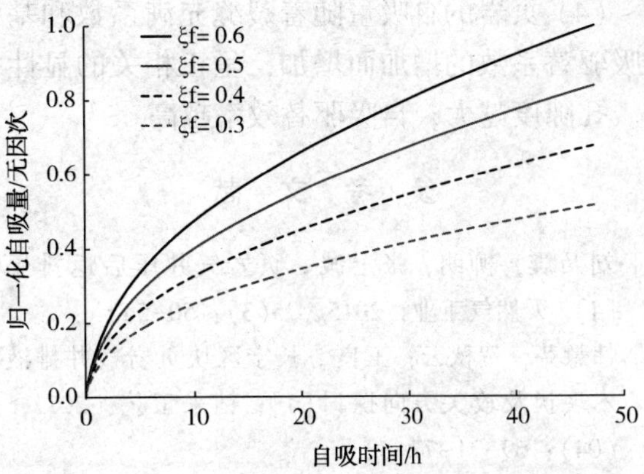

图5　基块自吸驱替系数对自吸量的影响分析

孔隙度不仅决定着基块中孔隙体积的大小和储存自吸流体的能力，还决定着自吸流动通道迂曲度和自吸驱替效率的大小。孔隙度越大，意味着孔道迂曲度越小，孔隙连通性越简单，自吸驱替效率自然也就越高，岩样就具有更强的自吸能力，自吸量自然也就越高。

3.3　基质孔隙度的影响

图6显示，随着孔隙度的升高，其对自吸量的增加幅度也越来越大，这也是得益于孔隙度既影响孔隙体积，又决定孔道迂曲度和自吸驱替效率的连锁反应。

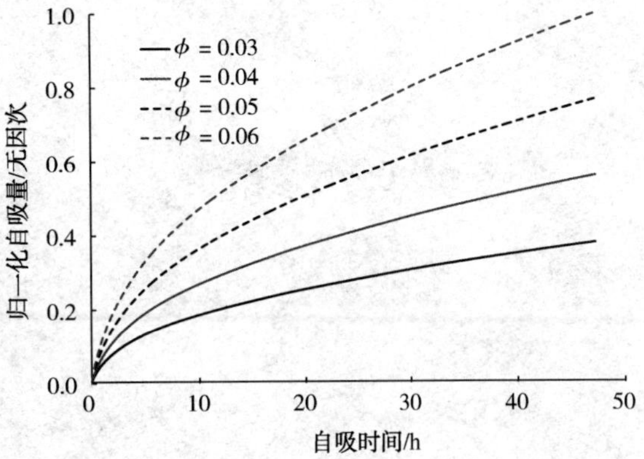

图6　基块孔隙度对自吸量的影响分析

4　结论

（1）页岩气井压后返排率普遍较低，普遍只能达到5%~30%，页岩对压裂液的自发渗吸是导致压后返排率低的主要原因。

（2）页岩裂缝-孔隙耦合的压裂液自吸实验结果表明，模型预测曲线与实验数据非常接近，验证了模型的可靠性。

（3）页岩裂缝缝宽越小，岩样在裂缝中的自吸距离越远，也意味着由裂缝向基块自吸的有效自吸面积也越大，自吸量就越高。

（4）页岩的自吸量随着裂缝充满系数和基块自吸驱替系数的增加而增加，呈正相关的显性关系。孔隙度越大，自吸驱替效率越高。

参 考 文 献

［1］刘乃震，柳明，张士诚．页岩气井压后返排规律［J］．天然气工业，2015，35(3)：50-54.
［2］韩慧芬，贺秋云，王良．长宁区块页岩气井排液技术现状及攻关方向探讨［J］．钻采工艺，2017，40(04)：69-71+77+5.
［3］高树生，胡志明，郭为等．页岩储层吸水特征与返排能力［J］．天然气工业，2013，33(12)：71-76.
［4］吕海刚，于萍，闫建萍等．四川盆地志留系龙马溪组泥页岩吸水模拟实验及对孔隙连通性的指示意义［J］．天然气地球科学，2015，26(08)：1556-1562.
［5］任凯，葛洪魁，杨柳等．页岩自吸实验及其在返排分析中的应用［J］．科学技术与工程，2015，15(30)：106-109+123.
［6］杨柳，葛洪魁，申颖浩．一种评价页岩储层压裂液吸收的新方法［J］．科学技术与工程，2016，16(24)：48-53.
［7］杨发荣，左罗，胡志明等．页岩储层渗吸特性的实验研究［J］．科学技术与工程，2016，16(25)：63-66+74.

针对阿尔油田特殊地层的自缔合压裂液研究

蔡敬耀　林　琳　澈　力

（中国石油华北油田公司二连分公司）

摘　要　阿尔油田是华北油田公司二连分公司的主力生产区块，低孔、低渗、强水敏，且冬季极寒，对于压裂液的性能要求较为苛刻。常规胍胶压裂液体系残渣较多，自缔合的聚合物压裂液体系通过物理作用相交联，对地层伤害小。选择阳离子聚丙烯酰胺作为稠化剂，在对交联剂、破胶剂等添加剂进行优选的基础上，进行自缔合压裂液体系配方及性能评价，应用后可以提高生产效率，降低施工成本，同时冬季施工为稳产增产提供了保障，可以满足二连阿尔油田压裂施工的需要。

关键词　自缔合压裂液；稠化剂；交联剂；破胶剂；携砂；岩心伤害；滤失；破胶

二连阿尔油田储层埋深1800~2200m，孔隙度4%~10%，渗透率$0.05\times10^{-3}\sim0.5\times10^{-3}\mu m^2$，水敏指数0.6~0.8，属于低孔、低渗、强水敏性储层，需要压裂液具有良好的耐温和抗剪切性能，确保施工成功率；残渣含量低，减少压裂液残渣对储层与支撑裂缝的堵塞伤害；对粘土防膨稳定性能好，降低压裂液对储层的水敏伤害；表面张力低，降低压裂液对储层的水锁伤害；破胶彻底、易返排。

由于胍胶体系存在残渣多、对储层伤害大、施工成本高、效果差等缺点，而聚合物压裂液由于市场来源丰富、低伤害、抗温、抗盐成本低等特性，逐渐被广泛用作压裂液的稠化剂。

按照其交联方式分为化学交联和物理交联两种。前者冻胶的空间网状结构是不可逆的，破胶较困难，残渣含量高，对地层伤害性高。自缔合压裂液体系物理交联，残渣低，以超分子间的静电作用为理论基础，以水溶性聚电解质为稠化剂，通过与带有相反的电荷的交联剂复配而成。

通过对自缔合压裂液各种添加剂如交联剂、破胶剂等进行研究与优选，优选出适合阿尔区块的压裂液配方体系，具有摩阻低、耐温、抗剪切性能好、造缝与携砂能力强、对储层伤害小、可用污水配液、冬季施工等优点。

1　自缔合压裂液交联机理

将表面活性剂加入到聚合物溶液中时，溶液中的主要作用力为表面活性剂分子自身的缔合作用，即表面活性剂分子自身缔合形成胶团，这也导致溶液的的表面张力和Zeta电位下降。继续加入表面活性剂后，溶液中的主要作用力变为分子间的静电吸引作用和表面活性剂分子间的缔合作用，阴离子表面活性剂分子吸附在阳离子聚合物分子链的周围形成聚集体，并且随着吸附的阴离子表面活性剂分子的增加，聚合物分子链邻近位置的表面活性剂通过自身的缔合作用形成缔合胶团，进而形成两个相对较大的胶束聚集体，进而相互连接，形成空间网状结构，使得体系的黏度上升；最后随着表面活性剂用量的进一步提高，溶液中的主要作用力逐渐转变为静电排斥作用，由聚电解质分子链周围所吸附的表面活性剂胶团进一步增多，分子链间存在静电排斥作用，当这种静电排斥作用高于表面活性剂分子间的缔合作用时，会使得体系中形成的部分空间网状结构造成破坏，所以会导致溶液的黏度发生下降（如图1所示）。

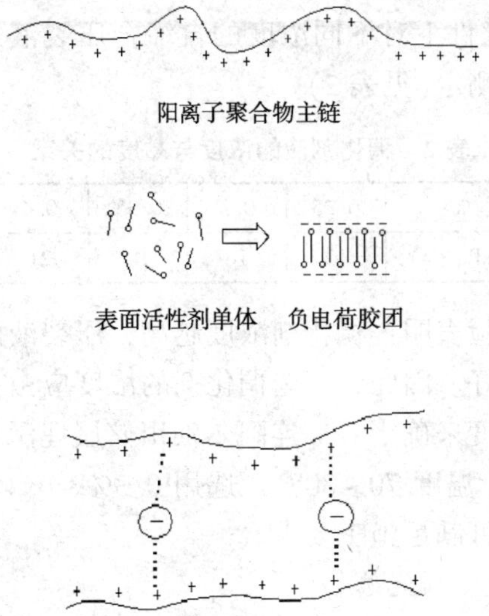

图1

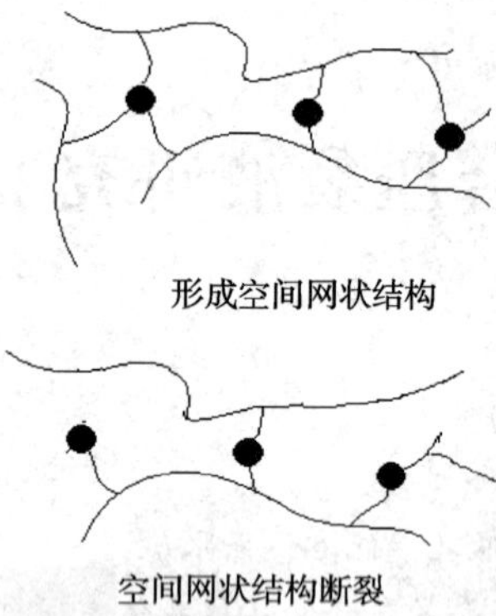

图1　自缔合交联过程

2　自缔合压裂液添加剂优选

2.1　稠化剂参数优选

选用阳离子聚丙烯酰胺为压裂液稠化剂，降低因压裂液残渣对储层的伤害(见表1)。

表1　稠化剂基本性能

稠化剂名称	水不溶物/%	黏度/(mPa·s)	交联性能
胍胶原粉	15.6	126	能挑挂
羟丙级胍胶粉(二级)	7.69	108	能挑挂
羟丙级胍胶粉(一级)	3.58	112	能挑挂
阳离子聚丙烯酰胺	0	220	能挑挂
羧甲基羟丙级胍胶粉	2.16	128	能挑挂

稠化剂的浓度与冻胶的性能有很大的关系。浓度小，达不到所需黏度，影响压裂液的携砂和造缝能力。浓度过大，黏度过高，不仅成本高，造成浪费，而且压裂液残渣高。必须选用适当的浓度，达到施工要求。

用六速旋转黏度计，在温度30℃、剪切速率$170s^{-1}$条件下对不同浓度的自缔合压裂液的黏度进行了测定(见表2)。

表2　稠化剂液的浓度与黏度的关系

浓度/%	0.25	0.3	0.35	0.4	0.45
黏度/(mPa·s)	12	16	18	21	25

试验表明：稠化剂浓度越高，压裂液的耐温性能越好。因此，所选稠化剂的浓度应由井深和地层温度来确定。二连阿尔油田储层埋深1800~2200m，温度70~80℃，选用0.3%~0.4%稠化剂，即可满足施工要求。

2.2　交联剂优选

交联剂能使稠化剂分子彼此交联在一起，形成网状结构，将水包裹在里面，形成黏弹性很好的冻胶，大大增强压裂液的造缝与携砂能力。

配制浓度为0.4%的聚合物稠化剂溶液，将其与市面上常用的五种阴离子表面活性剂进行复配形成压裂液，使用ZNN-D6型黏度计测试溶液的黏度变化情况(如图2所示)。

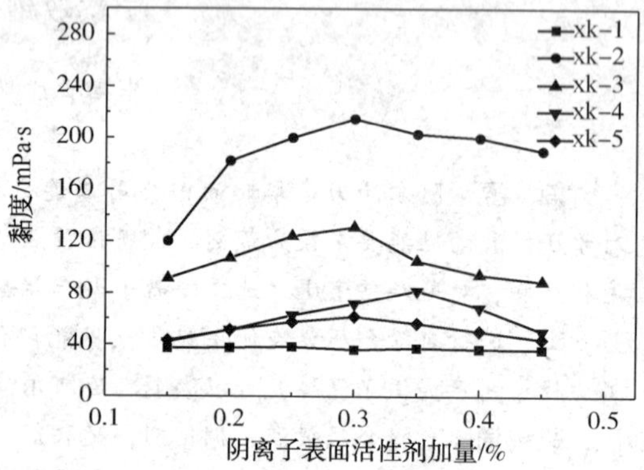

图2　不同阴离子表面活性剂的黏度变化

实验结果表明，表面活性剂XK-2的增粘效果最好，在用量为0.3%时，压裂液的黏度可以达到220mPa·s左右，因此相较于其他表面活性剂，选用XK-2作为压裂液体系的交联剂，与阳离子稠化剂复配，对压裂液体系的形成条件进行研究。

在压裂施工过程中，如果压裂液交联进行的很快，瞬间形成冻胶，不仅会使压裂液的摩阻升高，冻胶还会在压裂管柱中受到高速剪切而变稀，造缝与携砂能力变差；如果压裂液交联进行得很慢，进入地层后仍未交联，也会造成脱砂，使施工失败。因此，压裂液的交联时间要与压裂液流经压裂管柱的时间相一致，才能使压裂液性能达到最佳。

2.3　破胶剂的优选

破胶剂也是压裂液的主要组份之一，在压裂液中加入破胶剂，使压裂液在施工结束后尽快破胶水化返排，减少压裂液对储层的伤害。破胶剂的种类也比较多，应用较多的是氧化剂和酶制剂，常用的氧化破胶剂是过硫酸铵。在温度>53℃时过硫酸盐热解生成极活跃的硫酸基侵蚀聚合物，导致聚合物的分子量及其增稠能力下降：

$$O_3S-O：O-SO_3^{2-}\rightarrow SO^{4-}+SO^{4-}$$

当温度≤53℃时，仅用过硫酸盐，热解速度非常慢，加入低温活化剂(胺)后即可加速游离根的生成。

3　自缔合压裂液体系配方及性能评价

3.1　配方确定

通过试验，筛选出了性能较好的压裂液的各

种添加剂。根据井深与地层温度，确定出了适合不同区块水平井压裂改造的压裂液配方(见表3)。

表3 不同温度下稠化剂+XK-2压裂液配方表

井深/m	井温/℃	配方/%				
		稠化剂	交联剂	破胶剂	活化剂	增效剂
600~900	30~45	0.3	0.35	0.01	0.2	0.2
900~1200	45~55	0.3	0.35	0.01	0.2	0.2
1200~1500	55~65	0.35	0.3	0.005	0.2	0.2
1500~1900	65~75	0.35	0.3	0.003	0	0.2
1900~2300	75~85	0.35	0.3	0.001	0	0.2

3.2 压裂液性能评价

压裂液性能的好坏，关系到压裂施工的成败与压裂效果的好坏，下面对压裂液性能进行综合评价。

选取阳离子度为20%，分子量为180万的阳离子聚合物作为稠化剂，用量为0.4%；XK-2作为交联剂，用量为0.35%；采用污水，加入增效剂，将pH为5-6，配制压裂液和稠化剂基液。

3.2.1 表观黏度测试

量取所配置的聚合物和压裂液各500mL于烧杯中，使用ZNND型六速旋转黏度计测定聚合物和压裂液在常温、剪切速率为170s^{-1}下的黏度，通过三组平行实验取平均值(如图3所示，见表4)。

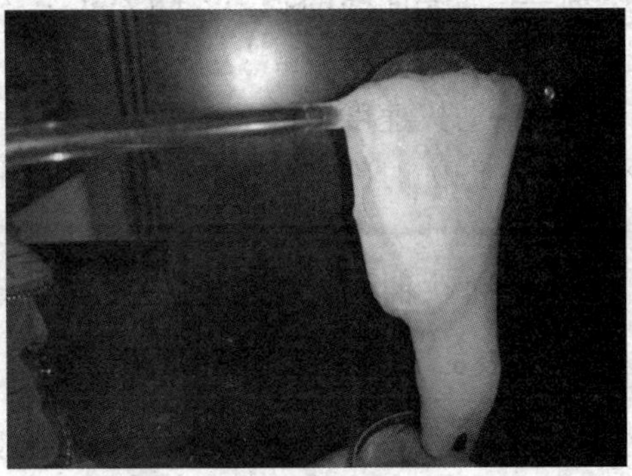

图3 自缔合压裂液状态

表4 聚合物溶液黏度测试记录

组数	1	2	3
聚合物溶液的黏度/(mPa·s)	18	17	18
压裂液的黏度/(mPa·s)	235.1	236.2	238.4

由测试结果计算，可得聚合物溶液的黏度为18mPa·s，而再加入交联剂后，压裂液体系的黏度可以达到236.6mPa·s，压裂液呈挑挂状态，可以看出体系在分子间的静电作用下形成的空间结构，使得体系黏度明显增加，符合压裂液施工过程中造缝和携砂的要求。

3.2.2 耐温耐剪切性能测试

实验室配制好压裂液后，使用HAKKE MARS Ⅲ高温高压流变仪测试压裂液在170s^{-1}剪切速率下，不同时间和温度下体系黏度的变化情况(如图4、图5所示)。

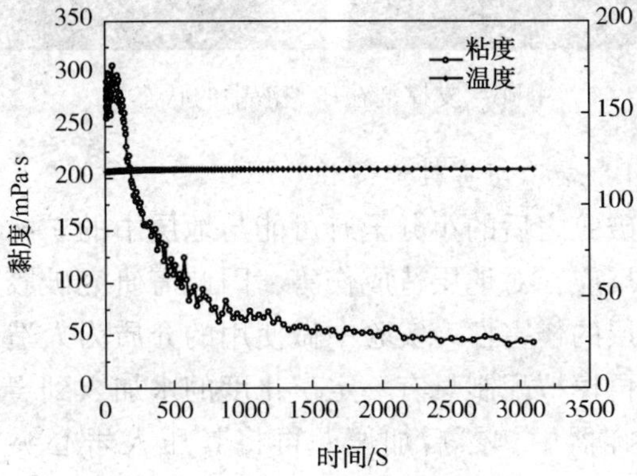

图4 自缔合压裂液在120℃下的黏时曲线图

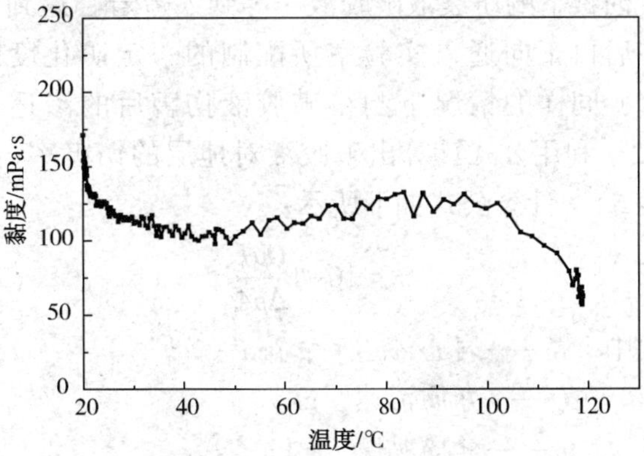

图5 自缔合压裂液的黏温曲线图

压裂液体系在经过高速剪切1h后的黏度仍在50mPa·s以上，符合石油天然气行业标准SY/T 6376-1808《压裂液通用技术条件》的要求。

3.2.3 携砂性能测试

携砂性主要测试支撑剂在砂比为60%时支撑剂在压裂液中的沉降情况(如图6所示)，沉降情况用沉降速度来表示。计算公式如下所示。

$$v=\frac{h}{t} \tag{1}$$

其中 h——支撑剂的沉降高度，m；

t——支撑剂的沉降时间，min。

由测试结果可得，在常温下，$v=2.78\times10^{-4}$ m/min。这表明，该压裂液体系携砂性能良好，可以满足现场压裂液携砂的要求。

图 6　支撑剂在压裂液中的状态

3.2.4　岩心伤害性能测试

破胶之后的小分子有可能与地层中的矿物质发生反应，对地层造成伤害，因此需研究破胶液对地层的伤害性。实验中做使用的介质为人造岩心，再模拟配制具有一定矿化度的水加入到岩心测试容器中，然后加压，再将其压入岩心夹持器，通过读取各个参数测试岩心的初始渗透率K1，然后再同样的实验条件下，反向通入一定温度油藏下的压裂液破胶液，等到人造岩心达到饱和后再正向通入实验室所配制的一定矿化度的水，同样的情况下测得破胶液伤害后的渗透率K2，利用公式计算出破胶液对地层的伤害率(见表5)。计算公式如下所示：

$$K=10-1\frac{Q\mu L}{\Delta pA} \tag{2}$$

式中　K——岩心渗透率，μm^2；

Q——介质流速，mL/s；

μ——介质黏度，mPa·s；

L——岩心横向长度，cm；

Δp——岩心前后端压力差，MPa；

A——岩心表面横截面积，cm^2。

$$\eta=\frac{K_1-K_2}{K_1}\times 100\% \tag{3}$$

式中　η——岩心渗透伤害率，%；

K_1——岩心初始渗透率，μm^2；

K_2——岩心挤出破胶液后的渗透率，μm^2。

表 5　破胶液伤害率结果

参数	K1	K2	η/%
测试结果	0.03874	0.03502	9.6

破胶液对岩心的伤害率仅为9.6%。

3.2.5　滤失性能测试

在3.5MPa、90℃下使用OWC-9508D型高温高压失水仪对压裂液进行测试，测定时间为36min，并准确记录滤失量。

数据处理：记录压裂液累计滤失量(见表6)，并作出累计滤失量随时间平方根变化的曲线图(如图7所示)。这一折线图基本为一条直线，其斜率为m，截距h。其中滤失系数C_3、滤失速度νc和初滤失量Qsp按公式4计算。

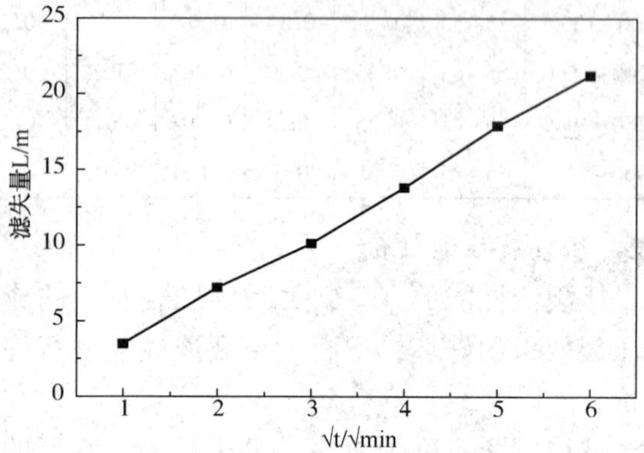

图 7　压裂液滤失量图

$$C_3=0.005\times\frac{m}{A}$$

$$v_c=\frac{C_3}{\sqrt{t}} \tag{4}$$

$$Q_{SP}=\frac{h}{A}$$

式中　C_3——滤失系数，m/min；

m——滤失曲线的斜率，mL/min；

A——滤失面积/cm^2；

ν_c——滤失速度，m/min；

t——滤失时间，min；

Qsp——初滤失量，m^3/m^2。

h——滤失曲线直线段与y轴的截距，cm。

表 6　压裂液滤失量记录表

时间/min	1	4	9	16	25	36
滤失量/mL	1.8	4.2	7.1	9.5	11.8	15.2

经计算可得，压裂液初滤失量 $Qsp=0.0388m^3/m^2$，滤失系数：$C_3=3.24\times10^{-4}m/min^{\frac{1}{2}}$。

3.2.6　破胶性能测试

过硫酸盐是使用较多的破胶剂，它的破胶机理是过硫酸盐在水溶液中产生酸和游离态的氧，使压裂体系的pH降低，破坏凝胶的交联结构，使其形成黏度较小的水溶液。过硫酸铵的分解温度在60℃以上，因此对于温度在60℃以下的油藏，需加入活化剂进行破胶来缩短破胶时间，通过调节破胶剂和活化剂的用量来尽可能的减少残渣含量(见表7)。

表7 低温条件下的破胶性能

温度/℃	活化剂用量/%	破胶剂用量/%	破胶时间/min	破胶液黏度/(mPa·s)	残渣含量/(mg/L)
30	0.25	0.030	112	2.6	1.20
40	0.20	0.030	104	2.2	0.94
50	0.15	0.025	100	2.4	0.63
60	0.10	0.025	98	1.8	0.42

该自缔合压裂液体系的破胶时间小于2h，破胶液的黏度较低，小于3mPa·s，残渣含量小于1.20mg/L，各指标均符合石油天然气行业SY/T 6376—1808《压裂液通用技术条件》通用标准的返排要求，不会对地层造成伤害以及可能引起的水污染等问题。

3.2.7 抗低温测试

分别取20mL增效剂、活化剂、XK-2交联剂，采用自冷式凝固点测试仪测试各自凝固点。其中，在-15℃时，增效剂，XK-2交联剂均未凝固。-7℃时，活化剂未开始凝固。足以证明，其在冬季是完全可行的。

4 结论

自缔合压裂液无需逐罐配液，可直接配制，能够在山地、沙漠干旱地缺少水源、压裂液返排液处理难度大、环境敏感等地区使用，不仅降低了工人劳动强度，提高了生产效率提升了压裂施工增产效果，更重要的是降低了施工成本，同时冬季施工为稳产增产提供了保障。

参 考 文 献

[1] 何静，王满学，杨志刚，等. 化学剂对阳离子型清洁压裂液破胶作用的影响[J]. 钻井液与完井液，2010，27(6)：65-67.

[2] 卢拥军，方波，房鼎业，等. 黏弹性表面活性剂胶束体系及其流变特性[J]. 油田化学，2003，20(3)：291-294.

[3] 郭丽梅，陈利红，武首香，等. 黏弹性表面活性剂的流变性质[J]. 钻井液与完井液，2007，24(3)：49-53.

[4] 王满学，刘易飞. 一种低伤害的清洁压裂液VES-1研制与应用[J]. 石油与天然气化工，2004，3(33)：188-192.

[5] Samuel M M，Card R J，Nelson E B，et al. Polymer-free fluid for fracturing applications[J]. SPE Drilling &Completion，1999，14(4)：240-246.

[6] 张士诚，庄照锋，李荆，等. 天然气对清洁压裂液的破胶作用[J]. 天然气化工，2008，28(11)：85-87.

大庆长垣多薄储层直井连续油管精控压裂技术

刘　鹏　贾岩学　刘玉喜

（大庆油田有限责任公司井下作业分公司）

摘　要　大庆长垣老区储量丰富，但层系多、非均质性严重，实现所有小层的高效动用是一直以来困扰油田的难题和技术瓶颈。以往受工艺和管柱限制，有38.1%厚度的储量没有得到充分释放。，通过创新短坐封距工具、机械定位器等核心技术，采用连续油管对全井自下而上进行逐层改造，达到每个小层改造规模精准控制。通过现场实施，可实现0.2m以上厚度储层精确地位改造，单井最多压裂30段，充分动用每一个小层的储量，不丢层；无需上常规作业队，下井工具少、安全性高，时效较常规工艺提高43%。试验井压后初期日产油5.9吨，是同区块的3.3倍，投产384天累计产油2279t，是邻井的4.2倍，投入产出比1∶3.1。

关键词　大庆长垣；多薄储层；连续油管；精控压裂

大庆长垣老区储量丰富，但层系多、非均质性严重，实现所有小层的高效动用是一直以来困扰油田的难题和技术瓶颈。如大庆长垣三类及表外储层一直是长垣水驱的主要开发对象，目前三类油层采出程度在33%~42%之间，剩余储量10.8~12.5亿吨，表外储层地质储量7.2亿吨，这些储量占长垣喇萨杏油田总剩余储量的72.3%~79.1%。

以往受工艺限制（一般分3-4段改造，每段4~5个小层，排量3~4m^3/min，每个小层平均吸液排量仅有0.8m^3/min左右），每个层的进液无法实现准确控制，有的小层进液多，过度改造；有的层进液少，改造不充分，这类储层大约占到55.8%。近几年，通过细分控制和极限压裂工艺技术的研究应用，采用细分层段避免缝间干扰以及发展多层管柱等措施，虽然大幅度提高了小层压开率，但受孔眼、排量和改造规模的限制，仍然有占全井38.1%厚度的储量由于改造的不均衡没有得到完全释放。

为此开展了直井连续油管精控压裂技术研究。通过创新研发短坐封距工具、独特设计的四平面喷枪以及机械定位器等核心技术，对全井自下而上进行逐层精细改造，实现了对每个小层改造规模的精准控制，取得了显著效果。

1　工艺技术难点

一是对于0.2m厚度的储层，连续油管精准定位射孔难度大。长垣三类及表外薄差层，纵向小层多（平均单井23个）、厚度小（0.2-0.4m小层占40%）、隔层薄（1.0m以下隔层占50%以上），实现精准定位难度大。

二是储层破裂压力高，J55低钢级套管（抗内压36.7MPa），环空加砂压裂易超压导致压不开。

2　工艺技术的攻关

2.1　连续油管精准定位技术研究应用，实现了0.2m储层的精确定位改造

常规油管分层压裂时，多采用油管带封隔器和喷砂器等分层工具进行改造，两个封隔器中间加一个喷砂器就组成了一个卡距段，最短也要2.58m。由于三类及表外储层发育井区储层，厚度0.2~0.5m的占60%，隔层厚度1.5~2m的占30%，这个长度的井深距离就可能发育好几个小层，压裂时就不可能使所有小层实现单独分卡分压，且直井一般为多层压裂，多个层段依次改造时矛盾更突出、问题更复杂。

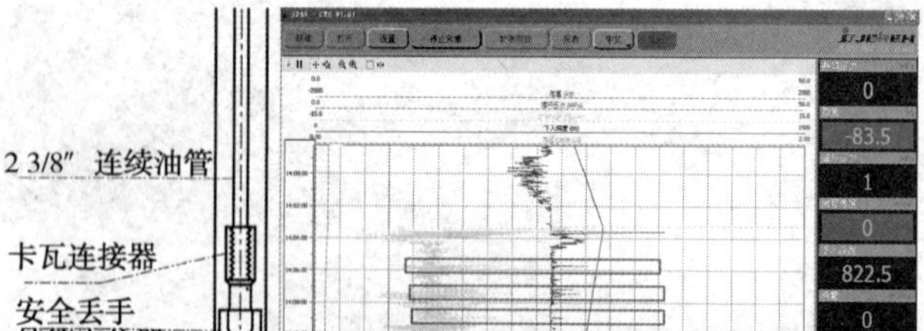

图1　连续油管精确定位示意图

为此，通过自主设计的底封工具，喷枪中部到

胶筒距离只有1.25m，采用连续油管精细起下、收放，同时通过连续油管机械定位器精准定位技术，实现工具串定位每个目标层，保证误差在0.2m以内，从而实现小层的单独改造(如图1所示)。

前期，在采油四厂杏南油田完成3口井44段先导性试验，单井最多压裂21段，定位的储层最小厚度0.2m，其中一口井压后采用四十臂井径测试9段，单层射孔平均误差在0.06m，远远小于0.2m。因此，实现0.2m储层的精确定位改造，是直井连续油管精控压裂精准定位的技术核心。

2.2 针对不同小层物性差异，实现了改造规模的精准优化和控制

采用常规射孔压裂的井，单卡段内1-3层不等，由于受油管压裂时施工排量限制和缝间干扰的影响，每个小层分配的排量很小，低于每分钟1方，提高施工排量到极限，也不会超过每分钟2方，所以往往是部分小层压不开，压开了的储层，物性条件好的吸液过多、条件差的吸液少甚至不吸液，导致改造不彻底，从而无法实现与油藏均衡注采相匹配的合理改造。直井连续油管精控压裂技术的优化实施就是这样，每次只改造一个小层，针对各小层的物性差异，优化设计不同的改造规模，同时小层排量提高到每分钟5方以上，较以往提高2.5~5倍，实现了潜力层100%的精控改造(如图2所示)。

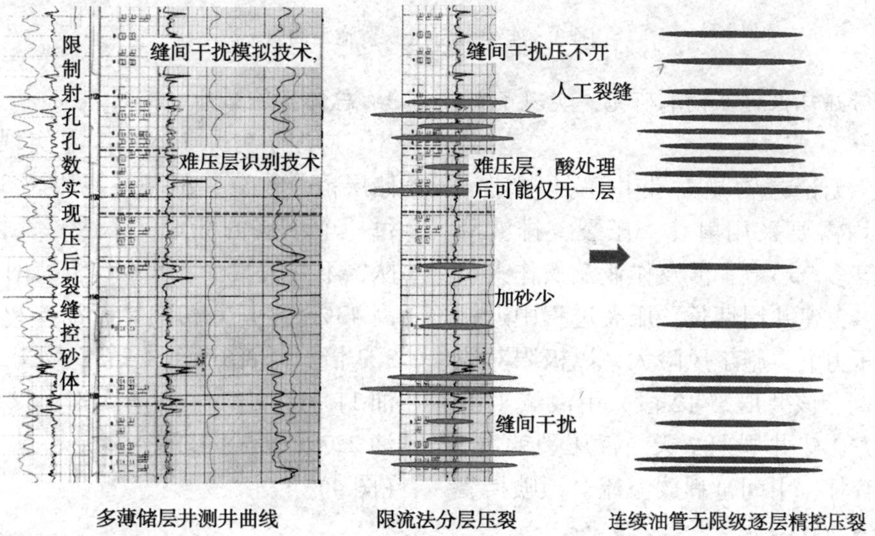

图2 连续管精控压裂示意图

以X6-D4-X747井为例：自然小层18个、厚度0.2~1.6m，隔层0.8-2.0m，采用限流法压裂模式只能分4个层段改造，这种情况下，3个灰色泥岩层肯定压不开，3个表外层会表现为进液少，改造不均衡。采用连续油管精控压裂模式，12个小层单独改造，能够压开泥岩层，沟通有利砂体，而且每个小层规模可控，实现均衡改造。这口井压后初期日产液26.7t，日产油11.7t，是区块的6.2倍；产油强度每m1.33t/d，是区块的9.5倍。所以，实现纵向非均质条件下的储层精控改造，是直井连续油管精控压裂改造规模精准控制的技术关键。

2.3 通过对射孔、压裂方式的优化，在J55低钢级套管内实现环空加砂压裂

这类井多采用J55+N80钢级套管完井，抗内压只有36.7MPa，油管压裂模式，单段施工排量每分钟3.8~4.2m^3，施工压力在35-50MPa，稍微提高排量施工压力马上会上升到限压值、导致施工终止，要实现能力突破，就必须要降低地面施工压力。

为此，从技术实施上，优化创新精控压裂的工艺参数设计，通过射孔参数、排量优化及现场施工控制，射速由以往的正常每秒230m提高至每秒300m，进而增加喷射距离0.8~1.0m，突破水泥环及近井污染带，降低岩石破裂所需的地面最低施工压力；依据井层深度，将连续油管由正常的3340m优化缩短至1400m，降低由于长度影响的油管内摩阻8.2~13.6MPa，管内排量提高到1.3m^3/min，这样就可以采用连续油管管内先射孔压开裂缝、套管环空压裂逐级提排量使其延伸的方式，在施工压力20~30MPa范围内完成工艺实施，降低了压裂工艺对完井套管的要求标准，扩大了工艺可实施可应用的范围。

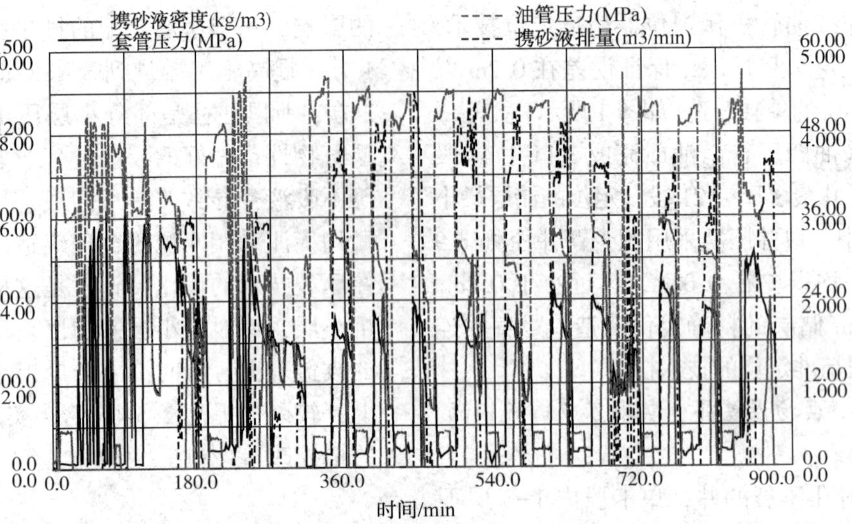

图3 连续管精控压裂施工曲线

2.4 连续油管带压环保作业技术研究，实现了新井环保快速投产

常规压裂，无论是常规射孔井还是限流法井，完成施工均需要采用射孔、压裂、排液降压、下泵方式等多个环节，涉及作业及操作人员多，配合单位多，建井周期长，压裂过程中返排液量大、环保压力大、施工风险大。以极限对应压裂一口井为例，该井压裂12段，用液量1240方，砂量192方，建井周期7天，仅压裂就占3天，起下两趟管柱，中间过程放溢流、顶喷换管柱，又产生废液200余方。

以"工艺实施必须最经济"为出发点，优化确定出直井连续油管精控压裂作业新模式，以连续油管队伍为主，完成洗井、射孔、压裂等起下主体作业；作业队伍为辅，完成井场准备、井口地面管线连接等配合作业，既高效又节省成本。以施工的杏6-丁4-斜747井为例，总液量1895方，通过通洗井、射孔、压裂一体化环保施工，施工周期5天，较以往效率提高51.5%，实现了污油、污水不落地、零外排。

以四厂完成的3口井，经现场跟踪写实，平均单井268.01万元，排除天气、设备等异常因素影响，测算有效施工周期仅5天，单井成本仅230.4万元，技术优势、成本优势明显，具有规模推广价值。因而，实现连续油管全程带压不放喷施工，是直井连续油管精控压裂快速环保作业的技术优势。实施效果：试验4口井，单井用液量3198m^3，压后初期日产油5.8t，是初次压裂的1.35倍、压前的4.9倍。

3 总体实施效果

应用7口井116层，可实现0.2m以上厚度储层精确改造，单井最多压裂30段，充分动用每一个小层的储量，不丢层；无需上常规作业队，下井工具少、安全性高，时效较常规工艺提高43%。7口井初期日产油5.9吨，是同区块的3.3倍。以杏6-丁4-斜747井为例，压后日产油11.7t，是邻井的4.5倍；投产384天累计产油2279t，是邻井的4.2倍，投入产出比1：3.1（图4）。

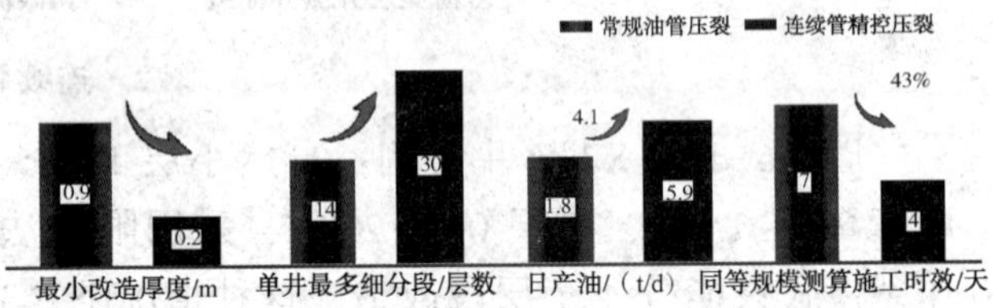

图4 常规油管压裂与连续管精控压裂对比

4 结论

（1）直井连续管精控压裂技术，在压裂设计理念上，实现了由"精细压裂"向"精准压裂"的转变，同时也实现了地质分层的逐级精准改造。该工艺的实施可以大幅提高三类及表外薄差储层改造程度及措施增油量，同时也表明已投产的8000口老井和新井可大幅度提高产能，真正实现10.8亿吨该类储量开发的"少井高产"，从而降低百万吨产能建设投资。

（2）在压裂改造能力上，实现了小层改造由精准压裂向精控压裂的延伸，达到针对不同非均质储层间的均衡改造。通过对每个小层改造规模的精准控制，“把每一个油层的储量都变成产量”，在国内首次实现了直井多薄储层的“无级限精控压裂”。

（3）整体配套技术改变了原来通洗井、射孔、压裂分离作业模式，有效减少了施工中间环节，实现了新井污油、污水不落地零外排的环保快速投产作业。

（4）推动常规作业模式的改变，初步实现了由“人工作业占一定比例的作业服务”向“高端设备+核心技术+科技人才”为主导的科技型服务公司的转变，提升了企业竞争能力。

参 考 文 献

[1] 徐再红．葡萄花油层水平井压裂效果分析[J]．中国科技博览，2013(3)：31.

[2] 苏良银，庞鹏，白晓虎，黄婷，段辉鹏．低渗透水平井重复压裂技术研究与应用．石油化工应用，2015，34(12).

[3] 段晓军，党玲，袁理生，闫育东．水平井选段重复压裂工艺研究与应用．中国石油和化工标准与质量，2012，32(2).

[4] 陈辉，孙秀芝，吕光．压裂水平井裂缝布局研究[J]．石油天然气学报，2013(1).

利 567 块特低渗油藏压裂技术研究及应用

满文华　宋清新　李宏忠　宋斗贵　郭宝民　隋伟鹏

(中国石化胜利油田分公司)

摘　要　近年来，随着国际油价低位运行，利 567 块低渗透油藏因储层物性差，油层改造投入费用高，开发效益差，对此开展了井工厂压裂技术研究与应用，通过配套桥塞多级分段压裂工艺，优化了分簇射孔、施工排量，划分了经济压裂段数，实现了大跨度储层均衡改造的一次性动用开发，提高储层改造针对性及效果；配套可溶桥塞，有效解决了传统桥塞后续处理过程工期长、作业费用高的问题，提高开井时率 10-20 天/井；实验成功油田回注污水实时混配压裂液体系，降低投入费用，实现了污水资源化利用；建立了井工厂运行体系，表单管理，实现流水线作业压裂，确保压裂全程安全、顺畅、高效，实现了利 567 块低渗透油藏高效开发。

关键词　特低渗透；井工厂；多级分段压裂；可溶桥塞

1　区块概况

1.1　油藏概况

利 567 块构造上位于滨南-利津断裂带的东段，东营凹陷北部陡坡带西段二台阶，北为陈家庄凸起，西邻滨县凸起，南为利津洼陷，油藏埋深 2500~3400m，开发层段为沙四段 6-10 期次，储层岩性以含砾砂岩、砾状砂岩、中砾岩为主的砂砾岩储层，平均孔隙度 8.5%，平均渗透率 5.18×10^{-3} um^2；地层压力 30.95MPa，压力系数为 0.97；地层温度 121℃ ~ 138℃，地温梯度 3.58℃/100m，原油密度 0.8405g/cm^3，原油黏度 1.48mPa·s，属低孔、特低渗、常温常压、构造--岩性稀油油藏；本次动用面积 2.2km^2，动用地质储量 197×10^4t，一套层系开发，新钻油井 5 口，利用老油井 3 口，井距 500m，单控储量 24.6×10^4t。

1.2　开发难点

通过油藏方案和前期试油试采分析，该区块属于低孔特低渗油藏，自然产能低，压裂增产效果显著，因此需要压裂改造才有工业油流，开发成本高；并且储层一次性动用、一套层系开发，含油井段长(265-420m 左右)，纵向 4 个期次(6、8、9、10 期次)，含油小层数多(29~42 个)，一次性动用、一套层系开发，储层均衡改造难度大。

2　井工厂压裂工艺技术研究与应用

根据区块完钻井的储层分布看，6-10 期次油层跨度 265~420m、油层 29~42 个。针对油藏储层一次性动用、一套层系开发的要求，优化研究大跨度多油层如何进行分段压裂，根据新井平均分 4-5 段压裂要求，对比了目前常用三种分段压裂完井，优化采用桥塞分段压裂完井，该工艺能实现全通径压裂施工，便于提高排量，提高施工成功率；能实现多簇射孔，保证每段储层改造充分；分段费用低，能有效降低成本。

2.1　优化研究射孔压裂参数，最小的段数、最大的改造体积

5 口新井层段最少 18 个，最多 63 个，孔隙度小 1.03-14.82%，渗透率低 0.01~11.78×10^{-3} um^2，一般小于 3×10^{-3} um^2，泥质含量一般高于 20%，跨度在 276~374m，测井解释的油层厚度普遍偏低，干层厚度较大(见表 1)。针对大跨度、多油层油藏，单段改造厚度对储层改造程度影响较大，以利 567-斜 2 井为例进行了射孔优化和排量优化，保证储层的充分改造。

表 1　压裂层段统计表

井号	深度/m	跨度/m	孔隙度/%	渗透率/(10^{-3}um^2)	泥质含量/%	油层和干层厚度/m	油层厚度/m	干层厚度/m
利 567-斜 2	3100-3440	340	2.6-9.9	0.02-2.63	3.6-53.5	235.5	51.8	183.7
利 567-斜 3	3080-3360	280	1.25-11.07	0.01-3.68	7.1-49.6	212.5	61.6	150.9
利 567-斜 4	2926-3265	339	1.3-10.46	0.01-8.92	6.9-52.4	253.4	41.2	212.2

续表

井号	深度/m	跨度/m	孔隙度/%	渗透率/($10^{-3}um^2$)	泥质含量/%	油层和干层厚度/m	油层厚度/m	干层厚度/m
利 567-斜 5	2921-3197	276	1.03-10.24	0.01-2.73	8.42-49.6	168.3	42.3	126
利 567-斜 6	2966-3340	374	1.53-14.82	0.01-11.78	6.2-43.55	189.6	19.6	170
平均		321.8				211.86	43.3	168.56

2.1.1 分段压裂优化

针对利 567 区块大跨度、多油层油藏，单段改造厚度对储层改造程度影响较大，单段改造厚度越大，所需分段数也就越少，相应的也就降低了压裂费用，以利 567-斜 2 井为例进行了射孔优化和排量优化[1]，保证储层改造充分的前提下，选择最优的单段改造厚度。

射孔优化分别进行了同样射孔长度的集中射孔和分簇射孔的裂缝延伸模拟，根据模拟结果可以看出，集中射孔裂缝高度 50m，而分簇射孔裂缝高度达 62m，分簇射孔在纵向上改造的高度是集中射孔的 1.24 倍，分簇射孔纵向改造范围大，储层改造也充分(如图 1、图 2 所示)。

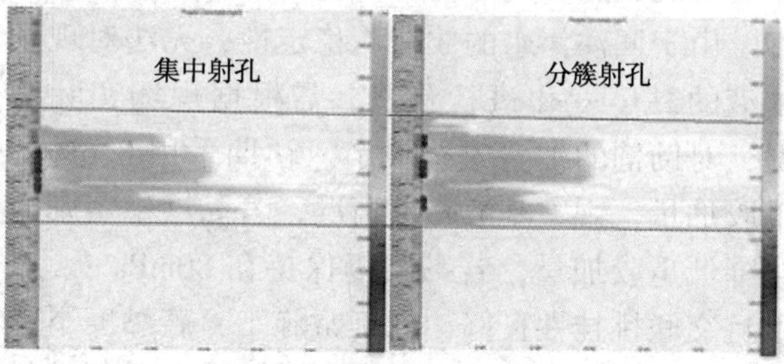

图 1 射孔优化裂缝模拟

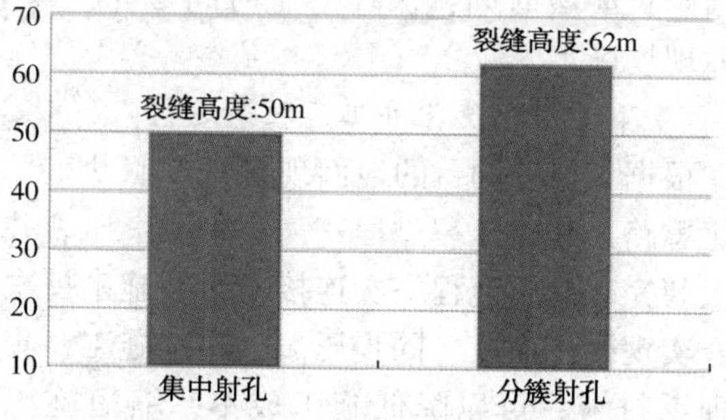

图 2 集中射孔与分簇射孔裂缝高度柱状图

排量优化分别进行了排量 4-9m^3/min 的裂缝模拟，可以看出，裂缝高度随着排量的增加而增大，当排量大于 8m^3/min 后，缝高增长变缓(如图 3 所示)。

因此采用大排量施工可以纵向上改造更大储层厚度，减少分段数，降低成本，施工排量 8-9m^3/min。

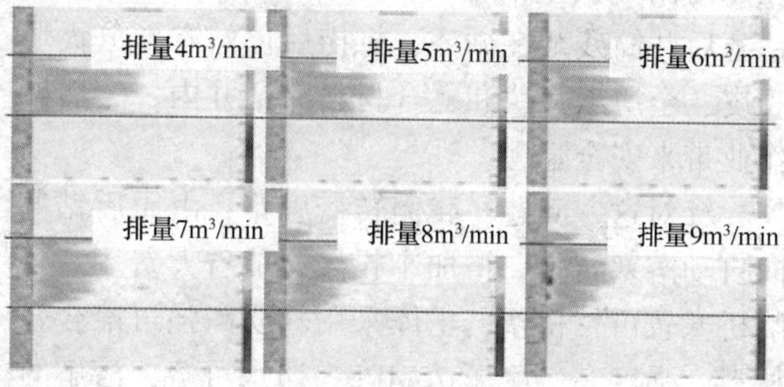

图 3 不同排量裂缝模拟图

根据上述模拟，结合实际经验，制定了适合该区块大跨度多油层分段压裂优化的基本原则：首先需保证上下各个储层全面均衡有效改造，结合应力剖面，保证每段压裂之间有高应力隔层能阻挡裂缝互窜，推荐多簇射孔，大排量施工，单段改造厚度在 50-70m，对于产能贡献小、影响分段的小薄层必要时采取舍弃，含有水层需考虑避开水层。

以利 567-斜 2 井为例，进行了分段数与产能的优化。根据储层分布、物性、应力剖面、寻求主力油层段分别进行了分 4 段、分 5 段和分 6 段的分段裂缝模拟，以及不同分段数的产能-投入预测，由 4 段增加到 5 段，“增加收入”大于“增加投入”，而由 5 段增加到 6 段，“增加收入”小于“增加投入”，分 6 段投入大，回报低。利 567 块中部位置和边部位置油层厚度不同，利用上述分段优化方法，对不同位置的油井进行模拟，单井分 4-5 段压裂施工。

2.1.2 压裂工艺优化

为提高单井产能、降低施工成本，优化采用高速通道压裂工艺，由传统压裂的“面”支撑变为“点”支撑，通过提高裂缝导流能力和有效缝长，从而提高压后产能。通过砂砾岩储层缝长与砂量之间关系模拟，造相同缝长的裂缝，高速通道压裂与常规压裂比支撑剂量降低 30%，且导流能力显著提高，平均压后产量提高 20%-50%，大大降低了施工成本。

2.2 优化可溶桥塞，降低钻塞风险，提高开井时率

目前常规可钻式桥塞，是在压裂结束后下钻具磨铣，一是需要采用大修设备或者连续油管钻塞，作业费用增加40万~60万元，增加作业施工成本，二是井深3000~3400m，钻塞过程易造成井下事故，增加作业周期，三是钻塞期间需要往井内循环大量液体，产层有一定程度的污染，钻塞后井筒残杂在循环、打捞后仍然有部分大块胶皮、金属卡瓦块和复合材料滞留井内，为后期作业带来安全隐患。

针对这一问题，我们转变思路，由压后钻塞向自动溶塞转变，增加小投入，节省大费用。可溶桥塞较可钻桥塞，主体采用轻质高强可溶合金材料，强度高，耐压70MPa，遇水可溶，溶解时间可控。桥塞本体及胶筒均可溶，溶解介质无特殊要求(无需酸或盐等特殊辅助物质)，在压裂液、返排液、酸液以及清水中均能溶解，该桥塞表面涂有温控涂层，在与压裂液、返排液、酸液以及清水接触的前72小时内不发生反应；当涂层被逐渐溶解后，溶解速率随温度、井下压力影响，速率加快；温度越高，溶解速率越快，桥塞本体材料溶解速率。压裂施工结束后，可溶桥塞在高温高压环境下与井筒内液体发生化学反应，溶解后随返排液排出井筒。并且可溶桥塞较可钻桥塞，施工过程相同，不增加施工风险。可溶桥塞，有效解决了传统桥塞后续处理过程工期长、作业费用高的问题，可溶桥塞的使用可以大幅降低压裂作业的后期施工费用，并且提高开井时率10-20天/井。

2.3 优化研究回注污水实时混配压裂液

利567块目的层段埋藏深度2500~3400m左右，井温121~138℃，储层为常温、常压系统油藏，单井压裂液用量大，为保护油层、满足施工要求，优选低浓度瓜胶压裂液体系，该体系具有聚合物用量低、易返排、对地层伤害小、可现场实施混配[3]的特点；井场周围有利津联合站回注污水，因此开展回注污水实时混配压裂液研究，减少压裂液的车辆转运，降低劳动强度及费用，并且实现污水的资源化利用。

从联合站取回注污水，有刺激性油气味，初期外观稍混浊，有悬浮油滴，久置则油滴聚焦并吸附在桶壁；桶底部出现少量絮凝物，水的混浊度逐渐降低。

利用该回注污水，配制速溶瓜胶压裂液，主要可能出现以下现象：

一是压裂液提前交联，利567地层处理水的pH值为7.5-7.7，初期水温为38℃，虽然pH值稍高，但水温较高，速溶瓜胶分散性较好，增稠速度中等。由于回注污水中含有能引起交联的离子，若压裂液基液中混入碱性物质(如纯碱、火碱或其它碱性助剂)，则极易引起压裂液提前交联，不能从储液罐中排出。通过实验优化，在配液过程中不加pH值调节剂，且所加的杀菌剂、助排剂、防膨剂、防乳化剂等不得含有碱性物质；这种配液方式有利于提高配液速度，减少配液后的清罐；配液前用清水彻底清洗储液罐、配液罐、配液泵及管线，防止碱性材料残留，直至洗出水的pH值不超过7为合格。

二是压裂液基液降解，回注污水中含有能引起瓜胶降解的物质，在压裂液基液存放一定时间后，黏度会自动降低，另外，还含有较多固相机械杂质，会引起一定程度的絮凝，可能造成底部瓜胶浓度较高而上部较低。通过实验，回注污水放置时间越久，则配出的压裂液基液的稳定性越好。由于回注污水的放置不稳定性，无法对现场配液的黏度变化进行预测，需根据现场实际情况，对助剂的加量进行调节。初期采用0.6%的瓜胶加量，观察基液降粘情况，若黏度稳定则适当降低瓜胶加量，若黏度仍保持在80mPa·s以上且交联挑挂性良好，则正常施工，若黏度下降严重，则考虑补加瓜胶措施。瓜胶溶胀时间越长则稳定性越好，为保证瓜胶能够充分溶胀，需要适当延长配液时间，循环溶胀时间25min以上，保障现场施工。

2.4 表单管理，优化井工厂压裂运行

根据5口井同台的地面现状，按照井工厂工序化思路，建立压裂过程三大流水线：压裂井口一次装完、高压流程一次连接、压裂施工一次完成，实现同步作业、同步压裂、连续施工、集中处理返排液；可以降低施工成本，缩短施工时间。井工厂压裂施工流程优化(1天2-3段)：一套车组，采用2口井一组，交叉压裂施工，压裂施工的同时进行桥塞施工[2]。

5口新井一个井台，通过计算采用“井工厂整体压裂开发”和“常规单井压裂开发”比较，可节约直接费用89.6万元(见表2)，同时还可减少作业时间、加快投产进度、降低动迁过程中的安全隐患，实现集中高效开发。

表 2　井工厂与常规压裂开发的节约费用统计表

节约费用名称	节约次数（次）	单次节约价格（万元）	合计（万元）
储液罐动迁费	4	4	16
车组动迁费	4	12	48
桥塞设备动迁费	4	4	16
罐底压裂液	4	2.4	9.6
合计			89.6

“井工厂”地面情况复杂，多部门交叉施工，组织运行难度大[4]，主要体现在：井场狭小受限，施工过程复杂，指挥调度难；参与部门多，各部门工序之间交叉作业衔接难；作业工程工作量大，压裂井多，对质量要求高，因此打破常规作业运行方式，实施工序化、流水线施工，建立井工厂运行体系，根据桥塞压裂运行特点，制定压裂走泵表单、压裂试压表单、射孔(桥塞)管串入井表单、压裂施工协作表单、射孔(桥塞)管串出井表单、投球表单等表单，落实班前会、责任人、确认人制度，处处有负责、时时有回应、事事有签认，实现压裂全过程监控管理，确保压裂全程安全、顺畅、高效，提高运行效率。

2.5　取得的效果

利 567 块桥塞分段压裂改造 5 口井 20 段，经过精心的前期准备工作，现场于 2018.4.15 开始施工，在 10 天时间内完成了 5 口井 20 段的射孔、桥塞、压裂施工任务(见表 3)，平均单井施工周期 2d，较常规单井压裂减少 2d，施工效率提高 100%，显著缩短了施工周期，降低压裂车组费用，累计用压裂液 9750m^3，累计加入支撑剂 778m^3，圆满完成了设计任务。

表 3　施工过程统计表

日期	压裂施工	桥塞、射孔施工
第一天	斜 3 井第一段	斜 3 井第一段 斜 3 井第二段
第二天	斜 3 井第二段 斜 3 井第三段	斜 3 井第三段 斜 3 井第四段
第三天	斜 3 井第四段	设备转移 斜 2 井第一段 斜 5 井第一段
第四天	斜 2 井第一段 斜 5 井第一段	斜 2 井第二段 斜 5 井第二段
第五天	斜 2 井第二段 斜 5 井第二段	斜 2 井第三段 斜 5 井第三段
第六天	斜 2 井第三段	斜 2 井第四段
第六天	斜 5 井第三段 斜 2 井第四段	斜 5 井第四段
第七天	斜 5 井第四段	设备转移 斜 4 井第一段 斜 6 井第一段
第八天	斜 4 井第一段 斜 6 井第一段	斜 4 井第二段 斜 6 井第二段
第九天	斜 6 井第二段 斜 4 井第二段 斜 6 井第三段	斜 6 井第三段 斜 4 井第三段 斜 6 井第四段
第十天	斜 6 井第四段 斜 4 井第三段 斜 6 井第五段	斜 6 井第五段

利 567 块新井初期均自喷投产，初期油压 5-13.5MPa，2mm 油嘴放喷，日液 76.3t/d、日油 42.8t/d、含水 43.9%，目前自喷 1 口，下泵生产 4 口，日液 49t/d、日油 28t/d、含水 42.9%，累计生产原因 6653t，取得了良好的效果(见表 4)。

表 4　投产效果统计表

井号	初期					目前			
	油压/(MPa)	油嘴/(mm)	日液/(t/d)	日油/(t/d)	含水/%	日液/(t/d)	日油/(t/d)	含水/%	累油/t
LJL567X2	5	2	22	14	36.4	2.1	1.3	34	1293
LJL567X3	13.5	2	26	18	30	19.6	10.7	45	1569
LJL567X4	9.5	2	8.3	5.4	35	6.4	4.9	22	1218
LJL567X5	12	2	15	2.2	85	6.3	4	36	1175
LJL567X6	11.5	2	5	3.2	33	14.6	7.1	51	1398
合计			76.3	42.8	43.9	49	28	42.9	6653

3　结论与认识

(1) 桥塞分段压裂，优化了分簇射孔、施工排量，划分了经济压裂段数，实现了大跨度储层均衡改造的一次性动用开发。

(2) 由压后钻塞向自动溶塞转变，有效解决了传统桥塞后续处理过程工期长、作业费用高的问题，并且提高开井时率 10-20 天/井。

(3) 回注污水实时混配压裂液体系，变废为宝，实现了污水资源化利用。

(4) 井工厂整体压裂运行，较常规压裂开发共可节约 89.6 万元，表单管理，确保压裂全程安全、顺畅、高效。

参考文献

[1] 王鸿勋，张士诚．水力压裂设计数值计算方法．北京：石油工业出版社，1998.6.

[2] 赵明宸[1]，徐赋海[1]，姜亦栋[1]等．东辛油田盐 227 块致密砂砾岩油藏井工厂开发技术．油气地质与采收率，2014，21(1)；103-106.

[3] 何青[1]，李国锋[1]，陈作[2]等．丛式水平井井组压裂工艺技术研究及试验．石油钻探技术，2014，42(4)；79-85.

[4] 崔安峰[1]．"井工厂"压裂地面设备配套技术的研究及应用．化工管理，2014，0(11)；126-126.

大庆油田多级细分注水技术

王凤山　张激扬　朱振坤　刘崇江　宋兴良　王群嶷

（大庆油田有限责任公司采油工程研究院）

摘　要　大庆油田开发60年来，分层注水技术不断更新换代较好减缓油田开发层间矛盾，为油田开发上产稳产提供技术支持。根据油田各开发阶段需求，油田低含水开采阶段形成了以固定式和活动式分层注水为代表的第一代分层注水技术，解决了笼统注水单层突进问题，支撑油田开发快速上产；油田中含水开采阶段形成以偏心和桥式偏心注水为主体的第二代分层注水技术[1-2]，使非主力油层得到有效开发，支撑了油田高产稳产开发；油田高含水开采阶形成了以多级细分注水及高效测调第三代分层技术，使薄差储层得到有效动用，支撑了油田长期稳产开发；油田特高含水阶段，攻关研究应用了四代分层注水技术，为"数据油田，智能油田和智慧油田"开发提供技术支持。

关键词　大庆油田稳产；细分注水工艺；智能分层注水；技术应用效果

1　分层注水工艺技术应用总体概况

2018年底，大庆油田开发注水井30588口，分注率达到88.8%（图1），平均单井注水层段3.97层，对比"十一五"末，单井平均注水层段增加0.35层，分注率提高4.5个百分点。水驱分注技术规模应用和分注指标持续提升，为油田开发控制含水上升和产量递减做出了贡献。

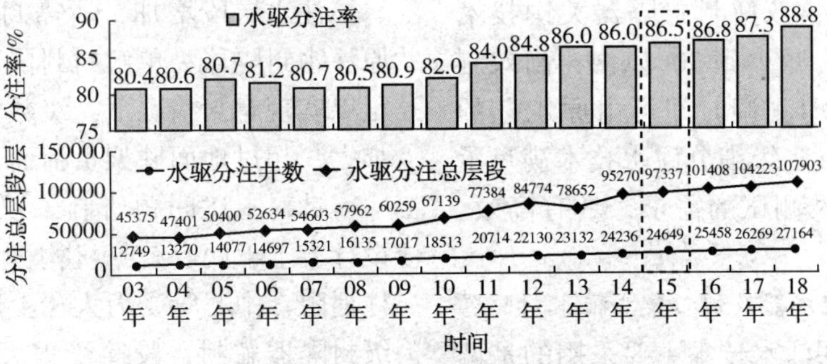

图1　大庆油田分注情况示意图

油田进入高含水开发阶段，水驱开发逐步从"精细"向"精准"转变，提出了"加细注水层段"的精准调整要求。研究发展应用多级细分注水技术将会获得较好的开发效果：通过现场统计注水层段由4段增加到7段，可提高油层动用程度6-8个百分点，数值模拟可提高采收率0.88个百分点。砂岩动用厚度和段内射开层数、厚度统计如图2所示。

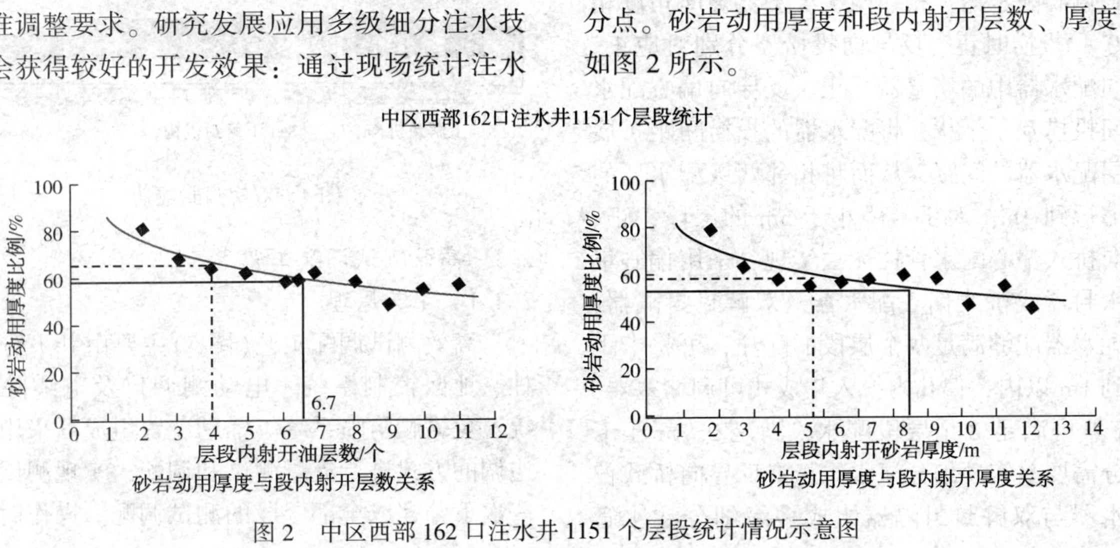

图2　中区西部162口注水井1151个层段统计情况示意图

2　多级细分及高效测调工艺技术

随着油田进入高含水开采阶段，按照"加细注水层段"的开发调整要求，大庆油田多级细分注水技术面临着3个新难点：

（1）油层隔层厚度小限制了封隔器的位置，从而使配水器位置受到限制。原分层技术最小卡距6m的技术指标无法满足细分要求。因此，当进一步细分层段时，需解决6m以下小卡距的问题；

（2）层段增多将导致封隔器级数增加，7层段以上管柱最高解封力可达到30吨以上，超过一般作业设备所能承受最大载荷，管柱解封困难；

（3）注入层段增多层间干扰更加突出，严重影响测试效果。按现有技术7层段井测试时间可达到7天，需解决测试工作量大幅增加的问题。

为了解决上述难题，大庆油田开展了以多级细分和高效测调工艺技术为主体的第三代分层注水技术研究。正、反导向偏心配水器及偏心集成配水封隔器核心技术应用使细分层段数可达7段以上，最小卡距0.7m；双解封封隔器关键技术应用使管柱上提解封力减少到30t以内；高效测调工艺配套使单井平均测调时间可由原工艺的7-8天缩短到3-4天。多级细分注水技术满足了小隔层、小卡距注水及测试的需求，具有高效、准确、成本低等优点。

2.1　正、反导向偏心配水器及偏心集成配水封隔器

目前大庆油田分层注水技术主要采用的是偏心分注技术，两级偏心配水器间距要求至少要在6m以上才能保证投捞顺利、不投错层，无法满足细分注水要求。针对上述问题研制了正、反导向桥式偏心配水器，相邻两级配水器导向角度相差180°。投捞时正、反导向投捞器分别对应正、反导向配水器中的堵塞器，正、反导向偏心配水器之间投捞互不干扰，将配水器的投捞间距扩展到隔层配水器的间距，从而将相邻两级配水器的间距缩短到3m。对于卡距小于3m的层段，正、反导向桥式偏心配水管柱无法实现，采用偏心集成配水封器或桥式偏心配水器及双解封封隔器，一级配水器能够满足两个层段的配注，可将卡距缩短到1m以内，偏孔内投入集成式可调堵塞器，1套工具可满足2个层段配水，满足0.7m小卡距细分需要。实现细分注水。正、反导向桥式偏心配水器与双解封封隔器组成多级细分注水管柱，如图3所示。

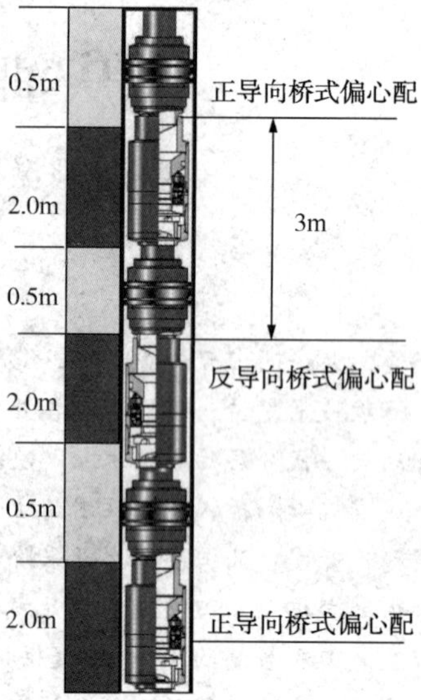

图3

2.2　双解封封隔器

工艺管柱采用双解封封隔器，在施工作业上提解封时，封隔器从最上一级开始逐级进行解封，降低上提负荷。

注水层段增加，所需封隔器级数也将增加，原注水封隔器为单解封封隔器，在套管摩擦力不足以实现解封情况下，级数增加将导致解封力的加大，超过地面井架负荷而无法起出作业管柱。

针对上述问题研制了双解封封隔器（图4），设计有上下两套解封机构，上提管柱时，整体管柱遇阻，中心管受力大，上解封机构断开，第一级封隔器解封；胶筒受力大，下解封机构断开，封隔器解封。继续上提，以下各级封隔器依次解封，使7级分层管柱上提解封力控制30t以内，管柱解封力始终为单级封隔器解封力。

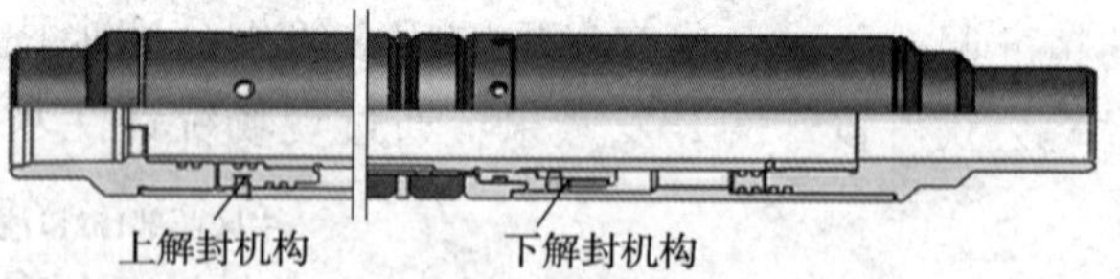

图4　双解封封隔器

2.3　高效测试调配工艺

2.3.1　工艺原理

高效测试调配工艺（图5）主要由井下分注管柱、地面控制系统、电动测调仪及电缆除冰系统、免攀爬防喷系统等辅助装置组成。采用边测边调的方式进行流量测试和调配，实现测试仪器一次下井完成全部层段的测试调配。操作时，井

下测调仪通过电缆下入井中，由下至上完成全井的初次检配，然后根据检配结果和配注方案对各目的层段进行调配，地面实时监测井下目的层段流量、压力、温度等参数变化，直至被测流量与配注方案偏差小于规定值即完成该层调配。

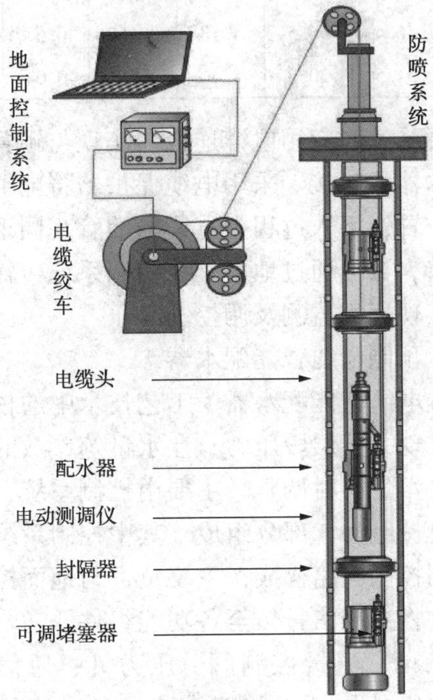

图5　高效测试调配工艺技术示意图

(1) 连续可调堵塞器

可调堵塞器(图6)是系统的执行机构，通过旋转调节杆带动阀芯产生轴向运动，改变进液口过流面积，实现水量的无级连续调节，克服了原固定式堵塞器投捞试凑法调节水量、固定嘴径存在级差的缺点，实现了高精度测调，并解决了砂卡问题，从而实现了免投捞测调。

图6　可调堵塞器

(2) 直读式测调仪

井下智能测调仪(图7)是整个系统的核心部件，由控制机构、测量机构、执行机构、传感器模块构成。测调仪采用上下双流量计结构，具有与可调堵塞器对接、调节状态检测及流量、压力、温度等参数的采集功能。

(3) 地面数控系统

地面数控系统(图8)由测试控制软件和地面控制仪组成。通过电缆供电可实现电压控制、电流监测、数据和指令的发送接收等功能。

图7　双流量井下智能测调仪

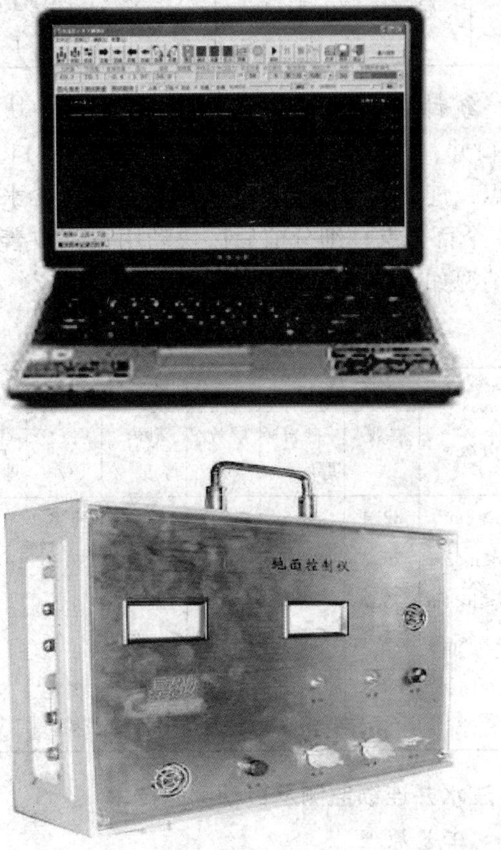

图8　地面控制系统

2.3.2　现场应用

高效测试调配技术已在大庆油田累计应用18500口井，分注率达87.7%，注水合格率87.7%。多级细分注水技术工艺注水层段从4段增加到7段以上；7段井单井测调时间由6.8天缩短到4天；最小卡距从3m缩小到0.7m；提高油层动用程度6-8个百分点。细分注水工艺能够较好地满足低渗透、薄差储层的注水和测试要求，提高了分层注水质量，使层间及层内剩余油得到有效挖潜，改善了油田开发效果。

统计现场80口多级细分注水井的周围受效油井数据(见表1)，平均单井日产油量上升0.04-0.67t，平均含水率下降0.15%-0.94%，薄、差油层层内剩余油得到有效挖潜，进一步提高水驱采收率。

表 1　7 段以上细分注水井效果统计表

厂别	细分井数	连通油井数	细分前注水井		细分前连通油井			细分后注水井		细分后连通油井			受效	
			平均单井段数	吸水厚度比例	产液/t	产油/t	含水/%	平均单井层数	吸水厚度比例	产液/t	产油/t	含水/%	产油上升/t	含水下降/%
一厂	30	99	4.4	43.5	64.2	5.5	91.5	7	72.9	68.6	5.80	91.20	0.30	0.30
三厂	22	60	3.7	58.9	63.7	3.69	94.20	7	63.3	64.2	3.81	94.05	0.12	0.15
四厂	15	30	5.6	38.8	54.3	3.46	93.63	7.4	46.4	56.5	4.13	92.69	0.67	0.94
五厂	13	54	4.6	46.3	20.6	1.42	93.10	7	51.5	20.3	1.46	92.81	0.04	0.29

统计 2016 年应用 873 口井，喇南中块西部 46 口井，细分后薄差层动用比例提高了 11 个百分点；连通油井平均单井日增油 0.8t，含水下降 0.9 个百分点。细分前后区块动用得到改善，对比情况如表 2 所示。

表 2　区块细分调整前后动用情况对比表

厚度分级	细分调整前		细分调整后		差值	
	层数/%	砂岩厚度/%	层数/%	砂岩厚度/%	层数/%	砂岩厚度/%
h≥2m	82.4	88.5	86.2	91.4	3.8	3.0
1m≤h<2m	76.2	83.6	83.6	88.1	7.4	4.5
0.5≤h<1m	75.7	79.7	80.2	82.9	4.5	3.2
h<0.5m	72.3	74.0	77.0	81.3	4.7	7.3
表外储层	68.8	71.2	70.6	76.5	1.8	5.3
合计	73.8	81.9	78.9	86.1	5.1	4.2

3　注水井连续监测及自动测调技术

3.1　工艺原理

注水井连续监测及自动测调技术包括智能注水工艺管柱及地面无线控制系统两部分：智能注水工艺管柱由预置电缆智能配水器、过电缆封隔器、电缆等配套工具组成；地面无线控制系统由服务器、McWill 网络、地面控制箱组成(图 9)。

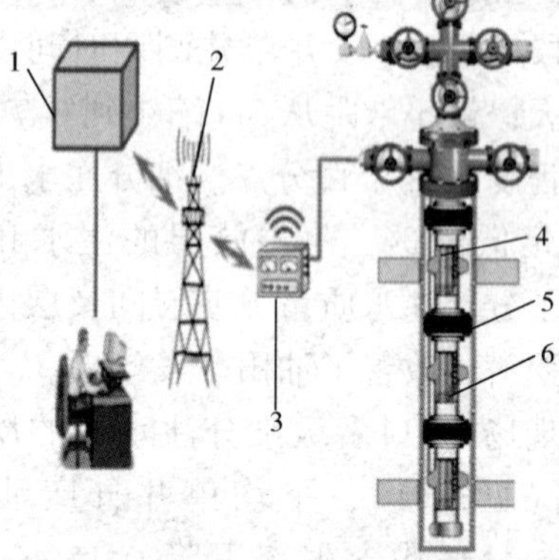

图 9　注水井连续监测及自动测调示意图

1—服务器；2—McWill 网络；3—地面控制箱；4—电缆；5—过电缆封隔器；6—预置电缆智能配水器

现场施工时应用电缆连接器实现与预置电缆智能配水器的对接。采用电缆保护器将电缆固定在接箍位置，下入过程中电缆随油管一同下入并直至井口，数据通过地面无线控制系统传输至服务器，实现远程监测及调控。

(1) 预制电缆智能配水器

预置电缆智能配水器为工艺技术中的核心工具，可实现井下层段压力、注水量等参数的连续监测及注水量实时调整。主要由控制系统、功能组件及机械组件 3 部分组成。其中控制系统主要由一系列控制电路构成，主要负责与地面控制箱通信，并将控制信号传至各功能组件。功能组件包括流量计、流量控制阀、压力计、通信电路等。机械组件包括上接头、流量计、流量控制阀、压力计、主体外套、下接头等部件组成(图 10)。

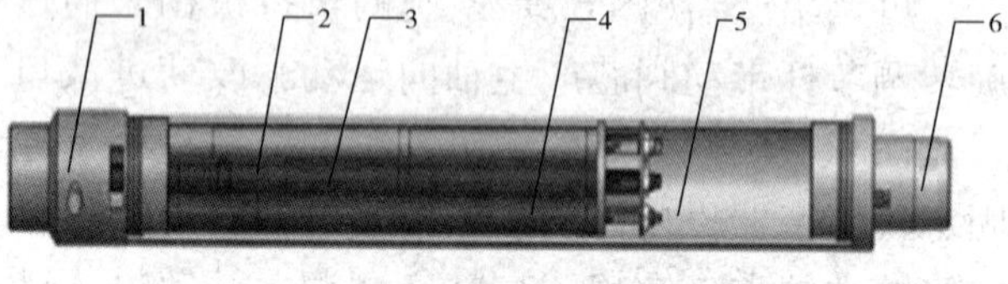

图 10　预置电缆智能配水器结构示意图

1—上接头；2—流量计；3—流量控制阀；4—压力计；5—主体外套；6—下接头

(2) 地面远程控制系统

地面远程控制系统(图 11)为智能分层注水技术中的管理系统，选取现有的 McWill 网络作为数据传输通道，将 WEB 服务器与数据库服务器放置在油田生产网数据缓冲区(DMZ 区)；现场为智能注水井安装无线通信模块，地面控制箱通过此设备连接 McWill 网络，将井下分层数据传输至数据库服务器。企业网用户通过防火墙白名单的方式访问 WEB 服务器，以实现对智能分注井远程测调及数据查询。

3.2　现场应用

2018 年底，大庆注水井连续监测及自动测调技术在运行井 111 口，开辟了 3 个试验区块。其中采油一厂试验区现场试验 54 口井，全部实现地面无线远程控制，检配合格率提高 13.8 个百分点，测试合格率提高 3.4 个百分点，±20%以内精准配注层占比提高 17 个百分点。最长运行时间已达到 4 年，最高层段数 7 层。7 层段井平均单井测调时间 1h 以内(表 3)。

表 3 采油一厂试验区智能测调完成情况表

方法	井数/口	层段数/段	测调次数/次	合格率/%		合格层段数/段			超过±30%不合格层段数/段	±20%以内合格层段数占比/%
				检配	测试	±10%	±20%	±30%		
智能	54	314	346	85.2	95.9	104	88	67	11	74.1
常规	50	231	117	71.4	92.5	36	69	79	15	57.1

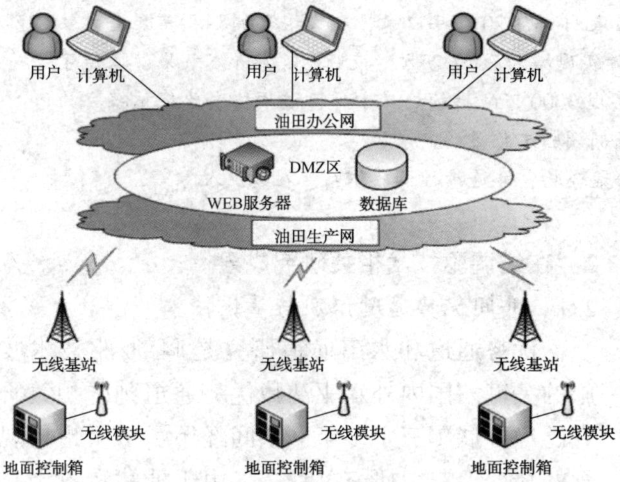

图 11 地面远程控制系统示意图

随着大庆油田开展推广使用该技术，无需人员和测试车辆到达现场即可完成测调工作，大幅降低现阶段人工测调成本；测调时间由 4 天缩短到 1 小时，且可获取连续测量参数，为油藏新开发方式提供数据支持。

随着注水井自动监测及测调工艺技术的不断发展和完善，油田自动化、智能化程度不断提高，大庆油田提出智能注水工艺技术，在油田区块布置智能注水井，每口井实时采集分层数据并上传，区块内设有服务器和数据库系统，将调配方案输入系统，系统根据注水井分层数据自动生成最优方案并发送给对应注水井，注水井根据指令自动调配各层水量。油田特高含水开采后期阶段，攻关储备了智能分层注水技术，最终实现全自动、高效率调配第四代分层注水技术将为储量有效动用及油田数字化、信息化建设提供技术支持。

4 结论

(1) 多级细分注水技术实现了最小卡距 0.7m，最小隔层 0.5m，有效缓解了层间矛盾，满足了高含水后期多薄差油层水驱开发有效动用的需要；

(2) 高效测调技术大幅提高了注水井的测调效率，降低了测试工作量及工艺成本，控制了测试队伍增长，大庆油田开发的主体分注技术；

(3) 注水井连续监测及自动测调技术可实现井下单层流量、压力的实时监测及连续调节，为油藏动态分析及注采关系调整提供了数据支持，同时为数据化、智能化和智慧化油田建设提供了技术支持。

参 考 文 献

[1] 侯守探．常规偏心分层注水改进技术研究[J]．天然气学报．2007，29(2)：112-113.

[2] 王长庚，楚文章，朱永良等．分注井地面分层测试工具[J]．油气田地面工程．2006，25(8)：76-78.

[3] 顿超亚，谢劲松．油田分层注水智能控制系统设计[J]．长春大学学报．2011，29(2)：14-15.

[4] 贾德利，赵常江，姚洪田等．新型分层注水工艺高效测调技术的研究[J]．哈尔滨理工大学学报 2011，16(4)：90-94.

[5] 刘君．大庆油田分层配产技术综述[J]．油气田地面工程，2008，27(10)：70.

渤海油田在线组合调驱技术研究及规模化应用

李彦阅 王 楠 薛宝庆 代磊阳 黎 慧 夏 欢 张云宝 吕 鹏

（中海石油（中国）有限公司天津分公司渤海石油研究院）

摘 要 渤海主力油田受原油黏度高、非均质严重、胶结疏松、强注强采等因素的影响，注水开发后易形成不同级别的窜逸孔道，低效无效水循环比例逐年上升，常规调剖/驱技术治理效果逐渐变差，同时受海上平台空间等限制，在一定程度上制约着调剖/驱技术规模化及整体化实施，成为制约油田控水稳油的突出问题。因此，针对上述问题，以油藏工程分析、物理模拟等为手段，创新形成了注采井间优势通道识别与量化技术，研发了一套适用于海上油田注水井在在线组合调驱体系及其小型化在线注入工艺，为渤海高含水油田规模化与整体化治理提供了新方法。现场试验表明，自2015年以来，在线组合调驱及其配套方法在秦皇岛32-6、渤中25-1南等油田实施28井次，累计实现增油20.7万方，较好地改善开发效果，取得了显著的经济效益与社会效益。2018年渤海油田提出要实现3000万吨持续稳产十年，该项技术已经被确立为渤海油田主要调堵技术进行推广应用，可以满足大量调剖调驱工作量的需求。

关键词 海上油田；优势通道；乳液聚合物；干粉聚合物；非连续性调驱体系；在线注入

1 前言

渤海油田经过长期注水开发后，在生产油田综合含水已达到83%，原油采出程度达到17.5%，油田已经整体步入双高阶段，迫切需要有效的稳油控水技术改善注水开发效果。注水井调剖/调驱技术能有效改善层内、层间非均质性，改善水驱效果，达到延缓油层水淹速度和控制油井含水上升速度的目的[1-3]。截止到2017年底，调剖/驱技术在绥中36-1、秦皇岛32-6等18个油田应用324井次，实现累增油149.3万方，使得注水更加有效，大大改善了水驱开发效果。虽然海上油田的调剖/驱技术取得了长足的进步，但考虑到高含水油田注入水窜流前缘已至油藏深部，孔隙结构发生重要变化，区块平面发生多方向窜逸，并且受平台空间、作业环境及吊装能力等限制，在一定程度上制约着调剖/驱技术规模化实施[4-5]。因此亟需针对海上平台的特点及油藏变化特征，以注采井间优势通道识别与量化技术研究成果为指导，重点开展在线调剖/驱体系研究，并设计既能够满足调剖/驱作业的实施要求，又能够尽量少的占用平台空间，同时还能够实现高度集成化、便于运输、在线注入等特点的注入工艺和设备。本文以油藏工程、物理化学、物理模拟等为手段，通过研究，研发了一套高效、实用的优势通道反演方法，形成了低成本、可高效配注的在线组合调驱药剂体系及其注入工艺。

2 在线调驱技术相关研究成果

2.1 井间优势通道识别与量化技术

优势通道和水窜通道研究是调剖/驱技术实施的关键。国内外水驱油藏优势通道刻画相关研究已经开展了三十多年，期间经历了多次指导观念的转变[6-10]。研究过程中，由于油藏特点、基础资料、研究方法的局限性，目前很多研究进展不大。现有静态法窜流通道识别技术过于片面，而动态法只是一时之见，失之准确，因此必须从岩心、静态、动态、测试资料综合识别，建立优势通道多信息综合反演技术，实现地质、油藏、动态、测试等多种信息的四维分析，针对调剖渗流特征主控因素分析，形成一套兼顾静态、动态和监测的优势通道识别技术，实现调堵方案设计的针对性、时效性、高效性和精准性。

2.1.1 技术原理

构建三个核心模块有机组合的技术方法体系，实现优势通道与窜流通道的识别和量化，详细设计流程如图1所示。

（1）动静态一体化约束校核，构建了基于连续动态数据反演的动静态参数校核技术，实现了地质信息与趋势性动态信息的统一，作为优势通道研究的油藏基础。

（2）井间优势通道综合分析、识别及量化方法，实现了油藏基础上的单一阶段流场追踪、历史阶段流场量化，作为优势通道识别的依据，完善了非稳态流场计算方法，提出了历史流场的概念，建立了以 u、$\sum_{n} u_n \Delta t_n$ 为核心参数的追踪方法，得到了历史流场，为水窜通道量化奠定基础。

(3) 井间水窜流动单元量化分析，建立考虑层内窜流通道发育的分流量方程，提出了一套基于传质扩散理论的井间窜逸通道分析拟合方法，实现了基于开发动态历程的优势通道内窜流通道的拟合和识别。

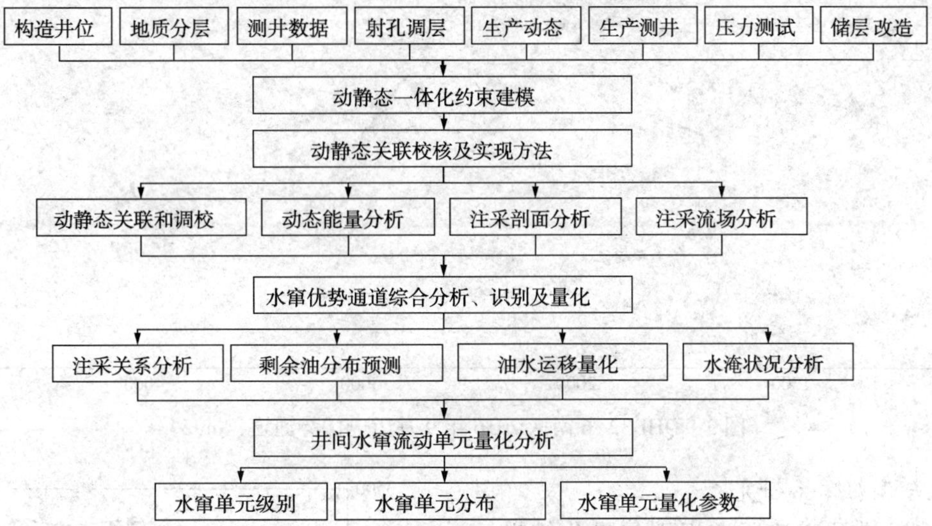

图 1　优势通道多信息反演方法设计流程

2.1.2　技术先进性

以海上某油田为例，将此方法与示踪剂测试结果进行对比，定性对比结果表明，C5 井组示踪监测结果、油藏动态分析及优势通道量化分析技术均证明 C5 与 C4 存在动态连通，优势通道反演技术与示踪剂定量对比结果如表 1 所示，水窜通道厚度、级差等结果一致：

表 1　两种方法解释结果对比

明确见剂井号	结果来源	水窜通道厚度	水窜通道级差	通道类型	高渗通道体积	水循环比例及类别	
C4	示踪剂	1.9m	3.5	高渗层	11173m^3	3.9%	无效水
	综合反演	1.96m	2.3	高渗层	21709m^3	9.2%	低效水

2.1.3　技术应用

将该技术方法进行编程形成多信息反演软件，其兼容性好，真正实现了动静态资料的实时约束校正，给出了历史流场及阶段优势通道相关结果，最终可以给出注采井间优势通道与水窜通道相关参数(如图 2、图 3 所示)，为调和驱体积量等参数设计提供了依据，单井组计算简捷快速(1~2 天)。

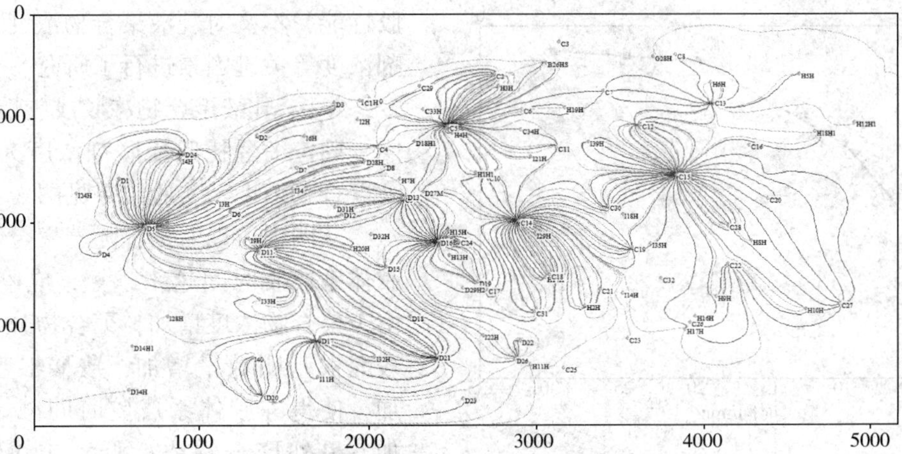

图 2　QHD32-6 南区 2016 年 9 月历史流场(NmI3)

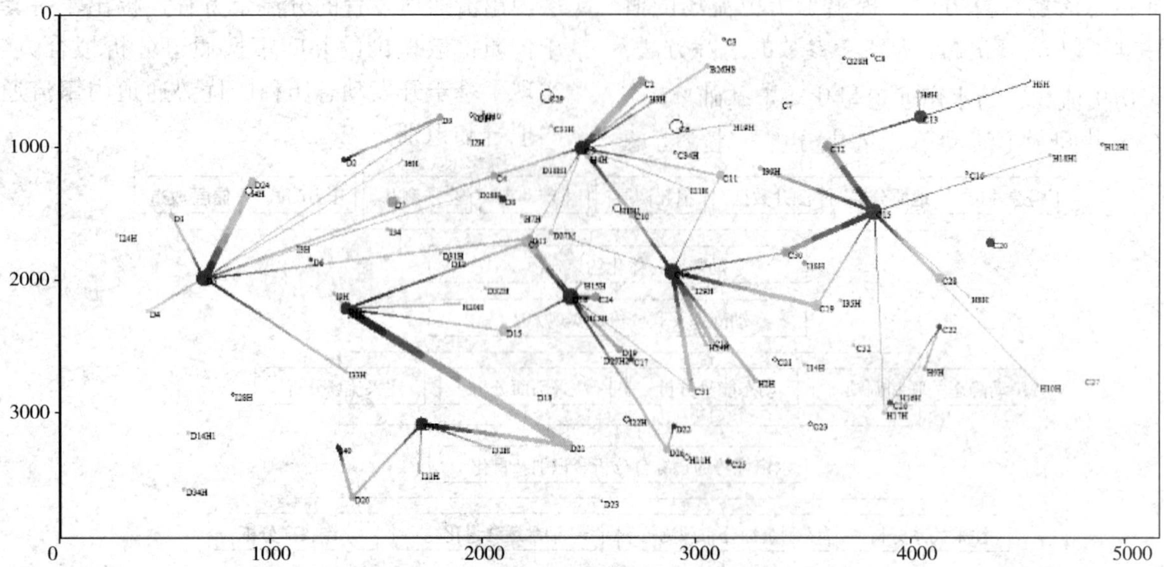

图3　QHD32-6南区2016年9月历史优势通道(NmI3)

2.2　在线组合调驱体系研究

基于优势通道及窜流通道识别与量化结果，需采取调剖及调驱体系实现窜流通道封堵及微观剩余油启动，由于海上油田采油平台空间小和常规调剖设备占地空间大的矛盾，常规聚合物溶解速度慢，无法匹配在线调剖设备，因此研究了能够快速溶解、黏度低，满足在线调驱设备要求的乳液聚合物体系、速溶干粉类聚合物及非连续性调驱体系，对相关性质进行了评价。

2.2.1　聚合物溶解性能室内实验

研究了乳液聚合物和干粉聚合物溶解性和黏浓关系，对比了两类聚合物性质。分别配制浓度为0.4%干粉聚合物和浓度1.5%的乳液聚合物。在室温条件下，匀速搅拌，每搅拌一定时间测量样品的黏度，直到黏度不再变化或变化很小，实验结果见图4~图5。

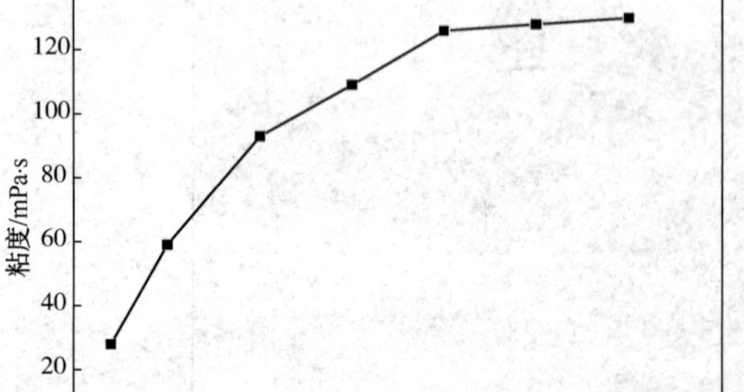

图4　乳液聚合物溶解性

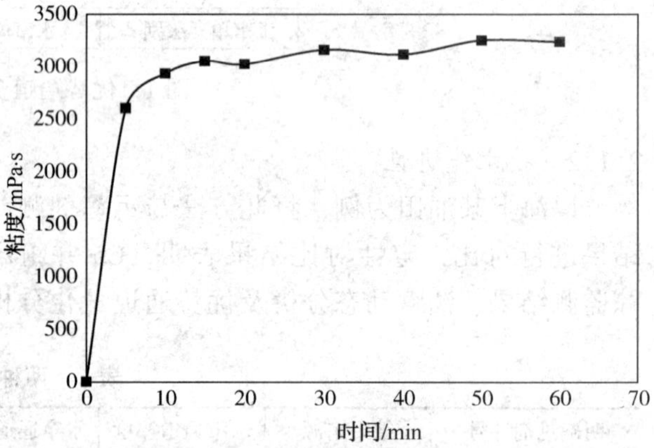

图5　干粉聚合物溶解性

从上图可以看出，室温条件下，乳液聚合物溶解时间为20min，干粉聚合物溶解时间为10min，乳液聚合物及干粉聚合物溶解时间均比较迅速。

2.2.2　聚合物冻胶成胶情况分析

为了更好认识乳液聚合物及干粉聚合物的成胶性能，本文对乳液聚合物浓度，酚醛树脂交联剂浓度等关键因素进行了研究。

2.2.2.1　乳液聚合物冻胶成胶情况分析

固定酚醛树脂交联剂浓度为0.5%，调整乳液聚合物浓度，实验结果见图6。

从图中可以看出，随着聚合物浓度增加，冻胶体系成胶时间越来越短，成胶黏度越来越大。由于聚合物浓度增加，聚合物分子链上可交联的羧酸根基团数量增加，羧酸根基团交联密度增加，使得冻胶体系成胶时间减少，成胶强度增加。另外聚合物浓度低于1.0%时，体系老化120d完全脱水，建议聚合物浓度高于1.0%。

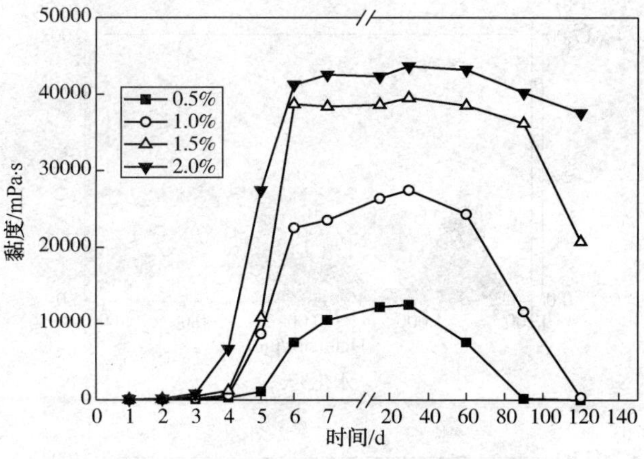

图 6　不同聚合物浓度冻胶成胶情况

2.2.2.2　干粉聚合物冻胶成胶情况分析

影响干粉聚合物冻胶成胶因素有浓度、温度、矿化度等，本文对干粉聚合物浓度，铬交联剂浓度等关键因素进行了研究。

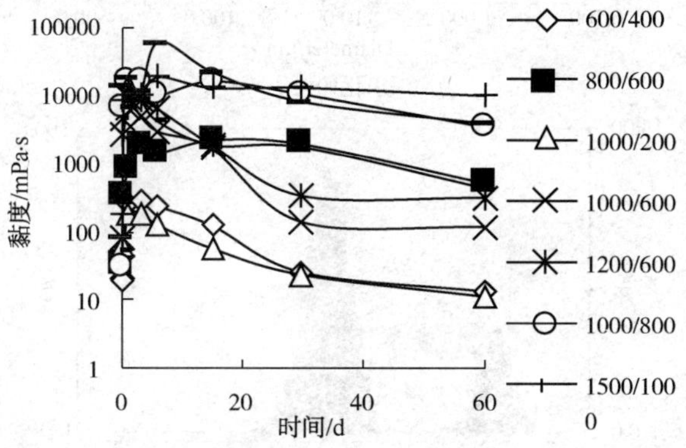

图 7　有机铬交联速溶聚合物在线调驱体系成胶性能

从图 7 可以看出，交联剂浓度在 600－1000mg/L，聚合物浓度在 800－1500mg/L 时，在 63℃恒温箱内放置 24 小时，交联体系黏度在 802－17800mPa·s 之间具有很好的成胶性能。

2.2.3　聚合物冻胶注入性及封堵性能实验

为了明确在线调驱体系的注入性及封堵性能，本部分分别开展乳液聚合物凝胶体系及干粉聚合物凝胶体系物理模拟实验。

2.2.3.1　乳液聚合物调驱体系

（1）注入性能

向渗透率为 500md 岩心中注入乳液聚合物体系，实验结果见图 8。

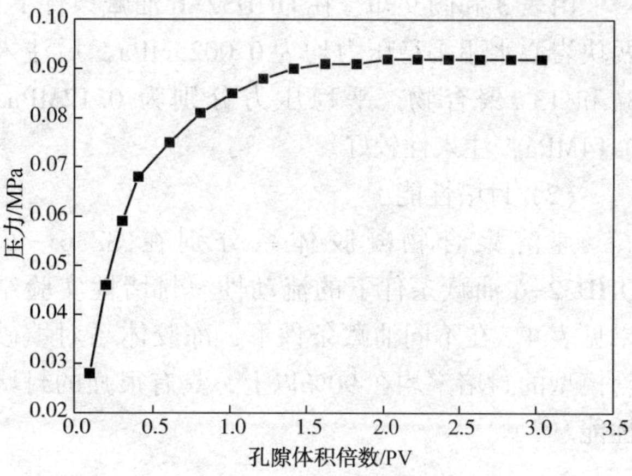

图 8　乳液聚合物体系注入性能

从上图可以看出，当水驱 1.5PV 后，注入压力平稳且处于较低水平，因此体系注入能力较好。

（2）封堵性能

在 70℃下向模型中注入 0.3PV 乳液聚合物调驱体系，冻胶体系封堵情况见表 2。从表 2 可知，在不同渗透率条件下，冻胶体系对填砂管模型的封堵率均在 90%以上，具有很强的封堵性能。

表 2　乳液聚合物体系封堵能力

堵前渗透率/mD	堵后渗透率/mD	封堵率/%	残余阻力系数
278	26.41	90.5	10.5
566	45.28	92	12.5
1032	51.6	95	20.0

2.2.3.2　速溶干粉聚合物调驱体系

（1）注入性能

在 QHD32-6 油藏条件下分别对典型的 3#、13#速溶聚合物的注入性能进行了研究，注入压力随注入 PV 数的变化关系曲线见图 10。

表 3　速溶聚合物岩心流动性实验结果

序号	体系编号	体系浓度/(mg/L)	油藏条件	有效渗透率 $10^{-3}\mu m^2$	黏度/mPa·s	阻力系数	残余阻力系数
3	3#	1200	QHD32-6	613.67	51.4	48	14
4	13#	1200	QHD32-6	668.74	52.6	56	20.8

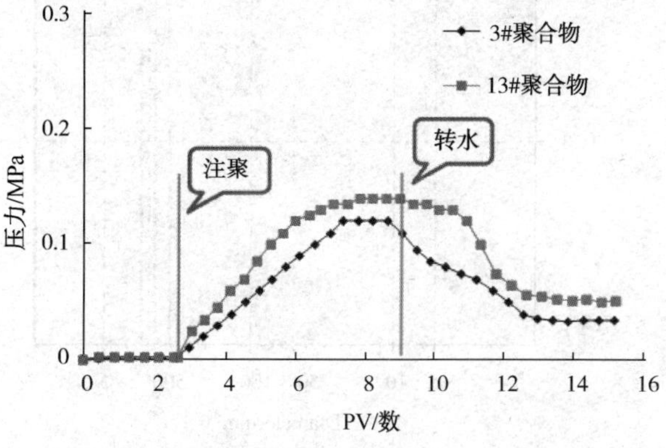

图 9　3#、13#速溶聚合物的注入压力曲线
（QHD32-6 油藏条件）

由表3和图9知，在QHD32-6油藏条件下，两块岩心水驱平稳压力均为0.0025MPa，后注入3#和13#聚合物，平稳压力分别为0.12MPa、0.14MPa，注入性较好。

（2）封堵性能

速溶聚合物凝胶体系分别在SZ36-1、QHD32-6油藏条件下的流动性、封堵性实验结果见表4。在不同油藏条件下，冻胶体系对填砂管模型的封堵率均在90%以上，具有很强的封堵性能。

表4　聚合物凝胶体系岩心流动性实验结果

序号	体系编号	体系浓度/(mg/L)	油藏条件	有效渗透率 $10^{-3}\mu m^2$	阻力系数	残余阻力系数	封堵率/%
1	3#	2000/2000	SZ36-1	672.39	68.3	23	94.6
2	13#	1750/1500	QHD32-6	619.13	96	27.7	95.2

2.2.4　非连续性调驱体系室内实验

2.2.4.1　非连续性调驱体系水化膨胀性评价与分析

将初始平均粒径在300~600nm左右的非连续性调驱体系放置在55℃的地层水中浸泡，通过粒度仪对样品的尺寸测量，观察非连续性调驱体系的膨胀性能，并通过透射电镜观察不同水化时间下体系的微观形状，结果如图10所示。

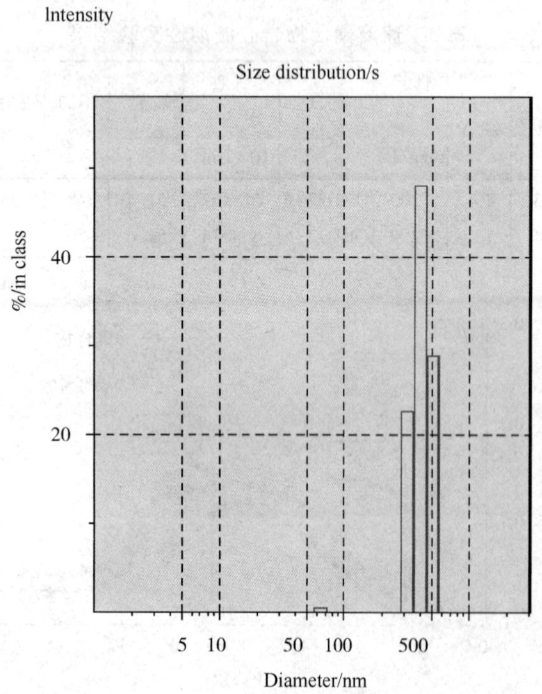

水化初始

图10

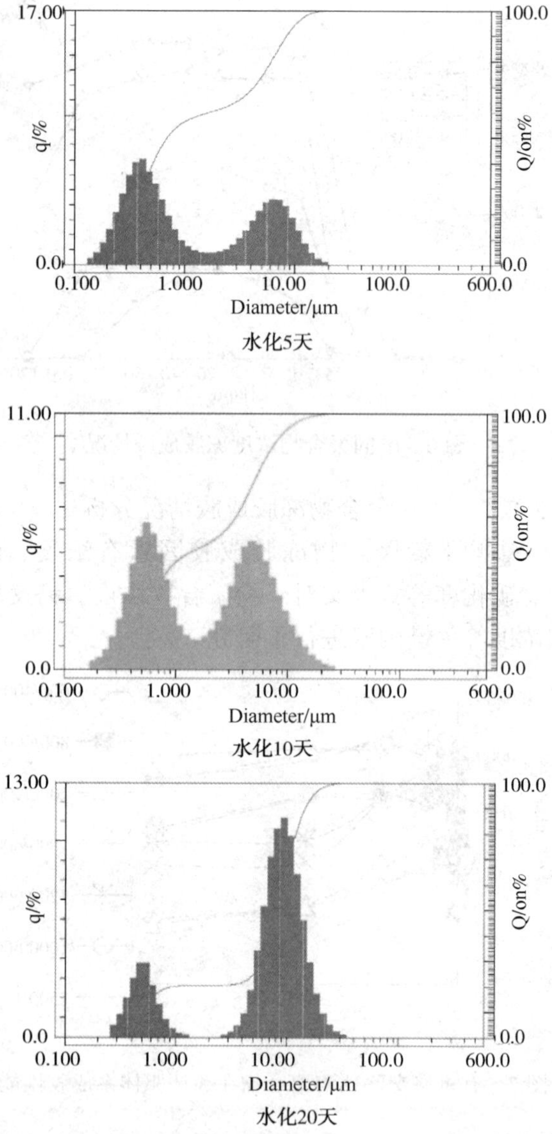

图11　非连续性调驱体系粒度扫描结果

通过粒度仪对样品的尺寸测量可以看出：初始平均粒径在300~600nm左右的非连续性调驱体系，水化10~20天后发生了明显的膨胀，平均粒径增大到10μm左右。由于粒径较小可以使其顺利的通过狭窄较小的孔喉，进入到地层深部，保持良好的注入性能。

由透射电镜照片可以看出，非连续性调驱体系初始为球状，随着时间的增长，非连续性调驱体系的水化程度明显的增大，表面的云雾状区域也有很大程度的扩大。水化20天后，非连续性调驱体系的核心严重地水化，在表面云状区域颜色也相对于初、中期要更加接近于核心部分，说明非连续性调驱体系已经充分的膨胀，形成比较柔软的溶胶。这样的形态有利于非连续性调驱体系在油藏深部变形和突破，实现逐级深部调驱。

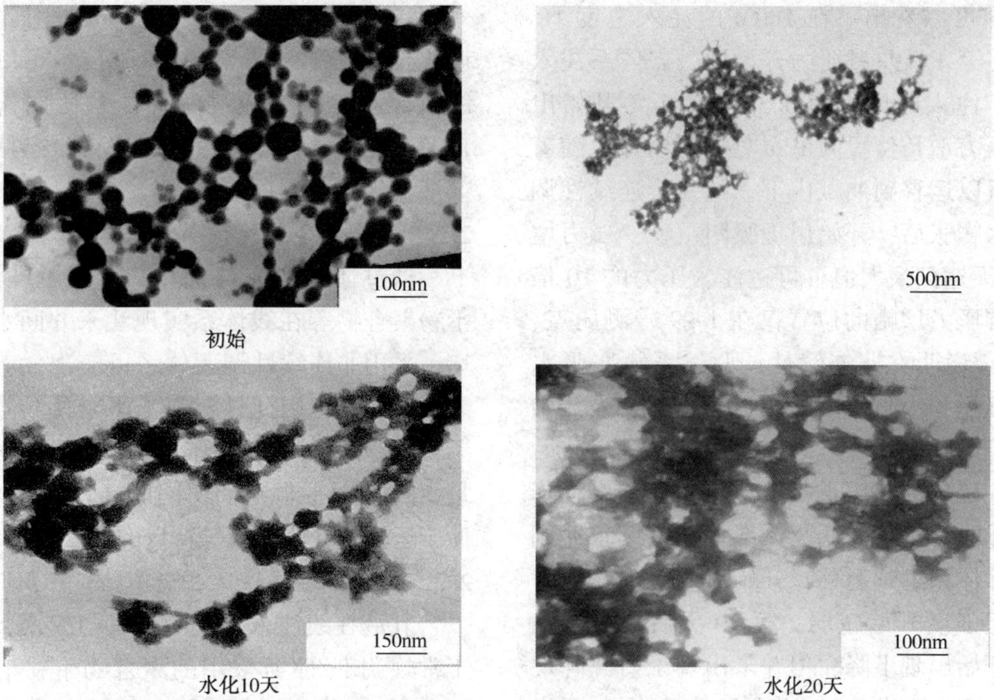

图 11　非连续性调驱体系不同水化时间下透射电镜照片

2.2.4.2　非连续性调驱体系运移封堵性能评价

采用 30 米填砂管超长岩心开展物理模拟实验，分析非连续性调驱体系在在地层条件下的传质与运移封堵性能，岩心渗透率为 2000mD，注入时间为 3 天，注入浓度为 2000ppm，总量为 0.3PV，注入试验流程图如图 12 所示。

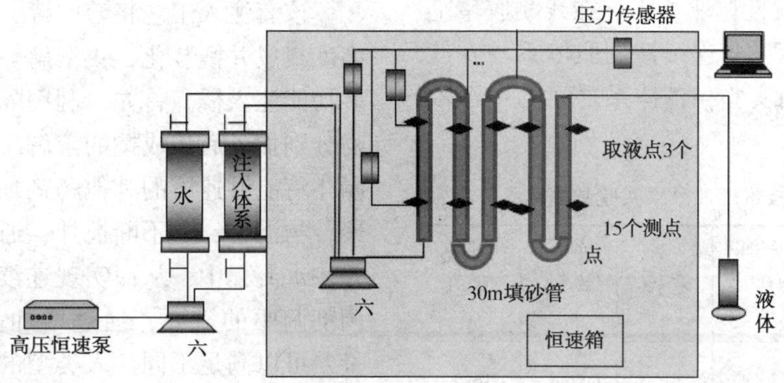

图 12　30m 超长岩心实验流程图

实验过程中，在 30 米填砂管超长岩心上，从注入段到采出端分别优选出 16 个压力检测点，检测注入非连续性调驱体系过程中各个位置压力变化规律，实验结果如图 13 所示。

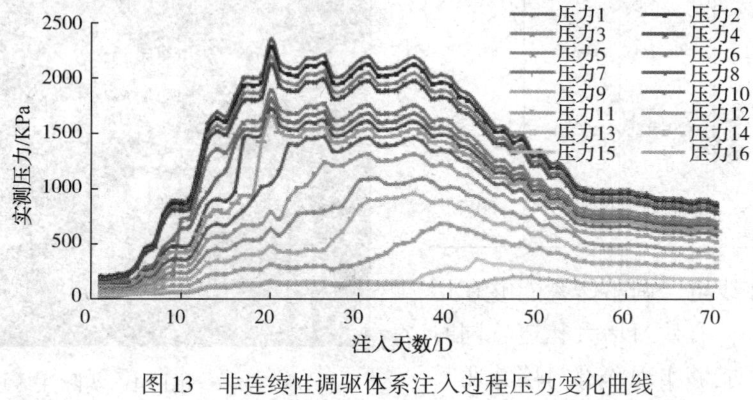

图 13　非连续性调驱体系注入过程压力变化曲线

由上图可以看出：在 1m/d 的注入速度下，各检测点在第 4 天左右压力开始增长。体系注入第 4 天后，注入的体积为 0.35PV，压力开始出现增长，压力增长位置为 10m 处，说明体系随着注入过程可以运移到油藏内部。随着非连续性调驱体系吸水膨胀后，开始出现吸附沉积；压力增长到第 25 天达到最大值，可达注入压力的 10 倍左右，但有压力增幅的位置仅在 1~9 号测压点，约 15.93m。说明在非连续性调驱体系膨胀吸水后，随着沉积和吸附作用的明显，体系前缘开始封堵；随着第 9 测压点压力出现压力增幅后，后续测压点开始启动并增长，但总压力开始出现降落，说明此时非连续性调驱体系在在后续水冲刷的作用下，体系继续运移，开始形成下一轮吸附和桥架，但强度开始减弱；第 30 天后，靠近注入端压力开始出现下降，但并未出现压力骤降现象，而是出现“脉冲式”降落。压力增长和压力降落均呈现一种“阶段”过程，符合微球体系吸附聚团后运移封堵的特点。

2.2.5　在线组合调驱体系驱油效果实验

采用高低渗透率分别为 1500mD/500mD 的岩心，分别开展非连续性调驱体系、在线凝胶堵剂及在线组合调驱体系（非连续性调驱体系与在线凝胶堵剂组合）驱油实验，各体系之间的增油效果如表 5 所示。

表 5　在线技术增油效果实验数据

体系	低/高渗透率/mD	含油饱和度/%	水驱效率/%	剂驱效率/%	驱油效率增值/%
非连续性调驱体系	508/1589	76.4	30.7	47.4	16.7
非连续性调驱体系	524/1428	74.8	29.2	46.5	17.3
在线凝胶堵剂	613/1725	77.5	28.9	39.8	10.9
在线凝胶堵剂	575/1647	76.1	30.1	40.3	10.2
在线组合调驱体系	602/1810	76.5	29.9	62.4	32.5
在线组合调驱体系	589/1720	75.8	30.6	61.3	30.7

通过实验认为，在线组合调驱体系能够在运移过程中形成封堵压差，有效封堵大孔道，同时由于在线组合调驱体系能够实现深部封堵，驱替效率比凝胶堵剂高出 6.4%。通过对比在线组合调驱技术与单一段塞调剖/驱技术可以看出，在线组合调驱技术通过两种体系协同作用，达到 1+1>2效果，最终实现堵剂注得进、堵得住、深部液流转向的目的。

2.3　在线组合整体调驱工艺研究

通过体系研究与优化，形成了乳液聚合物、干粉聚合物等在线体系实现注采井间水窜通道封堵，采用非连续性调驱体系可实现优势通道深部剩余油启动，因此针对海上平台的特点，设计出了既能够满足调剖/驱作业的实施要求，又能够尽量少的占用平台空间，同时还能够高度集成化、便于运输、在线注入等特点的注入工艺和设备。

2.3.1　乳液在线注入工艺

乳液在线注入工艺的研发与应用，主要是基于常规调剖/驱所采用的聚合物干粉溶解熟化的时间大于 40 分钟，因此需要较大的设备完成调剖/驱体系的配置。采用乳液等液态类聚合物后，能够有效的缩短溶解熟化的时间，为乳液在线注入工艺的形成提供了强有力的保证。

2.3.1.1　注入工艺流程

该套注入工艺将溶解罐、高压计量泵等进行高度集成并撬装化，集溶解、注入为一体，形成多功能注入撬。首先，利用隔膜泵将液态类聚合物分别加入后集成撬的溶解罐中，同时通过加料漏斗将能够速溶的其他药剂加入罐体，与液态类聚合物混合，并不断搅拌，通过注入泵打入注水井注水流程中，从而实现连续在线的注入。根据调剖调驱的需要，通过增加多功能集成撬的数量，可以满足不同注入类型的药剂的注入，比如聚合物和交联剂的分开注入。典型注入工艺流程如图 15 所示。

图 14　实际注入设备

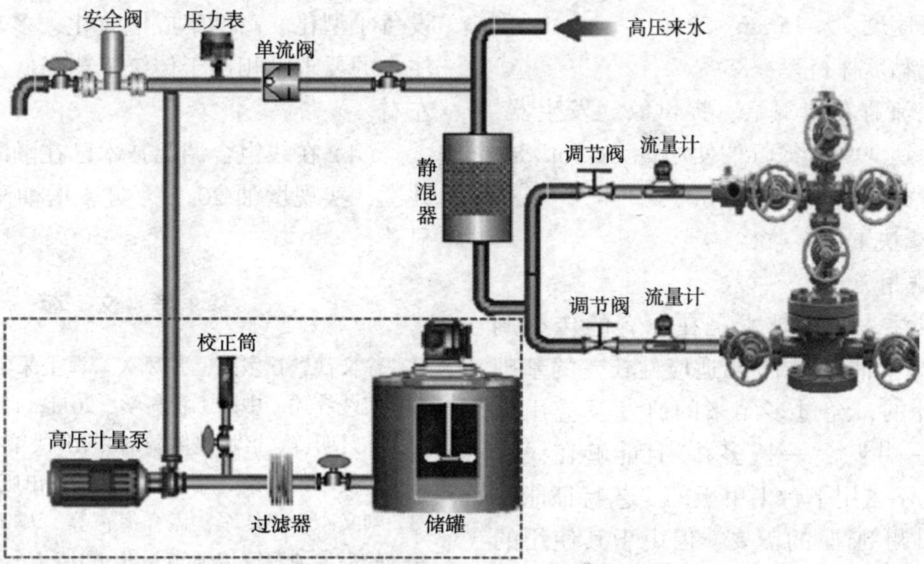

图 15　乳液在线注入工艺流程

经过近几年来海上油田的实际应用，目前形成的全部在线调驱设备，能够满足海上油田需要，适合交联体系、非连续性调驱体系等不同体系的注入，形成了“一撬一井”、“一撬多井”等注入工艺，施工人员只需要 4~5 人即可。

2.3.1.2　技术参数

（1）介质类型：乳液类聚丙烯酰胺、交联剂类、非连续性调驱体系等调驱常用药剂。

（2）最大配注能力：1000m^3/d。

（3）高压注入设备额定工作压力：25MPa。

（4）最大配液浓度：5000ppm。

（5）溶解速度：≤15min。

（6）系统黏度保持率≥85%。

（7）设备占地面积：约 10~20m^2。

（8）单撬块重量：<3t。

2.3.2　干粉连续混配注入工艺

干粉连续混配工艺主要是在乳液在线注入工艺的基础上提出的，由于乳液在线注入工艺受液态状调剖调驱药剂体系的限制，需要对干粉类聚合物的速溶混配进行研发，确保在线调剖调驱的多样化和多选化。

2.3.2.1　注入工艺流程

连续混配设备主要由正压控制间，来水减压撬，分散溶解撬，三大核心模块共同组成。其中正压控制间主要实现数据处理、流程监控、自动控制、电力分配等作用，进而实现流程的精准操控。来水减压单元与分散溶解单元通过相互协同作用，经正压控制间进行数据处理之后，共同实现定性、定量的连续混配技术。

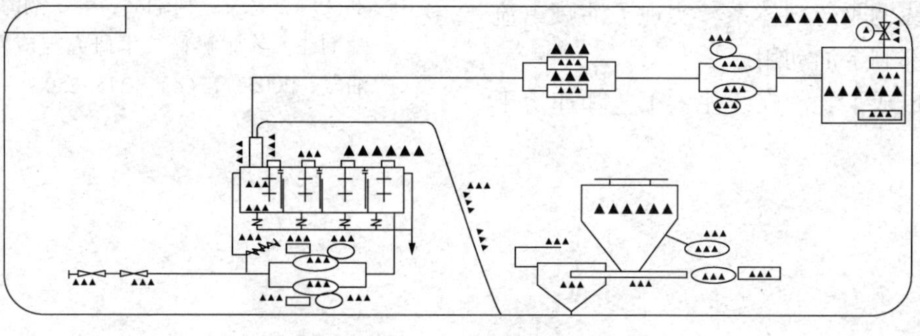

图 16　速溶干粉连续混配注入工艺

2.3.2.2　技术参数

（1）介质类型：高分子量聚丙烯酰胺类、交联剂类、非连续性调驱体系等调驱常用药剂。

（2）最大配注能力：400m^3/d。

（3）高压注入设备额定工作压力：16MPa。

（4）最大配液浓度：10000ppm。

（5）聚合物溶液撬内停留时间：≥15min。

（6）溶解速度：≤15min。

（7）系统黏度保持率≥85%。

（8）工艺流程需要氮气：提供氮气发生器，氮气纯度可达到99%，氮气的使用量为10m^3/h。

（9）设备占地面积：约20m^2。

（10）单撬块重量：<6t。

2.3.3　工艺适用范围

乳液在线注入工艺技术是在原有的传统调剖/驱工艺对海上油田调剖/驱适应性较差的基础上提出而设计的，经过多年来的研发及应用证明，其"一撬一井"、"一撬多井"且能够在线注入，设备工艺不占用平台上甲板的工艺特征能够满足海上油田调剖/驱的需要，但由于其使用的乳液类聚合物有效含量低，大规模应用时成本较高，在一定程度上受到局限。

速溶干粉连续混配工艺是在乳液在线注入工艺的基础上设计及研发，它采用的速溶干粉类聚合物，有效含量高，大规模应用时成本较低，在应对低油价形势情况下优势较大。

3　现场应用

自2015年在线组合调驱技术开始实施以来，通过油藏分析及精细方案设计，在秦皇岛32-6、渤中25-1南等油田实施28井次，累计实现增油20.7万方，取得了显著的经济效益与社会效益。

4　结论

（1）建立了一套注采井间优势通道多信息综合反演方法，实现平面上、垂向上井间水窜单元的级别、分布、尺寸参数的定量化描述。

（2）针对优势通道及窜流通道识别及量化结果，研发了乳液聚合物、干粉聚合物及非连续性调驱体系等在线调驱药剂体系，实现了油藏窜流通道封堵及深部剩余油动用。

（3）研发形成了乳液在线注入工艺和速溶干粉连续混配工艺，两种新的注入工艺均能够满足设备小型化、高度集成撬装化、多功能化和在线注入的要求，相比于传统工艺降低占地面积67%左右。

（4）在线组合调驱技术已在渤海油田应用28井次，实现增油20.7万方，增油降水效果十分显著。

参考文献

［1］徐文江，丘宗杰，张凤久．海上采油工艺新技术与实践综述．中国工程科学，2011，13(5)：52-57.

［2］陈月明等，区块整体调剖的RE决策技术．97油田堵水技术论文集．北京：石油工业出版社．

［3］刘义刚，王传军，孟祥海，等．基于传质扩散理论的高渗油藏窜流通道量化方法[J]．石油钻采工艺，2017，39(4)：393-398.

［4］张宁，阚亮，张润芳，等．海上稠油油田非均相在线调驱提高采收率技术——以渤海B油田E井组为例[J]．石油钻采工艺，2016，38(3)：387-391.

［5］刘文铁，魏俊，王晓超，等．海上油田非均相在线驱先导试验[J]．科学技术与工程，2015，15(30)：110-114.

［6］孙明，李治平．注水开发砂岩油藏优势渗流通道识别与描述[J]．断块油气田，2009，16(3)：50-52.

［7］刘月田，孙保利，于永生．大孔道模糊识别与定量计算方法[J]．石油钻采工艺，2003，25(5)：54-59.

［8］谢晓庆，赵辉，康晓东，等．基于井间连通性的产聚浓度预测方法[J]．石油勘探与开发，2017，44(2)：263-269.

［9］刘同敬，姜宝益，刘睿，等．多孔介质中示踪剂渗流的油藏特征色谱效应[J]．重庆大学学报，2013，36(9)：58-63.

［10］刘文辉，易飞，何瑞兵，等．渤海注水开发油田示踪剂注入检测解释技术研究与应用[J]．中国海上油气，2005，17(4)：245-250.

边底水薄层特稠油油藏化学降黏冷采技术研究

路 熙[1] 王海波[1] 计秉玉[1] 马玉生[2] 秦延才[3] 苏建政[1]

(1. 中国石化石油勘探开发研究院；2. 中国石化股份有限公司油田事业部；3. 中国石化胜利油田分公司)

摘 要 针对边底水薄层特稠油油藏热采高轮次后注汽易窜，封堵困难，注汽干度难以维持，含水大幅上升致开发效益下降的问题。首先，研发了水溶性活性高分子型降黏剂丙烯酰胺-丙烯酸钠-1-丁烯苯-丙烯酰胺磺酸钠共聚物(AAPA)。AAPA具有非剪切静置降黏的性能，使用浓度0.1%，可对50℃下脱气脱水黏度<50000MPa·s稠油静置降黏率>90%，且具有良好的抗聚并性能，最高耐温180℃，抗Ca^{2+}浓度最高10000ppm，抗Mg^{2+}浓度最高3000ppm。其次，综合油藏物性、完井方式和药剂性能，通过优化使用浓度、配液温度、注入方式和注入排量，确定了多浓度多段塞式注入的现场工艺。最后，通过矿场实验，以及后续效果跟踪，形成了合理的储层化学降黏冷采技术。目前现场应用四井次，提液增油效果明显，平均单井累计增油均在400t以上，其中最高日增油9.3t，最高峰值13.2t/d，最长增油有效期14个月。现场应用结果验证，通过多浓度多段塞的方式将AAPA注入储层可有效降低原油黏度，明显提高边底水薄层特稠油油藏冷采开发效益。

关键词 特稠油；活性高分子；储层降黏；降黏率；冷采

我国稠油资源极为丰富，已在渤海湾盆地、松辽盆地、南襄盆地、准噶尔盆地、二连盆地等12个大中型含油盆地和凹陷发现70多个稠油油田，我国稠油(包括沥青)储量在80×10^8t以上。中石化稠油资源集中在胜利、中原和河南油田，目前主要以蒸汽吞吐为开采手段辅助少量常规冷采。稠油黏度高，牛顿流体性质差，导致储层流动阻力大，对于绝大多数稠油油田，除了蒸汽吞吐和蒸汽驱等热采技术外，常规冷采的采收率非常低，仅为原始储量的5%以下。然而，蒸汽吞吐过高的措施费用在目前低油价下难以实现效益开采。此外，高轮次吞吐后期，气窜严重，含水骤升，热采效率下降明显。“十二五”稠油热采比“十一五”动用储量减少5000×10^4t，上产难度加大。常规冷采虽然对储层伤害较小，但其产量过低，更无法维持稠油的长期正常生产。随着原油黏度的进一步增加，原油在储层中甚至失去可流动性，常规冷采已无法实现正常生产，特超稠油、深层稠油、敏感性稠油和薄层稠油总计高1.3亿吨储量处于是难动用开发状态。

面对蒸汽吞吐成本高，后期开发效益下降，常规冷采效率过低差等问题，化学降黏冷采成为解决该类问题潜在的最有效方法[1-7]。但化学降黏冷采技术亦面临着巨大的困难：室内降黏效果非常显著，现场增油效果很不稳定。稠油作为假塑性流体，储层条件下流动性较差，随着黏度增加塑性增强，愈难以与水形成混相，仅以降低界面张力为目的的乳化降黏剂难以渗入稠油内部令其分散，更无法实现依托水相作为流动相的原油降黏[8-11]。为突破此技术瓶颈，必须先削弱稠油内部重质组分之间的相互作用，将降黏剂引入稠油内部分，以此分散油相达到降黏的目的[12-15]。本研究合成了AAPA活性高分子，并对其性能进行了测试。随后，通过优化措施工艺，以及矿场实验与效果分析，形成了针对边底水薄层特稠油油藏的化学降黏冷采技术。矿场实现结果显示，AAPA可在储层条件下有效降低特稠油黏度，措施后提液增产效果明显，可作为此类油藏热采后期的接替开发方式。

研究内容

1 活性高分子降黏剂合成

1.1 合成步骤

如图1所示，将300g去离子水和100g煤油加入到1500mL的三口圆底烧瓶中，放入磁子搅拌，随后加入丙烯酰胺(AM)60g，丙烯酸钠(AA)10g，1-丁烯苯基(PB)20g和丙烯酰胺-2-甲基丙磺酸(AMPS)5g，搅拌至完全溶解并形成白色乳液。随后加入催化剂四甲基乙二胺(TEMED)0.15g，搅拌均匀后加入Na_2CO_3将pH值调至8。加热升温到70℃，并通入氮气除氧

30min。随后加入异丙醇5g，过硫酸胺0.15g和偶氮异丁腈(AIBN)0.15g，反应至溶液变黏磁子停止转动时，关闭搅拌并停止氮气，反应8h。取出烧瓶中的凝胶块，剪碎后置于烘箱中80℃加热脱水6h，研磨造粒至80/100目，反应收率96.2%。

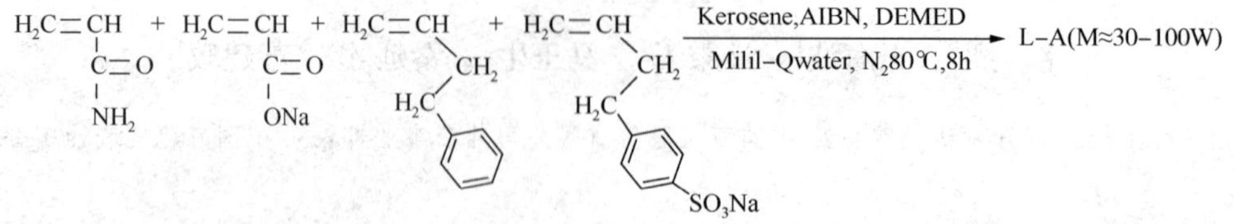

图1　活性高分子反应合成路线

1.2　降黏机理

如图2所示，根据相似相容原理，AAPA通过PB单体中的苯环整体嵌入到沥青质的层间结构中，以此将AA与AMPS两个极性单体引入沥青质片层结构之间，破坏苯环π-π键的受力方向，令重质组份分子之间产生各向异性，继而降低稠油黏度。随后，由于AMPS完全电离后的磺酸根基团具有极强的亲水性，可诱导水分子大量进入稠油内部，且防止进入稠油内部的水分子形成油包水的反相乳液。原油内部重质组份间相互作用力被削弱，外加大量水包油乳液对其隔离，原油黏度随之下降，且无法大量聚并导致黏度反弹。单体AM可通过提高AAPA的分子量，增加水溶液的黏度，在注入过程中减少指进，令AAPA中的功能团与原油充分接触，提高降粘效率。

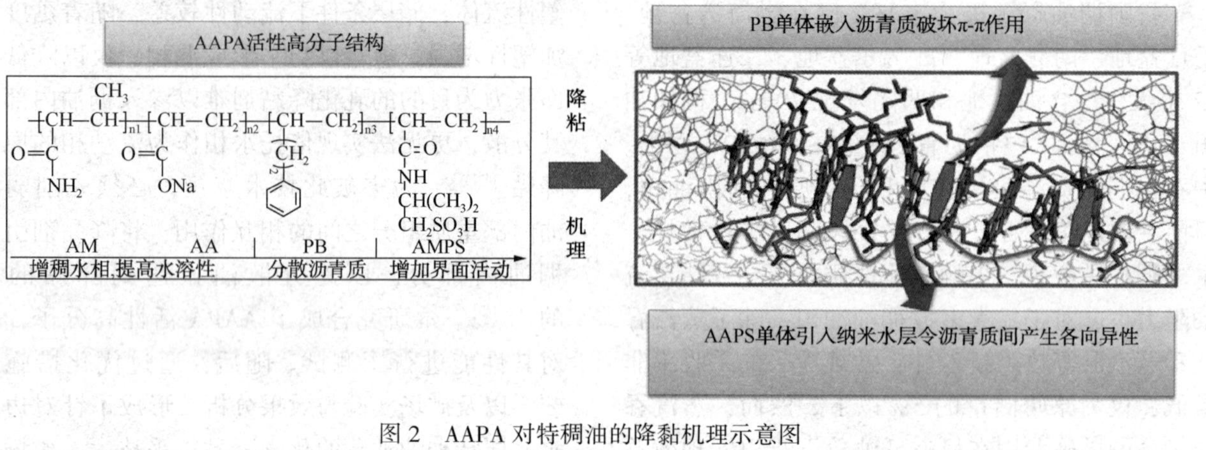

图2　AAPA对特稠油的降黏机理示意图

2　AAPA性能评价

本文所有实验以胜利油田陈371-P14井稠油油样进行降黏测试，该原油脱气脱水50℃下的黏度为39100MPa·s，属于特稠油范畴。分别采用Q/SH1020 1519-2013《稠油降黏剂通用技术条件》和Q/SLCG 0255-2018《稠油冷采吞吐降黏剂技术要求》中的方法，测试搅拌剪切条件下AAPA对特稠油的降黏率V%和静置条件下AAPA的降黏率m%，及其抗聚并能力。

2.1　油/剂的质量比例测试

配制1000ppm的AAPA水溶液，分别称取油/剂质量比为7∶3，6∶4，5∶5，4∶6，3∶7的混合液。鉴于陈371-P14井储层温度为80℃，故将降黏温度设置为80℃，加热2h后测试降黏率V%和m%。如图1所示，V%和m%的趋势基本一致，都是虽着药剂比例的增加，降黏效果不断提升。然而，搅拌剪切条件下的降黏率V%高于静置条件下的降黏率m%，因为搅拌条件下可令稠油与药剂更为充分接触，利于提高降黏效果。当o/w<7∶3时，药剂用量比例过低，降黏效果下降明显；当o/w>1∶1时，虽然降黏率随着药剂比例增加而提高，但V%仅提高0.5%，m%提高3.9%。由于o/w=1∶1时，V%=99.4%，m%=93.2%，此时稠油黏度最高为332.4MPa·s，已经具备可流动性。考虑性价比的情况下，o/w=1∶1为最佳质量比。

2.2　降黏剂的使用浓度测试

配制浓度分别为0(Milli-Q water)、300、

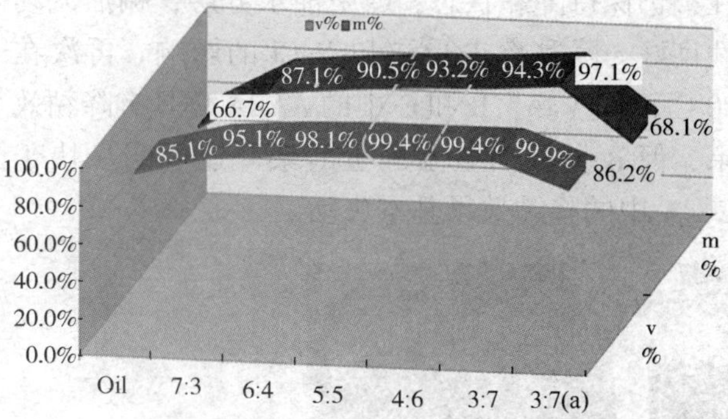

图 3　不同油/剂质量比的降黏测试

500、800、1000 和 1500ppm 的 AAPA 水溶液。按照油/剂质量比 1∶1，取陈 371-P14 稠油油样 20g，加入降黏剂 20g，在 80℃下加热 2h 测各自浓度下的降黏率。如图 4，搅拌条件下的 V%仍然高于非剪切条件下的 m%，但两者的趋势相同，降黏率随着药剂浓度的增加而提升。由于储层条件下稠油黏度高、流动差，基本处于静止或低速渗流状态，搅拌的测试方法与实际情况相差过大，因此后续的实验均采用静置降黏的方法进行测试。当 AAPA 浓度低于 400ppm 时，降黏率 m%<75%，降黏后的稠油黏度为 1221. 8MPa · s，此时稠油处于不可流动状态，即降黏剂浓度是无效的；当 AAPA 浓度处于 500~1000ppm 之间时，降黏效果随之增加，当浓度达到 1000ppm 时，m% = 93. 2%降黏效果处于最佳效果；当浓度继续增加时，由于聚合物水溶液本身的黏度过高，即便稠油黏度下降，也会造成储层整体出液困难，因此 1000ppm 为 AAPA 的最优使用浓度。

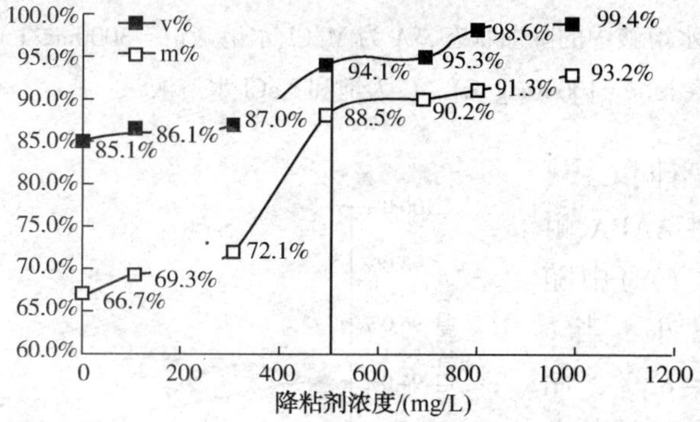

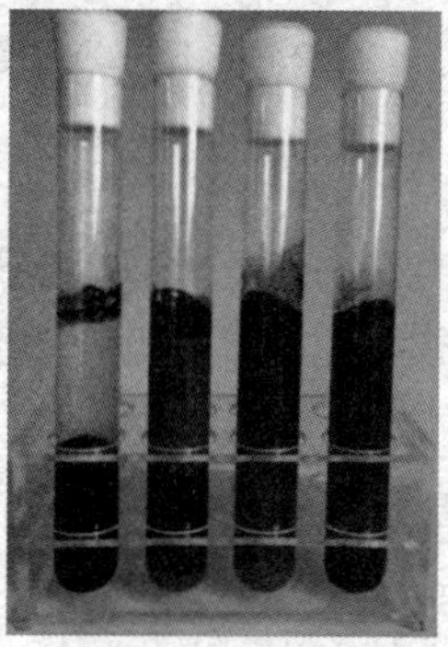

图 4　不同浓度下的降黏测试

2. 3　耐酸碱、Ca^{2+}、Mg^{2+}测试

配制浓度为 1000ppm 的 AAPA 水溶液，按照油/剂质量比 1∶1，取陈 371-P14 油样 20g，加入降黏剂 20g，分别使用盐酸和 NaOH 将 pH 调至 1~14，在 80℃下加热 2h。如图 5，当 pH<4 时，降黏剂在强酸性条件下基本失活，油水立刻出现油水分层，即酸性条件下可令降黏乳化后的稠油迅速破乳，避免对地面集输及水处理产生影响。当 pH>10 时，AAPA 在碱性条件下可将特稠油乳化分散成极小的油滴分散在水相中，进一步提升降黏率。因此，现场配液水酸值不能过低，适度提高 pH 可增强 AAPA 的降黏活性。

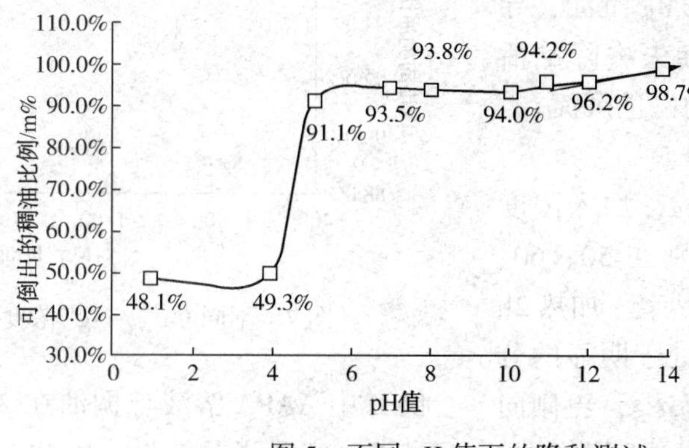

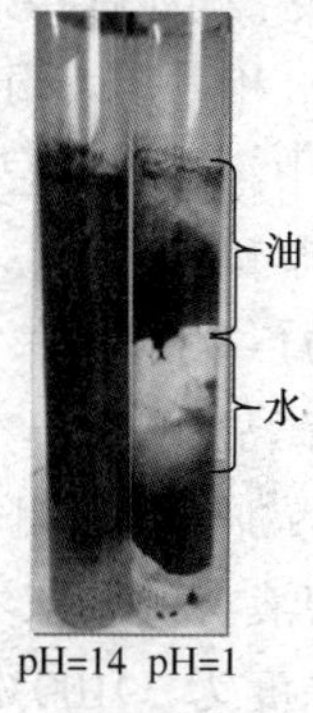

图 5　不同 pH 值下的降黏测试

如图 6，在 A，B 和 C 中分别配制 3000mg/L 浓度的 $MgCl_2$溶液，10000mg/L 浓度的 $CaCl_2$溶液以及饱和 NaCl 溶液，随后加入 AAPA 配成 1000ppm 的降黏剂溶液 100g。按照油/剂质量比 1：1，向三个烧杯中各加入陈 371-P14 油样 100g，在 80℃下加热 2h，测其降黏率 m%。随

后，将上述三个烧杯降至室温(25℃)放置四天：A中因$MgCl_2$导致聚合物絮凝而出现大量沉淀，油水分层，上层稠油黏度基本不变；B中因$CaCl_2$水溶液密度远高于油相，所以稠油基本位于上层，无沉淀析出，油层仍具有一定的流动性，仍保持降黏状态；C中油水分层，稠油流动性良好，降黏率未受饱和NaCl的影响。再次在80℃下加热2h，B和C中的AAPA仍具有降黏效果，但B中稠油室温静置后聚并速度明显快于C，A中的降黏效果基本失活。

(A)　　(B)　　(C)

图6　AAPA在不同矿化度水溶液中的降黏状态，A为$MgCl_2$水溶液(c=3000mg/L)，B为$CaCl_2$水溶液(c=10000mg/L)，C为饱和NaCl水溶液

根据图6的实验方法，分别测量不同Ca^{2+}、Mg^{2+}浓度下的降黏率，通过拟合得到AAPA耐Ca^{2+}、Mg^{2+}的极限有效浓度。如图7，(A)中随着Ca^{2+}浓度的增加降低的斜率非常小，当c[Ca^{2+}]=10000mg/L时AAPA的m%=88%，储层温度下降黏后的黏度为586.5MPa·s，具备良好的流动性，故AAPA的耐Ca^{2+}浓度可达10000mg/L，因为单体AMPS中的磺酸跟可以与Ca^{2+}通过静电作用紧密结合，可有效避免Ca^{2+}引起的高分子絮凝现象。(B)中当Mg^{2+}浓度超过1400mg/L时，降娘效果迅速下降，根据拟合结果，当c[Mg^{2+}]>3000mg/L时，AAPA基本失去降黏能力，因为AAPA中存在AA单体，其中的$-COO^-$官能团与Mg^{2+}会生成-COOMg沉淀，导致聚合物AAPA从水相中絮凝沉淀失去降黏活性，图6(A)中烧杯中存在着明显的白色沉淀。

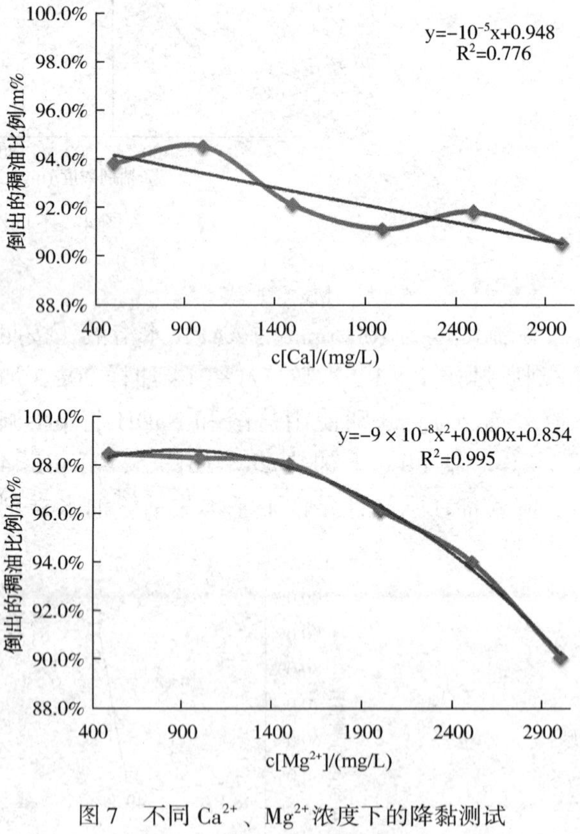

图7　不同Ca^{2+}、Mg^{2+}浓度下的降黏测试

2.4　不同温度下的降黏测试

如图8，取陈371-P14油样20g，加入浓度1000ppm的AAPA降黏剂20g，分别在50、60、70和80℃条件下静置加热2h测降黏率。加热2h后，A中的AAPA溶液与稠油依然处于明显的分层状态，此时稠油黏度为39100MPa·s，更倾向于塑性，药剂渗入效率降低，难以达到降黏效果。持续加热5天后，药剂与稠油混合，降黏率m%=80.1%。B和C中的AAPA溶液与稠油则发生不同程度的融合，4h后才实现充分互溶。仅D中AAPA溶液与稠油在2h后形成油水混溶乳液，实现降黏效果。因此，温度低于80℃时，需要相应的增加降黏时间以达到充分降黏的目的。

如表1，当T=50℃时，m%=80.1%，降黏

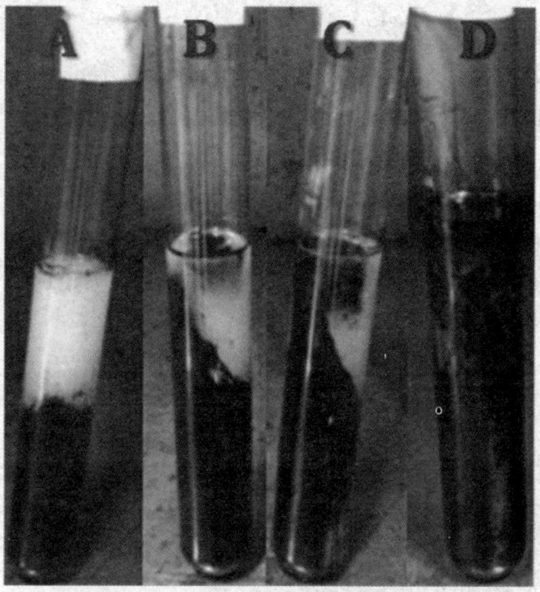

图 8　不同温度下的降黏测试

后的稠油黏度为 7780.9MPa・s，尽管稠油处于难流动状态，但却依然具有一定的降黏性能。当 T=70 和 80℃时，AAPA 降黏效果接近，m%为 93.1%和 93.9%。在 80℃降黏后，冷却至 35℃时 m%仍可保持 90.5%，说明 AAPA 具有良好的低温抗聚并性能。继续冷至 25℃，特稠油再次聚并形成油块，尽管 AAPA 仍保持对稠油的降黏效果，m%=90.1%，但室温下陈 371-P14 稠油的原始黏度高达 240000MPa・s，以致此时稠油黏度 23760MPa・s，流动困难。提高温度至 100 和 180℃时，静置加热 5min 稠油基本处于稀油状态，迅速测黏度均低于 100MPa・s，冷至室温 m%=91.2%，即 AAPA 在 180℃下具有良好的降黏性能。对于陈 371-P14 井，储层温度 80℃，井口温度 40℃>35℃，即 AAPA 降黏自储层至井筒举升到地面是可行的。

表 1　AAPA 在不同温度下的降黏率

试管编号	温度/℃	加热时间	m%
A	50	5 天	80.1
B	60	10h	90.8
C	70	4h	93.1
D	80	2h	93.9
D[a]	80→35	17h	90.5
D[b]	25	15min	90.1

a. 80℃静置降粘后，D 中稠油在 35℃下放置 17h；
b. D 中稠油静置冷至室温 25℃。

综上所述，针对 50℃脱气脱水黏度<50000MPa・s 的稠油，活性高分子 AAPA 浓度 0.1%，油剂质量比 1∶1，可实现静置降黏率>90%；最低降黏温度 50℃，最高耐温 180℃；耐 Ca^{2+}浓度≤10000mg/L，耐 Mg^{2+}浓度≤3000mg/L；耐酸碱范围，pH<4 时可快速破乳，pH>10 时可进一步提高降黏活性。

3　AAPA 储层降黏工艺

3.1　工艺技术

对于直斜井，采用三段塞浓度注入法：第一段塞，液量 Q×(20%~30%)，浓度 3~5%，注入排量 10~20m³/h，对于采出程度<5%的储层，近井区域原油动用差，低排量注入高浓度药剂，可令降粘剂充分与原油接触，实现快速降粘，避免注剂高压，对于含水>50%的储层，可有效避免后续注剂被过度稀释造成药剂浪费；第二段塞，液量 Q×(20%~50%)，浓度 1%~3%，注入排量 40~60m³/h，高排量注入可令药剂向远端持续推进，避免形成稠油环导致储层堵塞；第三段塞，液量 Q×(10%~30%)，浓度 0.5%~1%，注入排量 20~40m³/h，降低注入排量并提高注入浓度，进一步提升第二段塞高速注入下产生的注剂空间内稠油的流度，提高储层出液能力；施工结束后，套管安装压力表，压力<1MPa，即开井生产。

对于水平井，采用四段塞浓度注入法：第一段塞，液量 Q×(10%~20%)，浓度 3~5%，注入排量 10~20m³/h，避免注剂高压，或提高近井积液的药剂浓度；第二段塞，液量 Q×(20%~60%)，浓度 0.5~1%，注入排量 30~50m³/h，高排量注入可以增加注剂对 B 靶点未动用区域的波及效率，提高水平段的整体动用率；第三段塞，液量 Q×(10%~30%)，浓度 1%~3%，注入排量 10~20m³/h，低排量注入高浓度药剂以维持套管区域的药剂浓度，提高近井储层的渗透率，增加后续生产的出液能力；第四段塞，液量 Q×(10%~20%)，浓度 0.5%~1%，注入排量 40~60m³/h，以最低有效浓度作为顶替液，增加前置注剂的作用范围，令更多稠油的流度得到提升；施工结束后，套管安装压力表，压力<1MPa，即开井生产。

3.2　技术特点

根据 AAPA 的性能评价，结合合理的工艺技术，可有效降低储层稠油黏度，即能解除近井死油堵塞增加出液范围，又可远井降黏提高原油渗流速度，达到提液增油的措施效果。此外，AAPA 储层降黏技术还具备以下特点：(1) 无需作业，套管注剂，措施费用低；(2) 污水现配，间歇施工，可调性强，安全系数高；(3) 地层无滞留，避免地层注剂伤害；(4) 反排易破乳，减少地面水处理的负担。

4　矿场实验

根据 AAPA 的降黏性能与优化的工艺设计，首先对陈 371-P14 井储层降黏后，冷采峰值产量达到 7.5t/d，持续 12d。措施效果持续 14 个月，累计产液 1.18×10^4t，产油 2348t，增油 1025t。如图 9，按照措施成本=措施费用/周期累油计算(因为运行成本相同，故不计算在内比较)，AAPA 储层降黏冷采的措施成本比蒸汽吞吐的最低措施成本降低约 27%，比蒸汽吞吐三轮最高产量的平均成本降低约 49.5%。

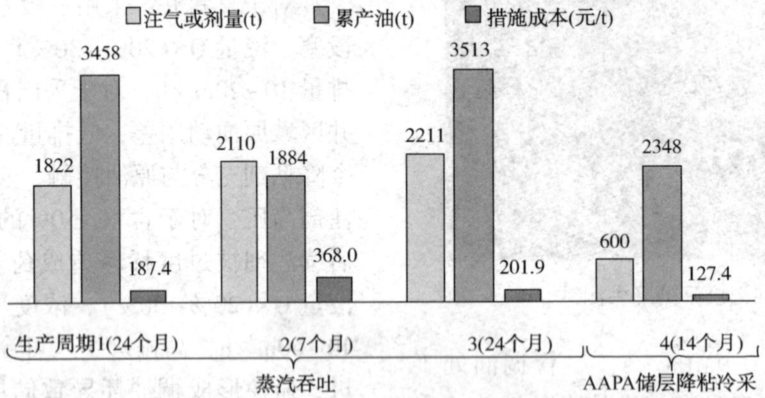

图 9　陈 371-P14 井蒸汽吞吐与 AAPA 储层降黏冷采的效益对比

基于陈 371-P14 井成功实现措施增油，继续开展了三口井的矿场实验。如表 2，沾 18-5-侧平 12 井为强底水特稠油储层，注汽极易造成底水锥进。应用 AAPA 储层降黏冷采增油效果显著，液量增加 4 倍，产油提高 3 倍，措施后峰值产量高达 13.7t/d，持续 40 天，接近目前该区块热采的最高单井峰值产量沾 18-P25 的 14t/d。周期持续增油 13 个月，累计产油高达 3933t，措施效益明显。同时，由于措施后采出稠油黏度显著下降，井筒举升良好，于措施后 2 个月内停止井筒掺水举升，节约了一定的生产运行成本。陈 371-平 29 井为边底水特稠油油藏，经历六轮蒸汽吞吐后含水高达 98.5%，产量仅 0.3t/d。措施后通过降低近井稠油黏度，有效提高水平的整体出液效率，将液量提高 47.6t/d，产量提高到 4.3t/d，同时高轮次后期的高含水也得到有效控制，下降到 90.9%。作为矿场实验唯一的直井陈 29-75，属于新层上返，但油层有效厚度仅 1.4m，且存在强边底水。上返后，第一轮注汽过程中由于出现套损，导致含水高达 100%，无法正常生产。套管补漏后，采取 AAPA 储层降黏，产量恢复到 1.6t/d。与水平井相比，直井的出液区域仅存在于射孔段，相应的，药剂也只能经射孔段进入地层，持续地注剂会对近井油层形成“反驱”效应，令原油远离井筒区域，以致后续注剂触油几率下降，储层降黏效果受限。因此，直井进行储层降黏冷采，其效果明显低于水平井。

表 2　AAPA 储层降黏冷采矿场实现效果

井号	措施前产量(液/油/含水)	存在问题	措施后平均日产量(液/油/含水)
陈 371-平 14	21/2.6/87%	套损冷采产量递减	28.8/4.2/80.0%
陈 29-75	30.6/0/100%	套损冷采高含水	40.4/1.6/96.0%
沾 18-5-侧平 12	6.9/4.4/35.3%	小套管完井无法注汽	24.6/13.7/44%
陈 371-平 29	19.9/0.3/98.5%	近井堵塞液量降低	47.6/4.3/90.9%

现场应用证明，活性高分子 AAPA 以其可静置降黏、高抗聚并、耐高矿化度、易于破乳以及宽泛的降黏温度适用区间的特性，可通过储层降黏有效实现近井解堵，远端洗油的效果，同时集

“储层—井筒—集输”降黏于一体。此外，AAPA储层降黏冷采效果持续周期至少12个月左右，水平井周期平均累采超过1500t，直井周期累采500t，且单次措施成本较蒸汽吞吐降低约30%。因此，该技术是边底水薄层特稠油油藏高轮次注汽后期稳产提产有效的接替技术之一，对胜利和西北油区过亿吨特、超稠油未动用及难动用储量开发，有着重要的技术支撑意义。

参 考 文 献

[1] 华朝，张健，李浩，等．渤海典型稠油活性组分对油水界面性质及乳状液稳定性的影响[J]．油田化学，2017，34(4)：626-630.

[2] CZARNECKI J，TCHOUKOV P，DABROS T. Possible role of asphaltenes in the stabilization of water-in-crude oil emulsions[J]. Energy & Fuels，2012，26(8)：1365-1371.

[3] YARRANTON H W，ORTIZ D，BARRERA D，et al. On the size distribution of self-associated asphaltenes[J]. Energy & Fuels，2013，27(9)：5083-5106.

[4] 赵毅，胡景磊，李浩程，等．塔河稠油活性组分对油水界面性质和乳状液稳定性的影响[J]．石油化工高等学校学报，2016，29(6)：32-38.

[5] Al-Besharah J M，Salman O A，Akashah S A. Viscosity of crude oil blends，Industrial & Engineering Chemistry Research. 1987(26)：2445-2449.

[6] McClelland R A，Steenken S. Pronounced solvent effect on the absorption spectra of the photochemically produced 2，4 - dinitrobenzyl carbanion，Canadian Journal of Chemistry. 1987(65)：353-356.

[7] Zakin J L，Pinaire R，Borgmeyer M E. Transport of Oils as Oil-in-Water Emulsions，Journal of Fluids Engineering. 1979(101)：100-104.

[8] 封钦亚，董平川，丁志文，等．注 CO_2 开发引起的沥青质沉淀及抑制方法[J]．油田化学，2015，32(3)：455-460.

[9] 张胜飞，孙丽丽，徐俊波，周涵，温浩．重质油胶体聚集结构的耗散粒子动力学模拟[J]．物理化学学报，2010，26(01)：57-65.

[10] 周洪涛，贾寒，刘源，等．沥青质分散剂评价方法改进与新型高效分散剂合成[J]．油田化学，2014，31(4)：582-584.

[11] Fingas M，Fieldhouse B. Studies of the formation process of water-in-oil emulsions，Marine Pollution Bulletin. 2003(47)：369-396.

[12] Sullivan A P，Kilpatrick P K. The Effects of Inorganic Solid Particles on Water and Crude Oil Emulsion Stability，Industrial & Engineering Chemistry Research. 2002(41)：3389-3404.

[13] Langevin D，Poteau S，Hénaut I，et al. Propriétés des émulsions de pétrole brut et leurs applications au transport des bruts lourds，Oil & Gas Science and Technology - Rev. IFP. 2004(59)：511-521.

[14] CZARNECKI J，TCHOUKOV P，DABROS T. Possible role of asphaltenes in the stabilization of water-in-crude oil emulsions[J]. Energy & Fuels，2012，26(8)：1365-1371.

[15] YARRANTON H W，ORTIZ D，BARRERA D，et al. On the size distribution of self-associated asphaltenes[J]. Energy & Fuels，2013，27(9)：5083-5106.

海上边际油田投捞式电潜泵采油技术研究与实践

于志刚　宋立志　范远洪　董家永　于　东

（中海石油(中国)有限公司湛江分公司）

摘　要　针对海上无修井机平台修井费用高、影响产量高、扶井时效慢、资源协调难等问题，开展了投捞式电潜泵采油技术研究。该技术通过高边定位仪、电气湿接头系统、伸缩筒系统、悬挂系统及配套地面工具与设备的设计与研发，实现将外管柱固定在井筒中，后续修井只需钢丝(或电缆)作业将中心电泵管柱进行投捞，做到即时修井，最大化节约成本，减少油井停产时间，提高生产时率，有效保护储层，灵活调产。文昌 8-3-B3H 井的成功实施，表明该技术的成熟可靠，单井节约作业费用超 70%，创新无修井机井口平台修井的新模式，将极大推动海上边际油田的开发。

关键词　无修井机；投捞；电潜泵；边际油田

无修井机投捞电潜泵技术(Rigless ESP)是一项世界领先的电潜泵采油新工艺，目前该技术在国内外都取得突破性发展。该技术由永久生产管柱(外筒)和中心电泵管柱(内筒)组成，首次完井作业时下入永久生产管柱，在之后的修井作业中，不再需要起出永久生产管柱，仅需要钢丝(或电缆)作业将中心电泵管柱进行投捞更换，不再需要钻修机等大型提升设备，做到及时修井，节省各项成本，提高生产时率。

海上边际油田均采用无修井机井口平台开发，修井作业只能采用钻井船，已凸显出修井费用高、影响产量高、扶井时效慢、资源协调难等问题，制约了边际油田开发。投捞式电潜泵采油技术与无修井机井口平台相结合，创新现有举升开采模式，解决边际油田修井难题，降低边际油田开发成本，提高边际油田开发效益。

1　无修井机平台概况

截至 2018 年年底，南海西部北部湾盆地现有无修井机平台十余座，在生产井近百口，年产油量约 $150\times10^4m^3$。

目前对于无修井机平台，均采用常规钻井船进行修井，但通过多年运行，存在修井费用高、影响产量高、扶井时效慢、资源协调难，即“两高、一慢、一难”问题。以 WZ6-12 油田 3 口井为例，从躺井至钻井船修井复产，共停井超 1000 天，影响产油量近 $10\times10^4m^3$，若采用即躺即修模式，钻井船作业约 1000 万元/井次，且钻井船资源稀缺、钻完井任务多、难以做到即躺即修。

2　投捞式电潜泵采油技术原理

投捞式电潜泵技术外筒管柱包括：油管、悬挂器外筒、湿接头公头总成、封隔器、安全阀等；中心电泵管柱包括：湿接头母头总成、电泵机组、悬挂器内筒等。

2.1　投捞式电潜泵系统构成

投捞式电潜泵技术的系统构成见图 1，由永久性外筒管柱和中心电泵管柱组成。永久性外筒管柱主要包括：带孔管、封隔器、油管短接、液控滑套、深井安全阀、湿接头外筒、悬挂外筒、油管、电缆、液控管线等部分组成。中心电泵管柱包括湿接头内筒，伸缩节，密封短接，电泵机组，油管短接，悬挂内筒等部件组成。中心电泵管柱通过悬挂和锁止机构，悬挂锁止并密封于永久性外筒管柱内。

在正常生产过程中，井下流体通过带孔管进入管柱内，经过插入密封、液控滑套、深井安全阀、油管、变扣，湿接头内筒流道等进入泵吸入口，通过电潜泵机组的高速运转流体被举升到地面。在检泵过程中，中心电泵管柱通过地面钢丝设备经采油树提升至地面，因此采油树通径要满足中心电泵管柱通过要求。

2.2　工艺特点

投捞式电潜泵技术与传统作业模式相比，除首次作业需钻修机将永久外管柱下入井筒，后续检换泵作业无需钻修机，只需钢丝作业或电缆作业，人员少，时间短，节约 70% 以上的综合成本，且躺井后即可马上实施，提高油井生产时率，无需压井，减少储层伤害，为以后电潜泵采油的发展方向。其作业步骤如下：

(1) 钻修机下入永久外管柱，包括：湿接头外筒，定位仪，悬挂器外筒，油管短接，电泵电缆，以及井控工具串等。

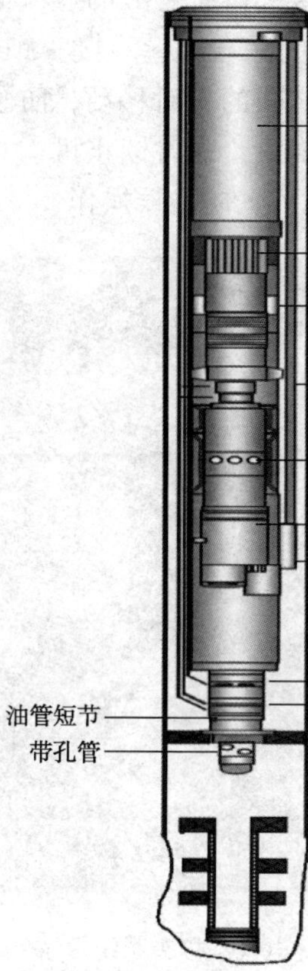

图 1　投捞式电潜泵系统构成

（2）用钢丝（或电缆）作业把定位仪捞出，再将中心电泵管柱投入永久管柱中，包括：湿接头内筒，伸缩节，电泵机组，悬挂器等。

（3）检泵作业或调产换泵作业时，用钢丝（或电缆）作业将中心电泵管柱捞出，再将新的电泵管柱用钢丝绳投入永久性管柱内，恢复生产。

（4）后续检换泵作业重复第二步和第三步完成更换电泵管柱作业。

2.3　选井条件

投捞式电潜泵技术有 7in 和 5.5in 两套系统，这两套系统适用于目前大部分的电潜泵井，但该技术本身对电潜泵井有一定的使用限制和要求，使用该技术选井，可以用以下指标作为参考。

（1）生产过程中无换层要求：生产管柱为直管柱，后期生产不考虑钢丝作业换层及取资料作业。

（2）流体性质：油品性质良好，宜不存在结垢、蜡情况，且要求含砂及井液固相体积百分比小于 0.2%。

（3）井斜数据：用钢丝投捞，泵挂处井斜宜小于 45°。

（4）狗腿度：从井口到泵挂处，最大狗腿度宜小于 5°/30m，满足电潜泵下入要求。

（5）套管内径：目前 7in 与 5.5in 系统适用于 9⅝in 生产套管；5.5in 系统可有条件适用于 7in 生产套管。

（6）最大机组尺寸：最大允许机组外径 5.62in。

3　配套关键工具与设备

3.1　高边定位仪

井下高边定位仪可以监测电缆是否在高边位置，防止电缆处于底边磨损，防止湿接头对接时，外筒湿接头处受井筒沉沙等杂质影响，在钢丝作业时，先下入高边定位仪，钢丝工具可以顺利通过外筒湿接头位置。高边定位仪也是井下故障的诊断工具，对确定井下坏点起到关键作用，见图 2。

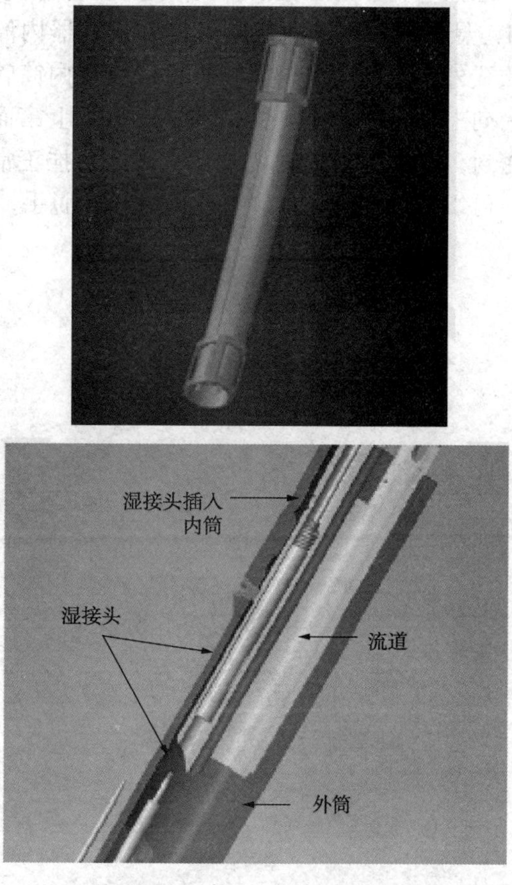

图 2　高边定位仪设计

3.2　伸缩筒系统

伸缩筒结构示意图见图 3，电潜泵运转时处于悬挂拉伸状态，和目前传统运转方式一样，不需要特殊定制。伸缩筒径向可自由旋转，轴向可上下移动，在正常生产过程中可以屏蔽电潜泵运转时震动对湿接头的影响。因伸缩筒可以实现弹性伸缩，因此可以做到整套管串的精确配长。

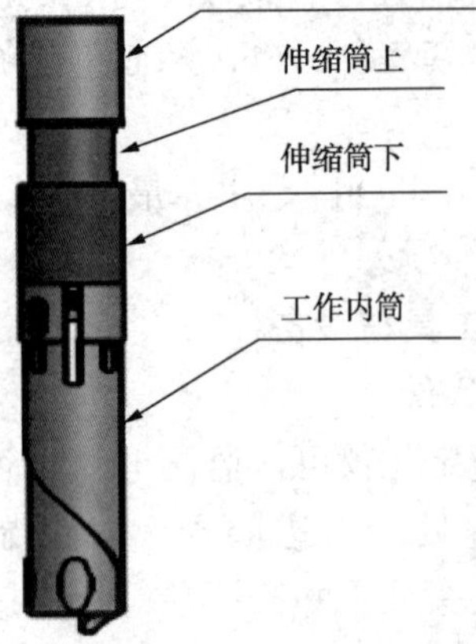

图3　伸缩筒系统

3.3　悬挂系统

悬挂系统分为悬挂器外筒和悬挂器内筒，见图4，悬挂器外筒有内齿圈设计，悬挂器内筒有隐藏式外齿设计，内外齿咬合可以完成内筒管柱轴向向上锁止，防止悬挂在地层压力下上窜而破坏密封。脱手前上提确认设计，保证悬挂正常入位，可以通过钢丝震击和打压两种方式脱手。

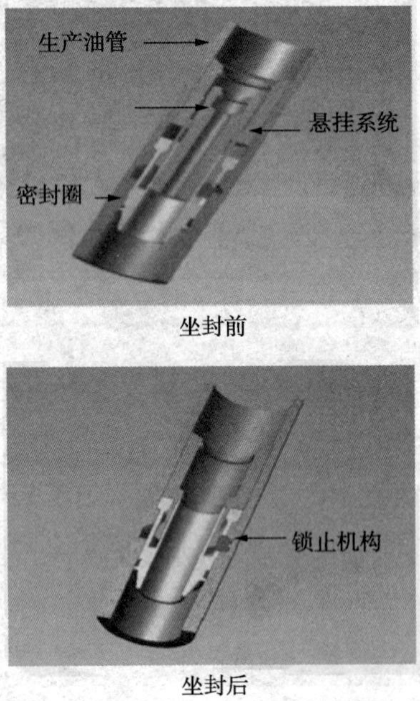

图4　悬挂器系统

3.4　电气湿接头

电器湿接头分为湿接头外筒和湿接头内筒，见图5，湿接头外筒随永久管柱下入井底，湿接头内筒连接在电机底部，随电潜泵机组下入井底，并完成和湿接头外筒对接后为电机传递电能。偏心设计的湿接头具有更大的过流面积，为井下钢丝作业提供更大通道。湿接头锁止机构，锁止湿接头内外筒之间的相对移动，防止公母湿接头之间的松脱而烧毁，同时锁止机构具有触发装置，保证100%插入，防止误操作。

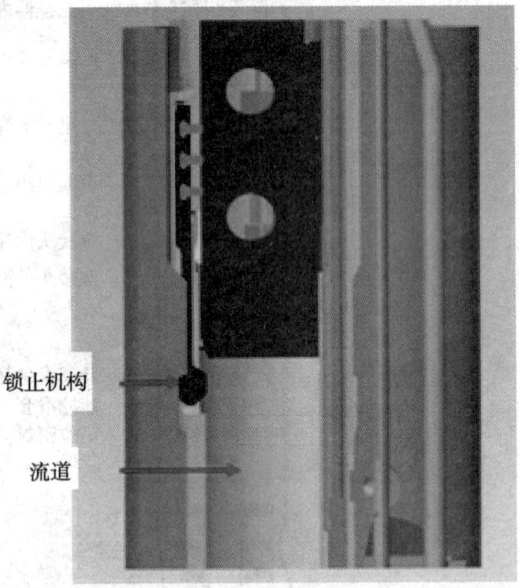

图5　电气湿接头系统

3.5　配套地面工具与设备

（1）采油树

采油树为检换泵作业时中心电泵管柱起出和下入提供通道，实现不压井作业，不但要满足甲板空间限制要求，同时还需要满足中心电泵管柱的通径要求，无修井机起下电潜泵技术7in系统配套采油树最小内通径为6.05in，5.5in系统配套采油树最小内通径为4.76in。

（2）Rigless投放工具

投放工具主要包括加重杆、震击器、中心管和GR。正常作业时，向下震击剪切悬挂器上的销钉，过提确认，下放工具换槽，上提脱手。如投放故障，需要GR工具脱手，GR型投放工具靠向上震击作用剪切销钉脱开装置。

（3）Rigless打捞工具

打捞工具主要包括加重杆，震击器和GS。下入工具串捞住悬挂打捞头向上提剪切止退销钉，向上提解锁悬挂，把中心生产管柱起出。如捞住打捞头上提困难，需要工具脱手，GS型投放工具靠向下震击作用剪切销钉脱开装置。

（4）钢丝（或电缆）设备

钢丝（或电缆）设备主要用于中心电泵管柱的投捞作业。钢丝和电缆作业的地面设备种类基本相同，主要有绞车，井口连接头，防喷阀，防喷管，井口密封系统，滑轮和指重系统组成。根据中心管柱重量，附加安全系数，同时考虑经济性选择适合的钢丝(或电缆)设备，见表1。

表1 钢丝绞车滚筒部分规范数据

说明	滚筒容量	最大线速度	最大拉力	尺寸长×宽×高	带钢丝重量
	mm(m)	m/min	Kg	m	Kg
无操作间单滚筒	2.34 6000	389~976	363~1270	1.9×1.6×1.5	1632
双人操作间单滚筒	2.34 9000	531~1066	1451~2948	2.5×2.4×2.1	3628
双人操作间双滚筒	2.34 7600	918(满滚筒)	3265~7600		
	4.77 5180	671(满滚筒)	4082~5180	2.9×2.4×1.7	4444

4 现场试验及效果分析

4.1 现场试验情况

2018年9月6日，文昌8-3-B3H井投捞式电潜泵作业顺利实施投产，实现了该技术在南海西部油田的首次应用。

文昌8-3-B3H井为ZJ1-2L油组一口主力生产井，地面原油性质好，属低含硫的轻质原油，密度低，黏度低，沥青质含量低，含蜡量低，胶质含量低，倾点低，饱和压力低，地饱压差大，不出砂。该井只生产ZJ1-2L油组，无需分层，设计泵挂处井斜仅18.92°，且无较大的狗腿度，满足投捞式电潜泵技术的各项要求。该井采用47#9⅝in技术套管，内径8.681in，由于该井的产能较高，油藏要求提液800m^3/d，设计采用7in的投捞式电潜泵系统。电泵机组由300m^3/800m更换为800m^3/800m，泵挂深度1100m，新工艺安全顺利实施的同时，实现了提液增油的目的，日增油180m^3。

4.2 经济效益分析

文昌8-3-B3H井投捞式电潜泵新技术的成功实施，使得该井后续检换泵作业只需进行钢丝(或电缆)投捞作业，单次作业费用仅需50万元，与传统修井模式相比费用降低75%以上，见表2。

表2 单次检泵作业费用对比表

投捞式电潜泵作业费用(万元)	50
修井机检泵作业费用(万元)	200
钻井船检泵作业费用(万元)	1000

传统的修井模式需按作业资源和材料准备编排作业计划，平均停产时间较长，按近三年的统计数据，有修井机平台躺井周期约60天，无修井机平台躺井周期近200天，影响产量较高，见表3。投捞式电潜泵技术无需动管柱，避免储层伤害，可以做到即躺即修，且作业工期仅需2天，产量损失小，极大提高了油井的生产时率，经济效益巨大。

表3 单井躺井停产时间及作业工期内影响产量对比(按单井产油量50m^3/d计)

	投捞式电潜泵作业费用	修井机检泵作业	钻井船检泵作业
平均躺井停产时间(d)	7	60	200
作业工期(d)	2	7	6
产油量恢复期(d)	0	7	7
单井产量损失(m^3)	450	3700	10650

5 结论与认识

(1)投捞式电潜泵技术的成功应用，颠覆了传统的电潜泵采油模式，后续作业不受钻修机的限制。

(2)该技术可做到即时修井，最大化的节约钻机成本，修井物料成本和人力成本，最大化的减少油井停产时间，增加油井生产时率，有效的保护油藏，灵活调产，保护生产套管。

(3)该技术为无修井机井口平台电潜泵采油提供了新方向，将极大推动海上边际油田的开发。

波及控制靶向驱油理论探索与实践

吴行才[1,2,3] 韩大匡[1] 姜汉桥[2] 叶银珠[1,3] 孙 哲[4]

(1. 中国石油勘探开发研究院；2. 中国石油大学(北京)；
3. 中国石油集团纳米化学重点实验室；4. 中海油研究总院有限责任公司；)

摘 要 对于非均质油田提高水驱采收率，根据经典理论的主要做法是提高注入水的黏度，改善油水两相的流度比，实现扩大波及体积的目的，如聚合物驱(包括交联聚合物凝胶驱)等。但无论是水驱还是加入了聚合物的稠化水驱，其在微观孔隙中的流动都是接近“放任自流”的盲驱，对越来越分散的剩余油的驱动是低效的。为此提出“波及控制靶向驱油”的理论观点，即通过人工调整储层物性，动态抑制相对高渗部位或大孔隙中的渗水能力，同时控制注入水更多地进入相对低渗部位或小孔隙中，靶向驱出其中相对富集的剩余油。其理论要点在于是通过调整油水两相的相对渗透率实现高效改善流度比的目的。其具体技术方法是以整个注采流场为对象，将由于储层非均质而形成的优势流动通道进行分类和分级，针对不同类型不同级别大小的优势流动通道研制和应用相应的化学剂新材料，通过针对性的材料的准确放置封堵管流或接近管流的水流优势大孔道、有效抑制高速渗流的渗流优势孔道；对微观尺度的渗流优势孔隙则通过颗粒型聚合物SMG水分散液的注入、移动，持续的调整、改变水驱方向，将扩大波及系数落脚到有效波及上来，即实现对注采流场系统整体的波及控制，达到高效波及、靶向驱动剩余油、提高水驱采收率的目的。开展的仿真孔隙结构和尺度的微观物理模拟实验、以及多个矿场试验或应用效果证明了这一理论和方法的科学性。

关键词 波及控制；靶向驱油；同步调驱；分级调驱；高效波及；SMG；提高采收率

储层因为沉积的原因，天然存在物理性质的非均质性，主要表现在不同部位的渗透性差异，中国陆相沉积储层非均质性尤为严重[1-3]。对于水驱非均质油田，可将其可能存在的各种非均质模型化，如图1所示，影响水驱效果的物性差异在宏观、中观尺度上可能存在有：早期人工压裂裂缝、纵向层间的渗透率差异、层内夹层、层理、不同韵律甚至可能发育有微裂缝，又由于井距一般以百米、几百米计，在注采井间平面上不同区域不同方向上也存在差异；而在微观孔隙尺度上，如图1所示，从储层中任取一点，其中就一定包含大小孔隙间的渗透率差异，形成的原生或次生的优势流动通道。对于高含水期油藏，孔隙尺度非均质及其结构对剩余油的微观分布具有重要作用，因此对孔隙尺度的非均质研究应当受到更多的重视。

不同尺度级别的非均质对应着不同类型、不同级别的优势流动通道，这些优势水流贯穿整个注采流场、是产生波及问题的根源。经过长期注水冲刷、多种多轮措施、储层内的剩余油日益分散，水驱波及问题由开发早中期的近井地带向远井深部延伸、直至整个注采流场[4-6]。

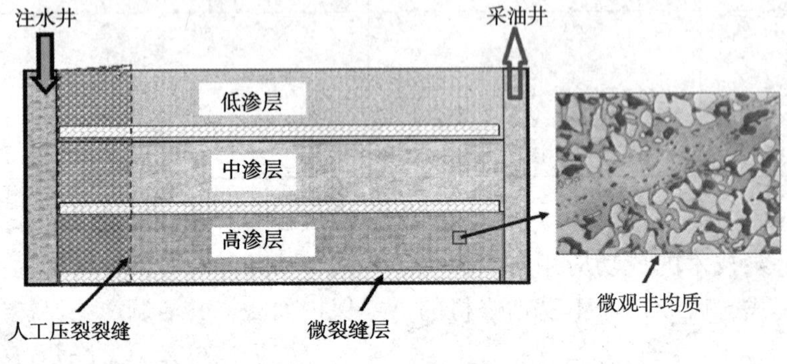

图1 油藏水驱开发不同类别不同级别非均质示意图

众所周知，在经典理论中，油藏采收率定义为波及系数和驱油效率的乘积[如公式(1)][7]，因此提高水驱采收率技术研究和应用一直以来在围绕如何扩大波及体积做艰苦的工作，也取得很多进展和效果，但面对非均质油田水驱开发进入高含水期，剩余油在整个注采流场中分布日益分散的情况，现有的各种技术方法的效果越来越差[6,8-11]，比如精细分层注水、调剖、压裂酸化等等技术方法，只是一定程度调整了注入端或采出端附近、纵向或剖面的宏观波及问题；比如井网加密因为经济性的原因也总是有限度的，注采井间的波及问题也总是存在的；水平井的应用较大幅度提升了波及系数，但它不仅存在在高含水期剩余油分散条件下是否经济可用的问题，同样它解决的仍然是注采端的宏观和局部波及问题。

$$\eta = E_D \times E_V \qquad (1)$$

对于水驱非均质油田，通常的提高采收率技术是聚合物驱，在中国大庆、胜利油田取得很大成功。一般认为聚合物驱兼具驱替和调整剖面性能[7,12-15]。笔者认为其对于层内剖面的调整作用严格意义上不是调整而是由于启动压力增大后导致的吸水剖面的非选择性扩大，因为聚合物溶液是连续相黏性流体，无法区别高低渗层(层段)或大小孔隙去驱替剩余油，准确地说它相当于更高黏度的水驱，因此，水驱存在的波及问题它一样存在。也就是说其在微观孔隙中的流动都是接近“放任自流”的盲驱，对越来越分散的剩余油的驱动是低效的。要么容易在高渗区域或大的孔道喉道串流，要么对低渗区域或小孔隙造成不可逆的堵塞，而恰恰在小孔隙中剩余的相对丰富的剩余油难以被有效驱出。在矿场实践中体现为产液剖面的反转和注入、产出液能力的降低[15-16]。

因此，为提高注入水波及效率、靶向驱动剩余油，吴行才等提出了“波及控制”的技术概念，并开展了相关理论探索和技术方法研究[17-19]。他们研制了一种新型颗粒型聚合物[20]，颗粒粒径在纳微米分布，与储层匹配；制作了储层孔隙尺度机理模型，模拟对比了经典聚合物驱、聚合物凝胶驱和颗粒型聚合物驱的过程，阐明了同步调驱机理，证明了“如果能实现动态调整高低渗或大小孔隙之间的渗透差异来改善流度比可能要比通过提高驱替相的黏度这一方式效率高”的理论推断；建立了分类分级调驱技术方法，在8个条件各异的油藏(油藏温度24-126℃、地下原油黏度1.36~156 MPa·s、矿化度4212~200,000 mg/L、含水81.4~97.5%、采出程度9.55~64.4%)的应用都获得了显著的增油降水效果[21-29]。

1　同步调驱机理

1.1　同步调驱理念的提出

如示意图2所示，除了储层构造、井网层系对剩余油的影响外，水驱开发储层中的剩余油主要为水锁剩余油；如图2中A所示，注入水在高渗层、区或大孔隙很快突破，将低渗层、区或小孔隙中还未驱出的油“水锁”，继续水驱或常规技术措施很难启动这种剩余油。如图2中B所示，注入连续相黏性聚合物溶液(或交联聚合物凝胶)，在合适的黏度下，在水驱基础上能够驱出一部分相对低渗层区、小孔隙中的剩余油，提高采收率，但仍然可能发生类似A的过程，未及驱出的剩余油仍被“锁”住。如果黏度过大，在对高渗层层区、大孔隙驱替(聚合物溶液)或“堵塞”(交联聚合物凝胶)较好的同时，同样黏度的流体将难以进入低渗层层区、小孔隙对其中的剩余油进行高效驱替，甚至是“堵塞”污染这些区域，最终都不同程度导致油井供液不足，影响产量；如果黏度小，虽然有利于对低渗层区、小孔隙中的剩余油高效驱替，但易于在高渗层区、大孔隙窜出，同样也可能对低渗层、区或小孔隙中还未驱出的油产生“水锁”作用，而达不到有效波及的目的；因此，对于聚合物溶液和交联聚合物弱凝胶等连续黏性驱替流体，其机理存在缺陷，因为其黏度是一定的，既要求它能很好地堵塞抑制高渗层区、大孔隙中的流动，又要求它同时能对低渗层区、小孔隙中的剩余油进行高效驱替，这是一个难以调和的矛盾。

如图2中B所示，针对水驱在孔隙尺度优势流动通道的窜流和高黏流体存在“堵好驱不好，驱好堵不好”的问题，我们设想将连续相高黏流体替换为一种颗粒型聚合物(SMG，Soft Microgel，参见本文3.2)的水分散液体系，该体系表观黏度低，易于进入储层深部，如图2中C所示，分散体系中的SMG胶粒在微观上通过对水流通道(孔喉)暂堵-突破-再暂堵-再突破的过程，优先进入高渗层区、大孔隙、SMG胶粒在暂时“堵塞”大孔隙喉道或增加其中流动阻力的同时，分散体系中的注入水转向进入低渗层区、小孔隙，直接作用于其中的剩余油，实现高效的波及和驱

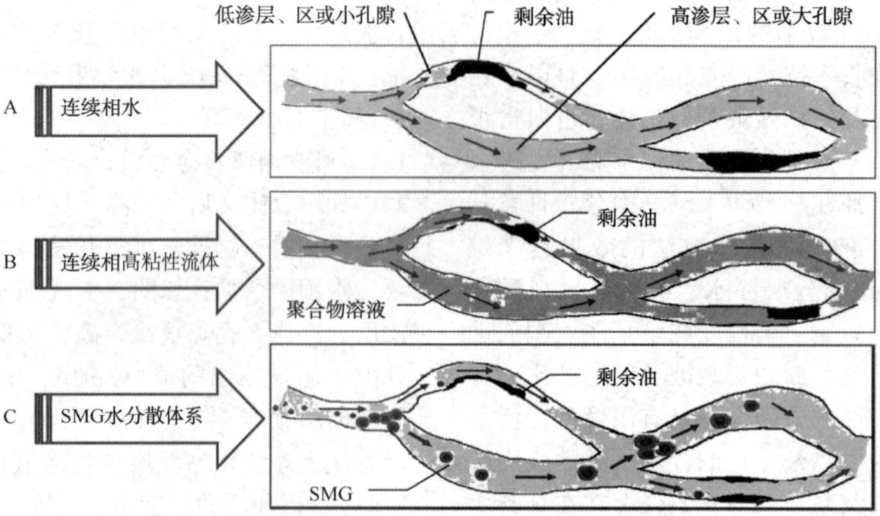

图 2　连续相和分散相流体驱替机理示意图

替，提高了注入水利用效率；这一过程由于 SMG 胶粒在暂堵一段时间后会因后继水挤压变形而突破所暂堵的孔喉、再次暂堵到下一个孔喉……，如此数以亿计的 SMG 胶粒在注采井间不同时间先后不同空间位置不断地重复这一同步调驱的过程，宏观上体现为原有的水驱高渗条带或优势方向的水驱沿程阻力增加，水驱方向不断发生改变，油藏采收率提高。

由以上分析可知：根据经典理论，如公式(1)，传统聚合物驱是通过增加注入水的黏度来达到调整流度比的目的。孔隙尺度的物理模拟试验可以看出，其本质是作为连续相的聚合物溶液依靠黏度无区分地增加所有波及区域，即不分高低渗和大小孔隙，增加其中的流动阻力，即降低公式(2)中的 k_w 和 k_o；从而赋予低渗区小孔隙中的剩余油以驱动力，将这些剩余油携带采出，当黏度过大时，甚至难以启动剩余油，并在储层的局部造成伤害。

$$M=\frac{\mu_o}{k_o^{\downarrow}}\cdot\frac{k_w^{\downarrow}}{\mu_w^{\uparrow}}\longrightarrow M=\frac{\mu_o}{k_o^{\uparrow}}\cdot\frac{k_w^{\downarrow}}{\mu_w} \tag{2}$$

新型颗粒型聚合物 SMG 作为低黏非连续驱替相流体易于深入储层，其中的 SMG 颗粒优先进入相对高渗区域或大的孔隙，并暂堵或抑制其中的流动，同时注入水转向主要进入相对低渗区域或小孔隙，将其中的剩余油活塞式推出。反映到公式(2)中，则是高效地增加相对高渗或大孔隙中的流动阻力(降低 k_w)，不增加低渗区或小孔隙中的油流阻力(也就是说相对增加了油流能力 k_o)，因此这一机理较为科学高效。

1.2　同步调驱机理的证明

如图 3 所示，制作孔隙尺度可视化微观仿真模型模拟图 1 的孔隙流动单元，分别模拟经典聚合物、颗粒聚合物(SMG)，和交联聚合物凝胶在水驱后的驱油过程，分析对比其不同的驱替机理。

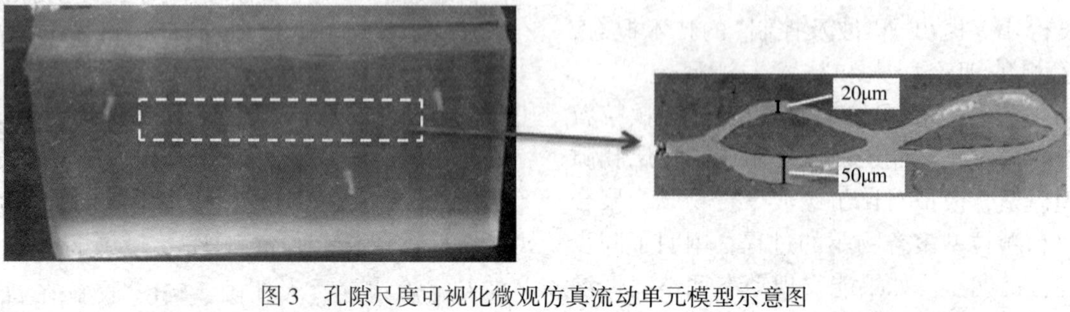

图 3　孔隙尺度可视化微观仿真流动单元模型示意图

1.2.1　实验程序及参数

Step1～Step3，水驱：

首先将模型抽空，然后饱和水，然后饱和模拟油(25℃下黏度为 20 MPa·s)，记录图像；水驱至第一个大孔隙突破，继续水驱至水在整个模型突破，即沿串联大孔隙突破，记录图像。

Step4~Step6，EOR驱：

A. Traditional Polymer Flooding，连续注入1000mg/L聚合物溶液，黏度40.6 MPa·s，直至聚合物溶液在整个模型突破，即沿串联大孔隙突破，记录图像；

B. PolymerGel Flooding，连续注入1000mg/L交联聚合物溶液，初始黏度53.2 MPa·s，成胶黏度1785.8 MPa·s，直至交联聚合物凝胶在整个模型突破，即沿串联大孔隙突破，记录图像；

C. SMG Flooding，连续注入1000mg/L SMG水分散液，黏度1.8 MPa·s，直至SMG水分散液在整个模型突破，即沿串联大孔隙突破，记录图像。

Step7，EOR驱或EOR后继水驱：

A. Traditional Polymer Flooding，继续聚合物溶液，直至聚合物溶液在大小孔隙均突破，记录图像；

B. PolymerGel Flooding，继续注入交联聚合物凝胶，凝胶液只沿大孔隙流动，仍然不能进入小孔隙流动，小孔隙内剩余油大部分不能驱出，记录图像；

C. SMG Flooding，继续注入SMG水分散液，水分散液只在串联小孔隙中流动，直至在串联小孔隙突破，将全部剩余油驱出，记录图像。

1.2.2 实验结果分析

由于本次实验模型孔隙在微米尺度，注入流量微小，以及受目前设备条件所限，未能录取注入压力和计量注入和采出液量，所以只能通过所拍摄照片显示的过程中油、水与EOR段塞之间的关系来对比分析不同驱替方式的异同。如图4所示，所记录的照片可以很清晰的说明不同驱替方式机理的不同。

A、B、C三个实验在水驱阶段(Step1~Step3)动态变化一致，注入水均沿串联大孔隙先后突破，两段小孔隙中的约70%剩余油因“水锁”不能流动(3.1和3.2位置处)。

在EOR阶段Step4，A实验中聚合物溶液仍然沿第一段大孔隙快速突破(A4.2)，由于黏度增加达到第一段小孔隙的启动压力，有少量聚合物溶液(A4.1)进入第一段小孔隙，第一段小孔隙中的剩余油向前移动；B实验中交联聚合物溶液仍然沿第一段大孔隙突破(B4.2)，由于凝胶黏度大阻力大不能进入第一段小孔隙，第一段小孔隙中的剩余油未得到驱动；C实验中较低黏度SMG水分散液仍然沿第一段大孔隙快速突破(C4.2)，但同时可见有SMG颗粒在第一段大孔隙前端喉道处暂堵，水分散液中的水转向进入第一段小孔隙(C4.1处)，驱动第一段小孔隙中的剩余油向前移动。

在Step5，A实验中如蓝色流线所示，同样黏度的聚合物连续相溶液主要沿第二段大孔隙快速流动(A5.3)，少量进入第二段小孔隙，有少量聚合物溶液(A5.1)继续进入第一段小孔隙，第一段小孔隙中的剩余油向前移动进入第二段大孔隙(A5.3)；B实验中交联聚合物溶液继续沿第二段大孔隙向前移动(B5.3)，两段小孔隙均没有凝胶液进入，两段小孔隙中的剩余油均未得到驱动；C实验中，虽然SMG水分散液快速沿串联大孔隙突破，但之后可观察到两段大孔隙的前端均有SMG颗粒聚集堵塞，两段大孔隙中均不再有或有极少量水分散液流动，两段小孔隙中均有注入水进入，驱动其中剩余油移动，如红色流线所示第一段大孔隙中的剩余油进入第二段小孔隙。

在Step6，A实验中如蓝色流线所示，聚合物溶液在第二段大孔隙窜出突破，不断将第一段小孔隙中的剩余油携带前移；B实验中交联聚合物溶液继续沿第二段大孔隙向前移动并突破，两段小孔隙均仍然没有凝胶液进入，两段小孔隙中的剩余油仍然均未得到驱动；C实验中，在大孔隙被暂时堵塞不参与流动后，两段小孔隙中的剩余油被注入水以段塞式高效向前驱动。

在Step7，A实验中如蓝色流线所示，聚合物溶液在第二段大孔隙中相对第二段小孔隙快速流动，在此过程中将第一段小孔隙中的剩余油逐渐携带采出；B实验保持Step6状态；C实验中，剩余油被注入水以活塞式高效向前驱动采出。

1.2.3 实验结论

由前述实验结果分析，A、B、C三个实验所揭示的连续相和非连续相驱替机理的不同证实了作者之前的理论推断。作为连续相黏性流体驱油，如果黏度较低，则仍然会在高渗通道窜进，通过大剂量冲刷，将剩余油携带采出；如果黏度达到一定程度则能够很好地封堵高渗通道，但难以有效驱动剩余油，一定程度将造成低渗区的伤害；黏度介于前述二者之间，可将剩余油不同程度携带采出。作为非连续相低表观黏度流体驱油，则可以区分高低渗区域或大小孔喉，介质颗

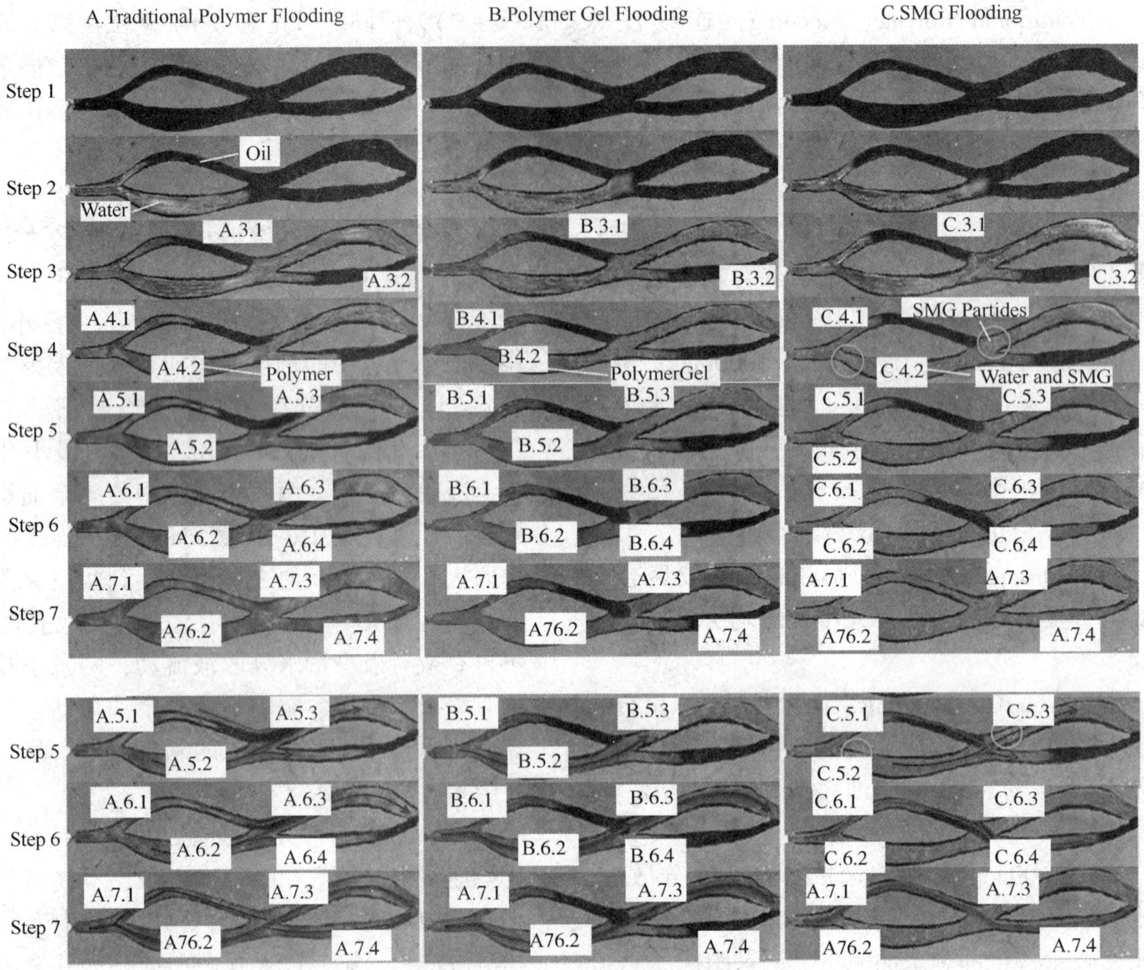

图 4　不同驱替方式的微观驱替过程对比示意图

粒与水分工合作，暂停或抑制高渗通道的流动的同时，注入水活塞式高效驱动低渗区相对富集的分散的剩余油。实验证明了前述关于聚合物颗粒分散液驱替相可以通过调整油水两相在储层的渗透性能实现高效改善流度比的理论推断。

2　分类分级调驱技术方法

如前所述，高含水老油田开发阶段，注水利用效率越来越差。水驱不均是制约其技术经济效果的主要原因，尤其是水驱不均的矛盾从注入端延伸至储层深部，体现为注入水在不同类型或不同尺度级别优势通道的优势流动。如何对不同类别不同级别的优势通道进行抑制的同时又确保不堵塞油流通道，使剩余油被高效采出，是目前公认的世界难题。

为此在同步调驱技术理论基础上，提出分类分级调驱技术方法。即为便于研究可将优势流动分为两类：一类是管流、类管流，一类是渗流；如图 1 中所示在压裂裂缝中的流动一般为管流，在原生小、微裂缝中的流动有可能为类管流、也有可能为高速渗流，对于图 5 中岩心图片中的、由于长期注水冲刷形成的具有一定空腔的、次生大孔道中的流动也有可能为接近管流或高速渗流状态，对于图 6 所示水驱油过程则为通常所说的孔隙渗流。因此，可将优势流动通道分为两类：将接近管流、类管流的优势通道定义为优势水流通道，将处于渗流状态的优势通道定义为渗流优势孔道(隙)。在必要时渗流优势孔道(隙)还可进一步细分为两级：高速渗流的渗流优势孔道和体现大小孔隙间流动差异的常速渗流的渗流优势孔隙。

如此，将分类分级调驱技术方法定义为：根据不同类别、级别优势流动通道对水驱的影响，研究、确定剩余油的分布形式和驱动对策，采用不同的针对性的治理方法；研制、采用一种或组合应用多种调驱剂新材料、优化设计注入方案；通过材料的深部准确放置或深部生成，高效封堵

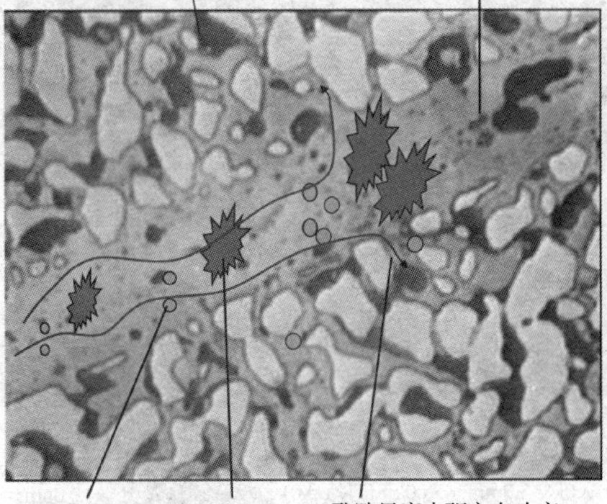

图5 水流优势通道及分级调驱示意图

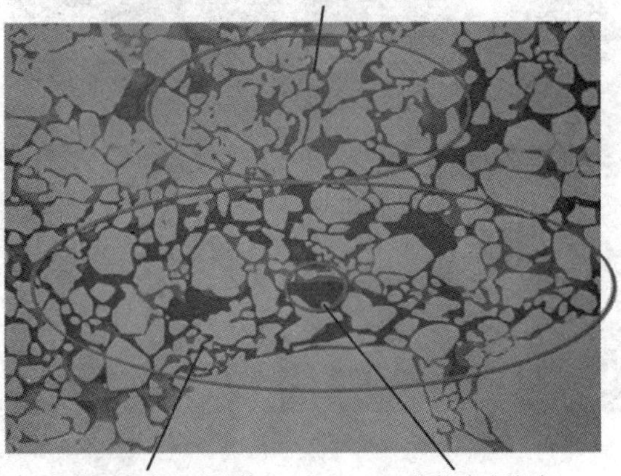

图6 XJ6ZD砾岩油藏优势渗流孔隙示意

优势水流通道，有效抑制优势渗流孔道，对渗流优势孔隙进行动态的间歇的暂堵干扰，从而实现注入水在不同尺度级别可持续的驱动方向改变，实现在储层深部对全水驱流场系统整体的干预调整，达到高效波及、高效驱动剩余油的目的（如图5所示）。

3 调驱剂新材料

调驱剂材料的发展对调驱技术非常关键、且没有止境。经过多年努力，研发了多种新材料，不仅大幅提高了耐温耐盐能力，而且在调驱性能上初步具备一点“智能”的性质。

3.1 可变形大颗粒凝胶SLG（SoftLargeGel）

SLG是预交联聚合物凝胶颗粒PPG（Preformed Plymer particles）的一种，传统的PPG吸水膨胀速度快、在储层中容易被剪切破碎。采用可控聚合工艺，橡胶与聚丙烯酰胺分子链形成互穿，吸水体积膨胀5~25倍可控，膨胀速度缓慢、时间10~90天可控，如图7所示，膨胀后其强度是常规PPG的10~20倍，具有良好的弹性形变性能，不同粒径（0.5~5.0mm）的SLG可实现不同级别大孔道的深部放置和封堵。

3.2 柔性微凝胶SMG

采用微乳液-悬浮聚合工艺，成功得到粒径30nm~112μm的纳米级/微米级/亚毫米级柔性分散微凝胶颗粒SMG系列（图8），耐温可达120℃，耐盐20.0×10^4mg/L，SMG具有在水中水化膨胀（膨胀倍数3~10倍）在油中不发生变化的特点。可增加地层中水的流动阻力，不增加油的流动阻力，可实现微观渗流优势孔道（隙）的同步调驱（图2、图4）。

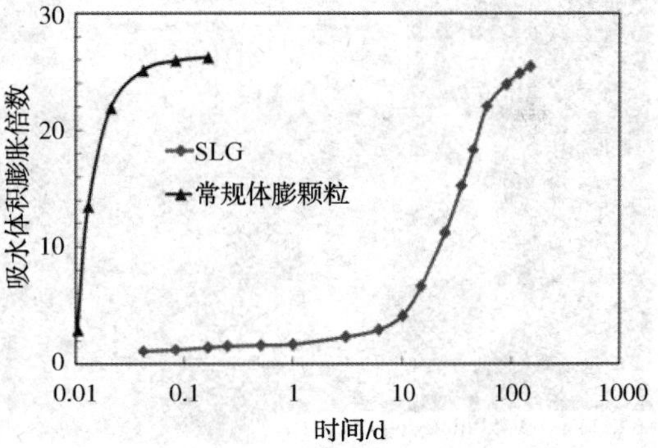

图7 SLG与常规PPG颗粒吸水膨胀速度对比曲线

4 矿场实践

该技术在8个条件各异的油藏（油藏温度24~126℃、地下原油黏度1.36~156MPa·s、矿化度4212~200000mg/L、含水81.4%~97.5%、采出程度9.55%~64.4%）的应用都获得了显著的增油降水效果。测算8个项目的桶油成本在3.32~28.56美元之间，除一个项目外，均明显低于油藏基础水驱时的桶油成本对比。对8个项目在极端低油价30美元每桶下的产出投入比进行计算，所有项目都大于或等于1[21-29]。

其中的XJ6ZD项目[29,18]，在同一个油藏开展了以交联聚合物凝胶为主的连续相黏性段塞驱替和以颗粒聚合物SMG水分散相为主的驱替方式的矿场对比试验。非常好地证明了这一理论论断。

具有双模太-多模态复杂孔隙结构的砾岩稠油油藏XJ6ZD油藏具有强非均质性，储层原油黏度90MPa·s，温度20℃，调驱施工前含水80.8%，

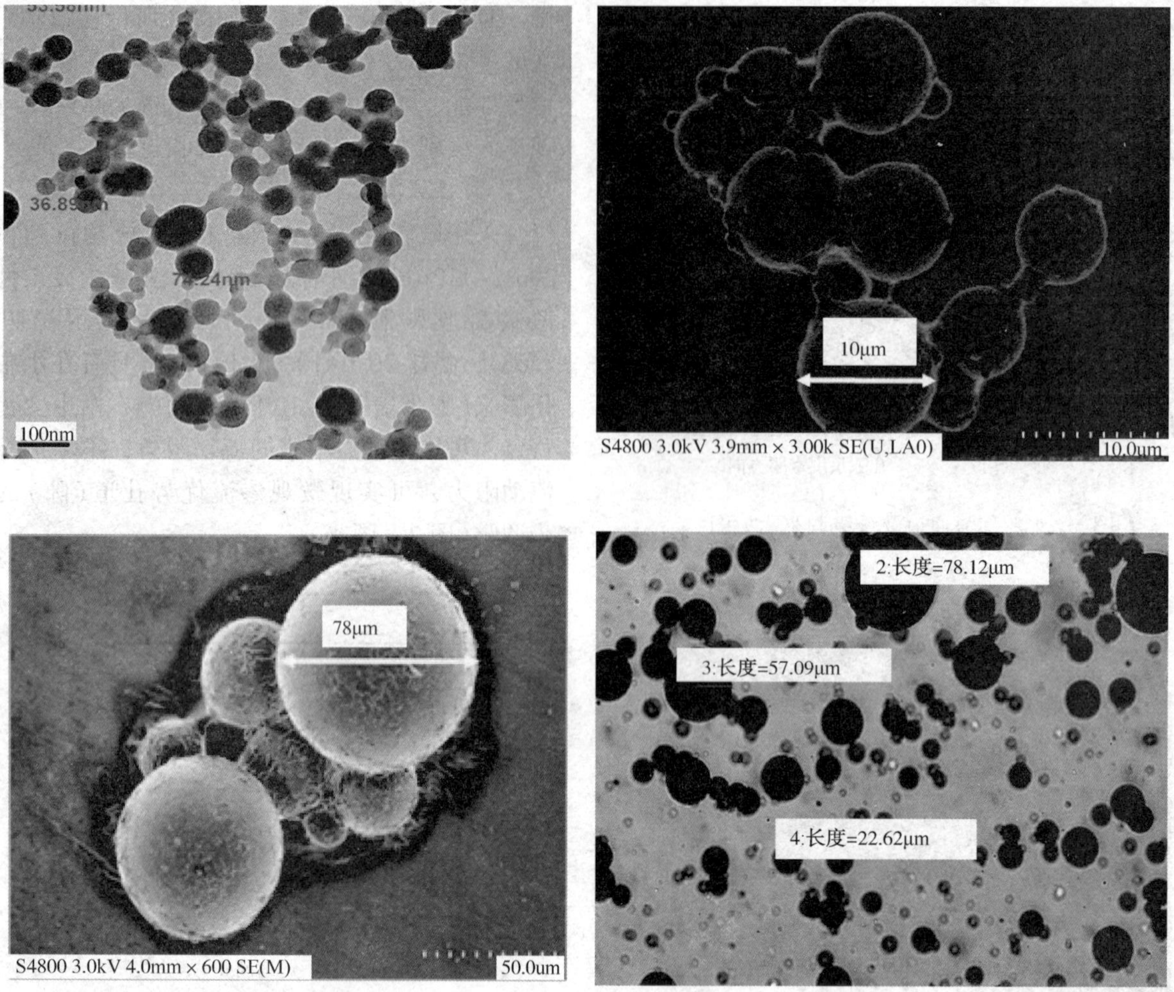

图 8　SMG 形貌显微照片

采出程度 25.5%，优势水流通道和渗流优势孔道(隙)均发育，开展了连续相和分散相三种驱替模式的 EOR 矿场对比试验。三种模式分别是：

- 模式一：交联聚合物凝胶(LPG)为主，前置封堵段塞复合预成胶体膨颗粒大颗粒(SLG)，后继段塞逐渐降低聚合物浓度(凝胶黏度)，各段塞连续注入，需要说的是考虑该油藏窜流通道发育、储层原油黏度高，为此选择了高黏度的交联聚合物凝胶，没有选择低黏度的聚合物溶液；
- 模式二，即分级调驱：以 SMG 水分散液体系为主，前置封堵段塞与模式一相同；后继为 SMG 段塞与 LPG 小段塞的四次交替注入各段塞连续注入；
- 模式三：高黏度的 LPG 复合 SLG 段塞与水交替注入三个轮次，化学剂段塞不连续注入。

如图 9 所示，模式一选择了油藏的主体部位，注入井 25 口，对应生产井 42 口，中心受效生产井 12 口；模式二在油藏西南侧，注入井 5 口，对应生产井 11 口，中心受效生产井 2 口；模式三在油藏东侧，注入井 3 口，对应生产井 8 口，中心受效生产井 2 口。

表 1　连续相与分散相聚合物驱油矿场试验技术指标对比表

对比指标	模式一	模式二
调前空白水驱日产油/(t/d)	67.7	16.1
化学剂注入期间期间最高日产油/(t/d)	144.1	62.2
后继水驱期间最高日产油/(t/d)	129.3	49.3
调前空白水驱含水/%	82.5	82.0
化学剂注入期间最低含水/%	50.3	35.8
后继水驱水驱期间最低含水/%	48.4	25.7
化学剂注入期间最大增产倍数	1.1	2.9
后继水驱期间最大增产倍数	0.9	2.1
化学剂注入期间含水最大下降幅度/百分点	32.2	46.2
后继水驱期间含水最大下降幅度/百分点	34.1	56.3
不考虑水驱递减因素测算的 EOR 有效期/月	37	46

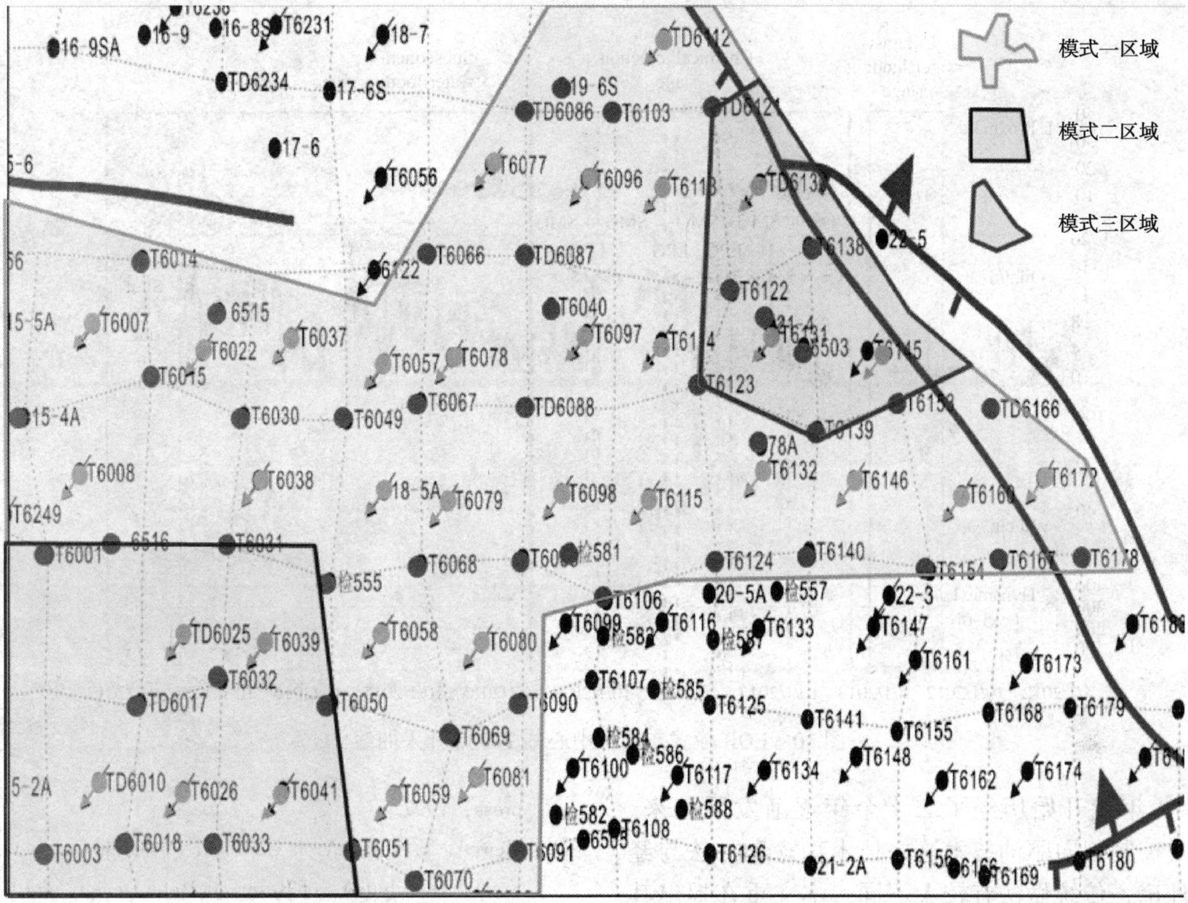

图 9　XJ6ZD 油藏 EOR 三种模式实施区域分布图

EOR 模式三在试验开始后近一年时间未能见到明显的增油降水效果，在完成（LPG+SLG ）/ Water/（LPG+SLG ）1. 5 个交替注入轮次后，未再按原计划进行，而是改为模式二继续进行。表 1 给出了 EOR 模式一和二的技术效果对比指标，可以看出无论在化学剂注入期间还是后继水驱期间，模式二的技术指标都要好于模式一，模式二的也明显好于模式一，体现了模式二在 EOR 机理上的优势。图 10 展示了模式二颗粒聚合物 SMG 驱油的试验开采曲线，日产油最高由 25t/d 提高到 75t/d，含水最多时下降了 38 个百分点，增油降水效果显著。

5　结论及下步研究方向

（1）初步建立了波及控制靶向驱油理论和方法体系。油藏水驱开发是一个空间连续和时间连续的过程，在不同的空间和时间点，其渗透性能差异是不同的，其剩余油的分布是不同的，渗透性能的差异是决定水驱波及效率的主控因素，经典理论立足优化油水黏度比来提高波及效率不是最优选择。采用水分散聚合物颗粒体系，实现在储层空间上和时间上不断的同步调整因不同类别、级别的渗透性差异造成的不同类别、级别优势流动方向，控制注入水更多地波及驱替剩余油富集的低渗区或小孔隙，实现靶向驱油，可大幅提高非均质油田的水驱波及效率、进而达到提高采收率的目的。

（2）强调对注入水在全流场的流动进行控制、力图对微观孔隙中的分散剩余油进行精确靶向性的波及，在开发理念上有较大的转变和提升。在人类综合科技水平大幅提升的背景下，有利于引导油田开发领域打破经典理论和方法的思维禁锢，研究开发主动型进攻型的技术方法和手段，大幅提高油田开发效率、大幅提高油田最终采收率。

（3）波及控制靶向驱油技术是包含多学科的综合性的成套技术，室内实验初步证明了理论和方法的先进性，矿场试验以及应用均取得了令人满意的初步的技术经济效果。一项新的技术理论和方法一般要在大量的专业人员多年的研究和实践中逐渐成熟，比如国内的聚合物驱技术从 20 世

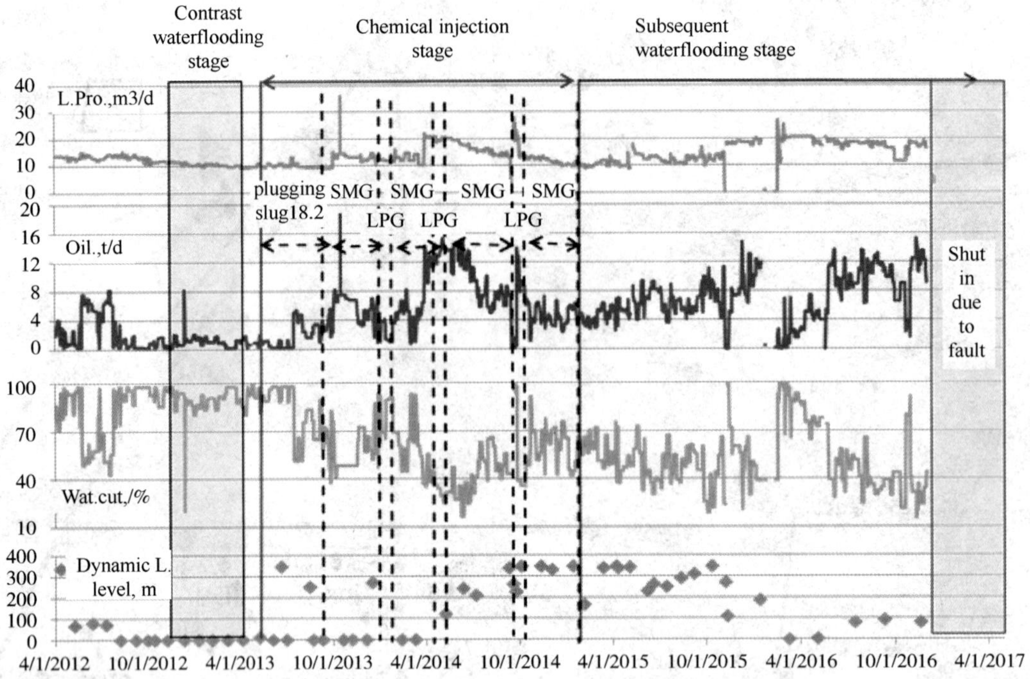

图 10　EOR 模式二区域中心井 T6032 开采曲线

纪 70 年代开始历经了二十余年逐渐发展起来。波及控制靶向驱油技术这一技术理念和方法与经典理论、传统做法有较大不同，本文重在提出其基本理念和方法、并给出概括性的论述，以期“抛砖引玉”，引起业界讨论和更广泛的研究。

（4）经典的采收率定义建立于宏观实验结果与数理推导[公式(1)]，但如果立足于研究微观孔隙结构中油水两相相互作用过程和结果，可能需要重新研究和定义波及系数、波及程度，或者波及效率、驱油效率与采收率值之间的关系，进一步开展这些基本理论的研究值得业界重视。另外在高含水开发阶段，精细的地质和剩余油认识、准确识别和定量描述优势流动通道、如何更加精准的分类和分级需要各专业协作持续不断的深入研究，而从整个注采流场出发、将研究深入到微观尺度应是未来的方向。

参 考 文 献

[1] 李阳，刘建民．油田开发地质学[M]．北京：石油工业出版社，2007.

[2] 熊琦华，王志章，吴胜和．现代油藏地质学：理论与技术篇[M]．北京：科学出版社，2010.

[3] 师永民，霍进，张玉广．陆相油田开发中后期油藏精细描述[M]．北京：石油工业出版社，2004.

[4] Chen Yongsheng. Countermeasures for Heterogeneity of Continental Oil Field[M]. Beijing: Petroleum industry press, 1997.

[5] Hewett, T. A, Chevron Oil Field Research Co., et al, Fractal Distributions of Reservoir Heterogeneity and their Influence on Fluid Transport; SPE 15386, 61st Annual Technical Conference and Exhibition of the society of Petroleum Engineers held in New Orleans, LA October 5-8, 1971,

[6] 韩大匡，关于高含水油田二次开发理念、对策和技术路线的探讨[J]．石油勘探与开发，2010，37(5)：583-591.

[7] 杨承志等．化学驱提高石油采收率[M]．北京：石油工业出版社，1999. 40-56

[8] 岳登台：综述老油田改善开发效果及提高采收率技术[J]．石油学报，1998，19(3)：46-51.

[9] Alvaro Prada, SPE, Ecopetrol-ICP, Faruk Civan, SPE, University of Oklahoma, et al, Evaluation of Gelation Systems for Conformance Control, SPE 59322, Tulsa, Oklahoma, U. S. A., 2-5 April 2000.

[10] H. Frampton SPE & J. C. Morgan SPE, et al, BP Exploration and Production Co. Ltd.; Development of a novel waterflood conformance control system, SPE 89391, 17-21 April 2004.

[11] Khalaf Al Anzi, Rajendra Kumar, and Tahani Al Rashidi, et al, Kuwait Oil Company, and John Cumming, Howard McKean, and Calum McKie,, Waterflood Conformance Study For a Carbonate Reservoir; SPE111363; Beach Rotana, Abu, Dhabi, UAE; Octo-

ber 19-21 2009.

[12] 王德民，程杰成，吴军政，王 刚．聚合物驱油技术在大庆油田的应用［J］．石油学报，2005，26（1）：74-78.

[13] 刘恒．大庆油田聚合物驱油方法研究现状及展望[J]. 石油勘探与开发，1995，22(2)：64-67.

[14] 牛金刚．大庆油田聚合物驱提高采收率技术的实践与认识[J]. 大庆石油地质与开发，2004，23(5)：91-93.

[15] 侯维虹．聚合物驱油层吸水剖面变化规律[J]. 石油勘探与开发，2007，34(4)：478-482.

[16] CAO Ruibo HAN Peihui HOU Weihong, Section inversion rules and inversion mechanism of polymer flooding [J], Acta Petrolei Sinica, 2009(2) 267-270.

[17] Xingcai Wu, Chunming Xiong, Dakuang Han, He Liu, Shuling Gao, Hanbing Xu, Fan Dong, Fangxiang Ren, A New IOR Method for Mature Waterflooding Reservoirs: "Sweep Control Technology", SPE-171485-MSSPE-171485-MS, 2014.

[18] Xingcai Wu, Qingchun Meng, ChunmingXiong, Hanbing Xu, Zhe Sun, et al, An Innovative EOR Theory For the Target of 70% Recovery Factor—Synchronous Diversion-flooding Technology Mechanism and Verification by Physical Modeling and Pilot Test; IPTC-18642-MS, 2016.

[19] Xingcai Wu, Hongbiao Wu, Zhongyu Bu, et al, An Innovative EOR Method For Waterflooding Heterogeneous Oilfield—Graded Diversion-flooding Technology and Verification by Field CoMParison Tests, SPE-187845-MS, 2017.

[20] Xingcai, Wu. Chunming Xiong, et al. A novel particle-type polymer and IOR/EOR property evalution, SPE177421 -MSSPE-171485-MS, 2015.

[21] Xingcai Wu, Debin Qu, Hanbing Xu , et al, The Economic Analysis and Application Strategies of EOR Technology in Low-Oil-Price Period, SPE- 182145-MS, 2016.

[22] Xingcai Wu, Jichang Zhang, Wuquan Liang, et al., Technical and Economic Evaluation of EOR Technology in Low-Oil-Price Period---a New Polymerflooding Case Study From China , SPE-185375-MS, 2017.

[23] Xingcai Wu, Shemin Song, Chunming Xiong, et al, A New Polymer Flooding Technology for Improving Heavy Oil Reservoir Recovery-from Lab Study to Field Application- Case Study of High Temperature Heavy Oil Field Z70; SPE - 174511 - MSSPE - 171485 - MS, 2015.

[24] Xingcai Wu, Zhongjian Yang, Hanbing Xu, et al, Success and Lessons Learned from Polymerflooding a Ultra High Temperature and Ultra High Salinity Oil Reservoir - A Case Study from West China, SPE179594179594-MS, 2016.

[25] Xingcai Wu, Weiyu Chen, Chunming Xiong, Hongqu Meng, et al, Successful Sweeping Control Technology Test for Offshore Heavy Oilfield—Case Study of QHD32 Reservoir in Bohai Bay, OTC - 27107Number - MS, 2016.

[26] Xingcai Wu, Weiyu Chen, Chunming Xiong, Hongqu Meng, et al, Successful Sweeping Control Technology Test for Offshore Heavy Oilfield—Case Study of QHD32 Reservoir in Bohai Bay, OTC - 27107Number - MS, 2016.

[27] Xingcai Wu, Ying Xiong, Ying Wu, et al., Successful Field Application of a New Polymer Flooding Technique Suitable for Mature Oilfields against Low-oil-Price Background—A Case Study from East China, SPE-185524 MS, 2017.

[28] Xingcai Wu, Shoutan Hou, Aihua Ran, et al., Success and Lessons Learned from Polymerflooding a Multilayer and Strong Heterogeneity Complex Mature Oilfield - A Case Study from North China, SPE-189247 -MS, 2017.

[29] Xingcai Wu, Song Zhang, Chunming Xiong, Shunsheng Liu, Cheng Cai, et al. Successful Field Test of a New Polymer Flooding Technology for Improving Heavy Oil Reservoir Recovery—Case Study of Strongly Heterogeneous and Multi-layer Conglomerate Heavy Oil Reservoir XJ6, SPE179791, 2016.

水平井选择性堵水技术研究及矿场应用

李宜坤[1]　才程[1]　党杨斌[2]　路海伟[3]　林远平[4]　刘　敏[1]

(1. 中国石油勘探开发研究院；2. 中国石油青海油田分公司；3. 中国石油冀东油田分公司；4. 中国石油玉门油田分公司)

摘　要　本文简述了水平井选择性堵水技术的研发历程、水平井出水类型分类、水平井找水技术，重点论述了适用于多种水平井完井方式、多种储层类型、多种生产管柱条件的可笼统注入的水平井选择性堵水技术的原理、室内实验结果，以及矿场选井条件、工程设计方法、施工工艺，并叙述了水平井选择性堵水技术在油田应用的情况。

关键词　水平井；堵水；选择性堵水；设计模型

“十五”以来，中国石油水平井数量迅猛增长。2005 年有水平井 744 口，此后逐年增长，2018 年 12 月有水平井 9168 口，13 年间增加了 12 倍多。水平井做为油气田开发的一项先进技术，已应用到了包括边底水油藏、稠油油藏、裂缝油藏、低渗透油藏、天然气藏等几乎所有类型油气藏。但由于油层的非均质性，水平井完井方式及水平井开采工艺的局限，加之以产量为中心的生产管理方式，水平井开发生产中出现了含水上升快、产量递减快等问题。为提高和保持水平井开发效益，必须进行水平井控水、堵水技术的研究和应用。水平井投产后所能采取的措施有两类：一是生产优化，在不致于使底水上窜或边水侵入边界条件下开采，尽量延长低含水期；二是对已出水实施化学或机械堵水，减少产水量，增加产油量。生产优化措施在水平井生产早期，且有丰富的油藏、生产资料时才能奏效，但水平井一旦见水，靠生产优化控水不是一项可持续的生产措施。堵水是治理高含水井，特别是突然水淹井的重要手段。从 1957 年玉门油田实施中国油田第一口油井堵水作业以来，直井油井堵水已有 60 多年的历史，直井堵水技术比较成熟。我国尽管于 1965 年在四川钻成磨 3 井和巴 24 井两口水平井，但直到 1996 年，中国陆上油田水平井总数也只有 94 口，规模应用水平井技术是在 2005 年以后。因此，水平井产水问题出现较晚，堵水技术处于研究探索、试验发展之中。从 2006 年 5 月开始，在股份公司支持下开始研究水平井选择性堵水技术，2007 年 12 月开始在冀东油田开展矿场试验。至 2019 年 6 月，矿场应用近 50 口井，基本形成了水平井选择性堵水技术[1-3]。

1　选择性堵水技术研发历程

研究水平井选择性堵水，是基于以下四个原因：水平井产出剖面测井费用高，找水资料少，出水层段不清楚；筛管完井水平井，在无管外封隔器的情况下，筛管内封隔器不能实现筛管外的机械分隔；井况差，不能下分层堵水管柱；水平井下工具分段堵水作业费用高，风险大。选择性堵水依靠化学剂在油、水环境中具有不同的性能的特点，实现堵水不堵油，或少堵油的目的。选择性堵水可不动管柱，从油套环空注入堵水剂，施工结束后直接开井生产。选择性堵水技术的关键是化学剂，其次是工艺设计及配套措施。

股份公司鉴于水平井技术迅速发展的形势，以及水平井出水日益严重的现实局面，2006 年 6 月，设立水平井控水技术研究课题，此后“十一五”、“十二五”在水平井开发关键技术研究、水平井井筒控制与控水技术研究等课题中均设列水平井选择性堵水研究内容。在国家科技重大专项课题，以及油田横向课题中也先后设立多个个水平井堵水研究任务。水平井选择性堵水技术经过十多年的攻关、试验、应用，已形成包括出水机理研究、堵水选井条件、选择性堵水剂、水平井堵水设计、施工工艺等一整套技术。①

2　水平井出水类型及找水技术

2.1　水平井出水类型

经过对出水机理的分析，水平井出水类型可归纳为 6 种：边水/注入水突进型、底水脊进型、裂缝窜进型、钻遇水层型、钻穿水层型和高含水层出水型(图 1)。

① 中国石油勘探开发研究院水平井堵水课题组．水平井控水技术研究报告(2008)，昆北油田选择性堵水工艺技术先导试验研究报告(2015).

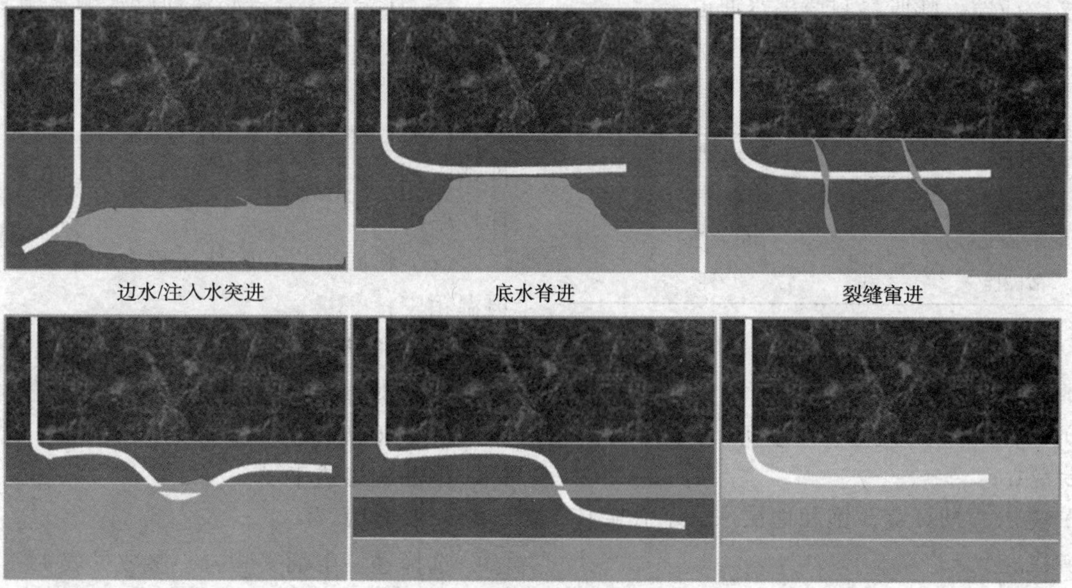

图 1　水平井出水类型

2.2　水平井找水技术

水平井找水技术主要有 3 种：一是牵引器输送+测井组合仪+气举举升找水方法。作业工序为起出生产管柱，通井、洗井后，安装气举管柱，气举至生产稳定。在水平段利用牵引器输送仪器，上提电缆进行测井(图 2)。二是液力输送+中子氧活化测量+气举举升找水方法。作业工序是在油管内用液力将仪器输送至井底，气举至生产稳定，上提电缆测井。其原理是仪器由中子发生器和探测器组成，中子发生器将流动的水活化，活化水发出伽马射线，在流经下游探测器时被探测到，测量流经两个探测器之间的时间计算流量。优点是不用牵引器，适用于出砂、结蜡的油井，成功率高，成本较低。缺点是含水率 80%以下误差大。三是智能开关+封隔器机械找水方法。作业工序是用封隔器卡开各层，依靠智能开关开、关各层。每个智能开关对应一个层，通过预先设好的程序，依次开、关每个层段的智能开关，求取每层产液及含水，从而确定出水层。

三种找水技术各有其特点和应用范围。

3　选择性堵水剂研究

3.1　材料制备

堵水剂的研究必须以满足储层物性要求为出发点。根据昆北油田辫状河沉积砂砾岩储层孔隙-微裂缝双重介质、中温、中高矿化度等油藏特征，以及油水同层的生产特点，在选择性堵水剂合成中引入强吸附基团、增加活性自由基及烃基，使之具有较强吸附力、较好选择性的堵水剂。

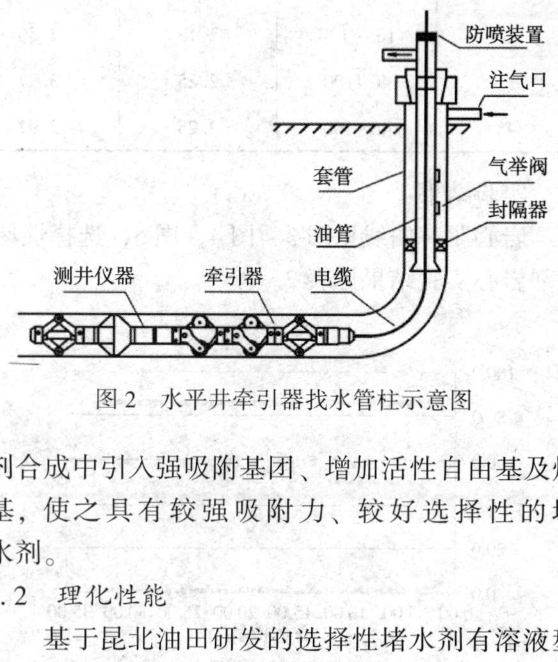

图 2　水平井牵引器找水管柱示意图

3.2　理化性能

基于昆北油田研发的选择性堵水剂有溶液型 KB-1 和微胶粒型 KB-2 两种。

0.5%KB-1 溶液(用昆北宽沟清水配制)理化参数如下：

外观	乳白色液体
密度/(g/cm^3)	1.01
黏度/(MPa·s)	80(室温)
pH 值	7.2

KB-2 为粒径 100~1000nm 的有机柔性微胶粒。2%浓度时 $1m^3$ 堵水剂颗粒数约 3.1×10^5~3.8×10^7个。庞大的可变形颗粒在多孔介质或裂

缝中运移、滞留、膨胀，封堵出水通道。

2%KB-2 溶液（用昆北宽沟清水配制）理化参数如下：

外观	灰色不透明液体
体系类型	悬浮液
黏度/（mPa·s）	46（室温）
酸碱性	中性

3.3　岩心实验

实验方法：

（1）制作填砂岩心，分别记为1号、2号、3号、4号岩心；

（2）将岩心抽真空，饱和地层水，求孔隙体积、孔隙度；

（3）1号、3号岩心注地层水测水相渗透率；

（4）2号、4号岩心注煤油驱替水，产出液中不含水时，继续注2Vp煤油，测油相渗透率；

（5）1号、2号岩心注入0.2Vp溶液型选择性堵水剂，3号、4号岩心注入0.2Vp胶粒型选择性堵水剂；

（6）将四个岩心管从流程中卸下，放入75℃恒温箱中；

（7）60天后取出1号、3号岩心，反向注地层水，测水相渗透率；

（8）60天后取出2号、4号岩心，反向注煤油，测油相渗透率。

实验参数：

选择性堵水剂实验岩心参数见表1。

表1　选择性堵水剂实验岩心参数表

岩心序号	石英砂粒径（目）	岩心直径/cm	岩心截面积/cm^2	岩心长度/m	孔隙体积/mL	饱和液体	孔隙度/%
1	100~120	2.13	3.56	0.3	38	地层水	35.6
2	100~120	2.13	3.56	0.3	31	煤油	29.0
3	40~100	2.25	3.97	0.3	42	地层水	35.2
4	40~100	2.25	3.97	0.3	41.6	煤油	34.9

实验结果：

岩心驱替曲线见图3、图4、图5，选择性堵水剂岩心实验结果见表2。

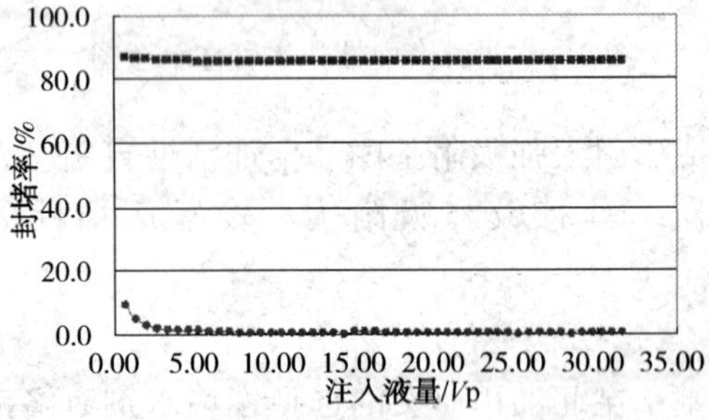

图3　溶液型堵水剂油、水选择性岩心实验

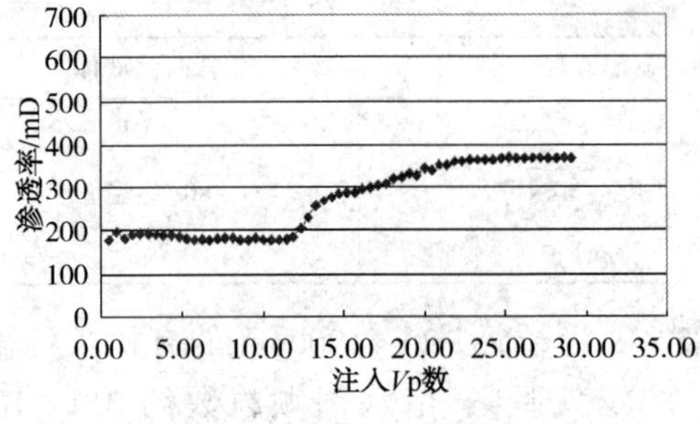

图4　胶粒型堵水剂水驱岩心实验

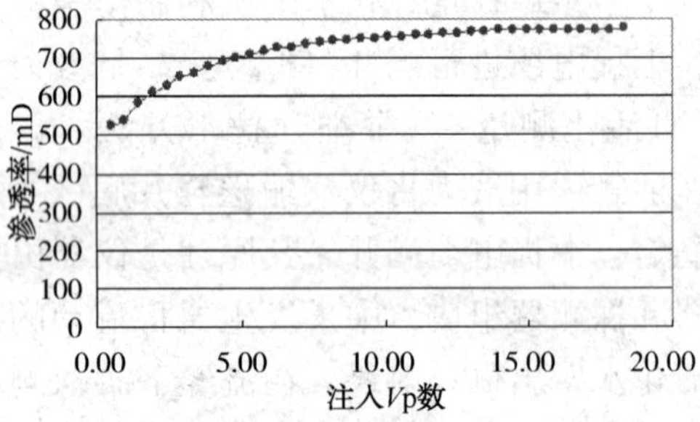

图5　胶粒型堵水剂油驱岩心实验

表2　选择性堵水剂岩心实验结果

岩心	驱替方式	堵水剂类型	堵水前渗透率/mD	堵水后渗透率（注10Vp液体）/mD	封堵率/%
1	水驱	溶液型	514.32	75.0	85.4
2	油驱	溶液型	823.09	819.5	0.44
3	水驱	胶粒型	635.8	179.1	71.8
4	油驱	胶粒型	804.4	751.1	6.6

从岩心实验结果可以看出，两种水平井选择性堵水剂具有明显的油、水选择性封堵功能。

3.4　选择性堵水机理

高分子选择性堵水剂的作用机理是建立在高含水油井油层油、水分道流的微观渗流机理之上的。溶液型选择形堵水剂如进入油层，则在孔隙中形成压缩的高分子团簇，油从团簇与孔隙壁间的通道流动，团簇逐渐溶解；进入水层，则电性基团吸附在孔隙壁上，在整个孔隙空间形成舒张的高分子网络结构，阻止水的流动(图6)。用两亲单体合成的胶粒，遇地层水微胀，遇原油收缩，具有油水选择性功能(图7)。

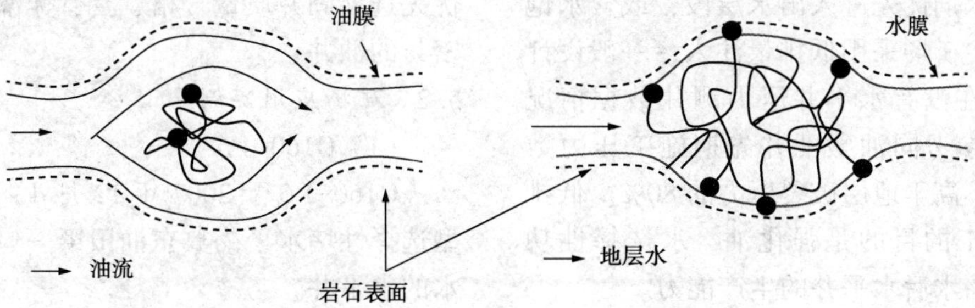

图6　溶液型选择性堵水剂作用机理示意图

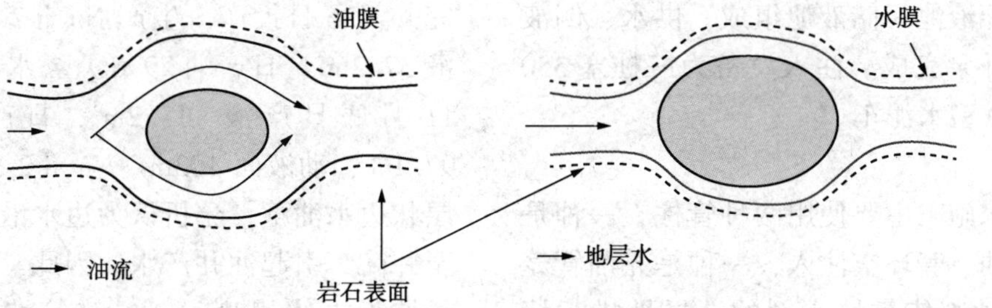

图7　胶粒型选择性堵水剂作用机理示意图

4　选择性堵水工艺设计

工艺设计包括选择性堵水剂注入量、注入排量及压力设计，地面堵水剂配制方法、注入流程，注入管柱，以及堵水后生产制度的制定等。

4.1　用量、排量及压力设计

根据边底水油藏水平井出水机理、室内物理模拟实验结果，对于边水油藏水平井采用长方体模型设计用量，对于底水油藏水平井采用柱缺模型设计用量。

(1) 边水油藏水平井用量设计模型

使用长方体模型(图8)。

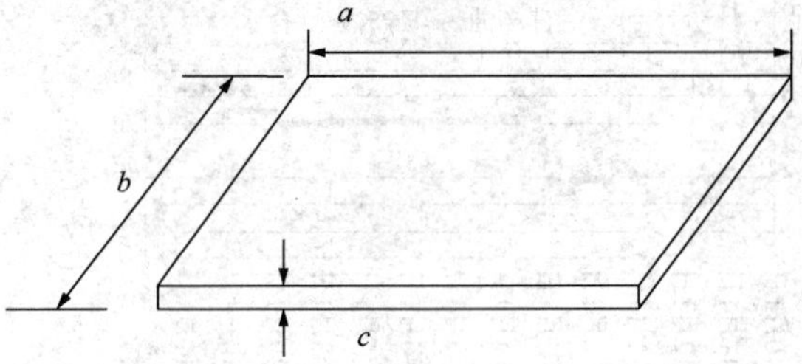

图8　边水油藏水平井用量设计模型

计算公式为：

$$V = \alpha\varphi abc$$

式中　α——水淹面积系数，根据产出剖面资料或油藏分析资料确定，无单位；

φ——油层孔隙度，无单位；

a——堵水剂分布的最大水平深度，m；

b——水平生产层段长度，m；

c——油层厚度，m；

v——用量，m^3。

(2) 底水油藏水平井用量设计模型

使用柱缺模型(图9)。

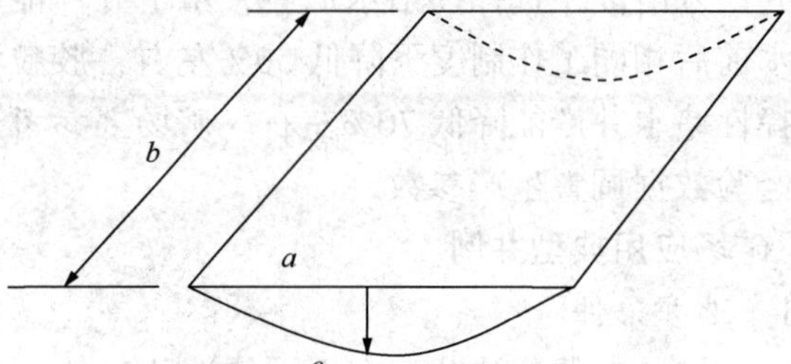

图9　底水油藏水平井用量设计模型

计算公式为：

$$V = 2\alpha\varphi abc/3$$

式中　α——水淹面积系数，根据产出剖面资料或油藏分析资料确定，无单位；

φ——油层孔隙度，无单位；

a——半弓长，堵水剂分布的最大水平深度，m；

b——水平生产层段长度，m；

c——矢高，堵水剂分布的最大垂直深度，m；

v——用量，m^3。

为了使堵水剂优先进入出水层段，或含水饱和度高的层段，矿场采用低排量注入，一般设计为 3～5m^3/h。在没有水平井压力测井数据情况下，注入压力参考同油藏油井先期施工压力数据，最高压力不高于地层破裂压力的 80%。低排量、低压力施工的目的是强化油、水选择性功能，以及保证堵水后水平井的生产能力。

4.2　地面配制及注入设备

选择性堵水剂地面配制工艺简单，由储水池、带搅拌器配液池、储液池组成，供水、倒液由离心泵或螺杆泵完成。注入设备为三柱塞 350 型调剖泵或 400 型水泥车。

4.3　注入管柱

选择性堵水施工主要使用两种管柱，一种是原井管柱，从油、套环空注入，一种是光油管笼统注入。这两种都依靠堵水剂的选择性进行堵水。在出水部位十分清楚，且井筒具有分段条件时，也可采用下封隔器分段注入堵水剂的工艺。

4.4　堵水后生产制度的确定

油井堵水后的产能与油藏类型、油层物性、堵水剂类型、注入总量等有关，是个复杂的问题，至今没有定量依据。选择性堵水剂进入油层后，改变了油、水相渗透率，通过对水平井渗流理论、室内岩心实验，以及先期矿场试验总结，得到注入溶液型选择性堵水剂后，水平井产能在堵水前后相同工作制度下降低 50%左右，胶粒型选择性堵水井产能降低 70%左右。矿场上参考这些经验数据调整生产参数。

5　矿场应用典型井例

5.1　选井条件

不同的油藏、油井，有不同的选井条件。

在冀东高浅北油田，水平井选择性堵水选井考虑以下条件：初期高产水平井；高含水，大于 95%；高产液，大于 150m^3/d；低产油，小于 3t/d；出水机理相对清楚；测过产液剖面；井况正常。

在青海昆北油田，水平井选择性堵水选井考虑以下条件：投产初期产量较高，10t 以上；含水快速上升，1 年内含水率值升高 50%以上；高含水，大于 80%；高产液，为平均产液 2 倍以上或更大，或 10m^3/d 以上；低产油，为平均产油 1/2 或更小，或 1.5t/d 以下；累计产油量相对较少，1.5×10^4t 以下；具有代表性，优先选择叠置水平井，以及注入水突进油井；井身完整性好，优先选择固井质量合格、套管无漏失、升高短节密封的油井。

5.2　矿场应用实例

（1）G160-P6

G160-P6 于 2007 年 12 月 4～26 日进行溶液型选择性堵水，为冀东油田第一口实施选择性堵水的水平井。

G160-P6 位于高尚堡油田高 160X1 断块 NmⅡ2 号砂层构造高部位，2007 年 1 月 10 日筛管完井，26 日投产，生产 NmⅡ2 小层。初期日产液 37.2m^3，日产油 29.6t，含水 20.5%。2007 年 11 月底日产液 113.2m^3，日产油 3.3t，含水 97.1%，动液面 103m。NmⅡ2 是受构造控制的层状边水油藏，分析认为边水沿近水平方向窜流至井筒，引起油井产水。因此，选择性堵水剂用量按长方体模型设计，计算堵水剂为 1200m^3。段塞设计见表 3。

表 3　G160-P6 井段塞设计表

序号	段塞名称	液体	用量/m^3
1	前置液	高一联注入水	20
2	工作液	溶液型选择性堵水剂	1200
3	后置液	高浓度聚合物溶液	10
4	顶替液	高一联注入水	91

施工管柱为光油管，用调剖泵注入。堵水效果见图 10。

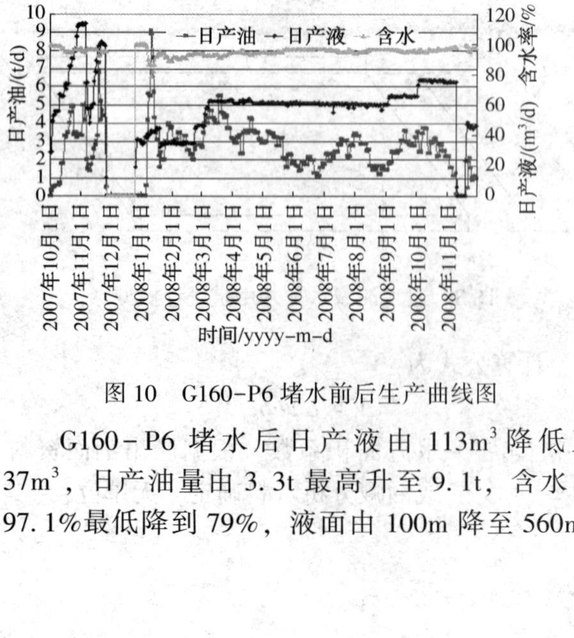

图 10　G160-P6 堵水前后生产曲线图

G160-P6 堵水后日产液由 113m^3 降低至 37m^3，日产油量由 3.3t 最高升至 9.1t，含水由 97.1%最低降到 79%，液面由 100m 降至 560m。

初期见到明显增油降水效果。由于 G160-P6 为第一口试验井，在堵剂类型、用量设计上都比较谨慎，有效期较短。

（2）G104-5P35

G104-5P35 井位于高尚堡油田浅层北区高 104-5 区块 Ng6 油藏构造高部位，2005 年 10 月 13 日筛管完井，11 月 1 日投产，生产 Ng6 小层。2008 年 7 月底日产液 222.1m^3，日产油 2.22t，含水 99%，动液面 108m。分析认为是部分水平段水淹所致。鉴于 G160-P6 水平井有效期短的教训，在设计 G104-5P35 井堵水剂时，使用了溶液型和胶粒型复合段塞。溶液型堵水剂 2470m^3，胶粒型堵水剂 600m^3，共 3070m^3。段塞设计见表 4。施工管柱为光油管，用调剖泵注入。堵水效果见图 11。

表 4　G104-5P35 井段塞设计表

序号	段塞名称	液体	用量/m^3
1	前置液	高一联污水	40
2	1#工作液	溶液型堵水剂	2470
3	2#工作液	胶粒型堵水剂	600
4	后置液	高浓度聚合物溶液	20
5	顶替液	高一联污水	80

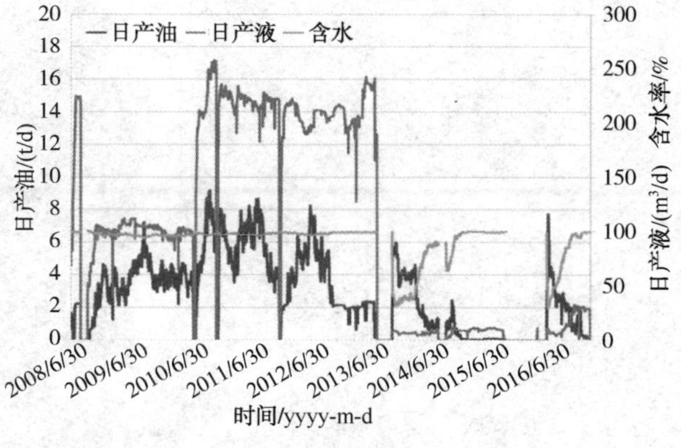

图 11　G104-5P35 井堵水前后生产曲线图

堵水后，日产液由 220m^3 降到 100m^3，日产油由 2.2t 升到高到 4.5t，液面降低 45m。至 2012 年 11 月 30 日，累增油 3437t，累降水 95481m^3，有效期 4 年。

（3）切 12H24-7 下

切 12H24-7 下井为昆北断阶带切 12 井区的一口水平井，生产层位为 E31，为孔隙和微裂缝双重介质，2012 年 5 射孔投产。2016 年 4 月，日产液 20.7m^3，日产油 0.18t，含水 99.1%。2016 年 4 月进行选择性堵水。注入选择性堵水剂 450m^3。段塞设计见表 5。

表 5　注入段塞设计

序号	段塞名称		浓度/%	用量/m^3
1	前置液	地层预处理剂	0.15	20
2	甲主液	KB-1	0.5	120
3	乙主液	KB-2 小颗粒	2.5	200
4	丙主液	KB-2 中颗粒	2	100
5	丁主液	KB-2 大颗粒	2	30
6	后置液	高浓溶液	0.20	10
7	顶替液	配制用水	—	60
累计	—	—	—	540

施工管柱为卡顶封光油管，用调剖泵注入。堵水效果见图 12。

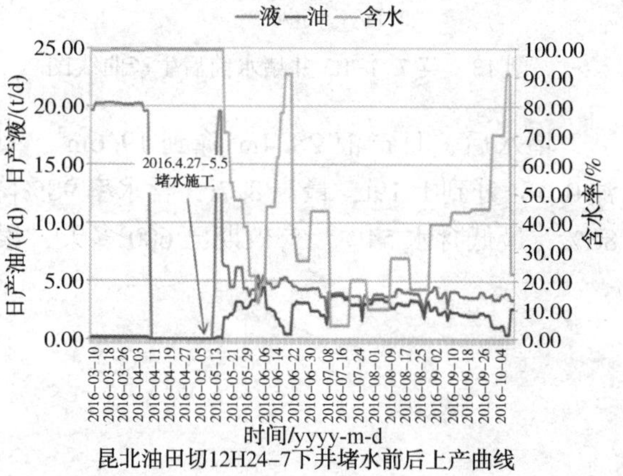

图 12　切 12H24-7 下井堵水前后生产曲线图

堵水后，日产液 20.7m^3 降到 4.7m^3，日产油 0.18t 升至 3.1t，最高升至 5t，含水率 99.1% 降到 34% 堵水后，最低含水率降到 5%，增油降水效果显著。相邻的叠置水平井切 12H24-7 上初期也见到了增油降水效果。

（4）英 7-1-B3 井

英 7-1-B3 井位于柴达木盆地狮子沟-油砂山-大乌斯构造带，2013 年 4 月投产，初期日产液 15.8t，日产油 13.2t。2015 年 1 月含水突升，2017 年 3 月因高含水关井。

2017 年 7 月堵水施工，注入 KB 选择性堵水剂 318m^3，最高注入压力 18MPa。

选择性堵水剂段塞设计（表 6）。

表 6　注入段塞设计

序号	段塞名称		浓度/%	用量/m^3
1	防膨液	防膨液	0.8	48
2	前置液	地层预处理剂	0.15	18
3	甲主液	KB-1	0.5	78
4	乙主液	KB-2 小颗粒	2.5	162
5	丙主液	KB-2 大颗粒	2	78
6	后置液	高浓溶液	0.20	12
7	顶替液	配制用水	—	12
累计	—	—	—	408

堵水效果见图 13。

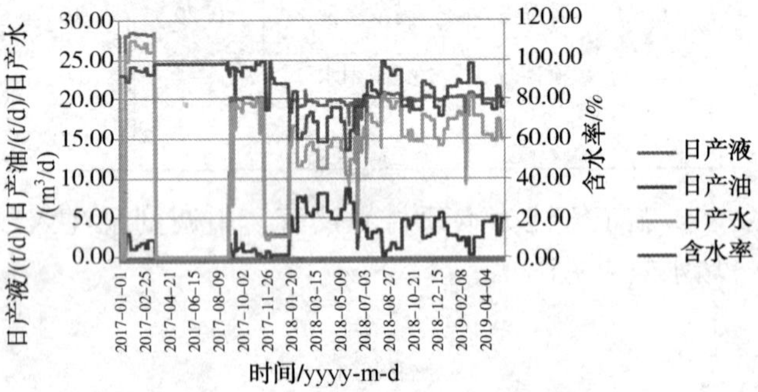

图 13　英 7-1-B3 井堵水前后生产曲线图

堵水后，日产液 28.4m^3降到 19.6m^3，日产油 0.48t 升到 1.19t，最高 8.7t，含水率 98%降到 80%，最低含水 54%。有效期已 600 多天，累计增油 1380t。

6　结论

（1）将水平井出水类型归纳为边水/注入水突进型、底水脊进型等 6 种类型。

（2）研发了两种水平井选择性堵水剂，研究了水平井用量设计方法和注入工艺。

（3）选择性化学堵水基本解决了无法分段、出水层位不清的水平井堵水问题。选择性化学堵水矿场应用取得了增油降水效果。

（4）水平井选择性堵水技术经过多年研究与矿场试验，基本形成了选择性堵水剂类型、选井条件、设计方法、注入工艺及效果评价一整套技术。

参　考　文　献

[1] 王关清，周煜辉．我国陆上石油水平井钻井技术现状和发展方向探讨[C]//石油工程学会．水平井钻采技术研讨会论文集(内部资料)．北京：石油工程学会，1997：1-7.

[2] 李宜坤，胡频，冯积累，等．水平井堵水的背景、现状及发展趋势[J]．石油天然气学报，2005，27(5)：757-760.

[3] 刘翔鹗．中国油田堵水调剖技术的发展与展望[C]//沈琛．油田高含水期深部调驱技术文集．北京：中国石化出版社，2008：1-8.

低压低产气井井下智能机器人排水采气技术研究与应用

周 舰 王锦昌

（中石化华北油气分公司石油工程技术研究院）

摘 要 低压低产气井地层能量不足，井筒携液能力较差，气井容易产生积液水淹问题，影响了产水气井连续携液稳定生产。本文从柱塞气举工艺原理出发，研制出一种新型井下排水采气机器人，并配套设计了智能控制系统，使机器人能实时监测与追踪井筒动液面位置，实现机器人自主定量排水和气井不关井连续采气，有效提升了柱塞气举工艺智能管控水平。井下智能机器人排水采气工艺适用于油压大于地面输气压力 1MPa 以上、产气量在 $2000m^3/d$ 以上、产水量低于 $5m^3/d$ 的直井或井斜度小于 40°水平井。现场应用表明，井下智能机器人能够在井筒内自由稳定行走，且气井安装机器人后排水采气效果显著，产气量稳定上升、油套压差持续降低，井筒积液得到有效缓解，为低压低产气井长期稳产和提高采收率提供了一种智能化排液方法，对低压、低产含水气藏有效开发具有重要的借鉴意义和指导作用。

关键词 低压低产气井；井下智能机器人；排水采气；井筒积液；柱塞气举

低压、低产气井常常因为地层能量不足和井筒携液能力差而发生积液减产现象，严重时甚至发生水淹停产，影响了产水气井正常生产。柱塞气举排水采气工艺凭借其举液效率高的优势，在国内外广泛应用并取得了良好效果[1-5]。但是常规柱塞气举工艺对气井井筒条件和生产条件都有一定的严格要求，比如气井压力太低或者液面太高，单一依靠气井自身能量举升柱塞上部的积液（受卡定器位置影响）较为困难，容易出现柱塞工具难以启动的问题；同时，柱塞工艺需要频繁调整工作制度和开关井，管理难度大，且井口需要流程改造，安全风险高。因此，需要开展柱塞气举工艺优化试验研究，为低压低产气井提供了一种全新的智能化排液稳产手段。

1 井下智能排水采气技术

1.1 井下智能排水装置

井下智能排水装置，是人工智能和机械结构的结合体，其结构示意图见图 1 所示，从左向右依次排列为：抓捞头、扶正器、高能锂电池、主控系统、高灵敏度压力温度传感器、微型电动机、传动机构、出水窗、中心流道开关阀、自适应性皮囊、引导头。其核心部件的功能作用如下：

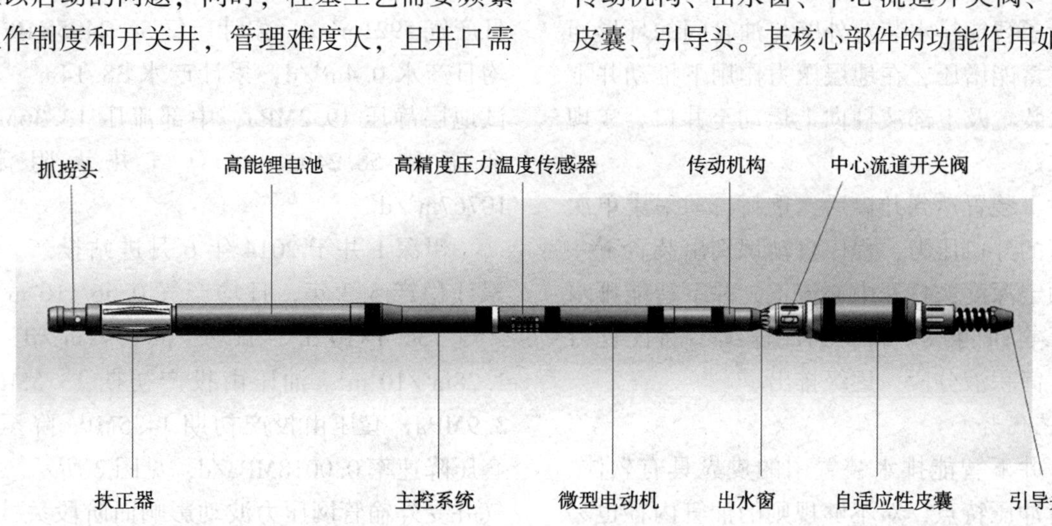

图 1 井下智能机器人结构示意图

（1）高灵敏度压力温度传感器，实时感应、采集流体压力和温度数据，识别井筒积液工况；

（2）主控系统，主要是用于实时储存和处理采集到的井筒流体压力和温度数据，并以电信号方式传输给地面控制系统，从而实现井下智能排水装置行走轨迹实时定位和工艺参数智能调整；

（3）井下动力控制系统，主要包括微型电动机、传动机构、中心流道开关阀。当主控系统发出关闭指令后，微型电动机带动传动机构向下运动，堵塞中心流道，从而实现中心流道开关阀关闭。

（4）自适应性皮囊，具有软体、变径、自冲压特点，当中心流道开关关闭，地层开始给皮囊冲压，皮囊在内、外压差作用下扩张，能贴紧管壁，阻止液体滑脱回流，起到柱塞作用，从而井下智能排水装置在地层压力作用下向上运动；

（5）高能锂电池，主要为主控系统的信号传输、数据存储以及微型电动机正常工作提供动力。

1.2 工艺原理

井下智能排水装置工作原理是它能够按照事先编制的程序来控制装置内部中心流道开关，利用气井自身能量来实现井下智能排水装置的上行作业，从而实现气井分段、逐级、定量排水。

下行：地面事先设置好井下智能排水装置排采制度（包括周期排水高度和开关阀时间），井下智能排水装置在井口位置时，中心流道开关打开，气水畅游，其在自身重力作用下缓慢下行。

上行：当井下智能排水装置下行至预定压力深度（由周期排水高度和井口油压确定），中心流道开关阀关闭，中心流道不通，皮囊冲压扩张，阻断了智能排水装置外壁与油管间的环形通道，迅速蓄能增压，在地层压力作用下推动井下智能排水装置及上部液柱向上运动至井口，实现定量排水。

同时，装置达到井口后，重新自动采集单次排液完后的井口压力，程序自动识别出装置下一周期的预定深度，打开中心流道，井下智能排水装置依靠自重再次下行，如此连续不断往复行走，将井筒积液分段、逐级排出。

1.3 工艺优势

（1）井下智能排水装置中的皮囊具有软体、变径、自冲压特点，对不够规则的油管内径也易于通过，更不易于遇阻遇卡。

（2）井下智能排水装置可利用皮囊冲压扩张在举升气和采出液之间形成密封界面，起到柱塞作用，能贴紧管壁，阻止液体滑脱回流，比常规泡排工艺举升效率高的多。

（3）与常规柱塞相比，井下智能排水装置是一种不关井、可依靠气井自身能量实现连续生产工艺，且不需改变现有井口采气流程，比常规柱塞安装简便、管理难度小，可实现无人值守。

（4）井下智能排水装置可实时识别井筒积液工况，且周期排水量可根据气井自身能力灵活设定，排得少就多跑几趟，一直到排水量与产出量平衡，彻底排除井筒积液。

（5）井下智能排水装置具有无绳测试功能，在排水同时可实现井筒流压流温动态监测。

1.4 适用条件

（1）直井或井斜度小于40°水平井。

（2）气井不出砂，井筒规则通畅，油管无破损、变形、脱落等情况，管柱内径以76mm、62mm和50.7mm为主；

（3）气井存在积液现象，但生产潜力大，稳定产气量≥2000m^3/d，产水量≤5m^3/d。

（4）地层存在一定能量，油压大于地面输气压力1MPa以上。

2 现场试验

2.1 试验井基本情况

伊深1井为东胜气田自然投产直井，生产层位为上石盒子+盒3+盒2+盒1，完钻井深2292.6m，地层中部深度2185.2m。油管外径60.3mm，油管下深2113.16m。该井于2010年6月25日—9月28日采用CNG试采95天，平均日产气5921m^3/d，累计产气56.2495×10^4m^3；平均日产水0.4m^3/d，累计产水38.14m^3；期间测试地层静压19.2MPa，中部流压13.36MPa，中部流温58.24℃，计算气井无阻流量为10767m^3/d。

伊深1井于2014年6月进站投产，投产后累计稳产3.3年，日均产气0.56×10^4m^3/d，累产气734.4×10^4m^3，日均产液0.71m^3/d，液气比1.28m^3/10^4m^3。油压由投产初期13.5MPa降至3.9MPa，套压由投产初期14.5MPa降至8MPa，套压降速率0.0018MPa/d，见图2所示。2018年气井受外输管网压力波动影响而阶段关井，随后气井于2018年4月份开井后生产困难，减产较为明显，采用常规泡排和降压带液措施，气井生产状况仍未得到改善。通过井筒流温流压测试发现，井筒1296m处存在变密度液面，见表1所示，判定气井发生积液水淹现象。

表1　伊深1井流温流压测试结果

深度/m	压力/MPa	温度/℃	压力梯度/(MPa/100m)	温度梯度/(℃/100m)
0	3.063	8.799		
100	3.099	12.169	0.036	3.370
500	3.196	21.370	0.024	2.300
1000	3.766	31.954	0.114	2.117
1500	6.875	43.692	0.622	2.348
1700	8.512	48.338	0.443	2.323
1800	9.500	51.287	0.988	2.949
1900	10.486	54.355	0.986	3.068
2000	11.581	57.198	1.095	2.843
2050	12.086	58.358	1.010	2.320
2182	13.349	61.420		

2.2　井下智能装置排水工艺参数设计

(1) 结合伊深1井井身结构特点和历史出砂情况，确定卡定器下深为2030m；

(2) 井下智能排水装置技术参数设计：本体结构最大外径48mm，自适应性皮囊外径49.5mm，胶筒壁厚4mm；电池容量16Ah；芯片存储系统可储存120W个数据点，每秒钟记录一个数据点；

(3) 结合气井液面高度，为确保装置长周期正常运行，初步设计井下智能排水装置周期排水高度为60m，即井下智能排水装置在单周期下行过程中探测的井筒流压与井口油压的压差大于0.6MPa，中心流道开关阀就自动关闭，智能装置开始上行作业；

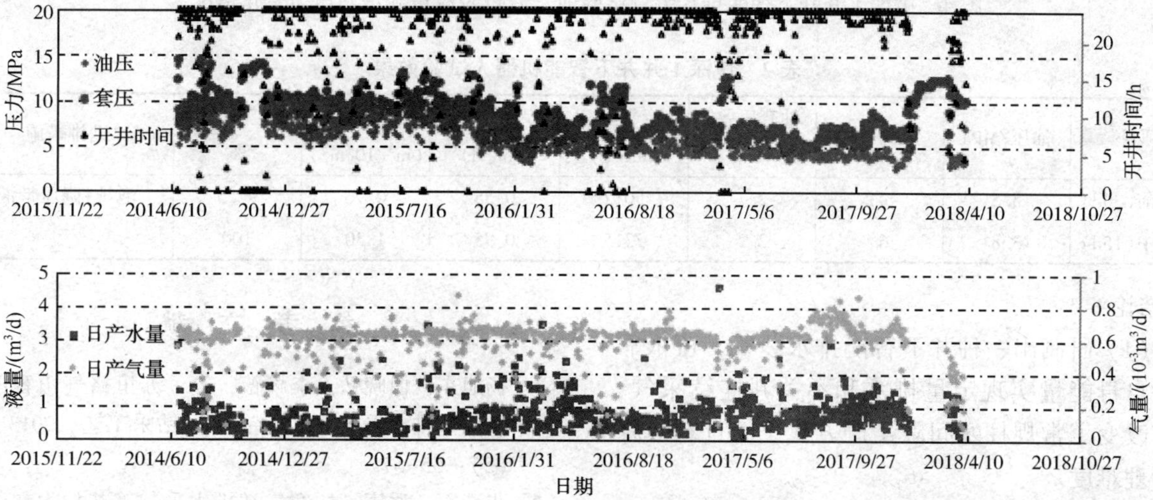

图2　伊深1井历史生产曲线

(4) 井下智能装置周期开关阀排液时间设计为1.5h，即装置从中心流道关阀上行至井口中心流道开阀下行前的时间为1.5h。

2.3　试验效果分析

伊深1井于2018年7月19日开展井下智能装置排水工艺试验，试验期间井下智能排水装置在井下稳定运行188h，累计运行155km，实现了在井筒内自由智能行走。图3为井下智能装置在井筒智能行走期间录取的压力-温度曲线，从曲线可知，0~60h期间，智能装置运行深度逐渐增加，表明排液深度逐渐增加；60~188h，机器人运行深度基本在1000m左右，没有大幅变化，说明气井产液与机器人排液达到动态平衡，达到了较为理想的工作状态。

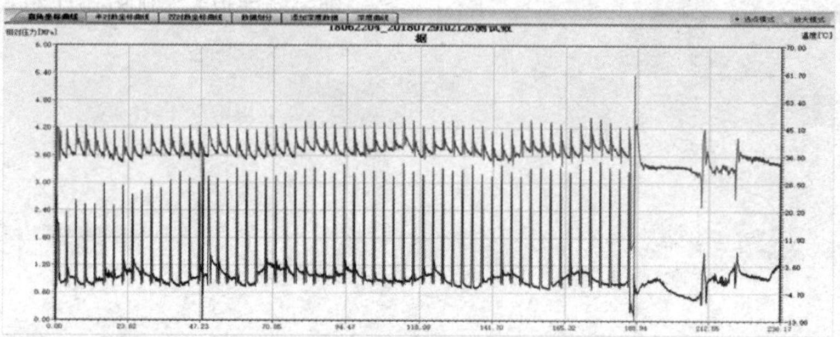

图3　井下智能排水装置在井筒自由行走期间录取的压力-温度数据

井下智能排水装置试验期间，气井排水采气效果明显。气井瞬时产气量增加，日增产气量2303m³/d；油套压差减小0.5MPa，产液量和液气比上升，井筒积液得到有效缓解，生产更加稳定，无需泡排和放空带液措施，生产时率得到有效提高，见图4和表2所示。

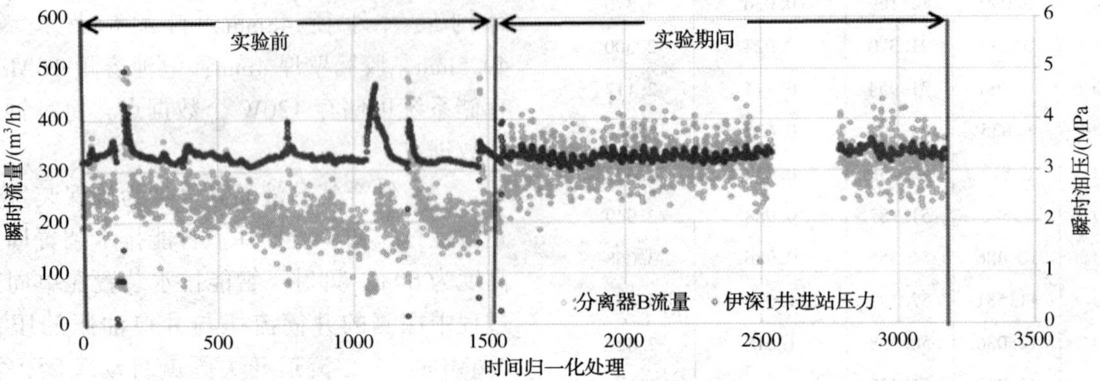

图4　伊深1井井下智能排水装置试验前、后瞬时流量和进站压力变化情况

表2　伊深1井井下智能机器人试验效果

项目	油压/MPa	套压/MPa	油套压差/MPa	产气量/(m^3/d)	产液量/(m^3/d)	液气比/($m^3/10^4m^3$)	生产时率/%	助排措施
试验前(30d)	3.5	6.2	2.7	5012	0.55	0.96	97.5	泡排+降压带液
试验中(15d)	3.8	6.	2.2	7315	0.95	1.30	100	无

3　结论

（1）研制出一种井下智能排水装置，可依靠气井自身能量实现定量排水和不关井连续采气，不仅改变了常规柱塞间歇生产方式，而且有效降低管理难度。

（2）明确井下智能装置排水工艺应用条件，即适用于内径为76mm、62mm和50.7mm直井或井斜度小于40°水平井，且气井油压大于地面输气压力1MPa以上，稳定产气量≥2000m³/d，产水量≤5m³/d。

（3）现场试验表明，井下智能排水装置首次在高温高压井筒内实现了自由行走，且气井产气量稳定上升、油套压差持续降低，井筒积液得到有效缓解，为低压低产气井提供了一种新型智能化排液方法。

参 考 文 献

[1] 杨旭东，白晓弘，李耀德，等．苏里格气田智能柱塞气举排水采气技术研究[J]．钻采工艺，2013，36(5)：55-57.

[2] 张荣军，乔康．柱塞气举排水采气工艺技术在苏里格气田的应用[J]．钻采工艺，2009，32(6)：118-119.

[3] 杨川东．采气工程[M]．北京：石油工业出版社，2000：173-176.

[4] 董耀文，谭明文，周兴付．柱塞气举在川西地区定向井中的应用研究[J]．天然气工业，2011，31(6)：53-55.

[5] 何云，张文洪，郑锋，等．柱塞气举排水采气工艺在大牛地气田的应用[J]．石油天然气学报(江汉石油学院学报)，2009，31(2)：351-353.

页岩气水平井井下压力无线传输技术及应用

赵立帅　王宇琦

（中国石化江汉油田分公司石油工程技术研究院）

摘　要　页岩气多采用大型压裂水平井开发，投产后井口压力及产量呈持续下降态势，迫切需要准确获取井底压力变化情况。常用的井口压力折算法或直井段测试数据推算法由于积液及流态变化的影响误差较大。本文介绍了一种基于电磁波无线传输方式的井下无线测压技术，无线测压装置随生产管柱下入水平段，测试数据通过无线上传的方式实时发送到地面，其能够更加准确反映井底变化情况，对于判断井底积液状况、产量递减趋势、及时优化排采方案有着重要作用。同时，通过对井底实时监测数据的分析，结合动态分析软件能够更加准确地进行产能预测，对于页岩气高效开发有着重要意义。

关键词　页岩气；井下；压力；无线监测；产能

涪陵页岩气田主要采用钢丝牵引存储式压力计测量流压，仪器无法下至水平段，只能依靠测量井内压力梯度，推算气层中部压力值，并且该测试方法无法覆盖整个生产过程，无法及时的对产量变化进行跟踪、分析。井下压力无线传输技术实现了实时监测，无需借助电缆，井下数据无线上传至地面接收设备，为监测气井井下压力数据及获取完整的试井数据提供了一种便捷、可靠的测试手段，满足页岩气井井下温度压力长期监测的测试需求。

1　系统构成及原理

页岩气水平井井下压力无线传输技术由井下数据采集系统、井下电磁波发射系统、地面接收系统组成，如图1所示。

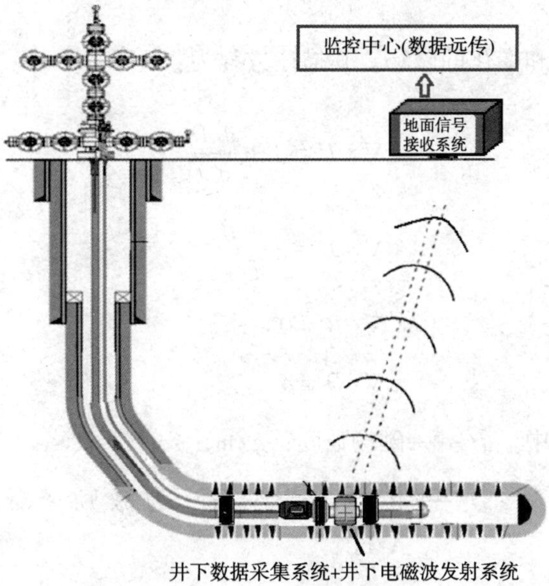

图1　井下压力无线传输系统

1.1　工作原理

井下采集及发射系统随管柱一同下入目的深度，对井下温度、压力进行采集并将其转化为超低频电磁信号；由电磁波激励模块向地层发射变化的电磁信号，利用电磁波在地层中的传输特性，通过管柱和大地构成的传输信道传输到地面，并进行分析解码，还原井下压力、温度数据，从而实现井下测试数据的无线监测。

井下的电磁激励线圈发送变化的电磁信号，通过上下两级扶正器与套管之间形成的感应电流回路，根据电磁波原理，套管与油管间形成的回路将向地层发射电磁波，因此套管与油管可理解为井下发射系统的发射天线，其中，参与形成电流回路的套管与油管长度越长，信号发射强度也将越大，一部分发射到地层的电磁波信号穿过地层，发送至地面；再通过地面系统检测两级信号天线接收数据的电势差，并进行有效的分析、解码，即可获取井下传输出来的测试数据。如图2所示。

本技术利用超低频电磁波的强穿透性，低衰减率的特点，由井下电磁波发射机发射超低频电磁波信号至地面由地面接收机进行无线接收，超低频电磁波频谱曲线振幅的强弱，主要与岩石密度、胶结程度、破坏程度以及磁性和介电常数有关系。根据麦克斯韦方程，变化的磁场能够产生电场；变化的电场也能产生磁场。时变电磁场为不可分开的统一体。时变电磁场的场源可以是真实源，即变化的电流和电荷，也可以是变化的电

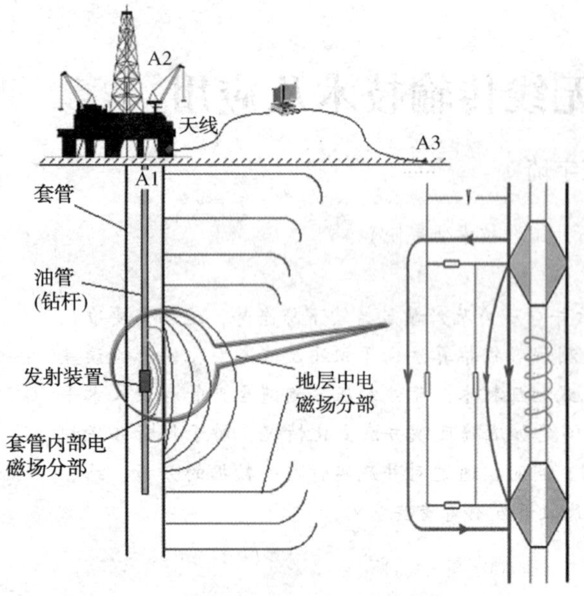

图2　电磁波无线发射原理图

场和变化的磁场。其描述方程为：

$$\nabla\times\bar{H}=\bar{J}+\frac{\partial\bar{D}}{\partial t}$$

$$\nabla\times\bar{E}=-\frac{\partial\bar{B}}{\partial t}$$

$$\nabla\cdot\bar{B}=0$$

$$\nabla\cdot\bar{D}=\rho$$

式中　$\bar{H}$——磁场强度，A/m；

$\bar{J}$——传导电流密度，为激励函数，A/m^2；

$\bar{D}$——电通量密度，C/m^2。

在电磁波发射系统中，常采用时变电信号的方式产生电磁波，以极低的频率向外传播。

1.2　技术指标

压力测量范围及精度：60MPa±0.1%；

温度测量范围及精度：0~125℃±0.1℃；

无线传输距离：3200m

井下工具串尺寸：73mm×2.66m(外径×长度)

有效信号误码率：<3%；

采样间隔时间：灵活可调；

工作时间：>24个月。

2　井下压力实时无线监测技术的应用

目前该技术已在页岩气田应用多井次，电磁波无线上传最大距离可达3200m。为获取完整的试井数据及产能动态评估提供了一种便捷、可靠的测试手段，并取得了良好的应用效果。

2.1　实现实时监测，为动态调产提供数据支撑

通过监测井口流压能够分析井下积水状况，判断气井递减趋势，指导动态配产，而产水造成井口流压波动大，影响生产动态分析准确性，难以及时准确地采取排水措施。井下压力无线传输技术能够实时准确监测井底流压数据，通过井下流压实时监测数据与井口压力值对比，可有效反映井下积水程度，为生产动态管理和及时准确采取排水措施提供依据，避免井下积水过多对气层生产影响[1-2]。

焦石坝主体区生产连续井的流压资料表明：实测流压存在2段式和3段式两种变化趋势，如图3、图4。而如果井下积水将不能准确反映水平段真实流压，导致压降产量趋势线不准，影响生产动态分析准确性，也影响气井生产制度制定。

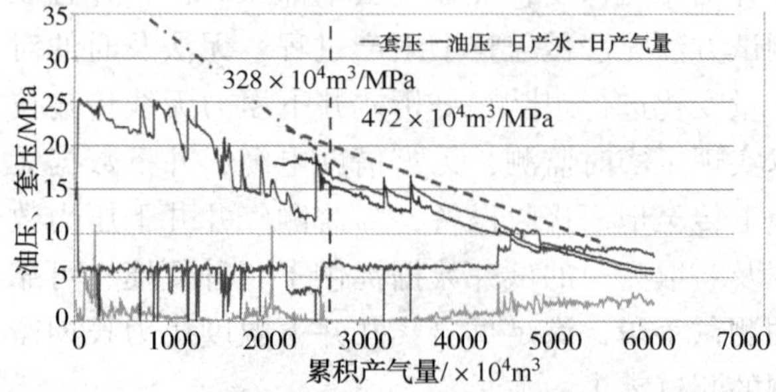

图3　2段式结构压降产量随累产变化曲线图

2段式结构压降产量随累产逐渐增加，表明实际生产能力大于配产，生产效果较好。

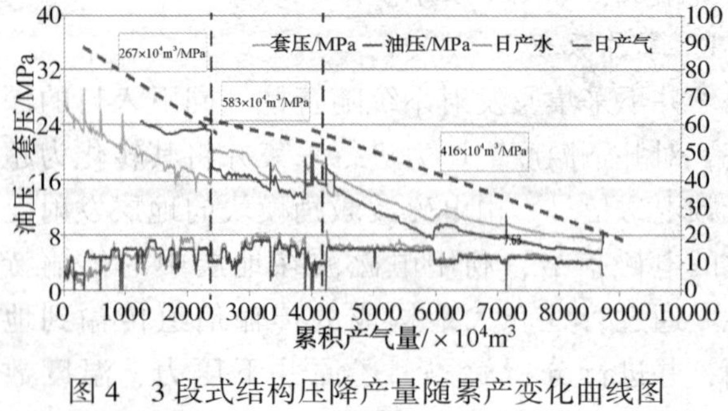

图4　3段式结构压降产量随累产变化曲线图

3段试结构压降产量随累产先增加后降低，表明后期配产大于合理配产，压力损耗增加。通过上述分析可知，真实、准确的井底流压数据在指导排水措施制定，合理实施配产方面的重要意义。

XX井生产期间井口压力波动大于井下流压波动，其差值与井筒积液相关，对比井下流压、井口套压及产水情况曲线，如图5，井口出水减

少时，井口套压增加，而井下流压基本稳定，说明出水少时，井下积水增多，井口套压与井下流压压差增大，井口压力与井下流压的压差与出水量呈现一定程度负相关，因此，根据压差变化情况，在井口压力与井下流压的压差增大时，进行了适当提产排水，保持气井正常生产。

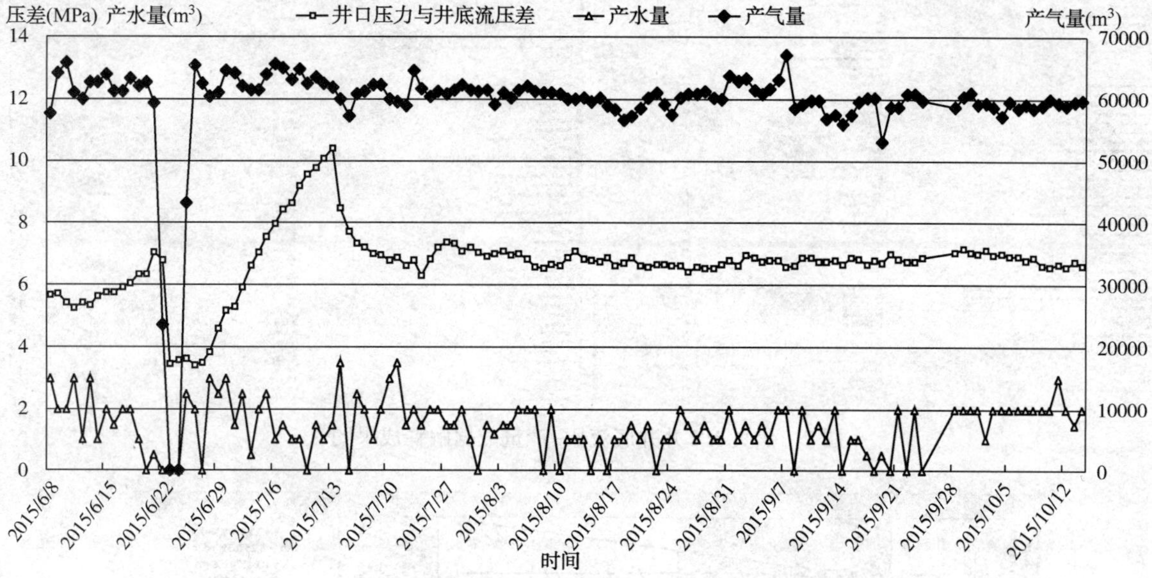

图5　XX 井生产数据曲线

2.2　进行产能预测及评价，深化单井认识

页岩气等致密气藏无法通过短期压恢测试获得良好的地层渗透率、地层压力等相关参数，且由于成本原因及生产需求无法进行关井测试，许多井无法开展压恢测试工作，基于准确的井底流压数据基础上的分析尤为重要。利用井实际生产数据及井底监测的流压数据结合生产动态分析软件，能够获得井地层流动特征、地层参数、地层压力、井污染情况等参数，油藏动态人员能够快速认识生产动态，通过生产规律分析认识，预测后期生产规律，指导配产及进行方案调整。

焦页 XX 井于 2016 年 6 月 8 日下入井下压力无线传输系统，下至目的深度 2470m，测得井下初始压力值 23.34MPa、温度值 82.51℃，截至 2017 年 4 月 21 日井下无线发射系统数据上传稳定，管柱如图 6。利用生产动态分析软件对本阶段录取的井底流压数据及井口产量数据进行生产动态分析(图 7)，并获得裂缝表皮、地层系数、总控制地质储量、平均裂缝导流能力及平均有效裂缝半长等地质参数。通过归一化产量处理的物质平衡方法确定目前井控弹性储量结果是：$8732\times10^4m^3$。

根据本井地质特征及储层改造情况，选取的解释模型为定井储+压裂水平井+均质矩形边界。解释结果：裂缝半长 95.38m，地层压力 25MPa，地层渗透率 0.0057mD。

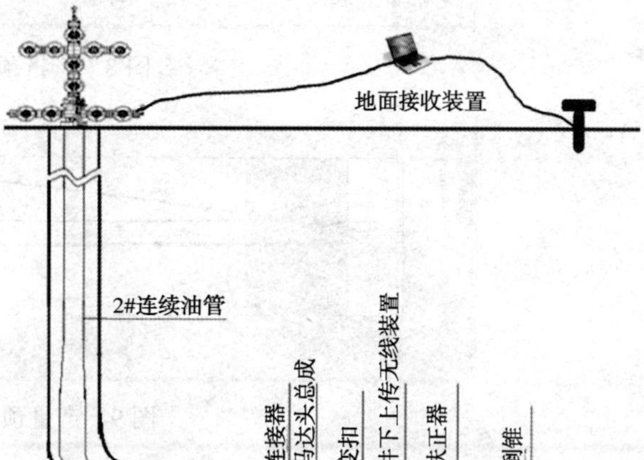

图6　焦页 XX 井施工管柱示意图

曲线拟合完成后分别进行未来 6000h 及 24000h 的产量预测，如图 8、图 9。

产能预测：从 2017 年 4 月 21 日开始，未来 6000h 本井可产气 $1625.34\times10^4m^3$，实际产量为 $1599.96\times10^4m^3$。经对比预测产量与实际产气量误差率为 1.59%。实际生产数据及曲线见表 1 和图 10。

未来 24000h 的产量预测，预测阶段产气量为 $5719.92\times10^4m^3$，按照停产压力 5MPa 进行预测，本井停产前共产气 $8143.86\times10^4m^3$。预测成果及对比见表 2。

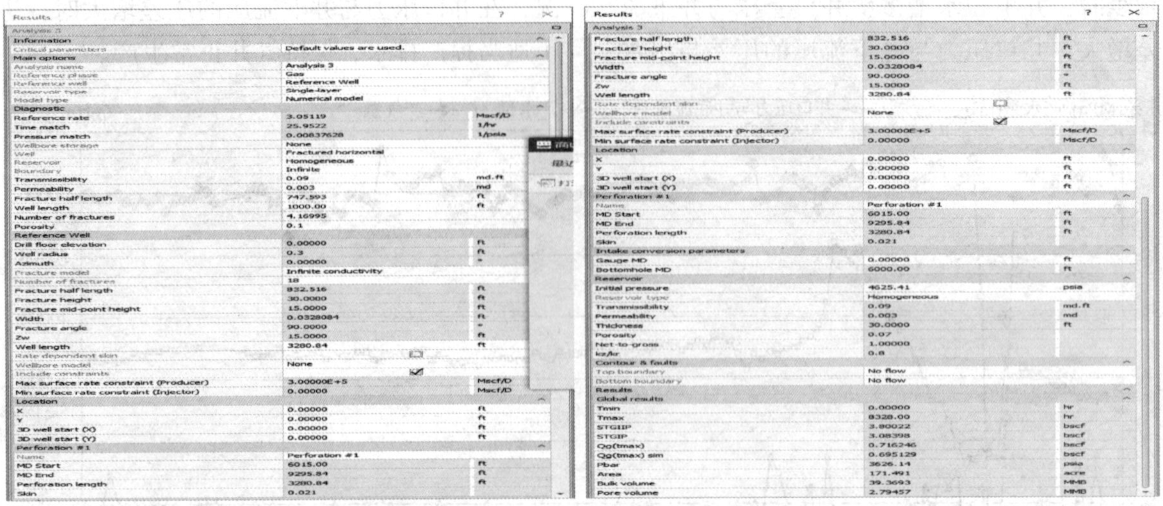

图 7　焦页 XX 井井底流压-产量数据解释成果图

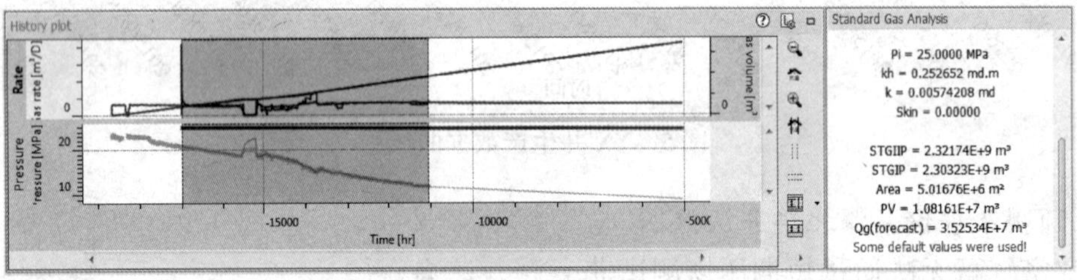

图 8　产量预测成果图(6000h)

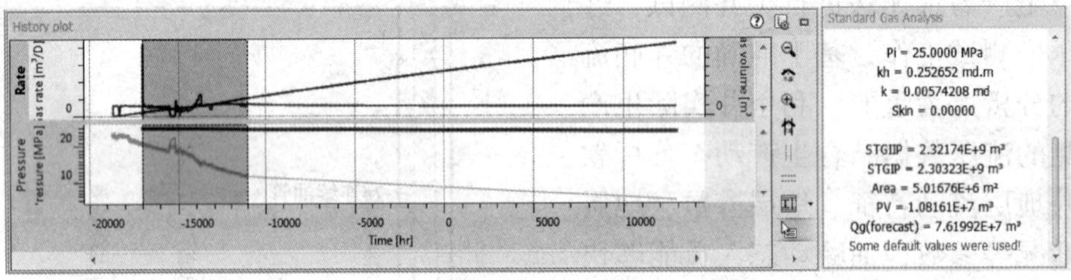

图 9　产量预测成果图(24000h)

表 1　焦页 XX 井生产数据表

日期	套压/MPa	油压/MPa	日产水/m^3	日产气/10^4m^3	累产气/10^4m^3	累产水/m^3
2017/4/21	14.7	12.09	1	58135	2382.1317	618.610
2018/5/10	9.59	8.43	2.382	83733	3982.0972	1191.634

表 2　焦页 XX 井生产预测成果分析表

预测起始时间	预测时长	预测方式	起始流压/MPa	截止流压/MPa	预测产量/10^4m^3	实际气量/10^4m^3	预测与实际差值	误差率
2017/4/21	6000h	压力递减	11.8	9	1625.34	1599.96	25.374	1.59%
2017/4/21	24000h	压力递减	11.8	5	5719.92	待验证	待验证	待验证

通过上述分析，井下压力无线传输技术的监测数据不仅可以分析储层相关参数，对油藏描述，动态分析以及生产动态管理有重要的指导意义，也能够较好地完成产量预测及产能评价工作[3]。

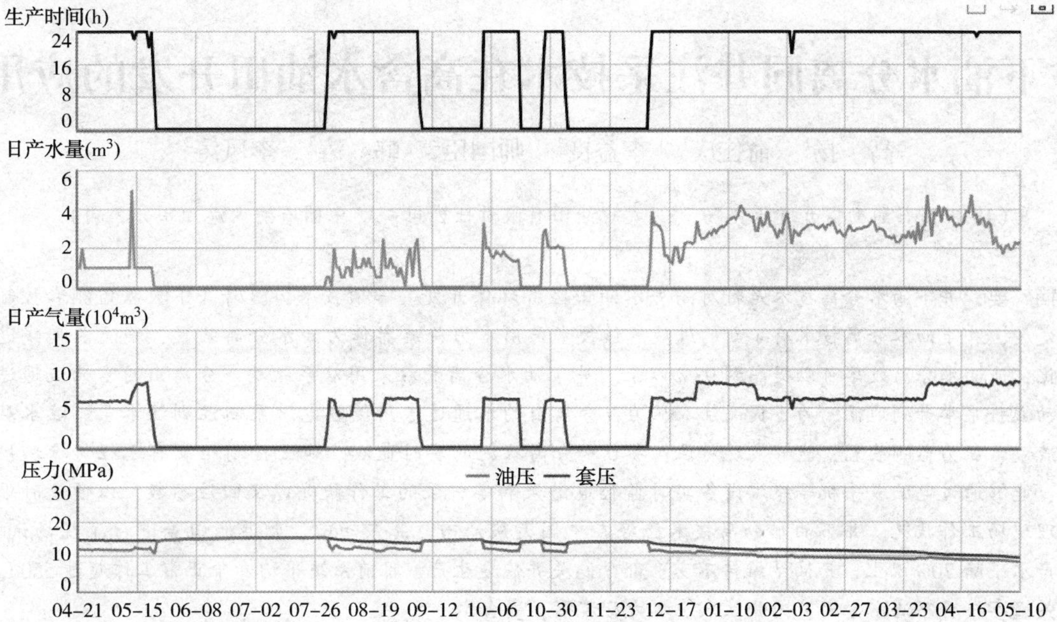

图 10　焦页 XX 井实际生产曲线图

3　结论

（1）井下压力无线传输技术解决了常规电缆测井无法获取水平井段生产动态数据的技术难题，能长期监测井下生产动态变化情况，不影响正常生产和后续作业，为获取完整的试井数据及产能动态评估提供了一种便捷、可靠的测试手段。

（2）开展井下压力无线传输技术的应用对气藏动态管理、特别是产水、积水井的动态调整有着重要意义，也是连续性气藏动态监测技术的发展趋势[4-5]。

（3）井下压力无线传输技术得到的动态资料，对提高采收率、不断优化油藏开采方案、降低生产成本起到重要的作用。

参 考 文 献

[1] 段永刚，陈伟，赵刚，等．长时压力计测试分析[J]．西南石油学院学报，1999，21(3)：41-43.

[2] 钟飞翔，罗成栋，代万波等．长时间压力监测试井解释在海上油田的应用[J]．断块油气田，2007，14(3)：85-86.

[3] 贾永禄，余佳，朱水桥等．不关井压力恢复现代试井理论研究[J]．油气井测试，2001，10(3)：1-4.

[4] 庄惠农．气藏动态描述和试井[M]．石油工业出版社，2009.

[5] 冉林，段永刚，胡方等，永置式监测技术的研究与应用[J]．钻采工艺，2010，33(5)：72-74.

井下油水分离同井注采技术在高含水油田开发的应用

高 扬[1] 俞佳庆[1] 李益良[1] 师国臣[2] 韩 涛[3] 李风涛[3]

（1. 中国石油勘探开发研究院；2. 大庆油田有限责任公司；3. 中国石油大港油田分公司）

摘 要 井下油水分离技术是针对高含水油田经济环保开发的一项技术，随着井下数据监测和控制技术的发展，井下油水分离技术有了新的进展。该技术采用水力旋流器作为油水分离装置，旋流器型线进行了优化，使油水分离效率可以提高到98%以上。井下油水分离管柱采用双泵结构，分离出的富油流通过地面驱动螺杆泵举升到地面，为了提高注入压力，分离出的水通过专用倒置电潜泵回注到注水层。注水层安装有流量、压力监测装置，能够实现对注入参数和分离状况的实时监测。地面控制柜装有远程传输和控制系统，能够通过电脑或手机等终端设备实时监控电潜泵和螺杆泵的工作状况以及回注参数，以便及时跟踪和管理现场工作状况。井下油水分离技术已经在中国大庆油田、冀东油田、大港油田等进行了现场试验，地面产水下降70%以上，产油量维持不变，部分高关井恢复生产，目前系统平均寿命正常工作超过550d。

关键字 井下油水分离；同井注采；水力旋流器；高含水

1 概述

随着油田的不断开发，油田采出液含水率逐渐提高，据统计，2010 年全球每天开采原油 7500×10^4bbl，而随之产出的水达到 21000×10^4bbl，产出水处理费用高达400 亿美元。在注水开发油田中，产出液含水率更高，在中国东部油田中，部分油田综合含水率已经达到90%以上，某些区块含水率已经超过95%。油田含水率过高对油田开发带来一系列问题：(1)高含水采出液使人工举升设备、集输管线、污水处理设备成本投入以及设备运行能耗大幅增加，原油开采成本提高使很多油井失去经济开采价值，导致过早关井，直接影响采收率；(2)随着含水率的增加，地面及地下管线的腐蚀问题日趋严重，设备使用周期缩短，维护费用逐渐提高；(3)大量污水集输和处理对环境带来潜在的危害。稳油、控水、节能、降耗成为制约高含水油田开发的关键因素，为了提高高含水油田开发效果，降低地面产水，延长油田开发周期，通过井下油水分离实现同井注采，建立新的开发模式，是解决上述问题的途径之一。

井下油水分离技术是利用水力旋流器将储集层产出的油水混合物在井下直接分离，分离出的富油流举升到地面，分离出的水直接回注到废弃层，或者回注到注水层用于驱油，建立注采循环。通过研究，已在高效水力旋流器优化、井下油水分离管柱、回注层监测和数据远程传输技术等方面取得进展，并通过现场试验验证了这项技术的可行性和可靠性。

2 高效水力旋流器优化

Martin Thew 教授设计的双锥液-液分离用旋流器单体结构是用于油水分离的典型结构，后期研究发现，这种双锥 Thew 式旋流器内的分离流场并不是最佳的流动状态(图 1)，由于各个锥段直线相交处存在“尖点”，流体流场会出现非贴体运动，从而产生附面层分离，结果会产生很强的紊流场，使初步分离的油水两相介质被破坏，从而影响分离效果。

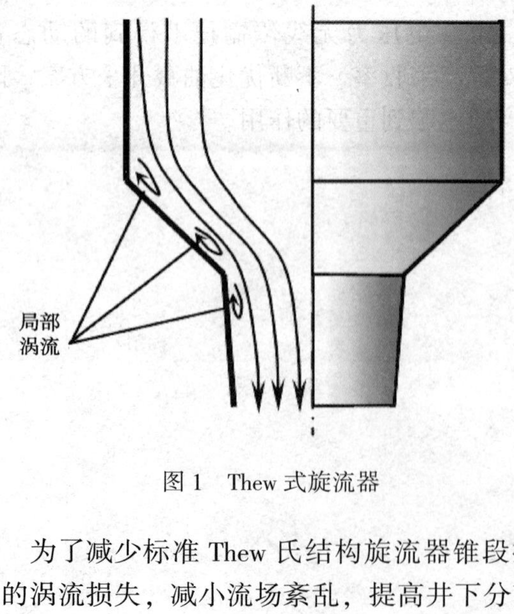

图 1 Thew 式旋流器

为了减少标准 Thew 氏结构旋流器锥段接合处的涡流损失，减小流场紊乱，提高井下分离旋流器的分离效率，利用高次曲线来分别模拟两个

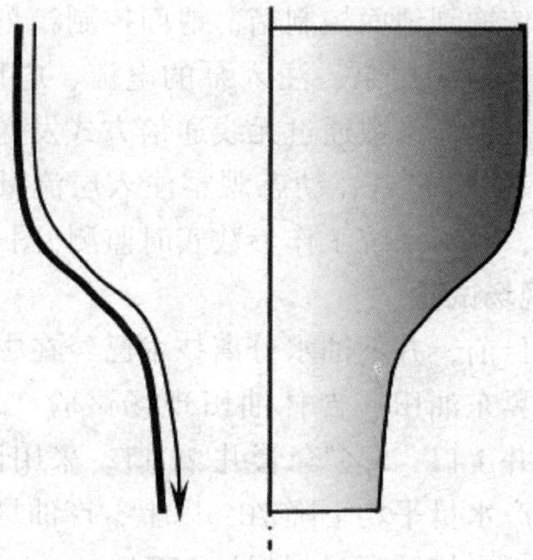

图2　三次式曲线旋流器

锥段的母线，并将井下水力旋流器的大锥段和小锥段由两段三次曲线作为母线的腔体所取代，三次曲线连接处用一段圆弧作为过渡，形成了内流道光滑的三次曲线式旋流器分离管(图2)。这种型腔较好地解决了流场紊乱的问题，更利于旋流分离效率的提高。

以含油5%的水溶液(油为32#液压油)作为实验介质，通过对比Thew型水力旋流器与三次曲线型水力旋流器分离效率(溢流口含油量占入口含油量的百分比)，在相同的操作参数情况下，Thew式水力旋流器的分离效率则在90%左右，而三次曲线式水力旋流器的分离效率可以稳定在95%~97%之间，高于Thew式水力旋流器5~7个百分点(图3)。

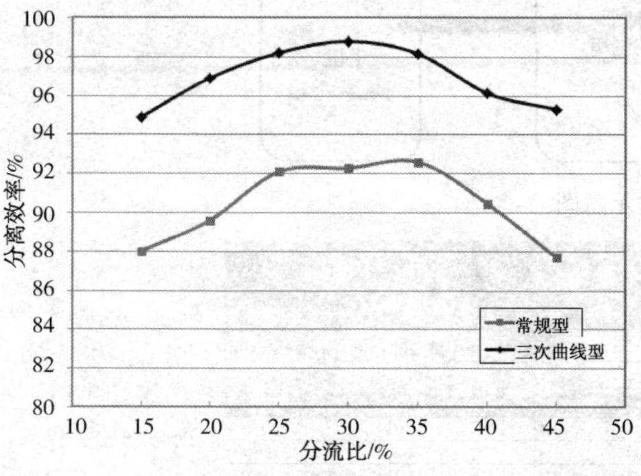

图3　三次曲线型水力旋流器与Thew型水力旋流器分离效率对比图

3　井下油水分离管柱设计

井下油水分离管柱主要由水力旋流器、采出泵、注入泵、多层封隔管柱等组成，能够在7″套管井和5½″套管井中实现油水混合物井下分离和注采，同时实现对注入层流量压力的实时监测。

3.1　水力旋流器

水力旋流器是实现油水分离的核心装置，放置于采出泵和注入泵之间，储集层产液首先进入水力旋流器，分离后再经过溢流口和底流口分别由采出泵和注入泵举升和回注，所以选录器位于系统的低压区，易于密封，同时，由于采出液先分离，后进泵，减小了由于叶片切割或流体扰动引起的乳化现象。

3.2　采出泵和注入泵

采取了双泵双电机系统驱动管柱的分离、举升和回注(图4)，这是因为，采出泵和注入泵分别控制，一方面可以在产液流量、井下压力等参数发生变化时实现对分流比的微调，始终使旋流器处于最优工作状态，另一方面便于增大回注压力。由于分离后举升到地面的产液较少，所以采用地面驱动螺杆泵作为举升泵；当储层产液量小于100m^3/d时，用螺杆泵作为注入泵，当储层产液量大于100m^3/d时，采用倒置电潜离心泵作为注入泵，同时，由于电潜泵的工况和叶轮的受力发生了变化，所以对倒置电潜离心泵泵的结构进行了改进：

(1)采用固定式叶轮代替悬浮式叶轮，防止叶轮轴向力方向变化时造成叶轮磨损和碰撞；

(2)采用双保护器结构，电机上保护器用于补充润滑油、进行热交换，同时平衡电潜离心泵高压工作时的轴向力，电机下保护器用于为离心泵传动扭矩，同时平衡电潜离心泵低压工作时的轴向力；

(3)增加了导流外壳，为井下油水分离管柱提供注入通道，导流外壳最大外径116mm，能够满足在5½″套管井的使用，同时为了组装方便，采用分段组装形式。

3.3　多层封隔管柱

针对开采层位较多的油井，利用多级封隔器和采出器、配注器、定位器、防转锚、密封段等配套工具组成多级封隔管柱，对多层间进行封隔，实现交互注入和采出的应用需求，2⅜″油管作为内油管，3½″油管作为外油管，其中内油管外油管的环形空间组成外通道，内油管和配注器形成注入通道内通道注入，外通道采出(图5)。施工方便，可实现同一口井不同层位同时配注配产。

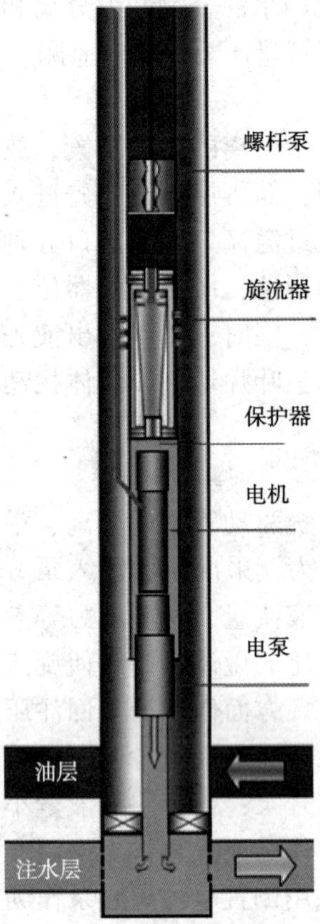

图 4　同井注采管柱

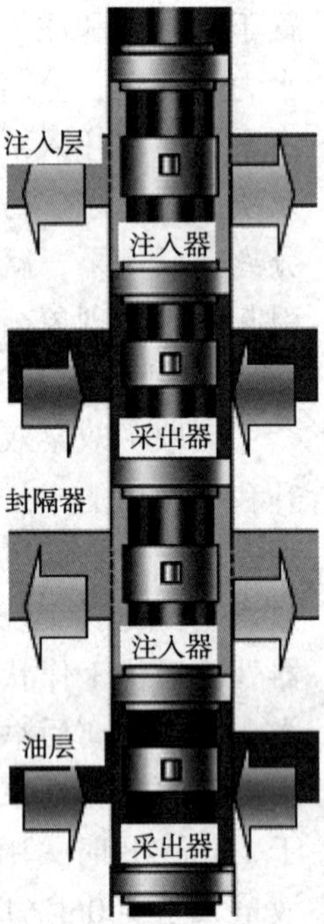

图 5　多层封隔管柱示意图

4　回注层实时监测和远程控制系统

研制了回注层实时监测和远程控制系统，将压力传感器、流量计安装在回注层，将采集的压力数据和流量数据进行电力载波调制，通过单芯电缆传输到地面控制箱，地面控制箱将接受的井下信号与采出泵、注入泵的电流、电压、频率、转速等工作参数通过无线通信方式发送给现场无线控制 PC 设备，动态观察注入层流量和压力的变化，并对系统工作参数实时监测(图 6，图 7)。

5　现场试验

目前，井下油水分离技术已经在中国大庆油田、冀东油田、吉林油田现场试验 22 口井，7″套管井 1 口，5½″套管井 21 口。采用该技术后，地面产水量平均下降 70%以上，产油量基本保持不变，平均运行时间超过 550d。

大庆油田北 2-丁 4-53 是一口 5½″套管直井，井深 1220m，含水率 97.2%，日产液 98.6m^3/d，日产水 95.84m^3/d，日产油 2.76m^3/d。2013 年 5 月下入井下油水分离管柱后，含水率下降为 89.6%，地面产液 26.5m^3/d，日产水下降 75%，产油 2.75m^3/d，产油量降低 0.36%。通过耗能情况分析，在储集层产液量相同的条件下，常规采油、集输、注水综合耗能为 22.42kW·h/m^3，采用井下油水分离技术综合耗能为 4.68kW·h/m^3，井下油水分离技术试验井注采单耗为常规技术注采能耗的 21.8%，另外，还节省了大量的污水处理设备和场地(图 8)。

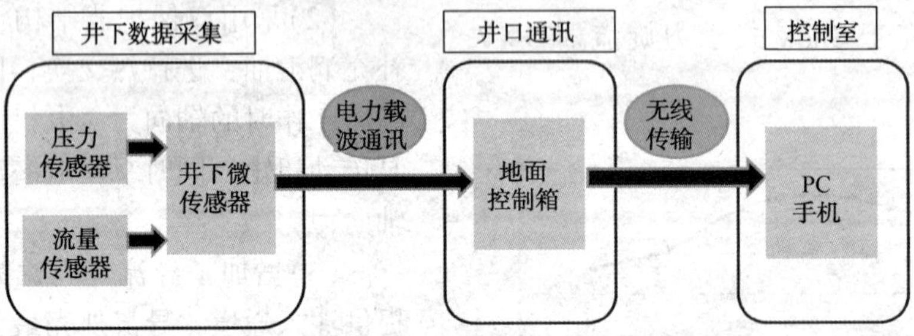

图 6　数据传输示意图

井号	测试时间	扭矩(N·M)	转速(r·min)	频率(HZ)	有功功率(kW)	电压(V)	电流(A)
北2-6-40电泵	2015-11-23 14:31:00	184.77	1559.4	51.98	30.17	678.70	26.98
北2-6-40电泵	2015-11-23 15:00:00	176.45	1591.2	53.04	29.4	678.23	26.32
北2-6-40电泵	2015-11-23 15:30:00	181.29	1590.9	53.03	30.2	677.45	27.05
北2-6-40电泵	2015-11-23 16:00:00	181.02	1590.6	53.02	30.15	676.63	27.05
北2-6-40电泵	2015-11-23 16:30:00	180.42	1590.6	53.02	30.05	674.42	27.04
北2-6-40电泵	2015-11-23 17:00:00	179.58	1590.6	53.02	29.91	676.37	26.85
北2-6-40电泵	2015-11-23 17:30:00	179.34	1590.6	53.02	29.87	679.14	26.71
北2-6-40电泵	2015-11-23 18:01:00	179.16	1590.6	53.02	29.84	680.39	26.62
北2-6-40电泵	2015-11-23 18:30:00	178.08	1590.6	53.02	29.66	681.43	26.41
北2-6-40电泵	2015-11-23 19:00:00	178.32	1590.6	53.02	29.7	681.13	26.48
北2-6-40电泵	2015-11-23 19:30:00	179.4	1590.6	53.02	29.88	682.30	26.61
北2-6-40电泵	2015-11-23 20:01:00	179.4	1590.6	53.02	29.88	682.21	26.61

图 7　井下油水分离系统工况在线监测平台

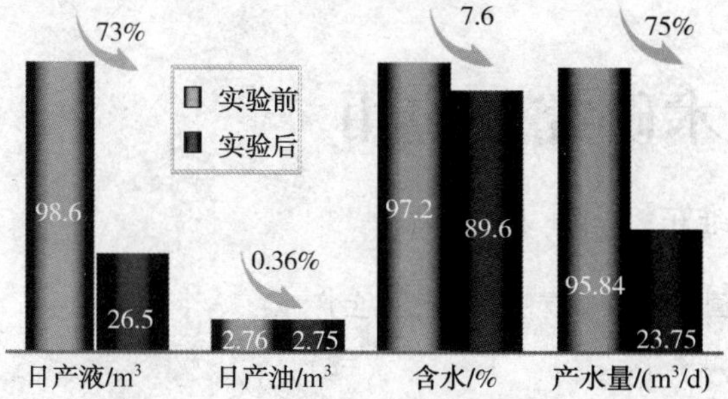

图 8　北 2-丁 4-53 现场试验效果对比

冀东油田 L102X3 是一口 7″套管斜井，井深 2480m，最大井斜 47.2°，位于 1877m 处，井下油水分离管柱位于 950m 左右的直井段，含水率已经达到 99.5%，已经关井停产。试验前试采日产液 253m^3/d，日产油 1.26m^3/d。2013 年 10 月下入井下油水分离管柱后，地面产业为 52m^3/d，下降 79.4%，日产油 1.35，提高了 6.9%，效果明显(图 9)。

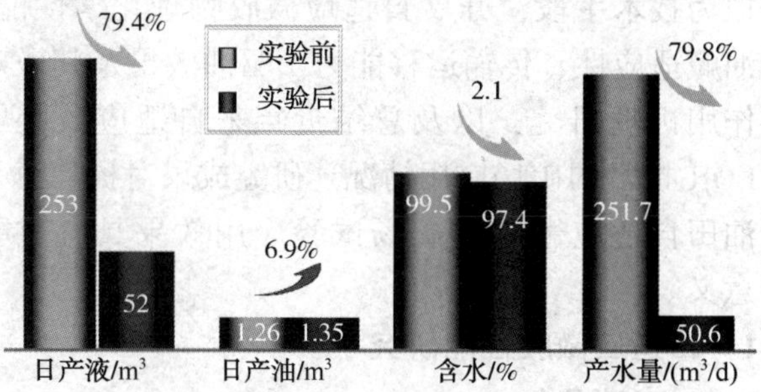

图 9　L102X3 现场试验效果对比

6　结论

井下油水分离技术是解决高含水油田开发的有效方法之一，通过开发新型三次曲线式水力旋流器，减小了内部流场的紊流，大幅提高了油水分离效果；开发出用于 5½″套管井和 7″套管井的井下油水分离管柱，管柱内的水力旋流器在低压区工作，降低了密封难度，同时降低了乳化现象，针对不同产液量开发出螺杆泵注入系统和电泵注入系统，以适应不同油井的生产需要，对于开采、回注层位较多的油井，开发出多层封隔系统；同时为了对加强对分离注入数据和管柱工况的实时了解，开发出回注层实时监测和远程控制系统。在上述研究的基础上，进行了井下油水分离技术现场试验，试验效果表明，该技术能够在保证产油量的前提下，有效降低地面产水，降低高含水油田开发成本，同时该技术的可靠性也得到了充分证实。

参　考　文　献

[1] 刘合，高扬，裴晓含，郑国兴，郑立臣．旋流式井下油水分离同井注采技术发展现状及展望[J]. 石油学报，2018，39(4)：463-467.

[2] Kjos，T.， S. Sangesland， J. F. Michelet， J. Kleppe. Down-hole Water-Oil Separation and Water Reinjection Through Well Branches[R]. SPE. 30518，1995：22-25.

[3] Danyluk，T. L.， R. C. Chachula， and S. C. Field Trial of the First Desanding System for Downhole Oil/Water Separation in a Heavy-Oil Application[R]. SPE 49053，1998：27-30.

[4] Mattews CD. Application of Downhole Oil/Water Separation Systems in the Alliance Field [R]. SPE35817，1996：453-462.

[5] Larry J，Downhole Oil and Water Separation-Potential of New Technology Proceedings Indonesian Petroleum Association Twenty - fifth Silver Anniversary Convention. 1997，10：72-76.

[6] 李增亮，张瑞霞，董祥伟．井下油水分离系统电泵机组匹配研究[J]. 中国石油大学学报(自然科学版)，2010，34(3)：94-98.

[7] Argonne National Laboratory，Arthur Langhus Layne - LLC. Analysis of Data from a Downhole Oil/Water Separator Field Trial in East Texas. U. S. Department of Energy， National Petroleum technology Office. February 2001.

[8] John A. Veil，Burce G. Langhus，Stan Belieu. Feasibility Evaluation of downhole Oil/Water Separator technology. U. S. Department of Energy，Office of Fossil Energy，National Petroleum technology Office. January 1999.

自适应微胶驱油技术研究与应用

孙　哲[1]　康晓东[1]　姜维东[2]　李　强[2]

(1. 中海油研究总院有限责任公司；2. 中国海洋石油有限公司开发生产部)

摘　要　为开展自适应微胶体系驱油技术的研究与应用，本文以油藏工程、物理化学和生物流体力学等为理论指导，以仪器检测、化学分析和物理模拟为技术手段，开展自适应微胶物理化学性能、油藏适应性、传输运移能力和驱油效果研究，利用微流控技术模拟自适应微胶在孔隙运移中的颗粒相分离现象，基于生物流体力学中红细胞树状叉浓度分布理论，建立微胶在不同孔隙中浓度分布数学模型，探索自适应微胶的微观作用机理，最后总结自适应微胶驱 EOR 技术的矿场应用情况。研究表明，自适应微胶具有良好的吸水膨胀性能，注入过程中产生颗粒相分离现象，微胶颗粒在大孔隙中聚集形成桥堵，携带液进入小孔隙中驱油，微胶颗粒与携带液分工合作，逐级启动相对低渗区域的剩余油，实现扩大波及体积和深部液流转向的目的。矿场应用情况表明，在已进行矿场试验或应用的 8 个油田均取得了良好的技术经济效果。

关键词　自适应微胶；油藏适应性；深部液流转向能力；驱油机理；微流控技术；颗粒相分离

作为我国最大的海上原油生产基地，渤海油田稳产 3000×10^4t 对中国海油、乃至国家石油安全具有重大意义。然而渤海油田储层非均质性较为严重，水驱后不论层间、层内，还是微观，都存在常规水驱技术手段难以高效动用大量剩余油[1-6]。自适应微胶由微胶颗粒和携带液(水)组成，是一种非均相驱油体系，具有变形能力较强和颗粒粒径分布范围较窄等特点，进入多孔介质内后具有“堵大不堵小”封堵特性和“捕集-变形-运移-再捕集-再变形-再运移……”运动特征，可对水窜优势通道封堵降低含水，进一步提高原油产量和采收率[7-9]。同时“渤海油田 3000×10^4t 持续稳产关键技术研究”中将自适应微胶驱 EOR 技术作为改善油田开发效果的重要技术举措。因此，本文以油藏工程、物理化学和生物流体力学等为理论指导，以仪器检测、化学分析和物理模拟为技术手段，开展自适应微胶物理化学性能、油藏适应性、传输运移能力、驱油效果及其微观作用机理研究，以及总结近年来自适应微胶驱 EOR 技术的矿场应用情况。研究成果对提高海上油田自适应微胶驱矿场试验应用效果具有重要意义。

1　自适应微胶性能研究

1.1　实验条件

1.1.1　实验材料

自适应微胶包括两种粒径级别，分别为样品 1(微米级)和样品 2(亚毫米级)，有效含量为 100%。染色剂为天津市大茂化学试剂厂生产的荧光素钠。实验用油水均来自 X 油田，60℃下黏度为 45MPa·s，水质分析见表 1。

表 1　水质分析

离子组成	阳离子			阴离子				总矿化度
	$Na^{+}+K^{+}$	Ca^{2+}	Mg^{2+}	HCO_3^{-}	Cl^{-}	SO_4^{2-}	CO_3^{2-}	
含量/(mg/L)	3091.96	276.17	158.68	311.48	780.12	85.29	5436.34	9374.13

实验所用岩心包括 2 种：

(1) 石英砂环氧树脂胶结人造岩心[10-13]

① 自适应微胶油藏适应性评价使用柱状岩心(见图 1(a))，气测渗透率为 K_g 为 $(190\sim1200)\times10^{-3}$ μm²。② 自适应微胶传输运移能力实验使用石英砂环氧树脂胶结人造岩心，它是由外观尺寸“长×宽×高＝30cm×30cm×4.5cm”和外观尺寸“长×宽×高＝60cm×60cm×4.5cm”的岩心经割缝和环氧树脂浇铸而成的，岩心长度为 2.1m，实验岩心及测压点分布见图 1(b)，测压点分别位于岩心注入口、距入口 0.6m、1.2m、1.8m 处。③ 自适应微胶深部液流转向能力实验使用 2 块均质岩心并联而成，单块岩心外观几何尺寸为 30cm×4.5cm×4.5cm(见图 1(c))，$K_g=1000\times10^{-3}$ μm² 和 3000×10^{-3} μm²。

(2) 人造微流控仿真模型

使用相同粒径的石英砂制作填砂微观模型，如图2所示。

1.1.2 实验设备

采用激光粒度仪(Microtrac S-3500)测试微胶颗粒粒径。岩心驱替实验设备主要包括平流泵、压力传感器、手摇泵和中间容器等。除平流泵和手摇泵外，其他部分置于60℃恒温箱内，实验设备及流程见图3。

图1 实验岩心

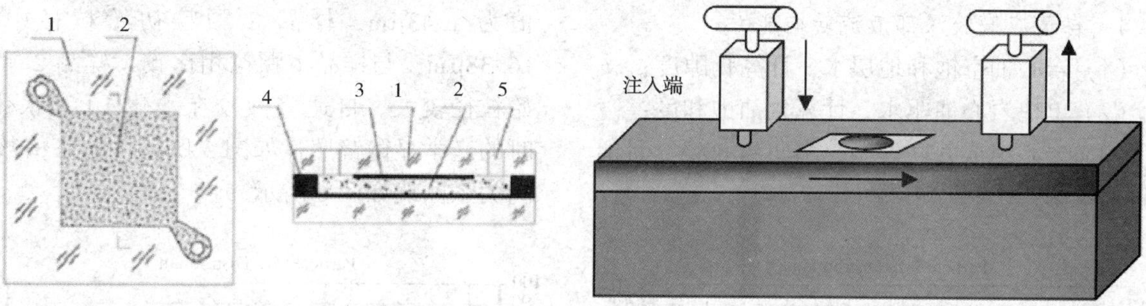

图2 微观模型

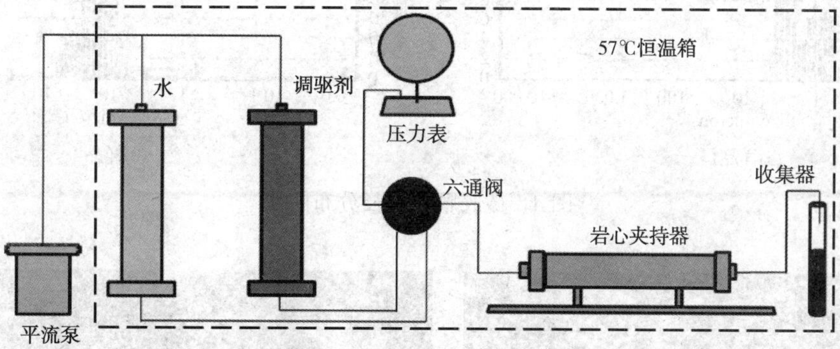

图3 物理模拟实验流程示意图

1.2 实验方案

1.2.1 自适应微胶物理化学性能

(1) 在配制微胶溶液前，摇动和搅拌微胶样品，使之分散均匀，样品中各处浓度相近；

(2) 称取设计用量微胶样品，与溶剂水混合，混合均匀后用Waring搅拌器匀速搅拌10min，获得设计浓度微胶溶液；

(3) 将微胶放置于样品瓶中并储存于60℃保温箱内吸水膨胀，间隔一段时间取出样品，采用激光粒度仪(Microtrac S-3500)测试微胶颗粒粒径，根据统计学原理绘制微胶膨胀前后粒径分布曲线。

1.2.2 自适应微胶油藏适应性

实验步骤：

① 岩心抽空饱和地层水，注模拟注入水，记录压差δP_1；

② 注自适应微胶5PV，记录压差δP_2；

③ 注后续水，记录压差δP_3；

上述实验过程注入速度为 0.3mL/min，压力记录间隔为 30min。

微胶在多孔介质内滞留量大小可以用阻力系数和残余阻力系数（F_R 和 F_{RR}）来评价，其定义为：

$$F_R = \frac{\delta P_2}{\delta P_1},\ F_{RR} = \frac{\delta P_3}{\delta P_1} \tag{1}$$

1.2.3　自适应微胶传输运移能力

（1）岩心抽空饱和地层水，计算孔隙度；

（2）水驱到压力稳定，记录各个测压点压力；

（3）注入设计段塞尺寸驱油剂，记录各个测压点压力；

（4）后续水驱至各个测压点压力稳定。

上述实验注入速度为 0.5mL/min。

1.2.4　自适应微胶深部液流转向能力

（1）岩心抽空饱和地层水，计算孔隙度；

（2）单块岩心油驱水，计算含油饱和度；

（3）岩心组成并联模型，水驱到 80%，计算水驱采收率；

（4）注入样品 2（浓度为 3000mg/L），后续水驱至各个测压点压力稳定，计算最终采收率。

上述实验注入速度为 0.5mL/min。

1.2.5　自适应微胶微观驱油机理

（1）首先将微流控芯片模型抽空、饱和水；

（2）微流控仿真模型饱和模拟油；

（3）水驱至含水 80%，记录驱替过程图像；

（4）注入一定 PV 微胶溶液，注入速度为 0.001 μL/s，记录驱替过程图像。

1.3　实验结果及讨论

1.3.1　自适应微胶物理化学性能

利用激光粒度仪（Microtrac S-3500）测试微胶颗粒粒径，可得两种粒径级别微胶颗粒样品 1 和样品 2 的初始粒径分布曲线，如图 4 所示。

从图 4 中可以看出，样品 1 颗粒初始粒径中值为 1.43μm，样品 2 颗粒初始粒径中值为 16.38μm，与样品 1 颗粒相比较，样品 2 颗粒初始粒径较大。自适应微胶在水化 1d 和水化 10d 时的光学显微镜照片如图 5 所示，膨胀倍数和时间关系曲线如图 6 所示。

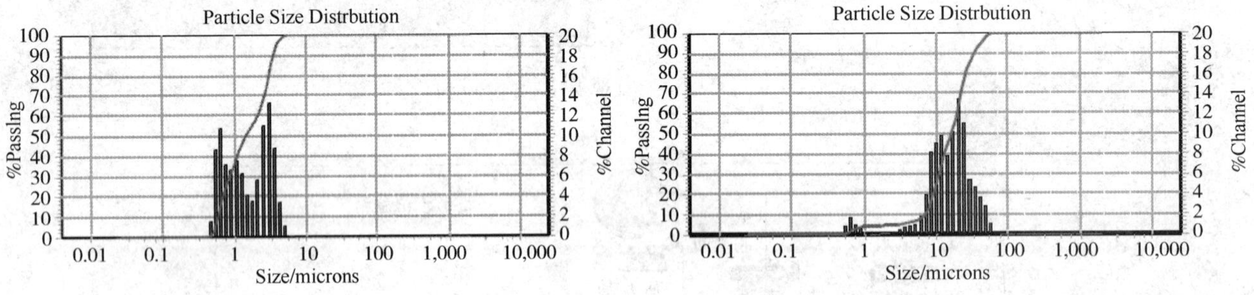

(a)样品1　　(b)样品2

图 4　微胶颗粒粒径分布曲线

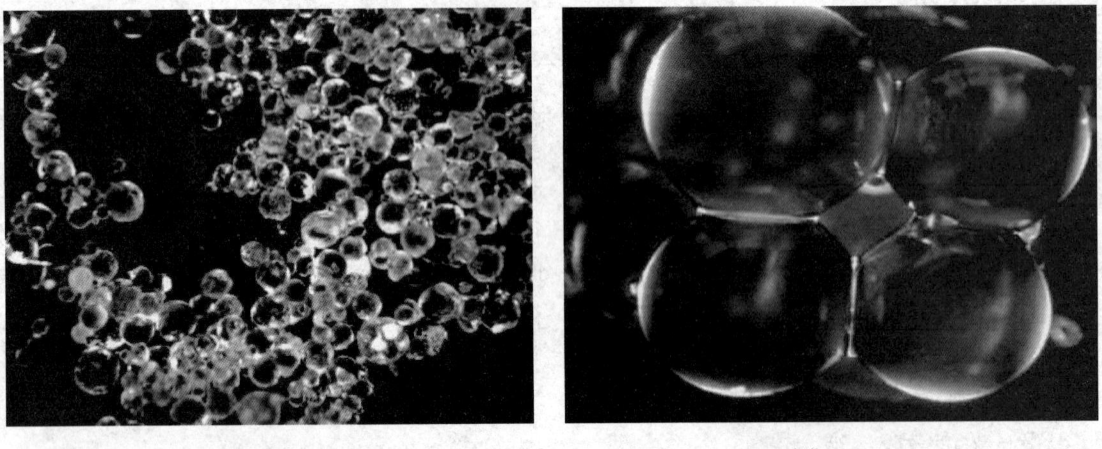

(a)水化1d　　(b)水化10d

图 5　自适应微胶形态和时间关系图

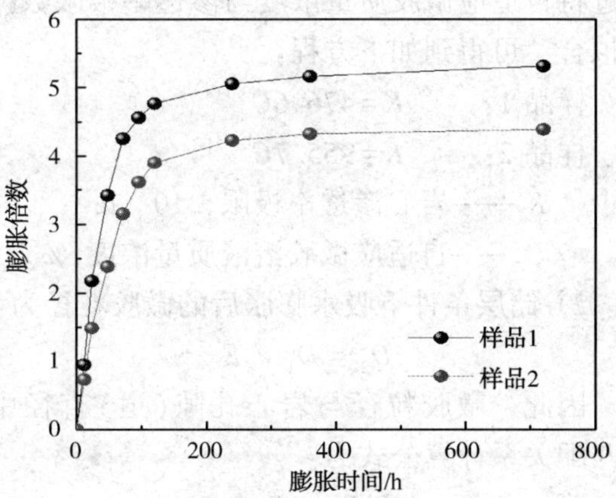

图 6 自适应微胶膨胀倍数和膨胀时间关系

从图 5 中可以看出，自适应微胶外观呈球形，圆球度较好。自适应微胶是由单体在过氧化物引发剂的引发下所形成的具有一定链长的单体自由基，自由基再与交联剂发生交联反应，使聚合物链不断地交联缠绕在一起，最终形成分子内交联的具有三维空间网络结构的球形弹性聚合物胶体[14]。这种特殊网络结构使微胶不溶于水，但具有良好吸水膨胀性能。从图 6 可以看出，水化 720h 后样品 1 最终膨胀倍数为 5.31，样品 2 为 4.38。自适应微胶与水接触初期膨胀速度较快，之后膨胀速度减缓，最终趋于平衡。与样品 2 相比较，样品 1 初始粒径较小，但膨胀倍数的增长速率较快，而且最终膨胀倍数较大。

1.3.2 自适应微胶油藏适应性

(1) 阻力系数(F_R)和残余阻力系数(F_{RR})实验结果

自适应微胶阻力系数(F_R)和残余阻力系数(F_{RR})实验数据见表 2。

表 2 阻力系数和残余阻力系数

参数 序号	微胶类型	质量浓度/%	渗透率 K_g/($\times10^{-3}\mu m^2$)	阻力系数 F_R	残余阻力系数 F_{RR}
1	样品 1	0.1	190	堵塞	堵塞
			800	12.5	13.0
			1200	7.8	8.2
		0.2	205	堵塞	堵塞
			800	15.9	17.7
			1200	10.3	11.2
		0.3	220	堵塞	堵塞
			800	20.8	22.7
			1200	12.1	13.7
2	样品 2	0.1	650	堵塞	堵塞
			800	47.3	50.0
			1200	19.3	21.2
		0.2	670	堵塞	堵塞
			800	56.4	61.5
			1200	25.5	27.6
		0.3	690	堵塞	堵塞
			800	69.1	71.8
			1200	31.7	34.3

从表 2 可以看出，自适应微胶类型、溶液浓度和岩心渗透率对阻力系数和残余阻力系数存在影响。在自适应微胶类型和溶液浓度相同条件下，随岩心渗透率增加，阻力系数和残余阻力系数减小。由此可见，随岩心渗透率增加，孔喉尺寸增大，微胶与岩心孔喉间配伍性变好，滞留量减小，渗流阻力降低，液流转向效果变差。在岩心渗透率相同条件下，随溶液浓度增加，阻力系数和残余阻力系数增大。当质量分数为 0.1%时，自适应微胶样品 1 和样品 2 的渗透率极限值为 $K_g=210\times10^{-3}\mu m^2$ 和 $670\times10^{-3}\mu m^2$；当质量分数为 0.2%时，自适应微胶样品 1 和样品 2 的渗透率极限值为 $K_g=225\times10^{-3}\mu m^2$ 和 $690\times10^{-3}\mu m^2$；当质量分数为 0.3%时，自适应微胶样品 1 和样品 2 的渗透率极限值为 $K_g=240\times10^{-3}\mu m^2$ 和 $710\times10^{-3}\mu m^2$。

综上所述，当油藏岩石渗透率较低时，为避免微胶颗粒堵塞岩石，应选择浓度较小自适应微胶溶液。随着岩心渗透率增大，自适应微胶溶液浓度可以相应增加。

（2）微胶粒径与岩心孔喉匹配关系

1）在不同浓度下自适应微胶样品 1 和样品 2 渗透率极限示意图见图 7。

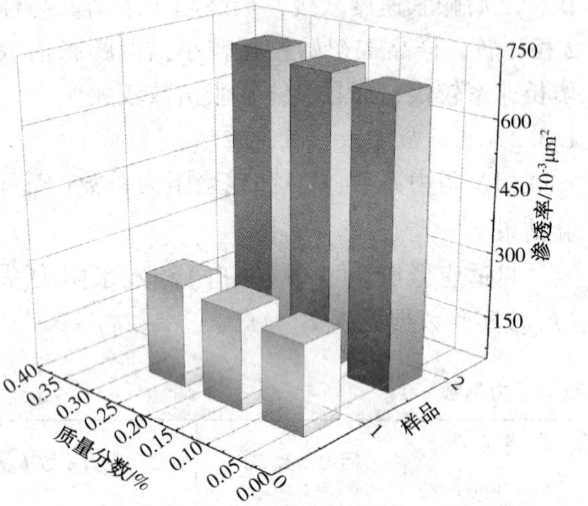

图 7　渗透率极限示意图

通过将自适应微胶质量浓度与渗透率极限数据进行拟合，可得到如下方程：

样品 1：　$K = 476.6C^{0.119}$　(2)

样品 2：　$K = 955.7C^{0.051}$　(3)

式中　K——岩心渗透率极限，$10^{-3}\mu m^2$；

C——自适应微胶溶液质量浓度，%。

2）储层条件下吸水膨胀后的微胶粒径为：

$$D_2 = D_1 \times E \tag{4}$$

因此，微胶粒径与岩心孔隙（道）直径中值的匹配关系计算公式为：

$$Q = \frac{D_2}{D_c} = \frac{D_1 \times E}{D_c} \tag{5}$$

式中　Q——微胶粒径与孔隙直径的比值，无因次；

D_c——岩心孔隙（道）直径中值，nm。

3）岩心渗透率与平均喉道半径拟合的相关方程为：

$$K = 8.833R^2 + 45.43R - 142.6 \tag{6}$$

由图 7、公式(5)和公式(6)可得，微胶粒径与岩心孔隙（道）直径中值的匹配关系，见表 3 和图 8。

表 3　微胶粒径与岩心孔隙（道）直径中值关系

参数 / 样品	质量分数					
	0.1%		0.2%		0.3%	
	孔隙半径中值/nm	微胶粒径/孔隙直径中值	孔隙半径中值/nm	微胶粒径/孔隙直径中值	孔隙半径中值/nm	微胶粒径/孔隙直径中值
1	4250	0.84	4374	0.81	4495	0.79
2	7359	1.78	7472	1.76	7585	1.73

注：溶液配制后马上注入岩心，微胶膨胀倍数 E 的值近似为 1。

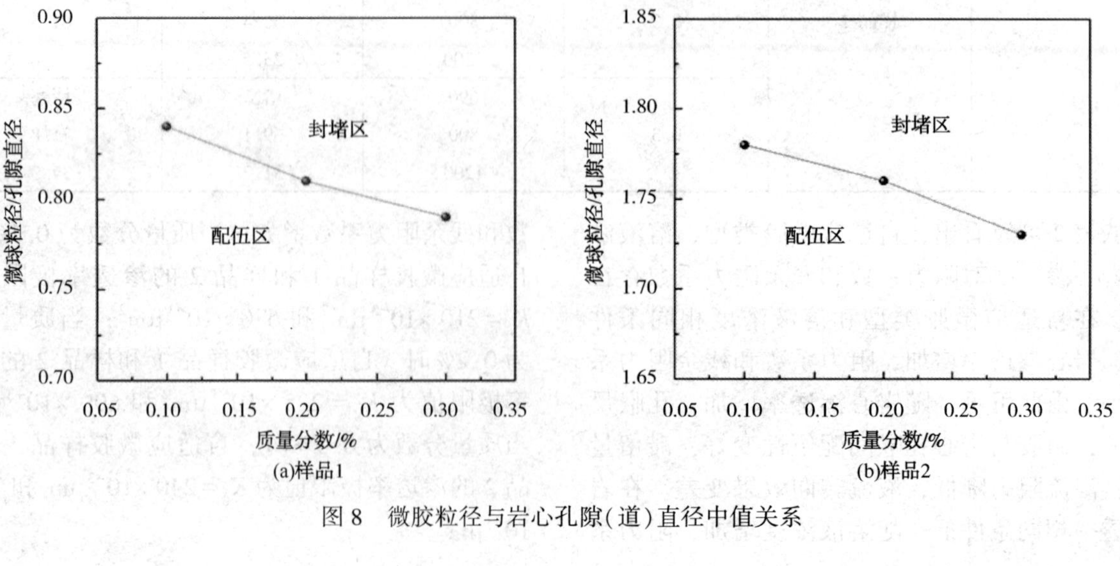

图 8　微胶粒径与岩心孔隙（道）直径中值关系

从表3和图8可以看出，当自适应微胶质量浓度为0.1%~0.3%之间时，样品1和样品2的“微胶粒径/孔隙直径中值”范围分别在0.79~0.84和1.73~1.78之间可适用于油藏，拟合曲线下部区域为“配伍区”，上部为“封堵区”。

1.3.4 自适应微胶传输运移能力

（1）水冲刷对岩心渗流特性的影响

水冲刷岩心过程中注入压力与PV数关系见图9。

从图9可以看出，随注入PV数增加，各个测压点压力先升高后降低最后趋于稳定。由此可见，注入水溶蚀了盐颗粒，导致渗透率增加，渗流阻力减小，注入压力降低。

（2）压力梯度

实验过程中岩心各个区间压力梯度测试结果见表4。

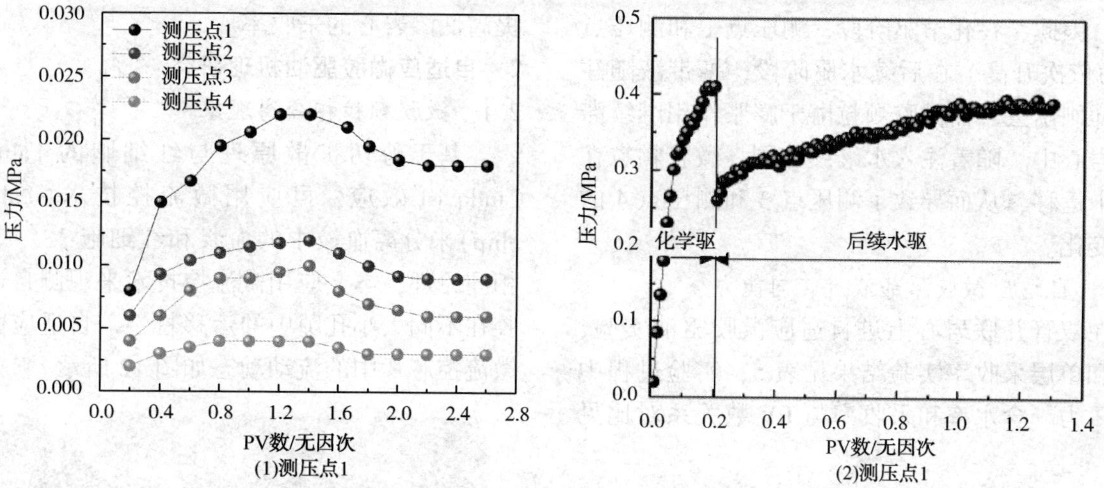

图9 水驱过程中压力与PV数关系

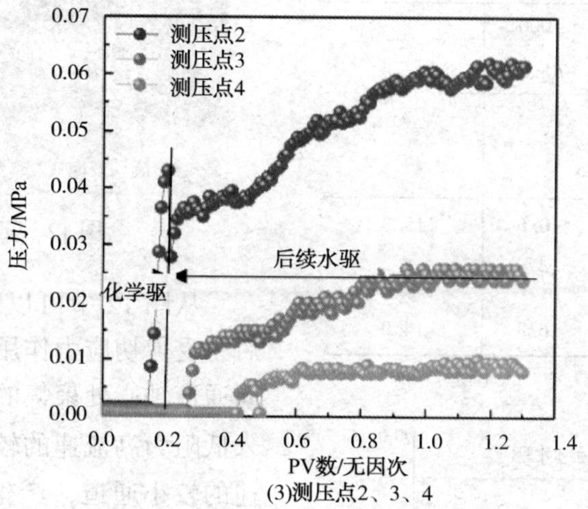

图10 化学驱过程中压力与PV数关系

表4 压力梯度测试结果(MPa/m)

微胶类型	微胶驱结束				后续水驱结束			
	入口-2	2-3	3-4	4-出口	入口-2	2-3	3-4	4-出口
样品1	0.5797	0.0828	0.0138	0.0138	0.5155	0.0753	0.0398	0.0388

从表4可以看出，在自适应微胶注入结束时，岩心各区间压力梯度大小顺序：“入口-点2”>“点2-点3”>“点3-点4”=“点4-出口”；在后续水驱结束时，岩心各区间压力梯度大小顺序为：“入口-点2”>“点2-点3”>“点3-点4”>“点4-出口”。对于区间“4-出口”，在后续水驱结束时岩心压力梯度大于转向剂注入结束时的值，表明微胶颗粒在岩心孔隙中具有较好运移和滞留能力。

(3) 动态特征

实验过程中注入压力与 PV 数关系见图 10。从图中可以看出，在转向剂注入阶段，随注入量增加，测压点 1 和测压点 2 注入压力依次升高，测压点 3 和测压点 4 注入压力变化不大。在后续水驱阶段，测压点 1 和测压点 2 注入压力下降后缓慢上升最后趋于平稳，测压点 3 和测压点 4 注入压力则延迟一段时间才上升达到稳定。由此可见，在流动条件下，微胶颗粒可以在多孔介质中膨胀。因此，在化学驱阶段，测压点 1 和测压点 2 压力依次升高，在后续水驱阶段，携带液随注入水冲刷出去，而微胶颗粒由于膨胀作用继续滞留在岩心中。随着注入水继续冲刷，微胶颗粒在岩心中运移，从而导致了测压点 3 和测压点 4 的压力变化。

1.3.5　自适应微胶深部液流转向能力

在双管并联岩心上进自适应微胶驱油实验，整体和单层采收率实验结果见表 5，实验过程中注入压力、含水率和采收率与 PV 数关系对比见图 11。

表 5　并联双管岩心物理实验参数和结果

岩心	高渗	低渗	综合
气测渗透率/$\times10^{-3}\mu m^2$	3000	1000	—
原始含油饱和度/%	70.84	70.30	
样品 2/mg/l	3000		
注入段塞/*PV*	0.3		
水驱采收率/%	23.1	10.6	15.8
最终采收率/%	36.6	27.4	31.2
提高采收率/%	13.5	16.8	14.0

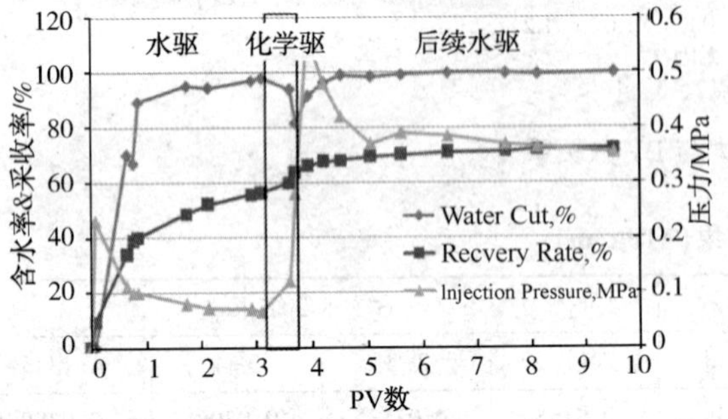

图 11　注入压力、含水率、采收率与 PV 数关系

从表 5 和图 11 中可以看出，在转注自适应微胶后注入压力缓慢上升，并在后继注水阶段初期达到最高点，回落一部分后稳定于一个较高的水平，对应这一过程，总的含水有明显的下降和回升的过程，采收率提高。在水驱达到含水 80% 时，高低渗岩心的采收率分别是 23.1% 和 10.6%，总采收率 15.8%；在自适应微胶驱后，高低渗岩心的采收率分别是 36.6% 和 27.4%，总采收率 31.2%；高低渗岩心分别提高采收率 13.5% 和 16.8%，实验模型总提高采收率 14.0%。由此可见，自适应微胶可以适度封堵高渗岩心，改善低渗岩心的驱油效果，一定幅度上提高低渗岩心的采收率。

2　自适应微胶驱油机理研究

2.1　微胶颗粒相分离现象

基于剪切扩散原理与红细胞的 Fahraeus－Lindqvist 效应，可应用微流控技术（Lab on a chip）来分离血液中的血浆和红细胞[15-17]。根据相同原理，本文应用微流控技术来观测自适应微胶在不同大小孔隙中的运移特性。自适应微胶在微流控芯片中的流动动态如图 12 所示。

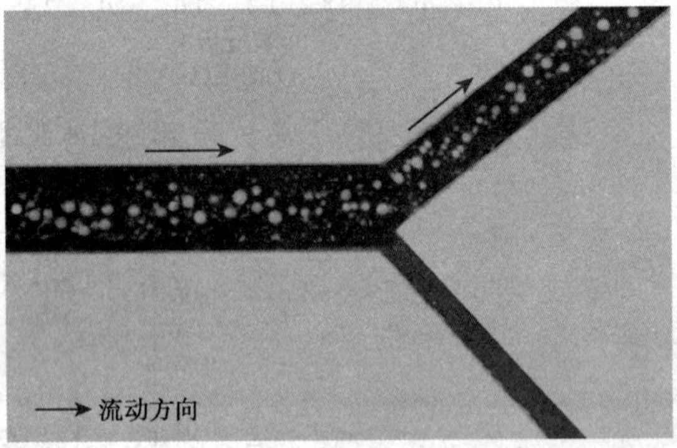

图 12　微胶颗粒相分离现象

从图 12 中可以看出，当微胶颗粒吸水膨胀后易受剪切应力作用发生弹性变形，具有明显的向通道轴心处聚集的趋势，在流体携带下优先进入低阻力高流速的较大通道，携带液则进入低流速的较小通道，产生颗粒相分离现象[18-20]。自适应微胶注入过程中的颗粒相分离现象，使颗粒在大孔隙中聚集形成桥堵，携带液进入小孔隙中驱油，具有“堵大不堵小”的封堵特性。

2.2　微胶浓度分布数学模型

为从定量角度分析自适应微胶“堵大不堵小”的封堵特性，引入生物流体力学中红细胞树状叉浓度分布表达式，并对其进行修正，建立微胶在不同孔隙中浓度分布数学模型。

假设有 N 个出口，每个出口中的流体分流量为：

$$x_i = \frac{q_i}{\sum_{i=1}^{N} q_i} \tag{7}$$

式中　q_i——第 i 个出口的流量，ml/s 。

基于质量守恒定律可得：

$$\sum_{i=1}^{N} x_i = 1 \tag{8}$$

$$\sum_{i=1}^{N} x_i y_i = 1 \tag{9}$$

式中　y_i——第 i 个出口颗粒浓度分量，无因次。

生物流体力学中许多经验公式描述了血液流动过程中红细胞与血浆的颗粒相分离现象，计算了红细胞在不同通道中的浓度分布。本文引入并修正红细胞树状叉浓度分布表达式[16-19]，则每个出口中的微胶颗粒相浓度为：

$$y_i(x_i) = \alpha + \frac{1-\alpha}{Nx_i} \tag{10}$$

式中　a——与颗粒粒径及剪切模量有关的参数，无因次。

将 $y_i = 0$ 时的 x_i 定义为临界分流量 x_i^*。由(10)式可知，当 $x_i \leqslant x_i^*$ 时，$y_i = 0$；当 $x_i > 1 - x_i^*$ 时，不满足(9)式，因此需要修正。进一步可得微胶颗粒相浓度分布表达式为：

$$\begin{cases} y_i(x_i) = 0 & x_i \leqslant x_i^* \\ y_i(x_i) = \alpha + \dfrac{1-\alpha}{Nx_i} & 1 - x_i^* \geqslant x_i > x_i^* \\ y_i(x_i) = \dfrac{1}{x_i} & x_i > 1 - x_i^* \end{cases} \tag{11}$$

由(11)式计算得到 $N=2$ 和 $N=3$ 时微胶颗粒相浓度与流体分流量关系，如图 13 所示。可以看出，不同孔隙中微胶颗粒相浓度受参数 α 影响较大。颗粒粒径越大，参数 α 越大，则微胶受到流体剪切力作用越大，颗粒相分离程度越大。以 $N=2$ 为例(见图 13(a))，临界分流量 x_i^* 随着 α 的增加而增大(即曲线与横轴的交点逐渐右移)；当 $x_i \leqslant x_i^*$ 时，$y_i = 0$，即没有颗粒进入孔隙内；当 $x_i < 0.5$ 时，进入孔隙内颗粒相浓度小于平均浓度；当 $x_i = 0.5$ 时，进入孔隙内颗粒相浓度等于平均浓度；当 $x_i > 0.5$ 时，进入孔隙内颗粒相浓度大于平均浓度。

2.3　微观驱油实验

自适应微胶微观驱油实验结果见图 14。

在微观模型上水驱后进行自适应微胶驱油实验，驱替过程的动态图像见组图 14。从图 14 看出，微胶溶液驱油后，波及范围明显增加，剩余油分布范围比水驱减小。从微胶粒径数据和实时动态监测录像可知，微胶易于进入储层深部，在微观上通过对孔喉堵塞—突破—再堵塞—再突破的过程，在增加大孔隙喉道的阻力同时，注入水进入小孔隙喉道，直接作用于其中的剩余油，实现高效的波及控制，提高注入水利用效率。宏观上体现为原有的水驱优势高渗条带沿程阻力增加，储层深部水驱方向改变。分散体系中的微胶颗粒优先进入高渗层区、大孔喉，产生堵塞作用，同时分散体系中水进入低渗层区、小孔喉，直接作用于其中的剩余油。因此，自适应微胶驱油基本原理为：微胶胶团和水分工合作，对高、低渗层(区)或大、小孔隙区别对待。

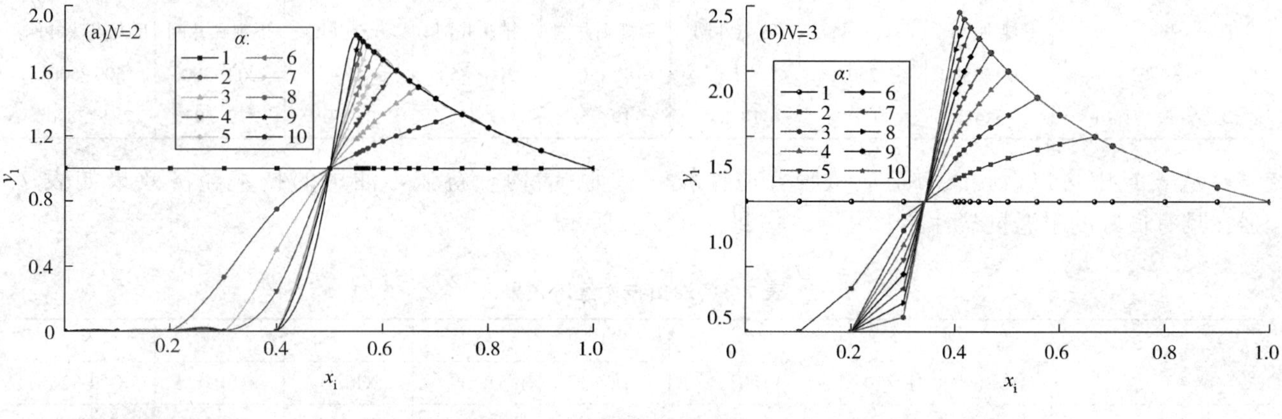

图 13　颗粒相浓度与流体分流量关系

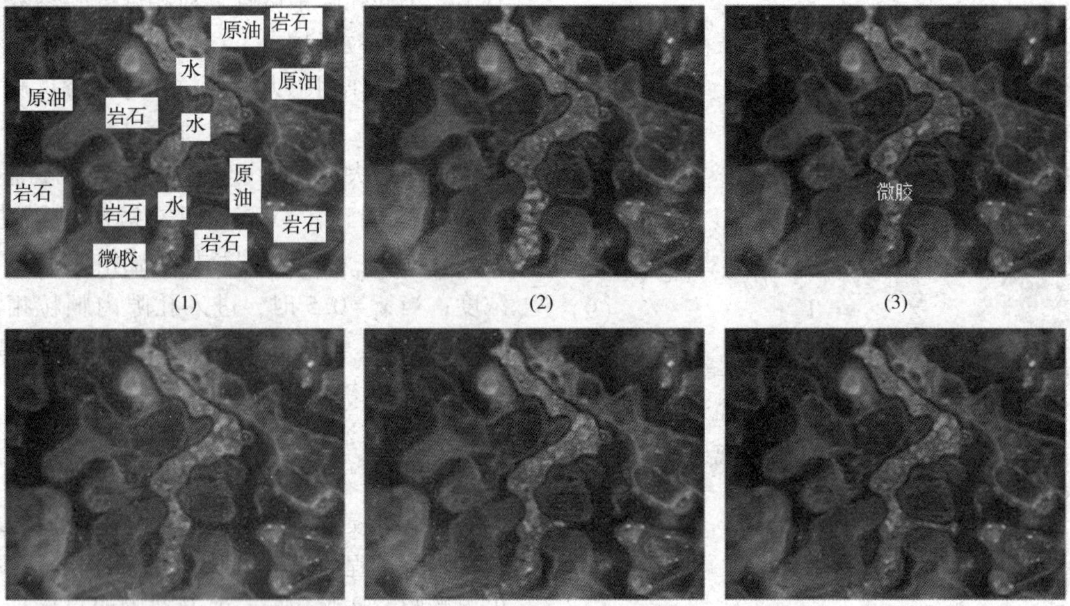

(1) (2) (3)
(4) (5) (6)

图 14 自适应微胶驱油实验过程

3 矿场应用情况

自 2007 年始至今，自适应微胶驱 EOR 技术已经在华北、新疆、辽河、青海、渤海、大港等油田不同温度（28～130℃）、不同储层油黏度（4～165MPa·s）、不同地层水矿化度（2000～200000mg/L）、不同含水（80%～98%）和不同采出程度（15%～48%）的多个油藏进行了矿场试验或应用[25-30]，各油田地质油藏条件如表 6 所示。

表 6 各油田地质油藏条件

参数	1	2	3	4	5	6	7	8
	DGBB	Z70	LHSC	DGXJ	QHGS	XJ6ZD	HBDY	QHD32
岩石类型	砂岩	砂岩	砂岩	砂岩	砂岩	砾岩	砂岩	砂岩
渗透率/mD	225	341	396	49	51	649	176	3000
孔隙度/%	17	22.3	20.9	17.6	14.3	18.8	20	35
温度/℃	105	93.4	70	113	126	24	90	65
矿化度/(mg/L)	8139	8159	4000	36235	180000	4212	8590	4500
原油黏度/(MPa·s)	1.36	156	5.84	3.64	1.76	80	6.3	120
采出程度/%	64.4	15	28	43	43.3	25.5	37.13	9.55
含水率/%	97.5	86	95	97	85	81.4	84.6	81.8
井网	不规则井网	不规则井网	五点井网	不规则井网	排状井网	五点井网	不规则井网	反九点法井网
井距	200-350	250	150	180-200	300-350	125	200-300	500-600
注入井/生产井	3/4	9/18	10/21	19/25	7/17	33/49	12/29	8/38

从表 6 中可以看出，自适应微胶普适性较强，具有良好的耐温抗盐性能。大港、华北、辽河、青海、新疆等油田的技术经济效果如表 7 所示。

表 7 各油田技术经济效果

参数	1	2	3	4	5	6	7	8
	DGBB	HBZ70	LHSH	DGXJ	QHGS	XJ6ZD	HBDY	QHD326
时间/yymm	200710-200802	201001-	201012-201401/201508-	201108-201508	201206-201312	201303-201501	201407-201602	201206-201509

续表

参数		1	2	3	4	5	6	7	8
		DGBB	HBZ70	LHSH	DGXJ	QHGS	XJ6ZD	HBDY	QHD326
PV 数		0.01	0.1	0.3	0.08	0.1	0.12	0.06	0.004
最大增产幅度/%		107	87.7	116.7	51.99	89.1	84.3	40	66.7
最大降水幅度/%		13.3	11.0	5.2	2.5	16	46.2	1.5	29.1
累增油/t		5756	90587	43525	75930	15000	86500	35154.4	94774
累降水/bbl		/	511.0	5000.5	445.6	438.0	1967.5	33.4	1198.0
EOR/%		/	5.02	4.9	3.59	2.1	4.58	2.6	/
水驱桶油操作成本/(USD/bbl)		54.0	21.1	52.1	41.1	24.9	21.8	21.1	25.3
总投入/K USD		303.0	2868.2	6886.5	15940.9	3000.1	10985.0	3245.5	2310.6
EOR 桶油操作成本/(USD/bbl)		7.16	4.31	21.53	28.56	27.21	17.28	12.6	3.32
总产出，K USD	30USD/bbl	1269.2	19974.4	9597.3	16742.6	3307.5	19073.3	6615.0	20897.7
	40USD/bbl	1692.3	26632.6	12796.4	22323.4	4410.0	25431.0	8820.0	27863.6
	50USD/bbl	2115.3	33290.7	15995.4	27904.3	5512.5	31788.8	11025.0	34829.4
投入产出比	30USD/bbl	1∶3.95	1∶6.62	1∶1.40	1∶1.00	1∶1.25	1∶1.67	1∶2.4	1∶8.56
	40USD/bbl	1∶5.26	1∶8.75	1∶1.87	1∶1.32	1∶1.67	1∶2.18	1∶3.2	1∶11.36
	50USD/bbl	1∶6.66	1∶11.07	1∶2.33	1∶1.67	1∶2.09	1∶2.76	1∶4.0	1∶14.37

从表 7 中可以看出，这 8 个油藏(试验区域)一方面储层条件复杂、一方面注入孔隙体积 PV 数偏小，采收率提高 2.1%~5.02%。有案例注入极少无法计算采收率增幅，但增油降水显著，已实现投入产出比最低 2.33，最高 14.37。因此，8 个油田均取得了良好的技术经济效果，该项技术也得以不断完善。

4　结论

(1) 自适应微胶由微胶颗粒和携带液组成，是一种非均相驱油体系。样品 1 颗粒初始粒径中值为 1.43μm，样品 2 颗粒初始粒径中值为 16.38μm。微胶与水接触初期膨胀速度较快，之后膨胀速度减缓，最终趋于平衡。

(2) 微胶样品 1 和样品 2(质量分数为 0.3%)通过岩心时的渗透率极限值分别为 $240\times10^{-3}\mu m^2$ 和 $710\times10^{-3}\mu m^2$。长岩心实验结果表明，微胶颗粒在岩心孔隙中具有较好运移和滞留能力。

(3) 岩心驱替实验表明，自适应微胶可以适度封堵高渗岩心，改善低渗岩心的驱油效果，一定幅度上提高低渗岩心的采收率。

(4) 在自适应微胶注入过程中，颗粒在大孔隙中聚集形成桥堵，携带液进入小孔隙中驱油，具有“堵大不堵小”的封堵特性。而且其普适性较强，具有良好的耐温抗盐性能，8 个油田均取得了良好的技术经济效果。

参 考 文 献

[1] 王德民，程杰成，吴军政，等．聚合物驱油技术在大庆油田的应用[J]．石油学报，2005，26(1)：74-78.

[2] 刘卫东，罗莉涛，廖广志，等．聚合物-表面活性剂二元驱提高采收率机理实验[J]．石油勘探与开发，2017，44(4)：600-607.

[3] JIA Hu，PU Wanfen，ZHAO Jinzhou，et al. Research on the gelation performance of low toxic PEI cross-linking PHPAM gel systems as water shutoff agents in low temperature reservoirs[J]. Industrial & Engineering Chemistry Research，2010，49(20)：9618-9624.

[4] 孙哲．聚合物微球油藏适应性评价方法及调驱机理研究[D]．大庆：东北石油大学，2017.

[5] WU Xingcai，XIONG Chunming. A novel particle-type polymer and IOR/EOR property evaluation[R]. SPE 177421，2015.

[6] 吴行才，韩大匡，卢祥国，等．微凝胶颗粒水分散液体系在多孔介质中的驱替机理[J]．地球科学，2017，42(8)：1348-1355.

[7] SUN Zhe，LU Xiangguo，XU Guorui，et al. Effects of core structure and clay mineral on gel-forming performance of chromium polymer[J]. Colloids and Surfaces A：

Physicochemical and Engineering Aspects, 2018, 540: 256-264.

[8] LU Xiangguo, SUN Zhe, ZHOU Yanxia, et al. Research on configuration of polymer molecular aggregate and its reservoir applicability[J]. Journal of Dispersion Science and Technology, 2016, 37(6): 908-917.

[9] SUN Zhe, LU Xiangguo, SUN Wei. The profile control and displacement mechanism of continuous and discontinuous phase flooding agent[J]. Journal of Dispersion Science and Technology, 2017, 38(10): 1403-1409.

[10] SUN Zhe, KANG Xiaodong, LU Xiangguo, et al. Effects of crude oil composition on the ASP flooding [J]. Colloids and Surfaces A: Physicochemical and Engineering Aspects, 2018, 555: 586-594.

[11] JIA Hu, CHEN Hao. The potential of using Cr^{3+}/salt-tolerant polymer gel for well workover in low-temperature reservoir: Laboratory investigation and pilot test [R]. SPE 189460-PA, 2018.

[12] 娄钰. 纳微米聚合物颗粒分散体系非均相渗流理论研究[D]. 北京: 北京科技大学, 2015.

[13] XIE Kun, LU Xiangguo, LI Qiang, et al. Analysis of reservoir applicability of hydrophobically associating polymer[J]. SPE Journal, 2016, 21(1): 1-9.

[14] LU Xiangguo, LIU Jinxiang, WANG Rongjian, et al. Study of action mechanisms and properties of Cr^{3+} cross-linked polymer solution with high salinity [J]. Petroleum Science, 2012, 9(1): 75-81.

[15] 刘进祥, 卢祥国, 刘敬发, 等. 交联聚合物溶液在岩心内成胶效果及机理[J]. 石油勘探与开发, 2013, 40(4): 507-513.

[16] XIE Kun, LU Xiangguo, PAN He, et al. Analysis of dynamic imbibition effect of surfactant in microcracks of reservoir at high temperature and low permeability [R]. SPE 189970-PA, 2018.

[17] WU Xingcai, WU Hongbiao, BU Zhongyu, et al. An innovative EOR method for waterflooding heterogeneous oilfield-graded diversion flooding technology and verification by field comparison tests[R]. SPE 187845-MS, 2017.

[18] WU Xingcai, CHEN Weiyu, XIONG Chunming, et al. Successful sweeping control technology test for offshore heavy oilfield: Case study of QHD32 reservoir in Bohai Bay[R]. OTC 27107-MS, 2016.

[19] WU Xingcai, XIONG Chunming, HAN Dakuang, et al. A new IOR method for mature waterflooding reservoirs: "Sweep control technology"[R]. SPE 171485-MS, 2014.

井下无线智能调产技术研究与现场试验

何明格 尹 强 付玉坤 李 奎 邓 悟

（中国石油西南油气田公司）

摘 要 井下智能工具是支撑智能油气田迈入更高智能化水平的关键基础设备。针对传统绳索作业调产方式(更换节流嘴)作业周期长、成本较高和风险较大等难题，基于远程无线控制井下智能节流方法及控制原理，攻关了基于CAD/CAE的无线控制井下节流器机械系统结构设计、基于气体压力波井口编码方法和工艺设计以及无线控制井下节流器控制算法设计等关键技术，提出了无线控制井下节流方法，配套研制了无线控制井下节流器，并完成了现场试验。结果表明，无线控制井下节流器整体性能稳定，气压波无线控制技术可靠，成功实现了气井井下无线智能调产，具有操作简便、成本和风险低的特点，满足了天然气井井下智能节流工艺技术需要。同时，提出的方法和思路对其他井下智能工具的研发具有一定参考。

关键词 无线控制井下节流器；井下智能调产技术；智慧化油气田

随着国内外天然气开发技术的发展，智慧油气田技术越来越受到重视。目前，国内在气井的地面集输管理数字化监控方面已取得长足进步，逐步建立了较为完备的数据集成体系[5-7]，但涉及地面以下的井筒自动化控制技术较少，尚未实现油气田全生命周期生产过程的自动化及智能化控制。井下智能工具及工艺技术作为智慧油气田领域中的技术关键，有待取得更大地突破，井下智能控制技术必是未来智能油田技术领域的研究热点和难点。相比国外，国内在井下智能工具的研发上起步较晚，加上国外诸多的技术封锁，开展井下智能工具系统自主研发显得越发重要和紧迫[8,9]。

针对传统绳索作业更换节流嘴的调产方式作业周期长、成本较高和风险较大等难题，本文通过集成机电一体化技术、机电一体化技术、气压波控制技术和井下节流技术，提出无线控制井下智能调产方法，配套研制无线控制井下节流器，完成室内测试及现场试验，以期促进国内井下智能工具发展，推动我国采气工艺技术水平的提升。

1 井下无线智能调产工艺方法与控制原理

天然气开采时，井下节流技术在水合物防治、地面流程简化、节约地面建设投资、多井集气、集中分离生产等方面具有突出优势[10,11]。传统井下调产技术主要采用固定式井下节流调产和活动式井下节流调产，当用户需求变化时，须采取绳索作业更换不同尺寸节流嘴，实现不同等级的节流功能，以致无法及时调整天然气井的产量，影响生产进度，增大作业风险。

1.1 井下无线智能调产工艺管串

井下无线智能调产技术旨在应用机械工程、计算机、自动化控制和无线通讯等技术手段，实现远程控制井下节流的智能化天然气生产控制技术，主要包括智能节流工艺方法和无线控制井下节流器工具，工艺管串结构如图1所示。

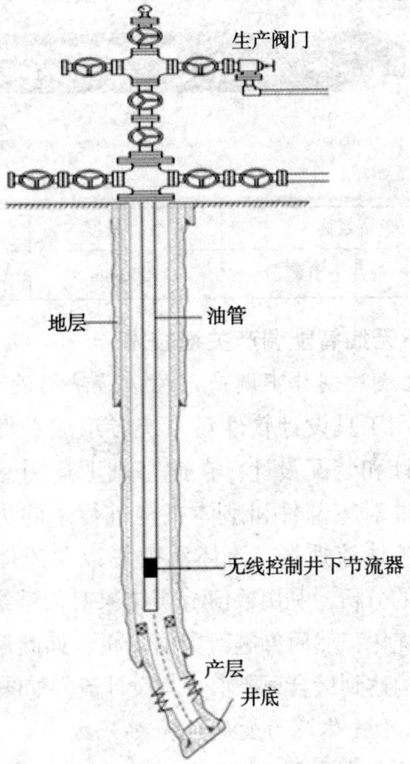

图1 井下无线智能调产工艺管串

井下无线智能调产设备主要由井口信号发射机构和井下调产执行机构组成，井口信号发射机构主要依托于现有井口采气设备和集输管道，井下调产执行机构由研制的无线控制井下节流器及相关电气软硬件组成，系统总体结构如图 2 所示。

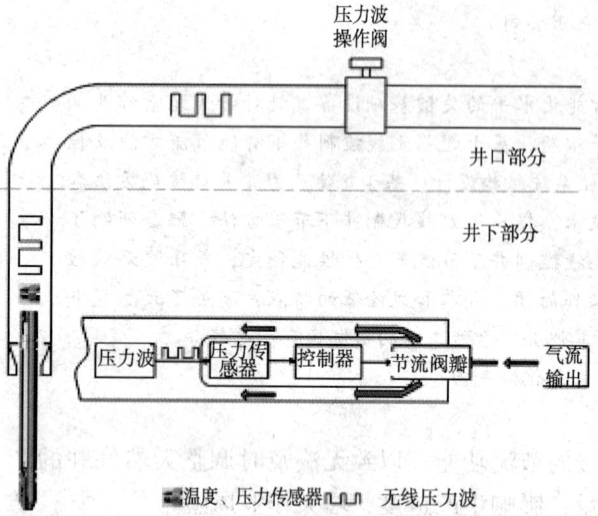

图 2 井下无线智能调产系统总体结构图

1.2 无线控制井下节流器

无线控制井下节流器主要由进气嘴、节流阀、阀体、转接套、电气密封筒、导气筒、封头和母套等部件组成，如图 3 所示。其中，电气密封筒内封装有温压传感器、电池、控制电路板和微型电机，以保证电子元件免受高压损坏；节流嘴采用孔板阀结构形式，由动瓣和静瓣组成，依靠动瓣的旋转来改变进气通道的面积，实现井下节流，节流器参数见表 1；封头端部安装有温压一体传感器，对节流后的压力和温度进行实时采集。

1.3 井下无线智能调产控制方法

井下无线智能调产作业时，首先通过控制地面井口生产阀门开度大小，在井口产生一种压力随时间规律变化的信号波，该信号波沿井筒内气体传输到井下节流器处，由内置的井下信号接收装置接收信号，再通过内置控制芯片进行信号编码同步校验及控制指令解码，形成地面控制指令，最终实现地面到井下节流器处的无线通讯。井下节流器成功提取出配产指令后，井下控制芯片利用集成的开度推算控制模块向电机输出节流器开度指令，电机按照开度指令运行相应的角度，驱动节流油嘴到达对应产量开度位置，最终成功执行配产指令。同时，节流器内置的温度压力传感器实时检测节流器前后的温度压力参数，井下控制芯片依据检测参数对实时产量进行信息融合处理，反馈并检验配产是否按照指令成功实施。该项工艺的控制架构及信号流如图 4 所示。

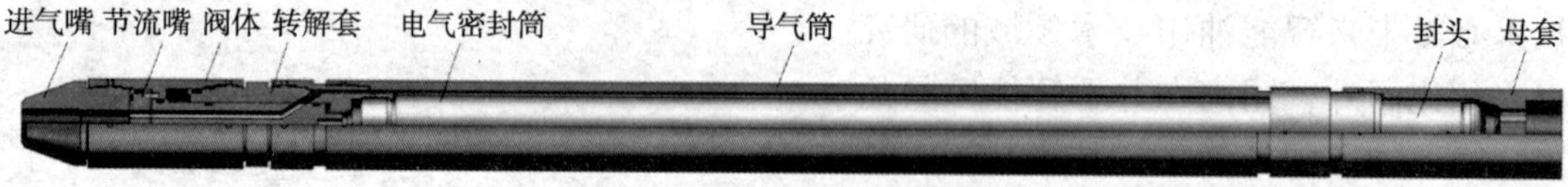

图 3 无线控制井下节流器

表 1 无线控制井下节流器基本参数

产品名称	最大长度	最大外径	压力等级	温度等级	适用管柱
无线控制井下节流器	1050mm	57mm	35MPa	90℃	$2^7/_8$" 油管

2 井下无线智能调产关键技术

2.1 无线控制井下调产系统机械结构设计

运用工具设计软件对系统各组成零件进行了结构设计和装配设计，在此基础上运用专业数值模拟软件对零部件和整体机构进行了静力学、动力学、流体流速场、流体温度场以及流体压力场等方面的分析，利用数值分析结果对关键结构进行修正和优化，然后再进行数值分析，如此反复直至整体结构达到最合理要求，其设计流程如图 5 所示。

2.2 基于气体压力波的调产编码方法

本系统地面向井下发送控制指令信号帧如表 2所示，帧头采用固定波形，用来唤醒井下节流器内置控制系统；随后 3 组数码用来设定井下节流嘴开度大小；为了提高信号可靠性，在每一帧数据的尾端设计增加了一个校验字节，对前面的数据进行校验，校验位为数据帧帧头外数据代数和的个位数。

表 2 指令信号帧

编码 1	编码 2	编码 3	编码 4	编码 5
帧头	数码 1	数码 2	数码 3	校验位
固定波形	0 到 3，角度数值的第一位	0 到 9，角度数值的第二位	0 到 9，角度数值的第三位	0 到 9，校验位

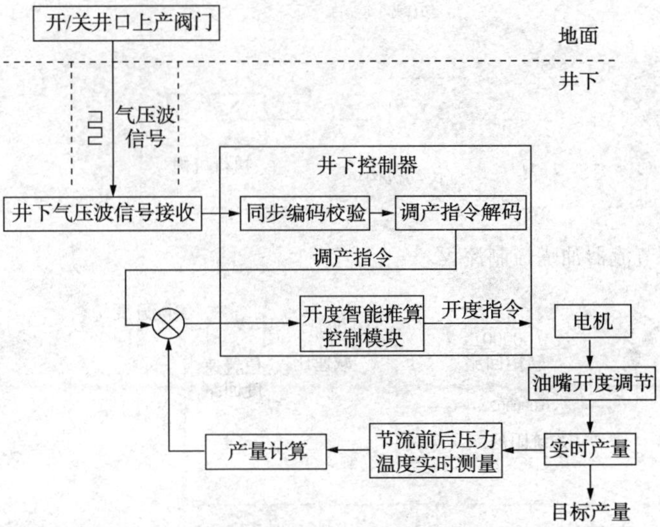

图 4　井下无线智能调产技术控制架构及信号流

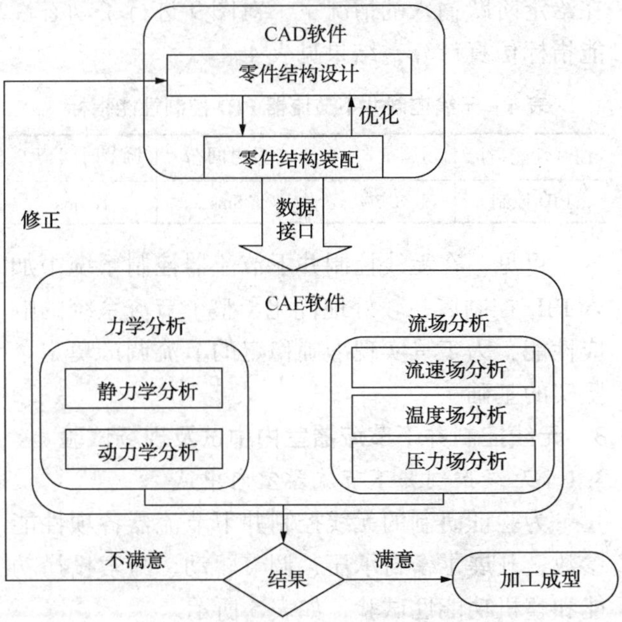

图 5　无线控制井下节流器设计流程

对应着指令信号帧，气井井口压力波波形按照 BCD 编码的形式对指令信号进行编码，通过手动形式对气井井口阀门进行控制，将井口阀门由开到关在管柱内形成的压力升高作为一次上升沿跳变，反之作为一次下降沿跳变，连续 8 个跳变组成一个编码波形，代表一个 4 位二进制，其中每个上升沿与下降沿跳变间全开的状态表示二进制 1，半开的状态表示二进制 0。示例，发送二进制数据 0000(数字 0)的波形如图 6 所示，表示二进制 0001(数字 1)的波形如图 7 所示，以此类推，直至二进制 1001(数字 9)。

本系统采用生产管柱内的天然气脉冲压力波向井下传输控制指令信号，无需其他向井下发送控制信号的装置和传输介质，可大大节约井下智能工具的通信成本[12,13]。同时，本通信方法对压力变化范围以及井口阀门操作时间无须严格定义[14,15]，因此适用于各种工况的气井，编码可靠性高，抗误操作能力强。

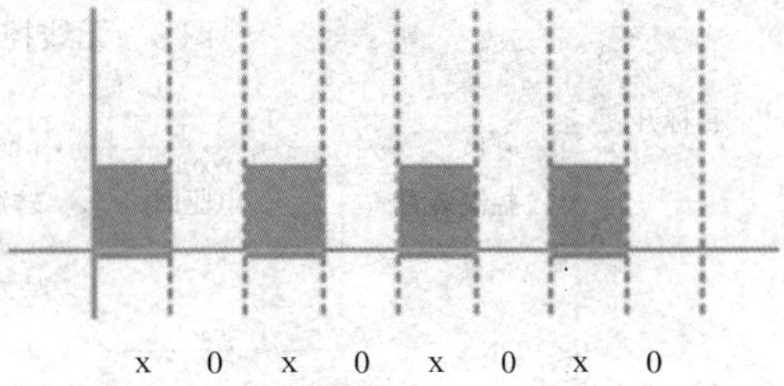

图 6　二进制数据 0000(数字 0)波形

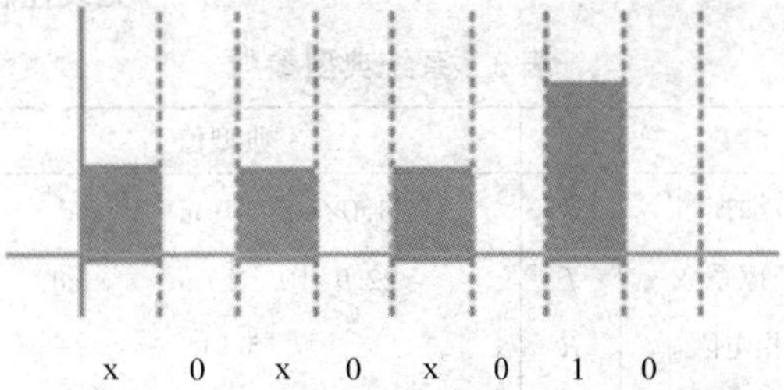

图 7　二进制数据 0001(数字 1)波形

2.3　无线控制井下节流器控制算法设计

为了实现井下节流的准确控制，采用基于 PID 控制方法来构建无线控制井下节流器油嘴的开度控制算法。根据无线控制井下微电机的工作原理，建立伺服电机驱动节流油嘴的控制流程如图 8 所示，相应的控制微分方程如公式(1)所示。

$$LJ\frac{d^2\omega(t)}{dt^2}+(Lf+RJ)\frac{d\omega(t)}{dt}+(Rf+K_mK_e)\omega(t)=$$
$$K_mU(t)-L\frac{dM_c(t)}{dt}-R[M_c(t)+M_o] \qquad (1)$$

其中

L–电机相电感；R–电机相电阻；J–电机和负载折合到电机轴上的转动惯量；f–电机和负载折合到电机轴上的黏性摩擦系数；K_m–电机转矩系数；K_e–电机反电势系数。

作为足够精确的近似，在采用电枢控制直流电机模型驱动节流油嘴时，由于油嘴机构与电机的连接近似完全刚性，不会出现轴向位移的情况。因此，项目设计时，设定电机编码器的传递函数 H(s)= 1，根据选定电机的参数(如表 3 所示)，融合电机微分方程建立无线控制井下节流的油嘴驱动系统的闭环控制模型，如图 9 所示。

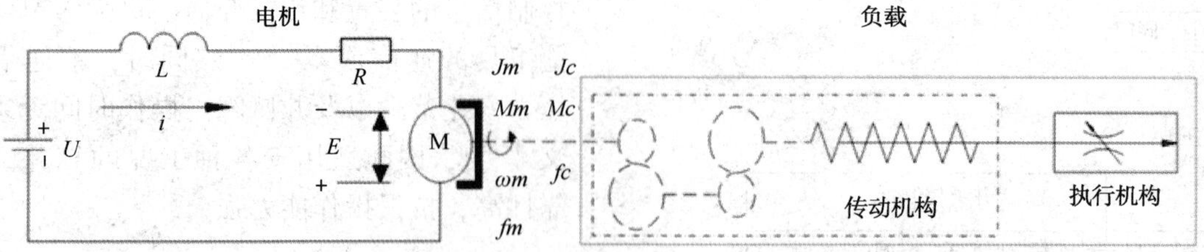

图 8 无线控制井下节流器油嘴控制流程

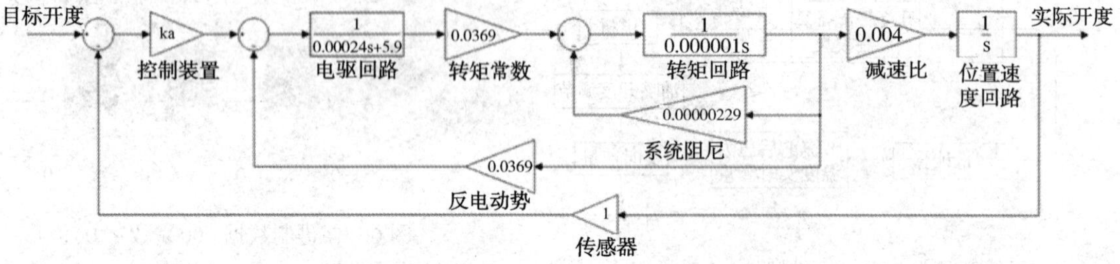

图 9 无线控制井下微电机系统的控制模型

表 3 系统典型参数

参数	符号	典型值
转动惯量	J	1.0×10^{-6} N·m·s^2/rad
摩擦系数	f	22.9×10^{-7} N·m·s^2/rad
相电阻	R	5.9Ω
电机转矩常数	K_m	36.9×10^{-3} N·m·s/A
相电感	L	240μH
反电势系数	K_c	36.9×10^{-3} V/rad

设计中采用积分分离式 PID 控制算法，可以让控制器中的积分项在系统响应进入稳态时投入运行，以提高稳态精度；在系统响应处于瞬态过程时，将积分项断开以改善系统动态响应质量。由于节流器为较大负载的惯性系统，延迟时间较长。因此，在常规 PID 控制中，引入积分环节，使系统稳定后没有误差且使控制精度有所改善。在给定阶跃输入的情况下，对图 9 进行了动态性能指标仿真计算，结果见表 4。

表 4 无线控制井下节流器 PID 控制性能指标

控制性能指标	超调量 δ_p /%	上升时间/ t_r	调节时间/ t_s
PID 控制	8.7%	78ms	189ms

可见，在无线控制井下节流器控制系统中加入 PID 控制后，较好地优化了整个节流系统的响应性能，为工具实现准确稳定的节流调产奠定了坚实的基础[16]。

3 无线控制井下节流器室内中试及现场试验

3.1 无线控制井下节流器室内中试

为验证研制的无线控制井下节流器各项性能参数，开展了密封承压、调节驱动、绳索投捞功能和整机功能性试验，如表 5 所示。

表 5 无线控制井下节流器室内试验项目

序号	试验项目	压力	温度	介质	目的
1	强度及密封性能试验	35MPa	90℃	清水	验证整体密封性能及结构强度
2	节流器可调功能测试	35MPa	90℃	清水	验证调节时的驱动能力
3	整机钢丝绳投捞试验	0MPa	常温	空气	验证坐放及打捞通过性
4	气压波控制功能试验	10MPa	常温	压缩空气	检验整体功能可靠性和稳定性

试验结果：

(1) 在 35MPa、90℃ 条件下，工具整体承压、密封可靠，动力驱动能力强，可实现油嘴开度尺寸多级调节，整机的密封性能、承压性能和可调性能满足要求。

(2) 在模拟井 460m 井深处完成了多次整机的钢丝投捞作业试验，工具的通过性良好，整机抗震击性能和可靠性满足要求。

(3) 在模拟井井下 460m 井深处完成了多次气压波远程控制功能试验，如图 10 所示，通过调节井口针阀产生压力波，实现了对井下节流器油嘴开度的准确控制。

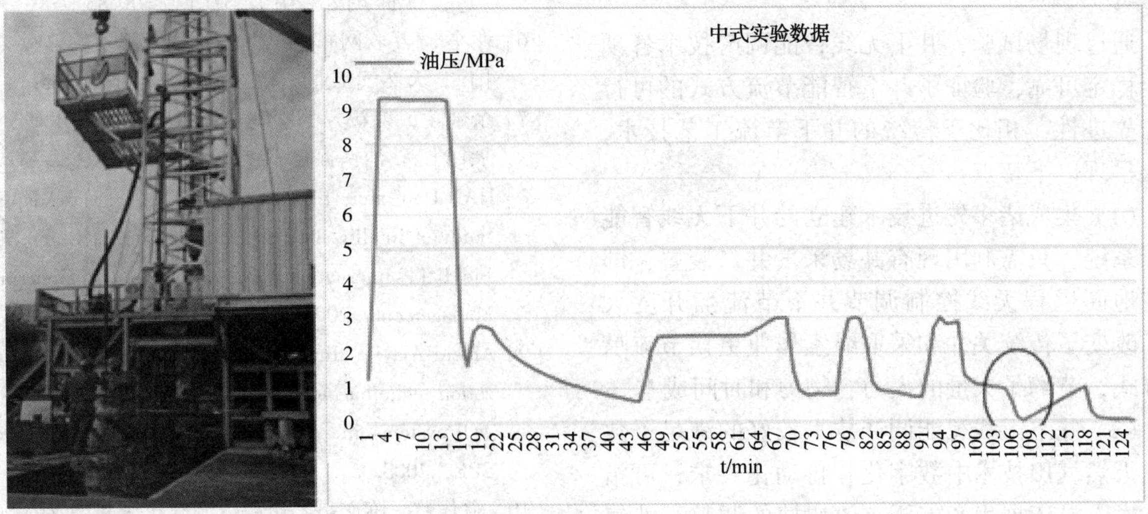

图 10　模拟井气压波远程控制功能试验

3.2　无线控制井下节流现场应用

2018 年 7 月，无线控制井下节流器在西南油气田公司蜀南气矿 A 井成功应用，该井的基本数据和生产参数要求如表 6 所示，工具坐封于井下 2298.6m 处工作筒内。

表 6　A 井配产工艺参数表(2018.7.25)

井口油压/MPa	1.2	套压/MPa	5.5
节流器油嘴/mm	0~10 (多级可调)	配产气量/ ($\times10^4m^3/d$)	1.4
产液量/(m^3/d)	1		

依据井场生产要求，需要将该井的产气量进行提高，操作井口针阀发送气压波数据(4 1 2 1 4)，成功调节井下节流器油嘴开度，实现了气井产量由原 $0.4\times10^4m^3/d$ 调节到 $1.4\times10^4m^3/d$ 进行生产，顺利完成了气压波无线控制井下节流调整气井产量的作业任务如图 11 所示。

无线控制井下节流器在井下稳定工作 4 个月，期间完成了 6 轮次气压波无线远程控制井下节流调产任务，均取得成功，如图 12 所示。无线控制井下节流器现场成功应用，验证了井下无线智能调产工艺方法和工具的可行性。

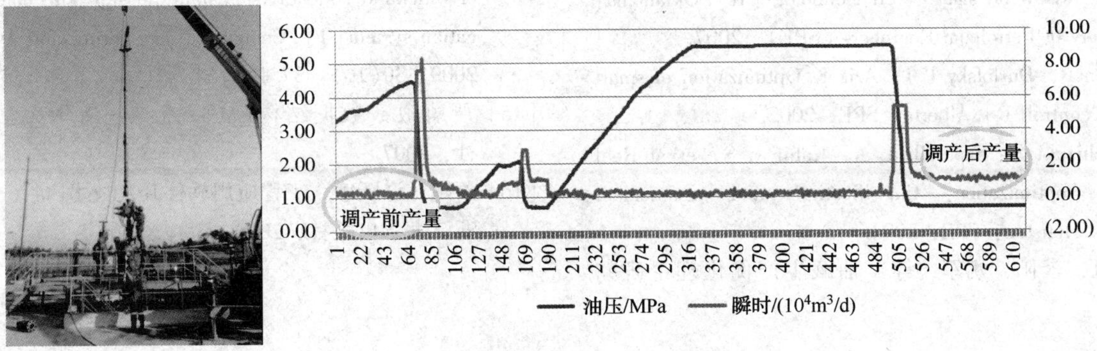

图 11　井下无线智能调产技术现场试验(一)

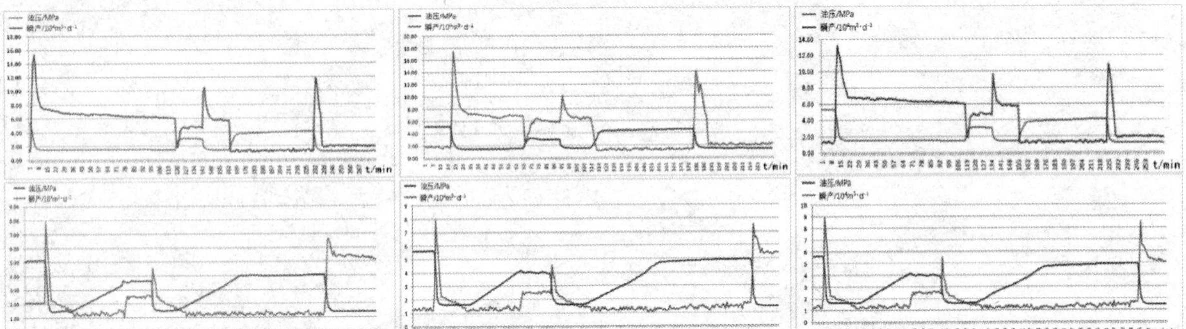

图 12　井下无线智能调产技术现场试验(二)

4 结论

通过现场试验，井下无线智能调产技术各项性能稳定可靠，验证了井下智能节流方式的可行性与先进性，相比于传统的井下节流工艺技术，主要呈现以下特点：

（1）集成诸多先进技术建立的井下无线智能调产系统，只需利用现有井场采气井口装置，即可在地面远程无线控制调节井下节流嘴开度大小，改变了传统关井和采取绳索作业更换节流嘴的方式，节约了大量的人力、物力和时间成本。

（2）井下无线智能调产技术较好的满足了数字化天然气田技术中数字化、自动化要求，可指导技术人员依据生产需要有效快捷的调整天然气井产量，增强天然气井开发安全性，提高工作质量和运行效率，降低运行成本。

（3）本文介绍的方法和理论能够为其他井下智能工具提供研发思路，提升井下采气工具的技术水平，为采气工艺技术的改进提供一定的参考意义。

参 考 文 献

[1] Abdullatif A，AL Omair. Economic evaluation of smart well technology [D]. Texas：Texas A&M University，2007.

[2] Gao Changhong，Rajeswaran，Edson Nakagawa. A literature review on smart-well technology[R]. Oklahoma：Society of Petroleum Engineers (SPE)，2007.

[3] Yeten B，Durlofsky L J，Aziz K. Optimization of smart well control[R]. Alberta：SPE，2002.

[4] Mochizuki S，Saputelli L A，Kabir C S，et al. Real time optimization：Classification and assessment [R]. Houston：SPE，2004.

[5] 张凯，李阳，姚军，等. 油藏生产优化理论研究[J]，石油学报，2010，31(1)：78-83.

[6] 谢军."互联网+"时代智慧油气田建设的思考与实践[J]，天然气工业，2016，36(1)：137-145.

[7] 余金陵，魏新芳. 胜利油田智能完井技术研究新进展[J]. 石油钻探技术，2011，39(2)：68-72.

[8] HAN Dan-xiu，LI Xiang-fang，FU Li-xia. Adaptability Study of Intelligent Well Systems in East China Sea Oil Field[J]. International Journal of Plant Engineering and Management，2008，13(4)：205-213.

[9] Arashi Ajayi，Michael Konopczynski. A dynamic optimization technique for simulation of multi-zone intelligent well systems in reservoir development[R]. Aberdeen：SPE，2003.

[10] 蒋代君，陈次昌，伍超. 天然气井下节流嘴前后压力温度分布的数值计算[J]. 四川大学学报(工程科学版)，2006，38(6)：47-50.

[11] 李士伦. 天然气工程[M]. 北京：石油工业出版社，2008.

[12] ZHANG Hai-tao，DOU Man - feng，HAO Xiao - yu. Research on Control System of Multi-Brushless DC Motors Based on CAN [J]. Measurement & Control Technology，2012，31(4)：86-89.

[13] He Anchao，Liu Weiguo，Ma Shan. Design of Embedded Multi-motor Monitor System Based on CAN Bus[J]. Computer Measurement & Control，2011，19(7)：1605-1067.

[14] CAO Yu-lin. Mobility management module designation of wideband code division multiple sub-site communication system[J]. Computer Engineering and Design，2009，30(16)：3751-3754.

[15] 严蔚敏. 数据结构[M]. 北京：清华大学出版社，2007.

[16] 蔡娥，许跃敏. 工程应用软件开发技术[M]. 杭州：浙江大学出版社，2008.

人工井壁防砂再完井技术在渤中 34-1 油田的应用

尚建佳[1] 刘国振[2] 高永华[2] 马金祥[1] 贾 奔[1]

(1. 中海油能源发展股份有限公司工程技术分公司；2. 中海石油(中国)有限公司天津分公司)

摘 要 渤中 34-1 油田属于疏松砂岩油藏，受大泵提液、泥岩或稠油堵塞等因素影响，造成水平井防砂筛管局部冲蚀而破损，地层出砂严重导致油井停产。因水平井特殊的井身结构，出砂治理难度大。人工井壁防砂再完井技术采用固化加热的方式进行出砂井治理，本文通过工艺设计、现场实施和效果跟踪评价，成功解决了渤中 34-1 油田水平井筛管破损出砂快速复产难题。该技术具有防砂效果好，施工简单，作业风险低等特点。

关键词 人工井壁防砂；再完井；渤中 34-1 油田；应用

受建井周期、成本及施工风险等因素制约，渤海油田水平井初期多数采用裸眼优质筛管完井。渤中 34-1 油田属于疏松砂岩油藏，受生产制度调整如大泵提液，泥岩、稠油堵塞等因素影响，长时间局部冲蚀造成水平井筛管破损，地层出砂严重导致油井停产。统计显示，因出砂造成的大修井次占每年大修井总数的 8%左右[1]。考虑水平井防砂筛管外径大，水平井段位移长、易坍塌等特点，打捞防砂管柱重新完井，成功率无法保证，出砂治理难度大。因此先后采用小筛管重新完井、筛管找漏卡封生产、同层侧钻等工艺措施，但从作业成功率、井况适用性、施工风险、费用等方面分析，水平井出砂问题未能得到有效解决。2017 年渤中 34-1 油田尝试采用人工井壁防砂技术，应用到水平井筛管破损出砂治理上。这项工艺作业工序简单，作业工期短，无需确定筛管破损位置，井筒内不留任何工具，可以对筛管破损井进行二次防砂完井，满足海上生产要求。

1 人工井壁防砂技术

人工井壁防砂技术是利用工作液将树脂涂敷砂携带至井下，在低于储层破裂压力的条件下将涂覆树脂砂从筛管破损点充填到油层亏空部位堆积、压实，如图 1 所示。在地层条件影响下，砂粒表面的树脂软化粘连并固结，在近井地带形成具有一定强度、渗透性的挡砂屏障，从而阻止油层砂粒进入井内[2]。

1.1 工作液体系

人工井壁防砂工作液体系主要分为 3 部分：前置引导液、偶联助强液、致孔胶结液。

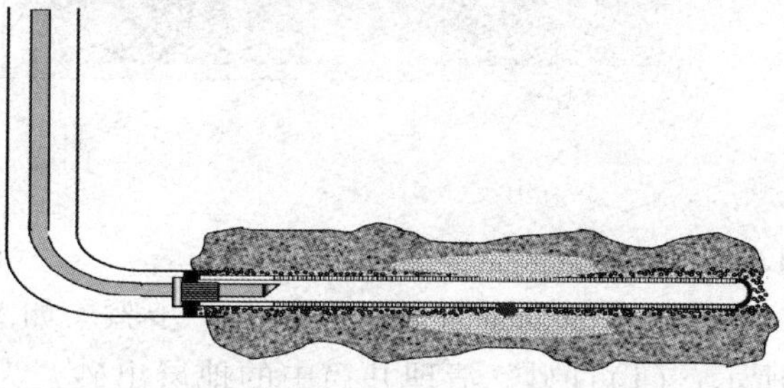

图 1 人工井壁防砂示意图

前置引导液选用非离子表面活性剂和耐盐性阴离子表面活性剂配合使用，有很好的耐盐性，特别是耐钙、镁离子能力和耐聚阳离子能力，还有优良的降低油水界面张力的能力，可以解除修井液等侵入对地层造成的污染，这是防砂成功的关键因素。

携砂液为偶联助强液和致孔胶结液。偶联助强液利用聚合物与氯化铵体系的偶联强化作用，阻止离子交换，降低胶结物的吸水膨胀，抑制自由砂和脱落下来的胶结物微粒运移；同时加入减阻剂减少携砂液对输送管线的摩阻，降低施工压力。致孔胶结液主要成分为树脂渗透剂及固化剂，主要功能是提高树脂的软化速度和与固化剂的反应速度，其中提高树脂的软化速度，从而提高人工井壁的渗透率[1]。

1.2 涂敷砂技术指标

该工艺采用酚醛树脂涂敷石英砂，在陆地胜利油田已取得了不错成绩[3]。目前渤海油田多数储层埋藏较浅，地层温度在 50~60℃。由于地层温度与涂覆砂固结强度、固结时间息息相关，在一定温度范围内，温度越高，胶结强度越大，但从施工安全性考虑，选用温固树脂砂，70℃温度条件下固化强度可达到7.6MPa。通过固化加热，提高施工安全性的同时，又满足胶结后形成的人工井壁砂样技术指标，如图2所示。

序号	项目	指标
1	外观(≤45℃)	颗粒呈松散状
2	覆膜率/%	≥98
3	粒度分布/% 0.3~0.6mm 0.4~0.8mm	≥90
4	抗折强度/MPa	≥2.5
5	抗压强度/MPa	≥6.0
6	固结后渗透率/μm²	≥8.0

图2　涂覆砂样技术指标

1.3　施工流程

人工井壁防砂作业主要分五个步骤，如图3所示：(1)冲砂。清理井筒中的地层出砂，为挤注充填作业准备。(2)下防砂管柱，挤前置引导液。把近井地带的自由砂冲至不可被反向液流带动的地方，并解除修井液的侵入造成的污染。(3)充填涂覆砂。由地面高压泵将携砂液通过筛管破损口注入亏空地层，形成高渗透率的人工井壁。(4)冲洗井筒。将充填过程中残存在井筒里面的涂覆砂清理干净，为后续循环加热管柱的下入提供通道。(5)循环加热固化。通过地面加热设备循环加热井液，促进涂覆砂胶结固化，提高涂覆砂胶结强度。

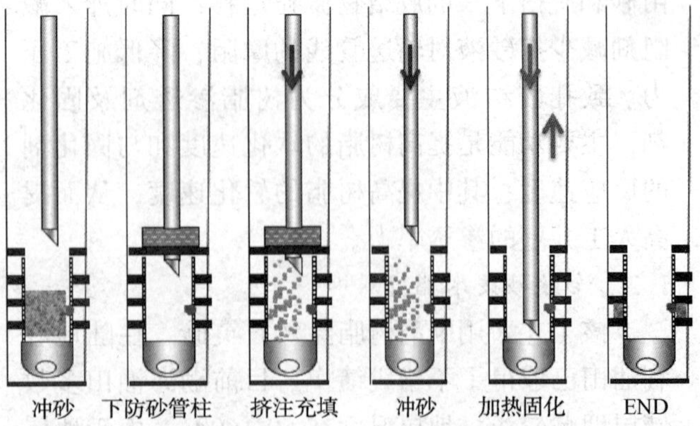

图3　人工井壁防砂施工流程

1.4　施工参数设计

1.4.1　压力设计

人工井壁防砂作业以不压裂地层为必要条件，设定施工最高限压，视充填测试时排量与泵压的变化情况，调整施工泵压范围。

$$p_{\min} = p_i + p_{\text{fric}} - p_h \tag{1}$$

$$p_{\max} = p_{\text{frac}} + p_{\text{fric}} - p_h \tag{2}$$

$$p_{\min} < p < p_{\max} \tag{3}$$

式中　$p_{\min}$为施工压力下限；p_i为原始地层压力；p_{fric}为井筒摩阻；p_h为液柱压力；$p_{\max}$为施工压力上限；p_{frac}为地层破裂压力。

1.4.2　排量设计

人工井壁防砂作业排量的选择至关重要，为确保施工安全，施工排量以不形成砂桥为必要条件。即：

$$Q > Q_1 + Q_2 \tag{4}$$

式中　Q为施工排量；Q_1为不产生砂桥临界排量；Q_2为井筒漏失量。

1.4.3　充填砂量设计

管外地层的充填砂量主要是根据地层亏空情况而确定，但实际上地层亏空体积很难确定，现场作业以冲洗井筒时地面返出累积砂量作为参考值，通过批量作业来建立充填砂量与累积返出砂量之间的关系，并进行经验总结。

2　应用案例

渤中34-1-A18h井完钻井深2557m，完钻垂深1446m，最大井斜93.01°，套管外径9⅝"，下深1987m，采用裸眼完井，优质筛管防砂，防砂精度120μm，管柱类型为普通合采电泵管柱。2017年3月21日井口取样发现出砂，6月11日产液量下降100m³/d。经冲砂作业确认出砂，认定该井防砂筛管破损失效，需转入大修作业，并重新防砂。

2.1 施工过程

2018年7月进行人工井壁防砂作业，设计砂量30m³，加砂30m³，实际填入亏空地层22m³，达到设计要求。具体施工过程，如图4所示。

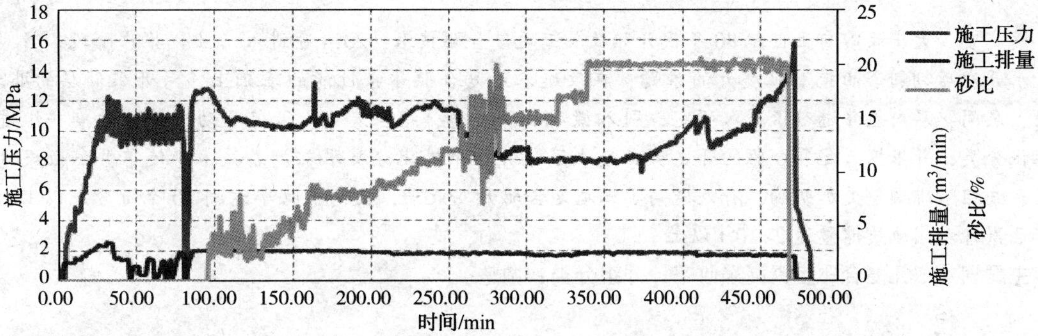

图4　施工曲线图

第一阶段：0~100min，挤注前置引导液130m³，排量1.4~2.6m³/min，施工压力3.0~12.2MPa，此阶段主要是实现清洗亏空地层及破损口修复。

第二阶段：100~350min，挤注偶练助强液410m³，砂比3%~10%，排量1.8~2.0m³/min，施工压力10.2~12.1MPa，此阶段主要实现亏空地层填砂。

第三阶段：350~470min，挤注致孔胶结液160m³，砂比10%~20%，排量1.37~1.8m³/min，压力7.8~14MPa，累计加砂30m³，脱砂压力16MPa，此阶段主要是大砂比加砂并实现脱砂。

2.2 效果评价

该井正常稳定生产期间平均日产液194m³/d，日产油49m³/d，含水79.3%。人工井壁防砂作业恢复生产后，日产液170m³/d，日产油54m³/d，含水67.8%，一直稳定生产至今未见出砂。因防砂后井筒产液剖面渗透率重新分布，与作业前相比，产油量升高，含水率有所下降。

截止到目前，2019年5月，人工井壁防砂技术已在渤海油田完成11井次施工，成功率100%，防砂效果良好，最长有效期已超过22个月，较防砂前产能恢复率达95%以上；相比侧钻成本节省75%，单井节省费用1500万元人民币以上。

3 结论与建议

（1）人工井壁防砂技术作业成功率高，可以应用到水平井筛管破损出砂快速治理上，但防砂有效期需要进一步验证。

（2）本文总结归纳了目前常用的人工井壁防砂液体系统类型及性能分析。

（3）通过现场作业和工艺研究，本文在人工井壁防砂作业参数（施工压力控制和施工排量）设计、施工工艺等方面完成了初步优化，为现场施工作业提供了基本的理论依据。

（4）现场应用结果表明，人工井壁防砂技术可以对破损筛管井进行二次防砂完井，产量无明显减产现象且防砂效果良好。另外，人工井壁防砂技术可结合大通径注水一体化管柱，在注水井大通径防砂、细分层系精细化注水方面推广应用。

参考文献

[1] 刘国振，罗少锋，高永华等. 人工井壁防砂工艺在海上油田的研究和应用[J]. 辽宁化工，2018，6(47-6).

[2] 李怀文，孙涛，王超等. 超低温新型树脂涂敷砂及人工井壁防砂技术. 石油学报.[J]，2016，12(37-2).

[3] 王杰. 化学防砂在疏松砂岩油藏中的应用与趋势[J]. 广东化工，2013，21(40).

弱碱三元复合驱单井组分类跟踪调整技术

叶　鹏　钟连彬　白玉果　王　广　徐炳涛

（大庆油田有限责任公司）

摘　要　大庆油田自上世纪80年代开始攻关三元复合驱技术，2014年进入工业化推广阶段。针对油田高含水开发后期剩余油挖潜难度大的难题，在改进三元复合驱体系性能的基础上，对开采储层的非均质，平面、层间、层内差异进行了深入研究，引入微观孔隙概念，结合宏观、微观及动态特征对单井组进行了个性化分类，并根据三元复合驱的开发特点建立了单井组个性化分类跟踪调整技术，使单井参数设计更加准确、井组跟踪调整更加明确，有效提高了三元复合驱开发效果，提高采收率达到20个百分点以上，截止目前已累计动用地质储量达 2×10^8t 以上。

主题词　三元复合驱；提高采收率；井组分类；调整

三元复合驱现场试验表明，地质条件是影响开发效果的重要因素，F区块在宏观地质研究的基础上，建立了微观孔隙分类标准，明确了区块微观发育特征，为进一步精细调整体用了依据。通过结合宏观、微观及井组动态，建立了井组分类原则，对F区块井组实施了分类。在此基础上根据三元复合驱开发过程各阶段的动态特征（见表1），建立了贯穿开发全程的单井组个性化分类跟踪调整技术[1,2]。

表1　三元复合驱不同开采阶段特点及主要对策

所处阶段	空白水驱	含水下降期（0~0.15PV）	含水稳定期（0.15~0.42PV）	含水回升初期（0.42~0.55PV）	含水回升后期（0.55PV~）
动态特点	压力不均衡 动用状况差	注入压力上升 动用差异大	含水保持平稳 注采能力下降	含水回升较快 剖面出现反转	含水缓慢回升 化学剂突破
调整对策	保持注采平衡 均衡注入压力	优化注入参数 提高油层动用	加强措施挖潜 保证注采能力	均衡油层动用 控制含水上升	减少低效注入 挖掘差层潜力
具体措施	速度调整 调剖	分注分层 浓度调整	压裂酸化 浓度调整兼顾速度	分层堵水 堵压调剖	调剖分层 堵水堵压
阶段调整原则	调压力	提动用	保能力	控含水	挖潜力

1　宏观、微观与动态特征结合，细化井组分类

油田进入特高含水期，剩余油分布更加零散、复杂，实验和实际资料表明，在水驱开发后期采出程度只有40%左右，仍有一定比例剩余油残留在储层孔隙中。不同类型微观孔隙结构，孔隙及喉道的大小、分布、形态以及长期水洗后孔隙结构变化特征对微观剩余油的运移方向、分布的位置以及剩余油量的多少影响较大。

1.1　引入储层微观孔隙概念

通过对X开发区开展压汞曲线、扫描电镜、普通薄片、铸体薄片等实验，将微观参数与宏观物性参数进行相关性分析，通过研究12项与孔隙度、渗透率的相关性较好的参数，将X开发区微观孔隙结构类型分为五类（见表2）。

表2　A开发区孔隙结构分类标准

类型	参数	一类	二类	三类	四类	五类
宏观物性	渗透率	>500	250~500	50~250	10~50	<10
	孔隙度	21.4~32.9	23.6~31.4	12.3~29.2	7.6~25.8	10.9~25.7
	渗透率/孔隙度	>35	19~35	2~19	0.4~2	<0.4

续表

类型	参数	一类	二类	三类	四类	五类
孔喉大小	最大连通孔喉半径	14~75	11.6~30.0	3.0~21.0	4.11~16.11	0.06~10
	平均孔喉半径	5.88~20.34	4.54~9.75	0.85~7.11	0.80~3.34	0.04~3.34
	最大汞饱和度	76.74~89.57	74.63~89.43	74.33~89.07	74.51~83.33	50.07~74.67
孔喉分布	相对分选系数	0.73~1.08	0.83~1.28	0.65~1.86	0.95~1.30	1.05~1.95
	面孔率	17.5~23.0	17.5~22.0	6.8~21.0	3.8~11	0.5~4.7
	平均孔喉比	2.80~8.41	4.29~7.73	3.79~19.33	7.11~16.58	7.73~40.84
	歪度	0.67~1.79	1.69~1.72	0.82~2.45	1.12~1.87	1.85~3.02
结构特征	特征结构系数	0.58~2.12	0.58~1.59	0.50~1.97	0.37~0.73	0.11~1.12
	微观均质系数	0.08~0.27	0.12~0.24	0.08~0.25	0.13~0.19	0.05~0.16

按照以上分类标准对F区块的孔隙结构进行了研究，研究结果表明该区块孔隙结构以一、二类孔隙结构为主，占总厚度比例的79.14%，其中一类孔隙结构占到总厚度比例的46.81%，油层总体发育较好。从不同油层孔隙结构分布情况看，除葡$I3_{2a}$油层外，其他油层的一、二类孔隙结构均达到了80%以上。从各层砂体发育情况看，葡$I3_{1a}$、3_{1b}、3_{2a}、3_{2b}油层河道砂发育面积较大，达到60%以上，河道砂发育厚度比例均达到了90%以上，葡$I3_{3a}$、3_{3b}河道砂发育相对较差。但从油层孔隙结构分布情况看，在同一油层组虽然河道砂发育面积较大，但孔隙结构存在较大差异，例如葡$I3_{1b}$油层虽然该层河道砂发育的面积达到96.30%，发育有效厚度达到98.18%，但孔隙结构主要以二类为主，与该层发育相近的葡$I3_{2a}$则主要以一类孔隙结构发育为主(见表3)。微观孔隙结构概念的引入使油藏描述更加精细，为井组的精细分类，提供了依据。

表3　F区块不同层位孔隙结构厚度比例统计表

层位	发育井点比例/%		发育有效厚度比例/%		不同孔隙结构有效厚度比例/%			
	河道砂	非河道砂	河道砂	非河道砂	一类	二类	三类	四类
葡$I3_{1a}$	61.11	18.52	90.76	9.24	47.21	36.42	16.38	0.00
葡$I3_{1b}$	96.30	3.70	98.18	1.82	37.67	43.71	14.61	4.01
葡$I3_{2a}$	85.19	11.11	98.69	1.31	46.95	22.82	27.02	3.21
葡$I3_{2b}$	61.11	35.19	96.61	3.39	62.34	20.06	13.18	4.43
葡$I3_{3a}$	44.44	51.85	85.47	14.53	51.01	30.58	18.41	0.00
葡$I3_{3b}$	24.07	75.39	68.31	31.69	30.72	49.83	17.75	1.71
合计	62.04	35.19	93.50	6.50	46.81	32.33	17.94	2.92

1.2　多因素综合决策确定单井分类方法

弱碱三元复合驱开发效果受到许多已知因素和未知因素的影响，应用灰色关联分析法把油田油田开发过程看做一个灰色过程。利用F区块单井数据，将阶段采出程度作为因变量，开发前期影响驱油效果8项宏观、微观因素及动态数据作为自变量，确定单一影响因素对阶段采出程度的关联度。各因素通过均值法进行无量纲化(见表4)：

均值法无量纲化公式：

$$X_j(k) = \frac{Y_j(k)}{\frac{1}{n}\sum_{k=1}^{n} Y_j(k)}$$

表4　F区块单井无量纲处理结果统计表

分类	井号	阶段采出程度/%	有效厚度/m	渗透率/mD	渗透率级差	控制程度/%	初含水/%	初始含油饱和度/%	地层压力/MPa	一类微观孔隙结构/%
原始数据	1	9.15	5.6	403	1.7	93.84	99.0	18.84	11.48	21.69
	2	11.70	6.2	283	1.0	81.58	98.3	23.06	5.22	29.77
	3	12.55	7.5	318	2.2	79.57	97.1	21.10	6.93	0.00

续表

分类	井号	阶段采出程度/%	有效厚度/m	渗透率/mD	渗透率级差	控制程度/%	初含水/%	初始含油饱和度/%	地层压力/MPa	一类微观孔隙结构/%
无量纲	4	0.80	0.47	1100	0.31	1.14	1.03	0.91	1.62	0.56
	5	1.02	0.52	770	0.19	0.99	1.02	1.11	0.74	0.77
	6	1.09	0.63	870	0.42	0.96	1.01	1.02	0.98	0.00

对无量纲处理后对影响驱油效果的8项动静态影响因素进行灰色关联分析，得出复合驱驱油效果影响因素的量化分值，最终确定影响因素的大小分级。从结果看，初含水>渗透率>控制程度>一类孔隙结构比例>初始含油饱和度>有效厚度>地层压力>渗透率级差(见表5)。

表5　复合驱阶段采出程度与动静态影响因素关联度

项目	有效厚度	渗透率	渗透率级差	控制程度	初含水	初始含油饱和度	地层压力	一类孔隙结构比例
阶段采出程度	0.735	741	0.583	0.740	0.757	0.737	0.648	0.738

对8项地质参数应用多因素综合决策分析法，评价控制指标与开发效果的影响关系。根据关联度明确了各因素的权重系数，根据综合决策因子确定单井分类标准(见表6)。

$$f(y)=k_1f(x_1)+k_2f(x_2)+\cdots+k_nf(x_n)$$

式中　$f(y)$——多因素决策因子；

$f(x_n)$——采液速度、注入速度、油层动用等对开发效果的影响函数；

k_n——各个因数对开发效果影响的权重系数。

$$k_1+k_2+\cdots+k_n<1,\ 0<f(y)<1$$

表6　分类井分类标准

	评价因素	渗透率/mD			有效厚度/m			控制程度/%			渗透率级差		
资料	权重系数	0.13			0.13			0.13			0.11		
	评价标准	<200	200~400	≥400	<8	8~10	≥10	<80	80~85	≥85	<2.5	2.5~4	≥4
	分值	6	8	10	6	8	10	6	8	10	10	8	6
	评价因素	初含水/%			初始含油饱和度/%			地层压力/MPa			一类孔隙结构比例/%		
资料	权重系数	0.13			0.13			0.11			0.13		
	评价标准	<95	95~98	≥98	<45	45~50	≥50	<6	6~10	≥10	<30	30~50	>50
	分值	10	8	6	6	8	10	6	8	10			
综合决策因子		7~8分：C类；8~8.5分：B类；8.5~10分：A类											

F区块应用分类标准，将注采井组划分为三类(见表7)。其中A类井发育好、地层压力低、含水低；B类井居中；C类井发育差、初期地层压力高，含水最高。

表7　F区块井组分类基本情况对比表

类别	注入井/采出井(个)	有效厚度/m	渗透率/mD	控制程度/%	一类孔隙厚度比例/%	地层压力/MPa	初含水/%
A	9/14	14.4	0.313	87.9	67.7	5.15	91.42
B	5/9	9.9	0.297	84.8	41.9	6.08	95.9
C	7/9	10	0.312	82.4	25.1	11.18	98.4

2　形成了分类井全程跟踪调整技术

根据分类井组的不同特点，对井组进行了个性化参数设计，调整过程中围绕“调压力、提动用、保能力、控含水、挖潜力”的调整思路，对分类井实施了贯穿全过程个性化跟踪调整，取得了较好的开发效果。

2.1　建立了等黏注入的分类井方案设计方法

弱碱三元复合驱由于碱的加入，体系黏度与常规聚驱相比下降幅度达到40%，而黏度是降低油水流度比扩大波及体积的的重要保障(见图1)，为此在方案设计上采取了全程等黏设计思路(见表8)，在三元段塞阶段提浓保黏度，最大限度的确保了三元阶段体系扩大波及体积的效率，为提高驱油效率提供了基础保障。

根据分类井组的不同特点，在保持全程等黏的前提下，个性化设计了分类井注入浓度，提高了注入方案的匹配性(见表9)。

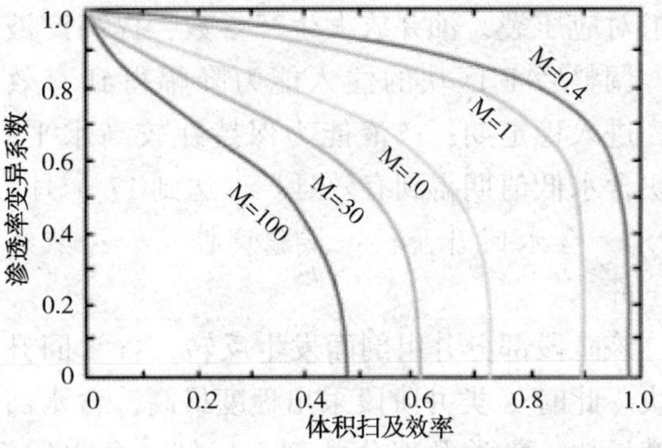

图1　流度比与波及效率关系曲线

表8　F区块注入方案设计情况统计表

阶　段	注入方案				
	聚合物/(mg/L)	黏度/(MPa·s)	碱/wt%	表活剂/wt%	注入孔隙体积/PV
前置段塞	1600	70			0.06
三元主段塞	2000	70	1.20	0.30	0.35
三元副段塞	1800	70	1.00	0.15	0.15
后续保护段塞	1600	70			0.20

表9　F区块分类井组注入方案个性化设计

分类	调整类型	前置段塞	主段塞	副段塞	保护段塞				
		聚合物/(mg/L)	聚合物/(mg/L)	碱/wt%	表活剂/wt%	聚合物/(mg/L)	碱/wt%	表活剂 wt%	聚合物/(mg/L)
A类	强调弱驱	1840	2200	1.2	0.3	1800	1.0	0.15	1600
B类	调驱均衡	1656	2000	1.2	0.3	2000	1.0	0.15	1600
C类	强驱弱调	1300	1600	1.2	0.3	1200	1.0	0.15	1000

2.2　形成基于单井组分类的个性化跟踪调整技术

根据三元复合驱不同开发阶段的动态特点以及各阶段的主要矛盾，对F区块分类井组采取了个性化的注采调整策略，形成了基于井组分类的个性化跟踪调整及技术[3]。

2.2.1　初期阶段：个性设计，平衡压力系统

该阶段主要矛盾是地层压力不平衡，平面压力差异大，东西部平面压力差值达4.3MPa，其中A类井发育好、地层压力低、注入压力上升慢；B类井单井间压力上升差异大，部分井见聚；C类井发育差、注入压力上升快。针对不同井组存在的问题，确定了不同的调整策略：A类井提注控采，提高注入压力，恢复地层压力；B类井个性调整，减小井间压力差异，控制聚合物前缘推进；C类井控注不控采，降低地层压力。调整后F区块平面注入压力压差缩小到2.55MPa；地层压力上升2.56MPa。平面压力趋于均衡，为聚合物均匀推进提供了保证。

2.2.2　含水下降阶段：及时调整，提高动用厚度

该阶段油层动用状况存在较大差异。其中发育较好的A、B类井组吸液状况未得到改善，受效也不均衡；C类井剖面得到改善，但受效差。为进一步改善吸液状况，根据不同井组动用厚度、主吸液层相对吸液量以及流动压力的变化情况，对A、B类井采取合理控制流压，提高油层动用，促进均衡受效；C类井降低流压，扩大生产压差，促进受效。调整后A、B类井吸液厚度分别提高了7.18和4.6个百分点，F区块进入受效高峰阶段。

2.2.3　含水低值期：加强措施，保持注采能力

该阶段部分注入井注入能力下降幅度大，产液能力低于常规聚驱。A类井受效较好，但注采能力下降幅度大；B类井受效较好，但井组间含水差异大、注采能力差；C类井受效仍较差，注采能力低。为保注采能力，提高开发效果，对A类井采取压裂、下调注入浓度提高注采能力；B

类井采取压裂、解堵等措施提高注采能力；C类井组对应压裂，油井放大生产参数，提高产液能力。调整后F区块的注入能力降幅得到有效控制，进入稳定期；产液能力保持在较高水平。F区块含水低值期得到有效延长，达到17个月。

2.2.4　含水回升阶段：措施调控结合，减缓含水上升

该阶段部分井组剖面发生反转，含水回升速度快。此时A类井阶段采出程度最高，含水回升速度最快；B类井部分井剖面反转，含水回升；C类井阶段采出程度最低，含水处于较高水平。对A类井以控制产液、压裂改造动用薄差部位为主，进一步挖潜剩余油，提高A类井组整体开发效果；B类井对注入井采取提浓、堵水等措施控制剖面反转，减缓含水回升；C类井压裂调参结合，提高产液能力，增效引效。调整后F区块的含水由初期的每月上升1.26个百分点到目前每月下降0.4个百分点，含水上升速度得到有效控制。

通过以上调整，F区块分类井含水低于数值模拟运行，阶段采出程度均好于数模预测。全区阶段提高采收率20.32个百分点，高于数模预测3.66个百分点，达到数模预测值的122.16%（见图2）。分类井全程跟踪调整技术进一步提升了开发效果[4,5]。

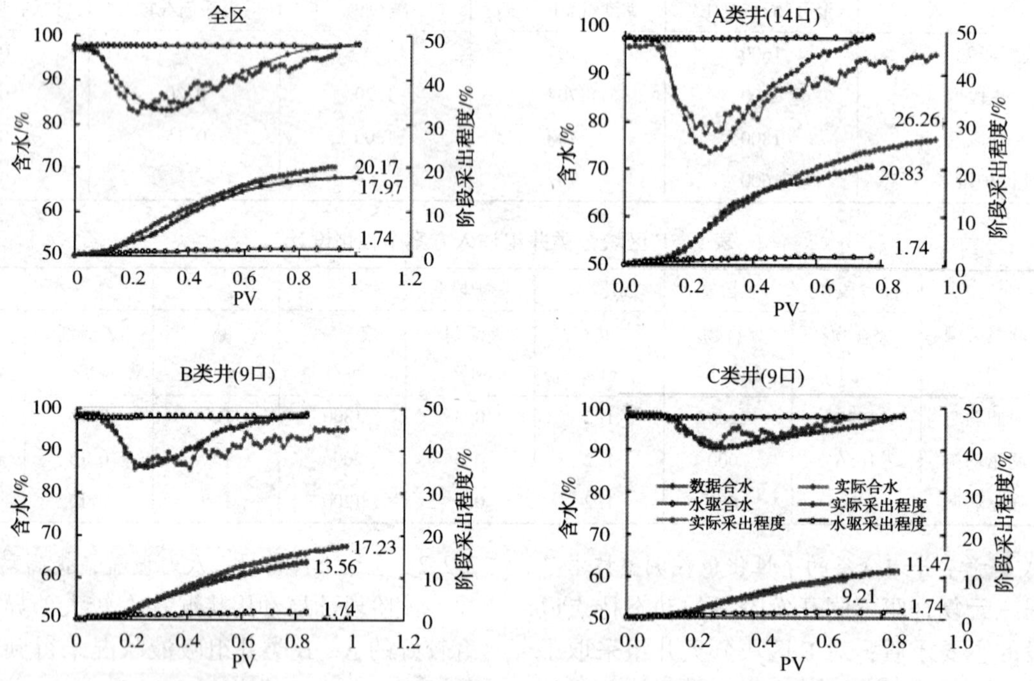

图2　F区块全区及分类井数模跟踪曲线

3　认识

3.1　微观孔隙的建立对油藏储层认识更加深入，指导了储层精细调整。

3.2　基于宏观、微观与动态参数的多因素井组分类方法，更加符合开发需要，使单井参数设计更加准确。

3.3　以单井组分类为基础的开发全程跟踪调整技术，使井组跟踪调整更加及时精准，有助于提高区块开发效果。

参 考 文 献

[1] 程杰成，王德民，李群，等．大庆油田三元复合驱矿场试验动态特征[J]．石油学报，2002，(6)：37-40.

[2] 郭万奎，程杰成，廖广志．大庆油田三次采油技术研究现状及发展方向[J]．大庆石油地质与开发，2002，(3)：1-6.

[3] 陈广宇，田燕春，赵新等．大庆油田二类油层复合驱注入方式优化[J]．石油学报，2012，33(3)：459-464.

[4] 吴凤琴，贾世华．萨中开发区二类油层三元复合驱试验效果及认识[J]．石油地质与工程，2012，(1)：112-115.

[5] 李士奎，朱焱，赵永胜，等．大庆油田三元复合驱试验效果评价研究[J]．石油学报，2005，(3)：56-59，63.

新一代人工智能油水井增效管理 5G 环境平台系统

王晨羽　田　青　韩修廷

（大庆正方软件科技股份有限公司）

摘　要　随着老油田高含水趋势日益显著，引进新一代人工智能，辅助油田提产增效成为趋势。有效形成地上地下一体化联动调整，油井、水井、井组区块总体方案联合设计，是基于大数据人工智能油藏开发辅助决策系统的重要课题。本文主要探讨新一代人工智能在增效管理上与 5G 技术如何实现融合，借助 5G 技术高传输速度，搭建无线多媒体传感器网络，实现适应于模式识别的海量音画数据的采集工作，为油田开发技术提档升级打好基础。

关键字　新一代人工智能；5G 传输；无线多媒体传感器网络；模式识别

1　问题提出及概念

在模式识别方向，以深度神经网络和深度强化神经网络为代表的新一代人工智能技术已臻于成熟，但在石油勘探及开发中，模式识别技术发展步伐相对缓慢，这来源于油田数据自身的特殊性，更重要是来自于油田数据的基础结构及内容离实现大规模新一代人工智能落地仍有差距。在我国油田开发综合数据建设方面，近年来数据体量增长很快，但利用率并不高，其主要原因在于缺乏数据标注和易产生噪声数据两个方面，真正能够帮助油田指导生产的数据体量有限。这导致一些地区的石油开发及勘探工作，实际借助大数据人工智能分析方法做出的决策和方案并不多见。

随着高传输速度的 5G 技术到来，升级无线传感器网络（WSN）到无线多媒体传感器网络（WMSN）是各行业的重要趋势。采集信息的多样化、完备化，会大大提升模式识别效率，辅助人工智能技术达成堪用结果。主要方向为地上油井智能采集设备的提档升级、无供电水井的数据采集设备研制、井筒内传感设备的增加和优化等。

随着采集信息的不断增加，建立完整的数据标注系统以及处理非结构化、半结构化数据的底层算法库，将大幅提高数据利用率，也可以准确定位，指导生产实践。最终形成数据工程、采油工程、油藏工程、地面工程、生产管理、技术管理、信息工程为主体的增效开采平台。

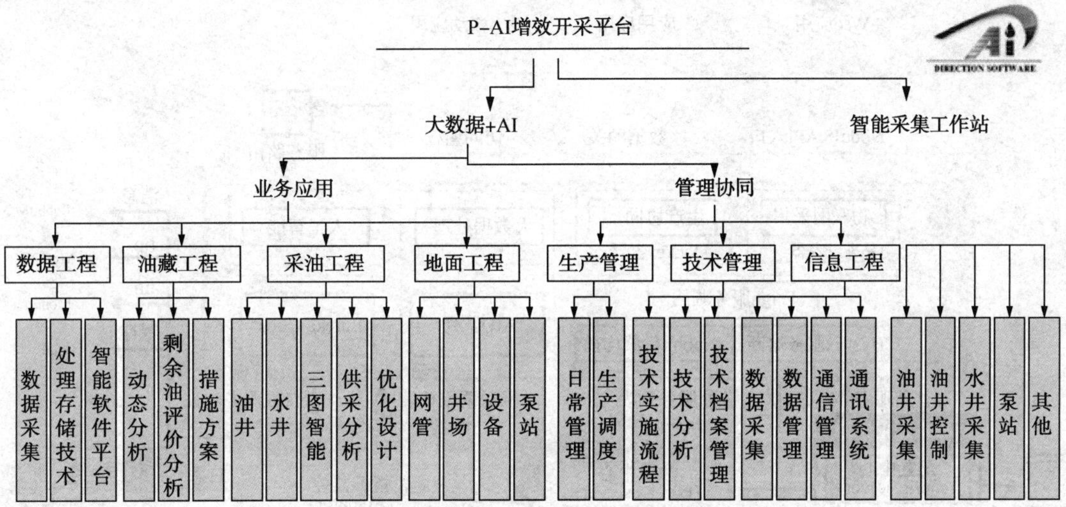

图 1　PAI 增效开采平台的功能

图 1 展示了 PAI 增效开采平台的 29 项必要功能，共同支持地上地下联动策略的形成和发展，为新一代人工智能落地油田工程构建基础。

2 新一代人工智能油水井增效管理平台技术框架

新一代人工智能在油田应用，立足于地面实时采集的大数据驱动模式识别和地下小样本分析与物理控制方程为主的辅助分析。图 2 体现出地上、地下协调发展的宏观技术路线。

随着 5G 技术趋势到来，传输速度得以飞跃，这让音画数据实时上传及快速识别成为增效管理平台的基础功能。

平台技术框架，包括数据采集、监控及诊断、方案设计和系统管理四大部分。

2.1 数据采集

数据采集端融合了 STM32 架构上位机边缘计算技术，可以直接将矩阵运算写入，达到快速处理，将智能拓展到边缘区域。

2.2 监控及诊断架构

在数据采集的基础上进行实时监控与实时诊断相结合的方式，将计算边缘进一步扩展到最前端。

2.3 方案设计

在大量数据的支撑下，形成以专业知识为中心的知识网络，机器会根据对知识的强化学习，得到与专家经验媲美的决策能力。

2.4 系统管理

在大系统宏观调整的数据驱动要求下，将油藏工程、地质勘探、地面工程等问题转化为大系统控制中的一个环节，这样整体高效注采到局部高效注采，都能够在最短时间内得到最优结论。

2.5 平台架构

在云平台架构中，所有的功能将会以微服务的方式呈现如图 3 所示。云平台采用世界上最先进的 SpringCloud 云技术+Docker 容器技术，构建一个面对线上线下高并发、高吞吐的解决方案；方案采用 MQ 高质量消息总线，提供高质量数据传输；采用世界上最成熟的 RBAC 权限认证方案；基于 Actuator 服务质量监控，保证系统的稳定和强壮。

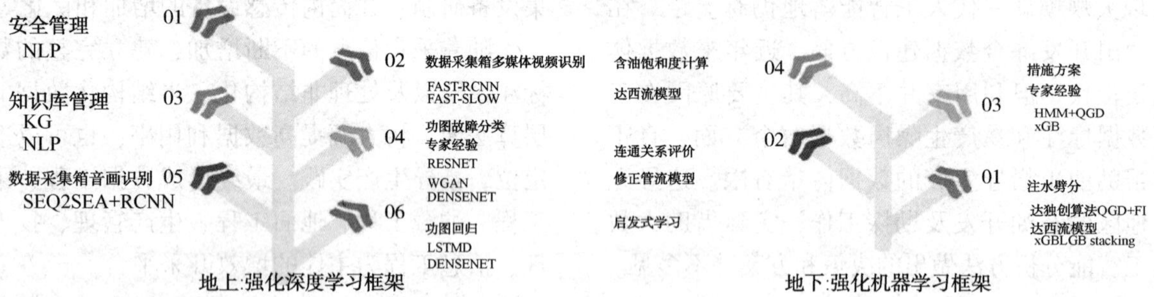

图 2 地上、地下协调发展的宏观技术路线

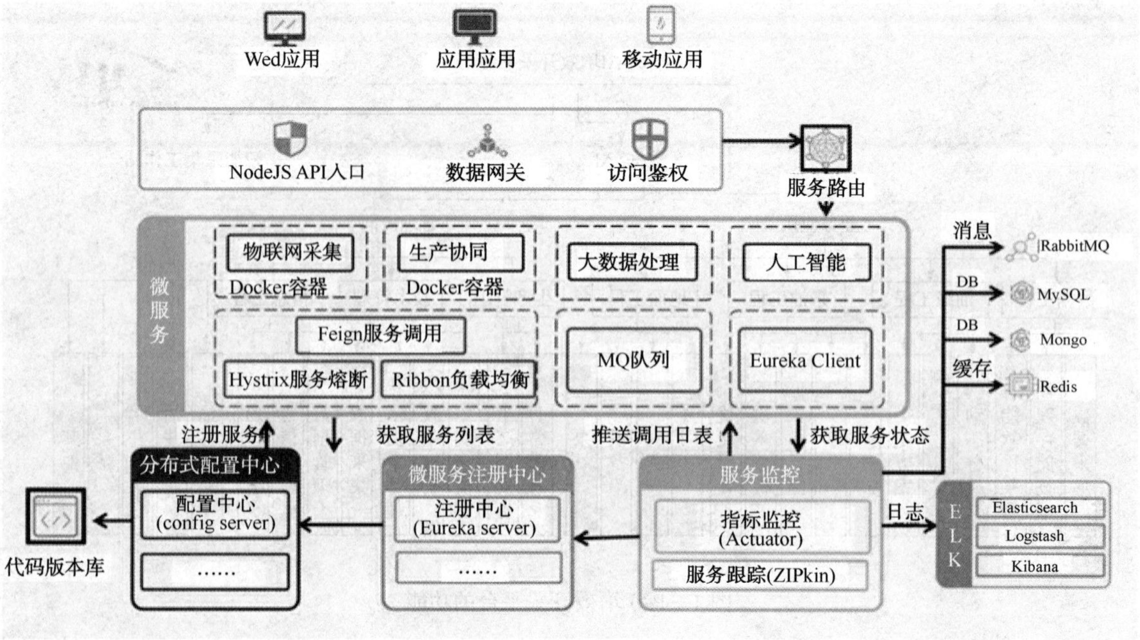

图 3 云平台架构

3 主要技术及理论方法

3.1 地上深度神经网络为主的大数据多媒体数据学习机制：

由于地上引入了多媒体无线传感器网络，使得RCNN和FAST-SLOW等网络得以快速应用，能够在音画数据中实现多模式识别。实现油水井动态诊断、分析。

3.1.1 示功图动态生成技术

对于传统示功图，大数据量条件下电参和抽油机参数导出的深度双向LSTM+DENSENET功图快速自动生成技术，可以解决功图在线生成问题。对抽油机实时监控、工况报警、预警起到支撑作用，对实测功图的拟合程度已经能够做到98%，超过油田要求堪用结果12%如图4所示。

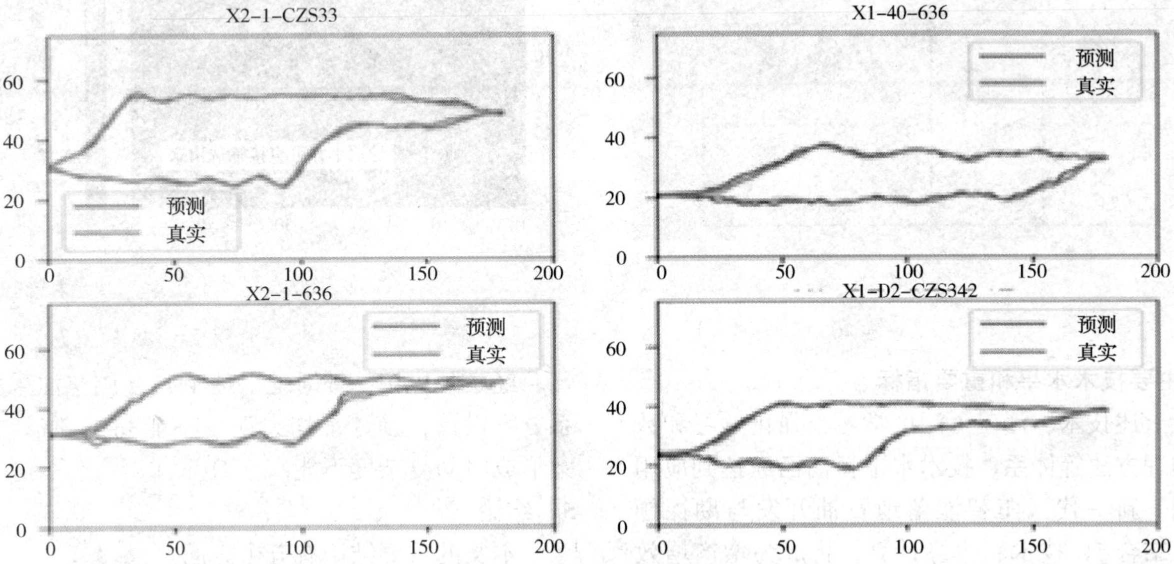

图4 功图自动生成拟合

3.1.2 功图诊断技术

目前已经能够基于功图自动生成技术，实现23类基本工况实时诊断、报警预警，以及通过多模型评价精确计算产液量功能。模型结构采用样本生成技术与多模型互相校验机制相结合的方法，正确率达到90.16%，其中多模型校验机制大幅减少误报率，让误报工况问题降低到1.1%以下。如图5所示。

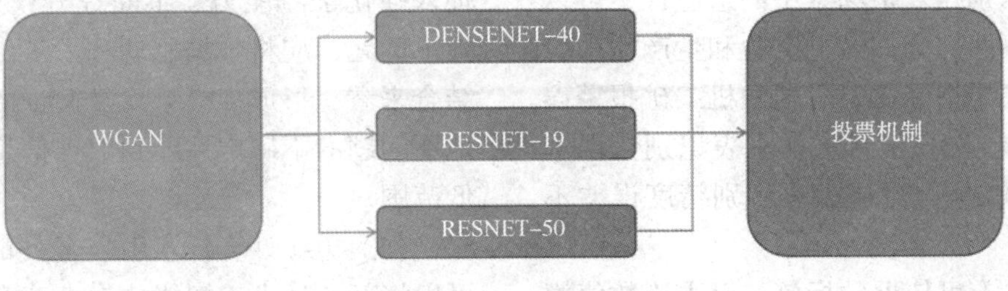

图5 多模型校验机制

3.1.3 水表识别系统

水表滚动数字识别，是利用边缘计算技术，将最前端水表读数识别出来上传至服务器。解决了高流量消耗的图像传输问题和高功耗的图像处理。水井采集设备，只需少量供电，即可维持运转。目前识别准确度高于95%。

3.1.4 压力表识别系统

压力表表盘识别技术，是基于RESNET-19的表盘识别方法。具体模型构架如下：

3.2.1 QGD算法

QGD算法可以部分解决地下小样本问题，基本方法是基于强化学习和李群理论约束的数据升维方法。主要思想是，将基本的运算集作为空间中的第三维坐标，利用强化学习在空间中找到获取信息量最大的曼哈顿路径，实现强特征的提取工作。

3.2.2 偏微分方程循解技术

由于小样本问题，地下描述不得不依赖于物

理控制方程，利用物理控制方程的约束，去逐步求解地下问题。将深度学习和数理方程结合起来。下面这个例子是利用这种方法求解压力场和流场强度的案例(图6、图7)。

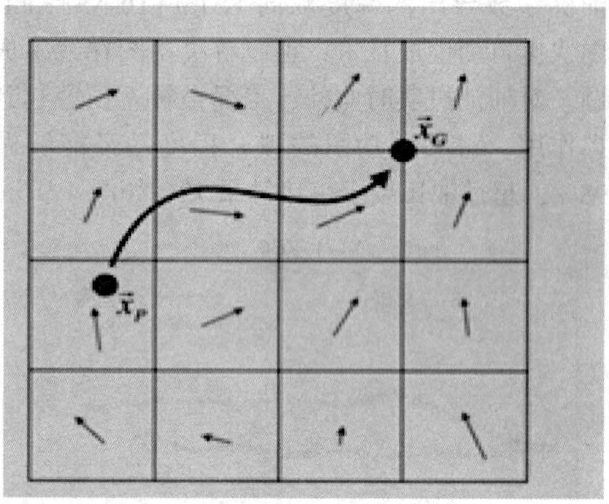

图6

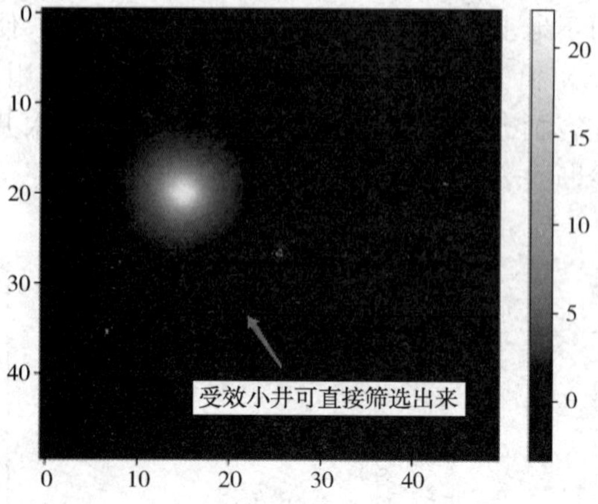

图7

4 主要技术水平和重要指标

上述技术，涵盖了深度学习、强化学习和数学物理方法等体系。技术水平目前已经达到应用级别。新一代人工智能落地石油开发与勘探领域，结合5G技术和边缘计算，将成为增产增效的有力推手。具体落地技术，要经历几个重要指标考验，即边缘计算元件的硬件支持体系指标、通信标准指标、人工智能模式识别技术在不同场景中的可迁移性及对不完备信息的实时学习机制。

前两个关键指标，可以依托于国内外众多成型技术。模式识别在复杂场景中的适应性，可以分为地上和地下两部分，经过实验和生产需求验证，地上部分主要指标在于对抽油机工矿报警误报率平均不能高于3%，对水井水表识别错误率平均不能高于0.2%，对压力表识别精度误差不能大于2.45%。

地下部分没有可依据的标签，以主流数值模拟方法为基准，进行对模型性能评估。针对测井、录井数据、饱和度分布、连通性关系的解释，计算速度不能低于最快数值模拟方法，准确度不能低于数值模拟方法。对压力、流场描述，能够实现与油水井控制图联动效果，能够根据实时数据生成、改变压力场、流场形态。

经实际应用，针对地上地下联合调整注采关系方案设计，预计平均失误率不能高于8%。方案形成时间复杂度不能高于$O(n^2)$。

5 结论

本文的重要结论有五个方面：

(1) 达成新一代人工智能落地石油勘探、开发领域，应将原油的无线传感器网络，替换成无线多媒体传感器网络，依托5G技术的高传输速度，为应用级别的模式识别技术打下基础。

(2) 新一代人工智能的引入应该从地上和地下两个能面来看，地上依旧以数据驱动为核心，加入强化学习能力。不断提升模式识别准确度。地下问题，应将数据驱动和人工经验及数理方法结合来看，形成多模型反复验证的分析机制，将地下问题的不确定性降到数据信息所能控制的最低范围。

(3) 边缘计算技术引入至关重要，边缘计算可以将新一代人工智能技术真正意义上落实到每一个井，形成高效率、低功耗、低成本的分布式计算，为油田知识体系建设及升级奠定基础。

(4) 基于以上几点，新型的油田软件标准，应该融合传统统建软件、专业软件、自动化软件，形成在人工智能技术引领下的新软件模式。

水平打孔结合调剖封堵挖潜试验

楚世雨

（大庆油田有限责任公司）

摘　要　水平打孔结合调剖封堵挖潜工艺是在高渗透部位实施调剖封堵、低渗透部位实施水平打孔，充分发挥措施互补优势，在控制无效循环的同时有效挖潜层内剩余油，从而实现控水增油并举，为厚油层高效开发探索一项行之有效的组合工艺技术。

关键词　水平打孔；调剖；封堵；剩余油挖潜

喇嘛甸油田储层以多段多韵律沉积的厚油层发育为主，非均质性严重。厚油层内既存在严重的无效注采循环，又存在剩余油相对富集的部位。一方面，大量的注入水沿高渗透、高含水的优势通道无效或低效循环；另一方面，层内还有一定厚度的储量因注水驱替不到或驱替程度低而无法动用或动用较差[1、2]。无效注采循环的存在，导致油田采收率低、生产成本上升，开发效益下降。针对无稳定结构界面、层内剩余油交错分布的井，目前只能采取调剖措施，虽然控制了部分高渗透条带，但不能完全启动低渗层，无法保证增油效果[3-5]。因此，为探索向层内要油、在层内控水的注采结构调整方法，开展了水平打孔结合调剖封堵挖潜试验。

1　工艺原理

水平打孔结合调剖封堵挖潜试验是在高渗透部位实施调剖封堵、低渗透部位实施水平打孔，充分发挥措施互补优势，在控制无效循环的同时有效挖潜层内剩余油，从而实现控水增油并举的目的。

具体做法：首先在注入井试验层位按设计量注入沥青颗粒[6-7]，合理控制注入压力、注入速度。然后在证实调剖有效的前提下，在试验层位顶部即低渗透部位定深度、定方位喷射出一定长度的水平孔眼。最后对试验井进行细分调整，恢复正常注入。

2　水平打孔与调剖封堵组合工艺优化研究

为最大限度的挖潜剩余油，实现经济效益最大化，因此开展水平打孔与调剖封堵组合工艺优化研究，确定最佳打孔长度、打孔方向和打孔时机，同时依据室内实验研究结论，为现场提供重要的理论支持和技术支撑。

2.1　打孔长度的确定

取5块三层非均质岩心，按五点法布井，饱和油后水驱到含水98%，注入沥青颗粒调剖液，在最上层按注采井距的1/5、1/4、1/3、1/2、2/3分别进行打孔。根据采收率提高幅度和含水变化值计算投入产出比，优选最佳打孔长度。

当打孔长度占注采井距的比例小于1/3时，提高采收率的值随着打孔长度的增加而增加，当打孔长度占注采井距的比例大于1/3时，提高采收率的值随着打孔长度的增加而小（见图1），从而确定最佳打孔长度为注采井距的1/4~1/3。

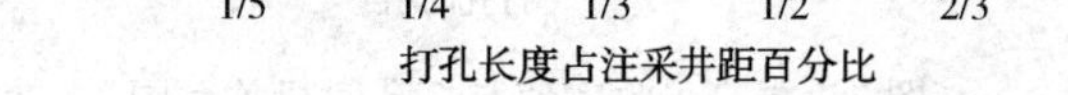

图1　提高采收率值与打孔长度关系图

2.2　打孔方向的确定

最佳打孔长度确定后，取4块三层非均质岩心，按五点法布井，饱和油后水驱到含水98%，注入沥青颗粒调剖液，分别以与主流线方向的0°、15°、30°、45°夹角进行打孔，根据采收率提高幅度计算投入产出比，优选出最佳打孔方位。打孔长度从0°增加到45°，采收率提高值呈现减小的变化趋势，从16.33%减小到13.01%（见图2），因为打孔角度越偏离主流线方向，启动的含油面积越小，从而确定最佳打孔方向是与主流线夹角0°。

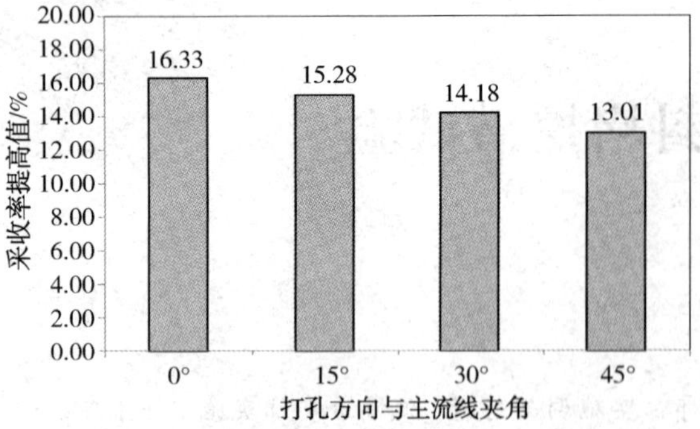

图 2　提高采收率值与打孔方向关系图

2.3　打孔时机的确定

最佳打孔长度和打孔方向确定后，准备 4 块三层非均质岩心，按五点法进行布井，饱和油后水驱到含水 98%，然后分别以注入沥青颗粒调剖液后注水 0*PV*、0.1*PV*、0.665*PV* 和 1.33*PV* 的时机进行打孔开展实验，最终再水驱至含水率 98%，根据采收率提高幅度和含水变化值计算投入产出比，优选最佳打孔时机。打孔时机从注水 0*PV* 打孔推迟到注水 1.33*PV* 打孔，采收率提高值呈现先升高后降低的变化趋势，从 17.48%上升到 18.37%后又降低到 16.54%(见图 3)，从而确定最佳打孔时机为注水 0.1*PV* 时。

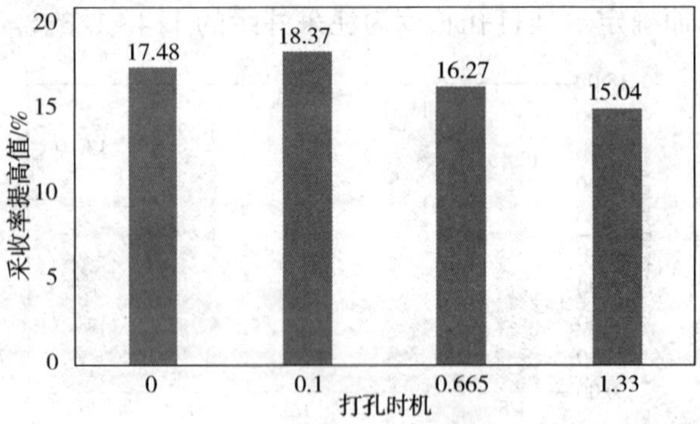

图 3　提高采收率值与打孔时机关系图

3　试验方案优化设计

3.1　区块概况

现场试验选定在喇嘛甸油田 10-302 井区(见图 4)，确定试验井 2 口，分别为喇 11-F30 和喇 10-3026 井，同井组采油井对应油层发育好、与本井连通较好，且动用较差。喇 11-F30 井周围有 1 口连通油井喇 11-3036，注采井距 300m。喇 10-3026 井周围有 2 口连通油井，分别为喇 11-3036 和喇 10-301，注采井距 300m。

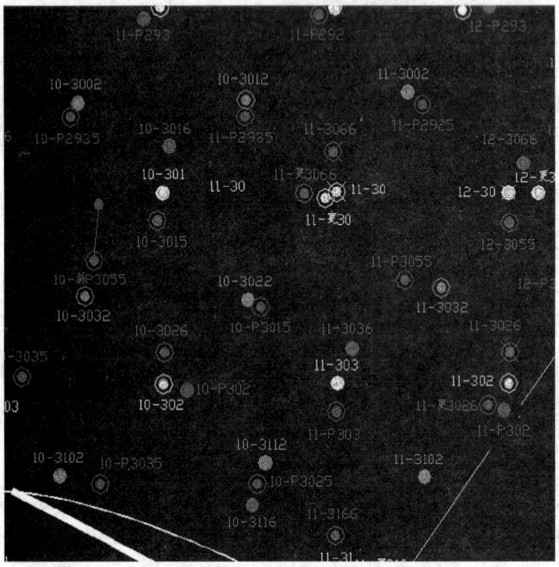

图 4　试验井组井位图

3.2　沥青调剖方案设计

为了保证调剖剂能够进入地层深部，实现有效封堵，针对该试验区块情况对段塞进行了优化，方案设计采取三段塞注入方式(见表 1)，分别为前置段塞、主段塞和封口段塞，注入浓度采用高-低-高的原则。根据调剖层段的砂体发育情况及与周围油井连通情况，另外借鉴以往调剖经验，确定调剖半径为 1/3 井距。

表 1　单井注入段塞方案设计

井号	调剖厚度/m	第一段塞		第二段塞		第三段塞		合计	
		固体量/t	调剖液/m^3	固体量/t	调剖液/m^3	固体量/t	调剖液/m^3	固体量/t	调剖液/m^3
L11-F30	4	7.8	1740.0	57.0	19000.0	11.1	2460.0	75.9	23200.0
L10-3026	8	9.0	1995.0	65.4	21800.0	12.6	2805.0	87.0	26600.0
平均	6	8.4	1867.5	61.2	20400.0	11.8	2632.5	81.5	24900.0

3.3　打孔方案设计

为确保施工效果，结合水平打孔与调剖封堵组合工艺优化研究成果、地质设计与水力喷射水平打孔工艺要求，对喇 11-F30 井和喇 10-3026 井的打孔方案进行了初步设计与优化(见图 5、图 6)。

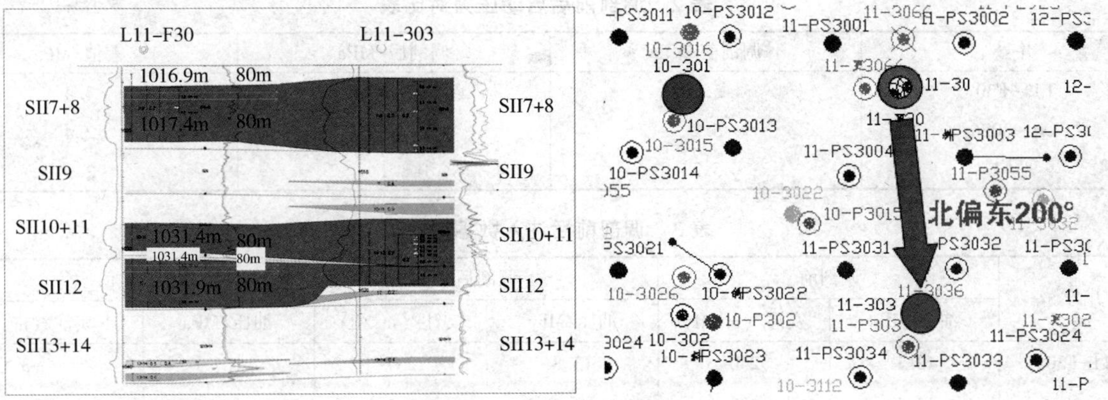

图 5　喇 11-更 30 井水力喷射设计示意图

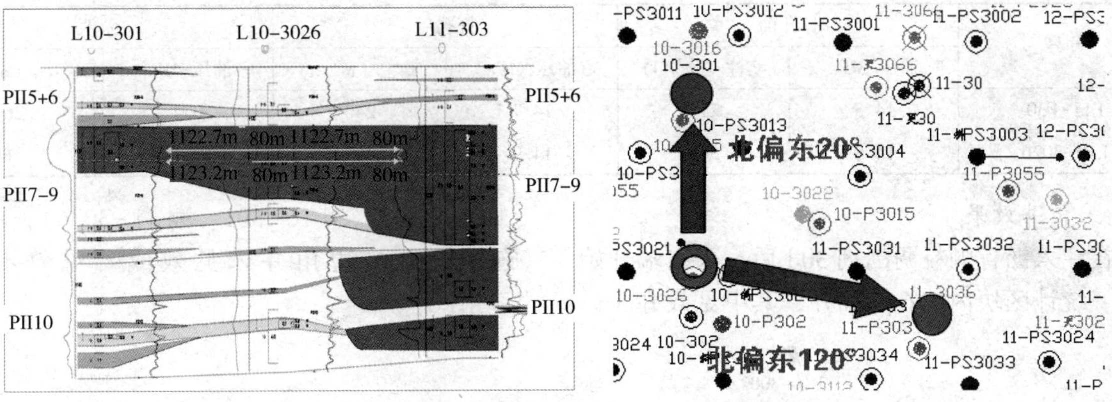

图 6　喇 10-3026 井水力喷射设计示意图

4　试验效果及经济效益分析

4.1　注入井效果

调剖后在注入量不变的情况下，喇 11-F30 启动压力上升 3.4MPa，喇 10-3026 启动压力上升 2.4MPa，且实际注入压力均有抬升(见表 2、表 3)，分析认为调剖后成功遏制了水流优势通道，由原来的沿高渗部位循环改变为驱替低渗层和剩余油富集区域，对流场的重新建立起到了积极作用(见图 7)。打孔后由于进行了注水调整，两口在注入量基本不变的情况下注入压力均上升了 0.15MPa(见表 4)。

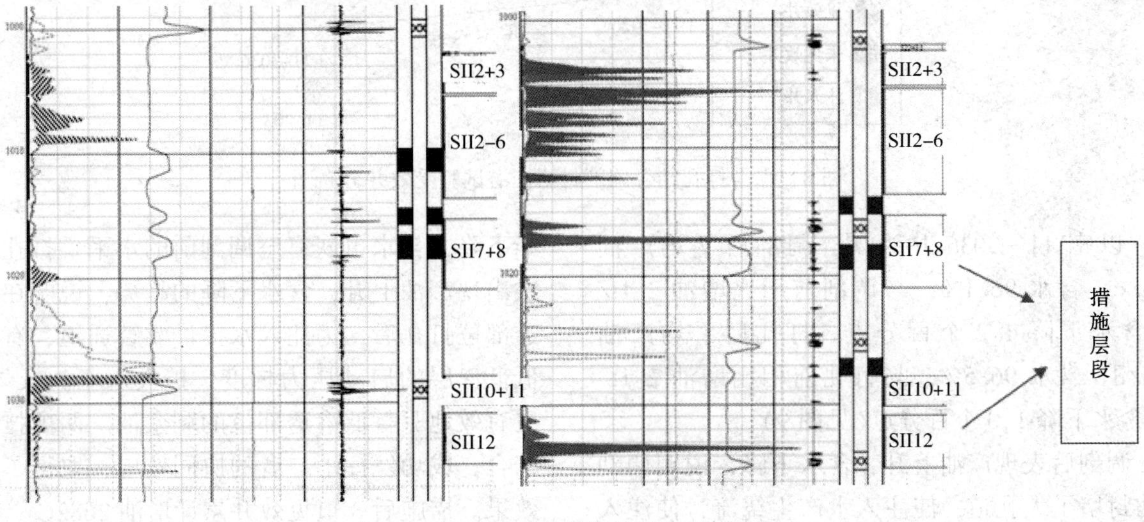

图 7　喇 11-F30 井措施前后注入剖面图

表 2　调剖前后启动压力对比表

井号	调剖前/MPa	调剖后/MPa	差值/MPa
L11-F30	5.1	8.5	3.4
L10-3026	5.2	7.6	2.4
平均	5.2	8.1	2.9

表 3　调剖前后注入数据对比表

井号	调剖前		调剖后		差值	
	油压/MPa	实注/(m^3/d)	油压/MPa	实注/(m^3/d)	油压/MPa	实注/(m^3/d)
L11-F30	12.1	240	13.8	237	1.7	-3
L10-3026	13.8	308	14.9	303	1.1	-5

表 4　打孔前后注入数据对比表

井号	打孔前		打孔后		差值	
	油压/MPa	实注/(m^3/d)	油压/MPa	实注/(m^3/d)	油压/MPa	实注/(m^3/d)
L11-F30	14.5	214	14.7	240	0.2	26
L10-3026	14.8	360	14.9	354	0.1	-6

4.2　采出井效果

在注入沥青颗粒调剖剂 30d 后，采出端开始见效。统计区块内的 6 口油井，其中见效井 3 口(喇 11-303、喇 10-301、喇 11-3036)，距离措施井较远的边角井未见效或者见效不明显(见图 8)。

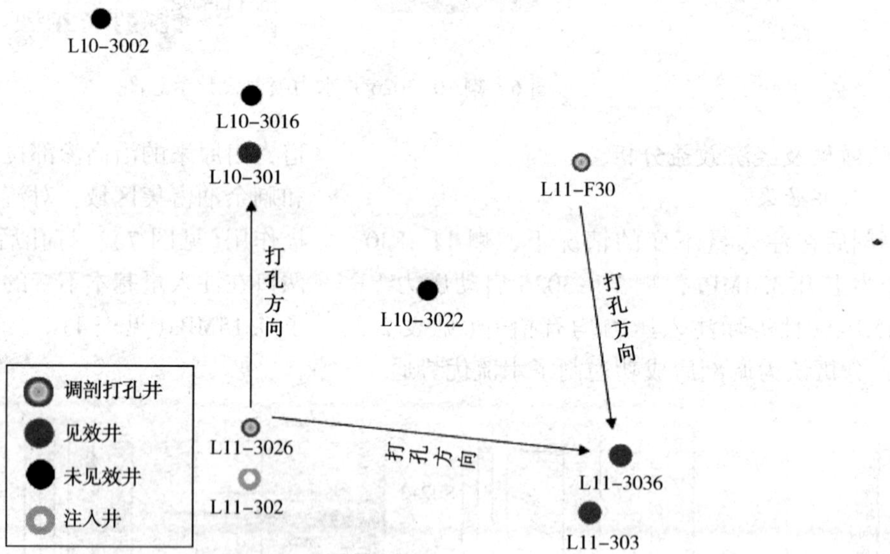

图 8　水平打孔结合调剖封堵挖潜试验受效井分布图

以喇 11-3036 井为例，调剖后平均产油 7.2t/d，含水 96.1%，与调剖前相比增油 2.1t/d，含水下降 1.2 个百分点。打孔后平均产油 6.1t/d，含水 96.5%，与打孔前相比增油 2.1t/d，含水下降 1.0 个百分点(见图 9)。

调剖后表现产油上升，含水下降，说明调剖成功封堵了大孔道，使注入水产生绕流，使注入水由原来的沿高渗部位循环改变为驱替低渗层和剩余油富集区域。随着时间的延长，增油效果逐渐下降，含水也恢复至调剖前的水平。打孔后再次出现产油上升，含水下降的趋势，说明在低渗透部位打孔后，为注入水提供驱替通道，有效降低低渗层的启动压力梯度，扩大水驱波及体积，更有效地驱替低渗透部位的剩余油。两项技术的结合，成功发挥了二者的协同效应，取得了理想效果。措施后 3 口见效井累计增油 2682t。

4.3　经济效益分析

(1) 投入费用投入费用由研究费用、施工费

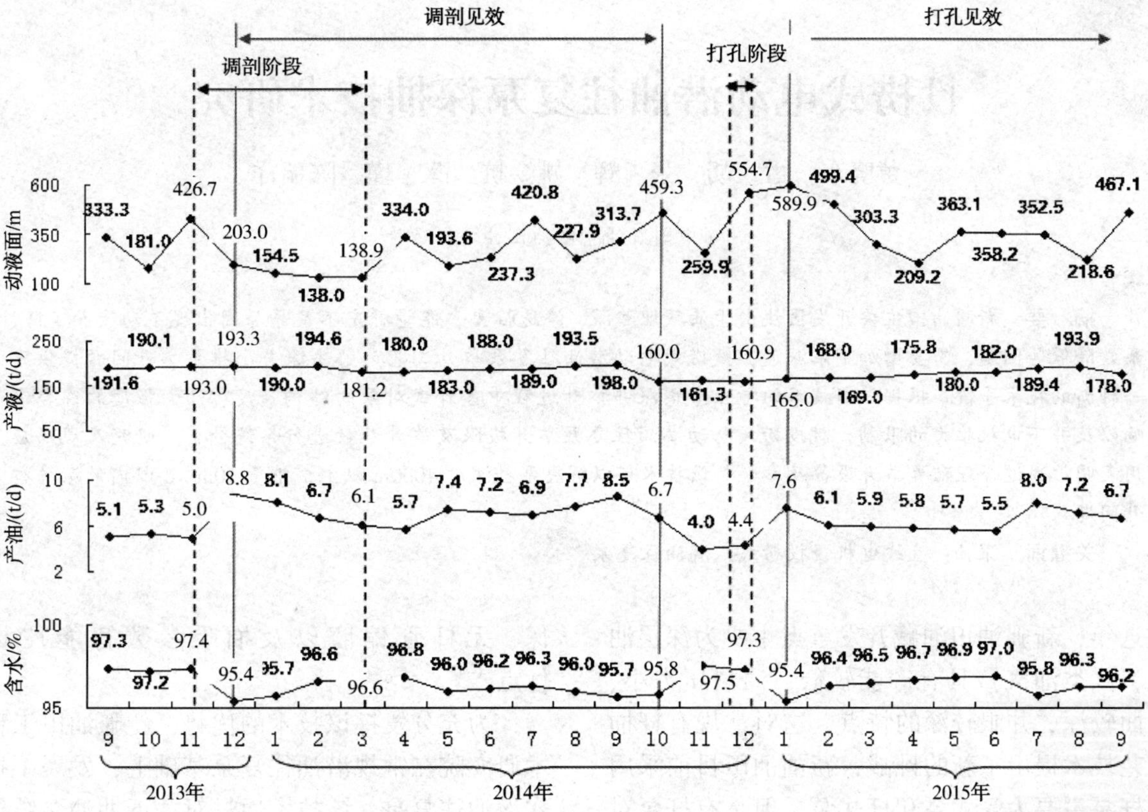

图 9　喇 11-3036 井措施前后生产数据变化曲线

用、测试费用和材料费用四部分组成。其中，研究费用 40 万元；2 口井施工费用 102.276 万元，包括作业费用 7.476 万元、水力喷射水平打孔施工费用 78.8 万元、调剖施工费用 16 万元；2 口井四十臂井径测试费用 3.78 万元；材料费用 116.3191 万元，包括沥青颗粒材料费用 109.1 万元、工具费用 7.2191 万元。总投入费用 262.3751 万元。

（2）产出效益

区块累计增油 2682t，按原油结算价格 2468 元/吨，则增油获得效益 = 2682t × 2468 元/吨 = 661.9176 万元。

（3）投入产出比

投入产出比：1∶2.52。

5　结论与认识

一是通过开展水平打孔与调剖封堵组合工艺优化研究，得出最佳打孔长度为注采井距的 1/4～1/3，最佳打孔方向是与主流线夹角 0°，最佳打孔时机为注入调剖液后注水 0.1*PV* 时。

二是喇嘛甸油田进入到特高含水期开发阶段，油层动用程度已经很高，但厚油层顶部还存在一定的剩余油，通过开展水平打孔结合调剖封堵挖潜试验，为挖潜剩余油、提高采收率提供了有益探索，是厚油层高效开发当中一项行之有效的组合工艺技术。

三是水平打孔与沥青调剖措施结合增油效果明显，一方面改善了吸水剖面，封堵了高渗层；另一方面降低了低渗层的启动压力梯度，增加了低渗层的动用程度，投入产出比达到了 1∶2.52。

参　考　文　献

[1] 刘钰铭，侯加根，宋保全，等．辫状河厚砂层内部夹层表征——以大庆喇嘛甸油田为例[J]．石油学报，2011，32(05)：836-841.

[2] 林玉保，张江，刘先贵，等．喇嘛甸油田高含水后期储集层孔隙结构特征[J]．石油勘探与开发，2008，35(02)：215-219.

[3] 白宝君，李宇乡，刘翔鹗．国内外化学堵水调剖技术综述[J]．断块油气田，1998，5(01)：1-4.

[4] 殷艳玲，张贵才．化学堵水调剖剂综述[J]．油气地质与采收率，2003，10(06)：64-66.

[5] 刘翔鹗．我国油田堵水调剖技术的发展与思考[J]．石油科技论坛，2004(01)：41-47.

[6] 王为．改性沥青堵水调剖剂的室内评价[J]．精细石油化工进展，2012，13(06)：24-26.

[7] 高波．喇嘛甸油田沥青颗粒调剖技术研究[J]．大庆石油地质与开发，2006，25(04)：96-97.

投捞式电动潜油往复泵深抽技术研究

黄晓东　孟　胡　张　辉　姚金杭　薛　瑾　陈瑞祥

(中国石油新疆油田公司)

摘　要　新疆油田主要开发区块由于油藏埋藏深、渗透性差、能量补充不足等原因出现了动液面下降、泵效降低等问题，需要增加下泵深度，投捞式电动潜油往复泵举升工艺为解决深井小排量举升问题提供了一种新的技术手段。根据该新技术的特点考虑深井举升过程中各外载对泵的结构强度、油管强度的综合影响以及井下电机推力的限制，对投捞式电动潜油往复泵举升极限及举升参数进行系统分析。研究及现场应用表明：通过合理配置举升设备及参数，该技术可以解决泵挂深度4000m以上，排量$10m^3/d$以内的深井举升问题。

关键词　深抽；直线电机；投捞式；潜油往复泵

近年，新疆油田油藏开发重点主要为深层油气藏，该类油气藏具有产能较低、油藏压力小、动液面较深、井眼较深的特点，这对常规有杆抽油工艺技术提出了新的挑战，新疆油田目前采用的有杆泵主要为管式泵和杆式泵，但是有杆泵对下泵深度有一定限制，下泵深度的增加会引起抽油机悬点载荷、杆管受力、冲程损失的增加以及杆管严重偏磨等问题。为解决上述问题，满足小排量高扬程举升要求，新疆油田自2010年引进电动潜油往复泵举升工艺技术，经过科研技术人员的攻关研究，现已全面掌握该技术，该技术为无杆采油技术，把直线电机与柱塞式抽油泵结合为一体，将采油设备安装在动液面以下合适位置，利用动力电缆将地面控制系统变频后的电源传输给井下直线电机，直线电机动子推动与其连接的抽油泵作上下往复运动，实现原油举升。该技术具有：设备占地面积小、节能效果明显、环保、无杆管偏磨以及抽吸参数智能控制的优点[1-4]。

为充分发挥该技术的优势，新疆油田工程技术研究院在常规潜油往复泵基础上，发展了投捞式潜油往复泵，该技术通过对井下抽油泵结构进行改进，设计可投捞式结构(见图1)及配套井下打捞工具，以打捞方式实现不动油管、电缆及电机检泵，在国内首次成功进行了现场应用[5][6]，创造了目前电动潜油往复泵陆地举升最深泵挂纪录——3503m，目前该技术正在现场进行推广应用，从现场使用效果来看，该泵排液正常、泵效高、管理方便并创造了连续1085天无故障连续生产的记录。该技术极大的提高了深井举升效率，与常规潜油往复泵相比该技术对于后续检泵作业提供了便利，在深井中应用时，能为后期生产节约大量施工费用。

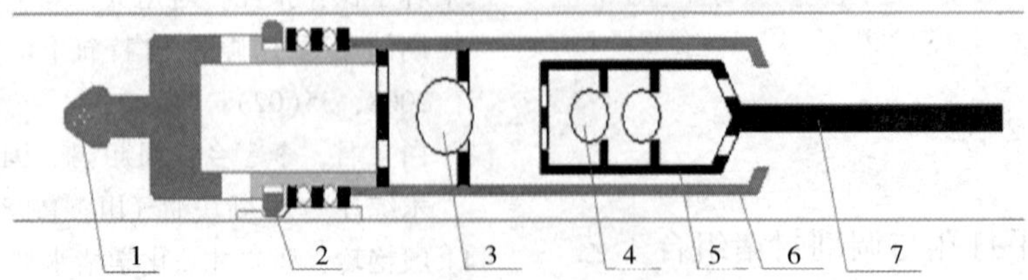

图1　投捞式抽油泵结构示意图

1—打捞头；2—密封装置；3—固定阀；4—游动阀；5—柱塞；6—泵筒；7—推杆

新疆油田金龙2、玛18、玛2、金龙10井区等区块油藏属难动用储量，油藏中部深度达到4000m左右，油藏均呈现渗透性差、埋藏深特点，目前主要采用常规有杆泵采油技术，平均泵挂深度2500m，开采过程中油井压力下降快、产量递减快、泵效低(平均泵效10%~20%)、动液面下降快，另外，金龙2、玛2间抽井数量分别占开井数的55.5%、76%，占比较大。由于可投捞式潜油往复泵技术在深井智能化举升方面的巨大优势及前期使用的良好效果，新疆油田公司将会在后续的深抽中大量推广该技术。在现场原油开采过程中，为了追求高产液量以及解决后续生产动液面下降的问题，需要加大泵挂深度，但是泵挂深度的增加受到泵的结构强度、油管强度以及井下电机推力的限制，此外对产量、泵效也有影响。由于投捞式潜油往复泵技术在国内属于首创，在深井中的应用处于初始探索阶段，缺乏有效的理论指导。为此，本文根据新疆油田公司重点区块玛湖油藏特点对投捞式电动潜油往复泵在该区域的深抽应用进行适应性研究，对极限泵挂深度及举升参数进行系统分析。

1 抽油泵受力分析

投捞式潜油往复泵采用插入式结构，将抽油泵从油管下入井内，抽油泵上的密封限位装置将泵筒卡在油管内壁，随后启动井下直线电机，完成电机动子和柱塞下端的对接然后进行举升作业，举升系统各组成部分见图 2 所示。投捞式潜油往复泵在工作时，泵筒所承受的载荷主要有筒内压 P_i、筒外压 P_o、筒自重 W_z、筒浮力 W_f 以及柱塞、液流对泵筒内壁的摩擦力 F，由于泵筒自由悬挂，筒自重、筒浮力及摩擦力忽略不计。柱塞下行时，游动阀打开，固定阀关闭，密封限位装置以上的泵筒部分，在筒外压(数值等于 P_i)与筒内压(数值等于 P_o)作用下产生径向收缩；柱塞上行时，游动阀关闭，固定阀打开，密封限位装置以下的泵筒部分，在筒内压 P_i、筒外压 P_o 作用下产生径向膨胀；打捞检泵时上提施加 2t 载荷，抽油泵与密封限位装置分离，实现打捞检泵。

泵内压：

$$P_i = \rho gh + P_b + \Delta p \tag{1}$$

式中 P_i——泵筒内压力，Pa；

ρ——液体密度，kg/m^3；

g——重力加速度，kg/m^3，数值取 9.8；

h——泵下深，m；

P_b——井口油压，Pa；

Δp——摩擦压降，Pa。

玛湖区块现场参数见表 1 所示，摩擦压降按 Beggs-Brill[7] 模型计算，不同井深条件下泵内压见表 2。

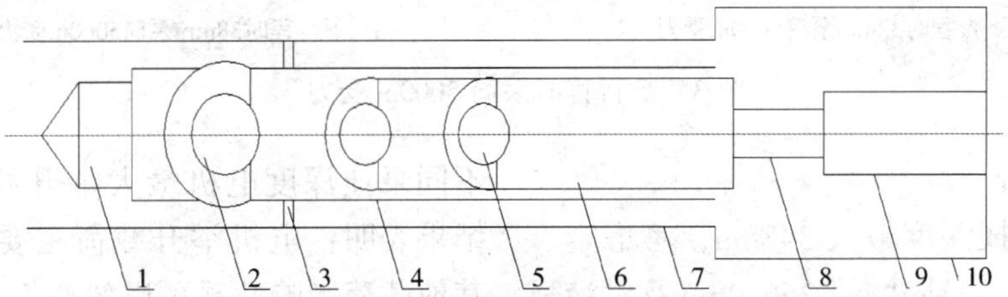

图 2 投捞式潜油往复泵举升系统组成示意图

1—打捞头；2—固定阀；3—密封装置；4—泵筒；5—游动阀；6—柱塞；7—油管；8—推杆；9—电机动子；10—电机定子

表 1 玛湖区块参数

井口回压/MPa	2	平均气液比/(m^3/m^3)	100
地面脱气原油平均黏度/(Pa·s)	5.93×10^{-3}	油管内径/mm	63.5
原油平均密度/(kg/m^3)	836	日产液/(m^3/d)	8

表 2 不同井深泵内压

井深/m	3000	4000	5000	6000
泵内压/MPa	24.56	31.11	37.48	43.68

目前使用的泵有 32mm、38mm、44mm 三种规格，泵壁厚 6mm，泵筒材料为 35CrMo，弹性模量：$E = 2.06\times10^5$ MPa，泊松比：$\mu = 0.3$，屈服强度为 835MPa，考虑极端情况泵外压取 0，利用有限元分析软件 Abaqus 对泵筒在上下行程中的受力进行分析，结果见图 3 及表 3，研究结果表明泵筒强度完全能够满足深抽需求。

表 3 泵筒受力

泵径/mm	泵挂深度/m	上行程最大 Mises 应力/MPa	下行程最大 Mises 应力/MPa	结果
$\Phi32$	3000	93	101	安全
	4000	119	128	安全
	5000	141	157	安全
	6000	162	181	安全

续表

泵径/mm	泵挂深度/m	上行程最大 Mises 应力/MPa	下行程最大 Mises 应力/MPa	结果
$\Phi 38$	3000	104	115	安全
	4000	134	147	安全
	5000	159	175	安全
	6000	184	201	安全
$\Phi 44$	3000	116	128	安全
	4000	149	161	安全
	5000	177	192	安全
	6000	205	224	安全

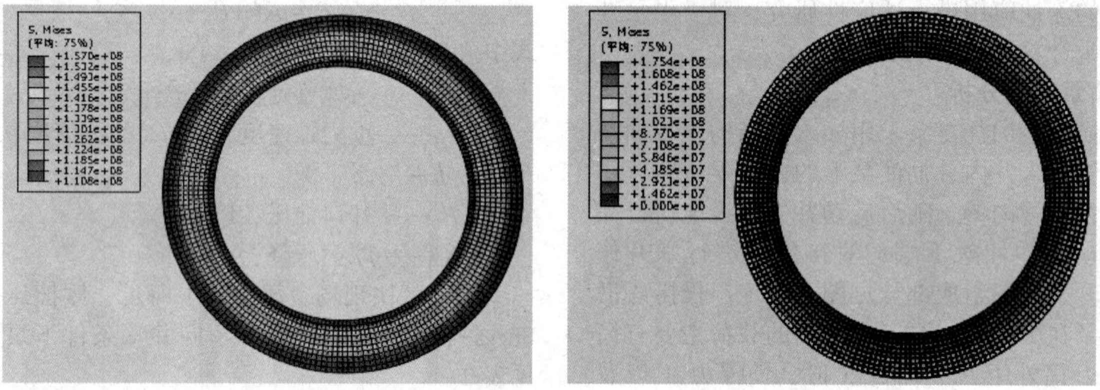

(a)下行程时32mm泵筒5000m受力　　(b)下行程时38mm泵筒5000m受力

图3　下行程时泵筒 5000m 受力

2　电机举升载荷分析

目前玛湖区块泵挂深度最大 3488m，考虑金龙 2 井区油藏埋藏深(完钻井深 5266.2m)及供液能力不足的问题，需进一步开展泵挂深度 4000m、4500m、5000m 举升工艺技术研究，进一步扩大投捞式潜油往复泵深抽应用效果，为相关区块深层油藏开发提供技术支持。目前使用的井下直线电机推力有 25kN、35kN、60kN 三种规格，冲程 1.23m，冲次 0.1~8 次/min，电机举升载荷主要由液柱载荷、液注摩擦载荷、加速度载荷 3 部分组成[8,9]。利用表 1 参数计算不同泵径、不同泵挂深度电机最大举升载荷，结果见表 4，结果表明：电机举升载荷主要由液柱载荷构成，其他载荷影响几乎可以忽略不计。

液柱载荷：

$$P_h = (\rho g h + P_b)\pi d^2/4 \tag{2}$$

液柱摩擦载荷：

$$P_f = \Delta p \pi d h \tag{3}$$

加速度载荷：

$$P_a = P_h \frac{sn^2}{1440} \tag{4}$$

表 4　电机举升最大载荷

泵径/mm	泵挂深度/m	液柱载荷/N	液柱摩擦载荷/N	加速度载荷/N	电机举升载荷/N
$\Phi 32$	3000	18134	369	991	19494
	4000	23407	446	1280	25133
	5000	28534	522	1560	30616
	6000	33521	598	1832	35951
$\Phi 38$	3000	25572	369	1398	27339
	4000	33007	446	1804	35257
	5000	40237	522	2200	42959
	6000	47270	598	2584	50452

续表

泵径/mm	泵挂深度/m	液柱载荷/N	液柱摩擦载荷/N	加速度载荷/N	电机举升载荷/N
Φ44	3000	34285	369	1874	36528
	4000	44253	446	2419	47118
	5000	53946	522	2949	57417
	6000	63376	598	3465	67439

3 油管及推杆受力分析

油管在井下承受的载荷由液柱载荷、惯性载荷、摩擦载荷、油管自重、电机重量、电缆重量组成。油管的最大允许使用强度由以下公式计算：

$$[\sigma]=\frac{\sigma_k}{n} \tag{5}$$

式中 σ_k——丝扣抗拉强度，N；

n——安全系数，无因次；

σ——最大允许使用强度，N。

目前现场深抽使用外径 73mm、壁厚 5.51mm 的 P110 外加厚油管，丝扣抗拉强度为 904010kg，油管线重 6.5kg/m，电机重 1000kg，电缆线重 2.86kg/m，不同安全系数油管最大允许使用强度见表 5。

表 5 不同安全系数下油管最大允许使用强度

安全系数	1.1	1.2	1.3	1.4	1.5
最大允许使用强度/N	821827	753342	695392	645721	602673

推杆在井下承受较大的电机推力及举升载荷，推杆为细长杆，因此必须验证推杆工作过程中的稳定性，将其简化为两端固定形式，分别对 Φ32mm/Φ38mm/Φ44mm 抽油泵的推杆稳定性进行校核，推杆材料采用 45 号钢，弹性模量：E=200GPa，比例极限：σ_p=200MPa，屈服强度：σ_s=355MPa，抗拉强度：σ_b=600MPa。由欧拉临界应力计算公式可得推杆保持稳定的临界载荷，推杆基本尺寸参数及临界载荷计算结果见表 6。

表 6 推杆基本尺寸及临界载荷

泵径/mm	Φ32	Φ38	Φ44
推杆长度/mm	1432	1432	1432
推杆内径/mm	15	19	24
推杆外径/mm	29	33	38
临界载荷(N)	113993	153073	202614

4 最大下泵深度确定

投捞式潜油往复泵允许最大下入深度由泵的结构强度、油管强度、推杆临界载荷、电机载荷综合决定，通常是在泵和油管强度足够的条件下，由电机载荷决定，利用式(1)、(2)、(3)、(4)、(5)可计算出使用外径 73mm、壁厚 5.51mm 的 P110 外加厚油管，(考虑油管结蜡、振动载荷及管柱解卡影响，油管安全系数取 1.2)不同泵径、不同电机推力下的最大下入深度，计算结果见表 7。由表 7 可知电机推力达到 60kN 后，不同泵径条件下最大下泵深度基本不变，影响下泵深度的原因主要是油管强度，若需进一步加大下泵深度需使用更高强度油管或使用复合油管。

表 7 不同泵径、不同推力电机下的最大下泵深度

泵径/mm	电机推力/N	最大泵挂深度/m	适用排量范围/(m^3/d)
Φ32	25000	3970	0.1~11.4
	35000	5800	
	60000	6430	
Φ38	25000	2710	0.2~16.1
	35000	3980	
	60000	6460	
Φ44	25000	1980	0.3~21.5
	35000	2890	
	60000	6490	

5 深抽举升参数设计

目前国内外深井举升工艺技术以有杆泵、电潜泵和气举为主，投捞式潜油往复泵作为一种新的无杆采油技术将在新疆油田进行推广应用，在前期使用过程中取得了较好的使用效果，但目前有关该工艺的举升参数配置还缺乏有效的理论指导，如：泵深、泵径、冲程、电机类型选择，也未见有相关文献对其优化设计方法进行研究。结合玛湖区块油藏特征，基于表 1 参数及以上研究成果分别对 3000m、4000m、5000m、6000m 举升参数进行设计，设计原则如图 4 所示，根据前期使用情况，泵效按 70% 计算，电机推力取 70%，设计结果见表 8。

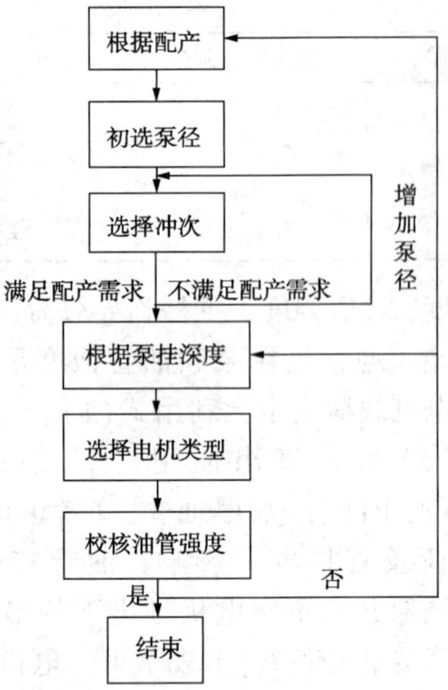

图 4　设计流程

表 8　深井举升设计参数

泵挂深度/m	电机推力/N	泵径/mm
3000	25000	32
4000	35000	32
5000	35000	32
6000	60000	32

6　现场应用情况

截至 2017 年 12 月，投捞式电动潜油往复泵采油技术在新疆油田成功实施 6 口井，其中深井 3 口、中深井 3 口。深井平均下泵深度 3473. 8m，最大下泵深度达到 3503m(国内最深)，平均日产液量 4. 96m³/d，平均泵效 75%，中深井平均日产液量 6. 22m³/d，平均泵效 62. 4%，最长连续生产时间 1137 天。6 口井中玛湖区块 2 口井，分别是 Ma2303、Ma2342，这 2 口井生产参数见表 9所示，这 2 口井与该区块抽油机井相比加深泵挂 1000m 以上，2 口井的成功运行表明该区块泵挂 3500m 的深抽试验获得成功，由于油藏供液不足及动液面下降快，这 2 口井产量及泵效均没有达到最佳水平，在供液充足条件下，通过合理调参后能满足 10m³/d 的生产要求。

表 9　油井生产参数

井号	泵挂深度/m	电机推力/N	泵径/mm	冲次/min^{-1}	平均日产液/(m^3/d)	平均泵效
Ma2303	3488. 3	35000	32	6	4. 87	57. 03%
Ma2342	3430	35000	32	3	3. 1	72. 6%

7　结论及建议

（1）设计了一种投捞式潜油往复泵及抽油泵打捞工具并配套形成现场施工工艺，该技术为低渗油藏深抽提供了一种新的思路。本文研究成果，可为投捞式潜油往复泵举升技术在新疆油田的后期推广应用提供技术支撑和生产保障，可以满足现场应用，具有良好的应用前景。

（2）合理举升参数确定与油藏特性有很大关系，目前对低渗油藏参数研究不够透彻，需加大这方面研究力度，为后续现场应用提供理论指导。

（3）目前投捞式潜油往复泵使用的井下直线电机只能在≥$5^1/_2$in 套管中应用，需要研制能够在 5in 套管中使用的井下直线电机，以扩大该技术使用范围。

参　考　文　献

[1] 刘艳英，崔刚，蒋维军等．往复式潜油电泵在渤海油田的研究及应用[J]．钻采工艺，2017，40(03)：81-83+12.

[2] 张帆．井下潜油往复泵举升工艺设计[D]．东北石油大学，2015.

[3] 赵磊，杨学云，曲占庆，邹群，王景瑞，刘建敏．井下电潜式往复泵举升系统设计[J]．石油矿场机械，2008，(02)：37-39.

[4] 李明，杨海涛，田启武，辛宏，刘天宇，甘庆明．直线电机往复泵采油技术研究与试验[J]．石油机械，2014，(12)：94-96+101.

[5] 雷德荣，姚满仓．国内首次可投捞式电动潜油往复泵深抽技术成功应用[J]．新疆石油科技，2016，26(3)：3.

[6] 黄晓东，姚满仓等．投捞式电动潜油往复泵研制及现场试验[J]．钻采工艺，2018，41(02)：82-84.

[7] 陈家琅、陈涛平．石油气液两相流[M]．第 2 版．北京：石油工业出版社，2010：59-69.

[8] 王善政．井下电潜式往复泵技术研究[D]．中国石油大学硕士论文，2007.

[9] 吴晓东，何岩峰．电动潜油往复泵下泵深度设计方法研究[J]．石油钻探技术，2008(01)：1-3.

缝洞型油藏水驱流道调整技术研究与应用

吴文明　陈华强　黄明良　张子轶　石　锐　岳　鹏

（中国石化西北油田分公司）

摘　要　塔河油田碳酸盐岩缝洞型油藏孔、缝、洞储层发育，以岩溶缝洞为主控因素、以缝洞储集体控藏为主的复杂油气藏组成，储集体空间分布均有随机性、非均质强。随着注水替油轮次的增加，注水替油井均不同程度的进入低效或失效阶段，实现水驱流道调整是研究的主要方向。目前采油厂主要通过流道调整改变水驱效果，以颗粒药剂体系进行封堵，提高油井采收率。并通过深化油藏认识、丰富调流药剂体系、完善施工工艺，形成一套针对塔河油田缝洞型油藏流道调整技术体系。

关键词　缝洞型油藏；注水替油；流道调整；颗粒；纳米调驱；提高采收率；工艺配套

塔河油藏整体构造面貌呈南东高、北西低的斜坡形态；东部溶蚀作用强、沟壑纵横，岩溶残丘地貌发育；中西部呈隆洼相间的构造缓坡，沿主干断裂局部形成断隆。油藏具有“两超三高”特点，属“国内独有、世界少有”的油藏，具有世界级开采难度，油井超深（5400～7000m）、油品超稠（50℃时最高黏度 210×10^4MPa·s）、高含胶质沥青质（30%～50%）、高矿化度（20×10^4mg/L）、高含硫化氢（80%油井超过 150ppm，2×10^4ppm 的油井 165 口）[1-3]。储层以洞、孔、缝为主，非均质性极强，这也是和砂岩的本质区别。碳酸盐岩无法预测流动规律。塔河奥陶系碳酸盐岩缝洞型油藏完全不同于陆相砂岩油藏，没有成熟的开发理论和模式可借鉴。缝洞结构内部流动复杂多样，微观渗流和宏观管流并存。复杂的油水分布和连通性导致注入水易沿渗流阻力小，渗透率大的方向和部位快速推进，而在低渗方向和部位推进较慢，造成水线推进速度不均衡。水驱一旦形成窜流通道，注入流体则难以再波及其他区域，造成水驱采收率低，大量剩余油存在于井间次级通道储集体内，水驱不能动用。另外，注水沿优势通道水窜或下渗造成注入水的无效循环与浪费[4-7]。

1　井组水驱现状分析

目前采油厂累计对 41 个井组进行单元注水，目前水驱覆盖程度 64.4%，控制储量 1.1158×10^8t，水驱控制 29%，水驱动用储量 4773×10^4t，水驱动用率 13.0%。通过统计发现，已受效的 53 个井组中，31 个井组存在水窜导致水驱变差，占比达到 58%。综上所述采油二厂水驱动用程度低，水驱无效井组多，水驱变差井组多。经分析认为，受油藏复杂的缝洞结构影响，注水变差存在以下几点原因。一是优势通道明显：多方向受效，沿优势通道单方向水窜，导致最终整体驱油效率不高；二是有效驱替范围小：注采井组位于同一缝洞集合体内，井间连通性好，水窜快；三是裂缝连通：裂缝为主要连通通道及水窜通道，也是导致水窜的一个重要原因；四是注水强度太大：注采强度明显不合理，加剧了水窜的速度；五是正常变差：水线较均匀推进，水驱到了后期，水驱变差已成自然趋势。亟需开展单元水驱流道调整技术研究，提高单元水驱波及体积，提高水驱采收率。

2　水驱流道调整机理[8-10]

流道调整主要通过药剂颗粒体系，实现优势通道封堵或实现平面（纵向）调整水驱的目的，主要分为“三种模式、两种调流方法”。“三种模式”如图 1 所示，一是调体内，通过不同强度体系，储层内部结构逐级动用，实现同一套储层内部流道调整；二是调体间，通过远距离定点放置，封堵原连通通道，实现同向第二套储集体动用；三是调方向，通过高效卡封，封堵原水驱方向通道，实现其他方向储集体动用。

根据不同尺度管流方程以及矿场实测数据，分析了影响注水效率的主要问题管道管径 D，提出了缩缝、卡缝两种流道调整两种机理。

缩缝调流机理：如图 2 所示通过向地层注入可分离（地层温度下）的等密度覆膜颗粒体系，实现定点沉降放置缩小裂缝尺度，提高次方向分水量如图 3 所示。适应对象：一注多采，平面不均匀受效。药剂需求：随水运移沉降，最好能变密度实现深部缩缝。

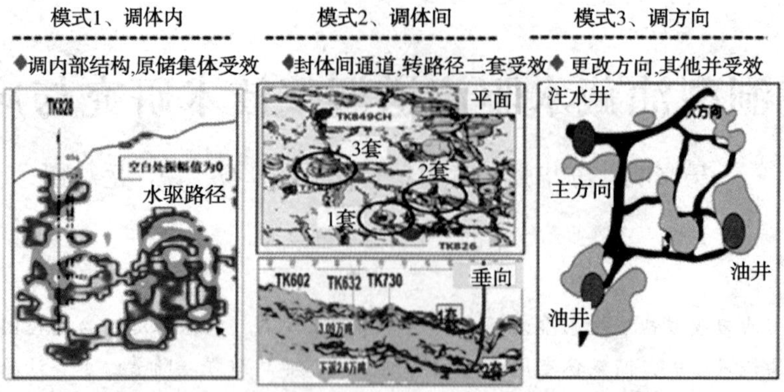

图 1　三种调流模型

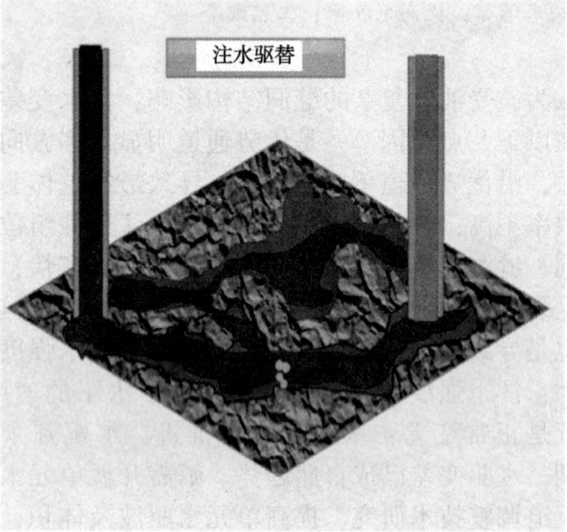

图 2　缩缝调流示意图

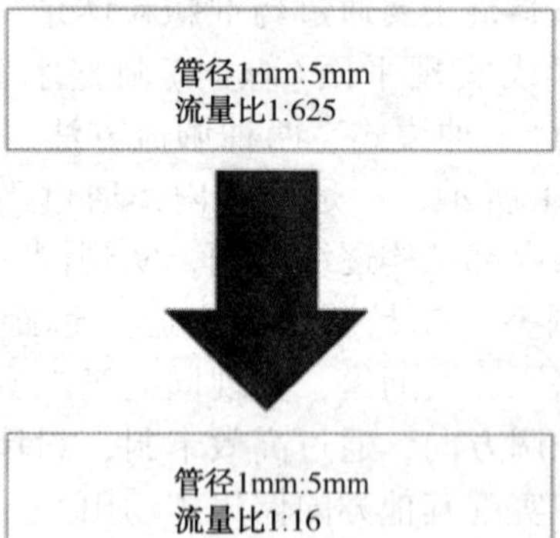

图 3　管径与流量关系对比

卡缝换流机理：通过向地层注入等密度调流颗粒(变粒径)，颗粒随水运移，在地层中膨胀，卡封裂缝喉道，变换水道动用次级通道，提高注水波及面积如图 4 所示。适应对象：一注一采，平面或垂向存在未动用通道。药剂需求：随水运移卡缝，最好能变粒径实现深部卡缝。流道调整三个关键点：(1)选择合适的储集体；(2)根据井筒吸液段-目标储集体平面、垂向距离进行运移设计；(3)优选调流体系。储集体选择原则为：先调体内、再调体间、最后改方向；地点放置的一般方法为：横向运移距离通过施工排量控制、垂向相对高差通过药剂密度控制；调流剂恰当优选的原则为：密度可控，沉降/上浮到位；强度可控，由缩缝逐渐过渡到卡缝；粒径可控，堵大不堵小，运移顺利；油水可控：调整水道，不调油道。

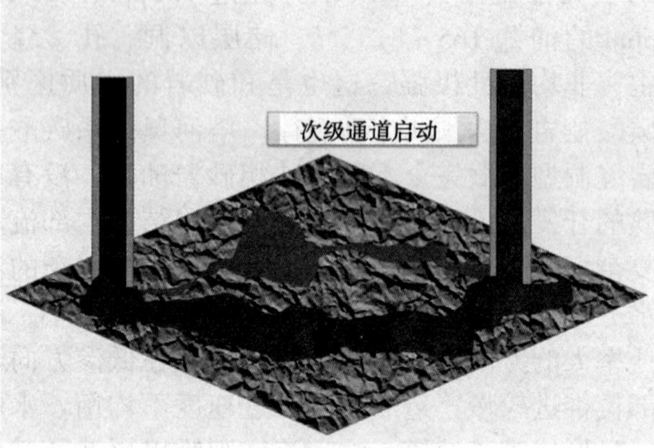

图 4　卡缝调流示意图

3　水驱调流药剂体系

药剂体系主要有不同粒径、不同密度颗粒橡胶颗粒体系为如图 5 所示，粒径从 0.5~6mm 之间可调；密度按照不同需要分为中密度、等密度、低密度三种类型，其中中密度颗粒(1.19g/cm³)调整下部储层，低密度颗粒(1.05g/cm³)调整上部储层，等密度颗粒(1.14g/cm³)调断裂平面。同时不断改进颗粒调流体系，形成了相适应的软弹体、塑弹体等等颗粒调流体系，并配套冻胶、水玻璃等其他辅助药剂体系。

图5　不同粒径、不同密度型颗粒

4　储层分类

宏观上讲，采油二厂六、七区属于风化壳+暗河岩溶，十区、十二区属于断控岩溶(如图6所示)，另外在辖区内部分区域还存在充填较严重的单元，因此采油二厂的调流对象分为三类。充填型储层：此类储层一般为古河道砂岩、砾岩充填或溶洞垮塌。钻井一般漏失量较小，注水常表现为“一注多采”，注水起压，具有砂岩的渗流特性。调流施工常规颗粒难以注入，但调流有效率高，目前采取“小粒径、低浓度”试注或采用纳米活性物洗油调驱。缝洞型储层：此类储层调流井直接钻遇溶洞或酸压裂缝沟通溶洞，存在泥浆大量漏失，注水不起压或起压低等特征，缝洞通道较为发育。注水多表现为“一注一采”，井组间水窜优势通道明显，单纯调流颗粒难以有效封堵，需配合高温凝胶填洞架桥，为后续调流剂有效封堵创造有利条件，施工过程表现为起压困难，调流有效率低等问题。裂缝型储层：此类储层调流井一般不存在放空、漏失，储层天然裂缝(含孔缝)较为发育，注水表现为“一注多采”，但因裂缝发育尺度小，管流能力弱，井组生产常表现为天然能量不足，注水压力高。调流道施工过程存在明显的“爬坡”压力，施工过程应采用“小颗粒、低浓度、中小排量”，控制施工压力快速上升。此类储层井组调流成功率高，并表现为有效期长，多轮次调流均有效的特征[11-16]。

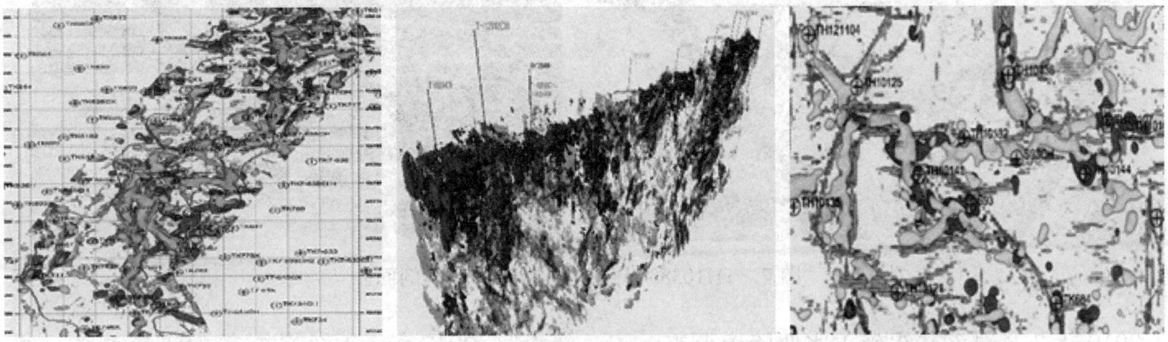

风化壳+暗河储层　　断溶体储层　　岩溶充填

图6　塔河油田碳酸盐岩油藏储层分类

5　工艺配套研究

5.1　注入工艺

注入工艺上采用不动管柱、多段塞施工。对于光管柱优先选用正注，对于机抽管柱选择油套环空反注，保证调流施工过程连续性，避免调流颗粒在井筒内堆积，多段塞间顶替一个井筒容积的盐水，冲扫井筒内残留的调流颗粒。

5.2　泵注设备的选择

调流施工泵注设备选择大活塞式千型泵，能够满足施工排量($20 \sim 60m^3/h$)、施工压力(45MPa)和泵注悬浮颗粒的要求，施工过程泵注设备“一用一备”，避免施工过程中途停泵造成调流颗粒井筒内堆积。

5.3　施工选井原则

根据前期流道调整经验，从水驱效果、井间连通情况、剩余油富集程度、工艺基础等4个方面制定选井原则见表1。

表 1　塔河油田缝洞型油藏水驱流道调整选井原则

序号	类别	参考指标	选井原则
1	水驱效果	水驱阶段	井组间水驱动态连通关系明确或疑似响应
2	井间连通情况	井间通道数量	井间连通通道显示 2 条以上，有明确的通道调整基础。(1)静态依据：储集体雕刻显示注采井间有 2 条以上通道连通；(2)动态依据：示踪剂检测数据显示多峰、井间干扰试井显示多次信号波
		井间连通程度	优选裂缝型连通，大尺度裂缝及溶洞连通次之
		注采关系	优选多向注采井组，避免一注一采井组
3	剩余油富集程度	剩余油分布	水驱优势通道周围有丰富的剩余油
4	工艺基础	井筒条件	井筒完整，避免砂埋或落鱼，井口满足施工压力要求

6　流道调整矿场实践

自 2015 年开始尝试缝洞型油藏流道调整试验，目前已经开展矿场试验 14 井组 19 井次，其中 11 个井次有增油效果，施工有效率 57.8%，累计增油超过 3×10^4t，已形成一套针对缝洞型碳酸盐岩油藏低成本流道调整技术，成为塔河油田缝洞型油藏治理井组水驱问题的有效手段，并得到推广应用。

6.1　缝洞型储层单一调流颗粒难以有效封堵

缝洞型储层累计实施水驱流道调整施工 7 井组、10 井次，确认有效 2 井次，施工有效率 20%，施工普遍存在不起压，单纯调流颗粒难以有效封堵井间优势通道。以 TH10383 井组水驱流道调整为例，如图 7 所示，该井位于塔河 10 区阿克库勒凸起西部斜坡，钻井期间直接钻遇溶洞，在井段 5979.98 ~ 5980.45m，5995.02 ~ 5995.82m，5997.96 ~ 6000.27m 三次发生放空，累计漏失钻井液 948.25m^3。TH10383 井组静态连通基础好，TH10383 井注水，邻井 TH10343 井快速水窜，本井注水不起压。

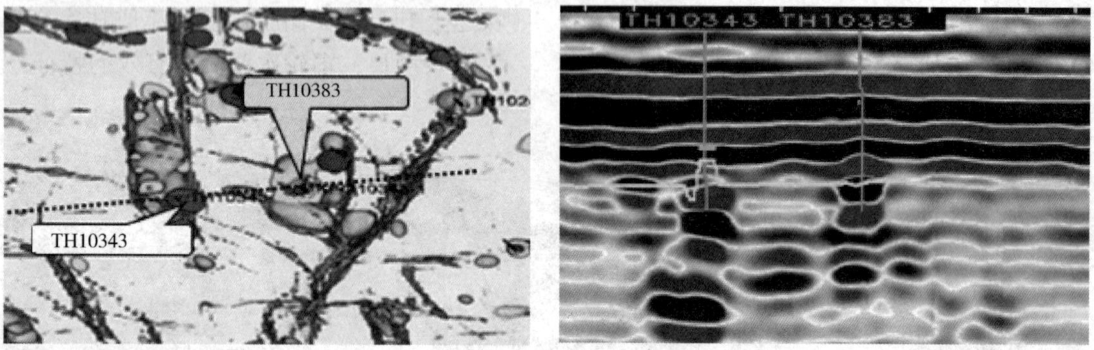

图 7　TH10383 井组缝洞雕刻与地震剖面图

2019 年 2 月对该井组施工水驱流道调整，累计注入中密度调流颗粒 51t、液体 2060m^3，施工全程不起压，调流后 TH10343 井水窜无明显改善。

6.2　注入压力高型裂缝型油藏、多轮次调流有效

裂缝型油藏累计实施水驱流道调整 4 井组、5 井次，有效井次 3 井次，施工有效率 60%。无效施工 1 井次施工井筒堵塞，1 井次井组动态无明显响应。以 TH10334 井水驱流道调整为例，该井钻井过程中无放空漏失，注水 600m^3起压，注水压力 12MPa 走平，属于典型裂缝型储层。如图 8 所示，TH10334 井日注水 100m^3，邻井 TH10370 井稳定受效，后注水突破后快速“水淹”。2017 年 6 月实施首轮次流道调整，注入中密度调流颗粒 1 ~ 2mm 的 4.9t，3 ~ 4mm 的 1.1t，由于压力异常上升(2MPa 升至 22MPa)，停止泵注颗粒，过顶替盐水后结束施工。井组按原注水量 100m^3/d 恢复注水，TH10370 井低含水生产，累产原油 8035t。后注水突破，TH10370 井含水上升，2019 年 1 月开展第二轮次水流道调整，注水中密度调流颗粒 1 ~ 2mm 的 23t，2 ~ 3mm 的 16t，施工过程油明显的“爬坡”压力，油压 15MPa 升至 24MPa，套压 25MPa 升至 33MPa。施工后井组恢复注水，受效井 TH10370 含水率 46%下降至 5.5%，日产油 15t 升至 23t。井组两轮次施工均受效。

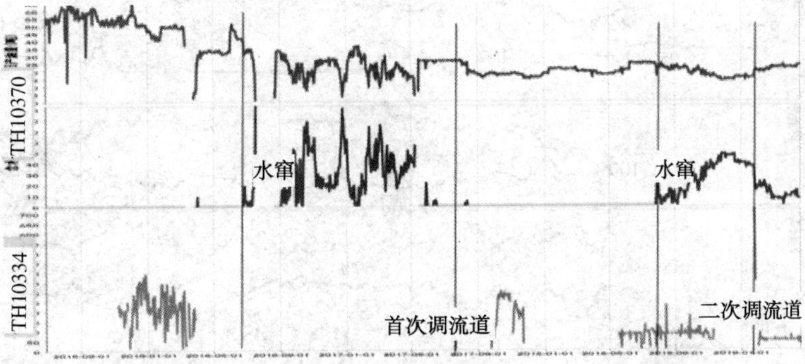

图 8　TH10334 井组生产曲线

6.3　充填型储层常规调流颗粒难以注入

充填型储层形成过程主要由古河道受砂岩、砾岩充填或落水洞坍塌，无连续裂缝“管流”通道，水驱表现为砂岩的渗流特性调流颗粒难以有效注入。

TK7－459H 井组受暗河控制，一注三采，TK7－459H 井注水邻井 TK777X、TK733CH、TK714CH 受效并水窜。TK7-459H 井组首轮次调流，注入 1～2mm 中密度调流颗粒 3.2t，泵注压力异常升高停止施工。如图 9 所示，井组恢复注水后，TK714CH 井水窜通道得到有效封堵，动液面 760m 降至 1060m，含水率稳定产油 4400t。注入水向 TK777X 方向分流，动液面 1070m 升至 0m，高含水生产。

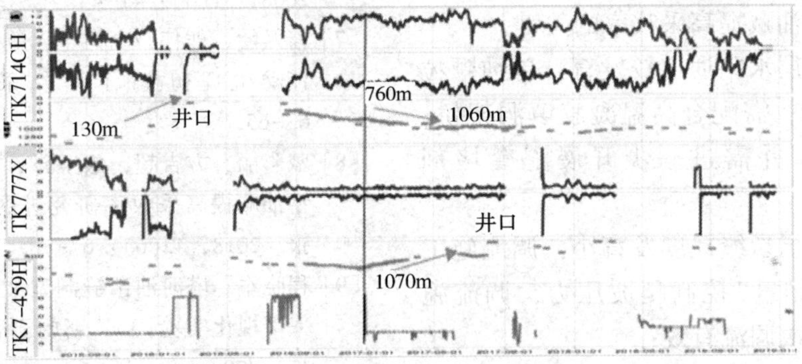

图 9　TK7-459H 井组生产曲线

6.4　TK7-459H 井组纳米硫化钼调驱试验

针对 TK7-459H 井常规调流颗粒难以注入，首次在碳酸盐系统采用纳米硫化钼调驱。纳米硫化钼（MoS_2）是一种黑色固体粉末，单颗粒成“片状”，平均厚度 1.2nm，密度 4.8g/cm^3，熔点 1185℃，具有良好的耐温、耐盐性，在水中分散性好，性能稳定。硫化钼作为纳米尺度颗粒，具有润湿、两亲、乳化、降粘的独特物性，可以自动“寻找”油水界面，将岩石由“油润湿”变为中性润湿，易于剩余油“剥离”、“乳化”，形成混相驱动，提高驱替效率。驱油机理硫化钼薄片改变岩石的润湿性，将残余油剥离、聚并，乳化形成类似活塞流。稠油降粘作用降低油水流度比，提高原水窜导流通道的阻力，扩大驱替面积，提高水驱效果。如图 10～图 11 所示，采用“脉冲”注入 0.005%纳米薄片 3100m^3，TK764CH 含水率 95%降至 46%，TK733CH 井含水率 100%降至 38%井组增油 1446t 如图 11 所示，施工费用 44.4 万元。

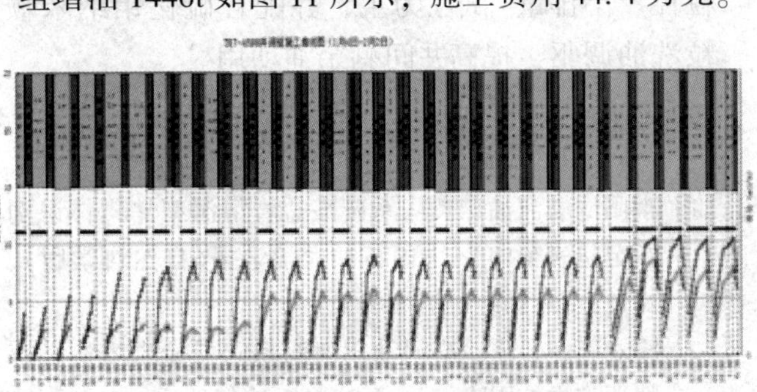

图 10　TK7-459H 井纳米颗粒调驱

7　结论与认识

流道调整作为碳酸盐岩油藏低成本提高采收率的常规手段之一，已在塔河油田取得了一定的应用效果。经过不断的现场试验应用，不断总结

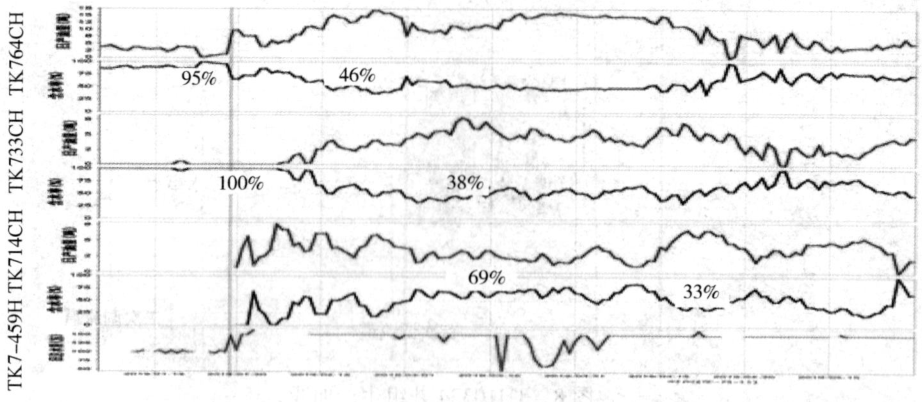

图 11　TK7-459H 井组生产曲线

提炼经验，形成了以下认识：

（1）水驱流道调整能够有效调整塔河缝洞型油藏水驱路径，封堵水驱优势蹿流通道，提高水驱动用储量；

（2）碳酸盐岩缝洞型油藏储集体精细描述与储层特征是提高采收率的研究的核心基础，储层的裂缝大小，井组的连通关系，剩余油的分布状态都是实现缝洞型油藏提高采收率的关键。

（3）缝洞型储层水驱通道较发育，单纯颗粒调流难以有效封堵，需配合高温凝胶填洞架桥，增加施工有效率，并需进一步开展配套堵剂研究；

（4）裂缝型储层裂缝尺度发育小，调流施工应以“小粒径、小排量”控制爬坡压力，调流施工有效率高，多轮次调流有效；

（5）充填型储层水驱通道被砂岩、泥岩及垮塌碎石充填，表现为砂岩“渗流”特征，调流颗粒难以注入，但施工有效率高，施工时应以“小粒径、小排量”试注为主，并配合硫化钼纳米颗粒洗油调驱，提高井间剩余油动用。

参 考 文 献

[1] 李阳．塔河油田奥陶系碳酸盐岩溶洞型储集体识别及定量表征[J]．中国石油大学学报(自然科学版)，2012，36(1)：1-7.

[2] 漆立新，云露．塔河油田奥陶系碳酸盐岩岩溶发育特征与主控因素[J]．石油与天然气地质，2010，31(1)：1-12.

[3] 胡文革．塔河碳酸盐岩缝洞型储集体的分类表征技术[A]．西安石油大学、陕西省石油学会．2015 油气田勘探与开发国际会议论文集[C]．西安石油大学、陕西省石油学会：西安华线网络信息服务有限公司，2015：10.

[4] 鲁新便，胡文革，汪彦，等．塔河地区碳酸盐岩断溶体油藏特征与开发实践[J]．石油与天然气地质，2015，36(03)：347-355.

[5] 荣元帅，刘学利，罗娟．塔河油田多井缝洞单元注水开发试验研究[J]．石油钻采工艺，2008，30(4)：83-87.

[6] 李俊，彭彩珍，王雷，等．缝洞型碳酸盐岩油藏水驱油机理模拟实验研究[J]．天然气勘探与开发，2008，31(4)：41-44.

[7] 修乃岭，熊伟，高树生，等．缝洞型碳酸盐岩油藏流动机理初探[J]．钻采工艺，2008，31(1)：63-65.

[8] 戴彩丽，方吉超，焦宝雷，等．中国碳酸盐岩缝洞型油藏提高采收率研究进展[J]．中国石油大学学报，2018，42(6)：67-78.

[9] 程晓军．塔河油田缝洞型油藏水驱后气驱提高采收率可视化实验[J]．新疆石油地质，2018，39(4)：473-479.

[10] 杨辉延，江同文，颜其彬，等，缝洞型碳酸盐岩储层三维地质建模方法初探[J]．大庆石油地质与开发，2004，23(4)：11-16.

[11] 周泉，陈凤，王力，等，柔性微球颗粒调剖剂的性能表征[J]．东北石油大学学报，2013，37(5)：90-96.

[12] 昊莎．橡胶颗粒与地层孔喉匹配关系研究与应用[J]．石油化工应用，2012，31(12)：21-24.

[13] 任晓娟，李晓晓，鲁永辉．改进型 HV 高强度凝胶堵水体系的应用[J]．岩性油藏，2018，30(5)：131-137.

[14] 马红卫，李宜坤，朱怀江，等．柔性转向剂作用机理剂其先导试验[J]．大庆石油地质与开发，2018，30(5)：131-137.

[15] 张希明，朱建国，李宗宇，等．塔河油田碳酸盐岩缝洞型油气藏的特征及缝洞单元划分[J]．海相油气地质，2007，12(1)：21-24.

[16] 程倩，李江龙，刘中春，等．缝洞型油藏分类开发[J]．特种油气藏，2012，19(5)：93-96.

智能气举采油物联网平台研发

伍正华[1] 王 伟[1] 廖锐全[2] 王振松[1] 方志刚[1] 高 强[1]

(1. 中国石油吐哈油田公司；2. 长江大学石油油工程学院)

摘 要 智能气举采油物联网平台是吐哈气举中心自主研发的管控一体化物联网平台。平台利用对地面油、套压、注气量等参数实时监控，反推气举阀状态，实现气举井实时故障诊断；并通过采集的数据建模计算，实现气举系统实时智能优化。本文以平台软、硬件为基础，主要研制了以STM32为核心的气体流量检测与控制一体化装置；建立了以计算法为基础的气举井故障诊断模型及以效率最大化为目标的系统优化数学模型，搭建了以4G/RS485通信为主的闭环控制平台。

关键词 气举采油；物联网平台；智能优化管理

气举采油是全球第二大的人工举升方式，它能利用油井生产中伴生天然气的能量帮助举升，对于开采伴生气丰富的油田具有显著的优点，同时气举采油具有适应范围广，操作运行管理方便等特点。

让那若尔油田是全球陆上单个油藏规模最大的整装型油田。目前，油田共有气举井532口，存在人工巡井、调节气量工作量大；气举异常工况发现不及时，实施措施滞后；系统无法保证在最优状态下生产等问题，有限的生产管理资源难以满足高效管理油田的需求，因此本文通过搭建智能气举物联网平台，以降低人工成本，提高生产管理效率为目标，实现气举井的自动化生产，智能化管理，最终打造气举智慧油田。

1 平台搭建

智能气举物联网平台核心是利用地面油压、套压及注气量等参数的实时监控，计算气举阀工作状态，通过控制注气速率和油压以及套压等参数优化油井产量，实现油田效益最大化。结合现场实际将平台分为4个部分：数据采集、数据传输、优化诊断及反馈控制，如图1所示。

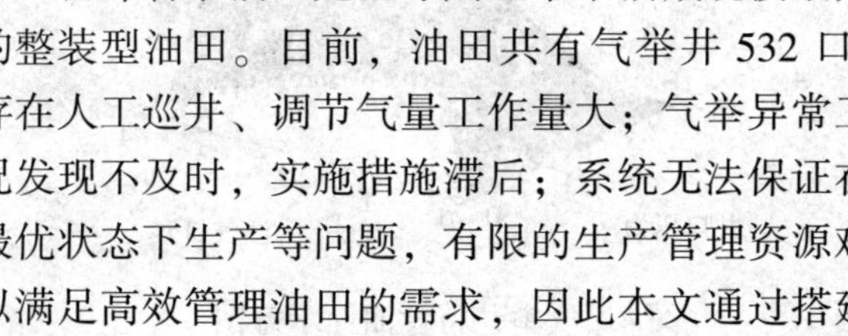

图1 平台架构

1.1 数据采集

数据采集部分主要包括压力数据采集、生产数据采集及注气量采集，此硬件部分采用标准数字压力表及流量检测装置，其标准为具有Modbus通信协议的标准化设备，根据井场实际情况选择精度及测量范围，并规定有线通讯采用RS485方式，无线通讯采用Zigbee方式。因此部分采用了标准化集成，有效减少研发时间。

1.2 数据传输

平台数据传输分为3级数据传输链，如图2所示。

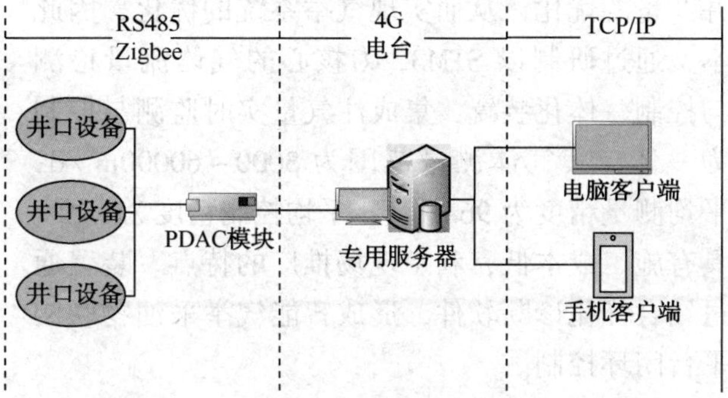

图2 数据传输链路图

PDAC模块集成了PLC，太阳能板、电池管理、4G/电台等模块。规定根据现场实际情况采用4G或者电台的传输方式将数据传输至专用服务器，经过数据处理，利用TCP/IP协议将数据传送至各个电脑或手机客户端。因此，此部分根据规定采用标准化硬件设备集成即可实现数据传输，本文不做过多介绍。

1.3 远程诊断优化

远程诊断及优化部分是智能气举物联网平台管理核心，通过软件实现智能系统优化及实时故障诊断，软件主要分为6大模块：

(1) 数据库模块：包括油藏地质、完井数据等静态数据的录入和导出及生产、测试数据等动态数据实时更新；

(2) 通讯预警模块：实现故障井实时语音报警；

(3) 智能优化模块：以气举系统经济最大化为目标，进行气举井在线智能优化，保证气举系统实时处于最优状态；

(4) 智能诊断模块：以计算法为基准对于单井发现的异常工况，结合整个气举系统考虑给出最佳的处理办法；

(5) 交互式专家系统模块：现场工程师和远程专家通过专家交互系统进行交互，现场工程师将工况的问题描述和相关参数发送给远程专家，远程专家通过专家方的客户端登录查看并协助做出处理，再将反馈意见发送给对应的现场工程师，实现对系统优化和故障诊断结果交互式复合、评判；

(6) 控制执行模块：结合硬件部分将系统优化和故障诊断结果转换为对现场部分执行机构的指令。

1.4 反馈控制

平台主要通过对注气量的精准控制实现气举井产量的优化，从而实现气举系统的优化，因此本文通过研制以 STM32 为核心的气体流量检测与控制一体化装置，集成注气量实时监测与控制为一体，其气体测量范围为 3000～60000m^3/d，平均测量精度为 96.16%，平均控制精度为 97%，具有施工成本低，利于现场推广的特点。装置通过结合优化诊断软件，形成智能气举采油物联网平台闭环控制。

2 软件核心开发

智能气举采油物联网平台软件以数据库模块为基础，以智能诊断及智能优化为核心，以交互式专家模块为辅助，本节主要描述智能诊断模型和系统优化模型的算法建立。

2.1 系统智能优化

气举单井优化配气是采用气举井特性曲线来反映注气量与产油量之间的关系，如图 3 所示：

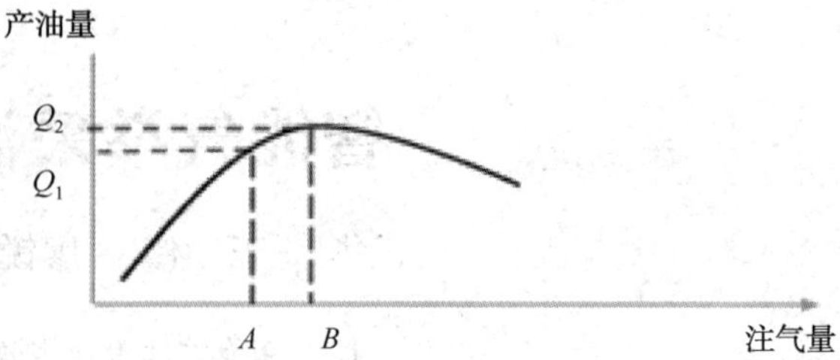

图 3　气举井特性曲线示意图

B 点注气量对应的产油量 Q_2 为气举井的最大产量，如果总注气量不够充分，则不能满足所有气举井达到单井产量最大化，因此需要构建一个规则，来确定有限气量的合理分配，使得总目标达到最大。但由于在对各井进行优化配气的过程中，因为地面管线连结会导致的井间干扰。如井 1 的井口压力增大，必然会对井 2 的井口压力产生影响，进而导致井 2 的产油量出现变化。因此本文提出了气举井特性曲面的概念，如图 4 所示。

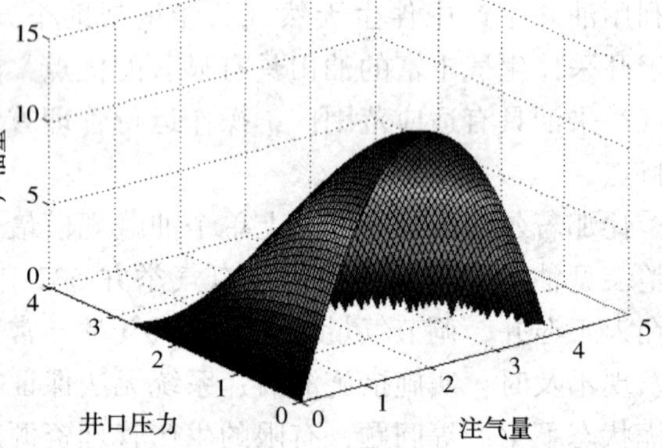

图 4　气举井特性曲面示意图

气举特性曲面概念将井口压力、注气量、产油量三者建立了联系，十分直观的显示出井口管线压力对产油量的影响，由此也可以反映出管线连通的井组之间的压力干扰。所以在此基础建立了气举系统智能优化模型：

$$
\begin{cases}
\max F = \sum_{j=1}^{2}(\omega_1 M_j + \omega_2 q_{o,j}) \\
\text{s. t.} \begin{cases} p_{1,3} = p_{2,3} \\ \sum_{j=1}^{2} q_{i,j} \leqslant Q_{i,t} \end{cases}
\end{cases} \tag{1}
$$

式中　ω_1、ω_2——权重系数；

M——单井利润函数；

q——单井注气量；

Q——总注气量。

软件基于群智能算法的正演思想，采用三重 PSO 算法的嵌套，实现智能优化模型的求解。通过模拟计算 5 口进气量分配，其中设置外层算法粒子规模 35，迭代次数 8，中间层算法粒子规模 15，迭代次数 5，内层算法粒子规模 30，迭代次数 5，在不同总注气量下进行优化配气计算，由此验证了模型和算法的可行性。试验结果如表 1 所示：

表 1　模拟配气计算结果

总气量($\times10^4m^3$)	配气结果				
	井 1	井 2	井 3	井 4	井 5
5	0	0	0	0	5
6	0	0	0	0	6
7	0	0.5	0.4	0	6.1
8	0	0.5	0.4	1	6.1
9	0.2	0.5	0.4	1.8	6.1
10	1.2	0.5	0.4	1.8	6.1
11	2	0.5	0.4	1.8	6.1
15	2	0.5	0.4	1.8	6.1

2.2　实时智能诊断

智能故障诊断分为二级诊断，软件依据波动原则建立工况诊断知识等级库，如表 2 所示，由采集的数据波动得到油压、套压、回压、注气量参数的上、下限值，作为故障预警判断基准，此基准可以校正、学习，采用模糊控制划分故障等级，对于划分等级为 2 以上的进入二级诊断。

表 2　工况诊断等级库

判定条件	原因	排除方法	等级
套压升高 2 倍或以上	注气阀门处关闭或损坏	检查井口注气阀门	1
	油管堵	热洗、酸洗	1
	出油阀门关闭或损坏	检查出油阀门	1
	气举阀问题	进入下一步诊断	2

二级故障诊断以计算法为基准，通过数据库的动态生产数据及静态数据反推气举阀工作状态，其核心计算模型为气举阀压力打开及关闭压力计算：

$$P_c = P_{tro}\times(1+T.E.F) - P_t\times T.E.F \qquad (2)$$

式中　P_c——气举阀深度处打开套压；

P_{tro}——气举阀井下波纹管充气压力；

P_t——气举阀深度处油压；

$T.E.F$——油压效应系数。

软件通过不同参数对气举阀工作状态的影响，采用数据库大量数据为基础，建立故障诊断图版，如图 5 所示，给出诊断结果(如气举阀均处于关闭状态，管柱存在漏点。油套平衡点位于第三级气举阀下部，第三级气举阀处油套压差为 0.32MPa，具备过流能力，判断第三级气举阀漏失概率最高)。以此实现智能工况诊断。

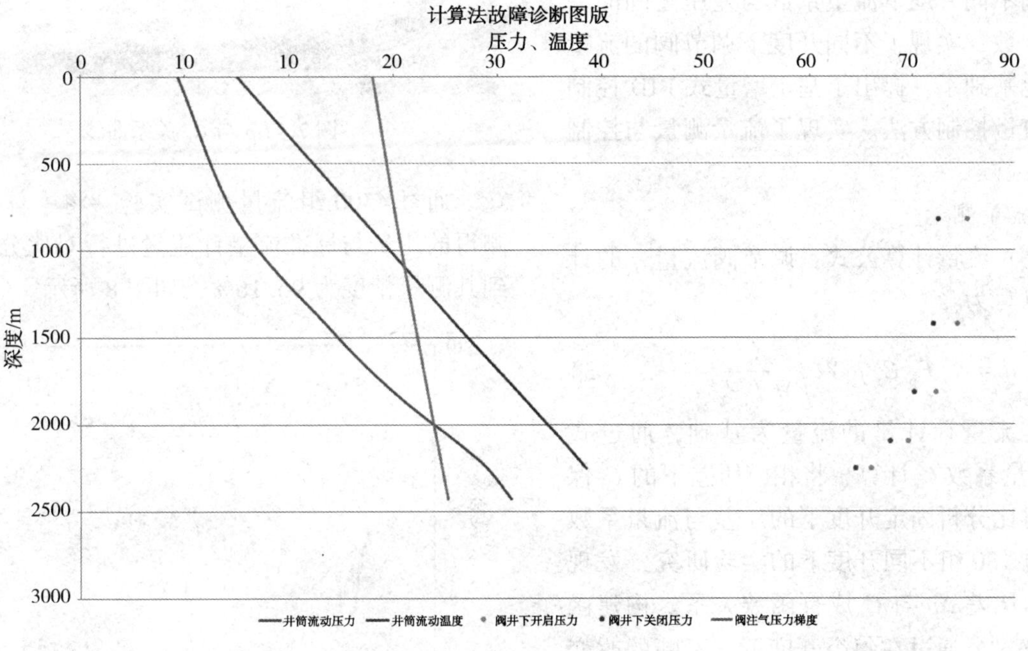

图 5　计算法故障图版

2.3 交互式专家系统

交互式专家系统针对智能诊断系统无法判断或判断与实际不否的工况，远程专家通过客户端登录查看并做出处理，将反馈结果发送至对应的现场工程师，并且软件将处理结果存入工况诊断知识库，以此实现智能诊断自学习功能。

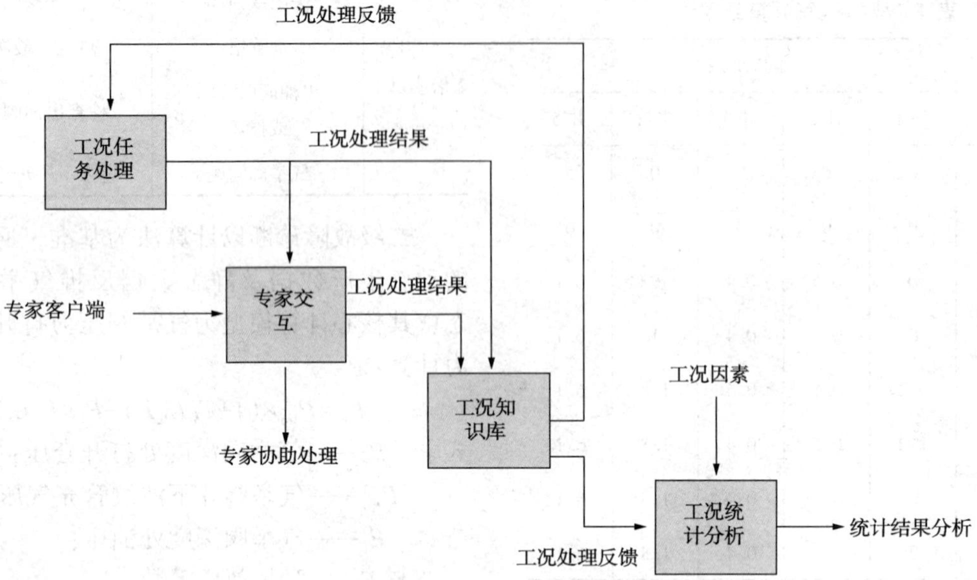

图 6 交互式专家系统逻辑流程图

3 核心硬件研制

智能气举物联网平台硬件核心是气体流量的控制，因此本节描述了自主研制的基于调节阀的气体流量检测与控制一体化装置。通过对调节阀流量特性的研究，结合 ISA 调节阀流量计算公式，提出了一种基于调节阀变开度流量测量的新方法，并利用测量调节阀前后的差压及温度，拟合出调节阀不同开度下流量系数与差压之间的关系曲线及函数，实现了不同开度下调节阀的流量测量，在此基础了，提出了基于增量式 PID 控制的调节阀流量控制方法。实现了流量测量与控制一体化。

3.1 气体流量测量

根据 ISA 流量计算公式，调节阀流量 q 的计算公式可以写为：

$$q = N_9 F_p C_v p_1 Y \sqrt{\frac{X}{M T_1 Z}} \tag{3}$$

以标准流量计计量的流量为基础，通过式(3)进行流量系数 C_v 计算，将相应压差下的 C_v 保存下来，对比分析固定开度下的压差与流量系数关系，通过 180 组不同开度下的实验研究，发现调节阀前后压差 Δp 与 C_v 成幂函数关系。构建函数 $C_v = a * \Delta p^b$，通过在每个开度下，不断的改变注气量，由此得到每个开度下 a、b 的值。如图 7 所示。因此确定每个开度不同气量的压差与流量系数的关系，带入式(3)便可计算每个不同开度下的气体流量。

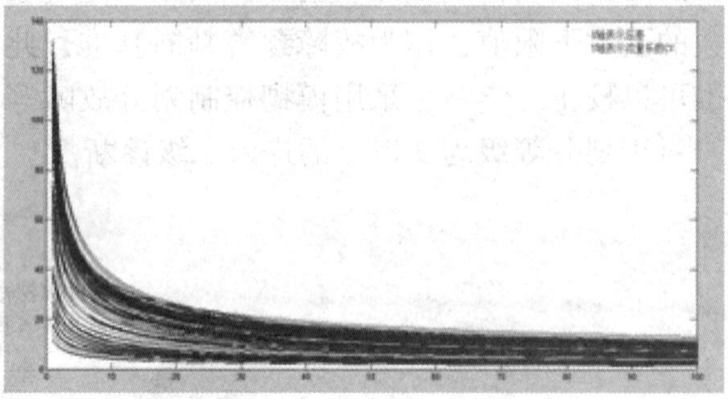

图 7 Δp 与 C_v 关系曲线

通过 4500 组流量测试实验，将一体化装置测得的流量与标准流量计流量进行对比分析，得到其测量精度为 96.16%，如图 8 所示。

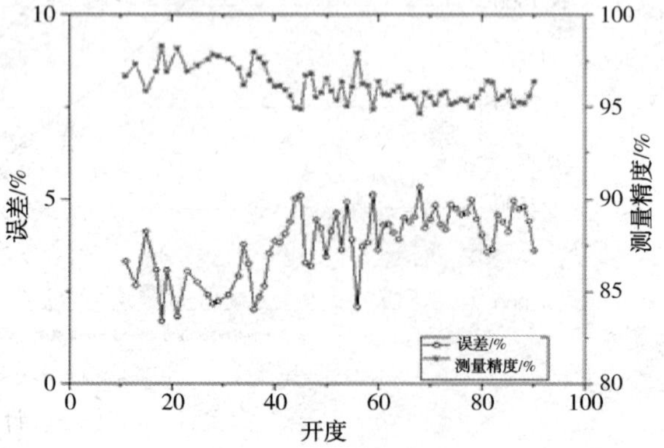

图 8 装置平均测量精度

3.2 气体流量控制

一体化装置的以 STM32 为核心处理器，通过比较设定流量与一体化装置测量流量间的偏差，根据增量式 PID 进行运算，从而控制调节阀自动调节，以实现流量自动调节的功能。一体化装置将阀杆的位置信息即阀门开度，以 4～20mA 电流的形式输出；另一方面微处理器 STM32 接受 4～20mA 电流输入用来控制调节阀阀杆运动。通过 434 组控制试验得出：流量检测与控制一体化装置的平均控制精度为 97.1%，如图 9 所示。

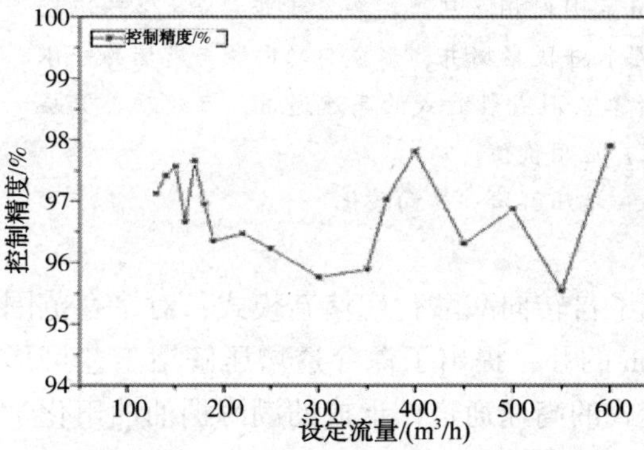

图 9　装置平均控制精度

此外气体流量检测与控制一体化装置采用 Modbus 协议通讯，便于与数据传输装置对接。

4 小结

数字化、智能化油田是油气田开发的必然趋势，而气举采油方式更易实现数字、智能化，目前智能气举采油物联网平台整体框架及核心部分已经完成，平台具有“安全、高效、经济”的特点，可对全球范围内的气举井生产参数实时监控，并实现智能诊断、故障排除、智能优化等功能，这将较大地节省人力成本，提高气举举升效率，确保整个气举系统在最优状态下生产。

参 考 文 献

[1] 雷宇，李勇．气举采油工艺技术[M]．北京：石油工业出版社，2011.

[2] 杨博文．基于人工智能和物联网应用的网络安全管理[J]．电子技术与软件工程，2017(17).

[3] 黄剑．物联网关键技术与应用分析[J]．智库时代．2019(04).

[4] 宋蕾．基于物联网的智慧教学楼的研究与设计[J]．电子技术与软件工程，2019(05).

[5] 赖友源．物联网系统设计及应用研究[J]．科学技术创新，2019(07).

海上油田聚堵受效井解堵改造新技术研究与应用

符扬洋 高 尚 兰夕堂 刘长龙 张丽平 张 璐

（中海石油（中国）有限公司天津分公司渤海石油研究院）

摘 要 渤海稠油油田注聚受效井堵塞范围加大，堵塞物复杂，部分储层非均质性强，常规解堵效果差。堵塞物包括颗粒及聚合物相互包覆、交联聚合物相互缠绕、颗粒包覆微晶态等形貌。针对不同堵塞物形成了两套高效解堵体系，对非均质储层长井段聚堵井研制了自转向酸体系。以解堵体系为基础，创新提出了适用渤海稠油油田聚堵井不同储层条件的解堵新工艺：3m范围内相互包覆复杂聚堵井，提出多轮次处理及液气交替注入的处理技术；3m范围内非均质较强砂岩储层长井段聚堵井，形成自转向酸与解堵为一体的化学解堵新模式；堵塞更深的聚堵井，提出深穿透增压解堵工艺形成裂缝式的高速通道，有效改善储层渗流能力。新工艺在渤海油田现场试验成果显著，具有现场推广应用价值。

关键词 注聚受益井；堵塞物；深部解堵；液气交替注入；增压解堵；转向酸化

渤海主力油田属于普通稠油油田，稠油油田开发容易在近井地带形成有机质伤害，导致储层产能无法得到有效释放。随着聚驱开发的稳步实施，不仅注聚井出现堵塞严重、注聚困难等问题，其受效井的堵塞问题也逐步暴露，见聚后表现出明显的产液下降及动液面降低，堵塞物复杂堵塞严重，有效解除储层伤害恢复油井产量是迫切需要解决的生产难题[1-2]。针对日益复杂的堵塞物，不断增加的污染半径及严重的产出剖面非均质性等问题，常规解堵作业效果差，有效期短产量递减快，作业后出现增液不增油等问题[3-4]。常规氧化解堵工艺不能满足生产需求，存在以下原因：(1)聚合物经储层高温高压环境中长时间滞留、运移与储层颗粒、原油组分相互包覆形成稳定性较强的复杂堵塞物，常规解堵液接触面积有限溶解不充分[5]；(2)随注聚的进行聚堵伤害不断累积，堵塞范围逐渐加大，超出常规1~2m的解堵范围，解堵作业不彻底效果差；(3)储层存在非均质性并受注聚的影响，聚堵分布不均，导致部分油田层间、层内矛盾更加突出，解堵液不能按需分配解堵效果差。

针对渤海稠油油田注聚区受益井堵塞严重常规解堵措施难以奏效的问题，通过微观宏观综合分析了产出端堵塞物的特点，结合储层伤害范围及非均质性，研制了两套高效解堵液体系及一套砂岩自转向酸体系，创新提出了三套解堵工艺：3m范围内的堵塞，提出了多轮次液气交替注入的处理工艺；3m范围内非均质较强砂岩储层，形成了自转向酸酸化解堵新模式；对堵塞范围超过3m的井，提出了深穿透增压解堵工艺可形成裂缝式的高速通道。形成的渤海稠油油田化学驱产出端解堵工艺在渤海油田现场试验成果显著。

1 聚驱受效井堵塞物特点

注聚作业后，部分聚驱受效井产出端见聚严重，产液量大幅度降低，修井作业时发现部分井泵吸入口或筛管附近存在大量黑褐色黏稠状堵塞物。大量收集三个注聚区块产出端堵塞物并开展分析，通过宏观手段分析认为：堵塞物中主要包括聚合物、油、沥青质、胶质、腐蚀产物以及结垢物等，各堵塞物含量差异性较大。并通过环境电镜扫描、能谱、红外光谱、高分辨质谱等微观手段多角度分析了复杂堵塞物的形态，从微观结构强化对了对堵塞物的认识，电镜扫描原始复杂聚合堵塞物形态如图1所示。

分析认为聚合堵塞物并不是聚合物、有机质、储层颗粒等物质简单的混合接触，而相互包裹缠绕形成了不同形貌结构的堵塞物，主要分为三类：(1)颗粒与聚合物相互缠绕、交联形成复杂的包覆结构；(2)明显的聚合物形态聚集，团块状、交联聚合物相互缠绕；(3)颗粒以包覆微晶态存在，紧密接触，形状不规则。对复杂聚合堵塞物采用常规解堵体系难以奏效，解堵液作用于堵塞物表面，生产后残余堵塞物重新迅速聚集堵塞渗流通道，因此表现出解堵有效期短产液量迅速下降的特征，必须探索研制高效解堵体系及适用性强的解堵工艺。

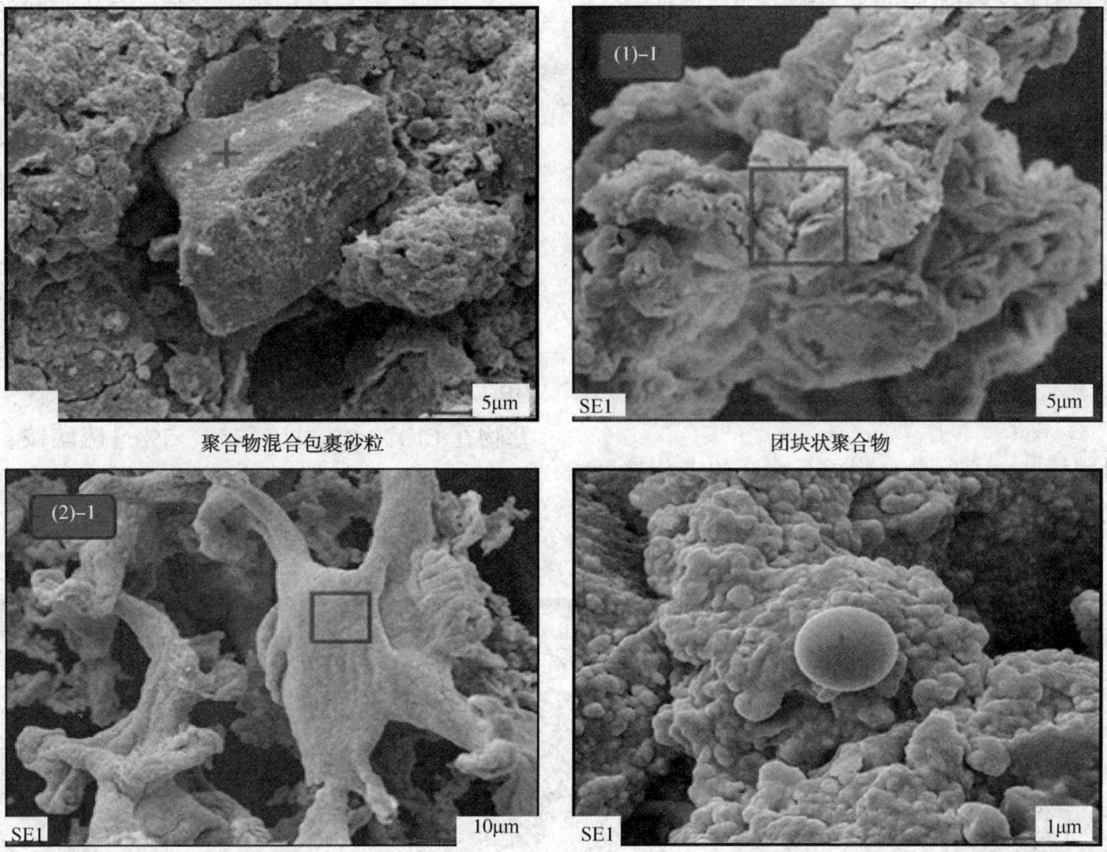

聚合物混合包裹砂粒　　团块状聚合物

絮团状聚合物　　颗粒紧密接触

图 1　环境电镜扫描下堵塞物形态

2　新型解堵体系的研究

复杂聚合堵塞物显然选用单一解堵液难以奏效，以堵塞物的组成成分及微观结构为基础，研制配套的新型解堵体系。砂岩储层酸液体系较为成熟，本研究主要针对聚合物堵塞的氧化解堵体系。

2.1　氧化解堵体系的研究

2.1.1　分散氧化解堵体系

对颗粒与聚合物相互缠绕、交联包覆的复杂堵塞物提出逐级剥离逐级解除的思路，先溶解堵塞物表面包覆的原油及重质组分，后续充分分散聚集的堵塞物扩大液体的接触面积，使药剂性能充分发挥，并注入高效氧化剂解除聚合物伤害，最后注入酸液溶解储层颗粒及无机垢，实现对堵塞物的逐级剥离解除深部污染。筛选出解堵剂 D 作为有机溶剂，其为卤代醇与醇的环化反应合成的醚类杂环有机化合物，比常用有机溶剂对胶团中原油的溶解效果好。筛选出甲酸对胶团的分散性最好，使聚合物胶团变软分散均匀地溶解于溶液中，甲酸为一种有机酸与大多数极性有机溶剂混溶。堵塞物表面的有机溶剂薄膜具有隔离作用，使酸液难以发挥作用分散胶团，而甲酸能够与吸附在堵塞物表面的有机溶剂互溶降低表面作用，两者相互作用协同增效，有利于甲酸侵入堵塞物中发挥高效分散性。最终筛选形成的解堵液 I 为 10%甲酸+4%解堵剂 D，能够有效溶解有机质且充分分散聚合物胶团，如图 2 所示。

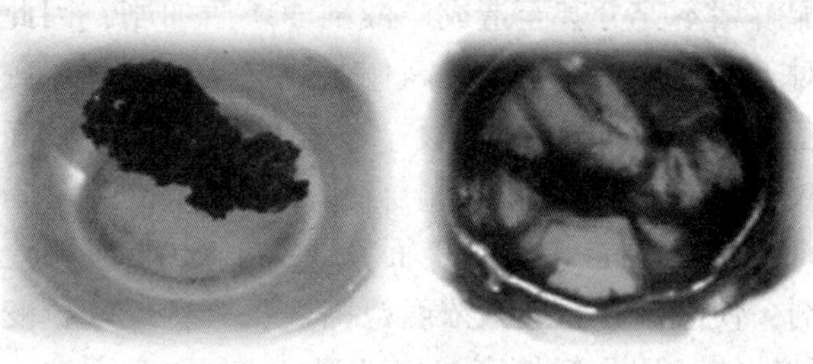

反应前　　反应后

图 2　10%甲酸+4%解堵剂 D 对胶团的分散溶解实验

聚驱受效井复杂堵塞物中最重要的特征在于存在聚合物伤害，前期优选的甲酸+解堵剂 D 充分溶解有机质分散含聚堵塞物胶团，使氧化剂更大面积接触堵塞聚合物，实现对堵塞物中聚合物充分降解，考虑安全及高效性能优选了复配的过硫化物为强氧化剂，1%强氧化剂+10%甲酸+4%

解堵剂 D 对聚合物胶团的降解能力如图 3 所示。

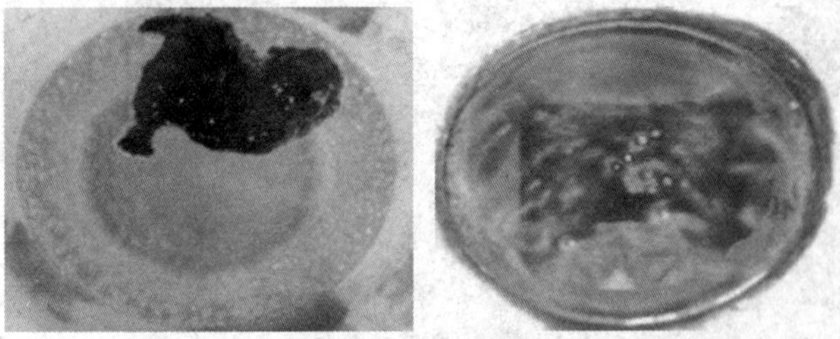

图 3　1%强氧化剂+10%甲酸+4%解堵剂 D 对胶团的降解效果

2.1.2　强氧化解堵体系

对团块状、交联聚合物相互缠绕的老化堵塞物，以氧化解堵为主。在储层中的聚合物分子在铁离子等作用下相互交联，尤其对长时间注聚作业后形成的老化聚合物堵塞，其堵塞程度及强度远高于注入的聚合物，因此必须研制具有较强氧化性的解堵液体系。最终形成一种高效破胶的氧化解聚剂——DPG 复合解聚剂，其降解机理是以体系中产生的羟基自由基同时破坏 C-C 键与 C-N 键，最后矿物化为二氧化碳、水等小分子物质。DPG 复合解聚剂相对其他氧化剂具有较强的氧化性，对现场垢样溶解 48h 后，返出垢样在 DPG 复合解聚剂(共 200mL)中全部溶解，但堵塞物在 ClO_2、2%过硫酸铵、5%过硫酸铵、安全解聚剂中无明显减小，DPG 复合解聚剂体系对现场返出垢样具有明显的降解效果，如图 4 所示。

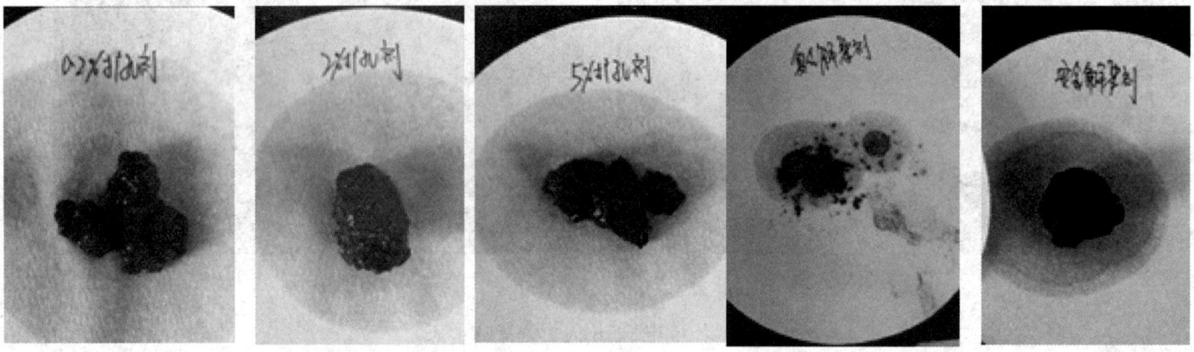

从左至右依次对应:ClO_2、2%过硫酸铵、5%过硫酸铵、DPG聚剂、安全解聚剂

图 4　现场返出垢样在解聚剂中放置 48h 状态

2.2　自转向酸体系研究

对长井段非均质性储层大部分解堵体系会沿渗流阻力小的通道流动，导致解堵液不能按需分配解堵不充分甚至造成产液剖面矛盾加剧，因此对于此类聚堵储层为提高作业的有效性研制了一套砂岩储层自转向酸体系，以提高作业的有效高效性，有效改善产剖面。自转向酸体系的关键是研发一种性能优良的表面活性剂作为酸液稠化剂，使酸液在一定酸浓度范围内具有良好增稠变黏性能，达到暂堵高渗层的目的[6-8]。考虑这一体系特性，合理设计分子结构，合成 ZX-1 甜菜碱类两性表面活性剂，其分子通式如图 5：

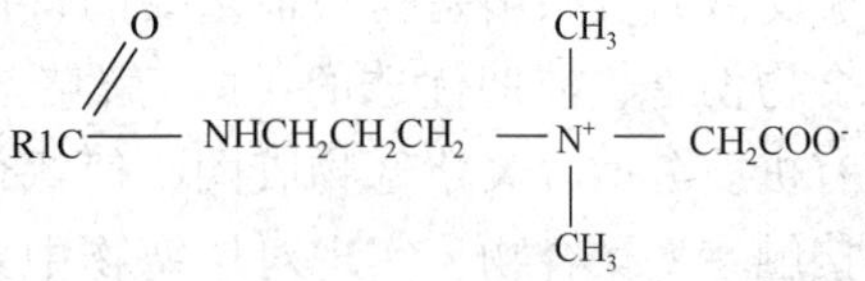

图 5　ZX-1 甜菜碱类两性表面活性剂分子通式

季铵基团中含强碱性 N 原子，羧酸根具有亲 H^+的能力，鲜酸条件下，H^+电离程度高，表面活性剂分子呈分散状态，溶液黏度较低有利于注入。随着酸岩反应，酸浓度降低，羧酸根亲和 H^+引起表面活性剂分子聚集形成胶束，从而形成蠕虫状胶束缠绕结构，使黏度增大而形成黏弹性体系。当酸液浓度再降低时，胶束结构遭到破坏，此时黏度很低有利于返排。

3　注聚受效井解堵工艺研究

3.1　液气交替注入深部解堵工艺

3.1.1　多轮次处理

颗粒与聚合物相互缠绕、交联包覆的复杂堵塞物结构稳定难以处理，已经研制了有机分散及氧化解堵体系，为提高作业效果需进一步优化工艺。选用现场取出堵塞物开展实验并配置优选的体系对现场垢样浸泡不同时间，结果如图 6。

对比分析可知：65℃条件下，解堵液体系与堵塞物浸泡不同时间，第一轮次作用后分散剂能

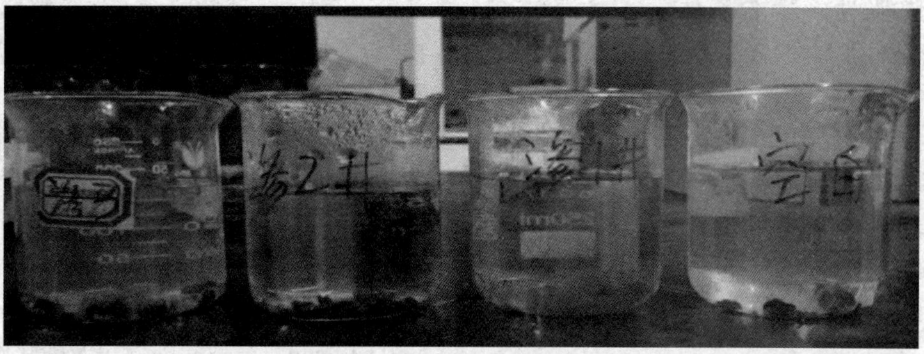

4h 8h 12h 24h

(a) 原始照片

4h 8h 12h 24h

(b) 第一轮次处理后

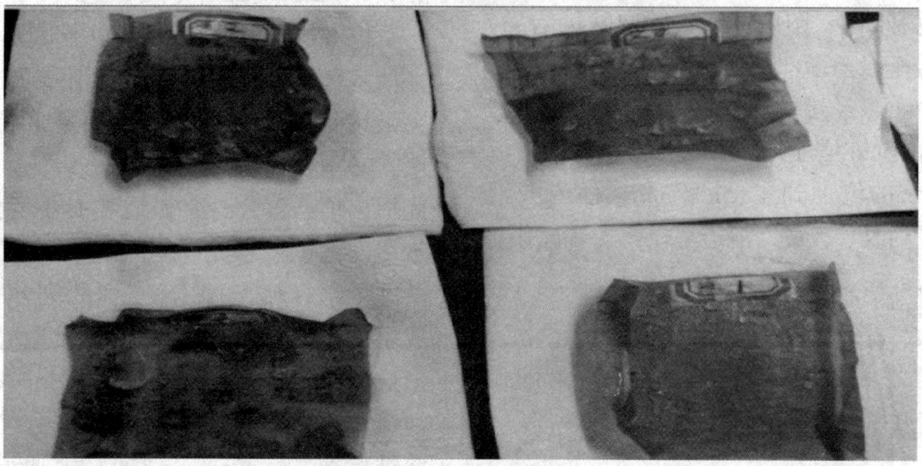

(c) 2次降解后垢样

图6 现场垢样经优选体系降解后照片

有效将原始垢样延展，垢样体积明显增大且时间越长效果越好。对分散后的垢样过滤，再次在65℃条件下溶蚀处理，结果如图6(b)所示，第二次分散溶解后垢样体积明显变小，降解后残液澄清，黏度与自来水接近，其中反应24h的样品降解最彻底。因此单一轮次的分散破胶无法有效溶解老化交联垢样，往往只处于初期溶胀阶段，多轮次的处理溶解得更彻底，工艺作业中考虑采用多轮次处理，提高溶解效果。

3.1.2 气液交替注入

常规酸化解堵在2m内，而稠油油田产出液见聚井堵塞范围深，常规酸化模式根本无法有效解除远端的堵塞物伤害[9-10]，因此必须寻求深部有效解堵新工艺。

对3m左右的解堵半径需要大量解堵液，成本大幅度增加且受限于海上狭小的作业空间。针对此难题，调研表明酸化解堵过程中注入气体不仅能提高解堵效果同时能有效扩大波及范围。气体具有良好膨胀性，标准条件下 $1m^3$ 液氮在 12MPa、60℃条件下体积大约 $6.5m^3$，能有效扩大酸液波及半径。且气体优先占据高渗孔道，使其内压增高起到暂堵作用，尤其采用气体大排量伴注的方式，引导处理液转向流向需要处理低渗带，达到调整剖面均匀解堵的目的。当注入主要以深部推进可选用气液交注的注入方式，处理液注入时为达到更高的分流效果，可选择气液伴注的注入方式。

3.2 非均质储层长井段聚堵井解堵工艺

对非均质储层长井段聚堵井注入解堵液不能按需分配，堵塞严重的层位不能有效解除需要进一步考虑有效分流，因此研制出了砂岩储层自转向酸体系。

3.2.1 “自转向酸与解聚剂多轮次交替注入+无机酸”工艺研究

对聚合物伤害严重井，采取“多轮次交替注入解聚剂与自转向酸+无机酸”的解堵思路，多轮次注入实现横向均匀暂堵分流，解聚体系充分解除地层聚合物堵塞，分散降解后遗留无机堵塞通过无机酸作用彻底解除，此工艺对主要聚合物污染岩心解除模拟见图7。图中可知自转向酸进入后，高低渗层渗透率级差减小，解聚剂注入后低渗层得到进一步改善，经过两轮次交替注入，高渗层流量从 3.87mL/min 增加到 4.9mL/min，低渗层流量从 1.38mL/min 增加到 4.55mL/min，注入酸液后渗透率均得到改善，最终渗透率极差大幅减小。

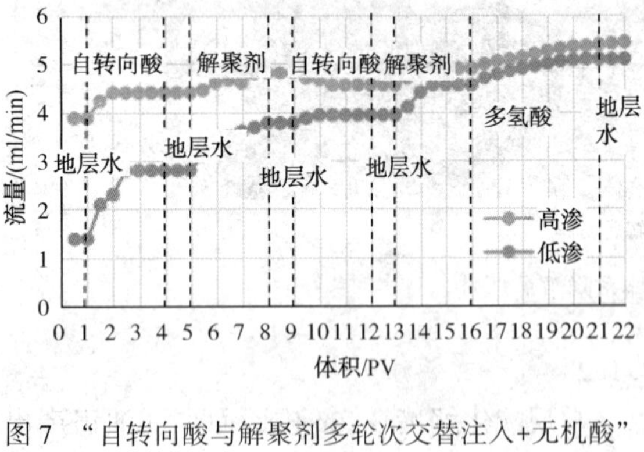

图7 “自转向酸与解聚剂多轮次交替注入+无机酸”工艺模拟实验

3.2.2 “解聚剂+自转向酸与无机酸多轮次交替注入”工艺研究

对无机伤害相对严重的井，无机伤害逐步加深孔隙堵塞的主要成分，加上聚合物在地层形成吸附包裹作用，采取“解聚剂+自转向酸与无机酸多轮次交替注入”的解堵方法，解聚体系破坏聚合物“包裹层”后，多轮次交替注入自转向酸与无机酸液，实现横向上高效布酸，纵向上深部作用于无机堵塞物。此工艺对主要无机污染岩心模拟见图8。解聚剂进入地层后，高低渗层渗透率均逐渐增大，经过两轮次交替注入自转向酸与多氢酸后，最终高渗层流量从 4.93mL/min 增加到 5.65mL/min，低渗层流量从 1.55mL/min 增加到 5.91mL/min，高效布酸效果及酸化解堵效果良好。

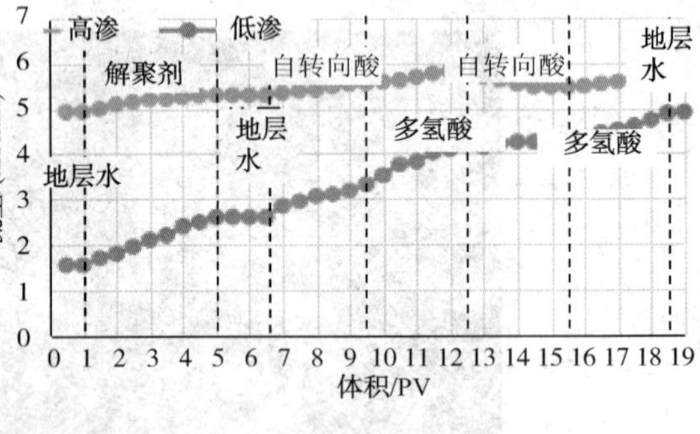

图8 “解聚剂+自转向酸与无机酸多轮次交替注入”工艺模拟实验

3.3 增压解堵深部解堵工艺

以井A为例，基于井史及试井解释分析，该井堵塞范围在15m左右，采用常规解堵工艺难以突破堵塞范围，为实现对注聚受益井的深部解堵，必须优化解堵工艺进一步扩大解堵半径。为此提出增压深穿透、破胶扩孔解除近井到远井地带堵塞的工艺思路，对聚堵井堵塞超过3m以上的井，结合筛管+砾石充填的完井方式，研究形成了增压解堵工艺。用压裂液造缝穿透堵塞区，形成裂缝式的高速通道，大排量冲刷孔隙，扩大泄流及改造半径；通过高效破胶/酸液体系降解溶蚀堵塞物，疏通、刻蚀孔隙通道、裂缝通道，改善储层渗流能力。应用 M Frac-Suite 软件模拟井A此工艺波及的范围，在 $3m^3/min$ 排量下泵注 $60m^3$ 压裂液能形成24.7m的人工裂缝，如图9所示，突破污染带达到深部解堵的目的。

4 现场应用效果

渤海稠油油田注聚受益井产出端堵塞严重影响了油井产量，储层产能不能得到有效的释放，对聚堵井的有效治理成为迫切需要解决的生产难题，以现场复杂堵塞物为物质基础，配套形成了高效解堵液体系，并形成了液气交替注入解堵工艺、非均质储层长井段聚堵井解堵工艺及增压解

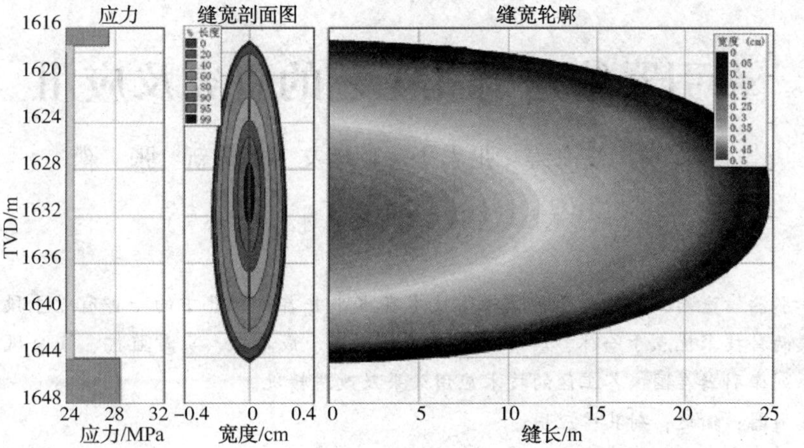

图9 形成裂缝形态模拟结果

堵深部解堵工艺，并成功开展现场试验效果显著。目前液气交替注入解堵工艺现场实施4井次，增油超过2.2×10^{4}m^3，部分井有效期达到18个月仍在有效期范围内，此工艺有效解除产出液见聚井复合堵塞物，扩大解堵半径有效调整产液剖面，启动中低渗层，措施效果显著。增压解堵工艺现场实施1井次，目前增油1000m^3，有效期130d目前仍在有效期范围内，达到深部解堵的目的能够有效解除远、近端污染。非均质储层长井段聚堵井解堵工艺现场实施1口井，作业后含水率由作业前65%下降至60%，超过该井历史最高产量，取得了良好转向分流酸化解堵效果。目前形成的渤海稠油油田产出端解堵工艺取得了显著的作业效果，具有一定的推广应用价值。

5 结论

（1）渤海油田注聚受效井堵塞物复杂且堵塞范围大，微观结构上主要包括三类：颗粒与聚合物相互缠绕、交联形成复杂包覆结构；团块状、交联聚合物的聚集形态；颗粒包覆微晶形态。

（2）考虑堵塞物的复杂微观结构，对颗粒与聚合物交联包覆的堵塞物形成了分散、破胶体系，实现对堵塞物的分散剥离逐级降解；对以聚合物为主的交联老化聚合物形成了高效氧化解堵体系；对非均质砂岩储层长井段聚堵井，研制了自转向酸体系实现解堵液在储层的按需分配。

（3）堵塞范围3m左右的复杂聚堵井形成了多轮次处理液气交替注入解堵工艺；堵塞范围3m左右，非均质砂岩储层长井段聚堵井形成了自转向酸解堵工艺；深部聚堵井形成了增压解堵工艺，解堵范围在10m以上。

（4）针对渤海稠油油田注聚受效井堵塞问题，形成的解堵工艺取得了显著的效果，具有一定的现场推广应用价值。

参 考 文 献

[1] 郑俊德，张英志，任华，刘野．注聚合物井堵塞机理分析及解堵剂研究[J]．石油勘探与开发，2004，31（06）：108-111.

[2] 刘鹏，唐洪明，何保生，李玉光，王珊，赵峰，张旭阳．含聚污水回注对储层损害机理研究[J]．石油与天然气化工，2011，40（03）：280-284.

[3] 李平．ZSJJ-3型聚合物解堵新技术实验研究[J]．石油与天然气化工，2014，43(6)：670-674.

[4] 边继平．聚驱注入井深部长效解堵技术研究[D]．大庆：东北石油大学，2014.

[5] 李俊键，姜汉桥，陆祥安，赵玉云，常元昊，王依诚．油藏条件下聚合物溶液老化数学模型新探[J]．石油钻采工艺，2016，38(4)：499-504.

[6] 何春明，郭建春，．VES自转向酸变黏机理实验研究[J]．油田化学，2011，(4).

[7] 沈建新，周福建，张福祥等．一种新型高温就地自转向酸在塔里木盆地碳酸盐岩油气藏酸化酸压中的应用[J]．天然气工业，2012，(5)32：28-30.

[8] Liu P, Xue H, Zhao L Q, et al. Analysis and simulation of rheological behavior and diverting mechanism of In Situ Self-Diverting acid[J]. Journal of Petroleum Science and Engineering, 2015, 132: 39-52.

[9] 周万富．砂岩油田酸化技术研究[D]．廊坊：中国科学院研究生院(渗流流体力学研究所)，2006.

[10] 张毅博．齐家北油田注水井深部酸化技术研究[D]．大庆：东北石油大学，2013.

牵引器输送射孔工艺的研究及应用

廖　勇　饶海涛　张志华　顾培文　范重新　张　淼

（中石化江汉石油工程有限公司测录井公司）

摘　要　牵引器输送射孔工艺是牵引器传输技术在水平井首段射孔中的一种有效手段，它与多级射孔工艺相融合，集两种技术优点于一体，具有时效高、精度高、成本低、实时监控、安全风险低等特点。文章介绍了江汉系列牵引器在国内各工区的技术应用效果及改进情况。

关键词　牵引器；输送；射孔；应用

引言

我国首个大型页岩气田——涪陵页岩气田已进入二期开发阶段，水平段长度平均大于1500m，最长已达3100余m。水力泵送桥塞与射孔联作分段压裂改造工艺作为页岩气开发的主体技术，使用以往连续油管传输射孔方式完成长水平段首段射孔作业面临困难，牵引器射孔工艺能够弥补不足，具有时效高、精度高、成本低、实时监控、安全风险低等优势。通过解决牵引器输送射孔供电控制、精确校深、安全保护和超长水平段牵引器传输等技术难题，极大改进了该施工工艺，截止目前，江汉测录井按“牵引到底、精准校深、安全起爆、顺利起出”的方针圆满完成涪陵页岩气田施工任务，并逐步推广到胜利、中原、华东等区块以及中石油长宁威远区块和四川页岩气公司等，获甲方高度认可，现在涪陵工区首段射孔施工占有率达100%。

1　牵引器输送射孔工艺简介

牵引器输送射孔工艺由江汉测录井公司首先提出并加以应用推广。该工艺通过优选射孔点火方式、建立牵引器射孔安全控制措施，消除射孔后电路短路对牵引器再次工作的影响、实现了牵引器输送多级射孔技术的精准校深和安全可靠性方法，从而将牵引器输送和多级射孔两大技术融于一体。其施工流程为地面控制系统通过电缆供给牵引器电力，牵引器推动射孔枪串达到目的层，完成井筒无泵送通道情况下的射孔任务。牵引器输送射孔工艺成功完成了一枪多簇的焦页86-1HF井、井斜106.75°连油作业自锁的焦页88-2HF以及焦页185平台连续三口作业井的牵引器输送射孔施工。该工艺的实施，大幅提高了施工时效，节约施工成本，有着广泛的应用前景。牵引器输送射孔工艺与水力泵送射孔工艺、钻具传输射孔工艺、连续油管射孔工艺互为补充，为水平井射孔新的手段。

2　牵引器输送射孔工艺优势

目前水力输送射孔需要水力泵送通道，而连续油管输送作业施工周期相对较长、成本高，而且部分水平井会出现自锁现象，即便加入减阻剂，也不能完全解决问题，给当前越来越长的水平段施工带来失败的风险。因此需要一种安全可靠、精准快速、低成本的新方法代替现有的工艺。

采用牵引器输送射孔工艺，可以满足较长的水平段和复杂井身结构输送射孔需要，使快速完成长水平段、超长水平段无泵送通道射孔成为可能。

2.1　对井眼轨迹的适应能力强

首先，牵引器射孔施工除了强调造斜段的通过性之外，还要针对井斜超过90°的井段做出特殊的工具、工艺设计，确保射孔施工的全过程安全。图1为焦页65平台某井地质剖面图，该井为上倾井，最大井斜98°，在该类井进行牵引器或射孔作业过程中，存在着工具串下滑缠绕电缆，最终造成事故复杂的风险。

江汉测录井公司研发的JHQY系列模块化大功率牵引器考虑到牵引力的适应性，针对超长水平段的水平井，通过调整电机的减速器完成不同的动力传递，最大输出动力达到11000N，同时通过安装六臂轴承式扶正器、滚轮短节和滚珠枪尾，将滑动摩擦改为滚动摩擦，降低摩擦阻力提高牵引器工具的推送能力，这样可以适应超长水

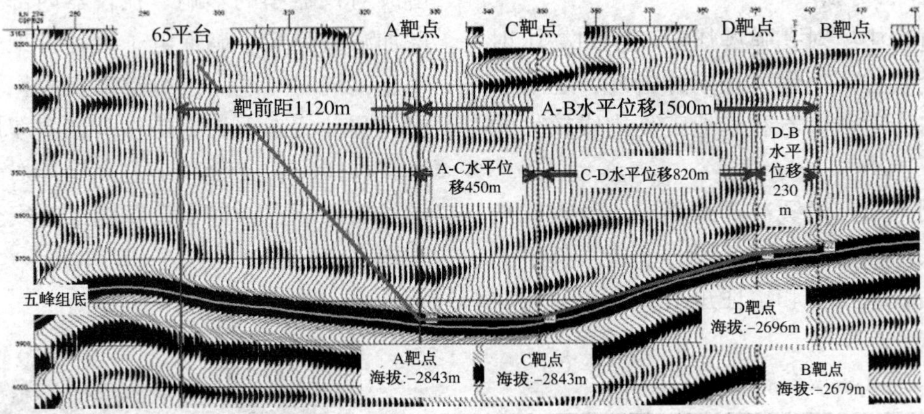

图 1　焦页 65 平台某井地质剖面图

平距离及井筒复杂的环境。

其次针对大斜度井，用电子控制的锚定/刹车短节(如图 2)缓解射孔爆炸纵向冲击影响。在大斜度井中，能提供合理的摩擦阻力，从而克服上述施工中出现的技术不足，实现入井工具在水平井大斜度位置保持静止或匀速运动状态，有效控制入井工具在大斜度水平井段发生下滑的风险。

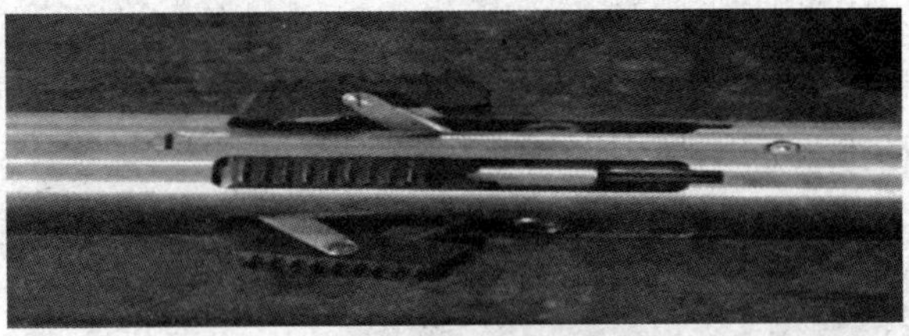

图 2　锚定/刹车短节

2.2　射孔电气安全可控

牵引器输送射孔考虑到电缆的高压密闭需要，通常使用单芯电缆进行输送作业。然而，牵引器工作供电电压长时间在 300V 以上，射孔所用的电子选发器在该高压下容易损坏导致射孔点火出现异常。为此，研制了牵引器输送射孔用安全供电转换单元，确保牵引器工作时，射孔设备处于休眠状态；同时确保电子选发器点火后短路的情况下也不影响牵引器及辅助工具的工作。

牵引器输送射孔用安全供电转换单元其中一个重要的功能，就是电气物理隔离，射孔器材缆芯与上面的牵引器在结构上是物理断开的，只有当射孔开始工作时才将其接通，从而保证施工时牵引器及射孔工作互不影响，实现施工的高度安全。具体的连接参考如图 3 所示。

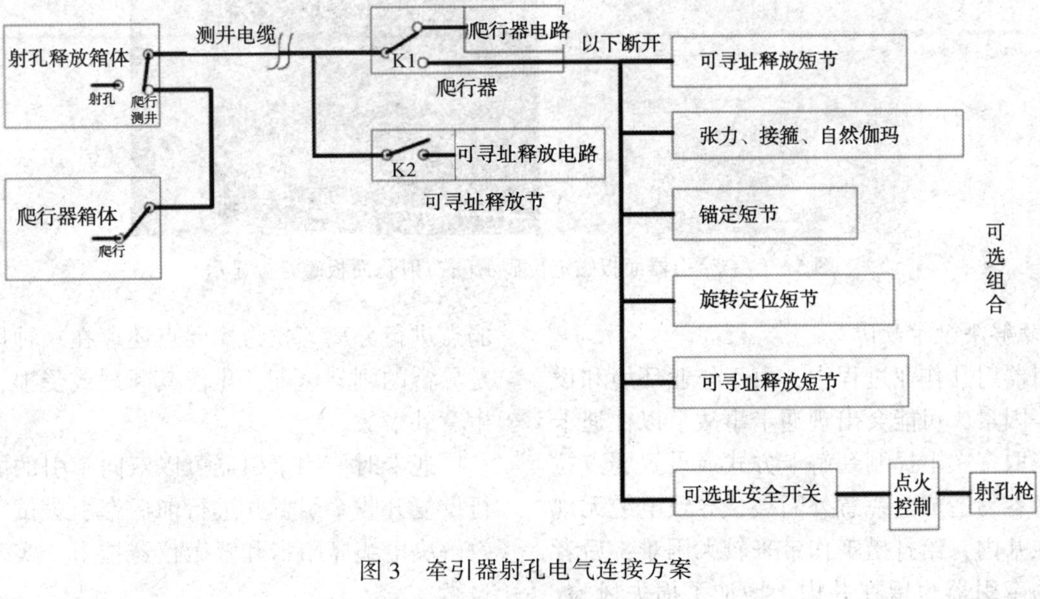

图 3　牵引器射孔电气连接方案

2.3　仪器抗冲击力强

在射孔过程中，射孔弹爆炸时产生的高压射流，除了对套管柱产生强大径向冲击外，还会引起纵向的冲击，对牵引器和其他工具构成较大的安全隐患。

通过使用三组弹簧缓冲式减震器，吸收射孔爆炸产生的大部分的冲击波，同时下井工具串上安装多个伸缩式扶正器和柔性短节，再次降低冲击波对仪器串的影响。在仪器内部机械连接部位增加减震弹簧，确保电子线路骨架处于较低冲击状态，同时对线路进行整体封胶，保证电路元器件在震动状态下稳定工作。如图4所示，通过以上多种措施，充分减小射孔爆炸对牵引器和其他设备的破坏，确保了设备施工的安全和第二簇射孔枪点火的完成。

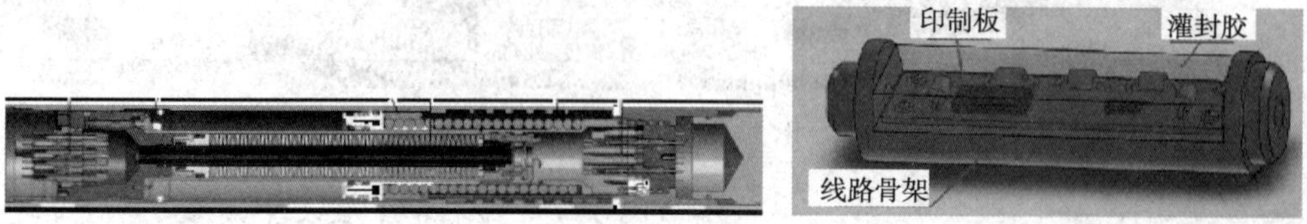

图4　部分减震措施

2.4　射孔校深精度高

传统连续油管输送射孔采用地面马丁代克测量深度，在井下深度误差较大，避免不了在套管接箍上射孔。同时由于油管在井下会出现拉伸、曲挠，这对于地质甜点的锁定、套管接箍的规避都无法保证。

采用牵引器输送射孔工艺，牵引器中自带的CCL仪器，将测量的CCL信号接入射孔系统进行校深及出图可有效确定射孔深度。通过了解射孔系统要求，对应调整牵引器磁定位信号输出，确保牵引器射孔施工过程中磁定位准确有效，符合SY/T 5325—2013《射孔作业技术规范》。通过在地面分别模拟静态、动态状况下，磁定位仪器的测井状态，确保磁定位信号满足射孔系统要求。常规射孔用磁定位采样精度为20点/m，而牵引器所使用的磁定位每200ms进行一次采样，精度能够达到60点/m，能够实现厘米级的射孔精准校深，如图5所示。

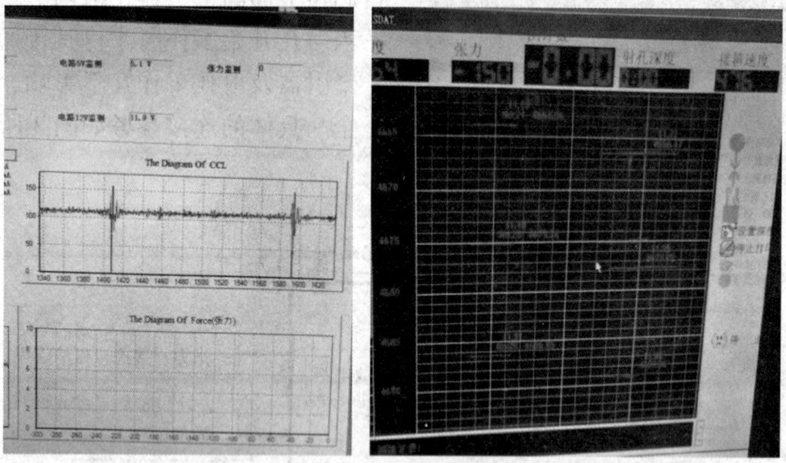

图5　(左)牵引器面板磁定位显示(右)射孔面板磁定位显示

2.5　有效解决预卡故障

牵引器射孔作业过程中，由于作业环境和设备故障等因素，可能会出现遇卡事故，以往遇卡主要是采取多次上提绷劲解卡方式或设置弱点拉断，前者容易造成电缆意外断裂，导致电缆无规律堆积在井内，给打捞工作带来较大困难；后者将昂贵的牵引器也留在井内，增加了损失风险，同时因水平井内电缆受力状态使其未必在设计的弱点进行分离。拉力棒弱点还存在一种风险，就是异常的剧烈速度变化使其断裂或受损，从而产生意外事故。

遇卡时使用牵引器可以双向牵引的能力，进行反复开收牵引臂并进行前后牵引尝试，可以有效解决电缆摩阻卡和轻微仪器挂卡，实现牵引器自救。

另外使用设计的具有打捞功能的电子释放短

节，将其安装于牵引器下端和电缆头下端，实现分离可控，为牵引器输送射孔增加了一道保险。通过使用电子释放短节，使马笼头处始终保持较大的张力冗余，同时，主动脱离后，留在井内的仪器串上端能够保持标准的打捞接口，极大降低打捞的难度，提升打捞成功率。

在打捞的措施上，由于是因为遇卡打捞，所以需采用连续油管或小钻杆配接专用打捞工具进行，如图6所示，能够提供较大的上提拉力，整个过程按照打捞操作的标准规范进行即可。

图6　三球打捞工具示意图

3　牵引器输送射孔工艺的应用

牵引器输送射孔技术在涪陵页岩气田焦页86-1HF井首次进行了电子选发射孔的成功应用，充分验证了该技术的可行性及周密性。在后续的施工作业中，得到了甲方的一致肯定，截止目前涪陵工区首段射孔作业已完成60多井次，补孔射孔作业完成6井次，射孔成功率达100%，创水平井最大牵引井斜记录，创产值1100余万元。

3.1　焦页86-1HF井的首次应用

焦页86-1HF井人工井底为5921.56m，垂深为4009.0m，最大井斜90.8°，射孔段温度为118.2℃。施工采用牵引器输送射孔枪串，采用“一串2簇”的电子选发方式在5906.0~5907.5m和5883.0~5884.5m射孔。

本次施工于2018年5月20日18：20入井，20：40开始牵引，5月21日5：20顺利牵引至5920m，距人工井底仅1m左右，6：20在设计射孔层位顺利完成点火，9：20安全起出。本次施工是江汉测录井自主研发的牵引器射孔技术在涪陵工区的首次应用，也是国内首次应用电选点火方式的牵引器射孔技术。

3.2　创中石化水平井最大牵引井斜记录

焦页88-2HF井水平段上翘，且中间有两处明显起伏段，其中井斜大于100°的水平段近千米，井眼轨迹复杂，大大增加了牵引器输送的负载，给牵引器射孔施工带来极大难度。在充分论证本井的施工难度后，甲方在新技术应用方面进行了大胆尝试。

2018年9月13日，江汉测录井圆满完成该井牵引器首段射孔施工任务，牵引水平段最大井斜106.75°，自然遇阻于3303m，历时10h，牵引至5635距人工井底仅2m，牵引距离2334m。第二次刷新由自己保持的国内牵引器施工最大井斜记录，并创国内牵引器射孔最长牵引距离纪录。

3.3　同平台多口井规模化牵引器射孔应用

焦页185平台井位于重庆市南川区，针对上奥陶统五峰组-下志留统龙马溪组下部优质页岩气层部署了一组水平井，由中原井下作业承担该井的多级射孔压裂工作，首段射孔由江汉测录井公司使用牵引器输送射孔工艺完成。2018年9月5日，耗时60h连续完成焦页185平台3井次首段射孔施工，成功完成了牵引器射孔电选点火技术在井工厂模式下的规模化应用，同时创造了一次下井枪簇最多国内施工纪录。在该平台成功完成3井次牵引器首段射孔以后，江汉测录井又多次接到类似的施工，如焦页82平台4井次施工、焦页92平台4井次施工，焦页22平台三井次施工等等，目前涪陵工区同平台多井次的井工厂模式下的首段射孔作业均首先考虑牵引器输送射孔工艺。

4　遇到的问题及改进措施

水平井牵引器输送射孔工艺在涪陵及其他工区取得了不错的成绩，但是在使用过程中也出现了一些问题。为此，还需要进一步对牵引器输送射孔工艺进行了一些改进和完善，优化下井工具串结构，完善牵引器输送射孔技术方案。

4.1　工具串结构优化

现场施工时，牵引器输送射孔施工采用牵引器一次下井输送3簇射孔枪在不同位置进行射孔的方式较为常见。整个工具串连接结构如下：射孔马笼头+可释放短节+旋转短节+磁定位短+牵引器线路+六臂扶正器+推靠牵引段+六臂扶正器+柔性短节+刹车短节+安全短节+减震短节+射孔枪串，连接总长22.16m、重量438.95kg。而常规的多级泵送，由于吊车及吊装限制，通常使用8根2.5m的防喷管连接，此种情况下防喷管的长度无法满足施工的要求，需进行工具串结构优化。

4.2　减小仪器串磨阻

通常泵送桥塞多级射孔联作时工具串为滑动摩擦，通过水力推送实现。牵引器射孔输送能力可能达不到水力推送的力量，采用滚轮短节和滚珠枪尾(见图7)将射孔枪串滑动运动输送变为滚动运动输送，大幅降低输送过程的阻力，为牵引器输送提供较好的环境。按目前牵引器及常用射孔枪串结构，可采用合适尺寸的飞轮短节，如图8所示，尽可能替代通用的六臂轴承式扶正器的方案，在保证磨阻小的情况下，缩短仪器串长。其实际效果还需下井验证及改进。

图7　射孔滚轮短节和滚珠枪尾

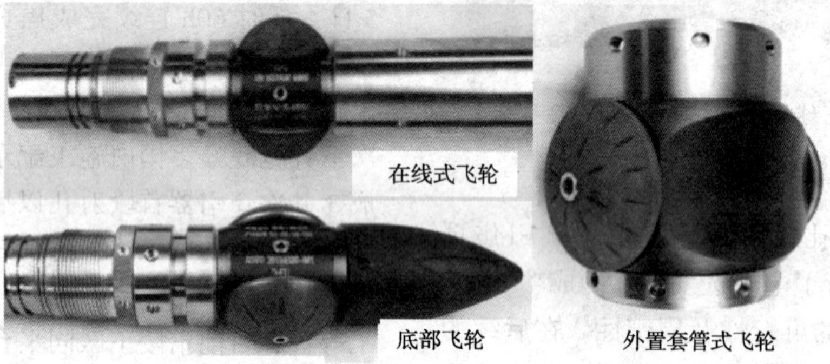

图8　参考飞轮结构

5　结论

通过牵引器工艺适应性研究和针对性的研发制造，牵引器输送射孔装备和工艺实现了“推得动、刹得住、定位准、安全可靠”的设计目标，在实战中获得了成功。相对连油施工有时效高、成本低、精度高等明显的优势，具有大面积推广的潜力。

参考文献

[1] 徐贵春，徐苏欣，唐海军，吉小敏．水平井射孔参数优化研究与应用[J]；复杂油气藏，2009年，(04).

[2] 郭希明，蒋记伟，郭庆丰，蒋宏伟，韦海涛，王先国，王金茹．水平井复合射孔技术在中2-平25井中的应用[J]；四川兵工学报，2011年，(01).

[3] 蒋清涛．水平井电缆分段射孔工艺技术的应用[J]．中国石油和化工标准与质量，2012年，(15).

低压气井带压作业装置研究与试验

陈　宁　许建国　李兴科　刘成双　邓茂攸　齐　梦

（中国石油吉林油田公司油气工程研究院）

摘　要　气井普遍具有储层敏感性强的特点，采用常规压井的作业方式会造成储层发生水敏、水锁等伤害，渗透率降低，产量降低。气井带压作业技术可以解决上述困难，而国内气井带压作业技术多以引进为主，为了提升国内气井带压作业研发能力及技术水平，我们自主研究形成一套气井带压作业装置，该装置具有密闭卸扣及液封气减压等功能，可以实现井口压力 14MPa 以内的低压气井带压作业需求，并经矿场试验，各项性能指标满足现场需求。

关键词　低压气井；带压作业；地面实验；现场试验；结论

带压作业技术起源于 20 世纪 60 年代北美，应用范围从水井拓展到油井，又从油井拓展到气井，目前美国和加拿大的气井带压作业已经占到 90%[1]。国内，随着天然气开发的加快，气井数量逐年递增，气井完井及后期作业工作量将会逐年增加。常规压井作业给储层带来伤害，对于敏感性储层伤害更大，易发生水敏、水锁，渗透性降低。对于长期生产的气井，井筒周围形成较大的压力亏空，如进行常规压井作业，必然造成大量漏失，易引起井喷事故，造成更大的生命财产损失。带压作业技术具有保护环境、保护油气层、提高单井产量、节约作业成本，实现综合经济效益开发的技术优势。但是，由于天然气具有可压缩性和易爆炸性，以及硫化氢气体的存在，与油水井带压作业相比，气井带压作业面临更高的风险，作业装备性能要求也更高[2]-[3]。因此国内气井带压作业主要是引进美国或加拿大带压作业装备，目前国内引进带压作业的装备共 24 套，其中 70K1 套、150K3 套、170K8 套、225K7 套、240K3 套、340K2 套。自主研发的气井带压作业装备也是以引进防喷器等关键配件配套为主[4]。为了提升国内气井带压作业技术水平，降低投资成本，我们进行了气井带压作业装置研究，可以实现井口压力 14MPa 以内的低压气井带压作业需求。

1　低压气井带压作业装置

低压气井带压作业装置为分体辅助式结构，作业时需要作业机或吊车配合作业。主体部分包括井口带压作业装置与动力系统两大部分。其中动力系统安装于野营房内，主要由柴油机组、分动箱、液压泵组、液压阀组、液压油箱、蓄能器组、水箱、风冷器组、远程控制台、主控制台等组成，其功用是为带压作业机提供全部动力。本文主要介绍井口带压作业装置。

1.1　结构组成

井口带压作业装置从下到上主要由安全防喷器组、密闭卸扣装置、接箍探测器、工作防喷器组、液封气系统、举升系统等组成，具体结构见图 1。

1.2　工作原理

井口带压作业装置主要用于井口环空压力和管柱起下轴向力的控制。两套环形防喷器组成液封气系统，在两套环形防喷器之间密封一段高压液体，实现起下管柱时对气井内气压的有效封堵和管柱通过时的流体自润滑，并配合工作防喷器组和安全防喷器组实现多重密封，来控制作业过程中环空压力。由液缸、双向固定卡瓦和双向游动卡瓦组成举升系统控制管柱起下时的上顶力和下压力来实现管柱轴向力的控制。在上下防喷器组中间配备密闭卸扣装置，可以实现带压条件下的管柱卸扣作业。

1.3　关键配套技术

（1）密闭卸扣装置

该装置位于井口装置的下部，主要由主钳系统、背钳系统和液压传动系统组成。该装置中接触井内介质的承压件选用含 Cr 元素合金钢，密封橡胶件均选用氟橡胶，符合耐硫化氢腐蚀要求。该装置的工作原理是将液压马达产生的动力，通过齿轮传递形成扭矩，实现在设备高压腔内对指定的接头卸扣作业。与游动旋转防顶卡瓦

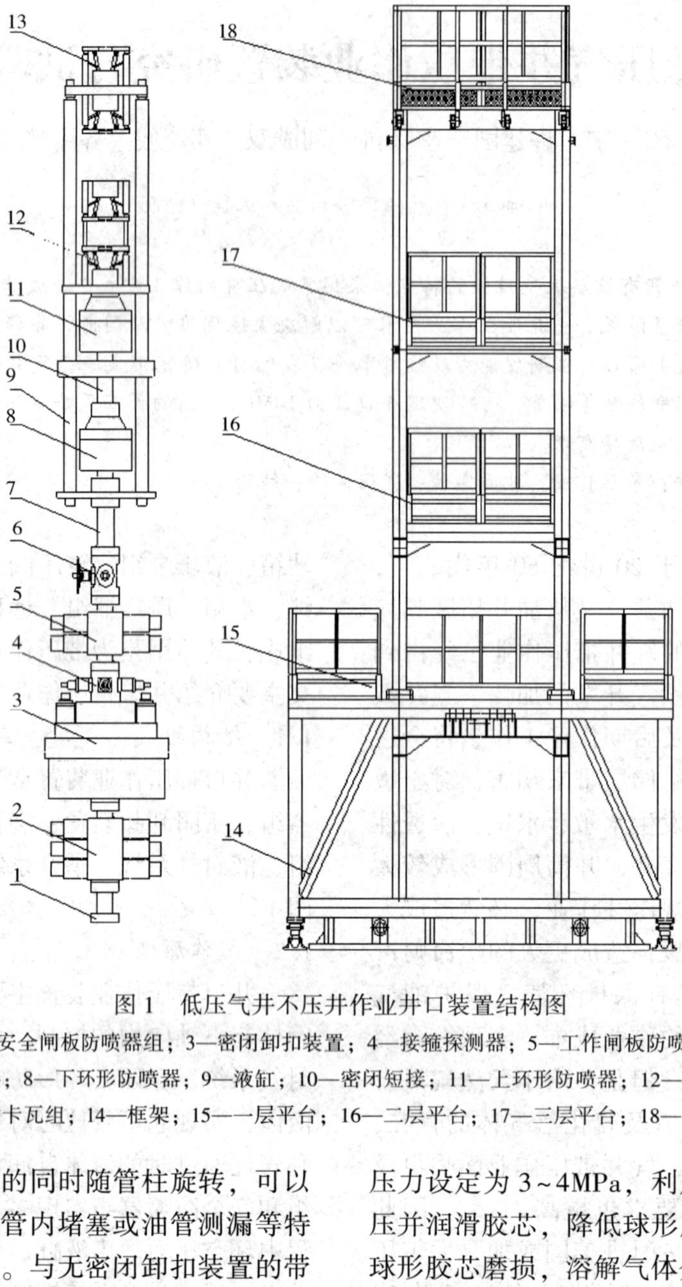

图1 低压气井不压井作业井口装置结构图

1—旋转法兰；2—安全闸板防喷器组；3—密闭卸扣装置；4—接箍探测器；5—工作闸板防喷器组；6—四通阀；7—喷淋短接；8—下环形防喷器；9—液缸；10—密闭短接；11—上环形防喷器；12—固定卡瓦组；13—游动卡瓦组；14—框架；15——层平台；16—二层平台；17—三层平台；18—工作平台

配合使用，在卡紧管柱的同时随管柱旋转，可以在井下工具无法进行油管内堵塞或油管测漏等特殊工况下继续完成作业。与无密闭卸扣装置的带压作业机相比，起出一根无内堵塞管柱步骤可减少22个工序，节约时间15min，工作效率提高6倍。

（2）液封气二级减压装置

该装置位于井口装置的中上部，主要由环形防喷器、液封气短接、蓄能器、等压力传动缸、液路压力控制阀件、液压泵等组成。该装置中液封气短接采用含Cr元素合金钢，热处理硬度低于HB235，符合含硫化氢气井应用要求。使用两只球形胶芯环形防喷器进行分级密封减压，密封油套环形空间压力。下部球形防喷器作为主减压级，与上部球形防喷器间封闭一段液柱，液柱腔压力设定为3~4MPa，利用液体协助密封井内气压并润滑胶芯，降低球形胶芯上下压差，可减少球形胶芯磨损，溶解气体介质中的H_2S成分，减少静电积聚。

（3）游动旋转卡瓦

该装置位于井口装置的上部，主要由卡瓦体、锥体、油缸、连杆、上下盖、卡瓦滑块、卡瓦牙板等组成。卡瓦锥体采用含Cr元素合金钢，卡瓦牙采用含Cr和Ti元素合金钢，渗碳热处理后硬度达到HRC58~62。卡瓦采用背锥面滑块与内锥面锥体配合工作方式，油缸伸出或收缩，滑块沿锥体内锥面轴向运动，牙板中心通径放大或缩小，实现松开或卡紧动作。该装置主要与密闭卸扣装置配合使用，控制轴向力的同时，实现旋转作业。

（4）接箍探测器

该装置位于密闭卸扣装置上部，主要由液压缸、活塞、滚轮及压力传感器等组成。壳体采用含 Cr 元素合金钢，热处理后硬度低于 HB235，符合含硫化氢气井应用要求。滚轮采用含 Cr 元素合金钢，表面高频淬火处理。采用四只正交分布液压缸推动滚轮夹紧作业管柱，滚轮随管柱上下运动而转动，接箍通过滚轮组时推动滚轮及油缸活塞后退，液压缸压力上升，通过测定压力波动的幅度而确定接箍位置。

1.4　技术指标

（1）井口带压作业装置通径 Φ186mm，耐静密封压力 21MPa，安全作业压力 14MPa；

（2）举升系统行程 3800mm，额定举升力 645kN，额定下压力 435kN，油缸速度 0.2～0.7m/s；

（3）卡瓦系统卡紧管柱范围 2～$3^1/_2$in，额定轴向卡紧力 500kN，最大轴向卡紧力 800kN；

（4）密闭卸扣装置操作管柱范围 2～$3^1/_2$in，额定驱动扭矩 8kN·m；

（5）液封气二级减压系统设定压力3～4MPa。

1.5　技术特点

（1）耐压强度高。安全防喷器组和工作防喷器选用额定工作压力 35MPa 的防喷器，高于工作压力两个级别。

（2）密封能力强。具有两套全封、一套工作闸板防喷器组及一套安全闸板防喷器组等多重密封措施，且额定耐压能力都达到实际工作压力的 1 倍以上。

（3）耐腐蚀能力强。设备所有部件的材质、硬度、热处理、表面防护均按耐硫要求设计和加工。

（4）作业控制能力强。油缸额定工作压力下的最大上顶力具有 40%以上的储备控制力；卡瓦卡紧力对额定工作压力下的上顶力具有 60%以上的安全余量，安全系数大，安全性高。

（5）具备密闭卸扣功能。游动旋转卡瓦配合密闭卸扣装置可以实现油管内无堵塞或油管测漏等特殊工况下带压卸扣作业。

2　地面实验

2.1　整机气密封地面检验

试验过程：从整机上部下入一根 Φ73mm（$2^7/_8$in）试验管柱，卡紧全部游动卡瓦和固定卡瓦，关闭上环形防喷器。在整机底部三闸板防喷器下连接法兰盖，从法兰盖输入氮气加压，达到试验压力值后，关闭气泵保压。

（1）静压密封试验

整机先后进行三次地面静压密封试验，注入氮气增压至 22MPa 后关闭气泵保压，保压时间分别为 60min、840min 和 20min，所有试验均全程无泄漏无压力降（第一次试验曲线见图 2 所示），全部满足要求。

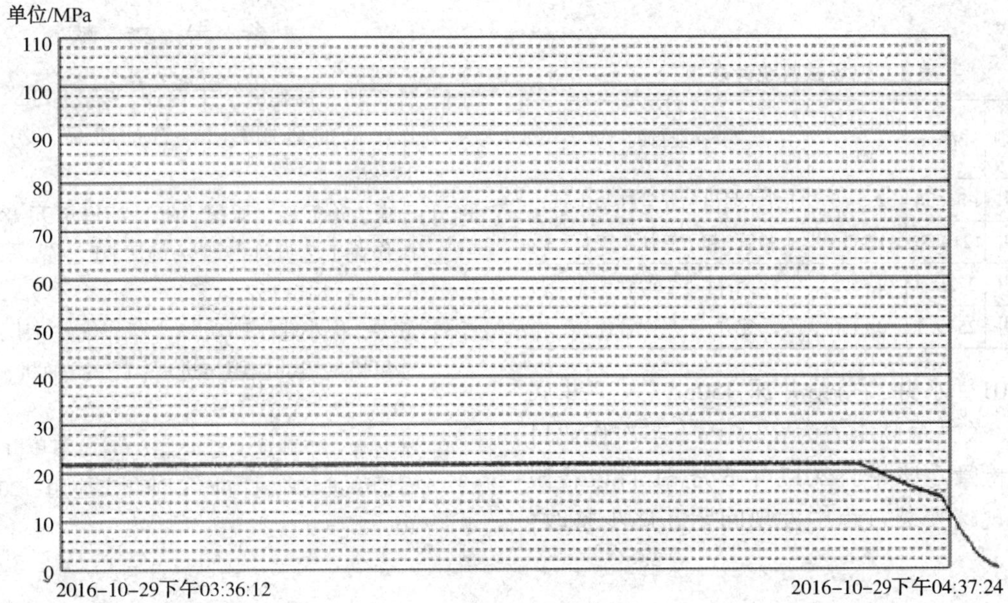

图 2　第一次静压密封试验

（2）动压密封试验

注入氮气增压至 14MPa 后关闭气泵保压，操作设备主油缸通过游动卡瓦带动试验管柱在环形防喷器胶芯内上下运动 30 次，试验全程无泄漏，无压力降，满足设计指标要求。

2.2　举升系统承载地面实验

在装备中下入一根 Φ73mm（$2^7/_8$in）试验管柱，将主油缸系统升高 200mm~300mm，卡紧全部游动卡瓦和固定卡瓦。操作主油缸上举，直至举升力载荷表指示超过 646kN（此时压力为 21.4MPa），所有卡瓦卡紧部位无滑动，由此可验证主油缸的额定举升力达到设计指标要求（645kN）。操作主油缸下压，直至举升力载荷表指示超过 490kN（此时压力为 24MPa），所有卡瓦卡紧部位无滑动，由此可验证主油缸的额定下压力达到设计指标规定要求（435kN）。

2.3　卡瓦系统卡紧力地面实验

所有卡瓦在整机组装之前，均进行卡紧力试验，试验管柱 Φ73mm（$2^7/_8$in），试验推力 75t，由此可验证卡瓦的额定卡紧力达到设计指标要求（500kN）。

3　矿场试验

2017 年~2018 年，成功开展 4 井次的现场试验，如表 1 所示。试验井最高作业压力达 13MPa，采用密封卸扣装置进行 2 井次 11 封 11 配的卸扣作业，大大提升了作业效率及安全性能。正常起下管柱作业速度达 3.84m/min，作业效率较高。

表 1　现场试验统计表

井号	井别	井深/m	作业压力/MPa	作业目的
XX-01	水井	436.36	2.5~3	检管（起出全井管柱与工具）
XX-02	水井	1219.82	12~13	检管（起下管柱与工具）
XX-03	气井	2726.4	2~2.5	完井（下生产管柱）
XX-04	气井	2559.1	0~1.0	完井（下生产管柱）

XX-01，水井，完钻井深 450m，人工井底 436.36m，关井最高压力为 6.3MPa。本次作业目的为周期检管。该井于 2017 年 3 月 31 日设备搬至现场，现场安装过程中发现问题并逐步整改，4 月 7 日开展正常起管作业，并由密闭卸扣装置完成 5 封 5 配的卸扣作业。该井成功试验，验证了整机和密闭卸扣装置的工作性能。

XX-03，气井，完钻井深 2746m，人工井底 2726.4m，采用 4½in 套管生产，由于当前管柱结构不能满足气井携液需求，需要下入 2⅜in 油管生产。该井于 2017 年 5 月 30 日设备搬至现场，并根据气井带压作业需求，进行了作业前的整改工作，于 6 月 12 日~13 日开展地面打压检测工作，6 月 14 日~17 日完成下生产管柱作业及完井。该井成功试验，进一步验证了整机在气井上的安全作业，并为下一步现场施工做好准备。

4　结论

（1）气井带压作业装置具有静密封压力 21MPa，安全作业压力 14MPa 的工作能力，并经矿场试验，满足现场施工要求。

（2）密闭卸扣装置的应用，实现了油管无法堵塞及侧漏情况下管柱卸扣作业，减少了施工工序，提高了作业效率。

（3）液封气二级减压装置的应用，利用液体协助密封井内气压并润滑胶芯，降低球形胶芯上下压差，可减少球形胶芯磨损，提高其使用寿命。

（4）该装置下一步应该向着提高工作压力，形成独立作业模式方向发展，扩大应用范围，降低作业成本。

参考文献

[1] 张丰功，杨建武，王定亚，等．BYJl8—21/35 带压作业机的研制[J]．石油机械，2012，40（3）：83-86.

[2] 孙虎，徐迎新，张冕，等．苏里格苏 48—17 某井带压作业工艺设计与现场施工[J]．钻采工艺，2013，36（2）：131-132.

[3] 黄杰，徐小建，郭瑞华，等．气井带压作业技术在苏里格气田的应用与进展[J]．石油机械，2014，42（9）：72-73.

[4] 雒继忠，李开连，延晓鹏，等．不压井带压作业装置的引进与改进[J]．石油化工应用，2009，28（1）：10-12.

一种适用于高温低渗储层的自修复强凝胶堵水剂

刘　敏　李宜坤　才　程

（中国石油勘探开发研究院）

摘　要　针对高温、低渗储层的堵水需求，自主研发出一种在地下高温储层条件下通过交联反应生成高强度凝胶的堵水剂。该堵水剂配制方便，在现场使用时可以采用单液法现配现注，配好的堵水剂黏度低于10MPa·s，易于注入低渗储层的深部，在120℃以上的高温储层中，堵水剂发生交联反应，生成高强度凝胶。在室内对交联后的堵水剂进行了流变性测试、光谱分析、描镜电扫和岩心驱替实验，实验结果表明：交联后的堵水剂黏弹性好，对固体表面黏附力强，具有很强的拉伸强度和自修复能力，对天然岩心的封堵率高达99%以上。

关键词　低渗透；堵水剂；交联反应；凝胶；自修复；岩心驱替

近年来，随着天然气勘探与开发的迅速发展与深入，气井出水问题日益凸显，目前国内外可借鉴的气井堵水技术甚少，常规的聚合物交联技术难于适用高温低渗气井的堵水要求[1-3]；有些高温堵水剂制备工艺繁琐、现场配制时间长、现场施工不方便[4-6]；硅酸盐类堵水剂，会与储层中的钙镁离子发生反应，形成沉淀，从而对储层造成永久性的伤害。面对高温、低渗气井的现场堵水需求，我们从聚合物分子结构设计入手，自主研发出一种高温地下交联聚合物凝胶堵水剂[7]。该堵水剂使用在100℃以上具有引发活性的交联剂，在高温地层条件下引发交联反应，同时在交联体系中引入树脂嵌段，使交联后的高分子链上嵌入强吸附的功能基团，使堵水剂具有高强度、强吸附和自修复性能。

1　堵水剂的配制

在室温下，将堵水剂的各组份溶于自来水中，搅拌几分钟即可得到配制好的堵水剂，堵水剂外观呈白色浊液，如图1所示。采用TA-CSL^2 500流变仪测得该堵水剂黏度低于10MPa·s。

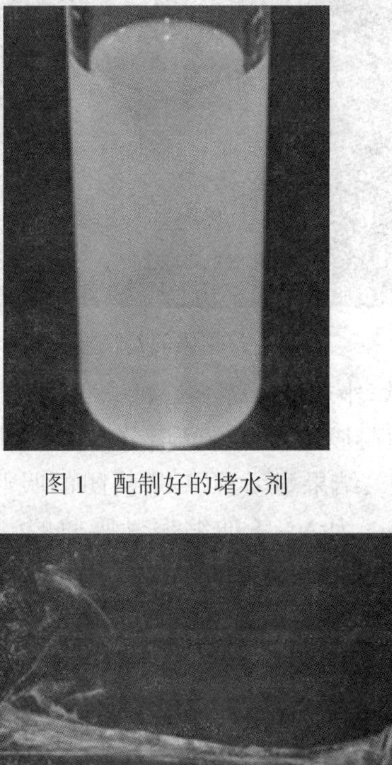

图1　配制好的堵水剂

2　堵水剂的交联反应

将配制好的堵水剂放入密封试管中，在120℃恒温箱中加热6h后，堵水剂发生交联反应，交联后生成无色透明的凝胶，将凝胶置于实验台上，凝胶立刻黏附在实验台面上，用镊子拉伸，凝胶牢牢地黏附在实验台和镊子上，具有很强的拉伸强度，见图2。

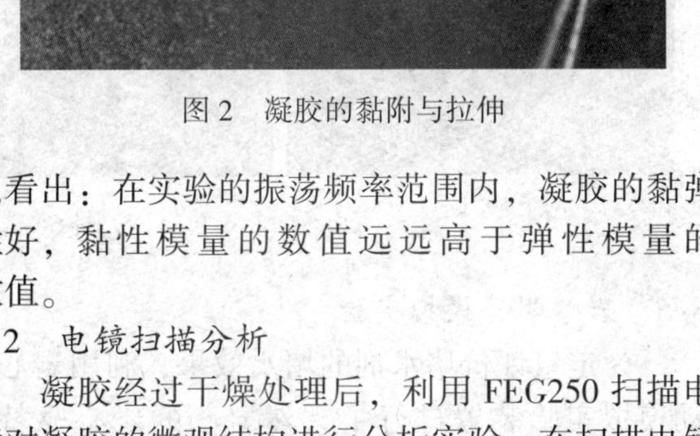

图2　凝胶的黏附与拉伸

3　凝胶的性能测试

3.1　流变性

将交联后的凝胶利用TA-CSL^{2}500流变仪进行黏弹性测试，实验结果见图3。由实验结果可以看出：在实验的振荡频率范围内，凝胶的黏弹性好，黏性模量的数值远远高于弹性模量的数值。

3.2　电镜扫描分析

凝胶经过干燥处理后，利用FEG250扫描电镜对凝胶的微观结构进行分析实验，在扫描电镜下观察到其微观结构，见图4，凝胶的微观结构紧密，可以看到一些细小的结构和交联结构。

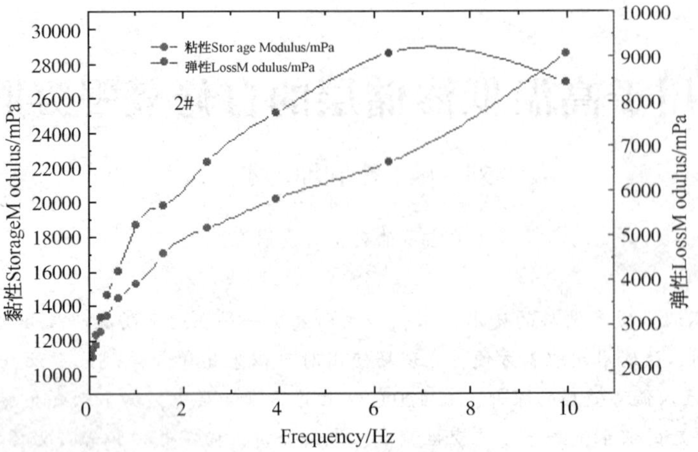

图3 凝胶的黏弹性测试结果

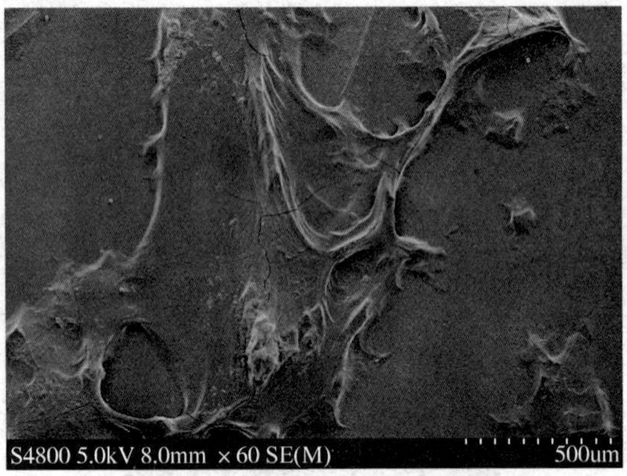

图4 凝胶体的扫描电镜图片

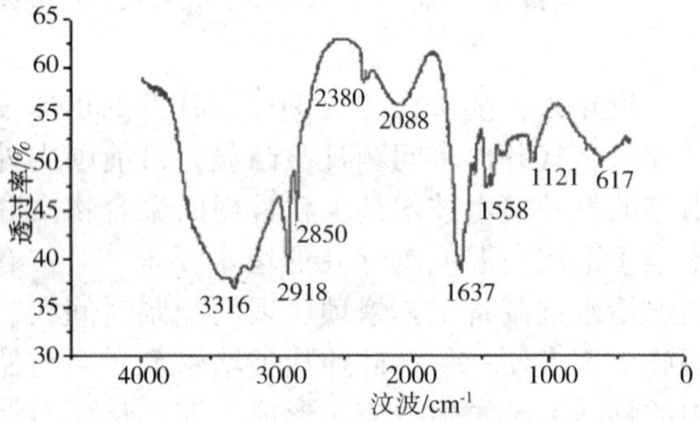

图5 凝胶的红外光谱数据

3.3 红外光谱分析

对凝胶进行红外光谱分析，得到的实验结果见图5，结果显示了一些基团的吸收峰：比如，3316cm^{-1}为N-H伸缩振动吸收峰，1637cm^{-1}为C=O伸缩振动吸收峰。

3.4 自修复性能

将凝胶置于实验台上，任意切割成两块，再轻轻放在一起，立刻用镊子拉伸，凝胶已经成为一体，具有很强的拉伸强度，表明该凝胶具有自修复性能，实验过程见图6。

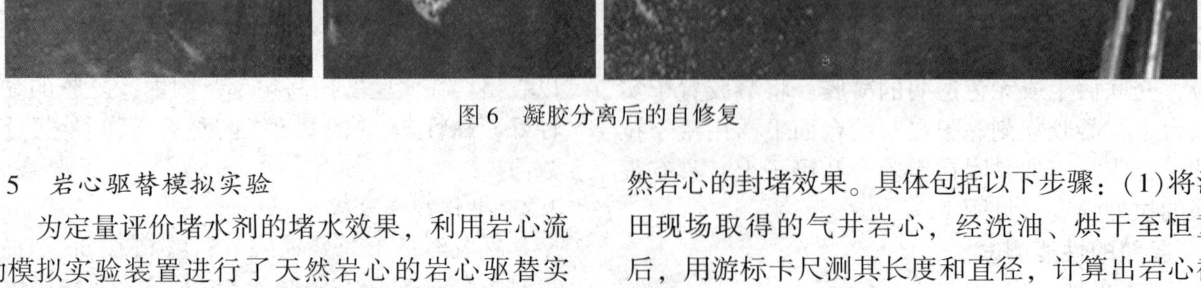

图6 凝胶分离后的自修复

3.5 岩心驱替模拟实验

为定量评价堵水剂的堵水效果，利用岩心流动模拟实验装置进行了天然岩心的岩心驱替实验，通过测试堵水剂处理前后的岩心渗透率(岩心渗透率按达西公式计算)，从而评价堵水剂对天然岩心的封堵效果。具体包括以下步骤：(1)将油田现场取得的气井岩心，经洗油、烘干至恒重后，用游标卡尺测其长度和直径，计算出岩心截面积；(2)向岩心正向通入氮气，待流量稳定后，测气相渗透率K_1；(3)向岩心反向挤入堵水剂2

个 PV，120℃条件下，反应 6h 以上；(4)向岩心正向通入氮气，待流量稳定后，测气相渗透率 K_2；(5)计算堵水剂的封堵率，封堵率 = $(K_1 - K_2)/K_1$。堵水剂对天然气井岩心封堵效果的实验数据，见表 1。实验结果表明：堵水剂对岩心的封堵效果好，封堵率高达 99.9%以上。

表 1　岩心实验数据

岩心编号	1	2
岩心直径/cm	2.512	2.522
岩心长度/cm	5.216	5.240
注堵剂前岩心气相渗透率 K_1/mD	20.36	320.76
注堵剂后岩心气相渗透率 K_2/mD	0.01	0.18
封堵率(%)	99.95	99.94

4　结论

(1) 研发的高温地下交联凝胶堵水剂，配制简单，交联前，黏度低，易于注入储层深部；

(2) 堵水剂在高温条件下发生交联反应生成凝胶，凝胶具有紧密的微观结构，黏弹性好，对基质吸附能力强，拉伸强度大，具有自修复性能；

(3) 堵水剂对天然气井岩心的驱替实验结果表明：该堵水剂对岩心的封堵效果好，封堵率高达 99.9%以上。

参考文献

[1] Wassmuth F. GreenK. Hodgins L. Water Plugging in Gas Well : Proper Gel Placement is the Key to Success [J]. SPE 89403. 2004.

[2] Hassan. Philippe Enkababian. Keng Seng Chan. Successful Innovative Water - Plugging Operations in Low-Permeability Gas Wells[J]. SPE 105262. 2007.

[3] Chat Junesompitsiri. Antoine Berel . Richard Curtice. Selective Water Plugging in Gas Well Turns a Liability into an Asset : A Successful Case History from East Kalimantan , Indonesia[J]. SPE 121182. 2009.

[4] Hernadez R. Vasquez J. cancino V. Successful Water - Plugging Case Histories in a Naturally Fracured Carbonate Reservoir in Offshore Mexico Using an Organically Crosslinked Polymer System With a Modified Tail-In[J]. SPE 127981. 2010.

[5] Ghaithan A. Al Muntasheri. Leopoldo Sierra. Francisco Garzon . Water Plugging With Polymer Gels in a High Temperature Horizontal Gas Well : a Success Story [J]. SPE 129848. 2010.

[6] 李宜坤．许寒冰．刘敏．一种聚乙烯亚胺高温堵水调剖剂及其制备方法[P]. ZL201410851643. 7. 2017.

[7] 刘敏．李宜坤．一种高温低渗储层的凝胶堵水剂[P]. ZL201410513632. 8. 2017.

高角度裂缝性碳酸盐岩油藏 CFS 控堵水技术

刘 帅 邹信波 任 杨 江任开 段 铮 匡腊梅

(中海石油(中国)有限公司深圳分公司)

摘 要 针对珠江口盆地高角度裂缝性碳酸盐岩油藏水平井投产后含水快速上升问题，提出利用 CFS 过饱和充填技术封堵高角度裂缝，降低裂缝出水量，提高基质原油的采出程度，实现自适应均衡控水。从地质油藏特征、储层非均质性、流体性质、地层能量、生产制度等角度剖析目标油田高含水成因和主控因素，评价目标井应用 CFS 控堵水技术的适用性。通过 CFS 控堵水技术机理研究，提出了碳酸盐岩油藏 CFS 过饱和充填技术。现场试验表明，目标井实施 CFS 过饱和充填措施后含水率较数模预测和邻井均大幅下降，中低含水生产期平均延长 8 个月，截止目前累增油超 $3\times10^4m^3$，取得了显著的控堵水效果，为南海东部油田高角度裂缝性碳酸盐岩油藏水平井控堵水和高含水期油田剩余油挖潜提供了全新的开采思路。

关键词 CFS 控堵水；过饱和充填；高角度裂缝封堵；水平井出水

碳酸盐岩油藏普遍存在裂缝发育、非均质性强、孔喉结构复杂、储集空间多样等特征，地震测井资料解释、储层精细描述、油水运动规律研究等相对于砂岩类型储层更加复杂[1]。高角度裂缝性碳酸盐岩油藏由于后期投产的调整井中低含水生产期短，含水上升快，油田采出程度普遍较低，剩余油可采储量大，存在较大的挖潜空间[2]；但由于储层地质油藏条件和渗流机理复杂，调整井投产后含水上升受裂缝及溶洞发育控制，高角度裂缝导流能力强，裂缝见水后油井生产压差减小，基质原油产出受抑制，导致水平井水锥严重，产量递减快。由于碳酸盐岩油藏多数为水平井裸眼完井，井径不规则、缝洞发育且地层漏失严重，采用常规的机械和化学堵水工艺成效较低，“水患”治理成为高角度裂缝性碳酸盐岩油藏延缓递减、提高采收率的的重点和难点[3]。本文提出的 CFS 过饱和充填技术，利用 CFS 颗粒进入裂缝堆积，增大裂缝内流体的渗流阻力，以降低裂缝出水量，提高基质原油的采出程度，同时 CFS 颗粒在水平井段环空产生轴向高渗流阻力，可防止水的轴向串流，从而实现自适应均衡出水。该技术在南海东部海域高角度裂缝性碳酸盐岩油田现场试验后，控堵水效果显著。

1 地质油藏特征

南海东部海域某碳酸盐岩油田属于生物礁滩地层圈闭块状油藏，圈闭幅度 87.0m，具有统一油水界面。构造主体部位较平缓，整体呈现西高东低趋势。纵向上油层划分为八个岩性段，储层物性好差相间(如图 1 所示)，非均质性较强，油田孔隙结构复杂，孔隙类型以粒间溶孔、粒内溶孔、非选择性溶孔为主，内部发育断层和裂缝，表现为裂缝-孔洞双重介质特征，微裂缝既是流体储集的场所，又是流体流动的通道，油水运动规律十分复杂[4]。岩心孔隙度 0.9%～38.8%，(平均 21.1%)，空气渗透率 0.01%～9329mD(平均 651mD)，属中-高孔隙度，中-高渗透率储层。地层原油黏度 46.5～162.0MPa·s，地层温度 59.94～61.5℃，驱动类型为天然水动力驱动。储层水沿优势裂缝通道窜流，使大部分油井含水上升呈现“厂”字型，严重影响了基质中原油的驱替[5]。

2 含水油井特高含水成因分析

高角度裂缝性碳酸盐岩油藏由于裂缝发育，裂缝系统内水驱油效率高，导致基质内原油动用少，扫油面积有限，多数调整井投产后出水段流速快，出水量大，水窜问题严重(如图 2 所示)。大多数油井投产不到 3 个月就达到 60% 以上含水，投产不到两年含水率就超过 90%，油田经过 20 年的开采，地层压力和油水界面基本没有发生变化，但由于裂缝为水窜高速通道，油田综合含水已高达 97%，储层的驱油效率低，油藏宏观波及效率不理想，采收程度仅为 11.7%，开发生产效果较差，其特高含水成因分析为以下五个方面的因素[6]。

2.1 裂缝导流能力强

由于成礁环境、岩性和物性不同，该地区油

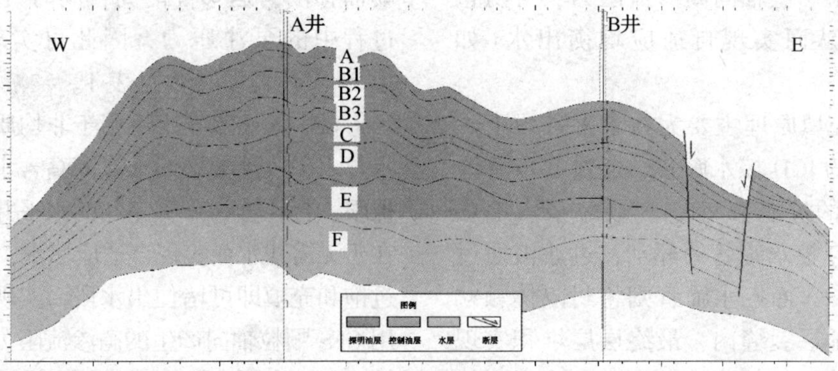

图 1　南海东部海域某碳酸盐岩油藏剖面图

藏可以从下向上分为八段，既存在裂缝发育段，又存在相对致密的隔夹层，油藏内部裂缝发育导致渗流表现为双重介质特征。储层的非均质性导致生产过程中水沿着裂缝快速推进，是油田含水上升快，驱油效率低的最重要因素。

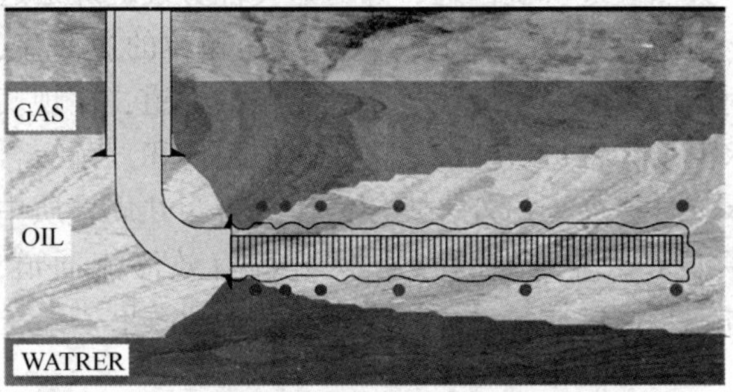

图 2　水平井局部出水原理

2.2　底水能量充足

该油藏原始地层压力在 12MPa 左右，采用天然能量生产，裂缝快速水淹但基质系统中的油却大部分未被动用，由于裂缝系统孔隙占总孔隙比例很小，油田开发已经超过 20 年，地层压力和油水界面基本未发生变化，另外从单井不同阶段泵吸入口压力测试情况分析，底水突破后，泵吸入口压力均呈不同程度的上升趋势，说明油藏底水能量充足并成为油井高含水的重要因素。

2.3　存在启动压力梯度

储层中原油的流动存在启动压力梯度，使得远离井筒的低流度区域原油很难得到有效动用，降低了原油的动用面积和动用程度[7]。

2.4　原油黏度高

由于原油黏度高，流动性较差，当地层能量充足时，油水流度差异大的不利影响更加突出，高流度的水优先进入裂缝通道，加速水窜，降低原油的动用程度。

2.5　不合理的生产制度

当水平井水平段的长度和靶点确定后，生产速度的大小是影响水平井见水时间的重要因素。随着生产速度的提高，底水的运动速度也随之加快，水平井见水时间将会提前，控制合理的采油速度是避免油井见水早、含水率高的重要方面。

3　CFS 技术控堵水机理研究

水平井出水的基本解决思路是降低产水量，增加产油量，实现沿水平段每米流量基本相同，达到均衡流动的目的。传统的 ICD-遇油遇水膨胀封隔器控水技术，是通过将自膨胀封隔器对水平井进行分段，应用 ICD 节流控制装置进行层间流量控制的一种完井方式[8]。由于裂缝性碳酸盐岩油藏存在水平段井径不规则，封隔器坐封位置选择困难且封隔段数较少等不利因素，导致该项技术在碳酸盐岩油藏应用范围窄，效果很难达到预期(如图 3 所示)。

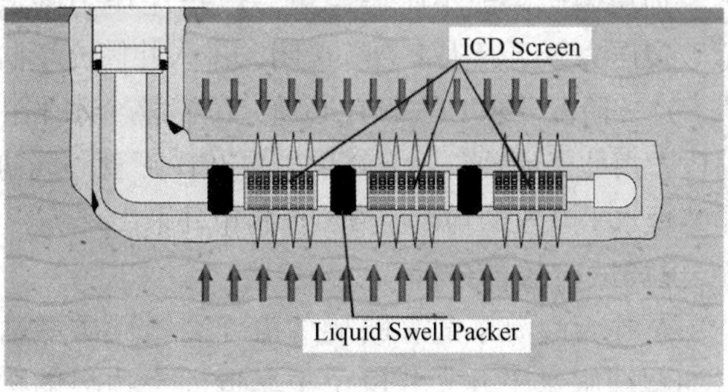

图 3　ICD-遇油遇水封隔器控水技术

3.1　CFS 控堵水机理

CFS 控堵水技术是先下入 ICD 控水筛管，后在地层裂缝内、水平段井壁与控水筛管环空饱和充填 CFS 颗粒，利用 CFS 颗粒在裂缝内的饱和堆积，增大裂缝内流体的渗流阻力，以降低裂缝出水量，提高基质原油的采出程度；同时 CFS 颗粒在水平井段环空产生轴向高渗流阻力，可防止水的轴向串流，从而实现自适应均衡出水（如图4所示）。

CFS颗粒的充填原理主要为在水平井段下入连接有充填管柱的ICD控水筛管，通过井口泵注携带有CFS颗粒的过滤液将CFS颗粒泵入地层裂缝及井壁与ICD控水筛管的环空，过滤液通过循环通道返出井口，而控水筛管则将封隔体颗粒留在环空空间和地层裂缝内，最终层层堆积实现整个水平段井壁与ICD控水筛管环空和地层裂缝的饱和充填。

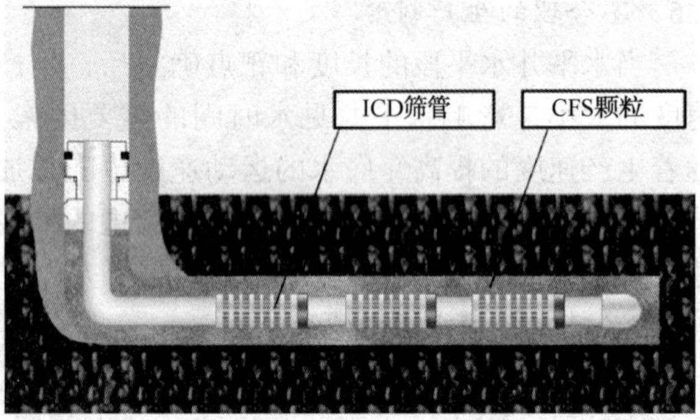

图4 CFS控堵水管柱示意图

CFS颗粒由于密度与水接近，显著低于常规陶粒密度，可以悬浮在过滤液中，随过滤液的流动而移动，运移性能高，同时可降低水平井充填过程中的泵注压力，因此可实现全井段饱和充填[9]，其具体参数见表1。

CFS控堵水技术适用于非均质性裂缝局部强出水、水平段趾端暴性水淹等高含水井，其可应用于裸眼、打孔管和筛管完井的水平井。它的主要优势在于无需找水而实现自适应堵水，通过CFS颗粒的过饱和充填即可堵住出水段，实现径向控水，并利用CFS颗粒轴向产生的高渗流阻力防止水的轴向串流，达到自适应控水的目的。措施后通过提高生产压差，增大相对低含水井段产液量，降低全井含水率，达到防砂、控水和防堵的效果。

3.2 CFS控堵水技术关键

3.2.1 地层微压裂充填

即在作业初期适当提高排量以高于地层破裂压力进行充填，压开地层形成的人工裂缝与基质中天然裂缝实现沟通，并对这类优势裂缝通道进行封堵，将裂缝缝流转变为CFS颗粒的达西流，封堵底水沿高角度裂缝快速上窜的通道，实现底水的均匀锥进，从而增大水驱波及体积，延缓含水上升速度。另外，地层微压裂可为井周基质中原本无导流路径的“死油”开辟有效渗流通道，进一步提高储量动用程度，起到增油效果[10]。

表1 CFS颗粒参数

标准筛目（目）	密度/（g/cm^3）	耐温/℃	耐静压/MPa	耐挤压/MPa	破碎率/%	酸溶解度/%	形状
40~70	1.0	140	60	10	≤0.6	≤2.3	球形

3.2.2 井筒过饱和充填

地层微压裂充填阶段结束后，挤注压力降低至破裂压力以下，人工裂缝关闭，进入井筒充填阶段。这一阶段要求CFS颗粒必须充填满整个水平井井段，由此保证轴向封堵效果，与ICD筛管一同协作实现水平井段的均衡控液，提高单井采出率。

4 现场试验效果分析

A井为南海东部海域某高角度裂缝性碳酸盐岩油藏裸眼水平井，井位位于靠近油水边界的构造南部，井控储量约150×10^{4}m^3，设计6"井眼水平井段长700m，地质认识区域裂缝发育，根据井周剩余油分布和邻井生产动态数模预测该井投产后初期含水为84.5%。钻后高分辨率侧向电阻率成像测井（GVR）显示全井段共钻遇天然裂缝37条，且含水上升风险较大，开采经济性受到很大挑战。

A井通过CFS过饱和充填技术对高角度裂缝通道进行封堵，于2018年8月下旬投产，初产油260m^3/d，较数模预测值高69m^3/d，含水率2.03%，远低于数模预测和相邻新投产井的含水率，投产后保持中低含水状态生产时长达145天，为该油田近7年来单井动态最好的新井（如图5所示）。该井生产10个月以来，平均日产油均高于数模预测，且目前仍维持760m^3/d的较低液量生产，单井提液增油潜力巨大，预测该井生命周期内可增油3.2×10^{4}m^3，CFS控堵水效果显著。

借鉴A井取得的成功经验，2019年B井采用CFS过饱和充填技术进行完井，于2019年1月投产，初产420m^3/d，为数模预测值产量的两倍，含水5.5%（如图6所示），预测该井采用CFS控堵水技术在生命周期内可实现增油4.99×10^{4}m^3，经济效益良好。

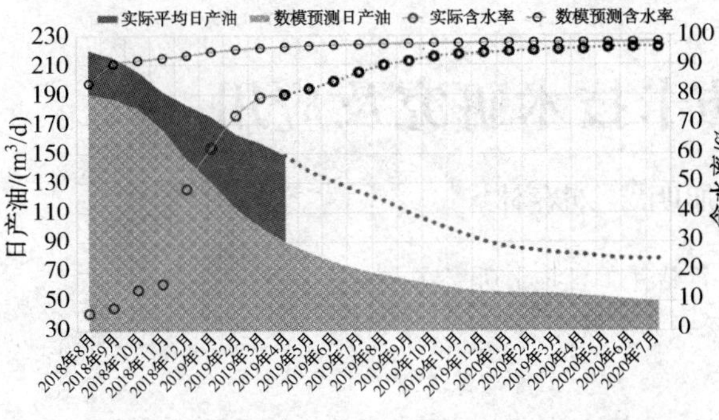

图 5　南海东部油田 A 井生产动态与数模预测对比图

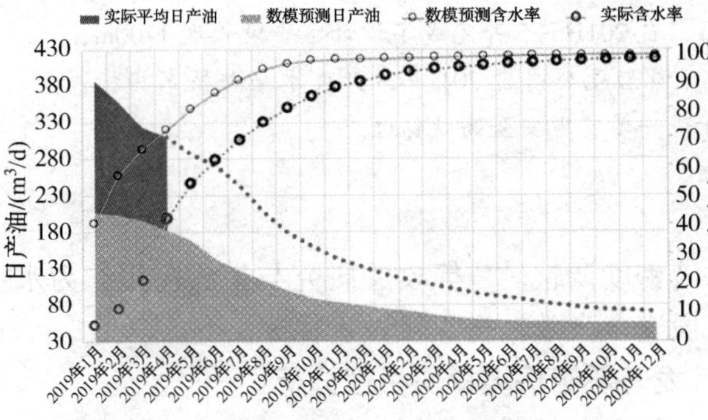

图 6　南海东部油田 B 井生产动态与数模预测对比图

5　结论

（1）高角度裂缝性碳酸盐岩油藏高含水成因受到油藏非均质性、原油黏度、地层能量及生产制度等各因素影响，油藏油水运动规律复杂，油田调整井投产后含水上升受裂缝及溶洞发育控制，含水上升快，水窜问题严重。

（2）通过 CFS 过饱和充填技术封堵高角度裂缝，增大裂缝内流体的渗流阻力，降低裂缝出水量，提高基质原油的采出程度，可有效解决碳酸盐岩油藏高角度裂缝水窜难题。

（3）地层微压裂充填与井筒过饱和充填相结合，封堵底水沿高角度裂缝快速上窜的通道，并控制水平段环空轴向窜流的速度，是 CFS 控堵水技术实施的关键。

（4）现场试验表明 CFS 控堵水技术可有效提高高角度裂缝性碳酸盐岩油藏的采收率，具备规模化实施的条件，在南海东部海域推广应用前景广阔。

参　考　文　献

[1] 曹煜等．生物礁灰岩底水裂缝型油藏开采规律及技术对策[J]．江西化工，2015，04(004).

[2] 王志强．LH11-1 油田礁灰岩油藏水驱及提高采收率渗流机理实验研究[D]．西南石油大学，2017.

[3] 何银达等．碳酸盐岩缝洞型油藏深井裸眼段堵水工艺探讨[J]．钻采工艺，2016，39(4)：38-40.

[4] 宁玉萍，王峻峰，罗东红等．流花油田礁灰岩储层微观性质及驱替特征研究[J]．西南石油大学学报(自然科学版)，2017，39(06)：34-44.

[5] 罗启源，代玲，陈维华等．ICD 控水工艺技术在南海礁灰岩油田的应用与思考[J]．长江大学学报(自科版)，2016，13(32)：68-73.

[6] 罗东红，朱旭，戴宗等．强底水礁灰岩油藏水驱采收率表征模型[J]．西南石油大学学报(自然科学版)，2018，40(5).

[7] 郭越．强底水礁灰岩 L 油藏水平井开发影响因素及效果评价研究[D]．西南石油大学，2017.

[8] 张国文，沈泽俊，童征等．遇油 \\ 遇水自膨胀封隔器在水平井完井中的应用[J]．石油矿场机械，2012，41(2)：41-44.

[9] 韩成，方达科，韦龙贵等．海上浅层压力衰竭储层长水平井裸眼砾石充填防砂实践[J]．钻采工艺，2018，41(6)：68-71.

[10] 张明等．渤海油田压力亏空储层砾石充填防砂作业方式探讨[J]．石油化工应用，2016，35(6)：16-22.

川南自 201 井区水平段防卡技术研究及应用

杨　玄[1]　兰　凯[1,2]　王旭明[1]　刘春林[2]

（1. 中国石化中原石油工程有限公司钻井工程技术研究院；
2. 中国石化中原石油工程有限公司川南现场指挥部）

摘　要　作为国内重点页岩气勘探开发区域，川南自 201 井区主要技术难题表现为水平段坍塌掉块严重、起下钻阻卡频繁、断钻具等井下事故风险高，严重制约了安全高效施工。通过技术攻关和集成应用，设计了导向控制方式，优化了无扶螺杆底部钻具组合，优化了防卡 PDC 钻头，调整了油基钻井液密度，有效降低了复杂时效，确保了安全钻进。技术成果现场应用后，自 201H5-5 井完成了设计水平段长度 1700m、单只钻头进尺 838m、井下安全无复杂事故，创造了 5 项四川页岩气公司自 201 井区开发水平井技术指标，对于整个川南工区的水平段施工具有重要推广意义，有助于进一步实现安全高效钻进。

关键词　川南自 201 井区；水平段；防阻卡；无扶螺杆

随着非常规页岩气资源勘探开发力度的持续加强，川南自 201 井区井位部署多，后续工作量潜力巨大[1]，目前区内共部署完成 17 个平台 94 口开发井，开钻 11 口开发井，完钻 2 口，平均井深 5109m，平均钻井周期 121.5d，平均水平段长 1294m，与威远等相邻区域相比，在实钻水平段长度、钻井周期与机械钻速等方面，仍存在较大差距[2]。

由于该井区三开龙马溪组井壁稳定性差、坍塌掉块频繁，水平段阻卡严重，甚至造成断钻具、填井侧钻等事故，严重制约了安全高效钻进。目前平均非生产时效达 44.23%，主要包括卡钻故障复杂(26%)、事故处理(23%)以及填井侧钻(14%)等；已开钻 11 口井中有 7 口井因垮塌掉块导致卡钻(2 口正在处理、2 口提前完钻、2 口侧钻、1 口填井)。

针对以上技术难题，需要在分析明确该井区龙马溪组掉块机理的基础上，开展导向方式设计、底部钻具组合优化、防卡钻头优化、油基钻井液密度调整[3-6]等攻关研究与集成应用，为水平段安全高效钻进提供技术保障。

1　龙马溪组坍塌掉块机理分析

针对龙马溪组地层掉块机理缺乏系统认识的问题，采用地面返出掉块元素录井分析与电镜扫描方法[7]，明确了掉块层位及具体原因，明晰了坍塌掉块机理，为水平段防卡技术攻关提供了理论依据。

1.1　掉块层位分析

根据自 201H6-3 井掉块层位分析结果图 1 所示，1、3、6 号 3 块为龙一$_{1}^{4}$小层上部或者以上的掉块，2 号掉块接近五峰组，其余 5 块掉块为龙一$_{1}^{1}$小层掉块。根据返出掉块元素分析，龙马溪组下部地层页岩层理、裂缝性发育，易破碎，五峰组含有黑色灰质、硅质页岩，顶部见观音桥灰色介壳灰岩，局部黄铁矿星散分布(局部富集)，岩性致密；掉块硬度大，经泡水、泡酸、泡碱、泡解卡剂均未见反应，物理及化学性质稳定。

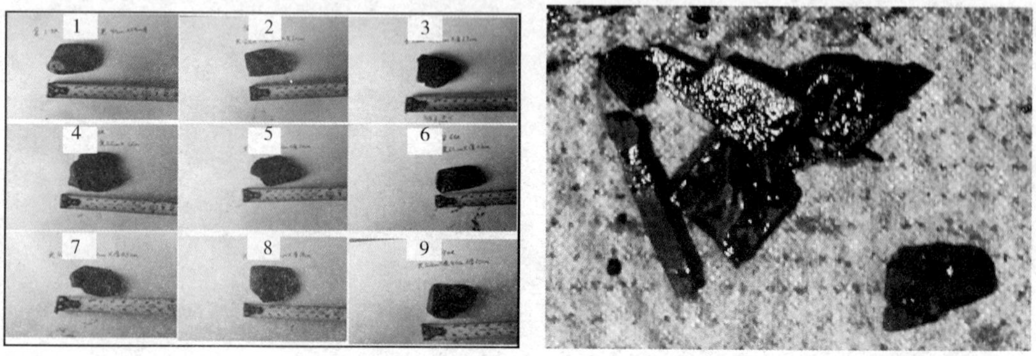

图 1　自 201H6-3 井(侧钻井眼)掉块层位分析

对掉块元素进行分析硫、铁、铝、钾、以及低硅高钙的现象，判断掉块第一来源是龙马溪龙一$_1^1$小层与五峰组交界地层产生；第二来源位于龙一$_2$亚段底部～龙一$_1^4$小层中上部，垂厚30m左右，掉块大小约2～3mm^3。

1.2　掉块原因分析

针对两段掉块层位来源，分析明确了坍塌掉块的原因：

龙一$_1^1$小层与五峰组交界处存在破碎带、水平应力小、极易产生应力释放，同时岩石塑形较高，产生大量条状或块状掉块，是卡钻事故高发的主要原因，如图2所示；

龙一$_2$亚段页岩层理、天然裂缝及揉皱变形构造发育，地层易破碎掉块，是造成井壁失稳的次要原因，井下清砂不及时同样易造成卡钻事故，如图3所示。

图2　龙$_1^1$高塑性岩屑及交界面掉块

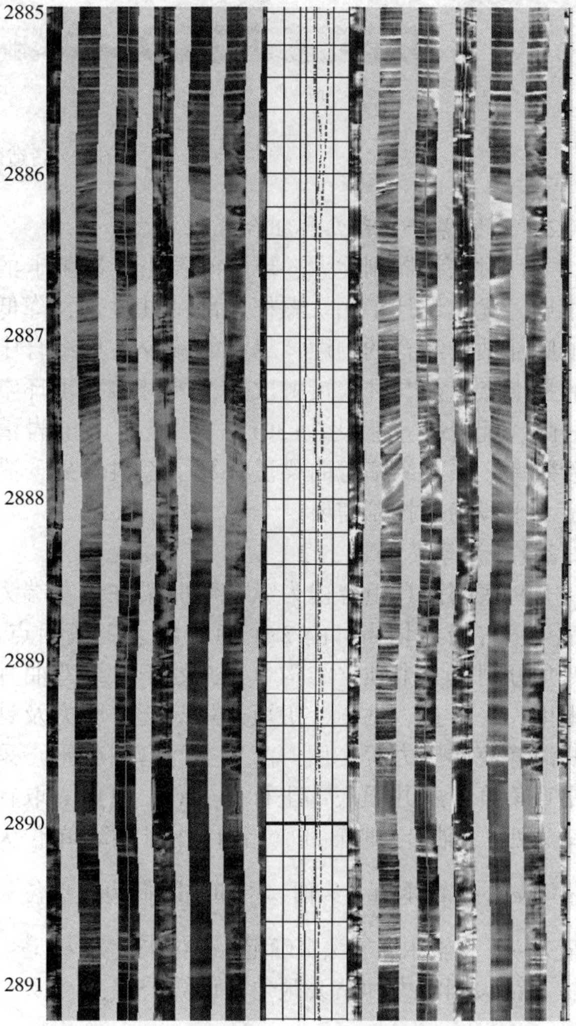

图3　自201与自203井龙一$_2$段揉皱变形构造

因此，基于以上掉块机理分析结果，需要对井眼轨迹控制方式进行优化设计，避免龙马溪底部-五峰组穿层及轨迹频繁调整导致的大量掉块；同时需要对防阻卡施工工艺进行完善，实现掉块严重条件下水平段的安全钻进。

2　轨迹控制方式优化设计

由于自201井区目的层龙一$_1^1$箱体薄(0.8～2m)，局部倾角变化大、断层多，轨迹调整频繁，井眼轨迹控制难度大，同时旋转导向及扶正器尺寸大、环空间隙小，易阻塞循环。因此，根据掉块层位来源分析结果，通过分段式导向方式与无扶螺杆底部钻具组合优化设计，在保证井眼轨迹平滑的同时，有效降低了卡钻风险。

2.1　分段式导向方式设计

基于龙马溪组掉块层位来源分析结果，以龙一$_2$亚段为分界线，分别设计了旋转导向与近钻头+单弯螺杆两种导向控制方式。

在龙一$_2$亚段上部井段，造斜率要求高、地层相对稳定，优先采用高造斜率旋转导向控制方式，如图4所示，保证中靶率与井眼轨迹平滑，提高机械钻速及纯钻时效。

在龙一$_2$亚段-龙一$_1^1$目的层段，由于掉块尺寸大(最大7～8mm)、数量多，旋转导向工具扶正器环空间隙小(3.2～6.45mm)、卡钻风险大，优选近钻头伽马+单弯螺杆导向控制方式，保证井眼轨迹平滑的同时，降低卡钻风险。

表1　不同导向工具尺寸参数统计对比

导向工具	本体外径/mm	扶正器外径/mm	钻头/mm	间隙/mm	
				与本体	与扶正器
斯伦贝谢(旋导)	189	209.5/209.5	215.9	13.45	3.2
贝克休斯(旋导)	191	203/215.9(导向肋板)	215.9	12.45	0-6.45
近钻头伽马	182	无扶正器	215.9	16.95	16.95

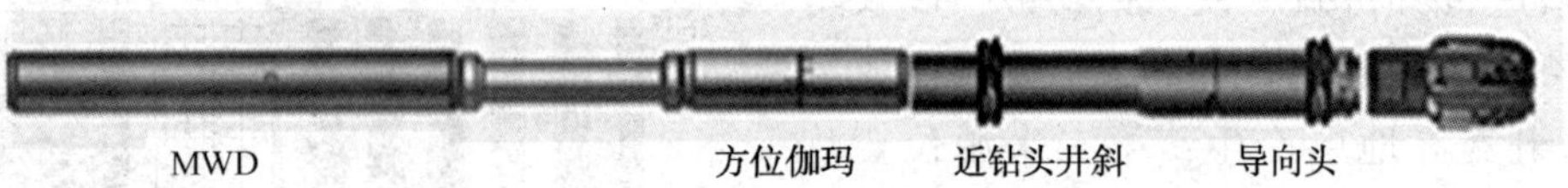

图 4 高造斜率旋转导向工具

2.2 无扶螺杆底部钻具组合优化

针对扶正器刚性大、环空间隙小、易阻卡的难点，优化设计了无扶螺杆底部钻具组合，降低了底部钻具组合的刚性，尽可能减少钻具组合中的易卡点以及与井壁接触次数，同时增大了环空间隙，配合排量强化（>30L/s），提高了携岩清砂效率。采用纵横弯曲梁法计算了稳斜效果，满足水平段稳平控制需要。

2.2.1 计算模型

将底部钻具组合视为纵横弯曲梁柱，左端为钻头、右端为切点，由 2 个稳定器、变截面点、弯角分割成 3 个独立结构单元，处于二维弯曲井眼里，受自重、钻压、扭矩、井壁支撑反力及钻井液静液柱压力等作用，产生空间弯曲变形。采用直角笛卡尔井眼底部坐标系 oxyz：原点 o 取在钻头处，z 轴沿井眼轴线，指向钻柱上部，单位矢量为 $\vec{e}_3$；x 轴垂直于 z 轴，指向井眼低边，单位矢量为 $\vec{e}_1$；y 轴由右手法则确定，单位矢量为 $\vec{e}_2$[8]。

钻头侧向力和钻头倾角的计算公式：

$$P_a = -\frac{1}{L_1}\left(-P_1 e_1 + \frac{q_1 L_1^2}{2} - M_0 + M_1\right)$$

$$A_t = \frac{q_1 L_1^3}{24E_1 I_1}X(u_1) + \frac{M_0 L_1}{3E_1 I_1}Y(u_1) + \frac{M_1 L_1}{6E_1 I_1}Z(u_1) + \frac{e_1 - e_0}{L_1}$$

以上各式中：M_i 为第 i 个支点处的内弯矩；q_i 为第 i 跨梁柱的横向重力载荷集度，$q_i = W_i \sin(\alpha_i)_m$，$W_i$ 为第 i 跨梁柱的线重量，$(\alpha_i)_m$ 为第 i 跨梁柱中点处的井斜角，$(\alpha_i)_m = \alpha_0 - K\sum_{j=1}^{i-1} L_j - \frac{K}{2}L_i$，$E_i$ 为第 i 跨梁柱的弹性模量；I_i 为第 i 跨梁柱的截面轴惯性矩，$I_i = \pi(D_{ci}^4 - d_{ci}^4)/64$；$L_i$ 为第 i 跨梁柱的跨长；μ_i，$X(\mu_i)$，$Y(\mu_i)$，$Z(\mu_i)$ 为第 i 跨梁柱的稳定系数和放大因子，$\mu_i = L_i\sqrt{P_i/EI_i}/2$，若 $P_i \geqslant 0$，则 $X(u_i) = \frac{3}{u_i^3}(\tan u_i - u_i)$，$Y(u_i) = \frac{3}{2u_i}\left(\frac{1}{2u_i} - \frac{1}{\tan 2u_i}\right)$，$Z(u_i) = \frac{3}{u}\left(\frac{1}{\sin 2u} - \frac{1}{2u}\right)$，若 $P_i < 0$，则 $u_i' = \frac{L_i}{2}\sqrt{\frac{P_i}{EI_i}} = \frac{iL_i}{2}\sqrt{\frac{|P_i|}{EI_i}} = iu_i$，$X'(u_i) = \frac{3}{u_i^3}(u_i - \tanh u_i)$，$Y'(u_i) = \frac{3}{2u_i}\left(\frac{1}{\tanh 2u_i} - \frac{1}{2u_i}\right)$，$Z'(u_i) = \frac{3}{u}\left(\frac{1}{2u} - \frac{1}{\sinh 2u}\right)$；$P_i$ 为第 i 跨梁柱的轴力，$P_i = P_{i-1} - \frac{1}{2}\omega_{i-1}L_{i-1}\cos(\alpha_{i-1})_m - \frac{1}{2}\omega_i L_i \cos(\alpha_i)_m$；$e_i = \frac{1}{2}(D_0 - D_{si})$，“±”中的“+”用于上井壁接触，“-”用于下井壁接触；D_0 为井眼直径；D_{si} 为第 i 个稳定器外径；$\delta\theta_2^L = \gamma\left[\frac{\sin(2m_3u_2/L_2)}{\sin 2u_2} - \frac{m_3}{L_2}\right]$，$\delta\theta_2^R = \gamma\left[\frac{\sin(2m_2u_2/L_2)}{\sin 2u_2} - \frac{m_2}{L_2}\right]$，$(\theta_3^R)_0 = \gamma$，$\gamma$ 为螺杆钻具的结构弯角。

2.2.2 效果对比

由图 5 所示，无扶螺杆机械钻速略高于单扶和双扶，复合降斜率、定向增斜率、定向降斜率与单双扶螺杆相当，稳斜效果介于单扶和双扶螺杆之间，明显好于单扶螺杆，能够满足水平段的井眼轨迹稳平控制的要求。同时，由现场应用效果对比可知，使用无扶螺杆钻具时井下摩阻以及托压现象明显减少，减少了起下钻划眼次数，提高了水平段定向稳斜效率；其次，无扶螺杆较旋导工具的压降小，相同条件下可以提供更大的循环排量，有利于井底环空返砂，从而大幅度降低了井下工具的安全风险。

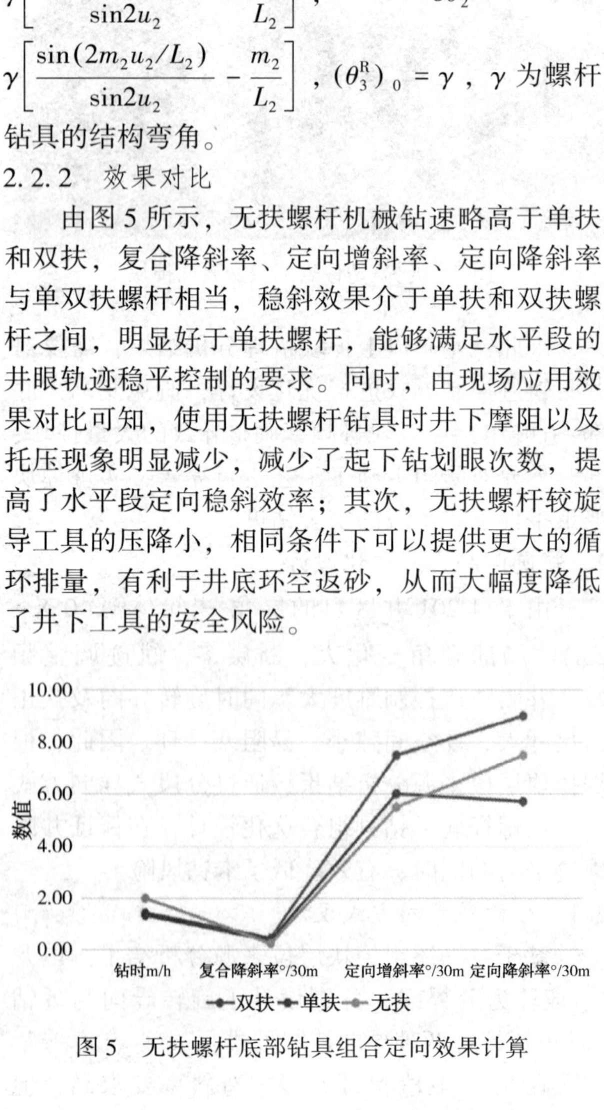

图 5 无扶螺杆底部钻具组合定向效果计算

2.2.3　BHA 设计

结合理论计算与现场试验分析结果，设计了 Φ215.9mm 钻头+Φ182mm 近钻头仪器+Φ172mm 单弯无扶螺杆×1.25°+Φ172mm 无磁钻铤+…的水平段底部钻具组合形式，如图 6 所示，有效降低了卡钻风险，保证了安全钻进。

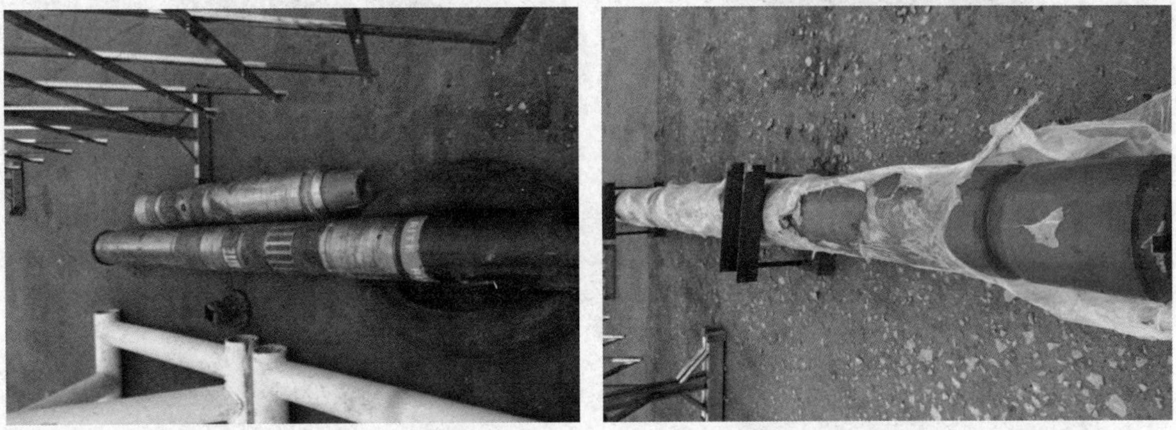

图 6　水平段底部钻具组合设计结果(近钻头伽马+无扶螺杆)

3　防卡安全施工工艺完善

针对自 201 井区水平段普遍存在的坍塌掉块、钻具阻卡现象，由于常规 PDC 钻头解卡困难，钻井液密度难以平衡地层坍塌压力，通过优化钻头倒划眼齿设计，合理调整油基钻井液密度与封堵性能，确保了水平段安全钻进。

3.1　防卡钻头优化

当井眼缩径量、掉块以及井壁垮塌量大于倒划齿切削范围时，传统倒划眼齿不起作用，解卡困难；大斜坡倒角易形成垮塌岩屑堆积，不利于钻头划眼解卡。因此，设计了特殊倒划眼齿，增加钻头径向倒划眼齿数量，提高了钻头在垮塌量大的情况下解卡能力；降低了倒角角度，减少了岩屑堆积，如图 7 所示。与厂家联合定制的 SFE55H 五刀翼 PDC 钻头在自 201H5-5 井单趟进尺达 838m，创四川页岩气公司完成井水平段单只钻头进尺最高纪录。

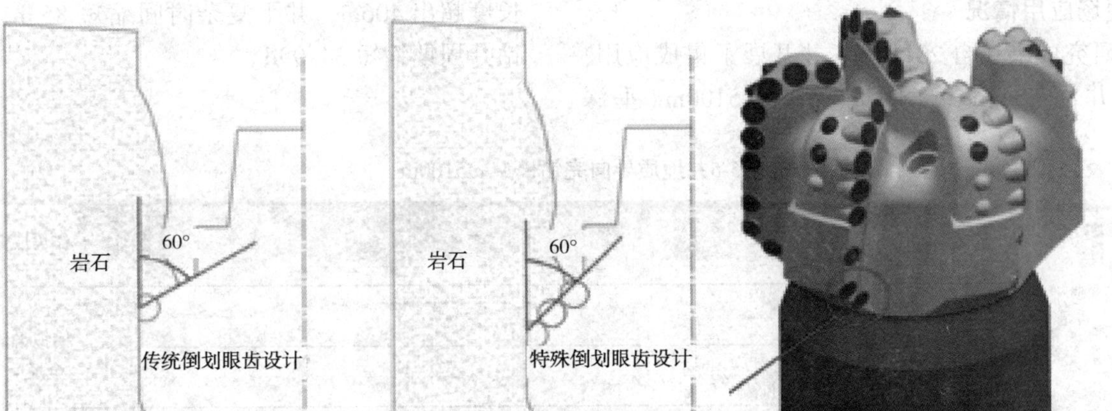

图 7　防卡 PDC 钻头优选

3.2　油基钻井液性能调整

龙一$_{1}^{1}$层中下部层理发育，结合理论分析结果图 8 和实践证明，该层段地层坍塌压力高，对钻井液性能(尤其是密度、抑制性、封堵性等)要求高。因此，通过提高钻井液密度来平衡地层坍塌压力，优化开钻密度为 1.85g/cm^3，防止密度过低不易支撑井壁；同时根据实钻情况及时调整，将钻井液密度提高至 2.05～2.20g/cm^3 进入水平段，保证钻井过程中井壁稳定性，若钻遇井漏，在井壁稳定和井控安全的前提下可适当降密度。

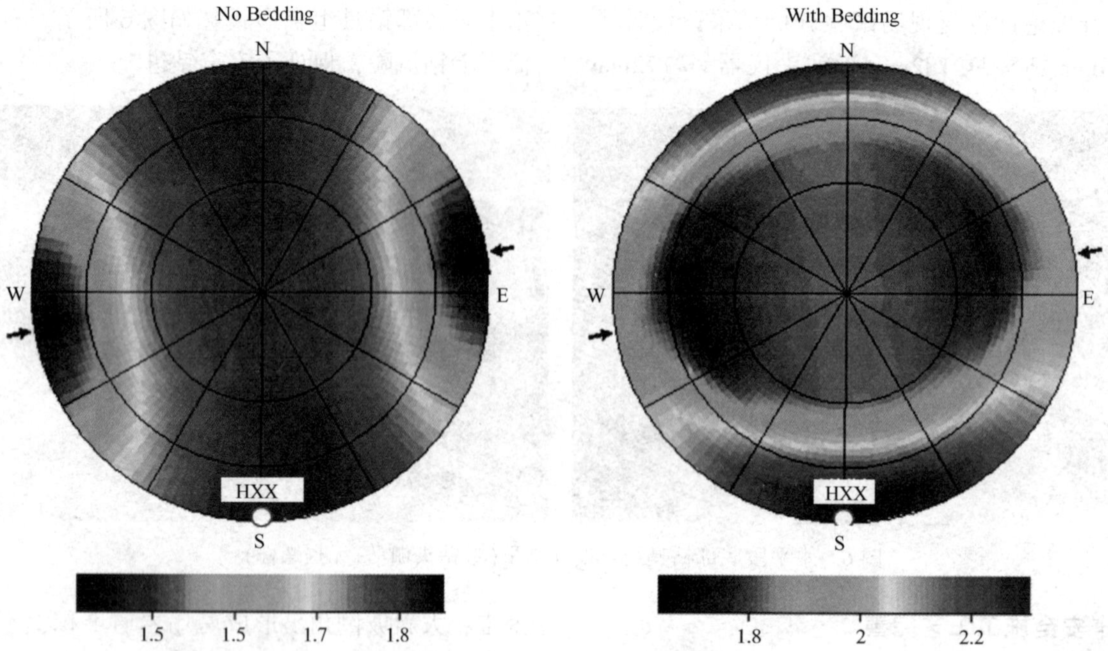

图 8　层理发育前后地层坍塌压力计算结果

选用弹性粒子复配刚性粒子，加入足量的超细封堵材料，进一步强化钻井液封堵性能；选用不同粒径的封堵材料进行级配，提高泥饼质量，在近井壁地带形成坚韧致密的泥饼；选用聚合物降滤失剂，利用其拉筋作用，进一步增强泥饼韧性，强化井壁稳定性。

4　现场应用情况

研究成果在自 201H5-5 井开展了集成应用，设计井深 5044m，实际完钻井深 5100m（垂深 2979. 58m），完成设计水平段长度 1700m，生产时效 95. 62%，复杂时效为 0，三开钻井周期 49. 48d，水平段井眼轨迹平滑，优质储层钻遇率 100%，如图 9。

该井区前期仅有自 201H6-3 和 H6-4 井 2 口井提前完钻，与邻井平均指标相比，实钻水平段长度超出 406m，井下复杂时间缩短 853h，三开钻井周期缩短 34. 99d。

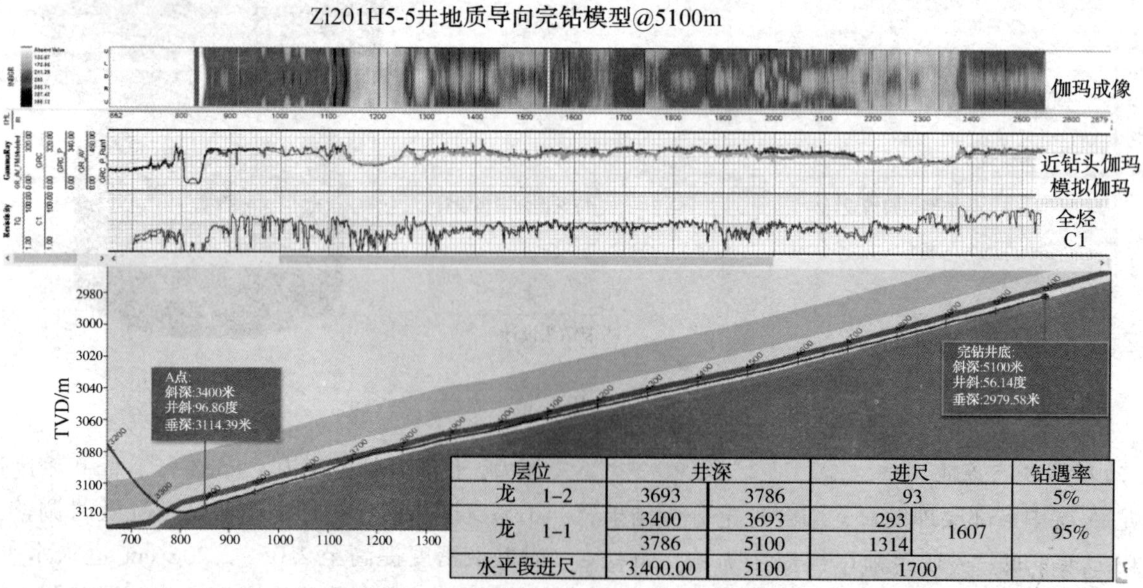

层位	井深		进尺		钻遇率
龙　1-2	3693	3786	93		5%
龙　1-1	3400	3693	293	1607	95%
	3786	5100	1314		
水平段进尺	3.400.00	5100	1700		

图 9　自 201H5-5 井地质导向模型

作为自 201 井区第一口按设计顺利完成地质、工程目标的长水平段开发水平井，自 201H5-5 井创造了 5 项四川页岩气公司自 201 井区页岩气钻井技术指标，实现了该井区钻井技术新突破，如表 2 所示。

表 2　自 201H5-5 井钻井技术指标统计

序号	所创指标	备注
1	钻完井周期 125d	自 201 井区开发水平井钻完井周期最短记录
2	水平段长 1700m	自 201 井区已完成井水平段最长记录
3	水平段单只钻头进尺 838m	自 201 井区水平段单只钻头进尺最高纪录
4	水平段单日进尺 159m	自 201 井区水平段单日进尺最高纪录
5	Ⅰ类储层钻遇率 100%	自 201 井区水平段优质储层钻遇率最高纪录

研究成果为国内非常规油气钻探积累了宝贵经验，对于整个川南工区的水平段施工具有重要推广意义，有助于进一步实现安全高效钻进，应用前景广阔。

5　结论

（1）明晰了自 201 井区龙马溪组掉块层位与机理，为水平段安全钻进提供了理论支撑。

（2）设计了分段式轨迹控制方式，优化了无扶螺杆底部钻具组合，可以在保证井眼轨迹平滑的同时，降低频繁穿层掉块导致的卡钻风险。

（3）优化了高稳定性防卡钻头，调整了油基钻井液性能，可以提高水平段延伸能力，降低岩屑堆积导致卡钻事故的几率。

（4）在自 201H5-5 井现场应用，创造了 5 项四川页岩气公司自 201 井区页岩气钻井技术指标，实现了水平段安全顺利完钻。

参考文献

[1] 马新华，谢军．川南地区页岩气勘探开发进展及发展前景［J］．石油勘探与开发，2018，45（1）：161-169.

[2] 骆新颖．长宁威远区块页岩气水平井提速技术研究［D］．西南石油大学，四川成都，2017.

[3] 张立志．笔架岭地区水平井卡钻事故预测与处理研究［D］．东北石油大学，黑龙江大庆，2017.

[4] 刘宏宇．威远页岩气钻井液技术实践与认识［J］．重庆科技学院学报（自然科学版），2018，20（4）：53-55.

[5] 孙斌．不同地质条件下页岩气水平井地质导向方法研究［J］．工程地球物理学报，2018，15（6）：713-719.

[6] 王红岩，郭伟，梁峰，等．川南自 201 井区奥陶系-志留系间黑色页岩生物地层［J］．地层学杂志，2018，42（4）：455-460.

[7] 李文飞，李玄烨，黄根炉．基于纵横弯曲梁理论的水平井管柱摩阻扭矩分析方法［J］．科学技术与工程，2013，13（13）：3577-3583..

三塘湖盆地马56区块页岩油有效开发技术实践

何海波[1] 龚万兴[1] 邓 强[1] 蒋 明[1] 王 波[1]

(中国石油吐哈油田分公司工程技术研究院)

摘 要 三塘湖盆地马56区块页岩油具有岩性致密、特低渗、无自然工业产能、天然裂缝发育等特征。采用水平井大规模体积压裂技术，实现了储量动用，但单井产量递减快，一次采收率低，导致在低油价下效益差的问题。为实现经济有效开发，通过大量的室内研究及矿场试验，从提高单井产量、长期稳产、降低成本3个方面开展研究。经过勘探发现、规模建产、转变开发方式、井网加密缝控可采储量4个阶段的技术攻关，形成了页岩油有效开发关键技术—长水平井钻完井技术、水平井大规模体积压裂技术、积极转变开发方式探索提高产量接替技术、降本增效技术。取得4个方面的主要认识：一是水平井+体积压裂是提高单井产量的核心；二是初期长水平段体积压裂衰竭式开发+后期注水增能重复压裂是目前经济有效开发方式；三是与井网结合的缝控体积压裂技术有利于提升页岩油区块的整体采收率；四是优化工艺参数、降本增效是页岩油经济有效开发的重要途径。

关键词 三塘湖盆地；马56块；页岩油；水平井体积压裂；衰竭式开发；提高采收率

页岩油在北美地区得到了商业性的开发，也为国内页岩油开发提供了可靠的借鉴，吐哈油田引进页岩油水平井体积压裂技术理念，通过不断深化页岩油地质综合研究、持续加大关键技术攻关力度，探索出了一条提高页岩油单井产量、实现区块储量动用的新途径[1]。在3年内快速建成了第一个全部由水平井开发的马56块国家级页岩油有效开发示范基地。目前三塘湖盆地马56块页岩油地质储量4294.9×10^4t，累计动用储量2045.4×10^4t，储量动用程度47.6%，建设产能33×10^4t，生产水平井106口，日产油376t/d，开发效果较好。随着勘探开发的不断推进，油田面临衰竭式开采导致一次采收率只有2.5%的问题，为实现效益的开发和产量的接替，积极转换开发方式，在分析页岩油现场生产特征的基础上，结合大量的室内研究和矿场试验效果评价，逐步完善页岩油井网形式和开发关键技术，并对合理的开发方式进行了探讨，形成了针对基础井网衰竭式开发阶段、转变开发方式阶段、井网加密阶段等不同开发形式下的技术系列，有效提高页岩油区块整体采收率。

1 油藏基本情况

吐哈油田三塘湖盆地位于新疆东北部，呈北西–南东向展布，总面积2.3×10^4km^2，马朗、条湖凹陷位于盆地中央，面积3200km^2，是目前吐哈油田油气勘探开发的主要领域。马56块页岩油主力油层位于条湖组二段，近源聚集、断缝疏导，属于地层–岩性沉凝灰岩页岩油油藏，油藏埋深为2000~2800m，油层厚度一般为15~25m，油柱高度为600m，孔隙度为8.4%~19.1%，渗透率为0.1~1.0mD，其中小于0.1mD占46.5%，含油饱和度为54.5%~90.8%。地层压力为20.4MPa，地层温度为60.9~70.7℃，属于异常低压、低温系统。储集层具有“中高孔隙度、特低渗、高含油饱和度”页岩油特征，基质含油性较好，裂缝、微孔比较发育，分布均匀，岩性为含生物碎屑的玻屑、晶屑凝灰岩。矿物成分以石英、斜长石为主，含量在90%以上，基本不含粘土矿物。储层岩石杨氏模量较高、泊松比较低、脆性较强，压裂易形成剪切裂缝。原油为普通稠油，地面密度0.9034g/cm^3，50℃原油黏度97.4~351MPa·s，油井无自然产能[2-3]。

2 马56块页岩油勘探开发历程

马56块页岩油的效益开发经历了四个阶段，分别是页岩油的勘探发现阶段、页岩油的整体开发阶段、转变开发方式阶段、井网整体加密提高缝控可采储量阶段。

(1) 页岩油勘探发现阶段：2012年，在马朗凹陷牛圈湖构造带部署芦1井，钻探过程中在二叠系条湖组、芦草沟组都发现了大量的良好油气显示，完钻后在条湖组沉凝灰岩2546.0~2558.0m井段试油，压后放喷原油1.96m^3/d，由此发现了马中二叠系页岩油油藏。2013 年 2 月，在马朗凹陷东北缘部署马 56 井，在条湖组沉凝灰岩段压裂试油获 1.79m^3/d 工业油流，形成了亿吨级增储上产勘探新领域。

(2) 页岩油整体开发阶段：践行缝网压裂技术理念，采取水平井+体积压裂技术衰竭式开发方式，水平段长 800m，优选速钻桥塞+分簇射孔，大排量、大液量、复合压裂液体系，组合粒径支撑剂等工艺技术，平均单井入井液量 8091 方，入井砂量 415m^3，目前已完成页岩油水平井压裂 77 口井，初期平均单井日产油 15t，平均稳产 8t/d，页岩油区块新建产能 19×10^4t，实现了区块储量的动用，并建成了三塘湖盆地马 56 块国家级页岩油开发示范基地。

(3) 页岩油转变开发方式阶段：生产过程中，认识到油井见油返排率很低，地层能量下降快，储层油水渗析作用明显等现象，提出老井注水吞吐的增产思路，设计注入量为采出量的 1~2 倍，实践证明吞吐 3 轮次有效，单轮次增油 700t 左右，实施 43 井次。在前期注水吞吐现场试验过程中认识到体积压裂后油藏出现油水动态渗吸现象，积极转变开发方式，创造性的提出“注水增能+大规模重复压裂”和“井组蓄能体积压裂技术”，针对地层压力水平低，能量不足，导致供液能力差，前期注水补充地层能量，恢复地层压力，然后进行大排量体积压裂激活，撑开老缝，压开新缝，增产效果良好，单井入井液量达到 2×10^4m^3，同比是第一阶段压裂的 1.5 倍，产油 17.4t/d，好于整体开发阶段的新井。

(4) 井网整体加密缝控体积压裂阶段：践行缝控体积压裂理念，转变开发方式，围绕“密井距、密簇间距、交错布缝、体积改造”等技术要点，由井控储量模式转变为缝控可采储量模式，实现“全”可采，缩小井间距，由 400m 缩小至 100m，进一步缩短缝间距至 10~12m，增加分簇数至 5~6 簇，优化裂缝宽带长度为 60m，区块新布水平井 44 口，增加产能建设 19.8×10^4t，新布井产油 26.2t/d，效果好于前期每个阶段的新井。

通过近 6 年来的技术攻关与实践，三塘湖盆地马 56 区块的产量基本稳定在 13×10^4t，投产 106 口井，累计增油 54.3×10^4t，预计采收率达到 10%，实现了页岩油区块的有效开发和相对稳产。

3　页岩油有效开发关键技术

为实现三塘湖盆地马 56 块页岩油经济有效开发，在基本规律认识的基础上，结合现场开发试验效果评价，主要从提高单井产量、长期稳产、降低成本 3 个方面开展工作，形成了针对马 56 块页岩油如何实现提高初期单井产量、较长时间稳产、降低开发成本的有效开发关键技术系列：千米长段水平井钻完井技术、水平井+大规模体积压裂技术、转变开发方式提高产量接替技术、低成本压裂技术。

3.1　千米长段水平井钻完井技术

三塘湖盆地马 56 块凝灰岩页岩油是非常规油气资源的一种特殊类型，多发育在火山活动频繁的沉积盆地。储集层具有中高伽马、中高声波时差、低密度、高中子、中高电阻特征，大面积连片分布，但随着构造变化而起伏波动，形态变化大，东高西低，地层较陡，水平井轨迹控制难度大，利用储层 5 项静态评价参数，结合水平井生产效果，将三塘湖页岩油储层由好到差依次分为Ⅰ、Ⅱ、Ⅲ等 3 类(表 1)。钻井工程参数评价主要是储层钻遇率评价，采用上述储层分类标准，可进一步分析页岩油水平井钻遇不用类型储层比例，精确评价水平井钻井质量，进一步理清水平井钻遇优质储层比例对压裂效果的影响，充分认识优质储层不连续分布的问题，从而针对性地加密压裂优质储层、降低非优质储层的压裂簇。三塘湖页岩油水平井Ⅰ类储层钻遇率达到 75%，Ⅰ+Ⅱ类储层钻遇率为 92%，平均油层钻遇率为 79.8%。

表 1　三塘湖盆地条湖组页岩油储层分类评价表

项目	评价指标	致密储层分类		
		Ⅰ(好)	Ⅱ中等)	Ⅲ(差)
沉积特征	沉积相	半深湖	浅湖-半深湖	半深湖
	沉积类型	玻屑凝灰岩	玻屑晶屑凝灰岩泥质凝灰岩	硅化凝灰岩

续表

项目	评价指标	致密储层分类		
		Ⅰ(好)	Ⅱ中等)	Ⅲ(差)
物性特征	孔隙类型	脱玻化孔为主	粒间孔、晶屑溶孔、基质微孔	基质微孔
	凝灰岩孔隙度/%	$\Phi \geqslant 18$	$18>\Phi \geqslant 8$	$\Phi<8$
	空气渗透率 $K(10^{-3}\mu m^2)$	$K\geqslant 0.1$	$0.1>K\geqslant 0.01$	$K<0.01$
成分	石英含量/%	>55	55~35	>55
	粘土含量/%	<10	10~15	<10
孔隙结构	平均孔喉半径 μ(μm)	$\mu \geqslant 0.05$	$\mu<0.05$	/
	排替压力 P_d/MPa	$P_d \leqslant 3.5$	$15 \geqslant P_d>3.5$	/
	退汞效率/%	$W_e \geqslant 40$	$40>\Phi \geqslant 20$	$W_e<20$
岩石脆性	岩石脆性指(%)	$CI \geqslant 50$	$50>CI \geqslant 30$	$CI>50$

自2013年以来，页岩油历经勘探发现、规模建产与井网加密调整三个钻井周期，通过示范井工程引领与推广，PDC钻头优选“钢体+胎体”相结合的强攻击性与耐偏磨导向型钻头，机械钻速提高15%~30%；钻具组合对稳定器构型、数量、尺寸及长度进行全方位优化，复合钻井应用率达60%；研发岩屑床清除器、水力振荡器等降摩减阻工具，水平段最长达1400m；油层跟踪方面加强工程地质、录井、测井数据的综合应用，平均油层钻遇率由79%提高至88.6%；持续优化弱凝胶钻井液性能，提高其携砂性、润滑性和防塌性，有动塑比由0.75提高至0.83，泥饼黏滞系数由0.065下降为0.052，复杂事故率由2.5%降至0.54%。形成了低成本防斜打快、多靶点千米长水平段动态控制、全压控斜复合导向、弱凝胶钻井液为核心的技术系列，千米长段水平井钻井周期由54.7天缩短至39.1天，缩短幅度28.5%，复杂事故时效由.7%降至1.4%，降低幅度48%。

3.2 水平井速钻桥塞分段多簇体积压裂技术

在页岩油储层“甜点”优选的基础上，水平井+大规模体积压裂成为页岩油提高单井产量的重要利器[4-5]。

3.2.1 体积压裂可行性分析

马56块页岩油体积压裂可行性评价分析，主要是针对室内岩心常规分析、岩石力学及地应力实验研究和天然裂缝发育情况进行研究，分析是否具备以下几个条件：一是较低的储层黏土矿物，水敏伤害指数低，有利于大液量压裂施工；二是脆度指数大于40%，更易形成裂缝网络；三是天然裂缝发育，且天然裂缝方位沿着最小主应力方向分布，地层水平最大最小主应力差值小于8MPa时，易形成复杂缝网(表2)。

试验结果明确了三塘湖盆地马56块页岩油沟通天然裂缝、形成复杂缝网的地质条件和工程因素：

(1)岩性为凝灰岩，矿物成份主要以石英、斜长石为主，含量在90%以上，黏土矿物含量低于5%，属于弱水敏地层，适合大入井液量施工，有利于滑溜水复合压裂液技术的应用。

(2)室内岩石力学参数实验结果表明储集层岩石脆性强，杨氏模量高(≥24000MPa)，泊松比较低(≤0.24)，最大、最小主应力差为6.1~7.6MPa(<8MPa)，压裂易形成剪切裂缝。

(3)根据电成像测井和岩心分析，马56块页岩油储集层天然裂缝发育，在压裂过程中易形成人工裂缝和天然裂缝交错的复杂裂缝网络。

表2　三塘湖盆地条湖组页岩油三轴应力实验结果

井号	层段		岩石物理参数				
	顶深/m	底深/m	泊松比	杨氏模量/MPa	破裂压力/MPa	最大主应力/MPa	最小主应力/MPa
马56井	2101.4	2123.5	0.338	14813.9	48.3	47.4	41.7
	2143.0	2151.0	0.219	30715.4	34.2	40.3	34.2
	2161.6	2180.1	0.351	40840.9	53.7	49.8	42.1
芦1井	2537.1	2545.9	0.301	25793.9	60.6	53.2	45.9
	2546.0	2558.0	0.225	25151.4	51.5	48.2	41.3
	2567.5	2582.2	0.295	50089.2	57.4	52.6	43.8

3.2.2　体积压裂工艺参数优化

全面分析马 56 块页岩油水平井开发效果，以“开启和支撑天然微裂缝、增大改造体积”为目标，以追求“单井初期高产、长时间稳产”为最终目的，对比体积压裂效果与施工参数之间的关系，优化压裂工艺参数，对水平段长度、入井总液量、段间距、簇间距、入井砂量、排量、砂比等影响因素开展定量化分析，找出与效果关系密切的因子，认为水平段长度、入井总液量、段间距、簇间距是影响压裂效果的主要因素，而入井砂量、排量、砂比对压裂效果影响不大，可根据经济效益采取适当规模[6-7]。确定调整工艺参数，提高施工规模、增加水平段长度、增加压裂段数和簇数进而增大有效改造体积、补充地层能量是马 56 块页岩油开发增产的主要方式。

（1）入井总液量

通过现场施工效果和施工参数对比，可知入井总液量的大小可以影响压后初期日产油和累计产油。马 56 块页岩油前期采用适当规模，单段压裂液约 600～700m^3，单井总液量为 6000m^3，后期调整增大规模，单段入井液量确定为 1000～1200m^3，单井总液量超过 10000m^3，通过现场试验及后期效果跟踪分析（图 1、图 2），入井液量在 8000～15000m^{3}时，水平井单井初期日产油和三个月累计产油产效果较好，初期日产基本可以达到 20t 以上。入井液量的增大，一方面可以增大储层的改造体积，获得更大的泄油面积，另一方面压裂后滞留在储层中的液体对地层能量具有一定的补充作用。

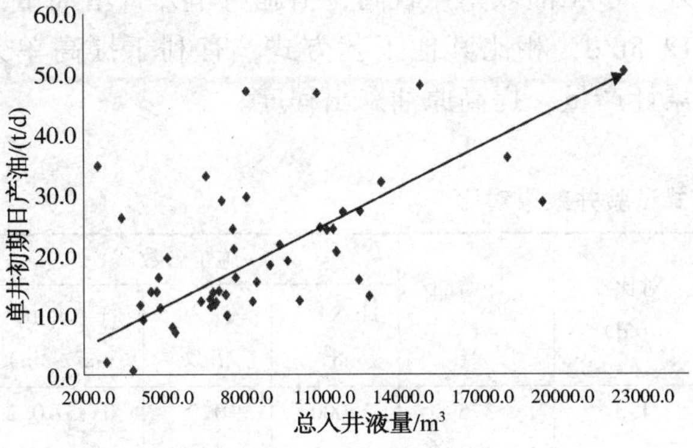

图 1　入井总液量与单井初期日产油关系

（2）水平段长度

分析认为长水平段是页岩油水平井体积压裂改造取得理想效果的关键影响因素。随着水平段的增长，初期单井日产油和三个月、半年累计产油量逐渐上升，尤其是水平段在 800m 以上，产量增幅明显，实现单井的高产和稳产（图 3、

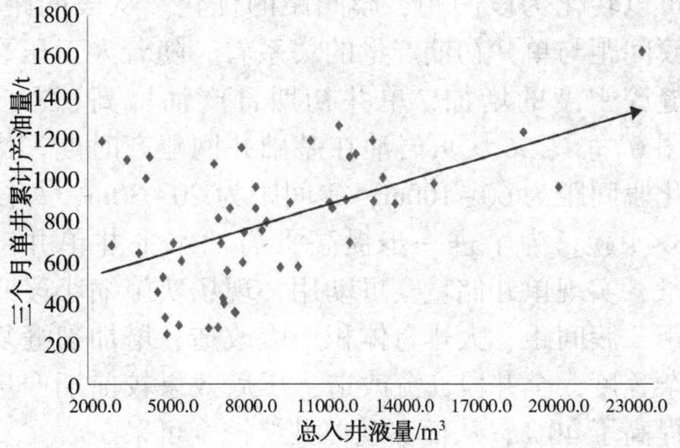

图 2　入井总液量与三个月累计产油关系

图 4）。由此可见，水平段越长，井控储量越大，压裂级数越多，泵注的压裂液越多，压裂规模越大，定产生产的稳产期越长。但储层的可动用面积是一定的，当压裂规模达到一定程度后，产能的增幅不再显著，因此，综合考虑当前经济形势和马 56 区页岩油地质条件，水平段长度优选 1000～1300m 最佳。

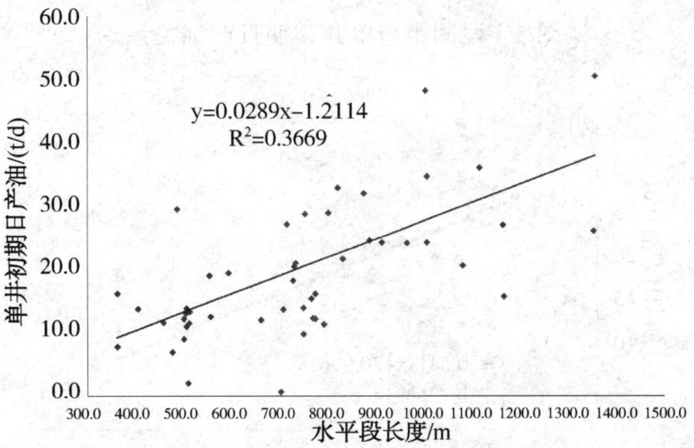

图 3　水平段长度与单井初期日产油关系

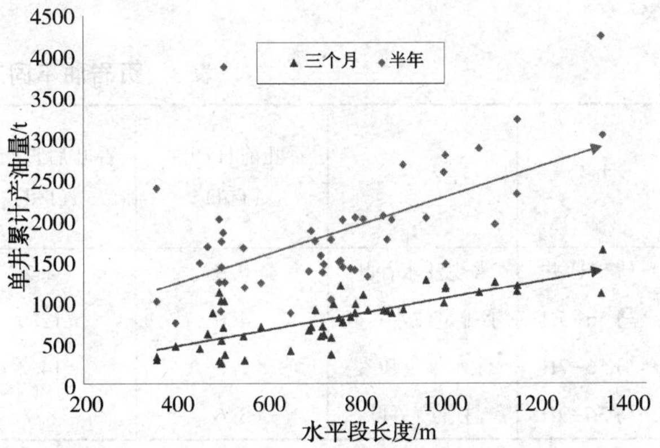

图 4　水平段长度与分时段累计产油关系

（3）段间距、簇间距

页岩油的衰竭式开发的单井控制储量参数主要包括井距和人工裂缝间距，人工裂缝参数优化

可以转化为段间距、簇间距的优化。从段间距、簇间距与单井初期产量的关系看，随着人工压裂缝簇密度的增加，单井初期日产油增高(图5、图6)。马56块页岩油在基础井网建产时期，优化段间距为60～100m，簇间距为20～30m，每段3～4簇，为了进一步提高页岩油水平井单井产量，实现单井储量全可动用，现场实施缩小段间距、簇间距、大排量体积压裂改造，增加裂缝复杂程度，全井段充分改造，压后效果较前期产量提高了40%，从而实现单井缝控全可采。

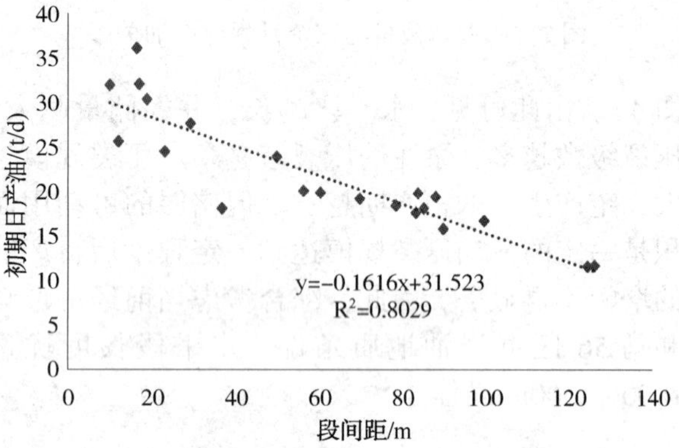

图5　段间距与单井初期日产油关系

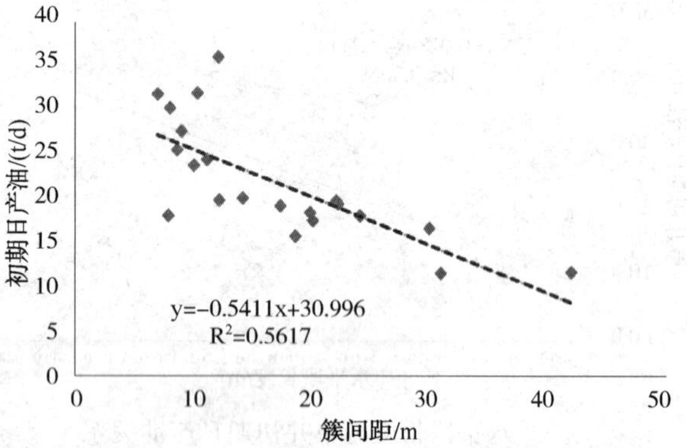

图6　簇间距与单井初期日产油关系

3.3　转变开发方式提高产量接替技术

页岩油目前主流的开发方式是水平井+体积压裂衰竭式开采[8]，初期产量高、递减快，对于补充地层能量开发无成熟的经验可以借鉴，为改善此类油藏开发效果，按照室内研究与现场试验并举，增产效果与经济效益兼顾的原则，积极开展转变开发方式和水平井加密研究与实践。形成了两项特色技术：(1)页岩油水平井注水增能重复压裂技术；(2)页岩油水平井缝控储量动用技术。

3.3.1　页岩油水平井注水增能重复压裂技术

结合区块的开发现状和单井生产特种，开展了重复压裂、多元热采、氮气吞吐、注水吞吐和增能压裂等矿场试验，通过效果评价，注水增能重复压裂效果较好，规模实施后取得较好效益，地层压力有效恢复，产量得到较大提升，递减幅度有所减缓，形成了页岩油油藏由衰竭式开发到补充地层能量开发方式的转变。

三塘湖盆地马56块页岩油储层经过大规模的体积压裂以后投产，3～5d见油，压裂液返排率只有2%～5%，储层中滞留大量压裂液，这与“注水增能”效果相似，从而具有提高地层压力的效果。根据室内评价试验及数值模拟结果，结合现场单井生产情况，针对部分低产低效井，开展了常规注水吞吐、小排量注水吞吐、注水增能压裂、氮气吞吐等补充地层能量先导性试验，如表3所示。结果表明，注水增能重复压裂效果最好，水驱油效率比较高，措施后单井日增油量为12.5t/d，相比其他工艺方式，有利于提高单井累计产量，提高原油采出程度。

表3　页岩油不同工艺方式试验井效果对比

井号	注入方式	吞吐前日产油/(t/d)	吞吐后日产油/(t/d)	对比/(t/d)	累计增油/t	施工参数		
						注入量/m^3	注入倍数	注入排量/(m^3/min)
马55H井	常规注水吞吐	0.9	2.2	1.5	375	2000	0.5	0.15～0.2
马56-5H	小排量注水吞吐	4.0	12.9	8.9	452	8239	1.1	0.7～1.4
马56-7H	注水增能压裂	1.8	14.3	12.5	2031	8507	2.0	12.6～13
马56-9H	注氮气吞吐	3.6	8.7	5.1	492	240000	/	/

为了进一步验证页岩油注水增能重复压裂开发效果，开展了室内储层润湿性评价试验及岩心渗吸置换试验，实验结果表明马56块页岩油储层润湿性表现为弱亲水-亲水特征，压裂液作用后亲水性更强，马56块页岩油注水增能重复压裂主要增油机理以渗吸置换和恢复地层压力为主，油水重力分异为辅。注水增能重复压裂主要机理是增能的同时开启老缝，延伸新缝，扩大渗

吸置换接触面积。利用现场实践和室内实验结果明确了马 56 块页岩油裂缝-基质水置换油的有利条件：(1) 储层越亲水，渗吸排油能力越强，最终采出程度越高。马 56 块页岩油原始储层呈弱亲水-亲水润湿性特征，经压裂液作用后润湿性转变为亲水特征，非常有利于注水+压裂；(2) 缝网越复杂，油水接触面积就越大，渗吸置换效率越高。增能压裂可增加缝网复杂度，可显著提升开发效果；(3) 油层厚度越大、含油饱和度越高，油水置换效率高；(4) 入井液量越大，有效提高地层能量，延长有效期；(5) 大排量注水可提高注水效率，提高单井生产时率，实现裂缝-基质快速动态渗吸目的。

三塘湖盆地马 56 块页岩油水平井注水吞吐现场实施 35 井次，注水增能压裂实施 17 井次，平均单井周期增油 893t，在原油 55 美元时投入产出比大于 1，相比较两种开发方式注水增能压裂效果较好，投入产出比为 1：1.4(表 4)。

表 4　马 56 块页岩油不同开发方式效果统计表

类型	实施井数/口	有效率/%	有效期/d	初期日增油/(t/d・井・轮次)	周期增油/(t/井・轮次)	费用/(万元/井・轮次)	55 美元投入产出比
注水吞吐	35	87.5	161	6.9	731	55	1：3.1
增能压裂	17	100.0	207	11.0	1226	210	1：1.4
平均	52	91.2	176	8.2	893	106	1：2.0

3.3.2　页岩油水平井缝控储量动用技术

注水吞吐和注水增能压裂虽然都有效果，但是提高页岩油区块采收率只有 3.5%，提高幅度有限，为了挖潜页岩油水平井井间、段间、簇间未动用储量，整体提高区块采收率，借鉴页岩油缝控储量理念，由传统井控储量向缝控储量转变，通过缩小井距实现井间缝网搭接[9-10]，提高井间储量动用，同时围绕“小段间距、密簇间距，交错布缝”等体积改造参数，大幅度提高单井控制储量。

(1) 井网形式评价

分析采收率低的主要原因是 400m 井距下井网和缝网匹配程度低。根据多口井试讲解释，有效缝网延伸距离 41～89m，平均 66m；根据物质平衡原理，计算单井有效泄油半径 74m，有效缝网延伸距离远低于井距 400m；另外，新井投产压裂和后期注水吞吐或增能压裂过程中，邻井出现动态反应的井比例低于 10%，且大部分都发生在水平井首尾端井排距较小的部位，说明 400m 井距下井间大部分储量未有效动用。即 400m 井距下平均单井控制储量 39.7×10^4t，实际计算单井缝网控制储量 14.6×10^4t。因此践行缝控可采储量理念：即页岩油储量的有效动用必须依靠缝网，缝网波及到的区域，原油可采，远离缝网区域，原油难以采出；缝网越复杂、越密集，可采出的原油越多，采收率越高。部署水平井 73 口，水平段 500～1200m，井距 100m，针对加密井实施缝控体积压裂改造。

(2) 与井网结合的缝控体积压裂技术及效果

基于前期体积改造技术现场实施效果及吸收北美非常规页岩油缝控体积压裂实践基础上，制定页岩油缝控体积压裂方案技术参数。主体工艺仍然是速钻桥塞分段压裂工艺，具体主要有以下四点改进：① 优化缝间距 10~12m，每段 5~6 簇，每簇 8～10 孔，段长 60m，排量 12～15m^3/mi；② 大液量(每段前置清水 500m^3)充分补充地层能量，大排量保证改造体积；③ 提高滑溜水、小粒径支撑剂比例，提高裂缝复杂程度；④ 降低成本，全程使用石英砂，全程滑溜水(表 5)。

表 5　马 56 块页岩油井网加密前后压裂参数变化情况表

井网类型	水平段长度/m	压裂段数/段	段长/m	段间距/m	簇间距/m	入井液量/m^3	石英砂比例/%	细砂比例/%	施工排量/(m^3/min)
基础井网	677	6.4	52	40	25	7056	0	0	12
一次加密	883	7.6	77	37	20	11713	40	0	14
二次加密	922	8.5	75	27	13	15283	100	60	14

截止 2017 年底，现场实施缝控体积压裂 22 口，平均单井初期日产油 19.6t，为基础井网的

1.4倍，平均最高日产油29.0t，效果好于基础井网，页岩油缝控可采储量开发模式基本成型。

4 降本增效技术

近年来，以页岩油降本增效为目标，积极开展技术创新、自主研发关键工具及材料、探索试验高效生产组织方式等方面工作。

（1）低成本长水平井钻完井技术。

自2013年以来，通过示范井工程引领与推广，形成了低成本防斜打快、多靶点千米长水平段动态控制、全压控斜复合导向、弱凝胶钻井液为核心的技术系列，千米长段水平井钻井周期由54.7d缩短至39.1d，缩短幅度28.5%，复杂事故时效由.7%降至1.4%，降低幅度48%。加强低成本工具与技术研发力度，以应用国产化“PDC钻头、降摩减阻工具、低成本工程地质导向”技术为突破口，国产化技术应用率达100%，页岩油钻井成本降低15%~25%。

（2）自主创新储层体积压裂改造技术。

在确保整体开发增产效果的同时，坚持低成本改造储层理念，从设计源头挖掘施工工艺降本增效潜力。从压裂工艺优选、工具及管柱优化、压裂液及支撑剂优选与优化方面，每一口井、每一项工艺、每一道工序都反复讨论找寻最佳方案，确保增产效果和开发效益。提高滑溜水和石英砂比例达到85%和100%，推广应用国产完井、压裂工具，低成本压裂液体系，平均单井建产成本降低52.6%。

（3）经济效益评价技术。

在成本制约下，页岩油开发的经济效益评价至关重要，实施制定水平井开发方案时，考虑单井产量、投资、成本和效益的综合影响，制定最优开发方案。页岩油开发单井投资中钻井、压裂投资的构成是基于水平段的长度、压裂级数和压裂液使用量等，说明水平段长度和压裂级数范围的选取对页岩油井的产量高低及经济效益起到决定性作用。根据马56块页岩油开发效果与各因素之间的关系，综合考虑页岩油单井产量和单井投资的综合影响，以及生产实践中实际地质情况的复杂性、工艺技术的限制与成本的制约，在特定油价下，优选出最佳的水平段长度和压裂级数范围，使得单井经济效益达到最优。

5 结论

马56块页岩油开发经历了4个阶段：第一阶段是勘探发现阶段，体积压裂探索阶段（SRV）；第二阶段为整体开发阶段，水平井体积压裂规模化应用阶段（SRV+2C）；第三阶段是转变开发方式阶段，注水吞吐+增能压裂技术（SRV+2C+P+驱油）；第四阶段井网加密缝控可采储量阶段，与井网结合的缝控体积压裂技术（SRV+2C+EOR）。

三塘湖盆地马56块页岩油从难以动用到有效动用，从衰竭式开发再到转变开发方式，从井控储量到缝控储量开发模式的转变，这一系列的探索与实践中，认识不断深化，开发效果逐步变好，提升了页岩油效益开发水平，并形成了该类特殊油藏开发技术系列，对非常规油藏的开发具有重要的借鉴意义。

参 考 文 献

[1]吴奇，胥云，王腾飞，等．增产改造理念的重大变革—体积改造技术概论[J]．天然气工业，2011，31(4)：7-12

[2] 王海庆，王勤，体积压裂在超低渗油藏的开发应用[J]．中国石油和化工标准与质量，2014(2)：143.

[3] 才博，张绍礼，等．巴肯页岩油压裂水平井产能影响因素分析[J]．重庆科技学院学报，2015(6)：04.

[4] 吴奇，胥云，刘玉章，等．美国页岩气体积改造技术现状及对我国的启示[J]．石油钻采工艺，2011，33(21)：1-7.

[5] MAXWELLSC，URBANCICTJ，STEINSBERGERN，et al. Micro seismic imaging of hydraulic fracture complexity in the Barnett shale[C] //paper 77440 presented at the SPE Annual Technical Conference and Exhibition，29 September - 2 October 2002，San Antonio，Texas，USA . New York：SPE，2002.

[6] NEIL BUFFINGTON，JUSTIN KELLNER，JAMES GKING，et al. New technology in the Bakken play increases the number of stages in packer/sleeve completions[C]// paper 133540-MS presented at the SPE Western Regional Meeting ，27 - 29 May 2010，Anaheim，California，USA . New York：SPE，2010.

[7] 刘新，张玉伟，张威，等．全球页岩油的概念、特征、分布及潜力预测[J]．大庆石油地质与开发，2013，32(4)：168-174.

[8] 杨凯．裂缝性低渗透油藏注水吞吐开发影响因素分析[J]．特种油气藏，2010，17(2)：82-84.

[9] 李南，程林松，段泓全，等．超低渗透油藏注水方式研究[J]．油气地质与采收率，2012，19(4)：78-80.

[10] 翁定为，雷群，胥云，等．缝网压裂技术及现场应用[J]．石油学报，2011，32(2)：280-284.

碳酸盐岩缝洞型油藏注氮气提高采收率实验研究

王建海　冯一波　杨利萍

（中国石油化工股份有限公司西北油田分公司石油工程技术研究院）

摘　要　根据缝洞型碳酸盐岩油藏地质特点及开发特征，建立该类油藏可视化二维仿真地层剖面模型，开展注N_2提高采收率室内物理模拟实验。重点研究不同阶段注N_2过程中流体流动变化规律、注气EOR效果及其影响因素。实验表明：非混相状态下N_2主要通过油气重力分异作用顶替上端连通性较差的缝洞中的剩余油及油藏顶部的"阁楼油"；注气影响因素有转注时机、注入方式、注气速度；转注时机较早可以充分发挥底水天然能量和气顶能量的协同作用，氮气–水交替注入可同时发挥两种流体驱替作用，有效延缓气窜时间，同时存在最佳的注气速度。室内实验表明，N_2驱在水驱基础上可提高采出程度17%～33%，注N_2提高采收率方法可以作为碳酸盐岩缝洞型油藏提高采收率技术的重点研究内容。

关键词　缝洞型油藏；可视化模型；物理模拟；氮气驱；采收率

塔河油田碳酸盐岩油藏是目前国内发现最大的碳酸盐岩油藏，与陆相砂岩油藏、国内外海相碳酸盐岩油藏不同[1]，油藏储层以溶洞、溶蚀孔洞及裂缝为主要储集空间，非均质性极强[2,3]，储层流体具有特殊的流动规律[4-7]。塔河油田碳酸盐岩油藏2011年底标定采收率为15.6%，低于国内外的平均水平20%。受到缝洞型油藏结构特征复杂、油藏地质认识不清及开发方式不成熟因素影响，已开展的注水替油和单元注水并未取得显著效果[8]。国外已有碳酸盐岩油藏成功实施注气提高采收率的先例[9-11]。塔河油田仅选取前期注水失效的井开展了注液氮现场试验，但由于该类油藏的特殊性，注N_2提高采收率相关实验研究较少。在现有的地质认识条件下，结合油藏的开发动态特征设计和制作了可视化仿真物理模型，开展一系列注N_2室内物理模拟实验，为进一步提高塔河油田缝洞型碳酸盐岩油藏的采收率提供实验依据及理论参考。

1　可视化二维仿真物理模型

近年来，研究人员开展了大量缝洞型碳酸盐岩物理模拟实验研究，采用的物理模型多为微观玻璃蚀刻模型、长岩心填砂管模型或者全直径岩心模型，但这些模型弱化溶洞、裂缝结构复杂形态差异较大的几何特征，导致模拟实验观察到的物理现象严重失真[12-18]；尽管现有的蚀刻模型具有直观性，便于实验现象的监测，但模型尺寸较小边界影响带来的实验误差大大增加。本文根据相关地质研究，结合裂缝及溶洞（含地下河、廊道、孤立溶洞、竖井结构）分布特征及连通情况（如图1），按一定比例缩小并制作二维仿真可视化剖面模型。模型主体是由碳酸钙粉末、石英砂按比例混合、胶结，其为长方体结构，长300mm、宽300mm、厚4mm。如图2所示，溶洞1～3模拟地下河结构，溶洞4～7模拟孤立溶洞结

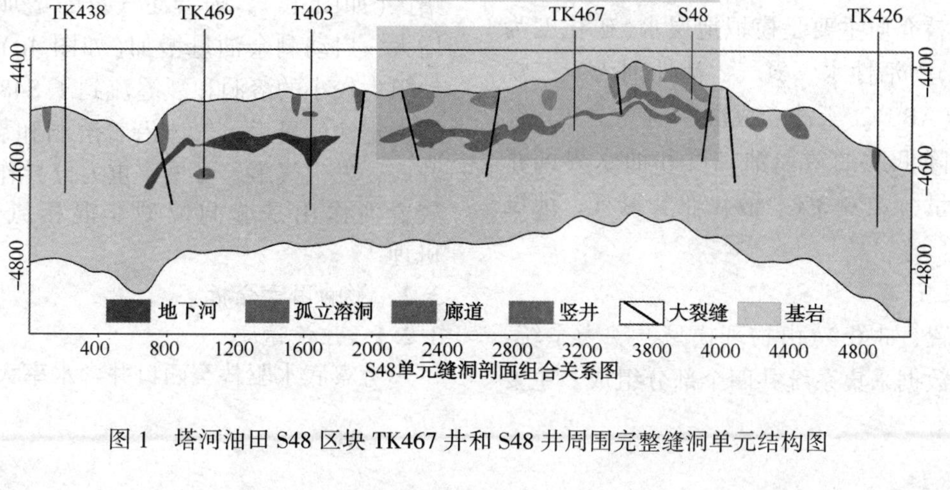

图1　塔河油田S48区块TK467井和S48井周围完整缝洞单元结构图

构，洞8模拟竖井结构。洞1与洞2横向上连通，洞2与洞3纵向上连通。洞4和洞5位于洞1正上方，洞6、洞7位于洞3正上方，洞8位于洞3左上方。裂缝1从下到上将底水、洞1、洞4连通起来，裂缝2从下到上将底水、洞1、洞5连通起来，裂缝3从下向上移与洞2、洞3、洞8连通，裂缝4从下到上将底水、洞3、洞6、洞7连通起来。在洞1~洞3中填充有近一半的砂砾，来模拟溶洞坍塌充填物。模拟底水的钢管线(直径3mm)从模型下方置入，与三条裂缝连通。模拟井从模型上方置入至洞2和洞6中，用来模拟TK467井和S48井，并形成一组注采井网。

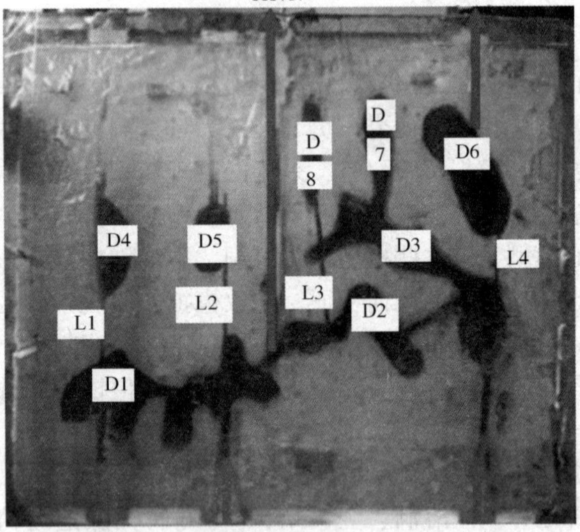

图2　碳酸盐岩缝洞型油藏可视化模型实物

2　实验条件及流程

2.1　实验材料

根据塔河油田4区储集层流体物性和矿场操作参数设计具体实验方案。实验条件：实验温度25℃；实验用油为模拟油，黏度为23.49MPa·s(25℃)。驱替介质主要是模拟地层水(矿化度为200000mg/L)、活性水、氮气，活性剂为十二烷基苯磺酸钠(ABS)，天津合成洗涤剂厂生产，经实验证明可降低此油藏原油黏度和油水界面张力，溶液质量分数0.3%。液化瓶装氮气，纯度为99.99%。

2.2　实验装置

实验装置(如图3)由物理模型、动力系统、供液系统、数据采集系统共四个部分组成。主要包括：恒压恒速计量泵，工作压力0~30MPa，流速范围0.01~10mL/min；活塞式中间容器：最大工作压力32MPa，容积1L；实验中通过连接至计算机的低压传感器记录模型中的压力变化；同时用面板光源对模型照明，并通过Logitech Pro C910视频摄像头对整个实验流程进行录像，拍摄分辨率为1920×1080。

2.3　实验步骤

实验步骤主要包括：① 模型抽真空，饱和模拟油，记录饱和油量；② 安置好模型、摄像头、压力传感器等，并连接相应管线；③ 进行底水驱替实验，底水注入速度为2mL/min，当某一口井含水率为98%时，底水驱替结束，将低位井与注水管线相连，进行注水补充能量实验；④ 当高位井水淹后，由TK467井以1mL/min注氮气，观察剩余油启动情况及分布特征；⑤ 一组实验结束后将模型进行清洗；⑥ 重复步骤①②③，改变注入参数，进行影响因素评价实验。

3　实验结果及分析

3.1　N_2驱流体流动特征

要认识缝洞油藏N_2驱油效果并分析其机理，首先应确定溶洞裂缝内流体的流动及分布规律。图4为缝洞二维剖面仿真模型中流体流动及分布变化特征。如图4(a)所示，底水及注水替油阶段结束后，剩余油主要存在部位为：溶洞模型高部位，如溶洞D3、D7及D8；个别溶洞的洞顶位置，如D2、D8中；连通性较差的溶洞内，如溶洞D4及D5；充填砂的孔隙中剩余油，如溶洞D1中。N_2由TK426井注入，注入气体首先进入到溶洞D2中，启动该溶洞洞顶剩余油，并且沿着裂缝L3进入到溶洞D3和D7内，气体的密度低于油水相密度并且具有较强压缩性，逐渐占据了所进入溶洞的高部位，在重力分异作用下，原溶洞内的“阁楼油”向下移动形成新的剩余油富集区(如图4b)。随着注气量的增加，占据体积增大，启动剩余油量增加(如图4c)并且沿着流动阻力较小的溶洞和裂缝流到了S48井产出。达到一定注气量后，气体沿着溶洞和裂缝到达S48井底，发生气窜。可见，重力分异作用导致的油气置换作用是缝洞模型非混相氮气驱油主要机理。

3.2　影响因素分析

3.2.1　注气速度

考察底水驱替至两口井含水率大于98%后的

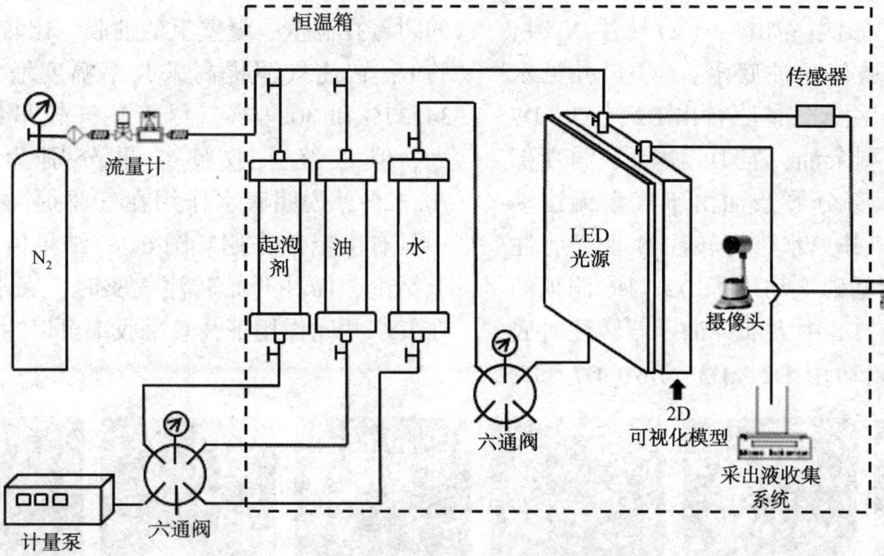

图 3　物理模拟实验装置及流程

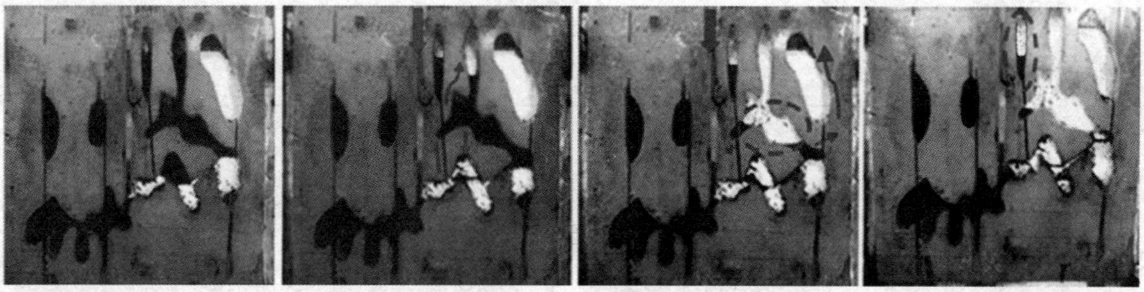

(a)注水结束　(b)气体顶替“阁楼油”　(c)注入气占据体积变大　(d)注气结束

图 4　N_2驱过程中流体流动及分布变化特征

不同注气速度对采收率的影响，其他实验条件相同。图 5 为流体注入体积(PV)与采出程度之间的动态变化规律，如图可见，每条曲线都有两个拐点，第一个拐点发生在驱替介质改变时，转注N_2气驱替后该曲线的斜率增加，换油率提高并且不同注气速度下换油率基本相同；第二个拐点发生在气窜时，此时采收率不再增加，注入气体未发挥驱油作用。不同注气速度发生气窜时间不同，本实验中注气速度 1mL/min 和 10mL/min 的气窜时间较早且接近，在底水驱替的基础上分别提高了采出程度 17.54%和 17.11%；注气速度为 2mL/min 时，发生气窜的时间最晚并且提高采收率的幅度最大，为 33.75%。氮气注入速度大小直接影响发生气窜时间和氮气注入量。高注气速度虽在短时间内能达到高注气量，但由于油气流度差异注入气体很快发生窜逸，使注气时间缩短；过低的注气速度虽然可以延长注气时间，但由于注气强度不够，注入气不能进入阻力较大的洞缝内置换油，只能进入阻力小的大溶洞和裂缝，换油能力有限。实验证明只有合适的注气速度才能平衡气窜发生时间和注入量之间的矛盾，既能保证置换原油能力，又能保证足够长注入时间和注入量，从而较大幅度提高采收率。

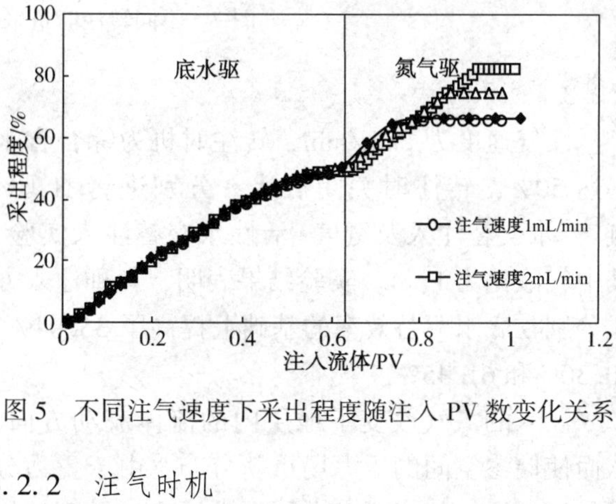

图 5　不同注气速度下采出程度随注入 PV 数变化关系

3.2.2　注气时机

在确定最佳注气速度条件下，考察一口油井见水后和两口油井都见水后(对应整体含水分别为50%和100%)进行转注N_2气驱，并且分析了底水对气驱效果的影响。如图6(a)转注N_2时，底水能量不足(实验停止注底水)，一口井见水进行转注N_2驱替，注入气体驱替出D2、D3、D7和D8中的大部分剩余油，但D6中除了洞顶部位的油被驱出，大部分剩余油由于气窜无法动用；如图6(b)两口井见水进行转注N_2驱替，注入气在原底水驱替基础上动用了D2、D6洞顶的阁楼油及D3、D7、D8中大部分油。若转注时底水能量充足，可以动用D2、D3、D6、D7、D8内的大部分油，气驱结束后，主要剩余油为少量的附着在洞壁、缝壁上的油膜。比较实验a与实验b，转注气驱提高采收率幅度增加值分别为34.37%和30.44%。尽管注气较早提高幅度较大，但最终采收率结果分别为55.07%和76.42%，说明底水作用在气驱提高采收率过程中具有决定性作用。图6(c)结果恰好验证了以上结论，1#井开始转注气驱时，底水能量充足，在气水共同作用下，总采收率可以达到76.45%。

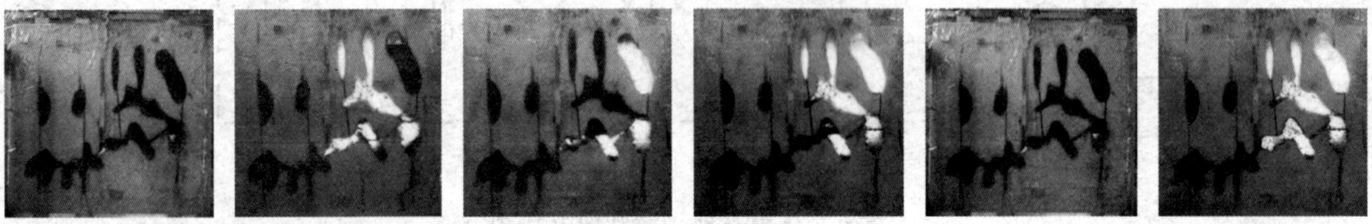

图6　不同转注时机开始及结束流体分布状态对比图

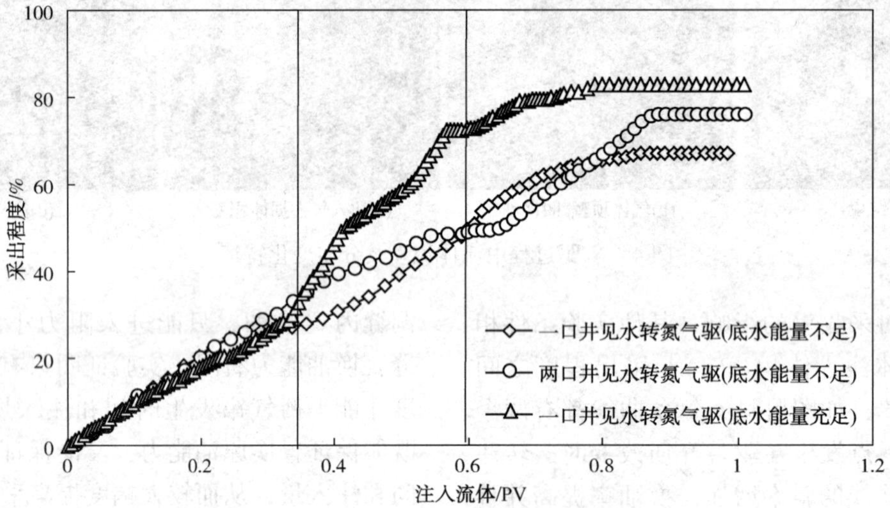

图7　不同转注时机采出程度随注入PV数变化关系

3.2.3　注入方式

注气速度为2mL/min，转注时机为综合含水率达50%，转注时关闭底水，分别进行N_2驱、氮气-水交替注入及氮气-活性水交替注入实验，其中气液比为1：1。实验结果表明，三种注入方式分别在底水驱替效率的基础上提高了35.04%、60.30%和61.45%。

注入的氮气改变了地层内的流体流动方向，从而使储渗空间的压力场重新分布；由于重力分异作用，注入氮气可以进入到水无法波及到的构造高部位，从而启动该部位的剩余油。该类油藏具有特殊缝洞结构，构造起伏高部位的剩余油作为一种重要剩余油类型，所占比例较大，提高采收率幅度也较大。但由于气体流动性较强，注入气体易发生气窜。

氮气—水交替注入、氮气-活性水交替注入同时利用氮气和注水或活性水对剩余油启动作用，交替发挥两种注入流体驱油作用。注入氮气启动的剩余油在重力作用下流到缝洞低部位，重新形成了富集油带；油水界面随着注入水增加而不断抬升，使油不断推向井底而被采出，有效延缓气窜从而提升气体的利用率。活性水能够有效降低油水界面张力，改变了油的乳化特性，同时也改变了岩石的润湿性，这样一方面可以形成稳定的油水乳状液，另一方面还可以减小原油对地层表面的黏附力，提高洗油效率。但碳酸盐岩缝洞型油藏以大型溶洞、溶蚀孔洞和裂缝为主要储渗空间，与砂岩相比，比表面积较小，故水驱后以油膜形式存在于岩石表面的剩余油所占比例较小，所以气—活性水交替驱与气—水交替驱替的驱替效果相差不大。

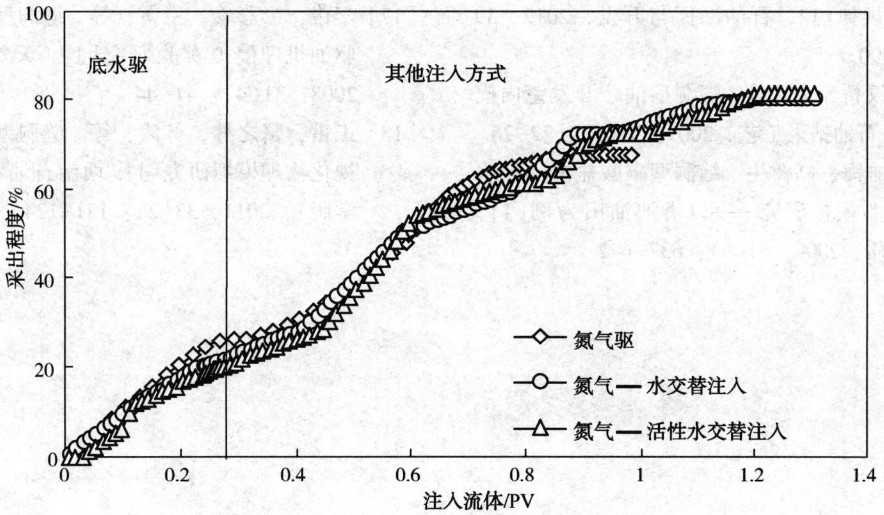

图 8　不同注入方式及注入流体采出程度随注入 PV 数变化关系

4　结论

（1）二维剖面仿真物理模型既克服传统物理模型的缺点，同时具备可视性和直观性的特点，可实时观察实验过程中流体流动变化和分析剩余油启动情况，有利于实验规律的分析及总结。

（2）在非混相条件下，注入的氮气密度小且流动性好，改变了地层内的流体流动方向，从而使储渗空间的油气水饱和度重新分布。洞顶“阁楼油”及构造高部位剩余油是底水驱后转注 N_2 驱的主要作用对象，重力分异作用是油气置换的主要原因。

（3）影响 N_2 驱效果的主要因素有注气速度、注气时机及注入方式。本实验中最佳注气速度为 2mL/min，既能克服阻力进入到不同缝洞并置换其中的剩余油，又不会因为速度过高而过早发生窜逸。

（4）注气最佳时机为一口井含水率大于 98%，此时底水能量仍然较充足，有利于充分利用底水在注气过程中抬升油水界面的作用。

（5）氮气—水交替注入方式同时利用氮气和注水对剩余油不同启动作用，交替发挥两种注入流体驱油作用，有效延缓气窜的发生，从而提升气体的利用率。

参　考　文　献

[1] 惠健，刘学利，汪洋等．塔河油田缝洞型油藏注气替油机理研究[J]．钻采工艺，2013，36(2)：55-57.

[2] 鲁新便．岩溶缝洞型碳酸盐岩储集层的非均质性[J]．新疆石油地质，2003，04：360-362.

[3] 谭承军，周英杰，杜玉山，等．塔河油田 4 区奥陶系储集层非均质性[J]．新疆石油地质，2001，22(6)：509-510.

[4] 边瑞康．塔河油田深层碳酸盐岩油气运聚模式[D]．中国地质大学(北京)，2008.

[5] 修乃岭．缝洞型碳酸盐岩油藏流动机理研究[D]．中国科学院研究生院(渗流流体力学研究所)，2008.

[6] Cruz H J，Islas J R，Perez R C，et al. Oil displacement by water in vuggy fractured porous media[R]. SPE 69637，2001.

[7] 刘华勋．轮古碳酸盐岩缝洞性油藏储层特征及流动规律研究[D]．中国科学院研究生院(渗流流体力学研究所)，2010.

[8] 刘中春．塔河油田缝洞型碳酸盐岩油藏提高采收率技术途径[J]．油气地质与采收率，2012，19(6)：66-68.

[9] Necmettin M. High Pressure Nitrogen Injection for Miscible/Immiscible Enhanced Oil Recovery[J]. 2003.

[10] Mei Li，Zhanghua Lou，Rong Zhu，et al. Distribution and Geochemical Characteristics of Fluids in Ordovician

Marine Carbonate Reservoirs of the Tahe Oilfield[J]. 地球科学学刊：英文版，2014，(3)：486-494.
[11] Jerry L F, Charles K, James W. Carbonate reservoir characterization[J]. Society of Petroleum Engineers, 2003, 55(6)：70-72.
[12] 王敬，刘慧卿，徐杰，等. 缝洞型油藏剩余油形成机制及分布规律[J]. 石油勘探与开发，2012，39(5)：585-590.
[13] 刘鹏飞，姜汉桥，徐晖等. 缝洞型油藏开发室内模拟研究[J]. 石油钻采工艺，2009，31(5)：72-76.
[14] 李江龙，陈志海，高树生. 缝洞型碳酸盐岩油藏水驱油微观实验模拟研究——以塔河油田为例[J]. 石油实验地质，2009，31(6)：637-642.
[15] 郑小敏，孙雷，王雷等. 缝洞型碳酸盐岩油藏水驱油机理物理模拟研究[J]. 西南石油大学学报(自然科学版)，2010，32(2)：89-92.
[16] 贾虎，蒲万芬，廖然，等. 缝洞型油气藏物理模拟试验方法研究[J]. 石油钻探技术，2010，38(6)：102-108.
[17] 李俊，彭彩珍，王雷，等. 缝洞型碳酸盐岩油藏水驱油机理模拟实验研究[J]. 天然气勘探与开发，2008，31(4)：41-44.
[18] 王雷，窦之林，林涛，等. 缝洞型油藏注水驱油可视化物理模拟研究[J]. 西南石油大学学报(自然科学版)，2011，33(2)：121-124.

海上高泥稠油油藏地热水驱创新实践

匡腊梅　邹信波　杨　光　段　铮　李勇锋　王海宁

(中海石油(中国)有限公司深圳分公司)

摘　要　疏松砂岩油藏为南海东部海上油田的主力类型，依靠其天然水驱产液量高的特点，“少井高产、高速高效”是本海域的油田的油田开发典型特征，但是对浅层高含泥稠油油藏的开发遇到了较大困难。针对储层胶结疏松且泥质含量高、单层厚度薄且非均质性强、自然产能低、纵向油层叠合程度差，以及开发后井筒原油流速低温度下降快、油井产液受到抑制的开发矛盾，分析认为储层出泥出砂、断块封闭天然能量不足是影响油井产能的主要因素。首先利用油藏纵向上分布若干巨厚沉积环境相近高温水层的有利条件，创新性通过地热水驱油及其配套工程技术闭式强化注水管柱补充能量措施解决了地层产能释放问题，其次二次完井砾石充填改善油井防砂，解决了井筒筛管出泥砂近井地带污染问题。矿场实践表明，地热水驱后受效单井产液从39m³/d提高到220m³/d，物理模拟试验地热水驱替结果表明，驱油效率提高了7.41%，热水驱替效果改善明显，不仅使油田产量翻番，地层压力亏空得到弥补，预测E油田地热水驱最终采收率比常规注水开发还可提高5%以上。

关键词　浅层；海上稠油油藏；高含泥；地热水驱；沉积环境相近；闭式注水；驱油效率

近年来，随着油田增储挖潜工作的深入开展，薄层油藏、低渗油藏、岩性小油藏、稠油油藏等非主力油藏的开发利用显得越来越紧迫。石油工业技术的迅猛发展，使得许多复杂的低品位油藏具备了一定的经济开发效益，薄层疏松稠油油藏也属其中一类。原油地下黏度高、油层厚度薄、岩性疏松甚至高含泥，成为这类油藏的主要特点，也给油田开发带来了巨大挑战。大量理论和实践证实，水平井的合理使用可提高薄层疏松稠油油藏的开发效果[1-2]，但是对于弱边水驱动的薄层疏松稠油半封闭断块油藏，在开发过程中仍然暴露出能量不足的严重问题。对于天然能量采收率低，也不具备其他开发方式的普通稠油油藏，一般选择水驱开发方式。虽然稠油水驱与稀油水驱相比，总体反映出驱油效率低、波及体积小、无水采油期短、含水上升快、采收率低的基本开发规律，但可以采取一系列综合调整措施，力争取得较好的开发效果。南海东部海域E油田的开发实践在这类油田中颇具代表性。

1　地质油藏特征及开发简况

E油田位于南海珠江口盆地恩平凹陷，所在海域水深约90~95m，油藏构造属断层控制的低幅度断背斜构造，埋深-1101.7~-1407.1m，主体部位地层较为平缓。储层岩性主要为长石石英砂岩，以细砂岩为主。地层原油密度0.919~0.935g/cm³，地层原油黏度111.18~277.77 MPa·s，各油藏压力系数介于1.003~1.020间，地温梯度4.18℃/100m，属于正常的温压系统。

1.1　储层胶结疏松且泥质含量相对较高

储层为疏松砂岩稠油油藏，胶结类型为孔隙式胶结，填隙物以泥质为主，泥质含量13.9%~24.3%，平均19.8%，泥质含量相对较高。岩性疏松的地质特点，储层更易在采油过程中因微颗粒迁移堵塞孔隙等问题造成严重伤害。

1.2　单层厚度薄且横向非均质性强

储层有效厚度0.4~6.9m，平均2.4m；储层非均质程度以中等-强为主；单层厚度薄且非均质性强，泥质夹层发育，油层吸水能力受限。

1.3　自然产能偏低

单井初期日产油29~185m³/d，平均日产油102m³/d，递减变缓后日产油13~131m³/d，日平均产油64m³/d，自然产能偏低。海上油田经济门槛高，单井日产油大于30m³/d时具有经济效益，因此，迫切需要通过改变油田开发方式，提高单井产能，改善油田开发效果。

1.4　纵向上油层叠合程度差

纵向上油层含油面积变化大，叠合程度差，不利于油层的合采；若多层注水，一口注水井兼顾多层困难。平台井槽有限情况下，井眼利用率低，进一步影响油田经济效益。

1.5 开发简况

油田投产一年半，动用6个油层，全油田最高日产油885m³/d，采出程度1.67%，综合含水47.3%，采油速度仅1.33%。主力油藏单井初期产量递减快，放大油井生产压差提液，效果不明显，稳定产量低，表现供液不足，尤其是油藏内部靠近断层的油井；低阻稠油油藏油井产能低、投产初期即含水或很快见水。油田日产油不到总体开发方案设计产量的一半，远低于开发设计要求。多个油藏需要注水补充能量开发，但开发设计时并未考虑注水方案，为节约开发成本平台也没有为后期可能的注水预留空间，因此如何经济有效地在空间受限的海上平台补充地层能量以提高采收率，成为该油藏开发中急需破解的一大难题。

2 开发矛盾

2.1 原油流动性差

地下原油黏度110mpa·s，黏度高流动性差，随温度降低，近井及井筒原油黏度明显变大，实验测定50℃时原油黏度升高到334.0~411.5MPa·s(如图1)，叠加储层出泥砂因素(如图2)，油稠加剧携砂，容易造成近井地带及筛管堵塞。

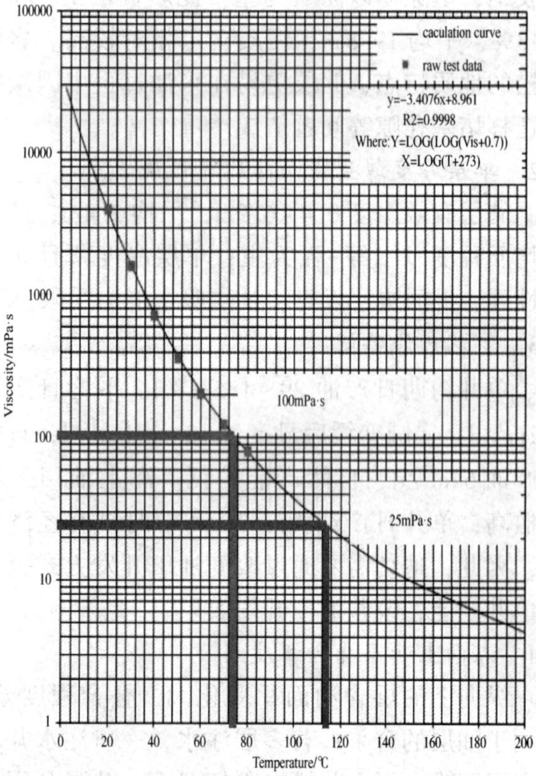

图1 黏温曲线

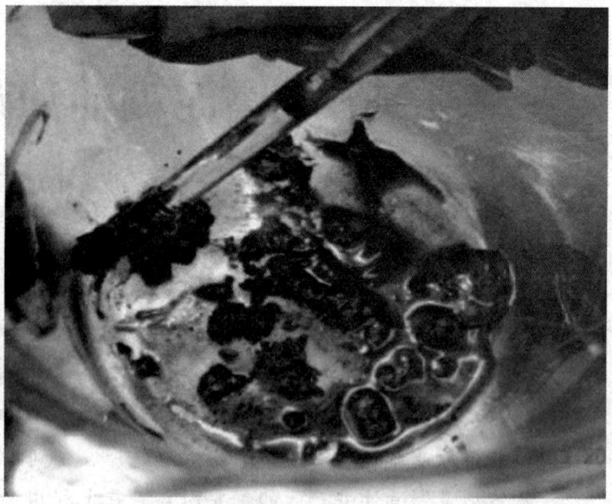

打捞出的油砂混合物

图2 地层产出泥砂

2.2 井筒内黏度不断下降

产层流体进入井筒后，因液量低温度下降快，随着井筒温度的降低，原油黏度增加明显，井筒举升难度大大增加。另一方面，稠油黏度高启停井需要压柴油，因液量降低增大井口低液或无液的风险，启停次数多，压井柴油用量大，生产成本高。

2.3 油井产能下降迅速

疏松砂岩储层局部井段高含泥，完井方式主要以简易防砂和ICD控水筛管为主，生产过程中筛管存在堵塞问题。13口生产井，投产初期产液量均大于80m³/d，但递减快，远离边水单井液量递减率超10%。产液量低于开发设计有10口井，其中主力油藏21#层5口水平生产井(除近边水的A4#)中的A2#/A3#/A5#/A6#产能均下降快，15#和22A#油层三口水平生产井液量低于32m³/d，远低于潜油电泵排量下限，难以维持电泵运行。初期产量递减后，增大生产压差提液，效果不明显，反而可能加剧了出砂风险。天然能量不足和砂泥堵塞筛管共同导致了油井投产不久即出现严重递减的问题。

3 地热水驱具备的天然条件及配套工程

开发方案未考虑注水，平台没有空间预留，因此只能借鉴自流注水的思路采用闭式强化注水[3-4]。闭式注水水源层必须具备的条件：①物性好、水体大、能量足；②注入流体与注入层是配伍的。③水层与油层之间有稳定隔层。研究发现目标油田具备注水水源有利条件。

3.1　纵向上分布巨厚邻近水层

油田以三角洲前缘沉积为主，水下分流河道发育，整体连通较好，具备注水开发的地质条件。油层组上、下部存在多套水层，其中地层ZJ217往下到T70，砂体发育规模和特征均与ZJ217层相似，砂体发育规模大且分布稳定，厚度大、物性好(见表1)，水层与油层之间有稳定隔层。

表1　水层筛选结果表

类型	层位	海拔/m	距21#油层/m	2D厚度/m	1A厚度/m	孔隙度/%	渗透率/mD	选取原则
水层	ZJ209	-2109	754	12.46	12.54	25	500	测井曲线显示砂岩纯净、对比稳定、有一定厚度
	ZJ217~ZJ220	-2234	879	35	44	26	400	

3.2　水层产水能力强且地层温度高

优选油层下部地层ZJ209和ZJ217-220，评估水体大小(见表2)，ZJ217-220水层水体充足，可以作为无限大水体水源层，ZJ209水层为备用水源层。

作为注水水源层，其位于受注油层下方，深度差大于800m，按地温梯度推算比中间主力油藏油层温度高35.1℃，根据测定出的原油黏温关系，温度提高可使原油黏度从110mpa·s降低至约35mpa·s，水温较高可起到热水驱降粘效果，增强原油流动性，降低油水流度比提高驱油效率，一定程度提高稠油水驱效果[5-6]。下部地层压力较高21~22MPa，能确保有效降低注入层原油黏度。

表2　水层水体能量估算

水层	孔隙度	厚度	饱和度	含水面积	水体积
	%	m	%	km^3	10^4m^3
ZJ209	25	12.5	100	78.4	2.4501
ZJ217-220	26	39.475	100	118	12.1129

3.3　油、水层沉积环境相近，地层水配伍性良好

韩江组地层和珠江组地层同属浅海陆棚沉积的新近系，韩江组的油层和珠江组的水层沉积环境相近，地层水性质相近。地层水分析均为$CaCl_2$水型，五层目的层水样没有明显差异，可视为同一水样。在目的层地层条件下，公式法预测与静态结垢法实验评价，水源层与地层水不同比例混合后，总体结垢量均不大(<50mg/L)，结垢潜在损害风险较低，配伍性良好，油田具备自源注水的水源条件。

3.4　自源闭式注水配套工程

下入罐装泵式助流注水工艺管柱(如图3)，水源经电泵增压后注入到油层。这套管柱通过电泵提高注入压差实现可调节同井强化注水，在地面控制电泵频率调节注水量，最大流量可达3000m³/d；可实现温度、压力、流量的实时监测和注水层不动管柱酸化。设计了滑套外电缆保护关键工具，对测调工作筒出水口附近的电泵电缆、信号电缆等进行保护，防止出水口出水对电缆的冲蚀。

针对泥质细粉砂堵塞、油泥糊筛管的近井污染，对新建定向井压裂充填防砂(如图4)、水平井砾石充填防砂、水平老井嵌套筛管二次防砂完井，基本解决了外因对产能的影响。

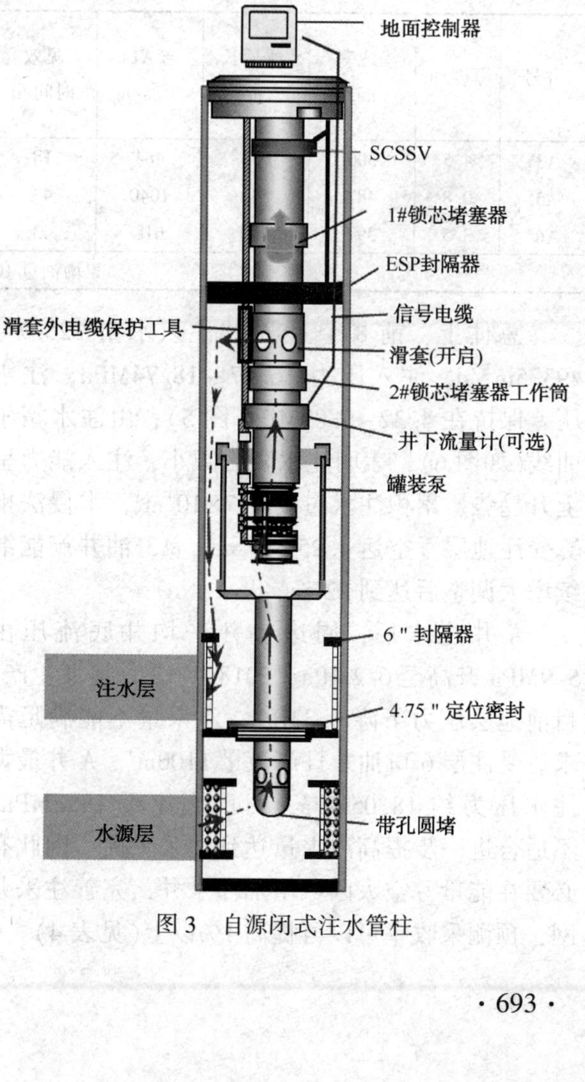

图3　自源闭式注水管柱

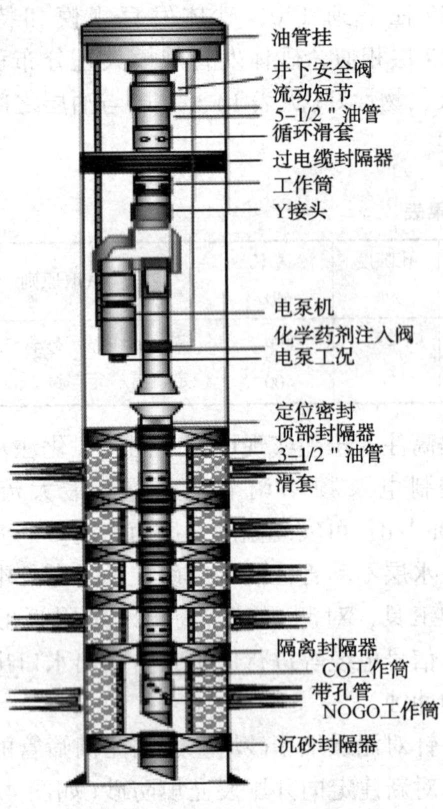

图 4 压裂充填防砂管柱

4 地热水驱效果分析

2018 年 3 月 16 日，地热水驱注水井 A 井返排后投注，周围油井不同程度见效(见表 3)，距离注水井 500~1000m 的 3 口油井反应明显，距离最近的 A3#油井 20d 后，液量从原来的 $32m^3/d$ 提高到 $63m^3/d$，液量持续降低的趋势得到反转并开始稳定上升。到当年 11 月初 3 口井增油量约 $1.287\times10^4m^3$，流压保持稳定，注水效果明显。

为确认注采井组的连通性及储层夹层分布情况，此后在 A 井注入示踪剂，112d 后 A3#检测见剂，A5#、A6#未见剂。结合 3 口水平井在平面和纵向上的位置分析，认为注水见效受井距、储层非均质特征、水平段轨迹影响。A3#油井水平段从储层上部钻进穿过中间夹层后沿下部钻进，注水受效快；A6#油井水平段在中间夹层之上贴顶钻进，隔层遮挡了水驱能量传递，影响受效。A5#油井水平段贴顶钻进，纵向无夹层，但与注水井距离最远，井间砂体厚度薄，能量补充传递有限且传递慢，影响受效速度。

表 3 A 井注水前后周围井受效情况

井号	厚度/m	渗透率/mD	水平段长/m	与 A14 距离/m	见效时间/d	注水前			注水后			日增油量/(m^3/d)
						油/(m^3/d)	液/(m^3/d)	含水/%	油/(m^3/d)	液/(m^3/d)	含水/%	
A3#	4.5	300	643	484	18	37	39	5	105	146	28	68
A5#	0.8	487	542	1040	43	82	86	3	90	94	6	8
A6#	3.5	397	460	618	43	54	58	7	66	72	9	12
累增油量 10^4m^3												1.287

总体上，前 8 个月 A 井注入水量 225.7~493.5m^3/d，注入压力 16.17~18.74MPa，注水压差保持在 4.32~6.89MPa(图 5)；由注水霍尔曲线(如图 6)，表明注水阻力减小，注入能力呈上升趋势。累积注水量约 $6.7\times10^4m^3$，水侵法推算受注地层亏空达 $4.25\times10^4m^3$，A3#油井产能继续增大调整后达到 $220m^3/d$。

A 井注水后，周边单井平均井底流压由 5.9MPa 升高至 6.2MPa，2018 年 12 月提液生产，目前地层压力下降 0.3MPa，注采量不能满足需求。受注层 6 口油井日产液量 $1100m^3$，A 井最大注水压力约 18.05MPa，目前底流压 18.2MPa，不适合进一步提高注水量达到注采平衡，因此有必要在能量亏空大区域增加注水井，完善注采井网，预测采收率可以再提高 1%以上(见表 4)。

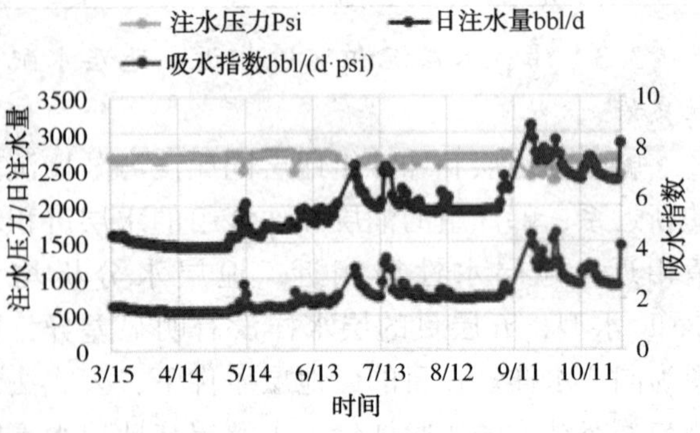

图 5 A 井注水剖面

表 4 21#层增加一口注水井指标预测结果

方案	方案描述	采收率/%	增油量/($\times10^4m^3$)
基础方案	现井网	8.95	-
对比方案	增加 1 口注水井	10.19	*

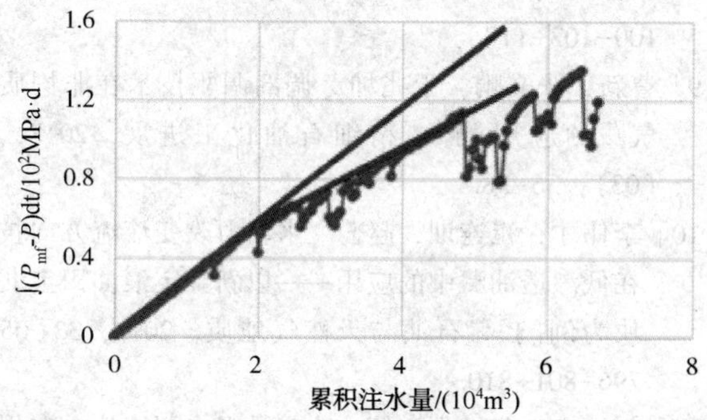

图6　注水霍尔曲线

为定量评价地热水驱比常规水驱的优势，开展了地层岩心地热水驱物模实验，测得不同温度油水相对渗透率(如图7)，结果显示驱油效率提高7.41%，采收率提高5.19%，证实热水驱替效果改善明显。

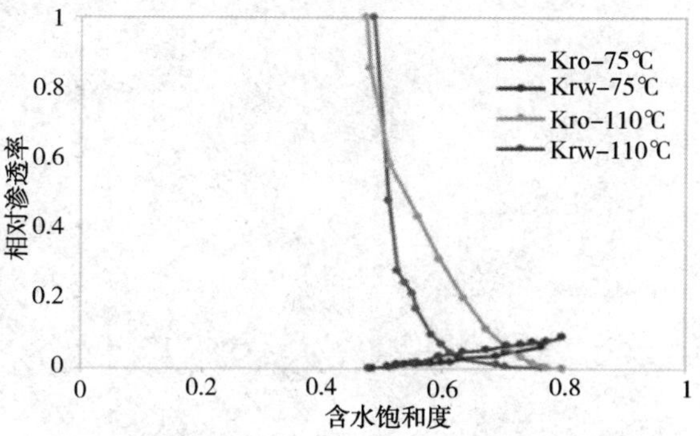

图7　实验测定的不同温度下的相对渗透率曲线

5　未来的技术方向

E油田在第一口注水井投注成功后，根据油藏开发需求，要进一步完善注采井网，规划的其他注水井会陆续投注，但面对油田多层注水的局面，现有的闭式注水管柱结构并不能满足油藏要求；同时还面临水驱调剖调驱，注采井点调整的需要。

5.1　分层配注管柱研究设计

单井压力恢复结果显示，除主力层韩江组21#层经一口注水井补能仍未达到注采平衡外，韩江组另外三油层15#、17#、22A#层的生产井在近井地带均出现了不同程度的能量亏空，继续对这4个油层进行能量补充十分必要。

计划新增一口注水井B井，取同一水源层的地层水对以上油层进行能量补充。油层从上到下平均渗透率分别为482.3mD、252.3mD、402.5mD、103.7mD，层间物性差异可能导致吸水能力不同，多层合注效果差，但目前的自源闭式能量补充管柱无法实现分层配注。面对油田高效生产需求，必须精细注水补充地层能量，因此改进目前的管柱结构，设计可调控的分层配注管柱是下一步的研究关键[7]。

5.2　调剖调驱技术

注水井调剖有两种途径：主要包括机械和化学。目前，海上油田基本采用的是分层注水的机械调剖方法，但在同一层段内储层非均质性很严重情况下，机械调剖方法很难取得好的效果，并且无法实现深部调剖，因而化学调剖已成为注水井调剖重要手段[8]。在注水井中用注入化剂的方法，来降低高吸水层段吸水量，从而相应提高注水压力，达到提高中低渗透层吸水量，改善注水井吸水剖面，改善水驱状况。调驱是介于调剖和化学驱之间的改善地层深部液流方向、扩大水驱波及体积的技术，其投入成本远低于化学驱，尤适合严重非均质油藏中高含水时期改善水驱开发效果。

稠油油田，由于原油黏度较高，地层非均质性严重，因而生产井见水早，注入水沿高渗层突入油井，含上升速度快，并且随着油田的开发井出水问题越来越突出。稳油控水是延长海上油井经济开采寿命，提高油田采收率的重要途径，调剖调驱技术是实现这一目标主要手段和措施之一[9]，必须针对注水油田近早开展研究。

5.3　注采井点轮换改变液流方向驱油

储层非均质性强，井间连通关系复杂，注、采井间容易形成无效水循环。随着当前注水井周边的受效井的见水和含水的不断上升，通过示踪剂技术确认水驱前缘及水窜大通道情况，再开展微观水驱油特征试验研究和注采调整数模优化研究[10-12]，结合油田地质条件及油井生产情况将现有注水井和高含水油井轮换生产，关闭注入水无效循环的通道，把注入水引向有利于驱油的方向，改变液流方向单一、水驱效果差等问题，进一步提高水驱效率。

参　考　文　献

[1] 左悦．难动用薄层稠油油藏水平井开发实践[J]．特种油气藏，2005，12(6)：48-49.

[2] 覃青松，周旭，蔡玉川，等．利用水平井技术实现欢东稠油难采储量的有效动用[J]．特种油气藏，2007，14(7)：71-73.

[3] 黄映仕，余国达，罗东红，等．惠州 25-3 油田薄层油藏自流注水开发试验[J]．中国海上油气，2015，27(06)：74-79.

[4] 邹信波，杨光，程心平，等．海上岩性油藏自源闭式注水技术矿场实践[J]．中国海上油气，2019，31(01)：119-125.

[5] 秦军，张宗斌，崔志松，等．温度对昌吉油田吉 7 井区稠油油藏油水相对渗透率的影响[J]．中国石油勘探，2018，23(06)：107-112.

[6] 秦亚东，吴永彬，刘鹏程，等．温度对稠油油藏油水相对渗透率影响规律的实验研究[J]．油气地质与采收率，2018，25(04)：121-126.

[7] 陈欢，曹砚锋，刘书杰，等．海上油田有缆式测调一体化注水工艺及应用[J]．石油矿场机械，2018，47(01)：57-61+66.

[8] 聂法健，李晓军，张琪．海上油田调剖体系的研制及应用[J]．油气地质与采收率，2009，16(05)：100-103+117.

[9] 曹新，张文鹏，于兆坤．调剖调驱技术在非均质油气藏的应用[J]．精细石油化工进展，2018，19(03)：36-38.

[10] 李伟才，崔连训，赵蕊．水动力改变液流方向技术在低渗透油藏中的应用——以新疆宝浪油田宝北区块为例[J]．石油与天然气地质，2012，33(05)：796-801+810.

[11] 刘志宏，鞠斌山，等．改变微观水驱液流方向提高剩余油采收率试验研究[J]．石油钻探技术，2015，43(02)：90-96.

[12] 计秉玉，杨际平，吕志国．改变液流方向的数值模拟计算[J]．大庆石油地质与开发，1994(02)：73-74.

一体式潜油永磁同步电机直驱螺杆泵设计及运动分析

崔俊国[1]　张　鹏[2]　肖文生[1]　高　翔[1]　邹文强[1]　梅连朋[1]

（1. 中国石油大学(华东)海洋物探及勘探设备国家工程实验室；
2. 北京小米移动软件有限公司）

摘　要　针对高粘稠、高含砂蜡油井、水平井在油田开发中逐渐增多的现状，设计了一种新型的一体式潜油永磁同步电机直驱螺杆泵采油装置。完成了原理分析及详细结构设计；推导了一体化结构下螺杆泵的运动数学模型，并基于Creo开展运动学仿真，得出了一体化结构下螺杆泵转子的运动曲线，以及转子截面圆心相对于螺杆泵轴心的位置变化规律，验证了所建数学模型的正确性以及该方案的可行性；为该装置的后续生产应用提供了科学合理的依据。

关键词　一体化；潜油永磁同步电机；螺杆泵；直驱

随着水平井以及高粘稠、高含砂蜡油井在油田开发中逐渐增多，杆式柱塞泵以及电潜离心泵采油方式难以满足要求，潜油螺杆泵是此类油井采油的有效手段[1]，常用的是“三相异步潜油电机-电机保护器-行星齿轮减速器-减速器保护器-螺杆泵”传动方式，传动链长且效率较低，通过中、短曲率半径水平井的造斜段时会发生较大弯曲变形，不可避免地造成机组损伤。近几年，低速大扭矩潜油永磁同步电机直接驱动螺杆泵采油作为一项新技术逐渐应用于油田[2-10]，系统传动方式发生了变化，省去了行星齿轮减速器及其保护器，该系统结构如图1所示。工作原理为：潜油永磁同步电机安装在井下机组的最底端，其上为电机保护器，保护器轴与螺杆泵转子连接，从而完成电机直接驱动螺杆泵采油作业；传动链短，效率提高。

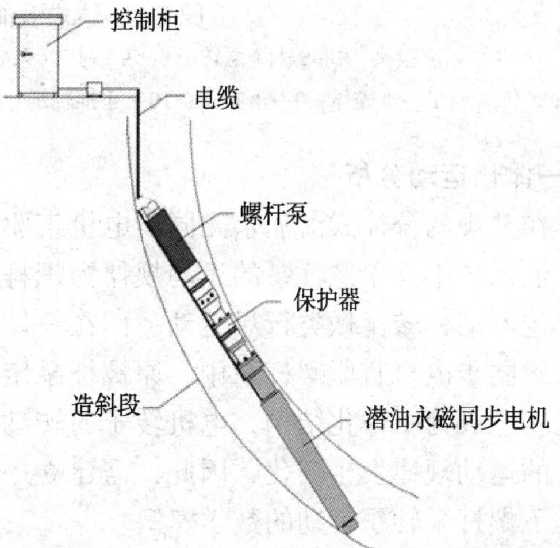

图1　潜油永磁同步电机直驱螺杆泵采油装置造斜段安装示意图

若将螺杆泵设计于潜油永磁同步电机内部，形成一体式潜油永磁同步电机直驱螺杆泵，则可进一步缩短整机长度，更顺利地通过中、短曲率半径水平井的造斜段。基于此，本文开展一体式潜油永磁同步电机螺杆泵研究，将螺杆泵设计于潜油永磁同步电机内部，原螺杆泵定子与电机转子设计为同一构件，并对该新型装置进行运动学分析；为其将来可能的生产应用提供科学合理的依据。

1　一体化原理及方案设计

一体式潜油永磁同步电机直驱螺杆泵原理图如图2所示。将螺杆泵装配于潜油永磁同步电机的内部，原螺杆泵的定子与电机转子合为一体一起旋转，替代电机的传统主轴；电机定子构成以及螺杆泵转子结构与常规相同。

完成了一体式潜油永磁同步电机直驱螺杆泵的结构设计，如图3所示。中间层为金属圆管，圆管内部镶嵌螺杆泵橡胶衬套，外部安装电机转子节及滑动轴承，转子节为一定长度的套筒表面粘贴永磁体的结构形式，与圆管通过平键连接，每两个转子节之间安装一个滑动轴承，用于扶正转轴；电机上、下接头处各安装一个密封轴承，用于防止油液进入电机气隙；为解决螺杆泵工作时的偏心运动，螺杆泵原转子的两端通过偏心轴连接的方式固连在电机接头上；电机上接头处安装有止推轴承，用于平衡螺杆泵的自重以及运转时产生的轴向力。

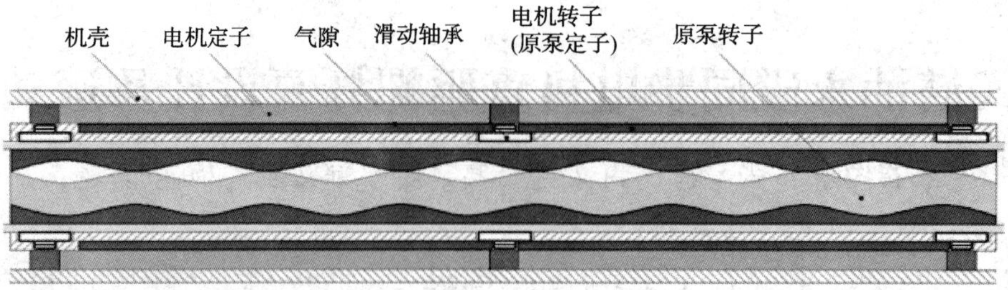

图 2　一体式潜油永磁同步电机直驱螺杆泵方案原理图

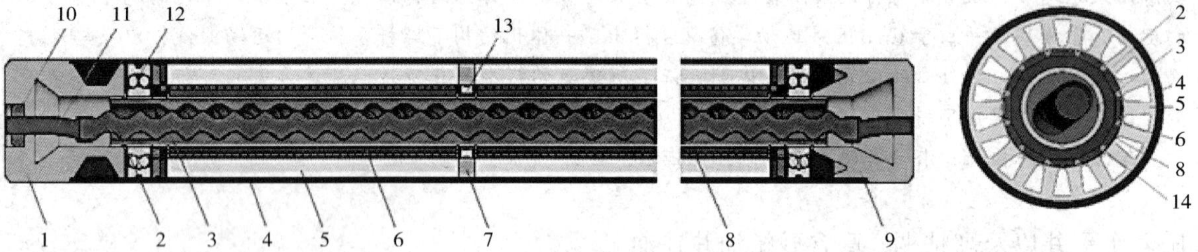

图 3　一体式潜油永磁同步电机直驱螺杆泵结构图

1—上接头；2—螺杆(泵转子)；3—衬套(泵定子)；4—机壳；5—定子铁芯段；6—转子节；7—定子隔磁段；8—永磁体；9—下接头；10—止推轴承；11—偏心连接轴；12—密封轴承；13—扶正轴承；14—气隙

2　一体化运动分析

在常规的分体式潜油永磁同步电机直驱螺杆泵采油系统中，单螺杆泵的运动规律为螺杆泵定子固定不动，转子做类行星运动；而在一体式潜油永磁同步电机直驱螺杆泵中，原螺杆泵定子与电机转子成为一体化结构，电机转子的转动使螺杆泵的运动规律发生变化，因此，需建立一体化结构下螺杆泵转子运动的数学模型。

2.1　转子运动数学模型

在一体化结构下，螺杆泵的运动可以通过在复平面内建立数学模型来描述。取螺杆泵的一个截面作为研究对象，螺杆泵原定子绕自身轴线自转，转子的运动可以用截面内转子的几何中心(截面圆的圆心)位置的变化来描述，如图 4 所示。

在复平面内，$r = e^{i\theta}$ 表示的是单位圆的圆周运动。在截面内，以转子轴线位置为原点，建立复平面坐标系 $x'o'y'$，若令 $\theta = kz$，则当转子静止不动时，其数学模型为：

$$r' = Ee^{jkz} \tag{1}$$

式中　r'——截面内转子几何中心的位置；

E——螺杆泵的偏心距；

e——底数；

j——复数，$j^2 = -1$；

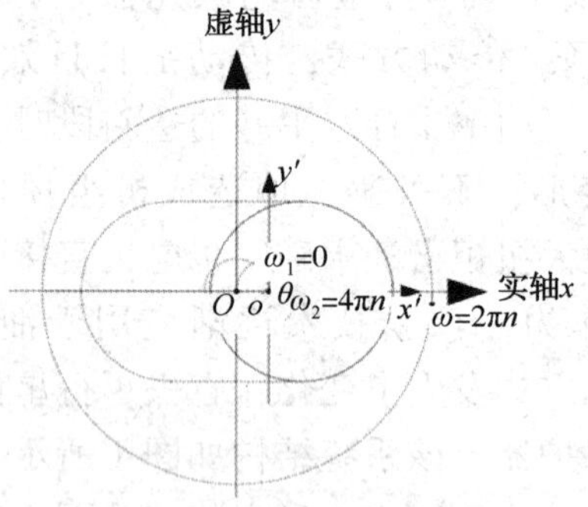

图 4　一体化结构下螺杆泵运动简图

$k = 2\pi/\rho_r$——常数，$k = 2\pi/\rho_r$，ρ_r 为转子导程(与时间 t 区分)；

z——平行于转子轴线的坐标轴，用于表示截面位置。

为转子添加自转运动，角速度 $\omega_2 = 2\omega = 4\pi n$，则有：

$$r' = Ee^{j(kz-2\omega t)} \tag{2}$$

以螺杆泵原定子轴线位置为原点，建立复平面坐标系 xoy，为转子添加公转运动。在一体化结构下，转子不存在公转运动，即公转运动的角速度 $\omega_0 = 0$。则：

$$r = Ee^{j(kz-2\omega t)} + Ee^{j\omega_0 t} = Ee^{j(kz-2\omega t)} + E \tag{3}$$

令 $\varphi_2 = kz - 2\omega t$，则有：

$$r = E\left(e^{\frac{j\varphi_2}{2}} + e^{-\frac{j\varphi_2}{2}}\right)e^{\frac{j\varphi_2}{2}} \tag{4}$$

由欧拉公式 $\cos\theta=\frac{e^{-i\theta}+e^{i\theta}}{2}$，可将上式化简为：

$$r=\left(2E\cos\frac{\varphi_2}{2}\right)e^{\frac{j\varphi_2}{2}} \tag{5}$$

由于螺杆泵原定子的转动，坐标系 xoy 为与螺杆泵原定子保持相对位置不变的动系，则式(5)可清晰地表明在螺杆泵任意截面内，转子截面圆心的运动呈现振幅为 $2E$ 的正弦(或余弦)振荡规律，可在软件中进行运动学仿真以验证该数学模型的正确性。

2.2 运动仿真

螺杆泵的原定子与电机的转子在结构上装配形成一体化结构，二者在整个运动周期内保持相对运动为零。在基于 Creo 的运动学仿真中，螺杆泵的三维模型不变，但运动发生了变化。在一体化结构下，由于永磁同步电机的转子必须进行旋转运动，而螺杆泵的原定子与电机转子相对运动为零，这使得螺杆泵的原定子不再是固定不动的，而是做与电机转子相同的旋转运动。因此，螺杆泵的转子的运动也会由于衬套副的啮合作用而发生改变。

在运动模型的建立中，引入如图 5 所示的虚拟运动辅助零件，该零件具有两个轴线，分别对应螺杆泵的原定子和转子的两个轴线，两轴线之间的距离为 E。

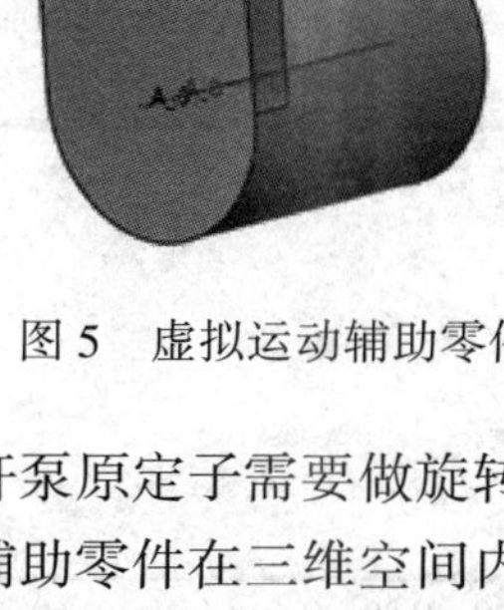

图 5 虚拟运动辅助零件

由于螺杆泵原定子需要做旋转运动，所以应使虚拟运动辅助零件在三维空间内固定。螺杆泵原定子的轴线和螺杆泵转子的轴线分别与虚拟运动辅助零件的两条轴线进行销轴连接配合，如图 6所示。在一体化结构下的运动模型中，螺杆泵原定子绕自身轴线旋转，转子可通过销轴连接进行特定的旋转运动。图 6 中所示的横截面为螺杆泵的任意横截面，可通过该截面内转子的运动来描述一体化结构下螺杆泵的运动规律。

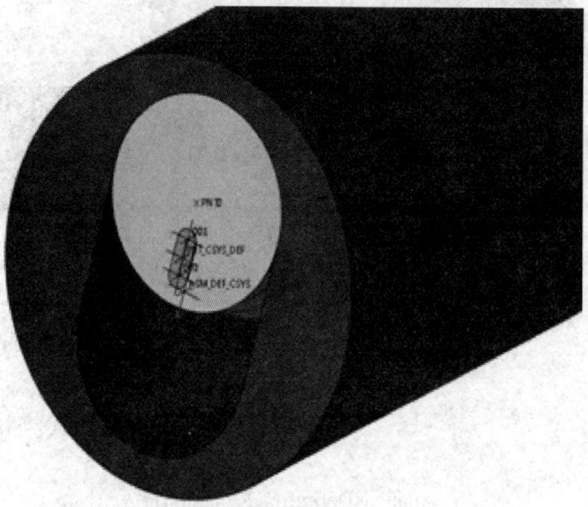

图 6 一体化结构下螺杆泵运动模型

为模拟螺杆泵的原定子和转子运动，对其添加虚拟伺服电机。两个销轴连接在螺杆泵内正好形成了两个运动轴，将伺服电机添加到这两个运动轴上，即可实现螺杆泵转子和原定子的旋转运动。在转子轴线所对应的运动轴处添加伺服电机 ServoMotor1，设定转速为 1800deg/sec，如图 7(a)所示。

在螺杆泵原定子轴线对应的运动轴处添加伺服电机 ServoMotor2，设定转速为 900deg/sec，如图 7(b) 所示。在一体化结构下的运动模型中，ServoMotor1 表示的是螺杆泵转子绕自身轴线的旋转运动，而 ServoMotor2 则表示螺杆泵原定子绕自身轴线的旋转运动，两个旋转运动的方向是相同的。

运动设定完成后，进行仿真并求解。选取转子截面的圆心 POINT0 为运动测量点，对整个机构在 2 个周期内的运动进行测量求解。求解结果如下图所示，图 8 分别表示了一体化结构下螺杆泵转子运动的位移模量曲线图、位移 X 轴方向曲线图、位移 Y 轴方向曲线图和位移 Z 轴方向曲线图。

与常规螺杆泵相比，一体化结构下转子的运动曲线没有发生变化，表明定转子之间的相对运动不变，转子截面圆心相对于螺杆泵轴心的位置变化规律是正弦的，验证了转子运动数学模型的正确性。

(a)伺服电机1位置设定　　(b)伺服电机2位置设定

图 7　整体式结构下伺服电机 ServoMotor 的位置设定

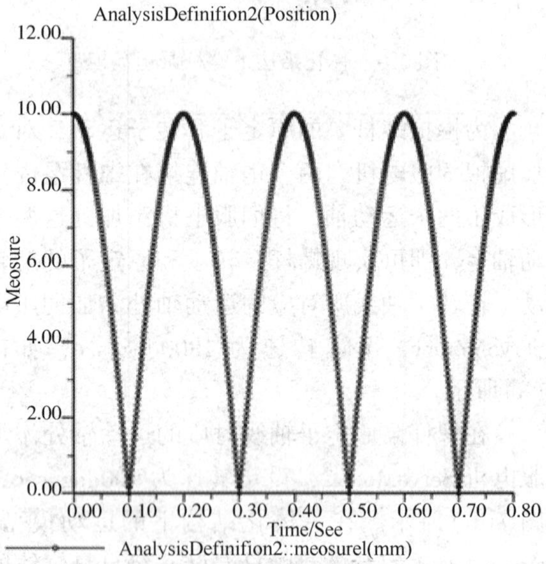

(a)位移模量曲线

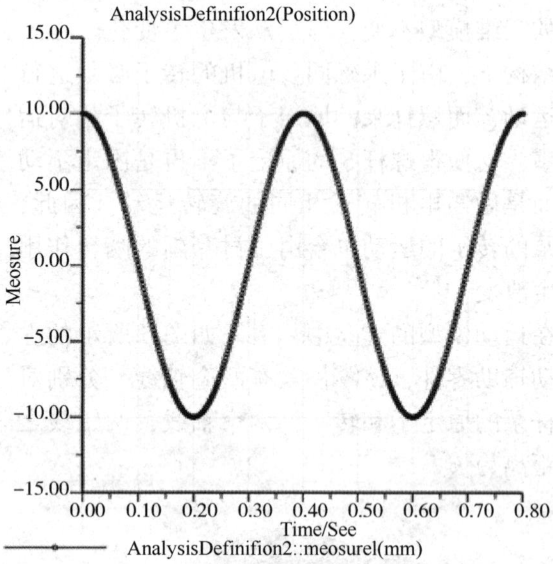

(b)位移X轴曲线

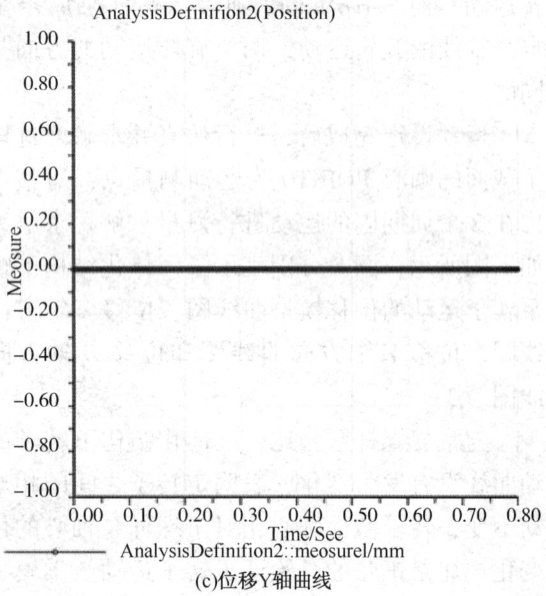

(c)位移Y轴曲线

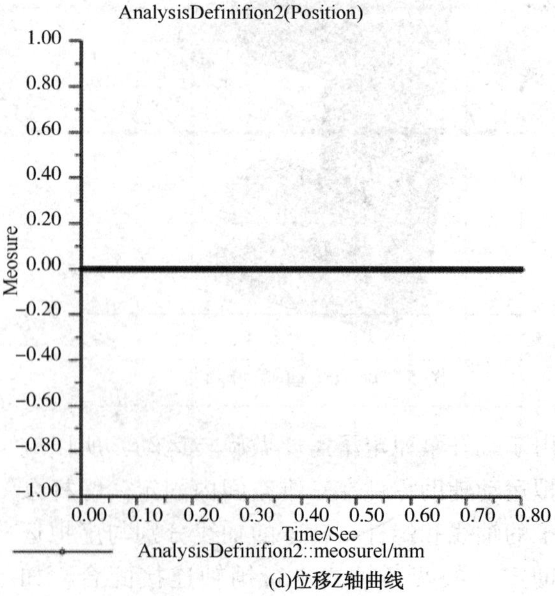

(d)位移Z轴曲线

图 8　整体式结构下转子位移曲线图

3 结论

设计了新型一体式潜油永磁同步电机直驱螺杆泵装置，完成了原理分析及详细结构设计；在常规螺杆泵转子运动规律的基础上推导出一体化结构下螺杆泵运动的数学模型，开展了基于 Creo 的运动学仿真，一体化结构下转子的运动曲线没有发生变化，表明定转子之间的相对运动不变，转子截面圆心相对于螺杆泵轴心的位置变化规律是正弦的，从而验证了所建数学模型的正确性以及将螺杆泵设计于潜油永磁同步电机内部的方案可行性。该装置将能够有效应对目前水平井、高粘稠井逐渐增多的现状，同时有利于钻井工艺的改进与优化，对于油田稳产、增产以及“绿色油田”的建设具有促进意义。

参考文献

[1] 王世杰，李勤．潜油螺杆泵采油技术及系统设计[M]．第一版．北京：冶金工业出版社，2006：1-15.

[2] Xiao J. J., Lastra R.. Induction versus Permanent Magnet Motors for ESP Applications[C]. SPE Kingdom of Saudi Arabia Annual Technical Symposium and Exhibition, Dammam, Saudi Arabia, April 2018：1-14.

[3] Hao Z. X., Zhang G. B., Zhu S. J., et al.. Downhole Permanent Magnet Synchronous Motor PMSM Drive PCP - Wide Range of Speed, Output and High Efficiency[C]. SPE/IATMI Asia Pacific Oil & Gas Conference and Exhibition, Jakarta, Indonesia, October 2017：1-7.

[4] Garcia E. L., Gonzalez J. S., Torales F. L. B., et al.. Electric Submersible Pumping, First Application in a Mature Field in Mexico, Using the Unconventional Technology With Synchronous Permanent Magnet Motor (PMM) + “Power Save” Pump[C]. SPE Artificial Lift Conference - Latin America and Caribbean, Salvador, Bahia, Brazil, May 2015：427-445.

[5] Al Ajeel, F. A., Bafakyh, A. S., Lehman, M., et al.. Deployment of a Multiphase Progressive Cavity Pump Coupled with a Submersible Permanent Magnet Motor [C]. SPE Middle East Artificial Lift Conference and Exhibition, Manama, Bahrain, November 2016：318-328.

[6] Cui J. G., Xiao W. S., Zhang X. J., et al.. Electric Submersible Progressing Cavity Pump Driven by Low-speed Permanent Magnet Synchronous Motor[C]. SPE Middle East Artificial Lift Conference and Exhibition, Manama, Bahrain, November 2016：1-11.

[7] Saveth, K. J.. PMM-PCP Field Trials Using a New Generation Permanent Magnet Motor Technology [C]. 2014 SPE Artificial Lift Conference - North America, Houston, TX, USA, October 2014：112-120.

[8] 崔俊国，肖文生，喻高远，等．潜油永磁同步电机国内外研究进展[J]．电机与控制应用，2015，42(3)：7-12.

[9] 张轩瑞．井下直驱螺杆泵潜油伺服电机系统研究与实现[D]．大庆：东北石油大学，2016.

[10] 于松建．高速潜油永磁同步电机的设计与损耗分析[D]．沈阳：沈阳工业大学，2018.

气体与纳米颗粒协同增效的下一代“吞吐”油井增产技术

李保振[1,2]　康晓东[1,2]　张　健[1,2]　王旭东[1,2]

（1. 中海油研究总院有限责任公司；2. 海洋石油高效开发国家重点实验室）

摘　要　本文介绍了一种气体与纳米颗粒”协同增效的下一代“吞吐”提高采收率技术。结合气体和纳米颗粒的特性，创造了一种独特的协同增产方法，可以经济高效的提高油井产量。该技术是一种外接的、简单的、灵活的油井增产措施，包括三个阶段：注入，浸泡和生产，可以借用现有的油田设备与方法实施，具有很高的灵活性和易于实现性。与传统的吞吐技术相比，措施气体的浸泡时间明显缩短，增产措施有效期长达6个月以上。

关键字　注体吞吐；纳米颗粒；协同作用；提高采收率

美国大约有170万口活跃的石油和天然气井。然而，其中相当数量的井产量已经下降或耗尽，甚至低于经济水平。随着井龄的增长，多种因素导致了产量的下降。除了油井基础设施的机械故障外，以下地层损害还加速了产量的下降，主要原因包括：(1)油井枯竭，流压下降；(2)流速导致微粒运移；(3)结垢、沉淀、析腊、沥青沉淀、粘土膨胀；(4)水锁，凝析液锁；(5)压裂伤害等。传统的增产措施中的酸化措施比较经济廉价，但是只能在近井小范围见效；而重复压裂可以显著增产，但是昂贵、风险大，特别是对非常规油气田更是如此。亟待新技术的突破改变这种现状[1-5]。

1　常规吞吐措施概况

多年实践表明：CO_2或N_2吞吐对与老井、低效井、不连通井等是一种可靠的、经济、有效的增产措施(包括混相和非混相)。措施常流程包括：注入、浸泡、生产3个阶段。最近的实践表明：在页岩油气藏吞吐比驱替效果更好。实施起来可以多轮次，投资小，回报快。

2　纳米粒子提高采收率的理论，实验和矿场应用总结

2.1　概况

纳米颗粒技术属于在石油和天然气行业的比较前沿的增产技术，至少有10年应用历史。纳米粒子通常是小于100nm的颗粒，可以由各种无机材料如二氧化硅、氧化铝和铁的氧化物组成。纳米颗粒的结构可以包含一个内核和一个外壳。它们的外壳可以被修改成改变他们的润湿性。纳米颗粒(未改性或改性)可以分散在水或有机介质中，如水、甲醇或异丙醇[6-8]。

2.2　机理

纳米颗粒在储层中的真正作用模式取决于它们是如何设计和部署的。然而，实验室研究表明，分散中的纳米粒子可以在油、水、固三相接触角处排列(图1)。纳米颗粒在石油和岩石之间楔块中的排列产生了所谓的结构分离压力，这种压力梯度足以将石油液滴从岩石表面剥离。这种现象可以帮助提高原油采收率，并已在自吸和岩心流动试验中得到证实。

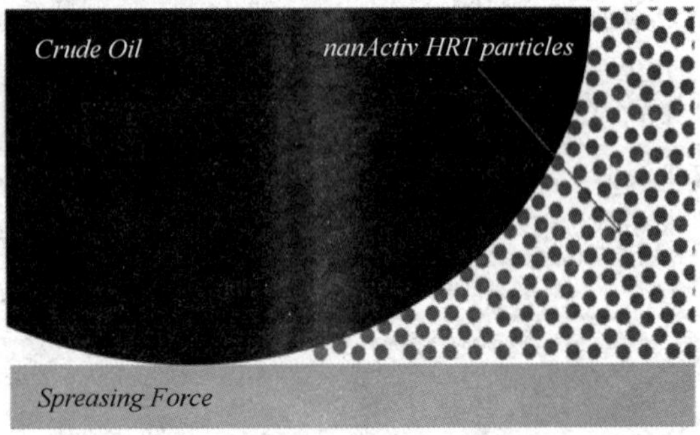

图1　纳米微球在三相接触中的分布及增油机理

2.3　应用效果

在该领域，已有案例研究显示纳米颗粒分散的有效性。在一次现场试验中，研究了一种二氧化硅基纳米颗粒分散体应用于水力压裂，如图2所示。在二叠纪盆地沃尔夫坎普组的5口井压裂作业中，分散体作为预处理段塞在主力段塞前注入，先与储层接触。现场结果显示，与典型曲线相比，初始产量显著增加了约20%。即使在出现偏移裂缝突破的情况下，对于成功的油井来说，这种速度似乎也能维持下去，结果还表明，初始有效递减率有所下降[7-8]。

3 结合气体与纳米颗粒的协同增产、提采措施

3.1 机理

一种新型的吞吐(HNP)技术，将已证实有效的气体(N_2或CO_2)和纳米颗粒用于提高采收率技术，为存在生产问题的油井提供多光谱修复流程。通过结合气体和纳米粒子的特性，该解决方案创造了一个独特的，协同的过程，解决同时存在多个潜在的生产问题。这是非常有用的，因为油井经常会遇到许多问题，而且(或)操作人员可能不知道问题的确切原因。这种气体通常是N_2或CO_2，它们被用来更有效地分散纳米颗粒，并将其推入地层深处，从而使气体和纳米颗粒能够最大限度地提高产量。由于纳米颗粒的有效渗透和残留值，成功的处理可以提高6个月或更长时间的产量。这个过程非常灵活，因此可以用于所有类型的井，包括常规井、非常规井和油气井。

其中注气本身有一系列好处，例如：

(1) 用压力刺激井，将石油或天然气驱替向井筒；

(2) 清除碎片、细粒及其他物质(清除井壁)；

(3) 膨胀和降低黏度的石油，促进石油的流动时，混溶；

(4) 驱替储层中的油气，向井筒移动；

(5) 改变润湿性特征，通过改变润湿性到更加中性的湿润状态，消除导致井筒附近区域堵塞的流体。

图2 现场施工设备

NanoActiv@ HRT 纳米颗粒能穿透微/纳米裂缝和孔隙，使得生产井复产。

纳米颗粒还会在岩石表面留下残余颗粒，从而形成一种可润湿性中性涂层，随着时间的推移会产生持久的效果。

3.2 选井原则：

必须对油井进行筛选和分析，以确保采用正确的处理方法。这对于确保治疗对生产力产生预期效果至关重要(表1)。

表1 选井标准

指标	要求
产量	初始产量高，从油井递减曲线可看出存在润湿性问题。当前产量小于初始只的 10%~20%，最好大于 5~10bbl/d 或 $2\times10^4ft^3/d$。
油田数据	油井性能应与现场其他油井持平；需要了解漏失层和广泛裂缝。
措施历史	酸化或其他的化学措施可能对纳米颗粒效果有不利影响。
井身结构和设备	设备状态良好(泵、衬里、垫圈)以确保它们经过压力测试，或确保压力处理水平得到保证。
水	矿化度或 TDS 不可太高，否则可能对纳米颗粒有不利效果。
有效厚度	<30m。
孔隙度	常规储层>8%，非常规储层>4%。
原油	原油重度<30API；CO_2 含量高最好；不适合沥青质沉淀流体。

3.3 措施3阶段：

根据目的油井地层类型、井史和存在的问题，提供了一个具体的处理方案。RECHARGE@ HNP 措施包括3个阶段的过程(图3)：

(1) 筛选候选井；

(2) 明确和制定措施方案；

(3) 实施措施。

3.4 实施案例

本案例研究集中在美国德克萨斯州中部布达和奥斯汀白垩地层中一些老旧、衰竭井(有些已关井)。这些井是水平裸眼完井。NanoActiv@ HRT 与 N_2 结合被认为是一种获得更好、更持久结果的方法。对5口井进行了不同数量的纳米活性@ HRT 纳米颗粒处理，每口井都使用了固定体积为 60t 氮气。由作业者选择待选井、氮气体积和注入阶段。

通过对作业后的生产进行 180d 的生产监测，以及对生产结果进行全面分析，记录了多次的观察结果。所有五口井都对措施产生了反应。基于施工区域的治疗剂量，可以看出处理剂剂量与措施效果间存在明显的、直接的、一对一的关系。接受更高剂量气体和纳米颗粒的油井效果更好。图4显示了其中 Austin Chalk 区块的2口井的效

果。在大约 160d 的生产和多余的水去除后，平均每天的石油产量增加了 20%。除了应用

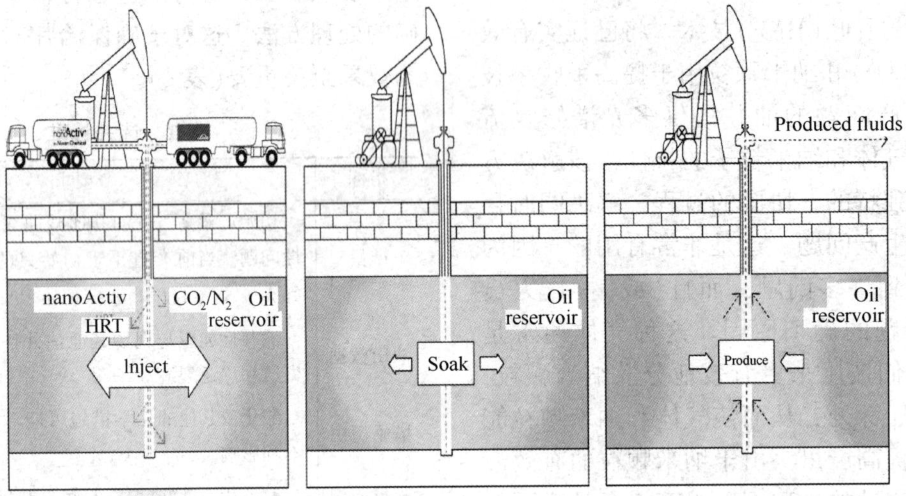

图 3 技术工艺流程

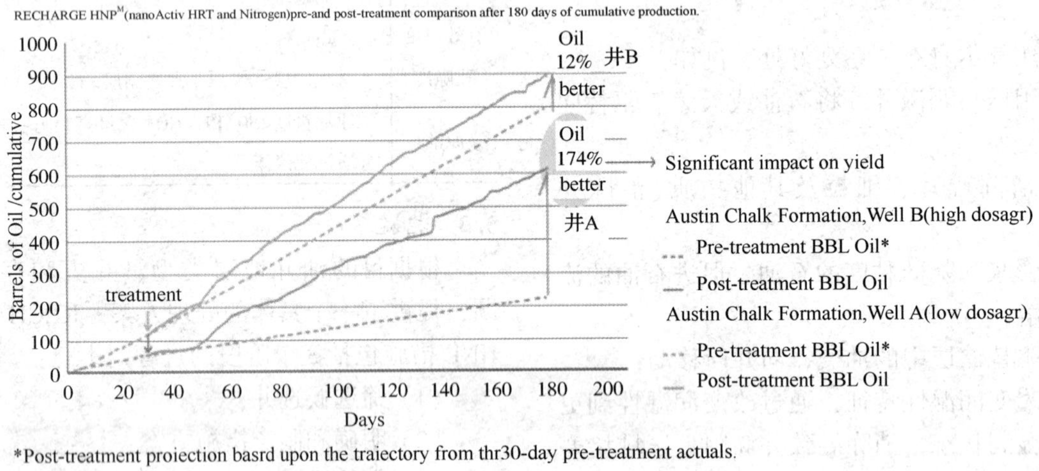

图 4 Austin Chalk 油田实例井措施增油曲线

于油井的药剂量与其生产效果间的直接关系（以百分比表示的碳氢化合物产量的提高），剂量与处理反应的持续时间之间也有直接关系。

同时，这还包括监测后处理生产长达 180d，以确定下一阶段最合适的措施。

4 结论

（1）气体与纳米颗粒”协同增效的下一代“吞吐”提高采收率技术 RECHARGE HNP^TM 是一种多光谱修复技术，适用于有一系列生产问题的油井。结合气体和纳米颗粒的特性，创造了一种独特的协同增产方法，同时解决了几个潜在的生产问题，同时比其他解决方案成本更低。

（2）RECHARGE HNP^TM 是一种外接的，简单的，灵活的油井增产措施，包括三个阶段：注入，浸泡和生产。该技术适用与现有的油田设备与方法实施，具有很高的灵活性和易于实现性。适用各种类型的井，包括常规井、非常规井、油气井等。

（3）由于 HNP^TM 纳米粒子与气体之间的协同作用，与传统的 HNP 处理相比，纳米粒子和气体的浸泡时间明显缩短。成功的增产措施有效期长达 6 个月以上，从而减少重复处理的周期。

参 考 文 献

[1] Wei, B., Pu, W., Pang, S., Kong, L., Mechanisms of N_2 and CO_2 Assisted Steam Huff - n - Puff Process in Enhancing Heavy Oil Recovery: A Case Study Using Experimental and Numerical Simulation, onference: Conference: SPE Middle East Oil & Gas Show and Conference, January 2017.

[2] Wei B., Pang S., Pu W., et al. Mechanisms of N_2 and CO_2 Assisted Steam Huff-n-Puff Process in Enhancing Heavy Oil Recovery: A Case Study Using Experimental and Numerical Simulation[C]//SPE Middle East Oil & Gas Show and Conference, 2017.

[3] Miller B. J., Hamilton-Smith T. Field case: Cyclic gas recovery for light oil-using carbon dioxide/nitrogen/natural gas[C]//SPE Annual Technical Conference and Exhibition, 1998.

[4] Sheng, J. J., Optimization off huff-n-puff gas injection inshale oil reservoirs, Petroleum, 2017.

[5] Li, L., Sheng, J. J., Gas Selection for Huff-n-Puff EOR In Shale Oil Reservoirs Based upon Experimental and Numerical Study, SPE-185066-MS, 2017.

[6] Palmer, F. S., Landry, R. W., Bou-Mikael, S. SPE 15497, “Design and Implementation of Immiscible Carbon Dioxide Displacement Projects (CO_2 Huff-Puff) in South Louisiana”, Conference: SPE Annual Technical Meeting and Exhibition, October 1986.

[7] McElfresh P. M., Holcomb D. L., Ector D. Application of nanofluid technology to improve recovery in oil and gas wells[C]//SPE international oilfield nanotechnology conference and exhibition, 2012.

[8] Syfan F. E., Holcomb D. L., Lowrey T. A., et al. Enhancing Delaware Basin Stimulation Results Using Nanoparticle Dispersion Technology [C]//SPE Hydraulic Fracturing Technology Conference and Exhibition, 2018.

电动潜油螺杆泵在稠油高效举升中的应用研究与规模推广

韩岐清　李东平　周华兴　韩　涛　汪文昌　姬虎军　张　雄

（中国石油大港油田公司）

摘　要　电动潜油螺杆泵实现了刘官庄油田稠油难采储量的效益动用。刘官庄油田原油黏度高，流动阻力大，产液低，采用抽油机有杆泵电加热工艺单井年耗电高达35万度，单井投入高达85万元。通过综合比选，优化应用电动潜油螺杆泵采油技术，并通过针对性的应用研究，实现了原油黏度25400MPa·s无辅助降黏措施的稠油冷采，大幅度降低了运行能耗和生产投入，平均节电率达到92%，单井降低投入35万元，“提质增效、降本降耗”成效突出，为稠油难采区块的效益开发动用和复杂井况油井的工艺配套提供了有效的技术途径。

关键词　稠油难采区块；电动潜油螺杆泵；永磁同步电机；摩阻；稠油冷采

1　刘官庄油田开发现状及问题分析

1.1　刘官庄油田开发现状分析

1.1.1　稠油分类

稠油分类如表1所示。

表1　稠油分类表

稠油分类			主要指标	辅助指标
名称	级别		黏度/MPa·s	相对密度
普通稠油	Ⅰ	Ⅰ-1	>50~150*	>0.9200
		Ⅰ-2	>150~10000	>0.9200
特稠油	Ⅱ		>10000~50000	>0.9500
超稠油（天然沥青）	Ⅲ		>50000	>0.9800

注：*指油层条件下黏度，其他指油层温度下脱气油黏度

1.1.2　刘官庄油田油藏分类

刘官庄油田原油原油黏度4000~12300MPa·s，介于普通稠油Ⅰ-2与特稠油之间，开采难度较大，分类如表2所示。

表2　刘官庄油田稠油分类表

油藏埋深/m	原油黏度/（MPa·s，50℃）	相对密度	地层温度/℃	折算油层原油黏度/MPa·s	稠油类型
950~1750	4000~12300	0.979	63	2500~8000	普通稠油Ⅰ-2、特稠油

1.2　生产中存在的问题

1.2.1　国内外稠油区块举升方式配套现状

国内外稠油举升方式如表3所示。

表3　国内外举升方式配套表

举升配套方式	国内外稠油油藏代表油田	黏度范围/（MPa·s）
金属转子地面驱动螺杆泵	加拿大 Cold Lake 等	5000~50000
地面驱动螺杆泵配套电加热	胜利、大港油田等	2000~8000
抽油机有杆泵+掺水加药（掺稀油）降黏	新疆、大港油田等	2000~20000
抽油机有杆泵+电加热工艺	辽河、大港油田等	2000~10000

1.2.2　刘官庄稠油区块生产问题分析

（1）油稠导致进泵困难，日产液量低、泵效低，井筒流动阻力大；

（2）有杆电加热工艺装机功率高达185kW，运行能耗高，单井年耗电35万度，如表4；

（3）一次性投入增加35万元，年运行维护费用28.6万元。

（4）典型井：刘7-9井

原油黏度10918MPa·s，液面低、产液量低；采用有杆泵电加热工艺，装机功率185kW，年耗电32万度，一次性投入较常规有杆泵增加27万元，如表5所示。

表4　刘官庄生产情况统计表

地质储量/×10^4t	开井数口	油藏埋深m~m	原油黏度/MPa·s	举升方式	装机功率/kW	单井产液/（m^3/d）	单井产油/（t/d）	检泵周期/d	单井年耗电量万度
753.3	39	950~1750	4000–12302	有杆泵电加热工艺	185	19.2	4.8	841	35

表 5 刘 7-9 井生产情况表

黏度/MPa·s	举升方式	装机功率/kW	泵挂深度/m	日产液/(m^3/d)	动液面/m	检泵周期/d
10918	有杆泵电加热工艺	185	1370	5.37	1100	232

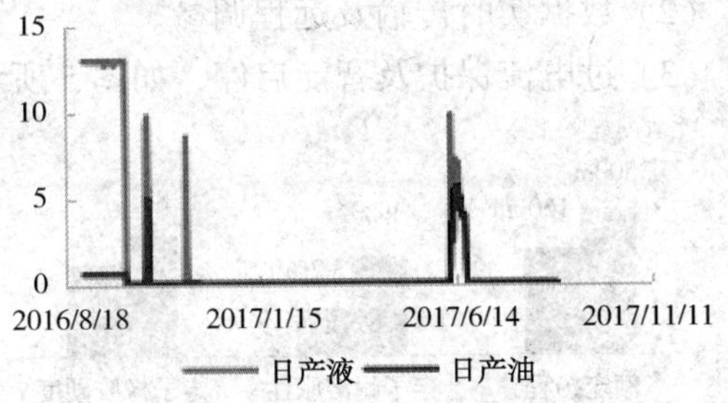

图 1 刘 7-9 生产曲线图

1.3 刘官庄油田举升工艺优选分析论证

举升工艺技术适应能力与刘官庄油田油藏、井况特征、生产特征及经济投入等综合对比评价，电动潜油螺杆泵对原油黏度、举升扬程、较低的日产液量有较好的技术适应能力，并具有良好的经济可行性，优选该工艺作为刘官庄油田稠油井应用研究与推广的目标举升工艺，如图 1 和表 6。

2 电动潜油螺杆泵应用研究

2.1 技术原理

利用潜油电缆将电力传送给井下潜油电机，由电机直接驱动螺杆泵，将井液经过螺杆泵增压后举升到地面，如图 2 所示。

表 6 不同举升工艺对比表

举升工艺	原油黏度/MPa·s	举升扬程/m	排量范围/(m^3/d)	装机功率/kW	单井年耗电/万度	一次性投入/万元
刘官庄油田	4000~12300	950~1750	10.5	-	-	-
有杆泵+电加热工艺	≤10000	≤2400	1~50	185	35	82
地面驱动螺杆泵	≤5000	≤1800	1~200	24	6.5	48
电动潜油离心泵	≤10000	≤3000	≥30	45	20	56
同心双管水力喷射泵	≤30000	≤1800	5-200	-	15.6	58
电动潜油螺杆泵	≤20000	≤3300	1-80	15	4.2	51.2

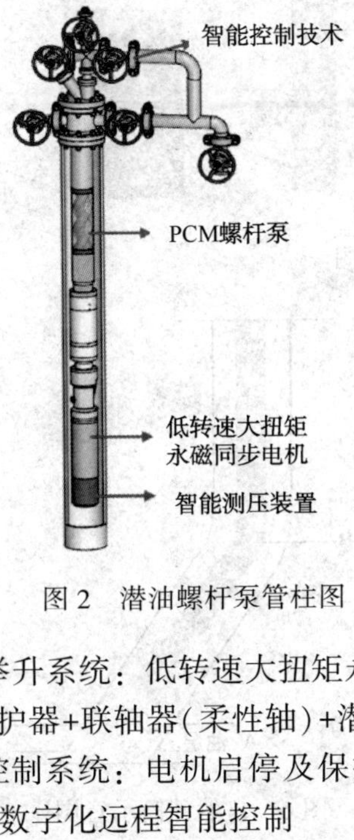

图 2 潜油螺杆泵管柱图

井筒举升系统：低转速大扭矩永磁同步电机(图 3)+保护器+联轴器(柔性轴)+潜油螺杆泵

地面控制系统：电机启停及保护+系统运行状态监测+数字化远程智能控制

2.1.1 配套低转速大扭矩永磁同步电机

运行功率低：额定功率：11~15kW，运行功率4.2kW；机组温升仅为异步电机20%，适应低液量井生产，如表 7 所示。

输出扭矩高：启动扭矩达到额定扭矩的 2.5 倍，满足高粘稠油井正常启动。

运转速度低：输出转速由 3000rpm 降为 250rpm，取消减速器，避免故障点。

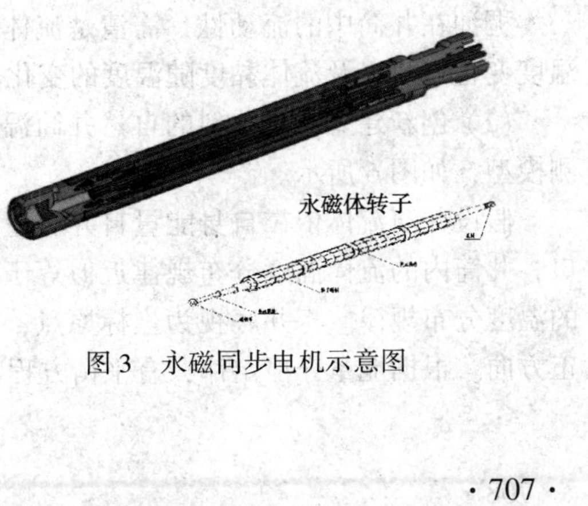

图 3 永磁同步电机示意图

表 7 永磁同步电机技术参数表

输入电压/V	额定功率/kW	级数	转速/(r/min)	额定工作扭矩/(N·m)	额定电流/A	额定工作温度/℃	长度/m	电机外径/mm
380	11、15	10	60-250	150-570	9-34	H 级 180	2.6-8.2	114

2.1.2 优选配套高性能法国 PCM 螺杆泵

(1) 举升扬程高：最高扬程 3300m，高于国内的 1800m，适应深泵挂油井举升。

(2) 定子橡胶稳定性好：定子橡胶耐溶胀性、硬度、耐磨等性能优于国内，具有更好的可靠性。

(3) 多种橡胶类型配套：配套丁腈、软腈、碳氟腈等定子橡胶材质，适应更多类型油井生产工况，如图 4 所示。

2.1.3 配套智能测压及远程控制技术

(1) 井筒测压装置应用率达到 100%，实时监测泵吸入口压力及温度。

(2) 数据实时传输及远程调参。

(3) 过电流保护及智能启停，如图 5 所示。

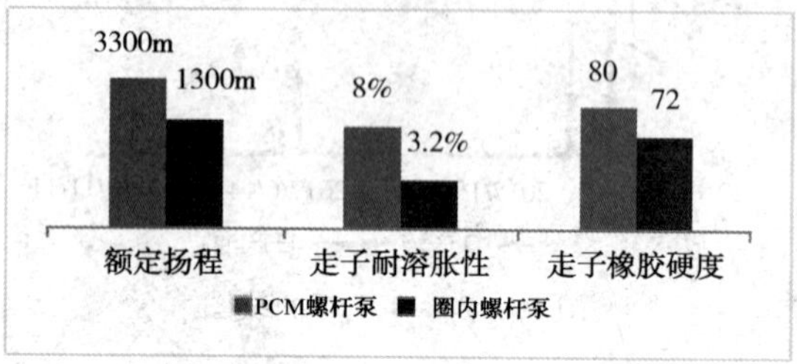

图 4 与国内螺杆泵技术性能对比图

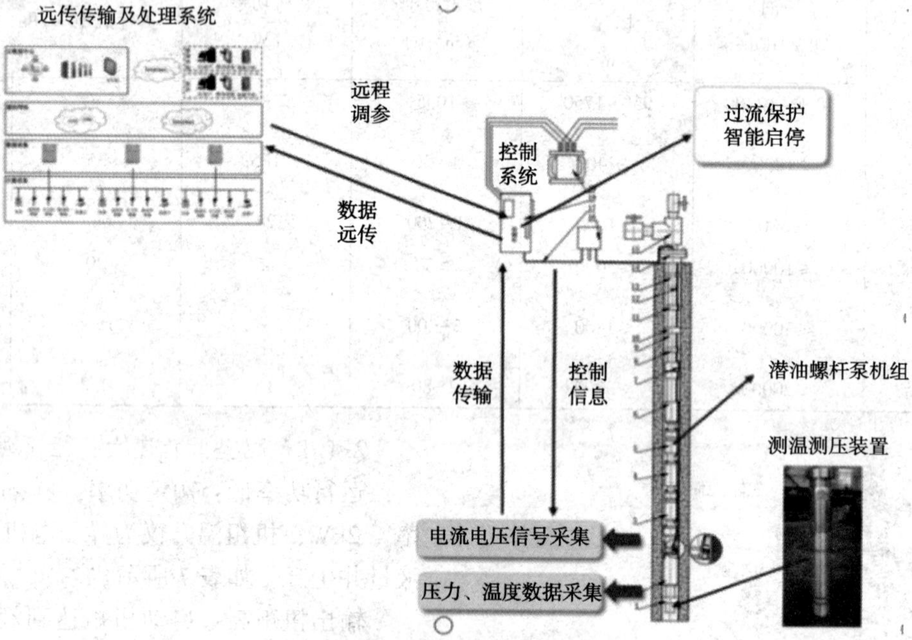

图 5 智能测压及远程控制技术示意图

2.2 应用研究

2.2.1 井筒温度场预测分析

稠油在井筒中的流动性，需清楚流体沿井筒温度变化规律以及流体黏度随温度的变化规律。

(1) 创新建立考虑井斜的自然井筒温度场预测模型，如图 6 所示。

假设井筒流体依靠自身能量自井底上升至井口，井筒内的流体温度分布规律近似等于自喷井的温度分布规律。将井底视为坐标原点，向上为正方向。根据能量守恒定律，有平衡方程：

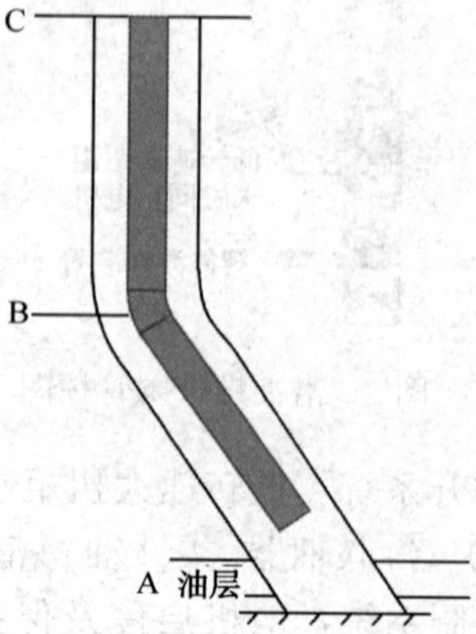

图 6 自然井筒示意图

$$-W_e dt = K_{AC}(t - t_e)dH$$

式中　W_e——生产液水当量，单位 W/℃；

K_{AC}——AC 段的总导热系数，单位 W/(m·℃)；

t_e——沿井筒地层温度，单位℃。

$$W_e = (C_o(1-B) + C_w B)G_o$$

式中　C_o——原油比热，单位 J/(kg·℃)；

C_w——水的比热，单位 J/(kg·℃)；

G_o——质量流量，单位 kg/s；

B——含水率。

① AB 斜井段温度场模型

$$t_{AB} = t_A - cos\varphi \cdot m\left(\frac{H_A - H_B}{cos\varphi} + H_B - H\right) + \frac{cos\varphi \cdot m W_e}{K_{AB}}\left(1 - e^{\frac{-\left(\frac{H_A - H_B}{cos\varphi} + H_B - H\right)K_{AB}}{W_e}}\right)$$

② BC 直井段温度场模型，如图 7 所示。

$$t_{BC} = t_B - m(H_B - H) + \frac{m W_e}{K_{BC}}\left(1 - e^{\frac{-(H_B - H)K_{BC}}{W_e}}\right)$$

（2）考虑电机散热井筒温度场预测模型，如图 7。

① 当井段位于斜井段 AD 时

油层中深和地温梯度都需要修正，此时的井筒流体温度：

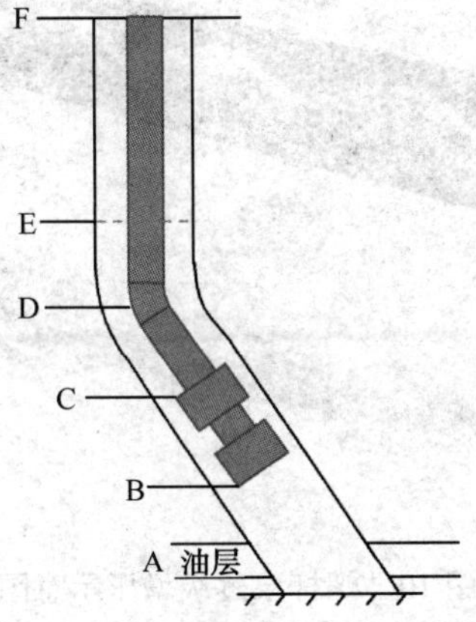

图 7　电潜螺杆泵管柱图

$$t_9 = t_A - m_1(H_{A1} - H) + \frac{m_1 W_e}{K_{AD}}\left(1 - e^{\frac{-(H_{A1} - H)K_{AD}}{W_e}}\right)$$

式中：H_{A1} 是修正的油层实际斜深。$H_{A1} = \frac{H_A - H_D}{cos\varphi} + H_D$，$H_D$ 为造斜点深度，φ 为井斜角；K_{AD} 为斜井段 AD 的总导热系数，单位 W/(m·℃)；$m_1 = cos\varphi \cdot m$ 为修正的低温梯度，单位℃/m。即：

$$t_{AD} = t_A - cos\varphi \cdot m\left(\frac{H_A - H_D}{cos\varphi} + H_D - H\right) + \frac{cos\varphi \cdot m W_e}{K_{AD}}\left(1 - e^{\frac{-\left(\frac{H_A - H_D}{cos\varphi} + H_D - H\right)K_{AD}}{W_e}}\right)$$

② 当井段位于直井段 DF 时，井筒流体温度：

$$t_{DF} = t_D - m(H_D - H) + \frac{m W_e}{K_{DF}}\left(1 - e^{\frac{-(H_D - H)K_{DF}}{W_e}}\right)$$

式中：K_{DF} 为斜井段 DF 的总导热系数，单位 W/(m·℃)。

当下入电动潜油螺杆泵时，需要考虑电机、电缆等发热对流体温度的影响，主要分为以下四个部分进行计算：

（3）井底到电机底部 AB 段

井底到电机底部段的温度分布近似于常规开采井的温度分布，由上可知，电机底部温度为：

$$t_{AB} = t_A - m_1(H_{A1} - H) + \frac{m_1 W_e}{K_{AB}}\left(1 - e^{\frac{-(H_{A1} - H)K_{AB}}{W_e}}\right)$$

（4）电机至泵出口 BC 段

此处将电机段视为一个点热源。电机至泵出口段包括电机段增温和小扁电缆段增温，假设设备损耗功率完全用于流体温升。

同步电机产生的流体温升：

$$\Delta T_1 = \frac{P_N(1-\eta)}{W_e}$$

式中　P_N——输入功率，单位 W；

η——电机效率。

小扁电缆产生的流体温升：

$$\Delta T_2 = \frac{3L_{小} I^2 R}{W_e}$$

式中　$L_{小}$——小扁电缆的长度，单位 m；

R——单根单位长度电缆的电阻，单位 Ω；

I——输入电流，单位 A。

综上，泵出口温度为：

$$t_C = t_B + \Delta T_1 + \Delta T_2$$

式中　H_C——泵挂深度，单位 m。

（5）泵出口至造斜点 CD 段

泵出口至动液面段需要考虑大扁电缆的散热影响，此时井筒流体的热量平衡方程为：

$$-W_e dt + q_L dH = K_{CD}(t - t_e)dH$$

式中　q_L 为单位长度大扁电缆发热量，单位 W/m；其中 $t_e = t_{ep} - cos\varphi \cdot m(H_C - H)$，$t_{ep}$ 为泵出口的地层温度，H_C 为泵挂深度，单位 m。

整理得：

$$t_{CD}=\left[\left(t_C-t_{ep}-\frac{q_L}{K_{CD}}\right)-\frac{m_1W_e}{K_{CD}}\right]e^{-\frac{K_{CD}(H_C-H)}{W_e}}+\left(t_{ep}+\frac{q_L}{K_{CD}}-m_1(H_C-H)\right)+\frac{m_1W_e}{K_{CD}}$$

（6）造斜点至动液面段 DE 段

动液面至井口段环空介质主要是气体，此时总导热系数 K 会发生变化，整理公式得：

$$t_{DE}=\left[\left(t_D-t_{et}-\frac{q_L}{K_{DE}}\right)-\frac{mW_e}{K_{DE}}\right]e^{-\frac{K_{DE}(H_D-H)}{W_e}}+\left(t_{et}+\frac{q_L}{K_{DE}}-m(H_D-H)\right)+\frac{mW_e}{K_{DE}}$$

式中　t_{et}——造斜点处地层温度；

H_D——造斜点深度，单位 m。

（7）动液面至井口 EF 段

动液面至井口段环空介质主要是气体，此时总导热系数 K 会发生变化，整理公式得：

$$t_{EF}=\left[\left(t_E-t_{el}-\frac{q_L}{K_{EF}}\right)-\frac{mW_e}{K_{EF}}\right]e^{-\frac{K_{DE}(H_E-H)}{W_e}}+\left(t_{el}+\frac{q_L}{K_{EF}}-m(H_E-H)\right)+\frac{mW_e}{K_{EF}}$$

式中　t_{el}——动液面处地层温度；

H_E——动液面深度，单位 m。

（8）刘官庄油田典型井温度场预测

电机散热温升最大可达 17℃，井口温度提高 3.5℃，可降低高黏流体进泵阻力、改善井筒流动；

温度场预测为流体黏度沿井筒分布规律分析提供了理论依据，如图 8 所示。

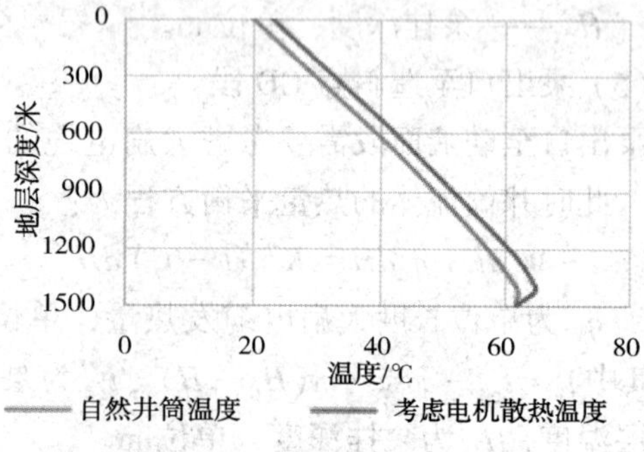

图 8　刘 7-9 井筒温度场预测曲线图

2.2.2　黏温曲线分析

刘 7-9 井反常点 35℃，温度高于反常点，稠油呈牛顿流体特性，温度低于反常点时，稠油呈现非牛顿流体特性；反常点的确定为选用流体阻力计算模型提供了依据，如图 9 所示。

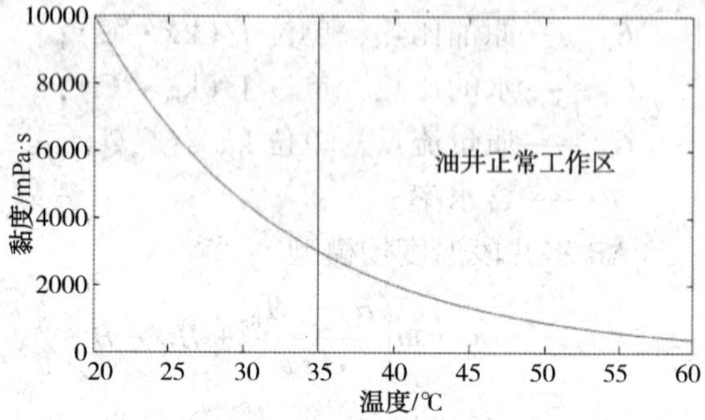

图 9　刘 7-9 黏温曲线图

2.2.3　井筒流动能力分析

多个密闭腔室挤压式逐级增压，单级扬程达到 0.5m，最高举升扬程达到 3300m，实现对高黏流体高扬程举升，如图 10 所示；

螺杆泵剪切稀化作用，改善稠油井筒流动性；

连续旋转工作，建立了流体稳定流动场。

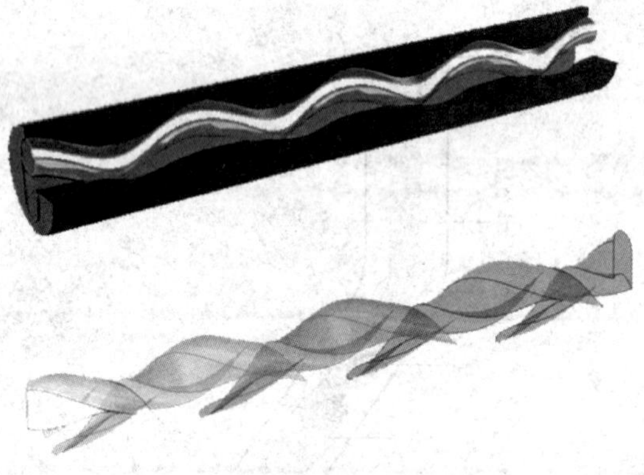

图 10　螺杆泵逐级增压示意图

2.2.4　井筒摩阻模型建立及计算

（1）考虑温度场的井筒摩阻模型

由于稠油物性在不同温度下的差异性，使得稠油垂直井筒的摩阻计算值与实际情况差异很大。因此根据稠油温度场的分析，对稠油的流态和流变性进行划分，同时依据大港油田稠油的黏温关系，分别进行摩阻计算。降低有效扬程的计算误差，对螺杆泵选型做出一定的指导。

不考虑出现湍流的情况。由非牛顿流体力学知识可知，宾汉流体圆管结构流单位长度的水力压降公式为：

$$i = \frac{32\mu_p v}{\gamma D^2} + \frac{16\tau_o}{3\gamma D}$$

所以，摩阻计算公式为：

$$h_f = \frac{32\mu_p v}{\gamma D^2}(H_x - H) + \frac{16\tau_x}{3\gamma D}(H_x - H)$$

式中　h_f——沿程损失，单位 m；

v——平均流速，单位 m/s；

γ——重度，$\gamma = \rho g$；

μ_p——塑性黏度，单位 Pa·s；

D——油管直径，单位 m；

τ_x——稠油屈服值，单位 Pa。

其中，方程右端第一项表示牛顿流体做层流运动时，由黏性阻力引起的水力压降，此时 $\tau_x = 0$；第二项表示宾汉流体在结构流状态时，由于稠油内部网状结构的出现而产生的水力压降。

① 稠油呈现牛顿流体状态

当温度高于反常点时，稠油呈现牛顿流体特征，此时 $\tau_x = 0$。但随着稠油在举升过程中自身温度的不断下降，其黏度逐渐增加。其关系式如下：

$$\mu = \mu_o e^{-a(t-t_o)}$$

代入摩阻计算公式，整理得：

$$h_f = \frac{32v\mu_o}{\gamma d^2}\int_0^{H_x} e^{-a(t-t_o)}\,dH$$

式中　a——黏温指数，原油取 0.06~0.10；

μ_o——温度是 t_o 的稠油黏度；流体温度 t 是关于深度 H（当处于斜井段时，H 为修正后的实际斜深）的温度场函数。

② 稠油呈现宾汉流体状态

当温度低于反常点时，稠油呈现宾汉流体特征，此时 $\tau_x \neq 0$。同时屈服值 τ_x 随塑性黏度的增大而逐渐上升，对试验数据进行拟合得：

$$\tau_o = 0.3091\ln\mu_p + 0.6536$$

整理得：

$$\frac{16\tau_x(H_x - H)}{3\gamma d} = \frac{16}{3\gamma d}\int_0^{H1}\{0.3091[\ln\mu_o - a(t - t_o)] + 0.6536\}\,dH$$

导入摩阻公式，整理得：

$$h_f = \frac{32v\mu_o}{\gamma d^2}\int_0^{H_x} e^{-a(t-t_o)}\,dH + \frac{16}{3\gamma d}\int_0^{H1}\{-0.3091a(t - t_o) + C\}\,dH$$

式中　C 为常数，$C = 0.3091 ln\mu_o + 0.6536$。

（2）模型实例计算：刘 7-9 井

2.2.5　关键设备选型

（1）螺杆泵优选

通过摩阻计算软件（图 11）计算摩阻（表 8）。

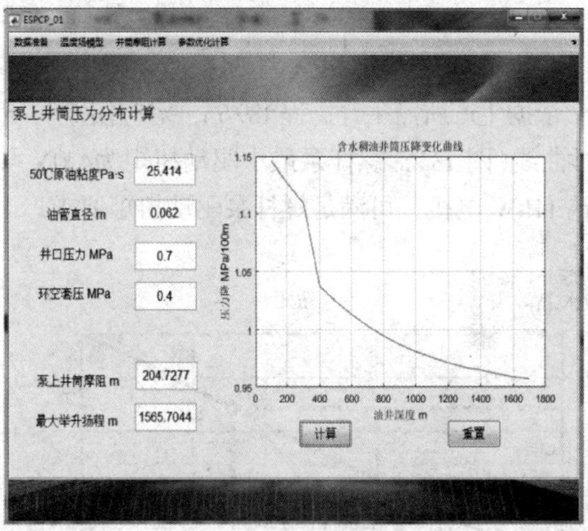

图 11　摩阻计算软件图

表 8　摩阻计算表

油管规格		油井设计及生产参数						井筒摩阻/MPa	生产所需举升扬程/m
油管外径/mm	油管内径/mm	泵挂深度/m	动液面/m	日产量/(m^3/d)	含水量/%	原油黏度 50℃/MPa·s	井下温度/℃		
73	62	1380	1000	6	10	10918	60	13	1897

表 9　刘 7-9 井螺杆泵选型表

螺杆泵型号	性能参数				定子		转子	
	理论排量/(m^3/d)	额定压力/MPa	单极扬程/MPa	级数	外径/mm	长度/m	总长度/m	最大外径/mm
13E2600	13	26	0.48	57	80	6.96	7.44	44

依据生产所需举升扬程 1897m，及产液量 10m³/d，优选 13E2600 型号螺杆泵，如表 9 和图 10，通过特性曲线校核，该型号可满足刘 7-9 井生产需求。

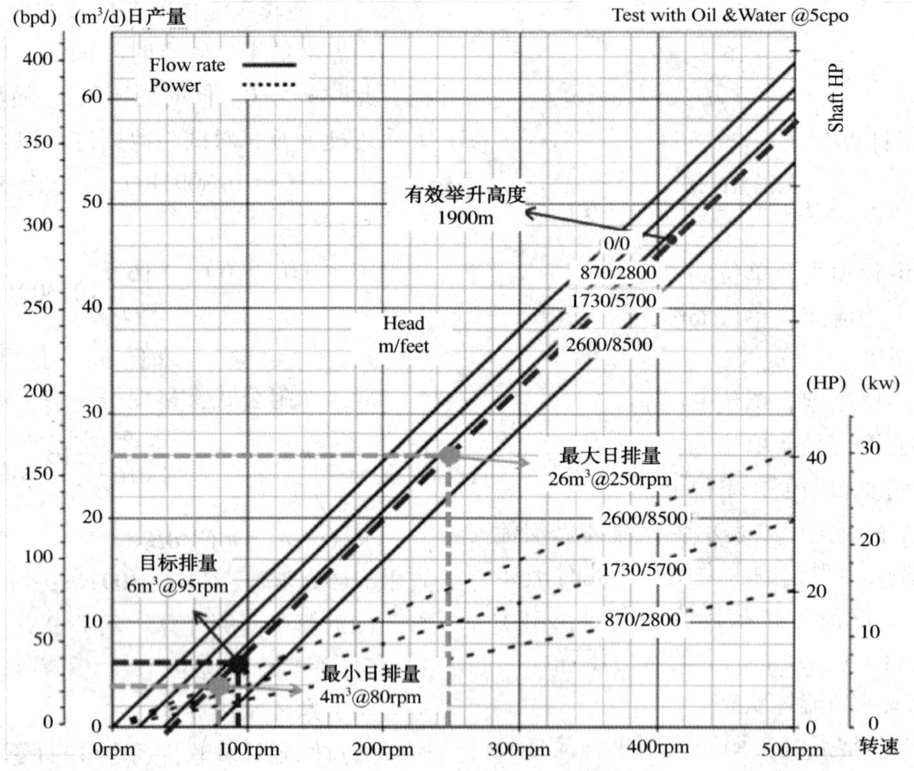

图 12 13E2600 螺杆泵特性曲线

(2) 永磁同步电机选型

依据生产所需举升扬程 1897m，对应扭矩与压力特性曲线(图 13)，螺杆泵最小驱动扭矩为420N·m，优选 11kW 电机，可满足螺杆泵驱动扭矩要求。

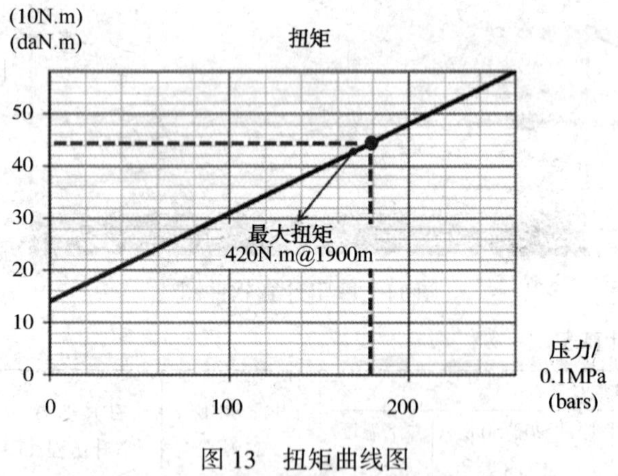

图 13 扭矩曲线图

表 10 永磁电机参数表

电机型号	输入电压/Vac	功率/kW	额定转速/rpm	额定扭矩/(N·m)	耐温等级/℃
PMMLIFT-M-11	380	11	250	420	H 级 180

3 应用效果评价

3.1 替代有杆泵电加热工艺，实现无辅助降粘冷采，大幅度降低生产成本

实施 51 口井，日产油由 2.58t 提高至 3.53t，累计增油 7165t；

装机功率、运行功率分别只为有杆泵电加热的 9.4%、7.8%，节电率 90.2%，百米吨液耗电由 13.5 降至 0.7，累计节电 790 万度、646 万元；

一次性投入降低 1500 万元；基本实现了油井长效生产，最长生产周期 605d。

3.2 有效盘活刘官庄、埕隆 1601、官 992 等稠油区块难采储量 446×10^4t

表 11 稠油难采区块表

开发单元	地质储量/10^4t	总井数口	开井数口	平均单井日产/t	总日产/t	采油速度/%
刘官庄	150	16	16	2.67	45.47	1.1
埕隆1601	110	2	2	2.12	4.24	0.1
沈家铺	186	7	7	7.1	49.7	0.97

3.3 拓展应用领域，规模替代常规有杆泵举升工艺，支撑井丛场大斜度复杂工况井高效生产

建成港西 1 号大港陆上油田有史以来最大无杆泵举升井丛场，四个井丛场应用 36 口井，最长生产周期 506d，如表 12 和图 14。

节电率 65.3%，百米吨液耗电 0.5kW·h/100。

应用最大井斜 84.4°、全角变化率 6.79°/30m，泵深 1482m。

表 12 井丛场应用情况统计表

井丛场	井数口	最大井斜角°	最大全角变化率°/30	日产液/(m^3/d)	日产油/(t/d)	百米吨液耗电	节电率/%	日耗电量/(kW·h)	最长生产周期/d
港西 1 号	18	49.42	4.36	10.6	5.6	0.85	74	51	85+
羊三木 2 号、3 号	6	84.4	6.79	14.4	5.4	0.26	64	61	338+

图 14 港西 1 号井丛场现场图

3.4 经济及社会效益

投入产出比 1：2.13，投资回收期 153d；节省电费 790 万度，累计减少碳排放量 6200t。

实现远程智能控制，大幅度减少人工调参复杂劳动工作量。

无油气泄漏点，低噪音，安全环保优势明显。

4 应用前景分析

4.1 技术适应条件

可适应 121.4mm 小直径套管生产；可满足泵挂深度 3300m 稠油井生产；可实现以井丛场为代表的大斜度复杂工况井无杆泵举升(表 13)。

表 13 技术适应条件表

套管内通径/mm	举升扬程/m	排液范围/(m^3/d)	含砂量/%	井液黏度/MPa·s	井 温/℃	井眼轨迹	
						最大井斜/(°)	最大全角变化率/(°)30m
≥121.4	≤3300	≤80	≤2	≤20000	≤120	≤90	≤5

4.2 推广应用前景

4.2.1 打造以刘官庄油田为代表的稠油冷采应用示范，实现稠油难采动用储量效益开发

（1）新建产能：$10×10^4$t；

（2）生产井数：40 口井；

（3）预期效果：年节省电费 1040 万元，节省一次性投入 1500 万元。

4.2.2 枣园、孔店、羊三木等油田规模推广应用

（1）生产井数：60 口井；

（2）预期效果：年节省电费 1560 万元，节省一次性投入 2100 万元。

5 结论及建议

（1）在稠油难采区块推广应用取得了“提质增效、降本降耗”的突出成效，为稠油难采区块的规模效益动用以及复杂井况油井的工艺技术配套提供了新的有效技术途径。

（2）电动潜油螺杆泵已成为大港油田主体举升技术，可在井丛场、环境敏感区域及复杂地貌等进一步规模推广应用。

参 考 文 献

[1] 张勇，邢金生，王长在，等．大港油区稠油井开采工艺现状及发展趋向[J]．特种油气藏，2005，(6)：3-7.

[2] 张大德．大港油田开发若干问题的回顾与思考[M]．北京：石油工业出版社，2002.

[3] 吕斌．潜油直驱螺杆泵采油技术研究[D]．西安石油大学，2015.

[4] Junguo Cui，Electric Submersible Progressing Cavity Pump Driven by Low-Speed Permanent Magnet Synchronous Motor，SPE184228-MS.

[5] 马加尚．潜油直驱螺杆泵采油系统参数优化与故障诊断[D]．西安石油大学，2014.

[6] 韩修廷．螺杆泵采油原理及应用[M]．哈尔滨：哈尔滨工业大学出版社，1998.

[7] 潜油电泵选井原则及选泵设计方法．中华人民共和国石油天然气行业标准．SY/T 5904-2004．

[8] 袁恩熙．工程流体力学[M]．北京：石油工业出版社，2005.

[9] 徐辅仁．关于液压油动力黏度 μp，t 的计算．机床与液压．1990. 39-40

[10] 赵桂菊．稠油井潜油电泵选泵技术研究[D]．石油大学(北京) 中国石油大学(北京)，2002.
[11] 刘玉国．稠油潜油电泵工作寿命影响因素分析及治理[J]．石油钻采工艺，2014，36(4)：75-78.
[12] 严亚忠，李颖，李俊华等．电动潜油螺杆泵用于稠油大斜度定向井的讨论[J]．石油机械，2003，31(3)：49-51.
[13] 张连山．国外螺杆泵采油系统的现状与发展[J]．国外石油机械，1997(1)：27-34.
[14] 王世杰，吕彬彬，李勤．潜油螺杆泵采油系统设计与应用技术分析[J]．沈阳工业大学学报，2005，27(2).
[15] 李玲芳，王改良，李继康．国外电动潜油螺杆泵的应用[J]．国外石油机械，1998(6)：30-34.
[16] 韩胜华，刘利梅，秦守栋等．电动潜油螺杆泵技术及应用[J]．油气田地面工程，2009，28(4)：41-41.
[17] Beggs D H，Brill J P. A Study of Two-Phase Flow in Inclined Pipes[J]. JPT，1973，(03)，607-617.
[18] Waluyo J，Hermawan A，Indarto. Development of two-phase pipeline hydraulic analysis model based on Beggs-Brill correlation[J]. 2016.
[19] 赵桂菊．抽稠油潜油泵采油工艺技术[C]//第八次渤海湾浅 . 2003.
[20] 王伟，檀朝东，闫学峰．稠油井生产井筒压降梯度特点分析[J]．复杂油气藏，2012，5(2)：71-75.
[21] Mach ProanoE，Brown K E. A Nodal Approach for Applying System Analysis ti the Flowing and Artificial Lift Oil or Gas Wells[J]. SPE8025，1976，67-69.
[22] 吴晓东，陈德春，薛建泉等．地面驱动螺杆泵井节点系统优化设计技术[J]．中国石油大学学报：自然科学版，1999，23(5)：49-52.

低渗透油藏大斜度井精细注水技术研究与应用

王金忠 张建忠 刘 京 张 霞 付 军

（中国石油冀东油田公司）

摘 要 注水是油田稳产和实现可持续发展的关键，冀东油田低渗透储量存在埋藏深（3300～4400m）、井斜大（30°～65°）、温度高（120～160℃）、物性差（渗透率 1.0～47.5×10mD）、注水启动压力高（27.3～34.6MPa），水敏性强、注水水质不达标等因素导致高压欠注凸显。针对制约低渗透油藏注水开发关键技术问题，通过优化地面增压工艺，注水压力由30MPa提高至45MPa，解决了注不上水的难题；通过研制逐级坐封、逐级验封、逐级解封、遇卡逐级丢手分段打捞的大斜度井分注管柱及大斜度井高温高压注水封隔器、逐级解封丢手接头等系列工具，形成了高温高压长效密封和安全起出的大斜度井分注工艺；通过研制桥式同心水量连续可调配水器和桥式偏心配水器等配水装置及仪器，形成了深层大斜度井高效测调技术；提出了以成垢离子为控制指标之一的注水水质标准，研发了低渗透油藏减阻增注剂和撬装式在线加药装置，形成了在线减阻增注技术。现场成功应用520井次，最高分注段数5级5段，累计增注 $128.2\times10^4m^3$，累计增油 28.55×10^4t，自然递减下降3.2%，动用程度提高5.8%，实现低渗透油藏注上水、注够水、注好水、精细注水的目标。

关键词 低渗透；分注管柱；精细注水；注水水质；减阻增注

国内深层低渗透油藏主要分布在大港、华北、胜利、中原、冀东等油田，增压注水大多采用笼统注水，较少分注，常规成熟分注技术只能适应30MPa以内，井斜45°以内分注要求。对低渗透油藏减阻增注、注水水质指标尤其注入水中成垢离子未开展系统研究，仅开展了部分矿场试验。冀东油田低渗透储量丰富，储层物性差（渗透率 1.0～47.5mD）、埋藏深（3300～4400m）、温度高（120～160℃）、启动压力高（27.3～34.6MPa）、井斜大（30°～65°，40°以上占50%），水敏性强、回注污水不达标等因素导致注水困难，造成水驱储量动用程度低，产量递减快，严重制约了低渗透油藏高效注水开发。主要存在以下瓶颈问题：低渗透油藏注水启动压力高，地面注水管网30MPa压力等级低，注上水难度大；成熟分注技术在深层大斜度井存在投捞测配成功率低、水量调配困难，管柱密封不严、寿命短、起下困难等问题，无法满足深层大斜度井细分注水的需要；低渗透油藏渗透率低、喉道半径小、渗流阻力大，注够水难度大；回注污水与储层不配伍，敏感性强，成垢离子含量高，结垢严重，注好水难度大。针对低渗透油藏大斜度井注水开发过程中存在的技术难点，开展了低渗透油藏大斜度井精细注水技术攻关。

1 大斜度井高温高压分注技术

优化地面增压注水工艺，有效提高注水压力，实现了低渗透油藏注上水、精细注水。针对低渗透油藏多层开发笼统注水动用程度低的问题，开发了高温高压注水管柱及配套工具，发明了水量连续调配器等分层配水装置，形成大斜度井高温高压分注工艺及精确调配技术，为大斜度井可靠分层、高效测调提供技术支撑。

1.1 地面增压注水技术：

通过低渗透油藏欠注原因及增压注水机理研究，明确了储层启动压力高（27.3～34.6MPa）是低渗透油藏注不进水的根本原因，确定了注水压力控制范围（30.16～47.88MPa）。在已有30MPa管网的基础上，优化设计为柱塞泵与离心泵二级增压，井口注水压力提升至45MPa，解决了高压注水井注不上水的技术难题。

1.2 大斜度井高温高压分层注水技术

针对深层低渗透油藏多层系注水开发的需要，开发了3种大斜度井高压增注管柱及配套工具。

针对大斜度井分注管柱及工具下入成功率低，设计了螺旋扶正和防撞保护下入工具；针对封隔器密封不严，设计了端部过盈保护，优选氟橡胶及二级注入模压工艺，提高耐温耐压指标；针对管柱有效期短，研发了组合密封的长行程伸缩补偿器，消除管柱蠕动；针对起出困难，研发了逐级解封封隔器、解封丢手接头等工具，实现逐级解卡、遇卡逐级丢手分段打捞，降低管柱负荷，减少大修率。该技术有保护套管、双向锚定补偿、长效密封、逐级解卡等特点，笼统增注提高至5段高压分注，突破了国内只能笼统增注的界限。现场应用最大深度4200m、验封合格率98.3%，小修成功率由70%提高至98%，工作寿命由1年延长到2年。

1.3 深层大斜度井高效测调技术

针对分注段数≤3段，研发了桥式偏心定量配水技术，提高投捞成功率和测配合格率。研制了大斜度井双导向桥式偏心配水器，提高大斜度井投捞导向可靠性和成功率；研制定量配水堵塞器，减少测配中投捞工作量，提高配注合格率；研制滚轮投捞减阻器，减小大斜度井投捞器下行阻力，提高投捞成功率。实施规模应用，最高段数5级5段，最大井斜58.82°，投捞成功率93%，配注合格率81.8%。

针对分段数≥3段，偏心投捞效率低的问题，发明了桥式同心连续可调配水器。该技术采用机电一体化原理，一次起下仪器完成全部配水器的测试调配，测调效率提升3倍。针对高压差下测调扭矩大，创新偏心阀设计，大齿轮带动小齿轮，实现40MPa压差下调节扭矩从20N·m降至5N·m；阀嘴配合面积小，漏失降低，流量测试范围3~50m^3/d，精度5%以内；针对地层压力波动，创新恒流阀设计，通过调节阀前和阀后压差实现流量稳定，提高分注合格率。实施规模应用，最高分段数5段，最大井斜62.08°，测调成功率97%，合格率90.3%。

1.4 主要技术指标

根据大斜度井高温高压分注技术指标(见表1)，制定了分注技术选井标准和技术规范。针对井斜≤45°、分注段≤3，应用桥式偏心定量配水技术；针对井斜≤60°或分注段≥3，应用桥式同心连续可调配水技术。

表1 大斜度井高温高压分注技术指标

名称	工作温度/℃	工作压力/MPa	解封力/kN	分注段数	适应井斜/°	投捞方式	水嘴调节数据录取	验封方式	洗井排量/(m^3/h)
笼统高压增注	135/150	35/50	60~100	/	≤90°	/	/	打压验封	/
偏心高压分注	135/150	35/50	100~120	5	≤45°	钢丝投捞	多次投捞	一次一级	30
同心高压分注	135/150	35/50	100~120	5	≤60°	电缆测调	电动、直读	一次所有	30

2 低渗透油藏注水井在线减阻增注技术

针对储层渗透率差、连通喉道细小、渗流阻力大的特点，导致化学减阻增注难度大、措施有效率低。通过研制注水井活性增注剂和撬装式在线注入装置，形成了低渗透油藏在线化学减阻增注技术，满足了低渗透油藏减阻增注技术的需求。

2.1 化学减阻增注技术

研发了双子表面活性增注剂，由阳离子头基-连接基-阳离子头基连接，吸附岩石表面形成纳米级分子膜(分子量2000~3000)，将油水界面张力降低至10^{-4}mN/m，降低注水摩阻和毛管阻力。疏水基朝外，改变岩石表面润湿性(强亲水转变为弱亲水)，降低固液粘滞阻力。

活性增注剂处理后岩心薄片表面的SEM图像表明，处理后岩心薄片表面有明显的吸附现象，密集地吸附了一层分子膜，且分子膜在个别地方有明显的堆积，岩心薄片表面具有了微纳米级的粗糙度。

岩心流动实验验证了活性增注剂具有较好的减阻效果，经活性增注剂处理后岩心的水相渗透率有不同程度的提高。随着流量的增大，压力下降越明显。

耐冲刷能力实验表明，活性增注剂有较强的吸附强度，能保证长期有效注水。

2.2 在线注入工艺及配套装置

通过在地面注水流程加装在线注入装置，注水井在不停注的情况下将活性增注剂周期性按比例注入减阻增注剂，在线稀释并注入地层，实时监测注入参数。施工作业不需要体积庞大储液罐配制溶液，作业程序简化，作业风险降低。

2.3 优化施工工艺

通过对比不同段塞组合增注效果和焖井时间优化实验，确定酸化解堵后配合表面活性剂大排量(1.0m^3/min)段塞式挤注，焖井12h后注水并配合在线注入表面活性剂效果最好。规模实施在线减阻增注技术后平均注水压力下降9.4MPa，增注有效期提升2倍，达到了降低注水压力、提高低渗透油藏的注水能力、提高水驱效率的目的。

3 低渗透注入水水质提升技术

针对回注污水与储层不配伍的问题，通过软件模拟与室内评价实验相结合，开展了水质控制指标优化研究，明确了注水过程中储层伤害类型，建立了低渗透储层注入水中悬浮物粒径与孔喉匹配关系，提出了以成垢离子作为控制指标之一的注水水质标准，形成了低渗透油藏水质提升技术。

根据悬浮颗粒沉积堵塞机理和水质指标优化实验，结合低渗透油藏孔喉特征，将渗透率小于50mD的储层细分为4级，确定了不同渗透率储层的水质指标（见表2）。针对渗透率10~50mD储层，建设了油田首座“5.1.1”级采出水处理站（含油量≤5mg/L、固体悬浮物含量≤1mg/L、粒径中值≤1μm），优化选择生化外排水作为供水水源，采用超滤膜过滤工艺，实现了联合站出口A1级水质100%达标；针对渗透率小于10mD储层，开展注清水试验，满足了不同渗透率储层分质分区注水要求。

针对成垢离子含量高造成注水井结垢问题，从结垢机理与结垢影响因素入手，开展了水中成垢离子的指标优化研究，以结垢指数SI<0.8为依据，最终确定 Ca^{2+} ≤5mg/L、Mg^{2+} ≤2mg/L。油田建设了首座软化水处理站，将成垢离子控制在指标内，结垢现象明显缓解。

表2 低渗透油藏水质水性综合指标

注入层平均空气渗透率/mD	悬浮固体含量/(mg/L)	悬浮物颗粒直径中值/μm	含油量/(mg/L)	SRB菌/(个/mL)	Ca^{2+}/(mg/L)	Mg^{2+}/(mg/L)
0~1	0.5	0.5	3	0	≤5	≤2
1~10	1	0.5	3	<10		
10~20	1	1	5	<10		
20~50	2	1	5	<10		

4 结论与建议

（1）优化了地面增压工艺，采用柱塞泵与离心泵二级增压，注水压力由30MPa提高至45MPa，解决了高压欠注问题。

（2）发明了水量连续调配器，一次起下仪器测试调配层段由1段提高至5段，井斜由35°提高至60°，测调成功率提高至97%，测调效率提高3倍以上。

（3）发明了注采管柱及使用方法，形成了逐级坐封、逐级验封、逐级解封、遇卡逐级丢手分段打捞的大斜度井分注技术，由笼统注水提高至5级5段分注。

（4）研发了大斜度井高温高压注水封隔器、逐级解封丢手接头等系列工具，形成了高温高压长效密封和安全起出技术，小修成功率由70%提高至98%，工作寿命由1年延长到2年。

（5）研发了注水井减阻增注剂和撬装式在线注入装置，形成了在线减阻增注工艺。提出了以成垢离子为控制指标之一的注水水质标准，形成了水质提升技术。

参 考 文 献

[1] 王金忠，肖国华，宋显民等．冀东油田分层防砂分层注水一体化技术研究[J]．石油机械，2010，38(11)：62-64.

[2] 肖国华，王金忠，王芳，等．增压注水工艺技术的研究与应用[J]．石油机械，2015，43(11)：114-118.

[3] 肖国华，王金忠，宋显民，等．滩海人工岛大位移斜井多级分注配套管柱研究[J]．石油机械，2011，39(11)：40-43.

[4] 王金忠，肖国华，耿海涛等．大斜度井多级分注工艺技术研究与应用[J]．石油机械．2014，42(8)：79-83.

[5] 肖国华，王玲玲，王芳，黄晓蒙等．高温高压油管锚定器的研制与应用[J]．石油机械．2016，44(4)：94-96.

[6] 肖国华，宋显民等．南堡油田大斜度井分注工艺技术研究与应用．石油机械．2010，38(3)：60-64.

[7] 王金忠．冀东油田注水井分层测试技术研究与应用[J]．石油机械，2015，(08)：114-118.

[8] 刘合，肖国华，孙福超，裴晓含，胡慧莉，耿海涛，李良川．新型大斜度井同心分层注水技术[J]．石油勘探与开发，2015，(04)：512-517.

[9] 刘京，刘彝，张霞，李翠霞，唐聪，吴训平．低渗透季胺盐双子表面活性剂在线增注工艺的应用[J]．西安石油大学学报(自然科学版)，2018(S1)：123-125.

[10] 张霞．高尚堡油田注入水水质标准实验研究[J]．中国石油和化工标准与质量，2012，(10)：234。

渤海油田小尺寸无缆智能分注技术研究与应用

陈　征　蓝　飞　张　乐　张志熊　宋　鑫

（中海石油(中国)有限公司天津分公司）

摘　要　渤海油田3.25″防砂内通径分注井占比约为25%，常规分注工艺测调时具有测调效率低、占用平台时间长、受井斜影响大等缺点，已无法满足渤海油田3.25″防砂内通径分注井的高效测调需求。针对以上问题，开展渤海油田3.25″高效无线智能测调技术研究，以压力波及流量波为媒介，实现地面远程控制井下水嘴连续开关、监测井下数据，单井测调时间缩短至1d，同时采用新型复合通讯协议，与传统单一通讯协议相比提高效率30%以上，该技术能够满足海上油田精细化注水需求，可为渤海油田3000×10⁴t持续稳产提供有力技术支持。

关键词　渤海油田；无线智能测调；测调效率；精细化注水；3000×10⁴t持续稳产

1　引言

2017年渤海油田提出3000×10⁴t持续稳产十年的奋斗目标，如何实现渤海油田进一步精细化注水成为摆在渤海人面前的难题。截至2019年1月底，渤海油田共有注水井785口，分注井743口，分注率超过90%。渤海油田分注井完井方式主要以先期防砂完井为主，按照防砂内通径可主要分为4.75″、4.00″、3.88″、3.25″防砂内通径分注井，其中3.25″防砂内通径分注井占比约为25%[1-3]。近年来，随着渤海油田的持续高效开发，渤海油田作业量激增，2018年渤海油田累计进行现场作业3084井次，占用平台共计31196t，日益紧张的作业窗口已经无法为常规分注工艺测调提供足够的作业窗口，亟需一种新型高效测调分注技术，尤其是3.25″防砂内通径分注井，其内通径相对较小，目前渤海油田还没有一种适用于3.25″防砂内通径分注井的智能高测调分注技术[4-10]。目前，渤海油田3.25″防砂内通径分注井主要采用同心分注工艺，该工艺测调时需钢丝作业配合，反复投捞配水器芯子，平均单井测调约4天/井次，测调效率偏低。针对上述问题，开发了一套适合海上油田3.25″防砂内通径分注井高效无缆智能测调技术，大幅提高测调效率，单井测调缩短至1天/井次，为渤海油田进一步提高注水开发指标提供技术支持。

2　技术组成及原理

3.25″高效无线智能测调技术主要由井下工艺管柱和地面控制系统两大部分组成。其中井下工艺管柱主要包括无线式压控配水器、分层密封工具等；地面控制系统主要包括注水阀、工控机、流量压力传感器、计算机等。该技术的基本原理为：地面设备通过规律性的改变井口油管内压力或流量的变化，来给井下配水器传送信号，井下配水器通过检测此种规律性的压力或流量波动，并将其转换为控制信号来控制测调水嘴，井下配水器通过调节水嘴的开关状态，使流入油层水的压力或流量呈现规律性变化，地面设备检测注水压力或流量的波动，最终实现井下数据向地面的传输，如图1所示。

3.25″高效无线智能测调技术测调无需钢丝或电缆作业配合，适用井斜、分注层段数不受限制，特别适用于海上油田大斜度井、水平井分层注水。通过调节压控配水器的水嘴大小可实现单层注水量的调整并对井下流量、压力等参数进行实时监测，为水井油藏分析提供数据支持。

3　3.25″高效无线智能测调技术参数

适用井斜：任意井斜；完井方式：套管完井或防砂完井；防砂密封筒内径：3.25in；单层最大注入量：400m³/d；压力工作范围：0～60MPa；温度工作范围：−25～150℃；适用最大井深：4000m；可适应渤海油田酸化、微压裂、调剖调驱等增产措施需求。

4　关键工具及技术

（1）无线式压控配水器

无线式压控配水器外径72mm，长度2380mm，最大内通径34mm，最大单层排量400m³/d，耐温150℃，耐压等级60MPa，为整个工艺的核心部分，主要结构包括水嘴流量调节

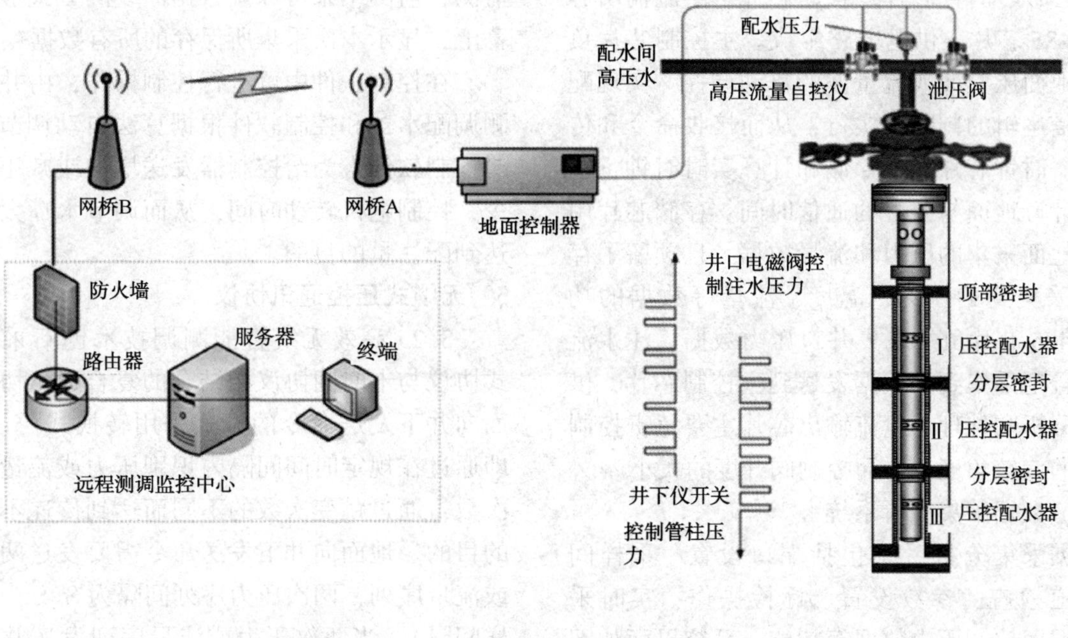

图1　3.25″高效无线智能测调技术系统构架

短节、嘴损流量测量、内外压检测、供电部分、电路控制系统、参数设置部分等，如图2所示。主要功能是对井下的油管压力、地层压力、温度及当前油层注水方量等数据的检测，再将数据以压力波动和流量波动的方式发回地面，同时可以实现封隔器的验封功能。

其中水嘴流量调节短节主要由电机、行程开关、霍尔元件、丝杠、阀芯等零部件组成，主要作用有实现压力波信号传输和流量调节两个方面。流量检测采用差压式流量计，通过计算内压值和孔板后压力的差值进行计算。在压差一定的情况下，流量检测可通过水嘴开度检测实现，流量测调精度与水嘴开度检测准确性有关。井下配水器选用霍尔传感器检测方式测量水嘴开度，出水口为滑动开启，水嘴当量直径大，可以满足$400m^3/d$的使用要求。无缆式压控配水器的验封短节包括内压传感器和外压传感器，内、外压传感器分别监测管内压力和地层压力，有着唤醒仪器的功能，内外压检测配合封隔器可以实现验封功能。电路控制系统主要是承载电路板，实现流量、管内压力、地层压力、温度等数据的读写功能，并可通过控制电机实现对编码水嘴和测调水嘴的控制，最终实现流量测调的目的。电路板供电分为两部分，一部分为1节给两电路板进行供电，一部分为8节给两电机进行供电，通过室内试验模拟计算，若每年测调4次，电池电量可保证使用3年以上。

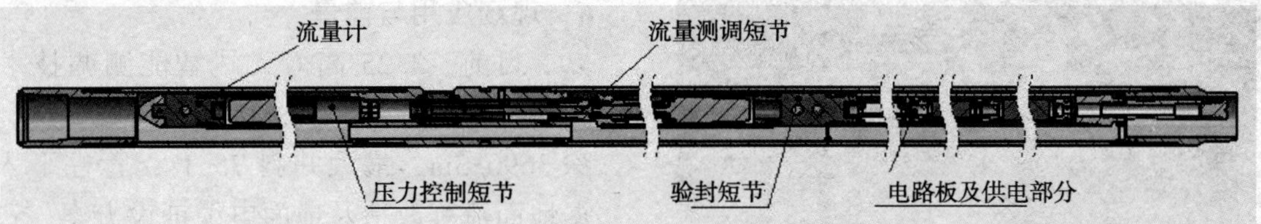

图2　无缆式压控配水器示意图

（2）地面控制器

地面控制器主要通过内部的可调电源给井下多参数遥控测调仪供电，可以调节地面通信电路编码信号的增益，控制器可与电脑通过USB通信口连接实现现场操控。地面控制器电源采用了开关电源，通过控制器上的可调电压旋钮调节供电电压，为井下多参数遥控测调仪提供电源。其表面有3个对外接口，用来分别接井下多参数遥控测调仪、USB接口和220V电源，控制器面板带有电压电流显示表，恒压恒流指示灯，解码监测灯、电压电流调节旋钮、电源开关、电源输出开关、增益调节按钮等。地面控制器电路主要由主控制芯片、时钟芯片、存储芯片、电流输出芯片、RS485 芯片、供电电路组成。主控制芯片负责控制地面压力波或流量波的自动调控，实现配水器通信逻辑的判断和实行，从而接收命令和传输数据。时钟芯片可以存储和计算实时时钟，主要用来计算地面与井下的通信时间。存储芯片用来存储地面采集的压力和流量数据，且预留了存储井下采集到的压力、温度、流量等数据的功能。RS485 芯片负责采集井口压力数据、注水流量，并且把采集到的数据发送到主控制芯片，供其进行分析和处理。电流输出芯片主要负责控制执行器的旋转角度，从而控制阀开度的大小。

（3）数据采集分析系统

数据采集分析系统包括端口设置、采样间隔、通道检查、参数设置、标检操作、实时采集、数据回放、历史数据等功能，系统界面如图 3 所示。数据采集分析系统主要功能如下：

① 可以对井下配水器读写压力温度刻度数据、读写流量刻度数据、读写采样间隔、读写实时时钟等数据。

② 可以向井下配水器发送控制命令，设置配水器按流量自动调节水嘴，设置配水器按压力自动调节水嘴，设置配水器自动调节水嘴时间间隔。

③ 可以读取并显示实时测井数据，发送与接收仪器的实时测井数据。

④ 能够读取和显示仪器各模块工作状态等其他信息。

⑤ 能够对多只仪器分别进行流量调整，可手动进行流量调整或是自动调整流量。

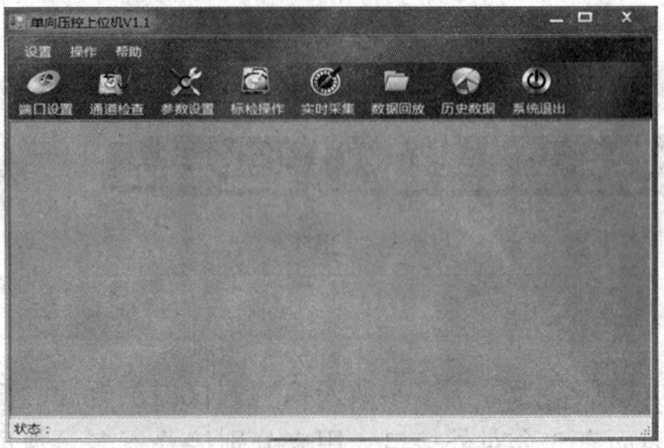

图 3　数据采集分析系统界面

控制软件通过地面控制器可与井下压控配水器进行双向压控通讯。电脑操作控制软件可对井下各个层位的压力、温度、流量数据进行直读和监测，监测结果可以用数据曲线的方式显示在屏幕上，显示本次采集所保存的所有数据点曲线。

在控制软件中可进行控制操作，由井下智能测调配水器和控制软件根据算法自动调节；手动时控制软件人为给控制器发送增加或减小流量指令，控制电机转动时间，从而调节水嘴大小实现达到配注量的目的。

5　无缆式压控通讯协议

3. 25″高效无线智能测调技术创新采用转换式协议与卡时间协议相结合的复合通讯协议。地面向井下发送命令的方式采用转换式协议实现，即通过在规定时间间隔内识别压力或流量的跳变次数，通过跳变次数的不同而达到传递不同指令的目的。地面向井下发送命令需要发送两次压力或流量序列，两次压力序列间隔为 S(S 为压控采样间隔)，当两次压力或流量序列发送并且仪器相应也执行完毕后，所有配水器打开水嘴，恢复正常工作状态，并等待下一次压力通信。井下向地面发送命令的方式采用卡时间协议，即信号编码由时间(编码时间间隔 N)决定，每一位数字都有 10 个编码时间间隔 N(分别为 0、1、2、3、4、5、6、7、8、9)，若某一间隔变为高，则这一间隔的次序代表这一位的数值。(如第 1 位为高表示 0，第 2 位为高表示 1。)，位数之间没有间隔，每一位发送完成后直接发送下一位，发送时高位在前。编码时有起始位(3N 长高电平)和结束位(3N 长高电平)，其中 N 可设置，设置间隔为 1min，默认值为 1min。

与常规无缆式分层注水相比，复合通讯协议的使用大幅提高测调效率，经对比计算测调、验封时间可缩短 30%以上。

6　现场应用与前景

目前，3. 25″高效无线智能测调技术已经在渤海油田实施 1 井次，该井分层数 2 层，最大井深 3690. 3m，最大井斜 75. 1°，管柱下入后，根据地面流程改造及地面电缆铺设方案，进行注水流程改造，将地面调制解调器焊接在注水管汇上，进行流程试压。试压合格后，进行电缆铺设，将地面调制解调器与中控室电脑相连，最后进行管柱在线验封和分层调配。3. 25″高效无线智能测调技术应用后可使注水井单井测试费用由 14 万元/次降至 0 元，单井测试时间由 4d 降至 1d，3 年管柱有效期内预计单井可节省费用 77 万元。2019~2020 年 3. 25″高效无线智能测调技术

将以渤海油田 3000×10^4t 持续稳产项目为依托，继续加大现场推广力度，全面应用后，预计可将渤海油田分注井测试率可提高至100%，预计采收率可提高1%~2%。

7 结论

（1）3.25″高效无线智能测调技术摆脱了钢丝或电缆测调作业，实现了井下分层数据监测、注水量在线直读验封，验封测调效率高，可降低测调成本。

（2）3.25″高效无线智能测调技术实现了远程操控，测调不占用平台作业空间，可为其他措施作业提供更多的作业窗口。

（3）3.25″高效无线智能测调技术所采用的复合通讯协议模式与常规无缆智能分注技术相比可提高测调、验封效率30%以上。

（4）3.25″高效无线智能测调技术在实现调配的同时，可获取分层流量及分层压力资料，在加强对储层认识、调整开发方案、优化措施挖潜、套损监测与预防等多个方面具有重要的指导意义，可为渤海油田 3000×10^4t 持续稳产提供有力技术支持，具有良好的应用前景。

参 考 文 献

[1] 赵敏．分层注水工艺在油田的实际应用[J]．中国石油和化工标准与质量，2014(12)：108.

[2] 王立．分层注水技术的发展前景[J]．石油仪器，2013(02)：57-61.

[3] 程心平，刘敏，罗昌华，等．海上油田同井注采技术开发与应用[J]．石油矿场机械，2010(10)：82-87.

[4] 郭雯霖，白健华，沈琼，等．渤海油田分层注水管柱防卡及洗井工艺[J]．石油机械，2013(09)：56-58.

[5] 罗昌华，程心平，刘敏，等．海上油田同心边测边调分层注水管柱研究及应用[J]．中国海上油气，2013(04)：46-48.

[6] 刘颖，刘友，李明平，等．斜井分层注水工艺研究与应用[J]．石油机械，2014(02)：84-87.

[7] 贾德利，赵常江，姚洪田，等．新型分层注水工艺高效测调技术的研究[J]．哈尔滨理工大学学报，2011(04)：90-94.

[8] 徐国民，苗丰裕．注水井高效测调技术的研究与应用[J]．科学技术与工程，2011(05)：958-963.

[9] 黄强，张立，郭鑫，等．分注井测试与调配联动技术的改进与应用[J]．内蒙古石油化工，2011(05)：87-89.

[10] 许增魁，马涛等．数字油田技术发展探讨[J]．中国信息界，2012(09)：28-32.

复杂类型水驱油藏精细分层注水技术

王增林　崔玉海　王宏万

（中国石化胜利油田分公司）

摘　要　胜利油田东部油区水驱油藏类型主要包括整装、断块、低渗透等，是典型的复式油气藏，尤其是经过50多年开发，水驱油藏综合含水率达到92.3%，采出程度为24.5%，进入特高含水阶段。提高不同类型油藏开发质量成为提高水驱油藏采收率的关键，而提高注水“三率”是改善水驱开发质量的核心。在复杂水驱油藏提高注水“三率”的制约因素及前期分注工艺技术应用效果分析的基础上，结合胜利油田不同油藏、不同井状和不同工况等注水开发特征对分注提出的需求，开展了不同类型油藏提高分注率、层段合格率的关键技术研究，实现了不同油藏、不同井况下标准化管柱的集成化配套，构建了水驱油藏精细注水技术体系。通过现场规模化推广应用，在工程上提高了整装油藏、断块油藏、低渗透油藏的“三率”指标，降低了自然递减，改善了水驱开发效果。

关键词　复杂类型油藏；精细分层注水；三率；标准化；规模应用

胜利油田东部油区水驱油藏是典型的复式油气藏，油藏类型主要包括整装、断块、低渗透等，水驱储量占79.3%，年产油量占油田总产量的70.7%，是油田稳定发展的基石。由于水驱油藏类型复杂，陆相沉积层系多、油藏埋深范围广，纵向与平面非均质严重，而且油田初期采用笼统注水，未考虑层间非均质，注水不精细，造成高渗层注入水低效循环，薄差层动用差，剩余油分布不均衡。尤其是经过50多年开发，水驱油藏已进入特高含水期，综合含水率达到92.3%，自然递减快（10%~14%），采出程度低（24.5%），层间、层内、平面动态非均质加剧。特高含水条件下，针对油藏动用不均衡的特征及油藏上细分开发的需求，工程上根据不同油藏水驱特点及面临问题，通过细分注水提升注水分注率、层段合格率、注采对应率，可以有效提高采收率。为此，开展水驱油藏精细注水技术研究，攻关注水关键技术，进一步提高和完善分层注水技术系列，形成了标准化分注管柱，构建了水驱油藏精细注水技术体系，同时强化规范化技术管理和分注技术规模化应用，从而大幅度提高了注水“三率”，达到控含水、控递减，提高水驱开发质量，实现油田存量资源挖潜增效的目的。

1　不同类型水驱油藏开发模式和注水需求分析

针对水驱油藏动用不均衡特征，根据不同类型油藏高含水、特高含水期特点，在油藏开发上提出了针对性开发模式：

整装油藏：提出矢量开发模式，侧重转流场、提注水效率，提高波及程度，挖潜非主力层尤其是韵律层中潜力层、薄差层，达到均衡驱替开发目标。

断块油田：提出立体开发模式，侧重提高水驱动用程度，实现平面、纵向上注采均衡，最大程度提高水驱动用程度。

低渗透油田：提出差异开发模式，侧重提高水驱动用程度，立足层系井网井距差异化部署，实现最大限度控制地下储量。

油藏开发方式多样化。在工程技术上产生了一些不适应，需要提高注水技术针对性和适应性。

1.1　整装油藏韵律性小层多，细分程度低

整装油藏细分率22.1%。高耗水条带发育，油井含水高达97.3%，剩余油动用不均衡，潜力主要分布在韵律层及薄差非主力储层，需要进一步细分控制高耗水条带，提高水驱效率。

1.2　断块油藏层间、井间差异大，层段合格率低

断块油藏纵向多期河流相沉积，储层物性差异大，注水压差大，封隔器易蠕动失效，单一水嘴配水难度大，严重制约层段合格率的提高。

1.3　低渗透油藏井深、注水压力高、欠注严重

低渗透油藏分注率仅32.2%，高温、高压双重作用下，分层注水主要面临两项挑战：一是深井高温高压造成管柱蠕动，影响管柱长效密封，3年有效率只有33%。二是欠注严重，日欠注

15350m^3，地层能量不足，导致单井液量低。

1.4 油藏开发井型多样化需要提高分注工艺适应性

油藏开发井型繁多，主要包括定向井、大斜度井(45°以上)、水平井，以及侧钻井、套损井、套损修复井等，都需要相应的分注工艺技术。

1.5 注水井测调常规工艺复杂，效率低，影响层段合格率的提升

常规投捞式分注3层的水井合格调配一般需要2~3d，测调效率低，工作量大且成本高，影响层段合格率提升。

紧紧围绕油藏的开发要求和目标，立足于为油藏服务，坚持油藏、工程一体化的理念，针对油田动用不均衡特征，攻关精细分层注水技术，尤其是提升“三率”的关键技术，夯实油田稳产基础，提高水驱开发质量。

2 提高分注率关键技术

2.1 韵律层精细分层注水技术

整装油藏剩余油动用不均衡，潜力主要分布在韵律层及薄差非主力储层，需要进一步细分控制高耗水条带，提高水驱效率。通过技术攻关，形成了长胶筒炮眼封堵与卡封技术、封隔器精确定位技术，实现了整装韵律层精细分层注水。

2.1.1 长胶筒炮眼封堵与卡封技术

整装油藏开发早期，层系未精细划分，注水井大多采用全部层位一次射开的完井方式，大厚层层内、层间渗透率差异较大，注入水大部分通过层内高渗、低含油饱和度通道低效循环，而低渗、高含油饱和度层位无法有效驱替，注水效率低。常规采用化学法封堵未避射层，存在封堵强度低、封堵精度低、有效期短、污染高价值层等不足。

为此，设计长胶筒结构，优化钢丝、帘布及胶层参数，降低胶筒肩部应力集中，强度提高57%，实现了射孔孔眼的封堵和分层；设计双介质多胶筒炮眼封堵封隔器，液压隔离实现胶筒破损不影响管柱密封，多级胶筒分段相互独立提高分层可靠性，胶筒系列化满足不同长度井段封堵要求，密封承压30MPa，单级卡封长度0.5m、0.75m、1m、2m。该技术的优势在于实现未避射段高强度长效封堵与卡封，封堵效果好，如图1所示。

2.1.2 封隔器精确定位技术

胜利油田进入特高含水开发期后，随着精细划分技术的不断进步，老油田开发的主要潜力已由层间转为层内、由主力油层转为非主力的多薄差油层和大厚层内韵律层。韵律层、薄差层层间夹层薄会使得卡封距小，分层困难。统计结果表明，胜坨油田由于卡封距小无法实现分层的注水井共274口，其中小于1m的有142口。因此，需要配套精确定位与卡封技术，才能实现有效分层。常规作业时，封隔器定位都是人工丈量，误差较大，按井深2500m计算其丈量误差为±0.5m，油管自重伸长造成的误差为0.5m，两者累加误差为-0.5~1.0m，当层间距小于1m时，封隔器有可能错位卡在油层上，造成分注失效，致使一些油藏上需要分注的井无法实施分注。

为此，研究形成井下工具精确定位技术，采用井下机械定位工具与井口激光测距拉力仪组合，通过上提下放找到测试短套管的位置，然后和设计的完井注水管柱比对，计算其相对位置，确定需要下入油管的长度，从而实现封隔器精确定位，误差小于0.12m，满足了多薄层油藏夹层厚度小于1m的精细卡封需求。该技术的优势在于管柱卡封、定位一体化，与磁定位技术相比，不需要测试车，并减少了一趟下井工序，节约占井时间和施工成本。

2.2 高温高压精细分注技术

2.2.1 高温高压密封技术

胜利油田低渗透油藏大多数埋深超过3500m，油藏温度达140~160℃，注水压力达35MPa，是典型的高温、高压分层注水条件。此类情况，胜利油田一般采用压缩式封隔器分注，胶筒是其核心部件，其密封原理是利用机械力或液压力压缩胶筒变形密封油、套管的环形空间，密封质量的好坏取决于井壁与胶筒之间接触应力的大小，所以保持较高的接触应力是确保密封的先决条件。但是，封隔器胶筒肩部在坐封过程中会挤入套管与封隔器的环形间隙中，并且橡胶材料在高温环境下力学性能和断裂伸长率均下降，造成封隔器耐压性能减弱，易撕裂胶筒导致分注失效。因此，必须对封隔器胶筒的材料和结构进行优化设计。

(1) 胶筒材料优化

以氢化丁腈橡胶为胶筒基础密封材料，采用丙烯酸盐和炭黑复合增强体系为添加剂，在硫化反应过程中使之发生均聚、接枝共聚和脱羟基反应，提高橡胶分子主链的饱和度，增强胶筒抗老化性能，耐温提高到150℃[3]，力学性能得以改

善和增强。

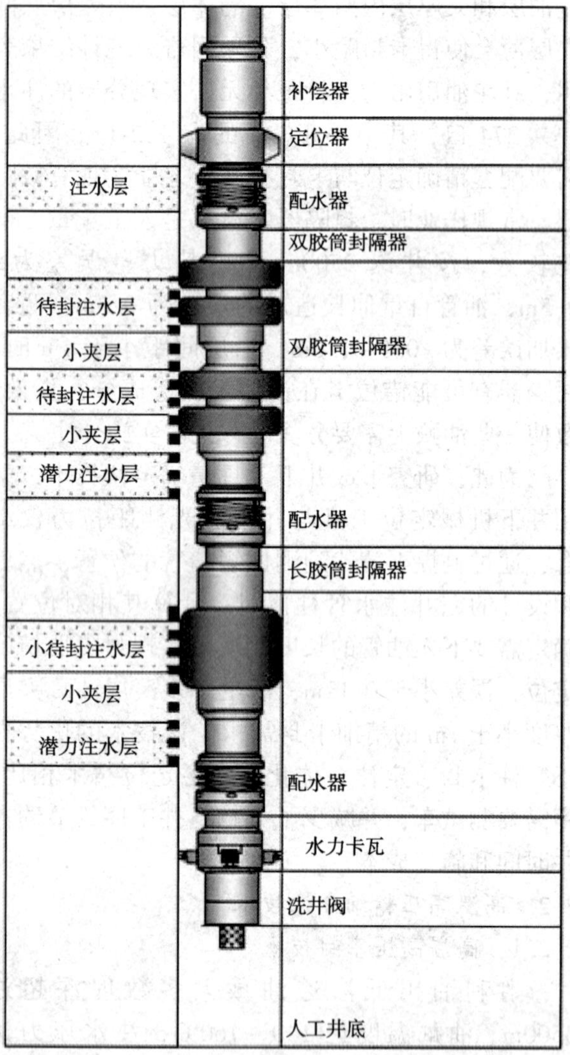

图1　未避射大厚层内卡封管柱

（2）胶筒几何结构优化

通过有限元分析对胶筒及肩部辅助部分进行非线性数值分析，优化胶筒高度、厚度、倒角和护罩几何尺寸，设计肩部保护式(图2a)和压缩自封式(图2b)两种密封结构。这两种结构均能够提高和保持胶筒在高温条件下的接触应力，使封隔器密封压差提高到35MPa以上，工作寿命延长1.5倍，达3a以上，实现了长期有效密封。

2.2.2　分注管柱锚定补偿技术

注水井具有作业、洗井、坐封、注水、测试和解封等工作状态，在整个寿命期内，这些工作状态会相互转换，分层注水管柱在不同工作状态下产生不同的温度、压力效应，使分注管柱长度发生变化而产生蠕动趋势。在不锚定的情况下，对封隔器位置的影响不同(图3)，坐封时压力较高引起管柱伸长，反洗井时压力降低、温度降低致使管柱缩短，管柱伸长或缩短会带动封隔器有运动趋势，当超过封隔器胶筒与套管之间的摩擦力时，就会引起封隔器与套管之间发生相对运动，易使封隔器密封运动到油层导致窜层失效。当管柱产生的纵向力大于胶筒的抗扯断力极限时，会撕裂胶筒造成封隔器密封失效，为此研究了注水管柱锚定补偿技术[4]。

注水管柱锚定补偿技术采用两级锚定，强制固定封隔器卡封位置；采用伸缩补偿器，消除上部管柱因温度、压力效应伸长或缩短对锚定的影响。管柱整体采用防腐、防垢处理，优化了锚定工具的易解卡机构，提高了管柱性能和安全可靠性，有效工作寿命达到3a以上。

2.3　特殊井况分层注水技术

2.3.1　套损、套损修复井小直径分注技术

随着开发年限的增长，注水压力的作用和注入水对地层的冲刷，造成套管工况发生变化，致使胜利油田每年新增套变注水井400多口，严重影响分注工艺的实施。针对套变以及套变修复井形成的各种井况，研究设计了套损、套损修复井小直径分注技术。其核心是小直径大膨胀比密封技术，胶筒骨架由钢丝和五层帘布构成，橡胶基材采用改性丁腈橡胶，密封方式设计为扩张式，同时在胶筒端部设计了双移动机构，实现膨胀比1.4、耐压35MPa、疲劳次数100次的技术指标。目前，已经形成了适用于内径88.9mm、101.6mm、114.3mm和127mm套管尺寸的扩张式小直径封隔器系列和分注工艺管柱，实现了套变井、套变修复井分注[5]。

2.3.2　防返吐分层注水技术

油田进入高含水开发期后，疏松砂岩油藏注水井出砂、吐聚现象加剧，造成分注井井下工具堵塞，引起洗井不通、测试仪器遇阻遇卡等问题，不但影响了测调成功率，而且缩短了有效注水周期，导致注水井分注率降低，水驱单元自然递减加快，整体水驱开发效果变差。为了提高中高渗疏松砂岩油藏及聚驱后水驱单元的注水开发效果，立足"防层窜、防返吐"，研发了具有停注防窜、洗井防返吐功能的密闭分层注水技术。

防返吐配水器具备停注防回流、洗井防短路功能，解决了停注后通过配水器间发生的管内层间窜通问题；密闭防层窜封隔器具有坐封后锁紧、停注不解封、液压与旋转复合解封等功能，解决了停注后封隔器解封引起管外层间窜通问题；定

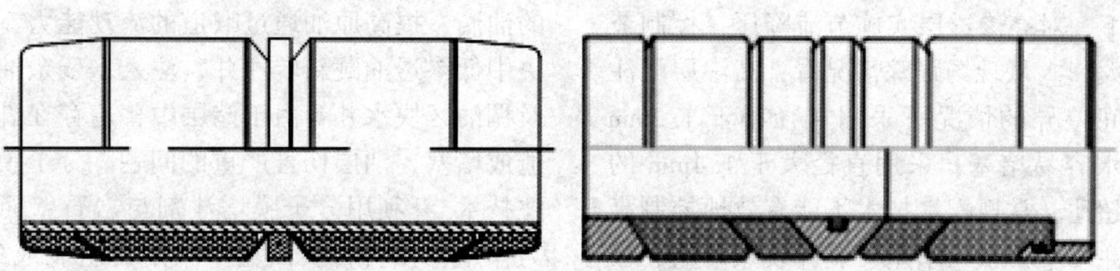

图 2 封隔器胶筒结构示意图

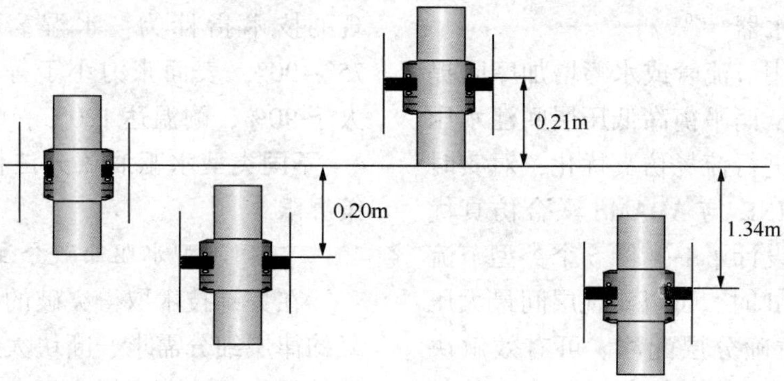

图 3 温度、压力效应对封隔器位置的影响示意图

压沉砂洗井阀，具备正向高压密封、反向定压开启、剪切降解聚合物、挡砂和沉砂等功能。

2.3.3 同心双管分层注水技术

针对层间大压差井、大斜度井、小排量注水井，采用单管分层注水技术存在分层调配难度大、测试成功率低、合格配水有效期短、层段合格率低等问题，研究形成同心双管分层注水技术。

采用内管和外管两层管柱，形成两个注入通道，内管注一层，双管环空注另一层。地面流程在井口分成与井下对应的两个来水通道，流量、压力测试仪表均安装在井口流程上，单层计量，各层流量测试、调配均在地面进行，直观方便。

3 提高层段合格率关键技术

针对提高分层注水层段合格率，重点开展了三项技术的攻关研究：测调一体化技术、大压差分级节流控制配水技术以及表面活性剂降压增注技术。

3.1 测调一体化技术

分注井要求每季度测调一次，工作量大，测调不及时会导致分注层段达不到配注量，影响层段合格率，为此研究了注水井测调一体化技术[6]。

注水井测调一体化技术采用电缆携带测调仪与井下可调配水器对接，通过地面仪器监测流量、压力，将监测结果与各层配注量进行比对，若与配注量不匹配，可向井下测调仪发出指令调整水嘴开度，实现边测边调，使注水量达到配注量[7]。测调一体化可调配水器采用同内径设计，实现了分注层数不受限制和流量无级调节，测调仪一次下井可完成所有目的层测调，流量测量范围为 $0\sim500m^3/d$，温度为 120℃，压力为 60MPa。针对不同油藏需求，目前形成了空心和偏心两个技术系列，两个系列的不同之处在于：空心技术系列采用空心可调配水装置和空心一体化测调仪，偏心技术系列采用偏心配水器、偏心可调堵塞器和偏心一体化测调仪；工具和仪器具体结构不同，但测试工艺是相同的。

与常规投捞式测调技术相比，注水井测调一体化工艺技术具有以下优点：①测调效率提高，3 层分注井由常规测调起下 8 趟减少为 2 趟，平均测调时间由 60h 缩短为 5h；②实现了测试过程的可视化，能直接监测井下流量、压力；③水嘴实现无级连续调节，流量控制精度高，误差小于等于 5%。

3.2 大压差分级节流控制配水技术

大压差分注井低渗透层与高渗透层吸水差异较大，要同时达到合格注水，必须在提高注水压力的前提下，对高渗透层实施节流降压，控制节流难度加大[8]。从现场跟踪情况看，高渗层配注量小，层间差异的情况下采用直径小于1.2mm的水嘴注水容易堵塞，采用直径大于1.4mm的水嘴又会超注，常规配水技术不能有效地控制高渗透层的注水量，水嘴堵塞、刺坏现象严重，极大地影响了注水合格率。

为实现大压差井有效配水，对大压差分级节流配水技术进行了研究，设计了压差分级节流配水器和预节流防刺配水器[9,10]。

两种配水器均采用节流管或水嘴增加摩阻提高节流压差的原理，从而平衡高低压层间注水压差。对高效节流机构进行流场仿真优化，对实时调节机构进行SIMULINK与ADAMS联合仿真优化，根据流量大小，设计了I-V圈5个类型节流管，在配注量150m^3/d时，可以实现层间最大压差12MPa条件下的精确分层配注。可有效解决层间吸水差异较大的分注井高渗透层超注的问题，提高其层段合格率。

3.3　表面活性剂降压增注技术

低渗透油藏由于受到储层物性及敏感性等影响，在注水过程中，地层渗流阻力大、近井地带驱替能耗损失率高[11]，导致井口需求注水压力高、注水困难，欠注严重，油田低渗透油藏日欠注达1.1×10^4 m^3/d，导致低渗透层段合格率较低，不能及时有效补充地层能量，严重制约了低渗透油藏的采油速度及采收率，因此开展了低渗透油藏表面活性剂降压增注技术研究。

低渗透油藏表面活性剂降压增注技术主要包括杂双子活性降压增注技术和分子膜降压增注技术。杂双子活性降压增注技术[12]可以分散水中的油滴，提高原油通过喉道的流动能力，主要解决中低渗透油藏新转注井、注入水残余油超标井及稠油区块水井等由于储层中普遍存在乳化油而造成堵塞、油层伤害严重的问题。分子膜降压增注技术[13]利用分子膜增注剂与岩石壁面静电引力作用，在岩石表面竞争吸附自组装成分子膜，通过消除岩石壁面水膜和改变润湿性等来扩大有效渗流通道、降低注水摩阻，从而起到降低注水压力，增加注水量，提高层段合格率的目的。实现的技术指标为：水湿岩石表面润湿角达到75°~90°，表面张力小于等于28mN/m，防膨率大于90%，耐温达120℃，耐盐达40000mg/L。

4　不同类型水驱油藏分注标准化管柱和分注政策界限

4.1　不同类型水驱油藏分注标准化管柱

在关键技术取得突破的基础上，针对整装油藏韵律层细分需求、断块大压差分注井分注需求以及低渗透油藏高温高压分注需求，通过分类整理和技术指标适应性分析，形成了适用于不同油藏、不同井况、不同工况的7套标准化分注管柱（图4），即整装韵律层注水管柱、断块大压差分注管柱、低渗锚定补偿管柱、分质分压注水管柱、套损套变小直径注水管柱、吐聚防返吐管柱、出砂井分防分注注水管柱和海上液控平衡式分注管柱，可实现油藏温度为150℃、油藏埋深为4000m、井斜斜度为60°、夹层厚度为1m、最小卡距为2m、分注7层、层间压差为12MPa、注水压力为35MPa、套管规格从$3^1/_2$in到$9^5/_8$in条件下的分注，为提高胜利油田分注率和层段合格率奠定了技术基础[15,16]。

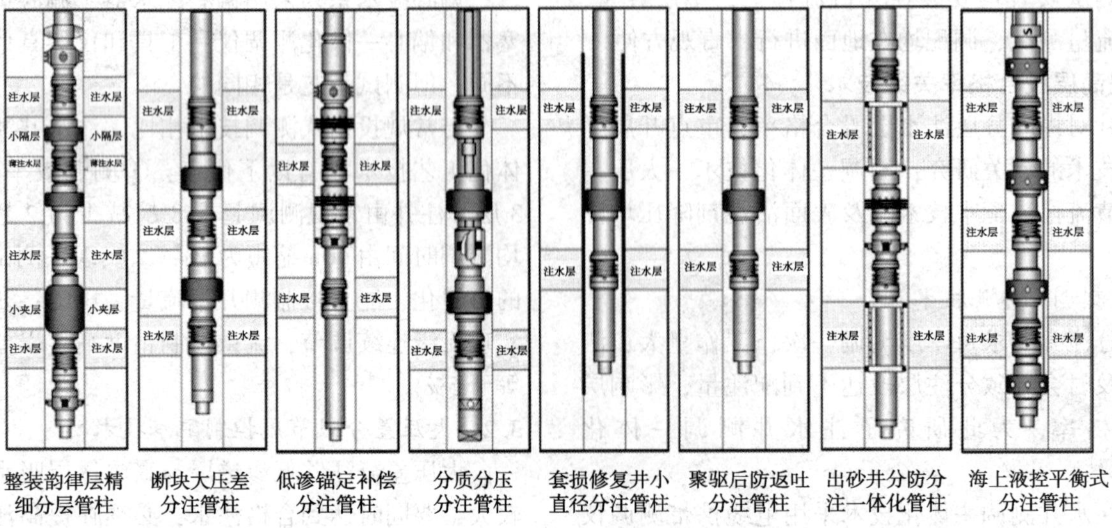

图4　8套标准化分注管柱

4.2 精细分层注水技术政策界限。

水驱油藏类型复杂，注水特点各不相同，注水需求差异较大，为了提升技术适应性和有效性，提升水驱开发质量，创新确定了不同类型油藏分层政策界限。创新形成了以分层注水和采油工艺联动耦合开发方法为指导，以层段渗透率级差、小层个数、层段内砂层厚度为主要技术指标的整装、断块、低渗透三大类油藏分层政策界限，实现小层联动注采，减少层间干扰，均衡驱替。

在油藏分注政策界限的基础上，创新确定了不同类型油藏分层注水工艺技术政策界限。针对水驱油藏类型复杂，注水特点各不相同，注水需求差异较大的问题，创新形成了不同油藏、不同井况的八套标准化精细分层注水管柱和测调一体化技术，创建了油藏纵向细分工艺政策界限，见表1，构建了水驱油藏精细注水技术体系。

表1 油藏纵向细分工艺政策界限

井况	工况					推荐配套管柱
	油藏埋深/m	工作压力/MPa	温度/℃	井斜/(°)	层间压差/MPa	
浅井、无套损、不出砂	≤2500	≤20	≤120	≤60	≤5	空心测调一体化基本管柱
	≤2000	≤20	≤120	≤30	≤5	偏心测调一体化基本管柱
注聚转水驱、轻微出砂	≤2500	≤25	≤120	≤60	≤5	空心测调一体化防返吐管柱
	≤2100	≤25	≤120	≤30	≤5	偏心测调一体化防返吐管柱
大厚层细分、韵律层细分	≤2500	≤25	≤120	≤60	≤5	空心测调一体化大厚层细分管柱
	≤2200	≤25	≤120	≤30	≤5	偏心测调一体化大厚层细分管柱
缩径井、套变修复井	≤2500	≤25	≤120	≤60	≤5	空心测调一体化小直径分注管柱
大层间压差井	≤3500	≤35	≤150	≤60	≤12	大压差空心测调一体化分注管柱
高温高压卡封分注	≤3500	≤35	≤150	≤60	≤5	空心测调一体化锚定补偿管柱
	≤3500	≤35	≤150	≤30	≤5	偏心测调一体化锚定补偿管柱
出砂油藏	≤3500	≤35	≤150	≤60	≤5	空心测调一体化分层防砂分层注水管柱
	≤2200	≤35	≤120	≤30	≤5	偏心测调一体化分层防砂分层注水管柱
大斜度井	≤2500	≤35	≤150	≤60	≤5	大斜度空心测调一体化分注管柱
定向井、大压差、小流量难测调分注2层注水井	≤3500	≤35	≤150	≤80	≤12	双管分层注水管柱

5 精细注水技术规模化实施效果

“十二五”以来，为了做好分注技术的规模化推广，制定了三个注水管理规范，即《分层注水井技术管理规范》、《分层注水井作业管理规定》和《注水井洗井管理规定》。充分利用重大设计优化平台，由专家组进行分注设计优化。对分注工作实施采用四标管理，即标准化管柱、标准化设计、标准化测调和标准化运行。利用产能建设、一体化治理、水井作业等平台对分注技术进行规模化应用。

5.1 水驱油藏注水技术指标持续提升

“十三五”以来累积实施分层注水技术2685井次，配套实施低渗透油藏活性降压增注技术220井次，对比“十二五”，分注井数增加782口，分注率由41.5%提高至46.1%，提高4.6%；层段合格率由77.1%提高至81%，提高3.9%。细分井数增加364口；细分率由22.2%提高至28.3%，提高6.1%，分注指标大幅提高。

推广应用范围覆盖了整装、断块和低渗透油藏，重点措施是进行整装油藏精细细分，解决出砂吐聚问题，立体重整断块油藏，突破低渗透油藏高温高压分注技术。例如老油田一体化治理实现水驱技术最高程度集成，强化工艺、油藏与地面的一体化优化、一体化设计、一体化实施，累积治理36个区块，石油地质储量为3.98×10^{8}t，取得了显著的治理效果。通过一体化治理，水井的分注率由治理前的32.9%上升至46.7%，提高了13.8%；水驱动用程度由62.4%上升至80.1%，提高17.7%；自然递减率由16.5%下降至10.4%，下降了6.1%；采收率由32.0%上升至34.8%，提高了2.8%。

5.2　水驱油藏开发效果显著

稀油自然递减由 2011 年的 12.4%下降至目前的 8.6%，近三年水驱累计增油 102×10^4t，峰值含水下降 0.65%，取得良好的控水稳油效果。

6　结论

为了夯实水驱油藏稳产基础，结合油藏需求，力保有效注水，在强化油藏工作的基础上，加强分注技术推广模式创新，实现分注技术规模化应用，整体提升注水“三率”，为提高注水开发效果提供技术支撑，同时强化分注技术“三规范、四标准”，确保分层注水实施规模和效果，为提升水驱开发质量奠定基础。

2018 年胜利油田分注井已达到 4775 口，按照目前每个季度进行测调一次的要求，现场测调工作量很大，每年超过 15000 井次，仍然需要大量的测试队伍和设备，测调成本高。为此需要研制智能测调分层注水技术，从而实现不同井况下的无线测控，现场调配测试“零”工作量，进一步提高层段合格率和注采对应率。

水驱油藏的存量是油田开发的主体，低油价下经济优势更加突出，是保效增效的主阵地，油田将强化主导技术完善与创新，尤其是加强分注技术优化，实现管柱长寿长效。综合开展水质、管柱、防砂、调配和安全控制等技术的适应性评价研究，进一步从管柱受力、管柱结构、胶筒材质及防腐措施等方面优化集成，提高工作可靠性，使管柱寿命从 3a 延长至 5a 以上，形成适合胜利油田的长效安全注水技术。实现水驱油藏分注存量增效，增量创效，进一步夯实水驱稳产基础。

参　考　文　献

[1] 罗福全，侯健，邴绍献，等．高含水期井损对高渗透油藏开发效果的影响[J]．油气地质与采收率，2015，22(1)：106-110.

[2] 陈祥．浅谈水驱单元提高注水井“三率”的方法[J]．全文版：工程技术，2015，0(15)：261-261.

[3] 安百新，杨柳，聂文龙．油水井耐高温高压复合橡胶长效密封技术[J]．中国石油和化工标准与质量，2016，0(22)：113-114.

[4] 王增林，崔玉海．锚定补偿式分层注水管柱研究及应用[J]．石油机械，2001，29(7)：30-32.

[5] 王鹏．海上油田套损修复井小直径防砂分注可行性研究[J]．内江科技，2017，38(3)：63-64.

[6] 李常友．胜利油田测调一体化分层注水工艺技术新进展[J]．石油机械，2015，43(6)：66-70.

[7] 崔传智，刘力军，丰雅，等．基于均衡驱替的分段注水层段划分及合理配注方法[J]．油气地质与采收率，2017，24(4)：67-71.

[8] 崔传智，安然，李凯凯，姚荣华，王鹏．低渗透油藏水驱注采压差优化研究[J]．特种油气藏，2016，23(3)：83-85.

[9] 李常友．预节流测调一体化配水技术研究与应用[J]．石油机械，2017，45(1)：90-94.

[10] 张一羽，王宏万，韩封，等．YJLP-112 预节流防刺配水器的研制与应用[J]．石油机械，2014，42(6)：61-64.

[11] 王东琪，殷代印．特低渗透油藏水驱开发效果评价[J]．特种油气藏，2017，24(6)：107-110.

[12] 杨景辉．深层稠油油藏杂双子表面活性剂增注技术[J]．内江科技，2015，36(10)：25-26.

[13] 渠慧敏，丁子峰，门海英，等．分子膜增注剂的分子模拟、合成及性能评价[J]．油田化学，2017，34(3)：463-468.

[14] 屈亚光．断层对复杂断块油藏水驱开发效果的影响[J]．油气地质与采收率，2017，24(4)：83-87.

[15] 李娟．浅析分层注水工艺现状及发展趋势[J]．才智，2013，0(16)：189.

[16] 骆洪明，宋长青，李青．油田分层注水技术规模化应用[J]．科技致富向导，2012，0(18)：229-229.

青西油田负压采油工艺技术研究与应用

吴国罡　沈世波　吴建福　宋先帮　谢长富　覃维波

（中国石油玉门油田分公司）

摘　要　青西油田随着开采程度的加深，地层压力大幅下降，采用常规的有杆泵深抽技术进行深抽效果很不理想，通过对油井生产特征及井筒潜力的精细研究与评价，优选了不同地层压力、供液能力、气油（液）比、含水等4种不同类型的油井开展了负压采油工艺技术的研究与现场试验。根据试验成果对低压、低含水、高气油比共10口油井进行推广应用，取得了显著的增产效果，达到了有效挖掘井筒潜力、大幅提高单井产量的目的，其增产效果远远高于国内外其他油田，形成了适合青西油田生产特征的、独具特色的采油工艺技术。

关键词　负压采油；封隔器；气举阀；增产效果

青西油田为构造背景下的深层复杂岩性裂缝性油藏，随着开采程度的加深，地层压力已大幅下降，油井产量递减快，至2008年已很艰难维持自喷生产，随后全面进入机械采油阶段。由于油层埋藏深，油藏特征、流体性质复杂性的影响，初期采用常规的有杆泵深抽技术增产效果很不理想，特别是窿101、窿8区块的低压、低含水、高气油（液）比油井。为此，急需开展深抽工艺技术研究，负压采油工艺技术正是针对油田一些低压、低产抽油井的生产实际而采取的一项工艺技术措施。通过对青西油田油井生产特征及井筒潜力的精细研究与评价，开展了青西油田负压采油工艺技术的研究、现场试验和推广应用，并结合管、杆、泵组合的优化，达到有效挖掘井筒潜力、大幅提高单井产量的目的，获得了十分显著的增产效果。

1　负压采油工艺技术研究

为了降低井筒压力梯度，在井筒内建立稳定的流态，消除井筒积液的影响，有效增大生产压差，提高油井产量和泵效，为此，开展了前期深抽效果分析、负压采油工艺技术增产机理研究，并结合管、杆、泵的优化，优选了不同类型的油井进行了负压采油试验。

1.1　常规有杆泵深抽效果分析

1.1.1　深抽效果差原因分析

由于油藏埋藏深4500m、储层岩性多变、物性差、流体性质复杂，导致单井原油密度、气油比、含水、采液（油）指数等指标差异较大，以及地层压力大幅下降等因素的影响，采用常规的有杆泵深抽采油后，油井间歇出油、套压高，通过采取定期放套压或控制放套压措施，泵气体影响或气锁现象依然严重，增产效果很不理想，即使是采液（油）指数非常高的油井也是如此，且检泵周期短。

由于抽油机井泵孔距大，达2300m以上（泵挂深度2200～2600m，管脚深度2500m左右），管脚以下气体滑脱效应明显，导致井筒积液严重（图1），生产压差未能有效增大，加之井筒环空容积大，套压高，气锁现象频繁，泵效低，是导致油井转抽后增产效果差的根本原因。

1.1.2　改进措施及效果

为了提高抽油井产量，降低气体影响、降低油套环形空间的压力梯度以及在油管内建立稳定流态，初期通过下气锚在降低气体影响、提高泵效方面获得了一定的效果，但井筒积液依然严重，套压高，对增大生产压差不利。针对井筒积液对油井生产的影响，经研究后对管柱进行了优化，主要采取的措施是去掉对降低气体影响效果不理想的气锚，并将抽油井的尾管加深至油层的顶部，稳定井筒流态，有效降低了井筒压力梯度，获得一定的效果。针对高套压对油井生产的影响，研究并成功试验了气举阀举升技术，在抽油管柱一定深度安装气举阀，同时关闭套管阀门，当套压上升至一定值时，油套环空的高压天然气通过气举阀进入油管，与油管内的流体形成气液混合液物，起到气举作用，获得了一定的增产效果，但油井依然表现出高套压，生产压差不稳定的生产特征。

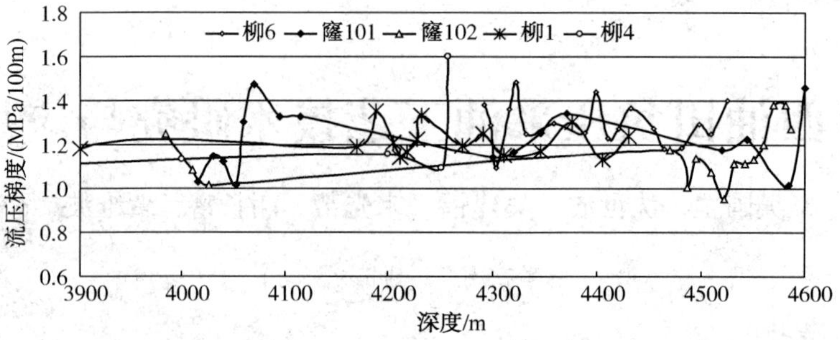

图1　部分井深抽后井筒压力梯度

1.2　负压采油工艺增产机理研究

负压采油工艺技术是在油层顶部一定距离坐一封隔器密封油套环形空间，隔离油套环形空间所存在的混合液柱和气柱，使抽油泵下面的套管内腔和地层构成一个封闭的液压系统，抽油泵在整个吸入过程都在密闭状态下进行，使封隔器以上的液柱和气柱再不参与涉及阀附近流体的变化，从而吸入端在抽油过程中产生负压效应。具体过程是当抽油杆带动抽油泵活塞上行时，泵内压力急剧下降，固定凡尔在地层压力作用下突然打开，液体迅速涌入泵腔，井底压力瞬时大幅下降，诱使地层流体喷涌而出，从而产生了明显的负压效应，达到增大生产压差、增产的目的[1]。

1.3　青西油田负压采油工艺研究

根据负压采油工艺的原理，并通过调研负压采油工艺在国内其他油田的应用情况，认为青西油田的油井生产特征与国内其他油田相比具备优越的负压采油试验条件(表1)，为此，结合青西油田生产特征及前期提高深抽效果取得的一些成果和认识，开展了青西油田负压采油工艺技术研究。

表1　青西油田与其他油田生产情况对比

分　类	产液量	供液能力	气油比	油藏埋深	地层压力	含水
其他油田	低液量	采液(油)指数低	小-中	1500m以内	低压	高含水
青西油田	高液量	采液(油)指数低~高	大	3800~5300m	低压	低-高含水

青西油田负压采油工艺主要由封隔器、气举阀、深井有杆泵、反洗阀等组成(图2)，同时加深尾管至油层顶部[2]。

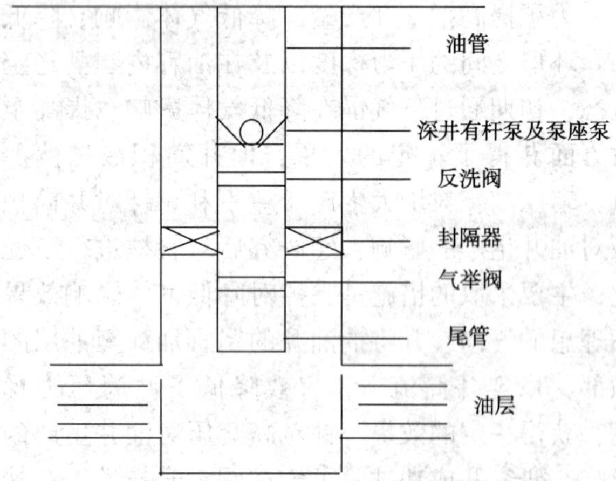

图2　青西油田负压采油工艺管柱结构示意图

封隔器是封闭油套环形空间的主要工具，其在井下的密封性能将直接影响负压的效果。封隔器位置的高低，直接决定封隔器位置以下油套环形空间液体体积大小，封隔器位置越高产生的负压作用越小，因此封隔器的下入深度应尽可能的靠近油层顶部，采用Y221旋转坐封封隔器。

气举阀是利用天然气气举的主要工具，安装在封隔器以下一定距离，其下入深度的压力要低于油井的饱和压力。当天然气在封隔器以下油套环空聚集达到一定压力值时，从气举阀不断进入油管参与流体举升，降低井筒内液体密度，改善井筒流态。

深井有杆泵是抽油机井的主要部件，目前青西油田绝大多数油井采用杆式整筒泵。根据油井供液能力大小合理优化杆、泵组合，泵径大小通常采用38mm、44mm、56mm，下泵深度多在2200~2600m之间，由于青西油田气油(液)比较高，在泵径设计选择上要略大些。

反洗阀是为了采用负压采油后的洗井清蜡，保证抽油井不因结蜡而影响生产。

同时使用小直径尾管(Φ73mm油管)并尽可能下至油层顶部，减少流体流经尾管的压力损失，增加泵的吸入压力。

2　现场试验

通过前期研究，优选了不同地层压力、供液

能力、气油比、含水等4种不同类型的油井1~2口开展了负压采油现场试验(表2)，并对其压差变化进行定量计算，取得了以下成果及认识，为下步推广应用负压采油提供依据。

表2 青西油田4种类型油井负压采油试验效果统计表

井号	油井类型	下入日期	封隔器位置/m	气举阀位置/m	措施前		措施后		累计增产量/t	采液指数/(m^3/d·MPa)	气液比/(m^3/m^3)	增产幅度/%	压差变化/MPa	备注
					产液量/(m^3/d)	含水/%	产液量/(m^3/d)	含水/%						
窿103	低压、低含水、高气液比、供液能力好	2010/10/10	3839	3859	22.5	60	70.0	60	2300	20.5	95	211	2.3	效果显著
Q2-1	低压、低含水、高气液比、供液能力较好	2011/3/29	3472	3491	6.8	20	12.8	12	2570	2.5	194	88	2.7	效果较好
Q2-58	高压、高含水、低气液比、供液能力好	2010/12/29	2780	/	58.0	82	70.0	82	241	12.1	28	21	1.0	效果较差
窿104J	高压、高含水、低气液比、供液能力较好	2011/5/10	3573	3641	18.2	87	28.0	90	105	1.1	30	54	6.5	效果较差

(1) 低压、低含水、高气液(油)比、供液能力好的油井增产效果十分理想，长期有效。在负压作用下，生产压差有效增大，且因供液能力很好、含水低、气液比高，气举作用明显，改善井筒流态作用非常明显，生产压差小幅增大就能够获得显著的效果。

(2) 低压、低含水、高气液(油)比、供液能力较好的油井增产效果较好，长期有效(青2-1井)。由于供液能力较好，含水低、气液比高，气举效果较好，改善了井筒流态，生产压差也可有效增大，获得了较好的效果。

(3) 高压、高含水、低气液(油)比、供液能力好(青2-58井)和高压、低气液(油)比、供液能力很差(窿104J井)的油井增产效果较差，且有效期短。由于含水高或供液能力很差，对井筒流态的改善作用较小，在负压作用下，生产压差增大幅度较小，有效期短，效果差。

3 推广应用及效果分析

根据青西油田负压采油工艺技术研究及现场试验取得的成果，对窿8、窿101区块低压、低含水、高气液(油)比、供液能力较好的油井共10口井进行了推广应用，同时创造性的在封隔器以下安装气举阀利用高压天然气气体能量参与气举作用，改善了井筒流态，消除井筒积液的影响，有效增大生产压差，取得了显著的增产效果，截止2019年5月底，已累计增产原油128834t。特别是低压、低含水、高气油(液)比、供液能力好的油井负压采油增产效果十分理想；而低压、低含水、高气油(液)比、供液能力较好的油井也获得了较好的增产效果，推广应用效果与前期试验取得的成果和认识完全一致。通过负压采油工艺技术的研究与推广应用，有效的解决了青西油田低压、低含水、高气油(液)比油井井筒挖潜的问题，创新形成的“有杆泵——套管气气举复合举升采油”、“负压采油”、负压—气举复合采油等工艺技术。特别是在常规负压采油工艺基础上，创造性的将封隔器和气举阀有效结合，形成了独具特色的“负压—气举复合采油”的复合举升采油工艺技术，其增产幅度远远高于国内其他油田，处于国内先进水平。并将“一种有杆泵的套管气气举举升完井管柱”、“一种负压-气举采油管柱”申请获得了实用新型专利。

低压、低含水、高气油(液)比、供液能力好和较差的油井主要集中在窿8、窿101区块地层压力低，仅23MPa左右(压力系数在0.51~0.55)，常规技术深抽后，井筒流态极不稳定、积液严重，无法有效增大生产压差，导致增产效果很不理想。供液能力好的油井通过封隔器负压采油获得显著效果的根本原因是：油井具有很好的供液能力(采液指数 19.6~45.0m^3/d·MPa)，且含水较低、气液比高(95~154m^3/m^3)，同时下封隔器和下部安装气举阀，有效的减小了井筒环空容积，充分利用高压天然气气体能量参与举升作用，改善井筒流态作用非常明显，消除了井筒积液的影响，生产压差小幅增大就能够获得显著的效果，示功图为完全抽喷，其增产幅度高达103%~400%。而供液能力较好的油井也获得了较好的增产效果的根本原因是：含水低、气油(液)比高，通过下封隔器与气举阀有效结合，利用高压天然气气体的能量参与举升作用，气体举升效果较好，在负压作用下，生产压差也可有效增大，增产幅度也达到了53%~88%(表3)。

表3 青西油田低压、低含水、高气液比油井封隔器负压采油推广应用效果统计表

井号	下入日期	封隔器位置/m	气举阀位置/m	措施前		措施后		累计增产量/t	采液指数/(m^3/d·MPa)	气液比/(m^3/m^3)	增产幅度/%	压差变化/MPa	备注
				产液量/(m^3/d)	含水/%	产液量/(m^3/d)	含水/%						
窿103	10/10/10	3839	3859	22.5	60	70.0	60	2300	20.5	95	211	2.3	低压、低含水、高气液比、供液能力好
窿8	12/4/17	3264	3284	36.0	0.4	88.0	0.2	5094	19.6	154	144	2.7	
Q2-28	12/7/11	3653	3654	40.0	4.3	90.0	3	19456	21.6	150	125	2.3	
Q2-32	12/3/17	3244	3263	24.0	1.6	120.0	3.3	9308	32.9	150	400	2.9	
Q2-37	12/4/3	3634	3654	37.0	0.4	75.0	4.6	4136	23.2	148	103	1.6	
Q2-44	11/5/13	2992	3012	20.0	0.1	93.0	0.2	74023	45.0	154	365	1.6	
Q2-1	11/3/29	3472	3491	6.8	20	12.8	12.0	2570	2.2	194	88	2.7	低压、低含水、高气液比、供液能力较好
窿1	12/8/13	3755	/	6.5	0.1	12.0	2.2	1332	2.0	210	85	2.8	
Q2-23	13/3/21	3227	3738	8.0	3.4	13.5	6.4	1484	1.9	145	69	2.9	
Q2-6X	13/5/10	3568	3645	17.0	12.7	26.0	16	5072	3.2	152	53	2.8	

典型实例：青2-28井由于地层压力下降至25.1MPa(压力系数0.60)，艰难维持自喷生产，产液量下降至22m^3/d。2009年12月20日采用常规技术深抽(泵径56mm，泵深2409m，管脚4167m)未获增产效果。2010年4月30日在常规深抽技术基础上(泵径56mm，泵深2422m，管脚4168m)在管柱上增加两级气举阀(深度2220m、2820m)，由于气举作用的有效发挥，产液量上升至40m^3/d以上。为了进一步挖掘井筒潜力，2012年7月决定下封隔器至3653m和气举阀至3673m实施负压采油，产液量由40m^3/d再上升至90m^3/d(图3)，取得了显著的效果。由于封隔器未完全座封，产量逐步下降，2014年5月检泵，由于未下封隔器，产液量由64m^3/d快速下降至30m^3/d，示功图显示为抽汲。7月检泵再次下封隔器(3348m)、增加气举阀(3368m)，再次进行负压采油，示功图显示为抽喷(图4)，产液量逐步上升至59m^3/d左右，截止2014年11月改电潜泵生产时，已累计增产原油19456t。

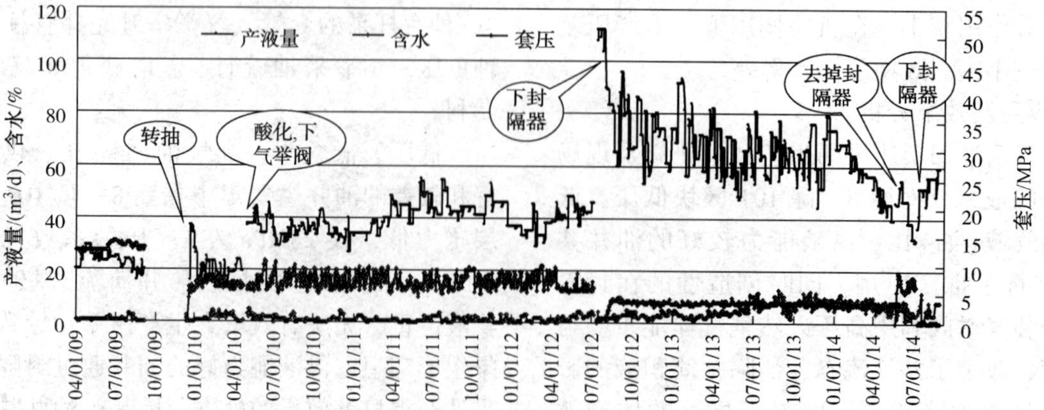

图3 青西油田青2-28井负压采油效果

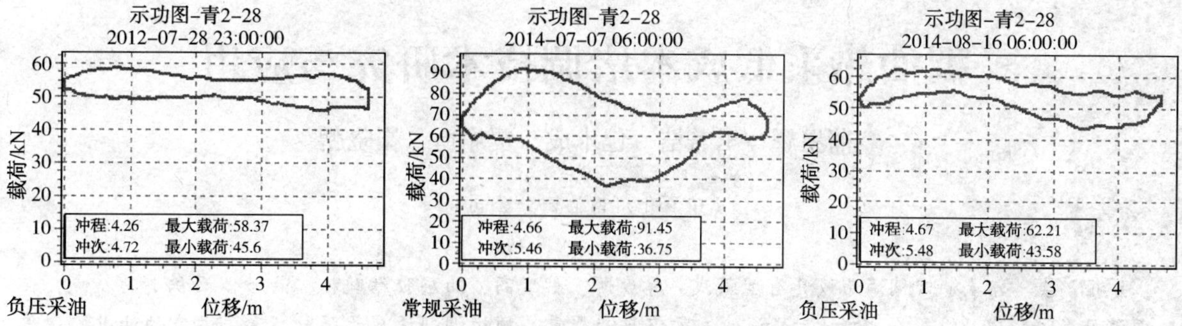

图 4 青 2-28 井负压采油和常规采油示功图对比

4 结论

（1）青西油田负压采油工艺技术能够使抽油井井底产生负压，有效增大生产压差，获得了显著的增产效果，特别是低压、低含水、高气液比、供液能力好的油井。

（2）在封隔器下部适当位置安装气举阀，有效利用气体能量参与举升采油，改善井筒流态，实现抽油井连抽带喷的生产状态。形成了适合青西油田生产特征的、独具特色的负压采油与套管气气举采油的复合举升采油工艺技术。

参 考 文 献

[1] 王仲瑞，李福山．负压采油工艺研究与应用．石油钻采工艺，1993，15(5)，72-75.

[2] 杨建华，曹新彩，杨丽娜．负压采油工艺技术的改进与应用．油田节能，2005，16(1)，10-12.

稠油热采低成本堵调技术研究与应用

蒲星耀　王若浩　包术成　贾喻博　崔晓鹏

（中石化河南油田分公司）

摘　要　河南油田稠油油藏具有埋藏浅、厚度薄、黏度高、油层胶结疏松、油砂体面积小的特点，在蒸汽开采过程中，经多轮次吞吐后，汽窜、亏空日趋严重；颗粒调剖适应于强汽窜和高亏空的油井，但单井药剂费用高，低油价的形势下，技术适应性逐渐降低。注汽锅炉及集输运行过程中产生粉煤灰、脱硫渣及浮渣等固废需进行无害化处理，环保压力大。研发了以注汽锅炉及集输运行过程中产生固废为主剂的调剖剂系列，该调剖剂系列能满足油藏大剂量、高强度需求，为稠油油藏中后期经济高效可持续开发，提供了技术支持。

关键词　稠油热采；资源化利用；低成本调剖

河南油田稠油油藏具有埋藏浅、厚度薄、黏度高、油层胶结疏松、油砂体面积小的特点，在蒸汽开采过程中，经多轮次吞吐后，汽窜、亏空日趋严重；颗粒调剖适应于强汽窜和高亏空的油井，但单井药剂费用高达7.2万元，尤其是高亏空油井单井费用更是高达10.8万元，低油价的形势下，技术适应性逐渐降低，采油二厂稠油汽窜区块动用地质储量1633.3×10^{4}t，占动用地质储量的24.2%，采出程度21.3%，仍有很大治理潜力，亟需研究低成本高强度调剖技术。

采油二厂注汽锅炉及集输运行过程中产生粉煤灰、脱硫渣及浮渣等固废年产量大，处理费用高，适合资源化利用研制低成本、大剂量颗粒堵剂。通过攻关研究了适合较低渗透率油藏的低成本乳化油泥调剖剂，适合封堵强汽窜的低成本高强度粉煤灰调剖剂及适合大剂量填充油层亏空的填充型脱硫渣调剖剂。系列技术均资源化利用了工业废料，大幅降低药剂成本的同时实现了不动管柱颗粒调剖，大大降低了措施成本，满足了油藏大剂量、高强度需求，为稠油油藏中后期经济高效可持续开发，提供了技术支持。

1　稠油热采调剖机理

通过地面泵注设备将具有一定悬浮性、固结强度的调剖剂溶液注入地层，调剖剂在地层到达一定的深度后，分散、悬浮体系解体，分散的细小颗粒，又粘联聚集形成较大粒径的“团粒结构”沉积在大孔道中，使大孔道通径变小，增加了注入蒸汽的渗流阻力，迫使注入蒸汽转向，从而起到提高注入蒸汽的波及体积，达到改善稠油蒸汽吞吐开发效果的目的。

2　乳化油泥调剖剂的研制及性能评价

2.1　乳化油泥调剖剂配方的确定

表1　乳化油泥组分检测表

样品	含油/%	含水/%	固含物/%	粒径
污泥	24.60	68.80	6.60	$D_{50}=35\mu m$
原液	0.20	99.60	0.20	未检测出

在室温23℃条件下，将乳化油泥及污水按照不同比例搅拌均匀后，利用秒表测试其沉降时间即乳化油泥溶液悬浮性，实验结果表明：乳化油泥浓度越高，悬浮性越好，初步优选乳化油泥溶液干稀比例(1：0.5)~(1：1.5)之间(图1)。在此区间内乳化油泥溶液密度在1.017-1.061g/cm^{3}之间，接近清水密度(图2)。

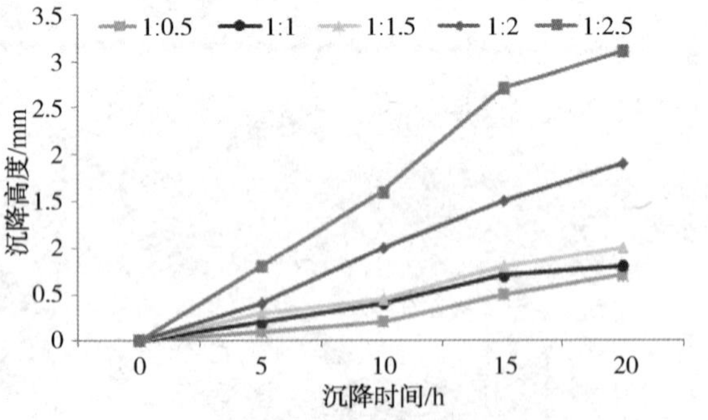

图1　乳化油泥溶液悬浮性实验

根据悬浮性优选出的干稀比例区间，利用旋转黏度计分别测试其23℃下的表观黏度，实验结果表明：浮渣浓度越高，流动性越差。为满足现

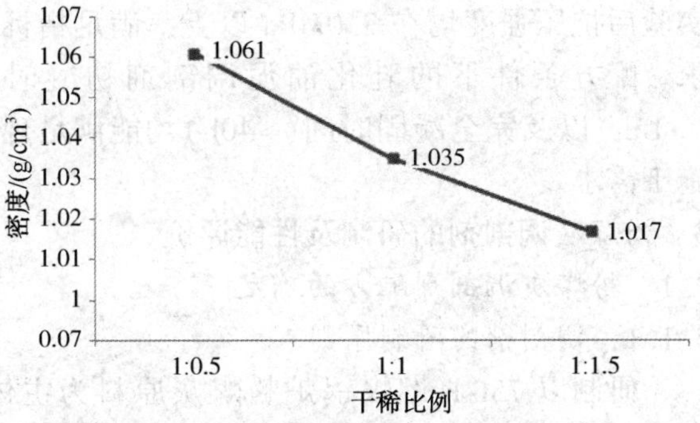

图 2　不同配比乳化油泥溶液密度测定

场泵入需求，最终优选乳化油泥溶液干稀比例(1∶1.2)~(1∶1.5)之间(图3)。通过温敏实验发现乳化油泥溶液的黏度对温度敏感性较差(图4)。

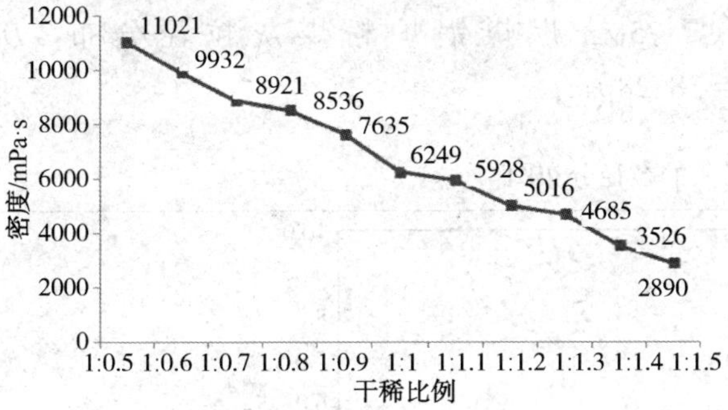

图 3　乳化油泥溶液黏度测定

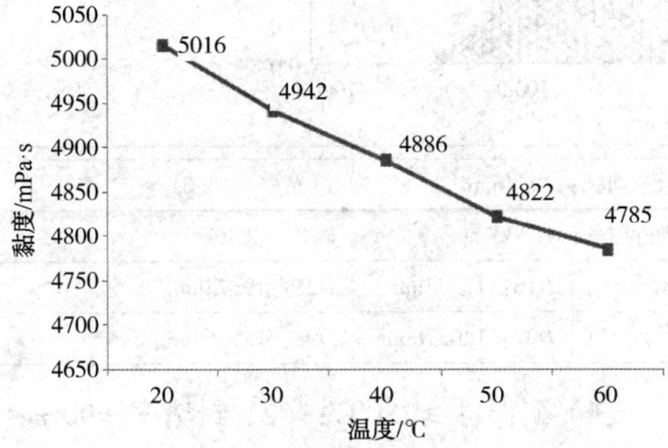

图 4　1：2 干稀比例下乳化油泥溶液黏温曲线

结合 A 颗粒调剖剂使用浓度以及乳化油泥溶液性能，初步确定了调剖剂配方的最佳使用浓度范围。将乳化油泥按照特定比例搅拌均匀后，替代 A 颗粒调剖剂中的悬浮剂，通过正交实验(表2、3)以及悬浮性能评价，得出乳化油泥调剖剂的配方：油泥溶液(油泥：污水=1：1.5)+25%颗粒调剖剂(固结剂：填充剂=3：7)，药剂成本较原 A 颗粒调剖剂下降 221 元/方。

表 2　药剂浓度正交设计

因素	固结剂：填充剂	浓度	乳化油泥比例
代号	A	B	C
位级一	2：8	20%	1：1.2
位级二	3：7	25%	1：1.35
位级三	4：6	30%	1：1.5

表 3　正交试验表

试验号	因素			抗压强度/MPa	费用(元/方)
	ZJ-3 A	ZJ-4 B	ZJ-5 C		
1	A1	B1	C1	1.2	298
2	A1	B2	C2	1.9	372
3	A1	B3	C3	2.1	447
4	A2	B1	C2	1.5	310
5	A2	B2	C3	2.2	387
6	A2	B3	C1	2.3	464
7	A3	B1	C3	1.8	320
8	A3	B2	C1	2.3	400
9	A3	B3	C2	2.6	480
Ⅰ	5.2	4.5	5.8		
Ⅱ	6	6.4	6.0	Ⅰ+Ⅱ+Ⅲ=17.9	/
Ⅲ	6.7	7	6.1		
极差 R	1.5	2.5	0.3	/	/

2.2　乳化油泥调剖剂性能评价

2.2.1　悬浮性能评价

将 3：7 的固结剂与填充剂按照 25%浓度分别加入乳化油泥溶液与清水中，乳化油泥溶液悬浮调剖剂均超过 8h，且稠化时间在 24h 以上，而清水几乎不具备悬浮性(稠化时间 8~24h)，表明乳化油泥调剖剂具有较好的悬浮性。

2.2.2　固结强度性能评价

通过实验对比乳化油泥调剖剂固结后强度低于主剂在清水中的强度，但其失水率低，且强度满足要求(≥2MPa，表 4)。

表 4　乳化油泥调剖剂固结强度对比评价

助剂	主剂 25%浓度	失水率/%	抗压强度/MPa
清水	固结剂+填充剂(3：7)	37	3.1
1：1.5 乳化油泥溶液		0.9	2.2-2.3

2.2.3　封堵性能评价

制备填砂管，饱和地层水，在恒定的流速(0.5mL/min)下水驱，直至压力稳定，测定水相渗透率。注入乳化油泥调剖剂，设计 V=1pv，排量 0.5mL/min。注入乳化油泥调剖剂完成后，放置 50℃恒温中 24h，转水驱，测定突破压力和封堵后水相渗透率，评价封堵率。从实验结果上可以看出(表 5)：乳化油泥调剖剂有较强的封堵地层能力(平均封堵率在 82.84%)。

表 5　乳化油泥调剖剂封堵率及突破压力实验结果

填砂管编号	水相渗透率/um²		封堵率/%
	调剖前	调剖后	
1	2.789	0.471	83.12
2	2.866	0.532	81.43
3	2.997	0.538	82.04
4	3.236	0.498	84.62
平均	2.972	0.510	82.84

2.2.4　其他性能评价

从室内实验结果上来看，研制出的乳化油泥调剖剂有较好的耐温、耐矿化度、耐冲刷性能，实验后抗压强度均在 2.0MPa 以上，满足指标要求。配方条件下的乳化油泥调剖剂初凝时间(>15h)以及完全凝固时间(>40h)均能满足现场施工需求。

3　粉煤灰调剖剂的研制及性能评价

3.1　粉煤灰调剖剂配方的确定

3.1.1　调剖剂的研制原则

研制以 75t/h 燃煤锅炉粉煤灰原料为主体，以固结剂、悬浮剂等为助剂，研制出具有良好悬浮性、耐温性、封堵性和施工安全的低成本调剖剂。

3.1.2　粉煤灰性能测试

对粉煤灰密度及粒径进行测试(图 5)：

75t/h 燃煤锅炉粉煤灰的比重：0.85；

75t/h 燃煤锅炉粉煤灰粒径分布：D_{50}=38.28μm；

图 5　75t 燃煤锅炉粉煤灰的粒径分布图

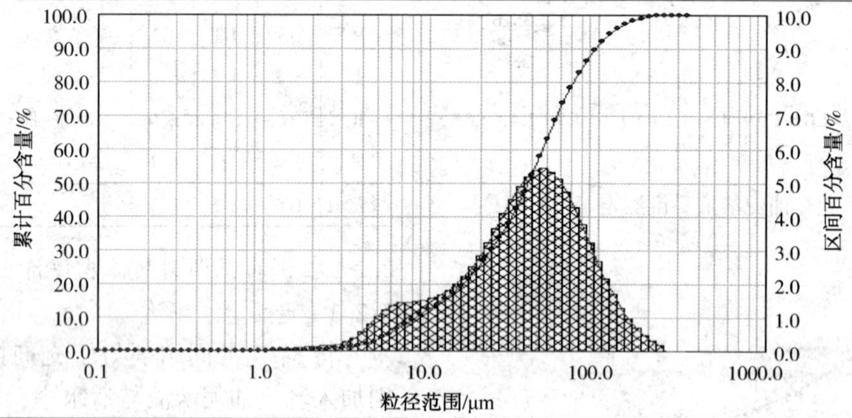

中位径：38.28um	体积平均径：47.04um		面积平均径：20.46um	遮光率：14.01
比表面积：108.56m^2/kg	物质折射率：1.545+0.000i		介质折射率：1.333	跨度：2.29
D3：4.77um	D6：6.27um	D10：8.47um	D16：12.73um	D25：19.72um
D75：63.69um	D84：79.51um	D90：96.24um	D97：140.76um	D98：155.69um

经测试粉煤灰比重为 0.85 具备悬浮条件，粒径分布：D_{50}=38.28μm，结合河南油田稠油热采油层孔喉，具备架桥条件。

3.1.3　调剖剂性能的要求

热采井调剖的主要目的是封堵高渗层或汽窜通道，改善吸汽剖面，提高注入蒸汽的波及体积，达到提高周期采油效率的目的。在调剖剂研制过程中，要求调剖剂有良好的耐温性和封堵性能。同时为保证施工安全，确保调剖剂注入过程中不在井筒凝固，还需要一定的初凝时间。具体指标要求如下：

(1) 耐温性≥280℃；(2) 封堵率≥90%；

(3) 初凝时间≥8h；(4) 抗压强度≥2MPa。

3.1.4　粉煤灰调剖剂配方确定

根据配方组分不同作用，预设了六组配方，考察不同配方的粉煤灰颗粒堵剂的可泵性、悬浮性、初凝时间等指标(表 6、表 7、表 8)。

综合调剖液析水、初凝时间、成型体积、悬浮液黏度等因素，配方 6 综合性能较为理想，即高强度粉煤灰颗粒堵剂配方为粉煤灰：固结剂：促凝剂：悬浮剂=5：3：1：1。

表 6　高强度粉煤灰颗粒堵剂配方预设表

序号	粉煤灰	固结剂	促凝剂	悬浮剂	配制液
1	5.0	4.0	1.0		浮渣前液
2	5.0	3.0	2.0		浮渣前液
3	6.0	3.0	1.0		浮渣前液
4	5.0	3.0	1.5	0.5	浮渣前液
5	5.5	3.0	1.0	0.5	浮渣前液
6	5.0	3.0	1.0	1.0	浮渣前液

实验条件：实验温度 60℃，实验浓度 35%，恒温 48h，配制液为浮渣前液。

表 7　不同配方粉煤灰颗粒堵剂性能评价数据统计表

配方序号	调剖液总质量/g	调剖液总体积/mL	析出水体积/mL		析水率/%	24h 颗粒堵剂成型体积/mL	24h 颗粒堵剂单位质量成型体积/mL	凝固时间/h		
			0.5h	24h				8	24	48
1	100	78	28.8	28.8	36.9	49.2	1.4	初凝	凝	
2	100	78.6	20.4	28.8	30	49.8	1.4	初凝	凝	
3	100	79.2	18.6	25.8	23.5	53.4	1.5	初凝	凝	
4	100	79.9	9.8	23.2	12.3	56.7	1.6	否	初凝	凝
5	100	76.3	9.2	21.4	12.1	54.9	1.6	否	初凝	凝
6	100	80.5	6.5	15.9	8.1	64.6	1.8	否	初凝	凝

表 8　不同浓度下可泵性、悬浮性、成型体积、凝固性能评价数据统计

序号	调剖液总质量/g	实验浓度/%	黏度/(MPa·s)	密度	总体积/mL	析水率/%	24h 成型体积/mL	凝固时间/h			
								8	16	24	48
1	100	30	487	1.23	78	17.7	60.6	否	否	初凝	凝
2	100	35	575	1.27	77.4	8.5	64.8	否	否	初凝	凝
3	100	40	712	1.33	75.6	6.3	66.6	否	初凝	凝	凝

综合可泵性、悬浮性、成型体积、凝固性能度等因素，高强度粉煤灰颗粒堵剂使用浓度为 35%较理想。

3.2　粉煤灰调剖剂性能评价

3.2.1　耐温性

将粉煤灰：固结剂：促凝剂：悬浮剂 = 5：3：1：1 制备，凝固后，放入高温高压样筒，然后拧紧高温高压样筒将其放入高温烘箱，温度设定在 280℃，恒温 48h 后降温打开样筒，观察试样，无碳化变质现象，耐温性良好。

3.2.2　固结强度性能评价

制备粉煤灰：固结剂：促凝剂：悬浮剂 = 5：3：1：1 的浆液，浆液分装于 3 支 Φ25mm × 210mm 的试管中，密封后置于 50℃的恒温水浴中恒温 3d 后取出试管，敲碎试管取底部 3cm 长的样品，磨平两个端面后，测试其抗压强度，结果表明粉煤灰调剖剂抗压强度为 3.69MPa，满足技术标准要求。

3.2.3　封堵性能评价

制备填砂管，饱和地层水，在恒定的流速(0.5mL/min)下水驱，直至压力稳定，测定水相渗透率。注入粉煤灰调剖剂，设计 V = 1pv，排量 0.5mL/min。注入粉煤灰调剖剂完成后，放置 50℃恒温中 72h，转水驱，测定突破压力和封堵后水相渗透率，评价封堵率。从实验结果上可以看出(表 9)：粉煤灰调剖剂有较强的封堵地层能力(平均封堵率在 88.0%)。

表 9　粉煤灰调剖剂封堵率及突破压力实验结果

填砂管编号	水相渗透率/um^2		封堵率/%
	调剖前	调剖后	
1	2.654	0.325	87.75
2	2.213	0.360	83.73
3	2.895	0.325	88.77
4	3.102	0.439	85.85
平均	2.716	0.326	88.00

3.2.4　其他性能评价

从室内实验结果上来看，研制出的粉煤灰调剖剂有较好的悬浮性、耐矿化度、耐冲刷性能，实验后抗压强度均在 2.0MPa 以上，满足指标要求。配方条件下的粉煤灰调剖剂初凝时间(>16h)以及完全凝固时间(>48h)均能满足现场施工需求。

4　填充型脱硫渣颗粒堵剂

4.1　脱硫渣调剖剂配方的确定

4.1.1　调剖剂的研制原则

研制以 75t/h 燃煤锅炉脱硫渣原料为主剂，以浮渣悬浮剂等为助剂，研制出具有良好悬浮性、耐温性和施工安全的低成本填充型调剖剂。

4.1.2　脱硫渣性能测试

对脱硫渣粒径进行测试：

75t/h 燃煤锅炉脱硫渣粒径分布：D_{50} = 26.29um；

图 6　75t 燃煤锅炉粉煤灰的粒径分布图

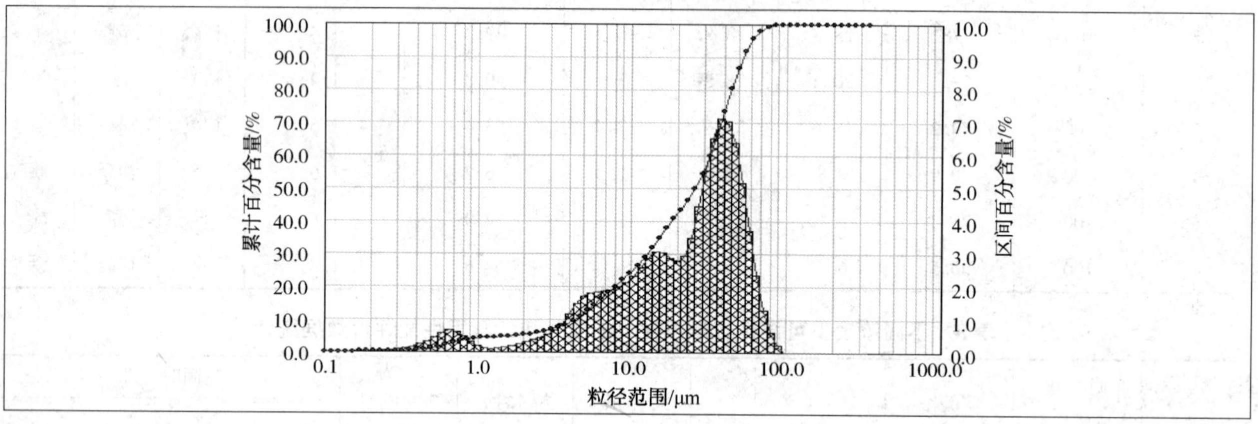

样品名称：脱硫渣调剖剂			样品来源：工程所	
介质名称：水			测试单位：化验室	
测试人员：王胜任			测试日期：2019-02-27	
中位径：26.29um	体积平均径：27.37um		面积平均径：6.74um	遮光率：14.11
比表面积：329.45m^2/kg	物质折射率：1.545+0.000i		介质折射率：1.333	跨度：1.85
$D3$：0.72um	$D6$：2.58um	$D10$：4.42um	$D16$：6.43um	$D25$：10.44um
$D75$：41.20um	$D84$：47.55um	$D90$：53.29um	$D97$：65.81um	$D98$：69.00um

经测试脱硫渣粒径分布：D_{50} = 26.29um，结合河南油田稠油热采油层孔喉，具备架桥条件。

4.1.3　调剖剂性能的要求

热采井填充型调剖的主要目的是填充高动用层段，改善吸汽剖面，提高注入蒸汽的波及体积，达到提高周期采油效率的目的。在调剖剂研制过程中，要求调剖剂有良好的耐温性和悬浮性，还需要一定的初凝时间。具体指标要求如下：

(1) 耐温性≥280℃；(2)悬浮时间≥8h。

4.1.4　脱硫渣调剖剂配方确定

表 10　不同配比浮渣悬浮液黏度数据

序号	浮渣液浓度/%	浮渣悬浮液黏度/(MPa·s)	备注
1	20	244	浮渣调剖剂用浮渣前液配制浮渣
2	25	1541	
3	30	3536	
4	35	10687	

综合考虑填充型脱硫渣颗粒堵剂的可泵性，配制填充型脱硫渣颗粒堵剂使用的浮渣液浓度为

20%较好。填充型脱硫渣颗粒堵剂即是使用浓度20%浮渣液将脱硫渣混配均匀而成(表11)。

4.2　脱硫渣调剖剂性能评价

4.2.1　耐温性

将脱硫渣放入高温高压样筒，然后拧紧高温高压样筒将其放入高温烘箱，温度设定在280℃，恒温48h后降温打开样筒，观察试样，无碳化变质现象，耐温性良好(图7、图8)。

图7　脱硫渣耐温前

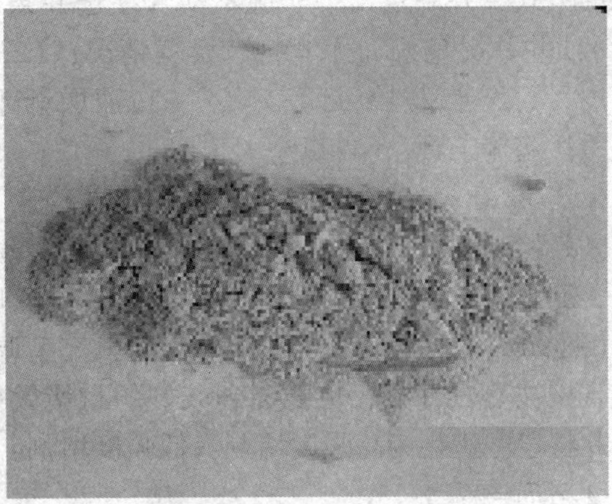

图8　脱硫渣耐温后

4.2.2　综合性能评价

实验结果表明：填充型脱硫渣颗粒堵剂实验浓度25%时，其可泵性、悬浮性较好(12h)，单位质量堆积体积较大，优选25%为现场使用浓度(表11)。

表11　综合性能评价

序号	脱硫渣浓度/%	脱硫渣悬浮液总体积/mL	脱硫渣悬浮液黏度/(MPa·s)	密度/(g/cm^3)	析水率/%	24h颗粒堵剂堆积体积/mL	24h单位质量堆积体积/(mL/g)
1	25	100	519	1.13	7.9	71.8	2.9
2	30	100	847	1.16	8.8	73.6	2.5
3	35	100	1406	1.21	9.4	75.6	2.2

5　小结

三种调剖剂均可以实现改善吸汽剖面，提高注入蒸汽的波及体积，达到提高周期采油效率的目的，但由于粒径及强度的不同，系列调剖剂可适应不同油藏及不同矛盾(表12)。乳化油泥调剖剂可适应较低渗透率油藏，高强度粉煤灰调剖剂适应封堵强汽窜，填充型脱硫渣调剖剂适应大剂量填充油层亏空。

表12　系列调剖剂对比

系列调剖剂	悬浮性/h	析水率/%	初凝时间/h	耐温性/℃	抗压强度/MPa	封堵率/%	单方成本/元	解决油藏矛盾
在用调剖剂	≥1	70.0	≥4	≥280	2.5	80.1	529	封堵渗透率较低油藏汽窜
乳化油泥	≥8	9.2	≥15	≥280	2.25	82.8	387	封堵渗透率较低油藏汽窜
粉煤灰	≥12	8.1	≥24	≥280	3.69	88.0	173	封堵渗透率较高油藏汽窜
脱硫渣	≥12	7.9	/	≥280	/	/	68	填充大剂量亏空

6　工艺优化

6.1　注入工艺优化

6.1.1　不动管柱调剖

动管柱颗粒调剖单井仅作业费用就在6万元左右，为降低措施成本，结合试验井探冲砂情况，分析了不动管柱粉煤灰调剖的可行性：(1)悬浮性好：室内实验配制的调剖剂析水率均小于10%；(2)初凝时间长：从室内实验来看，初凝时间≥15h；(3)井筒残留量小：现场试验油井作业冲砂情况分析，满足顶替量(3~4倍井筒体积)的情况下，井筒内砂柱高度仅5.3m，口袋大于10m井均可以实施。

结合不动管柱可行性论证，通过正、反注风险分析，为保护抽油泵，优选反注即油套环空注入的方式，并制定出了实施不动管柱选井条件：(1)油井井况良好，无套损、套变情况；(2)井筒内无封隔器、过泵封等工具；(3)油层下部无丢手桥塞等工具；(4)口袋大于10m。

6.1.2　段塞优化

封堵油井汽窜时，整体采用高强度段塞和高、低强度组合使用相比后者大大降低了药剂成本(图9)，而且两头采用高强度避免填充型调剖剂直接被蒸汽冲刷，也能起到较好的封堵效果，因此将段塞优化为高强度堵剂：低强度堵剂：高强度堵剂=3：4：3。

图9　调剖剂段塞优化

6.2　溶液混配工艺优化

调剖剂溶液初期混配方式主要在现场配制，粉尘污染严重，不仅配液速度慢、用工量大、劳动强度高，而且浓度上很难控制，无法严格按照设计浓度混配，影响药剂性能。为解决这一问题，研制了自动化配液装置(图10)，全部实现机械化配液，避免了粉尘污染，配液人员减少6人/次，配液时间缩短80%，配液效率、配液浓度合格率得到大大提高。

图10　溶液自动化配液装置

7　现场应用效果

近3年系列调剖技术现场实施145井次，有效率79.5%，增油9316t，实现不动管柱调剖工艺108井次，合计降本1420万元。通过实施不动管柱施工工艺，措施费用降幅56%，调剖剂费用由529元/m^3降至209元/m^3(表13)。

表13　现场应用效果统计表

井次	有效率/%	增油/t	不动管柱/井次	合计降本/万元
145	79.5	9316	108	1420

8　结论

(1)系列调剖剂的成功研制，降低了颗粒调剖剂药剂成本，使固废得到资源化利用，节约了处理费用，有效拓宽了稠油热采调剖技术系列；

(2)成功实现了不动管柱高强度、低成本颗粒调剖，进一步降低了稠油热采颗粒调剖成本，有效提高了稠油热采中后期开发效果效益；

(3)系列调剖技术适用于热采吞吐中后期汽窜以及亏空严重井治理，推广应用前景广阔。

参考文献

[1] 尹明，李翠英，韦汉春，等．粉煤灰调剖新技术的研究与应用[J]．化学工程与装备，2009，7：42-44.

[2] 崔宝玉．含油粉煤灰调剖技术研究[D]．西安：西安石油大学，2015，12：15-66.

[3] 王书林，李伟东等．河南油田蒸汽吞吐井氮气泡沫抑制边水技术研究．石油地质与工程，2013.27(5).

[4] 马道祥，强星，蒋莉等．CY/GSC-1粉煤灰调剖剂的研制与应用[J]．石油地质与工程，2010.24.6.

机采井全生命周期闭环治理技术的实践与应用

高艳华　付　尧　任立新　梁　猛　王　欢　公　杰

（大庆油田有限责任公司）

摘　要　将机采井的生命周期划分成正常、异常和检泵三个生命节点，针对不同生命节点，开展有针对性的治理技术研究，即抓正常井，开展精细生产管理技术研究；抓异常井，积极开展治理技术研究；抓检泵井，开展方案优化技术研究，进而实施了机采井全生命周期闭环治理技术。并不断丰富和完善该技术，进一步细化各生命节点，建立了“三控、九治、一优化”的技术配套体系，实现了地上与地下一体化优化方案设计技术。从而实现了机采井检泵指标持续向好，2017 年同比 2013 年，检泵率下降 22.0 个百分点，检泵周期延长 140d，平均年节省检泵成本 2100 余万元。

关键词　机采井；周期；治理；技术

特高含水期多种驱替方式并存，维护性作业比例居高不下，生产规模逐年扩大，检泵作业成本控制难度大：检泵率降低 1 个百分点，作业维护减少 56 井次、检泵成本节省 502.6 万元、减少 45 人·年工作量、减少躺井增加产油 902t。面对检泵率控制难度大、维护成本高的严峻形势，建立起机采井全生命周期闭环治理技术，即将机采井的生命周期划分成正常、异常和检泵三个生命节点，针对不同生命节点，开展有针对性的治理技术研究。通过不断丰富和完善机采井全生命周期闭环治理技术，细化各生命节点，建立起“三控、九治、一优化”的技术配套体系，实现了机采井检泵指标持续向好。

1　动态调控“正常井”，控制好井变差

1.1　动态调控洗井，降低结蜡影响

热洗是最根本、最直接、最有效的泵况管理措施，洗好井、洗透井能够有效保障油井高效、长效运行。反之，井筒结蜡会增加油井负荷，增加能耗，缩短运行周期，甚至造成蜡卡检泵，增加生产成本；增大油流阻力，降低泵效，影响原油产量，降低效益；死油死蜡带到地面不利于环保工作[1]。

一是研究并推广量化参数洗井法，提高洗井质量。通过开展井温梯度测试、析蜡试验确定不同产液、含水条件下的结蜡段；通过融蜡试验、洗井温度测试确定不同洗井参数下井下各点的温度，得到析蜡点达到融蜡温度所需的排量、温度及时间。由于井筒各点的温度达到平衡后，温度不在随时间延长继续增加，所以达到最高温度所需的最佳时间，即结蜡点达到完全融化温度的时间与融化时间之和。据此总结归纳为“量化参数洗井法”（见表 1），为方便使用，编制了单井优化热洗参数软件，该方法主要适用于中转站泵洗的抽油机井和螺杆泵井。指导洗井 10000 余井次，优化后与优化前相比电流下降 0.4A，热洗周期延长 12d。

表 1　不同产液洗井时各点达到最高温度的时间　　h

序号	产液/(t/d)	深度/m						融蜡时间
		420	520	620	720	820	920	
1	≤20	2.7	3	3.5	3.8	3.8	4.5	0.5
2	20~50	2.6	3	3.3	3.5	3.8	4.1	0.5
3	≥50	1.9	2.4	2.8	3.4	3.7	4.1	0.5
平均		2.3	2.8	3.2	3.5	3.8	4.1	0.5

二是开发设计并推广热洗参数分析仪，监督洗井过程。该分析仪主要由参数记录装置、两只压力变送器和两只温度传感器组成。可实时显示并记录热洗的时间、压力和温度，可通过 U 盘录

取数据，查看、保存、打印热洗参数曲线，并通过回放热洗参数曲线可以分析判断热洗过程中存在的问题，为下一次热洗时间和周期的合理调整提供依据。指导洗井 1441 井次，合理调整热洗周期 271 井次。其中，延长热洗周期 194 井次，缩短热洗周期 77 井次。

1.2　动态调控参数，优化油井负荷

理论研究确定了机采井合理沉没度（水驱抽油机井合理沉没度 200～300m、螺杆泵井合理沉没度 250～350m，聚驱见聚初期油井合理沉没度 450～550m、聚驱见效期油井合理沉没度 200～275m、聚驱含水回升期油井合理沉没度 350～450m）。统计不同沉没度油井运行周期发现：合理沉没度区间内油井检泵率较低，举升设备和管柱负荷较低。可见，理论研究与数据统计相辅相成。

结合实际生产情况，按照含水分级制定机采井参数动态调控模板（见表 2），提高参数调控精度，以科学指导实际生产。同时为提升效果，将油井调控分为高效、增效、失效期三阶段，高效、增效期挖掘产量、跟踪设备负荷；失效期及时回调。抽油机井实施回调 75 井次，冲次下降 13.3%，载荷下降 14.6%；螺杆泵井实施 93 井次，转速下降 17.0%，扭矩下降 8.3%。回调 168 井次动液面恢复 121m，泵效提高 6.7 个百分点。

表 2　机采井参数动态调控模板

含水/%		≤90			90～95			≥95		
泵效/%		≤30	30～70	≥70	≤30	30～70	≥70	≤30	30～70	≥70
沉没度/m	≤100	E	C	F	E	C	F	E	C	F
	100～200	E	C	F	E	C	F	E	C	F
	200～400	F	A	A	F	A	A	F	A	A
	400～600	F	B	A	F	B	A	F	B	A
	600～800	F	B	A	F	B	A	F	B	A
	≥800	G	B	D	G	B	D	G	B	D

1.3　细化油井动态控制图，提高工况诊断符合率

油井动态控制图能较好指导实际生产，近年来在应用中出现符合率下降问题。分析认为主要受两方面因素影响：一是含水上升比较快。目前我厂平均含水 95.7%，较动态控制图研究之初升高 17.5 个百分点；二是聚驱井数增加快。喇嘛甸油田 1996 年开始推广聚驱开发，至今已有聚驱油井 3072 口，占比 56.0%。为此，优化设计了不同采出液含聚浓度下的油井动态控制图。

一是理论研究确定油井动态控制图边界线[2]。通过聚驱采出液流变性实验研究，聚驱采出液属幂律流体，总结采出液稠度系数和流性指数与浓度的关系。同时，考虑不同浓度的影响，通过油井流入、流出关系及泵效理论研究建立泵效与流压的数学模型，按照泵挂深度及含水分别确定动态控制图区域边界上、下限等。

二是现场核实修正油井动态控制图边界线。通过 4120 口井现场数据对控制图各边界进行修正并作出调整，其中泵效 30%～40%之间 128 口井功图显示供液不足，最终将合理泵效线调整为 40%，提高其工况的准确性。并形成不同采出液浓度下的动态控制图 9 个。

推广应用优化后的动态控制图（如图 1 所示）点图分析 27431 井次，现场落实 1862 口井工况，聚驱井符合率 93.1%，水驱井符合率 97.2%。优化后的油井动态控制图提高了工况符合率，实现科学指导油井工作制度的优化调整。

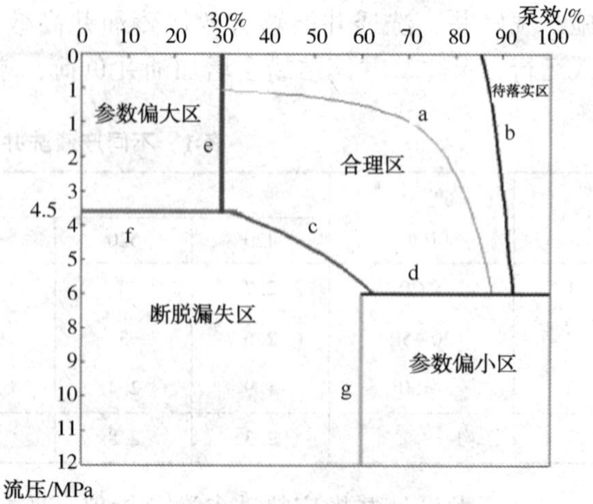

图 1　0～300mg/L 抽油机井动态控制图

2　规范治理“异常井”，防止差井变检

为提升治理效果，总结归纳各采油矿成熟经验，全面推广应用治理规范，使治理工作“流程化、标准化”。成功治理异常井，可有效延长油井运行周期，对检泵率控制工作起到积极的促进作用。

在总结归纳的基础上，通过“强化诊断、找准病因”，将可治理的泵况异常井分为卡泵与杆断脱两类[3]，以酸洗、热洗为主要手段，编制形成解卡治理规范 7 个(如图 2 所示)；以对接为主要手段，编制形成杆脱治理规范 2 个。通过实施“分类治理”，成功治理异常井 838 井次，截至目前，运行周期延长 115d，相当于少检泵 126 井次。

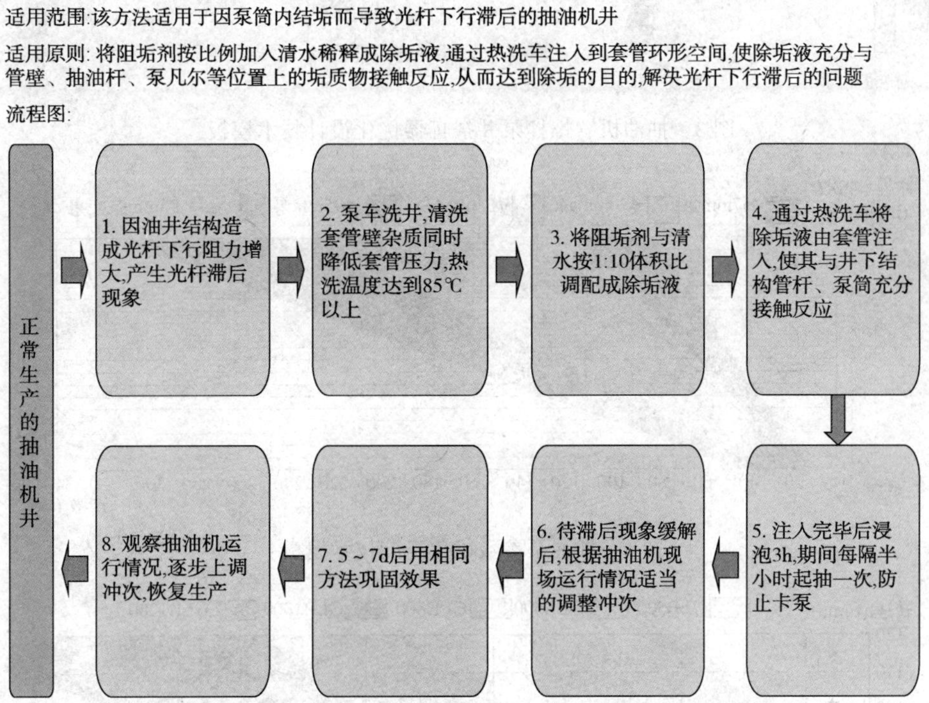

图 2　加阻垢剂处理杆运行滞后规范

3　优化设计“检泵井”，确保良好开端

以“防磨、降载、控损”技术配套模式为基础，对井筒进行优化设计，实现了地上与地下一体化治理。

3.1　防磨技术

一是油管三项检测技术。应用漏磁探伤原理开展油管三项检测技术研究，同时结合对油管受力分析计算，确立油管三项检测判废标准(见表 3)，防止缺陷油管下井。检测 1923 井次，管问题检泵率同比下降 0.2 个百分点。

表 3　油管三项检测技术标准模板

项目	管径/mm	判废标准
管体	φ62	剩余壁厚≤4.2mm
	φ76	剩余壁厚≤4.7mm
螺纹	φ62	深度>0.5mm、宽度>0.15mm、长度>13mm
锥度	φ62	管端丝扣露出 2 扣
	φ76	管端丝扣露出 2 扣

二是扶正器优化设计技术。根据杆管偏磨机理研究，结合井身结构与历次施工，有针对性优选优化设计扶正器，并编制出抽油机、螺杆泵井扶正器优化设计技术模板(如图 3 所示)。实施 1554 井次，方案覆盖率达 100%。

三是抽汲参数优化匹配技术。依据“大泵、低参”原则，借检(下)泵时机优化设计抽汲参数，并编制抽油泵、螺杆泵参数优化匹配技术模板(如图 4、图 5 所示)。抽油机井实施 245 井次，冲次下降 1.2min^{-1}，交变载荷下降 5.6kN；螺杆泵井实施 272 井次，转速下降 8.7r/min，运行电流下降 2.6A。

3.2　降载技术

一是抽油泵间隙优化技术。根据高浓度采出液对抽油机井杆柱受力的理论研究，结合现场实际情况，确定不同含聚浓度下的抽油泵间隙，并编制出抽油泵间隙优化技术应用模板(如图 6 所示)。实施 217 井次，交变载荷下降 7.8kN。

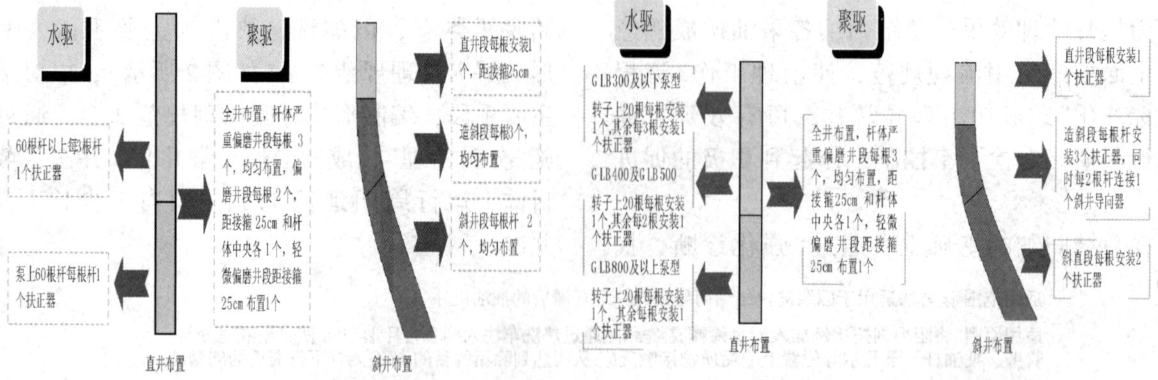

图 3　抽油机、螺杆泵井扶正器优化设计技术模板

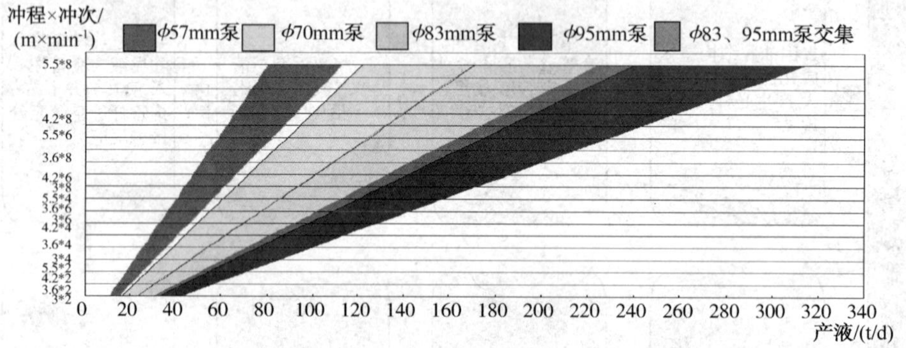

图 4　抽油泵参数优化匹配技术模板

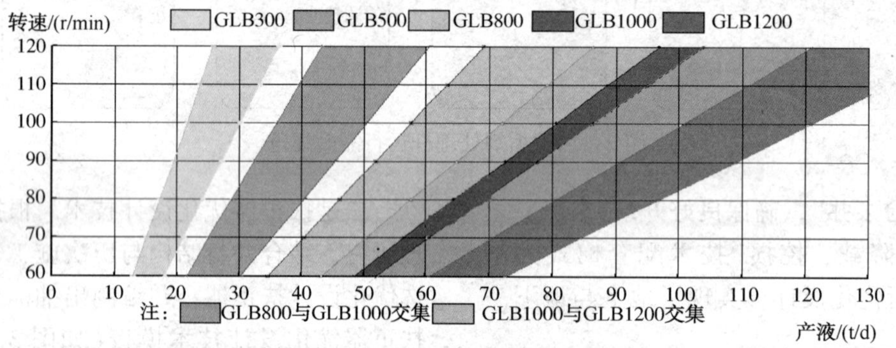

图 5　螺杆泵参数优化匹配技术模板

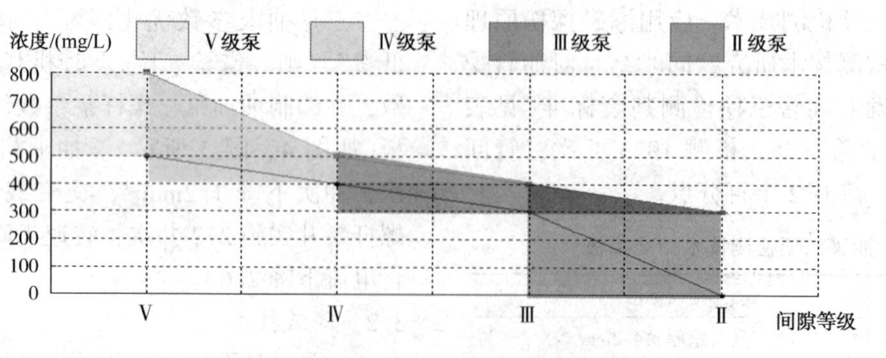

图 6　抽油泵间隙优化技术应用模板

二是螺杆泵过盈值匹配技术。以不影响泵效为前提，依据产量及采出液含聚浓度，匹配螺杆泵过盈值，降低运行扭矩，并编制出螺杆泵过盈值匹配技术应用模板(如图 7 所示)。实施 278 井次，平均扭矩下降 8.3%。

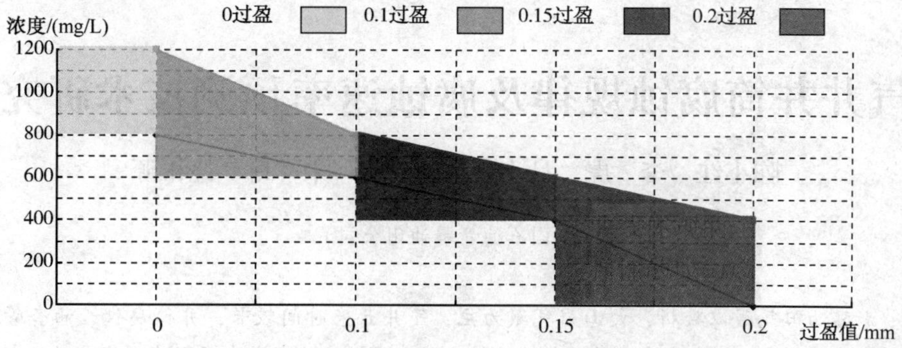

图7　螺杆泵过盈值匹配技术应用模板

3.3　控损技术

一是电泵井双保护器技术。将两个胶囊保护器串接，增加保护器的存储量、呼吸量，提高散热速度。应用双保护器332井次，损坏比例降低10.4个百分点。

二是电泵井液量回馈技术。通过阀门与油嘴协同控制，将部分采出液由油套环空重新注回井内，避免因沉没度过低造成欠载停机或烧泵，并编制出电泵井液量回馈技术应用模板(如图8所示)。调整安装63井次，运行时率提高5.1个百分点。

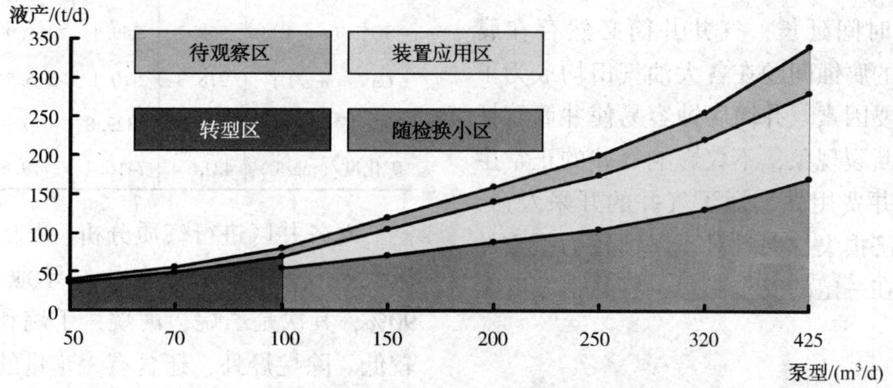

图8　电泵井液量回馈技术应用模板

4　现场实践应用

通过动态调控正常井，控制好井变差；规范治理异常井，防止差井变检和优化设计检泵井，确保良好开端，从而实现油井长效运行，机采井检泵指标持续向好，2017年同比与2013年，检泵率下降22.0个百分点，检泵周期延长140d，平均年节省检泵成本2100余万元。

5　几点认识

(1) 通过动态调控正常井，控制好井变差；规范治理异常井，防止差井变检和优化设计检泵井，确保良好开端，实现了机采井全生命周期的闭环治理，为实现油井长效运行奠定了坚实的技术基础。

(2) 现场试验表明，机采井全生命周期闭环治理技术效果显著，提升了机采井技术管理水平，取得了较好的降本增效效果。

(3) 技术管理模板的编制将复杂难懂的“理论可行”，变为简单可视的“图版易用”，一方面，提升了成熟配套技术适应性和针对性，另一方面，提高了方案设计人员的可操作性，大幅度提高其工作效率。

参考文献

[1] 万仁溥. 采油工程手册[M]. 石油工业出版社, 2006.1: 489-513.

[2] 陈宪侃, 叶利平, 谷玉洪. 抽油机采油技术[M]. 石油工业出版社, 2006.12: 163-178.

[3] 韩修廷. 有杆泵采油原理及应用[M]. 石油工业出版社, 2007.3: 295-354.

气井井筒腐蚀规律及腐蚀速率预测技术研究

陈小红　李　虎　吕小明　刘明明　朱　琳　饶彬源

（中国石油新疆油田公司）

摘　要　新疆油田气藏以凝析、火山岩气藏为主，气井开采时间较长，井筒腐蚀、油套管腐蚀穿孔、油管腐蚀断裂落井等问题也日渐突出。针对气井井筒腐蚀成因机理，在室内多因素正交实验分析的基础上，研究发现，气源主要腐蚀性气体为 CO_2，水质腐蚀主要因素是 HCO_3^-、Cl^-。为掌握气井管材腐蚀情况，基于小波神经网络 GA-WNN 模型并结合每一段油管的环向、径向和轴向受力计算，建立气井井筒腐蚀速率与剩余寿命预测评估软件，有效预估腐蚀的程度，保障气井的安全高效生产。

关键词　新疆油田；气井井筒；腐蚀规律；腐蚀速率

石油与天然气工业是最受金属腐蚀问题困惑的工业之一，特别是含 H_2S、CO_2 等多种腐蚀介质的油气田出现，腐蚀问题愈来愈引起人们关注。随着开采时间延长，气井井筒必然存在腐蚀，井筒管柱的腐蚀问题在各大油气田均成为了影响生产的重要因素。井筒腐蚀容易使井筒管柱出现穿孔或者断裂现象，不仅影响气井的正常生产，增加了修井费用并缩短了气井的开采寿命，造成重大的经济损失，而且对于腐蚀较为严重的气井，往往存在一定的安全隐患，容易引发安全事故。

1　基本情况

1.1　气田现状

新疆油田气藏以凝析、火山岩气藏为主，气井开采时间较长，井温集中在 31～117℃，井筒材质以 P110 钢为主，天然气中水气比 13～27g/m³，Cl－含量 5011.4～17952mg/L，矿化度 13238～29239mg/L，CO_2 分压集中在 0.05～0.2MPa 之间，水质呈弱酸性。

1.2　物性参数

随着开采的进行，气田物性参数（见表 1），井区以重碳酸氢钠水型和硫酸钠水型为

主，偶尔出现氯化镁、氯化钙型，各井区水含离子种类相同，但离子含量差异大，且各离子基本随开采时间延长有缓慢增加的趋势。

表 1　各井区水质分析

离子种类	1 号井区	2 号井区	3 号井区	4 号井区
CO_3^{2-}/(mg/L)	11.1	10.9	16	21.7
HCO_3^-/(mg/L)	204.3	460.4	385.8	640.7
Cl^-/(mg/L)	1960	4067.7	1169.8	7086.9
SO_4^{2-}/(mg/L)	558.2	259.1	968.9	207.2
Ca^{2+}/(mg/L)	218.3	510.1	236.5	244.3
Na^+/K^+(mg/L)	1318.7	2329.8	1057.7	4597.5
矿化度/(mg/L)	4214.4	7416.7	3779.8	12511

对各井区进行气质分析（见表 2）发现，各井区天然气组成中甲烷占主导地位，含量超过 90%，其次是乙烷、丙烷，丁烷和戊烷的含量都较低。除烷烃外，还含有一定量的 N_2 和 CO_2，不含 O_2 和 H_2S，由于烷烃和 N_2 对金属的腐蚀性几乎可忽略不计，因此可确定气质中主要腐蚀性气体为 CO_2。

表 2　各井区气质分析

组分	1 号井区	2 号井区	3 号井区	4 号井区
氮气(mol%)	1.60	3.30	1.14	2.99
二氧化碳(mol%)	0.07	0.51	0.04	0.57
甲烷(mol%)	93.75	90.44	93.37	90.60
乙烷(mol%)	3.58	4.50	5.41	3.93
丙烷(mol%)	0.59	1.49	1.26	1.15
正丁烷((mol%)	0.13	0.33	0.25	0.32
异丁烷(mol%)	0.14	0.36	0.30	0.27
正戊烷(mol%)	0.03	0.08	0.36	0.09
异戊烷(mol%)	0.05	0.10	0.30	0.09

1.3　井筒腐蚀现状

2008 年至今，通过修井提管柱发现的腐蚀井共有 4 口，1#井（如图 1 所示）、2#井（如图 2

所示)出现管柱腐蚀穿孔，3#井(如图3所示)因腐蚀严重发生管柱断裂，4#井(如图4所示)有明显的管柱腐蚀现象。2010年对新疆油田气井进行套管质量普查，8口井中只有三口井套管没有发现损伤、孔洞、腐蚀等情况，其他5口井均存在部分腐蚀问题。

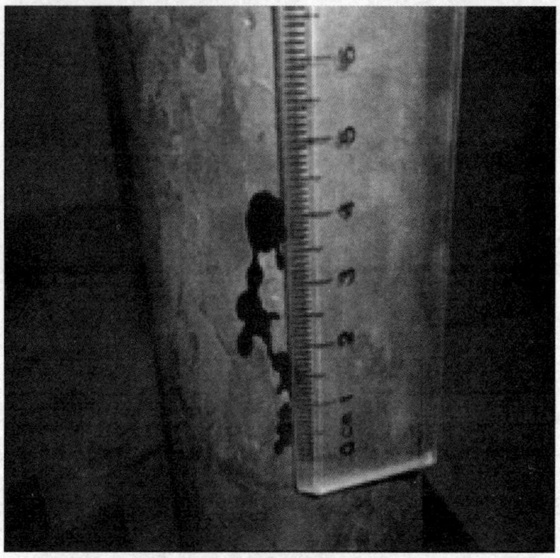

图1　1#井管柱腐蚀穿孔

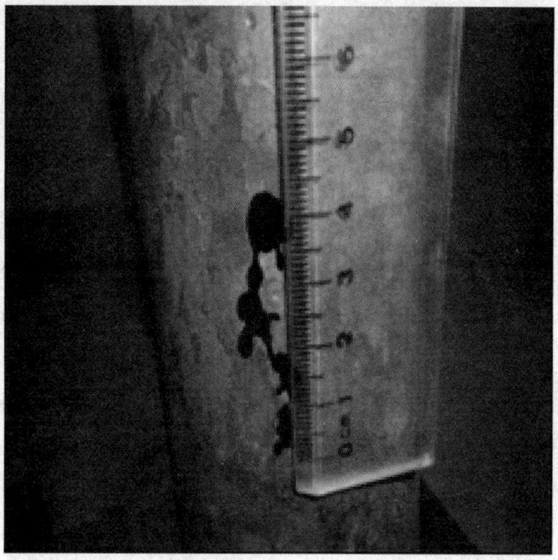

图2　2#井管柱腐蚀穿孔

图3　3#井管柱断裂

图4　4#井管柱腐蚀

2　腐蚀规律研究

2.1　常压静态正交试验

通过P110钢常压静态正交试验(见表3)可知，P110钢在正交实验下得到的腐蚀速率范围为0.1248~0.5125mm/a，腐蚀速率最大值对应较大的Cl^-浓度和较小的pH值，腐蚀速率最小值对应最大的HCO_3^-浓度和最小的Ca^{2+}浓度，且pH等于7，溶液为中性。

由极差分析可知，腐蚀影响强弱顺序为：$Cl^->pH>HCO_3^->Ca^{2+}>SO_4^{2}$，但新疆气井的pH主要在6.5~7.0之间，故影响井筒腐蚀的水质因素最显著的是HCO_3^-、Cl^-。

表3　P110钢常压静态正交试验

序号	HCO_3^-/(mg/L)	Cl^-/(mg/L)	SO_4^{2-}/(mg/L)	Ca^{2+}/(mg/L)	pH值	腐蚀速率/(mm/a)
1	50	4000	20	100	5.5	0.4224
2	50	8000	100	300	6	0.2658

续表

序号	HCO_3^-/(mg/L)	Cl^-/(mg/L)	SO_4^{2-}/(mg/L)	Ca^{2+}/(mg/L)	pH值	腐蚀速率/(mm/a)
3	50	12000	400	900	6.5	0.4681
4	50	18000	1000	1500	7	0.2732
5	200	4000	100	900	7	0.3090
6	200	8000	20	1500	6.5	0.4271
7	200	12000	1000	100	6	0.5125
8	200	18000	400	300	5.5	0.3954
9	600	4000	400	1500	6	0.4413
10	600	8000	1000	900	5.5	0.3302
11	600	12000	20	300	7	0.3535
12	600	18000	100	100	6.5	0.1709
13	1200	4000	1000	300	6.5	0.2608
14	1200	8000	400	100	7	0.1248
15	1200	12000	100	1500	5.5	0.4613
16	1200	18000	20	900	6	0.3845
$K_1/4$	0.357	0.373	0.397	0.308	0.402	
$K_2/4$	0.426	0.287	0.317	0.319	0.401	
$K_3/4$	0.324	0.449	0.357	0.388	0.332	
$K_4/4$	0.308	0.306	0.354	0.401	0.280	

2.2 高温高压正交实验

将水质中最显著的HCO_3^-和Cl^-浓度，以及环境温度、CO_2分压作为影响因素，进一步探讨腐蚀规律。实验选定温度、CO_2分压、HCO_3^-浓度、Cl^-浓度四个因素，每个因素取3个水平，模拟9组正交腐蚀实验，实验数据见表4。

表4 P110钢高温高压实验

序号	CO_2分压/MPa	温度/℃	HCO_3/(mg/L)	Cl^-/(mg/L)	腐蚀速/(mm/a)
1	0.1	80	50	4000	0.7235
2	0.1	50	200	8000	0.4060
3	0.1	110	1000	15000	0.2809
4	0.2	80	200	15000	0.6936
5	0.2	50	1000	4000	0.2975
6	0.2	110	50	8000	0.4444
7	0.3	80	1000	8000	0.4097
8	0.3	50	50	15000	0.5252
9	0.3	110	200	4000	0.2551
$K_2/3$	0.470	0.609	0.565	0.426	
$K_3/3$	0.479	0.410	0.452	0.420	
$K_4/3$	0.397	0.327	0.330	0.500	
极差	0.082	0.282	0.235	0.080	

P110钢高温高压的腐蚀速率范围为0.2551~0.7235mm/a，腐蚀速率最大值对应较高的温度，腐蚀速率最小值对应最低的Cl^-浓度和最高温度，由极差分析可知，对P110钢CO_2腐蚀影响强弱顺序为：温度>HCO_3^->CO_2分压>Cl^-，影响比较显著的因素为温度和HCO_3^-。

3 腐蚀速率预测与剩余寿命评估研究

3.1 腐蚀速率预测模型的构建

腐蚀速率预测模型(见图5)的构建选择基于遗传算法优化的小波神经网络GA-WNN模型，该模型结合了遗传算法的全局优化搜索能力、小波变换良好的时频局域化性质及神经网络的自学习功能，它的非线性映射能力可将腐蚀因素与腐蚀结果之间的非线性关系蕴含在网络拓扑结构之中，适用于井筒腐蚀速率的预测。

图5 GA-WNN腐蚀速率预测模型结构图

GA-WNN腐蚀速率预测模型为只含一个隐含层的三层网络结构，包括输入层、隐含层和输出层。输入层包含水质参数、气质参数、井深物理参数和材质参数；隐含层包含 15 个神经元；输出层为腐蚀速率。

3.2 井筒剩余寿命模型的构建

模型的构建思路是在腐蚀速率随井深变化基础上，计算油管的环向应力和轴向应力，获得相应的剩余强度，由此计算出剩余寿命。

油管剩余寿命：$T = \dfrac{D_i - D_{min}}{V}$

式中 V——腐蚀速率，mm/a；

D_{min}——油管极限应力情况下的最小壁厚，取 D_1 和 D_2 中小值，mm；

D_i——管壁初始厚度，mm。

其中：$D_1 = \dfrac{S_T D_i}{SMTS} \times (\dfrac{\rho g(l_0 - l)}{10^6} + \nu \dfrac{(P_i - P_0) D}{2t})$；$D_2 = \dfrac{S_b(P_i - P_0)D_i}{2SMYS}$

式中 S_T——抗拉安全系数，取 1.65~1.85；

SMTS——管材抗拉强度；

v——管材的泊松系数；

P_i——油管内压，MPa；

P_0——油管外压，MPa；

D_i——油管初始壁厚，mm；

S_b——内压安全系数，取 1.1~1.2；

SMYS——管材屈服强度；

ρ——井筒钢材密度，kg/m³；

g——重力加速度，N/kg；

l_0——油管总长度，m；

l——受力点井深，m。

3.3 腐蚀预测软件的开发

腐蚀预测软件采用 Visual Studio 作为前台开发工具，软件界面设计 QT 框架，GA-WNN 腐蚀速率预测模型的构建及功能实现则采用 C++语言进行后台运算，并采用 Access 数据库对相关数据进行存储。腐蚀预测软件主要由基础输入、腐蚀预测、剩余寿命、辅助功能四个模块构成，其中每个模块包括各自的子模块，如图 6 所示：

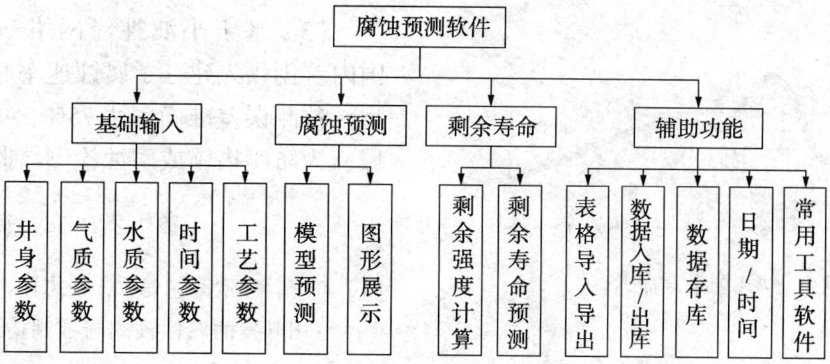

图 6 腐蚀预测软件体系结构图

4 预测效果分析

4.1 应用实例一

以 1#井为例，并将各参数对应录入，可得到井筒每分段具体的腐蚀速率预测数据和剩余寿命曲线展示图，如图 7 所示。

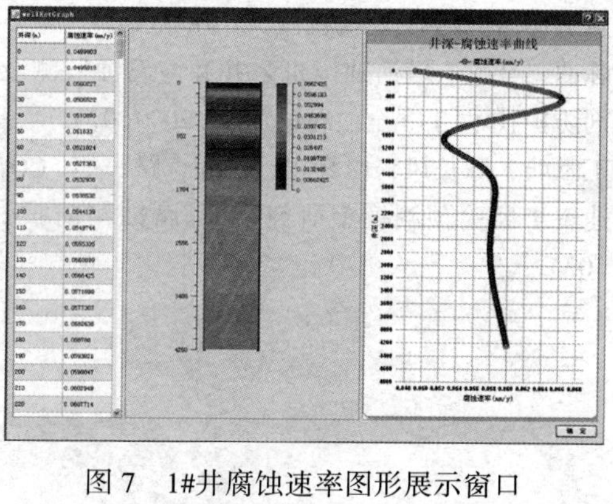

图 7 1#井腐蚀速率图形展示窗口

将通过软件计算得到的 1#井预测腐蚀速率与通过 C 扫描腐蚀管壁壁厚计算得到的 1#气井实际腐蚀速率进行对比分析(表 5)，其平均相对误差为 22.37%。

表 5 1#井实际腐蚀速率与预测腐蚀速率的对比

井深	实际腐蚀速率/(mm/a)	预测腐蚀速率/(mm/a)	相对误差/%	平均误差/%
500m	0.064	0.049	23.47	22.37
1000m	0.050	0.037	26	
1500m	0.051	0.042	17.65	

4.2 应用实例二

通过预测 5#井腐蚀速率(见图 8)和剩余寿命(见图 9)可知，5#井最大腐蚀速率 0.074mm/a，腐蚀危险区域出现在 1100~1500m 之间和 1800~

3000m 之间(>0.065mm/a)。基于预测腐蚀速率的剩余寿命预测，1100~1500m 区域具优先断裂风险。

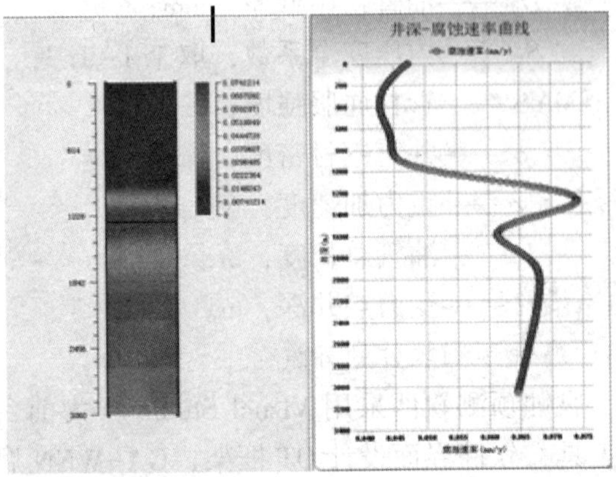

图 8　5#井腐蚀速率

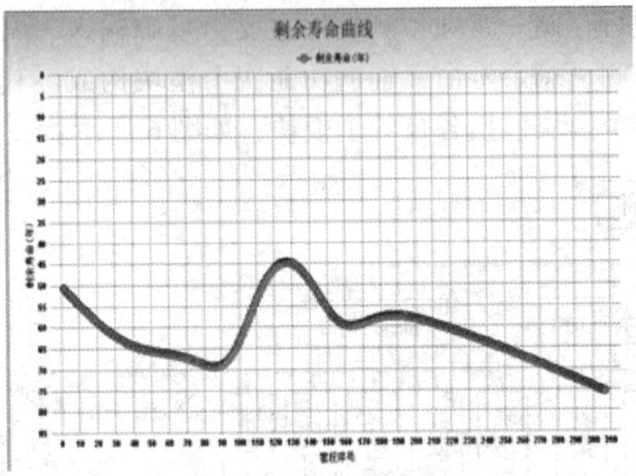

图 9　5#井剩余寿命

4.3　应用实例三

通过预测 6#井腐蚀速率(见图 10)和剩余寿命(见图 11)可知，6#井最大腐蚀速率为 0.066mm/a，腐蚀危险区域为 1000~1200m(>0.065mm/a)范围内。基于预测腐蚀速率的剩余寿命预测，800~1500m 范围具有优先断裂风险。

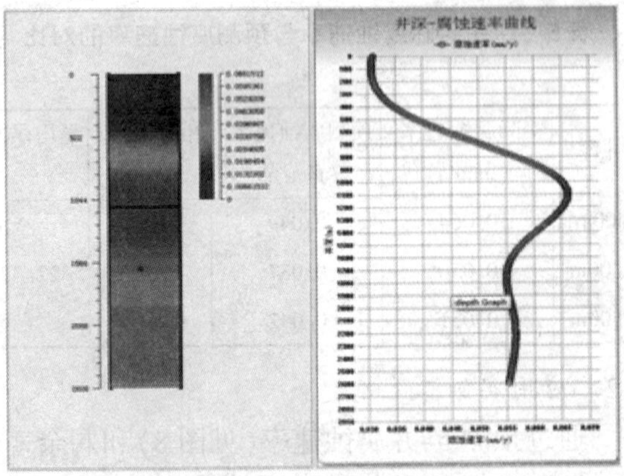

图 10　6#井腐蚀速率

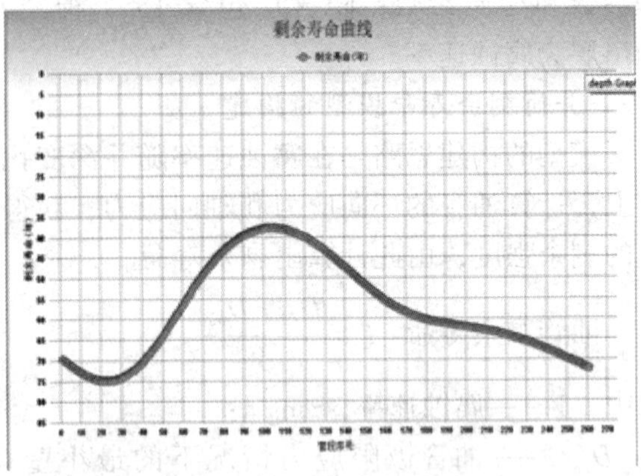

图 11　6#井剩余寿命

5　结论及建议

(1) 通过气质、水质分析，发现 CO_2 是唯一的酸性腐蚀气体，各井区水含离子种类相同，但离子含量差异大，且各离子基本随开采时间延长有缓慢增加的趋势。

(2) 实验发现影响井筒腐蚀的溶液因素主要有 HCO_3^- 和 Cl^-，环境影响因素主要为温度。

(3) 基于小波神经网络(GA-WNN)模型，国内首创领先建立了腐蚀速率和剩余寿命预测模型，预测误差准确率达 75%，可确定腐蚀危险区域，为防腐措施或腐蚀检测与监测提供依据。

参 考 文 献

[1] 鲜宁，孙素芬，姜放，杨志伟，卢光红，荣明．CO_2 气田开发的腐蚀预测与控制措施[J]．天然气与石油．2011(02).

[2] 范梅梅，赵勇，闫化云，刘宏芳．硫酸盐还原菌对 X60 钢 CO_2 腐蚀行为的影响[J]．装备环境工程．2010(05).

[3] 冯蓓，杨敏，李秉风，王栋．二氧化碳腐蚀机理及影响因素[J]．辽宁化工．2010(09).

[4] 王琬，张俊文，林铭，张跃飞，金小鹏，王荣平．基于 BP 人工神经网络理论对埋地燃气管线腐蚀剩余寿命研究[J]．现代机械．2010(03).

[5] 陈迪，叶帆．塔河油田机采井井筒腐蚀监测及缓蚀剂防护技术[J]．全面腐蚀控制．2009(07).

[6] 王献昉，陈长风，白真权，常炜，路民旭．CO_2 腐蚀速率半经验预测模型研究[J]．腐蚀与防护．2009(02).

涩北二号气田增压气举排水采气应用研究

张永斌　才让多杰　邓创国　移何生　郑俊枥

（中国石油青海油田公司）

摘　要　涩北二号气田地层压力下降，部分气井积液严重，且目前采用的排水采气工艺存在成本高、有效期短等问题，使得积液成为气田稳产的难题。为了实现气田的长远治水，针对严重积液井或停产井实施了集中增压气举措施。首先在SR-41井等5口水淹停产井中开展了车载式压缩机连续气举工艺现场试验，工艺措施后3口停产井恢复生产，为集中增压气举的实施提供了可靠依据。然后根据气量、水量以及地面集输现状等条件，制定了选井原则，优选了20口井作为工艺措施井，提出了涩北气田增压气举工艺参数设计方法，设计增压气举方案：油压5MPa条件下，单井注气量平均为$1.5\times10^4m^3/d$，气举启动压力平均为8.35MPa，压缩机额定排气压力为10MPa。同时从防止水合物生成的角度论证了气源问题，最终确定当日平均气温大于20℃时，采用湿气气源，否则采用干气气源，并提出了压缩机技术方案和地面工艺方案。前期10口井的工艺措施结果表明：实施集中增压气举后，7口水淹停产井恢复生产，3口积液井稳产，累计增产气量$168.8\times10^4m^3$，累计增产水量$3161.6m^3$，气井增产效果显著。

关键词　涩北二号气田；积液井；增压气举；排水采气；地面工艺

引　言

涩北二号气田现有生产井261口，井口产能$360\times10^4m^3/d$，日产水量$550\sim1060m^3/d$，已建成5座集气站，高、低压2套集气管网。随着气田的不断开发，地层压力逐年下降，气井出水加剧，导致部分气井携液能力降低而出现积液，个别井因水淹而停产，气井积液已经成为气田稳产的难题。针对上述问题，近年来陆续开展了大量研究与试验，在产水气井助排方面形成了以泡沫排水为主，速度管柱、柱塞气举为辅的排水采气工艺，在积液停产井复产方面形成了压缩机气举、高压氮气气举的排水采气复产工艺。但以上工艺措施均存在不同程度的局限性，如成本高、有效期短等，因此从气田整体治水的长远角度考虑，需要实施集中增压气举排水采气工艺试验，从而实现积液井连续携液稳定生产。

1　无气举阀气举参数优化设计

2014年采用车载式压缩机在SR-41井等5口水淹停产井中开展了连续气举排水采气现场试验，成功实现了单井连续排液，其中SR-41井、SR-9井、SR-35井3口停产井恢复生产，为实施集中增压气举提供了可靠的依据。现场试验数据(表1)表明，车载式压缩机连续气举过程中，气井的注气启动压力值接近于地层静压，平均单井注气量为$1.59\times10^4m^3/d$。

表1　车载式压缩机增压气举试验数据统计表

序号	井号	地层静压/MPa	启动压力/MPa	注气工作压力/MPa	平均注气量/($10^4m^3/d$)	备注
1	SR-41	10.8	12.6	7.8~9.1	1.42	井筒充满液柱，导致启动压力较高
2	SR-9	11.1	11.3	8.7~9.1	1.23	启动压力与静压相当
3	SR-35	10.8	11.2	5.6~5.7	1.51	井筒300m液柱导致启动压力较高
4	SR-22	14.5	12.9	11.7~12.3	1.80	气举前有一定能量，启动压力低于静压
5	SR49	12.5	11.1	10.0~10.7	2.00	启动压力低于静压

根据车载式压缩机连续气举的成功应用经验，按照“整体治水，集中增压，总体规划，分批实施”的原则，涩北二号气田增压气举排水采气试验的地面工程采取集中增压气举的方式规划建设。

1.1　气举井优选

根据涩北二号气田生产实际情况，初步制定增压气举选井原则：(1)水淹停产井或无法连续携液生产的积液井；(2)目前产气量相对较高、产水量较大、水气比较高的气井；(3)目前泡沫排水采气作业周期频繁的气井；(4)考虑地面集输现状。优选出20口气举井见表2，分2批实施。其中停产井10口，占总选井的50%；低压且积液期间7口，占总选井的35%；积液井3口，占总选井的15%。

表2　气举井情况统计表

序号	井号	产气量($10^4m^3/d$)	产水量(m^3/d)	油压/MPa	水气比($m^3/10^4m^3$)	液柱高度/m	所属场站	井况	备注
1	SR-1	0.26	16.00	4.50	61.54	540.75	11号集气站	停产	第一批
2	SR-2	1.33	15.52	6.00	11.67	293.25	11号集气站	严重积液	第一批
3	SR-3	1.30	9.93	4.40	7.64	186.00	11号集气站	严重积液	第一批
4	SR-4	0.48	8.29	5.60	17.27	262.50	11号集气站	停产	第一批
5	SR-5	1.10	1.20	3.60	1.09	202.50	11号集气站	停产	第一批
6	SR-6	1.89	3.77	4.20	1.99	112.50	10号集气站	低压、积液	第一批
7	SR-7	1.50	4.00	4.29	2.67	207.00	9号集气站	停产	第一批
8	SR-8	1.70	2.10	4.90	1.24	489.75	9号集气站	停产	第一批
9	SR-9	2.48	12.48	4.70	5.03	478.50	9号集气站	停产	第一批
10	SR-10	1.85	3.70	5.50	2.00	302.25	10号集气站	停产	第一批
11	SR-11	1.46	6.85	3.30	4.69	199.50	11号集气站	低压、积液	第二批
12	SR-12	0.83	9.10	4.60	10.96	170.25	11号集气站	积液	第二批
13	SR-13	1.43	12.90	3.70	9.02	57.75	11号集气站	低压、积液	第二批
14	SR-14	0.48	2.39	3.30	4.98	225.00	11号集气站	低压、积液	第二批
15	SR-15	0.58	2.16	3.40	3.72	169.50	11号集气站	低压、积液	第二批
16	SR-16	1.85	10.45	5.60	5.65	243.00	11号集气站	积液	第二批
17	SR-17	2.10	24.00	3.20	11.43	508.50	8号集气站	停产	第二批
18	SR-18	1.01	32.00	3.34	31.68	453.00	8号集气站	停产	第二批
19	SR-19	0.93	15.23	3.00	16.38	362.25	8号集气站	停产	第二批
20	SR-20	1.83	1.14	3.91	0.62	/	9号集气站	积液	第二批

1.2　注气量

因增压气举没有安装气举阀，气举井能稳定生产的条件之一为总气量不小于临界携液气量，故其注气量为：

$$q_{inj} = q_{gc} - q_{gp} \tag{1}$$

式中　q_{inj}——注气量，$10^4m^3/d$；

q_{gc}——临界携液气量，$10^4m^3/d$；

q_{gp}——日产气量，$10^4m^3/d$。

根据涩北二号气田前期研究成果，携液临界气速计算按李闽模型计算：

$$v_{cr} = 2.5 \times \left[\frac{\sigma(\rho_L - \rho_g)}{\rho_g^2}\right]^{0.25} \tag{2}$$

式中　v_{cr}——气井携液临界流速，m/s；

σ——气液界面张力，N/m；

ρ_L——液体的密度，kg/m^3；

ρ_g——气体的密度，kg/m^3。

增压气举设计油压5MPa，按井底为最大携液临界气量值，其计算注气量见表3。其中SR-5井注气量最小($0.77\times10^4m^3/d$)，SR-19井注气量最大($2.38\times10^4m^3/d$)，平均单井注气量为$1.5\times10^4m^3/d$。按照20口井的注气规模，理论总注气量最高可达$30\times10^4m^3/d$。考虑实际气举过程中，部分气井采用的是间歇式气举的排液方式，20口井同时注气的概率较小，因此，按照14口井同时气举的规模，总注气量为$21\times10^4m^3/d$。

表3　增压气举注气量计算结果

序号	井号	井底流压/MPa	地层静压/MPa	临界携液流量/(10^4m^3/d)	自喷产气量/(10^4m^3/d)	注气量/(10^4m^3/d)	修正后注气量/(10^4m^3/d)
1	SR-1	7.31	8.53	2.65	1.20	2.40	1.45
2	SR-2	7.76	7.94	3.72	1.87	2.39	1.85
3	SR-3	9.03	10.5	3.20	1.85	1.90	1.35
4	SR-4	9.04	10.34	3.00	1.55	2.52	1.45
5	SR-5	8.88	9.09	1.87	1.10	0.77	0.77
6	SR-6	8.5	10.4	3.42	1.89	1.53	1.53
7	SR-7	7.21	8.57	2.84	1.50	1.34	1.34
8	SR-8	5.9	8.34	2.88	1.70	1.18	1.18
9	SR-9	7.56	8.52	3.59	2.48	1.11	1.11
10	SR-10	9.97	10.23	3.10	1.85	1.25	1.25
11	SR-11	7.22	7.8	3.20	1.95	1.74	1.25
12	SR-12	6.97	7.67	3.26	1.90	2.43	1.36
13	SR-13	6.68	9.2	4.10	2.15	2.67	1.95
14	SR-14	7.6	9	2.70	0.85	2.22	1.85
15	SR-15	6.67	9.08	2.80	1.35	2.22	1.45
16	SR-16	9.26	10.5	3.73	1.85	1.88	1.88
17	SR-17	8.38	9.83	3.25	2.10	1.15	1.15
18	SR-18	7.7	8.4	3.15	1.01	2.14	2.14
19	SR-19	7.1	7.57	3.31	0.93	2.38	2.38
20	SR-20	/	7.18	3.14	1.83	1.31	1.31
平均	7.83	8.93	3.15	1.65	1.83	1.50	

1.3　注气压力

不安装气举阀进行增压气举的注气压力需要确定启动压力和工作压力。

1) 启动压力

一般情况，气井液面位置较深，假设从油套环空注气油管排液，地层不产气且吸液能力用$K_{吸}$系数表示。地层吸液指数$K_{吸}$指在注气压力作用下，因液面下降所占容积和注气前(注气压力为0时)总液量的比值；一般的，假设地层不吸液时$K_{吸}=0$；地层完全吸液时$K_{吸}=100\%$。则启动压力和注气点深度应满足如下关系式：

$$p_{ko}=\left[1+(1-K_{吸})\frac{d_{ci}^2-d_{to}^2}{d_{ti}^2}\right]\rho_L g(L_t-L_p)\times10^{-6}+p_{wh}-\Delta p_{环空流动气柱} \quad (1)$$

式中　p_{ko}为注气压力，MPa；$K_{吸}$为气层吸液指数；d_{ci}、d_{to}、d_{ti}为套管内径、油管外径和内径，mm；g为重力加速度，m/s^2；L_t、L_p为油管鞋深度和动液面深度，m；p_{wh}为井口油压，MPa；$\Delta p_{环空流动气柱}$为油套环空流动气柱压力，MPa。

2) 涩北二号气田注气压力确定

根据生产测试资料，20口气举井平均地层静压为8.93MPa，理论计算的平均气举启动压力为8.35MPa(见表3)。将气举启动压力与地层压力对比发现，所有气举井的启动压力都接近地层静压且略低于地层静压。地层静压是影响积液井气举启动压力的主要因素，可以考虑将地层静压作为气举井井口注气启动压力。为了保证压缩机提供的高压气源到达井口时的压力能满足要求，并考虑沿程压力损失和计算误差等因素，确定压缩机的额定排气压力为10MPa。

2　增压方案设计

2.1　气源论证

为了保证压缩机入口天然气压力稳定，将涩北二号气田自产天然气作为气源，从防止水合物生成的角度考虑，确定以下两处位置为气源接气点：

(1) 干气气源：当外输压力为3.8~4.5MPa时，9号集气站三甘醇脱水装置实际脱水深度为-10℃~-15℃，脱水外输区可提供充足且压力稳定的干气，将外输区涩格复线第一路管线作为干气气源。

（2）湿气气源：各集气站来气通过高、低压集气管网汇集到9号集气站二次脱水区，可提供充足且压力稳定的湿气，将二次脱水区前段汇管预留接口作为湿气气源。

在给定10MPa压力条件下，通过计算得到干气增压后形成水合物的最高温度为13℃，未经三甘醇脱水装置深度脱水的湿气，增压后形成水合物的最高温度为17℃。以避免水合物形成冻堵，考虑环境温度、输送温降等影响因素，当日平均气温≥20℃时，采用湿气气源，当日平均气温<20℃时，采用干气气源。

2.2 压缩机参数确定

目前常用的压缩机有离心压缩机和往复式压缩机，增压气举排水采气要求压缩机压比较高，气量变化范围大，要求压缩机变工况能力比较强。相比离心式压缩机，往复式压缩机具有增压比较高的特点，并可通过调节余隙实现变工况，因此确定选用往复式压缩机。

往复式压缩机的原动机主要有电动驱动和燃气（天然气）发动机驱动两种方式，相比燃气驱动，电动驱动具有体积小、结构简单紧凑、稳定性好等特点，效率可达95%以上。加之涩北二号气田已建成35kV架空供电线路以及35/10kV变电所，电力供应稳定便利，因此确定选用电动机驱动。

增压气举站采用济柴动力总厂成都压缩机分厂生产的DTY400H92×92×92×92压缩机组，设计参数为：电机选用佳木斯YB2150-4型，功率400KW，额定转速1488rpm；压缩机型号4CFA，4列4缸，1级压缩，机组最大轴功率357KW；进气压力3.5~4.8MPa，进气温度0~35℃，排气压力9~10MPa，排气温度≦65℃，排气量15.6~31.2×$10^4m^3/d$。

2.3 地面工艺方案

地面工艺系统主要由增压气举站、气举管网以及气举井口组成。干/湿气源经过滤分离器分离后进入天然气压缩机增压、风冷，增压后天然气压力为9MPa~10MPa，冷却后天然气进入气举管网，通过配气阀组进行压力、流量调节后分输至各井口双管流程，进行连续或间歇性气举（图1）。

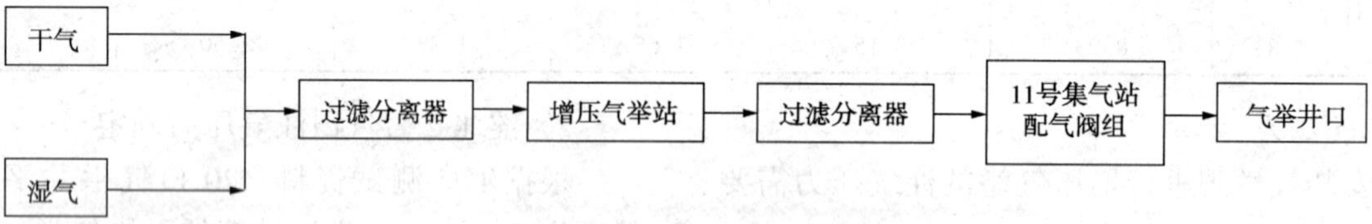

图1　增压气举工艺流程示意图

（1）增压气举站

采取集中增压气举方式，9号集气站新建压缩机房1座，以及DN800立式过滤分离器1座。增压气举站进出口设ESD系统，紧急切断阀与站内可燃气体与火灾检测报警系统连锁，确保突发事故状态下实现天然气紧急截断，保证安全生产。压缩机出口设回流管线，确保气举注气量偏低时，压缩机正常运行。

（2）气举管网

依托现有的自控、供配电等配套设施，11号集气站新建8井式配气阀组3座，以及DN500立式过滤分离器1座。新建增压气举站至配气阀组区D114.3×5mm气举干线1条，以及配气阀组区至单井D48.3×4mm气举支线20条，分2期建设，先期实施10条。气举干线高压气通过配气阀组汇管分配至各单井配气回路，各回路分别设压力、流量调节阀，将高压来气按各单井需要的气举压力和注气量调节后由气举支线输至各气举井口。

（3）气举井口改造

气举根据注气通道的不同，可以分为环空注气油管出液、油管注气环空出液两种。因此，将已建采气井口单管流程改造为双管流程，维持采气井场平面不变，分2期建设，先期实施10口。气举支线来气通过油管（或套管）将高压来气注入井底，为了提高举升效率，优先采用环空注气油管出液的方式进行气举，采出的含水天然气通过原单井采气管线输至集气站进行集中处理。

3 实施效果分析

涩北二号气田增压气举排水采气试验地面工

程于2016年10月建成投产。根据机组调试运行工况，并结合外输压力、三甘醇脱水装置运行参数、环境温度、总注气量需求等气田生产实际情况，采用干气气源进行增压气举，将压缩机参数设定为：进气压力3.55～3.95MPa，进气温度6～10℃，排气压力9～9.5MPa，排气温度40～64℃，排气量7.2～12.5×10^4m^3/d。

截至2016年12月12日，开展增压气举试验10口井，7口水淹停产井恢复生产，3口积液井稳产，日增产气8×10^4m^3，累计增产气量168.8×10^4m^3，日增产水141m^3，累计增产水量3161.6m^3。集中增压气举实施前后数据对比，气井增产效果显著(图2)。

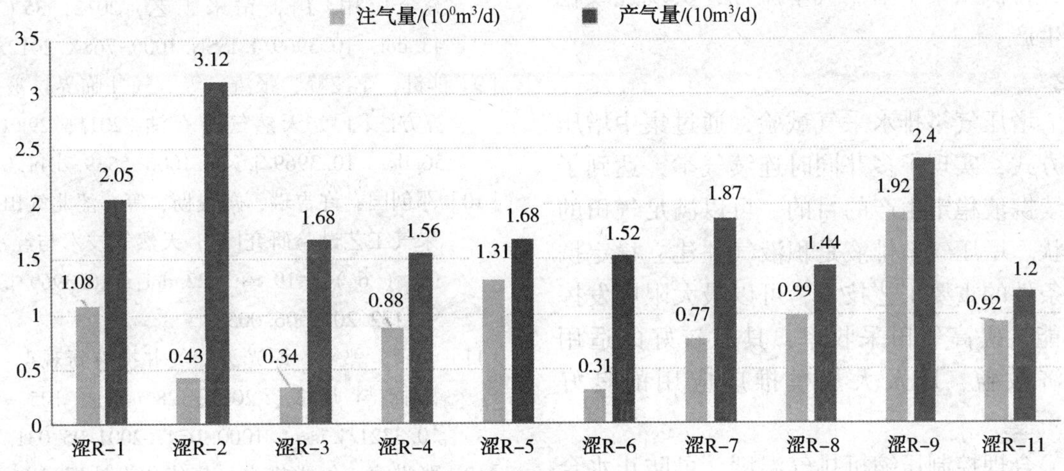

图2　增压气举增产效果柱状图

1）合理控制压缩机排气温度，防止水合物形成冰堵。

试运行初期，配气阀组旋进漩涡流量计叶轮处形成水合物频繁冰堵，导致无法进行正常气举，主要原因如下：

(1) 考虑到采用干气气源，压缩机排气温度设定值较低(25℃)，增压后天然气输至配气阀组汇管时温度仅为11℃，低于水合物生成温度。

(2) 目前系统压力下的干气水露点为-10～-15℃，虽然符合天然气外输质量要求，但是管线中仍然含有部分游离水，在天然气输送过程中，由于增压、降温作用，导致游离水析出变成液态水。

(3) 由于工艺管网中节流体产生的节流效应，天然气在节流处会急剧温降，节流越严重，温降就越

(4) 气田地处青藏高原，冬季时环境温度较低，且昼夜温差大，尤其早、晚容易发生冰堵。

因此，根据气温变化情况，经过现场调试，将压缩机排气温度控制在40～64℃的合理区间范围内，使配气阀组汇管中的天然气温度高于生成水合物的最高温度，可以防止水合物形成冰堵，确保增压气举正常运行。

2）优化调整工作制度，提高增压气举效率。

针对注气参数不合理，影响气举举升效率的问题，主要原因分析如下：

(1) 当气井产量大于临界携液流量时，才能举升出近井地带的地层水。如果注气量过小，则达不到临界携液流量要求；如果注气量过大，当井底流压降低到一定程度时，气井的产液量不增反降，影响气举举升效率。

(2) 虽然利用配气阀组流量调节阀，可以实时调整注气压力和流量，但是很难实现稳定的注气参数。

(3) 由于地层岩性疏松，气井生产时存在不同程度的出砂现象，容易导致工艺管件刺漏，甚至造成管线砂堵憋压。

因此，必须在集气站阀组区安装气嘴，通过优化调整工作制度，合理控制生产压差，避免气井出砂，确保增压气举过程中定量、定压力向井筒注入天然气，提高气举举升效率，实现气井连续携液生产。

3）启动压力较高的气井，应采取辅助措施。

针对气举启动压力高于10MPa的少数积液井以及水淹停产井，应采取以下辅助措施：

(1) 3口气举阀应用实例根据井深和井筒液

柱高度，在生产管柱安装 2~3 级气举阀，利用压缩机提供的 9~10MPa 气举压力，进行逐级分段气举，排出井筒积液和近井地带地层水。

（2）SR-5 井应用实例采气井口改造，预留了外接高压气源的接口。因此，对于气井积液，以及作业后遗留井筒内的工作液，可采用车载压缩机或者高压氮气车组进行先期气举，排出井筒积液后，再倒入集中增压气举流程，实现连续稳定携液生产。

4 结论

（1）增压气举排水采气试验，通过集中增压气举的方式，实现了多井同时连续气举，达到了气井连续携液稳定生产的目的，可以满足气田的生产现状。增压气举排液是积液气井建立稳定携液生产条件的重要工艺技术，可以最大限度发挥气井产能，提高气田采收率，具有较好的适用性、经济效益，以及大规模推广应用的良好前景。

（2）合理控制压缩机排气温度，可防止水合物形成冰堵。优化调整工作制度是提高气举效果的重要保证。对于启动压力较高的气井，可采取气举阀接替卸荷或是外接高压气源先期气举排液等辅助措施。

参 考 文 献

[1] 杨川东．采气工程[M]．北京：石油工业出版社，2001.

[2] 陈建强．白庙气田增压站气举排液[J]．油气田地面工程，2007，26（10）：29 - 30. doi：10.3969/j.issn.1006-6896.2007.10.019

[3] 奎明清，胡雪涛，李留．涩北二号疏松砂岩气田出水规律研究[J]．西南石油大学学报(自然科学版)，2012，34（5）：137 - 145. doi：10.3863/j.issn.1674-5086.2012.05.021

[4] 曹毅，田发国，李志超，等．气举阀排液技术在苏里格气田的应用[J]．重庆科技学院学报(自然科学版)，2015，17（4）：37 - 39. doi：10.3969/j.issn.1673-1980.2015.04.009

[5] 蔡海强，张永斌，张占峰，等．气举排水采气工艺在涩北气田的研究和应用[J]．天然气技术与经济，2015，9（4）：33 - 35. doi：10.3969/j.issn.2095 - 1132. 2015.04.009

[6] 苏月琦，汪海，汪召华，等．气举阀气举排液采气工艺参数设计与优选技术研究[J]．天然气工业，2006，26（3）：103 - 106. doi：10.3321/j.issn：1000-0976.2006.03.034

[7] 张涛，陈娅南，程建文，等．涩北气田地面集输工艺技术[J]．天然气地球科学，2009，20(4)：636-640.

[8] 余淑明，田建峰．苏里格气田排水采气工艺技术研究与应用[J]．钻采工艺，2012，35(3)：40 - 43. doi：10.3969/J.ISSN.1006-768X.2012.03.12

[9] 熊健，李凌峰，张涛，等．气井临界携液流量的计算方法[J]．天然气与石油．2011，29(04)：54 - 56. doi：10.3969/j.issn.1006-5539.2011.04.015.

[10] 邓创国，许吉瑞，郑俊枥，等．涩北气田泡沫排水采气工艺试验研究[J]．天然气技术与经济，2011，05（6）：19 - 22. doi：10.3969/j.issn.2095 - 1132.2011.06.005.

[11] 李闽，郭平，谭光天．气井携液新观点[J]．石油勘探与开发，2001，28（5）：105 - 106. doi：10.3321/j.issn：1000-0747.2001.05.031.

[12] 张洪涛．气举排水采气优化设计探讨[J]．中国石油和化工标准与质量，2014，(14)：110-110. doi：10.3969/j.issn.1673-4076.2014.14.097.

[13] 田相雷，蒋海岩，岳艳如，等．气举排水采气生产规律研究[J]．断块油气田，2012，19(6)：760-763. doi：10.6056/dkyqt201206020.

[14] PICKERING P F，HEWITT G F，WATSON M J. The prediction of flows in production risers - truth & myth [A]. Aberdeen，2001.

[15] TAITEL Y，BORNEA D，DUKLER A E. Odeling flow pattern transitions for steady upward gas-liquid flow in vertical tubes[J]. 26(03)：345-354.

[16] 李战良．文东油田气举采油优化技术及应用[J]．断块油气田，1998，05(3)：54-57.

[17] 裘湘澜．气井排水采气工艺原理及应用[J]．油气田地面工程，2010，(5)：15 - 16. doi：10.3969/j.issn.1006-6896.2010.05.007.

[18] 刘东，崔金榜．复合气举排水采气工艺在华北油田的应用[J]．天然气技术，2008(4)：34-36.

[19] 李士伦．天然气工程[M]．北京：石油工业出版社，2000.

[20] 于淑珍，胡康，冯朋鑫，等．一种井间互联气举排水采气新方法[J]．特种油气藏，2013，(4)：138-140. doi：10.3969/j.issn.1006-6535.2013.04.035

油田开发中重复强冲击技术致裂储层影响规律研究

丁乾申　吴飞鹏　杨　维　李　德　康少飞　王　凯

(中国石油大学(华东)石油工程学院)

摘　要　随着石油的开采，易开发、连通性好的储层基本开采完毕。目前，绝大多数石油储存在渗透率低、连通性差的储层内，且储层的岩性较为坚硬，传统的水力压裂方法无法压开沟通储层的裂缝，重复强冲击技术的提出关注到此开发问题，但此项技术的应用难以控制，理论研究规律不完善。本文利用岩石冲击损伤模拟实验装置和单轴刚性液压机，通过对比实验的方式，对不同加载速率和不同冲击次数条件下的饱和、干燥和不同渗透率的岩石进行重复冲击实验，并且测量不同重复加压阶段岩石渗透率的变化情况。实验表明：岩石强度随加载速率的提高不断变大，随重复加载次数的增加而逐渐降低，裂缝条数随冲击速率的增加而增多；单次加载岩石渗透率有先减小后稳定再增大的变化；在不同阶段重复加载渗透率有不同的变化。

关键词　重复强冲击；加载速率；重复加载次数；岩石强度

岩石研究涉及到国防建设、资源探采、城市建设等方面。特别是在石油油气资源开采的方面，这类型的资源探采需要钻穿地下岩石，岩石具有不同的内部孔隙结构。不同的岩石结构决定了岩石的强度，在油气开采过程中，由于地层岩石的强度较大和上覆地层压力的综合作用，单次冲击并不能造成良好的油气流通通道[1]。重复冲击是对岩石损伤的不断积累，在一定加载速率下对岩石进行连续的冲击。目前比较精确的模型为基于细观断裂的宏观损伤模型，但大都基于干燥岩石[2]。对饱和岩石我们多以静态、准静方式考虑孔隙压力对岩石强度的弱化。而且在油田开发过程中，井下多发生的为大量流体的泄入性冲击，而流体侵入对岩石裂缝的形态影响这方面的理论研究还较少[3]。对于油气开采而言，岩石的渗透率是影响油井产量的一个很重要的因素，而油井后期的增产，修复等措施，通常会对油井内岩石施加不同的措施去改变岩石的受力情况进而使渗透率有原来有所变化，由此加卸载作用对岩石渗透率的影响规律在石油工程中有重要的影响作用[4]。岩石通常处于复杂的应力状态下，有的部位会处于压缩状态下，有的部位会处于重复加卸载状态下[5]，岩石由于不同状态条件下渗透率的变化会对油田油井提高采油率的措施研究，对油井压裂方法研究，以及防止岩石破坏与控制岩石破坏后变形进一步发展，对于预防岩层突水事故有重要的指导作用[6]。因此有必要研究加卸载作用对岩石渗透率的影响规律。

1　实验装置

1.1　实验组成

本文中采用的实验装置为岩石动态冲击损伤装置(图1)，实验装置主要包括：动力冲击部分、岩心夹持装置、泵压动力部分、控制与测量部分、辅助装置五个部分。

该装置的特点主要是利用重物自由落体撞击柱塞，柱塞压缩岩心夹持器中的流体介质，模拟矿场中井筒内充满液体的环境，可以产生冲击波与流体介质之间的复合效果，压缩岩心模拟井眼中的流体介质会产生动态的压强，进一步作用于模拟井眼的内侧面，以此模拟依据在井筒周围产生裂缝原理的增产增注技术。

1.2　实验装置性能

(1) 动力冲击部分中重物调整的范围在10~110kg，调整间隔为5kg；重物做自由落体的距离范围为0~1.6m，主要包括：支撑架、电磁离合器、转筒和轮轴、钢丝、电源等。(2)岩心夹持装置的作用是放置岩心，并且可以为岩心提供围压实现模拟地层应力，顶部柱塞在受到冲击后会向岩心模拟井眼施加轴向动态压力，整个夹持器内部实现了拟三维环境，可以对外径40~100mm、长20~60mm、模拟井眼直径4~10mm的岩心进行实验。(3)泵压动力部分的平流泵的流量范围是0.01~9.99mL/min，环压泵的吸入泵内液量为100mL、可承受的最大限制压力为70MPa，

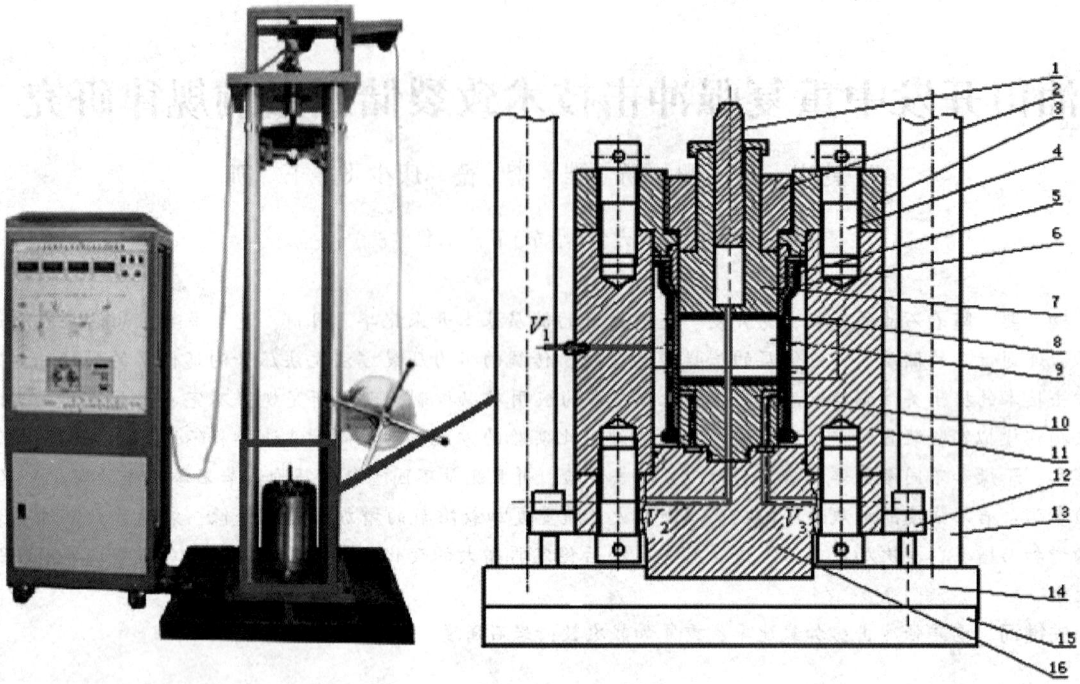

图1　岩石动态冲击损伤实验装置结构示意图

中间容器的液体容积为1000mL、可承受的最大限制压力为30MPa。(4)控制与测量部分中压力传感器的量程为0～120MPa，测试精度为0.25%。(5)辅助装置中岩心钻取机可以钻取岩心的直径范围为30～100mm；岩心钻孔机可以在岩心中心钻取4～10mm的轴向孔眼；岩心切割机的转速为1400r/min，可切割直径40～100mm、长度20～80mm的岩心。

2　岩石动态冲击破坏实验与结果

2.1　岩样制作(图2)

图2　人造岩心制备流程图

2.2　实验步骤

(1)将制备好的人造岩心安装到岩心夹持器内；(2)通过平流泵向岩样中孔注入水，保持一定时间；(3)以低高度低质量进行多次冲击。(4)采集到破裂压力并将岩心取出观察岩心破裂形态。

2.3　实验方案(表1)

表1　实验方案总览表

冲击次数 / 实验条件	3	4	10
饱和未封隔	#1	#2	#3
饱和封隔	#4	#5	#6

2.4 实验结果

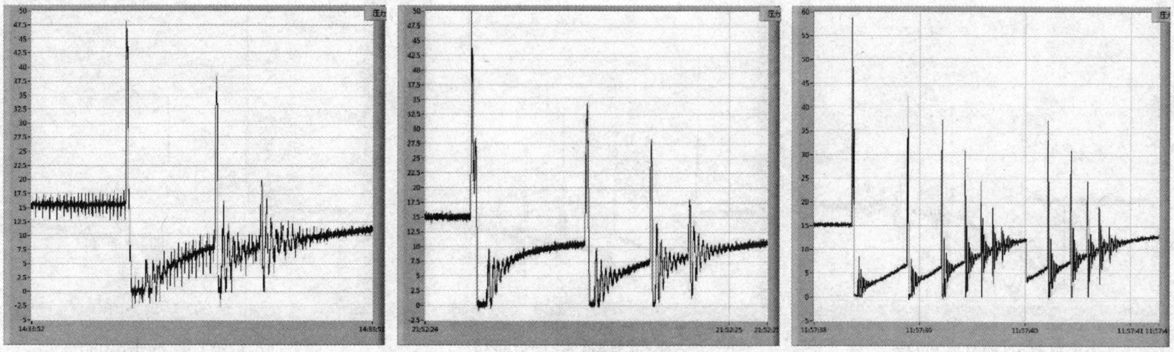

(a)重复3次冲击p-t曲线　(b)重复4次冲击p-t曲线　(c)重复10次冲击p-t曲线

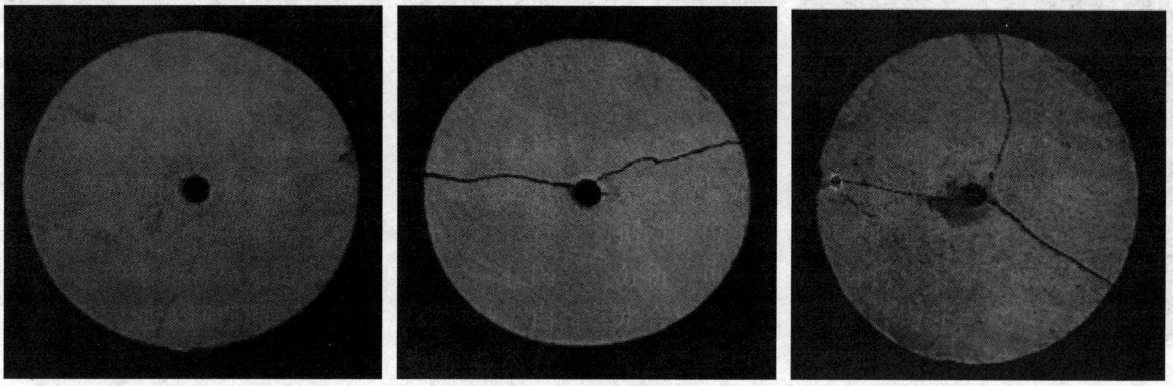

(d)重复3次冲击裂纹形态　(e)重复4次冲击裂纹形态　(f)重复10次冲击裂纹形态

图 3　饱和未封隔岩心冲击破坏实验结果

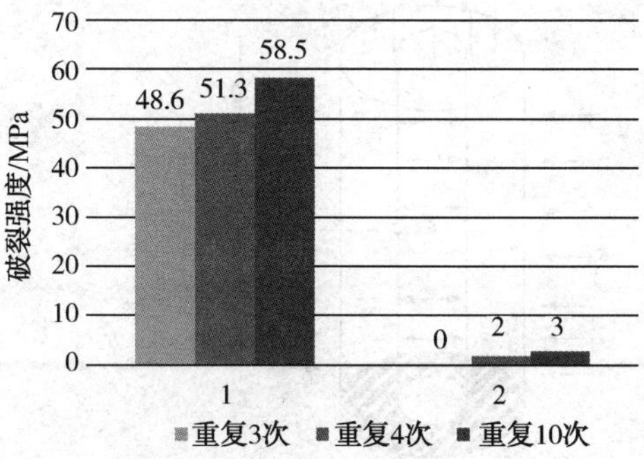

图 4　不同重复冲击次数下峰值强度及裂缝条数对比图

由以上实验数据表明重复冲击对于饱和未封隔的模拟岩心重复次数越多则峰值强度越大，并且岩石产生的贯穿裂缝的条数在增加(图 3)。

由以上实验数据表明重复冲击对于饱和未封隔的模拟岩心重复次数越多则峰值强度越大，并且岩石产生的贯穿裂缝的条数在增加(图 4)。

3　实验结果分析

3.1　流体对破坏得影响

岩石的破坏是一个连续的过程，大致可以分为四个阶段[7-9](图 5、图 6)。在整个过程中会经历微裂纹的形成、扩展、连通，直至表现为宏观上的裂缝产生，对于水压致裂岩石的模型中普遍认为是微裂缝的周向拉伸应力等于岩石的整体抗拉强度时，岩石的裂缝开始起裂，岩石受到宏观上的破坏，针对这种理论且结合本文中的实验环节，认为岩石微裂缝中的周向拉伸力来源于岩石中心孔内水施加的中孔内压产生的轴向拉应力、外部围压产生的周向上的拉伸力、微裂缝内部充斥一定的水的液压产生的周向拉伸力[10]。岩石中心孔壁面处的微裂纹内的受力状态如图 7 所示[11]。

所以，岩石起裂的原理关系式可以表示为：

$$\sigma_n + \sigma_w + \sigma_l = T \tag{1}$$

其中：

$$\sigma_n = -\frac{P_n R_1^2}{R_2^2 - R_1^2}\left(1 + \frac{R_2^2}{R_n^2}\right) \tag{2}$$

$$\sigma_w = \frac{P_w R_2^2}{R_2^2 - R_1^2}\left(1 + \frac{R_1^2}{R_n^2}\right) \tag{3}$$

式中　T 为岩石的抗拉强度，MPa；σ_n 为中心孔内压产生的周向拉应力，MPa；σ_w 为外部围压产生的周向拉应力，MPa；σ_l 为微裂缝内流体产生的周向拉应力，MPa。

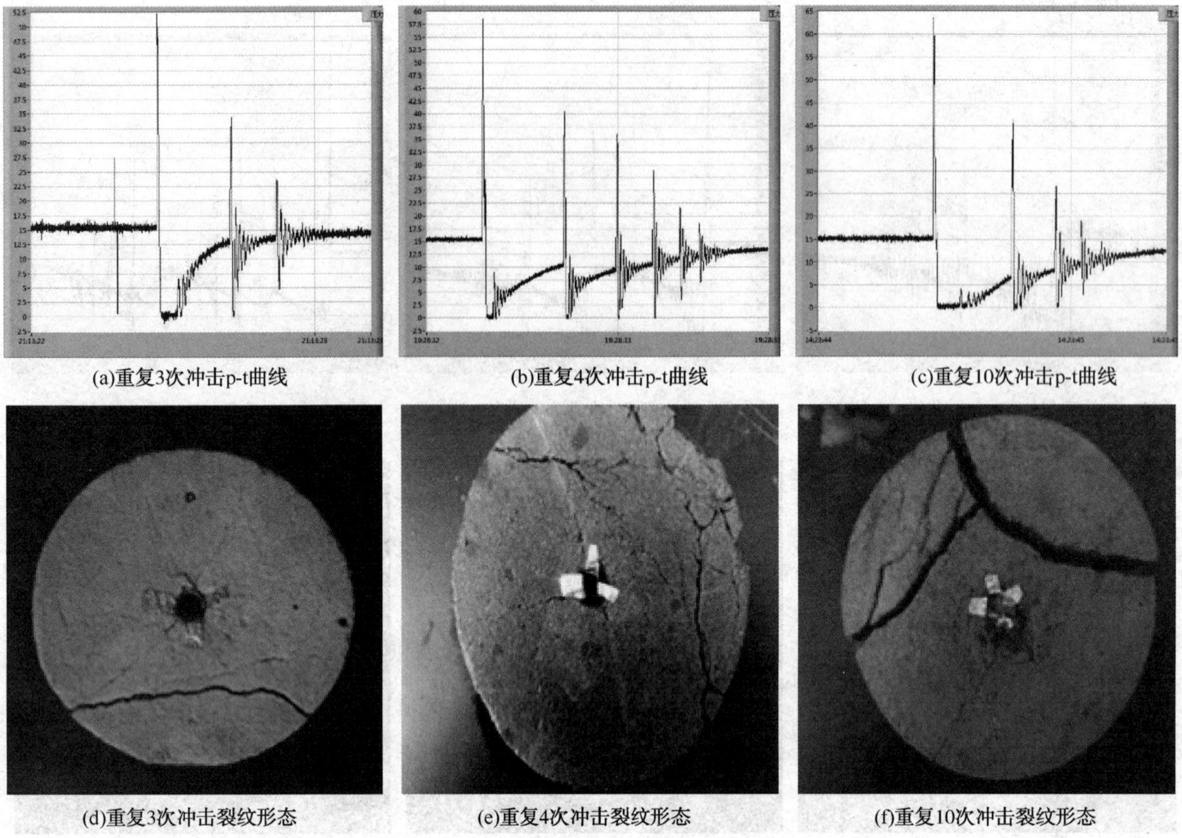
(a)重复3次冲击p-t曲线　(b)重复4次冲击p-t曲线　(c)重复10次冲击p-t曲线

(d)重复3次冲击裂纹形态　(e)重复4次冲击裂纹形态　(f)重复10次冲击裂纹形态

图5　饱和未封隔岩心冲击破坏实验结果

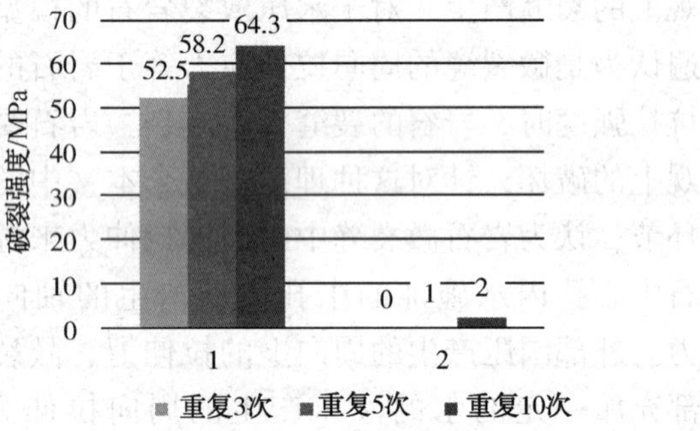

图6　不同重复冲击次数下峰值强度及裂缝条数对比图

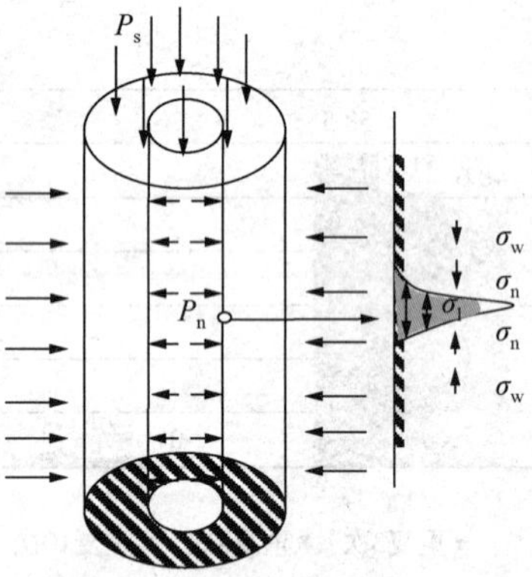

图7　岩石中心孔壁面处的微裂纹内的受力状态

3.2　重复加载岩石渗透率研究(表2)

表2　模拟砂岩基本参数

岩石类型	孔隙度/%	弹性模量/MPa	抗压强度/MPa	塑性系数	硬度/MPa
模拟砂岩	27.28	29007.22	17.97	0.81	233.405

图8是模拟砂岩应力应变关系曲线，模拟岩石轴向加载同样分三个阶段，压密阶段(黄色段)，线弹性阶段(绿色段)，塑性阶段(红色段)。5块岩石的应力应变曲线都符合颜色段的走向。模拟砂岩的压密阶段与线弹性阶段临界点是2.5MPa，线弹性阶段与塑性阶段的临界点是7.6MPa，抗压强度为8.6MPa。

压密性阶段的应力应变关系如图9所示，压密阶段应力应变关系曲线特点，呈下凸型，曲线上弯，斜率逐渐增大。但由于多次加载，每一次加载对岩石内部都有一定程度的微小损伤，随着加载次数的增大，岩石内部损伤积累，部分应力应变关系曲线不与上一次加载的应力应变曲线完全重合，有一定的微小差别。

对模拟砂岩轴向加载到线弹性阶段，应力为7.6MPa，在进行此阶段的重复加载，每一次加

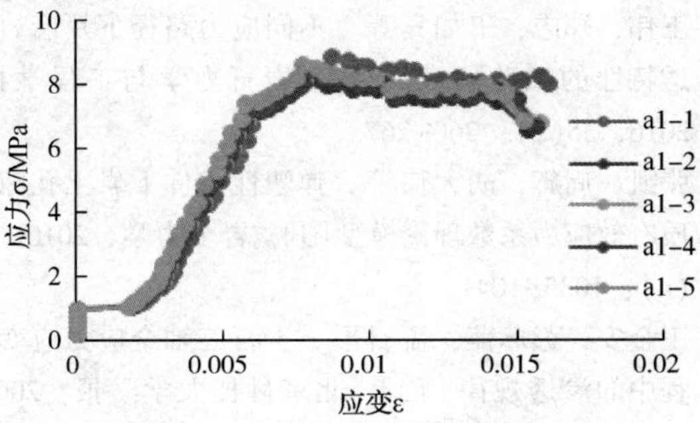

图 8　模拟砂岩应力应变曲线

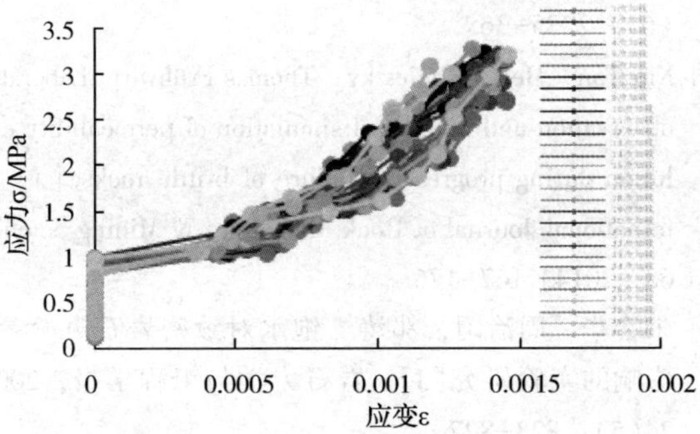

图 9　模拟砂岩第一临界点(3MPa)
重复加载 30 次应力应变关系曲线

载的应力应变关系如图 10 所示，由于岩石颗粒骨架的弹性关系，应力应变呈线性关系，每一次卸载岩石由于弹性能大部分恢复成原状，应力应变关系曲线基本重合。

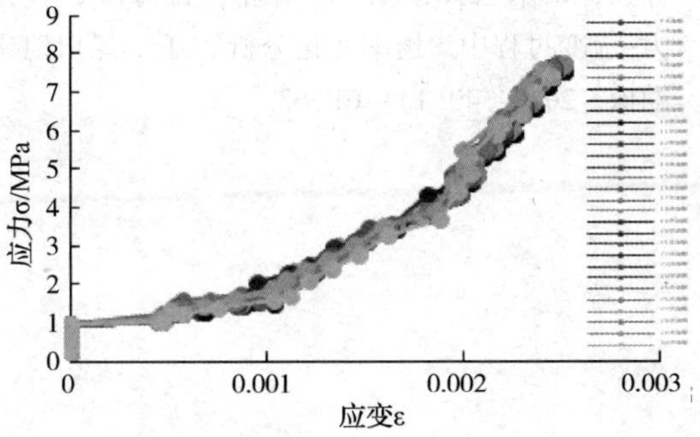

图 10　模拟砂岩第二临界点(7.6MPa)
重复加载 30 次应力应变关系曲线

模拟砂岩的抗压强度为 8.6MPa，对模拟砂岩重复轴向加载到应力为 8.6MPa，每一次加载的应力应变曲线如图 11 所示，每一条应力应变关系曲线重合度不高，特别是前几次加载的应力应变曲线与其他的应力应变曲线差别较大，不重合。根据石飞[12]发现，岩石在开始几次轴向加载变形模量大于后面的循环加载，卸载过程曲线斜率比加载过程曲线斜率大，即岩石在卸载过程中变形模量大于岩石加载时变形模量[13]。在前几次的轴向加载中，岩石还是明显的表现出压密阶段，线弹性阶段，塑性阶段的特点，随着加载次数的增加，载荷对岩石内部微小损伤的累加，应力应变曲线体现的三个阶段的特性不明显，更加类似线弹性的应力应变关系；在本次实验中也有体现，在模拟砂岩塑性阶段的重复加载，曲线在后面几次加载更加重合。

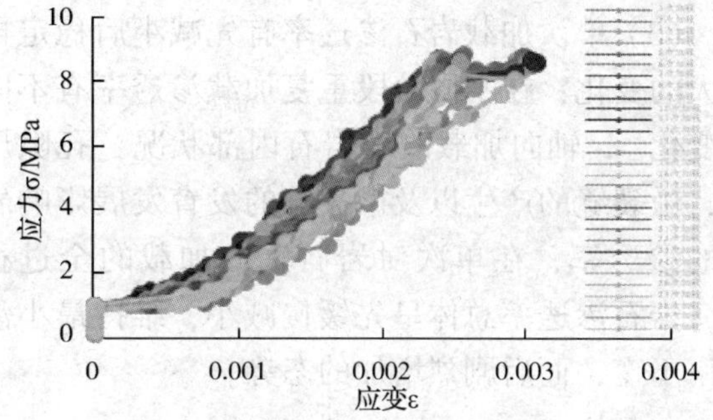

图 11　模拟砂岩第三临界点(8.6MPa)
重复加载 30 次应力应变关系曲线

在模拟砂岩应力应变曲线和渗透率变化图（图 12）中，常规砂岩的原始渗透率为 27.623mD，在压密阶段，应力的增加导致应变的增加，渗透率随应变的增加在压密阶段以一定速度降低，在模拟砂岩压密阶段渗透率的变化中，渗透率降低速率没有太明显的变化，都是以一个较低的速率降低，到达第一临界点对应的应变将至最低渗透率 25.427mD；在线弹性阶段，渗透率从 25.427mD 以较慢速速率增长到 25.739，直至线弹性阶段与塑性阶段的临界点之前，渗透率都以一个较慢的速度增长；在塑性阶段，随着应力与应变的增加，渗透率以一个较快的速率最终上升到 30.987mD，渗透率随应变的

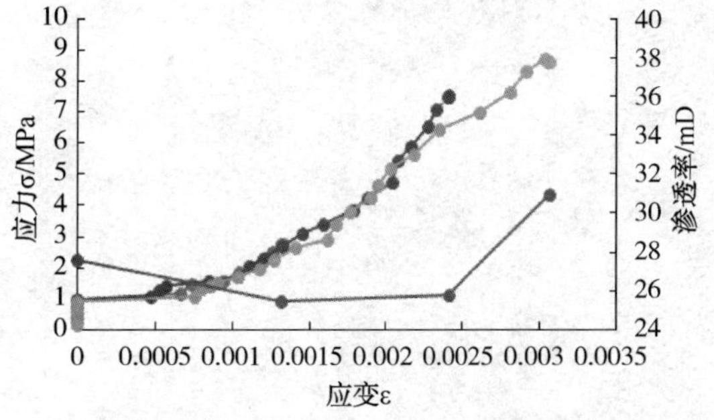

图 12　模拟砂岩应力应变曲线和渗透率变化

增加上升的速率比在压密阶段渗透率下降的速率快，常规砂岩最终的 30.987mD 渗透率比实验模拟砂岩岩心原始的渗透率 3.461mD 大。

4 结 论

（1）通过实验室模拟实验可得重复强冲击技术对较硬岩石具有良好的造缝作业，有利于提高采油效率

（2）岩石强度随加载速率的提高不断变大，随重复加载次数的增加而逐渐降低，裂缝条数随冲击速率的增加而增多。

（3）单次加载岩石渗透率有先减小后稳定再增大的变化；在不同阶段重复加载渗透率有不同的变化。．轴向加载改变岩石内部状况，孔隙压密，微裂缝的产生以及微裂缝的发育发展影响岩石的渗透率，在单次对岩石轴向加载的全过程中，岩石渗透率总体呈先缓慢减小，维持最小渗透率不变，而后剧烈增加的态势。

参 考 文 献

[1] 胡大伟，周辉，潘鹏志，张凯，邵建富，冯夏庭．砂岩三轴循环加卸载条件下的渗透率研究．[J]．岩石力学，2010，31(9)：2749-2754.

[2] Xin Tan，Heinz Konietzky，Thomas Frühwirt. Laboratory observation and numerical simulation of permeability evolution during progressive failure of brittle rocks. [J] International Journal of Rock Mechanics & Mining Sciences 68 (2014) 167-176.

[3] 朱合华，周治国，邓涛．饱水对致密岩石声学参数影响的实验研究[J]．岩石力学与工程学报，2005，24(5)：823-827.

[4] 王伟，郑志，王如宾等．不同应力路径下片麻岩渗透特性的试验研究．[J]．岩石力学与工程学报，2016，35(2)：260-267.

[5] 张凯，周辉，胡大伟等．弹塑性条件下岩土孔隙介质有效应力系数理论模型[J]．岩土力学，2010，31(4)：1035-1041.

[6] 王金安，彭苏萍，孟召平．岩石三轴全应力应变过程中的渗透规律．[J]．北京科技大学学报，2001，23(6)：489-491.

[7] Brace WF，Walsh JB，Frangos WT. Permeability of granite under high pressure. [J] Geophys Res 1968；73 (6)：2225-36.

[8] Xin Tan，Heinz Konietzky，Thomas Frühwirt. Laboratory observation and numerical simulation of permeability evolution during progressive failure of brittle rocks. [J] International Journal of Rock Mechanics & Mining Sciences 68 (2014) 167-176.

[9] 朱合华，周治国，邓涛．饱水对致密岩石声学参数影响的实验研究[J]．岩石力学与工程学报，2005，24(5)：823-827.

[10] 石飞．循环加卸载条件下岩石单轴压缩与直接拉伸力学特性的研究[D]．昆明理工大学．2012.

[11] 孙强，朱术云，张蕊，姜春露，钱海涛．岩石应力-应变过程中渗透率变化分析．[J]．煤田地质与勘探，2012，40(1)：61-63.

[12] 石飞．循环加卸载条件下岩石单轴压缩与直接拉伸力学特性的研究[D]．昆明理工大学．2012.

[13] 孙强，朱术云，张蕊，姜春露，钱海涛．岩石应力-应变过程中渗透率变化分析．[J]．煤田地质与勘探，2012，40(1)：61-63.

页岩气井线性流阶段生产制度适应性评价方法研究

钟　思　存何嘉　赵素惠　李宜真　陈小强

(中国石油川庆钻探工程有限公司)

摘　要　页岩气井在投产前期日产气量高，国内外页岩气井大多数页岩气井处于变压-变产生产阶段，采用常规气井的评价方法评价页岩气井合理生产制度的适应性差。页岩气井初期处于线性流阶段，为延长高产阶段，减缓进入低产阶段提高气井产量贡献、提高气井EUR，有必要进行合理产能评价。本文基于页岩气井线性流动阶段特征分析，考虑产量、压力同时变化特征，提出采用产量规整化拟压力~物质平衡时间曲线判定储层参数是否明显改变并以此验证生产制度与储层是否适应匹配，以实际气井生产动态分析表明该方法具有实际应用价值。该方法可用于分析气井的生产制度是否与储层性质匹配，对于气井合理配产有指导作用。

关键词　页岩气井；线性流；生产制度；应力敏感；合理配产；评价方法

页岩气井在投产前期日产气量高，国内外页岩气井大多数页岩气井处于变压-变产生产阶段；进入平输压或增压开采阶段后气井日产气量较低，近似于定压-定产生产。页岩气井全生命周期日产量具有投产前期累产占EUR的超过一半的比例，低产期生产时间长、单位时间内气井产量贡献比例较低的特点，为延长高产阶段，减缓进入低产阶段提高气井产量贡献、提高气井EUR，有必要进行变压-变产生产阶段合理产能评价。根据调研，国内目前对页岩气井合理生产制度的研究较少，仅有沈金才[1]针对涪陵页岩气定产控压的生产方式借鉴常规气藏配产方法提出页岩气井动态合理配产技术。本文针对页岩气井长期线性流的特征，结合川南页岩气井的开发生产特点提出了适用于变压~变产页岩气井的合理生产制度评价方法。

1　页岩气井线性流阶段特征

勘探开发实践经验和理论分析均表明页岩气井存在较长时间的线性流特征[2,3]，Bello等人分析多段水力压裂的线性模型后提出双重介质多段压裂水平井具有5个流动阶段特征：裂缝系统内的早期不稳定线性流、双线性流、无限作用流、基质向裂缝的不稳态线性流、边界反应的拟稳态流动。虞绍永对大量的实际页岩地层水平井的分析研究发现，流动特征至少包括以下3个流动阶段：早期不稳定线性流、拟径向流/椭圆形流/过渡流、受边界控制的拟稳态流动[3,4]。

线性流阶段的页岩气气井规整化拟压力与$t^{0.5}$有如下关系[5]：

$$\frac{m(p_i)-m(p_{wf})}{q_g}=\mathrm{m}\sqrt{t}+\mathrm{b}$$

其中：

定压条件：$$\mathrm{m}=\frac{1.07\times10^{-3}T}{x_f nh\sqrt{\mathrm{K}\,(\varphi\mu C_t)_i}}$$

定产条件：$$\mathrm{m}=\frac{6.79\times10^{-4}T}{x_f nh\sqrt{\mathrm{K}\,(\varphi\mu C_t)_i}}$$

作规整化拟压力~$t^{0.5}$关系图，得到m值，如图1所示。

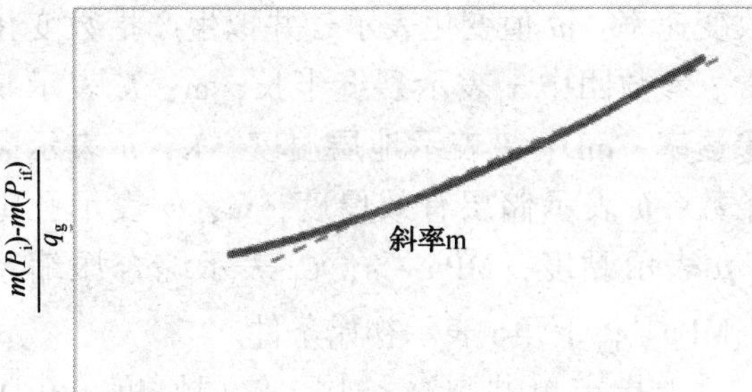

图1　页岩气井线性流分析示意图

2　变压-变产产能合理性评价方法

2.1　变压-变产生产数据处理

绝大多数页岩气井初期处于变压-变产生产阶段，如图2所示。

Blasingame在20世纪90年代引入物质平衡时间，推出专门分析变产量和变井底流动压力生产条件下的油气井数据的Blasingame典型曲线分

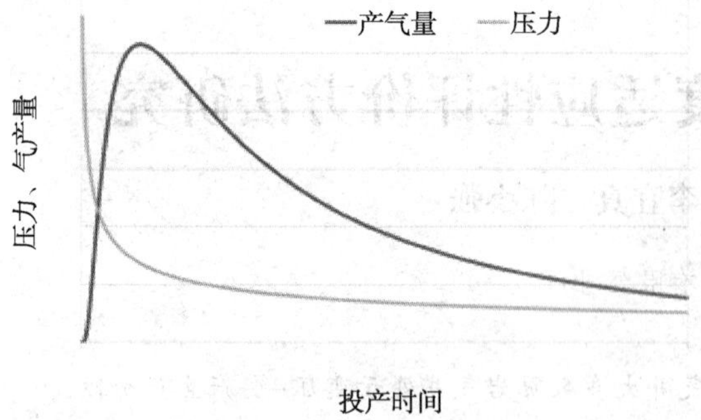

图2 页岩气井产气量-压力示意图

析方法。其中物质平衡时间公式如下：

$$t_c = \frac{N_p}{q_c}$$

上式中 N_p 为累计产气量，q_c 为当前产量。

使用该公式建立变产量生产与定产量生产之间的等效关系。

2.2 拟生产指数改变速率

页岩气井产能可能受压裂液滞留及返排时间及程度、储层和裂缝的压力敏感效益等因素影响。由于影响因素多，且参数值难以取得，为真实评价气井产能。借鉴油井生产指数形式，定义 $\frac{m(p_i)-m(p_{wf})}{q_g}$ 为页岩气井拟生产指数。采用物质平衡时间，得到线性流阶段定产条件：

$m = \frac{6.79\times10^{-4}T}{x_f nh\sqrt{\mathrm{K}\,(\varphi\mu C_t)_i}}$，定义 m 为拟生产指数改变速率，m 值变化表示气井拟生产指数变化异常。参数团中 x_f 表示裂缝半长，m；K 表示基质渗透率，mD；T 表示地层温度，K；n 表示裂缝条数；h 表示储层有效厚度，m；φ 表示孔隙度；μ 表示黏度，MPa · s；C_t 表示综合压缩系数，MPa^{-1}；下角 i 表示初始条件。

对于指定单井裂缝条数、储层厚度、孔隙度、综合压缩系数 C_t 等参数是固定不变的值。页岩气储层通常为异常高压具有岩石颗粒弹性膨胀变形造成应力敏感效应，而且当孔隙压力衰竭、有效应力增加，裂缝逐渐闭合压裂砂破碎、嵌入岩石引起渗透率降低，因此储层和人工裂缝均存在应力敏感[4,6]。可能导致储层参数变化的值有裂缝半长 x_f、基质及天然裂缝的等效渗透率 K、且均为随生产时间增加、地层压力下降而下降，不同的配产方案，渗透率敏感曲线不同，配产对累积产气量影响也很大[4]。因此可以合并等效为压力敏感效益来表征对产能的影响：生产制度合理则拟生产指数改变率固定，即规整化拟压力~$t^{0.5}$曲线斜率固定，生产制度不合理则拟生产指数改变速率异常。

2.3 数值模型验证

利用数值模拟方法研究生产过程中储层参数变化导致生产，采用 IHS RTA 软件中数值模型模块建立页岩气多级压裂水平井数值模型，模型参数参照长宁~威远页岩油气区块见表1，并按照实际气井变压~变产的生产特征，模拟是否存在应力敏感情况生产。

表1 页岩气多级压裂水平井数值模型参数表

参数名	数值
原始地层压力/MPa	35
地层温度/K	380
储层厚度/m	20
有效孔隙度/%	6.7
综合压缩系数/($10^{-3}MPa^{-1}$)	0.83
油气相对密度/小数	0.65
油气黏度/(MPa · s)	0.028
渗透率/mD	0.0005
水平井段长度/m	1500
裂缝条数	50
裂缝半长/m	100
裂缝无因次导流能力	500

考虑应力敏感和不考虑应力敏感得到规整化拟压力~$t_{物质平衡时间}{}^{0.5}$关系图3。

从图3可以看出：在初期有无应力敏感的规则化拟压力基本一致；当储层有强应力敏感时，规整化拟压力~$t_{物质平衡时间}{}^{0.5}$关系直线段斜率更大，且斜率呈两段式特征；而同时期，储层无应力敏感时规整化拟压力~$t_{物质平衡时间}{}^{0.5}$直线段气井明显处于线性流阶段。

2.4 线性流阶段合理产量评价方法步骤：

(1) 线性流阶段判定：根据调研页岩气井的线性流阶段时间1年至3~5年[2,3,7]，因此可以从投产时间的长短初步判断出处流动阶段。另外，Blasingame 和 ILK 通过产量不稳定理论(RTA)与压力不稳定理论(PTA)，提出了页岩气多级压裂水平井流动划分的诊断图版[8]。产量~

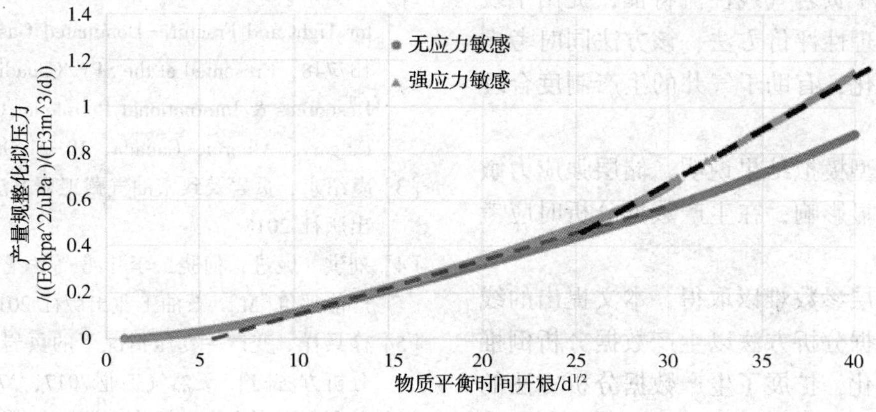

图 3 是否存在应力敏感的规则化拟压力～物质平衡时间平方根关系图

时间（$\lg q_g \sim \lg t$）诊断图与归一化产量～物质平衡时间（$\lg q_g/(P_i - P_{wf}) \sim \lg t_c$）双对数流动诊断图：−1/2、−1/4 斜率曲线对应线性流和双线性流，−1斜率曲线对应与边界控制拟稳态流。

（2）判断气井处于线性流阶段，做规整化拟压力～$t_{物质平衡时间}^{0.5}$曲线图，如曲线出现两段斜率直线段，则说明气井参数团 $m = \dfrac{6.79 \times 10^{-4} T}{x_f n h \sqrt{K(\varphi \mu C_t)_i}}$ 变化，表明储层可能有存在压力敏感影响，制定生产制度时应考虑压力敏感影响。

3 生产制度适应性评价的应用实例

威 204H##-#井，水平段长 1700m、分 30 段压裂，2018 年 10 月钻塞后用 5mm 油嘴排液逐级调大至 15mm 油嘴完成测试投产，投产初期产量 $35\times10^4 m^3/d$、套压接近 40MPa，投产后稳定产量相对稳定生产约 1 月，但压力下降快 38↘10MPa，压力快速下降后产量开始快速下降如图 4所示。投产 8 个月后产量由 35↘$4\times10^4 m^3/d$，产量递减超过 80%。

该井生产无异常工况，但产量、压力下降速度明显高于同区块的井。作规整化拟压力～$t_{物质平衡时间}^{0.5}$关系曲线图如图 5 所示。

曲线呈两段式特征，生产时间较短、生产数据特征判断未达到达到边界流，产量、压力快速下降，同时线性流分析曲线呈两段式特征说明储层参数发生明显改变，结合该井在投产初期高产气量阶段压降速度较快 0.55～0.85MPa/d 的生产动态特征，推测气井可能由于压力下降控制不合适导致储层出现强压力敏感影响。此井的生产动态数据分析说明在单井配产时不应忽视储层压力敏感的影响。

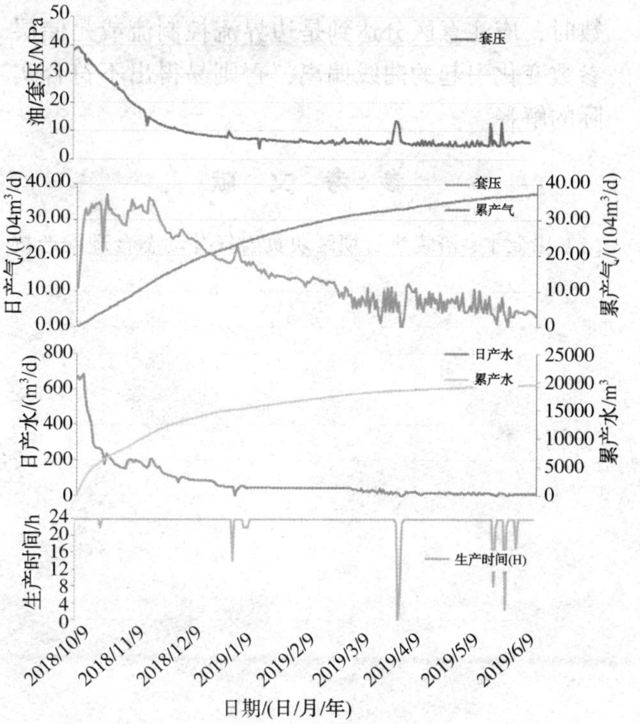

图 4 威 204H##-#井生产曲线

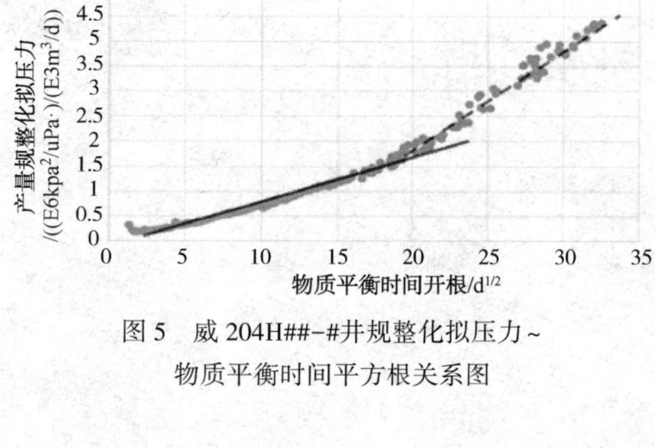

图 5 威 204H##-#井规整化拟压力～物质平衡时间平方根关系图

4 结论

（1）本文基于页岩气线性流特征，提出了线性流阶段产量合理性评价方法，该方法同时考虑了产量、压力变化，有助于气井的生产制度合理性诊断。

（2）数值模型模拟结果说明，储层强应力敏感对生产有较明显影响，在生产数据分析时应考虑其影响。

（3）由于储层参数难以取得，本文提出的线性流阶段生产数据分析方法以生产数据分析倒推储层参数团的变化，扩展了生产数据分析方法的应用，对于气井合理配产有指导作用。

（4）利用页岩气多级压裂水平井的规整化拟压力~物质平衡时间平方根特征曲线或者储层参数时，应注意区分达到是边界流控制流或是储层参数变化引起的曲线偏离，否则易得出不符合实际的解释。

参 考 文 献

[1] 沈金才．涪陵焦石坝区块页岩气井动态合理配产技术[J]. 石油钻探技术 2018，46(1)103-109.

[2] Duong A. N. An Unconventional Rate Decline Approach for Tight and Fracture-Dominated Gas Wells[C]//SPE 137748，Presented at the SPE/Canadian Unconventional Resources & International Petroleum Conference held in Calgary，Alberta，Canada，19-21 October 2010

[3] 虞绍永．页岩及致密油气藏工程方法[M]. 石油工业出版社 2018

[4] 刘洪，庞进，何骁，李开鸿 等编著．页岩气藏早期产能评价[M]. 石油工业出版社 2018

[5] 徐兵祥．变产—变压情况下的页岩气油气生产数据分析方法[J]. 天然气工业 2017，37(11)70-75.

[6] 游利军，谢本彬，杨建，康毅力 等 页岩气井压裂液返排对储层裂缝的损害机理_ 游利军[J]. 天然气工业 2018，38(12)61-69.

[7] 庞进，李尚，刘洪，梁洁 等 基于流态划分的页岩气井产量预测可靠性分析[J]. 特种油气藏 2018，25(2)60-64.

[8] ILK D，JENKINS C D，BLASINGAME T A，Production analysis in unconventional reservoirs - diagnostics，Challenges，and methodologies [C]// SPE144376，2011：385 -403.

油井低成本复合解堵技术研究及应用

马 惠

（中国石化江苏油田分公司）

摘 要 动管柱酸化作业存在作业周期长、施工工艺复杂、施工费用高、作业环境要求高、动复原管柱及洗井作业引起储层新的污染等问题。针对这些问题，以G6、W5区块目标井岩样为研究对象，根据不动管柱的施工要求，优化了一种高效的复合解堵体系FH-2。室内评价结果表明，FH-2具有较好的配伍性、岩心溶蚀性、缓腐性能、铁离子稳定性能。岩心流动实验表明，对于G6区块岩心，注入复合解堵体系后，岩心渗透率改善幅度为82.4%；对于W5区块岩心，注入复合解堵体系后，岩心渗透率改善幅度为74.2%。加入的起泡剂，有利于岩心的均匀酸化。截止2019年5月底为止，在江苏油田成功应用60井次，累计增油14264.8t，取得较好的效果，对因地层结垢或作业污染的油井效果尤为明显。

关键词 江苏油田；酸化；解堵；不动管柱施工；增产

酸化是一种广泛使用的解除近井地层污染、恢复油气井产能的一种有效措施之一。常规酸化作业是动管柱酸化，即起出井中原生产管柱后，下入专用的酸化管柱注入酸液；注酸液后，起出酸化管柱，下入原生产管柱恢复生产。很显然，动管柱酸化作业存在作业周期长、施工工艺复杂、施工费用高、作业环境要求高、动复原管柱及洗井作业引起储层新的污染等问题。近几年，不管柱酸化工艺引起了研究人员的极大兴趣[1-8]。潘万宏等人[2]从残酸对泵、油管、抽油杆的腐蚀问题入手，通过对原生产管柱镀膜预处理及施工后期泵入残酸中和处理，实现了不动管柱酸化施工。针对渤海油田的实际情况，杨永华等人[3-4]筛选出了以氟硼酸为主的酸化液配方。该体系既不破坏砾石充填层，同时对生产管柱、电泵机组及电缆腐蚀破坏小，又能有效解除近井带堵塞。王鹏等人[5-6]考虑到渤海旅大5-2油田伤害特点，优化出多氢酸体系，并与不动管柱工艺相配套，通过间隔注酸和电缆腐蚀实验，证明了不动管柱酸化工艺能够达到海上油气田酸化作业和不影响后续生产的要求。王新英等人[7-8]针对中原文东油田气举井不动管柱工艺开展了QJ-99解堵剂配方研究，其组成如下：前置酸（HCl+H_3PO_4+缓蚀剂+多功能添加剂+水）；主体酸（HCl+HNO_3+HF+缓蚀剂+多功能添加剂+水）；后置液（稳定剂+发泡剂+水）。目前，国内外关于不动管柱酸化工艺应用主要集中在海上油田，陆上油田的应用较少。采用的酸化液主要为三段式液体即前置酸、主体酸、后置酸。这样致使注酸液过程繁琐、多部门协调难度大、存在一定的环境污染以及施工费用高等问题。

本文根据G6区块的储层条件，以G6区块目标井岩样为研究对象，根据不动管柱的施工要求，优化了一种高效的复合解堵体系FH-2，实现了“一代三”功效替代了常规三段式酸液模式及不动管柱施工。该技术有效地缩短了施工周期，降低了施工费用，为江苏油田油井的解堵提供了有效的技术支持，保证了低油价下油田生产的顺利进行。

1 实验部分

1.1 试剂与仪器

原油和水样取自江苏油田G6区块。实验用水的离子组成采用油田企业标准（SY/T 5523—2000）测定。G6区块地层水总矿化度为3831.25mg/L、其中Ca^{2+}和Mg^{2}为50.55mg/L。根据其成分，在室内人工配制实验用水。实验用油取自江苏油田G6区块。G6原油黏度为34.4MPa·s(50℃)。

六水合三氯化铁（$FeCl_2 \cdot 6H_2O$）、碳酸钠（Na_2CO_3）、盐酸、氨水、乙二胺四乙酸二钠、柠檬酸、氯化钠（$NaCl$）、氯化镁（$MgCl_2$）和氯化钙（$CaCl_2$）均为化学纯试剂。多氢酸、复合酸（FH-2）、NS（阴非离子型表面活性剂）、DQ（石油磺酸盐类表面活性剂）均为工业级，有效质量分数50%。KD-40（油层清洗剂）、KD-25（破乳剂）、FH-2（复合酸）均为工业级，扬州润达油田化学剂厂提供。

恒温水浴，姜堰市仪器分析厂；pH 计，梅特勒-特利多公司；可见光分光光度计，上海美析仪器有限公司；岩心驱油装置，海安石油实验仪器厂。

1.2 性能测试

洗油率根据胜利油田企业标准（Q/SH1020 1518-2013）测试。腐蚀率根据中国石油化工集团企业标准（Q/SH 0352-2010）测试。铁离子稳定性能根据中国石油化工集团企业标准（Q/SH 0353-2010）测试。防酸渣率能根据胜利油田企业标准（Q/SH1020 0888-2013）测试。岩心流动实验：采用 G6-8 井和 W5-6 井天然岩心：2.5×20cm；注入速度：3mL/min；实验温度；80℃。实验步骤：注入质量分数 3wt% NH_4Cl 溶液，测定岩心的基准渗透率；注入 FH-2 酸液，测定在酸化过程中岩心渗透率的变化；注入质量分数 3wt% NH_4C 溶液，确定酸化后岩心渗透率。

2 实验结果与讨论

2.1 清洗剂的筛选

为了解除井眼及近井附近的有机堵塞，开展了油层清洗剂的筛选及性能评价。称取质量为 6g 的油砂于比色管中，配制质量分数 1% 的油层清洗剂溶液 20mL，加盖，将比色管放置于 50℃ 恒温水浴中，每隔 15min 将比色管取出轻轻摇动 10 次，再置于水浴中，共放置 1h 后取出。实验结果如表 1 所示。

表 1 不同清洗剂的洗油效果

名称	油砂质量/g	吸光度	含油量/g	洗油率/%
KD-40	6.0200	0.049	0.0032	97.69
NS	6.0098	0.262	0.0171	87.63
DQ	6.0110	0.387	0.0253	81.70

从表 1 可以看出，与 NS 和 DQ 相对比，KD-40 的洗油率可以达到 97.69%，具有较高的洗油能力。

将 G6-8 井中取得的有机堵塞物，称取 1g 左右的立方体，配制质量分数 1wt%KD-40 溶液，在不同温度（40℃、60℃和 75℃）下测量其溶解速率。

表 2 不同温度下有机堵塞物的溶解速率

温度/℃	有机堵塞物质量/g	溶解时间/min	溶解速率/(g/min)
45	1.2855	396	/
60	1.207	58	0.0208
75	1.002	42	0.035

从表 1 可以看出，随着温度的增加，有机堵塞物的溶解速率增加。在 60℃ 下，放置 1h，有机堵塞物完全溶解。

取 1wt%KD-40 溶液清洗后的原油 50mL，置于具塞离心管中，加入不同浓度（50mg/L、75mg/L、100mg/L）的破乳剂 KD-25，置于温度 50℃ 恒温水浴中，观察破乳脱水情况（如表 3 所示）。从表 3 可以看出，KD-25 质量分数大于 50mg/L 时，离心管壁面基本无挂壁现象，随着 KD-25 质量分数和时间的增加，脱水量增加。因此，优选的清洗剂配方为 1wt% KD-40 + 100mg/L KD-25。

表 3 脱水效果

质量分数/(mg/L)	15min	30min	45min	60min
空白	0	0	0	0
50	0	4.5	5	7
75	0	5	5.5	7.5
100	0	5	6	9

2.2 复合酸性能

选用复合酸 FH-2 作为 G6 区块解堵酸液体系。将 G6-8 模拟地层水与 FH-2 酸液按照 1∶1、1∶3、1∶5、3∶1、5∶1 两两混合，静置 2h，无沉淀和分层现象，表明 FH-2 酸液体系与目标区块水具有较好的配伍性。针对 G6 区块，开展了 FH-2 酸液体系的岩心溶蚀率、缓蚀性、铁离子稳定性等性能评价实验。

2.2.1 岩心溶蚀性能

采用 G6 区块的岩心粉，开展复合酸 FH-2 对岩心粉的溶蚀强度及其缓速情况。实验条件：酸液和岩粉的质量比为 10：1，温度 70℃，反应时间 4h，分别测试了酸水比（酸的体积比上水的体积）为 1∶2、1∶3、1∶4、1∶5、1∶6、1∶7、1∶8 的溶蚀率。实验结果如图 1 所示。

从图 1 可以看出，随着 FH-2 酸浓度的减少即酸液比的增加，岩粉的溶蚀率逐渐降低。但溶蚀率可达 20% 以上。这说明了随着酸液浓度的降低，体系能逐渐电离出氢离子，保持整个体系的酸度，达到深穿透的目的。

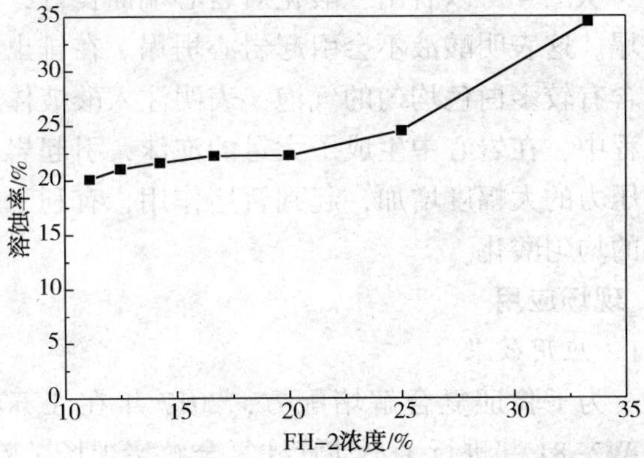

图 1　FH-2 酸浓度与岩粉的溶蚀率的关系曲线

2.2.2　缓蚀性能

根据不动管柱施工要求，酸液体系需要具有低腐蚀，以满足长时间的在线注酸对管柱造成的腐蚀。在温度 90℃下，将 N80 挂片置于不同酸水比的酸液中，放置时间分别为 4h、17h 和 24h，测量挂片的腐蚀速率（如表 4 所示）。

表 4　静态挂片腐蚀实验结果

项目	腐蚀速度/[g/(m²·h)]	酸水比
放置 4h	3.49	
放置 17h	2.29	1：2
放置 24h	2.18	
放置 4h	2.96	
放置 17h	1.75	1：4
放置 24h	1.72	
放置 4h	3.65	
放置 17h	2.07	1：6
放置 24h	1.38	

从表 4 可以看出，在酸水比 1：2、温度 90℃下，4h 后的腐蚀率为 3.49g/(m^2·h)，不同浓度下的 FH-2 酸对钢片的腐蚀均满足行业一级标准[<4g/(m^2·h)]，且放置时间越长腐蚀速率越低。

2.2.3　铁离子稳定性

为了防止酸化过程中 Fe^{3+} 产生的沉淀，在室温条件下，评价了柠檬酸、多氢酸和复合酸 FH-2 体系对铁离子稳定能力。

从表 5 可以看出，研制的复合酸 FH-2 对铁离子的稳定率为 79.3%，对铁离子稳定剂性能优于柠檬酸和多氢酸。

表 5　不同酸液的铁离子稳定性能

酸液类型	pH=0.5 时酸液含铁总量/(mg/L)	pH=3.5 时吸光度	pH=3.5 时稳定铁量/(mg/L)	稳定铁量率/%
空白	3944.3	0.085	1843.9	46.7
多氢酸	3944.3	0.141	3040.2	77.1
柠檬酸	3944.3	0.133	2937.7	74.5
FH-2 酸	3944.3	0.145	3126.4	79.3

2.2.4　岩心流动实验

采用 G6、W5 区块天然岩心进行 FH-2 复合酸体系岩心流动实验评价，实验结果如图 2 和图 3所示。

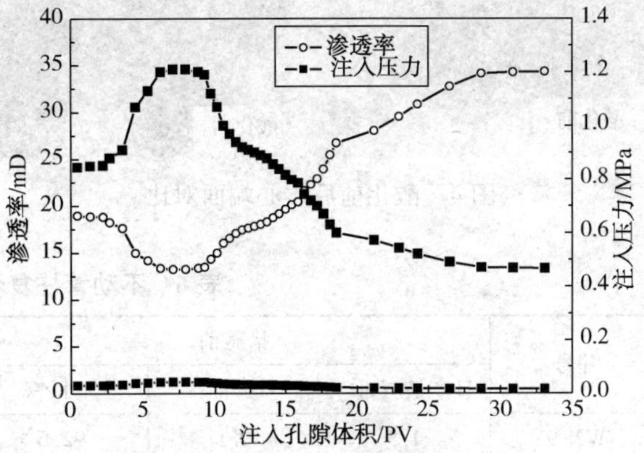

图 2　G6 区块岩心酸化流动实验

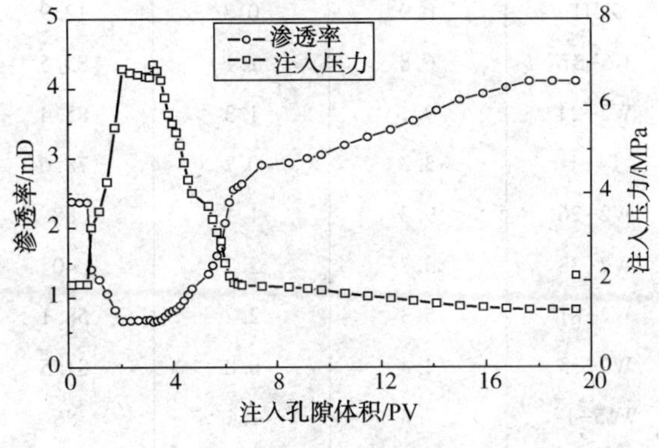

图 3　W5 区块岩心酸化流动实验

从图 2 可以看出，随着驱替酸液时压力逐渐升高，这主要是酸液与岩心中的碳酸盐等无机垢发生反应，产生气体，从而使注入压力升高。注入力由注入质量分数 3wt% NH_4C 溶液时的 0.85MPa 上升到最高压力 1.21MPa 后，压力逐渐降低，这是由于气体随着酸液逐渐排出。当压力降低到一定程度时，停止注酸。注入 7PV 复合酸后，岩心渗透率从 $18.8\times10^{-3}\ \mu m^2$ 升高到 $34.3\times10^{-3}\mu m^2$，渗透率改善幅度为 82%。从图 3 可以看出，对于 W5 区块岩心，岩心渗透率从

$2.36\times10^{-3}\mu m^2$升高到$4.11\times10^{-3}\mu m^2$，渗透率改善幅度为74%。G6和W5岩心酸化流动实验结果表明，对于G6和W5岩心，复合酸体系均有较好的改善渗透率的能力。同时，也证明了复合酸体系具有较好的适应性。

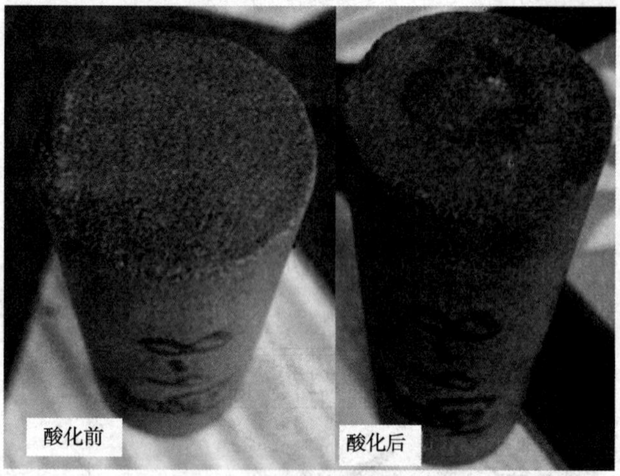

图4 酸化前后岩心端面对比

从图4可以看出，酸化后岩心端面良好，无坍塌。这表明酸液不会引起岩心坍塌。在排出液中含有较多白色均匀的气泡，表明注入酸液体系过程中，在岩心中生成了大量的泡沫，引起岩心内压力的大幅度增加，起到暂堵作用，有利于岩心的均匀酸化。

3 现场应用

3.1 应用效果

为了验证复合解堵配方，2017年在江苏油田W2-81井进行了不动管柱复合解堵现场试验，即不下入专用的酸化管柱，保持原有生产管柱不动，通过原生产管柱的油套环空管注入复合解堵液，作业完后直接开泵生产，取得较好的解堵效果。在此基础上，优化配方，截止2019年5月底为止，现场应用36井次，累计增油14264.8t（如表6所示），取得较好的效果，对因地层结垢或作业污染的油井效果尤为明显。

表6 不动管柱复合解堵现场施工效果（部分）

井号	措施前			措施后			累计增油/t
	日产液/(m^3)	日产油/t	含水/%	日产液/(m^3)	日产油/t	含水/%	
W2-9	1.3	0.1	92.6	13	3.4	74.1	2648.2
W11-10	7.7	3.9	49.6	11.7	4.7	60	25
Z2J1	0.9	0.8	12.9	2.3	1.8	21.5	526.5
G6-87	6.8	1.1	83.5	17.2	1.3	92.4	10
W2-24	9.1	1.3	85.4	11	2	82.1	197.8
T4-1	3.3	0.7	78.6	5.1	1.4	72.4	528
W2-26	9.3	1.1	88	16	1.9	86	132.6
W2-38	3.7	2.2	40	4.8	2.4	50	18.4
W2-81	5.3	2.2	58.1	11	4.2	61.9	970.5
W2-53	4.4	0.8	81.5	11.6	4	65.5	813.5
W15-17	7.8	1.1	86	15	3.1	79.3	710.2
Z2-29	9.6	0.5	94.8	17	1.1	93.6	48.5
G7-31	0.9	0.6	34.9	6.1	1.4	76.8	767.4
W5-13	4.2	0.5	89.2	16.6	4.5	68.8	1491.5

3.2 应用实例

以W2-9井为例说明。解堵井段层厚13.2m，渗透率为$6.1\times10^{-3}\sim95.11\times10^{-3}\mu m^2$，孔隙度为13.4%~23.8%，属于中孔、低渗储层。原油为普通稠油，地层水型为碳酸氢钠型，矿化度25000mg/L。2015年3月，W2-9井日产液量开始逐渐下降。至2015年8月19日，日产液突然降至$1.9m^3$，日产油0.5t，供液出现严重不足，生产采用间抽方式。从生产动态数据分析，W2-9井近井的无机及无机堵塞导致了产液量下降。

3.3 施工后

针对W2-9井实际情况，通过原生产管柱的油套环空管注入，注入顺序为油层清洗液（3% KD-40+100mg/L KD-25，$36m^3$）、处理液（15%复合解堵剂，$20m^3$）及顶替液（3%防膨剂，$25m^3$）。措施前后生产情况如图5所示。

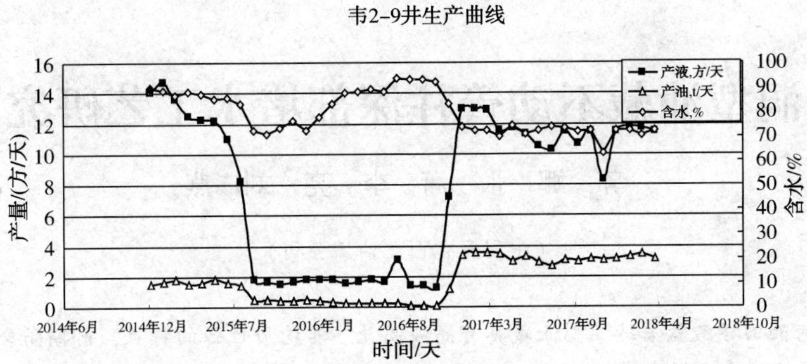

图5 韦 2-9 井生产数据

该井施工前，生产情况：平均日产液 1.2m^3，日产油 0.1t，含水 92.3%。施工后，生产情况：平均日产液为 8.1m^3，平均日产油为 3.1t，含水率为 72.3%，到 2017 年底累计增油约 1533t。由措施情况产量对比可见，产液能力明显增强，日增油 3.0t，增产效果十分明显。同时，没有下专用的酸化管柱，降低了作业成本。

4 结论

通过体系性能的评价，优化了一种新型的不动管柱复合解堵体系 FH-2，取得以下结论：

（1）为了解除井眼及近井附近的有机堵塞，优选的清洗剂配方为 1% wtKD-40+100mg/L KD-25。

（2）优化的复合解堵体系 FH-2 以“一代三”功效替代了常规三段式酸液模式。该体系具有较好的配伍性、岩心溶蚀性、缓速性能、铁离子稳定性能。

（3）岩心流动实验表明，对于 G6 区块岩心，注入复合酸后，岩心渗透率从 18.8×10^{-3} μm^2 升高到 34.3×10^{-3} μm^2，渗透率改善幅度为 82%；对于 W5 区块岩心，酸化后，渗透率改善幅度为 74%。同时，也证明了复合酸体系具有较好的适应性。

（4）现该项技术现场应用效果好，经济效益和社会效益显著，为江苏油田油井增产挖潜提供技术保证，有较好的推广应用前景。

参 考 文 献

[1] 杨乾隆，李立标，陶思羽，等．注水井不动管柱螯合酸脉冲式注入酸化增注技术[J]．石油钻探技术，2018，46(1)：1-6.

[2] 潘万宏，钱忆春，陶剑清，等．油井不动管柱酸化技术工艺应用[J]．石油化工应用，2013，32(6)：7-11.

[3] 杨永华，刘义刚，赵立强，等．渤海 SZ36-1 油田不动管柱酸化液配方研究与应用[J]．海洋石油，2004，24(4)：80-542005，25(1)：50-54.

[4] 杨永华，刘义刚，赵立强，等．渤海油田不动管柱简易酸化的几点讨论[J]．海洋石油，2004，24(4)：80-82.

[5] 王鹏，赵立强，刘平礼，等．不动管柱酸化工艺在旅大 5-2 油田的应用[J]．断块油气田，2009，16(6)：107-109.

[6] 刘欣，赵立强，刘平礼，等．不动管柱酸化技术在渤海岐口 17-2 油气田的应用[J]．天然气工业，2005，25(4)：95-97.

[7] 王新英，贾长贵，田常青，等．文东油田气举井不动管柱酸化解堵剂 QJ-99 的性能与应用[J]．油田化学，2002，19(2)：123-125.

[8] 贾长贵，杨兆中，李宗田，等．气举井不动管柱酸化工艺技术研究与应用[J]．西南石油学院学报，2003，25(4)：48-51

塔河缝洞型油藏不动管柱深部堵水工艺研究与应用

郭 娜 张 潇 李 亮 刘广燕

(中国石化西北油田公司)

摘 要 塔河油田碳酸盐岩缝洞型油藏具有高温高盐、非均质性强的特点，前期高含水井堵水因堵剂选择性差，存在油水同堵后措施效果较差以及修井作业成本高的问题。针对缝洞型油藏苛刻的地层条件，研发了油溶粘聚颗粒和延缓型就地凝胶，两种体系均具有油水选择性，耐温150℃，抗盐22万mg/L，无需修井，安全注入，可实现不动管柱施工；针对缝洞型储层严重漏失“堵不住”的难题，配套了缝洞型油藏多级段塞组合注入工艺，针对大剂量堵调近井伤害大问题，配套“三级压力响应”逐级优化注入技术，最终形成了适合塔河高温高盐缝洞型油藏的不动管柱深部堵水工艺。该工艺目前应用后，单井措施成本降低50%，含水降低30%以上，取得了较好的控水增油效果，实现了缝洞型油藏低成本高效堵水突破。

关键词 塔河油田；碳酸盐岩；缝洞型油藏；不动管柱；深部堵水；提高采收率

塔河碳酸盐岩缝洞型油藏是一个在大型古隆起上经过多期构造岩溶作用形成的大型海相沉积碳酸盐岩油藏[13]。油藏非均质性极强，油水赋存状态和连通关系复杂[46]，缝洞内普遍油水同出，因此油井高含水后，堵水治理难度远高于常规油藏；同时塔河缝洞型油藏具有埋藏超深(5000~7500m)、高温(120~190℃)、高盐(16×10^4~22×10^4mg/L)的特点，常规堵调剂在130℃条件下快速反应，影响超深井堵剂规模注入，高矿化度下常规体系降解快，导致堵水有效期短，严重制约了常规堵水工艺在缝洞型油藏的规模开展。

前期碳酸盐岩高含水井治理以可固化颗粒类堵水为主，通过暂时废弃部分裸眼段，使一部分堵剂进入近井地带高角度裂缝，以控制底水通过底部井筒或高角度裂缝产出[8,9]。自2010年以来，可固化颗粒堵水累计实施168井次，累计增油15×10^4t。但因可固化颗粒不具备选择性，存在近井封堵、油水同堵的问题，堵水有效率低且有效期短；同时由于堵水施工需要更换管柱，单井修井费用高达整个堵水施工费用的60%，堵水措施经济性较差。

因此，针对塔河缝洞型油藏超深井缝洞型储层油水同出的难题，需要研发具有油水选择性的堵剂，同时配套不动管柱堵水施工降低措施成本，建立适合塔河缝洞型油藏的深部堵水工艺。

1 选择性堵剂体系

裂缝型和孔缝型储集体水体主要呈线型锥进，水的通道即是油的通道，堵水过程中，裂缝容易堵死，出现供液不足现象。针对此类储层，研发了油溶黏聚颗粒堵剂和延缓型就地凝胶堵剂，两类堵剂均具有一定油水选择性，具有注的进、堵得住和稳定性好的特点。

1.1 油溶黏聚颗粒体系(主体堵剂)

前期碳酸盐岩堵水常用堵剂主要以水泥、粉煤灰等无机颗粒，以悬浮体形式注入到地层中起到封堵作用，具有价格低廉、封堵强度大的特点，但是缺点在于对于地层的封堵是刚性的，没有选择性容易对整个储层产生伤害。针对裂缝和孔缝型储层颗粒封堵强度严重不足以及无机颗粒体系无油水选择性等问题，通在油溶性树脂颗粒中添加强度调节剂，研发形成了油溶颗粒堵剂系列(图1)。

该体系具有以下特点：①耐温抗盐性能好，在150℃、矿化度22×10^4mg/L条件下，可稳定180天；②粒径0.1-10mm可调，满足碳酸盐岩油藏不同裂缝尺寸大小储层卡封的需求；③密度1.04-1.10g/cm^{3}可调，堵剂在携带液中常温下保持悬浮具备较好的注入性能；④油溶粘聚颗粒具有优异的油水选择性，水中粘连、油中溶解；⑤封堵能力强，堵剂通过颗粒架桥、高温熔融，对地层裂缝产生有效封堵，稳定封堵压力梯度大于40MPa·m^{-1}(图2)。

1.2 延缓型就地凝胶体系(配套堵剂)

针对前期塔河油田碳酸盐岩油藏应用的常规凝胶堵剂存在体积收缩大，强度不足，价格高，

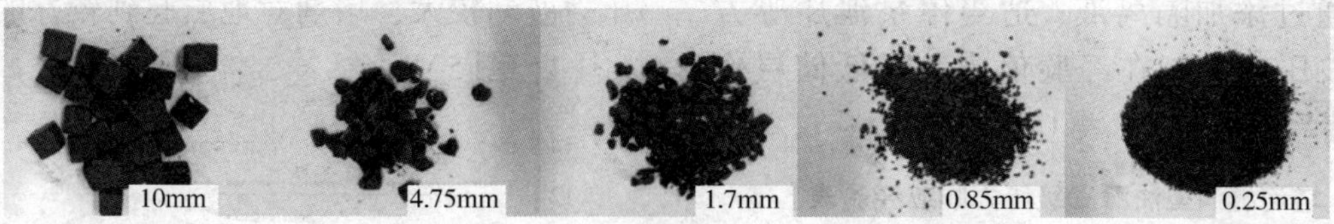

图1　不同粒径油溶黏聚颗粒

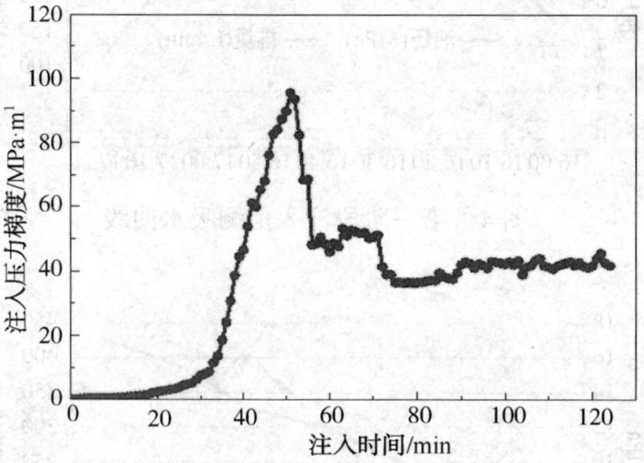

图2　油溶性颗粒封堵效果曲线

不能大规模推广应用的问题，在常规凝胶固化后形成骨架网络结构基础上，基于自由基共聚理论，引入耐温抗盐功能基团，结合碳氮杂化体系的延缓交联机制，形成互穿网络，增强了凝胶堵剂的强度和封堵能力，形成了低成本、高性能的延缓型就地凝胶体系，对断裂带高角度裂缝发育和短裸眼油水同出井有一定的适应性。

该体系具有以下特点：①在温度150℃、矿化度22×10^4mg/L条件下，考察30d，胶体稳定，强度保持率大于90%，稳定性较好；②强度可调，调整配方浓度可得到低、中、高三种不同强度凝胶体系，可应用于前置托堵、深部封堵和堵后封口等不同段塞；③油水选择性较强，水相阻力是油相阻力的8.36倍；④可延缓成胶，成胶时间从常规凝胶<1h，延长到72h，为不动管柱施工创造了安全施工窗口；④封堵强度大，少剂量即可满足堵水施工要求，能大幅降低凝胶堵水单井费用。

2　选择性深部堵水工艺

油水同出井中底水占据近井通道，沿裂缝窜进产出，抑制同层原油产出。因此，选择性深部堵水需采用逐级增强的组合段塞封堵底水上窜通道，“堵水不堵油”，实现对出水段的深部封堵，释放层内产油通道潜力。

2.1　多级段塞注入工艺

油水同出井以裂缝沟通为主，颗粒堵剂注入性能难判断，为保证堵剂段塞有效驻留，采用多级段塞工艺，按“注入性能先易后难、堵剂强度先弱后强、充分发挥协同作用”的原则进行段塞设计[10]。主体堵剂选用低、中、高强度渐进式段塞组合，实现地层深部三级渐强封堵，保证主体堵剂在深远地层有效驻留，通过对产液剖面进行精细调整和改善，实现近井地带优势水窜通道的有效封堵，启动原产段次级裂缝的产油潜力。

段塞设计：主体段塞细化为3~4级，采取交替注入方式。单一堵剂在进入地层进行深部封堵的过程中，按泵注先后顺序进行梯度加量或浓度设计。

各段塞作用：前置段塞采用胍胶预托堵，实现预堵漏；主体封堵段塞选择性堵剂渐进式堵剂组合实现深部逐级封堵，封口段塞采用高强度延缓凝胶防止堵剂返吐，对井筒附近地层实施封堵；清水过顶井筒不留塞，实现深部封堵水窜通道(图3)。

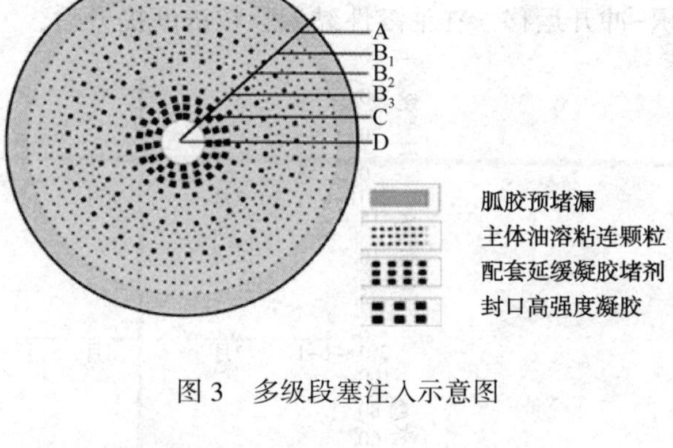

图3　多级段塞注入示意图

2.2　“三级压力响应”逐级优化注入工艺

针对施工压力高近井堵死，优化逐级压力控制注入技术，确保适度堵水，堵后不用酸化解堵可直接求产。

通过统计分析前期堵水施工井各段塞正常深部注入的平均压力，形成三级压力响应范围。堵漏段塞可降低漏失，在注入过程中压力略有爬坡；主体段塞将堵剂深部注入地层，压力呈逐渐爬坡趋势，后置段塞有效封口，压力明显爬坡。

在施工中通过添加隔离液、适当停泵泄压等方式，将爬坡压力控制在经验值内，降低储层伤害，实现堵后直接求产(表1)。

表1 塔河缝洞型油藏三级压力响应经验表

段塞类型	注入压力响应/MPa		
	岩溶主导区	过渡区	断控主导区
堵漏段塞	<3MPa	<3MPa	<1MPa
主体段塞	<5MPa	<3MPa	<2MPa
后置段塞	<10MPa	<8MPa	<4MPa

3 现场试验及实施效果

2018年7月在YJA井开展了不动管柱深部堵水现场试验。YJA井位于跃进区块构造正向褶曲区域，T_7^4地震反射波下为“串珠”反射特征，0-40ms范围内振幅变化率较大。该井为裂缝型储层，见水后，含水整体表现为暴性水淹。含水上升快，初期关井压锥有效，处于水侵初级阶段，剩余油潜力大。堵前日产液15.2t，日产油0.5t，含水96.5%。

2018年7月19~23日实施不动管柱堵水，使用原井带封自喷管柱施工，多级渐强段塞过顶替注入，分为两阶段施工，共注入堵剂560m³。

从两次吸水曲线对比来看，相同排量下第二阶段压力更高，吸水能力较差，说明第一阶段堵剂对地层起到了封堵作用。施工过程中压力稍有波动，是由于油溶性黏聚颗粒在地层中不断堆积-冲开运移，在油溶性黏聚颗粒浓度提升后，压力波动较大，堵剂对地层起到较好的封堵效果(图4，图5)。

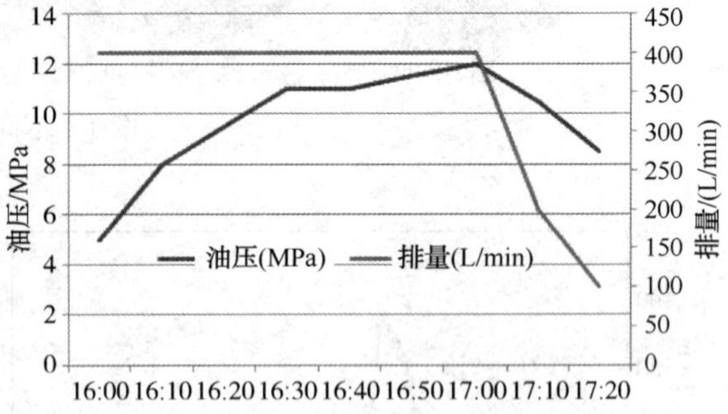

图4 第一阶段注入前测吸水曲线

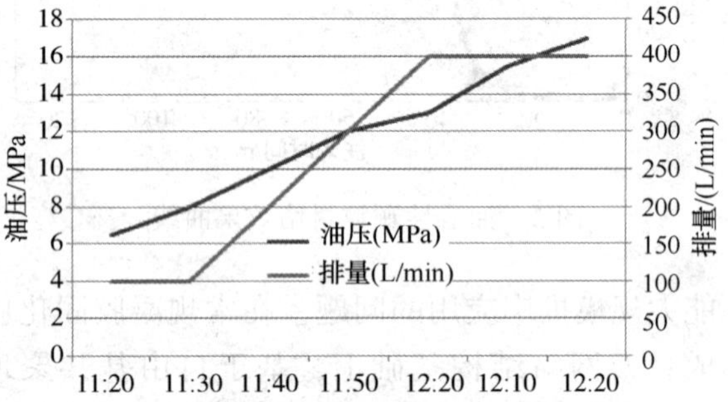

图5 第二阶段注入前测吸水曲线

YJA井2018年8月开井，堵后日产液41.1t，日产油12.1t，含水70.3%，日增油7.0t，含水下降30%，累增油1000t，目前持续有效，降水增油效果显著(图6)。

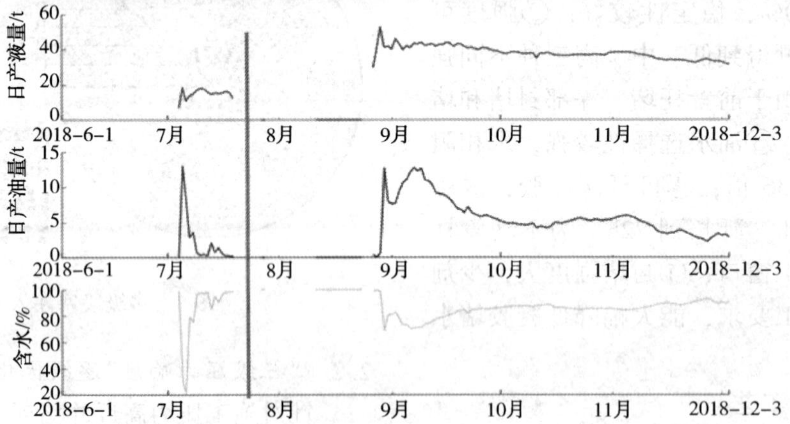

图6 YJA井堵水前后生产曲线

4 结论

(1) 研发的两种选择性堵剂体系满足了油藏苛刻的高温高盐条件，同时具有优异的选择性、注入性和封堵性，为不动管柱施工创造了安全注入条件；

(2) 在碳酸盐岩缝洞型油藏成功实施了不动管柱堵水施工，单井节约修井费用80万元以上，降低成本50%以上，提升了措施经济效益；

(3) 在YJA井开展的深部堵水现场试验，单井增油1000t，取得较好的增油效果。

参 考 文 献

[1] 吴文明，秦飞，欧阳冬，何龙．塔河油田碳酸盐岩缝洞型油藏堵水技术[J]．油气地质与采收率，2013，20(6)：104-107+118.

[2] 荣元帅，涂兴万，刘学利．塔河油田碳酸盐岩缝洞型油藏关井压锥技术[J]．油气地质与采收率，2010，17(4)：97-100.

[3] 吕爱民，姚军，郭自强．塔河油田奥陶系缝洞型底水油藏典型相渗关系及水驱曲线[J]．油气地质与采收率，2010，17(2)：101-104.

[4] 刘常红，陈志海．塔河碳酸盐岩油藏产量递减特征与影响因素分析[J]．特种油气藏，2010，17(6)：72-74，116.

[5] 李宗宇．塔河碳酸盐岩油藏油井见水特征浅析[J]．特种油气藏，2008，15(6)：52-55.

[6] 杨小峰，康志宏，陈夷等塔河油田6区、7区岩溶型碳酸盐岩油藏动态连通性及缝洞单元划分[J]．科学技术与工程，2015，15(01)：182-188.

[7] 陈兰朴，李国蓉，符浩等．塔河油田东南斜坡区奥陶系缝孔洞储集体发育规模研究及评价[J]．科学技术与工程，2016，16(12)：228-237.

[8] 李子甲，陈朝刚，潘阳秋．碳酸盐岩油藏携砂调剖工艺技术研究与应用[J]．西南石油大学学报：自然科学版，2012，34(5)：83-87.

[9] 周立果，李旭华．碳酸盐岩岩溶缝洞型油藏驱油及堵水机理探讨[J]．油气井测试，2005，14(1)：17-19.

[10] 吴文明，詹兆文，欧阳冬，秦飞．缝洞型油藏多级分段堵水技术研究与应用[J]．西南石油大学学报：自然科学版，2015，37(2)：119-124.

基于性能包线的高温高压封隔器研制

邹　刚[1]　杨小城[1]　李　雄[1]　周　歆[1]　李林涛[2]　黄传艳[2]

（1. 四机赛瓦石油钻采设备有限公司；2. 中国石化西北油田分公司石油工程技术研究院）

摘　要　封隔器是石油勘探开发中井下作业的重要工具之一。常规液压封隔器难以满足顺北油田高温高压的生产需要，因此通过封隔器的结构原理分析、理论性能包线绘制、室内评价试验研制了一种高温204℃高压70MPa的液压封隔器，并有效是指导现场的应用5口井，成功率100%，可在顺北作业中推广使用。

关键词　封隔器；高温高压；性能包线；试验

引言

随着近些年油气田的开发生产不断向深井超深井发展，钻采工艺也不断向较深地层方向发展，对封隔器的耐温耐压等各方面使用性能提出了新的挑战，以至于封隔器今后的研制工作向更专业化、多样化发展。国产封隔器性能不够，而采用进口封隔器，其高昂的价格、较长的供货周期，也制约了试油完井工作的顺利展开[1]。

常规液压封隔器不能满足深井井底温度高、酸压施工压力高的储层，一旦酸压施工过程中封隔器失效，可能造成井口、套管损坏的严重后果[2]。同时顺北区块新应用了第三套井身结构，有必要自主研制一种耐高温高压的套管液压封隔器。基于多年来封隔器的研发和制造经验，通过封隔器的结构原理分析、封隔器理论性能包线绘制、室内评价试验和现场应用，研制的新型SH-2优盾高温高压封隔器取得了良好应用效果[3-8]。

1　SH-2型优盾高温高压封隔器结构及原理

1.1　结构

SH-2液压封隔器结构如图1所示，该工具主要有上端接头、中心管、密封结构、活塞结构、锁紧机构、锚定结构、解封机构等组成。其部件有变扣接头、上端接头、销钉、释放套、密封圈、平衡接头、导环、胶筒、衬套、泄油套、释放爪、上活塞、下活塞、缸套、锁环、锁环座、挡圈、上椎体、弹簧，卡瓦、卡瓦套、下锥体，外中心管、内中心管、下接头。

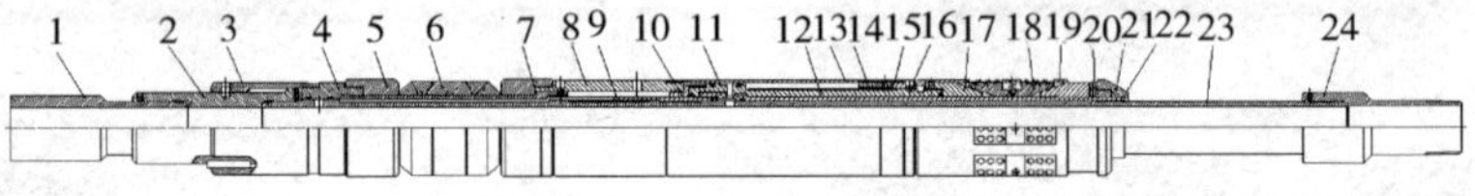

图1　SH-2液压封隔器示意图

1—变扣接头；2—上端接头；3—释放套；4—平衡接头；5—导环；6—胶筒；7—衬套；8—泄油套；9—释放爪；10—上活塞套；11—上活塞；12—下活塞；13—缸套；14—锁环；15—锁环座；16—挡圈；17—上锥体；18—卡瓦；19—卡瓦套；20—下锥体；21—锥体护帽；22—外中心管；23—内中心管；24—下接头

1.2　工作原理

该封隔器打压坐封时液压压力作用在上下活塞上，首先下活塞下行剪断锁环挡圈以及卡瓦套上各剪切销，下活塞带动上锥体下行，从而张开卡瓦完成坐封；与此同时上活塞上行剪断泄油套上剪切销后，上活塞带动钢缸筒及泄油套导环继续上行压缩胶筒。压力越高活塞推力越大，胶筒越压越实，密封效果越显著；锥体挤入卡瓦越多，双向卡瓦越张越大，使双向锚定更为有效。解封时，直接上提剪断释放套上剪切销；或者右旋剪断释放套和上接头间剪切销，再右旋8圈使上接头带动内中心管与释放螺母脱扣；然后再持续上提，先后解封胶筒及卡瓦。

1.3　封隔器尺寸参数(表1)

表1

套管外径	套管	坐封套管内径		最大外径		总长	最小内径	两端螺纹
	级别	最小	最大	导环	胶筒			
in	lbs/ft	mm	mm	mm	mm	mm	mm	
6 5/8	24	147.10	150.46	140	136	2000	62	27/8"EUE

2　SH-2 高温高压封隔器理论性能包线

性能包线是指在额定温度下，不同压力和轴向载荷对封隔器或桥塞的综合影响，很清楚的显示封隔器的工作范围，可以指导封隔器现场施工[3]（图 2）。

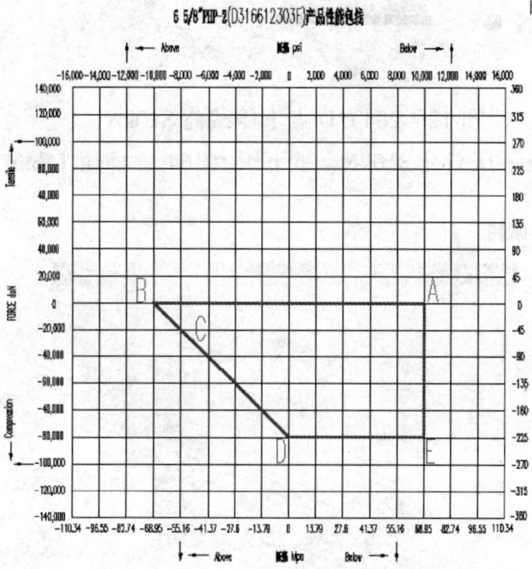

图 2　SH-2 封隔器性能包线图

针对 SH-2 高温高压封隔器开展 API 11D1-2015 V3 试验，进行两个温度循环：90℃-204℃-60℃-204℃

A 点：承下压 10000psi；

B 点：承上压 10000psi；

C 点：下压载荷 25.7t，承上压 7250psi；

D 点：下压载荷 80t；

E 点：下压载荷 80t，承压 10000psi[3-4]

3　SH-2 高温高压封隔器室内评价试验

根据性能包线曲线的 A、B、C、D、E 点在 90℃-204℃-60℃-204℃温度下分别进行承压试验，验证封隔器能否在最低温度 60℃和最高温度 204℃的环境下达到性能包线里面的载荷和承压要求[2、9、10、11]（图 3~图 13）。

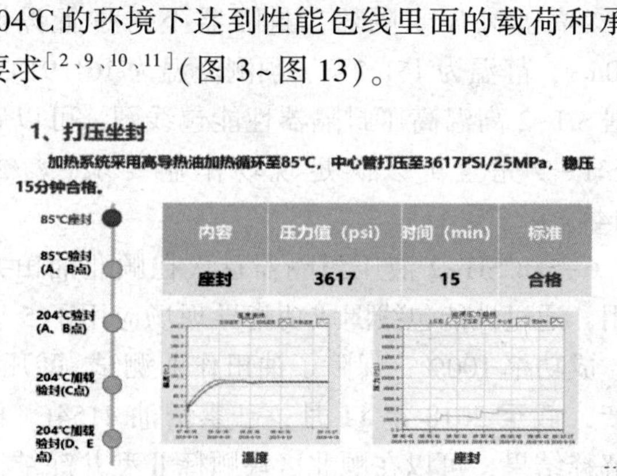

图 3　封隔器座封 3617psi

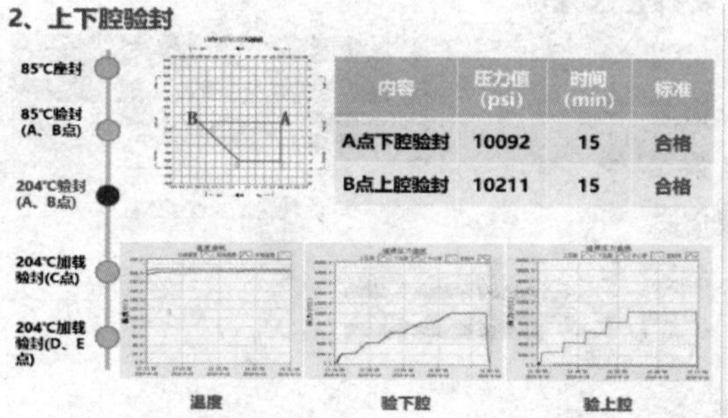

图 4　204℃ A 点承下压 10092psi，B 点承下压 10211psi 各稳压 15min

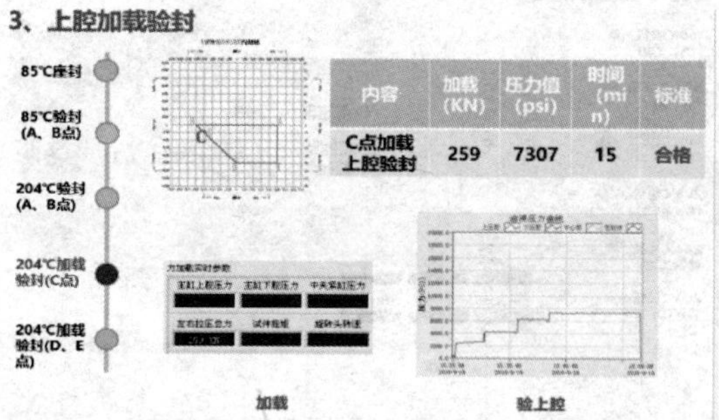

图 5　204℃ C 点下压载荷 259kN、稳压 15min

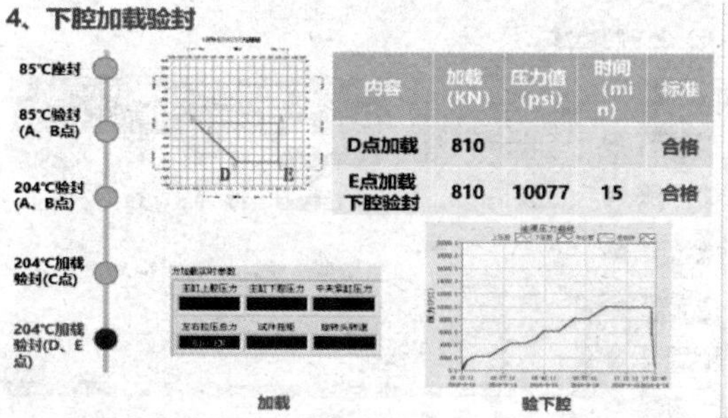

图 6　204℃ D 点下压载荷 810kN，承上压 7307psi，E 点下压载荷 810kN、承下压 10077psi 稳压 15min

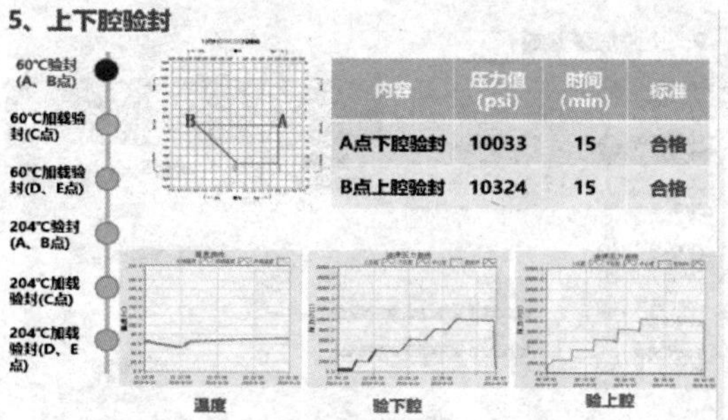

图 7　60℃ A 点承下压 10092psi，B 点承下压 10211psi 各稳压 15min

试验结论：

根据 API SPEC 11D1-2015《Packers and Bridge Plugs》中 V3 标准对封隔器进行室内总成试验，证明了封隔器在动载荷及温度循环下耐温 204℃、承压差 70MPa 是成功的，满足设计要求。

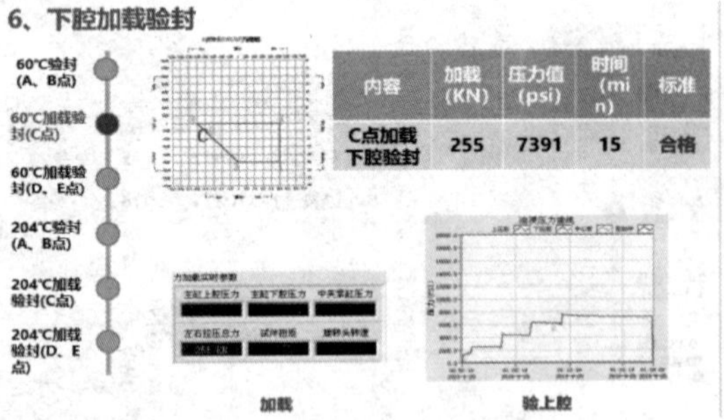

图 8　60℃C 点下压载荷 255kN，
承上压 7391psi，稳压 15min

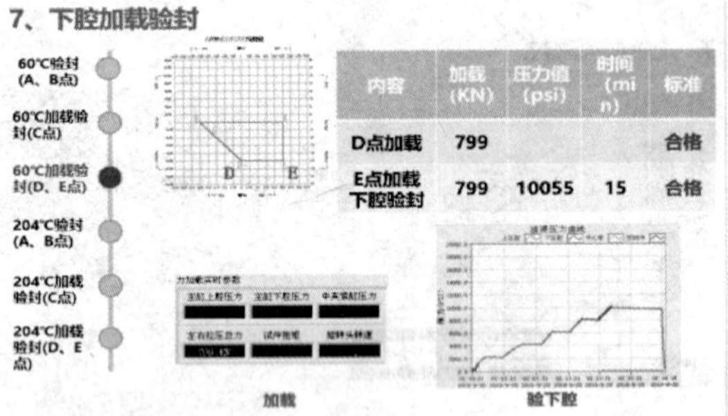

图 9　60℃D 点下压载荷 799kN，
E 点下压载荷 799kN、承下压 10055psi 稳压 15min

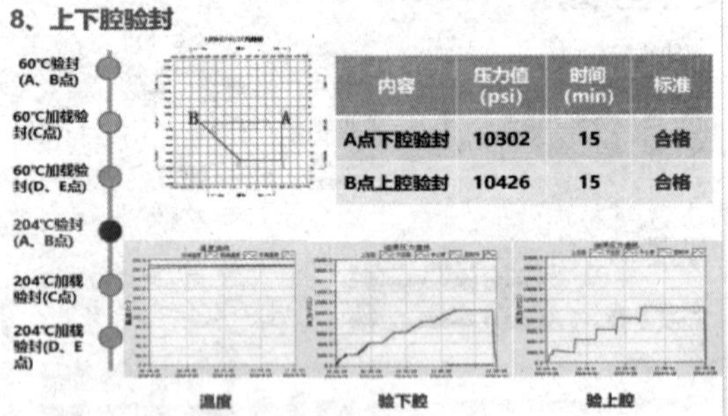

图 10　204℃A 点承下压 10302psi，
B 点承下压 10426psi 各稳压 15min

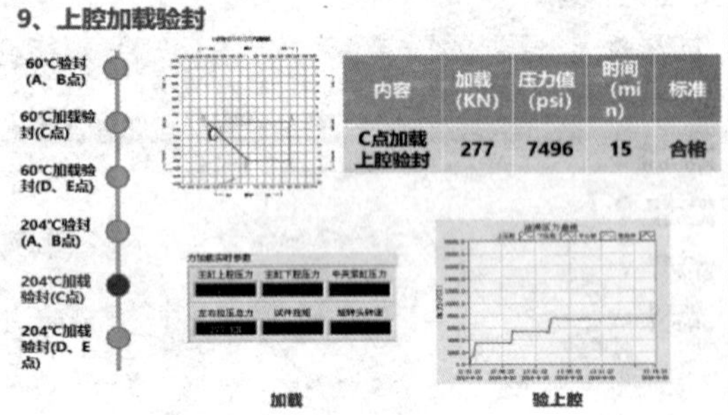

图 11　204℃C 点下压载荷 277kN
承上压 7496psi，稳压 15min

4　现场应用

顺北油田为奥陶系碳酸盐岩裂缝-洞穴型油藏，位于新疆沙雅县境内，原油品质高，完井深度超 7700 米，采用油管完井，具有超深、超高压、超高温的特点，是中国石化在塔里木盆地新

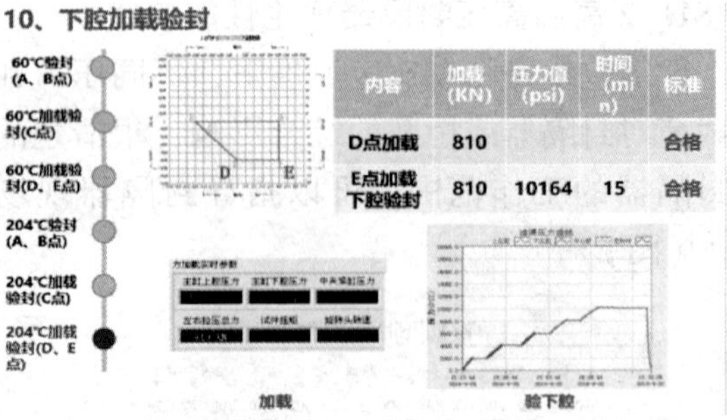

图 12　204℃D 点下压载荷 810kN，
E 点下压载荷 810kN、承下压 10164psi 稳压 15min

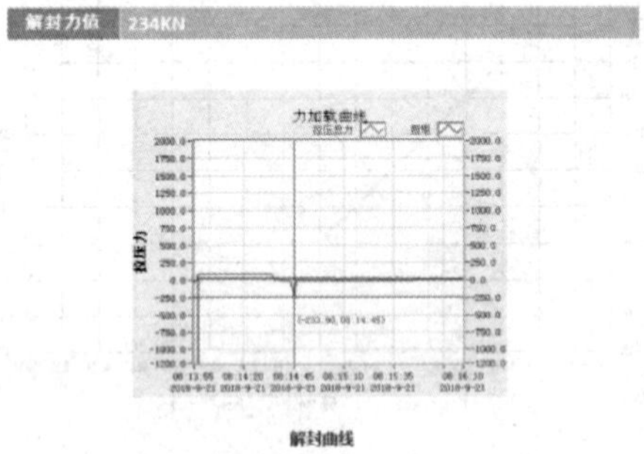

图 13　封隔器解封：234kN

图 3 性能包线曲线点验证

地区、新领域、新类型获得的重大油气突破。SH-2 高温高压封隔器在顺北油田进行了应用，以顺北 1 井区 SHB1-XX 井为例，地层压力系数 1.17，地温梯度 2.10℃/100m，井底压力 88.49MPa/7710m，井底温度 161.91℃/7710m，液柱压力梯度按 0.59MPa/100m，关井压力为 44.72MPa。

本次作业的主要目的是通过油管测试求取地层液性和产能，同时考虑后续酸化措施作业。为保证后期酸化施工井筒安全性，降低后期生产井口二套起压的潜在风险，完井管柱中设计 6 5/8″ SH-2 高温高压封隔器，封隔器坐封位置设计 7200m±，静温为 151.2℃、预测流温为 161.91℃。根据 SH-2 高温高压封隔器性能包线图，可以看出 SH-2 完全可以满足现场作业要求（表 2，图 14）。

6-5/8″SH-2 液压封隔器首次在顺北油田井应用，通过性能包线图成功指导现场应用了 5 口井，成功率 100%，保障了油田作业测试-酸压-生产，截至 2018 年 11 月，已累增油 4154t。根据解释结果，可以在顺北区块顺标Ⅱ型井深结构推广应用，具有广泛推广价值。

表 2 管柱结构数据表

序号	名称	外径/mm	内径/mm	下深/m	规格
1	油管挂	270	76		防硫
2	双公	88.9	69.86		3½″(9.52)，抗内压 142MPa，抗拉 180t，防硫
3	伸缩管 3 根	114	60	7178±	3½″FOX，单根伸缩距 2m，单颗销钉 2.5t
4	压井滑套	99	45	7178±	2⅞″FOX，防硫，投 48mm 球
5	水力锚	140	60	7188±	上下扣 2⅞″TP-G2，
6	SH-2 液压封隔器	140	61.98	7200±	上扣 2⅞″TP-G2，下扣 3½″EUE，耐温≥177℃，耐压≥70MPa
7	刚性扶正器	140	62	7200±	2⅞″EUE
8	多级球座		30/58	7220±	上下扣型 2⅞″EUE，钢球直径 35mm
9	喇叭口				扣型 2⅞″EUE

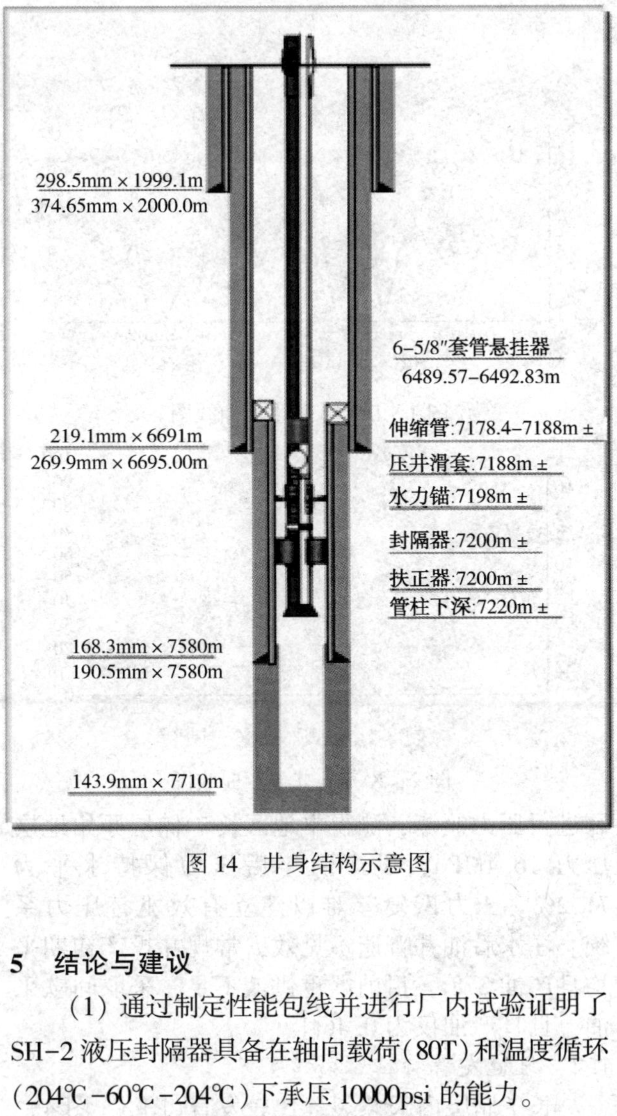

图 14 井身结构示意图

5 结论与建议

（1）通过制定性能包线并进行厂内试验证明了 SH-2 液压封隔器具备在轴向载荷(80T)和温度循环(204℃-60℃-204℃)下承压 10000psi 的能力。

（2）通过 SH-2 液压封隔器现场应用进一步验证了封隔器的使用性能，可应用于高温高压深井中作业。

（3）通过性能包线的绘制，并对各个点进行测试合格，可以说明封隔器在性能包线内都是满足使用要求的，同时可以对封隔器设计、厂内试验验证、工业应用提供指导和借鉴。

参 考 文 献

[1] 杨军．SHR-HP 高温高压液压封隔器的应用与推广[J]．科学中国人，2015，18(1)：68.

[2] 黄振琼、徐燕东、杜春朝．高温高压深井用液压封隔器研制及试验[J]．石油矿场机械，2013，42(10)：33-36.

[3] 高文祥、贾宝贵、张安治、宋明哲．封隔器性能信封曲线[J]．油气井测试，2017，26(5)：32-33.

[4] 张亮、孔学云、李宝龙、左凯、齐海涛、闫绅、信召玲．API 11D1 V3 等级悬挂封隔器的设计与应用[J]．石油工业技术监督，2018，34(5)：7-9.

[5] 黄世财、单锋、冯辉、刘双伟、曹萍．超高温可回收式液压封隔器的研制和推广应用[J]．钻采工艺，2016，39(1)：16-88，98.

[6] 张伯年，李海金，刘章节，等．封隔器理论基础与应用[M]．石油工业出版社，1983.

[7] 油田用封隔器及井下工具编写组．油田用封隔器及井下工具手册[M]．石油工业出版社，1981.

[8] 朱晓荣．封隔器设计基础[M]．中国石化出版社，2012.

[9] 刘汝福、韩进、汪韶，等．封隔器高温性能试验系统研制[J]．石油矿场机械，2004. 33(6)：111-113.

[10] 李富平、刘明、张长齐、李振、高学仕．高温高压尾管顶部封隔器研制[J]．石油矿场机械，2018. 47(3)：44-49.

[11] 刘祥康、丁亮亮、朱达江、张琳、汪传磊．高温高压深井多封隔器分段改造管柱优化设计[J]．石油机械，2015. 35(3)：74-78.

水平井在定边油田长 7 致密油藏的开发效果分析

安 山 白耀文 赵 乐 王 卓 李 军 罗宝莉

（延长油田股份有限公司）

摘 要 定边油田长 7 油藏是典型的“三低”（低压、低渗、低产）油藏，具有连续性好、规模大的特征，初步估算含油面积约 300km²，储量估算约 1×10⁸t。针对常规井网难以有效动用致密油藏的问题，采用不同井网试验效果分析，总结优选适合本区域的水平井注采井网。研究认为：水平井开发是目前开发致密油藏最有利的开发方式，其中水平井七点井网、交错七点井网、五点井网应用效果较好。同时，对水平井的注水开发、天然能量开发以及注水吞吐 3 种不同开发方式，进行效果分析，为后期定边油田长 7 致密油藏规模建产提供了参考。

关键词 水平井；定边油田；长 7 致密油藏；开发效果；井网

随着常规油气藏探明面积越来越少，占资源总量的约 30%以上的致密油藏逐渐引起关注，加快动用致密油藏是今后勘探开发的趋势[1-7]。定边油田在近几年的勘探开发中，在多个油区发现了长 7 致密油藏，初步估算致密油藏含油面积约 300km^2，储量估算约 1×10^{8}t。致密油藏储层[8-9]孔隙度小、渗透率极低、单井产能低，常规开发方式难以实现有效动用。面对储量可观的致密油藏，如何开发好是摆在技术人员的一个现实的问题。通过论证常规井、水平井的不同井网、不同注采方式开发效果分析。优选出适用于定边长 7 致密油藏的开发方式。在后继生产中不断优化井网，使得定边油田非常规油藏得以高效的开发。

1 长 7 致密油藏开发面临的主要问题

对常规井实施不同注采井网对比分析，主要因储层物性差和天然裂缝普遍发育影响大，常规井初期产量高，递减快，稳产难度大。一般生产 2 个月后，产油量在 0.5t 左右（图 1）。2014 年在该区进行水平井完钻 4 口，改造主要以“分段多簇”的压裂试验，试油时平均单井日产液 38.6m^3，单井日产油 25.5t，投产初期日产油 8.5t，生产两年后，平均单井日产油 2.58t（图 2）。

1.1 储层物性特征

定边油田长 7 储层砂体主要以细砂岩、粉砂岩为主，岩石成为以长石为主，石英次之[10-11]；孔隙类型已粒间溶孔、长石溶孔为主，属于典型的小孔隙细喉道，连通性极差，孔隙度一般在 7.3%～10.6%，约占 58%；渗透率小于 1mD 的占 90%。储层平面、层间非均质性较强。砂体平面展布范围广，纵向上隔夹层多。

主要开发层位为长 7^{2}油藏，2013 年在研究

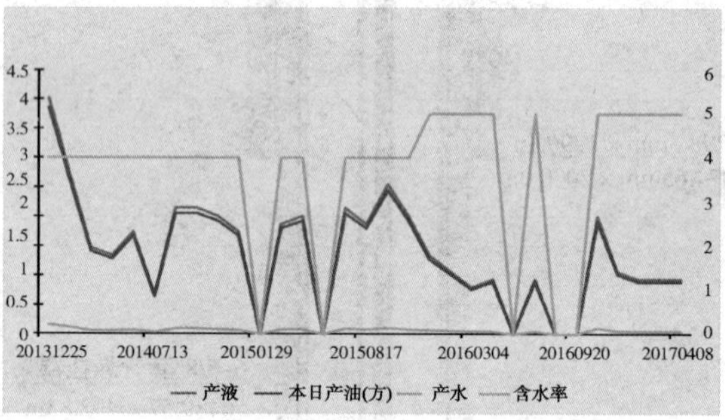

图 1 D6416 井生产曲线图

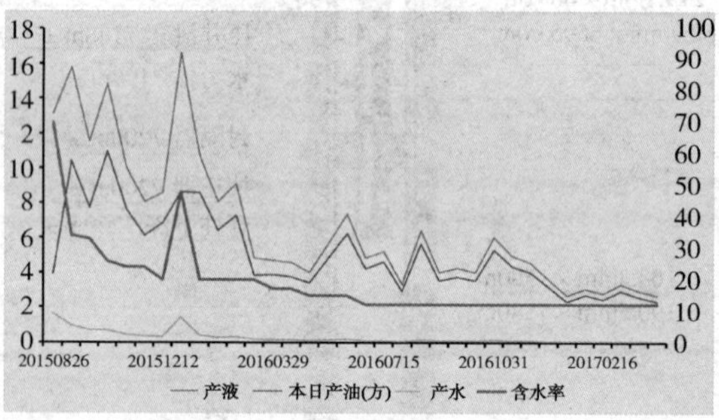

图 2 X 平 6 井生产曲线图

区进行压力监测，测得本地区长 7^{2}储层原始地层压力 16.4MPa，投产两年后压力保持水平为 71.2%。压力恢复差难以建立有效驱替压力系统。注水后油井普遍不见效，常规井投产初期平均日产油 2.8t，目前严重供液不足，采取间歇采油，且日产油仅为 0.46t。

1.2 裂缝发育特征

长 7 储层内天然裂缝比较发育（图 3、图 4），分析认为本区裂缝主要方位为 NE67°，通过对岩心铸体薄片和电镜扫描观察裂缝密度达 0.3 条/米。广泛发育的裂缝为油气渗流提供了良好的通道；采用注水开发后注入水沿着裂缝快速推进，进而形成了高渗透带，导致受益油井过早的水淹。

图3 D1783井长7铸体薄片(2215.1m，长石粒间孔、微裂缝)

图4 D6497长7铸体薄片(2197.3m，岩屑、微裂缝)

2 开发方式分析

2.1 常规井井网效果对比

2013年在定边油田长7致密油开发中采用两种不同井网进行试验(表1)，2013年最开始采用400×150的菱形反九点井网，初期单井日均产油1.3t，含水22.8%，生产两年后单井日产油0.46t，含水35.6%，个别油井过早水淹，递减大且压力恢复较困难。2014年通过减小油水井井距，采用230×230的正方形反五点井网，投产后，初期单井日均产油1.8t，含水21.8%，生产两年后单井日产油0.56t，含水34.6%，也同样存在个别油井暴性水淹。

通过对两种常规井井网对比分析，认为研究区长7致密油藏储层物性差，油藏天然裂缝比较发育；油井投产前必须经过压裂改造，进而形成裂缝；为注入水提供了渗流通道，导致个别油井水淹。常规井注采井网难以建立有效压力驱替，注水开发效果较差。

表1 定边油田长7致密油藏不同井网试验效果统计表

井网形式	注水井数/口	日注水/m^3	注水井数/口	投产初期			生产两年后		
				日产液/m^3	日产油/t	含水率/%	日产液/m^3	日产油/t	含水率/%
400×150	5	92	18	1.99	1.3	22.8	0.845	0.46	35.6%
230×230	4	68	12	2.72	1.8	21.8	1.01	0.56	34.6

2.2 水平井井网优选

水平井对油藏具有很大的穿透度，加上体积压裂改造后形成的裂缝为油气渗流提供了良好的通道(图5)，大大提高了泄油面积，进而提高了油井的产能，增产效果明显，为目前开发致密油藏的最有效的开发方式[12-13]。在研究区应用七点井网、交错七点井网、五点井网三套井网试验。

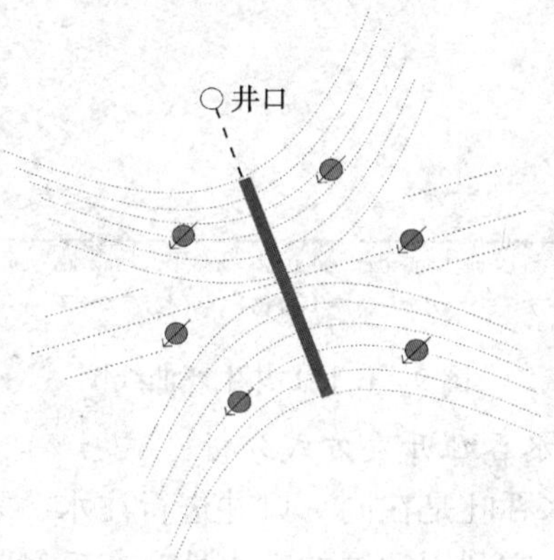

图5 水平井井网渗流模拟图

(1) 七点井网。研究区第一套水平井注采井网，井距300米，采用水平段方向垂直于天然裂缝方向(图6)。应用试验5个井组，投产初日平均单井日产液21.85m^3，日产油12.85t，含水30.4%。生产两年后平均单井日产液13.25m^3，日产油3.34t，含水70.2%。其中两个井组存在注水井正常开注后，水平井见注入水的情况。注水井停注后，水平井含水率下降。

(2) 交错七点井网。是对于七点井网的改进，通过适当扩大腰部注水井井距(图7)。避免水线推进过程中水平段腰部过早见水，推迟水平段腰部见时间，使注入水均匀推进，提高了注水波及面积。应用于试验3组，生产两年后，Q平2井、L平3井能保持初期产量的60%左右，含水率分别上升了8%、12%。只有X平13井产量只有初期的26%，含水率达到68.2%。交错七点井网储量动用程度高，开发过程中可调控性强。

(3) 五点井网。通过对七点井网效果分析，避免由于水平段腰部见水，试验了五点井网(图8)，去除腰部两口注水井，只留端部四口注水井。试验了2个井组。投产初日平均单井日产液18.69m^3，日产油12.19t，含水22.8%。生产一年后平均单井日产液 15.37m^3，日产油 10.48t，含水 19.3%。相对于交错七点井网，该井网储量动用程度低，井网不完善。

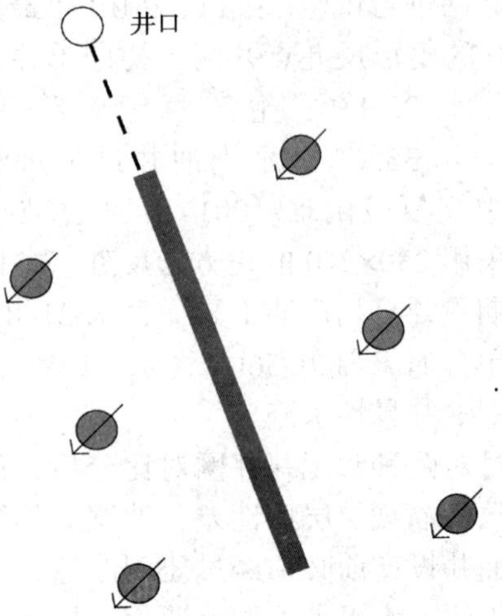

图 6　七点井网示意图

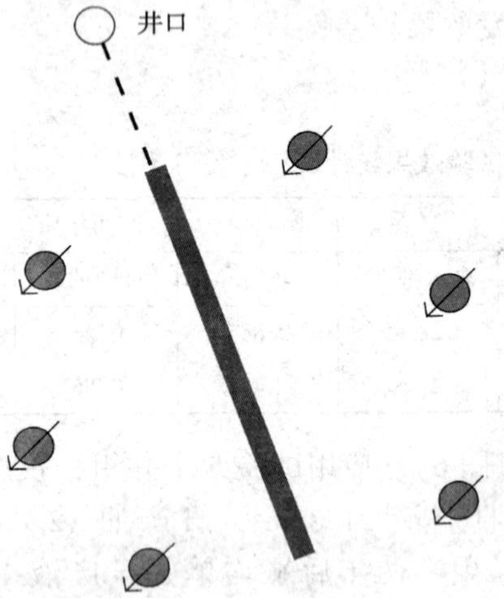

图 7　交错七点井网示意图

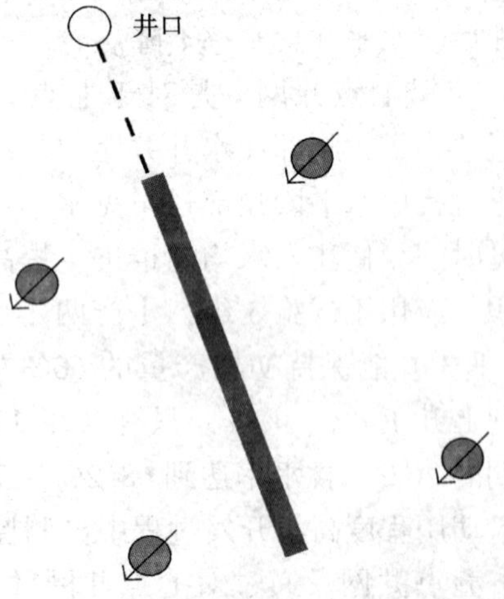

图 8　五点井网示意图

3　水平井合理开发方式分析

3.1　注水开发方式分析

通过对水平井七点、交错七点、五点井网分析，个别注采井网存在水淹，注水井处于关停状态。对 D1788 井的吸水剖面测试结果分析，注水初期，储层吸水比较均匀，随着累计注水量的增加，呈单层突进的特征。再对 D1793 井做井间示踪剂监测，结果表明，东 1、东 2 井示踪剂样品含量高，表明这 2 口水平井有高渗透的条带。通过测试资料可以认为，随着注入水量的增加，储层中天然裂缝逐渐开启，为注入水提供了通道，注入水沿着微裂缝形成高渗透带，导致受益井水淹。经过体积压裂改造的水平井裂缝非常发育，不适合注水开发。

3.2　天然能量开发方式分析

长 7 致密油藏储层物性差，采用高强度体积压裂改造储层，完成自然能量开采。通过对 L 平 3 井体积压裂参数统计，平均单井入地总液量 8968.5m^3，返排液量 3120.8m^3，返排率低(图 9)。储层中单井滞留压裂液量达到 5847.7m^3，滞留液首先在储层中补充了地层能量。通过对物质平衡法计算，滞留储层中的压裂液使平均地层压力上升约 5 兆帕。相当于水平井泄油半径之内建立的有效驱替压力系统与超前注水效果相同(地层压力 115%~130%)，分析认为体积压裂后水平井初期可以采用衰竭式开发。

水平井体积压裂前期地层能量足，能保持一段较长时间的稳产[14-15]。但随着地层压力衰竭，产量下降是不可避免的。采用衰竭式开发，第 1 年采油速度较高，油井能够保持稳定，但是 1 年后产液量、产油量依旧递减，地层能力不足，须及时补充能量。

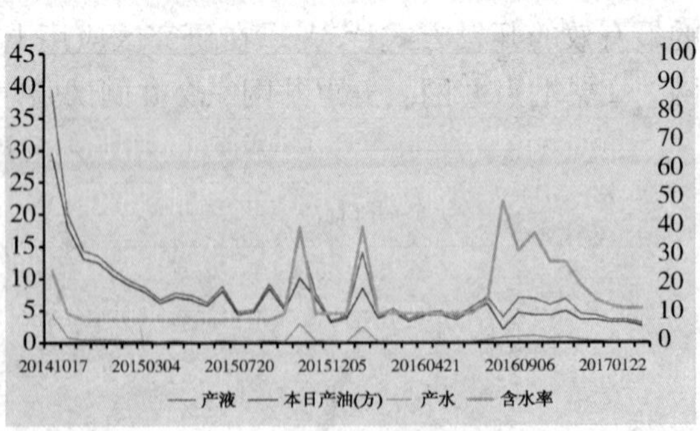

图 9　L 平 1 井生产曲线图

3.3　注水吞吐开发方式分析

注水吞吐是在同一口井进行注水、采油的开发方式，它利用油层的亲水性，在毛管力吸水排油的作用下，注入水进入并驻留在低渗孔道，将原油排到高渗区[16-17]。储层内裂缝越发育，油水接触面积相对越大，越有利于基质与裂缝间流体的置换渗吸，渗吸采收率越高，注水吞吐效果就越好。定边油田 2013 年投产水平井大部分采用体积压裂，体积压裂改造后缝网比较发育，为注水吞吐采油提供了一定理论依据。

2015 年对 2 口水平井洗井时，发现地层存在倒吸水、不返排现象。如 W 平 3 井，2014 年 4 月投产，采用体积压裂改造工艺，监测显示缝网比较发育(图 10)。投产初期日产液 25.46m^3，日产油 14.62t。生产一年后，产量降到日产液 5.12m^3，日产油 3.86t。2015 年 4 月对该井进行泡沫洗井作业，入地总液量 1630m^3，洗完焖井 15d。开抽后，动液面由 1587m 上升至 1214m，日产液量由 5.12m^3上升至 19.16m^3，日产油量由 3.86t 上升至 13.27t。生产 7 天后，含水下降至 18%。分析认为 W 平 3 井没有配套注水井，生产一年后，油层局部亏空打，洗井液进入地层间接起到了补充地层能量的作用。

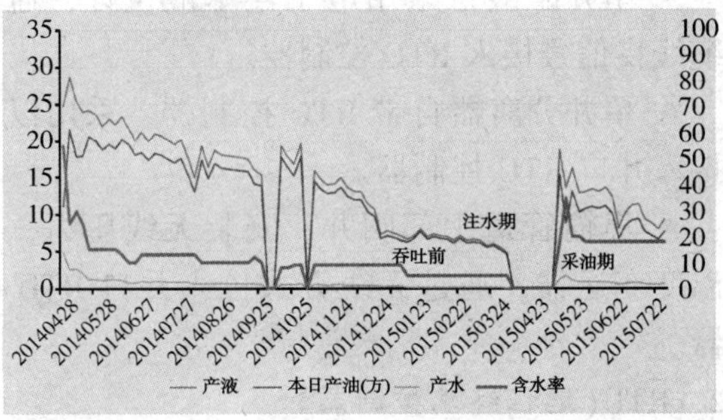

图 10　W 平 3 井吞吐前后生产曲线图

4　结论

(1) 定边油田长 7 致密油藏物性差，天然裂缝发育，常规井初期产量高，递减快，稳产难度大。

(2) 水平井对油藏有很大的穿透度，加上体积压裂改造后形成的裂缝为油气渗流提供了良好的通道。提高了油井的产能，成为目前开发致密油藏的最有效的开发方式。

(3) 通过对水平井不同井网分析认为：七点井网水平井见水快，个别油井存在水淹。五点井网储量动用程度读，井网不完善。交错七点井网通过扩大腰部注水井的井架，延缓了水线推进速度。储量动用程度高，是目前注水开发最合适的注采井网。

(4) 经过体积压裂的水平井不适合注水开发，采用注水吞吐的开发方式是致密油开发研究的一个新的方向。

参 考 文 献

[1] 王道富. 鄂尔多斯盆地特低渗透油田开发[M]. 北京：石油工业出版社，2007.

[2] 杨华，李士祥，刘显阳. 鄂尔多斯盆地致密油、页岩油特征及资源潜力[J]. 石油学报，2013，34(1)：1-11.

[3] 林森虎，邹才能，袁选俊，等. 美国致密油开发现状及启示[J]. 岩性油气藏，2011，23(4)：25-30.

[4] 贾承造，邹才能，李建忠，等. 中国致密油评价标准、主要类型、基本特征及资源前景[J]. 石油学报，2012，33(3)：343-350.

[5] 王震亮. 致密岩油的研究进展、存在问题和发展趋势[J]. 石油实验地质，2013，35(6)：587-595.

[6] 杜金虎，何海清，杨涛，等. 中国致密油勘探进展及面临的挑战[J]. 中国石油勘探，2014，19(1)：1-9.

[7] 赵靖舟，白玉彬，曹青，等. 鄂尔多斯盆地准连续型低渗透—致密砂岩大油田成藏模式[J]. 石油与天然气地质，2012，33(6)：811-827.

[8] 张忠义，陈世加，杨华，等. 鄂尔多斯盆地三叠系长 7 段致密油成藏机理[J]. 石油勘探与开发，2016，43(4)：590-599.

[9] 屈红军，蒲仁海，曹金舟，等. 鄂尔多斯盆地南部地区长 7 致密油储层特征[J]. 非常规油气，2015，2(1)：1-9.

[10] 汪洋，程潇逸，李龙龙，等. 鄂尔多斯盆地三叠系长 7 致密油藏开发技术探讨[J]. 石油化工应用，2013，32(12)27-30.

[11] 李忠兴，李健，屈雪峰，等. 鄂尔多斯盆地长 7 致密油开发试验及认识[J]. 天然气地球科学 2015，26(10)：1932-1940.

[12] 李忠兴，屈雪峰，刘万涛，等. 鄂尔多斯盆地长 7 段致密合理开发方式探讨[J]. 石油勘探与开发，2015，42(2)217-221.

[13] 杜金虎，刘合，马德胜，等. 试论中国陆相致密油有效开发技术[J]. 石油勘探与开发，2014，41(2)：198-205.

[14] 王平平，李秋德，张博，等. 胡尖山油田安 83 区长 7 致密油藏水平井地层能量补充方式研究[J]. 石油工业技术监督，2011，31(9)1-3.

[15] 徐黎明，阎逸群，曹仁义，等. 致密油准自然能量开发及产能影响因素研究[J]. 石化技术，2016(1)：114-116.

[16] 王鹏志. 注吞吐水开发低渗透裂缝油藏探讨[J]. 特种油气藏，2006，13(2)46-47.

[17] 李晓辉. 致密油注水吞吐采油技术在吐哈油田的探索[J]. 特种油气藏，2015，22(4)：144-146.

RTU与力控组态在油井生产数据监控中的研究与应用

姜　宏　南嘉雪　姜良升　褚海威

（中国石油天然气股份有限公司青海油田分公司）

摘　要　青海油田英西区块自然环境恶劣，位置偏远，交通不便；油井地层压力高，造成现场生产环境不安全因素大，若是采用人工巡检操作的方式，必然会产生很繁重的工作量，并且油田作业本身就属于高危作业，对工作人员的安全有很大的威胁，所以在青海油田英西区块高效油井的生产数据远程监控中，以RTU与力控组态相结合的控制模式，来独立完成对所处油井的监控任务外，同时负责上传数据至调度室并接受和执行其下达的命令。现场RTU对油井的工作状况进行准确、及时的分析与掌握，保证现场的稳定运行，来代替人工巡检操作，实现远程电子巡检，十分重要。而力控组态为生产决策与指挥提供了及时准确的数据信息，为生产运行管理提供了新模式和新方法。

关键词　RTU；力控组态；网络技术；数字化油田

随着计算机技术、自动控制技术、网络通信技术的的发展，工业过程监控技术得到越来越广泛的应用，油田生产数据监控技术是一种运用控制理论、仪器仪表、计算机技术和其他信息技术，对工业生产过程实现实时检测、控制、优化、调度、管理和决策等的综合性技术。生产数据监控技术使得生产过程监控与管理实现信息化，通过网络信息基础设施，在计算机集成平台上，实现生产过程的信息采集、传输、处理以及信息的综合利用等。生产数据监控技术作为现代油田领域中重要的管理手段，主要解决生产效率与一致性问题。各油田都相继采用了计算机监控技术，对企业生产过程具有明显的提升作用，提高了生产的优质与高效，达到增加产量、提高质量、降低消耗、确保安全的目的。生产数据监控主要是基于计算机工业监控技术，加以现场总线形成具有网络通信的远程监控。本文根据青海油田分公司英西区块自喷油井生产监控的实际需求，进行生产数据监控系统的设计与研究。按照实际生产要求，采用工业监控系统的主流设计框架，以网络通讯为基础，结合监控系统的硬件与软件，完成了现场信号实时采集、远程监控的网络传输与数据显示，主从数据库服务器的数据同步等，为青海油田的自动化发展做好基础。

1　现场采集层

1.1　现场仪表

- 井口压力采用无线压力变送器、温度采用无线温度变送器，通过无线方式传入井口RTU控制器，可防止井口作业对有线仪缆的损坏。
- 单井罐液位采用电子浮球液位计，通过仪缆线将信号接入RTU控制器。
- 单井分离器自带RTU控制器，采用以太网接入井口RTU控制器。
- 集输管道中部阀井，安装无线压力、无线温度变送器，通过无线方式传入井口RTU控制器。

1.2　RTU（远程终端控制器）

优秀的工业自动化更加依赖于相搭配的工业数据采集终端，根据实际生产现场的环境情况、仪器仪表情况，我们一线的工程师应选择一套相适应的、高效的、稳定的油田数据采集终端。

目前最常见的工业数据采集终端大致分为一下类别，DCS（Distributed Contorl System），集散控制系统，又称分布式控制系统；FCS（FieldBus Contorl Syestem），现场总线控制系统；PLC（Program Logic Control ），可编程逻辑控制器。RTU是RemoteTerminalUnit的简称，中文名称为远程测控终端，用于监视、控制与数据采集的应用。具有遥测、遥信、遥调、遥控功能。

青海油田英西区块使用北京安控的RTU远程终端控制系统。SuperE50系列RTU是安控科技集多年的控制系统开发、工程经验设计的模块化RTU产品。SuperE50系列RTU采用了先进的32位处理器和高效的嵌入式操作系统，整个系统功能强大、操作方便、集成度高，不仅能完成数据采集、定时、计数、控制，还能完成复杂的计算、PID、通讯联网等功能。其程序开发方便，可与上位机组成控制系统，实现集散控制。可实现对工业现场信号的采集和设备的控制。作为生产数据监控的现场测控单元，除独立完成对所处站场的现场工艺变量进行数据采集和处理，实现液位、温度、开关等信号检测；经通讯接口与第三方的系统或智能仪表交换数据；现场 RTU 对各工艺站场的工作状况进行准确、及时的分析与掌握，保证现场的稳定运行，为青海油田 SCADA 系统生产自动化的数据采集打下基础。RTU 在生产中的应用如图 1 所示。

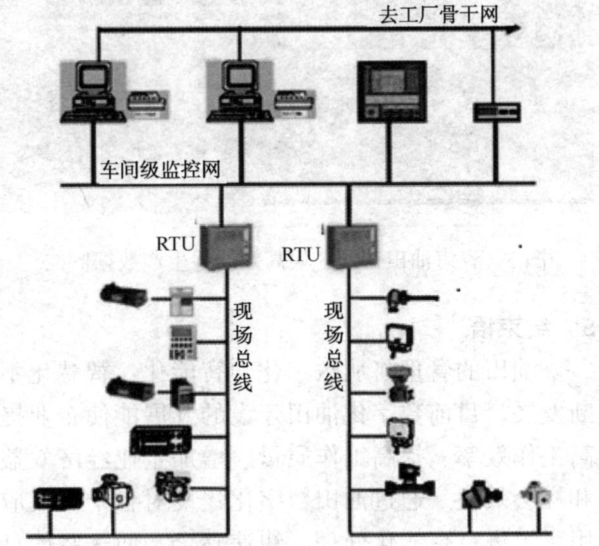

图 1　RTU 应用结构图

2　网络传输层

2.1　无线网络技术的设计

生产数据监控建设需要统一、高速、冗余的综合网络平台，青海油田英西区块地势复杂崎岖，油井分布散广，采用光纤传输敷设难度大，成本高。设计中重点场站铺设光缆，形成主网络，末梢辐射区域选用搭建无线网桥技术。

无线网桥技术可以在长达 50 公里的距离上实现点对点或者点对多点、中继、反射网络传输，数据传输速度高达 300Mbps，有效解决区间的网络联通问题。只要在无线信号覆盖区域内，客户端可以方便的接入网络，融合系统，用数据模块建立的专业无线传输数据方法，只要架设适合高度的天线即可，不需要任何布线，施工周期短，成本低；无线网络使用无线来传输数据，整个运行模块简单，出故障时能及时查出原因进而进行修复，无线终端可以实现零配置接入，非常容易进行网络维护和扩展。如图 2 所示。

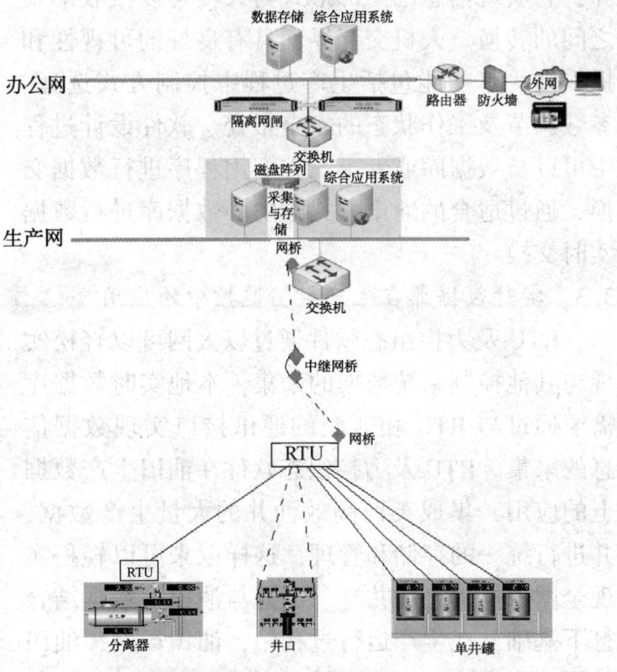

图 2　英西油井网络拓扑图

2.2　无线网络状态监控系统

青海油田英西区块采用有线(场站)+无线(井口)的网络状态监控系统，构建英西区块生产数据传输的基础。青海油田英西区块井口无线网络设备运行状态的集中管理，是通过交互式图形界面对所有在线的无线接入终端进行查看管理，及时处理故障，保障网络畅通。

3　RTU 与力控组态在生产数据监控中的研究与应用

3.1　力控组态的优势与开发

ForceControl 分为采集层，数据层，可视化层三层架构。采集层支持串口、以太网、Zigbee 网络等方式与远程现场设备进行通讯，实现对设备数据的采集；数据层采用实时数据库，可对采集来的数据进行一些运算处理，并提供报警、历史数据存储、统计等功能，其他应用程序或者功能模块通过与实时数据库交互而实现其功能及扩展。可视化层提供丰富的二次开发工具，可组态的配置环境，通过与实时数据库的交互，实现对现场设备的监控。

3.2　系统监控软件分析

基于 RTU 及力控组态在生产数据监控中的监控软件是通过网口与人机界面进行动态数据连接，人机交换界面是人与计算机之间传递、交换信息的对话接口，是计算机系统的重要组成部分，是系统与用户之间交互以及信息交换的媒介，它实现信息的内部形式与人类可以接收形式之间的转换。人机交互界面具有良好的可视性和操作性，其功能包括生产过程中控制方式选择、参数调节及工作状态的安全报警。软件设计过程中可以与数据库或者第三方应用程序进行数据交换，通过适合的通讯方式与中心数据库进行数据实时交换

3.3　实时数据库在生产数据监控中的应用

RTU 及力控组态软件通过以太网可以轻松实现与其他控制系统数据的采集，本地实时数据库需要通过与 RTU 相匹配的通讯接口实现数据信息的采集。RTU 及力控组态软件在油田生产数据上的应用，集成英西高效油井的大量生产数据，并进行统一的存储和管理，这样以来可以轻松实现全网数据信息的共享，也为与油田大数据结合打下基础。在生产运行过程中，油田场站、油田基层、调度中心可以通过远程监控，全面了解各个岗位的生产情况，并对各种突发时间进行及时处理。

4　RTU 与力控组态在青海油田高效油井生产数据监控中的应用效果

构建一个完整、稳定、便捷的狮子沟英西油田监控平台，能更好的对英西新投井、高效井生产数据实时监控。

4.1　实施数据监控

能够监控现场的生产数据，实施采集来自生产线的相关数据，同时如果监控点位有异常情况，比如温度出现超高或者液位接近满量程等，系统会自动报警，然后警示值班人员。

4.2　数据分析

数据采集功能只是一部分，数据分析可谓是重中之重。因为现场数据采集会越来越多，如果系统不进行分门别类，采集的数据将会非常杂乱，我们将会对不同的数据进行不同的归类，压力、温度、液位都会有不同的标识。

4.3　数据处理

当系统将数据进行分析之后，便是对数据的处理了。处理的目的就是为了让人们对数据的查看更加方便简单，使用图文的方式也会让人们看起来简单易懂，力控则提供了一个专业的图文界面，我们将会制作英西油田数据监控一体化平台，构建高标准、严要求的专业监控画面。青海油田英西区块高效油井生产数据监控效果如图 3 所示。

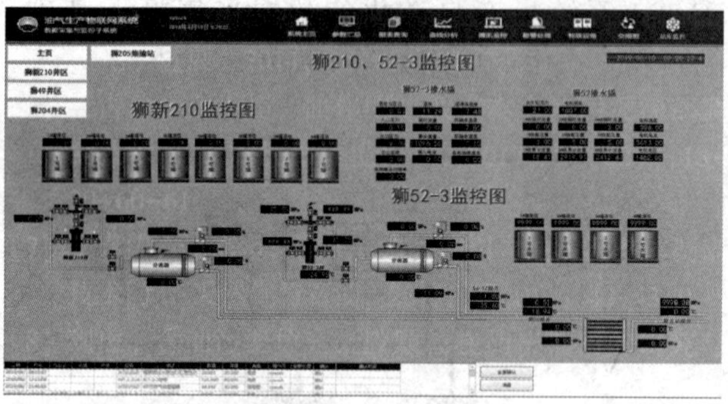

图 3　青海油田英西区块高效油井生产数据监控

5　结束语

油田的管理将从数字化、智能化、智慧化不断发展。目前数字化油田建设的开展能使企业提高工作效率、提高工作质量、增加企业经济效益和社会效益。通过油田数字化建设对各个环节应用系统进行智能化处理、快速整合。使这些信息资源得到最大限度地共享和有效利用，及时为决策者提供依据，促进企业管理水平和运行效率的提高。使油田管理走向科学化和最优化，使企业业务流程规范化、信息资源共享最大化、制度管理科学化。从而促使企业整体水平的提升，增强石油企业在国际市场的竞争力。

参　考　文　献

[1] 北京三维力控科技．数据库与网络开发手册[J]．北京三维力控科技有限公司，2013，(1)．

[2] 北京三维力控科技．图形界面开发手册[J]．北京三维力控科技有限公司，2013，(2)．

海上油田油井非酸解堵技术研究及应用

兰夕堂　刘长龙　符扬洋　张　璐　张丽平　高　尚

[中海石油(中国)有限公司天津分公司]

摘　要　针对海上稠油疏松砂岩储层的常规酸化易导致储层岩石骨架破坏，且常规油井酸化由于采用酸液体系，酸化后返排液进入生产流程后导致严重的乳化问题，使得生产流程紊乱，无法顺利脱水，导致相当一大批井无法进行酸化作业，产能不能得到有效释放，严重影响油田高效开采，这些问题严重困扰、长期困扰并严重制约生产，迫在眉睫需要解决。为此，本文提出并开展了一种兼顾油层解堵和油层保护，且具备较低反应残液电导率的非酸解堵体系的研究，此体系主要含有复合多羧基螯合剂及含氟络合物，具有高效缓速性的同时有效保护岩石骨架，螯合金属离子达到阻垢抑垢，减少二次沉淀的效果，且具有较低的腐蚀性，返排液具备较低的离子浓度及电导率，可实现返排残酸直接进入平台流程就地、高效的处理。该技术在渤海油田成功开展了 2 井次现场试验，其中金县 1-1 油田 B6 长停油井解堵后重新焕发新生，截至 2019 年 5 月，累计增油 2300 余方，效果显著，具有较强的应用及推广价值。

关键词　油井；非酸；解堵；低腐蚀；电导率

渤海油田多数区块属于疏松砂岩油藏，储层具有高孔高渗且胶结疏松的典型特征，与低渗储层不同疏松砂岩储层岩石砂体胶结性差，容易被破坏存在微粒运移、出砂等潜在伤害因素[1-3]。尤其对疏松砂岩储层进行改造过程中，容易造成岩石骨架的破坏甚至造成储层坍塌，加速油井出砂的风险，疏松砂岩储层一般不采用大规模的水力压裂措施，往往采用酸化解堵措施解除近井地带的储层伤害。但常规酸化过程中对砂岩储层往往采用土酸、氟硼酸等含氟酸液体系，由于酸岩反应程度高溶蚀能力强，也容易造成砂体结构的严重破坏，常规酸化易导致储层骨架的破坏。

同时，砂岩储层常规酸化过程中，酸液与地层矿物反应，随着酸液浓度的降低，储层中的硅、铝及金属离子与酸液中的自由氟离子形成含氟化合物以沉淀形式析出，形成二、三次沉淀产生储层伤害影响酸化效果[1,4,5]。由于直接引入氟元素，容易导致含氟沉淀的产生，为此通常采用酸化后迅速排液、选用缓速酸液及使用低浓度 HF 酸化的办法来降低酸化过程造成的储层伤害。但由于海上施工作业的特殊性，可能导致酸化后残液无法及时返排或返排不彻底，极易造成二次伤害，因此也造成部分油井酸化初期增产幅度大，但有效期短的问题。再者，由于从酸化返出液中沉降分离出的含残酸原油携带大量高离解度酸性水，即 H^+ 含量较高，致使油水乳化严重电脱处理电流大大增加，容易超出电脱水器最大设计电流发生跳闸现象，严重影响了含残酸原油的后处理[6-8]，导致平台油水处理流程无法正常运转，因此一定程度上制约了油井酸化工艺的现场应用。

为此，本文针对渤海油田油井酸化工艺现状，为解决常规含氟酸液体系酸化的弊端，开展了非酸解堵体系及其工艺技术的探索与研究。该技术兼顾油层解堵和油层保护，具备基本不产生二次沉淀、缓速、缓蚀、残液电导率低、对残液返排要求较低等优点，措施后返排液可直接进入处理流程，现场单井试验效果良好，具有较好的应用及推广价值。

1　技术原理

非酸体系主要由 A 剂、C 剂及其他辅剂组成，其中 A 剂主要成分为复合多羧基螯合剂，C 剂主要成分为含氟络合物。该体系区别于常规强酸酸液体系一步电离即释放出 H^+，而 A 剂经过多级电离逐渐形成 H^+，C 剂经过电离逐步释放出 F^-，形成的 AC 剂体系 pH 在 6-7。非酸解堵体系 A 剂中含有活化酸基团，其在地层水介质条件下，能缓慢释放 H^+，溶蚀无机垢，体系初期反应速度缓慢，但 90min 溶蚀能力与盐酸及其他常规酸液相当。由于 H^+ 释放速度缓慢，还能有效保持地层的酸性环境(图 1)。

非酸解堵体系 A、C 剂逐渐释放出的 H^+、F^-

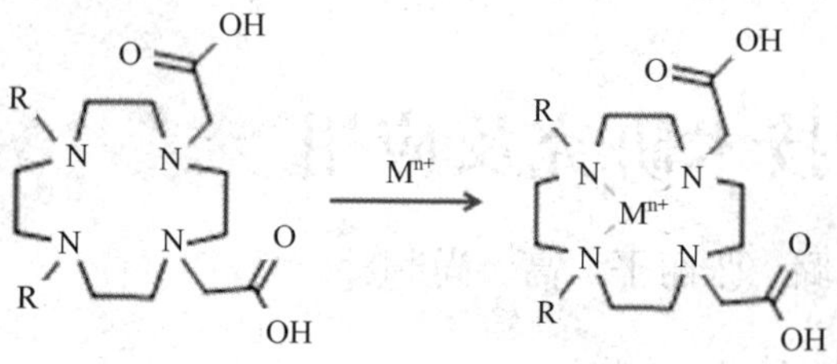

图 1　螯合剂反应原理

与储层物质反应，且具有缓速溶蚀、有限溶蚀和较低的自由氟离子浓度，对疏松砂岩储层具有一定的优势。非酸解堵体系对碳酸钙及岩粉相对常规盐酸、土酸体系溶蚀速率低、反应速度慢，不仅表现出良好的缓速性能，同时有利于降低由于过度溶蚀造成储层岩石骨架破坏的风险。

2　非酸体系性能评价

为研究非酸解堵体系的性能，开展了解堵液流动实验、阻垢抑垢性能、腐蚀实验、电导率测定等实验评价，进一步弄清非酸解堵体系性能指标。

2.1　*流动实验*

应用渤海疏松砂岩储层天然岩心，选用常规土酸体系及非酸体系分别开展岩心流动实验，流动实验结果如图 2、图 3 所示，不同体系酸岩反应后岩心微观形态如图 4、图 5 所示。

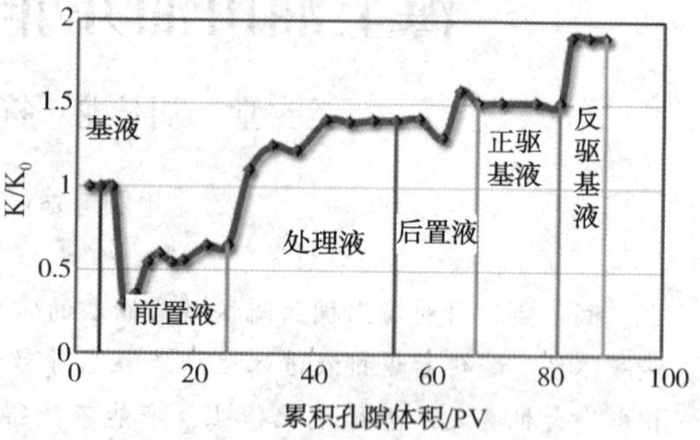

图 2　土酸酸化流动实验

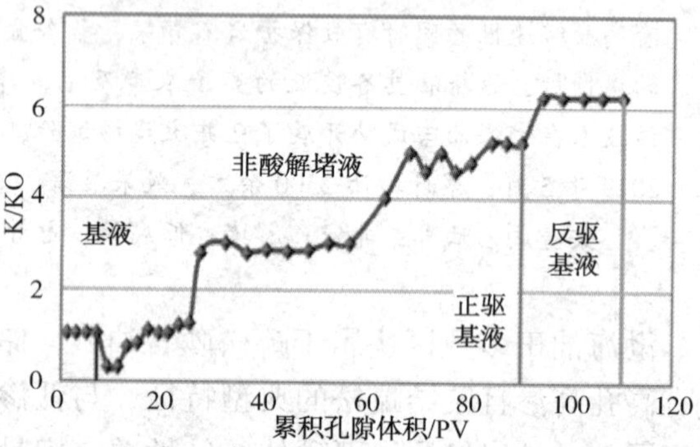

图 3　非酸体系岩芯驱替流动实验

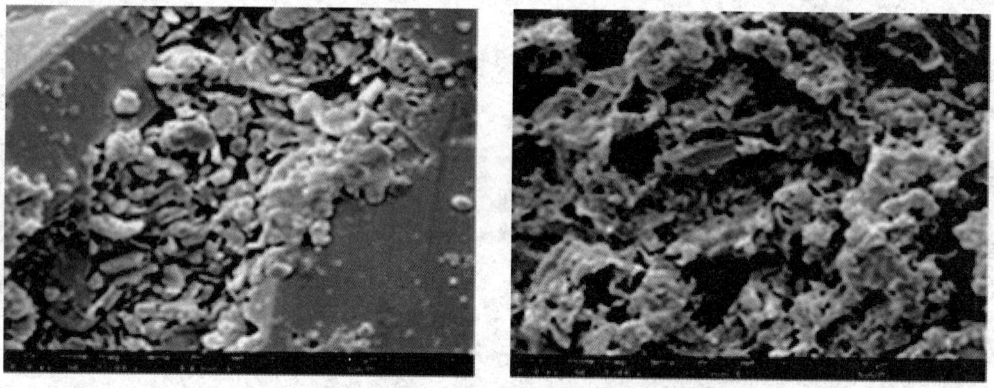

酸化反应前　　酸化反应后

图 4　土酸酸化前后(电镜扫描图，比例尺 20μm)

酸化反应前　　酸化反应后

图 5　非酸体系酸化前后(电镜扫描图，比例尺 20μm)

岩心流动实验结果表明：土酸体系反应后渗透率增加倍比为 1.9，而非酸体系反应后渗透率增加倍比为 6。酸化前岩芯相对较为致密，表面覆盖着黏土矿物，岩石表面有蚀变现象；土酸酸化后的岩芯变得松散，颗粒脱落，岩芯骨架结构受到破坏，后期可能会导致严重的微粒运移伤害；非酸解堵体系反应后岩芯骨架较为完整，保持原有形态，没有明显的颗粒脱落，且基质岩芯形成多处类似蚓孔的构造，岩芯孔隙结构明显增大。土酸体系增加倍比低于非酸解堵体系，一方面由于土酸属于强酸单步电离，而非酸体系多步电离具有良好缓速性，加强对储层的改造，有利于扩大解堵半径；土酸体系溶蚀率较强，如图 4 所示产生了岩芯骨架的破坏，导致颗粒脱落，产生微粒运移伤害，非酸体系能够稳固黏土矿物，保证岩石骨架的完整性，降低储层伤害；同时，土酸体系酸化后产生部分沉淀堵塞储层喉道产生伤害。

2.2　阻垢抑垢性能

采用沉淀法和浓缩法分别对非酸体系与常用两种阻垢剂(PBTCA、HEDP)进行对比实验。沉淀法：配制浓度为 500mg/L SiO_2、300mg/L $CaCl_2$、300mg/L $FeCl_3$，按照等比例加入形成混合溶液并分成 3 等份，3 份溶液中分别加入等量阻垢剂(100mg/L A 剂、100mg/L PBTCA、75/25mg/L PBTCA/HEDP)，应用 100mg/L NaOH 溶液调节 pH 值至 8，在 60℃条件下水浴 2h，测定沉淀含量计算抑制率。浓缩法：配制 100mg/L SiO_2溶液，取等量溶液分别加入等量阻垢剂，分别蒸发浓缩 10 倍，测定无定形硅沉淀抑制能力。采用 Ca^{2+}、Fe^{3+}离子螯合能力标准测定方法，测定不同阻垢剂的螯合能力。测试结果如表 1 所示。

表 1　稳垢性能评价

阻垢剂/(mg/L)	稳定硅垢		稳定钙离子/(mg/g)	稳定铁离子/(mg/g)
	沉淀法阻垢率/%	浓缩法阻垢率/%		
PBTCA/HEDP 75/25	71	53	154	178
PBTCA 100	53	27	110	142
A 剂 100	91	87	204	311

实验结果表面：A 剂对硅沉淀、钙沉淀、铁沉淀的抑制能力均好于 PBTCA 及 PBTCA/HEDP 阻垢剂，A 剂为复合多羧基螯合剂，A 剂具有多对孤对电子，是典型多齿配位体，能够形成环状稳定结构，表现出更优的螯合性能。体系通过螯合作用与金属离子结合，导致其晶体结构出现严重的畸变现象，打乱沉淀物晶体正常的生长发育，抑制清除无机垢，并稳定多价金属离子，由于螯合键作用大于离子间作用力，因而体系同时具备除垢和阻垢的功效[9-10]，其原理如图 7 所示。对于硅沉淀物也会通过对硅聚体表面性质的作用及硅聚体的分散作用，从而抑制硅沉淀的产生。由于体系中的螯合剂及活化酸基团的多重作用，螯合剂螯合多价金属离子，活化酸基团在地层水介质条件下，将地层水中 CO_3^{2-} 转变为 HCO_3^-，具备持续防垢性能，因此，体系对钙、铁及硅垢稳定性能均优于其他 2 种阻垢剂(图 6)。

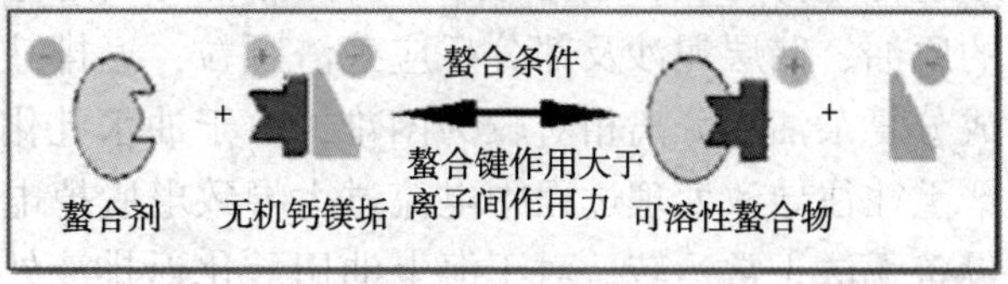

图 6　螯合剂除垢阻垢机理

2.3　静态腐蚀

解堵体系的腐蚀性能直接影响解堵效果，解堵体系在储存、运移、注入过程中不可避免地要与含铁物质接触，解堵体系腐蚀性较强不仅会对设备、管柱产生不可逆的伤害减小使用寿命，也会将 Fe^{3+}带入储层产生新的伤害，同时酸化解堵返排液中大量含有 Fe^{3+}会加剧返排液的乳化作用导致油水分离困难，影响油水处理流程的正常运转。因此，解堵体系的腐蚀性能评价至关重要，研究过程中在不加缓蚀剂的情况下进行静态腐蚀实验，水浴恒温 65℃，反应 4h，结果见表 2。

实验结果表明，非酸体系腐蚀速率远低于行业标准，具备较强的缓蚀性能，尤其 C 剂基本对管柱不会产生腐蚀伤害。非酸解堵体系具有较强缓蚀能力：AC 剂体系为非酸体系，逐步电离出 H^+、F^-，体系 pH 较高腐蚀性较弱，尤其 C 剂络合物表现出中性的特点；A 剂螯合剂及 C 剂含氟络合物具有羟基、羧基等结构，能够形成空轨道与铁金属表面的铁离子发生螯合作用，形成吸附层结构，阻碍溶解氧在金属表面的扩散作用，同时由于化学反应生成 OH^-等离子而可有效抑制电化学腐蚀的阴极反应[11-12]。此外，螯合酸液中含有较多的极性基团，使得体系对 Fe^{3+}的螯合能力进一步加强，形成对管柱及其他金属设备的有效保护作用。最终，非酸解堵体系表现出良好的低腐蚀特性。

表 2 钢片腐蚀评价实验

编号	处理液名称	钢片前重/g	钢片后重/g	失重/g	腐蚀速率/(g/m²·s)	平均腐蚀速率/(g/m²·s)	现象
1	A 剂	8.138	8.137	0.001	0.196	0.131	无点蚀
1′		8.078	8.078	0.000	0		
1″		8.055	8.054	0.001	0.197		
2	C 剂	8.270	8.270	0.000	0	0	无点蚀
2′		8.043	8.043	0.000	0		
2″		8.036	8.036	0.000	0		

2.4 电导率测定

油井酸化作业后为防止对储层产生的伤害必须进行返排处理，返排液 pH 较低并含有一定量的原油、储层泥沙及部分反应残渣颗粒，返排液成分复杂油水分离相对较为困难，由于油水乳化严重往往导致处理过程中电流过大导致电脱掉电设备无法正常运转，对于海上油田酸化返排液处理难的问题已经影响到油井酸化作业的有效实施。为此，采用电导率仪分别测定非酸体系 A 剂和 C 剂的反应残液、12% HCl 反应残液及 12% HCl+3%HF 的土酸反应残液电导率，结果如表 3 所示。

表 3 酸液反应残液电导率测定

样品体系	离子浓度/(mol/L)	电导率/(25℃，ms/cm)
A 剂反应残液	0.87	48.63
C 剂反应残液	0.82	48.68
12%盐酸残液	6.58	193.2
12%盐酸+3%HF 残液	9.58	226.5

实验结果表明，非酸解堵体系具备较低的离子浓度及电导率，其残液的离子浓度均远低于常规酸液残酸的离子浓度，约为酸液体系的 25%左右。较低的电导率基本不会导致因短路造成的跳闸现象，可实现返排残酸打入平台流程就地、高效的处理。一方面非酸解堵体系，具有良好的螯合能力，导致残酸返排液中具有较低的离子浓度，尤其 Fe^{3+} 等离子对残酸中油水乳化及其稳定性影响很大，较低的离子浓度有利于残酸返排液的处理；另一方面非酸解堵体系返排残液 pH 值较低，返排残液中部分离子处于络合状态，其残液与强酸弱碱盐类似，同等离子浓度下电导率远低于常规酸液体系的残酸，进一步降低了电脱跳闸的风险。

3 现场应用

渤海金县 1-1 油田生产流程电脱曾因油井常规酸化后返排残液进入出现过掉电现象，导致油井酸化后返排时需要走平台旁通或在井口加碱中和后才能进处理流程，处理流程复杂，一直制约着常规的油田酸化措施。该油田 B6 井长期处于关停状态，采用非酸解堵技术在该井作业后，产液产油均得到恢复，同时该井解堵后返排液能够直接进入生产流程，返排过程中一直都没有对生产流程造成影响。

金县油田 B6 井自 2012 年 9 月下旬以来表现出产液量不断下降且流压上升的趋势，原油分析含蜡量 14.52%，2013 年 1 月 3 日钢丝作业通井，通井规被油泥装堵塞物糊死，从 2014 年至今，一直处于关停状态，通过分析，该井定性为低渗、污染、蜡堵，2018 年 12 月进行非酸解堵作业，累计注入解堵液 45 方。该井作业后日产液 $27m^3/d$，日产油 $15m^3/d$，含水 45%，一直持续有效，截至 2019 年 5 月，已累计增油 2300 余方，且该井作业后返排液直接进生产流程，没有对生产流程造成影响，该井生产曲线如图 7 所示。

因此，本文研究的非酸解堵体系在渤海油田油井成功进行解堵作业，不仅大幅度提高了油井产量，同时对储层伤害小返排液处理对处理流程影响小，可实现返排残酸直接注入平台流程就地、高效的处理。

4 结论

(1) 非酸解堵体系属于温和类的解堵体系，主要由 A 剂复合多羧基螯合剂及 C 剂含氟络合物组成，缓慢释放出 H^+、F^-，具有良好缓速性，具备适当的黏土溶蚀率和溶蚀速度，有效解堵，且避免解堵过程中对储层骨架的伤害。

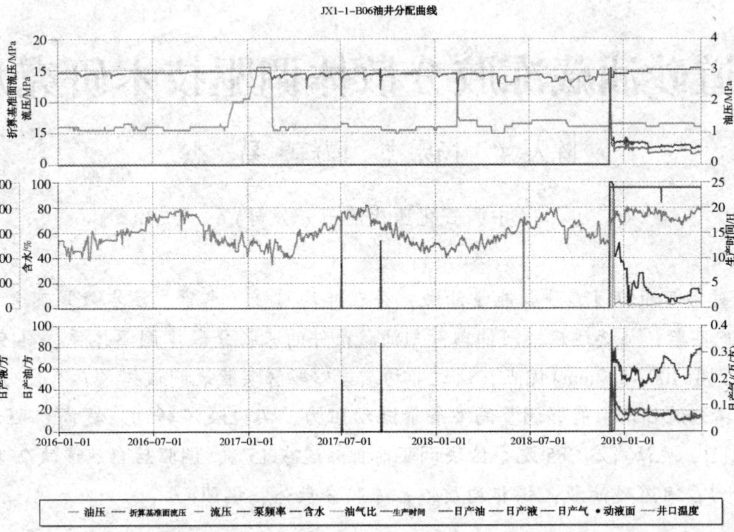

图7　金县1-1油田B6井生产曲线

（2）非酸解堵体系通过逐步电离出H^+、F^-，能够有效保持地层的酸性环境，有效降低砂岩储层酸化过程中产生的二次沉淀伤害，同时体系中螯合剂及酸活化基团能有效地起到除垢阻垢稳垢的效果。

（3）非酸解堵体系能有效稳固Fe^{3+}，对管柱具有较低的腐蚀性，具备较低的离子浓度及电导率，能进一步降低解堵后返排液对平台处理流程电脱处理的冲击，可实现返排残酸打入平台流程就地、高效的处理。

（4）非酸解堵体系兼具油层解堵和油层保护功能，具备较低的残液电导率，对渤海油田油井解堵表现出较好的适用性，现场试验取得了良好的效果，具有一定的应用及推广价值。

参考文献

[1] 苏崇华．疏松砂岩储层伤害机理及应用——以HND-1/2为例[D]．成都：西南石油大学，2011.

[2] 徐加放，李小迪，孙泽宁，等．疏松砂岩储层敏感性评价方法[J]．中国石油大学学报(自然科学版)，2014，5(38)：130-134.

[3] 陈朝晖，谢一婷，邓勇．疏松砂岩油藏出砂应力敏感实验研究[J]．石油钻探技术，2013，1(41)：61-64.

[4] 田野．高升油田多氢酸酸化技术研究及应用[D]．大庆：东北石油大学，2016.

[5] 汪本武，刘平礼，张璐，等．一种单步法在线酸化酸液体系研究及应用[J]．石油与天然气化工，2015，3(44)：79-83.

[6] 胡文丽，汪伟英，于洋洋，等．残酸返排液对原油乳状液破乳效果的影响[J]．断块油气田，2007，4(14)：78-80.

[7] 阮少阳，于兵川．酸化返排液对原油破乳脱水的影响研究[J]．石油天然气学报，2014，12(36)：253-257.

[8] 郭海军，段明，张健，等．酸化返排液对原油乳化液稳定性的影响[J]．油田化学，2008，2(25)：130-133.

[9] 刘平礼，兰夕堂，王天慧，等．砂岩储层酸化的新型螯合酸液体系研制[J]．天然气工业，2014，4(34)：72-75.

[10] Cao Ying-xia, Yang Jian, Li Jie. Study of Inhibition HEDP and PBTOA[J]. Journal of TONGJI University, 2004, 32(4): 556-560.

[11] Alsabagh A M, Migahed M A, Awad H S. Reactivity of polyester aliphatic amine surfactants as corrosion inhibitors for carbon steel in formation water (deep well water) [J]. Corrosion Science, 2006, 48(4): 813-828.

[12] 许帅．咪唑啉型缓蚀剂的合成及性能评价[D]．成都：西南石油大学，2016.

YT2 河道砂油藏冻胶分散体调驱技术研究及应用

陈友猛　杨宗杰　谭辉　易　杰

（中国石化西北油田分公司）

摘　要　本文针对塔河油田河道砂弱能量油藏，存在非均质强、水窜、注水效果变差，缺少适应的调驱手段等难题，通过室内实验，筛选适应塔河油田苛刻油藏条件的冻胶分散体调驱体系，具有耐温耐盐（130℃、22×10^4mg/L）、粒径可调（100~3.2mm）优点，通过非均质岩心驱替实验表明该体系具有良好膨胀性能（20 天膨胀 40 倍）和较高的调堵分流作用，能够调整高渗条带流动阻力，实现液流转向，提高水驱波及体积。现场试验 2 轮次，累增油 4211t，吨油成本 385 元，区块调驱前自然递减 15%，调驱后自然递减 2.2%

关键词　塔河油田；河道砂油藏；强非均质性；冻胶分散体；调驱

目前国内大多数常规油藏进入水驱开发中后期，由于油藏非均质性的存在使水驱后高渗水窜通道形成及过早见水，导致水驱效果逐渐变差。注水井调剖技术是一种可有效改善油藏非均质性、提高水驱开发效果的可行技术，目前应用广泛，是成熟油田保持产量的重要措施。目前主要的深部调剖剂有沉淀型无机盐类调剖剂、凝胶类调剖剂、泡沫深部调剖剂、聚合物类调剖剂等[1-4]，各类调剖剂通过注入后对高渗层进行封堵、增加视黏度、改善水驱流度比等机理进行液流深部转向，从而提高波及效率，改善水驱效果。

塔河油田位于新疆塔里木盆地北缘，埋藏深（> 4374m）、高温（110℃）、高矿化度（> 220000mg/L）的地层条件对调驱剂的性能提出更高的要求，适应该油藏的深部调剖体系报道较少。本文研究了一种适应塔河苛刻油藏条件的冻胶分散体，在河道砂油藏 YT2 井组进行调驱试验，对提高河道砂水驱开发效果具有较好的示范性和参考性。

1　油藏概况

YT2 井组为弱边水、中高渗、河道砂油藏，储层孔隙度主要分布在 15%~30%之间，平均 25.3%，渗透率主要分布在 50×10^{-3}~1000×10^{-3} μm^2，平均 488.9×10^{-3} μm^2，孔喉半径 2.3-18.3μm，属于中高孔、中高渗的储层，油藏温度为 106℃、矿化度为 20.8×10^4mg/L（其中 Ca^{2+} 为 10434mg/L，Mg^{2+} 为 1215mg/L）。控制储量 98.47×10^4t，累产油 22.6×10^4t，采出程度 23%（标定采收率 30%），由于由于河道窄、能量下降快、非均质性强，砂体中央物性好（300~800mD），边缘差（10~100mD），井组存在高渗条带，优势通道水窜，水驱波及不均衡，水驱开发效果变差。

2　耐温耐盐冻胶分散体调驱剂研究

2.1　分散体作用机理

冻胶分散体的调驱机理，一是由单个颗粒有限度膨胀；二是多个颗粒聚集架桥、吸附对高渗通道实进行封堵，实现液流转向，在油藏中通过不断地运移-封堵-再运移的动态封堵作用实现深部调剖的作用[5-6]（图 1）。

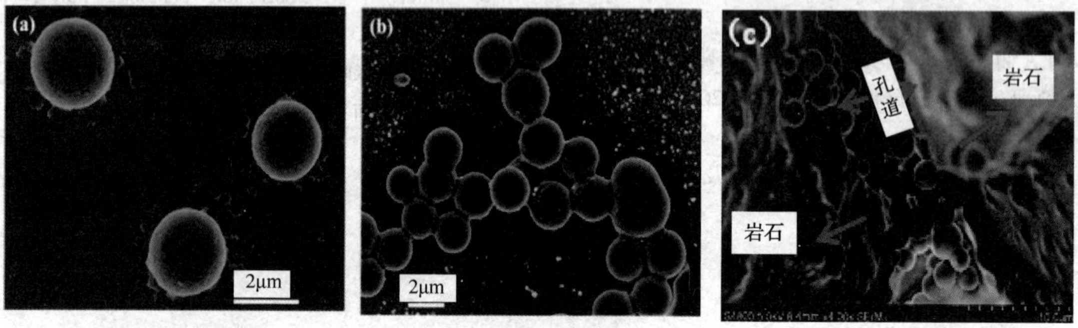

a 单个颗粒有限膨胀　　b 多个颗粒聚集　　c多颗粒架桥封堵

图 1　冻胶分散体不同阶段状态

2.2 分散体制备及性能评价方法

(1) 多尺度冻胶分散体的制备

由地面形成的本体冻胶经机械剪切作用后制得粒径 1-6μm 分布的均一分散体水相溶液(图 2)，本体胶性能[7]要求 30℃下，30 天无脱水现象，在 110℃下 30d 脱水率<10%，具备耐温 130℃，耐盐 22×10^4mg/L。

图 2 地面成胶装置及可调式胶体研磨机

(2) 粒径及溶胀性检测

采用百特(Bettersize) BT-9300S 型激光粒度分析仪检测：称取一定量的体系原液分散于地层水中，在 110℃恒温箱中静置，在不同溶胀时间测定粒径及分布曲线。并采用蔡司(ZEISS)偏光显微镜 Imager. A2m 对一定时间溶胀后的分散体形貌进行观察。

(3) 封堵性评价实验

采用双管并联岩心驱替检测封堵性能：并联人造均质岩心(φ=2.5cm，40cm)两根，饱和地层水，恒速 0.5mL/min，80℃下测量液测渗透率和孔隙体积，饱和原油，计算原油饱和度，横速 0.5mL/min，80℃下模拟三个阶段驱替①水驱至压力稳定，②分散体溶液驱 0.8PV，③后续水驱至压力稳定，通过测量高低渗岩心出口段采出液质量，计算高低渗管分流率，具体驱替装置流程见图 3。

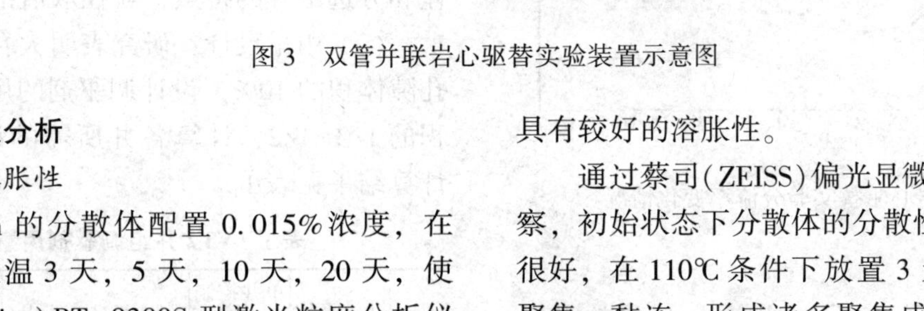

图 3 双管并联岩心驱替实验装置示意图

3 实验结果及分析

3.1 粒径及溶胀性

将 1-3μm 的分散体配置 0.015%浓度，在 110℃条件下恒温 3 天，5 天，10 天，20 天，使用百特(Bettersize) BT-9300S 型激光粒度分析仪对其进行粒径分布分析，结果显示(图 4)，初始状态的冻胶分散体粒径分布集中，平均粒径为 1.05μm，随着老化时间的延长，冻胶分散体粒径不断增加，而粒径分布区域逐渐变广，继续恒温 20 天后粒径达到 45.30μm，数据显示分散体具有较好的溶胀性。

通过蔡司(ZEISS)偏光显微镜 Imager. A2m 观察，初始状态下分散体的分散性和粒径均一性都很好，在 110℃条件下放置 3 天，会发生膨胀、聚集、黏连，形成诸多聚集成团的冻胶分散体(图 5)。

3.2 封堵率

双管并联岩心驱替实验结果(图 6)可看出，水驱阶段，注入 1PV 后高渗分流率达 97.1%，低渗仅 3.9%。继续注入浓度 0.015%分散体溶液

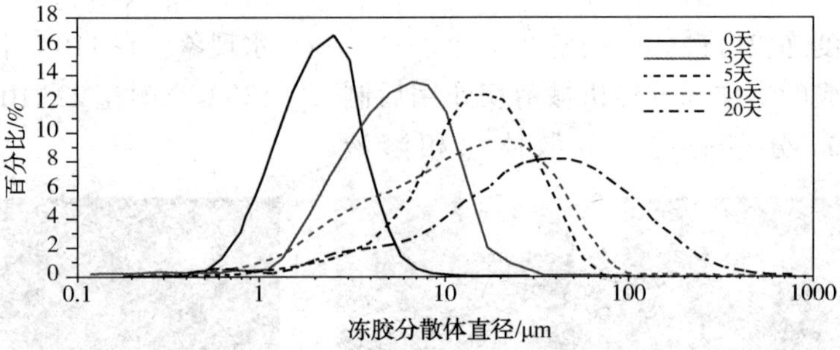

图 4　分散体粒径及分布随时间(110℃)的变化

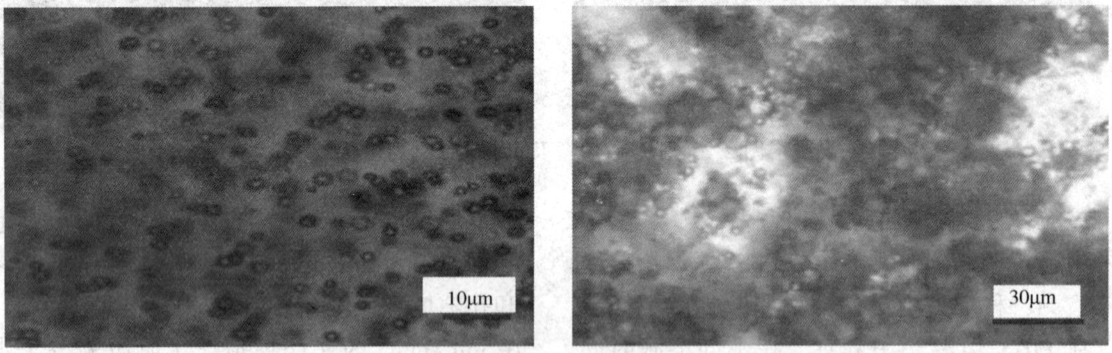

图 5　分散体 110℃初始状态(左)及和老化 3 天(右)后形貌

0.8PV，高渗层分流率快速下降，最低降至 40%。由于分散体架桥封堵高渗层，液流转向进入低渗岩心，低渗层分水率显著增加。后续水驱阶段，注入 2PV 后高渗层分流率略有上升并逐渐稳定至 46.7%，低渗层分水率最终稳定至 53.3%。实验数据显示，滞留在岩心中的冻胶分散体的动态封堵作用，抑制了高渗层的优势水流通道，有效地提高了低渗层的吸入量。

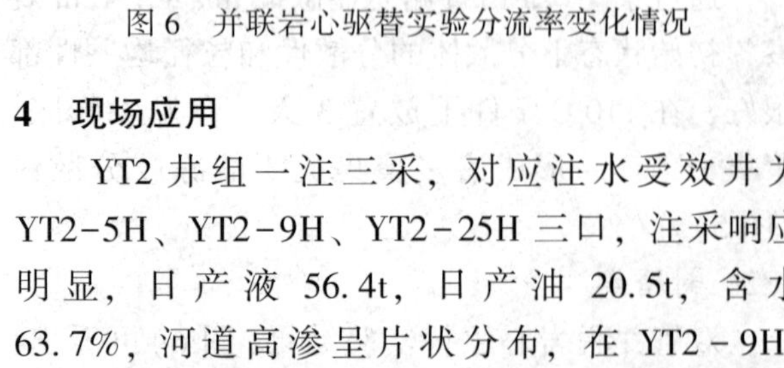

图 6　并联岩心驱替实验分流率变化情况

4　现场应用

YT2 井组一注三采，对应注水受效井为 YT2-5H、YT2-9H、YT2-25H 三口，注采响应明显，日产液 56.4t，日产油 20.5t，含水 63.7%，河道高渗呈片状分布，在 YT2-9H、YT2-5H 水平段均有发育，平均渗透率极差 93，示踪剂显示 YT2-5H、YT2-9H 突破时间相对较短(分别为 93 天和 135 天)，是注入水流动的主要方向，井组出现水窜，含水上升。

4.1　方案设计

(1) 粒径优选：根据 Kozeny 公式，柔性颗粒选择原则研究了冻胶分散体与地层的匹配关系[8-9]。

K=(φ r2 吼道)/(8 τ2)　①

0.46r 吼道≤R 颗粒≤r 吼道　②

孔隙度 φ 取 25.3%，渗透率 K 取 $449.5\times10^{-3}\ \mu m^2$，迂曲度τ取 1.5。计算冻胶分散体粒径选取范围 2.65μm≤R 颗粒≤5.75μm，考虑到圆度较差和分选不好的特点，粒径取值范围 1-4um。

(2) 用量设计：研究表明大孔道体积约占总孔隙体积的 10%，设计调驱剂的用量为大孔道体积的 1/3-1/2，计算各井所需的调驱剂的用量，计算结果见表 1。

表 1　YT2 井组调驱剂用量计算

井号	井组平均厚度/m	单井控制面积/km^2	孔隙度/%	总体积/m^3	估算大孔道体积/m^3	设计调驱剂用量/m^3
YT2	7.54	0.13	0.253	226426.2	22642.62	6326

4.2　施工过程

2017 年 7 月至 2018 年 3 月，采取“低浓度+高浓度”多级分段注入方式，日注排量 35 方，总注入量 6326 方，段塞分别为 0.015%的 1～3μm 分散体溶液 1008 方、0.015%的 4～6μm 分散体溶液 882 方、0.03%的 1～3μm 分散体溶液 4436 方。施工曲线显示，过程中增加分散体粒径(1～3↑4～6μm)后出现压力抬升，有明显架桥，后期提高浓度(0.015↑0.03%)再次明显架桥，注入过程中压力逐步升高，架桥封堵效果明显。

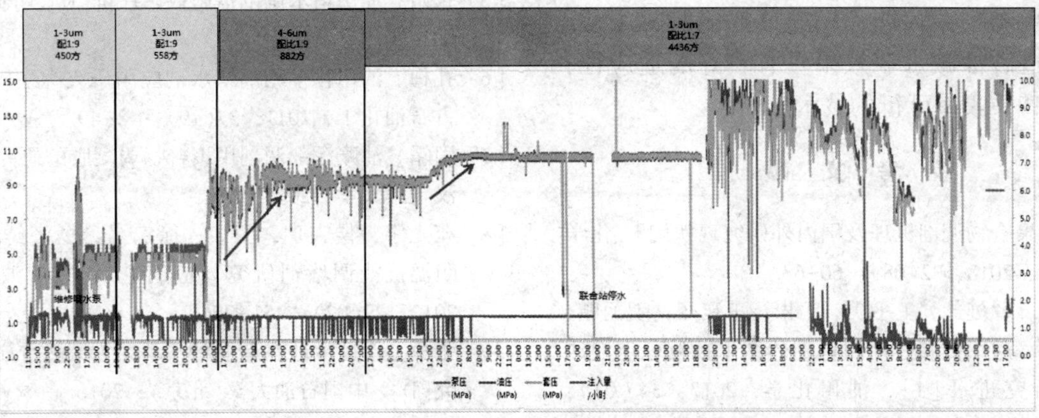

图 7　YT2 井组首轮冻胶分散体调驱施工曲线

4.3　效果评价

(1) 优势水窜通道得到抑制：视吸水指数显示，调驱后注水的启动压力由 5MPa↑6.8MPa，示踪剂数据显示，注入水主流线方向的 YT2-5H 见示踪剂时间延长(93↑122 天)，YT2-9H 井一直未见示踪剂，说明优势通道吸水量明显减少，平面调驱取得效果(图 8)。

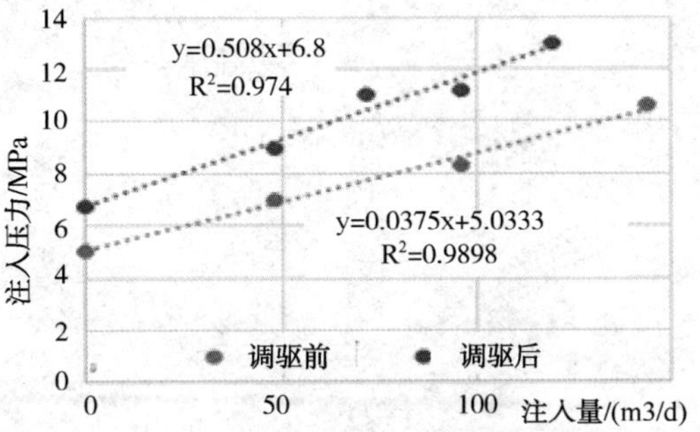

井组	阶段	见示踪剂峰值间隔天数/d		
		YT2-9H	YT2-5H	YT2-25H
YT2	调前	135	93	160
	调后	/	122	139

图 8　YT2 井组调驱后视吸水指数变化曲线(左)及示踪剂监测变化情况(右)

(2) 生产情况改善：含水明显下降(表 2)，综合含水由 63.7↘48.7%，2017 年 7 月至 2019 年 6 月，实施 2 轮次调驱，累增油 4211t(首轮增油 2366t，二轮增油 1845t)，分散体达到封堵水窜通道，提高水驱效果的目的。

表 2　YT2 井组油井调剖前后生产状况统计表

井号	工作制度	调驱前产状				调驱后产状			
		日液/t	日油/t	含水/%	动液面/m	日液/t	日油/t	含水/%	动液面/m
YT2-5H	44*5*4*2600	29.5	3.7	87.5	1980	31.8	10.2	67.9	1427
YT2-9H	38*5*3*2404	13.4	5.5	59.0	2376	19.7	10.2	48.2	1887
YT2-25H	38*8*1.6*3819	13.5	11.3	16.3	2150	16.5	14.5	12.1	2150
小计	56.4	20.5	63.7		68	34.9	48.7		

5 结论与认识

（1）冻胶分散体能够耐高温 110℃、耐盐 21×10^4mg/L，粒径可调，具有良好的膨胀性能和封堵作用，能够对非均质储层进行深部调堵，实现液流转向。

（2）现场实践表明，冻胶分散体调驱工艺，对提高河道砂油藏水驱效果具有较好的适应性，是一项提高采收率可行的技术。

参 考 文 献

[1] 孙文．聚合物调剖机理及国内外研究现状[J]．化学工程师，2018，32(08)：60-63.

[2] 彭宝亮，罗健辉，王平美，丁彬，王宛丽，贺丽鹏，耿向飞．用于低渗透油田调剖的纳米颗粒稳定泡沫体系研究进展[J]．油田化学，2017，34(04)：745-748.

[3] 李兆敏，张东，刘崴挂，李松岩，张超．冻胶泡沫体系选择性控水技术研究与应用[J]．特种油气藏，2012，19(04)：1-6+151.

[4] 苏鑫．高强度凝胶堵水工艺实验研究[D]．东北石油大学，2017.

[5] 张婧．油田堵水调剖措施效果评价[D]．东北石油大学，2017.

[6] 孔梅．油田化学调剖堵水剂应用研究综述[J]．内蒙古石油化工，2011，37(19)：48-49.

[7] 闫霜．油藏深部调剖用聚合物弱凝胶的研究[D]．武汉工程大学，2015.

[8] 苑光宇，侯吉瑞，罗焕，徐宏名，杨济鲜，任涛．耐温抗盐调堵剂研究与应用进展[J]．油田化学，2012，29(02)：251-256.

[9] 张争．新型微球在新疆油田砾岩油藏中的适应性研究[D]．中国石油大学(北京)，2016.

强水淹油藏低成本堵调驱一体化技术研究与应用

赵泽宗　曾令锐　朱锰飞　郭东方　朱　磊　曲学军　金　寒

（中国石化中原油田分公司濮东采油厂）

摘　要　针对中高渗强水淹油藏调驱剂用量大、单一治理方式效果差的问题，通过室内实验研发了以含油污泥为主要原料的堵调驱一体化体系，包括凝胶型含油污泥封堵体系、含油污泥凝胶颗粒调驱体系和含油污泥复合驱油体系；应用物理模型模拟强水淹油藏，开展堵调驱体系的封堵性能和开采性能评价，结果表明，该一体化体系封堵率均达到90%，提高采收率达5.5%；现场应用堵调驱一体化技术12井次，起到了增油降水的作用，同时解决了含油污泥处理的问题，达到了降本增效的目的。

关键词　含油污泥；强水淹；堵调驱；一体化；性能评价

中高渗一类油藏是油田开发的重点，但是随着油田的开发进入中后期加上早期的强注强采，部分油藏的开发进入高含水、高耗水阶段，剩余油分布与水淹区高度重合，该类油藏成为强水淹油藏[1-2]；调剖调驱是该类油藏剩余油挖潜的有效措施[3-5]，但是由于大孔道和高渗条带发育、层内层间和平面矛盾突出，小剂量的调剖或者单一方式的治理已无法满足开发的需要，因此，针对强水淹油藏，研发一种可大剂量投入的低成本堵调驱体系及其一体化技术，显得尤为重要。相关研究[6-11]表明，含油污泥来源广、能驱油、易配置、成本低，与地层具有优良的配伍性，具备水井大剂量深度调驱条件，作为调驱剂注入地层可解决环保问题，得到了广泛的应用；只是现有的研究，并为从大孔道封堵、深部调驱、高效驱油三个方面进行含油污泥的综合应用，未形成堵调驱复合技术；因此，笔者针对强水淹油藏的挖潜难题，开展了含油污泥堵调驱一体化技术的研究与应用。

1　实验准备

1.1　实验药品

含油污泥，中原油田濮东采油厂提供；部分水解聚丙烯酰胺，阴离子1500万、阴离子2000万、复合离子1500万、复合离子2000万，水解度30%，新乡龙源化工有限公司；交联剂1，为水溶性酚醛树脂，濮阳市科洋化工有限公司；分散剂：十六烷基三甲基溴化铵CTAB、石油磺酸盐，实验用水为现场水源井水，矿化度9×10^4~12×10^4mg/L。

1.2　实验仪器

仪器：BrookfieldLVTD型速旋转黏度计、高速搅拌器、烘箱、电子天平(0.001g)。

Quanta200F场发射扫描电子显微镜、ZNN-D6型六速旋转黏度计、高速搅拌器、烘箱、电子天平(0.001g)、物理模拟驱油实验装置。

1.3　实验方法

(1) 制备测试样品，通过Quanta200F场发射扫描电子显微镜观察污泥样品的表面形貌并分析组分含量。

(2) 以沉降时间、沉降层厚度和pH值变化规律为指标确定分散剂及其适宜的加量。

(3) 通过表观黏度变化规律和沉降现象筛选合适的悬浮剂，并确定其加量。

(4) 添加适量的成胶剂和引发剂，以含油污泥为主剂制成注入性良好的堵调驱体系，进行物理模拟实验，评价体系的性能。

2　含油污泥堵调驱体系的制备与性能评价

堵调驱体系包括凝胶型含油污泥封堵体系、含油污泥凝胶颗粒调驱体系和含油污泥复合驱油体系这三种以含有污泥为主要原料的药剂体系，堵调驱一体化技术组合应用三种药剂体系，实现近井大孔道和高渗条带的封堵、深部非均质性调整，同时提高驱油效率，起到“1+1+1>3”的作用，最终达到提高采收率的目的。

2.1　含油污泥组分分析

从图1可以看出，污泥颗粒结构形状不规整，硅氧四面体晶片和铝氧八面体晶片的层状结构被损坏，这种不规整结构是污泥颗粒易沉降、分散悬浮性较差的主要原因；故必须选择合适的分散剂对含油污泥进行预处理。

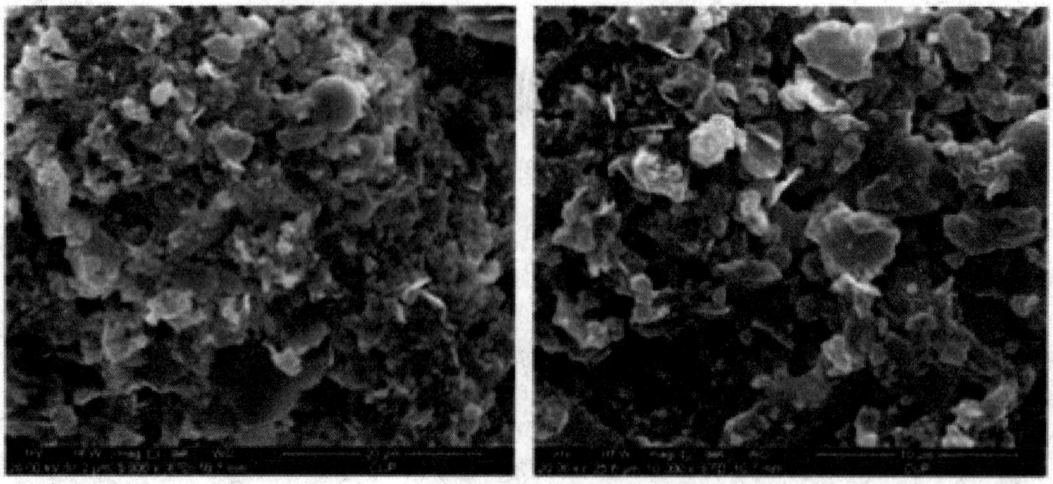

图 1　含油污试样的 SEM 照片(300 目)

胡庆-桥马油田每天产生大量的含油污泥，这些污泥是在石油开采和油田污水处理过程中产生的一种固体废物。污泥含油 3%~6%，颗粒范围 2.85~73.18μm，含油污泥的粒径最频值在 10~20μm，最多颗粒含量的粒径为 20.7μm，粒径在 30μm 以下者占 95%。

2.2　凝胶型含油污泥封堵体系的制备

（1）聚合物类型的筛选

凝胶的形成受聚合物好坏的影响很大，这里选择具有代表性的两种聚合物，选择聚合物浓度为 1500mg/L，交联剂浓度 0.2%，强度改进剂浓度为 0.2%，污泥乳液浓度为 25%。测试其成胶性能，优选出性能最佳的聚合物。

表 1　聚合物种类对污泥凝胶成胶性能的影响

聚合物种类及其分子量	成胶时间/h	胶体强度/MPa · s
阴离子 1500 万	不成胶	22.4
阴离子 2000 万	不成胶	36.9
复合离子 1500 万	45	29600
复合离子 2000 万	45	42400

阴离子聚合物在现场水中不成胶，原因可能是和现场水中不配伍。选用复合粒子聚合物制成的调驱剂成胶性能良好，随着复合粒子聚合物的分子量增大，其成胶性能增强。2000 万分子量的复合粒子聚合物成胶性能优秀，时间和强度均满足现场调驱使用需求，所以选择 2000 万分子量的复合离子聚合物作为凝胶型含油污泥调驱体系的聚合物主剂。

（2）聚合物浓度筛选

选择复合离子聚合物配置成不同浓度的母液备用。交联剂浓度 0.3%，强度改进剂浓度为 0.2%，污泥乳液浓度为 25%。测试其成胶性能，优选出聚合物的最佳使用浓度。

表 2　聚合物浓度对体系性能的影响

聚合物浓度/ppm	成胶时间/h	胶体强度/MPa · s
3000	85	25800
5000	63	45600
7000	40	59200

当聚合物浓度 3000mg/L 时成胶时间长且胶体强度低。当浓度提升到 5000mg/L 时，成胶时间明显缩短，成胶强度增加明显。而当浓度增加到 7000mg/L 时，成胶时间和胶体强度虽然有所增强，但增幅不大。所以确定 5000mg/L 为聚合物主剂的使用浓度。

（3）交联剂浓度筛选

当聚合物用量一定时，胶体强度和成胶速度与交联剂用量成正比关系，但当交联剂加量过大时，交联剂和聚合物迅速成胶，发生过度交联，反而会使形成的凝胶稳定性变差。选择复合离子聚合物(2000 万)配置成 2000mg/L 浓度的母液备用。强度改进剂浓度为 0.2%，污泥乳液浓度为 25%，加入不同比例的交联剂，测试其成胶性能，优选出交联剂的最佳使用浓度。

表 3　交联剂浓度对体系性能的影响

交联剂浓度/%	成胶时间/h	胶体强度/MPa · s
0.10	168	2100
0.15	132	21300
0.20	56	43200

续表

交联剂浓度/%	成胶时间/h	胶体强度/MPa · s
0.25	30	45700
0.30	22	52300

聚合物的成胶时间随交联剂的增加而缩短，胶体强度则随交联剂的增加而增强。当交联剂浓度小于 0.2%时，成胶时间长，胶体强度低。当达到 0.3%时虽然胶体强度有所增强，但是成胶速度过快不利于注入。所以确定交联剂的使用浓度为 0.25%。

凝胶型含油污泥调驱剂最佳配方为 0.2% 2000 万分子量的复合离子 HPAM+0.25% 交联剂+0.25%+10%含油污泥。

2.3 含油污泥凝胶颗粒调驱体系优选

2.3.1 含油污泥凝胶颗粒的评价与筛选

（1）含油污泥凝胶颗粒的膨胀倍数

将含油污泥凝胶颗粒溶液样品 I、样品 II，充分搅拌后，观察其颗粒随时间的变化，见图 2。从图中可以看出样品 I、样品 II 颗粒具有较接近的膨胀时间。

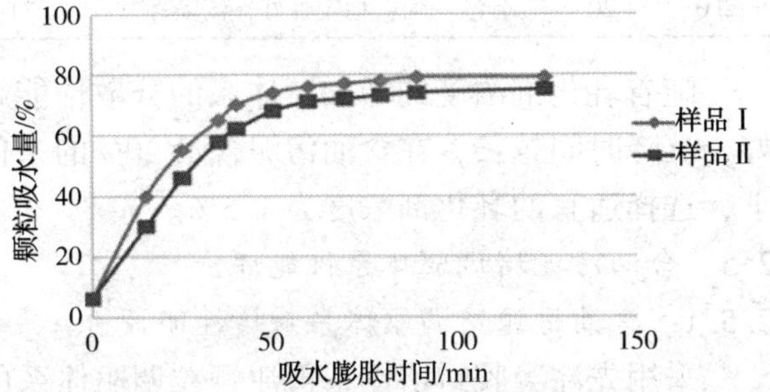

图 2　含油污泥凝胶颗粒的膨胀倍数

（2）温度对含油污泥凝胶颗粒的影响

从实验结果(图 3)可以看出温度升高颗粒吸水能力增大，当温度大于 60℃后，其影响更明显。从胡庆油田的条件来看，两个样品均适合该油藏条件，但由于样品 I 的价格比样品 II 的价格贵很多，因此优选样品 II 作为胡庆油田的调驱剂使用更经济、适用。

（3）矿化度对含油污泥凝胶颗粒的影响

胡庆油田地层水矿化度较低为 8×10^4ppm 左右，水型为 $CaCl_2$。从图 4 看出，含油污泥凝胶颗粒样品 I 随矿化度变化不大，样品 Ⅱ 在矿化度 10×104ppm 时吸水能力下降较快，但是其已经满足胡庆油田调驱要求。选择样品 Ⅱ 颗粒在 90℃ 地层水中恒温，浸泡 60 天没有发生颗粒粘化、水化，仍然保持颗粒完整形状，颗粒韧性和强度完好，说明矿化度对颗粒的性能影响不大。

通过实验评价，选择既经济又实用的含油污泥凝胶颗粒样品 Ⅱ 作为强水淹油藏调驱剂使用更适合。

2.3.2 增强体系优选

在体系中引入 LCSZ 树脂，既能够增强体系的封堵能力，又能够增加封堵后抗冲刷能力。下面从 LCSZ 树脂的耐温和耐矿化度两方面分析其性能。从图 5 中可以看出温度对凝胶黏度的影响不大，但随着温度的升高，成胶时间迅速缩短，但从深部调驱的需求来讲，其耐温性能已达到中高温油藏对注入深度的要求。

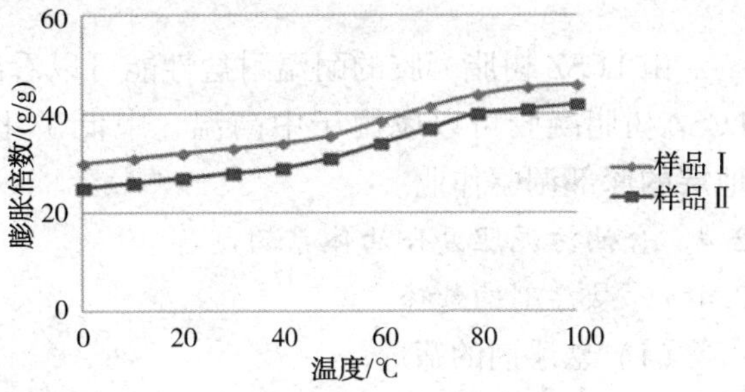

图 3　温度对凝胶颗粒吸水性能的影响

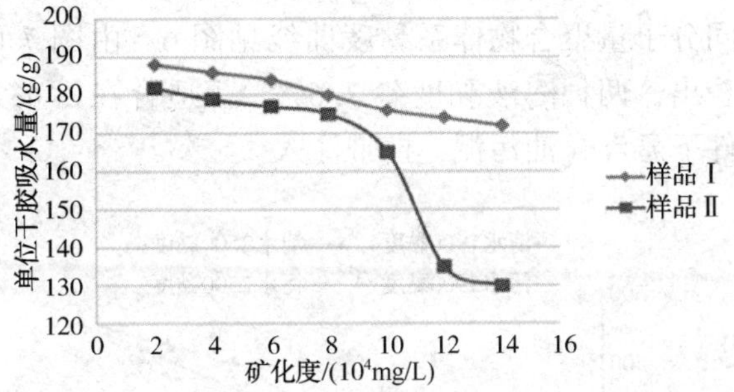

图 4　矿化度对凝胶颗粒吸水性能的影响

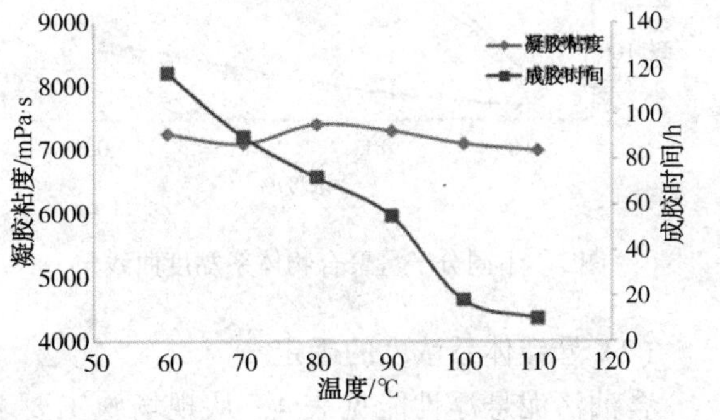

图 5　温度对 LCSZ 树脂成胶性能的影响

从矿化度对成胶性能影响图 6 中可以看出：随着矿化度的升高，凝胶的成胶时间不断减少，体系黏度也逐渐减弱，但矿化度低于 12×10^{4}mg/L 时凝胶稳定性良好，60 天内不脱水。当矿化度高于 12×10^{4}mg/L 时，胶体黏度急剧下降，凝胶化反应受抑制。

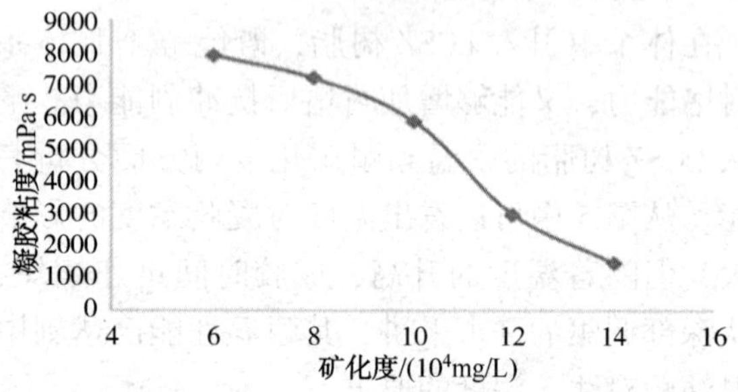

图 6　矿化度对 LCSZ 树脂成胶性能的影响

由 LCSZ 树脂凝胶的耐温耐盐性能可以看出：LCSZ 树脂凝胶可以应用于中高温、中低矿化度地层的深部调驱作业。

2.4　含油污泥驱复合油体系的制备

2.4.1　悬浮剂的选择

（1）悬浮剂的筛选

选择两种不同分子量的聚合物为悬浮体系，分别用清污水配置质量浓度为 0.05%，0.1%，0.15%，0.2% 的溶液，观察溶液黏度变化，不同分子量聚合物体系黏度曲线见图 6。由图 7 可看出，两种溶液黏度差 7.6%，都适合在污水条件下悬浮含油污泥，携带注入。

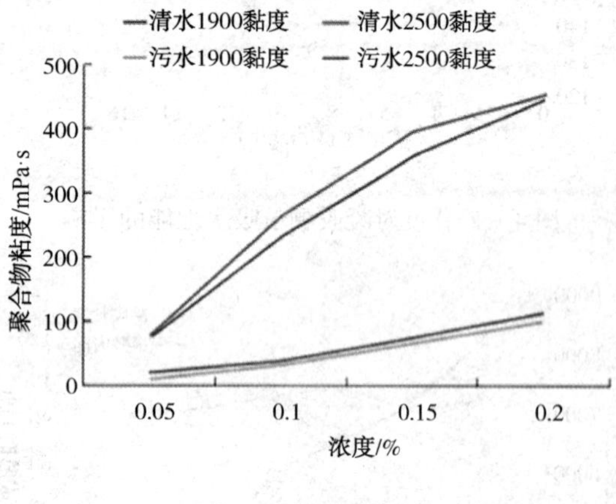

图 7　不同分子量聚合物体系黏度曲线

（2）悬浮体系浓度的确定

含油污泥悬浮性能见表 4，从现场施工要求及成本上考虑，悬浮含油污泥的悬浮剂体系 0.1-0.25%，含油污泥加量 20%。

表 4　含油污泥悬浮性能

悬浮剂浓度/%	含油污泥加量/%	沉降时间/h
0.10%	10	2.45
	15	2.35
	20	2.40
0.15	10	3.25
	15	3.15
	20	3.10

2.4.2　分散剂的选择

分散剂主要作用是拆散由凝聚作用而形成的较大、较强的油、泥、水结构，使固体颗粒和油更好地分散于水溶液中；同时起到表面活性剂的作用，在液珠的液-液界面吸附，产生具有一定强度的保护膜，降低界面张力，消除油水界面，从而形成均一、稳定的乳状液。

表 5　乳化剂对含油污泥体系性能的影响

乳化剂浓度/%	污泥含量/%	体系状况	沉降时间/h
0.5	20	分散不均匀，稳定性差，流动性较差	>10
1.0	20	分散较均匀，稳定性较好，流动性好	>15
1.5	20	分散均匀，稳定性好，流动性好	>22
2.0	20	分散均匀，稳定性好，流动性好	>31

随着乳化剂浓度的增加，体系的分散性能越好，沉降时间越长，在含油污泥含量 20% 的条件下，选择适宜的乳化剂浓度为 1.5%。

2.5　含油污泥堵调驱体系性能评价

2.5.1　含油污泥堵调驱体系封堵性能评价

采用先注凝胶封堵体系再注颗粒调驱体系的方式，凝胶体系与颗粒体系体积比为 1∶1，通过人工填砂模型，模拟体系的封堵性能。

表 6　封堵性评价情况

填砂模型	渗透率/D		突破压力/MPa	封堵率/%
	堵调前	堵调后		
1	10.9	1.0246	2.38	90.6
2	6.4	0.48	3.62	92.5
3	3.2	0.2016	3.85	93.7

堵调剂段塞注入后对岩芯均起到较好的封堵作用，封堵率都在 90% 以上。这证明凝胶胶型含油污泥封堵体系和含油污泥凝胶颗粒调驱剂配合使用对不同渗透率的地层均有较好的封堵作用。

2.5.2　含油污泥堵调驱体系提高采收率性能评价

采用双层非均质物理模型进行堵调驱一体化

模拟实验，高渗透层水测渗透率为 6.8μm²，低渗透层气测渗透率为 1.1μm²，渗透率级差 6.18；三种体系的注入体积比为 1：1：1，累计注入堵调驱体系 0.6PV。驱替效果如图 8 所示。

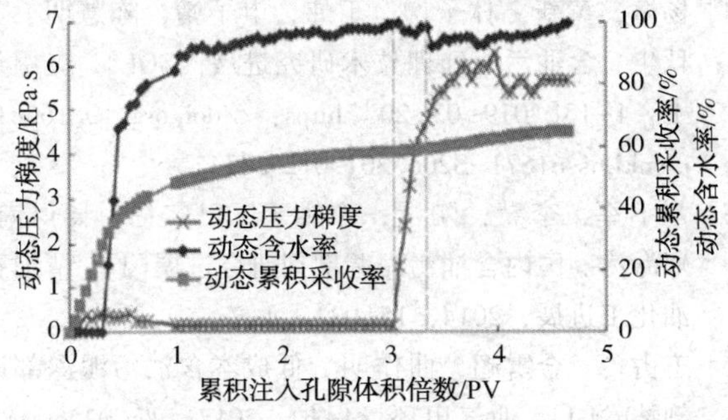

图 8 注入 0.6PV 堵调驱体系后的开采效果

从图 8 可以看出，当注入孔隙体积倍数达到 2PV 时，动态累积采收率为 55.44%，趋于平缓，无明显增加趋势。当动态含水率超过 98%之后，注入 0.36V 调剖体系，关井候凝，调剖后进行后续水驱，动态含水率明显下降，从 98.1%降至 92.0%，驱替压力梯度从 0.15MPa/m 增加到 5.70MPa/m 并趋于稳定，动态累积采收率明显增加，最终采收率增加 5.5%。说明以含油污泥为主剂的堵调驱体系可以有效降低动态含水率，增加原油最终采收率，达到较好的封堵、调剖、驱油作用。

3 现场应用

3.1 地质情况

胡庆油田胡十二块 S3 中 8^{6-8}层系含油面积为 1.1km³，地质储量 $112×10^4×10^4$t，可采采储量 $30×10^4×10^4$t，标定采收率 26.79%。该层系截止到 2018 年 12 月采出程度只有 21.2%，采油速度 0.15%，综合含水却到了 98.21%。层系含油面积广、渗透率好，注水开发单向突进严重，长时间的注水导致高渗条带的形成，层内剩余油分布广、却零散，有深入挖潜的能力。存在以下几点问题：高渗条带普遍发育，部分井组层间矛盾突出，隔层小，难以分注。

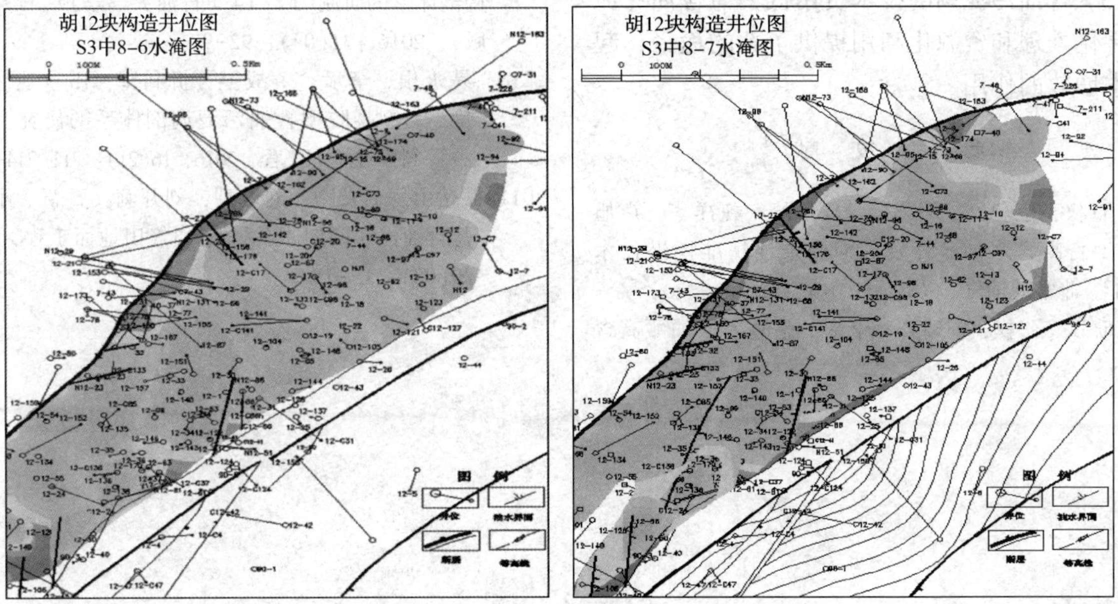

图 9 胡 12 块 S3 中 8-6、7 水淹图

3.2 注入工艺要求

控制注入压力、排量和污泥注入浓度；①注第一段塞聚合物冻胶时，压力上升不能太高，一般高于注水压力 1.0~3.0MPa 正常，如果上升过高，要降低浓度和强度；②注第二段塞时，和第一段塞一样，缓漫提高污泥浓度；③注第三段塞时也是逐渐提高污泥浓度，做到压力缓慢上升，不宜上升过快，否则会污染低渗透层。

表 7 注入段塞设计

段塞设计			设计内容
段塞名称	药剂体系	用量/m³	
第一段塞	凝胶型含油污泥封堵体系	300	封堵大孔道
第二段塞	含油污泥凝胶颗粒调驱体系	4000	主体深部调驱
第三段塞	含油污泥驱复合油体系	5000	提高驱油效率
第四段塞	凝胶型含油污泥封堵体系	200	封口段塞

3.3 应用情况

利用含油污泥堵调驱一体化技术在胡庆油田强水淹油藏现场应用 12 井次，累计处理含油污泥 $20\times10^4m^3$(含泥 20%)，措施效果明显，累计增油 2360t，减水 $36.5\times10^4m^3$；该技术从控水增油方面，无论是降水还是井组增油完全能达到常规调驱的效果，产生较好的经济效益，而且可以较好地解决含油污泥污染问题，具有较好的推广应用价值。

4 结论与认识

(1) 研发凝胶型含油污泥封堵体系、含油污泥凝胶颗粒调驱体系和含油污泥复合驱油体系，形成了堵调驱一体化技术，封堵率达 90%，提高采收率达 5.5%。

(2) 强水淹油藏应用堵调驱一体化技术可以对大孔道及高渗透层段进行有效封堵，改善油藏深部非均质性，提高注入水波及体积以及驱油效率，从而获得良好的增油降水效果和显著经济效益。

(3) 含油污泥调剖技术费用低，为含油污泥的无害化处理和资源化利用提供了新的途径，起到降本增效的作用。

参 考 文 献

[1] 李石权，范莉红，邓彩云，任瑞峰，魏祥华，卢旭宁．特高含水油藏开发后期剩余油精准挖潜技术[J]．非常规油气，2019，6(01)：62-68.

[2] 义晓斌，张权，刘瑞轩，李幸．整装多层油藏高含水期改善开发效果技术研究[J]．石化技术，2018，25(12)：290.

[3] 刘志宏，朱奇，冯其红，王森，杨勇．高耗水层带的级别划分方法[J]．特种油气藏，2018，25(06)：114-119.

[4] 杨海，黄新，林子增，丁炜，申子靖，陈慧明，贾秋生．含油污泥处理技术研究进展[J/OL]．应用化工：1-13[2019-03-20]. https：//doi. org/10. 16581/j. cnki. issn1671-3206. 20190125. 034.

[5] 刘小军，李慧，陶媛，徐雄飞，田广福，吴得南，郑海涛．国内含油污泥调剖剂研究进展[J]．精细石油化工进展，2014，15(03)：4-7.

[6] 王占玲，金雪超，曲作明．低成本含油污泥深部调剖技术[J]．油气田环境保护，2017，27(02)：18-20+60-61.

[7] 于春涛，毕秀范，张娥．吉林油田含油污泥整体调剖技术[J]．天然气与石油，2015，33(01)：40-43+9.

[8] 刘虎．含油污泥填充凝胶颗粒在胡庆油田的研究与应用[J]．长江大学学报(自科版)，2017，14(03)：54-57+94.

[9] 吴亚，杨涛，陈世军，陈刚．含油污泥-弱凝胶复合调剖体系的研制[J]．西安石油大学学报(自然科学版)，2016，31(04)：92-97.

[10] 易永根，李斌，黄战卫，折利军，田永达，马国艳．新型凝胶型含油污泥调剖体系的研究及应用[J]．科学技术与工程，2016，16(21)：211-214+223.

[11] 戴达山，刘义刚，刘宏现，刘开莉，石新．耐温耐盐含油污泥调剖体系[J]．油气田地面工程，2010，29(08)：13-15.

苏里格气田气井自动间开技术进展及展望

陈 勇[1] 刘双全[1,2] 肖述琴[1] 赵峥延[1] 谈 泊[1]

(1. 中国石油长庆油田公司油气工艺研究院；2. 低渗透油气田勘探开发国家工程实验室)

摘 要 苏里格气田井多面广，传统方式管理难度大。随着气田大规模开发及部分气井进入生产中后期，越来越多的气井将采用间歇方式生产。本文针对苏里格气田气井生产中后期间歇开关的需求和现状，介绍了一种苏里格气田远程自动开关井技术装备及其结构、原理、功能与现场试验情况。该技术可促进气田精细化管理，取代人工间歇，提高气田自动化水平。现场试验表明，该远程自动间开技术对苏里格气田气井具有较好的适用性，其开井成功率高，安全可靠，具有广阔的应用前景。展望气田信息化及智能化技术的发展趋势，提出了气井自动间开技术未来的方向。

关键词 苏里格；气田；开关井；远程

1 前言

苏里格气田是我国已发现并实现规模开发的最大天然气田，其单井产量低，建井数量多，建产期、稳产期将分别建井一万多口，传统方式管理难度大[1]。随着气田大规模开发及部分气井进入生产中后期，低产气井比例将越来越大。

低产气井科学有效的管理办法，是制定合理的间歇生产制度并严格执行，为苏里格气田开发中后期低产气井的管理提供指导。苏里格气田采用间歇方式生产的气井千余口。对这些井，目前生产单位采取的方法主要为人工间歇，开关井需要人工赴井场开关井。苏里格气田井站较为分散，交通不便，管理难度和操作成本巨大[2]，人工开关井不利于降本增效，且制度的有效执行率易受到天气、道路、外协问题等自然及人为条件的制约，不利于精细化管理[3]。目前的人工间歇是无法满足气井生产后期频繁开关需求的。

为此近年来进行了苏里格气田气井自动间开技术研究和试验，将远程自动开关井装置安装于气井井口管线适当位置以实现气井远程控压自动开关井，其可取代目前的间歇开关井方式，保证开关制度的有效实施，有利于提高气田生产管理自动化水平和促进气井的精细化管理。

2 苏里格气田远程控压开关装置研究进展

2.1 目前苏里格气田远程自动开关井装置结构及功能

针对现场要求，研发了气井井口远程自动开关井装置。苏里格气田井场无市电供应，故采用井口现有的12V太阳能供电直流电源。为方便操作运行，装置可远程或就地设置本体参数及气井运行制度，可远程监视参数及控制阀门。根据气田中低压集气模式情况，装置设计为耐高压25MPa，装置节流后下游不超过4MPa。

装置本体主要包括调节阀部分及电动执行控制系统。如图1所示。

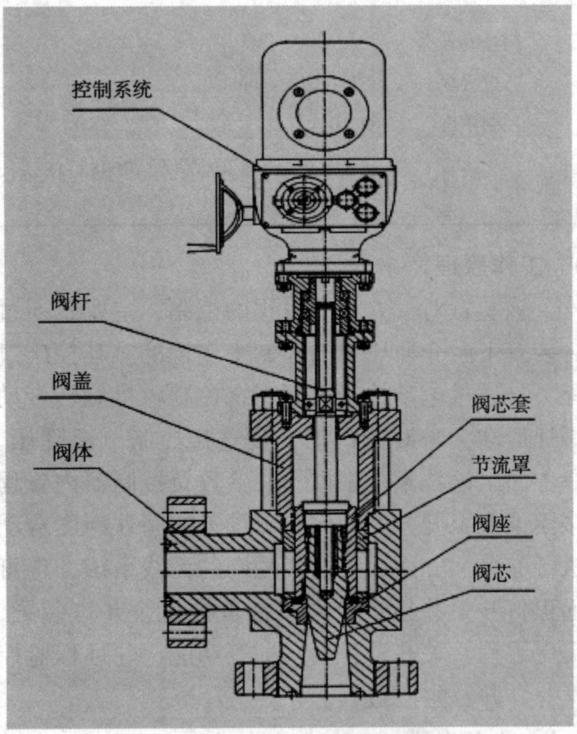

图1 远程自动开关井装置结构示意图

调节阀主要由阀体、阀盖、阀杆、阀芯套、节流罩、阀座、阀芯组成。电动执行控制系统主要包括手轮、直流微型电机、低功耗MCU、ARM内核高性能处理器、绝对编码器、传感器接口等。

配套太阳能无线传输系统及供电系统如图2所示。井场油压、套压、流量等传感器数据经输入输出接口接入远程自动开关井装置电动执行控制部分进行处理，并经由通讯模块及无线网络与作业区控制室主机进行通信。

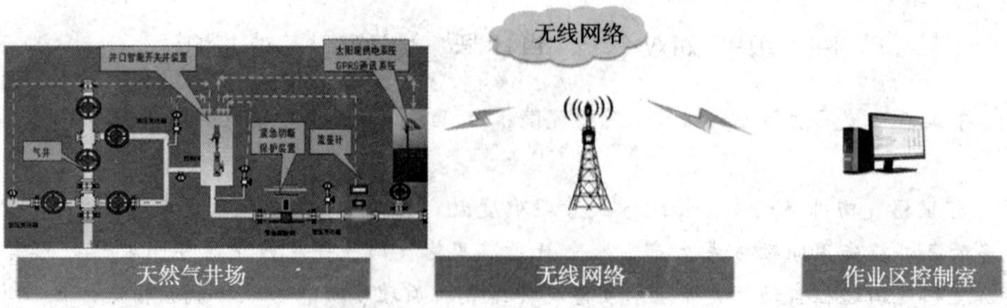

图2　远程自动开关井装置无线传输系统简图

2.2　技术参数

远程自动开关井装置主要技术参数见表1。

表1　远程自动开关井装置主要技术参数表

名称	参数
供电电源	12VDC+10%/-10%，平均功率40W
电机转速	5RPM
执行机构全行程及耗时	执行机构丝杆长度110mm，丝杆规格T20，螺距4mm，全行程时间约275秒。
工作环境要求	-30～+70℃
防护等级	IP67、exdiibt4
控制精度	0.1%
通信协议及信号	Modbus通信协议，RS485总线，4～20mA

3　工作原理

该装置对气井开井过程的控制，主要是通过对装置下游介质压力的控制来实现的。其控压过程，是通过电动执行控制系统控制电机旋转带动阀杆运动，来对阀门的开度进行控制节流降压。一方面，该技术可根据气井参数及控制器内置程序模拟人工开井，按照井口设置的间歇制度自动执行；另一方面，根据其配套的无线系统，也可远程将开关井指令及间歇制度推送至井口装置，实现远程开关井、自动间歇等功能，并远程监控气井开井及生产过程。

3.1　开井原理

(1) 就地及远程开井

就地开井时，在井口按压装置壳体所附的开井按钮，触发开井程序。电动执行控制系统通过采集装置上游油压及下游管压、流量等参数，由控制器内预定的控制策略和程序控制电机旋转，调节阀杆行程及阀门开度。通过不断地精确调节调节阀开度进行节流降压，可保证装置下游压力符合生产工艺及安全要求。当装置上下游压力相同并符合要求时，调节阀通道全开，完成开井。

远程开井时，井口控制器接收到作业区控制中心经由无线网络远程推送来的开井指令后，触发开井程序，实现开井。

(2) 制度开井

当远程或就地设定的开井条件(时间、油套压、流量参数)满足后，控制器根据预定的开井程序和开关制度和来调节阀门的开度实现开井。

(3) 手轮开井

在断电、故障或其他特殊情况下，如果要进行人工开井，可通过现场旋转手轮来调节阀门开度实现手轮开井。

3.2　关井原理

(1) 就地及远程关井

就地关井时，在井口按压装置壳体所附关井按钮，触发关井程序。电动执行控制系统根据控制器内预定的控制策略和程序来控制电机转速减小阀门开度实现平稳关井。

远程关井时，当井口控制器接收到作业区控制中心经由无线网络远程推送来的关井指令后，触发关井程序，实现平稳关井。

(2) 制度关井

当远程或就地设定的关井条件(时间、油套压、流量参数)满足后，自动触发控制器内预定的关井程序来控制和调节阀门开度实现制度关井。

(3) 手轮关井

特殊需要时，可通过手轮调节阀门开度实现手动关井。

3.3 远程通讯原理

气井井场通讯系统通过太阳能供电系统进行供电。井场 GPRS 模块通过 RS485 总线连接装置电动执行控制系统，并经由无线网络将井口油压套压参数、流量数据、控制器自身参数及警报信息等传输至控制室。控制室 GPRS 模块接收到相关数据后，在电脑硬盘存储并在客户端操作界面进行显示。

作业区控制室可远程设置气井定时、定压、定流量参数，并可远程调整装置控制器参数。

4 现场试验

2017 年至今，在苏里格气田开展四十余口井现场试验。在气井井场，将气井井口管线上的手动针阀拆卸后，在原位置安装远程自动开关井装置，并在井场安装配套的无线传输模块及太阳能供电系统。试验现场如图 3 所示。

图 3 远程自动开关井装置现场试验

(1) 定时开关井试验曲线

在苏＊井开展定时开关井试验，即定时开定时关。生产制度设定为开 1d、关 1d，并由作业区控制电脑经由无线网络远程推送至井口开关井装置。现场试验中，远程自动开关井装置严格按照设定制度进行开关动作，开关井过程安全平稳。其开关井曲线见图 4。

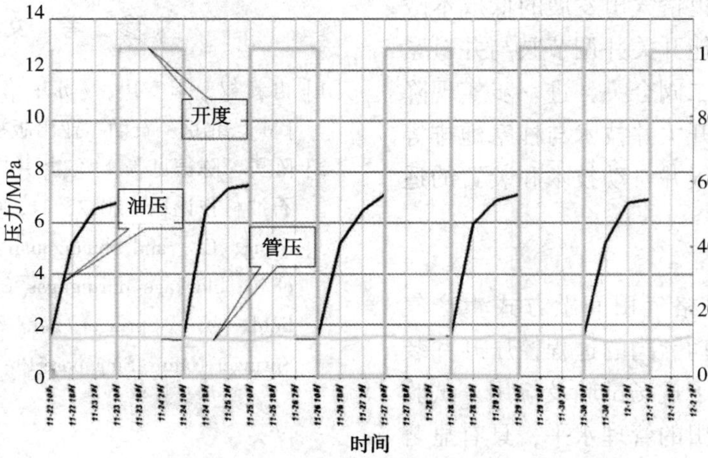

图 4 苏＊井定时开关井试验曲线

(2) 定压开、定时关试验曲线

在苏＊井开展定压开、定时关试验，即压力达到指定数值时开井，随后开井生产达到指定时间后关井。生产制度设定为开井油压 8MPa，开井运行 12h 后关井。由作业区控制电脑经由无线网络将生产制度远程推送至井口开关井装置。现场试验中，远程自动开关井装置严格按照设定压力和时间参数进行开关动作，开关井过程安全平稳。其开关井曲线见图 5。

现场试验表明，该远程自动开关井装置可远程或就地设置参数、远程监视参数及控制阀门动作。装置节流后下游不超过 4MPa，其对现场工况适应性良好，开井成功率高，开关井动作灵活可靠。该技术可取代人工开关井，降低员工劳动强度，保证气井精细化管理，有效解决气井生产管理难题。该技术的应用，可提高气田的管理水平，具有显著的经济效益和社会效益，对国内其他气田也具有良好的推广应用价值和借鉴意义。

5 展望

随着大数据、云计算、5G、人工智能等新一代技术的蓬勃兴起，全球油气产业都在积极推进由传统生产运营模式想数字化主导的现代运营模式的转变。石油产业迎来信息技术发展带来的新机遇，实现由数字油田向智能油田发展。

一方面，针对苏里格气田的特点和生产需求，推动智能化油田建设，未来气井开关模式将实现由自动开关向智能开关的切入。也就是说利用新兴技术，根据气井各生产参数及科学算法程

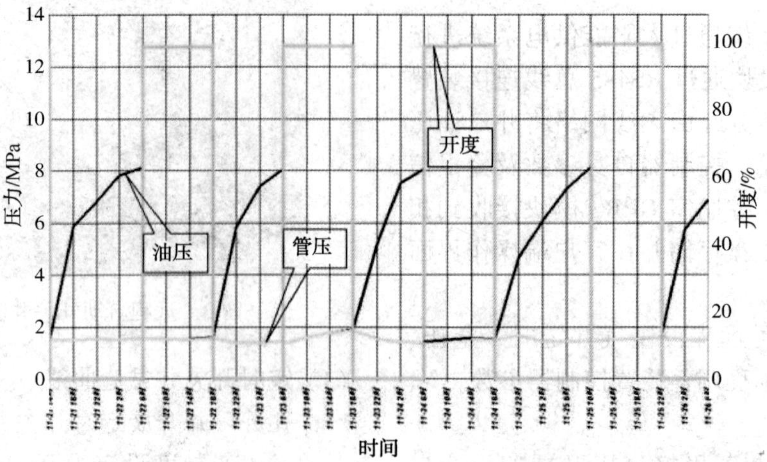

图5 苏*井"定压开、定时关"试验曲线

序让开关井装置进行智能判断，实现开关井装置自主制定科学生产制度，充当"技术员"的部分职能。

另一方面，根据苏里格气田发展的低成本战略，未来将继续探索智能开关井调节阀与井口紧急切断阀的结合，实现二阀合一，进一步实现降低成本。同时加强自动开关井技术与柱塞泡排等工艺的结合，充分扩大气井自动技术和装置的适用范围。

6 结论

（1）本文针对苏里格气田间歇方式生产气井，提出了一种基于电动针阀的远程控压开井装置及配套系统，并进行了现场试验及应用。试验表明，该技术可提高气田的管理水平，具有显著的经济效益和社会效益。

（2）下一步继续加强苏里格气井气井间开技术智能化研究，优化制定间歇制度，实现间歇气井智能管理及自主管理，同时加强低成本技术研究。

参 考 文 献

[1] 冉新权，李安琪，《苏里格气田开发论》(第2版)[M]. 北京：石油工业出版社，2013.

[2] 陈勇，陈德见等，"气井井口远程控制电磁阀"[J]，石油科技论坛，2012，31，(5)，pp. 59-61.

[3] Yong, C., and Shuangquan, L. Thinking on problems of ice blockage during gas well opening in Sulige gas field. [C] Springer Ser. Geomech. Geoengineering. Springer Nature Singapore Pte Ltd. 2019：1263-1271.

天然气水合物地层开采出砂影响因素浅析

张怀文

(中国石油集团工程技术研究院有限公司)

摘　要　天然气水合物近些年来相关研究的逐步深化以及资源短期试采工作的进行，证明了要实现水合物资源的长期商业化开采，水合物地层出砂问题是必须攻克的关键点。水合物地层开采出砂是受多种因素联合作用的结果，其影响因素较为复杂。本文在总结前人研究成果的基础上，依据原位水合物地层的地质条件及开发环节，浅析了水合物分布模式、水合物分解效应、水合物饱和度、孔隙流体、孔隙压力、完井方式和生产压差等因素对水合物地层开采出砂的影响。

关键词　天然气水合物；开采出砂；地质因素；水合物分解效应；开采方式

天然气水合物(下文简称：水合物)由于近些年来相关研究的逐步深化，使其被公认为是具有良好前景的重要后续能源，它具有分布广、资源量大、能量密度高和无污染等特征[1,2]。我国南海深水区域地球物理勘探表明，神狐海域、白云坳陷、陵水凹陷等深水斜坡广泛分布着水合物。2017 年 5 月，在南海神狐海域首次水合物试采成功，累计连续产气达 60 天，总产气量达到 30.9 万立方米，这标志着我国水合物勘探开发进入一个崭新的发展阶段[3]。在不远的将来，若南海水合物能够安全高效开发利用，将对我国后续能源供给、社会和经济的可持续发展产生深远影响。

自然界中水合物藏主要分布在海底陆架沉积物层和极地永冻层，沉积强度较低，且水合物的化学结构和低温高压的存赋条件决定了其对温压环境的敏感性，在开采过程中水合物的分解可能导致井眼出砂、地层失稳等现象发现[4]。全世界范围内已开展水合物资源短期试采工作的国家和地区[5-8]中，大部分在试采过程中都遇到不同程度的地层出砂现象[9]，使得水合物资源的商业化开采一直没有实现。然而，要实现水合物资源的长期商业化开采，水合物地层出砂问题是必须攻克的关键点[10]。

在水合物藏开采过程中，地层强度受到多种因素的影响，包括地层胶结程度、胶结类型、地层流体对砂粒拖曳力等多种应力作用等，同时地层砂粒的受力情况也比较复杂，主要受到地层原始构造应力、地层孔隙压力、生产压差、流体流动拖曳力等的联合作用[11]，因此水合物地层开采出砂是受多种因素联合作用的结果，其影响因素较为复杂。在总结前人研究成果的基础上，根据对原位水合物地层的地质条件及开发环节进行分析，可将影响水合物开采出砂问题的因素分为水合物分布模式、水合物分解效应、水合物饱和度、孔隙流体、孔隙压力、完井方式和生产压差等。

1　水合物分布模式和水合物分解效应

地层骨架颗粒之间的孔隙为水合物形成提供了空间，水合物的形成可以加强地层骨架颗粒间的联系，提高沉积物的胶结强度。对水合物在沉积物中的微观分布模式的研究表明，不同微观分布模式的含水合物沉积体具有不同的弹性波速度[12]。根据含水合物沉积物弹性波速度的不同，可将水合物的分布模式分成孔隙流体型和土骨架型。此外，斯伦贝谢(Schlumberger)根据水合物分布类型将水合物分布模式详细分为 6 类[13](图 1)接触胶结模式、骨架/颗粒支撑模式、渗杂模式、颗粒包裹模式、孔隙充填模式以及结核/裂隙充填模式。水合物地层通常埋藏较浅，一般只经历过压实作用和较弱的胶结作用，因此，含水合物沉积物的强度主要受胶结物含量及分布模式控制，也就是说，水合物在地层中的微观分布决定着水合物地层的强度。孔隙充填模式的沉积物颗粒并未胶结，结构最疏松；接触胶结模式的含水合物沉积层结构强度高于孔隙充填模式；包裹模式又强于接触胶结模式。

借鉴常规油气出砂观点，在水合物地层开采过程中，随着水合物的分解，地层的胶结物逐渐减少，砂粒受到的运动学约束减弱，胶结强度不

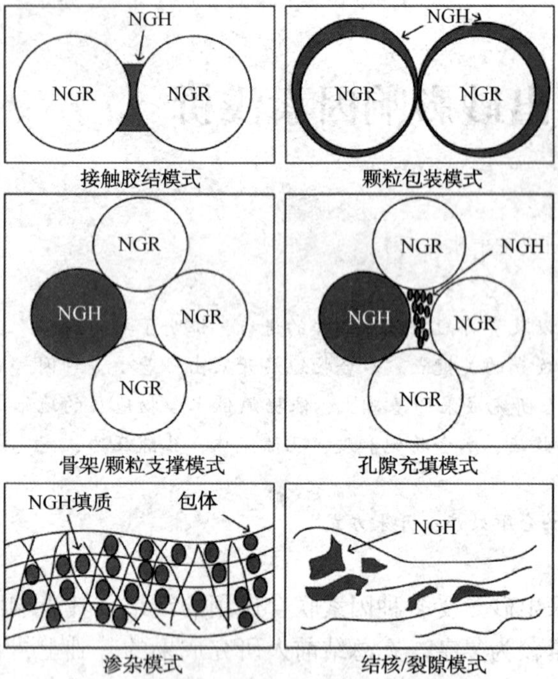

图1　水合物在沉积物中的分布方式(据 Schlumberger, 2003)
NGH(Natural Gas Hydrate)表示天然气水合物,
NGR(Natural Gas-Hydrate Rock)表示岩石颗粒

断下降。砂粒从骨架中分离出来成为游离砂，游离砂产出受吼道直径和几何形态控制，可产生“负表皮效应”；而骨架砂产出在减少流体运输阻力的同时破坏了地层稳定性。同时水合物分解使得地层有效孔隙度和渗透率增大，这极大增加了水合物地层破坏出砂的可能性；伴随着水合物的分解改变分解区地层的物性参数，加上井眼效应和流固耦合的协同作用，使地层井周应力分布变得复杂化，也使得水合物地层出砂分析变的复杂。

2　水合物饱和度

水合物饱和度代表着地层孔隙中的水合物含量，而水合物含量不仅影响沉积物的强度，还会影响开采过程中水合物的分解范围以及水合物分解后的地层物性参数大小。图2表示了天然沉积物样品和合成样品的三轴力学试验结果，结果表明当水合物饱和度低于20%时，水合物对沉积物刚度影响较小，这主要是由于该饱和度下水合物在多孔介质中以充填为主，对颗粒间胶结作用贡献不大；而当水合物饱和度超过40%时，水合物的剪切强度明显增强[14]。水合物饱和度影响水合物在孔隙结构中的赋存形态，而不同的赋存形式对沉积物力学性能影响存在差异。室内试验表明[15,16]，随着水合物饱和度增加，其沉积物力学性能相应增强，含水合物沉积物的粘聚力和内摩擦角也增大，而水合物饱和度对沉积物泊松比影响不大。

3　地应力状态

在开发之前，地层内的原地应力是平衡的、稳定的。井眼打开后，为了恢复地层的本身稳定性，应力会进行自动调整。地层原地应力由上覆岩层压力、最小水平地应力和最大水平地应力三个主应力分量表示。这些应力作用与地层内部，在井眼附近，其应力大小会发生变化，产生应力集中区。若应力集中区所受的应力超过地层的强度，地层就会破坏出砂。同时，随着水平地应力非均性的提高，近井地层应力集中越明显，稳定性逐渐变差(图2)。

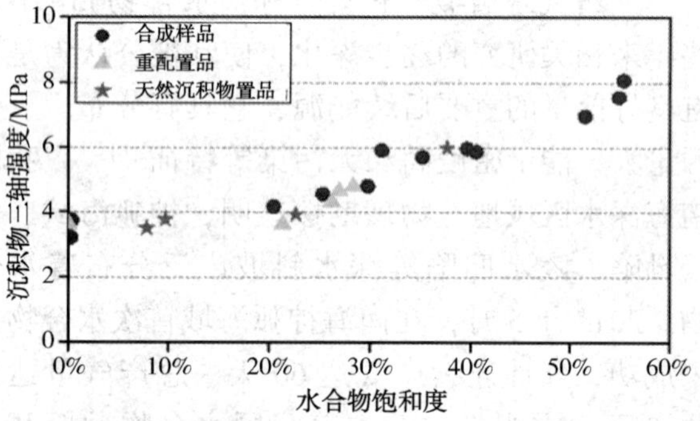

图2　水合物饱和度对沉积物三轴强度的影响[17,18]

4　孔隙流体和孔隙压力

对于欠压实弱固结的水合物地层，孔隙压力在平衡上覆地层压力和水平构造应力中起到了重要作用[19,20]。从宏观角度，根据 Biot 三维固结理论[21]，地层所受应力由地层骨架和孔隙中能够有效传递流体压力的那部分承担。其数学关系如下：

$$\sigma_{ij}^{'} = \sigma_{i,j} - \delta_{ij}u \tag{1}$$

$$\frac{K}{\gamma_w}\nabla^2 = \frac{\partial \varepsilon_v}{\partial t} = \frac{\partial}{\partial t}\left(\frac{1-2v}{E}\theta^{'}\right) = \frac{1-2v}{E}\frac{\partial}{\partial t}(\theta - 3u) \tag{2}$$

式中　σ_{ij}——地层总应力；
$\sigma_{ij}^{'}$——地层骨架应力，即有效应力；
u——超静水压力；
δ_{ij}——Kronecker 符号，$\delta_{ij} = \begin{bmatrix} 1 & 0 & 0 \\ 0 & 1 & 0 \\ 0 & 0 & 1 \end{bmatrix}$；
γ_w——水的体积力；
K——渗透系数；

ε_v ——体积应变；

t ——时间；

θ' 表示除去超静水压力的应力和函数有效值，$\theta' = \theta - 3u$，其中 $\theta = \sigma_x + \sigma_y + \sigma_z$，$\sigma_x$、$\sigma_y$、$\sigma_z$ 为 x、y、z 三个方向的总应力，v、E 为弹性参数。

Biot 三维固结理论考虑了地层骨架变形对孔隙压力的影响。在钻井过程中，若发生水合物分解，孔隙流体压力短时间内增大，沉积物骨架有效应力降低。当孔隙流体压力进一步增大，骨架有效应力降低至零时，岩石颗粒处于“悬浮”状态，地层力学强度降低，此时地层易发生液化。随着水合物分解及气、水两相排出，有效应力超过地层强度导致地层破坏，进而表现为水合物开采井孔出砂。

从微观角度，砂粒从骨架上脱离受到胶结物分解和地层流体冲刷的影响[22]。后者影响出砂的根本原因在于流体压力梯度和拖拽力(即粘滞力)超过胶结力、吸附力及颗粒间接触力共同产生的阻力[19]，从而为颗粒脱离壁面提供启动动力。流体拖拽力和压力梯度描述由如下：

$$f_{\mathrm{int}_j} = \beta_{\mathrm{int}_j}(\bar{v}_j - u_j) \tag{3}$$

$$\beta_{\mathrm{int}_j} = 150\frac{(1-\varphi)^2}{\varphi \bar{d}_p}\mu_f + 1.75\frac{(1-\varphi)\rho_f}{\varphi^2 \bar{d}_p}|\bar{v}_j - u_j| \tag{4}$$

$$\nabla p_j = \left(150\frac{(1-\varphi)^2}{\varphi^2 \bar{d}_p^2}\mu_f + 1.75\frac{(1-\varphi)\rho_f}{\varphi^2 \bar{d}_p}|\bar{v}_j - u_j|\right)(\bar{v}_j - u_j) \tag{5}$$

式中 f_{int_j} ——单位拖拽力；

β_{int_j} ——拖拽力系数，；

$\bar{v}_j$ 和 u_j ——颗粒平均速度和流体流动速度；

$\bar{d}_p$ ——颗粒平均直径；

p_j ——流体压力梯度；

μ_f、ρ_f ——流体运动粘滞系数和密度；

φ ——孔隙度。

孔隙流体的黏度和流速影响流体与岩石颗粒之间的摩擦力，摩擦力的大小与流体的黏度正相关，摩擦力越大，流体向井内流动时施加在地层岩石颗粒的拖曳力也就越大，容易对井周地层产生拉伸破坏。随着水合物分解产水，颗粒间界面张力降低，流动性增强，出砂几率增大[20]。

在开采的过程中，若地层能量不能及时补给，则地层孔隙压力将会下降，根据有效应力原理，孔压的减小会导致作用于地层骨架有效应力增加，引起井周地层因应力集中而遭到破坏出砂[23]。地层压力的下降可以减轻张力破坏对出砂的影响，但在松软地层中剪切破坏的影响却变得更为严重。

5 完井方式

水合物地层在水合物分解过程中表现出弱胶结、低强度、高孔高渗等特性，与疏松砂岩地层的表现类似[24]。疏松砂岩地层常见完井方法包括裸眼筛完井、裸眼砾石充填完井、套管射孔完井和管砾石充填完井。其中，套管完井方式有利于提高井壁稳定性，防止井眼坍塌；裸眼完井能在一定程度上降低井眼围岩的附加压降，有利于增产，但其支撑井壁能力较弱[25,26]。与常规油气井相比，水合物地层的不稳定性使水合物地层完井的问题更加复杂，选择正确的完井方式是保证水合物地层有效开发的基础。在射孔完井的情况下，完井参数对地层出砂程度有重要影响。一般而言，随着射孔度的增加，地层含砂量增加，因此，射孔密度、射孔大小和射孔深度的变化都会影响地层的出砂。此外，研究表明，射孔相位角对出砂有较为明显的影响，当相位角为 90°时，由于地层流线以井轴为中心相互对称，减少了流线的弯曲和收缩，阻力最小，最有利于减缓地层出砂[27]。

加拿大 Mallik 2L-38 项目采用射孔完井后下独立筛管防砂，试采过程中未见严重出砂造成砂堵现象。日本爱之海水合物试验项目采用裸眼砾石充填防砂工艺完井，由于筛管与井壁之间的环形充填砂强度小，对地层支撑能力较弱，在开采过程中井壁坍塌，导致防砂失效。因此，完井方式的选择可能是导致日本爱之海水合物试采项目被迫终止的关键因素。

6 生产压差

降压开采法是目前水合物开采试验中最常用的方法[28,29]，例如 2002 年和 2007 年加拿大 Mallik、2007 年美国阿拉斯加北坡 Mount Elbert、2013 年和 2017 年日本南海海槽以及 2017 年中国南海神狐海域均是基于降压法开采。生产压差对水合物开采井孔出砂的影响包括 3 方面：首先生产压差通过影响水合物分解影响地层的稳定性，当地层压力低于水合物相平衡压力时，水合物稳定性被破坏而发生分解，地层介质胶结强度降低。因此，提高生产压差加速了水合物的分解，但同时增加了出砂的可能性。其次，上覆岩层压力依靠孔隙流体和地层骨架共同平衡[24]，过大的生产压差使孔隙流体压力迅速降低，骨架有效应力急速增大，地层可能受到剪切破坏。此外，出砂是由于井孔环壁出现较高的压力梯度。在压力梯度和流体冲刷的作用下井壁附近砂粒稳定性最为薄弱，受流体粘滞力作用易于剥离，造成井孔出砂，如 2002 年加拿大 Mallik 区降压试采中 MDT-4 层段出现出砂现象[30]。借鉴常规疏松油气地层出砂理论，可认为水合物层出砂存在门限压差和临界压差，使水合物中未胶结砂粒运动的压差为门限压差，使骨架砂脱离骨架变为自由砂时的压差为临界压差，同样可定义门限流速和临界流速，以此判断水合物地层开发是否出砂。

7 结束语

本文对影响水合物地层开采出砂的 6 种因素进行了较为基础的分析，水合物地层与常规油气资源在研究开采出砂问题时有很大的区别。在水合物开采过程中，随着水合物的分解，地层的胶结程度和力学强度随之下降，地层有效孔隙度和渗透率增加，从而大大增加了水合物地层发生塑性屈服而出砂的可能性；结合井筒效应和流固耦合协调作用，水合物的分解改变了井周地层应力分布，水合物分解区的地层应力状态、物理特性和力学参数也随之变化，使得水合物地层开采出砂分析变的更为复杂。对于水合物地层开采出砂这个复杂的问题，有待日后进一步深入细致研究。

致谢

本文得到了国家重大科技专项（2016ZX 05020-003）资助。

参 考 文 献

[1] Sum A K, Koh C A, Sloan E D. Clathrate hydrates: from laboratory science to engineering practice [J]. Industrial and Engineering Chemistry Research, 2009, 48 (16): 7457-7465.

[2] 吴时国，王吉亮．南海神狐海域天然气水合物试采成功后的思考[J]．科学通报，2018，63(1)：2-8.

[3] 中国地质调查局．我国南海海域天然气水合物试开采 60 天圆满结束[EB/OL]．(2017-07-09)[2019-4-19]. http://www.cgs.gov.cn/xwl/ddyw/201707/t20170709434743.html

[4] 卢静生，李栋梁，何勇，等．天然气水合物开采过程中出砂研究现状[J]．新能源进展，2017，5(05)：394-402.

[5] Hunter R B, Collett T S, Boswell R, et al. Mount Elbert gas hydrate stratigraphic test well, Alaska North Slope: overview of scientific and technical program [J]. Marine and Petroleum Geology, 2011, 28(2): 295-310.

[6] Kvamme B. Feasibility of simultaneous CO_2 storage and CH_4 production from natural gas hydrate using mixtures of CO_2 and N_2 [J]. Canadian Journal of Chemistry, 2015, 93(8): 897-905.

[7] Kurihara M, Sato A, Funatsu K, et al. Analysis of production data for 2007/2008 Mallik gas hydrate production tests in Canada[C]//International Oil and Gas Conference and Exhibition in China. Beijing: Society of Petroleum Engineers, 2010.

[8] Yoshihiro T, Duncan M W, Hay W J, et al. Deepwater methane hydrate gravel packing completion results and challenges[C]//2014 Offshore Technology Conference (2014OTC). Houston, 2014.

[9] 黄国恒，苏正，夏枚生，等．天然气水合物开采井孔出砂问题研究[J]．海洋地质与第四纪地质，2017，37(5)：173-183.

[10] 张怀文，程远方，李令东，等．含热力学抑制剂钻井液侵入天然气水合物地层扰动模拟[J]．科学技术与工程，2018，18(6)：93-98.

[11] 熊力坤，陈娟．疏松砂岩油气藏出砂量预测技术研究进展[J]．西部探矿工程，2011，23(8)：68-71.

[12] Ecker C, Dvorkin J, Nur A M. Estimating the amount of gas hydrate and free gas from marine seismic data [J]. Geophysics, 2000, 65(2): 565-573.

[13] 宁伏龙．天然气水合物地层井壁稳定性研究[D]．北京：中国地质大学博士学位论文，2005.

[14] Waite W F, Santamarina J C, Cortes D D, et al. Physical properties of hydrate-bearing sediments [J]. Reviews of Geophysics, 2009, 47(4): RG4003.

[15] Yan R T, Wei C F. Constitutive model for gas hydrate-bearing soils considering hydrate occurrence habits [J]. International Journal of Geomechanics, 2017, 17 (8): 04017032.

[16] 张怀文，程远方，李梦来，等．南海北部深水浅层天然气水合物储层力学特性分析[J]．中国海上油气，2017，29(6)：115-121.

[17] Rutqvist J, Moridis G J, Grover T, et al. Geomechanical response of permafrost-associated hydrate deposits to depressurization - induced gas production

[J]. Journal of Petroleum Science and Engineering, 2009, 67 (1-2) : 1-12.
[18] Masui A, Haneda H, Ogata Y, et al. Effects of methane hydrate formation on shear strength of synthetic methane hydrate sediments[C]//The Fifteenth International Offshore and Polar Engineering Conference. Seoul, Korea: International Society of Offshore and Polar Engineers, 2005.
[19] 徐守余，王宁．油层出砂机理研究综述[J]．新疆地质，2007，25(3)：283-286.
[20] Wu B L, Tan C P, Lu N. Effect of water-cut on sand production-an experimental study[J]. SPE Production and Operations, 2006, 21(3): 349-356.
[21] 印兴耀，刘欣欣，曹丹平．基于 Biot 相洽理论的致密砂岩弹性参数计算方法[J]．石油物探，2013，52(5)：445-451.
[22] Vaziri H H, Nouri A, Hovem K A, et al. Computation of sand production in water injectors [J]. SPE Production and Operations, 2008, 23(4): 518-524.
[23] 王小鲁，严焕德，秦彩虹，等．疏松砂岩出砂机理与出砂临界压差计算方法研究[C]//首届西部天然气开发技术研讨会．2008.
[24] 沈海超，程远方，胡晓庆．天然气水合物藏降压开采近井储层稳定性数值模拟[J]．石油钻探技术，2012，40：76-81.
[25] 王利华，楼一珊，邓金根，等．深水浅层气田防砂方式优选及防砂参数优化[J]．石油钻探技术，2013，41(1)：98-102.
[26] Rutqvist J, Moridis G J, Grover T, et al. Coupled multiphase fluid flow and wellbore stability analysis associated with gas production from oceanic hydrate-bearing sediments[J]. Journal of Petroleum Science & Engineering, 2012, 92-93(4): 65-81.
[27] 雷征东，安小平，李相方．射孔完井出砂预测新模型及其在射孔优化中的应用[J]．油气井测试，2006，15(6)：10-12.
[28] Huang L, Su Z, Wu N Y. Evaluation on the gas production potential of different lithological hydrate accumulations in marine environment[J]. Energy, 2015, 91: 782-798.
[29] Konno Y, Masuda Y, Akamine K, et al. Sustainable gas production from methane hydrate reservoirs by the cyclic depressurization method[J]. Energy Conversion and Management, 2016, 108: 439-445.
[30] 何湘清．弱胶结砂岩油藏出砂机理研究[D]．成都：西南石油学院，2002.

新型有机解堵剂在油田降本增效中的实践

王　贵　冯浦涌　潘定成　张　强

（中海油田服务股份有限公司）

摘　要　在油气井生产过程中，石蜡、沥青质及胶质等有机垢在井筒、近井地带沉积，严重影响油井正常生产，使用有机溶剂溶解有机堵塞是最普遍、有效和经济的手段，但目前市场上常规有机溶剂具有高毒、低闪点的缺点。针对伊拉克某油田沥青质结垢严重、地表温度高特点，中海油服开发了高效、高闪点、低表界面张力的油溶性 PA-OS3 有机解堵剂产品，室内实验评价表明，该产品具有高效(溶蜡率：0.02g/min、降粘率 97%)、沥青质溶解速率 3.8mg/(min.mL)、安全(闪点>61℃)、环保及施工工艺简单等特点，在现场得到广泛应用：在 M 某油田实施 17 井次，作业成功率 100%，平均产量从 400bbls/d 提高至 1600bbls/d，增油超高 600000bbls，按照 50 美元/bbl，汇率 6.4 计算，增油产值超高 1.9 亿元人民币，该技术也应用于南海东部某稠油井复产作业，节约动管柱费用 100 万元人民币。该有机解堵剂及解堵技术对稠油井、重质油井开发开采的降本增效起到了突出显著的作用。

关键词　PA-OS3；清蜡剂；沥青质清除剂；有机堵塞

引言

在油气井生产过程中，随着温度、压力等条件的改变，石蜡、沥青质及胶质会在井筒、近井地带甚至底层内部沉积，形成有机沉淀(垢)。有机沉淀的产生不仅能够堵塞储层的渗流通道，还可能造成储层的润湿性发生反转，使原本水润湿的岩石表面变为油润湿，从而导致储层渗流能力下降[1]。

针对井筒及近井地带的有机垢，目前常用的清除方法是向井中注入溶剂或分散剂，一般使用的溶剂为芳香族化合物如苯、甲苯、二甲苯等，其中二甲苯的溶解效果最好，但是这几种溶剂在应用过程中也存在一些问题，如：溶剂用量大，有效期短，闪点低，环境污染及对操作人员不安全等[2,3]。因此，研制了有机解堵剂 PA-OS3，达到安全、低毒、高效清洗有机垢目的。

1　新型有机解堵剂性能简介

1.1　闪点

对于现场应用的有机溶剂，闪点是一项重要的安全指标。于是对 PA-OS3 的闪点进行了测试，闭口闪点为 66℃，符合现场施工要求。

1.2　表界面张力

在解堵施工过程中，返排是影响解堵效果至关重要的一步，而混合液的表界面张力直接影响着返排的难易，因此，要求 PA-OS3 具有较低的表界面张力。如表 1 所示，PA-OS3 具有较低的表界面张力，岩石表面张力为 27.8mN/m，界面张力为 0.74mN/m。

表 1　表界面张力测试

	表面张力/(mN/m)	界面张力/(mN/m)
PA-OS3	27.8	0.74

1.3　毒性

根据图 1 谱图解析证明，PA-OS3 不含苯、甲苯、二甲苯等成分，产品环保，施工安全。

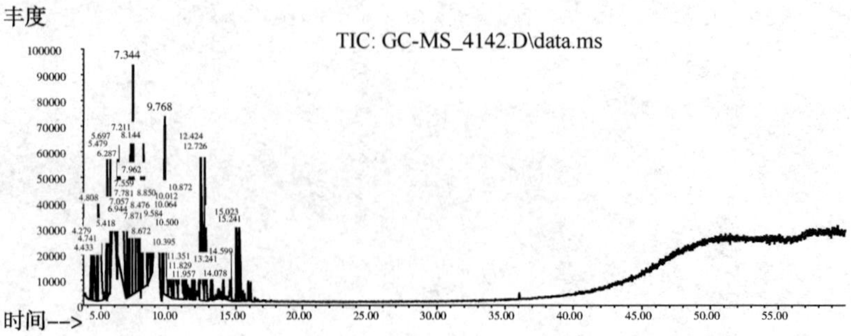

图 1　PA-OS3 的 GC-MS 谱图

1.4 在不同温度下对蜡的溶解性能

温度对蜡溶解速率影响较大，为获取 PA-OS3 在不同温度下对蜡的溶解速率，设置了40℃、45℃、50℃、60℃、70℃、80℃、90℃等7个温度测试点，测试在不同温度条件下 PA-OS3 对蜡的溶解速率。

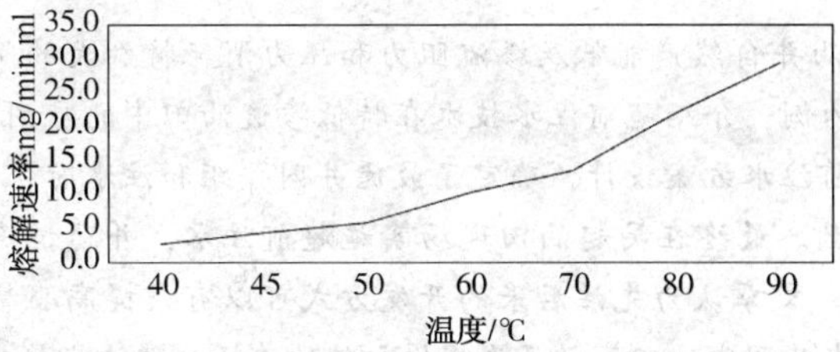

图 2 PA-OS3 在不同温度下对蜡的溶解速率

如图 2 所示，随着温度的升高，蜡的溶解速率逐渐增大。在 50℃~60℃区间溶解速率曲线斜率变大，这是由于 58#白蜡的熔点在此区间范围内。在 70℃以后，蜡溶解速率曲线的斜率持续变大，说明温度越高，温度对溶解速率的影响越大。

1.5 在不同温度下对沥青的溶解性能

与蜡不同的是，沥青质的沉积是不可逆过程，单纯的温度增长对沥青质的溶解速率并无明显的加速过程。在 PA-OS3 溶液中，沥青质被溶解出来，并稳定分散。分散过程主要受温度的影响。实验设置了 40℃、50℃、60℃、70℃、80℃、90℃等 6 个温度条件，测试了 PA-OS3 在不同温度条件下对沥青的溶解速率。如图 3 所示，随着温度的升高，沥青溶解速率随之增加。

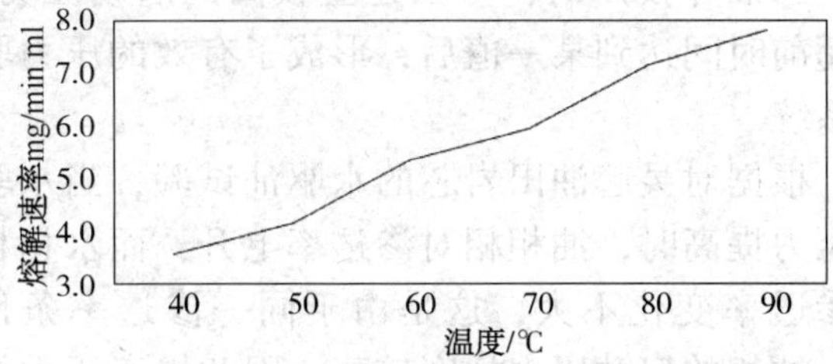

图 3 PA-OS3 在不同温度下对沥青的溶解速率

1.6 对现场垢样的溶解性能

伊拉克某油田普遍存在有机垢堵塞的问题，钢丝作业对井筒内堵塞物进行取样，并对样品进行族组分分析。分析结果如表 2 所示，垢样中有机质占 87.95%，其中沥青质为主要成分，占据了 48.84%，其次为芳香份、饱和份和胶质。

表 2 M 油田 BU-Z 垢样成分分析

项目	饱和份	芳香份	胶质	沥青质	蜡	有机质总量
含量/%	11.52	19.30	7.82	48.84	0.47	87.95

结果如表 3 所示，PA-OS3 对垢样的溶解率为 89.69%，能够完全溶解垢样中的有机质成分，有效解除有机堵塞伤害。

表 3 PA-OS3 对现场垢样的溶解

项目	PA-OS3
有机垢溶解率/%	89.69

2 现场应用

该技术施工工艺简单，在工艺方面：先根据井筒尺寸及结垢程度对井筒进行清洗，再按照对近井地带进行处理，一般处理规模：1~3m^3/m；注入方式：该产品可通过油管注入，也可以通过连续油管进行精确定位处理；配套技术：可单独对有机垢严重的储层进行处理，也可以配套酸化技术进行复合处理以增强综合解堵能力。从 2016 年 6 月至 2017 年 5 月，在伊拉克某油田实施 17 井次，作业成功率 100%，平均产量从 400blls/d 提高至 1600blls/d，增油超高 600000bbls，按照 50 美元/bbl，汇率 6.4 计算，增油产值超高 1.9 亿元人民币，该井也应用于南海东部某稠油井复产作业，节约动管柱费用 100 万元人民币。该有机解堵剂及解堵技术对稠油井、重质油井开发开采的降本增效起到了突出显著的作用。

3 分析与认识

（1）该技术的核心产品-新型有机解堵剂产品具有高效(溶蜡率：0.02g/min、降粘率 97%)、安全(闪点>61℃)、环保及施工工艺简单等特点；

（2）该技术在现场得到产业化应用，创造了巨大经济效益及市场效益；

（3）该技术现场应用的成功呢，在稠油井、重质油井开发开采的降本增效中发挥了突出作用，具有良好的推广应用价值。

参 考 文 献

[1] 张丽萍，李剑峰，张月华，等. 临盘油田盘二断块有机垢对地层堵塞实验研究[J]. 内蒙古石油化工，2006，(1)：78-79.

[2] 赵凤兰，鄢捷年. 沥青质沉积抑制剂和清除剂的研究[J]. 油田化学，2004，21(4)：310-312.

[3] 马艳丽，梅海燕，等. 沥青质沉积机理及预防[J]. 特种油气藏，2006，13(4)：94-96.

超前注水在特低渗透油田应用—以吴起油田为例

刘立虎

（延长油田股份有限公司）

摘　要　为了有效解决特低渗透油藏天然能量低、油井自然产能低及渗流阻力和压力消耗特别大的问题，从而达到提高最终采收率的目的。本文以吴起油田为例，介绍超前注水技术在特低渗透油田中的应用。借鉴长庆油田超前注水的经验，通过对吴起油田进行超前注水方案设计，确定了最优井网井距和注水时机，选择了合理的注水工艺，详细计算了超前注水的各项参数。最终在吴起油田现场实施超前注水，并通过产量、压力及注水波及效果对比进行了详细的分析及总结。文章认为先注后采的开发方式可以有效提高驱替压力、驱油效率及波及系数，提高最终采收率。本文旨在为同类油田高效开发提供更佳的选择和理论指导。

关键词　超前注水；特低渗透油田；注水时机；吴起油田

吴起油田为侏罗系延安组岩性-构造油藏和三叠系延长组构造岩性油藏，目前三叠系已经进入二次采油阶段。吴起低渗油田位于鄂尔多斯盆地一级构造单元陕北斜坡西部中段，区域构造背景为一平缓西倾单斜，局部地区发育着近东西向的低缓鼻状隆起带，隆起幅度一般为10—30m，轴长2-12km，轴宽0.5-3.0km。发育三角洲前缘亚相沉积体系，含油小层多以三角洲前缘水下分流河道、河口砂坝为主，含油范围大，油层分布稳定；地层原始压力低，地饱压差小，天然能量贫乏。长6油层原始地层压力在9-14.5MPa之间，压力系数0.75，属于低压油藏。长24+5、长16、长26储层平均孔隙度11.83%，平均渗透率$0.64\times10^{-3}\mu m^2$，含油饱和度17.51%，为典型的低孔、特低渗或超低渗储层。长4+5、长6注水是采油厂开发低渗透油田补充地层能量、保持油层压力、维持油田长期高产稳产的主要手段，做好注水工作已经成为开发工作的重中之重。

鄂尔多斯盆地三叠系特低渗低压岩性油藏注水开发中，注水一般都形成一个较大的启动压力，但由于大多数油藏裂缝发育，加之转注前期多数油藏经过大砂量压裂，形成人工裂缝，造成注入水顺裂缝方向突进，致使主应力方向的油井注水压力高而被水淹，而侧向上注水的推进速度低，对应油井注水利用效率低，油藏能量得不到有效补充，产油量低。

针对水驱不均、水穿油层、水淹油井的“顽症”问题，目前已研发出相应的堵剂及相配套的调剖、调驱工艺，但由于调剖、调驱成本高，有效时间短，风险较大。考虑到以上存在的问题，为了油田的长远发展，我们从超前注水的时机、工艺及参数着手研究，探索更高效的开发方法。

1　超前注水概述

超前注水在采油井投产前注水，提高地层初始压力，避免了压力降低过快造成的油藏渗透率下降，启动压力梯度增大和原油黏度增大，超前注水使压力梯度的升高，加快了渗流速度。另外，超前注水也能有效地防止指进现象，降低油井产量递减率，最终提高了油藏的采收率。

对鄂尔多斯三叠系地质研究表明，低渗透油藏孔隙结构特征主要是平均孔道半径很小，且非均质程度较大、孔道大小各不相同，即各种孔道需要不同的启动压力，原油渗流符合非达西渗流特征。由于油藏低渗低压，几乎所有的开发井在没有措施之前，都没有自然产能。采用超前注水，在超前的时间内，只注不采，提高了地层压力，当油井投产时，可以建立较高的启动压力，当超前时间达到某一值后，形成了有效的压力驱替系统。

根据对吴起油田岩芯的水驱油试验，当水驱油压力提高时，油相相对渗透率上升，而水相相对渗透率变化不大，这是由于同一渗透率条件下，油相的启动压力梯度较高。因此提高压力梯度，可使部分原不参与流动的油开始流动，致使油相相对渗透率上升，超前注水有利于提高油相相对渗透率。

2　方案设计

2.1　井网井距的设计

根据童宪章院士导出的在注采平衡下，且总井数最少的条件下，最优井网系数n与采液指数l以及吸水指数m比值之间的关系式为：

$$\frac{l}{m}=\frac{1.25(n-1)(n-3.38)}{n-1} \quad (1)$$

式中 l——油井采液指数，$m^3/(d\cdot MPa)$；

m——注水井吸水指数，$m^3/(d\cdot MPa)$；

n——注采井网系数。

根据低渗透油田的实际采液指数和吸水指数计算结果，鄂尔多斯盆地三叠系油藏的最优井网系数 n 在 9 左右。也就是说，井网形式以九点法为最优。同时，长庆已开发的三叠系油田，多采用反九点注采井网，且取得了较好的开发效果，借鉴本地区同类油藏的开发实践经验，赵老沟油区也应采用反九点注采井网开发。

正方形反九点面积注水方式易出现沿裂缝方向的油井见效快，并且易见水淹和水窜，而侧向井见效缓慢、甚至不见效现象。经过大量室内研究和现场试验，提出了菱形反九点面积注水方式。即注采井网的长对角线，即菱形的长对角线与裂缝与方向一致，拉长了裂缝线上的注采井距，缩短了裂缝线两侧的注采排距(图 1)。这种井网有利于建立有效的压力驱替系统，从而延缓裂缝线上采油井的见水周期，加快裂缝线两侧采油井的见效速度，达到改善整个油藏水驱效果的目的。

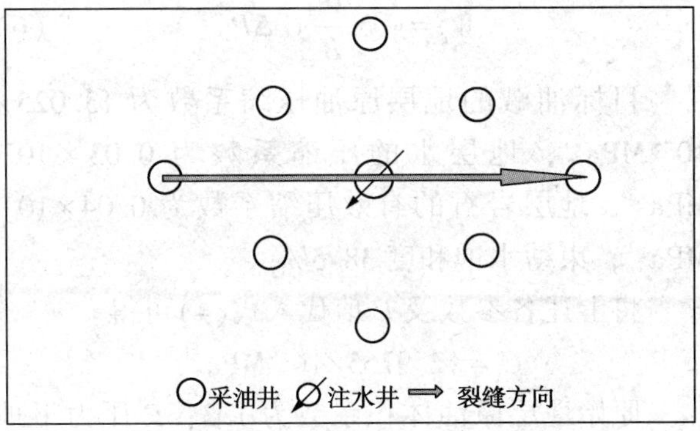

图 1 菱形反九点井网示意图

同时菱形反九点注采井网的调整具有较大的灵活性，在开发中出现注入水沿某一方向水窜时，及时进行调整，根据需要将角井转注，形成沿裂缝线注水的矩形五点法井网。因此，菱形反九点注采井网具有较为广泛的适应性。

吴起油田赵老沟油区测试地层裂缝方向为北东 68°~75°，即注水井排方向应为北东 68°~75°左右。根据以上“平行裂缝方向”的布井原则，可设计形成不规则的反九点面积注采井网，从而达到近似菱形反九点注采井网的水驱开发效果。通过优化设计，研究区可形成裂缝方向 NE70°，井距 500m，排距 150m 的不规则菱形反九点注采井网。

2.2 注水工艺设计

考虑同时对两个油层实施超前注水，设计分层注水管柱结构从下至上为：底部球座+油管+偏心配水器 2+Y341-114 封隔器(上提解封)+油管+偏心配水器 1+Y341-114 封隔器(上提解封)+油管至井口+250 高压井口，管柱组合及配水器示意图如图 2 所示。

偏心分注工艺优点：可对任意层进行投捞、测试、调配，简化投捞程序，便于分层测试。

偏心分注工艺缺点：井斜、水质较差、油管内死油、结蜡、垢物、油稠对投捞有较大影响，尤其井深大于 2000 米后，投捞成功率较低。

2.3 超前注水参数的确定

油藏合理的注水时间和压力保持水平是低渗透油藏开发的重要条件之一。对不同类型的油藏，在开发的不同阶段进行注水，对油藏开发过程的影响是不同的，其开发效果有较大的差别。研究区长 4+5 长 6 层平均孔隙度 9.0%，平均渗透率 $3.95\times10^{-3}\mu m^2$，平均油层深度 1900m，平均油层厚度 13.4m。是典型的特低渗透油藏。该油藏 2005 年 9 月投入开发，采用不规则菱形反九点井网注水开发，方案设计注采井距为 500m，排距为 150m。局部井区 3 个井组采取超前注水开发试验，该区域控制地质储量 86.1×10^4t。

(1) 压力保持水平的确定

从理论上说，油田投入开发与投入注水同步进行是可行的，但在常规油藏开发中注水总有一个滞后的时间。对于欠饱和油藏来说，因为有一个弹性驱动的阶段，在地层压力降至饱和压力以前注水不会有什么问题。而对于那些油藏压力接近或等于饱和压力的油藏，一旦油藏开始开发，溶解气就在油藏中分离出来。在这种情况下，只有在储层中的含气饱和度还低于气体开始流动的饱和度以前进行注水，地下原油不会流入已被气体占据的孔隙空间，才可得到很好的效果。这一饱和度可以作为开始注水的界限，也可以作为保持油藏压力的下限。压力保持水平的计算公式为

$$\eta_s=130.4K_0^{-0.1258} \quad (2)$$

式中 η_s——地层压力保持水平(%)；

K_0——油藏平均渗透率($10^{-3}\mu m^2$)。

目标油藏平均渗透率为 $3.95\times10^{-3}\mu m^2$，因

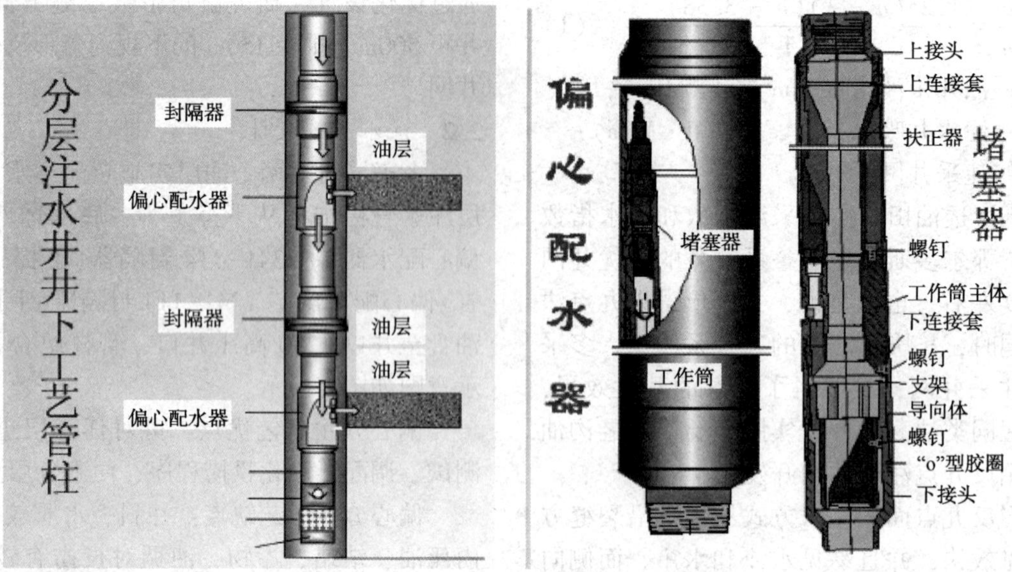

图 2　分层注水井下管柱结构及工具

为目标低渗透油藏都是压裂投入开发，在这里取 K_0 为 $5\times10^{-3}\mu m^2$，那么由式(2)计算所得合理地层压力保持水平 η_s 为 1.075。原始地层压力 14.5MPa，那么超前注水导致油藏压力变化为

$$P=(1-\eta_s)P_i=-1.0875\text{MPa}$$

(2) 累积注入量的确定

地层压力保持水平是由注水量来维持的，确定了所需的地层压力保持水平，利用物质平衡方程的方法就可以计算超前注水的累积注入量。无气顶的有天然水源的未饱和油藏，在 $P_i>P_b$ 时，有天然水驱和人工注水开发阶段的物质平衡方程为

$$N=\frac{N_pB_o-[W_e+(W_i-W_p)B_w]}{B_{oi}C_t\Delta P} \tag{3}$$

式中　N——原始的原始地质储量(地面标准条件)；

N_p——地面的累积产油量(m^3)；

B_o——P 压力下的地层原油体积系数；

W_e——累积天然水侵量(m^3)；

W_i——累积人工注水量(m^3)；

W_p——地面的累积产水量(m^3)；

B_w——P 压力下地层水的体积系数；

B_{oi}——原始地层原油体积系数。

其中

$$C_t=C_o+\frac{C_wS_{wi}+C_f}{1-S_{wi}}\Delta P \tag{4}$$

式中　C_t——综合压缩系数(MPa^{-1})；

C_o——地层原油的有效压缩系数(MPa^{-1})；

C_w——地层水的压缩系数(MPa^{-1})；

C_f——地层岩石的有效压缩系数(MPa^{-1})；

S_{wi}——束缚水饱和度(%)。

超前注水开发时注水阶段的物质平衡方程为

$$N=\frac{-W_iB_w}{B_{oi}C_t\Delta P} \tag{5}$$

累积超前注水量为

$$W_i=-N\frac{B_{oi}}{B_w}C_t\Delta P \tag{6}$$

目标油藏的地层原油压缩系数为 $13.025\times10^{-4}MPa^{-1}$，地层水的压缩系数为 $0.03\times10^{-4}MPa^{-1}$，地层岩石的有效压缩系数为 $0.04\times10^{-4}MPa^{-1}$，束缚水饱和度 38.5%。

将上述各参数及 P 值代入式(4)可得

$$C_t=12.9765\times10^{-4}MPa^{-1}$$

原始地层原油体积系数为 1.3；P 压力下地层水的体积系数为 1.00341。将上述各参数及原油的原始地质储量(地面标准条件)N、P 与 C_t 值代入式(6)，可得需要超前注入的累积人工注水量 $W_i=0.53\times10^4m^3$。

3　现场实施效果

3.1　基本情况

研究区位于吴起油田赵老沟油区中部，于 2007 年 7 月对 36-128、36-133 和 36-204 三个井组实施超前注水试验。投注程序：射孔(1 米弹，12 孔/米)；分别对各段进行高能气体压裂(加药各 60kg)；下完井分注管柱(双封双配)。于 2007 年 11 月至 12 月投产周围 14 口受益油井，注采层位统一（长 $4+5^2$、长 6^1）。日注水量 $62m^3$，注采比 1.1。2008 年，为了对比和分析早期注水效果，我们选取同区同类油层 36-6、36-57、36-229 三个井组进行滞后注水，这些井投产初期都经过大型水力压裂。涉及受益油井 14 口，注采层位统一（长 $4+5^2$、长 6^1）。日注水量 $52m^3$，注采比 1.53。

赵老沟油区长 $4+5^2$、长 6^1 是三角洲前缘亚相沉积，其骨架砂体是水下分流河道，因此砂体的展布主要受控于水下分流河道。研究区长在 6^1 期主要发育三角洲前缘亚相水下分流河道和水下分流间湾微相，多支水下分流河道汇合，形成一支规模大、沉积砂体较厚的水下分流河道，中部和南部水下分流河道砂体发育，厚度大，连片性好，为储集砂体发育带，砂岩厚度大部分大于 10m。长 $4+5^2$ 期沉积继承了长 6^1 的沉积格局，三角洲前缘仍是主要的沉积亚相，主要沉积微相有水下分流河道以及分流间湾。水下分流河道砂体是主要骨架砂体，在西部河道宽，砂岩厚度较薄，；在中部以及南部地区河道较窄，砂岩厚度累计在 8~12m，为长 $4+5^2$ 期最有利成藏区。

根据单井有效厚度解释结果，油水层有效厚度按 0.8 折算，差油层有效厚度按 0.75 折算，折算后的油层有效厚度平面分布见图 3、图 4。并采用井点算术平均法计算每个油藏的平均有效厚度值，长 $4+5^2$、长 6^1 油藏平均有效厚度分别为 7.5 米和 6.6 米。

根据对超前注水井组和滞后注水井组样品物性分析（表 1），长 $4+5^2$、长 6^1 油层平均孔隙度为 8.50%~8.98%，含油饱和度为 35%~48%，均较为接近，同时滞后注水区较超前注水区平均渗透率高 27%。通过以上物性参数对比，超前注水区与滞后注水区物性相近，可进行注采效果对比分析。

表 1　超前注水与滞后注水油层物性参数对比表

油层参数		超前注水井组	滞后注水井组
油层物性	油层层位		
平均孔隙度/%	$C4+5^2$	8.92	8.50
	$C6^1$	8.91	8.98
平均渗透率/($10^{-3}\mu m^2$)	$C4+5^2$	3.37	5.02
	$C6^1$	4.40	4.90
含油饱和度/%	$C4+5^2$	48.0	42.0
	$C6^1$	35.0	44.0

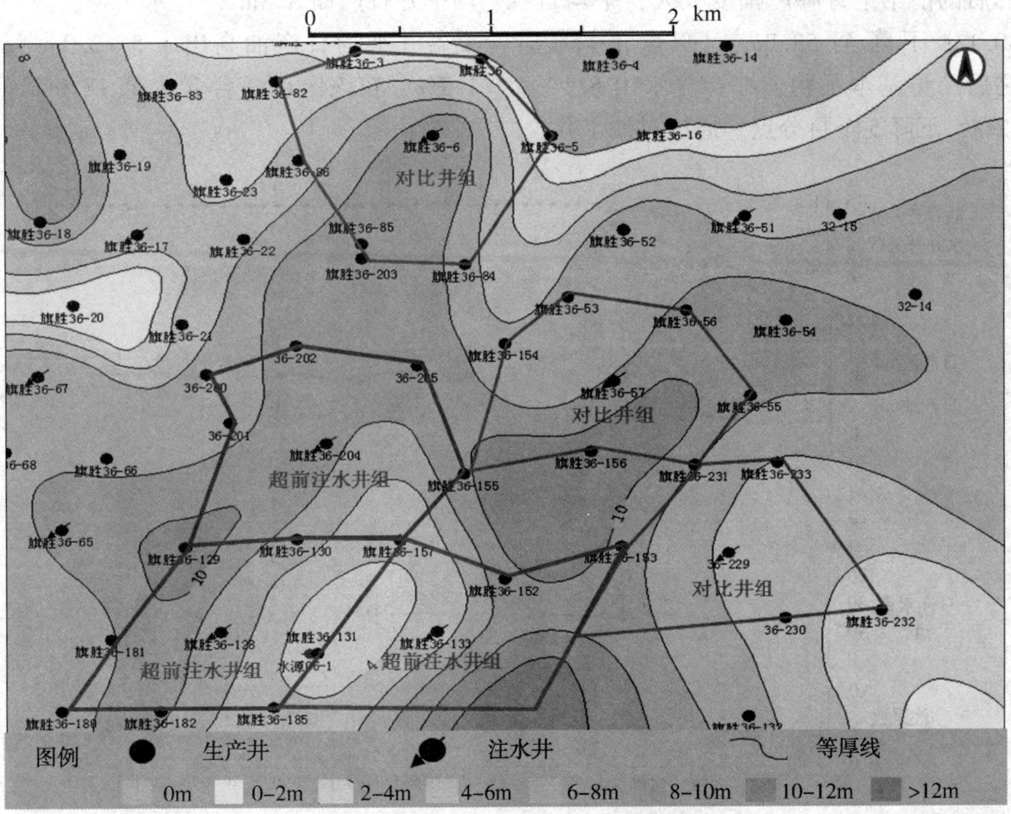

图 3　赵老沟油区长 6^1 有效厚度图

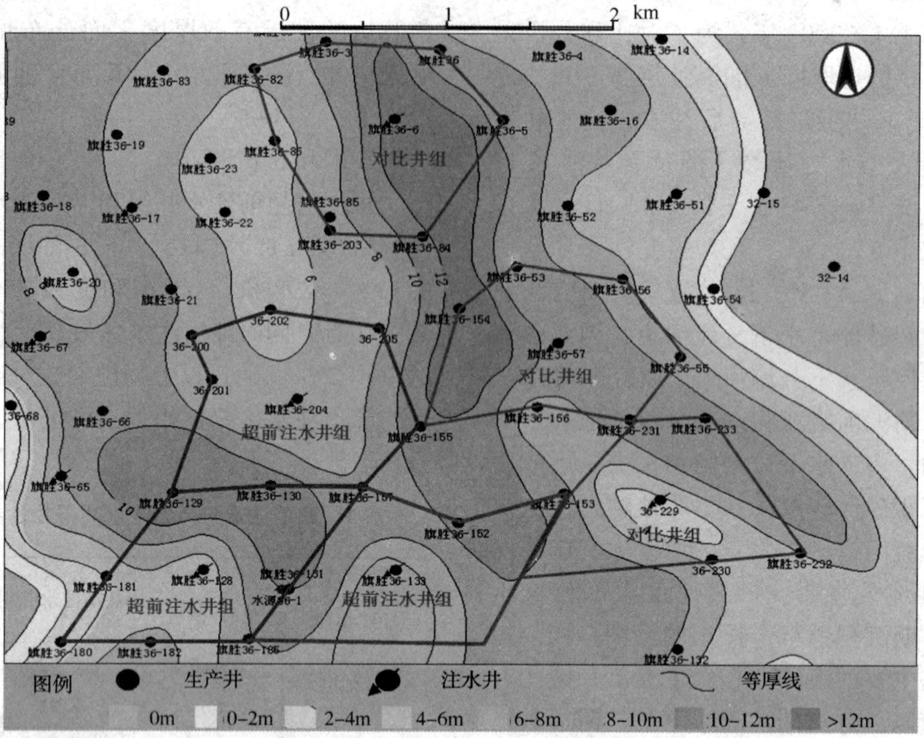

图 4　赵老沟油区长 4+5[2]有效厚度图

3.2　产量对比

超前注水井组注水三个月后，周围受益油井投产初期产量较该区块常规投产油井产量高出近70%，投产后的前十个月降产幅度较大，平均日产油由 80.1m³ 下降至 58.7m³，产量下降达26.7%，之后产量基本平稳，综合含水由 8.1%下降至 3.2%，下降 5 个百分点。通过对油水井动态监测数据认真分析总结，并对注水量进行优化调整，从 2010 年 6 月开始，超前注水井组产量整体上开始缓慢上升。截至 2011 年 5 月，平均单井日产油 3.8m³，含水平稳。较该区块其余受益井平均日产油高出 1.5～2.0m³；综合含水 1.7%，较该区块综合含水低 18.0%，超前注水成效显著。

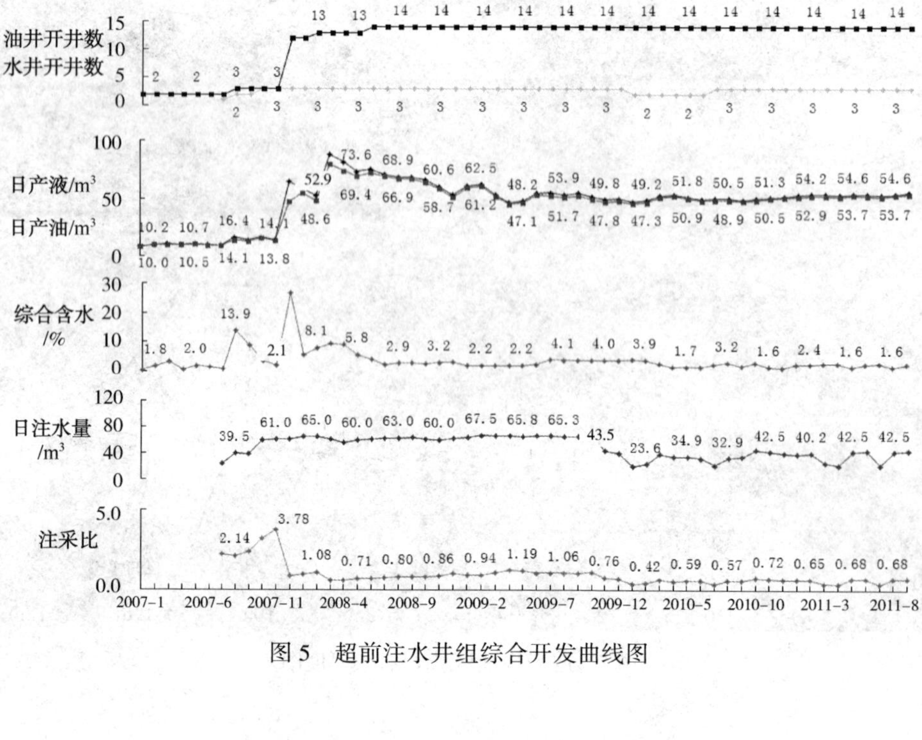

图 5　超前注水井组综合开发曲线图

滞后注水井组于2008年5月实施注水，由于注水时间较晚，地下亏空较大，注水初期产量仍然持续下降，综合含水平稳。注水8个月后油井产量逐步稳定，平均单井日产油$2m^3$左右，产量递减速度较注水前和注水初期明显减缓。通过对油水井动态监测资料分析，为了避免油井过早见水，对注水量进行了适当下调。另外，注水初期，油井综合含水3.5%，注水32个月后，截至2010年8月，油井含水出现上升，升至8.5%左右，上升5个百分点，通过多次对注水量细微调整，综合含水稳定，未出现再次上升趋势，油井产量稳中有升。

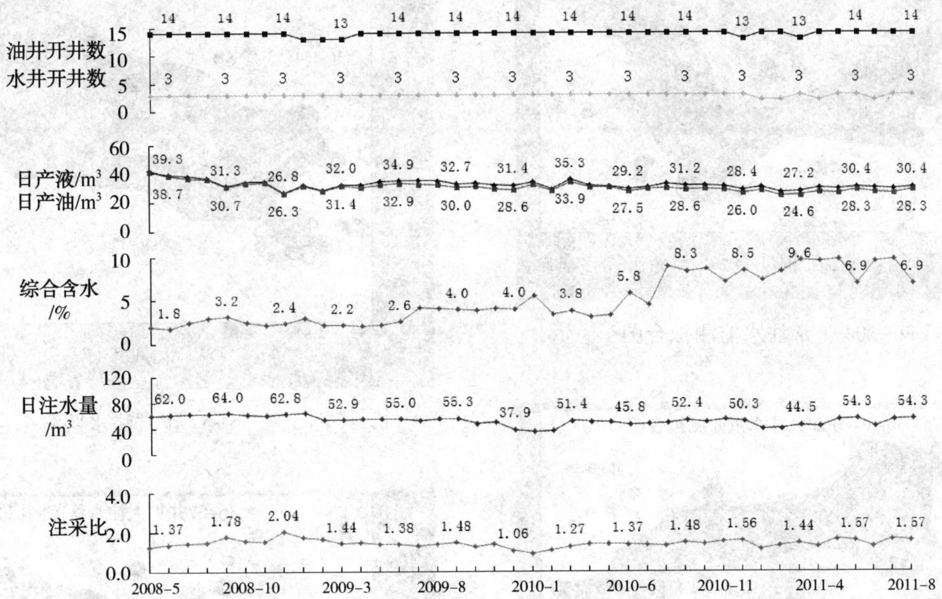

图6　滞后注水井组综合开发曲线图

超前注水井组开展近四年以来，较同区域滞后注水井组累计增油达2.04×10^4t，且超前注水无水采油期相对较长。滞后注水区的油井产量虽然在开展注水后保持平稳，但单井产量相对较低。可见，超前注水效果非常理想，在油田增产、稳产和控制含水上升方面效果显著。

3.3　压力对比

从研究区域历年地层压力测试数据可以看出，超前注水区油井投产初期地层压力上升至原始地层压力的106%，接近方案设计的107.5%。2007年至2009年，超前注水区与滞后注水区地层压力均呈现下降趋势，直至2010年开始，地层压力开始恢复上升。经过近四年的注水开发，至2011年底，滞后注水区地层压力恢复至8.0MPa，压力保持水平为55%；超前注水区地层压力恢复至11.3MPa，压力保持水平为78%，较滞后注水区域高出23%，超前注水效果明显。

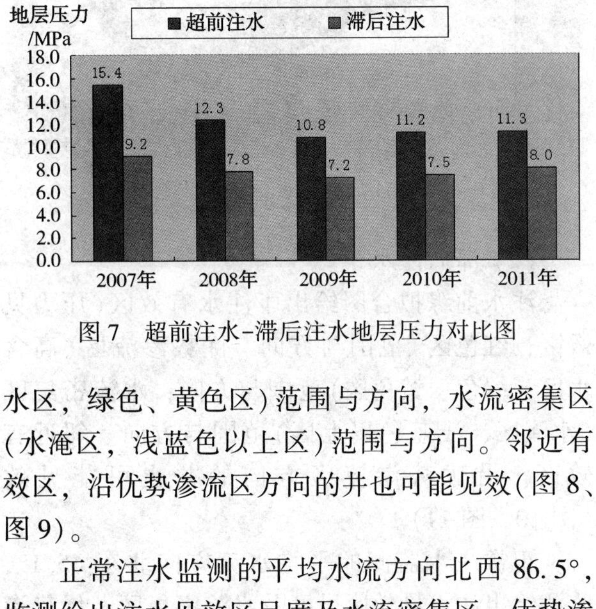

图7　超前注水-滞后注水地层压力对比图

3.4　注入水波及效果对比

(1) 超前注水

注水前缘拟合图给出了注水有效区(压力见效区，红色区)范围与方向，优势渗流区(高含水区，绿色、黄色区)范围与方向，水流密集区(水淹区，浅蓝色以上区)范围与方向。邻近有效区，沿优势渗流区方向的井也可能见效(图8、图9)。

正常注水监测的平均水流方向北西86.5°，监测给出注水见效区尺度及水流密集区、优势渗流区、注水见效区方向(图8)。

加大注水量监测的平均水流方向北东78.4度，监测给出注水见效区尺度及水流密集区、优势渗流区、注水见效区方向。

从监测可以看出，加大注水后，注水波及区宽度增大；北西向、西南向流动变得显著；注水见效程度增加。该井组在平面上注水波及较均匀，水驱效果非常好。

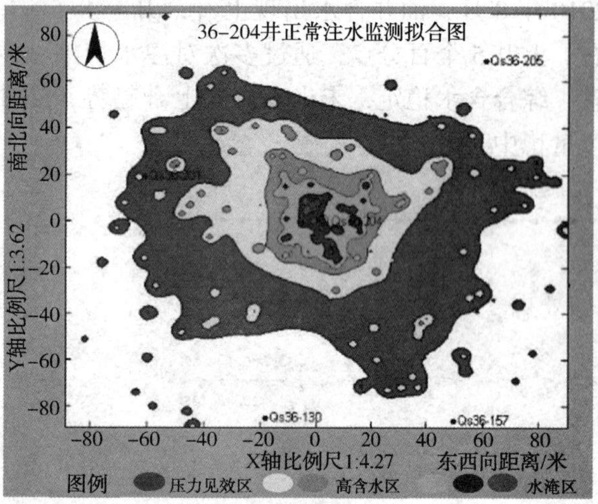

图 8　36-204 正常注水监测拟合图

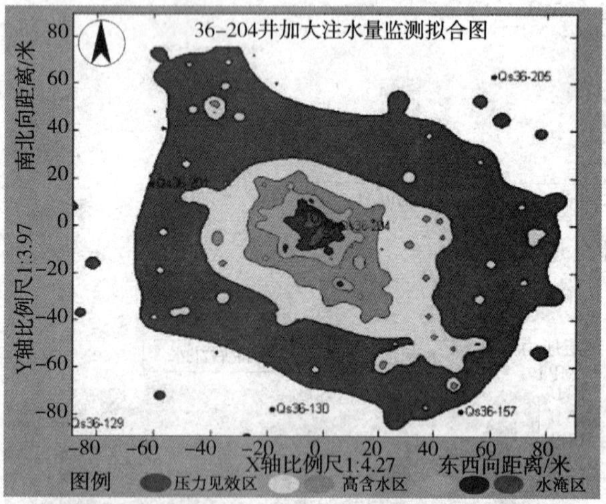

图 9　36-204 加大注水量注水监测拟合图

（2）滞后注水

注水前缘拟合图给出了注水有效区（压力见效区，红色区）范围与方向，优势渗流区（高含水区，绿色、黄色区）范围与方向，水流密集区（水淹区，浅蓝色以上区）范围与方向。邻近有效区，沿优势渗流区方向的井也可能见效（图 10、图 11）。

正常注水监测的平均水流方向北东 65.1°，监测给出注水见效区尺度及水流密集区、优势渗流区、注水见效区方向，存在一个北东向的高注水见效区。

加大注水量监测的平均水流方向北东 78.2°，注水前缘自井边开始向北东向和西南向扩展。注水波及区宽度增大；北西向、东南向流动变得显著；注水见效程度增加。

从正常注水时监测图可以看出，由于注水井转注前经过大型水力压裂改造，形成较大的人工裂缝，注入水沿裂缝方向形成一个主流区；加大注水量后，波及程度有了一定的扩展。

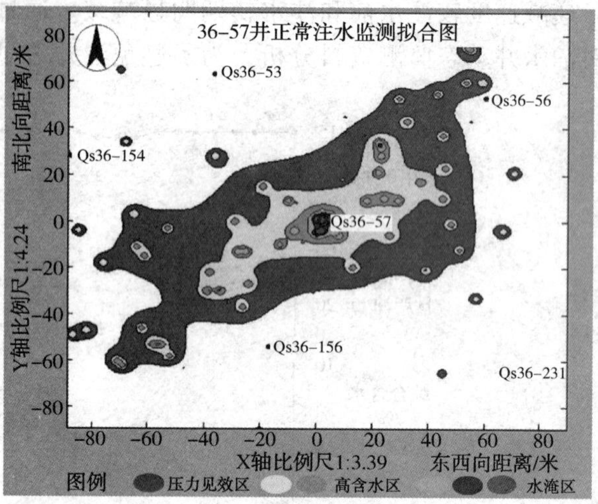

图 10　36-57 正常注水监测拟合图

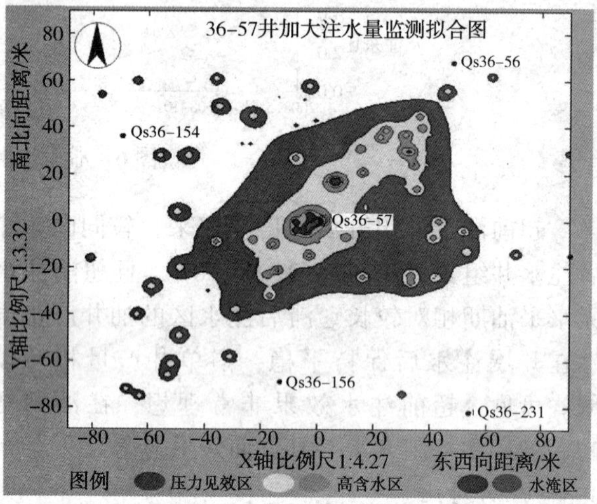

图 11　36-57 加大注水量注水监测拟合图

通过以上对比分析得出，超前注水在注水工艺措施上有更大的选择空间，优选注水工艺措施对后期注水效果有很大的影响。超前注水较滞后注水波及范围大，平面上水驱程度较均匀，开发效果非常好。

4　结论

（1）超前注水使地层始终保持较高的压力水平，建立了有效的压力驱替系统，及时补充地层能量，有利于提高最终采收率；同时超前注水降低了油井的初始含水率。

（2）超前注水可以避免原油物性变差，减小原油渗流阻力，有效保证原油渗流通道的畅通，提高注入水的波及体积，使油井产量较高。

（3）超前注水可降低因地层压力下降造成的地层伤害。油层物性越好，超前注水效果亦越好，超前注水时间长，油井初期产能高；因此可以通过超前注水提高单井产能。

（4）超前注水开发效果明显好于滞后注水，超前注水初产及稳产均保持较高水平，递减小，见效稳产期长。初产、见效稳产期及整个生产时间，单井日产能均高于滞后注水井区。

（5）总之，超前注水有效提高了驱替压力、驱油效率、波及系数，可提高最终采收率。

参 考 文 献

[1] 张锐．油田注水开发效果评价方法[M]．北京：石油工业出版社，2010. 27-34.

[2] 李道品．低渗透砂岩油田开发[M]．北京：石油工业出版社，1997. 62-68.

[3] 石波．朝阳沟油田注水开发技术研究[M]．北京：石油工业出版社，2007. 71-73.

[4] 李文厚．姬塬油田长3、长4+5油层组储层特征及沉积相研究．西北大学地质学系，2004. 37-39.

[5] 王建华．低渗透油田超前注水研究[J]．断块油气田，2005，12(3)：53-54.

[6] 王瑞飞，陈明强．超前注水中一些技术参数的确定[J]．钻采工艺，2008，31(4)：65-67.

[7] 黄延章．低渗透油层非线性渗流特征[J]．特种油气藏，1997，4(1)：9-12.

[8] 杨菁华，等．YC-3表面活性剂驱技术及其应用．非常规油气 2015，(3)：46-49

[9] 王敏，段景杰，等．鄂尔多斯盆地边底水油藏开发方案效果评价——以东仁沟延10油层组为例．非常规油气 2016，(2)：53-58

[10] 陈立萍，张帆，等．论油田动态分析与开发调整[J]．化工管理，2016，(17)：216.

[11] 李佳营．低渗透油田高效开发对策研究[J]．内蒙古石油化工，2013，(12)：139-141.

葡萄花难压层识别方法建立与应用

马开春　孙　慧

（大庆油田有限责任公司）

摘　要　按照目前大庆油田难压层标准，大庆外围低渗透油田A区块葡萄花层压裂有5个层段加酸处理、多次憋放施工仍未压开弃压。针对以往识别与治理方法存在的不足，本文对A区块可能影响破裂压力高低的储层厚度、岩性特征等10项参数，进行单因素、归一化、关联度量化分析，查找识别影响储层破裂压力的参数；通过综合评价分析，建立了葡萄花层难压层识别方法，并以此方法对邻近B区块葡萄花难压层进行识别并进行多措施综合治理，使B区块等多个葡萄花难压层压裂成功率从A区块的77.2%提高到88.3%，取得了较好效果，为后续相邻区块方案优化提供借鉴。

关键词　难压层；综合评价分析；综合治理

大庆外围油田将砂岩厚度<1.0m和有效厚度<0.5m的油层界定为难压储层，按照《压裂施工设计暂行规定》压前挤酸处理。统计2013年－2015年新井压裂53个难压层段，压开成功率98.1%。2016年A区块直井、定向井135个压裂层段，难压层段23个，其中有5个层段加酸处理、多次憋放施工仍未压开弃压，压开成功率78.2%。经分析，5个弃压层主要受储层条件影响，具体影响因素还需进一步明确，而A区块周围葡萄花层是我厂近来投产主要地区，目前急需适应我厂储层情况的难压储层识别技术和治理方法。

1　葡萄花难压层识别方法研究

结合现场施工情况，通过与破裂压力有关的伽马测井等相关数据分析，应用单因素、归一化、关联度量化分析、综合评价分析找出影响因素，形成难压储层识别技术并给出治理方案，提高新井压裂成功率。

1.1　破裂压力影响参数研究

通过图版和关联度量化分析，明确了与储层破裂压力相关的主要参数。对A区块葡萄花层测井资料和射孔情况进行分析，认为表征储层厚度、岩性和孔眼特征的10个参数与储层的破裂压力相关。因此，对A区块压裂井10个参数与破裂压力关系，进行单因素、归一化、关联度量化分析，明确与储层破裂压力相关的主要参数。

1.1.1　单因素分析

为明确各参数与储层破裂压力高低相关程度，将A区块压裂层段分为难压层未压开段、难压层压开段以及正常层段三类，绘制了各参数与破裂压力关系图版，见图1，未压开层段按破裂压力60MPa统计。

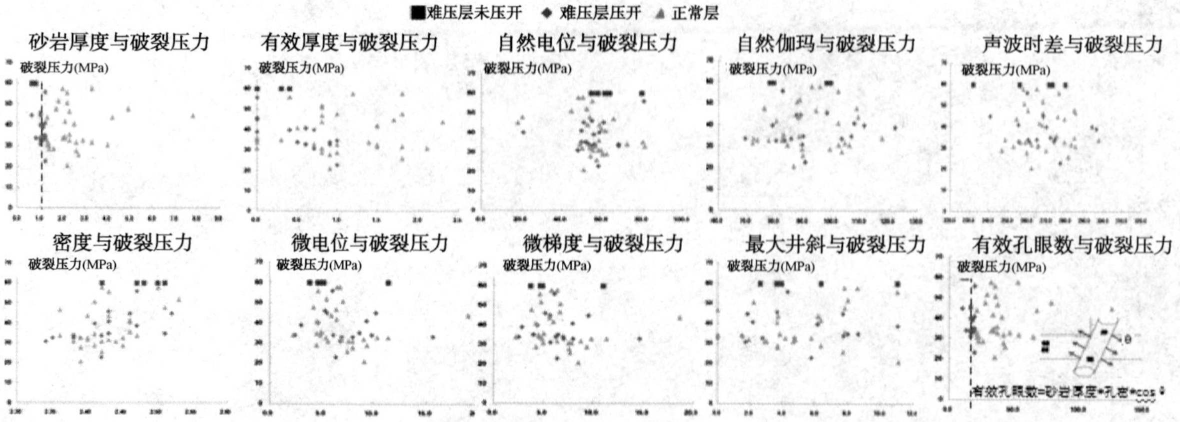

图1　相关参数与破裂压力关系图

从图 1 看，砂岩厚度越小，破裂压力越高，未压开层段越多，而常用来区别砂、泥岩的自然伽马参数影响确并不明显。从 10 个参数与破裂压力关系图版看，砂岩厚度是影响破裂压力的主要参数，而其他参数影响不明显。

1.1.2　归一化分析

为排除砂岩厚度对其他参数的影响，进一步分析其他参数对破裂压力的影响程度，将各参数归一化，绘制了各参数与砂岩厚度比值和破裂压力关系图版，见图 2。

从图 2 看，单位砂岩厚度的自然电位、自然伽马、密度越大，声波时差越小破裂压力越高，而其他参数影响不明显。

1.1.3　关联度量化分析

为了进一步量化各参数对破裂压力的相关程度，应用灰色关联分析法[1]，建立除砂岩厚度外其他因素与破裂压力的关联度，计算各因素与破裂压力相关程度，见图 3。

从 A 区块计算结果看，见表 1，自然伽马、声波时差、密度、自然电位与破裂压力关联度高，与图版一致，也是识别破裂压力高低的主要参数。

1.2　建立难压层识别方法

由于与破裂压力高低相关的主要参数有 5 个，因此采用考虑 5 个因素的综合评价系数法，量化难压储层判断标准，见图 4。

从 A 区块 53 个压裂层段相关数据计算结果看，见表 2，系数大于 0.6 共 7 段，其中 5 段未压开，占 71.4%，见图 5，将系数大于 0.6 作为葡萄花层难压储层判断标准，指导葡萄花层其余区块射孔、压裂相关方案优化。

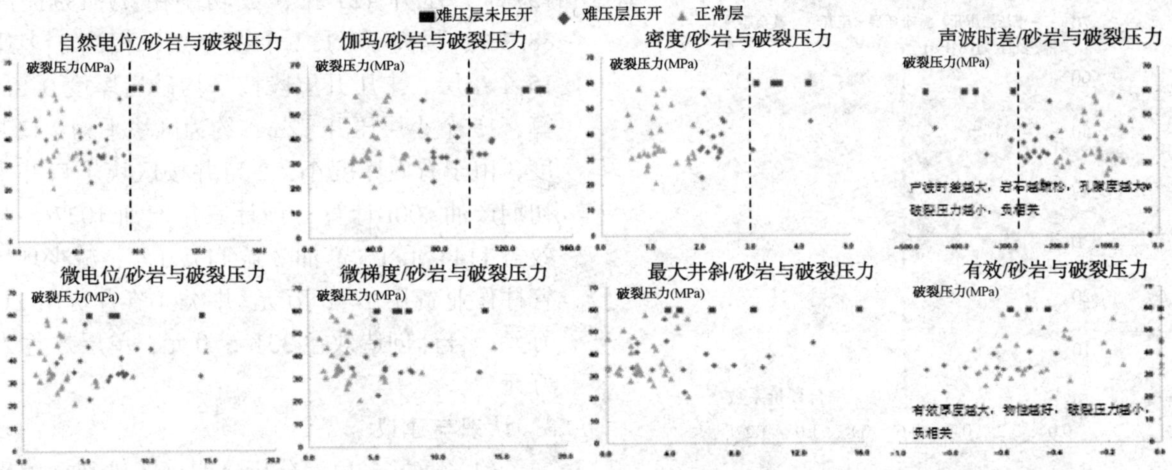

图 2　相关参数/砂岩厚度与破裂压力关系图

灰色关联分析计算过程

第一步：确定母序列和子序列　　$X_0=\{X_0(k)\}, X_i=\{X_i(\{X_0(k)\},)\}$, k=1,2, Λ, n; i=1,2, Λ, m;

第二步：变量进行无量纲化　　$X_i(k)=\dfrac{X_i(k)}{X_i(l)}$,k=1,2, Λ, n; i=0,1,2, Λ, m;

第三步：计算关联系数　　$\xi_i(k)=\dfrac{\min\limits_i \min\limits_k |y(k)-x_i(k)|+p \max\max |y(k)-x_i(k)|}{|y(k)-x_i(k)|+p \max\limits_i \max\limits_k |y(k)-x_i(k)|}$

第四步：计算关联度　　$r_i=\dfrac{1}{n}\sum\limits_{k=1}^{n}\xi_i(k)$,　k=1,2, Λ, n;

图 3　破裂压力影响参数灰色关联分析计算过程[1]

综合评价系数：

$$\eta=a_1\cdot x/x_{max}+a_2\cdot y/y_{max}+a_3\cdot z/z_{max}+a_4\cdot m/m_{max}$$

式中：
η—难压储存综合评价系数，无量纲；
a_1、a_2、a_3、a_4、—权重系数

权重系数的大小反映了各因素重要程度，权重计算方法如下：

$$a_1=\sum_{j=1}^{n}(X_{max}-X_j)\Big/\Big[\sum_{j=1}^{n}(X_{max}-X_j)+\sum_{j=1}^{n}(Y_{max}-Y_j)+\sum_{j=1}^{n}(Z_{max}-Z_j)+\dots+\sum_{j=1}^{n}(M_{max}-M_j)\Big]$$

$$a_2=\sum_{j=1}^{n}(Y_{max}-Y_j)\Big/\Big[\sum_{j=1}^{n}(X_{max}-X_j)+\sum_{j=1}^{n}(Y_{max}-Y_j)+\sum_{j=1}^{n}(Z_{max}-Z_j)+\dots+\sum_{j=1}^{n}(M_{max}-M_j)\Big]$$

$$a_3=\sum_{j=1}^{n}(Z_{max}-Z_j)\Big/\Big[\sum_{j=1}^{n}(X_{max}-X_j)+\sum_{j=1}^{n}(Y_{max}-Y_j)+\sum_{j=1}^{n}(Z_{max}-Z_j)+\dots+\sum_{j=1}^{n}(M_{max}-M_j)\Big]$$

$$a_4=\sum_{j=1}^{n}(M_{max}-M_j)\Big/\Big[\sum_{j=1}^{n}(X_{max}-X_j)+\sum_{j=1}^{n}(Y_{max}-Y_j)+\sum_{j=1}^{n}(Z_{max}-Z_j)+\dots+\sum_{j=1}^{n}(M_{max}-M_j)\Big]$$

式中：
X、Y、Z、M、—自然伽马、声波时差、密度、自然电位四个参数与砂岩厚度比值：X_{max}、Y_{max}、Z_{max}、M_{max}、——自然伽马、声波时差、密度、自然电位四个参数与砂岩厚度比值最大值

图 4　综合评价系数法计算过程

表1 灰色关联计算结果

影响因素	自然伽马	声波时差	密度	自然电位	微梯度	微电位	最大井斜	有效孔眼数	有效厚度
关联度	0.8740	0.8706	0.8633	0.8590	0.7841	0.7777	0.7774	0.7757	0.7174

表2 A区块难压储层部分井综合评价系数

序号	井号	层段	砂岩/m	有效/m	是否压开	影响因素				评价系数				综合评价系数无量纲
						伽马/砂岩	声波时差/砂岩	密度/砂岩	自然电位/砂岩	自然伽马/砂岩 $B_{max}-B_i$	声波时差/砂岩 $Q_{max}-Q_i$	密度/砂岩 $P_{max}-P_i$	自然电位/砂岩 $X_{max}-X_i$	
1	井1	PI2	0.7	0.3	否	142.01	389.77	3.59	89.73	6.15	76.38	0.61	41.84	0.83
2	井2	PI3	0.7	0.4	否	141.06	387.49	3.46	81.46	7.11	78.66	0.74	50.11	0.81
3	井3	PI1-1	0.7		否	139.96	365.47	3.53	77.13	8.21	100.68	0.67	54.44	0.77
4	井4	PI4-2	0.8		否	97.46	289.63	3.1	75.86	50.7	176.53	1.1	55.7	0.62
5	井5	PI1-2	0.6	0.3	否	132.28	466.15	4.17	131.57	15.88	0	0.03	0	0.98
6	井6	PI1-1	0.6		是	148.17	446.78	4.2	100.28	0	19.37	0	31.28	0.93
7	井7	PI2	0.8	0.5	是	106.86	342.7	3.03	69.6	41.3	123.45	1.18	61.97	0.69

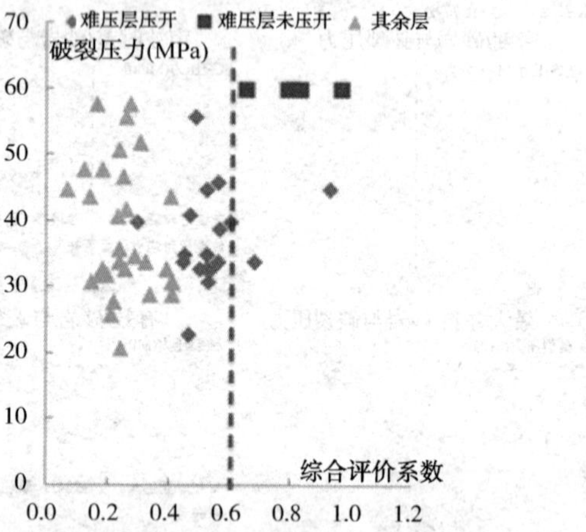

图5 综合评价系数与破裂压力图版

2 现场应用与效果

2.1 应用效果

按照此标准，对葡萄花难压层进行识别与应用。以B区块为例，对收到方案的43口井148个小层进行识别，共识别出难压层36个。针对识别出的难压层，对比不同射孔工艺穿深，优选穿透能力强的YD-102枪，穿深提高52%，同时采用135°相位角复合射孔与压前挤酸组合工艺，改善孔眼吸液能力，降低破裂压力。对识别出的36个难压层进行综合治理，目前已压裂35个，压开31个，成功率88.6%。

2.2 应用效益

目前对B区块等多个区块434个葡萄花层进行识别，共识别出难压层157个。目前已压裂137个，压开121个，成功率由77.1%提高至88.3%，提高了11.2个百分点，相当于多压开15个小层。未压开层段按平均砂岩厚度0.8m计算，15个小层压开12m，约为区块平均2口井厚度，由于有效厚度小，2口井按区块1口井平均初期产油400t计算，预计三年产油1027t，吨油效益1144元/t，产油效益117万元；减少现场换管柱作业费用14.3万元/井次，节省费用214.5万元。合计创造效益331.5万元，单层效益22.1万元。

3 认识与建议

（1）通过多角度分析，明确了破裂压力影响因素。对A区块压裂井表征储层厚度、岩性和孔眼特征的10个参数与破裂压力关系，进行单因素、归一化、关联度量化分析，明确砂岩厚度、自然伽马、声波时差、密度、自然电位是评价储层破裂压力主要参数。

（2）难压储层的识别与治理技术，提高了压裂成功率。通过A区块量化的难压储层判断标准，针对性的指导了相邻葡萄花区块难压层治理，使压裂成功率提高了11.2个百分点，对后续新区压裂提供了借鉴。

参 考 文 献

[1] 叶秀昌．灰色关联系统在油田聚驱开发后期的应用．科学技术与工程，2011年9月，第11卷(25期)：6178-6180.

水平井排水采气工艺模拟实验系统开发与应用

吴 简 王祖文 李大维 田 军 易忠炬 王海庆

（中国石油川庆钻探工程有限公司）

摘 要 目前长庆油气田针对气井水平井积液问题已实施了泡沫、柱塞、速度管柱排水采气等多项工艺措施，并开展了涡流工具等新型排水采气措施的先导性试验，但由于各项排水采气工艺缺乏必要的实验平台而无法有效实现参数优化与效果验证，这已成为困扰气田后期开发、持续生产的重要难题。水平井排水采气工艺模拟实验系统开发，主要包括实验井系统、井下多点测试系统、地面气水精确注入系统、返出流体分离计量、循环利用系统、井筒流体解释系统及视频监测系统等。利用智能化的测控系统及解释，及时掌握运行参数，分析实验过程中各物理量随时间变化的规律，对实验所引起的井下温度及压力的变化实现自动测量，同步采集，将有利于开展理论研究及接近工况条件下的工艺性能评价及工艺模拟实验，为气井排水采气工艺模拟及工程试验提供有效手段，大幅缩短研发进程、提升水平井排水采气工艺技术水平。

关键词 水平井；排水采气；测控系统；解释系统

长庆气田为低压低产气藏，部分先期开发气井已进入生产中后期，特别是水平井，携液能力差，井筒积液不断增多，部分气井已出现积液停产现象，随着低产低效井逐年增多，严重影响了气井正常生产及最终采收率[1-2]。排水采气措施能有效排出井筒积液，提高气井产量，是长庆气田开发后期必备的配套生产措施[3]，目前长庆气田开展的各项排水采气工艺措施，由于缺乏必要的中试平台而无法有效验证及优化[4]。国内西南油气田采气研究院拥有一套采气工艺模拟实验系统，其实验井为直井，井深 940m，设计压力 35MPa，储气井为直井，井深 181m，压力 25MPa，配套的相关设备及系统参数，随着水平井开发及排水采气新技术的发展，已无法满足需求[5]。开展排水采气实验系统研制，进行多相流流体实验研究、排水采气工艺机理及试验研究，已成为实现排水采气工艺技术和装备创新发展的必要手段，这对科研成果的及时转化和新技术的推广应用也有着十分重要的意义。排水采气实验系统作为一个复杂的系统工程，牵涉的学科多，技术难度大，为确保整个实验系统能充分发挥其功用，需创新建立一套自动化测控及解释系统来开展技术研究[6-7]。

1 工艺实验系统设计原理

水平井排水采气工艺模拟实验系统主要由大斜度工艺实验井、储气井、气液混合精确控制注入系统、返出流体分离计量循环系统、井下直读监测系统、井筒流体解释系统等部分组成，整个为工艺实验系统实现了全程数字化监控，具备实验过程监测、回放、预警功能。通过空气压缩机将空气压缩后，经高压管线储入储气井，为气液混合撬持续供气，同时柱塞泵经过高压管道、流量计等将实验液体泵入气液混合撬，气液两相按设计比例在气液混合撬充分混合，从油套环空进入工艺实验井后并沿油管返回井口，流体经节流管汇到达气液两相分离器分离，气液分离后的液体经仪表计量返回储液罐，经过滤器处理后循环利用，气体经仪表计量后，通过消声装置放空排放。工艺实验井利用测试短节实时监测油管内外温度、压力，地面配套设备通过智能变送器、压力变送器、差压变送器、流量计、液位计等现场仪表与监测控制系统连接，实现实验数据控制、数据采集，利用解释软件实时处理数据与分析（如图 1 所示）。

2 工艺系统硬件开发

2.1 实验井系统

实验井系统主要由工艺实验井及大容量储气井组成，工艺实验井为大斜度井，井筒承压 70MPa，井深 1720m，直井段 1200m，斜井段 520m，斜度 80°，斜井段平缓，双套管悬挂井筒，外层采用 TPCQ 7 6/8″套管固井完井，内部可悬挂 3 1/2″—5 1/2″标准套管，配套 70MPa 油套管头及 KQ65-70 采气树，共计两套环空、6 路流体流入、流出管路，可根据实验要求进行切换。大容量储气井设计为直井，9-5/8″井筒，井筒工作压力 70MPa，井深 1060m，采用 TPCQ9-5/8″套管钢级完井，2-7/8″油管作为完井管柱，采用下沉式 KQ65-70 井口，可满足常压下 $10\times10^4m^3/d(70m^3/min)$的气体供给能力。

2.2　地面混合-分离-计量系统

（1）气液混合供给系统

流体混合供给系统（如图 2 所示）能有效模拟气井储层压力、流体组成、流量要求，将高压气液两相按照设计要求的比例，进行精确控制调配混合，均匀混合的流体注入试验井中，来稳定满足试验过程井下流体需要。采用电液结合的控制方式，液压系统可满足高压施工中的稳定控制动力，具备本地与远程的控制功能，蓄能器满足了系统紧急情况下控制功能，系统工作压力 70MPa，工作液量 0 ~ $720m^3/d$，气量 1000 ~ $100000Nm^3/d$。

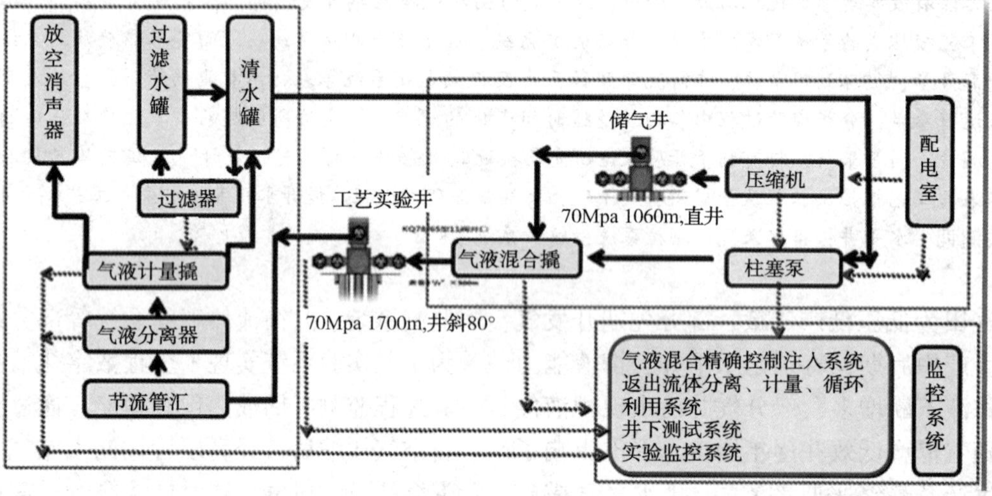

图 1　工艺实验系统流程图

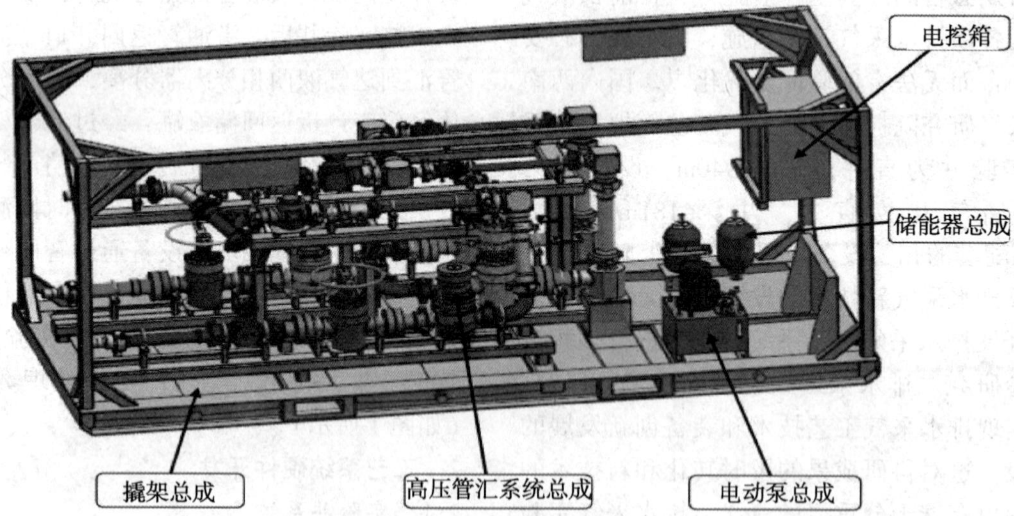

图 2　气液混合控制系统

（2）分离计量控制系统

为实现实验过程返出气体及液体分离、计量、循环利用，设计开发了返出流体分离计量及循环利用系统，主要由气液两相分离器（如图 3 所示）、返排处理消声装置（图 4）组成。气液两相分离器设计气体处理量 $30\times10^4m^3/d$，液体处理量 $1000m^3/d$，测量精度 1%，设备上安装电子传感器，通过 PLC 集中控制传输，人为设置报警值，液位高度通过磁翻板液位计感应，数据传送至控制终端后通过控制程序调节电动调节阀开度，实现液体自动排放计量，气体通过孔板流量计测量，返排流体经气液分离后进入返排消声撬，气体经过消声器降噪后放空，液体经过滤器过滤后循环利用，过滤器采用立式自清洗过滤器，过滤精度 10μm。

2.3　井下多点直读监测系统

试验井内设计直读监测系统(如图 5 所示)，整个系统由 10 个井下测量短节，通过在试验井内不同的深度安装多个全通径测量短节，实时测量井内的压力、温度参数，通过传输介质上传给地面系统，由地面系统完成数据的采集处理。测量短节作为该系统的核心设备(如图 6 所示)，主要由双压力温度测量组件、托筒及传输电缆组成，设计工作压力 100MPa，耐温 150℃，内径 62mm，测量精度压力±0.02%，温度±0.2℃，数据采样间隔 10~500ms，选择 12us 位宽曼码传输方式。采用模块化设计，入井测量短节采用井下永久监测 TEC 电缆，通过电缆连接密封接头连接到双压力温度测量组件，建立电缆高速传输直读工作模式。

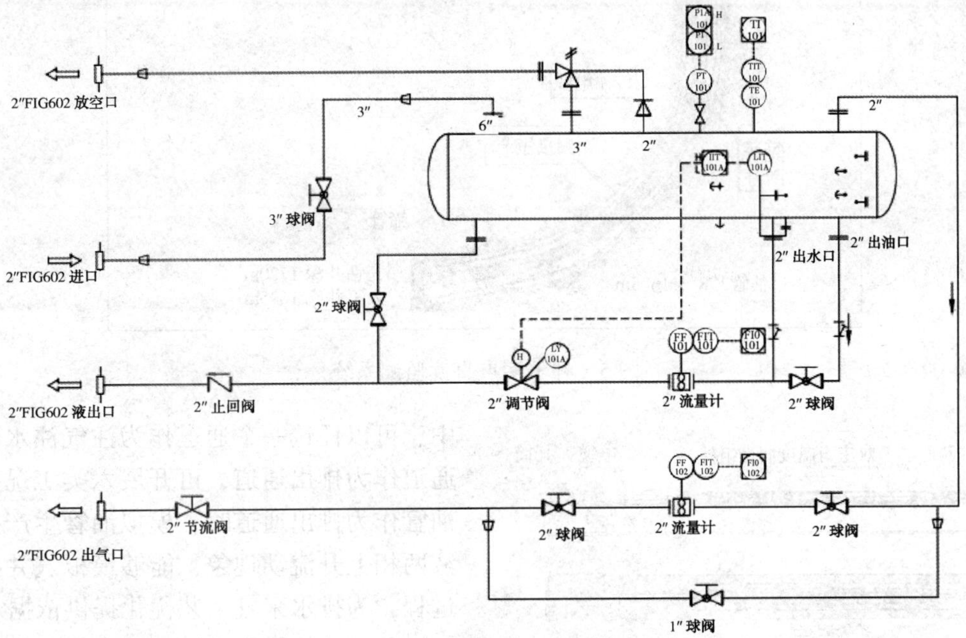

图 3　两相分离器

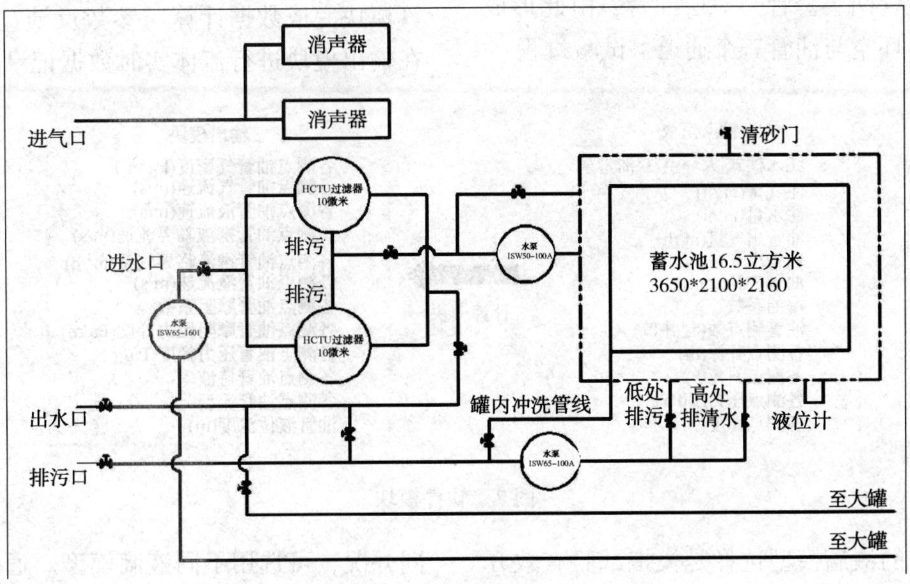

图 4　返排消声装置

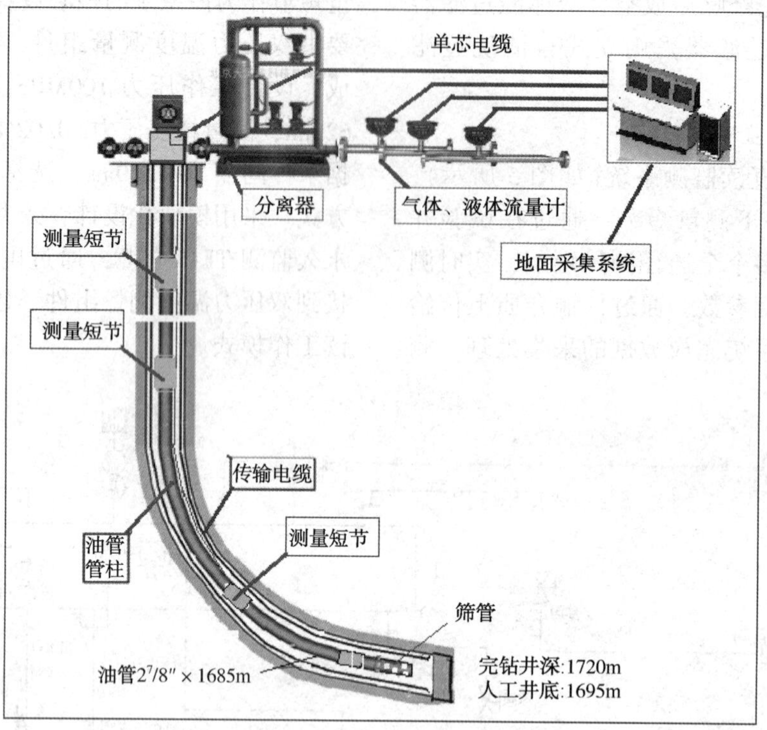

图 5　井下多点直读监测系统

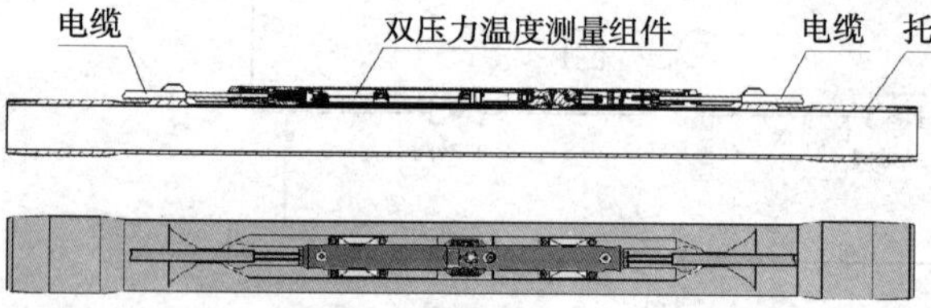

图 6　入井测量短节

3　工艺系统软件开发

试验井包含两层套管与一层油管，由此形成了大环空、小环空与油管三个通道，试验过程中，可以任选一个通道作为注气注水通道，其他通道作为排出通道，可开展六类工况模拟。如以油管作为排出通道时，模拟油管生产条件下的气液两相上升流动现象，能够模拟气井携液与积液过程，为排水采气工艺优化提供依据。

井筒流体解释系统软件由输入模块、计算模块和输出模块组成(如图 7 所示)，通过在输出模块输入测量数据，选择适当的携液模型，利用计算模块完成数据计算与参数反演(如图 8 所示)，在输出模块进行流体实时数据记录显示。

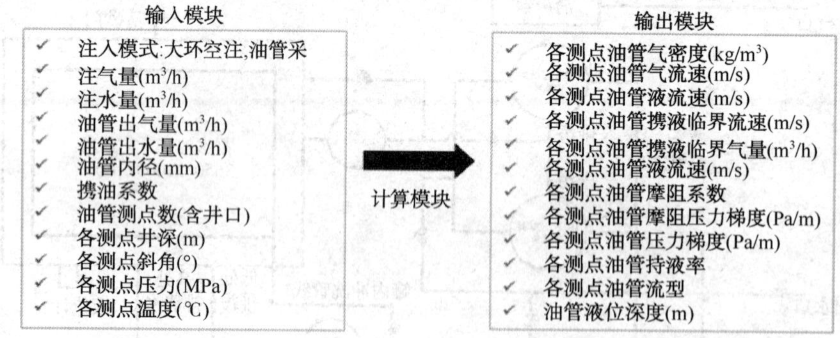

图 7　软件模块

选择合适的液滴模型选择是模拟试验有效开展的基础，目前应用最广泛的是液滴携液模型，当上升的气流刚好无法连续携带井筒中的最大液滴时发生积液，即为气井携液临界流速，根据不同井况，可选用不同液滴模型。通过数据解释软件采集的井筒实时压力、温度、以及地面计量的注气量、出气量、出水量等，采用流体力学相关原理以及计算机处理技术，根据压力梯度以及摩阻压力梯度，反算井筒中任意时刻任意测点的持液率及进行液位判断(如图9所示)。不同流型的气液混合物遵循各自不同的流动规律，依据流型的不同，根据持液率范围，结合 Hasan & Kabir 流型判断机理模型，对流型进行判断。

对携液量、管路摩阻进行计算，对持液率、流型、液位等参数进行反演，从而获得井下实时流体参数，实时显示油管/环空压力温度数据，根据采集的数据，进行井下参数计算，得到参数沿井深分布、随时间变化规律图等(如图10所示)。

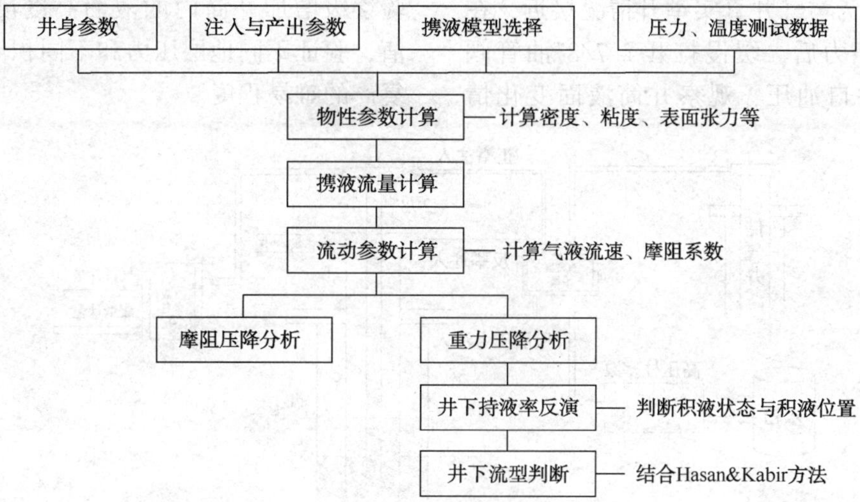

图8 数据解释原理

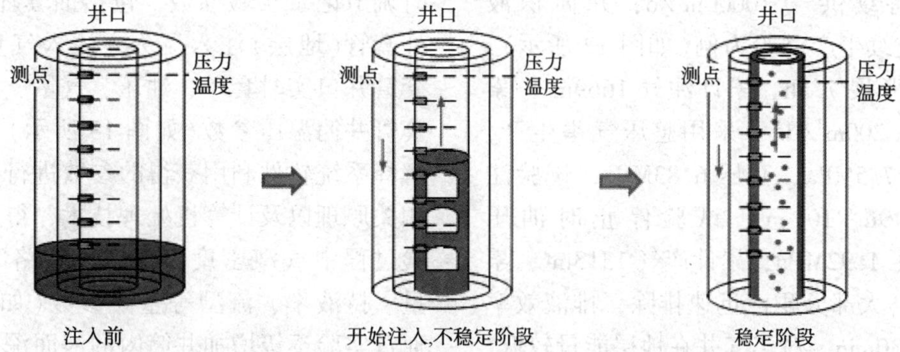

图9 试验井从积液到携液过程井下流型变化

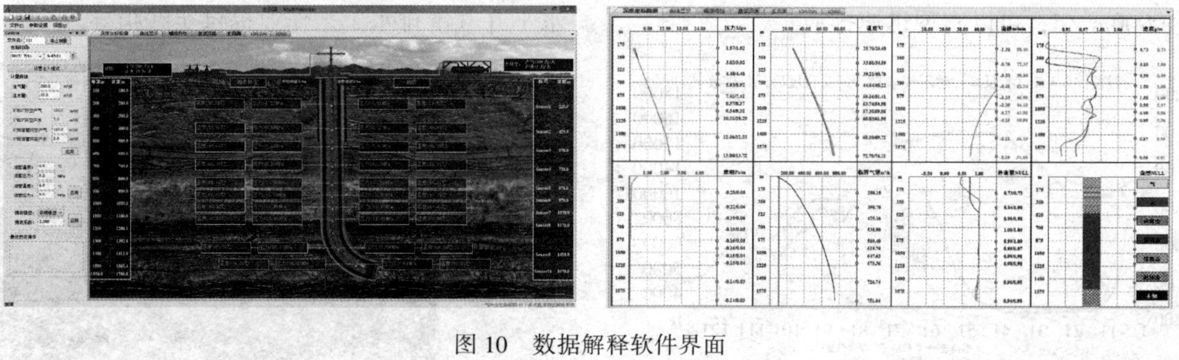

图10 数据解释软件界面

4 工艺系统应用实践

针对积液严重的停产井开展复产模拟试验，试验前气井为水淹停产井或者严重水淹低产井，气井油管和油套环空存在明显气液界面，利用压缩空气通过气举措施，将井筒内积液排出。实验中采出井 5 1/2″套管和 2 7/8″油管与大气连通，通过柱塞泵向7 6/8″套管注入纯水，利用井筒监测系统观察5 1/2″套管和2 7/8″油管内的液面高度，设置不同的试验初始井筒积液高度。液面准备就绪后，关闭5 1/2″套管和2 7/8″油管阀门，从7 6/8″套管注气，设置不同的初始地层压力，观察井筒内压力和液面的变化情况以及井口油套压的变化情况；为与气井真实举升情况接近，在设定好的地层压力后，缓慢打开2 7/8″油管阀门，逐级降低井口油压，观察井筒液面变化情况，降低油压期间为保证地层压力稳定，持续向7 6/8″套管注入压力，当井口油压、套压和地层压力稳定时，开始进行反举复产试验。分别监测套管和油管的压力变化，以及5 1/2″套管和2 7/8″油管液面变化情况，待5 1/2″套管和2 7/8″油管内液面完全排出为止（如图11所示）。通过实验逐级增加井筒内的液面高度度和地层压力数值，验证不同地层压力和不同积液高度下，气举复产的难易程度。

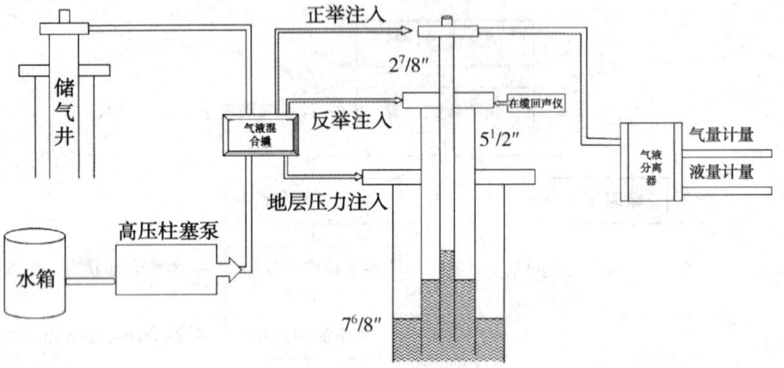

图11　气井积液气举复产模拟实验工艺流程

以地层持续供气10000m³/d，井筒积液3.5m³，反举连续生产试验为例（如图12所示），整个实验累计开展7.5h，累计注气1669m³，累计注水3.5m3（200m³/d），采用憋压气举生产，试验开始油压7.5MPa、套压6.83MPa，试验注入水气比20.9m³/10⁴ m³，试验停止时油压4.17MPa、套压1.92MPa，累计产气1313m³，累计排液2.4m³，大部分积液迅速排除，排液效率较高，时间约30min。对于气井在地层能量较低、井底压力较低情况下，出现严重积液时，利用自身能量很难排除，通过采取憋压气举措施，产气量10000m³/d，可以实现迅速排液。

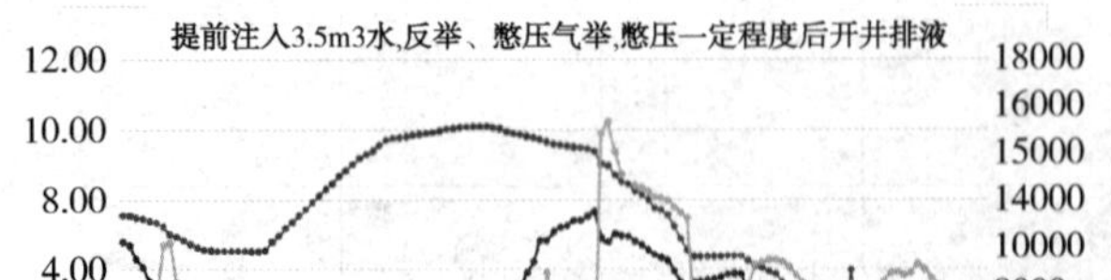

图12　注气10000m³/d注水3.5m³条件下气举井口生产曲线

实践表明：采用该工艺实验系统开展水平井气举排水实验，数字化测控系统可远程控制、实时调节记录实验参数，包括油套环空积液高度、外套管（地层）注入压力、注入气量及水量，内套管井口实时套压、油压、气量、水量、油管及套管井筒温压参数（如图13所示）等，井筒流体解释系统软件利用获得的参数进行采用流体力学相关原理以及计算机处理技术，得到气举生产实验过程中气液密度、流速、管路摩阻、临界气量、持液率、流型等重要参数（如图14所示），通过实验逐级增加井筒内的液面深度和地层压力数值，可完成不同地层压力和不同积液高度下，气举复产的难易程度验证，为气井生产现场开展水平井气举排水工艺作业提供实践指导。

图13　注入气量10000m³/d注水3.5m³条件下温度、压力数据

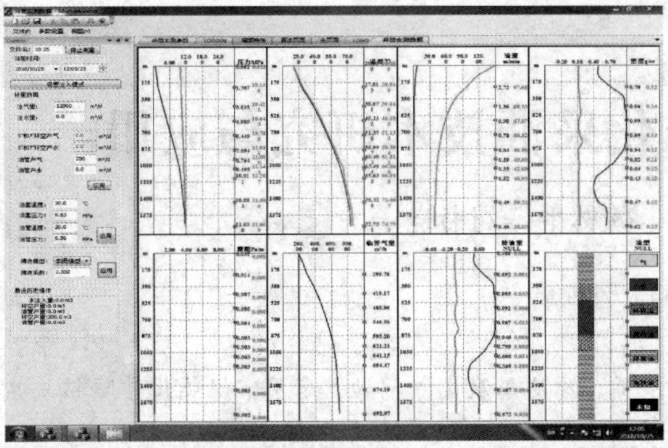

图 14 注入气量 $10000m^3/d$ 注水 $3.5m^3$ 条件下井筒实时数据

5 结论

(1) 完成了水平井排水采气工艺实验模拟系统开发。主要包括井下多点测试系统、地面气水精确注入系统、返出流体分离计量、循环利用系统、井筒流体解释系统及视频监测系统等，该实验系统整体处于国内领先水平。

(2) 建立了一套具有控制、管理和监测功能的智能测控及井下多点温度压力监测系统。及时掌握运行参数，分析实验过程中各物理量随时间变化规律，同步采集，能有效监控整个实验过程，实现工艺流程控制、历史数据回溯与分析，有利于开展工艺模拟实验。

(3) 自主创新设计开发了一套井筒数据软件解释系统。借助井下测温测压仪器与流体力学相关原理，对井下流体参数进行诊断。通过采集的井筒实时压力、温度及地面计量参数，采用流体力学原理以及计算机处理技术，对携液量、管路摩阻进行计算，对持液率、流型、液位等参数进行反演，获得井下实时流体参数。

(4) 通过开展气举生产模拟实验，验证了该系统稳定性、设备安全性，参数准确性，该系统的开发将有利于开展排水采气理论研究及接近工况下的工艺性能评价，为气井排水采气工艺模拟及工程试验提供有效手段，为解决长期困扰水平井生产积液难题提供实验平台。

参 考 文 献

[1] 田建峰，曹成寿，刘建英，等．苏里格气田泡沫排水采气工艺应用技术难点及对策[J]．钻采工艺，2016，39(3)：67-69.

[2] 王尧．水平井排水采气工艺优化研究与应用[D]．西南石油大学，2014.

[3] 余淑明，田建峰．苏里格气田排水采气工艺技术研究与应用[J]．钻采工艺，2012，35(3)：40-43.

[4] 张浩然，李引贤，雷迪澍．试论苏里格气田排水采气工艺技术研究与应用[J]．石化技术，2016，23(9)：189-189.

[5] 廖开贵，李颖川，刘永辉，等．采气工艺模拟实验井测控系统研究[J]．钻采工艺，2007，30(3)：46-48.

[6] 周树新，张永忠．井控模拟实验井设计方案探讨[J]．钻采工艺，2009，32(3)：9-11.

[7] 尚万宁，李颖川，李治，等．靖边气田排水采气工艺试验及效果分析[J]．天然气勘探与开发，2011，34(3)：45-48.

浅薄层稠油油藏二氧化碳强化采油技术研究与应用

肖江河　方　舒　蒲星耀　魏林平　刘书晓

（中国石化河南油田分公司）

摘　要　浅薄层稠油油藏由于埋藏浅，地层压力、温度低，原油黏度高等问题，采用常规热化学降粘工艺改善开发效果不明显，通过室内实验对二氧化碳在浅薄层溶解降粘机理以及技术适应性进行研究，总结归纳出二氧化碳强化采油技术在浅薄层适应条件，并对工艺参数进行优化，改善浅薄层稠油油藏开发效果。

关键词　浅薄层稠油；二氧化碳强化采油；稠油热采；工艺优化

引　言

二氧化碳强化采油技术是指利用二氧化碳驱油提高石油采收率技术，对于稠油热采，主要利用二氧化碳辅助蒸汽吞吐。目前我国的大庆、吉林、辽河、冀东、胜利、江苏等油田都在进行二氧化碳采油的实验研究，并对二氧化碳采油适应的油藏条件和原油物性范围进行了归纳，在不同油品中开展了试验，取得了较好的效果。但对浅薄层油藏二氧化碳采油技术相关研究较少。为此，本文在前人研究的基础上，开展二氧化碳强化采油技术在浅薄层稠油应用研究，通过二氧化碳对浅薄层不同黏度类型油藏适应性研究，优化工艺参数，提高措施有效率，进一步改善油井开发效果。

1　浅薄层稠油油藏特点

浅薄层稠油油藏埋藏浅：埋深 90～1100m；油层厚度薄：油层单层厚度 1-4m；原油黏度高：油层温度下脱气原油黏度 90～400000mPa·s；油层分布散，油砂体面积小；油藏整体具有“浅、薄、稠、散、小”的特点。

由于油藏原油黏度高、油层厚度薄、地层非均质性严重。在稠油热采开发过程中，因原油黏度差异大，注蒸汽过程中造成蒸汽指进严重，高周期蒸汽吞吐后，平面汽窜日益严重，导致油层动用不均；一部分小断块油藏边水能量强，边水侵入区储量多，采出程度低，高含水井比例高，影响了开发效果。

2　浅薄层稠油油藏二氧化碳作用机理研究

2.1　混相、非混相效应

超临界状态的二氧化碳其自扩散系数是液态的100倍，表面张力和黏度是液态的2%－1%，具有极强的扩散和溶解能力。二氧化碳与原油混合后，混相、非混相驱均可大幅提高采收率，但混相驱提高采收率效果最好。

二氧化碳临界压力 7.39MPa,，临界温度 31.3℃，从已实施二氧化碳驱的 18 个地区可知最小混相压力在 15.72－30.01MPa，二氧化碳非混相驱占比较大。河南油田浅薄层油藏埋深浅，地层压力低，最小混相压力远高于地层压力以及注汽压力，因此浅薄层稠油油藏二氧化碳强化采油技术主要应用其超临界状态下非混相效应，溶解降粘机理。

2.2　二氧化碳降粘规律研究

选取三口实验井为样本，研究不同温度、压力条件下，对二氧化碳基础性能进行测试及评价（表1）。

表 1　实验区块油层数据

井号	原始地层压力/MPa	油层温度 ℃	埋藏中深 m	油层温度原油黏度 mPa·s
实验井 1	5.07～6.20	39.8～44.9	611	12195
实验井 2	4	31.5	394	60696
实验井 3	6.5	47.8	730	38029

通过室内试验，对在不同温度、压力条件下溶解有二氧化碳特超稠油的黏度进行了测试，对二氧化碳对特超稠油的黏度影响作用机理进行了量化研究。稠油—二氧化碳体系 PVT 特性测定，改变实验温度值和压力值，测定在不同温度和压力下的特超稠油－二氧化碳混合体系的黏

度(图 1，图 2)。

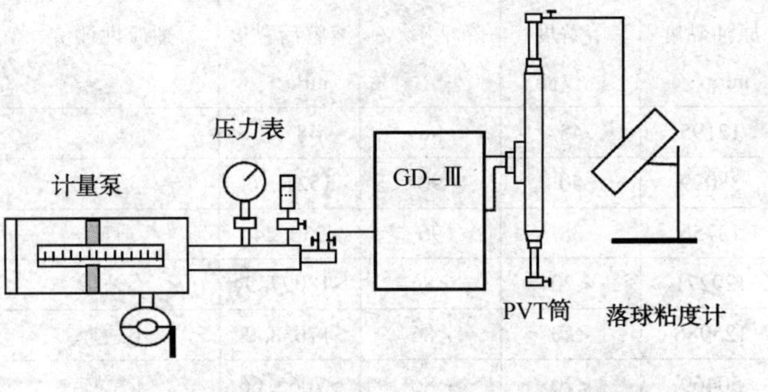

图 1　二氧化碳溶解度对特超稠油黏度影响测定实验装置流程图

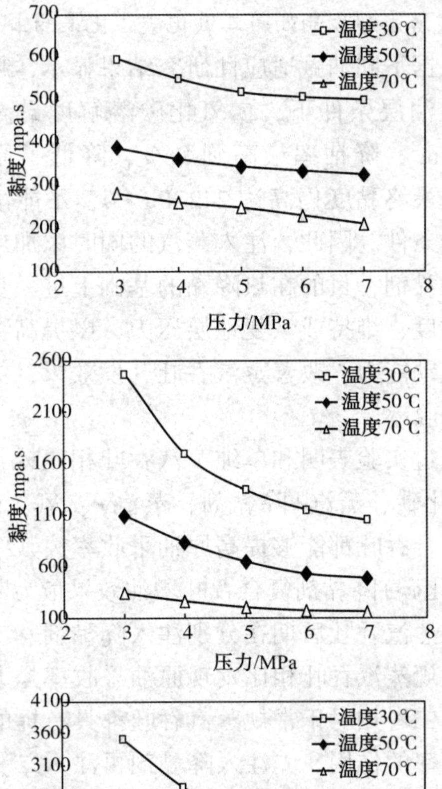

图 2　实验井稠油-二氧化碳体系黏度与温度、压力关系曲线

三口试验井均反应出原油黏度随压力的增大而降低的规律，当压力增大，二氧化碳的溶解度增大，原油溶解二氧化碳后黏度大幅度下降。同一温度下，随溶解二氧化碳溶解度增大，原油降粘率逐渐增加；温度越低，溶解二氧化碳气的降粘率越高，二氧化碳对原油的降粘效果越好；温度越高，二氧化碳溶解度的增加对降粘率的作用效果影响越明显，降粘率提升越快。因此可以看出，不同温度压力条件下，二氧化碳溶解在稠油当中都可以起到很好的降粘作用。

根据实验数据，数值拟合结果如图 3 所示。

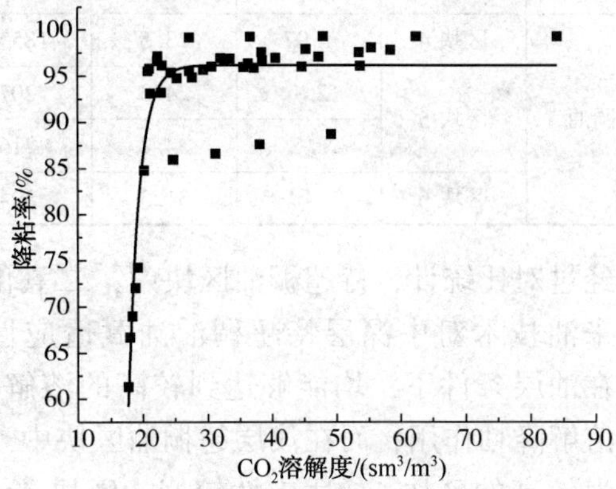

图 3　二氧化碳溶解度与降黏率关系拟合曲线

根究以上趋势可以看出，随溶解二氧化碳溶解度增大，原油降粘率逐渐增加，当二氧化碳气体在原油中的溶解度超过 25%时，原油降粘率达到 90%以上，可见二氧化碳对原油的降粘效果很好。

2.3　边水油藏适应性研究

二氧化碳对原油的降粘作用和对水的碳酸化，改善了油水流度比。原油中融入二氧化碳后，原油黏度降低，提高了原油的流度；二氧化碳溶于水后生成碳酸水，降低了水的流度。

$$M=\lambda_{水}/\lambda_{油}=(K_{水}/\mu_{水})\times(K_{油}/\mu_{油}) \tag{1}$$

式中 M 为流度比，无量纲；$\lambda_{水}$为水相的流度；$\lambda_{油}$为油相的流度；$K_{水}$为水相有效渗透率，md；$\mu_{水}$为水相相对黏度(取 1)；$K_{油}$为油相有效渗透率，md；$\mu_{油}$为油相相对黏度，无量纲。

通过流度比定义可以得出，通过降低水相渗透率，降低油相黏度，即可降低水油流度比，能够在一定程度上减缓边水指进，改善边水油藏开发效果。

3　二氧化碳对不同油藏类型适应性研究

根据室内研究成果，计算出各区块二氧化碳在油层条件下的溶解度，并计算出各区块降粘率以及二氧化碳溶解后黏度，评价各区块的适应性(表 2)。

表 2 特超稠油区块统计与适应性评价

分类	区块	地层压力 MPa	油层温度 ℃	埋藏中深 m	油层温度原油黏度 mPa·s	二氧化碳溶解度 sm^3/m^3	降粘率/%	二氧化碳溶解后黏度 mPa·s	适应性评价
特稠油	区块 1	5.07-6.20	39.8-44.9	611	12195	45	96	487.8	适应
	区块 2	6.5	47.8	730	38029	50	96	1521.16	适应
	区块 3	5	37.9	502-564.4	13756	38	96	550.24	适应
超稠油	区块 4	1.97	23.5	185.8	129271	<20	<86	>18097.94	不适应
	区块 5	2.1	24.3	207	125986	<20	<86	>17638.04	不适应
		2.2	24.7	216	50469	<20	<86	>7065.66	不适应
	区块 6	4	31.5	394	60696	30	96	2427.84	适应

经过对比统计，特超稠油区块中，二氧化碳强化采油技术对中深层特超稠油油藏适应性较好，在油层条件下，均能够达到较高的溶解度，实现溶解降粘作用；而在浅层超稠油区块中，地层压力较高的区块 6，适应性较好，区块 4、区块 5 因埋藏较浅，地层压力低，二氧化碳溶解度低，降粘作用有限，此时原油黏度对温度更敏感，采用加热降粘相比于增加二氧化碳溶解度降粘更加有效。

4 工艺参数设计

4.1 浅薄层普通稠油、特稠油油藏二氧化碳强化采油工艺配套

根据不同油藏适应性研究结果显示，二氧化碳在普通稠油、特稠油油藏的降粘效果优于其它类型油藏，在油藏条件下，二氧化碳溶解降黏作用明显。因此，利用二氧化碳溶解降黏机理，辅助蒸汽吞吐，进行工艺方案设计(表 3)。

表 3 普通稠油、特稠油区块统计表

分类	区块	二氧化碳溶解度 sm^3/m^3	油层温度原油黏度 mPa·s	二氧化碳溶解后黏度 mPa·s
普通稠油	区块 4	50	1094-2556	102.24
特稠油	区块 1	45	12195	487.8
	区块 2	50	38029	1521.16
	区块 3	38	13756	550.24

通过分析计算，对普通稠油、特稠油油藏二氧化碳强化采油技术工艺参数进行优化，在油层条件下，二氧化碳溶解后黏度最高 1521.16mPa·s，具有渗流能力，因此工艺设计采用二氧化碳降粘辅助蒸汽吞吐工艺。同时充分利用二氧化碳降粘增能机理，优化减少蒸汽量，从油井措施前后产状上来看，生产效果改善明显，为热采普通稠油提供了效益开发方向。

4.2 浅薄层超稠油油藏二氧化碳强化采油工艺配套

根据不同油藏适应性研究结果显示，超稠油油藏在油层条件下，二氧化碳溶解度最高到达 $30sm^3/m^3$，降粘率最高到 96%，降低了原油黏度，但最终黏度仍高达 2427Pa·s，不能满足油井举升条件。因此，注入蒸汽的同时添加二氧化碳和降黏剂，目的在热降黏的基础上进一步降低稠油黏度、维持或恢复地层压力，以提高特超稠油的流动能力，改善蒸汽吞吐开发效果，提高原油的采收率。

通过实验表明和单纯蒸汽吞吐相比较，蒸汽+二氧化碳、蒸汽+降黏剂、蒸汽+二氧化碳+降黏剂复合吞吐都能够提高原油采收率，其中蒸汽+二氧化碳+降黏剂复合吞吐增油效果最为明显。

在蒸汽吞吐后期在分别注入降黏剂、二氧化碳与常规蒸汽吞吐相比发现原油采收率是大幅上升的。二者相对于常规蒸汽吞吐都具有提的高原油采收率的作用。先注入降黏剂再注入二氧化碳提高采收率的效果更好。但是二者阶段注入效果不如二者混合注入时采收率高，其采收率最高值分别提高 3.1 和 6.5 个百分点(图 4)。

最终优化利用降黏剂与二氧化碳协同降粘，采用“降黏剂+二氧化碳+蒸汽段塞”注入工艺。从现场油井生产情况来看，配套降黏剂+二氧化碳吞吐后，有效延长周期生产时间，改善油井低温生产期，产油能力得到改善。

4.3 浅薄层边水油藏二氧化碳强化采油工艺配套

边水油藏主要为特稠油与同稠油，发过程中主要存在以下问题：一是水淹储量大、采出程度低，低周期即受边水影响；二是边水推进速度

快，易形成面积淹。

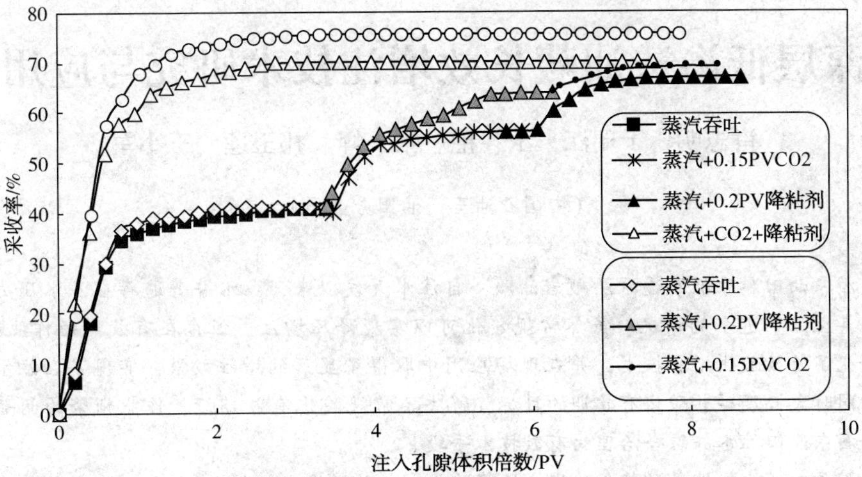

图 4　注入孔隙体积倍数-采收率变化关系曲线

采用二氧化碳强化采油后，二氧化碳降粘率可以达到95%以上，估算流度比大幅下降，在一定程度上减缓了边水指进，但流度比仍大于 1，水比油的流动能力强，因此对于边水油藏仍需配套堵水措施。

4.4　高周期吞吐稠油油藏二氧化碳强化采油工艺配套

随着蒸汽开发，高周期吞吐后，地层能量下降，近井地带亏空；由于浅薄层蒸汽易指进，加剧蒸汽在平面窜流，汽窜通道的存在，影响二氧化碳有效利用。因此利用氮气溶解膨胀作用，维持地层压力，并采用多种工艺集成应用，避免汽窜等不利因素影响，提高二氧化碳利用率。

最终形成了不同类型油藏工艺参数设计规范（表 4）：

表 4　二氧化碳强化采油设计规范

序号	油藏类型	段塞设计	
		汽窜、边水影响	无汽窜、边水影响
1	普通稠油、特稠油	调剖剂+氮气+二氧化碳+蒸汽	氮气+二氧化碳+蒸汽
2	超稠油	调剖剂+降黏剂+氮气+二氧化碳+蒸汽	氮气+降黏剂+氮气+二氧化碳+蒸汽
3	边水油藏	调剖剂+氮气+二氧化碳+蒸汽	氮气+二氧化碳+蒸汽

5　总体效果

2018 年二氧化碳强化采油技术在不同类型油藏累计实施 77 井次，阶段有效率 82%，增油 8148t。节约蒸汽费用 35.9 万元，增加效益 1290.6 万元，扣除增量投入后，累计创效 604.2 万元（表 5）。

表 5　二氧化碳强化采油效果统计表

井次	有效率/%	产油/t	油汽比	增油/t	操作成本元/吨
77	81	13345	0.28	8148	2151

6　结论

（1）二氧化碳的溶解降粘的作用机理，在不同类型油藏得到验证，能够有效改善吞吐效果；

（2）该技术在超稠油油藏应用时需配套降粘工艺，在边水油藏实施时应配套堵水措施；

（3）建立了二氧化碳采油工艺设计方法；

（4）在浅薄层油藏应用二氧化碳辅助吞吐降黏工艺，降黏、增能、控水、增效效果显著。

参　考　文　献

[1] 刘锦彪．二氧化碳强化采油技术在超稠油热采上的应用[J]．中国石油和化工标准与质量，2013，05(10)．

[2] 张新征，李薇，郭睿，等．高凝油藏注二氧化碳开采方式优选室内实验研究[J]．大庆石油地质与开发，2008 6(6)．

[3] 沈德煌，张义堂．稠油油藏蒸汽吞吐后转注二氧化碳吞吐开采研究[J]．石油学报，2005，21(3)：30-33．

[4] 杨胜来，王亮，何建军，等．二氧化碳吞吐增油机理及矿场应用效果[J]．西安石油大学学报(自然科学版)，2004，19(6)：23-26．

深层低渗透油藏长效增注技术研究与应用

肖志明　于瑞江　王　艳　张　峰　祁玉莲　王小军

（中国石油玉门油田分公司）

摘　要　酒东油田属于低渗透深层砂岩油藏，自注水开发以来，注水井普遍存在注水压力上升快，注水量急速下降甚至注不进水的情况。虽然常规酸化可以实现降压增注，但存在有效期短作业频繁的问题。为此，探索研究了长效酸化增注技术，并在现场应用中取得了显著的增注效果，实现了在注水量上升、注水压力下降的同时大幅度延长酸化有效期的目标，解决了常规酸化有效期短、作业频繁的问题。该技术目前已逐渐成为酒东油田注水井综合治理的有效技术手段。

关键词　深层；低渗透储层；螯合酸化；协同酸化；长效增注

酒东油田自注水开发以来，存在两种类型的注水井，一种是改注初期注入压力较低，能够注进水，但在后续的注水过程中注水压力持续升高，注入量逐渐降低的井；另一种是改注初期注入压力较高，注入量低，甚至注不进水的井。这两种类型的井均需酸化措施实现正常注水，但常规的酸化措施虽然能够实现降压增注，但均存在有效期短，酸化过于频繁的问题，为了延长酸化有效期，降低酸化作业施工成本，开展了长效酸化增注技术的研究与应用。

1　酒东油田储层特征分析

1.1　储层岩性与物性特征

酒东油田储层埋深在4100米左右，储层岩性为砂岩、砂砾岩、泥岩，砂岩成分以石英、长石为主，岩屑次之，黏土矿物主要成分为伊利石、高岭石，储层碳酸盐含量较低，裂缝不发育。油藏储层之间物性差异较大，下沟组下段K_1g_3孔隙度分布范围在2.61~17.724%，平均值为8.668%，渗透率分布范围在0.36~128.932×$10^{-3}um^2$，幅度较宽，但平均渗透率只有2.878×$10^{-3}um^2$，储层存在严重的非均质性；下沟组下段K_1g_1储层孔隙度为3.96~17.72%，平均9.8%，渗透率0.36~23.4md，平均1.12md，低孔、低渗储层占80%左右[1]，所以总体上，酒东油田储层是低孔低渗砂砾岩储层。

1.2　储层流体特征

酒东油田原油密度平均为0.8368g/cm^3，含蜡量平均为14.14%，凝固点平均为10.75℃[2]。地层水矿化度较高，其分析结果见表1。当不配伍的外来流体与这种高矿化度的地层水相遇结垢趋势较为严重。因此，结垢问题是酒东油田注水开发过程潜在损害因素之一，见表1。

表1　酒东油田地层水分析结果

Na^+K^+ mg/L	Ca^{2+} mg/L	Mg^{2+} mg/L	HCO_3^- mg/L	SO_4^{2-} mg/L	矿化度 mg/L	水型
33361.55	483.36	566.78	743.22	285.12	88711.88	氯化钙

2　酒东油田储层伤害研究

油气层的损害除了来自储渗空间特性、敏感性矿物、岩石表面性质、地层流体性质的影响外，还来自外来流体和环境因素的影响。由于酒东油田储层岩石矿物主要为石英、长石和岩屑，填充物主要为黏土、方解石及白云石，而黏土矿物含量又以伊利石、高岭石为主，这类储层遇到外来流体易发生黏土膨胀和运移，存在潜在的水敏和速敏损害，因此有必要开展储层伤害研究。

2.1　储层敏感性分析

利用酒东油田长3井岩心，开展了储层敏感性评价研究试验[3]，试验结果表明储层存在强速敏、强水敏、强盐敏和强碱敏等损害因素，酸敏较弱，可采用酸化措施改善地层的孔隙结构和连通状况，以达到增产增注之目的。

2.2　岩芯微观分析

选取长2-18井K_1g_3段的岩心进行扫描电镜分析，图片分析描述见1所示。由分析结果可知，岩心结构较发育，孔隙类型以粒间孔为主，粒间填隙物较少，孔隙间连通性较好，同时发育有一定量的粒内溶蚀孔隙；粒间黏土矿物多见高岭石充填，其次有伊/蒙混层、绿泥石及伊利石等矿物；在样品分析中同时也观察到，有外来流体侵入岩心样品污染的现象，显示岩心在取样过程中受到了某种程度的污染，或该取芯井在钻完井过程中对储层造成了一定的损害。书页状高岭石矿物在粒间的分布以分散质点式为主，当外来流体进入储层后，会首先与分散在孔隙间的黏土矿物接触，而高岭石又极易发生微粒的分散和运移，并在孔喉处发生堵塞，从而降低岩心的有效渗透率，同样，岩心中的伊/蒙混层矿物为潜在的水敏性矿物，由电镜图片看出，当外来流体侵入时，分散在孔隙中央及粒表的伊蒙混层矿物晶片水化膨胀，边缘加厚，亦会对岩心的渗透率产生影响，如图1、图2所示。

图1 酒东油田岩心电镜扫描图片分析
岩石较致密，明显孔隙发育，放大倍数150

图2 酒东油田岩心电镜扫描图片分析
外来流体的固相沉积物沉积，放大倍数500

2.3 注入水损害评价

选取酒东油田储层不同渗透率级别的岩芯共3块进行注入水敏感性实验。实验结果表明：参与实验均发生中等偏强至强的敏感，见表2。进一步证明了酒东油田的储层岩芯具有较强的水敏性，这与岩芯中水敏性矿物伊/蒙混层等含量高有关，这一现象表明酒东储层在注水中极易造成外来流体的损害，见表2。

表2 水敏评价实验结果

样品号	$K_i/10^{-3}\mu m^2$	$K_w/10^{-3}\mu m^2$	$D_k/\%$	敏感性评价
J3	13.24	2.84	78.55	强
J17	0.58	0.11	81.03	强
J11	23.41	7.88	66.34	中等偏强

2.4 污水回注对岩心渗透率损害实验研究

由于油田注水大多采用污水回注，为此，开展了污水回注的损害研究。

2.4.1 产出污水离子成分分析

酒东油田 K_1g_1 储层产出污水水型为 $CaCl_2$ 型，总矿化度为54281.52mg/L。钙离子与碳酸氢根离子含量均较高，分别为856.71mg/L、1522.8mg/L，当环境条件改变时碳酸钙结垢趋势较为严重，见表3。

表3 产出污水离子成分分析

离子类型	K^+	Na^+	Ca^{2+}	Mg^{2+}	Cl^-	SO_4^{2-}	HCO_3^-	CO_3^{2-}	总矿化度	水型
含量/mg/L	20.17	19800.4	856.71	182.3	31727.84	171.3	1522.8	0	54281.52	$CaCl_2$

2.4.2 污水对岩心渗透率损害实验研究

选用3块人造岩心和1块天然岩心进行污水对储层损害研究实验。实验设计为：首先以地层水测试岩心的初始渗透率，其次对3块人造岩心用油田污水驱替岩心，对1块天然岩心用油田清水驱替岩心，计量在不同PV下的岩心渗透率变化，由于污水中含油、含悬浮物，必然会对岩心渗透率造成影响。由实验结果可知，当油田污水驱替岩心达到20倍孔隙体积时，岩心渗透率已有较大损害，平均损害率为86.72%；当使用油田清水驱替岩心达到20倍孔隙体积时，岩心渗透率也有较大损害，损害率为62.80%，该实验说明，酒东油田储层岩性具有其特殊性，外来流体不论是污水还是清洁水，都会对储层产生比较严重的损害，如图3所示。

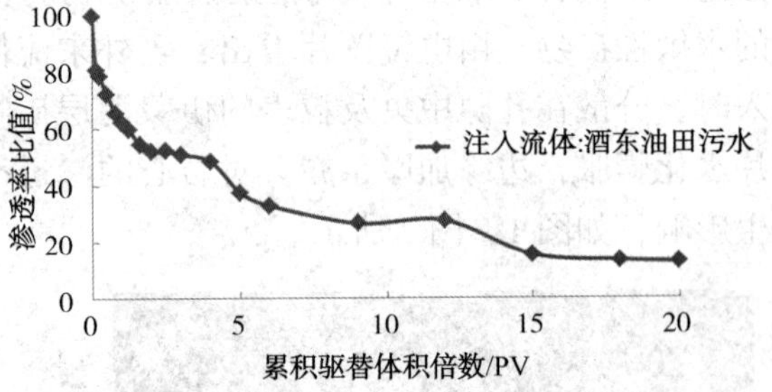

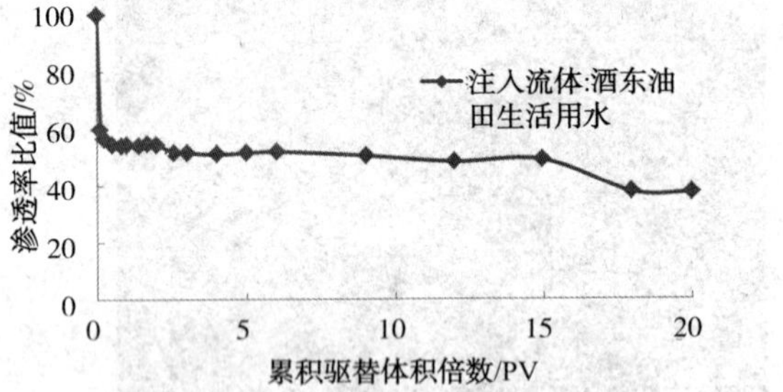

图3 污水水对岩心 J19-2 损害实验曲线

2.5 注入水中机械杂质对地层的堵塞分析

机械杂质的堵塞是注水过程中吸水能力下降的主要原因之一。注入水的机械杂质可能来源于回注水中的地层微粒、黏土和油滴，悬浮颗粒，腐蚀产物，细菌。堵塞程度和吸水能力下降速度受悬浮固相浓度、悬浮物颗粒大小、悬浮颗粒注入速度及地层孔喉尺寸分布的影响。经典的理论解释认为，大于33%地层孔喉直径的颗粒将形成桥堵和外部滤饼，14~33%地层孔喉直径的颗粒将侵入储层深部，形成内部滤饼，而小于14%地层孔喉直径的颗粒将不会造成堵塞，见表4。

表4 酒东油田注水水质检测数据

序号	采样点	悬浮固体含量 mg/L	悬浮物颗粒直径中值 μm	含油量 mg/L	硫酸盐还原菌 个/mL	铁细菌 个/mL	腐生菌 个/mL
1	三相水	283.0	5.7	13.8	70.0	6.0×10^3	2.5×10^4
2	净化水罐	17.0	1.2	2.0	2.5	2.5×10^3	1.3×10^4
3	长206井口	94.0	2.9	1.9	2.5	6.0×10^3	2.0×10^4
4	长3-9井口	66.0	2.6	1.7	2.5	2.5×10^4	2.5×10^4

对于大多数注水井而言，炮眼堵塞是注水井损害的主要形式，炮眼堵塞程度除与机杂颗粒浓度、颗粒大小以及注入压力有关外，还与炮眼直径、形状及射孔压实程度有关。

由于射孔孔眼呈圆锥形，孔眼周围因有压实带存在而使其渗透率、孔隙度严重下降，因此机杂颗粒处在压实带内形成内泥饼，同时那些大于地层孔隙的机杂颗粒在孔眼表面处形成外泥饼。一些在井壁和外泥饼上沉积的颗粒甚至被冲刷到炮眼尾部，这样，炮眼堵塞实际上是一种园锥形堵塞。这种堵塞使注水井吸水能力严重下降，注水压力迅速上升。

2.6 结垢损害实验研究

将地层水与酒东清水以不同混合比混合后，采用滤纸过滤称重法测量其结垢量。实验结果表明，当地层水与清水混合比为8∶2时，结垢量为429mg/L，结垢最为严重。

综合以上实验分析认为造成酒东油田注水过程中储层损害的主要因素为：水敏损害、机械杂质颗粒损害和结垢损害。

3 酸液体系及工艺优化

3.1 技术思路

首先，注水井在初次注水前就进行酸化措施，对地层进行一次酸处理，消除黏土矿物遇水膨胀的潜在水敏损害，稳定黏土，保障注入水的顺利进入；其次，对注水过程中出现的黏土颗粒运移、机械杂质颗粒聚集堵塞开展复合酸酸化技术，解除颗粒堵塞，打通注水通道；然后对注水过程中管柱及近井地带的垢堵，采用在线螯合除垢技术，将这三项技术有机结合起来可实现注水井的长效增注。

3.2 注水前的酸液优化

酒东油田的水敏损害主要主要来自储层水敏性矿物的膨胀、黏土颗粒脱落和微粒运移，水敏性矿物遇到地面注入水，黏土表面电荷平衡被打破，黏土以膨胀分散运移的方式造成储层的首次堵塞。

对于黏土的膨胀问题有理论[4]认为黏土表面带有电荷，黏土膨胀取决于与它相接触的液体的PH值，随着溶液PH值的增加，表面电荷由正变负，黏土才开始吸水膨胀。当液体(如酸液)的PH值较低时，黏土矿物带正电荷，不吸收水合离子，黏土表面不膨胀。所以酸液可以有效抑制黏土矿物的膨胀。文献[5]也认为酸是一类黏土稳定剂，它可将黏土中膨胀性强的钠土转变为膨胀性弱的氢土而起黏土稳定作用。文献[6]认为采用酸化预处理地层，渗透率损失最小，防膨效果的持久性和稳定性最好。

试验中分别称取酒东油田长 4 井储层岩芯粉（过 100 目筛，恒重）和膨润土 5g，测定在 3% KCL 溶液，2% 黏土稳定剂 NW－1 溶液，12% HCL 溶液中的体积膨胀量。参考标准 SY/T5971－94<注水用黏土稳定剂性能评价方法>。试验结果表明，盐酸对于酒东油田岩粉和膨润土均有抑制岩样膨胀的作用，所以，为了把酒东油田的水敏损害消灭在萌芽状态，对投注井应进行先盐酸酸化然后投注，见表 5。

表 5 酸液防膨率测定结果表

项目	3%KCl 溶液	2%NW-1	12%盐酸
酒东岩屑防膨率/%	79.8	85.6	83.8
膨润土(钠土)防膨率/%	88.5	82.8	85.7

3.3 复合酸酸液体系优化

酒东油田是典型的砂岩油藏，储层岩石矿物以石英和长石为主，储层黏土矿物中主要含有伊利石和高岭石，矿物组分分析见表 6。如果用大量的土酸体系酸化，由于伊利石、蒙脱石的存在，土酸酸化时酸岩反应速度较快，穿透距离较短，且氢氟酸和黏土反应也会生成许多不溶物沉淀，这些沉淀物一旦运移到储层孔隙吼道处，将严重堵塞渗流通道，导致储层的渗透率降低，影响酸化效果，见表 6。

表 6 长 202 井全岩分析数据

层段/m	矿物组份/%										
	蒙脱石	绿泥石	伊利石	高岭石	石英	钾长石	斜长石	方解石	白云石	赤铁矿	粘土
3962-3963	0	1.3	10.6	6.4	54.8	9.0	12.0	4.9	0	1.2	18.3
3970-3972	0	2.3	17.7	8.7	46.5	6.2	12.3	4.1	2.2	0	28.7
3978-3980	0	3.2	16.2	13.3	49.3	0	11.7	4.1	2.1	0	32.7
3985-3986	0	1.3	10.8	7.1	55.7	5.2	17.7	2.3	0	0	19.2
3993-3995	0	3.0	17.6	11.7	53.7	0	9.7	2.6	1.9	0	32.3
4088-4089	0	1.4	17.2	15.3	51.4	0	8.1	5.6	1.0	0	33.9

为了尽可能减少酸岩反应中的二次沉淀污染，保证酸液的低伤害，本着即能改造储层又能保护储层的原则，采用了既能解除堵塞又产生较少二次沉淀的多氢酸体系[7]和既能解除堵塞又能稳定黏土颗粒发生运移的氟硼酸体系[4]。通过测定长 202 井等储层段岩屑的矿物组分和溶解率可知，长 202 井储层的岩屑矿物以石英为主，黏土矿物以伊利石和高岭石为主，岩屑在多氢酸中的溶解率在 30%以上，在氟硼酸中的溶解率也达到了 20%以上，因而具备酸化的条件。根据酸岩反应实验结果，选用多氢酸和氟硼酸作为复合主体酸液进行相关试验，见表 7。

表 7 长 202 井酸岩溶解率表

井号	层段	溶蚀率%			
		盐酸	土酸	多氢酸	氟硼酸
长 202 井	3962-3963	15.47	37.61	35.17	28.30
	3970-3972	13.76	26.55	24.80	18.09
	4088-4089	6.71	33.64	36.27	29.88
长 4 井	4431-4437	10.34	25.87	25.13	20.13
	4955-4962	17.27	32.72	31.66	26.34

3.4 在线螯合酸液优化

酒东油田注水井的垢主要为碳酸盐垢，长 2-11 井、长 2-14 井两口井垢样成分中方解石含量分别为 93.6%和 99%，垢的主要成分为碳酸钙，分析结果见表 8。碳酸盐垢可利用盐酸将其溶解，实验结果见表 9。长 2-14 井垢样盐酸溶蚀率达到了 93%，长 2-11 井垢样盐酸溶蚀率达到了 70%，盐酸对垢的高溶蚀率与垢的成分相符。因此，采用一定浓度的盐酸可以较好地溶蚀水垢，解除堵塞，降低注水压力。

表 8 酒东注水井垢样矿物成分分析

井号	垢样矿物组份/%						
	黄铁矿	石英	钾长石	斜长石	方解石	白云石	菱铁矿
长 2-11 井	1	0	0	4.3	93.6	0	1
长 2-14 井	0	1	0	0	99	0	0

表 9 酒东注水井垢样酸溶试验

酸液类型	15%HCl	10%HCl+1.0%HF	12%HCl+1.5%HF	多氢酸
长 2-14 井垢样溶蚀率/%	92.59	34.71	30.78	39.62
长 2-11 井垢样溶蚀率/%	69.3	/	38.2	58.7

虽然盐酸可将碳酸盐垢完全溶解，但溶解后的残酸液中含有大量的钙镁离子，这些钙镁离子当 pH 值发生变化时又会以沉淀形式析出堵塞地层，为了防止这些沉淀的发生，需要具有良好的螯合剂以化学方式束缚水合金属离子并改变他们的活性来避免发生二次沉淀。采用螯合剂 EDTA

二钠盐不但能够避免铁沉淀而且能够有效防止钙盐的沉淀。

试验中分别配置50ml含有不同浓度的Ca^{2+}和HCO_3^-的水溶液，加入不同浓度的EDTA二钠盐，测定EDTA二钠盐对钙离子的抑制效果。从实验结果来看，EDTA二钠具有较强的抑制Ca^{2+}沉淀的能力，对防止和清除注入水中的成垢离子有较好的帮助。

表10　EDTA二钠对钙离子的螯合实验

液体	Ca^{2+}/(mg/l)	HCO_3^-/(mg/l)	EDTA二钠/(mg/l)	结果
1	4000	4000	4000	微量沉淀
2	4000	4000	8000	溶液清亮
3	4000	4000	6000	溶液清亮
4	2000	2000	4000	溶液清亮

3.5　工艺优化

注水前的酸处理技术和在线螯合酸液除垢技术酸液规模为1~2个井筒容积，采用注水管柱即不动管柱的工艺技术在高于注水压力低于地层破裂压力下进行；复合酸酸化技术酸液规模3~5m^3/m，采用带有封隔器的酸化管柱，在低于地层破裂压力下进行解堵措施。

4　现场应用效果

酒东油田共实施长效增注酸化11井次，措施有效率100%，当年增注水量15092m^3，与同类井常规酸化增注技术相比，长效增注有效期得到了大幅度延长，平均延长有效期可达170天以上。

井例1：长2-15井转注前进行酸化措施，对地层进行预处理，转注后注水压力14MPa，日注水量32m^3，在注水系统压力下有效注水937天，而同类井长3井，转注前未进行任何措施，转注后6个月注水压力接近泵压而停注，长202井直接转注后，初始注水压力14.5MPa，日注水量52m^3，第二天泵压就开始升高，注入量降低，有效注水只有33天就因泵压高而停注。

井例2：长2-18井未进行任何措施直接转注，投注初期泵注压力23.5MPa，注水量26m^3/d，后注水压力逐渐升高，1个月后因泵压高达36MPa不能注入停注，第一次常规酸化后，注水压力降为1MPa，注水量26m^3/d，有效期为390天；第二次常规酸化后，注水压力降为20MPa，注水量26m^3/d，有效期为90天；第三次常规酸化后，注水压力降为26MPa，注水量19m^3/d，择机进行了在线螯合除垢措施，不但保持了正常注入，而且有效期也延长到了218天，在延长酸化有效期的同时，还减少了作业成本。

5　结论与认识

(1) 长效增注技术是注水前的酸处理技术、复合酸酸化解堵技术和在线螯合除垢技术有机结合的协同酸化技术，把握好酸化时机是延长增注有效期的重要保障。

(2) 把酸液预处理地层做为油井转注的首要条件，在油井改注时就对地层进行酸化，可以使黏土防膨效果保持较好的持久性，延长增注效果。

(3) 采用阻垢能力强的螯合酸体系，开展不动管柱的在线酸化技术，可以延长冲检周期，巩固酸增效果。

参考文献

[1] 雷福平，俞海东等，长沙岭构造带下沟组K_1g_1段储层特征及控制因素分析，玉门石油科技动态，2017.1.

[2] 王小军，酒东油田注水过程中储层损害研究，玉门石油科技动态，2013.2.

[3] 李佳军，酒东储层评价及油层保护技术研究.

[4] 张保平，蒋阗等译，油藏增产措施，石油工业出版社，2002.4.

[5] 赵福麟主编，油田化学，中国石油大学出版社，2010.9.

[6] 谢建勇等，准东吉7井注水井酸化预处理防膨技术，新疆石油地质，2017.8.

[7] 于瑞江，肖志明，多氢酸酸化增注技术在鸭儿峡油田的应用，玉门石油科技动态，2011.2.

低渗油藏含水快速上升影响因素及工艺对策-以七棵树油田为例

李　朋　陈洪壮　赵海波

（中国石化东北油气分公司）

摘　要　针对七棵树油田产液结构不均衡及含水上升过快的开发中存在的问题，从生产动态数据和油水井监测资料入手，以中心井组高含水油井为治理对象。对储层非均质性、裂缝强度、井网井距、油井采液强度等因素进行分析，明确了主要影响因素。针对采液强度不均而导致的平面矛盾情况，提出了参数优化的建议。根据油层渗透率、地层温度和地层流体性质，以及裂缝特征和发育规律，结合调剖剂的机理，制定了泡沫体系选择性封堵方案，预测了方案效果及投入产出情况，对于七棵树油田经济高效开发具有指导性建议。

关键词　七棵树油田；采液强度；平面矛盾；选择性封堵；波及体积

基金项目：国家科技重大专项“西非深水油田注采参数优化及单井产能预测研究”（编号：2011ZX05030 - 005-04），中国石油化工股份有限公司油气开发重要先导项目腰英台油田 CO2 驱油先导试验动态分析及评价（编号：KF - 2010-18）。

1　七棵树油田开发中存在的主要问题

七棵树油田构造上位于梨树断陷中央构造带车家窝堡构造圈闭内，西邻十屋油田，东南与秦家屯油田相邻。主要含油砂体为沙河子组一段的2、3号砂体和沙河子组二段的2号砂体（即5号砂体），计算含油面积7.92km^2，石油地质储量245.36×10^{4}t，标定采收率17.33%。储层平均渗透率3.75×10^{-3}μm^2，平均孔隙度10%，为典型的低孔特低渗透油藏。截止到2016年12月七棵树油田油井开井44口，水井开井25口，日产液132.06t/d，日产油73.9t/d，综合含水44.04%，年自然递减率18.01%，综合递减率18.89%，含水上升率4.74%，月注采比1.51，累积注采比1.09。

1.1　储量动用不均衡

七棵树油田储量动用程度为72.87%，其中SW8区块为81.98%，SW10区块仅为50.24%，储量动用不均衡，平面上主要是由于按照方案设计SW10南部区块无注水井点，多口水平井有采无注，导致储量动用程度低；纵向上通过对全区11口水平井潜力摸排发现普遍存在钻遇率低、层间动用差异大的情况。

1.2　产液结构不均衡

参考国内外油田的含水划分标准，按照4个含水级别，含水小于40%，40~60%，60~90%，大于90%，对七棵树油田全区开井的40口油井进行含水分级，截止到目前，高含水井数9口，主要位于构造中部SW8中心井组，特高含水井数7口，高含水井、特高含水井比例40%，这部分井占有33.38%的产液量比例，产油量比例却只有13.77%，是急需调整治理的重点。

1.3　含水上升速度快

含水的变化可以分成三个阶段，第一阶段是2011年以前，产建阶段，投产初期含水较低；第二阶段为2011~2013年，注采完善阶段，注水效果开始显现，含水略有上升；第三阶段为2013年以后，进入全面注水开发阶段，初期大量分注及调整工作含水略有下降，随后含水上升速度明显加快，2013年到2015年，2年含水上升18个百分点，平均年含水上升值9.3%，这一阶段的平均含水上升率7.13 %，是同类油藏的2倍左右。

2　主要影响因素分析

2.1　储层非均质性的影响

（1）纵向非均质性

对全区有静态数据的油井渗透率级差进行统计，结果为1.6，油层纵向非均质较弱，开发过程中，部分井存在单层突进现象，从2013年开始对水井进行分注，目前七棵树油田16口开井水井中10口分注。以SW8-8井组为例，2、3号小层渗透率级差 1.84，历年吸水剖面变化大，2014 年 9 月对 SW8-8 实施分注，分注后吸水剖面显示层间吸水情况趋于平衡(图 1，图 2)。

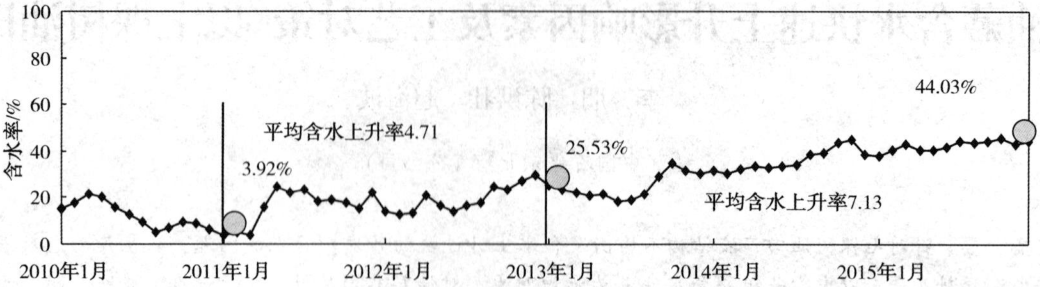

图 1　七棵树油田含水变化曲线

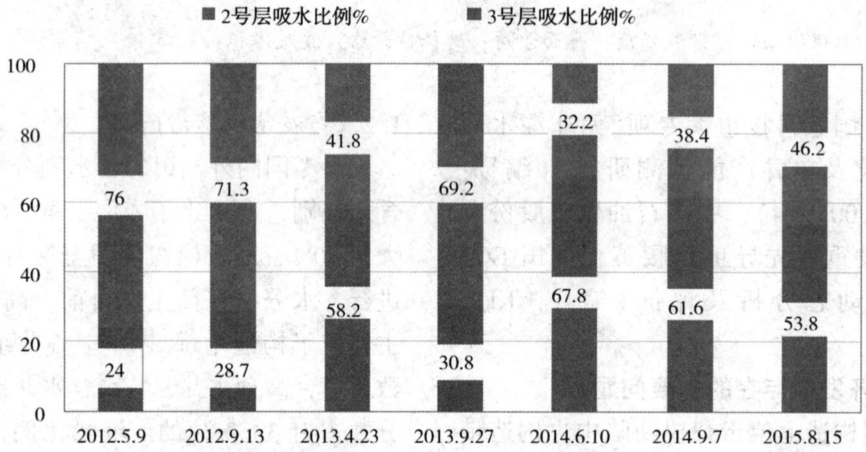

图 2　SW8-8 井 2、3 号小层吸水情况

(2) 平面非均质性

根据示踪剂监测结果显示，SW8-8 井组油水井具有较好的连通对应关系，但由于注入水长期冲刷加剧了储层平面非均质性，使油、水井间平面前缘水线突进速度相对差异较大，最快达到 37.4m/d，最慢的为 13.8m/d，同一井区不同方向上油井含水差别很大，可达 30 个百分点以上(表 1)。

表 1　SW8-8 井组对应油井动态监测情况表

注水井	对应油井	油水井井距/m	示踪剂突破时间/d	前缘水线推进速度/(m/d)	示踪剂峰值时间/d	峰值推进速度/(m/d)
SW8-8	SW8	152	11	13.8	17	8.9
	SW8-4-2	262	7	37.4	11	23.8
					55	4.8
	SW8-5-4	215	13	16.5	16	13.4
	SW8-6-4	356	25	14.2	28	12.7
					49	7.3
	SW8-6-2	276	15	18.4	16	17.3

2.2　裂缝强度

井区内进行压裂裂缝实时监测的井共 6 口，监测解释结果显示该区压裂产生的主裂缝均为北东向，从示踪剂拟合的结果来看，裂缝的存在，改变储层的渗透方向和能力，影响了地下油水运动规律，形成注入水的低效无效循环通道(表 2)。

表 2 SW8–8 井组示踪剂拟合结果

注水井	对应油井	高渗透吸水层	吸水层平均厚度/cm	吸水层平均渗透率/$10^{-3}\mu m^2$	孔喉半径/μm	解释结论
SW8–8	SW8	1	29	57	2.11	高渗带
	SW8–4–2	1	7	156	3.64	微裂缝
	SW8–5–4	1	19	24	1.62	高渗带
	SW8–6–4	2	3	90	2.72	高渗带
			2	85	2.64	高渗带
	SW8–6–2	1	6	61	2.2	高渗带
SW8–5–1	SW8	2	16	53	2.03	高渗带
			3	25	1.42	高渗带
	SW8–6–2	3	3	154	3.61	微裂缝
			3	83	2.6	微裂缝
			2	43	1.83	微裂缝
	SW8–4–3	1	6	56	2.1	高渗带

同时裂缝对隔层也有较大影响，即使岩性上封隔能力很强的隔层，当存在裂缝时，也可以降低甚至失去其封隔能力，甚至出现窜层，以 SW8–4–2 井为例，SW8–8 井对其沙河子组 2、3 号小层注水，由于裂缝的存在，导致注水水窜逸到基底，SW8–4–2 井基底分层含水达到 95.4%，成为主产水层。

2.3 井网井距

根据 SW8–8 井组试采特征，将试采设计的正方形反九点井网调整为 150m×450m 菱形反九点井网，井排方向与裂缝方向平行。设计井网可延缓了角井水淹时间，增加了边井受效程度，由于放大了裂缝方向的井距，可提高压裂改造规模，。但在老井网存在的条件下，形成了固定流线导致注入水低效循环，井间存在较大的剩余油滞留区。

2.4 采液强度

通过功图折算出井组内各油井泵的实际排量，计算出每米油层的采液强度，其中采液强度最大的 SW8 井达到 1.19m³/m.d，是最小的 SW8–6–4 井的 2 倍以上(表 3)。

表 3 SW8–8 井组油井采液强度计算结果

井号	泵径/mm	冲程/m	冲次/(1/min)	采液强度/[m³/(m·d)]
SW8	38	4.5	3	1.19
SW8–4–2	44	3.57	2.9	0.72
SW8–4–3	38	3.49	3.99	0.68
SW8–5–4	38	2.96	4.64	0.59
SW8–6–2	38	3	3.78	0.6
SW8–6–3	38	4.61	2.8	0.99
SW8–6–4	38	3.58	4.06	0.5

3 治理对策及可行性分析

通过分析认为最重要影响因素为平面矛盾，而采液强度不均衡和优势渗流通道形成是平面矛盾的主导因素。确定高含水的治理方向应以水动力学方法引导水线方向、扩大波及体积的均衡对策为主。

3.1 油井参数优化

通过注采系统调整等方式，控制高渗透方向的注水量和产液量，改变液流方向，加强低渗透方向的注水产液强度，通过平面上的注水产液结构调整，实现各方向上的均衡开采，改善井区及整个开发区的开发效果。整个区块平均采液强度由 0.76m³/m.d 下降至 0.56m³/m.d，井组综合含水率下降 6.29%，预计全年节省电费 3.4 万元。

3.2 选择性封堵 改变水驱方向

目前仅靠优化生产参数主要降低了主流线上的注入水推进速度，改变水驱方向需选择性封堵大孔道。产生了低效循环通道的地层实际上是多个高渗条带与低渗条带并联和串联的形式，选择的堵剂既要能够封堵高渗条带，又能保证不堵塞基质岩性(表 4)。

表 4　SW8-8 井组油井调整前后采液强度计算结果

井号	调整前				调整后		
	泵径/mm	冲程/m	冲次/(1/min)	采液强度[m^3/(m·d)]	冲程/m	冲次/(1/min)	采液强度[m^3/(m·d)]
SW8	38	4.50	3.00	1.19	间开 12h/d	0.59	
SW8-4-2	44	3.57	2.90	0.72	2.80	2.90	0.56
SW8-4-3	38	3.49	3.99	0.68	3.45	3.00	0.21
SW8-5-4	38	2.96	4.64	0.59	2.96	4.64	0.59
SW8-6-2	38	3.00	3.78	0.60	3.00	3.78	0.60
SW8-6-3	38	4.61	2.80	0.99	4.61	2.80	0.99
SW8-6-4	38	3.58	4.06	0.50	3.58	4.06	0.50
井组				0.76			0.56

空气泡沫调堵体系利用空气加起泡剂经气液接触后产生泡沫作为调剖剂，泡沫体系大大增加了高渗透条带的流动阻力，从而大大提高了波及体积。体系中高浓度高分子量聚合物可以一定程度上起到封堵高渗透层和大孔道的作用，另一个重要作用是起到稳泡作用。聚合物溶液通过多孔介质时将受到孔隙结构和几何尺寸大小的影响，一选择聚合物分子量时必须考虑聚合物分子可进入的油层渗透率值。通过室内岩芯流动实验或半经验公式，可以确定不同渗透率油层可进入的聚合物分子量上限。

对于七棵树低孔特低渗透油藏来说，孔喉中值半径平均 1.55μm。为了使聚合物不堵塞基质岩心孔隙，应选用 1200×10^4 高分子量聚合物，同时辅助起到封堵裂缝作用，又因为聚合物的加入会增加体相黏度，起到稳泡作用。依据现场经验及室内实验泡沫封堵体系选择注入 0.4PV。

(1) 调剖剂用量计算

调剖剂用量 Q 计算公式为

$$Q=\pi r_e{}^2 H\phi\times PV \text{数}$$

其中：re 为控制半径，是水井到周围油井的距离的平均值，H 为有效厚度。

注入 0.4PV 泡沫时，SW8-8 井所需调剖剂用量为 4012.17t。

(2) 累积增油量及措施有效期计算

累积增油量的确定与原始储量和注入泡沫体系配方所提高采收率的幅度值相关，二者乘积即为所求的累积增油量值。依据现场经验及室内实验注入 0.4PV 泡沫体系时，提高采收率幅度值为 1.5%，累积增油量 2572.48t。

(3) 单位成本计算

基于发泡剂、聚合物的封堵体系的用量及增油量计算吨油成本见表 5。计算的单位成本为 234.04 元/吨。

表 5　SW8-8 井泡沫封堵措施单位成本计算

发泡剂单价/(万元/吨)	3	聚合物单价/(万元/吨)	1.8
聚合物浓度/质量分数	0.15%	调剖剂用量/吨	4012.17
发泡剂浓度/质量分数	0.30%	服务队注入成本/万元	9.65
电费及管理费/万元	1.84	增油量/吨	2572.48
总投入/万元	71.65	吨油成本/元/吨	234.04

4　认识与结论

(1) 七棵树油田产液结构不均衡，含水上升速度快，高含水井主要集中在 SW8 中心井组

(2) 高含水主要影响因素为平面矛盾，而采液强度不均衡和主流线上优势渗流通道的形成是平面矛盾的主导因素。

(3) 通过参数优化改变主流线上注水强度，区块平均采液强度由 0.76m^3/m.d 下降至 0.56m^3/m.d，井组综合含水率下降 6.29%，预计全年节省电费 3.4 万元。

(4) 提出依靠泡沫体系选择性封堵来改变液流方向扩大波及体积的建议，预测累计增油 2572.48 吨，计算单位成本 234.04 元/吨。

参 考 文 献

[1] 曾威，张敏，刘海钰．梨树断陷秦家屯-七棵树油田原油饱和烃地球化学特征研究[J]．石油天然气学报，2013，35(5)：23-27.

[2] 李丁，庄华，张晓明，等．七棵树油田低孔低渗砂岩储层的测井评价[J]．世界地质，2013，32(3)：558-563.
[3] 孙京一，王潍，李明松．两级节流技术在七棵树油田的应用[J]．重庆科技学院学报：自然科学版，2013，15(4)：41-43.
[4] 史成恩，潘增辉．特低渗透油田开发的主要做法[J]．低渗透油气田，2000(3)：57-69.
[5] 杨田志．油田开发中后期高含水油藏堵水调剖工艺研究及应用[D]．中国石油大学，2007.
[6] 单五一．营8区块剩余油分布及低效循环井层识别研究[D]．东北石油大学，2012.
[7] 王艳婷．萨北油田开发后期储层大孔道的识别与治理方法研究[D]．东北石油大学，2012.
[8] 刘长贵．一种新的调剖堵水处理半径计算方法[J]．科学技术与工程，2012，12(36)：9950-9952.
[9] 耿小烬，范洪富，罗幼松，等．泡沫驱机理实验研究进展[J]．重庆科技学院学报：自然科学版，2011，13(4)：10-13.
[10] 冯其红，张安刚，姜汉桥．多层油藏调剖效果动态预测方法研究[J]．西南石油大学学报(自然科学版)，2011，33(4)：130-134.

水平井长寿命分段采油工艺管柱探讨

孔令维　徐　微　何信海

（大庆油田有限责任公司）

摘　要　水平井最大的问题就是水淹，由于直井所用的产出剖面测试和采油技术不能适应水平井，还没有较好的分段采油工艺技术措施能够解决，水平井常规分段采油工艺管柱现场应用中存在以下问题：一是分段层数受限制，一般在4段以下，如果分段层数多时，管柱存在拔不动隐患，增加井况调查和大修工作量；二是压控开关电池使用寿命短，平均有效使用寿命180天，无法满足水平井产液和含水变化频繁调层需要；三是封隔器胶筒没有保护措施，下井过程中容易刮坏胶筒，影响胶筒密封性，胶筒使用寿命短。为此，开展了水平井长寿命分段采油工艺管柱研究工作，水平井长寿命工艺管柱由Y445-114封隔器+Y341-100逐级解封封隔器+长寿命压控开关+安全接头+扶正器等组成，对井下管柱受力状况进行了分析，现场应用表明，水平井长寿命分段采油工艺技术管柱可实现水平井、大斜度井等特殊井身结构井的分段采油，可满足4~7个层段精细采油需要。

关键词　水平井；长寿命；分段采油

水平井开采技术已经成为油田老区厚油层顶部挖潜的一种有效手段，水平井最大的问题就是水淹，由于直井所用的产出剖面测试和采油技术不能适应水平井，对于水平井含水上升速度过快的问题，还没有较好的工艺技术措施能够解决，堵水的关键是找水，目前通常采取爬行器测试的办法，成本高，不准确[1]。常规分段采油工艺管柱由Y445-114封隔器+Y341-100堵水封隔器+普通压控开关+安全接头等组成，可以解决此问题，但是现场应用中存在以下问题：一是分段层数受限制，一般在4段以下，如果分段层数多时，管柱存在拔不动隐患；二是压控开关电池使用寿命短，平均有效使用寿命180天，无法满足频繁调层需要；三是封隔器缺少保护措施，在下井过程中胶筒容易刮坏，影响胶筒密封性。为此，开展了水平井长寿命分段采油工艺技术研究，对于解决上述问题十分必要[3]。

1　水平井长寿命分段采油工艺管柱原理

水平井长寿命工艺管柱由Y445-114封隔器+Y341-100逐级解封封隔器+长寿命压控开关+安全接头+扶正器等组成。通过压控开关与封隔器配套使用，将油层分隔成若干层段，每个层段下调层开关，实现一趟管柱实现分段采油（见图1）。采取地面向井下环空打压方式，使井下压控开关打开或关闭，实现层段的开或关，通过井口计产和含水数据，判定任意层段在正常泵抽状态下的产量和含水数据，找出高含水层位，当需调层时从油套环形空间打压，调整开关工作状态，实现不动管柱调层生产。

1.1　对于分段射孔的井段，应用小直径逐级解封压缩式封隔器分采管柱

小直径逐级解封堵封隔器坐封机构设计在胶筒下方，水泥车打压，水进入坐封孔道，推动释放活塞，释放活塞推动释放筒剪断释放销钉，释放筒上行，挤压胶筒实现封隔。解封机构设计在胶筒上部，上提管柱解封时，中心筒受力，胶筒与套管由于有静摩擦力而保持原位置，当上提负荷增加到一定程度，解封销钉被剪断，中心管上行，让出胶筒回弹空间，胶筒收缩，上工作筒随之上行，实现单级解封，通过自上而下逐级剪断封隔器解封销钉，实现逐级解封。另外，设计封隔器刚体隔环外径大于胶筒直径，具有保护胶筒的功能，应用管柱扶正器，使封隔器在下井过程中在套管内始终保持居中状态，防止胶筒被刮坏，延长使用寿命。

1.2　对于连续射孔的井段，应用水力密闭式长胶筒分采管柱

水力密闭式长胶筒封隔器由上接头、压力存储坐封机构、解封机构、长胶筒、下接头五部分组成，是在常规扩张式封隔器工作原理的基础上，通过改变胶筒材质，增加胶筒长度，增设压力存储机构，利用厚油层射孔层段内的隔层进行

卡封，实现对层段内高含水层位封堵。压力存储坐封机构由弹簧和硫化的橡胶组成单流阀，当打压时，压力推开活塞胶套，压力存储在单流阀里，保持长胶筒持续胀开；解封时，上提管柱，剪断剪切销钉，压力释放掉，胶筒回弹，封隔器解封(图1~图3)。

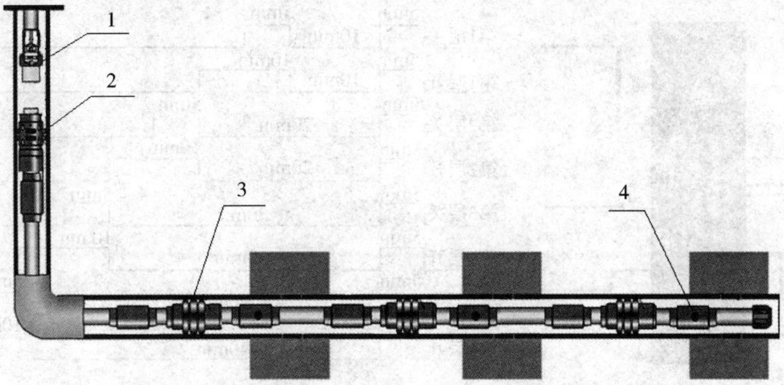

图1 水平井长寿命分段采油工艺管柱示意图

1—抽油泵；2—丢手接头；3—小直径逐级解封封隔器；4—长寿命压控开关

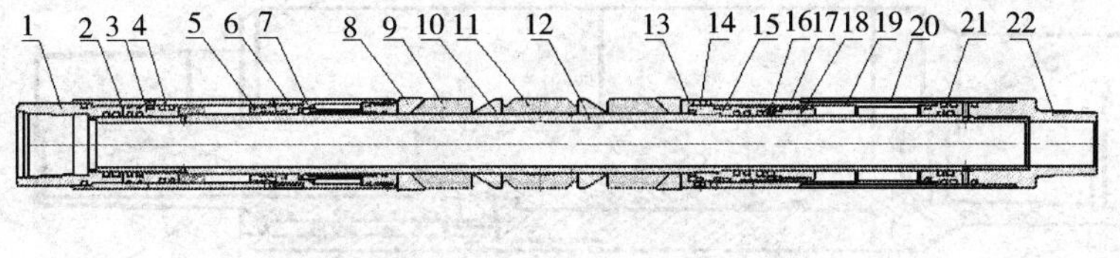

图2 小直径逐级解封封隔器示意图

1—上接头；2—上外套管；3—密封活塞；4—解封销钉1；5—平衡活塞；6—连接套；7—固定环；8—边挡环；9—边胶筒；10—隔环；11—中胶筒；12—中心管；13—坐封环；14—坐封销钉；15—固定活塞；16—解封销钉2；17—卡簧；18—卡簧座；19—释放筒；20—下外筒；21—释放活塞；22—下接头

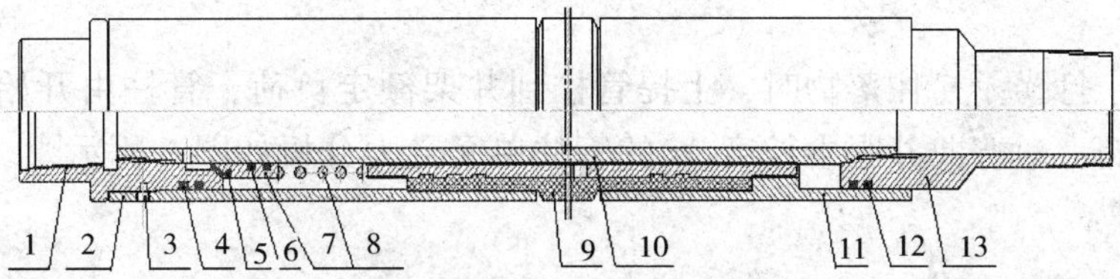

图3 水力密闭式长胶筒封隔器示意图

1—上接头；2—上外筒；3—上剪钉；4—大胶圈；5—活塞胶套；6—活塞；7—活塞胶圈；8—弹簧；9—胶筒总成；10—中心管；11—下外筒；12—密封圈；13—下接头

2 管柱配套工具

2.1 长寿命压控开关

长寿命压控开关由机械和电气两部分组成，每一个压电开关由一组编程码控制，按照压力梯度设置不同压力编码，使每条指令均包含层位和动作信息，地面通过泵车打压，产生一种特定的压力脉冲指令信号，向井下输送压力信号，接收器中的压力传感器接收到的信号，向控制系统发出指令，控制系统驱动电机动作，控制开关器的开与关状态。采取增大电池容量的办法，控制压力、温度主要参数取点次数，延长电池使用寿命，满足水平井长时间调层生产需要(表1)。

表1 长寿命压控开关参数对比表

名称	外径/mm	长度/m	容量/(A·h)	电压/V	价格/万元
普通开关	100	1.07	6	3.6	1.6
长寿命开关	100	1.32	15	3.9	2.2

2.2 安全接头

井下管柱安全保护装置由上接头、密封圈、外套、锁块、剪钉、活塞、下接头组成。上接头与油管相连接，下接头连接封隔器，油管内正打压，封隔器器释放后，继续提高压力打压，活塞向下运动剪断剪钉，锁块松动，安全保护装置上、下接头脱开，将下接头和以下管柱丢入井下，下接头上有打捞螺纹，下常规打捞工具进行打捞。在井下管柱上位置安装安全保护装置，当油管出现拔不动时，上提管柱达到一定负荷使安全接头以上油管脱开，方便后续采取措施处理(图4，图5)。

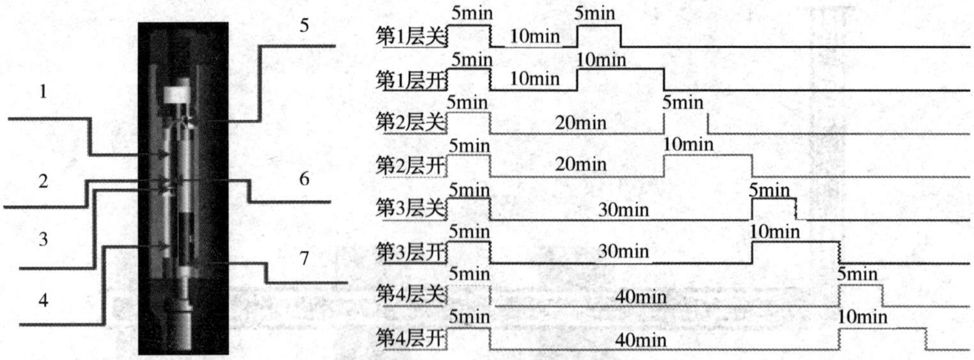

图4　长寿命压控开关结构示意图

1—检测电路；2—数据存储；3—接收器；4—电池；5—工作筒；6—电机；7—开关器

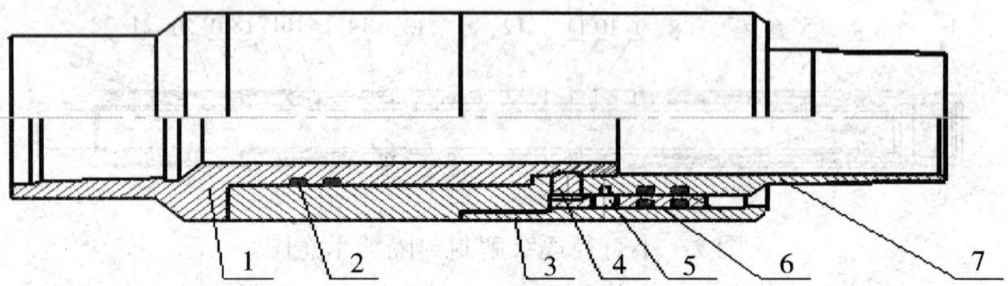

图5　安全接头装置示意图

1—上接头；2—密封圈；3—外套；4—锁块；5—剪钉；6—活塞；7—下接头

3　井下管柱受力分析

当起丢手管柱时，打捞矛捞住落物时，上提管柱到井架额定负荷，管柱由开始移动并处于拉伸状态。忽略管柱接头影响，对弯曲井眼中长度 Δs 的管柱单元受力分析如图6所示[4]。

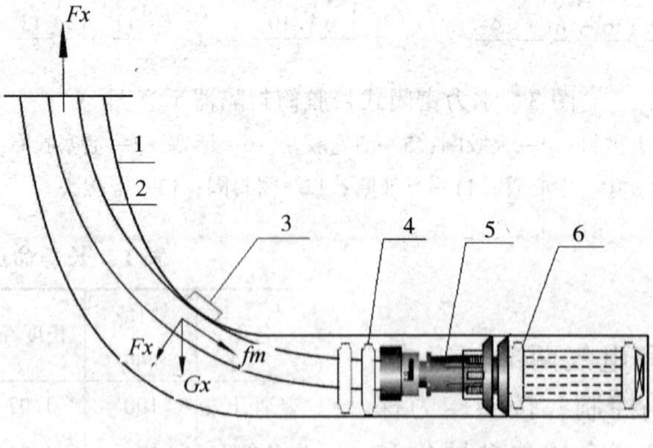

图6　上提时管柱单元的受力

1—油层套管；2—打捞管柱；3—多点接触段；4—扶正器；5—打捞矛；6—丢手管柱

$$f_m = G_g / \cos\theta \qquad (1)$$

式中　N_1——套管对油管支撑力；

N_2——套管对封隔器支撑力；

P_1，P_2——套管重量。

4　现场应用

2018年6月，在水平井1实施不动管柱分段采油试验，全井预分4个层段，每个层段生产20天，计量单个层段产液和含水，经过反复调层找水，确定了3个堵水层段(表2)。

表 2　水平井 1 现场试验调层顺序表

调层顺序	调层时间	开关状态 1	2	3	4	第一次(2014.1) 液/t	油/t	含水/%	沉没度/m	第二次(2018.6) 液/t	油/t	含水/%	沉没度/m
措施前全井产量情况						160	0	100	615	225	0	100	615
1	第一层开	开	关	关	关	215	0	100	615	240	0	100	615
2	第二层开	关	开	关	关	192	0	100	615	175	0	100	615
3	第三层开	关	关	开	关	160	0	100	615	222	0	100	209
4	第四层开	关	关	关	开	132	10	92.4	615	114	2.8	97.5	408
最终确定只开第四层，实施后效果						150	13	91.5	615	113	3	97.3	408

水平井 1 实施实施分段采油后，日产液下降 126t/d，日产油上升 2.8t/d，含水下降 2.5 个百分点，效果显著。第一次：有效期 798d，累计增油 11053t；第二次：有效期 122d，累计增油 281t（表 3）。

表 3　水平井 2 现场试验调层顺序表

调层顺序	调层时间	开关工作状态 开关 1	开关 2	开关 3	开关 4	产液 t/d	产油 t/d	含水 %	沉没度 m	生产层位
1	第一层开	开	关	关	关	174	2.6	98.5	350	1133-1214m
2	第二层开	关	开	关	关	165	2.98	98.2	380	1219-1284m
3	第三层开	关	关	开	关	153	2.29	98.5	366	1289-1332m
4	第四层开	关	关	关	开	158	0	100	342	1375-1430m
5	二、三层开	关	开	开	关	180	13	92.4	694	
措施前全井						184	0	100	694	
措施后(二、三层开)全井						187	11	94.1	694	

2018 年 9 月，在水平井 2 实施分段采油，全井预分 4 个层段，每个层段生产 15d，计量单个层段产液和含水，经过反复调层找水，确定生产第 2 和第 3 个层段。截止目前，该井平均单井日增油 11t，含水下降 5.0 个百分点，有效期 126 天，累计增油 678t。

5　结论

（1）水平井长寿命分段采油工艺管柱在 2 口水平井上试验获得成功，与爬行器测试技术对比，可以实现低成本生产状态下找水，提高测试资料精度，根据各段产液和含水变化，在不动管柱情况下满足 7 级以内精细分段采油需要；

（2）与常规不动管柱分段采油工艺相比，水平井长寿命分段采油工艺管柱具有管柱解封力低，磨损程度低，调层数量多、电池使用寿命长的优点，电池有效使用时间可以达到 18 个月，缺点是只有开和关两个动作，不能够调整开度大小，成本相对高。下步继续开展技术调研，寻找更长寿命电池或研究井下非接触充电技术，延长井下调层开关使用寿命，实现定量调整，进一步提高技术适应性。

参 考 文 献

[1] 王金忠，肖国华，陈雷，王芳，王瑶．水平井分段遥控分采技术研究与应用[J]．石油机械，2011，39(2)：66~67.

[2] 王彬．采油八厂水平井机械分层找堵水工艺技术分析与研究[J]．内蒙古石油化工，2011，8(2)：(161-162).

[3] 杨松，复杂产出井水平井堵水技术研究[J]．中国石油和化工标准与质量，2014，10(3)：15-16.

[4] 梁晓芳，张红岗．水平井找堵水技术研究及应用[J]．石油化工应用，2014，33(1)：46-49.

+·新型AICD控水性能实验研究及应用

朱春明

（中海油田服务股份有限公司）

摘　要　目前海上油田进入中高含水期，油井见水后含水升幅很快，严重制约了油田的高效开发。鉴于传统的ICD控水工具的局限性，以及海上油田水平井开采面临的技术难题和现实问题。为了解决上述问题，本文研发出两种新型自动流入控制装置(AICD)，利用数值模拟软件分析其内部流动规律，具体分析了流体黏度、含水率等影响控水效果的主要因素，仿真结果表明：新型AICD对水产生的过阀阻力大于油的过阀阻力，其控水能力表现为含水率越高流过控水阀的压降越大。通过地面实验模拟井下生产状况，对比研究了新型AICD对不同黏度及不同含水率流体的过流性能。AICD防砂控水方案实施后，解决了海上油田含水上升过快的问题，现场应用效果分析表明，AICD完井工艺能均衡水平井产液剖面，降低水平井含水率，具有控水稳油甚至增油效果。

关键词　AICD；稳油控水；实验研究；水平井；现场应用

引言

受制于平台空间和成本限制，海上油田大部分采用长水平井进行开发，“趾端效应”突出、边底水锥进现象明显，采用侧钻、MRC技术等增产措施成本较高，寻找抑制水体侵入、提高原油产量的技术与方法成为主流[1-5]。因此，AICD技术在中国拥有广阔的应用前景和发展空间。但是目前还没有AICD技术应用详尽的现场数据，AICD技术适用油藏的选择方法和标准还有待研究[6-10]。本文通过地面试验，以水、不同黏度原油、不同含水率的油水混合液为样品模拟井下生产状况，对比验证控水阀得稳油控水性能。通过计算流体力学(CFD)仿真方法进行数模实验，确定控水阀的适用条件和范围，从而为控水阀的设计、优选提供依据。为了解决海上油田水平井高含水问题，研制出了新型防砂控水筛管，根据储层物性和流体物性等参数进行工艺方案设计，该工艺实施后，达到了稳油控水的目的。

1　AICD控水性能物模实验

1.1　实验装置及条件

（1）实验装置

控水阀性能模拟实验装置主要由柱塞泵、变频器、乳化机、电加热装置、控制柜、旁通阀、回压阀、安全阀、流量计、压力传感器、压差传感器和AICD试验工装、管线及相关配件组成。利用压力传感器、压差传感器和流量计测量进入模拟装置的压力、压差和流量，评价控水阀在不同流体黏度和不同含水率下的控水效果。

（2）实验条件

➢ 控水阀类型：螺旋通道式、浮板式

➢ 实验流体：清水、实验油品(不同黏度)

➢ 油品黏度：30mPa·s、60mPa·s和100mPa·s

➢ 油水比例(含水率)：0、20%、60%、80%、95%

➢ 压力及压差：通过控水阀前后的压力及压差

➢ 流量：一定时间内通过控水阀的流体体积。

1.2　实验流程

连接设备，检查设备和管线后，不装入控水阀以清水试运行，确保设备运转正常，管线无刺漏后装入控水阀；启动柱塞泵，保持安全阀和回压阀全开，流体循环直到流量计的读数稳定。调节柱塞泵的频率，设定流入控水阀的压力，记录通过控水阀的流量值；同时记录通过控水阀前后的压力及压差；完成一组数据(流量、压力和压差)的录取。针对每一种流体，压力取值范围最低压力值要小于0.5MPa，最高值要大于2MPa，测试数据点不少于5个。更换流体样品或控水阀，重复上述步骤，直到完成全部样品实验。

2　AICD控水性能数模实验

2.1　计算流体力学仿真流程

CFD仿真流程框架：采用前处理软件进行建

模和网格划分；建立求解模型（选择求解器，湍流模型等）；设置流体的物理属性（流体密度，运动黏度）；设置边界条件（入口出口边界条件）；迭代求解，后处理；根据计算结果的后处理进行 AICD 性能分析，揭示其工作原理。

2.2　数值模拟流程

（1）实物模型 3D 建模

运用 SolidWorks 进行零件图的绘制，建立 AICD 装配体的 3D 模型。对控水阀的连接螺纹等做了简化，其他细节一切尽可能与实物相符。

（2）3D 流体模型建模及前处理

经过布尔运算得到流体模型，通过专业的有限元网格划分软件对简化后的模型进行网格划分，上述模型划分得到 181 万个网格单元，并设置相应的流体入口面、出口面，导出流体网格。

（3）CFD 流场仿真设置

选择好求解器，读入网格文件，检查网格质量，进行边界条件的设置，包括流体状态，流体材料，入口及出口边界条件等。根据试验要求选择不同的油水比例和原油黏度参数进行基本相和第二相的设置。

（4）CFD 流场仿真结果处理

求解初始化后进行求解计算，待残差收敛后，计算出入口压强，建立关键截面得到压力场分布云图，速度场分布云图，迹线图，介质不同体积分数云图等结果。

按照上述仿真流程，设置不同的流体参数、含水率，依据入口和出口压差 0.5MPa～5MPa 的仿真参数范围，进行边界条件设置，对两种 AICD 控水阀进行 CFD 仿真试验，得到相应的 Q-ΔP 特性仿真试验数据。

3　实验结果分析

3.1　物模实验结果分析

（1）螺旋通道式控水阀

按照实验流程，测试螺旋通道式控水阀的稳油控水特性，得到不同原油黏度、不同含水率等各种不同流体介质的 Q-ΔP 特性曲线。

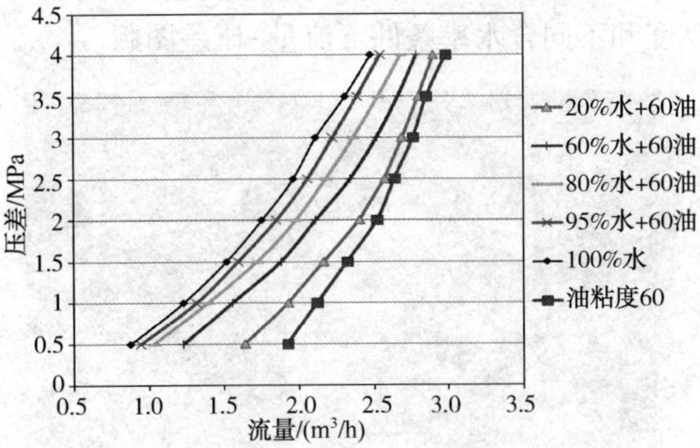

图 1　相同原油黏度、不同含水率介质螺旋通道式控水阀的 Q-ΔP 实验特性曲线

由图 1 可知，纯水介质的进出口压力差值远大于纯油介质和 20% 含水率的混合介质；在实验黏度范围内，相同压力下，随着黏度增大，流量增大，过油能力逐渐增强；螺旋通道式控水阀流阻随流体黏度增大逐渐减小。随着混合介质含水率增大，螺旋通道式控水阀的流阻逐渐增大，向纯水靠近；实验结果表明，螺旋通道式控水阀具有明显的稳油控水能力。

（2）浮板式控水阀

按照实验流程，测试浮板式控水阀的稳油控水特性，得到不同原油黏度、不同含水率等各种不同流体介质的 Q-ΔP 特性曲线。

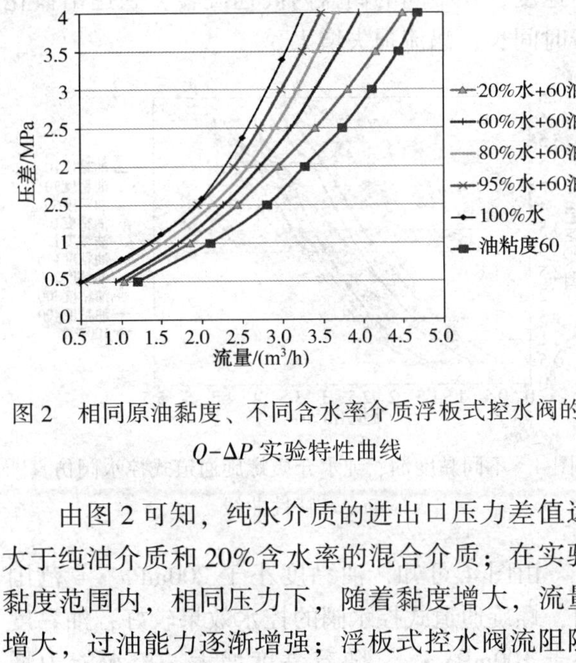

图 2　相同原油黏度、不同含水率介质浮板式控水阀的 Q-ΔP 实验特性曲线

由图 2 可知，纯水介质的进出口压力差值远大于纯油介质和 20% 含水率的混合介质；在实验黏度范围内，相同压力下，随着黏度增大，流量增大，过油能力逐渐增强；浮板式控水阀流阻随流体黏度增大逐渐减小。随着混合介质含水率增大，浮板式控水阀的流阻逐渐增大，向纯水靠近；实验结果表明，浮板式控水阀具有明显的稳油控水能力。

3.2　数模实验结果分析

（1）螺旋通道式控水阀

以螺旋通道式控水阀的油水混合条件进行数模仿真，设置为 60% 含水率，油黏度 60mPa · s，压力 2.5MPa 为例，得到内部流体粒子迹线、压力分布、速度矢量云图，揭示了控水阀的工作原理；改变黏度和含水率进行数模仿真，得到不同黏度和不同含水率条件下流量-压差图版。

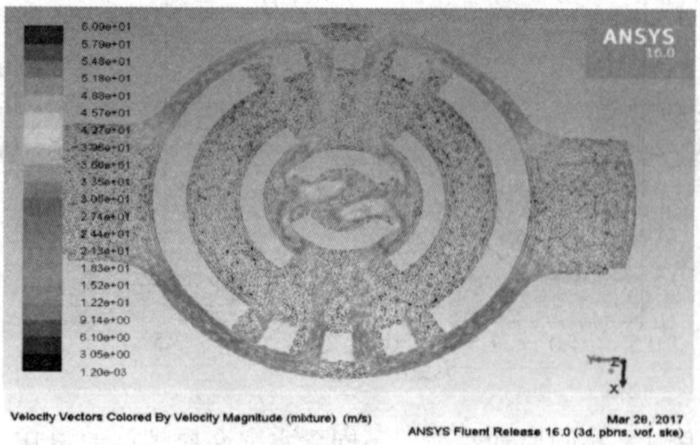

图 3　螺旋通道式控水阀内部流体流速矢量图

由图 3 可知，混合流体从面积较大的入口流入，流经截面较小的外环时流速增大，通过外环后进入流动岔路口，黏度较大的油品直接沿通道流向出口，当黏度较小的水体通过时，在高流速下具有较大的惯性力，流经主通道后获得较大的角速度，在中间的涡盘内高速旋转，到达出口花费时间长，涡流损失增大。

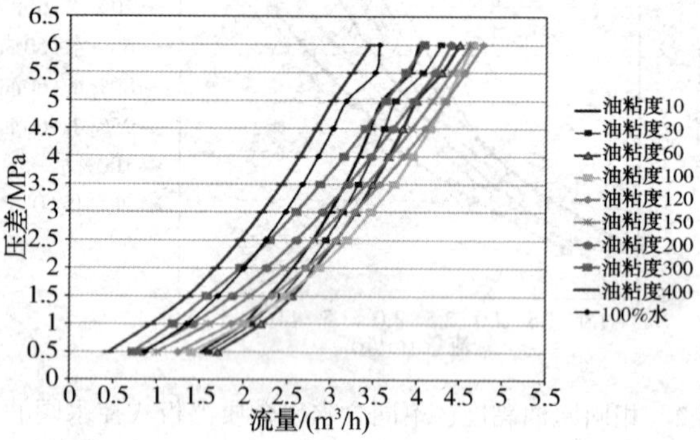

图 4　不同黏度油、纯水介质螺旋通道式控水阀仿真 $Q-\Delta P$ 特性曲线

由图 4 可知，油黏度小于 200mPa · s 范围内，螺旋通道式控水阀的控水效果较好；油黏度小于 100mPa · s，随着黏度增大，控水能力增强，油黏度大于 100mPa · s，随着黏度增大，控水能力减弱。黏度超过 400mPa · s，螺旋通道式控水阀不适用于纯油介质。

由图 5 可知，纯水介质和纯油介质特性曲线分布在曲线族两端，表明纯水介质产生的流阻最大，纯油介质产生流阻最小。随含水率的减小和流量增大，混合介质产生的流阻逐渐减小，表明螺旋通道式控水阀的阻水过油能力随着介质含油量和流量增大而逐渐增强。

（2）浮板式控水阀

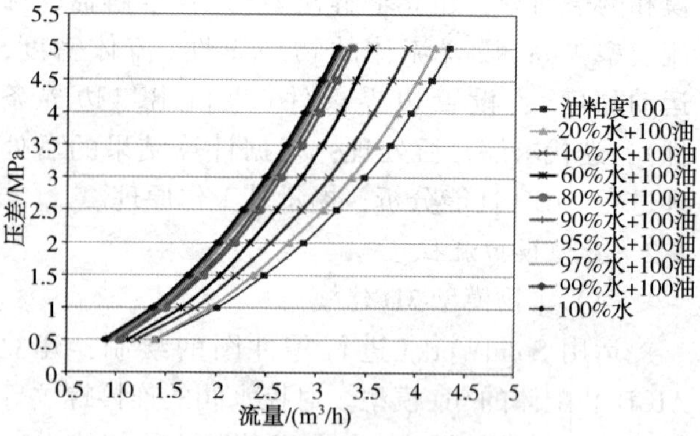

图 5　相同原油黏度、不同含水率介质螺旋通道式控水阀仿真 $Q-\Delta P$ 特性曲线

以浮板式控水阀的油水混合条件进行数模仿真，设置为 20%含水率，油黏度 60mPa · s，压力 2.5MPa 为例，得到内部流体粒子迹线、压力分布、速度矢量云图，揭示了控水阀的工作原理；改变黏度和含水率进行数模仿真，得到不同黏度和不同含水率条件下流量-压差图版。

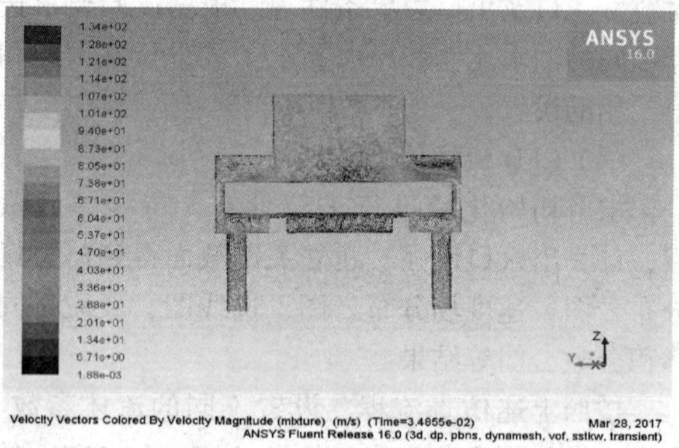

图 6　浮板式控水阀内部流体流速矢量图

由图 6 可知，浮板前端流体速度较大的区域是低压区，浮板后段流体速度小的区域是高压区；但是当液体高速通过窄隙后，形成的局部高压区迅速平衡浮板前后端的压力，在流体的作用下，达成动态浮动平衡。当相对黏度较低的水体流经阀体时，在高流速下具有较大的动能，导致水体在阀腔内上部边缘和浮板下部高速湍动、旋转，到达出口花费时间长，湍流损失增大。

由图 7 可知，油黏度小于 300mPa · s 范围内，浮板式控水阀的控水效果较好；油黏度小于 150mPa · s，随着黏度增大，控水能力增强，油黏度大于 150mPa · s，随着黏度增大，控水能力减弱。黏度超过 550mPa · s，浮板式控水阀不适用于纯油介质。

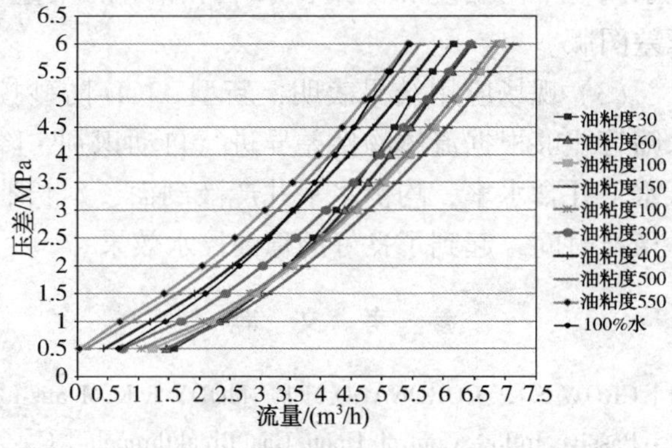

图 7 不同黏度油、纯水介质浮板式控水阀仿真 $Q-\Delta P$ 特性曲线

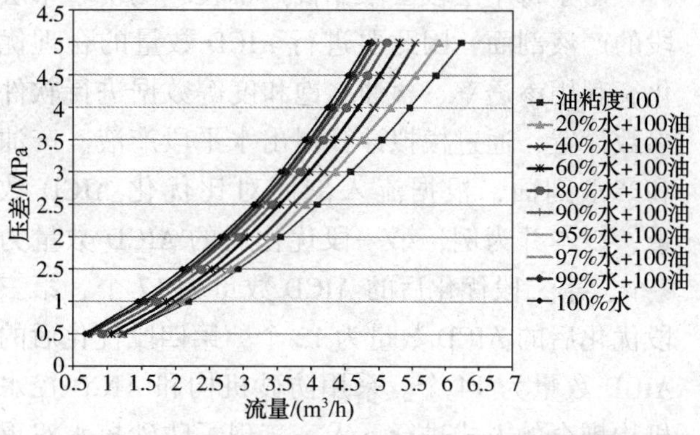

图 8 相同原油黏度、不同含水率介质螺旋通道式控水阀仿真 $Q-\Delta P$ 特性曲线

由图 8 可知，纯水介质和纯油介质特性曲线分布在曲线族两端，表明纯水介质产生的流阻最大，纯油介质产生流阻最小。随含水率的减小和流量增大，混合介质产生的流阻逐渐减小，表明浮板式控水阀的阻水过油能力随着介质含油量和流量增大而逐渐增强。

4 现场应用

截至 2018 年 11 月底，新型 AICD 已经在现场成功应用 3 井次，起到了良好的稳油控水效果，以海上油田一口井为例进行详细阐述，该井为 2017 年新钻调整井，完钻井深为 2715m，水平段长度为 420m，有效水平段长度为 410m，地层温度 82.2℃，地层静压 18MPa，地下原油黏度 32mPa·s，储层有效厚度 4.1m，属于强底水油藏，基于上述地层和油藏参数，利用 AICD 实验分析结果基于 NETool 软件进行相应的 AICD 控水方案设计。

4.1 AICD 完井生产管柱设计

本次开发的油田属于强底水油藏，该井开发井位位于构造的高部位，容易引起底水突破，水平井的跟部和趾部最易出现水淹，因此要进行合理的层段划分，降低底水锥进的风险，利用井眼轨迹、油藏数值模型等数据进行软件参数设置，根据水平段渗透率分布、含油水饱和度分布等数据确定高渗流、高产层段，从而进行层段划分，以本井为例，2295～2411m 为中高渗层段，2411～2550m 为中低渗层段，2550～2619m 为高渗层段，2619～2705m 为中高渗层段，因此本井水平段划分为 4 段，下入 3 个遇油遇水膨胀封隔器。对封隔器下入位置进行分析，满足分段封隔效果。完井生产管柱示意图见图 9。

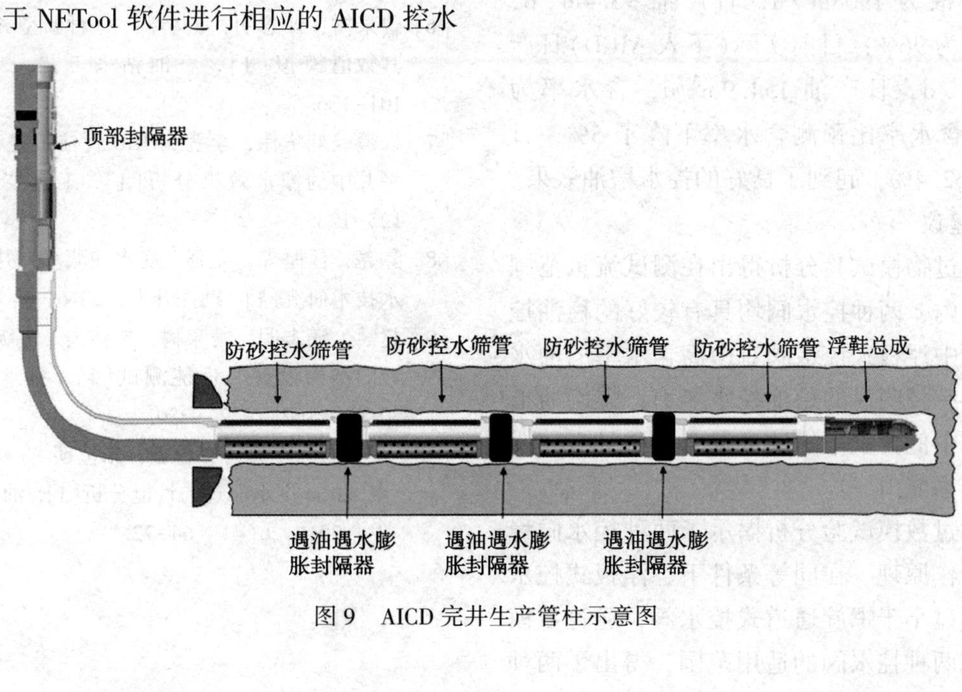

图 9 AICD 完井生产管柱示意图

由于每个层段要限制高产部位，均衡整个层段的产液剖面，因此要进行 AICD 数量的合理优化，利用渗透率、含油水饱和度等数据进行软件参数设置，通过模拟计算得出水平段产液、产油和产水剖面，根据流入剖面对比优化 AICD 数量，以本井为例，第一段优化后的 AICD 数量为 9 个，第二段优化后的 AICD 数量为 17 个，第三段优化后的 AICD 数量为 12 个，第四段优化后的 AICD 数量为 14 个。采用防砂机构和 AICD 控水机构耦合的方式进行下入，实现了防砂控水双重效果。

4.2 AICD 应用效果分析

AICD 防砂控水方案顺利实施后，该井 2017 年 7 月开始生产，结合前期地层和油藏数据对该井进行了生产预测，实际生产数据和预测生产数据对比分析见图 10。

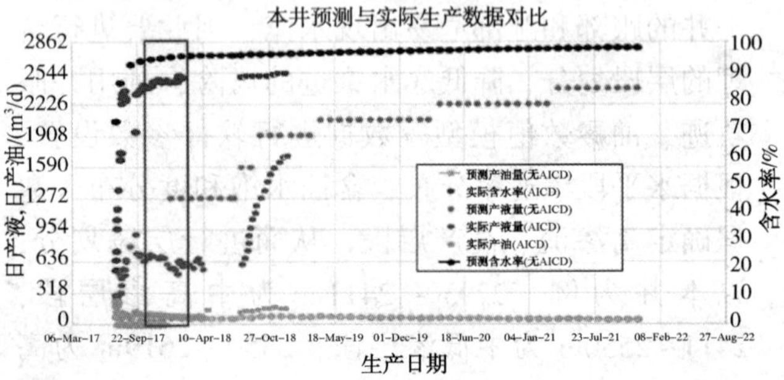

图 10 本井实际生产数据和预测数据对比分析曲线

从 10 可以看出，预测 2018 年 11 月（无 ACID）日产液为 $1908m^3/d$，日产油 $95.4m^3/d$，预测含水率为 96%；目前实际（下入 AICD）日产液 $1719.6m^3/d$，日产油 $154.9m^3/d$，含水率为 91%；实际含水率比预测含水率下降了 5%，日产油增幅 162.4%，起到了良好的控水增油效果。

5 结论及建议

（1）通过物模试验分析得出在测试流量范围和黏度范围内，两种控水阀均具有较好的稳油控水能力，其中浮板式控水阀对中高含水率的油水混合介质具有较明显的稳油控水能力；螺旋通道式控水阀对中低含水率的油水混合介质具有较明显的稳油控水能力。

（2）通过数模试验分析揭示了两种控水阀稳油控水的工作原理。在同等条件下，浮板式控水阀的流阻明显小于螺旋通道式控水阀，通过数模分析得出了两种控水阀的适用范围，得出了两种控水阀在不同黏度和不同含水率条件下的流量-压差图版。

（3）现场应用结果表明，新型 AICD 防砂控水筛管能够根据流体物性差异进行自动识别，降低水平井含水率，均衡水平井产液剖面，延长油井稳产时间，起到了良好的稳油控水效果。

参 考 文 献

[1] CROW S L, CORONADO M P, MODY R K. Means for Passive Inflow Control Upon Gas Breakthrough [C]//SPE Annual Technical Conference and Exhibition, 24-27 September, 2006, San Antonio, Texas, USA.

[2] LEAST B, GRECI S, BURKEY R C, ET AL. Autonomous ICD Single Phase Testing [C]//SPE Annual Technical Conference and Exhibition, 8-10 October, 2012, San Antonio, Texas, USA.

[3] ZHAO Liang, LEAST B, GRECI S, et al. Fluidic Diode Autonomous ICD Range 2A Single-Phase Testing [C]//SPE Oilfield Water Management Conference and Exhibition, 21-22 April, 2014, Kuwait City, Kuwait.

[4] ZENG Quanshu, WANG Zhiming, WANG Xiaoqiu, et al. A Novel Autonomous Inflow Control Device Design: Improvements to Hybrid ICD [C]//International Petroleum Technology Conference, 10-12 December, 2014, Kuala Lumpur, Malaysia.

[5] NEGRESCU M, JR LEITAO I L F. ICD/AICD for Heavy Oil Technology Qualification at the Peregrino Field[C]//OTC Brasil, 29-31 October, 2013, Rio de Janeiro, Brazil.

[6] 曾泉树，汪志明，王小秋．一种新型 AICD 的设计及其数值模拟[J]．石油钻采工艺，2015，37(2)：101-106.

[7] 朱橙，刘华伟，李登．AICD 管柱工艺在海上油田水平井中的控水效果分析[J]．工艺技术，2016，8：125-128.

[8] 陈尧，任厚霖，龙强．底水油藏水平井 AICD 完井控水技术研究[J]．勘探开发，2016，2：169-170.

[9] 赵麟，汪志明，曾泉树，毕洁夫．多级限流 AICD 装置的结构设计及性能测试[J]．科学技术与工程，2018，18(2)：227-230.

[10] 阳明君，李海涛，蒋睿，朱世琰．一种新型底水油藏 AICD 控水原理与性能分析[J]．油气藏评价与开发，2016，6(4)：64-72.

海上稠油油田堵/调/驱一体化技术研究与示范

王　楠　李彦阅　代磊阳　黎　慧　夏　欢　薛宝庆　张云宝　吕　鹏

（中海石油（中国）有限公司天津分公司）

摘　要　渤海油田具有丰富的稠油资源，近年来，稠油油藏采取"调驱+水驱"方式取得了较好增油降水效果。但随着开发的深入，水驱开发效果较差，驱替流度比高，洗油效率较低，微观非均质性加快发育，窜流优势通道日益明显，常规调剖调驱措施处理半径较小，效果逐渐变差，药剂费用投入较高和配注工艺复杂等问题日益凸显，影响稠油油藏水驱整体开发效果。针对上述问题，根据不同黏度的稠油类型，研发了两套低本高效的浅堵深调洗油的堵调驱一体化技术体系，实现提高水驱稠油的驱替效率的同时封堵高渗透层位，实现液流转向和扩大波及体积目的。室内实验结果表明，针对低黏度稠油（50-150mPa·s）堵调驱一体化技术比水驱开发采收率增幅达25%-35%；针对高黏度稠油（150-300mPa·s）堵调驱一体化技术比水驱开发采收率增幅达15%-30%；。目前该项技术已在渤海油田累计应用17井次，累计增油达到12.45×10^4 m^3，平均单井增油7300m^3/井次，明显改善流度比，增油降水效果良好。

关键词　堵/调/驱一体化；组合调驱；稠油

1　绪论

渤海油田稠油储量占70%，部分油藏采用"调驱+水驱"方式进行开发，取得了较好的效果，但随着油藏开发的深入，部分井组或区块逐渐出现注入水窜逸现象，致使阶段开发效果受到影响。并且随着调驱轮次的增加，调驱效果越来越差，致使阶段开发效果受到影响。同时，部分水驱稠油由于流体性质差异性大，油水流度比较大，稠油水驱效果受到影响。为此针对上述两个问题急需开展技术攻关研究，国内外针对调堵体系和相关技术进行了大量的研究与应用[1-7]，自"九五"以来，以凝胶体系为代表的调剖技术研究在我国受到了广泛的关注，例如：赵福磷[8-9]等人在常规调剖和二元复合驱基础上提出了二次采油与三次采油的结合技术（简称"2+3"提高采收率技术）研究，是指在充分发挥二次采油作用的基础上进行有限度三次采油的技术；蒲万芬和周雅萍[10-11]等人针对"2+3"提高采收率技术进行了实验研究，实验表明"2+3"采油技术增产效果明显优于单纯调剖堵水技术和二元复合驱技术，是调剖堵水、提高洗油效率之后的接替技术，也是调剖堵水与提高洗油效率的过度与衔接技术，是在一个相当长时间内起重要作用的技术；陈东明[12]等人提出了调剖堵水定点投放技术理念，从理论模型推导到可视化模拟实验均表明，定点投放技术具有较大优势，为解决常规调剖堵水效果不好问题提供了新的思路和方法。

基于渤海油田实际问题和调堵技术应用实际情况，针对稠油油田水驱开发问题，采用海上成熟的常规聚合物凝胶进行高渗透层封堵，在此基础上采用微界面强化分散体系（水相适当增粘，油相最大程度降粘）是解决稠油流动的关键，通过聚合物凝胶体系和微界面强化分散技术有效结合，对于提高稠油油藏阶段开发效果具有重要意义。为此，本研究以油藏工程、物理化学和高分子化学为理论指导，以室内评价、微观分析和物理模拟为技术手段，开展了新型技术及其组合方式研究，这将为渤海油田矿场实践技术提供新的方法。

2　组合调驱体系技术原理

组合调驱技术的机理主要是依靠常规聚合物凝胶改善储层非均质性，同时辅助微界面强化分散体系改善流体非均质性，两者共同作用实现改善水油流度比、扩大波及体积的协同作用，如图1。微界面强化分散体系是一种高分子表面活性剂，该种体系具有部分大分子聚合物和表面活性剂的双重性质。分散体系在600mg/L的浓度下溶液黏度为2.89mPa·s，可实现水相增粘4.3倍，油相降黏89%，两者协同作用，发挥"堵+调"的联合作用，因此可大幅度提高波及体积，对海上油田的稳油控水有很好的适应性。

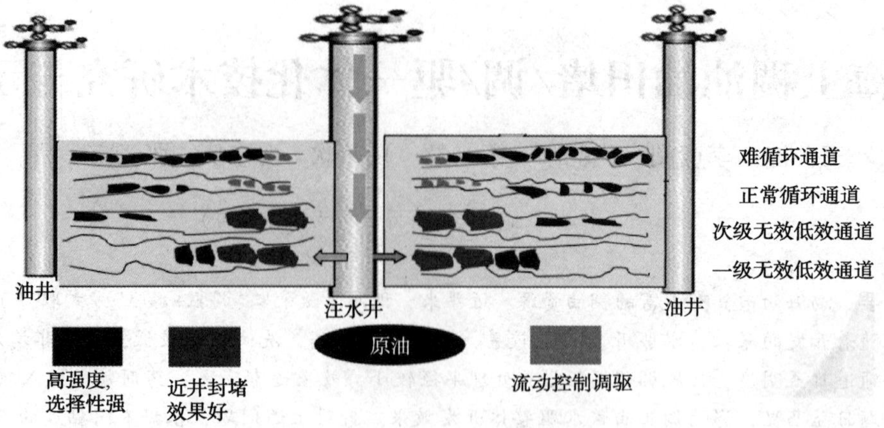

图1 组合调驱组成及作用机理

3 实验研究

3.1 聚合物凝胶体系性能评价

3.1.1 注入性能的测定

从不同岩心渗透率分析评价高低强度聚合物凝胶体系(0.6%聚合物+0.6%铬交联剂)的注入性能，结果如图2所示。

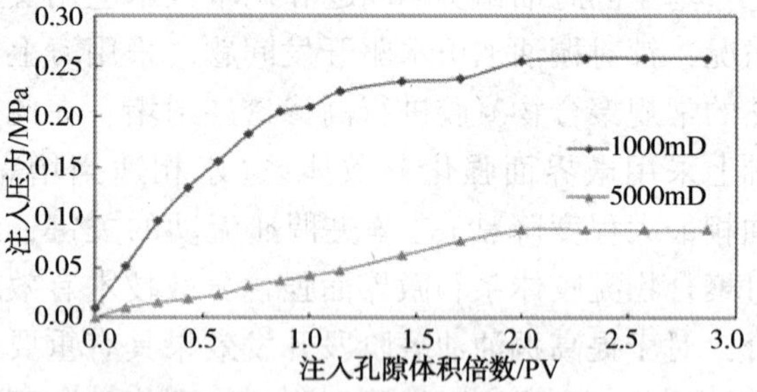

图2 不同渗透率中凝胶体系的注入性

从上图可以看出随着渗透率越高，聚合物凝胶体系的注入压力大幅度降低，且达到平稳注入压力的时间越短，最终达到的平稳压力越低，注入性越好。

3.1.2 封堵性能的测定

高低强度凝胶体系：0.3%聚合物+0.3%铬交联剂(低强度)、0.6%聚合物+0.6%铬交联剂在不同渗透率下的封堵性能，测试结果如表1所示。

表1 不同凝胶体系配方封堵性能

组号	凝胶配方	k_{w0}/mD	k_{w1}/mD	封堵率/%
1	0.6%聚合物+0.6%铬交联剂	5123	66.6	98.7%
2	0.3%聚合物+0.3%铬交联剂	5025	236.2	95.3%

由上表可以看出，在5000mD的单管实验中，两种强度的凝胶体系对填砂管封堵率均较高，封堵率都在95%以上，但是随着凝胶体系强度增加，封堵后的渗透率更低，封堵率更高，显示出较好的封堵性能。

3.1.3 选择性封堵性能的测定

采用双管实验模型测定铬凝胶(0.3PV)的选择性封堵性能。实验中高渗管的渗透率为4785mD，低渗管的渗透率为985mD。选取凝胶配方为0.6%聚合物+0.6%铬交联剂，实验结果如图3所示。

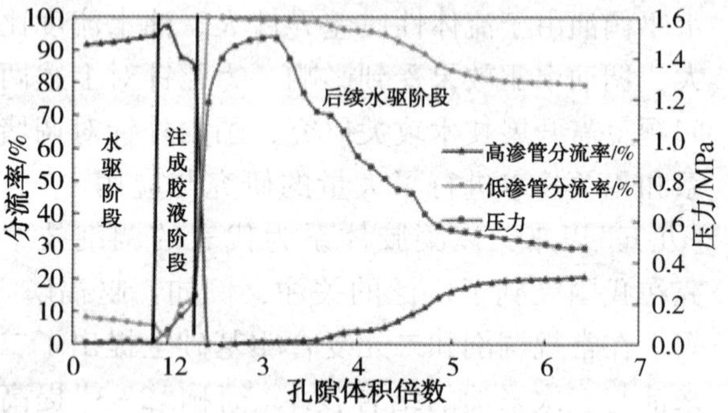

图3 铬凝胶体系的选择性封堵能力

从上图可以看出，注入铬凝胶体系后，高渗管和低渗管的分流能力显著改变，低渗管的分流能力升高，说明凝胶体系能够有效的封堵高渗层，调整渗流剖面。这是由于凝胶体系在注入压力下优先进入较大的孔道，对高渗层产生选择性封堵，迫使后续水驱转向低渗层，起到调整高低渗透层渗流剖面的作用，有效的改善了岩层的非均质性。

3.2 微界面强化分散体系性能评价

3.2.1 强化分散体系降粘效果

采用油田注入水配制强化分散体系溶液，其降粘率与浓度关系见表2。

表2 强化分散体系降黏率/%

参数油：水	药剂浓度/mg/L				
	200	300	400	500	600
7：3	28.93	57.42	80.20	86.93	88.52
6：4	33.03	81.04	89.14	92.58	93.27
5：5	71.04	87.64	91.12	93.15	94.21
4：6	81.60	91.10	95.09	95.71	97.55
3：7	82.22	94.44	95.56	96.67	98.89

强化分散体系为水溶性降黏剂，井口注入时，前置聚合物凝胶体系后，分散体系易进入中低渗透层，提高中低渗透层的动用程度。且由上图可看出，随着药剂浓度的增加，体系的降粘率增加，进一步增加洗油效率。

3.2.2 强化分散体系与原油界面张力

采用注入水配制不同类型和浓度强化分散体系，测试与原油间界面张力，结果如表3所示。

表3 界面张力测试结果/(mN/m)

参数药剂	药剂浓度/mg/L					
	400	600	800	1000	1200	1600
强化分散体系	4.77×10^{-1}	1.83×10^{-1}	9.22×10^{-2}	8.43×10^{-2}	7.67×10^{-2}	7.12×10^{-2}

从上表可以看出，随药剂浓度增大，强化分散体系与原油间界面张力都呈现下降趋势。界面张力的降低可增加油-水两相体系的界面活性，增大强化分散体系分子在界面处的吸附量，强化分散剂分子与极性有机物分子相互作用，使得界面膜分子的排列更加紧密，界面膜强度增加，保证乳状液的稳定。

3.3 颗粒调剖/驱技术研究

3.3.1 微球体系水化膨胀性评价与分析

将初始平均粒径在300~600nm左右的纳米微球放置在55℃的地层水中浸泡，通过粒度仪对微球样品的尺寸测量，观察微球体系的膨胀性能，并通过透射电镜观察不同水化时间下微球体系的微观形状，结果如图4所示。

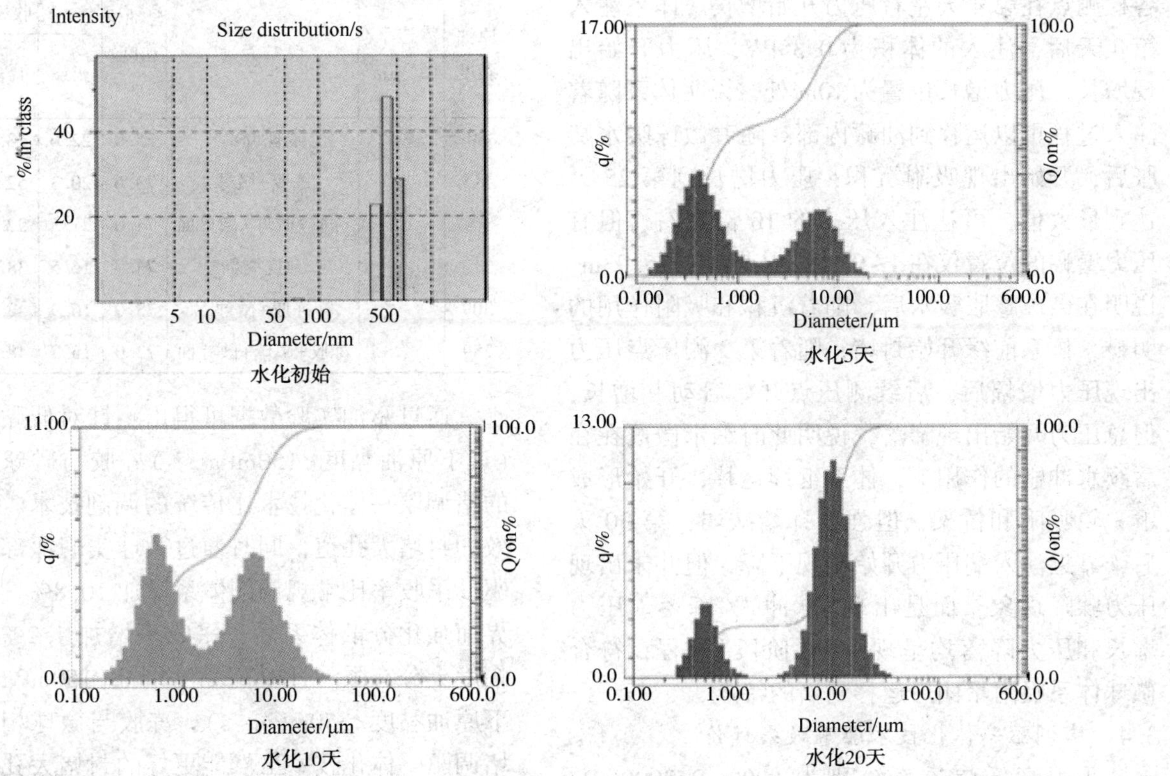

图4 纳微米球粒度扫描结果

通过粒度仪对微球样品的尺寸测量可以看出：初始平均粒径在300~600nm左右的微球，水化10~20天后发生了明显的膨胀，平均粒径增大到10μm左右。在微球体系注入地层初期，由于粒径较小可以使其顺利的通过狭窄较小的孔喉，进入到地层深部，保持良好的注入性能。微球体系注入地层深部后，发生水化膨胀作用，封堵地层孔吼，实现深部封堵的效果。

3.3.2 聚合物微球分散体系运移封堵性能评价

采用30米填砂管超长岩心开展物理模拟实验，分析聚合物微球在在地层条件下的传质与运移封堵性能，岩心渗透率为2Dc，注入聚合物微球时间为3天，注入浓度为2000ppm，总量为0.3PV，在30米填砂管超长岩心上，从注入段到采出端分别优选出16个压力检测点，检测注入微球过程中各个位置压力变化规律，实验结果如图5所示。

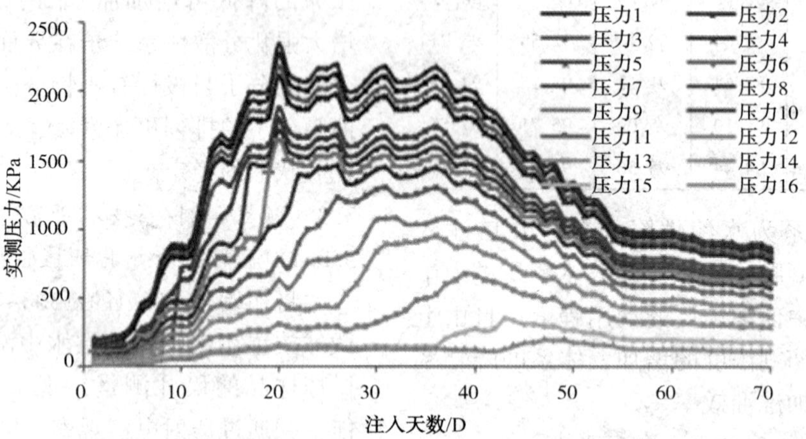

图5 纳米球注入过程压力变化曲线

由上图可以看出：在1m/d的注入速度下，各检测点在第4天左右压力开始增长。体系注入第4天后，注入的体积为0.35PV，压力开始出现增长，压力增长位置为10m处，说明体系随着注入过程可以运移到油藏内部。随着微球吸水膨胀后，开始出现吸附沉积；压力增长到第25天达到最大值，可达注入压力的10倍左右，但有压力增幅的位置仅在1~9号测压点，约15.93m。说明在微球膨胀吸水后，随着沉积和吸附作用的明显，体系前缘开始封堵；随着第9测压点压力出现压力增幅后，后续测压点开始启动并增长，但总压力开始出现降落，说明此时纳米微球在在后续水冲刷的作用下，体系继续运移，开始形成下一轮吸附和桥架，但强度开始减弱；第30天后，靠近注入端压力开始出现下降，但并未出现压力骤降现象，而是出现“脉冲式”降落。压力增长和压力降落均呈现一种“阶段”过程，符合微球体系吸附聚团后运移封堵的特点。

3.4 堵调驱一体化技术驱替效果评价

采用高低渗透率分别为6000mD/2000mD/200mD的岩心，分别开展微界面体系、微球体系、凝胶堵剂及堵调驱一体化体系驱油实验，各体系之间的增油效果如表4所示：

表4 组合技术增油效果实验数据

原油黏度	渗透率/$10^{-3}\mu m^2$	段塞方式	含油饱和度/%	采收率/%		
				水驱	最终	增幅
89	6000/2000/200	常规调剖	75.0	22.6	43.7	21.1
115		冻胶+微球	73.6	20.3	52.2	31.9
109		冻胶+微球+微界面	74.0	21.5	52.5	32.6
312		常规调剖	73.0	16.5	38.0	21.5
309		冻胶+微球	73.0	16.9	42.8	25.9
289		冻胶+微球+微界面	72.0	16.2	48.4	31.8

通过驱油实验数据可得出：针对低黏度稠油(地下原油黏度<150mPa·s)冻胶与微球相结合的堵调驱一体化技术比传统的调剖技术，更能有效的封堵大孔道，同时通过微球实现深部封堵调驱，采收率比常规调剖体系增加10.8%。加入微界面强化分散体系后，采收率增加1.2%，增加幅度十分有限。针对高黏度稠油(150mPa·s<地下原油黏度<350mPa·s)，冻胶与微球相结合的堵调驱一体化技术虽然能更好的封堵大孔道并实现深部调控，但是由于原油黏度较大，水油流度比大，水的驱替效率比较低，因此冻胶与微球相结合的采收率增幅仅比传统调剖体系增加4.4%，而加入微界面强化分散体系后，可有效降低原油

黏度，增加水驱效率，形成的针对高粘稠油的“冻胶+微球+微界面”的堵调驱一体化技术比传统调剖措施采收率增幅达到 10.3%。通过对比不同黏度下堵调驱一体化技术与单一段塞调剖调驱技术可以看出，堵调驱一体化技术通过 2-3 种体系协同作用，达到 1+1+1>3 效果，最终实现堵剂注得进、堵得住、驱的动、深部液流转向的目的。

4 现场实施效果

自该项技术 2016-2018 年共在旅大 5-2 油田、秦皇岛 32-6 油田及渤中 25-1S 油田实施 17 井次，累计增油 $12.45\times10^4m^3$，平均单井增油 $7300m^3$，投入产出比达到 1：4.3，取得了很好的经济效益，该项技术降水增油情况见表 5 所示。

表 5 堵调驱一体化技术实施情况

原油黏度/mPa·s	油田名称	试验井数	2016 增油/10^4m^3	2017 增油/10^4m^3
50-150	秦皇岛 32-6/渤中 25-1 南	9	2.1	3.75
150-350	LD5-2 油田/	8	3.1	3.5
合计		17	12.45	
投入产出比		1：4.3		

堵调驱一体化技术适应的稠油储量占渤海总地质储量的 41%，后续随着水驱稠油田相继进入中高含水期，该项技术预计在未来 10 年内应用达 145 井次，综合含水下降 3-7%，预计实现增油 87 万方，含水上升率控制 3%以下，存水率控制 30%以上，有效改善水驱稠油油田开发效果，将对渤海油田持续稳产 3000 万吨发挥重要作用。

5 结论与认识

(1) 采用海上油田较为常用的常规凝胶体系，该体系具有储层适应性强，注入性较好、耐冲刷、封堵性能好等特征。

(2) 开发出适合海上油田的微界面强化分散体系，该体系具有强降粘、低界面张力、易吸附、易破乳等特征。

(3) 开发出适合海上油田的深部微球调驱体系，该体系具有膨胀性高、深部封堵效果好、稳定性强等特征。

(4) 针对低黏度稠油（地下原油黏度 < 150mPa·s)采用“聚合物凝胶+聚合物微球”的二次采油与三次采油技术组合方式，有效扩大波及体系，增加深部液流转向能力，取得良好效果。针对高黏度稠油（150mPa·s < 地下原油黏度 < 300mPa·s)采用“聚合物凝胶+聚合物微球+微界面强化分散体系”的二次采油与三次采油技术组合方式兼有扩大波及体积和增加水驱效率的双重功能，为海上非均质稠油油田高效开发提供了新的思路，应用前景广阔。

(5) 截至到 2018 年底，自该项技术累计在旅大 5-2 油田、秦皇岛 32-6 油田及渤中 25-1 南油田实施 17 井次，累计增油 $12.45\times10^4m^3$，投入产出比达到 1：4.3，获得了很好的经济效益。

参 考 文 献

[1] 张相春，张军辉，宋志学，等．绥中 36-1 油田泡沫凝胶调驱体系研究与性能评价[J]．石油化工应用，2012，31(4)：9-12.

[2] 卢祥国，姚玉明，杨凤华．交联聚合物溶液流动特性及其评价方法[J]．重庆大学学报，2000，23：107~110.

[3] 卢祥国，张世杰，陈卫东，等．影响矿场交联聚合物成胶效果的因素分析[J]．大庆石油地质与开发，2001，21(4)：61~64.

[4] 林梅钦，李明远，彭勃，等．聚丙烯酰胺/柠檬酸铝胶态分散凝胶性质的研究[J]．高分子学报，1999，5(2)：263~267.

[5] 张建，李国君．化学调剖堵水技术研究现状[J]．大庆石油地质与开发，2006，25(3)：85~87.

[6] 雷光伦，陈月明，李爱芬，等．聚合物驱深度调剖技术研究[J]．油气地质与采收率，2001，8(3)：23~25.

[7] 袁谋，王业飞，赵福麟．多轮次调剖的室内实验研究与现场应用[J]．油田化学，2005，22(2)：143~146.

[8] 赵福麟，张贵才，周洪涛，李宜坤．二次采油与三次采油的结合技术及其进展[J]．石油学报，2001，22(5)：38-42.

[9] 赵福麟，张贵才，周洪涛，等．调剖堵水的潜力、限度和发展趋势[J]．石油大学学报：自然科学版，1999，23(1)：49-54.

[10] 蒲万芬，彭陶钧，金发扬，等．“2+3”采油技术调驱效率的室内研究[J]．西南石油大学学报：自然科学版，2009，31(1)：87-90.

[11] 周雅萍，刘其成，刘宝良，等．“2+3”驱油技术提高稀油油藏采收率实验研究[J]．化学工程师，2009，165(6)：58-61.

[12] 陈东明．调剖堵水剂定点投放技术研究．中国石油大学(华东)硕士论文，2010.

缝洞型油藏油井产能方程及影响分析

宋　海

（中国石化西北油田分公司石油工程技术研究）

摘　要　为探索断溶体油藏储层结构特征对产能造成的影响及变化规律，通过裂缝与溶洞的连接模式分析，建立了缝洞并联型产能模型。该模型考虑了裂缝中的流动压降，将裂缝内的流动视为管流，并考虑了粘滞力、惯性力以及重力的影响，建立了单、双缝洞下的产能模型。模型中针对裂缝系统的流动，考虑了启动压力以及应力敏感，给出了基于启动压力、应力敏感的二项式产能方程。模型在顺北断溶体油气藏进行了10井次的应用，拟合曲线与实测点吻合度在95%以上。研究结果表明，对于存在两套储集体的油气井，合理化生产压差在于尽可能地利于第二套储集体的产能，以避免应力敏感的不利影响，以实现油井的最佳产能。

关键词　断溶体油藏；产能模型；启动压力；应力敏感；最佳产能

断溶体油藏定义为岩溶水沿断裂方向下渗或上涌对破碎带溶蚀改造，形成不同三维空间结构的岩溶缝洞系统，当油气沿断裂向溶蚀破碎带运移时，在上覆泥灰岩或侧向致密灰岩的封挡下，聚集形成的特殊圈闭类型油气藏。断控背景下“串珠、杂乱强、杂乱弱”均是储集体发育的有利表征，且沿断裂带走向及侧向储集体发育、油气富集差异化特征明显，在较大程度上影响着开发效果。

塔河10区、12区、托甫台及顺北等区块油藏属断溶体油气藏，受断层控制，其生产特征从产能指示曲线、生产指示曲线、储层流温和静温、压恢曲线等方面都显示出与塔河主体区缝洞型储层有所差别；同时不同断裂带控制的油藏之间也存在不同的生产动态特征。通过系统试井可以确定油井的产能关系，正常产能指示曲线呈现弧形曲线，压差对产量的增加速率始终保持上升；小产量低压差下近似为直线，反映出受粘滞力控制的线性关系（达西渗流或层流特性）；大产量下高压差下曲线弯曲，表现出非线性流动关系（高速非达西流或紊流摩阻效应），如图1所示。

但是，顺北断溶体油藏油井的产能测试结果却表现出一定的异常性，根据各油井的产能指示曲线形态，可以将异常型分为4类：直线型、突降型、增长型和S型，对应的典型井见表2，除了直线型以外的异常类型，现有的产能方程不能描述，有必要对这些产能测试的异常原因进行分析。

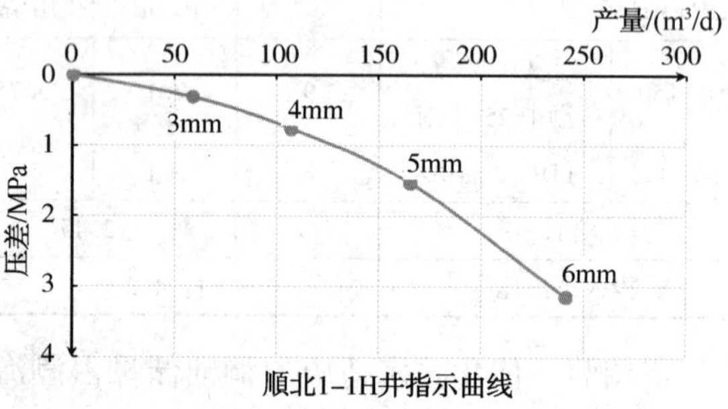

图1　顺北1-1H井生产指示曲线

前期，有众多学者在产能测试方面开展了大量的研究。吕明胜[1]等利用动态生产资料，通过Orkiszewski方法计算井底流压计算和评价油井产能系数，分析井间连通及单元产能；王霞[2]提出根据物质平衡原理，对井组间连通不明的，可通过分析油井的油压压降与累产液量的关系曲线看是否出现明显的拐点同时结合动态储量判断单井产能及井间连通关系等；陈志海[3]等以塔河缝洞型油藏为研究对象，提出了缝洞油藏单元划分的基本概念，同时建立了缝洞单元的划分原则与方法，以便于对井间连通性的评价。刘冀燕[4]等基于缝洞型碳酸盐岩非均质极强的特征，提出综合应用流体性质分析、干扰试井分析和油藏压力系统分析进行井间连通性的评价方法。宋红伟[5]等根据注水时期的注入量与井口压力的变化情况，通过把井口压力折算到井底流压，再由井底流压变化可推算出地层压力的变化，进而可计算出单井产能及采液指数等等。在前期研究中，大多数学者基于生产动态参数，如油压、套压等井口压力，产液量及液性的变化等，通过分析静压与流压关系、累产液与压力关系等，实现单井产能的计算与评价，未考虑储层结构及特征对压力、产量的影响，相对井筒内流动，流体在储层中的流态更为复杂，尤其对裂缝与溶洞并存的碳酸盐岩缝洞型油藏而言[6-8]，如何刻画与描述缝洞更是重中之重(图2)。

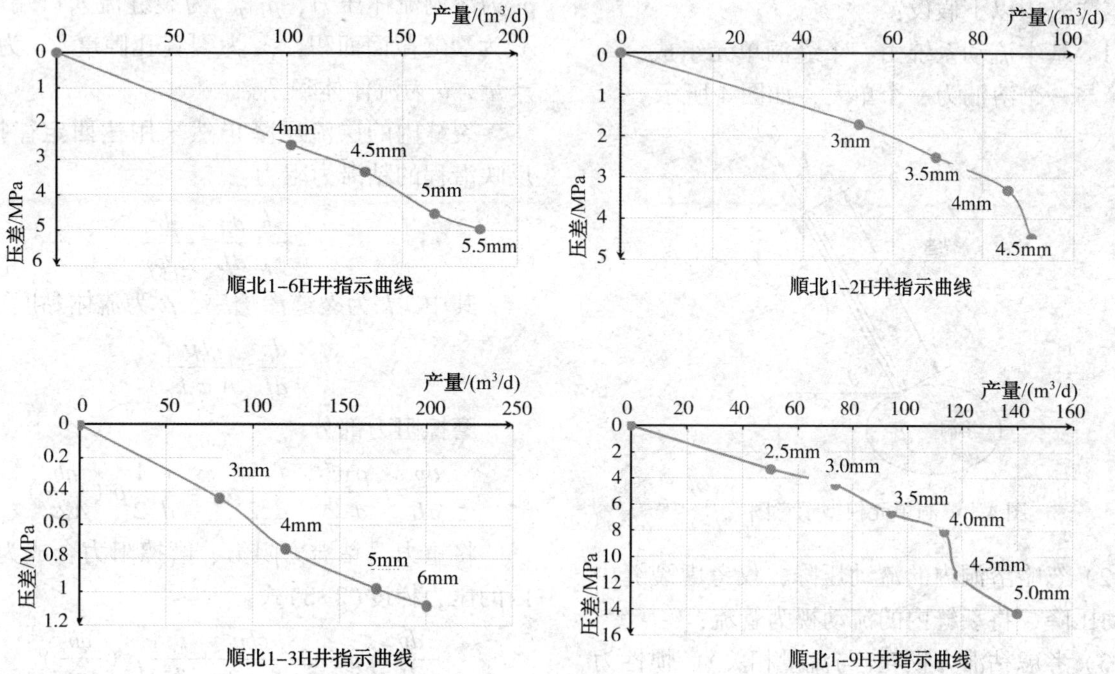

图2 顺北井区不同形态的产能指示曲线(直线型、突降型、增长型、S型)

本文主要立足于缝洞单元，在考虑裂缝与溶洞结构特征的基础上，建立平衡方程，并将启动压力、应力敏感等因素融入其中，以此来提高解释精度，并用于实际生产中。

1 缝洞连接模式分析

裂缝的过流面积小、流速高，溶洞的过流面积大、低速低，假设流动压力损耗主要发生在裂缝中，忽略溶洞内的流动压降，并假设产能测试的时间短、地层能量无损耗，即溶洞作为储集主体的压力无下降[9-10]。缝洞可能是串联、并联或混合模式，初步可分析出那种连接的供给模式容易出现上述的产能异常情况(图3)。

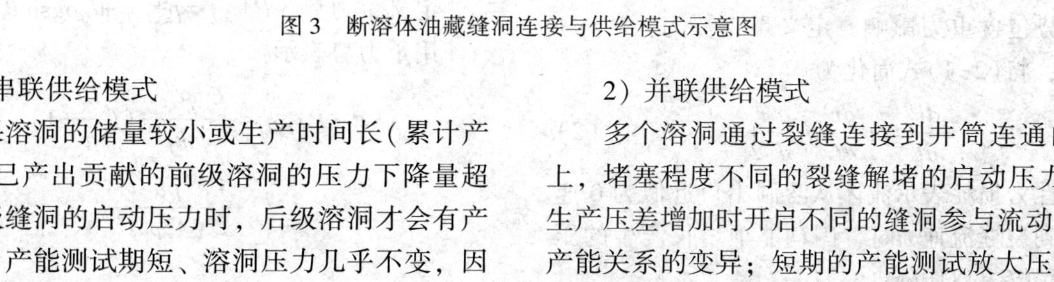

图3 断溶体油藏缝洞连接与供给模式示意图

1）串联供给模式

如果溶洞的储量较小或生产时间长(累计产量大)，已产出贡献的前级溶洞的压力下降量超过了后级缝洞的启动压力时，后级溶洞才会有产出贡献；产能测试期短、溶洞压力几乎不变，因此，串联供给模式在产能测试期间不易发生，在长期生产过程中容易发生。

2）并联供给模式

多个溶洞通过裂缝连接到井筒连通的裂缝上，堵塞程度不同的裂缝解堵的启动压力不同，生产压差增加时开启不同的缝洞参与流动，导致产能关系的变异；短期的产能测试放大压差可激活这些并联的缝洞体，长期生产过程中流压的下降也可逐步开启并联模式的缝洞参与流动；因此，并联供给模式的通用性更广泛。

2　缝洞产能模型

2.1　单缝洞产能模型

2.1.1　假设

本文采用以下假设：

(1) 基本流动系统由一个缝洞单元组成，一条裂缝与一个溶洞为一个单元，如图4所示。

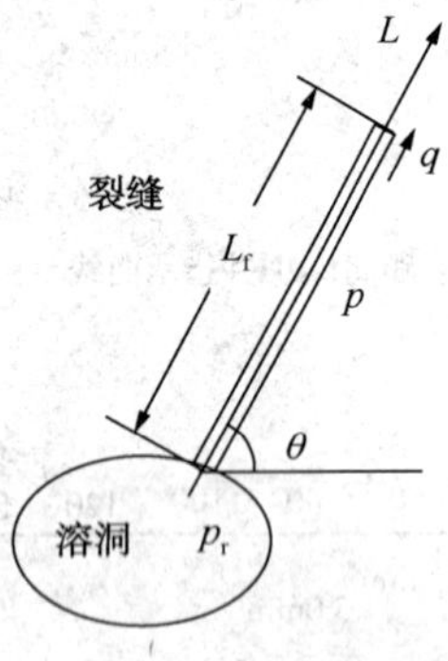

图4　缝洞单元模型示意图

(2) 忽略溶洞内的流动压降，仅考虑裂缝中的流动压降，将裂缝内的流动视为管流；

(3) 考虑粘滞力损耗(与流量相关)、惯性力损耗(与流量平方相关)与高度差的重力影响。

2.1.2　单缝洞产能模型

溶洞压力为地层压力为 p_r，裂缝压力为 p，裂缝管流的能量平衡方程为：

$$-\frac{dp}{dL}=\rho g\sin\theta+\rho v\frac{dv}{dL}+f\frac{\rho}{d}\frac{v^2}{2} \tag{1}$$

式中，p 为裂缝压力，Pa；L 为裂缝长度，m；θ 为裂缝倾角；ρ 为流体密度，kg/m^3；g 为重力加速度，m/s^2；v 为流体平均流速，m/s；f 为磨擦阻力系数；d 为等效水力直径。式(1)右端三项分别为重力压力梯度 $\rho g\sin\theta$，惯性力压力梯度(加速度压降)为 $\rho v\frac{dv}{dL}$，摩阻压力梯度 $f\frac{\rho}{d}\frac{v^2}{2}$。

用势包含重力影响，定义重力势为：$P=p+L\rho g\sin\theta$，将(2-1)式简化为：

$$-\frac{dP}{dL}=\rho v\frac{dv}{dL}+f\frac{\rho}{d}\frac{v^2}{2} \tag{2}$$

惯性力损耗表示流体从溶洞出口近似为0速度加速到裂缝流速 v 时，因动能项增长产生的压降，即裂缝入口压降：

$$p_r-p\big|_{L=0}=\frac{1}{2}\rho v^2=\frac{1}{2}\rho\left(\frac{qb}{A_f\varphi_f}\right)^2 \tag{3}$$

裂缝流速：

$$v=\frac{qb}{A_f\varphi_f} \tag{4}$$

其中，L 裂缝长度坐标，沿流动方向定义；p_r 为溶洞流体压力，$p_f\big|_{L=0}$ 为裂缝流入口端压力，A_f 为裂缝截面面积，φ_f 为裂缝孔隙度，q 为油井产量，b 为流体体积系数。

裂缝内的层流压降仍然采用达西定律描述，反映沿程的粘滞力阻力：

$$v=-\frac{k_f}{\mu}\frac{dp}{dL}=\frac{qb}{A_f\varphi_f} \tag{5}$$

其中，k_f 为裂缝渗透率，μ 为流体黏度。

$$-\frac{dp}{dL}=\frac{qb\mu}{A_f\varphi_f k_f} \tag{6}$$

磨擦阻力部分：

$$-\frac{dp}{dL}=f\frac{\rho}{d}\frac{v^2}{2}=\frac{f}{d}\frac{1}{2}\rho v^2=\frac{f}{d}\frac{1}{2}\rho\left(\frac{qb}{A_f\varphi_f}\right)^2 \tag{7}$$

将重力、粘滞力阻力、磨擦阻力合成为裂缝内的压力梯度(2-8)式：

$$-\frac{dp}{dL}=\rho g\sin\theta+\frac{qb\mu}{A_f\varphi_f k_f}+\frac{f}{d}\frac{1}{2}\rho\left(\frac{qb}{A_f\varphi_f}\right)^2 \tag{8}$$

沿裂缝长度积分获得裂缝进出口间的压降：

$$p\big|_{L=0}-p\big|_{L=L_f}=L_f\rho g\sin\theta+L_f\frac{qb\mu}{A_f\varphi_f k_f}+L_f\frac{f}{d}\frac{1}{2}\rho\left(\frac{qb}{A_f\varphi_f}\right)^2 \tag{9}$$

再加上裂缝入口处的加速度压降，获得溶洞到裂缝出口的压降：

$$p_r-p\big|_{L=L_f}=L_f\rho g\sin\theta+L_f\frac{qb\mu}{A_f\varphi_f k_f}+L_f\frac{f}{d}\frac{1}{2}\rho\left(\frac{qb}{A_f\varphi_f}\right)^2+\frac{1}{2}\rho\left(\frac{qb}{A_f\varphi_f}\right)^2 \tag{10}$$

注意到裂缝长度远大于裂缝等效水力直径，即摩阻部分的 $f\frac{L_f}{d}>>1$，因此，摩阻压降远大于加速度压降。

定义重力势：$P\big|_{L=L_f}=p\big|_{L=L_f}+L_f\rho g\sin\theta$

用重力势表示：

$$P_r-P\big|_{L=L_f}=\frac{L_f b\mu}{A_f\varphi_f k_f}q+\left(f\frac{L_f}{d}+1\right)\frac{1}{2}\frac{\rho b^2}{(A_f\varphi_f)^2}q^2 \tag{11}$$

设：

$$A=\frac{L_f b\mu}{A_f\varphi_f k_f} \tag{12}$$

$$B=(f\frac{L_f}{d}+1)\frac{1}{2}\frac{\rho b^2}{(A_f\varphi_f)^2} \approx f\frac{L_f}{d}\frac{1}{2}\frac{\rho b^2}{(A_f\varphi_f)^2} \tag{13}$$

裂缝产能关系仍然可以表示为二项式形式：

$$P_r-P|_{L=L_f}=Aq+Bq^2 \tag{14}$$

产能系数 A 表示为裂缝导流系数 $F_c=k_fw_f$ 形式：

$$A=\frac{L_fb\mu}{h_f\varphi_fF_c} \tag{15}$$

其中，h_f为裂缝高度，w_f为裂缝宽度。

不稳定试井解释模型一般假设油藏等厚、裂缝高度 h_f与油藏厚度 h 相同，在此基础上解释裂缝导流系数 F_c，取裂缝内部孔隙度 ϕ_f等于 1，定义不稳定试井表征裂缝流动的组合参数 C_f：

$$C_f=h_f\varphi_fF_c\approx hF_c \tag{16}$$

产能系数 A 简化表示为

$$A=\frac{L_fb\mu}{C_f} \tag{17}$$

结合试井解释的裂缝导流系数，从产能测试的系数 A 中可以估计裂缝长度。

实用单位制下，裂缝导流系数 F_c，$\mu m^2 .m$；取

$$A=\frac{1}{86.4}\times\frac{L_fb\mu}{C_f} \tag{18}$$

$$L_f=86.4\times\frac{A}{b\mu}C_f=86.4\times\frac{A}{b\mu}hF_c$$

2.1.3　考虑启动压力的单缝洞产能模型(图 5)

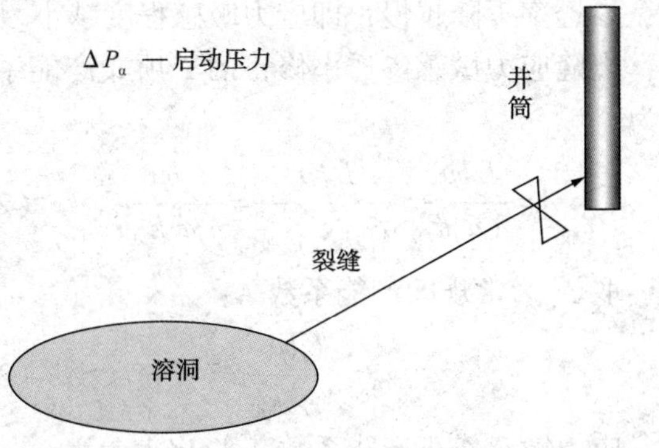

图 5　考虑启动压力的缝洞模型

假设裂缝的产出有启动压力 ΔP_α，当井筒与裂缝压力差大于启动压力时裂缝才开始产出。从溶洞到井筒的压降增加了启动压力部分，即：

$$(P_r-\Delta P_\alpha)-P_f|_{L=L_f}=Aq+Bq^2 \tag{19}$$

2.1.4　部分缝长产能模型

在裂缝位置 L_x 处，取长度比例为 $x=L_x/L_f$，$L_x=xL_f$，代入 A、B 值表达式(12)、式(13)，部分缝长的产能系数表示为：

$$A_x=\frac{xL_fb\mu}{A_f\varphi_fk_f}=xA \tag{20}$$

$$B_x=f\frac{xL_f}{d}\frac{1}{2}\frac{\rho b^2}{(A_f\varphi_f)^2}=xB \tag{21}$$

获得部分缝长下的产能关系：

$$P_r-P|_{L=L_x}=x(Aq+Bq^2) \tag{22}$$

其中，A、B 为全缝长 L_f 的二项式产能系数。即部分缝长的压降与全缝长压降保持长度比关系。

2.2　双缝洞产能模型

考虑子裂缝-溶洞单元系统存在启动压力，当子缝洞系统溶洞与裂缝出口端压力差大于启动压力 ΔP_α 时子缝洞单元开始产出，子裂缝连接到主裂缝 L_x 处，以连接点为节点，建立 2 组缝洞的产能关系。

溶洞 1 到连接点的压降为：

$$P_r-P_x=x(A_1q_1+B_1q_1^2) \tag{23}$$

溶洞 2 到连接点的压降为：

$$P_r-P_x-\Delta P_\alpha=A_2q_2+B_2q_2^2 \tag{24}$$

井的总流量为 $q=q_1+q_2$，连接点到井筒的压降为：

$$P_x-P_{wf}=(1-x)(A_1q+B_1q^2) \tag{25}$$

用二项式 $\Delta P=Aq+Bq^2$ 方程求解流量：

$$q=\frac{-A+\sqrt{A^2+4B\times\Delta P}}{2B} \tag{26}$$

用不同的连接点压力计算主裂缝、子裂缝的流量，再合成为井的总流量。

利用表 1 的参数，计算不同缝长比例对产能的影响，其中裂缝 1 和 2 的产能系数 A、B 相同，裂缝 2 含启动压力。计算结果见图 6，可见缝长比例增加时，连接点接近井筒，共用裂缝段变短，第 2 套启动后的产能增幅大；缝长比例降低时，连接点远离井筒，共用裂缝段变长，似启动压力增加，第 2 套启动的产能增幅小；增加第 2 套的紊流项 B_2时，产能增长后不能回落。

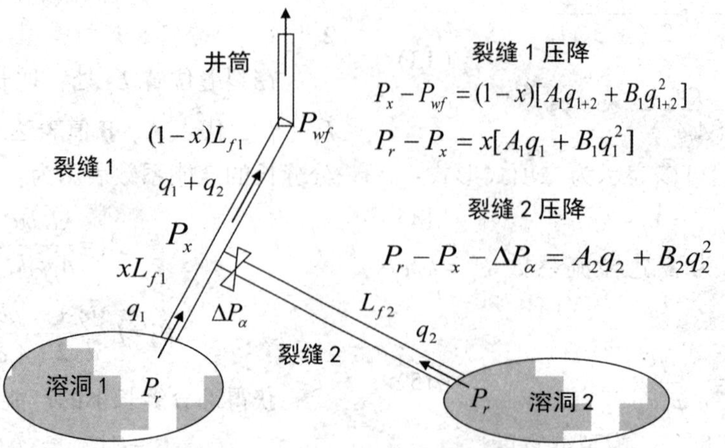

图 6　考虑启动压力的双缝洞模型

表 1　连接点缝长比例影响的计算参数

第 1 套缝洞			第 2 套缝洞			基础参数	
系数 A_1	系数 B_1	缝长比例 X	系数 A_2	系数 B_2	启动压力/MPa	地层压力/MPa	压力步长/MPa
0.0001	0.0004	0.5~1	0.0001	0.0004	2	78	0.2

利用表 1 的参数，计算不同启动压力对产能的影响，其中裂缝 1 和 2 的产能系数 A、B 相同，裂缝 2 含启动压力。计算结果见图 7，可见启动压力增加时，第 2 套启动后的产能增长降低，产能增长后不能回落。

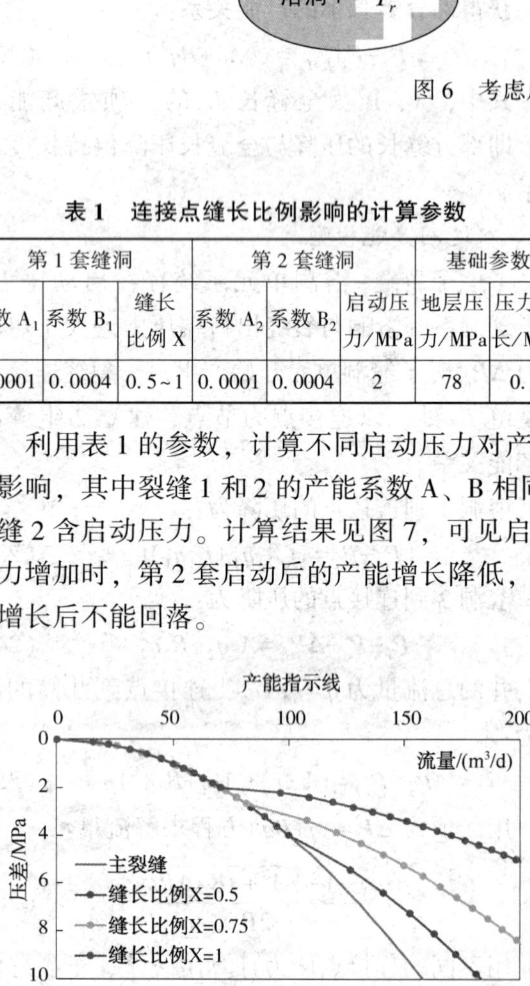

图 7　连接点缝长比例对产能的影响

实测资料反映出生产压差增加大一定程度后，产能回落接近到第 1 套缝洞的产能关系，需要考虑第 2 套裂缝存在应力敏感效应。

表 2　第 2 套缝洞启动压力影响的计算参数

第 1 套缝洞			第 2 套缝洞			基础参数	
系数 A_1	系数 B_1	缝长比例 X	系数 A_2	系数 B_2	启动压力/MPa	地层压力/MPa	压力步长/MPa
0.0001	0.0004	0.5	0.0001	0.0004	0~3	78	0.2

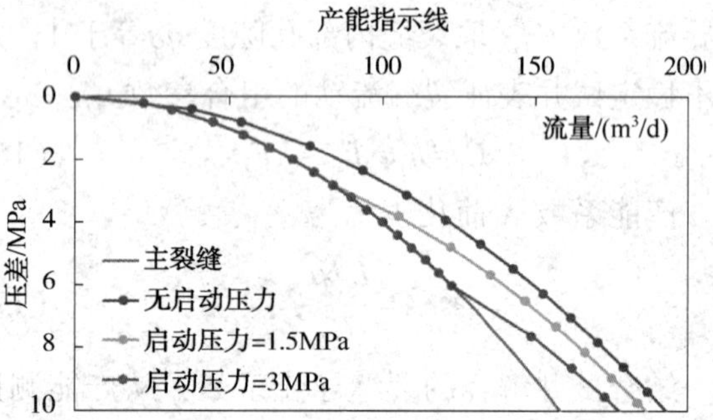

图 8　第 2 缝洞启动压力对产能的影响

2.3　应力敏感产能模型

应力敏感情况下渗透率随压差衰减：

$$k_f = k_{f0} e^{-\frac{\Delta P}{p_k}} \tag{27}$$

其中，p_k 为裂缝应力敏感衰减压力（一般通过应力敏感实验，回归确定其值），ΔP 为裂缝压差，k_{f0} 为裂缝原始渗透率。应力敏感衰减压力越大，渗透率下降越慢，即应力敏感程度越小。

裂缝应力敏感渗透率修正的二项式产能系数 A 为：

$$A = \frac{L_f b\mu}{A_f \varphi_f k_f} = \frac{L_f b\mu}{A_f \varphi_f k_{f0} e^{-\frac{\Delta P}{p_k}}} = \frac{L_f b\mu}{A_f \varphi_f k_{f0}} e^{\frac{\Delta P}{p_k}} \tag{28}$$

取 A_0 为常规的产能系数 A：

$$A_0 = \frac{L_f b\mu}{A_f \varphi_f k_{f0}} \tag{29}$$

应力敏感修正产能系数 A 简化表示为：

$$A = A_0 e^{\frac{\Delta P}{p_k}} \tag{30}$$

2.4　计算分析流程

1）第 1 套缝洞体的产能分析

作产能二项式特征分析曲线，确定满足二项式关系的测试点，通过线性回归分析确定第 1 套

缝洞体的产能系数 A_1、B_1；

$$\frac{P_r-P_{wf}}{q}=A_1+B_1q \quad (31)$$

2）两套缝洞体产能合成计算

（1）给定第 2 套缝洞体产能系数 A_2'、B_2、启动压力 ΔP_α 和应力敏感衰减压力 p_k，其中产能系数 A_2'、B_2 可取第 1 套缝洞体的产能系数 A_1、B_1 值；

（2）给定连接点压力 P_x，用二项式方程求解第 1 套缝洞产出的流量 q_1：

$$q_1=\frac{-A_1+\sqrt{A_1{}^2+4B_1\times(P_r-P_x)}}{2B_1} \quad (32)$$

（3）计算两套缝洞体合采时的压力流量关系

a. 当 $(P_r-P_x)-\Delta P_\alpha\leqslant 0$ 时，连接点的压降小于第 2 套缝洞的启动压力 ΔP_α，第 2 套缝洞无流动，井的总流量 q 等于第 1 套缝洞的产出流量 q_1。井底流压 P_{wf} 为：

$$P_{wf}=P_r-(A_1q+B_1q^2) \quad (33)$$

b. 当 $(P_r-P_x)-\Delta P_\alpha>0$ 时，连接点的压降大于第 2 套缝洞的启动压力 ΔP_α，第 2 套缝洞有流动，井的总流量 q 等于第 1 套缝洞体流量 q_1 和第 2 套缝洞体流量 q_2 之和，即 $q=q_1+q_2$。用应力敏感压力修正第 2 套缝洞体的产能系数 A 值：

$$A_2=A_2'e^{\frac{(P_r-P_x)-\Delta P_\alpha}{p_k}} \quad (34)$$

第 2 套缝洞的流量为：

$$q_2=\frac{-A_2+\sqrt{A_2{}^2+4B_2\times(P_r-P_x-\Delta P_\alpha)}}{2B_2} \quad (35)$$

井底流压 P_{wf} 为：

$$P_{wf}=P_x-(1-x)(A_1q+B_1q^2) \quad (36)$$

其中，x 为连接点的缝长比例，井点连接时 $x=1$。

3）参数拟合

绘制理论模型的产能指示曲线，调整启动压力 ΔP_α 和应力敏感衰减压力 p_k，拟合实测资料，估计出启动压力 ΔP_α 和应力敏感衰减压力 p_k。

3 实例分析

在建立的双缝洞产能模型基础上，编制了计算分析程序，通过对两套系统的产能系数、启动压力和应力敏感压力等进行模拟计算，实现对单井产能曲线的拟合分析。

为验证本文方法的正确性，以 SHB1-2H 井为例，首先利用 3、4.5mm 两个数据开展第 1 套储集体二项式产能特征分析，确定第 1 套储集体系数 A 与 B，其中 A 表征黏滞力系数，与流量呈现线性关系；B 表征摩阻与加速度压降系数，与流量呈现非线性分析；其次，拟合二套储集体（异常点）的产能系数、启动压力以及应力敏感压力；最后，计算每套储集体在不同生产压差下的产量贡献，如下图 9 所示：

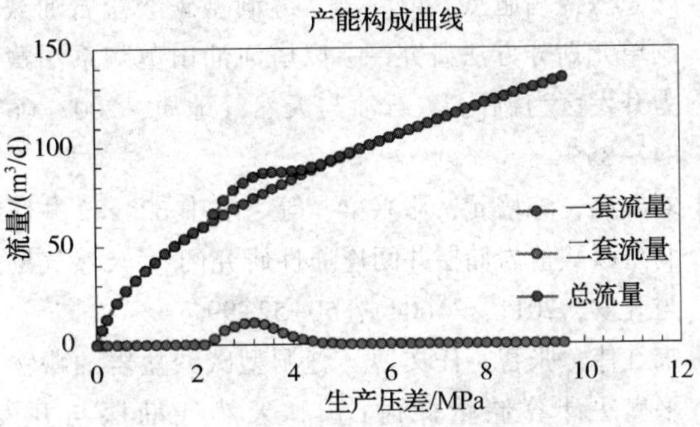

图 9 SHB1-2H 井不同压差下的产能曲线

与 SHB1-2H 井类似，本文方法在顺北油田进行了 10 井次的现场应用，拟合曲线与实测点吻合度在 95%以上，证实了本文方法的可靠性。

4 结论

本文从裂缝与溶洞的连接模式出发，在单缝洞产能模型研究的基础上，建立双缝洞的产能分析模型，先后将启动压力、应力敏感等因素融入其中，形成比较系统全面的产能分析模型。通过研究，可以得到以下结论：

（1）通过分析裂缝与溶洞的特征影响，认为裂缝与溶洞更倾向于并联关系，同时受启动压力的影响，缝洞系统会在不同压差下呈现不同的产能特征。

（2）对于两套储集体，实测产能显示，当生产压差增大到一定程度后，产能会回落接近第一套储集体的水平，认为第二套储集体存在应力敏感。

（3）模型在顺北断溶体油藏开展了 10 井次的应用，符合率在 95%以上。实例验证了本文方法的可靠性，并通过 SHB1-2H 井在不同生产压差下的产能贡献表现，认为存在两套储集体的油气井，合理化生产压差在于尽可能地利于第二套储集体的产能，并避免应力敏感的不利影响，此为本文研究成果“落地”指导现场生产的表现。

参 考 文 献

[1] 吕明胜，杨庆军，陈开远．塔河油田奥陶系碳酸盐

岩储集层井间连通性研究[J]. 新疆石油地质，2006，27(6)：731-732.
[2] 王霞. 一种利用物质平衡法判断井间连通性的新方法[A]. 西安石油大学、西南石油大学、陕西省石油学会. 2017 油气田勘探与开发国际会议(IFEDC 2017)论文集[C]. 西安石油大学、西南石油大学、陕西省石油学会，2017：5.
[3] 陈志海，马旭杰，黄广涛. 缝洞型碳酸盐岩油藏缝洞单元划分方法研究——以塔河油田奥陶系油藏主力开发区为例[J]. 石油与天然气地质，2007(06)：847-855.
[4] 刘冀燕，陈培元，邓兴梁，等. 塔中62、82井区缝洞型碳酸盐岩储层井间连通性研究[J]. 天然气勘探与开发，2011，34(04)：50-52+99.
[5] 宋红伟，张智，任文博. 缝洞型碳酸盐岩油藏物质平衡法计算储量探讨[J]. 天然气勘探与开发，2012，35(01)：32-35+49+81.
[6] 窦之林. 碳酸盐岩缝洞型油藏描述与储量计算[J]. 石油实验地质，2014，36(01)：9-15.
[7] 马立平，李允. 缝洞型油藏物质平衡方程计算方法研究 m. 西南石油大学学报，2007(05)：66-68+200-201.
[8] 陈青，易小燕，闫长辉，等. 缝洞型碳酸盐岩油藏水驱曲线特征——以塔河油田奥陶系油藏为例[J]. 石油与天然气地质，2010，31(01)：33-37.
[9] 唐潮. 缝洞型油藏注水压降试井解释方法研究[D]. 西南石油大学，2015.
[10] 梁尚斌. 多轮次压降试井求取含油饱和度研究[J]. 特种油气藏，2016，23(05)：82-85+155.

库车山前高压气井井筒堵塞机理及治理措施

魏军会[1] 刘己全[1] 景宏涛[1] 钟建芳[2] 易 俊[1] 蒋荣敏[1]

(1. 塔里木油田油气工程院；2. 塔里木油田油气生产技术部)

摘 要 塔里木油田库车山前井筒堵塞是制约气田稳产的主要因素之一。井筒堵塞原因不明确、井筒解堵措施效果不理想。通过井口取样、井筒取样、全井筒取样分析化验，分三个阶段，逐步明确了井筒堵塞的原因以垢堵为主。先期探索了油管穿孔和放喷排砂，但效果整体不佳。在明确井筒堵塞原因后，形成了塔里木特色的井筒解堵配套工艺技术，针对管柱完好、油套连通、井筒堵死的不同井况条件采取相应的治理措施。解堵措施累计现场应用 22 口井，日增天然气 302.04 万方，取得良好的效果。

关键词 高压气井；井筒堵塞；结垢；出砂；堵塞原因；治理措施

引言

塔里木油田库车山前主要有迪那 2 和克深气田，井筒堵塞是制约气田稳产的主要因素之一。克深气田井筒堵塞问题主要集中在克深 2 区块，总井数 27 口，开井 12 口，井筒堵塞导致日产气量下降迅速，与全面投产时相比，克深 2 区块日产气量由 770 万方减少到 327 万方，降幅 57.5%；迪那 2 气田生产井 25 口，21 口井存在井筒堵塞问题，井筒堵塞导致日产气量迅速下降，部分井放大产量弥补堵塞井带来的产量损失(3 口井超 100 万方)，气田稳产形势严峻。国内气井井筒堵塞主要原因有结垢、结蜡、水合物、硫沉淀、缓蚀剂、出砂等因素[1-4]，常用的井筒解堵措施主要由连续油管钻磨、化学解堵、热洗解堵等措施[5-10]。塔里木油田库车山前区域属于超深高温高压裂缝性致密砂岩边水气藏，地质条件特殊、井下工况复杂，井筒堵塞原因不明确，井筒解堵措施难度大。为了解堵库车山前井筒解堵问题，开展了井筒堵塞机理研究，逐步认识了井筒堵塞的原因，通过探索，形成了塔里木油田库车山前特色的井筒解堵措施，取得良好的效果。

1 井筒堵塞原因认识及治理措施现状

通过持续分析研究，库车山前井筒堵塞认识不断加深，并逐渐明了，总体可以分为三个阶段。

1.1 第一阶段：井筒砂堵为主

迪那、克深气井生产过程中出现油压、产量异常波动下降，部分井大幅产量下降被迫关井，表现出井筒堵塞特征。部分井在地面检修过程中从井口取得堵塞物。从外观判断，井口堵塞物中含有岩屑、砾石、细砂颗粒和粉末颗粒，如图 1 所示。对井口堵塞物进行化验分析，发现井口堵塞物的主要成分是二氧化硅，判断为地层砂，此外，井口堵塞物中还含有部分垢样(钙和镁)、固井水泥(硅酸盐)和铁腐蚀物(Fe_2O_3)。此阶段，分析认为井筒堵塞主要以砂堵为主。

为了解决井筒堵塞问题，这一阶段主要开展了油管穿孔、地面放喷排砂等探索性试验，摸索井筒解堵经验。其中，迪那 2 区块共进行油管穿孔作业 5 井次，措施初期有一定效果，持续时间受井筒堵塞情况、穿孔工艺影响，有效期 1 个月到 1 年不等，如图 2 所示，但仍避不了再次异常甚至关井；克深区块累计开展了十余井次的地面放喷排砂试验，仅 3 口井见效，多数井效果不明显。

图 1 迪那 2 和克深区块部分井井口取得堵塞物

表 1　迪那 2 区块井口取堵塞物化验分析结果

序号	井号	有机物	二氧化硅	硅酸盐	钠	钾	镁	钙	Fe_2O_3
1	DN2-A	2.58	72.42				2.55	13.62	2.04
		1.97	72.07					17.76	
2	DN2-B	5.32	84.69	2.86	2.06				
3	DN2-C	1.45	84.62				2.56		1.46
4	DN2-D	13.23	76.18						3.06
				62.51		3.85	7.32	10.95	6.01
5	DN2-E	7.41	62.5		1.28	1.14	3.3	2.08	20.12
6	DN2-F	15.79	65.06	4.14	2.16		3.25		

1.2　第二阶段：砂垢复合堵

2016 年～2018 年，库车山前累计修井 7 井次，连续油管作业 15 井次，通过大修、连续油管作业，取得了井筒内堵塞物。迪那 2 区块 3 口大修井取得的井筒堵塞物(图 3)，化验分析结果(表 2)表明井筒堵塞物中含有大量垢(碳酸钙、硅酸盐、重晶石、铁腐蚀物)，以及部分地层砂。克深区块 5 口井通过连续油管冲砂作业从井筒中取堵塞物，化验分析结果(如图 4)表明，井完整性完好的井，堵塞物以以 $CaCO_3$ 垢样为主；油套连通的井，堵塞物以 $CaCO_3$ 和 $Ca_3(PO_4)_2$ 垢样为主，以及部分地层砂。此阶段，进一步认识到井筒堵塞原因为砂+垢复合堵塞。

表 3　迪那 2 气田井筒堵塞物化验结果表

井号	有机物	二氧化硅	硅酸盐	钠	钾	镁	钙	铁 Fe_2O_3	氯	硫酸钡
DN2-A	5.07		20.3	14.56			21.2	1.78		47.5
	4.68		28.46	3.96			28.92	1.24	25.64	
				61.22	17.42		16.25			
DN2-B	7.44	1.44			22.64	0.64	19.28	1.28		

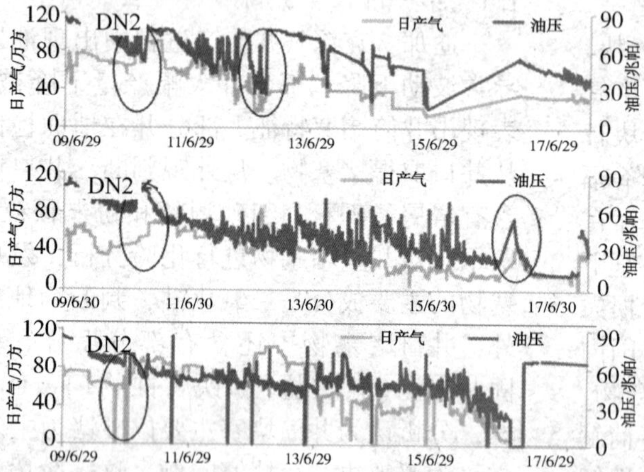

穿孔时间	穿孔孔径(mm)	穿孔长度(m)	单位压差产气量		稳定期(月)
			穿孔前	穿孔后	
2010.10	7	2	2.1	6.7	无
2012.9	10	12	0.5	9.5	11

穿孔时间	穿孔孔径(mm)	穿孔长度(m)	单位压差产气量		稳定期(月)
			穿孔前	穿孔后	
2012.9	7	4	1.7	6.1	1
2016.11	7	4	0.3	2.4	无

穿孔时间	穿孔孔径(mm)	穿孔长度(m)	单位压差产气量		稳定期(月)
			穿孔前	穿孔后	
2012.9	7	6	3.0	30.8	1

图 2　迪那 2 区块油管穿孔解堵效果对比

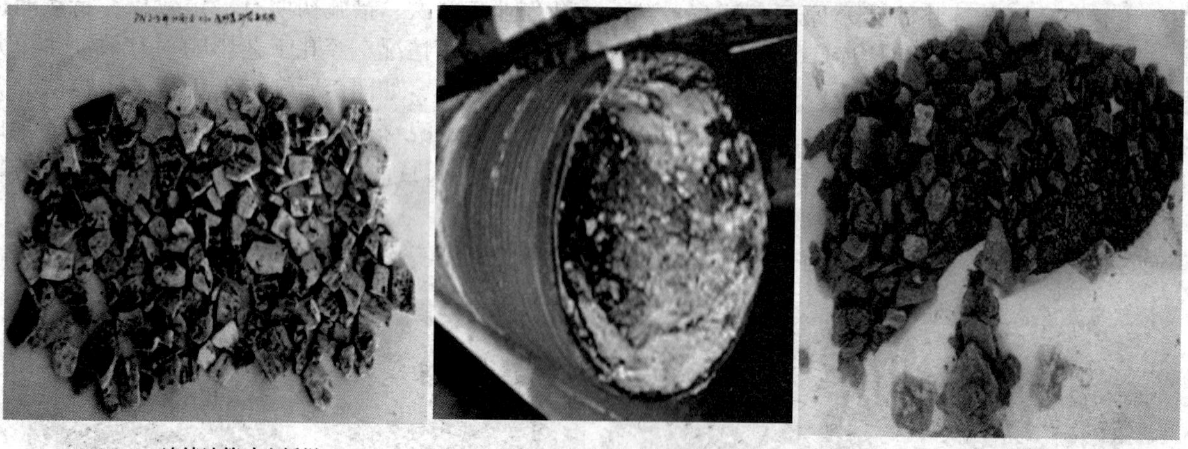

DN2-A连续油管冲出垢样　　DN2-B油管内结垢　　DN2-C井油管取出垢样

图 3　迪那 2 气田井筒堵塞物图

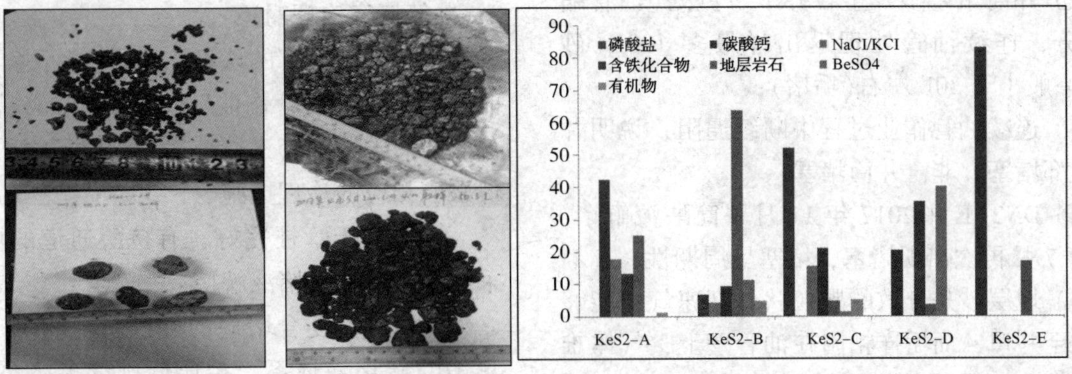

图 4　克深 2 区块井筒堵塞物及分析结果图

在进一步明确了堵塞物类型后，根据井筒堵塞样品分析结果，通过大量的配方筛选，优选了耐高温、溶蚀能力好的弱酸性解堵液基液体系：5%～10%CA-5+5%～8%A1(A2)+3%HF。该解堵液体系在迪那 2 区块应用 6 井次，均成功复产，取得良好效果(见图 5)。

1.3　第三阶段：垢堵为主

为了进一步明确井筒的堵塞方式及堵塞物成分，开展了连续油管作业全井筒连续取样分析。对克深和迪那区块共开展了 7 口井的连续油管疏通作业，通过结合取样位置、连续油管作业遇阻情况、井筒堵塞物化验分析，得到以下认识：

(1) 堵塞物取样成份分析主要以无机垢为主($CaSO_4$、$CaCO_3$)，占比为 60.1%～90%，化验结果见图 6；

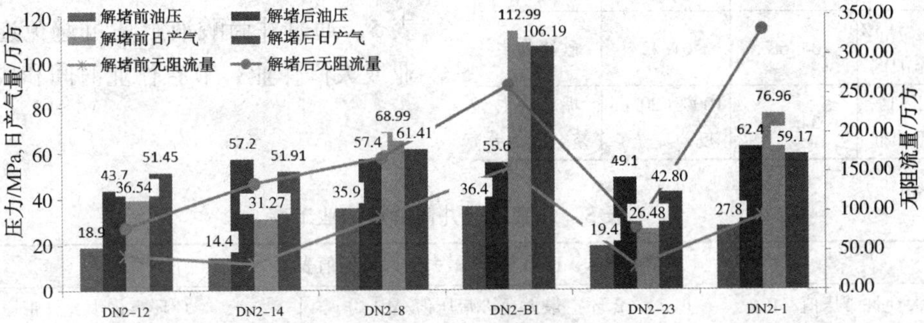

图 5　迪那区块井筒解堵作业前后效果对比

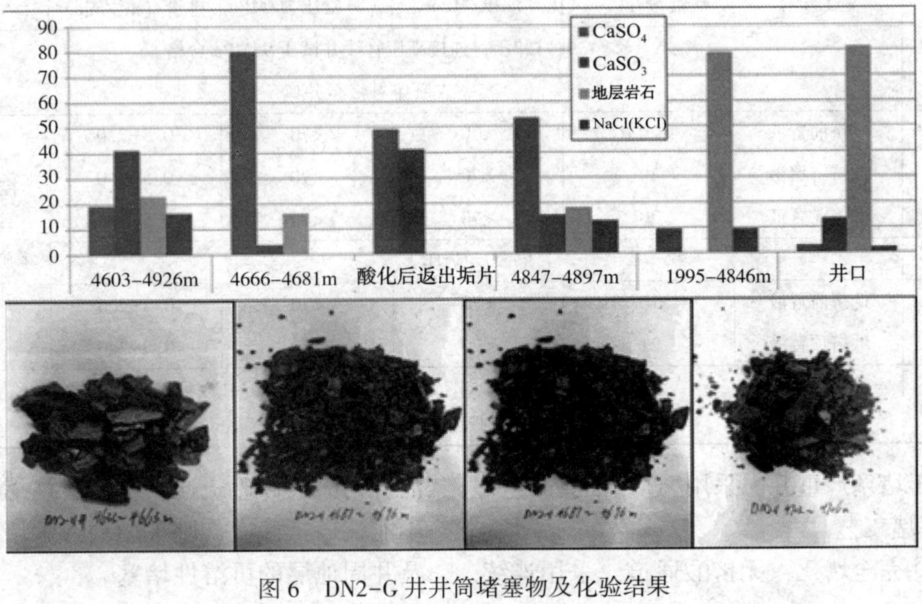

图 6　DN2-G 井井筒堵塞物及化验结果

（2）井筒堵塞多发生在井下节流处（油管缩径）部分，连续油管处理返出样最多100L（砂堵），一般小于30L左右（垢堵）；

（3）连续油管作业过程中断续遇阻，说明井筒为局部堵塞，非全井筒堵塞；

（4）DN2-F井2017年11月井筒酸液解堵，2018年7月再次出现堵塞，堵塞呈周期性；

（5）地层砂是分散的颗粒状，高速气体能够将其带至井口，而垢样粘附在油管壁上，气体难以将其带出，导致井口取样化验以地层砂为主。这对第一阶段井筒堵塞原因分析带来较大干扰。

通过全井筒取样分析认为：迪那、克深区块井筒堵塞从“砂+垢堵”转变为“以垢堵为主”。并且基于对井筒堵塞认识的不断深化，优化了解堵酸液配方，采用了溶垢能力更强的同时成本更低无机酸液体系（9%HCl+1%HF体系），提高了解堵效果。两种酸液体系效果对比如表4所示。

表4　两种酸液体系适用情况

序号	解堵酸液类型	砂的溶解度/%	垢的溶解度/%	适用的堵塞类型
1	10%CA-5+3%HF+添加剂	34.68	61.42	砂堵为主
2	9%HCl+1%HF+添加剂	34.17	100%（20min反应完全）	垢堵为主（螯合能力差）

2　井筒堵塞治理对策

根据井筒堵塞的认识，按照“能小修不大修，能酸化不连续油管作业”的原则，形成塔里木特色的井筒解堵配套工艺技术，针对不同的井况条件采取相应的治理措施。

（1）对于管柱完好、有挤酸通道的堵塞井，采用油管挤注解堵液解堵

针对砂垢复合堵塞的井，采用“10%CA-5+3%HF”解堵液体系，控压低排量多级泵注工艺进行解堵；针对以垢堵为主的堵塞井，采用“9%HCl+1%HF”解堵液体系，控压低排量单级泵注工艺进行解堵。

（2）对于油套连通、有挤酸通道的堵塞井，优化施工参数，避免酸夜进入油套环空，造成套管腐蚀

通过评估各环空最大允许压力值，环空补液、低排量控制油压<A环空压力施工、开井返排控制A环空压力≤油压，实现恢复气井产能同时避免酸液进入环空腐蚀套管。具体作业工序见表5。通过井筒酸液解堵可避免连续油管疏通作业或大修作业，节省作业时间和成本。

表5　油套连通井筒解堵作业工序

A、B、C环空最大允许带压值表						
A环空最大允许带压值/MPa		B环空最大允许带压值/MPa			C环空最大允许带压值/MPa	
81.3		56			28	
油套连通（渗漏）井井筒酸液泵注程序）						
序号	施工步骤	液量/m^3	油压/MPa	A环空压力/MPa	排量/（m^3/min）	备注
1	井口卸压、连接高压管线并试压95MPa合格。					
2	A环空补液至井口					
3	试挤前置液	20	<70	<70	0.5-2.0	控制油压<A环空压力前提下控制施工排量，油套压差0~20MPa
4	低挤解堵液	30	<70	<70	0.5-1.0	
5	低挤前置液	20	<70	<70	0.5-1.0	
6	停泵反应1h					
7	低挤前置液	10	<70	<70	0.5-2.0	
8	低挤顶替液	21	<70	<70	0.5-2.0	
9	开井放喷求产（根据现场实际情况开井放喷） 开井放喷过程中控制控制A环空压力≤油压，油套压差0~20MPa					

（3）对于堵塞严重井，采用“连续油管+酸液解堵”复合解堵工艺

上部管柱完全堵死，无挤酸通道，采用连续油管钻磨、冲砂疏通；下部管柱缩径，连续油管不能疏通至井底，则采用酸液解堵彻底解除井底及井周地层的可溶性堵塞。

3 井筒堵塞治理效果

截至2018年8月29日，库车山前井筒解堵22口井(连续油管6井次，酸化解堵21井次)，平均油压30.51↑59.22MPa，平均无阻流量42.45↑147.73万方，井口日产气653.94↑955.58万方(日增302.04万方)。库车山前堵塞井措施效果对比见表6。

表6 2018年库车山前堵塞井措施效果对比表(截至8.29)

序号	井号	解堵规模/m^3	酸液用量/m^3	解堵前生产情况			解堵后生产情况			解堵前后无阻流量增量/$\times 10^4 m^3$	备注
				油压/MPa	日产气/m^3	无阻流量/m^3	油压/MPa	日产气/m^3	无阻流量/m^3		
1	大北A	80	20	20.5	105700	122058	59.6	218700	1029086	90.70	清防蜡剂+酸液解堵
2	DN2-AA	100	30	18.9	395365	446786	43.7	514521	803929	35.71	酸液解堵
3	DN2-BB	95	60	14.7	关井0	0	62.2	474362	2637410	263.74	连续油管+酸液解堵
4	DN2-CC	80	20	14.4	312727	342970	57.2	519073	1358859	101.59	酸液解堵
5	DN2-DD	110	40	24.85	关井0	0	59.8	445818	1430619	143.06	连续油管+酸液解堵
6	DN2-EE	115	20	35.9	689898	936279	57.4	614059	1686434	75.02	酸液解堵
7	DN2-FF	81	20	36.4	1129860	1549561	55.6	1061887	2603657	105.41	酸液解堵
8	迪那GG	77	20	33.5	关井0	0	59.1	202082	648402	64.84	连续油管+酸液解堵
9	DN2-HH	155	40	28.5	关井0	0	59.2	864466	2837583	283.76	连续油管1+酸液解堵1+连续油管2+酸液解堵2
10	DN2-II	78	20	20.6	153175	176797	45	233125	379456	20.27	酸液解堵
11	DN2-JJ	105	20	19.4	264821	300853	49.1	427955	795749	49.49	酸液解堵
12	DN2-KK	88	20	21.8	335497	388392	45.4	347707	570751	18.24	酸液解堵
13	DN2-SS	92	20	28.8	389720	483188	54.9	400971	947903	46.47	酸液解堵
14	DN2-MM	110	20	27.8	769641	946203	62.4	591728	3316620	237.04	酸液解堵
15	DN2-NN	277	135	24.2	273824	323942	55.73	323085	798377	47.4435	酸液解堵
16	KeS2-AA	164	65	32.1	198600	237787	70.1	389100	4041235	380.34	酸液解堵
17	克深BB	80	20	22.8	127000	141644	77.5	497300	1792580	165.09	酸液解堵
18	KeSCC	107	35	75.2	597500	1781993	76.6	578700	1917507	13.55	连续油管+酸液解堵
19	KeS2-DD	130.3	40	27.1	120700	144207	63.2	161300	472865	32.87	酸液解堵
20	克深EE	107	40	47.3	147200	231930	69.48	196800	1492235	126.03	酸液解堵
21	克深FF	132	35	57.3	364900	581800	66.9	373300	759031	17.7231	酸液解堵
22	克深GG			39.1	163300	202410	52.72	123806	179983	-2.24	连续油管

4 结论及建议

(1) 造成迪那2区块和克深区块井筒堵塞的主要原因是井筒结垢，地层出砂会加剧井筒堵塞；

(2) 针对结垢的井，无机酸体系比螯合剂CA-5体系解堵效果更好，价格更低；

(3) 井筒解堵要“单井单策”，具体问题具体分析，针对不同的井况采用不同的解堵措施；

(4) 经过不断探索改进，形成了具体塔里木特色的高压气井井筒解堵工艺措施，在现场实施中取得良好的效果；

(5) 井筒堵塞具有周期性，需要反复进行解堵作业，建议进一步优化解堵液体系，减小解堵液对油管管柱的腐蚀伤害；

(6) 目前对井筒结垢规律和机理认识不清，需要通过理论与实验研究，弄清结垢影响因素和结垢规律，建立结垢预测模型，为预防结垢和优化解堵措施提供指导。

参 考 文 献

[1] 胡德芬，陈华勇，张艳玲，等．气井油管堵塞原因及应对措施[J]．钻采工艺，2007，30(6)：127-129.

[2] 胡德芬．气井油管堵塞原因分析[J]．天然气勘探与开发，2006，29(1)：37-42.

[3] 董正亮，陈大钧，侯绪林，刘丹宇，冯丹阳．龙岗礁滩气藏气井垢污分析及堵塞机理研究[J]．天然气与石油，2014，32(2)：49-52.

[4] 陈大钧，冯丹阳，刘丹宇，董正亮，冯茜，侯绪林．龙岗礁滩气藏主干井气井堵塞机理[J]．钻井液与完井液，2013，30(6)：13-16.

[5] 张耀刚，吴新民，梁铭，等．气井井筒有机解堵工艺技术的应用[J]．天然气工业，2009，29(2)：95-97.

[6] 黎洪珍，刘畅，梁兵，等。气井堵塞原因分析及解堵措施探讨[J]．天然气勘探与开发，2010，33(4)：45-48.

[7] 周静，等．解除气井有机沉积物堵塞用的解堵剂JD-3[J]．油田化学，2002，19(4).

[8] 郭东红，高金强，辛浩川，等．肯基亚克盐下油田8010井井筒堵塞机理与解堵技术[J]．特种油气藏，2008，15(1)：80-83.

[9] 张宝，匡韶华，魏军会等．连续油管解堵技术在克深区块超深高压气井中的应用[J]．油气井测试，2017，26(06)：41-43.

[10] 李华昌，陈单平，邓绍林，陈军．新场气田低渗致密沙溪庙组气藏气井防堵解堵工艺技术[J].2005，25(9)：73-75.

涩北气田低压气井压井液的研究与应用

濮兰天[1] 黄麒钧[1] 倪 勇[1] 章志轩[1] 欧宝明[1] 胡永利[2]

(1. 中国石油青海油田钻采工艺研究院；2. 中国石油青海油田采气一厂工艺所)

摘 要 针对涩北气田在用抗滤失压井液存在的抗盐性差、漏失严重等问题，引进并筛选出 STNY-G 隔离剂和 FM 暂堵剂，从水溶性和暂堵性等方面进行室内评价实验。实验结果表明，两种药剂的水解性能好，且矿化度不影响其水解性能，完全溶解后的溶液黏度低，利于返排；暂堵率均达到 80%以上，暂堵效果较好。现场试验两种药剂各 6 井次，颗粒隔离剂 1 井次堵漏无漏失，粉末暂堵剂 2 井次堵漏无漏失，复产率达 80%，两种药剂均适用于涩北气田低压气井的修井作业。

关键词 低压气井；隔离剂；暂堵剂；现场试验

涩北气田气藏具有甲烷含量高、纯度高、地层水矿化度高的特点。随着气田的开发，地层压力逐年下降，砂水同出导致地层严重亏空，地层压力系数主要分布在 0.52~1.10 之间，其中压力系数小于 0.8 的占到了 60%以上，压井液漏失趋向普遍现象。据统计，低压气井占总井数 2/3，产能占总产能 1/2，2010~2015 年在作业井中压井液漏失的井次占到了作业总井数的 61%以上，特别当压力系数小于 0.8 时，气井作业漏失率高达 87%。

通过多年的技术攻关，压井液性能有了较大提升，平均单井使用压井液由 186m^3 降至 180m^3，平均单井漏失量由 100m^3 降至 56.8m^3，但漏失问题仍然存在。2018 年的漏失井数占总井数高达 89%，漏失严重至不返液的井也逐渐增多。

近几年，针对低压气井筛选出效果较好的抗滤失压井液，但经过多次试验，发现该压井液体系对矿化度极为敏感，当压井液遇到高矿化度的地层水快速破胶，暂堵失效，压井液严重漏失。为此，优选出两种抗盐暂堵剂，通过降低地层渗透率或增大压井液表观黏度的方式，降低了压井液的漏失。

1 漏失机理分析

压井液在产层的正常漏失应符合渗流力学中的平面径向流的数学模型[1]，对应的物理模型如图 1 所示，假设：产层为水平圆盘状，均值等厚，在圆的中心打一口气井，井的半径为 r_w，井底压力为 p_{wf}，液体为黏度 μ 的压井液。与井轴垂直的每一个平面内的运动情况相同。渗透率为 K，厚度为 h，圆形边界是供给半径，其压力为供给压力 P_e，半径为供给半径 r_e。

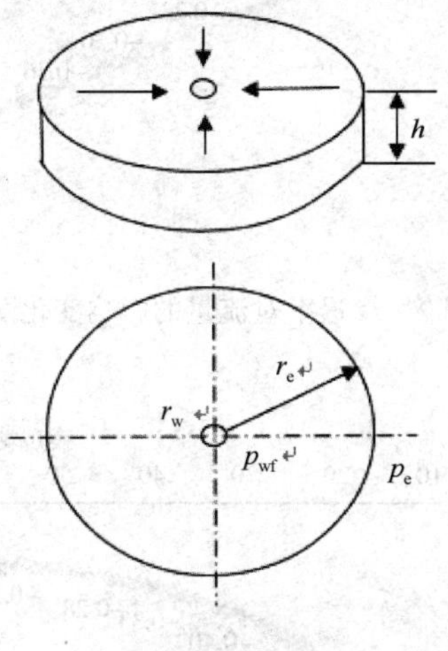

图 1 平面径向流模型

在这些假设条件下，可以确定出平面径向流的流量公式：

$$q=\frac{2\pi Kh(p_e-p_{wf})}{\mu ln\frac{r_e}{r_w}}$$

式中 q——流量，m^3/h；

(p_e-p_{wf})——压差，MPa；

K——地层渗透率，mD；

h——气层厚度，m；

μ——压井液黏度，mPa·s；

r_w——油井半径，m；

r_e——供给半径，m。

在实际应用时，p_{wf} 可以实测，p_e 可以用目前地层压力代替，r_e 可以根据实际井网的形状来确定。

涩北气田低压气井涩试 1 的数据如下：$K=57mD$，$h=24.1$m，$p_e=7.94$MPa，$p_{wf}=11.85$MPa，$\mu=30$mPa·s，$r_e=300$m，$r_w=0.1$m。

将上列数据代入平面径向流的流量公式，可以计算出压井液会以 0.15 m^3/h 的速度向地层渗流。然而在现场作业时，涩试 1 井的压井液静止漏失速度为 8 m^3/h，这违背了渗流力学的正常静止漏速，说明抗滤失压井液暂堵失效，漏失严重。

根据流量公式分析，对于同一口井来说，变量渗透率 K 和压井液黏度 μ 影响着压井液的漏失速度，如图 2、图 3 所示。

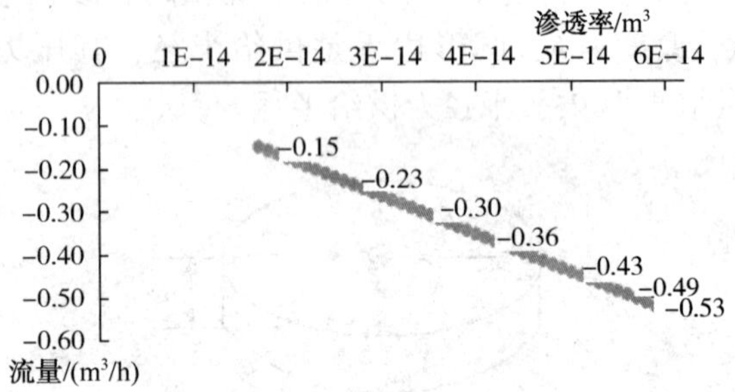

图 2　渗透率对流量的影响变化图

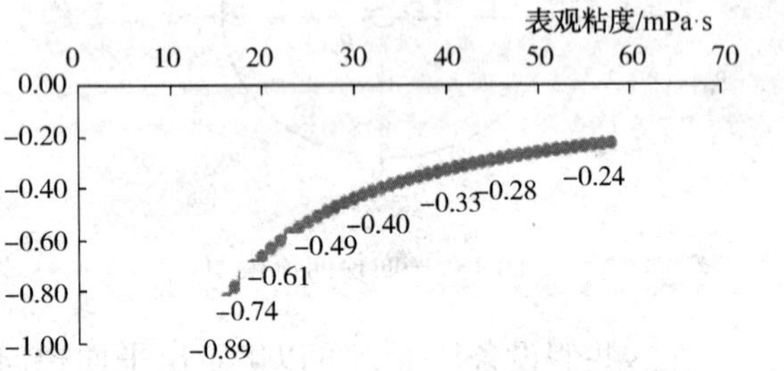

图 3　表观黏度对流量的影响变化

从图 2、图 3 可以看出，降低地层的渗透率，可以降低压井液的漏失；增大压井液的表观黏度，也可以降低压井液的漏失。因此，为控制压井液的漏失量，我们可以考虑两种方案：一是利用屏蔽暂堵技术对地层进行暂堵隔离，以此降低地层的渗透率；二是合理增大压井液的黏度，若黏度过大，会造成作业现场的泵送困难。

2　暂堵剂的筛选

（1）降低地层渗透率

基于渗流力学分析，屏蔽暂堵技术既可以降低地层渗透率，又可以解决压井液抗盐性差的问题，因此引进压井液暂堵隔离技术，即利用水溶性隔离剂，遇水膨胀后降低地层渗透率，同时隔离地层水与压井液，作业后溶解返排。

（2）增大压井液的黏度

基于渗流力学分析，增大压井液的黏度，能够有效降低压井液的漏失。因此优选出抗盐、高黏度的压井液体系，即利用抗盐水溶性压井液，与水作用后呈凝胶状态，利用高黏度对井筒进行暂堵，作业后溶解返排。

我们在筛选水溶性隔离剂或压井液时，最重要的就是要有良好的抗盐性，因此，我们用抗盐实验来进行药剂的筛选，结果如表 1 所示。

表 1　药剂水溶性抗盐实验评价结果

暂堵剂代号	外观	水溶性（自来水）	水溶性（地层水）	说明	结论
CPJ-27	白色细小颗粒	能均匀溶于 50℃自来水，水溶性较好	不溶于地层水	抗盐性差，不溶于地层水	不推荐
CPJ-28	白色细小颗粒	能均匀溶于 50℃自来水，水溶性较好	不溶于地层水		
CPJ-29	白色细小颗粒	能均匀溶于 50℃自来水，水溶性较好	不溶于地层水		
STNY-G	黑色方形颗粒	能溶于 50℃自来水，水溶性较好	地层水中水溶性较好	抗盐性好，溶于地层水	推荐
FM	灰白色粉末	能均匀溶于 50℃自来水，水溶性较好	地层水中水溶性较好		

从表 1 中可以看出，前三种白色颗粒隔离剂在自来水中溶解性较好，但在地层水中完全不溶解；STNY-G 型黑色方形颗粒和 FM 型灰白色粉末不仅能溶于自来水，还能够溶于地层水，说明高矿化度对其完全没有影响，因此推荐颗粒隔离剂和粉末暂堵剂。

3　性能评价

3.1　颗粒隔离剂的性能评价

由于颗粒隔离剂并未发表相关标准，因借鉴

压裂暂堵剂的性能测试方法[2]-[5]，规划压井液用颗粒隔离剂的性能评价实验方案，达到了解其性能的目的。

3.1.1　水溶性能评价

依次配制5‰、1%、5%、10%、10%（地层水）、15%、20%的隔离溶液，并分别放置在30℃、40℃、50℃的水浴中，记录下实验现象并分析实验结果，见表2。

表2　隔离剂在不同温度、加量下的水溶性

配方	实验条件	密度 g/cm³	溶解时间/h	表观黏度/mPa·s	常温常压失水/（mL/30min）
5‰隔离剂+自来水	50℃	1.0	12 完全溶解	1.5（利于返排）	–
1%隔离剂+自来水	50℃	1.0	18 完全溶解	2.5（利于返排）	–
5%隔离剂+自来水	30℃	1.0	39（完全溶解）	5.5（利于返排）	–
5%隔离剂+自来水	40℃	1.0	32（完全溶解）	5.5（利于返排）	–
5%隔离剂+自来水	50℃	1.01	28 完全溶解	5（利于返排）	–
10%隔离剂+自来水	50℃	1.02	>72未完全溶解	115（返排困难）	>16（仍有暂堵能力）
10%隔离剂+地层水	50℃	1.08	>72未完全溶解	129（返排困难）	>16（仍有暂堵能力）
15%隔离剂+自来水	50℃	1.03	>72未完全溶解	超量程（返排困难）	16（仍有暂堵能力）
20%隔离剂+自来水	50℃	1.04	>72未完全溶解	超量程（返排困难）	4（仍有暂堵能力）

由表2可以看出，隔离剂在相同加量的条件下，温度越高，溶胀时间越短，溶解时间也越短；溶解后溶液的表观黏度很低，利于返排。

在相同的水溶液中，隔离剂的加量越大，溶解时间越长，且溶解后的表观黏度差异性大。在50℃、常压的实验条件下，暂堵剂加量在5%以内可完全水解；超过5%加量的隔离液在水溶3天后，表观黏度大，仍具有一定的暂堵能力，室内可通过提高温度或加入水溶液的方法使其完全溶解。

3.1.2　暂堵性能评价

（1）隔离颗粒封堵性能

先在导流室填满石英砂，并饱和涩北地层水，然后依次称量30g、40g、60g的隔离剂，分次填入5.8cm、7.2cm、10.6cm长的隔离带的突破压力，见表3、如图4所示。

表3　不同加量隔离剂的封堵性

配方	实验条件	长度/mm	厚度/mm	宽度/mm	突破压力/MPa
30g隔离剂+石英砂	室温，围压20MPa，排量2.5mL/min	58.02	19.89	36.99	<5
40g隔离剂+石英砂		72.76	20.08	37.05	15
60g隔离剂+石英砂		106.20	20.03	37.15	19

通过表3中的3组隔离剂暂堵性能评价实验，可知：隔离剂加量越高，封堵长度越长，承压能力越强。

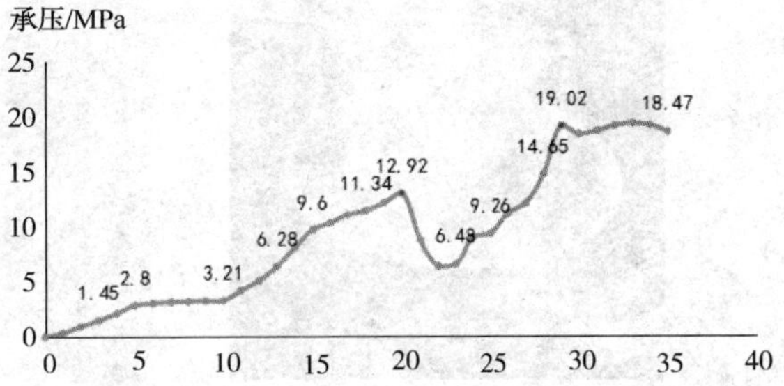

图4　60g隔离颗粒的承压能力变化

从图4可以看出，当第一次达到突破压力泄压后，隔离颗粒的承压能力不断下降，但降到一定程度后再次开始封堵。分析原因是隔离颗粒的粘弹性使得突破孔道恢复暂堵能力，承压继续升高，当达到第二次突破压力后，承压逐渐趋于稳定，并呈逐渐下降趋势。

（2）隔离溶液封堵性能

依据注入PV数法，对隔离溶液的封堵性能进行评价，见表4。

表4　不同注入PV数下隔离溶液的封堵性

注入PV数	实验条件	突破压力/MPa
0	室温，围压0.2MPa，排量1.5mL/min	0.38
0.2PV		0.50
0.4PV		0.77
0.6PV		0.94
0.8PV		1.08
1.0PV		1.21

通过表4中6组暂堵剂暂堵性能评价实验，

可知：暂堵溶液加量越高，承压能力越强。

将表3与表4进行比较，发现隔离溶液的突破压力远低于隔离颗粒的突破压力，这说明隔离剂在水溶液中不断溶解，其承压能力也在不断降低，且刚进入井筒内颗粒状态的隔离剂的承压能力最强。

3.1.3 储层伤害评价

按照常规储层伤害评价的测试方法，对颗粒隔离液的储层伤害性能进行评价，如表5所示：

从表5数据可知：颗粒隔离液的平均渗透率恢复值均达到80%以上，表明其具有良好的保护储层特性。

3.2 粉末暂堵剂的性能评价

依据企业标准《油水井封堵剂 聚丙烯酰胺类HS-I》对粉末暂堵剂的性能进行室内评价实验。

3.2.1 水溶性能评价

对粉末暂堵剂的溶液、滤渣和暂堵剂溶酸后滤渣进行观察，如图5所示。

表5　隔离溶液的储层伤害评价

实验用样	污染前驱替压力/MPa	污染前渗透率（$\times10^{-3}\mu m^2$）	污染后驱替压力/MPa	污染后渗透率（$\times10^{-3}\mu m^2$）	渗透率恢复值/%	平均渗透率恢复值/%
混合液1	0.52	131	0.69	98	75%	84%
混合液2	0.51	133.5	0.55	123.8	92.7%	

图5　粉末暂堵剂溶液、滤渣和暂堵剂溶酸后滤渣

从图5可以看出，该暂堵剂与淡水充分搅拌30min后，呈大面积透明凝胶状态；破胶后的溶液底部呈灰白色滤渣，经干燥箱恒温干燥4小时后溶于15%的盐酸，此时滤渣呈黄褐色，再恒温干燥4小时后进行称重。

表6　粉末暂堵剂的溶解率

项目	实验结果
溶解率，室温，%	85（余0.75g）

从表6可以看出，3g粉末暂堵剂在水解、酸解后仅剩余0.75g，溶解率达到85%，在现场试验时利于返排。

3.2.2 暂堵性能评价

通过驱替实验对暂堵剂的暂堵性能进行评价，见表7。

从表7可以算出，添加压井液前，填砂管在饱和地层水时的渗透率为200.3×$10^{-3}\mu m$，当添加压井液后渗透率降为40.3×$10^{-3}\mu m$，暂堵率达到80%，说明该压井液在填砂管中起到了暂堵屏蔽的作用，且暂堵效果较好。

表7　粉末暂堵剂的暂堵率

实验用样	暂堵前驱替压力/MPa	暂堵前渗透率/（$\times10^{-3}\mu m^2$）	暂堵后驱替压力/MPa	暂堵后渗透率/（$\times10^{-3}\mu m^2$）	暂堵率/%
暂堵剂	0.34	200.3	1.69	40.3	80%

4 现场应用

两种药剂共开展现场试验12井次，其中颗粒隔离剂现场试验5口井6井次，粉末暂堵剂现场试验5口井6井次，见表8。

现场试验结果表明，现场使用STNY-G隔离剂和FM暂堵剂后，压井液漏失量大幅度降低。其中，STNY-G隔离剂现场试验6井次，其中1井次堵漏后无漏失，平均单井压井液使用量降低了61%，复产率达80%；FM暂堵剂现场试验6井次，2井次堵漏后无漏失，平均单井压井液使用量降低了83%，复产率达80%，总体来说，暂堵效果较好。

表 8　两种药剂的现场应用

井号	药剂	层系	压力系数	抗滤失压井液用量/m^3	药剂用量/t	堵漏前漏速/(m^3/h)	堵漏后静止漏速/(m^3/h)	作业后复产情况
S2-26	STNY-G 隔离剂	Ⅱ-3	0.72	40	0.075	漏失严重	2~3	复产
S4-42	STNY-G 隔离剂	Ⅳ-2	0.62	120	0.15	漏失严重	2	复产
S4-47	STNY-G 隔离剂	Ⅳ-3	0.53	110	0.15	漏失严重	2	未复产
SS1	STNY-G 隔离剂	Ⅱ-4	0.67	40	0.05	8	3.5	复产
S2-42	STNY-G 隔离剂	Ⅱ-1	0.95	40	0.15	3	0	复产
SR7-3	FM 暂堵剂	Ⅲ-1-1	0.73	3	24	漏失严重	0	复产
S3-45	FM 暂堵剂	Ⅲ-1	0.85	1.5	12	漏失严重	0	未复产
SX3-9	FM 暂堵剂	Ⅲ-2	套采层位 0.54，油采层位 1.01	4.12	48	漏失严重	0.7	复产
T3-12	FM 暂堵剂	Ⅱ-4	0.62	2.3	12	漏失严重	4	复产
T6-8	FM 暂堵剂	Ⅵ-1	0.52	3.6	33	漏失严重	0~1.3	复产

5　结论和建议

(1) 室内评价结果表明，两种抗盐药剂的水溶性能好，溶解后的黏度低利于返排，且具有良好的暂堵效果。

(2) 现场试验结果表明，两种药剂的暂堵效果较好，试验后压井液漏失量大幅度降低，复产率均达到 80%，具有一定的推广意义。

(3) 作业过程中的储层保护技术还不够成熟，需要进行更广泛的室内和现场试验，形成适合于涩北气田低压气井的修井技术。

参 考 文 献

[1] 翟云芳．渗流力学[M]．北京石油工业出版社，2009.

[2] 白宝君，李宇香．国内外化学堵水调剖技术综述[J]．断块油气田，1998，5(1)：1-4.

[3] 赖南军，徐辉．新型重复压裂暂堵剂的实验研究[J]．新大庆石油地质与开发，2010，29(3)：111-112.

[4] 田冰．水溶性暂堵剂的使用分析[J]．内江科技，2009，12(3)：74.

[5] 吕军，许绍营．广谱屏蔽暂堵技术在大港油田的应用[J]．钻采工艺，2009，27(5)：18-21.

玉门老君庙油田浅井调剖技术研究与应用

林远平 彭 翔 刘传宗 杨学贵 曹艳丽

（中国石油玉门油田分公司钻采工程研究院）

摘 要 针对玉门老君庙油田油藏地质特征和开发状况，采用以聚丙烯酰胺凝胶体系为主的复合调剖工艺技术，通过深化调剖体系配方研究评价、优化工程设计、强化施工质量监督、重视现场试验与推广应用跟踪评价，浅层调剖取得了较好的技术经济效果，为老油田实现稳油控水提供了重要的技术支持。

关键词 老君庙油田；裂缝性油藏；聚丙烯酰胺凝胶；复合调剖；稳油控水

玉门老君庙油田位于河西走廊西端的酒西盆地南部老君庙背斜带中段，根据储层状况、油水系统、压力系统等因素，将老君庙油田自上而下主要分为K、L和M三个油藏，其中L、M为油田主力油藏，埋藏深度500~1200m，平均地层温度28~30℃。K、L油藏属于孔隙性层状砂岩油藏，具有中高渗透、高饱和、中高孔隙等特征；M油藏属于裂缝性低渗透块状砂岩油藏，具有低渗透、低饱和、小孔隙、裂缝—孔隙双重介质等特征。

经过几十年的注水开发，特别是频繁的压裂作业，导致M油藏储层裂缝贯穿严重，尤其在顶部区、外排区形成多条以南北方向为主的裂缝水线，导致注入水沿裂缝窜进，部分油井含水上升速度加快或暴性水淹，水驱效率降低，油层产能不能充分发挥，油田开发效果逐渐变差，是复合调剖的主要对象。

1 聚丙烯酰胺凝胶为主的复合调剖体系研究评价

玉门老君庙油田在20世纪70年代就开始了大规模应用调剖技术，采用过的调剖剂已有十几种，如石头粉、水泥、水玻璃、乳化稠油、黄胞胶冻胶、聚丙烯酰胺凝胶等。随着油田开发的深入，单一的调剖剂和工艺技术已不能满足油田开发需要，存在调剖剂单一、有效期短、调剖有效率低等问题。

1999年以来，通过对目的油藏地质研究与评价、基础配方室内评价、注入工艺参数研究与评价，先后研究开发了聚丙烯酰胺凝胶为主的颗粒型与凝胶型相结合的复合调剖体系和工艺技术。近20年，该技术在玉门老君庙油田得到规模化现场试验和推广应用，取得了良好的技术效果和经济效益，为油田综合治理提供了良好的技术支持，成为老油田高含水开发后期稳油控水的主要技术手段。

1.1 聚丙烯酰胺凝胶体系室内研究

1.1.1 聚丙烯酰胺凝胶强度影响因素研究

（1）聚丙烯酰胺凝胶体系强度及稳定性评价

通过室内评价实验，评价了三种阴离子聚丙烯酰胺（PAMdq、PAMsc、RSP_3）和三种交联剂（GMF、SKL、R_{14-3}）在低温（20℃）、120天形成的凝胶强度（见图1、图2），最终优选出适用于老君庙油田调剖的聚丙烯酰胺、交联剂种类和用量。

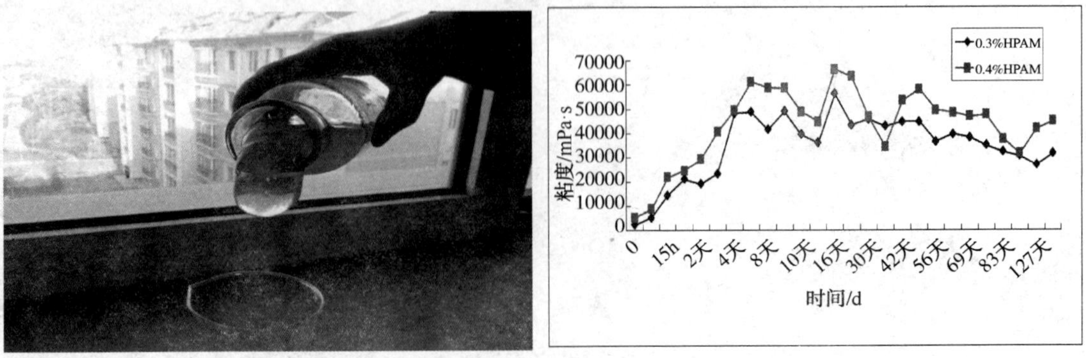

图1 聚丙烯酰胺凝胶强度随时间变化（0.2%GMF体系）

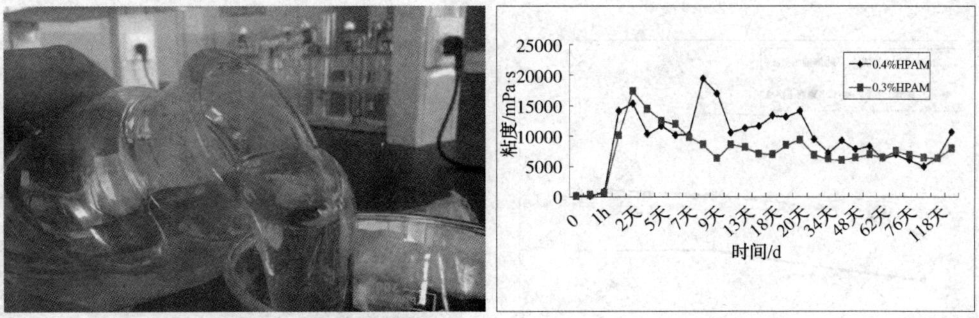

图 2　聚丙烯酰胺凝胶强度随时间变化(0.18%SKL 体系)

① 聚丙烯酰胺浓度 0.3%~0.4%时，成胶时间 4~72h 可调，GMF 交联体系凝胶强度(5.0~6.0×10^4 mPa·s)高于 SKL 延缓交联体系(约 1.5~2.0×10^4mPa·s)。

② 形成的凝胶，在 90 天内强度有一定幅度下降，180 天后强度趋于稳定。

③ 聚丙烯酰胺浓度 0.3%~0.4%时，凝胶弹性模量在 3~9Pa，属于中等凝胶范畴，胶体粘弹性较好。

(2) pH 值对凝胶体系强度的影响

凝胶体系的 pH 值对形成凝胶强度有着较为重要的影响，在评价实验中，用 0.3%~0.5%调节剂。当将溶液 pH 值调在 6.5 左右，体系形成的凝胶强度较低，将溶液 pH 值调高到 9 左右，形成的凝胶强度虽然较高，但凝胶的韧性比较差，凝胶比较脆。因此，要形成性能较好的凝胶，交联体系最佳的 pH 值范围应在 7.5~8.5，即弱碱性。

(3) 矿化度对凝胶体系成胶强度的影响

实验中将回注污水用自来水稀释至 50%。然后分别用回注污水和稀释后的污水配制交联调剖剂，测定不同时间的凝胶黏度(见表 1)。由表 1 可知，配制水含盐量越低，凝胶黏度越高。

表 1　配制水矿化度对凝胶黏度的影响(SKL 延缓交联调剖体系)

序号	配制水	pH 值	凝胶黏度/(mPa·s)			
			0	24h	72h	96h
1	自来水	7	425	4850	16000	17600
2	50%污水	7	365	2350	12450	13120
3	100%污水	7	325	1640	9820	10370

1.1.2　聚丙烯酰胺凝胶复合调剖剂体系强度评价

针对油藏地质特征和生产实际，单一的聚丙烯酰胺凝胶强度满足不了油层调堵大裂缝、大孔道的需要。因此，为进一步提高调剖剂强度，保障调剖有效率，进行了聚丙烯酰胺凝胶为主的颗粒型与凝胶型相结合的复合调剖体系研究。

针对 M 油藏油井，调剖剂颗粒优先进入油层内大裂缝、大孔道，通过桥架形成堵塞，起到预封堵作用，再注入较高强度的聚合物凝胶，将颗粒性堵剂推向地层深部，高分子聚合物具有吸附效应和流体黏度效应，能够形成对大裂缝、大孔道的有效调堵，迫使后续注入水转向，最后过顶替高强度水泥浆段塞以封口，减少后续注入水的冲刷，延长调剖有效期。

(1) 无机颗粒型调堵剂优选

根据不同固体颗粒在聚丙烯酰胺凝胶中的稳定性，优选膨润土为预堵段塞颗粒调堵剂，水泥作为封口段塞的颗粒调堵剂(见表 2、图 3)。

评价了膨润土加入量为 5%、10%、15%时在自来水中润湿、分散后的粘稠度。两种膨润土样品在自来水中均表现出优异的性能，根据观察结果，5%加入量较低，15%已较稠，合理的加入量应为 7.5%~15%。水泥浆作为封口剂，配制密度 1.4~1.5g/cm^3。

表 2　不同固体颗粒在聚丙烯酰胺凝胶中的稳定性

固体颗粒类型	加入量/%	实验现象
水泥	10	水泥沉在试管底部，上部为凝胶
石头粉	10	石头粉沉在试管底部，上部为凝胶
石灰乳	10	石灰乳沉在试管底部，上部为凝胶
三合土	10	部分土沉在试管底部，上部为凝胶+三合土混合物
膨润土	10	膨润土均匀分散于凝胶中，不沉降，不分层

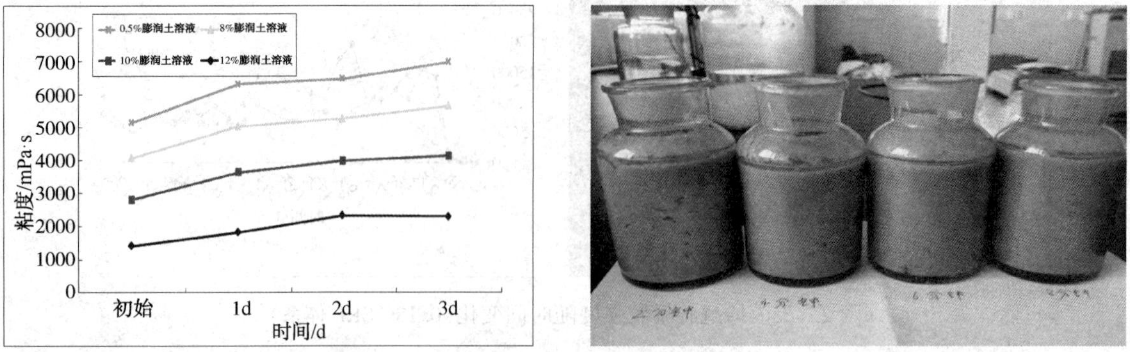

图 3　5%-12%浓度膨润土溶液黏度变化图

(2) 有机颗粒型调堵剂优选

由于聚丙烯酰胺凝胶体系的成胶性能(包括成胶时间和成胶强度)受地层条件如温度、矿化度、pH 值、组分稀释等的影响，且在注入过程中存在管道和过泵剪切，都会降低聚合物凝胶的成胶强度。同时，无机颗粒类调剖剂有一定的局限性，虽然具有较强封堵强度，但容易堵塞在近井地带，不能满足深层调剖需要，最终影响调剖效果。由此，开展了有机颗粒型调堵剂评价优选。

① 聚丙烯酰胺溶液和凝胶剪切性能评价

由于储层埋藏较浅，油水井间距较小，注入水沿大裂缝、大孔道窜通严重等，调剖液用量较少(≤1000m^3)，通常采用水泥车注入，现场施工中水泥车及管线对聚丙烯酰胺溶液的剪切是较大的，对凝胶成胶强度有较大的影响。

聚丙烯酰胺溶液剪切后(电动搅拌 10000 转/min 剪切 1min)，其黏度损失率在 20%左右，其放置 2-4h 时间后，黏度能恢复恢 80%左右(见图 4)。剪切影响了聚丙烯酰胺凝胶的成胶性能，3~6 天后凝胶黏度逐渐恢复，但只能恢复到 60~70%。在现场施工中，通过控制排量和注入压力，可以一定程度减少设备管线对聚丙烯酰胺溶液和聚丙烯酰胺凝胶的剪切。

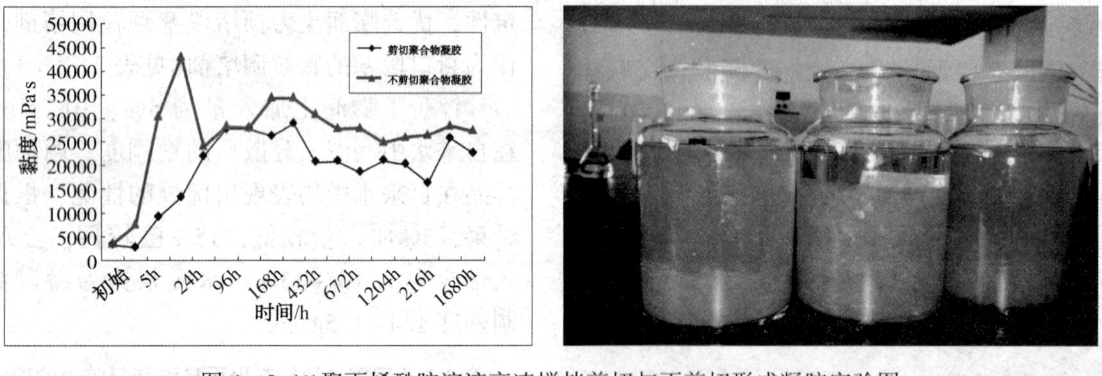

图 4　0.4%聚丙烯酰胺溶液高速搅拌剪切与不剪切形成凝胶实验图

② 有机颗粒 SR-3 柔性转向剂应用性能室内评价

2013 年，引进中国石油勘探开发研究院研发的有机颗粒 SR-3 柔性转向剂，利用其膨胀性好、韧性好、可任意变形、化学稳定性好等特点，与聚丙烯酰胺溶液一起进入地层大裂缝、大孔道，柔性颗粒与凝胶配合作用，能够有效封堵大裂缝、大孔道，迫使注入水转向，从而实现深部调剖和封堵的目的，进一步扩大波及体积，提高水驱采收率。

· 柔性转向剂在聚合物溶液中悬浮能力评价

在浓度为 0.4%的聚丙烯酰胺溶液中添加 0.5%~0.8%柔性转向剂，搅拌混合均匀后，静置观察悬浮性。柔性转向剂在聚合物溶液中沉降缓慢，48 小时全部沉底。说明柔性转向剂在聚丙烯酰胺溶液中悬浮能力较好(见图 5)，有利于在现场施工时方便携带注入。但现场施工中，为避免在注入过程中发生转向剂颗粒沉降在储液罐底部，配液站配制的调剖液需在 36h 内拉运走。

也考察了柔性转向剂的稳定性。在清水、地层水、聚丙烯酰胺溶液中放置 35 天(20℃)，柔性、弹性、硬度等未发生明显变化，说明柔性转向剂化学性质稳定。

图5　柔性转向剂(SR-3)在聚合物凝胶中悬浮实验

·柔性转向剂与聚丙烯酰胺凝胶配伍性评价

在0.3%和0.4%聚丙烯酰胺溶液加入0.5%、1.0%柔性转向剂配制好，然后加入SKL交联剂，评价30天内的成胶状况，见图6，可知：在尚未成胶前(0~8h)，凝胶体系中添加0.5%、1.0%柔性转向剂，黏度曲线与空白实验黏度曲线近似重合。成胶后(2~29d)黏度曲线也差别不大。可见，柔性转向剂的加入对两种凝胶成胶强度影响很小，反而，体系中加入柔性颗粒，提高了整体强度。

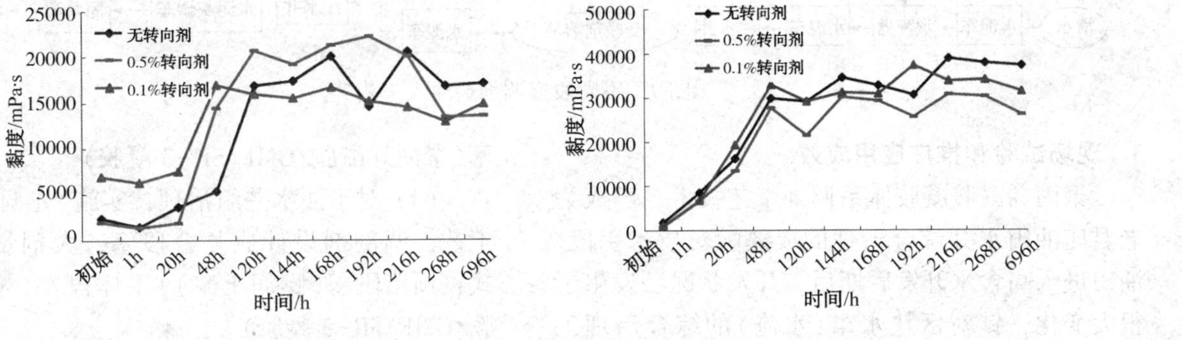

图6　不同浓度柔性转向剂加入聚合物凝胶体系强度变化的图

1.1.3　适用不同油藏条件的基本配方

通过对聚丙烯酰胺、交联剂、颗粒型堵剂、封口剂等室内研究评价，最终确定了适用于不同油藏条件的调剖剂基本配方(见表3)。做单井调剖设计时，应根据油藏条件、注采动态、监测资料等优化设计，以提高调剖措施的针对性。

表3　不同油藏条件的调剖剂基本配方

序号	HPAM/%	SKL/GMF/%	pH值调节剂/%	SR-3柔性颗粒/%	膨润土/%	水泥浆/(g/cm^3)	适用范围
1	0.40-0.50	0.18-0.20	0.20-0.30	1.0-1.2	12.5-15	1.5-1.6	大裂缝、大孔道调剖治理
2	0.30-0.50	0.18-0.20	0.20-0.30	1.0-1.2	12.5-15		
3	0.30	0.16-0.18	0.20-0.30	0.8-1.0	10-12.5	1.3-1.4	中、小裂缝调剖治理
4	0.25	0.15-0.16	0.20-0.30	0.8-1.0	7.5-10	0	高渗透率砂岩油藏调剖
5	0.25-0.30	0.15-0.16	0.20-0.30	0.5-0.8	0	0	中低渗透率砂岩油藏调剖

2　调剖工艺优化设计

2.1　选井依据

选择调剖井点主要依据是：区块地质特征、注采动态、注采对应关系、吸水剖面、产液剖面、示踪剂找水流方向测试结果、井口压力降落曲线及采出程度-含水关系等因素。遵循的基本原则如下：

(1) 采油井含水较高，一般要求大于50%；

(2) 油层存在大裂缝、大水线或优势水流通道，或在平向上油层渗透率差异大，导致注入水推进不均匀，注入水窜、漏严重，部分油井含水速度上升快或水淹；

（3）注采井生产层位基本对应，在纵向上油层渗透率差异大，导致注水井吸水剖面不均匀，吸水厚度小，剖面动用程度较低；

（4）油层含油饱和度较高，具有较好的增产潜力；

（5）注水井可正常注入，套管不外窜，井况较好。

2.2　调剖剂单井注入量确定

$$Q=\pi R^2 H\Phi$$

式中　Q——注入调剖剂量，m^3

R——预调半径，m

H——预调油层厚度，m

Φ——油层孔隙度，%

对于裂缝较发育的低渗透油藏，调剖剂进入微裂缝和基岩孔隙的量是很少的，它主要进入大裂缝和大的水流通道，所以调剖剂在地层中的实际作用半径要比理论计算值大得多。依据老君庙油田油藏地质特征和生产现状，单井调剖设计用量控制在 $300\sim800m^3$，平均用量 $400m^3$ 左右。

2.3　现场注入压力确定

确定调剖施工工艺参数主要是确定压力和排量。在现场实际工作中，主要是以控制注入排量来达到控制注入压力的目的。注入压力不允许超过油藏的破裂压力，一般控制为不超过正常注水压力 2~3MPa，注入排量 $20m^3/h$ 左右。

2.4　注入工艺

注入工艺采用水泥车注入(见图7)

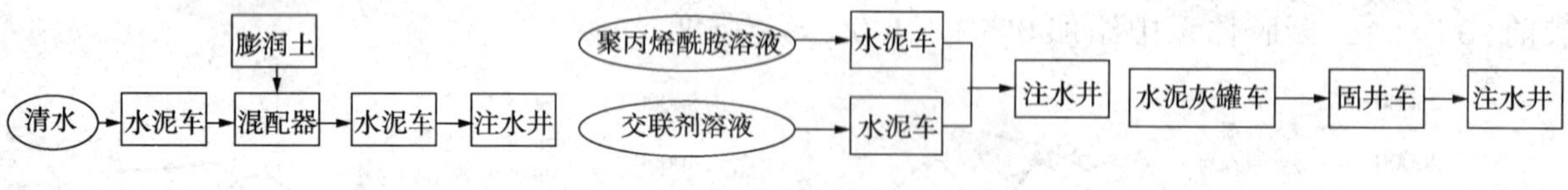

图7　不同段塞调剖剂注入工艺

3　现场试验和推广应用成效

聚丙烯酰胺凝胶体系调剖工艺技术，已成为老君庙油田水井综合治理的成熟配套技术手段。油田进入高含水开发后期后，开发状况已发生了很大变化，针对区块水窜(水淹)的综合治理工作显得更加重要和十分迫切。实际工作中必须针对新变化、采取新思路，不断优化完善工程设计，加强施工质量监督和标准化管理，从而提高调剖效果。

3.1　调剖工艺优化设计原则

（1）对于裂缝发育、大孔道、高渗透油层，注采井严重窜通的，实施高强度堵剂封堵工艺，调剖剂设计成三段塞、大剂量注入方式：预堵段塞(膨润土浆)+主体段塞(聚丙烯酰胺/GMF/SR-3凝胶)+封口段塞(水泥浆)

（2）对于中小孔道、裂缝有一定程度发育、中高渗透油层，注采井有一定程度窜通的，实施"先堵后调"工艺，调剖剂设计成三段塞、中剂量注入方式：预堵段塞(膨润土浆)+主体段塞(聚丙烯酰胺/GMF凝胶)+封口段塞(水泥浆)

（3）对于微裂缝、小孔道、中低渗透油层，注入水有一定程度指进、油井含水逐渐上升的，实施"先调后驱"工艺，调剖剂设计成较低强度、大剂量注入方式：预堵段塞(膨润土浆)+主体段塞(聚丙烯酰胺/GMF/SR-3凝胶)

（4）对于注水井组治理，实施"先调堵后驱"工艺，调剖剂设计成复合段塞、大剂量注入方式：预堵段塞(膨润土浆)+主体段塞(聚丙烯酰胺/GMF/SR-3凝胶)

（5）对于中、高含水油水井调堵水，采用水井调剖、油井"先堵后压"工艺：调剖、堵水——聚丙烯酰胺/铬明矾凝胶+超细水泥浆(过顶替)；转向压裂——限制施工规模，预防出砂

3.2　加强现场监督，推进标准化施工，提高施工质量

玉门油田浅井化学调剖工艺技术独具特色，根据老君庙油田水井调剖治理需要，由于现场施工工序较多、协作单位多，通过强化调剖工艺设计及现场施工的标准化管理和相互沟通协调，严格监督现场配液、注入工序，及时有效解决存在问题，从而提高生产组织效率和施工质量。把控的主要环节是：

（1）原材料质量。从厂家进料后，对于同批次产品，按规定抽取多个样品送至相应的技术单位，依据行业标准做理化指标和应用性能评价，只有所有样品都能达到技术指标后，才能作为配液化工料使用。

（2）现场配液质量。调剖液统一在配液站配

制，配液过程中，严格遵守工艺设计中规定的各种化工料加料顺序和配液浓度，溶解充分、混合均匀。调剖液配制完成后，均抽样送检，评价调剖液关键性能，指导配液操作，保障配液质量。

（3）施工过程标准化。加强调剖施工质量控制，严格依据工艺设计，按泵注顺序足量注入各段塞调剖剂，严禁违反设计要求施工。泵注过程中严格控制水泥车排量、施工压力等关键参数。

（4）调剖后注水管理、资料监测及效果评价。调剖后，按照设计要求好，加强注采井生产管理，保障正常运行；及时监测、录取、收集整理生产动态资料，加强调剖效果评价，对存在问题做到早发现、早解决，不断改进完善，进一步提高调剖效果。

3.3　现场试验及推广应用效果评价

1999 年～2018 年，在老君庙油田采用以聚丙烯酰胺凝胶为主体的复合调剖技术现场试验及推广应用 556 井次，累计注入调剖剂 130816m^3，累计增油 49854t，为玉门老君庙油田的稳油控水和综合治理奠定了良好的技术基础。

（1）典型注水井调剖效果评价

分析注水井调剖前后的生产动态资料，调剖见效的主要表现是：注水压力上升、注入量下降、视吸水指数有不同程度的降低(见表 4)。表明实施调剖措施，能够有效封堵油水井间的水流优势通道或窜通，迫使后续注入水转向低渗层带，改善了注水井吸水剖面和波及面积。

表 4　注水井调剖前后注入参数变化表

井号	调前注入参数			调后注入参数		
	油套压/MPa	日注量/m^3	视吸水指数/(m^3/MPa)	油套压/MPa	日注量/m^3	视吸水指数/(m^3/MPa)
N4131	9.6/7.2	21.3	2.2	12.6/2.4	21.1	1.7
K6623	0.7/2.4	19.7	27.2	7/3	12	1.7
NE179	9.2/0	15.2	1.7	9.2/0	8.4	0.9
N135	6/4.2	16	2.7	6.8/0	7.8	1.2
821	5.6/0	12.1	2.2	6.1/0	9.3	1.5
8213	5.8/0	11.9	2.1	6.2/0	9	1.5
G26	11.6/11.1	20.7	1.8	11.8/11.5	17.5	1.5

（2）典型对应油井(井组)效果评价

C178 井为老君庙油田 M 层生产井。1984 年 7 月完钻，1984 年 11 月射 M3 层生产。1985 年 6 月改注，由于长期单注 M3 层，地下存水较多，水洗程度高，周围油井注水受效逐年降低。为了提高井组注水效果，于 2013、2014 年进行了两次调剖，2014 年调剖后，尽管水井上压力上升不明显，但是对应油井 F169H 含水大幅下降，增油效果明显，调剖取得了较好的控水增油效果(见图 8、图 9)。

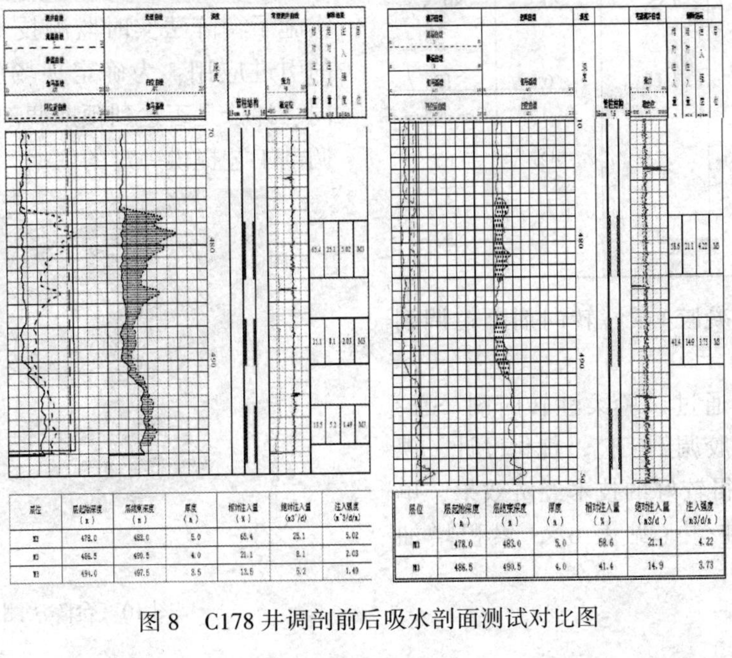

图 8　C178 井调剖前后吸水剖面测试对比图

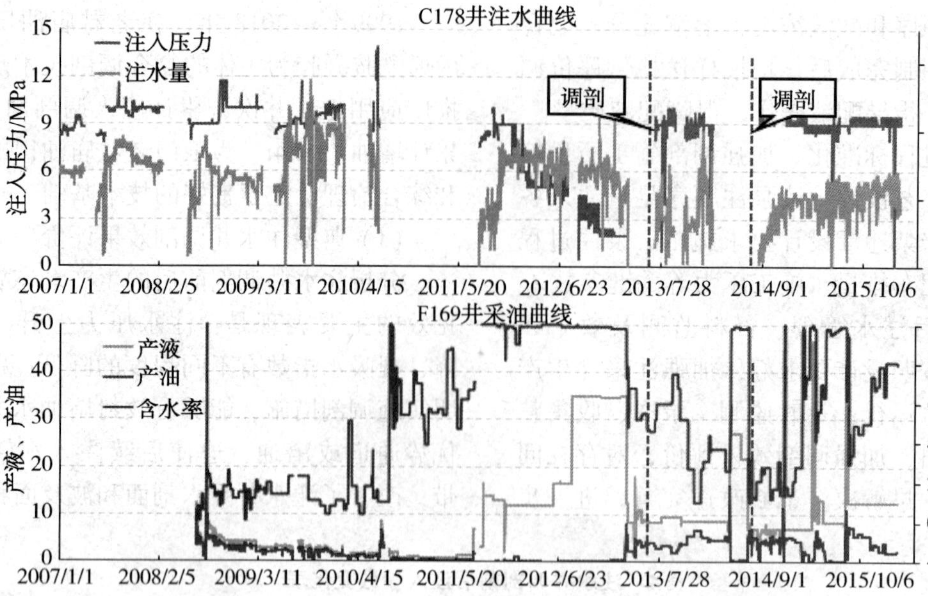

图 9　C178 井及对应油井 F169H 调剖前后生产曲线图

（3）聚丙烯酰胺凝胶不同体系（GMF、SKL）、不同注入量调剖效果评价

采用聚丙烯酰胺/SKL 有机延缓交联体系调剖，采用大、小剂量的有效期均较长，单井增油比较明显，有明显的调驱增油作用；采用聚丙烯酰胺/GMF 体系调剖，单井短期增油量较好，但有效期相对较短（见表 5）。

表 5　聚丙烯酰胺凝胶不同体系、不同注入量调剖有效期评价表

	大剂量调剖		小剂量调剖	
	GMF 体系	SKL 体系	GMF 体系	SKL 体系
平均增油量/吨/井	73.5	135.7	120.9	89.8
有效期大于 16 个月/井次/%	10	15	6	12
有效期大于 12 个月/井次/%	60	75	42	68
有效期小于 12 个月/井次/%	40	25	48	32

（4）聚丙烯酰胺凝胶+柔性转向剂颗粒调剖效果评价

2013～2018 年，通过试验柔性转向剂（SR-3）复合聚丙烯酰胺凝胶调剖工艺，优化设计、现场施工 111 井次，取得较好的技术经济效果，单井增油量 70～120 吨/井（见表 6），累积增油 9800 吨左右。

表 6　柔性转向剂 SR-3 与不同调剖体系调剖效果评价表

项目	聚丙烯胺/SKL 凝胶+柔性转向剂	聚丙烯酰胺/GMF 凝胶+柔性转向剂	聚丙烯酰胺凝胶
注入凝胶/（m^3/井）	400-600	200-400	200-500
柔性转向剂 SR-3/（吨/井）	2-3	1-2	/
单井增油量/吨	113	85	52

（5）发挥台阵法监测技术在效果评价中的作用

2015 年，在老君庙油田调剖现场施工引进实施了台阵法实时监测技术（见图 10）。该技术的引进应用，为确定现场施工注入调剖剂的走向、评价是否达到预期调剖效果、改进完善改进调剖工艺提供一定的依据。

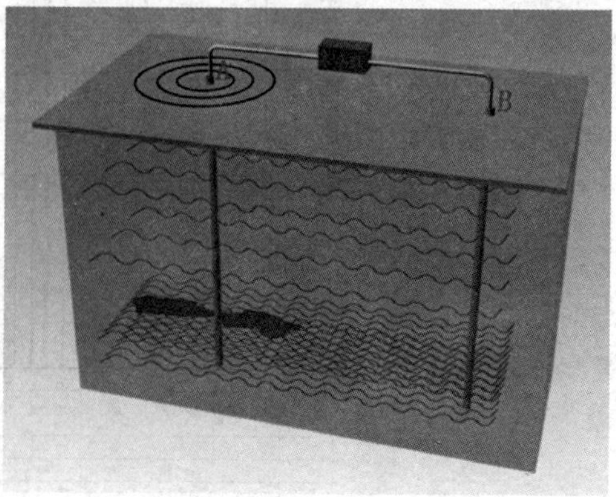

图 10　台阵法测试原理图

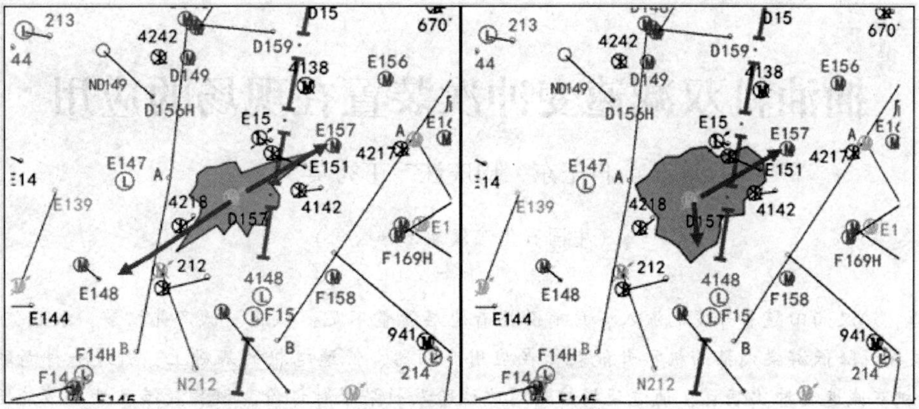

图 11 D157 井调剖前后注入水流向变化对比图

D157 井调剖前注水主要沿北 60° 东（E157 井）和南 45° 西（E148 井）两个方向突进（见图 11），窜流严重，大孔道存在明显，分析表明油井 E157 与注水井 D157 之间存在水流大通道。优化调剖工艺设计，调剖后北 60° 东和南 30° 西方向呈扩散带，无单点突进现象，注水推进较均匀（E157 井方向推进距离远），判断调剖措施有效。

4 结论

（1）基于老君庙油田高含水开发后期开发生产特点，研发了以聚丙烯酰胺凝胶为主的颗粒型与凝胶型相结合的复合调剖调剖体系，成本低廉，研究形成了浅层调剖的选井原则、优化设计、调剖液配制、注入工艺、专项监测等配套技术，为老油田稳油控水、综合治理提供了重要技术支持。

（2）加强现场施工组织、监督管理，保障施工质量，近 20 年实施调剖 556 井次，取得了良好的技术效果和经济效益，为老油田稳产、提高开发效益发挥了重要作用。

（3）加强调剖新技术、新工艺的引进和试验应用，加强调剖后评价、不断改进和完善调剖工艺技术，是进一步延长调剖有效期、提高调剖效果的基础保障。

参 考 文 献

[1] 刘一江，王香增．化学调剖堵水技术[M]．北京：石油工业出版社，1999.

[2] 万仁溥．采油工程手册[M]．北京：中国工业出版社，2007.

[3] 李宜坤，覃和，蔡磊．国内堵水调剖的现状及发展趋势[J]．钻采工艺，2006，29(5)：105-106，123.

[4] 熊春明，唐孝芬．国内外堵水调剖技术最新进展及发展趋势[J]．石油勘探与开发，2007，34(1)：83-88.

[5] 朱怀江，王平美，刘强，等．一种用于高温高盐油藏的柔性堵剂[J]．石油勘探与开发，2007，34(2)：230-233.

[6] 马红卫，刘玉章，李宜坤，等．柔性转向剂深部液流转向机理[J]．石油勘探与开发，2008，35(6)：720-724.

[7] 王平美，罗健辉，张颖．等．高温高盐油田的非离子聚合物弱凝胶调驱体系[J]．石油钻采工艺，2002，2(5)：53-56.

[8] 朱怀江，程杰成，隋新光，等．柔性转向剂性能及作用机理研究[J]．石油学报，2008，29(1)：79-83.

抽油机双减速变冲次装置在现场的应用

冉玉东　周庆江　丁秀英

（中国石化江汉油田分公司）

摘　要　江汉油田随着开发的深入，目前面临着地层能量不足，低液、低产井增多，泵效偏低等问题，为了提高泵效、降低游梁式抽油机举升能耗，在应用变频器、低速电机的基础上，引进一种新的降低冲次装置-抽油机双减速变冲次装置，通过现场应用对比试验及效果跟踪评价，该装置满足油井节能降耗的生产需求。

关键词　江汉油田；双减速变冲次装置；降冲次；节能降耗

1　开采现状

江汉油区油层层系分布广，潜江组和新沟嘴组为主要含油层系，动用地质储量占全区动用地质储量的99.5%。潜江组油藏油组多、油藏类型复杂，具有纵向分隔、横向分散，含油井段长，含油层组多、高含盐等特点；新沟嘴组油藏储层多而薄、非均质严重，具有渗透率低、层多、面积小、层薄、含油丰度低的特点。

江汉油田目前已经进入高含水开发阶段，地层能量不足，低液、低产井增多，泵效偏低。

截止2019年4月，全厂有生产油井1031口，平均沉没度418m，平均泵径41.9mm，冲程3.68m、冲次3.74m、平均泵效41.8%，综合含水88.6%。

抽油机井生产参数中泵径以Φ38mm为主、占比50%，冲程以3m为主，占比44.5%，冲次以4min^{-1}居多，占比52.0%。

如表1所示，目前泵效小于30%的油井有439口，占抽油机生产井数的42.6%；这些低泵效井的平径泵径为Φ38.3mm、平均冲程为3.55m、冲次为3.88min^{-1}，平均单井日产液3.52t，平均单井泵效仅16.1%，其中冲次≥4min^{-1}的有274口、占62.4%。

表1　2019年4月抽油机井泵效分布统计表

泵效分级/%	η<30%	30%≤η<50%	50%≤η<80%	η≥80%	统计井数
井数/口	439	337	231	24	1031
百分比	42.6%	32.7%	22.4%	2.3%	100%

根据泵效[1]计算公式(见公式1)：

$$\eta = \frac{Q}{Q_t} \quad (1)$$

式中　η——泵效，%；

Q——油井实际产液量，m^3/d；

Q_t——井下泵理论排量，m^3/d。

其中理论产液量计算公式(见公式2)：

$$Q_t = 1440 f_p sn \quad (2)$$

式中　f_p——泵的横截面积，m^2；

s——冲程，m；

n——冲次，min^{-1}。

按照平均单井日产液3.5m^3/d，平径泵径Φ38mm、平均冲程为3.55m、则如表2所示、在满足日产油的前提下，泵径、泵深、冲程保持不变，降低冲次能提高抽油机泵效，提高机采系统效率，降低能耗，冲次调为2min^{-1}泵效为30.2%，相对于泵效小于30%的油井平均单井泵效提高了14.1%。

表2　泵效小于30%抽油机井在不同冲次下泵效统计表

冲次 n	3min^{-1}	4min^{-1}	5min^{-1}	2min^{-1}
泵效 η	20.1%	15.1%	12.1%	30.2%

目前降低抽油机冲次的方式有：

(1) 减少电机皮带轮直径，通过增加传动比降低抽油机冲次，但是冲次最低能降到3次，皮带轮过小，将造成皮带与皮带轮的包角变小，皮带易打滑、烧坏；

(2) 使用低速节能电机，通过改变永磁同步电机的磁极对数降低冲次，但是扭矩不能增大、无法解决生产中因油井出砂、结蜡等导致负荷增加的情况，需要很高成本投入；

(3) 使用变频器，通过调整供电频率降低冲次，可以无极调参、但成本高、低速易跳闸、野外工作寿命较短。

针对低液、低产、低泵效井增多，为实现油井供采平衡，要求抽油机冲次在 1~3 次/分钟，甚至在 2 次/分钟及其以下生产，现有抽油设备的调低冲次受限，针对上述问题，2018 年 7 月引进了一种新的降低冲次装置-抽油机双减速变冲次装置。

2 工作原理

抽油机双减速变冲次装置外部结构如图 1 所示，主要由变速箱本体、输入轴、输出轴和多级变档调节器组成。

该装置结构简单、箱体小巧、设计合理，变速箱体上设计有多档无离合变速调节器，可满足油井不同冲次的快速调节。

其内部结构主要是：变速器输入轴通过 2 个深沟球轴承安装在箱体上，通过小皮带与电机连接；轴出轴通过 2 个圆锥滚子轴承安装在箱体上，通过大皮带与抽油机减速箱连接．变速箱体采用多档无离合变速调节器，通过停机换档实现冲次的调节。可参考如图 2 所示，汽车手动挡变速箱结构示意图。

图 1　抽油机双减速变冲次装置外部结构图

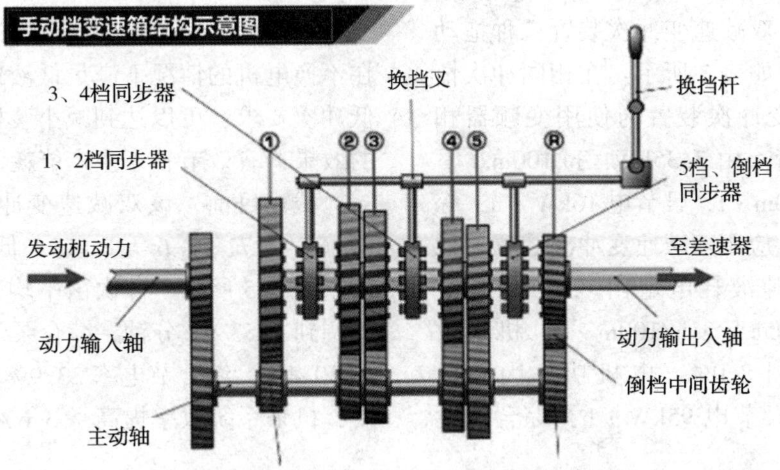

图 2　汽车手动挡变速箱结构示意图

工作原理：电机通过皮带传送动力至该装置变速器输入端，输入端轴和轴承承受较小的径向载荷，通过皮带轮的旋转来带动整个变速器的转动，通过输出端皮带轮输出动力，输出端轴和轴承承受较大的径向载荷，通过皮带轮旋转来带动抽油机减速箱工作。

该装置安装结构如图 3 所示，是在不破坏游梁式抽油机原有的安装结构下，利用抽油机底座剩余空间，在原减速箱与电机之间进行加装，该装置可增加传动扭矩，提高电机工作效率，满足各种采油井在不同冲次 0.5~6 次/分钟的工作需求，且皮实耐用。

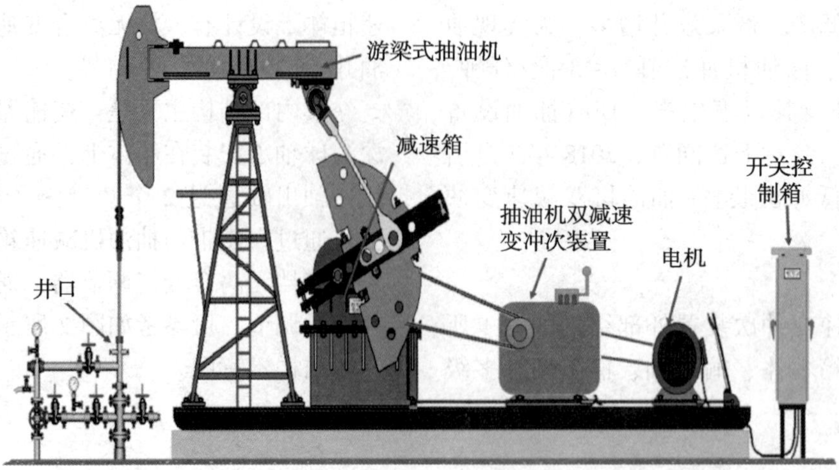

图 3　抽油机双减速变冲次装置安装结构示意图

冲次调节：通过变速器无离合档位操作，快速实现 0.5 次/分钟-6 次/分钟的冲次调节。

3　现场应用

2018 年初江汉采油厂泵效 η ≤ 30% 且 2.5min^{-1} ≤ 冲次 N ≤ 4min^{-1} 的油井有 350 口，其中有 67 口油井检泵周期小于 1 年，这些井不仅泵效低、能耗较高且频繁作业造成成本上升；这些井中 Φ32mm 的抽油泵有 112 台，占统计井数的 32%，降次生产是参数优化的首选方案。

2018 年 7 月选取在潭 71 斜-6-4 井开展应用变频器、低速电机、双减速变冲次装置三种拖动设备对比实验，结果如表 3 所示：在相同冲次情况下，应用双减速变冲次装置与使用变频器相比，百米吨液耗电量[2] 由 3.35kW · h/100m. t 下降到 3.05kW · h/100m · t，日节电 16kW · h，综合节电率为 8.84%；应用双减速变冲次装置与低速电机相比，百米吨液耗电量由 6.24kW · h/100m · t 下降到 3.05kW · h/100m · t，机采效率[3] 由 4.3% 提高到 8.0%，电机功率因数由 0.39 上升到 0.86，日节电 95kW · h，综合节电率为 36.5%。

同时针对王 76 斜-6 地层能量严重不足的问题，在 2018 年 8 月 17 日安装双减速变冲次装置后逐级调档生产，该井调档降冲次后生产情况如表 4 所示，泵工况日趋良好，冲次由先前的 4min^{-1} 调为 1.6min^{-1}，机采效率由 9.8% 提高到 16.6%，百米吨液耗电由 2.74kW · h/100m · t 下降到 1.62kW · h/100m · t，日耗量由 157kW · h 降到 101kW · h，日节电 56kW · h，综合节电率 35.7%。

通过数据对比表明，双减速变冲次装置能够在不换电机的情况下满足低液低产低泵效油井降低冲次要求，可以达到减小装机功率和电网负荷的效果，有效节省了生产能耗。

截止目前，该双减速变冲次装置已在王 76 斜-6、潭 71 斜-6 等 8 口“三低”井上使用，应用效果如表 5 所示，冲次由平均冲次 3.93 次/分钟下调到 2.53 次/分钟，综合泵效上升了 10.1% 达到 30.4%，综合节电率 23.9%，月节电 1.026 万度，机采系统效率提高了 3.6%。

表 3　潭 71 斜-6-4 应用三种拖动装置效果对比表

调节方式	日期	电机型号	调整冲次/min^{-1}	日产液/(t/d)	日产油/(t/d)	动液面/m	平衡度/%	功率因数	机采效率/%	百米吨液耗电/(kW · h/100m · t)	日耗电/(kW · h)	备注
变频器	2018-7-10	YGT280M-8	2. 2	25	1. 4	1751	223	0. 91	7	3. 35	181	变频 31. 66HZ
	2018-7-12	YGT280M-8	3. 46	6. 6	3. 6	1844	122	094	7	3. 85	283	工频 50HZ

续表

调节方式	日期	电机型号	调整冲次/min^{-1}	日产液/(t/d)	日产油/(t/d)	动液面/m	平衡度/%	功率因数	机采效率/%	百米吨液耗电/(kW·h/100m·t)	日耗电/(kW·h)	备注
低速电机	2018-7-26	YGT-315-12	2.5	34	1.9	1700	105	0.39	4.3	6.24	260	换500转45KW电机
双减速变冲次装置	2018-8-3	YGT280M-8	2.3	28	1.5	1639	118	05	7.4	3.61	176	45KW电机
	2018-8-13	YGT225M-8	2.3	3.1	1.6	1639	137	0.86	8	3.05	165	换22KW电机

表4　王76斜-4调档降次生产情况统计表

日期	电机类型	冲次	日产液	日产油	动液面	功率因数	平衡度	机采效率	百米吨液耗电	日耗电
2018-8-13	YCY280M2-8	4	2.1	0.5	2702	0.22	92	9.8	2.74	157
2018-8-24	YCY280M2-8	2.3	2.1	0.4	2702	0.27	87	8.5	2.13	139
2018-8-30	YCY280M2-8	1.6	1.6	0.4	2702	0.34	116	16.6	1.62	101

表5　目前8口安装双减速变冲次装置应用效果统计

井号	调整前						调整后					
	冲次	日产液	日产油	泵效	机采效率	日电量	冲次	日产液	日产油	泵效	机采效率	日电量
王76斜-6	3.9	2.2	0.5	9.1	8.2	168	2.5	2.2	0.4	11.6	9.2	150
潭71斜-6	3.8	3.4	2.5	19.8	20.4	54	2.3	3.1	2.1	29.8	21.8	46
潭71斜-6-7	4.1	3.7	1.4	14.6	7.1	268	2.5	3.6	1.2	23.2	11.6	160
潭71斜-8	4.5	6.6	0.2	24.3	19.6	240	2.8	6.7	0.2	39.7	26.8	178
潭71斜-3-5	4	6.1	1.1	31.6	19.7	211	2.4	5.5	0.9	46.8	23.7	158
潭71斜-2-7	3.6	2.4	0.6	10.8	11.9	124	2.9	2.4	0.5	13.4	13.4	110
潭70斜-5-6	4	3.5	3.5	18.8	8.8	195	2.3	3.8	3.8	35.5	14.1	132
潭71斜-7-8	3.5	5.5	4.7	33.3	11.8	171	2.5	5.1	4.6	43.2	12.4	155

4　结论与建议

从现场使用效果来看，该双减速变冲次装置具有如下特点：

(1) 该装置体积较小，变速箱体采用多档无离合变速调节器，通过停机换档快速实现冲次0.5-6次/分钟的调节，实现“三低”油井降低冲次的调节需求，结构简单、可靠，易安装、维护；

(2) 该装置与变频器和低速电机相比较，降冲次调参后单井节电效果明显；

(3) 油井换毛辫、甩摆驴头作业时，游梁式抽油机能低速空载(单甩平衡块)安全运行，减少部分井吊车费用；

(4) 可直接任一档启动和停机，启动平稳，对电网冲击小；

(5) 安全环保，噪音小，操作简单，运行平稳，使用寿命长。

下步计划在潭口管理区选取低液、低产、低泵效井安装双减速变冲次装置，进一步评价该装置的节能效果及适应性、建立节能示范区，在此基础上再进行全面推广应用，从而实现全厂节能降耗的目标。

参考文献

[1] SY/T 6126-2017—抽油机、电动潜油泵和螺杆泵油井生产指标统计方法.

[2] DB37/789-2016—原油生产(百米吨液)用电限额.

[3] GBT 33653-2017—油田生产系统能耗测试和计算方法.

生物除硫技术研究与应用

杨　帆[1,2]　吴伟林[1,2]　王　彪[1,2]　孟章进[1,2]

（1. 中石化江苏油田分公司石油工程技术研究院 2. 江苏省油气微生物工程研究中心）

摘　要　油田开发进入中高含水期，SRB腐蚀成为影响油田生产的重要原因之一。由于传统化学法和物理法治理存在成本高、二次污染等弊端，利用细菌竞争共生原则进行腐蚀治理的生物法逐渐受到关注。本文通过对江苏油田筛选的一株内源硝酸盐细菌N411进行抑制SRB的效果评价分析，该菌株在理想的SRB营养条件和最高的活性状态下，抑制体系使用体积浓度2%情况下，3d就可以将SRB产硫化氢活性抑制94%以上，7d抑制率达98%以上；通过工业发酵后，防腐菌剂应用于现场油井，有效延长检泵周期、降低腐蚀速率、控制SRB的生长。

关键词　硝酸盐还原菌；硫酸盐还原菌；腐蚀；抑制效果；硫化物

油田开发进入中后期，地层水中硫酸盐还原菌(SRB)的大量繁殖，由此带来的腐蚀问题、以及产生的硫化氢引起的环境安全隐患问题，给油田生产带来严重影响。由于传统的物理化学除硫杀菌法存在有效距离短、效果不稳定、成本高及易产生二次污染的弊端，生物除硫防腐法以其作用效果好、绿色环保的特点逐渐受到油田生产科研人员的关注。

生物法依据微生物共生竞争的原则，利用有益菌(除硫菌)来抑制有害菌(硫酸盐还原菌SRB)的生长，并将已经产生的硫化物转化为高价态的单质硫、硫代硫酸盐、亚硫酸盐或者硫酸盐等，从而来达到减缓腐蚀、降低环境安全风险的目的。本文通过对从江苏油田地层水中筛选到的硝酸盐还原菌(N411)抑制SRB的作用效果进行评价；同时通过工业发酵后，防腐菌剂应用于现场油井，有效去除硫化物、抑制SRB生长、减缓腐蚀，延长了检泵周期。

1　实验室体系条件下N411对SRB的抑制效果

将除硫菌和SRB培养7d以后，由表1和图1可知：只加SRB和添加10mmol/L的K1的对照组中的H_2S含量很高，而在加入含N411的抑制体系中H_2S浓度在第3d和第7d均保持很低，表明实验组中SRB的活性被明显抑制。

实验结果可见，仅考察24h，在60~75℃、无机盐浓度0~8g/L、pH为7~9时抑制体系就表现出较高的活性；即使在理想的SRB营养条件和最高的活性状态下(对数生长期)，抑制体系使用体积浓度2%情况下，3d就可以将SRB产硫化氢活性抑制94%以上，7d抑制率达98%以上。表明，本研究获得的抑制体系具有比较宽的应用范围和非常高的抑制SRB活性。

表1　抑制体系不同时间抑制效果

体系培养时间	第0天		第3天		第7天	
	H_2S浓度	抑制率	H_2S浓度	抑制率	H_2S浓度	抑制率
SRB	2.85	/	45.70	/	156.00	/
SRB+K1	2.70	/	38.40	15.9%	144.50	7.4%
SRB+N411+K1	2.80	/	2.45	94.6%	2.85	98.2%

注：分别培养第0d、第3d和第7d后的H_2S浓度，mg/L

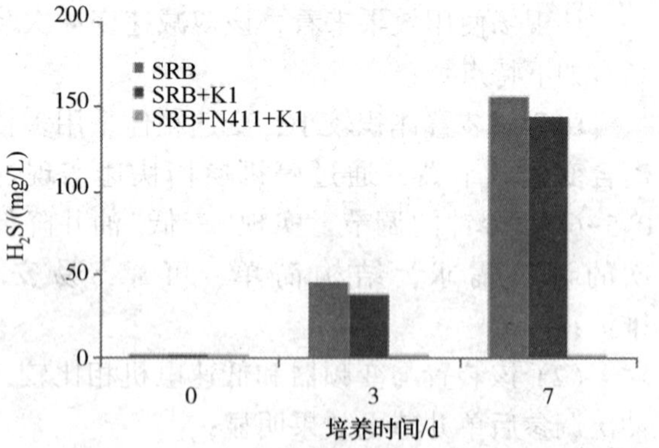

图1　抑制体系0d、3d和7d时H_2S浓度

2　现场水条件下N411对SRB的抑制效果

2.1　不同温度下抑制效果

利用江苏油田H88-7水样配制培养基，接

种新鲜富集培养的 SRB 菌种(脱硫肠状菌)，接种量 2%；利用 N411 培养基培养获得新鲜发酵液，发酵液分别在 35℃、50℃、65℃、80℃、85℃、90℃下放置，放置 3h 和 6h 或 24h 后的菌液按 2%分别接种到混合培养系统，在 65℃培养 7d，检测 H_2S 含量。由表 2 可知，抑制体系 N411 能够在实验条件下对硫酸盐还原菌产生明显的抑制作用，抑制率保持在 90%以上。

表 2 温度变化对抑制效果的影响

温度/℃	35		50		65		80		85		90	
时间/h	3	6	3	6	3	3	6	6	3	6	6	24
H_2S/(mg/L)	2.80	2.80	2.80	2.80	2.80	3.90	6.05	2.85	2.85	2.95	6.87	14.69
抑制率/%	98.3	98.3	98.3	98.3	98.3	97.6	96.3	98.3	98.3	98.2	95.7	90.9

注：不加抑制体系，培养 7d，H_2S 含量 161.5mg/L

2.2 不同硫酸盐浓度下抑制效果

利用江苏油田 H88-7 水样(原水盐 SO_4^{2-} 含量 3000mg/L)配制培养基，另外分别加入 Na_2SO_4，使其加入浓度分别为 0、100、500、1000、2000mg/L。同时接种新鲜富集培养的 SRB 菌种(脱硫肠状菌)，接种量 2%，接种新鲜富集的 N411 菌发酵液，接种量 2%，在 65℃混合培养 7d，检测 H_2S 含量。由表 5 可知，抑制体系 N411 能够在实验条件下对硫酸盐还原菌产生明显的抑制作用，在 0~1000mg/L 硫酸盐条件下，抑制率达到 96%以上，在 2000mg/L 硫酸盐条件下，抑制率达到 85.2%(表 3)。

表 3 硫酸盐浓度对抑制效果的影响

Na_2SO_4/(mg/L)	0	100	500	1000	2000
H_2S/(mg/L)	2.80	2.85	3.80	11.75	19.05
抑制率/%	98.3	98.3	97.7	92.8	85.2

注：不加抑制体系，培养 7d，H_2S 含量 163mg/L

2.3 不同碳源下抑制效果

利用江苏油田 H88-7 水样配制培养基，其中碳源分别为乙酸钠和乳酸钠，含量分别为 1、2、4、6g/L。同时接种新鲜富集培养的 SRB 菌种(脱硫肠状菌)，接种量 2%，接种新鲜富集的 N411 菌发酵液，接种量 2%，在 65℃混合培养 7d，检测 H_2S 含量。由表 6 可见，抑制体系 N411 能够在实验条件下对硫酸盐还原菌产生明显的抑制作用，抑制率达到 93%以上(表 4)。

表 4 碳源对抑制效果的影响

碳源	乙酸钠				乳酸钠			
浓度/(g/L)	1	2	4	6	1	2	4	6

续表

碳源	乙酸钠				乳酸钠			
H_2S/(mg/L)	4.35	4.80	6.70	8.40	2.60	2.70	2.85	3.75
抑制率/%	96.6	96.2	94.7	93.4	98.3	98.2	98.1	97.6

注：不加抑制体系，乙酸钠和乳酸钠培养 7d，H_2S 含量分别为 127 和 159mg/L

2.4 不同体系用量下的抑制效果

利用江苏油田 H88-7 水样配制培养基，同时接种新鲜富集培养的 SRB 菌种(脱硫肠状菌)，接种量 2%，接种新鲜富集的 N411 菌发酵液，接种量分别为：0、0.5%、0.75%、1%、2%，在 65℃混合培养 7d，检测 H_2S 含量。由表 5 和图 2 可见，抑制体系 N411 能够在实验条件下对硫酸盐还原菌产生明显的抑制作用。

表 5 抑制体系浓度对抑制效果的影响

培养时间/d	H_2S/抑制率	接种量/%				
		0	0.5	0.75	1.0	2.0
0	H_2S/(mg/L)	2.10	2.15	2.00	2.05	2.10
3	H_2S/(mg/L)	74.00	1.75	1.55	1.50	1.25
	抑制率/%	/	97.60	97.90	98.00	98.30
7	H_2S/(mg/L)	139.20	1.53	1.15	1.38	0.87
	抑制率/%	/	98.90	99.20	99.0	99.40

在上述考察条件下，在 35~85℃、放置 3h、6h 对抑制效果基本没有影响；随附加硫酸盐浓度(0~2000mg/L)增高，体系抑制效果降低，但即使在硫酸盐浓度 5000mg/L 时，抑制率仍然达到 85%，表现出较好的抑制活性；在不同硫酸盐还原菌碳源条件下，抑制效果稍有差异，但在实验条件下，本体系 7d 可将 SRB 产硫化氢活性抑制 93%以上；随着体系用量的增大，抑制效果变好，在抑制体系用量 0.1%~5%范围内，均具有

抑制效果，即使在体系浓度为 0.5%条件下，对硫酸盐还原菌代谢硫化氢的活性抑制率达到 97%以上。

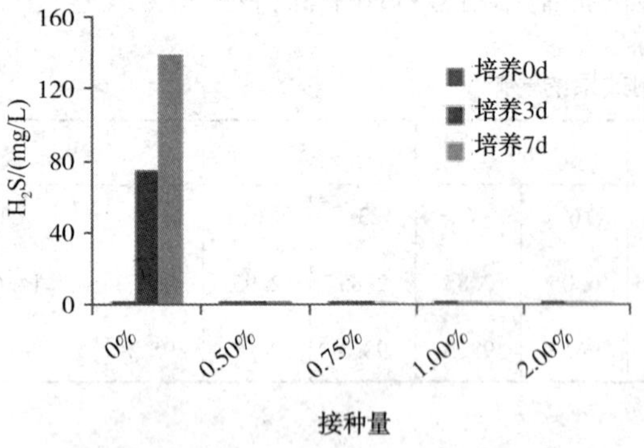

图 2　不同抑制体系接种量培养 H_2S 浓度

由上述实验结果可见，本研究获得的抑制体系具有比较宽的应用范围和非常高的抑制 SRB 活性。

3　现场应用

根据现场取样调查、作业情况统计发现，江苏油田 W2 块地层水中 SRB 数量及硫化物含量超标严重，由此造成油井检泵作业频繁。从作业现场监督情况来看，部分井出现泵筒垢堵、抽油杆腐蚀断、油管腐蚀穿孔等情况，管杆泵腐蚀问题造成油井作业频繁，导致作业维护成本不断增加。针对这一情况，本研究选取江苏油田 W2 断块开展现场试验，该区块开井数 128 口，可应用井 56 口，应用井：23 口；其中 13 口井应用前 2 次作业没有增加其他防腐措施，平均延长检泵周期 227.6d，减少检泵次数 27 次，部分油井实施前后 SRB、腐蚀速率、硫化物、检泵周期变化情况如表 6 所示。

表 6　油井应用情况前后对比表

井号	实施日期	检泵周期/d		延长检泵周期	硫化物/(mg/L)		SRB/(个/mL)	
		实施前	实施后		实施前	实施后	实施前	实施后
W2-53	2013/12/31	119	251	132	103.7	0	1300	110
W2-57	2014/1/7	270	346	76	143.8	25.7	25	130
W11-1	2013/12/31	467	723	226	126.3	0.0	25	0
W15-17	2014/1/16	174	641	437	152.3	12	2500	25
W2-22	2014/9/6	296	486	160	93.5	4.3	25	25
W2-61	2014/8/29	240	479	209	114.1	28.8	600	250
W2-63	2014/8/29	164	479	285	143.9	16.2	11000	250

续表

井号	实施日期	检泵周期/d		延长检泵周期	硫化物/(mg/L)		SRB/(个/mL)	
		实施前	实施后		实施前	实施后	实施前	实施后
W2-110	2015/2/3	157	258	71	83.2	3.7	1300	25
W15-11	2015/2/3	260	319	29	49.7	7.7	130	130
W15-5	2015/2/3	277	228	/	52.1	1.2	250	2.5
W9-11	2015/2/3	253	319	36	67.7	6.1	130	25
W15-14	2015/2/3	175	319	114	131.3	18.8	130	6

3.1　技术指标评价

(1) 油井套管气硫化氢大幅度下降：硫化氢含量从≥250mg/L 降低到≤0.1mg/L；

(2) 有效控制 SRB 数量：23 口油井治理前后 SRB 含量平均下降两个数量级，SRB 含量从最初>1300 个/mL 降至<60 个/mL，同时通过微生物群落结构分析验证，优势 SRB 的数量明显下降；

(3) 硫化物含量下降：23 口油井实施后产出液硫化物平均含量从 103.3mg/L 下降到 12.1mg/L，除硫效果良好；

(4) 促进 DNB(反硝化细菌)快速生长：措施后油井内源 DNB 被成功激活，通过镜检、DNB 测试瓶以及 DNA 测序鉴定，生物防腐工艺的实施促进了系统内源反硝化细菌的快速生长，并通过反硝化细菌的迅速生长有效抑制油井产出液中 SRB 和硫化物的含量；

(5) 检泵周期延长：治理后油井检泵周期得到较好延长，23 口油井平均检泵周期由 235.9d 延长至 463.5d，平均延长检泵周期 227.6d；

3.2　经济效益评价

(1) 减少作业成本：油井作业频次降低，23 口油井累计减少作业 27 井次；以检泵作业成本 19.3763 万元/井次计算，累计节省作业成本为 523.1 万元；

(2) 间接增油：通过减少作业井次和占井周期，23 口油井间接增油 334.5t；

(3) 节省后端水处理成本、药剂费用：作为配套技术，针对污水处理站内污水硫化物和细菌超标问题，项目组开发了控制氧化除硫杀菌技术，将污水站化学除硫成本从约 1.5 元/方下降到 0.35 元/方，以 23 口井年生产污水 7.5591 万方计算，年节约药剂费用 8.69 万元。

(4) 23口井累计使用使用菌剂和营养剂成本合计12.87万元，产出投入比>5：1。

4 结论与建议

(1) 现场试验结果表明，生物除硫技术可以有效降低油井SRB引起的腐蚀问题，有效控制硫化物和腐蚀速率，对于生物腐蚀为主或者硫化物超标严重的油井效果尤为显著。下步可继续扩大应用规模。

(2) 通过制定的油田系统微生物调控防治方案，可在油田采注输系统上推广应用，有效控制油田系统中细菌的繁殖，有效缓解SRB、硫化物超标带来的水质恶化、腐蚀结垢加剧、原油乳化严重分离困难、污水处理难度增加等一系列生产问题，有效减少维护成本的投入。实现采注输全流程控制SRB和硫化物含量，降低环境安全风险。

(3) 截止2019年5月，生物除硫技术已在江苏油田域内域外应用275口油井、5座污水站。生物除硫技术可替代常规的化学法使用的除硫剂、杀菌剂和缓蚀剂等药剂，生物法避免了二次污染，同时可以有效降低硫化物含量，具有绿色环保、成本较低等优势，并且对油田工人不会构成安全和健康威胁，是一种具有较高社会意义和经济价值的方法，具有非常宽广的应用前景。

煤储层无水改造技术试验与评价

郭智栋　曾雯婷　刘新伟　郭宇翔　蔺景德　尹德才　游国庆

（中国石油煤层气有限责任公司）

摘　要　煤层气开发主要通过水力压裂改造储层，但该技术沟通煤岩原生裂缝系统的能力有限，而且容易引起毛管压力增加以及储层黏土矿物膨胀，导致煤层气直井产能普遍偏低。利用无水改造技术实现对岩石的破坏和碎裂是值得关注的问题。试验一种无水改造技术，结合试井解释方法进行效果评价，研究其在增加煤岩基质渗透性、沟通煤岩裂缝系统的作用。现场试验表明，该技术对增加煤岩渗透性、沟通压裂裂缝具有积极作用，可为煤层气储层改造技术改进提供新思路。

关键词　煤层气；冲击波；压裂；试井；渗透性

基于国内煤储层的物性条件，中国煤层气开发必须进行压裂改造才能获得工业气流[1]。考虑到储层伤害，煤层气压裂主要采用活性水、滑溜水等压裂液体系。但由于体系黏度低，悬砂性能不好，为了满足加砂施工要求，过程中以提高排量来实现携砂。受煤层厚度薄、煤岩与顶底板应力差小等因素的影响，大排量压裂施工导致缝高失控和窜层问题突出，裂缝沿煤层有效延伸距离不够，压裂效果不佳[2-4]。

煤层气开采的渗流通道要充分利用煤岩割理系统，即面割理和端割理。水力压裂形成的主裂缝主要受应力控制，一般形成平行于最大主应力方向的单一或多条裂缝。但压裂改造并不能增大煤岩基质渗透率，人工裂缝只能部分沟通煤岩的面割理系统，煤岩的孔隙、端割理和部分面割理多数未形成连通。因此，如何有效沟通这些孔隙、裂隙，最大限度释放甲烷的技术研究成为煤层气产量飞跃的关键[5-6]。

冲击波是通过能量转换器在井筒内以液电效应将电能转换成机械能，并作用于储层达到储层改造目的。前苏联是将冲击波技术用于油田增产的先驱，其采用冲击波增产措施的有效率为87.5%。由于中国煤储层的物性较差，该技术引进后除了初期试用外，后期再无应用。2010年以来，西安交通大学邱爱慈院士团队首先提出基于脉冲功率技术激励煤储层的设想，通过一系列工程试验与探索，确立了煤层气井强冲击波煤储层增渗作业的工艺基础，初步验证了该项原创性技术在煤储层增渗的可行性，展示出增产解堵效果以及煤储层无污染损害等方面的技术优势[7-12]。秦勇等研究人员在室内利用实验装置对冲击波煤岩增渗的作业机理、冲击传播、裂缝演化过程等做了大量研究工作，从基础实验角度证明了技术的有效性。现场试验方面虽取得部分成果，但仍需要开展大量研究[13-16]。

1　冲击波改造煤储层的原理及适用条件

1.1　技术原理

冲击波技术是在饱和水煤储层中进行高电压脉冲放电，通过液电效应将高功率电磁能量转换为冲击波能量，利用液体和固体介质的动态击穿场强存在差异，即当一高能量短脉冲施加于液体/固体界面时，固体介质表面比液体更容易发生击穿，从而实现对岩石的破坏和碎裂，是一种基于物理原理的增渗技术。脉冲式冲击波所产生的重复加载应力主要集中在煤体缺陷处，新生冲击裂隙主要追踪原有裂隙进一步扩展，相关理论已在室内实验中得到很好的验证。重复脉冲强冲击波激励煤储层的技术原理为：

（1）在冲击载荷作用下，煤岩断裂强度和疲劳强度明显小于静态，当冲击波峰值压力超过煤岩疲劳强度时，会造成新的裂缝，即造缝作用。

（2）冲击波在煤储层不同位置上，压差的方向和大小交替变化，使流体克服束缚滞留效应，由滞留区向排液活动区流动，有利于地下水的重新分布、聚集和排出，提高流体的流动性。脉冲放电在煤储层中产生的强电磁或弹性波场，可以改变煤储层表面静电场的分布，减少气水流动阻力。

(3) 煤岩中不同界面之间的冲击波速度、加速度的差异，导致煤/煤、煤/水和气/水界面产生较强剪切力。弹性冲击波对煤储层裂缝的重复压缩/扩张(挤压/松弛)作用将裂缝内固态颗粒逐步排出渗流通道，空化作用可以松动煤储层裂隙中堵塞物并将其抽吸、推挤到井筒，起到解堵作用。利用该机理对煤层气老井进行解堵，已在现场应用中取得一定效果[9]。

本文重点探讨重复脉冲强冲击波技术在煤层气储层增渗方面的作用。

1.2 适用条件

重复脉冲强冲击波技术在基础理论和室内实验已经取得成果，但现场的成功实施需要充分结合煤层气储层特点和现场的工艺条件，因此应从以下几方面考虑：

(1) 基于改造煤岩原生裂缝系统(面割理和端割理)的重复脉冲强冲击波技术应用，需要考虑尽量减少井筒及近井地带的煤体缺陷带来的冲击波能量损耗。根据工程实践，由于煤岩质软，压裂改造的冲刷作用容易在井筒周围形成大的空洞，有的甚至被压裂砂填充，造成冲击波能量在井筒周围出现大幅衰竭，影响工艺实施效果。另外，冲击波产生的新生裂隙主要追踪原有裂缝进一步扩展。压裂裂缝会诱导冲击波能量集中于对已有裂缝的延展，而减弱对煤岩原生裂缝系统的增渗。因此，利用冲击波的造缝作用改造煤岩基质渗透性，更适合应用于未压裂井。

(2) 高电压脉冲放电需要有良好介质，冲击波在煤岩中传播时，如果孔隙和裂隙没有导电介质，显然不利于冲击波的传播。含水煤层较适合于冲击波技术的应用。对于部分低含水煤层，在工艺实施过程中可以辅助以低压注水(盐水)，提高裂隙导电性能。

(3) 为了保证冲击波的作业效果，最大限度改造煤层，应选取质硬煤，便于冲击波传播。在选层过程中，选取泊松比小、杨氏模量高的煤储层进行作业；井筒方面需考虑井筒稳定性和固井质量等因素。

2 重复脉冲强冲击波技术现场试验及效果分析

2.1 试验方法

考虑到冲击波的适应条件以及中石油煤层气有限责任公司所属区块的储层物性，选取 HC/X3 井(11 号煤层)进行冲击波作业，射孔段为 702~705m，该井未进行过压裂改造，挑选井眼稳定性好、固井质量好的井段实施作业。

作业前后分别设计小型注入压降测试和压力计监测，定量评价储层渗透率改善程度。冲击波作业过程中，在井筒灌入 2%KCl 溶液，保持液柱压力，促进冲击波增渗。考虑到 HC/X3 井煤层含水饱和度低，作业过程中增加脉冲式注水，即先进行冲击波改造，然后保持井口在一定压力下脉冲式注水。本次施工主要分为两个阶段：第一阶段，沿煤层段分 3 个作业点完成 20 次冲击波作业，后脉冲式注水 24 次；第二阶段，集中在射孔井段平均分布完成 40 次冲击波作业，然后脉冲式注水 12 次。共计完成冲击波作业 60 次，脉冲式注水 36 次，累计注入 7.0m^3 的 2% KCl 溶液。全程进行井下压力监测，获得 3 段压力恢复数据用于试井解释。两次试验阶段的注入情况如图 1 所示。

2.2 试验效果分析

脉冲式注水包括多次注入和停注阶段，注入过程中压力迅速上升，停注后压力降落，当停注时间较长时压力降落测试数据较多，能够满足试井解释要求。选取压降数据录取较好的曲线段(第一阶段②段和第二阶段③段压降数据)，均采用“有限导流裂缝+双孔拟稳态+无限大边界”煤层气模型进行试井分析[17-20]，曲线拟合结果如图 2 和图 3 所示。

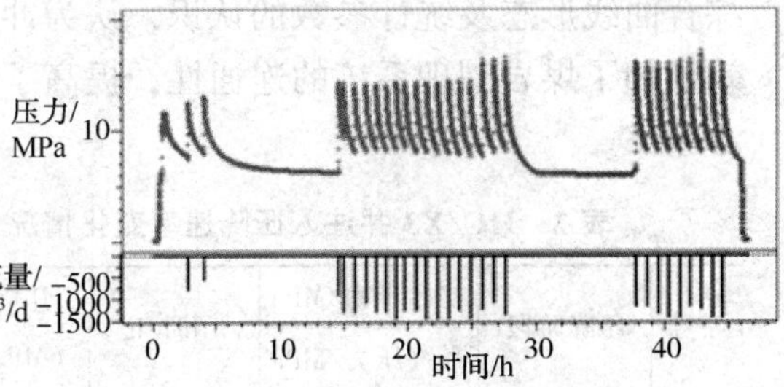

(a)第一阶段注水曲线

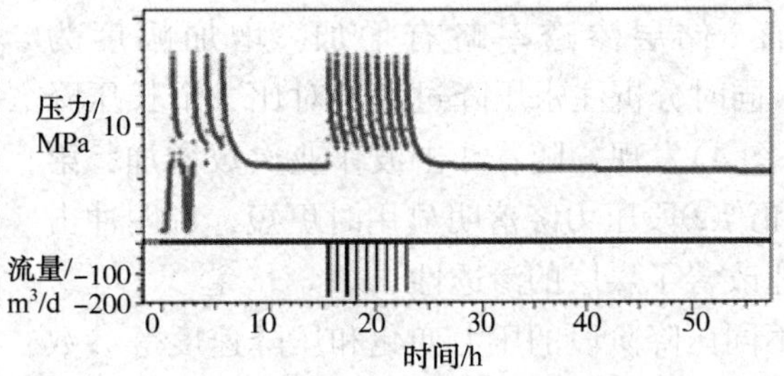

(b)第二阶段注水半对数曲线

图 1 HC-X3 井脉冲注水压力曲线

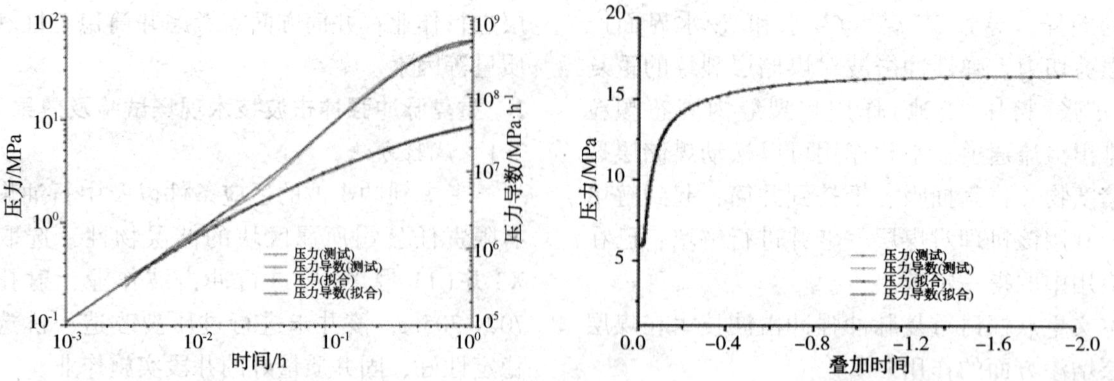

(a)双对数曲线　　(b)半对数曲线

图 2　HC/X3 井第一阶段试井解释曲线

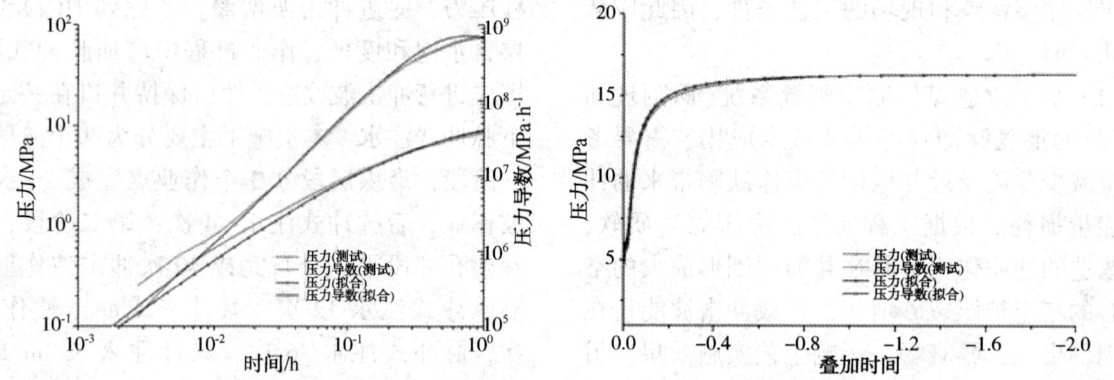

(a)双对数曲线　　(b)半对数曲线

图 3　HC-X3 井第二阶段试井解释曲线

通过拟合 HC/X3 井两个阶段的压力测试曲线，解释得到储层渗透率和外推地层压力参数，如表 1 所示。

表 1　HC/X3 井注入压降解释评价结果

阶段	累计冲击波作业次数	累计脉冲式注水作业次数	解释成果	
			渗透率/mD	外推地层压力/MPa
第一阶段	20	24	0.18	5.6
第二阶段	60	36	0.21	4.9

从表 1 中的参数解释结果看，随着作业次数的增加，储层渗透率略有增加，增加幅度为 17%。同时分析注水压降过程，对比 3 个长压降曲线(图 4)发现，随着冲击波作业次数增加，第①段和第②段压力降落明显用时更短，说明冲击波作业改善了煤层的渗透性。

不同压降阶段的压力变化和压降速度等参数如表 2 所示，对比压降速度可以发现，随着冲击波作业次数的增多，压降速度有了显著的提高，

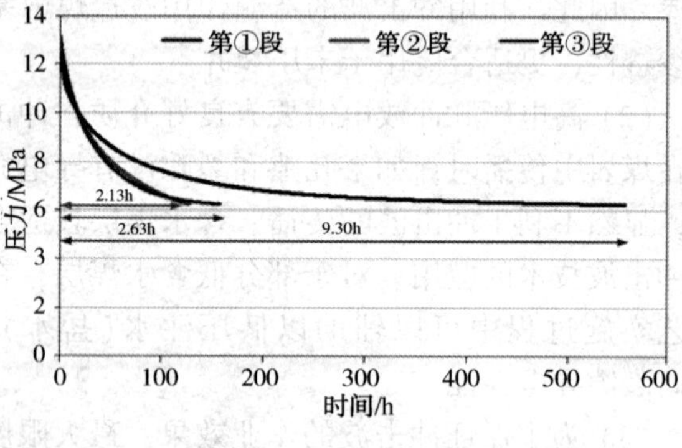

图 4　HC-X3 井压力降落曲线

综合曲线形态及统计参数的认识，认为冲击波有效增加了煤岩割理系统的连通性，提高了储层的渗透率。

表 2　HC/X3 井注入压降速率变化情况

序号	压降阶段	初始压力/MPa 最终压力/MPa	用时/h	压降速率/($MPa \cdot h^{-1}$)
1	①	13.12 6.26	9.30	0.73

续表

序号	压降阶段	初始压力/MPa 最终压力/MPa	用时/h	压降速率/ （MPa·h^{-1}）
2	②	13.12 6.26	2.13	3.22
3	③	13.12 6.26	2.63	2.61

3 冲击波作业井的生产效果

3.1 HC/X3 井生产效果

随后采用油管压裂方式对 HC/X3 井进行压裂施工，区别于该区块其他井，该井压裂施工平稳，静压力波动较小，达到较好压裂改造效果。该井压裂完成后开始投产，排采曲线如图 5 所示。该井排采 12 天后开始起套压。见气时间早，说明煤岩基质孔隙、裂隙与压裂裂缝形成有效沟通，达到预期效果。目前套压较高，日产气量为 400m^3，综合分析该井产量有望达到 1500m^3/d。

冲击波煤层改造技术是以不破坏煤岩结构、沟通孔隙与割理系统的增产技术。改造所达到的效果不能明显体现在注入压降试井解释结果中，而是直观反映在压降速度这一参数。由于没有进行压裂改造，煤岩孔隙与端割理以及面割理形成的甲烷渗流通道没有与压裂改造的主裂缝沟通，产能不能及时释放，取得的改造成果未能及时体现。因此，重复脉冲强冲击波技术需要辅助水力压裂以实现更好的储层改造效果。

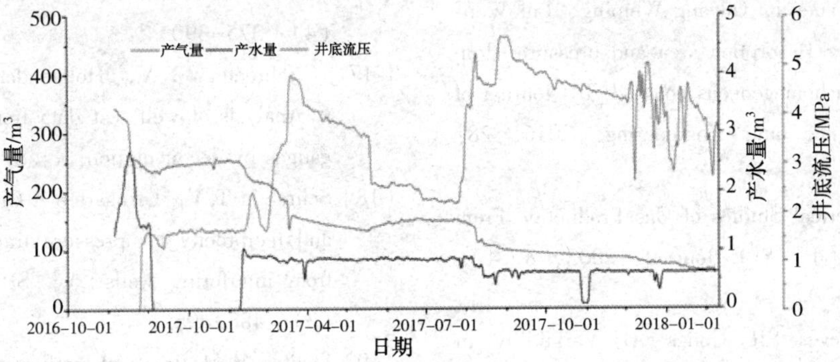

图 5 HC-X3 井排采曲线

3.2 HQ-X2 井生产效果

为了研究冲击波增渗技术在含水煤层的适应性，2016 年 11 月选取另一区块 HQ-X2 井进行试验。该区煤储层渗透率较高，产水量较大，煤层含水。作业过程中，设计了前后两次注入压降测试，评价改造效果。HQ-X2 井选取 8 号+9 号煤层进行冲击波煤层改造试验，射孔段为 545~551.5m。共计进行冲击波作业 20 次，累计注入 13.9m^3的 2%KCl 溶液。

施工前通过注入压降试井获得储层渗透率为 63.5mD，经过 20 次冲击波改造后，求得储层渗透率为 78mD，渗透率增幅为 23%，改造效果较好。说明冲击波煤层改造技术在含水煤层中的改造效果更为明显。

4 结论

重复脉冲强冲击波技术在改善煤储层原岩裂隙、增加煤岩基质渗透率方面具有非常积极的作用。但在技术应用时要充分考虑井筒及储层条件，减少对冲击波能量的损耗和不利诱导。研究认为：在改善基质渗透率方面，该技术对于含水饱和度高、泊松比小、杨氏模量高，且未进行压裂改造的储层更为适用，此外选井还需考虑井径扩大率、固井质量等因素的影响。

利用冲击波的增渗作用，先进行重复脉冲强冲击波改造，然后进行水力压裂，通过压裂形成的有效支撑裂缝来有效沟通已增渗的基质裂隙，将获得更好的储层改造效果。从排采情况看，未发现气井产煤粉，说明重复脉冲强冲击波技术不会破坏煤岩结构，产生煤粉而影响后期生产。

利用冲击波对煤储层裂缝的重复压缩~扩张和空化作用，可以松动近井地带储层裂隙中的煤粉堵塞物，将固态颗粒逐步排出渗流通道，起到解堵作用，有利于气井的产量恢复。

目前煤层气开发主要面临平均单井产量低、低产井占比高的问题。提高单井产量和产量恢复是解决现有问题的重要途径，其关键在于工程技术的突破。重复脉冲强冲击波技术在气井增产和产量恢复方面具有积极的作用，同时也会带来生产成本的上升。但随着技术试验和推广应用，降本和增效的优势会逐步显现，极有可能成为煤层气新的、重要的储层改造技术。

参考文献

[1] 倪小明，苏现波，张小东．煤层气开发地质学[M]．北京：化工工业出版社，2009.

[2] 李相方，蒲云超，孙长宇，任维娜，李莹莹，张亚琦，等．煤层气与页岩气吸附/解吸的理论再认识[J]．石油学报，2014，35(6)：1113-1129.

[3] Han Guoping，Ling Kegang，Zhang He. Smart de-watering and production system through real-time water level surveillance for coalbed methane wells[J]. Journal of Natural Gas Science and Engineering，2016，31：769-778.

[4] Wan Yizhao，LiuYuewu，Ouyang Weiping，Liu Wenchao，Han Guofeng. Desorption area and pressure-drop region of wells in a homogeneous coalbed[J]. Journal of Natural Gas Science and Engineering，2016，28：1-14.

[5] Moridis G J. Numerical Studies of Gas Production From Methane Hydrates[J]. SPE Journal，2003，8(4)：359-370.

[6] Zuber MD，Reeves SR，Jones AH. Variability in coalbed methane well Performance：acase study[J]. Journal of Petroleum Technology，1991，43(4)：468-475.

[7] 邱爱慈，张永民，蒯斌，吕晓琳，汤俊萍．高功率脉冲技术在非常规天然气开发中应用的设想[C]．中国工程院，国家能源局．第二届能源论坛论文集．煤炭工业，2012：22-24.

[8] 周晓亭，秦勇，李恒乐，张永民，邱爱慈．电脉冲应力波作用下煤体微裂隙形成与发展过程[J]．煤炭科学技术，2015，43(2)：127-143.

[9] 秦勇，邱爱慈，张永民．高聚能重复强脉冲波煤储层增渗新技术试验与探索[J]．煤炭科学技术，2014，42(6)：1-8.

[10] 邱爱慈．中国电气工程大典[M]．北京：中国电力出版社，2009.

[11] 张永民，邱爱慈，周海滨，刘巧珏，汤俊萍．面向化石能源开发的电爆炸冲击波技术研究进展[J]．高电压技术，2016，42(4)：1009-1017.

[12] 李恒乐，秦勇，张永民，师庆民，周晓亭．重复脉冲强冲击波对肥煤孔隙结构影响的实验研究[J]．煤炭学报，2015，40(4)：915-921.

[13] 刘能强．实用现代试井解释方法(5版)；[M]．北京：石油工业出版社，2008.

[14] 张琪．采油工程原理与设计[M]．东营：石油大学出版社，2003.

[15] Bearinger D，Majcher M. Controls on mannville coolbed methane production in fort assiniboine/alberta[R]. SPE 137924，2010.

[16] Schroeter T. V，Hollaender F，Gringarten A C. Deconvolution of well-test data as a nonlinear total least-squares problem[J]. SPE Journal，2009，9(4)：375-390.

[17] Schroeter T. V，Hollaender F.，Gringarten A C. Analysis of well test data from permanent downhole gauges by deconvolution[R]. SPE 77688，2002.

[18] Schroeter T. V，Gringarten A C. Superposition principle and reciprocity for pressure transient analysis of data from interfering wells[J]. SPE Journal，2009，14(3)：488-495.

[19] Levitan M M. Practical application of pressure-rate deconvolution to analysis of real well tests[J]. SPE Reservoir Evaluation & Engineering，2005，8(2)：113-121.

[20] Levitan M M. Deconvolution of multiwell test data[J]. SPE Journal，2007，12(4)：420-428.

油水平井同井上注下采工具研究及应用

庞　磊　田文超　张　文

（中国石油集团川庆钻探工程有限公司）

摘　要　为尽快有效动用老井剩余油，充分挖掘剩余油潜力，实现一定范围内井网的进一步优化，开展了同井注采工艺技术研究，找准出水层段，将堵水变注水，使低产、出水严重的油水平井兼具注水功能。通过研制 Y445 封隔器、油管锚、密封插管等工具，形成了油水平井同井上注下采工艺管柱。从油套环空注水，油管内采油，实现了产层与注水层的分离，能够防止注水及采油作业过程中高频蠕动对管柱或封隔工具的损坏，并可确保后期采注管柱后检修作业。工具成功进行了 2 口井的现场应用，满足工艺需要。

关键词　上注下采；Y445 封隔器；油管锚；密封插管；管柱

2006 年以来，长庆油田开始规模应用水平井开发油藏。由于储层物性差、初次改造程度低、部分储层裂缝发育等因素影响，导致压裂投产后产量递减快、稳产期短，低产低效井逐年增多，50%的井急需恢复产量，需要开展油田水平井重复改造工艺及管柱攻关研究。吉林油田 2016 年开始，率先在油井直井、定向井中开展了环空注水、油管采油工艺先例。同井注采过程中，封隔器受注水水质、注水高压、采油低压形成的高压差，以及抽油泵高频蠕动等恶劣环境影响，加大了封隔器失效及管柱卡井风险；常规杆式抽油泵在斜井生产时密封性差、频繁漏失，制约免修期。2018 年公司根据油田公司油水平井改造计划，设计配套了上注下采工具，并进行室内试验及现场应用，对于油田公司的油水平井重复改造提供工具支撑。

1　方案设计

1.1　同井上注下采作业方案

同井注采作业前，由于老井井筒复杂，首先要针对井筒进行预处理，实现井筒内无固体杂物，然后通洗井确保进、出口水质及水量一致；利用设计配套的验窜管柱，通过挤注测试，判断管外窜漏情况，寻找注采分界最佳封卡位置；下配套管柱，确保封隔器可承受双向压力，并实现油管内的联通，坐封封隔器进行环空注水，将剩余油成功采出（作业流程图如图 1 所示）。

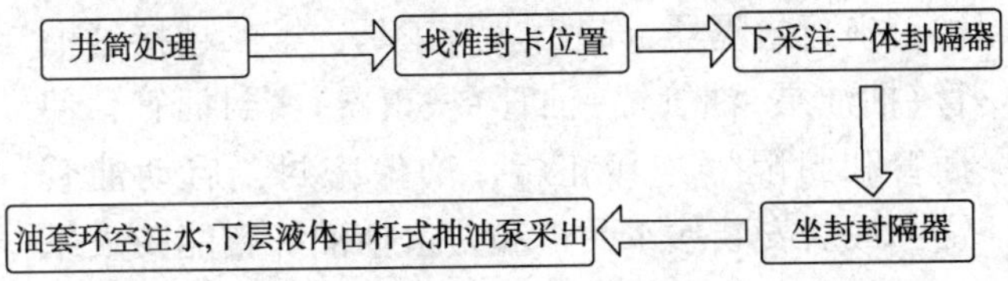

图 1　同井上注下采作业流程图

1.2　工具设计思路

同一井筒内边注水边采油，注水压力高，采油压力低，形成了双向压力，配套封隔器需要长久有效坐封，普通封隔器易失效；注水作业及抽油泵采油过程高频蠕动对管柱或封隔工具的损坏作用；普通封隔器无法满足后期采注管柱更换部件或检修作业，以及封隔器与管柱的密封。因此确定了研发思路：首先设计插接封隔器与密封插管替代封隔器，然后设计油管锚，最后为封隔器配套密封插管。

2　注采一体化工具设计配套

2.1　Y445 封隔器及回收工具

此管柱配套工具选用 Y445 封隔器，该封隔器坐封方式采用电缆或液压，解封时无需回转动管柱，下回收工具进行解封，双向整体式卡瓦位于胶筒下面，可承受上下任意方向的压力差，封隔器采用进口永久式封隔器胶筒，可实现长久坐封，承压耐温能力强（胶筒结构图如图 2 所示）。该封隔器内径 68.25mm，坐封力 17t，最高承压 56MPa，最高耐温 148℃（封隔器结构图如图 3 所示）。

图 2　封隔器胶筒实物图

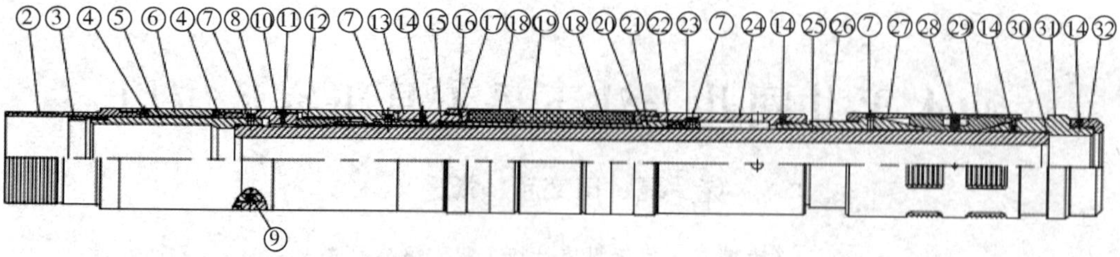

图 3　Y445 封隔器结构示意图

2—上接头；3—密封圈；4—安全销帽；5—剪切销；6—螺钉；7—挡圈；8—密封圈；9—缸筒；10—剪切销；11—密封圈；12—密封圈；13—活塞；14—中心管；15—锁环座；16—锁环；17—螺钉；18 上锥体；19—剪切销；20—卡瓦；21—弹簧；22—卡瓦套；23—下锥体；24—密封圈；25—密封圈；26—螺钉；27—解封爪；28—密封圈；29—剪钉；30—密封圈；31—解封球座；32—下接头；33—钢球

用油管下入回收工具，待回收工具到达封隔器有遇阻显示时，下压 2～4t 的力，然后缓慢上提，如果上提力增加说明两者已经连接，直接上提即可解封封隔器。该回收工具原理可靠，使用简单。

2.2　油管锚

油管锚应用于有杆泵抽油系统，主要用于防止抽油泵采油时油管管柱的蠕动，它的双向卡瓦可承受双向拉力和压力，连接在抽油泵下端，下放管柱旋转坐封，上提管柱旋转解封。同时工具内装有剪钉，可调节剪钉数量实现脱手(油管锚结构图为图 4 所示)。该油管锚内径 30. 2mm，最大抗内压强度 70MPa，最大抗外压强度 62MPa。

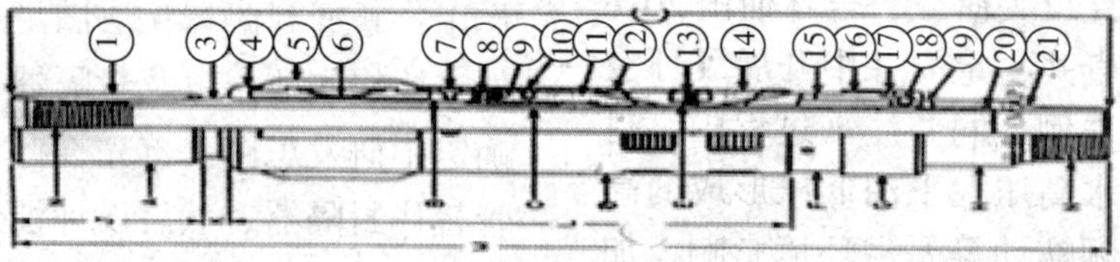

图 4　油管锚结构图

2—接箍；3—中心管；4—牵引体；5—摩擦块；6—弹簧 7—螺钉；8—螺钉；9—定位销；10—螺钉；11—上椎体；12—卡瓦套 13—弹簧；14—卡瓦；15—下椎体；16—销帽；17—螺钉；18—安全销；19—螺钉；20—密封圈；21—下接头

2.3　密封插管

密封插管实现上端与油管相连，下端与封隔器实现密封，确保封隔器以上油套环空的分隔，可实现后期不影响封隔器工作下起采注管柱插管。采用多组进口密封件，确保长期有效的封隔(密封插管实物图如图 5 所示)。

图 5　密封插管实物图

使用时缓慢下放管柱，观察指重表，当管柱悬重开始减少时，说明插管已插入封隔器内孔中。为了验证插管是否到位，可以上提管柱，如果悬重增加，说明插管已与封隔器锚定完好。此时直接上提管柱不会使插管与封隔器脱扣。该密封插管内径 45mm，总长 750mm，下压吨位约 5-8t。

2.4　实施步骤

第一趟钻下 Y445 封隔器连接坐封工具的管柱，坐封封隔器，起出坐封工具；第二趟接钻油管+抽油泵+油管锚+油管+扶正器+密封插管，使插管和封隔器连接正常，确保密封，启动油管锚；最后安装注水井口和井口抽油杆智能防喷系统，安装抽油机，进行系统联调(管柱结构示意图为图6所示)。

3　室内测试

我们在井下作业工具与装备实验室对配套工具进行了性能测试，其中包括封隔器坐封丢手动作测试；Y445封隔器、插管密封性能测试；油管锚锚定力测试。

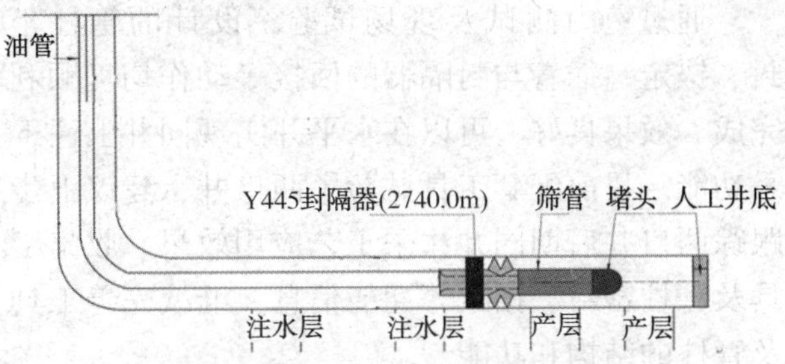

图6　同井上注下采管柱示意图

图8　封隔器及坐封工具入实验工具井图

3.2　Y445封隔器、插管密封性能测试

扶正器接密封插管与Y445封隔器回接，最高钻压1.6t，然后从环空加压至50MPa，加温120℃，稳压10min，压降0.67MPa，封隔器及插管密封性能合格(密封插管插入封隔器稳压曲线图如图9所示)。

3.1　封隔器坐封丢手动作测试

将Y445封隔器连接坐封工具下入高温高压直井模拟系统，然后从油管内投入钢球加压至10MPa，稳压，然后以5MPa递增加压至17.9MPa，压力突降至0.3MPa实现丢手(封隔器及坐封工具连接与入井图如图7、图8所示)。

图7　封隔器及坐封工具连接图

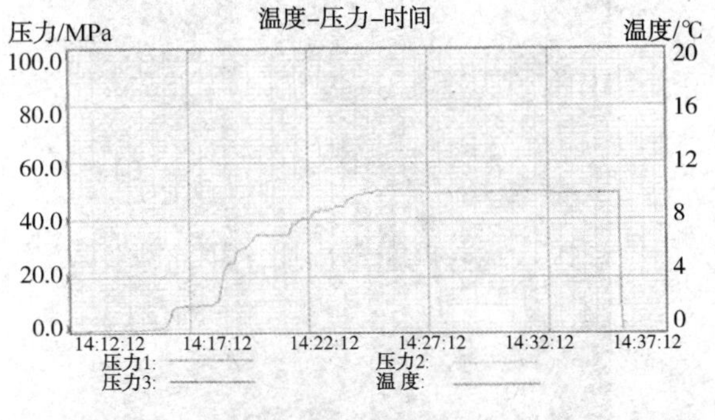

图9　稳压曲线图

3.3　油管锚锚定力及脱手拉力测试

油管锚入水平井试验模拟系统，旋转管柱锚定，使用扭矩扳手控制旋转扭矩小于500N·m；油管锚装满12颗剪钉，进行拉力测试，拉力至27t时剪钉被剪断(油管锚测试如图10所示)。

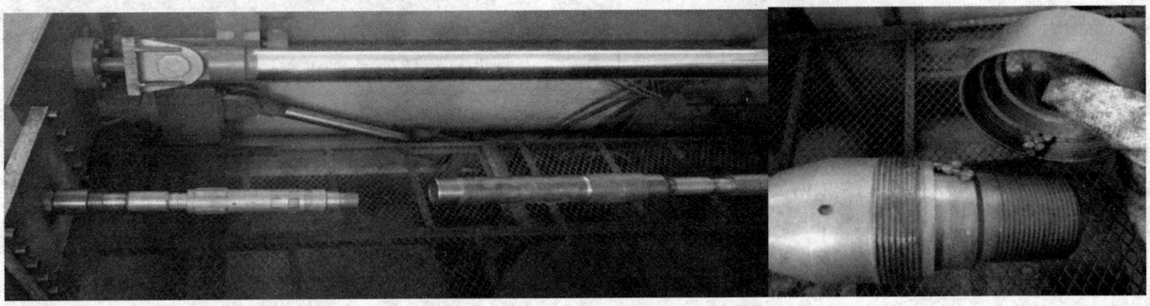

图10　油管锚锚定试验图

4 现场应用情况

2018年9月，联合长庆油田分公司油气工艺研究院在木平××井陈平××井进行了水平井同井上注下采试验。

4.1 坐封 Y445 封隔器

按照要求组配下入管柱，管柱结构自下而上依次为：堵头+筛管+Φ73J55 油管+筛管+Φ73J55 油管+筛管+Y445-118 封隔器(2737.0m)+SHSG-GO 液压坐封工具+Φ73J55 油管至井口。坐封封隔器，确认封隔器坐封深度(避开套管接箍)无误后，投入 Φ25mm 钢球，待送球到位后，打压坐封 Y445-118 封隔器；打压 10MPa 稳压 5min，打压 15MPa 稳压 5min，再次升压时 19-20MPa 下(水泥车压力表无法准确读取)压力突降至 2MPa，实现丢手；下探验证封隔器坐封，下钻至封隔器位置，管柱悬重由 20kN 降至 17kN，证明封隔器可靠坐卡；最后起出坐封管柱(配套工具现场试验如图 11 所示)。

图 11 工具现场试验图

4.2 下插管回接管柱

按照要求组配下入管柱，管柱结构自下而上依次为：MFCG-86 密封插管+STTC 油管扶正器+Φ73J55 油管+51/2" TAC 油管锚(1558.7m)+Φ73J55 油管+抽油泵设备(1550m)+Φ73J55 油管至井口，油管锚内置 7 颗剪钉，剪断力约为 14 吨；接近封隔器下入位置时，观察指重表，当管柱悬重减少时，控制下压吨位 6 吨(防止采油作业时密封插管随之滑移)，井口停止返液，说明插管已插入封隔器内孔，实现密封；启动油管锚，用油管钳将油管左旋 6 圈，油管锚实现锚定，通过上提管柱验证油管锚锚定效果，悬重由 23KN 上升至 29KN，确定油管锚锚定；安装注水井口和井口抽油杆智能防喷系统，安装抽油机，进行系统联调；最后进行正常投产生产工作。

5 结论

通过室内测试及现场试验，设计的管柱坐封、锚定、插管与封隔器的回接等动作均可顺利完成，效果良好，可以在水平井实现同井上注下采功能。目前配套工具试验了两口井，建议下步跟踪两口井后期同井注采工艺应用效果，收集工具及管柱密封、锚定等性能信息，继续完善工具及管柱的结构和功能。

参 考 文 献

[1] 王思淇．井下油水分离同井注采技术现场试验[J]．石油化工高等学校学报，2014，11，33(11)：28-29.

[2] 张继成，郑灵芸．同井注采井区隔层窜流界限研究[J]．石油化工高等学校学报，2017，10，30(5)：60-65.

[3] 宋立志，曾玉斌，侯志新．单管同井注采技术在西部油田的应用[J]．石油化工高等学校学报，2012，(6)：102-103.

[4] 李志强，胡永全，赵金洲．海上水平井同井不同压裂裂缝注采模拟．大庆石油地质与开发，2013，10，32(5)：87-91.

[5] 李萍．同井采注技术在我油田应用效果评价分析[J]．西部探矿工程，2009，(8)：62-64.

[6] 王俊．同井采注施工工艺分析及应用[J]，中国化工贸易，2013，5(5)：218-219.

[7] 曹明君，杜焱，张凤桐．井下油水分离技术对聚驱采出井适应性分析[J]．大庆石油学院学报，2005，29(6)：55-58.

[8] 王雪莲．油田采出水处理技术研究及应用[D]，西安石油大学，2010.

[9] 蒋海岩，张琪，李恒．底水油藏应用井下油水分离技术的数值模拟研究[J]．钻采工艺，2006，29(4)：38-40.

[10] 王晓冬，郝明强，韩新东．启动压力梯度的含义与应用[J]．石油学报，2013，34(1)：188-191.

[11] 黄中信，陈李斌．井下油/水分离(DOWS)技术前景可待[J]．中国石油化工，2007(8)：41-44.

高温化学防砂工艺技术研究与应用

王晓东[1] 丁连民[2] 赵长喜[1] 李 伟[3] 程红晓[1] 燕收广[1]

（1. 中石化河南油田分公司工程院；2. 中石化河南油田分公司科技处 3. 中石化石油化工科学研究院）

摘 要 春光油田稠油区块具有“深、薄、稠、松”特点，因胶结疏松，出砂严重，出砂是制约稠油井增产稳产的主要问题之一。春光油田稠油防砂目前主要采用机械防砂，随着稠油开发不断深入，机械防砂有效率下降，稠油区块砂粒径细、泥质含量高、油层距离水层近，隔层薄、原油黏度高、地层水矿化度高且注汽温度高，单一机械防砂已经不能满足春光油田稠油区块复杂条件下防砂的需求。本文研制出一种新型环保型木焦油固砂体系，该体系以工业废料木焦油为主剂，通过分析、利用木焦油的有效成分固化反应形成，具有固化前流动性好、固化后耐温性好、固结强度高、耐盐性好等特点，并具有一定的渗透率，能够满足春光油田化学防砂的需要。在新浅25-平4井上进行了现场试验，取得了一定的防砂效果。

关键词 稠油；机械防砂；木焦油；化学防砂；抗压强度

春光油田稠油区块含油面积6.9km^2，动用储量1221×10^{4}t，为疏松砂岩油藏，具有“埋藏深、胶结疏松、油层薄、原油黏度大、紧邻水层”的特征。油藏埋深960m，油层厚度1-3m，隔层厚度在1.6-3.4m，孔隙度28.7-32.1%，渗透率570-1625mD，地面脱气油黏度4-8×10^4 mPa·s，地层水矿化度6-8×10^{4}mg/L。春光油田稠油主要是以水平井热采开发为主，筛管完井，注汽温度较高，一般在330℃-350℃。出砂是制约春光油田稠油区块增产稳产的主要问题之一，春光油田稠油防砂主要采用机械防砂，防砂管挡砂精度为0.15mm和0.2mm，分为挂虑防砂、循环充填防砂和挤压充填防砂三种方式。

1 稠油区块防砂存在的问题

随着稠油开发的不断进行，机械防砂有效率下降，有效期变短，单一机械防砂已经不能满足防砂的需求，通过分析，稠油防砂存在如下问题：一是随着油井采出程度的增加，同一开发层位或同一油井的出砂粒径逐渐减小，单一机械防砂对细粉砂适应性变差；二是距离水层近，隔层薄，离剥蚀面近等多种油水关系且水平段长，导致充填工艺受限，压实作用差，影响防砂效果；三是地层水矿化度高、注汽强度大、注入压力高导致筛管破损，防砂工具失效，防砂有效期短。针对以上问题，研究了高温化学防砂工艺技术，通过注入适应稠油热采开发特点的高温化学固砂剂，在近井地带建立有一定渗流能力的挡砂屏障，抑制地层出砂，进一步完善稠油防砂工艺技术体系。

2 高温固砂剂研制

2.1 高温固砂剂研制思路

木焦油是一种廉价的工业废料，是利用热解技术在木材炭化过程中，将烟气冷凝分离得到，耐温性较好；木焦油含有多种烃类、酚类、酸类有机化合物及水分等无机物，可以利用里面的酚类物质进行改性，形成一定强度的固结体。

2.2 木焦油组成及性质分析

通过色谱、质谱等分析了木焦油的组分，对有效成分结构进行了表征，测定了耐温性和粘温曲线。由图1和图2可以看出，木焦油中氧含量高达38.1%，木焦油中主要含有乙酸、三甲醚和多种酚类物质，其中酚类物质总含量达41%，为后续聚合反应提供了有效基础。由图3和图4结果可知，木焦油具有较好的耐温性，350℃下热重力差损失较小，且没有发生分解。

项目	分析结果	分析方法
C,%(w),	53.98	SH/T0656-1998(2004),
H,%(w),	7.12	
O,%(w),	38.1	ASTM D5622-95(2000),
S,mg/kg,	189	GB/T17040-2008,
N,%(w),	0.15	SH/T0704-2001,

图1 木焦油元素组成分析

2.3 流动性改进剂研究

木焦油本身流动性差，类似于稠油，由表1

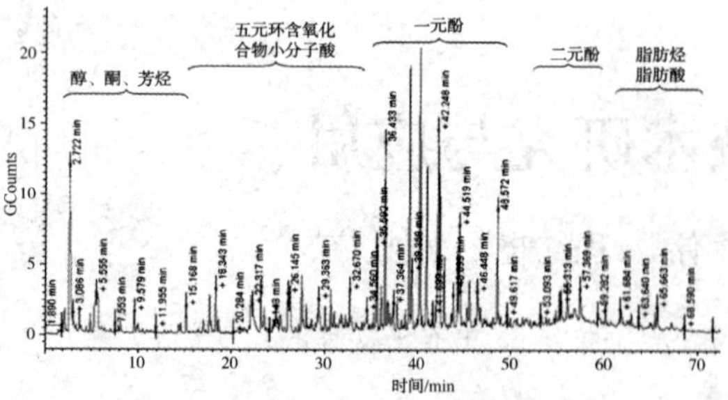

图 2　木焦油原液气-质联动总离子流图

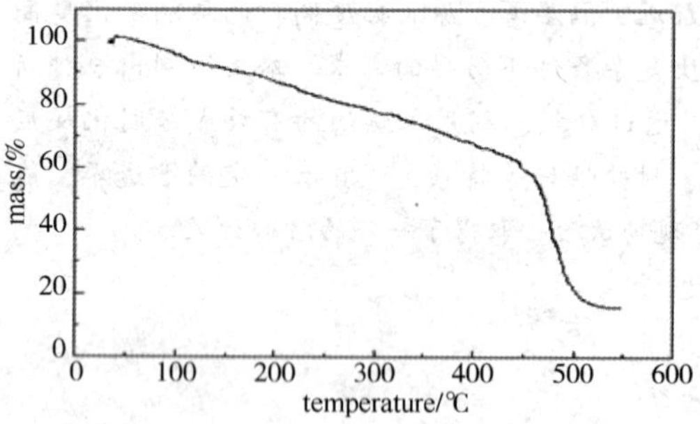

图 3　木焦油的 TG 曲线

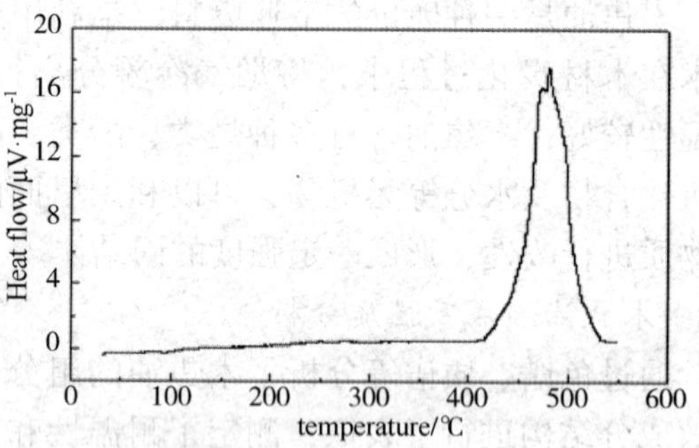

图 4　木焦油的 DTA 曲线

可知，在 45℃下黏度为 58140mPa·s，通过添加一定量的溶剂，可以降低木焦油黏度，表 2 是添加溶剂 A 和 B 后，木焦油的黏度测试结果，综合成本考虑选择溶剂 B，使用浓度 20%。

表 1　不同温度下木焦油的黏度

温度/℃	45	50	60	70	80	90
黏度	58140	44200	23642	12609	9090	5597

表 2　45℃下木焦油在不同用量溶剂中的黏度

溶剂/%	黏度/mPa·s	
	A	B
20	1886	856
30	216	125
45	103	37
50	81	17

2.4　助聚剂选择

选择不同类型助聚剂，与稀释后的木焦油反应，观察聚合效果。由表 3 和表 4 知固化剂 A 加入量增加可以显著提高木焦油的聚合速度，增强剂 B 加入量增加可以提高固结强度。优化后得到助剂用量：160℃，固化剂 A 用量 4%-8%，增强剂 B 用量 2%~3%。

表 3　固化剂 A 不同用量与木焦油聚合效果（160℃）

聚合助剂占木焦油的质量百分比/%	反应时间/h			
	24	48	72	96
2	未聚合	未聚合	未聚合	未聚合
4	未聚合	未聚合	聚合	聚合
6	聚合	聚合	聚合	聚合
8	聚合	聚合	聚合	聚合

表 4　增强剂 B 不同用量与木焦油聚合效果（160℃，A8%）

聚合助剂占木焦油的质量百分比/%	反应时间/h			
	24	48	72	96
1	未聚合	未聚合	未聚合	未聚合
2	未聚合	未聚合	聚合	聚合
3	聚合	聚合	聚合	聚合
4	聚合	聚合	聚合	聚合

2.5　小结

通过上述实验，优化各组分用量和反应温度和反应时间，考虑固结强度，确定木焦油固砂剂体系配方为木焦油：30%，助溶剂：6%，聚合助剂：4%，聚合助剂 2：3%，水：余量，剂砂比：1∶4，聚合温度≥160℃，反应时间≥24h。

3　高温固砂剂性能评价

3.1　耐温性能

目数为 50 的砂粒制作固结体，固砂剂和砂粒比例为 1：4，300℃高温水环境下恒温 10h 后，依据“SY/T5276-2000”化学防砂人工岩心抗压强度测定标准，用压力试验机测定模块破裂时的抗压强度，由表 5 知抗压强度达到 6.16MPa。

表 5　木焦油固砂体系热老化后抗压强度测试

序号	破裂压力/kN	圆柱直径/cm	压强/MPa
1	6.3	3.65	6.02
2	6.6	3.65	6.31

3.2　流动性能

木焦油配成木焦油固砂体系后，测试不同时间体系黏度的变化情况。由图 5 可知，体系在

12h 内黏度有所升高，但是整体黏度不高，具有较好的流动性，能够保证施工时正常注入。

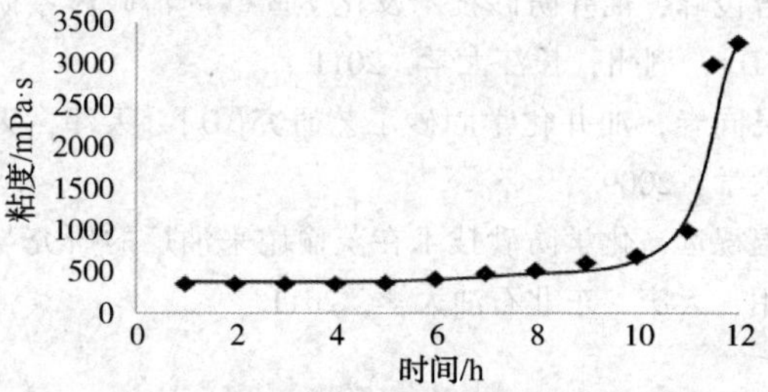

图 5　25℃下不同时间体系黏度变化

3.3　耐盐性能

将固结体分别放于不同矿化度的溶液中(以 NaCl 计)静置 7 天，取出烘干后测量抗压强度。由表 6 可知，固结后的岩心在不同矿化度溶液中浸泡后，对固结体岩心的抗压强度影响不大，固结后可耐盐达 100000mg/L。

表 6　岩心固结体抗盐性能

矿化度/mg/L	自来水	5000	10000	20000	30000	50000	70000	100000
抗压强度/MPa	6.15	6.15	6.08	6.05	6.08	6.02	5.93	5.89

3.4　固结体渗透率

不同粒径石英砂的固砂渗透性评价的实验结果见表 7。由表 7 可以看出，随着砂粒粒径的变小，固结体的渗透率降低；对于 0.4～0.8mm 的石英砂，固结体渗透率为 2.84D；对于 0.15～0.18mm 的石英砂渗透率仅为 0.24D；如何增大渗透率和提高渗透率保留率，需要进一步优化。

表 7　不同粒径砂粒的固砂渗透性能

砂径/目(mm)	20～40 (0.42～0.84)	40～80 (0.18～0.42)	80～100 (0.15～0.18)
原始渗透率/D	3.78	2.85	0.55
固结体渗透率/D	2.84	1.01	0.24
渗透率保留率/%	75.13	58.95	43.86

3.5　固结体扩孔方式选择

针对低渗岩心伤害的问题，对该体系的扩孔方式进行了优选，选择 80～100 目石英砂，分别在注入固砂剂后注入 5 倍体积的不同介质，恒温固化 48h，测试渗透率和抗压强度，评价不同扩孔介质对固结强度和渗透率的影响。由表 8 可知，扩孔介质以氮气扩孔最优，扩孔后抗压强度降低 19%，渗透率提高 525%。

表 8　不同扩孔方式的固结强度与固结后渗透率

	不扩孔		扩孔后	
	强度/MPa	渗透率/D	强度/MPa	渗透率/D
N2	6.28	0.24	5.08	1.50
水			0.87	0.48
煤油			1.03	0.17

4　新浅 25-平 4 井现场试验效果

4.1　油井基本情况

新浅 25-平 4 井 2014 年 10 月 29 日上返 H2 Ⅲ5 层，射孔段 586-595m，射孔厚度 9m，孔隙度 27.25%，渗透率 0.916D。2015 年 1 月 10 日开始吞吐生产，2018 年 11 月 17 日该井检泵过程中发现泵上三根油管砂埋，井下出泥浆。该层物性、含油性较好，且采出程度低(7.9%)，该井仍有较大挖潜潜力。

该井出砂严重：2018.3.7 检泵，砂面 593m，砂高 137m；2018.7.14 作业找漏，砂面 723.7m，砂高 6.3m；2018.10.11 检泵过程中发现泵上三根油管砂埋，井下出泥浆，砂面 610.8m，砂高 8.41m。

4.2　高温固砂设计

根据该井情况，施工分为三个段塞，第一段塞为地层清洗段塞 7m^3，第二段塞为高温固砂段塞 12m^3，第三段塞为氮气扩孔段塞 5500Nm^3。

4.3　施工效果

由于该井在防砂前进行了调剖措施，本轮注汽压力有所提升，日注量有所减少。注汽后该井已连续生产 65d，累计产液 363m^3，目前光杆滞后 0.8m，日产液 3.6m^3，出液化验含砂量为 0。

5　结论

(1) 木焦油通过改进能够形成固结体，能够作为高温化学固砂剂使用。该固结体系耐温≥300℃，固结强度>6MPa，固结时间在 12-72h，耐矿化度 10×10^4mg/L，具有一定的渗透率。

(2) 木焦油固砂体系在 12h 内体系黏度增加不大，能够保证现场施工正常注入。

(3) 对于细粉砂来说，可以通过氮气扩孔可以减少木焦油固砂体系对地层的伤害。

(4) 通过新浅 25-平 4 井现场试验可知，木焦油固砂体系现场注入顺利；在后续生产过程中没有出砂，表明一定程度抑制了地层砂粒运移。

参　考　文　献

[1] 隋海清，王贤华，邵敬爱，等，木焦油及其馏分有机成分分析[J]，太阳能学报，2014 年 11 月，35(11)：2204-2206.
[2] 王泽，林伟刚，宋文立，等，木焦油硅胶柱层析组分分离研究[J]，科学通报，2010 年，55(36)：3444-3450.
[3] 张琪，常建民，许守强，等，木焦油改性生物油-酚醛树脂胶黏剂的工艺条件研究，中国胶黏剂，2012 年 6 月，21(6)：19-22.
[4] 李林，张鹏远，木焦油部分替代苯酚合成酚醛树脂胶黏剂的研究[J]，粘接，2009 年 7 月，5(3)：59-60.
[5] 曾俊峰，油井防砂技术及化学固砂剂治砂体系研究[D]，荆州，长江大学，2011.
[6] 吴同春，油井化学固砂工艺研究[D]，天津，天津大学，2009.
[7] 温祝远，化学防砂技术在茨榆坨采油厂的研究与应用，大庆，东北石油大学，2011.

油田地面工程技术新进展

黄 辉 党 伟 唐志伟

（中国石油化工股份有限公司）

当今世界，高速发展的科学技术正以巨大的力量改变着人类的文明进程，整个社会正在经历一场全球性的技术革命。人工智能技术（网络技术）的发展对当代社会产生了革命性的影响，它改变了人们传统的生活方式，也推动了油气田地面工程技术迅猛发展。

国内油田针对自身发展的需要，加强科技攻关，优化设计、降本增效，在集输系统流程优化简化、地面工程智能化、含油污泥处理等方面取得了突出成果，多项技术达到了国际先进（或领先）水平，为油气田的稳产增产做出了重要贡献。

1 集输流程优化简化

提到油气集输系统的优化简化，我们首先想到的是：井口量油——实现了集输串联管网；油气混输增压——减少或简化了接转站、扩大了集油半径、实现了无人值守；大平台布井技术——简化了集输流程、降低了地面投资和运行费用等。当然，对于新建产能，我们这样做的思路是正确的。但是，对于已建产能，我们也同样面临着流程的优化简化。

大部分老油田已经进入油气开采后期，原油产量降低，地面工程原油处理系统“大马拉小车”现象突出；与此同时，产液量、污水量逐年增加，综合含水超过90%，部分甚至达到98%；地面系统已不能适应以“水”为主的处理要求，高耗低效等问题突出。

1.1 随着原油产量下降，老油田原油系统普遍存在“大马拉小车”现象

联合站原油处理系统实际处理量远低于设计规模，造成能耗及运行成本居高不下。中石化联合站原油处理平均负荷率46.3%，某油田为12.7%；接转站平均负荷率22.4%，某大油田接转站平均负荷率也只有13.8%。

部分油田原油外输管道已低于或接近管道最低输量，威胁管道安全运行。例如，某油田的原油外输管道受低输量问题的影响，采用提高外输温度的措施，出站温度达90℃，不仅能耗高，而且影响管道安全。

集输系统主要采用二级或三级布置方式。单井管道主要采用以计量站为中心的放射状敷设。单井管道长，部分管道老化腐蚀严重，生产能耗高。目前中石化各油田共有单井管道约4.6万条，长度2.14万千米，平均单条管道长度约465米。随着油田信息化技术的推广，大部分油井实现了井口计量，但大量计量站仍然在运行。

1.2 油井提液，造成部分污水站超负荷运行；大量污水往返输送，能耗和运行成本高

含水上升、提液生产，部分联合站和污水站污水处理规模不能适应生产需求，造成满负荷或超负荷运行的情况。某油田有19座联合站、22座污水站满/超负荷运行，占总数的30%以上，处理量占到50%以上。

与此同时，现有集输系统大多沿用低含水期建设的全液外输至联合站分水、污水处理后回调回注的模式。污水长距离往返输送，大量能量消耗到污水往返输送环节，而且污水循环加速了管道和设备的腐蚀，缩短了设备的使用寿命、运行管理维护成本增加。某油田地面集输系统每年耗电3.76亿度，其中污水输送及处理的年耗电量约为2.31亿度，电费1.62亿元/年。

目前低油价形势下，做好油田老区地面系统优化简化、提质增效工作，实现高效、低耗、低成本运行，是提高老油田经济效益、实现扭亏增盈的重要途径。针对以上问题，提出了相应技术措施。

1.2.1 关停并转，重构集输系统

以油田开发预测指标为依据，打破行政区界厂界，与安全环保绿企创建统一考虑、统筹协调，通过集输系统整体重构以及新技术新工艺应用，实现系统低耗高效、绿色低碳运行，最终实现油田稳油、增气、降本的目标。

某油田原油综合处理能力925万吨/年，目

前产量125万吨/年，今后若干年维持在100万吨/年左右。10个联合站分属4个采油厂管理，此次调整按一个集输系统统筹考虑，三到五年内，将处于油田老区中心位置的油库，改造成油田老区唯一一座联合站，将各采油厂联合站全部优化简化为中转站，现有中转站进一步简化工艺流程及设施，将原来分散在各联合站的原油稳定装置统一集中至中心联合站。

由于原有联合站功能简化，外输管道不再输送净化原油，管道低输量问题得以解决，含水原油实现常温输送，大大降低了热能损耗。

对于使用年限较长，腐蚀严重的单井管线直接或串联进干线；利用高温井“携带”低温井，高液量井“携带”低液量井进干线；距离干支线较近的单井，直接或串联后进干线；部分占压具有安全隐患的单井管线，优化路由后进干线。集输及注回水干支线、油气站场、增注站点优化合并。简化优化站场工艺，简化站场设施，减少岗位设置。

由于大多数油井已实现功图量油，有条件撤销大部分计量站点。采用常温集输技术后可以撤销加热炉的计量站简化为阀组。个别计量站转化为混输增压点。所辖井数小于4口或集液量小于60t/d的计量站，优先考虑撤并优化。预计撤并计量站约85%以上。

1.2.2　预分水技术减少了联合站污水负荷，避免了污水往返输送

“预分水”技术，是指在计量站或接转站，将井排来液中的部分污水(一般50%左右)以一定质量指标(含油小于50mg/l、含悬浮物小于50mg/l)分离出来，过滤后直接就地回注，既解决了污水往返输送消耗大量能源，也解决了污水回注的配伍问题，完善分级分压分质注水。

对于高含水甚至特高含水油田，水的往返输送、无效加热无疑增加了运行费用，同时随着液量增加需要扩建污水处理系统和接转站外输管道，预分水显得尤为重要。但国内主要采用三相分离器等进行预分水，大庆油田称之为放水站。但三相分离器是以出油含水作为产品指标来设计的设备，出水含油指标一般要求控制在1000mg/L以下即可，后续污水处理系统投资、占和运行费用均较高。中国石化研制出国内首套以出水水质作为产品指标的油气水三相分离器——预分水器，出水水中含油低于50mg/L，分水率在50%左右。

预分水技术在国外早就有应用，一般安装在丛式井井场或转油站，分出部分高含水原油的污水，达到地层回注标准直接回注地下。常见的有：末端分相管、简易气浮选预分水器、斜管预分水器，仰角式游离水脱除器等。但国外油田渗透率较高，一般对水质的要求低，所以上述几种装置都可以满足油田生产需要。

中国石化预分水短流程处理技术是以高溢流旋流、网格管三相分离等2项核心技术为主导，结合气浮、聚结等技术有机耦合而成，实现了预分水和污水处理功能的高度集成，满足就地分水、就地回注需求，对油田产出液处理技术产生了革命性引领作用。

A. 稀油采出液就地分水回注

2016年11月在某油田中转站成功投产。井排来液600m3/d、含水82%原油密度0.88g/cm3进主体撬块，分出240m3/d污水，过滤后就地回注。主体撬块出水平均含油26mg/L、含悬浮物48mg/L，过滤后水质满足“含油≤8mg/L、含悬浮物≤3mg/L、悬浮物粒径中值≤2μm”的指标要求，能够满足稀油采出液就地分水需求。

投产至今，在来液波动大、出砂严重的情况下，装置运行平稳，处理能力达到设计要求。

应用该装置，年节省电费11.4万元，年节省加热费用12万元，比常规工艺节约大量投资，并且避免了末端联合站污水处理系统的扩建，经济效益显著。

B. 稠油采出液就地分水回注

2017年12月在某油田采油一厂某接转站投产。井排来液2000m^3/d、含水88.3%、原油密度0.9455g/cm^3、温度40℃进主体撬块，分出1000m^3/d污水，过滤后就地回注。在不加药条件下，主体撬出水平均含油21.6mg/L、含悬浮物14.2mg/L，好于加药条件下“含油≤50mg/L、含悬浮物≤50mg/L”的设计指标；滤后水满足“含油≤15mg/L、含ss≤10mg/L”的设计要求。预分出部分污水，经多介质过滤器过滤后就地回注。

该项目实施后年节省运行费用518.4万元，比常规工艺节约大量投资，并且避免了集输管道和末端联合站污水处理系统的大规模扩建。

2　地面工程智能化

智能油田技术发展历程，并没有按自动化、

数字化、智能化、智慧化这样由浅入深的模式发展，而是走出了跳跃式发展的轨迹。

自动化(Automation)是指机器设备、系统或过程(生产、管理过程)在没有人或较少人的直接参与下，按照人的要求，经过自动检测、信息处理、分析判断、操纵控制，实现预期的目标的过程。

数字化的提出，数字地球作为一个完整的名词，最初于1997年下半年出现在科技界，1998年1月31日，美国副总统科尔率先在公开场合喊出了"数字地球"这一名词。1999年末，大庆油田首次提出了"数字油田"概念，并将数字油田作为企业发展的一个战略目标，很快得到了全国各油田的普遍认同。

按一般逻辑，信息化以后再实施智能化，升级后再智慧化。但"智慧油田"的概念，最早可以追溯到1991年。在《Oil & Gas Journal》杂志上出现了"智能油田(智慧油田)"(Smart Field)的词汇和论述。"智能油田"可以实现实时监测、实时数据采集、实时解释、实施决策与优化的闭环管理，可以将油井，油田以及相关资产相互联合起来，统筹经营、管理。是提高采收率的有效途径和发展方向。仅一个油气田每天产生的数据量就在1TB(百万兆字节)左右，5G到来会大大加快智慧油田的建设。

直到2010年，中国才提出了"智慧油田"的概念。个别油田进入智能化起步阶段，与国际先进水平相比还有较大的差距。

具有系统决策和自学习功能的系统才能叫智慧化，目前的智慧油田都是属于初级阶段。

2013年"11.22"事件后，中国石化开启了智能管道的建设，随即上游板块也在集团的统一部署下开展相关工作。根据集团关于完善管理体制架构，强化安全生产，落实管理责任的指示精神，为摸清管线及附属设施基本信息、动态监测管网安全生产情况、加强事前预警、事中调度和控制，有效避免隐患变为事故，提升科学决策能力，组织人员对各油田企业进行了现场调研，提出了建设油气田地面工程信息管理系统的业务规划，但该项业务仍处于信息化建设阶段，远未达到智能油田、智慧油田的建设要求。

2.1 中国石化信息化建设状况

除中国石化智能管道系统外，前期中石化各油田共建设地面工程信息系统(GIS平台)约20套，应用的GIS平台主要包括ArcGIS、SuperMap以及中石化自主知识产权的SGIS。应用模式大都采用B/S模式，数据库全部采用ORACLE。

部分油田已建立相对完备的GIS系统，在规划、设计、生产监控等方面发挥了相应的作用。系统内收集到较为完整的管线站场静动态信息、坐标信息以及基础地理、卫星航拍影像图等，能够为总部建立统一的地理信息系统提供有力数据支持。

个别油田地面系统属于勘探开发业务协同平台的一个模块。特点是数据来自业务流程，完成岗位业务便完成了数据的采集入库，保障了信息的及时、准确、快捷。

目前在中石化总部层面已经建立完成：油气集输管网、设备设施、注水水质管理信息系统，正在建立资产完整性管理系统。仍存在以下几项问题。

没有统一的规范和标准，各油田在地面工程信息系统建设上没有统一的数据规范和标准，给集团总部数据的收集、汇总和分析带来了困难。例如钢制管线在不同油田的信息系统或数据库中分别有"钢质"、"普通钢"、"碳钢"等不同的描述，无法进行汇总。

部分油田内部没有统一规划和管理，个别油田的地面工程信息系统，是分别由采油厂或者机关部门组织开发的，例如某气田4个部门开发了4套GIS系统；某油田3个采油(气)厂，开发了3套GIS系统。油田内部几套系统并行，存在系统之间数据不共享，数据格式不统一，数据多头采集等问题。

部分油田的信息系统功能设置不合理，没有贴近生产要求，导致建设完成后，全部用户只有几十人，常用用户只有几个，系统没有充分应用起来，该系统内数据没有得到定时更新、及时审核、及时修正。

部分系统维护更新不及时，逐渐废弃。部分GIS系统开发完成后，后续维护和更新不及时。1-2年后，系统运行遇到数据丢失、运行缓慢等情况，逐渐无法使用。

2.2 中国石化油气田地面工程信息化建设设想

定位：满足总部油田板块地面工程管理决策需要，可以作为总部勘探开发一体化平台中的地面工程模块。

加强对地面资产的有效管理、掌握资产的利

用情况和运行状况、推广高新技术应用、促进地面建设标准化设计。将地面工程站场、管网、设施基本属性、设备台账、动态运行参数、项目建设过程、成本控制入库。

强化安全生产管理，摸清管线及设施隐患情况，加强事前预警、事中调度和控制。在可视化环境中直观了解各油田企业管网和站场的腐蚀检测、穿跨越、占压、穿孔等隐患信息及周围城市管网、居民住宅、厂矿企业等相对位置信息。能够快速定位、浏览相关隐患信息和属性信息

地面工程项目科学决策的需要，需要建立包括各企业地面工程油、气、水、电、路等专业的设计资料、实体属性、运行参数、工程项目进展、投资成本等的数据库，满足地面工程项目决策的业务支撑要求，以保证规划、计划落实准确，地面工程投资科学合理。

探索第五代通讯技术(5G)和人工智能技术(AI)在油气田地面工程的应用。逐步实现5G和AI技术在油气田地面工程设备管理、实时数据检测与上传、生产运行监控与智能分析、故障诊断等领域的应用。

2.2.1　具体工程内容

结合中国石化智能管道系统、EPBP(勘探开发一体化平台)、PCS(生产信息化)系统，总体规划，分类实施。建立一个符合总部地面工程管理需要的可视化平台。包括：GIS基础服务平台，场管网设备等现状管理，生产动态管理，地面工程隐患管理，项目、设备、“三化”管理，辅助决策分析。

建立一个统一的、唯一的全面覆盖管网、场站、重点井管理需要的地面工程数据库。主要包括，(1)矢量数据：位置、长度、形状、方向、高程等；(2)静态数据：壁厚、材质、内防腐、外防腐、设计参数等；(3)动态数据：产量、温度、压力、流量等；(4)资料数据：流程图、平台面图、照片、设计竣工资料等；(5)影像数据：油田区块高清遥感影像数据；(6)项目、三化数据：项目信息，三化管理信息等。

建立一套中国石化地面工程信息系统标准。《中国石化地面工程数据模型标准》、《中国石化地面工程数据采集、处理标准》、《中国石化地面工程图件、图例标准》、《中国石化地面工程地理信息标准》、《中国石化地面工程隐患分类分级标准》等系列地面工程信息系统标准。

建立一套油田企业与总部的数据采集通道和接口。对于已建地面工程数据库的分公司，通过数据通道建立分公司与总部之间的数据传输与数据接口。对已有数据进行加工处理，最终同步到总部地面工程数据库；对于没有建设地面工程数据库的分公司，通过数据采集端对数据进行采集加工处理，最终同步到总部地面工程数据库。

建立一套中国石化地面工程信息系统管理办法：《中国石化油气田地面工程管理系统运行管理办法》

2.2.2　工作部署

尽快制定中国石化地面工程信息管理系统统一标准，减少数据加工转换工作量，降低数据转换风险，确保系统长期稳定运行。

尽快颁布中国石化地面工程信息管理系统管理办法，确保数据完整、及时、准确。

协调各油田尽快落实地面工程信息系统管理机构，明确管理职责，确保数据库接口建设和数据采集工作的顺利开展。

督促各油田尽快制定数据完善计划，保证及时为总部系统提供数据支撑。

伴随着数字化油田建设的不断深入，智能化油田建设已成为地面工程信息技术领域的重要发展方向。

积极探索智能化油田建设，通过二维码、电子标签、手机等，实现对井、站、管道的有效管控。

(1) 数据建设：标准对接、数据收集、坐标转换、数据加载；

(2) 三维建模：建模规范、建模流程、井站建模、管道建模；

(3) 运行监控；

(4) 功能扩展：实现决策与自学习系统。

需要地面工程、人工智能等多学科合作。更进一步是地上地下一体化，需要更多的专业协同研究。

3　含油污泥处理技术进展

含油污泥主要由污水处理、油罐底泥、各类管线设备泄露产生的油污染土壤及钻井泥浆、压裂产出泥等。含油污泥已被国家列入《国家危险废物目录》中的含油废物类，《国家清洁生产促进法》要求必须对含油污泥进行无害化处理。

中石化各油田一年的含油污泥产量约40万方，主要通过自然沉降、机械脱水、自然干化等

方法减量后进行进一步的处置。处置方法主要有焚烧、调剖回注、热解析、填埋等。焚烧和回注是处理量较大的两种处置方式，占到全部污泥量的三分之二(图1)。

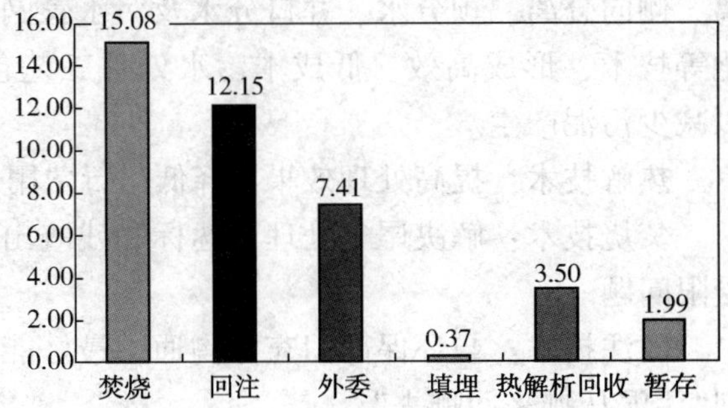

图1 中国石化含油污泥处置方式

近年来各油田加大污泥处理工作力度，加大创新和投入，探索实施油田污泥减量化和含油污泥处理的工艺技术，为污泥的处理提供了强有力的技术支撑，保证了各油田污泥处理业务的正常运行。

3.1 污泥处理技术现状

3.1.1 低污泥水处理技术

低污泥水处理技术主要是从水处理的角度入手，通过改变污水处理工艺，在满足污水处理要求的同时，减少污泥的产生量，从而达到从源头减少污泥产量的目的。主要有调整药剂配方、微生物处理技术和不加药污水处理技术。

水质改性技术中，采用混凝药剂替代石灰，降低污泥产出量。某油田现场推广应用10座站，平均千方水干污泥产生量下降到0.44t，降低50%以上。

某油田的“一次沉降除油+特种微生物处理+低能耗管式超滤膜”处理工艺显著降低了污泥产量，每1000m^3污水的干污泥产出量由0.57t减少至0.03t，降低了95%。

适用于稠油(密度0.95g/cm^3左右)的预分水短流程处理技术，实现不加药条件下直接从油井采出液分离出合格污水，一套装置每年减少污泥365m3。

3.1.2 悬浮流化床焚烧技术

针对油泥砂处理问题，中国石化研制出以油泥砂为主要燃料，并伴用少量水煤浆，通过悬浮流化焚烧法对其进行安全、彻底的无害化处置，并通过焚烧污泥生产蒸汽产品供发电厂用于发电辅助系统。实现了对油泥砂的无害化处置与综合利用的同步进行。该处置方式的各项排放符合相关标准，获得了地方环保部门认可。在技术的先进性，危险废弃物处置的安全性等方面均处于国内乃至国际先进水平。处理费用在1200元/吨左右。

3.1.3 污泥调剖工艺

中国石化形成了一套以污泥填充凝胶颗粒为基础配方、适合油田各种类型油藏经济有效的凝胶调驱配套技术，基本能够满足不同类型油藏调剖调驱的需要。采用将含油污泥代替搬土制备凝胶颗粒调驱剂，变废为宝，实现资源再利用。该技术具有彻底无害化、资源化，且运行成本低的优点；但是受地层限制，仅适合高渗透区块；处理费用在500元/吨左右。

3.2 含油污泥处理存在的主要问题

3.2.1 含油污泥处理缺少专门污染控制标准，污泥处理成本高

目前没有专门针对的含油污泥的污染控制标准。部分地区参照农用污泥控制标准执行。最新颁布实施的GB36600-2018《土壤环境质量建设用地土壤污染风险管控标准》(试行)2018.8.1实施，规定石油烃(C10-C40)筛选值为4500mg/kg，管制值为9000mg/kg。目前的化学热洗、调质离心分离、热解等处理技术由于缺乏配套的污染控制标准，只能参考原有《农用污泥中污染物控制标准》执行，矿物油最高允许含量不超过3000mg/kg(干重)，处理费用极高。

GB18484-2001《危险废物焚烧污染控制标准》规定了危险废物在处理处置过程中产生的残渣或灰渣等仍属危险废物。

3.2.2 污泥量大幅增加

各油田企业缺乏对加入药品的管理和研究力度，加药量较大，部分采出水处理过程污泥产量高，千方水污泥量在0.2~0.50t左右，且脱水困难，

受环保要求提高的影响，需要处理的含油污泥范围不断扩大，污泥量大增。各类管线设备泄露产生的油污染土壤；废弃井场、废弃油田处理设施附近污染的土壤等均列入含油污泥的范畴，污泥量急剧增加。

部分油田井底出砂严重，也造成油田油泥砂含量上升。

3.2.3 处理后残渣最终出路存在问题

根据国内环保部门和机构的认定，含油污泥

处理后的灰渣仍然属于危废，仍需按危废进行处置。部分油气田灰渣无出路可走，只能在工区内大量暂存，管理难度和风险加大。

随着灰渣不断增多，出路问题再得不到解决，将导致油气田生产停工，成为行业发展障碍。

3.2.4　污泥调剖选井困难，回注压力高

随着调剖时间的延长，调剖回注压力逐步升高，地质选井难度越来越大，调剖回注量逐渐减少，甚至注不进去，特别是在低渗油藏选择调剖回注井非常困难。

3.2.5　有资质的危废处置厂家少、价格高，风险大

油田附近具备处理含油污泥相关资质的地方企业数量少，外委价格高，并且存在处理结果不受控的风险。一旦外委企业处理不合格，油田同样需要承担责任。

3.2.6　目前部分处理技术存在环保隐患

热解、焚烧技术：存在部分尾气处理不达标、残渣出路受限的问题；

热洗、调质离心技术：处理后污泥含油仍然为2%左右，残渣处置存在问题，可能造成二次污染。

3.3　含油污泥处理技术发展方向

3.3.1　确定油田含油污泥处理的执行标准

目前环保标准规范都在逐步更新中，缺少专门针对含油污泥的污染控制标准，需和环保部门进行充分的交流，尽快制定颁布相关标准，让含油污泥的处理工作做到“有据可依”。

3.3.2　进一步降低污泥产量

加快低污泥处理技术和污泥减量化技术研究，推广现有低污泥采出水处理技术，攻关新型低污泥采出水处理技术，研制新型药剂，从源头减少污泥的产量。

开展污泥减量化技术研究，开发适用于油田污泥处理的抗腐蚀性强、防油污、长期有效的污泥脱水技术和设备。

加强管理，减少站外泄漏造成的土壤污染.

开展集输系统腐蚀防护预警技术研究，减少泄漏造成的污染风险。

攻关泄露原油的回收技术，实现先回收后处理，达到降低含油污泥产量的目的。

推广井底防砂工艺，减少井底出砂从源头减少油泥砂产量。

3.3.3　完善现有技术，攻关新型技术

升级改造现有污水处理技术，需要在现有技术的基础上，有新的工艺、新的技术产生：开发利用电、声、光、生物、新材料等；结合电分离、侧向分离、预分水、井口分水及污水管网优化等技术，形成高效、低成本污水处理工艺包，以减少污泥产生。

热解技术：提高处理效果、降低运行费用

焚烧技术：解决尾气处理不达标和残渣出路受限问题。

回注技术：与环保部门充分沟通，最好能做到“污泥从哪来回哪去”。

热洗、调质离心技术：提高处理效果，满足处理标准要求，寻找残渣处置方法。

针对现有的污泥综合利用技术成本高的问题，加强含油污泥回收利用技术研究，研发更为经济有效的含油污泥综合利用方式，找到一种既绿色环保又节能的污泥处理技术，彻底解决污泥处理难题。

3.3.4　引进先进技术，建立专业队伍

为进一步促进油田污泥处理技术的研发推广，建议引进先进技术、组建专业化队伍和增加项目投入，加大污泥处理设施改造建设的力度。

3.3.5　污泥作为生产中间产物

把含油污泥处理做为一个生产环节纳入正常的生产管理，比如称“采出泥”，不作为危废单独处理。需要外协处理时要加强管理，对污泥外委处理实行全过程监控，减少外委风险。加快推进固废脱水处理、无害化处置等领域的改革力度，进一步提升油田污泥规范化管理水平。

随着国家环保要求日益严格，中石化也加大了对含油污泥处理的重视力度！

科研立项已经向污泥处理方面倾斜，准备把污泥处理列为专项研究项目，对含油污泥处理全流程的各个阶段分别进行研究，同时辅以相关环境监测和污染评估技术的研究，形成污泥全生命周期的研究成果。

4　结语

科学探索，永无止境；技术发展，永无终点；虽然经过了一段时间的准备，也只是对地面工程技术发展的部分领域进行简要的总结，或许在我们讨论技术进展的时候，已经又有了新的技术产生。

低成本短流程一体化预分水技术

徐孝轩　胡长朝　党　伟

（中国石化石油勘探开发研究院）

摘　要　针对高含水油田存在的采出液处理系统超负荷运行、对大量污水进行无效加热和长距离往返输送等问题，开发出了集预分水和污水处理功能于一身的低成本短流程一体化预分水技术及撬装装置。现场应用表明，该装置可预分出高含水采出液中50%以上的污水，并完成对分出污水的就地净化处理，出水水质达到回注要求，适用于高含水油田就地分水、污水就地处理、就地回注，实现节能降耗、降本增效。

关键词　高含水油田；预分水；应用

我国大部分油田已进入高含水开发期，原油综合含水高达90%以上，现有集输及采出液处理系统难以适应高含水期产液量不断剧增的集输和处理需求，主要存在以下问题：(1)集输及采出液处理系统大多超负荷运行，部分污水水质不达标，影响原油生产和环境保护。(2)系统增容改造工程量及投资巨大，国内油田仅改造费用每年就高达数十亿元。(3)能耗高，处理成本高。集输系统每天需对大量采出液进行加热脱水处理，大部分热能消耗在对污水的无效加热升温上，而加热处理后的污水又需长距离返输至注水站进行注水开发，能耗和处理成本急剧增加；部分边远区块采取注清水、汽车拉运污水集中处理等生产方式，增大污水处理成本的同时，浪费大量清水资源[1]。

实施预分水，在井场、计转站或接转站提前把大部分污水分离出来并就地处理达标后回注，剩余低含水油再送至联合站进行集中处理，可避免对大部分污水进行无效加热和长距离往返输送，减少联合站的进液量，并降低进液含水率，有效解决以上问题。

目前，国内各油田一般采用三相分离器等设备进行预分水[2-7]，这些设备基本能满足预分水要求，但分出的污水含油指标偏高（500mg/L左右），后端需配建常规污水处理站对污水进行单独处理，典型工艺流程为：高含水采出液→预分水器→除油罐→沉降罐/气浮→缓冲罐→提升泵→过滤器→精细过滤器→出水，污水处理工艺流程复杂，造成投资高、占地多，无法满足工艺简化需要，且对分出污水的处理也基本在联合站内进行，无法实现就地分水、就地处理、就地回注的目标。

为克服现有预分水设施的局限性，中国石化石油勘探开发研究院开发了集预分水和污水处理功能于一体的低成本短流程一体化预分水技术及装置（分水并将污水处理至水质达标），以解决高含水油田生产成本过高等问题。

1　低成本短流程一体化预分水技术

低成本短流程一体化预分水技术是以中石化石勘院高溢流旋流、网格管多相快速分离等核心技术为主导，结合水洗破乳、气浮沉降、聚结吸附、过滤等技术进行集成耦合而成，兼具预分水和污水处理功能，可直接从油井来液分离出合格污水，水质达到回注标准，满足就地分水回注需求，投资和占地仅为现有工艺的50%和30%，运行成本低于常规工艺，优势明显。利用该技术代替常规技术工艺中的预分水器、除油罐、沉降罐、缓冲罐、过滤器等大型设备，可简化工艺流程、减少投资和占地、节约污水往返输送能耗、避免联合站的大规模扩建，实现降本增效。

2　低成本短流程一体化预分水装置

2.1　装置组成

低成本短流程一体化预分水装置由主体撬和过滤撬两个撬块组成，主体撬由气液分离系统、预分水系统、网格管多相快速分离系统、溶气气浮系统、聚结吸附系统、缓冲提升系统等组成，可实现高含水原油的预分水和污水净化，出水含油和含悬浮物均≤50mg/L；过滤撬由过滤系统、反洗系统等组成，依据出水水质要求，可采用常规滤料过滤或者耐污染膜精细过滤。装置实物图见图 1 和图 2。

图 1　安装于某中转站的低成本短流程一体化预分水装置（处理规模 600m^3/d，针对稀油油藏）

图 2　安装于某计转站的低成本短流程一体化预分水装置主体撬块（处理规模 2000m^3/d，针对稠油油藏）

2.2　工艺流程

预分水工艺流程为：井排来液→低成本短流程一体化预分水装置→出水。

2.3　技术参数

进液：含水≥60%的高含水原油；

工作温度：≤100℃；

工作压力：0.2~1.0MPa；

处理液量：200~5000m^3/d；

分水比：≥50%；

出水水质：含油≤5mg/L、含悬浮物≤1mg/L，悬浮物粒径中值≤1μm（耐污染膜精细过滤）。

3　应用示例

3.1　稀油油藏应用效果

（1）设计参数

2016 年 11 月起，装置应用于某中转站，就地分出部分污水就地回注，取代注清水，其中过滤撬块采用耐污染精细过滤撬块，设计参数如下：

处理采出液：该站井排来液，温度 45℃，原油密度 0.88~0.89g/cm^3，平均含水 80%，含硫，乳化程度较高，含杂质多；

设计规模：液量处理规模 600m^3/d，分水 240m^3/d；

处理水质指标：含油量≤8mg/L、悬浮固体含量≤3mg/L、悬浮物颗粒直径中值≤2μm。

（2）工艺流程

600m^3/d 的进站来液全部进低成本短流程一体化预分水装置，分出 240m^3/d 的污水，并进行处理，处理后的污水进耐污染精细过滤撬块过滤后就地回注，耐污染精细过滤装置回流水回流至主体撬块进行处理，反洗水排入站内新建的 200m^{3}污水池，从而降低污水往返输送能耗，节约注清水费用（工艺流程见图 3）。

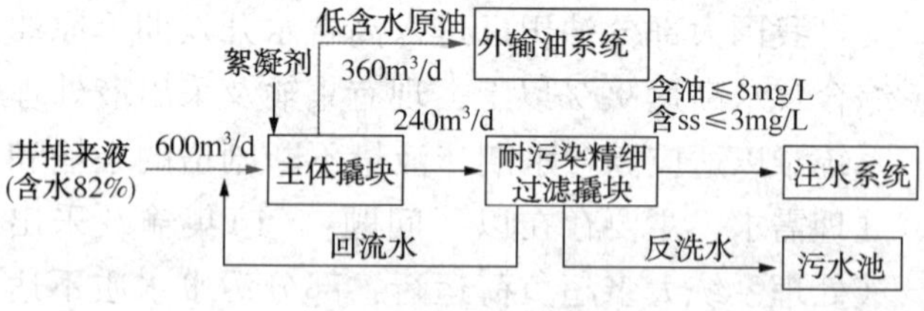

图 3　稀油预分水工艺流程

（3）应用效果

装置于 2016 年 11 月 1 日成功投产，运行至今，出水达到“含油≤8mg/L、含悬浮物≤3 mg/L、悬浮物粒径中值≤2μm”的设计指标。应用该装置，节省污水往返输送费用 11.3 万元/年、节省加热能耗 12 万元/年；比常规工艺节约投资 500 万元以上，并且避免了联合站的大规模扩建。现场井排来液和装置出水对比见图 4。

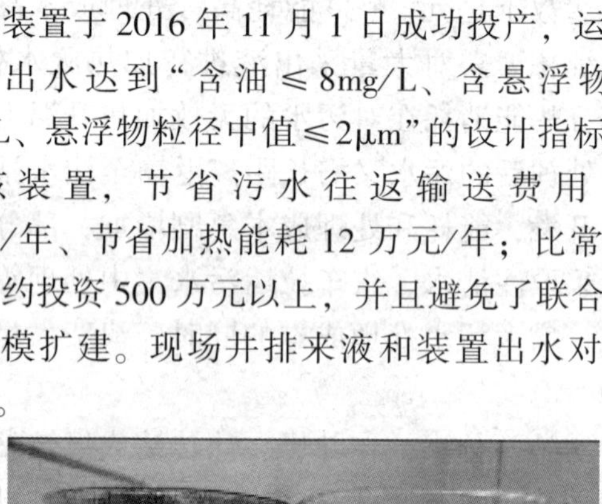

图 4　来液和装置出水对比

3.2　稠油油藏应用效果

（1）设计参数

2017 年 12 月起，装置应用于某计转站，就地分出部分污水就地回注，其中过滤撬块采用多介质过滤器，设计参数如下：

处理采出液：该站井排来液，温度40℃，原油密度0.9455g/cm^3，平均含水88.3%；

设计规模：液量处理规模2000m^3/d，分水1000m^3/d；

处理水质指标：含油量≤15mg/L、悬浮固体含量≤10mg/L。

（2）工艺流程

2000m^3/d的进站来液全部进低成本短流程一体化预分水装置，分出1000m^3/d的污水，并进行处理，处理后的污水进多介质过滤器过滤后就地回注(工艺流程见图5)。

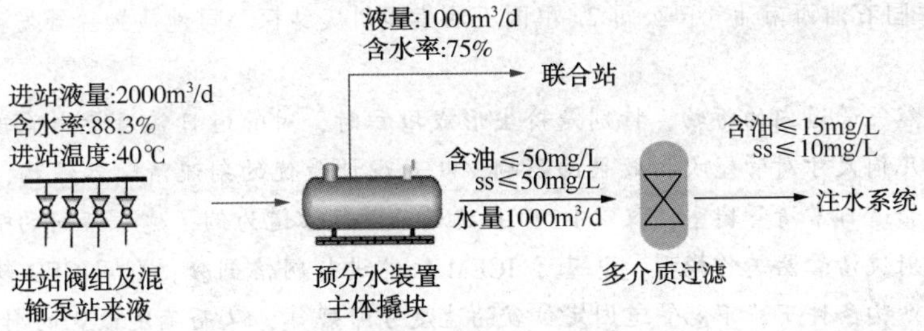

图5　稠油预分水工艺流程

（3）应用效果

低成本短流程一体化预分水装置于2017年12月21日成功投产，投产至今，在不加药的情况下，装置主体撬块出水含油平均18.4mg/L、含悬浮物平均12.1mg/L，远远好于加药条件下出水“含油≤50mg/L、含悬浮物≤50mg/L”的设计指标，超出预期；过滤后水质达到“含油≤15mg/L、含悬浮物≤10mg/L”的设计要求，满足就地回注要求。经分析，应用该装置，节省污水往返输送及倒水费用383.58万元/年、节省加热能耗78.3万元/年、节省药剂费用55.85万元/年、节省污泥处理费用9.67万元/年；比常规工艺节约投资超过1000万元以上，并且避免了联合站的大规模扩建。现场井排来液和装置出水对比见图6。

图6　来液和出水对比

4　结论

（1）低成本短流程一体化预分水技术把传统预分水装置和污水处理站缩减为一套低成本短流程一体化预分水装置，分水处理、过滤两个撬块即可实现“就地分水、就地处理”的目标。

（2）和同等处理规模的现有工艺技术装置相比，低成本短流程一体化预分水装置节约投资50%、节约占地70%、节约运行成本60%(节约药剂费用、污水多次提升费用和人力成本等)，适用于高含水油田的井场、计转站、接转站或边缘小油田井排来液预分水和污水就地处理，也适用于联合站内预分水，具有很强的推广应用价值。

（3）利用低成本短流程一体化预分水装置代替常规技术工艺中的预分水器、除油罐、沉降罐、缓冲罐、过滤器等大型设备，可简化工艺流程、减少占地和投资，实现节能降耗、降本增效。

参　考　文　献

[1] 赵正权，徐冬，张浩，等．中国污水处理电耗分析和节能途径[J]．科技导报，2010，28(22)：43-47.

[2] Rubio J，Souza M L，Smith R W. Overview of flotation as a wastewater treatment technique[J]. Minerals Engineering，2002，15(3)：139 - 155.

[3] Ahmadun F R，Pendashteh A，Abdullah L C，et al. Review of technologies for oil and gas produced water treatment[J]. Journal of Hazardous Materials，2009，170(2-3)：530-551.

[4] Liu H F，Xu J Y，Zhang J，et al. Oil-Water Separation in a Novel Liquid - Liquid Cylindrical Cyclone[J]. Journal of Hydrodynamics，2012，24(1)：116-123.

[5] 杨时榜，叶学礼．油气田地面工程技术现状及发展趋势[M]. 北京：石油工业出版社，2011：43-44.

[6] 汤清波，钱维坤，李玉军．HNS型高效三相分离器技术[J]. 油气田地面工程，2007，26(6)：16-17.

[7] 仲如冰．胜利油田回注污水处理技术新进展[J]. 石油与天然气化工，2013，42(1)：86-90.

射流清管器流场模拟及喷嘴尺寸优化

沈　群[1]　龙俨丽[1]　吴小红[2]　张艳玲[1]　张　宸[1]　张　波[1]

(1. 中国石油西南油气田公司 2. 中国石油集团川庆钻探公司地质勘探开发研究院)

摘　要　当天然气管道内的污物，特别是粉尘形成堆积时，对管道日常清管影响较大，为了研究射流清管器清管时喷管几何尺寸对管壁吹扫效果的影响，从而设计最优的射流清管器结构，有效降低下游污垢柱形成几率，预防管道日常清管堵塞，仅以D273规格的天然气管道为例，建立不同的喷管入口直径、喷射角度、喷管长度的射流清管器工作模型，并基于ICEM软件进行网格剖分，利用CFD软件分析射流流场特性，得出不同几何结构条件下，下游管道固定位置的速度分布规律，从而确定最优的射流清管器几何尺寸，为射流清管器的优化设计提供理论依据。

关键词　射流清管器旁通率流场喷嘴尺寸

原料气管道运行过程中，可能因气质携带水分、细微颗粒、烃类物质，也可能因管道在运行过程中产生的腐蚀物质积聚在管道中，从而导致管道输送效率下降，甚至造成管道堵塞。为保障管道流动安全、降低管道腐蚀速率，管道在建设和运行中清管作业至关重要[1-3]。通常采用定期清管解决以上问题。常规清管器通过皮碗或球体密封进行清管，由于清管器运行速度过快，强烈摩擦管内壁而破坏涂层，同时清管器运行中管道内粉尘污垢在清管器前端堆积形成污垢柱，增加了清管器卡堵风险[4-6]。采用射流清管器对管道进行吹扫清管，可降低清管速度及污垢柱形成几率，而射流对管道的吹扫效果影响较大，因此对射流清管器在管内的流场进行数值模拟研究，并进行射流喷嘴尺寸优化，为射流清管器设计提供了更好的理论依据。

1　旁通率设计

在天然气管道的射流清管作业中，旁通率的大小起着至关重要的作用，旁通率过大则导致射流清管器驱动力不足，无法清除堆积在清管器前端的积液及杂物，无法在管线中正常运行，甚至在管道的弯头、三通、阀门等部件处卡堵；当射流清管器旁通率过小时则与普通清管器无异，无法实现吹扫射功能，因此根据管线的实际压力、流量、气体等参数选择射流清管器的旁通率[7,8]。

轴心射流清管器在管道中运动速度为 v_p，清管器尾部的天然气速度为 v_g，清管器中射流天然气的速度为 v_h，清管器尾部的压力为 p_1，清管器头部的压力为 p_2，轴心射流清管器在管道内运行时，由牛顿第二定律可得轴心射流清管器受力方程式(1)。

$$m_p\frac{dv_p}{dt}=(p_1-p_2)(A-A_h)+F_\tau-F_f-m_p g\sin\beta \quad (1)$$

摩擦力 F_f 可根据过盈配合关系式(2)求解：

$$\begin{cases}F_f=2\pi r_p\mu_f L_p N_f\\ N_f=\dfrac{E_i\delta_p}{r_p(1-r_i)}\end{cases} \quad (2)$$

式中　r_p——射流清管器的半径，m；

μ_f——射流清管器与管道内壁之间的摩擦系数；

L_p——射流清管器与管道内壁接触部分的长度即皮碗和支撑板的厚度，m；

N_f——由于皮碗变形与管道内壁的弹性压紧力，Pa；

E_t——密封皮碗或支撑板的杨氏弹性模量，Pa；

δ_p——清管器半径的改变量，一般为皮碗或者支撑板的过盈量值，m；

r_i——为清管器的泊松比。

由于气体粘性较低，在实际天然气管道运行中，射流清管器所受到的气体粘性剪切作用力非常小，可以忽略气体对射流清管器的剪切作用，即 $F_\tau=0$。由式(1)和式(2)可联立求解出旁通面积 A_h。

以管线规格 D273×10、管输压力 5MPa、日输气量 $60\times10^4 m^3$、管输气质温度 27℃ 的天然气管道为例，所用清管器基础数据如表 1 所示，依据清管器参数及管道运行数据可计算得到旁通面积为 $18.97\times10^{-3}m^2$，旁通率为 3.7%。

表 1　清管器基础数据

密封盘	4×15mm
导向盘	2×20mm
皮碗厚度/mm	25
清管器质量/kg	30
聚氨酯材质泊松比	0.5
清管器与管内壁件的摩擦系数	0.16
清管器过盈量/%	3%
聚氨酯材质弹性模量/Pa	12×10^6

2　数值模拟计算及优化

2.1　喷嘴结构

根据计算所得旁通率设计射流清管器，清管器以图 1 所示为模型进行设计，主要包括钢骨架、皮碗和射流喷嘴。

图 1　射流清管器模型

图 2　射流流场网格剖分

2.2　流场建模

数值模拟计算为射流清管器的流道部分，采用 SolidWorks 进行流场建模，应用 ICEM CFD 划分网格，该模型采用依据所设计的几何结构，进行流场建模并进行网格剖分，所建非结构化网格如图 2 所示，共 47141 个网格点。

该模型进口为压力入口，入口压力为 5MPa，出口为压力出口，出口压力为 4.6MPa。由所建流场模型基于 ansys fluent 分析软件，采用 RNG k-湍流模型，对流项采用二阶迎风格式，算法方案采用密度基，进行求解，得到气流在射流清管器及下游的流动规律，从而来对射流清管器进行优化设计。

2.3　计算结果分析

由于喷管的几何结构对下游流场的影响较大，特别是喷管的出口角度、喷管长度，喷管入口直径这三个参数对下游的射流流场影响较大，因此在计算中，首先固定喷管长度为 55mm，固定喷管入口直径为 60mm，改变喷管出口角度采用 20°，30°，40°四种角度参数分别进行喷管内流场计算。以期得到最佳喷管出口角度。对不同出口角度的环状喷管进行计算，得到喷管出口下游 600mm 出速度剖面如图 3 所示。

由图 3 可见，当环状喷管出口角度增加到 40°时，对管道内壁的吹扫范围最大，并且管道内壁吹扫速度也接近 20m/s。其次，固定喷管出口角度为 40°，对不同喷管长度的环状喷管进行计算，得到下游 600mm 处速度剖面如图 4 所示。

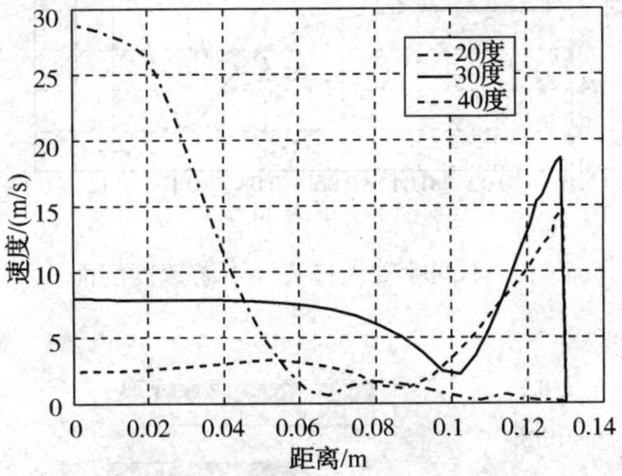

图 3　不同出口角度喷管下游速度剖面

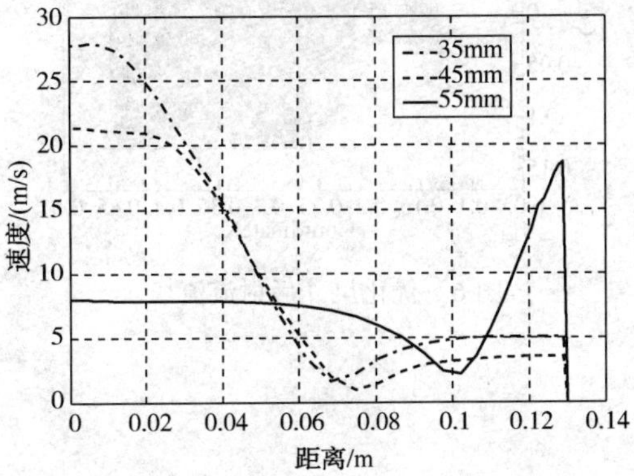

图 4　不同喷管长度喷管下游速度剖面

当环状喷管长度为 55mm 时，对管道内壁的吹扫范围最大，若再增加喷管长度，则吹扫范围及强度增加并不显著。最后固定出口角度为40°，固定喷管长度为55mm，改变入口直径，进行计算，得到下游600mm出速度剖面如图5所示。由图可见，环状喷管入口直径达到60mm时环状喷管对管道内壁产生射流吹扫，同时在轴心处由小孔出流对环状喷管射流的推挤作用将其向管道内壁压缩，加强了对固体粉尘的吹扫作用，并且由于是环状喷管，因此对整个管道内壁进行均匀的射流吹扫。

以最后确定的喷管出口角度，喷管入口直径，喷管长度，计算轴对称面上流场速度云图如图6所示。由速度云图可见射流可冲击到管内壁，并且与轴心射流形成旋流，可对固体粉尘形成搅动吹扫作用，大大降低传统清管器前形成污垢柱的几率。

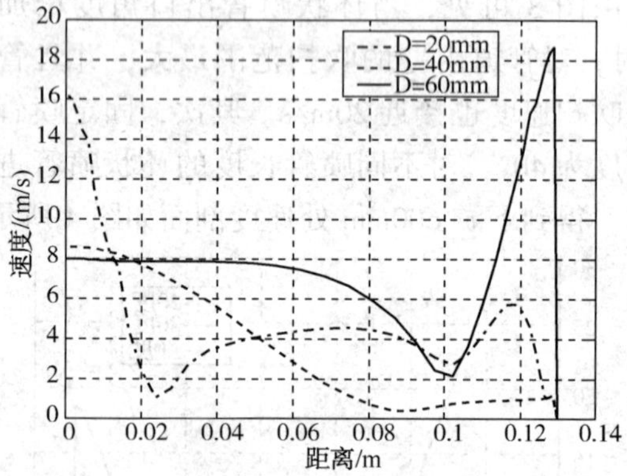

图5　不同喷管入口直径下游速度剖面

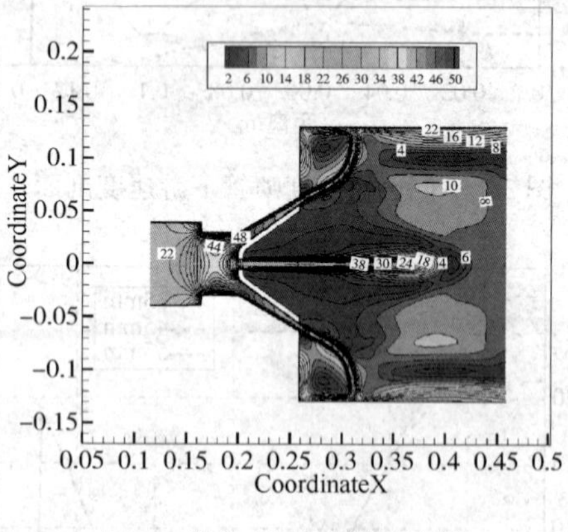

图6　优化尺寸后射流流场

3 结论

（1）高速射出的气流对清管器下游固体粉尘有很好的冲击、分散作用，大大降低了清管器下游的污垢柱形成几率，环状喷管设计能对整个管道内壁进行均匀的射流吹扫。

（2）射流清管器的旁通率在设计过程中不能过大，也不能过小，应根据天然气管输气量及压力，综合考虑，特别是流速低的管道。

（3）环状喷管出口角度、喷管长度、入口直径，直接影响管道内壁的吹扫强度。

参考文献

[1] 刘永飞等．天然气凝析液射流清管器流场的数值模拟研究[J]．管道技术与设备，2016(05)：48-51.

[2] 刘永飞等．射流清管器研究现状及发展趋势．管道技术与设备[J]，2016(02)：41-43.

[3] 王立满等．天然气凝析液管道射流清管模拟．管道技术与设备[J]，2015(02)：60-63.

[4] 陈建恒等．射流清管技术的应用探讨与分析．化工进展[J]，2018. 37(02)：475-484.

[5] 藏延旭等．速度控制清管器泄流孔流场仿真．油气储运[J]，2018. 37(03)：295-300.

[6] 郑洪峰，刘娟，董武鑫．复杂地形条件湿气集输系统轴心射流清管特性研究．油气田地面工程[J]，2016(10)：51-53.

[7] 藏延旭等，基于计算流体力学的速度控制清管器泄流孔流场仿真．油气储运[J]，2015：1-5页

[8] 赵弘，马明，苏鑫．基于CFD清管器结构的管内流场模拟及优化设计．油气储运[J]，2015(05)：562-566.

长喉颈文丘里湿气压降相似性研究

徐 英[1,2] 吴海涛[1] 艾 克[2] 李继良[2] 张 涛[1,2] 熊新强[3]

(1. 天津大学电气自动化与信息工程学院；2. 天津市天大泰和自控仪表技术有限公司；3. 中国石油规划总院)

摘 要 湿气测量是世界公认的难题，文丘里作为一种节流式装置，被广泛的应用在湿气测量中。压降的变化规律是反映文丘里传感器性能优劣的重要指标之一。为了实现理想湿气测量，文丘里的结构不断被优化。本研究主要关注非标准长喉颈文丘里节流比相同、取压位置以及喉部长度相似的情况下，管径(50mm、80mm、100mm)对于压降的影响。基于水平标准文丘里管的湿气流动压降理论模型，通过分别考虑截面含气率、相间摩擦以及液滴夹带等因素，对湿气流动中的气相动量方程进行求解。在漂移通量模型基础上考虑干度和气液密度比的影响，建立适用于长喉颈文丘里的截面含气率模型，对湿气流经长喉颈文丘里时其两个取压位置之间的轴向静压分布进行理论预测。经试验验证，使用修正后的压降预测模型可以有效的覆盖三种管径的长喉颈文丘里，预测的相对误差均在±15%以内；相同工况条件下，管径对于长喉颈文丘里的压降影响规律相似。

关键词 相似性；压降；长喉颈文丘里；截面含气率；湿气

符号表

A_G	气相管道截面积(m^2)	U_M	两相混合流速(m/s)
C_0	分布参数(-)	U_{GM}	漂移速度(m/s)
d	喉部直径(m)	W	质量流速(kg/s)
D	管道内径(m)	W_{LFC}	临界液膜质量流量(kg/s)
f_{tp}	两相摩擦因子(-)	X	LM 参数(-)
g	重力加速度(m/s^2)	x	干度(-)
GMF	质量含气率(-)	α	截面含气率(-)
LVF	液相体积含率(-)	β	节流比(-)
P	压力(MPa)	ρ	密度(kg/m^3)
P_C	置信区间(%)	μ	黏度(kg/(m·s))
$RMSD$	标准偏差(-)	ξ	相对误差(%)
Re_{tp}	两相混合雷诺数(-)	τ_i	气液间摩擦应力($kg/(m\cdot s^2)$)
S_{GW}	气相与管壁接触长度(m)	τ_{GW}	气相与壁面间摩擦应力($kg/(m\cdot s^2)$)
S_i	气液界面长度(m)	ε	表面张力(mm)
U_G	气相真实流速(m/s)		下标
U_{SG}	气相表观流速(m/s)	G	气相
U_{SL}	液相表观流速(m/s)	L	液相
U_D	夹带液滴流速(m/s)	LE	液相夹带

湿气是气液两相流动的一种特殊形态，广泛存在于油气开采、化工、核电等领域；文丘里作为一种经典的节流式装置，被广泛应用在湿气测量中。压降的变化规律作为评判文丘里性能的指标之一，与湿气的流动状态以及文丘里的结构有关，也是研究者最关注的问题之一。

湿气流动的复杂性为气液两相的测量提出了巨大的挑战。2002 年，吴亚红[1]等人建立了低渗透气井产能预测模型，通过分析不同试气方法所使用的条件，选择适合低渗透气井的试气方法；对试气过程中无法获取无阻流量，不能建立产能方程等生产实际问题进行调查，经过研究，建立了主要气田的产能预测模型，该模型能够预测随地层压力变化的单井产能；在设计中，对极限排液产量、湿气、试气时间等做了优化，完善了设计程序。2009 年，廖开贵[2]等人进行了产水气藏气液两相管流动态规律研究，依据气水两相流实验，深入研究了气水两相上升流流动机理及特性参数变化规律，在现有气液两相流压降模型基础上探讨了适用于产水气井的 H-B 修正模型，应用现场资料对该模型进行的评价和验证表明，提高了预测产水气井压降分布的准确性，更符合实际情况。2017 年，李杰训[3]等人综述了油井计量技术现状与发展趋势，推进油井产量计量技术向仪表化、小型化、快速化、高精度化、连续化和自动化方向发展，以提高计量工作效率。

为了适应不同的工况条件，使测量结果达到最优，众多研究者通过仿真以及实验的手段针对文丘里的结构进行了优化设计。2003 年，ISO 5167-4[4] 详细规定了标准文丘里的几何参数包括取压位置、收缩角度、扩张角度、节流比等，极大的促进了文丘里流量计在工业现场的应用。同时 Reader-Harris[5-6]、De Leeuw[7]、Steven[8-9] 等人一直致力于把标准文丘里应用在湿气测量中，并制定了相关的技术报告，如 ISO/TR 11583[10] 以及 ISO/TR 12748[11]。2013 年，Xu[12] 提出一种基于长喉颈文丘里与 V 锥组合的湿气测量方案，使用三差压技术建立虚高模型，并成功应用在现场井口湿气测量中。2014 年，Xu[13] 提出使用单一长喉颈文丘里进行湿气测量，通过 CFD 仿真手段研究了高压下长喉颈文丘里在湿气测量中的虚高特性，给出了虚高预测模型，并进行了现场测试验证。2015 年，Xu[14] 进一步根据实验数据建立了基于 H 修正因子的单一长喉颈文丘里湿气虚高预测模型，考虑了节流比、喉部长度以及气相弗劳德数对于虚高的影响。

虽然文丘里的具体尺寸不尽相同，但是其几何结构都具有一定的相似性，本研究是在长喉颈文丘里的节流比相同、取压位置以及喉部长度相似的前提下，观察不同管径对于长喉颈文丘里压降的影响，即长喉颈文丘里湿气压降相似性研究。文丘里压降的预测一直是研究者所关心的热点之一，但由于湿气流动的复杂性，研究者对于湿气条件下文丘里的流动机理还没有完全掌握。1973 年，Boll[15] 提出了文丘里湿气一维压降模型，借助于均相流的思想，将液相的影响体现在气相密度的变化上，该模型对文丘里的不可恢复压降预测较好，但对于喉部静压值的预测偏差较大。1984 年，Azzopardi[16] 对 Boll 的模型进行改进，假设液相以附着在管壁上的液膜以及分布在气核中的液滴两种形式存在，并模拟了液滴的雾化以及沉降过程，该模型虽然对文丘里不可恢复压降的预测值偏低，但对文丘里喉部的静压具有较好的预测效果。2003 年，Werven[17] 建立了一套适用于文丘里收缩段以及扩张段静压变化的理论模型，通过与 1.5MPa 到 9MPa 之间的实验数据进行对比，取得了较理想的预估效果，但是其论述中未提及截面含气率的计算。2004 年，A. Rahimi[18] 通过考虑液膜以及夹带的影响，建立了适用于文丘里的压降模型，实验发现在高液气比时，该模型相比于 Boll 模型有较大改善。2009 年，A. M. Silva[19] 研究了大管径下文丘里的压降特性，实验样机管径为 250mm，节流比为 0.49，使用边界层模型预测了文丘里扩张段的压降。2015 年，Yu[20] 在 LM 截面含气率模型的基础上，考虑气液密度比以及气相表观流速的影响，建立了适用于标准文丘里收缩段的截面含气率模型，进而计算得到加速压降、摩擦压降和夹带压降三个分量，最终较好的预测了标准文丘里的轴向静压分布。

在实际应用中，不可能穷尽所有文丘里的尺寸结构，这就促使研究人员掌握文丘里的几何相似特性，从而简化寻优的复杂度。本研究在已有成果基础上，以相同节流比不同管径长喉颈文丘里作为研究对象，选取压降作为关键参数。分别针对 50mm、80mm 和 100mm 的长喉颈文丘里进行压降的理论预测以及实验比对，讨论归一化后压降沿文丘里轴向变化的规律。

1　长喉颈文丘里湿气压降模型

对于湿气流型的研究已经持续了几十年时间。通过分析气、液相速度，ISO/TR 12748 中将水平管道中的湿气流动分为分层流、段塞流以及环雾状流。在实际水平管道中最为常见的两种流型为分层波状流与环雾状流，本研究主要针对的就是这两种流型。为了便于压降计算，将湿气在长喉颈文丘里中的流动进行简化，即假定在同一管道截面上气液两相的静压相等。故此在建模过程中仅考虑与气相静压有关的部分。

如图 1 所示，长喉颈文丘里两取压位置之间主要流经 3 个部分，即收缩段入口前的直管段、收缩段以及喉部。总的压降主要来源于四个方面：一是由于管道截面变化造成的加速压降，主要由文丘里自身的节流比决定；二是由于气相对液相夹带导致的压降，主要由夹带液滴的大小以及液滴与气相间的速度差所决定；三是气相与管壁之间的摩擦压降，其主要由气相速度以及湿周分数决定；四是气相与液膜间的摩擦压降，其主要由气液间的速度差决定。故此，总的压降表达式为

$$-dp=\frac{W_G}{A_G}dU_G+\frac{W_{LE}}{A_G}dU_D+\frac{\tau_{GW}S_{GW}}{A_G}dy+\frac{\tau_i S_i}{A_G}dy \quad (1)$$

式中　dp——管道轴向的压降，Pa；

$\frac{W_G}{A_G}dU_G$——加速压降，Pa；

$\frac{W_{LE}}{A_G}dU_D$——夹带压降，Pa；

$\frac{\tau_{GW}S_{GW}}{A_G}dy$——气相与管壁之间的摩擦压降，Pa；

$\frac{\tau_i S_i}{A_G}dy$——气相与液膜之间的摩擦压降，Pa。

在进行理论计算时，本研究选取对压降计算影响最大的截面含气率进行修正。摩擦系数、湿周分数等其他因素参照 Werven[17] 及 Yu[20] 论文中的计算方法进行。

2 长喉颈文丘里截面含气率模型

针对直管中的两相流动，已有很多研究者提出了相应的截面含气率模型，但是针对文丘里收缩段的截面含气率研究还很少。Yu 针对单一管径下的标准文丘里进行了修正，但是无法直接应用到不同管径下的长喉颈文丘里。相对于直管而言，长喉颈文丘里两取压位置间包括前直管段、收缩段以及喉部直管段三部分，涉及到管径的变化。Bhagwat[21] 模型为漂移通量截面含气率模型，其充分考虑了流型和管径对于直管中截面含气率的影响，获得了较好的预测效果。当 $0<\alpha<0.25$ 时，87%的数据点误差在±30%以内；当 $0.25<\alpha<0.75$ 时，90%的数据点误差在±20%以内；当 $0.75<\alpha<1$ 时，86%的数据点误差在±7.5%以内。本研究中湿气工况的截面含气率均大于 0.7，即主要集中在 Bhagwat 模型中 $0.75<\alpha<1$ 的范围之内。

基于漂移通量的截面含气率模型的一般表达式为

$$\langle\alpha\rangle=\frac{\langle U_{SG}\rangle}{C_0\langle U_M\rangle+\langle\langle U_{GM}\rangle\rangle} \tag{2}$$

式中 〈〉——管道截面流体速度的平均值；

〈〈〉〉——管道截面流体速度的权重平均值；

$$C_0=\frac{2-(\rho_G/\rho_L)^2}{1+(\mathrm{Re}_{tp}/1000)^2}+\frac{\left[\frac{1+(\rho_G/\rho_L)^2}{2}\right]^{\frac{1-\alpha}{5}}+C_{0,1}}{1+(1000/\mathrm{Re}_{tp})^2} \tag{3}$$

分布参数 C_0 主要与管道的截面含气率、气液密度比、两相雷诺数以及 $C_{0,1}$ 有关。$C_{0,1}$ 的表达式为

$$C_{0,1}=(0.2-0.2\sqrt{\rho_G/\rho_L})\left[(2.6-LVF)^{0.15}-\sqrt{f_{tp}}\right](1-x)^{1.5} \tag{4}$$

主要受气液密度比 ρ_G/ρ_L、体积含液率 LVF、气液间摩擦因数 f_{tp} 以及干度 x 的影响。

气液两相间的摩擦因数采用 Colebrook[22] 公式确定，即

$$\frac{1}{\sqrt{f_{tp}}}=-4\log\left(\frac{\varepsilon/D}{3.7}+\frac{1.256}{\mathrm{Re}_{tp}\sqrt{f_{tp}}}\right) \tag{5}$$

经过迭代计算便可以得到 f_{tp}。

两相雷诺数以及体积含液率的计算式为

$$\mathrm{Re}_{tp}=\frac{U_M\rho_L D}{\mu_L} \tag{6}$$

$$LVF=\frac{U_{SL}}{U_{SG}+U_{SL}} \tag{7}$$

漂移速度表征的是气相真实流速与气液混合流速之差，其模型形式为

$$U_{GM}=0.45\sqrt{\frac{gD(\rho_L-\rho_G)}{\rho_L}}(1-\alpha)^{0.5} \tag{8}$$

主要受管径、气液相密度以及管道截面含气率的影响。

虽然 Bhagwat 模型覆盖了 0.5mm~305mm 之间的不同管径，但是其实验对象为充分发展的直管中的两相流动，而本研究的对象是具有收缩结构的长喉颈文丘里。因此，为了得到可以适用于长喉颈文丘里的截面含气率模型，本研究根据实验数据在 Bhagwat 模型的基础上进行了修正，其修正形式为

$$\langle\alpha\rangle=\frac{\langle U_{SL}\rangle\gamma}{C_0\langle U_M\rangle+\langle\langle U_{GM}\rangle\rangle} \tag{9}$$

式中，γ 为截面含气率的修正系数，考虑干度以及气液密度比的影响，其形式为

$$\gamma=1-a\left(\frac{1-x}{x}\right)^b\left(\frac{\rho_G}{\rho_L}\right)^c \tag{10}$$

式中，a、b、c 为常数，经过前差压反演计算可以得到 a=0.2971，b=0.6621，c=0.2344。在获得了适用于长喉颈文丘里的截面含气率后便可对式(1)压降进行完整计算。

3 实验条件

3.1 实验装置及传感器

实验在天津大学标准表法双闭环可调压中压湿气实验装置上进行，实验介质为压缩空气和水。装置运行压力上限为 1.6MPa，气相流量范围为 1~1000m³/h，气相标准表准确度为 0.35%；液相流量范围为 0.05~8m³/h，液相标准表准确度为 0.3%。有关装置的具体描述详见 Yu[20]。三台实验样机的内径分别为 50mm、80mm、

100mm，节流比统一为0.55，具体的结构尺寸如图1所示。

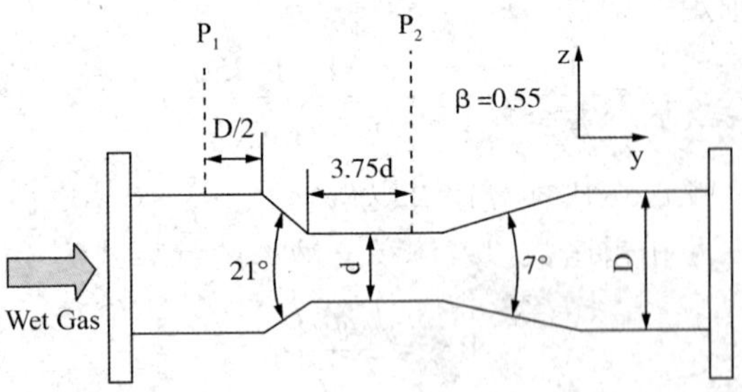

图1　长喉颈文丘里实验样机示意图

3.2　实验范围

表1中汇总了不同管径下长喉颈文丘里所进行的实验工况范围。

表1　实验范围

管径/mm	50	80	100
压力/MPa	0.2~1.4	1.0~1.4	0.2~1.4
气相表观流速/(m/s)	3~30	3~20	3~15
LM参数	0~0.36	0~0.44	0~0.22
体积含液率/%	0~4.09	0~5.0	0~1.66

续表

管径/mm	50	80	100
质量含液率/%	15.57~100	21.06~100	21.5~100
实验点个数	376	151	207

4　结果与讨论

4.1　不同管径实验压降对比

图2为通过变送器实测得到的长喉颈文丘里的压降变化。四组图分别对应压力为0.2MPa、1.0MPa、1.2MPa以及1.4MPa，气相流速在5m/s、10m/s、15m/s时，压降随LM参数增大的变化规律。从图2中可以看出，相同压力、相同气相表观流速以及相同LM参数条件下，长喉颈文丘里的压降几乎相等。

4.2　模型预测与实验压降对比

模型预测沿文丘里轴向分布的静压变化是连续的，实流实验中设置了两个取压位置，如图1中所示的P_1和P_2。图3中给出了不同管径下压降随LM参数变化的预测效果。图中曲线部分是模型预测的结果，前后两个点是变送器实测的结果。从前后取压位置处的压降来看，预测模型的压降分布可以较好的跟踪管道静压的变化。

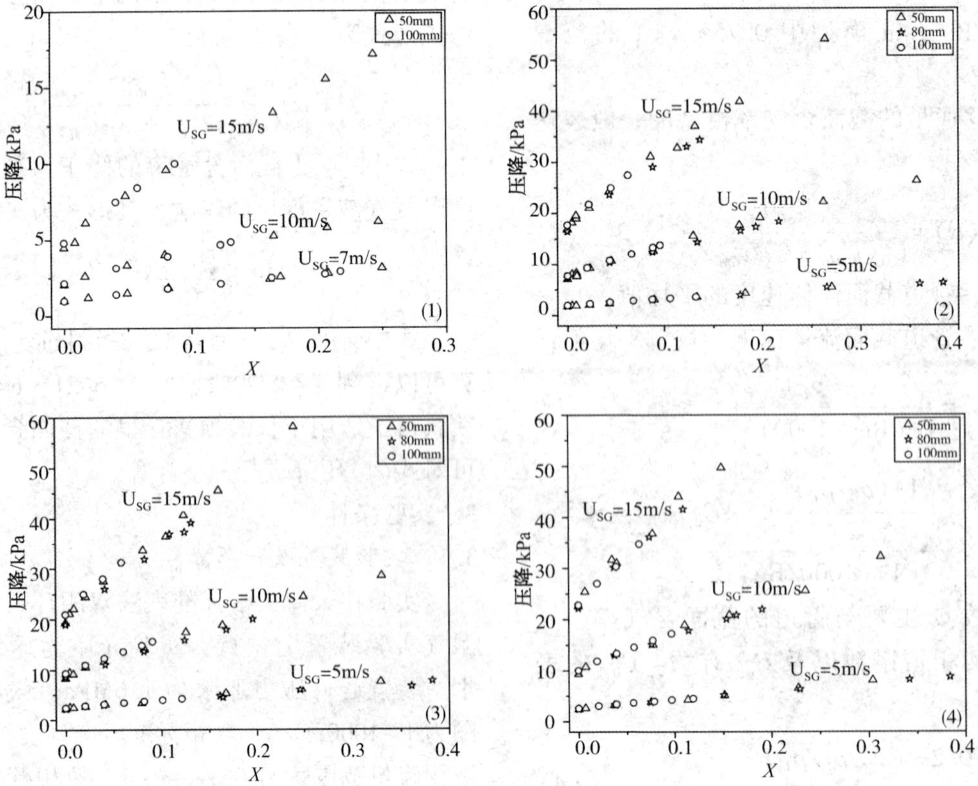

图2　不同管径下长喉颈文丘里压降对比

1—P=0.2MPa；2—P=1.0MPa；3—P=1.2MPa；4—P=1.4MPa

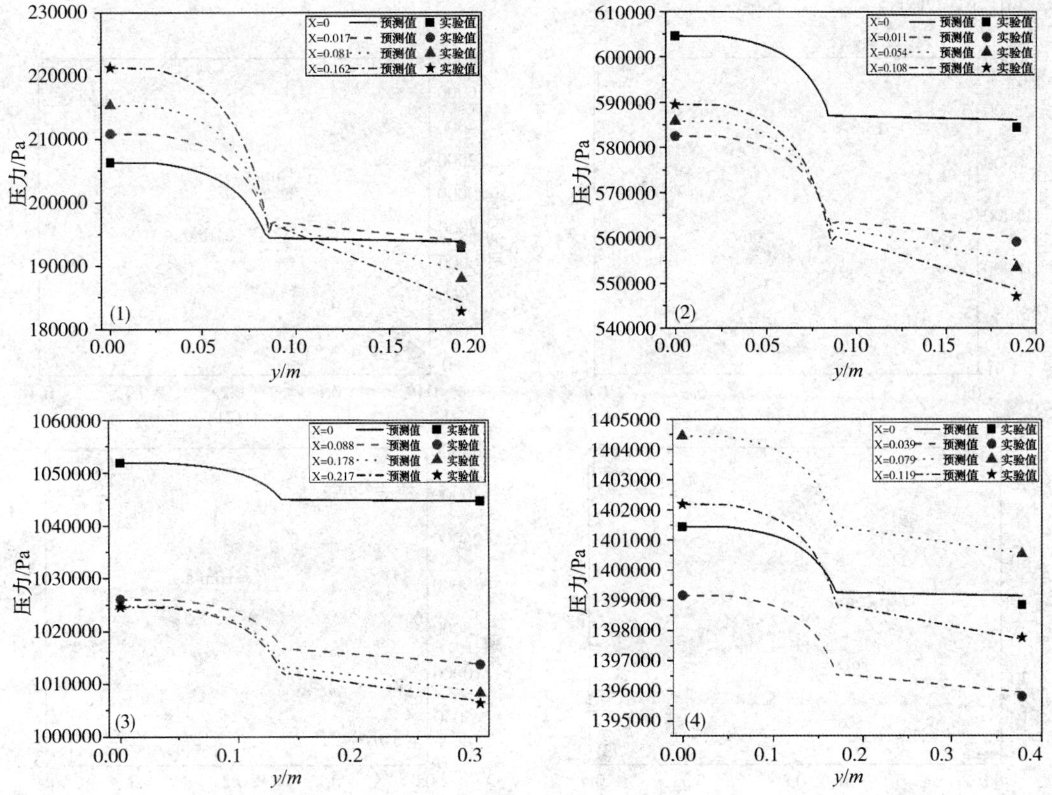

图 3　不同管径下预测压力分布与实测压力分布对比

1—D = 50mmP = 0. 2MPaU_{SG} = 25m/s；2—D = 50mmP = 0. 6MPaU_{SG} = 20m/s；

3—D = 80mmP = 1. 0MPaU_{SG} = 10m/s；4—D = 100mmP = 1. 4MPaU_{SG} = 5m/s

4.3　加速、摩擦、夹带及总压降变化规律分析

构成长喉颈文丘里压降的分量共三部分：加速、摩擦以及夹带压降。本部分主要分析了三部分压降随着压力、气相表观流速以及 LM 参数的变化规律。图 4 中展示了实验压力 1.0MPa 下，在不同管径中，加速、摩擦、夹带以及总压降随气相表观流速以及 LM 参数变化的规律。

从图 4(1)、(2)、(3)、(4) 中可以看出，在相同气相表观流速下，加速、摩擦、夹带以及总压降均随着 LM 参数的增大而增大；同样，在相同 LM 参数下，加速、摩擦、夹带以及总压降均随着气相表观流速的增大而增大；但是在相同气相表观流速、相同 LM 参数的条件下，不同管径中的加速、摩擦、夹带以及总压降几乎相等；当 LM 参数为 0 时，不同气相表观流速下夹带压降为 0，摩擦压降接近于 0，此时总压降与加速压降几乎相等；当 LM 参数大于 0 时，三部分压降中，加速压降最大，摩擦压降次之，为千帕量级，夹带压降最小，为帕量级。

图 5 中展示了在气相表观流速 10m/s 下，在不同管径中，加速、摩擦、夹带以及总压降随压力以及 LM 参数变化的规律。

从图 5(1)、(2)、(3)、(4) 中可以看出，在相同压力下，加速、摩擦、夹带以及总压降均随着 LM 参数的增大而增大；同样，在相同 LM 参数下，加速、摩擦、夹带以及总压降均随压力的增大而增大；但是在相同压力、相同 LM 参数的条件下，不同管径中的加速、摩擦、夹带以及总压降几乎相等。由于夹带压降本身幅值很小，压力变化导致的夹带压降变化量也较小，表现为图 5(3) 中 1.0MPa 和 1.4MPa 压力下夹带压降相差不大。

4.4　长喉颈文丘里轴向压降分布

由于不同管径的文丘里沿轴向上两取压位置之间的距离也不同，为方便对比不同管径下的压降分布，将轴向距离进行归一化处理；类似的，由于不同实验点之间的入口静压不同，为方便对比不同管径下的静压分布，将静压亦进行归一化处理。

根据式(1)可得到长喉颈文丘里沿轴向的压降分布，选取表 2 中实验点绘制不同管径下加速、摩擦、夹带以及总压降沿长喉颈文丘里轴向

的分布图，如图 6 所示。

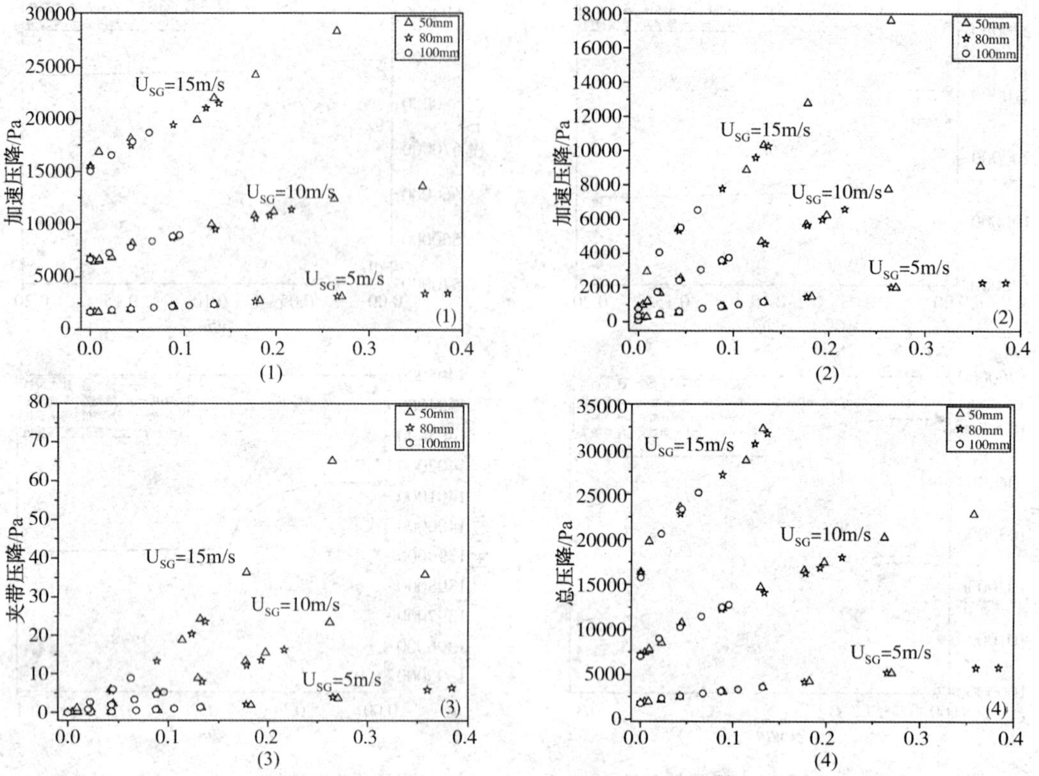

图 4　加速、摩擦、夹带以及总压降随气相表观流速、LM 参数以及管径变化的规律（P = 1.0MPa）

1　加速压降；2—摩擦压降；3—夹带压降；4—总压降

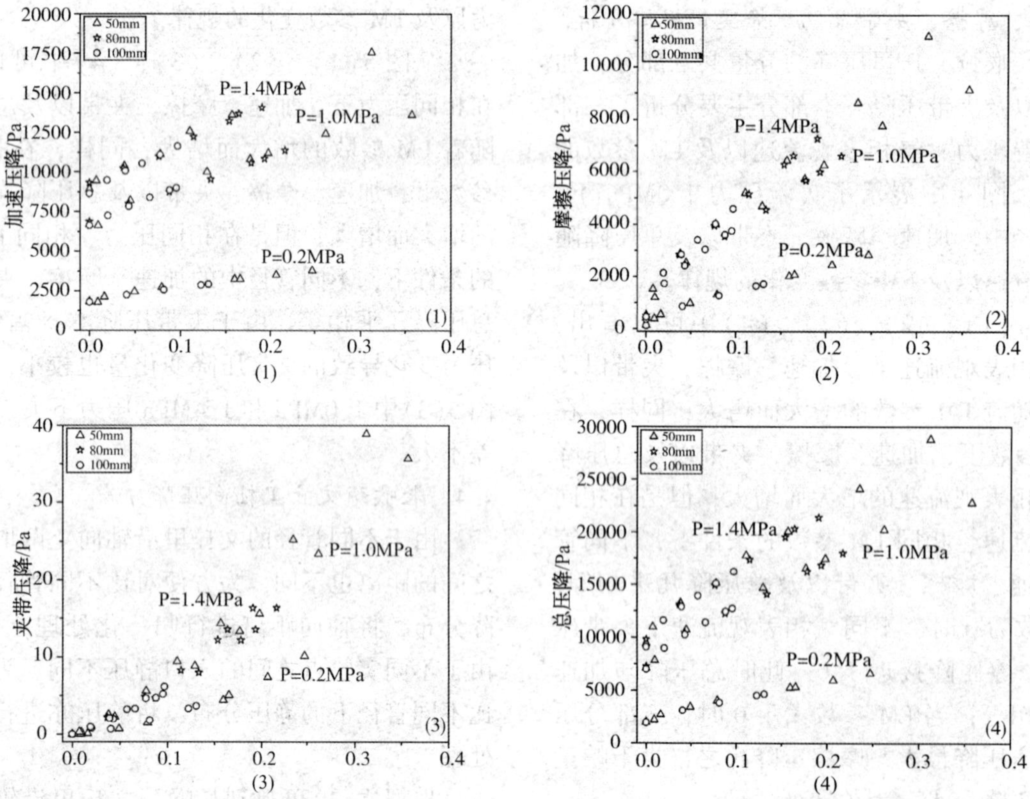

图 5　加速、摩擦、夹带以及总压降随压力、LM 参数以及管径变化的规律（$U_{SG} = 10m/s$）

1—加速压降；2—摩擦压降；3—夹带压降；4—总压降

表 2　实验点对比

管径/mm	压力/MPa	气相表观流速/(m/s)	LM 参数	实测压降/kPa	预测压降/kPa	模型预测误差/%
50	1.202	4.981	0.079	3.286	3.469	5.571
	1.202	9.996	0.082	13.992	14.141	1.063
80	1.228	4.954	0.081	3.417	3.488	2.081
	1.192	9.900	0.082	13.619	13.466	-1.122
100	1.238	4.984	0.081	3.625	3.754	3.562
	1.272	9.973	0.079	14.767	14.129	-4.320

图 6(1)、(2)、(3)、(4)中描绘了三种管径下加速、摩擦、夹带以及总压降沿管道轴向的分布情况，其中压降为模型预测值，轴向距离为归一化值。图 6 中表现为沿长喉颈文丘里轴向，加速、摩擦、夹带以及总压降在不同管径下没有完全重合在一起，分析原因：以气相表观流速 10m/s 为例，1)对比三种管径，80mm 管径数据相对于 50mm 以及 100mm 管径数据，压力以及气相表观流速均偏小而 LM 参数几乎相同，从而导致 80mm 管径实测的压降值就偏小，最终造成加速、摩擦以及总压降的模型预测值在三种管径中偏小，如图 6(1)、(2)、(4)所示；2)夹带压降的幅值相对于加速以及摩擦压降很小，不同管径实验点的偏差以及模型预测误差导致夹带压降分布较离散，如图 6(3)所示。

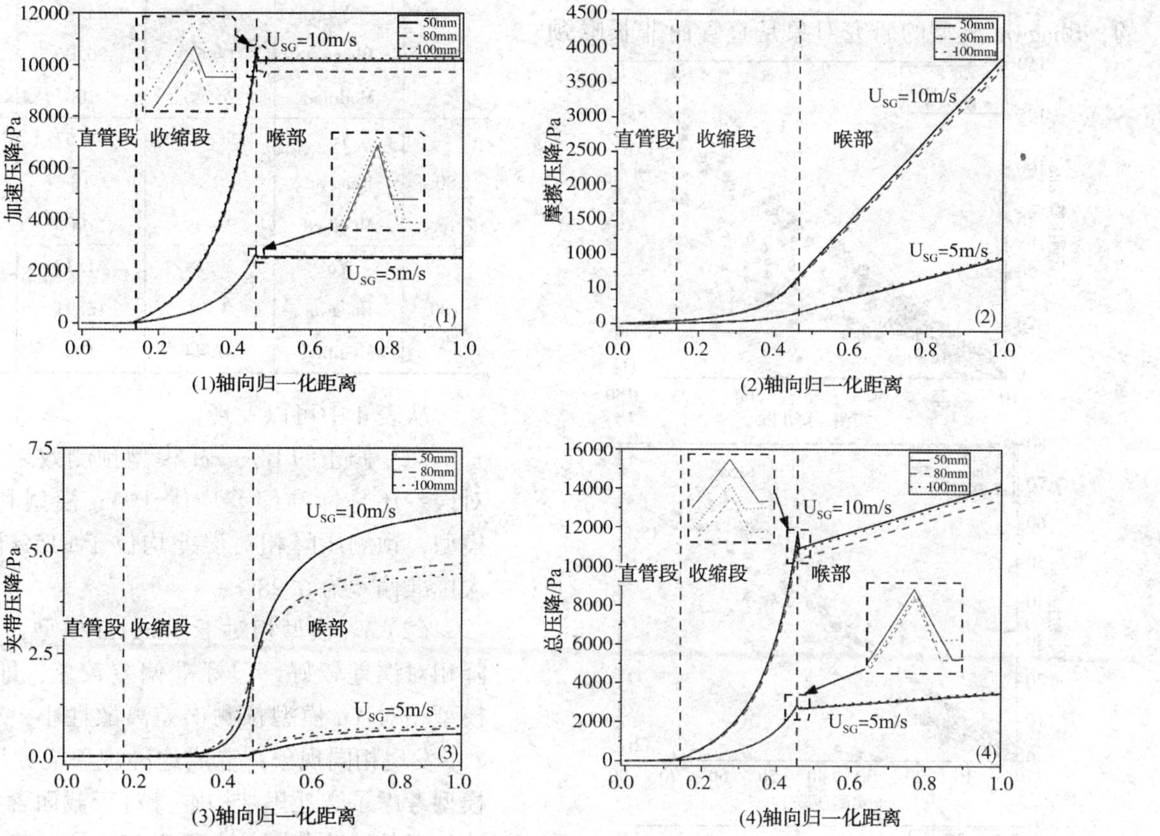

图 6　不同管径下归一化压降沿文丘里轴向的分布规律

1—加速压降；2—摩擦压降；3—夹带压降；4—总压降

汇总不同管径下的结果不难发现，各部分压降中，加速压降起主要作用，摩擦压降次之，夹带压降最小。但是在长喉颈文丘里的不同部位各压降占比又不尽相同。在前直管段中，气液流速基本不变，加速压降为零，此时摩擦压降起主要作用；一旦进入收缩段，由于管道截面积变小，加速压降迅速增大，占据主要作用；气液的加速导致气相与液膜以及气相与管壁之间的摩擦应力变大，摩擦压降也随之增大；进入喉部后气液流速达到平衡状态，表现为加速压降基本不变，但摩擦压降依然增加；整个流动过程中，夹带压降呈上升趋势但整体占比很小。

4.5　压降模型预测结果对比

本研究是在 Yu 以及 Bhagwat 的工作基础上进行的，表 3 中列举了各研究工作覆盖的实验范围。

表 3　实验范围对比

模型形式	Yu	Bhagwat	修正
传感器	标准文丘里	直管	长喉颈文丘里
压力(MPa)	0.2-0.6	0.1-6	0.2-1.4
管径(mm)	50	4.5-305	50、80、100
节流比	0.4、0.55	-	0.55
气相表观流速/(m/s)	3-12	1.4-117	3-30
干度	0.106-1	0.000085-0.96	0.156-1

图 7 分别给出了三种不同管径下，Yu 模型、Bhagwat 模型以及本研究修正的 Bhagwat 模型在各实验点下的压降预测误差。由于 Yu 在建模过程中选取的标准文丘里结构以及实验工况范围均与本研究相差较大，故此预测误差较大；类似的，Bhagwat 模型的研究对象是直管而非长喉颈文丘里，故此预测误差也较大。表 4 对比了分别在 Yu 模型、Bhagwat 模型以及修正的 Bhagwat 模型基础上采用式(1)进行压降预测的结果，选取相对误差(ξ)的±10%以及±15%的置信概率(P_C)和标准偏差(RMSD)作为评价指标，其计算式为

$$\xi = \frac{\Delta P_{predicted} - \Delta P_{measured}}{\Delta P_{measured}} * 100\% \qquad (12)$$

$$RMSD = \sqrt{\frac{\sum_{i=1}^{n} (\xi_i - \bar{\xi})^2}{n-1}} \qquad (13)$$

表 4　误差统计表

管径/mm	模型	P_C(-10%≤ξ≤10%)/%	P_C(-15%≤ξ≤15%)/%	RMSD/%
50	Yu	56.65	65.43	43.21
	Bhagwat	14.63	26.06	15.56
	Modified	74.46	100	6.28
80	Yu	56.67	68.67	53.43
	Bhagwat	18	18	19.43
	Modified	91.39	100	5.22
100	Yu	20.29	61.35	17.98
	Bhagwat	3.38	16.91	9.73
	Modified	87.44	100	4.48

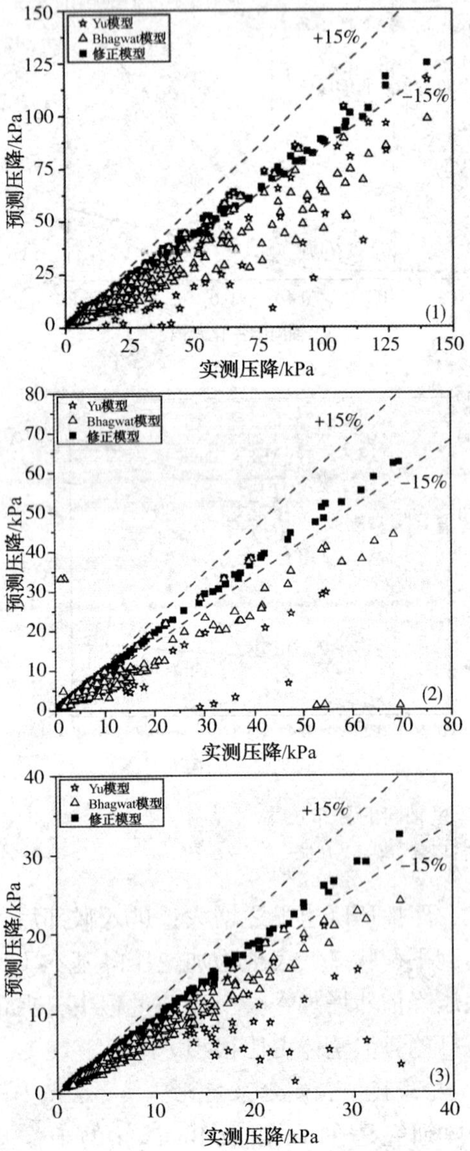

图 7　不同管径文丘里压降预测误差比对

1—D=50mm；2—D=80mm；3—D=100mm

从表 4 中可以发现：

(1) 修正的 Bhagwat 模型预测效果无论是相对误差还是标准偏差均优于 Yu 模型和 Bhagwat 模型，预测压降相对误差均位于±15%以内，最大标准偏差为 6.28%；

(2) Yu 模型相对于 Bhagwat 模型，其预测压降相对误差较好，但标准偏差较差，即 Bhagwat 模型相对 Yu 模型预测误差离散性小，亦可从图 7 中发现相同现象；造成这种现象的原因是，Yu 模型考虑了文丘里结构本身对于截面含气率的影响，但其试验范围较本研究窄，故此表现为预测误差较小但是离散性较大；而 Bhagwat 模型所覆盖的试验范围远远超过本研究的范围，但其直接研究对象是直管，故此表现为预测误差较大而离散性较小。

使用修正后的 Bhagwat 模型进行压降预测虽获得了较好的效果，但还有改进的空间，分析引起误差的原因可能有如下几点：

(1) 建模过程中选取了对压降计算影响最大的截面含气率模型进行了修正，因实验过程中未对微观流场进行观察，故此借鉴了前人研究的摩

擦因数、粒径等因素的计算模型，直接应用在长喉颈文丘里中会对压降预测产生一定的影响；

（2）在长喉颈文丘里两取压位置之间由于加速、摩擦以及夹带压降的存在，导致管道内静压呈减小的趋势，考虑压降相对于管道静压小很多，故此忽略了静压变化对气相密度以及气液间摩擦因数等因素的影响，从而也会对压降预测产生一定的影响；

（3）气液两相流体在流经文丘里收缩段时会经历加速过程，导致在管道入口条件一定的情况下，两取压位置之间可能会发生流型转换，在建模过程中仅考虑了整体的流型分布并没有考虑前述的流型转换情况，可能会在压降预测中引入一定的误差。

5 结论

本文研究的是长喉颈文丘里中几何相似性对于压降的影响，在各几何参数中选择管径作为研究对象，实验样机管径包括 50mm、80mm、100mm 三种规格。理论上将总压降拆分成加速压降、摩擦压降以及夹带压降，采用修正的 Bhagwat 模型进行截面含气率的计算，根据长喉颈文丘里湿气压降理论模型计算各部分压降。在管道入口工况条件相同的情况下，分别研究了三类分压降与管径的关系，并且将总压降与实验值进行了对比。最终，针对 50mm、80mm、100mm 管径下的长喉颈文丘里得出如下结论：

（1）长喉颈文丘里在管径方面具有极强的几何相似性。实验数据显示，在管道入口工况条件（压力、气相表观流速以及 LM 参数）一致的情况下，不同管径下的压降几乎相同；

（2）通过预测模型将总压降拆分成加速、摩擦以及夹带压降后，模型预测数据显示，在管道入口工况条件（压力、气相表观流速以及 LM 参数）一致的情况下，不同管径下的加速压降几乎相同，此结论同样对摩擦以及夹带压降有效；

（3）预测压降误差统计结果表明，修正的 Bhagwat 模型相对于 Yu 模型以及 Bhagwat 模型，预测精度有较大提高，三种管径的压降预测相对误差均在±15%以内，最大标准偏差为 6.28%。

参 考 文 献

[1] 吴亚红，姚艳芳等．低渗透气井产能预测模型的建立与应用[J]. 石油学报，2002，23(S1)：71-75.

[2] 廖开贵，李颖川，杨志等．产水气藏气液两相管流动态规律研究[J]．石油学报，2009，30(4)：607-612.

[3] 李杰训，贾贺坤等．产水气藏气液两相管流动态规律研究[J]. 石油学报，2017，38(12)：1434-1440.

[4] ISO，ISO/TR 5167-4 Measurement of fluid flow by means of pressure differential devices inserted in circular cross-section conduits running full -- Part 4：Venturi tubes，Switzerland，2003

[5] M. J. Reader-Harris，W. C. Brunton，D. Hodges，Discharge coefficients of Venturi tubes with standard and non-standard convergent angles [J]. Flow Measurement and Instrumentation，2002，12(2)：135-145.

[6] M. J. Reader-Harris，NEL T，Graham E，An improved model for venturi-tube over-reading in wet gas. 27th International North Sea Flow Measurement Workshop，2009，Norway.

[7] De Leeuw，Liquid correction of Venturi meter readings in wet gas flow. North Sea Flow Measurement Workshop 1997，Norway.

[8] Steven，Wet gas metering with a horizontally mounted Venturi meter [J]. Flow Measurement and Instrumentation，2002，12 (5)：361 - 372.

[9] De Leeuw，Steven，Van Maanen H，Venturi Meters and Wet Gas Flow. North Sea Flow MeasurementWorkshop，2011，Norway.

[10] ISO，ISO/TR 11583 Measurement of Wet Gas Flow by Means of Pressure Differential Devices Inserted in Circular Cross-Section Conduits，Switzerland，2012.

[11] ISO，ISO/TR 12748 Natural Gas — Wet gas flow measurement in natural gas operations，Switzerland，ISO，2015.

[12] Y. Xu，C. Yuan，Z. H. Long，et al. Research the wet gas flow measurement based on dual - throttle device [J]. Flow Measurement and Instrumentation. 2013，34 (3)：68-75.

[13] Y. Xu，L. Gao，Y. Zhao，H. X. Wang. Wet gas over-reading characteristics of a long-throat Venturi at high pressure based on CFD [J]. Flow Measurement and Instrumentation. 2014，40 (4)：247-255.

[14] Y. Xu，Q. Zhang，T. Zhang，X. L. Ba. An overreading model for nonstandard Venturi meters based on H correction factor [J]. Measurement. 2015，61 (5)：100-106.

[15] R. H. Boll. Particle collection and pressure drop in venture scrubbers [J]. Ind. Eng. Chem. Fundam. 1973，12 (3)：40-50.

[16] B. J. Azzopardi, A. H. Govan. The modeling of venture scrubbers [J]. Filtration and Separation. 1984, 21 (4): 196-200.

[17] Van. Werven, Van. Maanen. Modeling wet-gas annular/dispersed flow through a Venturi [J]. AIChE J. 2003, 49 (3): 1383 - 1391.

[18] A. Rahimi, M. Taheri. Prediction of pressure drop in a Venturi scrubber: Effect of liquid film and re-entrainment [J]. Chem. Eng. Commun. 2004, 191 (4): 315-334.

[19] A. M. Silva, J. C. F. Teixeira, S. F. C. F. Teixeira. Experiments in a large-scale venturi scrubber Part I: Pressure drop [J]. Chemical Engineering and Processing. 2009, 48 (9): 59-67.

[20] P. N. Yu, Y. Xu, T. Zhang, et al. A Study on the Modeling of Static Pressure Distribution of Wet Gas in Venturi [J]. AIChE J. 2015, 61 (5): 699-708.

[21] S. M. Bhagwat, A. J. Ghajar. A flow pattern independent drift flux model based void fraction correlation for a wide range of gas - liquid two phase flow [J]. Int. J. Multiphase Flow. 2014, 59 (4): 186-205.

[22] C. F. Colebrook. Turbulent flow in pipes, with particular reference to the transition region between the smooth and rough pipe laws [J]. J. ICE. 1939, 11 (9): 133 - 156.

风城油田超稠油 SAGD 处理工艺技术

刘 勇 张贤明 陈弘毅 陈伯良 马大文 尹玉琼

（中国石油新疆油田公司）

摘 要 近年来，随着 SAGD 开采技术（蒸汽辅助重力泄油）在风城油田进行大规模工业化应用，2008~2009 年重 32 井区、重 37 井区 SAGD 开发区块相继投产，部分采出液进入常规稠油联合站后，对油水处理系统的平稳运行造成很大的冲击。为给 SAGD 采出液工业化处理提供技术支持，进行 SAGD 采出液高温密闭试验工艺技术研究，于 2012 年在风城建成 SAGD 采出液高温密闭试验站。目前，风城油田已形成一套完整的 SAGD 开采与处理工艺技术，并进行全面推广，具有广阔的发展前景。

关键词 风城油田；超稠油；SAGD 采出液；集输处理

1 概述

风城油田超稠油资源丰富，落实稠油地质储量约 3.6 亿吨。开发层系主要为齐古组和八道湾组油藏，原油物性属于超稠油范畴。SAGD 技术在国际上是超稠油开发的一项前沿技术，代表着超稠油开发最高水平，最终采收率可达 50%~70%，是目前超稠油开发的有效手段。风城油田浅层超稠油油藏条件相对较差，表现为油藏非均质性更强、泥质含量更高、原油黏度更高，理论研究证明 SAGD 适合于风城超稠油开发。

SAGD 开发采用双水平井模式，水平注汽井注入高干度蒸汽，水平生产井采油。与常规开采方式相比，因采油工艺存在较大差异，导致 SAGD 采出液物性更为复杂，具有温度高（180-220℃）、原油黏度大（50℃时 >70000mPa · s）、携汽量大（20%~40%）、油水密度差小（25℃时密度为 0.9836g · cm^{-3}）等特点，表现出以水为连续相，微小油滴和黏土颗粒为分散相的具有胶体特性的分散体系，具有很强的稳定性，而常规稠油采出液呈现出 O/W 型乳液稳定性。常规稠油开发集输处理配套工艺技术不能满足 SAGD 开发需要。

2 SAGD 采出液物性基本性质分析研究

2.1 SAGD 采出液物性参数分析

风城超稠油 SAGD 采出液为高含水原油，含水量为 78.3%，其浮油含水为 29.3%；游离水中含有大量的油，水相呈黑褐色，有大量分散油，由此看出采出液非常稳定。采出液的 pH 值为 7.92 偏碱性，密度为 0.9836g · cm^{-3}，黏度为 37012mPa · s，表明风城 SAGD 采出液为高密度高黏度原油。风城 SAGD 稠油物性参数见表 1 和表 2。

表 1 SAGD 稠油物性参数

序号	检测项目	检测结果	
1	凝固点/℃	+22~+28	
2	开口闪点/℃	+160~+200	
3	闭口闪点/℃	+120~+150	
4	含硫/%	0.1~0.8	
5	含蜡/%	2~8	
6	胶质/%	22.59	
7	沥青质/%	11.88	
8	酸值/mgKOH · g^{-1}	5.38	
9	含水/%	25~30	
10	初馏点	142~270	
11	密度/g · cm^{-3}	50℃	0.9836
		80℃	0.9697
		100℃	0.9574
12	黏度/mPa · s	50℃	37012
		80℃	2178
		100℃	665.9

表 2 SAGD 采出液中油含量及含水量

项目	含量	静置 30 天后含量
水中含油/mg · L^{-1}	7978	7899
采出油中含水数/%	29.3	28.1
水相泥沙质量百分数/%	7.05	6.78
pH	7.92	7.83

由表 2 可知，SAGD 采出液水中油的含量较

高，油含量高达 7978mg · L^{-1}，静置 30 天后，油含量为 7899mg · L^{-1}，除油率 0.83%；采出油含水量很高，是稳定的 O/W 型乳状液。说明 SAGD 采出液游离水是非常稳定的 O/W 型乳状液，油水分离非常困难。采出液泥沙含量为 7.05%，经长时间静止沉降水相中仍含有大量的泥沙。说明采出液的泥沙颗粒小，而大的油滴在静止沉降以后会自动油水分离，但分离时间长；而较小的油滴则会长时间存在于水中，并且由于泥沙的存在，使得水中油无法完全实现自动的油水分离。

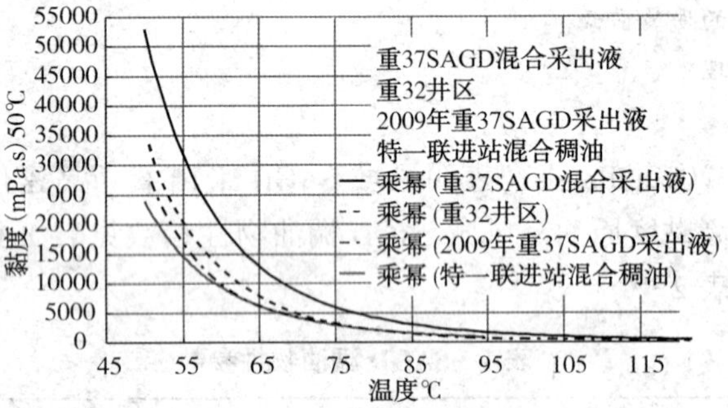

图 1　SAGD 试验区脱气原油黏温曲线图

原油基本物性化验结果表明(见图 1)，风城油田 SAGD 试验区混合油中胶纸含量大于 20%，50℃脱气原油黏度在 21825~61200mPa · s，平均 32937mPa · s。试验区原油黏温反应敏感，温度每升高 10℃，黏度降低 50~70%，温度 100℃时，原油黏度降到 1000mPa · s 左右，温度在 140℃时，原油黏度下降到 100mPa · s 左右。

从馏程数据分析，SAGD 开采方式导致井底温度高于稠油初馏点，在减压过程中可能会稠油中轻组分逸出，并且在温降过程中逸出的轻组分在油水两相中重新再分配，易导致污水含油量增加。

从采出水物性化验结果看，由于 SAGD 开发方式地层温度较高，硅在水中溶解度上升，和吞吐开发相比，SAGD 开发采出水中硅含量明显增加。

2.2　SAGD 采出液四组分含量分析

SAGD 稠油四组分分离结果见表 3、表 4。

表 3　SAGD 稠油组成及其含量

名称	沥青质	胶质	饱和分	芳香分	固体颗粒
质量百分含量/%	11.88	22.59	17.35	41.23	6.95

表 4　SAGD 稠油及其组分的元素组成

油样	H	C	N	O	S	H/C	酸值/mgKOH · g^{-1}
原油	12.21	83.29	0.35	2.18	1.96	1.76	5.38
饱和分	13.60	85.65	0.56	0.29	1.82	1.90	0.19
芳香分	12.78	85.53	0.12	1.39	1.19	1.81	1.06
胶质	11.51	81.35	0.75	3.92	2.44	1.68	5.61
沥青质	8.98	79.13	1.49	2.16	8.25	1.37	7.71

由表 3 可知，SAGD 稠油中，四组分的含量顺序为：芳香分>胶质>饱和分>沥青质。其中沥青质含量为 11.88%，含量较高，远高于普通原油中沥青质的含量，胶质的含量 22.59%，约为沥青质的两倍，胶质和沥青质等活性组分占到了稠油的 1/3。说明 SAGD 采出液稠油胶质和沥青质含量高，具有较强的乳化能力，采出液稳定性强。

2.3　SAGD 采出液稳定机理探讨

稠油乳液的成膜物质主要有沥青质、胶质、石油酸皂、蜡晶、微型碳酸盐、黏土颗粒等天然乳化剂，其中的沥青质/胶质对乳液稳定性的贡献较大，这类物质含量越高，原油乳状液就越稳定。与石蜡基原油比，稠油中沥青质、胶质含量较高，且沥青质胶质与饱和烃比值较大，所以稠油乳液具有较高的稳定性。此外，稠油中的沥青质、胶质具有非常强的极性，极易吸附杂质；油水相对密度又非常接近。上述因素导致稠油乳液非常稳定。

3　SAGD 采出液室试验研究及现场小试

3.1　SAGD 采出液脱水药剂优选

SAGD 采出液通常情况下以稳定的 O/W 型乳液形态存在，综合含水率 80%-90%，污水含油量通常在 50000mg/L 以上。这种 O/W 型乳液进入常规的油水分离系统后，会造成处理系统紊乱，产生大量的难脱水污油。不同工况下 SAGD 采出液室内脱水试验结果详表 5。

表 5　不同工况下 SAGD 采出液脱水试验结果

破乳剂类型	脱水温度	2h 脱水率	2h 污水含油量
正相(400mg/L)	90℃	55%	13576.4
	180℃	72%	5768.8
正相(400mg/L)+反相(150mg/L)	90℃	35%	2325.5
	180℃	56%	1758.3
正相(400mg/L)+预脱水剂(150mg/L)	90℃	54%	2378.1
	180℃	62.6%	1450.3

注：原油含水 42%，正、反相破乳剂型号为联合站现场使用药剂

表5试验结果表明，SAGD 采出液直接加正相破乳剂脱水时，污水含油量较高。加入常规的反相破乳剂辅助脱水后，能够大幅度降低污水含油量，但同时会对原油脱水率造成很大影响。加入预脱水药剂辅助脱水后，在不影响正相破乳剂的脱水效果同时降低污水含油量。

3.2 SAGD 采出液破乳药剂优选

由于 SAGD 采出液脱水温度高在 140℃～180℃，常规破乳剂在高温条件下适应性较差，无法满足生产需求，高温条件下油水分离的技术难题主要涉及耐高温原油破乳剂筛选，破乳剂筛选试验结果见表6。

表6 耐高温超稠油破乳剂筛选试验结果

药剂名称	脱水率%						
	0.5h	1h	1.5h	2h	3h	4h	5h
SDDX	21.5	27.5	49	55.4	61	72.1	77.6
SB-1	40	44.5	50.2	51	56.5	66.5	73.2
KL-1	50	55.5	61.5	77.6	81.5	85.1	88.7
KL-1A	17.2	27.3	44.5	44.5	55.4	66.5	66.5
KL-1B	15.4	27.5	27.5	27.7	55.4	61	61
KL-1C	33.3	44.3	49.3	61	77.6	77.6	77.6
BZ1	30.6	40.3	45.1	51.5	52.2	56.4	60.5
BZ2	20.9	43.5	46.7	49.9	53.1	54.8	62.8
BZ3	4.2	17.7	21.9	25.8	28	29	30

注：重37井区 SAGD 原油，脱水温度 140℃；破乳剂浓度 400mg/L；原油含水率 27%

表6试验结果表明，在脱水温度 140℃、破乳剂浓度 400mg/L 的室内实验条件下，KL-1 原油破乳剂脱水效果相对比较好。

表7 超稠油热化学脱水试验结果

油水分离温度/℃	w/o 型乳状液热化学脱水率/%			
	30min	60min	120min	240min
90	35.7	39.3	39.3	82.1
120	25.0	33.9	67.9	67.9
130	53.6	50.0	60.7	67.9
140	58.9	71.4	78.6	89.3
150	33.9	39.3	42.9	44.6
160	35.7	35.7	37.5	42.9

注：重37井区 SAGD 试验区原油，含水率 45%，破乳剂用量 300mg/L

表7试验结果表明，初步筛选的原油破乳剂在脱水温度 140℃，脱水时间 4h 的室内试验条件下脱水率达到 89.3%。

室内试验结果表明，在高温条件下，SAGD 采出液采用“预处理剂+耐高温破乳剂”的处理药剂体系是可行的。其中，预脱水药剂的耐温性能和除油性能可以满足工业化试验的要求；正相破乳剂的脱水性能可以满足要求。

3.3 高温密闭脱水动态模拟试验

在超稠油室内试验的基础上，为了进一步验证超稠油热化学脱水的可行性，共同研发了超稠油热、电化学脱水动态模拟试验装置，见图2。

该装置主要功能如下：能够实现超稠油热、电化学脱水全过程的动态模拟；设置蒸汽发生器及换热设备，可满足不同温度试验条件的要求；通过沉降罐和两个电脱罐不同的组合方式，可以模拟不同的原油处理流程；两个电脱水罐分别可以模拟交流、交直流两种电场形式，可实现不同的电场强度调节。

图2 超稠油热、电化学脱水动态模拟试验装置现场照片

SAGD 采出液冷却降温后再升温的过程，会对原油脱水效果造成很大的影响，导致原油脱水试验数据失真，无法真实反映出原油的脱水机理。为了进一步提高试验数据准确性，将试验装置拉运至风城油田集中换热站，，增加预脱水流程和部分辅助流程后，进行 SAGD 采出液现场动态脱水试验。

动态试验结论：

现场动态试验结果表明，在高温条件下，SAGD 采出液采用“预脱水+热化学脱水”的工艺思路是可行的。其中，预脱水药剂的耐温性能和除油性能基本可以满足工业化试验的要求；正相破乳剂的脱水性能可以满足要求。

4 SAGD 采出液工业化试验

4.1 SAGD 采出液处理工艺流程

在室内试验的基础上又进行了现场模拟试验，试验结果进一步证明，预脱水剂和耐高温破乳剂的耐温、脱水性能基本满足工业化试验的要求，高温密闭条件下采用“预脱水+热化学脱水”，辅以掺柴降粘工艺处理 SAGD 采出液是可行的。2012 年 12 月，风城油田年设计原油处理能力为 30×10^4吨的 SAGD 高温密闭脱水试验站投产，主要处理重32、重37、重18 和重1 共4个井区的 SAGD 采出液，流程如图3所示。

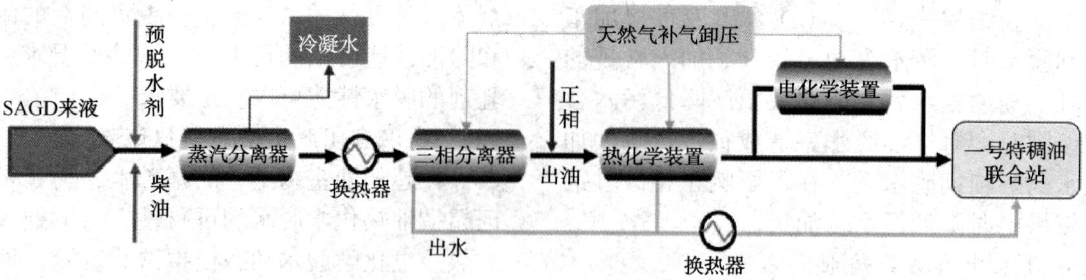

图 3　SAGD 高温密闭脱水试验站工艺流程

流程简述：

SAGD 试验站目前运行流程为试验区来液进除砂间除砂，然后进蒸汽处理器进行气液分离，分离后的蒸汽经换热去风城稠油联合站处理，分离出的液相经换热去预脱水装置脱水，预脱水装置出水经水水换热器换热去风城稠油联合站除油罐，出油去热化学脱水装置，热化学脱水装置出油去电脱水装置，电脱出油去风城稠油联合站净化罐，热化学和电脱出水去风城稠油联合站除油罐。

4.2　SAGD 采出液运行现状

随着风城 SAGD 开发规模的扩大，试验站处理液量和产油量逐步增加。液量由投产时 1200m^3/d 增加至 7000m3/d，日均产油量由 240t 增加至 900t。在预处理剂浓度为 200～500mg/L，耐高温破乳剂浓度 200～400mg/L，掺柴油比为 5%～10%的运行条件下，达到了热化学出油含水 ≤2%，预处理装置出水含油 ≤8000mg/L 的目标，如图 4、图 5 所示。

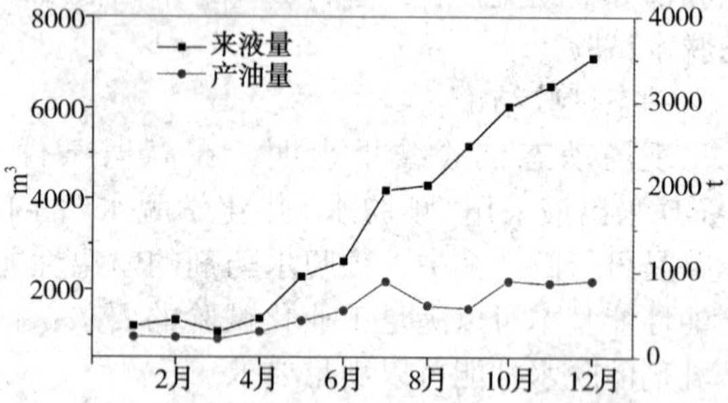

图 4　SAGD 高温密闭脱水试验站运行状况

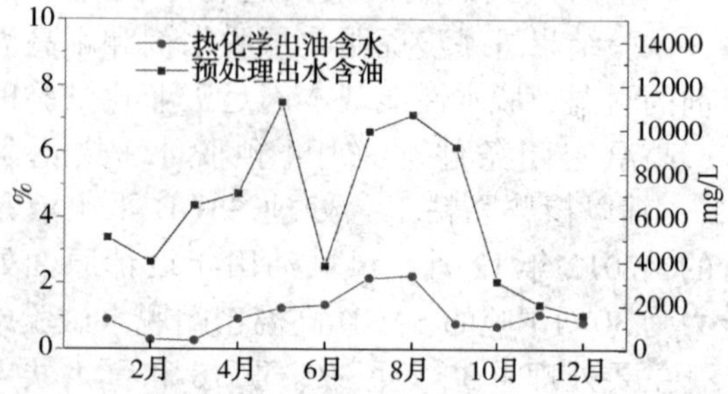

图 5　SAGD 高温密闭脱水试验站原油含水、污水含油指标

5　结论

通过研究认识到 SAGD 采出液不同于常规热采采出液，它是以水为连续相带负电荷的微小油滴和黏土颗粒为质点均匀的分散在水中形成具有胶体特性的稳定的分散系。其稳定的机理是一方面因质点带电而稳定；另一方面因液体温度高、质点很小，强烈的布朗运动使它不易失去稳定沉降分离，具有一定的动力学稳定性。

SAGD 采出液因质点带电而稳定，它对电解质十分敏感，在电解质作用质点聚结而分离；降低温度质点聚结变大，动力学稳定性变差，是热力学不稳定体系。微小油滴和黏土颗粒具有不同的 δ 电位，选择电解质可使微小油滴优先聚集分离。

国内首创的耐高温预处理剂实现了高温密闭条件下油滴优先聚集分离。从水中分离出的原油含有一定的乳化水，国内首次研制的高温破乳剂，实现了高温密闭脱水。

参　考　文　献

[1] 张方礼，张丽萍，鲍君刚，等．蒸汽辅助重力泄油技术在超稠油开发中的应用[J]．特种油气藏 2007，14(2)：70-72.

[2] 姜婷．蒸汽辅助重力泄油技术的研究进展及应用类型[J]．石油天然气学报，2009，31(5)：387-389.

[3] 张锁兵，马自俊，蔡永生，等．SAGD 采出液反相破乳剂 GBED-08 的研究[J]．油田化学，2009，26(3)：290-292.

[4] 马强．加拿大 SAGD 开发地面工艺技术[J]．国外油田工程，2010，26(7)：52-54.

[5] 霍进，桑林翔，樊玉新，等．风城超稠油双水平井蒸汽辅助重力泄油开发试验[J]．新疆石油地质，2012，33(5)：570-573.

[6] 寇杰，杨文，王秀珍．稠油热化学脱水工艺参数优化研究[J]．西南石油大学学报：自然科学版，2013，35(6)：153-158.

地面优化简化技术在大港油田的研究与规模应用

赵昕铭　霍夙彦　崔　鹏

（中国石油大港油田公司）

摘　要　本文简要介绍了大港油田高含水开发后期地面系统面临的主要问题，针对地面系统存在的工艺不适应、系统建设规模大、设施老化腐蚀严重、运行能耗高、系统维护成本高、安全环保隐患大等问题，通过开展地面系统优化简化技术的研究与现场应用，形成了地面系统优化简化配套技术系列。本文重点介绍了油井软件计量、注水井智能调控、油井单管常温输送、集油和注水工艺优优化等技术。通过地面系统优化简化技术在大港油田新老区的研究与应用，简化了单井计量、集油和注水工艺，撤消了计量站和配水间、停运了掺水系统，建立了枝状化的地面集油和注水工艺模式，并在大港油田全面实现应用，系统管网规模减少了44%，一级布站模式覆盖油井占比达到63%，管道失效率下降约89%，原油集输单耗降低21%，注水标耗降低15%，地面系统建设水平、本质安全、环保水平大幅提升，油田建设降本控投、提质增效要求得到有效满足，为提高陆上老油田的开发效益和可持续发展探索了一条行之有效的新路。

关键词　优化简化；集油工艺；注水工艺；布站工艺；井丛场；一体化集成

1　地面工艺优化简化前工程概况

大港油田是典型的复杂断块油田，油田区块零散、地质构造复杂，各区块、各油层原油物性差异较大。经过五十多年的开发建设，已进入双高开发阶段，综合含水90%以上，地面系统优化简化前系统建设规模庞大，建有各类管道4993km，联合站15座，采出水处理站17座，注水站67座，接转站42座，计量站309座，配水间273座。场站布局主要以油井→计量站→接转站→联合站的三级布站方式为主，油井计量采用计量站人工计量，油气集输以双管掺热水（稠油油田）和双管掺常温活性水（中北部常规油田）为主，原油脱水大多数为三段工艺流程，少部分为三相分离器一段流程。

2　地面工艺优化简化前存在的主要矛盾

油田进入高含水开发期，随着油田二次开发、产能建设及新能源开发的推进，油田依然沿用开发初期（低含水期）的双管掺水、单管加热的集油工艺和生产方式已经不能适应油田高含水效益开发的需要，传统的地面工艺建设模式存在高成本、高能耗、腐蚀老化严重、安全环保隐患大、系统负荷不均衡、一线用工需求矛盾日益突出等问题。同时，油田地面各类敏感区和保护地与矿权重叠、地方发展诉求不断提高等情况使地面建设难度越来越大，在节能减排、污染防治、安全隐患治理、土地有效利用等方面的要求越来越高，老油田传统的工艺技术已经无法适应油田的高质量、高效益发展的建设需求。

3　地面优化简化关键技术的研究

大港油田根据油田的实际情况和地面系统建设现状，突破油井软件计量、注水井智能调控、油井单管输送等关键技术，采取“延、撤、缩、停、优”（即延伸到单井、撤销计量站和配水间、缩小地面建设规模、停运掺水、优化劳动组织结构）工作路线，整体规划、分步实施、示范先行，按照先易后难、由点到面的方式，组织开展综合研究，达到缩减规模、提升效率、节能能耗、降投控本、高效管理的目的。

3.1　油井的软件计量技术

长期以来，油井计量主要采用分离器人工计量。油井的计量方式决定了地面集油系统的工艺流程和井站布局模式，要实现地面工艺的优化简化与工艺流程重组，撤消计量站和配水站，解决油井的在线计量技术是关键。

通过多年的技术攻关与现场试验，首先针对抽油机井开展功图法软件量油技术先导试验，完成了从“面积法”→“有效冲程法”→“综合法”计算模型的优化升级与现场试验应用，针对油井的生产状况复杂多变、影响因素众多的情况，进行多种诊断分析方法与工况对应研发，计量精度、稳定性明显提升；针对螺杆泵井，从单纯的容积法计算模型，逐步完善升级为综合考虑电参数、扭矩等影响因素的计算模型，将“转速法”、“系统能耗分解法”、“温度平衡法”有效结合，提高了计量的准确性；针对电泵井(自喷井)，将“节流压差法”、“电泵特征曲线修正法”相结合，解决了油气比敏感性强的问题，取得了良好的效果。通过计算模型不断完善及现场试验应用，最终形成了适应不同举升工艺的油井软件计量技术，取代了传统的分离器量油技术，彻底解决了集输系统取消计量站后的单井产液计量问题，为转变地面建设模式，简化集输工艺奠定了基础，为优化简化工作的开展迈出了关键性的第一步。图 1 所示为油井产液在线计量模型示意图

目前，油井软件计量技术在全油田 4600 余口油井全面应用，覆盖率达到 100%，计量的相对误差在 10%以内。在油田产能建设中，新建油井全部配套井口自动采集设施，不再新建计量站，大幅简化了布站工艺。

3.2　注水井远程调控技术

注水井的计量技术决定了地面注水系统的工艺流程和布局形式，要实现地面工艺的优化简化，撤消配水间，注水井的计量技术也需要突破。经过不断探索实践，先后开展了恒流配水器、稳流控制阀、恒流配水器+流量计”、“恒流配水器+流量计+信息采集与远传、注水井远程监控装置等多种注水井调控装置，通过低电压大扭矩电机、光伏供电低功耗、闸阀优选与改进、闭环控制优化等关键技术的攻关研究，研发了微功耗数据采集系统，太阳能无线变送器等技术，实现了注水量的就地闭环控制、远程调控。注水井远程监控装置井口设备主要由 RTU、智能流量控制器、无线压力变送器、流量计等模块组成。智能流量控制器按照系统的控制信号以及设定的参数自动调节阀门的流通面积，从而实现流量的自动调节；通过向井口 RTU 发送远程指令，实现注水井远程调控。图 2 所示为注水井自动控制技术升级示意图。

目前，注水井远程调控技术在全油田 2200 余口水井全面应用，覆盖率达到 100%，日注水流量控制在日配注量±3%以内。在油田产能建设中，新建水井全部配套井口自动控制设施，不再新建配水间站，大幅简化了布站工艺。

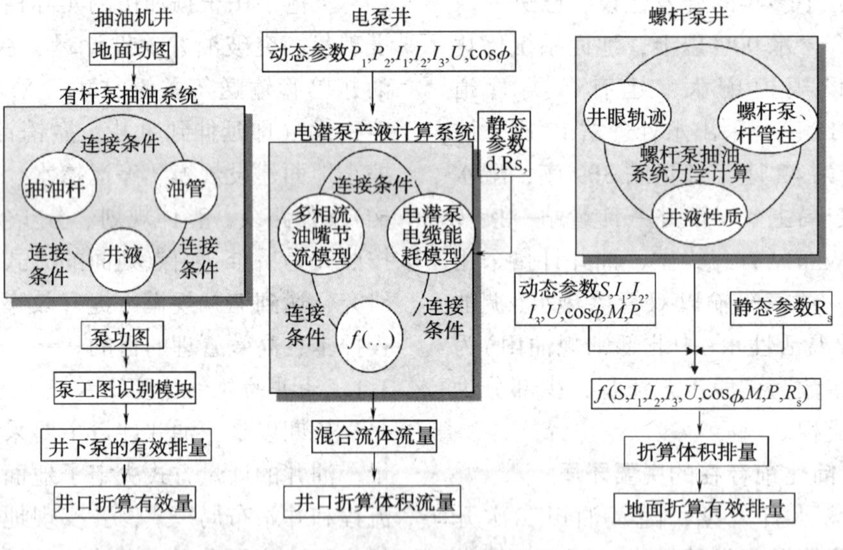

图 1　油井产液在线计量模型示意图

图 2　注水井自动控制技术升级示意图

3.3 油水井数据传输技术

为了保证数据传输稳定性和可靠性，针对有线传输方式存在局限和不足，先后开展了GPRS、Zigbee、4G等不同无线传输方式的技术优化升级和现场试验，通过技术的不断升级完善，传输速率从100Kb/s提高到了100Mb/s，传输距可达到6km，有效提高数据传输的稳定性，解决了困扰数字化油田建设的数据传输延迟问题，实现了油水井生产信息的实时采集与传输。在此基础上研发了油水井统一管理平台，结合物联网技术的应用，采用几何特征、矢量特征、神经网络相结合的分析方法识别泵功图，建立泵功图与实际运行工况的反应关系，形成了抽油机井20余种、电泵井14种、螺杆泵井7种工况实时分析模型，实现了油井故障综合实时分析诊断及生产异常报警等，符合率达到80%以上，大幅提升了管理效率。图3所示为油水井信息采集与传输示意图。

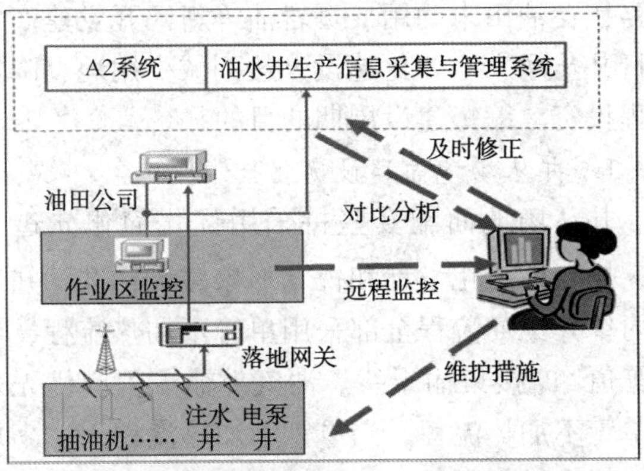

图3 油水井信息采集与传输示意图

3.4 油井单管常温输送技术

单管常温集输技术的难点是突破原油物性差的低液、低含水油井的单管常温集输问题。为了简化集油工艺、停运掺水系统，实现单管输送，大港油田针对不同原油物性、不同含水、不同温度条件下的油井开展了单管输送技术研究。完成了28个重点区块，98口典型井含水油流变性分析及单井集输界限的优化研究，结合结蜡规律、摩阻计算，研究确定了高凝中低粘、高凝高粘、高凝稠油、低凝稠油以及低凝高粘、低凝中低粘原油实现单管集输的技术界限，为集输系统工艺优化简化的现场实施提供了科学合理的依据。表1所示为凝点>25℃的原油单井常温集输界限。

表1 原油单井常温集输界限统计表(凝点>25℃)

序号	原油黏度	单井常温集输界限
1	<50mPa·s	①输油温度≥T凝+5℃，且含水≠转相点； ②输油温度T凝-5℃~T凝，且含水≥80%。
2	50~200mPa·s	①输油温度≥T凝+15℃； ②输油温度T凝+10℃~T凝+15℃，且含水≥80%。
3	200~400mPa·s	①输油温度T凝~T凝+5℃，且含水≥70%； ②输油温度T凝+5℃~T凝+10℃，且含水≥60%； ③输油温度T凝+10℃~T凝+20℃，且含水≠40%~60%； ④输油温度≥T凝+20℃。
4	>400mPa·s	①输油温度≥T凝+20℃，且含水≥90%； ②输油温度≥T凝+30℃，且含水≥80%。

大港油田通过采用新型管材，配套串接、“T”接等枝状工艺流程以及化学降粘等技术，为实现油井单管输送，简化双管工艺流程，减少掺水量、降低工程投资奠定了技术基础。采油一厂、采油二厂、采油五厂和采油六厂所属2000口油井全部取消掺水工艺，实现了单管常温输送，高凝高粘原油的采油三厂约45%的油井实现了单管常温输送。

4 优化简化技术在大港油田新老区地面建设中的规模应用

基于地面优化简化关键技术研究与突破，大港油田按照以系统的、区域性的治理为对象，先易后难、由点到面、远近结合、统一规划、分步实施的方式，在大港油田新区老区地面建设中进行了规模推广应用。

4.1 老区地面工艺简化重组技术

4.1.1 集油和注水工艺简化技术

根据不同的油井产量、含水率、原油凝固点、黏度等诸多因素对原油乳状液黏度的影响，结合单管集油研究和现场试验成果，针对老油田开发后期综合含水率高的特点，开展了集输和注水工艺流程重组技术升级研究，确立了不同工况下油水井“T”接、串接等工艺流程，建立了管道安装标准化设计，形成了油水井工艺流程枝状化的标准化工艺模式。

一是采用“T”接、串接、树状、环状等流程重组集油工艺，油井集油管道就近与原计量站外输管道“T”接，同时根据油井产液量、含水、原油物性等参数，采取高产液油井带低产液油井、高含水油井带低含水油井等措施，大幅缩短管道集油距离实现单管常温输送。图4所示为优化简化前后油井集油工艺流程对比示意图。

二是采用“T”接、串接等流程重组注水工艺，水井单井注水管道与注水站注水管道干管、支干管就近“T”接，实现注水井由注水站直接供水，减少了管网压力损失。图5所示为优化简化前后注水井注水工艺流程对比示意图。

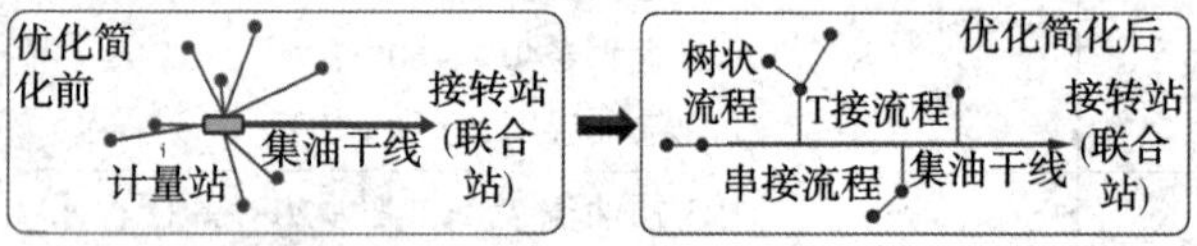

图4　优化简化前后油井集油工艺流程对比示意图

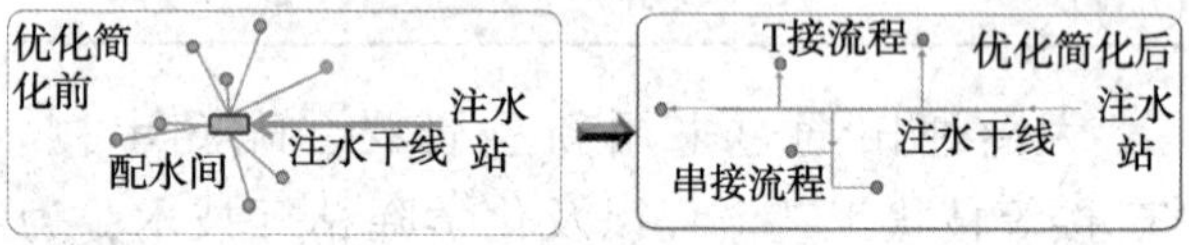

图5　优化简化前后注水井注水工艺流程对比示意图

4.1.2　集输系统布站工艺简化技术

大港油田结合老油田优化简化工艺重组技术和新老区产能建设，充分利用地面系统优化简化成果，集油系统突破了传统的布站模式，取消了计量站，减少了接转站，采用一级、一级半或二级布站，达到了简化集输工艺流程、降低工程改造投资及减少土地占用量的目的。图6所示为优化简化前后油气集输布站工艺流程对比示意图

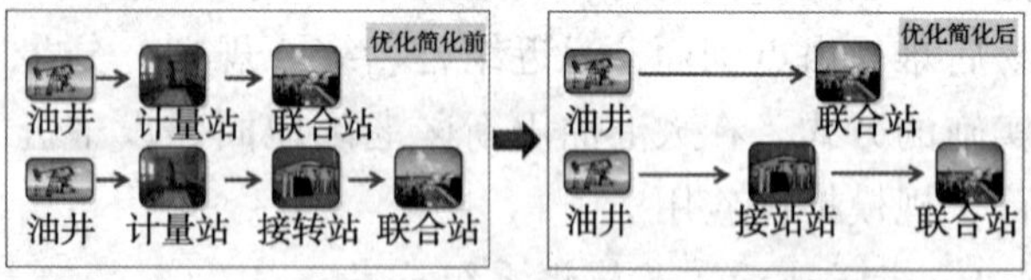

图6　优化简化前后油气集输布站工艺流程对比示意图

4.1.3　供注水系统布站工艺简化技术

针对供水工艺流程环节较多、流程长、能耗高，存在二次污染等问题，优化形成了泵到泵供水工艺技术，取消了接收水罐、喂水工艺，缩减了供水工艺流程。现已实现21座注水站泵到泵供水工艺，减少喂水泵40多台，取消接收水罐40多座，最远已达到16km直接供水。

注水系统由简化优化前是注水站→配水间→水井的二级布站工艺，工艺流程重组后采用注水泵站→注水井的工艺模式，注水系统实现了枝状化，取消了配水间，系统管网大幅缩减，平均减少了41%。图7所示为优化简化前后供注水系统布站工艺流程对比示意图

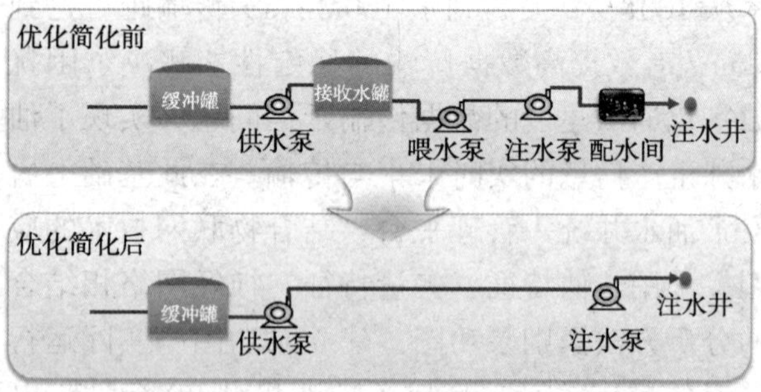

图7　优化简化前后供注水系统布站工艺流程对比示意图

4.2　新区地面工艺优化重组技术

大港油田地处经济迅速发展的京津冀地区，开发区域内城镇化率高、湿地河流众多，用地紧张，自然环境敏感。按照地质工程一体化的工作思路，在油田未动用、页岩油等新区开发建产中推行井丛场、一体化建设，达到减少用地、降低工程投资、缩短建设周期的目的。

4.2.1　井丛场地面建设优化技术

井丛场地面配套坚持采用优化简化先进技术，执行标准化设计和视觉形象建设标准。井丛场内单井集油流程全部采用单管不加热流程，单井管道“T”接集输干线。油气外输流程应优先采用单管不加热流程，当单管不加热流程无法满足集输要求时，可选用双管掺热水流程或单管加热流程。当采用掺水流程时，只对远端井掺水，从而减少掺水管线。图8所示为井丛场油井集输工艺示意图

丛场内单井注水流程全部采用单干管多井配水流程，单井管道“T”接注水干线。井口注水压力差异不大的井丛场，应采用同一压力等级注水流程。井口注水压力差异大的注水井，根据地面位置及周边供注水系统建设情况，可采用分压注水或井场增注流程。图9所示为井丛场注水井工艺示意图

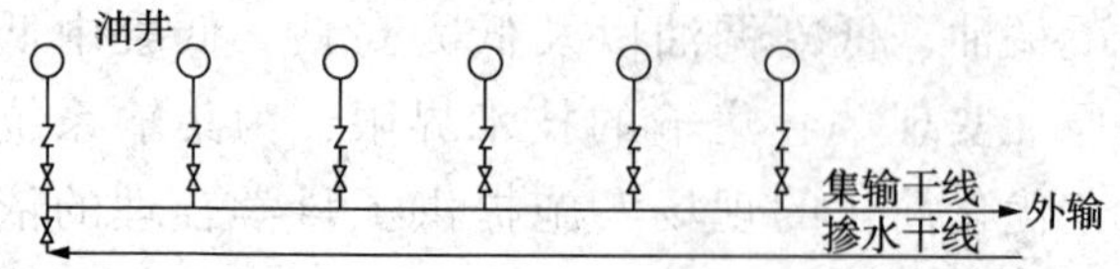

图8　井丛场油井集输工艺示意图

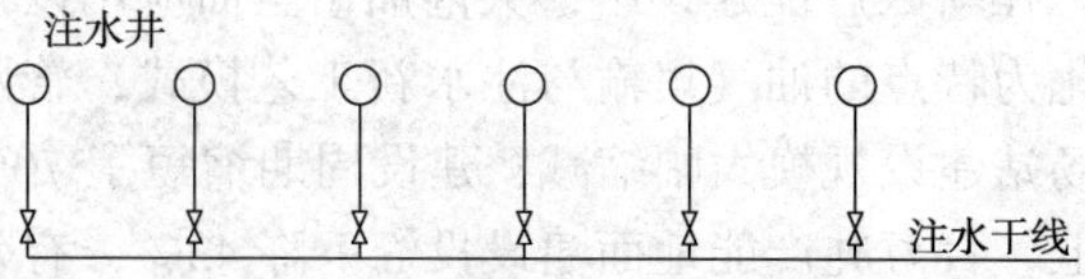

图 9　井丛场注水井工艺示意图

结合大港油田井丛场实际生产情况，研究确立大港油田井丛场采用共用直流母线供电方式，其技术原理是采用一台变压器集中供电，交流电经三相全波整流滤波后，变为 540V 直流供给多口油井，在每口单井上安装一套由逆变调控模块组成的控制柜，对单井进行自动控制。倒发电油井能量通过逆变器反馈到母线上，被同组其它作功油井吸收利用，实现了电能的最大利用，油井电流值得到了降低，变压器容量有了优化空间。

4.2.2　一体化集成技术

一体化集成是通过将机械、电子、自控、信息等技术高度集成，并根据功能目标对各功能单元进行合理配置与布局，自成系统。大港油田针对自身油藏类型复杂、区块分散、地处敏感区的特点，采取独立研发或直接引进的方式，研发推广了涵盖油气集输、掺水以及污水处理等多个专业的一体化集成技术。

（1）油气输送一体化集成技术

油气输送一体化集成技术的基本功能是油气水分离(或气液分离)和外输增压，可以替代常规中小型站场，有利于缩短工艺流程、减少占地面积、实现无人值守。通过模块化设计、工厂化预制和现场化组装，可以提高施工速度。一体化油气输送技术从功能上分为油气混输和油气分输两大类。

① 一体化油气混输技术：包括分离器(两相或三相)、混输泵和撬块组成，并配套相应的仪表及自控系统。能够实现油气水三相计量，分离出来的水为新产能区块提供掺水水源。

应用条件：系统远离集中处理站；分离的天然气具有较大富余，不具备外输条件；需要提供水源(掺水、回注等)。

② 一体化油气分输技术：包括分离器(两相或三相)、离心泵和撬块组成，并配套相应的仪表及自控系统。能够实现油气水三相分离，分离出来的水做为掺水或注水水源。

应用条件：系统远离集中处理站；分离的天然气具备外输条件；需要提供水源(掺水、回注等)。

一体化油气输送技术将气液分离计量、增压、混合外输等功能集为一体，工艺简单，设备体积小、结构紧凑、造价低，减少占地，能够实现油气接转功能。该技术目前已在小六站、白一站等 4 座站库中应用，装置运行良好，能够满足生产需要。

（2）掺水一体化集成技术

针对稠油油田无法满足常温输送条件的油井，在高含水、产液温度高的区块研发了掺水一体化集成技术。掺水一体化集成技术集油气水分离器、掺水加热炉、掺水泵于一体，占地面积小，便于管理维护。该技术主要依托本区块高液量、高含水油井通过站内的分离器进行油、气、水三相分离，分离后的污水供给本地油井掺水，分离后天然气作为燃料供掺水加热炉加热，剩余介质进油系统干线输送至联合站。

一体化集成装置从功能上主要分为以下三种类型：加热+增压、油水分离+增压、油水分离+加热+增压。

① 一体化油水增压+加热装置：装置包括加热炉+掺水泵，加热炉和掺水泵并排布置。

应用条件：系统远离掺水站；开发区块具有一定的水源。

② 一体化油水分离+增压装置：装置包括切水装置、掺水泵等，切水装置和掺水泵并排布置。

应用条件：系统远离掺水站；开发区块具有一定的水源；需要提供掺水水源。

③ 一体化油气水分离+加热+增压装置：装置包括切水装置、外输泵、掺水泵、加热炉等，切水装置和外输泵、掺水泵、加热炉并排布置。

应用条件：系统远离掺水站；开发区块具有一定的水源。

该技术目前已在王 14 站、王 15 站、小 6 站等 4 座站库中应用，年节省工程投资近 200 万元，年节约掺水量 $30.7\times10^4m^3/a$，年节电 $33.6\times10^4kW\cdot h$，年节约天然气 $72.8\times10^4m^3$。

（3）采出水处理一体化集成技术

针对不同油藏采出水水质、注水水质指标要求等因素，在采出水处理站建设中应用了多种采出水处理一体化集成技术，该技术是将多功能采出水过滤器的两级滤罐合为一级滤罐，一种过滤介质调整为多种过滤介质，过滤器和极化器合为一体，大大简化了采出水处理流程，减少了占地面地，降低了运行成本。按照处理原理可以分为除油过滤杀菌一体化集成装置、新型高效节能过滤一体化集成装置和涡凹气浮高效流砂一体化集成装置三种类型，满足了差异化的处理要求。

以除油过滤杀菌一体化装置为例，该装置将过滤和极化两级滤罐合为一级滤罐，一种滤料变为多种滤料，大大简化了污水处理流程。通过采用向心气浮除油技术，由气体浮力将油上浮至罐顶，从顶部收油口由气体将油带出，从而去除浮油和90%以上的分散油。过滤部分采用粗、细、精反向三级一体过滤技术，可以去除80%以上的颗粒和乳化油，确保达到出水水质要求。具有电极化防垢和杀菌功能，通过溶气增氧和高压电场极化处理，能够杀灭细菌。

采出水处理一体化集成技术在小一污、舍女寺污水站等9座污水处理站改造和新建工程中得到了应用，实施后水质达标率100%，年减少杀菌剂药剂费200万元，年节约运行维护费用150万元。

5　应用效果

通过地面工艺优化简化技术的研究与规模应用，大港油田建立了短流程、小规模、低能耗、安全高效的地面系统，实现了从工艺模式到管理方式的根本性转变，现场实施后取得了显著的成效，成为国内外首个完成地面工艺优化简化重组技术的老油田。实施后，完成了全部39个开发区块7000余口油水井的地面工艺重组，撤销了全部计量间(305座)，配水间(293座)，优化接转站、注水站20座，累计减少加热炉、机泵等各类设备设施586台套，减少油田生产管道2566km。在新老区产能建设中，通过应用新建设模式，没有再新建一座计量间(配水间)，减少开发用地425亩，地面系统规模大幅缩减，减少新增劳动定员2131人，累计减少各类成本费用21.3亿元。

在新区产能建设中，大港油田全面应用以枝状化为特点的油气集输与注水新工艺模式，管网和场站建设规模大幅缩减，建设周期缩短了70%以上，百万吨产能地面建设投资下降43%，有效提高了油田开发效益，新井产能贡献率提高5%以上。

在老区地面建设中，消减了一大批设施腐蚀老化、管道占压等安全环保隐患，近50%运行15年以上的油水管道得到更新，消除安全隐患3000余处，系统管网规模减少了44%，一级布站模式覆盖油井占比达到63%，管道失效率下降约89%，系统本质安全大幅提高。

通过大幅核减用能设备，系统运行能耗得到有效控制，原油集输单耗降低21%，注水标耗降低15%，累计减少综合能耗折合标准煤达36.8万吨，实现二氧化碳减排91.9万吨，为促进油田效益开发发挥了重要作用。

参考文献

[1] 李华林，邵定波，罗小明，等．优化简化节能降耗—油田地面建设改造的主题[J]．石油科技论坛，2007(4)：46-54.

[2] 翁玉武，孙锐艳，石少敏．优化简化提高老油田改造水平[J]．石油科技论坛，2007(5)：47-51.

[3] 李庆，李秋忙，等．油气田一体化集成装置的进展及认识[J]．油气田地面工程，2012，31(10)：91-91.

[4] 赵昕铭，高蕊，王建伟，等．大港油田地面工程优化简化技术与应用[J]．石油规划设计，2013，24(1)：40-43.

[5] 梁永图，王继慧，何国玺，黄铠，．老油田集输系统改造管网拓扑优化[J]．油气储运，2014，(9)：971-974.

龙凤山凝析气田地面特色工艺技术研究与应用

刘立恒

（中国石化东北油气分公司）

摘　要　龙凤山凝析气田是东北油气分公司发现的首个中小型凝析气田，为保证龙凤山凝析气田的全面开采，优选经济适用、满足气田开发需求的集输及处理工艺，开展了龙凤山气田地面集输处理工艺简化技术研究与应用，通过对地面工程关键性技术的研究，首创了简单、经济、适用、高效的小规模凝析气田地面配套工艺，形成了凝析气田浅冷脱水脱烃、中低压露天计量、高效加热集气等一系列凝析气田天然气开发地面特色工艺技术，满足了东北高寒地区凝析气藏的轻烃回收和凝析油稳定，为龙凤山凝析气田的高效开发提供技术保障，同时也为小规模凝析气田开发提供了可借鉴的新模式。

关键词　凝析气藏；处理工艺；简化；工艺技术

2014年，龙凤山凝析气田北201井试获高产油气流，北201井营城组压后日产气6万方，产油35方，压力稳定，已提交营城组天然气控制储量107.27亿方，凝析油363.9万吨，叠合含气面积39.36km²。目前龙凤山气田完钻井钻遇气层分布在营城组Ⅲ、Ⅳ、Ⅴ、Ⅵ砂组、火石岭组。营Ⅳ、营Ⅴ、营Ⅵ砂组气层主要分布在北201井区，其中营Ⅳ砂组气层平均厚度大，横向变化较快，纵向多层叠置，为本区主力气层。营Ⅲ砂组主要分布在北203井区，表现为薄互层分布，平面上叠合连片。火石岭组为火山岩储层，主要分布在北203、北204井区。根据测试井的数据，营Ⅳ砂组天然气甲烷含量80%~88%，以甲烷为主，不含H_2S，天然气相对密度0.63~0.72g/cm³。原油密度为0.7652g/cm³，黏度较小，为1.5763mPa·s，含蜡量较少。

结合龙凤山气田地质研究认识与目前钻井、测试进展，龙凤山气田产能建设主要分为两期进行产能建设，根据单井钻遇和试气试采情况，北201井区营Ⅳ砂组储量较为落实，一期优先开展北201井区的产能建设；二期开展北206-209井区、北203-208井区的产能建设。

1　水合物预测与防治技术研究

根据龙凤山井流物组分，利用HYSYS模拟软件中的Ng-Robinson模拟计算得出，在3~25MPa压力范围内，天然气对应水合物生成温度分别如图1所示：

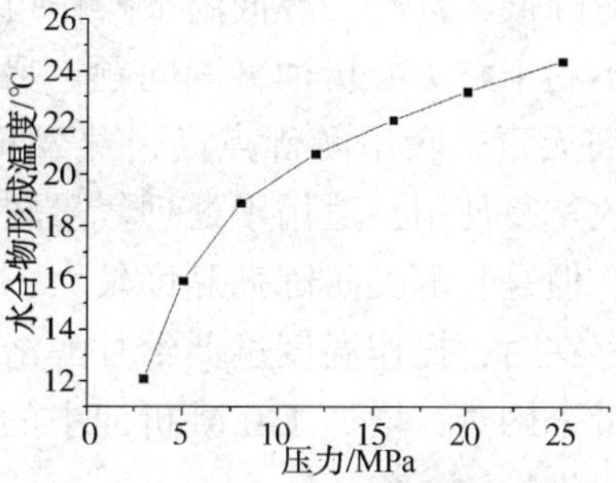

图1　不同压力下的水合物形成温度

由图1可知，随着压力的增大，水合物生成温度明显升高，但温度的升高趋势却明显变缓。

1.1　加热法分析

加热工艺即在井场和集气站设置加热炉，将天然气加热到高出水合物形成温度5℃以上的方式，从而防止水合物的生成。龙凤山凝析气田井口流压约为17.5MPa，井流温度约为26℃。高压集输工艺井口压力高，对应的水合物形成温度约为22℃，采用加热法各井场加热炉热负荷相应较大，能耗高、操作费高。中压集输工艺流程为井场设置节流阀，将井口压力节流至中压状态进行输送，经水力计算后，在该种输送方式下，根据不同的集输压力，井场出站压力最高为9.43MPa。在该输送条件下，水合物的最高生成温度为19.5℃，同时综合考虑凝析油的凝固点为20℃，故生产各环节天然气温度不宜低于23℃。低压集输工艺流程为井场设置节流阀，将井口压力节流至低压进行输送，同时结合集中处理站处理工艺，确定各气井进集中处理站压力为4.5MPa，天然气出各井场压力为4.67~

5.56MPa，在该条件下，水合物的最高形成温度约为 16℃，同时综合考虑凝析油的凝固点为 20℃，因此生产过程中各环节温度不宜低于 23℃。

1.2　注抑制剂法分析

水合物热力学抑制剂是目前广泛使用的一种防止水合物形成的化学剂。通过改变水溶液或水合物的化学位，使水合物的形成温度更低或压力更高，常见的热力学抑制剂有醇类(如乙二醇、甲醇、甘醇类)和电解质(如 CaCl2)。针对龙凤山气田气样及运行工况，甲醇作为抑制剂的作用效果远好于乙二醇。另外，虽然甲醇相对于乙二醇投资费用低、操作费用高，但目标气田运行过程中可能出现水合物的管线位置温度均相对较低，远低于甲醇沸点，气损相对较低，故操作费用也会相对降低，且乙二醇低温下操作可使其黏度增大，不利于解决凝析油凝固问题。另外，甘醇类防冻剂无毒，较甲醇沸点高，蒸发损失小，一般可回收重复使用，适用于处理气量较大的井站和管线，但是甘醇类防冻剂黏度较大，特别是在凝析油存在时，操作温度过低给甘醇溶液与凝析油分离带来困难，增加了在凝析油中的溶解损失和携带损失。

1.3　水合物防治工艺选取

在天然气集输过程中，采用水合物抑制剂法虽然能防治水合物的形成，但是不能有效的解决凝析油的凝固问题，这会给凝析气的集输带来安全隐患，因此在集输过程中建议采用加热法防治水合物的生成，各环节所需加热温度具体见加热法分析，而在集中处理站中为了防治水合物的生成，采用甲醇加注更简单适用，因此建议在天然气水合物的防治技术中，综合采用加热法和甲醇加注两种方式。

2　集气工艺优化研究

凝析气藏的埋藏较深，原始地层压力一般大于 13.72MPa，多数凝析气藏的地层压力在 20.6MPa~50MPa 之间，井口压力也比较高。为了充分利用地层能量，降低油气输送、外输及轻烃回收过程中的能量消耗，应结合投入、产出的经济性综合考虑，合理地提高集输系统的压力。

根据龙凤山气田井口压力递减预测，开发 3 年后，气井压力即降至 9.0MPa，已不能满足高压集输工艺集输压力的要求，所以从能耗、投资、适用性等方面综合考虑，高压集输工艺不具有可行性，采用低压集气工艺，存在集中处理站压缩机需要全年运行的问题，而中压集输工艺集输压力较高，采气管线管径相对较小，同时井场加热节流橇热负荷相比低压集输工艺负荷小，所以中压集输工艺建设成本相对较低。经过实践摸索和对比，并多次对集气工艺进行优化，形成了具有自主知识产权的以下特色工艺技术：

2.1　气田中低压集气计量特色工艺

在中压集气阀组上增设了低压气增压汇管和低压集气阀组，不增加征地，通过流程优化，用最少的投资建低压气进站流程。该工艺解决了区块内各井压力不同和气井压力递减无法进站处理的问题，改造期间集气站不停运，节省了停运、放空、置换的成本费用(图 2)。

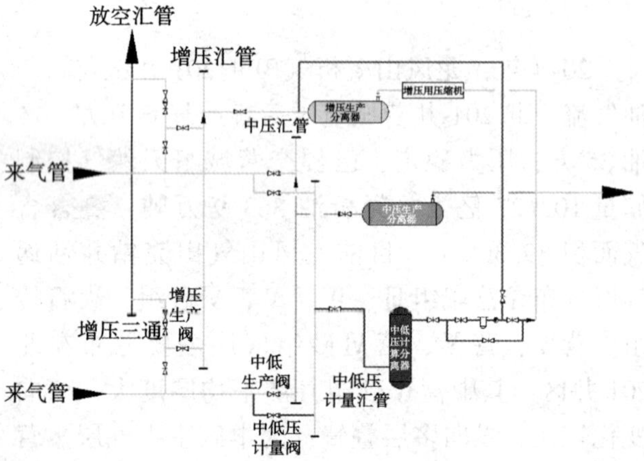

图　2

2.2　试采阶段小型气田集气站冬季露天计量、生产工艺

该工艺技术的特点是在计量支路和生产支路水平设置，并且计量阀和生产阀均为水平安装，解决了寒冷地区计量和生产阀组采用立式管段结构易造成的积液冻堵问题。适用于寒冷地区气田开发初期、偏远地区小型气站建设时没有供电条件或农用电供电不正常的冬季，保证了小型集气站计量、生产阀组在露天能够正常生产(图 3)。

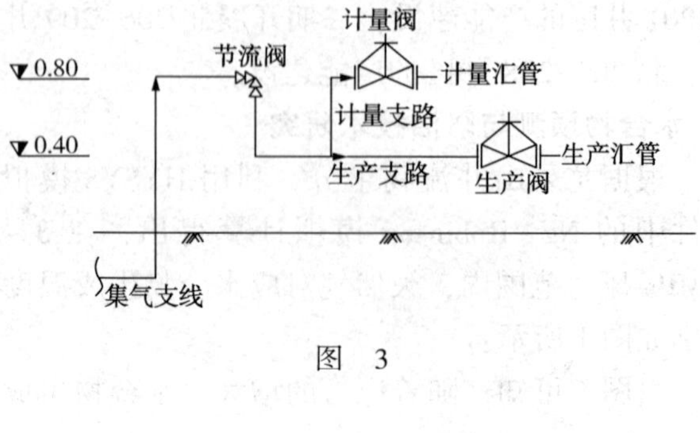

图　3

2.3　小型集气站高效加热、集气工艺

该工艺技术的特点是将集气阀组的生产汇管、单井计量汇管通过加热阀与加热炉生产加热盘管和计量加热盘管连接，简化了集气后加热流程、节约用地、方便施工、便于管理，解决了现有的气田集气站集气、加热流程繁琐而产生的占地面积大、投资高等问题(图4)。

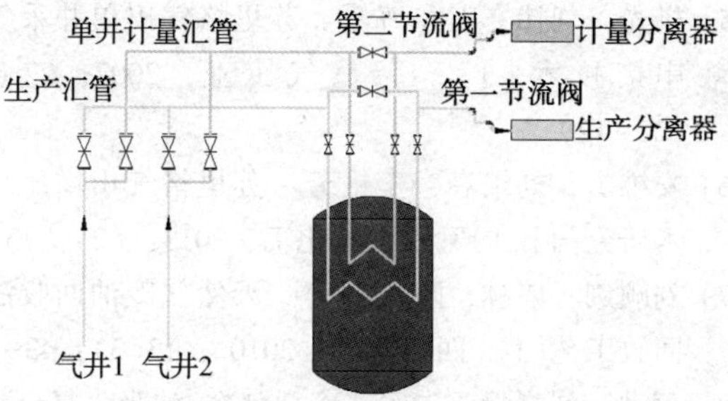

图　4

3　轻烃回收及凝析油稳定工艺研究

凝析气在生产过程中，从天然气长输需要、下游用户的要求、经济价值等方面考虑，需要进行轻烃回收，回收凝析气中C3+组分。天然气凝液回收装置主要处理经过脱水处理后的天然气，以得到液化气(或丙烷、丁烷)及轻烃等产品。该装置在天然气处理中又称为轻烃回收装置，其工艺方法主要有吸附法、油吸收法和冷凝分离法。

3.1　轻烃回收工艺优化研究

根据龙凤山气田开发方案，开发初期，充分利用地层能量，同时与已投产的试采流程相结合，采用辅助冷箱+节流制冷的方式获取低温，进行凝液回收。节流制冷法利用高压天然气的压力能，当高压天然气通过节流阀时，产生焦耳-汤姆逊(以下简称J-T)效应，使天然气的温度迅速降低，经分离后实现水和液烃的脱除。为了防止天然气迅速降温时形成水合物，须在节流阀前加入水合物抑制剂。若气田天然气同时需要脱水脱烃只需要符合外输产品天然气的烃、水漏点及外输压力的要求，且有很高的压力能可以利用，则节流制冷法是最好的选择。

开发中后期，当进站压力降低，无法满足节流制冷的压差时，进站压力调整为外输压力，取消节流阀，采用外加冷源法获取冷量，进行凝液回收。外加冷源法是利用外部冷源与原料气换热，从而得到低温气体。外部冷源通常采用常压下沸点较低的物质作为冷剂，气体冷剂通过压缩—冷凝—节流—蒸发—再压缩的循环过程在蒸发器中为原料气提供冷量。目前常用的冷剂主要有氨、乙烷、丙烷和氟利昂等。其中，氟利昂对大气污染较严重，其工业应用已受到很大限制；氨则具有刺激性气味，对人体有害，并且通常使用在制冷温度较高的地方。而丙烷不存在这些缺点，且制冷温度较低。因此，在天然气凝液回收装置中通常优先选用丙烷作为制冷剂。

当进站压力低于天然气外输压力时，集中处理站增设原料气压缩机，保持进站压力稳定在外输压力，采用外加冷源法进行凝液回收。

3.2　凝析油稳定工艺优化

凝析油稳定是降低凝析油的蒸发损耗，确保储存安全采取的一种工艺方法。将凝析油在一定压力、温度条件下进行处理，使部分轻组分分离出来并加以收集和利用，使其符合产品规格要求的工艺方法。

凝析油稳定的深度通常用稳定原油的饱和蒸汽压衡量，有关规范规定稳定原油在最高储存温度下的饱和蒸气压的设计值不宜超过当地大气压的0.7倍。凝析油稳定的方法主要有加热闪蒸法、降压闪蒸法和分馏稳定法。

提馏方案的经济效益较正压闪蒸、负压闪蒸稍差，但差距较小，由于提馏法的稳定效果更好，三种方案现金流基本相当，综合考虑，推荐选用提馏稳定工艺。由计量和生产分离器分离出的凝析油(8.6MPa，23℃)先节流至1.65MPa，温度14.2℃，后经过换热器预热至57℃，进入一级闪蒸分离器进行分离，分离出的气相经节流后进入稳定气一级压缩出口，液相再经节流至0.5MPa进入二级闪蒸分离器，该闪蒸分离器分离出的气相进入稳定气一级压缩出口，液相进入稳定塔顶部，稳定塔的操作压力为150kPa(a)，塔顶闪蒸出的物料经冷却分离后进入稳定气增压系统压缩至冷凝分离装置入口，塔顶冷凝分离出的凝液用泵增压至液化气塔进行轻烃回收，塔底稳定凝析油经过回收热量后进罐储存。塔底凝析油满足在储存温度时的饱和蒸汽压低于当地大气压的0.7倍。稳定气增压系统设为两段增压，前段压缩机的出口压力与二级闪蒸压力一致为0.5MPa，后段压缩机再将稳定气增压至冷凝分离装置的入口压力8.6MPa。

4 结论

龙凤山凝析气田首创了简单、经济、适用、高效的小规模凝析气田地面配套工艺，采用越站流程简化凝析油气处理工艺，在设计上弱化脱水工艺、简化轻烃回收及原油稳定工艺，研究成果顺利通过了集团公司专家组的鉴定，项目整体达到国际先进水平。龙凤山凝析气田井场标准化设计覆盖率100%，撬装设计率达到80%，建设周期仅87天，建成了凝析气田“四化建设”示范区，集气站投运以来运行平稳，并经受了-35℃的低温严寒考验，最大处理气量达52万方/天，凝析油70吨/天，折合体积90~100方/天，实现了当年建设、当年投产、当年收回成本，有力保障了龙凤山凝析气田的高效开发。

参 考 文 献

[1] 裴红，郭野愚，宋清平．牙哈凝析气田地面工艺技术特点[J]. 石油规划设计，2003，14(5)：10-12.

[2] 张红燕，隋永刚等．凝析气田地面集气工艺技术[J]. 石油规划设计，2007，18(2)：25~27.

[3] 梁根生，代维，杨刚等．雅克拉凝析气田单井集输管道腐蚀因素分析及治理对策[J]．中外能源，2011，16(4)：65~68.

[4] 付秀勇，胡志兵、王智等．雅克拉凝析气田地面集输与处理工艺技术[J]．天然气工业，2007，27(12)：136~138.

[5] 杨光，刘祎，王登海等．苏里格气田单井采气管网串接技术[J]．天然气工业，2007，27(12)：128~129.

[6] 安维杰，刘银春，李艳芳．苏里格气田增压工艺技术研究[J]. 内蒙古石油化工，2013，(2)：73~75.

[7] 刘顺剑，诸林，陈国森等．天然气冷油回收法轻烃回收工艺[J]. 四川化工，2010.，13(3)：43-46.

[8] 蒋洪，刘晓强，朱聪．冷剂制冷-油吸收复合凝液回收工艺的应用[J]. 石油与天然化工，2007，36(2)：97-100.

集油管道黏壁规律实验研究

陈从磊[1] 徐孝轩[1] 黄启玉[2]

（1. 中国石油化工股份有限公司石油勘探开发研究院；2. 中国石油大学（北京））

摘 要 我国老油田大部分已进入开发中后期，综合含水上升，产液量增加，传统的加热集输工艺造成了大量能源的浪费，采用不加热集输工艺具有重要现实意义。根据某油田集油管道的实际工况，分别对高含水低温黏壁规律和高含水溶气低温黏壁规律进行了实验研究，结果表明：(1)不同含水率下原油的黏壁温度不同；(2)随综合含水率的升高，黏壁温度降低含水率不变，随流量增加，测试端两段的压降下降，黏壁温度降低。(3)对高含水溶气原油，带压条件下原油黏壁质量较常压条件更少，原油流动特性改善，但黏壁温度一样。(4)压力一定的条件下，溶气原油乳化含水率随综合含水率的升高而升高，带压原油的乳化含水率低于常压的乳化含水率。

关键词 不加热集输；黏壁规律；高含水原油；溶气原油；室内环道

我国油田大多已接近或进入高含水时期，一些油田的综合含水率达到了90%以上。由于水的比热容较大，采用加热集输工艺会使能耗大大增加。随着油田开采技术的不断发展，各油田越来越注重原油不加热集输技术[1]。我国各大油田在20世纪70年代到80年代就相继开展了不加热集输工艺的相关研究，得到了自然不加热及多种辅助不加热集油工艺技术[2]，并在较大范围内推广应用，降低了相关能耗费用，提高了油田的整体运行效益。

高含水原油在其凝点温度或低于凝点温度时也可以在管道内流动[3]。管道内壁对油滴的黏滞力要大于对水滴的粘滞力，因此在输送过程中原油会附着在壁面上，此现象称为黏壁现象。对高含水、高粘原油来说，当输送温度接近原油的凝点时易出现黏壁现象，因此此现象常见于不加热集输工艺中[4]。目前对黏壁现象的研究还处于起步阶段。在实施不加热集输的过程中，回压高、管线堵是生产管理人员普遍反映的问题[5]，为了避免井口回压过大，需要对集输管道进行清管作业来清除管壁凝油[6]。实施低、常温集输方案可以有效降低原料消耗，减少油田生产成本，提高经济效益，实现节能达标，是油田降低成本减耗的需要、时代发展的必然趋势[7]，因此，开展集油管道低温黏壁规律的实验研究，为油田推广和实施不加热集输提供了借鉴和参考。

1 高含水原油黏壁规律实验研究

依据某油田原油管线实际工况，进行不同含水率、不同流量下的高含水原油黏壁实验模拟，分析了M5站油在不同管输条件下的黏壁温度，以此来确定某油田集输管线低温输送边界条件。

1.1 模拟罐黏壁实验

（1）实验试样

实验油样为脱水后的M5站油，其基本物理性质和不同剪切速率下的粘温曲线见表1和图1。

表1 M5站油基本物理性质

实验试样	凝点/℃	析蜡点/℃	含蜡量/%
M5站油	31	52	23.75

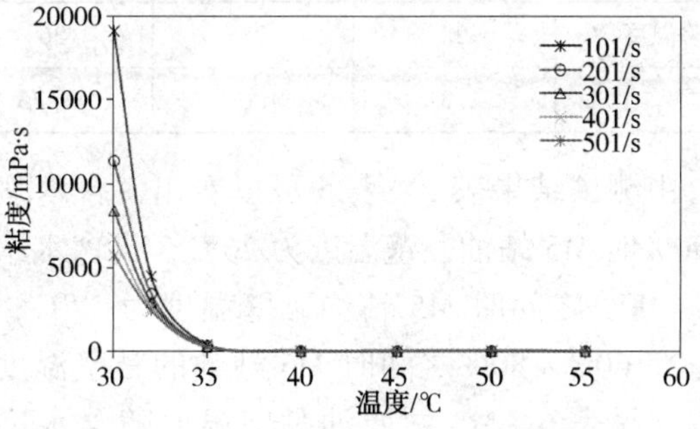

图1 M5站油粘温曲线

从图1中可以看出，反常点在40℃左右。在40℃之前具有较强的非牛顿特性。

（2）实验方法

实验不同凝点的原油在含水率60%、70%、80%、90%时的黏壁温度，本实验以黏壁质量突然增大时的温度为临界黏壁温度[8][9][4]。经测试，M5站油乳状液稳定含水率为5%。

在50℃下制备含水率5%的M5站油乳状液。开启水浴，控制搅拌槽温度恒定在凝点以上4℃，油样、水样放入水浴中加热。当搅拌槽内的水到达温度时，将去离子水和制备好的混合油倒入搅拌槽内，开启搅拌仪，设定水浴温度为凝点下某一温度，以一定的降温速率边搅拌边降温，达到设定温度后恒温10min，边旋转边将搅拌槽内的油水混合物从下端出水口放出，计量游离水体积，测量搅拌槽内挂壁凝油高度，用纸擦掉搅拌槽内挂壁凝油，称其重量，再重复以上操作，测试不同温度下乳状液黏壁质量，直到黏壁质量突变为止。

（3）实验结果

含水率为60%、70%、80%、90%时的M5站油在不同试验温度下的黏壁质量见表2~表5。

表2　含水率60%的M5站油黏壁温度测定

实验温度/℃	31	30	29	27
黏壁质量/g	3.68	4.42	11.04	56.00

表3　含水率70%的M5站油黏壁温度测定

实验温度/℃	31	30	29	27
黏壁质量/g	3.09	3.15	10.05	41.80

表4　含水率80%的M5站油黏壁温度测定

实验温度/℃	29	28	27
黏壁质量/g	3.23	4.14	30.30

表5　含水率90%的M5站油黏壁温度测定

实验温度/℃	28	27	26
黏壁质量/g	1.31	1.63	13.75

由测试结果表2~表5可以看出，含水率大于90%时M5站油黏壁温度为26℃，当含水率在80%~90%之间时M5站油黏壁温度为27℃，含水率在60%~80%之间时M5站油的黏壁温度为29℃，见表6。M5站原油黏壁温度随含水率变化曲线见图2。

表6　不同含水率下M5站油黏壁温度

含水率	黏壁温度/℃
60%	29
70%	29
80%	27
90%	26

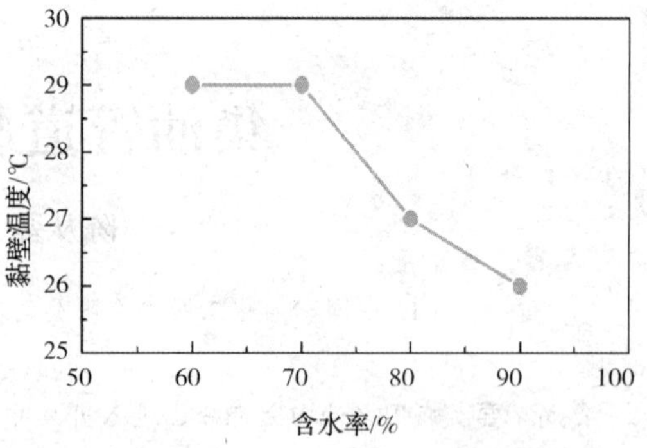

图2　M5站原油黏壁温度随含水率变化曲线

由图2可知，随着综合含水率的升高，M5站油的黏壁温度降低，这是由于随着综合含水率的升高，乳状液液滴含量减少，游离水含量增加，相同温度下游离水对管道内壁的冲刷作用增强，因此，产生黏壁现象的温度降低[10]。

1.2　室内环道模拟实验

（1）实验方法

将纯油油样与净化水用搅拌器充分搅拌得到含水乳状液，再将制备好的乳状液和水样倒入环道控温大罐内，设置好测试温度，启动环道，调整到所测流量，使乳状液在环道内循环流动30min以冲刷环道内壁，通过数据采集系统对压力变化数据进行采集。

（2）实验结果

高含水原油常温集输的边界条件与集输管线内介质的输送温度息息相关。本实验利用实验环道模拟了某油田高含水原油在低温状态下凝管的过程，测试了高含水、高粘、易凝原油在黏壁温度输送时测试段压力变化情况。与管壁接触的原油会沉积在壁面，可以发现当实验环道温度维持在黏壁温度以上时，管道压降较低，可以正常运行[11]；但是当实验段运行到黏壁温度时，管道测试段压降持续上升，压降增大，并最终凝管[12]。观察发现，油水乳状液在管壁大量凝结，造成管道堵塞。可见当管道运行温度达到特定值时触发了这一现象的发生。

原油黏壁质量与含水率有关[13]，对含水率60%、70%、80%、90%的M5站油在蠕动泵30转（0.11m/s）以及80转（0.16m/s）进行了室内环道实验，压差随时间变化曲线如图3~图5所示。

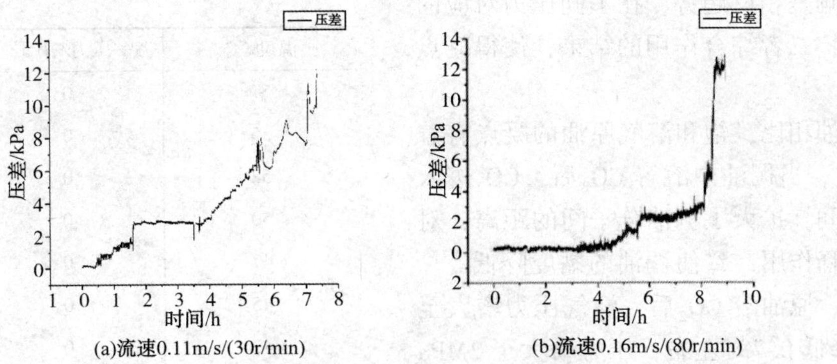

图 3 M5 站-含水 60%黏壁过程压差图

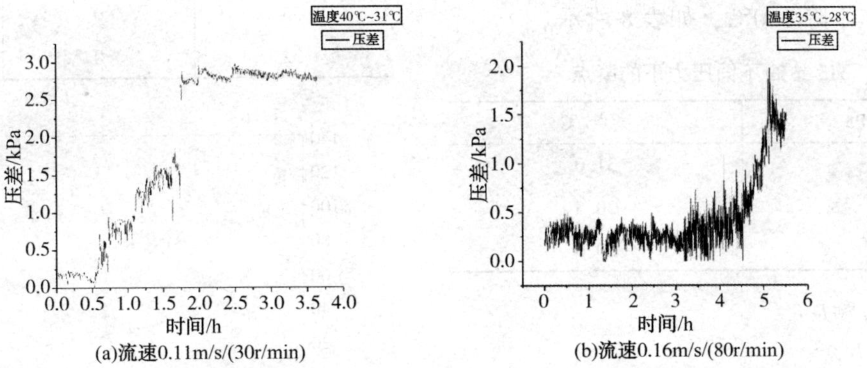

图 4 M5 站-含水 60%黏壁前压差图

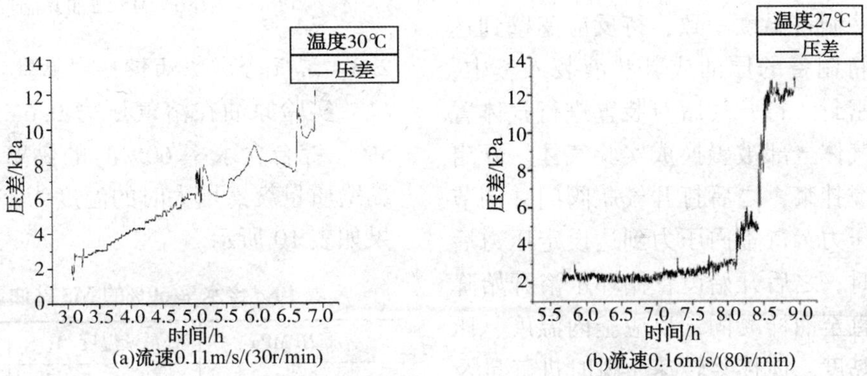

图 5 M5 站-含水 60%开始黏壁压差图

表 7 不同流量下原油黏壁温度

原油名称	乳状液凝点/℃	含水率/%	流量/kg/h	黏壁温度/℃
M5 站油	31	60	47	30
		60	61	27

由表 7 可知，高含水原油在实施不加热集输后，当油井产液沿程输送温度下降到某一温度点时，油水悬浮液中的油滴（组成为油水乳状液）会发生絮凝。一方面絮凝乳状液的流变性表现为表观黏度大大升高；另一方面，在流动过程中部分絮凝液滴相互接触，相互粘附，增大浮升力，增加了油滴流动过程中于集输管线上部内表面接触的几率。所以，油井产液在此温度输送时，絮凝液滴会黏附到管线内壁上而不被油流冲刷掉，最终导致管线内壁流通截面积减小，形成节流[14]。反之在原油未发生絮凝时，未发生黏壁，集输管道的压降变化不大。

2 高含水溶气原油黏壁规律实验研究

2.1 溶气原油凝点

一般说来，在相同含气量的条件下，随着压力的增大，凝点升高；在压力一定的前提下，随着含气量的增大，凝点降低。因此，压力和含气量对凝点的影响是相反趋势，在不同压力对应的饱和含气量下，二者综合作用的结果，使得凝点有所降低[15]。

与脱气原油相比，饱和溶气原油的凝点有着显著地降低[16]，当稠油中溶解 CO_2后，CO_2进入到稠油分子中间，扩大了稠油分子间的距离，对稠油起到了稀释作用，致使稠油的黏度降低[17]。通过实验发现，原油溶 CO_2后，溶气压力增大至 1MPa 时凝点降低 0.7℃左右；压力增大至 2MPa 时，凝点降低 1.2℃左右[18]。

M5 站油在 0.6MPa 下凝点下降 0.5℃，1.0MPa 下凝点下降 1.0℃，如表 8 所示。

表 8　M5 站油不同压力下的凝点

压力/MPa	凝点/℃
常压	31.0
0.6	30.5
1.0	30.0

2.2　溶气原油黏度

（1）实验方法

首先检测反应反应釜的气密性，再打开循环水浴对反应釜进行预热，预热温度设为与原油加热温度或乳状液制备温度一致，待反应釜壁到达预热温度后，将制备的原油或乳状液装入釜中，将釜盖盖好并密封。打开气瓶对装置进行气体置换，使装置内气体全部被置换成实验气体。开启高压反应釜内搅拌桨，之后打开气瓶阀门并调节减压阀至设定压力，待釜内压力到达设定压力后恒温恒压 3 小时，之后开始设置循环水浴开始降温，进行测量直至油样凝固，反应釜内温度、压力，釜内液体黏度，搅拌桨转速，瞬时进气量及累计进气量通过在线黏度计及数据采集软件采集至电脑中。

（2）实验结果

溶气原油在不同压力下的黏度测试结果见表 9和图 6。

表 9　M5 站油在不同温度、压力下黏度（凝点 28℃）

温度/℃	压力/MPa	黏度/mPa·s
70	0	10.32
67	0	11.38
65	0	12.00
62	0	13.31
60	0	14.21
57	0	15.86
55	0	17.29
52	0	19.21
50	0	21.34
47	0	24.90
45	0	27.01
42	0	31.56
40	0	34.57
37	0	43.71
35	0	60.22
32	0	119.00

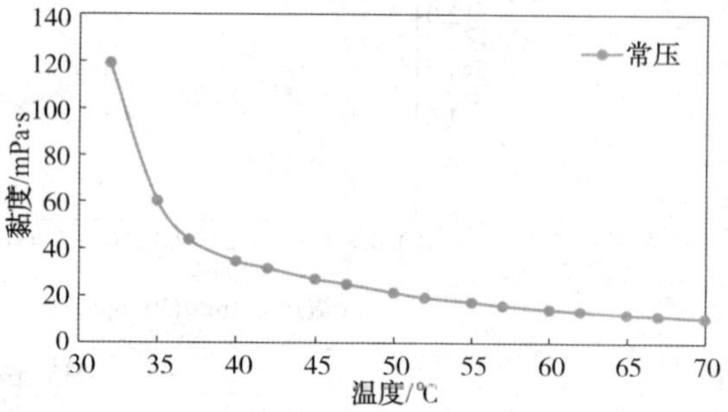

图 6　M5 站油黏温曲线

2.3　溶气含水原油模拟罐黏壁实验

实验原油在溶气压力 0.6MPa，乳化含水率 5%、综合含水率 60%时的黏壁温度，本实验以黏壁质量突然增大时的温度为临界黏壁温度。结果如表 10 所示。

表 10　含水率 60%的 M5 站油黏壁温度测定

压力/MPa	黏壁温度/℃	黏壁质量/g
0	31	25.98
	30	26.74
	29	71.51
	27	70.11
	25	72.27
0.6	31	22.70
	30	21.65
	29	70.23
	27	68.93
	25	62.11

由表 10 可以看出，带压条件下黏在小罐内壁上的黏油与常压条件相比较软，且黏油量比常压条件少，原油流动特性改善[19]。但黏壁温度

是一致的，常压和0.6MPa条件下综合含水率60%的M5站油的黏壁温度均为29℃。

2.4　溶气原油乳化特性

集输管路中多为油气水三相流动，气体的存在会改善油流的性质，有利于低温集输的进行，但对于溶气原油乳化特性的研究较少。

为了深入了解溶气原油乳化特性，进一步探索了溶气油水混合液的乳化特性。采用实验室高压罐系统进行乳化研究，其尺寸与搅拌桨型号与常压小罐系统相同，目前进行了综合含水率60%、70%的M5站油在0.6MPa下的乳化含水率实验。

表11　M5站油0.6MPa下原油乳状液的乳化含水率

转速/（r/min）	含水率/%	乳化含水率/%			
		36℃	31℃	26℃	21℃
300	60	15.8	0	9.1	11.1
	70	25	1.6	11.8	14.3

在0.6MPa下，乳化含水率随综合含水率的升高而升高。与常压条件下比，相同条件下的乳化含水率减小，考虑气体的存在，导致乳状液界面强度变小，在高压气体的作用下更易于破乳，从而导致乳化含水率的降低[20]，对低温集输非常有利。

3　结论

通过对某油田原油进行黏壁规律实验研究，得到如下结论：

（1）不同含水率下原油的黏壁温度不同；且随着综合含水率的升高，黏壁温度降低。

（2）含水率不变，随流量增加，测试端两段的压降下降，黏壁温度降低。

（3）对高含水溶气原油，带压条件下原油的黏壁质量低于常压条件下的黏壁量，原油流动特性改善，但黏壁温度一样。

（4）压力一定的条件下，溶气原油乳化含水率随综合含水率的升高而升高，带压原油的乳化含水率低于常压下的乳化含水率。

参考文献

[1] 赵美平．油田集输系统的能耗与节能研究分析[J]．硅谷，2015，8(01)：97+107.

[2] 宋承毅．论“三高”原油不加热集油的影响因素[J]．油田地面工程，1995(01)：9-12+18-54+61.

[3] 陈岩，唐礼骅，王小兵．含水原油低温集输极限温度的研究[J]．海洋石油，2007(04)：60-63.

[4] Haimin Z，Qiyu H，Changhui W，et al. Wall Sticking of High Water-Cut，Highly Viscous and High Gel-Point Crude Oil Transported at Low Temperatures [J]. China Petroleum Processing & Petrochemical Technology，2015，17(4)：20-29.

[5] 关丽．油田低温集输技术界限的探索[J]．石化技术，2018，25(12)：185.

[6] 田东恩．西区油田高含水期原油黏壁规律研究[J]．科学技术与工程，2015，15(09)：176-179.

[7] 程铄．杏北油田低常温集输方案及实施效果[J]．化学工程与装备，2017(06)：113-114+112.

[8] 丁振军．高含水、高黏、易凝原油单井不加热集油的边界条件的确定[D]．北京：中国石油大学(北京)，2013.

[9] Zheng H，Huang Q，Wang C. Wall sticking of high water-cut crude oil transported at temperatures below the gel point [J]. Journal of Geophysics & Engineering，2015，12(6)：1008-1014.

[10] 檀为建，崔艳丽，李娇等．西柳站高含水油井常温集输温度界限试验研究[J]．油气田地面工程，2018，37(06)：19-25.

[11] Anosike C F. Effect of Flow Patterns on Oil-Water Flow Paraffin Deposition in Horizontal Pipes [M]. 2007.

[12] 王涛，张志庆，王芳等．原油乳状液的稳定性及其流变性[J]．油田化学，2014，31 (4)：600-604.

[13] Hoffmann R，Amundsen L，Huang Z，et al. Wax deposition in stratified oil/water flow [J]. Energy & Fuels，2012，26(6)：3416-3423.

[14] 陈炜．油中水乳状液中的絮凝结构形成及其流变特性[D]. 北京：中国科学院理化技术研究所；中国科学院感光化学研究所，2000.

[15] 于涛．溶气原油流变性研究[D]．中国石油大学，2009.

[16] K. Karan，J. Ratulowski，P. German. Measurement of Waxy Crude Properties Using Novel Laboratory Techniques [J]. SPE 62945，2000.

[17] 李传宪，魏国庆，M晓斌等．利用搅拌测黏法研究CO2溶解对稠油黏度的影响[J]．石油化工高等学校学报，2017，30(06)：64-72.

[18] 邢晓凯，孙锐艳，王世刚等．二氧化碳对原油凝点影响的实验[J]．油气田地面工程，2013，32(11)：56-57.

[19] 王博，夏政，林罡．长庆油田原油不加热集输的流变学原理[J]．石油工程建设，2015，41(05)：58-61.

[20] 霍思彤．原油溶二氧化碳后流变性及其对集输半径的影响研究[D]．西安石油大学，2018.

油田集输系统单管加热输送技术研究应用

张　旭　王　刚　黄　海　师丽雪

（中国石化华东油气分公司）

摘　要　本文介绍了华东油气分公司泰州采油厂集输生产模式转变的研究实践过程。选取试点研究由站区内集中加热污水，泵送至各井场，携油井产液回输至站区的双管掺水模式转变为由站区利用原掺水管线向各采油井场输送伴生天然气，并且充分利用输气管线基本敷设至各井场的便利条件回收的油井套管气，沿途井场安装全自动燃气热水炉，为油井产液进行提温后输送至站区处理的单管加热输送模式。通过对单管加热输送模式过程中油井产液温升、输送温降等具体参数计算确定热水炉功率、需求燃气量、优化加热点的位置选择。比照两种生产模式各项能耗数据，得出运行优化点，并结合实际运行数据进行分析。

关键词　套管气；热水炉；单管加热

目前常用的几种油气集输流程包括不加热冷输工艺、加热集输工艺、伴热集输工艺和掺水集输工艺等[1]华东油气分公司泰州采油厂苏北区块属于典型的低渗透油田，目前部分油田已进入高含水开发阶段，双管掺水工艺普遍应用于苏北油田老区。同时，大多数井含有一定量的伴生天然气，回收利用较为困难，随着环保政策的加强，环境保护问题日益突出。现有的地面集输工艺已不能适应生产的需要，如何因地制宜的利用原有设施，创新地面油气集输模式，优化简化地面工艺技术，提出切实可行、经济高效、简单易行并适合苏北油田老区的工艺技术势在必行。

1　生产现状

1.1　试验区块油井生产参数

选取帅垛油田东线作为试点。由表1及图1所示，东线分为4个油井集中分区，共下辖采油生产井23口，累计日产油120.88t/d，日产液220.82t/d，综合含水45.26%。23口油井分部于四个油井集中区，东1区下辖油井6口，累计日产油25.11t/d，日产液47.12t/d，综合含水46.7%；东2区下辖油井9口，累计日产油44.7t/d，日产液95.3t/d，综合含水53.1%；东3区下辖油井4口，累计日产油27.43t/d，日产液31.6t/d，综合含水13.2%。东四区下辖油井4口累计日产油23.65t/d，日产液46.82t/d，综合含水49.5%。实测平均井口产液温度23℃。掺水管道管径*DN*80，输油管道管径*DN*100。

表1　帅垛东线各分区生产数据表

分区	日产油/t	日产液/t	含水/%
东1	25.11	47.12	46.7
东2	44.7	95.3	53.1
东3	27.43	31.6	13.2
东4	23.65	46.82	49.5
合计	120.89	220.84	45.26

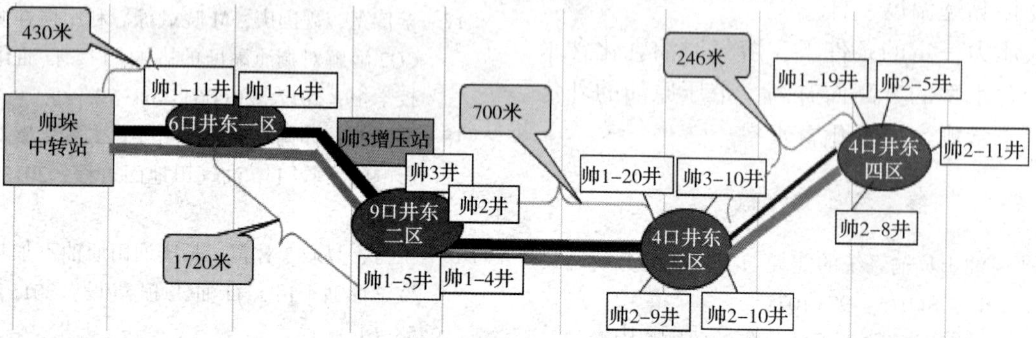

图1　帅垛东线拓扑图

1.2 原油物性试验分析

经试验测得，帅垛东线大部分原油的原油黏度(50℃)在40~100mPa·s之间，本次原油黏度分析取70mPa·s；原油密度0.88g/cm³；凝固点26~29℃之间，如表2所示。

表2 帅垛东线各区域油品性质表

分区	井号	运动黏度/mm²/s	动力黏度/mPa·s	黏度测定温度/℃	密度测定温度/℃	地面原油密度g/cm³	凝固点/℃
东1	帅1-2	91.35	80.59	50	20	0.8822	29
东2	帅1-4	50.12	43.94	50	20	0.8768	28.5
东3	帅1-20	111.72	99.97	50	20	0.8948	26
东4	帅2-8	75.87	66.85	50	20	0.8812	27

1.3 集输系统运行问题分析

对帅垛东线现有集输系统进行分析。目前帅垛东线油井伴生气在现有运行模式下无法有效利用，如就地排放，造成环境污染及资源浪费，另一方面双管掺水流程必须在站内对掺入流程中的水加热升温至55~60℃才能满足帅垛东线掺水的要求，而且是在集输系统中重复循环加热，占用站内锅炉较大部分的热负荷；同时由于掺水管线较长，站内掺水泵需提供较高的掺水压力，进一步造成井口压力的上升，增加了系统的运行费用。

2 单管加热输送模式理论计算

2.1 水力计算

采用达西公式

$$h=\lambda\frac{L}{d}\frac{v^2}{2g} \tag{1}$$

式中 h——管道沿程摩阻，液柱(m)；

L——管线长度，(m)；

g——重力加速度，g=9.81m/s²；

d——管线内径，(m)；

v——管内液体流速，(m/s)；

λ——水力阻力系数；

2.2 热力计算

采用温降公式

$$t_H=t_0+(t_K-t_0)e^{al} \tag{2}$$

式中 t_H——管线起点的流体温度,℃；

t_0——管外环境温度，8℃(最低地温)；

t_K——管线终点的流体温度,℃；

l——管线长度，m；

a——系数；

$$a=\frac{K\pi D}{q_m C} \tag{3}$$

式中 K——总传热系数；

D——管道外径，m；

q_m——流体的质量流量，kg/s；

C——比热容，J/(kg·℃)。

根据已建的集输掺水管线管径和以往压力温度的数据采集形成的变化规律，设定进站温度为38℃左右来进行推算，帅垛东区块集油管水力、热力计算结果见表3。

表3 帅垛东线集油管水力、热力计算表

起点	终点	管线长度/m	液量/(t/d)	起点压力/MPa	终点压力/MPa	起点温度/℃	终点温度/℃	加热炉出口温度/℃	是否需加热炉	升温负荷/kW	选用燃气热水炉/kW	天然气耗量/(m³/d)
东4区井前	东4区井后		46.82	1.2	1.18	23	23	48	是	42.5	50	100
东4区井后	东3区井前	246	46.82	1.18	1.13	48	44		否			
东3区井前	东3区井后		78.41	1.13	1.13	44	37		否			
东3区井后	东2区井前	700	78.41	1.13	0.95	37	33.1		否			
东2区井前	东2区井后		173.7	0.95	0.95	33.1	27.5	52.5	是	154	200	468
东2区井后	东1区井前	1600	173.7	0.95	0.52	52.5	45.5		否			
东1区井前	东1区井后		220.84	0.52	0.52	45.5	40.7		否			
东1区井后	帅垛站	650	220.84	0.52	0.38	40.7	38.8		否			

根据计算，采用单管加热输送模式，进站温度可达到38.8℃，运行温度、压力参数均可满足生产运行需要。东四区整体升温负荷为42.5KW，需选用50KW的全自动燃气热水炉1台为产液进行升温；东二区整体升温负荷为154KW，需选用200KW的全自动燃气热水炉1台为产液进行升温。2台热水炉耗气量约为568m³/d。

3 单管加热输送模式技改试验

3.1 油气输送模式

为提高生产管理效率，降低能耗，充分利用井口套管气资源和站区三相分离器分离的伴生天然气资源，加上现有的掺水流程已敷设至各油井井场的优势，对帅垛东线及站区的流程进行局部改造，将原掺水管线改为天然气输气管线，将站区分离器分离伴生气和套管气资源充分集中，作为热水炉气源，选定井场安装全自动燃气热水炉，对油井产液进行换热升温，并通过原输油管线输送至帅垛站区进行处理。运行模式对比如图2所示。

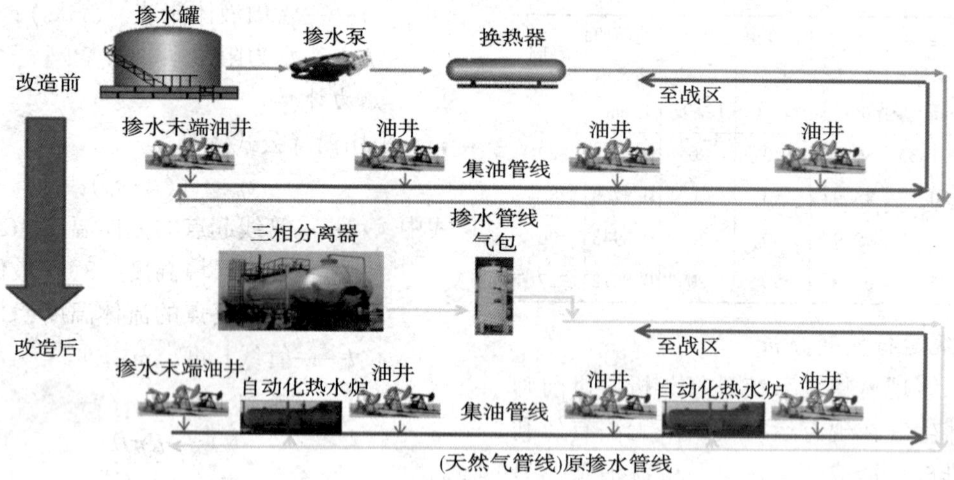

图2 帅垛东线运行模式对比

3.2 油井套管气回收

经测量，东线油井套管气气量约为150m³/d，原先生产模式井口回压较高，多在1MPa左右，套管气若需回收至输油流程，必须增设套管气收集增压装置，初始投资及运行费用较高。但生产模式转变后，输气管线运行压力仅在0.1MPa左右，具备有利的回收条件。如图3所示，通过在套管环形空间出口安装止回阀或定压排气阀[2]，可将相对压力较高的套管气泄放至输气管线中，充分利用了套管气资源，同时避免了环境污染。

图3 套管气回收井口

3.3 全自动燃气热水炉应用

选取功率合适的全自动燃气热水炉。中控室可远程监控热水炉进出口液温、压力，炉水温度、液位，天然气压力、流量，可燃气体浓度等数据；根据炉子运行情况中控室可进行远程控制，修改优化运行参数上下限范围以达到最佳运行工况。全自动燃气热水炉现状及中控室操作界面如图4、图5所示。

图4 全自动燃气热水炉

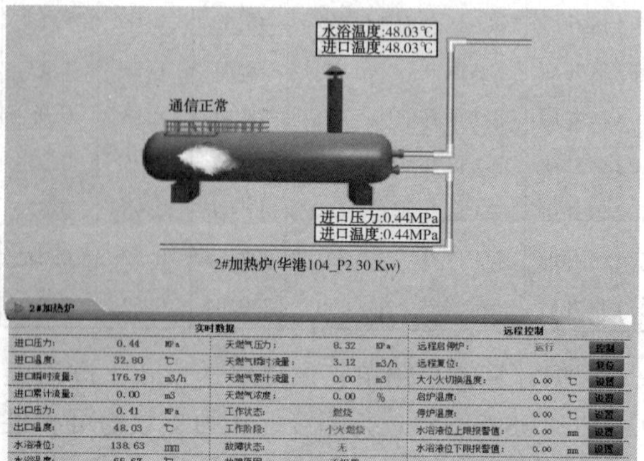

图5 热水炉操作界面

4 单管加热输送模式应用效果分析

4.1 单管加热输送模式优点

单管加热集输工艺在帅垛东线运行以后，从现场运行状况、生产数据和帅垛站区能源消耗的统计来看都取得了较好的效果。帅垛东线区块各油井井口回压普遍下降 0.3～0.5MPa，取消了站内掺水加热及输送，减少了能源消耗，优势主要体现以下几点：

① 大大降低了站内锅炉的热负荷，一方面节省了掺水水源的加热能耗。原先掺入流程中的油田污水必须加热升温至 56～60℃才能满足末端掺水的需求，而且是在集输系统中重复循环加热。技改前每天掺水流量 $10m^3/h$，需从站内由 26℃升温至 58℃，升温需耗费天然气约 960 m^3/d，而改为单管加热输送后避免了热水在掺水管线中流动发生的热损失，在油井生产源头直接升温，加热炉仅对进入输送管道的 220t/d 的油井产液升温，降低沿途的热量消耗，提高了热利用率；另一方面技改前产液进站温度为 26℃，技改后为 38℃，减少了站区三相分离器的处理升温的热量消耗。

② 站内三相分离器分离气、油井套管气回收利用，经济、环保效益显著。

③ 取消了站内掺水，省去站内掺水泵运行费用，同时也降低了东线流程增压泵运行负荷、站内三相分离器的处理液量。

④ 热水炉及流程运行情况可以远程监控，实现无人值守[3]，为数字化油田建设在集输方面打下基础，同时生产模式转变，减少了人工成本；

⑤ 降低井口回压，部分药剂停用，减少生产成本；井口回压变化对比如图 6 所示。

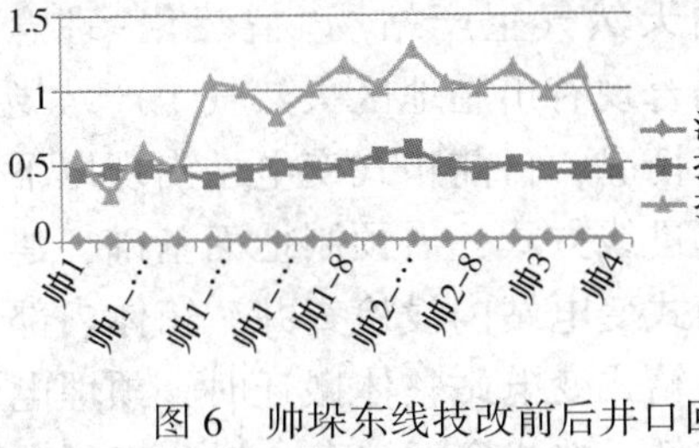

图 6 帅垛东线技改前后井口回压对比

4.2 集输系统运行费用对比

如表 4 所示，站内天然气消耗因加热介质减少，原站内掺水加温需月耗气 $28800m^3$，而技改实施后站外炉子仅需月耗气 $17040m^3$，月节省 3.76 万元；因技改后掺水泵停用，增压泵降频使用，月节约电费 1.15 万元；降黏药剂技改后用量大大减少，月节约费用 2.33 万元；区块油井套管气回收每月纯经济效益 1.44 万元。仅帅垛东线小区块每月可节约运行费用 8.68 万元。在全厂范围内推广，预计可节约运行费用约 500 万元/年。

表 4 帅垛东线技改前后运行费用对比

费用类别 运行模式	双管掺水集输	单管加热集输	差值	节省费用/(万元/月)
天然气消耗/(方/月)	28800	17040	11760	3.76
电力消耗/(千瓦时/月)	23300	6828	16472	1.15
药剂消耗/(千克/月)	4500	1500	3000	2.33
套管气回收/(方/月)	0	4500	4500	1.44
总计				8.68

注：天然气价取 3.2 元/方，电价取 0.7 元/千瓦时

5 结论

通过对原有双管掺水集输工艺的优化技改，充分利用现有资源，引进全自动燃气热水炉，对站区三相分离器分离的天然气和井口套管气进行回收利用，直接对产液进行加热提温，解决了伴生天然气直接排放对环境造成的污染问题，同时取消掺水工艺，减少站区能源的消耗，自动化热水炉的应用，实现了远程监控，无人值守。单管加热集输工艺在帅垛东线的成功应用，说明单管加热集输工艺能够满足泰州采油厂苏北油田现有的生产需求，并且相较常规双管掺水集输技术有着较大的优势，真正落实清洁生产，高效运行的理念，并且为下一步推广应用至全厂，取得更大的经济效益打下坚实的基础，提供理论、技术支撑。

参 考 文 献

[1] 冯叔初．油气集输与矿场加工[M]．北京：中国石油出版社，2006.

[2] 贾兆刚．油田套管气回收利用方法探讨．科技创业家，2012，09(上)：7.

[3] 史殊哲，李明．邹红杰．井口集输站快建快投技术[J]．油气田地面工程，2015，08：12-14.

川渝地区天然气生产井站强弱电橇装一体化方案的研究与设计

李　强　徐红果　房剑波　万传华　朱　麟　彭国宁

（四川科宏石油天然气工程有限公司）

摘　要　油气田地面工程一体化集成装置的研发和推广已在中国石油全面开展起来，应用一体化集成装置替代传统"零散"设备进行站场建设已势不可挡。一体化集成装置优化了地面工艺，简化了地面设施，有效控制了投资和成本，创造性地提高了站场管理有效性。文章结合目前川渝天然气生产站场生产运行模式、《西南油气田分公司站场一体化箱式变电站标准化设计》、《西南油气田分公司站场信息化标准化设计》、《西南油气田站场一体化活动房设计手册》以及深入研究正在进行的"钻前工程一体化"设计理念和要求，提出了川渝地区天然气生产井站强弱电橇装一体化，从供配电系统管理和站场信息化两个方面考虑整体橇装化，采用"侧进/出线"方式，充分与钻前工程一体化相结合，最终实现"无基础化安装"、简化地面设备以及"零开挖"，缩短施工周期，降低建设成本的总体愿望。具有较高的实际应用价值，可推广于各气田。

关键词　一体化；强弱电橇装；侧进/出线；无基础化安装；零开挖

随着油气田勘探开发和地面建设逐渐向偏、远、散、小和低渗透油气田发展，地面工程的优化简化显得越来越重要。近年来，油气田地面工艺技术不断进步，地面工程建设领域在工艺与技术、功能与构成、生产方式及管理体系等方面也在发生变化，一体化集成装置就是在油气田开发和建设新形势下应运而生的。川渝地区油气田分布广泛，大多地处偏远、环境恶劣。传统的现场施工方式还存在施工作业面大、交叉作业多、高空作业等安全风险，以及现场施工占地大、施工作业人员多等对现场环境造成较严重污染的风险。油气田地面工程一体化集成装置是一种将多种功能进行集成，以功能划分模块的橇装装置。因而，一体化集成装置具有功能模块化、工艺集成化、控制自动化和设备橇装化的特点以及节约用地、节省投资、工厂预制、建设迅速、运维方便、调用灵活的使用特点。本文将重在研究站场供配电系统和信息化系统两个方面，结合"钻前工程一体化"理念和要求，最终提出了一个较完整的天然气生产井站强弱电橇装一体化方案，为川渝地区天然气生产井站建设一体化、模块化提供一些参考。

1　成橇背景

1.1　供配电系统

站场部分，根据《西南油气田分公司站场一体化箱式变电站标准化设计》和目前川渝地区天然气生产井站生产运行模式，现阶段川渝地区天然气生产井站新建站场供电外电电压等级大部分为 10kV，变压器容量为 20kVA、30kVA、50kVA、80kVA 以及 125kVA 不等，且无高压电机的各类生产站场，箱变尺寸 3200mm × 2500mm ~ 3700mm×2500mm 不等。与常规变配电相比，箱式变电站优点为：设备布局紧凑、占地面积小；安装调式在工厂内完场，建设周期短；可根据工程需要进行整体搬迁；厂家负责运行维护，运行单位维护工作量小；变压器和配电设备均布置在箱体内、布局美观。线路部分，目前川渝地区外电大多数为 10kV 电压等级电源，且大部分为石油内部专线，普遍存在于山地，具有线路故障多、故障跳闸频率较高以及线路维护困难等特点。

随着中石油天然气生产站场"橇装化"理念的逐步深化，结合现有川渝地区天然气生产站场建设和生产运行情况，目前箱式变电站出现以下问题：采用底部进线方式，需预制地面基础，建设周期加长，箱式变电站内设检查井，箱体内部剩余空间较大；箱式变电站整体搬迁时，预埋电缆重复利用率较低，造成资源浪费，增加工程项目建设隐形投资；现有《西南油气田分公司站场一体化箱式变电站标准化设计》中箱式变电站缺乏电能管理系统，无供配电系统运行状态监测和电能管理相关功能。

1.2　站场信息化

根据《西南油气田分公司站场信息化标准化

设计》和《西南油气田站场一体化活动房设计手册》，目前采用分公司站场信息化标准化设计的有：中心站{集气站、集气站(含增压)、集气站(含脱水)、输气站、配气站}、有人单井采气站、无人值守单井采气站、气田水处理(回注)站、阀室{监控阀室、监视阀室}，在站场设置数据采集系统，连续采集现场数据和阀门状态等信号，并将数据信息及时上传，实现对站场生产过程的集中监视、记录和报警。

结合现有川渝地区天然气生产站场建设和生产运行情况，目前"站场信息化标准化"和"一体化活动房(橇装)"出现以下问题：无站内供配电系统(含 UPS)的信息采集和电能管理，若增加此功能，需在后期"物联网"建设对站内信息化系统和箱式变电站进行大修整改，增加工程项目二次投资；所有"一体化活动房(橇装)"采用底部进线方式，需预制地面基础，站内电缆采用直埋方式敷设，对"钻前工程一体化"硬化后的地面进行二次开挖，增加工程投资，后期搬迁预埋电缆重复利用率较低，造成资源浪费，增加工程项目建设隐形投资。

2 方案研究

2.1 需求分析

根据川渝地区天然气生产站场建设和生产运行需求，将强电供配电系统和弱电自动控制信息化系统整体成橇需解决以下问题：

(1) 优化箱变布局，缩减整体成橇后占地面积；

(2) 考虑站场信息化一体化橇装房物联网接入功能；

(3) 结合"钻前工程一体化"，优化供电系统和弱电自动化控制系统整体成橇后的进出线方式，避免"硬化"后的站场地坪开挖，实现"无基础化安装"，减少工程不必要投资；

(4) 结合目前川渝地区"页岩气"勘探开发实际情况，综合考虑"页岩气"开发周期短的特点，成橇后站内电缆均需采用地面桥架和穿管敷设，便于拆除，再利用，提高站场设备重复利用率；

(5) 结合国家"三供一业"具体要求，为国有企业减轻负担、集中精力发展主营业务，现阶段新增天然气生产站场供电均采用地方电网，逐步减少、取消 10kV 及以上电压等级的石油内网建设，因此，强弱电整体成橇后，用电信息采集和电能管理系统是必不可少的一部分。

2.2 成橇方案

2.2.1 布局

根据现场调研和成橇需求分析，本强弱电成橇方案布局主要分为两个部分：供配电系统和信息化系统。

供配电系统，主要包括：高压进线柜、变压器以及低压柜(含保护系统)等设备，按照国家"三供一业"具体要求，生产井站 10kV 供电电源从地方 10kV 架空线路"T"接而来，在距井站围墙 1.5 倍杆高处采用铠装电缆直埋入站，进站后采用地面桥架或钢管的方式敷设至"强弱电橇"，并采用"插接装置"，通过橇上"强电接线窗口"，从橇侧面进入"橇"内。

信息化系统，主要包括：UPS 柜、RTU 柜、通信柜、物联网柜、操作台、手提式二氧化碳灭火器以及用于橇内环境监测控制的温感、烟感以及壁挂式空调等，现场设备和站外信息化电缆同"供配电系统"一样，采用地面桥架或钢管的方式敷设至"强弱电橇"，采用"密封接头"，通过橇上"弱电接线窗口"，从橇侧面进入"橇"内，其平面布置如图 1 所示。

2.2.2 数据传输

川渝地区控制系统网络架构按照区域调度控制中心(DCC)、区域控制中心(RCC)、场站控制系统(SCS)三级设置，按照生产数据按站控系统(SCS)—>区域控制中心(RCC)—>区域调度控制中心依次逐级传输。

"强弱电橇"内设置 RTU 系统，完成供配电系统运行状态监测、UPS 运行状态监测、继电保护控制、工艺过程控制、气体泄漏检测报警、安全联锁以及橇内环境监测和控制等功能，其系统框图如图 2 所示。

2.2.3 数据列表

通过现场调研和分析成橇需求具体问题，"强弱电"成橇后需管理的主要数据如表 1 强电数据表和表 2 弱电数据表所示。

表 1 强电数据表

序号	设备名称	是否采集数据	是否控制	通讯方式	数据接收/发送设备
1	UPS	是	否	RS485	RTU/物联网关
2	智能电表 1(橇内)	是	否	RS485	RTU/物联网关
3	微机控制系统	是	是	RS485	RTU/物联网关
4	10kV"T"接断路器	是	是	电力载波	RTU/物联网关
5	智能电表 2(线路)	是	否	电力载波	RTU/物联网关

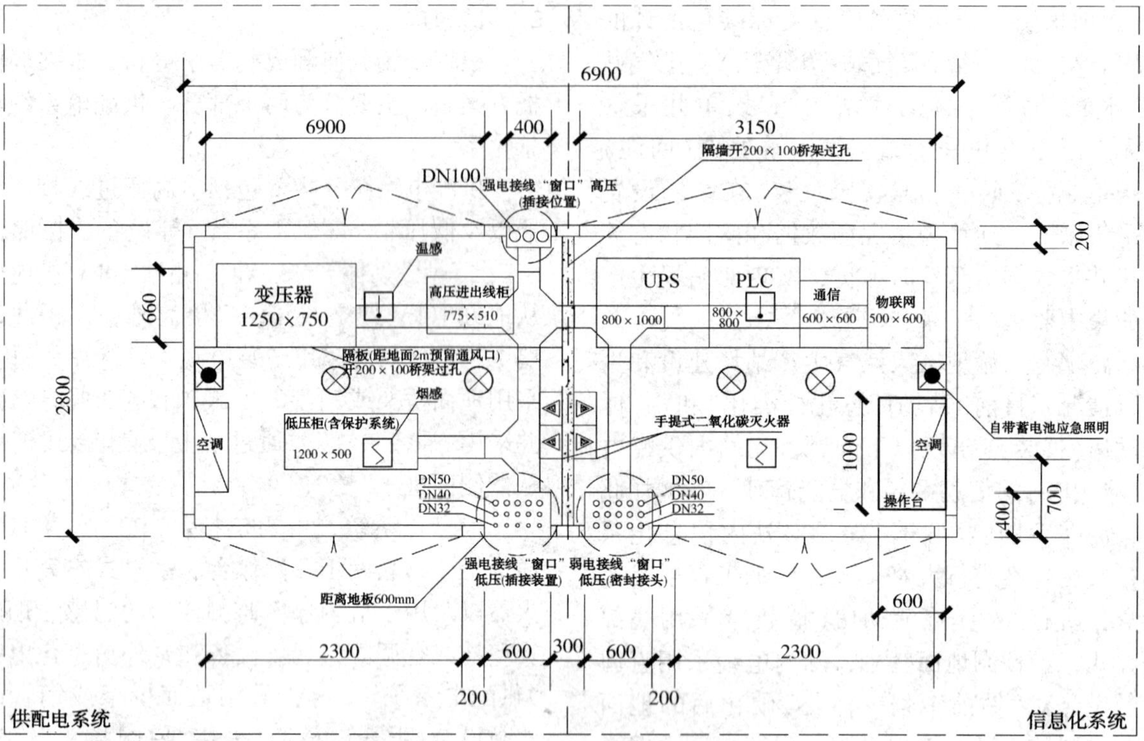

图1　强弱电整体橇装平面布置(单位，mm)

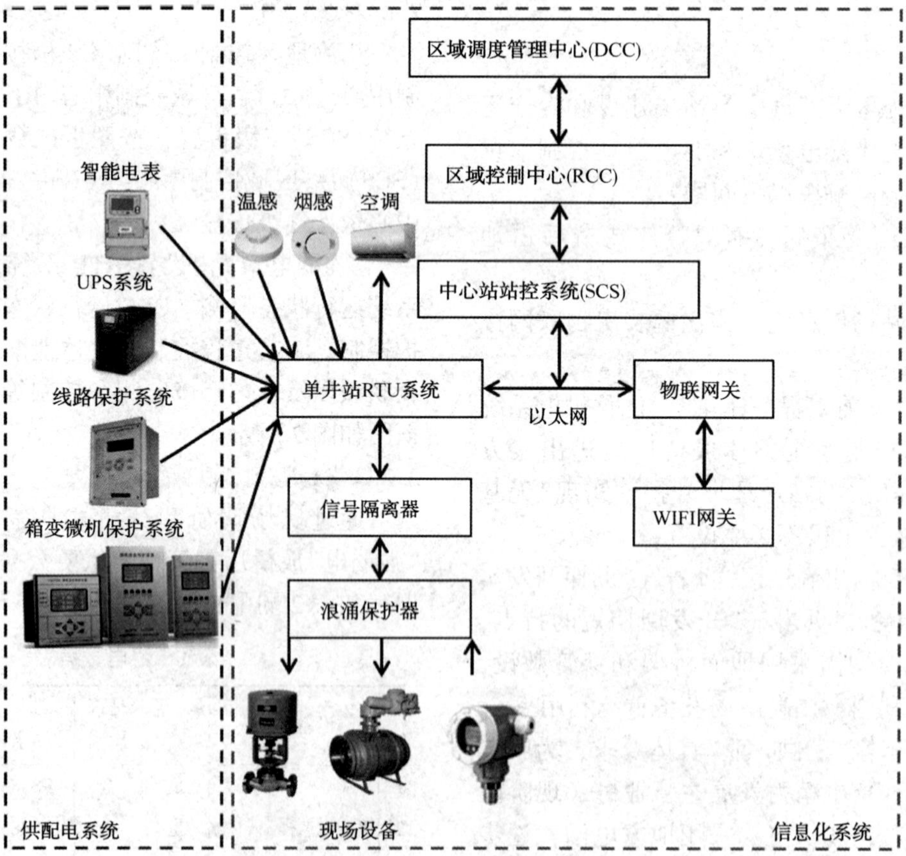

图2　强弱电整体成橇后系统框图

表2　弱电数据表

序号	设备名称	是否采集数据	是否控制	通讯方式	数据接收/发送设备
1	温感(橇内)	是	否	RS485	RTU/物联网关
2	烟感(橇内)	是	否	RS485	RTU/物联网关
3	空调(橇内)	是	是	RS485	RTU/物联网关
4	流量计	是	否	RS485	RTU/物联网关
5	温度变送器	是	否	RS485/HART 协议	RTU/物联网关
6	气体探测器	是	否	RS485/HART 协议	RTU/物联网关
7	压力变送器	是	否	RS485/HART 协议	RTU/物联网关
8	阀门	是	是	RS485/DI/DO	RTU/物联网关
9	泵	是	是	RS485	RTU/物联网关
10	电位传送器	是	否	RS485	RTU/物联网关

此外，数据组态从下到上，共分为五级，各级组态数据内容如下：

(1) 站场：常规数据+物联网动态数据。常规数据在 RTU 系统中编程组态，物联网动态数据在物联网网关中编程组态；物联网网关读取 RTU 系统中的常规数据，写入 RTU 物联网动态数据；RTU 报警连锁逻辑应将物联网动态数据纳入；

(2) 中心站(SCS)：常规数据+物联网动态+物联网静态。常规数据(RTU 系统)和物联网动态数据(物联网网关)进入 I/O 数据库，并扩容组态显示画面，实现控制功能；物联网静态数据(物联网网关，指设备属性等变化不明显，或不变的数据)不进入 I/O 数据库，仅增加组态画面，展示所有静态数据，包括历史和事件纪录查询，以及根据数据分析要求的曲线展示等；

(3) 区域控制中心(RCC)：常规数据。接入 RCC 系统，并扩容组态画面；

(4) 区域调度管理中心(DCC)包括两部分：

区域调度管理中心：常规数据。接入区域数据，并扩容组态画面。

区域 OPC 服务器：物联网数据从站场物联网关采集并上传到物联网 OPC 服务器，再上传到生产数据平台。

(5) 生产数据平台：常规数据+物联网动态。从区域调度管理中心(DCC)采集常规数据，从区域 OPC 服务器采集物联网动态数据。

2.2.4　三维视图

为更加凸显“强弱电”成橇优势，给出了本方案的三维视图，从视觉上显现出了“强弱电”成橇后的特点，如图 3~图 7 所示。

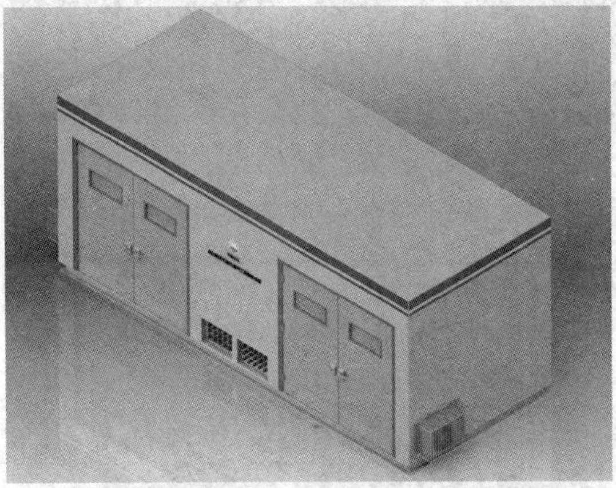

图 3　强弱电整体成橇外观

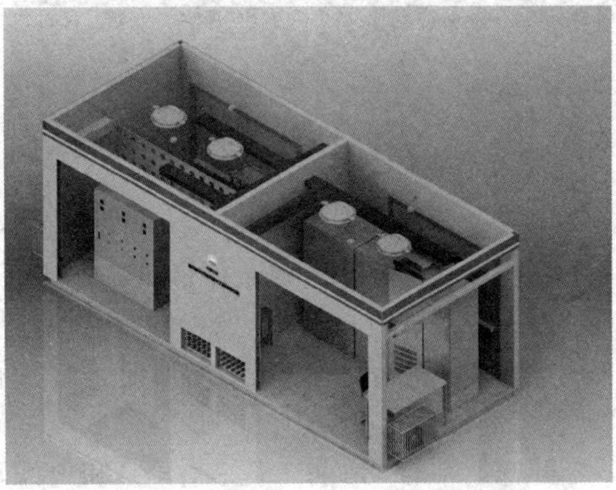

图 4　强弱电整体成橇透视图(1)

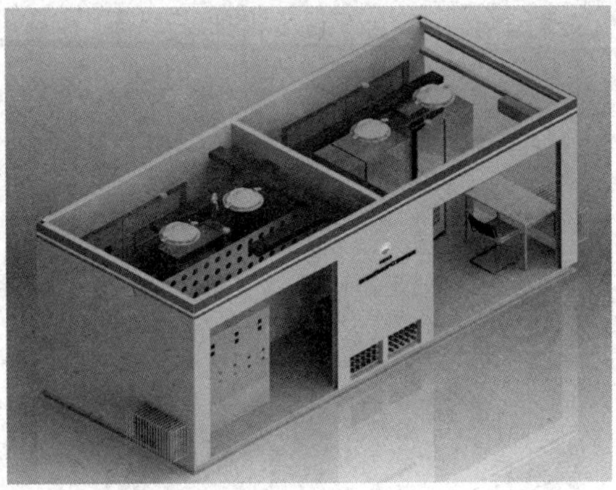

图 5　强弱电整体成橇透视图(2)

2.2.5　主要特点

接线简单，施工周期短。“橇体”地面“无基础化”安装，配合地面电缆敷设方式，电缆采用

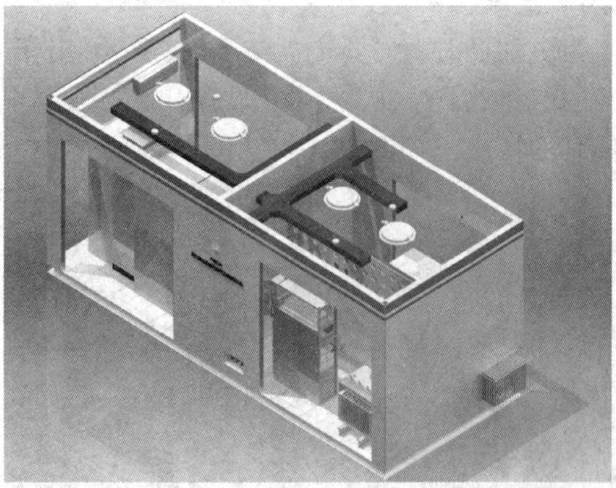

图 6　强弱电整体成橇透视图(3)

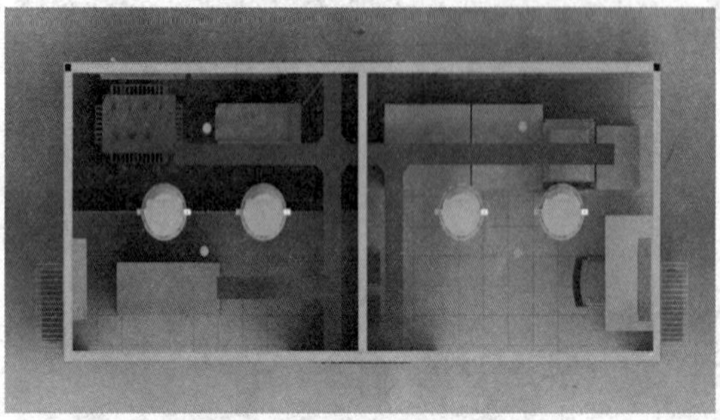

图 7　强弱电整体成橇俯视图

“侧面进线”，大大减少现场工作量和安装时间。

室内作业，节约成本。大部分工作在工厂完成，现场只需将“橇体”放置在“钻前工程一体化”硬化后的地面便可使用。

零开挖，结合“钻前工程一体化”和电缆里面敷设，实现站场“零开挖”施工建设。

结构紧凑，节约空间。橇体采用密集型布局，布局紧凑，可大大减少占地。

搬迁方便，便于流动。无基础化安装，搬迁重复利用率高。

集成度高，综合考虑供配电、自控、通信以及物联网技术在天然气生产井站的应用。

3　结束语

通过调查分析日益发展的天然气产业，为满足川渝地区天然气勘探开发需求，结合以往工程实际经验，本文提出了一套“强弱电成橇”方案。能有效地解决现场施工周期短、施工现场交叉作业面多、钻前工程一体化后重复施工现象严重以及“三供一业”后外电存在盲区等问题。通过合理布置橇内设备，即减少了地面工程建设可视化设备数量，又减少了工程投资，并简化了地面工程建设流程，具有较高的实际应用价值。

参　考　文　献

[1] 白晓东，王常莲，王念榕等．十三五油气田地面工程面临的形势及科技攻关方向[J]．北京：石油规划设计，2017，28(5)：8~11，47.

[2] 李庆等．一体化集成装置在油气田地面工程优化中的应用及发展方向[J]．北京：石油规划设计，2011，22(5)12~14.

[3] 张德元，邱斌，刘启聪．油气田地面工程一体化集成装置测评技术[J]．北京：石油规划设计，2015，26(6)：32~35.

[4] 王元基，汤林等．油气田地面工程标准化设计及管理探索与实践[J]，经营管理，2018，26(2)：83~87.

撬装式油泥砂处理装置的研究与应用

杨博丽　张　冕　米志学

（川庆钻探工程有限公司长庆井下技术作业公司）

摘　要　针对试油压裂过程中油泥砂量不大、井场分散、井距远，急需现场无害化处置的技术需求。本文介绍了油泥砂的特点，系统比较了各种含油污泥处理技术的优缺点。集成化学法与生物法，通过橇装结构设计，以及提升进料模块、油泥砂处理模块、循环水净化模块和泥砂脱水模块等设计，研制了撬装式油泥砂处理装置，该装置处理量达3吨/批次，现场试验运行表明，油泥砂经过该装置处理后，含油率由13.3%降低至0.78%以下，pH值6.68~7.7，含水率≤10%，达到了《陕西省含油污泥处置利用控制限值》标准中油泥砂石油类物质含量≤1.0%，含水率≤40%，pH值6~9的要求指标。

关键词　试油压裂；油泥砂；撬装装置；化学法；生物法

井下作业试油压裂过程中的产生油泥砂，按其来源可以分为落地油泥、储液罐（沉砂罐）罐底油泥、含油返排支撑剂等。油泥砂是由矿物油、污水、泥砂、高分子添加剂、乳化物、电解质、胶质颗粒等组成的固体废弃物[1]，成分极其复杂，处理难度大。油泥砂露天堆放，露天堆放的油泥砂，其中的溶解气、轻烃类物质发生挥发进入大气，造成大气污染[2]；会使周围土壤氮磷比失调，酸化或碱化；其中的的芳烃、重金属离子会影响植物生长，也会通过食物链危动物及人体健康[3]。含油废物已被列入《国家危险废物目录》，代号HW08。试油井场每口井产生落地油泥砂数量并不多，但是井场分散，井距远，道路条件差，运输管理严、运输成本高。另外，井场地处野外环境，条件简陋，存在露天作业、水电自给自足、人员紧张等不便利的因素。因此立足井场内处理油泥砂，不宜采用大型、高耗能的工艺及设备。

1　油泥砂来源与特性

井下作业过程中含油泥砂主要有三个来源[4]：一是压后放喷、抽汲排液、起下管柱等工序环节，井内排出的原油洒落井口周围或者井场内，与土壤混合产生的落地油泥。二是储液罐和沉砂罐内沉淀泥砂、压裂液（返排液）、乳化原油等形成的罐底油泥；三是压后放喷、冲砂等环节，部分含油支撑剂返回地面。

在两个不同油井区块现场采集不同来源的油泥砂样品50个，有机质采用NY/T 85-1988《中华人民共和国国家标准土壤有机质测定法》，含油率采用CJT 221-2005《城市污水处理厂污泥检验方法》-城市污泥矿物油的测定-紫外分光光度法，总氮采用LY/T 1228-2015《森林土壤氮的测定》、总磷HJ 632-2011《土壤总磷的测定碱熔-钼锑抗分光光度法》，pH采用《土壤元素的近代分析方法》6.10.1玻璃电极法，含水率采用NY/T 52-1987《土壤水分测定法》分别对相关指标进行了检测。含油泥砂基本性质如表1所示。

表1　试油井场含油泥砂理化值

项目	含油率/%	总氮/%	总磷/%	pH	含水率/%
平均数	5.244	0.130	1.053	8.396	12.829
最大值	19.23	0.249	1.312	8.911	15.600
最小值	0.211	0.050	0.789	7.747	8.764

检测结果显示，油泥砂平均含水率12.8%，罐底油泥砂含水率达66.0%；pH平均6.7~8.39，有利于微生物的降解；氮、磷含量平均0.13%、1.053%，较贫瘠；有机质平均6.241%，最大12.85%；低浓度含油率0.211%，高浓度11.951~19.23%，差异显著，需要均质预处理。

按照土壤质量GB/T 17134、17136、17138、17139、17141-1997，以及HJ491-2009对含油泥砂的重金属含量进行检测分析，检测结果如表2所示。

重金属离子含量均低于黑龙江省《油田含油污泥综合利用污染控制标准》（DB23/T1413-2010）标准，因此在后续处理时无需考虑重金属无害化处理。

2　油泥砂资源化及无害化处理工艺对比

试油压裂过程中产生的油泥砂，主要以落地

油泥为主，其次为含油支撑剂，少量罐底油泥。根据含油污泥处理技术现状，见表3[5]。综合试油井场工况，宜选择占地小，投资小，能耗低的技术，因此优选热化学洗涤法与生物法相结合，实现含油泥砂的无害化处理。

表2 含油污泥重金属含量分析

项目	Cr/(mg/kg)	Cd/(mg/kg)	Hg/(mg/kg)	As/(mg/kg)	Cu/(mg/kg)	Ni/(mg/kg)	Zn/(mg/kg)	Pb/(mg/kg)
平均数	331.546	0.264	0.045	16.844	16.534	9.209	25.100	6.265
最大值	419.000	0.303	0.092	18.520	25.716	22.040	54.106	19.526
最小值	188.700	0.169	0.019	15.053	6.911	4.900	11.898	1.544

表3 含油污泥处理方法对比

项目	技术名称	原理	优点	缺点	设施投资	技术现状及成熟度
减量化	简单处理	浓缩脱水、降低污泥含水率	减少污泥体积、减少占地面积，运输方便	无原油回收，剩余污水、污泥量大，污染环境	低	简单易行，目前多用浓缩脱水一体化设备
资源化	筛分流化-调质-离心处理工艺	预处理，加入破乳剂、絮凝剂，加热调质，经离心将油、水、固分离	适应性较强，可回收大部分油，实现资源化利用	处理后污泥含油量≤2%，满足填埋铺路要求，要达到农用污泥处理标准需后接深度处理	高	适用于多种含油污泥
	调剖技术	含油污泥配制成乳化悬浮液作为调剖剂，应用于油田注水井调剂	污泥全部处理，较少对周围环境的污染	油泥中的油不能回收，适宜最终处理，但调剖用量有限	较低	简单成熟，应用于大庆、胜利等油田
	热解处理技术	在无氧环境下，对干燥的污泥进行加热，使污泥转化为无害物质	有机物全部处理，可回收原油，适宜最终处理	剩余污水、污泥量大	较高	较复杂，不够成熟
	溶剂萃取技术	相似相容原理，选择合适的萃取剂将污泥中的有机废物抽提出来	处理较彻底，处理后含油污泥完全达到农用污泥标准	萃取剂用量大、价格昂贵，处理成本高，存在溶剂污染问题	较高	不够成熟，目前仅处于实验室研究阶段
	热化学处理技术	升温降低其黏度增加油水两相的密度差，再添加特定表面活性剂	处理后污泥性质稳定，一般都可以达到国家的排放标准	剩余污水、污泥量大，回收油不彻底	较低	简单，成熟，适宜简单回收油
无害化	固化技术	将含油污泥固化或包容在惰性固化基料中的一种无害化过程	便于运输，减少对环境的危害和影响	研发固化剂或絮凝剂难度大，可能渗漏造成环境污染	一般	用于河南油田采油二厂
	焚烧技术	经过预先脱水浓缩预处理的含油污泥，送至焚烧炉焚烧	处理比较彻底，减少对环境的危害	产生少量灰渣，能源浪费(焚烧热值的应用受到限制)	较高	成熟，适宜最终处理，规模不限
	生物处理技术	主要利用微生物将含油污泥中的石油烃类降解为无害的土壤成分	绿色环保，节约能源，适宜含油3%~5%以下的油泥最终处理	周期长、易受气候影响，不能回收原油，菌种培养困难	一般	处于研究阶段，受到普遍关注和重视

热化学洗涤法[6-7]是将加热到一定温度的水溶液对含油污泥进行洗涤，洗涤过程中加入的化学药剂(表面活性剂、无机盐、碱等)，经混合搅拌后静置沉淀，实现固液分离。分离出的油相进行回收，清洗液循环再使用，泥砂固体进行微生物、脱水等进一步处理。

生物法[8-9]是指石油降解菌以石油烃类为碳源进行生物代谢，将石油烃类转化为水和二氧化碳等无机物的过程。生物堆肥法、联合生物法、生物反应器法、生物修复法及生物浮选法在含油污泥处理中的应用广泛，其中以生物反应器法处理速度最快。

生物泥浆反应器[10-12]是一种异位生物修复技术，其基本原理是油泥砂与一定比例的水混合成泥浆状，同时加入微生物菌剂和营养物质，在充氧条件下进行搅拌反应。反应过程中反应器的理化条件，括 pH、温度、通气及营养盐添加均可调控至最优，避免了自然环境的利影响。有研究表明，生物泥浆反应器的污染物降解速率是其它修复技术的 10 倍以上。

3 装置工艺流程及组成模块

3.1 装置工艺流程

针对试验油井油泥砂特点，采用热化学洗涤法、生物处理和物理化学处理的组合工艺，处理工艺流程如图 1 所示。

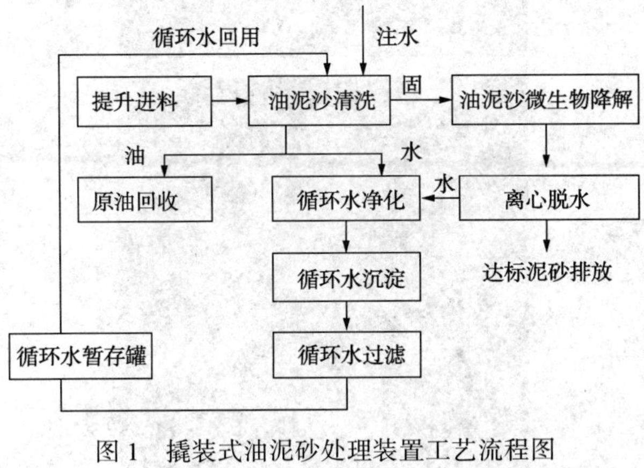

图 1 撬装式油泥砂处理装置工艺流程图

具体流程为：油泥砂从地面通过提升进料模块进入油泥砂处理模块，并加注清水，采用人工方式按比例配加除油剂、破乳剂、破胶剂等进行热化学洗涤。分离的原油上浮至表面，通过刮油板分离回收至原油回收罐，分离液体进入循环水净化模块，采用人工方式按比例加入水质净化剂，搅拌均匀，然后进入重力沉淀模块沉淀部分絮体，再进入过滤模块，对悬浮物进一步过滤，出水满足重复利用要求，最后进入循环水暂存罐存储。热化学洗涤后的油泥砂固体，采用人工方式按加入微生物菌剂、营养剂、疏松剂等，搅拌均匀。通过集中控制模块控制温度，每日搅拌 2 次，保证油泥砂处理模块内氧气充足，每隔 2 天取样一次，监控微生物菌剂数量、泥砂含油率等，达到处理要求后。泥砂进入离心脱水模块，进行固液分离，使得排放泥砂的含水率达到处理要求，分离液体进入循环水净化模块净化后存储。

3.2 装置组成模块

装置主要包含提升进料模块，油泥砂处理模块，循环水净化、沉淀、过滤模块，泥砂脱水模块、循环水水存储模块、集中控制模块等，结构示意图如图 2 所示。

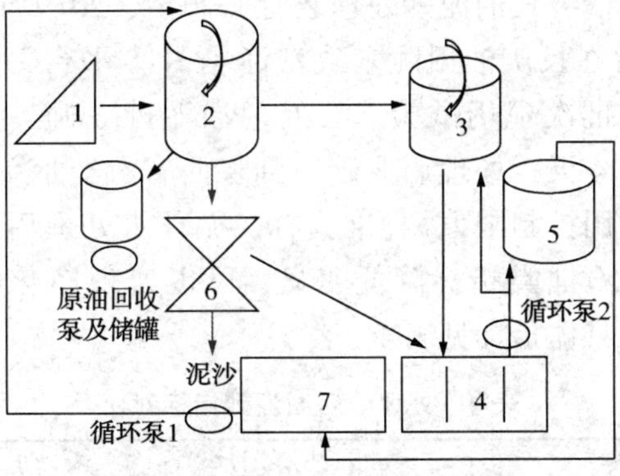

图 2 撬装式油泥砂处理装置结构示意图

1—提升进料模块；2—油泥砂处理模块；
3、4、5—循环水净化、沉淀、过滤模块；
6—泥砂脱水模块；7—循环水存储模块

3.3 重要模块及特点

3.3.1 油泥砂处理模块

油泥砂处理模块包括油泥砂处理釜、搅拌器、重量感应器、加热保温夹层、刮油板、相关阀门及管道等部分，其主要功能第一是完成油泥砂的重量计量、热化学洗涤、以及洗涤后的油水粗分离，降低高浓度油泥砂含油率，为后续微生物降解奠定基础。第二是完成油泥砂的微生物降解，使得釜体保持一定温度和湿度，并通过不断升降、变速搅拌使得油泥砂混合均匀、氧气供应充足，杜绝外界气候环境影响，加速油泥的微生物降解速度。

3.3.2 循环水净化、沉淀、过滤模块

循环水净化、沉淀、过滤模块，包括循环水净化处理釜、刮油板、管道过滤网、沉淀槽、袋

式过滤器、以及相关阀门及管道等部分，其主要功能第一是完成循环水的管道粗过滤，滤网精度100μm，其次是化学絮凝，絮体的沉淀、过滤分离，滤袋过滤精度10μm，从而得到可二次回用的循环水，减少处理过程中的废水排放。

3.2.3　泥砂离心脱水模块

泥砂离心脱水模块包括离心脱水机、抽砂泵、相关控制阀门及管道等部分，其主要功能是完成油泥砂处理釜中的固体排入离心脱水机中，然后通过离心力的作用，降低达标泥砂的含水率。

3.2.4　集中控制模块

油泥砂处理釜的装置可以集中设置泥砂重量、温度调节、搅拌时间及转速等，可实现生产中的关键性参数的自动控制。

4　现场应用

撬装式油泥砂处理装置研制后，2019年9~10月在长庆油田陇东致密油华H11平台，进行了2批次现场试验，共处理油泥砂6吨，周期16~24天，处理后泥砂达到陕西省《含油污泥处置利用控制限值》标准指标，循环水处理后悬浮物、石油类指标降低明显，可以实现净化再利用，具体指标见表4、表5。

表4　处理前后油泥砂指标对比

取样批次	初始含油率/%	生物法处理前含油率/%	出料含水率/%	pH	处理时间/天
第一批次处理前	4.13	2.71	9	7.7	
第一批次处理后		0.59	4.61	6.68	16
第二批次处理前	13.3	4.04	—	7.31	
第二批次处理后		0.78	7.06	7.21	24
DB61/T1025-2016		≤1	≤40	6~9	

图　3

图3　处理前后油泥砂外观对比

表5　处理后循环水指标对比

批次	pH	SS/(mg/L)	TDS/(mg/L)	石油类/(mg/L)	COD/(mg/L)
第一批次	7.62~7.7	134	176~1530	3.5	34~111
第二批次	8.2~8.9	121	5.45~180	3.2	104~391

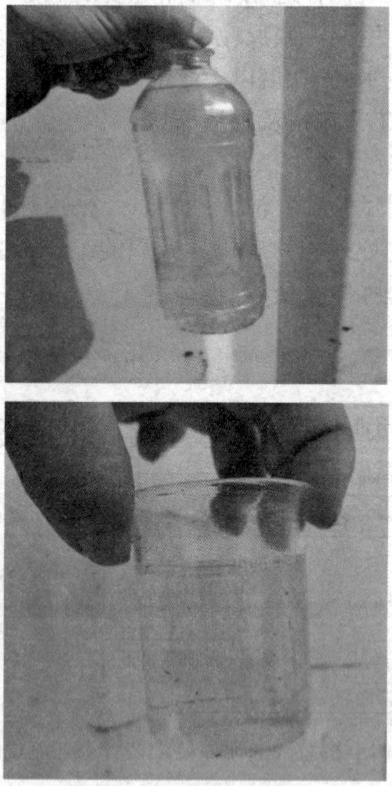

图4　处理后循环水外观

5　结论

(1) 集成化学法与生物法，探索出一套试油井场落地油泥砂"提升进料-化学热洗涤-微生物降解-脱水干化"处理工艺，24天内可将油泥砂处理至《陕西省含油污泥处置利用控制限值》中石油类物质含量≤1.0%，含水率≤40%，pH6~

9 指标要求；

（2）设计研发了适用于试油井场的撬装式油泥砂处理装置，实现较高或较低不同含油率油泥砂的分级处理。

（3）撬装式油泥砂处理装置设计了循环水净化模块，含油废水净化处理后悬浮物含量≤150mg/L，石油类 3.5mg/L，可以实现重复利用，减少了含油废水的排放及环境污染。

参 考 文 献

[1] 刘碧峰，刘博洋，郭丽娟等．物理化学洗涤法处理大港南部油田油泥砂的应用效果分析[J]．油气田地面工程，2018，37(2)：24-27.

[2] 孙晓红，耿孝恒，郭海莹等．含油污泥主要危害及处理工艺研究[J]，广东化工，2018，46(12)：99-101.

[3] 杨继生，徐辉．油泥砂处理技术研究(上)[J]，上海化工，008.33(5)：23-25.

[4] 蒋楠，刘国荣，郭富泰等．撬装式含油污泥处理装置的结构设计开发[J]，过滤与分离，2015，25(3)：40-43.

[5] 史利芳，潘利祥，李朝晖等．含油污泥处理技术及相关设备现状[J]，环境工程，2015，33(增刊)：526-529.

[6] 张泽霆，陈英，陈东等．化学洗涤法修复石油污染土壤研究现状[J]，油气储运，2019，8(1)：0-25.

[7] 章媛媛，俞音．基于化学洗涤的含油污泥无害化处理技术研究[J]，新疆环境保护，2018，40(3)：28~34.

[8] 商雪娇，李思，张金辉生物法处理含油污泥的研究进展[J]当代化工，2014，43(4)：622-624.

[9] 包木太，王兵，李希明等．含油污泥生物处理技术研究[J]，自然资源学报，2007，22(6)：865-871.

[10] 陶颖，周集体，王竞等．有机污染土壤生物修复的生物反应器技术研究进展[J]．生态学杂志，2002，21(4)：46~51.

[11] 谯华，沈东升，王何灵等．生物泥浆反应器修复炸药污染土壤的影响因素 J]，科技通报，2009，25(2)：238-242.

[12] 张天月，赵农，安森．生物泥浆反应器在污染土壤修复中的应用(上)[J]，水土保持研究，2005.12(6)：50-53.

老旧输油管道应用PCE内衬修复技术实施过程及效果分析

芦建华　杜　莎　王春喜　周昕瑞　郭　晶　张　红

（中国石油华北油田公司）

摘　要　本文介绍了华北油田公司第四采油厂在一条存在输液量持续下降、腐蚀严重、保温效果差、运行能耗高、无更换路由等诸多问题的13.5km老旧输油管道上，应用PCE内衬修复技术对管道进行修复的施工案例，包括施工工序、技术原理、应用效果及对经济效益进行对比分析。PCE内衬修复后的老旧管道与内衬成为一体，可根据需要调整内衬厚度，修复后管道承压能力提升25%，管线使用寿命延长10—15年，管道保温效果显著提高，可满足油田产量持续降低后的安全需求，该修复技术具有修复时间短、费用低、经济效益显著的特点。

关键词　管道；PCE技术；内衬修复；传热系数K；施工

老油田内部老旧输油管道初始设计的管径普遍偏大，由于油田开发进入中后期，产量持续下降，造成管道输量降至管道最小安全允许输量以下，需掺清水提高输量来确保管线的安全运行，运行能耗较高。

1　老旧管道概况及存在的主要问题

1.1　概况

WG输油线是一条于1993~1996年间分段更换建设已使用20余年的油田站间老旧输油管道，如表1所示，管道总长21.54km，规格DN159×4.5，输送含水原油，无收发球装置。该管道使用年限久由于腐蚀严重、保温效果差、违法建筑占压、输液量持续下降等原因，2015年对占压严重有迁改路由的后半段约7.08km进行迁改更换，新管线规格为DN133×4，保温为40mm硬质聚胺脂泡沫塑料壳。但前半段的13.5km老旧管道由于城市快速建设发展，无迁改路由无法进行更换，该线已严重影响到油田的正常生产运行。

表1　WG管线基础概况

管线名称	输送介质	规格/mm	长度/km	保温层/mm	实际输量/(m^3/h)	输送压力/MPa	管材
WG线	含水原油	159×4.5 133×4	21.54	20玻璃棉被 40聚胺脂泡沫	30~36	1.6~2.1	20#钢

1.2　存在的问题

该管道修复前存在以下五个方面问题：

1.2.1　未迁改更换的13.5km老旧管道腐蚀严重，平均每年出现3~4次腐蚀穿孔情况，且管道有相当部分处于城市区域内，安全环保形势严峻。

1.2.2　未更换的老管道保温效果差，该管道原设计玻璃丝棉被保温，厚度只有10~20mm，通过实际运行数据反算得到该线的2月冬季总传热系数K值较大，为1.7941W/(m^2·℃)。

1.2.3　由于旧管线原设计管径偏大，油田产液量持续下降已降至管道的最小安全允许输量以下，管道运行需掺清水提高输量来确保管线的安全运行，实际运行能耗高。用实际运行参数核算该线冬季Q_{min}780m^3/d，而油田实际产液量仅为580~600m^3/d，不能满足安全输量的要求。

1.2.4　长期输送含水原油，管道出站至800m左右的管段由于出站温度高，管道结垢严重，对出站处管道割开检查发现局部最厚处管内径已由150mm缩减至50mm。

1.2.5　由于该线所处于地区经济发达、人口稠密，迁改新建管线目前已无路由，且该地区建设管道的土地赔偿费用较高。目前仅抢险操作坑土地赔偿费用约为2万元/次左右。

为解决该输油管道存在的上述诸多问题，经多技术方案认证，最终确定对已经运行25年，且无法对其进行迁改更换的老旧WG输油管线上，应用PCE内衬修复技术进行维修再利用，充分发挥老旧管线的剩余价值[1]。

2 管道PCE修复技术

2.1 PCE修复技术

管道PCE内衬修复技术就是在对旧管道清污清垢后，再在其管内分层涂加由加固层、过渡层、玻璃鳞片层共计三层不同材料的内涂层(如图1)，并与原管道本体结合成一个全新的管线[2]。该项技术为专利技术。

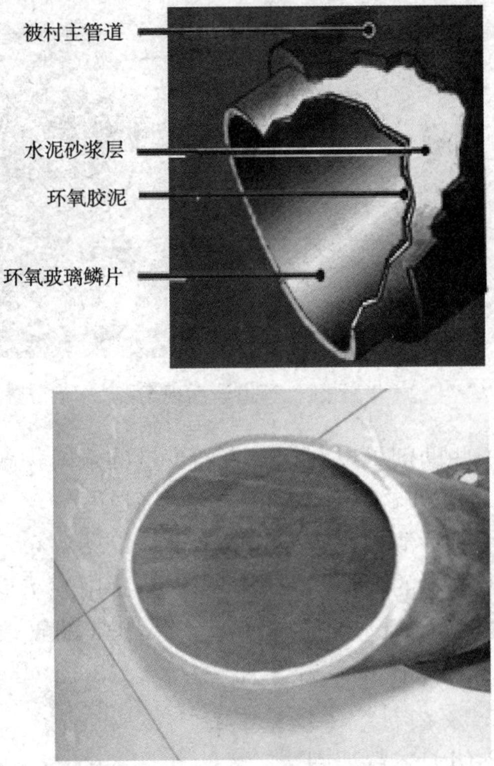

图1 管道PCE内衬涂层结构图

加固层：采用加入高分子聚合物水泥砂浆材料，主要作用为增强管道的承压能力，并可根据要求缩减到所需要的内径。

过渡层：为环氧树脂胶泥涂层，主要起承上启下的作用，保证主防腐层与加固层有良好的粘结，并有防腐功能。

玻璃鳞片层：由环氧树脂加玻璃鳞片配成，表面光滑、具有耐温300℃不变形、耐酸、碱和良好的物理机械性能及耐磨性，其粗糙度仅为0.01mm，远小于普通钢材的粗糙度，具有降低管道的摩阻作用。

各层的层间粘接强度高，一体化程度好，复合衬里材料与钢管的本体线膨胀系数接近，能充分与钢管形成一个全新的整体。

PCE内衬修复的主要技术指标：

(1)管线内衬后可延长管线使用寿命10—15年。

(2)内衬后管线输送介质温度可达110℃，耐腐蚀性强，可输送腐蚀性液体和气体。

(3)修复后旧管线修复内衬厚度≥9.0mm。

(4)适用范围：输油、输气、混输、污水、注水、伴热和油管等管线的新建和旧修复，管径Φ60~377mm。

(5)修复后按油田地面建设防腐保温施工验收规范等相关标准进行施工。

2.2 施工工序和原理[3]

(1)管道PCE内衬修复施工修复工艺顺序：

管道查找定位、操作坑开挖(管道断开)、管线分段清洗、涂敷加固层(根据要求多次+干化凝固)、涂敷过渡层(干化凝固)、涂敷玻璃鳞片层(干化凝固)、质量检查中间验收、全线联通、试压、操作坑回填、验收投产。

(2)内衬层涂敷原理：

在待修复的管段首端放入前后间隔一定距离的两个涂敷器，将涂敷所用的衬料灌入两个涂敷器之间，利用压缩空气作动力，使两个涂敷器的两端保持合理的压差，以一定的速度推动双涂敷器和衬料从首端推向尾端。涂敷器的皮碗受压变形使衬料均匀挤涂在管道内壁上，从而形成一个与管壁结合牢固的内衬层。涂敷示意图如图2所示。

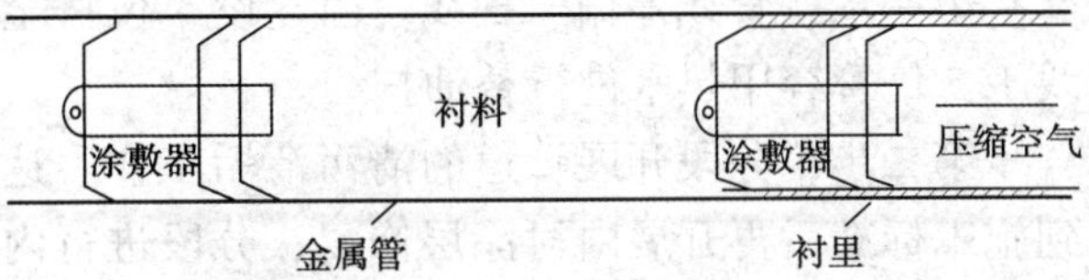

图2 管道PCE内衬涂敷示意图

3 WG输油管道修复过程

2017年9月20日至12月25日，历时96天，完成总长13.5km清管及8.895km的管道内衬修复。

3.1 操作坑地点的选择：

根据管道弯头分布位置、最佳修复长度(500~600m)、方便车辆进出并能摆放施工机具等条件初步将管道分成20段，选定21个操作坑，并与地方政府协商工农问题，随后根据协商结果对21个操作坑数量及位置进行调整，最终将管道分成19段，确定20个施工地点，具体操作坑距离及位置图如表2、图3所示。

表2 WG管线操作坑开挖统计表

操作坑	距离/m	操作坑	距离/m	操作坑	距离/m
1-2	610	8-9	500	15-16	800
2-3	490	9-10	600	16-17	600
3-4	900	10-11	700	17-18	700
4-5	800	11-12	900	18-19	700
5-6	500	12-13	600	19-20	600
6-7	700	13-14	900		
7-8	900	14-15	600		

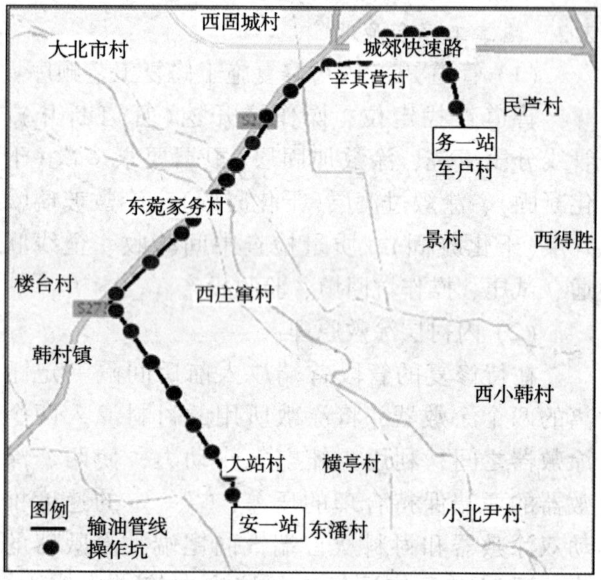

图3 WG管线操作坑开挖位置图

3.2 管道PCE修复全过程[4]

第一步，管线停输、扫线。由建设单位按全线1.5倍管容用热水进行替油扫线。

第二步，分段开展管道的清污清垢工作，达到施工标准后再开展内衬涂层修复；分段进行内涂层，最后完成全线联通、试压由施工单位完成。

第三步，管道预热、投产由建设单位完成。

3.2.1 管线清污清垢

先用通过能力强的PIG软体泡沫球进行第一次通扫，检验其通过能力、清除管内残留污油污水等，再采用硬钢丝刷清除管内本体附着的残留物，最后再用无酸碱性的专用清洗剂对管线进行清洗。

对于出站结垢较严重800m管段，使用专用的高压清洗设备进行物理清垢。清垢现场见图4。

清洗后的旧管线要求达到钢材本体Sa级即可，无需达到Sa2级，因为涂层的水泥砂浆中加上一些助剂可以和钢管表面少量的残留物融为一体，不影响涂层与管道本体粘接强度。

图4 管道清垢现场图

清污清垢过程中采取地上铺设塑料布，收集管道清出的污油水及垢碎屑，然后用罐车运送污染物的方式进行集中处理。13.5km的管线共清出垢碎屑10m^{3}左右，油泥污水约30m^3。

3.2.2 内衬涂层修复过程[5]

(1) 涂敷加固层

① 安装发收球筒、样品管、涂敷器等。

② 配制PCE-1高强度聚合物水泥砂浆。

③ 泵料入管。

④ 以压风机为动力源，开始挤涂。挤涂过程中，注意压力表的变化，使压力稳定在一定范围之内，确保涂敷器运行平衡适中，每次涂敷厚度为1.5~2mm，每一遍涂敷结束后，固化24h。

⑤ 固化后，继续第二遍涂敷，共涂敷6-7遍至设计厚度12~13.5mm。

⑥ 质量检查：卸下样品，检查涂层质量。

⑦ 拆卸发球筒和接收筒清洗。

(2) 涂敷过渡层

① 准备(同上)。

② 配制PCE-2环氧胶泥过渡层材料。

③ 泵料入管。

④ 压风挤涂。挤涂固化过程同上，涂敷厚度300~400μm。

⑤ 质量检查：卸下样品，检查涂敷质量。

(3) 涂敷玻璃鳞片层

① 准备(同上)。

② 配制PCE-3环氧玻璃鳞片增强树脂。

③ 泵料入管。

④ 压风挤涂。挤涂固化过程同上，一遍涂敷厚度150~250μm，共涂敷两遍。

⑤ 质量检查：卸下样品，检查涂敷质量。见图5。

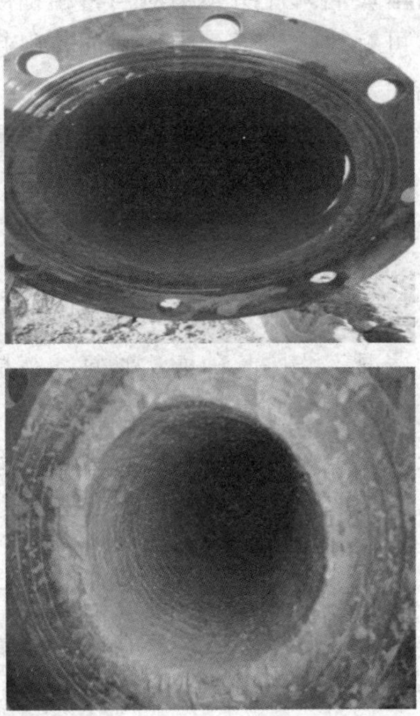

图5　管道完成涂层效果图

WG管道修复后的管内涂层的平均厚度为达到13.5mm，内径由原来的150mm缩减成123mm，与已更换的后半段管线内径保持一致。

3.2.3　施工过程的质量控制

针对施工过程中可能会出现两个问题：

(1) 管道内涂层由于重力作用，有可能会形成底部厚度大于顶部厚度的情况，可根据施工当天的天气温度、调整固化剂比例、涂敷机具缝隙大小、压风机排量等措施来减少上下厚度的差异。

(2) 进料段厚度会大于后面出口段情况，采用以下两方法进行控制

① 有条件的分别从两端进行涂料。

② 末端增加延长管段，保证末端涂敷时有一定压力，达到涂敷厚度。

(3) 针对冬季施工中环境温度降低，固化时采用压风机吹热风协助固化后再检测，达到要求后再涂敷下一遍。全线完成涂敷工程结束后，养护固化7天后即可投入使用，30天后即可永久固化。

分段修复完成后最后进行管道全线连接，修复操作坑处用有PCE内衬钢质管线将全线连接起来。连头处按相关焊接标准拍片检查。试压力2.5MPa，稳压时间6h。

4　效果、效益分析

4.1　效果分析

历经96天完成全长13.5km管道PCE内衬修复、试压、预热后，管道顺利投产运行。修复后的管线经过一个冬季的运行，修复后管线运行压力由修复前的2.1MPa降至1.1MPa；其保温效果得到有效提高，冬季地温最低时期运行无需再掺水运行，末站温度由28℃升至35℃；最小安全输量由848m^3/d降至580^3/d，每日减少掺清水量150~200^3/d，大大降低了管线的运行费用。

通过统计该管道自2015年至今更换、维修等不同时期管道的实际运行数据、管道所在地区不同季节管道埋深的地温数据等，按《输油管道工程设计规范》GB 50253-2014中苏霍夫公式变形得到总传热系数计算公式进行热力计算：

$$K=\frac{Gc}{\pi DL}\ln\frac{T_R-T_0}{T_Z-T_0} \tag{1}$$

式中　T_0——管道周围介质温度,℃；

T_R——出站温度,℃；

T_Z——进站温度,℃

L——管道计算长度，m；

c——输油平均温度下原油的比热容，J/(kg·℃)；

K——总传热系数，W/(m^2·℃)；

D——管道的外直径，m；

G——原油质量流量，kg/s。

计算得到该线不同时期及不同季节总传热系数K值，见表3。

表3　WG管道各个不同时期的实际运行数据反算的总传热系数K

不同管道	2月K值
WG线(修复前半段旧管道)	1.7941
WG线(后半段新更换管道)	0.8505
WG线(修复前全线)	1.409—1.453
WG线(修复后全线)	1.168—1.218

注：因管道为2017年底修复完成并投产，故只进行2018年2月份数据对比

通过上表可以看出：按冬季 2 月份 WG 线修复后的实际运行参数反算，在只修复了 9km 仍有 3.5km 未修复的情况下，WG 管道全线综合总传热系数 K 值由修复前的 1.409 ~ 1.453W/(m^2·℃)，下降到 1.168 ~ 1.218W/(m^2·℃)；较未修复前有了较大幅度的下降，证明管道进行 PCE 内衬修复后，全线保温效果有了显著提升。

4.2 效益分析

1）管道 PCE 修复发生的总费用 264.62 万元。由以下四大部分组成

（1）管道 PCE 修复 176.00 万元。

（2）管道停输临时改拉油改造费用约 3 万元。

（3）20 个施工操作坑，实际发生土地赔偿费用 76.12 万。

（4）管线修复期间新增加拉油运输费用 40.5 万元，扣除管线停输后的运行费用实际新增拉油运行费用 31 万元。

2）管线应用 PCE 技术修复后，该管道按每天平均可节约清水 100m^3、污水处理、燃气费用等计算可节约运行费用 43.08 万元。

（1）每天节天然气量 625m^3/d，节天然气费用 600 元(按自产气成本 0.96 元/m^3计算)。

（2）每天平均节约掺清水量 100m^3/d，节清水水资源费用 300 元(按清水费 3.0 元/m^3计算)。

（3）每天可减少输水量 100m^3的机泵的电费 60.3 元/天(电费 0.67 元/km.h)。

（4）减少 100m^3/d 污水处理运行费用 220 元/天(到终点站后的污水处理费用 2.2/方)

1-4 项合计每天可节省管道运行费用 1180.3 元。

3）投资收期

投资收回时间=264.62/43.08=6.14 年。

5 结论

（1）老旧管道通过 PCE 技术修复后可重新延长管道的使用寿命 10~15 年，提高老旧管线的承压能力 25%以上，由于修复后的管线内衬是多层复合结构与管道本体已经成为一体，增加了管道的强度，可以有效减少在经济发达、人口稠密地区因腐蚀穿孔漏油的带来安全风险，其社会效益较经济效益更为显著[6]。

（2）修复后的管道由于新增内衬涂层为多层复合结构，可以根据实际需要调整内衬厚度，将较大内径管道改为小内径管道，达到缩径(缩减管线的内径)的目的，修复后管道的最小安全允许输量也随之下降，是一种解决老油田老旧输油管线安全经济运行的有效方法[6]。

（3）修复后的管道由于增加了内衬具有一定厚度，对于保温效果差的老旧管道有助于提升其(管道的)保温能力，降低热损失；修复后的管道内层衬里玻璃磷片层其绝对当量粗糙度 e 值比钢管低，可有效防止管线内壁因油井出超细泥砂等引起结垢。

（4）PCE 修复技术对老旧输油管道具有修复时间短、投资省的特点，只用 96 天完成 13km 的清管作业和 8.895km 管道的修复，比建设新管道投资节省 85%以上。

（5）该修复技术也具有一定的应用局限性，以下三种情况不能按此种方法修复：一是清管器无法通过的弯头处；二是管道严重变形，无法通球的管段；三是穿跨越处有垂直管段的部分。上述部分只能采取局部更换管段的方法进行修复。

参 考 文 献

[1] 黄维和，郑洪龙，王婷．我国油气管道建设运行管理技术及发展展望[J]．油气储运，2014，12(33)：1259-1262.

[2] 张连文，吕成魁．集输管道修复技术及实施效果[J]．油气田地面工程，2004，23(6)：27.

[3] 董学旺．PCL 复合结构内衬管线修复技术[J]．管道技术与设备，2000(第 6 期)：14-15.

[4] 武玉双，马永忠，李渊，路遥军，李武平，陈丽丽．管线非开挖内衬修复技术在油田建设中的应用[J]．油气田地面工程，2017(05)：72-74.

[5] 邵晓东．油田在用管线内防腐修复技术的应用及经济性分析[J]．腐蚀科学与防护技术，2008，5(20)：229-231.

[6] 马书定，王学善．旧管道内修复挤压涂衬新工艺[J]．石油化工腐蚀与防护，1997.14(3)：48-50.

新型放空火炬升降式点火系统的研制及应用

龙俨丽 熊 伟 张 波 谢 强 梁 兵 张艳玲

(中国石油西南油气田公司)

摘 要 针对重庆气矿天然气集输场站放空火炬点火系统存在的问题，研制出一套新型放空火炬升降式点火系统。该系统运用升降模块，结合远程终端以及PLC控制，实现了地面维护维修点火系统的功能。通过现场验证，分析了应用情况及应用效果。

关键词 高架火炬；升降式点火系统；现场应用

放空火炬是用来处理石油化工厂、炼油厂、化工厂及其它工厂或装置无法回收和再加工的可燃气体及蒸汽的特殊燃烧设施，是保证工厂安全生产、减少环境污染的重要设备放空火炬系统能及时处理生产装置中排放的多余、有害、不平衡的废气，并能处理试车、开停车时产生的不合格气体，以及事故时瞬时放出的大量气体，保证装置正常、安全运行。然而，放空火炬系统长期处于高温、腐蚀性环境中，故障发生后因维护困难等问题使放空系统不能正常工作，严重时导致人员伤亡，后果不堪设想。针对石化场站高架放空火炬的顶部维护困难问题，提出设置升降式点火系统。

放空火炬系统主要由火炬本体、地面工艺管线、自动点火系统和应急备用系统。火炬本体由火炬头、火炬筒体(包括扶梯及检修平台)、火炬点火管线和电磁阀等组成。火炬按照燃烧器离地面高低可分为地面火炬和高架火炬。石化场站点火系统多采用固定点火方式。这种点火方式由于将点火枪直接固定安装在火炬头燃烧部位，直接参与放空燃烧，并长期处于高温、腐蚀等恶劣环境下工作，导致点火装置使用寿命短，更换点火装置与维护工作及其不方便，且高空维护作业时伴有较高的安全隐患。通过设置可升降式点火系统可解决点火及维护困难的问题。

1 结构与原理

1.1 升降装置结构与原理

升降点火装置包括可控电机、减速机、盘绳轮、直线升降机构、滑轮导向机构、高压点火枪、高压电缆及金属软管等组成。

可控电机、直线升降机构、滑轮导向机构设置在升降系统中，可控电机通过直线升降机构连接滑轮导向机构进行工作，可控电机接受电气控制箱的命令进行工作，金属软管盘置在随动滑轮机构上，随移动滑轮机构的伸缩而滑动盘绕，电

缆导向机构夹持金属软管贴合移动滑轮机构工作，金属软管一端连接电气控制箱，金属软管另一端通过高压点火电缆连接高压点火枪进行点火。

引燃配气机构内有引火管、配气管、若干个配气支管，配气支管穿过火炬筒体而引入火炬筒体的内侧；引火管中有若干个分别与配气支管连接的配气喷嘴。

升降点火装置的提升绞车设置在地面，火炬筒体中设置有拖曳平台，拖曳平台上设置火炬点火枪，火炬筒体上设有用于提升拖曳平台的提升软管，引火管下方的火炬筒体内设置有升降提升链轮，火炬筒体的底部转向链轮，提升链条的上端部套设在升降提升链轮上，中部套设在转向链轮上，另一端与升绞车连接。转向链轮采用两个链轮组成，将横向运动和竖向运动连接起来，形成联动。

升降点火装置的集中控制箱分别连接提升绞车、火炬点火枪。为了使得拖曳平台在升降过程中更加平稳，拖曳平台通过导向结构与火炬筒体连接，通过火炬筒体对拖曳平台形成限制及导向。

引燃配气装置是通过向配气管中通入引燃气体，然后通过配气支管将引燃气体分别分配给各个配气喷嘴，最后从配气喷嘴喷出，完成引燃配气的配气步骤。点火时，可通过集中控制箱驱动提升绞车动作，通过提升绞车带动提升链条传

动，通过提升链条可带动固定在提升链条上的拖曳平台上升，待拖曳平台上升到火炬点火枪伸入到引火管中的位置停止。通过集中控制箱控制火炬点火枪点火，将喷出配气喷嘴中的引燃气体点燃，完成引燃配气的引燃步骤(图1，图2)。

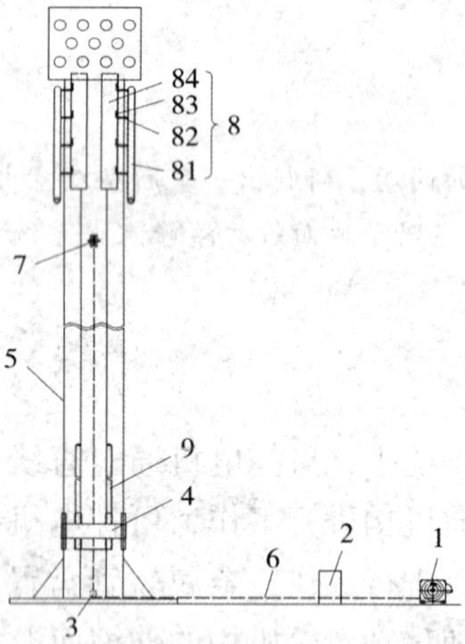

图1　升降点火装置主视图

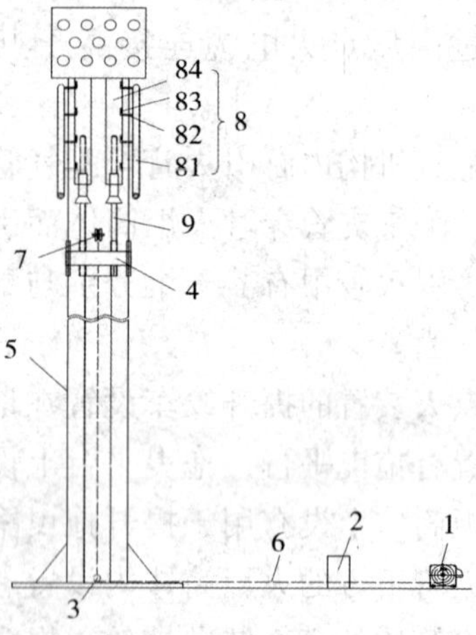

图2　升降点火装置点火状态图

1—提升绞车；2—集中控制箱；3—转向链轮；4—拖曳平台；5—火炬筒体；6—提升软管；7—升降提升链轮；8—引燃配气机构；9—火炬点火枪；81—配气管；82—配气支管；83—配气喷嘴；84—引火管

当需要维护及修理时，则通过提升绞车驱动提升链条将拖曳平台下降，然后将拖曳平台下降到地面，这是可方便的对火炬点火枪进行维护，包括更换点火头等工作，无需高空作业。

1.2　防堵塞引火燃烧器结构与原理

放空火炬的引燃配气装置配气的开孔较大，引进风太大极易造成在高空被风吹散、吹灭可燃气体，造成点火失败，而配气的开孔较小，又很难引燃气体。同时，引燃配气装置的配气喷嘴竖直向上设置，当可燃气体喷出待燃时，所携带的泥沙、高硫杂质、水分在降落时容易将配气喷嘴堵死，造成引燃气体无法喷出，久而久之造成堵塞现象，下次工作时，已经完成不能将引燃气体喷出，造成点火失败(图3，图4)。

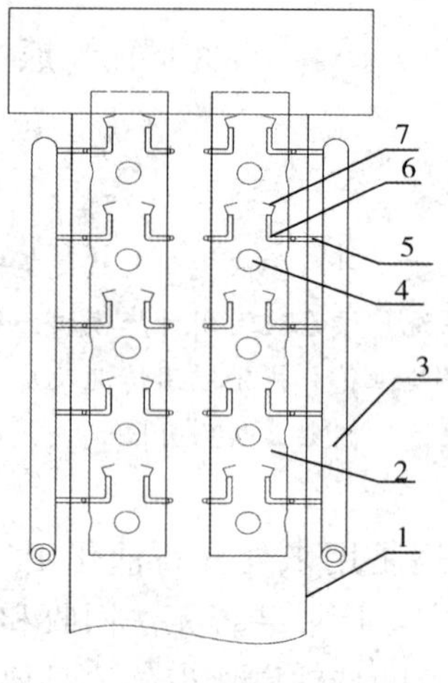

图3　引燃配气装置

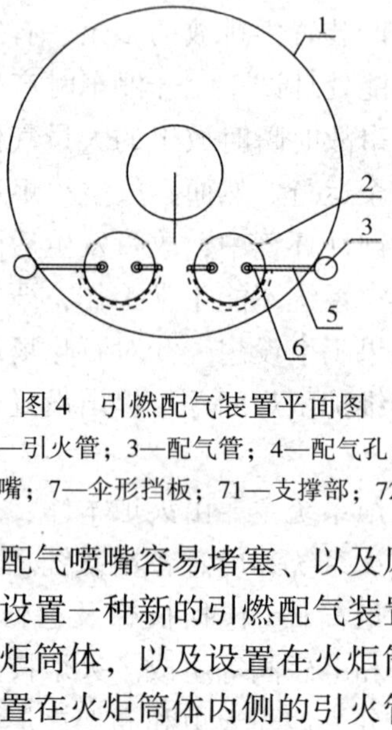

图4　引燃配气装置平面图

1—火炬筒体；2—引火管；3—配气管；4—配气孔；5—配气支管；6—配气喷嘴；7—伞形挡板；71—支撑部；72—遮挡部

为解决配气喷嘴容易堵塞、以及风大引燃困难的问题，设置一种新的引燃配气装置，包括放空火炬的火炬筒体，以及设置在火炬筒体外侧的配气管、设置在火炬筒体内侧的引火管；配气管的管体上设置有若干个配气支管，配气支管穿过火炬筒体而引入火炬筒体的内侧；引火管中设置有若干个分别与配气支管连接的配气喷嘴，且配气喷嘴采用竖直向上呈90°弯折的结构，配气喷嘴的气体喷出口端连接有用于遮挡在配气喷嘴上方的伞形挡板；引火管的管体上还设置有若干个配气孔。

每个配气喷嘴下方的引火管上设置一个与之对应的所述的配气孔。引火管的同一水平面的管体上设置有3~4个配气孔。伞形挡板包括支撑部和遮挡部，遮挡部采用圆形板结构且通过支撑部倾斜固定在配气喷嘴上方。引火管中同一水平面上对称布置有两个配气喷嘴。火炬筒体内设置有若干个引火管，且分布在以火炬筒体中心为圆心的同一半径圆上。

通过在配气喷嘴的下方设置有配气孔，既保证了配气量充分，同时又解决了因风大而造成引燃困难的问题；配气喷嘴的上方设置有伞形挡板，通过伞形挡板对配气喷嘴形成遮挡，风不直接吹在喷嘴处，保证引燃气体的混合燃烧更加可靠，同时通过伞形挡板的遮挡，可燃气体喷出时带出的泥沙、高硫杂质、水分等不会落在喷嘴处，确保引燃气体可靠的被高啊点火枪点燃。

引燃气体通过配气管引入到配气支管中，再从配气支管引入到配气喷嘴，最后从配气喷嘴中喷出，通过点火枪等机构将配气喷嘴喷出的气体点燃，实现引燃。通过引火管上的配气孔，保证足够的引风量。

为了防止配气孔的引风量过大而造成引燃困难，每个配气喷嘴下方的引火管上设置一个与之对应的所述的配气孔，即配气孔时配置在配气喷嘴的下方，而不是直接吹到配气喷嘴上。同时，引火管的同一水平面的管体上设置有 3~4 个配气孔，配气孔均匀等间隔分布，充分保证了配气孔的引风量。

伞形挡板包括支撑部和遮挡部，遮挡部采用圆形板结构且通过支撑部倾斜固定在配气喷嘴上方。伞形挡板的遮挡部采用孔径大于配气喷嘴的圆形板结构，能够完全遮挡住可燃气体喷出时带出的泥沙、高硫杂质、水分等物质，防止堵塞配气喷嘴，同时遮挡部为倾斜结构，引燃火焰能够通过遮挡部向外反弹，形成折射效果，使得引燃效果更佳。

火炬筒体内设置有若干个引火管，且分布在以火炬筒体中心为圆心的同一半径圆上。引火管中同一水平面上对称布置有两个配气喷嘴，通过纵向和横向配置多个配气喷嘴，使得引火管的管内气体充沛，引燃更加可靠。

2 应用验证

升降式放空火炬系统包括基座、放空火炬筒体、火炬升降点火模块、放空管道、防堵塞型燃烧器和现场控制柜。基座固定设置在地面上，放空火炬筒体固定安装在基座上，火炬升降点火模块设置在放空火炬筒体内部，火炬升降点火模块上设置高能点火器，火炬升降点火模块与升降机构连接。升降机构带动火炬升降点火模块在放空火炬筒体内部上下升降。

现场设置 PLC 控制器，同时放空管道内安装有压力传感器或流量开关，放空场所设置有紫外线火焰检测器。压力传感器或流量开关分别与 PLC 控制器连接，当压力传感器检测到放空管道内的放空气的压力超过设定值或流量开关闭合时，PLC 自动启动自动点火功能，先判断火炬升降点火模块是否处于工作位，如处于工作位，再判断火炬是否已点燃，如检测为无火，则启动高能点火器，点燃防堵塞型燃烧器，紫外线火焰检测器检测到防堵塞型燃烧器的火焰，PLC 控制器发出着火信号，停止放电；放空火炬进入正常运行状态，实现自动点火模式。

PLC 控制器启动点火后，以 60s 间隔循环检测火焰数次，如果期间检测到火焰，判定着火，运行正常，如果数次点火后仍然未检测到火焰，PLC 控制器发出点火失败信号和系统故障信号。

升降式放空火炬系统还包括远方数据终端，该远方数据终端用于解析 PLC 控制器发出的点火失败信号和系统故障信号，帮助值班人员查找故障原因并进行维护检修。

远方数据终端包括人机界面或操作面板，在人机界面或操作面板上启动远程强制点火以后，远方数据终端给 PLC 控制器发出一个维持 5 秒至 20 秒的短脉冲令触点闭合，PLC 控制器通过逻辑继电器和延时继电器自动将 AC220V 电源接入高能点火器，强制对防堵塞型燃烧器进行点火，实现远程强制点火模式。远程强制点火操作的维持时间通过调节控制柜内的延时继电器进行设定，初始设定时间为 20 秒。

现场控制柜上设置就地点火按钮，操作人员在现场控制柜处按下就地点火按钮，PLC 控制器启动高能点火器，实现就地手动点火模式。

在自动点火模式或就地手动点火模式下，只要流量开关或压力传感器检测到有放空气、而此时紫外线火焰检测器检测到熄火，则判断火炬升降点火模块是否处于工作位。如处于工作位，PLC 控制器立即开始自动点火，如不处于工作位，PLC 控制器自动将火炬升降点火模块升至工作位后开始点火，如果重复 5 次点火循环仍未检测到火焰，PLC 控制器立即发出火焰熄灭报警信号和系统故障信号。现场控制柜上设置有下降开关和上升开关，在可升降式放空火炬系统故障维修或例行检修维护时，操作人员到火炬现场，关闭系统燃料气后，旋转下降开关，使火炬升降点火模块从定位装置退出、定位机构下降，脉冲接触装置自动分离，火炬升降点火模块下降至地面后，就能够进行高能点火器的检查维修清理或更换；检查维修清理或更换作业完毕后，反向启动升降装置，火炬升降点火模块沿定位装置上升，升降组件传感器确认信号，使火炬升降点火模块锁定在工作位置；开启系统燃料气，火炬系统就能够投入运行(图5)。

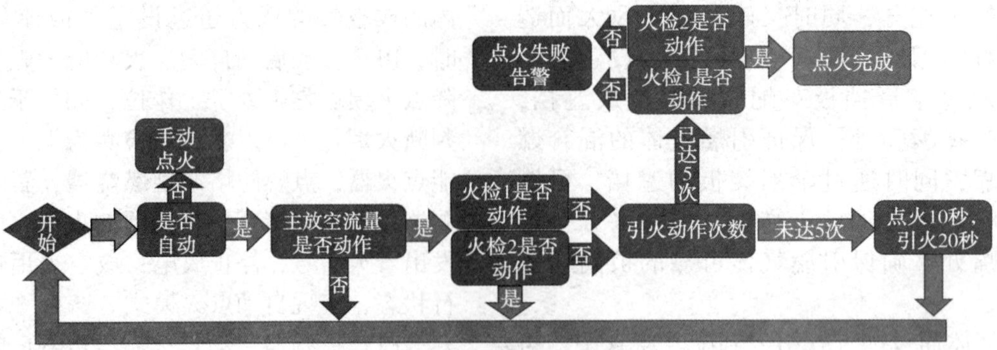

图5　点火系统逻辑控制图

高能点火器的输入电压为交流电220V，频率50HZ，输出电压大于2500V；点火能量大于20J，火花频率大于17次/秒。紫外线火焰检测器的工作电源为24V直流，功耗为3W，光谱响应为180nm至280nm，见火响应时间≤11秒，熄火响应时间为11秒至33秒，监测距离≥20m。

3　现场应用情况

升降式放空火炬在重庆气矿天东90井成功安装，并持续开展现场试验。已现场试验140余次，试验结果表明，升降式放空火炬即使在大雨、大风等恶劣环境下点火稳定性仍然较好，点火可靠。天东90井放空介质中含有大量的液体水，该火炬即使在放空介质含大量液态水的情况下依然能正常燃烧，点火装置性能稳定可靠(表1)。

表1　天东90井升降式放空火炬试验统计表

序号	天气	试验次数	点火情况				备注
			远程自动	远程手动	就地自动	就地手动	
1	小雨	30	8	5	6	11	点火成功率100%
2	中雨	23	4	7	5	7	
3	大雨	26	5	6	4	11	
4	大风	22	6	4	5	7	
5	晴	25	5	7	5	8	
6	阴	22	5	5	5	7	
7	小计	148	33	34	30	51	

放空火炬引火燃烧器增设了防堵塞功能，增加了点火装置的稳定可靠性；点火装置可降至火炬底部，即使放空火炬出现点火故障，也能在地面进行维护维修，避免了高空作业，降低了作业安全风险。

在高架火炬未应用升降装置前，放空火炬出现故障，多采用魔术弹点火，魔术弹点火安全性和可靠性均较差。升降式放空火炬避免了因点火系统故障依托魔术弹点火存在的安全隐患，降低了管理风险，同时提高了点火的安全性。

在高架火炬未应用升降装置前，点火故障频发于投产后3~4年，点火次数约　为80次。升降式放空火炬目前已现场试验140余次，试验结果表明点火装置性能稳定可靠，目前该火炬仍在持续开展现场试验。使用升降式放空点火系统后，点火寿命延长、点火可靠性增强、减少了高空作业费用，预计单台火炬约节约维护费20万元(图6)。

图6　天东90井升降式放空火炬放空点火

4　结论

相比于现有点火装置，升降式点火装置以电动升降式点火枪进行自动点火，在点火成功以后自动回缩到指定安全位置，从而提高了使用寿命，并且安装维护方便；防堵塞式引火燃烧器能有效避免堵塞问题。升降式点火装置具有安全性高、监控可靠、体积小、重量轻、操作简单、升降距离大、点火位置可调、点火效率高、使用寿命长、实用性好、市场推广前景非常看好，该装置适合在低、高含硫，气液分离不充分的放空作业场所使用。

青海油田油泥处理技术研究与应用

朱秀雨　张海浪　张祎　毛小倩

（中国石油青海油田分公司钻采工艺研究院）

摘　要　油田含油污泥主要来源于油水井井场、联合站沉降罐等，对周围环境保护带来一定压力，油泥处理一直是油田急需解决的问题。本文分析了青海油田尕斯联合站含油污泥组成成分、粒径含量和矿物组成，结合青海油田尕斯中浅层油藏地层特点和流体特性，与传统调剖技术结合，采用流变仪和驱替实验方法，通过流动性、悬浮性和封堵性等性能评价，筛选、优化出了具有适应尕斯中浅层油藏需要的4种的含油污泥调剖剂体系，可以有效地封堵高渗透层。在尕斯中浅层油藏现场应用试验4口井，累计处理含水油泥14621m³，阶段累计增油2934t，投入产出比达到1∶6.2。现场试验表明，该技术可有效动用中、低渗透层，缓解油泥处理难题，具有较好的经济和社会效益。

关键词　含油污泥；调剖剂；社会效益

青海油田尕斯联合站污泥主要来源①原油开采产生的含油污泥，主要来源于井口、井场和地面处理系统；②原油集输过程产生的含油污泥，在原油的集输过程中，原油流经接转站、油罐、隔油池底等设备，污水流经沉降罐、污水罐以及含油水处理设施均会产生含油污泥。日产污泥约10吨/天，每年产出污泥近5000t，没有合适的消耗用途，工业回收应用价值不大，目前只有露天堆积存放的方式处理。如不及时处理，会越积越多，占用大量土地面积，如果管理不善，还会对环境和土壤造成污染。考虑到含油污泥产于地层，与油层有良好的配伍性等有利因素，并借鉴固体颗粒调剖的特点与作用，对含油污泥实施化学处理，使成为污泥调剖剂，用于注水井深部调剖，这将对油田环保和油田开发都具有重要意义。

本文充分利用尕斯联合站的污泥与油田储层孔喉分布相适应，与地层有较好的配伍性特点，经过适当的稠化和悬浮稳定等化学处理后可用于油田注水井调剖，变废为宝。在尕斯中浅层注水井使用含油污泥调剖剂进行调剖4井次，获得了显著的降水增油效果。

1　含油污泥调剖剂研制

1.1　含油污泥基本组份

含油污泥为黑色粘稠液体，其组成和物性列于表1。其中含水率用蒸馏法测定；含油量由蒸馏后残余物经有机溶剂萃取、蒸发、称量测得；固含量和可溶性盐含量由萃取后残渣经过滤、烘干、洗盐、称量测得。由表1可见，含油污泥含水量高，超过60%，易处理，易泵送；尕斯联合站的含油污泥的固含量较低，还需添加一定量固相堵剂；由于尕斯库勒油田采出水矿化度高，污泥中可溶性盐含量很高，油泥黏度满足注入流动性要求。

将含油污泥经洗油、洗盐后剩余的颗粒状固体进行X衍射矿物组成分析，见表2，其主要成分石英、黏土矿物和斜长石。含油污泥的主要矿物组成是长石17.2%、石英56.1%和黏土矿物14.8%。尕斯中浅层储集砂岩中碎屑主要以石英、长石为主，油泥成分含量与储层矿物组成分析结果基本一致，表明采出的含油污泥主要矿物组成是经油水冲刷、脱落而被带出地面的油藏岩石矿物。

表1　含油污泥组成及物性

含水/%	含油/%	含盐/%	含泥/%	黏度/(mPa·s)	样品外观
69.4	6.6	15.9	8.1	367.5	黑色粘稠液体

表2　油泥分离固相矿物组成

组成/%	石英	钾长石	斜长石	方解石	石盐	黏土矿物
	56.1	5.7	11.5	8.3	3.6	14.8

1.2　含油污泥粒径分析

采用COULTER激光粒度分析仪测定颗粒的粒径分布如表3所示。结果可见，油泥固相的粒度主要在10~100μm之间，粒径分布在30μm以下的占绝大多数，粒径的分布比较集中，有助于以油泥为主剂配制成性能优良的油泥调剖剂。

表3 污油泥固相激光粒度分析结果

粒径分布/%			
<5um	(5~10)μm	(10~30)μm	(30~100)μm
35.43	10.86	31.76	21.95

1.3 含油污泥水分析

取一定量尕斯油田油泥样品和注入水样品，离心机分离后，取水样用原子吸收光谱仪对水中钾、钠、钙、镁等离子的含量进行水性分析。尕斯油田油泥和注入水的总矿化度为80000~110000mg/L，主要离子为Cl^-和HCO_3^-(见表4)。可见，从水性分析结果可知，污油泥中含水的水性与注入水基本一致，水型是$CaCl_2$型。污泥中分离出的污水矿化度高达86172.6mg/L，该污泥与尕斯库勒油田储层和流体的配伍性良好。此外，含油污泥中含油量相对不高，油组分以胶质沥青质为主，有利于污泥颗粒在水基调剖剂中的悬浮稳定。

表4 含油污泥中水和注入水矿化度分析结果

检测项目	油泥中水性	注入(配制)水性
钠、钾/(mg/L)	29742.62	37573.16
钙/(mg/L)	2144.28	3131.25
镁/(mg/L)	1087.87	881.24
碳酸盐/(CO_3^{2-}, mg/L)	0	0
重碳酸盐/(HCO_3^-, mg/L)	637.51	516.08
氯化物/(mg/L)	52560.59	65858.09
总矿化度/(mg/L)	86172.86	107959.81
总硬度/(mg/L)	9825.0	11437.50
总碱度/(mmol/L)	10.45	8.46
pH	6.5	6.5

2 含油污泥调剖剂室内研究

含油污泥调剖剂注入地层时，这种调剖剂分散体易流动，可进入到地层孔隙深部，随时间延长，在地层一定的温度下，地层中相分离后的固相和油相可使地层砂胶结，使松散地层砂胶结成块状砂，其固相和油相在近井地带高渗区不断堆积形成油泥墙，增加了注入水的渗流阻力，迫使注入水改变渗流方向，从而起到提高注入水的波及体积，起到调剖的作用。

实验采用单管填砂管串联模型，模拟油藏条件，在第一级填砂管中通入不同PV数的油泥凝胶调剖剂，60℃候凝24h；在第二级级填砂管中充填1PV加入悬浮剂和颗粒的油泥调剖剂，正向驱替不同PV数的水，考察复合油泥调剖剂封堵能力，实验结果见图2。

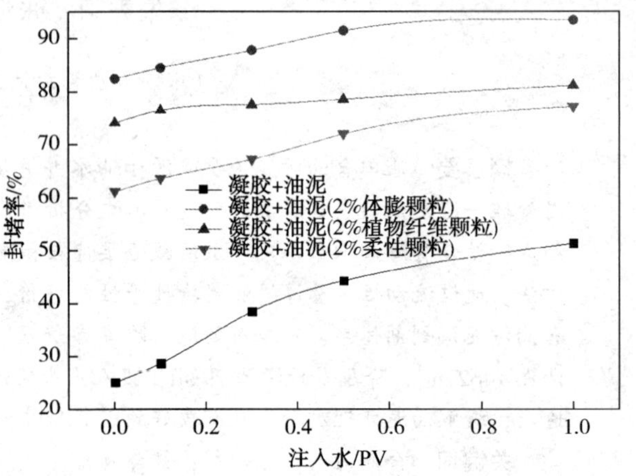

图1 四种不同封堵强度的复合油泥调剖剂

从图1中看出，随着驱替量的增加，凝胶+油泥、凝胶+油泥(植物纤维颗粒)的段塞组合封堵率下降幅度较大；凝胶+油泥(体膨颗粒)的封堵率略有上升；凝胶+油泥(柔性颗粒)的封堵率基本不变。增加凝胶段塞后，污油泥与添加颗粒的运移减弱，封堵率大幅度提高。因此，有必要增加凝胶段塞，将污油泥调剖剂固定在地层中防止窜流。

3 现场应用

在室内研究的基础上，2017年12月至2018年6月，在尕斯中浅层油藏选取了4个井组实施油泥调剖试验，调剖后平均压力提升4MPa，说明裂缝通道和高渗带得到了初步的控制，为低渗油层的动用和油井见效提供条件。统计测算，彻底处理掉了尕斯联合站的含水油泥14621m^3。截止到2019年5月5日累计增油2934t，降水3752.99方。4口调剖井共使用含水油泥14621m^3，按尕斯联合站含水油泥原处理费用为382.8元/t计算，节约处理费用559.7×104元。原油价格按2500元/t计算，水处理费用按30元/方，同时措施井增油2934t，降水3752.99方，直接取得经济效益为846.29万元，合计取得经济效益为1405.99万元。措施投入包括添加剂费用和施工费用等成本，措施投入共计226万元。投入产出比达1：6.2，取得了较好的效果。

4 结论

通过对研究区含油污泥的组分及含量进行分

析，配置了含油污泥调剖剂，对含油污泥调剖剂的性能进行了评价，并在尕斯中浅层油藏现场试验。

(1) 通过对尕斯油泥的基本组分、矿物组成、粒度和离子分析，表明含油污泥源于油藏，与油藏有良好的配伍性。油泥中较高的含水可以提高施工的可泵入性，较高的含泥量有助于封堵水窜通道和高渗透层。粒径的分布比较集中，在30μm以下的占绝大多数，有助于以油泥为主剂配制成性能优良的油泥调剖剂。

(2) 通过耐盐凝胶与油泥和各种油泥调剖剂搭配，具有良好的封堵性能，可形成多种封堵率的段塞组合，满足现场不同的封堵需求。

(3) 在尕斯中浅层现场应用4口井试验，累计处理含水油泥 $14621m^3$，措施井增油2934.84t，降水 $3752.99m^3$，取得了较好的效果．用实践验证了污泥作为调剖剂，价格低廉，施工工艺简单，操作方便，且节约了油泥处理费用，实现了资源循环利用，为油田绿色环保和油田开发提供了强有力的技术支撑，具有良好的社会和经济效益。

参 考 文 献

[1] 杨永超．水质处理残渣污泥封堵大孔道技术研究与应用[J]．海洋石油，2008，28(3)：60-64.

[2] 包亚臣，牛景岗．杏北油田采出污泥调剖现场试验研究[J]．大庆石油地质与开发，2007，26(2)：101-104.

[3] 李丹梅，王艳，于庆忠，等．含油污泥调剖技术的研究与应用[J]．石油钻采工艺，2003，25(3)：85-87.

[4] 王从领，薛鲁营，赵成祥，等．含油污泥调剖剂的研究与应用[J]．石油地质与工程，2010，24(2)：115-117.

[5] 滕立勇，王尧，赵永鸿等．辽河油田稠油污油泥调剖技术[J]．特种油气藏，2016，23(5)：134-137.

一种集输管道外腐蚀防护综合性分级评价新方法

魏　蓓　徐孝轩

（中国石化石油勘探开发研究院）

摘　要　国内油气田地面地面系统主要侧重腐蚀检测技术的研究和应用，尚未建立与之配套的腐蚀评价管理信息系统，对现有管线设备的腐蚀状况没有全面的认识。因此，本研究在分析埋地管道外腐蚀的主要影响因素，对比国内外管道外腐蚀评价指标及分级标准的基础上，引入灰色理论，提出了一种油气集输管道外腐蚀综合性分级评价方法，对影响管道外腐蚀的主要因素进行模糊化处理，分配权重，整体评价、管理集输管道防腐情况，提高了腐蚀评价的可靠性和准确性，具有较大的应用推广价值。

关键词　地面系统；油气集输管道；防腐评价；外防腐层；阴极保护；土壤腐蚀

中石化油气田覆盖面广，从东部滩海到西部沙漠，从东北平原到西南山地；油气藏类型多、介质复杂，提高采收率的措施多样，腐蚀因素多样，腐蚀状况各异，给安全生产造成了一定影响。相当多的管线、储罐、设备和站内工艺管线达到20多年，远远超出原设计适应期（10年），出现老化、裂纹、黏着力下降等，无法有效防止腐蚀，进入腐蚀穿孔多发期。加之设备设施的检测和维修费用不足，没有按周期进行防腐层检测和维修导致外腐蚀事故频发。据统计，中石化年平均设备维修费用约十亿元（其中因腐蚀引起的约占40%），金属管道因腐蚀造成的年更换率达到2.5%左右。

1　油气田集输管道腐蚀控制技术现状

面对严峻的防腐形势，近年来，地面系统积极推广玻璃钢管、钢骨架复合管等新材料，涌现出多种油气集输腐蚀控制技术，如普光气田开发应用了五要素综合腐蚀控制技术（抗硫管材、缓蚀剂、阴极保护、腐蚀监测和智能监测），将腐蚀速率控制在0.059mm/a，优于行业标准，实现百亿方高含硫湿气的直接输送。胜利油田针对海上平台和海底输油管线超期服役问题，研发了“在役平台管道防腐修复和延寿技术”，达到延寿5年的目的。

根据腐蚀防护检测对象和目的的不同，形成了地面生产系统多种检测方法并存的检测体系。内腐蚀检测包括挂片法（主要）、电探针、电指纹、磁力层析非开挖检测技术等；外腐蚀监测，如PCM检测防腐层（主要）、导波定位等。目前，油气田地面系统防腐研究主要侧重多渠道腐蚀监测监控技术开展：如塔河油田将导波定位、C扫描（相控阵）详测、超声波测厚等多种检测技术组合，掌握腐蚀状态；普光气田优选集成智能检测、磁粉探伤、超声波C扫描与相控阵、PCM管道防腐层检测等技术，开展管道内外壁阶段性检测，实现腐蚀状况全面掌握。

目前，大部分油气田只是开展了管道检测评价工作，没有建立起管道腐蚀防护状况检测评价管理信息系统，对现有管线设备的腐蚀状况没有全面的认识。因此，研究提出了一种油气集输管道外腐蚀综合性分级评价方法，整体评价、管理集输管道防腐情况，提高了腐蚀评价的可靠性和准确性。

管道外腐蚀综合性分级评价方法的技术路线：深入研究埋地管道腐蚀与防护态势主要的影响因素，采用模糊数学中的理论方法，将这些因素进行有机结合，给不同参评参数分配一个合适的影响权重，以不同参数基于各自权重的加权和作为整体评价的指标管道腐蚀与防护态势进行综合评判。

2　管道外腐蚀综合性分级评价方法

2.1　防腐层技术状态评价

目前，普遍采用的埋地钢质管道外腐蚀直接评价（ECDA），主要依据行业标准SY/T 0087.1-2006，根据防腐层地面检漏预评价、间接分级评价结果，对危险管段进行开挖检测后直接评价并采取维护措施。

通常，非开挖（间接）测量方法都有一定的

局限性。例如，密间距电位测量法(CIS)、电流电位梯度法(ACVG)、地面音频检漏法和交流电流衰减法(PCM)均不能检测出防腐层剥离状况，且管道埋深、现场环境和地形都可能影响检测的范围和灵敏度[2]。

就间接评价方法而言，中外学者开展了广泛研究，其中影响较大的包括：加拿大学者 Seager W H[1]提出，通过电位衰减系数求得外防腐层横向电阻(表观涂层电阻)来反映涂层破损情况，然而该方法只能表示防腐层在阴保条件下的阻抗状况，在直接表示涂层自身质量的变化上还存在一定的不确定性，而且没有量化分级[2,3]。胡永新[4]等在此研究上进一步深入，引入涂层空隙系数 *Ks* 客观评价涂层质量变化。倪浩[5]等提出了针眼指数 *Kp*，即单位面积防腐层的针眼数，来反映防腐层的质量变化状态和阴保系统输出参数变化情况。然而这些研究并没有建立起评价防腐层性能的分级指标，没有在管道防腐层性能评价中得到应用[2]。

我国目前主要依据 SY/T 5918-2004《埋地钢质管道外防腐层修复技术规范》[7]规定，将防腐层绝缘电阻率作为其抗腐蚀、防杂散电流干扰的重要性指标[8]。通过电流-电位法或者变频-选频法，针对石油沥青防腐层测其防腐层电阻率，对石油沥青防腐层进行绝缘性能、老化程度及表现、采取措施定量分级评价(表 1)。

表 1　石油沥青防腐层分级标准及相应措施

涂层等级	一级	二级	三级	四级	五级
电流-电位法测电阻率/(Ω·m²)		—	$1.5\times10^3\sim2.5\times10^3$	$5\times10^2\sim$	$<5\times10^2$
选频-变频测电阻率/(Ω·m²)		$5\times10^3\sim5\times10^5$	$3\times10^3\sim5\times10^3$	$10^3\sim3\times10^3$	$<10^3$
老化程度及表现	基本无老化	老化轻微，无剥离和破损	老化较轻，基本完整，沥青发脆	老化较严重，有剥离和较严重的吸水现象	老化和剥离严重，轻剥即掉
采取措施	暂不维修和补漏	每 2 年为一周期进行检漏修补作业	每年进行检漏和补修	加密测点进行小区段测试，对加密测点测出的小于 10000Ω·m² 的防腐层进行维修	大修

基于其他参数的管道外防腐层技术状态评价准则还包括：SY/T 0087.1-2006 中跟据管道开挖后防腐层外观，把防腐层分为优中差三级；埋地钢质管道腐蚀防护工程检验 GB /T 19285-2014[9]分别根据防腐层电阻率、电流衰减率 Y 值、外防腐层破损点密度 P 值三种评价准则对 3LPE、硬质聚氨酯泡沫防腐保温层和沥青防腐层的性能进行了定量分级评价；NACETM 0102-2002[10]提出利用导电测量法对管道防腐层进行检验评价，该标准将外防腐层性能质量分为四级；NACESP 0502-2010[8]则提出应按每种不同的间接检测方法，分别对防腐层质量状况进行分级，均分为三级，并提出了具体的操作程序与步骤。日本《电蚀·腐蚀手册》中对已经敷设入地的管道防腐层优劣程度(绝缘电阻值)，划分成优、良、可、不可、差、极差六个等级[3]。

目前的分级评价准则中，只有通过防腐层绝缘电阻率评价准则对石油沥青防腐层、3LPE 和硬质聚氨酯泡沫防腐保温层的量化分级标准，而对于如煤焦油磁漆、熔结环氧粉末、聚乙烯类等新型防腐层的绝缘性能只可进行定性评价，无法形成定量分级标准[2]。相关文献指出，涂层绝缘电阻率仅反映了涂层本身的老化程度、安装质量等，不能作为评判管道外防腐态势的唯一标准。

2.2　土壤腐蚀性评价

一般情况下环境腐蚀因素可作为第二位考虑。

埋地管道腐蚀中，由长线电流所形成的宏电池和地中杂散电流造成的干扰腐蚀危害最大，特别是由于防腐层出现某些缺陷或破损，形成"小阳极"、"大阴极"导致宏观腐蚀电池的趋势加剧。地中杂散电流引起的腐蚀，一般比土壤腐蚀速度大几倍甚至几个数量级。

宏观腐蚀电池和地中杂散电流的干扰，一般通过测量管地自然电位得知。管/地自然电位是评价阴极保护下埋地管线腐蚀环境的重要参数。

它反映了长线电流所形成的宏电池和地中杂散电流造成的干扰腐蚀，体现了构筑物本身的活性，决定了阴极保护所需电流的大小。

对土壤腐蚀倾向的大小，可用土壤腐蚀性强弱来判定。土壤体系本身非常复杂，其腐蚀性的影响因素很多，包括：空隙度(土壤透气性)、电阻率、溶解盐、含水量、湿度、酸度或碱度等。土壤腐蚀性的分级方法较多，有现场埋片失重法、电解失重法、土壤电阻率法、腐蚀电流密度法，但是都或多或少地存在着不足。为了较全面、准确评价油气管道的腐蚀程度，世界各国对土壤腐蚀性提出了很多评价标准，如德国DIN50929标准、美国ANSI标准以及我国原石油工业部SYJ7-84标准等。

我国通常采用四级法测量并计算土壤的电阻率，对土壤腐蚀性进行评价。该方法简单易行，比较适合现场的测量条件。表2列举出各种土壤电阻率的分级标准。

表2　基于土壤电阻率的土壤腐蚀性分级评价标准

单位：Ω·m^2

	F.O Waters	L.M Applegate	V.A Pritula	Romanoff	SY/T006-1997
强	0~900	0~1000	0~500	<700	<2000
中	900~2300	1000~5000		700~2000	
轻	2300~5000	5000~10^4		2000~5000	2000~5000
较轻	5000~10000	10^4~10^5		>5000	
极轻	>10000	>10^5	>10^5		>5000

有文献指出，该类土壤腐蚀性评价方法中各因子的分级界限都是确定的，忽略了各因子的权重，可能导致信息漏失或结论错误。因此敬加强[12]、易云兵[13]等提出了基于模糊物元理论评价油气管道沿线土壤腐蚀性，确定土壤腐蚀影响因素的权重，从而促使在防腐设计和采取防护措施时能充分、重点考虑这些权重较大的土壤腐蚀影响因素。王天瑜[14]等用改进灰关联分析法计算土壤腐蚀性等级的关联度，利用熵权法计算各指标权重。然后，根据最大关联度原则判定土壤腐蚀性等级。

2.3　阴极保护有效性评价

GB/T 21448-2017[11]《埋地钢质管道阴极保护技术规范》中明确指出，埋地油气长输管道、油气田外输管道和油气田内埋地集输干线管道应采用阴极保护；其他埋地管道宜采用阴极保护。

在实际应用中，为了兼顾保护程度和保护效率，不应该片面追求达到完全保护，而是依据国标GB/T 21448-2017[11]《埋地钢质管道阴极保护技术规范》、行业标准SY/T 0032-2000《埋地钢制管道强制电流阴极保护设计规范》要求，通过改变保护电流密度，控制埋地钢质管道的保护电位处于最小保护电位和限制临界电位之间，允许金属在保护下仍以不大的速度进行均匀腐蚀[3]。在保护电位无法测定的情况下，选择保护电流密度作为阴极保护的控制参数。

阴极保护系统的有效性评价，主要通常阴极保护对管道腐蚀抑制的有效性用保护度来衡量，即通过防蚀措施使特定类型的腐蚀数率减小的百分数，在管道实验中通常用检查片来测定。

在管道外腐蚀综合性评价中，阴极保护的防护作用作为第三位考虑。主要原因在于，就我国目前的常规测量方法而言，尽管每个测点阴极保护参数的测量是准确的，但测点间距过远。

2.4　一种新型集输管道外腐蚀防护综合性分析评价方法

外防腐层、腐蚀环境和阴极保护中任何单向因素的作用或单向指标控制，都不能全面、准确地反映出管道腐蚀防护状态。因此，只有将腐蚀与周围环境、外防腐层技术状态、阴极保护相联系，进行综合评价，才能有效反映外腐蚀情况及发展趋势，为有效预防、控制管道腐蚀事故，有针对性的安排管道大修，提供保障。目前，对于埋地金属管道腐蚀与防护态势的综合评价，尚无确定统一的办法，主要依据现场工程技术人员经验。本研究提出了一种新型的集输管道外腐蚀防护综合性分析评价方法，基本思想在于根据评判标准，将影响管道外腐蚀的各个单因素模糊化，同时根据灰色理论，确定各因素相对于管道外腐蚀防腐的重要程度，并且将其模糊化：然后通过模糊变换，可得到用模糊集合表示的评价结果；最后经比较可以得到所需结论。

综合考虑防腐层技术状况、管地自然电位、土壤电阻率和阴极保护有效性四个因素，同时参考上述管道单因素分级评价准则(可以采用专家调查、现场数据统计、查阅文献资料和被评管道的腐蚀状况历史数据的方法)，将各个因素划分为很好(1级)、较好(2级)、中(3级)、较差(4级)、差(5级)五个等级，这样就可以建立起4×5阶的单因素评判矩阵(见表3)，再根据现场实测的电位数据和管线基础数据就可以对管线的腐蚀与防护态势进行综合评判(表3)。

表3 影响埋地管道外腐蚀因素分级标准

评价级别		防腐层技术状态	环境腐蚀因素		阴极保护有效性
		电阻率/Ω·m²	管地自然电位/V	土壤电阻率/Ω	保护度/%
1	很好	>10000	>-0.15	$>10^5$	>90%
2	较好	5000~10000	-0.15~0.30	$10^4\sim10^5$	80%~90%
3	中	3000~5000	-0.30~-0.45	$5000\sim10^4$	70%~80%
4	较差	1000~3000	-0.45~-0.55	1000~5000	60%~70%
5	很差	<1000	<-0.55	0~1000	<60%

3 结论

在深入分析油气集输管道外腐蚀影响因素及评价标准的基础上，引入灰色理论，将多个影响因素进行模糊化处理，分配权重，对管道腐蚀防护状况进行综合性分级评价，克服了单一因素测量不准确、标准不完全等问题，完善了油气田集输管道腐蚀防护状况评价管理信息系统，具有较大的推广应用价值。

参 考 文 献

[1] Seager W H. Evaluation of pipeline coatings in terms of in-situ electrical characteristics[J]. Materials Performance, 1980, 19(6): 9-14.

[2] 崔艳雨，张曼曼，刘远征，揭泽鹏．埋地管道外防腐层性能评价准则综述[J]．应用化工，2015，44(12)：2312-2316.

[3] 李彬．阴极保护下埋地管道涂层及腐蚀与防护态势评价方法研究[D]．成都：西南石油学院，2004.

[4] 胡永新，张勇．用阴极保护测量参数评价管道涂层质量[J]．油气田地面工程，2003，22(8)：2-3.

[5] 倪浩．在役输油管道涂层老化评价方法研究和应用[D]．成都：西南石油学院，2003。

[6] 徐欣，许立宁，柳伟．埋地管线防腐层性能评价研究进展[J]．腐蚀科学与防护技术，2011，23(4)：365-368.

[7] 国家发展和改革委员会．SY/T 5918—2004 埋地钢质管道外防腐层修复技术规范[S]．北京：石油工业出版社，2004.

[8] NACE International. NACE Standard RP 0502-2010, Pipeline external corrosion direct assessment methodology [S]. Houston, Teaxs: NACE International, 2010.

[9] 中华人民共和国质量监督检验检疫总局，中国国家标准化管理委员会．GB/T 19285-2014 埋地钢质管道腐蚀防护工程检验[S]．北京：中国质检出版社，2014.

[10] NACE International. NACE Standard TM 0102-2002, Measurement of protective coating electrical conductance on underground pipelines [S]. Houston, Teaxs: NACE International, 2002.

[11] GB/T21448-2017 埋地钢质管道阴极保护技术规范[S]．北京：国家标准出版社，2017.

[12] 敬加强，黄坤，李良君．油气管道沿线土壤腐蚀性的模糊物元综合评价[J]．西南石油学院学报，2000(03)：91-93+0.

[13] 易云兵，姚安林，李又绿，蒋宏业，姜力，王飞．基于模糊物元理论评价油气管道沿线土壤腐蚀性[J]．天然气工业，2005(06)：110-112+179-180.

[14] 王天瑜，吴宗之，王如君，李雷雷．基于改进灰关联分析法的埋地管道土壤腐蚀性评价[J]．中国安全生产科学技术，2016，12(03)：133-136.

保德区块煤层气集输系统运行优化研究

陈中良　张　雷　刘其虎　苟建升　刘旭飞

(中国石油煤层气有限责任公司忻州分公司)

摘　要　采用等效管径理论求解了新投产集气站的集输半径；基于 PIPELINE STUDIO 3.5 软件，建立了保德区块煤层气集输系统的模型，以实际的运行参数验证了模型的适应性和可靠性，研究了集输系统的最优运行方案，分析了集气站停站工况对集输系统的运行，为保德区块集输系统运行优化提出了建议。

关键词　集输半径；pipeline studio 软件；煤层气；集输系统；运行优化

煤层气集输系统运行优化是在已建成管网中，以集输系统的动力、热力消耗或系统集输能力为目标函数，通过优化压力、流量、温度等生产运行参数，达到降低运行成本、提高经济效益的目的[1]。保德区块煤层气集输系统以“大环网、环上枝、枝上枝”的管网拓扑结构和“井场阀组、集气站”2 级站点结构形式组成，这种结构适应了煤层气低压集气工艺、滚动开发需求及地区地形地貌特点。保德区块新 1 号集气站投产后，完整的集输系统基本形成，如何实现降本增效，达到最优运行方案，降低停站工况影响成为亟待解决的问题。

1　新站投产及其集输半径求解

在已运行的管网中新投产集气站将引起原集输管网内运行参数的重大变化，通过收集和分析以上数据的变化，可以划定集气站集输范围，再通过等效半径的方法可以求得新集气站集输半径，这对于生产运行具有十分重要的意义。以新投产的 1 号站为中心，结合保德环枝状复合管网特点，分析集气站周边管网结构，主要有 4 条枝状集气线、2 条环状集气线。集气站投产时，4 条枝状线上的所有井台管网回压均明显下降，2 条环状线上在集输范围内的井台管网明显下降(超过 0.02MPa)，其余井台管网回压不下降，由此判定 1 号集气站的集输范围：包含 37 座井场共 126 口井，以上井场在投产日当天，平均井场回压压降为 0.046MPa。

1.1　集输半径求解

集输半径是一个集气站所能达到的最远集气实际管线距离，集输半径的的大小与集输管道的管径、集气站进压力、集输半径末端井场回压、输气量(或合理输气速度)、管线内表面粗糙度、管线敷设路径等因素有关。

保德区块集输管线实际不是同一管径，而是顺着枝路的向外延伸，管线管径逐渐变小。因此需要将不同管径的管线等效为该线路上某一管径，即用当量管径依次来确定实际的集输半径。本文用《输气管道设计与管理》中所列的威莫斯(Weymouth)气体管流方程来推导等效管径的公式如下所示，莫斯公式在管径较小、输气量不很大，而净化较差的矿场集气管线或干线上仍有足够的准确性，对于煤层气集气管线来说，在简单计算集输半径时，该公式可以接受。

$$Q=C_{w}D^{\frac{8}{3}}\sqrt{\frac{(P_{Q}^{2}-P_{Z}^{2})}{Z\Delta.TL}} \quad (1)$$

等效后的管线管长与管径的关系为：

$$\frac{L_1}{L_2}=\left(\frac{D_1}{D_2}\right)^{\frac{4}{3}} \quad (2)$$

式中　L——管长，m；

D——管径，m；

由式(2)推算出 1 号集气站周围各环、枝路实际路径长对应的集输半径，如表 1 所示，在计算各路径的集输半径时，我们将该支路的管线都统一等效为该支路上管径最大的管线，以方便集气站在后期建设中增加复线或更换为较大管径时最大集输能力，表中集输半径后扩号中的数字为等效管径。

表 1　1 号集气站周围各环、枝路实际路径长及对应的集输半径

序号	路径	集气站	边界井名	线路管径列表								实际路径长/m	集输半径/m
				*DN*90	*DN*200	*DN*225	*DN*250	*DN*315	*DN*355	D273.1＊6.4	D323.9＊6.4		
1	环路 1	1 号集气站	1 号-32 井场						3780			3780	3780(*DN*355)
2	环路 2		1 号-19 井场			345		2997				3342	4147(*DN*355)
3	枝路 1		1 号-34 井场	1619	1500				2170			5289	15488(*DN*355)
4	枝路 2		1 号-36 井场	600	622	870	1290	530	2170			5552	10901(*DN*355)
5	枝路 3		1 号-35 井场	1055		1454			260	1125	1975	5869	12613(*DN*355)
6	枝路 4		1V 井场						300		3200	3500	3808(D323.9)

由上表可以知道，1 号集气站最大的集输半径达到了 15.5km。

2　区块地面集输系统最优运行方案

本节以 PIPELINE STUDIO 3.5 版软件模拟的方式研究在预测产气量下，保德区块集输系统的最优运行方案。模拟时先建立模型，然后选取区块运行实际工况进行模型可靠性和适应性验证，再以预测产气量来模拟集输系统最优的运行方案。

2.1　模型建立及适应性可靠性验证

依据保德区块产能建设竣工图建立管网模型，边界条件选取保德区块运行的典型工况，以不低于各集气站实际进站压力，不高于各集气站出站压力进行模拟。

2.1.1　模型验证

以实际工况模拟计算，通过对比模拟计算的井场回压和实际运行压力(详见表 2)，平均差 0.01MPa。通过对比集气站进、出站压力模拟值与实际值(详见表 3)，差值均较小。表明 PIPELINE STUDIO 软件模拟结果可靠，可以很好的适用于煤层气集输管网计算。

表 2　井场模拟计算结果与实际运行数据对比表(节选)

编号	井场	模拟计算井场回压/MPa	实际运行压力/MPa	差值模拟-实际/MPa
1	1 号	0.21	0.231	-0.02
2	1 号-01	0.24	0.285	-0.04
3	1 号-02	0.21	0.237	-0.03
4	1 号-03	0.21	0.199	0.01
5	1 号-04	0.21	0.203	0
6	1 号-05	0.24	0.261	-0.02
7	1 号-06	0.2	0.255	-0.05
8	1 号-07	0.2	0.222	-0.02
9	1 号-08	0.21	0.204	0
10	1 号-09	0.21	0.198	0.01

表 3　集气站模拟计算结果与实际运行数据对比表

集气站	进站压力/MPa		出站压力/MPa		处理气量/($10^4m^3/d$)	
	实际值	模拟值	实际值	模拟值	实际值	模拟值
1 号集气站	0.201	0.201	0.564	0.6	19.22	18.65
2 号集气站	0.146	0.146	0.81	0.86	61.05	60.38
3 号集气站	0.055	0.055	0.738	0.79	20.49	19.43
4 号集气站	0.062	0.06	0.823	0.87	43.78	50.46

2.1.2　预测气量下最优工况模拟

根据目前各集气站压缩机配置情况，预测气量 $165\times10^4m^3/d$ 的工况下，选取了 4 种压缩机联动运行配置方案，分别模拟分析最优集气站联动运行方案。选取最优运行方案的原则如下：模拟出的井场超压数量尽量少，确保管网运行安全，并释放气井增产潜力；尽量考虑集气站压缩机备机，以保证集气站设备轮换检维修和保养；集气站压缩机运行总功率最低，以降低煤层气增压所需的能耗，充分利用低压比实现经济运行。表 4 示出了 4 种运行方案下井场回压、超压井场数、压缩机总功率等参数。

表4　$165\times10^4m^3/d$ 预测气量工况模拟结果对比表

运行方案	集气站	集气站压缩机运行方案	进站压力/MPa	处理气量 $10^4m^3/d$	压缩机功率 MW	总功率/MW	井场平均回压/MPa	超压井场数/座
方案一	1号站	1往复	0.26	25	0.255	3.424	0.174	102
	2号站	1往复+3螺杆	0.21	55	0.953			
	4号站	4螺杆	0.12	40	0.947			
	3号站	1往复+2螺杆	0.05	40.5	1.269			
方案二	1号站	2往复	0.11	50	1.029	4.206	0.099	7
	2号站	1往复+3螺杆	0.09	55	1.437			
	4号站	4螺杆	0.05	40	1.252			
	3号站	1往复	0.05	15.5	0.487			
方案三	1号站	1往复	0.2	25	0.335	3.815	0.132	57
	2号站	2往复+2螺杆	0.14	70	1.555			
	4号站	4螺杆	0.08	40	1.126			
	3号站	1往复+1螺杆	0.05	25.5	0.8			
方案四	1号站	1往复	0.24	25	0.277	3.596	0.158	90
	2号站	1往复+3螺杆	0.19	55	1.023			
	4号站	5螺杆	0.09	50	1.34			
	3号站	1往复+1螺杆	0.05	30.5	0.956			

注：上表中往复机单台处理能力为25万方/日，螺杆机单台处理能力为10万方/日，表中超压井场数是指井场回压大于管线设计运行压力0.2MPa的井场。

由表可知，在不同运行方案下，对于同一井场，回压高低顺序为方案一>方案四>方案三>方案二；压缩机功率方案二>方案三>方案四>方案一。综合考虑井场回压、压缩机功率以及压缩机备用情况：方案一压缩机总功率最低，但是井场回压最高；方案二压缩机功率最高，井场回压最低；方案三压缩机功率居中，井场回压居中；方案四压缩机功率居中，井场回压居中。由于考虑到方案四4号集气站压缩机全负荷运行，无备用压缩机，是一种相对较经济的运行方案，而方案三各集气站均有备用压缩机，因此，推荐方案三为最优的运行方案。

3　集气站停站模拟

利用建好的模型预测在 $165\times10^4m^3/d$ 工况下，4座集气站分别停站时其他各站的运行状况和管网中井场回压升高的情况。分析得出了4座集气站停站对保德集输系统的冲击和影响，对生产实际具有指导意义。各集气站停站工况模拟综合分析结果如表5所示。

表5　模拟停站工况下集输系统各站操作一览表

停站名称	其他各站操作				井场回压变化情况
	1号集气站	2号集气站	4号集气站	3号集气站	
1号集气站	停站	增开1台螺杆压缩机	增开1台螺杆压缩机	维持不变	各集气站运行稳定后，井口回压较停站之前回压增加约0~0.1MPa，平均增加为0.04MPa。
2号集气站	增开1台往复压缩机	停站	增开1台螺杆压缩机	增开1台往复压缩机、1台螺杆压缩机	各集气站运行稳定后，井口回压较停站之前回压增加约0~0.22MPa，平均增加为0.12MPa。
4号集气站	增开1台往复压缩机	增开1台螺杆压缩机	停站	维持现状不变	各集气站运行稳定后，井口回压较停站之前回压变化约-0.09~0.01MPa，平均降低约0.03MPa。
3号集气站	增开1台往复压缩机	增开1台螺杆压缩机	维持现状不变	停站	各集气站运行稳定后，井口回压较停站之前回压变化约-0.13~0.03MPa，平均降低约0.04MPa。

各集气站停站时对整个区块的影响大小如下：2 号站>1 号站>4 号站>3 号站。1 号站投产后，2 号集气站仍是集输战略位置较重要的站，其停站对集输系统冲击和影响较大，保证其平稳运行。

4 结论及建议

（1）采用等效半径理论，得出保德区块新 1 号集气站集输半径在等效管径为 *DN*355 时，最大集输半径可达到 15.5km。

（2）通过在一定预测产气量条件下模拟计算分析得出集输系统最经济运行方案和安全运行方案。在预测气量下，最优的经济运行方案和最优安全运行方案为 1 号集气站运行 1 台往复压缩机；2 号集气站运行 2 台往复压缩机、2 台螺杆压缩机；3 号集气站运行 1 台往复压缩机、1 台螺杆压缩机；4 号集气站运行 4 台螺杆压缩机。

（3）根据各集气站停站工况模拟，可知各集气站停站时对整个区块的影响大小如下：2 号站>1 号站>4 号站>3 号站。1 号站投产后，2 号集气站停站对整个集输系统影响最大，属于集输系统中的核心站场，应保证其平稳运行。

参 考 文 献

[1] 周军，李晓平，邓涛，陈仕林，万璐，纪小婷，石国赟，宫敬．集输系统优化设计研究的体系结构与发展方向[J]．油气储运，2014，33(07)：707-713.

[2] 李玉星，姚光镇．输气管道设计与管理(第二版)[M]．东营：中国石油大学出版社，2009：110-111.

高硫醇含量天然气净化用 MDEA 复配溶剂的研究

黎志敏　郭　靖　徐梦瑶

（中国石油化工股份有限公司西北油田分公司石油工程技术研究院）

摘　要　为了提高 MDEA（N-甲基二乙醇胺）脱硫溶剂对天然气中硫醇的脱除率，尝试了以二甲基亚砜、环丁砜、N-甲基吡咯烷酮这三种强极性非质子物理溶剂为复配成分的 MDEA 溶剂。在研究中选取了甲硫醇（MeSH）及乙硫醇（EtSH）两种典型的有机硫为研究对象。使用静态气-液两相平衡釜为工具，以带有火焰光度检测器（flame photometric detector，FPD）的气相色谱为检测仪器。考察和选取了吸收温度、气液比这两个重要的吸收参数，评价了三种物理溶剂及单纯 MDEA 溶剂对目标有机硫及硫化氢的脱除能力。结果表明二甲基亚砜、环丁砜、N-甲基吡咯烷酮这三种强极性非质子溶剂均能显著提高溶剂对 MeSH、EtSH 的脱除率，但随着物理溶剂使用量的增加溶剂对硫化氢的脱除率呈下降趋势。

关键词　甲硫醇；乙硫醇；MDEA；脱硫；复配

从井站开采出来的天然气均含有酸气（CO_2 及 H_2S）及各种有机硫化合物，有机硫化合物通常以硫醇（R-SH）、硫醚（R-S-R）、羰基硫（COS）、二硫化碳（CS）为主。不同区域以及不同地质年代的气层产出的天然气中酸气及有机硫的组成和含量不尽相同[1]。天然气送入商品管道之前必须进行脱碳、脱硫等净化处理，使得二氧化碳、硫化氢、总硫含量等指标达到国家标准。国内广泛使用的是以 MDEA、MEA、DEA 等醇胺溶剂为吸收剂的醇胺工艺，经过多年使用、对比以及研究人员的调整优化，目前占主导地位的是以 MDEA 为主吸收剂的净化工艺[2]。由于 MDEA 具有的位阻效应能在一定程度上选择性脱除 H_2S，因此在宽的 CO_2/H_2S 比情况下都能适用[3]。MDEA 溶剂的推广使用显著提升了我国天然气净化领域的技术水平。然而，随着各种复杂井站气体的开采，单一的 MDEA 溶剂显得无法适应，其中最为突出的是对于井站气中高含量甲硫醇、乙硫醇、羰基硫、二硫化碳的脱除效果较差，导致高浓度有机硫存在时净化气总硫含量难以达标，大量的研究及井站运行情况也证实了这一情况[4]。

位于新疆地区的中石化西北油田开展天然气开采及处理业务使用的正是 MDEA 溶剂净化工艺。该工艺在大部分情况下运行状况良好，但是在轮台县的二号联天然气处理站出现了总硫无法达标的情况，经过对气样的分析发现，原料气中甲硫醇体积分数高达 0.0725%，乙硫醇体积分数也达到了 0.0083%。从分析结果推测，现有单纯的 MDEA 溶剂无法有效脱除高含量的甲硫醇及乙硫醇，最终导致无法使净化气总硫含量达到要求。为了保障净化气质量，急需解决高硫醇含量天然气的净化难题。考虑到现有净化装置是针对 MDEA 溶剂进行设计、建造和运行，因此，最为合理的解决方案是在现有设备基础和工艺条件上实现对甲硫醇和乙硫醇的高效脱除，可采取的方法是对 MDEA 溶剂进行复配优化，在不改变现有工艺流程和设备的基础上，利用复配溶剂增加对甲硫醇及乙硫醇的脱除能力。

我国幅员辽阔，地质结构复杂，随着不同地域及不同地质年代天然气井站的开采，天然气硫组分出现显著差异。因此，有必要针对不同的组分情况有针对性的开发脱硫剂，以解决单一 MDEA 溶剂无法适应的情况，实现最为经济环保的天然气净化处理。

1　实验部分

1.1　试剂与仪器

使用自制的耐压等级 2.0MPa 的不锈钢气液相平衡釜作为评价装置，该装置组成如图 1 所示。电磁搅拌（巩义予华仪器公司，型号规格为 85-1A）的转速控制在 300-350 转/min；电加热控制器（CLION 公司，型号规格为 HNG1-1/032F-38 10Z）为 PID 温度控制，驱动可控硅进行电加热升温，温控精度为±0.1℃，最大功率为 300 瓦特；冷凝回流管在溶剂再生时使用 25℃ 水作为冷却介质；压力变送器（Rseries 公司，型号规格为PCM300D)量程范围是-0.1~2.5MPa，测量精度为(0.5%FS)；温度传感器为PT100型，精度为0.3%℃。气相色谱为GC-7820，使用FPD火焰光度检测器，色谱柱采用北京中科惠分仪器有限公司硫化物分析专用柱，规格为50m * 0.53mm * 7um；采用程序升温方式进行分离，初始温度为50℃，终点温度为150℃，程序升温速率为10℃/min。使用六通阀配合定量管进行气体的进样，用N3000色谱数据采集及分析，分析方法是面积外标法。所使用的试剂为阿拉丁公司生产的分析纯MDEA、二甲基亚砜、环丁砜、N-甲基吡咯烷酮。实验气体为混合酸性天然气(大连大特气体有限公司)其中甲硫醇的体积分数为0.0751%，乙硫醇的体积分数为0.0089%，硫化氢的体积分数为3.7500%。

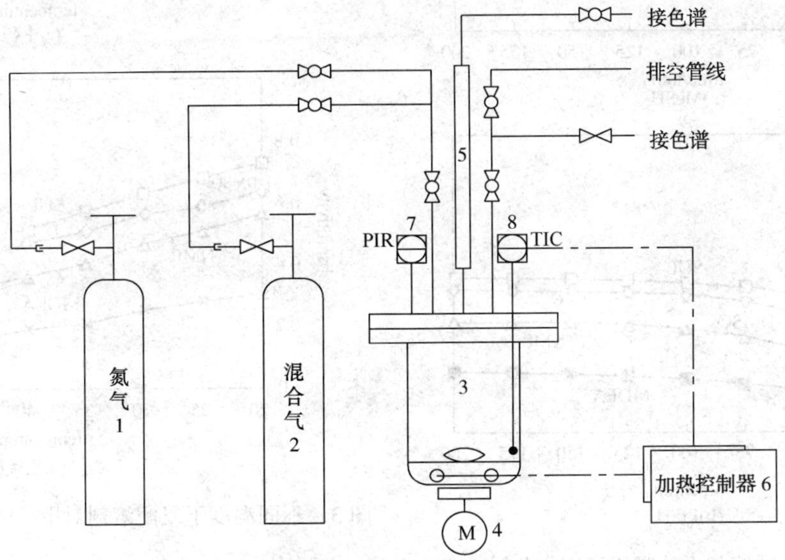

图1　有机硫静态平衡吸收评价装置

1—吹扫及气密测试用氮气；2—有机硫的混合气；3—气液平衡釜；4—可调速的磁力搅拌装置；5—冷凝回流管；6—电加热控制器；7—压力变送器；8—温度传感器

1.2　实验过程

将复配剂(二甲基亚砜、环丁砜、N-甲基吡咯烷酮)和蒸馏水以及MDEA以质量比进行复配，用移液管移取一定体积的溶液加入平衡釜中。使用聚四氟乙烯密封圈进行平衡阀的密封，用氮气进行气密性实验，确认无泄漏后对系统抽真空，同时开启磁力搅拌。磁力搅拌的目的在于强化传热及气液相的传质，缩短平衡时间。同时开启温度控制及加热器，待系统温度达到设定温度系统压力达到-0.095MPa后，切换至样品气管路，向平衡釜中通入酸性气，通过压力传感器及二次仪表读取系统压力数据。此时开始计时，并每隔一定时间，通过平衡釜出气阀及色谱六通阀将釜内气体通入气相色谱进行气相样品的分析。

2　结果讨论

2.1　气液相平衡时间的影响

作为实验室的评价研究，综合考虑了塔式连续吸收及静态平衡吸收的特点，从减少和避免不可控因素影响，保证数据可靠性和一致性角度出发，确定使用静态气液相平衡的方法评价各溶剂对有机硫的脱除率。在静态平衡釜中存在气液接触面积小平衡时间长的问题，因此，确定硫醇、硫化氢在不同溶剂中的平衡时间是开展实验的重要前提。图2是压力1MPa，气液体积比150：1(标准状态)，物理溶剂：MEDA：水(质量比)=3：5：2，吸收温度40℃时，甲硫醇、乙硫醇在各溶剂中的吸收率变化曲线。所有曲线在20min位置都出现了明显的拐点，即在20min前体系处于较快速率的吸收状态，而20min后吸收速率开始下降，直至在大约150min时吸收接近平衡。该曲线是吸收过程气相液相浓度梯度与吸收速率关系的具体体现，在实际生产中为了使生产装置达到最经济的运行状态，吸收塔都处于偏离气液相平衡的状态，任何运行参数的改变都会导致系统重新建立平衡。由于连续吸收装置这种非稳态平衡不利于基础平衡数据的获取，本研究使用静态平衡方法，并根据图 2 的结果选取 150min 作为平衡时间进行其他参数的研究。

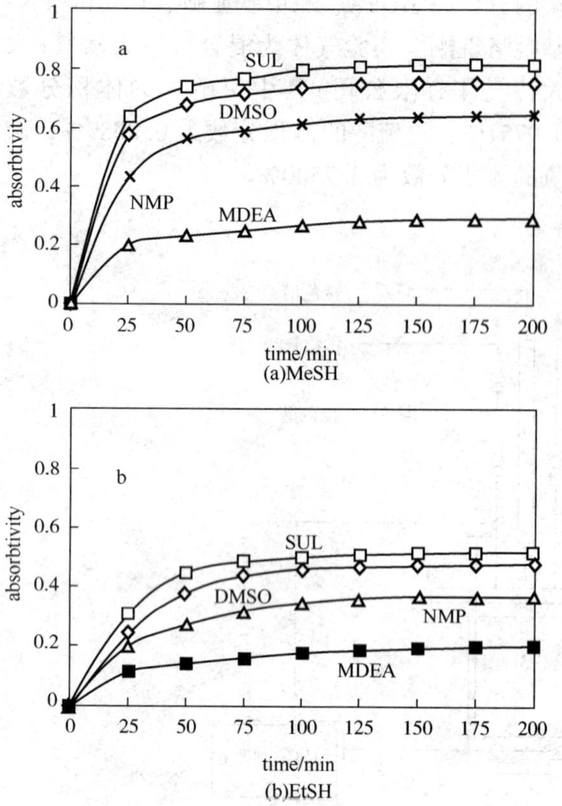

图 2　硫醇在不同溶剂中的吸收率变化曲线

2.2　吸收温度的影响

吸收温度是影响硫醇脱除率的重要因素，图 3 在气液体积比 150∶1(标准状态)，物理溶剂∶MEDA∶水(质量比)= 3∶5∶2 时，吸收压力 1MPa，平衡时间为 150min 时在不同温度下复配溶剂对甲硫醇、乙硫醇的脱除率曲线。所有的吸收溶剂无论是吸收甲硫醇或乙硫醇时都呈现出随着体系温度的降低脱除率升高的现象，这符合物理溶解的规律，即降低温度有利于增加气体在溶剂中的溶解量，低温甲醇法脱硫工艺即利用了这一原理[5]。但 MDEA 为基础的净化工艺在实际使用中通常只是使用循环冷却水对吸收液进行降温，当需要使吸收液温度降低至现有操作温度以下时必须使用冷冻系统，这会增加冷冻能耗成本及设备成本。因此，从经济性以及 MDEA 吸收工艺适应性和设备的兼容性考虑，现有装置的运行温度是考察复配溶剂吸收性能的推荐温度。在复配溶剂的开发过程中尽可能接近现有的系统运行温度。由图 3 还发现，在全部温度范围以及所有溶剂类型中甲硫醇的脱除率均高于乙硫醇，在相关的研究中也发现了这一现象[6]。

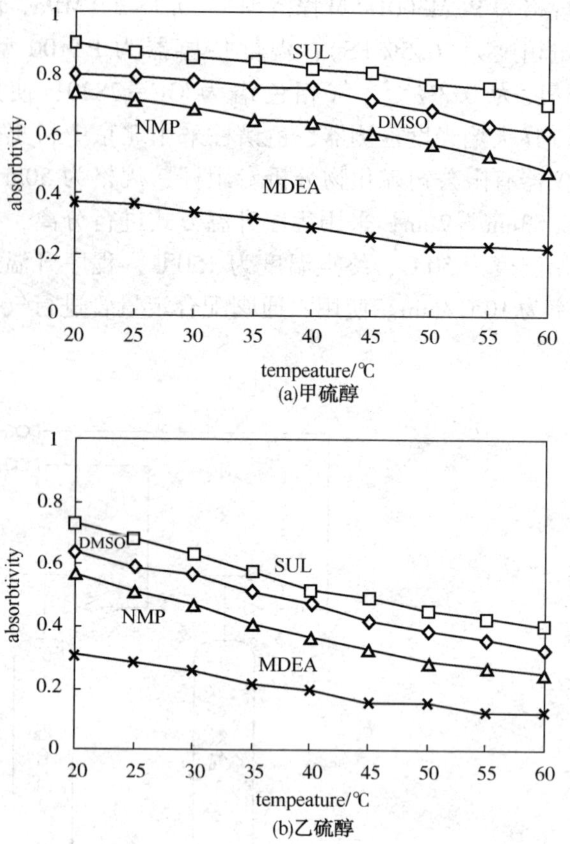

图 3　不同温度下复配溶剂对甲硫醇、乙硫醇的脱除率曲线

2.3　气液比的影响

气液比是吸收系统中一个重要的参数，直接影响净化气中总硫含量、系统处理能力、系统运行动力消耗、能耗等参数。在生产中总是希望在净化气总硫含量达标的情况下使用最大的气液比以获得最经济的运行成本和实现最大的设备处理能力。但由于各种原因都会使系统偏离设计值，最终导致处理气无法达标或为了达标而降低系统处理能力(即降低气液比)。因此，对于一个新开发的吸收溶剂就必须严格考察和选取适宜的气液比。图 4 的 a，b，c 是在物理溶剂：MEDA∶水(质量比)= 3∶5∶2，吸收压力 1MPa，平衡时间为 150min 时不同气液比情况下复配溶剂对甲硫醇及乙硫醇和硫化氢的脱除率曲线。可见随着气液比的增加，脱除率呈现接近线性的下降趋势，这符合物理溶解的一般规律，同时也表明在该体系中甲硫醇及乙硫醇的吸收以物理溶解为主。除此之外，复配型溶剂对于硫化氢的脱除都出现了一个下降的拐点，而单纯的 MDEA 溶剂则未出现该拐点。从现有的研究可知，硫化氢的与 MDEA 以化学吸收为主[7]。而物理溶剂的加入减少了复配溶剂中 MDEA 的含量，从而在高气液比

时硫化氢与 MEDA 的化学吸收达到饱和，继续增加气液比迫使硫化氢以物理溶解的方式进入溶剂。硫化氢的物理溶解度远低于其形成的化学吸收量。使用复配溶剂时由于 MDEA 含量的降低会导致对硫化氢吸收能力的减弱。因此，在调整和优化复配溶剂组成时必须综合考虑原料气中硫化氢含量、溶剂中 MDEA 含量以及系统运行气液比之间的关系，使其达到最佳的组合。就本研究使用的硫化氢含量以及复配药剂组成而言，比较合适的气液比在 150 左右，过高的气液比导致硫化氢脱除率的下降。

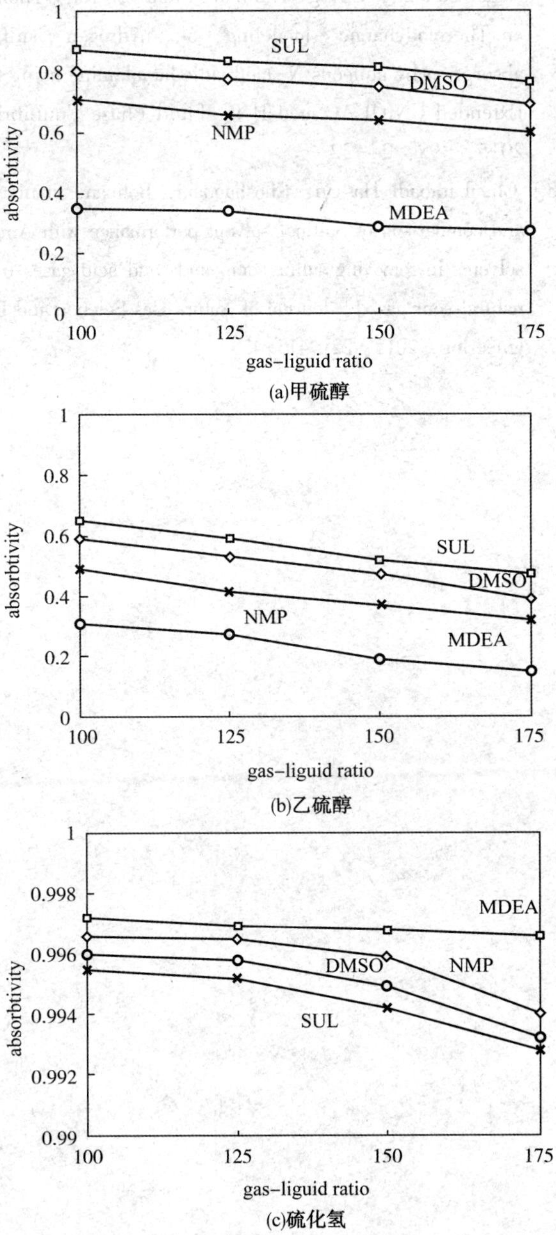

图 4 不同气液比下复配溶剂对甲硫醇及乙硫醇和硫化氢的脱除率曲线

2.4 溶剂配比的影响

表 1 不同配比溶剂对乙硫醇的脱除率

样品	脱出率		
	DMSO	NMP	SUL
A	0.472	0.370	0.517
B	0.582	0.605	0.612
C	0.672	0.685	0.705

表 2 不同配比溶剂对甲硫醇的脱除率

样品	脱出率		
	DMSO	NMP	SUL
A	0.749	0.639	0.816
B	0.799	0.699	0.857
C	0.814	0.735	0.895

表 3 不同配比溶剂对硫化氢的脱除率

样品	脱出率		
	DMSO	NMP	SUL
A	0.9949	0.9959	0.9942
B	0.9936	0.9952	0.9935
C	0.9922	0.9931	0.9926

表 1、表 2、表 3 分别列出了二甲基亚砜、环丁砜、N-甲基吡咯烷酮 3 种溶剂与 MDEA 及水按不同比列(A：物理溶剂：MDEA：水 = 3：5：2，B：物理溶剂：MDEA：水 = 4：4：2，C：物理溶剂：MDEA：水 = 5：3：2)复配后得到的脱硫液对硫醇及硫化氢的脱除效数据。由表中数据可见，在全部复配浓度范围内环丁砜复配溶剂显示出对甲硫醇及乙硫醇最好的脱除效果，二甲基亚砜复配溶剂对硫醇的脱除效果次之。可见砜类化合物的添加有效的改善了溶剂体系对硫醇的溶解能力。壳牌公司所开发的 Sulfinol 工艺所使用的溶剂即是以环丁砜为辅助成分与胺类药剂混合得到，并在行业中得到了广泛的应用[8]。环丁砜和二甲基亚砜结构中的 S=O 键具有强的电子诱导效应，使得含有该基团的分子呈现出强极性特征，赋予这类化合物对极性化合物优良的溶解性能。从 3 个表中也可发现，随着物理溶剂添加量的增加，对硫醇的脱除率也随之增大，但与此同时对硫化氢脱除率出现下降。尤其是环丁砜样品对硫化氢的脱除率下降的最为明显，这与图 4(c)中的结果一致。因此，物理溶剂一方面增强了对甲硫醇和乙硫醇的溶解吸收，另外一方面由于物理溶剂对硫化氢的吸收能力小于 MDEA，复

配溶液中物理溶剂的增加降低了 MDEA 的含量，导致对硫化氢脱吸收能力的下降。因此，针对天然气中不同的硫化氢及有机硫含量，有必要对复配溶剂进行组分的调整和优化，使其能达到同时脱除硫化氢和有机硫的目的。

3 结论

使用二甲基亚砜、环丁砜、N-甲基吡咯烷酮这三种强极性非质子溶剂与 MDEA 及水进行复配得到了复配型 MDEA 脱硫溶剂，复配溶剂相对单纯的 MDEA 溶剂显著增强了对甲硫醇和乙硫醇的脱除能力。环丁砜显示出对硫醇最高的脱除效果，N-甲基吡咯烷酮次之。提高强极性非质子溶剂的加入比例有利于增强对甲硫醇和乙硫醇的脱除，但同时也导致对硫化氢脱除率的下降。

参考文献

[1] 杨绪甲．高酸性天然气中有机硫脱除技术的研究[D]. 上海：华东理工大学，2014.

[2] 吴晶．天然气 MDEA 选择性脱硫工艺的建模[D]. 北京：北京化工大学，2013.

[3] 杨超越．适用于天然气选择性脱硫的空间位阻胺合成及性能评价[D]. 四川：西南石油大学，2016.

[4] Tahereh Nejat ，Azam Movasati ， David A. Wood. Simulated exergy and energy performance comparison of physical - chemical and chemical solvents in a sour gas treatment plant[J]. Chemical Engineering Research and Design，2018，133：40-54.

[5] 姜殿臣，陈晓春．低温甲醇洗工艺中煤气脱硫过程的操作参数优化[J]．化工进展，2002，21(6)：425-427.

[6] A. -H. Zhang，B. -X. Shen，J. -C. Liu&H. Sun. Absorption Model for Solvent XDS on Removing Organosulfurs from High Sour Natural Gas[J]. Energy Sources，2010，32：1625-1633.

[7] Negar Sadegh，Erling Halfdan Stenby，Kaj Thomsen. Thermodynamic modeling of hydrogen sulfide absorption by aqueous N-methyldiethanolamine using the Extended UNIQUAC model[J]. Fluid Phase Equilibria，2015，392：24-32.

[8] Ghanbarabadi Hassan，Khoshandam，Behnam. Simulation and comparison of Sulfinol solvent performance with Amine solvents in removing sulfur compounds and acid gases from natural sour gas[J]. Journal of Nature Gas Science and Engineering，2015，22：415-420.

提高页岩气脱水装置运行效率研究

谭　力　赵启宏

（中国石化重庆涪陵页岩气勘探开发有限公司）

摘　要　涪陵页岩气田白涛集输站自2013年投入运行以来，已累计处理并输送页岩气200多亿立方米。装置在运行过程中存在带病运行，进出站压差增大导致上游部分气井产能不能完全释放、安全风险增大等问题。本文通过对白涛脱水站装置运行期间存在问题进行分析，并对部分工艺流程进行改造，提高了装置的运行效率和安全性。通过此次检修，白涛脱水站进出站压差降低0.15MPa，上游气井每天多释放产能20万方；各列装置平均水露点从-17.3℃下降到-25.8℃，提高了产品气质量；确保了装置安、稳、长、满、优运行，提高了装置的运行效率和安全运行等级。

1　前言

白涛集输站站内管辖2座脱水站，共计6套脱水装置，脱水原理均采用三甘醇溶剂吸收法，日处理量可达1650万方/天，年处理量可达55亿方，占涪陵页岩气田总产量的85%左右。脱水工艺流程图如图1所示。白涛集输站装置投运时间较长（第一列装置2013年12月投运、第二列装置2014年5月投运、第三、四、五2015年5月投运、第六列装置2015年10月投运），在运行过程中出现溶液流程堵塞、重沸器穿孔导致溶液泄露等问题，增大了进出站压差，影响了白涛集输站系统和上游管网的运行效率。因此通过对脱水站设备及时检修，解决装置运行期间出现的问题，从而提高白涛脱水站系统的运行效率（图1）。

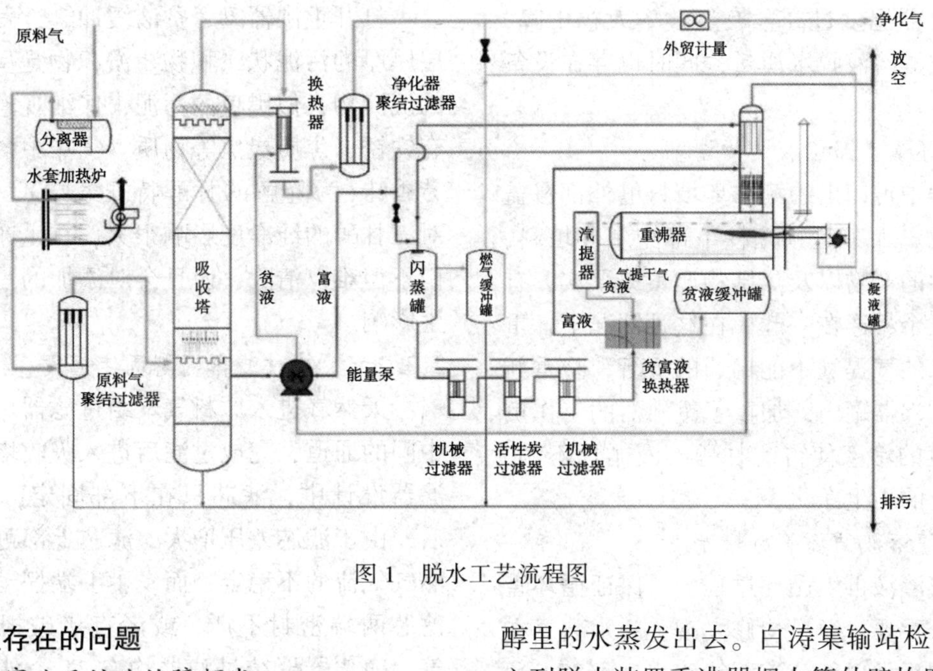

图1　脱水工艺流程图

2　脱水装置存在的问题

2.1　重沸器穿孔及炉头故障频发

重沸器为脱水装置再生撬中的重要设备，主要对富三甘醇溶液升温提纯，主要由烟火管、炉头、烟囱及仪器仪表等组成，其中炉头燃烧闪蒸气，对淹没在富三甘醇里的火管进行加热，高温火管将富三甘醇温度加热至工况条件，将富三甘醇里的水蒸发出去。白涛集输站检修抽出第三、六列脱水装置重沸器烟火管外壁均腐蚀严重，局部地方出现较深的腐蚀坑点。经统计，从2014年12月涪陵页岩气公司第一列脱水装置投运以来，共发生过4次重沸器烟火管穿孔事件，烟火管穿孔导致三甘醇进入炉膛发生燃烧，产生大量白色烟雾（图2）。

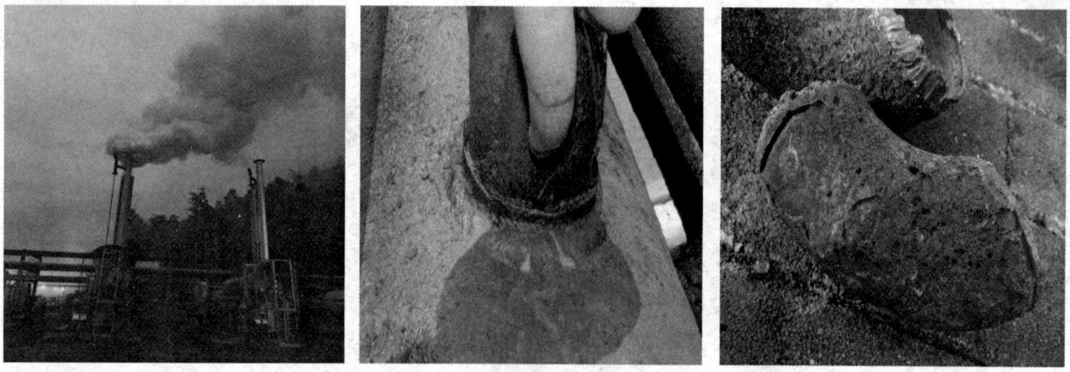

图 2　重沸器腐蚀穿孔示意图

重沸器炉头的作用是给重沸器里面富三甘醇加热、提纯，炉头运行异常将直接影响三甘醇溶液再生效果，影响整个脱水装置的深度脱水，导致天然气水露点超标。在实际生产中，重沸器炉头常常无故停机、停机无法再次点燃、炉头风门配比紊乱等现象。且设计之初仅考虑了全自动点火，实际使用效果不太理想，其设备完好率不足 94%。

2.2　管路堵塞

2.2.1　换热器堵塞问题

贫液在吸收塔内吸收了天然气中水分后，会携带少量的杂质，积累一定量之后会堵塞换热器，造成换热器温度过高，换热效率大幅下降，从而影响三甘醇溶液脱水质量，同时也存在设备安全隐患。

2.2.2　鲍尔环填料部位胶结物堵塞

检修过程中拆卸出的鲍尔环填料里外都覆盖了一层焦结物，尤其是精馏柱下部鲍尔环填料，多数被铁腐蚀的产物以及焦结物质填充严实，有的鲍尔环是几个粘连在一起。在这种情况下，重沸器蒸发出来的气提气不能畅通的上行，将重新冷凝下落到重沸器罐内，加重了重沸器的工作负荷，并且流道的堵塞使得三甘醇溶液循环不畅，无法达到有效的再生净化。

2.2.3　三甘醇溶液循环管路堵塞

在三甘醇溶液再生循环过程中，保证循环管路的通畅十分重要，通过检修发现，脱水装置在运行一段时间后发现部分溶液管路出现堵塞。通过分析发现主要有三个原因：

(1) 地层水随着天然气被带入脱水装置中，与三甘醇接触后进入溶液再生系统，与三甘醇接触后成为富含盐分的富液，该富液在再生系统中随着温度升高，水分得以蒸发，盐分则残留在三甘醇贫液中，在贫液循环降温过程中析出盐结晶（结晶醇），长时间积累后，就会造成循环管路中各部位出现盐结晶堵塞；

(2) 上游起泡剂和消泡剂与三甘醇、气井分离水等发生化学反应，生成大量黑色悬浮物；

(3) 矿化度高的三甘醇溶液在降温过程中会凝析出盐结晶，涪陵页岩气脱水站三甘醇结晶盐主要成分为氯化钠，脱水装置长时间运行后，氯化钠颗粒集结，在溶液管线管壁及弯头处常常累计成大量沉淀物。

2.3　工艺流程存在问题

2.3.1　重沸器罐和贫液缓冲罐有淤积物

打开重沸器罐、贫液缓冲罐，发现底部有一层厚厚的污泥状淤积物。淤积物是呈黑色、黏稠的沉淀物，似黑色的污泥，仔细观察发现其中含有铁锈、焦质炭黑等物质，气味中含有一种甜的芳香味（为降解的甘醇特征气味），这些淤积物对三甘醇的纯净度影响很大，在生产过程中，它们不但难以清除，而且会对添加的三甘醇溶液产生影响。

2.3.2　聚结过滤器滤芯固定问题

天然气进入原料气聚结过滤器后，通过滤芯中间的通道，完成过滤后进入吸收塔。在聚结过滤器设计中，滤芯只在下部固定，长时间运行后，由于滤芯差压增大，滤芯上部可能会因为天然气气流的不稳定，而发生上端摆动，最终导致滤芯两端密封不严、或者直接破损失效。原料气、净化器聚结过滤器均有 31 个滤芯，原有滤芯固定盘必须在 31 个滤芯同时穿入 31 个固定孔才能完成固定，整个盘没有调节手孔，极难安装，操作非常耗时耗力，2018 年 1 月第六列脱水装置聚结过滤器滤芯固定耗时达 3 小时，所以需要改造固定盘以便安装固定。

2.3.3 换热盘管旁通存在问题

在实际生产中，贫液缓冲罐加热盘管长时间运行以后，存在流通不畅的情况，影响三甘醇溶液的循环，降低了脱水装置的运行效率。

2.3.4 气液换热器旁通管线问题

干气与贫液换热器换热管束与精馏柱换热管束材质相同，且均为Φ19＊2mm换热管，壁厚较薄，极易腐蚀穿孔，致使三甘醇溶液进入气流通道流失，且在无旁通情况下，维修干气与贫液换热器必须整列装置停产，存在较大隐患，需要在贫液进吸收塔进口增加旁通管线。

2.3.5 三甘醇加注系统存在问题

三甘醇在使用过程中有一定的耗失量，需根据脱水系统中三甘醇溶液情况进行适量的加注。以前的加注方式是直接加入到重沸器中(新溶液浓度在98.5左右，满足生产要求)，然而这样存在以下几个缺陷：

(1) 直接加入到重沸器将降低了重沸器温度；

(2) 直接加入重沸器内部，将使换热器贫富液两侧通道甘醇流量发生较大变化，导致贫液侧温降范围不够，直接导致贫液缓冲罐超温；

(3) 贫液缓冲罐超温进一步会影响下游能量泵的正常使用。

3 检修中采取的措施

3.1 定期检查、更换烟火管及改造炉头

天然气中携带的盐类会直接污染三甘醇，而且在重沸器中，当温度升高，盐在三甘醇溶液中的溶解度下降，在火管上逐渐形成盐垢，盐垢会加速烟火管腐蚀以致穿孔，并且重沸器撬内高温析出气体中含有可燃气体，气提柱所经过的气提天然气也直接返入重沸器撬内，如果烟火管穿孔，三甘醇溶液流入烟火管内导致燃烧，为重大危险源，所以必须定期检查、更换烟火管。

通过新增重沸器炉头就地控制PLC模块，实现了操作人员对炉头就地、远程双控制。改进之后，炉头一次点火成功率及日常工作稳定性大大提高，其设备完好率上升至98.83%。

3.2 管路堵塞解决措施

3.2.1 换热器堵塞解决措施

在富液进换热器前增加Y型过滤器，将富液携带的杂质进一步过滤，去除溶液内杂质，预防换热器堵塞，提高换热效率(图3)。

图3 Y型过滤器实际应用图

3.2.2 鲍尔环填料胶结物堵塞解决措施

由于鲍尔环填料的结构特点，使得其易堵塞、难清洗，在使用过程中应该针对性编制定期检查制度，发现堵塞较严重时及时拆卸清洗。鲍尔环填料的焦结物多为碱性物质，用酸液浸泡72h后，再清洗，效果更佳。

3.2.3 三甘醇溶液循环管路堵塞解决措施

通过分析三甘醇溶液循环管路堵塞情况，主要采取以下措施：

(1) 脱水装置溶液管路中设置了两级机械过滤和一级活性炭过滤，固体杂质的过滤过程由机械过滤器完成，当杂质积累到一定程度，机械过滤器压差将逐渐升高，过滤滤芯即需要及时更换。

(2) 上游选择合适起、消泡剂。选用起、消泡剂时需要做配伍性试验，防止因消泡不彻底，起泡剂进入脱水站，与三甘醇发生化学反应产水沉淀物。

(3) 溶液管路定时清洗和碱洗。用清水及3%比例碳酸钠碱水对管线进行全面浸泡和清洗，清洗出大量黑色沉淀物。通过分析发现沉淀物组分如表1所示。

表1 沉淀物组分分析表

序号	沉淀物组分名称	含量变化情况%
1	氯化钠	49.7~81.4
2	碳酸钙镁石	9.5~42.7
3	有机碳	6.2~9.7
4	硅酸镁钾石	0~10.4
5	白云石	0~1.4
6	碳钾钙石	0~1.1

(4) 定时更换溶液管路滤芯，提升溶液流通

性。经过现场统计，装置正常运行过程中，过滤器压差不能超过 100kPa，过滤器差压从 20kPa 升至 100kPa 一般为 1 年期。最终得出再生撬过滤器建议更换滤芯的周期：至少 1 次/年。

3.3　工艺流程存在问题解决方案

3.3.1　重沸器和贫液罐有淤积物解决方案

检修中发现，在碱液清洗完成之后，重沸器罐、贫液缓冲罐底部还是有一层污泥状淤积物。因为之前的排污口为 DN15 排污口，通径较小，不能有效的将黏稠的淤积物冲洗出去，建议安装 DN50 以上排污口，兼做取样口，并加装控制阀门。因为这些污物在生产中无法排除，并且淤积物主要成分为三甘醇溶液携带的杂质以及变质的三甘醇，在排污口加装一控制阀门，可以在生产的同时对淤积物进行取样，以便针对性采取措施，而且加大排污口后，可以在装置临时停车期间，可通过该排污口排出淤积物，在清洗过程中也可通过排污口排出液检查清洗效果。

3.3.2　聚结过滤器固定解决方案

检修期间，设计滤芯顶部防摆动固定支架，对所有滤芯顶部进行固定，减小滤芯在生产过程中发生的摇晃。在滤芯固定盘上加装调节手孔，固定滤芯过程中可直接通过调节手孔进行调节，大大提高工作效率，手孔可加装在各滤芯固定孔中间区域，直径为 10cm 左右，既便于安装固定，也保证了固定板的强度，建议剩余三列脱水装置聚结过滤器固定盘均增加调节手孔，提高聚结过滤器工作稳定性(图 4)。

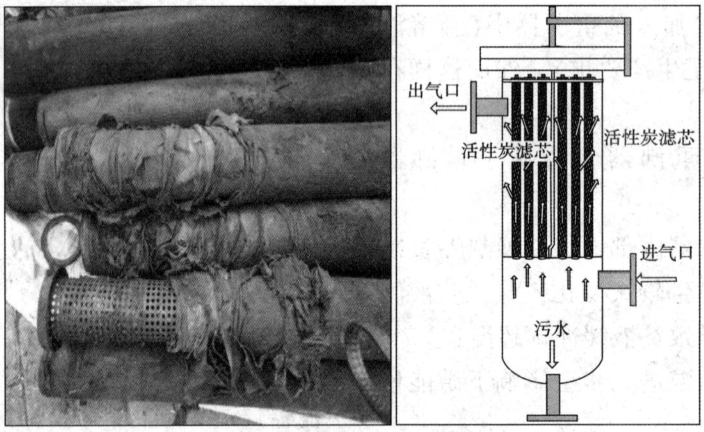

图 4　聚结过滤器破损滤芯现场图及聚结过滤器原理图

3.3.3　换热器旁通改造方案

在加热盘管进出口增加旁通管线及阀门，通过阀门倒换，可以在不停产情况下随时对加热盘管进行检修和清洗，提高了溶液回路工作的连续性。

3.3.4　气液换热器旁通管线改造

贫液在进吸收塔前，首先与出吸收塔的干气，在气液换热器中进行热交换，换热器管层为 $\phi19\times2$ 规格的 20#钢材质，与再生撬精馏柱加热盘管材质一样，精馏柱加热盘管已出现过腐蚀穿孔现象，为了预防气液换热器盘管穿孔导致脱水装置全部停产，新增一条气液换热器旁通管线，实现了气液换热器故障时的不停产检修(图 5)。

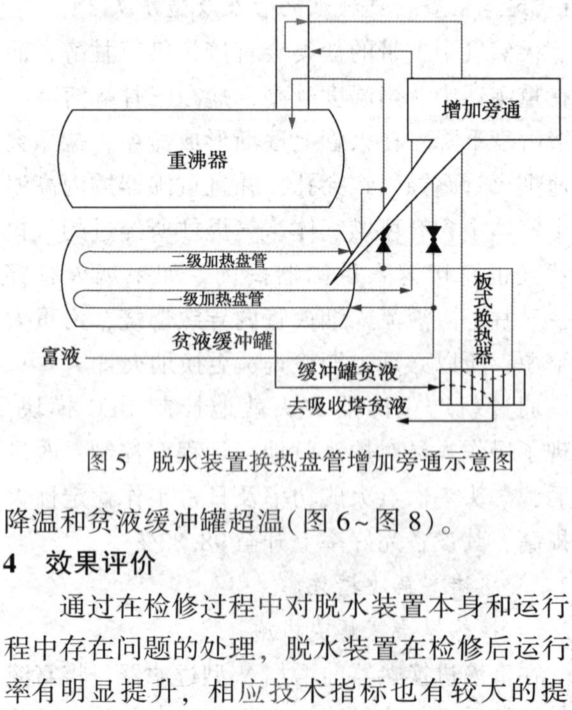

图 5　脱水装置换热盘管增加旁通示意图

3.3.5　三甘醇加注系统问题改造方案

为了解决三甘醇原加注方式所引起的一系列问题，如下图所示，在溶液补充管线上，新增一条到贫液缓冲罐的旁通。这样改进之后，可以直接将新鲜三甘醇补充到贫液缓冲罐，避免重沸器降温和贫液缓冲罐超温(图 6~图 8)。

4　效果评价

通过在检修过程中对脱水装置本身和运行过程中存在问题的处理，脱水装置在检修后运行效率有明显提升，相应技术指标也有较大的提高(表 2)。

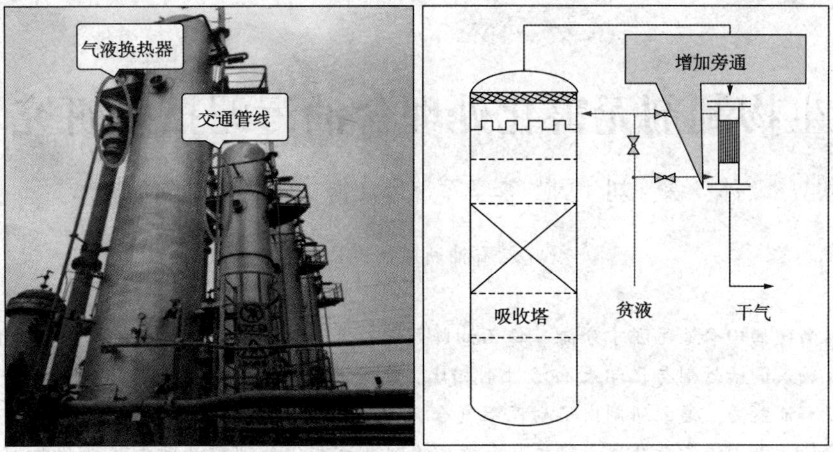

图6　气液换热器增设旁通管线现场图及原理图

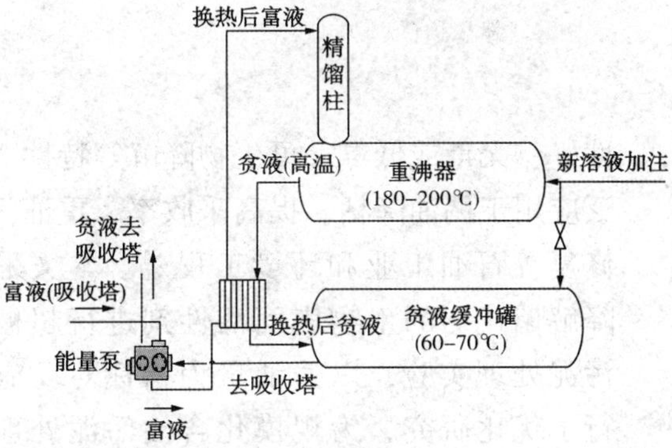

图7　三甘醇溶液加注流程图

图8　三甘醇加注流程改进现场

表2　技术指标完成情况

序号	指标内容	措施前一个月平均值		措施后一个月平均值		效果评价
1	进出站压差	0.35MPa		0.2MPa		降低0.15MPa
2	炉头完好率	93.501%		99.832%		提升6.331%
3	板式换热器贫液出口温度	1#	85℃	1#	70℃	平均降低17.5℃
		2#	78℃	2#	65℃	
		3#	93℃	3#	63℃	
		4#	80℃	4#	65℃	
		5#	85℃	5#	68℃	
		6#	79℃	6#	64℃	
4	水露点	1#	-5℃	1#	-15℃	平均降低15.33℃
		2#	-9℃	2#	-21℃	
		3#	-3℃	3#	-22℃	
		4#	-7℃	4#	-20℃	
		5#	-8℃	5#	-21℃	
		6#	-4℃	6#	-29℃	

5　结论

本文以涪陵页岩气公司白涛集输站检修为契机，针对以前脱水站运行期间面对的问题，提出了解决方案，在后期装置运行过程中效果明显。通过本次检修主要得到以下结论：

（1）重沸器烟火管穿孔后三甘醇溶液进入，导致三甘醇燃烧，可能引发重大事故，因此烟火管需要及时检修，腐蚀严重的要及时更换。

（2）脱水站重点堵塞管路有换热器循环管路、三甘醇溶液循环管路。通过及时清洗、定期更换相关设备等措施，可以大大降低散热器温度、重沸器温度等。

（3）脱水站部分工艺管路改造后可以明显提高运行效率或增强装置的安全性。

（4）通过对脱水站装置的检修，页岩气进出站压差降低，上游每天多释放产能20万方，天然气水露点降低，页岩气品质有明显提升。

参　考　文　献

[1] 李明国，徐丽，等．天然气脱水生产中三甘醇的使用情况［J］．石油勘探与开发，2003，30（1）：87-89.

[2] 朱党辉．涪陵页岩气田三甘醇脱水装置检修方案及风险评价［J］．科技展望，2015，26（8）：1488-1498.

复合微生物制剂无害化处理含油污泥技术研究及应用

孙　森　刘　勇　李学军　邱江源　张贤明　陈伯良

（中国石油新疆油田公司）

摘　要　从新疆油田含油污泥中分离三株石油降解菌，其代谢产物与化学助剂复配形成复合生物表面活性剂。复合生物表面活性剂与化学表面活性剂相比，能显著降低油、水界面张力，具有较低的临界胶束浓度和更高的迁移油能力。复配研制出了耐高温复合微生物制剂体系，通过室内和现场中试优化最佳处理条件，实现了含油污泥固液高效分离，建成复合微生物制剂无害化处理含油污泥工业化装置，处理后污泥残油率<2%，达到 DB 65/T 3998-2017《油气田含油污泥综合利用污染控制要求》。基本实现含油污泥的无害化、规模化处理。

关键词　含油污泥；生物表面活性剂；污油回收

含油污泥是由矿物油、水、泥砂等混合组成的固态或半固态多相体系，含有稠环芳烃以及重金属等有害物质，是石油化工业的主要污染物之一[1-2]。含油污泥已经被列入国家危险废物名录中，在排放之前必须对其进行无害化处理，如果条件允许，可以进一步资源化利用[3]。根据HJ607-2011《废矿物油回收利用污染控制技术规范》中规定，含油量大于5wt%的含油污泥应进行再生利用，经油泥砂分离后含油量应小于2wt%[4]。

风城稠油处理站含油污泥组成复杂、黏度高、乳化严重，处理难度很大，其中含油量在10%-30%，含泥量10%-20%，原油与污泥混合在一起且高度乳化。经过现有工艺处理后的污泥成本高，工艺复杂，原油回收率低，部分原油不能进入回收系统，资源利用率低；含油污泥露天高温存放，原油中的有害气体大量溢出；且含油污泥成分复杂，在高温条件下增强了腐蚀性，长期高温存放在处理站污泥池中会有从池底渗漏的风险且渗漏点不易发现，一旦渗漏会对地下土壤、水体造成严重污染。

表面活性剂洗涤是回收污泥中原油的有效方法[5-7]，具有除油效率高、洗涤后污泥含油量低、有利于进一步生物修复等优点，但化学表面活性剂消耗量大，开发高效的表面活性剂十分必要。生物表面活性剂是天然表面活性剂的一种，是微生物在一定培养条件下产生的代谢产物，与化学表面活性剂相比具有表面活性高、环境相容性好、无毒或低毒、可生物降解等特性[8]，被广泛应用于稠油降粘、提高采收率、重油污染土壤修复等石油工业和环境工程[9]。本文采用石油降解菌代谢的生物表面活性剂进行超稠油含油污泥处理实验，以残油量为指标对反应条件进行了优化研究，为规模化含油污泥处理提供科学依据。

1　室内研究分析

重量法测定含油污泥样品的含水量[6]，氯仿抽提-重量法测定含油污泥样品的含油量，数据见表1。由于储罐采用负压排泥工艺，排出的含油污泥流动性好、含水量较高。含油污泥湿重含油量为10.4wt%，干重含油量为46.2wt%，具有较高的回收利用价值，不适于直接填埋或焚烧处理。

表1　含油污泥组成分析

含油污泥组成	油	水	泥砂固相
质量分数/wt%	10.4	78.6	12.1

注：处理后污泥含油量低，采用氯仿抽提-紫外分光光度法测定残油量[10]。

1.1　复合生物表面活性剂的表面活性

化学表面活性剂、生物表面活性剂和复合生物表面活性剂的表面活性对比见表2。生物表面活性剂对水的界面张力降低作用与化学表面活性剂相当，而对辛烷的界面张力降低作用显著高于化学表面活性剂，说明生物表面活性剂对烃类具有更好的乳化能力。

表 2　生物表面活性剂与化学表面活性剂的表面活性对比

分类	表面活性剂	水界面张力/(mN·m⁻¹)	辛烷界面张力/(mN·m⁻¹)	CMC/(mg·L⁻¹)
化学表面活性剂	十二烷基磺酸钠	37	0.02	2120.0
	十六烷基三甲基溴化铵	30	5.00	1300.0
	Tween_ 20	30	4.00	600.0
	十二烷基苯磺酸钠	47	<1.00	590.0
生物表面活性剂	DN001	27	0.05	5.0
	DN002	26	0.04	2.0
	DN003	26	0.02	3.0
复合生物表面活性剂	SWM	26	0.02	0.8

与化学表面活性剂相比，生物表面活性剂具有更为复杂和庞大的化学结构，单个分子占据更大空间，因而显示出较低的临界胶束浓度(CMC)。但在实际应用中，生物表面活性剂由于分子量大、溶解性不好，容易发生吸附损失；而化学表面活性剂分子量小、水溶性好，能够与生物表面活性剂协同作用(特别是阴离子表面活性剂，例如十二烷基苯磺酸钠，不会与含油污泥中带负电的泥质颗粒发生电中和反应而损失)。复合生物表面活性剂兼顾了生物表面活性剂和阴离子表面活性剂的优点，具有更低的临界胶束浓度(<1.0mg/L)和更强的增溶能力。在高于其临界胶束浓度时，可以在溶液中形成具有疏水性内核的胶束，这些胶束可为油的分配提供一个疏水性的假想相，从而显著地提高油在水相中的溶解度，促进油与泥砂剥离并向水相迁移，最终达到降低污泥含油率的目的。

1.2　复合生物表面活性剂对含油污泥的处理效果

复合生物表面活性剂的稳定性良好，可耐受高温(90~100℃)和高浓度的盐(NaCl，5wt%~8wt%)，对 pH 值的适应范围广(4~12)，适合处理超稠油含油污泥。将复合生物表面活性剂和含油污泥搅拌反应，通过控制变量法考察反应温度、反应时间、搅拌速率和加药浓度对污泥残油量的影响，结果见图 1。

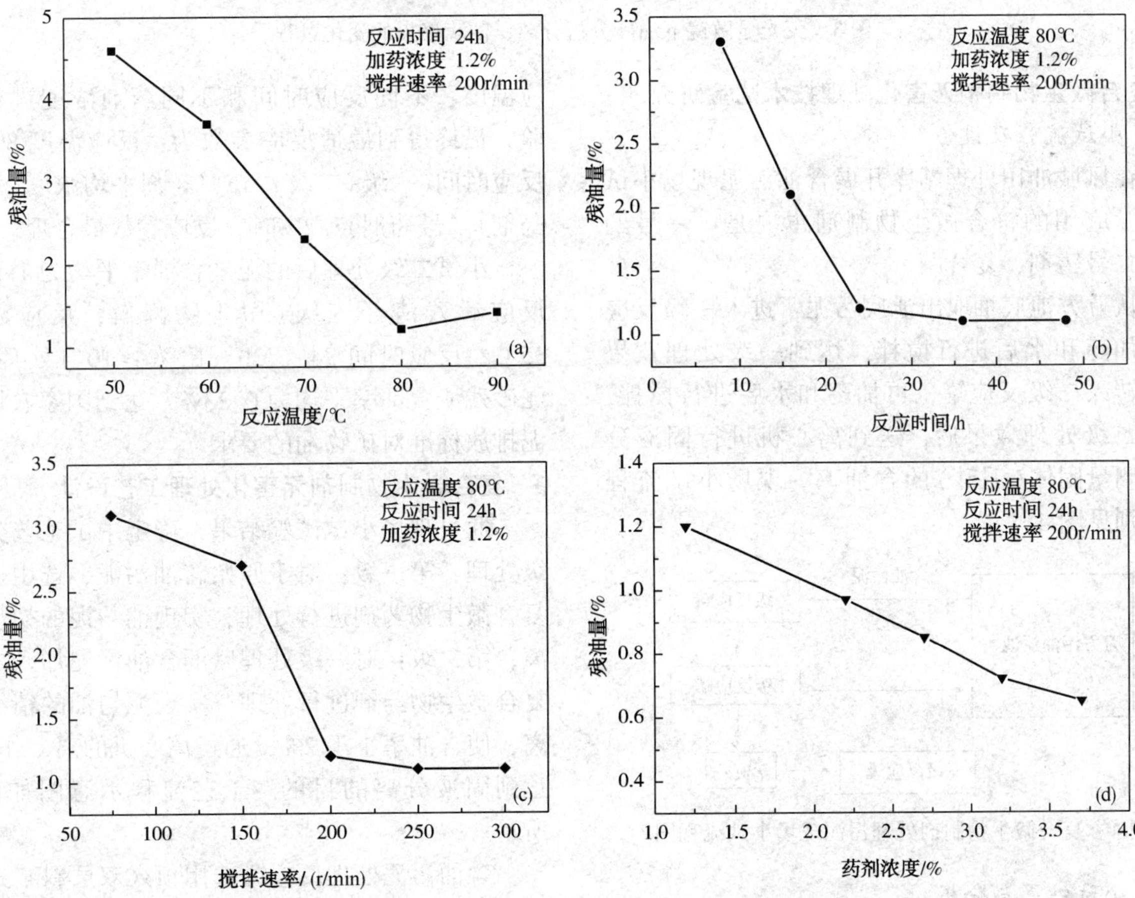

图 1　污泥残油率随反应温度(a)、反应时间(b)、搅拌速率(c)和药剂浓度(d)的变化关系

从图1可以看出，随反应温度增加、反应时间延长、搅拌速率加快以及加药浓度升高，污泥残油量均呈现下降趋势。综合优化反应参数，得到最佳反应条件：反应温度80℃，反应时间24h，搅拌速率200r/min，加药浓度1.2wt%，处理后的泥砂残油率为1.2wt%，见图2。

荧光显微镜下观察复合生物表面活性剂与含油污泥反应过程中原油的微观变化，见图3。反应前，油、泥砂相互吸附，随着反应时间的延长，油和泥砂被药剂洗涤分离，油滴尺寸逐渐增大。含油率为46.2wt%(干重)的含油污泥，在最佳条件下经过16h充分搅拌反应，油滴富集成为连续相析出，离心后水层清亮、透明，底部泥砂残油量为2wt%，原油回收率为96%。

图2　最佳反应条件下处理含油污泥效果

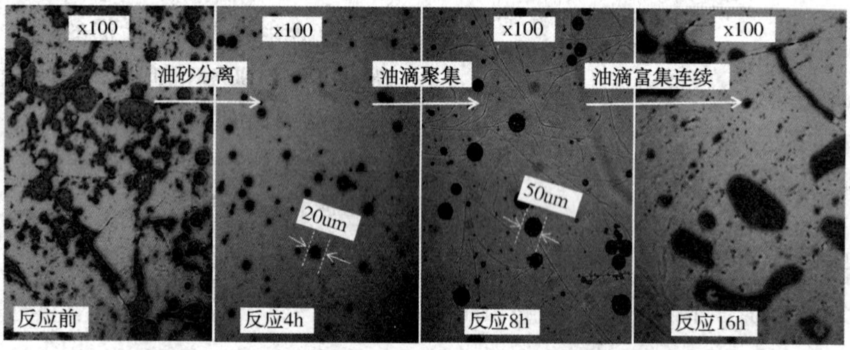

图3　荧光显微镜下油砂分析分离、油滴聚集的变化过程

2　复合微生物制剂无害化处理技术试验研究

2.1　小试流程及设备

在风城油田处理站库开展含油污泥现场小试试验，应用的符合微生物制剂主要是：一号药剂、二号药剂、复合菌。

从万方池底抽取出池底污泥，进入一级反应罐，加药和水后进行搅拌，达到一级处理效果后，转入二级反应罐，再加药和水后进行搅拌，达到二级处理效果后，送到离心机进行固液分离，测量固体(泥砂)的含油率。现场小试流程图分别见图4。

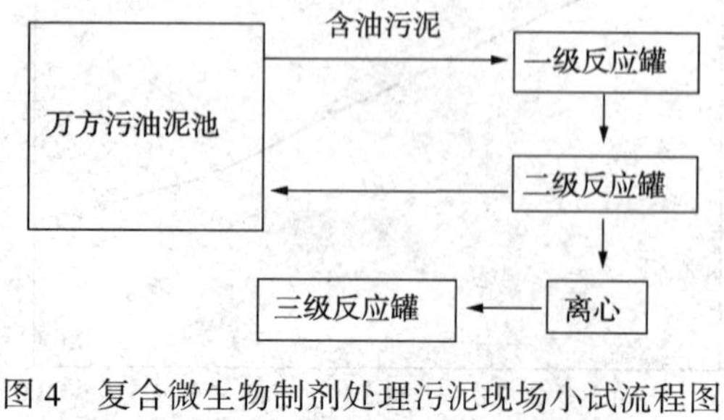

图4　复合微生物制剂处理污泥现场小试流程图

2.2　小试结果与分析

在小试过程中通过使用控制变量法对不同反应温度、不同反应时间和不同药剂浓度进行试验，最终得到最适反应参数为：反应温度80℃、反应时间(一级+二级)24h、药剂平均浓度(一号药剂+二号药剂)1.2%时，反应参数最合理。

小试二级处理后的泥砂含油率平均为1.2%，反应后残渣经三级(微生物降解，反应温度35℃，反应时间24～72h，菌浓≥10^9)处理后，泥砂残渣含油率平均为0.23%，达到国家农用污泥排放标准对矿物油的要求。

3　复合微生物制剂无害化处理工艺设计

通过现场小试试验结果，确定中试工艺分二级处理：第一级：对于原始含油污泥，选用一号复合微生物药剂进行处理，实现油与泥的初步分离；第二级：对一级处理后的含油污泥加入二号复合微生物药剂进行处理，实现泥与油的精细分离，使含油率小于2%，通过离心机的离心作用，达到固液分离的目的。工艺流程示意图如图5所示。

含油污泥处理反应罐选用顶入双层斜桨式搅拌器，具有转速高，循环量大的特点；制氮系统防止原油发生低温氧化改变原油性质；排除H_2S

等有毒有害气体对设备的腐蚀，增加设备使用寿命。中试试验中应用的离心机每小时可处理反应液20方，双变频控制，差速可调节，固液分离效果好，物料接触部位均为304不锈钢制作，耐腐蚀性强。

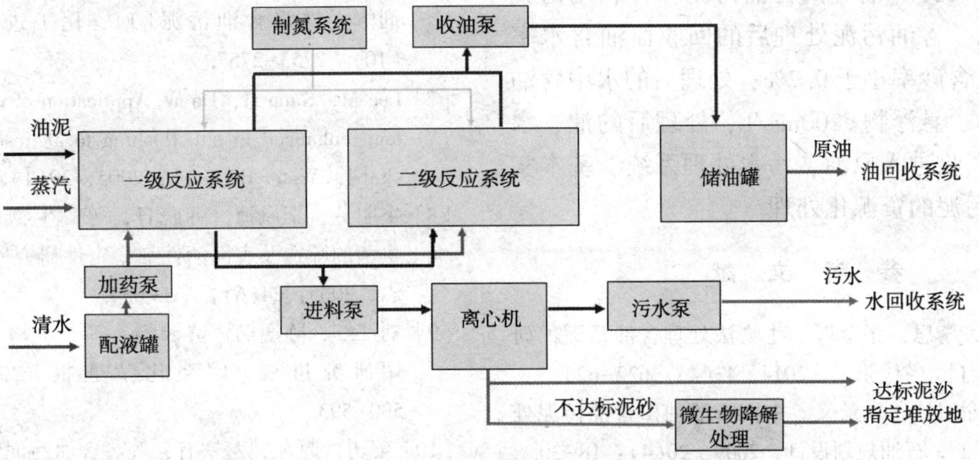

图5　中试工艺流程示意图

现场进行了两个阶段8个批次中试试验。

第一阶段4批次在不同进料浓度条件下，二级处理后污泥含油率均小于1%，如表3所示。

表3　中试第一阶段(前4批次)试验结果

批次	进料浓度	平均反应温度	反应时间	药剂浓度	含油率
1	2%	70℃	48h	4.2%	0.077%
2	5%	70℃	10h	1.5%	0.309%
3	13%	70℃	10h	1.5%	0.610%
4	16%	70℃	10h	1.5%	0.589%

为了检验试验的稳定性，第二阶段开展了4个批次的中试试验。进料含固率小于18%，二级处理后污泥含油率仍均小于1%，表明在目前的反应条件下，处理效果稳定，可进行工业化应用，结果见表4。污泥处理效果见图6。

表4　中试第二阶段(后4批次)试验结果

批次	进料浓度	平均反应温度	反应时间	药剂浓度	含油率
5	12%	70℃	10h	1.5%	0.64%
6	15%	70℃	10h	1.5%	0.71%
7	16%	70℃	10h	1.5%	0.73%
8	16%	70℃	10h	1.5%	0.76%

同时，经过多次室内实验以及现场试验，完善配套的污水预处理工艺。在温度68℃、pH = 8.5，加入一定量絮凝剂、助凝剂，脱出污水经预处理后悬浮物含量降至300mg/L以下，且无明显泥砂，达到了污水回收进污水处理系统的要求。

图6　反应前和二级反应后干燥污泥对比

4　结论

复合生物表面活性剂与化学表面活性剂相比，具有更低的临界胶束浓度，在低浓度下具有较高的溶解油和迁移油的能力。复合生物表面活性剂处理含油污泥的效果较好，在最佳处理条件下，含油污泥处理后污泥残油量小于2wt%。通过开展现场试验进一步完善、优化，建成1000吨/天处理能力现场应用装置实现通过推广应用。装置实现运行平稳，处理后污泥残油率达到DB 65/T 3998-2017《油气田含油污泥综合利用污染控制要求》。含油污泥处理后的回收原油含水率小于4%、含砂率小于0.2%；处理后的水中含油率小于1%、悬浮物<200mg/L，处理后的油、水能够分别回收进入原油、污水处理系统。基本实现了含油污泥的资源化处理。

参 考 文 献

[1] 商雪娇，李思，张金辉．生物法处理含油污泥的研究进展[J]．当代化工，2014，43(4)：622-624.

[2] 李冰，谢卫红，朱景义．中国石油油田含油污泥处理现状[J]．石油规划设计，2009，20(4)：18-20.

[3] 陈明燕，刘政，王晓东，等．含油污泥无害化及资源化处理新技术及发展方向[J]．石油与天然气化工，2011，40(3)：313-317.

[4] HJ 607-2011 废矿物油回收利用污染控制技术规范[S]．行业标准-环保，2011.

[5] 卢媛，马小东，孙红文，等．表面活性剂清洗处理重度石油污染土壤[J]．环境工程学报，2009，3(8)：1483-1487.

[6] 刁潘，刘静，张永奎，等．阴离子/非离子表面活性剂体系洗涤含油污泥[J]．化工进展，2014，33(10)：2753-2757.

[7] Lee M，Kang H，Do W. Application of nonionic surfactant-enhanced in situ flushing to a diesel contaminated site[J]. Water Research，2005，39(1)：139-146.

[8] 牛明芬，李凤梅，韩晓日，等．生物表面活性剂产生菌的筛选及表面活性剂稳定性研究[J]．生态学杂志，2005，24(6)：631-634.

[9] 刘江红，陈逸桐，贾云鹏，等．生物表面活性剂应用研究进展[J]．化学通报，2013，76(7)：590-593.

[10] 姜勇，赵萍，董铁有，等．含油污泥油含量测定方法[J]．环境科学与管理，2008，33(2)：115-117.

塔河油田高含硫混烃分馏脱硫工艺研究与应用

赵德银　赵　毅　钟荣强

（中国石油化工股份有限公司西北油田分公司）

摘　要　塔河油田为高含硫油田，生产过程中产生的混烃 H_2S 含量为 0.68%，有机硫含量为 0.22%，目前采用碱洗工艺，存在处理成本高、废碱液处理困难的问题。通过对现场生产流程、混烃中的硫形态及物理性质进行分析，提出了混烃分馏处理新思路。经分馏处理，混烃中的 H_2S 与部分硫醇随塔顶气进入天然气处理系统，依托天然气脱硫系统进行处理；塔底轻烃总硫质量分数由 0.90%降低至 0.15%，进一步碱洗处理后，总硫含量满足 GB/T 9053-2013《稳定轻烃》要求。此工艺碱耗量可由目前的 2t/d 的碱用量降至 0.22t/d，碱（NaOH）用量仅为原用量的约 1/10，可降低处理费用 190.1 万元/年。

关键词　混烃；高含硫；脱硫；有机硫；H_2S

塔河油田 10 区、12 区油气含硫高，部分区块油田伴生气中 H_2S 质量浓度最高可达 128000mg/m^3，进入轻烃处理站的伴生气平均达到 35000mg/m^3，原油中 H_2S 质量浓度高达 1900 mg/L。原油脱硫采用负压气提脱硫工艺，原油中 H_2S 随气提气进入气相，冷凝后产生的混烃中 H_2S 质量分数高达 0.68%，有机硫为 0.22%，需进行脱硫处理。

目前，国内油田对混烃脱硫技术的研究鲜有报道，主要集中在炼化厂轻烃、溶剂油、液化气（LPG）脱硫。常见油品脱硫工艺包括：碱洗脱硫、氧化脱硫、加氢脱硫、生物氧化脱硫、吸附脱硫、萃取脱硫、膜分离等[1]。碱洗脱硫工艺简单、投资小，但存在处理成本较高、产生的高含硫废水难以处理等问题，其他化学脱硫工艺不仅处理成本高，且所需装置费用高。吸附脱硫主要以锌系、铁系、锰系的氧化物以及活性炭及改性活性炭吸附剂，其操作费用较低，但主要用于含硫较低的油品[2-4]。萃取脱硫法在 LPG 脱硫中应用较为广泛，具有脱除效率高、操作费用低等优点，尤其适用于 H_2S 的脱除，但由于混烃中成分较为复杂，重烃含量较高，影响萃取剂再生[5]。为此，为了保障混烃在储运过程中的安全性，塔河油田采用了碱洗脱硫技术，但运行成本较高，产生的碱渣硫化物高达 51899mg/L，处理难度大。

针对上述系列问题，根据现场流程，提出了混烃分馏处理新思路，可实现混烃的低成本、安全脱硫处理，为后期改造和推广提供技术借鉴。

1　现有工艺及存在问题分析

1.1　现有工艺流程简介

天然气进站分离后的凝液、原油负压脱硫气提气凝液以及 1 号脱丁烷塔塔底轻烃混合后依次进入碱洗罐、水洗罐和分水罐，脱硫后的混烃再进入 2 号脱丁烷塔进行稳定处理，其主要目的是脱除混合轻烃中的部分 C_3/C_4 组分，保证产品轻烃的蒸汽压达标。塔底稳定轻烃进入储罐，塔顶气为液化气，冷却后进入储罐。具体工艺流程见图 1。

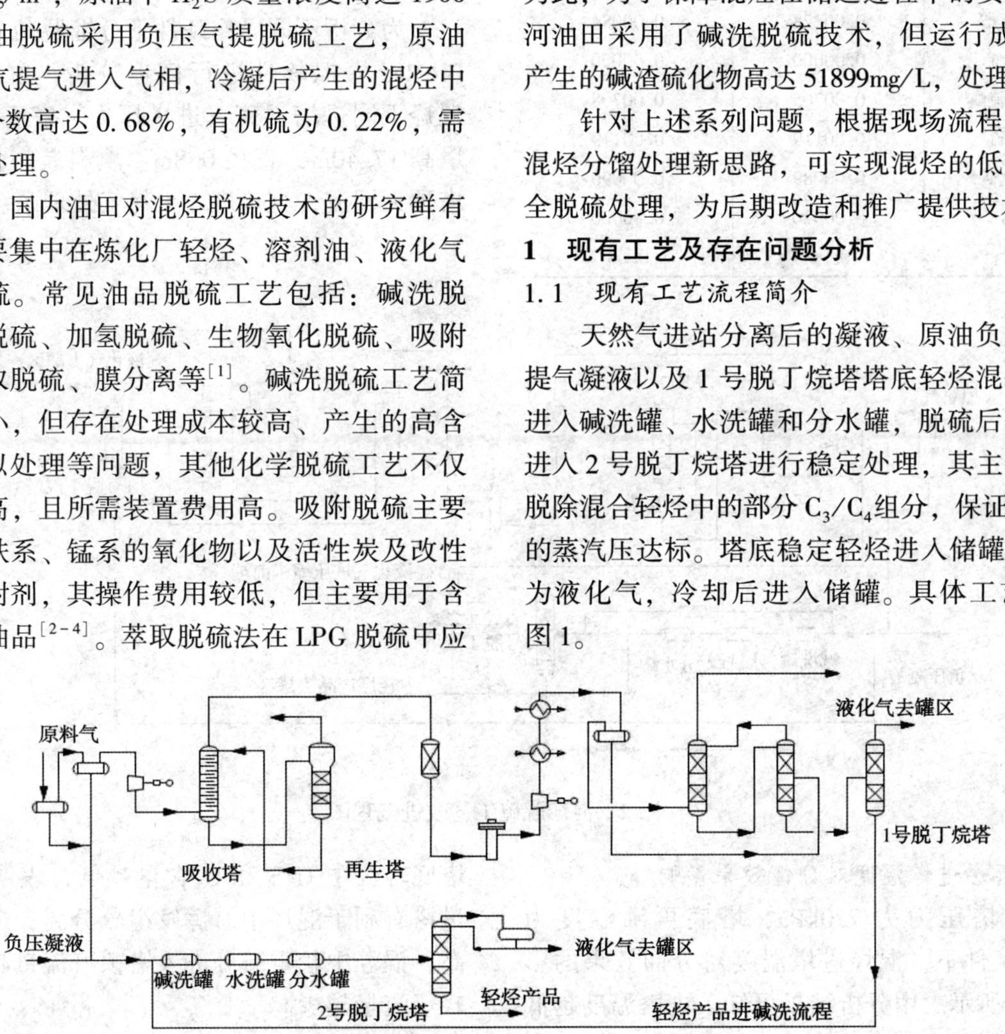

图 1　混烃处理工艺流程简图

1.2 存在问题分析

塔河油田混烃经碱洗、脱丁烷塔分馏后，稳定轻烃产品平均总硫为0.03%，满足轻烃产品标准要求（GB/T 9053－2013）。但碱消耗量大（2t/d），产生碱渣多（4t/d），碱渣中硫化物质量浓度高达51899mg/L，化学需氧量94525mg/L，总溶解固体质量浓度为59.35g/L，氨氮质量浓度为16000mg/L，各项污染指标极高，处理难度极大，处理成本高。

碱洗脱硫工艺主要脱硫混烃中H_2S和有机硫，其中H_2S占总耗碱量75%（w），硫醇占总耗碱量25%（w）。混烃碱洗前后硫含量及碱洗废液污染物分析分别如表1、表2所示。

表1 混烃碱洗处理前后硫含量对比表 w/%

名　称	混烃碱洗前	混烃碱洗后
H_2S	0.68523	0.00005
甲硫醇	0.17876	0.02100
乙硫醇	0.02085	0.00730
异丙硫醇	0.00258	0.00095
正丙硫醇	0.00228	0.00084
甲硫醚	0.00000	0.00000
二甲基硫醚	0.00705	0.00708
羰基硫	0.00119	0.00119
二硫化碳	0.00089	0.00090
噻吩	0.00020	0.00020
合计	0.90	0.03

表2 碱洗废液污染物分析表

项目	pH值	ρ（硫化物）/（$mg\cdot L^{-1}$）	化学需氧量/（$mg\cdot L^{-1}$）	ρ（总溶解固体）/（$g\cdot L^{-1}$）	ρ（氨氮）/（$mg\cdot L^{-1}$）
1#样品	10.68	52151.20	108250.00	62.00	18428.57
2#样品	10.73	51647.32	80800.00	56.70	13571.43
平均	10.71	51899.26	94525.00	59.35	16000.00

2 工艺改进与应用

2.1 工艺流程改进方案

通过对现场流程进行分析，提出如下改进思路：将1号丁烷塔的稳定轻烃和负压汽提凝液混合后先不进入碱洗流程，直接进入2号脱丁烷塔，利用分馏原理将H_2S和部分甲硫醇随液化气由塔顶带出，含硫液化气进入天然气处理系统进行脱硫处理；2号脱丁烷塔塔底产生的稳定轻烃再经碱洗流程，碱洗后进入储罐。具体流程如图2所示。

2.2 分馏脱硫效果分析

为分析不同操作条件下分馏脱硫效果，利用ProMax模拟软件进行模拟分析，模拟条件为：混烃不同进塔温度、进塔压力、塔底再沸温度，塔高17.40m，直径0.8m，填料装填量4.02m^3，塔顶无回流，直接进入天然气处理系统。

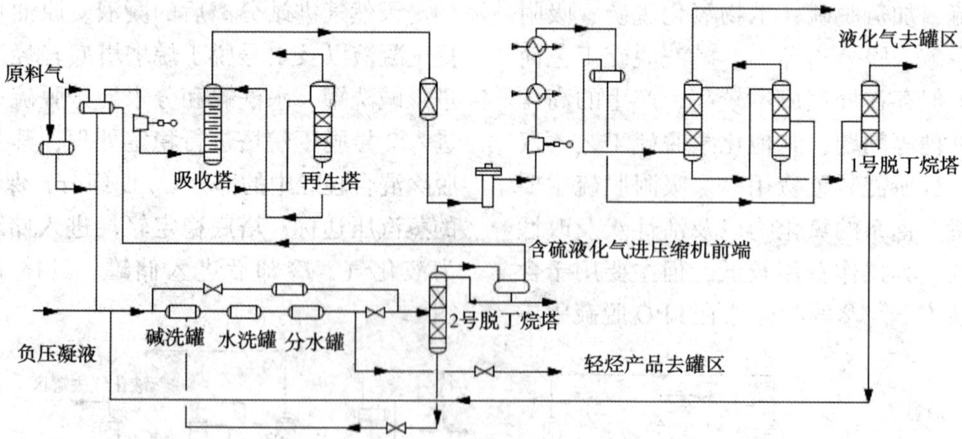

图2 混烃脱硫工艺改进流程图

2.2.1 混烃进塔温度对分馏效果影响

在进塔压力为720kPa，塔底再沸温度为130℃的条件下，混烃进塔温度对分馏效果的影响如表3所示。由分析结果可知，进塔温度越低塔底轻烃中H_2S和C_3含量越低，表明较低温度进塔有利于混烃中易挥发组分分离；进料温度越高，混烃中较重组分进入塔顶气流量越大，塔底轻烃流量越少。

表 3 混烃进塔温度对分馏效果影响

进塔温度/℃	塔底轻烃中 $w(H_2S)$/%	塔底轻烃流量/($kg \cdot h^{-1}$)	混烃饱和蒸汽压/kPa	塔顶气量/($kg \cdot h^{-1}$)	塔底 C_3 流量/($kg \cdot h^{-1}$)
40	0.000001	2688.31	80.89	20.69	10.50
45	0.000002	2687.61	80.91	21.63	10.61
50	0.000003	2686.97	80.93	22.78	10.74
55	0.000004	2686.35	80.94	24.18	10.87
60	0.000006	2685.77	80.96	25.90	11.01
65	0.000010	2685.22	80.98	28.03	11.16
70	0.000017	2684.71	80.99	30.70	11.31
75	0.000029	2684.24	81.01	34.08	11.47
80	0.000055	2683.82	81.02	38.41	11.62

2.2.2 混烃进塔压力对分馏效果影响

在进塔温度为40℃，塔底再沸温度为130℃的条件下，混烃进塔压力对分馏效果的影响如表4所示。由分析结果可知，进塔温度越低，塔底轻烃中 H_2S 和 C_3 含量越低；进料压力越高，混烃中较轻组分分离效果相比较差，塔顶轻烃饱和蒸汽压及 C_3 含量越高。

表 4 混烃进塔压力对分馏效果影响

进塔压力/kPa	塔底轻烃中 $w(H_2S)$/%	塔底轻烃流量/($kg \cdot h^{-1}$)	混烃饱和蒸汽压/kPa	塔顶气量/($kg \cdot h^{-1}$)	塔底 C_3 流量/($kg \cdot h^{-1}$)
580	0.0000000000	2556.92	56.59	295.80	0.00
600	0.0000000000	2579.69	59.86	225.13	0.00
620	0.0000000000	2600.75	63.24	178.09	0.00
640	0.0000000000	2621.47	66.64	131.45	0.00
660	0.0000000001	2642.25	70.05	86.79	0.00
680	0.0000000008	2663.93	73.43	48.54	0.01
700	0.0000002153	2677.73	77.11	31.82	4.47
720	0.0000014393	2688.31	80.89	20.69	10.50

2.2.3 塔底再沸温度对分馏效果影响

在进塔温度为40℃，进塔压力为580kPa的条件下，混烃再沸温度对分馏效果的影响如表5所示。由表5可知，再沸温度越高，塔底轻烃中 H_2S 和 C_3 含量越低，但随着温度升高，混烃中进入气相的组分越多，导致塔底稳定轻烃产量越低。

表 5 不同再沸温度对分馏效果影响

进塔压力/kPa	塔底轻烃中 $w(H_2S)$/%	塔底轻烃流量/($kg \cdot h^{-1}$)	混烃饱和蒸汽压/kPa	塔顶气量/($kg \cdot h^{-1}$)	塔底 C_3 质量流量/($kg \cdot h^{-1}$)
115	0.0000055214	2739.75	89.25	8.23	14.23
120	0.0000001440	2676.33	77.29	32.69	4.95
125	0.0000000000	2616.50	66.47	125.63	0.00
130	0.0000000000	2556.92	56.59	295.80	0.00
135	0.0000000000	2448.13	52.96	671.87	0.00

2.2.4 操作条件优选

由前述分析可知，进塔温度和压力越低，塔底再沸温度越高，对混烃脱硫越有利。由于在实际运行中产生的混烃温度为40℃，塔顶气进入天然气处理系统需要一定的压力，同时进塔也需要一定压力，塔底再沸温度越高，所需能耗越高。为此，结合GB/T 9053-2013《稳定轻烃》中相关技术要求，确定操作条件为混烃进塔温度40℃，操作压力0.68kPa，塔底温度125℃，在此条件下，模拟数据如表6所示。

由表6可知，经脱丁烷塔分馏后，混烃中的 H_2S 和甲硫醇脱除率分别为100%和35%，总硫质量分数由0.90%降低至0.15%。分馏处理后塔底轻烃中甲硫醇、乙硫醇含量分别为0.114%、0.021%，其余形态的有机硫含量较小，饱和蒸汽压为76.34kPa。根据GB/T 9053-2013《稳定轻烃》中对1号产品的要求，蒸汽压满足74~200kPa要求，但不满足总硫小于0.05%，需依托现有碱洗装置对轻烃进行进一步处理。根据当前处理混烃63t/d计，碱消耗量需0.22t/d（考虑不完反应和碱液与轻烃分离过程的损失），相比目前碱用量2t/d，减少近10倍。

表 6 分馏前后混烃和稳定轻烃组分表 %

组分名称	分馏前混烃	分馏后稳定轻烃	塔顶气
C_3H_8	1.762016	0.07184	39.90803
i-C_4	1.682377	1.48057	18.49711
n-C_4	8.222741	1.16393	28.46746
i-C_5	9.835434	10.62474	3.07195
n-C_5	16.85363	15.53248	1.31138
C_6	26.42028	18.11184	0.00550
n-C_7	18.50614	22.57172	0.00002
n-C_8	8.103282	15.80873	0.00000
n-C_9	5.057085	9.08625	0.00000
n-C_{10}	1.911339	3.37599	0.00000
n-C_{11}	0.497745	1.31307	0.00000

续表

组分名称	分馏前混烃	分馏后稳定轻烃	塔顶气
n-C_{12}	0.199098	0.47358	0.00000
n-C_{13}	0.03982	0.16584	0.00000
n-C_{14}	0.009955	0.07779	0.00000
H_2S	0.68523	0.00000	8.14096
甲硫醇	0.17876	0.11358	0.58846
乙硫醇	0.02085	0.02084	0.00560
异丙硫醇	0.00258	0.00258	0.00011
正丙硫醇	0.00228	0.00230	0.00007
甲硫醚	0.00000	0.00000	0.00000
二甲基硫醚	0.00705	0.00706	0.00000
羰基硫	0.00119	0.00119	0.00000
二硫化碳	0.00089	0.00090	0.00000
噻吩	0.00020	0.00021	0.00000

2.3 工艺改进可行性分析

2.3.1 塔顶气对天然气处理系统影响分析

1）对天然气脱硫系统的影响分析

经模拟分析，进入天然气处理系统的塔顶气质量流量为 113kg/h，原天然气质量流量为 6325kg/h，仅增加负荷 1.77%（H_2S 处理负荷增加 2%），该处理站设计处理能力为 25×10^4/d，实际处理量为 23×10^4/d，系统装置满足处理要求。具体影响分析模拟数据见表 7。

表 7 塔顶气对天然气脱硫系统的影响分析

	原料气	塔顶气	混合气
$\varphi(H_2S)/10^{-6}$	4977	14830.99	5045.4
H_2S 质量流量/($kg\cdot h^{-1}$)	157.67	3.25	160.93
总体积流量(0℃, 101.325kPa)/($m^3\cdot d^{-1}$)	500000	3464	503464

2）塔顶气对压缩机影响分析

由于塔顶气沸点相对天然气露点更低，与天然气混合后，由于温度降低会变为液相，在压缩机增压后将导致压缩机积液[6]。在天然气和塔顶气的混合气体组分、流量、压力、温度的条件下，利用 ProMax 软件对两种气体混合前后压缩机出口和压缩机出口分离器的物流组分进行分析。其模拟流程见图 3，分析数据如表 8 所列。

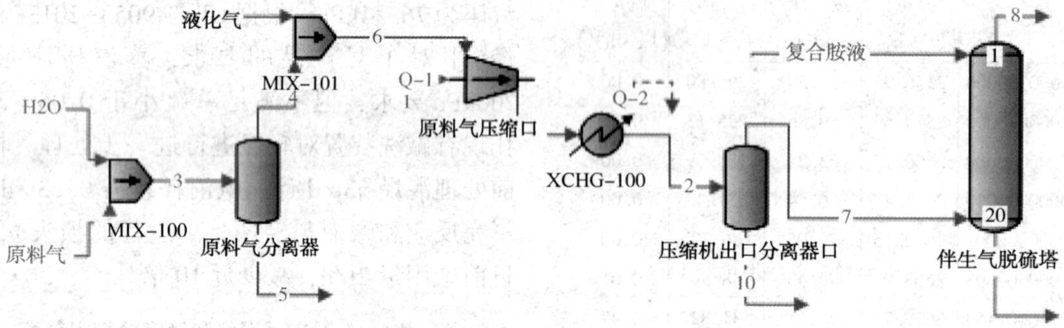

图 3 塔顶气与天然气混合后工艺流程简图

表 8 塔顶气与天然气混合前后压缩机出口和压缩机分离器液相出口物流物性对比表

物性	压缩机出口		压缩机分离器液相出口	
	混合前	混合后	混合前	混合后
温度/℃	180.64	176.97	45	45
压力/kPa	2400	2400	2400	2400
气相摩尔分率/%	100	100	0	0
轻液摩尔分率/%	0	0	100	100
重液摩尔分率/%	0	0	0	0
质量流量/($kg\cdot h^{-1}$)	8340.73	8553.73	11.97(H_2O: 11.95)	11.63(H_2O: 11.61)

注：天然气质量流量 8297kg/h，压力 500kPa，温度 30℃；液化气质量流量 113kg/h，压力 680kPa，温度 70℃。

由表 8 可知，塔顶气与进站天然气混合后压缩机出口物料气相摩尔分率为 100%，即不会在压缩机内形成积液。压缩机出口气相冷却至 45℃，液化气与天然气混合前后液相出口物流质量流量分别为11.97kg/h、11.63kg/h，其中H_2O质量流量分别为11.95kg/h、11.61kg/h，压缩机出口分离器液相物料中主要为H_2O，仅有微量的其他组分带出，且液化气进入流程后压缩机出口分离器液相质量流量并未增加，表明塔顶气进入压缩机入口前端可行。

2.3.2 改造前后2号脱丁烷塔适应性分析

按照图1中工艺流程改造和2.2节中优化操作条件调整后主要物料性质和相关参数与改造前的对比情况见表9。由表9可知，改造后处理量不变，进料压力、进料温度、塔底再沸器温度均降低，满足负荷要求；塔底稳定轻烃中H_2S质量分数为0.00%，饱和蒸气压为76.34kPa，满足GB/T 9053-2013《稳定轻烃》1号产品要求，满足处理质量要求。

表9 改造前后主要物料性质和主要操作参数对比表

项　目	改造前	改造后
进料压力/MPa	1.47	0.68
进料温度/℃	60	40
塔底再沸器温度/℃	165	125
进料泵功率/kW	4.62	1.71
塔底轻烃质量流量/(kg·h^{-1})	2539	2556
塔顶液化气质量流量/kg·h^{-1})	125	113
塔底轻烃饱和蒸汽压/kPa	69.47	76.34
塔底轻烃中$w(H_2S)$/%	0.00	0.00

2.3.3 工艺改造主要工作量及经济性分析

1）工艺改造主要工作量及改造费用

由于现有2号脱丁烷塔虽在处理效果上满足要求，但其材质为普通碳素钢，由于处理介质高含H_2S，且已运行14年，考虑运行的安全性需新建与2号脱丁烷塔同等尺寸的脱丁烷塔1座，采用316L材质。因此，工艺改造主要工作量包括脱丁烷塔更换、混烃进料缓冲罐、工艺管线、自控配套等，改造费用共162.8万元，详细工作量及改造费用如表10所示。

表10 混烃分馏改造主要工作量及费用

序号	主要工作量	数量	费用/万元
1	脱丁烷塔(Φ800×1740)/台	1	110
2	混烃进料缓冲罐(Φ2000×5000卧式)/台	1	12
3	316L油气配管/km	0.5	13
4	20#导热油管/km	0.8	16

续表

序号	主要工作量	数量	费用/万元
5	DN50闸阀/个	5	2
6	混烃管道带压开孔/处	4	0.8
7	天然气管线带压开孔/处	1	2
8	DCS系统扩容维护/项	1	2
9	智能压力变送器/台	4	0.4
10	一体化温度变送器/台	6	0.2
11	磁翻板液位计(带变送器)/套	3	0.4
12	气动调节阀PN4.0/台	5	0.5
13	其他仪表阀门电缆/项	1	3
14	设备基础/m^3	16	0.5
	合计		162.8

2）经济性分析

采用分馏脱硫工艺后碱耗量可由2t/d降低至0.4t/d，废碱液量由4t/d降低至0.44t/d；由于进料温度由60℃降低至40℃，塔底再沸温度由165℃降低至125℃，所需热负荷降低，热媒油加热所需天然气由520m^3/d降低至360m^3/d，可节约运行费用190.1万元/年，一年内可收回投资，效益明显，详细经济分析见表11。

表11 混烃分馏工艺经济效益分析表

项目	改造前	改造后	单价/元	节约费用/万元
耗碱量/(t·d^{-1})	2	0.4	3000	175.2
废碱液量/(t·d^{-1})	4	0.44	70	9.1
加热气耗/(m^3·d^{-1})	520	360	1	5.8
合计	–	–	–	190.1

2.4 改进工艺应用情况

根据2.1提出的改造方案，经工艺改造技术效果和经济可行性分析，塔河油田对混烃脱硫工艺实施了改造并于2018年8月顺利投产，目前装置运行稳定，各类产品质量满足标准要求。改进后工艺系统的实际运行值与设计值的对比如表12所示，投产后轻烃产品中总硫和饱和蒸气压的实际运行参数如表13所示。

表12 混烃分馏工艺实际运行与设计参数对比表

关键运行参数	设计值	运行值
混烃稳定塔气提气量/(m^3·h^{-1})	75	0
混烃稳定塔塔顶压力/MPa	0.35	0.3
混烃稳定塔塔底温度/℃	125	90

续表

关键运行参数	设计值	运行值
混烃稳定塔底液位/mm	600	650
混烃回流罐液位/mm	400	400

表 13　轻烃中总硫和饱和蒸气压运行参数表

时　间	总硫质量分数/%	饱和蒸汽压/kPa
8 月 21 日	0.042	70.3
8 月 22 日	0.020	65.5
8 月 25 日	0.041	61.6
8 月 29 日	0.039	68.2
9 月 11 日	0.037	66.0
9 月 28 日	0.027	72.8

改进的混烃脱硫系统采用混烃分馏脱硫新技术，为石油工程技术院国内首创技术，该技术的成功应用颠覆了传统的碱洗+微生物碱渣处理技术，具有以下四方面优势：

（1）成本低：根据实际运行参数计算，相比传统的碱洗+微生物碱渣处理工艺，混烃综合处理成本由 142 元/吨降至 2 元/吨；

（2）质量稳定达标：装置运行稳定，各项产品指标满足要求；

（3）安全、环保、绿色无污染：该工艺混烃中的硫产物直接被天然气带出，天然气中的硫化氢在轻烃站被胺液直接吸收，整个处理过程安全环保无污染；而传统碱洗工艺会产生碱渣，碱渣具有较强的刺激性气味。

（4）工艺简单、工程投资低：与传统碱洗+微生物碱渣处理工艺对比，工艺流程缩短，建设投资由 1800 万元降低至 800 万元。

3　结论

（1）高含 H_2S 的混烃先利用脱丁烷塔分馏，H_2S 和甲硫醇可随塔顶气分别带出 100%和 35%，总硫质量分数由 0.90%降至 0.15%。塔底稳定轻烃中硫醇、乙硫醇质量分数分别为 0.114%、0.021%，对残留的有机硫进行碱洗的耗碱量为 0.22t/d，仅为原工艺的 1/10。

（2）采用分馏脱硫工艺，脱丁烷塔塔顶气可进入天然气处理系统，利用已建装置对其进行处理，对天然气处理系统无影响；现有装置规模满足混烃分馏处理要求，但考虑其抗硫性，需新建脱丁烷以及配套缓冲罐、工艺管线、自动仪表等。

（3）采用分馏脱硫工艺可大幅降低分馏脱硫处理成本及处理能耗，可降低处理费用 190.1 万元/年，经济效益明显。

（4）改进后工艺在现场的应用表明：该新技术相比传统碱洗工艺具有成本低、产品质量稳定达标、安全、环保、绿色无污染，以及工艺简单、工程投资低等诸多优势。

参　考　文　献

[1] 高建兵，詹亚力，朱建华．液化石油气脱硫技术[J]. 天然气化工，2001，26(2)：37-41.
[2] 周广林，房德仁，尹长学，等．QTS-01 常温氧化锌脱硫剂首次工业应用[J]. 齐鲁石油化工，1997，25(1)：31-33.
[3] 徐立平．CT8-4B 固体脱硫剂及其工业应用[J]. 天然气工业，1995，16(5)：69-71.
[4] 徐志达，曾汉民，冯仰桥．活性炭纤维的制备及其载钴盐后脱硫性能[J]. 石油化工．1999，28(8)：520-523.
[5] 王松贤，夏少青．液化气脱硫筛板萃取塔的改造设计[J]. 石油炼制与化工．2006，37(3)：61-63.
[6] 刘周平，蒋杰峰．活塞式压缩机的积液故障处理[J]. 化工生产与技术．2011，18(2)：54-55.

老油田地面生产系统提质增效措施分析

鲜　婧　把智鹏　赵天真　段文豪　沈安杰　张　静

（中国石油玉门油田公司规划设计院）

摘　要　玉门油田属低渗透老油田，随着油田的开发，产能井数增加，使投资控制空间越来越小，同时，地面生产系统运行出现站场负荷率低、能耗高、注水效率差距大、工艺不完善等问题，造成成本控制难度加大，分析了该油田地面生产系统存在的问题，论述了地面生产系统提质增效的远期规划，优化调整改造油田地面系统、优化注水工艺、无人机巡井等优化调整措施，通过地面系统的优化改造，达到降低投资、控制成本、提高整体开发效益的目的，满足油田可持续发展的需要。

关键词　油田地面生产系统；提质增效；优化调整；注水优化

油田开发于1939年，截止2017年底，共建成油水井1601口，注水井348口。油田各类站场35座，站场内主要设备及装置111台/套，各种管道898.7km（其中非金属管道359.30km），3个采油厂原油利用管道输送至玉门炼化总厂；另1个原油就近输入西部管道，外输管道长度42.58公里，油田共有35kV变电站6座、DCS控制系统4套，通讯机房6座，沥青道路98公里，地面生产系统较完善，能够满足油田开发需要。

油田集输系统全部采用不加热集输工艺，应用三相分离器工艺脱水，注水系统采用分区分压注水和低压供水、单井增压工艺。部分场站由于投用时间较长，设施老化严重，负荷率低，因此，地面系统需要做好精细挖掘、提质增效工作，为油田可持续的发展提供保障。

1　油田地面生产系统存在问题

1.1　站场多、负荷率低、设备效率低，运行能耗高

油气站场29座，场站分散，大部分站场建设于七八十年代，设施老化严重，设备效率不足50%，站场负荷率36.8%~58.9%，部分集输场站加热设备多，工艺流程长，设备选型偏大，储罐偏多，系统效率低，能耗高。油田能耗为133.2MJ/t，注水均耗6.92kW·h/t。

存在站场功能布局不合理的问题。随着集输管网的不断完善，拉油井整体减少，三座接转站具备卸油功能，用工多、设备多、储罐多，站场负荷率低（详见表1：油田主体系统负荷统计表），自动化水平低。

表1　油田主体系统负荷统计表

项　目	原油脱水/(10^4t/a)	天然气/(10^8m^3/a)	采出水/(10^4t/a)	注水/(10^4t/a)
总设计规模	73	0.91	186.9	455.8
2017实际处理量	40.82	0.124	130.98	223.7
油田负荷率/%	57.59	13.6	70.1	52.13
股份公司负荷率/%	67	61	67	62

1.2　集输系统密闭率低，拉油隐患多、成本高

目前，全油田拉油井占总数37%，单井拉油用工多、拉油成本高，单井罐使用安全环保风险大，单井罐加热采用套管气，改用电加热消除安全隐患投资高。

1.3　注水效率差距大、工艺不完善

注水干线为满足部分吸水指数低的单井，部分干线未考虑分压注水，出站压力高，而为控制吸水指数高的单井注水量，井口控制注水量节流严重，井口调压压损大。而且采出水氯离子含量高，对注水泵过流件腐蚀强，泵效低。

1.4　地面设施腐蚀老化现象严重，安全环保风险大

截止2017年底，超年限服役的设备和设施数量仍占总数的35%，≥20年的油水管道占27%，需加大安全隐患治理。油田采出水处理达标率低，污泥产量大，处理效果差，环保风险大。

1.5　油田自动化、数字化水平低，用工紧张

油水井数字化覆盖率只有54%，41%油井处于信号盲区，37.1%油井采用人工计量、全部油

水井采用人工巡井方式，员工劳动强度大，用工成本高。

油田数字化 A11 建设处于起步阶段，不满足数字化油田建设和信息化管理的要求，整体生产管理效率明显。

2 地面生产系统提质增效措施

针对地面生产系统存在的问题，需要结合油田开发规划优化地面生产系统运行，开发部署调整、开发阶段变化，开发方式转变，强化地面技术管理，保持已有系统有效生产能力，以达到降低投资、控制成本、提高整体开发效益的目的，满足油田生产需要。

2.1 站场“关、停、并、转、减”，实现总体布局优化

集中卸油点，进行集输管网优化改造，关停低效计量站。应用一体化加热分离增压撬、数字化撬将有人值守场站改造为无人值守型站场；将分散性站场功能合并，应用一体化注水撬实现夹片注水站功能；关停部分卸油站、功能单一的注水站、锅炉房等。

改造结束后，油田关停 5 座站场(1 座注水站、1 座卸油站、1 座燃煤锅炉房、1 座接转站、1 座计量站)，将 8 座站场(2 座接转站、4 座计量站)改造为无人值守站；拆除储罐 29 具($20920m^3$)，消除安全隐患点 269 处。

2.2 优化场站运行，提高系统效率

应用低温型破乳剂，将原油脱水从 55℃下降到 38℃，实现原油低温脱水；原油处理能耗。

联合站采出水处理装置完善工艺，保证注水水质达标；调整采出水加药配方，从根本上降低产泥量，提高注水水质。开展油田污泥资源化利用前期现场实验，满足环保要求。

2.3 集输系统优化完善，提高密闭率

老君庙油田应用自动投球清管技术，延长不加热集输半径，将拉油单井接入不加热集输管网，提高集输系统密闭率。集输管网路由根据油田生产参数优化，采用环状走向等方式增加高回压支线液量，降低井口回压；集输干线应用清管阀，定期清除管线积垢、结蜡、积砂。

青西油田综合应用自动投球清管技术、油气混输撬，将边远井及低产井接入集输管网，取消现有井口加热炉、计量站加热炉，降低集输能耗；对高气油比单井安装套管气定压回收阀，回收套管气。

集输系统改造完善后，油田拉油井由 594 口减少到 56 口，集输密闭率 79.86% 提高到 94.82%，拉油成本降低 1023 万元/年。伴生气回收 $2.61\times10^4 Nm^3/d$，消除安全隐患点 548 处。

2.4 注水系统精细改造，提升注水效率

系统实施注水井供水方案精细调整，实施分压注水方案调整，降低注水干线供水压力；注水单井由机械式配水阀改造为智能稳流配水阀，全油田实现远程控制精细注水。对各油田注水干线起点统一加装清管发球设备，定期人工清管，降低管线压损，延长金属管线使用寿命。注水系统改造后，整体注水效率提高到 57%，注水单耗由 $6.92kW\cdot h/t$ 降低到 $5.33kW\cdot h/m^3$。

2.5 油田智能化管理，降低用工成本

站场“关、停、并、转、减”，最大幅度减少站场用工量；油田生产将由数字化管理向智能化管理转变，开展智能巡井、推广生产物联网建设，大幅减少一线操作工以及生产管理人员。站场岗位员工数量整体压缩~32%。详见油田智能化管理对比表 2。

表 2 油田智能化管理建设效果对比表

项目	改造前	改造后
采油井	部分油井数字化+人工启停	全部油井数字化+远程启停
注水井	恒流配水器+人工调整	注水压力、流量上传+远程调节
小型站场	现场仪表+人工倒班值守	远程监控+人工巡检
安保监控	部分单井监控+部分站场监控	站场+重要路口+高后果区
巡井巡线	人工巡井(一天一次)	电子巡井+无人机巡井(巡线)+人工巡井(三天一次)
生产管理	采油厂生产科—队部—岗位	采油厂生产指挥中心—岗位
油井工况	人工决策	专家系统判断决策

3 措施分析效果

通过实施提质增效项目，优化了组织结构，实现了数字化油田，生产管理组织结构“采油厂—站队(科级)—班组”三级优化为“厂级指挥中心—班组”两级，预测用工量减少 34.6%，系统效率提高 17.8%，能耗降低 15.6%，优于股份公司整体目标。

表 3　项目实施效果预测分析对比表

项目	系统密闭率/%		站场负荷率/%		站场/座		数字化建设/%		能耗/(MJ/t)		用工量/人	
	改造前	改造后	改造前	改造后	改造前	改造后	改造前	改造后	改造前	改造后	改造前	改造后
目标	10%		10%						10%		25%	
预测值	+17.83%		+10.17%		-6		+19.76%		-609(15.6%)		-549(34.6%)	
油田	79.2	97.1	58.9	71.2	29	23	60.3	80.1	3893	3284	1585	1036
采油厂1	82.1	98	73	77.6	12	10	60.3	85.3	4030	3618	790	570
采油厂2	82	99.3	43.1	94.2	9	6	71.9	81.8	5107	3963	296	159
采油厂3	64.6	93.4	68.3	75.4	5	4	42.8	64.4	3944	2984	342	197
采油厂4	99.1	99.1	37.4	38.0	3	3	90	90	2187	2187	147	110

4　结论

通过技术手段确定地面生产系统优化调整改造，并通过管理手段提升生产运行精细化管理水平，是油田节能降耗的关键途径，在下一步工作中，将吸取其他油田的成功经验，进一步完善油田地面生产系统建设。

天然气井井场常用设备标准化撬研究与应用

吕鹏飞

（中国石化东北油气分公司）

摘　要　随着天然气工业的快速发展，采用常规的方法建设气田已不适应，新形势气田建设中采用撬装化设备不仅可以提高设计效率、缩短气田建设周期、降低气田建设成本，还可提高气田建设质量。标准化撬是指在一个结构框架内具有一定功能的设备组合。依据气田类型及生产工况需求等情况，将不同的设备以及工艺阀门、自控系统、电力系统预制成撬，然后撬体运输到气井井场，现场完成撬体接口连接。撬装化是标准化设计、模块化建设、规模化采购和标准化预算的统一和升华。

关键词　天然气；井场；撬装化；标准化撬

1　井口撬装化设备应用情况

东北油气分公司常用井口设备有加热节流撬、分离计量撬（见图1、图2）。加热节流撬对需加热的井流物进行加热后节流至所需压力，加热的目的是防止原料天然气节流降温、输送过程形成水合物，避免产生冻堵。分离计量撬对节流后的井流物进行气液分离，并对分离后的天然气进行计量。整个加热节流撬、分离计量撬与外部的主要工艺接口应除了原料天然气的进出口管道外，仅有燃料气管道和放空管道接口，撬块在运抵施工现场后，撬接口采用法兰与外部管道连接即可，施工简单，操作方便[1]。

东北油气分公司部分加热节流撬、分离计量撬已按“模块化、小型化、方便运输、快速安装、灵活搬迁”的原则进行设计采购，但由于设计时期不同，各个设计单位的设计理念差异，部分井场撬块的工艺流程存在差异，并且设备品种众多，不利于设备统一管理，且无法集中采购，同时区块间设备调用性差，设备备件可调配性差，给物资采购进度及后续的施工进度带来一定的影响，进而拉长项目工期。

图1　龙凤山气田井场加热节流撬

图2　八屋区块计量分离器撬

2　主要存在的问题

目前龙凤山气田、八屋气田已有加热节流撬基本与标准化撬块一致，但仍因建设时期的影响，前期建设的加热节流撬内并未设置油嘴节流流程，气藏工程无法对配产气量进行较产，同时撬块未设置操作间，操作工在严寒的冬季或雨天时需在室外操作。还有部分加热节流橇自带控制盘未预留采气树油压、套压、井口温度信号模拟量输入点，在投产后期对加热节流撬自带控制盘进行改造。

根据现场调研情况，分公司已有的单井分离计量撬主要用于八屋气田，其形式、功能、性能与标准化撬块存在较大差异：①还有少部分单井因生产要求，导致建设周期短，在其他区块站场调用三相分离器用于井场气液两相分离，造成设备浪费。②已有的分离撬均为手动控制液位，在井口携液量较大时不能及时调整排液阀门开度，造成单井外输气中含水较多；③撬块未设置井场自用气调压流程，八屋气田一般井口外输压力为1.6~2.0MPa，而加热炉所需燃料气最大供气压力需低于0.4MPa，在建设井场时还得单独采购燃气量调压系统阀门。④现有分离计量撬中的分离器形式不统一，既有立式分离器，又有卧式分离器，造成撬内配管差异较大。

3 标准化撬选型分析

3.1 加热节流撬块选型分析

3.1.1 处理量的确定

加热节流撬主要用于龙凤山气田、八屋气田。根据目前已建单井撬块功率及待建单井拟建设备功率得知目前分龙凤山气田加热节流橇按功率划分常用主要为50kW、80kW共计2种规格，八屋气田加热节流撬功率仅有50kW。根据气田待建单井井流物油气比或水气比(龙凤山为2.25$m^3/10^4m^3$，八屋气田水气比为1.1$m^3/10^4m^3$)、井流物温度(龙凤山气田24~26℃，八屋气田15~20℃)、初始流压(龙凤山气田17.5~20MPa，八屋气田12~16MPa)反算最大处理量，具体计算公式如下：

$$Q=q_{气}\times C_{p气}\times(t_2-t_1)+q_{水}\times C_{p水}\times(t_2-t_1)+q_{凝}\times C_{p凝}\times(t_2-t_1) \quad (1)$$

式中 Q——被加热介质的热负荷，kW；

q——被加热介质的质量流量，kg/s；

C_p——被加热介质的定压比热，kJ/kg·℃；

t_1——被加热介质的入口温度，℃；

t_2——被加热介质的出口温度，℃；

结果见表1。

表1 50kW、80kW加热节流撬最大处理量计算结果表

气田名称	气量/(Nm^3/d)	凝液/(m^3/d)	水/(m^3/d)	一级加热进口温度/℃	一级加热出口温度/℃	一级盘管有效功率/kW	二级加热进口温度/℃	二级加热出口温度/℃	二级盘管有效功率/kW	加热炉有效功率/kW
龙凤山	2	4.5	0.5	24	50	25	24	40	20	50
	3	6.8	0.5	24	50	40	24	40	30	80
八屋	2	0	2.2	15	50	30	17	40	15	50

加热节流撬计算处理量见表2。

表2 加热节流撬处理量表

序号	气田名称	加热节流撬功率	处理量		
			气量/(Nm^3/d)	凝析油/(m^3/d)	水/(m^3/d)
1	八屋气田	50kW	≯2×10^4	0	≯2.2
2	龙凤山气田	50kW	≯2×10^4	≯4.53	≯0.5
3		80kW	≯3×10^4	≯6.8	≯0.5

3.1.2 主要技术参数及功能要求

(1) 技术参数

① 设计总负荷：50kW/80kW；

② 设计压力：一级加热盘管设计压力：24MPa；二级加热盘管设计压力：24MPa；节流前管线设计/操作压力：24MPa/龙凤山：20MPa，八屋：16MPa；节流后管线设计/操作压力：11MPa/龙凤山：8.2MPa，八屋：2MPa；

③ 工艺管线设计温度：-39~70℃；一级加热进口温度：≮15℃/24℃，出口：≯50℃；

二级加热进口温度：≮17℃，出口：≯40℃；

④ 撬块外围尺寸：不应大于10000mm×2100mm(长×宽，包含操作间)。

(2) 功能要求

根据龙凤山气田、八屋气田现有的加热节流设备分析，并结合目前的井口生产工艺及操作需求，标准化撬块除满足“模块化、小型化、方便运输、快速安装、灵活搬迁”的原则外，加热节流撬还具备如下功能以满足生产操作需求：加热节流撬满足无人值守、远程控制管理的要求；撬内采用“加热→节流→加热”流程，节流采用双流程，其中1路采用法兰角式节流阀，1路采用焊接油嘴，其调节精度满足天然气加热节流橇正常工作的要求；所有与撬外设备和管道相连的配管均引至橇座边沿，其连接方式为法兰连接；高压井流物管道在节流前的弯头采用6D的长半径弯头；加热炉的控制柜具有一套完全独立的自动控制系统和一套完全独立的手动控制系统，便于在投产初期可进行手动控制[2]；撬块内信号及控制均接入就地控制盘，包括撬块内检测参数信号(4~20mA)、运行状态和故障报警信号(无源开关触点信号)及远程停加热节流装置信号(无源开关触点信号)，并能实现设备运行状态上传等功能，控制系统要求预留RS485通讯接口，遵循

Modbus-RTU 协议，便于后期数据上传；加热炉的负荷调节通过温度调节器及执行件与燃烧器配合，自动控制燃料量，保持被加热介质出口为设定值同时达到优化燃烧目的；撬块自带配电箱，放置于撬座上，配电箱内设置电机的保护开关以及主开关；撬内动力电缆和控制电缆直接接至用电设备，禁止采用中间接线盒。配电箱上设启停显示按钮及状态指示灯，实现现场及控制室对加热炉燃烧器的启停；撬块除放空管线外其余所有管线均需设置电伴热，管线电伴热采用自限式电加热带，采用 40W/m 电加热带 1 根，电压 220V，平行敷设；撬块配备操作间，其尺寸空间应满足正常操作需求，操作间内设照明、通风、及可燃气体检测；撬内所有远传仪表设备及接线箱均需防爆，防爆区域为 2 区，防爆等级不低于 ExdⅡBT4，仪表防护等级为 IP65；撬块自带的自控系统至少预留 3 个模拟量输入点（4～20mA. DC，无源），用于采气树油压、套压、井口温度的数据采气，预留 1 个无源触点信号（220V，5A 干触点），用于加热炉进口管线压力超限时联锁采气树安全切断阀关断。

加热节流撬块工艺流程见图 3 所示。

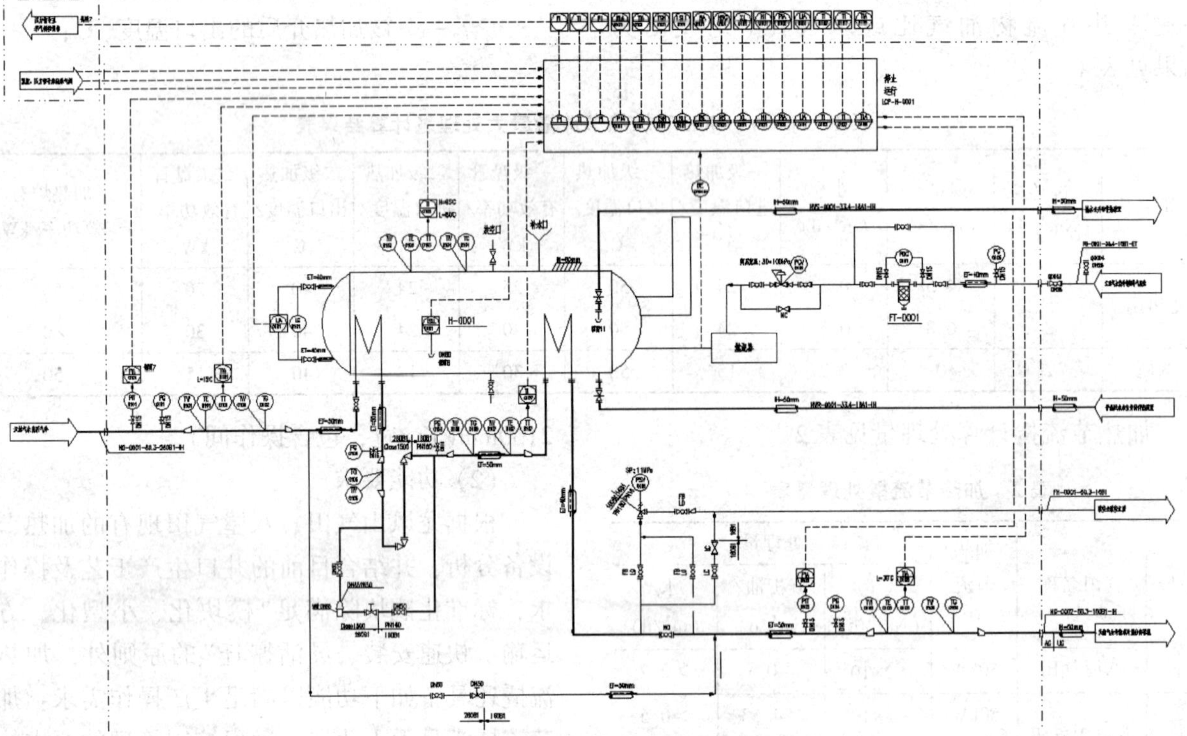

图 3　加热节流撬块工艺流程图

3.2　分离计量撬块选型分析

3.2.1　处理量的确定

分离计量撬块主要用于八屋气田，根据调研情况单井外输压力范围为 1～2MPa，其主要作用对加热节流橇节流后的井流物进行分离，根据已确定的加热节流撬设计处理量对分离器尺寸进行计算，具体计算公式如下：

$$D = 0.350\times10^{-3}\sqrt{\frac{K_2 q_v TZ}{K_2 K_4 P W_0}} \tag{2}$$

式中　K_2——气体空间占有的空间面积分率；

K_3——气体空间占有的高度分率；

K_4——长径比；

并通过除雾器最大允许气速公式（式 3）核算除雾器是否符合应用要求。

$$V_{max} = K_{SB}\sqrt{\frac{\rho_1 - \rho_2}{\rho_G}} \tag{3}$$

式中　V_{max}——气体通过丝网最大允许速度（m/s）；

K_{SB}——桑得斯－布朗系数，可取 0.107（m/s）

液滴在分离器中的沉降速度按下式计算：

$$W_o = \sqrt{\frac{4gd_L(\rho_L - \rho_G)}{3\rho_G f}} \tag{4}$$

$$f\cdot(Re^2) = \frac{4gd_L{}^3(\rho_L - \rho_G)\rho_G}{3\mu_G{}^2} \tag{5}$$

式中　W_o——液滴在分离器中的沉降速度(m/s)；

g——重力加速度，$g=9.81m/s^2$；

d_L——液滴直径，取 60×10^{-6} m ~ 100×10^{-6} m；

ρ_L——液体的密度(kg/m^3)；

ρ_G——液体的密度(kg/m^3)；

f——阻力系数，按式 5 计算 $f\cdot(Re^2)$，查规范附录 B 得出 f 值；

μ_G——气体在操作条件下的黏度(Pa·s)

使用数学模型进行计算，卧式分离器的核算结果见表 3。

表 3　卧式分离器处理能力核算表

设计参数		
颗粒(液滴)直径 d_m/μm	100	
液滴的密度 ρ_L/(kg/m^3)	1001	
气相的密度 ρ_G/(kg/m^3)	13	
气体黏度 μ/(Pa·s)	0.00001545	
$f.(Re^2)$	808.239902	查 GB 50349-2015 附录 B
水力阻力系数 f	2.436177907	
颗粒(液滴)沉降速度 W/(m/s)	0.271221359	
卧式分离器能力计算		
气体流量/(m^3/h)	833.3	20000m^3/d
卧式分离器直径 $D_{立}$/m	0.45	
操作温度 T/K	313.15	
气体压缩系数 Z	0.96	
操作压力 P/MPa(绝)	1.1	
气体空间占有的面积分率 K2	0.43	
气体空间占有的高度分率 K3	0.45	
长径比 K4/(L/D)	5	
L/m	2.25	
气体空间占有的高度 h/m	0.2	

经计算分离器计算尺寸为 0.45m×2.25m，本次选用 0.5m×2.5m 卧式分离器。

3.2.2　主要技术参数及功能要求

(1) 技术参数

① 设计规模：天然气≯$2.0\times10^4 Nm^3/d$，水≯$2.2m^3/d$；

② 设计压力：2.3MPa；

③ 进气温度：0~50℃；

④ 进气压力：1~2.0MPa；

⑤ 燃料气出气压力：≯0.4MPa。

⑥ 撬块外围尺寸：不应大于 4000mm×2000mm×2400mm(长×宽×高)。

(2) 功能要求

根据八屋气田现有的分离计量设备分析，并结合目前的井口生产工艺及操作需求，标准化撬块除满足“模块化、小型化、方便运输、快速安装、灵活搬迁”的原则外，还具备如下功能以满足生产操作需求：分离计量撬满足无人值守、远程控制管理的要求；撬块分离后的单井外输管线设有流量、压力检测，同时设有井场燃料气调压流程，调压后的燃料气供井场用气设备使用；排污管线设置电动调节阀，与分离器液位连锁实现分离器自动排污；撬块设置超压安全放空系统[3]；撬块要求配带控制系统，控制系统采用 RTU 或 PLC 系统，撬内信号及控制均由自带控制系统负责完成，控制系统要求预留 RS485 通讯接口，遵循 Modbus-RTU 协议，便于后期数据上传；所有与撬外设备和管道相连的配管均引至橇座边沿，其连接方式为法兰连接；撬块除放空管线外其余所有管线均设置电伴热，管线电伴热采用自限式电加热带，采用 40W/m 电加热带 1 根，电压 220V，平行敷设；橇块内电伴热自带配电箱，放置于橇块(座)上，配电箱内设置电伴热的保护开关以及主开关；撬内所有远传仪表设备及接线箱均防爆，防爆区域为 2 区，防爆等级不低于 ExdⅡBT4，仪表防护等级为 IP65。

分离计量撬块工艺流程见图 4 所示。

4　应用效果

通过标准化橇的设计应用，统一了撬装设备的底座尺寸、接口位置、接口尺寸、设备配置等相关参数。随着设备撬装化的实现，生产/生活用气、流程放空/排污、外输计量等功能集成至水套炉、分离器等主要工艺设备橇块中。通过将主体设备和配件、管线、基础底座等在工厂内集成成撬出厂和模块化后，较模块化之前减少现场焊口数约一半、缩短 50%工时，有效提高施工进程 50%以上，且撬装移动方便、可重复利用。新井测试结束后，连接井口至工艺流程管线即可具备投产条件，设计应用的加热节流橇和分离计量橇有效保证了龙凤山气田、八屋气田开发新井的按期投产和生产要求。

5　结论及建议

通过分公司气井井口常用设备标准化橇的研究，一是可以大大优化设计，缩减设计工作量，保证了设计质量，又加快了设计进度，为现场模块化施工创造条件；二是集输流程及主要设备完成模块化、橇装化后，可实现工厂提前预制、提前采购，节约了现场安装时间及施工费用。拆除搬运灵活，适宜气田滚动开发；三是通过对标准化橇定型从而实现标准化采购，与备选配套厂家签订技术协议，可有效减少常用物资种类，增加同种类规格物资的采购规模、降低采购价格、降低备品备件的库存，加强物资通用性和互换性。标准化橇的应用推广为分公司进一步实现“四化”建设、满足气田经济高效开发提供有力的技术支撑作用。

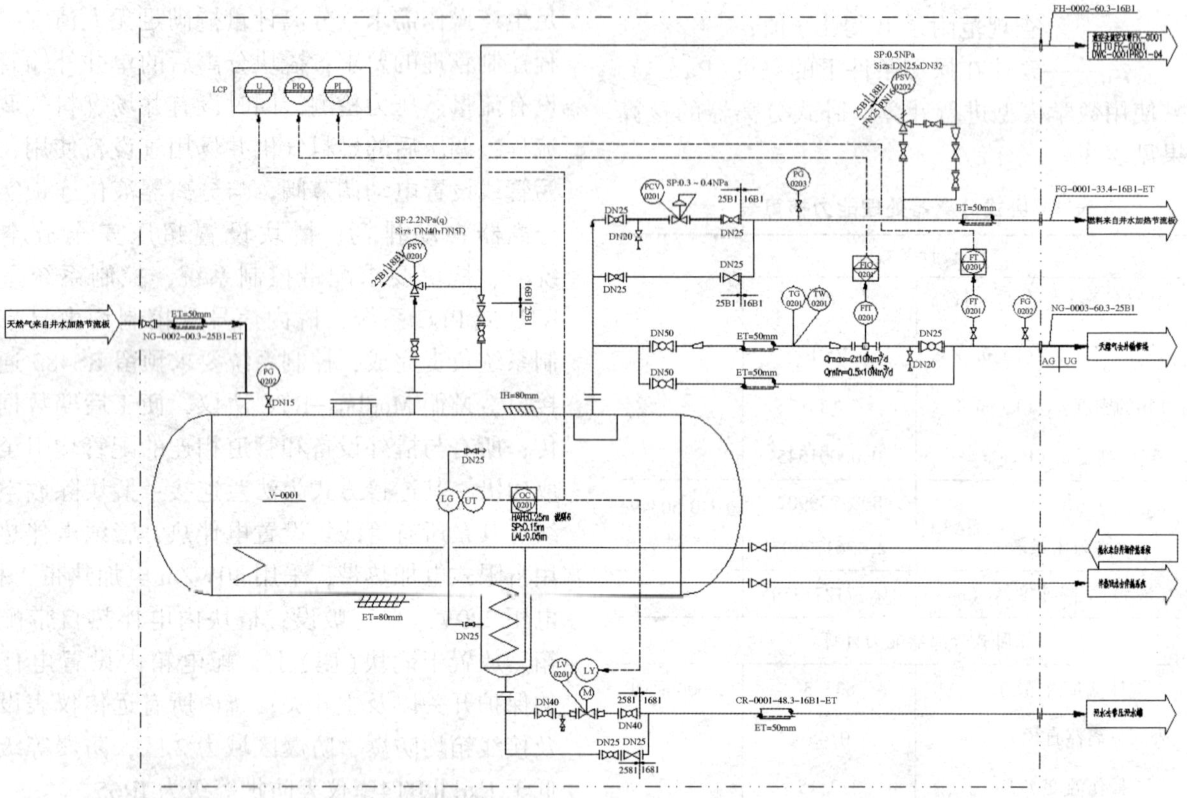

图4　分离计量橇块工艺流程图

参考文献

[1] 喻建川．撬装技术在涪陵页岩气田集输站的运用[J]．江汉石油科技，2016，26(2)：86-87.

[2] 吴伟，罗献尧．撬装化设备在普光气田集输工程中的应用[J]．化工时刊，2012，26(8)：41-42.

[3] 张春燕，郭益，刘承昭．井站集输设备的撬装化设计及应用[J]．广州化工，2011，39(19)：93-94.

浅谈采气二厂南八仙气田标准化采气井口工艺流程

李亚涛

（中国石油青海油田公司）

摘　要　随着采气二厂产能建设项目的不断推进，采气二厂对所属区块的油气田认识日益完善。采气二厂基建项目中心人员通过一次次的摸索、改进，现完成了一套专属于采气二厂南八仙气田的标准化气井井口流程。本文分析了采气二厂南八仙气田的气体组分及水合物形成温度，从地面工程方面解决天然气生产过程中出现的各种困难，确保石油储运工作顺利完成。

关键词　标准化；南八仙气田；气井井口；工艺流程；油气比重高

1　引言

在青海油田天然气产量为主要产品，南八仙气田每年以5亿方天然气稳定产量为青海油田提供产品输出。在地面工程建设领域，为解决生产中出现的各种问题及困难，满足生产需要，需根据南八仙气田特点，制定出一套专属南八仙气田天然气井口生产的标准化井口工艺流程。提高单井产量，减少关停井次数及时间，采用先进、实用、可靠的技术和工艺流程，保证工程项目的高水平、高效益，提高自动化程度，降低工人劳动强度，保证青海油田天然气的开采效率。

2　南八仙气田天然气组分特点：油气比重高

天然气性质：南八仙油气田中浅层 $N_2^2-N_1$ 气藏气体相对密度0.7102~0.8211，平均0.757，比重0.5895~0.6816，平均0.628。E_3^1 气藏气体相对密度0.6998~0.8177，平均0.74，比重0.58~0.6789，平均0.62。南八仙油气田天然气甲烷含量平均85%以上，其余为乙烷及其它重烃组份，不含硫化氢等有害气体。

油气比重高，造成油管产液量过大，套管产气。

南八仙气田天然气组分特点——油气比重高，造成气井套压稳定且压力高，油管产液、套管采气，套压生产成为稳定生产的，提高天然气产量的一个重要措施。

南八仙天然气井口标准化流程图采用油套同采井口工艺管道仪表流程图。

采井口工艺管道仪表流程图如图1所示。

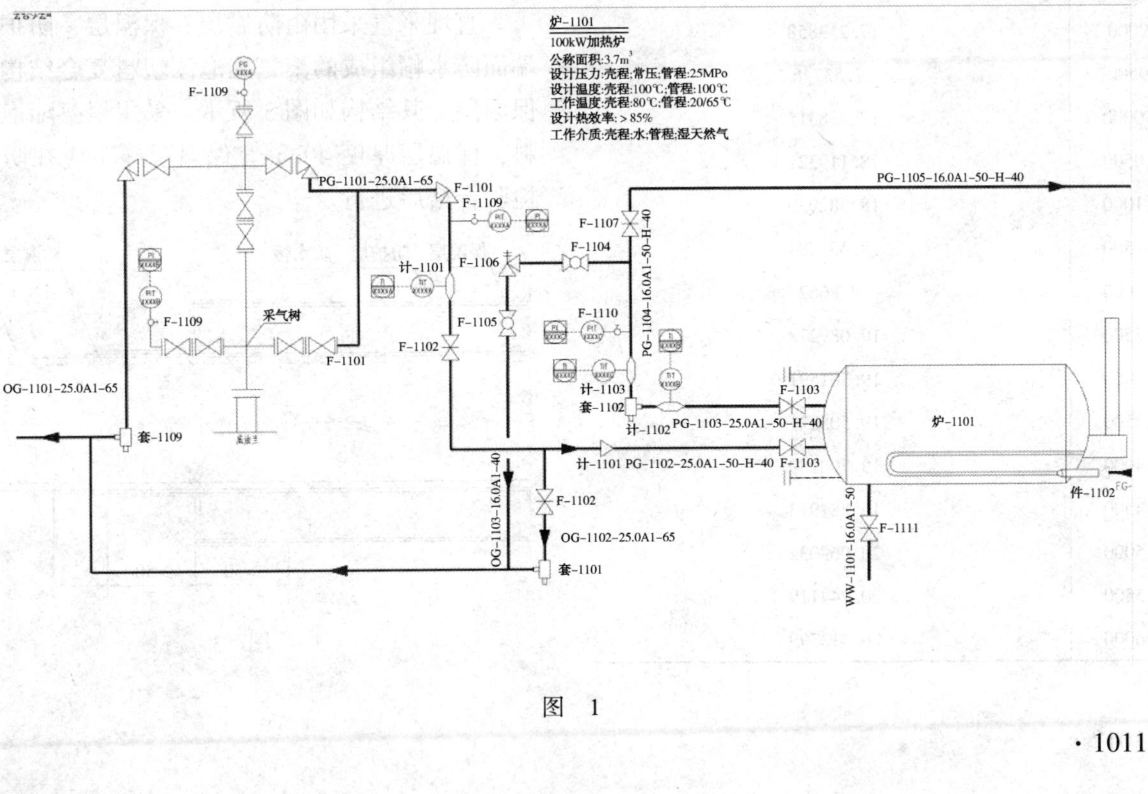

图　1

根据南八仙气体组分：甲烷、乙烷、丙烷、异丁烷、正丁烷、异戊烷、正戊烷含量依次顺序如图2所示。

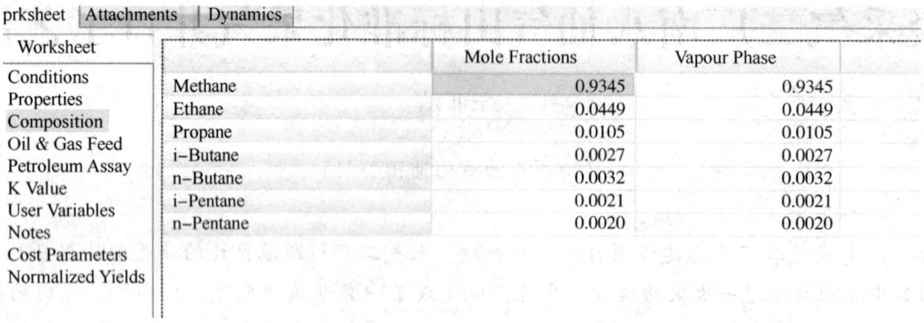
prksheet | Attachments | Dynamics

Worksheet: Conditions, Properties, Composition, Oil & Gas Feed, Petroleum Assay, K Value, User Variables, Notes, Cost Parameters, Normalized Yields

	Mole Fractions	Vapour Phase
Methane	0.9345	0.9345
Ethane	0.0449	0.0449
Propane	0.0105	0.0105
i–Butane	0.0027	0.0027
n–Butane	0.0032	0.0032
i–Pentane	0.0021	0.0021
n–Pentane	0.0020	0.0020

图　2

南八仙水合物岁压力变化形成温度

如表1所示：

表1

1–Pressure	Hydrate Formation–1 – Hydrate formation temperature
kPa	C
3500	10. 460958
4000	11. 522691
4500	12. 436228
5000	13. 23233
5500	13. 933309
6000	14. 555911
6500	15. 113058
7000	15. 614953
7500	16. 069808
8000	16. 484346
8500	16. 864137
9000	17. 213858
9500	17. 53746
10000	17. 838315
10500	18. 119321
11000	18. 382939
11500	18. 631284
12000	18. 8662
12500	19. 089278
13000	19. 301891
13500	19. 505221
14000	19. 700289
14500	19. 887973
15000	20. 069032
15500	20. 244119
16000	20. 413799

南八仙气温：

历年日极限最高气温：37. 8℃

历年日极限最低气温：-33. 6℃

历年月平均最高气温：24. 9℃

历年月平均最低气温：-18. 4℃

南八仙新井天然气投产压力基本为6~12MPa，所以水合物形成温度为14~18℃。为防止井口水合物冻堵管线，在井口增加单井加热炉流程，详见油套同采井口工艺管道仪表流程图。井口设计压力(节流前)25MPa，设计温度90℃。采气管道设计压力(节流后)16MPa，设计温度90℃。井口加热后工作温度：70~78℃。井口加热节流后工作压力：5. 3~8. 0MPa。井口加热节流后工作温度：27~50℃。阀组进站工作压力：5. 3~7. 9MPa。阀组进站工作温度：16~30℃。

直埋采气采用由防腐层—保温层—防护层—端面防水帽组成的聚氨酯泡沫塑料复合结构防腐保温层，其结构如图3所示。采用聚氨酯泡沫塑料，保温层厚度40mm。保温层施工应在防腐层检验合格后进行。

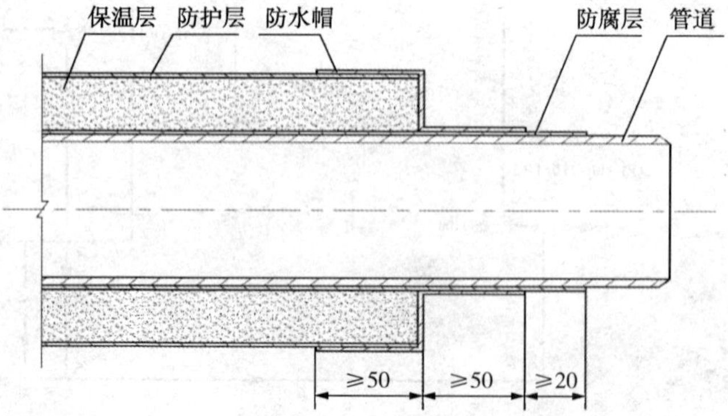

图　3

3 工程建设实体质量控制

工程没有现场施工实体质量控制，永远无法做到精品工程。质量控制，首先要做好材料控制，所有材料全部要求必须附带检验报告和合格证，到场材料必须进行进场材料报验，开箱验收等工作。特殊材料如管线需做第三方力学性能试验，阀门需做现场试压试验进行严密性和强度试验等。

现场施工质量控制，施行“三检制”、监理质量平行检查记录及建设单位质量检查等，并对焊口进行无损检测。

井口工艺、单井加热炉流程安装使用工厂及现场提前预制，按照标准化施工，标注化符合率高达70%，进一步提高施工质量。

4 总结

从上文可以看出，南八仙气田气井生产有其独特性，对地面配套工程要求特殊，制作一套符合南八仙气井生产的井口流程，对气井生产至关重要。为保证南八仙气田的正常生产，提高单井产量，减少关停井次数及时间，保证工程项目的高水平、高效益，提高自动化程度，降低工人劳动强度，保证青海油田天然气的开采效率。

某采油厂增压站增压泵运行故障分析

孙 旭 鲜 婧 刘建平 杨笑乐 李 程 段超著

(中国石油玉门油田公司规划设计院)

摘 要 增压泵是增压撬块的核心，用于集输管网来液增压输送至联合站。本文以某采油厂增压站在投产过程中增压泵运行故障为例，以设计的角度从平面布置、工艺流程和建设过程三个方面剖析此次故障产生的原因；再结合站场平面布置，对此次故障可能引发的风险做出辨识，为提高设计质量提供借鉴经验。

关键词 增压泵；平面布置；工艺流程；建设过程

集输管网来液在增压站依靠增压泵完成输送。文中提到的增压泵为单螺杆泵，是一种内啮合偏心回转的容积式泵，通过泵体工作室容积的改变不断输送介质。

1 增压泵运行故障经过

某采油厂增压站(无人值守)增压泵撬在试运行24h后，泵撬压力表管嘴脱落致原油泄漏。因故障发生时，站场视频监控系统未投用，增压泵运行参数未知。

针对本次增压泵运行故障，从平面布置、工艺流程和建设过程三个方面进行剖析，找出故障产生的原因。

2 原因分析

2.1 平面布置分析

增压站内主要设备有200m³事故罐1具，电控一体化装置1座，收、发球装置各1套和混输增压撬1座。平面布置见图1。

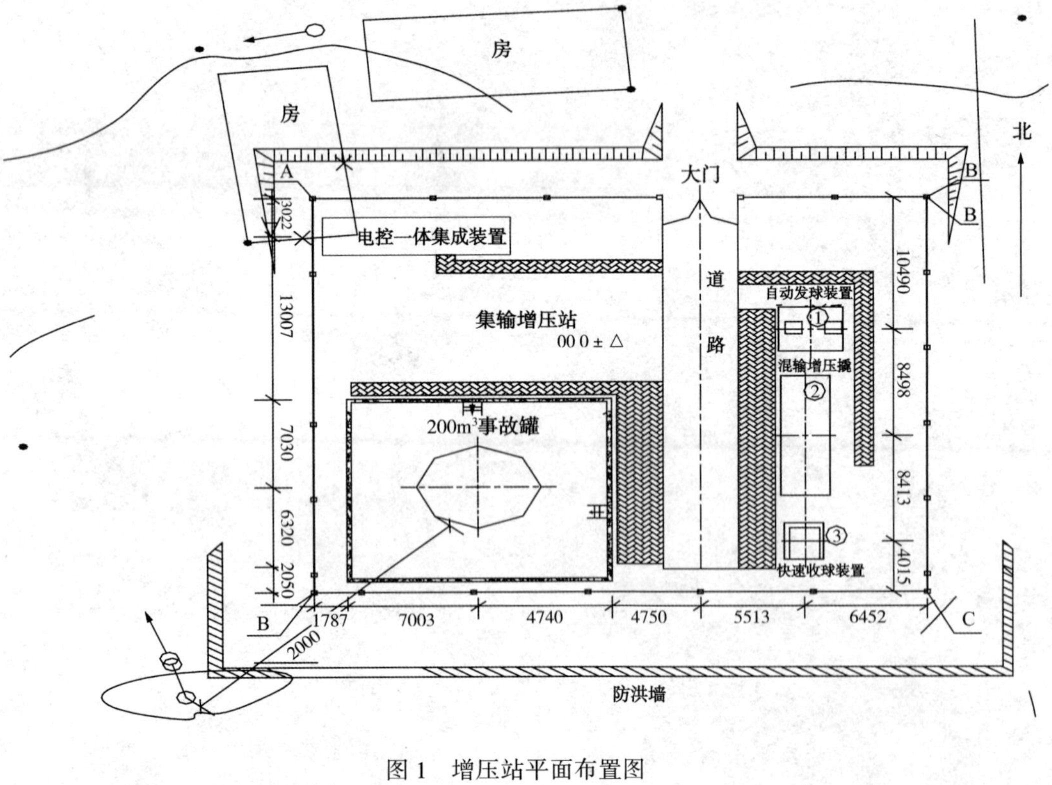

图1 增压站平面布置图

与周边设施的距离具体情况如下：增压站西南侧的变压器至站内200m³事故罐间距为20m，增压站西北侧低压电缆距站场围墙是15.3m，距油气密闭设备的距离均大于34m，满足GB/T 50183-2004《石油天然气工程设计防火规范》要求。增压站内设备布置情况如下：电控一体化撬布置在站场西北角，$200m^3$事故罐布置在西南角，油气密闭设备统一布置在站场一侧，油气密闭设备与电控一体化撬间距均大于15m，设备平面布置满足GB/T 50183-2004《石油天然气工程设计防火规范》要求。站场防火间距与规范要求见表1。

表1　站场防火间距表

名　　称	实际间距	规范要求
变压器至储罐	20	15
电线至增压撬装置	37.5	15
电控一体化至储罐	15.5	15
电控一体化至发球装置	15.5	12
储罐至增压撬装置	14	10
电控一体化至增压撬装置	18	10

2.2　工艺流程分析

来自集输管网来液输至混输增压泵撬，经混输增压泵增压后输送至干线(详见图1)。增压撬设计参数：进口压力0.4MPa，出口压力3.6MPa，设计流量为$15m^3/h$。

2.2.1　控制方案

(1)为保证运行平稳，油气混输泵采用进口压力变频控制方案。高液量状态下，一台工频运行，一台变频运行。

(2)撬块进口超压(压力>1.5MPa)，旁通线自动阀打开，开启越站流程，系统自动关闭增压泵及其前后阀门；

(3)在生产过程中，当一台增压泵出现故障时，自动切换至备用泵，并关闭事故泵前后相关阀组。

工艺流程见图2。

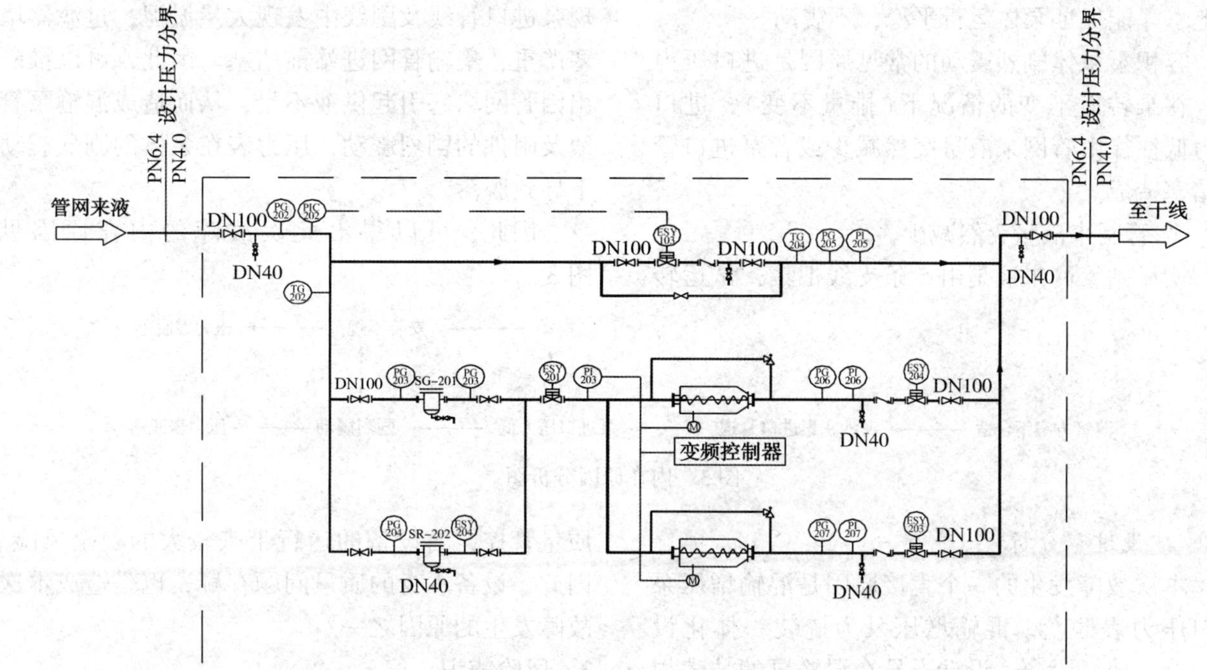

图2　增压泵撬工艺流程图

2.2.2　工艺分析

本次故障是由于混输增压泵进口压力表脱落导致原油泄漏。因故障发生时，站场视频监控系统未投用，增压泵运行参数未知。只能通过分析压力表脱落的工况来查找故障产生的原因。理论上，压力表脱落的工况有三种：泵进口压力过高，压力表安装不到位和泵进口剧烈震动。下面对工况逐一分析。

(1)泵进口压力过高

引起泵进口超压主要由两种原因：

①来液量高，超过泵体允许的最大排液量；

②来液量正常，由于运行不当(阀门未正常开启、管路堵等)使来液无法正常输送出去。

在实际运行过程中，管网来液由5条支线汇集，试运转期间，来液量为$240.62m^3/h < 350 m^3/h$(设计流量)，排除第一种原因；根据现场记录，第一次进油，操作人员于当天16:20左右检查正常后离开。18:00左右增压撬进口压力0.3MPa，出口2.7MPa，22:00增压泵进口压力0.3MPa，出口2.7MPa，增压泵撬运行正常，

排除了第二种原因。

因此，可以排除泵进口超压导致压力表脱落的工况。

(2) 压力表安装不规范

依据 HG/T21581-2012《自控安装图册》，泵进口压力表与主管线通过螺纹连接的安装形式是符合规范要求的。根据现场记录，第一次进油，操作人员于当天 16：20 左右检查正常后离开。虽然在此期间未出现故障，若设备在长期震动条件下，压力表螺纹紧固件由于安装不规范会慢慢松动，运行一段时间后压力表脱落的可能性存在也合理，因此，不能排除安装不规范的工况。

(3) 泵进口剧烈震动

油气混输增压泵为单螺杆泵，属于容积式泵，是靠泵体工作室容积的改变对液体进行压送的。油气混输泵运行时，进口压力应在 0.1MPa 以上，才能保证泵体运行平稳，不震动。

容积泵泵体剧烈震动的常见原因是进口压力低。在泵转速不变的情况下(排量不变)，进口压力低往往由管网来液量突然减少或者泵进口管线堵塞造成。

① 管网来液量突然减少

增压站管网来液是由 5 条支线汇集，试运转期间，来液量($240.62m^3/d$)一直维持平稳(设计液量为 $350m^3/d$)，可以排除管网来液量突然减少的可能。由此泵进口压力低只能是泵进口堵塞造成的。

② 泵进口堵塞

增压站来液是由 5 条支线汇集，来液中若携带泥沙和杂物在管线积累到一定程度就会造成泵进口堵塞。该油田不属于砂岩型油藏，原油采出后本身不会携带泥沙，因此，泵进口堵塞应主要是施工过程中管线中的泥沙及杂物未清理干净造成。根据现场记录，施工单位在管道投产前采用水冲洗的方式对管线进行清管而不是严格按照施工说明的要求进行通球试验，管线中的泥沙及杂物没有清理干净，从而引起泵进口端供液不足，造成混输泵管线及附件的剧烈震动。故障发生后，站场工作人员对泵撬进行了清理，清理后发现泵进口管线及副线中发现大量淤泥，过滤器堵塞严重，集输管网进站前堵塞。因此，可以推断出因管网堵塞引起供液不足，从而造成混输泵管线及附件的剧烈震动，压力表在泵体的剧烈震动下导致脱落。

因此，可以得出此次故障的内在原因见图 3。

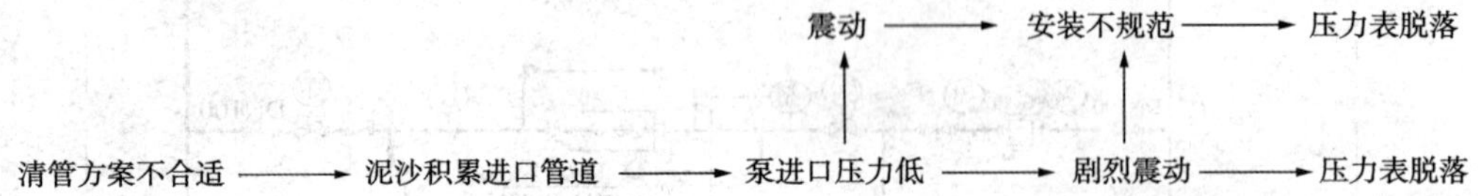

图 3 内在原因分析图

2.3 建设过程分析

本次故障发生的一个直接原因是混输增压泵进口压力表脱落。混输增压泵为撬装一体化设备，对于成撬设备，设计人员在混输泵的技术规格书第六部分检验和性能验收试验中明确规定，投标方需通知招标方进行设备的工厂检验和现场验收，而投标方没有组织设计人员到设备厂家进行工厂检验，在设备到货后对现场验收过程也不够重视，这不仅不符合技术规格书的要求，而且对设备缺少过程管理；其次，根据现场操作人员反馈，增压泵撬内部设备布置过于紧凑，给实际操作和检修带来很大不便，现场整改的难度大。同样反映出工厂验收的重要性，如果在工厂验收阶段发现这些问题，整改的难度就大大降低。设备厂家未严格按照技术规格书要求的对设备进行质量管控，给设备的运行带来较大的安全风险。因此，设备本身的质量问题存疑，也是造成本次故障发生的原因之一。

3 风险辨识

电控一体化装置的防护等级为 IP54(5-防尘，4-防雨水)，且电控一体化装置位于防爆区之外，电控一体化装置为非防爆型，设计选型符合 GB/T 50058-2014《爆炸危险环境电力装置设计规范》要求；同时，经过平面布置分析，站场及站场内的设备布置也符合 GB50183-2004《石油天然气工程设计防火规范》要求。事故发生后，泄漏的原油在东北风的作用下，在很短的时间内泄漏原油迅速吹溅到西北角的电控一体化装置，高杆灯，北围墙以及围墙外的树木。幸运的是，事故发生在白天，泄漏时间短，原油在风向的作用下，只有少量油喷溅到一体化装置的门框上，因喷溅到一体化撬块上原油量少及事故处理及时(发生在白天)，油气没有渗入一体化装置内部，不能引起装置电线短路。若事故发生在夜间，大量原油喷溅到一体化装置上；或者站场内存在加热设施(如火炬等危险源)时，油品一旦泄漏，一定会引起大面积、灾难性的爆炸或火灾事故，而该增压站又是无人值守站，那么该增压站必会被烧毁。

通过此次增压泵故障，作为设计人员，在进行平面布置时，要充分考虑各种存在的潜在风险，做好风险辨识，不断优化设计方案，做出最优的平面布置。

4 结语

通过以上分析，造成本次故障的原因有很多种，我们一定要认真吸取本次故障的经验，积极做好原因分析，举一反三。在今后的设计及施工中，要注意以下方面：首先，对于撬装设备，应按照技术规格书要求，组织好工厂验收和现场验收工作，避免现场返工；其次，规范施工，要严格按照施工图纸及施工说明要求进行施工，避免因不规范施工带来的安全风险。

高含水油田地面系统降本增效优化技术

李玉凤[1]　朱宁宁[2]

（1. 中国石化石油勘探开发研究院；2. 中国石化中原油田工程技术研究院）

摘　要　中石化中原油田东濮老区经过30多年的开发，地面工程系统大马拉小车、高耗低效等问题突出。在目前低油价形式下，做好地面系统降本增效工作，已成为提高油田开发效益、促进油田可持续发展的重要举措。本论文主要对油田现状及存在问题进行了分析，积极应用新技术、新工艺、新设备，在此基础上提出了地面系统降本增效优化改造方案。

关键词　高含水油田；地面系统；降本增效；优化

1　油田地面系统现状及存在问题

东濮老区目前有各类站场914座。原油处理能力910×10^4t/a，实际处理量139×10^4t/a；污水处理能力$5575\times10^4m^3/a$，实际处理量$3785\times10^4m^3/a$。

东濮老区原油集输系统主要采用二级或者三级布站、单管密闭端点加药集输工艺流程。对于低产低能井，采用掺水、井口加热集油工艺；无法进系统的零散井、边缘井采用多功能罐单拉工艺。

污水处理采用“自然除油、加药混凝、斜板沉降、两级过滤”工艺，应用“预氧化低污泥技术”。注水工艺主要包括注水站一次增压和泵站二次增压工艺，具体流程有三种，即常压注水工艺流程、一次增压注水(低进高出)工艺流程、二次增压注水(高进高出)工艺流程。

中原油田东濮老区经过30多年的开发，地面工程系统大马拉小车、高耗低效等问题突出，主要体现在以下几个方面：

(1) 目前大部分油井采用放射状单井集输方式，地面管网庞大，能耗高，管理人员多，管理难度大。

(2) 低液量、管输距离较长的油井冬季采用井口加热方式生产，2017年井场加热炉耗气总量约为255万方，费用高，安全环保隐患大。同时也造成天然气中的轻烃不能回收利用，降低了经济效益。

(3) 部分接转站及联合站外输管道外输温度过高，不仅加热能耗高，而且影响管道的安全运行。例如，濮二联至濮一联外输管道的外输温度达到99℃，大大超过了管道沥青防腐层的温度最高不要超过80℃的要求。

(4) 站场处理规模不匹配问题突出。联合站原油处理实际运行负荷与设计能力不匹配，联合站油量实际负荷平均仅为15.2%，存在大马拉小车现象，高耗低效情况突出。注水设备余量过大，导致离心泵机组偏离高效运行区，效率降低，能耗增大。

2　提质增效优化简化技术措施

(1) 地面系统布局整体优化。鉴于联合站原油处理实际负荷与设计能力偏差过大，设计取消联合站的原油稳定，将原油集中进行稳定，集中点选择靠近原油油库。联合站工艺进行优化、简化，逐步改造成中转站。脱水工艺进行简化，仅将油井来液进行油气水三相分离、计量，将原有三相分离器预脱水+电脱水器热化学沉降脱水的原油脱水工艺以及负压原油稳定处理工艺简化为1级三相分离器脱水工艺。

对于低于或接近允许最小输量的五厂和四厂线通过输送低含水原油解决管道低输量问题，明一和濮三线根据稳产情况确定输送方式，相应联合站简化改造。

(2) 单井管线串接，合并优化计量站。

随着生产信息化工程的推进，各采油厂井口安装承载式功图仪或者撬装计量设备，实现单井产量计量，计量站原油计量功能已不是必要的，可以对计量站进行简化、合并、关停，实现节能降耗；安装视频监控系统，实现无人值守，优化劳动力资源。预计未来三年有条件的计量站全部进行优化。

(3) 油井产出液低温输送，撤减井口和计量站加热炉。

东濮老区已进入高含水开发后期，油井产出液平均综合含水达94%，井口和计量站加热炉仅在冬季使用。油井产出液进行低温输送，具备条件的井口和计量站加热炉撤减。

（4）集输干支线串联并线优化

依托油公司改革和注采输一体化建设，结合集输支干线腐蚀情况，按照能力适配、流向调整、优化运行的原则，对集输干支线串联并线优化。

（5）优化天然气站场布局

统筹优化采油厂伴生气增压集输管网，将文留、濮城地区伴生气集中外输至柳屯地区，实现油田伴生气集中增压；集配气站实施无人值守站场改造，计量自控系统升级改造，进一步优化集配气站场，整合人力资源。

（6）推广应用短流程注水技术

按照"就近分水，就地回注"的原则，利用预分水短流程技术，通过预分水装置提前把部分污水分离出来并就地处理达标后回注，低含水油送至联合站集中处理，达到节能降耗的目的。短流程预分水流程示意图如图1所示。

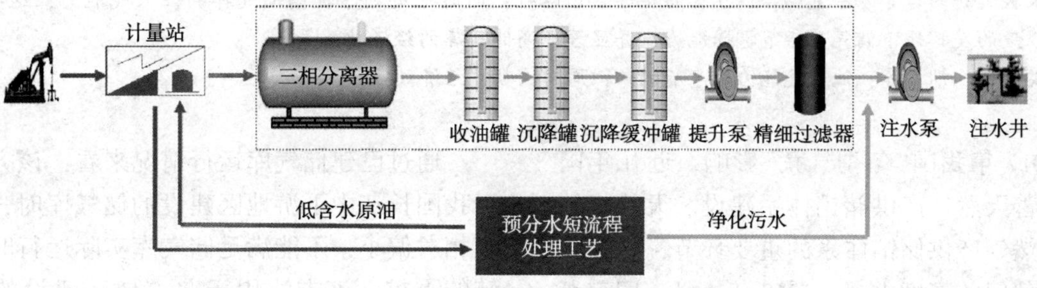

图1 预分水短流程注水工艺流程示意图

（7）优化注水站布局和注水

增压注水量小、增压泵利用率较低的站并入附近增压站，三年内增压站改造15%；对于有占压安全隐患的高压注水管线，改为注水井单井单泵或多井单泵的方式进行井口增压。根据各区块未来配注量对注水支干线并线改造。对于具有安全隐患需更换的管线，优化路由，进行合并线改造。

3 优化潜力及效果分析

通过高温井"携带"低温井，高液量井"携带"低液量井进干线，距离干支线较近的单井，直接或串联后进干线，部分占压具有安全隐患的单井管线，优化路由后进干线等优化方式，预计改造20%左右的单井管道。

实现功图量油且仅具有计量功能，以及采用低温集输技术后可以撤销加热炉的计量站简化为阀组，预计52%计量站可以撤减。在满足现用破乳剂处理温度的条件下，研究确定了撤销井口和计量站加热炉的技术界限。预计井口加热炉预计撤销73%，计量站加热炉预计撤销24%，合计约可撤销500余台加热炉。

油井和计量站加热炉分别取消73%和24%后，可减少耗气375万方/年，增加轻烃2300t/a；联合站、中转站用干气替代伴生气，可增加轻烃产量2700t/a，合计950万元。

注水系统标耗按降低1个百分点计算，可节电1%，按注水量7.8万方/天、注水单耗10.56 kW·h/m^{3}估算，预计可节电8236kW·h/天。

计量站简化撤和增压站合并撤减，原油进行集中稳定后，生产单位在目前用工总数上可减少约500人。

4 结论及建议

东濮老区地面系统提质增效优化可以取得良好的经济和社会效益。地面系统整体布局优化，提高了站场设备利用率，降低了运行了能耗，同时保障了系统安全。油井在线远传计量系统的建设，实现了油井远程自动计量，撤消了计量间。地面系统形成了"油井-转油站-联合站"的地面建设新模式。为劳动组织的优化调整及人力资源的合理配置提供了有利条件。建议老油田根据油田生产实际情况，切实做好地面系统优化简化工作，真正发挥降本增效发挥作用。

参考文献

[1] 王树好，赵昕铭，邹晓燕，陈忻．板桥联合站原油脱水工艺优化研究[J]．油气集输，2018，37(02)：33-37。

[2] 赵维，张瑞延．枣园油田集输系统优化简化工程效果案例分析[J]．化工管理，2017，(21)，4-5。

[3] 汤林．油气田地面工程技术进展及发展方向[J]．天然气与石油，2018，36(01)，1-12。

浅谈地下储气库注采气规模的确定方法及应用

胡斌斌

（中国石化节能环保工程科技有限公司）

摘　要　通过已建储气库的运行情况表明：在确定地下储气库地面集输系统注采规模时应考虑储气库所服务天然气市场的用气特点，进而配套建设与注采气运行相匹配的地面注采气系统。因此，结合我国长江中下游地区的“双高峰”用气特点，在确定我国长江中下游地区的储气库注采气规模时中首次引入储气库周转次数。新的计算方法更贴合储气库的实际生产运行，同时也有利于提高储气库的注采气能力，这也将最大限度的发挥地下储气库季节调峰能力，并显著提高储气库的经济效益等。

关键词　储气库；注采气能力；季节调峰；周转次数；经济效益

受2017年我国“冬季气荒”影响，近几年国家着手完善天然气产供储销体系建设。天然气储备作为天然气产供储销体系的重要环节，已受到国家有关部门的高度重视。2018年4月，国家发改委和国家能源局联合印发《关于加快储气设施建设和完善储气调峰辅助服务市场机制的意见》。在该指导意见中进一步明确了地方政府、供气企业、城镇燃气企业的储气设施建设相关责任、义务以及储气指标等要求。因此，近年来一大批地下储气库、LNG储备调峰站等储气调峰设施相继开工建设。

相对其他储气设施而言，天然气地下储气库具有安全性高、储气体积大、经济效益显著等特点，具有良好的发展前景。天然气地下储气库工程分为地下工程和地面工程两大部分，其中地下工程中的地质资源状况是建设储气库的先决条件，但地面工程中的注采气能力却是影响储气库前期项目投资、后期储气库生产运行以及储气库经济效益的重要因素。因此，本文将重点论述储气库的注采气规模确定方法，以及该方法在储气库项目的中具体应用。

1　天然气集输系统注采规模确定方法

地下储气库按功能可分为季节调峰储气库、应急及安全调峰储气库两种类型。目前，我国建设的储气库多以均匀季节调峰储气库为主，同时兼顾一定的应急调峰。在以往类似工程设计中，以均匀季节调峰为主的储气库，其地面工程集输系统注、采气能力均按照储气库的有效工作气量与工作天数的比值确定。

通过已建储气库运行情况来看，该方法应用于我国长江中下游地区建设的储气库时，注采规模相对偏小，不能满足储气库实际运行时多次周转的需求；该方法用于北方地区建设的储气库时，运行情况相对良好。

分析其原因：这是由于我国南、北方用气市场的特点不同所导致。在北方地区用气高峰主要集中在冬季（用于天然气供暖），用气特点呈现冬季单高峰，为该地区服务的储气库通常每年单次周转运行；在我国长江中下游地区以及华南的天然气用气市场受夏季天然气发电影响，用气市场呈现典型的“夏冬两季”双高峰。为适应长江中下游地区天然气“双高峰”，对于一些规模相对较小的储气库，则储气库实现多次周期运行，以满足“冬夏”两个用气高峰需求，这将导致以单次周转配套建设的储气库地面集输系统远不能满足天然气目标市场的调峰要求（图1，图2）。

因此，在确定储气库天然气集输系统注采能力时，除了考虑储气库有效工作气量、工作天数外，还需要结合储气库所服务用气市场的用气特点。为此，本文结合储气库所服务的目标市场用气特点，对现有的注采气能力计算公式进行了优化即首次引入-储气库周转次数，并以此为基础得出我国不同区域内建设的储气库注采能力计算公式，具体如下：

华北地区：

$$q_{in}=\frac{Q}{n_{in}}\qquad q_{out}=\frac{Q}{n_{out}}\tag{1}$$

长江中下游地区：

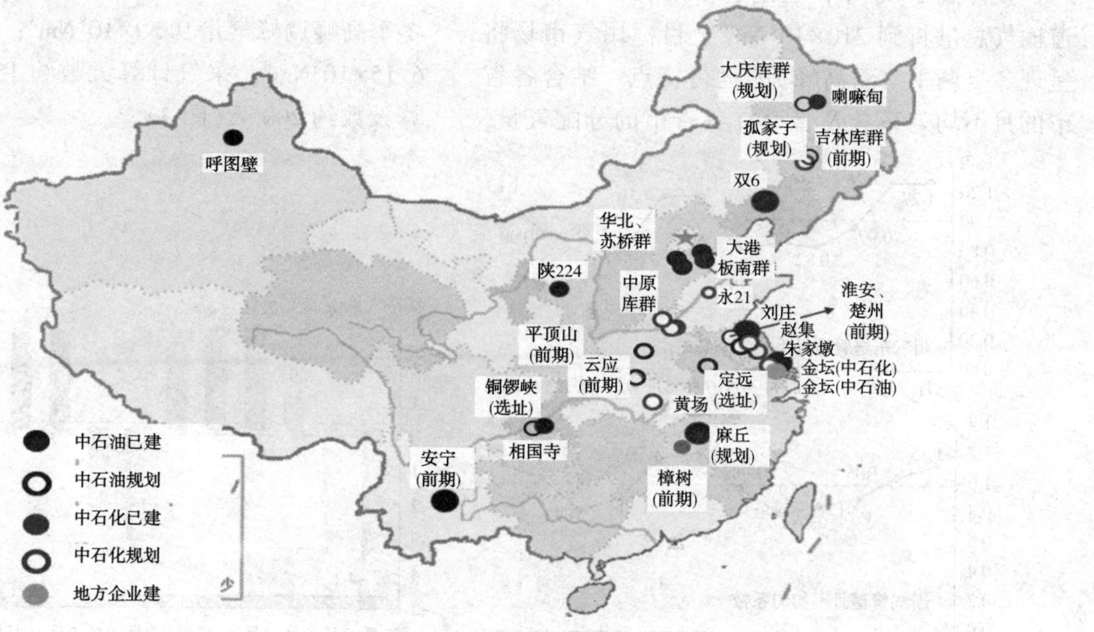

图 1　我国储气库分布图

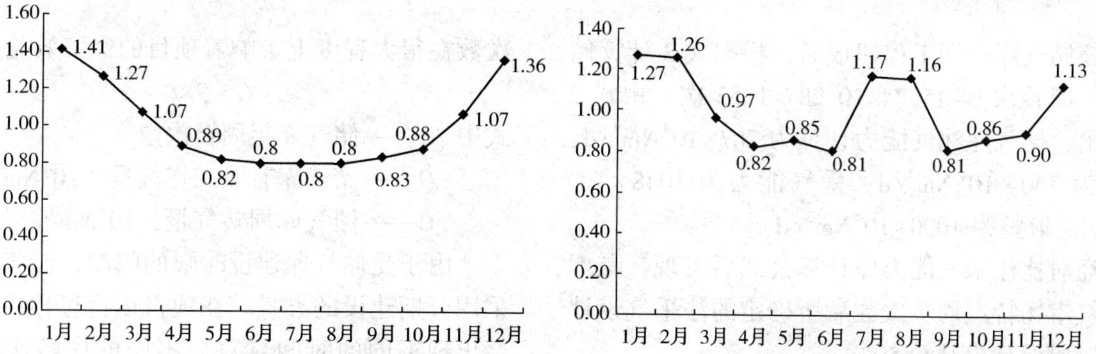

(a)华北地区用气月不均匀系数(冬季单峰)　　(b)长江中下游地区用气月不均匀系数(双高峰)

图 2　我国不同地区用气月不均匀系数

$$q_{\text{in}}=\frac{Q\times t}{n_{\text{in}}}\qquad q_{\text{out}}=\frac{Q\times t}{n_{\text{out}}}\tag{2}$$

式中　Q——储气库有效工作气量，10^4Nm^3；

q_{in}——储气库注气能力，$10^4\text{Nm}^3/\text{d}$；

q_{out}——储气库采气能力，$10^4\text{Nm}^3/\text{d}$；

n_{in}——目标市场注气天数；

n_{out}——目标市场采气天数；

t——储气库年周转次数。

上式中：有效工作气量根据储气库地质条件确定；目标注、采气天数主要依据储气库所服务市场的用气特点，即为注、采气月份天数的累计值，并适当考虑一定的检修期；储气库周转次数可以通过储气库的有效工作气量以及不同调峰季的调峰气量来确定。储气库周转次数计算公式如下：

$$t=\frac{\sum_{n=1}^{\infty}L_1+L_2+....L_n}{Q}\tag{3}$$

式中　t——储气库年周转次数；

Q——储气库有效工作气量，10^4Nm^3；

L_1、L_2、..L_n——不同调峰季节的调峰气量或多次周转时气量，10^4Nm^3。

2　工程应用

1）天然气集输系统注采规模的具体应用

以华中地区某储气库为例：该储气库一期工程将建成注采井 16 座，储气库有效工作气量为 $10.28\times10^8\text{ Nm}^3$。一期工程建成后可服务某长输天然气管道所管辖的湖北、湖南、安徽、江西、广东、江苏、浙江、上海等 8 省市的季节调峰市场。

预计到 2020 年，上述省市某长输天然气管道输气总量将到 $210\times10^8 Nm^3$，目标用气市场将呈现冬夏两季“双高峰”的运行特点。结合各省市的月不均匀系数及管道在各省市的分配气量，到 2020 年总的调峰气量为 $15.74\times10^8 Nm^3$，其中冬季高峰调峰气量 $9.59\times10^8 Nm^3$；夏季调峰气量 $6.15\times10^8 Nm^3$。采气计算天数约 150 天，注气计算天数约 200 天(图 3)。

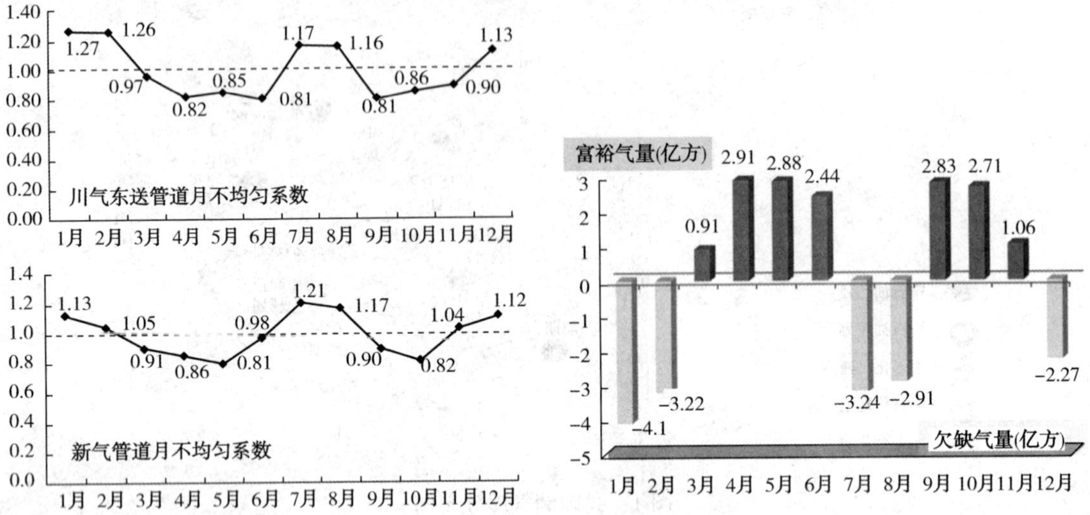

图 3　目标市场月不均匀系数及气量

该储气库一期工程建成后，根据式 3 计算储气库年周转次 t = 15.74/10.28 = 1.53 次。由式 2 计算出，储气库注气能力计算为 $787\times10^4 Nm^3/d$，取整为 $750\times10^4 Nm^3/d$；采气能力为 $1048\times10^4 Nm^3/d$，取整为 $1000\times10^4 Nm^3/d$。

经对比注采气能力原计算公式后发现：考虑天然气市场特点周转次数后所确定的注采气设计规模较原设计提高约 50%。

2）储气库周转系数在经济评价中具体应用

在储气库经济评价分析中，储气库建设成本回收及盈利主要依托于储气库单方天然气的储转费。通常，储气库单方天然气的储转费主要由 8%内部收益率反算求得。因此，储气库的周转气量成了影响着项目经济效益的重要指标。在储气库有效工作气量一定的情况下，储气库的周转次数在很大程度上影响着项目的经济效益。

$$C = Q\times t \tag{4}$$

式中　t——储气库年周转次数；

Q——储气库有效工作气量，$10^4 Nm^3$；

C——储气库周转气量，$10^4 Nm^3$。

由于受储气库建设时限的限制，储气库通常采用分期建设的方式。在项目运行过程中，可能会出现不同的时间点对应不同的周转次数等情况。因此，在经济评价中计算储转费时应分年计算储气库的周转次数，进而确定合理的周转气量、能耗指标等，以保证储转费计算的准确性。

以华中地区某储气库一期工程为例：根据工程进度安排，该储气库一期工程 16 座注采井采用“分期建设，依次投产，随建随投”的原则开展，各年投产井数与工作气量见图 4：

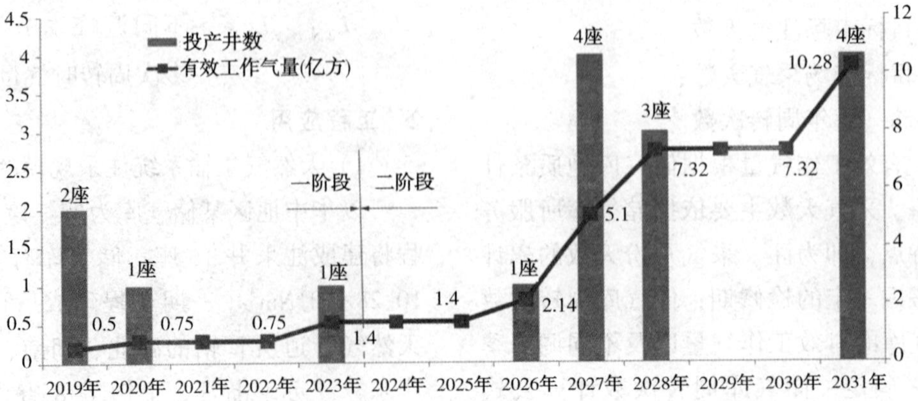

图 4　储气库一期逐年投产井数和储气库有效工作气量累计

从图 4 可以看出：该储气库一期工程全部建成后，储气库将实现 1.53 次周转；但 2028 年以前，由于储气库的有效工作气量小于夏季调峰气量，该储气库将实现 2 次周转运行。因此，在前期的经济评价中周转系数取值为 2 是合理的。

此外，在确定周期气量时，还需要考虑到新井的投产时间。结合本项目，考虑到新井建成时间多位于6-7 月份，在计算天然气周转气量时在本项目中按以下原则进行计算：(1) 当年投产井按周转 1 次计算；(2) 往年投产井按周转 2 次考虑(表 1)。

表 1　近 5 年储气库周转气量

项目/年份	2019	2020	2021	2022	2023	……
天然气储气库/10^4Nm^3	5000	7500	15000	15000	21500	……

以上述储气库周转气量为基础开展经济评价，经计算储转费由 1.17 元/方降低至 0.652 元/方。与同类储气库储转费相比，具有明显的经济优势。具有明显经济效益的储转费指标，这也有利于项目的推进建设。

3　结束语

基于天然气市场用气特点的储气库注采规模分析方法全面考虑了影响储气库注采气能力的主要影响，并在注采气规模现有计算方法中首次引入储气库调峰周转次数，这更贴合储气库的实际生产运行。同时，这也有利降低在我国长江中下游地区以及华南地区建设的储气库储转费，提升了项目的经济效益，这为加快项目审批创造了条件。

结合我国不同区域的天然气使用特点，引入储气库调整周转系数的储气库注采能力计算方法不但适用于在我国长江中下游地区、华南地区的储气库建设，同时该方法在城市燃气调峰站、LNG 储备站等其他一些储气库设施也能参照使用。

参 考 文 献

[1]《石油和化工工程设计工作手册》编委会编．油气库工程设计[M]．东营：中国石油大学出版社，2010.

[2] 丁国生，张昱文等．盐穴地下储气库[M]．北京：石油工业出版社，2010.

[3] 马小明，赵平起．地下储气库设计实用技术[M]．北京：石油工业出版社，2011.

低油价下江汉油区地面系统优化技术探讨

盛家利　贺　春　丁秀英

（中国石化江汉油田分公司）

摘　要　本文阐述了当前江汉油区地面系统优化的核心及原因，并对地面优化的相关理论进行了详细探讨，分析了决定常温输送的主要因素，提供了界定常温输送的经验公式，同时简述了下步地面优化工作的思路和具体做法。

关键词　江汉油区；地面系统；优化；常温输送

当前地面优化工作的核心就是通过油井串线，实现油井常温输送，从而降低地面管网投资、减少相应维护和运行费用。2014 年至 2018 年，江汉采油厂在新井地面配套时，对于离站较远的 157 口油井，采用串接工艺实现常温输送，确保了油井冬季安全生产，减少管线敷设约 64.6km，节约投资约 969 万元。

1　为什么要进行地面优化

一是油田发展的客观需要。随着油井综合含水上升，由于水的比热远大于原油比热，在相同加热温度下，加热炉耗气量呈急剧上升趋势；而随着油田产量递减，伴生气量不断减少，将难以满足系统冬季的正常运行。部分井区（如洪湖）由于缺少伴生气，冬季生产运行困难，不得不采用燃油或电加热代替，面临成本支出大幅增加、能耗高等问题。

二是当前低油价形势需要。目前国际油价持续低迷，新井增量不足倒逼存量，产量、成本压力增大，如何摊薄生产成本成为企业“战严寒、求生存、谋发展”的关键问题。江汉油田投入开发至今已有四十余年，大多数站点建成时间较早，站点管网使用年限较长，由于腐蚀、老化等各种原因导致管线故障频繁，需要维修甚至更换，造成生产成本的相应增加，成本压力增大和管网老旧维护费用高的矛盾日益突出。

2　地面优化的相关理论探讨

2.1　为什么能够实现常温输送

常温输送就是利用井口余热、余压对油气进行不加热输送。由于油井产出液含水、含气，其凝固点要远远低于其实验室内测得的原油凝固点，黏度也大大低于同一温度下纯原油的黏度。原油中的游离气可以增加混合液流速，减少管输温降，溶解气可以在一定程度上降低原油凝固点和黏度；原油含水后比热增加，可以减少管输温降，同时含水原油转相后，随含水增加黏度将大幅降低。大庆喇嘛甸油田特高含水期的自然不加热集油界限为 23℃，比原有的界限低了 12℃，我厂许多油井井口产液温度就已低于凝固点了，而原油仍能正常输送，这就证明了含气含水原油完全可以低于凝固点输送，使得油井常温输送得以实现。

2.2　影响 ΔP 的主要因素

油井能否实现常温输送的关键是解决不加热输送时气液混输管线的压降（ΔP）问题。影响压降的因素很复杂，根据杜克勒 I 法，混输水力计算式为：

$$\Delta p=\lambda_{\mathrm{m}}\frac{\rho_{\mathrm{m}}v_{\mathrm{m}}^{2}L}{10^{3}\times 2d}$$

式中　ρ_{m}——混合液平均密度，与含水 W_{r} 有关

v_{m}——混合液平均流速，与管线直径 d 和产液量 G 有关

λ_{m}——混输阻力系数，与 d、v_{m}、ρ_{m}、和混合物黏度 μ_{m} 有关

d——管线直径

因此，影响 ΔP 的因素可简化为：油井产液量 G、含水 W_{r}、混合液黏度 μ_{m} 以及管线尺寸 d、L。对于一口油井来说，其产液量 G、含水 W_{r}、以及管线尺寸 d、L 基本上是确定的，油井能否实现常温输送，混合液黏度 μ_{m} 是决定因素。对黏度 μ_{m} 影响较大的有输送温度 T、流速 v_{m}、含水 W_{r} 以及溶解气量 Q_{g}。

（1）温度 T、流速 v_{m} 的影响

从不同剪切速率下的原油粘温曲线(图1)，我们可以看出：温度越高，原油黏度越小。油井产液量越大，含水越高，井口温度就越高，同时流速加快，温降减小，有利于常温输送。当温度高于析蜡温度时，蜡晶基本全部溶解，少量的蜡晶及沥青质、胶质的胶体粒子高度分散在原油中，呈牛顿流体特性，黏度只随温度变化，与剪切速率关系不大，且温度越高，对黏度影响越小。随着温度下降，蜡晶开始析出，原油表现出复杂的非牛顿流体流变性质，黏度随温度下降而大幅度增加，且具有剪切稀释性，即在一定温度下表观黏度随剪切率的增加而下降。因此提高流速可以在一定程度上降低黏度，有利于常温集输。

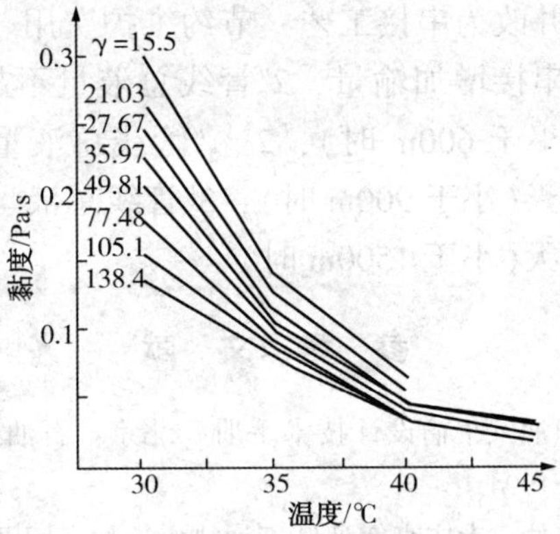

图1 不同剪切速率下原油黏—温曲线

(2) 含水 W_r 的影响

原油中含有沥青质、胶质、叶琳类极性物等天然成膜物质，它们吸附在油水界面构成牢固的界面膜，从而形成稳定的乳状液。当含水较低时，分散相(水滴)间隔较大，它们之间的相互作用较小。随着含水的上升，连续相(油)中的分散液滴(水)增多，液滴的相互作用增强，在液流中发生液滴的碰撞和相对滑动，以及相间表面能的作用，从而导致黏度的迅速上升(见图2)。

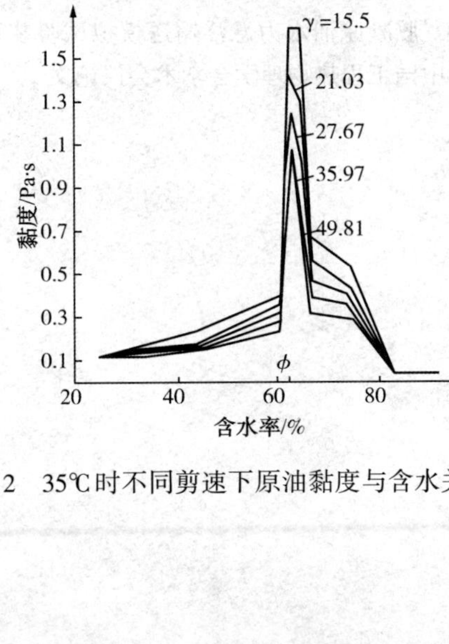

图2 35℃时不同剪速下原油黏度与含水关系曲线

根据Ostwald的相体积理论：将一堆相同直径的圆球最紧密地堆积在一起，无论怎么堆积，圆球体积皆占总体积的74%，其余的26%是空的。因此，含水74%是乳状液内相的最大可能值，含水超过74%将导致乳状液的转相。转相后原油黏度将随含水上升急剧下降，且含水越高受温度影响越小(图3)，有利于常温输送。

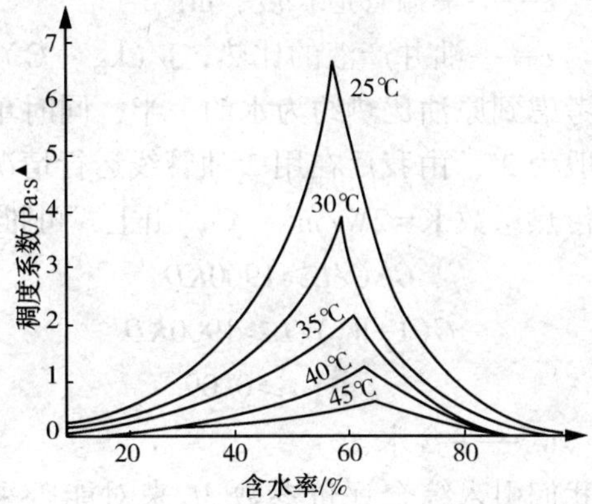

图3 不同温度下原油黏度与含水关系曲线

实际上原油乳状液分散相颗粒大小不一，各油田原油和水的组成及性质各异，乳状液转相含水常在50~90%之间。常规原油一般含水在60~70%时发生转相，含水达到80%左右时，黏度趋于稳定。通过加入合适的药剂可以有效降低原油转相点的含水率，提前形成(O/W)型乳状液，有利于常温输送。

(3) 溶解气量 Q_g 的影响

天然气在原油中的溶解度随温度升高而减小，随压力上升而增大。有关实验表明：压力对天然气溶解度的影响比温度要大的多。(见表1)

相同温度下，压力越大，原油中溶解气量 Q_g 越大，溶气原油的黏度会相应降低。国内有关实验数据显示：压力从0.5MPa↗1.0MPa，溶气原油黏度可以降低9%~17%。因此适当提高输送压力，有利于常温集输。

表1 天然气在边界条件下的溶解度数据表

溶解度 / 温度℃	不同压力点天然气溶解度/(m^3/m^3)			
	0.1MPa	1MPa	2MPa	最大变化率%
0	0.259	4.15	9.58	97.3
30	0.224	3.59	8.29	97.3
60	0.194	3.11	7.17	97.3
最大变化率%	25	25.1	25.2	

2.3 如何界定能否采用常温输送

方法一：《油田油气集输设计技术手册》推

荐的不加热集输公式为：

$$G \geqslant 1900\frac{KDL}{c}$$

式中　G——单井产液量，t/d；

K——集输管道总传热系数，W/(m^2·℃)；

D——集输管道直径，m；

L——集输管道长度，m；

c——油井产液的比热，J/(kg·℃)。

考虑到原油比热约为水的一半，同时单井管线一般为2″，由我厂在用2″油管线运行情况反推出总传热系数 K=2W/m^2·℃，由上式可推出：

$$G \times C/L \geqslant 1900KD$$

$$G(1+W_x)/L \geqslant 1900KD$$

$$\geqslant 0.09$$

式中　W_x——含水，%

我们引入综合评价参数 M_1 来对能否采用常温输送进行判断：$M_1 = 100G(1+W_r)/L \geqslant 9$，则可以常温输送；$M_1 < 9$，则不能常温输送。

方法二：借鉴青海尕斯油田综合评价参数：$M_2 = 100G \times W_r/L \geqslant 1.3$，则可以常温输送；$M_2 < 1.3$，则不能常温输送。

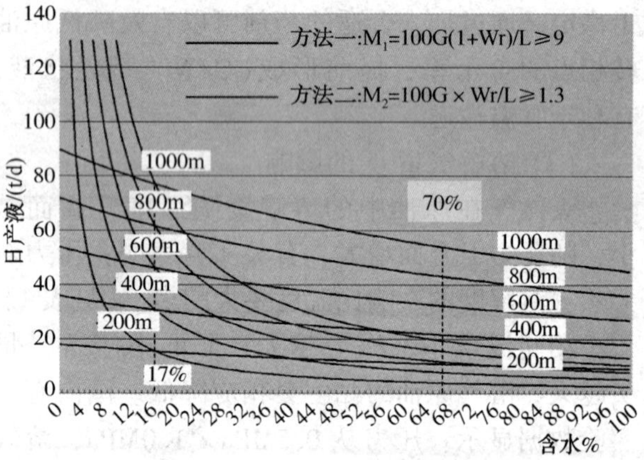

图4　综合评价参数曲线

从图4中可以看到，在含水17%时，两种方法计算结果一致。方法一侧重于考虑温度对黏度的影响，在低含水区域相对准确，在高含水区域相对保守。方法二侧重于考虑含水对黏度的影响，在低含水区域偏差较大，在高含水区域更切合实际。建议含水<70%，使用方法一，含水≥70%(转相时)，使用方法二。

3　下步地面优化工作思路

以油井信息化建设为契机，同时推进地面系统优化工作。一是依托信息化技术，建立区域一体化指挥平台，推行井站视频监控，参数自动采集、异常实时报警，辅助安全风险监控等功能，最终实现无人值守，变革生产管理形式。二是依托功图计量，大力推进油井串线工作，改变传统布站模式，优化地面管网流程，取消计量站点，简化接转站点功能。

具体做法：在新井地面配套建设时，尽量采用串接工艺实现常温输送，应用功图法计量油井产量，取消三级布站方式，降低投资；在老区结合油井地面维护工作量，逐步将管线腐蚀穿孔严重的油井改为串接工艺，节约维护费用。本着就近原则串接增加输量，2″管线总液量不超过130方/天(小于600m时)，$2^1/_2$″管线总液量不超过250方/天(小于900m时)，3″管线总液量不超过350方/天(小于1500m时)。

参　考　文　献

[1] 油田油气集输设计技术手册．北京：石油工业出版社，1994.

[2] 胡博仲．大庆高寒地区不加热集油技术回顾与展望．石油规划设计，1995年第二期．

[3] 陈宏健．青海油田单井常温集输边界条件研究．石油规划设计，2007年1月．

[4] 于涛．溶气原油流变性研究．中国石油大学(华东)硕士学位论文．

[5] 王小兵．乳化降粘技术及其在集输中应用的研究．大庆石油学院硕士学位论文．

[6] 朱林．原油视黏度随含水率的变化规律及在原油集输中的应用．油田地面工程(OSE)，第12卷第2期．

[7] 贾宗贤．中原油田中高含水期油气常温输送技术研究与应用．断块油气田，1994年3月．

[8] 刘晓燕．胶凝原油水力悬浮输送模拟试验装置设计研究．中国工程热物理学会学术会议论文．

含聚污水处理新进展

司艳晓　党　伟　徐孝轩　唐志伟　胡长朝　谭文捷　丁鹏元　王莉莉

（中国石化石油勘探开发研究院）

摘　要　聚合物的存在给油水分离和含油处理带来极大难度，采用常规处理工艺难以达到回注地层的水质标准，因此研究有效的含聚污水处理新方法与新技术，使其满足回注要求或继续配制聚合物溶液，具有重要的经济效益，是目前油田采出水处理的研究重点。本文通过分析论文和专利的研究现状，对目前含聚污水的研究状况进行总结，梳理出最新的研究进展，以期为下一步的研究方向提供参考。分析结果表明，2010年以来，含聚污水的文献研究以及专利申请数量有了大幅度的提升，在传统水处理技术的基础上，涌现出新兴技术与方法如电化学氧化、电絮凝、电芬顿法、超声波、水力旋流、浮选剂、磁过滤等。针对油田污水性质的多样性，科学合理的组合传统技术与新兴水处理技术，研发适用性强、高效集成的成套处理工艺是含聚污水处理的发展新方向。

关键词　含聚污水；气浮；微生物；清水剂；旋流

“十二五”以来，油田进入高含水期，采出水液量日益增大，采收率下降。聚合物驱与水驱相比，能提高驱油效率，提高采收率12～20%，因此得到广泛应用。其中胜利油田年处理含聚水量1.4亿方，占胜利总水量的46%。与水驱采出水相比，聚合物驱采出水黏度增加、油滴电负性强导致油滴难以聚并，乳化程度高。聚合物的存在给油田采出水处理带来挑战，本文通过对目前的研究现状进行总结，为如何实现处理工艺及材料、药剂的有机结合，长期有效运行，给出含聚采出液处理的新思路，以形成的经济、有效的技术路线。

1　聚合物的存在对油田采出水的影响

聚合物的存在对采出水影响主要体现在以下几个方面：

（1）含聚采出水中的油滴粒径小。其粒径中值约为3～5μm，粒径小于10μm的占90%以上。而水驱采出水中油滴粒径中值为34.5μm。目前油田常采用的溶气气浮去除油滴粒径范围为5～10μm，因此对水驱采出水处理效果较好，而对含聚采出水则处理效果较差。根据斯托克斯沉降速度公式，油滴上浮速度与油滴粒径的平方成正比，油滴粒径越小，油滴上浮速度越慢，油滴粒径的变化使含聚采出水自然沉降时间比水驱采出水慢48倍左右。油滴粒径变小使含聚采出水处理所需的自然沉降时间增长。

（2）含聚采出水组成更复杂。采出水一般含有石油烃类、无机盐、固体悬浮物的颗粒、各种细菌。硫酸盐还原菌（SRB）、铁细菌、腐生菌的增殖，生成硫化亚铁、氢氧化铁等沉淀，加重管道腐蚀行为。此外，无机盐的存在会降低聚合物母液的黏度，因此给含聚污水继续配聚资源化带来难度。

（3）含聚采出水乳化程度高。含聚采出水中的聚丙烯酰胺会集中在油与水的界面上，与乳化剂等形成的复合膜强度较大、弹性良好，从而使得破乳变困难，污水处理难度因此增大。

（4）含聚采出水黏度大，比不含聚合物污水高60%左右。悬浮物沉降速度及油滴上浮速度与水的黏度成反比，水的黏度越大，悬浮物沉降速度及油滴上浮速度越慢，黏度变化使其自然沉降时间比水驱采出水慢一倍以上。

（5）悬浮物及油滴zeta电位的电负性增大，主要是由于大部分水解聚丙烯酰胺为阴离子聚合物。而阴离子型聚合物的存在，严重消耗量混凝剂的电中和、电压缩能力，大大增加药剂用量，与此同时，混凝剂的絮凝效果变差，处理后水质难以达标。

2　油田含聚污水处理国内发展水平与趋势分析

国内论文和专利研究数据来源于中国知网（CNKI）。CNKI数据库收录了外文类、工业类、农业类、经济类和教育类等多种数据资源，并提供数字出版、数据评价、文献检索等多种服务。采用论文计量学软件Vowviewer软件，对检索出的国内外论文和专利数据采用数学和统计学等计量方法，利用 Origin 和 Excel 对数据进行整理分析，研究文献的分布结构、数量关系、变化规律和定量管理，进而探讨科学技术的某些热点、特征和规律。

2.1 发表论文和专利分析

含聚污水处理的相关中文论文发表的检索结果如图 1 所示。从 1998 才有含聚污水处理相关研究论文收录，由图 1 可知，截至 2018 年，知网上共发表相关论文 196 篇，对含聚污水处理的研究状况基本呈波动增加趋势。研究可以分为两个阶段，1998 年至 2008 年，由于聚合物驱投入使用时间较短，对含聚污水的关注较少。2009 年至 2018 年，随着驱油方式的多样化，聚合物驱的使用增多，含聚污水逐渐成为研究的重点。含聚污水处理技术的研发整体呈现波动上升的趋势，并在 2016 年达到最高值。

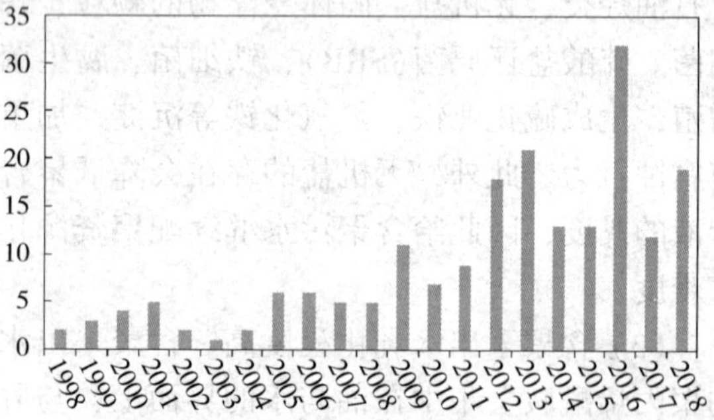

图 1 含聚污水处理国内文章数量的变化趋势

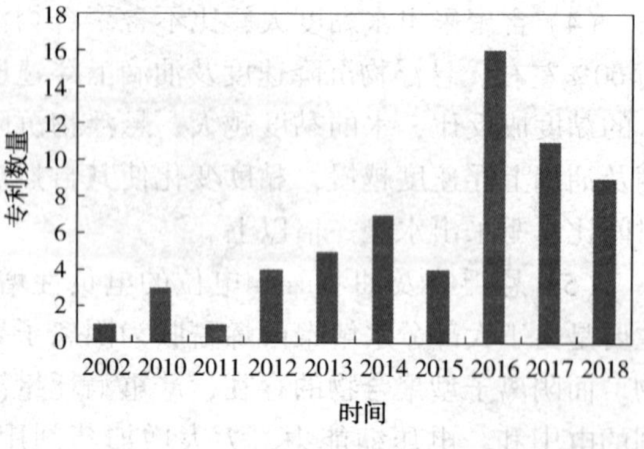

图 2 含聚污水处理国内专利数量的变化趋势

通过知网检索到 61 篇专利针对含聚污水处理，如图 2 所示。与文献研究的分布趋势不同，在 2009 年前仅有 1 篇专利“含聚污水深度处理及回用工艺”，针对含聚污水矿化度高，深度处理后难以继续配聚的问题。在 2010 年到 2018 年间共有 60 篇专利公开，这与文献的分布趋势相一致。这些结果说明，专利的申请略微滞后于文献研究，2010 年以前的研究并未意识到专利权的重要性，导致基本零专利的出现。而 2010 年以后，随着研究的继续深入，新技术不断产生，促生了大量专利的申请。

2.2 研究热点和关键技术分析

将各文献研究的方向进行总结，如图 3 所示。物理法包括旋流器分离、气浮法，化学法包括投加絮凝剂、清水剂、芬顿试剂以及电化学法，除微生物法外，还有新兴技术包括超声波、膜分离以及磁分离。目前研究较多的技术或方法是清水剂、微生物法、气浮以及旋流器分离。

国内外针对含聚含油污水的主要处理方式为化学药剂破乳除油，其药剂类型包括阳离子型、阴离子型以及非离子型清水剂。由于含聚污水的电负性强，常规阳离子型清水剂的效果并不显著，且阳离子型清水剂的加入会导致含聚污水中的阴离子型聚合物发生脱稳、析出，生成大量黏性油泥，不仅使药剂效果变差，而且对生成设备的正常运行造成影响[1]。在配方设计中需考虑药剂与聚丙烯酰胺溶液的配伍性，其中非离子改性聚醚类化合物，与阴离子聚丙烯酰胺具有良好的配伍性能，在水溶液中对聚丙烯酰胺分子的活性基团和分子结构无任何破坏性影响，从而实现高效除油的同时兼顾絮体性能的改善，在目前的研究备受关注[2,3]。

微生物一般具有分布范围广、繁殖速度快、可驯化、适应性强等优点，在含聚采出水处理工艺中逐渐受到重视。采用生物降解含聚污水是近年研究的热点，国外水处理研究者实验中发现细菌的生命活动可以聚丙烯酰胺降解物为营养物质，反过来又可以促进聚丙烯酰胺的降解。但是目前国内外对于这方面的研究仍停留在实验室阶段，并没有现场应用[4]。此外微生物的抗冲击能力较弱，驯化时间长，需要严格控制其进水指标，才能使系统稳定高效的运行。因此，一般微生物法除油工艺在污水处理厂都是在整个工艺模块的末端[5-7]。

聚结气浮除油技术在不投加化学药剂的情况下，利用特殊亲油材料表面的聚结特性使细小油珠聚并，借助气泡的浮升作用加快油水分离，其除油效果好，污油可有效回收，是含聚污水处理的首选技术。然而，高黏度的含聚污水容易导致填料堵塞，反洗困难，因此新型聚结填料的研发是聚结气浮的研究方向[8,9]。加药气浮技术，是向含聚污水中添加浮选剂配合气浮技术，可明显提高气浮技术对污水中残余聚合物的去除率，最高可达 74.6%，但其对气浮技术除油效果的影响与浮选剂的类别密切相关，研发具有协同增效作用的浮选剂是研究的重点[10]。

液-液水力旋流器分离是含聚污水处理常用的技术，其原理是利用液体介质之间的密度差进行离心分离，在工业实验中能够满足注水水质要求。然而其高速流动的液体产生的湍流、剪切作用以及涡流的不稳定性造成水处理精度不可能很高。对于水质情况复杂的含聚污水，水力旋流器一般进行改进或与其他技术相结合，比如微气泡旋流气浮装置、轴流式旋流器的使用[11,12]，应用效果较好。

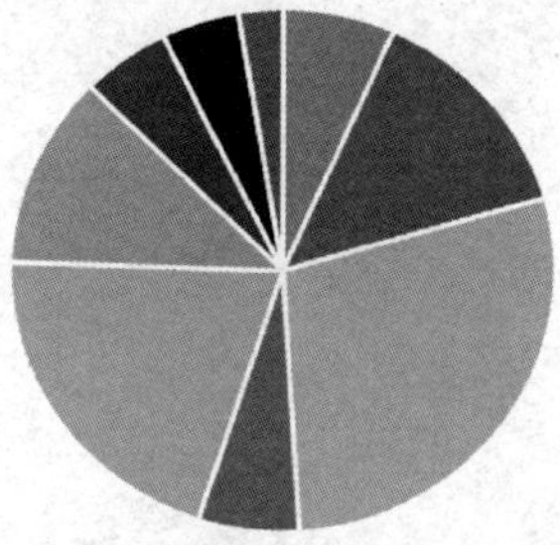

图 3　文献研究中各研究方向的比例分布

将各专利研究的方向进行总结，如图 4 所示。针对清水剂的研发以及微生物应用的专利申请是数量最多的，这与文献调研的结果相一致。值得关注的是，部分新兴技术如电化学技术、膜分离、超声分离在处理含聚污水时也得到了应用[13-16]。这是由于目前水处理技术可以满足中高渗透层的回注要求，但对低渗透层的注入仍然需要进一步研究和加强。新兴技术能进行含聚污水的深度处理，与传统水处理技术联用可以解决低渗透注入的水质难以达标的问题。

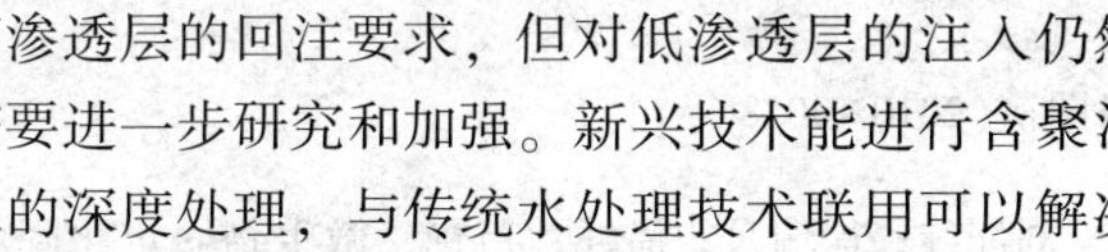

图 4　专利中各研究方向的数量

2.3　含聚污水处理技术发展趋势

本文所采用的分析软件 VOSviewer，在关键词词频统计的基础上，将高频关键词作为结点，用结点之间的连线来代表词与词之间的共现关系，得到可视化的关键词共现网络图。在共现网络图中，每个圆点分别代表一个高频关键词，圆点越大表示该关键词出现的频次越高。用圆点之间的连线代表词与词之间的共现关系，连线越粗表示这两点所代表的关键词共同出现在同一篇论文中的次数越多，如图 5 与图 6 所示。网络中所展示出的关键词间的相互联系在一定程度上反映着含聚污水处理的研究对象、内容和方法间的关联，而这种关联图的逐年变化则可以为我们提示含聚污水处理发展的历史脉络及其演变特征。

从 1999~2009、2010~2018 年的高频关键词共现网络图谱变迁可以看出，从简单的传统水处理技术的微生物法、气浮、絮凝剂单独处理发展到目前的多种技术联用处理。2010~2018 年，出现了新技术的关键词电化学氧化、电絮凝、电芬顿法、超声波、水力旋流、浮选剂、磁过滤[17-20]。此外，关键词之间的连线更为丰富，表明单种技术已不能满足处理要求，现阶段更多研究应用的是多种技术的联用。

3　结论与展望

目前，国内油田含油污水的常规处理技术已不能满足含聚污水的处理要求，要继续重点开展以下三个方面的研究工作：

（1）在传统水处理技术中，毒性较低、处理速度快、适用性较好、价格低廉非离子型清水剂、高效气浮浮选剂的研发是药剂研发的重点工作。处理速度快、投入成本少、分离程度较好的改进型旋流器设计研发是解决含聚污水不适配的重点工作。

（2）着重研究采出污水回注之后和储层流体以及岩石之间的配伍性问题，分析影响处理污水稳定性的各个主要因素，继续开发新兴水处理技术，重点关注对与水质要求高的低渗透油田的采出水回注处理工艺与设备。

（3）针对油田污水性质的多样性，如何规避各技术的不足和缺陷，科学合理的组合传统技术与新兴水处理技术，研发适用性强、高效集成的成套处理工艺是含聚污水处理的发展新方向。

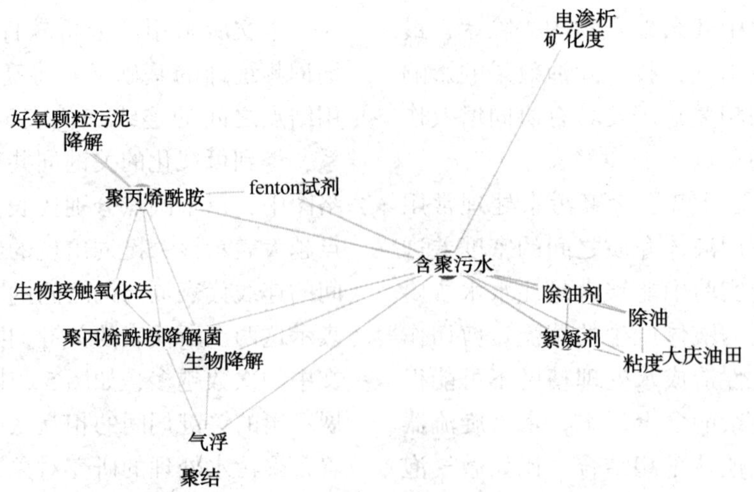

图 5　CNKI 高频关键词共现网络图谱(1999~2009 年)

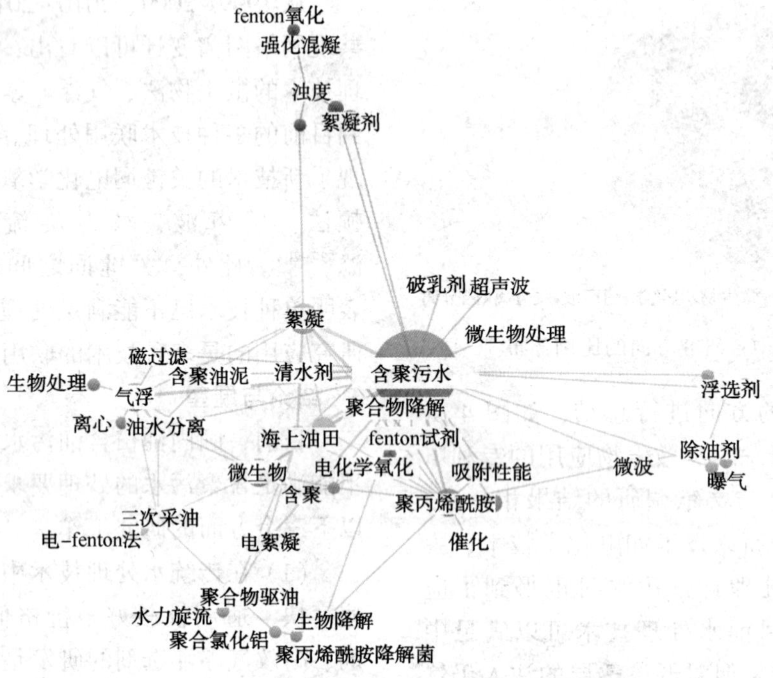

图 6　CNKI 高频关键词共现网络图谱(2010~2018 年)

参 考 文 献

[1] 王俊巍，新型絮凝剂处理大庆油田含聚污水的应用研究[J]. 石油化工应用 . 2016，35(06)，139-141.

[2] 王增林；马宝东；曹绪龙，SCL-1 污水处理剂的研制与应用[J]. 石油钻探技术 . 2004，(03)，65-67.

[3] 翟磊；王秀军；靖波；檀国荣，不同类型清水剂处理油田含聚污水的效果对比[J]. 化工环保 . 2016，36(02)，124-130.

[4] 李殿杰，聚丙烯酰胺降解菌株的分离及其油田含聚污水生物强化处理研究[J]. 环境科学与管理 . 2018，43(01)，113-117.

[5] 刘江红；徐瑞丹；潘洋；芦艳，微生物固定化降解含聚废水研究[J]. 安全与环境学报 . 2013，13(02)，36-39.

[6] 路坤桥；王娅娜；丁明华；陈跃燕，大庆油田含聚污水微生物配套处理技术[J]. 油气田环境保护 . 2015，25(01)，15-17.

[7] 栾海波，稠油采出含聚污水微生物处理研究[J]. 油气田环境保护 . 2013，23(01)，23-25.

[8] 高纯玺；马涛，高梯度聚结气浮技术处理含聚采出水[J]. 油气田地面工程 . 2013，32(03)，36-37.

[9] 田忠进，含聚污水复合聚结气浮除油新技术[J]. 内江科技 . 2013，34(01)，90.

[10] 王杨；何海龙；席琦；韩卓；王春光，多级混凝—气浮工艺用于含聚污水外排处理[J]. 油气田地面工程.2013，32(07)，54-55.
[11] 丁旭明；徐海昌；卿明祥；王英；隋蕾，轴流式旋流器处理油田含聚污水的应用研究[J]. 中国石油和化工.2012，(05)，50-52.
[12] 夏福军；武云龙；黄宪春；李浩隆，微气泡旋流气浮装置处理大庆油田含聚污水[J]. 工业水处理.2017，37(03)，89-91.
[13] 付继彤，电絮凝-气浮工艺处理含聚采油污水及配聚应用试验[J]. 石油天然气学报.2012，34(12)，157-160+10.
[14] 王北福；于水利；魏泽刚；聂立宏；孙文丽，超滤和电渗析联合处理含聚废水的试验研究[J]. 给水排水.2006，(05)，45-48.
[15] 刘新亮；蔺爱国；尹海亮；张营；杨建刚，超声波降解含聚油田污水的研究[J]. 工业水处理.2014，34(03)，71-74.
[16] 王泉；祝宏平；李洁冰；贾晓春，超声波降解油田含聚污水研究进展[J]. 声学技术.2018，37(02)，141-145.
[17] 李肖琳；谢陈鑫；秦微；赵慧；钱光磊；滕厚开；张艳芳，膜分离-光电催化深度处理高盐含聚污水[J]. 环境工程学报.2016，10(08)，4141-4146.
[18] 刘咚；屈撑囤，含聚丙烯酰胺模拟污水的电化学氧化研究[J]. 化学工程.2015，43(11)，16-19+65.
[19] 黎奇谋；张雅丽；阚涛涛；王皓霁；方申文；段明，磁化破乳剂处理含聚污水机理研究[J]. 石油化工.2016，45(11)，1357-1362.
[20] 王莹，应用磁过滤装置处理油田含聚污水的效果评价[J]. 中国石油和化工标准与质量.2013，33(10)，264.

威远页岩气集输增压工艺研究

唐莹莹　王　伟　黄友明　郭宏帅　刘涛涛　刘　波

（中国石油集团长城钻探工程有限公司地质研究院）

摘　要　威远202和204区块已建成有完整的脱水站和输气干线，若保证正常外输，则外输压力必须高于脱水站及外输干线的压力，当前区块产能压力下降很快，造成部分平台井口压力已接近管道外输压力，部分井关井停产。通过工艺改造，平台页岩气经一体化集成装置分离、计量、过滤后进入压缩机增压，增压后的高压气输送至集气站，解决了井口压力低于外输压力的问题。该工艺方案实施后，单井日产气、日产液量提升明显，外输增压措施有效率100%，对水淹停喷井有良好效果。

关键词　页岩气；集输；增压

1　威远区块工程现状

威远202和威204两个区块页岩气分别通过西南油气田202区块脱水站和204脱水站外输至下游。其中，西南油气田威202区块脱水站扩建后，脱水能力为$380\times10^4m^3/d$，其中$100\times10^4m^3/d$的页岩气脱水后经泸威线外输（设计压力为4.0MPa），$280\times10^4m^3/d$的页岩气经南干线外输（设计压力为6.3MPa）。西南油气田威204区块目前已建成$300\times10^4m^3/d$的脱水能力（设计压力为6.3MPa）。图1为威远区块区域部署图。

2　平台集输压力分析

威远区块部分平台由于开发时间早，其生产井井口压力已大幅下降。当气井井口压力接近或低于外输管线压力时，气井产气能力受外输压力干扰会大大降低，严重时甚至会导致停产。

威远202区块280万生产流程外输压力变化频繁，且变化幅度较大。从图2中可以看出，202H4、H6平台在2017年4月井口压力与外输压力持平后，井筒积液加剧，影响正常生产。根据页岩气井生产具有投产初期高压高产而后压力、产量快速下降，后期低压低产的特点，为满足威远区块页岩气集输管线的正常输送要求，延长页岩气井的采气寿命，提高采收率，需进行井口降压开采。

3　威204H3平台概况和改造工艺流程

3.1　威204H3平台概况

根据页岩气井生产规律，威204H3平台气井压力已接近管道外输压力，为满足威远区块页岩气集输管线后期的正常输送要求、了解平台井口增压动态，考虑建设增压设备，对威204H3平台井产页岩气增压后再进入威204集气站内处理后外输。

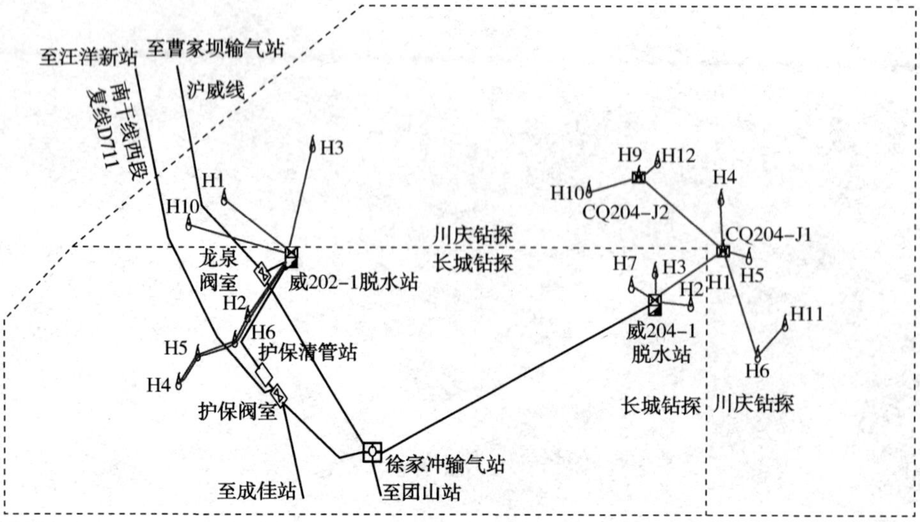

图1　威远区块区域部署图

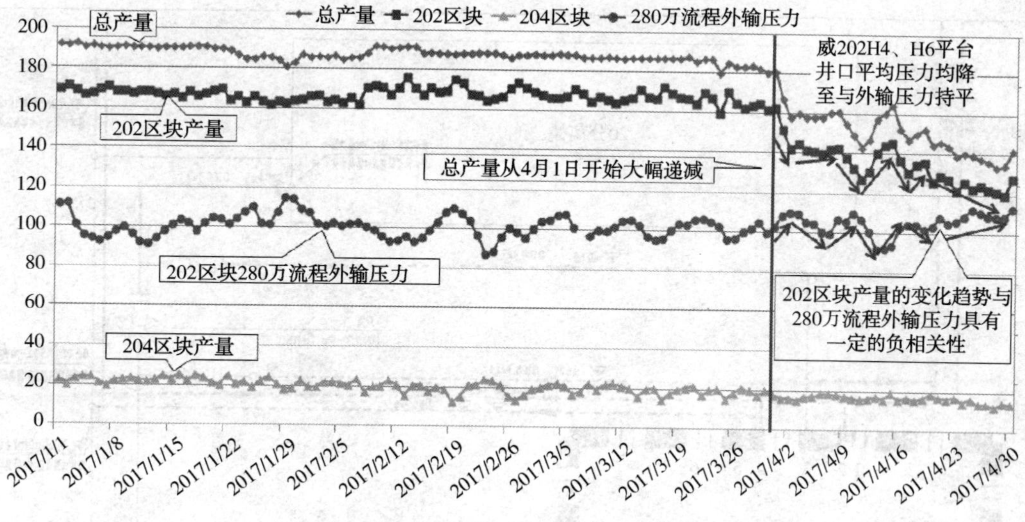

图 2　威远 202 区块产量与外输压力关系图

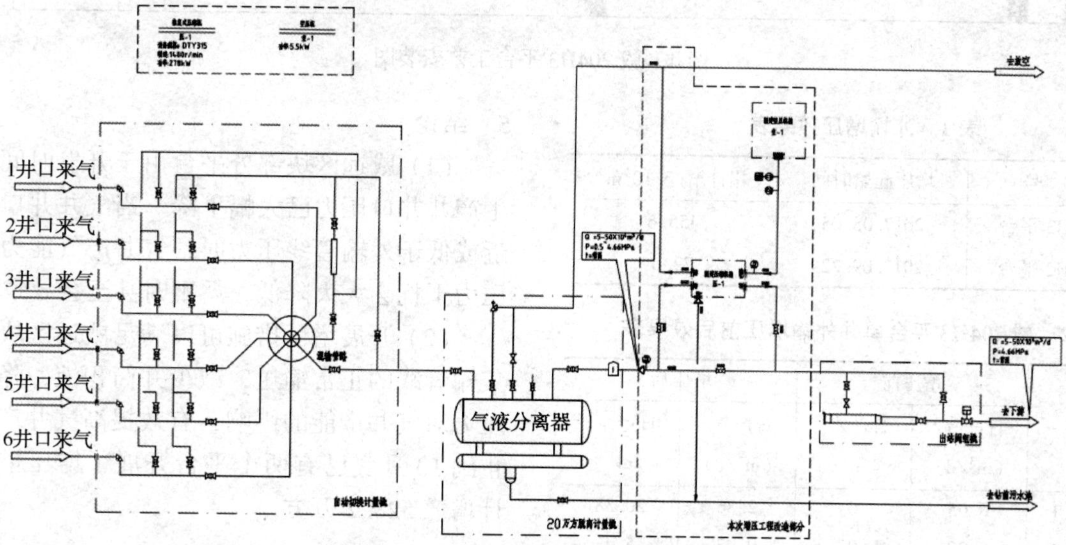

图 3　威 204H3 平台工艺仪表流程图

目前，威 204H3 平台产气在各平台内利用页岩气中低压一体化集成装置分离、计量后输至威 204 集气站内集气工艺处理后外输。加入增压流程后，威 204H3 平台页岩气经中低压一体化集成装置分离、计量后先进过滤分离器过滤后进入压缩机增压，增压后的高压气通过已建采气管线输送至威 204 集气站。图 3 展示了威 204H3 平台现有工艺流程以及增压改造流程。

3.2　压缩机型号和工艺参数

威远现场目前选用的压缩机组为 DTY315M140×140×92×92 分体式电动机驱动压缩机组。为满足威 204 片区新井投产后的生产需求，前期压缩机组吸气压力考虑为 2.5～4.66MPa，采用一级增压，压缩机组排气压力考虑为 4.66MPa，压缩机组处理量为 $20\times10^4-50\times10^4 m^3/d$；后期气井压力下降后，压缩机组吸气压力考虑为 0.5～2.5MPa，采用二级增压，压缩机组排气压力考虑为 4.66MPa，压缩机组处理量为 $5\times10^4\sim20\times10^4 m^3/d$。根据上述分析，新建压缩机组设计压力与井站设计压力保持一致为 6.3MPa。威 204H3 平台工艺安装图见图 4。

4　增压集输工艺实施效果

2017 年预计 5 个平台（威 204H3 平台、威 204H2 平台、威 202H2 平台、威 202H5 平台、威 202H6 平台）30 口井采取外输增压措施，增产效果约 34.9%。

2017 年 1 至 10 月份共计 2 个平台 12 口井采取外输增压措施，累计增产 528.2 万方。外输增压效果见表 1。

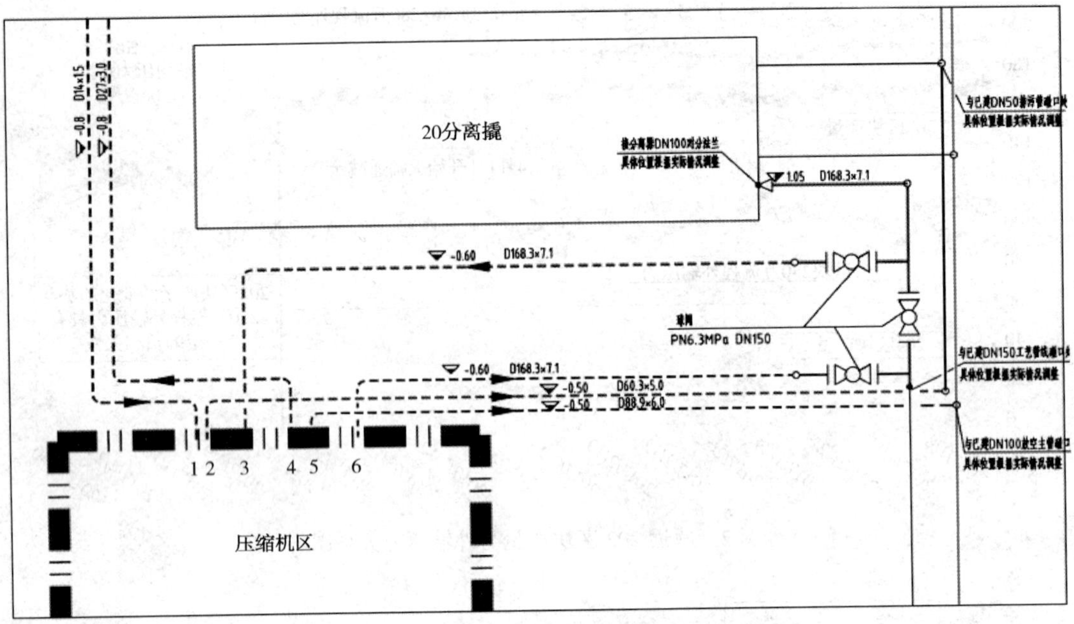

图 4 威 204H3 平台工艺安装图

表 1 外输增压效果表

井 号	增压起始时间	累计增产/10^4m^3
威 204H3 平台	2017.08.05	455.6
威 204H2 平台	2017.09.22	72.6

表 2 威 204H3 平台单井外输增压前后效果表

井号	增压前		增压后	
	日产气/(m^3/d)	日产水/m^3	日产气/(m^3/d)	日产水/m^3
204H3-1	0.05	0	2.86	20.38
204H3-2	0.20	0	0.93	5.4
204H3-3	0.25	0	1.47	13.98
204H3-4	1.47	3.00	2.60	6.97
204H3-5	0.20	0.50	1.04	2.05
204H3-6	1.08	12.49	2.38	14.50

从表 2 的统计数据可以看出，威 204H3 平台进行外输增压工艺措施后，单井日产气、日产液量提升明显。部分单井增幅达 5 倍以上，平均日增气 1.34 万方，平均日增液 7.88 方。外输增压措施有效率 100%，对水淹停喷井有良好效果。图 5 是威 204H3-3 井外输增压前后对比图。

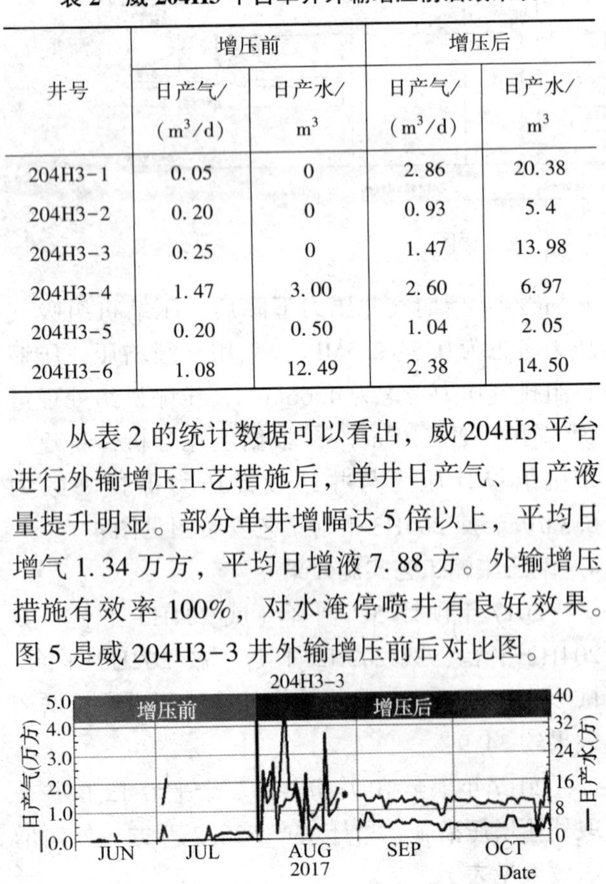

图 5 威 204H3-3 外输增压前后效果图

5 结论

（1）威远区块部分平台由于开发时间早，其生产井井口压力已大幅下降。当气井井口压力接近或低于外输管线压力时，气井产气能力受外输压力干扰会大大降低，严重时甚至会导致停产。

（2）开展增压措施可以满足威远区块页岩气集输管线的正常输送，减少井筒积液，降低外输压力对气井产能的影响，有效提高气井产量。截止到 10 月底已有两个平台开展了增压措施，累计增产 528.2 万方。

参 考 文 献

[1] 煤层气田地面集输方式以及增压方式优化[J]. 胡楠，胡世杰，蒋皓，邵建. 煤气与热力. 2011(09).

[2] 美国页岩气地面集输工艺技术现状及启示[J]. 岑康，江鑫，朱远星，周龙生，谢箴. 天然气工业. 2014(06).

[3] 油气田地面集输管网的优化设计[J]. 刘光金. 油气田地面工程. 2014(05).

含油污泥处理技术研究与应用

毕天琪　孙维超　张文龙　李　军　牟　燕　张易成
（中国石油华北油田公司二连分公司）

摘　要　石油在开采、运输、炼制及含油污水处理过程中会产生大量的含油固体和泥状物质，随着环境保护要求的日益提高，含油污泥的“减量化、无害化、资源化”处理将成为重点工作。针对二连油田含油污泥处理现状，结合现有含油污泥处理技术，进一步探讨油田含油污泥处理技术研究。

关键词　含油污泥；环保；法律法规；处理工艺；发展趋势

国内油田多进入开发中后期，采出液综合含水率在85%以上，采出液中携带的固体颗粒物增多，生产过程中产生的含油污泥量不断增加，是一种量大而广的污染源。二连油田各联合站废液池由大量落地油泥、大罐排污油泥、压裂液、洗井液、反排液、水处理污泥等多种类型的污泥组成，污泥成分复杂，存储时间长，污泥量大，处理成本高。若不加以处理直接排放，不仅会对周围土壤和水体等造成严重污染，而且极大浪费了有限的石油资源。对于二连油田干旱缺水的气候来说，其生态环境脆弱，含油污泥带来的环境污染问题更加严重。

随着国家和地方政府对含油污泥处理要求的提高，已逐渐完善和颁布了含油污泥处理相关的法律法规。《国家危险废物名录》、《危险废物填埋污染控制标准》(GB/T 18598-2001)和《危险废物焚烧污染控制标准》(GB/T 18484-2001)将含油污泥列为危险废物，其危险特性为毒性(Toxicity，T)和易燃性(Ignitability，I)。《中华人民共和国清洁生产促进法》和《中华人民共和国固体废物污染环境防治法》也分别从环境保护、维护正常生产和回收能源的角度出发，要求含油污泥不能直接堆放在地表，必须对其进行减量化、无害化、资源化处理，达到国家环保要求。

1　含油污泥的来源及特性

1.1　含油污泥的主要来源

油田含油污泥的主要来源：一是原油储罐中的沉降底泥和集输过程中管道的腐蚀产物，二是在采出水处理过程中因投加了大量的化学药剂，与油品中的机械杂质、泥土、沙粒、重金属盐类形成了复杂的絮状体沉淀物。

1.2　含油污泥的性质

(1) 成分复杂

油田含油污泥成分极其复杂，含油大量的老化原油、蜡质、沥青质、胶体和固体悬浮物、细菌、腐生产物以及重金属盐类等，油田生产还加入了大量的杀菌剂、缓蚀剂、阻垢剂等。因此，含油污泥成分复杂，存在不确定性，处理不彻底极易产生二次污染。

(2) 处理难度大

油田含油污泥颗粒细小，呈絮状体，持水能力强，黏度大，难以沉降，处理难度大。其电阻系数是一般污泥的40倍，可压缩性系数是一般污泥的20倍，属于难过滤性污泥，不易实现油、水、泥分离，使其体积和产出量较大，

(3) 含有害物质

含油污泥的COD含量高，稳定性差，易产生腐臭。同时，含有硫化物、砷、汞、铅等有害物质，直接排放会严重污染环境。污泥焚烧会产生大量烟气，烟气中含大量的有毒物质，处理不当会造成二次污染。

2　含油污泥处理工艺应用的主要技术

国内各油田对含油污泥无害化和资源化处理程度不高，大多采用脱水堆放干化的方法，占用了大量耕地，而且对周围土壤、水体和空气都将造成污染。含油污泥的处理一直是各油田非常关注的、也是困扰石油行业的一大难题[1]。

2.1　调质—机械分离技术

含油污泥处理一般是将含油污泥经过重力沉降或气浮等方法浓缩后，再通过机械分离进一步降低含水量。但部分含油污泥性质稳定，需要进行调质预处理来提高脱水效果，与机械分离技术

相结合增加脱水率。

调质—机械分离技术是通过向含油污泥中添加调质剂，进行搅拌，改变污泥颗粒结构，使含油污泥拖稳，油相颗粒絮凝聚集，再应用机械分离装置使含油污泥中的水、油、泥三相分离。

该技术对含水量多、黏度小的含油污泥有较好的处理效果，同时也可作为含油污泥的预处理技术与其他深度处理技术联用，经处理后得到的油可以再利用，污水也可回用；污泥的处理，减少了污染物的排放，同时节约了成本。

2.2 热处理技术

2.2.1 焚烧技术

焚烧技术处理含油污泥按照干燥、热分解和燃烧3个阶段进行，在高温下使含油污泥中的油和有机物等可燃成分充分燃烧，最终生成灰渣。焚烧是最彻底的处理含油污泥的方法，能碳化含油污泥中的全部有机物，还可杀死细菌、病原体等；同时，重金属离子可固化在灰渣中，减少了对环境的危害，在燃烧含油污泥时，释放出的大量热能，可将其回收利用于其他工业生活中，比如供热等，也可用于焚烧中，降低焚烧费用。

焚烧技术在彻底处理含油污泥的同时，原油、污泥等宝贵的资源被浪费了，没有回收再利用，而且焚烧过程中产生的有害气体、黑烟等会进入大气，造成环境的二次污染，需要经进一步的净化的达标后再排放。用焚烧法处理含油污泥不适合大规模推广应用，也不是一种环保、经济的理想方法。

2.2.2 超热蒸汽喷射技术

超热蒸汽喷射技术处理含油污泥是采用高速喷嘴将500~600°C的过热蒸汽，以超高速度喷入干燥槽中，干燥槽中的含油污泥颗粒与过热蒸汽发生碰撞，进行快速的热交换，在高速度及高温过热蒸汽的冲击作用下，瞬间实现固液分离，使含油污泥中的原油与水分快速蒸发出来，再经由冷凝处理，实现水油分离，原油可直接回收再利用，不会发生热裂解，重金属、油砂等固体也可经分离器分离回收，处理后的污泥中含油量最低可达0.08%，含水量可降到10%以下。

超热蒸汽喷射技术是一种新型含油污泥处理方法，具有不产生二次污染，污泥中的石油资源可有效回收，处理后的残渣含油和含水率低，设备紧凑简单且易于维护等特点，有较大的发展空间和应用前景，但由于含油污泥的含水量越高，消耗的过热蒸汽量越大，装置处理能力就越小，其设备耗能还有待改进。

2.2.3 微波技术

微波技术是微波化学的一部分，微波的频率为300MHz至300GHz高频电磁波，常用微波频率为2450MHz，由于微波辐射，含油污泥在微波场中由电场损耗或磁场损耗被微波加热，一方面，温度升高，促使油污黏度降低，加速油水分离；另一方面，油泥内的极性分子，在高频电磁场振荡作用下，油水界面双电层被破坏，改变了电位，促使分散污泥颗粒凝聚，最终使油、水、泥三相分离回收，进而资源化再利用。

微波设备简单，加热快速均匀，反应灵敏，热效率高，有良好的选择性，能量损失少，节能高效，易与微机系统连接，实现自动化控制，处理过程安全环保，符合绿色工程要求。

2.3 溶剂萃取技术

溶剂萃取是通过相似相容原理，利用一种有机溶剂将石油从污泥中萃取出来回收，是国外已成功应用的一种油田污泥处理方法，将有机污染物质转化为可利用的资源，并解决油田含油污泥的环境污染问题。此方法首先要将含油污泥在废液池中简单分离，然后将油、水等液态流体送入萃取装置中，将其中的石油分离出来，分离出来的水也可以重复利用，其他固体亦可作为燃料利用。该方法能够有效回收石油，溶剂也可循环使用，但是其过程较长、工艺复杂。运行费用高，实际使用案例少，并未广泛应用于含油污泥的处理。

2.4 电化学处理技术

电化学处理含油污泥是向含油污泥中插入电极、通入直流电，借助电子迁移、电泳、电渗析等联合作用，使含油污泥中的水分、烃类有机物、有毒重金属等在外加电场的作用下，发生定向迁移，在阴极附近聚集，而固相组分向阳极方向迁移，最终实现分离回收烃类、水分、固相组分的目的。该方法具有成本低、操作简单、环保等优点。

2.5 回灌调剖技术

含油污泥回灌调剖技术是利用含油污泥与地层的良好配伍性，用含油污泥中的泥组分、油组分，加入适量添加剂，不仅能悬浮其中的固体颗粒和延长悬浮时间，还能有效地提高封堵强度，使油组分分散均匀，形成均一、稳定的乳状液。

在油田注水井调剖中，由含油污泥配制成的乳化悬浮液调剖剂，到达地层一定深度后，受地层水冲释及地层岩石的吸附作用，乳化悬浮体系分解；其中的泥质吸附沥质和蜡质，并通过它们黏联聚集形成较大颗粒的团粒结构，沉降在大孔道中，使大孔道通径变小，封堵高渗透层带，迫使注入水改变渗流方向，提高注入水波及体积。该调剖剂与其他的化学调剖剂相比，具有抗盐、抗高温、抗剪切、性能优异和无风险注入等特点，便于大剂量调剖挤注，不受矿化度、温度影响，有效期长，可广泛用于注水井的调水增油挖潜。

污泥回灌调剖技术既解决了污水处理系统污泥大量淤积影响水质的问题，又解决了污泥的最终出路及二次污染问题，还能确保注入水质，增油效果显著。污泥回灌调剖技术与传统治理措施相比，经济效益和社会效益显著。

3 二连油田含油污泥处理工艺

3.1 阿尔油田废液池内污泥主要成分

含油污泥内有胶状物质，无法通过定性滤纸过滤，并且堵塞氧化铝吸附柱，无法测定沥青质、蜡、胶质含量(表1)。

表1 含油污泥主要组成成分及形态

检测项目	分析方法	组分含量/%
水	120℃烘干	47.26
油	溶剂油冲洗法	20.45
杂质	120℃烘干	32.00
外在形态	垢样用溶剂油溶解加热冲洗干净后，120℃烘干，剩余杂质为粘稠形状黑色物质。	

3.2 阿尔油田含油污泥处理工艺

含油污泥的处理，一直以来制约着二连公司采出水处理站系统运行，为了提高采出水处理站处理后水质，降低处理成本和投资成本，高效处理含油污泥，通过长时间的分析、论证、实践与调研，对含油污泥处理的认识更加深入，在积极探索、调研的基础上，确定了含油污泥处理的基本技术思路，在阿尔联合站首次引入移动式含油污泥处理装置，有效降低含油污泥的含水率和含油量。

移动式含油污泥处理装置由预处理装置、污泥提升泵、高效污泥处理机、配投装置、传输装置、集成式污泥处理间、管道及控制系统组合而成。废液池内的污泥通过预处理装置和污泥提升泵将污泥提升至高效污泥处理机。通过配投装置投加药剂到进泥管道，破坏污泥中泥包油、水包油的平衡状态，形成分散的油、水、泥三相体系，并通过高效污泥处理机的挤压作用实现油水和泥的彻底分离，使含有大量老化原油、胶质、沥青质的含油污泥处理达到含水率≤65%，含油量≤2%。脱水分离的液相部分收集至污水池，回收至污水处理系统；脱水污泥通过螺旋输送装置输送至污泥堆放处外运，从而彻底排出系统外，防止含油污泥对油水处理系统的影响。

以往废液池的清理，采用挖掘机设施操作，清理后还需对废液池进行维修，不仅清理时间长，而且操作成本大。移动式含油污泥处理装置直接对油泥进行分离处理，不会对池体造成损伤，且可移至其它废液池进行操作。与常规清池相比，可节约清池费用45万元/池，具有良好的经济、环保效益与应用前景。

4 含油污泥处理技术展望

处理含油污泥的技术有很多种，但现在大多数油田企业能通过浓缩、脱水等有效的技术手段，实现含油污泥减量化，要做到无害化、资源化处理还有很大的提升空间。

单一的含油污泥处理技术显然很难满足无害化、资源化的需求，必须由单一的处理技术转向多种、综合性处理技术联用，将预处理技术和多种多样的后续处理技术作为协同技术共同运用。由综合处理技术处理过的含油污泥，能够让油、水、泥砂三种物质得到彻底的分离，能够快速地减少含油污泥污染物的含量。经过综合处理技术处理之后的油田含油污泥，不仅能达到环保要求，也能够给企业节约成本。

参考文献

[1] 王银生．长庆油田第二采油厂含油污泥处理技术研究[D]．兰州：兰州交通大学，2017.

石油工程项目建设施工标准化管理的浅简研讨

齐 凯

（中国石油天然气股份有限公司青海油田分公司）

摘 要 随着油气生产行业的高速发展，地面配套施工建设工作也逐步由粗犷的施工建设方式向“标准化施工”思想转变。缩短建设周期，提升施工过程安全、提高施工建设质量，降低施工成本，杜绝或降低施工区域和周边环境影响成为现阶段乃至今后工程项目建设施工领域的工作方向和奋斗目标。

关键词 石油化工；地面建设；标准化；管理

1 现阶段施工建设领域矛盾分析

1.1 费用

近年来，随着国家教育普及力度的越发广泛，科学技术水平的不断提升，制造行业高精尖技术的更新应用，各类惠民政策的发布实施，多类型衍生行业的不断出现。施工建设领域劳动人员，尤其是土建施工行业的普通作业人员的社会保有数量正在发生悄悄改变。同时，伴随着近些年机械操作、焊接、电气等职业培训学校、机构向社会的人才输送，在有力提升专业技能人员操作技术水平的同时，更是加大了对工程建设施工用工的成本压力。

1.2 安全

就2018年某油气田二级油气生产单位当年24项地面工程建设项目施工实际用工量做单位工程项目各类人员占比量平均统计：普通作业施工人员，占单位工程项目施工总人数的58.8%，平均年龄49周岁，文化程度不高于小学；从事机械操作、焊接、电气等专业技术的从业人员，占单位工程项目施工总人数的16.6%，平均年龄35周岁，文化程度多为技校；单位工程项目管理人员，占单位工程项目施工总人数的24.6%，平均年龄38周岁，文化程度多为大学及本科。从数据中不难发现，普通作业施工人员在单位工程项目施工用工的占比量远远高于专业技术人员和工程项目施工管理人员在项目施工中的占比。普通施工人员占比权重之高、年龄之大、文化程度之底，对任意单位工程项目施工建设周期的安全管理工作都会产生极大的威胁。普通施工人员携带的不安全因素，及对物的不安全状态难以发现并及时整改是施工过程中引发事故事件的根源。

1.3 质量

（1）单位工程项目的前期设计，是保证工程项目建设质量的基础，设计图纸的审查工作往往对工程项目质量起着关键性作用。现实中，由于各施工现场的环境迥异，有专业能力的人员不了解施工现场环境，了解施工现场环境的人员审查能力和知识掌握面却参差不齐，难免出现施工项目的设计漏洞不被完善，进而导致带病图纸的使用时有发生；

（2）鱼目混杂的材料市场，虽有行业规范标准对制造厂家的产品出厂要求进行限制规范，但市场却未对制造厂家生产产品的安全、质量、信用、长时间使用可靠度进行评价划分。材料的应用往往让人以印象作为质量依靠；

（3）特种人员的职业技能独立而专业，评价特种人员能否胜任并为工程项目建设施工所使用的依据，惯用手段往往是通过验证技术从业人员证件真伪和现场实际操作两方面进行考评。对权威网络验证平台的等级，用人单位缺乏分辨能力。持有证件，网络可查但技能不强，技能过硬但证件不可追溯的技术从业人员时有出现；

（4）监理机构、监理人员是确保项目整体质量的护航战舰，项目施工的关键点检查/检验、施工过程的平行检验、施工工序的关键点旁站等环节通过各专业监理的全程介入会大大提升并保障隐蔽工程及单位施工项目的整体质量。油气田地面建设施工项目通常涉及：设备监造、土建、工艺、电气、仪表、无损检测、施工安全、总监监理等领域。拿2018年某油气田二级油气生产单位当年24项地面建设项目为例，受施工地域点多面广（两个最近项目建设施工区域相隔为

0.5公里，两个最远项目建设施工区域相隔为70公里，)、施工时段相对集中(4~10月)影响。按单位项目中各施工领域需配备1名专业监理人员计算，24项地面建设项目则需192名监理进场对项目工程质量进行监管。据2016年住建部统计，全国工程监理企业从业人员84.9434万人。其中，高级职称人员12.9695万人，中级职称人员37.1948万人，初级职称人员21.4107万人，其他人员13.8890万人。经数据粗略对比发现，全国监理现存数量无法满足当下工程建设项目对监理人员的需求。

1.4　建设周期

工程项目建设模块化施工可以大大缩短工程项目的建设周期，广泛推广应用以来得到了很好的印证。但，完全实用于施工全过程的施工部署、不间断且连续的阶段工作衔接、高质高效推进的工艺工序等环节的科学构建，在现阶段工程项目施工建设过程中却拖累了进一步缩短工程项目建设周期的后腿，现实问题的存在不可忽视。

2　现阶段矛盾总结

从各方面、各环节存在的问题来看，工程项目“标准化施工”推进工作需面对的困难还有很多，如何攻破、化解阻碍，将工程项目施工周期缩短、安全质量工作提升、施工费用同比下降，各方面工作的友好揉搓是关键。同时，施工周期、过程安全、施工质量、工程项目费用之间的关系也是步步相连、环环相扣。贯穿始终的一条连接恰是“管理”。

3　对工程项目建设施工标准化管理的研讨

3.1　施工安全管控

(1) 联合并集中相关专业部门和人员，从科学角度出发，针对各类型工程项目施工特点，编制有效且实用的施工安全学习培训库、试题库，将施工人员入场进门的考评标准进行规范统一。

(2) 集中规整并建立本区域内的施工人员信息库、黑名单库，量化施工人员的轨迹信息、考评信息，达到用工用人直观明了。

3.2　施工质量管控

(1) 集中优势力量，研讨区域内建设施工环节可合并成施工过程中进行模块化组建的工序，通过严谨评审形成标准图集并不断填充完善，达到大力降低带病图纸产生的目的。同时，在设计审查环节，多部门良好的协同协作、共承共担，也将会促进工程项目建设质量源头质量不断提升的重要途径。

(2) 对各类常用施工材料种类进行划分，对各制造厂家生产产品的安全、质量、信用、长时间使用可靠度建立台账，用数据量化等级，用等级提升质量高度。

(3) 统一规范对特种人员持证的验证平台，使对特种人员的使用达到硬件层面放心的目的。

(4) 建立监理人员信息系统，通过实时更新，对单位建设项目监理人员岗位履职情况进行考评，考评成绩反映监理人员岗位履职情况同时兼顾轨迹情况记录。此外，对项目施工进行阶段性划分，实行监理人员分阶段、分时期对项目施工质量进行监理监管的效果，提升监理资源使用率。

3.3　建设周期控制

(1) 加大力量对模块化施工进行深层次研究，不断拓展模块化施工范围，使模块化施工在工程建设施工领域得到更广泛更普及的应用。

(2) 深度钻研EPC、E-P、P-C、D-B、PMC承包模式特点，结合具体工程项目进行适时合理应用。在此基础上，可以有效达到对项目建设周期的控制作用。

4　总结

一丝个人拙见，并不能完全将“石油工程项目建设施工标准化管理”的重要分析表述的完全、透彻、清晰。但工程项目管理在标准化施工建设工作中所占据的地位却是举足轻重、无可厚非的。施工项目的质量、安全、进度、成本、施工文明，是标准化施工的管理核心。工程项目施工各项工作有条不紊、顺利进行是工程项目施工管理的目标。好的管理，不仅对项目、对企业有良好经济收益，同时对国家也会产生良好的社会效益。成功的管理，能促进项目和企业的发展，能推动基建工程不断前进。开拓创新，总结经验，在项目的实践中不断摸索，最终将创造出一条施工项目管理的成功之路。

油田注汽锅炉改烧煤气节能减排技术工程实践

刘继和　刘品艳

（辽河石油职业技术学院）

摘　要　通过现场实际运行的油田注汽锅炉改烧煤气节能减排技术工程成功案例，证明了油田燃油、燃气注汽锅炉改烧煤气节能减排技术工程的注汽锅炉节能率为54%、温室气体 CO_2 减排率为20.58%。若规模应用，每年可为国家替代出200多万吨石油或等当量的天然气的同时，还能大幅度的减少温室气体 CO_2 的排放量，其经济效益和环保效益巨大（专利号：ZL201120377494.7）。

关键词　注汽锅炉；煤气；流化床气化炉；温室气体 CO_2

注汽锅炉是我国各稠油开发油田油、气燃耗大户，单台注汽锅炉每日要烧掉30吨石油或3.5万 m^3 天然气，同时排放出28万 m^3 温室气体 CO_2。这不仅导致油田开采成本的增加，而且还污染环境，极端天气频发。

为此，油田成功的实施了“油田注汽锅炉改烧煤气”节能减排技术实践工程，突破了油田注汽锅炉只能烧石油或天然气的禁锢并获得国家专利（专利号：ZL201120377494.7）。不仅为国家替代出数量可观的宝贵油、气战略资源，而且大大降低了油田开采成本和减少了导致大气环境恶化的温室气体 CO_2 排放量。可谓利国利民。

1　注汽锅炉改烧煤气节能减排技术流程

如图1所示，煤粉通过皮带输送机送入储煤仓→小煤斗→螺旋给煤机→流化床气化炉并与高温气化剂（空气+蒸汽）发生气化反应→炉渣由螺旋水冷除渣机排出并输送至渣场（铺路、制砖等）、煤气+飞灰→高温旋风分离器→大颗粒飞灰经流化风机返回气化炉继续反应、小颗粒飞灰+煤气→高温空气预热器并与来自气化风机的空气进行热交换（产生高温空气气化剂）→Ⅰ、Ⅱ级水-汽交换器产生饱和蒸汽气化剂并由汽包收集→3—5个布袋除尘器→小颗粒飞灰被过滤并由仓泵送至中间灰仓缓存（外卖燃煤电厂或其它去处）、煤气→管道、切断阀门→煤气燃烧器→注汽锅炉炉膛与来自热管换热器的热空混合并完全燃烧→烟气经热管换热器→引风机→环保达标排放。

2　注汽锅炉改烧煤气节能减排技术特点

（1）燃料价格低、系统能效高、大型化：实践证明：煤气的直接成本+间接成本折合天然气成本约为1.35元/Nm^3，大大的低于石油（3.2元/kg）和天然气（2.96元/m^3）的价格，因而大幅度的降低了油田注汽锅炉的运行成本，节能率为54%。

锅炉改烧煤气并将煤气的显热、锅炉烟气余热得到充分的利用，飞灰可作为电厂锅炉燃料、炉渣可做建筑材料和制砖，提高了系统能效。

一台流化床气化炉可匹配六台23吨油田注汽炉，占地小、维护、运行成本低。

（2）安全可靠性和自动化程度较高：本技术的油田注汽锅炉本体不做任何改动，采用大容量、低压力、柱状火焰的煤气专利燃烧器，并与原热采锅炉的程控系统联锁，其安全可靠性和自动化程度很高。

（3）温室气体 CO_2 减排、环保效果显著：温室气体 CO_2 排放总量比燃油注汽锅炉减少22%，改善周边的大气环境。

经在线检测，锅炉烟气中的各项指标（SO_2、NOx、粉尘）均明显低于国家标准而环保排放。

3　注汽锅炉改烧煤气节能减排技术所创造的经济效益和环保效益

（1）经济效益：如表1所示，煤气直接生产成本为0.201元/Nm^3，煤气总成本为0.212元/Nm^3（0.185元/1000kcal），折合天然气成本1.35元/m^3。

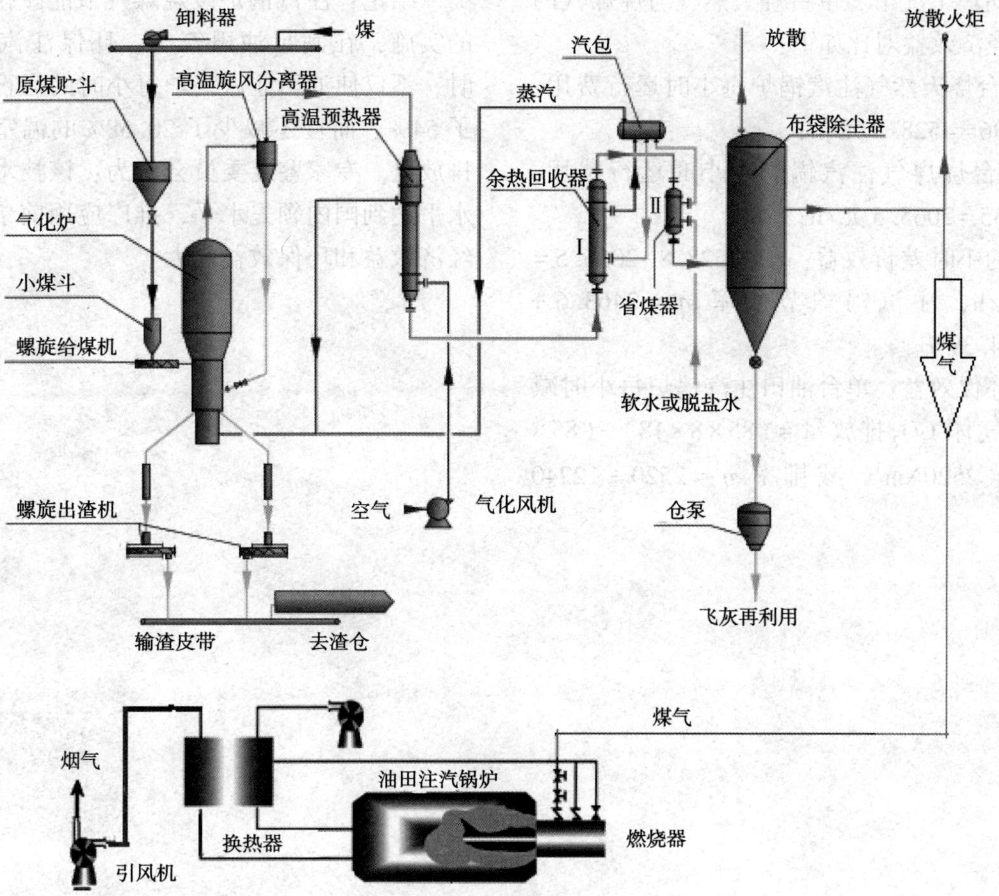

图 1　注汽锅炉改烧煤气工艺流程图

表 1　流化床气化煤气生产成本统计表

费用名称	费用说明				金额	煤气成本		比例
	净价	单位	数量	单位	元/h	元/Nm^3	元/1000kcal	
1、原料、动力费用比例								
原料煤	500	元/t	8.3	t/h	4150	0.166	0.123	75.36%
软化水	3	元/t	16.7	t/h	50	0.002	0.0015	1.24%
电耗	0.6	元/kWh	900	kWh/h	540	0.022	0.016	11.85%
2、工资及福利费比例								
工资及福利	5000	元/月	22	人/天	160	0.006	0.005	1.37%
3、设备维修费								
	设备维修费+脱氮				135	0.005	0.004	2.01%
4、直接生产成本								
	合计(1+2+3)				5035	0.201	0.149	92.84%
5、折旧费用								
	设备折旧费用				285	0.011	0.008	7.16%
6、煤气总成本								
	总计(4+5)				5320	0.212	0.157	100.00%
7、折合成 8600Kcal 的天然气					1.35 元/m^3 取极值			

同等锅炉工况下，单台烧天然气与烧煤气的注汽锅炉经济效益对比如下：

① 单台烧天然气注汽锅炉每小时运行费用：85×18×2.96＝4528.8 元/h；

② 单台烧煤气注汽锅炉每小时运行费用：85×18×1.35＝2065.5 元/h；

二者的小时差价效益：Δ＝4528.8－2065.5＝2463.6 元/h，注汽锅炉节能率 η ＝ 2463.6 ÷ 4528.8＝54.39%。

（2）环保效益：单台油田注汽锅炉每小时减少的温室气体 CO_2 排放量＝(85×8×18)－(85×1.2×18)＝2520Nm^3，减排率 η＝2520÷12240＝20.58%。

结论：注汽锅炉改烧煤气节能减排技术工程的实施，在满足油田安全、环保注汽生产的同时，不仅使油田注汽锅炉每小时的运行成本降低了 54%，而且还减少了 20.58% 的温室气体 CO_2 排放量。专家鉴定委员会认为：该技术总体技术水平达到国内领先水平，推广应用前景广阔，其经济效益和环保效益巨大。

卧式 20 立重晶石粉罐研制

张 鹏

（大庆油田有限责任公司装备制造分公司）

摘 要 设计制造卧式 20 立重晶石粉罐。重晶石粉罐主要由罐体、进料管线、卸料管线、气路管线、放空管线和流化装置等部分组成。它的主要作业流程分为装灰作业、造灰作业和卸灰作业。经过现场使用，得到大庆钻探钻井四公司的一直好评。

关键词 重晶石粉罐；进料管线；卸料管线；放空管线；流化装置

由于钻井工作量的增加，大庆钻探公司钻井四公司，对重晶石粉罐的使用量增加，为了达到钻井四公司对重晶石粉罐的需求。企业承担了此项目，开始设计并制造重晶石粉罐。

重晶石粉罐的应用，可以大大改善劳动条件，减轻工人的繁重体力劳动，减少重晶石粉的损耗和环境污染，提高加重石粉的效率。

1 工作原理及技术指标

重晶石粉罐加工及成套的重晶石输送为空气压力输送，借助气化装置，以压缩空气为动力，使储料罐内的粉粒状物料流态化，利用罐内、外压差，排出储料罐，并与供浆系统的泥浆进行充分均匀混配，混配后的重泥浆进入泥浆池并通过泥浆泵等循环设备打入井内。

技术指标：

有效容积：20m^3

直径：φ2500mm

罐体外形尺寸（直径×长）：φ2500mm×5330mm

装置整体外形尺寸（长×宽×高）：7330mm×3000mm×3310mm

工作温度：－30℃～+40℃

余灰率≤0. 5%

2 主要结构

重晶石粉罐主要由罐体、底座支撑、流化装置、进料管路、卸料管路、气路管线和放空管线等部分组成。由图 1 和图 2 所示。图 1 为重晶石粉罐主视图，图 2 为重晶石粉罐俯视图。

罐体封头壁厚 δ12mm，筒节用 δ10mm 压力容器中板（材质 16MnR）。下灰罐总体结构为卧式，左侧为 45 度锥形封头，右侧为圆形封头，罐体下部为 10 度锥形结构，罐体内部为一个大仓室，配置流化床。

罐体右侧设置 4 寸进料管路；管线设置一个 4 寸蝶阀控制，外部加装快速接头；罐体左侧安装 5 寸卸料管路，出灰口在罐体侧下部，出灰管设置一个 5 寸手动蝶阀，出灰端焊接 4 寸快卸接头总成。（且在出灰管上安装 1 寸助吹管线）；

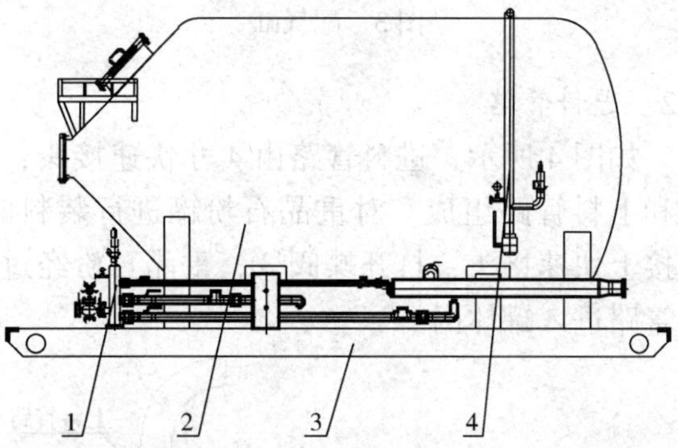

图 1 重晶石粉罐主视图

1—气路管线；2—罐体；3—底座支撑；4—放空管线

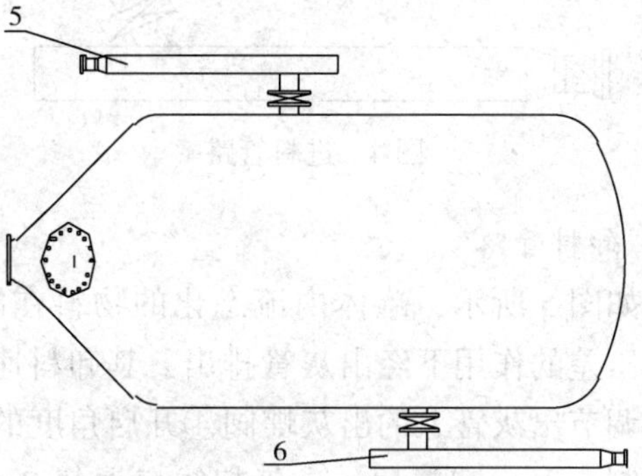

图 2 重晶石粉罐俯视图

5—进料管路；6—卸料管路

2.1 气路管线

气路管线主要由配气缸、单向阀、阀门及配

风管线组成。配气缸上安装安全阀和压力表。配气缸上焊接一个进气接口，外接气源、3个出气接头，其中两个出气口为仓室的流化床单独进气管线供气，上面安装有单向阀和阀门，确保工作进程中仓室内气压稳定；另一个出气口同样安装有单向阀和阀门，对卸灰管线进行清灰扫线，防止堵塞；进气口来自空压机气源0.8MPa的压缩空气，通过球阀进入减压阀，将其减压至0.3MPa，在供气系统上装有A27T-10K型安全阀，压力在0.3MPa开启。如图3所示。

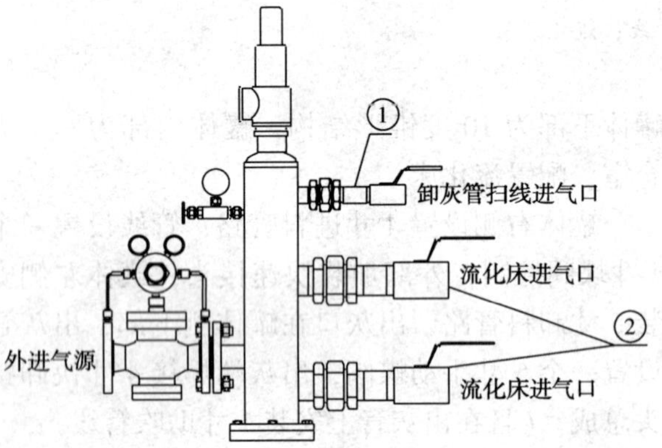

图3　配气缸

2.2　进料管路

如图4所示，进料管路由4寸快速接头，蝶阀和上料管路组成。对重晶石粉罐进行装料时，连接上快速接头，打开蝶阀③，重晶石粉经过上料管路进入罐体内。

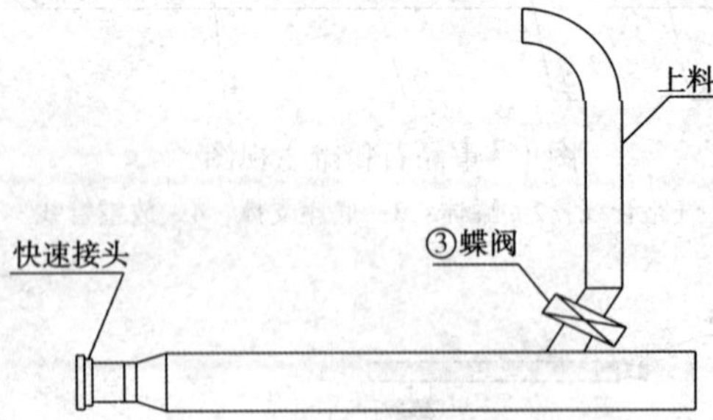

图4　进料管路

2.3　卸料管路

如图5所示，罐体内流态化的物料在罐内、外气压差的作用下经出灰管排出，其卸料速度可通过调节出灰管上的出灰蝶阀④开启角度的大小来控制。停止卸料后，进气扫线口通气2分钟，避免物料在出灰管中板结，影响下次使用。

2.4　放空管线

如图6所示，罐体上部接出一根排空管线，规范引到罐体后侧，管线上安装压力表和球阀，

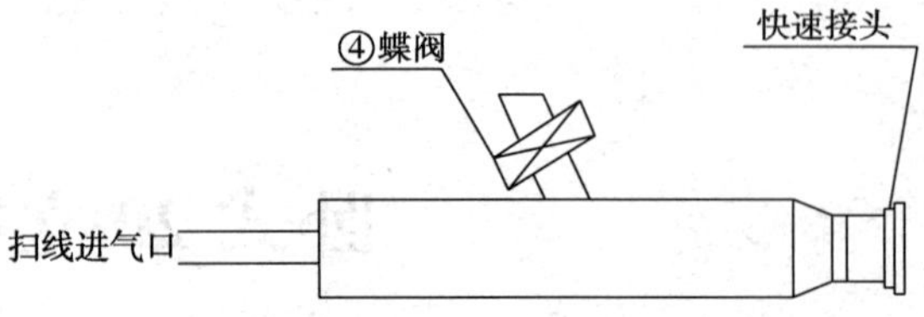

图5　卸料管路

压力表用来观察工作过程中仓室内的气压，放空球阀⑤排空口与除尘装置相连接。配备电磁脉冲布袋除尘器并与罐体的排空装置连接，除尘效果达到国家及地方环保要求，电器系统符合井场防爆要求。

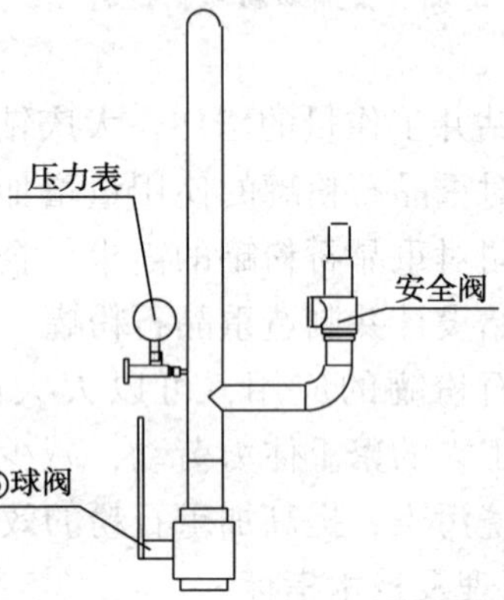

图6　放空管线

2.5　流化装置

流化装置的结构如图5和图6所示。侧滑料板和封头滑料板与罐体焊接在一起。侧滑料板与罐壁形成气室。孔板直接焊接在滑料板上。促使重晶石粉能够在压缩空气的作用之下从卸料口悬浮出去。

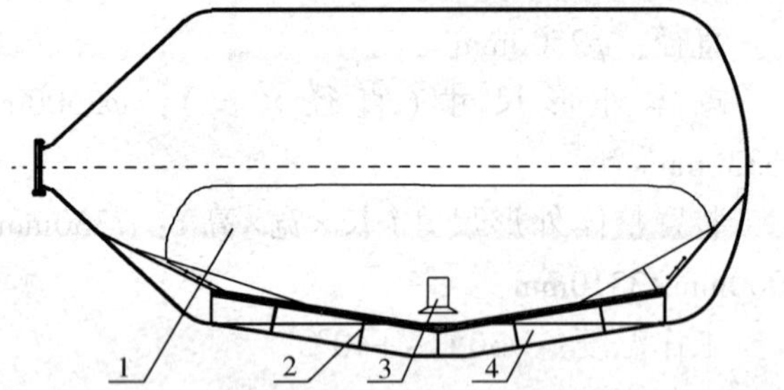

图7　流化装置主视图

1—侧滑料板；2—支撑板；3—卸料口；4—气室

3　作业流程

3.1　装灰存储作业

气动装料，将运灰车软管的快卸接头与进料管路的快速接头相连，关闭卸料管路上的蝶阀④，打开放空管上的放空球阀⑤。

启动运灰车上空压机，加压到0.15MPa。缓

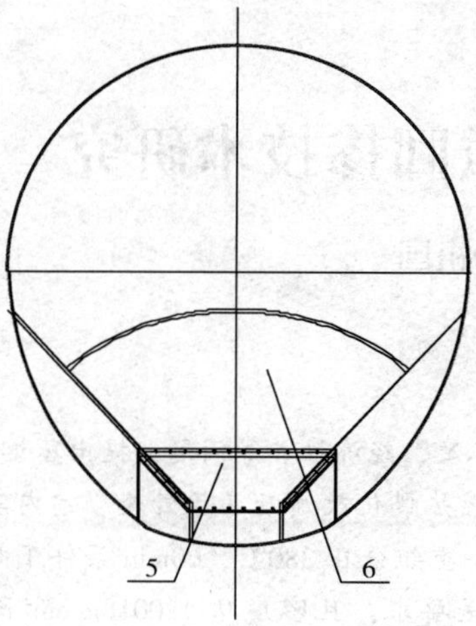

图 8　流化装置侧视图
5—孔板；6—封头滑料板

慢打开运灰车上的卸灰蝶阀，向重晶石粉罐气动装料作业。直到装料完成。

装灰完成后立即关闭空压机进行卸压。关闭运灰车上的出灰蝶阀和重晶石粉罐进料管路的蝶阀③，然后卸下输灰软管，盖上进料管路上的盲板，关闭放空管线的放空球阀⑤。

3.2　造灰作业

重晶石粉罐在装有重晶石粉期间，每周必须进行一次气化造灰。

造灰的操作程序为：

确认进气管线与放空管线连接好。

先开启放空管线的球阀⑤，再打开流化床进气口球阀②，启动气源，持续送气约 15min，完成造灰作业。

先关闭气源，再关闭流化床进气口球阀②，当罐内压力降为零时再关闭放空阀⑤。

检查取样口，造灰质量。

3.3　卸灰作业

重晶石粉罐工作时，必须同时启动两台空压机，保证储气罐压力≥0.6MPa；进行卸灰前，应检查放空管、下灰管、加料口是否畅通；在卸灰过程中，必须监控下灰速度，观察加料口输灰动态。

先开启加重泵；开球阀①⑤；开球阀②，十五分钟后关球阀⑤，升压至 0.2MPa 后，缓慢开蝶阀④控制卸灰速度；加重完成后，关球阀②再关蝶阀④；再关闭球阀①，开球阀⑤卸压，再关球阀⑤。

4　现场应用

2018 年大庆钻探钻井四公司，购买我厂生产的卧式 20 立重晶石粉罐共计 60 余套。现场使用进料卸料速度高，流化装置设计合理；罐体上的快开人孔，打开速度开，密封性能好；在放空管线上加装安装阀，使用装料卸料更加安全。

卧式 20 立重晶石粉罐的研制。为钻井环境提供了一道保护，也为企业开拓了钻井市场提供了有利保证。

参 考 文 献

[1] 马重阳，徐杏娟，等。油田新型立式下灰罐的设计与应用[J]。设备管理与维修，2016No12：88-89.

[2] 国家经济贸易委员会。下灰车：SY/T5439－2003 [S]。北京：中华人民共和国石油天然气行业标准，2003.

[3] 顾信忠，李舜酩。某散装水泥车流化性能仿真分析[J]。中国粉体技术，2016，22(6)：12-17.

[4] 李耀刚，纪宏超，裴未迟，等。散装水泥车罐体流化床结构优化设计[J]. 北京工业大学学报，2014，40(4)：495-501.

[5] 余洲生。气力输送及其应用[M]。北京：人民交通出版社，1989.

[6] 王胜。影响固井下灰车平均卸灰速度的研究[J]，中国石油和化工标准与质量，2014，34(02)：71.

[7] 张建业，王敏，等。影响石油固井下灰车平均卸灰速度因素的研究[J]，石油机械，2008，36(11)：71-74.

[8] 向晓峰。卧式散装水泥车流化床设计的几个问题[J]，专用汽车，2006，(2)：32-34.

塔河油田超深井稠油地面改质回掺技术研究

程仲富　任　波　刘　磊　杨祖国

（中石化西北油田分公司）

摘　要　针对塔河油田超深井稠油掺稀生产过程中存在的稀油不足、经济性差等问题，提出蒸馏+热裂化改质开采方法。该方法将蒸馏得到的轻组分回掺，难流动重组分经热裂化改质后易于外输。室内实验结果表明，采用350℃蒸馏得到的轻组分基本满足稠油循环掺稀需要，重组分在380℃、60min条件下热裂化改质，黏度从398800mPa·s降低至1704mPa·s，满足长距离输送要求，且密度从1.0018g/cm^{3}降低至0.9911g/cm^3，实现了稠油轻质化。该方法不但大幅减少了稀油用量，而且实现了稠油提质增效，提出的稠油经济效益开发的新方法，为超深井稠油高效开发提供新思路。

关键词　稠油；降黏；热裂化；稠油改质

塔河油田稠油具有超深超稠的特点，平均埋深5400～7000m，地面原油黏度10000～1800000mPa·s。由于埋藏深黏度高，稠油在举升过程中，逐渐失去流动性，难以开采[1]。目前，油田采用井筒掺稀降粘工艺进行开采[2]，该工艺存在三方面的问题：一是随着稀油区块产量的自然递减，现有的稀油资源不足，无法满足稠油掺稀需要；二是稀油掺入稠油后当作稠油销售，稀油价值降低；三是稠油本身价值较低，如何实现稠油提质增效是油田盈利的关键。因此，油田急需一种能显著降低掺稀油用量，实现稠油轻质化提质增效的开采工艺[4-6]。

目前，国内外稠油轻质化处理工艺集中在渣油、沥青油砂等重油处理方面，方法主要有延迟焦化、热裂化、加氢裂化、催化裂化等[7-8]，结合工艺成熟度及塔河稠油镍、钒含量高的特点，优选热裂化改质方案[9]。结合塔河油田提质增效的迫切需要，提出将混合油（掺稀后油井产液）经蒸馏后轻组分回掺开采稠油，难流动重组分经热裂化改质后外输，该方法解决了稀油短缺的困境，实现了稠油提质增效，显著提高了稠油开采经济效益。

1　实验部分

1.1　轻组分循环掺稀实验

实验油样选取塔河油田两种黏度均2000mPa·s左右的混合油样，其主要性质参数如表1所示。

蒸馏装置为沈阳施博达仪器仪表有限公司生产的SBD－Ⅷ型实沸点蒸馏仪，切割温度室温～400℃。黏度测量仪器为美国BROOKFIELD DV-Ⅲ黏度计，转速0.01～200RPM。

表1　实验用油样基本参数

项　目	数　据	项　目	数　据
黏度（50℃）/mPas	1688	ω(Ni)，ppm	63.9
密度（20℃）/（kg/m^3）	954.8	ω(V)/ppm	241.7
ω(沥青质)/%	17.0	ω(Fe)/ppm	30.7
ω(胶质)/%	34.1	ω(S)/%	2.5
ω(芳香烃)/%	27.2	ω(N)/%	0.42
ω(饱和烃)/%	21.7	ω(O)/%	0.86

轻组分循环掺稀实验：350℃以下用实沸点蒸馏仪将混合油蒸出轻组分Q_1及重组分Z_1，取部分Q_1对一定量Z_1进行掺稀，黏度降低至蒸馏前水平2000$mPa \cdot s$±200$mPa \cdot s$混合油H_1，记录掺稀比μ_1；对H_1在350℃下蒸馏，得到轻组分Q_2，取部分Q_2对一定量Z_1进行掺稀，使其黏度降低至蒸馏前水平，得到混合油H_2，记录掺稀比μ_2；对H_2在350℃下蒸馏，得到轻组分Q_3，取部分Q_3对一定量Z_1进行掺稀，记录掺稀比μ_3。如此，考察蒸馏后轻组分循环掺稀效果。掺稀实验过程中，进行斑点实验，评价掺稀后体系稳定性。

1.2　热裂化实验

轻组分循环掺稀实验中，重组分Z1为样品第一次蒸馏所得，其主要性质参数如表2所示：

自制热裂化实验反应釜如图1所示，反应釜容量200ml，加热温度为常温～500℃，控温精度±1℃。索氏提取器为上海熙扬仪器有限公司生产的 YSXT-04 四联装提取器，容积为250ml/个，控温范围为室温+5~100℃。

表2 油重组分 Z_1 基本参数

项 目	数 据	项 目	数 据
黏度(50℃)/mPas	398800	ω(Ni)，ppm	120.9
密度(20℃)/(kg/m³)	1.0018	ω(V)/ppm	426.7
ω(沥青质)/%	34.8	ω(Fe)/ppm	79.7
ω(胶质)/%	31.9	ω(S)/%	3.81
ω(芳香烃)/%	21.7	ω(N)/%	1.21
ω(饱和烃)/%	11.6	ω(O)/%	1.74

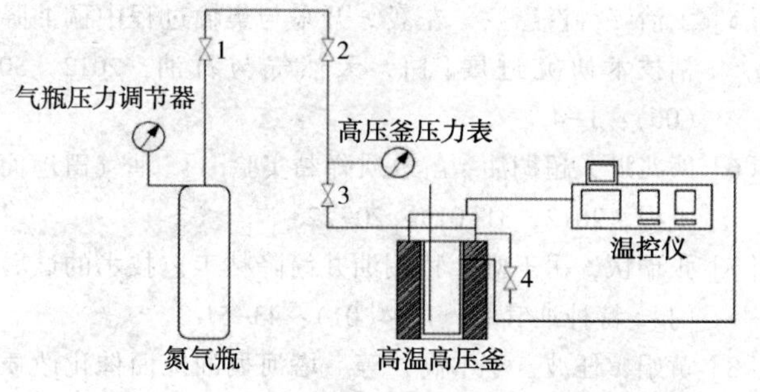

图1 稠油热裂化实验装置

热裂化降粘实验：准确称取 50g 左右稠油置于反应釜内，通入氮气排出釜内空气，关闭氮气流通阀(1 号、2 号、3 号)及泄压阀(4 号)。开启加热，待温度升至实验温度开始计时。反应完成后，测定样品 50℃下黏度。

生焦率测定：收集热裂化降粘实验全部油样，包括反应釜表面油垢，采用索氏提取器以甲苯反复抽提至滤纸无色，取出残余物置于烘箱内110℃下烘干，得到生焦量，计算生焦率。

2 结果与讨论

2.1 轻组分循环掺稀实验结果

以混合油 50℃下黏度 1688mPa·s 为基准，采用不同蒸馏阶段得到的轻组分与第一阶段蒸馏出的重组分 Z1 进行掺稀，得到不同阶段轻组分收率及掺稀比，并开展斑点实验评价原油稳定性，结果如表 3 所示。

表3 循环蒸馏及掺稀实验结果

轻组分	实沸点蒸馏轻组分收率/%	稀稠比	黏度 50℃/mPa·s	斑点实验级别
1	28.2	0.39：1	1760	1
2	26.9	0.39：1	1740	1
3	27.5	0.39：1	1780	1

从上表可以看出，油样在 350℃下蒸馏轻组分收率 28%左右，多轮次蒸馏过程中，其收率略有降低。在保证黏度 1688mPa·s 左右的前提下，其掺稀比稳定在 0.39：1，且稳定性评价斑点等级均达到 1 级。该结果表明，利用蒸馏轻组分回掺，可以保持混合油黏度相近，且稀稠比相差不大。多轮次蒸馏造成的轻组分收率降低，可通过少量补充轻质油实现。通过蒸馏后轻组分的循环掺稀，可大幅减少稀油用量。

2.2 热裂化改质实验结果

对重组分 Z_1 进行 360~420℃温度下热裂化反应，反应时间 30~90min，测定反应后原油黏度、密度、生焦量，并计算降粘率及生焦率，结果如表 4 所示。

表4 重组分 Z_1 不同温度下热裂化反应实验结果

序号	反应温度/℃	时间/min	50℃黏度/mPa·s	密度/g·cm⁻³	生焦率/%	降黏率%
1	360	30	15960	0.9912	0.1	96.0
2		60	12335	0.9936	0.2	96.9
3		90	7760	0.9933	0.3	98.1
4	380	30	5092	0.9905	0.3	98.7
5		60	1704	0.9911	1.2	99.6
6		90	1020	0.9906	2.3	99.7
7	400	30	3610	0.9933	0.9	99.1
8		60	2258	0.9907	2.1	99.4
9		90	723	0.9926	4.9	99.8
10	420	30	265	0.9893	6.0	99.9
11		60	107	0.9891	9.9	99.9
12		90	51	0.9936	15.9	99.9

从上表可以看出，50℃下黏度为 398800mPa·s 重油在 360~420℃热裂化 30~90min 后，黏度可降低至 51~15960mPa·s，降粘率 96%以上；密度从 1.0018g/cm³ 降低至 0.9906g/cm³。在 380℃下，反应 60min 重组分 Z_1 黏度可降低至 1704mPa·s，且密度降低至 0.9911g/cm³，达到外输黏度要求，同时因密度降低，经济效益得到提高。实验结果中，稠油黏度显著降低，但密度变化不大，其主要原因为热裂化过程中生成的石油焦造成悬浮于油中，造成原油密度较高。当温度超过 400℃后，生焦量呈现快速增加趋势，这是由于石油的受热生焦过程是自由基反应，温度升高后，反应过程中自由基之间碰撞几率增加，生焦量随之增大。此外，当

反应温度较高时，体系中的缩合反应逐渐占据主导地位，加速生焦。

3 结论

（1）混合油在350℃下蒸馏后进行轻组分循环掺稀，在保证掺稀后混合油黏度相近的前提下，稀稠比相对稳定，表明轻组分可以循环利用，多轮次蒸馏造成的轻组分收率降低，可通过少量补充轻质油实现，该方法可为油田大量节约稀油；

（2）在360～420℃下对塔河稠油热裂化改质，降黏率高达96%以上，380℃下反应60min黏度可降低至1700mPa·s左右，满足长距离输送要求；

（3）热裂化改质后，不仅原油黏度明显降低，同时密度也有所降低，可以提高稠油经济效益；

（4）因塔河稠油胶质沥青质含量较高，热裂化过程中产生大量石油焦，沉淀在反应釜及管道内壁，影响设备安全，需要开展抑制生焦技术研究。

参考文献

[1] 邹国君．塔河油田超深超稠油藏采油新技术研究[J]．西南石油大学学报（自然科学版），2008，30(4)：130-134.

[2] 梁尚斌．塔河油田深层稠油掺稀降粘技术研究与应用[D]．西南石油大学，2006.

[3] 杨思远．塔河油田稠油地面改质工艺方案及经济评价研究[J]．油气田地面工程，2018，37(08)：13-23.

[4] 周明辉，孙文杰，李克文．纳米催化剂辅助超稠油氧化改质实验研究[J]．中国科学：技术科学，2017，47(02)：197-203.

[5] 王治红，肖惠兰，左毅．开采与集输过程中稠油降粘技术研究进展[J]．天然气与石油，2012，30(06)：1-4.

[6] 熊兆洪．超稠油裂解改质降黏实验[J]．油气田地面工程，2012，31(01)：20-22.

[7] 张瑞伏，岳玉堂．特稠油井筒降粘工艺技术的试验[J]．特种油气藏，1994(01)：43-51.

[8] 黄娟，任波，李本高，等．塔河稠油地面催化改质降黏中试研究[J]．石油炼制与化工，2014，45(09)：20-23.

[9] 英竹，靳爱民．渣油加工技术现状及发展趋势[J]．石油学报（石油加工），2015，31(02)：436-443.